縮刷版 2019

第3337号～第3385号

Ⓐ朝雲新聞社

「朝雲」主要記事索引

◆人事

◆南スーダンPKO

〈国際交流・地域情勢〉

◆海外情勢

◆多国間訓練

◆防衛交流

◆近隣情勢・領海領空

〈各機関〉

◆防衛大学校

◆防衛医学・防衛医科大学校・自衛隊病院

◆防衛研究所

◆防衛装備庁

〈自衛隊〉

◆統合幕僚監部・3自衛隊

クルーです」後藤弘二さんなど（6・20）▽「新編直後に奄美大島の伝統行事『舟こぎ』参戦」平田卓己2陸尉（6・20）▽「戦闘機パイロット学生　募集広報の最前線へ」天野祥太3空尉（6・27）▽「前衛分隊長の任務を終えて」渡邊笙子陸曹長（6・27）▽「ハワイ・パールハーバーで日米交流」前田徹1海曹（7・4）▽「臨時勤務で広報を経験」柳原達也海士長（7・4）▽「海賊対処活動10年の節目に」山口真広1海尉（7・11）▽「相撲選手権で教え子が奮闘」蓑原秀五2陸曹（7・11）▽「陸自中音と米海兵隊音楽隊が合同演奏」澤野展之2陸佐（7・18）▽「『うずしお』『たかしお』実習」神野信孝3海曹（7・18）▽「医学生理学クイズ日本大会」栗原歩学生（7・25）▽「王城寺原演習場の統一整備に参加して」今田容司3陸曹（7・25）▽「スペシャル・オリンピックス寄付金贈呈式に参加」須藤雄二空曹長（8・1）▽「太平洋上で『誕生日会』」前田徹1海曹（8・1）▽「広報班の臨時勤務を経験して」中村百花陸士長（8・8）▽「時間と国境を越えた音楽隊のつながり」澁谷泰弘3海曹（8・8）▽「2術校の精鋭ボートフェスティバルに出場」中原義浩2空佐（8・15）▽「世の青少年に見せたい自衛隊の教育」西眞次さん（8・15）▽「殉職隊員の慰霊継続に対して感謝状」山口達也3空佐（8・29）▽「防大67期生が遠泳に挑戦」中山昭宏さん（8・29）▽「海自遠洋練習航海部隊　心を込めて音楽演奏」山口望奈美3海曹（9・5）▽「九州の3自衛隊を研修」泉田伸一さん（9・5）▽「ありがとう、キュー号。安らかに」竹山修治空曹長（9・12）▽「小平駐屯地の納涼祭を訪れて」片山和則さん（9・12）▽「偶然、そして感動の再開」仲村真3陸曹（9・19）▽「レンジャー集合教育から学んだこと」切川大周3陸曹（9・19）▽「互いに視野を広げた日米ガールズトーク」松山寿空曹長（9・26）▽「奄美シーカヤックマラソンin加計呂麻大会」山口慶2陸曹（9・26）▽「防大吹奏楽部OB　懇親会で即製アンサンブル」福本出さん（10・3）▽「少林寺拳法で高校日本一」鳴海秀幸陸曹長（10・3）▽「大阪地本女性防衛モニターOG会が募集支援」鳴川和代さん（10・10）▽「美ら島を守る日米のSAM部隊」澤田健太郎1空尉（10・10）▽「ミクロネシアでJMAS活動に参加」金子則雄さん（10・17）▽「最高のステージだったフィジー軍楽隊との演奏」石川弘樹1海士（10・17）▽「鹿屋航空基地の研修に参加」寺野純佳さん（10・24）▽「『南種子町ロケット祭』で帰郷広報」大町田勇希2陸尉（10・24）▽「32普連　禁煙大作戦」張勇貴陸士長など（10・31）▽「鳥取地本で臨時勤務」仲川将太3海曹（10・31）▽「長崎県の離島で離着岸訓練」斉藤孝治海曹長（11・7）▽「伊丹駐屯地で新入社員研修」中川一光さん（11・7）▽「『入隊者6人』が私の恩返し」正井公造さん（11・14）▽「ニュージーランドで交流深める」藪田百合花海士長（11・14）▽「オーストラリア海軍軍楽隊と合同練習」吉澤マリオン泰斗3海曹（11・21）▽「野営訓練で収容班長を務めて」佐藤円香3陸尉（11・21）▽「子供たちにメダカをプレゼント」木藤剛太郎1海曹（11・28）▽「高等工科学校の殉職事故　忘れるな」木村太郎3陸曹（11・28）▽「自衛隊初の災害派遣㊤」庄司潤一郎さん（12・5）▽「『北見菊まつり』で広報活動」小出紗弥花1陸士（12・5）▽「自衛隊初の災害派遣㊦」庄司潤一郎さん（12・12）▽「空自隊員となった息子たち」荻野栄徳空曹長（12・12）▽「ラバウルとコロールで慰霊演奏」沢田勝俊3海曹（12・19）▽「任期制隊員合同企業説明会に参加」梅本健人1陸士（12・19）

〈連載〉

◆「朝雲寸言」（各号1面）

◆「春夏秋冬」

▽秋元千明「空母型護衛艦の意味するもの」（1・3）▽篠田英朗「マティス長官の辞任」（1・10）▽中林美恵子「マンスフィールド財団」（1・17）▽宮家邦彦「F2戦闘機開発秘話」（1・24）▽秋元千明「韓国はなぜ認めないのか」（1・31）▽篠田英朗「防衛力整備における国際平和協力活動」（2・7）▽中林美恵子「議会との壁」（2・14）▽宮家邦彦「マティス長官が懐かしい」（2・21）▽秋元千明「21世紀　世界は新秩序の時代へ」（2・28）▽篠田英朗「不調に終わった第2回米朝会談」（3・7）▽中林美恵子「テキサス州で」（3・14）▽宮家邦彦「AIと軍事的安全保障研究」（3・21）▽小原凡司「米中新冷戦の構造化」（4・4）▽笠井亮平「インド、パキスタンを訪れて」（4・11）▽菊澤研宗「日本的リーダーと大和心」（4・18）▽黒川伊保子「男女の脳は違うのか、違わないのか」（4・25）▽小原凡司「中国海軍観艦式」（5・9）▽笠井亮平「インドの電子投票機」（5・16）▽菊澤研宗「インターネット時代には『情』は不要か」（5・23）▽黒川伊保子「ヒューマンエラーを未然に防ぐ、意外な方法」（5・30）▽小原凡司「トランプ大統領『かが』乗艦の意義」（6・6）▽笠井亮平「第2次モディ政権の外交展望」（6・13）▽菊澤研宗「オリンピック代表選考会に見る組織の不条理」（6・20）▽黒川伊保子「動揺する脳にしか見えないもの」（6・27）▽小原凡司「中国の『空母外交』」（7・4）▽笠井亮平「カバティ、カバティ、カバティ!!」（7・11）▽菊澤研宗「リーダーとしての気品と怨望」（7・18）▽黒川伊保子「失敗は最高のエクササイズ」（7・25）▽小原凡司「隠された政治的意図?」（8・1）▽笠井亮平「インド式問題解決法『ジュガード』」（8・8）▽菊澤研宗「旧日本軍の失敗からの教訓」（8・15）▽黒川伊保子「脳の指向性」（8・29）▽小原凡司「韓国のGSOMIA破棄」（9・5）▽笠井亮平「チャンドラ・ボースと蓮光寺」（9・12）▽菊澤研宗「陸軍大将今村均の魅力」（9・19）▽黒川伊保子「寝返りには二種類ある」（9・26）▽小原凡司「台湾の国内問題化」（10・3）▽笠井亮平「インド独立運動とカレーの意外な関係」（10・10）▽菊澤研宗「リーダーに必要な企業家精神」（10・17）▽黒川伊保子「人間の最後の仕事」（10・24）▽小原凡司「拡大する中国のシルクロード」（10・31）▽笠井亮平「南アジアの野球」（11・7）▽菊澤研宗「デジタル化時代のリーダー」（11・14）▽黒川伊保子「リーダーの条件」（11・21）▽小原凡司「人権問題への国際社会の対応」（11・28）▽笠井亮平「はるかなるカブール」（12・5）▽菊澤研宗「議論のすすめ」（12・12）▽黒川伊保子「少年が大人にな

るとき」（12・19）

◆時の焦点

◇国内

▽亥年の政権運営（1・3）▽レーダー照射（1・10）▽元号4月公表（1・17）▽防衛相訪米（1・24）▽日韓関係悪化（1・31）▽統計不正（2・7）▽自民党大会（2・14）▽辺野古移設（2・21）▽北朝鮮問題（2・28）▽自衛官募集（3・7）▽大阪ダブル選（3・14）▽シナイ半島へ（3・21）▽統一選幕開け（3・28）▽離島防衛（4・4）▽新元号は令和（4・11）▽五輪相更迭（4・18）▽衆院補欠選挙（4・25）▽令和を迎えて（5・9）▽北朝鮮の挑発（5・16）▽北方領土交渉（5・23）▽衆院に解散風（5・30）▽防衛力整備（6・6）▽参院選公約（6・13）▽陸上イージス（6・20）▽老後資金問題（6・27）▽参院選公示（7・4）▽対韓輸出規制（7・11）▽イラン情勢（7・18）▽参院選与党勝利（7・25）▽竹島領空侵犯（8・1）▽日韓関係悪化（8・8）▽日米防衛相会談（8・15）▽情報協定破棄（8・29）▽憲法論議（9・5）▽安倍政権再始動（9・12）▽内閣改造（9・19）▽野党新会派（9・26）▽防衛白書（10・3）▽臨時国会開会（10・10）▽北漁船事故（10・17）▽台風19号被害（10・24）▽海自艦中東へ（10・31）▽閣僚連続辞任（11・7）▽台風被害対策（11・14）▽桜を見る会（11・21）▽情報協定延長（11・28）▽中曽根氏死去（12・5）▽日印2プラス2（12・12）▽野党の合流論（12・19）

◇国外

▽20年大統領選（1・3）▽国際情勢展望（1・10）▽シリア撤退（1・17）▽アジア情勢展望（1・24）▽北ミサイル拠点（1・31）▽アフガン米軍撤退（2・7）▽INF条約失効（2・14）▽イラン革命40年（2・21）▽国家非常事態（2・28）▽米朝会談決裂（3・7）▽米朝サミット（3・14）▽中国全人代（3・21）▽NZモスク銃撃（3・28）▽タイ総選挙（4・4）▽ロシア共謀疑惑（4・11）▽NATO創設70年（4・18）▽イスラエル選挙（4・25）▽インドネシア大統領選（5・9）▽ロシアの内実（5・16）▽トランプ外交（5・23）▽対イラン緊張（5・30）▽欧州議会選（6・6）▽D—デイ75周年（6・13）▽ポピュリズムへの対抗（6・20）▽米イラン緊張（6・27）▽米大統領選（7・4）▽イランとの対決（7・11）▽EU執行部人事（7・18）▽内紛の民主党（7・25）▽米トルコ関係（8・1）▽英で新首相（8・8）▽INF条約失効（8・15）▽グリーンランド（8・29）▽中国建国70年（9・5）▽大統領選候補（9・12）▽香港の大規模デモ（9・19）▽ボルトン氏解任（9・26）▽サウジ施設攻撃（10・3）▽ウクライナ疑惑（10・10）▽米朝協議再開（10・17）▽疑惑攻防の余波（10・24）▽混迷のシリア情勢（10・31）▽IS指導者殺害（11・7）▽冷戦終結30年（11・14）▽英総選挙へ（11・21）▽米の弾劾公聴会（11・28）▽駐留米軍の経費（12・5）▽香港情勢の新展開（12・12）▽英下院総選挙（12・19）

◆「前事不忘　後事之師」

▽伊藤博文から学ぶこと（1・10）▽2・26事件に思う—襲撃事件が変えたもの（2・7）▽戦略の本質とは何か—「大戦略論」を読んで（4・4）▽それしか知らない者は、それをも知らない（5・9）▽一国は一人を以て興り、一人を以て滅ぶ。　児玉源太郎—近代日本の命運を背負った男（6・6）▽ヒットラーの台頭を考える　相手に屈辱を与えれば、いずれは自らにかえってくる（7・4）▽「迂直の計」—迂回路（遠回り）を直路（近道）にする（8・1）▽太平洋戦争の開戦の決定から学ぶもの—堀田江理著『1941決意なき開戦』を読んで（9・5）▽アテネの指導者ペリクレス—真の強さは自己を制御する力にある（10・3）▽ミネヤンから学ぶこと—私には都合はなかとです（11・7）▽平和の構築に必要なもの（12・5）

◆「OBがんばる」

▽佐藤幹夫さん（1・10）▽大河原守さん（1・17）▽藤田真由美さん（1・24）▽金子眞士さん（1・31）▽福島正則さん（2・7）▽田中浩さん（2・14）▽澤田穀さん（2・21）▽白﨑勇忠さん（2・28）▽関谷修さん（3・7）▽池ノ上康明さん（3・14）▽原村隆行さん（3・21）▽小野香織さん（3・28）▽山口早希さん（4・4）▽吉田和彦さん（4・11）▽松木学さん（4・18）▽松田匡さん（4・25）▽柴田有三さん（5・9）▽清水隆弘さん（5・16）▽中村素章さん（5・23）▽北村敏郎さん（5・30）▽山田敬一さん（6・6）▽川﨑久彦さん（6・13）▽小瀧弘規さん（6・20）▽三曳仲雄さん（6・27）▽於保克巳さん（7・4）▽江口圭太さん（7・11）▽佐藤英明さん（7・18）▽杉井桂三さん（7・25）▽平安山優さん（8・1）▽藤田寛樹さん（8・8）▽渡邉恒光さん（8・15）▽瀧本宜秀さん（8・29）▽廣長久さん（9・5）▽串宮正泰さん（9・12）▽松岸拓実さん（9・19）▽松井善行さん（9・26）▽海道駿さん（10・3）▽後藤昭さん（10・10）▽野口一郎さん（10・17）▽井野哲博さん（10・24）▽黒木博さん（10・31）▽大野裕司さん（11・7）▽浦井泰彦さん（11・14）▽小椋義浩さん（11・21）▽市瀬竜一さん（11・28）▽尾登重雄さん（12・5）▽齋藤早紀子さん（12・12）▽目時清さん（12・19）

◆「新刊紹介」

▽「『元防衛事務次官　秋山昌廣回顧録』—冷戦後の安全保障と防衛交流」吉田書店、「国家と教養」新潮社（1・3）▽「大統領失踪（上・下）」早川書房、「平成の30年」小学館（1・10）▽「『ドローン情報戦』—アメリカ特殊部隊の無人機戦略最前線」原書房、「永遠の翼　F—4ファントム」並木書房（1・17）▽「『マーガレット・サッチャー』—政治を変えた『鉄の女』」新潮社、「幕末以降　帝国軍艦写真と史実」吉川弘文館（1・24）▽「『北方領土秘録』—外交という名の戦場」祥伝社、「大人の流儀8　誰かを幸せにするために」講談社（1・31）▽「『自衛官の使命と苦悩』—『加憲』論議の当事者として」かもがわ出版、「初の国産軍艦『清輝』のヨーロッパ航海」芙蓉書房出版（2・

7）▽「『21世紀の戦争と平和』―徴兵制はなぜ再び必要とされているのか」新潮社、「『海自オタがうっかり「中の人」と結婚した件。』サバイバルファミリー編」秀和システム（2・14）▽「証言でつづる日本国憲法の成立経緯」海竜社、「『ふたつのオリンピック』東京1964／2020」KADOKAWA（2・21）▽「現代語訳　孫子」日本経済新聞出版社、「南スーダンに平和をつくる～『オールジャパン』の国際貢献」筑摩書房（2・28）▽「『自衛隊最強の部隊へ』偵察・潜入・サバイバル編」誠文堂新光社、「鋼鉄の犬」マイクロマガジン社（3・7）▽「自分を強くする動じない力」三笠書房、「『拳法9条2項を知っていますか？』〝戦力〟と〝交戦権〟のナンセンス」大学教育出版（3・14）▽「災害支援者支援」日本評論社、「『今日から使える統計解析・普及版』～理論の基礎と実用の〝勘どころ〟」講談社（3・21）▽「新防衛大綱の解説」内外出版、「未来の戦死に向き合うためのノート」創元社（3・28）▽「防衛実務小六法　平成31年版」内外出版、「定年前後『これだけ』やればいい」青春出版社（4・4）▽「現代の軍事戦略入門―増補新版」芙蓉書房出版、「桜と日章」宝島社（4・11）▽「自衛官が語る災害派遣の記録」並木書房、「マスメディアの罪と罰」ワニブックス（4・18）▽「妻のトリセツ」講談社、「日本の機甲100年」防衛ホーム新聞社（4・25）▽「『欧州対テロ部隊』進化する戦術と最新装備」並木書房、「自衛隊駐屯地等の上下水道機能の確保等に関するガイドライン（案）（1・2）」防衛施設学会編（5・9）▽「『中国製造2025』の衝撃」―習近平はいま何を目論んでいるのか」PHP研究所、「全体主義と闘った男　河合栄治郎」産経NF文庫（5・16）▽「『世界地図を読み直す』―協力と均衡の地政学」新潮社、「陛下、今日は何を話しましょう」すばる舎（5・23）▽「高校生にも読んでほしい平和のための安全保障の授業」ワニブックス、「ある村長の満州引揚げ、戦後復興奮闘記」PHPエディターズグループ（5・30）▽「『成功する日本企業には「共通の本質」がある』―ダイナミック・ケイパビリティの経営学」朝日新聞出版、「元F―15パイロットが教える戦闘機『超』集中講義」パンダ・パブリッシング（6・6）▽「『サムライ精神を復活せよ！』―宇宙の屋根の下に共に生きる社会を創る」並木書房、「陸軍参謀　川上操六」吉川弘文館（6・13）▽「エア・パワー　空と宇宙の戦略原論」日本経済新聞出版社、「偽善者の見破り方」イースト・プレス（6・20）▽「『海戦の世界史』―技術・資源・地政学からみる戦争と戦略」中央公論新社、「『習近平の敗北』―紅い帝国・中国の危機」ワニブックス（6・27）▽「インソムニア」光文社、「『リーガルベイシス民法入門』第3版」日本経済新聞出版社（7・4）▽「武器になる情報分析力」並木書房、「『未来の地図帳』―人口減少日本で各地に起きること」講談社（7・11）▽「『秘録・自民党政務調査会』16人の総理に仕えた男の真実の告白」講談社、「ハンターキラー　潜航せよ（上・下）」早川書房（7・18）▽「『日米同盟のコスト』―自主防衛と自立の追及」亜紀書房、「恥ずかしい英語」KADOKAWA（7・25）▽「軍事的視点で読み解く米中経済戦争」ワニブックス、「民間人のための戦場行動マニュアル」誠文堂新光社（8・1）▽「『気象と戦術』―天候は勝敗を左右し、歴史を変える」SBクリエイティブ、「赤い白球」双葉社（8・8）▽「『戦争世代から令和への伝言』―9人の戦争体験者が遺したことば」潮書房光人社、「特攻隊の〈故郷〉霞ヶ浦・筑波山・北浦・鹿島灘」吉川弘文館（8・15）▽「『米海軍戦略家の系譜』―世界一の海軍はどのようにして生まれたのか」芙蓉書房出版、「陸軍士官学校田村教官の栄養改善奮戦記」青山ライフ出版（8・29）▽「『不穏なフロンティアの大戦略』―辺境をめぐる攻防と地政学的考察」中央公論新社、「『「帝国」ロシアの地政学』―『勢力圏』で読むユーラシア戦略」東京堂出版（9・5）▽「『三菱海軍戦闘機設計の真実』―曽根嘉年技師の秘蔵レポート」国書刊行会、「『「いいね！」戦争』―兵器化するソーシャルメディア」NHK出版（9・12）▽「人口で語る世界史」文藝春秋、「『日英インテリジェンス戦史』―チャーチルと太平洋戦争」早川書房（9・19）▽「『国連事務総長』―世界で最も不可能な仕事」中央公論新社、「戦場のアリス」ハーパーコリンズ・ジャパン（9・26）▽「憲法学の病」新潮社、「ゼロからわかる宇宙防衛」イカロス出版（10・3）▽「『140字の戦争』―SNSが戦場を変えた」早川書房、「『国家戦略で読み解く日本近現代史』―令和の時代の日本人への教訓」芙蓉書房（10・10）▽「『無人の兵団』―AI、ロボット、自律型兵器と未来の戦争」早川書房、「『図解入門　最新　空母がよ～くわかる本』―航空母艦と搭載機の仕組みから運用まで」秀和システム（10・17）▽「親日を巡る旅」小学館、「ラグビー知的観戦のすすめ」KADOKAWA（10・24）▽「夫のトリセツ」講談社、「航空自衛隊　F―4マニアックス」秀和システム（10・31）▽「海軍基本戦術」中央公論新社、「ゲームチェンジャー兵器」ジャパン・ミリタリー・レビュー（11・7）▽「憲法の正論」産経新聞出版、「『日本海軍ロジスティクスの戦い』給糧艦『間宮』から見た補給戦のすべて」潮書房光人新社（11・14）▽「『トモダチ作戦の最前線』福島原発事故に見る日米同盟連携の教訓」彩流社、「危機と人類（上・下）」日本経済新聞出版社（11・21）▽「『宇宙の地政学』―科学者・軍事・武器ビジネス（上・下）」原書房、「自衛隊防災BOOK2」マガジンハウス（11・28）▽「『シークレット・ウォーズ』―アメリカ、アフガニスタン、パキスタン　三つ巴の諜報戦争（上・下）」白水社、「たった5分で凄い効果！　自衛隊体操公式ガイド」講談社（12・5）▽「インドが変える世界地図　モディの衝撃」文芸春秋、「北京1998―中国国外退去始末記」集広舎（12・12）▽「ヴェノナ―解読されたソ連の暗号とスパイ活動」扶桑社、「明智光秀の生涯」吉川弘文館（12・19）

◆社告・お知らせ

朝雲

発行所 朝雲新聞社
〒160-0002 東京都新宿区四谷坂町12－20 KKビル
電話 03(3225)3841
FAX 03(3225)3831
振替00190-4-17600番
定価一部170円、年間購読料9000円（税・送料込み）

本号は12ページ

女性自衛官の活躍推進
「多様な視点の活用」に意義
岩屋防衛大臣 新春に語る
防衛力支える人的基盤を強化 自衛官の魅力向上を図り 職務にふさわしい処遇に

昨年末、5年ぶりとなる新たな「防衛計画の大綱（防衛大綱）」と、その下で最初の5年間の主要事業と経費を示す「中期防衛力整備計画（中期防）」（19〜23年度）が閣議決定された（本紙12月20日付既報）。新大綱・中期防では宇宙、サイバー、電磁波など新領域を含む全領域の能力を有機的に融合した「多次元統合防衛力」の構築を目指すとともに、給与面の改善を含む自衛官の処遇向上にも力を注ぎ、定年年齢の引き上げや再任用の拡大、女性の活躍推進、専門性の高い分野での退職自衛官の活用などに積極的に取り組む方針を打ち出した。日本を取り巻く安全保障環境がかつての想定よりも格段に速いスピードで厳しさと不確実性を増す中、全国25万人の隊員を率いて新たな時代に向けて強いリーダーシップが期待される岩屋毅防衛大臣に昨年1年間を振り返っていただくとともに、新年の意気込みと抱負を聞いた。（聞き手・中島毅一郎朝雲新聞社社長）

——昨年（2018年）は空自で女性初の戦闘機パイロットや海自で女性初の護衛隊司令が誕生しました。陸自でも普通科中隊や戦車中隊などへの配置が女性自衛官に開放されており、全自衛隊で女性の活躍推進が進む中、大臣の女性隊員に対する期待と、今後の女性活躍推進に向けたビジョンをお聞かせください。

岩屋大臣　防衛省・自衛隊においては、陸上自衛隊の普通科中隊や航空自衛隊の戦闘機操縦士など、従前から女性自衛官の配置制限を順次解除し、女性の活躍推進に努めてきたところです。

女性自衛官も男性自衛官と同様に、自衛官としての素養と専門技能を習得し、厳格な規律の下で勤務することに何ら変わりはありません。他方で、例えば、災害派遣などを通じて自衛隊と市民社会との接点を重視する必要がある中、ともすると男性中心の考え方に偏りがちな自衛隊において、多くの女性自衛官が隊務に従事することにより、一層きめ細やかな配慮が行き届くようになるなど、女性自衛官の活躍推進は『多様な視点の活用』という点で大きな意義があると考えています。

私も防衛大臣として、女性自衛官の全自衛官に占める割合を現在の約6・5％からさらに拡大させるよう、女性自衛官の採用を積極的に行うと同時に、各種のワークライフバランス施策や、女性自衛官のための施設整備といった施策についても強力に推進してまいります。

——昨年10月には「自衛官候補生」と「一般曹候補生」の採用年齢の上限が26歳から32歳に引き上げられました。急激な少子高齢化の中で、優秀な人材の確保にどのように取り組んでいかれますか。

大臣　少子高齢化という社会構造の大きな変化に直面する中で、自衛隊の多様な任務を今後とも適切に行っていくためには、優秀かつ多様な人材を安定的に確保することが大事です。

このような考え方の下、採用環境が厳しい中にあっても、より多様な人材を安定的に確保する観点から、採用上限年齢を引き上げて採用層の拡大を図るとともに、勤務環境や生活環境を改善し、自衛官という職業の魅力向上を図ることとしています。

また、自衛官の職務にふさわしい処遇を確保するとともに、育児や介護に伴う時間的制約のある隊員を含め、全ての隊員が持てる能力を十分に発揮できる環境整備を行っていきます。

防衛省が真正面から取り組むべき重要な課題として、防衛力を支える人的基盤の強化に向け、総合的な取り組みを行ってまいりたいと考えています。

（3面に続く）

中島毅一郎朝雲新聞社社長（右）のインタビューに答える岩屋毅防衛相（大臣室で）

岩屋防衛相が「いずも」視察 「新たな挑戦」

岩屋防衛相は12月19日、村川海幕長を伴って海自横須賀基地を訪れ、ヘリ搭載護衛艦「いずも」（艦長・本山勝善1佐）を視察し、乗員たちを激励した。

山下万喜自衛艦隊司令官以下の幹部の出迎えを受けた大臣は、自衛艦隊司令部の視察後、「いずも」艦内のCIC（戦闘指揮所）や医務区画などを回った。

その後、航空機格納庫内で乗員約190人を前に訓示し、新大綱・中期防で「STOVL（短距離離陸・垂直着陸）機」搭載に向けた同艦の改修方針が示されたことを踏まえ、「引き続き多機能な護衛艦として多様な任務に従事してもらう。これらの取り組みは新たな挑戦を求めるものだ。我が国の平和と安全は自らの双肩にかかっているとの責任感を持って、この新たな課題に取り組んでほしい」と述べた。

「いずも」を視察し、艦上で乗員を激励する岩屋防衛相（左から2人目）。左は随行した村川海幕長（12月19日、海自横須賀基地で）

防衛費5兆2574億円
19年度予算 7年連続増で過去最大

政府は12月21日の閣議で2019年度予算案を決定した。一般会計の総額は18年度当初予算比3・8％増の101兆4564億円と7年連続で過去最大を更新し、当初予算として初めて100兆円を突破した。

このうち防衛費は、米軍再編関係費やSACO（沖縄に関する特別行動委員会）関係費などを含め、同1・3％増の5兆2574億円と7年連続で増加し、過去最大規模となった。国内総生産（GDP）に対する比率は0・93％だった。政府は1月に召集する通常国会に予算案を提出し、早期成立を目指す。（1月17日付に詳報掲載予定）

19年度は新たな「防衛計画の大綱」に基づく「中期防衛力整備計画」（19〜23年度）の初年度に当たり、「多次元統合防衛力」の構築に向けて宇宙、サイバー、電磁波など新領域の能力強化に力を注ぐ。

宇宙関連には896億円を計上。監視用レーダーなどを取得するほか、電磁波監視態勢の在り方などを含む宇宙空間の安定的な利用に関する調査研究を新たに開始。防衛政策局戦略企画課に「宇宙・海洋政策室（仮称）」を新設する。

サイバー分野では統幕のサイバー防衛隊を70人増の220人態勢に増強する。電磁波領域では統幕に「電磁波領域企画班（同）」、整備計画局情報通信課に「電磁波政策室（同）」を新設。空自のF15戦闘機に能力向上型の新たな電子戦装置を搭載するなどの改修を行う。

海自の「いずも」型護衛艦については、短距離離陸・垂直着陸（STOVL）機の運用を可能とする改修に向け、着艦時の熱や音が艦内の機器や人体に与える影響を調査研究する費用7000万円を盛り込んだ。

弾道ミサイル防衛では陸上配備型「イージス・アショア」2基の取得関連費1757億円を計上。概算要求時から構成品を精査し、約600億円縮減した。

組織改編では空自の警戒航空隊（司令部・浜松）を「警戒航空団」に格上げし、司令を将補とする。

女性の活躍推進に向けては、防衛省が12月21日、女性自衛官に潜水艦配置を開放したことを受け、海自として初めて潜水艦の女性用区画の整備に着手する。

F35を105機追加調達 147機体制に

政府は12月18日、新たな「防衛計画の大綱」の策定に合わせ、空自が導入を進める最新鋭のF35ステルス戦闘機について、新たに105機を追加調達する方針を閣議了解した。

このうち、42機は短距離離陸・垂直着陸（STOVL）機の「B」型とする予定で、これにより、将来的に「A」「B」両型合わせて147機体制となる。

追加分は、近代化改修に適さない空自のF15戦闘機（約100機）の後継として取得する。2019年度以降のF35の取得は完成機の輸入とすることも決めた。

自衛官定年引き上げ 1佐〜3曹 1歳ずつ

防衛省は12月21日、1佐から3曹までの自衛官の定年年齢をそれぞれ1歳ずつ引き上げることを決めた。自衛隊法施行令などの改正を検討し、2020年1月以降の実施を目指す。

装備品の高度化や任務の国際化などに対応できる知見を豊富に備えた人材の有効活用を図ることが目的。

実施要領は次の通り。

▽1佐＝56→57歳（21年1月）▽2佐、3佐＝55→56歳（21年1月）▽1尉〜1曹＝54→55歳（20年1月）▽2曹、3曹＝53→54歳（22年1月）

女性自衛官に潜水艦配置開放

防衛省は12月21日、海自潜水艦の配置を女性自衛官に開放することを決めた。

安倍政権が掲げる「女性の活躍推進」の一環として同日、原田副大臣を長とする防衛省の女性職員活躍・ワークライフバランス推進本部が決定した。

これにより、「母性の保護」の観点から女性を配置できない陸自の特殊武器（化学）防護隊の一部と坑道中隊を除き、女性自衛官の配置制限が全面的に解除された。

海自と米・英 初の共同訓練

海自のヘリ搭載護衛艦「いずも」（艦長・本山勝善1佐）とP1哨戒機は12月22日、我が国南方海空域で米・英海軍と共同訓練を実施した。日米英が3カ国で共同訓練を行うのは初めて。

米海軍はP8A哨戒機と潜水艦、英海軍はアジア方面に来航中のフリゲート「アーガイル」が参加。

「いずも」は米英軍の艦艇・航空機と共に、情報交換などの各種戦術訓練を行い、相互運用能力の向上を図った。

春夏秋冬
空母型護衛艦の意味するもの　秋元千明

政府はこのほど、平成31年度から始まる中期防衛力整備計画を決定した。この計画の中で最も注目されているのが海上自衛隊が保有する「いずも」型ヘリコプター搭載護衛艦を改修して、これに垂直離着陸が可能な米国製の戦闘機F35Bを搭載する計画が明らかになったことだ。

これは自衛隊が事実上の空母を保有することを意味するものであり、論議を呼んでいる。

日本は数千の島々を領土に持ち、特に九州から台湾に至る南西諸島は幅1000キロ、長さ1200キロに及ぶ広大な海域であり、われわれはこの海域・空域を守らなくてはならない。また、日本の生命線である中東からのシーレーンの防衛も視野に入れれば、日本が空母を保有すべきか否かという議論が起きるのは自然であり、新しい中期防の策定を機に日本の空母保有について多いに議論してもらいたいと思う。

ただ、その前提として最も大切な議論を忘れてはならない。それは、日本が空母機能を保有することによってどのような安全保障戦略を実現しようとしているのかということである。戦闘機の購入を求める米国の要求がまずあって、そのために護衛艦の空母化を検討しているかのような印象を国民に与えてはならない。そもそも日本の島嶼防衛の戦略とはなにか。そして、その戦略実現のため、どのようなロジックで護衛艦の空母化が必要なのか。そして、具体的にどのような空母機能を保有、運用すべきか。

例えば、米国のような早期警戒機や潜水艦、複数の水上艦によって構成される空母打撃部隊の編制まで視野に入れるのか、それとも、米国の強襲揚陸艦のように、上陸作戦の実施や軍民両用の多目的な海上プラットホームとしての運用を想定するのか。さらに、運用にあたって陸、海、空の各自衛隊の役割分担をどうするのか。外国との共同作戦を行う場合、外国の航空機にも自衛隊の空母機能を提供するのか、など日本の空母機能のあり方について中味の濃い議論を期待したい。そして、諸外国が警戒したり、誤解することがないよう、日本の安全保障戦略について細かく情報を発信していくことが重要である。

攻撃兵器であるとかないとか、専守防衛に抵触するとかしないとか、およそ国際社会では通用しないような日本的議論を延々と続けることだけは避けなくてはならない。

（英国王立防衛安全保障研究所アジア本部所長）

昭和基地沖に「しらせ」が到着

文部科学省の第60次南極地域観測隊77人を乗せて南極の昭和基地に向かっていた海自の砕氷艦「しらせ」（艦長・宮崎好司1佐）は12月25日、昭和基地沖に到着した。

今後、観測隊員や物資、食料など約1000トンを基地に輸送するほか、施設建設や観測支援などを行い、2月中旬ごろに昭和基地を離れる予定。

南極の昭和基地に向け、リュツォホルム湾の定着氷に進入する海自砕氷艦「しらせ」

朝雲寸言

昨年末に発表された日米共同世論調査の結果によると、信頼している国内の組織や公共機関のランク付けにおいて、米国では軍隊が、日本では自衛隊が8年連続でトップの座を占めている▼しかし10年前、2008年の調査では自衛隊は8位、それ以前では10位以下に顔を出すことすらなかったこともあった。当時を振り返るとまさに隔世の感がある。自衛隊が国民の信頼を得るようになった契機は阪神・淡路大震災の時である。その後、地下鉄サリン事件、雲仙普賢岳火砕流、そして東日本大震災などの災害派遣を通じて自衛隊は国民の負託に応えてきた▼しかし、それは被災された国民の労苦なしには語れないものであった。それは実は自衛隊にとって[illegible]と胸を張れない複雑な心情を抱かせると同時に、平和や安全の逆説的な真実を再認識させるものとなった▼日米それぞれの国家にとって軍事的脅威となる国家はどこかという質問について、今回の調査は日米ともに北朝鮮と中国、そしてロシアをほぼ同じパーセンテージで選んでいる。これは[illegible]国の脅威が一致するものではないか▼貿易摩擦や地球温暖化、難民問題などまだまだ日米[illegible]いは大きい。しかし[illegible]の世論調査を見る限り日米が立つ国際環境は非常に近しいと言えるかもしれない▼平成最後の年が明けた。新元号と[illegible]本年が我が国そして自衛隊にとって穏やかな年となるよう願っている。

時の焦点

国内

亥年の政権運営

最長首相へ 着実周到に

「今年は、イノシシ年であります。美しい国に向かってたじろがずに、一直線に進んでまいる覚悟でございます」

安倍首相は年頭記者会見でこう語った。

と言っても、今年のことではない。12年前の2007年1月4日、第1次政権当時である。首相はこの会見で、同年夏の参院選の争点として憲法改正を位置づける意向を表明した。

だが、根回しは周到とは言えず、与党内からも異論の声が出た。野党第1党であった民主党の小沢一郎代表は、憲法よりも「国民の生活が第一」という路線を打ち出し、支持を広げた。

首相は参院選で大敗し、その後、退陣に追い込まれた。

亥年は、3年ごとの参院選と、4年ごとの統一地方選が重なる。自民党には、春の地方選で地方議員が疲弊するため、夏の参院選で苦戦するというジンクスがある。

まっとうな憲法論議が軽んじられ、子ども手当などのバラマキを競う。日本政治は、この頃から長い混迷期に入った。今年は首相にとってリベンジをかけた亥年となる。

参院選の勝利だけでも容易ではない。なにより、例年にない課題が相次ぐ一年である。

4月30日に天皇陛下が退位され、皇太子さまが5月1日に即位される。退位は200年ぶり、憲政史上初めてである。最大の責務は、天皇の代替わりと改元を円滑に進めることだ。

10月には、消費税率が10％に引き上げられる。少子高齢化が加速するなか、社会保障の安定財源を国民全体で支えるしかない。過去の政権は、消費増税を掲げては倒れ、あるいは批判を恐れ先送りしてきた。2度も消費増税を果たせば、まさに前例のない実績となる。

そして、首相が心中期する課題は、北方領土問題の解決、日露平和条約の締結であろう。

国民が理想とする北方4島の一括返還に、ロシアが応じる可能性は少ない。かといって、歯舞、色丹の2島の返還では、世論の批判を招く恐れがある。綿密な戦略と周到な交渉が求められる。

首相が今年、こうした課題を乗り越えて11月20日を迎えれば、郷里・山口の大先輩、桂太郎を抜き、憲政史上最長在任となる。

桂太郎はこんな言葉を残している。「一日に十里を行くよりも、十日に十里行くぞ楽しき」

再登板後の首相が安定政権を保っているのも、かつてのように成果を急がない姿勢の故であろう。

猪突猛進ではなく、周囲を見渡して環境を整え、ゆっくりと着実に歩みを進める。それができれば、亥年の終わる頃、首相は歴代最長にふさわしい成果を得ていよう。

宮原 三郎（政治評論家）

海外

20年大統領選

早期予想は信頼度に？

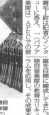

2019年に入ると、米国政治は20年の大統領選挙に向けた動きが一気に加速していく。特に、ホワイトハウス奪還を期す民主党では、既に中間選挙前後から自薦、他薦の「候補者」の活発な動きが目立つ。

「私が大統領に最適だ」と言うバイデン前副大統領、「選挙運動は楽しい」と言うハリス上院議員は、移民税関捜査局（ICE）と白人秘密結社クー・クラックス・クラン（KKK）を同列に扱う発言で批判を浴びた。この他、フロリダ州タラハシー市長から州知事選に出馬して敗れたギラム氏、テキサス州上院選で現職クルーズ議員に挑み、敗れたオルーク氏らの名前も挙がる。

若手に目を向ければ、存在で、新鮮味がいまいちのクリントン元国務長官、若者の支持に頼るサンダース上院議員らは「君はまだいたのか」的存在で、新鮮味がいまいち。

ブッカー上院議員は、「不服従の精神」を身上とし、上院司法委員会の公聴会で、最高裁判事候補のカバノー氏に関する機密資料を公開した。

政治家のパフォーマンスにいちいち目を向けていてもきりがないが、大統領選挙の22カ月前の予想は、当たるのだろうか。

1992年の大統領選挙では、91年1月の時点で、湾岸戦争の勝利で非常に高い支持率を得ていたブッシュ大統領（父）の再選が確実視されていた。

当時、ブッシュ大統領の再選を予想した専門家は多かったが、結果は「ベロー旋風」を巻き起こした富豪ペロー氏に票を奪われ、アーカンソー州知事だったクリントン氏が当選した。

2000年の選挙はどうだったか。99年1月に、共和党の正副大統領候補として、ブッシュ氏（息子）とチェイニー氏の組み合わせを予想した人はいなかった。

また、16年大統領選挙の1年以上前の時点で、トランプ氏が共和党の公認候補となり、大統領当選を果たすと予想した専門家はいたかどうか。

「22カ月」は必ずしも、次期大統領選挙を示すバロメーターとして適当ではないわけだ。今後22カ月に何が起きるか？

民主党は「反トランプ」以外に一貫したメッセージがなく、トランプ氏の今後も米国経済の行方が握っている。22カ月前の予想に命は賭けられないということだ。

草野 徹（外交評論家）

中音派遣隊員に各級賞詞

陸幕長授与 パプアで軍楽隊育成

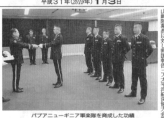

パプアニューギニア軍楽隊を育成した功績で、山崎陸幕長（左）から3級賞詞を受ける陸自中音の蓑毛1尉＝12月20日、陸幕で

防衛省・自衛隊が行う能力構築支援の一環として、パプアニューギニアで軍楽隊の育成に当たっていた陸自中央音楽隊の派遣要員がこのほど帰国し、12月20日、山崎陸幕長に対し帰国報告を行った。

中音は平成27年から約3年間にわたりパプア軍楽隊の教育訓練に当たった。昨年11月に同国の首都ポートモレスビーで開かれたアジア太平洋経済協力会議（APEC）首脳会議の歓迎夕食会では、同軍楽隊による演奏も披露された。

帰国報告は陸幕で行われ、山崎陸幕長に対し、派遣隊員を代表して蓑毛勝熊1尉がパプアでの軍楽隊育成事業を終えて帰国したことを報告。この後、山崎陸幕長から蓑毛1尉以下6人の隊員に各級賞詞が授与された。

その後の懇談で山崎陸幕長は「一つの軍楽隊を最初から育てるのは陸自始まって以来のこと。任務を見事完遂してパプアニューギニア軍との関係強化に繋げたのは、歴史的なことだ」とたたえた。

蓑毛1尉は記者のインタビューに答え、「（パプア軍楽隊は）APECでの披露を目標に練成してきた。陸自音楽隊の教育カリキュラムを応用し、その成果を見て我々の教育が正しかったと確信できた」と語った。

丸茂空幕長（左）のエスコートで陸自の特別儀仗隊を巡閲するインド空軍参謀長のダノア大将（12月11日、防衛省で）

空幕長、印空軍参謀長と会談

【空幕】丸茂空幕長は12月11日、来日したインド空軍参謀長のビレンデル・シン・ダノア大将と防衛省で会談した。

ダノア参謀長は防衛省のメモリアル・ゾーンで殉職隊員の慰霊碑に献花した後、302保安警務中隊による栄誉礼を受け、岩屋防衛相、河野統幕長を表敬した。空幕長との会談では、地域情勢や日印防衛政策、交流などについて幅広く意見を交換、日印空軍種間の今後の協力関係についても話し合った。

ダノア大将は翌12日、空自那覇基地を訪れ、上ノ谷寛南西空司令官と会談、9空団のF15戦闘機などを視察した。

火器管制レーダーを照射 韓国艦が海自P1に

岩屋防衛相は12月21日夜、防衛省で緊急会見を開き、能登半島沖の日本の排他的経済水域（EEZ）内で20日、警戒監視活動を行っていた海自4空群（厚木）のP1哨戒機が韓国海軍「クァンゲト・デワン」級駆逐艦から火器管制レーダーを照射されたと発表した。日本政府は21日、外交ルートで韓国側に厳重抗議し、再発防止を求めた。

防衛省によると、P1は回避行動を取り、3種類の周波数を使って駆逐艦に英語で計3回呼び掛けたが、応答はなかった。

韓国国防省は21日、「通常の作戦中にレーダーを運用したが、日本の哨戒機を追跡する目的で運用した事実はない」と主張した。

防衛省は22日、「火器管制レーダーは攻撃目標の精密な方位・距離の測定に使用するもので、遭難船舶の捜索には水上捜索レーダーの使用が適当だ。航空機や船舶に遭遇した場合は控えるべき動作だ」とする異例の声明を発表。25日にはP1が同レーダーを「一定時間継続して複数回照射されたことを確認した」と公表した。岩屋大臣は25日の記者会見で「不測の事態を招きかねない極めて危険な行為だ」と改めて強い遺憾の意を表した上で、今後は防衛当局間で必要な協議を行っていく考えを示した。

露軍機が日本海上空を偵察飛行

ロシア軍のスホイSu24型戦術偵察機1機が12月19日、日本海上空を偵察飛行したため、空自の北空、中空のF15戦闘機などが緊急発進して対応した。領空侵犯はなかった。北海道・奥尻島沖の日本海上に飛来したSu24は、秋田・男鹿半島沖、新潟・佐渡島沖へと南下した後、石川・能登半島沖で針路を北北西に変え、自国領方面に戻った。

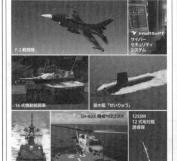

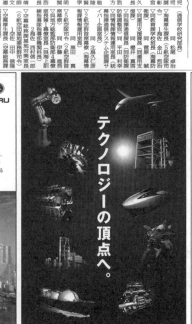

統幕は同日、空自機が撮影した露軍機の写真と航跡図を公表した。

防衛省発令

▽阪神基地隊副長（阪神基地隊）1海佐 水野 剛
▽東京業務隊付
（統幕計画課兼防衛政策局戦略企画課）同 下野 善彦
（阪神基地隊副長）同 川端 宏務
▽空自幹部学校教育部主任教官兼空自幹部学校（空自幹部学校）1空佐 渡邊 聡
（以上12月14日）
▽練習艦隊首席幕僚（練習艦隊司令部）1海佐 小宮浩司
（12月17日）
▽統幕防衛課付（42即応機動連隊長）1陸佐 末永 政則
▽同指揮通信システム企画課サイバー企画室長（統幕指揮通信システム企画課）1海佐 中野 聡
▽陸幕装備計画課（西部方面総監部需品課長）1陸佐 吉元 雄一
▽陸上総隊総務部長（3施設団副団長）同 高岡 久
▽北部方面総監部装備部長（教育訓練研究本部総合企画官）同 高野 康悦
▽同航空隊副隊長（教育訓練研究本部）同 中薗 伸吾
▽東北方面総監部防衛調整官（東北方面総監部防衛部）2陸佐 川畑 竜児
▽同航空隊長兼霞目駐屯地司令（教育訓練研究本部研究調整官）1陸佐 三浦 彰
▽2対戦車ヘリ隊長（宇都宮駐屯地業務隊長）2陸佐 田所 幹久
▽東部方面総監部訓練課長（1空挺団本部）同 山下 正浩
▽東部方面総監部付（北部方面航空隊副隊長）1陸佐 庄山 聡
▽宇都宮駐屯地業務隊長（陸幕装備計画課）同 伊髙 賢
▽5対戦車ヘリ隊長（航空学校宇都宮校総務課長）2陸佐 後藤 博明
▽善通寺駐屯地業務隊長（関東補給処通信電子部長）1陸佐 田中 義浩
▽西部方面総監部需品課長（需品学校）2陸佐 植田 靖
▽相浦駐屯地業務隊長（8師団監察官）1陸佐 竹井 弘文
▽8師団監察官（12普通科連隊副連隊長）2陸佐 高橋 圭
▽3施設団副団長（教育訓練研究本部主任教官）1陸佐 鮫島 昭一
▽水陸機動団本部付（相浦駐屯地業務隊長）同 中富 普晃
▽西部方面混成団副団長（教育訓練研究本部主任教官）同 森岡 雄介
▽34普通科連隊長兼板妻駐屯地司令（東部方面総監部訓練課長）同 深田 満男
▽42即応機動連隊長（富士学校総務課長）同 小見 明之
▽警務隊本部捜査科長（小平学校）2陸佐 鳥越 志信
▽北部方面警務隊長（中部方面警務隊長）1陸佐 國場 進
▽中部方面警務隊長（警務隊本部捜査科長）同 池亀 俊哉
▽富士学校総務課長（東北方面総監部防衛課防衛調整官）同 塚本 洋邦
▽航空学校宇都宮校総務課長（航空学校）2陸佐 小田桐清光
▽通信学校研究部長（通信学校）1陸佐 兒島 隆幸
▽小平学校警務科部長（北部方面警務隊長）同 大西 延昌
▽小平学校付（小平学校警務科部長）同 清野 純一
▽高等工科学校生徒隊長（善通寺駐屯地業務隊長）同 湯浅 智文
▽教育訓練研究本部総合企画官（東北方面航空隊長兼霞目駐屯地司令）同 藤田 悟
▽同研究調整官（教育訓練研究本部）同 小川 隆宏
▽教育訓練研究本部（34普通科連隊長兼板妻駐屯地司令）同 山之内竜二
▽関東補給処通信電子部長（通信学校研究部長）同 松尾 卓治
▽海幕厚生課長（5航空隊司令）1海佐 金山 哲治
▽同教育課学校班長（海幕防衛課）同 菅原 誠
▽同運用支援課長（同運用支援課）同 櫻井 真啓
▽同指揮通信課長（同防衛課防衛調整官）同 平田 利幸
▽同情報課情報運用室長（統幕指揮通信システム企画課サイバー企画室長）同 北島久仁彦
▽2航空群首席幕僚（海幕情報課情報運用室長）同 黒田 真
▽5航空隊司令（2航空群首席幕僚）同 伊藤 進吾
▽呉地方総監部防衛部4幕僚室長兼1幕僚室長（呉海上訓練指導隊指導部機関科長）2海佐 西村信一郎
▽空幕総務課基地対策室長（6航空団基地業務群司令）1空佐 田中 信隆
▽空幕厚生課長（空幕総務課基地対策室長）同 北川 英二
▽同防衛課長（西部航空方面隊防衛部長）同 尾山 正樹
▽同情報課武官業務班長（空幕情報課付）同 上村 宗顕
▽同副監察官（航空支援集団装備課長）同 松永 秀嗣
▽同首席衛生官付衛生官（南西航空方面隊医務官）2空佐 納富 泰行
▽航空総隊装備部長（空自補給本部航空機部長）1空佐 廣明 一郎
▽3航空団整備補給群司令（空自補給本部航空機管理課長）同 岡田 聡
▽6航空団基地業務群司令（情報本部）同 細川 裕一
▽西部航空方面隊防衛部長（空幕情報課武官業務班長）同 村上 博啓
▽南西航空方面隊医務官（航空開発実験集団医務官）同 玉城 盛勝
▽航空支援集団装備課長（航空支援集団司令部）同 林 慶一
▽同医務官（那覇病院副院長兼診療部長）同 識名 敦
▽空自補給本部航空機部長（3航空団整備補給群司令）同 貝﨑 孝仁
▽同航空機管理課長（空幕副監察官）2空佐 前田 昇
▽中央病院2歯科部長（札幌病院歯科部長兼准看護学院長）1陸佐 相羽 寿史
▽札幌病院歯科部長兼准看護学院長（福岡病院歯科部長）同 高橋 俊幸
▽福岡病院歯科部長（中央病院）2陸佐 野澤 浩
▽那覇病院副院長兼診療部長（空幕首席衛生官付歯科担当衛生官兼衛生担当衛生官）1空佐 高祖 裕司
（以上12月20日）

共済組合だより

周囲から「どう思われるのか」ではなく、「自分がどうあるか」を貫き、一歩先へ踏み出そう――。防衛省共済組合では電話（無料専用ダイヤル）による相談窓口「あなたのさぽーとダイヤル」を開設し、組合員と被扶養者の皆さまの心のケアに取り組んでいます。

そっと話して、ほっとやすらぐ。
悩みのある人はお気軽に
「さぽーとダイヤル」でご相談を

相談内容は「こころの悩み」と「健康相談」が対象で、職場における問題等、心の悩みにも対応しています。

電話相談は24時間・年中無休で、一般電話のほか携帯電話、PHSでも受け付けています。全国どこからでも通話料は無料です。ほかに専用サイトでも受け付けています。

匿名で話せるので、プライバシーは100％守られます。安心してご利用ください。

電話番号及び専用サイトのURLについては、共済組合ホームページにログインのうえ、「健康」↓「さぽーとダイヤル」でご確認ください。

職場や家庭でお悩みのある方は、お気軽にご相談ください。

B777型機の操縦席と航法士（ナビゲーター）用の座席。政府専用機だけに航法士用の座席が2席備え付けられている

特輸隊のエプロン地区に並んで駐機する現政府専用機B747−400（左）と新政府専用機B777−300ER（いずれも12月6日、千歳基地で）

〝空飛ぶ首相官邸〟政府専用機が今年4月、最新鋭機の「B777―300ER」に機種更新される。純白の胴体に流れるような赤のラインが入った同機を運航するのは空自の特別航空輸送隊（千歳）だ。皇族や首相が外国訪問の際に利用する同機の機内が初公開されたのを機に、操縦やVIP接遇に当たる隊員に任務運航開始に向けての意気込みを聞いた。

（文・写真　菱川浩嗣）

〝空飛ぶ首相官邸〟新政府専用機

B777型機の機内で、VIPに同行する報道陣用区画を案内する緒方1尉

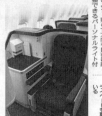

VIP随行員用の事務室。機内でも仕事ができるようプリンターなど各種事務機器も完備

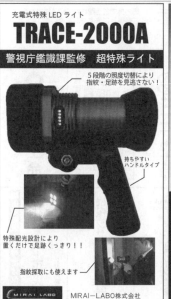

B777―300ER

日本政府向けに特別仕様で製造された「B777―300ER」は、四半世紀にわたり活躍した現・政専機「B747―400」と同じ米ボーイング社製だ。タラップを上がり、後方のドアから機内に入ると、旅客機でおなじみの一般座席が並ぶ。

「この一般区画は85席あり、民航機のプレミアム・エコノミークラスと同じ仕様です。運航の際は記者の皆さまにご使用いただきます」と特輸隊で接遇を担う緒方陽子1尉が案内してくれる。

座席は記者が原稿を書きやすいよう、照らす方向を自在に調整できるパーソナルライト付き。また、足元にはフットレストが付いており、長時間の飛行でも快適に過ごせそうだ。

個人スペースとても充実

その前方の区画には「かまくら」のような形状の座席が互い違いに並んでいた。21席あり、VIPと行動を共にする「随行員区画」だ。ニューヨーク便など全日空の長距離路線に採用されている「スタッガード（互い違い）シート」となっており、プライベートもしっかりと守られる。

「新型機は個人スペースがとても充実しています。特にこの座席は未来に向けた仕様ですね」と、同じく接遇に当たる伊藤敬一郎3曹。

〝空飛ぶ首相官邸〟の代名詞となっている「会議室」は、明るいベージュ色で室内が統一されていた。

B747型機では座席は4席だったが、B777では6席に増えた。この会議室はパーテーションで室内を二分でき、2部屋で別々に会議を開くことも可能という。

首相に随行する職員用の「スタッガード（互い違い）シート」。パーテーションで仕切られ、プライベートも重視されている

4月から任務運航開始

B777―300ER新政府専用機はすでに2機が千歳基地に配備され、特別航空輸送隊が4月からの任務運航開始に向け、教育・訓練など準備を進めている。

隊司令の富崎秀樹1佐は「平成5年に部隊編成されて以来、特輸隊は約25年間、天皇皇后両陛下、内閣総理大臣をはじめ、数々の国賓の方々も輸送してきました。現在は747型機で任務運航を行いながら、同時に新しい777型機の運用訓練を実施しています。多忙ではありますが、全員が一丸となり、新型機の運航に向けて準備を進めています」と話す。

全員一丸で準備進める

777型機は昨年11月、豪・シドニーに初の国外運航訓練を行った。その際、機長を務めた特輸隊777準備室長の永野雄三2佐は「通信システムが新しくなっている分、データリンクがやりやすく、とても使いやすくなりました」と新型機の機能を高く評価。「本番までの3カ月間、問題点を明確にし、その問題をきちんと解決して、運航開始の時を迎えたいと思います」と語った。

岩屋防衛大臣に聞く

1面から続く

――大臣は昨年10月のご着任早々、日豪外務・防衛担当閣僚協議「2プラス2」や、東南アジア諸国連合（ASEAN）地域での国際会議等にご出席され、各国との防衛交流・協力にも積極的に臨んでおられます。「自由で開かれたインド太平洋戦略」というビジョンの下、日米豪印4カ国の連携もますます重要となる中、今後の防衛協力・交流をどう進めていくのかお伺いさせてください。

大臣　法の支配に基づく自由で開かれた海洋秩序は国際社会の安定と繁栄の礎です。特にインド太平洋地域は、世界人口の半数以上が生活している世界の活力の中核となる地域です。この地域を自由で開かれた「国際公共財」とすることは、国際社会の平和と繁栄を確保していく上で重要です。

「自由で開かれたインド太平洋」というビジョンの下、防衛省ではこれまでも豪州、インド、ASEANをはじめとする地域のパートナー国との間で、共同訓練や能力構築支援、防衛装備・技術協力などのさまざまな防衛協力・交流を推進してきています。

昨年10月10日の日豪「2プラス2」は着任早々の実施となりましたが、オーストラリアは我が国にとって「特別な戦略的パートナー」であり、パイン国防大臣らとの間で、日本とオーストラリアが一層緊密に連携していく必要性を再確認するとともに、両国の防衛協力をさらに拡充・深化するための具体策について議論を行うことができました。

各国と防衛協力・交流を推進

また、その翌週に開催されたADMMプラス（拡大ASEAN国防相会議）においては、ASEAN各国との間で、日ASEAN防衛協力の指針である「ビエンチャン・ビジョン」の下で具体的な協力事業が実現している中、今後より実践的な協力を推進していくことを確認しました。

インド太平洋地域の要衝に位置するインドとも、共通の価値観に基づく日印の「特別戦略的グローバル・パートナーシップ」の下、防衛・安全保障協力をさらに強化することが重要であると考えています。

今後とも、新たな防衛大綱の下、自由で開かれたインド太平洋というビジョンを踏まえ、多角的・多層的な安全保障協力を戦略的に推進し、海洋秩序の安定のために取り組んでまいります。

――日米印3カ国の海上共同演習「マラバール」に今後、オーストラリアが加わる可能性はありますか。

大臣　「マラバール」の次回の実施については現在調整中で、オーストラリアの参加についても現時点で[illegible]

――海外部隊に目を向けますと、[illegible]たソマリア沖・アデン湾の海賊対処をはじめ、ジブチで重機教育を行う「災害対処能力強化支援」や、東南アジア諸国への能力構築支援、国連の「早期展開プロジェクト」など、自衛隊によるさまざまな支援が行われ、世界から高い評価を受けています。「積極的平和主義」の観点から、自衛隊が担っている海外任務の重要性と展望についてお聞かせください。また、自衛隊の国際活[illegible]

自衛隊の国際貢献に世界が期待

大臣　我が国を取り巻く安全保障環境は[illegible]ています。

このような中、自衛隊が我が国を含む国際社会全体の平和と安定、繁栄の確保に積極的に寄与していくことは重要であると考えています。

防衛省・自衛隊は、これまで25年以上にわたって各種の国際貢献を行ってきました。現在もソマリア沖・アデン湾における海賊対処行動、国連南スーダン共和国ミッション（UNMISS）司令部への要員派遣などを行っております。

また、近年では、東南アジア諸国をはじめとする各国に対する能力構築支援（キャパシティー・ビルディング）や、国連PKO支援部隊早期展開プロジェクト（RDEC）への自衛官派遣などの取り組みを充実させております。

こうした我が国の強みを生かした形での貢献は、派遣先国の人々や政府、国際社会からの高い評価を得ています。国際社会は、我が国がその国力にふさわしい[illegible]

私も防衛大臣として、[illegible]

隊員は自信と誇りと気概持って

[illegible]

――さて、話はプライベートな話題に変わりまして、岩屋大臣の人となりについてお尋ねします。多忙なご公務でなかなかお休みが取れないと思いますが、貴重な休日はどのようにお過ごしですか。

大臣　50歳を過ぎて始めた趣味が二つあります。一つは書道で、もう一つは自転車です。この10年間、時間のある時には書道に打ち込んだり、東京や地元の大分県（別府市）でも自転車に乗って気ままに行きたいところに行ったりするのが楽しみで、そうした過ごし方をしていたのですが、大臣就任後はなかなか時間がとれなくて、その点はちょっと寂しく思います。

――体力維持の秘訣は自転車というわけですね。

大臣　自転車には雨の日以外、ほぼ毎朝乗っていましたので、体力には自信があります。それに、自転車は実に教訓的です。行きは下りの坂道で「気持ちがいいなぁ」と思っていると、[illegible]

――そのほか何かご趣味はお持ちですか。

大臣　60歳になって始めた趣味もあります。「六十の手習い」という言葉がありますが、[illegible]ギターを[illegible]吉田拓郎さん、チューリップなどの[illegible]

「南洲翁遺訓」が座右の書

[illegible]

――最後に、全国の隊員へ新年のメッセージをお願いします。

大臣　[illegible]

募集・援護 特集

自衛隊支援の功労者

藤田泰三地本長（前列中央）から感謝状を授与された受賞者ら（12月7日、福井県国際交流会館で）

17人の功績たたえる

福井地本長「手厚い支援に感謝」

【福井】地本は12月7日、自衛隊への各種協力支援で功労のあった17人に対する感謝状贈呈式を福井県国際交流会館で実施した。

藤田泰三地本長は功労者一人一人に感謝状を授与。後、「自衛隊が任務を粛々と遂行できるのも、受賞された皆さまの平素からの手厚いご支援のおかげです。我々はこれからも『福井のために、日本のために』という思いと謝意を忘れずに、国民の皆さまから最後の砦として信頼していただけるよう精進して参ります」と謝辞を述べた。

受賞者の一人、自衛隊募集相談員の木村司氏は「表彰を光栄に思う。今後も誇りを持って自衛隊の仕事のあっ旋を若者に紹介していきたい」と語った。

三重県雇用協前会長 松岡さん旭日章受章

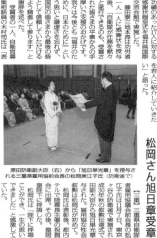

原田防衛副大臣（右）から「旭日単光章」を授与される三重県雇用協前会長の松岡美江子氏（防衛省で）

【三重】三重県自衛隊除隊者雇用協議会前会長の松岡美江子氏は11月7日、東京・市ケ谷の防衛省で挙行された平成30年秋の叙勲伝達式で、原田副大臣から旭日単光章を授与された。雇用協議会会長の叙勲は松岡氏が初めて。

松岡氏は表彰後、都内のホテルで開かれた陸幕長主催の祝賀昼食会に出席。その後、皇居で天皇陛下に拝謁した。

松岡氏は「陛下に拝謁することができ、一生の思い出ができました」と感激して語っていた。

アラサー新隊員が始動

「若い同期に負けないぞ」

91人、武山で入隊式

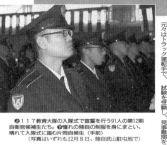

2019年は「32歳の新隊員」も活躍するぞ――。陸自117教育大隊（武山）などの教育部隊は昨年末、採用年齢が26歳から32歳に引き上げられたチャンスを生かして入隊した“アラサー新隊員”の入隊式を行った。いずれも10年前後の豊富な社会人経験を持つ新隊員ばかりで、早速、「20歳前後の若い同期には負けないぞ！」と闘志を燃やし、部隊で本格的に教育・訓練を開始した。

第12期自衛官候補生入隊式は12月8日、117教育大隊で行われ、91人（うち年齢引き上げによる採用者は8人）の新隊員が整列、来賓ら約100人の祝福を受けた。

国歌斉唱の後、大隊長の川東賢治2佐が91人を自候生に任命。代表の藤井涼太自候生らが申告後、全員で服務の宣誓を行った。

川東大隊長は「今まで生活環境も、年齢もばらばらでありながら、縁あって武山の地で生活を共にする91人は、かけがえのない仲間だ。苦しい時も弱音を吐かず、同期と共に力を合わせ、困難に立ち向かい、最後までやり抜いてほしい」と式辞を述べた。

その後、堀征己東方混成団副団長が登壇し、「数ある職業の中から自衛官を選んでくれた諸官に心から敬意を表する。何事にも積極果敢に挑戦し、失敗を真摯に反省して自衛官として、社会人として成長していってほしい」と訓示した。

立会した自候生の家族は着隊後、わずかな期間で見違えるほど成長した新隊員に、驚いた様子だった。

積極果敢に挑戦を

3隊員が抱負

【東方＝朝霞】入隊式に先立ち11月26日、武山駐屯地で着隊行事が行われた。「年齢引き上げ」によって入隊が実現した片岡貴之自候生（32）、和田晃輔自候生（30）、櫻井巧自候生（29）の3人も熱望した陸自への入隊の喜びを語った。

トラック運転手から転身

「友人の陸自隊員からの勧めが入隊のきっかけだった」と振り返る片岡自候生。元々はトラック運転手で、仕事の合間に神奈川地本市ケ尾募集案内所に足を運び、試験や職種について説明を受けた。同所の広報官・江澤雅宏3陸曹の熱心なサポートを受け、年齢引き上げ開始月の10月に自候生試験を受験し、見事難関を突破した。

片岡自候生は「家族から『やれるだけのことはやって来い！』と背中を押してもらった。これから陸上自衛官として家族への恩返しとともに、国民のためにも頑張りたい」と抱負を語った。

㊤117教育大隊の入隊式で宣誓を行う91人の第12期自衛官候補生たち。㊦憧れの陸自の制服を身にまとい、晴れて入隊式に臨む片岡自候生（手前）
（写真はいずれも12月8日、陸自武山駐屯地で）

諦めかけた夢チャレンジ

和田自候生は自衛官になる夢を抱いていたが、年齢上限を迎えて自衛官への道を一度は諦めた。しかし、今回の「規則改正」を新聞で知り、応募を決断した。

「もう一度、夢を追いかけようと決めた。陸上競技で培った体力と、服飾業で培った社交性を発揮して陸曹を目指し、その後はレンジャー、通信職種、広報官などにもチャレンジしたい」と希望を述べた。

妻が背中押す 人育てたい

一方、陸自に過去7年間在籍していたという櫻井自候生。家業を継ぐために退職し、その後は即応予備自として訓練を続けていた。

「出頭訓練に参加しているうちに、自分も部隊で人を育てたいという思いが強まった。教育隊にいる間、娘と離れて生活するのは寂しいが、妻が迷う私の背中を押してくれた。29歳になってしまったが、もう一度入隊し、年齢が若い仲間たちを引っ張って陸曹も目指したい」と決意を表明した。

30歳前後の新隊員を迎えた川東大隊長は、部隊の今後の教育方針について「新隊員ごとに体力差があるので、全員が徐々に身に付くよう指導し、教育要員に対しては体罰の厳禁といじめを見逃さないよう徹底したい。新隊員たちは同期との絆を大事にして、将来の陸上自衛隊を担う存在になってほしい」と語った。

艦艇見学ツアーに入隊予定者を引率

香川 歴史や伝統に触れる

【香川】地本は12月8、9の両日、県内の海自入隊予定者ら15人を海自部隊に引率する「自衛隊艦艇等見学ツアー」を実施した。

同ツアーは入隊予定者の海自への理解を深めることが目的。15人は最初に1術校（江田島）を訪れ、海軍兵学校から続く伝統や由緒ある施設に触れ見学した。

2日目は呉基地で潜水艦「じんりゅう」とヘリ搭載護衛艦「かが」を見学。「かが」では地元・香川出身の艦長永田英幹1佐をはじめ地元出身隊員3人に迎えられ、艦内の設備について詳しく説明を受けた。参加者は「将来、自分も護衛艦に乗りたい！」と語っていた。

見学中は「艦内生活で大変な事は何ですか？」「飛行科とはどのような職種ですか？」などと質問をぶつけ、乗員が丁寧に回答していた。

当初の職種希望では潜水艦希望者はいなかったが、ツアー後、潜水艦への乗艦を意思表明する人も現れた。

自衛隊艦艇等見学ツアーで1術校、幹部候補生学校を見学する参加者たち（12月8日、海自江田島基地で）

6音定期演奏会で広報

防衛省カレンダー 中高生に人気 山形

【山形】地本は12月8日、山形市のやまぎんホールで行われた「陸自6音楽隊定期演奏会」に合わせ、広報展を開催した。

当日は朝から雪が降り続いたにも関わらず、約1300人のブラスファンが来場し、会場は満員の観客で埋め尽くされた。

地本はホール内に募集広報ブースを開設し、自衛官候補生や高工校生徒などをPR。音楽隊の演奏を聴きに訪れた中学、高校の吹奏楽部員やその家族に3自衛隊のパンフレットやペーパークラフトなどを手渡した。

このほか、アンケートに答えてくれた募集適齢者には2019年の防衛省カレンダーを贈呈。多くの若者が「自衛隊のレア・カレンダー」を目当てにアンケートに答えてくれた。

さらに会場では地本のフェイスブックやツイッターを紹介するQRコード付きのパネルも展示し、若者にSNSでも情報発信した。

スタンプラリー 13組17人が達成 新潟

新潟地本のスタンプラリーを全て達成し、小圓井地本長（左から2人目）から表彰状を授与される自衛隊ファンの家族（11月25日、新潟地本で）

【新潟】地本は11月25日、本部会議室で「新潟地本スタンプラリー達成記念表彰式」を実施した。

これは、県内で実施した各イベント（20会場）に参加し、地本の各募集事務所や陸自の各駐屯地援護室のスタンプを集める企画で、今回で7年目。

5月4日の「トミカ博」から9月30日の長岡市で行われた「みんなの防衛フェア」までの期間中、自衛隊ファンは各イベント会場を巡り、スタンプを押してもらった。

「スタンプ10個押印で全制覇」となる今年は、13組17人が見事ミッションを達成。式には達成者10人が出席し、小圓井明裕地本長から表彰を受けた。

達成者は「新潟東港の『ひゅうが』や『しらせ』の見学が印象に残っています」と話していた。

ただいま募集中！
◇高工校生徒（一般）
◇自衛官候補生
◇貸費学生（技術）
★詳細は最寄りの自衛隊地方協力本部へ

平和を、仕事にする。

新春メッセージ　2019

防衛力強化　迅速に

防衛副大臣　原田　憲治

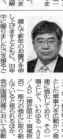

明けましておめでとうございます。隊員およびご家族をはじめ、関係者の皆さまにおかれては、よき新年をお迎えのことと存じます。

我が国を取り巻く安全保障環境は、従前想定していたよりも格段に速いスピードで厳しさと不確実性を増しております。

厳しい安全保障環境下にあっても、国民の生命・財産、我が国の領土・領海・領空を守り抜くため、昨年末、「防衛計画の大綱」の見直しと新たな「中期防衛力整備計画」の策定を行い、従来の延長線上ではなく、国民を守るために真に実効的な防衛力のあるべき姿をお示ししました。

今後は、新たな大綱、中期防に基づき、宇宙・サイバー・電磁波領域をはじめとする優先分野への資源の重点配分、人的基盤の強化、装備体系の見直し、技術基盤の充実・強化、装備調達の最適化、防衛産業基盤の強靭化等に取り組み、我が国の防衛力の強化を迅速に進めてまいります。

このほかにも、防衛省・自衛隊が取り組むべき課題は山積しておりますが、本年も、隊員諸君とともに、国民のご期待と信頼に応えることができるよう、精一杯職務に励んでまいります。

隊員のご家族をはじめ、関係者の皆さまにおかれましては、より一層のご理解・ご支援を賜りますよう、どうぞよろしくお願いいたします。

最後になりますが、本年が皆さまにとって幸多き年となるよう祈念申し上げ、年頭の挨拶とさせていただきます。

グローバルな安全保障

防衛大臣政務官　鈴木　貴子

明けましておめでとうございます。国内外の各地で勤務されている隊員の皆さま、ご家族の皆さま、読者の皆さまに謹んで新年のお慶びを申し上げます。

我が国を取り巻く安全保障環境は厳しさと不確実性を増しておりますが、その状況を改善していくため、「自由で開かれたインド太平洋」というビジョンを踏まえた、多角的・多層的な安全保障協力を進めることが重要です。

昨年は、中国との海空連絡メカニズムの運用開始、フランス、カナダとのACSA署名、インドと初の陸軍種および空軍種間の共同訓練の実施、フィリピンへのTC90練習機の無償譲渡など、各国との防衛協力・交流を積極的に推進することができました。

本年も、諸外国とのハイレベルの協議や共同訓練、防衛装備・技術協力、能力構築支援、各軍種間の交流などを力強く推進するとともに、ソマリア沖・アデン湾における海賊対処行動など、グローバルな安全保障上の課題にも引き続きしっかりと取り組んでまいります。

また、日々任務に励む隊員が高い士気を保ち、その能力を十分発揮できるよう、さらには、育児や介護等との両立もできるよう、生活・勤務環境の改善を図るとともに、働き方改革の推進等に、より一層取り組んでまいります。

国民の生命と平和な暮らしを守り抜くため、本年も、隊員諸君とともに岩屋大臣をお支えし、全力を尽くしてまいります。

結びに、本年は皇位の継承もあり、我が国にとって新たなスタートの年です。皆さまの益々のご健勝と皇室の弥栄を祈念申し上げ、新年の挨拶とさせていただきます。

安全・安心のため精励

防衛大臣政務官　山田　宏

新年おめでとうございます。隊員諸君、ご家族の皆さま、読者の皆さま、本年もよろしくお願い申し上げます。

国民の生命と平和な暮らしを守り抜く、我々がこの使命を果たしていくためには、我が国自身の努力とあいまって、日米同盟の一層の強化が欠かせません。

日米ガイドラインの見直しや平和安全法制の整備により、日米間の連携はあらゆるレベルで一層緊密化しており、日米同盟はかつてないほど強固なものとなっています。

本年も、引き続き、日米間の各種協議の深化を図るほか、日米共同訓練、自衛隊による米軍の警護、米軍の活動を支援するための後方支援といった取り組みを一層積極的に実施していくことで、日米同盟の抑止力・対処力を強化し、我が国の平和と安全の確保に万全を期してまいります。

同時に、基地の所在する地元の方々の負担の軽減も進めてまいります。特に、沖縄については、目に見える形で負担軽減を実現できるよう、県民の皆さまからご理解、ご協力が得られるよう丁寧にご説明しながら、全力で取り組んでまいります。

厳しい安全保障環境の下、防衛省・自衛隊が果たすべき役割は多岐にわたりますが、国民の皆さまの安全・安心のために、隊員諸君とともに、緊張感を持って職務に一層精励してまいります。

最後になりますが、隊員諸君、ご家族の皆さま、読者の皆さまの益々のご健勝をお祈りして、新年の挨拶とさせていただきます。

諸外国と協力推進

防衛事務次官　髙橋　憲一

謹んで新年のお慶びを申し上げますとともに、旧年中に賜りましたご支援やご協力に厚く御礼申し上げます。

我が国を取り巻く安全保障環境は、従前想定していたよりも格段に速いスピードで厳しさと不確実性を増しています。

朝鮮半島においては、依然として北朝鮮による核・ミサイルの廃棄は具体的に進展しておらず、北朝鮮はその能力を維持しています。

中国は、核・ミサイル戦力や、海上・航空戦力を中心とした軍事力を広範かつ急速に強化しており、その一環として、いわゆる「A2／AD（接近阻止・領域拒否）」能力の強化に取り組んでいると見られるほか、我が国周辺等において活動を活発化させています。

さらに、グローバルな安全保障上の課題として、サイバーや宇宙空間などの新たな領域における課題が顕在化しています。

このような状況の下、防衛省・自衛隊は、昨年12月に閣議決定された新たな防衛大綱・中期防に基づき防衛力の強化に努め、日米同盟の抑止力・対処力を一層強化し、諸外国との安全保障協力を一層推進することで、国民の生命・財産、我が国の領土・領海・領空を守る責務を果たしてまいります。

同時に、適切な公文書管理を徹底するとともに、各種事故の根絶のため、安全管理を徹底してまいります。

今後とも、岩屋大臣をはじめとする政務三役のご指導の下、職員一同、厳正な規律を維持し、一致団結して、安全保障上の諸課題に対応してまいります。

最後になりましたが、皆さまのご多幸とご健勝を祈念いたしまして、年頭の挨拶とさせていただきます。

多次元統合防衛力を構築

統合幕僚長　河野　克俊

朝雲読者の皆さま、謹んで新年のご挨拶を申し上げます。また、旧年中に賜りましたご支援・ご協力に、心より御礼申し上げます。

我が国を取り巻く昨今の安全保障環境は、さまざまな課題や不安定要因がより顕在化・先鋭化し、一層厳しさを増しております。

そのような中、自衛隊は365日24時間、事態に即応できる態勢を維持しています。

昨年は「平成30年7月豪雨」等に伴う災害発生に際し、各種災害派遣活動を実施、国外においては、インドネシア共和国に国際緊急援助隊を派遣致しました。ソマリア沖・アデン湾では、現在も海賊対処を実施しております。また、国際社会と連携し、国連安保理決議の実効性確保のため、北朝鮮による「瀬取り」の監視活動に取り組みました。

訓練面では「日米共同統合演習」等を通じ、各種事態における統合運用要領を演練し、また、米国をはじめとする各国との防衛協力・交流を実施しました。

今年は、各種事態に対応し得るよう、昨年末に示された新たな防衛計画の大綱および中期防衛力整備計画を踏まえ、陸海空のみならず、宇宙、サイバー、電磁波といった新たな領域を組み合わせた領域横断作戦を遂行するための能力を向上し「多次元統合防衛力」の構築を着実に進めてまいります。

一方で、昨年生起させました、民間の方々に被害を及ぼすという自衛隊としてあってはならない事故に対する痛切な反省を踏まえ、安全管理に対する指導と再発防止策の徹底を図ってまいります。

今後とも変わらぬご支援・ご協力をお願い申し上げるとともに、皆さまのご健勝とご多幸をご祈念申し上げます。

新たな飛躍に向けて

陸上幕僚長　山崎　幸二

新年おめでとうございます。皆さまにおかれましては、希望に満ちた輝かしい新年をお迎えのこととお慶び申し上げます。

さて、我が国を取り巻く安全保障環境はより一層複雑化し、不確実性が増大しています。また、宇宙・サイバー・電磁波といった新たな領域の脅威が現出し、かつてないほど厳しい状況と認識しております。

このような中、昨年は統合運用態勢の実効性を向上させるため、陸上総隊、教育訓練研究本部および水陸機動団の新編、8師団・14旅団の機動師・旅団への改編等を行い、「即応機動する陸上防衛力」を具現する新たな体制の骨格を整備しました。本体制の下、我が国の平和と独立、国民の安心と安全を守るため、日夜厳しい訓練に励むとともに、自然災害をはじめとする各種事態に適切に対処しました。また、国連PKO支援部隊早期展開プロジェクト等をはじめとする陸上自衛隊ならではの国際平和協力活動を行い、国際社会の平和と安定に貢献しました。

本年は現在取り組んでいる「陸自創隊以来の大改革」を引き続き推進するとともに、昨年末に策定された新「防衛計画の大綱」等に示す多次元統合防衛力を実現する陸上防衛力の構築に着手する所存です。

また、本年は天皇陛下のご退位および皇太子殿下のご即位等の国家的な行事があり、陸自に与えられる任務を着実に遂行したいと思います。

新年にあたり、時代の変化に的確に対応し国家、国民の負託に応えるため改めて日々の隊務に精励することをお誓いするとともに、皆さまにとり本年が幸多い年となることを祈念申し上げ、ご挨拶と致します。

隊員一丸　果敢に挑戦

海上幕僚長　村川　豊

皆さま、新年おめでとうございます。旧年中賜りました数々のご支援・ご協力に対し、海上自衛隊を代表し、深く感謝致します。

さて、我が国を取り巻く安全保障環境は、既存の秩序をめぐる不確実性が増大するなど、極めて速いスピードで変化しています。また、宇宙・サイバー・電磁波といった新たな領域の利用拡大は、これまでの安全保障の在り方を根本から変えようとしています。

我が国周辺では、中国が今世紀中葉までに「世界一流の軍隊」を建設することを目標に、透明性を欠いたまま、軍事力の質・量を広範かつ急速に強化しています。北朝鮮は、朝鮮半島の完全な非核化に向けた意思を表明したものの、核・ミサイル能力に本質的な変化はありません。

このような情勢下、海上自衛隊は、国民の皆さまの期待に応え、厳しさを増す安全保障環境に対応し、我が国防衛はもとより、「自由で開かれたインド太平洋」を実現していきます。

このため、昨年末、新たに策定された防衛計画の大綱および中期防衛力整備計画を踏まえ、「人的基盤」、「作戦基盤」および「装備技術基盤」の三つの基盤強化を加速してまいります。

全隊員一丸となって我が国を守り抜くため、果敢に挑戦する海上自衛隊に、本年も皆さまからのご支援・ご協力を賜ることができれば幸甚です。最後になりますが、本年が皆さまにとって幸多き年になることを祈念し、年頭のご挨拶とさせていただきます。

新領域の能力を強化

航空幕僚長　丸茂　吉成

朝雲新聞をご愛読の皆さまに、謹んで新年のお慶びを申し上げます。また、旧年中は、航空自衛隊に対し格別のご厚誼を賜り、ありがとうございました。

現在、我が国を取り巻く安全保障環境は、極めて速いスピードで変化しています。国際社会のパワーバランスの変化は加速化・複雑化し、既存の秩序をめぐる不確実性は増大しています。

このような安全保障の現実に正面から向き合い、従来の延長線上ではない実効的な防衛力を構築する必要があるとの考えのもと、昨年12月に「新たな防衛計画の大綱及び中期防衛力整備計画」が策定されました。新大綱・中期防では「多次元統合防衛力」を構築し、領域横断（クロス・ドメイン）作戦に必要な能力を強化するとされています。

新しく迎えた平成31年は、多様化する任務を着実に遂行するとともに、宇宙・サイバー・電磁波といった新たな領域における能力の獲得・強化、柔軟な運用が可能な短距離離陸・垂直着陸（STOVL）機を含む戦闘機体系の構築、スタンド・オフ防衛能力および総合ミサイル防空能力の強化等により、太平洋側を含め、空における対処能力をさらに向上させ、国民の皆さまの生命・身体・財産、我が国の領土・領海・領空を守るため、一丸となって任務にまい進し、国民の皆さまの負託に応えたいと思います。

本年も引き続き、皆さまの航空自衛隊に対するご理解とご協力を、よろしくお願い申し上げます。最後に、読者の皆さまのご健勝およびご多幸を祈念して、新年のご挨拶といたします。

技術的優越の確保へ

防衛装備庁長官　深山　延暁

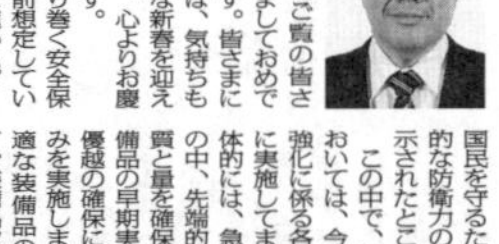

朝雲新聞をご覧の皆さま、新年明けましておめでとうございます。皆さまにおかれましては、気持ちも新たに健やかな新春を迎えられたことと、心よりお慶び申し上げます。

我が国を取り巻く安全保障環境は、従前想定していたよりも格段に速いスピードで厳しさと不確実性を増しています。このような認識の下、昨年末、新たな「防衛計画の大綱」と「中期防衛力整備計画」が策定され、従来の延長線上ではない、国民を守るために真に実効的な防衛力のあるべき姿が示されたところです。

この中で、防衛装備庁においては、今後、防衛力の強化に係る各種施策を着実に実施してまいります。具体的には、急激な技術革新の中、先端的な防衛装備の質と量を確保するため、装備品の早期実用化や技術的優越の確保に向けた取り組みを実施します。また、最適な装備品の取得に向けて、装備品取得の全般にわたり、さらなる合理化・効率化を図るための各種取組を推進するとともに、装備品のライフサイクル全体を通じたプロジェクト管理を強化します。さらに、我が国の防衛産業基盤の強靭化を図るため、企業間の競争やサプライチェーンの強化を促すとともに、装備品の適切な海外移転をさらに推進します。

防衛装備庁は、国民の生命・財産、我が国の領土・領海・領空を守り抜くため、防衛装備の分野から全力を尽くしてまいります。皆さまのご多幸とご健勝を祈念するとともに、今後とも変わらぬご支援・ご協力を賜りますようお願い申し上げ、新春の挨拶とさせていただきます。

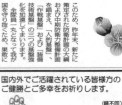

(公益財団法人)特攻隊戦没者慰霊顕彰会の活動と入会のお勧め

●特攻顕彰会は、昭和28年特攻平和観音奉賛会として設立以来65年間活動して参りました。現在は公益財団法人として、特攻隊員の慰霊・顕彰のため、年2回の慰霊祭の実施と全国特攻関連慰霊祭への参列、護国神社への特攻像の奉納、会報「特攻」等の発行・出版等による特攻隊の伝承等の各種活動を行っております。
●特攻隊員の慰霊と遺徳顕彰のため一緒に活動しましょう。
入会はいつでも、どなたでも可能です。入会後は会報「特攻」はじめ各種資料が優先的に提供されます。年会費は3000円(中/高/大学生1000円)です。入会申し込みはホームページ、入会案内添付の「入会申込書」又は下記連絡先にお問合せ下さい。

(公益財団法人)特攻隊戦没者慰霊顕彰会(事務局)

(住　所)　〒102-0073
東京都千代田区九段北3-1-1
靖国神社遊就館内
(電　話)　03-5213-4594
(ＦＡＸ)　03-5213-4596
(メール)　tokuseniken@tokkotai.or.jp
(Ｈ　Ｐ)　www.tokkotai.or.jp

(公益財団法人)特攻隊戦没者慰霊顕彰会

死するともなほ死するとも
我が魂よ
永久(とわ)にとどまり
御国(みくに)まもらせ

第一次神風特別攻撃隊　緒方　襄　海軍中尉(22歳)
昭和20年3月21日(特攻戦死)

帰ることのない特攻戦法は、確かに戦闘手段としては「外道」であるかもしれない。だから特攻を「無謀で狂気」と言うのは簡単である。
だが、特攻隊員の中に死にたくて死んだ者は一人もいないはずである。
特攻は、自分に原因があって死にたくなって死ぬ自殺とは、根本的に違うからである。
『特攻は、心身ともに健全な若人が「ほかの、多くの人々を救うための愛の行動であり、大いなるものへの文字通り献身であった。人間の根幹に基づく特性と言えるであろう。「自分さえよければ」というエゴイストには、特攻はできることではない』

特攻隊員の慰霊・顕彰活動を続けていきましょう

謹賀新年　皆様のご健康とご多幸をお祈り申し上げます

防衛省にご勤務のみなさまの生活をサポートいたします

【新築分譲会社】
青木あすなろ建設株式会社
株式会社アキュラホーム
株式会社アトリウム
穴吹興産株式会社
株式会社穴吹工務店
近鉄不動産株式会社
京成電鉄株式会社
株式会社サンウッド
サンヨーホームズ株式会社
JR西日本プロパティーズ株式会社
株式会社ジョイント・コーポレーション
新日鉄興和不動産株式会社
新日本建設株式会社
スウェーデンハウス株式会社
株式会社西武プロパティーズ
セコムホームライフ株式会社
相鉄不動産販売株式会社
株式会社大京
大成有楽不動産株式会社
大和ハウス工業株式会社
株式会社タカラレーベン
株式会社タカラレーベン東北
ナイス株式会社
株式会社日本エスコン
日本土地建物株式会社
野村不動産アーバンネット株式会社
株式会社長谷工コーポレーション
株式会社フージャースアベニュー
株式会社フージャースコーポレーション
株式会社細田工務店
株式会社マリモ
明和地所株式会社
株式会社リブラン

【ハウスメーカー(注文住宅)】
株式会社アキュラホーム
株式会社木下工務店
近鉄不動産株式会社
サンヨーホームズ株式会社
スウェーデンハウス株式会社
大成建設ハウジング株式会社
株式会社東急ホームズ
古河林業株式会社
株式会社細田工務店
三菱地所ホーム株式会社
株式会社ヤマダホームズ

【リフォーム・外壁塗装等】
株式会社木下工務店リフォーム
佐藤建工株式会社
サンヨーホームズ株式会社
三和建創株式会社
スウェーデンハウスリフォーム株式会社
大成建設ハウジング株式会社
株式会社東急ホームズ
東京ガスリモデリング株式会社
株式会社長谷工リフォーム
株式会社細田工務店
三菱地所ホーム株式会社
株式会社ヤマダホームズ

【仲介・賃貸】
穴吹不動産流通株式会社
株式会社オープンハウス
セコムホームライフ株式会社
相鉄不動産販売株式会社
株式会社大京穴吹不動産
大成有楽不動産販売株式会社
東急リバブル株式会社
東京ガスリモデリング株式会社
ナイス株式会社
株式会社長谷工ビジネスプロクシー
株式会社長谷工リアルエステート
株式会社BCAN
三井不動産リアルティ株式会社

【オーダーカーテン等インテリア】
アートコーポレーション株式会社
佐藤建工株式会社
北洋交易株式会社

【ハウスクリーニング】
佐藤建工株式会社

【ホームセキュリティ】
セコム株式会社

【有料老人ホーム・介護・高齢者住宅】
株式会社木下の介護
セコム株式会社
株式会社長谷工シニアホールディングス
株式会社フージャースケアデザイン

【引越】
アートコーポレーション株式会社
株式会社岡田運輸
株式会社サカイ引越センター

【保険】
損害保険ジャパン日本興亜株式会社
あいおいニッセイ同和損害保険株式会社
三井住友海上火災保険株式会社
東京海上日動火災保険株式会社
共栄火災海上保険株式会社
AIG損害保険株式会社
そんぽ24損害保険株式会社

【ギフト】
信州ハム株式会社
プリマハム株式会社

【葬祭・墓石】
株式会社和泉家石材店
須藤石材株式会社
株式会社セレモア
株式会社メモリアルアートの大野屋

コーサイ・サービス株式会社　提携会社一同

すべては品質から。

コナカ　FUTATA

謹んで新年のご祝詞を申し上げます

旧年中はひとかたならぬご愛顧を賜り
厚く御礼申し上げます
年頭に際し、皆様のご健康を
心よりお祈り申し上げます
本年も尚一層のお引き立てを賜りますよう
よろしくお願い申し上げます

2019年 1月

新春 初売り 開催中!!

お得なクーポンをゲット!

さらに

お会計の際に優待カードをご提示ください
KONAKAアプリクーポンご利用後価格から
優待カード 20%OFF
●詳しくは店舗スタッフまでおたずねください

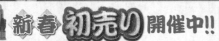

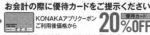

海賊による被害が多発したインド洋のソマリア沖・アデン湾で、2009年に自衛隊が「海賊対処行動」を開始し、今年で10年。活動当初は年間200件以上あった海賊事案も、現在は自衛隊や各国軍の取り組みにより、ほぼなくなった。しかし、ソマリアなど沿岸国の貧困は改善されてはおらず、海賊の危険性は依然、高い。現在、民間船舶などの護衛任務に当たる水上部隊、上空から警戒監視に当たる航空隊、ジブチ共和国に置かれた自衛隊活動拠点で警備などを担う支援隊の各指揮官から、現地の状況を伝えるレポートが届いた。（星 里美）

ソマリア沖・アデン湾
海賊対処活動 10年の節目

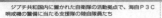

水上、航空、支援 各指揮官に聞く

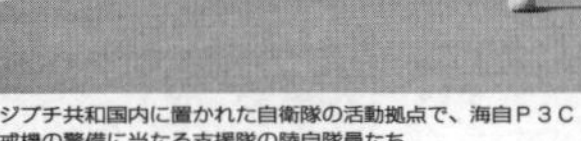

ジブチ共和国内に置かれた自衛隊の活動拠点で、海自P3C哨戒機の警備に当たる支援隊の陸自隊員たち

所属の枠を越え一致団結

派遣海賊対処行動水上部隊31次隊 指揮官・東良子1海佐（1護衛隊司令）

水上部隊31次隊は護衛艦「いかづち」と海上保安庁派遣捜査隊により編成されており、アデン湾を往復しながら民間船舶の直接護衛と、状況に応じて割り当てられた特定の海域で警戒にあたる「ゾーン・ディフェンス」を行い、海上の安全確保に努めています。

近年、海賊行為の発生件数は自衛隊を含む各国海軍などによる海賊対処活動の継続や商船側による「ベスト・マネジメント・プラクティス」に基づく自衛措置の実施など、国際社会による海賊対策の成果により、低い水準で推移しています。

しかし、ソマリア国内の貧困といった海賊問題の根本的な要因がいまだに解決していない状況を鑑みれば、海賊による脅威は存在しており、予断は許さない状況です。

海賊行為から船舶を保護することは、我が国の国益にとっても極めて重要な活動であり、このような活動に我々自衛隊が派遣されることは、我が国の安寧と繁栄のみならず、広く国際社会に貢献する大きな意義があると考えます。

船舶護衛を効果的に行うためには、情報共有の観点から関係国との協力が重要です。また、海賊対処に係る連携要領の向上を目的とし、機会を捉えて参加各国海軍との共同訓練を実施しており、直近ではロシアやインド海軍と共同訓練を実施しました。停泊時には他国海軍艦艇を訪問し、海賊対処に関する意見交換なども行い、交流を深めています。

任務に従事する乗員たちの身体・精神面のケアでは、私自身が積極的に声掛けをして心情の変化の有無に気を付けています。また、家族メールや電話などを使用した留守家族との連絡を推奨しています。

洋上においては艦上体育を励行し、希望者を募って体幹トレーニングを行い、基礎体力の向上と心身のリフレッシュを図っています。

「責務を果たす」「誇り」という指導方針のもと、海自と海保が所属の枠を超えて一致団結し、明るく元気に日々の任務にまい進しています。引き続き、ご支援よろしくお願いします。

ソマリア沖・アデン湾の危険海域で民間の客船（上）をエスコートする海自の護衛艦「いかづち」

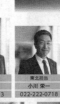

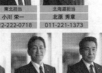

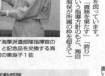

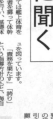

同じく海賊対処に当たるロシア海軍派遣部隊指揮官のアンドレ・クリメンコ大佐（左）と記念品を交換する海自海賊対処水上部隊31次隊指揮官の東良子1佐

海賊対処活動部隊

▽海賊対処行動水上部隊31次隊　指揮官・東良子1海佐（1護隊司令）海自護衛艦「いかづち」（艦長・櫻井敦2佐以下約190人と海上保安官8人で編成）

▽海賊対処行動航空隊33次隊　司令・栗下明彦2海佐（21飛行隊長）海自2空群（八戸）基幹の海自隊員約60人とP3C哨戒機2機で編成

▽海賊対処行動支援隊10次隊　司令・関谷拓郎1陸佐　陸自中央即応連隊（宇都宮）基幹の陸・海自隊員約110人で編成

「基本の厳守」で保全の確保

派遣海賊対処行動航空隊33次隊 司令・栗下明彦2海佐（21飛行隊長）

ジブチ政府のマハムード・アリ・ユスフ外務大臣（右）を表敬した海賊対処航空隊33次隊司令の栗下明彦2佐

航空隊は海自のP3C哨戒機2機を使い、第151連合任務部隊（CTF151）司令部との調整の下、決定した飛行区域において警戒監視を行っています。不審な船舶を確認した際は、海自護衛艦、他国艦艇および民間船舶に情報を提供し、求めがあれば直ちに周囲の安全を確認するなどの対応をとっています。

現在のソマリア沖・アデン湾は、「国際海事局（IMB）年次レポート」によると2018年末時点の海賊などの事件発生件数は3件で、乗っ取られた船舶数や拘束された乗員数はいずれも「0」で推移しています。これは自衛隊を含む各国部隊による海賊対処活動などが大きく寄与しているものと考えます。

海賊行為から民間船舶護衛を効果的に行うためには、情報共有の観点から関係国・関係機関などとの連携・協力を行うことが重要であり、各国艦艇間で、現場海域の海賊の状況について、適宜、情報交換を行っています。

他国軍との交流を深めるため、各国指揮官などへの表敬や各種式典に参加するとともに、隊員間では、英語やドイツ語会話教室などの開催やスポーツ交歓などを行い、親睦を深めています。

海賊対処任務を完遂するためには、航空安全や健康管理を含めた隊員の保全が最重要であると考えます。これは国内における任務を実施する上でも同様です。定められた規則・手順を愚直なまでに守る必要があるとの考えから、全般指導方針は「基本の厳守」としています。

33次隊の派遣隊員の大部分は青森県の八戸航空基地所属の隊員で構成されています。東北の持ち味である「粘り強い気質」で任務にまい進しています。もちろん、他基地所属隊員も同様に頑張っています。

自衛隊を理解してもらう格好の場

派遣海賊対処行動支援隊10次隊 司令・関谷拓郎1陸佐

ジブチ沿岸警備隊長のワイス・オマル・ボゴレ大佐（左）と握手を交わす支援隊10次隊司令の関谷拓郎1佐

ジブチに置かれた支援隊の主要な活動内容は、海賊対処行動水上部隊と航空隊の活動を支援するため、主要装備品の警護、拠点の維持・管理などを実施することです。

遠く日本を離れ、全く異なるアフリカの文化・環境の中で、安全かつ円滑に活動をするためには、ジブチ官憲、駐留外国軍、各国大使館などからの支援が不可欠であり、さまざまな交流を通じて情報交換および信頼関係の醸成を行っています。

海上交通の要衝であるアデン湾で発生する海賊に最も効果的・効率的に対処するため、ジブチはインフラ、治安なども含め、自衛隊拠点として非常に適した地域です。

また、副次的効果として、多くの外国軍がジブチを基盤として海賊対処などの各種作戦を行っており、交流を通じて自衛隊の真摯な活動を理解してもらう格好の場となっています。

共に海賊対処任務に当たる各国軍とは、海賊行為への対処・抑止という共通のゴールを有する部隊同士、常に認識の共有を図るとともに、情報交換、専門的識能に基づく知見の共有など、より効率的・効果的に任務を遂行するため、緊密に連携していく必要があります。

各国軍とは指揮官同士や専門的な機能・目的ごとの意見交換を定期的に行っており、個人レベルでもスポーツや文化交流などが自然発生的に行われています。また、隊員にとって会食・懇親会なども非常に重要な交流の場であり、積極的にその機会を設けています。

過酷な環境下で任務に当たる隊員たちには、組織的に心情変化や体調不良の隊員がいないかを掌握するとともに、私個人としても、常に隊員と接し、目を配るように心がけています。

厚生施設の利用やイベントへの参加など、各種施策が充実した米軍や仏軍のお世話になることもありますが、支援隊においても研修やイベントの企画など、勤務にメリハリをつけられるよう工夫して任務に当たっています。

隊員にとって、部隊の同僚や家族の理解・応援が大きな力となっています。今後ともご支援・ご協力をよろしくお願いします。

呉地方隊『チーフWAVE相談室』

他地方隊に先駆け設置 女性自衛官の活躍推進施策を担う

海上自衛隊呉地方総監部は昨年10月1日、女性自衛官の活躍推進施策を担う「チーフWAVE相談室」を開設した。呉地方隊では他の地方隊に先駆けて、女性自衛官（WAVE）配置部隊に女性先任海曹の「チーフWAVE」を指定しており、このチーフWAVEたちが中心となり女性施策の情報共有と各種問題解決に当たっている。総監部内に設置された「チーフWAVE相談室」を訪れ、呉地方隊の女性チーフ5人に「相談室」の役割やその目指すところについて聞いた。（聞き手　石川穂乃香）

「相談室」内で女性自衛官の活躍について語り合うチーフWAVEたち。左は石川記者

――チーフWAVEである皆さまの勤務内容を教えてください。

都甲曹長　私の特技は補給です。現在は「呉地方隊チーフWAVE」という役職に就いています。女性自衛官の勤務環境の改善や、家庭との両立に関する意見を聞き取り、各部隊のチーフWAVEと情報共有しています。そのほか、「呉警備区チーフWAVE会報」を四半期ごとに開催し、女性自衛官のライフプランの作成や各隊員への指導なども行っています。

田中曹長　私は港務隊で「支援船」の運航に当たっています。以前は高速船の船長などに就いていましたが、現在は中型船の船長資格を取得するため、見習い中です。

教育隊の時に、港務隊の支援船に初の女性配置ができたという話を聞いて、「自分もやってみたい」と思い、希望しました。あれから30年経ち、今では護衛艦の女性艦長もいます。30数年の間にWAVEの活躍の場が広がってすごいと思います。

曽田曹長　私は18歳の時に自衛隊に入って、ずっと経理をしてきました。現在は呉教育隊の経理係総括として、給与、旅費、年末調整などを担当しています。事務仕事ではありますが、子供が小さい時には残業することも多く、きつかった思い出があります。

長嶺1曹　私の特技は魚雷で、教育隊を修了してから艦艇に乗っていました。艦に乗っていると魚雷の武器を扱う仕事や運用作業が主になりますが、今は陸上で魚雷の整備を担当しています。

都甲曹長　女性の活躍する姿頼もしい

都甲春子曹長　昭和62年入隊。呉地方総監部、小松島航空隊、呉造修補給所、幹部候補生学校などを経て、呉地方隊先任伍長室勤務。初代呉地方隊チーフWAVE。

――最近の「女性自衛官の活躍」についてどう思いますか。

都甲曹長　私が入隊した頃はまだ女性が艦艇に乗艦できない時代でした。今はほとんどの女性自衛官の配置制限が解かれ、男性隊員と同様にさまざまな現場で活躍する女性を見て、とても頼もしく思っています。

田中曹長　今は職域が広がり、女性が護衛艦で働いているのが当たり前で、艦長まで女性自衛官が務めるようになりました。すごい時代になったなと思います。

宮永2曹　近年は、部隊の男女比率も大きく変化してきています。「男社会」のイメージが強かった自衛隊ですが、現在の呉音楽隊では約30パーセントが女性隊員です。

曽田曹長　甘えを出さないよう指導

曽田朱美曹長　平成6年入隊。小月航空基地隊、佐世保地方総監部、徳島航空基地隊、岩国航空基地隊などを経て、呉教育隊補給科経理係勤務。

――呉地方隊には海自で初となる「チーフWAVE相談室」が開設されました。この相談室を通じ、女性隊員の勤務状況をどのように改善していくのか、その施策をお聞かせください。

都甲曹長　呉地区は在籍する艦艇の隻数も多く、女性自衛官の活躍の場が広がっています。一方で女性特有の課題も多く、一人一人の悩みなどに真に向き合う必要性があると思っています。女性自衛官が各自の術科を生かして勤務していくための方向付けや、その背中を押してあげられるように、アドバイスや悩み相談の窓口として「相談室」は開設されました。

その他の地区では、岩国地区（航空部隊）と第4護衛隊群（艦艇部隊）の「チーフWAVE」制度が発足しています。他地区のチーフWAVEとの連携と情報共有も図っていきたいと考えています。

この相談室が、これからの女性施策を真剣に考える多目的な活動の場になれば良いなと思います。

悩みを解決できる窓口に 持ちつ持たれつの輪 広がれ

田中曹長　一人では解決できないこともあると思うので、誰でも相談できる場ができたのはとても安心ですね。子育て中の人はすでにフレックスなど各種制度を使用しており、それぞれが能力を発揮できる職場になってきていると思います。

曽田曹長　先輩方が"女性は使える"と評価してもらえたから、いま「女性を増やしていこう」という方針になっていると思います。ですから、新しく入ってきた女性たちが"使えない"と評価されないよう、制度を利用するのはいいけれど、それ以外の部分で「甘え」を出さないように指導しなければいけないですね。次世代を担う若い女性隊員たちに制度を活用してもらって、「悩みを解決できる窓口」になることができるようにサポートし、私たちも困ったときにはすぐに相談してもらえる存在でありたいです。

宮永2曹　子育て中の隊員のみならず、独身者や介護中の隊員など、誰もが働きやすい環境を作っていくことが現在の目標です。

長嶺1曹　立場上、相談相手のいない人もいるでしょうから、これからも相談できる環境を作っていきたいです。今まで頑張ってきた先輩たちがいるからこそ、若い人たちにも伝えていかなければならないと思っています。海上自衛隊の職場において、キャリアプランや人生設計について、メリット、デメリットも交えて話し合い、今後「持ちつ持たれつ」の輪が広がっていくことを願っています。

宮永2曹　性別問わず働きやすく

宮永飛鳥2曹　平成14年入隊。クラリネット奏者として佐世保音楽隊に着任、現在は呉音楽隊勤務。19年度遠洋練習航海にも参加。

田中曹長　頑張れば男女差なくなる

田中忍曹長　昭和60年入隊。呉警備隊港務隊、幹部候補生学校、呉地方総監部などを経て、呉警備隊港務隊。女性自衛官初の船乗りとして、支援船に勤務。

宮永2曹　私は呉音楽隊でクラリネットを吹いています。特技は音楽です。現在は各地で演奏活動のほか、それに付随するデスクワークをしています。呉音楽隊では、「コンサートミストレス」という職に就いていて、合奏の内容調整や日程調整をしています。

――海自に入隊して、女性として苦労したことはありますか。

都甲曹長　私は最初に呉地方総監部の管理部に配置されましたが、当時、女性は1人だけでした。18歳だったこともあり、周りの方々はみな親のような存在で、守られていた部分もあったと思います。ですので、隊内で特段の苦労や差別をされたことはありませんでした。

田中曹長　私の場合、支援船の仕事が女性初だったことに加えて、港務隊も女性の受け入れが初だったので、周囲は「え、WAVEが支援船に乗るの？」という感じでした。ここで私が変なことをしたら「次がない」と思い、後輩のためにも責任重大でした。船に乗って支援先に行くと、「女のくせに生意気だ」と言われて、悔しい思いもしましたし、傷つくこともありました。しかし、自分が頑張ってできるようになれば男女間の差はなくなると思い、今まで頑張ってきました。

長嶺1曹　私も教育隊を出て最初の配属部隊が艦でした。当時、女性の2等海士が艦に乗るというのがあまり進んでいなくて、上官から「男の方がかわいい」などと言われ、男尊女卑で悔しい思いもしました。

宮永2曹　私が入隊した頃の呉音楽隊は女性の比率も少なく、男性隊員と同じ土俵での作業が体力的に厳しい面も多かったです。特に演奏業務の準備の際、楽器運搬車への楽器の積み下ろしなどでそれを感じました。「同じ給料をもらっているんだから区別しないからね」なんて"檄"を飛ばされたこともありましたね。

長嶺1曹　フレックスで柔軟な子育て

赤レンガ造りの呉地方総監部庁舎を背景に、手を合わせて一致団結を誓う呉地方隊の「チーフWAVE」たち

長嶺優子1曹　平成10年入隊。練習艦「むらくも」砲雷科、広島地方連絡本部、練習艦「やまぎり」砲雷科、横須賀弾薬整備補給所などを経て、呉弾薬整備補給所魚雷整備科勤務。

――仕事と子育ての両立はいかがでしたか。

曽田曹長　私は出産した時、1人目は2カ月、2人目は5カ月の育児休暇を取りました。経理の仕事はチームワークではなく、当時は一人配置のため、「代替要員」の配置もなく、自分と子供の体調を見て「もう大丈夫かな」と自分で判断し、早めに復帰しました。

長嶺1曹　私は2人子供が欲しかったので、「3年ほど職場を離れても大丈夫」と上司に相談しました。たまたま人的な余裕があり「大丈夫」と言ってもらい、最初に1年育休を取得しました。ちょうど1年が経つ頃に2人目の妊娠が分かり、いったん復帰して、また育休を1年取得しました。私の場合、育休を3年取得できたので、とても助かりました。今はフレックスが使えるようになって、ずいぶん子育てもしやすくなったと思います。

今年も活躍を 力強く応援

――「チーフWAVE相談室」を代表し、新年の抱負をお願いします。

都甲曹長　呉地方隊は、今年も女性自衛官の活躍を力強く応援していきます。チーフWAVE制度の基盤構築に向け、呉警備区の全チーフWAVEと共に、女性施策の改善にまい進して参ります。

新しき年のはじめにおもふこと　ひとつ心につとめて行かな
斎藤　茂吉（歌人）

（世界の切手・日本）

朝雲ホームページ
www.asagumo-news.com
<会員制サイト>
Asagumo Archive
朝雲編集部メールアドレス
editorial@asagumo-news.com

駐屯地・分屯地が創設される記念の年

奄美大島のお正月

准陸尉　内間　守人
（鹿児島地本・奄美大島駐在員事務所）

新年明けましておめでとうございます。

今年は、平成最後の年であり、新しい年号が始まる年であります。鹿児島県・奄美大島においては、さらに陸上自衛隊の駐屯地・分屯地が創設される記念すべき年でもあります。

このように大きな変化を控えている一方で、奄美には長年受け継がれている伝統も多数あります。そこで今回は「奄美大島のお正月」を紹介させていただきます。

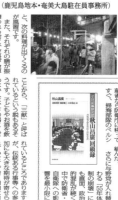

申し遅れました。「ウガミンショラン」（島方言で「こんにちは」の意味）。私は、奄美出身の内間准陸尉と申します。現在、駐屯地立ち上げのため、現地派遣要員として勤務し、駐屯地開設後には、念願の「奄美駐屯地」に勤務し、定年退官を迎える予定です。

さて、本題に入りたいと思います。「奄美のお正月料理」を紹介します。

本島では、お正月といえば「おせち料理」を食べるのが一般的ですが、奄美の家庭ではおせち料理を作る習慣は少なく、多くの家庭は元旦に「三献」を作ります。

島外の方はご存知ない方が多いと思いますので、簡単に説明します。「三献」は全部で3種類の料理から構成されています。一の膳は「お吸い物」、二の膳は「お刺身」、三の膳は「お吸い物」となっており、皆様お気付きでしょうが、なんと汁物が二つあるのです。一の膳はかつお出汁や昆布を使ったしょうゆ味、三の膳は豚や鶏などの肉の出汁です。

また、料理の出し方も独特であり、一の膳を食べ終えると、二の膳が振舞われ、二の膳を食べ終えると、三の膳が振舞われます。一つの料理を食べ終えると、次の料理が出てくるのが風習です。

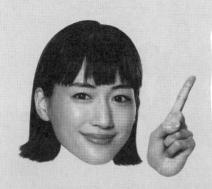

今年新設される「奄美駐屯地」での勤務を楽しみにしている内間准陸尉

奄美大島の島民が正月に食べる「三献」。汁が2種類ある

奄美の島民が初詣で訪れる高千穂神社

また、それぞれの膳が振舞われる前に、家長が食卓を囲む人に対し、黒糖焼酎を一献ずつ計3回振る舞うことから、「三献」と呼ばれているという説もあるそうです。子どもやお酒を飲めない人は、下の器にこぼしたり、頭につけたりするそうです。

家庭で「三献」を済ませると、人々は集落場に集まり、「年始式」を開催し、年男・年女になる方を祝います。このように島独特の風習で正月を迎えるのですが、行事等は旧暦で実施するのが一般的です。

これまで現地派遣要員として地域の方々と接してきて、奄美における駐屯地・分屯地の開設に対する島民の期待は大きいと感じているところです。

特に、自衛隊には災害における迅速な対応が期待されているところでありますが、伝統ある行事等への参加にも大きな期待が寄せられています。若く精強な自衛官が行事等に参加することにより、地域が活性化し、行事がさらに盛り上がると期待していただいております。

今春、奄美へ来られる隊員のみなさん、奄美は住みやすい島なので、安心して来てください。

最後に、日頃使われている方言を紹介します。

「大和ちゅう（本土の人）・ワン（私）・ヤー（あなた）・ヒンマ（昼間）・カマチ（頭）・キョラムン（きれいな人）・インガ（男）」など、今でも方言がたくさん使われていますが、島で生活していると耳も慣れてきますので大丈夫です。

皆さんのおいでをお待ちしております。アリガッサマリョウタ（ありがとうございました）。

奄美大島の美しい日の出

みんなのページ

海自に入隊しまもなく1年　頼もしく成長した息子

家族　田中　良子（群馬県高崎市）

桜満開の昨年3月下旬、私たち家族は横須賀教育隊行きのバスに乗る次男を見送りました。家族に心配をかけさせまいと気丈にふるまう次男を見て、私は息子の成長を感じるとともに感慨深い感情がこみ上げてきました。

思い返すと、少年期の次男は人との関わりが苦手で、目を見て話すことができず、何度注意しても改善せず、不安になっていたころ、柔道との出会いをきっかけに、自分の不得手を克服していきました。

やがて「人の役に立つ仕事に就きたい」という思いが彼の中で芽生え、警察官を目指していたところ、自衛隊の広報官の方に出会ったのです。

熱心に説明を受けた彼は、やがて自衛隊員になりたいと強く思うようになり、私たち家族に真剣な表情で打ち明けました。

親としては未知の職業であり、危険を伴うという思い込みから、最初は躊躇しましたが、彼のまっすぐな気持ちと将来を見つめ、後押しすることができました。

その後、入隊説明会などにも参加し、家族会の保護者から生の声を聴いたことが、私たちの不安を取り除いてくれました。

教育隊の入隊式で見た彼の姿は凛々しく頼もしいものであり、人に自慢できる息子です。まだ入隊1年未満ですが、これから困難を乗り越え、成長するわが子を願って応援していきます。（補給艦「ときわ」・田中悠葵1海士の母）

海上自衛官となった田中悠葵1士（左）と母親の良子さん

4回目の年女を迎えて

即応予備2陸曹　嵩野　聖子（49普連本管中隊通信小隊・豊川）

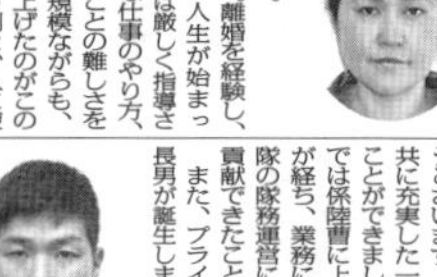

「年女」。この言葉を初めて意識したのは、24歳。その頃、私は第10師団司令部の広報室で広報紙『金鯱』の編集に携わっていた。商業高校時代に習ったワープロが役立ち、そして部外の方々との交流でビジネスマナーの大切さを目の当たりにした。

36歳の私。離婚を経験し、全く新しい人生が始まった。職場では厳しく指導され、効率的な仕事のやり方、人に接することの難しさを知った。小規模ながらも事業を立ち上げたのがこの頃。人を使う側と、人に使われる側の考え方の違いを痛いほど学んだ。

そして今年48歳の私。やりがいのある仕事に恵まれ、多忙ではあるものの、大変充実した生活を送っている。昨年からは職場の好意により、念願であった即応予備自衛官の招集訓練にも参加できるようになった。

現在の私は、今までの多種・多様な経験と、私に関わってくれた「全ての方々のおかげでできている」といっても過言ではない。

これらの経験や人との繋がりは、何物にも代え難い私の宝物だ。これからの12年、さらなる経験と出会いが私を待っていることだろう。60歳になった節目に、また人生を振り返るのが今から楽しみだ。

年男としての抱負

3陸曹　吉田　直紀（49普連2中隊・豊川）

新年明けましておめでとうございます。昨年は公私共に充実した一年を過ごすことができました。仕事面では保陸曹に上番して一年が経ち、業務にも慣れ、中隊の隊務運営に微力ながら貢献できたことです。

また、プライベートでは長男が誕生しました。長男が生まれたことに大きな喜びを感じるとともに、出産の痛みに耐えてくれた妻と、頑張って自分の力で生まれてきてくれた息子に深く感謝しています。

年男の抱負としましては、仕事面においては新たな特技を習得し、自己の能力を向上させて中隊の戦力強化に努めていきます。プライベート面では、妻にはよき夫、息子には優しい父として、深い愛情をもって家族孝行をして、今年も充実した一年にしていきたいと思います。

朝雲・栃の芽　新春特別俳壇

畠中草史　編（抽出）

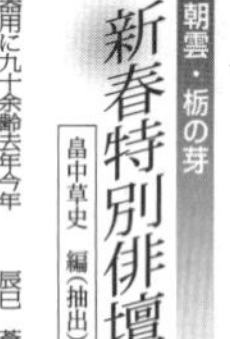

不器用に九十余齢去年今年　辰巳　蒼湖
巻癖のとびらをめくる初暦　岩城　節子
嬰児に屠蘇を形として注ぐ　古賀　芳川
エプロンのまま坐につきし雑煮かな　渡辺美恵子
八十路にも願ひ事あり初詣　船田藤三郎
一舟も置かぬ鳴門の初景色　三根　香南
土つきの野菜を下げて賀客来る　中村徳次郎
門松のでんと名代の天麩羅屋　岡野アイコ
獅子舞に頭噛まれて泣く童　江口　景舟
家苞に小町通の切山椒　棚橋　弘子
婿殿はコーヒーが好き三ケ日　原　つたえ
どんどの火猛る高千穂颪かな　高木　智念
軒下に海女着を干せる小正月　亀田多珂子

詰碁

第1201回出題

出題　日本棋院　九段　曲　励起

黒先

『白を取って下さい。最初の手が大切です。』5分でできれば中級です。

▶詰碁、詰将棋の出題は隔週です◀

詰将棋

出題　日本将棋連盟　九段　石田　和雄

≫第785回の解答≪

▲先手　持駒　飛歩

【正解】▲1三角成△同金▲2二飛△1一玉▲1二歩△同金▲同飛成△同玉▲2三金打△2一玉▲2二金までの十一手詰め。

【解説】初手▲1三角成が妙手で本題の主眼。▲2二飛では△1一玉で、次の手が打歩詰めとなります。▲1三角成はこの打歩詰めの打開策です。三手目以降は手数はかかりますが追い詰めです。

新刊紹介

「元防衛事務次官　秋山昌廣回顧録」―冷戦後の安全保障と防衛交流

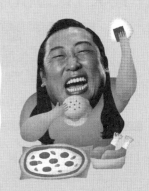

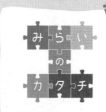

秋山　昌廣著、真田　尚剛ほか編

平成初頭（90年代）の激動期の防衛行政を担った元事務次官による「オーラル・ヒストリー（口述記録）」だ。

湾岸戦争後の91年に大蔵省から防衛庁に移ってすぐ、掃海部隊のペルシャ湾派遣、カンボジア国連PKO、阪神・淡路大震災、沖縄・普天間基地の移設、情報本部の新設、日米ガイドライン見直しなど、数々の難題に取り組んだ。

さらに与野党が入れ替わる「55年体制の崩壊」にも直面、政治的混乱が続く中で防衛省・自衛隊への影響を最小限に抑えながら、部隊の海外派遣や大震災、地下鉄サリン事件などに対処し、防衛庁を一流の官庁に育て上げた。

退官後は米ハーバード大客員研究員を経て、海洋政策研究財団会長、東京財団理事長などを歴任、今も日本の平和と安全に生涯を捧げている。

平成時代が終わろうとする今、「働く自衛隊」の基盤を固めた大先輩の歩んだ道を知ることは、大きな意義があるだろう。

（吉田書店刊、3456円）

『国家と教養』

藤原　正彦著

『国家の品格』『この国のけじめ』『日本人の誇り』などの書で日本人の生きるべき道筋を示してきたお茶の水女子大学名誉教授の著者が、今日の高度情報化の時代、日本人に最も大事なものは「教養」であり、そこから導かれる「直感力」や「大局観」を得る能力こそが必要であるとする。

日本が先の大戦で敗れたのもグローバル・スタンダードの背後にある米国の意図を見抜けなかったためであり、情報の取捨選択を可能にする「芯」を持たない国は、永遠に他国の思惑に流されると述べる。この「芯」となるのが教養だが、情報の洪水の中で今日、教養は軽んじられ、「国民の判断力」が落ちていると指摘する。

そこで「政治センスも伴った真に血肉化された教養」を若者に身に付けさせることが国家の生存に欠かせないとする。ネットを通じ一般大衆も大きな力を持つ時代、「正常な常識」をもたないと、情報操作によって国が誤った方向に進みかねないと危ぶむ。

年初、澄んだ空気の中で読んでおきたい一冊だ。

（新潮社刊、799円）

「復興五輪」成果で勇気送る

「東京」まで1年半～体校アスリートの決意

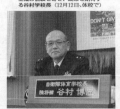

「復興五輪」とも位置付けられる東京五輪・パラリンピックの開幕までおよそ1年半。成果を挙げ勇気を届けようと自衛隊体育学校（朝霞）の選手たちが決意を新たにしている。11個班の選手を代表し、熊本地震を自らも経験した成松大介2陸尉（ボクシング班）と、東日本大震災の際の自衛隊の活動に接して入隊を決意した高橋瑠佳海士長（近代五種班）に意気込みを聞いた。併せて谷村博志学校長の成果目標などを伝える。（榎園哲哉）

納得のいく勝ち方を　ボクシング 成松2尉

成松2尉が五輪への決意を強くしたのは2年前の4月。帰郷していた熊本市の実家で、「熊本が崩れていく気がした」という大地震に見舞われた。その4カ月後に行われたリオ五輪では、故郷を元気付けようと健闘し、上位入賞に迫った。

リオ五輪後、2大会連続出場を目指し実力を高めている。ライト級からライトウエルター級に一階級上げ、ジャカルタ・アジア大会（昨年8～9月）で銅メダルを獲得。全日本選手権（同11月）では通算8度目の優勝を果たした。

今最も取り組んでいることはディフェンスの強化。相手のパンチをもらわず、自身のパンチはしっかり当てていく。「誰が見ても納得する勝ち方」を目指す。

一方、東京五輪のボクシングの実施には"逆風"も吹く。国際ボクシング協会内の問題で除外も示唆され、そうした中、存続決定後に行われる見通しの世界選手権（9～10月予定）に「自分の力を全て注ぎたい」と語る。

逆風も乗り越えて出場を決めた時は、「応援し、サポートしてくださる方々に恩返ししたい。金メダルを取ってみんなを喜ばせたい」と故郷、全国に感動を届けるつもりだ。

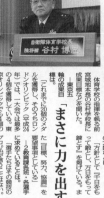

全日本ボクシング選手権のライトウエルター級準決勝で打ち込む成松2尉（左）（11月17日、水戸桜ノ牧高城北校で）＝体校広報班

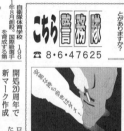

近代五種全日本選手権のフェンシングで対戦を終えた高橋士長（10月31日、武蔵野の森総合スポーツプラザで）＝体校広報班

しっかり狙う　近代五種 高橋士長

故郷・宮城県多賀城市を未曽有の大地震が襲ったのは高橋士長が小学6年生の時（2011年3月）。その際、海自護衛艦の活動を目の当たりにし、また、陸自の野外風呂に入れてもらい、「自衛隊に入りたいと思い、ずっと目指してきた」。

東北高校（仙台市）までは競泳とシンクロナイズドスイミングを続け大会でも活躍。その実績が買われ、一昨年3月に海自に入隊した後、集合訓練を経て昨年4月、体校に入校した。5種目（水泳、フェンシング、馬術、コンバインド＝800メートルコース周回、周回間にレーザー射撃＝）を行う過酷な近代五種競技。

競技を始めて1年ほどで臨んだ初めての大会の全日本選手権（昨年10～11月）で素質の片りんを見せた。「失うものはない」と積極的に挑み、2位入賞を果たした。

次の大会に向けて、シンクロナイズドスイミングで培った「人の動きを見てまねる」長所を生かし不得意種目の馬術、フェンシングの強化などに努めている。

開幕まで1年半となった千載一遇の自国開催の五輪への出場。「しっかり狙っていきたい。宮城が少しでも活気付いてほしい」と語っている。

自衛隊体育学校　1961年8月創設。国際級選手を育成する第2教育課は全11個班で編成。五輪（夏季大会）で20個のメダルを獲得、22の入賞を果たしている。世界選手権入賞者などのSA級に5人、国内トップ選手などのA級に55人が指定されている。

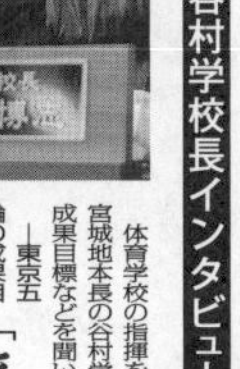
第2教育課の選手・スタッフに全幅の信頼を寄せ、成果を期待する谷村学校長（12月12日、体校で）

谷村学校長インタビュー

「まさに力を出す時」

体育学校の指揮を執る前宮城地本長の谷村学校長に成果目標などを聞いた。

——東京五輪の成果目標は。

「これまでに20個のメダルを獲得し、そのうちロンドンオリンピック（平成24年）では、一大会では最多の4個を獲得している。東京オリンピックでも4個のメダル獲得を目標に定めている」

——選手強化・育成のための方針などは。

「方針として『千日をもって鍛とし、万日をもって錬とす』を掲げている。また『目標、努力、協調』を要望事項としている」

——2教育課各班・各選手に求めていることは。

「選手たちはその競技のプロ。私が言うことはない。最後までベストを尽くして戦い抜いてほしい」

——昨年は災害が続き、多くの自衛官が災害派遣活動に当たった。「復興五輪」とも位置付けられる五輪への思いは。

「（競技を優先する）選手たちから自分も行きたい、という声をよく聞く。東京オリンピックに向けて（災派で発揮したかった）力をまさに出す時、出し切ってほしい。国民に勇気や希望を届けてほしい」

「夢の実現、年齢問わず」　宇宙飛行士の油井さん講演

聴講した空自OBからの鋭い質問にユーモアを交えて答える宇宙飛行士の油井さん（左）＝12月6日、東京都新宿区のホテルグランドヒル市ヶ谷で

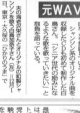

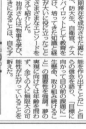

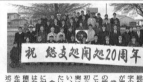

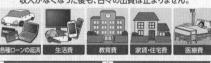

空自OBなどでつくる「東京つばさ会」（つばさ会東京支部）（堀切成会長、以下約400人）は12月6日、空自の元テストパイロットで宇宙飛行士の油井亀美也さん（48）を講師に招き、都内のホテルで講演会を開いた。

現在、宇宙航空研究開発機構（JAXA）で宇宙飛行士グループ長を務める油井さんは、集まった約180人の"大先輩"たちを前に「国の代表、人類の代表として仕事をさせていただいた」と謝意を述べた。

自衛隊を2009年に退職後、宇宙飛行士となるための厳しい訓練を乗り越え、15年には国際宇宙ステーション（ISS）で142日間に及ぶ長期滞在を成功させた際には、防大生、自衛官、テストパイロットとして教育を受け、培ってきた知識と経験が大いに役に立ったことなどさまざまなエピソードを交えて紹介した。

油井さんは「物事を学び、好きになることは、自分の才能を作り出すことだ」と自らの信念を語り、「目標に向かって自分の前の課題に一生懸命、取り組み続けることの重要性を強調。夢の実現に向けては年齢は関係ない。全ての人に無限大の可能性が広がっている」と述べた。

♪夫と共に音楽♪

元海上自衛官の白鳥加奈子さんが音楽活動に新たな"針路"を定め、夫の海老沢栄さんとユニット「ズワ＆シュリ」をつくり、精力的にライブ活動などを行っている。

白鳥さんは岩手県金ケ崎町出身。海自第203整備補給隊（下総）で5年間勤務し退官。大道芸家、振付師さんとの出会いを機に芸能・音楽の道へ。

活動を通じて知り合った海老沢さんと約4年前から二人で歌い始め、東京演芸協会に所属し、浅草東洋館や都内のライブハウスなどで海老沢さんが作ったオリジナル曲などを披露している。

シャンソン系のオリジナル曲を収録したCDも初めて制作した白鳥さん。「シニア世代の励みになるような歌を歌っていきたい」と抱負を語っている。

夫の海老沢栄さんとオリジナルの和製シャンソンを歌う白鳥加奈子さん（左）＝11月1日、東京・大久保の「ひかりのうま」で

開処20周年で新マーク作成　空補処下総支処

【下総】海自航空補給処下総支処（支処長・倉橋明1佐）は12月8日、開処20周年を記念してスコードロンマークを新たに作成した（写真中央）。

下総支処は平成10年12月に開処。航空機器の修理や整備用器材の校正検定、技術刊行物の維持・整備などを行っている。

支処員から募集した案の中から、武運長久と「下」の字の形で作成した作品が選ばれた。武運の曹は「20周年の節目に勤務していることを誇りに思う。初心に返って基本に忠実に機器の整備を行いたい」と話した。

倉橋支処長は「現状維持ではなく、新たなことに対し、取り組む意欲を持って勤務せよ」と述べた。

悪用すれば凶器となる　文房具で軽犯罪法違反

こちら警務隊　☎8・6・47625

カッターナイフやハサミを持ち歩いただけでも罪になることがありますか？

普段の生活で使うカッターナイフやハサミのような文房具であっても、悪用すれば凶器となるため、注意が必要です。

正当な理由がないのに刃体の長さ6センチを超える刃物を携帯した場合は、銃刀法違反となります。また、正当な理由がなく、刃物を隠して携帯した場合は、軽犯罪法違反となる場合があります。護身用などと称して持ち歩くと、軽犯罪法違反の凶器携帯罪に該当する場合があります。

このような道具をむやみに持ち歩かないようにしましょう。（北部方面警務隊）

小休止

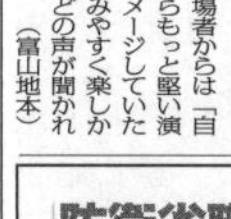
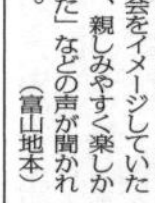
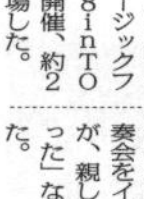
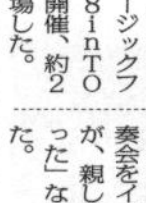
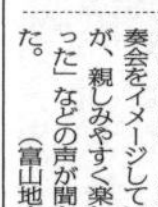
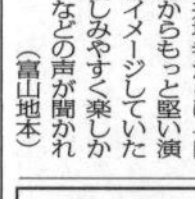
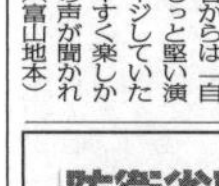
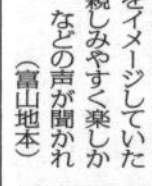
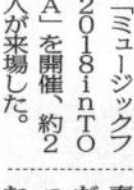
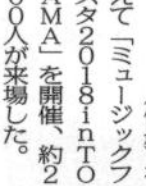
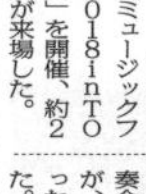
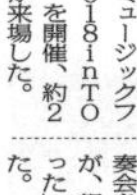

▽…富山地本は12月9日、陸自中方音楽隊（伊丹）を迎えて「ミュージックフェスタ2018 in TOYAMA」を開催、約1100人が来場した。

▽…演奏会は2部構成で進行。音楽隊長・柴田昌宜2佐の指揮による演奏、陸自の「歌姫」鶴間3曹の歌唱で「タイム・トゥ・セイ・グッバイ」などが披露された。

▽…来場者からは「自衛隊だからもっと堅い演奏会をイメージしていたが、親しみやすく楽しかった」などの声が聞かれた。（富山地本）

防衛省にご勤務の皆さまへ 住まいと暮らしのことなら何でもお任せください！

コーサイ・サービス　ニュース

コーサイ・サービスのおすすめ物件情報　＜提携（割引）特典：1%＞＜提携会社：日本土地建物株式会社＞

"紹介カードでお得に・お住まい応援キャンペーン" ①・②・③！ 2019・3.25まで　紹介カードの発行はこちら ⇒ URL https://www.ksi-service.co.jp

【住まいのご相談・お問合せ】 コーサイ・サービス株式会社 ☎03-5315-4170（住宅専用） 担当：佐藤　〒160-0002 東京都新宿区四谷坂町12番20号KKビル4F／営業時間 9：00～17：00 ／定休日 土・日・祝日

BAUS
バウス朝霞根岸台

朝霞新区「暮らしの杜」

新｜発｜表

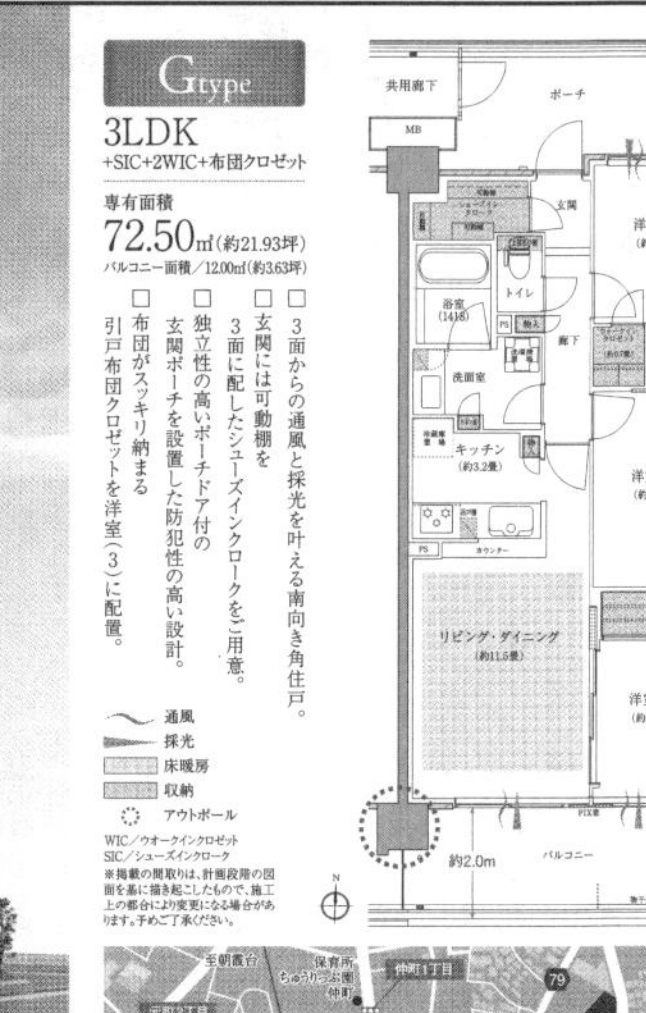

Gtype
3LDK
+SIC+2WIC+布団クロゼット

専有面積
72.50㎡(約21.93坪)
バルコニー面積／12.00㎡(約3.63坪)

□ 3面からの通風と採光を叶える南向き角住戸。
□ 玄関には可動棚を3面に配したシューズインクロークをご用意。
□ 独立性の高いポーチドア付の玄関ポーチを設置した防犯性の高い設計。
□ 布団がスッキリ納まる引戸布団クロゼットを洋室(3)に配置。

通風
採光
床暖房
収納
アウトポール

WIC／ウオークインクロゼット
SIC／シューズインクローク
※掲載の間取りは、計画段階の図面を基に描き起こしたもので、施工上の都合により変更になる場合があります。予めご了承ください。

BAUS朝霞根岸台
マンションギャラリー
朝霞駅

P お客様駐車場は、「リゾン朝霞」No.4をご利用ください。
カーナビは右記の住所をご入力ください。 朝霞市仲町1丁目1

建物外観完成予想CG

新築分譲マンション「バウス朝霞根岸台」モデルルーム公開中

都心へダイレクトアクセス 3路線利用可能
（東武東上線、東京メトロ副都心線・有楽町線）

駅までフラットアプローチ 準急停車駅「朝霞」駅徒歩6分
（約480m）

あふれる陽光と開放感 南向き中心全86邸
（86邸中54邸が南向き住戸）

※掲載の建物外観完成予想CGは、計画段階の図面を基に描き起こしたもので、形状・色彩・植栽等は実際とは異なります。なお、外観形状細部・設備機器等は表現しておりません。また、表現されている植栽は竣工から初期育成期間を経たものを想定して描いております。施工上の理由および改良のため、変更になる場合がありますので、ご了承ください。※掲載の距離表示については現地からの地図上の概測です。また徒歩分数については80mを1分として算出し、端数を切り上げたものです。※掲載の情報は2018年9月現在のもので、今後変更となる場合があります。

■「バウス朝霞根岸台」予告物件概要●所在地／埼玉県朝霞市根岸台5丁目746、747、748-2、748-3、751-8、1284-5（地番）●交通／東武東上線「朝霞」駅徒歩6分●用途地域／第1種住居地域●総戸数／86戸（他に管理事務室、清掃員控室、集会室）●販売戸数／未定●敷地面積／3,071.00㎡●構造・規模／鉄筋コンクリート造地上8階建●間取り／3LDK～4LDK●専有面積／64.50㎡～82.29㎡●バルコニー面積／2.58㎡～19.85㎡●販売価格／未定●管理費等／未定●建築確認番号／第UHEC建確300290号（2018年8月30日付）※今後計画変更を提出する場合があります。●売主・販売／日本土地建物（株）国土交通大臣免許（15）第125号、（一社）不動産協会会員、（一社）不動産流通経営協会会員、（公社）首都圏不動産公正取引協議会加盟、東京都千代田区霞が関一丁目4-1日土地ビル●販売提携（代理）／（株）長谷工アーベスト　国土交通大臣免許（10）第3175号、（一社）不動産協会会員、（一社）不動産流通経営協会会員、（公社）首都圏不動産公正取引協議会加盟、東京都港区芝2-6-1長谷工芝二ビル6階●管理形態／区分所有者全員により管理組合を結成していただき、運営・管理業務は（株）長谷工コミュニティに委託●施工／（株）長谷工コーポレーション●入居開始予定時期／2019年10月下旬●販売開始予定時期／2019年1月中旬※本物件は一括して販売するか又は分割して販売するか未定です。記載の専有面積等は、未分譲の全販売対象住戸に対してのものです。販売戸数等の未確定部分につきましては本広告で表示いたします。物件の販売スケジュールに関しては物件公式HPでご確認ください。※本物件は、2015年6月1日付で「根岸台五丁目土地区画整理事業区域内25街区」として仮換地の指定を受けております。土地区画整理組合事業施行期間完了は、2019年3月31日予定です。（2019年4月1日仮換地処分予定）

予告広告　本広告を行い取引を開始するまでは、契約又は予約の申込に一切応じられません。また、申込順位の確保に関する措置は講じられません。（販売開始予定時期／2019年1月中旬）

［売主・販売］日本土地建物　［販売提携（代理）］HASEKO 長谷工 アーベスト

公式ホームページ　バウス朝霞　検索　www.baus-web.jp/baus/asaka6/

資料請求 お問い合わせは 0120-086-845
営業時間:10:00～18:00　定休日:水・木曜日（祝祭日を除く）

BAUS
バウス横須賀中央

予告広告　本広告を行い取引を開始するまでは、契約又は予約の申込に一切応じられません。また、申込順位の確保に関する措置は講じられません。（販売予定時期／2019年1月下旬）

YOKOSUKA FLAGSHIP

横須賀の、真の中心へ。

「横須賀中央」駅徒歩4分、横須賀市役所の隣、旧警察署跡地。全212邸の大規模レジデンス〈BAUS横須賀中央〉誕生。

4min
from
「横須賀中央」駅

建物外観完成予想CG

モデルルーム公開中

詳しくはホームページへ　バウス横須賀中央　検索

お問い合わせは「BAUS横須賀中央」 0120-588-212

■「バウス横須賀中央」第2期予告物件概要 ●所在地／神奈川県横須賀市小川町10-1（地番）●交通／京急本線「横須賀中央」駅徒歩4分●用途地域／商業地域●総戸数／212戸（他に管理事務室、集会室）●販売戸数／未定●敷地面積／2,405.63㎡●構造・規模／鉄筋コンクリート造地上17階建●間取り／1LDK～3LDK●専有面積／47.92㎡～79.04㎡●バルコニー面積／8.67㎡～14.72㎡●販売価格／未定●管理費等／未定●建築確認番号／第BVJ-TOK17-10-0837号（2017年11月27日付）※今後計画変更を提出する場合があります。●売主／日本土地建物（株） 国土交通大臣免許（15）第125号、（一社）不動産協会会員、（一社）不動産流通経営協会会員、（公社）首都圏不動産公正取引協議会加盟、東京都千代田区霞が関一丁目4-1日土地ビル、セコムホームライフ（株） 国土交通大臣免許（12）第1937号、（一社）不動産協会会員、（一社）全国住宅産業協会会員、（公社）首都圏不動産公正取引協議会加盟、東京都渋谷区千駄ヶ谷4-19-12、JR西日本プロパティーズ（株） 国土交通大臣免許（1）第9056号、（一社）不動産協会会員、（一社）不動産流通経営協会会員、（公社）首都圏不動産公正取引協議会加盟、東京都港区芝五丁目34番6号、ファーストコーポレーション（株） 国土交通大臣免許（1）第9388号、（一社）不動産協会会員、（公社）首都圏不動産公正取引協議会加盟、東京都杉並区荻窪四丁目30番16号藤澤ビルディング8階、三信住建（株） 東京都知事免許（3）第85626号、（一社）全国住宅産業協会会員、（公社）首都圏不動産公正取引協議会加盟、東京都中央区銀座6-2-1Daiwa銀座ビル9階●販売提携（代理）／野村不動産アーバンネット（株）国土交通大臣免許（4）第6101号、（一社）不動産流通経営協会会員、（公社）首都圏不動産公正取引協議会加盟、東京都新宿区西新宿1-26-2新宿野村ビル・日本土地建物（株）●管理形態／区分所有者全員により管理組合を結成していただき、運営・管理業務は管理会社に委託（予定）●施工／ファーストコーポレーション（株）、三信住建（株）●入居開始予定時期／2020年3月下旬●販売開始予定時期／2019年1月下旬※記載の専有面積等は、未分譲の全販売対象住戸に対してのものです。販売戸数等の未確定部分につきましては本広告で表示いたします。※物件の販売スケジュールに関しては物件公式HPでご確認ください。

(売主・販売提携(代理)) 日本土地建物　(売主) SECOM セコムホームライフ株式会社　(売主) JR西日本プロパティーズ　(売主・設計・施工) ファーストコーポレーション　(売主・施工) 三信住建　(販売提携(代理)) 野村不動産アーバンネット

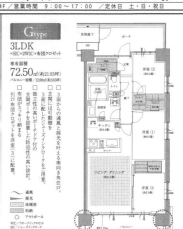

発行所 朝雲新聞社
〒160-0002 東京都新宿区四谷坂町12-20 KKビル
電話 03(3225)3841
FAX 03(3225)3831
振替00190-4-17600番
定価一部140円、年間購読料9000円（税・送料込み）

主な記事

日用品、備品など大幅拡充

18年度2次補正、19年度予算案

隊舎・宿舎の建て替えも

防衛省は2018（平成30）年度第2次補正予算案と19（平成31）年度予算案で、「隊員の生活・勤務環境の改善」に向けた予算を大幅に増額した＝表。老朽化した隊舎や宿舎などの整備を進めるほか、これまで不足していたトイレットペーパーなどの日用品や事務用品を十分確保するとともに、古くなって不具合などが生じてきたロッカーや寝台、洗濯機といった営舎用備品の刷新を全国規模で迅速に取り組む方針を打ち出した。岩屋防衛相は朝雲新聞の取材に対し、「新たな防衛大綱に『防衛力の中核は自衛隊員』と明記したように、人材確保と隊員の能力や士気の向上は防衛力の強化にとって不可欠だ。隊員が能力を十分に発揮し、士気高く任務を全うできる環境を整えるため、隊舎・宿舎の確保や老朽化した施設の建て替え、部隊などにおける十分な分量の日用品等の確保に重点的に取り組みたい。隊員が任務に励める環境を整えることで、自衛隊の魅力をさらに高め、人材の確保と隊員の士気向上につなげたい」と語った。

隊員の生活・勤務環境改善

整備計画局施設計画課の丸山幹夫施設政策室長によると、全国で庁舎、隊舎など防衛省・自衛隊の建物約2万4000棟のうち、2割を超える約5800棟が築50年を経過しており、自衛隊の部隊等が迅速に展開し、各種事態に十分に対応するためには、その運用基盤である自衛隊施設の機能維持のための施設整備を着実に進めることが必要だという。

これまで正面装備や運用優先の施設整備が続いたことから、老朽施設の更新は後回しにされがちで、十分に進められてこなかったのが実情だ。

今回、隊舎などの新設については、耐震性の不足や老朽化が著しい建物の建て替えなどを中心に、18年度2次補正予算案で▽陸自都城駐屯地▽海自小月地区▽空自三沢基地、19年度予算案で▽陸自朝霞駐屯地▽海自佐世保地区――での実施を盛り込んだ。さらに、隊舎の改修では、18年度2次補正予算案で▽陸自東立川駐屯地▽海自佐世保地区▽空自千歳基地、19年度予算案で▽陸自相浦駐屯地▽空自防府南基地――を予定している。

このほか、宿舎の改修では、18年度2次補正予算案で▽陸自沼田分屯地▽海自舞鶴地区▽空自奥尻分屯基地、19年度予算案で▽陸自仙台駐屯地▽海自厚木地区▽空自背振山分屯基地――での実施を見込む。改修工事では外装・内装の改修のほか、老朽化した厨房や浴場、ボイラー、配管等の各種設備機器の更新が行われる予定だ。

一方、日用品等の面からは、▽トイレットペーパー▽ガムテープなどの梱包用品▽清掃用品▽コピー用紙などの事務用品――の十分な確保を図る。

特に、これまで部隊などで慢性的に不足し、訓練や演習の際には自費での購入が広く常態化していたトイレットペーパーについて、全国一斉に十分かつ必要な分量を確保する。

これらの日用品を所掌する防衛装備庁プロジェクト管理部事業監理官（情報・武器・車両担当）付の今村健一事業監理官補佐は「最前線の隊員までしっかりと行き渡るような仕組み作りと現場の管理者の意識改革を推進し、調達の改善にも取り組んでいく必要がある」と指摘する。

今後も全国の部隊を見て回り、部隊長や現場の隊員との意見交換を通じて現状把握に努めていく考えだ。

このほか、営舎用備品については、「親御さんの目線に立って、我が子を入隊させたいと思えるような魅力的な環境作り」（人事教育局人事計画・補任課の宮本康宏企画調整官）を目指し、主に寝具類や食器類の刷新に力を入れる。

陸自では学校や教育部隊、海自では各母港の艦艇乗員待機所、空自ではレーダーサイトなどの僻地を含め、全国の駐屯地・基地を対象に、古くなって破れるなどした毛布やマットレス、居室のロッカーなどを重点的に更新し、居住環境などの改善を通じて職業としての自衛官の魅力アップにつなげていく。

こうした取り組みは、新たな防衛計画の大綱や中期防で示された「隊員の生活・勤務環境の改善」「処遇の向上」の一環として行われるもので、一連の計画を取りまとめる整備計画局防衛計画課の川上直人企画調整官は「新たな装備品の取得は重要だが、その維持・運用を支える自衛隊員なくして防衛力は成り立たない。隊員が意欲を持って任務に邁進できる環境の整備にもしっかりと取り組みたい」と話している。

隊舎・宿舎等の整備（金額は四捨五入）

	18年度当初予算	18年度第2次補正予算案	19年度当初予算案
合計	162億円	749億円	127億円
隊舎・厨房浴場・ボイラー	81億円	663億円	38億円
宿舎	81億円	86億円	89億円

新築隊舎のイメージ（写真は2016年に完成した陸自与那国駐屯地の隊舎）

日用品・営舎用備品（金額は四捨五入）

	18年度当初予算	18年度第2次補正予算案	19年度当初予算案
合計	12億円	10億円	24億円
日用品	6億円	2億円	8億円
営舎用備品	6億円	8億円	17億円

防衛審議官に西田氏

整備計画局長に鈴木氏

政府は1月8日の閣議で、真部朗防衛審議官の退職を認め、後任に西田安範整備計画局長を昇任させる人事を了承した。整備計画局長には鈴木敦夫政策立案総括審議官を充てる。発令はいずれも1月15日付。

西田安範防衛審議官

鈴木敦夫整備計画局長

（防衛省発令）

▽防衛審議官に昇任（整備計画局長）　西田 安範

▽解防衛事務官＝大臣官房付＝併任、解防衛政策局付併任、解整備計画局付併任、整備計画局長に昇任（大臣官房政策立案総括審議官）　鈴木 敦夫

▽退職（防衛審議官）　真部 朗

（以上1月15日）

〈以上内閣承認人事〉

西田 安範（にしだ・やすのり）防衛審議官　東大法卒。昭和59年旧大蔵省。内閣審議官、財務省主計局次長、防衛省装備施設本部副本部長（航空機担当）などを経て、平成29年7月防衛省整備計画局長。大分県出身。56歳。

鈴木 敦夫（すずき・あつお）整備計画局長　早大政経卒。昭和60年旧防衛庁。防衛政策局調査課長、米軍再編調整官、防衛政策局次長、統幕総括官などを経て、平成30年8月政策立案総括審議官。静岡県出身。57歳。

防衛省

レーダー照射時の映像公表

岩屋大臣「国際法に従い適切に行動」

石川県・能登半島沖の日本海で昨年12月20日、警戒監視活動を行っていた海自4空群（厚木）のP1哨戒機が韓国海軍「クァンゲト・デワン」級駆逐艦から火器管制レーダーを照射された問題で、防衛省は12月28日、海自P1が撮影した当時の映像を同省ホームページで公表した。

映像は13分7秒あり、①P1が火器管制レーダーを一定時間継続して複数回照射されたとみられる場面②P1が駆逐艦から一定の高度と距離を保って飛行していること③P1が駆逐艦に対して「韓国海軍艦艇、艦番号971」と英語で計3回呼び掛け、レーダー照射の意図の確認を試みたが、駆逐艦から応答がなかったこと――などが記録されている。天候も良好で、韓国警備救難艦や北朝鮮籍とみられる漁船も確認できる。

映像は通常の警戒監視のために撮影されたもので、保全上の観点から位置情報など一部の音声を消去し、字幕を入れたほかは画像の処理は行われていない。

韓国側が主張する▽悪天候の中で北朝鮮の遭難船舶を捜索していた▽P1が威圧的な低空飛行をした――などの事実はなかったことも明らかだ。

映像公開前に記者会見した岩屋防衛相は「海自が国際法や国際取り決めに従って適切な行動をとっていたことを、ぜひ（日本）国民の皆さまにご理解いただきたい」と述べた。

一方、韓国国防省は1月4日、日本の主張に反論する4分26秒の動画を公開したが、その大部分は先に防衛省が公表した映像を引用したもので、韓国側（韓国海洋警察）が撮影した映像はわずか10秒だった。

防衛省は同日、この動画について「我々の立場とは異なる主張がみられる。日韓防衛当局間で必要な協議を行っていく」とする声明を発表した。

岩屋大臣は8日の記者会見で、両国の公開映像から「韓国側の（反論の）指摘は当たらない」とした上で、再発防止に向けて協議を継続する考えを示した。

日韓防衛当局が実務者協議

日韓防衛当局は12月27日、韓国海軍駆逐艦による海自P1哨戒機への火器管制レーダー照射事案をめぐってテレビを通じた実務者協議を開き、日本から統幕の池松英浩首席参事官ら、韓国から合同参謀本部作戦部長のキム・ジョンユ陸軍少将らが出席した。両国はそれぞれの立場を説明し、日本側は改めて遺憾の意を伝え、再発防止を求めた。

マティス米国防長官が退任

シャナハン氏が代行に

米国のマティス国防長官が12月31日付で退任し、翌1月1日、パトリック・シャナハン国防副長官が長官代行に就任、職務を引き継いだ。長官代行は上院の承認を必要としない暫定的な役職だが、トランプ大統領は「シャナハン氏は長く職にとどまるかもしれない」としている。

シャナハン氏はマサチューセッツ工科大で理学と経営学の修士号を取得し、1986年にボーイングに入社。ミサイル防衛システム関連の副社長や上級副社長（製造・供給戦略担当）などを経て、2017年7月に副長官に就任した。

トランプ氏は12月20日当初、ツイッターでマティス氏が「19年2月末に辞任する」と発表。マティス氏も同日、トランプ氏宛ての辞表の内容を公表し、外交・安全保障政策をめぐる見解の相違が退任の理由との考えを明らかにした。

これに対し、トランプ氏は23日、マティス氏の退任時期を前倒しし、「シャナハン氏が1月1日に国防長官代行に就任する」とツイッターで表明していた。

熊本・和水町で震度6弱

3自衛隊が情報収集

1月3日午後6時10分ごろ、熊本県の熊本地方を震源とするマグニチュード（M）5・0と推定される地震が発生し、同県北部の和水町で最大震度6弱を観測した。

地震発生を受け、政府は直ちに官邸対策室を設置。安倍首相は「早急に被害状況を把握し、政府一体となって災害応急対策に全力で取り組む」よう指示した。

一方、防衛省は6時12分、省内に災害対策室を設置。同14分、岩屋防衛相が3自衛隊に対し①早期の被害状況の把握②被害に備えた準備態勢の確立③災害対応に万全を期す――の3点を指示した。これを受け陸自西方航（目達原）、8飛隊（高遊原）、海自1空群（鹿屋）、22空群（大村）、空自8空団（築城）、新田原救難隊から航空機計9機が直ちに情報収集のため各駐屯地・基地を離陸。また、8師団司令部（北熊本）、42即機連（同）、熊本地本からは各自治体などに連絡幹部計10人が急派された。

最も揺れが大きかった和水町などでも地震による被害は確認されず、翌4日の午前8時37分、自衛隊は航空機での情報収集活動を終えた。

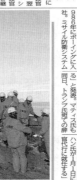

南極・昭和基地の「ふじケルン」に自衛艦旗掲揚の準備をする海自砕氷艦「しらせ」（中央奥）の乗員たち（12月25日）

「しらせ」が接岸

南極・昭和基地へ各種物資を輸送

12月25日に南極の昭和基地に到着した海自の砕氷艦「しらせ」（艦長・宮崎好司1佐以下約180人）は現在、搭載する各種物資の輸送活動に全力を挙げている。

「しらせ」の乗員は給油ホースを昭和基地まで展張し、60次観測隊の越冬に必要な燃料の送油を行うとともに、輸送ヘリコプターや雪上車を使い、各種物資や食料などの航空・陸上輸送を行っている。

同艦は昨年11月10日、東京港を出発、豪フリーマントルで60次観測隊員ら77人を乗せ、12月14日に流氷域に進入し、16日に定着氷域（多年氷帯）に入った。22日に宮崎艦長と堤雅基60次観測隊長が艦載のCH101輸送ヘリに乗り、生鮮食品などの「初荷」を一足早く昭和基地の越冬隊員に届けた。

「しらせ」は25日、昭和基地沖合約500メートルの定着氷に無事到着。船体で氷を砕いて進むラミング回数は往路344回（昨年は27回）で、昨年より2日遅い6年連続の"接岸"となった。

春夏秋冬

マティス長官の辞任

篠田 英朗

マティス米国防長官が辞任した。トランプ大統領は、公職歴を持たず就任した大統領として、輝かしい経歴を持つ元職業軍人であるマティス長官は手放したくなかったはずだ。だがそれほどまでに両者の世界観の溝は深まっていた。

公開された退任願いでは、同盟国との関係の重要性が説かれている。マティス長官にとって、NATO同盟諸国に対するトランプ大統領の振る舞いが不愉快なものだったことは想像に難くない。だが直近の要因は、シリアとアフガニスタンのようだ。

単なる制度論の話ではない。もっと根源的なアメリカの外交姿勢の話のようだ。

アメリカは限定的ながらもシリアに軍事プレゼンスを置いていたが、トランプ大統領は、その撤収を、エルドアン・トルコ大統領との電話会談の最中に命じたと伝えられている。見放されるのは、ISIS（イスラム過激派組織）駆逐の先頭に立ったクルド人勢力である。

アフガニスタンからの米軍の大規模撤収も行われる見込みだという。トランプ政権になってから、駐アフガニスタンの米軍も増強されていた。報道を見る限り、撤収は、増派前の水準に戻す措置だ。それでもアフガニスタンにおける戦争の見通しに、大きな影響を与えるだろう。

アメリカがアフガニスタンを見限ったと見なされれば、内外に巨大な衝撃を放つ。

マティス長官は、「対テロ戦争」の進展の中で、職業軍人としての華やかな経歴を極めた。政策的な判断としても、倫理的な確信においても、「対テロ戦争」における勝利を追求し続ける姿勢が強い。

これに対してトランプ大統領は、より実利的に外交政策を見ている。「対テロ戦争」を放棄しようとしているとまでは言えない。しかしもはや完全な勝利を求めず、目標ラインを下方修正していることは、明らかだろう。

18年10月にワシントンのハドソン研究所で、中国をアメリカへの挑戦国と位置付け、「邪悪な中国共産党」との戦いを呼び掛けるマイク・ペンス副大統領の演説が象徴する米中新冷戦の世界観が、深刻に受け止められてきている。

マティス元長官を「良識派」、トランプ大統領を「狂気」として、両者の対立を理解するような風潮は、近視眼的である。

（東京外国語大学大学院教授）

朝雲寸言

昨年は、韓国駆逐艦による海自哨戒機P1へのレーダー照射や、マティス米国防長官の退任前倒しなど波乱のうちに幕を閉じた。国際社会を見渡せば、現行秩序の変更を企図する中国やロシアの軍拡、核兵器を手放そうとしない北朝鮮など、波乱要因は数多い。そんな中で今年の最大の波乱要因は、我らが同盟国、米国であるように思える▼現在の米政権は、トランプ氏という特異な個性とその親族ら側近集団という「上部構造」と、専門性を有する専門家や官僚からなる「下部構造」の二層でできている。唐突な米軍シリア撤収は上部構造が引き起こした事態であり、軍事情報の窃取を防ぐための中国製機器締め出しや輸出・投資管理強化を盛り込んだ2019年度国防権限法は、下部構造が野党も巻き込んで発動したものだ▼ボブ・ウッドワード著『恐怖の男 トランプ政権の真実』を読めば、上部構造の異様さにただ暗澹とするしかない。一方で、中国軍に技術優位を渡さないための国防権限法は、実に真っ当で果敢な内容であり大いに歓迎できる。異様と真っ当がきわどく接合されている米国。実に不思議な国である▼自衛隊はその働きぶりから内外から高い評価を受けている。ただ、国家の基本法である憲法には自衛隊の文字がどこにもない。外国から見れば日本も不思議な国の一つなのだろう。衆参同日選も噂される2019年。不思議の解消に踏み出す年になるだろうか。

時の焦点

国内

レーダー照射

韓国は真摯に対応せよ

これほどまでに、防衛省が慌ただしい年末年始を迎えたことがあっただろうか。

韓国海軍の駆逐艦が、日本海で警戒監視活動にあたっていた海上自衛隊のP1哨戒機に対し、火器管制レーダーを照射した。火器管制レーダーは、目標を捉えてミサイルなどを命中させるために、自動で追尾する装置である。

アジアの安全保障を支える隣国同士とはいえ、一歩間違えば不測の事態を招きかねない。韓国は速やかに再発防止策を講じるべきだ。

日本政府の抗議に対し、韓国国防省はレーダーの運用を否定した。防衛省は「レーダー特有の電波を複数回照射された」とし、駆逐艦の上を低空で飛行した事実はない、と説明している。

自衛隊機は無線で、再三にわたって照射の意図を問いかけた。駆逐艦は、「通信が微弱」なため、応じなかったという。

韓国側の不誠実な対応に対し、防衛省が映像を公開すると、今度は韓国も反論のための動画を公開した。「自衛隊機が威嚇的な飛行をした」と非難し、日本に謝罪を求めている。

効果音を足す演出は、韓国国内向けのアピールなのだろうが、理性を欠いていると言わざるを得ない。

日本政府の見解は、レーダーの周波数を詳細に分析したうえでの結論だ。韓国側の主張は、説得力に欠ける。

日中韓など21カ国は2014年、航行の安全確保のための国際基準を採択している。火器管制レーダーの照射や、武器を相手に向けることなどを控える内容だ。

今回のレーダー照射に、自衛隊を攻撃する意図はなく、偶発的なミスの可能性もあろう。韓国は真摯に対応し、日本の疑念を払拭しなければならない。仮に韓国軍の統率が取れていないのであれば、ゆゆしき問題である。

日韓両国はともに米国の同盟国である。自衛隊と韓国軍は共同訓練を行っており、制服組の交流も進んでいる。

だが、韓国の最近の対応は、あまりにも利己的だ。昨年、自衛艦旗の掲揚が認められず、自衛隊が参加を見送った済州島での国際観艦式で、韓国艦艇は「抗日」を象徴する旗を掲げた。

北朝鮮の核、ミサイル問題の解決に向け、日米韓3カ国が足並みを乱すことは許されない。政府は、韓国政府と粘り強く協議を続けねばならない。

徴用工を巡る訴訟や、元慰安婦を支援する財団の解散で、日韓関係は冷え込んでいる。徴用工問題で、安倍首相は、日本企業の資産差し押さえが現実化した場合、「具体的な措置」で対抗する考えを表明した。

今年は、日本統治下の1919年の独立運動「3・1運動」100周年にあたる。文在寅政権がこれまで以上に「反日」ムードを高めるならば、関係改善は難しいかもしれない。

夏川　明雄（政治評論家）

海外

国際情勢展望

大国の主導権争い続く

日本では平成の時代が終わる今年は2010年代を締めくくる年でもある。10年前の2009年には米国で「変革」（チェンジ）を掲げるオバマ政権が誕生したが、その前年9月に起きたリーマン・ショック（米国発の金融危機）によって世界経済が深刻なリスクにさらされ、米国の新政権が主導して国際的な政策協調が模索されたことはまだ記憶に新しい。10年ひと昔と言うが、そうした国際的政策協調の枠組みや従来の世界秩序はこの間、米国に次ぐ経済大国となった共産党一党支配の中国の急速な台頭に加え、「米国第一主義」を掲げる2年前のトランプ米政権の誕生などによって一転して揺らいでいる。

大きな時代の変革期に差し掛かっている今年の国際情勢を展望すると、技術覇権をめぐって新しい冷戦とも呼ばれる波乱含みの米中両大国の関係や、5年前のウクライナ危機以降、改善の糸口が見えない米ロ関係といった大国同士の主導権争いを背景に、その余波を受けて主要地域間の多国間関係や世界各地の紛争も緊張含みの展開が続きそうだ。

地域情勢に目を向ければ、昨年6月に初めて実現した米朝首脳会談で大枠の合意をみた北朝鮮非核化の取り組みは双方の政治的思惑の違いもあってこう着状態が続き、近く開催される方向の米朝首脳による第2回会談の行方が注目点となる。また、米欧などの主要国との間でまとまったイラン核合意からの一方的離脱に踏み切ったトランプ政権による対イラン強硬政策の今後の展開や、アサド政権が軍事的優位を固めたシリア内戦の処理策をめぐる周辺関係国の駆け引きも、不安定な中東情勢の行方を占う上で目が離せない。

いずれにせよ、2年前のトランプ政権発足後、同盟国との関係を犠牲にしてでも公約の「米国第一」の外交・安保・通商政策を追求しようとするトランプ大統領の一挙手一投足によって、国際秩序の枠組みが揺さぶられる構図は強まりこそすれ、弱まる兆しはうかがえない。1年後に本格化する米大統領選で再選を目指すトランプ氏にとって、先の中間選挙での「トランプ共和党の善戦」は、同氏自身、過去2年の政権運営に対する米国民からの一定の評価と解釈でき、民主党陣営の有力な対抗馬不在と相まって再選戦略への手ごたえを感じているに違いないからだ。

昨年末には、ホワイトハウスでの規律を重んじたケリー大統領首席補佐官や同盟国との関係を重視したマティス国防長官といったトランプ政権内の現実主義派・国際協調派の重鎮が相次いで更迭され、後任に起用された側近の顔ぶれを見る限り、トランプ大統領による政権運営はますます独善的で党派対決色の強いものになっていく公算が大きい。

日本は年明け以降の各国首脳との会談や先進7カ国（G7）、6月に大阪で開催する主要20カ国・地域（G20）などの会議で、世界経済をリスクにさらす米中両国の対立を緩和させる議論を主導する責任があるのではないか。米国の緊密な同盟国として、孤立化の姿勢を強める米国と主要関係国の仲介もわが国の重要な役回りとなろう。

伊藤　努（外交評論家）

南スーダンPKO司令部要員が出発

山崎陸幕長が激励「期待に応えよ」

山崎陸幕長（中央）に南スーダンに向けての出国報告を行う（左へ）宮本3佐と中島1尉。右は（奥から）小野塚陸幕副長と末吉運用支援・訓練部長

国連南スーダン共和国ミッション（UNMISS）に第11次司令部要員として派遣される宮本綾子3陸佐と中島大貴1陸尉が12月19日、山崎陸幕長に出国報告を行った。

2人は1月7日に出国し、ウガンダ共和国のエンテベで約1週間、国連の研修を受けた後、南スーダンに移動し、首都ジュバの国連トンピン地区で約1年間任務に当たる。宮本3佐は兵站幕僚としてUNMISS歩兵部隊や軍事連絡要員の兵站支援を、中島1尉は航空幕僚としてUNMISSの航空機が駐機する飛行場エプロン地区の管理などを行う。

出国報告には小野塚陸幕副長と運用支援・訓練部長の末吉洋明将補が立会。宮本3佐と中島1尉が山崎陸幕長に出国報告を行い、これに対し山崎陸幕長が「UNMISSへの我が国の要員派遣は非常に重要。入念に準備を行ったと思うが、期待に応えられるよう頑張ってほしい」と激励の言葉を贈った。

防衛省では2017年5月に陸自施設部隊による南スーダンPKO活動が終了した後も、UNMISS司令部（約400人）への陸自隊員4人（兵站、情報、施設、航空運用の各幕僚）の派遣を継続。4人は2人1組で出発時期を半年ずらして出国し、それぞれ約1年間の任務に就いている。

RDEC派遣の6施群隊員

陸幕長に帰国報告

東南アジア工兵に重機操作指導

国連の施設部隊早期展開プロジェクト「RDEC（アールデック）」の一環として、ベトナムで施設器材の操作教育に当たっていた6施群（豊川）の伊藤和幸2佐以下20人（内閣府の連絡調整員1人含む）がこのほど帰国、12月20日、防衛省で山崎陸幕長に帰国報告を行った。アジア地域でのRDEC実施は今回が初めて。

帰国報告は陸幕長応接室で行われ、伊藤2佐から現地での活動報告を受けた山崎陸幕長は「諸官が見事に任務を完遂したことをうれしく思う。RDECの任務は、国際社会、アジア地域、また世界の平和と安定について非常に重要な事業だ。今回培ったものを陸自と今後の国際平和協力活動につなげてもらいたい」と述べた。

6施群を主力とする20人は11月5日から12月14日まで、ベトナムの首都ハノイ近郊にあるベトナム人民軍249工兵旅団宿営地に派遣され、東南アジア9カ国・16人の工兵要員に対し、油圧ショベルやドーザーなどの操作教育に当たった。今回、初の女性教官として佐々木結3曹（305施設隊＝三軒家）と堀雅3曹（102施設器材隊＝大久保）も加わり、重機の教育を行った。

同プロジェクトは平成26年の「第1回PKOサミット」で安倍首相が表明、翌27年からアフリカ地域を対象に「ARDEC」として陸自の活動が開始された。その後、アジアでも同教育の実施を国連が決定、その名称も「RDEC」に統一された。

ベトナムでの教育任務を終えて帰国し、山崎陸幕長（中央奥）から激励を受ける6施群副群長の伊藤2佐（その左）以下、RDEC派遣隊員＝12月20日、陸幕長応接室で

海賊対処支援隊

第2波が出国

ジブチ共和国で自衛隊の海賊対処活動拠点の警備に当たっている部隊の交代のため、1月8日、支援隊11次隊第2波の隊員約50人が成田空港から出国した。

11次隊は関谷拓郎1佐を指揮官に陸自16普連（大村）基幹の陸海自隊員約110人（うち女性1人）で編成。1月下旬に10次隊から任務を引き継ぐ。

一方、1月15日には、同航空隊の交代のため、34次隊の要員約30人を乗せた海自P3C哨戒機2機が那覇基地からジブチに向け出発する。

34次隊は5空群（那覇）の赤松真次2佐（51飛行隊長）を指揮官に、海自隊員約60人（うち女性3人）で編成。クルー以外の要員は同23日、支援隊11次隊第3波の約40人と共に那覇空港などからチャーター機で出国する。

任務を終える航空隊33次隊（2空群＝八戸）と支援隊10次隊の隊員計約120人は同25日にチャーター機で羽田に帰国。2機のP3Cも同30日に八戸基地に戻る予定。

中国艦が宮古海峡を通過

12月14日午後9時ごろ、中国海軍の「ジャンカイII」級フリゲート（3900トン、530「徐州」）1隻が沖縄・久米島の南方約100キロの海域を北西に向けて航行するのを海自13護衛隊（佐世保）の護衛艦「じんつう」が確認した。

同艦は同11日に沖縄本島と宮古島間の宮古海峡を南東進したものと同一の艦。この後、宮古海峡を北西に進み、東シナ海に入った。

対馬海峡も航行

12月26日午後5時ごろ、中国海軍の「ジャンカイII」級フリゲート（満載排水量約3900トン、艦番号550「維坊」）1隻が長崎・下対馬の西方約50キロの公海上を北東に向け航行するのを海自3ミサイル艇隊（佐世保）のミサイル艇「しらたか」が確認した。

同艦はその後、対馬海峡を北上して日本海に進出。翌27日に再び対馬海峡を南下し、東シナ海に戻った。

対馬海峡上空ではY9が情報収集

一方、上空では27日の午前から午後にかけて、中国軍のY9情報収集機1機が東シナ海から北東進し、対馬海峡（東水道）を往復飛行したため、空自西空のF15戦闘機などが緊急発進して対応した。領空侵犯はなかった。

統幕は同日、空自機が撮影した中国軍機の写真と航跡図を公表した。

陸自饗庭野演習場での誤射

射撃分隊長、方向を誤認識

安全係も諸元確認せず開始

陸自饗庭野演習場（滋賀県高島市）で昨年11月14日に発生した演習場外付近への迫撃砲弾の着弾事故で、陸幕は12月18日、事故調査結果を発表した。

それによると事故原因は「射撃分隊長が思い込みで誤った方向を隊員に指示し、責任者の射場指揮官や安全係らが点検を怠った」など複数のミスを挙げ、その再発防止策を同時に公表した。

演習場外近くに誤射した37普連（信太山）の射撃分隊は、81ミリ迫撃砲を当初目標に向けて正しくセットしていたが、訓練を中断し、再開後に射撃準備をした際、分隊長が自身の方向を示す照準の数値を思い込みで誤った数値に変えた。正しい数値を記したメモはあったが、それを見なかった。

また、射撃前に正しい諸元になっているかどうかチェックする安全係が射撃開始の直前に到着したため、「安全点検」も間に合わなかった。そのまま射撃係から「射撃準備完了」という報告を受けた射場指揮官は、本来行われるはずの安全係からの「点検完了報告」が上がっていなかったにもかかわらず、射撃を許可した。

1発目を射撃した時点で違和感をおぼえた隊員が複数いたが、その報告や諸元の点検も行われなかった。1発目、2発目ともに着弾地不明の「見えず弾」だったが、部隊はそのまま射撃を継続。射程距離を200メートル伸ばして発射された3発目が演習場外の道路に近い地点に着弾した。

陸幕は再発防止策として①射撃準備段階での安全管理義務の教育と点検要領の徹底②左右射撃限界の規定[illegible]する全部隊に徹底した。

②については、▽点検の指標を安全杭だけでなく線（石灰など）で標示▽照準眼鏡の方位角目盛りに左右限界（左右の砲身移動の可動範囲）を表示▽2カ所以上からの観測とビデオカメラなどの設置による監視体制の強化――などの改善策を実施する。

このほか今回、陸自から高島市長への通報が事故発生から約4時間後と遅延したことから、▽覚書の解説書作成と関係者への教育、業務隊長交代時の確実な引き継ぎ▽今津駐屯地業務隊長から高島市長らへの直接伝達する体制の整備――などを行う。

陸自は事故調査結果を受け、射場指揮官を停職8日にするなど、計19人を処分した。

平和安保研「公開セミナー2019」

1月26日、都内・永田町で開催

平和・安全保障研究所（RIPS、理事長・西原正元防大校長）は1月26日（土）午後2時から5時15分まで、東京都千代田区永田町の全国町村会館で「太平洋島嶼国の地域秩序の変容と日本の役割」をテーマとした「RIPS公開セミナー2019」を開く。

太平洋諸島学会会長の小林泉大阪学院大教授による基調講演の後、第1部・第2部に分け、パネルディスカッションを行う。参加費は2千円。詳しくはホームページ参照。

参加申し込み・問い合わせは、電話03-3560-3293の三百苅氏まで。Eメールはrips-info@rips.or.jp

防衛省発令

▽統幕運用2課災害対策調整官（7航空団基地業務群司令）1空佐　米山　浩
▽空幕情報課情報運用室長（情報本部）同　石原　信也
▽北部航空方面隊幕僚長（静岡地方協力本部長）同　定免　克己
▽7航空団基地業務群司令（空幕情報課情報運用室長）同　黒田　賢俊
▽11飛行教育団司令兼静浜基地司令（北部航空方面隊幕僚長）同　西野　一行
▽静岡地方協力本部長（統幕運用2課災害対策調整官）同　宮川　知己
（以上12月21日）
▽ときわ艦長（護衛艦隊幕僚兼自衛艦隊司令部）2海佐　斎藤　貴
（12月27日）
▽1陸佐に昇任
（補給統制本部）2陸佐　青木　健祐
（7特科連隊）同　秋山　洋三
（関西補給処）同　足達　陽一
（10高射特科大隊）同　池戸　雅浩
（小平学校）同　石本　勝彦
（福岡病院）同　井上　裕悦
（4特科連隊）同　井上雄一朗
（陸幕）同　上野富一郎
（西部方面総監部）同　梅木　知克
（東北方面航空隊）同　小野　栄二
（西部方面総監部）同　鏡森　直樹
（陸幕）同　加藤　貴之
（同）同　兜　智之
（教育訓練研究本部）同　川口　繁
（陸上総隊司令部）同　河村　友則
（8後方支援連隊）同　幸津　真悟
（2師団司令部）同　後藤　茂寿
（陸自幹部候補生学校）同　木場　元大
（陸幕）同　近野　敏之
（3陸曹教育隊）同　佐藤　靖倫
（西部方面総監部）同　佐藤　欣央
（教育訓練研究本部）同　塩満　大吾
（西部方面情報隊）同　鈴木　大
（陸幕）同　須藤　英樹
（北部方面総監部）同　住永　忠士
（中央業務支援隊）同　高山喜一郎
（教育訓練研究本部）同　滝口　和男
（東北方面航空隊）同　田所　幹久
（函館駐屯地業務隊）同　田村　秀樹
（統幕）同　徳淵　文雄
（教育訓練研究本部）同　富永　将文
（陸幕）同　内藤　啓太
（東部方面総監部）同　長岡　睦
（陸幕）同　中本　能久
（中部方面総監部）同　新島　藤夫
（陸幕）同　西田　嘉一
（同）同　藤田　明大
（同）同　古川　琢弥
（統幕）同　本多　健二
（西部方面戦車隊）同　前田健一郎
（教育訓練研究本部）同　溝口　光章
（陸幕）同　南　俊之
（中央業務支援隊）同　宮本　真也
（中部方面総監部）同　室谷　邦美
（東部方面会計隊）同　山口　護
（中央病院）同　吉永　洋輔
（教育訓練研究本部）同　[illegible]みゆき
▽1海佐に昇任
（かが）2海佐　飯ケ谷[illegible]
（うんりゅう）同　[illegible]
（艦船補給処）同　[illegible]
（やまぎり）同　小野[illegible]
（東京業務隊）同　[illegible]
（海幕）同　窪田[illegible]
（海自幹部学校）同　小泉[illegible]
（ゆうだち）同　古賀[illegible]
（海幕）同　小林[illegible]
（呉造修補給所）同　小林[illegible]
（海幕）同　澤田[illegible]
（海自幹部学校）同　椎名[illegible]
（81航空隊）同　菅原[illegible]
（情報業務群司令部）同　[illegible]
（自衛艦隊司令部）同　高島[illegible]
（海幕）同　筒井[illegible]
（海自幹部学校）同　坪倉[illegible]
（海幕）同　手塚[illegible]
（同）同　濱野[illegible]
（佐世保地方総監部）同　原田[illegible]
（同）同　藤崎[illegible]
（海幕）同　増田[illegible]
（システム通信隊群司令部）同　[illegible]
（東京業務隊）同　[illegible]
（艦船補給処）同　[illegible]
（大湊地方総監部）同　[illegible]
（潜水艦隊司令部）同　[illegible]
（佐世保地方総監部）同　[illegible]
（海自幹部学校）同　[illegible]
（自衛艦隊司令部）同　[illegible]
▽1空佐に昇任
（航空気象群）2空佐　[illegible]
（1輸送航空隊）同　[illegible]
（空自幹部学校）同　[illegible]
（空幕）同　[illegible]
（同）同　[illegible]
（8航空団）同　[illegible]
（空幕）同　[illegible]
（同）同　[illegible]
（3輸送航空隊）同　[illegible]
（航空支援集団）同　[illegible]
（航空気象群）同　[illegible]
（空幕）同　[illegible]
（同）同　[illegible]
（同）同　[illegible]
（航空教育集団）同　[illegible]
（空幕）同　[illegible]
（同）同　[illegible]
（航空支援集団）同　[illegible]
（南西航空警戒管制団）同　[illegible]
（空自補給本部）同　[illegible]
（西部航空方面隊司令部）同　[illegible]
（空幕）同　[illegible]
（13飛行教育団）同　[illegible]
（6航空団）同　[illegible]
（空自幹部学校）同　[illegible]
（2補給処）同　若林　友和
（以上1月1日）

32普連3人が語る陸自初の日印共同訓練「ダルマ・ガーディアン」

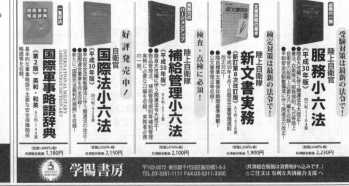

「対テロでインド陸軍は数々の実戦を経験しており、彼らのアドバイスはとても参考になった」――。陸自32普連（大宮）の隊員3人は昨年11月、陸自部隊として初めてインドに派遣され、日印共同訓練「ダルマ・ガーディアン18」に参加した。訓練場の「対内乱・ジャングル戦学校」が置かれた印ミゾラム州は、東にミャンマー、西にバングラデシュの国境と接し、さらに北方の中国とも近く、戦略上の要衝にある。この地で陸自派遣隊は印陸軍東部コマンド第一グルカライフル第6大隊と実戦的な対テロ訓練に当たった。指揮官を務めた32普連3中隊長の秋本3佐以下、3人の派遣隊員にインド陸軍と共同訓練を行った感想を聞いた。（聞き手・古川勝平）

日印共同の対テロ訓練で使用したシルチャール市内のスタジアム

違いや共通点知り 互いの文化を尊重

IED教育が充実

――インド陸軍と訓練を行って勉強になったことは。

秋本3佐　インド陸軍はテロ対処で最新のIED（即席爆発装置）教育が充実していました。日本では海外派遣される部隊以外でIEDについて学ぶ機会は少なく、貴重な経験となりました。

高梨曹長　テロリストが爆弾を設置する要領や場所を、インド軍はよく研究している印象を受けました。

秋本3佐　軍用犬の活用もかなり進んでおり、シェパード、ラブラドール・レトリバー、インド固有の犬種を運用していました。生後すぐに訓練が始まり、導入された後は、6カ月単位で訓練と任務が交互に行われるとのことです。

――インド陸軍と陸自の装備を比べて違いは。

高梨曹長　新旧の差はありましたが、種類や用途に大きな差異はなく、我々となじみのある装備品もありました。ただ、ジャングルでの訓練では軽装でしたが、部隊によっては防弾チョッキなどを身につけていました。

中国
国境未確定地域
ネパール
ブータン
インド
バングラデシュ
シルチャール
ミャンマー
ベンガル湾

「ダルマ・ガーディアン」に参加した32普連の左から横山徹3曹、秋本3佐、高梨守曹長

サバイバル術直伝

ジャングルで食べられる魚介類や果実などを陸自隊員に伝授するインド陸軍の兵士（右）

――対内乱・ジャングル戦学校が選ばれた経緯やグルカライフル大隊などについてお聞かせ下さい。

秋本3佐　インド陸軍は六つの地域コマンド部隊を保持しており、各地に陸軍の教育施設を持ちます。対内乱・ジャングル戦学校（CIJWS）は対テロ対処の訓練を実施するための経験豊富な教官要員や訓練施設を有することから、日印陸軍種間の協議により同施設での訓練実施が決定されました。

高梨曹長　一般的にグルカ族（ネパール系）の隊員は「ククリ（刃物）」を携帯しており、日常的な作業のほか、戦闘にも使います。

秋本3佐　彼らは（日本人が使う）ナタ感覚でククリを使っており、見ると本当に使いこなされた刃物の感じです。

高梨曹長　訓練場に向かう途中、町で人が木を切っているのを見て、日常の道具としてナイフや蛮刀が普及しているのが分かりました。

――サバイバル訓練では何を食べましたか。

一同　ヘビとかサワガニとかタニシとか…。

秋本3佐　彼らも火を通して食べます。私も食べましたが、体調不良者は出ませんでした。（笑い）

横山3曹　現地では、食べてはいけない植物の見分け方も教わりました。

高梨曹長　毒のある植物を皮膚の弱いところにすり込むと、かゆみを感じた後にピリピリとした痛みに変わりました。

秋本3佐　彼らはそれで（食べられるか）判断するみたいです。皮膚が反応を示したものは食べない。

――インド軍の朝稽古について教えて下さい。

秋本3佐　彼らはヨガをはじめ、タイヤや土のう運搬のトレーニングは普段からやっているそうです。

横山3曹　インド陸軍は下半身を重要視したメニューが多いですね。実際に彼らは走力があり、足腰の強さを感じました。

上下関係の厳格なインド軍

――現地ではどんな食事でしたか。

横山3曹　香辛料をふんだんに使ったカレーとチャパティ（薄いパン）が主食で、インカ米も毎日食べたほか、デザートには砂糖を大量に使ったお菓子が出ました。

秋本3佐　インド陸軍が私たちのために料理担当係を雇ってくれていて、期間中の食事は彼らが作りました。事前に防衛駐在官がある程度、日本人の好みを伝えてくれていたので、多少は我々の味覚に合った料理が出ました。

高梨曹長　「これは美味しかったよ」など料理担当係に伝えると、それに応えてくれて。我々に人気のメニューをまた出してくれました。

秋本3佐　インド陸軍では毎日午前10時ごろに30分くらいの「ティータイム」が設けられ、ビスケットなどと一緒にコーヒーやチャイを飲みます。演習場まで遠出した際にも可能な限り時間を作っていました。

――お互いの意思疎通はどうしたのですか。

秋本3佐　インドではヒンディー語が公用語ですが、方言で通じない人たちもいます。そこで部隊では英語が使われています。ペラペラってほどではないですが。

高梨曹長　私も片言の英語で向こうの分隊長と仲良くなり、彼らのホスピタリティーをすごく感じました。

秋本3佐　一方で、陸自が幹部と陸曹の距離が近いのに対し、インド陸軍は上下関係が非常に厳格で、下士官からの意見具申はまずないと聞いています。融通性に欠けると思う半面、軍隊として上の命令に対する隊員の従順さも感じました。

――普段から幹部と下士官が交流する場面もないのですか。

秋本3佐　はい。食事もお酒も、彼らは一緒にしません。今回は私たち日本人の文化に合わせてくれましたが、そこでも幹部は下士官と一緒に酒を飲むことはなかった。今回の日印部隊の交流で一緒に踊る場面があっても、「普段はしない」と明確に言っていました。

――北部のシルチャール地域について教えて下さい。

横山3曹　田舎町で、民家の造りがレンガであったり、基礎が竹でできていたり、特徴的な建物が多かった。道路の両側に民家が点々と並び、そこにお店もあった。道は舗装されておらず、50〜60年前の日本の田舎みたいなイメージですね。

その中で人々はスマートフォンを使っていて、そのギャップが面白かった。通りではヤギやニワトリ、牛、野良犬もたくさんいて、ゴミも散らばっていて、カルチャーショックを受けました。

秋本3佐　町は若者が多くて活気があり、車のクラクションが鳴り響く様子が印象的でした。

実戦からの助言参考に

――初の日印共同訓練を終えての感想を。

秋本3佐　今回の訓練には「対テロ技術練度の向上」と「防衛交流」の二つの目的がありました。特に防衛交流に関しては、インド側も日本ともっと交流したいという意思を隊員レベルでも強く感じました。一方、「対テロ」については、インドでは過去に「ムンバイ・テロ」など、数々の実戦を経験しているため、彼らからのアドバイスが非常に参考になりました。国や民族、戦い方など、それぞれ考え方や背景も違うため、日本が全てを受け入れるわけにはいきませんが、インド軍から学べる点は非常に多いと感じました。

高梨曹長　現地でインド陸軍の兵士や市民と交流する機会も与えていただき、日印の文化の違い、共通点を知ることができました。互いの文化を尊重するためにも、まずは違いを認識することが大事です。インド滞在中は、我々に手を振ってくれる現地の子供たちの笑顔がとても印象に残りました。

横山3曹　インド陸軍と初の共同訓練を行い、自隊がこれまで行ってきた訓練の方向性は間違っていないということも改めて認識できました。我々がインド軍から学ぶことも多かったですが、一方で自衛隊の技術を、自信を持って彼らに発信することもできました。

日印共同訓練「ダルマ・ガーディアン」

2017年9月、東京で行われた小野寺防衛相とインドのジャイトリー国防相（共に当時）による日印防衛相会談で、両国間で初となる「陸軍種間の対テロ共同訓練」を2018年に実施することが決定。同訓練はその後の調整を経て、昨年11月1日から13日まで「ダルマ・ガーディアン」の名でインドのミゾラム州周辺で行われた。訓練名は日印になじみのある「ダルマ」から名付けられた。

前事不忘 後事之師　第37回

伊藤博文から学ぶこと

明治国家建設を担った伊藤博文

昨年は、明治維新から150年という節目だったことから、NHKの大河ドラマで西郷さんが主人公になるなど、明治という時代が取り上げられました。西郷隆盛をはじめとして、明治に活躍し、その後の日本の針路に大きな影響を与えた人物は何人かいますが、明治国家の具体的な設計図を書き、それに基づき国家建設を行った人物は伊藤博文（1841〜1909年）だと思います。

伊藤は、紙幣に顔が印刷されているので、有名人ですが、残念ながら、その人気と評価は、功績に比べ高くありません。しかしながら、伊藤の生涯を子細に見ると、彼ほど将来を見つめながら国のあり様を真剣に考え、多くの仕事をした人物はいないと思います。実際、明治天皇は、大きな問題が生ずると、必ず伊藤を召して、彼の意見を徴したと言われています。

伊藤博文の政治的なキャリアを追っていくと、いくつかの点において学ぶべきことがあると私は感じます。第一は、彼が様々な経験や修羅場をくぐり抜ける中で、時には大きな失敗をしながら、〝脱皮・成長〟していったことです。青年時代の伊藤は、今でいうテロリストでした。幕末の攘夷運動の中で、イギリス公使館の焼き打ちに加わり、また国学者の塙次郎を斬殺しています。歴代の総理大臣経験者の中で、戦争以外で殺人を犯した数少ない人物です。

しかしながら、彼はその後、明治4年の岩倉使節団の派遣以前に、密航も含めて二度、英国と米国に渡り、攘夷運動が不可なることに気づきます。その結果、開国して近代化を推進する考えに大転回します。後年の1891年に、ロシアの皇太子ニコライが日本旅行中に巡査に切りつけられる大津事件が発生します。明治天皇や時の政府首脳は、この事件の発生に驚愕し、どのような対応をすべきか苦慮しました。陸奥宗光農商相などの一部閣僚は、切りつけた巡査を暗殺して病死と発表したらどうかと進言しましたが、伊藤は、法治国を作る自分たちリーダーがそれを運用する道徳を失ったら真の法治国などできないと暗殺に強く反発したと言われています。伊藤は、血気盛んな攘夷運動家から責任ある国のリーダーへ大きな変身・脱皮を遂げていきました。

伊藤から学ぶべき第二のことは、彼は高い理想を持ちながらも、それを実際に実現する手段を常に考えていたことです。単なる理想主義者と異なり、今は理想の実現が難しいのであれば、敵対勢力とも妥協して、時間をかけて目標を達成することが重要であることを知っていました。伊藤は言います。『初より大計画を立てて損失を招くが如きは不可』『当初は小計画を立てて漸次に之を発達せしむ』と。

また、伊藤は、大日本帝国憲法の制定の中心にいた人物ですが、憲法という制度さえ作れば、立憲主義が機能するとは考えていませんでした。制度をきちんと「運用」することが重要であり、そのためには、政党の育成、国民の政治的な成熟が不可欠であることを知っていました。このため、他の藩閥政治家から裏切りと批判される中で自ら政党を立ち上げ、また国民の教育に尽力しました。このことも彼が理想主義と現実主義を兼ね備えた政治家だったことを示しています。

大日本帝国憲法に規定された「統帥権」がその後、軍の独走を招いたと歴史学者は断じます。このため、憲法制定を主導した伊藤は、その責任を負わされているように思います。しかしながら、彼は、「公式令」を制定し、全ての法律及び勅令に総理大臣の副署を必要とさせることにより、軍を総理大臣のコントロール下に置くように試みます。この試みは、軍の利益代表者だった山県有朋らによって阻止されますが、仮に伊藤が1909年ハルビンで暗殺されずに、より長生きして影響力を持っていたら、その後の歴史は相当に変わっていただろうと私は考えます。

鎌田 昭良（防衛省OB、防衛基盤整備協会理事長）

…… 前事忘れざるは後事の師 ……

戦闘訓練で、日本とは植生がまったく異なるジャングル内を前進する陸自隊員

厚生・共済

特集

平成30年度 本部長表彰

12支部が受賞

組合員の福祉向上に貢献

防衛省共済組合の優秀支部を表彰する「平成30年度本部長表彰式」が12月12日、ホテルグランドヒル市ヶ谷で行われ、高橋共済組合本部長（防衛事務次官）代理の岡副本部長（人事教育局長）から受賞12支部の代表に表彰状と副賞が授与されました。

直轄1、陸6・海2・空3

30年度、共済組合員の福祉向上に大きく貢献した功績で表彰された支部は、直轄が沖縄防衛局、陸自が函館、神町、滝ヶ原、宇治、久留米、陸上那覇、海自が徳島航空基地、江田島、空自が奥尻島、入間、佐渡の12支部。

上 表彰式の後、岡副本部長（前列左から2人目）ら防衛省共済組合の幹部と記念撮影に納まる受賞12支部の支部長ら（2列目）　左 表彰式で岡副本部長（左）から表彰状を受ける海自江田島支部の中畑支部長（12月12日、ホテルグランドヒル市ヶ谷で）

式には副本部長の村川海上幕僚長、丸茂航空幕僚長、陸上幕僚長代理の冨樫人事教育部長、実務総括主掌者の久澤人事教育局厚生課長、実務主掌者の各幕厚生課長らも臨席し、岡副本部長が「支部長以下、全員一致協力して福利厚生の施策を積極的に推進し、組合事業の的確な運営に寄与した功績は顕著なものがある」と賞状を読み上げ、各受賞支部の長に賞状と副賞を授与しました。

この後、岡副本部長が本部長あいさつを代読し、「厳しい安全保障環境に対応して部隊等の活動が長期化する中にあっても、隊員が士気高く職務に専念できるよう、福利厚生の充実を図ることはますます重要になっている。昨今の大規模災害への災害派遣等において、自らの危険を顧みず任務を遂行する隊員やこれを支える家族の生活の安定と福祉の向上のため、防衛省共済組合の役割もますます重要性が増してきている」と述べました。

さらに「共済組合事業の運営は、個人の価値観の多様化や社会経済情勢の変化等に伴い、大変厳しい状況となっていることから、各支部においても隊員やその家族のニーズを的確に捉え、これらの要望を迅速に反映させるなど、一層の努力が求められている。このような状況の中、受賞12支部は各種イベントの開催による厚生施設の利用促進や地域の特性に応じた商品の充実化など、創意工夫を凝らして隊員やその家族のニーズにきめ細かく対応し、共済組合事業の的確な運営に多大な貢献をした。日頃の皆様方の努力に対して心より敬意を表し、御礼を申し上げる」と述べ、受賞支部の功績を称えました。

これに対し、受賞支部を代表して江田島支部長（海自1術校長）の中畑康樹海将補が「私どもは『守るあなたを支えたい』のキャッチフレーズのもと、組合員とその家族の生活の安定と福祉の向上のため各種事業の推進に尽くして参りました。今年は自然災害が多く、多数の組合員が被害を受け、その災害見舞金の支給をはじめとする各種支援事業に関する成果をお認めいただいたことに感謝いたします。今後とも組合員とその家族を守るため、各種事業に積極的に取り組んで参ります」とお礼の言葉を述べました。

表彰式の後、館内で記念撮影と祝宴も行われました。

直轄

◇沖縄防衛局

共済組合制度の優位性を厚生ニュース等で効果的にPRした結果、被扶養者の特定健診の受診率や団体傷害保険の加入者数を増加させたほか、自動車の販売台数を増やし、物資経理の売上向上に貢献した。

陸上自衛隊

◇函館

共済組合制度の優位性を厚生ニュース等で効果的にPRした結果、組合員貯金1人当たりの貯蓄額が増加し、組合員の貯金意識の向上にも貢献した。また、団体生命保険の1人当たりの加入口数も増加した。

◇神町

組合員のニーズに基づき、隊員クラブに無線LAN「Wi-Fi」を設置したことで集客力が上がり、物資経理の売上向上に貢献した。また、特定健診・特定保健指導ではセミナーを開催するなど効果的にPRし、受診率を向上させた。

◇滝ヶ原

自動車の展示会を積極的に開催したことにより、自動車販売台数を増加させ、物資経理の売上向上に貢献した。このほか、目的ごとの「共済手続等の冊子」を作製・配布することで、組合員の利便性向上に貢献した。

◇宇治

共済組合制度の優位性を効果的にPRしたことにより、組合員貯金の1人当たりの貯蓄額を増加させ、組合員の貯金意識の向上に寄与した。委託食堂は各種イベントを開催し、組合員の利用促進を図った。

◇久留米

委託売店で駐屯地オリジナルグッズ・菓子等を販売するなど、効果的なPRを行った結果、組合員の利用を促進、物資経理の売上向上に貢献した。豪雨災害での部隊派遣時には、時間外の営業を行い、組合員へのサービス向上に寄与した。

◇陸上那覇

お酒も提供する委託食堂を組合員のニーズに基づき、「居酒屋風」に改装し、組合員の利用促進を図ったほか、委託売店も遠方から来隊する組合員向けに「沖縄土産品コーナー」を開設し、組合員の利便性向上に貢献した。

海上自衛隊

◇徳島航空基地

委託売店での基地オリジナル商品の販売や委託食堂（お酒も提供）でのイベント開催、メニュー改善等により組合員の利用を促進、物資経理の売上向上に貢献した。さらに各種セミナーの開催により、団体保険等の新規加入者の増加にも寄与した。

◇江田島

共済組合制度の優位性を効果的にPRしたことで、自動車販売台数を増やし、物資経理の売上向上に貢献した。「集中豪雨による災害見舞金の請求手続」等を組合員のために遅滞なく発信し、被災組合員の生活安定にも大きく貢献した。

航空自衛隊

◇奥尻島

共済組合制度の優位性を効果的にPRしたことで、生協加入者の高い加入率を維持しているほか、直営売店でも組合員のニーズを反映した商品を取り揃えることにより、売上高は高い水準を維持している。

◇入間

託児所における各種イベント等の支援を積極的に実施したことで入園者数を増加させたほか、組合員からのアンケートに基づき基地近郊の25店舗と「支部割引協定」を締結するなど、組合員の利便性向上に貢献した。

◇佐渡

組合員からのニーズが高いDVDソフトやスキーセットを「厚生貸出物品」として整備し、厚生貸出物品の品揃えとその貸出状況を組合員が容易に把握できるよう整備、組合員の利便性向上に貢献した。

ホテルグランドヒル市ヶ谷

3月31日まで！

防衛省共済組合の直営施設「ホテルグランドヒル市ヶ谷」（東京都新宿区）では、受験生の皆さまを応援するため、こだわりの朝食バイキング（和洋ビュッフェ）と専用アメニティの特典が付いた「受験生応援宿泊プラン」をご用意しています。期間は3月31日(日)まで。どうぞご利用ください。

同プランでは、受験生が本番で実力を発揮できるよう、室内に空気清浄機（加湿機能付）を用意しているほか、希望者には電気スタンドの貸し出しも行っています（予約制）。

また、和洋ビュッフェ「こだわりの朝食バイキング」（午前7時～10時）は開放的なティーラウンジで、バラエティー豊かな和食・洋食が提供されます。料理はどれもお客様の健康とより一層の優しさをテーマに、素材と美味しさにこだわった内容となっています。

同プランの料金（組合員価格）は、組合員限定で、シングルが8400円～（1泊朝食付）・1万2000円～（1泊2食付）、ツインが1万3800円～（1泊朝食付）・1万7400円～（1泊2食付）となっています。

シングルは東館・西館共通、ツインは2名様ご利用のみです。

組合員と被扶養者はベネフィット・ステーションの「宿泊補助金制度」もご利用いただけます。

HOTEL GRAND HILL ICHIGAYA

お問い合わせ・ご予約は電話03-3268-0117（直通）または部内8-6-28850～2へ。詳しくはホームページ（https://www.ghi.gr.jp）をご覧ください。

ホテルグランドヒル市ヶ谷は都心に位置し、JR線ほか、地下鉄の市ヶ谷駅から歩いて3分。徒歩圏内に中央大学、法政大学、上智大学などがあります。

インフルエンザの予防接種助成　1月31日までの接種が対象

防衛省共済組合では、組合員の被扶養者を対象に「インフルエンザ予防接種」の助成を行っています。インフルエンザは例年1～2月にピークを迎えますので、早目に予防接種を受けましょう。

助成対象は予防接種を受けた被扶養者全員で、助成回数は1回、助成金額は上限が1500円となっています。

助成対象接種期間は1月31日まで、助成金請求期間は2月28日までですので、ご注意下さい。

共済組合に助成金を請求する際は、原則として医療機関等発行の領収書の原本が必要です。また、領収書には必ずインフルエンザ予防接種に関する記載がされている必要があります。

なお、「経鼻インフルエンザ生ワクチン（フルミスト）」等、厚生労働省未承認のワクチンは助成の対象とはなりませんので、ご注意ください。

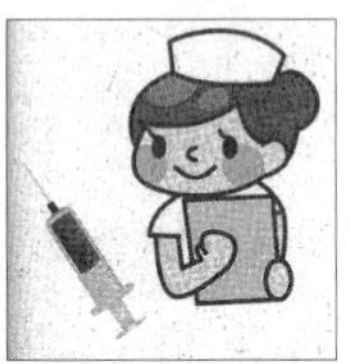

年金Q&A

老齢厚生年金の税金について教えてください

一定額を超えると所得税が源泉徴収されます

Q　私は、３月に退職し、まもなく年金受給開始年齢を迎える組合員です。老齢厚生年金には、税金がかかると聞いていますが、どのようなものなのでしょうか。手続き等の概要について教えてください。

A　公的年金には、所得税法上「雑所得」として、所得税がかかることになっており、老齢厚生年金の年金額が一定額を超える場合には、年金の支給時に所得税が源泉徴収されることになります（障害厚生年金・遺族厚生年金は非課税）。また、公的年金は給与所得のように、「年末調整」による税額の精算は行わないため、税額の過不足は確定申告で精算することになります。

源泉徴収の対象となる年金額は、その年中に受ける支給額が65歳未満の方については１０８万円以上、65歳以上の方については１５８万円（老齢基礎年金が支給されている方は、老齢厚生年金の額が80万円）以上のときです。

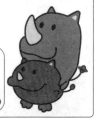

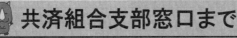

「公的年金等の受給者の扶養親族等申告書」（以下「扶養親族等申告書」という。）を国家公務員共済組合連合会（以下「連合会」という。）に提出すると、年金の支給額から所得控除（基礎的控除（受給者本人）、配偶者控除、扶養控除など）を受けることができます。年金決定後は、源泉徴収の対象となる方へ毎年10月上旬に連合会から「扶養親族等申告書」が送付されます。

年金支給開始後、民間会社などに再就職している場合で、会社に「給与所得者の扶養控除等申告書」を提出し、連合会にも「扶養親族等申告書」を提出すると、会社の給与等と老齢厚生年金それぞれから重複して所得控除を受けることになり、確定申告の際に所得税を追加徴収されることがあります。このような場合には、連合会に「扶養親族等申告書」を提出する必要はありません。

老齢厚生年金のほかに給与所得等がある場合には、年金と給与所得等からのそれぞれの徴収税額を合算した「合計税額」と、年金と給与所得等とを合算した所得の総額に対する「年税額」との過不足額を確定申告で精算することになります。

また、不動産所得、事業所得などがある場合や、生命保険料控除、損害保険料控除、医療費控除、住宅取得等特別控除などを受けるときも確定申告が必要です。

なお、公的年金等の収入金額（年金額）の合計が400万円以下で、かつ、公的年金以外の所得金額が20万円以下である場合は、確定申告は原則として不要になりましたが、市区町村への住民税の申告が必要です。

（本部年金係）

働き方改革推進コンテスト

陸自1師団が大臣賞

副大臣賞は海自4護群と整備計画局情通課を選出

「防衛大臣賞」を受賞し、岩屋防衛相(左)から握手で激励を受ける陸自1師団幕僚長の濱田1佐（いずれも12月19日、防衛省で）

「副大臣賞」に選ばれ、原田副大臣(前列中央)から表彰された海自4護群首席幕僚の一柳1佐(前列右)と整備計画局情通課の加藤課長(同左)

【人事教育局人事計画・補任課】政府方針に基づく防衛省・自衛隊の人事施策の一環として、隊員のワークライフバランス推進に向けた業務の効率化や職場環境の改善を行った部署・部隊をたたえる「働き方改革推進のための取り組みコンテスト」の表彰式が12月19日、防衛省で行われた。今回は「防衛大臣賞」に陸自1師団司令部（練馬）が選ばれたのをはじめ、「副大臣賞」には海自4護衛隊群司令部（呉）と整備計画局情報通信課（市ヶ谷）が選出され、それぞれ岩屋防衛相、原田副大臣から表彰された。翌20日には、「海上幕僚長賞」の表彰式も行われ、護衛艦「あまぎり」に賞状が贈られた。

防衛省人教局が主催する「働き方改革推進のための取り組みコンテスト」は、2016年に始まり今回で3回目。6月から9月の「ワークライフバランス推進強化月間」期間中の各部署・部隊の取り組みを募った。

今回は102件（内局1、防大1、統幕1、陸自10、海自24、空自48、地方防衛局16、防衛装備庁1）の応募があり、この中から、①独自性（特長のある取り組み）②継続性（継続させるための工夫）③効果（効果の明確性）④展開性（他の部署への発展性）――の観点に基づいて選考された。

「大臣賞」に選ばれた陸自1師団は、司令部における働き方改革を推進するため、▽勤務実態の把握▽意識の改革▽業務要領の改善――を3本柱に定め、「バーコードによる時間管理システムのカード」を独自に開発。これを隊員個人に付与し、登・退庁時の時間を把握するなど、隊員の長時間労働を是正する取り組みを行い、勤務状況の改善を図ったことが高く評価された。

表彰式は大臣室で行われ、1師団幕僚長の濱田剛1佐に岩屋大臣から表彰状と副賞の盾が授与された。

一方、「副大臣賞」を受賞した海自4護群は、艦艇勤務という特殊な環境にありながらも、休暇の取得やフレックスタイム制の活用などを推進。さらに、女性活躍推進のため、艦艇部隊における女性自衛官の勤務環境の改善や仕事と生活の調和に関する意見を広く収集し、女性自衛官相互の情報共有を促進するため、水上部隊で初めて「女性先任海曹（チーフWAVE）」による取り組みを実施した。

同じく副大臣賞の整備計画局情通課は、エクセルで記述できるプログラミング言語「VBA」を駆使し、わずかな労力で集計・分析などを可能にする「マルチユース・アンケートシステム」を開発。インターネット上で教育を受けることができる「eラーニング」に活用するなど、業務の省力化を図り、職員の負担軽減に貢献した。

表彰式では、4護群首席幕僚の一柳公大1佐、整備計画局情通課の加藤勝俊課長にそれぞれ原田副大臣から表彰状と盾が贈られた。

海幕長賞に護衛艦「あまぎり」

「創意工夫は他の模範」

「海上幕僚長賞」に選ばれ、村川海幕長(右)から表彰状を授与される11護隊司令の岡見1佐（12月20日、海幕応接室で）

「海上幕僚長賞」の表彰式は12月20日、海幕応接室で行われ、護衛艦「あまぎり」（艦長・谷雄一2佐）が受賞した。

「あまぎり」は、任務を遂行する一方で艦艇部隊のワークライフバランス推進モデル艦として、代休・休暇などの取得や働きやすい勤務環境の構築に努め、艦艇勤務の骨格を維持しつつ業務の効率化を進めるとともに、乗員の艦内生活の質の向上にも取り組んだ。

表彰式には「あまぎり」が所属する11護隊司令の岡見雅行1佐が出席。山村浩海幕副長、柴田弘海幕人事教育部長らも立会した。

村川海幕長は「指揮官をはじめ隊員一人ひとりが『働き方改革』の必要性と重要性をよく認識し、継続的かつ効果的な取り組みに創意工夫したたまものであり、その推進状況は他の模範となるものである」と賞状を読み上げ、岡見11護隊司令に副賞の盾を添えて手渡した。

職場環境改善へ4者が意見交換

女性自衛官や消防官

【米子】駐屯地は10月29日、女性の警察官、消防官、海上保安官を迎え、女性自衛官との「女性が働きやすい職場環境の整備と改善」を目的とした意見交換会を行った。過去に自衛隊と警察の意見交換会はあったが、4機関合同での開催は初めて。

いずれの職場も男性職員が大多数を占めているため、より良い職場環境作りを目指し、普段それぞれの職場では話せないような悩みを共有。今回は計27人が参加し、「男性隊員との関係はどうか」「ハラスメントはあるか」などの人間関係の悩みについて話し合った。

また、「子育てと仕事の両立」については「育児休暇などの各種支援環境が整っているか」といった女性目線での率直な意見を交換し、職種こそ異なるものの、女性同士の親睦を深めた。

主催者で、司会進行役を務めた8普連の花房明美2曹は、「各職場で導入している育児支援などの取り組みを知ることができた。また、話しにくいことや困っていることを共有でき、有意義な会になった。今後も続けていきたい」と話している。

余暇を楽しむ

空自「スピードスケート部」

競技人口確保にひと役

紹介者：2空曹　松倉　弘明
（空自三沢基地第3航空団整備補給群車両器材隊器材小隊）

皆さん、こんにちは。空自三沢基地の「スピードスケート部」を紹介します。

当部はスケート経験者・未経験者を問わず、体力錬成をしたい基地所属の隊員11人で構成され、1年間を通してスピードスケートに関する活動を行っています。平成15年の創部以来、過去には国体3位や全日本選抜スピードスケート競技会7位という輝かしい成績を残しています。

オフシーズンの間には、体力錬成として基地陸上部のメンバーと一緒にトレーニングをして、各種マラソン大会や陸上競技会、自転車競技にも参加しています。

第46回東北スケート競技選手権大会で、3000メートル競技に出場した松倉2曹

スピードスケート経験者はシーズン中、八戸市の長根リンクで地元の中高生と共に練習をしたり、指導をしています。時には自衛隊に興味がある学生を地本の募集事務所に紹介もしています。各種大会で良好な成績を収めた場合、地方紙に掲載されることもあるので、基地の広報活動にも一役買っています。

近年、スピードスケートは競技人口の減少により県内大会の参加者も減少しています。そこで私たちが競技を継続することで、大学などを卒業して地元へ戻ってきた若者が、タイムにとらわれず、競技を続けられる環境作りに協力しています。

スピードスケートは専門性の高い競技なので、入りにくいように感じられるかもしれませんが、本来は娯楽の一つです。気軽にスケート場へ行ってトライしてみてはいかがでしょうか。また、過去に競技をしていた方は再開してみてはいかがでしょうか。特技が生かせるとともに、新たな発見があるかもしれませんよ。

全自陸上競技会に基地三沢陸上部メンバーと共に出場し、800メートル走で6位に入賞した松倉2曹（左）

呉

「がんす」と「愚直たれ」で手軽においしく

オリジナルバーガー、呉市内8店で提供

呉地区の各部隊の献立に新たに加わった「呉海自がんすバーガー」

できたてがんす〜

【呉】呉基地でこのほど、隊員の給食に「呉海自がんすバーガー」が誕生した。考案したのは、呉造修補給所計画調整部需品管制科で糧食の調達を担当している河合孝治曹長。

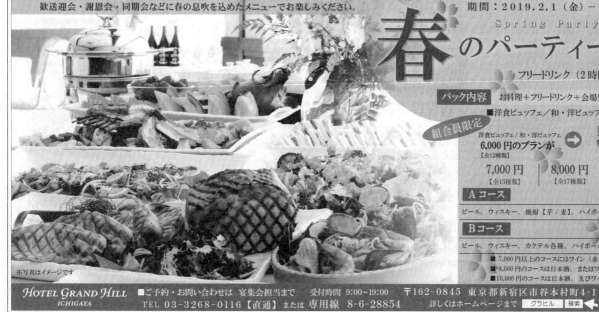

河合曹長は、出航中に食べることが唯一の楽しみである隊員たちに、「手軽でおいしいものを食べて喜んでもらいたい」という一心で、日常の食事とは違った、手軽に調理できておいしいものを考えてきた。その結果、呉の特産品「がんす」を見つけ、試作過程で呉地隊特製の「愚直たれ」をかけて食べたところ〝相性が抜群だった〟ため、「がんすバーガー」が誕生した。

「がんす」は魚のすり身に玉ねぎなどの野菜を混ぜて味付けしたフライで、一方、「愚直たれ」は、池太郎総監（当時）の隊員指導方針「愚直たれ！」にちなんで考案された、ピリ辛のカレー味のタレ。

同バーガーは昨年7月に呉地区の標準献立に正式採用され、10月には西日本豪雨災害の復興の一助として、「呉を盛り上げたい」「海自を身近に感じてほしい」という思いから、市内の飲食店での提供も開始、総監が出席して認定式も行われた。

認定条件は、「がんす」と「愚直たれ」を使用していることの2点で、現在8店舗が自由にアレンジしてオリジナルの「がんすバーガー」を作り販売している。それぞれの店でひと味違ったバーガーが食べられるのも魅力だ。

「秋鮭まるごとはらこ飯御膳」

旬の味覚を新鮮、濃厚に

仙台病院で特別メニュー

【仙台病院】自衛隊仙台病院は10月18日、秋から冬にかけて三陸沖で水揚げされる秋鮭を使用した「秋鮭まるごとはらこ飯御膳」を患者や職員に提供した。同病院では季節料理や地域料理、各部課の希望献立などを〝特別メニュー〟の提供を毎月行っている。

「はらこ飯」は、仙台ゆかりの戦国武将・伊達政宗も食したと言われる宮城県の伝統的な郷土料理。発祥の地とされている亘理町には専門店も多く、秋になると「はらこ飯」を目当てに遠方からも多くの観光客が訪れる。

仙台病院では秋鮭をまるごと1本購入し、食材をより新鮮なまま、より濃厚に旬の味覚を味わえるよう、今回の特別メニューを計画した。大きな秋鮭の〝さばき〟は、調理師の日頃の技術練成の成果を発揮する場にもなっている。

この日、提供された入院中の患者や勤務に当たっていた職員は、「鮭に脂が乗っていて、イクラにも張りがある」「ご飯にうまみが良く出ている。また食べたい」「あら汁も生臭さが全くなく、おいしい」などと感想を語り、みな大満足のようだった。

仙台病院の管理栄養士は「入院患者の治療の一環としてだけでなく、日々の楽しみにもなるような食事の提供を目指したい」と話している。

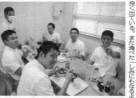

宮城県の郷土料理「はらこ飯」を頬張る准看護学院の学生たち（10月18日、仙台病院で）

自慢の一品料理

下志津カツランチ

紹介者：松浦　絵理技官
（陸自高射学校総務部補給科糧食班栄養管理係・下志津）

下志津駐屯地の名物献立「下志津カツランチ」を紹介します。千葉県産の豚肉、米、ピーナツを使った〝千産千消〟を追求した一品です。

最初にターメリックライスの作り方です。まず炊飯釜に水、ターメリック、塩コショウ、バターで炒めた玉ねぎを入れてなじませます。米を入れ、さらに混ぜてから炊きます。炊き上がったら釜に砕いたピーナツと乾燥パセリを加え、再び混ぜ合わせたら出来上がりです。

続いて、豚ロース肉をバッター液（小麦粉と卵が入った粉に水を加えたもの）にくぐらせ、パン粉をまぶしたら165度の油で8分ほど揚げて、カツを作ります。低温でじっくりと揚げるのがポイントです。

最後に、皿に盛ったご飯とカツの上にデミグラスソースをかけたら、「下志津カツランチ」の完成です。ターメリックライスの黄色は高射学校のロゴマークを表し、柔らかくジューシーに仕上がったカツが魅力的な、まさに自慢の一品。

3カ月に1度の限定メニューは、「下志津駐屯地広報ツアー」でも食べることができます。ぜひ下志津の名物献立を食べてみて下さい。

地方防衛局 特集

さらなる連携強化を確認
小川原湖タンク投棄事案踏まえ

三沢飛行場周辺航空事故連絡協議会
26機関60人が参加

東北局

【東北局】東北防衛局（伊藤茂樹局長）は11月26日、平成30年度「三沢飛行場周辺航空事故連絡協議会」を青森県三沢市の三沢市国際交流教育センターで開催した。今年は三沢飛行場周辺の自治体をはじめ、米軍、航空自衛隊、警察、消防、国の機関など計26機関から約60人が参加し、昨年2月に起きた米空軍機による小川原湖（青森県東北町）へのタンク投棄事案を踏まえ、事故対応における関係機関のさらなる連携強化の重要性を確認した。

同協議会は、三沢飛行場周辺で米軍機、自衛隊機、民間機の航空事故とそれに伴う災害が発生した場合の対処に万全を期すため、関係機関の緊密で迅速な連絡調整体制の確立を目的に1979年に発足し、今回で41回目の開催となった。

冒頭、主催者を代表して東北防衛局の藤井真企画部長があいさつ。今回から新たに国土交通省東北地方整備局高瀬川河川事務所が加入することを全会一致で承認した。

この後、昨年2月に発生した米空軍F16戦闘機による小川原湖への燃料タンク投棄事案をテーマに、東北防衛局の榮森賢業務課長が同事案の概要を説明。続いて、米空軍三沢基地第35戦闘航空団の報道部長を務めるローレン・リンスコット大尉が同事案に対する米側の対応について報告を行った。

最後に、高瀬川河川事務所の槻山敏昭所長がこれに関連した水質事故対応について発表。参加者たちは実際の事故に基づいた各機関の説明や報告に熱心に耳を傾け、迅速かつ的確な事故対応に向けて関係機関がこれまで以上に連携を強化していくことの重要性を改めて確認した。

東北防衛局は「多くのメディアが取材に訪れ、大変有意義な協議会となった。今後とも同協議会を継続して開催し、内容充実に努め、事故対応に関する関係機関の相互理解と連携強化を図りたい」と話している。

主催者を代表してあいさつを述べる東北防衛局の藤井企画部長（中央）＝写真はいずれも11月26日、青森県の三沢市国際交流教育センターで

メモを取りながら熱心に説明や報告を聞く26機関から集まった約60人の担当者ら

タンク投棄原因
旧式部品が破損し出火

米空軍三沢基地所属のF16戦闘機が昨年2月20日、青森県東北町の小川原湖に燃料タンクを投棄した事故で、防衛省は11月20日、米側から調査結果に関する報告を受けたことを公表した。

事故は通常訓練中のF16戦闘機が三沢飛行場を離陸直後にエンジンから出火し、パイロットは自機の速度と高度を維持できなくなったことから、緊急時の手順に従って外装燃料タンクを小川原湖に投棄したもので、原因は2012年に同機のエンジンに取り付けられた旧式の部品（タービン・フレーム前部フェアリング）が離陸中に破損し、エンジンが異常に過熱して出火に至ったものと結論付けた。同機は無事帰投し、けが人はなかった。

当時、パイロットは冷静に正確かつ適切な行動をとっており、それが事故につながることはなく、事故原因はパイロットによるものではないことも判明した。

これを受けて三沢基地第35戦闘航空団は直ちに全てのエンジンと予備エンジンを点検し、全てに正しい部品が取り付けられていることを確認。再発防止に向け、第35整備隊エンジン小隊の部品保管場所の拡大などを図り、部品管理の改善を進めているという。

中国四国局に広島県知事から感謝状
西日本豪雨災害で献身的活動

【中国四国局】中国四国防衛局の赤瀬正洋局長は12月6日、広島県庁で湯崎英彦知事から感謝状を贈られた。昨年7月の西日本豪雨災害で、避難所の入浴者に対する輸送支援や、県と自衛隊との間のきめ細やかな連絡調整業務など、同局の献身的な活動が評価され、赤瀬局長が同局を代表して受け取った。

中国四国防衛局は当時、県が13旅団長（海田市）に災害派遣を要請する前日の7月5日から大雨の状況を注視し、各県や自衛隊の活動状況について情報収集を開始。翌6日に第1種非常勤務態勢に移行するとともに、県庁の「災害対策本部」に連絡要員を派遣し、自衛隊による人命救助活動や行方不明者の捜索、給水・入浴支援などに関する連絡調整を実施した。

7月11日には第2種非常勤務態勢に移行し、局内に「災害対策本部」を設置。防衛大臣から「救助活動に参画せよ」との指示を受け、同局では7月18日から8月10日まで、呉市内の避難所に身を寄せる入浴希望者に対し、呉ポートピアパークや坂町雇用促進住宅に開設された陸自の入浴拠点との間で車両によるピストン輸送を行った。

期間中、同局の職員延べ143人が車両延べ57台を使い、延べ4480人の被災者を安全無事に送迎した。

これと並行して、三原市の尾道糸崎港での防衛省のチャーター船「はくおう」による入浴支援にも延べ314人の職員を派遣し、防衛装備庁の職員らと共に被災者の生活支援に当たった。

昨年7月の西日本豪雨災害への対応で、広島県の湯崎知事（右）から感謝状を贈られる赤瀬局長（12月6日、広島県庁で）

リレー随想　二又 知彦

新年1月は、長崎在住5カ月の私が感じた「長崎の街」を紹介します。

長崎の街を特徴付けるものは二つあります。地形と歴史です。

地形の特徴は、山が海に迫っており、すり鉢状の形をしているというものです。このため、海岸線の海が急に深くなっており、天然の良港を形作っています。同時に平地部は極めて限られたものとなっています。

その歴史は、ご存じの通り、鎖国の江戸時代にあって外国との貿易、交流が許された唯一の地だというものです。

すり鉢状の地形により、長崎は夜景がすごく綺麗な街となっています。最近は「世界『新』三大夜景」の一つとされています（他は香港、マカオ）。なお、夜景については、この他に「世界三大夜景」、「日本三大夜景」等々あります。

私は、夜景に加えて「夕景」もすばらしいと見入ってしまいます。

お勧め長崎散歩

急な山の斜面に密集するビルや家屋が夕日を浴びてオレンジ色に輝くさまはなかなかのものです。

夜景は高い所から眺めるものですが、この「夕景」は見上げた方が迫力があり、美しいのではないかと思っています。一度、高低差をつけて見比べていただければと思います。

長崎は「わからん」と言われます。和華蘭です。宗教施設でいえば、日本の神社仏閣、中国の唐寺、キリスト教会が狭い街に同居しています。

観光ツアーでは、中国系（孔子廟、中華街）やヨーロッパ系（教会、出島、グラバー園）を主に回るのですが、これらに日本的な神社や寺院を加えると一段と趣が増します。同時に見ることによって、「和」の良さも改めて感じられます。

神社仏閣を見るために長崎へどうぞ、と日本人には言いづらいのですが、長崎において「和」を堪能するのも一興です。

（長崎防衛支局長）

防衛施設と首長さん
青森県東北町　蛯名 鉱治町長

東北町は青森県の東部、上北郡のほぼ中央部に位置し、広大な緑の大地と小川原湖が輝く、優れた自然環境・景観を誇る町です。

えびな・こうじ　59歳。東海大卒。東北町議会議員、東北町副町長などを経て2017年に東北町長に就任。現在1期目。青森県東北町出身。

本町は、古くから恵まれた地域の特性を生かし、農林水産業を基幹産業として発展してきました。

農業では、全国有数の生産量を誇るナガイモやニンニクをはじめとする根菜類を中心とした野菜、葉タバコ、水稲などの生産、酪農を主体とする県下有数の規模を誇る畜産が行われているほか、水産業では全国一位の漁獲量のワカサギやシラウオ、そして2017年に特色ある農林水産物や食品の産地をブランドとして保護する「地理的表示保護制度（GI）」に登録された小川原湖産大和しじみなどの漁が行われています。

省・自衛隊と緊密に交流
相互理解に努め共存共栄

また、数多くの源泉を有し、豊富な湯量を誇る「いで湯のさと」であり、多彩で魅力ある観光・交流資源や保健・福祉施設、スポーツ環境なども充実しています。

本町ではこうした地域の特性を生かし、東北町の魅力を高めていくため、16年3月に策定した第2次東北町総合振興計画に基づきながら、町民の方々と行政との共通目標として、「笑顔・元気・活力あふれ　未来に羽ばたく　とうほくまち」を将来像とし、「定住環境」をさらに高める、「新たな活力」を生み出す、「みんな」でともに働く――を基本理念とし、町民一人ひとりが夢と希望を持ち、笑顔で元気に暮らすとともに、新しい活力が生み出され、未来に羽ばたくことができる、みんなが幸せを実感できる豊かなまちづくりを目指しています。

さて、本町には航空自衛隊東北町分屯基地、隣接する三沢市には航空自衛隊三沢基地、東北防衛局三沢防衛事務所があるなど防衛省・自衛隊とは密接な関係にある自治体です。

防衛省東北防衛局が主催する日米交流イベント「ひな祭りin Tohoku Town」では、米軍三沢基地と町内の親子が異文化に触れるとともに親睦を深めるほか、1994年に開設した航空自衛隊東北町分屯基地は「地域とともに歩む」姿勢のもと、町消防団の観閲式や出初式、防火パレードに参加し、町民の防火意識の向上に努めていただき、祭り期間中は流し踊り大会や仮装大会などさまざまなイベントに積極的に参加し、祭り全体を大いに盛り上げております。

また、分屯基地内で開催される開庁記念行事には毎年たくさんの町民が訪れています。

このように、本町と防衛省・自衛隊は非常に友好的な交流を行っており、今後も「共存共栄」の姿勢で相互理解に努めてまいりたいと思います。

クイズに正解し、箱からオリジナルの缶バッジを取り出す少年（右）と、笑顔で見守る九州防衛局の職員（12月2日、宮崎県の新田原基地で）

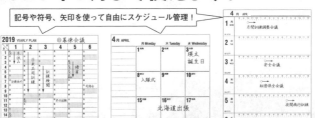

新田原基地で広報活動
九州局がエアフェスタにブース開設
5万1500人に防衛省・自衛隊をPR

【九州局】九州防衛局（三貝哲局長）は12月2日、宮崎県の空自新田原基地で開催された「新田原エアフェスタ2018」の会場で広報ブースを開設し、訪れた約5万1500人の航空ファンたちに防衛省・自衛隊の取り組みをアピールした。

ブースでは同局の広報誌「きゅうしゅう」をはじめとする防衛省の各種パンフレットを配布したほか、自衛隊の災害派遣活動を伝える写真パネルを展示。さらに、2016年4月の熊本地震や、17年7月の九州北部豪雨での災派活動の記録映像も上映し、来場者たちはその都度、疑問点を同局職員に質問するなど、高い関心を集めていた。

一方、ファンの間ですっかりお馴染みとなった「防衛白書クイズ」では、正解すると防衛装備品がプリントされた同局オリジナルの缶バッジの新作がもらえるとあって、多くの子供たちが行列を作った。

また、航空機などのペーパークラフトの展示・配布のコーナーでは、細部まで丁寧に作り込まれた作品に大勢の親子連れが立ち止まって見入るなど、同局ブースは終日にぎわった。

空自芦屋基地でも

同局では10月に福岡県の空自芦屋基地で開かれた航空祭でも同様の広報ブースを展開し、大盛況だった。

九州防衛局は「防衛省の諸施策や自衛隊の活動についてより多くの方々にご理解いただけるよう、今後とも『分かりやすい広報』に努めたい。自衛隊の各種イベントに出展する当局の広報ブースで皆さまをお待ちしています」と話している。

自衛隊の活動を伝える写真パネルの前で、九州防衛局の職員（右）から説明を受ける見学者（10月14日、福岡県の芦屋基地で）

10師団 岐阜県関市の豚コレラ発生で災派

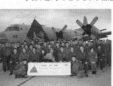

「地域住民のために」

延べ1300人で防疫措置

岐阜県関市の養豚場で12月25日午前5時半、豚コレラの発生が確認され、陸自10師団（守山）が防疫措置の災害派遣活動に当たった。35普連（同）を基幹とする災派部隊は、隊員延べ約1300人が昼夜を分かたず全力で対処し、27日午後8時、活動を終了した。

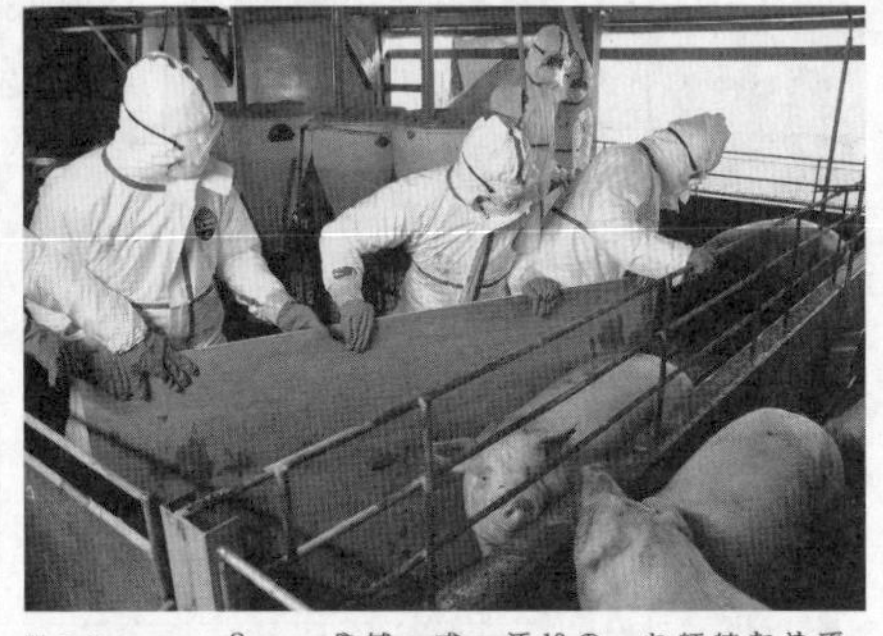

ベニア板を使って豚を追い込む10師団災害派遣部隊の隊員（12月25日、岐阜県関市の養豚場で）

豚コレラ発生に対し、県で対処し切れなかったため、感染・発生が確認された25日午前5時半、古田肇岐阜県知事から甲斐芳樹10師団長に災害派遣が要請された。

要請を受け、35普連隊長の曽根勉1佐を隊長とする10師団対処隊は、ただちに活動を開始した。

甲斐師団長は部隊の出発式で「平時の任務の重要な一つが災害派遣である。地域住民のためにもしっかりやってほしい」と訓示し、「対処要領の確立」「連携」「健康管理・安全管理」の3点を要望した。

隊員たちは4波に分かれて現地に進出。4個隊でローテーションしながら、24時間態勢で作業に当たった。豚舎での豚の追い込み、殺処分した豚や餌などの埋却地への運搬処理、養豚場の消毒を行った。また活動中、甲斐師団長と岸川公彦中部方面総監が視察した。

岐阜県は12月27日、豚の殺処分（約8000頭）が完了したことを発表。県の撤収要請を受け、10師団は27日午後8時、活動を終えた。

活動部隊は10師団司令部、35普連、10通信大隊、中方航空隊、130地区警務隊（いずれも守山）と岐阜地本。3日間の活動規模は、隊員延べ約1300人だった。

岐阜県関市の尾関健治市長は朝雲新聞にコメントを寄せ、「多くの自衛隊員の皆さまに昼夜を問わずご尽力いただき、誠にありがとうございました。今回の皆さまの活動を通じて、自衛隊の存在意義を改めて強く感じることができました」と謝意を示した。

甲斐師団長（右）に出発報告を行う災派部隊第3波の対処隊長、三木洋3佐（中央）＝12月25日、守山駐屯地で

群馬県で山林火災 ヘリ3機で消火活動 陸自12旅団が災派

群馬県安中市松井田町の山林で1月3日午前9時47分ごろ火災が発生、陸自12旅団（相馬原）が消火に当たった。

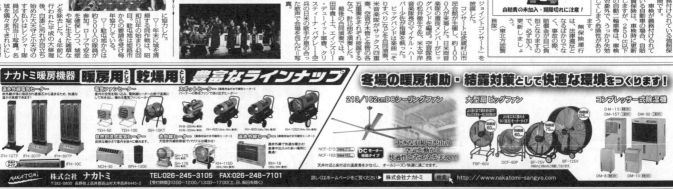

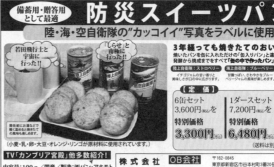

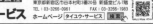

午後0時47分、群馬県知事から12旅団長に災害派遣が要請され、12旅団司令部と48普連（相馬原）の連絡要員が群馬県庁と安中市役所へそれぞれ出発。また東方航（立川）のUH1ヘリなどが情報収集のために現地に向かった。

午後3時13分過ぎ、12ヘリ隊（相馬原、北宇都宮）のCH47ヘリ3機が駐屯地を離陸し、現地到着後、消火活動を開始した。

翌4日もCH47ヘリ3機で朝から消火活動を実施。火災が鎮火に至り午後1時32分、群馬県知事から撤収要請を受け、活動を終えた。散水回数・量は110回、約550トンだった。

一方、48普連は3日午後、消火活動中に山林内で滑落した地元消防隊員1人を救助した。

3日午後3時58分、県知事から12旅団長に人命救助が要請され4時23分、48普連の隊員約25人が現地へ。7時40分、消防隊員を収容し12ヘリ隊のUH60ヘリで高崎ヘリポートに搬送、消防に引き渡した。

群馬県安中市松井田町の山林火災で空中消火に当たる12ヘリ隊のCH47ヘリ＝防衛省提供

横須賀病院医官 石垣2海佐 臨床研究が学会賞受賞

【横病】自衛隊横須賀病院診療部麻酔科の石垣さやか2海佐は、11月1日から3日まで福岡県北九州市の北九州国際会議場で開催された日本臨床麻酔学会第38回大会で「第6回MSD Award」を受賞した。

同賞は国内外の学術雑誌に掲載された「神経筋伝達に関する臨床研究」を審査し、優秀な研究業績を上げた研究者に対し授与される。

受賞対象となった研究は横須賀病院で実施された。石垣2佐と中央病院麻酔科の小倉敬浩1海佐、横須賀病院麻酔科の金谷綾奈3海佐がデータの収集に携わり、採取したデータを基に石垣2佐が論文をまとめ、一昨年、イギリスの学術雑誌に掲載された。

従来、全身麻酔を受ける前には長時間の禁飲食が義務付けられていたが、近年では飲水継続の方が術後の早期回復に有益だと考えられ、麻酔開始2時間前までの経口補水液摂取が推奨されている。しかし、飲水によって体内水分量が多くなるため、麻酔時に使用する薬剤の体内濃度が低下し効果が不十分になる可能性があった。

研究では、全身麻酔開始時に使用する筋弛緩薬の体内濃度と効果を測定し、長時間禁飲食のグループと経口補水液摂取のグループを比較。飲水が筋弛緩薬の体内濃度を低下させ、効果を減弱させることを明らかにした。

研究結果は、「手術前の飲水状況に合わせた薬剤量の調整を促すものであり、手術の安全に寄与する」と高く評価された。

受賞した石垣2佐は、「研究内容が評価されとてもうれしい。この結果がいろいろな場で共有され、生かされてほしい」と喜びを語った。

賞状を手にする石垣2佐（北九州国際会議場で）

心技を磨き、難関突破！

海自2術校 松木3尉、伊藤2曹

そろって剣道七段に合格

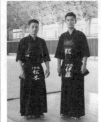

【海2術校＝田浦】剣道の七段昇段審査会が11月27日、東京都足立区の東京武道館で行われ、海自2術科学校（学校長・岩崎英俊将補）の松木圭次3尉（会計課）と伊藤隆之2曹（体育教官室）の2人が合格率20％の難関をそろって突破し、七段に昇段した。

2術校では15のクラブなど（体育系9、文化系6）が活動。剣道部は部員11人で、毎週2回と毎月1回の土曜日の稽古で心技を磨いている。稽古は部外にも開放、小学生から80代のOBまで幅広い年代の剣士が訪れている。

2人は指導などを通して小学生から元気な気迫をもらい、高段者のOBからは奥深い理合いを学んできた。稽古の成果を発揮し、海自剣道大会でも活躍。「横須賀B」（2術校・横教連合）の中心選手として臨み、団体戦準優勝に貢献した。

720人が受審した審査で見事合格した2人。「部内外を問わず、剣を交わした方々に感謝したい」（松木3尉）、「今後も校友会の発展に貢献したい」（伊藤2曹）とそれぞれ語った。

剣道七段にそろって昇段した松木3尉（左）と伊藤2曹（海2術校で）

八戸 1万飛行時間を達成

小松1曹「手本となるよう精進」

【八戸】海自2航空隊（司令・髙田哲哉1佐）でP3C哨戒機の機上武器員として勤務する小松直樹1曹は11月28日、1万飛行時間を達成した。

小松1曹は平成7年12月から機上武器員として2航空隊、4航空隊などで勤務、派遣海賊対処行動航空隊でも任務に当たってきた。

冬の八戸では珍しい穏やかな天候の下、着陸したP3C哨戒機を2航空隊の隊員たちと花束を抱えた小松1曹夫人が拍手と歓声で迎えた。

偉業を達成した小松1曹は、「良き先輩、後輩に恵まれ、航空機整備員の方々のご尽力と家族の支えがあり、ここまで来ることができた。感謝しています。引き続き後輩の手本となるよう精進します」と語った。

2航空隊の隊員たちに囲まれ祝福される小松1曹（中央）。左は同夫人（11月28日、八戸航空基地で）

こちら警務隊 ☎8・6・47625

自賠責保険の未加入は法律違反で懲役か罰金

もし、自賠責保険に加入しなかった場合、どうなりますか。

無保険運行となり、自動車損害賠償保障法違反で1年以下の懲役または50万円以下の罰金に処せられます。

自賠責保険は、すべての自動車（自動二輪車、原付を含む）に加入が義務付けられている強制保険です。

車検が義務付けられている自動車の場合、自賠責保険は、車検時に更新されますが、250cc以下の自動二輪車等は、車検対象外で、うっかり失効することがあります。

無保険運行は、法律違反になるばかりでなく、事故の際の賠償金が自己負担となりますので、必ず加入、更新しましょう。（東北方面警務隊）

「責任」を持って走っていますか？
自賠責の未加入・期限切れに注意！

米空軍音楽隊とコンサート実施 空音

【空音＝立川】空自航空中央音楽隊は12月16日、東京都武蔵村山市の武蔵村山市民会館で、米空軍太平洋音楽隊（横田）との「日米ジョイントコンサート」を披露した。

コンサートは武蔵村山市が主催し、約1000人が来場した。日米両音楽隊の選抜メンバーがビッグバンドを編成。空音隊長の松井徹治2佐、米空軍音楽隊長のマイケル・ハーパー少佐が指揮を執った。

ビッグバンドは楽曲「そりすべり」などを合同演奏。空音が木管と金管の各五重奏をそれぞれ披露すると、米空軍はサックス四重奏で応えた。

最後の合同演奏では、森田貴士士長、エインズリー・デューイット軍曹、クリスティーナ・スティーブ・バグレー空兵の日米の歌手が息の合った歌声で会場を包んだ。

小休止

▽…姫路駐屯地（司令・堀川紀三1佐）は12月5日、世界文化遺産に登録されている国宝・姫路城で行われた「姫路城クリーン作戦」に協力した。

▽…年末に城を清掃する同作戦は、昭和49年の始まりから43回目。駐屯地は姫路市からの要請を受け毎年協力している。

▽…駐屯地からは約50人の隊員が参加。ロープで安全を確保しつつ、城壁や堀に生えた雑草などを除去した。4年前に行われた大天守の大修理後、白漆喰に汚れが目立ち始めた大天守や小天守はレンジャー隊員16人が担当。名城を隅々まできれいにした。（姫路）

31連隊初の「隊歌競技会」で優勝

試行錯誤重ねて中隊一丸で練成

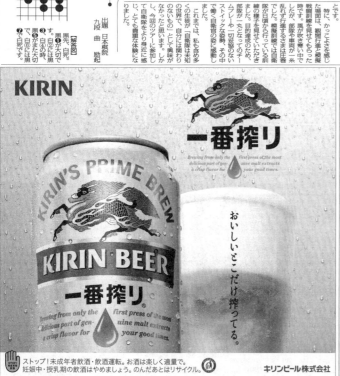

我が第3中隊は、昨年秋に実施された「連隊隊歌競技会」で念願の優勝を飾ることができました。

31連隊の隊歌競技会は初の試みであり、前例がないと同時に、中隊内でも「歌唱」に関する専門知識のある者が皆無の中、私は「隊歌教官」に任命され、その重責を前に「どんな練習をすれば良いのか？」「どうすれば中隊の練度が向上するのか？」と自問自答しながら、その術を暗中模索する日々でした。

そうした中、隊員が共に意見を出し合い、試行錯誤を重ね、中隊一丸となって競技会に向けて少しずつ練成を進めていきました。

また、課題曲の「第31普通科連隊歌」のほか、自由曲は中隊としてなじみのある「第3中隊歌」を選び、隊員の中隊への帰属意識の向上にもつなげることができました。

競技会当日は、全ての中隊が気迫にあふれ、高い歌唱力と斉一な部隊行動を示し、極めて緊張感のある競技会となりました。

各中隊はさまざまなアイデアを練り、創意工夫を凝らし、それぞれが完成された歌唱力で競技に臨んでいました。

その中で、我が3中隊も「絶対に負けられない」というプレッシャーの中、今まで積み重ねてきた練成成果を遺憾なく発揮し、全員が全力を出し切り、各対戦を戦い抜きました。

特に決勝戦では、5人の審査員全員の支持を得て、3中隊は「優勝」という結果を勝ち取ることができました。

今大会を通じて、中隊が優勝という目標に向けて一致団結し、切磋琢磨する大切さを実感しました。そして何よりも「初めての種目で優勝」という栄冠を手に入れることができ、うれしく思います。

これまでご指導いただいた中隊のスタッフと隊員一人ひとりに感謝するとともに、次年度以降の隊歌競技会でも連覇できるよう、引き続き隊歌の練成を重ねていきたいと思います。

2陸曹　齊藤　信也（31普連3中隊・武山）

31普連初の「隊歌競技会」で3中隊を優勝に導いた齊藤信也2曹

舞音の演奏指導を支援

2海曹　神谷　一英（鳥取地本広報班）

自衛隊鳥取地方協力本部は12月8日、海上自衛隊舞鶴音楽隊（隊長・高野健一1尉）が鳥取県立倉吉東高等学校（倉吉市）で行った倉吉東高および倉吉西高の吹奏楽部員29人への「演奏指導」を支援した。

対面式では、緊張した面持ちの生徒たちだったが、楽器ごとの個別指導が始まると、音楽隊員に「吹奏楽とオーケストラでの演奏方法の違いを教えてください」「響きのある演奏はどうしたらいいですか」など、技術を習得しようと積極的に質問していた。

また、演奏指導終了後には、自衛隊の制服や階級章などへの質問や、車両に描かれた護衛艦を背景に記念撮影するなど自衛隊への興味を持ってもらう機会となった。

解散式では、生徒たちから「プロに指導してもらうのは初めてで、大変貴重な機会となりました」「明日のコンサートを楽しみにしています」と音楽隊員にお礼の言葉があった。

鳥取地本では、今後も音楽隊の支援を得て演奏指導などを通じ、若い人たちに自衛隊への親近感を持ってもらえるよう努めていく。

海自舞鶴音楽隊員（右）からホルンの指導を受ける高校生たち

盛大に年末年始特別警戒出発式

3陸曹　森　優樹（第8施設隊・国分）

私は12月10日、霧島市役所で実施された「年末年始特別警戒出発式」に参加しました。

式は霧島警察署が主催し、鹿児島県警察交通機動隊、安全運転協議会、交通安全協会、霧島市消防局、国分地区自衛隊協力会など総勢約250人が参加し、消防車など約70両で国分市街地をパレードしました。

式では交通事故防止を目的に小学生による和太鼓の演奏など、イベントが盛大に行われました。

その後、機動隊の白バイ、パトカーや安全指導車、自衛隊の偵察バイク、

私も今回、この行事に参加し、交通安全に対する意識がより強くなりました。これを機に初心に返り、交通規則を順守し、本年も「防衛運転」に取り組んでいこうと思います。

抱負は「強く」

陸士長　江尻　蒼太郎（33普連2中隊・久居）

本年は、自身の成長が図れる一年にすることを意識して行動します。

新年の抱負は「強く」です。身体面だけでなく、精神面においても強く向上させていきたいと思います。

身体面では体力の向上を目標とし、自衛官に必要である個人火器を携行した状態での戦闘行動、行軍を意識した体力練成を行い、有事の際に即座に対応できる体力を身に付けていきたいと思います。

精神面では、昨今、自然災害が多発していますが、いかなる状況においても現場で正しい判断ができるよう、心がけたいと思います。有事の際には、即座に動かねばならないので、動く中で自問自答し、正しい行動が取れるよう、常日頃から意識しながら訓練に励んでいきたいと思います。

現状に甘えることなく、常に向上心を持ち、強く前向きに、何事にも積極的に取り組んでいきたいと思います。

OBがんばる

資格取得は計画的に

佐藤　幹夫さん　55
平成29年8月、護衛艦「ちくま」機関長を最後に定年退職（特別昇任3海佐）。青森市の「シィライン株式会社」に再就職し、高速旅客船の1等機関士を務めている。

私は海自を定年退職後、地元青森の海運業である「シィライン」に再就職し、現在、同社所有の高速旅客船「ポーラスター」の1等機関士として、機関の整備・運転に従事しています。

定年の2年ほど前から、「第二の人生は艦船勤務経験者としてのキャリアを生かせる船員になろう」と心に決め、海技資格の取得に励みながら船員の就職口を探していただいていたところ、一般旅客定期航路事業を行っている「シィライン」を紹介され、無事入社することができました。

「ポーラスター」は全長32メートル、総トン数101トンの高速旅客船で、下北半島と青森市を結ぶ航路を運航しています。当航路は、国から離島航路整備法の指定を受けており、生活航路、観光航路、併せて下北半島に原子力関連施設があることから、「防災航路」としても重要な役割を担っています。

入社当初は、自衛艦と民間船の違いに戸惑うことも多く、不安もありましたが、上司の機関長から懇切丁寧な指導を受け、約2カ月で一通りの作業を一人で行うことができるようになり、今ではとても楽しく勤務しています。

再就職に当たって感じたことは、「必要な資格は、できるだけ早い時期に取得する！」です。業務の都合で、私は船員として必須となる海技資格を現役中に取得することができませんでした。このため、「入社までに海技資格が取れなかったら…」と思うと、今でも冷や汗が出ます。公資格は計画的に取得することをお勧めします。

最後に、OBとして、また一民間船員として、自衛隊の皆さまのますますのご活躍を心からお祈りいたします。

自衛隊職業紹介ツアーに参加

高3　吉川　千寿（山口県立山口中央高）

私は、山口駐屯地で行われた「自衛隊職業紹介ツアー」に参加しました。このツアーに参加して感じたことは、陸上自衛隊は「とにかくかっこいい」ということです。

特に、かっこよさを感じた場面は、観閲行進と模擬戦闘訓練を見せてもらった時です。風が吹き寒い中でしたが、部隊や車両が一糸乱れず行進するさまは圧巻でした。模擬訓練では自衛隊が日頃から行っている訓練の様子を見せていただきました。目的達成のため、部隊が一丸となってのチームプレーや一切妥協のないストイックな姿勢、その中で働く自衛官の姿に感動しました。

これまでは、私も含め多くの生徒が「自衛隊は未知の世界で、自分には関わりのないもの」として興味がなかったと思います。しかし、今回のツアーに参加して自衛隊をより身近に感じ、とても貴重な体験になりました。

みんなのページ

朝雲・栃の芽俳壇

畠中草史　選

久方の湯豆腐をもて父子酌む　新座・陸OB　船田藤三郎
親子でゆったりと酒は飲みたいものである。「久方の」と「湯豆腐」が良く効いている。

モノクロとカラーの遺影冬座敷　あきる野・一般　小和田一男
由緒ある屋敷。鴨居に往時代からの当主の遺影が並ぶ座敷が凛とした趣を醸している。

うつくしく老いてゆきたし冬紅葉　熊谷・空OG　福元万理子
初釜や先づ山神へ神酒献ぐ　大阪・空OB　高木　智念
鉢巻の初々しかりの一の酉　千葉・陸OG　佐賀あかり
冬晴の今朝よく晴ゆる東館舎　江別・陸OB　鎌田日出雄
出来具合みる梵妻の浜納豆　浜松・空OG　塩見　惇子
背戸畑の熟柿に鵯ら押し寄せ来　熊谷・空OG　関田　絹江
灯を持ち廊下歩す日短か　大津・陸OB　丸岡　正男
紅葉狩露天湯に入り仕舞とす　熊谷・空OG　関谷　桂子
背負はれて揺りてをりし千歳飴　神奈川・海OG　折口　桂子
福ひとつこぼしてゆけり大熊手　横浜・空OB　永澤　功
小学校給食丸ごとずわい蟹　輪島・技OB　船本　峰月
時雨来て黙を深めし法の庭　熊谷・空OG　佐藤　玲美
冬日和大吟醸の試飲かな　館山・海OB　斎藤　一向
一病の種抄る思いの小春かな　舞鶴・陸事務官　平田　結都
前山の鳳凰しきり木の実落つ　浜松・空OB　宮本　立男
初時雨行き交ふ人の急ぎ足　熊谷・空OB　蓮佛志向子
海苔棚をはるかに茜の輝へる　佐賀・陸OB　一ノ瀬恵昭
伸べし手をふわりと躱し雪蛍　浜松・空OG　木通　佳子
遠くから寒さを連れて風が来る　西東京・空OB　水島　孝雄
駅伝のたすきの映ゆる秋日和　熊谷・空OB　明田　眞雅
小春日の空に気球の佐賀平野　福岡・技OB　桑野　秀毅
黄金色銀杏みごとに変身す　熊谷・空OG　高橋ふみ子

選者作品
富士塚に鶸寄せる銀杏黄葉づれる

投句歓迎！
▽郵便はがきの裏面に未発表の自作3句以内と氏名、年齢、職業（自衛官＝所属部隊＝、OB、家族、一般など）と住所、電話番号を記入▽締め切り毎月15日▽宛先＝〒162-8801東京都新宿区市谷本村町5の1　防衛省D棟市ヶ谷記者クラブ朝雲新聞社「俳壇」
電話03（5225）1750、専用線8・6・25515

詰将棋

第786回出題

出題　日本将棋連盟　九段　石田　和雄

6	5	4	3	2	1	
	v香		金	v銀		一
				v王		二
			v歩		v歩	三
						四
					桂	五
						六

先手　持駒　飛金

【ヒント】桂不成の好手あり（10分で初段）。

▶詰碁、詰将棋の出題は隔週です◀

詰碁

第1201回解答

出題　日本棋院　九段　曲　励起

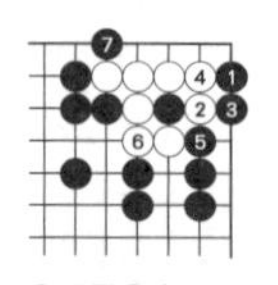

【解答図】黒先、白死。黒❶が大切です。白②には黒❸、白④の時、黒❺がまた大切で、白⑥には黒❼で白死です。

新刊紹介

「大統領失踪」（上・下）
ビル・クリントン他著、越前 敏弥他訳

本書は、元米大統領のビル・クリントン氏が、自身のホワイトハウスでの実体験を基に「現職に立った大統領」の翻弄を描いたポリティカル・サスペンス小説である。テーマは米国を危機に陥れる「サイバーテロ」。世界を崩壊させかねない大規模テロを防ぐため、大統領が国民の前から姿を消し、テロの阻止に当たらねばならない状況下での米政府の安全保障政策が描かれるが、イスラム教徒のテロリスト、各国のスパイなども絡み、その場面ごとに元大統領だけに、細部までリアルで、この部分だけでも読み応えがある。ストーリーは終始スリリングで、不況に陥り、阪神大震災などが追い打ちをかける。

特にホワイトハウス執務室での大統領とスタッフの複雑に入り組んだ物語の展開は共著者であるベストセラー作家パタースン氏の手腕によるものと思われる。

（早川書房刊、各1900円）

「平成の30年」
金谷 俊一郎、森本 一樹著
学習まんが日本の歴史22

5月1日、元号が改まり、「平成」はついに過去の時代となる。本書は、自分たちの生きた「平成時代」について、子供と一緒に考え、学べる学習マンガだ。

平成の初頭はバブルに沸いた特異な時代だった。中国で天安門事件が発生するなど、その後、ベルリンの壁崩壊で冷戦は終結するものの、世界各地では紛争が絶えず、国内は、1995年以来、大国として自然災害が多発し、テロや経済危機が起こり、過去30年間の国内外の動きが簡潔にまとめられ、大人が読んでも新鮮な発見がある。学習マンガではあるが、子供と一緒に読めば、「親の時代」がどのようなものであったかを教えることができ、親子のコミュニケーションにも役立つだろう。

（小学館刊、896円）

（世界の切手・日本）

いい若い者がいちいち明日のことを考えてはならぬぞ。きょうの力はきょうのうちに使い果たせ。さすれば明日は明日でまたあらたなる力が湧く。　浅田　次郎（『一刀斎夢録』から）

朝雲ホームページ
www.asagumo-news.com
＜会員制サイト＞
Asagumo Archive
朝雲編集部メールアドレス
editorial@asagumo-news.com

朝雲

発行所 朝雲新聞社
〒160-0002 東京都新宿区四谷坂町12-20 KKビル
電話 03(3225)3841
FAX 03(3225)3831
振替00190-4-17600番
定価一部140円、年間購読料9000円(税・送料込み)

主な記事

「海洋対話」創設で合意

全軍種で訓練定期化

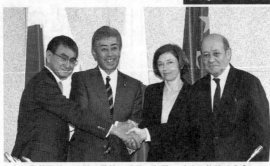

日仏「2プラス2」

固い握手で日仏の結束をアピールする(左から)河野外相、岩屋防衛相、パルリ軍事相、ルドリアン外相(1月11日、フランス北西部のブレスト海軍基地で)=防衛省提供

日仏両政府は1月11日昼(日本時間同日夜)、5回目となる外務・防衛担当閣僚協議「2プラス2」をフランス北西部のブレスト海軍基地で開き、海洋分野での協力を促進する政府間の「包括的海洋対話」を創設することで合意し、共同声明を発表した。声明ではインド太平洋地域における両国の共同訓練や演習を「全軍種で定期化」する方針を明記。今年は仏空母「シャルル・ド・ゴール」との共同訓練も実施する。岩屋防衛相は協議後の共同記者発表で「(ニューカレドニアなど)インド太平洋地域に領土を有する海洋国家のフランスとの間で連携を一層強化したい」と述べた。

インド太平洋で連携強化

日仏「2プラス2」は2014年1月(パリ)、15年3月(東京)、17年1月(パリ)、18年1月(東京)に続き5回目。日本から河野外相、岩屋防衛相、フランスからジャン=イブ・ルドリアン外相、フロランス・パルリ軍事相が出席した。

4氏は両国が共に「海洋国家」かつ「太平洋国家」として、法の支配に基づく「自由で開かれたインド太平洋」の維持・強化に向けて具体的な協力を推進していくことで一致。年内に「包括的海洋対話」の初会合を開き、海洋安全保障や技術・産業協力などの幅広い分野でイニシアチブを発揮していく考えだ。

共同声明では、インド太平洋地域における両国の共同訓練や演習を「全ての軍種で実践的かつ定期的」に進めていく方針を明記した。今年は仏海軍の原子力空母「シャルル・ド・ゴール」を中心とする空母機動群がインド洋に展開する機会を捉え、海軍種間の共同訓練を実施する。

陸軍種間では今年4月にジャン=ピエール・ボッセー仏陸軍参謀総長が来日し、山崎陸幕長と会談するほか、空軍種間では空自の輸送機がフランスに寄航する機会に部隊間交流や訓練実施の可能性を検討する。

日仏間では昨年7月に物品役務相互提供協定(ACSA)が署名されたことを受け、4氏は早期発効に向けて連携を確認するとともに、今後の自衛隊と仏軍間の相互運用性の強化に期待感を示した。

このほか、宇宙やサイバー分野での協力強化をはじめ、東南アジア諸国や太平洋島嶼国における能力構築支援の推進でも一致した。防衛装備・技術協力の分野では、両国間で初の協力案件となる「次世代機雷探知技術」に関する共同研究が昨年6月に開始されたことを歓迎した。

一方、北朝鮮問題をめぐっては日仏の緊密な連携を改めて確認。フランスは北朝鮮の違法な「瀬取り」を監視するため、今年上半期に艦艇と航空機を派遣することを表明した。

これに先立ち、防衛相会談が同基地で開かれ、岩屋大臣が昨年末に我が国が策定した新たな「防衛計画の大綱」について説明し、日仏のさらなる連携強化の方針を伝え、パルリ軍事相は歓迎の意を示した。

レーダー照射、日韓協議は平行線

電波情報開示、同意得られず

韓国海軍駆逐艦が昨年12月20日、能登半島沖の日本の排他的経済水域(EEZ)内で海自P1哨戒機に火器管制レーダーを照射した問題をめぐり、日韓防衛当局は1月14日、シンガポールで実務者協議を開いた。日韓の実務者協議は12月27日にテレビ電話で行って以来2回目で、直接協議は初めて。

午前は現地の韓国大使館、午後は日本大使館で行われ、日本からは統幕運用部長の引田淳空将、防衛政策局の石川武次長、韓国からは合同参謀本部軍事支援本部長の夫石鍾海軍中将、国防省の李元翼国際政策官らが出席した。

日本側は客観的な証拠として、秘密情報に当たる自衛隊の電波情報の提示を打診したが、その条件として韓国側が自国の駆逐艦の電波情報を提示することに同意しなかったため、「相互主義」に立脚した機密保全の観点から日本側も提示せず、双方とも従来の立場を主張し、協議は平行線に終わった。

日本側は電波情報の解析などから韓国海軍駆逐艦が火器管制レーダーを照射したと断定しているが、韓国側は否定している。日本側は改めて遺憾の意を伝え、再発防止を強く求めた。

岩屋防衛相は翌15日、記者団の質問に答え、「大きな進展がなかったことはとても残念だ。我々は秘密情報も含めて交換し合い、事実をしっかり確認したいと思っていたが、それには至らなかった。(電波情報は)秘密情報なので『相互主義』に基づき互いにやり取りできなければ簡単に開示するわけにはいかない。我が方からは開示の提案をしたが、同意を頂けなかった」と述べた。また、「日本は音声情報と電波情報を提示する用意があるとして協議に臨んだ」とも説明し、交換条件の非対称性を訴える韓国の主張を否定した。

一方で、大臣は「地域全体の安全保障を考えると日韓関係は非常に大事だ」と指摘し、日韓双方が協議継続の必要性を理解しているとの認識を示した。

海幕長「事実を基に解決策を」

村川海幕長は1月15日の記者会見で、韓国側が証拠の開示に応じていないことに対し、「事実を基に解決策を見出していくことが一番大切だ。必要であれば海自と韓国側が把握している事実をしっかり突き合わせ、何が真実で、どう解決していくかということを真剣に話し合っていく必要がある」と述べた。

また、自衛隊と韓国海軍の協力体制について「日韓、日米韓の関係は地域を安定させていく上で極めて重要。早期に再発防止策をとることで従前通りの関係を築いていきたい」と語った。

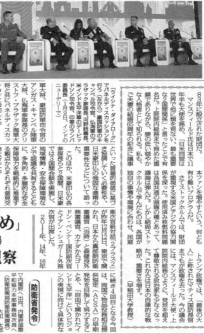

インドで多国間フォーラム開催

統幕長が日米豪印仏連帯の重要性発信

「ライシナ・ダイアローグ」でパネルディスカッションを行う(左から)豪国防軍のキャンベル司令官、仏海軍のプラザック参謀長、河野統幕長、米インド太平洋軍のデービッドソン司令官、印軍のランバ委員長(1月9日、インドのニューデリーで)

河野統幕長は1月7日から11日まで、インドのニューデリーを訪れ、多国間フォーラム「ライシナ・ダイアローグ」(印外務省など主催)に出席するとともに、各国の軍参謀長らと会談を行った。

同フォーラムへの河野統幕長の参加は昨年に続き2回目。今回は「インド太平洋:古代の海洋から現代の交差する構造」をテーマに、印海軍参謀長のスニル・ランバ海軍大将、米インド太平洋軍司令官のフィリップ・デービッドソン海軍大将、豪国防軍司令官のアンガス・キャンベル陸軍大将、仏海軍参謀長のクリストフ・プラザック海軍大将と共にパネルディスカッションに参加した。

統幕長は日本が掲げる「自由で開かれたインド太平洋」を実現するため、各国が法の支配、航行の自由といった普遍的価値に基づき協調していく必要性や、日米豪印仏の強固な連帯の重要性などについて語った。

このほか、米豪印仏の各参謀長らと2国間、日米豪では3国間会談を実施し、地域情勢・安全保障環境などで認識を共有するとともに、多角的・多層的な安全保障協力を戦略的に推進する観点からそれぞれ意見交換を行った。

日加次官級「2プラス2」開催

日本とカナダの外務・防衛次官級対話「2プラス2」が昨年12月12日、東京で開かれ、日本から真部朗防衛審議官(当時)と森健良外務審議官、カナダからゴードン・ベンナー国防副次官とイアン・シュガート外務次官が出席した。

2011年、14年、16年に続き4回目となる今回は、両国で物品役務相互提供協定(ACSA)の早期発効を目指して努力することや、「自由で開かれたインド太平洋」というビジョンの実現に向けて具体的な協力を進めていくことで一致した。

このほか、2国間の防衛協力・交流や国際平和協力、さらには北朝鮮を含む地域情勢などについても意見交換を行い、日加間の協力をさらに向上させていくことを確認した。

春夏秋冬

マンスフィールド財団

中林 美恵子

スウェーデンのストックホルムに出張したのは先月のことだ。フォースマークという使用済み核燃料処理施設を見学し、日米韓のそれぞれが頭を抱えるその問題について解決策を議論した。

主催したのはワシントンDCを本拠とするモーリーン&マイク・マンスフィールド財団。マンスフィールド元駐日大使の意志で1983年に設立された財団だ。

マンスフィールド氏は日本で11年半も大使を務め、世界で他に類を見ない、「日米同盟は最も重要な2国間関係」と言ったことで有名だ。上院院内総務まで務めた重鎮でありながら、腰の低い穏やかな人格者として知られる。私も、ご夫妻の結婚65周年の記念に議事堂上院側にあるマンスフィールド・ルームでご一緒したが、それが最後のひと時となった。

彼の日本への想いは、米国連邦政府職員を日本の行政府や立法府等に1年間派遣する制度「マンスフィールド・フェローシップ」の中にも、受け継がれている。私も面接官や研修などでお手伝いをしているが、近頃は空軍からの応募者が多い感じがする。米予算で日本ファンを増やすという、何とも有り難いプログラムだ。

さてストックホルムでは、財団が重視する米国とアジアの協力関係を探った。使用済み核燃料問題は各国共通の頭痛の種とあって、議論は弾んだ。しかし結局ストックホルムで学んだものは、各国が独自の事情や環境に合わせ、民意と協力しながら全力で解決するほかないという現実だった。

一つ気になったのは、韓国の専門家が日本の使用済み核燃料の再処理を強く批判したことだ。そのテーマは議題に含まれていなかったのでスルーされたが、もちろん日本は、IAEAを含め世界一の透明性を誇っていると自負している。レーダー照射問題にも見られるように、日韓関係は難しさを増す。しかも、米国のリーダーシップに仲裁を期待するなどという発想は、いろんな意味で色褪せていそうだ。

トランプ政権では、「最後の大人」と称されたマティス国防長官までもが政権を去った。今の議会には、マンスフィールド大使・上院院内総務のように、党派を超えて尊敬される政治家も少なくなった。これからは日本の自律的な戦略が、重要さを増す。

(早稲田大学教授)

陸自の「降下訓練始め」に初参加した空自3輸送航空隊(美保)のC2輸送機から次々と降下する陸自の空挺隊員たち(1月13日、習志野演習場で)

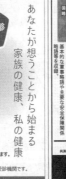

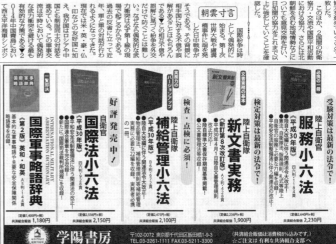

「降下訓練始め」

陸自習志野演習場

岩屋大臣が視察

岩屋防衛相は1月13日、山崎陸幕長らを伴い、千葉県の習志野演習場を訪れ、空挺団の「降下訓練始め」を視察、降下作戦に加わった米陸軍兵士を含め、日米の隊員を激励した。

この日は晴天に恵まれ、陸自CH47輸送ヘリ、空自C1、C2、C130H各輸送機から日米隊員約250人が「離島防衛」のシナリオのもと"島嶼部"に降下。引き続き地上では水陸機動団、即応機動連隊の車両なども加わり、離島奪回のための一連の部隊行動を展示した。

訓練終了後、岩屋防衛相は隊員に訓示し、「空挺団の高い士気と威容を目にすることができ、心強く思う。日米隊員が並んで空挺降下する姿を見て、改めて日米同盟の絆を実感した」と語った。(3面に関連記事)

防衛省発令

▽内閣府へ出向、内閣府国際平和協力本部事務局次長へ(防衛政策局防衛政策課長) 大和 太郎
▽防衛事務官=大臣官房付=に採用、外務省へ出向、外務省大臣官房審議官へ(内閣府国際平和協力本部事務局次長) 加野 幸司
▽大臣官房政策立案総括審議官、防衛事務官=整備計画局付=併任、地方協力局付併任(大臣官房審議官) 辰己 昌良
▽防衛事務官=統幕付=併任、防衛装備庁へ出向=併任(沖縄防衛局長) 中嶋 浩一郎
▽防衛書記官=大臣官房審議官=に採用(外務省大臣官房審議官) 川崎 方啓
▽解防衛事務官=統幕付=併任、防衛事務官=沖縄防衛局長(大臣官房審議官) 田中 利則
▽防衛政策局防衛政策課長(防衛政策局日米防衛協力課長) 安藤 敦史
▽同日米防衛協力課長(大臣官房参事官) 上田 幸司
▽地方協力局施設管理課長(同) 伊藤 賢
▽防衛部員=地方協力局付(地方協力局施設管理課長) 伊藤 吉和
(以上1月15日)

朝雲寸言

国際紛争は時として偶発的な事件から始まる。第1次世界大戦も盧溝橋事件を発端とした日中戦争もそうである。相手国に対する不信や誤解があるときはもちろんである▼その相互不信を除くうえでも、防衛当局だけで防ぐことは難しい。過去の反省に立って近年、対話が行われるようになった。現在では米・英・豪・仏・印などの友好国に加え、我が国はロシアや中国とも制服組同士の対話を進めている。この交流は平時において偶発的な武力衝突を避ける最も有効な方策である▼2014年に西太平洋海軍シンポジウムで、他国の艦艇や航空機と遭遇した場合の行動規範を定めた「海上衝突回避規範」が合意された。相手艦艇に一方的にレーダーを照射しないことなどが定められている▼そんな中、韓国海軍の駆逐艦が海上自衛隊の哨戒機に対して火器管制レーダーを照射した事案が起こった。政府間の関係とは別の、組織としての規律と訓練の問題である。

PKO工兵部隊マニュアル改訂
今年9月提出 目指す

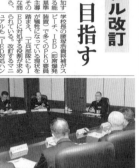

国連の要請を受け、防衛省が主催した「国連PKO工兵部隊マニュアル」の改訂に関する専門家会合が12月12日から14日まで、都内で開かれ、日、米、中など計10カ国が参加。改訂に向けた方針や記述内容について意見交換を行った。

同マニュアルは、PKO（平和維持活動）に参加する工兵部隊が必要とする能力・装備・訓練などの基準を示す文書で、日本の主導で2015年に完成。その後3年が経過し、新たな課題が生じていることから、改訂が決まった。

今回の専門家会合には各国から佐官級の実務者ら15人が参加。日本からは、内閣府PKO事務局、外務省の職員らもオブザーバーとして加わった。

開会に当たり、防衛省を代表して鈴木貴子政務官があいさつ。「各国が知識や経験を共有し、協力することは、国際平和の実現に向け、極めて重要。我が国もこれまで蓄積した教訓を広く伝え、惜しみない支援をしていく」と述べた。

続いて議長国・日本の実務担当者を務める陸自施設学校の腰塚浩将補がスピーチ、IED（即席爆発装置）対処など、工兵部隊にもIEDに対応する能力が求められており、改訂するマニュアルは「IED対処ハンドブック」との整合性が必要だと訴えた。

参加者は翌日、茨城県ひたちなか市の施設学校を訪れ、陸自の施設器材などを視察。今後は改訂作業を進め、今年9月に改訂版を国連に提出する予定だ。

「国連PKO工兵部隊マニュアル」改訂のための専門家会合で、防衛省を代表しあいさつする鈴木政務官（壇上）＝12月12日、東京都港区の三田共用会議所で

「三つ桜」の先任伍長
12人が市ヶ谷に集結
海自の現状を再認識

【海幕】海自先任伍長の関豊曹長は12月12日、自衛艦隊など各部隊の先任伍長を集めた「自衛艦隊等先任伍長会報」を防衛省で開催した。

会報には大湊、佐世保から全国の艦艇部隊、地方隊などの先任伍長12人が参加し、各種懸案を討議した。

参加者は村川海幕長から「自由で開かれたインド太平洋」をテーマにした講話を受け、厳しい状況に置かれている海自の現状を再認識した。

また、市ヶ谷という地の利を生かし、海幕人事計画課募集班から「入隊した隊員への教育の在り方」について、今後の方針や展望の説明を受けた。

参加者は現場の抱える問題や悩みを丁寧に説明、先任伍長に求められていることや、なすべきことについて活発に意見を交わした。

関先任伍長は各先任に対し、「形骸化が一番怖い。本来やるべきことを今一度見直し、しっかりやっていこう」と呼び掛けた。

「自衛艦隊等先任伍長会報」で講話を行う村川海幕長（右奥）。その左は海自先任伍長の関豊曹長（12月12日、防衛省で）

時の焦点

国内　元号4月公表
混乱避ける中庸の判断

米国で「建国の父」の一人とされる科学者・政治家のベンジャミン・フランクリンは、1706年の1月17日に生まれた。

自伝で唱えた「13の徳目」はよく知られている。節制、沈黙、規律、決断、節約、勤勉、誠実、正義、中庸、清潔、平静、純潔、謙譲である。それぞれの徳目には戒律が付記され、中庸には「両極端を避けること」とある（渡邊利雄訳『フランクリン自伝』中公クラシックス）。

平成に代わる新たな元号が4月1日に公表されることになった。皇太子さまの即位と改元の1カ月前である。保守派が主張する伝統と、利便性のバランスを取った、まさに「中庸」の判断であったと言えよう。

安倍首相は年頭の記者会見で、「国民生活の影響を最小限に抑える観点」から公表時期を選んだと語った。新元号を定める政令の公布も、「通常の政令制定の手続きに従って行う」と明言した。

保守系の議員らは、もともと元号の事前公表に否定的だった。これまで代替わりより先に新元号が公表された例がないとされるためだ。最終調整の段階では、事前公表が避けられないとしても、政令の公布は5月1日に新天皇が行うよう主張していた。

しかし、それでは新元号の政令だけを特別扱いすることになる。首相は、こうした特別な対応はしない選択をした。

新元号の公表後、コンピューターシステムの改修などに一定の時間がかかる。公表時期を大幅に遅らせていれば、西暦ばかりを使う「元号離れ」が生じる恐れもあった。

首相はしばしば、「右派」と目される。だが、その政権運営がそれほど単純ではないことは、今回の判断を見ても明らかだろう。

昨年出版された『朝日ぎらい』（朝日新書）という本がある。自らの政治的立場を「リベラル」と称する著者の橘玲氏は、安全保障法制や自衛隊の海外派遣、特定秘密保護法などを挙げ、こう指摘する。

〈安倍政権の「右傾化」とされる政策の多くが安全保障にかかわるものだ〉〈安倍政権が進める安全保障政策のなかにはリベラル政党でも実現したものもあるだろう〉

実際、首相は「女性活躍」や「同一労働・同一賃金」など、従来、左派的とみられてきた政策に力を入れてもいる。

「右」や「左」といった発想ではなく、必要性を基準に現実的な政策判断を重ねた結果だろう。

首相は年頭の記者会見で、干支にちなんでイノシシに触れ、「その動きは自由自在で、意外と身のこなしが極めてしなやかな動物だ」と語った。柔軟な政権運営を心がける決意がうかがえる。

〈みがかずば玉の光はいでざらむ人の心もかくこそあるらし〉

フランクリンの徳目を題とし、明治天皇の皇后、昭憲皇太后が詠まれた和歌である。前例に従うだけでなく、常に最善を求めることもまた、日本の良き伝統であろう。

宮原 三郎（政治評論家）

海外　シリア撤退
米方針、同盟国に波紋

トランプ米大統領は2018年12月19日、米軍のシリア撤退方針を発表した。イスラム過激派組織「イスラム国（IS）」との戦いに勝利したとの認識に基づく決定だ。

しかし、マティス国防長官がこれに反発して辞任したほか、主要同盟国にも波紋が及び、米政府は対応に追われている。

発端は同14日のトランプ氏とエルドアン・トルコ大統領の電話協議。米国がIS掃討のため支援してきたシリアのクルド人勢力を「テロリスト」とみて攻撃するトルコに米国は攻撃中止を要求する予定だった。

ところが、エルドアン氏が「ISの99%が壊滅したのに、なぜ米国はまだシリアにいるのか?」と逆襲。トランプ氏は横で電話を聞いていたボルトン大統領補佐官（国家安全保障担当）に「彼の話が本当なら、米軍はなぜシリアにとどまっているのか」と問いただし、トルコ大統領の意見に同意した。

ミラー大統領上級顧問が翌20日夜のCNN−TVで、「トランプ政権下で米軍がシリアにとどまる唯一の理由だったISを我々は打倒した」と言う大統領の真意を説明していた。

「シリアについて事実を話し合おう。ISはロシアの敵だ。ISはアサド・シリア政権の敵だ。ISはトルコの敵だ。我々はこれら諸国の敵と戦うため何世代にもわたってシリアにとどまり、米国人の血を流し続けることになっているのか?米国民はいつ、地球上のあらゆる場所のあらゆる紛争、戦争に参加すると署名したのか?」

辞任により、反トランプ陣営で株が上がった観もあるマティス国防長官も実は、多少独善的な辞表の中で、同じセンチメントを披歴していた。

「あなた（大統領）と同様に、私も就任当初から、米軍は世界の警察官であるべきではないと主張してきました」

そもそも、同長官の辞任を国家の一大危機のように騒ぎ立てる光景が奇妙である。

マティス氏が13年1月、対イラン政策をめぐる対立から、オバマ大統領から事前の電話一本もなく米中央軍司令官を解任された時、民主党もメディアも全く気にも留めなかった。

オバマ政権では辞任、更迭などで、国防長官が計4人。全員が大統領を批判したが、誰も「危機」を口にしなかった。

トランプ大統領は19年1月早々、主要閣僚を同盟国に派遣し、「撤退」ショックの沈静化に努めた。

ボルトン補佐官は6日、イスラエルを訪問し、①ISの残存兵力の壊滅②クルド人勢力を攻撃しないとのトルコの保証—の2点がシリア撤退の条件になると明言。

同発言は、撤退が大統領発表の「数週間以内」より遅れることを初めて公式に確認した。

ポンペイオ国務長官も8日からヨルダン、エジプト、サウジアラビア、クウェートなど中東の少なくとも8カ国を歴訪し、撤退しても米国はISに対する国際的戦いを放棄しないと強調している。

草野 徹（外交評論家）

深山装備庁長官が講演
コスト管理の重要性強調
OBなど90人が聴講
＝安保政策調査会開催＝

安全保障政策調査会（会長・増田好平元防衛事務次官）は12月17日、防衛装備庁の深山延暁長官を講師に招き、都内のホテルで講演会を開いた。同庁の外園博一防衛技監をはじめ、元陸海空幕長らOBを含む防衛産業関係者など約90人が聴講した。

深山長官は2030年代中頃から減勢が始まる空自F2戦闘機の後継となる将来戦闘機について、50年近く使用することを想定し、①将来の航空優勢の確保に必要な能力②次世代技術を適用できる拡張性③改修の自由度④国内企業の参画⑤現実的な開発・取得コスト—の5点を重要な視点として掲げ、①国内開発②国際共同開発（新造機）③既存機の派生型（開発・購入）—の選択肢を検討していく考えを示した。

コスト面では「限られた予算で高価な装備品を多くそろえていかなければ日本の防衛は全うできない」と厳しい現状を指摘し、コスト管理の重要性を強調。

F35戦闘機などを例に、米国からのFMS（対外有償軍事援助）調達の増加傾向は「しばらく止むを得ない状況だ」と説明した上で、「国際スタンダードの中で通用するコスト計画」を目指し、官民共に努力していく必要性を訴え、企業側に理解と協力を求めた。

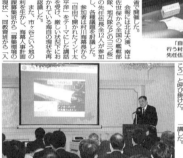

空自のF2後継機などをテーマに講演する深山装備庁長官（壇上）＝12月17日、東京都新宿区のホテルグランドヒル市ヶ谷で

共済組合だより
学生・独身寮「パークサイド入間」
独身・単身赴任の組合員や子弟の入居者を募集中

防衛省共済組合の学生・独身寮「パークサイド入間」（埼玉県狭山市入間川4−24−11）＝写真＝では、独身・単身赴任の組合員及び組合員の被扶養者である学生（大学生等）を対象に入居者を募集しています。現在、空室がありますので、希望される方は即入居が可能となります。希望者は共済組合支部までお問い合わせください。

「パークサイド入間」は鉄筋コンクリート（RC）造、地上5階建（男性）及び地上4階建（1階部分男性、2〜4階部分女性）、部屋数は計103室です。各室はフローリングのワンルームマンション形式で、広さ約19・05平方メートル。キッチン、3点式ユニットバス（お風呂、洗面台、トイレ）、バルコニー、エアコン、インターフォンを完備し、日当たり良好です。

施設には管理人が常駐し、不在時の宅配便の受け取りや急病等緊急時の対応が可能です。なお、給食施設はありませんので、食事は自炊となります。

入居費は月額4万円（使用料3万6000円、共益費4000円）ですが、独身者と単身赴任者の場合は住宅手当（1万7500円）の支給対象となるので、自己負担額は月額2万2500円（平成31年1月1日現在）です。駐車場（28台）を利用する場合、料金は月額4987円となります。

交通は西武池袋線「稲荷山公園」駅から徒歩8分。同駅から都心の「池袋」に急行で40分、「新宿」に60分です（所沢で西武新宿線急行乗換）。

施設外観や内装は防衛省共済組合ホームページ（http://www.boueikyosai.or.jp/）からもご覧になれますので是非ご検討下さい。

3自衛隊が指揮所演習
「武力攻撃事態」想定

陸海空の3自衛隊は1月21日から26日まで、防衛省（市ヶ谷地区）と全国の駐屯地・基地などを結び、平成30年度「自衛隊統合演習」の指揮所演習を実施する。

演習は河野統幕長が統制官を務め、陸自は陸上総隊、各方面隊など、海自は自衛艦隊、各地方隊など、空自は航空総隊、支援集団、教育集団などから隊員約8000人が参加する。

今回は、主に「武力攻撃事態における対応」などを想定して行われ、防衛・警備などに関する計画を基に作戦運用と関係機関との調整要領などを検証する。

首相乗せ政専機
蘭、英へ運航

空自特輸隊（千歳）のB747−400政府専用機は1月9日から11日まで、オランダのルッテ首相、イギリスのメイ首相と会談する安倍首相を乗せ、両国へ運航した。

防衛省発令

▽空幕人事計画課（空幕情報通信課）　1空佐　山口　嘉大
▽同厚生課（空自幹部学校付）　同　杉元　隆夫
▽同整備・補給課高射班長（2高射群副司令）　同　西條　篤史
▽2高射群副司令（西部航空警戒管制団）　2空佐　中井　教
▽空自4補給処東北支処長兼東北町分屯基地司令（空幕整備・補給課高射班長）　1空佐　東　征一郎
（以上1月8日）

『クラウドコンピューティング・セキュリティ要件ガイド』
全訳を防衛基盤整備協会がホームページに掲載

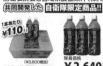

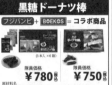

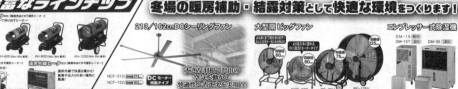

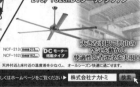

防衛基盤整備協会（BSK、鎌田昭良理事長）は、米国防総省が作成した『クラウドコンピューティング・セキュリティ要件ガイド』（CLOUD COMPUTING SECURITY REQUIREMENTS GUIDE：CC SRG）の全訳を同協会ホームページに掲載した。

『CC SRG』は国防総省の下部機関、国防情報システム局（DISA）が作成したもので、米国の「クラウドサービスの利用に関する基本方針」が網羅されており、防衛省・自衛隊のクラウドコンピューティング・セキュリティにとっても非常に重要な情報となっている。

同協会ではこれを全訳し、348ページの資料をホームページ上に一挙掲載している。

同ガイドは、「はじめに」「背景」「情報セキュリティの目的／影響レベル」「クラウドサービス提供のリスクアセスメント」「セキュリティに対する要求事項」「サイバー空間防衛とインシデントレスポンス」の6章からなっており、米国防省でのクラウドセキュリティの全容が紹介されている。

『CC SRG』日本語版は、同協会ホームページ表紙の「調査研究等」から進み、「クラウドコンピューティングのセキュリティについて」（情報セキュリティ調査研究）（BSK第30−3号）https://ssl.bsk-z.or.jp/kakusyu/pdf/30jyousekicyousa.pdfから本文を読むことができる。また、QRコード＝写真＝からも閲覧することができる。

同ガイド日本語版の発刊に寄せて、同協会の鎌田理事長は「この翻訳文書が、わが国においてもクラウドコンピューティングの環境で、保護すべき情報などを扱う場合のセキュリティに関するガイドライン等として参考になれば幸い」と述べている。

2019 訓練始め

2019年の年明けとともに、全国の陸海空自部隊は一斉に訓練を開始した。陸自空挺団（習志野）は1月13日、「降下訓練始め」で特別参加の米軍を含む隊員約550人が空自C2輸送機などから次々と降下した。他の陸自部隊は駆け足や格闘訓練などで体力を練成。海自は下総教空群などのP3C哨戒機部隊、4空群（厚木）のP1哨戒機部隊が「初訓練飛行」に飛び立ち、日本周辺海域をパトロール。空自三沢基地では、臨時F35A飛行隊に配備されたステルス戦闘機F35Aが今春の部隊新編に向け、初の飛行訓練に臨んだ。

高度340メートルから落下傘の花開く

陸自空挺団

陸自空挺団は1月13日、習志野演習場で米陸軍特殊部隊などとともに「降下訓練始め」を行った。

今年度は「日米空挺の絆」をテーマとし、3自衛隊員約600人と共に在日米陸軍・第25師団第4歩兵旅団戦闘団（米アラスカ州）の約70人が参加。C130H、C2輸送機などに乗り込んだ日米の空挺隊員計約250人が、340メートルの高度から次々と落下傘降下を披露した。

その後、地上では「離島防衛」のシナリオの下、偵察・先遣部隊による着上陸準備に続き、ヘリ部隊によるヘリボーン降着と水機団のAAV7部隊よる着上陸、即機連の16式機動戦闘車部隊などによる総攻撃などの一連の行動が富士学校などの支援で展示され、見学に訪れた地元住民約1万人に〝精鋭無比〟の陸自部隊を披露した。

昨年新編された水陸機動団が装備するAAV7（右）と即応機動連隊の16式機動戦闘車。〝島嶼部奪回〟作戦で火力支援を担った

空自C130H輸送機（右上）から、次々と降下し、青空にパラシュートの花を咲かせる日米の空挺隊員。下は報道陣（いずれも1月13日、習志野演習場で）

新編「15即機連」も

昨年3月に15普連・14戦車中隊を基幹に新編された同隊は、新年を迎え、1月7日、訓練を開始した。

年頭訓示で今井俊夫連隊長は「健康管理」「基本基礎の徹底」の2点を隊員に要望。

その後、登山走が香川県西部に位置する大麻山の約13キロ区間で行われ、澄んだ冬空の下、約700人の隊員たちが山道を駆け抜けた。

体力練成の後は大池訓練場に場所を移し、8個中隊に分かれて炊事競技会。テーマは「うどん」で、各部隊が趣向を凝らして調理した結果、「肉うどん」で本部管理中隊が優勝した。

御来光拝み　国境警備

対馬警備隊

【対馬】国境の警備に当たる長崎県の対馬警備隊は1月7日、対馬市の清水山城跡で「訓練始め行事」を実施した。

夜明け前に警備隊員約140人が駐屯地を出発、約40分かけて徒歩行進し登山、清水山城跡の頂上（標高206メートル）で御来光に拝礼した。大倉正義隊長は年頭の辞で「対馬の防衛・警備の任務遂行に向け、本年も〝一所懸命〟を貫き、さらなる高みを目指そう」と決意を述べた。この後、3曹長の[illegible]明と普通科隊長の田中大3尉による戦史教育が行われた。

眼下に厳原港を望む清水山城跡で対馬防衛への決意を新たにする対馬警備隊員たち（1月7日、対馬市で）

隊員千人が「発声駆け足」

34普連

【34普連＝板妻】34普連は1月9日、訓練始めとして「発声駆け足」を実施した。

当日は晴天の下、昨年12月に着任した深田廣明連隊長を先頭に、小銃などを携行した総勢約1000人の隊員が一斉にスタート。新年にちなんで、各隊は板妻駐屯地内の2019メートル区間を駆け抜け、気合の入った掛け声を周囲に響かせた。

最後は、グラウンドで大きな円陣を作り、大久保剛最先任上級曹長が音頭をとって「勝どき」を上げた。

深田34普連長を先頭に、新春の冷気の中、連隊旗を掲げて「発声駆け足」を行う隊員たち（1月9日、板妻駐屯地で）

隊旗を掲げて2キロ駆け足

44普連

【44普連＝福島】44普連は1月8日、駐屯地で「訓練始め」を実施した。

訓練に先立ち千葉昌人連隊長は「国内外情勢が目まぐるしく変化する中、有事や災害に備え、連隊一丸となって頑張っていこう」と年頭訓示。

この後、隊員約650人が隊旗を先頭に2キロの駆け足を行い、最後に勝どきを上げ、部隊の一年の精進を誓った。

P3Cが房総半島上空を

下総教空群

下総教育航空群は1月8日、203教空隊所属のP3C哨戒機3機を使用し、房総半島とその沖合上空で初訓練飛行を行った。

最初に、整列した教空群の隊員約450人を前に福島博群司令が訓示。韓国海軍駆逐艦による海自P1哨戒機への火器管制レーダー照射事案にも触れ、「海上航空部隊が果たすべき役割は大きく、その根幹をなす精強な搭乗員の育成に携わる下総教育航空群の責務は極めて重要である」と述べた。さらに隊員に対し、「下総航空基地は今年、基地開設60周年を迎える。我々は時代に適合する『変革』の精神をもって、新しい年の任務に積極的に当たっていこう」と激励した。

その後、福島群司令の号令により3機のP3Cにクルーが乗り組み、基地隊員の見送りを受けて次々と離陸。上空では編隊飛行訓練をはじめ、洋上の船舶を目標にしての監視訓練などを約1時間半にわたり行った。

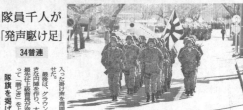

編隊を組み初訓練飛行を行う203教空隊のP3C哨戒機（1月8日、房総半島上空で）

富士眺め　P1が

4空群

このほか海自航空部隊では、4航空群（厚木）のP1部隊が1月9日、富士山周辺で初飛行訓練を実施。訓練に先立つ8日には、金嶋浩司群司令が隊員に向けて「『精強・即応』の方針の下、P1哨戒機をはじめ、あらゆる装備機器の能力を最大限発揮し、国際社会と国民の期待に応えていこう」と訓示した。

一方、5航空隊（那覇）は1月8日、P3Cの初訓練飛行を行った。伊藤進吾隊司令は約100人の隊員を前に「我々5航空隊は東シナ海に所在する最前線の部隊として、与えられた任務の完遂に万全を期さなければならない」と述べ、司令から「かかれ」と号令がかかると、P3C2機は次々と離陸し慶良間諸島方面に向かった。

富士山を眼下に機動飛行を行う4空群のP1部隊（1月9日、静岡県の富士山周辺上空で）

F35A 続々と離陸

3空団

【3空団＝三沢】空自は1月4日から全国の基地で一斉に飛行訓練を始め、今年3月、正式に「F35A飛行隊」が発足する青森県の三沢基地では7日、3空団の臨時F35A飛行隊が訓練を開始した。

午後1時50分ごろ、F35Aステルス戦闘機3機が次々と離陸し、太平洋上で約1時間半にわたり飛行訓練を行った。

これに先立ち、基地司令の鮫島建一将補が約3000人の隊員を前に訓示。現在、百里に所在するF4戦闘機部隊・302飛行隊のF35Aへの機種更新と三沢への移転、2019年度中に百里に移る予定の三沢のF2部隊・3飛行隊について言及し、「今年は飛行隊の再編など大きなチャレンジが待っている。新しい時代を切り開く気概で頑張ろう」と隊員を激励した。

三沢には現在、F35Aが11機配備され、19年度中にさらに5機が追加配備される予定だ。

太平洋上の訓練空域に向けて離陸する3空団のF35Aステルス戦闘機（三沢基地で）

ビッグレスキュー　その時に備える　第10回

危機管理業務を通じ、理想のまちづくりに尽くす

眞部　和徳氏　島田市

静岡県島田市役所
危機管理部長兼危機管理監
（元1陸佐）

1　男のロマン再び

島田市は国家の大動脈である東海道沿いの要域に位置する人口10万人弱の地方中核都市である。徳川家康が江戸防備の重要障害と位置付けた最大幅約1キロの大井川が、市域を東西に分けている。

複数の幹線鉄道と東西南北幹線道路の集約、静岡空港、重要港湾へのアクセス、救援部隊・物資集積のための地形縦深が特筆事項である。南海トラフ地震はもとより、多雨・広い山林面積・大井川水系中小河川がもたらす風水害、浜岡原発UPZ（緊急時防護措置準備区域）圏内を含め多くの危機リスクが内在している。

また、消防団員数、民生児童委員数、自治会加入率等が高い数値であり、共助につながる地域コミュニティー力の強い地域である。

人口減少、少子超高齢社会を迎え、地方自治体の生き残りを賭けた戦いを余儀なくされる中、危機管理部長兼危機管理監というラインとスタッフの両方の職責を与えられた。予算編成、人事（採用・懲戒含む）、庁内での各種協議、議会や自治会・住民団体・事業所・行政機関・報道への対応等の幅広い活動が求められる。まさに、自衛隊時代と同じ男のロマンを掻き立てられた。

島田市緑茶

島田市の安全確保のため、染谷絹代市長（左）と共に施策を進める眞部和徳危機管理部長兼危機管理監

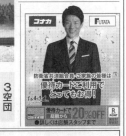

2　大井川が創ったまちで水の五訓を実践

自衛官OBの初代危機管理部長就任であり、「水の五訓」である、常に己の進路を求め、自ら動いて他を動かしめ、障害に遭って勢いを百倍し、清濁を併せ容れ、千変万化してもその性を失わざることを心掛けた。

あらゆる危機事態における第一義的責任が首長にあり、強いリーダーシップ発揮が求められること、個々の現場と住民一人ひとりへの対応が基本であることが、基礎自治体における危機管理の特性である。

着任前に市内全域の地形偵察を終え、市長への報告、職員の個人面接を行った。最初の実業務として、市の防災地図を「UTMグリット入り地図」に作り変えた。欠落機能の補完や実効性確保の観点から、原子力災害広域避難計画や各種マニュアル等の整備、災害時要配慮者の避難支援制度の改正を行った。

地域防災力底上げのために、防災マップ作りと地区救援体制の構築等を進めた。近年の激甚化する災害に対して、気象警報や市の避難情報を待つことなく、地域住民自らが判断して安全を確保する仕組みの構築と定着が必要だからである。

限られた行政経営資源の中で、市民の命と暮らしを守る責務を果たすために、防災の取り組みを戦略的・体系的に再構築することの必要性を感じ、1年間の庁内外検討を経て、「国土強靱化地域計画」を策定した。

戦力化の観点から、完全ブラインド型の災対本部運営訓練、災害応急対策としての道路啓開、救護所・物資集積所の開設・運営、遺体措置、災害廃棄物・し尿処理等、自衛隊・警察・消防や事業所と連携して「人・物・車両・情報・金」を回す仕組み作りについて実動で検証した。

ドローンの導入と地元建設業団体との応援協定により、防災のみならず観光等を含めた幅広い分野でのドローン運用の連携体制を構築した。職員の意識改革と人材育成を狙いに危機管理レポートの定期配信、「防災マイスター育成講座」（中堅職員・市民を対象に年12回の講座）を行っている。防災科学技術研究所等と連携し、防災情報システムや簡易水位計の実証実験も進めている。

この間、台風等に伴う住民避難、熊本地震や西日本豪雨での県内市町に先立つ救援物資支援・現地調査の判断は、市長とピッタリ息を合わせて対応できたと自負している。

3　「三惚れ」と「ジレンマ」の狭間で

私にとって、染谷絹代市長との出会いが、島田市での仕事を「本気」にさせた大きな要因である。主婦から一念発起して市長選に挑戦し、多くの市民の支持を得て見事初当選、1期目で奮闘している時であった。「島田市を変えたい」という一途な思いに魂を揺さぶられ、「この人のために」という思いが一気に湧き上がってきた。

意欲ある職員や、男気に満ちた消防団員、防災に真剣に取り組む地域住民との出会いも、島田市に奉職する思いを強くさせた。島田市の土地と人々に惚れたことで、市役所近傍の空き家に妻と移り住んだ。市民との交流を通じて、特に子供たちを守りたいという思いが日増しに強くなっていった。

地方自治70周年を経て「地方創生」が叫ばれても、国や県の通達を指針とし、補助金・交付金に頼らざるを得ない場合も多い。国家目的同様、地方自治の本旨に思いを致し、より主体的に自治を体現すべきとの思いを強くしている。

このような中、日々「市民の安全が確保されているか、迫り来る危険は何か、備えはできているか」を自問自答しつつ職務遂行に邁進できたのは、自衛隊で培った体力・精神要素や統率・戦術・組織マネジメント力のお陰であると、つくづく思う次第である。感謝。

2019年度防衛予算案

詳報

2019（平成31）年度の政府予算案が昨年12月21日の閣議で決定した。米軍再編費やSACO（沖縄に関する特別行動委員会）関係費などを含む防衛費は前年度当初予算比1・3%増の5兆2574億円となり、7年連続で過去最大を更新した（SACOなどを除いた防衛費は同1・4%増の5兆70億円）。主要項目と金額は次の通り。金額は契約ベース、本文中の着色部分は新規事業。

1 「平成31年度以降に係る防衛計画の大綱」（平成30年12月18日閣議決定）に基づく「中期防衛力整備計画（平成31〜35年度）」（同）の初年度において、真に実効的な防衛力として、多次元統合防衛力の構築に向け、防衛力強化を着実に実施。

2 領域横断作戦を実現するため、優先的な資源配分や我が国の優れた科学技術の活用により、宇宙・サイバー・電磁波といった新たな領域における能力を獲得・強化。また、領域横断作戦の中で、新たな領域における能力と一体となって、各種事態に効果的に対処するため、海空領域における能力、スタンド・オフ防衛能力、総合ミサイル防空能力、機動・展開能力を強化。さらに、平時から有事までのあらゆる段階において、必要とされる各種活動を継続的に実施できるよう、後方分野も含めた防衛力の持続性・強靭性を強化。加えて、少子高齢化等も踏まえた人的基盤の強化、軍事技術の進展を踏まえた技術基盤の強化等に優先的に取り組むとともに、安全保障環境の変化に対応した日米同盟・諸外国との安全保障協力を強化。

考え方

3 この際、格段に速度を増す安全保障環境の変化に対応するため、従来とは抜本的に異なる速度で防衛力を強化。また、既存の予算・人員の配分に固執することなく、資源を柔軟かつ重点的に配分し、効果的に防衛力を強化。さらに、あらゆる分野での陸海空自衛隊の統合を一層推進し、縦割りに陥ることなく、組織および装備を最適化。

4 格段に厳しさを増す財政事情と国民生活に関わる他の予算の重要性等を勘案し、我が国の他の諸施策との調和を図りつつ、調達の効率化・合理化にかかる各種取り組み等を通じて、一層の効率化・合理化を徹底。

Ⅰ 防衛関係費

1 ［ ］は、対前年度伸率（%）である。

2 計数は、四捨五入によっているので計と符合しないことがある（以下同じ）。

3 上段は、SACO関係経費、米軍再編関係経費のうち地元負担軽減分、新たな政府専用機導入に伴う経費および防災・減災、国土強靭化のための3か年緊急対策に係る経費を除いたもの、下段は（ ）内は含んだものである。

総額におけるその金額はSACO関係経費として、平成30年度51億円、31年度256億円。米軍再編関係経費のうち地元負担軽減分として、30年度2161億円、31年度1679億円。新たな政府専用機導入に伴う経費として、30年度312億円、31年度62億円。防災・減災、国土強靭化のための3か年緊急対策に係る経費として、30年度なし、31年度508億円である。

4 31年度の為替レートは、1ドル＝110円である。

防衛関係費全般

【歳出予算（三分類）】（単位：億円）

区分	平成30年度予算額	対前年度増△減額	平成31年度予算額	対前年度増△減額
防衛関係費	49,388 (51,911)	392[0.8] (660[1.3])	50,070 (52,574)	682[1.4] (663[1.3])
人件・糧食費	21,850	187[0.9]	21,831	△19[△0.1]
物件費	27,538 (30,061)	205[0.7] (472[1.6])	28,239 (30,744)	701[2.5] (682[2.3])
歳出化経費	17,590 (18,898)	226[1.3] (131[0.7])	18,431 (19,675)	841[4.8] (777[4.1])
一般物件費（活動経費）	9,949 (11,163)	△21[△0.2] (341[3.2])	9,808 (11,068)	△141[△1.4] (△95[△0.8])

Ⅱ 領域横断作戦に必要な能力の強化における優先事項

我が国を取り巻く安全保障環境が格段に速いスピードで厳しさと不確実性を増す中、宇宙・サイバー・電磁波を含む全ての領域における能力を有機的に融合し、平時から有事までのあらゆる段階における柔軟かつ戦略的な活動の常時継続的な実施を可能とする防衛力を構築する。

1 宇宙・サイバー・電磁波の領域における能力の獲得・強化

領域横断作戦を実現するため、優先的な資源配分や我が国の優れた科学技術の活用により、宇宙・サイバー・電磁波といった新たな領域における能力を獲得・強化する（宇宙関連経費896億円）※弾道ミサイル防衛関連経費の宇宙関連部分を除く

(1)宇宙領域における能力

○宇宙状況監視（SSA）システムの取得（260億円）

・米軍および国内関係機関等と連携し、宇宙状況監視の実運用を担うため、Deep Space監視用レーダーおよび運用システムを取得

○宇宙を利用したC4ISRの機能強化のための調査研究等（20億円）

・宇宙空間での2波長赤外線センサーの実証研究

・宇宙領域における電磁波監視態勢の在り方に関する調査研究

・人工衛星の脆弱性とその対策に関する調査研究

・宇宙空間の安定的な利用に係る調査研究

○宇宙設置型の光学望遠鏡を含むSSA能力向上の調査研究（0・3億円）

○衛星通信の利用（512億円）

・Xバンド防衛通信衛星3号機（スーパーバードC2号機の後継衛星）に関する器材等の一部整備等

○商用画像衛星・気象衛星情報の利用（104億円）

○米空軍宇宙基礎課程等への派遣（0・2億円）

○防衛省・自衛隊における宇宙空間の安定的利用および海洋政策に係る企画立案および他省庁との調整機能を強化するため、防衛政策局戦略企画課に「宇宙・海洋政策室（仮称）」を新設

※弾道ミサイル防衛関連経費（宇宙関連部分のみ）2705億円

(2)サイバー領域における能力（サイバー関連経費223億円）

○サイバー体制の充実・強化

サイバー防衛能力の抜本的強化を図るため、サイバー防衛隊を約70名増員（約150名→約220名）

○防衛情報通信基盤（DII）の整備（クローズ系）＝110億円

○サイバー情報収集装置の整備（36億円）

○サイバー攻撃対処に係る部外力の活用（23億円）

○航空作戦システムのサイバーセキュリティー対策の強化（4・4億円）

○サイバー共通課程の実施のため、各自衛隊の共通教育としてサイバーセキュリティに関する共通的かつ高度な知識・技能を修得させ、サイバー人材を育成（0・5億円）

○サイバーセキュリティに関する国際訓練等への参加（0・5億円）

○情報システムのサプライチェーン・リスク（※）対策のため、不正なチップやソフトウエアをサプライチェーンに混入される等の攻撃に対し、これらを検知し排除するための手法・対策について調査・研究を実施（0・9億円）

※サプライチェーン・リスク＝発注者へ情報システム等が納入されるまでの開発や製造に係る一連の工程に加えて、当該情報システムや機器[illegible]用・保守・廃棄を含むライフサイクル全体に存在するリスク

(3)電磁波領域における能力

[illegible]

宇宙空間の安定的利用を妨げる「各種脅威」のイメージ

将来戦闘機の核となる「ミッションシステム・インテグレーション」のイメージ（予算資料から）

島嶼間射撃を可能とする島嶼防衛用高速滑空弾の予想図（予算資料から）

2 従来の領域における能力の強化

[illegible]

…短距離離陸・垂直着陸（STOVL）機を運用するにあたって必要な改修についての調査を実施

短距離離陸・垂直着陸（STOVL）機の運用に向け、改修予定の海自ヘリ搭載護衛艦「いずも」（海自提供）

○03式中距離地対空誘導弾（改善型）の取得（1式141億円）

○11式短距離地対空誘導弾の取得（1式47億円）

○モジュール交換可能な長期運用型UUV※を試作し、警戒監視や海洋観測等の多様な任務に対応可能なUUV技術を確立する研究を実施（42億円）

※UUV＝Unmanned Underwater Vehicle（無人水中航走体）

○12式地対艦誘導弾の取得（1式135億円）

(2)スタンド・オフ防衛能力

○F35Aに搭載するスタンド・オフ・ミサイル（JSM）の取得（79億円）

○島嶼防衛のための島嶼間射撃を可能とする、高速で滑空し、目標に命中する島嶼防衛用高速滑空弾の研究（139億円）

○極超音速※で巡航が可能な[illegible]のため、ジェット燃料により作動するスクラムジェットエンジン※の構成要素技術の研究を実施（58億円）

※極超音速＝音速の5倍以上の速度域

※スクラムジェットエンジン＝超音速の空気流中での燃焼を可能としたエンジン

(3)総合ミサイル防空能力（弾道ミサイル防衛関連経費3555億円）

○ロフテッド軌道への対応能力等、我が国の弾道ミサイル防衛能力を飛躍的に向上させる最新鋭のレーダー（LMSSR）を搭載した陸上配備型イージス・システム（イージス・アショア）本体2基の取得等を実施（1基当たりの取得経費1202億円）＝31年度計上額※1757億円※関連経費を含む

○SM3ブロックⅡAおよびSM3ブロックⅠBの取得（※SM3ブロックⅠBは一括調達）＝717億円

○SM3ブロックⅡAを発射できるようにするため「あたご」型護衛艦の能力向上改修（75億円）

○ペトリオット・システムの改修等（201億円）

・弾道ミサイル対処能力および防空能力を維持・向上させるため、ペトリオット・システムのバージョンアップ改修を実施（113億円）

・PAC3ミサイルの再保証により、耐用命数を迎える部品を交換するとともに、ミサイル全体の点検を実施し、所要のPAC3ミサイルを確保（88億円）

○対空戦闘指揮統制システムの取得（2式73億円）

○汎用護衛艦等のセンサー情報をリアルタイムに共有するとともに、ネットワーク射撃を可能にするFC（Fire Control）ネットワークに関する研究（63億円）

○弾道ミサイル等対処訓練を実施し、米軍との連続要領を向上

(4)機動・展開能力

○16式機動戦闘車の取得（22両161億円）

○現有の155ミリりゅう弾砲（FH70）の後継として、各種事態において迅速かつ機動的な運用が可能であり、効率化にも資する装備品として、装輪155ミリりゅう弾砲を教育所要として取得（7両51億円）

○現有装備品に比べて射程や同時多目標対処等の機能・性能を向上しつつ、取得コストを低減した多目的誘導弾システム（改）の開発（35億円）

○次期装輪装甲車の取得に向けた、車種の選定に必要な試験用車両の取得等関連経費（21億円）

○多用途ヘリ（UH1J）の後継として、空中機動、航空輸送等を実施し、迅速に部隊を展開できる新多用途ヘリ（UHX）を取得（6機110億円）

○水陸機動団関連施設の整備（相浦等）＝5億円

○南西警備部隊等に係る整備（197億円）

○輸送機（C2）の取得（2機453億円）※エンジンを除く機体単価は、平成30年度予算価格172億円に対し163億円＝9億円減

○PFI船舶の活用による統合輸送態勢の強化

○常時機動する陸上防衛力の充実・発展のための訓練の実施（75億円）

〜各種訓練の実施〜

・協同転地演習等の実施（11億円）

・水陸機動団演習等の実施（2億円）

・米国等における米海兵隊等との実動訓練等の実施（62億円）

○統合水陸両用作戦訓練の実施

3 持続性・強靭性の強化

平時から有事までのあらゆる段階において、部隊運用を継続的に実施し得るよう、弾薬および燃料の確保、自衛隊の運用に係る基盤等の防護等に必要な措置を推進するとともに、各種事態に即応し、実効的に対処するため、装備品の可動率確保のための取り組みを推進する。

(1)継続的な運用の確保

○航空優勢の確保、脅威への有効な対処能力を有する弾薬および水中における優勢の確保に必要な魚雷の整備（455億円）

○抗たん性の強化のため、航空機の基地内分散に必要な分散パッドの整備に着手（0・2億円）

○航空基地の滑走路が被害を受けた場合に備え、より迅速な被害復旧を可能とする器材を取得（9億円）

○海上作戦センターの整備※30年度補正予算に計上

○弾薬を備蓄するための火薬庫を新設

・大分弾薬支処（7億円）

・瀬戸内分屯地（仮称）＝18億円

○艦艇の支援能力確保のため、油槽船（仮称）を整備（2隻57億円）

○防衛省・自衛隊全体として統一的にAIの導入に向けた体制強化を図るため、整備計画局情報通信課に「AI・サイバーセキュリティ推進室（仮称）」を新設し、同室に「AI企画班（仮称）」を新設

○これまで個別に整備してきた業務系システムを統合するに当たり、より効果的・効率的なクラウド環境の構築を目指すとともに、高度な検索機能等を備えたシステムを実現するため、AIなどのIT技術の活用も含めた調査・検討を実施（1億円）

○自衛隊施設の老朽更新（370億円）

(2)装備品の可動率確保

○装備品の可動率向上等に資するため、維持整備に必要な経費を着実に確保（8953億円）

※対前年度401億円の増

○装備品の維持整備におけるAM（Additive Manufacturing）技術の活用に関する検討

維持整備の観点から先端製造技術の利活用により部品調達の可能性を広げ、調達期間圧縮、コスト縮減等による可動率向上に寄与（0・1億円）

○自衛隊機の可動率向上の観点から、部品等の調達先を拡大するため、国内製部品と海外製部品との互換性等に係る調査を実施（0・4億円）

○PBL契約活用による調達リードタイム短縮

Ⅲ 防衛力の中心的な構成要素の強化における優先事項

人口減少と少子高齢化が急速に進展する一方、装備品が高度化・複雑化し、任務が多様化・国際化する中、より幅広い層から多様かつ優秀な人材の確保を図るとともに、全ての自衛隊員が高い士気を維持し、自らの能力を十分に発揮できる環境の整備に向けた取り組みを重点的に推進する。

また、軍事技術の進展を背景に戦闘様相が大きく変化する中、我が国の優れた科学技術を生かし、防衛装備につながる技術基盤を強化するため、装備品の研究開発期間の短縮や技術的優勢の確保に向けた取り組みを実施するとともに、必要かつ十分な質および量の防衛力を効率的に確保するため、プロジェクト管理の強化等による費用対効果の向上を図る。

1 人的基盤の強化

(1)優秀な人材を確保するための施策の推進

募集業務の充実・強化

○採用広報用動画（2億円）

○地方公共団体や他省庁等との連携強化等に取り組むため、人事教育局人材育成課に「人材確保推進室（仮称）」を新設

再就職支援の充実・強化

○職業訓練の新設（0・1億円）

・防災、警備、測量等の分野での需要拡大が見込まれるドローン操縦分野への再就職職域の拡大を図るため、ドローン操縦士の資格取得に係る課目を新設

・民間企業等の総務・人事部門への再就職職域の拡大を図るため、キャリアコンサルタントの資格取得に係る課目を新設

○公務員受験対策講座の拡充（0・1億円）

○退職後の進路として大学への進学を希望する任期制自衛官を対象とした予備校等の通信教育による大学進学を支援（0・1億円）

予備自衛官等の充足向上

○これまでの即応予備自衛官の任用対象者である自衛官経験者に加え、新たに自衛官経験のない公募予備自衛官（予備自衛官補から予備自衛官に任用された者）の志願者のうち、所要の教育訓練により必要な識能を保有した者を即応予備自衛官に任用し、充足向上を図る（0・6億円）

○被服、装具等の整備（0・6億円）

勤務環境の改善

○陸上自衛官の新制服の整備（52億円）

○隊員の生活・勤務環境改善のための備品や日用品等の整備（24億円）

その他

○防衛功労章の対象範囲の拡大（0・6億円）

○パワー・ハラスメント防止施策の推進

○自殺事故を未然に防止するための施策の推進（0・2億円）

・部外力を活用した自殺事故防止施策に関する調査分析・提言

・部外専門家による中隊長等のための教育

・SNS（LINE）によるコミュニケーション技法向上のための相談窓口の設置

(2)女性の活躍とワークライフバランスのための施策の推進

女性職員の採用・登用のさらなる拡大等、女性職員の活躍をさらに推進するとともに、ワークライフバランスに関する施策を推進・強化する。

働き方改革のための環境整備（0・7億円）

女性隊員の勤務環境の整備（26億円）

○艦艇における女性用区画の整備（海自）等

職業生活と家庭生活の両立支援（1億円）

○庁内託児施設の整備（0・8億円）

・託児施設の整備（防医大）等

国際協力分野における女性の活躍の推進等

○女性自衛官と諸外国の女性軍人によるフォーラムの開催

意識啓発のための研修・訓練等の実施（0・3億円）

その他（0・3億円）

○女性採用対象者向けのパンフレットを作成

○セクシュアル・ハラスメント防止対策の推進等

(3)教育・研究体制の強化等

防衛研究所、防衛大学校、防衛医科大学校等の教育・研究体制を強化するための施策を実施するとともに、職務に専念できる環境を整備する。

防衛研究所

○国際的な研究交流の強化

新たにアフリカの国防大学・安全保障研究機関との研究交流を実施

防衛大学校

○科学技術の進展および教育研究分野の拡大等に対応するための教育実験用器材の整備（3億円）

防衛医科大学校

○防衛医学に関する研究機能の強化

・防衛医学先端研究の実施（3億円）

○防衛医科大学校の運営改善

7対1看護体制の導入に向けた看護師の増員

(4)衛生機能の強化

各種事態に対応するため、第一線から最終後送先までのシームレスな医療・後送態勢の強化として、第一線の救護能力の向上や医療拠点において患者の症状を安定化させるためのダメージコントロール手術を行う機能等の充実を図る。また、自衛隊病院の拠点化・高機能化等をより一層推進し、効率的で質の高い医療体制を確立する。

○事態対処時における治療・後送能力の向上

・第一線の救護能力向上のための教育器材等の整備（2億円）

・ダメージコントロール手術を行うために必要な医療器材等の整備

野外手術システムの整備（2億円）

ダメージコントロール手術関連器材の整備（0・5億円）

○自衛隊病院の拠点化・高機能化等に向けた取り組み

・自衛隊病院の集約化に伴う自衛隊入間病院（仮称）建設のための本体工事（41億円）等

○感染症対処能力の向上

・感染症患者搬送態勢の確立に向けた細部手順の把握等のための現地調査等

自衛官定数等の変更　（単位：人）

		30年度末	31年度末	増△減
陸上自衛隊		158,909	158,758	△151
	常備自衛官	150,834	150,777	△57
	即応予備自衛官	8,075	7,981	△94
海上自衛隊		45,360	45,356	△4
航空自衛隊		46,936	46,923	△13
共同の部隊		1,288	1,350	62
統合幕僚監部		372	376	4
情報本部		1,910	1,918	8
内部部局		48	48	0
防衛装備庁		406	406	0
合計		247,154 (255,229)	247,154 (255,135)	0 (△94)

注1：各年度末の定数は予算上の数字である。

注2：各年度の合計欄の下段（ ）内は、即応予備自衛官の員数を含んだ数字である。

主要な装備品等

区分				30年度調達数量	31年度 調達数量	31年度 金額（億円）
航空機	陸自	ティルト・ローター機（V−22）		4機	—	—
		新多用途ヘリコプター（UH−X）		—	6機	110(53)
	海自	固定翼哨戒機（P−3C）の機齢延伸		（3機）	（5機）	22
		哨戒ヘリコプター（SH−60K）の機齢延伸		（3機）	（3機）	64
		哨戒ヘリコプター（SH−60J）の機齢延伸		（2機）	（2機）	13
		画像情報収集機（OP−3C）の機齢延伸		（1機）	—	—
		固定翼哨戒機（P−3C）搭載レーダーの能力向上	改修	（4式）	（1式）	0.3
			部品	（—）	（—）	
	空自	戦闘機（F−35A）		6機	6機	681
		戦闘機（F−2）空対空戦闘能力の向上	改修	（2機）	（—）	
			部品	（5式）	（7式）	1
		戦闘機（F−2）へのJDCS（F）搭載改修		（2機）	—	
		戦闘機（F−15）の能力向上		—	（2機）	108
		輸送機（C−2）		2機	2機	453(24)
		早期警戒機（E−2D）		1機	9機	1,940
		早期警戒管制機（E−767）の能力向上	改修	（1機）	（1機）	129
			部品	（—）	（—）	
		新空中給油・輸送機（KC−46A）		1機	—	—
		輸送機（C−130H）への空中給油機能付加	改修	（1機）	（—）	—
			部品	（—）	（—）	
		滞空型無人機（RQ−4Bグローバルホーク）		1機	1機	71
艦船	海自	護衛艦		2隻	2隻	951(1)
		潜水艦		1隻	1隻	698(1)
		「あさぎり」型護衛艦の艦齢延伸	工事	（2隻）	（2隻）	3
			部品	（4隻）	（1隻）	
		「あぶくま」型護衛艦の艦齢延伸	工事	（—）	（1隻）	0.1
			部品	（2隻）	（—）	
		「こんごう」型護衛艦の艦齢延伸	工事	（—）	（—）	27
			部品	（1隻）	（2隻）	
		「むらさめ」型護衛艦の艦齢延伸	工事	（—）	（—）	33
			部品	（—）	（1隻）	
		「おやしお」型潜水艦の艦齢延伸	工事	（4隻）	（4隻）	63
			部品	（5隻）	（3隻）	
		「ひびき」型音響測定艦の艦齢延伸	工事	（—）	（—）	11
			部品	（1隻）	（2隻）	
		「とわだ」型補給艦の艦齢延伸	工事	（—）	（1隻）	3
			部品	（2隻）	（1隻）	
		「たかなみ」型護衛艦の短SAMシステムの能力向上	工事	（1隻）	（—）	0.6
			部品	（—）	（1隻）	
		護衛艦CIWS（高性能20mm機関砲）の近代化改修	工事	（3隻）	（5隻）	3
			部品	（4隻）	（4隻）	
		「あきづき」型護衛艦等の対潜能力向上（マルチスタティック）	工事	（1隻）	（2隻）	0.8
			部品	（—）	（—）	
		短SAMシステム3型等の計算機能力の向上	工事	（—）	（—）	5
			部品	（1隻）	（1隻）	
		「あさぎり」型護衛艦戦闘指揮システムの近代化改修	工事	（2隻）	（2隻）	9
			部品	（—）	（—）	
		「たかなみ」型護衛艦の戦闘指揮システム電子計算機等更新	工事	（1隻）	（—）	—
			部品	（—）	（—）	
		「むらさめ」型護衛艦の戦闘指揮システム電子計算機等更新	工事	（—）	（2隻）	9
			部品	（2隻）	（—）	
		「あきづき」型護衛艦の戦闘指揮システム電子計算機等更新	工事	（—）	（—）	13
			部品	（1隻）	（1隻）	
		「ひゅうが」型護衛艦の戦闘指揮システム電子計算機等更新	工事	（1隻）	（1隻）	10
			部品	（—）	（—）	
		「いずも」型護衛艦の戦闘指揮システム電子計算機等更新	工事	（—）	（1隻）	2
			部品	（1隻）	（—）	
		「おやしお」型潜水艦の戦闘指揮システムの近代化改修	工事	（2隻）	（1隻）	2
			部品	（1隻）	（—）	
		「おおすみ」型輸送艦の能力向上	工事	（2隻）	（—）	—
			部品	（—）	（—）	
		潜水艦救難艦「ちはや」の改修	工事	（—）	（—）	23(0.6)
			部品	（—）	（1隻）	
誘導弾	陸自	03式中距離地対空誘導弾（改）		1個中隊	1個中隊	141(9)
		11式短距離地対空誘導弾		1式	1式	47
		中距離多目的誘導弾		9セット	6セット	46
		12式地対艦誘導弾		1式	1式	135
火器・車両等	陸自	89式小銃		1,500丁	—	—
		対人狙撃銃		6丁	6丁	0.3
		60mm迫撃砲（B）		6門	6門	0.2
		81mm迫撃砲 L16		1門	—	—
		120mm迫撃砲 RT		2門	12門	6
		装輪155mmりゅう弾砲		—	7両	51(17)
		99式自走155mmりゅう弾砲		7両	—	—
		10式戦車		5両	6両	81
		16式機動戦闘車		18両	22両	161
		車両、通信器材、施設器材等		194億円（1）	—	344
BMD	陸自	陸上配備型イージス・システム（イージス・アショア）		—	2基	1,733
	海自	イージス・システム搭載護衛艦の能力向上		—	2隻分	75
	空自	ペトリオットシステムの改修		—	12式	113

注1：30年度調達数量は、当初予算の数量を示す。
注2：金額は、装備品等の製造等に要する初度費を除く金額を表示している。初度費は、金額欄に（ ）で記載（外数）。
注3：調達数量は、31年度に新たに契約する数量を示す。（取得までに要する期間は装備品によって異なり、原則2年から5年の間）
注4：調達数量欄の（ ）は、既就役装備品の改善に係る数量を示す。
注5：固定翼哨戒機（P−3C）搭載レーダーの能力向上、戦闘機（F−2）空対空戦闘能力の向上、早期警戒管制機（E−767）の能力向上、輸送機（C−130H）への空中給油機能付加、「たかなみ」型護衛艦の短SAMシステムの能力向上、護衛艦CIWS（高性能20mm機関砲）の近代化改修、「あきづき」型護衛艦等の対潜能力向上（マルチスタティック）、短SAMシステム3型等の計算機能力の向上、「あさぎり」型護衛艦の戦闘指揮システムの近代化改修、護衛艦の戦闘指揮システム電子計算機等更新、「おやしお」型潜水艦戦闘指揮システムの近代化改修および潜水艦救難艦「ちはや」の改修の調達数量については、上段が既就役装備品の改修・工事役務の数量を、下段が能力向上に必要な部品等の数量を示している。また、艦齢延伸等に係る措置の調達数量については、上段が艦齢延伸等工事の隻数を、下段が艦齢延伸等に伴う部品の調達数量を示す。
注6：イージス・システム搭載護衛艦の能力向上の31年度調達数量については、「あたご」型護衛艦2隻のSM−3ブロックⅡAを発射可能とする改修にかかる隻数を示す。

2 技術基盤等の強化

(1)装備品の早期実用化に向けた研究開発の推進

装備品の研究開発・取得の期間を短縮し、早期の実用化に向けた研究開発を推進する。

進展する民生先端技術の装備品への運用の短期実用化を推進

○新技術の短期実用化の取り組み（7億円）

(2)技術的優越を確保するための戦略的な取り組みの推進

急激な技術進展の中、我が国の技術的優越を確保するため将来的に有望な技術分野での重点的研究を推進するとともに、民生技術の積極的な活用を実施する。

将来的に有望な技術分野での重点的研究の推進

中長期技術見積り（平成28年8月公表）において示した、①無人化②スマート化・ネットワーク化③高出力エネルギー技術④現有装備の機能・性能向上──に関する分野を重視

無人化

○有人機の支援を行う遠隔操作型支援機の実現に求められる編隊飛行技術や遠隔操作に必要なヒューマン・マシン・インターフェース技術等に関する研究を実施（8億円）

防衛用途として期待される先進的な技術の発掘と育成

○安全保障技術研究推進制度（ファンディング制度）＝101億円

民間分野の知見等の活用に向けた取り組み

○将来実用化が予期される革新的技術を活用した新しい運用構想について、民間知見等を活用するための調査を実施する。

さらに、同分野における諸外国の有識者を招へいし研究会を開催（0・5億円）

(3)プロジェクト管理等を通じた最適な取得の推進

プロジェクト管理を強化し、プロジェクト管理対象装備品等の取得プログラムを着実に推進するとともに、統合運用・ファミリー化を考慮した取り組みを実施する。

取得プログラムの着実な推進

○プロジェクト管理対象装備品等の最適な取得の推進

・プロジェクト管理重点対象装備品等

陸上配備型イージス・システム（イージス・アショア）、16式機動戦闘車、新空中給油・輸送機（KC46A）、早期警戒機（E2D）等

○プロジェクト管理の強化

・ライフサイクルコスト見積りの改善等のための調査研究に要する経費（0・2億円）

・プロジェクト管理対象装備品等の拡大に伴う体制強化のための新規増員

プロジェクト管理重点対象装備品等に係る取り組み（将来戦闘機）

○戦闘機等の作戦・任務遂行能力の根幹となるミッションシステムを将来にわたり我が国が自由にコントロールすることを可能とするために必要なミッションシステム・インテグレーション技術を研究する（57億円）

○将来戦闘機の開発に係る総合的な実現可能性に関する研究（8億円）

統合的見地を踏まえた装備品に関する取り組み

○統合運用に資する装備品のファミリー化の推進

(4)防衛装備・技術協力の推進

各国との協力案件の進捗を踏まえ、相手国のニーズ等の情報収集、維持・整備への支援を含めたパッケージでの協力、情報発信の強化等を通じて、官民一体で効果的な防衛装備・技術協力を推進する態勢を強化する。

○防衛装備・技術協力を推進するための施策

艦艇分野における防衛装備技術協力の実現可能性を高めるため、艦艇構成品の装備移転に向けた諸課題の検討を実施（0・1億円）

○防衛装備・技術協力を推進するための基盤の整備に資する施策

・技術流出防止に資する技術管理について、防衛装備移転三原則での厳格審査における適切かつ迅速な機微性の評価に必要となる国内外の情報を得るため、外部の優れた知見を活用した調査を実施（0・5億円）

・新規に着手する研究開発事業の中で、海外移転も念頭に置いた検討を行う

○装備品のみならず維持・整備なども含めたパッケージでの協力の推進

・日本国内の整備企業のフィリピンへの派遣等による支援

①TC90の維持整備能力の向上（2億円）

②UH1Hの部品等の移転に係る技術情報移転（0・3億円）

・ASEAN諸国等に対する維持・整備に係る能力向上の支援として、民間技術者の派遣および相手国技術者を招へい（0・3億円）

○装備品等の品目識別に係る国際標準であるNATOカタログ制度への参加レベル引き上げに向けた取り組み

我が国の参加レベルを引き上げ、我が国自身による国産防衛装備品の登録、情報発信・共有を可能とするためのシステム改修等に関する経費（2億円）

(5)防衛生産・技術基盤の維持・強化施策の推進

厳しい環境にある防衛産業について、中小企業等の優れた技術力を発掘・活用するとともに、サプライチェーンの実態をきめ細かく把握するなど、基盤の維持・強化のための施策を推進する。

○革新的な製造技術、中小企業等の技術力の発掘・活用

・展示会等の活用による、防衛装備品への活用が可能な技術力を持つ中小企業等と防衛省・自衛隊とのマッチングの実施（0・1億円）

・3DプリンターやAI（人工知能）に代表される革新的な製造技術の、防衛装備品への適用について、マッチング事業等を通じてその可能性を調査（0・9億円）

○サプライチェーンの把握・対応

・中小企業を中心に技術的優位性を持つ企業を把握し、サプライチェーンの強化に向けた取り組みを具体化

・他産業分野への応用可能性が高い防衛装備品等の構成品およびその製造に関わる企業を把握し、必要な対応を行うための調査（0・4億円）

○防衛省が取引企業を積極的に評価することにより企業間競争を促すといった、防衛装備品の調達価格の新たな効率化・縮減のための手法について、調査研究の上、具体的な制度を確立（0・3億円）

○防衛調達における情報セキュリティーの強化

情報セキュリティー基準を現行よりも強化するに当たり、部外コンサルティング等による技術的・専門的支援によって、防衛省情報セキュリティー監査官の知識の習得・涵養に資するとともに、保護すべき情報を取り扱う企業が速やかに適合基準を達成するよう、当該企業に対する適合確認・助言等のための支援体制を構築（1億円）

各種事態に対し、機動的な運用を可能とする「装輪155ミリ榴弾砲」の試作車両（防衛装備庁提供）

3 情報機能の強化

政策判断や部隊運用に資する情報支援を適時・適切に実施するため、情報の収集・分析等の各段階における情報機能を強化する。

○防衛駐在官制度の充実

○情報本部等の国際軍事情勢等に関する情報収集・分析能力の強化のため、所要の体制を整備

○情報本部共通基盤の整備

各自衛隊・情報本部が収集した広範・多岐にわたる情報を集約し、オールソースアナリシスを実現させるための、共通情報プラットフォームを構築

Ⅳ 大規模災害への対応

各種の災害に際して、統合運用を基本としつつ、十分な規模の部隊を迅速に輸送・展開して初動対応に万全を期すとともに、対処態勢を強化するための措置を進める。

1 災害対処拠点となる駐屯地・基地等の機能維持・強化

○災害時における機能維持・強化のための耐震化・津波対策の促進（133億円）

○災害対処拠点地区等の整備（入間）＝9億円

2 大規模・特殊災害等に対応する訓練等の実施

○自衛隊統合防災演習（JXR）

○日米共同統合防災訓練（TREX）

○離島統合防災訓練（RIDEX）

3 災害対処に資する装備品の取得等

○災害等のあらゆる事態生起時に対処するための装備品の取得

・浄水セット（1式1億円）

・油圧ショベル（グラップル付）＝3台※

・資材運搬車（8台）※

○山林火災における災害派遣時に迅速かつ有効な消火活動を実施するため、災害派遣用として必要な空中消火器材（消火用バケット等）を取得（1式）※

○大規模災害等発生時における迅速かつ的確な人命救助活動のため災害用ドローンを取得※

○人命救助システム等の整備（2式）※

○10式雪上車の取得（10両3億円）

○07式機動支援橋（1式12億円）

○NBC兵器による攻撃への対処

・除染セット（除染車）の取得（1両1億円）

・NBC警報器の取得（1式3億円）

・除染セット（除染装置Ⅰ型）の取得（1両1億円）

・18式個人用防護装備（7500式18億円）

・化学剤検知器（10式）※

※30年度補正予算に計上

Ⅴ 日米同盟強化および基地対策等

米軍の抑止力を維持しつつ、沖縄県をはじめとする地元の負担軽減を図るため、在日米軍の兵力態勢の見直し等についての具体的措置を着実に実施する。

1 米軍再編関係経費【地元の負担軽減に資する措置】（2540億円）

○在沖米海兵隊のグアム移転

在沖米海兵隊のグアムへの移転事業（219億円）

下士官用隊舎（フィネガヤン地区）に係る施設整備等

国内での再編関連措置

○沖縄における再編のための事業（1461億円）

・普天間飛行場の移設（707億円）

・嘉手納以南の土地の返還（754億円）

○空母艦載機の移駐等のための事業（6億円）

○緊急時使用のための事業（235億円）

○訓練移転のための事業（95億円）

○再編関連措置の円滑化を図るための事業（525億円）

2 SACO関係経費（172億円）

○日米安全保障協議委員会（「2＋2」）共同文書による変更がないものについては、引き続きSACO最終報告に盛り込まれた措置（沖縄県民の負担軽減）を着実に実施

3 基地対策等の推進

防衛施設と周辺地域との調和を図るため、基地周辺対策を着実に実施するとともに、在日米軍の駐留を円滑かつ効果的にするための施策を推進する。

（1）基地周辺対策経費（1162億円）

（2）在日米軍駐留経費負担（1987億円）

（3）施設の借料、補償経費等（1462億円）

Ⅵ 安全保障協力の強化

自由で開かれたインド太平洋というビジョンを踏まえ、多角的・多層的な安全保障協力を戦略的に推進するため、防衛力を積極的に活用し、共同訓練・演習、防衛装備・技術協力、能力構築支援、軍種間交流を含む防衛協力・交流のための取り組み等を推進する。

1 インド太平洋地域の安定化への対応

能力構築支援の推進

○ASEAN全体の能力構築を企図した取り組みの推進

○インド太平洋地域における能力構築支援の推進

・東南アジアにおける人道支援・災害救援、PKO等の分野における能力向上や人材育成の支援の実施

・南アジア、太平洋島嶼国における海洋安全保障等に係る能力構築支援の実施

防衛協力・交流の推進

○拡大ASEAN国防相会議（ADMMプラス）の下での取り組み

○「ビエンチャン・ビジョン」に基づく取り組み

○防衛省・自衛隊と各国をつなぐ橋渡し役として活躍する防大卒業留学生を招へいし、防大訪問や日本人同窓生等との交流を実施し、防大卒業留学生との関係強化を推進（0・3億円）

○国際防衛ラグビー競技会および国際士官候補生ラグビー競技会の開催（2億円）

スポーツ分野における各国軍・士官候補生との交流を進め、相互理解・信頼関係を構築するため、ラグビーワールドカップ2019の開催にあわせ、自衛隊チームと各国軍が参加する国際防衛ラグビー競技会（IDRC）、防大学生チームと各国の士官候補生が参加する士官候補生ラグビー競技会（ICRC）を開催

○パシフィック・パートナーシップ2019への参加

○ミクロネシア連邦等における日米豪人道支援・災害救援共同訓練（0・1億円）

2 グローバルな安全保障課題への適切な対応

海外での活動能力の強化

○国際平和協力活動等に関する能力向上のため、陸・海・空自衛隊部隊がコブラ・ゴールド等の多国間訓練に参加

得意分野を生かした国連・友好国への国際協力

○アフリカ諸国のPKOセンターへの講師等派遣

○ジブチ軍に対する災害対処能力強化に係る能力構築支援

○国連PKO早期展開支援事業への自衛官等派遣

海洋安全保障の確保

○ソマリア沖・アデン湾における海賊対処

Ⅶ 防災・減災、国土強靭化のための3か年緊急対策に基づく措置

「防災・減災、国土強靭化のための3か年緊急対策」（平成30年12月14日閣議決定）を踏まえ、あらゆる災害への対処に万全を期すべく、救援活動に必要な資機材等の整備と駐屯地等の機能を維持・強化するための整備を、3年間で集中的に実施する。

防災・減災、国土強靭化のための3か年緊急対策に基づく措置

○自衛隊の防災関係資機材等および自衛隊施設に関する緊急対策（508億円）※金額については、歳出ベース

Ⅷ 効率化への取り組み

装備品取得の全般にわたり、さらなる合理化・効率化を図るため、各種取り組みを推進させ、約4159億円の縮減を図る。

1 長期契約を活用した装備品等および役務の調達【縮減見込額356億円】

5箇年度を超える長期契約の活用により、調達コストの縮減と安定的な調達を追求

○PAC3ミサイル用部品について、修理発生ごとに取得していた修理用部品を包括契約により一括取得することで縮減を図る。

・PAC3ミサイル用部品包括契約（10国）＝縮減見込額31億円

○早期警戒機（E2D）9機の長期契約による一括調達（7国）＝縮減見込額325億円

2 維持・整備方法の見直し【縮減見込額153億円】

器材の集約化等により、維持整備コストの効率化を追求

【施策例】

○情報システムの集約統合（縮減見込額51億円）

各情報システムごとに借上げていたハードウエアを集約することにより、維持運用経費を低減する。

3 民生品の使用・仕様の見直し【縮減見込額338億円】

費用対効果の観点から、民生品の使用や装備品等の仕様の見直しにより、経費削減を図る。

【施策例】

○教育訓練用器材の整備（縮減見込額[illegible]億円）

実機教育用等の訓練器材の導入を[illegible]替することで縮減を図る。

○FOネットワークの研究（縮減見込額[illegible]億円）

無線装置[illegible]ともに、既存[illegible]ことで縮減を図る。

4 装備品のまとめ買い【縮減見込額163億円】

少量かつ長期間の整備の結果、高価格となっている装備品等について、経費縮減が見込まれるものを取りまとめて予算化し、効率化を追求

5 原価の精査等【縮減見込額129億円】

主要装備品等について、価格や関連経費の精査等を通じ、価格低減を追求

6 費用対効果の低いプロジェクトの見直し【縮減見込額[illegible]億円】

費用対効果の観点から、効率化・合理化を追求

【施策例】

○戦闘機（F35A）の完成機輸入[illegible]（縮減見込額[illegible]億円）など

Ⅸ その他

1 編成・機構定員関連事業

各種事態における実効的な抑止および対処等に対応するため、各種部隊改編関連事業等を実施する。

○自衛官実現の増員等

○機構定員関連事業

・安全保障技術研究推進制度（ファンディング制度）等で得られた先進的な基礎研究の成果を具体的な装備化研究に応用するための橋渡し研究を防衛装備庁先進技術推進センターで一元的に実施する体制を整備するため、防衛装備庁技術戦略部技術振興官が担当する安全保障技術研究推進制度に関する業務の一部を先進技術推進センターへ移管（所掌事務の変更）

2 公文書管理の適正の確保のための取り組み

○公文書監理官（仮称）＝「各府省CRO」と通称＝および公文書監理官室（仮称）を新設

文書管理や情報公開への対応に関するチェック機能を強化し、統一的かつ適正な文書管理を行うため、防衛省における文書管理および情報公開の実質責任者となる公文書監理官（仮称）を設置し、その下に公文書監理官室（仮称）を設置

○電子[illegible]のための増員

電子化された文書の効率的な管理、電子決裁システムへの移行等を促進するため、所要の増員を実施

3 税制改正

○ACSAに基づく[illegible]の提供時における[illegible]特例措置の[illegible]

○試験研究[illegible]法人税額等の特別控除の[illegible]拡充（共同要望＝[illegible]務省、文[illegible]国交省、[illegible]）【[illegible]法人税】

○日豪[illegible]（仮称）に基づく[illegible]に対する課税[illegible]（共同要望＝[illegible]）【[illegible]】

・航空機燃料税

・軽油引取税

自動車重量税・自動車取得税[illegible]

現在交渉中の日豪円滑化協定（仮称）に基づき、オーストラリア国防軍（訪問部隊）に対する税制の特例措置が盛り込まれる見込み。

今後、同協定の締結後、同協定において認められる範囲内で、当該協定に関連する税制の特例措置を講ずる。

募集・援護　特集

平和を、仕事にする。

ただいま募集中！
◇予備自補（一般・技能）
◇自衛官候補生
★詳細は最寄りの自衛隊地方協力本部へ

正月返上　募集スタート！

「三が日の成人式には1700人もの新成人が集まる！その若人に正月返上で自衛隊を広報せよ」――。全国の地本はそれぞれ年明けから募集広報に全力を投入している。鳥取地本は1月3日に行われた成人式の会場で、年男の本部長自らが街頭広報をするなど奮戦。一方、山形地本は亥年にちなみ「猪突猛進」の精神で募集にまい進することを総員で確認した。

新成人に自衛官をPR
鳥取地本長が先頭で広報活動

【鳥取】地本は「自衛官候補生募集目標」を達成するため、1月3日、鳥取市の成人式会場となった「とりぎん文化会館」周辺で年明け初となる市街地広報を実施した。

この日の成人式には県内の新成人5693人のうち、その3割の約1700人が各地から集まり、参加する。そこで地本はこれを募集広報の絶好の機会ととらえ、成人式会場近くで募集用ポケットティッシュを晴れ姿の新成人に配布した。

当日は天候にも恵まれ、街頭では年男の青木秀敏地本長が先頭に立って広報活動に当たり、募集課員とともに「成人、おめでとうございます！防衛省はいま自衛官を募集中です。やりがいある仕事です！お友達やご兄弟にも伝えてください」など笑顔で声をかけ、一人一人にティッシュを手渡した。

新成人の反応も上々で、鳥取地本ではこの日を起爆剤とし、新年もしっかりと募集目標を達成すべく、元気に業務をスタートさせた。

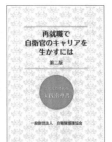

自ら率先して街頭に立ち、晴れ着姿の新成人に自衛官募集ティッシュを配る年男の青木鳥取地本長（右）＝1月3日、鳥取市で

「猪突猛進の精神で」
山形地本　年始行事で決意新た

【山形】地本は1月9日、平成31年の年始行事を行った。

行事には本部の隊員、県内各所長、副所長ら約40人が参加。齋藤信明地本長が年頭のあいさつに立ち、「今年は亥年。本来の十二支で『亥』とは、植物の生命、エネルギーをじっくり蓄える時期という意味がある。厳しい冬を乗り越え、春に芽生えるための大切な期間だ。目標に向かってまい進しつつ、自らのエネルギーをじっくり蓄える年にせよ」と部員に要望した。

さらに地本長は「良い意味で目的に向かって真っ直ぐ進む『猪突猛進』の精神で、今年も一致団結、地本一丸となって任務達成に向かって突き進んでいこう」と締めくくった。

年頭のあいさつで「猪突猛進」の重要性を説く齋藤山形地本長（中央奥）＝1月9日、山形地本で

荒井地本長、東大で講義
学生ら関心高く「軍事と科学技術」テーマに　東京

【東京】東京地本長の荒井正芳陸将補は11月28日、東京大学に招かれ、工学部の3年生ら学生約130人に「産業総論」の講義を行った。

同講義は平成16年以降、同大工学系研究科機械工学専攻の中尾政之教授の要請で実施している。荒井地本長は今回、「軍事と科学技術」をテーマに、▽軍事と科学技術の関係▽民生技術が軍事に及ぼした影響▽防衛省の防衛装備・技術に関する諸施策――などについて解説した。

特に、進歩の著しい無人化やロボット技術については映像を使い、具体的に説明。防衛装備庁が進める研究開発なども紹介した。

このほか、自衛隊の任務や幹部の仕事と魅力についても語り、多方面で活躍する東大出身幹部自衛官の仕事ぶりも伝えた。

質疑応答では「北朝鮮のミサイルよりも今はサイバー攻撃が脅威となっているが、これに対する自衛隊の施策は？」といった質問も寄せられ、東大生の防衛省・自衛隊への関心の高さがうかがえた。

「軍事と科学技術」をテーマに講義を行う荒井東京地本長（壇上）＝11月28日、東京大学で

女性活躍推進について語る
亀井地本長、京都府警で講話

【京都】地本長の亀井律子1陸佐は11月27日、京都府警察本部で「女性指揮官として」と題し、自衛隊の女性の活躍推進のための取り組みについて講話を行った＝写真。同府警で女性地本長が講演するのは初めて。

女性の視点と力を最大限活用することを目的に京都府警が企画した「キャリアバトンセミナー」を機に亀井地本長に講演依頼があったもので、この日、約120人の女性警察官が聴講した。

亀井1佐は女性自衛官制度の歴史と現状、防衛省における女性職員の活躍推進のための改革などについて自身の経験をもとに熱弁。質疑応答では防衛省・自衛隊の託児施設、災害時の緊急登庁支援などについて質問があり、亀井1佐は一つひとつに丁寧に答えていた。

京都府は女性の活躍推進のための取り組みを積極的に推進しており、亀井1佐は10月にも京都府の女性職員に対し講話を行っている。

自衛隊ブースで小学生が〃広報官〃　山口

【山口】地本は11月25日、長門市で開催された「ちびっこが商店街をつくろう14」で17普連（山口）の協力を受け、自衛隊ブースを展開した。

同市を担任する萩地域事務所の広報官たちは、通常の広報展示に加え、ドーランや背のう（2日分の必要品入り）、さらには日常で役立つロープワークなどの体験型コーナーを設けた。

多くの小学生たちが参加し、ドーランなどを体験した後、友だちも連れて来て〃広報官〃役を担うなど、一緒になって自衛隊の活動内容を学習していた。

予備自カレンダー展を開催
大宮駐屯地　災派活動や近況も紹介

【埼玉】地本は12月3、4の両日、大宮駐屯地で「予備自衛官等制度カレンダー写真展」を開催した。

同展は東方総監部（朝霞）の協力で開かれ、予備自募集ポスターモデルを起用したカレンダーの撮影風景を展示。さらに西日本豪雨や北海道胆振東部地震での即応予備自の活動や観閲式に参加した予備自、大宮駐屯地OBの即応予備自の近況を紹介するパネルも設置した。

訪れた隊員は、かつて訓練を共にした仲間が今も予備自として災害招集の場で活躍している姿に感心しながら見入っていた＝写真。

会場では地本の担当者が「予備自なんでも相談コーナー」を開設し、予備自に関する隊員の質問に応じていた。

産業まつりで広報　成田所

【千葉】成田地域事務所は11月23日、山武市で開催された「第十三回山武市産業まつり」で広報活動を行った。

同イベントは市内の農林水産業を中心としたふるさと特産品などを市民に紹介し、郷土を愛する心を育むことを目的としている。

地本は会場の一画に募集広報ブースを設置し、自衛隊の紹介や募集説明のほか、来場者にポケットティッシュを配布。10月から自候生などの採用上限年齢が32歳に引き上げられたことなどをPRした。

吉本芸人とコラボ「ジェイTube」
陸幕　笑いで自衛隊へ親近感を
第1弾は「NON STYLE」

【陸幕】陸幕募集・援護課は12月27日、自衛官募集ホームページで新規コンテンツ動画「ジェイTube」の公開を開始した。

この動画は吉本興業のお笑い芸人が「自衛隊とあれこれやってみた」をテーマにさまざまなことに挑戦する企画。第1弾となる今回は、吉本興業の人気お笑いコンビ「NON STYLE」（石田明さん、井上裕介さん）が出演＝写真。

ストーリーは同社東京本部に自衛官が赴き、「NON STYLE」の石田さんをジェイTube PR作戦隊長、井上さんを同副隊長に任命するところから始まる。陸・海・空の各自衛官が、迷彩服姿の石田・井上さんとともに「表情チェック」などの企画を行う。漫才のナンバー1を決める「M-1」王者にも輝いた人気お笑いコンビである2人の鋭いボケと突っ込みは爆笑必至だ。

企画した陸幕募集・援護課の担当者は「吉本の芸人の方々との共演を通じ、自衛隊への親近感をさらに深めていただければ幸い。第2弾、第3弾も予定しているので楽しみにしていただきたい」と話している。

松山駐屯地で入隊式
教師から転身など30歳以上も10人

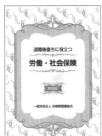

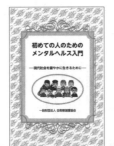

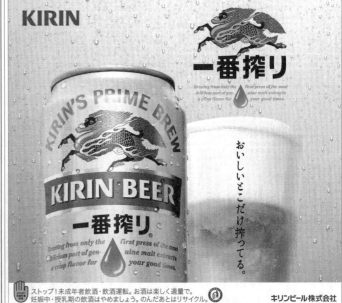

【松山駐】陸自110教育大隊（松山）は12月2日、愛媛県隊友会の瀬川紘一郎会長をはじめとする多数の来賓や家族を招き、「第3次募集期自衛官候補生課程入隊式」を開催、新隊員75人の門出を祝った。

同入隊式は自衛官の採用年齢の上限を26歳から「32歳」に引き上げてから初めての式となり、30歳以上の隊員10人も入隊した。

式では新隊員代表の井出隆介自候生以下が全員で宣誓＝写真。会食では、京都市の中学校で英語教師だった山田渉自候生が「西日本豪雨での自衛官の活躍に心を打たれ、意を決して入隊しました。困っている人の役に立つため頑張ります」と決意を表明した。

相談員の厚意で交差点に募集看板　新潟

【新潟】地本は12月11日、新潟市中央区の主要交差点に掲示している「自衛官候補生募集オリジナル看板」を更新した。

新潟県自衛官募集相談員兼新潟市中央区理事の松原藤衛氏の厚意で、同氏宅の囲壁に看板を掲示。設置場所は同市中心部、新々バイパス女池インター近くの交差点で、中学、高校生の通学路となっている。さらにバスで通学する高校生、大学生やその保護者の目にも付きやすい。

新たなオリジナル看板は第6回自衛官候補生の受付開始に伴い広報室が作製したもので、デザインを一新。行き交う人や車を前に自衛官募集を視覚的にアピールしている。

壁所有者の募集相談員・松原藤衛氏（右から2人目）に看板を見せる広報官（左）＝11月29日、新潟市で

宮川1佐が静岡地本長

12月21日の定期異動で静岡地本長が交代した。新任本部長の略歴は次の通り。

宮川　知己（みやがわ・ともみ）1空佐　静岡地本長。九州国際大法卒。平成5年空自。20年2佐、25年1佐。救難団防衛部長、新潟救難隊長、空幕運支課部隊訓練2班長などを経て、29年8月統幕運用2課災害対策調整官。福岡県出身。50歳。

あさぐもドラマ　吉本どんと

冬山讃歌

ねないでください

いまここでねたら凍えて死んでしまいます

何か歌を唄いましょう！

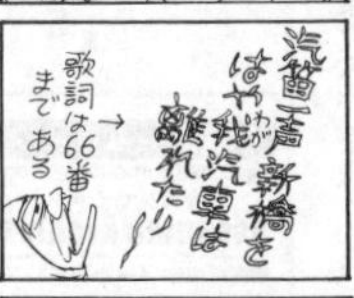

警備犬、全国大会で快挙

呉造補所貯油所

エルダー号初出場9位

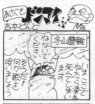

【吉浦】呉造修補給所貯油所の警備犬とハンドラーたちは10月20日から22日まで、長野県諏訪市霧ケ峰高原で行われた「日本訓練チャンピオン決定競技会」（日本警察犬協会主催）に出場し、うち3頭が入賞する過去最高の快挙を成し遂げた。

「日本訓練チャンピオン決定競技会」で全国9位に輝いたエルダー号とハンドラーの松岡2曹（11月8日、呉造補所貯油所で）

「普段のように楽しもう」

ハンドラー松岡2曹　訓練成果出し切る

同競技会は「足跡追及・臭気選別・警戒」の3部門で競い合う全国規模の大会で、同貯油所は17年前から毎年出場している。

今年は、臭気選別の部に「皇牙丸号」（ハンドラー・藤井豊事務官）、警戒の部に「楓号」（同・藤井事務官）、「仁号」（同・森秀樹事務官）、「エルダー号」（同・松岡太郎2曹）、「次郎丸号」（同・山﨑和代3曹）が臨んだ。

大勢の観客と張り詰めた雰囲気に包まれる会場で、警備犬の実力を全て発揮させることはとても難しく、「いつもできていることができない」などと、それぞれのハンドラーが悩みを抱えての競技となった。

そんな中、楓号は100点中90点以上の成績を収め、さらに上の95点以上を獲得して「チャンピオングループ」に入賞。さらにエルダー号は、初出場にして全国から集まった68頭中9位という優秀な成績を残した。

エルダー号のハンドラーを務める松岡2曹は、「いつもと違う動きをする場面があり不安に思ったが、『初出場だから当たり前。普段のように楽しもう』と気持ちを切り替えて臨んだ。良い結果が出せたのは、熱心に指導してくれた先輩方がいて、同じ目標を持って訓練してきた仲間がいたからだと感じている。次はさらに上位を目指して訓練に励みたい」と語った。

京号はデビュー戦チャンピオン

中国大会

一方、「京号」（ハンドラー・松岡2曹）は12月6日、広島市太田川河川敷で開催された「中国訓練チャンピオン決定競技会」（日本警察犬協会主催）に初出場し、2部「警戒の部」で見事チャンピオンに輝いた。

冷たい雨が降りしきる中、訪れた多くの見学者らが見守った。競技では「服従」と「警戒」の作業で日頃の訓練成果を全て出し切り、京号は華々しくデビュー戦を飾った。

デビュー戦となった「中国訓練チャンピオン決定競技会」で、ハンドラーの松岡2曹に服従する「京号」（12月6日、広島市の太田川河川敷で）

「W杯、五輪に勢いを」

河野統幕長　全自ラグビーでエール

全自ラグビー大会が12月4～10日、東京都葛飾区の奥戸総合スポーツセンターなどで行われ、大会副会長の河野克俊統幕長が上位入賞チームに所属する選手の「国際防衛ラグビー競技会」（IDRC）での活躍を期待した。

各国チームが参加するIDRCは、日本で初めて開催されるラグビーW杯に先立ち、8～9月に朝霞駐屯地などで実施される。日本からも陸自船岡、同習志野の選手らでつくる自衛隊代表が出場する。

全自大会の閉会式で河野統幕長は、「国際防衛ラグビー競技会では、選手諸官[illegible]躍がワールドカップ、さらに東京オリンピックでの[illegible]につながると確信している」と語った。

3ブロックに分かれて行われた全自大会は、Aブロックで船岡が習志野との接戦を制し17連覇を果たした。

閉会式で上位入賞チームを表彰し、健闘をたたえる河野統幕長（右）。副賞でIDRCの成功を期待した（12月10日、都内の奥戸総合スポーツセンターで）

防府南基地に感謝状

周防大島町の給水活動で山口県

【空教隊＝防府南】防府南基地（司令・小林努1佐）は1月8日、昨年10月にタンカーの衝突によって山口県周防大島町で発生した断水に伴う災害派遣活動の功績に対し、同県知事からの感謝状を伝達された。

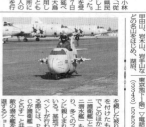

周防大島町での災害派遣活動の功績で、弘中副知事（右）から感謝状を伝達される小林司令（1月8日、防府南基地で）

村岡嗣政知事の代理として弘中勝久副知事が同県の村田友宏危機管理監を伴って防府南基地を訪れ、小林司令に感謝状を手渡し、「従事した隊員の皆さまに県民を代表し、深く感謝申し上げます」と労をねぎらった。

基地は県の災派要請を受け、10月24日から11月7日まで、女性4人を含む延べ287人の隊員を周防大島町に派遣。造水機を使用して海水をろ過するとともに、給水車で町内数カ所に輸送し、延べ3823人の町民に対して給水活動を行った。

小林司令は「感謝状を隊員一同の誇り、糧として、より一層任務にまい進していきたい」と語った。

これに先立ち同日、防府南と共に災派活動を行った防府北基地でも同様の表彰が行われ、浜博志司令が県知事からの感謝状を受け取った。

灼熱ジブチで日本の味

「いかづち」で餅つき

ソマリア沖・アデン湾で民間船舶の護衛など海賊対処活動に当たる水上部隊31次隊（指揮官・東良子1佐＝1護隊司令）の護衛艦「いかづち」（艦長・櫻井敦2佐）は12月27日、入港中のジブチ港で「餅つき」を行った。

当日は、ジブチの自衛隊活動拠点で警備などを担う支援隊10次隊の関谷[illegible]令以下隊員13人をはじめ、航空隊の隊員10人も参加。「いかづち」の艦上には「よいしょ、よいしょ！」の掛け声が響き、隊員たちは交代で杵を振り上げた。

参加者はつきたての餅に[illegible]灼熱の太陽の下で日本の味を堪能した。

海自護衛艦「いかづち」の艦上で、息を合わせてテンポよく杵を振り下ろす海賊対処水上部隊31次隊の隊員たち（12月27日、ジブチ港で）

陸自OB　大川清一氏が写真展

北東北の四季　都内22日まで

元陸自空挺団員でプロカメラマンとして活躍する大川清一さん（55）の写真展が、東京・新宿のヒルトン東京地下1階の画廊「ヒルトピアアートスクエア」で開催中だ。入場無料、1月22日まで。

秋田県仙北市（現・美郷町）出身の大川さんならではの視点で、地元の東北地方を舞台に、鳥海山から八甲田山、岩木山、岩手山などの名山をはじめ、湖沼、渓谷、滝など大自然が織りなす「北東北の四季」を活写した[illegible]。

「風速40メートルを超える冬山で写真を撮れるのは、空挺団時代の訓練があったから」と話す大川さん。今後も雑誌や専門誌などへの[illegible]を精力的に行っていく予定で、自衛隊での経験を[illegible]。

▽会場＝「ヒルトピアアートスクエア」（新宿区西新宿6の6の2　ヒルトン東京地下1階）▽電話03（3343）5252

小休止

▽…下総教空群は1月8日、P3C哨戒機の初訓練飛行に合わせて「ミニP3C」の"初訓練走行"を行った＝写真。

▽…「ミニP3C」は原動機付自転車にP3Cを模した被り物を付けたもので、このほか「ミニ護衛艦」と「ミニ潜水艦」もあり、多くのファンに親しまれている。基地でイベントが行われる際には、P3Cが護衛艦「あとらす」と共に敵の潜水艦を撃退するショーが行われ、日本の海を守る海上自衛隊の活動が、来場者にも分かりやすく披露される。

▽…当日は、P3Cの初飛行に先立って「ミニP3C」など3台が基地隊員らに見守られながらさっそうとエプロン地区を走行した。（下総）

こちら警務隊

☎ 8・6・47625

「わざと」はもっての外　建造物等損壊の重罪に

建物の壁にわざと穴を開けると、どんな罪になりますか？

他人の建造物または艦船を損壊した場合、刑法第260条の建造物等損壊罪に該当し、5年以下の懲役に処されます。

家屋などの建造物や艦船の損壊は、他人の生命、財産に危害を加える恐れがあり、重い罪が定められています。

質問にある建物の壁は、建造物の一部であり、これを傷つけたり、汚したりするとこの罪に当たります。

わざと壊すことはもっての外ですが、誤って何かを傷つけてしまった場合も、建物の管理者などに連絡しましょう。（東部方面警務隊）

曲に込めた私の「作戦」

新・車両行進曲「陽光を背に」を作曲

3陸曹　岩渕　陽介（東北方音楽隊・仙台）

「後世に名前を残したくありませんか?」

陸自観閲式の車両行進時、会場で吹奏される曲といえば「祝典ギャロップ」がおなじみである。だが、平成30年度中央観閲式の開催に伴い、新たな車両行進曲が募集されることになった。先の「後世に…」とは、つまり「作曲をしませんか?」との隊長からのお誘いの言葉であった。

部隊において、アレンジ（編曲）をする機会は多々あったが、まともに「作曲」をしたことはなく、今の自分の実力では、作曲そのものが〝茨の道〟を進むに等しかった。

ただ、自分は幼いころから「何かを作ること」が好きで、よく工作などをしていた。その「作りあげる」ことは今の音楽にも生きていて、このたびの「作曲」も、拒否反応なく素直に取り組むことができたのは幸いであった。

自分が好き勝手に作っていた工作と違い、音楽は作曲すれば終わりではなく、奏者、聴衆がいて、はじめて成り立つものである。そのため、曲をどのように「演奏」してもらい、会場にどんな「聞こえ方」がするのかを考えるのが本当に難しかった。

作曲と兵法はよく似ている。

「すべての人員・武器・装具を使用し、作戦の開始から終了まで、不眠不休で作戦を遂行せよ。決して休んではならない」

この作戦を音楽に置き換えたら、奏者はひとたまりもない。

演奏とは、その場面に合った楽器（武器）を選択し、演奏者（人員数）を決定し、適宜緩急をつけながらも休ませ、盛り上げどころでは全演奏者の最強奏（突撃）をさせる。途中、トリッキーなこと（奇襲）をしても面白い。作戦も音楽も、考える分だけ無限にある。

大変恐縮であるが、私の作曲した「陽光を背に」が中央観閲式の車両行進曲に選ばれ、本番で演奏されることになり、自分自身が一番驚いた。

この曲の「兵法」が効果的であるかどうかは正直自信がないが、楽譜を書くことは部隊に「命令下達」することと同じであり、汚名を残すまいと、責任を感じながら最後まで作曲した。

後世に名前は残らずとも、自分の心に残る一生の経験をすることができたことに大変感謝している。そして皆さまがこの曲を聴いた時には、私の「作戦」も読み解いてもらえれば幸いである。

（世界の切手・ウルグアイ）

努力の成果なんて目には見えない。しかし、紙一重の薄さも重なれば本の厚さになる。

君原　健二（元マラソン選手）

朝雲ホームページ
www.asagumo-news.com
<会員制サイト>
Asagumo Archive
朝雲編集部メールアドレス
editorial@asagumo-news.com

みんなのページ

3陸曹　石倉　直樹（31普連重迫中隊・武山）

即応予備自を叱咤激励　全員が徒歩行進完遂

私は相馬原演習場で実施された即応予備自衛官招集訓練（コア部隊）の連隊検閲に参加しました。

検閲の内容は、徒歩行進から陣地攻撃における連隊戦闘中隊の行動についてでした。徒歩行進では、私は初めて小隊陸曹を命じられ、隊員を掌握するとともに、一人の脱落者も出さないよう奔走しました。

コア部隊の特性は、常勤即応予備の自衛官が共に訓練し、任務にあたります。即応予備自は日頃、民間企業などで仕事をしており、年間30日間の招集訓練に参加します。

このため、前日まで仕事をしていて自衛官に復帰し、いきなり連隊検閲という時間的にも体力的にも余裕のない[illegible]

こうした中での徒歩行進は、出発先の各駐屯地から相馬ヶ原演習場までの長距離移動で、今回、感じたことは、隊員の掌握の難しさです。特に即応予備自については日頃から一緒に勤務をしている常備隊員とは違い、初めて一緒に訓練する隊員や、新隊員以来の初の徒歩行進となる隊員がいたりと、さまざまな特性があります。

その隊員がどんな人物なのか、体力はどの程度あるのかなど、掌握するのに苦労しました。そうした中、自分の経験やアドバイスで脱落者も出さずに完歩できたことは、自信にも繋がりました。この経験を生かして今後の訓練にも邁進していきます。

干支の亥と猪

2陸佐　朝日　浩司（入間駐屯地業務隊衛生科長）

「十二支」は、もともと一年を十二分割するという天文学からきたものです。古代中国から伝わったこの文化は、日本でも時間や月日を測るものとして、農業などで親しまれてきました。

はじめは季節ごとの植物の状態を表す漢字が用いられていたこの「干支」ですが、一般の人たちにも親しんでもらおうと、一つひとつの漢字に動物が当てはめられるようになりました。

干支に「亥」がいるのは日本だけで、もともと亥は豚を指して使われていたそうです。

いまでも日本以外の国では、変わらず「亥」を豚で指す干支だそうです（干支の亥は猪を表す）。猪は犬と同じくらい嗅覚が優れており、神経質な生き物で、ちょっとした変化にもすぐに気がつき、いつもと違うものを見かけると、できるだけ避けようとする習性があります。

食用としての猪は、貴重なタンパク源で、「薬食い」とも言われ、厳しい冬には滋養や保温のための薬として重宝されていました。奈良時代から明治時代にかけての仏教を厚く信仰していた日本では、動物を殺してしまうことを慎んだのです。猪肉は「山くじら」という隠語で、食されていた記録が残っています。

そんな猪を象徴する性格は、「崩れない信念と頑固な意志を持ち、何事に対しても全力で臨んで、不正を許すことができない真面目な性格」と表現します。

私は、年男だからと考えず、猪突猛進せず、いろいろな角度で物事を考えるように努力をしていきたいです。

多くを学んだ　救急車同乗訓練

1陸士　佐藤　真咲（305救急車隊・仙台）

私は仙台市青葉消防署で実施された「救急車同乗訓練」に参加しました。部外の救急車に乗り、傷病者に接することは初めての経験で、始まる前は不安もありましたが、知識・技術共に多くのことを学ぶことができました。

訓練では実際の傷病者に対し必要な処置を実施しました。生身の人間に心肺蘇生法を実施した際は、胸骨圧迫に恐怖心を抱いてしまい、初めから深く押すことができませんでした。

しかし、救急隊員の指導の下、力加減を体感することができ、今後の自信になりました。また、傷病者に対する救急救命士による特定行為を間近で見ることもでき、大変、参考になりました。さらには、バイタル測定や傷病者との会話から情報収集することも体験し、改めて傷病者との接し方を学ぶことができました。

今回の訓練を経験し、人の命を左右する衛生科隊員であることの責任を改めて感じました。これからも現状に満足せず、傷病者の救命のため、自分の知識と技術の向上を目指し練成・復習を行って、部隊に貢献したいと思います。

新刊紹介

「ドローン情報戦」―アメリカ特殊部隊の無人機戦略最前線

B・ヴェリコヴィッチ他著、北川蒼訳

イラクやアフガニスタンでの「対テロ戦争」最前線で、10年以上にわたり軍用ドローン（UAV）を使って情報の分析に従事してきた米陸軍の元ドローン・エキスパートが、自身の〝航空戦記〟をつづった本だ。

著者は米軍が偵察用のUAV「プレデター」や武器を搭載した攻撃機「リーパー」などを投入した頃からのオペレーターであるため、UAV導入の途上にある自衛隊にとっても非常に参考になる内容だ。

著者によれば、米軍は一つの作戦でUAVを高度を変えて3機同時に投入し、「まばたきもすることなく目標を追い続ける」という。

この各種武器も積んだドローンについてメディアなどは「殺人ロボット」などと批判するが、空から監視を続けるUAVにより多くの人が犠牲にならずにすんだと、著者は自身の体験をもとに語る。

ドローンの効用について、実戦で数々の戦功を上げ、勲章も受けた元軍人の手記だけに説得力がある。

（原書房刊、2592円）

「永遠の翼　F―4ファントム」

小峯隆生著・柿谷哲也撮影

今年3月、空自三沢基地にF35A飛行隊がいよいよ正式発足する。F4戦闘機から最新のステルス機F35Aに機種更新するのは、これまで百里基地に所在していた302飛行隊だ。

1970年代から半世紀に渡って対領空侵犯措置任務などに就き、日本の空を守り続けてきたF4。同機を心から愛する隊員たちの声を集め、空自の「F4ファントム時代」を克明に描いたのが本書だ。

F4のパイロットたちは個性派揃いで、丸茂空幕長をはじめ、現役の司令から飛行隊長、若手操縦士まで、OBでは杉山前空幕長らベテランたちがF4の知られざるエピソードを明かす。

さらに、F4の運用を支えた技術者や整備員、RF4E偵察機部隊の隊員などの声から同機を支えたプロの意識も知ることができる。

登場する隊員・OBに共通しているのは、F4の退役をみな心の底から惜しんでいるということ。「F4ファントムの時代」を記憶していく上で、本書はファンにとっての大切な愛蔵書となるだろう。

（並木書房刊、1944円）

OBがんばる

大河原　守さん　55

平成30年4月、福岡地本を最後に定年退職（特別昇任2陸佐）。福岡県三井郡大刀洗町役場に再就職し、防災危機管理専門官を務めている。

防災部署に再就職を

私は自衛隊を定年退職後、福岡県の大刀洗町総務課に「防災危機管理専門官」として再就職しました。

定年の半年前、地域援護センターから「県内数カ所の自治体が防災体制の強化のため、地域防災マネージャーの資格を有する者の雇用を検討している」との話を聞き、これはまさに「自分に適する職」だと感じ、再就職希望を申し出ました。

すると、すぐに防災・危機管理教育を受講できるよう手配していただき、自宅から近い大刀洗町で再就職に至りました。現在、役場の方々の親切かつ丁寧な対応とご支援により、日々充実した仕事をさせて頂いております。

現在の仕事は、災害発生時の情報収集、災害関係機関との連絡調整、平時における地域防災計画の見直し、防災啓発活動（自主防災組織が実施する防災訓練の支援や防災講話）、町消防団の各行事支援、上級機関（国・県）の文書整理など、業務は複雑かつ多岐にわたっていますが、どれも自衛隊勤務で培った経験が役に立っていると感じています。

特に、昨年7月に発生した西日本豪雨災害では、災害対策会議や災害応急対応の場面で、幕僚勤務で培った思考過程や各種教育訓練での計画立案・実行・評価の経験がとても役に立ち、自衛隊のキャリアが生かせる仕事であると実感しています。

近年、国内での災害の多発により、多くの自治体が防災部署の強化を図っています。定年を間近に控えた皆さまも、ぜひ防災・危機管理教育を受講され、自衛隊での経験を生かすべく、防災部署への再就職を希望していただきたいと思います。

私もOBの一人として、全国の災害現場でご活躍されている自衛隊の皆さまの安全を祈願しております。

詰碁

第1202回出題

出題　日本棋院　九段　曲　励起

黒先

『攻め合いに勝って下さい』。5分でできれば中級です。

▶詰碁、詰将棋の出題は隔週です◀

詰将棋

出題　日本将棋連盟　九段　石田　和雄

6	5	4	3	2	1	
	金		金	銀		一
				玉		二
			歩		歩	三
						四
					桂	五
						六

▲先手　持駒　飛金

≪第786回の解答≫

【正解】▲1二飛△同銀▲3二金打△1一玉▲2三桂不成△同銀▲2一金寄△1二玉▲2二金までの九手詰め。

【解説】▲1二飛が詰将棋らしい手。△同玉なら▲2三金△1一玉▲2一金以下、また△3一玉なら▲2三桂不成以下早詰み。五手目▲2三桂不成が狙いの好手で以下は金の活用で収束。

あさぐも掲示板

あさぐも　メール投稿はこちらへ！

読者の皆さまからの連絡事項を掲載する「あさぐも掲示板」を開設しています。各種イベント情報から同期会日程など、掲示内容は自由です。メール投稿は「朝雲」編集部 editorial@asagumo-news.com まで。

防大同窓会が講演会と懇親会

防衛大学校同窓会は会員を対象（同伴者不可）とした講演会と懇親会を3月9日㈯午後、東京都港区元赤坂の明治記念館2階「富士の間」で開く。

講演会は午後4時からで、講師はジャーナリストの櫻井よしこ氏。演題は「激動する内外の情勢を踏まえ我が国の進むべき道」。会費は無料だが、希望者多数の場合は入場を制限。

懇親会は同じ会場で同5時半から。会費は7000円（当日、受付で徴収）。

参加希望会員は2月4日までに、氏名・期別・要員・参加項目（講演会・懇親会）・住所・電話番号を明記し、防大同窓会事務局にメールか電話・FAXで申し込む。メールは kouenkai@bodaidsk.com、電話・FAXは03―6265―3416。

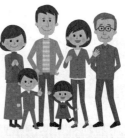

朝雲

発行所 朝雲新聞社
〒160-0002 東京都新宿区四谷坂町12-20 KKビル
電話 03(3225)3841
FAX 03(3225)3831
振替00190-4-17600番
定価一部140円、年間購読料9000円（税・送料込み）

主な記事

防衛費増加、7年連続

過去最大5兆2574億円に

新大綱・中期防初年度

政府は昨年12月21日の閣議で2019（平成31）年度予算案を決定した。一般会計の総額は18年度当初予算比3・8%増の101兆4564億円で7年連続で過去最大を更新し、当初予算として初めて100兆円を突破した。このうち防衛費は、米軍再編関係費やSACO（沖縄に関する特別行動委員会）関係費などを含めると5兆2574億円（同1・3%増）、一方、それらを除いた防衛費も5兆70億円（同1・4%増）と共に7年連続で増加し、過去最大となった＝左グラフ。政府は1月28日に召集予定の通常国会に予算案を提出し、早期成立を目指す。19年度の防衛費について、今回の「全般」以降、「陸自」「海自」「空自」「統幕」「人事処遇」「研究開発」の各要旨施策をシリーズで展開する。（本紙1月3日付に第1報、17日付に詳細既報）

防衛関係費の推移

年度	SACO・再編・政府専用機・国土強靱化を含む	SACO・再編・政府専用機・国土強靱化を除く
20	4.78	4.74
21	4.77	4.70
22	4.79	4.68
23	4.78	4.66
24	4.71	4.65
25	4.75	4.68
26	4.88	4.78
27	4.98	4.82
28	5.05	4.86
29	5.13	4.90
30	5.19	4.94
31	5.26	5.01

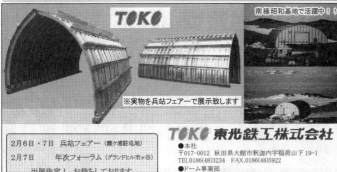

（兆円）

2019年度防衛費 重要施策を見る ■1■

全般

宇宙、サイバーなど新領域の能力を強化

「いずも」型改修にも費用

19年度は昨年末に策定された新たな「防衛計画の大綱」とそれに基づく「中期防衛力整備計画」（19〜23年度）の初年度に当たり、「多次元統合防衛力」の構築に向けて宇宙、サイバー、電磁波など新領域の能力強化に力を注ぐ。

岩屋防衛相は12月21日の記者会見で「我が国を取り巻く安全保障環境が格段に速いスピードで厳しさと不確実性を増す中、いかなる事態にも対応できるよう万全の備えをするためには、平素から必要な防衛力をしっかり作っておくことが大事だ」と強調した。

新たな領域として重点を置く宇宙関連には896億円を計上。監視用レーダーなどを取得するほか、電磁波監視態勢の在り方などを含む宇宙空間の安定的な利用に関する調査研究を開始する。防衛政策局戦略企画課に「宇宙・海洋政策室（仮称）」を新設する。

サイバー分野では統幕のサイバー防衛隊を70人増の220人態勢に増強する。さらに、サイバーセキュリティーに関する高度な知識と技能を有する各自衛隊共通の人材を育成するため、「サイバー共通課程」をスタートさせる。

電磁波領域では統幕に「電磁波領域企画班（同）」、整備計画局情報通信課に「電磁波政策室（同）」を新設。空自のF15戦闘機に能力向上型の新たな電子戦装置を搭載するなどの改修を行う。

海自の「いずも」型護衛艦については、短距離離陸・垂直着陸（STOVL）機の運用を可能とする改修に向け、着艦時の熱や音が艦内の機器や人体に与える影響を調査研究する費用7000万円を盛り込んだ。

弾道ミサイル防衛では陸上配備型「イージス・アショア」2基の取得関連費1757億円を計上。概算要求時から構成品を精査し、約600億円縮減した。

空自が航空優勢の確実な維持を図るため、15年度から段階的に進めている戦闘機部隊の体制移行の一環として、19年度はF2戦闘機を運用する第3飛行隊を三沢基地から百里基地に移駐させる。部隊改編では空自の警戒航空隊（司令部・浜松）を30人増員して約860人体制の「警戒航空団（同）」に格上げし、司令を将補とする。

女性の活躍推進に向けては、防衛省が12月21日、女性自衛官に潜水艦配置を開放したことを受け、海自として初めて潜水艦の女性用区画の整備に着手する（「おやしお」型を予定、約1300万円）。

「隊員の生活・勤務環境の改善」に向けた増額も特徴だ。「隊員の能力や士気の向上は防衛力の強化にとって不可欠」（岩屋防衛相）として、老朽化したロッカや寝台、洗濯機などの営舎用備品の刷新を図るとともに、これまで不足していたトイレットペーパーなどの日用品や事務用品についても十分な量を確保し、隊員が「士気高く任務を全うできる環境」を整える。

一方で、厳しい財政事情を踏まえ、装備品のまとめ買いや費用対効果の低いプロジェクトの見直しなどを通じて約4159億円の節減に取り組む考えだ。

このほか、研究交流では、自衛隊の国連平和維持活動（PKO）などを通じて日本とのつながりの深いアフリカ諸国を重視。防衛研究所は新たにエチオピアの国防大学や安全保障研究機関との交流に乗り出す。

（日置文恵）

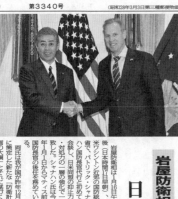

強固な日米同盟を確認し、握手を交わす岩屋防衛相（左）とシャナハン米国防長官代行（1月16日、米国防総省で）＝防衛省提供

岩屋防衛相、シャナハン国防長官代行と初会談

日米同盟の強化で一致

岩屋防衛相は1月16日午後（日本時間17日早朝）、米ワシントン近郊の国防総省で、パトリック・シャナハン国防長官代行と初めて会談し、日米同盟の抑止力・対処力の一層の強化で一致した。シャナハン氏は今年1月1日からマティス前国防長官の後任を務めている。

両氏は我が国が昨年12月に策定した新たな「防衛計画の大綱」とそれに基づく「中期防衛力整備計画」を踏まえて意見交換。「自由で開かれたインド太平洋」というビジョンの実現に向け、日米を基軸に他国とも連携しながら望ましい安全保障環境の創出に取り組んでいくことで一致した。

この中でシャナハン氏は、新大綱・中期防への支持を表明するとともに、日本が防衛体制を強化し、自らが果たし得る役割の拡大を図っていく強い決意を示したことを歓迎した。

さらに両氏は、▽宇宙、サイバー、電磁波など「新たな領域」での協力▽インド太平洋地域での共同訓練や能力構築支援▽自衛隊による米軍の警護や米軍への物品・役務の提供など平和安全法制と日米ガイドラインの下での運用面での協力▽FMS（対外有償軍事援助）の合理化策として、価格の透明性確保、精算遅延の改善、複数年度調達の実現・促進▽共同研究・開発の推進――などに取り組んでいくことを確認した。

岩屋大臣は会談で、韓国海軍駆逐艦が海自のP1哨戒機に火器管制レーダーを照射した問題についても説明。その上で両氏は、日米韓3カ国の防衛協力は「地域全体の安全保障に不可欠」として、引き続き3カ国の協力体制を維持する考えで一致した。

このほか、両氏は沖縄県の尖閣諸島が米国の対日防衛義務を定めた「日米安全保障条約第5条」の適用範囲であることを改めて確認。北朝鮮の違法な「瀬取り」に対しても、日米が有志国と連携して取り組んでいくことでも一致した。

「2019年度自衛隊観艦式」キャッチフレーズとロゴマークを公募

海上自衛隊は今年の秋に開催する「2019年度自衛隊観艦式」のロゴマークとキャッチフレーズを公募している。

ロゴは、観艦式をイメージしたわかりやすく親しみのあるデザイン、キャッチフレーズは、観艦式の魅力を端的に表現した「15字程度」のフレーズを求めている。採用された作品はポスターやパンフレットなどで広く使用される予定。

平成27年度の自衛隊観艦式（相模湾で）

ロゴは複数の作品の応募が可能で、一方、キャッチフレーズは1人1作品のみ。複数応募が判明した場合は全て選考対象から外される。応募者は日本国内在住者に限り、未成年者は保護者などの同意が必要。

応募は海自ホームページからそれぞれの専用フォームで行い、ロゴはA4サイズの電子データ（JPEG、2MB以下）1件につき1作品とする。

応募期間は2月20日（必着）まで。発表は5月末ごろに観艦式事務局から採用者へ個別に電子メールまたは電話で通知されるほか、海自HPでも公表される。採用者には観艦式乗艦券と記念品が贈呈される予定。詳細は海自HP参照。

韓国との協議打ち切り

防衛省が「最終見解」 レーダー探知音公開

防衛省は1月21日、韓国海軍駆逐艦による海自P1哨戒機への火器管制レーダー照射問題に関する「最終見解」を発表し、日韓防衛当局間の協議を打ち切る方針を示した。合わせて、哨戒機が当時収集したレーダー探知音も同省ホームページで初めて公開した。

最終見解では「韓国側の対応ぶりや主張が一貫しておらず、信頼性に欠けるものであることを踏まえると、韓国側が事実とは全く異なる主張を繰り返していると結論付けざるを得ない」とした上で、「韓国側に相互主義に基づく客観的かつ中立的な事実認定に応じる姿勢が見られないため、これ以上、協議を継続しても真実の究明に至らない。韓国側と協議を続けていくことはもはや困難だ」と表明した。

その上で、韓国側に対し「改めて強く抗議するとともに、この事実を認め、再発防止を徹底することを強く求める」とした。

一方で、日韓・日米韓の防衛協力は「極めて重要」とし、「引き続き日韓・日米韓の防衛協力の継続に向けて真摯に努力していく」との考えを示した。

岩屋防衛相は翌22日の記者会見で「公表した『音』は海自P1哨戒機が韓国駆逐艦から照射されたレーダー波を（音に）変換したもので、火器管制レーダー特有の性質（継続音）を示すものだ」と説明。海自機が韓国駆逐艦から火器管制レーダーの照射を受けたことは明らかだ」と指摘した。[illegible]解を受け止め、誠意ある対応をしてほしい。今般の公表が、このような事案の再発防止につながることを期待する」と述べた。

韓国側の批判は「極めて不適切」 河野統幕長

韓国海軍駆逐艦による火器管制レーダー照射事案をめぐり、韓国国防部の報道官が1月15日、日本がレーダー情報の相互開示を求めたことに対して「受け入れられず非常に無礼だ」などと批判したことを受け、河野統幕長は同17日の記者会見で「主権国家である我が国に対して、責任ある韓国の人間が無礼と言うのは極めて不適切であり、遺憾だ」と述べた。また、「我々としては確固たる証拠を持っている。韓国側は事実を真摯に受け止め、再発防止に努めてほしい」と強調した。

ホットライン早期開設へ調整加速 日中「海空連絡メカニズム」初会合

日中防衛当局は12月26、27の両日、中国の北京で「海空連絡メカニズム」に基づく初の年次会合と専門会合をそれぞれ開き、「ホットライン」の早期開設に向けて調整を加速させることで一致した。

年次会合には日本から防衛省の槌道明宏防衛政策局長、中国からは国防省の慈国巍国際軍事協力弁公室主任、専門会合には日本から防衛省の弓削州司国際政策課長、中国から国防省の陳培凌国際軍事協力弁公室アジア局副局長が出席した。

両会合では、自衛隊と中国軍との偶発的な衝突回避を目的に2018年6月に運用を開始した「海空連絡メカニズム」について、引き続き「2国間の信頼関係の促進に資する形で運用していく」との方針を確認した。

さらに、両国の安全保障政策や今後の防衛交流などに関しても意見を交わし、同メカニズムを「より実効的に運用し、より良好な2国間関係を推進していく」ことでも一致。次回の両会合を今年中に日本で開くことを申し合わせた。

春夏秋冬

F2戦闘機開発秘話

宮家 邦彦

昨年末に感慨深い書籍をじっくりと読んだ。中身はF2戦闘機の主任設計者が書いた開発秘話だ。F2といえば1980年代末から日米共同開発された航空自衛隊の支援戦闘機、当時はFSXと呼ばれていた。なぜ感慨深いかって？

実は筆者、当時の外務省北米局安全保障課でそのFSXの担当官だったからだ。

著者は元三菱重工顧問の神田國一氏、残念ながら2013年に他界された。筆者が北米局に移った1988年夏から、純国産開発を主張する日本側と既存のF16戦闘機導入を求める米国との間で熾烈な戦いが始まる。防衛と貿易が複雑に絡むテクノナショナリズム（技術民族主義）の対立は、[illegible]外務省の若造に最新鋭戦闘機の技術など判る由もない。当時は防衛庁技術研究本部や三菱重工の専門家に鍛えて頂いた筆者だが、神田さんにお会いした記憶はない。米国から十分な情報開示もなく、日本主導で機体の構造から材料、ソフトウェアの大半を開発せざるを得なかった。そのチームリーダーが神田國一氏だったことをこの本で初めて知った。

当時、外務省は国内の自主開発論と米国の完成機購入論の狭間で苦しんでいた。しかも、米側は機微な最先端技術を絶対に開示しない。[illegible]と外野では、この種のプロジェクトにつきあら探しや心ない悪口が最後まで絶えなかった。

例えば、米国メディアは米技術の持ち出しを、日本のメディアは米国の横暴を、そして一部軍事評論家に至っては「主翼のひび割れ」は「墜落の恐れあり」などと酷評していた。しかし、この本を読めば、F2戦闘機が外見上F16に似ていても、中身は全く異なる進化した戦闘機であることが良く分かる。筆者もこの本で今まで知らなかったことを多く学んだ。私の戦友の一人でもあった神田さんのご冥福を心からお祈りしたい。

（キヤノングローバル戦略研究所研究主幹）

朝雲寸言

国旗も軍艦旗も掲げずに能登沖にいた韓国海軍駆逐艦が、海自哨戒機に火器管制レーダーを照射した事件の波紋が続いている。国際ルールをわきまえない駆逐艦の乗組員が暴走したのが実態のようだが、事件後の韓国側の対応が事態をこじらせているようにもみえる。日本側の苛立ちは尤もなことだが、同時に小欄は「過去と他人は変えられないが、未来と自分は変えられる」というアドラー心理学の言葉も思い出す▼万一、半島有事となれば自衛隊は在韓邦人救出という困難な仕事にあたる。それを考えれば韓国軍との良好な関係の維持は死活問題なのだが、かの国の様子をみる限り事態は楽観を許さない。相手が変わらないのであれば、日本は「未来と自分を変える」道を探さねばならない▼在韓邦人は観光客も含め約6万人。情勢悪化時には速やかに渡航制限や待避勧告に踏み切ることが必要だ。平時から企業駐在員の数を最小限に抑えたり、家族の帯同を控えたりする取り組みを政府が経済界に求める手もある。救出対象が減れば、それだけ自衛隊の任務も達成しやすくなる▼とかく「縁起でもないことは言うな」と口にするように、日本人には「悪い展開」を思考の外に追いやろうとする癖がある。ただ、事態が急変してから必要な行動を始めても間に合わない場合も多い。変わらない相手に苛立つエネルギーは、黙々と自らの在り方を改めることに使ってはどうだろうか。

時の焦点

国内　防衛相訪米

同盟の実効性を高めよ

トランプ米大統領が昨年、北大西洋条約機構（NATO）から離脱する意向を示した、と米紙ニューヨーク・タイムズ（電子版）が報じた。

NATO加盟国の国防費負担が低いことへの不満が背景にあったようだ。マティス国防長官らが説得にあたったという。昨夏、ブリュッセルで開かれたNATO首脳会議では、加盟国が国防費負担の引き上げに応じたため、トランプ氏は矛を収めたが、同盟関係をここまで軽視した米大統領は、過去にいなかったのではないか。

米国を基軸とした安全保障体制は、世界の平和と安定に不可欠だ。政府は、着実に防衛力を整備するとともに、日米同盟の重要性を米政権に訴え続ける必要がある。

岩屋防衛相が訪米し、シャナハン米国防長官代行と会談した。

同盟重視の立場を貫いたマティス氏の辞任が、日米の協力関係に悪影響を及ぼさぬよう、防衛当局間で不断に連携を図ることが大切だ。

岩屋氏は会談で、昨年改定した防衛計画の大綱に基づき、宇宙、サイバー、電磁波といった領域の防衛体制を強化する方針を説明した。シャナハン氏は評価した。

新たな領域を巡る自衛隊の対処能力は、高いとは言い難い。サイバー分野では、相手の通信ネットワークを妨げる反撃能力の検討が緒に就いたばかりだ。宇宙領域専門部隊の人材確保も急がなければならない。

中国やロシアは、敵対する国にサイバー攻撃を行っているとされる。人工衛星への攻撃も研究している。

政府は米国と協力して防護能力を高めるべきだ。日本の衛星は高い精度で位置情報を取得できる。米軍の能力を補完することも検討したい。

米軍の空母艦載機による離着陸訓練の移転先に関し、政府は鹿児島県の馬毛島の買収にめどを付けた。岩屋氏はシャナハン氏に、日米で共同利用できる施設を建設する方針を説明した。

艦載機部隊は岩国基地（山口県）を拠点とし、太平洋上の硫黄島で訓練を行っている。岩国により近い馬毛島を整備し、米軍パイロットの安全を確保する意義は大きい。完成すれば、南西諸島の防衛や、日米の共同訓練の充実にもつながろう。

岩屋氏はボルトン大統領補佐官（国家安全保障担当）とも会談し、北朝鮮の核・ミサイル放棄に向けた連携を確認した。

地上配備型迎撃システム「イージス・アショア」の配備や、長射程の新型迎撃ミサイルの日米共同開発を着実に進め、ミサイル防衛を強化することが重要だ。

日米同盟はかつて「事務方同盟」と揶揄されたことがあった。NATO諸国と比べ、日本の政治家の果たす役割が低かったためだ。重層的な外交を展開し、同盟の実効性を高めることが欠かせない。

夏川 明雄（政治評論家）

海外　アジア情勢展望

米中対立と分断に直面

日本との経済的関係も深い東南アジア諸国連合（ASEAN）を含むアジア地域では今年、タイ、インドネシア、オーストラリア、インドなどの有力国で相次いで選挙があり、一部の国では政権交代も取りざたされる中、政治の安定確保が大きな課題となる。

タイでは3月以降に、2014年のクーデターを経て5年ぶりに民政に復帰するための総選挙が行われる。先延ばしされてきた総選挙では、軍政を通じて政治的影響力を強めたはずの軍に近い政党の苦戦が見込まれており、軍事政権トップのプラユット暫定首相が続投する場合でも、地方で根強い支持がある反軍政のタクシン元首相派の政治勢力との対立が再燃する可能性は消えていない。

2億5000万の人口を擁する域内大国のインドネシアでは4月に大統領選が行われるが、再選を目指すジョコ大統領と前回惜敗した野党党首のプラボウォ候補（元陸軍特殊部隊司令官）の一騎打ちで激しい選挙戦が繰り広げられる中、イスラム勢力が政治的影響力を強める構図で、少数派のキリスト教、ヒンズー教、仏教といった他宗教への不寛容が広がっている。

南アジアの盟主インドのモディ首相は4〜5月の総選挙で2期目を目指すが、与党は昨年の5州の議会選で全敗し、厳しい戦いを余儀なくされている。インドでも多数派ヒンズー教徒と少数派イスラム教徒の抗争を背景に宗教的分断が選挙に影を落とす。

今年のアジア情勢を占う上でのキーワードを二つ挙げるとすれば、外交・安全保障面では「米中両大国の対立のはざま」に直面しつつ、国内的には宗教対立や貧富の格差拡大を背景とする「社会的分断」にいかに対処するのかという点だ。性格や対応の異なるこの2点が各国指導者にとって重要な課題となっており、選挙戦にも影響を与えそうだ。

対立が貿易摩擦の激化にとどまらず、外交・安全保障分野にも広がりつつある「米中の新冷戦」といった事態に対しては、トランプ米政権が中国の優位性を受け入れないとするインド太平洋戦略を打ち出し、昨年以降、大国間競争を公然と追求する動きを強めている。このため、米中両国と関係の深い東南アジア諸国やインドは、「選択」を迫られる居心地の悪さを募らせる。東南アジアは地政学的にも大国同士の確執のあおりを受ける地域だが、ASEANは域外主要国に国際会議の場を提供する役回りに生まれ変わる過程で、外部勢力へのコミットメント（関与）を避けて自らの影響力を最大化する一方、主要諸国との溝を最小化するというヘッジ戦略を完成させた。このヘッジ戦略が最近の米中対立によって再び試練にさらされているわけだ。

最近、外務省高官の講演を聞く機会があり、安倍政権が主要外交課題の一つに掲げる「自由で開かれたインド太平洋構想」の実現について、「標語、哲学とも言えるこの考えに賛同するいずれの国とも協力可能であり、対中包囲網ではない」と指摘した。米中対立がアジア地域に悪影響を及ぼすのを緩和することも、わが国のこの地域への国際貢献となる。

伊藤 努（外交評論家）

防衛装備工業会が賀詞交歓会

斎藤会長「生産・技術基盤を維持」

加盟130社、防衛省など1000人出席

防衛生産・技術基盤のさらなる発展に向け決意を述べる日本防衛装備工業会の斎藤会長（壇上）＝1月9日、東京都港区の明治記念館で

日本防衛装備工業会（会長・斎藤保IHI会長）の賀詞交歓会が1月9日、東京都港区の明治記念館で開かれ、加盟130社をはじめ、防衛省、経済産業省の高官、国会議員など約千人が集まり、防衛生産・技術基盤のさらなる発展を誓った。

開会に当たり、斎藤会長があいさつ。昨年末に策定された新たな防衛大綱と中期防を踏まえ、「我が国の安全保障の一端を担う組織として一連の政策をしっかりと受け止める」とした上で、「防衛生産・技術基盤を着実に維持し、我が国の安全保障・防衛上の要請に即応できる体制を整えていくことが社会的責務であると改めて認識し、これまで以上に不断の努力をしていく」と決意を表明した。

続いて、来賓を代表して防衛省の原田憲治副大臣は祝辞の中で「防衛力を支える技術基盤の強化と防衛産業の強靭化に全力で取り組む」と述べ、官民の緊密な連携の重要性を強調した。

最後に経産省の関芳弘副大臣が「我が国産業界の本来の技術力・競争力が防衛産業でもしっかりと発揮されるよう、重要技術を守り、育てる取り組みを進めていく」とスピーチした。

この後、同工業会の副会長を務める旭化成の濱井研史常務執行役員が乾杯のあいさつを行った。

同工業会は昭和26年に創設された日本技術生産協力会が母体。現在、斎藤会長のもと、副会長には濱井氏をはじめ、東芝インフラシステムズの秋葉慎一郎社長、日本製鋼所の宮内直孝社長の3氏が就いている。

村川海幕長に米「メリット勲章」

地域の平和、米海軍との調整の功績称え

米海軍のリチャードソン作戦部長（左）からメリット勲章を授与された村川海幕長（1月18日、防衛省で）

村川海幕長に1月18日、米国防長官からの「メリット勲章」が贈られ、来日した米海軍作戦部長のジョン・リチャードソン大将から防衛省で伝達された。

同章は、米国内外の軍関係者の卓越した功績を表彰するもので、村川海幕長は、2017年に実施したヘリ搭載護衛艦「いずも」の南シナ海からインド洋への展開をはじめ、日米の「同盟調整メカニズム」の下でのパートナーシップの強化など地域の平和と米海軍との調整に対する功績などがたたえられた。

この後の会談で両者は、引き続き日米海上部隊が緊密に協力していくことで一致した。

これに先立ちリチャードソン作戦部長は17日、官邸に安倍首相を表敬。

安倍首相は「昨年末に策定された防衛計画の大綱に基づき、日米同盟の強化や自由で開かれた海洋秩序のため、一層の連携を図りたい」と述べ、作戦部長も国防戦略に基づいて同盟関係を重視し、協力を進める考えを示した。

また両者は、日米防衛・安全保障協力や北朝鮮情勢を含む地域情勢について意見交換を行い、引き続き緊密に協力していくことを確認した。

タイで「コブラ・ゴールド」

2月12日から

米国とタイが共催する多国間共同訓練「コブラ・ゴールド19」が2月12日、タイ北部のピサノロークなどで開始される。同22日まで。

自衛隊は陸海空の隊員約170人を派遣、「在外邦人等保護措置訓練（RJNO）」などを行う。

同共同訓練には日、米、韓、タイ、マレーシア、シンガポール、インドネシアのほか、オブザーバーとしてインドと中国も参加。

自衛隊からは内局・統幕の約30人、陸自が東北方、中方など約90人、空自が航空総隊、航空支援集団などの約40人とC130H輸送機1機が加わる。

在外邦人等保護措置訓練は[illegible]空軍基地で実施され、今回は日、米、タイの3カ国が共同で[illegible]調整所を設置。日本がリード国となり、基地周辺の一時避難場所に集まった邦人を基地内の調整所（ECC）まで陸上輸送し、C130Hに乗せて空路で国外に脱出させるまでの一連の流れを訓練する。

一方、「人道・民生支援活動」の建設分野に参加する[illegible]員5人は1月18日、一足先に現地に入り、米、タイの工兵部隊と共に地元の小学校と多目的ホールの建設を行っている。

「くにさき」が共同巡航訓練

米海軍強襲揚陸艦と

海自1輸送隊（呉）の輸送艦「くにさき」（艦長・松岡博之1佐）は1月12日、米海軍の強襲揚陸艦「ワスプ」と九州西方の海空域で共同巡航訓練を実施した。訓練には「ワスプ」のほか、米ドック型輸送揚陸艦「グリーン・ベイ」が参加、「くにさき」と共に各種戦術運動を実施し、日米の連携を強化した。

海自が伊勢湾で機雷戦訓練

海自は1月9日から、伊勢湾で「平成30年度機雷戦訓練」を実施している。訓練は掃海隊群司令官を指揮官に、掃海母艦「うらが」「ぶんご」、掃海艦「あわじ」のほか、[illegible]掃海管制艇2[illegible]MCH101[illegible]リが参加の予[illegible]を使用し、機[illegible]海、潜水員に[illegible]訓練を行う。

新政専機使い国外運航訓練

シンガポールなど歴訪

空自特輸隊（千歳）は4[illegible]OER次期[illegible]を開始する[illegible]用し、1月[illegible]でシンガポ[illegible]力共和国、[illegible]邦、スウェ[illegible]運航訓練を[illegible]隊副司令の[illegible]下33人が参加した。

首相乗せ政専機露とスイスへ

空自特輸隊（千歳）のB747-400政府専用機は1月21日、世界経済フォーラム年次総会などに出席する安倍首相を乗せ、露・モスクワとスイス・チューリヒに向けて羽田を出発した。同24日に帰国する。

陸自が81ミリ迫撃砲訓練を再開

饗庭野演習場事故

昨年11月14日、陸自饗庭野演習場（滋賀県高島市）で発生した演習場外付近への迫撃砲弾の着弾事故について、陸幕は1月11日、再発防止策の徹底が完了したことを受け、81ミリ迫撃砲の射撃訓練を再開すると発表した。

饗庭野演習場での訓練は1月21日から再開され、全国の他の同迫撃砲保有部隊でも順次再開される。

陸幕は12月18日に同事故調査結果を発表。着弾区域外への着弾と被害発生に対する再発防止策のほか、高島市長への通報が事故発生後から約4時間遅延したことを受け、自治体などへの通報遅れに対する再発防止策も徹底した。（本紙1月10日付既報）

防衛省発令

▽22航空隊副長（22航空隊）2海佐 畠名 祐三
▽航空支援集団幕僚長（3輸送航空隊司令兼美保基地司令）1空佐 北村 靖二
▽1輸送航空隊副司令（函館地方協力本部長）同 大石 徹郎
▽3輸送航空隊司令兼美保基地司令（1輸送航空隊副司令）同 塩川 壮
▽函館地方協力本部長（函館基地隊）1海佐 小幡 哲也
（以上1月11日）
▽佐世保地方総監部監察官（佐世保地方総監部監察官付）2海佐 髙篠 博之
▽舞鶴基地業務隊司令（同監察官）同 江畑 巌弥
▽兼空幕防衛課 空幕装備体系課装備体系1班長 1空佐 上村 博之
▽南西航空方面隊援護業務課長（空幕施設課建設1班長）同 久重路 剛
（以上1月15日）
▽202整備補給隊司令（近畿中部防衛局調達部首席検査官）2海佐 森 洋孝
▽指揮通信システム隊サイバー防衛隊兼統幕指揮通信システム企画課（202整備補給隊司令）1海佐 尾崎 立哉
▽近畿中部防衛局調達部首席検査官（標的機整備隊司令）2海佐 杉原 俊明
（以上1月18日）

共済組合だより

「任意継続組合員制度」をご利用ください

[illegible]さんは「任意継続組合員」の制度をご存知ですか。[illegible]

その金額については「任意継続組合員となるための申出書」等を提出する際、支部窓口にお問い合わせください。

次のいずれかに該当したときは任意継続組合員の資格を喪失します。▽任意継続組合員となった日から2年を経過したとき。▽死亡したとき。▽任意継続掛金を指定の期日までに払い込まなかったとき。▽再就職して共済組合員または健康保険等の被保険者となったとき。▽任意継続組合員でなくなることを希望し、その申し出が受理された日の属する月の末日が到来したとき。▽後期高齢者医療の被保険者等となったとき。

海賊対処水上部隊が32次隊に交代

ソマリア沖・アデン湾で

海賊対処任務の海自水上部隊は1月8日、31次隊から32次隊に任務を引き継いだ。

共同訓練を終えて帽振れを交わす、海自の護衛艦「いかづち」（右）とパキスタン海軍の駆逐艦「タリク」の乗員たち（1月10日、アラビア海で）

32次隊は4護衛隊司令の西山高広1佐を指揮官に、護衛艦「さみだれ」（艦長・川合元行2佐）以下約190人で編成、海上保安官8人が乗り組む。

31次隊「いかづち」パキスタンと訓練

一方、任務を終えて帰国途中の31次隊（指揮官・東良子1佐＝1護衛隊司令）の護衛艦「いかづち」は1月8日から9日まで、パキスタンのカラチ港に寄港し、同国海軍と共同訓練を実施した。駆逐艦「タリク」との艦艇相互訪問のほか、洋上で防空戦、戦術運動などの訓練を行い、パキスタン海軍との連携を強化した。

露軍偵察機が日本海を飛行

ロシア軍のスホイSu24型戦術偵察機2機が1月16日の午前から午後にかけ、日本海上空を偵察飛行したため空自の北空、中空のF15戦闘機などが緊急発進して対応した。領空侵犯はなかった。

2機のSu24のうち1機（22号機）は、北海道・礼文島沖の日本海上に飛来。道南の奥尻島まで一気に南西進した後、針路を北西に変え、日本の領空から離れた。

他の1機（07号機）＝写真㊤＝はウラジオストク方面から日本海上空に飛来し、石川・能登半島沖まで南下。その後、北東進して秋田・男鹿半島沖で針路を北西に変え、自国領方面に戻った。

翌17日には、ロシア軍のイリューシンIL38対潜哨戒機1機が京都・丹後半島沖に飛来。奥尻沖まで列島に沿って北上した。

統幕は両日、空自機が撮影した露軍機の写真と航跡図を公表した。

ロシア軍機の航跡図（1月16日、17日）

ロシア　日本海　太平洋　Su-24(22号機)×1　Su-24(07号機)×1　IL-38×1

露軍艦3隻が対馬海峡航行

1月16日午前8時ごろ、ロシア海軍の「スラバ」級ミサイル巡洋艦（満載排水量1万1600トン、艦番号011「ワリヤーグ」）、「ウダロイI」級ミサイル駆逐艦（同8600トン、548「アドミラル・パンテレーエフ」）、「ボリスチリキン」級補給艦「ボリスブトマ」（同2万3000トン）の3隻が、下対馬の南西約115キロの公海上を北東に向け航行するのを海自43掃海隊（下関）の掃海艇「とよしま」と1空群（鹿屋）のP3C哨戒機が確認した。3隻はこの後、対馬海峡を北上し日本海に入った。

笹川平和財団主催「日越佐官級交流」

笹川平和財団（東京都港区、田中伸男会長）が主催する「日越佐官級交流」が2018年12月2日から8日まで、ベトナム各地で行われた。今回は防衛省・自衛隊から佐官級代表団11人が現地入りし、越軍幹部と意見交換したほか、越軍の国境警備隊、艦艇基地、レーダーサイトなどを視察した。以下は同行した笹川平和財団シニアアドバイザー・青木伸行氏によるレポート。写真は上津原理恵氏撮影。

カンボジアとの国境地区の警備についてベトナム軍の国境警備隊員（右）から説明を受ける日本の代表団（タイニン省ベンカウ県モクバイで）

防衛省・自衛隊から11人、意見交換や視察など

シニアアドバイザー・青木伸行氏レポート

相互理解と信頼醸成
アジアの安定に寄与

ベトナム国防省を訪れ、ファン・バン・ザン人民軍総参謀長（右）と会見する伍賀祥裕海将補（その奥）ら防衛省・自衛隊の代表団（首都ハノイで）

「日越佐官級交流」は、笹川平和財団安全保障事業グループが推進する「日本・アジア安保防衛交流」の一つで、2014年度にスタートした。将来を期待される佐官級の自衛官・越軍人が毎年1回ずつ相互訪問し、お互いを理解、信頼醸成を促進し、アジア地域の平和と安定につなげることを目的としている。これまでの参加者は今回を含め、計114人に上る。

今回の代表団は、海幕総務部副部長の伍賀祥裕海将補を団長に、陸・海・空自から1佐・2佐各1人、3佐6人、内局から2人の計11人が参加した。

一行は12月2日にベトナム入りした後、首都ハノイの日本大使公邸で梅田邦夫大使からベトナムの政治・経済や日越関係などについて説明を受けた。

3日、越国防省対外局迎賓館に招かれた代表団は、同省国防戦略院のグエン・コン・スアン国際副課長（上級大佐）、国防国際関係研究所のフィ・スアン・アイン副所長（大佐）らと意見交換を行った。

伍賀団長は「日越佐官級交流は今回で9回目になる。今年は日越の外交関係樹立45周年で、戦略的パートナーシップのもと両国関係は発展している。今回の訪問を通じ、ベトナムの取り組みを知り、文化も学び、相互理解に基づく協力をさらに深めたい」と述べた。

この後、一行は国防省にファン・バン・ザン人民軍総参謀長を表敬。総参謀長は「日越は戦略的パートナーであり、ますます価値あるものになっている」との認識を示した上で、日本と自衛隊がアジア地域の安定に貢献することへの期待感を表明した。

代表団は4日、ノイバイ国際空港に近い防空・空軍の警戒管制レーダーサイトを視察し、361防空師団のグエン・バン・ダイ師団長（上級大佐）らから越軍の防空体制について説明を受けた。

その後、ハイフォン市に移動、海軍司令部でグエン・チョン・ビン副司令官兼幕僚長（少将）らと懇談、海自と越海軍の交流と協力が深まっていることを共に高く評価した。

5日には中部ダナン市にある第3海軍区の部隊を視察、哨戒艇にも乗艇した。同海軍区のボー・バン・トゥエン副司令官（上級大佐）との会見で、同行した笹川平和財団の茶野順子常務理事が同交流事業について「日越関係は重要であり、（日頃から）忌憚のない意見交換をすることが大事。佐官級という国防の将来を担う方々に、実際に相手国を相互に訪問してもらい、友人になって関係を深めていただきたい」と述べ、民間主導の交流事業の意義を説明した。

これに対し、副司令官は「この交流は日越の相互理解に大いに貢献している」と高く評価した。

代表団は6日、ダナン市で陸軍第5軍区のドアン・キュウ副司令官（少将）を表敬。7日にはカンボジアと国境を接するタイニン省ベンカウ県モクバイにある同省国境警備司令部を訪れ、検問所や国境周辺を視察。レー・ホン・ボン司令官らから国境警備の現状などについて説明を受けた。

このほか、一行はベトナム戦争時代に人民軍司令部として使用された世界遺産の「タンロン遺跡」（ハノイ市）、かつて貿易港として栄え、日本人街もあった「ホイアン旧市街」（ホイアン市）、ベトナム戦争中にゲリラ戦の拠点となった「クチトンネル歴史遺跡」（ホーチミン市）などを訪問し、ベトナムの文化や歴史も学んだ。

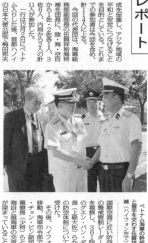

ベトナム海軍の幹部（右）と握手を交わす伍賀祥裕海将補（ハイフォン市で）

ベトナム防空・空軍の警戒管制レーダーサイトを視察する防衛省・自衛隊の代表団（ハノイのノイバイ国際空港近くで）

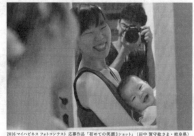

ビッグレスキュー　その時に備える　第11回

防災局職員に「戦術思考」を身につけさせるため、勉強会

山梨県　原 友孝氏

山梨県防災局
防災対策専門監
（元陸将補）

平成28年4月に山梨県防災局防災対策専門監に着任して2年半になります。この間、自衛隊で身に付けた「戦略・戦術思考」を駆使しつつ、諸課題に取り組んできました。なお、防災局には自衛隊OBとして、私と吹野健彦防災専門員が所属しており、2人で役割分担をしながら取り組めることは、大変大きなメリットです。

熊本地震に際する避難所運営

着任2週間後に「熊本地震」が発生しました。その3週間後、山梨県から熊本県の益城町に対して避難所運営の応援職員を派遣することとなり、その派遣チーム6名のチーム長として、私も2回（5月の第2週と6月の第1週）にわたり益城町に赴き、避難所運営に当たりました（一般避難所、福祉避難所の2箇所）。

避難所運営は初めてでしたが、「状況の特質把握」「任務分析」の手順を踏んで「実施すべき事項」を明らかにして実行し、概ね適切に運営できたと思います。

益城町対策本部は、国、熊本県、他県（関西広域連合等）、防災関連機関（「人と防災未来センター」等）の支援を得て何とか運営されている状況の中、益城町職員、熊本県職員、山梨県職員、鳥取県の市町村職員が、看護協会やNPO団体の支援も得つつ、避難所運営を一体的に行いました。

これらの体制は益城町地域防災計画にて想定されていた状況とは全く異なっています。大災害であればあるほど、支援を受けなければ対策本部が廻らないのが常態であり、平時より「受援体制」を構築しておく重要性を実感しました。

「富士山噴火」を想定した火山防災訓練で、「噴火警戒レベル4」での県の対応について説明する原友孝防災対策専門監（左）と同じく陸自OBの吹野健彦防災専門員

地域の防災リーダーの育成

「県政出張講座」や「防災リーダー養成講座」の講師として、私も地域の防災リーダーの育成に寄与しています。最も重視しているのは、「主体的な状況判断力の向上」です。これは、任務分析により優先度の高い目標を明確化した上で、いかに状況を読み（想像力）、いかに事態を打開して、対策を生み出して行くか（創造力）、との「想像力・創造力」を育てていくことです。

このためには、「多様な状況を設定してPDCA（計画・実行・評価・改善）サイクルをたくさん廻す」「マニュアル主義を超えて原理・原則を導き出し、それを状況に応じて適用していく」ことが大事であると強調しています。状況判断の思考過程や任務分析についても教えています。

最近では、「これらは自衛官や防災リーダーのみならず、国民一人一人が身に付けるべき危機管理の基本的考え方である」との認識に至りました。私は山梨大学工学域および山梨県立大学看護学部の危機管理関連講義の一部を担当しておりますので、学生たちにも同様の話をしています。反は上々です。

富士山火山防災対策

私が着任した平成28年4月は、前年度に策定された富士山火山防災対策協議会による「広域避難計画」の策定を受け、各関係市町村が避難計画を策定したという状況でした。

平成28、29年度はそれぞれの市町村ごと避難訓練を行っていましたが、今年度は県と関係市町村が合同で、9月に図上訓練、11月に実動訓練（主に避難行動要支援者を対象）を行いました。私の着任後は県としての初めての訓練となりましたが、その「マネジメント・オペレーションにおける問題点」が明らかとなりました。

富士山の噴火現象・形態は多様であるなか、約300年間、噴火実績がなく、「いかなる兆候が噴火に繋がるのか？」とのデータの蓄積が乏しいのが実状です。そのような中、「噴火が始まるまでに、噴火の直接的影響を受けるエリア（噴石・火砕流の飛翔範囲や溶岩流3時間の到達範囲をつなげたエリア）より全員を避難させる」ことが当初の必成目標であり、「不確実な兆候情報をいかに判断して避難させるか」などは、難しい判断を迫られます。

他方、兆候となる火山性地震や地殻変動の現象が噴火に至らずに沈静化していくことも考えられ、避難指示の解除の考え方・タイミングも重要なテーマです。富士北麓地域は観光業で成り立っている地域が多く、地域経済に多大な影響を及ぼします。問題点の解決に当たっては、小手先の策ではなく、本質論に立ち返った策を練っていきたいと考えています。

災害対策本部活動の充実に向けて　～防災局勉強会

県防災局は、発災時には災害対策本部の司令塔とならねばなりません。他方、県の行政職員は戦略・戦術や指揮幕僚活動についてはほぼ全くの素人です。現状では対策本部要員の「状況の特質把握」「任務分析」「情報・作戦・人事」等の教育には膨大な時間をかけています。こういった教育には時間がかかりますが、この「戦術思考」を身に付けた職員が一定数を超えれば、「ブレイクスルー」が起きるはずです。

勉強会は11月末の時点で20回を数えました。成果も上がりつつあり「手応え」を感じています。今が正念場。自衛隊で培った「粘り」を発揮して、しっかりと結果を出していきたいと思います。

トランプ米政権の「国家サイバー戦略」

防衛研究所　有江浩一2陸佐に聞く

有江浩一（ありえ・こういち）氏　1961年生まれ。岡山県出身。防衛大学校卒（28期）。陸自通信科。拓殖大学大学院後期課程で博士（安全保障）取得。北部方面総監部、統合幕僚会議事務局、第1次イラク復興業務支援隊バスラ連絡幹部、陸自幹部学校戦略教官、防大戦略教育室准教授などを経て2016年に再任用され現職。専門は核戦略・核抑止論。論文に「新時代の核戦略」（川上高司編著『「新しい戦争」とは何か：方法と戦略』ミネルヴァ書房、2016年所収）など。

日本が昨年末、サイバー分野に重点を置く新たな大綱と中期防を策定したのに先立ち、米政府は昨年9月、15年ぶりとなる新たな「国家サイバー戦略」を発表した。中国、ロシア、イラン、北朝鮮の4カ国を「敵性国家」と名指しした上で、外国からのサイバー攻撃に対して「より攻撃的に対処する」方針を示したことが大きな特徴だ。日本など同盟国との連携強化も盛り込んだ。A4判40ページ（英文）に及ぶ新戦略について、防衛研究所理論研究部政治・法制研究室の有江浩一2陸佐に概要の紹介と分析をお願いした。（編集部注・個人の見解であり、所属組織の見解を代表するものではありません）

〈概要〉

米国と同盟国・友好国の国益守り　サイバー空間の安全保障を強化

サイバー攻撃の脅威が国際安全保障上の深刻な課題となっていることは論をまたない。

2017年5月には米マイクロソフト社のウィンドウズを標的としたランサムウェア「ワナクライ」が世界中で猛威を振るい、150カ国以上に及ぶ政府機関や企業などのコンピューターが感染した。また、米国では2016年の大統領選挙にロシアがサイバー攻撃を行って干渉したとされている。

こうした状況を背景として、トランプ大統領は、早くからサイバーセキュリティーを最重要政策課題として取り組む姿勢を明確にしていた。

今回、トランプ政権が公表した「国家サイバー戦略」は、深刻さを増すサイバー攻撃の脅威から米国と同盟国・友好国の国益を守り、サイバー空間における安全保障を強化するために米国が取り組むべき政策の方向性を打ち出したものと言えるであろう。

第1の柱　米国の国民・国土・生活様式の防護

サイバー犯罪抑止へ　信頼性ある脅し必要

「国家サイバー戦略」は、2017年12月に発表された「国家安全保障戦略」と同一の4本柱で構成されている。

第1の柱「米国の国民・国土・生活様式の防護」では、サイバーセキュリティーのリスクを管理し、米国の情報と情報システムの安全を確保することを目標としている。

このため、リスク管理の対象を連邦政府の情報システムや連邦調達サプライチェーンはもとより、電力・金融・医療・通信・運輸といった米国の重要インフラにも広げ、官民挙げて情報セキュリティーを強化するとしている。技術面では、量子コンピューターでも解読できない新たな公開鍵暗号の標準化などが挙げられている。

また、サイバー犯罪に関するインシデントレポートを改善し、電子監視を強化するとともに、サイバー犯罪の抑止を強調し、そのためには「犯罪者は必ず特定され、逮捕され、裁判にかけられる」との信頼性のある脅しが必要だとしている。

ただし、サイバー犯罪が国境を越えて行われる性質のものであり、米国外を拠点とするサイバー犯罪者に対する法執行能力が十分でない国もあることから、友好国への法執行能力構築支援を含めた国際協力を進めるとしている。

第2の柱　米国の繁栄の推進

自由で開かれたサイバー空間目指す

第2の柱「米国の繁栄の推進」では、「自由で開かれたサイバー空間」を発展させ、活力ある強靭なデジタル経済の創出、米国の独創性の育成、サイバーセキュリティーに長けた労働力の開発を目指すとしている。

このため、政府が主導してサイバーセキュリティーのイノベーションを推進し、企業のベストプラクティス（最善の業務要領）を促していく姿勢を打ち出している。

技術面では、5G（第5世代移動通信システム）や人口知能といった次世代技術への投資が挙げられている。

ここでは、国家安全保障の名目でデータの自由な流れを規制する「デジタル保護主義」をとる国家が増えており、また悪意のある他国のサイバー主体が長きにわたって米国の知的財産を奪ってきたとして、暗に中国の行動に対する懸念が示されている。

第3の柱　力による平和の確保

サイバー戦力を含む軍事力で抑止効果

第3の柱「力による平和の確保」では、サイバー空間において国益に反する攪乱的行動を特定し、これに断固として対処するとともに、米国の優位を保持していく方針が示されている。

このため、国際法に則った責任ある国家の行動規範を通じて「サイバー安定性」を向上させるとともに、サイバー空間における無責任かつ有害な行動の帰属を決定し、これを抑止するとしている。

サイバー抑止の手段としては、外交、情報、軍事などの国力のあらゆる要素が用いられる。

特に、軍事については通常の物理的な戦力とともにサイバー戦力が含まれるとしている。

なお、サイバー戦力の担い手として、2010年に米戦略軍の隷下に「サイバー軍」が設置されたが、2017年8月にサイバー軍は統合軍に昇格されている。

これらの米国の能力に加えて、志を同じくする諸国の協力を得てサイバー攻撃に対する抑止力を向上させるための「サイバー抑止イニシアティブ」を立ち上げるとしている。

第4の柱　米国の影響力の拡大

米主導で国際的なサイバー能力を構築

第4の柱「米国の影響力の拡大」では、インターネットの創始者たる米国が、引き続きサイバー問題に関する国際的なリーダーシップをとり、「開かれた、相互運用性のある、信頼性の高い安全なインターネットの推進」と「国際的なサイバー能力の構築」を行うとしている。

このため、有志国、企業、大学、市民社会といったステークホルダーと協同して「自由で開かれたインターネット・ガバナンス」のモデルをグローバルに拡大し、ネット検閲や規制を強めようとする権威主義的・国家中心的な動きに対抗していく姿勢を打ち出している。

また、同盟国・友好国のサイバー能力構築を重視し、これらの国自身の防衛力を高めるとともに、より広い外交・経済・安全保障分野における米国の国際的な取り組みへの協力を促すとしている。

このため、同盟国・友好国がサイバーセキュリティーにおける米国との相互運用性や情報共有を向上させ、米国とともにサイバー脅威に対抗できるようにすることに加えて、インターネットがもたらす経済的・社会的な利益を共に享受できるような取り組みを米国が主導していくと謳っている。

〈分析〉

敵性国家に中国、ロシア、北朝鮮、イラン

序文で名指し

「国家サイバー戦略」では、第一に、サイバー攻撃に従事している敵性国家として中国、ロシア、イラン、北朝鮮が挙げられていることが特徴的である。

これらの4カ国は、昨年末に発表された上位戦略である「国家安全保障戦略」で脅威対象とされていることから、サイバーセキュリティーにおいても同戦略の脅威認識と一貫性を持たせたものと思われる。

4カ国は「いずれも米国及び同盟国・友好国に挑戦する一手段としてサイバー空間を利用して」おり、テロ集団や犯罪者集団などの非国家主体によるサイバー攻撃の隠れ蓑になることもあると指摘されている。

4カ国を名指しで脅威対象として記述しているのは「国家サイバー戦略」の序文であり、4本柱からなる本文では国名が挙げられていない。

その代わりに、先述したような「権威主義的・国家中心的」などといったより抽象的な表現で、これらの諸国が米国の掲げる「自由で開かれたサイバー空間」の発展を阻害していると断じる。

特に、「戦略的競争のあらゆる分野で」政府によるインターネットへの介入が行われているなど、名指しを避けつつも暗に中国によるネット検閲や規制を批判している。

また、報道によれば、ロシアは米国の電力・水・航空輸送などの重要インフラにサイバー攻撃を仕掛けており、イランは米軍施設や全世界の大学などを標的としたサイバー攻撃を行ったとされている。

また、北朝鮮も世界規模のサイバー攻撃に従事しており、昨年5月の「ワナクライ」攻撃は北朝鮮指導部が指示したものとされている。さらに、「アノニマス」のような国際的ハッカー集団や犯罪組織によるサイバー攻撃の例は枚挙にいとまがない。

こうした状況を踏まえて、「国家サイバー戦略」は、米国が「戦略的な敵性国家、ならず者国家、テロリスト及び犯罪ネットワークとの絶え間のない競争に取り組んでいる」との脅威認識を示している。

目に見える結果を速やかに科す

報復的抑止の方向性を明示

第二に、サイバー脅威に対応する上で、抑止の重要性が強調されている。抑止には、攻撃側に成功の見込みがないことを示す「拒否的抑止」と、攻撃すれば受け入れ難い損害を与えることを示す「報復的抑止」があるが、核攻撃に対する抑止と異なり、これまでサイバー攻撃に対しては報復的抑止が有効でないとされてきた。

その理由は、サイバー空間の特性上、攻撃者の特定及び帰属決定そのものが難しい上に、仮にそれができたとしても、報復によって受け入れ難いコストが課されることをサイバー攻撃者に正しく認識させることが困難なためである。

この点で、「国家サイバー戦略」がサイバー攻撃者に対して「コストが高く、かつ目に見える結果を速やかに科す」として、報復的抑止を重視する方向性を明確に示していることは特徴的である。

その背景には、米国がサイバー攻撃の帰属決定に資する技術的能力を開発しつつあると見られることや、サイバー軍の創設などで米国自身が報復目的でのサイバー攻撃を行える態勢を強化しつつあることが挙げられよう。

ただし、報復的抑止を重視するとは言っても、「国家サイバー戦略」が具体的にどのようなサイバー攻撃を報復的抑止の対象としているのか明示しているわけではない。

このため、攻撃者が米国のサイバー報復の意思を試そうとし、あるいはその意思を読み誤ってサイバー攻撃を仕掛けてくる（つまり抑止が失敗する）可能性は十分あり得る。

それでも、潜在的なサイバー攻撃者に対して「攻撃すれば報復する」との意思を明示することには意味がある。この点で、「国家サイバー戦略」は、サイバー抑止における「宣言政策」の役割を果たすものと言えるであろう。

求められる領域横断的な対応

繁栄に資する機会としての視点も

第三に、サイバー空間における諸活動が、国家の行動や市民生活のあらゆる側面に影響を及ぼしている現状を踏まえて、サイバー問題には総合的な対応が必要であることを強調している点は特筆に値しよう。

先述したサイバー抑止は、そうした総合的な対応の一つに過ぎない。これは、サイバー問題が軍事安全保障のみならず、政治・外交・経済・科学技術などの幅広い分野に関わる性格のものだからであろう。

これらのサイバー問題は、サイバー空間の中だけで完結するものであるとは限らず、他の領域に影響を及ぼす場合も少なくない。

「国家サイバー戦略」で、米国の宇宙アセットを狙ったサイバー脅威の増大に対して「宇宙のサイバーセキュリティー」を向上させるとしている点は、サイバーと宇宙にまたがる領域横断的（クロス・ドメイン）な対応が必要であることを示している。

「国家サイバー戦略」には、サイバー問題への総合的対応について、これを単に「問題」として捉えるのみならず、米国の繁栄に資するための「機会」として活用する視点が随所に見られることも指摘しておきたい。

例えば、「開かれた、相互運用性のある、信頼性の高い安全なインターネットの推進」への投資は、ネット検閲を強める権威主義的な勢力に対抗するための政策であるとともに、米国企業に対する「より大きな機会」を提供するものだとしている。

「国家サイバー戦略」では、サイバー問題に対応するために同盟国・友好国の協力が必要不可欠であることが強調されており、我が国に対しても、より一層の協力が求められていくであろう。

戦略文書という性格上、具体的にどのような協力が求められるのか明確ではないものの、トランプ政権がサイバー問題をいかに認識しており、どう対応しようとしているかを理解する上で「国家サイバー戦略」は有益な視座を提供するものである。

スバル　陸自向け新多用途ヘリ「UHX」の飛行試験を開始

双発で洋上も安全に

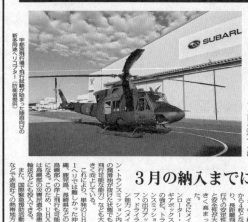

スバルは陸自向けに開発した「新多用途ヘリコプター（UHX）」試作機の飛行試験を12月25日から栃木県宇都宮市の宇都宮飛行場で開始した。スバルは同社航空宇宙カンパニー宇都宮製作所で各種試験を続け、今年3月、防衛装備庁に初号機を納入する予定。UH1ヘリの後継となるUHXは、エンジンが双発になり、離島への長距離洋上飛行なども安全に行える。陸自はUHXを約150機調達する計画で、同社では量産に向けた製造ラインを整える。UHXは2022年から陸自への引き渡しが開始される予定だ。

宇都宮飛行場で飛行試験が始まった陸自向けの新多用途ヘリコプター（防衛省提供）

3月の納入までに各種試験

防衛省は12月25日、「現在開発中の陸自新多用途ヘリについて、試作機の飛行試験に必要な確認作業が終了した」と発表した。

これを受け、スバルは同日午後2時50分、同社テストパイロットの操縦によりUHX試作機の初の飛行試験を実施した。同機は宇都宮飛行場を離陸し、周辺空域を約55分間飛行し、問題なく着陸した。

UHXは、スバルが米ベル・ヘリコプター・テキストロン社と共同開発した民間向けヘリ「スバル・ベル412EPX」をベースに、陸自向けに開発した。

防衛省が公表したUHXの主要諸元は、全長約13メートル、全幅約3メートル、全高約4メートル、最大全備重量約5・5トンで、最大水平速度は125ノット（230キロ）。

同機の最大の特徴は、UH1シリーズが単発エンジンだったのに対し、UHXは2発の「PT6T―9」エンジンを搭載。メインローターも2枚から4枚となり、長距離飛行での安定性と安全性が大きく高まった。

さらにメインローター・ギアボックスの強化、トランスミッションの出力アップ、ドライラン能力（メイン・トランスミッション内の潤滑油が抜けた状態でも飛行可能な能力）なども大きく向上している。

これにより、単発のUH1ヘリでは難しかった沖縄、鹿児島、長崎県などの島嶼部への洋上飛行も可能になる。このため、UHXは島嶼部の災害派遣や急患輸送などにも投入できる。

また、国際緊急援助活動などで赤道近くの熱帯地方やヒマラヤ山系など高地に持ち込んでも、エンジン出力のアップにより超低空飛行時の安全性も確保できる。

防衛省はUHXの開発完了に向け、2019年度予算案に6機の調達を盛り込んだ。今後、陸自のUH1ヘリは順次UHXに機種更新される。

技術が光る　79

警戒監視型水中無人機　IHI

東京五輪会場の沿岸警備に最適　搭載センサーで水中の異物探知

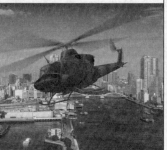

来年開催される東京オリンピック・パラリンピックでは、競技場の多くがウオーターフロントに設けられている。各国の選手団が滞在する「選手村」も東京湾岸の晴海地区に置かれた。このためテロに備える警察などは、陸上だけでなく、沿岸もその警備対象にしなければならない。

しかし、水中から接近するダイバーなどの探知は陸岸からは難しい。そこで「水中から近づくテロリスト」への警戒体制を構築する必要がある。

この水中警備を目的に開発されたのがIHIの「警戒監視型水中無人機（AUV）」のシステムだ。AUVはより沿岸での警戒監視に向いたタイプを提案中だ。

水中の定められたコースを自律的にパトロールし、搭載するセンサーで海中や海底に不審な物体が存在しないか捜索し、その情報を陸上に伝送する。

AUVは事前に入力されたエリアやコースを自律航行し、警戒監視を行うほか、重要防護施設の警備にも投入できる。

度は5ノット（9キロ）以上、最大運用深度は200メートル。動力は電池推進で、現在の運用時間は24時間。

搭載するセンサーは、サイドスキャン・ソーナー、前方監視ソーナー、監視カメラで、ほかに磁気センサーなども搭載可能。

昨年の「テロ対策特殊装備展」に出展されたIHIの警戒監視型水中無人機

ウオーターフロントでの水上・水中無人機とドローンの運用イメージ（IHI提供）

や座標を瞬時に伝送する。

「このシステムでは、AUVをサポートするASV（自律水上艇）を近くに配置することで、水中と水上監視を同時に行うことができます。そのコントロールは沿岸の車載型制御ルームから行えるので、機動性も高いです」と同AUVの開発にあたった担当者は話す。

「AUVは抑止力としても効果があります。イベントの始まる前にAUVのデモンストレーションを行っておけば、水中も見張っていることを広く知らせ、犯罪やテロの抑止につながります」と同担当者は話す。

IHIでは、同AUVの運用時間を伸ばすため、「お掃除ロボット」のように自律で水中に設けられた充電場所に戻り、定期的に充電しながら長時間、哨戒活動を続けるシステムも研究中という。

東京五輪まで1年半。水中から競技会場を守る「警備用AUV」のシステムも着々と出動準備が進められている。

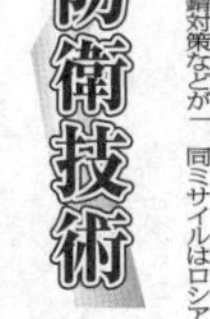

防衛技術

太平洋の監視に無人哨戒機投入　米海軍

米海軍は無人哨戒機「MQ4Cトライトン」＝写真＝を有人のP8哨戒機と組み合わせ、グアム島を拠点に太平洋地域での哨戒活動を実施している。

ノースロップ・グラマン社が開発した「トライトン」は、陸上監視型の無人機「RQ4グローバルホーク」の海軍向けの機体で、低高度で艦船などの監視を行うため、機体の防錆対策などが強化されている。センサーには探知・識別能力が高いXバンドのAESAレーダーなどを搭載している。

ロシア極超音速ミサイル配備へ

ロシア大統領府は12月26日、「あらゆる防衛システムも無力化できる」極超音速ミサイル「アバンガルド」の発射試験に成功したと発表した。

同ミサイルはロシア南部オレンブルク州から発射され、約6000キロ離れた極東カムチャツカ半島のクラ演習場内の目標に正確に着弾したという。

発射命令はモスクワの国防省からプーチン大統領自らが出し、試験の成功を受け、同大統領は「アバンガルド」を2019年中に配備する方針を表明した。

「アバンガルド」はマッハ20で飛翔、特別の技術により、その間も誘導・制御が行えるという。弾頭には核兵器も搭載できる。

◇「技術屋のひとりごと」は休みました。

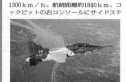

世界の新兵器　520

次期ジェット練習機「T―X」（米）

練習機、軽戦闘機市場に超新星

かねてより機種選定中であった米空軍の「次期ジェット練習機」に昨秋、米国のボーイング社とスウェーデンのサーブ社が共同開発した「T―X」が選定された。今後の世界の「練習機市場」に大きな影響を及ぼしそうである。当面351機の機体と46台のシミュレーターなどの製造を行う。

本機は、現在米空軍で運用中のT38ジェット練習機（すでに退役した空自T2に相当）の後継機となる。T38は、1950年代に開発された名機のほまれ高い練習機で、軽戦闘機型（F5）を含め約3400機が生産され、米空軍をはじめ世界の空軍で運用されている。だが、F22やF35など第5世代戦闘機のための訓練が十分に行えず、また老朽化も進んでおり、近年は事故も多発している。

このため米空軍は2003年から後継機の検討を開始し、15年に要求性能を公開、16年に提案要求書を提示、各社から提案書を受けて選定を行い、昨秋決定したものである。

選定理由は、新規設計で、各種機能や整備性などに優れ、安価（機体量産単価が、なんと21億円）であること、すでに飛行実績（初飛行は16年12月）があることなどによるようである。

今後、さらなる能力向上（高G機動性や、高迎角機動性など）には、奨励金（ボーナス）が出る契約になっているようである（機体量産単価は固定）。2023年に初度引き渡し、24年までに初度運用開始、34年までに本格運用を予定している。

本機の形状は、高翼、斜め双垂直尾翼（防衛省の先進技術実証機X2と似ている）を持ち、その性能・諸元は、全長約14m、全幅約10m、全高約4m（X2とほぼ同じ）、最大離陸重量約5.5t、エンジンは、FA18戦闘機などで定評のある米GE社製のF404ターボファン（最大推力約8t）単発で、最大速度約1300km／h、航続距離約1840km、コックピットの右コンソールにサイドスティック式の操縦桿を持ち、計器盤はタッチパネル式の大型複合ディスプレーを装備している。

米空軍の「次期ジェット練習機」に選定された各種機能や整備性に優れ、安価（21億円）な「T―X」（米ボーイング社HPから）

一方、米海軍では現在、ジェット練習機としてT45を約200機運用中であるが、この後継機に本機が有力視されることになるだろう。また、世界各国の空軍で運用中のT38の後継機や、軽戦闘機への改造も含めると2000機以上の需要があると思われる。

空自T4練習機の後継機もいずれ検討する時期が来るが、その際はぜひ国産機（T4改、X2改など）にしたいところであるが、現在の日米関係を踏まえると、本機が有力な対抗馬となるかもしれない。

高島　秀雄（防衛技術協会・客員研究員）

安全保障技術研究推進制度

30年度、新規20件の研究課題を採択　防衛装備庁

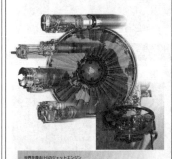

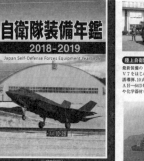

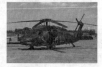

防衛装備庁はこのほど、同庁の「安全保障技術研究推進制度」について、平成30年度新規研究課題20件を採択したと発表した。応募総数は73課題で、安全保障技術研究推進委員会の審査により20課題（大規模7件、小規模13件）が採択された。

◇

「大規模研究課題（タイプS）」採択7件の内容は次の通り。

▽「Time Reversal による長距離MIMO音響通信の研究」（海洋研究開発機構・志村拓也）＝複数の水中伝搬路における遅延の影響を補償するTime Reversal手法と周波数の多重化による通信容量の向上を図るMIMO通信を用いることにより、水中音響通信の高速化と長距離化を目指した水中音響通信手法を確立し、海中で実証試験も実施する。

▽「高速移動物体への遠距離・高強度光伝送のための予測的波面制御の研究」（理化学研究所・戎崎俊一／レーザー技術総合研究所、三菱重工業）＝探索ビームの後方錯乱光を計測して光伝搬予測を行い、可変鏡をリアルタイム制御することなどにより光通信の伝送距離の飛躍的増大を目指したシステムを構築し、屋外での実証試験も行う。

▽「高温の耐環境性に優れる高じん性共晶セラミックス複合材料の創製」（超高温材料研究センター・中川成人／日本大学）＝耐熱性と耐環境性に優れた共晶セラミックス材料の探索を行い、共晶セラミックス材料の強じん化技術と共晶セラミックス繊維の紡糸技術を確立し、これらを組み合わせたじん性の高い複合材を実現する。

▽「海中移動体へ大電力を送る革新的ワイヤレス給電に関する研究」（パナソニック・小柳芳雄／海洋研究開発機構、海洋工学研究所、ニチモウ）＝強電磁場における海水物性に関する基礎研究を行い、海中における電磁波の損失メカニズムを明らかにする。同時に大電力を効率的に伝送可能な磁界共鳴方式のワイヤレス電力伝送システムを構築し、実証する。

▽「2次元機能性原子薄膜を用いた革新的赤外線センサーの研究」（富士通・佐藤信太郎／物質・材料研究機構、エアメンブレン）＝特異な量子物性に起因するグラフェンの光熱電効果を積層構造により高効率化し、赤外線センサーに応用するとともに、当該センサーの室温における高感度かつ高速な撮像性能を検証する。

▽「超高耐圧a型酸化ガリウムパワー半導体とパルス電源の基礎研究」（FLOSFIA・四戸孝／物質・材料研究機構、三菱重工業）＝半導体特性の制御性に優れたa型酸化ガリウムの高品質な結晶成長技術とデバイス製作技術を確立するとともに、a型酸化ガリウム半導体デバイスを組み込んだパルス電源を作製し、性能を確認する。

▽「グラフェン等2次元機能性原子薄膜を用いた光検知素子の基礎研究」（三菱電機・佐竹徹也／東京農工大学）＝基板材料への光照射によって生じる電圧変化を、グラフェンの高感度な応答を利用して検知する手法により、高性能な光検知素子の実現をめざす。実際に素子を作製し、提案手法の有効性も検証する。

空飛ぶクルマ

開発競争 独・中・米がリード

SFの世界だけに存在した「空飛ぶクルマ」が、いよいよ現実のものとなる。ドローンが人を乗せられるほどに大型化し、飛行性能も高まったことで、「空飛ぶタクシー」として活用可能になったのだ。自律飛行を行うため、パイロットもいらない。目的地を伝えれば、自動で飛んで行ってくれる。この「eVTOL（電動垂直離着陸機）」、まずは空港―都心間を結ぶコミューター機などとして実現しそうだ。リードするのはドイツ、中国、米国。すでに試作機は「2020年万博」開催地ドバイ（アラブ首長国連邦）などで飛行試験を実施している。この機体、実用化すれば軍事の世界でも"大革命"を巻き起こすことは必至。世界の「eVTOL」開発競争を追った。（写真は各メーカー提供）

世界初の「空飛ぶタクシー」を目指し、アラブ首長国連邦のドバイで飛行試験を続けているドイツのボロコプター。メインローターの代わりに電動のマルチ・ローターを付けた小型ヘリのようなスタイルが特徴だ

軍隊に導入すれば特殊部隊のビークルにも

日本が開発中の「自動運転のクルマ」よりも、中国や欧米の「空飛ぶクルマ」の方が先に実現するかもしれない。空では渋滞に巻き込まれることもなく、スムーズに移動できるからだ。

このドローンを大型化させた「eVTOL」、すでにさまざまな機体が試作され、ドバイなどで飛行試験が続けられている。新時代を切り開く「空飛ぶタクシー」の導入は、2020年の万博開催地ドバイのほか、国土が狭く、道路の慢性的渋滞に悩むシンガポールなどが1番乗りを目指している。

この機体、「eVTOL」とも呼ばれる通り、「電動で、自動操縦が可能な、垂直離着陸機」を指す。蓄電池でプロペラを回すため音が静かで、都市部でも運航しやすい。自動操縦のため低コストなのも特徴だ。

この機体を軍隊に導入すれば、特殊部隊の潜入などにも活用できる。また、衛生部隊に配備すれば、負傷した兵士を前線から後方に自動で搬送可能だ。大災害の発生時などは「空飛ぶ救急車」としても同機は大活躍が期待されている。

独・ボロコプター社

世界をリードしているのがドイツのボロコプター社。2017年9月、いち早くドバイで飛行試験に成功し、22年の実用化を目指している。

「ボロコプター」㊤はヘリのメインローターを18基の電動マルチローターに替えたデザインで、2人が乗れる。現在性能は時速70キロ、最大飛行距離は27キロだ。

欧州では他にアウディ、ロールスロイス、エアバス社なども機体の開発を進めている。

中国のイーハン社は自国のドローン技術の粋を集め、「空飛ぶクルマ」を開発中だ。その主力機「イーハン184」はすでに強風下や夜間の飛行試験も行っており、実用化も近いと言われる

中国・イーハン社

"ドローン大国"中国では、広東省広州市に拠点を置くイーハン社が「イーハン184」㊤を開発。大型ドローンにキャビンをのせたデザインで、1人乗りの機体は四つのアームに二重反転ローターを装備。

ボディはカーボンとアルミ製で、縦横が2・4メートル、高さ1・4メートル。現在の飛行時間は25分で、最高速度は100キロ。公開映像では強風下や夜間の飛行試験などもすでに実施し、実用化が近いことをアピールしている。

米国のキティホーク社は小型の「フライヤー」を開発。実用段階に達しており、軍隊に配備すれば特殊部隊の潜入にも使えそうだ

米・キティホーク社

米キティホーク社は2人乗り「コーラ」と1人乗り「フライヤー」㊤を開発。

「コーラ」は米国防イノベーション部隊実験機関（DIUx）からも出資を受け、試作機はニュージーランドで試験中という。同機は12基のプロペラで垂直上昇し、その後は推進用プロペラと主翼で水平飛行に移る。最高速度は240キロ。"電動オスプレイ"といえる機体だ。

一方、「フライヤー」はF1マシンのような外観で、飛行時間は約20分。特殊部隊の潜入にも使える機動性の高いビークルだ。

米・ワークホース／ジョビー社

米ワークホース社はエンジンと電動のハイブリッド機「シュアフライ」㊧を開発。エンジンで四つの二重反転ローターを回転させるが、電池のみでの短時間飛行も可能だ。

米国ではこのほか、ジョビー・アビエイション社が4人乗りの「S4」㊨を開発中。こちらは固定翼機とマルチローターを合体させたような機体で、240キロの移動が可能という。

米ワークホース社はエンジンと電動機を積んだハイブリッドの機体「SureFly」を開発。燃料満タンで1時間の飛行が可能だ

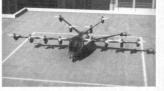

米ジョビー社の機体は、現有機の主翼や尾翼に複数のローターを装着したようなデザイン。大型で複数の人員を輸送できるため、空港―都心間の定期便などに適している

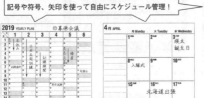

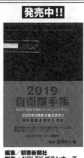

オールジャパン体制で

日本にとっても今年は「空飛ぶクルマ元年」となりそうだ。官民協議会は昨年11月、工程表の素案を発表。それによると2019年に試作機を完成させ、飛行試験に着手する。

自動車関連企業などが出資するスカイドライブ社（本社・東京）などが開発に当たり、試作機のデザインも発表。ただし、機体開発には多額の費用がかかり、試験を行うにも航空法規など国内でのハードルは高い。

こうした中、米ウーバー社が昨年、「空飛ぶタクシー」の事業説明会を都内で開催。これは米国製の機体を使って日本で事業を目指すもので、これが実現すれば日本の市場は外国勢に先を越されてしまうかもしれない。

自動車大国・日本が今後、「空飛ぶクルマ」でも存在感を示すには、オールジャパン体制での研究開発が不可欠だ。その点、防衛省・自衛隊には飛行場、格納庫、演習場、テストパイロットなどがそろっており、「空飛ぶクルマ」の開発を支援する環境は整っている。

今後、「eVTOL」は間違いなく自衛隊でも有用なビークルとなる。このため、日本がその実用化でも先頭に立てるよう、積極的に支援していける環境を整えたい。「メイド・イン・ジャパンの空飛ぶクルマ」を実現するには、防衛省・自衛隊の航空機開発のノウハウも大いに役立つだろう。

日本のベンチャー企業スカイドライブ社が発表した「空飛ぶクルマ」のイメージ。アニメの世界の乗り物のようだ

古林学生 防大生16年ぶり箱根駅伝

「将来はパイロットに」 経験を糧に、決意も新た

伝統の大舞台 6区を疾走

「困難を乗り越えていきたい」――。防衛大学校4年の古林潤也学生（22）が1月2～3日に行われた第95回箱根大学駅伝に出場、同校学生として16年ぶりに伝統の大会で疾走した（「自衛隊スポーツ」1月号既報）。古林学生は大会後、経験を糧に空自パイロットを目指して新たな〝レース〟に臨んでいく決意を語った。

4年間目指してきた大会だった。箱根駅伝に防大は昭和36年と38年の過去2回、チームで出場。また、平成15年には岡本英伯3海佐（防大1大隊11中隊指導教官）が関東学生連合の一員として、復路最初の6区を走った。

徳島県出身。岐阜・瑞浪高を経て、災害派遣で「国のために働く」自衛官の姿に憧れ防大（63期、理工学部航空宇宙工学専攻）へ。2歳上の兄も駒大在学中に箱根を目指し、伝統の大会への出場を夢見て、1日20キロ以上を目標に走り込みを続けてきた。

4年に進級後、100人近い部員が在籍する陸上競技部の主将に就き、「どうすればみんなのやる気が上がるか」などを考え、試行錯誤してきた。10月の予選会で、関東学生連合の16人の一人に入ることができた。

12月29日に各チームのオーダーが発表され、補欠に回っていたが、箱根駅伝の〝女神〟が直前に振り向いてくれた。予定していた選手の故障で元日、3日の6区を走ることが決まった。

レースでは往路（1～5区）で首位に10分以上の差を付けられた他のチームの走者と共に、一斉に繰り上げスタート。「悔いなく走れた」と力を存分に発揮し、12位相当のタイム（1時間0分2秒）で7区につないだ。

3月に卒業し航空自衛官として任務する古林学生の新たな目標は「パイロットになる」こと。厳しい関門があるが、「夢に向かい、あきらめずにやっていきたい」と再び駆け続けていくつもりだ。

箱根大学駅伝（東京箱根間往復大学駅伝競走） 東京・大手町と神奈川・箱根間の往路と復路全10区間約217キロで予選会（10月）の上位校など23チームがたすきをつなぐ。関東学生連合は、予選会を通過できなかった大学の上位選手の中から本戦出場経験のない16人が選ばれ、編成される。オープン参加のため順位、記録はつかない。

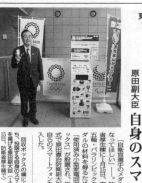

箱根大学駅伝の復路第6区（箱根・小田原）で力走する古林学生（1月3日）＝松尾／アフロスポーツ

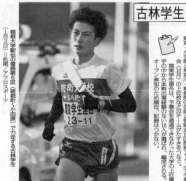

「後輩の活躍を誇らしく思う」

本松統幕副長も箱根出場に青春懸ける

古林学生の力走を、自らもかつて箱根駅伝への出場を目指し、情熱を注いだ統合幕僚副長の本松敬史陸将（防大29期、昭和60年卒）＝円内＝がたたえた。

本松副長は防大3年生の時の昭和58年、出場校枠が従来の15校から20校へ増やされた60回記念大会への出場を目指した。当時は同大会への出場を大きな目標に掲げ、陸上競技部では3年計画で強化が進められていたという。

20校のうち、シード9校をのぞく11校は予選会で決められた。58年11月に東京・大井ふ頭で行われたその予選会。20キロを走り、各チーム14人中、上位10人の選手の平均タイムが競われた結果、防大の順位は12位。11位に平均タイムでわずか5秒及ばなかった。

昭和36年、38年以来となる本大会出場をあと一歩で逃した自らの経験も振り返る本松副長。古林学生の力走について、「去年の10月ぐらいから有望な選手だと聞き、陸上部OBはみんな注目していた。山下りの6区で全体の12位相当の60分2秒のタイムで走ったことは驚異的。脚力、スタミナ、そして精神力など計り知れない力を持つことが示された。後輩の活躍を誇らしく思う」と語る。

また、空自のパイロットを志願している古林学生に対し、「箱根の経験をこれからの自衛官人生に役立ててほしい」と期待を寄せている。

東京五輪 防衛省に小型家電回収ボックス設置

「自衛官選手のメダルに」

原田副大臣 自身のスマホを投函

回収ボックスの横に立ち、投函する自身のスマホを掲げる原田副大臣（1月15日、防衛省講堂棟で）

「自衛官選手のメダルになってほしい」――。防衛省は1月15日、東京五輪・パラリンピックのメダルの材料を得るための「使用済み小型家電回収ボックス」が設置され、投函式で原田憲治防衛副大臣が自らのスマートフォンを投入した。

東京五輪・パラリンピック競技大会組織委員会が主催する「都市鉱山からつくる！みんなのメダルプロジェクト」の一環。ボックスは1月末まで防衛省内に設置され、2020年東京大会に向けて、回収した小型家電から金・銀・銅合わせて約5千個のメダルが製作される予定。

原田副大臣は「私のスマホがオリンピックに出場する自衛官選手の皆さんの胸元で金メダルとなって返ってくるよう、期待を込めて投函します」と述べ、自身のスマホを投函した。

回収品目はスマホなど

回収品目は個人で所有する使わなくなったスマホや携帯電話、デジタルカメラ、携帯音楽プレーヤー、携帯型のゲーム機、電子辞書など。パソコンやタブレットは投函できない。希望者は個人情報や画像などのデータを全て削除して投入する。返却はしない。

防衛省サラリーマン川柳 優秀3作品決まる

「複数の 方言混ざる 子が育ち」

忙中一服の清涼剤として楽しまれている「防衛省版サラリーマン川柳」（第一生命主催）の入選作の選考会が12月12日、東京都千代田区の第一生命本社で行われ、優秀作品3作などが決定した。

応募総数は過去2番目に多い約4800通。応募数トップは陸自都城駐屯地で、次いで高等工科学校（武山）、小平、健軍、善通寺各駐屯地だった。

選考会には省・自衛隊からも各広報担当者ら7人が参加。第一生命が1次選考した約80句の中から防衛省・自衛隊ならではのオリジナリティ、客観性、共通性などを基準に優秀3、優良5、良好30の計38句が選ばれた。優秀・優良作品は次の通り。

＜優 秀＞

複数の 方言混ざる 子が育ち （次こそ単身）

ちゃんとやれ きっちり帰れ どうするの （ライフワークバランス推進者）

イベントで 人気あるのに 志願なし （募集難）

＜優 良＞

オスプレイ メスも居るのと 聞く我が子 （宗石優樹）

離島には 「ポケモンいるの？」と 子が心配 （ハニートラップ）

新米の 味は部隊の みずしだい （詠み人知らず）

自主募集 ノルマ足りずに 我が子出す （受験生の親）

我が司令 トップダウンで 部下ダウン （敏風）

応募総数は4800通

同盟の強化を祈念

航空総隊 米軍とだるまの目入れ式 横田

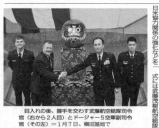

目入れの後、握手を交わす武藤航空総隊司令官（右から2人目）とドージャー5空軍副司令官（その左）＝1月7日、横田基地で

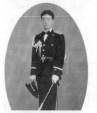

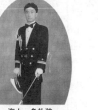

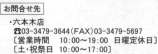

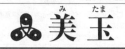

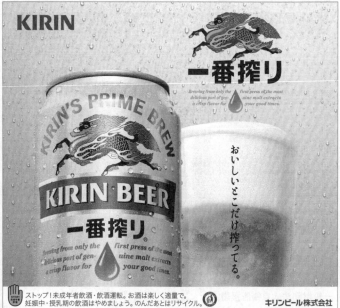

航空総隊司令部（横田）は1月7日、同司令部庁舎で日米協力態勢の強化などを祈念し、だるまの目入れ式を行った。

式には武藤茂樹航空総隊司令官、トッド・ドージャー米軍第5空軍（横田）副司令官、総隊と第5空軍両司令部の若手隊員・兵士らが参加。だるまの左目に順に墨を入れていった。

目入れの後、ドージャー5空軍副司令官は「2019年はこれまで以上に互いの連携を強化していきたい」。武藤司令官は「この地域の平和と安全のために、さらなる日米同盟の強化を祈念した」とそれぞれ語った。

こちら警務隊 ☎8・6・47625

不法投棄は懲役や罰金刑 ルール守って適性処理を

不要となった物を勝手に捨てていませんか？

廃棄物とは、ごみ、粗大ごみ、燃え殻、汚泥、ふん尿、廃油、廃酸、廃アルカリ、動物の死体、その他の汚物または不要物であって固形状または液状のものをいいます。

これらを決められた捨て方に従わず、公共の場所や他人の敷地に勝手に捨てると、5年以下の懲役もしくは1千万円以下の罰金に処されます。

引っ越しや大掃除などでいらなくなった物は、市町村等の窓口に相談して適正に処理し、他人に迷惑をかけないようにしましょう。

（中部方面警務隊）

座礁船乗組員をホイストで救助

小松救難隊

石川県の輪島港沖で1月16日午前1時14分ごろ、8人が乗った漁船が座礁し、小松救難隊が救助に当たった。

午前5時31分、第9管区海上保安本部長から6空団司令に災害派遣が要請され、小松救難隊のU125A救難捜索機（機長・鈴木吉一3佐以下4人）、UH60J救難ヘリ（同・東園康孝3佐以下5人）が基地を発った。

現場に到着したUH60Jヘリは7時8分以降、風速12メートルの北風と激しい白波が打ち寄せる中で救助を開始。2人ずつホイストでつり上げ、8人全員を収容、輪島市営球場へ搬送し、海保へ引き継いだ。

救難員の木下修作2曹は、「冬季の日本海では悪環境下で救出活動を行うことが多くなる。あらゆる状況に対処できるよう、今後も技量向上に努めていきたい」と語った。

ホイスト吊り上げで漁船の乗員を救助する小松救難隊の隊員（漁船下方）＝1月16日、石川県輪島沖で

小休止

▽…陸自高等工科学校は1月9日、新春恒例の「年書き初め大会」を実施した。

▽…昭和50年から毎年実施しており、今年で45回目。生徒会実行委員が校風を題材に、1学年は「明朗潤達」、2学年は「質実剛健」、3学年は「科学精神」と課題を決めた。

▽…開会式で奥田俊介生徒会長は「年始めの書となるので、一年間頑張ることをイメージして書いて欲しい」とあいさつ、生徒たちは心を落ち着かせて丁寧に作品を書き上げた＝写真。全校生徒による記念撮影も行い、年頭に当たって生徒一人一人が思いを込めた書が一斉に掲げられた。（武山）

みんなのページ

3陸曹　梨木　孔実（33普連本管中隊・久居）

中隊救護員として50キロ徒歩行進
「優秀隊員」のメダル獲得

私は師団の訓練検閲に「中隊救護員」として臨みました。久居駐屯地に転属して2回目の検閲です。初めて50キロを踏破する徒歩行進をはじめ、防御準備、防御戦闘をするという内容で、今まで経験したことがない状況でした。

行進訓練は昼過ぎからの開始で、行進はとても辛いものでした。しばらくして、「人が倒れた！」という叫び声が聞こえました。救護員である私は、すぐにその場に向かいました。どんな状況なのか、自分に処置ができるのか不安でした。

幸い、患者は軽度の熱中症で、私にも対応・処置ができましたが、その後も次々と患者が発生し、中には重症の隊員もいました。

「救護員は徒歩行進間に休憩がない」とよく耳にはしていましたが、今回、自分も救護で「休憩がない」ということを初めて実感しました。

しかし、これが「つらい」わけではなく、人が倒れると不思議と自分の中にパワーが出てきて、「すぐに助けなければ！」と思い、それまでの行進のつらさは吹っ飛びました。

今回の行進では、集中して救護することができたと思います。また、一緒に中隊救護員として行動した後輩の頑張っている姿を見て、自分も乗り越えられたと実感しました。

この検閲で私はなんと「優秀隊員」に選ばれ、師団長からメダルを頂きました。そのメダルの重さは、日頃から体力練成や連隊救護員として努力してきたことを認めていただいたメダルだと感じました。

これからも引き続き救護員として能力向上に励み、次回は後輩が救護員として優秀隊員に選ばれるよう、しっかり指導をしていきたいと思います。

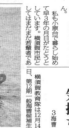

防大生有志60人　正門飛び出し　ごみ拾いボランティア
日頃の支援に感謝を込めて

防大3年　酒井　瑠花（平成30年度中期学生隊学生長付1係）

午前6時、まだ辺りは薄暗く、肌寒い中、私は眠い目をこすり、澄んだ空気を目一杯吸い込みました。

去る11月17日（土）、防衛大学校の学生有志60名は、正門を飛び出し、ごみ拾いボランティアを実施しました。

本ボランティアの目的の一つは、日頃からさまざまな支援をいただいている近隣住民の皆さまに感謝の意を表することです。学生たちは訓練や授業があり、休日などさまざまな場面において近隣地域の方々に支えて頂いております。

二つ目に、周辺地域の環境美化に貢献し、横須賀市民の一員であることを改めて認識すること。そして三つ目に、学校生活における学生の士気の高揚に繋げることでした。

私は今回初めて参加し、仲間とともに小原台緑地周辺、防衛大学校正門から京急馬堀海岸駅まで続く道のりの環境美化に努めました。

本ボランティアは今年で5年目を迎え、計17回目の実施となります。最近では本ボランティアに対し、地域の方々からも感謝の声が届くようになるなど、私たち学生と地域の方々との交流を深める大切な機会の一つとなっています。

いつもはスタスタと通り過ぎる道も、一つもごみを取りこぼすまいと、学生たちはゆっくり一歩一歩踏みしめました。

「こんなところに花が咲いていたのか」「こんなところに神社があったのか」…。

この朝、私たちが拾ったのはごみだけではありません。

私も小原台で暮らし始めて早3年の月日がたとうとしています。横須賀市民としてはまだまだ若輩者であると自覚しておりますが、私の中の「横須賀を愛する心」が大きく育っていることを実感できました。

7時過ぎ、学校に戻る上り坂の途中、ふと後ろを振り返った時、見えた美しいこの日の朝の景色を私は忘れないでしょう。

本ボランティアは決して大規模な活動とは言えません。しかし、得られる成果は環境美化のみならず、近隣住民の方々の理解の促進、さらには学生自身の人格を高め、幹部自衛官としての素養を高めることへと昇華すると思います。

今後、後輩たちの手によってこの活動が引き継がれ、より一層盛んになることを望みます。

早朝からごみ拾いボランティアを行う防大生

気持ち一つに短艇力漕！

3海曹　松崎　平（横須賀教育隊31分隊・武山）

横須賀教育隊は12月14日、第12期一般海曹候補生課程、第17期自衛官候補生課程、第10期自衛官候補生（女性）課程の「短艇競技」を行った。

競技は当初、前日に実施される予定だったが、9メートルを超える強風で艇がスタートラインに着くことができず、やむなく翌日午後の開催となった。

この日も、やや強めの風が吹いていたが、学生たちは互いに声を掛け合うなど士気は高く、この競技に向けての訓練の成果を存分に発揮し、優勝を目標にみな闘志に満ちあふれていた。

競技には3個分隊・計7個班が参加し、班対抗で行われた。静かな小田和湾に気合いの入った班長の号令と、学生たちの掛け声が響いた。

競技結果は、男性班対抗の部で自衛官候補生課程31分隊第3班、女性班対抗では自衛官候補生課程の第131分隊第3班がそれぞれ第1位の栄冠に輝いた。

短艇競技は、班総員が力を合わせ、気持ちを一つにしなければ記録を出すことはできない。各班が優勝を目指し、気迫にあふれ、同期を信じ励まし、懸命に櫂を漕ぐ姿は、「シーマンシップの涵養」という短艇競技の目的を存分に体現し、今回も十分な成果を収めることができた。

班総員が気持ちを一つにして力漕する女性自衛官候補生の短艇チーム

自衛隊で集団行動の大切さ学ぶ

会社員　下崎　圭悟（丸亀産業・三重県松阪市）

私は、小さい頃から人見知りが激しく、常に周りの目ばかり気にして生きてきました。

ですが、今回の久居駐屯地で行われた自衛隊生活体験を通して、人見知りをしたり、周りも声が小さいから自分もそうしようといった行動が恥だということに気付かされました。空気を読むことは大切ですが、誤った使い方をすれば大きな失敗にもつながると分かりました。

自衛隊も社会人も共通点は多く、まず基礎である集団行動です。一つの組織に入っている以上、その組織のルールやマナーを守らなければなりません。もし破ったりしてしまったら、社会的イメージや地域の方々との信頼関係に悪影響をもたらし、組織全体に迷惑をかけることになるからです。

また、集団行動では、誰かが手を抜けば列に乱れが生じ、連帯責任となり、チームに迷惑をかけてしまいます。私はチームリーダーを任され、皆をまとめたり、体調に異常がないかを確認したりしました。最初は自分には適任ではないと思っていましたが、自分が失敗した時や分からないことがある時は、他の人がカバーしたり教えてくれ、なんとか乗り越えることができました。

集団行動ではコミュニケーションが特に重要になってくるのだと感じました。会社においても一緒に仕事をする仲間とのつながりを大切にするべきだと思いました。

新入社員ながら、最初にこのような体験をさせていただき、本当に良い経験になりました。この先も「何事にも全力で取り組む」をモットーに、頑張っていきたいと思います。

OGがんばる

藤田　真由美さん　53
平成30年4月、空自2補給処（岐阜）を最後に定年退職（特別昇任1曹）。全日警中部空港支社に再就職し、中部国際空港の保安・警備業務に携わっている。

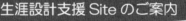

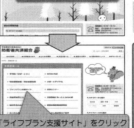

心の柔軟さと体力が大事

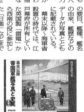

皆さま、はじめまして。全日警中部空港支社の藤田と申します。空自を退職後、弊社に入社し、中部国際空港セントレアにおいて、お客さま、従業員および貨物、施設の保安・警備に携わっております。

入社のきっかけは、会社見学をさせていただいた際、職場の環境や雰囲気にひかれました。特に「お客様満足度世界第1位」「美しく清潔な空港第2位」の空港であることに加えて、職員一人一人が自信と誇りを持って仕事に向き合う姿勢に感銘を受けました。私もこの一員に加わり、社会貢献したいとの思いが込み上げてきたことを覚えています。

弊社は、空港の保安業務を一手に担い、まさに縁の下の力持ちとして日々空港の運営を支えています。空港運営会社と緊密な連携を保ち、「空港を守る」という、どこか自衛隊の任務に相通ずる理念を感じながら、日々業務にまい進しております。

社員構成は、男女比率が6対4と同業他社と比べると女性比率が高いようですが、私が所属する部署は圧倒的に男性が多いです。年齢も若い方から大ベテランまでさまざまです。職場の上司、先輩そして同僚の方々にとても恵まれ、充実した毎日を過ごしております。今後は業務に必要な資格を取得し、さらに仕事の幅を広く深く極めていきたいと考えております。

私と当社を結びつけてくださった岐阜基地援護室の皆さまには、深く感謝しております。最後になりましたが、再就職を考えておられる皆さまに僭越ですが一言。心の柔軟さと体力が第2の人生を支えます。健全な心身の維持に心がけて日々の任務を頑張って下さい。

「朝雲」へのメール投稿はこちらへ！

▽原稿の書式・字数は自由。「いつ・どこで・誰が・何を・なぜ・どうしたか（5W1H）」を基本に、具体的に記述。所感文は制限なし。
▽写真はJPEG（通常のデジカメ写真）で。
▽メール投稿の送付先は「朝雲」編集部（editorial@asagumo-news.com）まで。

詰将棋

出題　日本将棋連盟　九段　石田　和雄

第787回出題

	6	5	4	3	2	1	
			と			v桂	一
							二
				角		v玉	三
		v金				v歩	四
					v歩		五
							六

▲先手　持駒　飛角

【ヒント】三手目に絶妙手あり（10分で初段）。

▶詰碁、詰将棋の出題は隔週です◀

詰碁

出題　日本棋院　九段　曲　励起

第1202回解答

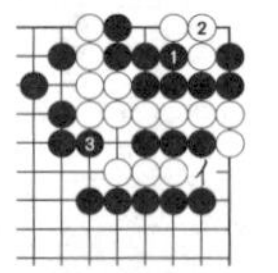

【解答図】黒先、白死。黒❶白②と打ち白よりの劫を封じ、次は黒❸が大切で、攻め合い黒は五手、白は四手で黒勝ちです。なお、黒❸でうっかり「イ」へ打つと黒いけません。

（世界の切手・中国）

文官は金銭を求めず、武官は死を恐れない時こそが天下泰平だ。
岳　飛
（中国・宋代の武将）

朝雲ホームページ
www.asagumo-news.com
<会員制サイト>
Asagumo Archive
朝雲編集部メールアドレス
editorial@asagumo-news.com

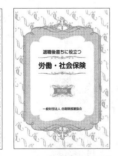

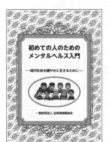

新刊紹介

「マーガレット・サッチャー」―政治を変えた「鉄の女」
冨田　浩司著

指導者の資質を語る際、善人であるか否かを考える必要はない。極論と思われるかもしれないが、結果を出すことこそが指導者の使命なのだ。著者はこうした指導者論を軸にサッチャー元英首相の政治家人生を振り返る。

経済改革やフォークランド戦争での卓越した手腕で、同氏は20世紀を代表する指導者と評価されている。しかし、本書では実娘との緊張関係や部下からの不満など、人間としての欠点も数多く紹介。人前で部下を罵倒するなど、今の日本では間違いなく〝パワハラ上司〟に認定されるに違いない。氏の代名詞「鉄の女」も、彼女の強硬姿勢を当時の〝天敵〟であるソ連が機関誌で批判した際に使われた言葉だ。しかし、著者はこうした数々の特徴を補って余りある偉大な指導者としてサッチャーの業績を高く評価する。

ニクソン元米大統領も言う。「優しいだけの人は、ほとんどの場合権力の行使には向かない」。平時はともかく、部下から畏怖され、敵から嫌われることは、変革期の指導者に求められる資質なのだ。

（新潮社刊、1512円）

「幕末以降　帝国軍艦写真と史実」
海軍有終会編

幕末期から1935年まで、日本が保有した600隻以上の軍艦を一挙掲載した昭和10年刊行の同書の新装版だ。

編さんしたのは当時の海軍士官とそのOBの団体「海軍有終会」。戊辰戦争から第1次世界大戦までの日本の軍艦すべての要目、艦種、艦名の由来、艦歴などのデータが写真とともに記載されている。

幕末以降～海軍省設置の時代では、江戸幕府が所有していた英国製「雷電」から西南の役に参加した「日進」などまでを網羅。日清戦争までの時代では「扶桑」「金剛」「鳥海」「赤城」など、各時代の艦が貴重な写真とともに紹介されている。

そのほか各海戦や観艦式、大演習といった帝国海軍の歴史をはじめ、艦船・兵器・機関に関する起源、御召艦一覧、艦名付与標準などもあり、貴重な一冊となっている。

巻末では、埼玉大学教授の一ノ瀬俊也氏が本書の意義や海軍有終会について解説文を寄せている。

（吉川弘文館刊、7344円）

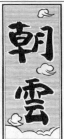

朝雲

発行所 朝雲新聞社
〒160-0002 東京都新宿区四谷坂町12−20 KKビル
電話 03(3225)3841
FAX 03(3225)3831
振替00190-4-17600番
定価一部140円、年間購読料9000円（税・送料込み）

主な記事

日豪防衛相会談

「円滑化協定」早期妥結目指す

防衛交流を拡充・深化

「瀬取り」対処で緊密に連携

岩屋防衛相は1月23日、来日したオーストラリアのクリストファー・パイン国防相と防衛省で会談し、両国首脳による指示を踏まえ、日豪間の「特別な戦略的パートナーシップ」に基づき、防衛協力をさらに拡充・深化させていくことで一致した。両氏は「自由で開かれたインド太平洋」の維持・強化に向けた連携強化を確認するとともに、自衛隊と豪州軍による相互訪問時の共同訓練や運用を円滑化するための新たな協定（円滑化協定）について、交渉の早期妥結に向けて尽力することでも一致した。

両大臣は昨年10月に豪シドニーで開かれた日豪外務・防衛担当閣僚協議「2プラス2」以来、約3カ月ぶりの会談となった。

会談を前に握手を交わす岩屋防衛相（右）とパイン豪国防相（1月23日、防衛省で）＝防衛省提供

岩屋大臣は会談の冒頭、「豪州は（北朝鮮による）違法な『瀬取り』への対応を含め、各種の共同訓練、能力構築支援、職員の相互派遣など、幅広く密度の濃い防衛協力が着実に進展している。豪州との協力の重要性については、我が国が昨年末に策定した『防衛計画の大綱』においても言及している」と述べ、日豪協力の重要性を強調した。

これに対し、パイン国防相は「豪州にとって日本と米国はインド太平洋地域で最も重要な友好国・同盟国だ。日豪関係はこの1年間ますます重要性を増し、強化され、活動もより広がりと深化を見せている」と応え、両国関係を発展させる四つの重要な柱として①相互運用性の向上②[illegible]③防衛装備・技術協力④海洋安全保障協力を挙げた。

さらに、パイン国防相は「北朝鮮問題に関して日本と韓国の支援をさせていただくとともに、東・南シナ海の情勢に関しても、インテリジェンス（軍事情報）の共有は極めて重要だ」と述べ、日本とのインテリジェンス分野における協力強化に期待を示した。

豪州軍は昨年12月、「瀬取り」対処のため、沖縄県の米空軍嘉手納基地に3回目となる哨戒機派遣を実施しており、日豪で引き続き緊密に連携していくことで一致した。

両氏は、自衛隊と豪州軍による相互訪問時の共同訓練や運用を円滑化するための新たな協定（円滑化協定）について、交渉の早期妥結に向けて尽力することで一致。パイン国防相は、日本が米国以外で同協定を結ぶ初めての国となることを説明し、「今年3月末をめどに交渉妥結を目指したい」と強い意欲を示した。

このほか、岩屋大臣は昨年末に我が国が策定した新たな「防衛計画の大綱」と「中期防」について説明。パイン国防相はこれに支持を表明し、豪州がオセアニア地域（大洋州）への関与を強化する政策を進めていることを説明した。

今年は日本国内で初となる空自戦闘機と豪空軍の戦闘機による共同訓練「武士道ガーディアン」が実施されることから、両氏は大きな期待を表明。同訓練は昨年9月の北海道胆振東部地震で中止となったため、再調整が進められている。

日豪空軍種間では2011年7月、米アラスカ州で行われた米空軍の多国間演習「レッド・フラッグ・アラスカ」に参加した空自のF15戦闘機と豪空軍のFA18戦闘攻撃機が現地で初の「2国間共同訓練」を実施しており、今年実現すれば2回目、日本国内では初となる。

30年度第1～3四半期空自緊急発進

過去2番目の758回

対中国機63％

統幕は1月18日、「平成30年度第1～3四半期（昨年4月～12月）の空自緊急発進（スクランブル）」について発表した。緊急発進回数は前年同期（736回）より22回多い758回で、四半期ごとの公表を開始した17年度以降、同期では過去2番目の多さとなった。

このうち中国機は全体の約63％の479回で、前年同期（395回）に比べ約2割増加し、同期としては過去最多となった28年度に次ぐ回数となった。今期は、東シナ海での活動の活発化に伴い、長崎・対馬海峡を通過する日本海への進出などが目立った。

対ロシア機は全体の約36％となる270回で、前年同期（328回）の約8割に減少した。中国機では戦闘機、ロシア機では情報収集機に対してそれぞれ多く緊急発進を行った。

方面隊別では、東シナ海で中国機に対応している南西空が446回、次いで北空が222回、中空37回、西空53回だった。

統幕は「今後とも我が国周辺海空域における警戒監視活動に万全を期するとともに、国際法、自衛隊法に従って厳正に対領空侵犯措置を実施していく」としている。

「脅威与える理由はない」

「低空威嚇飛行」 防衛相が反論

岩屋防衛相は1月24日、韓国国防省が海自哨戒機の「低空威嚇飛行」の証拠として公開した写真について[illegible]

「私どもは日本周辺の海空域の警戒監視を常時行っており、日本の平和と安全を保っており、その活動はこれからも適切に行っていきたい。韓国側には冷静かつ適切に対応してほしい」と述べた。

村川海幕長がブルネイを初訪問

村川海幕長は1月28日、オーストラリアとブルネイを訪問するため日本を出発した。海幕長がブルネイを訪れるのは初めて。

期間中、各国海軍トップらと会談するほか、各部隊を視察し、相互理解の促進と信頼関係の構築を図る。2月3日に帰国の予定。

海幕長と米太平洋艦隊司令官が会談

瀬取り監視を強化

村川海幕長は1月24日、来日した米海軍太平洋艦隊（司令部・ハワイ）司令官のジョン・アクイリノ大将と防衛省で会談し、北朝鮮船舶による違法な「瀬取り」の警戒監視活動など、日米間の連携を一層強化していくことで一致した。

両者は、インド太平洋地域の情勢を踏まえ、安全保障環境について認識を共有した上で、日米間の防衛協力・交流をより深化していくことも確認した。

また、地域の平和と安定を確保するため、日米共同訓練の回数を増やし、質・量を向上させていくことで合意した。

この後、アクイリノ司令官は岩屋防衛相を表敬。大臣は「日米共通のビジョンである『自由で開かれたインド太平洋』の維持強化に非常に重要な役割を担っていただいている」と歓迎の言葉を述べ、「新たな防衛大綱と中期防のもとで、日米同盟の抑止力・対処力を一層強化していきたい。海自と米海軍の幅広い協力はその要となる」と強調した。

これに対し、アクイリノ司令官は日本に駐留する米軍人への支援に謝意を示した上で、「『自由で開かれたインド太平洋』地域全体を繁栄させるため、日米の足並みはそろっている。各国が繁栄できるよう、米海軍と海自は日々、肩を並べて共に活動を行っている」と応え、強固な日米同盟を支える海軍種間の絆の強さをアピールした。

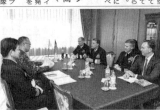

インド太平洋地域の安全保障環境をめぐり会談する、村川海幕長（左列奥）と米海軍太平洋艦隊のアクイリノ司令官（右列左から2人目）＝1月24日、防衛省で

北朝鮮「瀬取り」11例目を公表

国連の制裁対象となっている北朝鮮船籍タンカー「AN SAN 1号」が1月18日、東シナ海の公海上で船籍不明の小型船舶に横付けし、制裁逃れの密輸目的で物資を積み替える「瀬取り」を行った疑いがあることを防衛省が1月24日、発表した。

海自第1海上補給隊（司令部・横須賀）所属の補給艦「おうみ」（佐世保）が18日午後、中国・上海の南約410キロの沖合で両船が横付けし、ホースを接続しているのを確認した。

日本政府による「瀬取り」事案公表は昨年1月以来、同7月31日の事例に続き11例目。政府は国連安全保障理事会の北朝鮮制裁委員会に通報するとともに、関係国と情報共有を行った。

接舷しホースを接続する北朝鮮船籍タンカー「AN SAN 1号」（左）と、船籍不明の小型船舶（1月18日午後4時半ごろ、東シナ海の公海上で）＝補給艦「おうみ」が撮影

2019年度防衛費 重要施策を見る ■2■

陸自

島嶼防衛に「高速滑空弾」

UHXなど新装備も取得

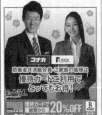

南西諸島の防衛強化のため今年3月、鹿児島県の奄美大島と沖縄県の宮古島に新たな駐屯地・分屯地が新設される。配備されるのは陸自警備部隊だが、将来的には沿岸や海峡に近づく敵艦隊を撃破できる地対艦ミサイル部隊なども配置される予定だ（奄美大島は当初から両部隊を配置）。このため陸自の2019年度予算案（前年度当初予算比0・8％増の1兆8450億円）では、島嶼防衛に関連した装備の取得、研究開発などに重点が置かれている。

占拠された島嶼の奪回作戦を遂行するに当たり、遠距離攻撃が可能になる対地弾「島嶼防衛用高速滑空弾」の研究に139億円を投入（装備庁事業）。同弾は射程が長く、高高度を超音速で飛翔、突入時には弾頭が滑空して進むため、迎撃は極めて困難だ。

一方、敵艦隊の接近や着上陸に対処するため、一発で大型艦を仕留められる「12式地対艦誘導弾（改）」の研究開発に19億円を計上。改良型は火力戦闘指揮統制システム（FCCS）を有し、陸自の各装備と連接することで目標の位置の情報などを共有できる。

さらに上陸用舟艇などの各個撃破が可能な96式多目的誘導弾の後継「多目的誘導弾システム（改）」の開発に35億円を計上（装備庁事業）。同システムではミサイルの射程が延伸するほか、同時多目標への対処能力が向上、離島防衛では接近戦にも対応できる。

防空面での目玉は、ロフテッド軌道で発射された弾道ミサイルにも対処できる最新レーダー（LMSSR）を有する地上配備型の「イージス・アショア」だ。本体2基の取得などに1757億円を計上、海・空自部隊と連携し、BMD対処能力を飛躍的に向上させる。このほか防空面では03式中距離地対空誘導弾（改善型、141億円）も導入する。

島嶼防衛で陸自の"切り札"となる12式地対艦誘導弾。19年度予算ではその「改良型」の研究などに着手。改良型はネットワーク化されたFCCSを有し、各部隊の装備と連接し、統合的な戦いができるようになる

航空機ではUH1ヘリの後継となる「新多用途ヘリ（UHX）」6機を110億円で取得。エンジンを双発にしたことで安全な長距離飛行が可能となり、島嶼間での迅速な部隊展開・輸送が可能となる。21年度末から部隊配備の予定だ。

訓練の充実化も進める。即応性の高い部隊を練成するため、実弾の代わりにレーザー光線を使用する「訓練評価支援器材」（10億円）を取得。より実戦的な訓練環境で、練度の計数的な評価が可能となる。同器材を運用する「訓練評価支援隊」（仮称）を北海道の北千歳駐屯地に新編する。

新領域の能力強化では、「電子戦装置の高出力化」（3千万円）などを研究。同装置によって地上から宇宙空間にある敵の通信衛星や上空の早期警戒管制機の電波妨害が可能となり、統合作戦での有利な態勢を確立したい考えだ。サイバー領域では電算機防護システムの整備に16・1億円、人材育成に4千万円を計上した。

山崎陸幕長は年頭あいさつで「多次元統合防衛力を実現する陸上防衛力の構築に着手する」と決意を表明した。その言葉通り、陸自は島嶼防衛力の充実化を進めつつ、サイバーなど新領域でも陸上防衛力を強化する。（菱川浩嗣）

春夏秋冬

韓国はなぜ認めないのか

秋元 千明

韓国海軍の艦艇が、海上自衛隊の哨戒機に火器管制レーダーの電波を照射した問題の日韓協議が打ち切られた。韓国が事実そのものを否定し続けたからである。

これについて、防衛省は本来秘匿するはずの作戦中の映像を公開し、秘密保全に悪い影響を与えるリスクまで冒して証拠を明らかにしており、これを日本側の根拠のない作り話と一蹴する韓国側の言い分にはやはり無理がある。海上自衛隊機の低空飛行を非難するに至っては論点のすり替えと批判されても仕方がない。これに対して、韓国側が反証として公開した映像はほとんどが日本側の撮影した映像に勇ましい音楽と日本批判のコメントを載せて編集したものであり、単なる韓国国民へ向けたプロパガンダとさえ思えてくる。

この問題について欧米諸国は公式には沈黙しているが、各国の国防関係者にオフレコで見解を求めると、彼らは一様に韓国側の対応に首をかしげていた。なぜなら、軍事作戦の現場では兵士が緊張感から友軍を誤って攻撃してしまうことは常に起こりうるからだ。例えば1991年の湾岸戦争では米軍の攻撃機がイラク軍の戦車と誤認して英軍の装甲車を攻撃するなど、友軍の攻撃で死傷者が出たことが少なくなかった。

また、ペルシャ湾では1987年、イラク空軍機が米海軍の艦艇をイランの艦艇と誤認してミサイルで攻撃したり、その翌年には、米海軍の艦艇がイランの民間航空機を誤って撃墜する事件を起こしている。

こうした事件は敵と味方が交錯する軍事的な緊張場面では常に起こりうることであり、それ故、事件が起きた際には、起こした側は迅速に非を認め、損害を賠償する意思を表明することが求められる。そうすれば大きな問題に発展することはない。

今回の事件は韓国の軍艦が警戒する中、北朝鮮の船舶に対する救難活動が行われている最中に起きており、韓国側は緊張しながら任務にあたっていたことが想像できる。そこへ他国の軍用機が予期せず現れたため、これを追い払おうと韓国の海軍士官が短慮からレーダーを照射したという推測は成り立つ。もし、そうなら、韓国側は率直にミスを認めて再発防止に努めることを表明すればそれで済むことである。

それがなぜここまでこじれるのか。北朝鮮の船舶に秘密接触していたのではないかなど様々な憶測を呼んでいるようだが、それはすべて韓国側の対応のまずさが招いていることである。

（英国王立防衛安全保障研究所アジア本部所長）

朝雲寸言

北海道では大荒れの天気が続いていると聞く。雪には慣れている地域とはいえ、それでも毎日の雪かきはこたえるものである。少子高齢化の過疎の町では独居老人の家も多く、大雪が降ると隊員諸官がボランティアで屋根の雪降ろしを手伝っていたことを思い出す▼一方で、雪が少なければ少ないなりに苦労も多い。雪まつりの雪像造りのため、雪を各地から集めなければならないからだ。札幌雪まつりの雪像は大小合わせて200基余り、雪の量は大型トラック3千台分、約3万トンに及ぶ。この雪の輸送と大通り会場の大雪像の作製が自衛隊の担任であり、市民が作るやや小さな雪像の雪も自衛隊が運んできたものである。雪像造りには新雪が必要で、雪の量が少ない年は、往復何時間もの道のりを雪を積んで往復する毎日となる▼平成の体制改革によって北海道の部隊が削減され、雪まつりを支援する隊力も減少を余儀なくされた。新年を迎えてから雪まつりが終わるまで、訓練時間を十分に確保できない部隊もあるという▼「雪まつりを市民の手に返せ」と一部の反対派は叫ぶが、それを一番感じているのは自衛隊自身なのかもしれない。しかし、これほど大きく周密な雪像を短期間で作り上げることのできる組織は自衛隊以外にはいない▼今年の雪まつりは、2月4日から始まる。深夜、凍てつく気温の下、期限に間に合わせるための真摯な作業が今夜も行われている。

時の焦点

国内

日韓関係悪化

感情排す指導者の理性

あまりにも常識はずれの出来事が続く。国民の多くも戸惑い、真意を受け止めきれずにいるのではないか。

韓国のことである。

韓国海軍駆逐艦が海上自衛隊哨戒機に火器管制レーダーを照射した問題に続き、今度は「威嚇飛行」の発表である。自衛隊哨戒機が韓国軍艦艇に近接し、挑発行為を行ったというのだ。

岩屋防衛相は記者団の質問に答え、「韓国の艦艇に脅威を与える意図も理由もない」と明確に否定した。「軍艦に丸腰の哨戒機が近づいて、脅威を感じるのはむしろ哨戒機の方だ」とも語った。

まさに、その通りだろう。

韓国軍内では「自衛権的な措置」への言及まで検討されたという。レーダー照射も無論そうだが、現実の危険につながりかねない深刻な事態だ。

それでなくとも、日韓両政府は困難な問題を抱えている。昨年10月、韓国大法院（最高裁）が、新日鉄住金に韓国人元徴用工への賠償を命じる判決を確定させた。

請求権問題は、1965年の国交正常化の際に締結した請求権・経済協力協定で、完全かつ最終的に解決したことを確認している。日本は韓国に5億ドルの経済協力などを行った。この枠組みを否定すれば、日韓関係は根底から覆る。

日本政府は協議を求めているが、韓国政府は応じていない。

文在寅大統領に問題解決への意欲が感じられないのは、韓国内の反日感情を強く意識しているためであろう。レーダー照射やその後の対応、「威嚇飛行」発表も、そうした状況と無縁ではなかろう。

こうした事態が続けば、日本国内でも反韓感情が高まり、国交正常化以来培ってきた両国関係は、回復不能なほど悪化しかねない。

北東アジア情勢は、米朝首脳会談などを機に、大きく動く可能性がある。北朝鮮の核・ミサイル問題で連携し、核放棄を実現させるため、日米韓の3カ国はまさに正念場にある。

国民感情に流され、本来の責務を見失うべきではない。

国交正常化の際、韓国には、日本統治の清算が十分ではないとして、反対する声があった。日本にも、譲歩しすぎなどの批判があった。

それを抑えたのは両国の指導者だった。

当時の朴正熙大統領は国交正常化に先立って訪米し、演説に立った。自らは「反日だ」と明言しながら国交正常化の必要性を説き、こう続けた。

「われわれは、より遠い将来のために、より大きな自由の中で[illegible]次元の高い[illegible]束のために、過去の感情に執着することなく、大局的見地において果断な決断をくだしたいと考えるのであります」（『朴正熙選集3』鹿島研究所出版会）

感情を抑え、理性によって判断するのが指導者の役割である。

宮原　三郎（政治評論家）

海外

北ミサイル拠点

米朝サミット控え発覚

米民間シンクタンク・戦略国際問題研究所（CSIS）は1月21日、北朝鮮の平壌北部にこれまで未公表の極秘の弾道ミサイル基地の拠点が存在することを明らかにした。

この3日前の18日には、ホワイトハウスが、トランプ大統領と金正恩朝鮮労働党委員長の2回目の首脳会談が2月下旬にも開催予定と発表したばかりだった。

同研究所が発表した報告書によると、北朝鮮にはまだ公表していない弾道ミサイル基地が少なくとも20カ所あり、今回発見された「新五里ミサイル作戦基地」はその中でも最も古く、中核的存在という。

同作戦基地は非武装地帯の北方約130マイルの地点に位置し、軍で弾道ミサイルの開発を担当する部隊の司令部などが入っている。日本や米グアムにまで到達可能な弾道ミサイル開発の中心的役割を担ってきた。

同報告書の作成に関与した北朝鮮問題専門家ビクター・チャ氏が、NBCニュースで解説していた。同氏は一時、トランプ政権の駐韓国大使の候補に名前が挙がった人物である。

「北朝鮮は、自分たちが公表していないものに関して交渉する考えはない」

「彼らは『にせ軍縮』というイチかバチかのゲームをしているようだ。自分たちが公表した核施設を破壊、閉鎖したにしても、未公表で交渉対象ではないこれら基地すべてが依然、作戦能力を保持しているのだから」

同氏によれば、「同基地は明らかに戦略ミサイル戦力の中核」であるにもかかわらず、北朝鮮の非核化についての米朝間協議で取り上げられていた兆候は全くないそうだ。

これほどの規模と重要性を持つ北朝鮮ミサイル基地の存在を米情報機関が知らなかったなどということはあり得ない――これがまずは常識的な見方。

メディアには明かされていなくても、大統領と国防総省がこれら基地の存在事実を十分に承知していたのはほぼ確実だろう。だから、逆にそれが首脳会談を控えての懸念材料になる。NBCニュースは交渉の現状の説明を受けた元政府高官の話として、政府当局者や米同盟国はトランプ氏が大した見返りも得ずに多くを譲歩するのではないかと神経質になっている、と伝えていた。

この元高官は、米大統領は①制裁措置の緩和②平壌に連絡事務所開設――などで合意すると予想している。

もっとも、視点を少し変えれば、北朝鮮も未公表のミサイル[illegible]てもさほど重要ではない。その気になれば、いつでも破壊できると見ている節もある。

米政権の外交政策チームが対北朝鮮で「平和」ではなく、「正常化」を強調し続けているのが示唆的である。

その目標に向かって、首脳会談でトランプ大統領は外交政策成功の印象、金委員長は国際舞台での正統性を望むものを得る。これが双方に[illegible]満足しなければならない線なのだろう。

草野　徹（外交評論家）

防衛医学研究センターが発表会

6部門15人が研究成果を報告

防衛医学研究センター発表会のシンポジウムで討議する藤田教授（左端）ら登壇者。右端は座長を務めた加來教授（1月21日、防衛研究所で）

防医大の防衛医学研究センター（所沢・四ノ宮成祥センター長）は1月21日、東京・市ヶ谷の防衛研究所国際会議場で、「平成30年度発表会」を開催した。

センターの6研究部門から教職員15人が研究成果を報告し、会場では田原克志衛生監、上部泰秀中央病院長、長谷和生防医大学校長をはじめ、部隊から小川均潜水医学実験隊司令、栗田成雄航空医学実験隊司令ら約50人が聴講した。

四ノ宮センター長はあいさつで「自衛隊に寄与できるような発展的な研究を展開し、今後は陸海空自衛隊や各機関の研究組織との連携に軸足を向け、体制を強化していきたい」と述べた。

発表会の第1部では、広域感染症疫学・制御研究部門の加來浩器教授を座長に、「国際的に脅威となる感染症への自衛隊の対応を支える防衛医学研究」と題してシンポジウムを開催。

加來教授は「防衛省・自衛隊を取り巻く感染症対策の問題点と課題」について述べ、国際協力活動における感染症対策として「従来以外の新しいワクチンの導入の検討が必要だ」と指摘した。

一方、異常環境衛生研究部門の藤田真敬教授は「感染症患者の空輸」について発表。2014年に西アフリカで発生したエボラウイルス病への欧米各国の対処を例にとり、「西アフリカから日本までの空輸を考えると少なくとも20時間を要する。欧米の技術に匹敵する準備が必要だ」と強調した。

第2部では、外傷研究部門の齋藤大蔵教授が「防大との連携研究」と題して、外傷・救急領域におけるビッグデータを用いた人工知能（AI）研究を報告した。

最後に長谷防医大学校長が「センターは個性的でバラエティに富んだ研究を行っていると実感した。今後は臨床の先生方を巻き込み、学外の各組織との人的交流も深め、実際に隊員に利用できる段階にしていくことを目指したい」と講評した。

日ASEAN招へいプログラム

2回目を開催

日本と東南アジア諸国連合（ASEAN）との防衛協力の指針「ビエンチャン・ビジョン」に基づく取り組みの一環として、1月28日、2回目となる「人道支援・災害救援（HA/DR）に関する日ASEAN招へいプログラム」が防衛省などで始まった。2月1日まで。

同プログラムには、ASEAN全加盟国と同事務局から佐官級の14人が来日した。

今回は、日本とラオスが拡大ASEAN国防相会議（ADMMプラス）で「HA/DR専門家会合」の議長国（2014～16年）を務めた際に取りまとめた多国間調整所の標準手順書に基づき実施。大規模災害時の多国間協力に関するセミナーをはじめ机上訓練、陸自12旅団（相馬原）への部隊視察などを行っている。

山崎陸幕長は1月24日の記者会見で「手順書をASEAN地域に普及することで、各国の能力向上を図っていきたい」と意義を語った。

「情報セキュリティ」懸賞論文

――防衛基盤整備協会――

優秀賞など5件を表彰

防衛基盤整備協会は1月22日、都内のホテルで平成30年度「情報セキュリティに関する懸賞論文」の表彰式を行い、優秀賞2件、佳作2件、特別賞1件の各代表者に鎌田昭良理事長からそれぞれ表彰状が贈られた。

[illegible]

防衛基盤整備協会の鎌田理事長（壇上右）から表彰状を贈られる受賞者（1月22日、東京都新宿区のホテルグランドヒル市ヶ谷で）

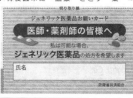

[illegible]

共済組合だより

皆さまは「ジェネリック（後発）医薬品」をご存知ですか？　ジェネリック医薬品は、医師が処方する医薬品で、先発医薬品（新薬）と比べて安価で、なおかつ有効成分や効き目は同じです。

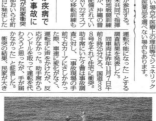

有効成分や効き目は同じ「ジェネリック医薬品」
薬代や医療費の抑制のためご利用を

[illegible]

切り取り線
ジェネリック医薬品お願いカード
医師・薬剤師の皆様へ
私は可能な場合、ジェネリック医薬品の処方を希望します
氏名
防衛省共済組合

陸自が米海兵隊と実動訓練

「フォレストライト」

[illegible]

運転手が疾病で意識失い事故に

[illegible]

中国艦3隻宮古海峡を航行

[illegible]

防衛省発令

[illegible]

昭和基地への物資輸送完了

南極の昭和基地で昨年末から文部科学省の第60次南極地域観測隊を支援している海自の砕氷艦「しらせ」（艦長・宮崎好司1佐以下乗員約180人）は1月14日、同基地への燃料や食料などの物資輸送業務を完了した。

現在、乗員たちは昭和基地以外の観測拠点へのCH101輸送ヘリコプターを使った物資輸送、ゴミや廃材など持ち帰り物資の艦への積み込み作業などに従事。このほか、59次、60次両観測隊員と共に野外観測支援や基地施設の設営支援などに当たっている。

「しらせ」は昨年12月25日、厚さ1・5メートルの多年氷を割りながら昭和基地の沖合約500メートルの定着氷に"接岸"。同日から艦内にパイプラインを展張し、27日までに498・4トンの燃料を輸送した。

食料などは雪上車やCH101ヘリを使い、999・4トンの物資を基地に運んだ。

この間、正月には「しらせ」艦内で新年を祝ったほか、8日には「成人式」も行われ、南極で成人を迎えた乗員4人の門出を先輩たちが祝った。

ビッグレスキュー　その時に備える　第12回

「平成30年豪雨災害」を受けた広島県の対応について

広島県　山本　雅治氏
広島県危機管理監
危機管理課防災担当監
（元陸将補）

1　はじめに

平成30年7月豪雨により、広島県内では109名の方が亡くなられたほか、未だに5名の方が行方不明のままです。広島県にとっては戦後最悪の豪雨災害となりましたが、政府をはじめとした各関係機関、防衛省・自衛隊には全国から大変なご支援を頂き、感謝以外の何ものでもありません。

その4年前の平成26年8月（当時、私は広島・海田市の第13旅団司令部勤務）の豪雨災害（77名（関連死3名を含む）の方が亡くなり、私自身も地元部隊として災害派遣に参加しましたが、まさか4年後にこれだけの甚大な被害を伴う災害が起こるとは夢にも思っていませんでした。

それだけ近年の自然環境が急激に変化していることを肌身で感じています。以下、今回の豪雨災害を受けて、広島県が今後、危機管理の観点から取り組む施策について紹介します。

2　広島県の特性

4年前当時より、県内には土砂災害危険区域が日本一多い（特に危険な場所は約5万カ所と言われている）県とされており、今回は県内の広範囲にわたり甚大な被害を受けました。

ご承知の通り、県北は中国山地で冬季は積雪も多く、南部は瀬戸内海に面しており、かなり温暖な気候です。ただし、土質は「花崗岩」と「まさ土」であり、風化した「コアストーン」の隙間に雨が浸み込み、土砂災害が起こりやすい地質であると言えます。

平野部が極端に少ないがゆえ、人が住むための適地として、河川沿いや山麓の谷沿いに住宅地は集中しており、危険区域に指定されていても、過去災害が起こっていないことや、先祖から受け継いだ地域から離れないという「人間の性（さが）」から住居を移動するという選択肢はありません。

その結果、ひとたび災害が発生すると、人口密集地域においては甚大な被害をもたらすことになるのです。

3　広島県の対応

県は、4年前の災害を受けて平成27年度から『「みんなで減災」県民総ぐるみ運動』を展開し、災害死ゼロを目標として着実に成果を積み上げてきました。

特に、「知る」「察知する」「行動する」「学ぶ」「備える」という五つの行動について、まず「知る」ことを重視して取り組んでいました。

内容は、「自分たちの住んでいる地域の危険性を知って下さい」「避難所を知って下さい」「避難経路を確認して下さい」「そして実際に歩いてみて下さい」などで、その啓発推進を図ったところ、災害の種類に応じた避難場所・避難経路の確認は平成26年度から約40ポイント増加しましたが、実際の避難行動に結びついていなかったのが現実です。

広島県を襲った「平成30年7月豪雨」への対処で、調整会議を行う国・自治体・自衛隊などの関係者。奥左から3人目が山本防災担当監（いずれも広島県庁で）

未だいろいろな検証作業を進めている段階ですが、以下、7月豪雨を踏まえた取り組みの方向性について「自助」「共助」「公助」の観点で説明します。

（1）　自助

先に述べた通り、市町が「避難勧告」等を発令したものの、実際に避難した人は少なかったわけで、情報を伝えるだけでは避難行動に結び付かないことがわかりました。

では、どうしたら避難行動に結びつくのか、避難時の意思決定プロセス等について、防災や行動科学等の知見を総動員して研究する予定です。

・自分たちが住む地域の危険性を正しく認知させること
・他人事ではなく自分事として捉えさせること
・CG等技術により家の近くで災害が発生した場合をビジュアル化する

（2）　共助

これまでの取り組みにより、自主防災組織の「組織率」「活性化率」は一定程度高まってきましたが、その活動内容を十分に把握できておらず、「避難行動」につなげる取り組みが弱いと考えられるため、今後は、自主防災組織に対する取り組みを「活性化」から、次の段階の「避難行動の実施・支援」を目的とした「質と量」の強化につながる取り組みにシフトしていくことを検討しています。

・市町と自主防災アドバイザーと連携し、「災害危険個所」や「避難経路」を実体験し、自主防災組織が独自に防災マップを作成して地域毎共有を図ること
・防災アドバイザーのスキルアップ研修
・一つの自主防災組織に防災リーダーが複数名存在すること

（3）　公助

本県では、4年前の土砂災害を受け、市町においては「首長をはじめとして迅速な初動対応がとれること、避難勧告等の発令基準の設定や各種マニュアルの整備等の事前の対策が講じられていること」があるべき姿との認識のもと、平成27年度から「市町防災体制総点検事業」として市町への支援事業を進めてきました。

陸自13旅団などの連絡幹部と調整する山本防災担当監（右）

こうした取り組みを進める中で、30年7月豪雨が発生し、早急に県・市町の災害対処能力の底上げが必要であると認識しています。

・市町職員と一体となって命に係わる事項を優先してマニュアル等を整備
・首長を含む関係者を対象とした防災セミナーの実施
・首長を含む図上訓練実施支援

以上、30年7月豪雨を受けて、危機管理の観点から今後の施策について紹介しましたが、行政の世界では、危機管理に携わる人員配置は市町を含め十分ではありません。ましてや専門的な組織ではないため、通常通りの異動もあり、成果を蓄積することがなかなか難しいのです。

そういった根本的な課題もありますが、いろいろな他自治体・組織との情報共有を図りながら試行錯誤している状況です。

4　おわりに（現役自衛官の皆さんへ）

現在、私は広島県危機管理課防災担当監として行政の世界に身を置いています。

特に、自衛隊という組織は「動いてなんぼ！」の世界ですが、行政は直ちに動くというよりも、しっかり熟慮したうえで審議し、議会に諮って、やっと物事が決まるという世界です。

当然のことながら自衛隊においても、そういった時間をかけて物事を決める分野もありますが、行政の世界ではほとんどの業務がそうなのです。

よって、組織上も危機管理的運用が可能な体制ではないため、緊急事態においては、自衛隊・警察・消防等の実動組織に頼らざるを得ません。

行政にとっては「最後の砦である自衛隊」は頼もしく、かつ、とてつもない大きな組織であるといえますが、半面、自衛隊のことをほとんど知らないというのが実情です。

そういった意味では、我々自治体に勤務する自衛官OBは現職自衛官と連携しながら、自衛隊のことを少しずつでも理解してもらえるよう努力することが重要であると思います。

また、今後、自衛官OBを採用する自治体が増加するものと思われますが（少なくとも広島県内は採用自治体が急増）、自衛官にとって危機管理業務は、日頃から実施している業務であるため、仕事内容に全くと言っていいほど違和感はありません。

今後、定年を迎える自衛官の方は、是非とも自治体の危機管理業務に従事して、自衛隊という組織を行政の世界に広めて頂きたいと思います。

『しらせ』

燃料輸送や施設設営支援も

南極で新年を迎え、その正月行事として「第60次南極観測」を記念し、飛行甲板上に「60」の人文字をつくり、決意を新たにする「しらせ」の乗員たち（1月1日）

南極の沈まぬ太陽の下、静かに新年を迎えた「しらせ」＝多重露光撮影

昭和基地沖に到着し、燃料輸送の配管を繰り出してパイプラインを展張する乗員たち（12月25日）

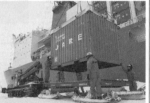

氷上輸送では、「しらせ」からコンテナを貨物ソリに降ろし、雪上車がけん引して昭和基地に運んだ（12月29日）

太陽の沈まない極地で

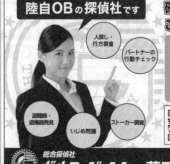

「しらせ」の艦上でジャンプし、飛躍を誓う新成人の（左から）今野、上川内、浜田、佐藤各士長（1月8日）

4人の新成人を祝福

【しらせ】昭和基地に停留中の砕氷艦「しらせ」は1月8日、"平成最後の新成人"となる若手乗員4人のひと足早い「成人式」を行った。

南極で成人を迎えたのは運用科員の今野瑠威士長、航海科員の上川内佑一士長、船務科員の浜田純也士長、機関科員の佐藤駿彦士長。艦の総員が4人を祝福する中、式では氷上での記念撮影、各自の所信表明、艦長との会食などが行われた。遠く離れた母港の横須賀市からも市長のお祝いメッセージが届き、太陽の沈まない極地での希少な成人式となった。

上川内士長は「南極で成人式を迎えることができてとても光栄に思います。今まで育ててくれた両親に心から感謝するとともに、いろいろなことに挑戦して自分の可能性を広げ、立派な大人になれるよう励みます」と抱負を述べた。

「しらせ」から物資を運び、昭和基地のヘリポートに着陸する艦載のCH101輸送ヘリ（1月13日）

昭和基地の大気レーダー「PANSYレーダー」の除雪作業を行う乗員たち（1月5日）

部隊だより

陸

東千歳　北方混成団は11月15日、千歳市内で「国内外情勢と北方混成団の活動」をテーマに講話を開いた。混成団の後援会員ら32人が聴講し、胆振東部地震での52普連（真駒内）の活躍も併せて紹介。厚真町などでの生活支援を写真とともに解説したほか、即応予備自制度の採用側のメリットも説明したところ、企業主の後援会員は関心を示していた。

神町　20普連の隊員21人はこのほど、山形県長井市内で開催された「県高等学校駅伝競走大会」を支援した。本部管理中隊通信小隊長の吉田祐紀2尉を支援隊長に、車両10両で出発。男子生徒がフルマラソン、女子生徒がハーフマラソンで力走する中、隊員たちは役員の輸送や通信機材を用いた支援などを行い、円滑な大会運営に貢献した＝写真㊦。

勝田　駐屯地は11月4日、「駐屯地・施設学校開設67周年記念行事」を開催、約9500人の来場者が訪れた。観閲式で腰塚浩貴司令は国内外での施設科の活躍・役割などを紹介し、「国民、そして地域の皆さまの期待と信頼に応える駐屯地・施設学校を実現します」と述べた。会場内では94式水際地雷敷設装置の体験試乗が親子連れに人気だった＝写真㊦。

下志津　高射学校は12月15、16の両日、四街道市文化センターで音楽祭を開いた。同校音楽隊は「西郷どんのテーマ」「パニックキッチン協奏曲」などを演奏＝写真㊦。和太鼓やエイサー隊の演舞などで観客を楽しませた。このほか、近隣の中学・高校の吹奏楽部の生徒も参加し、「ディズニーランド・セレブレーション」など4曲を音楽隊と協演した。

松本　13普連は11月16日、駐屯地で旅団レンジャー集合教育の「帰還式」を行った。訓練は2普連（高田）で8月6日から約3カ月間にわたって実施。「レンジャー徽章」を着けた13普連本部管理中隊と1、2中隊の計5人は、岩原傑連隊長に教育修了を報告した。連隊長が5人を激励すると、集まった300人の隊員たちから拍手が送られた。

島松　駐屯地は11月19日、「駐屯地さくらの会」から寄贈された3本の桜の苗木を「記念植樹」した。今回で13回目の植樹で、駐屯地司令の大森丈義将補や各部隊長などのほか、さくらの会から谷川睦子会長らが参加。今までに植樹された181本の桜は駐屯地内の各所でたくましく成長、その風景は駐屯地と協力団体の絆を表している。

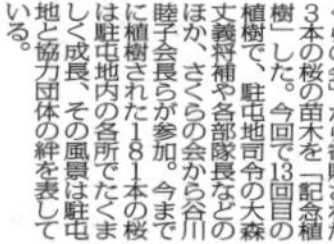

滝川　駐屯地はこのほど、地元の明苑中学校など4校の生徒に対し、「職場体験学習」を行った。生徒たちは駐屯地の史料館を見学し、基本教練で自衛隊の規律について学習。コンパス行進では教官が提示した各種状況に取り組み、団結力を高めた。昼食は野外の訓練場で喫食し、参加者は「青空の下で食べる食事はおいしい」と満喫した＝写真㊧。

名寄　駐屯地業務隊は12月13、14の両日、レクリエーションセンターで「生涯生活設計セミナー」を開催した。保険会社や銀行、証券会社など計17社の講師が訪れ、計約100人の隊員が受講。「若年隊員の生活設計」「財産管理」など11項目のテーマから関心のあるものを選んで聴講し、参加した隊員は「今後の人生設計に大変参考になった」と話していた。

軽装甲機動戦士　新ヒーロー　イタヅマン出動!?

橘連隊　エンジン音響かせ　精強に

山梨県内の遊園地「富士急ハイランド」でこのほど、山梨地本と1特科隊（北富士）が陸自の車両を展示するイベントを行った。その会場に突然〝ロボット〟が現れ、子供たちから大歓声が起きた。このロボットこそ、陸自34普連（板妻）が売り出し中の「軽装甲機動戦士イタヅマン」だ！

「イタヅマン」は板妻駐屯地で〝開発〟されたオリジナル・キャラクターで、昨年4月の駐屯地記念行事でデビュー。その後、SNSなどで全国にもその存在が知られるようになり、自衛隊ファンからも注目されている。

「イタヅマン」のコンセプトは、昨今の可愛い「ゆるキャラ」ブームの逆を行くもので、自衛隊らしい〝精強さ〟を心掛けたという。「イタヅマン」の着ぐるみの〝装甲部分〟には訓練で使った廃材なども活用し、いかにも強そうだ。

ロボットの双肩に刻まれた「橘」と「34」の印字は、34連隊の別名「橘連隊」を表し、腕にはクラッカーなども装備。

軽装甲機動車のフロントを模した胸部に内蔵されたスピーカーからは、録音したエンジン音が響く仕掛けになっている。

この日のイベントには、34普連から「イタヅマン」のほか、ラッパ隊や「板妻橘太鼓」など隊員24人が参加。その中でも「イタヅマン」は終始、子供たちに取り囲まれる人気だった。（板妻）

集まった子供たちに精強な陸自34普通科連隊をアピールする「軽装甲機動戦士イタヅマン」（山梨県富士吉田市の富士急アイランドなどで）

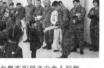

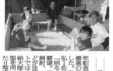

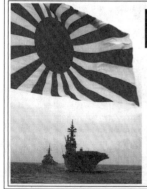

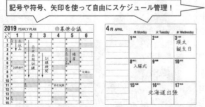

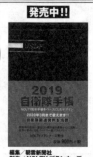

ステージ上で演奏を披露するラッパ隊と「板妻橘太鼓」

34普連イチオシ

福岡　駐屯地は11月22日、近隣の大野幼稚園の園児32人の訪問を受けた。訪問は翌日の勤労感謝の日に合わせて行われ、自衛隊に感謝の気持ちを届けたいとの申し出により実現。園児たちは「災害時に命を助けてくれてありがとう」「僕も大きくなったら自衛隊に入りたい」と話し、感謝状と花束を白田正俊駐屯地業務隊長に手渡した＝写真㊦。

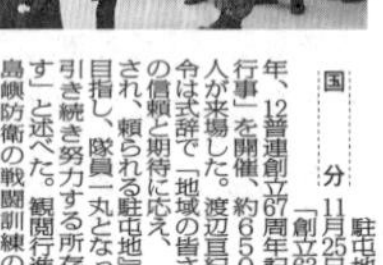

桂　駐屯地は11月11日、「創立64周年記念行事」を実施、過去最高の約6100人が来場した。駐屯地司令の椰林寿弘1佐は式辞で「融和団結」「明るく楽しく」の2点を要望。訓練展示ではゲリラ掃討、ヘリでの患者輸送などが注目を集めた。イベントでは中方後支隊101補給大隊の野外入浴セット2型を用いた足湯が好評だった＝写真㊤。

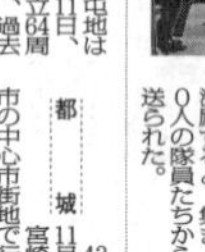

国分　駐屯地は11月25日、「創立63周年、12普連創立67周年記念行事」を開催、約6500人が来場した。渡辺亘紀司令は式辞で「地域の皆さまの信頼と期待に応え、『愛され、頼られる駐屯地』を目指し、隊員一丸となって引き続き努力する所存です」と述べた。観閲行進、島嶼防衛の戦闘訓練のほか、自衛隊カレー1300食の無料配布も行われた。

都城　43普連は11月23日、宮崎県都城市の中心市街地で行われた「島津発祥まつり」に参加した。まつりでは、市民たちが都城の歴代当主や子供武者などに扮する一方、34人の隊員たちは戊辰戦争に加わった「都城私領一番隊」になりきった。参加者は都城島津邸から都城神柱宮までの約2キロを隊列を組んで練り歩き、沿道の観客から拍手と声援が送られた。

空

入間　2輸空は11月30日、「創設60周年記念行事」を開催した。歴代の隊司令など約250人が臨席。式辞で太田徹隊司令は「昭和34年の運航開始以来、殉職者を出さずに任務を遂行してきた。これも諸先輩方の努力と隊員が持ち場を守った賜物だ」と述べた。式典後には同記念塗装を施したC1輸送機を背景に、全員で記念撮影を行った＝写真㊨㊤。

立川　航空中央音楽隊は12月14日、立川市市民会館で開かれた「チャリティクリスマスコンサート」で約1180人の聴衆を前に演奏した。1部では松井徹生隊長の指揮で、組曲「惑星」から「火星」などを披露。2部では芳賀大輔1尉以下のビッグバンド編成が主体となり、ハンドベル演奏や木管・金管5重奏でクリスマスの雰囲気を演出した＝写真㊨㊦。

浜松　広報館は11月10、11の両日、2術校が保有する基地防空用地対空誘導弾などの展示イベントを行った。市民が日頃は見ることができない81式短距離地対空誘導弾射撃統制装置・発射装置などを展示したほか、約1時間ごとに5分程度の作動展示も実施。来館者は「こういった装置で（有事に）備えていることを初めて知りました」と感想を話した。

海

大湊　水中処分隊は11月20～22日、青森県内の各消防署から選抜された署員20人に「潜水研修支援」を実施した＝写真㊤。水難救助員の練度向上を支援し、地域の防災体制の充実に寄与することが目的。署員は基地内の訓練プールで潜水の基本的な指導を受けた後、大湊港で索（つな）を使用した目標捜索訓練や水難事故を想定した水中捜索要領を行った。

武山　横音は11月10日、横須賀市主催のイベントで演奏した。駐日フランス公使らを迎えた「ヴェルニー・小栗祭式典」では「ロレーヌ行進曲」などを披露。来日していた仏海軍軍楽隊はバグパイプで同国ブルターニュ地方の伝統音楽を奏でた。「開国史研究会シンポジウム」では、ヴェルニー・小栗祭式典で粟津芳紀3曹と渡邊彩乃3曹が「横須賀市歌」を歌った。

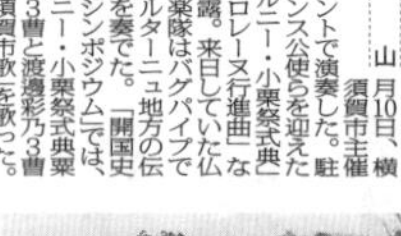

江田島　1術校と幹候校は12月1日、地元ボランティア団体「野登呂山森保存の会」会員と真道山の整備を行った＝写真㊤。同山はかつて海軍の鍛錬と憩いの場だったが、海兵出身者たちが旧能美町の人と全国各種の桜を植え、今では桜並木が見どころの観光地となっている。当日は山頂付近の景観の確保に重点を置いて整備を行い、真道山へ〝恩返し〟をした。

舞鶴　教育隊はこのほど、「15期自衛官候補生課程学生」の入隊式を行った。中尾剛久総監は訓示で「謙虚に学べ」「同期の絆を大切にせよ」の2点を要望。続いて、松田辰雄教育隊司令が「とにかく一生懸命やってみよう。それは夢を叶える原動力となるはずだ」と述べた。18歳から27歳までの53人の新隊員は今後、練習員課程に入り2月に修業する。

那覇　岩屋防衛相は11月11日、就任後初めて沖縄を訪れ、海自那覇航空基地、空自那覇基地、陸自那覇駐屯地を視察した。大臣は海自5空群で、「日本の守りの第一線である南西地域を視察したいと思っていた。昼夜を分かたず守りに当たっていただいている諸君に感謝する」と隊員たちを激励。その後は初任海士一人一人と握手を交わした＝写真㊤。

新年の飛躍を誓い、訓練開始！

瀬戸内海の上空を編隊飛行

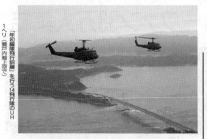

「年初編隊飛行訓練」を行う14飛行隊のUH1ヘリ（瀬戸内海上空で）

瀬戸内海の上空を編隊飛行

14旅団 北徳島分屯地上空から旅団長が訓示

【14旅団＝善通寺】14旅団は1月10日、14飛行隊（隊長・兼子勇一2佐）による「年初編隊飛行訓練」を行った。

今年一年間の航空無事故を祈願するとともに、機動旅団化2年目の決意を新たにし、旅団全体の団結を促す目的で行った。

寒風が肌をさす10日早朝、小和瀬一旅団長を乗せて善通寺駐屯地を離陸したUH1ヘリ3機は、朝日で茜色に染まった瀬戸内海の上空を編隊で北徳島分屯地に向かった。

小和瀬旅団長は北徳島分屯地の上空から無線で地上に整列した14飛行隊の隊員に、空中機動力を有する唯一の部隊としての重責について訓示した。

7普連の訓練始めとして行われた「バトラー競技会」で、40個小隊の頂点を目指し戦闘行動をとる隊員たち（長田野演習場で）

緊迫の状況下、白熱の戦闘展開

7普連が連隊バトラー競技会

【7普連＝福知山】7普連は1月8日から11日にかけ、訓練始めとして長田野演習場で「連隊バトラー（レーザー交戦装置）競技会」を行った。連隊に所属する40個小隊が参加し、部隊の基本的行動、隊員の基礎動作の向上を図るとともに、中隊の団結強化を目的に、競技はトーナメント方式で実施された。

昨年は5中隊迫撃砲小隊の優勝で幕を下ろした連隊の競技会。その後、各隊は2019年最初の優勝を目指し練成を続けてきた。競技会はその成果を存分に発揮、白熱した試合が連日繰り広げられた。

戦闘は緊迫した状況下、隊員が相互に連携して敵に接近、砲迫の火力要求を適切に行って敵を粉砕した。この間、負傷者が発生すると第一線救護や後送を迅速に行い、仲間を助けた。

年明け早々の4日間に及んだ苛烈な戦闘を制し、2中隊3小隊が新年最初の栄冠を勝ち取った。

新雪の中を隊列を組みスキー機動する岩見沢駐屯地の隊員（孫別演習場で）

2.8キロを行進

岩見沢 スキー機動で訓練始め

【岩見沢】駐屯地は1月7日、駐屯地と隣接する孫別演習場でスキー機動の訓練始めを行った。

訓練には12施設群、101施設直接支援大隊2直接支援中隊、業務隊、345会計隊岩見沢派遣隊、314基地通信中隊岩見沢派遣隊、120地区警務隊岩見沢連絡班から隊員が参加。スキー機動で約2.8キロのコースを行進した。

行進を終えた隊員はすがすがしい表情で1年の始まりを体感。

その後、業務隊が用意した熱々の豚汁が隊員たちに振る舞われた。

女性チームで参加

海八戸 航空管制競技

【海八戸】平成30年度航空集団術科競技（航空管制）がこのほど、厚木基地の航空管制隊で行われ、八戸航空基地隊は同競技史上初となる「女性自衛官のみで構成されたチーム」で参加した＝写真。

保有資格、実務経験、ベテランと若手の融合といったバランスのとれたチーム形成を図った結果、4人の女性管制官が選ばれた。

八戸航空基地では育児や介護といったさまざまな事情を抱えながら勤務する多くの女性隊員が活躍している。今回の競技会でも、両親や夫に幼稚園送迎を託して厚木での競技に参加した隊員もいた。

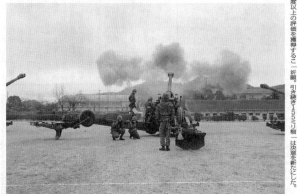

5普連は「中隊対抗アキオ曳行リレー」で新年をスタート、女性自衛官チームも活躍した（青森駐屯地で）

アキオ曳行リレーで新年スタート

5普連 女性自衛官チームも活躍

【5普連＝青森】5普連は1月8日、「中隊対抗アキオ曳行リレー」で新年の訓練をスタートした。

古賀博彦連隊長率いる連隊本部を先頭に、中隊ごと訓練会場まで駆け足で移動、自衛隊体操で身体をほぐした。

その後、中隊対抗のアキオ曳行リレーに移行。各中隊は80人を4人1組に編成し、アキオを曳いてのリレーに臨んだ。足場の悪い雪上で転倒する隊員や、元気な女性自衛官チームなど、応援勢も大いに沸いた。

結果は、4中隊が新年初勝利を獲得。閉会式で古賀連隊長は「アキオ曳行要領の差が勝敗の要因となった」と述べ、他の中隊も次回の競技に向け精進を誓った。

綱引き大会で一致団結

40普連 トーナメント形式で対戦

【40普連＝小倉】40普連は1月7日、訓練始めとして「中隊対抗綱引き」を行った＝写真㊧。

部隊の団結強化と士気高揚を目的に、小倉駐屯地体育館で6個中隊と連隊本部がトーナメント形式で対戦した。

会場は声援で熱気につつまれる中、各チームは一致団結し、敵チームを自陣に引き込もうと全力を出し切っていた。

徒歩行進と史跡研修

49普連 豊川海軍工廠平和公園まで

【49普連＝豊川】49普連は1月7日、訓練始めとして「豊川海軍工廠平和公園」への徒歩行進と史跡研修を行った＝写真㊦。

訓練に先立ち前野直樹連隊長は「今年3月、創隊15周年の節目を迎え諸行事も予定されている。今年も連隊一丸となり頑張ろう」と力強く隊員を鼓舞した。

続く徒歩行進は連隊本部を先頭に3個梯隊に分かれ、約4キロを前進。到着後はグループごと「平和交流館」で海軍工廠の歴史を学んだ。

ここには戦時中の空襲で破損した建築物が当時のまま保存されているほか、火薬庫、信管置場、防空壕の跡なども残り、隊員たちは地元ボランティアの説明で地域の歴史を学んだ。

新年の飛躍を誓い、155ミリ榴弾砲FH70の空包射撃訓練を行う3特科隊員（姫路駐屯地で）

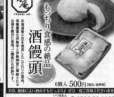

空包射撃訓練を実施

3特隊 155ミリ榴弾砲FH70など

【3特隊＝姫路】3特科隊は1月10日、姫路駐屯地で年頭行事を行った。

堀川佳紀隊長は年頭の辞で「本年最大の目標は師団特科隊検閲と実射練度点検で昨年度以上の評価を獲得すること。いま一度、自らの役割を自覚し、努力を惜しむことなく、全身全霊で任務完遂を」と述べた。

続いて各中隊の装備品に御神酒を捧げ、一年間の安全を祈願。引き続き155ミリ榴弾砲FH70などの空包射撃訓練を実施し、新年の飛躍を誓った。

最後に堀川隊長を先頭に全隊員で「制圧」を行い、大きな掛け声が響く中、各部隊は決意を新たにした。

飛行場応急復旧隊 小松基地で訓練

航空支援集団

【支援集団＝府中】空自航空支援集団はこのほど、大規模震災などで被災した飛行場の機能回復を目的とする「飛行場応急復旧隊（CRT）」の総合訓練を小松基地で実施した。

CRTは既存の人員・装備で編成する臨時の部隊で、東日本大震災で被災した松島基地などを教訓に、3年前から支援集団が独自に態勢を整えてきた。

大規模震災で被災した飛行場のうち、CRTは救援機などの空輸拠点となる飛行場の機能回復をはじめ、気象観測、航空情報等の提供、端末地業務などの機能確保を任務としている。

CRTの総合的な訓練は入間に続いて2回目。輸送機で要員や装備品を派遣しての訓練は今回が初めてとなった。

訓練は、先に小松入りした先遣班が基地から機能回復に必要な装備品を準備し、C130H輸送機で到着したCRT指揮官以下約50人は、空輸により展開。その後、CRT派遣準備計画等に関する教育を行った。

翌日は被災飛行場を想定した滑走路付近で指揮所の設営、気象観測、航空情報などの提供、端末地業務などを訓練した。さらに、中部（？）

内局と近畿中部防衛局の施設整備調査チーム（ERFORCE）も支援部隊として加わり、滑走路の被害状況や輸送調整などを行った＝写真㊧。

オートバイで耐久レース

15偵察隊

【15旅団＝那覇】15偵察隊は12月13日、那覇訓練場でオートバイ耐久競技会を行った。

競技には偵察小隊が参加し、ぬかるんだ悪路や障害物を設置したコースの周回数を競う「20分耐久レース」を実施。偵察隊員として必要な操縦技術を磨いた。

15偵察隊の2曹は「日頃の訓練の成果を十分に発揮し優勝することができた。若い後輩もメキメキ実力をつけてきているので、負けないようにさらに鍛えていきたい」と話していた。

総合戦闘射撃競技会

4中隊が接戦を制す 21普連

【21普連＝秋田】21普連は12月15〜16日の両日、岩手山演習場で「総合戦闘射撃競技会」を実施した。

連隊所属の4個普通科中隊が、特科中隊1個小隊を含む「増強普通科中隊」として、一連の流れの中で競い合った＝写真。

各中隊は集結地から数的に優勢な敵に対し突撃を敢行。小銃、機関銃、狙撃銃などを使い、固定的とポップアップ的をそれぞれ狙い、点数を競った。

競技の結果、全火器で高得点を記録した4中隊が接戦を制して栄光をつかんだ。

如月、梅見月、初花月、仲春——2月。3日節分、7日北方領土の日、11日建国記念日、14日バレンタインデー、16日天気図記念日。

第70回さっぽろ雪まつり　4〜11日　昭和25年に地元中・高校生が当時雪捨場だった大通公園で雪像6体を作ったのをきっかけに始まった冬の札幌を代表する観光イベント。陸自が雪像作りに協力している。

梅花祭　25日　菅原道真を祀る北野天満宮(京都市上京区)で約900年前から続く伝統行事。冠に菜の花をつけた神職による神事や豊臣秀吉が催した北野大茶湯にちなんだ芸妓による野点などが行われる。

東京オートサロン2019　モーターファン33万人集結

千葉・幕張メッセで開催

「既存のクルマをどこまでカスタマイズできるか」「エンジンのチューニングで走行性能をどれだけ高められるか」——。世界最大のカスタムカーイベント「東京オートサロン2019」が1月11日から13日まで千葉市で開かれ、900台を超えるチューニング・ドレスアップカーが出展された。オフロード車では、災害派遣活動に投入できそうなクローラー(履帯)装備車やユニークな改造車もあり、注目を集めた。

ユニークな改造車　ズラリ！

走行性、安全性、乗り心地アップ

年明けの人気イベント「東京オートサロン」は幕張メッセの全会場を使って開かれ、過去最高33万人のモーターファンでにぎわった。

雪上用の「ジューク」

豪雪時、救助用の“雪上車”として使える車両として注目を集めたのが日産の「JUKE Personalization Adventure Concept」。市販車「ジューク」をカスタマイズし、タイヤに替えてゴム履帯のクローラーを装着したのが特徴だ。

三角形の大型クローラーにより車高も上がり、深い雪の中でも走行できる。このため豪雪災害時など、路上で動けなくなった車両乗員の救助などに使えるという。

同車はクローラーに合わせたボディーデザインで、見た目もスマート。特にクローラーに覆いかぶさるオーバーフェンダーがワイルド感を高めている。また、サスペンションのストローク(上下可動幅)部分も強化され、走行性能や乗り心地も高めている。

生存性高めた「ジムニー」

アウトドア向けの車両で特に人気だったのがスズキの新型軽四駆「ジムニー」だ。この車両を基にしたコンセプトカー「ジムニー・サバイブ」の周囲には多くのファンが集まっていた。

転倒時にボディーを守るアウターロールゲージやプロテクターも装備し、外観はよりワイルドに。さらに足回りなども強化、「厳しい自然の中でサバイブ(生存)ができるクルマ」になっているという。

ハイテク化の「デリカ」

ハイテクによる悪路走破性と安全性を高めたのが三菱自動車のミニバン「デリカD:5(ディーファイブ)」だ。縦型大型LEDヘッドライトが従来車と一線を画す。最先端テクノロジーのレーダー・クルーズ・コントロールシステム「ACC」、衝突被害軽減ブレーキシステム「FCM」、車線逸脱警報システム「LDW」などを完備している。

もちろん、ボディーの安全性も強化され、車体フレームは乗る人を包み込む堅牢な環状骨格構造だ。悪路での操縦安定性が確保されている。

カスタムカーいろいろ

同イベントには“目立つクルマ”も多数出展していた。車体塗装会社ローハン(奈良県天理市)は、ボディー全体をメタリックにし、その全面に彫刻をした「シボレー・インパラ」を出展し、来場者の度肝を抜いた。

キャンピングカーメーカーのウィード(兵庫県三木市)は、車両の屋根やトレーラー上にテントが展張できるアウトドア用パーツを出展。車両ルーフに取り付ける「X—COVER」は、横に広げれば大人3人が宿泊できるテントが立ち上がる。

このほか会場では世界の各ラリーに参戦した名車の数々も展示。インディカーレースで優勝経験があるドライバー佐藤琢磨氏がファンの前でトークを行うなど、会場は熱気に包まれていた。

AI化や自動化で「キカイ(機械)」の範ちゅうを超えるクルマが近年多くなっているが、日本にはまだまだ「車体の改造を楽しむ」根強いファンが多いことを教えてくれるイベントとなった。

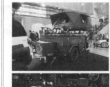

タイヤに替え、ゴム履帯の「クローラー」を装着した日産自動車の「JUKE Personalization Adventure Concept」(いずれも千葉市の幕張メッセで)

(上)「X—COVER」は、車のルーフやトレーラー上にわずか3分で大人3人が宿泊できるテントが立ち上がる(下)ローハンが出展したボディーをメタリック塗装し、彫刻も施した「シボレー・インパラ」

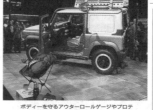

ボディーを守るアウターロールゲージやプロテクターを装備したスズキの「ジムニー・サバイブ」

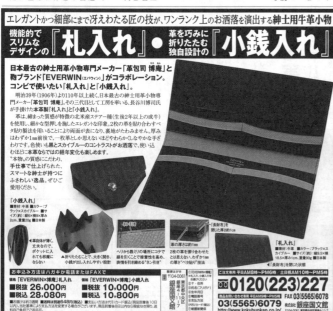

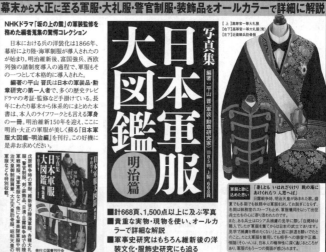

モータースポーツの魅力を語るインディカー・ドライバーの佐藤琢磨氏(中央)

マイヘルス Q&A

気管支喘息

発作的に気道狭くなる　吸入ステロイドなどで治療

Q 気管支喘息とはどんな病気ですか。

A 空気の通り道である気道の炎症が持続し、さまざまな刺激に敏感になって発作的に気道が狭くなることを繰り返す病気です。日本では子供の8〜14%、大人の9〜10%が喘息といわれています。喘息の人の気道は症状がない時にも気道の炎症は存在していて、正常な気道ではなんともないような、わずかな刺激でも、発作が起きてしまいます。

Q どんな症状がありますか。

A 発作的に咳や痰が出て、息苦しくなります。ゼーゼー、ヒューヒューと音がすることがあります。症状は夜間や早朝に出やすく、季節の変わり目や、気温差の大きい時、天気が良くない時、風邪をひいた時などに起こりやすい傾向があります。炎症の原因や刺激になりうるものとしては、ダニやハウスダスト、花粉、ネコやイヌ、ハムスターのほか、カビ、タバコの煙、運動、過労、ストレスなどが知られています。

Q どんな検査をしますか。

A 呼吸機能検査で気道の空気の流れが悪くなっているかどうかを調べます。吐いた息の中の一酸化窒素濃度を測定することで気管支喘息らしさがあるかどうかを調べる検査もあります。そのほか、痰の検査や血液検査、気道過敏性試験を行うこともあります。

Q 治療にはどういったものがありますか。

A 症状が起こらないように毎日行う治療と、発作が起きた時に行う治療の二つがあります。発作を繰り返し、強い炎症が続くと気道の壁が厚く硬くなり、気道の狭い状態が元に戻らなくなってしまうため、非発作時の喘息治療では、発作を起こさないための気道炎症に対する治療が中心となります。これには吸入ステロイドを使用します。症状に応じてその量を調整したり、長時間作用型β2刺激薬の吸入薬や抗ロイコトリエン薬などの内服薬を追加したりします。発作の時には短時間作用性β2刺激薬の吸入や全身ステロイドなどを使用します。入院が必要となることもあります。

自衛隊中央病院　第1内科　淡島 舞子

BOOK NOW

私が読んだこの一冊

マーク・M・ローエンタール著「インテリジェンス—機密から政策へ」(慶應義塾大学出版会)
13特科隊本部管理中隊(日本原)　高橋祐樹2陸尉 28

本書では幅広く情報理論とその実践、情報収集に関する「倫理性」すなわち、ヒューミント(人的情報活動)による収集が倫理的にどこまで許容されるかなど、さまざまな点について議論します。情報は使用者の役に立って初めて意味を成します。情報従事者が使用者に近すぎても、プロダクト(成果)が恣意的になり、遠すぎても受領されなくなります。実務経験から、この点について鋭い指摘をするため、情報実務者にとって必読書だと思います。

箕輪厚介著「死ぬこと以外かすり傷」(マガジンハウス)
下総航空基地隊　徳永良輔事務官 31

著者は編集者かつ実業家で、ヒット作品を連発し、経営するオンラインサロンは大盛況。そんな彼が人生観、仕事への熱い思いを書いた本です。熱量を持って仕事に打ち込めば、「少しぐらいのミスなんて大したことではない、とにかくチャレンジあるのみ」と思わされます。

守屋淳著「三国志」(KADOKAWA)
開発集団隊舎長(府中)　佐藤純夫将補 50

中国を舞台にした「三国志」の魏、呉、蜀三国の興亡と、そこに生きた英雄たちの活躍を描いた一冊。

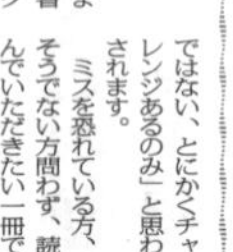
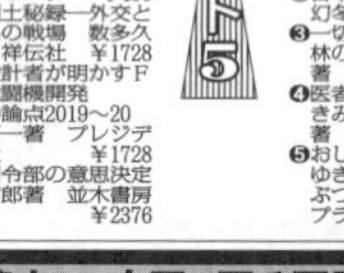

隊員愛読書ベスト5

<神田・書泉グランデミリタリー部門>
❶スピットファイア戦闘機物語　大内建二著　潮書房光人社　¥864
❷海軍ダメージ・コントロールの戦い　雨倉孝之著　潮書房光人社　¥886
❸球形の音速機　下田信夫著　廣済堂出版　¥6000
❹自衛隊最強の部隊へ—偵察・潜入・サバイバル編　二見龍著　誠文堂新光社　¥1620
❺決定版ソ連・ロシア戦車王国の系譜　古是三春著　パンダ・パブリッシング　¥1944

<トーハン調べ12月期>
❶新・人間革命30下　池田大作著　聖教新聞社　¥1337
❷日本国紀　百田尚樹著　幻冬舎　¥1944
❸一切なりゆき—樹木希林のことば　樹木希林著　文春新書　¥864
❹医者が考案した「長生きみそ汁」　小林弘幸著　アスコム　¥1404
❺おしりたんていププッゆきやまのしろいかいぶつ!?　トロル著　ポプラ社　¥1404

<入間基地・豊岡書房>
❶主任設計者が明かすF—2戦闘機開発　神田國一著　並木書房　¥1728
❷永遠の翼F—4ファントム　小峯隆生著　並木書房　¥1944
❸自衛隊一般曹候補生採用試験2020年度版　一ツ橋書店　¥1512
❹新これから学ぶ航空機整備英語マニュアル　日本航空技術協会　¥2808
❺エアファイターコレクションVOL. 15航空自衛隊F—15Jイーグル　アシェットコレクションズジャパン　¥2190

<防衛省・三陽堂>
❶自衛隊DVDコレクションNo.1ブルーインパルス　デアゴスティーニジャパン　¥490
❷北方領土秘録—外交という名の戦場　数多久遠著　祥伝社　¥1728
❸主任設計者が明かすF—2戦闘機開発
❹日本の論点2019〜20　大前研一著　プレジデント社　¥1728
❺作戦司令部の意思決定　堂下哲郎著　並木書房　¥2376

あさぐも ドンマイズ
吉本どんど

22空でセレモニー・フライト
絆確かめ3機編隊
同期とラスト、長男も初ソロ

【22空＝大村】海自22航空群（司令・大山康倫1佐）はこのほど、大村航空基地で3人の操縦士のセレモニー・フライトを行った。定年退官する同期2人と、そのうち1人の長男は、それぞれ互いの絆を確かめ合った。

ラスト・フライトを行ったのは定年退官する22空副長の藤原誠2佐（総飛行時数5547・9時間）と、224飛行隊の治金学3佐（同6025・2時間）。共に35期航空学生出身で生年月日も同じ。また、藤原2佐の長男で221飛行隊の大地3尉（63期航学）も共にソロ・フライト（機長として初めてのフライト）を行った。

セレモニー・フライトは12月22日に行われ、3人は訓練の後、編隊（編隊長・藤原2佐、2番機・藤原3尉、3番機・治金3佐）を組み基地へ帰投。

帰投後、藤原2佐と治金3佐は大山22空司令に最終フライトの終了を報告。夫人（藤原由美子さん、治金明美さん）から花束を贈られ、隊員から盛大に祝福された。

同期、そして親子の絆を確かめ合った3人。藤原2佐は「今日まで安全に航空機を運航できたのは整備員、基地員、同僚の支援、家族の支えがあったからこそ」と語り、治金3佐は「年末年始は応急待機に就く。最終フライトはまだ先になるかもしれない」と気を引き締めた（同3佐は1月3日の熊本地震の状況偵察飛行が最終フライトに）。

一方、藤原3尉は「中学生のころ、父が操縦するヘリコプターに体験搭乗し、後ろ姿に憧れ、同じ道を志した。いつか父を超えられるよう精進します」と、決意を新たにした。

最終フライトとソロ・フライトを終え花束を手にSH60ヘリの前に立つ22空の（左から）治金学3佐、藤原誠2佐、同2佐の長男大地3尉（大村航空基地で）

米第7艦隊から感謝状
21空213飛　乗員の捜索救助で

米第7艦隊司令官のソーヤー中将（左）から感謝状を受け取る21空群首席幕僚（前73空司令）の田上1佐（米海軍横須賀基地で）

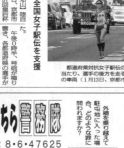

【館山】海自21航空群（群司令・小俣和之将補）隷下の21航空隊213飛行隊（旧73航空隊）はこのほど、米海軍艦艇乗員の捜索救助活動に対し、同7艦隊司令官のフィリップ・ソーヤー中将から感謝状を贈られた。

73空は平成29年6月17日、伊豆半島下田沖で発生した米艦艇「フィッツジェラルド」と大型コンテナ船の衝突事故の際、同艦乗員の捜索救助に当たった。

21空群首席幕僚の田上啓介1佐（前73空司令）以下、当時捜索救助に携わった10人のうちの6人が米海軍横須賀基地に招かれ、ソーヤー司令官から感謝状を手渡された。

ソーヤー司令官は、「勇敢かつ献身的に貢献されたことに感謝します。ますます両国の友好関係が促進されるものと信じています」とあいさつ。

当時、73空司令として指揮を執った田上首席幕僚は、「いかなる事態にも迅速に対応できるよう即応態勢を維持し、また米海軍と緊密な連携が保てるよう厳しい訓練に励んでいきます」と応えた。

軍楽伝習から150年
中音 ウインターコンサート
初代『君が代』など 7曲を力強く披露

ウインターコンサートで軍楽伝習150年を記念し初代の君が代を歌う中音の小澤3曹（左）と高田2曹（中央）＝1月18日、防衛省講堂で

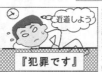

陸自中央音楽隊（朝霞、隊長・樋口孝博1佐）は1月18日、防衛省講堂でウインターコンサートを開催し、明治2年に薩摩藩の軍楽伝習隊が吹奏楽の教えを受けてから今年で150年になるのを記念し、初代の君が代など7曲を披露した。

初代の君が代は明治3年、英陸軍軍楽隊長のJ・W・フェントンが作曲。その後、現在の君が代に作り直され、同13年に初演された。

公演では讃美歌調の初代君が代が、高田勝広2曹と小澤寛行3曹によって歌い上げられた。

また陸軍分列行進曲の基となったC・ルルー作曲の「扶桑歌」、行進曲「軍艦」の作曲者、瀬戸口藤吉による「愛国行進曲」なども力強く演奏された。

7普連が真心込めて
全国女子駅伝を支援

都道府県対抗女子駅伝の支援に当たり、選手の後方を走る7普連の車両（1月13日、京都市で）

【7普連＝福知山】陸自7普連は1月13日、京都市で行われた「第37回皇后杯全国都道府県対抗女子駅伝大会」を3中隊の柏木健中隊長以下16人を基幹とする隊員18人で支援、役員輸送や資材輸送などに当たった。

午後0時半、号砲が鳴り響き、各都道府県の選手が西京極陸上競技場を一斉にスタート。「まごころ支援福知山自衛隊」と書いた支援車両も続いた。

大会は愛知県が3年ぶり2度目の優勝を飾った。監察者の操縦手を務めた矢島克宣3曹は、「選手の皆さんが練習の成果を出せるよう、真心を込めて支援した」と振り返った。

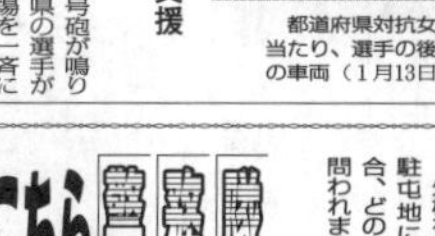

こちら警務隊
☎8・6・47625

隊員でも外柵乗り越え駐屯地に入ってはダメ

外柵を乗り越えて駐屯地に入った場合、どのような罪に問われますか？

『犯罪です』

正当な理由なく、人が管理している駐屯地などの敷地や建物に立ち入る行為は、刑法第130条の建造物侵入罪に該当し、3年以下の懲役または10万円以下の罰金に処されます。

部外者が駐屯地外柵を乗り越えて侵入する行為はもちろんですが、たとえ隊員であっても、外柵を乗り越えて駐屯地に侵入すれば、正当な理由のない立ち入りにあたり、この罪に該当します。

このような行為は絶対にしてはいけません。

（西部方面警務隊）

「全力で任務全うを」
5空群　34次派遣隊60人が出国

ジブチ共和国に向けて出発するP3C哨戒機を見送る5空群の隊員たち（1月15日、那覇航空基地で）

【5空群＝那覇】海自5空群（群司令・中村敏弘将補）は1月15日、東アフリカのジブチ共和国に向けて出国する34次派遣海賊対処行動航空隊（隊員約60人、P3C哨戒機2機）の見送りを那覇航空基地で行った。

出国に際し「海賊発生率がほぼゼロであるという事実は、国内外から高い評価を得ている。成果をさらに積み重ねることで任務完遂を海上自衛隊の歴史に刻むことができる。全力で任務の全うを」と山下自艦隊司令官の訓示が代読された。

34次隊指揮官の5航空隊51飛行隊長、赤松真次2佐は「これまでの経験を十分に生かし、緊張感を持って任務に当たりたい」と語った。

派遣海賊対処行動は今年10年目を迎える。那覇航空基地からは今回で11回目の派遣となる。

小休止

▽…陸自22普連2中隊（中隊長・金子恭久1尉）は1月11日、新年の中隊伝統行事「はだか駆け足」を実施した。

▽…はだか駆け足は部隊と隊員家族の安全祈願、仲間意識の高揚を目的に、駐屯地から塩竈神社までの約5キロを走る。中隊が編成された昭和38年から天候にかかわらず実施され、57回目を迎えた。

▽…中隊長以下約60人の隊員は上半身裸になり鉢巻きを締めて午前6時、気温3度の寒さの中を出発。最後は隊列を組み、表参道202段の石段を一気に駆け上がった＝写真。太平洋に昇る日の出に向かい高らかに中隊歌も合唱した。（多賀城）

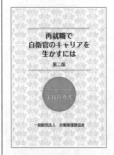

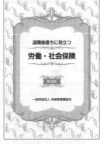

川口警察署長（左）から感謝状を贈られた水野非常勤職員（中央）。右は同署刑事課長（川口警察署で）

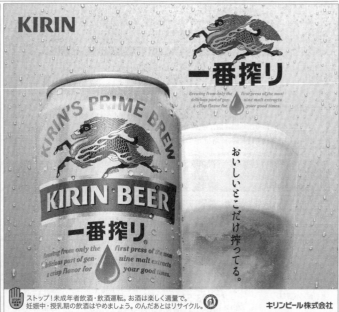

犯人逮捕に協力
東京地本の非常勤職員、感謝状受賞

【東京地本】東京地本城東地区隊本部の水野博之非常勤職員はこのほど、器物損壊犯逮捕への協力で川口警察署長から感謝状を贈られた。

水野非常勤職員は12月22日午後11時ごろ、埼玉県川口市内の駐車場前を通りかかった際、2人の男性が駐車場の看板を破壊しているところを目撃。現場を立ち去る2人を追いながら警察へ通報し、その情報が逮捕につながった。

感謝状を贈られた後、「見て見ぬふりをできなかった。その場で取り押さえようとも考えたが、二人組だったため110番通報し、冷静に2人の特徴、逃走経路を伝えられた」と語った。

沖縄と鹿屋の絆 再確認

兄弟組織「鹿屋二火会」と「沖縄二火会」交流

海将補 中村 敏弘（5航空群司令・海那覇）

第5航空群は平成30年12月11日～12日にかけ、「鹿屋二火会」（金沢幸一代表幹事）一行の沖縄訪問を支援した。

「鹿屋二火会」は昭和36年（1961年）、旧桜デパート創業社長であった立元明光氏（現・二火会名誉会長、99歳）が「停滞気味の大隅半島に、産官学の三者三様の特性を生かし、産業・経済・文化の灯を点すべく、各界の長・代表が一堂に会し、親睦を深め、研鑽を重ね、明日の郷土の発展の礎になるよう種蒔きをしたい」との思いから設立し、毎月第2火曜日に集まる事とされたことから「二火会」と名づけられたものである。

当初36人から発足した「二火会」は、その陣容も次第に多種多様、多士済々となり、現在は80人近くの会員で構成される伝統ある会にまで発展した。歴代の海自第1航空群司令は、常任幹事の役職を拝命している。

その20年後の昭和56年（1981年）、「沖縄二火会」が誕生する。

その前年の昭和55年夏、「鹿屋二火会」のメンバーであった当時の鹿屋教育航空群司令（橋口京一1海佐）が沖縄へ異動となり、沖縄航空隊司令として着任、翌年、7月に組織改編に伴い、初代第5航空群司令に就任した。

この際、当時の代表幹事の立元氏は、「第5航空群司令を支え、地域貢献の輪を広げてほしい」との思いで沖縄へ飛び、「沖縄二火会」の立ち上げに奔走し、初代会長に伊佐義一氏（元那覇警察署長）が就任した。

この時の様子を今でも覚えている「沖縄二火会」の上原スミ女史は、「本土復帰した沖縄のためにも一緒に歩もうと、立元さんと伊佐さんをはじめとする『沖縄二火会』設立関係者が熱く語り合った」と懐かしむ。現在の「沖縄二火会」は「鹿屋二火会」の会員数を上回る90数人となる。

このような歴史がある二つの会が近年、双方のグループには互いの関係や歴史を知らない若手が増え、改めて設立の原点に返ろうとの声が「鹿屋二火会」から上がり、今回の沖縄訪問が実現したものである。

当日は、「鹿屋二火会」13人が12月第2火曜日に合わせて沖縄を訪問して、「沖縄二火会」会員と合同で例会を開き、第5航空群所属の部隊指揮官等と共に交流を深めた。

「沖縄二火会」の佐久本武会長は「沖縄二火会があるのは鹿屋二火会のおかげであり、今後とも歴史を胸に刻み、地域に名を残す活動をしている鹿屋二火会に続きたい」と語った。

それに対して、「鹿屋二火会」の金沢代表幹事から「兄弟の絆を大切にして第5航空群と第1航空群を盛り上げていこう」と応じた。

「鹿屋二火会」一行は交流の合間に、大田実海軍中将が指揮した旧海軍壕などを研修し、先の大戦で散華された英霊に対して、哀悼の誠を捧げた。

沖縄を訪れた「鹿屋二火会」と交流した「沖縄二火会」の会員たち

現在、沖縄県には県防衛協会をはじめ、幾つかの支援団体が存在するが、その中で「沖縄二火会」は第5航空群に対する支援協力を目的としている唯一無二の支援団体である。「鹿屋二火会」は『鹿屋・大隅半島の産官学の代表が集い、それぞれの特徴を生かして地域社会の向上発展に寄与する』ことが目的となっており、必ずしもその設立目的は一致するものではないが、海上自衛隊に対する思いは共通であることに言及しておきたい。

「いちゃりば　ちょーでぃ」という沖縄の言葉がある。漢字では「行逢りば、兄弟」、「一度出会えば、みな兄弟」という趣旨である。兄弟組織の「鹿屋二火会」と「沖縄二火会」の交流がこれまで以上に深化することを願ってやまない。

最後に今回の交流結果の知らせを聞いた立元名誉会長が「感慨無量」と喜び、末永い友好を願われたことを強調したい。そして我々第5航空群としては、これからも「沖縄二火会」の皆さまをはじめ、地域の皆さまに信頼され、愛され、そして誇りであると思っていただけるよう、これまで以上に隊員一丸となって、各種任務に取り組んでいく覚悟である。

今回の交流の実現に当たってご尽力いただいた関係各位に深く感謝申し上げる。

（世界の切手・日本）

見えないところで友人のことを良く言っている人こそ信頼できる。

トーマス・フラー（英国の歴史家）

朝雲ホームページ
www.asagumo-news.com
<会員制サイト>
Asagumo Archive
朝雲編集部メールアドレス
editorial@asagumo-news.com

新刊紹介

「北方領土秘録」――外交という名の戦場

数多 久遠著

元幹部自衛官の著者が、「北方領土」を巡る日露の熾烈な外交戦を描いた小説だ。時代設定は北朝鮮がミサイル発射を続けていた2016年。首相のお膝元である山口県での日露首脳会談を前に、水面下での両国の駆け引きが活写される。

北のミサイル発射の裏にはロシア軍が見え隠れし、一方、日本はウクライナに接近してロシアを牽制。その切り札は「自衛隊のある主力装備をウクライナに移転させる」計画だった…。

本書の主役は在ウクライナ日本大使館に勤務する外交官と防衛省から派遣された防衛駐在官。2人は首脳会談を前に、本国からの極秘命令に従ってウクライナ政府の要人と接触、非情な情報戦の大波に翻弄されながらも、任務の達成に向けて奮闘する。

日露間の領土交渉の裏で日本の外交・防衛官僚がどのような激務をこなしているのか、本書はその表に出ない姿を垣間見せてくれる。

（祥伝社刊、1728円）

「大人の流儀8　誰かを幸せにするために」

伊集院 静著

人は何のために生きるのか。人の価値とは何なのか――。それを問い続けてきた作家が「人の価値とは誰かを幸せにすることだ」との答えにたどり着くまでの心の彷徨を赤裸々につづった随筆集だ。

最期まで笑顔を絶やさなかった亡き妻（女優・夏目雅子さん）や両親の思い出にも触れながら、人が困難に直面した時にどう生き、どう周囲と折り合いをつけるか、その術を語る。いずれ苦しみや悲しみは優しさへと変わり、それが生きる力になっていくと諭す。

その著者の思いや生き様は、被災地で不明者捜索活動に従事する自衛官の思いにも通じるものがある。

理不尽がまかり通るこの世で、自分の生き方を貫くのは難しいが、「誰かの幸せのため」に生き、行動するのであれば、人は苦難に耐えられる。教育隊で若い隊員の指導に当たる教官や助教たちに、ぜひ読んでもらいたい一冊だ。

（講談社刊、1000円）

みんなのページ

九州実業団駅伝に参加して

3陸曹 立元 翔悟（12普連1中隊・国分）

九州実業団駅伝大会で力走する立元3曹

私は昨年11月3日に行われた、「第55回九州実業団駅伝大会」に持続走訓練隊の一員として参加しました。

この駅伝大会は、元日に行われる「ニューイヤー駅伝」の選考となる大会で、九州から有名なチームが多数参加するレベルの高い大会です。

九州地区の駅伝のレベルは毎年上がっており、近年では9チームがニューイヤー駅伝への出場権を獲得することができます。

私たちもこの大会で9位以内を目指し、ニューイヤー駅伝出場を目標に練成してきました。

当日のレース展開は、前半3区までは好位置につけており、滑り出しは良い感じでした。

これを後半区間にも繋げるよう努力しましたが、私を含めた4区間で順位を二つ落とす結果となりました。駅伝は流れが大事で、他のメンバーがよくても一人が不調で走れなければ目標を達成できません。

次回こそ、この教訓を生かし、念願のニューイヤー駅伝出場を目標に、さらに精進していこうと思います。

成人の二つの目標　感謝と広い視野

1陸士 榊 悠太（6施大本管中隊・神町）

自衛隊に入隊して早1年以上が経ち、18歳だった私も今こうして20歳を迎え、世間一般に「大人」といわれる立場になりました。成人を迎えるにあたり、これまでに経験したこと、学んだことを踏まえ、これからの目標を二つ立てました。

一つ目は「些細なことにも感謝できる人間になること」、二つ目は「広い視野で物事を見られるようにすること」です。どちらも社会人として、自衛官としてとても大切なことだと思います。

視野を広く持つことは、仕事の効率化や、安全に作業をするためにも必要な事ですし、自分のために何かをやってくれたことに対して感謝を伝えるということは人として当り前のことです。

今回、目標にしたことを意識し日々の訓練等に、より一層励み、後輩の手本となる隊員になれるよう頑張っていきたいと思います。

新成人の抱負　人のために働く

2陸士 栗原 莉緒（6施大本管中隊・神町）

私は新成人になるにあたり、今よりも経験と知識を身につけて、人のために働けるようになりたいです。

これからたくさんの訓練や教育を受ける中で、一つ一つの動作を理解し、意味を捉えることができるように心掛けたいと思います。そして、自分が人に教える立場になった時、ただ動作を教えて終わることなく、その意味も教育できる人になりたいと考えています。

私自身も意味を理解したことで、その動作がどれほど大切か知ることができました。入隊後、さまざまな場面で「全てのことには意味がある」という言葉を耳にしました。幅広い経験や知識を身につけ、訓練などで自分の力を存分に発揮できるよう頑張りたいと思います。

連隊検閲に向けて

3陸曹 栗田 直昭（49普連3中隊・豊川）

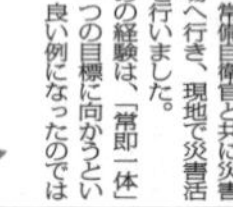

昨年は、7月に起きた「西日本豪雨」で、49連隊に所属する即応予備自衛官に対して初めて招集が実施され、常備自衛官と共に災害現場へ行き、現地で災害活動を行いました。

あの経験は、「常即一体」で一つの目標に向かうという、良い例になったのではないかと思います。

本年は、私も連隊検閲に向けて対戦車小隊操作手として防御における対機甲戦闘を円滑に行うことができるように、練成をしていきたいと思います。今回は「防御」ということですので、ドーザー手となった場合は、即応予備自衛官のドーザー手と共に、連隊の任務達成に向けて力を合わせて頑張っていきたいと思います。

OBがんばる　頭を柔軟にして対応を

金子 眞士さん 55
平成29年6月、陸自10普連（滝川）本部管理中隊を最後に定年退職（3尉）。北海道赤平市にある株式会社いたがきに再就職し、社屋・社有車の管理などに当たっている。

私は10普連を定年退職し、「株式会社いたがき」に入社しました。弊社は革製品を扱う会社で、革の仕入れから製造・販売まで自社で行っており、昨年5月に中部国際空港セントレアに直営店を開店し、全国に6店舗を展開しています。私は総務課に所属し、社屋・社有車の管理のほか、会長・副社長等の送迎、勤務時間の集計、短期間の催事などにも従事しています。

入社のきっかけは、毎年2月に、10普連1中隊が担当隊区である赤平市で、高齢者住宅のボランティア除雪を行っており、当時、広報班勤務だった私も除雪に参加しました。その際、赤平自衛隊協力会が新年交流会を開催した席で弊社社長の隣席になり、社員教育にと自衛隊についての講話の依頼を受けました。これを機に会社の雰囲気を知り、私も入社したいと思いました。

そこで駐屯地援護センターに問い合わせたところ同社から求人票が来ており、面接を経て入社が決まりました。

1年を経て分かったことは、自衛隊で学んだこと、経験したことは一般の会社でも大いに役立つということです。上司への対応はもとより、業務の進め方や計画の作成など、特に広報班で経験した部外者との対応は現在の仕事で大変役立っております。

その半面、自衛隊の常識が通用しないこともあります。自衛隊での地位や階級を脱ぎ、新入社員として新たな気持ちで臨むことが重要だと思います。会社ごと歴史や社則も違います。臨機応変に対応するとともに、愚直に取り組むことが大切だと思います。

就職を控えた皆さまは頭を柔軟にして対応して下さい。必ず有意義な第二の人生を歩むことができるはずです。

皆さまの健闘をお祈りいたします。

詰碁

第1203回出題

黒先　『白はどうなりますか』。5分でできれば中級以上です。

出題 日本棋院 九段 曲 励起

▶詰碁、詰将棋の出題は隔週です◀

詰将棋

≪第787回の解答≫

先手 持駒 飛角

【正解】▲3一角△2二玉▲2四飛△同竜▲2二角引成△3四玉▲4四角成までの七手詰め。

【解説】初手▲3一角は当然の一着。問題なのは次の▲2四飛。この一手が本題の眼目で、△3三玉の逃げには▲4二角成がピタリ決まります。△同竜に、後は二枚角を使って詰め上がり。

出題 日本将棋連盟 九段 石田 和雄

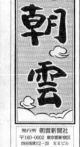

朝雲

発行所　朝雲新聞社
〒160-0002　東京都新宿区四谷坂町12-20　KKビル
電話　03(3225)3841
FAX　03(3225)3831
振替00190-4-17600番
定価一部140円、年間購読料9000円（税・送料込み）

本号は10ページ

防衛研究所「中国安全保障レポート2019」

太平洋島嶼国に影響力拡大

「一帯一路」に米豪仏警戒感

防衛研究所は1月30日、中国の中長期的な軍事動向に関する年次報告書『中国安全保障レポート2019』を公表した。この中で、中国は「一帯一路」構想における「21世紀の海上シルクロード」の南端を太平洋島嶼国と定め、これらの国々に対する経済支援などを大幅に強化し、政治的影響力を高めようとしていると分析。特に安全保障面での関与は2国間レベルで進められていることから、米国をはじめ、豪州、ニュージーランド、さらには同地域に領土を持つフランスなどの関係国が警戒感を強めていると指摘した。（2月21日付に要約を掲載予定）

刊行9年目に当たる今年は「アジアの秩序をめぐる戦略とその波紋」をテーマに、中国の秩序戦略とその見通しを明らかにした。

報告書では、習近平政権が「一帯一路」構想に代表される協調を重視した「平和発展の道」と、強引な海洋進出に代表される対立を辞さない「核心的利益の擁護」という二つの対外方針を同時に進めているとした上で、中国が「特色ある大国外交」を標榜し、自らが主導することで、発展途上国の発言力の強化による「国際秩序の改編」を目指していると分析した。

このような中国の動きに対し、米国をはじめ先進国は警戒感を強めているほか、途上国の間にも経済合理性や透明性に欠ける「一帯一路」構想への疑念が広まりつつあると指摘。

中国が99年間の運営権を取得したスリランカ南部のハンバントタ港の開発を例に、発展途上国に過剰な債務を貸し付け、返済が困難となった国が中国に譲歩せざるを得なくなる「債務の罠」外交に批判が高まっていることを取り上げ、「核心的利益」を追求する中国の行動は周辺諸国との摩擦を高めており、その戦略は「必ずしも順調に進んでいない」と結論付けた。

こうした中、東南アジア諸国連合（ASEAN）では、中国がインフラ整備に大きく〝寄与〟することで、政治的影響力を拡大していると分析。「中国は『台頭』を超え、地域秩序の『中心』と化しつつある」として、中国とASEANの関係が「新たな段階」に入ったとの見方を示した。

さらに、中国はこれらの国々への働き掛けを通じて南シナ海問題に関するASEANの立場を分断させることに成功。「経済的影響力を政治的影響力に転化することで、中国に有利な地域秩序の構築に成果を挙げつつある」とも記した。

一方、太平洋島嶼国では、マーシャル諸島共和国をはじめ、キリバス、ソロモン、ナウル、ツバル、パラオの6カ国が台湾と国交を維持していることから、「中国は台湾への外交的圧力を強めることを狙って、これらの国々に対する政治的影響力の強化を図っている」との懸念を示した。

報告書はA4判、全80ページで、防研の室岡鉄夫理論研究部長が編集長を務めた。防研のホームページで日英中の3カ国語のPDF版で公開されている。

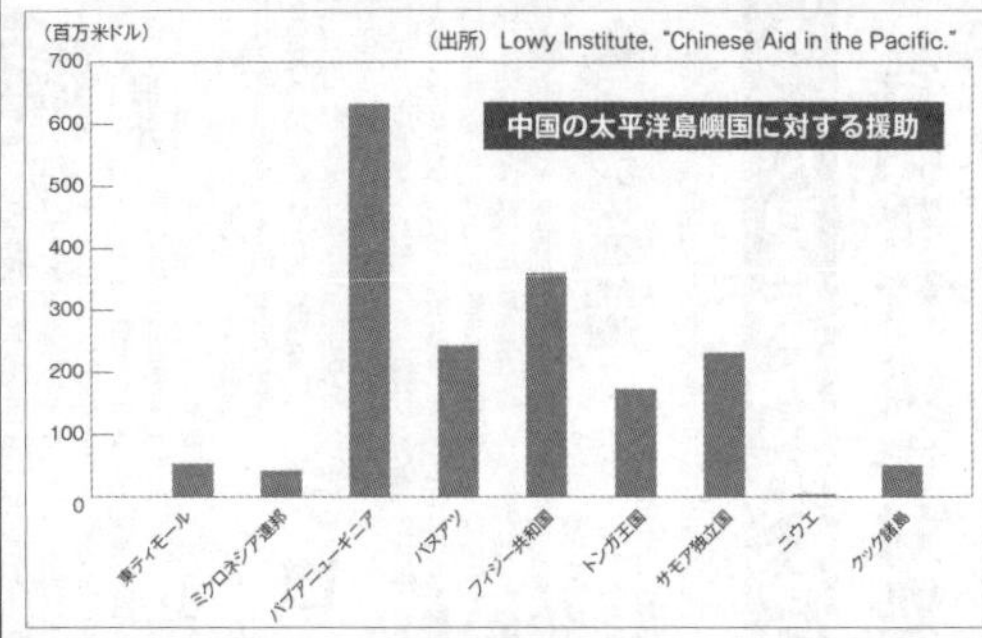

2019年度防衛費

重要施策を見る　■3■

海自

「いずも」型改修へ調査費

潜水艦にも女性用区画を整備

村川海幕長は1月15日の定例会見で、今年の海上自衛隊の抱負として「『人的基盤』『作戦基盤』『装備技術基盤』の三つの基盤強化を加速していく」と語った。

2019年度予算案では、新「防衛大綱」「中期防」の方針を受けて、短距離離陸・垂直着陸（STOVL）機の運用を可能にする「いずも」型ヘリ搭載護衛艦の改修調査のほか、潜水艦への女性用区画整備などが盛り込まれ、女性隊員の活用なども目指した各種基盤の強化が進められる。

海自は19年度予算案で1兆2247億円を要求。事実上の米国製F35B戦闘機の発着艦を可能にする「いずも」型護衛艦の改修に向けた調査研究では7000万円を計上し、STOVL機の発着艦時の熱や轟音が艦内の機器や人体に与える影響を詳しく調査する。

女性活躍推進施策では、これまでの水上艦に続いて初めて潜水艦の女性用区画の整備にも着手する。最初の潜水艦は「おやしお」型を予定し、改装費用として1300万円を盛り込んだ。19年度はミサイル護衛艦「はたかぜ」の女性用区画も同様に整備する。

一方、第一線の水上部隊を支える支援船として「油槽船」（仮称・4900トン型）も2隻整備（計57億円）。同船は南西地域に展開し、同地域で活動する海自艦艇への燃油補給が任務となる。そのほか硫黄島の燃料タンクへの補給活動などにも活用される。22年度の就役予定。

弾道ミサイル防衛（BMD）関連では、「あたご」型イージス艦2隻に日米共同で開発された最新型のSM3ブロック2A迎撃ミサイルを発射可能にするための改修を実施（75億円）。また、同ミサイルなどを取得するための費用として717億円が盛り込まれた。

継続事業では、護衛艦部隊の「54隻体制」への増勢に向けて、従来の半分の100人規模で運用できる「平成30年度型護衛艦」（3900トン）の3、4番艦2隻を建造（951億円）。同艦は対機雷戦能力も持つなど、多様な任務に対応できる。

潜水艦部隊も「22隻体制」に向け、探知能力などが向上した「平成29年度型潜水艦」（3000トン）の3番艦を建造（698億円）するほか、「おやしお」型潜水艦に艦齢延伸措置を実施する（艦齢延伸工事4隻、部品調達3隻・63億円）。

地上施設では、横須賀の船越地区に「海上作戦センター」を整備（36億円）。19年度に完成予定で、自衛艦隊司令部や隷下部隊司令部などが入る。有事や大災害時に陸・空自をはじめ、米軍、関係省庁と緊密に連携し、作戦が行えるようになる。

「全隊員が一丸となって果敢に挑戦していく」と年頭のあいさつで語った村川海幕長の指揮の下で、海自は2019年度、これまでにない新しい事業にも挑戦していく。（石川穂乃香）

STOVL機の発着艦を可能にするための改修に向けた調査費が盛り込まれた海自のヘリ搭載護衛艦「いずも」（海自提供）

マルティネス米司令官に旭日大綬章を伝達

岩屋防衛相「日米同盟に尽力」

岩屋防衛相は1月29日、退役のあいさつに訪れた在日米軍司令官兼第5空軍司令官（横田）のジェリー・マルティネス中将を大臣室に迎え、天皇陛下から1月15日付で贈られた旭日大綬章を伝達した。

岩屋大臣は「2016年10月から約2年間の在任期間中、日米同盟の強化と発展のため大変なご尽力をいただいた。北朝鮮のミサイル発射が繰り返されるなど非常に困難な時期だったが、強いリーダーシップを発揮していただき、心から敬意を表し、お礼を申し上げたい。今後とも（日米同盟の強化のために）お力添えを頂きたい」と述べた。

これに対し、マルティネス司令官は「栄えある勲章を頂き、大変光栄だ。常にアメリカの最大の同盟国でいて下さる日本の皆さま、防衛省・自衛隊の皆さまに心から感謝を申し上げたい。日米の絆はどのような課題に直面しようとも、しっかりと対応できる強固なものだ。日本という美しい国に住まわせていただき、素晴らしい国民の皆さまと触れ合えたことに改めて感謝の気持ちを申し上げたい。日本はいつまでも私の心の中にあり続けるだろう」と応え、最後に「ありがとうございました」と日本語であいさつした。

これに先立ち、マルティネス司令官の表敬を受けた河野統幕長は勲章受章に祝意を伝えるとともに、これまでの労をねぎらった。

岩屋防衛相（左）から旭日大綬章を伝達され、会談の中で日本への謝意を述べるマルティネス司令官（1月29日、防衛省で）

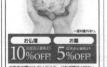

シナイ半島への陸自派遣を検討

停戦監視へ若干名

政府は1月22日、エジプト東部のシナイ半島でエジプト、イスラエル両軍の停戦監視活動を行う「多国籍軍・監視団」（MFO）の司令部要員として、陸自隊員を派遣する検討を始めると発表した。MFOからの要請を受け、「若干名」の派遣を想定する。

実現すれば、平和安全法制で可能となった「国際連携平和安全活動」に基づき、国連が統括しない国際貢献活動に従事する初のケースとなる見通しだ。

春夏秋冬

防衛力整備における国際平和協力活動

篠田　英朗

昨年12月に決定された防衛計画の大綱（防衛大綱）・中期防衛力整備計画（中期防）では、私が専門とする国際平和活動に関する記述は、必ずしも豊富ではなかった。南スーダンの国連PKOからの撤収によって、海外への部隊派遣は現在のところ行われていない。予算も縮小している国連PKOの現状を見ると、次の部隊派遣がいつになるかは全く見通せないのが実情だろう。部隊派遣への言及がなかったのは、致し方のないところではある。ただしその他の事項では、堅実な内容が記載されることになった。

折しも1月22日には、エジプト・シナイ半島でエジプト・イスラエル両軍の停戦監視活動をする多

は、防衛大綱・中期防でも、曖昧ながらはっきりと明記されていた。

さらに強調されたのは能力構築支援だが、これも堅実な流れだろう。8月末に横浜でTICADⅦ（第7回アフリカ開発会議）が開催されるが、10年以上にわたるアフリカ各地のPKOセンターへの支援は、2008年TICADⅣを契機にして始まったものであった。TICADⅦを通じて、さらに発展が期待される。

中央即応連隊と国際活動教育隊の統合は、一つの目立った動きになるかもしれない。統合が何を生み出すのかは未知数だが、中期防

筆者は、これまでに何度か、UAV（無人機）の使用が部隊派遣なき時代の国際平和活動への参加の重要なカギになると主張してきた。独自の技術にもとづく情報収集・解析能力の提供は、情報部門への人材派遣にもつながるかもしれない。また、従来は兵站分野に特化されてきた感がある能力構築支援について、UAVにまで扱う領域を広げることができれば、アフリカ諸国とのパートナーシップも大きく発展していくことだろう。

なお「高い技術力を有する国際活動部隊」を構想するのであれば、挑戦したいのは、緊急医療・輸送隊の展開ではないか。UAVとも組み合わせて研究したい。

（東京外国語大学大学院教授）

空幕長、ベトナムを訪問

防空・空軍司令官らと会談

丸茂空幕長は1月7日から10日までベトナムの首都ハノイに出張し、同国防空・空軍司令官のレ・フィ・ヴィン空軍中将らと会談した。空幕長のベトナム訪問は2001年以降、5回目。

空幕長は7日に同市の防空・空軍司令部を訪れ、ヴィン司令官と会談、地域情勢、防衛政策や日越防衛協力・交流などに関して幅広く意見交換を行い、今後、空軍種間の関係を深化させることで一致した。

空幕長は同日、ベトナム国防省で同国人民軍総参謀長のファン・ヴァン・ザン上将とも会談。8、9日は同軍主催の防空・空軍プログラムに出席し、10日に帰国した。

ベトナム防空・空軍司令官のヴィン空軍中将（右）と記念品を交換する丸茂空幕長（1月7日、ベトナム・ハノイの防空・空軍司令部で）

陸幕長、米国に出張

米海兵隊・陸軍と陸自の実動訓練視察

山崎陸幕長は2月2日から9日まで米国に出張し、陸自と米海兵隊・陸軍との共同訓練を視察、米陸軍トップらとも会談する。

訪米中、陸幕長はカリフォルニア州キャンプ・ペンドルトンで実施中の日米共同実動訓練「アイアン・フィスト」を視察し、水陸機動団の戦力化について進捗を確認する。また、同州のフォートアーウィンに所在するナショナル・トレーニング・センター（NTC）では陸自と米陸軍による実動訓練を視察し、日米の相互連携強化を確認する。

その後、ワシントン州のルイス・マッコード統合基地を訪れる。

朝雲寸言

天皇皇后両陛下が政府専用機に搭乗された時、機内に小さな虫が飛び込んできた。ひとりの女性自衛官がたちまち捕まえると、皇后陛下はすかさず「さすが自衛官」と声をおかけになったという。少なくない自衛隊員が「皇族方は自衛隊のことをどうみているのかな」と思っていた頃のことだ。皇后さまの「さすが」は、そんな隊員たちを笑顔にした▼東日本大震災という未曽有の危機に襲われた時、被災者を励まし、事態収拾に当たる人々を励ますため、天皇陛下はテレビを通じ異例のお言葉を発せられた。「平成の玉音放送」とも呼ばれたお言葉の全文を伝える新聞記事は、仙台の統合任務部隊指揮所の掲示板のど真ん中に張られていた。実働機関の中で真っ先に自衛隊に言及されたことに、隊員たちは勇気を奮い起こした▼激動の平成が幕を閉じようとしている。新たな時代がいかなるものになるか［illegible］確かなのは、平成を通して皇室と自衛隊の距離が縮まったことだろう▼昨年11月、陸自中部方面音楽隊がNHK「新・BS日本のうた」の公開収録に出演した。「本日のお届けしたい一曲」というコーナーで鶫真衣3曹が披露した歌は『おひさま～大切なあなたへ』（作詞・岡田惠和、作曲・渡辺俊幸）。［illegible］

時の焦点

国内　統計不正

調査会設置も一案だ

政策判断の基礎となる統計をずさんに扱ってきた行政の責任は重い。政府は、原因究明と再発防止を徹底しなければならない。

厚生労働省の毎月勤労統計で、不適切な調査が行われていた。従業員500人以上の事業所を全て調べることになっているが、東京都では抽出調査が行われていた。2004年以降、保管が義務づけられていた一部データの紛失も明らかになった。言語道断である。

根本厚労相は、原因究明のために設けた特別監察委員会について、有識者による調査で中立性を確保する考えを示していたが、実際は、聞き取り調査の多くを職員が担っていた。再調査では客観性を担保することが不可欠である。

問題は政府全体に波及した。重要な基幹統計56種のうち、勤労統計のほかにも7省の22統計で誤りなどが見つかった。

安倍首相は、官僚の法令順守を徹底する必要がある。政権一体で再発防止策を検討し、行政に対する不信の払拭に取り組まねばならない。

各省の統計部門は専門性が高い。人事の硬直化も指摘されている。チェック機能が働くよう、改善を図る必要がある。

厚労省や総務省は01年の省庁再編で誕生した巨大官庁だ。大きいが故の弊害があるのではないか。将来的には組織のあり方も検討課題である。

立憲民主党の枝野代表は国会審議で、「不適切な統計数値のまま予算案や法案の審議はできない」と批判している。根本厚労相の罷免も要求する。

厚労省の不手際は、民主党政権下でも行われていた。野党にも監督不行き届きの責任があろう。

統計の問題を政争の具とせず、現実的な改善策を提案すべきである。

厚労省が18年、勤労統計の調査対象企業の半数を入れ替えたことについて、野党は、アベノミクスの効果を大きく見せる「偽装」だったのではないか、と追及している。調査対象を変更しなければ、実質賃金はマイナスになるはずだ、という主張だ。

首相は、賃金の伸び率を修正しても、「雇用・所得環境は着実に改善している」と反論する。問題を真摯に正して信頼を取り戻し、経済政策に取り組むことができる環境を整えるべきだ。

今後の国会審議が、統計の問題に終始するのは生産的とは言えない。今年は統一地方選や参院選を控え、審議時間は限られている。国会に調査会を設置し、統計問題についてはそこで集中的に議論する手もあろう。

米国第一主義を掲げるトランプ米政権にどう対処し、自由貿易体制を広げていくのか。北方領土問題をいかに解決するのか。社会保障制度改革や財政再建の進め方など、議論すべき課題は多い。

与野党は、建設的な論戦を通じて日本の針路を指し示すべきである。

夏川　明雄（政治評論家）

海外　アフガン米軍撤退

テロの温床に逆戻りも

2001年9月の米同時テロを受け、その直後に始まったアフガニスタン戦争が足かけ18年ぶりに終結に向かう可能性が出てきた。アフガン戦争の出口戦略を探っていたトランプ米政権が1月下旬、反政府武装勢力タリバンとの協議で1万4000人に上る駐留米軍の完全撤退方針を伝え、和平了承後18カ月以内に撤退することなどに関するアフガン和平案で大筋合意したもので、協議に参加していないアフガン政府もタリバンとの対話実現を条件に米軍撤退を受け入れる公算が大きい。今後は停戦の時期などが焦点となる。

ただ、アフガンのガニ現政権には旧支配勢力タリバンを封じ込める力はなく、治安維持なども米軍主導の駐留外国軍部隊に頼っているため、米軍が撤収することになれば、アフガンが再び「テロの温床」に逆戻りし、周辺地域を不安定化させるリスクは増大する。アフガン国内では、米国の軍事介入を招く主因となった国際テロ組織アルカイダをはじめ、過激派組織「イスラム国」（IS）の残存勢力など多数の武装集団がテロ活動を続けており、治安改善の見通しも立っていない。今回の米国とタリバンの協議での米軍撤退合意がアフガン情勢にとって「吉」と出るか、「凶」となるかは予断を許さない。

米国第一主義を掲げるトランプ政権は米軍の海外駐留について、「米国が不当に多額の駐留経費を負担し、他国に利用されている」と繰り返す一方、今年初めの閣議でも、「なぜ1万キロ近く離れた海外の遠隔地に米軍がいるのだ」と述べ、米軍のアフガン駐留に強い不満を表明していた。昨年12月には、ISの掃討作戦を展開していたシリアからの駐留米軍の早期撤退を有志連合との事前協議がないまま頭越しに発表しており、アフガンからの完全撤退表明と似た構図が見て取れる。紛争地域の安全保障よりトランプ流の損得勘定を優先する外交・安保政策の帰結だろう。

周知の通り、ベトナム戦争を抜き、米国にとって史上最長の戦争となったアフガン紛争は、米同時テロの計画・実行グループだったアルカイダの首領ビンラディン容疑者（2011年に殺害）をかくまった当時のタリバン政権を打倒するための軍事介入が引き金だが、その後の米国による対テロ戦争の嚆矢ともなった。テロとの戦いの戦線はその後、イラク、シリアなど中東やアフリカの各地に拡大したが、米国主導の有志連合軍あるいは米軍単独のテロ封じ込めが必ずしも所期の成果を上げていないことはアフガン戦争の泥沼化やアルカイダ系の武装集団、ISの残党勢力が世界の紛争地域に拡散していることからも明らかだろう。欧米諸国では、イスラム過激派の影響を受けたローンウルフ（一匹狼）型と呼ばれるテロや襲撃も後を絶たない。

テロとの戦いには主要関係国をはじめとする国際社会の一致結束した取り組みが欠かせないが、トランプ政権による一方的なアフガン出口戦略の模索は、対テロ戦争での結束と協調を揺るがすリスクをはらんでいる。

伊藤　努（外交評論家）

「HA/DR」日ASEAN招へいプログラム

各国将校、災害対処を演練

「第2回HA/DRに関する日ASEAN招へいプログラム」を視察し、あいさつを述べる原田副大臣（演台）＝1月30日、防衛省で

「第2回人道支援・災害救援（HA/DR）に関する日ASEAN（東南アジア諸国連合）招へいプログラム」が1月28日から2月1日まで都内などで開かれ、1月30日に防衛省内で行われた机上演習が報道公開された。

同演習はASEAN全加盟国と同事務局から佐官級の14人が参加、陸自の8人と四つのグループに分かれ、多国間調整所（MNCC）を開設。「ASEAN地域の仮想国に台風が直撃し、被害が発生した」という想定のもと、災害対応に関する標準手順書（SASOP）に則った対処を演練した。演習に先立ち、防研政策シミュレーション室の佐竹知彦主任研究官が概要説明を行った。

演習を視察した原田副大臣は、「大規模災害に対応する姿を見て、心強く思う。参加した各国の方々のリーダーシップにより、今後いっそう日ASEANの防衛協力が発展することを期待している」とあいさつした。

参加したシンガポール空軍のシバ・バラン・スブラマニャム中佐は「ASEAN諸国が被災した場合はさまざまな国の支援を受けて対処することが重要になる。中でも頼りになる日本の陸自隊員と知見を共有できたことはとても意義がある」と語った。

各国の参加者は翌31日、陸自12旅団（相馬原）を訪れ、CH47輸送ヘリや浄水、野外手術セットなどの災害派遣関連の装備品を見学した。

国連南スーダンミッション 第9次司令部要員が陸幕長に帰国報告

国連南スーダン共和国ミッション（UNMISS）に約1年間派遣され、現地で第9次司令部要員を務めた兵站幕僚の川本祥彰3陸佐と航空運用幕僚の丹祥雄1陸尉（共に陸上総隊所属）がこのほど帰国し、1月30日、山崎陸幕長に帰国報告を行った。

陸幕で2人を出迎えた山崎陸幕長は「勤務する環境が（日本と）違う中にあって、強い期待の中で任務を行ってくれた。今後はこの経験を隊務に生かしてほしい」と二人の任務完遂をたたえた。

これに対し川本3佐が日本からの支援に謝意を表し、「今後は南スーダンで学んだことを活用して、陸自のために努力していきたい」と述べた。

両隊員には、山崎陸幕長から3級賞詞と防衛功労章が授与された。

UNMISSで第9次司令部要員を務めた川本3佐（左）と丹1尉（右）。山崎陸幕長（中央）から3級賞詞が授与された（1月30日、陸幕長応接室で）

日米宇宙協力WGが第5回会合

日米宇宙協力ワーキンググループ（WG）の第5回会合が1月9日、米ワシントン近郊の国防総省で開かれ、日本側から防衛省の石川武防衛政策局次長ら、米側からステファン・カイ国防次官補代理（宇宙担当）らが出席した。

会合では、我が国が昨年末に策定した新たな防衛計画の大綱と中期防を踏まえ、宇宙政策に関する情報共有や宇宙状況監視などにおける連携の在り方など、今後の協力に向けて包括的な意見交換を行った。

航空隊は34次隊に 支援隊は11次隊に

海賊対処部隊

アフリカのジブチを拠点に、ソマリア沖・アデン湾で海賊対処任務に当たる自衛隊の海賊対処部隊は1月24日、航空隊が34次隊に、支援隊が11次隊に任務を引き継いだ。

航空隊34次隊は海自5空群（那覇）の赤松真次2佐（51飛行隊長）を指揮官に隊員約60人で編成。一方、活動拠点の警備などを担う支援隊11次隊は、陸自16普連（大村）を基幹とする陸海自隊員約110人で編成。指揮官は、10次隊司令の宮田拓郎1陸佐が引き続き務める。

パキスタン、スリランカと訓練

帰国途中のP3C

ソマリア沖・アデン湾での海賊対処任務を終えて帰国途中の航空隊33次隊（隊司令・下門2佐＝2空群2空隊長）のP3C哨戒機2機は1月25日、パキスタンのカラチ沖（北アラビア海）で同国海軍と共同訓練「Pre-AMAN」を実施した。

部隊はパキスタン海軍のP3C1機、沿岸警備艇3隻と共に捜索救難や海賊対処にかかる訓練などを行い、相互理解を深めた。

また、同27日にはスリランカ南部のハンバントタ沖（インド洋）で同国海空軍の航空機や艦艇と捜索救難、通信訓練などを実施した。

海自とパキスタン海軍のP3C哨戒機をバックに記念撮影に納まる同国海軍と海自のクルーら（1月25日、パキスタンで）

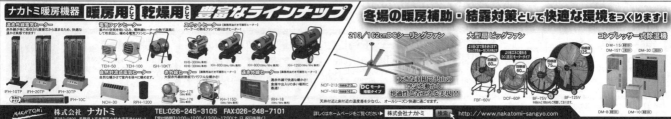

パワハラで艦長ら懲戒

補給艦「ときわ」

海自の補給艦「ときわ」で昨年9月、乗員が自殺した問題で、海自は1月30日、「パワー・ハラスメントの実態が判明した」として、当時の艦長ら3人の懲戒処分を行った。

「ときわ」乗員らに聞き取り調査などを行った結果、艦長（54）は複数の部下隊員に対して威圧的な言動を繰り返し、パワハラ行為を継続的に行ったとして停職30日。3佐（40歳代）と1尉（30歳代）は義務違反で停職となった。

防衛省発令

[illegible]

▽兼海幕施設課施設基準班長　1陸佐　中川　真紀

▽海幕施設課建設班長　1海佐　松岡　和人

▽誘導武器教育訓練隊教育部長兼学生隊長（誘導武器教育訓練隊訓練科長）　2海佐　斎藤夕祈雄

▽24航空隊副長兼幕僚室長（24航空隊）　同　増田　謙一

▽八戸航空基地隊司令（海幕施設課施設基準班長）　同　新井　健二

（以上1月31日）

▽自衛艦隊司令部兼護衛艦隊司令部（きりしま艦長）　1海佐　西村　俊行

▽きりしま艦長（自衛艦隊司令部兼護衛艦隊司令部）　同　石井　和徳

▽空幕会計課（空自幹部学校）　1空佐　澤田　裕之

▽中部航空方面隊司令部付（1輸送航空隊基地業務群司令）　同　田﨑　勤

▽1輸送航空隊基地業務群司令（3補給処調達部長）　同　西　竜郎

▽2補給処調達部長（空自補給本部）　2空佐　西岡　龍雄

▽3補給処調達部長（防衛装備庁調達企画課連絡調整官）　1空佐　藤井　毅

▽近畿中部防衛局東海防衛支局装備課長（近畿中部防衛局東海防衛支局装備システム調整官）　2空佐　佐々木　潮

▽兼防衛装備庁プロジェクト管理部事業監理官付　空幕防衛部装備体系課　1空佐　谷口　弘樹

▽防衛装備庁調達企画課連絡調整官（2補給処調達部長）　2空佐　山本　正隆

（以上2月1日）

共済組合だより

春の引越し準備は「一度で比較！らくらく引越し窓口」で

春は転勤や住み替えの季節。防衛省共済組合の福利厚生サービス「ベネフィット・ステーション」のおススメは、「一度で比較！らくらく引越し窓口メニューNo.655027」。ベネフィット・ステーション会員サイトのフォームに必要事項を入力して申し込みすれば、サポートデスクが条件に合う業者を複数探して各引越し業者より見積もり結果のご連絡があり、結果を比較し、選ぶだけです。

1 会員専用サイトにて必要項目を入力
2 サポートデスクによる業者へのヒアリング
3 各社から、見積結果のご連絡、結果を比較し、お申し込み

ベネフィット・ステーションの新生活サービス

また、「一度で比較！らくらくお部屋探し窓口メニューNo.655029」と「一度で比較！らくらくネット窓口メニューNo.655028」といった賃貸物件やネット回線の見積りサービスもございます。

これらのサービスの会員特典として、料金の割引やベネポのプレゼントもございます。この春は便利でお得な新生活サービスを是非ご利用下さい。

お問い合わせは電話0800-1705-125へ。平日は10時から21時、土日祝日は10時から18時まで受け付けています。

車いすをマーシャル諸島へ

空自の輸送機で寄贈物資を初空輸

㊤空自C130H輸送機の前で、指揮官の水野3佐（右）からカバーに包まれた車いすを受け取るマーシャル外務貿易省のグランセイ・エノス儀典長
㊨米国に向かう途中、硫黄島を経由してマジュロ国際空港に到着した空自C130H輸送機

「日本の皆さん、ありがとう！」――。

防衛省・自衛隊は昨年12月、外務省からの依頼を受けて、空自1輸空（小牧）のC130H輸送機84号機（訓練指揮官・水野将貴3佐以下約30人）を太平洋島嶼国のマーシャル諸島共和国に派遣し、日本のNGOから寄付として託された車いすやスポーツ用品、文房具などを現地に届けた。空自C130H輸送機の同国への寄航はこれまでもさまざまな機会に行われてきたが、外務省の依頼を受けて寄贈物資を空輸したのは初めて。

昨年は日本とマーシャル諸島の「外交関係樹立30周年」という記念の年を迎え、同国の首都マジュロでは12月7日、ヒルダ・ハイネ大統領をはじめ、多くの閣僚らが出席して記念レセプションが開かれ、この中で日本からの寄贈物資の引き渡しセレモニーが行われた。

空自のC130H輸送機が輸送した物資は、車いす10台をはじめ、バレーボール330個、野球のバット35本、ヘルメット35個、キャップ25個、グローブ30個――など。

高校生が車いすを修理・整備

車いすは、使われなくなったものを日本の工業高校生が修理・整備し、アジアなど途上国の子供たちに贈る国際的な活動「空飛ぶ車いす」プロジェクトに携わっている神戸市立科学技術高等学校（神戸市中央区）の「空飛ぶ車いす研究会」の生徒たちが見事に再生した「新品同様の車いす」が贈られ、関係者から感激の声が上がった。

レセプションにはマーシャル側からハイネ大統領をはじめ、関係閣僚ら、日本からは太平洋島嶼国地域担当の髙田稔久大使、齋藤法雄駐マーシャル大使、外務省職員、空自隊員ら総勢約60人が参加した。

マーシャル政府を代表し、カラニ・カネコ保健福祉大臣は「2国間の強いパートナーシップの30周年を記念するこの時に、多くの贈り物を運んできて下さったことに感謝します。これは両国とその国民の間の協力、そしてパートナーシップ強化の面で歴史に残る重要な出来事となるでしょう。航空自衛隊の隊員の皆さま、我々の国の若者への貴重な贈り物を運んできて下さり、そして安全で安定した『インド太平洋地域』の促進のためにご尽力され、貢献していただいていることに改めて感謝を申し上げます」とスピーチした。

空自機は、米本土で行われる訓練に参加するため太平洋を横断する途中、マーシャル諸島に寄航。訓練の機会を活用して実施した外務省との初めての省庁間協力となった。

「運航の重み肌で感じる」水野3佐

指揮官を務めた1輸空の水野3佐は帰国後、朝雲新聞の取材に対し、「記念レセプションではハイネ大統領や齋藤大使などから直接感謝のお言葉をいただくなど、貴重な経験をすることができた。我々の実施する運航の重みを肌で感じるとともに、両国の友好関係がより一層深まることに貢献できたことを光栄に思う」と話した。

「今後も協力を進めたい」杉原部員

太平洋島嶼国との防衛協力・交流を担当する防衛省防衛政策局国際政策課の杉原逸樹部員は「太平洋島嶼国は、『自由で開かれたインド太平洋』を維持・強化する上で非常に重要な地域だ。今後もさまざまな機会を捉えて協力を進めていきたい」と話している。

記念レセプションに招かれたヒルダ・ハイネ大統領（左）をもてなす水野3佐（中央）。右は太平洋島嶼国地域担当の髙田稔久大使

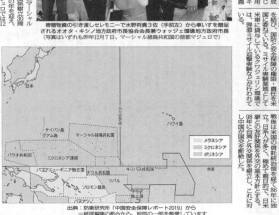

寄贈物資の引き渡しセレモニーで水野将貴3佐（手前左）から車いすを贈呈されるオオタ・キシノ地方政府市長協会会長兼ウォッジェ環礁地方政府市長（写真はいずれも前年12月7日、マーシャル諸島共和国の首都マジュロで）

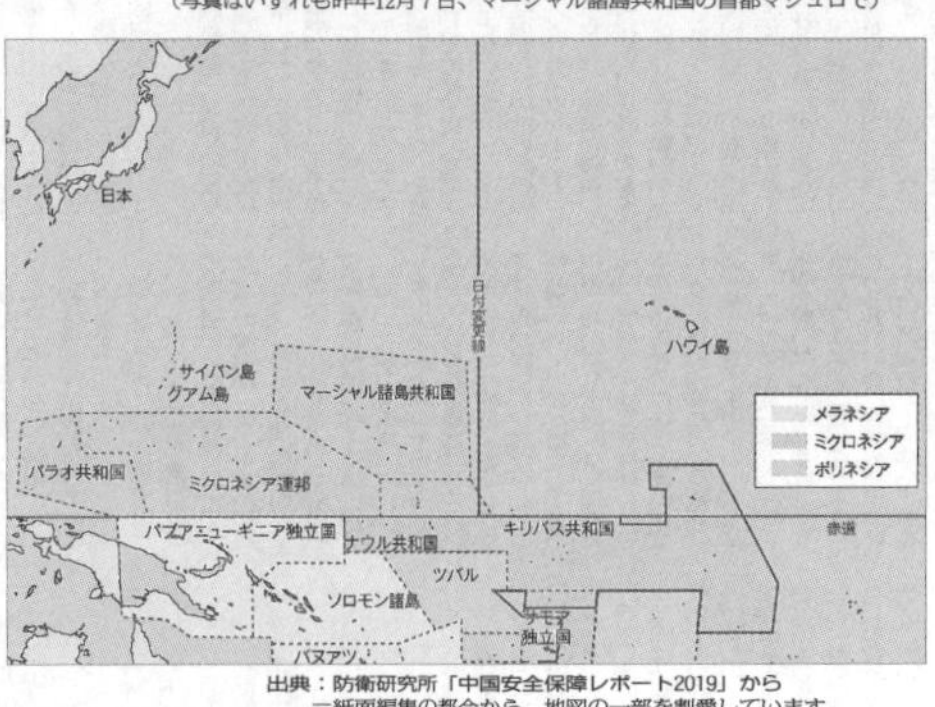

出典：防衛研究所「中国安全保障レポート2019」から
※紙面編集の都合から、地図の一部を割愛しています

神戸市立科学技術高校の生徒たちが真心を込めて新品同様に再生した車いす

マーシャル諸島共和国　人口約5万人（ミクロネシア系）、首都はマジュロ。環礁を中心とする1200以上の島々から成り、総面積は霞ケ浦とほぼ同じ180平方キロメートル。公用語はマーシャル語と英語で、キリスト教徒（プロテスタント）が多い。農業と漁業が主力産業。

軍隊を持たず、米国と「自由連合盟約」を結び、国防と安全保障の権限・責任を米国に委ねている。ミサイル実験基地として米軍に貸与しているクワジェリン環礁では、弾道ミサイル迎撃実験などが行われている。

ドイツの保護領（1885～1914年）、日本の委任統治領（1919～45年）、戦後は米国の信託統治領を経て86年に独立。日系人が多く、極めて親日的で、日米豪との友好関係を外交の基本方針とする。98年に台湾と外交関係を樹立し、これに対し中国が国交を断絶した。

国交樹立30周年、両国の絆に貢献できた任務 ―― 隊員の声

加藤文朗2尉「二国の大統領を交えての式典に参加できたことはとても大きな経験になった」

須藤俊貴3曹「国交30周年の記念行事に参加できたことを日本人として誇りに思う。他国との国交や平和に貢献できるような任務に従事したいと強く思った」

尾田昌拓曹長「短い時間ではあったが、現地の方とお互いの国のことを話すことで交流を図ることができた」

安部満彦2曹「両国の関係や歴史などを確認でき、[illegible]も（米国が1954年にマーシャル諸島のビキニ環礁で実施した）水爆実験で被曝した体験者であり、二度とこのようなことがあってはならない」と話されていたことが印象的だった」

村上幸弘2曹「レセプションは貴重な経験になった。このような活動の一つ一つが世界に日本の航空自衛隊をアピールするすばらしい機会になった」

中村元気3曹「自分の知らないところで、さまざまな形で協力している人たちがいることに感銘を受けた」

象田…2曹「…り、その際に我が国が友好の印として寄贈した運動用具に対して心から感謝された。日本人として誇らしく思った」

新村文隆2曹「今後もさまざまな機会を通じ、両国の発展に貢献していきたい」

吉岡利光2曹「両国の絆を深めることに微力ながらも貢献できた」

高橋雄次2曹「レセプションで同席された方が『我々の国と日本は…』と話され、両国の関係の深さを知ることができた」

明田貴宏2曹「国と国が交流する場に参加できたことは貴重な経験となった」

前事不忘　後事之師　第38回

2・26事件に思う ――襲撃事件が変えたもの

今から83年前の2月、雪の降る東京の中枢で国を揺るがす大事件が起きました。約20名の陸軍青年将校に率いられた歩兵部隊1400名余りが総理大臣を始めとする政府要人を襲うという、後世「2・26事件」と称される軍事クーデターです。

事件を主導した青年将校は、天皇親政による昭和維新をめざして決起したのですが、昭和天皇の理解は得られず、逆に陛下の憤りをかうことになり、クーデターは失敗します。

この事件は、その後の日本の行く末を変えたと言われますが、一人の女性の人生も変えました。その女性とは、事件で、襲撃の対象となった当時の陸軍の最高幹部の一人、渡辺錠太郎教育総監（陸軍大将）の娘、渡辺和子さんです。

陸軍第三歩兵連隊の2人の少尉に率いられた20名ほどの兵隊は、斎藤実内大臣を殺害の後、事件当日の午前6時頃、東京の荻窪の渡辺総監邸に襲撃に向かいます。襲撃現場には当時9歳であった和子さんが居合わせました。襲撃した兵たちは、居間のふすまを細く開いて軽機関銃で渡辺総監の足を撃ち、総監の血や肉片が壁や天井に飛び散ったと和子さんは後年語っています。9歳の少女が父親の悲惨な殺害現場に遭遇する、想像するだけでも胸が締め付けられますが、筆舌に尽くせない辛い経験だったと思います。

渡辺さんは、10代の終わりにカトリックの洗礼を受けます。友人から「あなたは鬼みたい」と言われたことがきっかけだったそうですが、9歳の時の体験が関係していたのだろうと想像します。その後、30歳間際で修道院に入り、36歳の時にノートルダム清心女子大学の学長に就任されましたが、奇しくも2・26事件の80年目に当たる2016年12月30日に満89歳で帰天されました。

渡辺さんは存命中に、「2・26事件は、私にとって赦しの対象から外れています」と述べていますが、著書である『「ひと」として大切なこと』という本の中で、概要こんなことを書いています。

「ある時、2・26事件に関するテレビ収録に呼ばれました。その際、思いがけなく父を殺した側の人も呼ばれて来ていました。一緒に好きなコーヒーを飲む羽目になりましたが、一口も飲むことはできませんでした。自分は、感情的、生理的には、その人は嫌いです。そばにも寄りたくないし、もう二度と会いたくもありません。しかしながら、その人を憎んでいますかと聞かれたら、いいえ憎んでいません、愛していますと言うだろうと思います。今はもう80ぐらいになっておられるその方が老後を幸せに過ごしていただきたいと思うし、その方が不幸になったらいいと願わないことがぎりぎりのところで愛しているということです。愛するということはやさしいことではありません」

この部分を読んだ時、この人は、偽善や虚飾を越えて自分の心の真実と真剣に向き合っている強い人だと感じ、私は、圧倒されました。

渡辺さんは、インタビューの中で、現代の若者に「本を読んで人間性というものの尊さが分かるようになって欲しい、本来の人間の弱さと強さ、情けと温かさを知って、日本人らしさを取り戻して欲しい」とアドバイスを送っています。渡辺さんは著書の中で、他人の意見や世間に流されずに、自分の信念に基づき行動することが大事だとも述べています。

2・26事件を主導した青年将校も、ある意味では自分たちが正しいと信じて行動したのかもしれませんが、彼らに決定的に欠けていたのは、渡辺さんが大事だと言う「人間性の尊さ」についての理解であったように思います。

防衛省・自衛隊の教育において、統率、戦術、戦略、各職種に求められる技量といった実用的知識を教えることはもちろん重要ですが、渡辺さんが指摘しているような人間の本質、その強さや弱さについての教育は絶対に忘れてはならないと私は考えます。

鎌田　昭良（防衛省OB、防衛基盤整備協会理事長）

渡辺和子さんの著書『「ひと」として大切なこと』（PHP刊）

……　前事忘れざるは後事の師　……

「アメリカの価値観」の変化

日本の安保カギ握る米中

西原　正

平和・安全保障研究所理事長（元防大校長）

にしはら・まさし　1937年大阪府生まれ。62年京都大学法学部卒。72年ミシガン大学大学院政治学研究科修了、77年防衛大学校教授、2000年第7代防衛大学校長。06年退官し、一般財団法人平和・安全保障研究所理事長。2008年瑞宝重光章受章。

日本を取り巻く東アジアの安全保障環境は、変化のスピードが速く、厳しさを増している。そのような状況を踏まえ、昨年末に策定された「防衛計画の大綱」「中期防衛力整備計画」を中心に、現状分析と今後のあるべき方向性について佐藤正久外務副大臣（元一等陸佐）と西原正平和・安全保障研究所理事長（元防大校長）に語り合っていただいた。（1月23日に都内で対談、司会は朝雲新聞社取締役・水谷秀樹）

日本にとって脅威は中国

西原　「米国に代わる」可能性も

――最初に今の日本を取り巻く安全保障環境について、それぞれのお考えをお話し頂くところから始めたいと思います。

西原平和・安保研理事長　国際環境は今、去年ぐらいから極端に厳しくなってきたと思います。新しい「防衛大綱」も今までにない段階に入っているということなのか、「格段に速いスピードで厳しさと不確実性を増している」と言っています。私は、日本にとって一番の脅威となるのは中国、それとロシアだと思うんですね。北朝鮮の問題も難しい問題なんですけど、日本にとってはそれほど脅威になってないような気がする。一番重要なのは中国ですね。

中国が軍事的、経済的、そして外交の面でも活動を拡張し、いろんな面でオールラウンドに自分たちの存在を大きくしています。2017年10月、共産党第19回全国代表大会で習近平国家主席は「2050年までに中国を主導的大国にする」と。アメリカへの優位性ということに彼らは関心を持っている。これは我々にとっても非常に大きな問題です。単に中国が脅威であるというだけではなくて、「アメリカに代わる存在」になる可能性まで出てきてるわけですから。アメリカも大変な意欲を示してトランプ政権が中国に対抗しようとしています。この米中の関係がどうなるか、我々にとって一番大きな問題ではないでしょうか。

佐藤外務副大臣　まさに西原理事長がおっしゃるように日本だけでなく、ヨーロッパ正面も、中東正面も、情勢の変化のスピードが速く、激しい時代になってきたと思います。その要因の一つに、中国の経済発展もありますが、それ以上にアメリカの価値観の変化があるのかなと思います。

典型的なのが、この前の大統領選挙で「アメリカ・ファースト」を掲げたトランプ大統領が勝利したこと。同時に民主党の方の候補者を選ぶときに、社会主義的な主張をするサンダース氏が43％の支持を集めていたり、この前の中間選挙でもそのサンダース氏の流れを汲むような方々が結構当選している。オバマ大統領が「アメリカは世界の警察官をやめる」と言いましたけど、今はもっとアメリカ自体が内向きになっていて、世界の安全保障をリードするという強い思いがアメリカ国民にもリーダーの方にも以前と違ってきていると考えざるを得ない。結果として安全保障環境が流動的になると思っています。

例えばヨーロッパ正面で言うと、NATO（北大西洋条約機構）の国防費の分担金問題についてトランプ大統領は「ヨーロッパに対してアメリカは17兆円の貿易赤字があるのに、なぜNATOの国防費の7割を負担しなくてはいけないんだ」と言ってます。

昔のアメリカは、そのくらい負担をしてもロシア正面、バルカン正面、アフリカ正面が安定すれば、アメリカの国益につながるという観点でやっていたと思うのです。中東においてなぜあんなに犠牲を払って戦費をかけても派遣しているかというと、やはり中東の安定がアメリカの国益だという観点があった。アジア正面においてもなぜ、大きな負担をしながら韓国に米軍を置いておくか。やはりそれはアメリカの国益だと考えていた。しかし、今、在韓米軍についても合同訓練の中止・縮小、あるいは経費面でもっと韓国が負担しろとか、いまだに折り合っていないという状況をみると、やはりアメリカの価値観が以前と違ってきていることが国際情勢に影響していて、それが今回の大綱・中期防を作る前提の大きな流れの中で影響しているような気がします。

そう考えると、中国とアメリカの関係は極めて重要になっている。今回、米国は中国に貿易戦争を仕掛けました。アメリカの技術的優位性を中国が脅かそうとしていることが背景にあります。中国は技術を強制的に移転させ、そして知財を盗用することによって「製造強国」というのを目指すんだと。

「メイド・イン・チャイナ2025」と言われてますけど、さらに「2049年には世界トップレベルのハイテク国家になるんだ」と。仮に中国が軍事と技術と経済を牛耳ったら、もう我々の価値観とか民主主義とかと違う形の判断基準ができる可能性も否定できない。米中がこれから大きな鍵になるというのは私もそう思います。

西原　中国は一方で「自由貿易」と言ってますけど、独裁体制が自由貿易をやると言うこと自体、歴史的に非常に新しい制度ではないかと思うんですね。だけど本当は中国が言う自由貿易はちょっとごまかしがあって、やはり根本では中国政府が動かしている。それから副大臣がおっしゃったように、技術を詐取、それから経済改造など、いろんなものを自前で全部やるというのではなくて、他人の知恵を使ってやっているところが多いですね。それで今おっしゃったように「メイド・イン・チャイナ2025」、そして中華人民共和国ができてから100年目の2049年、その時にはアメリカを追い越すんだという意志を持ってやっている。

これはアメリカにとっては初めてのことだと思うんですね。1950年代にソ連（現ロシア）が人類初の人工衛星「スプートニク」を打ち上げたとき、アメリカにとって大変なショックだったらしくて、アメリカの教育を変えなくてはいけないとか、数学をもっと学ばなくてはいけないとかあったんですが、今はある面で第二のそういうショックがあるようです。アメリカでは、10年くらい前まで英語で言うと「パンダ・ハガー（パンダに抱きつく）」と呼ばれた親中派が力を持っていましたけど、今は親中派もほとんど姿を消しているようですね。

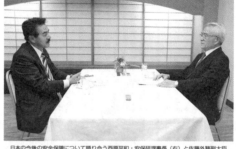

日本の今後の安全保障について語り合う西原平和・安保研理事長（右）と佐藤外務副大臣

佐藤　理事長が言われたように、自由貿易と言いながら、中国はかなり計画経済的なところもあれば、国策としてある分野を伸ばそうというような面も見られます。自動運転のレベルはアメリカを追い越すのではないかとか、「測位衛星」はもう30数個上がっているとか。これらは全て軍事技術にも応用できますから。アメリカも（電磁砲の）レールガンの開発をやってますけど、中国もレールガンを船上での実験に成功したとか。また極超音速滑空弾も実験に成功して、弾道ミサイル防衛も対応できなくなるようなハイスピードで姿勢も方向も変えることができるとか。

こうした新しい技術がどんどん出てくるのは、よく「ウミガメ」って言われるのですが、アメリカ等に留学して、中国に帰ってきた技術者が何十万、何百万単位でいて、軍の方も2035年までに近代化を成し遂げて、2049年までに世界トップレベルの軍にするという目標、建国100年に合わせて着実にやっている。

これは日本にとっては深刻な懸念事項であり、今までは「日米の総和が中国を上回る」という態勢をいかに作るかが基本政策だったんですけども、それが本当にいつかの時点で、中国が日米の総和を上回るというエリアあるいは分野が出てくる可能性もゼロじゃない。

西原　今、副大臣がおっしゃった点ですけどね、2017年12月に発表されたアメリカの「国家安全保障戦略」を見ると、そんなに厳しいことは言ってなかった。たしかに米中の競争は厳しいということは言ってましたけど。だけど昨年暮れのペンス副大統領の演説を見ますと、かなり違いますね。厳しさっていうか、切羽詰まった緊張感と言いますか、中国を何とか今抑えなくてはいけないという気持ちが強く、1年でだいぶ変わったと思いますね。日本もそうですよね。日本の新防衛大綱の書き方も随分違ってきていますね。

佐藤　ハドソン研究所でペンス副大統領が対中政策を発表し、さらにパプアニューギニアのAPEC（アジア太平洋経済協力会議）での演説もかなり中国に対して厳しい表現で懸念を示していました。この前の国防授権法もそうですけど、実は共和党だけでなく民主党の議員も中国に対しては厳しい見方を持っていて、中国に対する安全保障政策は超党派で一致してきたと。国防授権法を民主党も賛成したというのは、まさにそこの分野でオバマ大統領への反省という部分もあると思うんですね。

南シナ海で岩礁を埋め立てた人工島も、中国は「あれは軍事基地化しない」とオバマ大統領に約束したけど、実際には軍事化してしまった。あとは習近平国家主席がオバマ大統領に「知財というのは盗まない」と言ったにも関わらず、サイバー・アタックとかでそういうものが実際には盗まれて、その証拠も出てきている。騙されたという思いが民主党の中にも強くあると思うんですね。今、対中国ではアメリカは共和党も民主党も一枚岩になっている。この前のファーウェイのCFOの逮捕なんかも、アメリカの要請でカナダが拘束する。そういう意味で今回の「防衛計画の大綱」もかなり中国を意識しながら書かれているような気がします。

自分の国は自分で守る

佐藤　島嶼への端末輸送力は必須

――今回の「大綱」と「中期防」の特徴につきまして評価すべき点と今後の課題についてお話し頂ければと思います。

西原　安倍政権が防衛大綱を作ったのは2回目ですよね。一つの政権で二つを作るというのは珍しい。珍しいってことはこの5年間でかなり事情が変わったということか、日本の政府の考え方が変わったと、脅威に対する認識が変わったことを示しているのが一つの特徴だと思います。それから実際に防衛力の増強の中でも空母やステルス戦闘機を導入するとか、そういう面で日本は変わりつつあると思うんです。重要なのは集団的自衛権をどこまで日本が認めるかってことで、これは防衛大綱では述べていなかったですね。私はもう少し踏み込んだ言い方があってもいいかなと思ったんですけど。

佐藤　厳しい安全保障環境を考えたときに、基本は自分の国は自分で守るということ。日本の防衛力を強化すると同時に、日米同盟をいかに実効性あるものにしていくかということに尽きると思うんです。今までの延長線上ではなく、国民を守るために真に必要な防衛力を作る。今まで大事だと言われていた分野でも欠落機能はたくさんあって、これまで必要性は分かるけど予算等の関係で触れてこなかった部分が、今回の大綱では出てきたような気がします。

例えば、いわゆる「『いずも』の空母化」一つをとっても、我々がこれまで懸念しつつも手を付けてこなかった部分が太平洋側なんです。地政学から言うと、北正面がロシア、西北正面が北朝鮮、南西正面が中国というイメージで防衛力を整備してきましたが、太平洋側はあまり考えてこなかった。ところが中国の最近の動きをみると、どんどん沖縄を抜け太平洋での活動が増えていて、昨年も中国の爆撃機が沖縄本島と宮古島の間を抜けて紀伊半島の沖の方まで来た。紀伊半島の沖と言ってもレーダーが届くような範囲ではないずっと南です。その辺りの警戒監視は実は盲点で、そうなれば、「いずも」を改修して離発着を可能とするようなSTOVL機を乗せ、AWACSと組み合わせながら警戒をしないといけない。

あるいは、南西諸島の防衛警備を考えたときに、島がいっぱいあります。しかし、端末輸送能力は今までなかったんです。海上自衛隊の輸送艦「おおすみ」タイプは、沖縄本島とか宮古島、石垣島の港に入れたとしても、それ以外の島々には船が大きすぎて入れない。じゃあ実際どうやってそこに自衛隊は展開するのか、補給品をどうやって送るのか、住民をどうやって保護するのかということになります。防衛を考えたときに、小型の揚陸艇等の端末地の輸送は必須なんです。今回、これまで必要だった部分（島嶼部への輸送機能強化）にタッチしたので、そこは一つの特徴であり、評価すべき点だと思います。

西原　もう一つ、今度の新大綱で新しい言葉として「多次元統合防衛力」、中身を見ると宇宙とかサイバーとか電磁波とか、そういうものを複合的に考えながら防衛力を進めていく。これは大変いいと思います。しかし、それぞれの分野で日本は例えば中国と比べたらだいぶ劣っているんじゃないかなという懸念もあります。技術はいいかもしれないけど、中国は大規模に金をかけて防衛力を作っている。

日本側は追いつくのが難しいと思うんですけど、防衛大綱では、日本の技術の優位性を生かすことを述べていますね。ぜひそちらの方向に進んでもらいたいと思います。

佐藤　防衛省のサイバー、宇宙、電磁波に比べ、中国は予算と人の数が全然違います。ゲームチェンジャー技術にも、人と予算をかけることが大事。今後の我々の防衛基盤とか技術革新に力を入れる必要性について、意識が高まったことは間違いない。

新「大綱」に影響与えた

技術革新に力を

佐藤 正久
外務副大臣（元1等陸佐）

さとう・まさひさ　1960年福島県生まれ。防大27期。1996年ゴラン高原派遣輸送隊初代隊長、2004年イラク人道復興支援活動で先遣隊長、7普連（福知山）連隊長、2007年参議院議員初当選。2012年防衛大臣政務官、2017年外務副大臣。

――「大綱」「中期防」に、「知的基盤」という項目があります。教育面の重要性についてどう思われますか。

西原　私の立場から言えば、もっと一般の大学で安全保障を教える仕組みを作ることが必要かと。そういうコースを設ける。ただし、大学の中に抵抗勢力があるわけですよね。それから、日本学術会議が軍事研究をするのはやめましょうという申し合わせをしたりしています。そういう意識をまず変えて、「大学でも自由に」と言ったら言い過ぎかもしれませんが、軍事技術というのは平和に役立つのだという理解を持って、それを推進していけるような仕組みと雰囲気がなければいけないと思いますね。

個別の学者が軍事研究をやりたいと思っていても、所属している大学の方がだめであれば、外国に行ってやりましょうということになりますよね。だから日本の大学でもそういうことをやることに問題はないんだという雰囲気が必要だと思います。もっとも大学だけじゃなく、普通の人のレベルでも、戦争に反対することだけが平和教育じゃない、むしろ戦争をしないためにはどういう事を考えなくてはいけないか、なぜ戦争は起きるのかという研究も勉強も必要だと思います。そういう教育がもう少し高等学校や中学校などであるといいですね。

佐藤　別に戦争を正当化する訳じゃなくて、安全保障とか、どういう形で防衛政策が動いているかを勉強してもいいですよね。もう少しくだけて言うと、学校で国というのは三つの構成要素、すなわち主権と領土と国民というのは習っていても、どこからどこまでが自国の領土かということを学校で教えていない。私もそうでしたが、小学校、中学校の教室の地図が、小笠原とか沖縄とかを切って貼り付けてある。これでは広がりが分からない。北方領土がないとかね。やっぱり日本の領土全体を、日本ってこんなに広いんだということを教えることが大事だと思うんです。でないと、今、自衛隊や海上保安庁が、どういう所を守っているかということが分からないと思うんです。

たまに冗談半分で言うんですけども、ハワイから一番近い日本の領土はどこか分かりますかと。それは小笠原諸島の南鳥島なんです。そして2番目は択捉島なんです。北方領土も日本だっていうためにこう言うんです。だから昔、真珠湾攻撃に択捉島から出撃したんです。どうしても日本の領土のイメージがわからない。領土教育は小学校でもできますからね。難しい高校生レベルじゃなくても。

日米豪印の連携しっかり

佐藤　第3列島線まで考えよ

――南シナ海を含めて「開かれたインド太平洋」。これはキーワードの一つだと思います。中国に対抗する上でも、日米豪印の連携が重視されています。

佐藤　「自由で開かれた海洋秩序」という名の下の「インド太平洋構想」に関してですが、安倍総理は、別にこれは中国を排除するためのものではなくて、まさに自由で開かれた海は交易する人たちの公共財だという意味で使っているんです。ただ、南シナ海における中国の一方的な埋め立て現状変更、あるいは「一帯一路」という名の下に相手国の返済能力を超える形でのインフラ整備、結果的にスリランカのハンバントタ港とか、オーストラリアのダーウィン港に見られるように、長い間の借地権が取られてしまうというのは、これは国際標準からしても、我々としては看過できないので、是々非々で対応しておりますが、その中で日米豪印の連携っていうのはまさに鍵といえると思います。

この前、安倍総理が7年ぶりに訪中しました。一方で、帰ってきてすぐにインドの首相を日本に呼び、ペンス副大統領が日本に立ち寄り、それから総理はオーストラリアに寄ってからAPECに参加しました。中国に行ったすぐのタイミングで日米豪印の連携をしっかりやってからAPECの演説に臨んだというのは、非常に効果的だと思いました。ただ残念ながら、日米豪印は外務当局間ではできているんですが、防衛当局間ではできてないんですよ。防衛省もやりたい気持ちはあるんでしょうけれども。やはり、日米豪印というならば、防衛当局間でもまとまった協議体を早く作ってほしいと思います。

西原　今の最後の点は私も賛成ですけども、オーストラリアとインドとの関係がしっくりいってないようですね。だから何かやりましょうという時に、なかなか進まない。特に軍事演習の場合、4カ国でやった例は数えるぐらいしかないんじゃないですか。4カ国で軍事訓練やりました、4カ国の首脳が顔を合わせました、というような回数を定期的に増やしていくことが重要だと思いますが、なかなかそうはいかない。

もう一つは「開かれたインド太平洋」という場合に、太平洋ってものすごく広いですよね。ここで4カ国だけとなると本当はちょっと無理があると思うんですよ。基本として4カ国があるのはいいけれども、やはり太平洋の問題に関してはカナダが入った方がいいと思います。

それから、これからはやはり、大洋州諸国の参加が重要になってくるんじゃないですか。今は中国がここもまた勢いを伸ばして、大洋州の方へ出てますから。それを抑える意味でも14カ国の大洋州をもう少し、私たちの方に向いてもらえるような仕組みを作っていくべきだと思うんですね。中国の金がずいぶん入っていて、いろんなところで議会とか総理府の建物を作る投資が中国からいってますね。

佐藤　それは我々も懸念していて、外務省としては「太平洋島サミット」というものを3年に1回、日本と太平洋島嶼国とやっています。昨年はAPECをパプアニューギニアでやりました。大洋州で初めてAPECを開いたというのは象徴的です。そこでせめぎあいがあって、パプアニューギニアも中国の影響を受けてますから、APECの直前に習近平主席を国賓として呼んで、そのまま連接でAPEC参加。さらに公式訪問と並行して中国が国交を有する大洋州島嶼国の盟主を呼んで会議を開き支援を約束した。台湾は17カ国と外交関係あるんですけど、そのうち6カ国が大洋州。だから中国にとってこの地域は大事なんです。

あと私、去年、米グアムのアンダーセン基地に行ったときに驚いたのは、基地の待合室に絵があって、第1列島線、第2列島線、もう一つ第3列島線っていうのがあるんですよ。アリューシャンからハワイ、クック諸島、ニュージーランドの線が第3列島線。これはまさに以前、中国が太平洋を米国と二分するって言ったラインなんですね。グアムは第2列島線の真ん中ですけれど、米国はこの第3列島線の範囲まで考えている。中国の影響力っていうのは第3まで考えないと、第2列島線にいる米国の役割が果たせない。もう第2を抜けてきてますから。

まさに太平洋を考えた時に、大洋州というのはこれから非常に大事な地域です。

自衛隊としても去年、パプアニューギニアとフィジーにオーストラリアの防衛駐在官を兼務という形で配置しました。この前、APECに合わせてパプアニューギニアの軍楽隊の支援を2年かけてやったり、ベトナムの地でフィジー工兵隊への能力構築支援をしたり、そういう防衛協力も始まっています。

中国の軍事防衛ライン「第1・2・3列島線」

ロシア　アラスカ　アリューシャン　カナダ　中国　日本　アメリカ　第2列島線　グアム　ハワイ　第3列島線　第1列島線　トンガ　オーストラリア　ニュージーランド

フェアだと言える外交を

西原　互いの負担分担が重要

――最後に日米同盟と自衛隊の今後についてお伺いしたいと思います。

佐藤　日米同盟のポイントは役割分担だと思うんですよね。「RMC」って言われますけど、ロール、ミッション、ケイパビリティー。役割と任務、能力ということを考えた時に、今まで以上に自分の能力を上げて、役割分担を広げていくことが、この地域の安定にもつながり、日米同盟の強化という面でも正しい方向性だと思っています。これだけ安全保障の状況の変化が激しくて、アメリカも今まで以上に内向きになるという傾向を考えた時、いろんな面で自分の国は自分で守るっていう観点から、日米同盟を考えなければなりません。

これから国際社会全体の流れから考えると、さらに変化が激しくなる可能性があって、朝鮮半島も万が一、南北が平和条約ということになったら、朝鮮国連軍とか、在韓米軍の位置づけが変わりますから。少なくとも朝鮮国連軍がそこにいる必要性がなくなる可能性があります。実際に一部の識者が在韓米軍の縮小と言ってますからね。もともと「アチソンライン」には朝鮮半島は入っていませんから。日本に米軍が駐留して、共産勢力から守るという発想ですから。そう考えると、これだけ環境が不確定、不確実な時代になれば、やはり、自分の能力を強化しながら日米同盟の中の役割、欠落機能を含めて増やしていくことが大事な時代に来ているのではないか。おそらくアメリカはそれを求めていて、今回の岩屋防衛大臣がアメリカに行ってシャナハン国防長官代行と協議しましたけど、日本の「防衛大綱」「中期防」について高い評価を得たというのは日本がこれまでより能力を強化し、役割を広げようとしているのが評価されたのかなと思います。

西原　トランプ政権が始まったころは、日本に対して特に防衛負担に関してずいぶん厳しかったけど、最近は日本に対して不満を言わない。ですが、私ちょっと言いたいのは、日米同盟は強化すべきだし、重要です。そして事実、日米はさまざまなことをやってます。だけど、アメリカにとって日本はフェアな国だろうかと。アメリカは世界中で安定を図ろうとしているのに、日本はそれほどやっていない。一応お金は出しているけど、自分で守ろうとしてるのはアメリカ人から言わせれば日本はあまりフェアじゃないということがあると思うんですね。そうすると、これからやはり出てくると思うんですね。特にトランプさんが「アメリカ・ファースト」と言えば、もっと日本がやるんじゃないかと。そういう面で、我々も反省しなくちゃいけない、考えなくちゃいけない点がたくさんありますね。

そのうちの一つは日本が本当にフェアな国なのだろうかっていうことだと思うんですね。それから貿易の方も日米間で相当大きいですね。日本側の輸出がとびぬけて多いです。どうしてもアメリカ人にとってはおかしいと。そう思うでしょうから。

佐藤　7兆円の赤字がありますからね。

西原　難しいですね。日本がそれに対処しなければいけない。中国もアメリカに対して大変な黒字であると。トランプさんはそれをやっつけるためにさまざまなことをやってますね。私はあれを見ていて日本に対して同じことをやりだしたら大変だなと思います。だから、努力して日本はフェアだと言える外交とか、経済関係を作っていかなければと思います。それから防衛費。安倍さんになってから毎年増えてますけどやはりGDP1%。それで今度は、自衛隊員の退職者の年金を見るということで、1・3%ってことですけど。まだまだヨーロッパに比べると低いですね。そこを上げていかないと、どうしても不満や批判が出てくると思いますね。

佐藤　NATOについては2%と言ってますからね。日本が2%になったら中国はびっくりするでしょうね。同じ話がヨーロッパでドイツがGDPの2%っていうのは周りの国は穏やかじゃないでしょう。経済規模が違うので額が大きくなるから。日本の場合も、在日米軍に対して大体1800億円ぐらいのホストネーションサポートがありますが、まだまだ不十分だという意見をトランプ大統領が持ってもおかしくない。

西原　日米同盟を強化する上で、互いに負担を分担することが重要です。そして負担の中にやっぱりリスクも含まれてくるんですけど。日本側でいいことだと思うのは、水陸両用部隊を作った。これがうまくいけば、南西諸島の防衛などは米軍と自衛隊とで一緒にやれるということになるんです。これは長く同盟関係の中で言われているショルダー・トゥー・ショルダーの関係、肩を並べて戦うというのは日本はまだやってないんですよね。しかし、これができれば案外そういう方面に行くかなというのを私は期待してるんです。

佐藤　理事長が言われるように、同盟というのは三つを共有しないとだめです。つまり価値観の共有、負担の共有、そしてリスクの共有。リスクの共有が日本は一番不十分です。一部限定的な集団的自衛権。あくまでも限定的で、日本に影響する時だけですから。そういう状況の中で、いかにこのリスクを共有するかという部分を、ショルダー・トゥー・ショルダーの中でやっていくかが大事な分野だと。やっぱり自分の国を守るのは自分ですから。そういうときに自分は何もやらずに「アメリカさん全部お願いします」では今のアメリカ国民の感覚に通用しないし、議会も米軍の派遣について、承認しない可能性があります。まずは自分の国は自分で守っていう覚悟と、場合によってはリスク背負う覚悟がないと。

西原　副大臣の前で良くないかもしれないけど、戦闘体験っていうのは自衛隊ないですね。訓練は一生懸命やってるし、覚悟はあると思うんだけど、本当に戦闘になったらどうなるのかなっていうのは立証されてないから難しいですね。日本はこれだけできますっていうのは言いにくい。

佐藤　そういう中で、隊員もスーパーマンじゃありませんから、当然疲労するし、負傷します。そうなったら交代要員が必要じゃないですか。人的な縦深性とか強靭性、あるいは補給品もそうでしょう。補給品もどのくらいの備蓄があって、どうやって調達するのかも含めて、自衛隊だけじゃなくてもう少し国全体として考えなければいけないことがあります。

西原　そういう部分で命を落とした自衛隊員に対して、国民がどのように扱うかというのも問題ですよね。

佐藤　最終的に自衛隊はなんのために頑張れるかっていうと、名誉だから。名誉と誇り。名誉と誇りがあれば、みんな頑張れる。当然処遇も大事ですよ。でも全部突き詰めて全部はがしてはがして何が残るかというと、自衛隊員は「名誉と誇り」だと思いますね。

募集・援護

特集

「年男・年女の隊員諸君、猪のごとく体を張って広報せよ」――。年が改まり、全国の地本広報官たちは「亥（猪）」のような積極広報を行っている。山形地本では年男の募集課長自らポスターに登場し、やりがいのある自衛官の仕事をアピール。静岡地本では新任地本長がラジオの新年番組に出演し、リスナーに直接、自衛隊の魅力を伝えた。

平和を、仕事にする。

ただいま募集中！
◇予備自補（一般・技能）
◇自衛官候補生
◇医科・歯科幹部
★詳細は最寄りの自衛隊地方協力本部へ

亥年の広報は"猪突猛進"で

「年男・年女」でポスター

山形　原募集課長自ら出演

【山形】地本は1月9日、本部庁舎内の自衛官募集ポスターを一新した。山形地本では1年間にわたり、庁舎の窓を活用してオリジナルポスターを掲示、道行く人に自衛官募集をアピールしている。今年は「笑顔」と「年男・年女」をコンセプトにポスターを制作。山形県出身の若手隊員と本部に勤務する年男・年女を起用した。

このポスターの真ん中で、「亥」ポーズをとっているのが募集課長の原高宏2海佐と、同課広報係の池田夏奈事務官。4回目の年男を迎えた原課長は、「昨年は出勤時に毎日、護国神社に参拝し『自衛官等への進学・就職を考えている人の役に立つ』と宣言を続けた。今年も人の役に立つことを志として前進していきたい」と抱負を語った。

一方、昨年4月に入隊し、2回目の年女となった池田事務官は、「新年も変わらず前向きに、でも常に周りを見て、何事にも一生懸命に取り組んでいきます」と決意を表明した。

ポスターは庁舎の窓に目立つよう掲示され、道行く人にも元気を与えている。

(上)山形地本オリジナルの亥年ポスター。中央右は猪のポーズを取る原募集課長、その左は池田事務官。両端には山形出身の隊員が写っている(下)地本庁舎の窓に掲示されたポスター

救難隊長の経験を語る

静岡　宮川新地本長がラジオ初出演

【静岡】宮川知己地本長は1月23日、静岡市のエフエムしみずのラジオ番組「自衛TIMES静岡」に出演した。

同番組は約10年前から「清水自衛隊友の会」の提供で、毎週、県内の自衛隊の活動状況や隊員募集などについて放送している。

昨年末に着任した宮川地本長は初出演だったが、パーソナリティーの三輪祐子さんとの軽妙な会話で盛り上がりを見せた。番組では宮川地本長が福岡県八女市出身で、同じ「茶所」の静岡県に親近感を持っていることなどを話した。

一方、東日本大震災では空自百里救難隊長として捜索救難活動に参加したことなど、災害派遣の経験も紹介。最後に「初めての地本勤務ですが、県民とさらなる良好な関係を築いていきます。自衛官になりたい方は、ぜひ地本に連絡を」とリスナーに語りかけた。

目標達成を祈願

新潟地本長ら、白山神社で

【新潟】地本は1月7日、新潟市中央区一番堀通町の白山神社で、年頭祈願を実施した。同神社は新潟の総鎮守として千有余年の歴史があり、毎年約18万人の初詣参拝者でにぎわっている。

新潟地本からは小薗井明裕地本長以下、脇阪裕城副本部長、総務課長、募集課長、援護課長、広報次長らが参加した。

6人は本年も防衛力を支える人的基盤の充実・強化に寄与できるよう、「目標達成」と車両運行の「無事故」を祈願し、心新たに新年をスタートさせた。

募集目標の達成を祈願した新潟地本の隊員。中央左が小薗井地本長、右は脇阪副本部長（1月7日、新潟市の白山神社で）

成人式会場で市街地広報

群馬　新成人の隊員もティッシュ配布

【群馬】太田出張所は1月13日、成人式会場で市街地広報を行った。

広報官が館林市民文化会館と千代田町民プラザの2カ所に分かれ、自衛官募集を来場者に告知。さらに3月10日に前橋市民文化会館で開催される空自航空中央音楽隊（立川）の演奏会も告知した。

当日は華やかな振り袖や紋付袴、スーツに身を包んだ新成人をメインターゲットに、式典終了時刻の午前11時から午後1時にかけ、館林市と千代田町の自衛官募集事務担当者、太田所広報官が広報活動に参加。さらに今年新成人となった自衛官もスーツ姿で加わり、広報用ティッシュ500個を配布した。

新成人自衛官がティッシュを配ると、かつての同級生もやって来て「自衛官になったの！」と会話も弾み、短時間で大きな広報効果をあげた。

このほか、市町村募集事務担当者と所員が一丸となって市街地広報をすることで、自治体との連携も強化した。

地本の三住秀樹准空尉（左端）とともに広報活動を行った新成人隊員たち（1月13日、館林市民文化会館で）

新成人隊員、制服で式に出席

愛知　水野議員がサプライズで紹介

【愛知】地本は1月12日、北名古屋市文化勤労会館大ホールで実施された「成人のつどい」で、自衛隊をPRした。式には華やかな晴れ着やスーツ姿の新成人約750人が集まり、愛知県議会の水野富夫議員が祝辞を述べた。

その際、「本日は志を持って自衛官を目指した方も自衛隊の制服で参加してくれていますので紹介します。実行委員の皆さまと壇上に上がってください」と議員からサプライズでの紹介があった。

制服姿で出席していた陸自36普連重迫撃砲中隊（伊丹）所属の釼持柚未華士長（小牧地域事務所から入隊）が登壇し、会場から大きな拍手と歓声が上がった。水野議員の祝辞後、釼持士長ら新成人が代表して壇上で万歳三唱を行った。

水野県議会議員（左）から紹介され、陸自の制服姿で登壇した釼持士長（中央）。右は母親の和江さん（1月12日、北名古屋市文化勤労会館で）

箱根駅伝で募集広報

神奈川　チラシ入りカイロを配布

【神奈川】地本は1月2日、横浜市戸塚区と川崎市の2カ所で、「第95回箱根駅伝」の沿道での募集広報活動を行った。

当日は天候に恵まれ、戸塚区では戸塚中継所から戸塚警察署までの応援スペース、川崎市では稲毛神社近傍に広報官を配置。駅伝の応援に駆けつけた対象者たちに対し、「募集チラシ入りカイロ」を活用した広報活動を実施した。

今年は自候生、一般曹候補生の採用年齢の上限を32歳まで引上げた告知入りチラシを配布し、今春の採用にも「まだ間に合う！」ということを積極的にアピールした。

沿道で広報官が笑顔で話しかけると、観戦客は「ありがとうございます」と募集チラシ入りカイロを快く受け取っていた。

箱根駅伝ファンに広報グッズを配る広報官（1月2日、横浜市戸塚区で）

故郷・鹿児島で凱旋広報

世界選手権金メダルの濵田2尉

【鹿児島】地本は12月24、26の両日、自衛隊体育学校所属で霧島市出身の濵田尚里2陸尉（柔道女子78キロ級）の帰郷広報を支援した。

濵田2尉が柔道と出会ったきっかけは「国分西柔道スポーツ少年団」への入団で、当時、国分駐屯地内柔道場で稽古。それ以降も柔道を続け、進学した県立鹿児島南高校では着実に力をつけ、3年生でレギュラーになった。

帰郷広報は小・中学生の稽古納めや高校時代の恩師がいる霧島市立国分中央高校の柔道部での練習に加わり、後輩を指導することで自衛隊をPRした。

県内のメディアも小・中学生が世界トップレベル選手と稽古をしている姿を取材。濵田2尉は世界と渡り合う技術を伝え、生徒からの質問にも丁寧に答えた。

夕方からは濵田2尉の世界選手権金メダルを記念し、地元主催の祝勝会が開かれ、住民からは2020年の「東京五輪」での活躍を期待する声が上がっていた。

世界選手権優勝祝勝会であいさつする濵田2尉（12月24日、霧島市で）

自衛官3兄弟、加賀市役所を表敬

石川　任務のやりがい語る

【石川】加賀市出身の自衛官三兄弟（長男・大岩正人2空曹、次男・中村一義1陸士、三男・中村裕太郎2海士）は12月25日、小川康祐地本長とともに加賀市役所を訪れ、山下正純副市長を表敬した。

三兄弟が陸海空別々の自衛官になるケースは珍しく、地元メディアでも取り上げられた。

長男の正人2曹は、空自千歳基地管制隊に所属し、9月の北海道胆振東部地震では「新千歳空港が閉鎖されたため、管制隊のチームワークが試される経験だった」と振り返った。

次男の一義1士は、陸自14普連（金沢）に勤務。昨年2月の福井豪雪で災害派遣に加わり、「ドライバーからお礼の言葉をかけられた時は、この仕事をやっていてよかったと思った」とやりがいを語った。

三男の裕太郎2士は昨年海自に入隊し、現在は護衛艦「ひゅうが」（舞鶴）に乗艦。「兄たちの背中を追って仕事を覚え、国を守る自衛官として早く一人前になりたい」と抱負を語った。

空自小松基地に勤務していた父親の大岩透氏（加賀市自衛隊家族会副会長）も同席。3人の息子について「陸海空と職場は違うが、それぞれが自衛官としての使命を果たせるよう、できる限りバックアップしたい」と立派になった3人の姿に目を細めていた。

表敬を終え、ポーズを取る（左から）三男の裕太郎2士、次男の一義1士、長男の正人2曹、山下副市長、父の大岩さん、小川地本長（12月25日、加賀市役所で）

函館地本長に小幡1佐

1月11日の定期異動で函館地本長が交代した。新任本部長の略歴は次の通り。

小幡　哲也（おばた・てつや）1海佐　函館地本長　防大35期。平成3年海自。18年2佐、23年1佐。「ちょうかい」艦長、艦隊開発部長、15護隊司令などを経て、30年8月函館基地隊。北海道出身。52歳。

入隊予定者対象に部隊研修を実施

埼玉

【埼玉】地本は11月13日、21日、12月19日の3日間、陸自高射学校（下志津）、小平学校警務科部（小平）と東方通信群（朝霞）の協力で、採用予定者9人に対する部隊研修を行った。

研修は採用予定者の入隊に対する疑問や不安を解消することを目的に、訓練見学や体験喫食、学校・部隊の概要説明や隊員との懇談を実施した。

特に、平成30年の春に入隊した隊員との懇談では、訓練の内容や隊内生活についての質問が多く飛び交い、参加者は「先輩の説明を聞き、生活の様子を知ることができて安心した」と話していた。

朝雲

防衛省にご勤務の皆さまへ　住まいと暮らしのことなら何でもお任せください！

コーサイ・サービス ニュース　No.59

まずは「紹介カード」をご請求ください！⇒URL　https://www.ksi-service.co.jp（限定情報　ID:teikei PW:109109）

「紹介カード」で提携割引"紹介カードでお得に・お住まい応援キャンペーン" ①・②・③+プレゼント！　実施中

【住まいのご相談・お問合せ】　コーサイ・サービス株式会社　☎03-5315-4170（住宅専用）担当：佐藤　東京都新宿区四谷坂町12番20号KKビル4F／営業時間　9:00～17:00　／定休日　土・日・祝日

現地建物内モデルルーム公開中

奥行き約2.6mの大型バルコニー　／　敷地から直接アーケードへ

0120.056.051　クラース呉本通　検索
営業時間／10:00～18:00（水曜日定休※祝日除く）
clars-kurehondori.com
フージャース コーポレーション

予告広告

事前案内会開催

①10:00～②13:00～③16:00～④19:00～

「池袋」駅徒歩3分　クリオ ライフスタイルサロン池袋にてモデルルーム公開中

2LDK……56㎡超～4,400万円台～
2LDK+S 65㎡超～70㎡超
3LDK……63㎡超～68㎡超

南西向き　C3TYPE　2LDK+S +WIC　専有面積 70.30㎡　バルコニー面積 9.96㎡

0120-227-997　明和地所　提携　検索
MEIWA 明和地所

予告広告

お問い合わせは　0120-086-845
公式ホームページ　パウス朝霞　検索
www.baus-web.jp/baus/asaka6/
（売主・販売）日本土地建物　（販売提携(代理)）長谷工 アーベスト

西武池袋線「大泉学園」駅徒歩5分　「池袋」駅へ11分　「新宿」駅へ16分

子育てしやすい街　第1位「練馬区」　文教地域の閑静な住環境

2月16日（土）より建物内モデルルームオープン！　第1期先着順受付中

■3LDK中心、感性に応える多彩なプランをご用意。
■2019年3月末よりご入居いただけます。

サンウッド　0120-407-310　GT大泉学園　検索

提携割引　販売価格（税抜）より1%割引

アキュラホームグループ

職人品質へのこだわり	安心の適正価格	高性能の追求
アキュラホームは厳しい基準をクリアした匠の心を持った確かな腕の職人と専属契約しています。職人が一棟一棟、丹精を込めて、品質の高い家をつくり上げています。	見積もりのムダをなくす独自のシステムや、良いものを安く仕入れる物流ネットワークなど、他社にはない仕組みで納得の適正価格を実現します。	ZEH基準を上回る国内トップクラスの断熱・省エネ性能。国内外のあらゆる大地震に耐えぬいた耐震性能を標準装備。

●ぜひ一度展示場で住みごこちの良さをご体験ください。最寄りの展示場はWEBでチェック！

資料請求はこちら　専用WEBサイトから　aqura.co.jp/teikei/　企業番号 171-1-C

お電話から　0120-004-383（受付時間：平日10:00～17:00 定休日：土・日曜日）

提携割引　建物本体価格（税抜）3%　※展示場来場・資料請求の前に「紹介カード」が必要となります。

予告広告

ダイワハウスの新築分譲マンション「プレミスト志村三丁目」全284邸の大規模レジデンス

予定販売価格（税込）　2LDK 3,900万円台～　3LDK 4,500万円台～　モデルルーム公開中

提携割引　販売価格（税込）より1%割引
提携割引をご利用いただくには「紹介カード」が必要です。ゲストサロン来場前にコーサイ・サービス（株）へご請求ください。

お問い合わせは「プレミスト志村三丁目」ゲストサロン　0120-284-460
営業時間／10:00～18:00 定休日／火・水曜日（祝日除く）
資料請求受付中　ダイワ志村　検索

スーパー隣接　公園至近
徒歩7分　全125邸の大規模デザインレジデンス
素敵なプレゼント進呈!!　詳しくはWEBで！

ご予約・お問合せ先　（株）タカラレーベン　提携企業従業員様窓口
ご予約の際は、「コーサイ・サービスニュース」を見てとお伝え下さい。
0120-017-771
Takara Leben

住まいと暮らしの創造企業グループ

長谷工グループ HASEKO

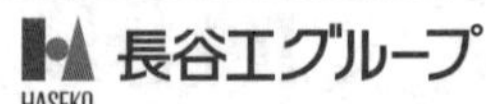

住まいのことなら長谷工グループへご相談ください!

掲載の提携特典・キャンペーン等ご利用の際は、「朝雲新聞を見た」とお伝えください。

新築 マンション施工実績No.1※、長谷工コーポレーションおすすめ新築分譲マンション

長谷工 コーポレーション HASEKO

※施工戸数累計約63.6万戸（(株)長谷工総合研究所調べ（2018年12月末現在）

サンリヤン成増　東京都板橋区

提携特典　販売価格(税込)より1%割引

Wonder Full Time
成増、刻を謳歌する日々。
家族の"ワンダー★フル★タイム"、はじまる。
SUNRIANT NARIMASU URBAN STAGE
新/発/表
東京メトロ有楽町線・副都心線 地下鉄成増駅徒歩7分

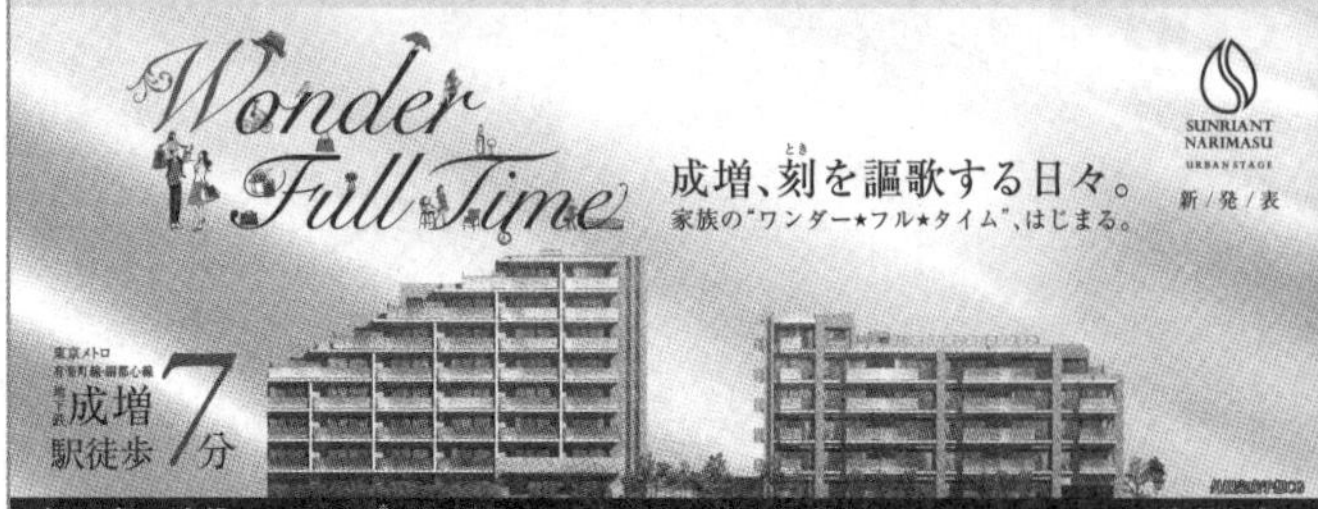

全65邸／池袋へ1駅10分※／全邸南西・南東向き／3LDK中心　モデルルーム公開中

※東武東上線急行利用

■「サンリヤン成増アーバンステージ」全体物件概要●所在地／東京都板橋区成増二丁目40-1他（地番）●交通／東京メトロ有楽町線・副都心線「地下鉄成増」駅徒歩7分●総戸数／65戸●敷地面積／2,114.41㎡（確認申請敷地面積2,114.26㎡）●建築面積／1,221.28㎡●構造・規模／鉄筋コンクリート造　地上8階建●事業主／西日本鉄道株式会社●販売提携（代理）／株式会社長谷工アーベスト●設計・監理・施工／株式会社長谷工コーポレーション●竣工時期／2019年7月下旬予定●入居時期／2019年8月下旬予定

「サンリヤン成増アーバンステージ」マンションギャラリー　0120-760-355　●営業時間／10:00～18:00　●定休日／水・木曜日（祝日を除く）　サンリヤン成増

（売主）Nishitetsu Group 西日本鉄道株式会社　（設計・監理・施工）長谷工 コーポレーション　（販売提携（代理））長谷工 アーベスト

ディスカバテラス プロジェクト　東京都東村山市

提携特典　販売価格(税込)より1%割引

DISCOVER ★TERRACE★
3月末入居可

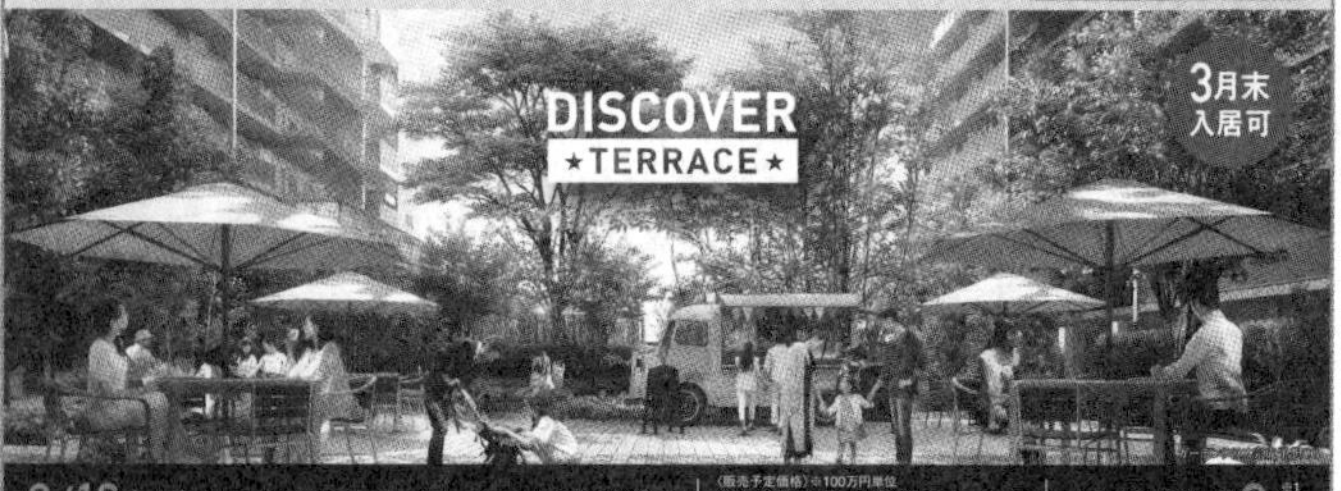

2/16(土)より建物内モデルルームオープン　（販売予定価格）※100万円単位 3LDK・2,300万円台～　「国分寺駅」直通8分※1

※1.2駅「小川」駅・「八坂」駅、3路線/西武国分寺線・西武拝島線・西武多摩湖線※「国分寺」駅へ直通8分（通勤時直通8分）西武国分寺線利用※所要時間は日中平常時、( )内は通勤時のもので乗換え、待ち時間等は含みません。また、時間帯により多少異なります。

■「ディスカバテラス プロジェクト」全体物件概要●所在地／東京都東村山市富士見町1-2-46（地番）●交通／西武国分寺線・拝島線「小川」駅徒歩11分、西武多摩湖線「八坂」駅徒歩12分●総戸数／293戸（他に管理事務室1戸）●敷地面積／10,947.46m²●建築面積／5,143.01m²●構造・規模／鉄筋コンクリート造、地上10階建●売主／京阪電鉄不動産株式会社／日本土地建物株式会社／JR西日本プロパティーズ株式会社●販売提携（代理）／株式会社長谷工アーベスト●設計・施工／株式会社長谷工コーポレーション●竣工時期／2019年2月上旬予定●入居時期／2019年3月下旬予定

「ディスカバテラス プロジェクト」マンションギャラリー　Free Dial 0120-293-845　●営業時間／平日11:00～18:00　土日祝10:00～18:00　●定休日／水曜日（祝祭日を除く）　ディスカバ　検索

（売主）KEIHAN 京阪電鉄不動産　（売主）日本土地建物　（売主）JR西日本プロパティーズ　（設計・施工）長谷工 コーポレーション　（販売提携（代理））長谷工 アーベスト

プラネスーペリア石神井公園　東京都練馬区

提携特典　販売価格(税込)より1%割引

for my Fit　見つけた、私にちょうどいい心地

外観完成予想CG

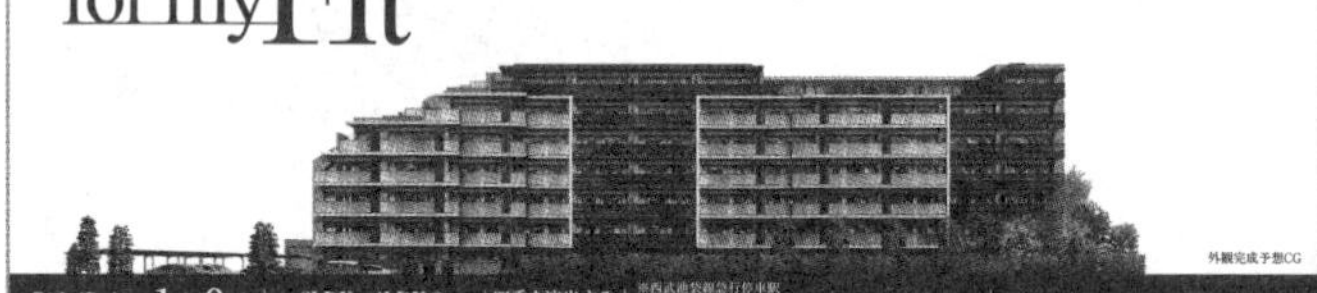

「池袋」まで1駅9分　2LDK～4LDKの多彩なプランバリエーション　四季を演出するブライトガーデン　※西武池袋線急行停車駅「石神井公園」駅徒歩14分「大泉学園」駅徒歩12分 2駅3路線利用可能　モデルルーム公開中

※石神井公園駅より西武池袋線急行利用

■「プラネスーペリア石神井公園」全体物件概要●所在地／東京都練馬区東大泉二丁目415番3（地番）●交通／西武池袋線「石神井公園」駅徒歩14分、「大泉学園」駅徒歩12分●総戸数／74戸●敷地面積／2,734.50㎡●建築面積／1,283.20㎡●構造・規模／鉄筋コンクリート造　地上7階建●売主／大林新星和不動産株式会社●販売提携（代理）／株式会社長谷工アーベスト●設計・施工／株式会社長谷工コーポレーション●竣工時期／2019年12月上旬予定●入居時期／2020年1月下旬予定

「プラネスーペリア石神井公園」マンションギャラリー　0120-74-4941　●営業時間／10:00～18:00　●定休日／水・木曜日（祝日を除く）　プラネスーペリア石神井公園　検索

（売主）大林新星和不動産　（設計・施工）長谷工 コーポレーション　（販売提携（代理））長谷工 アーベスト

プレイズ北千住　東京都足立区

提携特典　販売価格(税込)より1%割引

北千住 Rich
東京メトロ千代田線
東京メトロ日比谷線[始発]
JR常磐線
東京メトロ半蔵門線
つくばエクスプレス
5路線利用可。

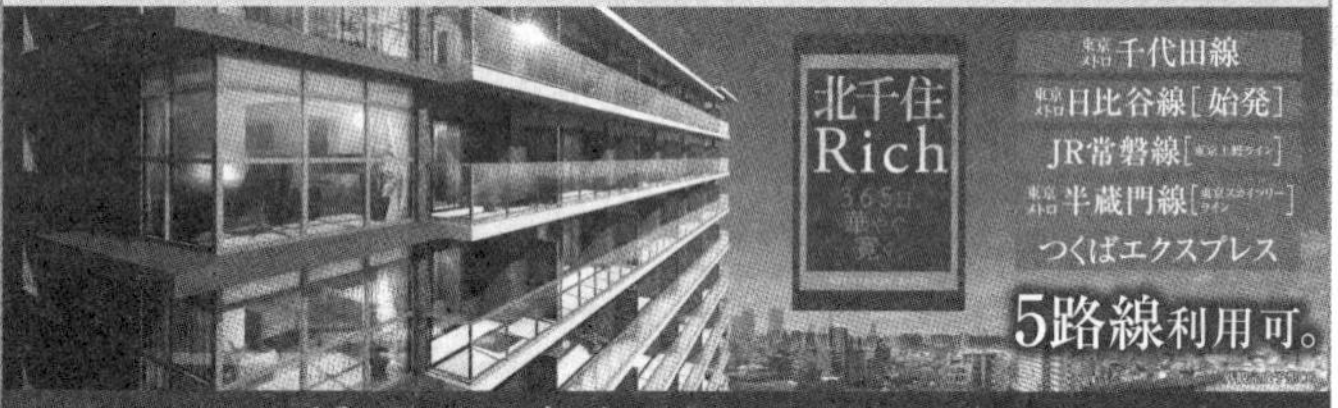

「大手町」駅へ直通16分　全78邸南西向き　「北千住」駅徒歩圏　モデルルームOPEN

■「プレイズ北千住」物件概要●所在地／東京都足立区千住桜木一丁目26番地（地番）●交通／東京メトロ千代田線・日比谷線・JR常磐線・東武スカイツリーライン・つくばエクスプレス「北千住」駅徒歩13分●総戸数／78戸●敷地面積／1409.73㎡●建築面積／604.68㎡●構造・規模／鉄筋コンクリート造　地上14階建●売主／三交不動産株式会社●販売提携（代理）／株式会社長谷工アーベスト●設計・施工／株式会社長谷工コーポレーション●竣工時期／2020年2月上旬予定●入居時期／2020年3月下旬予定

「プレイズ北千住」マンションギャラリー　0120-758-078　●営業時間／平日 11:00～18:00　土日祝 10:00～18:00　●定休日／水・木曜日（祝日を除く）　プレイズ北千住　検索

（売主）三重交通グループホールディングス 三交不動産　（設計・施工）長谷工 コーポレーション　（販売提携（代理））長谷工 アーベスト

ご来場キャンペーン実施中!　キャンペーン参加用紙をご持参の上、来場アンケートにお答えいただいた方に2,000円分の商品券をプレゼント!!　2019年6月末まで

エントリーは下記アドレスのキャンペーンバナーから参加用紙を出力していただき、ご記入の上ご持参ください。

その他の新築分譲マンションもこのアドレスから→http://haseko-teikei.jp/kosaiservice/

※掲載の完成予想CGは、図面を基に描き起こしたもので実際とは異なります。雨樋、エアコン配管、給湯器等再現されていない設備機器等がございます。また、植栽は特定の季節やご入居時の状態を想定したものではありません。全体・植栽計画は変更される場合があります。※掲載の物件情報は2019年1月28日現在のものです。物件概要詳細は各物件HPをご覧ください。

リフォーム　長谷工 リフォーム

提携特典　見積り金額より(税抜)3%割引　お見積り無料　関東限定

部分リフォームからリノベーションまで、
無料でご相談承ります。

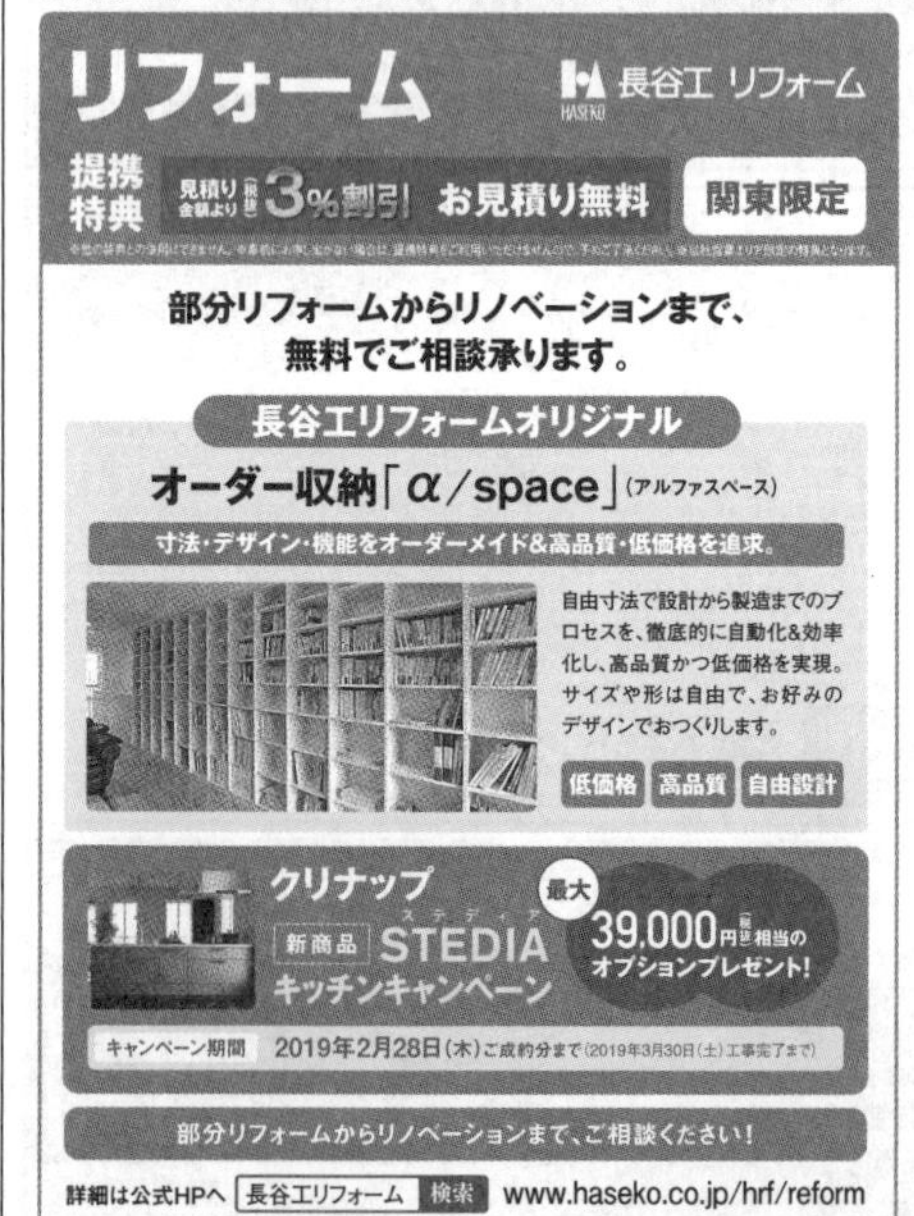

長谷工リフォームオリジナル

オーダー収納「α／space」(アルファスペース)

寸法・デザイン・機能をオーダーメイド&高品質・低価格を追求。

自由寸法で設計から製造までのプロセスを、徹底的に自動化&効率化し、高品質かつ低価格を実現。サイズや形は自由で、お好みのデザインでおつくりします。

低価格　高品質　自由設計

クリナップ 新商品 STEDIA(ステディア) キッチンキャンペーン　最大39,000円(税抜)相当のオプションプレゼント!

キャンペーン期間　2019年2月28日(木)ご成約分まで(2019年3月30日(土)工事完了まで)

部分リフォームからリノベーションまで、ご相談ください!

詳細は公式HPへ　長谷工リフォーム　検索　www.haseko.co.jp/hrf/reform

※他のキャンペーンや特典との併用はできません。※キャンペーンは変更になる場合がございます。※写真はすべてイメージです。

仲介　長谷工 リアルエステート

提携特典　仲介手数料(税抜)10%OFF　買取の場合上限10万円諸経費(税抜)サービス

不動産を売りたい、買いたいと思ったら、長谷工の仲介へ。

長谷工の仲介は、「知人・親族にすすめたい」そんなお客様が90.8%※

※2017年1～9月に長谷工の仲介で不動産を売却されたお客様へのアンケート結果。

売る　査定から売却まで、しっかり資産を活かすお手伝い。

買う　中古マンション、戸建、土地などの購入をご相談可能。

貸す　行き届いた賃貸管理で、費用対効果アップを狙います。

借りる　長谷工だからこそご案内できる優良賃貸物件をラインナップ。

お客さまの大切な資産に、
ご希望やご条件に合わせて独自の提案力でお応えします。

売却保証　直接買取　賃貸管理

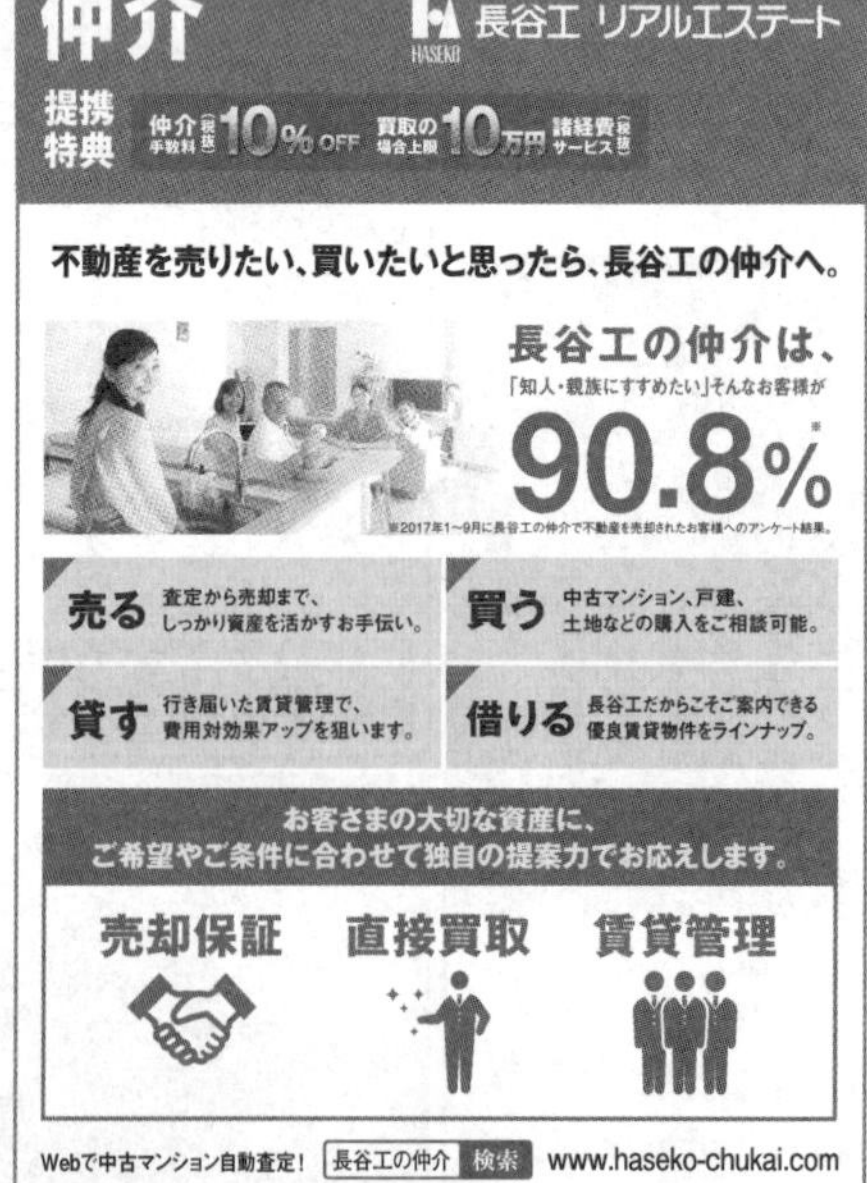

Webで中古マンション自動査定!　長谷工の仲介　検索　www.haseko-chukai.com

高齢者住宅　長谷工 シニアホールディングス

提携特典　ご成約の場合「自立型」入居一時金(税抜)0.5%割引!　「介護型」入居一時金15万円割引!

自立を支援する住まい、介護付きの住まいなど、
おひとりおひとりに合った住まいとサービスを提供しています。

東京都北区　2018年4月開設

介護付有料老人ホーム(一般型特定施設入居者生活介護)

センチュリーシティ王子

東京駅へ直通約18分　「東十条」駅からJR京浜東北線快速利用

事業主体：株式会社センチュリーライフ

自立型　介護型

神奈川県藤沢市　2018年3月開設

住宅型・介護付有料老人ホーム(一般型特定施設入居者生活介護)

ライフ&シニアハウス湘南辻堂

横浜駅へ直通約25分　「辻堂」駅からJR東海道本線利用

事業主体：株式会社生活科学運営

自立型　介護型

埼玉県所沢市　2017年12月開設

住宅型有料老人ホーム

ライフハウス新所沢

池袋駅へ約35分　「新所沢」駅から西武新宿線急行利用、「所沢」駅で西武池袋線急行乗換

事業主体：株式会社生活科学運営

自立型

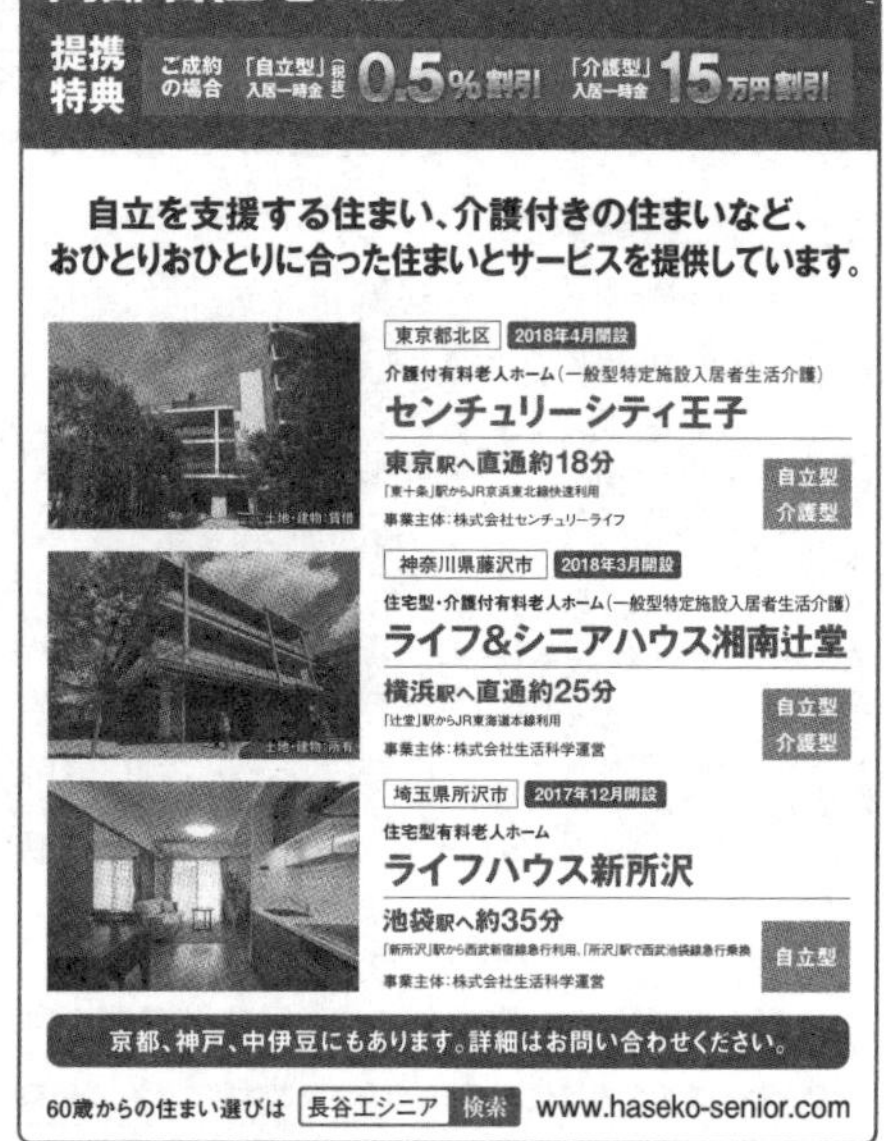

京都、神戸、中伊豆にもあります。詳細はお問い合わせください。

60歳からの住まい選びは　長谷工シニア　検索　www.haseko-senior.com

提携特典に関する共通お問合せ先 (株)長谷工コーポレーション「提携お客様サロン」

0120-958-909　営業時間 9:00～17:00(土・日・祝日休み)　teikei@haseko.co.jp

※提携特典をご利用いただくためには、コーサイ・サービス(株)が発行する「紹介カード」が必要となります。

〈 紹介カード発行先 〉 コーサイ・サービス株式会社　担当：佐藤

TEL：03-5315-4170　HP：https://www.ksi-service.co.jp/　[ID]teikei　[PW]109109(トクトク)

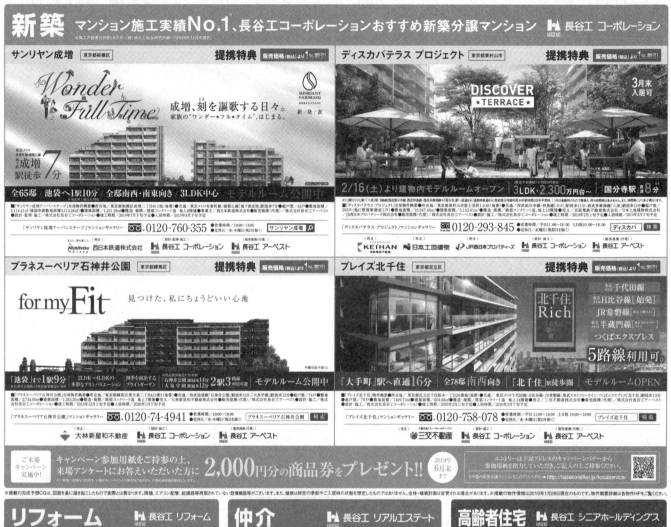

陸中音に感謝状　日本・パプアニューギニア協会から

返礼の望郷歌で心一つ

能力構築支援に対して

記念撮影に納まる（最前列左3人目から）山下会長、樋口隊長、堀江名誉顧問、番匠元西方総監、宮崎陸幕国際協力課長らと中音隊員。前から2列目はパプアニューギニアで指導に当たった隊員（1月21日、中音で）

パプアニューギニアの軍楽隊を育成した陸自中央音楽隊（朝霞）に1月21日、日本・パプアニューギニア協会（東京都中央区）から感謝状が贈られた。返礼として中音は、堀江正夫同協会名誉顧問（元参議院議員）をはじめ、旧日本軍兵士の多くが戦時中、同国で歌っていたという望郷の歌『誰か故郷を思わざる』を演奏した。

感謝状贈呈のために朝霞駐屯地を訪れたのは、堀江さんと山下勝男日本・パプアニューギニア協会会長ら4人。堀江さんと親交のある番匠幸一郎元陸自西方総監、宮崎章陸幕防衛部国際協力課長も随行した。

パプアニューギニアに出征していた堀江さんによると、戦後、日本軍兵士約1万数千人が生還できたのは同国の協力が大きかったという。同国の軍楽隊育成に貢献したことに対し、協会を代表して山下会長が感謝状を贈った。

感謝状を贈られた中音は返礼として、「（堀江さんが）よく歌っていたと聞いています」（樋口孝博隊長）と、昭和15年発売の歌謡曲『誰か故郷を思わざる』を演奏、小澤寛行3曹が心を込めて歌い上げた。

聴き終えた堀江さんは、「この歌を（出征していた）みんなが歌っていた。亡くなった戦友たちも感謝していると思います。演奏していただき、本当にありがとうございました」と感慨深く語った。

かつて遠く離れた異国の地で日本軍の兵士たちを励ました望郷の歌。元兵士に贈られた歌は、時を超えて〝防人〟たちの心を一つにした。

能力構築支援　防衛省・自衛隊が行う能力構築支援で初となる音楽分野での支援がパプアニューギニアに対し、中音によって行われた。

事業は平成27年6月に開始。同国軍兵士が計6回来日、また28年8月から30年11月まで中音隊員16人が6回にわたって同国を訪れ指導した。育成された軍楽隊は、30年11月に同国で行われたアジア太平洋経済協力会議（APEC）首脳会議の歓迎夕食会で演奏を披露する成果を見せた。

山林火災で消火活動

埼玉県で32普連　和歌山県田辺市では中方航など

再燃火災防止のため、木の根元にジェットシューターで水をかける32普連の隊員たち（1月24日、埼玉県ときがわ町の堂平山で）

埼玉県ときがわ町の堂平山で1月23日、山林火災が発生し、埼玉県知事の要請を受けた陸自1師団（練馬）の隷下部隊などが消火活動に当たった。

23日午後3時48分、県知事から1師団長に災害派遣が要請され、12ヘリ隊（相馬原）のCH47輸送ヘリ2機がただちに駐屯地を離陸、現地到着後、消火活動を開始した。

翌24日も12ヘリ隊と1ヘリ団（木更津）のCH47ヘリ合わせて6機が引き続き消火活動を行った。一方、地上では32普連（大宮）の隊員延べ約280人が背負い式水のう（ジェットシューター）を使った地上消火に当たった。

地上部隊を指揮した32普連副連隊長の町屋利洋2佐は「延焼面積6ヘクタールに対し、CH（ヘリ）の空中消火と、消防と連携した地上消火によりシームレスな消火活動を行った。安全管理、特に二次被害の防止を指示した」と振り返った。また「平素からの有事を想定した訓練、規律、統制が実任務に生かされるとともに、部外に対する信頼醸成に繋がることを改めて実感した」と語った。

活動部隊は1師団司令部、32普連、1飛隊（立川）、東方航（同）、12ヘリ隊、1ヘリ団で活動規模は人員延べ280人、航空機19機。散水回数は88回、散水量は約440トンだった。

一方、和歌山県田辺市でも1月24日、山林火災が発生し、陸自3飛隊（八尾）と中方航（同、美保）が空中消火に当たり、37普連（信太山）が情報収集を行った。散水回数は33回、散水量は約120トンだった。

岐阜・各務原市で豚コレラ

10師団が災派活動

岐阜県各務原市の養豚場で1月29日、豚コレラの発生が確認され、陸自10師団（守山）が防疫措置に当たった。

29日午前7時、岐阜県知事から10師団長に災害派遣が要請された。

35普連（守山）を基幹とする災派部隊は、殺処分した豚や餌などの埋却地への運搬、養豚場の消毒処理などを行った。翌30日午前9時、岐阜県知事から撤収が要請され、支援活動を終えた。

活動部隊は10師団司令部、35普連、10後支連、10通大、10師団司令部付隊（いずれも守山）と岐阜地本。活動規模は隊員延べ約265人。岐阜県によると殺処分した豚は約1800頭だった。

あさぐもアイランド's　吉本どんど

鈴木政務官から激励も

11旅団　札幌雪まつりを支援

【11旅団＝真駒内】陸自11旅団（旅団長・亀山慎二将補）は1月7日から2月3日まで、3施設団、北方後支隊、北方通信群の支援を受け、「第70回さっぽろ雪まつり」に協力、人員延べ約1万人で大雪像2基を制作した。また期間中、視察した鈴木貴子防衛大臣政務官から激励を受けた。

札幌市の大通4丁目広場に11特科隊基幹の部隊が「Hard Rock Family Live」を、また大通7丁目広場には北方通信群が「ヘルシンキ大聖堂」を制作した。

1月25日には鈴木政務官が訪れ、2カ所の広場でそれぞれ雪像制作隊長を務める高山将一11特科隊長、井上勝北方通信群長から説明を受けた後、制作の様子を確認。「来場する全ての方が自衛隊の制作する大雪像、雪の結晶、努力の結晶に期待しています」と隊員たちを激励した。

さっぽろ雪まつりは2月4日から同11日まで開催され、自衛隊が制作した2基の大雪像は雪まつり会場の主役として、多くの来場者に「夢と感動と勇気」を届けている。

11旅団が協力する「さっぽろ雪まつり」の制作会場で自らもパーツ作製を体験する鈴木政務官（札幌市の大通7丁目広場で）

十和田湖冬物語で八戸駐が雪像制作

【陸八戸】八戸駐屯地（司令・松坂仁志1佐）は1月15日、「十和田湖冬物語」の雪像制作協力隊の出発式を駐屯地で行った。

十和田湖休屋で開催されるイベントのメイン雪像を制作する。協力隊は4地対艦ミサイル連隊1中隊長の河井善光3佐を隊長とする33人で、松坂司令に出発準備完了を報告した後、盛大に見送られ制作現場に向かった。協力隊は2月1日のオープニングセレモニーまでにメイン雪像を完成させた。

村川海幕長と厚木基地を視察

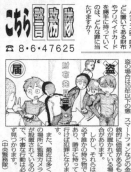

岩屋防衛相、P1部隊激励

「諸君のおかげで我が国が守られている」

厚木航空基地を視察し、P1哨戒機を背に隊員たちを激励する岩屋大臣（中央奥）＝1月25日

岩屋防衛相は1月25日、村川海幕長を伴って海自厚木航空基地を視察、P1哨戒機で警戒監視活動に当たる隊員らを激励した。

園田直紀航空集団司令官、金嶋浩司4空群司令の出迎えを受けた岩屋大臣は、園田司令官から状況報告を受けた後、エプロン地区で隊員約700人を前に訓示。

韓国駆逐艦による火器管制レーダー照射事案について「不測の事態を招きかねない極めて危険な行為だ。防衛省として韓国側に抗議するとともに、事実を認め、再発防止を徹底することを強く求めている」と述べるとともに、「昼夜を分かたぬ任務を、強い責任感とプロフェッショナル意識を持って着実に実行している諸君のたゆまぬ努力のおかげで我が国の海、空、領土、国民が守られている」と激励した。

岩屋大臣はこの後、P1に搭乗して実際の警戒監視活動の現場も確認。また、同日と翌26日、空自築城基地と陸自別府駐屯地もそれぞれ視察した。

こちら警務隊　☎8・6・47625

置き引きは「窃盗罪」　10年以下懲役か罰金

パチンコ店で席などに置いてある財布やプリペイドカードを勝手に持っていくのは、どんな罪に当たりますか？

窃盗罪等に該当し、窃盗の場合は10年以下の懲役または50万円以下の罰金に処されます。

パチンコ店では、席取りの目的で財布や残高のあるプリペイドカード、スマートフォンなどの金銭的に価値があるものが置かれている場合があります。

しかし、それらは必ず誰かの持ち物であり、勝手に持って行けば犯罪になります。

また、最近は多くの場所に監視カメラが設置されているので、不審な行動は必ず見つかります。

（中央警務隊）

小休止

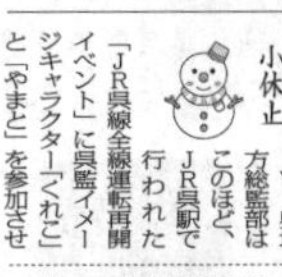

▽…呉地方総監部はこのほど、JR呉駅で行われた「JR呉線全線運転再開イベント」に呉監イメージキャラクター「くれこ」と「やまと」を参加させた＝写真。

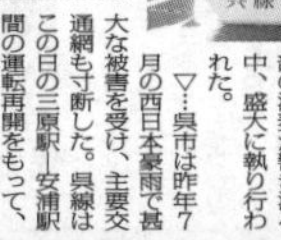

▽…イベントには新原芳明呉市長と同市のイメージキャラクター「呉氏」も参加。地元高校吹奏楽部の演奏が響き渡る中、盛大に執り行われた。

▽…呉市は昨年7月の西日本豪雨で甚大な被害を受け、主要交通網も寸断した。呉線はこの日の三原駅―安浦駅間の運転再開をもって、全線で運転が再開。例年の25％にまで一時減少していた呉史料館への来館者の回復も期待される。（呉）

朝雲・栃の芽俳壇

畠中草史　選

露天湯に儚く消ゆる六花（りっか）　熊谷・空OB　蓮佛志向子

雪の結晶は通常樹枝状六花で六花と言われる。露天湯に降る雪に思いを深めている。

媛祀る磴険しから寒桜　館山・海OB　斎藤　一向

記紀に出てくる媛にかかわるものを祀ってある由緒ある急磴の社。寒桜が適っている。

平成の秩父夜祭見納めし　熊谷・空OB　明田　眞雅

全山をゆるがす太鼓初祈祷　浜松・空OG　塩見　惇子

祝子者（ほしゃどん）も一夜氏子も神遊　大阪・空OB　高木　智念

兵の墓懐にして山眠る　浜松・空OB　宮本　立勇

枯れ伏して水面ただよふ蒲の絮　千葉・陸OG　佐賀あかり

熱燗や病のことは胸のうち　仙台・陸OB　加川　師亭

青々と野の香りあり七日粥　新座・陸OB　船田藤三郎

還暦を過ぎ再びの日記買ふ　熊谷・空OG　関谷　彗子

銀ぶらの昭和を探す初句会　あきる野・一般　小和田一男

若き日の恋想ひ出し賀状書く　西東京・空OB　水島　孝雄

手を取りて鳩寿の母と日向ぼこ　浜松・空OG　木通　佳子

どこをどう曲がるも冬田通りぬけ　浜松・空OG　鈴木和歌恵

突つ張つて生きてきました注連飾　大津・陸OB　丸岡　正男

風なくも仄かに香る冬の薔薇　熊谷・空OG　関田　絹江

雪しづる日向日陰の坂の町　神奈川・海OG　折口　桂子

美しく細りゆくもの冬三日月　熊谷・空OG　福元万理子

椋や渡来の鳥として住みて　入間・空OB　藤井　功風

山茶花の垣根越しより孫が呼ぶ　熊谷・空OG　高橋ふみ子

なかなかに降り積む雪を拒むなく　札幌・陸OB　坂本　順一

天心に昼月かかげ冬の入　佐賀・陸OB　一ノ瀬恵昭

大根煮の鍋を用意し地区大会　熊谷・空OG　佐藤　玲美

青物の値の高かりし寒波くる　千葉・陸OG　杉山ふく美

選者作品

水被り剣士らの寒稽古

投句歓迎！

▽郵便はがきの裏面に未発表の自作3句以内と氏名、階級（自衛官OBは元）、職業、住所、電話番号を記入。▽宛先＝〒160-0002　東京都新宿区四谷坂町12-20 KKビル　朝雲新聞社「栃の芽俳壇」係

みんなのページ

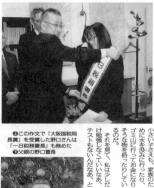

国税庁の「中学生の『税についての作文』」で大阪国税局長賞を受賞

平和な暮らしに必要な税金

中3　野口　七菜（大阪府和泉市立和泉中学校）

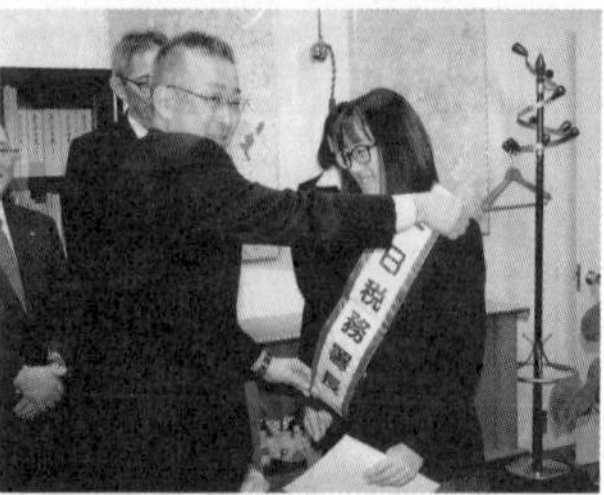

㊤この作文で「大阪国税局長賞」を受賞した野口さんは「一日税務署長」も務めた　㊦父親の野口曹長

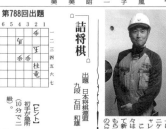

昨年6月18日の朝8時ごろ、大阪府に震度6弱の地震が起こった。

私はあわてて母のそばに行き、母の腕を握りしめた。それでも怖くて、とても揺れている時間が長く感じた。

私はすぐに（通学途中の）姉の安否が気になった。やっと連絡がとれると、姉の乗っている電車が枚方駅で止まり、姉は駅に降ろされていた。

その日は父が休みの日だったので、姉は父に「迎えに来てほしい」とメールしたが、自衛官の父は自衛隊から呼び出しがあり、すでに出動していた。

災害が起こると、父は家族より国民のために働かないといけない。私は父のそんな仕事をしている姿を目のあたりにしたことはないが、テレビのニュースなどでよく自衛官が人助けをしている場面を目にする。

父の仕事はこんなにも大変なのかといつも驚かされるが、たくさんの命を救う、なくてはならない仕事だと思う。

このように警察官や消防隊員も、災害などが起これば、国民のために働いてくれている。それも、私たちが税金を納めているからだと知った。

身近なところでは、毎日通っている中学校も無料で授業を受けさせてもらっている。教科書やワークも配られていて、とても感謝しないといけないことだと思った。

他の国では、勉強がしたくても学校にも通えない子供たちの姿をテレビで何度も見たことがある。とても小さい子さえも、家族のために水を汲みに行ったり、ゴミ山に行ってお金になりそうな物を拾ったりしている。

それを見て、私は少しだけ勉強しなくていいなあ、テストもないしなあ、と思ってしまったが、この子供たちは将来の夢さえも諦めてしまっているのかもしれないと思った。その日を生きることが精いっぱいの日々。きっと体調が悪くなっても病院にも行けないのだろう。

私が中学3年になったばかりの時、皮膚が荒れて炎症を起こし、また、風邪もひいたので、母とすぐに病院に行った。すると、たくさんの薬ももらったのに、合計は「500円です」と言われて驚いた。和泉市では「こども医療費助成制度」というものがある。中学3年生までの子供の医療費を、市が負担してくれるものだ。勉強も中学3年生まで無料でさせてもらい、体調が悪くなってもお金の心配もなく病院に行ける環境に感謝したいと思った。

もしも、税金を納めていなかったら、私たちの健康生活を守るための社会保障、道路や住宅などの整備のための公共事業や、国防のための防衛関係などができなくなり、たちまち平和な暮らしができなくなると思った。

このように税金を納めることの大切さを理解した上で、私たちがたくさんの税金で支えてもらっていることを忘れず感謝しながら、こんどは自分が社会の一員として納税できる大人になりたいと思う。

（信太山駐屯地業務隊・野口敬二陸曹長次女。本作品で国税庁の「中学生の『税についての作文』」で大阪国税局長賞を受賞）

「心に語りかける募集」

3陸曹　木村　太郎（札幌地本・南部地区隊）

仕事をする上で、情熱がなくなればその仕事はただのお金を稼ぐ機会でしかない。生きがい、やりがいがなくなるからです。

我々の職業にこの事項を当てはめるとすれば、情熱なくして自衛隊の任務は遂行できないでしょう。地本広報官の任務も例外ではないのです。

私がこの職に上番したことで周囲から心配の声をいただきましたが、情熱に年齢など関係ないと思います。人員確保が防衛省の喫緊の課題であることは皆さまも知る通りです。

先日、来年度の入隊予定者に対して若手隊員の声を届けるべく、第11後方支援隊の協力を得て、井畑花琳士長と我々の組織の魅力を発信しました。入隊予定者とその保護者からは、自衛隊の人材育成や隊員の勤務・生活状況など、さまざまな質問をいただきました。

入隊予定者とその保護者への説明会で自身の夢を語る井畑士長（奥中央右）と木村3曹（その左）

今回の説明会で、参加者がひときわ関心を示したのは、女性自衛官である井畑士長が今後の自衛隊人生での夢を語った時です。彼女は、「部下から信頼され、いつ、いかなる状況下においても対応できる衛生科隊員になることが今の私の夢です」と語りました。

入隊して目標を見つけ、その目標に向けて前に進む女性自衛官の姿は、会場にいる多くの方の胸を打ちました。このように、「若い隊員が夢を持ち、自信を持って夢を語れる」そういう組織づくりを実施している各部隊の存在は、自衛隊での希望の光と言っても過言ではありません。

今後とも各部隊にご協力を仰ぎながら、熱い夢を持った隊員たちとともに「心に語りかける募集」に励んでいきます。

防衛大臣杯全国柔道大会で準優勝

3陸曹　福山　慎悟（12普連1中隊・国分）

私は昨年末、朝霞駐屯地の自衛隊体育学校で実施された「第42回防衛大臣杯全国柔道大会」に国分自衛隊Aチームの選手として、また主将として試合に挑みました。

Aチームは初戦から順調に勝ち進み、優勝決定戦の対戦相手は前年同様、ライバルの第1空挺団でした。先鋒から大将まで1対1の同点で、代表戦に突入し、さらに延長の末、残念ながら惜敗。準優勝で終わってしまいました。

一昨年の敗退から「優勝」を目指し、訓練はもちろん、チームの主将として頑張ってきましたが、主将として全自衛隊大会で優勝を達成できず非常に悔しい気持ちです。

私は3月の異動で国分を去りますが、この悔しい思いを後輩たちに託し、今年こそは絶対に国分に優勝を勝ち取ってもらいたいです。

OBがんばる

福島　正則さん　55

平成29年5月、空自補給本部計画部企画課付（十条）を最後に定年退職（3尉）。JALエンジニアリングに再就職し、羽田航空機整備センターで航空機の定期整備業務に就いている。

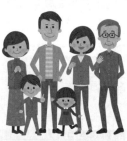

チャレンジ精神が大切

私は再就職するにあたり、航空機整備の経験を生かせる仕事をしたいと考えていたところ、市ヶ谷基地援護室からJALエンジニアリングを紹介され、書類選考、2回の面接を経て、採用されました。

主な仕事は羽田空港での航空機の定期整備です。私の会社ではお客さまに安心・安全を届けられるように、「ゼロ・ゼロ・100」（イレギュラー運航・エンジン空中停止ゼロ、フライトでの不具合発生ゼロ、定時出発率100％）という高い目標を掲げ、シフトを組み、24時間体制で品質の高い航空機の提供を目指しています。

この目標実現のため、社員は社内資格取得が義務づけられ、私も例外ではありません。ただし教育システムが確立されているため、資格は順調に取得できており、恵まれた環境で働ける幸せを日々感じております。

一昨年6月に入社してから、教育、資格取得、現場作業とめまぐるしく、またあっという間の1年半でした。今、私が強く感じているのは、「NO PAIN NO GAIN（痛みなくして、得るものなし）」という言葉です。長年の自衛隊勤務で得た地位や居心地の良かった環境を変えるためには、勇気と忍耐が必要です。そして新しい環境に早く適応するために大切なのは、第一に「健康」、第二に「コミュニケーション力」、そして「チャレンジ精神」だと考えます。

これから定年退職を迎える方々は、自分を信じ、勇気を持って新しい環境にチャレンジしてもらいたいと思います。皆さまのご健闘を祈ります。

（世界の切手・アイスランド）

失敗は回り道。行き止まりではない。

ジグ・ジグラー（米国の作家）

朝雲ホームページ
www.asagumo-news.com
<会員制サイト>
Asagumo Archive
朝雲編集部メールアドレス
editorial@asagumo-news.com

新刊紹介

「自衛官の使命と苦悩」―「加憲」論議の当事者として

渡邊隆、山本洋、林吉永著、柳澤協二解説

憲法改正に向けた議論が再び活発化する中、国連PKO活動や国籍不明機への対応などで現役時代に「憲法の問題」に直面してきた元幹部自衛官が、自らの体験を通し、憲法への思いを率直に語っている。

自衛隊初のカンボジアPKO部隊を率いた渡邊元陸将は、「自衛隊のあり方を決めるのは国民自身」であるとし、防大時代の「自衛隊違憲判決」に大きな衝撃を受け、その後は敢えて「憲法のことは考えず任務に集中した」と振り返る。

南スーダンPKO部隊を指揮した山本元陸将は「国民が選ぶならば加憲も改憲も護憲もあり得る」とし、自衛隊についての本質的議論を期待している。元7空団司令の林元空将補は、ソ連軍機などに対処した経験から、「自衛隊を誤って動かす危険を防ぐ」ことこそが重要であり、自衛官に精神的支柱を与えることが改憲に向けて政治の責任であるとする。

巻末では元内閣官房副長官補の柳澤協二氏が自衛隊を今後どのように活かせばよいか、提言をしている。

（かもがわ出版刊、1836円）

「初の国産軍艦『清輝』のヨーロッパ航海」

大井　昌靖著

防大准教授などを務めた元2海佐が、日本初の国産軍艦「清輝」の欧州への遠洋航海を描いたノンフィクションだ。同艦は明治11年1月、横浜を出港し1年3カ月の長期航海を行った。

本書では「清輝」誕生から就役後に参加した西南戦争、遠航への準備、英国に向けての航海と帰国、派遣の意義などが語られる。

航海中のさまざまなエピソードも満載で、英領コロンボでは牢獄を見学、イタリアでは海軍兵学校を、フランスではパリ万博を研修し、ドイツでは兵器産業を視察した。そして目的地の英ポーツマスでは多くの貴族を迎えて艦上レセプションを華やかに開催した様子なども描かれる。

さらに帰路にはトルコのコンスタンチノープル（イスタンブール）に寄港し、艦長がトルコ皇帝に謁見した。

本書では当時の現地の新聞に掲載された記事なども紹介され、日本海軍将兵の異国での生活ぶりも伝わってくる。

（芙蓉書房出版刊、1944円）

詰将棋

第788回出題

出題　日本将棋連盟　九段　石田　和雄

■先手　持駒　角金

【ヒント】初手が急所（10分で二級）

▶詰碁、詰将棋の出題は隔週です◀

詰碁

第1203回解答

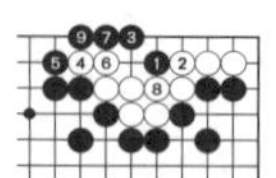

出題　日本棋院　九段　曲　励起

【解説】黒先、黒❶がまず大切で、白②の時、黒❸がまた大切です。白④には黒❺、白⑥には黒❼で白死。なお、黒❸で「2」は白「1」で劫になるので失敗です。

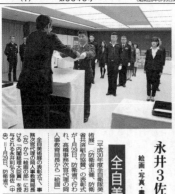

朝雲
発行所 朝雲新聞社
〒160-0002 東京都新宿区四谷坂町12-20 KKビル
電話 03(3225)3841
FAX 03(3225)3831
振替00190-4-17600番
定価一部170円、年間購読料9000円（税・送料込み）

本号は10ページ

フィンランドと初の覚書

防衛協力・交流を推進

地域の安保情勢など情報共有

防衛相会談

岩屋防衛相は2月5日、来日したフィンランドのユッシ・ニーニスト国防相と防衛省で会談し、両国間で初となる「防衛協力・交流に関する覚書」に署名した。覚書には、①ハイレベル交流②実務者レベル交流③部隊間交流―の推進が掲げられたほか、教育訓練をはじめ、国際協力活動、防衛装備・技術などさまざまな分野に関する情報共有と協力強化の方針が盛り込まれた。両大臣は今回の「覚書」に基づき、幅広い分野で防衛協力を深化させていくことで一致した。

日フィンランド 防衛相会談
JAPANI - SUOMI
PUOLUSTUSMINISTERIEN KOKOUS

初の「防衛協力・交流に関する覚書」を交わし、握手する岩屋防衛相（右）とフィンランドのニーニスト国防相（2月5日、防衛省で）＝防衛省提供

両国の防衛相会談は2004年11月（日本）以来、14年10月（日本）、18年5月（フィンランド）に続き4回目。

会談の冒頭、岩屋大臣はニーニスト国防相の初来日を歓迎し、「昨年5月に私の前任の小野寺五典防衛相が貴国を訪問して以来、9カ月ぶりの防衛相会談となった。早いペースで会談を実施できることをうれしく思う」と述べた。

その上で「両国は今年5月に外交関係樹立100周年を迎える。この記念すべき年に『覚書』に署名できたことは両国の関係進展の象徴であり、2国間の戦略的関係をさらに進展させていきたい」とさらなる関係強化に期待感を示した。

これに対し、ニーニスト国防相は、フィンランドが1917年にロシアからの独立を勝ち取った背景には、さかのぼって日露戦争（1904〜5年）の時代から明石元二郎陸軍大佐（後の大将）をはじめとした日本による軍事的な援助が大きな役割を果たしたというエピソードを披露し、「日本はフィンランドにとって重要なパートナーであり、『覚書』の署名は我が国の防衛にとって大きな第一歩となる」と応えた。

覚書には、①ハイレベル②実務者レベル③部隊間―の交流促進が明記された上で、▽防衛・安全保障政策▽教育訓練▽国際協力活動▽防衛装備・技術▽軍縮・軍備管理▽地域と国際的な安全保障情勢――など幅広い分野における情報共有と協力強化の方針が盛り込まれた。

会談で岩屋大臣は昨年12月に策定した新たな「防衛計画の大綱」のほか、「自由で開かれたインド太平洋」のビジョンを含む我が国の防衛政策について説明。ニーニスト国防相も同国の国防政策を紹介した。

フィンランドとの防衛交流は1959年に林敬三統幕議長が防衛庁（当時）要人として同国を初訪問したのが始まりだが、長らく実務者レベルの交流は行われてこなかった。その後、第2次安倍政権の発足を機に交流が活発化し、2013年7月に海自の練習艦「かしま」が首都ヘルシンキに初寄港した際には、小野寺防衛相（当時）が入港歓迎行事に出席。翌14年7、8月には陸自の中央音楽隊が「ハミナ軍楽祭」に参加し、昨年（18年）8月には再び海自の練習艦隊がヘルシンキに寄港、10月には河野統幕長が同国を公式訪問するなど関係強化が進められている。

◇フィンランド 人口約550万人、面積は日本よりやや小さい約34万平方キロメートルで、日本とは共に隣国ロシアを挟んで東西に位置している。母国語はフィンランド語。1917年にロシアから独立した。95年にEUに加盟。ロシアとの歴史的な関係からNATOには加盟していない。国防軍は陸1万6000人、海3500人、空2700人。男子のみ徴兵制。予備役制度などにより有事動員可能兵力は約28万人。

全自美術展

永井3佐らに総理大臣賞

絵画・写真・書道 3部門の入賞者表彰

全自美術展の表彰式で、事務次官代理の岡人事教育局長（左）から「絵画の部」における「内閣総理大臣賞」を授与される永井利弘3陸佐（中央）＝1月29日、防衛省で

「平成30年度全自衛隊美術展」（防衛省主催、防衛省共済組合協賛）の表彰式が1月29日、防衛省で行われ、高橋事務次官代理の岡人事教育局長から「絵画」「写真」「書道」の3部門の受賞者に表彰状とトロフィーが贈られた。（4・5面に全自衛隊美術展入賞作品の特集）

式には各幕僚長代理の本松統、山村海、荒木空の各幕僚副長と、冨樫陸幕人事教育部長らが立会した。

岡人教局長はあいさつで、「全自衛隊美術展は昭和33年に第1回が開かれ、今回が第38回と、防衛省・自衛隊にとって非常に歴史ある美術展です。今回は各部門合わせて106点の応募があり、いずれも非常に力強く優秀な作品の中から厳正な審査を経て、皆さんの作品が選ばれました。美術作品は人の心に働き掛け、人の心を動かすものです。創作活動に当たっておられる多くの隊員、元隊員、ご家族の皆さまの熱意に心から敬意を表します」と述べ、受賞者の努力をたたえた。

「内閣総理大臣賞」に輝いたのは、絵画が永井利弘3陸佐（富士学校機甲科部）の「10式戦車」、写真が小森拓磨海士長（情報業務群基礎情報支援隊付）の「廻る社」、書道が磯合真美事務官（習志野駐屯地業務隊）の「蜀素帖」の3作品。

会場には「内閣総理大臣賞」「文部科学大臣賞」「防衛大臣賞」を受賞した隊員・OB・家族の力作12点が展示された。

「平成30年度全自衛隊美術展展示会」は2月26日から3月4日まで（開庁日）、防衛省の厚生棟多目的ホールで開催される。

村川海幕長にブルネイ国王から「指揮官徽章」

海上部隊関係強化をたたえ

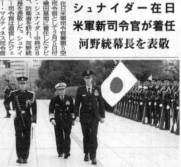

村川海幕長は2月1日、海幕長として初めて訪れた東南アジアのブルネイで、同国のボルキア国王から「指揮官徽章」を受章し、国軍司令官から伝達を受けた。

海自とブルネイ海軍の防衛交流は、初級幹部を乗せた外洋練習航海部隊の寄港や、ソマリア沖・アデン湾での海賊対処任務を終えて帰国途中の海自P3C哨戒機が寄航するなど、各種交流を深めている。今回の村川海幕長への勲章は両国海上部隊の関係を強化した功績がたたえられた。

海幕長は同国滞在中、ブルネイ軍司令官、同海軍司令官とそれぞれ会談し、両国海上部隊の協力関係をさらに強化していくことを確認した。

これに先立ち、村川海幕長は、1月29日から31日までオーストラリアのシドニーを訪れ、豪海軍高官らと会談、アデレードでは造船所を視察した。

村川海幕長は帰国後の2月5日の記者会見で「オーストラリア、ブルネイではアジア太平洋地域の情勢や海洋安全保障などについて幅広く意見交換を行うことができた」と成果を語った。

ブルネイ海軍司令官（右）と記念品を交換する村川海幕長。右胸の勲章はブルネイ国王から贈られた「指揮官徽章」（2月1日、ブルネイで）

春夏秋冬

議会との壁

中林 美恵子

昨年12月22日から35日間続いたガバメント・シャットダウン（政府機関の一部閉鎖）は史上最長を記録し、今年1月25日に3週間だけのつなぎ予算が成立して、ようやく一時停止された。3週間後も気は許せない。

ここまで事態がもつれてしまったのは、メキシコとの国境の壁が、トランプ政権の目指す国の方向を示す象徴になってしまったからだ。だから野党民主党はテコでも動かないし、議会との壁はますます高くなった。

過去を振り返ると、1995年から96年にかけてクリントン政権と議会共和党が引き起こしたガバメント・シャットダウンは、それまでの最長記録だった。筆者も上院予算委員会で21日間の無給労働をしたものだ。この時の引き金は、経済成長見通しの楽観的なOMB（行政管理予算局）の数字を用いたい大統領と、財政規律のために比較的慎重なCBO（議会予算局）の数字を使いたい議会共和党が衝突したことだった。その結果、ガバメント・シャットダウンに積極的だった共和党が支持率を下げた。

今回は、トランプ大統領が政府閉鎖に積極的だったと理解されたため、終盤になって大統領への批判が高まった。1月24日には共和党上院議員でさえ6人も、壁費用なしの民主党案に賛成する事態となった。一方で共和党保守層は、大統領が妥協的な発言をするだけで反発した。トランプ大統領は板挟みならぬ壁挟みになったのだ。このままでは、政府閉鎖なしで壁建設の可能性を手探りするしかない。

そもそもアメリカの予算編成は、安全保障に大きな影響を与える。オバマ政権時代の2011年予算制御法によるシークエストレーション（予算執行差止手続き）は、記憶に新しいところだ。日本の自衛官が米国防総省の予算にこんなにハラハラさせられたことはなかっただろう。現在は政党の枠を超えた合意によって、2年間だけ歳出上限（キャップ）が引き上げられているが、そのうちまた対立が生じないとも限らない。

だからトランプ大統領には、今回の議会との壁に関する衝突を大いに教訓にしてもらわねばならない。米予算編成の権限をもつ立法府との交渉は、軍事費も含めて、くれぐれも繊細に丁寧に慎重であることが大統領であっても必須なのだ。

（早稲田大学教授）

海自徳島に最優秀掲載賞

朝雲4賞 記事賞に陸自13施群

昨年1年間、本紙に掲載された部隊・機関・個人等からの優れた投稿を表彰する「朝雲賞」の選考委員会が2月7日、防衛省で開かれ、平成30年の受賞部隊等が決定した。

同会議には選考委員の内局広報・厚生両課長、広報課先任部員・報道室長、厚生課福利厚生調整官・先任部員、統幕総括副報道官、各幕広報室長・厚生班長、朝雲新聞社社長・編集部長ら15人が出席。

「朝雲賞」の選考対象となった投稿は、昨年1年間、全国の部隊等から寄せられた約4千件の記事、写真と個人の所感文の中から「朝雲モニター」などにより選ばれ、ノミネートされた75点について選考、「掲載賞」「記事賞」「写真賞」「個人投稿賞」の4部門の優秀作品が選出された。

最も多く「朝雲」の紙面を飾った「掲載賞」は、海自徳島航空基地が最優秀賞に選ばれ、次いで陸6、海3、空3、地本4、地方局2の部隊等が優秀賞となった。

「記事賞」で最優秀賞に選ばれたのは陸自13施設群（幌別）の「働くパパはかっこいい！」（6月7日付5面掲載）。演習場整備に合わせて家族参観日を開催した内容で、心温まる親子の触れ合いが高く評価された。

「写真賞」は「P1富士山を背景にフライト」（1月25日付3面）が最優秀賞に。海自51航空隊（厚木）の昨年の初訓練飛行を捉えた1枚で、雪化粧した富士山とP1哨戒機の構図が印象的な一枚となった。

「個人投稿賞」の最優秀賞はOBの福本出元海将がつづった「色あせない『防大の対番』関係」（5月24日付8面掲載）。親元を離れて防大に入校した新1年生と「兄貴分の世話係」を務める先輩（対番）との、脈々と受け継がれる人間関係のつながりを描いている。

各賞に選ばれた部隊・機関・個人等には後日、表彰状と記念品が贈られる。受賞部隊の詳細は2月28日付本紙に掲載の予定。

シュナイダー在日米軍新司令官が着任

河野統幕長を表敬

在日米軍司令官兼第5空軍司令官に2月5日付で着任したケビン・シュナイダー中将が8日、防衛省を訪れ、河野統幕長を表敬した。

シュナイダー司令官は退官したジェリー・マルティネス司令官の後任で、前職はインド太平洋軍参謀長（司令部・ハワイ）。

統幕長は就任への祝意を表した上で、「横須賀や三沢での生活を経験されたと聞いている。日本を含むアジア太平洋地域の情勢を十分に把握されているので、我々にとっても非常に心強い。日米同盟は我が国の安全保障の基軸だ。今後はシュナイダー司令官との間で日米同盟をより一層深化させていきたい」と述べた。

これに対し、シュナイダー司令官は5日に横田基地で開かれた指揮権交代式への統幕長の参加に謝意を述べた上で、日米同盟の重要性を改めて強調した。

シュナイダー司令官は1988年に米空軍士官学校（コロラド州）を卒業後、戦闘機パイロットとして青森県の米軍三沢基地などに勤務。海軍士官だった父親の転勤に伴って少年期を日本で過ごした経験もあり、親日家としても知られている。

今後は在日米軍トップとして、陸海空と海兵隊の4軍計約5万人を率い、日米同盟の強化と、地域の平和と安定のために貢献することが期待されている。

河野統幕長（左から2人目）のエスコートで特別儀仗隊を巡閲する在日米軍のシュナイダー新司令官（その右）＝2月8日、防衛省で

おことわり 「2019年度防衛費重要施策を見る」は休みました。

朝雲寸言

防衛省が所在する市ヶ谷台の片隅に小さな石碑がある。その石碑に刻まれているのは「東京オリンピック支援集団司令部跡」の文字。1964年、7000人を超える自衛官が集った東京オリンピックを支援する部隊が編成されていた▼開会式で各国選手団を先導した防衛大学校の学生、国歌、ファンファーレを演奏した陸海空の音楽隊、そして上空に五輪マークを描いたブルーインパルスは今でも多くの人の記憶に残っている。しかし、選手村の運営、ヨット競技、マラソンや自転車競技など、国民の見えない所で多くの自衛官が全面的に支援していたことはあまり知られていない。その経緯については、渡邊陽子氏の『オリンピックと自衛隊』に詳しい▼1950年、警察予備隊が創設され、1954年に防衛庁・自衛隊となってから歴史の浅い当時、多くの隊員が何とかして自衛隊を国民に愛される存在にしようと前向きに努力していたことが伝わってくる▼その後1972年の札幌冬季五輪、1998年の長野冬季五輪と、自衛隊はオリンピックなどの国家行事を支えてきた。スポンサーとボランティア全盛の現代のスポーツ大会において、自衛隊でなければ支援できない分野は少なくなった。一方でテロやドローン対策など自衛隊でなければ難しい分野の支援は拡大している▼2020年、半世紀ぶりの東京でのオリンピック。その開幕まで530日余りである。

―― 海賊対処水上部隊 ――

外国海軍艦艇と共同訓練

日EU共同訓練を行う海自護衛艦「さみだれ」（左）とスペイン海軍の哨戒艦「レランパゴ」。中央はスペイン艦搭載ヘリ（2月2日、ソマリア沖・アデン湾で）

32次隊「さみだれ」がスペインと

海賊対処水上部隊32次隊の護衛艦「さみだれ」（艦長・川合元2佐）は2月2日、欧州連合（EU）の海賊対処部隊「CTF465」（第465連合任務部隊）に所属するスペイン海軍艦艇とアデン湾で共同訓練を行った。

統制官は、海自が32次隊指揮官の西山高広1佐、EUはスペイン海軍哨戒艦「レランパゴ」（満載排水量2900トン）の艦長フェルナンド・スマラカレギ・アラリオ少佐が務め、立ち入り検査訓練をはじめ、クロスデッキ訓練などを行い、海賊対処に関する共同連携要領を確認した。

31次隊「いかづち」はフィリピンと

ソマリア沖・アデン湾での任務を終え、帰国途中の海賊対処行動水上部隊31次隊（指揮官・東良子1佐＝1護隊司令）の護衛艦「いかづち」（艦長・櫻井敦2佐）は1月27日から31日まで、フィリピンのマニラに寄港し、同国海軍艦艇などと共同訓練を行った。

訓練には比海軍から日本政府が無償譲渡したC90哨戒機（旧海自TC90練習機）と沿岸警備艇「ネストー・レイノソ」、コルベット「エミリオ・ハシント」が参加。同国沖で捜索救難、戦術運動、通信など各種訓練を実施した。

マニラ滞在中、東1佐は比海軍監察官のナサニエル・ケーセム少将を表敬して「自由で開かれたインド太平洋」について意見交換、また乗員は艦艇相互訪問を行い、親睦を深めた。

「いかづち」は2月9日、横須賀に帰国した。

東ティモール軍創設記念式典 統幕副長が出席

東ティモール国防軍創設18周年記念式典に各国関係者と共に参加した本松副長（前列左から6人目）＝2月2日、東ティモールで

本松敏史統幕副長は2月2日、東ティモールで開催された「国防軍創設18周年記念式典」に統幕長代理として出席した。同式典に防衛省・自衛隊の将官が出席するのは初めて。

本松副長は滞在中、同国のフィロメノ・パイシャン国防大臣をはじめ、ラモス・ホルタ元大統領と会談。インド太平洋地域の安全保障環境や日本と東ティモールの防衛協力・交流の推進について意見を交換した。

自衛隊は2002年から約2年間にわたり、陸自施設部隊がPKO活動の一環として同国に派遣され、延べ約2300人の隊員が道路や橋の補修などに従事し、国づくり支援に当たった。

護衛艦「いずも」韓国寄港見送り

防衛省は2月8日、今年4月から5月にかけて韓国などで[illegible]護衛艦「いずも」[illegible]寄港を見送る[illegible]。

同訓練は、拡大ASEAN国防相会議（ADMMプラス）の海洋安全保障専門家会合の枠組み[illegible]「いずも」は[illegible]訓練のプログラムには参加する。

防衛省の[illegible]記者会見で[illegible]」と説明した。

[illegible]と述べた。

日米豪共同訓練に空自が参加 「コープ・ノース・グアム」

米グアムのアンダーセン空軍基地とその周辺空域などで行われる日米豪共同訓練「コープ・ノース・グアム」が2月7日から始まった。3月19日まで。

訓練は日米の共同対処能力、部隊の戦術技量、3カ国の相互運用性の向上を目的に実施。空自からはF15、F2戦闘機など隊員約480人が参加している。戦闘機部隊の共同訓練のほか、日米豪人道支援・災害救援（HA/DR）共同訓練も実施される。

空自は9空団（那覇）飛行群司令の清永剛夫1佐を訓練指揮官に、8（築城）、9空団、救難団（入間）、警空隊（三沢）、1輸空（小牧）が参加。今回、飛行場応急措置訓練では参加範囲を広げ、航空機の運用・支援も行う。

丸茂空幕長は2月1日の記者会見で「グアムは訓練環境が恵まれており、電子戦などが行えるため、有意義な訓練となる」と述べた。

海自初級幹部ら外洋練習航海に 部内課程卒業

村川海幕長や南孝官学校長に見送られ、外洋練習航海に出発する部内課程卒業生（2月7日、広島県江田島市の海幹候校で）

海自第52期一般幹部候補生課程（部内課程）の卒業式が2月7日、村川海幕長を迎えて江田島の幹部候補生学校で行われ、卒業生109人（うち女性7人）が外洋練習航海に出発した。

部隊は1練習隊司令の中釜義之1佐を指揮官に、練習艦「せとゆき」「しまゆき」で編成。初級幹部を含め約420人が乗艦し、洋上訓練を行いながら東南アジアに向かい、途中、カンボジアのシアヌークビルとベトナムのダナンに寄港し、3月19日に帰国する。

時の焦点

国内 自民党大会

選挙の怖さを忘れるな

庶民の哀歓を描いた作家・山本周五郎は、1967年2月14日に亡くなった。直木賞はじめ様々な文学賞を辞退し続けた反骨の人でもある。

時代小説『さぶ』にこんな一節がある。才気煥発な若者が年配の男に論される場面だ。

「どんなに賢くっても、にんげん自分の背中を見ることはできないんだからね」

若者は内心、「ばかを云え、賢くあろうがなかろうが、鏡を使えば自分の背中ぐらい誰にだって見えるぜ」と反発するものの、その言葉は若者の頭に強く残った。

大きな権力を持つ者ほど、自身の背中がどう見えているか、いっそう注意を払わねばなるまい。

自民党が定期党大会を開いた。党総裁の安倍首相は演説で2007年参院選に触れ、「我が党は惨敗を喫しました。当時、総裁であった私の責任であります。このことは片時たりとも忘れたことはありません」と語った。

自民1強、安倍1強が続く。だが、驕りや緩みが見えれば国民はすぐにそっぽを向く。党大会が派手な演出を避け、結束固めに重きを置いたのは、その緊張感のゆえだろう。

谷垣禎一・前総裁も車いすで登壇し、安定した政治の必要性を訴えた。谷垣氏は16年の自転車事故で大けがを負い、政界を引退した。リベラル派とされる谷垣氏にスポットライトを当てることで、党の多様性や活力を訴える狙いがあろう。

国会では、厚生労働省の不適切な統計調査が論戦の焦点となっている。抽出して調べたにもかかわらず、全数調査として処理するなど、統計に対する信頼を損なう深刻な事態だ。

不適切な扱いは04年から始まっており、安倍政権の責任を問うのは筋が違う。だが、問題が明らかになった以上、迅速かつ効果的に改善策を講じるのは政権の役割である。おざなりな対処では、参院選で手ひどい審判を受けかねない。

一方で気がかりなのは、選挙の怖さを真正面から語る自民党とは対照的に、野党に選挙への危機感が見えないことだ。

立憲民主党と国民民主党は、主導権争いが目立ち、政権批判の受け皿になり得ていない。

とりわけ、安全保障や憲法などの基本政策で極端な主張を掲げるのは疑問である。

立憲民主党は、安全保障関連法の「違憲」論を変えていない。国民民主党も見直しの立場だ。

そうした非現実的な主張は、一部に強く支持されることはあっても、広範な有権者に受け入れられるものではなかろう。

15年に同法が成立した後、16年参院選、17年衆院選で与党が勝利した。その審判の結果を重く受け止めねばならない。

単なる政権批判にとどまらず、国民の生活に根ざした現実的な政策を提案し、新たな選択肢を示す。それが野党の務めであろう。

与党であれ野党であれ、「賢い」方々の背中を、国民はよく見ている。

宮原 三郎（政治評論家）

海外 INF条約失効

露の「違反」で米が破棄

米トランプ政権は2月1日、ロシアとの中距離核戦力（INF）全廃条約を破棄すると発表した。ロシア側の条約違反が理由で、ポンペイオ国務長官は2日、ロシアに正式通告したことを明らかにした。

長官の声明では、条約が定めた猶予期間6カ月以内にロシアが違反行為を正せば破棄撤回の可能性もあった。しかし、プーチン・ロシア大統領も2日、米に対抗して離脱を表明、同条約は事実上失効した。

INF全廃条約は1987年、当時のレーガン米大統領と旧ソ連のゴルバチョフ共産党書記長が調印し、双方のミサイル配備で高まった緊張の緩和に貢献した。

理論上は、両国は射程500～5500キロの地上配備型ミサイルの開発・配備を禁止されたが、実際には、制限されたのは米国だけだった。

2008年頃から、ロシアが同条約違反のミサイルを開発中の証拠が再三指摘され始めた。だが、当時のオバマ政権は少々杜撰な軍備管理条約・新STARTの推進しか念頭になく、この件では沈黙したまま。

11年にやっと、ロシアの違反への懸念を議会に報告。14年に初めてロシアが条約に違反して地上発射型巡航ミサイルの実験を実施したと発表した。この巡航ミサイル「SSC8」は17年にボルゴグラード近くに配備され、今日に至る。

ロシアの違反は論外として、同条約のような2国間条約は、核保有国がマルチに拡大した世界の現状では時代遅れの観がある。

米国がINF条約に縛られている間に、中国は太平洋での影響力拡大のため中距離ミサイルを増強し、西側諸国の脅威になっている事実からも一目瞭然だろう。

米政府が同条約の破棄を決断した理由は、ロシアが条約違反だけではなく、ミサイル査察の受け入れを拒否した点にある。ミサイルが両国の合意に違反しているかどうか、それを容易に検証できるメカニズムが同条約自体にあるのだ。

中道・リベラル系のシンクタンク、ブルッキングス研究所のパイファー上級研究員が複数のメディアで面白い論評をしていた。

―ロシア外務省は「巡航ミサイル9M729（西側呼称SSC8）は条約要件を完全に満たしている」と言い張り、軍備管理担当の高官も射程は500キロ以下と断言する。「OK。ならば、それを証明してくれ」というのが彼の主張だ。

同研究員によると、米ロの当局者は同条約によって設けられた「特別検証委員会」を使って、米の技術専門家に同ミサイルを公開・提示する段取りを策定できる。

重要な対立点のミサイル射程を調べる主要ファクターの一つは、ミサイルの燃料タンクのサイズ。射程に関連しない他の微妙な情報を保護する方法も、専門家は考案できるという。

実に簡単な話だ。そのため、北大西洋条約機構（NATO）でさえこの件では米国に同意し、プーチン氏に議論する足場を失わせている。

草野 徹（外交評論家）

空自准曹士先任が空幕で編合部隊等先任講習を開催 米5空軍最先任も参加

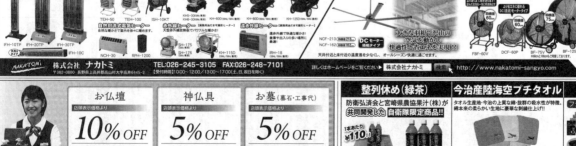

編合部隊等先任講習で〝友好の証〟のダルマを手にする横田空自准曹士先任（中央右）とクルゼルニック5空軍最先任上級曹長（同左）。その左右は編合部隊等の先任たち（1月16日、空幕大会議室で）

第6代空自准曹士先任の横田雅宏准尉は1月16、17日、空幕で「編合部隊等先任講習」を開催した。同講習は8回目。

初日は航空方面隊の准曹士先任など10人が一堂に会したほか、在日米軍5空軍（横田）最先任上級曹長のブライアン・クルゼルニック最先任上級曹長も参加した。

開会にあたり、横田先任は「丸茂空幕長は『空自は大きく変わっていかなければならない』という方針を示された。我々下士官も皆で一致団結して、今よりも大きなことを成し遂げ、空自を進化させるという強い意志を持っていこう」と訓示した。

この後の講習では、横田先任の空自の概要説明に続き、総隊、北空、中空、西空、南西空、支援集団、教育集団、開発集団、補本、幹部学校の順で各部隊の概要を説明。クルゼルニック最先任も空自メジャーコマンド（編合部隊）の先任に積極的に質問し、空自への理解を深めた。

2日目は「服務事故防止」をテーマに討議、各部隊で抱えている問題に焦点を当て、情報を共有した。

クルゼルニック最先任は、「空自の先任が各基地に対し、細やかな対応をしていることがわかった。私も全力で空自に協力し、頑張りたい」と語った。

海自徳島練習機 滑走路でパンク 徳島空港一時閉鎖

2月5日、午後3時36分ごろ、海自徳島航空基地（徳島空港）に着陸した徳島教育航空群所属のTC90練習機6836号機の左のタイヤがパンクし、滑走路上で停止した。

これにより同空港の滑走路が約3時間にわたり閉鎖され、民航機数便が欠航した。TC90の搭乗員6人にけがはなかった。海自が原因を調べている。

米軍機が米グアムに訓練移転 三沢、嘉手納、岩国から

在日米軍第35戦闘航空団（三沢）は2月11日から3月7日まで、同じく第18航空団（嘉手納）と第12海兵航空群（岩国）は2月13日から3月12日まで、それぞれ米グアム島のアンダーセン空軍基地などに移転し、各種訓練を実施している。

訓練にはF15、F16戦闘機など計約40機と人員約980人が参加し、それぞれ戦闘機戦闘訓練、空対地射爆撃訓練を行っている。

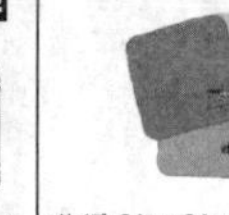

北海道大演習場で戦闘射撃

陸自7師団

【7師団＝東千歳】7師団（師団長・前田忠男陸将）は1月11日から19日まで、北海道大演習場の島松地区で「平成30年度総合戦闘射撃訓練」を実施した。

同訓練は増強戦車、普通科、偵察部隊の各級指揮官の指揮統率能力の向上と機甲科部隊の戦闘力を底上げすることを目的に実施された。気温はマイナス10度を下回る厳しい寒さの中、11普連（東千歳）、7偵（同）、71戦連（北千歳）、73戦連（南恵庭）基幹の各部隊計約1800人が各種車両500両を投入して雪上で大規模な戦闘を繰り広げた。

各部隊は日没とともに夜間行進で敵の陣地に接近し、夜明けとともに総攻撃を仕掛けた。

機甲科部隊は一面に広がる銀世界の中を90式戦車などで前進し、上空に現れた敵航空機に対しては87式自走高射機関砲が対処。また敵の陣地に向けては99式自走155ミリ榴弾砲などが次々と砲弾を打ち込み、火力支援を行った。

このほか、7偵は主力に先んじてスノーモービルで敵の動向を偵察。敵陣地の攻略では、71戦連が地雷原処理ローラーを装備した戦車を前面に出して地雷原を突破、また11普連などは70式地雷原爆破装置を投入して敵陣に突入するための経路を開いた。

この間、7師団の統裁部では、敵車両の撃破数や行動に要した時間に応じて、各部隊に人員・装備の「損耗」を付与し、その被害状況も数値化した。

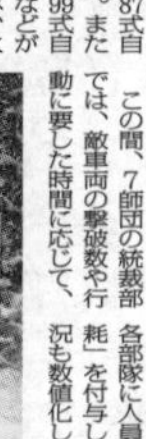

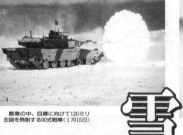

機甲科部隊の突撃を支援するため、敵陣に次々と砲弾を撃ち込む7特連の99式自走155ミリ榴弾砲（1月19日）

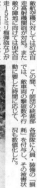

敵の陣地（中央奥）に向けて特科部隊が火力支援を行う中、白銀の大平原を敵陣に向けて突入する90式戦車など7師団の機甲科部隊（1月17日、写真はいずれも北海道大演習場で）

「地雷原処理ローラー」を車体の前方に取り付け、地雷原を啓開する90式戦車（1月15日）

雪原駆ける90式戦車

酷寒の中、目標に向けて120ミリ主砲を発射する90式戦車（1月15日）

73戦連の本部で部隊の戦闘状況の説明を受ける中村智志連隊長（左手前）＝1月16日

早朝、スノーモービルの機動力を生かし、敵陣の情報収集に当たる7偵の隊員たち（1月12日）

雪と闘う

50回目の八甲田演習

陸自5普連

【5普連＝青森】5普連は1月22日から24日まで、青森市内の八甲田地区で50回目となる厳冬期の「八甲田演習」に臨み、女性自衛官5人を含む隊員約600人が参加した。

初日は幸畑陸軍墓地で参拝行事を実施。連隊長の古賀博彦1佐以下の隊員たちが明治35年1月の同地での旧5連隊の雪中行軍中に起きた遭難事故で殉職した199柱の英霊に対し、5連隊の伝統の継承、部隊のさらなる精強化、演習の完遂を誓った。

翌23日、午前8時38分から部隊は八甲田山の小峠からスキーを使った行進をスタート。隊員たちは約20キロの装備を身に付け、装備品を積んだ80キロのアキオ（ソリ）を曳行し、深い積雪の中を進み、8キロ先の銅像茶屋を目指した。

午後1時40分以降、各部隊が次々と銅像茶屋に無事到着すると、遭難事故から生還した後藤房之介伍長の銅像に拝礼し、その後、深沢地区まで移動。夜営用の雪濠を構築して闘志を養いつつ宿営をした。

24日の午前6時39分には準備を済ませ、最終目的地の大中台へ向けて行進を再開。部隊は気温マイナス9度、風速8メートルの酷寒の中を進み、風雪による視界不良に見舞われながらも行進を堅持。

午後3時22分、全行程の約18キロメートルを女性隊員を含む全員が踏破して、無事に50回目の「八甲田演習」を終えた。

深い積雪の中に雪上車も沈み、その脱出支援に当たる隊員たち（1月23日）

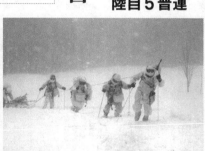

八甲田雪中行軍中、銅像茶屋に建つ旧5連隊の後藤伍長の銅像に拝礼する5普連の隊員（1月23日、写真はいずれも青森県の八甲田山で）

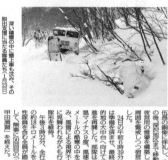

激しいブリザードに耐え、最終目的地の「大中台」を目指して隊列行進を続ける5普連の隊員たち（1月24日）

吹雪の18キロ 女性5人も踏破

（上）男性隊員たちの中に加わり、スキー機動を行う5普連重迫中隊の女性隊員、佐々木彩水士長（1月23日）
（左）視界を塞ぐほどの猛吹雪の中、隊列を組み、約80キロのアキオを曳行しながら前進する5普連の隊員（1月24日）

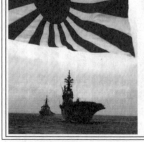

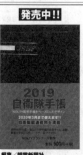

力　全自美術展

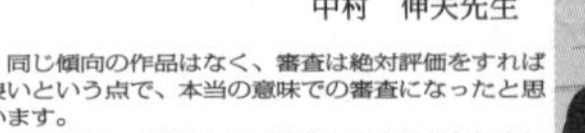

【総　評】

中村　伸夫先生

同じ傾向の作品はなく、審査は絶対評価をすれば良いという点で、本当の意味での審査になったと思います。

ただ例年、「刻字」や「篆刻」の出品がありましたが、今回はなく、また「かな」の作品も少なかったことは残念です。漢字は中国の文字ですが、「かな」は世界的にも認められた、純粋な日本の文字であり、いわばひとつの重要な伝統文化であるので大事にすべきです。また、書の形式というのは、掛け軸が発明されてから、縦に字を並べるのが通常となってきました。この美術展の過去の作品の中には扇に書いた作品や、対句の言葉を左と右の2枚の軸にして書いたものなど、もう少し様々な書の形式の作品がありました。今回はすべて横長または縦長なので、もっと様々な表現の形式に挑戦すると、自分の新しい可能性が生まれたり、もっと楽しく書が学べて良いと思います。

人間は自分がどんな人間なのか、意外とわからないものです。ですから、表現したものを客観視して、自分はこんな字を書く人間なのかということがわかるということが、書の面白さでもあります。

昭和30年生まれ、福井県出身。昭和53年東京教育大学卒。57年筑波大学大学院修士課程芸術研究科修了。平成18年筑波大学人間総合科学研究科教授。日展会員、日本書芸院常務理事、読売書法会常任理事、書学書道史学会副理事長、全国書美術振興会。本美術展の審査は6回目。

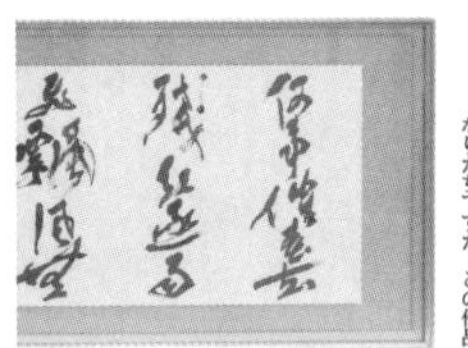

文部科学大臣賞「春日雨風（はるのひあめかぜ）」

第6航空団　2等空曹　的野　誠

大きな筆を開いたり閉じたりして書いており、「残」という字などは、わざと筆を開いています。筆を開くとかすれ、同時に表現が薄っぺらになりがちですが、この作品の字は筆が開いている中に芯が通っています。かすれの上手い人は筆遣いの上手い人で、かすれというのは刷毛で掃くような言葉ですが、書のかすれというのは、芯が通っていることが大事です。3行目の「飄」も、かすれているが芯が通っています。よほど訓練しないと、このようなかすれはでません。

黒と白とかすれと、そして、書いていない余白が微妙に響きあっています。書ではそれが大事です。書かない部分をどのように見せるか、なにもないと真っ白ですが、なにも書いた瞬間に何もないところが生き物になります。生き物を

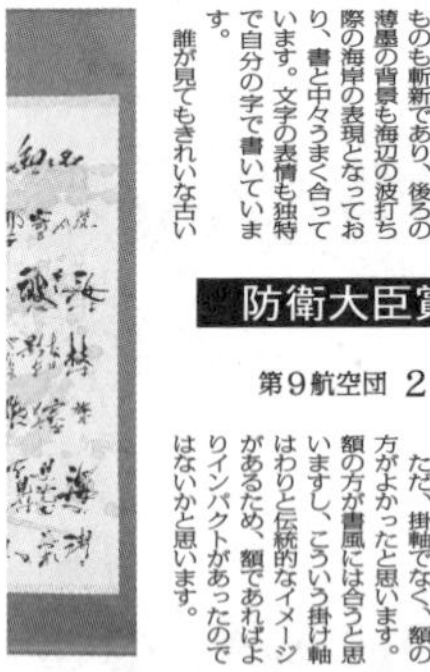

防衛大臣賞「椰子（やし）の実（み）」

第9航空団　2等空曹　矢内　佑弥

横に何行も、段違いに複数の列で書くことはなかなかありません。もし横に書くのであれば、一列だけで書くことが多いです。

島崎藤村の詩の言葉を分けて書いて、言葉の意味を、それも表現に何か関わらせて創りたいという、意図がよくわかります。構成そのものも斬新であり、後ろの薄墨の背景も海辺の波打ち際の海岸の表現となっており、書と中々うまく合っています。文字の表情も独特で自分の字で書いています。

誰が見てもきれいな古い伝統的な字ではなく、自分の好きな字だけを追求し、それが自分のものさしになっています。人が作った歴史的な優れたものさしをすべてほったらかして、最初から最後まで、自分のものさしだけを使い、ここまでやれれば大したものです。

ただ、掛軸でなく、額の方がよかったと思います。額の方が書風には合うと思いますし、こういう掛け軸はわりと伝統的なイメージがあるため、額であればよりインパクトがあったのではないかと思います。

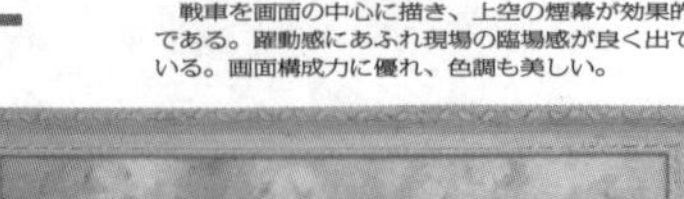

内閣総理大臣賞「10式戦車」

富士学校機甲科部　3等陸佐　永井　利弘

戦車を画面の中心に描き、上空の煙幕が効果的である。躍動感にあふれ現場の臨場感が良く出ている。画面構成力に優れ、色調も美しい。

絵画

【総　評】

大谷　喜男先生

絵画は自己の内面を映し出す鏡のようなものです。日常生活から得た感動や出来事を、生き生きと表現されていた作品が多く、今後の展開が楽しみです。

受賞には洩れましたが、隊員等の部から「卒業」「護れ祖國の空」「湧き上がる」「那谷寺の春」、元隊員等・家族の部より「赤レンガ武器倉庫」「衝撃力」に注目したいと思います。

昭和25年生まれ、栃木県出身。武蔵野美術短期大学卒。平成22年、24年、26年日展審査員。23年日展会員、24年光風会理事。栃木県司法書士会会員。本美術展の審査は3回目。

文部科学大臣賞「医官を目指して」

防衛医科大学校　学生　鶴　智太

右の人物は作者自身であろうか。顔の表情が良い。希望ある人生の未来を見つめているようだ。身近な環境をテーマに気持ちを込めて描いている。

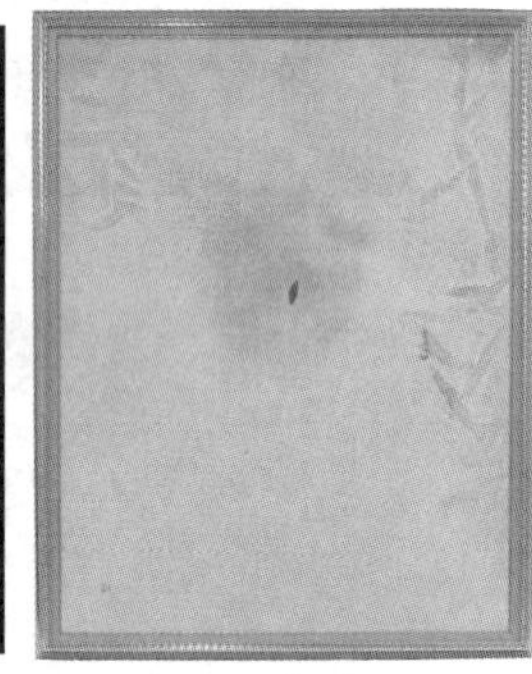

防衛大臣賞（元隊員等・家族の部）「白き道」

元海上自衛官　枚梅木　一宏

蟻が蝉の羽根をせっせと運んでいる。大きな画面に小さな命を描いた。詩情豊かで絵画力の素晴らしさを目にした。

防衛大臣賞「さくら」

陸上幕僚監部　行（二）1級相当　井内　百恵

画面いっぱいに散りばめられた桜の花が美しくソフトな香りが漂う。やさしい色調が女性らしさをひきたたせる。

平成30年度　全自衛隊美術展　受賞者一覧

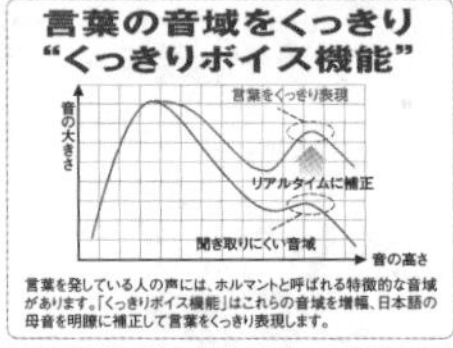

【絵　画】

＝隊員＝

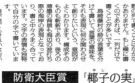

▽内閣総理大臣賞＝「10式戦車」永井利弘3陸佐（富士学校機甲科部）▽文部科学大臣賞＝「医官を目指して」鶴智太学生（防衛医科大学校）▽防衛大臣賞＝「さくら」井内百恵行（二）1級相当（陸上幕僚監部）▽審査員特別賞＝「我が道東第一線」野原恵一朗技官（別海駐屯地業務隊）

＝元隊員等・家族＝

▽防衛大臣賞＝「白き道」枚梅木一宏元海佐

【写　真】

＝隊員＝

▽内閣総理大臣賞＝「踊る社」小森拓朗海士長（基地情報支援隊）▽文部科学大臣賞＝「ザ・バーン」住田誠3空曹（警戒航空隊）▽防衛大臣賞＝「我が子に届ける」高橋〔　〕▽審査員特別賞＝「火の鳥」山本和子陸曹長（特科教導隊）▽入選＝「またきてね」中野亮輔3陸曹（第2対戦車戦車中隊）、「鎮魂の海～水深60mに眠る戦艦武蔵～」谷口剛2海曹（対潜支援群）、「春の申めぐり」野口桃佳学生（防衛医科大学校）、「雪舞う中で」中島真宏2陸尉（第6高射群）

＝元隊員等・家族＝

▽防衛大臣賞＝「働くオジィ」吉直新一郎元准空尉▽入選＝「朝靄の上富良野丘陵」多田吉志元3陸尉、「天使の翼」中島綾乃

【書　道】

＝隊員＝

▽内閣総理大臣賞＝「漏泉帖」磯谷真美事務官（陸上自衛隊業務隊）▽文部科学大臣賞＝「春日雨風」的野誠2空曹（第6航空団）▽防衛大臣賞＝「椰子の実」矢内佑弥2空曹（第9航空団）▽入選＝「近代詩より」須藤勝明准陸尉（高知地方協力本部）

＝元隊員等・家族＝

▽防衛大臣賞＝「青春」五十嵐久美子▽入選＝「詩経幽居屏」池田豊三元陸曹長

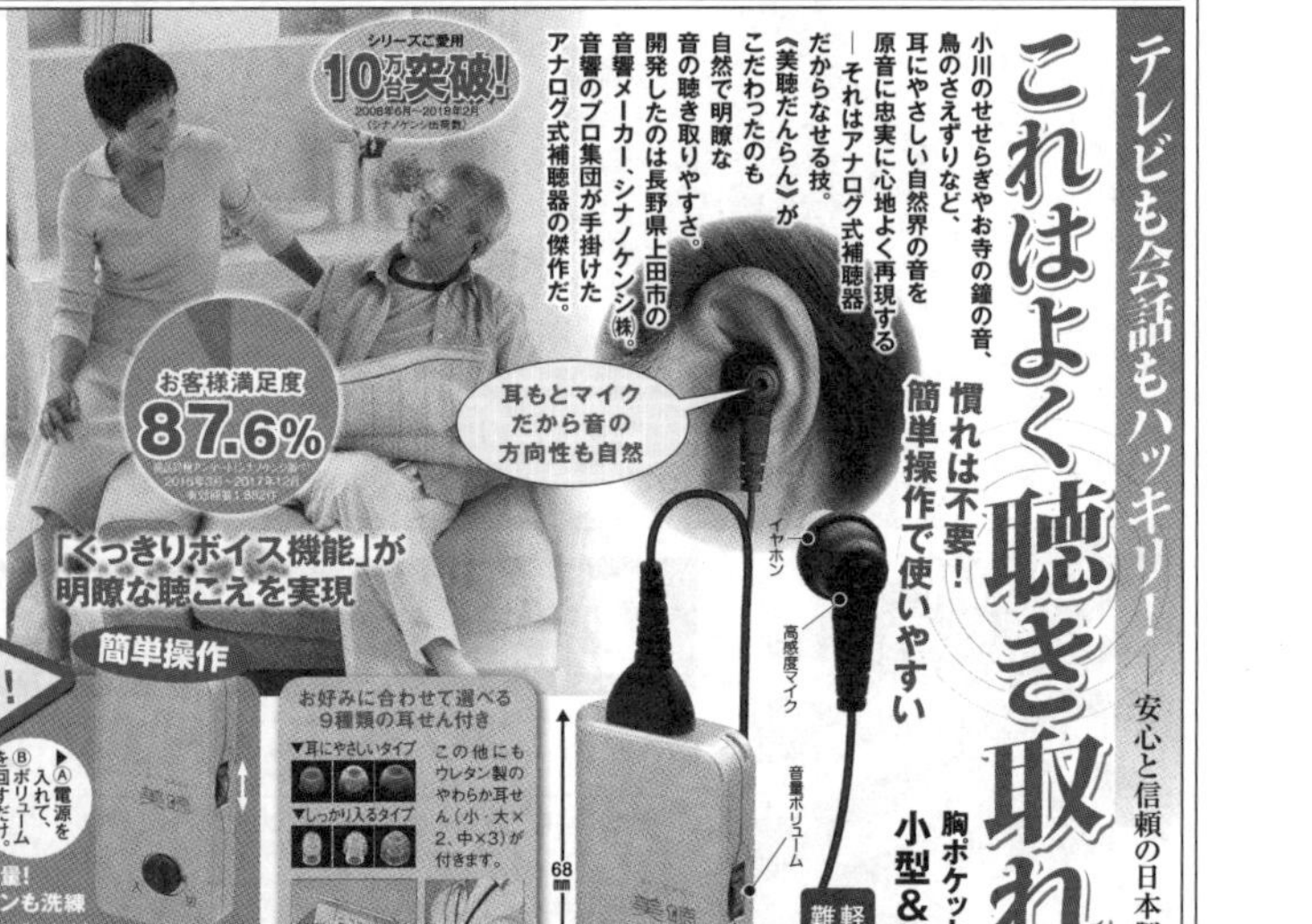

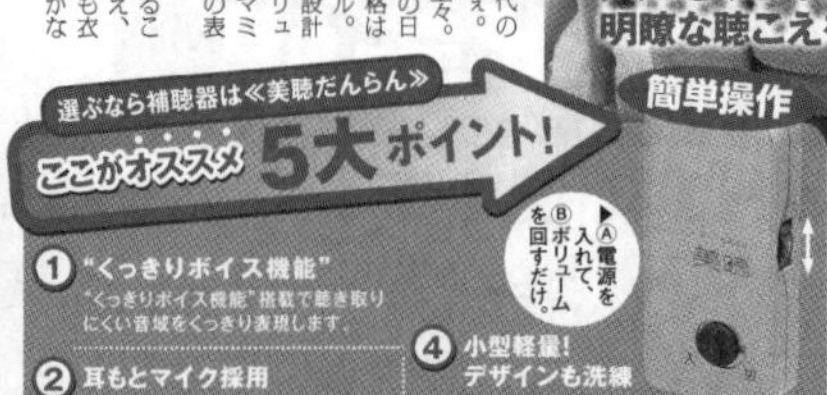

高い技術と描写

【総　評】

野町 和嘉先生

前回と比較し、自然風景が増えてきたのは良かったと思います。各作品とも非常にレベルが高く、特に描写力には目を見張るものがありました。情景や、技術力も申し分なく、よく撮影されていたと思います。今回特賞に選んだ4点はバラエティに富んでおり、自衛隊の美術展という枠を超えた広がりのある作品になっています。改めてよく見ますと、見応えのあるいい瞬間を捉えた作品が多く、みなさんの共感を呼ぶのではないかと思います。充実した展示になると思います。

昭和21年生まれ、高知県出身。昭和40年高知工業高校卒。昭和47年のサハラ砂漠への旅をきっかけにアフリカを撮影取材。土門拳賞、芸術選奨文部大臣新人賞など受賞多数。平成21年、紫綬褒章受章。日本写真家協会会員。本美術展の審査は2回目。

写真

内閣総理大臣賞「廻る社」

基礎情報支援隊付 海士長 小森　拓磨

長時間の露光を重ねている作品です。よく見る、よく撮影される場所ですが、波の描写といい、非常にシュールなイメージが出ています。一般的に夜景の撮影ではこれほど鮮明にはなかなか写りません。波がこれだけ描写されて、星もしっかり写っている不思議な写真です。多重露光が成功した稀有な作品であると思います。なによりも日本でこれだけの星空が見られる瞬間はそうないと思いますし、色調も全くくずれておらず、素晴らしい描写で、よく撮影されています。聖域特有の緊張感、波の描写に非常に成功した作品です。

文部科学大臣賞「ザ・パーン」

警戒航空隊 3等空曹 住吉　誠

シャッタースピードが的確で、稀有なチャンスをものにした作品です。パイロットの擧の表情といい、水の描写といいワンチャンスを見事に捉えています。高速シャッターを使い逆光で撮影したことで、水しぶきが立体的に映っており、背後の戦闘機の配置を含め、構図的造形的にも非常にうまく切り取られています。ラストフライトの緊張感が表現されている印象を受けました。

防衛大臣賞（元隊員等・家族の部）

「働くオジィ」

元航空自衛官 吉直　新一郎

人っ子一人いないサトウキビ畑の一本道を、野良仕事帰りの老人が歩いてくる。たち上る白雲、道路に落ちた影。あっけらかんとした、いかにも沖縄らしい空気感のなか、カメラに向かって微笑む姿が健やかでいいですね。前で結んだややくたびれた作業着の着こなしも板についていて、決定的な一瞬を切り取っています。

防衛大臣賞「火の鳥」

特科教導隊 陸曹長 山本 典子

画面にノイズが出たことで、緊張感、訓練のリアリティが表現されています。なによりも、別の部隊の発射した照明弾が決定的な効果を生んでいます。富士山がしっかりと描写されており、右下のライトや発射の時の煙の動きも非常に効果的です。射撃の訓練の緊迫感と、夕景の中で行われている演習、訓練を超えたシュールなイメージがでています。緊迫感と迫力がある素晴らしい作品です。

書道

内閣総理大臣賞「蜀素帖（しょくそじょう）」

習志野駐屯地 行（一）1級 磯谷　真美

蜀素帖は、今から約900年ほど前の中国の文人が、ある政治家から絹を渡され、その絹に自分の一番良い書で書いて欲しいと頼まれたものです。現在、この名品は台湾の故宮博物院に所蔵されています。

原本は横長の巻物ですが、この作品はそれをあえて縦の掛軸に書いて非常に成功しています。筆は、鉛筆やボールペンと違い、扱いにくいものです。それをうまく制御してその良さを引き立てています。丁寧に書かれていますし、筆の動きや特徴も表されており、小筆でよくそれを再現しています。

立派な書であり、今回の最高賞として申し分のない素晴らしい作品です。

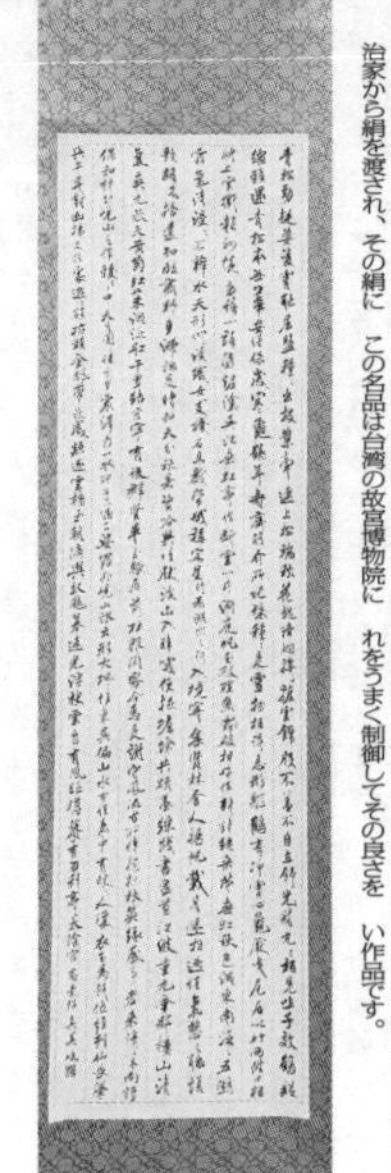

どういう風に響き合わせて、書いていないところにどういう目に見えない関係を作るか、5行もあると難しいものですが、上手くいっています。

防衛大臣賞（元隊員等・家族の部）

「青　春」

五十嵐　久美子

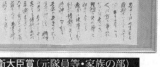

わかりやすい詩をわかりやすい書風で書いてあります。

あえて1行を下揃えせず、上だけ揃えて、意味の切れ目のところで改行しています。例えば「初めて老いる」のあとに「歳月は」と書けばよいところを、あえて書いていません。詩の翻訳のとおりにあえて書いたのではないでしょうか。全体として起承転結がうまくできています。

また、後半の一番大事なところを密度感もって書いています。これは読んでもらう詩なので、詩の重要なところをあえて強調しています。すんなり入っていって意味が盛り上がるところで、書も盛り上げています。

これも筆使いが自分のものであり、普段の自分の文字の書き方をそのまま書として書いて上手くいっている例だと思います。

通常は日常と違う要素を入れないと書にはなりません。あえて日常的に書いていることに面白さがあります。「理想」「情熱」「精神」「夢」のキーワードを少し大きめに書いており、これもこの方の意図だと思います。

地方防衛局 特集

防衛施設と首長さん

愛知県豊川市　山脇 実市長

市民に身近な豊川駐屯地 誇り感じる頼もしい存在

豊川市は愛知県南東部に位置し、市域面積は161・14平方キロメートルで、北側は県立自然公園に指定されている本宮山とそれらに連なる山並みを有し、中央部から広がる平野の東部には一級河川「豊川」の清流が流れ、南部では波穏やかな三河湾を望むことができ、「山、川、海」といった温暖で豊かな自然環境に恵まれています。

古くは三河の国府、国分寺、国分尼寺が置かれるなど、この地方の中心として栄えていました。近世以降は東海道の御油・赤坂宿、豊川稲荷の門前町として多くの人に親しまれるまちでした。

昭和14年からは、東洋一といわれた豊川海軍工廠の建設とともに周辺地域の開発も急速に進み、昭和18年6月1日に県下8番目の市として豊川市が誕生しました。その後、平成18年2月に宝飯郡一宮町と、平成20年1月に同郡音羽町、御津町と、平成22年2月に同郡小坂井町と合併し、現在に至っています。

このような歴史的経緯から、本市には豊かな歴史と文化があります。特に、全国的に有名な豊川稲荷は、毎年初詣には大勢の参拝者でにぎわい、多くの観光客が訪れています。

このほか、国指定天然記念物である「御油のマツ並木」、国指定史跡の「三河国分寺跡」、国指定重要文化財である「三明寺三重塔」や「財賀寺仁王門」など、本市の歴史を物語る名所が数多くあります。

そして、ここ東三河地域が発祥とされる「手筒花火」を始め、県指定無形民俗文化財である「進雄神社の奉納綱火」や「牛久保八幡社の若葉祭」など、多くの特色ある祭礼や地域独自の伝承文化があり、時代を越えて現代へ受け継がれています。

これらの恵まれた自然環境や豊かな歴史・文化を背景として、全国有数の出荷量を誇る「バラ」をはじめ、「大葉」や「スプレーマム」などの施設園芸による農産物や、豊川稲荷の門前町で古くから参拝者に親しまれてきた「いなり寿司」などが特産品となっています。

さて、本市に所在する豊川駐屯地は、豊川海軍工廠の跡地に1950（昭和25）年に開設されました。以来、国防という重責に加え、市民まつりをはじめ市内各種のイベント支援や防災訓練・水防訓練などの防災支援を積極的に行っていただいています。

特にイベント支援では、市内最大のイベントである市民まつり「おいでん祭」において、自衛隊の活動PRブースを設置していただき、多くの市民と触れ合うとともに、祭りのにぎわいにご助力いただいています。

防災に関しては、防災訓練などの支援に加え、近年、毎年のように発生する自然災害において、人命救助や生活支援活動をはじめ多大な貢献をされている隊員の姿を拝見して、駐屯地所在地の市長としてとても誇らしくもあり、頼もしく感じています。

市においても防災センターの整備を進めるなど、防災体制の強化を図っていますが、豊川駐屯地は当地の安全・安心に欠かせない存在となっています。

また、豊川駐屯地に関連する民生安定施設整備事業費の補助により、市民の健康・体力増進やスポーツ振興を目的に、平成31年度の供用開始を目指して、スポーツ公園においてサッカー場、ソフトボール場、多目的広場などの整備が進んでいます。

今後もさまざまな機会を通じて、防衛省、豊川駐屯地と連携・協力を緊密に行い、豊川駐屯地が市民にとって欠かせない身近な存在であり続けることを期待しています。

やまわき・みのる　74歳。同志社大経卒。東愛知日産自動車、豊川市議会議員、同市議会議長などを経て2007年10月、豊川市長に就任。現在3期目。豊川市出身。

東北局

日米交流「アイスホッキー」

「にんにく」形のヘルメット 「長芋」形のスティック 「ホッキ貝」形のパック

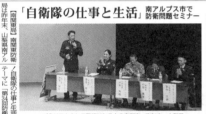

【東北局】東北防衛局は1月26日、青森県三沢市の三沢アイスアリーナで、同市内と米軍三沢基地内の小学生を対象とした日米交流事業「MISAWAアイスホッキー2019」を開催し、日本側13チーム、米側6チームの計19チーム、約140人が参加して熱戦を繰り広げた。

「アイスホッキー」とは三沢市の特産品をモチーフとした競技で、子供たちは「にんにく」形のヘルメットに、「長芋」形のスティックを持ち、長靴姿で「ホッキ貝」形のパックを打ち合って得点を競うアイスホッケー。地元ならではのユニークな交流事業で、平成24年度から始まり、今年で7回目を迎えた。

開会式では東北防衛局の伊藤茂樹局長による主催者あいさつの後、三沢市の種市一正市長とクリストファー・ストルーヴィ米空軍三沢基地司令官がそれぞれ祝辞を述べ、選手宣誓に臨んだ日米の児童が「アイスホッキー」を楽しく行うことを誓った。

不規則回転 悪戦苦闘 転倒しても 懸命に

試合では子供たちが不規則に転がるホッキ貝形のパックに悪戦苦闘。転倒しながらも懸命にゴールを狙う姿に、監督や保護者たちから熱のこもった声援が送られ、大いに盛り上がった。

結果は高学年の部で「三沢ジュニア・キング&プリンス」、低学年の部で「三沢ジュニア・ちびっこスターズ」がそれぞれ優勝。米側のチームは残念ながら入賞を逃したが、来年こそはと闘志を燃やしていた。

東北防衛局は「日米交流事業は参加者や住民の方からも大変好評をいただいており、今後とも在日米軍と地域住民の方々との間の相互理解の深化の一助となるよう、積極的に実施していきたい」と話している。

上リンク上で熱戦を繰り広げる日米の子供たち　右集合写真に納まる参加者たち。右後方は応援に駆け付けた三沢市のキャラクター「ホッキーナちゃん」（1月26日、青森県三沢市の三沢アイスアリーナで）

三貝九州局長、福岡市で新大綱・中期防を説明

自衛隊協力団体合同新年会で

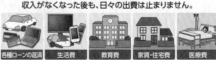

【九州局】九州防衛局の三貝哲局長は1月17日、福岡市内で開かれた「福岡地区自衛隊協力団体合同新年会」に講師として招かれ、昨年末に策定された新たな「防衛計画の大綱」と「中期防衛力整備計画」などについて講話し、約70人が聴講した。

三貝局長は、我が国を取り巻く安全保障環境の現状について説明した上で、防衛力の強化に向けた優先事項として「宇宙・サイバー・電磁波」の新領域における能力の獲得をはじめ、現行防衛力の体制・機能の充実、これらに関する必要経費――などについて約1時間講話し、参加者は熱心に聴き入っていた。

最後に福岡地本後援会「如月会」の内藤直徳会長は「我々が知らないことを教えていただいた。『計画なくして行動なし』と言われるように、大綱・中期防に基づいて自衛隊は行動に移していただき、そのために我々も協力団体として支援・協力をしていきたい」と謝辞を述べた。

新たな「防衛大綱」と「中期防」について講話する三貝局長（1月17日、福岡市博多区のハイアットリージェンシー福岡で）

「自衛隊の仕事と生活」南アルプス市で防衛問題セミナー

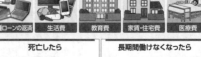

パネリストとして登壇した5人の自衛官＝昨年末、山梨県南アルプス市の櫛形生涯学習センター「あやめホール」で

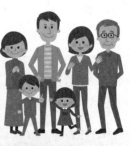

【南関東局】南関東防衛局は昨年末、山梨県南アルプス市で「のぞいてみよう！自衛隊の仕事と生活」をテーマに「第34回防衛問題セミナー」を開催した。

南関東局の堀地徹局長と南アルプス市の金丸一元市長代理の手塚千広副市長のあいさつの後、第1部は山梨地本長の新宅正章1陸佐が「自衛隊の仕事とは」と題して講演。

第2部では陸自第1特科隊（北富士）隊長の林佐光1佐が「山梨県所在自衛隊の概要及び災害派遣における活動」と題し、同隊の概要をはじめ、毎年250件を超える災害派遣活動では緊急患者空輸が多いこと、自ら経験した阪神・淡路大震災（1995年）での自衛隊の災派活動などについて説明した。

第3部では「現役自衛官に聞いてみよう！自衛隊の仕事や生活」をテーマに5人の自衛官が登壇。それぞれの仕事内容や志望動機を述べたほか、自衛官でしか経験できないこととして、望月綾乃3海曹が「潜水艦救難のため、深海で作業をするために必要な技術である飽和潜水が女性でもできる」ことなどを挙げた。

来場者から「生活面で民間企業と異なる点は？」との質問に、藤原幸弘1空曹らは「基地内の設備が充実しているので、基地内で全ての生活が整う」と述べ、自衛隊生活のメリットをアピールした。

参加者からは「将来自衛官になりたいと思っていたので、とてもよい経験になった」（10代女性）、「いつもテレビで自衛隊の活動を見ている。ありがとう」（60代男性）などの感想が寄せられた。

「鎮守府と工廠のまち・呉」

中国四国局が防衛問題セミナー

【中国四国局】中国四国防衛局（赤瀬正洋局長）は12月25日、広島県呉市の「くれ絆ホール」で、"明治150年"を記念して、「旧軍港の歴史と文化遺産～鎮守府と工廠のまち・呉」をテーマに「第30回防衛問題セミナー」を開いた。

第1部は海幕防衛部施設課の金澤裕之3佐が「明治150年と日本の近代海軍建設～海軍、軍港、呉」と題し、海軍や軍港の成り立ちのほか、軍港都市と海軍史跡の保存・活用などについて講演した。

第2部は広島国際大学の千田武志客員教授が「戦艦『大和』の原点をたずねて～明治期の海軍と呉海軍工廠の形成」と題し、呉鎮守府の設立に結びついた明治期の軍備拡張計画の変遷について講演した。

聴講者からは「日本と欧米列強では海軍の成立過程が違うのではないか」などの質問が寄せられ、講師は歴史家マハンの「シー・パワー理論」を紹介しながら、日本や諸外国における海軍の役割の変遷とその違いなどを解説した。

中国四国防衛局では「広く防衛政策について国民の理解と協力を得るため、今後も管内各地で『防衛問題セミナー』を開催していきたい」と話している。

広島国際大学の千田客員教授

海幕施設課の金澤3佐

岩国で日米交流合同コンサート 2月23日に

山口県岩国市の「シンフォニア岩国」のコンサートホールで2月23日（土）午後2時～4時15分まで、「日米交流合同コンサート」が開かれる。出演は岩国市立岩国小学校、大竹市立小方小学校、和木町立和木中学校、周防大島町立久賀小学校、イワクニ・エレメンタリースクール、イワクニ・ミドルスクールなど。

問い合わせは、中国四国防衛局地方調整課（082・223・7153）まで。

リレー随想　赤瀬 正洋

年末年始 in 広島

早いもので、もう1カ月前の話になってしまいますが、年末年始は、大みそかに大掃除、近所の比治山神社に初詣、三が日は箱根駅伝を見て、アウトレットに出かけ、御用始めに岩国の新年互礼会、そして、広島護国神社に安全祈願といった感じでした。

去年と全く同じで、固有名詞は多少変わりますが、基本ずっと同じです。結局結構気に入っているようです。紅白を見ながら、妻と「最近1年経つのが早いよね」と嘆きあうのもルーティンとなっています。同じ話をくり返すと、いつも冷ややかな妻も、この話だけは毎年共感してくれます。これは実に貴重です。

最近忙しいし、充実しているからかもしれないと、少しかっこいいぐらいに思っていたふしがあり、「年をとると、その人の生きてきた期間に占める1年の割合が次第に小さくなるので、1年を早く感じるのである」といった説をどこかで聞きかじり、加齢に伴う必然だから残念ながらしょうがないとなんとなく納得していました。

ところが、先日、なにげなくテレビを見ていたところ、この質問が出てきて、「あれね」と思いながら見ていると、答えは、「人生にトキメキがなくなったから」でした。流れ作業だから印象に残らないだの、惰性で生きているからだの、散々な言われようでした。

「ボーっと生きてるわけじゃねーよ」と少しムッとしながらも、言われてみれば、全く心当たりがないというわけではないような気もしてきます。

どうもこの問題は、そう単純な話でもないようで、さまざまな人がいろいろなことを言っていますが、総じて、そう褒められたものではなさそうです。

そのようなわけで、今更感は否めませんが、寄る年波から益々貴重になってきている1年が長かったと感じることができるよう、しっかりと頑張っていきたいと、改めて思っております。

とはいえ、年末に、やっぱり、短かったと感じたとしても、人には言わないようにしようと決めているのですが、それぞれ事情が異なることがあり得ることについてもお含みおきいただき、これまた貴重な妻とのルーティンについてはご容赦いただければ幸いです。

（中国四国防衛局長）

厚生・共済

特集

「退職時の共済手続き」お早めに

医療、年金、保健、貯金など各種

防衛省共済組合では、退職予定の隊員の皆さまに、早めの共済手続きを呼び掛けています。自衛官・事務官等は退職日の翌日から共済組合の組合員ではなくなるため、退職前に短期（医療）、長期（年金）、保健、貯金、貸付・物資、保険などの各種手続きが必要となります。お早めに手続きをお願い致します。

1 短期（医療）

短期（医療）では、在職中に使っていた組合員証等が退職後使用できなくなるため、所属支部の短期係に組合員証等を返納してください。

退職後、民間会社等に再就職した時は会社等の健康保険に加入することになりますが、再就職しない場合は退職から2年間は在職中とほぼ同様の給付が受けられる任意継続組合員になるか、国民健康保険に加入することになります。

任意継続組合員となる場合は、退職日から起算して20日以内に所属支部の短期係に申し出る必要があります。定年退職者においては、任意継続組合員の掛金より国民健康保険の保険料の方が高くなる場合が多いですが、詳しくはお住まいの市区町村にお尋ねください。

2 長期（年金）

長期（年金）では、退職時に年金の支給開始年齢に達していない自衛官や事務官等については、組合員資格取得と喪失の年月日などを記入した「退職届」を所属支部の長期係に提出する必要があります。

また、退職後に住所や氏名が変わったときなどは国家公務員共済組合連合会へ届け出が必要となります。

3 保健

保健では、福利厚生サービス「ベネフィット・ステーション」の「会員証」を所属支部の保健係に返納してください。また任意継続組合員になった場合は、期間が終了しましたら会員証を返納してください。

また、定年退職者等には無料でOBカードを発行しています。OBカードを提示すると、ホテルグランドヒル市ヶ谷や共済組合が割引協定を結んでいる施設を組合員と同一料金で利用できます。利用施設についてはホームページをご覧ください。

4 貯金

貯金では、普通貯金、定額積立貯金、定期貯金をしている組合員は、退職日までに、必ず窓口で解約手続き（ATMではすべての貯金の解約はできません。普通貯金残高0円でも解約手続きは必要です）を行ってください。定年または応募認定退職の場合、退職日の前30日以内にその理由を証明する書面を提出のうえ解約手続きをすると定額積立貯金と定期貯金の利率で利息が付きます。

また、任意継続組合員になる場合に限り、退職前に預け入れた定期貯金は任意継続組合員期間中の満期日まで継続できます。

5 貸付・物資

貸付・物資では、退職時における残高を一括返済することになります。

貸付・物資とも退職手当からの返済が可能ですが、所定の手続きが必要となりますので、早めに所属支部の担当者までその旨を申し出てください。

6 保険

団体生命保険、団体年金保険、団体傷害保険及び団体医療保険に加入していた組合員は、所定の手続きが必要となりますので、早めに支部の担当者まで申し出てください。

また、退職後も引き続き「一時払退職後終身保険（販売休止中の会社もあります）」「退職後医療保険」「退職後団体傷害保険」に加入することができますので、お問い合わせください。

団体取扱生命保険・団体取扱火災保険に加入している方は、各保険会社にお問い合わせください。

◇

事務官等の定年退職は、年度末と重なり窓口の混雑が予想されるため、お早めの手続きをお勧めします。詳しい内容については所属支部の窓口にお問い合わせください。

■ 退職時の共済手続き

係名		必要事項	留意事項
短期（医療）		組合員証等の返納	
		任意継続組合員となる場合 ・「任意継続組合員となるための申出書」提出	短期給付が在職中とほぼ同様に受けられる。退職の日から20日以内に申し出て、初回の掛金を払い込むこと。
長期（年金）		老齢厚生年金の受給権がない方 （定年退職自衛官、定年退職者等の方、依願退職の方） ・「退職届」の提出	受給開始年齢3カ月前に郵送される請求書を日本年金機構（年金事務所）又は各共済組合等の実施機関の窓口に提出
		特別支給の老齢厚生年金が決定している方 （フルタイム再任用事務官等） ・「退職届（年金受給権者用）」と「老齢厚生年金請求書」の提出	退職時の支部窓口に提出
		特別支給の老齢厚生年金が決定している方 （フルタイム再任用事務官等） ・「退職届（年金受給権者用）」の提出	退職時の支部窓口に提出
保健		福利厚生アウトソーシングサービス ・「ベネフィット・ステーション会員証」の返納	任意継続組合員になった場合は、引き続き在職中の「ベネフィット・ステーション会員証」で在職中と同じサービスを受けられる。「ベネフィット・ステーション会員証」は任意継続組合員期間が終了した時点で返納。
		「OBカード交付申込書」の提出（希望者）	防衛省共済組合の宿泊施設等を組合員と同一料金で利用できる。利用施設については共済組合ホームページを参照。
		福利厚生アウトソーシングサービス（希望者） ・「ベネフィット・ステーションお祝いステーション申請書」の提出 ・「定年退職者等に係る資格確認書」の提出	ベネフィット・ステーションの一般会員向けサービスであるナーブクラブ（現役組合員のサービスとは若干異なる）を利用できる。入会には入会金・年会費が必要。（後日会員証が発行される）
貯金		共済組合貯金の解約	退職時における解約は支部窓口での手続きが必要。任意継続組合員になった場合は、定期貯金の継続利用ができる。
貸付		貸付金残高の一括返済	退職時における残高の返済。退職手当から充当できる。（事前に支部窓口へ連絡が必要）
物資		売掛金残高の一括返済	退職時における残高の返済。退職手当から充当できる。（事前に支部窓口へ連絡が必要） 一括返済するにあたり、残高を再計算するため返済額が若干軽減される。なお、残高が少ない場合は、軽減されないこともある。
保険		団体生命保険の脱退	退職後も継続できる一時払退職後終身保険がある。（販売休止中の会社もあります）
		団体年金保険の請求	年金・一時金いずれの受け取りの場合も事前の手続きが必要。
		団体傷害保険の脱退	退職後も継続できる退職後団体傷害保険がある。
		団体医療保険の脱退	退職後も継続できる退職後医療保険がある。
		その他団体取扱保険等	契約している保険会社にお問い合わせください。
その他	防衛省生協	火災・災害共済、生命・医療共済の脱退 ・「脱退届」等の提出	火災・災害共済は退職後も終身利用できる。
		退職者生命・医療共済保障期間へ移行（希望者） ・「長期生命共済契約確定届及び保障（据置）開始申請書」の提出 ・掛金（保障必要原資額）一括納入	退職後80歳までの間の死亡（重度障害）・入院保障。（配偶者も加入できる）

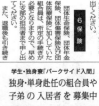

学生・独身寮「パークサイド入間」

独身・単身赴任の組合員や子弟の入居者を募集中

防衛省共済組合の学生・独身寮「パークサイド入間」（埼玉県狭山市入間川4−24−11）＝写真＝では、独身・単身赴任の組合員及び組合員の被扶養者である学生（大学生等）を対象に入居者を募集しています。現在、空室があり希望される方は即入居が可能となりますので、希望者は共済組合支部までお問い合わせください。

「パークサイド入間」は鉄筋コンクリート（RC）造、地上5階建（男性）及び地上4階建（1階部分男性、2〜4階部分女性）、部屋数は計103室です。

各室はフローリングのワンルームマンション形式で、広さ約19・05平方メートル。キッチン、3点式ユニットバス（お風呂、洗面台、トイレ）、バルコニー、エアコン、インターフォンを完備し、日当たり良好です。

施設には管理人が常駐し、不在時の宅配便の受け取りや急病等緊急時の対応が可能です。なお、給食施設はありませんので、食事は自炊となります。

入居費は月額4万円（使用料3万6000円、共益費4000円）ですが、独身者と単身赴任者の場合は住宅手当（1万7500円）の支給対象となるので、自己負担額は月額2万2500円（平成31年1月1日現在）です。駐車場（28台）を利用する場合、料金は月額4987円となります。

交通は西武池袋線「稲荷山公園」駅から徒歩8分。同駅から都心の「池袋」に急行で40分、「新宿」に60分です（所沢で西武新宿線急行乗換）。

施設外観や内装は共済組合ホームページ（http://www.boueikyosai.or.jp/）からもご覧になれますので是非ご検討下さい。

バルコニー　洋室　収納　キッチン　トイレ　浴室　玄関　パイプスペース

年金Q&A

定年前に自宅を購入、年金手続きは何をしたらいいですか？

住所変更届を所属する組合窓口に提出

Q　この度、定年を3月に控え、自宅購入した在職中の組合員です。年金に関する手続きは何をすればよいのでしょうか。

A　住所に変更があった場合、以下のような手続きが必要になります。

○組合員の住所が変わった場合

組合員本人は「長期組合員資格変更届」により、住所変更の届けをご所属の共済組合支部の窓口に提出してください。また、退職時に支部に提出する「退職届」には、最新の住所をご記入いただくようお願いします。

○被扶養配偶者の方の住所が変わった場合

20歳以上60歳未満の被扶養配偶者については、国民年金の第3号被保険者となりますので、「国民年金第3号被保険者住所変更届」を組合員の所属している支部の窓口に提出してください。この届出は共済組合支部を通じて、年金事務所に送られ、住所情報の変更が行われます。この届出には配偶者の基礎年金番号を確認できる書類（年金手帳や基礎年金番号通知書の写し等）が必要になります。

○組合員であった方

元組合員の方で、まだ年金受給が始まってない方については、退職時にお渡ししている「住所・氏名変更届」（元組合員用）の提出が必要になります。既に年金を受給している方については、住民基本台帳ネットワークシステムによる現況確認を行っていますが、マンション名や部屋番号の記載がない方、海外居住等で住所確認ができない方は、年金決定時に年金証書と一緒に送付している「届出用紙綴」にある「住所・払渡金融機関変更届」、または「年金受給権者住所変更届」を国家公務員共済組合連合会又は他の実施機関（年金事務所等）に提出してください。用紙は国家公務員共済組合のホームページからもダウンロードできます。

【用紙請求及び届出先】
〒102-8082　千代田区九段南1−1−10　九段合同庁舎　国家公務員共済組合連合会年金部
ナビダイヤル　0570-080-556
一般電話　03-3265-8155
ホームページ　http://www.kkr.or.jp/nenkin/dl/index.html

被用者年金制度一元化に伴い、「ねんきん定期便」、「退職年金分掛金の払込実績通知書」、「年金請求書等」が登録住所に送られて来ます。住所変更の手続きがなされていないと書類がお手元に届かない場合がありますので、速やかに手続きいただくようお願いいたします。

（本部年金係）

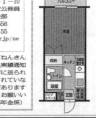

防衛省共済組合の割賦販売をご利用ください！

割賦販売について

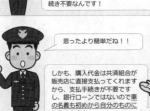

とある日常—
1
欲しかった車が、いい条件でディーラーと交渉できたんだけど、購入資金をどこから借りるか迷ってるんだよな・・・
それなら、共済組合の割賦販売がオススメですよ。利率が低いこともオススメポイントですが、返済が「源泉控除」で、給与から天引きなので、給与振込口座を変えたときも手続き不要なんです！
2
へぇぇ。共済組合にそんな制度があったのか。どんな手続きが必要なの？
支部の物資窓口に、車の見積書等を持って行って、割賦の申込書類等に必要事項の記入をするだけです。

3
思ったより簡単だね！！
しかも、購入代金は共済組合が販売店に直接支払ってくれますから、支払手続きが不要ですし、銀行ローンではないので車の名義も初めから自分のものになるんですよ。
4
借入先を選ぶポイントは、利率以外にもいろいろあるんだな。聞いておいて良かったぜ。
まずは、支部物資係に気軽に相談してみてください！

年利 1.05 ％

（H30.4.1現在60回払いの場合）

○　割賦販売は、自動車の他、制服、柔剣道防具等の1万円以上の高額商品を、共済組合をとおして購入する際にも利用することができます。

○　返済期間中の割賦残額の全額返済や一部返済、また、条件付きで返済額や返済期間の変更も可能です。

詳しくは最寄りの支部物資係窓口までお問い合わせください。

厚生・共済

特集

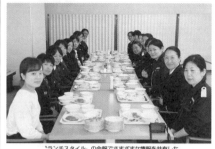

自衛隊、海保、消防、警察の女性職員集合!!

「共に子育て」意識付け必要

働きやすい職場環境考える

「男性にも子育てを女性と共に行う意識付けが必要」――。自衛隊で女性の活躍の場が広がる中、各部隊では「仕事と子育ての両立」や「働きやすい職場環境の構築」など、さまざまな女性活躍推進のための施策が試みられている。海自の2術校や岩国航空基地では、海保・消防・警察で働く女性職員を部隊に招き、男社会の中で女性が輝く施策について意見交換を行い、大きな成果を収めた。

“ランチスタイル”の会報でさまざまな情報を共有した4機関の女性職員たち（11月28日、海自2術校の食堂で）

育児や当直どうしてる？　ランチスタイルで初会報

海自2術校

【田浦】海自2術科学校は11月28日、横須賀海上保安部、田浦警察署、横須賀市消防局の女性職員を招き「女性職員会報」を校内で開いた。

会報は、現在政府を挙げて改革を進めている「ワークライフバランス推進」の三本柱の一つ「女性活躍推進のための取り組み」について意見を交換し、施策の充実を図ることを目的として、同校の呼びかけで初めて実施した。

最初に参加者は校内にある「田浦このはな保育園」を見学。夫婦が同じ環境で働きながら外部の保育所に子供を預けなくてはならないことなどが、改善すべき点の一つに挙げられた。

その後、同校の「チーフWAVE」である矢野優子3佐と青山明日花1曹の司会で、各機関の代表がそれぞれの取り組み状況を発表。施策の違いや制度の活用のしやすさなどについて、積極的に情報を共有した。

さらに昼食時、隊員食堂に移動してのランチスタイルでの会報では、仕事と育児の両立の仕方や当直勤務の問題など、より踏み込んだ意見も交わされた。参加者の間では「巡視船を見ることはできる？」「ぜひ見に来て」などと、2回目の会報開催を計画するかのようなやり取りもあり、初の会報は予定時間を延長するほどの盛り上がりを見せた。

チーフWAVE制度など紹介

31空群　岩国基地で21人意見交換

【岩国】31空群は12月7日、基地内で「4機関合同女性職員意見交換会」を開催した。

仕事と家庭を両立させ、働きやすくやりがいを感じられる職場づくりを目指すため、海自岩国航空基地から9人、岩国海上保安署から6人、岩国地区消防組合から3人、岩国警察署から3人の計21人の女性職員が参加した。

午前は、基地見学として71航空隊のUS2救難飛行艇や史料館などを見学。米軍施設で昼食を取り、午後は、隊員が「チーフWAVE制度」や「たまひよメンター制度」など基地の女性施策について紹介した。

その後は3グループに分かれ、「女性が活躍するために必要なことはなにか」「働きやすい職場環境について」などをテーマに意見を交換。参加者からは「子育ては男女共に行っていく意識付けが必要」「男女共に働きやすい職場環境であることが女性活躍につながる」といった発言も出て、実りある意見交換会になった。

3グループに分かれ、女性が働きやすい職場づくりについて話し合う女性職員たち（12月7日、岩国航空基地で）

余暇を楽しむ

紹介者：1陸尉　上田　淳司（32普通科連隊本部管理中隊長・大宮）

大宮駐屯地「趣味の日」

普段と違うお互いを発見

朝雲新聞をご覧の皆さま、こんにちは。大宮駐屯地に所在する32普通科連隊本部管理中隊です。3カ月に1回行っている「趣味の日」を紹介します。

「趣味の日」とは、服務意欲の向上と団結強化を目的に、中隊で指定した日に年次休暇を取得して、階級、年齢、性別、小隊など関係なく、同一趣味のグループを作り、メンバーを募集して活動を企画し実行するものです。

活動に当たってのルールは、①参加者全員で一緒にできること②公序良俗に反さないこと③趣味として広く認知されていること④1グループにつき異なる三つ以上の小隊、計3人以上で編成すること⑤4時間以上活動する――の五つです。

最近の活動としては、サッカー、ランニング、ゴルフ、ボウリング、ダーツ、猫カフェ、料理教室参加、プラモデル製作、ツーリング、ドライブ、温泉巡りなどです。先日は、午前中に基地近傍の練習場を借りてフットサルを練習、夕方からは東京・駒沢で試合に臨むという強行スケジュールで活動しました。

また、TDR周辺をランニングして夢の国を感じながら肉体を追い込んだ後に、夕陽を眺めつつ温泉で疲れを癒やしたり、プラモデル製作ではお互いに部品を交換して作品を完成させたりと、工夫しながら楽しんでいます。

「趣味の日」によって、普段と違った隊員たちの一面を見ることができ、階級や年齢、小隊を超えた新しい人間関係を構築できるとともに、新たな趣味を発見してさらなる余暇の活用に役立っています。

今後も家族サービスや個人の楽しみとは違った余暇を活用した事業として、服務意欲の向上と団結の強化を目指して盛り上げていきます。

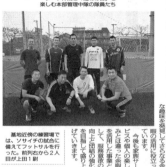

ダーツ仲間と「趣味の日」を楽しむ本部管理中隊の隊員たち

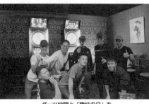

基地近傍の練習場では、ソサイチの試合に備えてフットサルを行った。前列右から2人目が上田1尉

自慢の一品料理

そば米汁

紹介者：松田　伸吾　3海曹（徳島航空基地隊厚生隊給養班）

今回紹介するのは、海自徳島航空基地の人気料理「そば米汁」です。そば米とはソバの実を塩ゆでして、殻をむいたもの。そば米のぷちぷちとした食感と香りがいい風味が特徴の徳島県の郷土料理で、「そば米雑炊」とも呼ばれています。

まずは、大根とニンジンをいちょう切りに、シイタケは石づきを取って薄切り、油揚げは1センチ角、ネギは小口切りに切っておきます。そば米は、たっぷりの水に入れて5、6分ほど煮込んだら、水洗いしてざるに上げ、水気を切っておきます。

続いて別鍋にだし汁を用意し、そこに鶏肉や大根、ニンジンを入れてよく煮て、あくを取ったら塩と醤油で味を調えます。シイタケと油揚げ、そば米を加えて再び煮て、具材に火が通ったらネギを入れて、最後に器に盛りつけたら「そば米汁」の完成です。

基地では2カ月に1回提供され、徳島出身隊員にとって懐かしい一品です。具材を大きく切ると、食べ応えがあるのでおすすめ。そば米は水からじっくり煮込むのがポイントで、そうすることでふっくらと仕上がります。

みなさんもご家庭でぜひ試してみて下さい。

豊川駐、トモ愛知と商品供給協定

災派隊員の任務達成基盤が充実

【豊川】駐屯地業務隊は11月29日、委託コンビニ店トモ愛知との間で「災害時における商品の供給に関する協定」を締結した。また、これを受け防衛省共済組合豊川支部は、「支部数量買取契約」「営業時間外における発注等の要領に関する協定」を締結した。

業務隊では昨年7月の西日本豪雨の災害派遣に従事する隊員を支援した際、コンビニ営業時間外の商品販売の必要性を認識し、トモ愛知と協議を行った。その結果、同社が災害などの事情で販売員を確保できなくなった場合、共済組合が同社から商品を仕入れ、コンビニの営業時間外に災害派遣に従事する隊員に日用品などを供給することが可能になった。

岩塚寿文業務隊長は締結式で、「自衛隊の活動機会が増加する中、災害派遣に従事する隊員に対して直ちに商品を供給できる体制を確立できたことは、任務達成の基盤の充実を図れた」と語った。

今後はトモ愛知のアドバイスを受け、迅速な販売体制の確立のため、共済業務従事者に対しての訓練や販売マニュアルの作成を実施する。

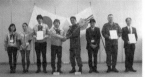

協定の締結後、握手を交わす岩塚業務隊長（中央右）と岩崎一郎トモ愛知代表取締役（同左）＝11月29日、豊川駐屯地会議室で

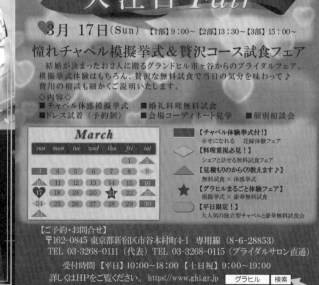

働き方の目安箱「かいかく君」

三重地本

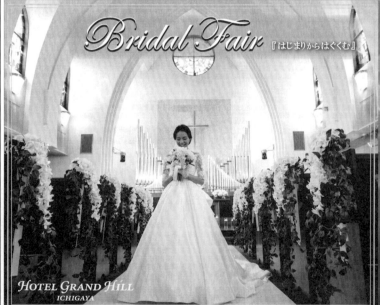

【三重地本】地本は検討会で協議し決定した「働き方改革」の具体的施策を、11月中旬から順次スタートさせた。

6月から「働きやすいいんかい（委員会）」と、その下部組織である「ワークライフバランスWG（ワーキンググループ）」「業務改革WG」「意識改革WG」を開催し、全職員が参加。より働きやすい環境作りやモチベーション向上など、任務達成の基盤を充実させるための施策を検討してきた。

ワークライフバランスWGは、隊員の記念日や家族行事に合わせて計画的な代休取得を促進する「アニバーサリー代休」を奨励。業務改革WGは、各担当の業務や期限などを共有し、個人の趣味や生活を考慮した「業務予定表の作成」や、一部職員への負荷集中を改善し組織で業務を行う「バディ制」に取り組んでいる。

そのほか、意識改革WGでは職場を良くする改善提案を受け付ける箱「かいかく君」を設置。これまでに「『退庁時間宣言カード』を作り、机上に置き、業務効率化を図る」などの提案があった。

地本は今後も働き方改革を推進し、より良い環境作りに努めていく。

職場を良くするための改善提案をいつでも受け付ける箱「かいかく君」（三重地本で）

「もっと滑りたい！」スキー教室楽しむ

岩見沢

【岩見沢】駐屯地は1月10日、隊員と家族を対象に岩見沢市の萩の山市民スキー場で駐屯地曹友会主催の「家族スキー教室」を開いた。

開始に先立ち、曹友会の柴田達成副会長が「今日はけがをしないように楽しく滑りましょう」と述べると、参加した10人の子供たちはグループに分かれて各教官の指導の下で練習に励み、教室が終了する頃には父母を驚かすほど滑れるようになっていた。

終日スキーを楽しんだ子供たちは、「もっと滑っていたい」「来年も参加したい！」と話し、冬休みの楽しい思い出を胸にスキー場を後にした。

スキー教室に参加した子供に滑り方を指導する曹友会副会長の柴田准尉（右）＝1月10日、岩見沢市の萩の山市民スキー場で

豚コレラ感染拡大、陸自部隊が災派

3県で防疫活動に全力

10師団 愛知と岐阜 13普連 長野

岐阜県関市の養豚場で昨年12月25日に確認された豚コレラの感染が、その後、2月6日までに愛知県など5府県に拡大。そのうち、愛知、岐阜、長野の3県で陸自10師団（守山）の隷下部隊と13普連（松本）が防疫措置の災派活動に当たった。

愛知、岐阜、長野、滋賀各県と大阪府で豚コレラの患畜が確認され、自治体で対応できる滋賀県と大阪府を除く3県で陸自部隊が支援に当たった。

2月6日午前8時半、愛知、岐阜両県知事から10師団長（甲斐芳樹陸将）に災派が要請された。

愛知県豊田市の養豚場には、10特連（豊川）と130地区警務隊（守山）の約140人が派遣された。10特連3大隊長の嶋崎善幸2佐が指揮を執った。

岐阜県恵那市の養豚場では、6日朝から7日早朝にかけて35普連（守山）、130地警、14普連（金沢）、33普連（久居）の隊員計約140人が相次いで現場へ入り、現場指揮官の10師団司令部3部総括班長、藤井奉一3佐の下、豚の埋却地への運搬などを行った。

9日午前7時までに両県知事から撤収要請が出され、支援を終えた。殺処分された豚は5府県で約1万6千頭だった。

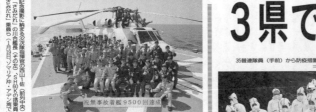

35普連隊員（手前）から防疫措置の任務を引き継ぐ14普連隊員（奥）＝2月6日、岐阜県恵那市の養豚場で

撤収式で河合孝憲岐阜県副知事（右）に任務完了を報告する10師団司令部の藤井3佐（中央）＝2月8日、恵那市のまきがね西体育館で

「民生安定に寄与」 岩原13普連長

【松本】長野県宮田村の養豚場で豚コレラの感染が確認され、2月6日午前10時22分、県知事から13普連長（岩原傑1佐）に災害派遣が要請された。13普連と306施設隊を基幹とする部隊は全力で防疫対策に当たった。

農水省の指針により発生から72時間以内に作業を完了しなければならないため、部隊は速やかに宮田村の体育センターに前進。同所を拠点とし県職員が実施する約2500頭の殺処分・埋却作業を支援した。

派遣には2普連（高田）、12化防隊（相馬原）、12後支隊（新町）の一部も加わった。また松本駐屯地業務隊や東方直轄部隊なども後方支援に当たり、延べ370人が従事した。

長野県は制限日の2月9日（72時間以内）より1日早い8日に防疫処置を完了。部隊は同日午前9時、撤収要請を受け、帰隊した。

対処部隊を派遣した岩原連隊長は「今回の災派は他の救援・救助活動とは異なったが、隊員たちは献身的に活動し民生の安定に寄与した」と語った。

殺処分・埋却作業の後、消毒のために石灰をまく13普連隊員＝2月8日、長野県宮田村の養豚場で

記念撮影に納まる32次隊指揮官の西山1佐（前列中央）と「さみだれ」の川合艦長（その左）、SH60Kの搭乗員、「さみだれ」乗員ら（1月19日、ソマリア沖・アデン湾で）

「さみだれ」無事故着艦9500回

「日々の努力のたまもの」

【統幕】海自の護衛艦「さみだれ」（艦長・川合元2佐）は1月19日、海賊対処任務に当たるソマリア沖・アデン湾で「航空機発着艦無事故9500回」を達成した。

「さみだれ」は平成12年3月に就役。今年1月上旬から海賊対処水上部隊32次隊（指揮官・西山高広1佐＝4護隊司令）で海賊対処活動に従事している。

記録を達成した日は民間船舶の護衛任務を実施していた。航路周辺の海賊不審船舶を確認する「警戒飛行」を行うため、搭載するSH60K哨戒ヘリが日の出とともに「さみだれ」を発艦。整備員たちは安全を祈りながら飛行甲板から飛び立つ同機を見送った。同機が任務を終え帰投すると、着艦と同時に艦内から拍手が沸き起こった。

着艦後、整備員は機体にわずかな油のにじみを発見。記念撮影は機体整備終了後に実施した。

着艦機整備長の田川誠1尉は「発着艦無事故9500回は、整備員のみならず搭乗員や運航関係者を含む『さみだれ』総員の日々の努力のたまものです。1万回を目指してさらに頑張ります」と語った。

あさぐも ドンマイ 吉本どんど

今のまま進歩すると今後6割の職業がAI化可能だって

じゃあ残りの4割というと…

今日も大勢のお客さん来ていただいて

や…ドーモドーモ

その1例…

ホント…今日ハ美人ノオ客サンバッカリデ…

なかには昔美人だった人もチラホラ…

あはは

イランコト言ウナ

AIツッコミで相方の肋骨にヒビ

無事故飛行1万2千時間を達成

212教空の学生隊長兼教官の高島3佐

【鹿屋】海自212教育航空隊（司令・坂本竜児1佐）で学生隊長兼操縦教官を務める高島宰3佐はこのほど、無事故飛行1万2千時間を達成、西成人教育航空集団司令官から3級賞詞を授与された。

高島3佐は昭和60年3月、37期航空学生として海自に入隊。63年にウイングマークを取得し、大村、館山、厚木、鹿屋各航空基地などで搭乗員として勤務。その後、212教空初代学生隊長となり、現在もSH60K哨戒機ヘリの教官として学生教育と教官の技能向上に尽力している。

豊富な知識と抜群の技能を発揮し、SH60Kの開発導入にも携わり、同機種の部隊配備の際は基幹要員として活躍した。

高島3佐は賞詞受賞後、「無事故飛行1万2千基準時間の達成は先輩、同僚、後輩、整備員、管制員など関係する全ての方々、支えてくれた家族のおかげであり、心から感謝しています。今後も向上心を持ち、精強な搭乗員の育成に尽力していきます」と語った。

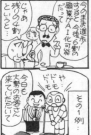

SH60Kの前で記念撮影する高島3佐（前列中央）と212教空の隊員たち（鹿屋航空基地で）

母校・防医大で講演

金井宇宙飛行士 1100人が聴講

【防医大】宇宙航空研究開発機構（JAXA）の金井宣茂宇宙飛行士（元医官、元1海尉）はこのほど、埼玉県所沢市の母校・防衛医科大学校で講演した。

金井さんは平成14年3月、同校を卒業（23期）。防医大病院、自衛隊大湊病院、同県病院などで潜水医学を専門とし勤務した。その後、宇宙飛行士となり、29年12月から30年6月までの168日間、国際宇宙ステーション（ISS）に滞在し、フライトエンジニアとして各種ミッションに当たった。

約1100人の聴講者の盛大な拍手で迎えられた金井さんは、長谷和生学校長から紹介され登壇。「宇宙への道」と題し、学生時代は勉強嫌いだったことや宇宙への興味が沸いた時期、どのように宇宙飛行士を目指したか、さらに宇宙飛行士としての訓練、ISSでの実験などを語った。

質疑応答では活発に質問が投げ掛けられ、宇宙でのストレス解消法などを答えた。地球を宇宙から見た初の宇宙飛行士ユーリ・ガガーリンを真似て、発射台に到着したバスの後輪に用を足す〝願掛け〟をしたエピソードも明かし、会場に笑いを誘った。

母校・防医大に〝凱旋〟し、ISSでのミッションなどについて語る金井宇宙飛行士

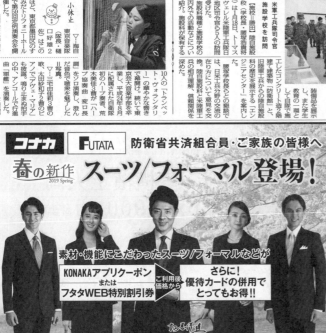

米軍工兵隊司令官 施設学校を訪問

【施校＝勝田】陸自施設学校（学校長・腰塚浩貴将補）は1月18日、トーマス・ヴェレル米陸軍工兵隊日本地区司令官ら5人の訪問を受けた。

施設科職種と施設学校の国内外での活動などについて紹介。施設科が保有する装備品を展示し、また学生教育の一環として自隊で施工したコンクリート造2階建て建築物「防衛館」と、旧陸軍工兵からの陸自施設科の歴史を展示する「エンジニアセンター」を案内した。

腰塚学校長らとの懇談では、日米工兵分野の交流の在り方について意見を交換。陸自施設科と米陸軍工兵の相互理解、信頼関係を深めた。

施設学校のエンジニアセンターを研修するヴェレル司令官（中央）。左手前は腰塚施設学校長（1月18日、同校で）

小休止

▽…海自東京音楽隊（隊長・樋口好雄2佐）はこのほど、東京都墨田区のすみだトリフォニーホールで第59回定例演奏会を開催した。

▽…演奏会は金管奏者10人の「トランペット・ヴォランタリー」の華やかな響きで幕開け。続いて東京芸大音楽学部を卒業し、平成24年8月に配属された自衛隊初のハープ奏者、荒木美佳3曹が「ハープ協奏曲 変ロ長調」をソロ演奏し、澄んだ音色で聴衆を魅了した＝写真。

▽…三宅由佳莉2曹の歌、太田紗和子2曹のピアノで「アヴェ・マリア」も披露。鳴り止まぬ拍手の中、アンコールで行進曲「軍艦」を演奏した。（上田哲）

こちら警務隊 ☎8・6・47625

不正入手の備品と知り譲り受けても罪になる

「会社の倉庫にたくさんあったから内緒であげるよ」と言われ、友人からボールペンをもらいました。何か問題ありますか？

業務で使用する目的以外で社員が会社の備品や消耗品を勝手に持ち出すことは、窃盗罪や横領罪に該当します。

また不正に入手した物品であることを知った上で譲り受けた場合も、刑法第256条の盗品等無償譲受け等に該当し、3年以下の懲役に処されます。

安価なものでも職場の備品等を不用意に譲ったり、譲り受けたりすることのないよう気をつけましょう。（北部方面警務隊）

（世界の切手・パプアニューギニア）

夢は逃げない、逃げるのはいつも自分だ。
高橋 歩（随筆家）

国の歴史作りに重い責任

2陸曹 吉村 暢気（中央音楽隊・朝霞）

パプアニューギニア軍楽隊 育成事業に参加して

昨年11月、パプアニューギニア（PNG）でのAPEC（アジア太平洋経済協力会議）において、PNG軍の軍楽隊はその堂々たる演奏で各国首脳を歓迎しました。

陸上自衛隊はこの「PNG軍楽隊の創設」に関わる支援を平成27年に開始し、軍楽隊員を日本に招聘して基幹要員を育成する事業と、陸自中央音楽隊の教官要員を現地に派遣する事業を継続的に行ってきました。

各回の教育は約1～2カ月で、計11回に及んだこの事業のうち、私は第10回の教育に参加する機会を頂きました。PNGには日本のような音楽教育が存在しないため、楽譜を読むための音感訓練や音楽理論と並行して、楽器の技術指導、指揮法、部隊運営の助言などの教育支援を行いました。

部隊新設に関わる任務は、PNGの新しい歴史を作ることであり、重い責任を感じていましたが、音楽分野でのこの事業は防衛省としても前例がなく、すべて手探りの状態から始まりました。必要とされる語学（英語）や初学者に対する教育法、訓練環境に対する準備を可能な限り進めましたが、彼らの国民性や文化など、実際に触れてみないと知り得ないことも想像以上にありました。

思い起こすと、さまざまな出来事が蘇りますが、PNG隊員に基本を理解し、基礎を習得してもらうまでの段階が特に大変で、時間と忍耐を要しました。「APECでの演奏」という大きな目標はあったものの、我々はその先の自主運営を見通して支援を行ってきたため、「まずは基本を定着させる」という共通の認識が教官要員の中にありました。「基本を修得すれば、あらゆる演奏に対応できる」という経験上の確信があったからです。

しかし、飲み込みの早い隊員もいれば伸び悩む隊員もおり、常に彼らに寄り添って一つ一つ問題点を明らかにし、改善を試みていきました。本格的な訓練開始から約1年半後、一見、退屈に見えた基本訓練にも能動的に取り組み、飛躍的に向上した彼らの姿がそこにありました。

高温多湿の中で続く訓練に、彼らも辛いと感じる局面があったと思いますが、常に前向きに取り組んでくれました。その理由の一つには、初めて会う以前から、彼らは我々日本人を信頼してくれていたことです。

PNGの礎となった先人たちが遺した日本人の姿は、「敬愛すべき人物像」として現地の人々の子孫に至るまで言い伝えられていたからです。その恩恵を受け、我々も円滑な人間関係の上で支援を進めることができたと思います。実際に日本で教育を受けたPNGの隊員も、口をそろえて「日本人は相手を尊重する国民だ」「誰もが親切に接してくれる」と語っていました。

このような交流を通し、我々も日本人としての誇りや日本の素晴らしさを再認識するとともに、彼らから学んだことも多くありました。時間にとらわれず[illegible]の時に大切にすべきものを[illegible]私の心にも強く根付きました。

事業の最終段階で、演奏はもちろんのこと、[illegible]もこなし、立派な軍楽隊員として役目を果たす彼らの姿に触れ、深い安堵感を覚えたことが、昨日のことのように思い出されます。陸上自衛隊における経験だけでなく、人生においても味わったことのないこの貴重な経験の数々は、日本で待つ家族や快く送り出してくれた部隊の上司や同僚の理解なしには得られませんでした。

この事業を支援してくださった全ての方に心から感謝するとともに、「PNG軍楽隊」のさらなる発展を心から願っております。

（上）パプアニューギニアの軍楽隊員にトロンボーンを指導する陸自中音の吉村2曹（右）音楽理論を指導中の吉村2曹

安倍首相と軍楽隊のふれあい

3陸曹 早野 孝介（陸上自衛隊映像写真中隊・市ヶ谷）

私は昨年11月、陸自中央音楽隊員とともにPNGにおいて軍楽隊支援に「映像記録要員」として参加する機会を得ました。

私の業務は、軍楽隊員に対する指導の様子と実際の演奏活動[illegible]る様子が見てとれました。

この信頼関係を自然な形で[illegible]

[illegible]11月17日の夕方から「APEC2018」に参加した各国首脳が[illegible]夕食会の会場において歓迎演奏を[illegible]ことになりました。当日は午後1時に現場入りし、軍楽隊は直ちに演奏準備を開始しました。会場周辺は人であふれ、歓迎ムードが伝わってきます。私は演奏位置と各国からのゲストの動線を確認した後、撮影場所を決定し、ゲストの到着を待ちました。この間、日が暮れて演奏会場も暗くなってきたので、撮影に必要な光量に不安を感じ、シャッタースピードなどを調整して暗闇でも撮影が可能となるよう対応しました。

[illegible]置の変更に不便だったので手持ちに切り替えました。

午後7時半を過ぎた頃、安倍首相が到着しました。これに合わせてPNG軍楽隊は我が国の唱歌『ふるさと』を演奏しました。安倍首相はレッドカーペット上で立ち止まり、演奏に聴き入っています。私は、絶対に手ぶれをしてはいけないと考え、脇を固く締めて両手に力を込めてカメラを固定しました。

歓迎演奏の後、安倍首相が「ブラボー！」と声をかけ、軍楽隊に近づいてこられました。私はこの動きに合わせて至近距離から撮影を行い、PNG軍楽隊が成し遂げた偉業をつぶさに記録しました。

今回の私の役割は、画像では伝えることができない演奏の様子も含めて正確な記録を行うことであったと思います。PNG軍楽隊と陸自中央音楽隊の努力の成果を映像を通じて多くの方に正確に伝えることができ、自分の職務に改めてやりがいと誇りを感じました。

新刊紹介

「21世紀の戦争と平和」
—徴兵制はなぜ再び必要とされているのか

三浦 瑠麗著

アメリカが「世界の警察官」の役割から身を引き、内向化を強めることで、国際社会は不安定さを増している。これを受け、西側の各国は「負担共有の精神」を再び国民に求め始め、平和を担保し、戦争を抑止する新たな道を模索していると著者は分析する。

日本の「安保法制」施行、フランスの兵役復活論、スウェーデンの徴兵制再開などもその延長線上にあると著者は見る。だが、「これは軍国主義への回帰ではない」と述べ、哲学者カントの『永遠平和のために』を手がかりに「現代の徴兵制」の意義を考える。

民主主義国では「血のコスト」を今後どう分担していくかが重要な課題に浮上するとし、国民国家と軍の関係を見直し、その「コスト共有」のあり方をイスラエル、北欧、スイスなどの軍事制度から探る。そして次代の平和を先進各国はどう担保していくのか。「徴兵制」をキーワードに縦横に考察した非常に斬新かつ野心的な本だ。

（新潮社刊、1836円）

「海自オタがうっかり『中の人』と結婚した件。」
サバイバルファミリー編

たいら さおり著

昨今、結婚相手として「自衛官」の人気が高まっているという。制服はかっこいいし、規律正しい自衛官は結婚相手として魅力的なのだろう。では、実際に結婚するとどうなるのだろうか。

本書は海自にハマった"オタク女子"の著者が、熱血海上自衛官とうっかり結婚！してしまった後の結婚生活を描いた人気のコミックエッセイだ。

シリーズ第3弾「サバイバルファミリー編」のテーマは家族。しかし、海上自衛官×海自オタの家庭は日常生活が想像を絶するサバイバルに。

元艦乗りのご主人「やこさん」のおかげで、一家は災害の備えや救急法もばっちり。救急法を教わった娘の「みーちゃん」はいつの間にか心臓マッサージ法を習得。やこさんは誕生日を祝ったケーキのろうそくを、再燃の恐れがなくなるまで「火災鎮火用具収め」で安全を確保。そんな自衛官一家の日常を笑いを交えながら紹介している。

随所に海自の部隊や任務、制服、艦艇なども紹介されていて、海自に"素人"の人も興味深く読み進められる。自衛官と結婚した場合に起こりうるアクシデントも軽やかに描かれ、若い女性も「結婚相手としての自衛官」への理解が深まる1冊だ。

（秀和システム刊、925円）

みんなのページ

学生と予備自補 二つの顔

第一工業大学1年 森安 遼太郎（鹿児島県霧島市）

私は中学生の頃から自衛官に憧れを持っており、ずっと自衛官になりたいと思っていました。高校卒業後は自衛官への道を考えていましたが、大学に進んで学びたいこともあったため、とりあえず大学に進みました。

それでも自衛官への憧れが強かったため、高校時代お世話になった地元岡山県の広報官に相談したところ、有事の際には自衛官になれる「予備自衛官」の話を聞きました。そこで早速、「予備自衛官補」の試験にチャレンジし、このたび合格を勝ち取ることができ、今は喜びで胸がいっぱいです。

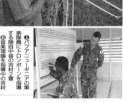

私は現在、鹿児島県霧島市にある大学で学んでいます。今後は、予備自衛官補と大学生の二つの顔を併せ持つことになります。正直、少し不安もありますが、学校の夏休みなどを利用して自衛隊の訓練にも参加したいと考えています。

そして、大学卒業後は自衛官になりたいと考えているので、予備自衛官補の訓練もしっかりと自分のものとなるよう頑張っていきたいと思っています。訓練は初めてのことばかりですが、たくさんの技術や知識を修得して、今後の大学生活にも生かしていきたいと思います。

「頑張るぞ、予備自衛官補の自分！ 大学生の自分！」

予備自衛官補の試験に合格した大学生の森安遼太郎さん

OBがんばる

「人事を尽くし」再就職

田中 浩さん 54
平成30年4月、海自202教育航空隊（徳島）列線整備隊を最後に定年退職（3尉）。徳島ジャムコに再就職し、徳島事業所で海自機の整備に当たっている。

私は定年退職後、海自徳島航空基地内に事業所を置く徳島ジャムコに再就職しました。主たる業務は、海自で運用されているTC90とLC90型航空機の委託整備です。

現役時代は列線整備で飛行作業前後の搭載電子機器の作動確認や調整などを担当していました。現在はより複雑かつ重要な整備を行わなければなりません。また、計測器を適切に維持管理するための作業や、作業計画の立案など、初めてのことや不慣れな作業もありますが、マニュアルを片手に日々奮闘しております。幸い社員の多くは自衛隊OBで、日頃から親しく声掛けやアドバイスを頂き、心強く感じております。まだまだ新米ですが、努力を重ねて技量を磨き、会社に貢献していきたいと思っております。

さて、定年が近づいている現役の皆さんは再就職について、漠然と条件の良い就職先を考えていませんか？ 私は50歳を過ぎた頃に民間の採用担当者と接する機会があり、私が「何か良い仕事はないですか？」と尋ねたところ、採用担当者から「民間では、来月から出社するなど突然告げられ、路頭に迷うことすらあります。54歳の誕生日に無職となると分かっていて、なぜ努力しないのですか？」と厳しいご指導を頂きました。私の甘さを見透かされ雷を落とされたようで、まさに目から鱗の心境でした。

改心した私は再就職のために資格を取得することにまい進しました。再就職への準備ができたのは、あの「雷」のお陰です。

再就職にあたっては、本人の努力が不可欠です。私は幸いにも、多くの方のご尽力により現役時代の技能を生かせる職場に巡り合えました。「人事を尽くし天命を待つ」と言いますが、現役の皆さんも再就職については決して安易に考えず、努力を惜しまず頑張ってください。

レンジャー徽章輝かせるように

3陸曹 石山 和樹（6施大1中隊・神町）

平成30年度第2期師団レンジャー教育に参加しました。参加にあたり目標を二つ掲げました。第1は、レンジャー徽章を取得し、部隊の先輩方に少しでも近づくこと。第2はレンジャーになり、部隊に貢献することです。

教育当初は総員30名でしたが、最後には13名となりました。私も幾度となく心が折れそうになりましたが、同期と助け合い、部隊からの熱い声援と家族の応援に助けられ、無事に任務を完遂することができました。

今後はレンジャー隊員として、胸の徽章をさらに輝かせられるよう技術と技能を磨き、これからも日々邁進していきたいと思います。

詰碁

第1204回出題

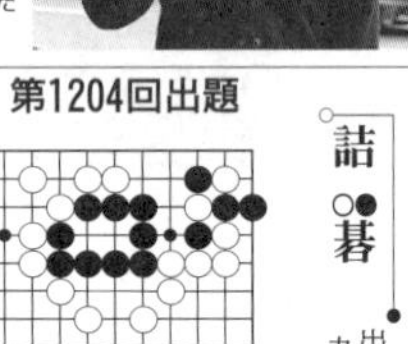

出題 日本棋院 九段 曲 励起

白先

『黒はどうなりますか』。5分でできれば中級です。

▶詰碁、詰将棋の出題は隔週です◀

詰将棋

出題 日本将棋連盟 九段 石田 和雄

6	5	4	3	2	1	
				▽歩		一
		▽銀				二
				▽玉		三
		▽歩	▽歩			四
				桂		五
				竜		六
						七

☗先手 持駒 角金

≪第788回の解答≫

【正解】☗1四角☖同玉☗1三金☖2四玉☗3三桂成☖同玉☗2三竜までの七手詰め。

【解説】初手の☗1四角が眼目の一手。☖2二玉の逃げなら☗1三桂成以下駒余りの詰み。☖同玉と取らせ☗1三金から☗3三桂成が俗な決め手で解決。

朝雲

発行所 朝雲新聞社
〒160-0002 東京都新宿区四谷坂町12-20 KKビル
電話 03(3225)3841
FAX 03(3225)3831
振替00190-4-17600番
定価一部140円、年間購読料9000円（税・送料込み）

日伊初の「官民防衛産業フォーラム」
ローマで開催、100人参加
日本からの装備品移転目指す

防衛装備庁

防衛装備庁は1月31日と2月1日の両日、イタリアの首都ローマで、日伊間で初となる官民一体型の2国間「官民防衛産業フォーラム」を開き、日本から9社、イタリアから20社以上を含む計約100人が参加して相互理解を深めた。同フォーラムの欧州での開催は初めて。防衛装備庁の深山延暁長官は開会あいさつで「我が国はこれまで海自のMCH101掃海・輸送ヘリや護衛艦の54口径127ミリ速射砲など、イタリアの装備品をライセンス国産などで導入してきた。今後は伊国防省や防衛産業の方々に日本の高い技術を用いた装備品に興味を持ってもらい、日本からイタリアに装備品・技術の移転を行っていきたい」と述べ、今後の関係強化に期待感を示した。

大勢の日伊関係者を前にスピーチする深山装備庁長官（壇上）＝1月31日、伊国防省で（防衛装備庁提供）

「官民防衛産業フォーラム」は、防衛装備・技術協力の推進を目的に、日本と相手国が官民一体となって協力案件の拡大を目指す装備庁の新たな取り組みとして2017年8月にスタートした。日本はこれまでインドネシア、インド、ベトナム、オーストラリアとの間で開催している。

日本からは今回、川崎重工業をはじめ、電気通信分野の企業や商社などが参加してそれぞれの技術力や商品などを紹介した。

開会に当たり、イタリアを代表して同国国防省のニコロ・ファルサペルナ国防事務総長兼国家装備局長があいさつ。「イタリア国家装備局は、友好国との防衛装備・技術協力、防衛産業間の協力を深めるために重要な役割を果たしている。今後も両国間で継続的に対話し、具体的な協力案件を模索していきたい」とスピーチした。

続いて、日本を代表して深山長官は「我が国は通信機器や電子機器、省人化技術などの分野で優れた技術を保有している。イタリアの優れた技術と組み合わせることで極めて高品質な装備品の実現が可能となり、日伊双方にとって利益になる」とあいさつした。

フォーラムでは、イタリア側が▽防衛計画▽装備政策▽研究開発体制▽伊防衛工業会（AIAD）の活動――などについて、日本側は▽「防衛装備移転三原則」を中心とした防衛装備政策▽昨年末に策定された「中期防衛力整備計画」――などについて説明した。

参加者は互いの防衛装備政策などについて理解を深めるとともに、各企業はそれぞれの製品や技術力をアピールし、装備・技術協力の可能性を模索した。

同フォーラムを担当する防衛装備庁国際装備課の林美都子課長は、装備品の適切な海外移転に向けた官民連携の推進が初めて「中期防」に明記されたことを強調した上で、「深山長官や伊国防省の多数の高官も参加して忌憚のない意見交換を行うことができ、充実したプログラムとなった。装備庁のこれまでの経験を踏まえ、今回、我々からは伊国防省に装備・技術政策などの説明や企業訪問を要望するなど、両国間で綿密な準備を行ってきた。具体的な協力に向けた第一歩として、今後も他国との間で同フォーラムを企画していきたい」と話している。

◇日本とイタリア　近年、関係強化が進んでおり、2014年5月に日本の防衛大臣として7年ぶりにイタリアを訪れた小野寺防衛相がピノッティ国防相（共に当時）と会談し、テロ対策強化の観点から北アフリカや中東などに情報網を持つイタリアと安全保障に関する情報保護協定を早期に締結する方針で一致。これを受けて16年3月に「情報保護協定」が結ばれ、同6月に発効した。17年5月には「防衛協力・交流に関する覚書」と「防衛装備品・技術移転協定」を締結。後者は現在、両政府間で早期の発効を目指しており、防衛装備・技術協力の推進を後押しする環境が整いつつある。

河野統幕長に
豪「軍人名誉勲章」
防衛関係強化への貢献たたえ

河野統幕長は2月10日から16日まで、オーストラリアとニュージーランドを訪問し、両国の軍高官らと防衛協力に関する意見交換を行った。

統幕長は11日に豪州の首都キャンベラを訪れ、アンガス・キャンベル国防軍司令官と会談。また、同国の総督官邸に招かれ、ピーター・コスグローブ総督から「軍人名誉勲章」を授与された。河野統幕長の日豪防衛関係の強化に向けた献身的な貢献がたたえられた。

翌13日からはニュージーランドを訪れ、ケビン・ショート国防軍司令官と会談[illegible]

コスグローブ総督（左）から勲章を授与され、握手を交わす河野統幕長（2月12日、豪キャンベラの総督官邸で）＝豪大使館フェイスブックから

春夏秋冬
マティス長官が懐かしい
宮家 邦彦

もう旧聞に属する話だが、昨年末、遂に米国のJ・マティス国防長官が辞任してしまった。直接の引き金はトランプ氏の「シリア米軍撤退」ツイートへの抗議だという。同長官の心中は怒り心頭だったか、それとも明鏡止水だったのか。そもそも日本でマティス長官のような防衛大臣は生まれ得るのか。今回は文民統制に関する日米の温度差について書こう。

シビリアンコントロールに関しては、今も永田町や霞が関に大きな誤解がある。彼らの言う伝統的文民統制は実に奇妙なものだった。内閣では警察が防衛を統制し、防衛省内では背広組が制服組を統制し、国会では議員が制服組を統[illegible]ら。

あれから数十年経ち、一定の改善は見られた。防衛庁は組織的にも人事的にも「省」に昇格し、制服組は内局で政策を担当できるようにすらなった。だが、相変わらず国会では野党の一部に「シビリアンコントロール」を「パーラメンタリー（議会の）コントロール」と勘違いしている議員がいる。その典型例が例の「日誌問題」だろう。

文民統制の本質は、軍人に政治的責任を負わせないこと、に尽きる。されば、軍人が文民とともに政策の立案・実施に関与すること[illegible]して国防長官になれる。米国で異を唱える者は誰もいない。では日本はどうだろうか。

統幕長で退官した制服組が一定期間後に文民として防衛大臣になれるか。これまでも陸自、空自出身で長く議員や研究者を勤めた後、防衛大臣に就任した人々がいなかったわけではない。だが、元職業制服組が防衛大臣に就任するという点で、彼等の人事はあくまで例外だったのか、それとも一定の風穴を開けることができたのか。

マティス長官のような人材が制服組にいないはずはない。日本の文民統制議論はもう一歩深化させる必要がありそうだ。

（キヤノングローバル戦略研究所研究主幹）

シンガポール揚陸艦が佐世保寄港
士官候補生75人を乗せ

シンガポール海軍の士官候補生75人を乗せた同国海軍の揚陸艦「エンデバー」（満載排水量8500トン）が2月4日から8日まで、海自佐世保基地に寄港した。

同艦は海軍士官学校長ジョセフ・ネオ上級中佐と艦長のテオ・スィー・ヒュー中佐を指揮官に、練習航海の途中、佐世保を訪れた。

入港行事で菊地聡佐世保総監が「今回の寄港がシンガポール海軍と海自の交流を深め、友好関係の深化に寄与するものと確信している」と歓迎の言葉を述べると、テオ艦長は「友情を深め、お互いの文化を理解することは士官候補生のこれからのキャリアにとって重要だ」と応えた。

「エンデバー」寄港中は海自の護衛艦「すずつき」（艦長・川田英司2佐）がホストシップを務め、乗員たちも相互訪問やスポーツ交歓などを通じて親交を深めた。8日の出港後は九州西方海域で戦術運動、通信などの共同訓練を行った。

シンガポール海軍の揚陸艦「エンデバー」（奥）と戦術訓練を行う海自の護衛艦「すずつき」（2月8日、九州西方海域で）

2019年度防衛費
重要施策を見る ■4■
空自
宇宙・サイバーなど強化
F35Aを増強、F15は改修

「宇宙・サイバー・電磁波といった新領域の能力獲得や、太平洋側を含む防空能力の向上などが航空自衛隊に期待されている」。丸茂空幕長は1月18日の記者会見で、昨年末に策定された新「防衛大綱」「中期防」の初年度を迎えるに当たり、こう語った。

空自の19年度予算案（1兆1012億円）は新大綱に掲げられた「多次元統合防衛力の構築」を色濃く反映し、新領域の宇宙関連では、防衛省が運用する通信衛星などに脅威となる宇宙ごみ（スペースデブリ）や接近してくる外国の不審な衛星などを監視する「宇宙状況監視（SSA）システム」に260億円を計上、監視用レーダーと運用システムの整備に着手する。

また、通信妨害をはじめ、キラー衛星、対衛星攻撃ミサイル、高出力レーザーの照射などに対処するため、宇宙空間でのC4ISR（指揮・統制・通信・コンピューター・情報・監視・偵察）機能強化に向け、調査研究などに20億円を計上、「電磁波監視態勢」や「人工衛星の脆弱性とその対策」に関する調査研究を開始する。

サイバー分野では、「航空作戦システムのサイバーセキュリティー対策の強化」に4・4億円を投入し、作戦システムへのサイバー攻撃に対処可能なセキュリティー監視装置を整備。

電磁波の領域では、F15戦闘機の電子戦能力を向上させるため、機体を改修し、能力向上型の電子戦装置を搭載する。空自の防空を担う自動警戒管制システム（JADGE）も電子戦情報の共有・処理能力を向上させるため、29億円を投入。また、太平洋側の監視体制を強化するため、小笠原諸島・硫黄島の空自基地のレーダーをJADGEに連接させる。

我が国の人工衛星に接近する不審な衛星や宇宙ごみ（スペースデブリ）の監視を行う「宇宙状況監視（SSA）システム」のイメージ（防衛省の予算資料から）

[illegible]

（古川勝平）

在日米軍司令官
岩屋大臣を表敬

[illegible]

[illegible]じて日米同盟の強さがこの地域の安全保障に大きく関わっていること、域外においても日米同盟が重要であることを身に染みて理解している」と述べ、日本での勤務に期待感を示すとともに、さらなる日米同盟の強化に向けて全力で取り組む姿勢を強調した。

朝雲寸言

1月31日本紙に陸自板妻駐屯地で「開発」されたロボット戦士「イタツマン」が紹介されていた。「ゆるキャラ」ならぬ、いかつい「ガチキャラ」は車両部隊イベントで子供たちの人気を博した。それもそのはず、開発陣の熱意とこだわりがにじむ勇姿は、特殊撮影技術（特撮）番組を見て育った大人も引き込まれる仕上がりだ▼アニメや特撮は、漫画のアニメーションと並んで日本が世界に誇る文化だ。漫画やアニメの起源は平安時代の「鳥獣人物戯画」という。一方、特撮[illegible]りこまれた着ぐる[illegible]ヒーローの心の中[illegible]るスーツアクター[illegible]な演技を見ていて[illegible]ちらの起源は安土[illegible]代に始まった人形[illegible]のように思えてく[illegible]本人が好きな特撮[illegible]ローを広報に使う[illegible]軸、34連隊はなか[illegible]い▼円谷プロダクションの名作ウルトラマンを、中国企業が無断で[illegible]映画化したとして[illegible]なっている。中国[illegible]もロシアの戦闘機[illegible]に複製し両国の間[illegible]になった。ただ戦[illegible]肝であるエンジン[illegible]け真似てもオリジ[illegible]性能は出せない[illegible]かったようで、そ[illegible]ロシアからの輸入[illegible]ているらしい▼[illegible]「にせウルトラマ[illegible]出来は聞き及んで[illegible]が、わが国の特撮[illegible]の無断複製はいい[illegible]しない。ここは陸[illegible]

時の焦点

国内　辺野古移設

混迷を深める県民投票

沖縄県にある米軍施設を整理・統合する取り組みは、1972年の本土復帰直後から始まっている。78年から知事を3期務めた西銘順治知事は、日米両政府に普天間飛行場（宜野湾市）の返還を何度も要望した。大田昌秀、稲嶺恵一、仲井真弘多の各知事も、苦悩しながら、現実的な着地点を見出そうとした。

日本政府は、95年の米兵による少女暴行事件をきっかけに、橋本首相が翌年の日米首脳会談で初めて公式に取り上げ、その後、「5～7年以内の普天間返還」の日米合意にこぎ着けた。

日米両政府と沖縄県は、試行錯誤を繰り返しながら、負担軽減を進めてきたのである。名護市辺野古の埋め立ての賛否を問う県民投票は、こうした関係者の長年の努力を無にすることにはならないか。

県条例に基づく県民投票は、24日に投開票される。辺野古の埋め立てについて、「賛成」「反対」「どちらでもない」の三択で問う。

法的拘束力はないものの、最も多い選択肢が投票資格者の4分の1に達した場合、知事は結果を尊重し、首相と米大統領に速やかに通知する、と定めている。どのような結果になっても、混迷が深まるだろう。

政府は、国民の生命、財産を守るため、安全保障に責任を持たねばならない。一方、住民投票は、市町村合併など地域固有の課題について有権者に問うものだ。直接投票で安保政策を問うのは、無理がある。

条例制定を主導したのは、辺野古移設に反対する勢力だ。統一地方選や衆院沖縄3区補欠選挙、夏の参院選に向けて、移設反対派の結束を固めよう、という思惑が見え隠れする。

共産党や社民党などで作る団体は、圧倒的な反対多数を目指して運動している。自民、公明、維新は自主投票を決めた。県内の対立をあおるべきではない、との判断も働いている。

市街地にある普天間の移設は、事故の危険性や騒音被害を大きく低減させる。抑止力を維持しつつ、住民生活にも配慮するという観点から、政府が米国と協議してまとめた計画だ。

玉城デニー知事が、代替案を示さずに移設反対を訴えるのは、県政を率いる立場として無責任ではないか。普天間の危険性除去の必要性を認識しているのであれば、幅広い民意をまとめ、現実的な基地負担軽減を目指すべきだ。

政府は、県民投票の結果に左右されず、移設工事を進めねばならない。県との対話を続けることも大切だ。

埋め立て予定海域の一部で軟弱な地盤が確認され、政府は設計変更を県に申請する方針だ。玉城氏は承認しないとみられる。新たな法廷闘争に発展する可能性が高い。

不毛な対立の繰り返しが、本当に県のためになるのか。玉城氏は熟考すべきである。

夏川　明雄（政治評論家）

海外　イラン革命40年

中東の大国の内憂外患

中東情勢などに大きな影響を与えた1979年のイラン・イスラム革命から今年で40年となることを受けて「イランの内政と外交の課題」をテーマにした外交官OBと中東研究者の講演を聞く機会があった。革命後40年のイランの現状を一言で表せば、宗派対立を背景としたサウジアラビアとの覇権争いなど「内憂外患」と形容できようが、軍事力では中東の大国に成長したイランが今後、どのような道を歩むのか。イランを敵視するトランプ米政権の制裁強化とは一線を画す立場を取る日本にとっても目が離せない。

親欧米路線の急激な近代化を進めたパーレビ国王の王制が国民の大規模デモによって打倒された1979年2月のイスラム革命の前後を含め、テヘラン駐在の経験が豊富な駒野欽一・元駐イラン大使は講演で、「革命後のイランを振り返ると、現体制の課題と性格、特徴、戦略が見えてくる」と指摘。革命のさ中に凱旋帰国するまでパリに亡命していたシーア派指導者のホメイニ師をはじめ、イスラム法学者が最高指導者（現在は2代目のハメネイ師）に就く特異な統治体制の下で厳格なイスラム教に沿った社会づくりを掲げる現体制の課題については、「本質的には40年前と同じだ」との見方を示す。

具体的には、国民の体制離れを食い止めることを最優先課題として、①経済悪化による国民疲弊の阻止②国内の諸勢力間対立を体制内闘争に転化させないための経済・対外政策の追求③対外的に主要な敵と位置付ける米国およびイスラエルからの軍事攻撃を回避するための抑止力強化と対外政策の展開――の3点を挙げた。

元外交官はさらにイラン現政権の内政・外交課題に触れ、2017年に発足したトランプ米政権がオバマ前政権も交わしたイラン核合意から離脱し、対イラン制裁が復活したことを紹介しながら、経済悪化による国民の体制離反の食い止め、内外政策をめぐる国内の政争（権力闘争）の激化回避が従来に増して重要な課題となっていると指摘。また、「レバノンのヒズボラなど中東域内のシーア派勢力や反米・反イスラエル勢力との関係はイランの安全保障とも密接に関わっている」として、自国の抑止力強化につながる弾道ミサイルの開発とともに放棄できないだろうとの見方を示した。

一方、イランを長年ウオッチしてきた著名な中東専門家は、イランの現体制は米国との敵対関係や8年に及んだ対イラク戦争、サウジとの覇権争いなどの試練を通じて得た教訓もあるとして、①愛国心への訴求を通じたレジリエンス（強靭性）の発揮②革命スローガンなどドグマを超えた現実主義や戦略的あいまい性の担保にみられるレアルポリティーク（現実的な政策展開）――を挙げ、「革命スローガンを見る限りでは体制は変わっていないように見えるが、イランは順応性や適用力もあり、表立っては言わないものの、大悪魔と呼ぶ米国との共存も模索しようとするのではないか」と指摘した。米国の現政権によるイラン核合意離脱に批判的な立場を取る欧州主要国とともに、親日国のイランを中東の安定化勢力として国際社会に包摂する外交的取り組みがわが国には求められている。

伊藤　努（外交評論家）

空幕長、米空軍参謀総長と会談

地域情勢など幅広く意見交換

丸茂空幕長は1月24日から27日まで米国に出張し、首都ワシントンDCで米空軍参謀総長のデービッド・ゴールドフィン空軍大将と会談、地域情勢や防衛政策、防衛協力・交流などに関して幅広く意見交換を行った。

[illegible]

米空軍参謀総長のゴールドフィン空軍大将（右）と握手を交わす丸茂空幕長（1月24日、米・ワシントンDCで）

陸自「シニアリーダーズ・セミナー」

日米同盟強化など討議

陸幕長、米司令官ら参加

陸自は2月13、14の両日、陸幕で米太平洋陸軍（フォート・シャフター）副司令官のダン・マクダニエル少将らを迎え、高級幹部会同「第35回シニアリーダーズ・セミナー」を開催した。

同セミナーは日米陸軍種間で日米陸軍種間の取り組みについて討議するもので、陸自から山崎陸幕長、住田和明陸上総隊司令官、岩谷要教育訓練研究本部長らが出席。米側からはマクダニエル副司令官のほか、在日米陸軍（座間）司令官のビエット・ルオン少将、米太平洋海兵隊（キャンプ・スミス）司令官のクラバロッタ中将、米第3海兵機動展開部隊（同・コートニー）副司令官のクリストファー・マクフィリップス准将らが参加した。

日米それぞれの幹部が任務、役割、能力、制約などを発表し、今後の強力関係について話し合った。

関東処、「兵站フェア」を担任

民間企業206社が参加

兵站全体の実効性向上図る

陸自関東補給処（処長・権藤三千蔵陸将）は2月6、7の両日、霞ヶ浦駐屯地で補給統制本部（十条）の事業「兵站フェア」を担任した。民間企業206社が参加した。

同フェアの前身「関東処フェア」は平成25年に始まり、陸自のさまざまな兵站上の課題に対し民間の技術などを取り入れ、補給統制の実効性向上を図ってきた。その実績を踏まえ、30年度からは補給統制本部の事業として「兵站フェア」と改称、領域も陸自兵站全体に拡大させた。

今回は初年度の約8倍となる206社（オブザーバー38社を含む）が参加、被災地でも活動できるクローラー式のフォークリフトなど、さまざまな製品が出展された。

このほか会場では隊員と企業関係者の意見交換が盛んに行われた。

初開催となった兵站フェアに参加した各企業。ゴムクローラーフォークリフト（右）などが展示された（2月7日、霞ヶ浦駐屯地で）

共済組合だより

ライフプラン支援サイト

共済組合HPから4社のWebサイトに連接

皆さまは共済組合のホームページ（HP）からアクセスできる「ライフプラン支援サイト」をご存じですか？

共済組合HPから野村證券、第一生命、三井住友信託銀行、三菱UFJ信託銀行の4社が開設する各Webサイト＝写真＝に進むことができます。

いずれのサイトも基本事項を入力するだけで将来の家族の状況が予測できる「ライフプラン・シミュレーション」をはじめ、結婚、出産、子供の教育、健康、老後など、人生のさまざまなシーンやそれに伴うお金にまつわる各種情報を得られます。

このほか、各サイトでは多彩なメニューをご用意。いずれもすぐに役立つ情報ばかりですので、ぜひご利用ください。

「ライフプラン支援サイト」閲覧は、共済組合HPのトップページ→生活さぽーと→ライフプラン支援サイトへと進み、各社Webサイトに進んでください。

なお、共済組合HPへのログイン用ユーザー名及びパスワードは「GOOD LIFE（共済のしおり）」や「さぽーと21」をご覧いただくか、ご所属の支部にお問い合わせください。

◇

共済組合の各支部では、防衛省が開催する「生涯生活設計セミナー」に合わせて、ファイナンシャル・プランナーによる「個別相談会」も実施しています。こちらもぜひご利用ください。開催予定等、詳しくはご所属の支部にお問い合わせください。

札幌病院で北部防衛衛生学会

北方総監が講演　600人が聴講

金井宇宙飛行士も登壇

【札幌病院】自衛隊札幌病院（病院長・大鹿芳郎陸将）は1月23日、札幌市の北海道青少年会館コンパスで「平成30年度衛生科幹部等集合訓練（第62回北部防衛衛生学会）」を開催し、部内外から約600人が聴講した。

学会長を務めた大鹿病院長はあいさつで、学会テーマの「北部方面隊の衛生支援を考える―人的戦闘力の維持・増進」の意義について話した後、参加者に「積極的な質問と議論により〝何か〟を部隊へ持ち帰ってほしい」と述べた。

学会では、最初に北部方面総監の田浦正人陸将が「隊員達の使命感とストレス」と題して講演。指揮官として参加した国際平和協力活動や災害派遣時のエピソードを交えながら、①隊員の健康情報共有の重要性②心が疲弊した際の対応―を説明し、指揮系統とは別の専門的見地から〝横串を入れる〟衛生科に対する期待感を示した。

その後、宇宙航空研究開発機構（JAXA）の金井宣茂宇宙飛行士（元1海尉、元海自医官）が教育講演「過酷な環境に耐えるためのセルフマネジメント」をテーマに、宇宙での船外活動をはじめ、重要ミッション遂行時の体験談や希望を夢で終わらせないための心構えなどを語った。

一般演題では、北方の各部隊が発表を行い、北千歳駐屯地業務隊衛生科と帯広駐屯地業務隊補給科が優秀演題として表彰された。

特別演題では、7後支連衛生隊長の小野陽輔2佐、前7師団医務官の末山貴浩2佐（現・防医大）、札幌病院救急科部長の岩本慎一郎1佐が昨年の北海道胆振東部地震での災派活動における教訓と今後の施策に関しての提言を発表した。

「第62回北部防衛衛生学会」で講演する金井宇宙飛行士（1月23日、札幌市の北海道青少年会館コンパスで）

海自と米海軍　対潜特別訓練

海自は2月13日、四国沖で米海軍と共同の対潜特別訓練を開始した。22日まで。

海自からは護衛艦5隻、潜水艦5隻とP1、P3C哨戒機など数機、米側は潜水艦が参加。艦艇と航空機が連携して潜水艦の探知、追尾、模擬攻撃訓練を実施している。

防衛省発令

▽空幕防衛課業務計画班長（空幕防衛課）　1空佐　有本　竜彦
▽8航空団基地業務群司令（同業務計画班長）　同　小川　貴也
▽南西航空方面隊監理監察官（8航空団基地業務群司令）　同　寺内　真寿
▽空自幹部学校業務部長（南西航空方面隊監理監察官）　同　大石　辰男
（以上2月13日）
▽自衛艦隊司令部（あたご艦長）　1海佐　大島　信吾
▽あたご艦長（システム通信隊群首席幕僚）　同　小城　尚徳
（以上2月15日）

次期政専機が米とスイスで訓練

寒冷地要領を確認

空自特輸隊（千歳）は4月から任務運航を開始するB777―300ER次期政府専用機を使用し、2月12日から16日まで、米メリーランド州のアンドリューズ統合基地とスイス・チューリヒへの国外運航訓練を実施した。

訓練には特輸隊司令の富崎秀樹1佐以下37人が参加。北太平洋、大西洋ルートにおける長距離運航要領と寒冷地域での対処要領の確認を目的に運航訓練を行った。

新政専機は12日に羽田経由でアンドリューズ統合基地に到着。14日にチューリヒ空港に着陸し、羽田経由で16日に千歳に戻った。

露軍機Tu95が高知沖まで飛行

2月15日の午前から午後にかけ、ロシア軍機計8機が日本海と太平洋上空を相次いで長距離飛行したため、空自の北空、中空、西空のF15戦闘機などが緊急発進して対応した。領空侵犯はなかった。

サハリン方面から飛来したツポレフTu95爆撃機2機は、北海道・国後水道を抜けて列島沿いに東北、関東、東海、四国・高知沖まで南下。その後、反転して往路と逆ルートで自国方面に戻った。

日本海にはSu35

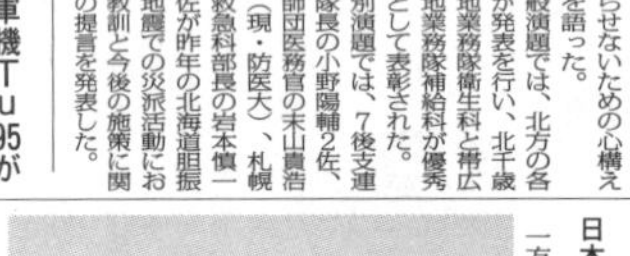

一方、日本海では、最新鋭のスホイSu35戦闘機＝写真＝4機と2機のTu95が相次いで長距離飛行を行った。

統幕は同日、空自機が撮影した写真と航跡図を公表した。

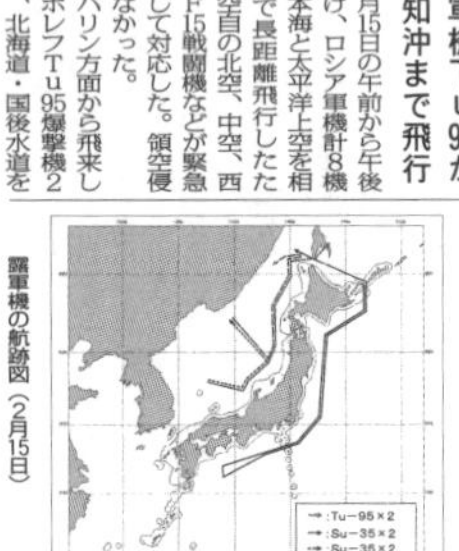

露軍機の航跡図（2月15日）

→：Tu−95×2
→：Su−35×2
→：Su−35×2
→：Tu−95×2

中国軍艦艇が対馬海峡北上

2月15日午後7時ごろ、中国海軍の「ルーヤンⅢ」級ミサイル駆逐艦（満載排水量7000トン、艦番号118「烏魯木齊」）1隻と「ジャンカイⅡ」級フリゲート（同3900トン、艦番号547「臨沂」、598「日照」）2隻が、長崎・福江島の北西約100キロの海域を北東に向け航行しているのを海自3ミサイル艇隊（佐世保）のミサイル艇「しらたか」と13護隊（同）の護衛艦「さわぎり」が確認した。

中国艦3隻はこの後、対馬海峡を北上して日本海に入った。

米海兵隊と実動訓練「アイアン・フィスト」

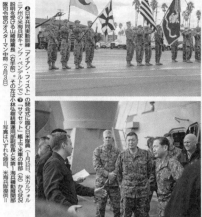

洋上から上陸し、敵部隊を制圧

陸自は1月7日から2月16日まで、米カルフォルニア州のキャンプ・ペンデルトンと同駐屯地の周辺海空域で米海兵隊との実動訓練「アイアン・フィスト」を実施した。

陸自は住田和明陸上総隊司令官を担任官に、水陸機動団（相浦）などから過去最大規模の約550人が参加。米軍はジョセフ・オスターマン第1海兵機動展開部隊司令官を担任官に、同海兵隊のほか、米海軍の強襲揚陸艦などが参加した。

訓練期間の前半には、陸上での射撃訓練や市街地戦闘訓練などを通して、日米隊員が相互連携要領などについて確認。後半の1月27日から2月6日までは、洋上の米海軍艦艇から各種手段で隊員が上陸する総合訓練が行われ、日米が共同し、海上・航空機動から着上陸戦闘まで、一連の作戦行動を演練した。

日米の部隊は1月27日から米海軍の強襲揚陸艦「サマセット」（満載排水量2万5000トン）に水陸両用車AAV7など装備品を搭載し、総合訓練を開始。洋上での訓練中には、米海兵隊の艦載機MV22オスプレイを使い、隊員を海上に下ろすヘリキャスト訓練のほか、偵察用ボート、AAV7などを使い、艦後部のウェルドックからの発艦訓練などを行った。

2月4日からは「敵に占拠された離島を奪還する」というシナリオの下、洋上からの上陸作戦を敢行。揚陸艦「サマセット」から発進したAAV7が次々とレッドビーチに上陸。一方、車両を搭載した「サマセット」のエアクッション艇（LCAC）も浜に乗り上げ、車両を卸下した。

上陸した水機団の隊員たちはAAV7などとともに内陸部への進撃を続け、敵部隊の制圧作戦を開始した。

この間、2月3日には米国を訪問中の山崎陸幕長が訓練を視察に訪れ、日米部隊が乗り組んだ揚陸艦「サマセット」艦内で陸自部隊の揚陸準備状況などを確認、翌4日からは上陸訓練を見た。

水機団など最大550人が参加

㊤日米共同実動訓練「アイアン・フィスト」の開会式に臨む日米隊員（1月15日、米カルフォルニア州の米海兵隊キャンプ・ペンデルトンで）㊦「サマセット」艦上で米軍の幹部（左）から状況説明を受ける山崎陸幕長（右手前）。その左は小林弘樹統幕運用部副部長と米第1海兵機動展開部隊司令官のオスターマン中将（2月3日）＝写真はいずれも陸自、米海兵隊提供＝

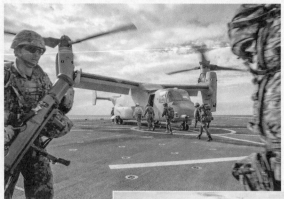

「サマセット」の飛行甲板で米軍のMV22オスプレイに乗り込み、洋上でのヘリキャスト訓練に向かう陸自隊員（中央奥）＝1月31日

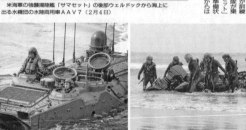

強襲揚陸艦「サマセット」の後部ウェルドックから発進した偵察ボートで海上機動訓練を行う陸自隊員（2月1日）

米海軍の強襲揚陸艦「サマセット」の後部ウェルドックから海上に出る水機団の水陸両用車AAV7（2月4日）

㊧「サマセット」から発艦し、海上を航行する陸自水機団のAAV7（2月1日）
㊨上陸後、偵察ボートを浜辺に引き上げる水機団の隊員たち（2月1日）

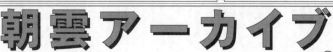

ビッグレスキュー　その時に備える　第13回

東日本大震災からの教訓と次への備え

時藤　和夫氏
（元空将補
元空自松島基地司令）

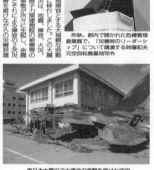

1　はじめに

平成30年の夏に自衛官を退職し、33年間の航空自衛隊勤務に終止符を打ちました。

その間いろいろと経験し、特に「東日本大震災」の時には宮城県の松島基地で現場指揮官として勤務しており、被災しながら災害派遣活動に従事したのは貴重な経験でした。

その後、4年の月日を経て、再び松島基地司令として赴任することとなり、基地の復興とともに「震災に強い基地づくり」に携わることができたのも大変印象深いことでした。今、当時を振り返り、震災について改めて感じるところを紹介したいと思います。

2　東日本大震災の教訓

未曽有の大規模震災は、人的被害2万6000人、津波によりJR山手線の内側面積の9倍もの地域が冠水しています。海岸から近い松島基地も津波の被害をまともに受け、被災しながらも人命救助、捜索や応急復旧、支援物資の輸送等の災害派遣活動を基地機能の応急復旧と並行して行っていました。

震災発生の4日後には、自衛隊初となる「統合任務部隊」が編成され、陸自東北方面総監を統合任務部隊指揮官とする大規模な活動に移行しました。この大震災は、地震、津波、火災、原子力関連施設の被害等の事態が次々に生起し、余震とそれによる津波の2次災害を避けながらの災害派遣活動で、なかなか先の見えない難しい活動だったと思います。

同時に、被災した基地機能の応急復旧活動を行いつつ、復旧した戦力を逐次、災害派遣活動に投入することに加えて、後に派遣されてきた大規模災害復旧支援部隊を受け入れ、その運用管理を効果的に行うには、ある程度現場に任せることも重要なことでした。

さらには対処計画にない事態の生起や同時複合的に生起する事態への対応については、部内外の関係部署との協力体制や調整が重要な役割を果たすことも痛感しました。

日々刻々と変化する周辺環境や事態に効率的かつ的確に対応するためには、情報共有が極めて重要であるとも感じました。全体としては、統合任務部隊として一元的な指揮と共に、レベルに応じた相互の協力体制と調整が重要な役割を果たしていたことが大きな教訓です。もちろん、予測される事態に対する計画や訓練は非常に大切であり、常日頃から予測される事態をできる限り多く想定し、効率的な訓練をしておくことは必須であると考えています。

昨秋、都内で開かれた危機管理産業展で、「災害時のリーダーシップ」について講演する時藤和夫元空自松島基地司令

東日本大震災で大津波の直撃を受けた空自松島基地ではF２戦闘機も流された

3　次への備え　～震災に強い基地づくり～

自治体も被害の復旧と津波に対する減災対策として、津波に耐え得る巨大な防潮堤を建設し、震災情報の収集や情報共有手段としてのシステムの整備、実践的な防災訓練等を行っています。

松島基地も復興に向けて高台施設や施設の一部水密化を行うなど、津波に対する被害を極限できるよう減災対策を施し、それらが整った上で移動訓練の部隊を帰還させ全ての機能を復帰させることができました。

震災後、5年の歳月で復興できた陰に隊員たちの復興への執念があり、人の力の大きさを感じるとともに、立場に応じたメンタルケアの大切さから臨床心理士にも力を発揮してもらいました。

他方で、広域の協力体制の具現化については、近隣の自治体はもとより、陸上自衛隊との平素からの関係を密にし、さらにいつ、いかなる時でも部外の関連部署との情報共有や調整ができる関係を構築しておく必要性から、地域の災害気象情報を共有するための管区気象台や基地周辺の企業・団体等との交流も積極的に試みました。

先日、お会いした当時の歴代仙台気象台長からは、関係強化は今も続けており、基地との交流が活発であると聞き、成果の一つになったと思っています。最近、民間の立場になってみると、今まさに大地震が起こったら、まず何をすべきか、どこから情報を得てどこに発信すべきかが、今一つピンと来ていない感じがしています。防災無線やテレビ、ラジオに加えて携帯端末がさらに威力を発揮できるよう、もっと有効な活用方法もあると考えており、今後の課題の一つにしたいと思っています。

4　おわりに

震災後7年が過ぎ、その教訓は様々な施策に反映されています。耐震性は向上しているものの、細かな部分ではまだ課題も残っていると感じています。それぞれの地域・環境に応じて災害の脅威を分析し、BCP（事業継続計画）を導入して実践する民間企業も増えてきました。実務を積んだ退職自衛官の活躍の場は、もっと増えるのではないでしょうか。

【防研編】中国安全保障レポート2019 概要

アジアの秩序をめぐる戦略とその波紋

はじめに

世界第2位の経済大国となり、軍事力も急速に増強させて、国際社会における「大国」としての自己認識を高めた中国は、国際秩序のあるべき姿についての独自の主張を強めている。中国は、既存の経済秩序について、先進国に有利なバランスを欠いたものであると批判し、中国を含めた発展途上国の発言権の強化を目指す「グローバル経済ガバナンスの再編」を主張している。既存の安全保障秩序についても、一部の軍事強国による「冷戦思考とゼロサム思考」の強い影響下にあると批判し、同盟関係に依拠しない「新たな安全保障観」を提唱している。習近平政権は、このような考え方に基づいて「新型の国際関係」と「人類運命共同体」の建設をスローガンとして、「グローバル・ガバナンス体系の改革」を積極的に推進していくとの立場を強調している。

中国は国際秩序を改編する必要性を主張するだけでなく、実際にその実現に向けた行動も強めている。その最たる例が「一帯一路」構想の推進である。東アジアと欧州をつなぐ陸路と海路のインフラ強化を支援する「シルクロード経済ベルト」と「21世紀の海上シルクロード」構想を提起し、中国が最大の出資国となるアジア・インフラ投資銀行（AIIB）を設立するなど、経済力に依拠して「一帯一路」構想を推進している。

中国はこの「一帯一路」構想を「人類運命共同体」の構築に向けた実践ととらえており、発展途上国に対する経済的影響力の強化を梃子にして経済秩序の改編を目指している。当初は中国の周辺地域である中央アジアや東南アジア、南アジアなどに重点を置いていた「一帯一路」構想は、国際秩序の改編という目標に沿ってアフリカやラテンアメリカなどを含むグローバルな概念へと拡大しつつある。

同時に中国は、領土・主権や海洋権益に関わる利益を「核心的利益」ととらえ、それを断固として擁護する方針も強調している。中国は海洋を中心に周辺諸国との間で「核心的利益」をめぐる対立を抱えているが、習近平政権は軍事力と海上法執行力を誇示することで相手国を威嚇し、力に依拠して現状を中国にとって有利に変更する動きを強めている。中国は南シナ海で人工島を造成して軍事基地を建設するなど、海洋における軍事的プレゼンスを着実に強化しており、地域の安全保障秩序の要となってきた米軍の行動を制約し、そのプレゼンスの弱体化を図る動きを公然ととるようになったのである。

このような強大な経済力と軍事力に依拠して、既存の国際・地域秩序の改編を推し進めようとする中国の動きは、国際社会に大きなインパクトを与えている。例えば、中国が主導する「一帯一路」構想のインフラ建設プロジェクトを受け入れた発展途上国の中には、中国に対する経済的依存を高めるだけでなく、中国による政治的影響力の高まりに直面する国もある。中国による力に依拠した現状変更の試みは、地域の安全保障に否定的な影響をもたらしている。既存の国際秩序への批判を強める中国は、自由や民主、法の支配といった普遍的価値観に基づく秩序を支持する諸国の警戒感も呼んでいる。

本レポートの第1の狙いは、現在の中国が有している秩序戦略を理解することである。すなわち、中国が今後の国際・地域秩序についてどのような目標を設定し、どのような手段によってその達成を目指しているのかを明らかにしたい。その上で第2の狙いは、中国の秩序戦略の対象となっている地域において、中国の政策がどのように受け止められ、また中国に対するどのような反応を生んでいるのかを明らかにすることである。これによって、中国の秩序戦略の内容を確認するとともに、それが国際・地域の安全保障環境に与え得る影響についても評価することが可能となろう。

本レポートは以上のような問題意識に基づいて、第1章では、周辺地域のみならず国際秩序の改編を目指した習近平政権における秩序戦略の内容と見通しについて分析する。第2章では、中国による経済的影響力が急速に拡大している東南アジア地域において、中国による地域秩序戦略がいかなる課題を引き起こし、また地域諸国がこの課題にどのように対処しようとしているのかを分析する。第3章では、中国による陸路と海路からの進出が著しい南アジア地域において、中国による影響力の拡大がインドとパキスタンの関係などにいかなるインパクトを与えているのかについて考察する。第4章では、「21世紀の海上シルクロード」の南端に位置する南太平洋の島嶼国に対する中国のアプローチについて分析する。

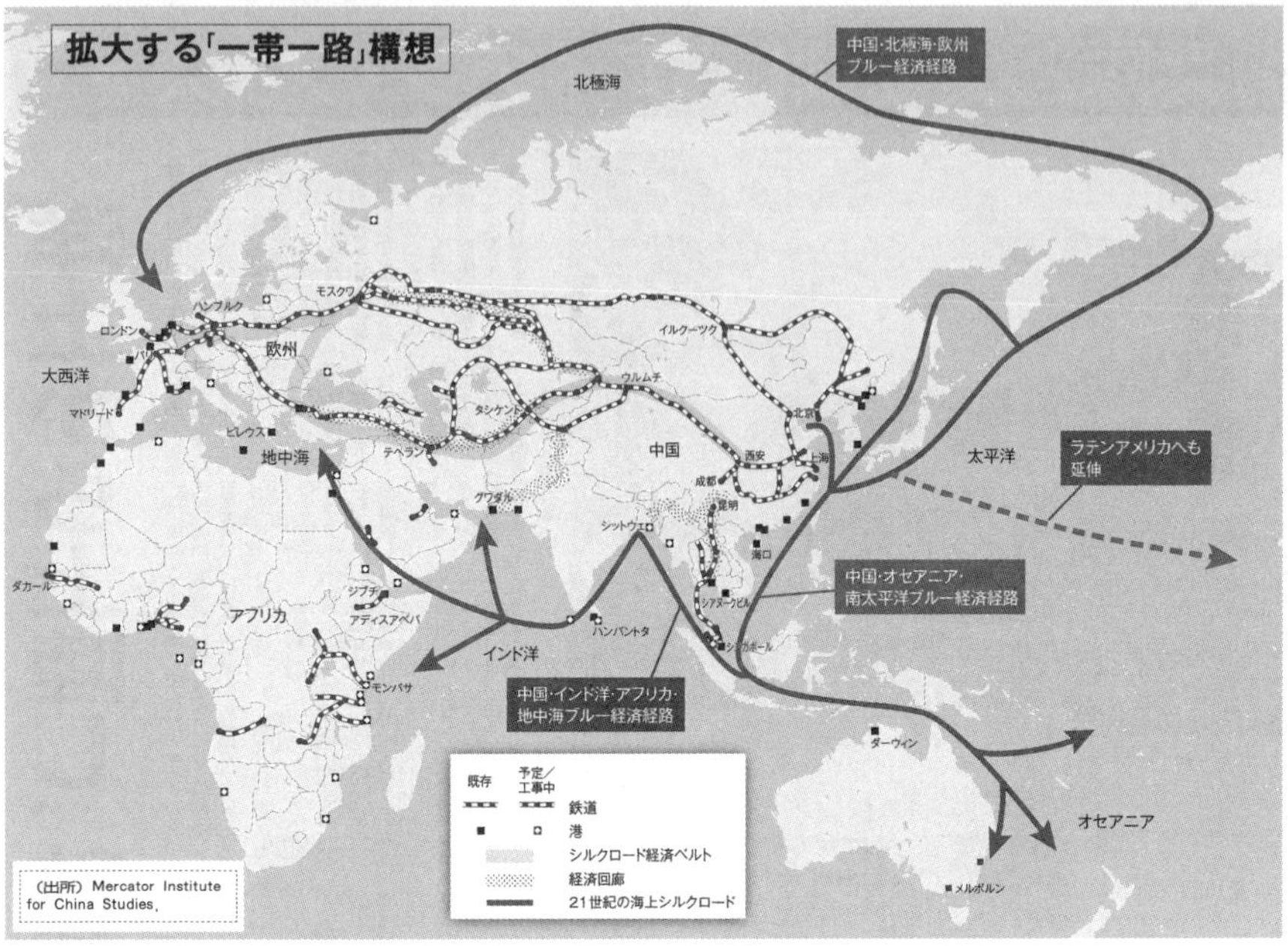

拡大する「一帯一路」構想

中国・北極海・欧州ブルー経済経路
北極海
大西洋
欧州
地中海
アフリカ
インド洋
中国
太平洋
ラテンアメリカへも延伸
中国・オセアニア・南太平洋ブルー経済経路
中国・インド洋・アフリカ・地中海ブルー経済経路
オセアニア
既存　予定／工事中　鉄道
港
シルクロード経済ベルト
経済回廊
21世紀の海上シルクロード
（出所）Mercator Institute for China Studies.

第1章　既存秩序と摩擦を起こす中国の対外戦略

習近平政権は、「一帯一路」構想に代表される協調を重視した「平和発展の道」と、強引な海洋進出に代表される対立を辞さない「核心的利益の擁護」という二つの対外方針を同時に進めている。さらに中国は、「中国の特色ある大国外交」を標榜し、自らが主導することで発展途上国の発言力の強化による国際秩序の改編を目指している。こうした中国の動きは、米国をはじめとした先進国の警戒を呼んでいる。また、途上国の間には経済合理性や透明性に欠けている「一帯一路」構想に対する疑念が広まりつつある。さらに「核心的利益」を追求する中国の行動は、周辺諸国との摩擦を高めている。アジアの地域秩序に関する中国の戦略は、必ずしも順調に進んでいない。

第2章　中国による地域秩序形成とASEANの対応――「台頭」から「中心」へ

東南アジア諸国連合（ASEAN）は、台頭する中国に対して「関与と牽制」、「経済と安全保障」、「中国と米国」といったさまざまな二元性の均衡を図る両面戦略で対応してきた。これに対し中国は、自らの経済的影響力と安全保障を積極的に結びつけ、南シナ海問題などでASEANを中国の意向に従わせようとした。「一帯一路」構想に基づく中国の支援攻勢に対し、連結性を推進するASEANは積極的に反応した。ASEANが進めるインフラ整備に中国が大きく寄与することにより、ASEANに対する中国の政治的影響力は拡大している。中国は「台頭」を超え、地域秩序の「中心」と化しつつあるという意味で、両者の関係は新たな段階へ到達している。しかし、マレーシア新政権による「一帯一路」関連プロジェクトの見直しが顕在化するなど、ASEANの対外戦略の本質は均衡にあることが、2018年にはあらためて明らかになった。

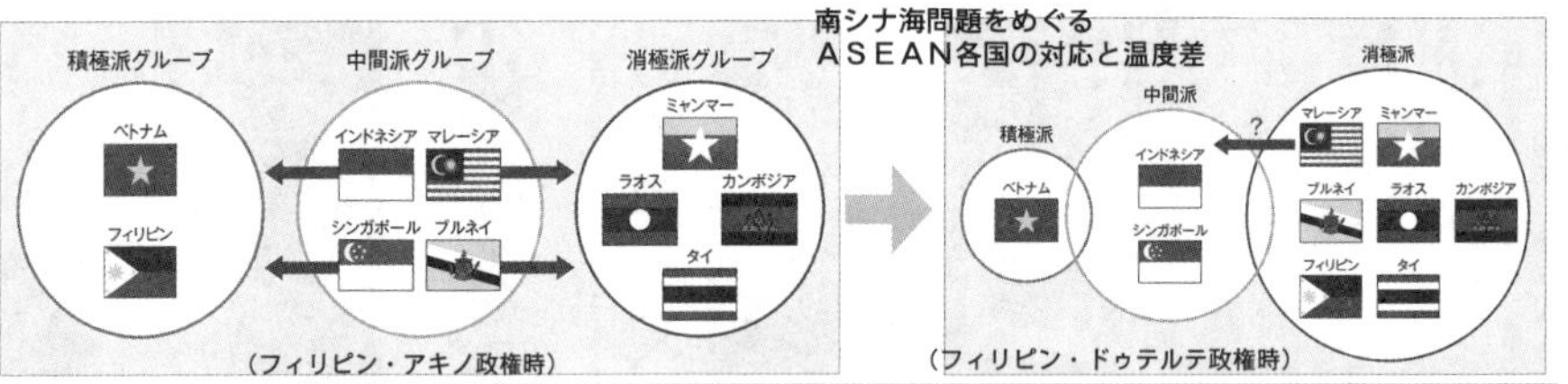

南シナ海問題をめぐるASEAN各国の対応と温度差

積極派グループ
ベトナム
フィリピン
中間派グループ
インドネシア
マレーシア
シンガポール
ブルネイ
消極派グループ
ミャンマー
ラオス
カンボジア
タイ
（フィリピン・アキノ政権時）

積極派
ベトナム
中間派
インドネシア
シンガポール
消極派
マレーシア
ミャンマー
ブルネイ
ラオス
カンボジア
フィリピン
タイ
（フィリピン・ドゥテルテ政権時）

第3章　「一帯一路」と南アジア――不透明さを増す中印関係

「一帯一路」構想の下で進む、南アジア諸国への中国の経済的関与は、この地域での中国の存在を、地域覇権国インドを上回る支配的大国へと押し上げ得る。それゆえインドは警戒感を抱き、「一帯一路」構想は単なる経済的なプロジェクトではなく政治的・戦略的な意図を帯びたものととらえて、域内諸国への関与強化や自身の多国間連結性構想の推進、域外主要国との連携といった対抗策を強めてきた。対する中国は、南アジアでの「一帯一路」推進にインドの協力を得たい思惑や、ハンバントタ港引き渡しを受けた「一帯一路」のイメージ悪化に対処する必要性から、インドに譲歩する姿勢を見せ、インドも応じる形で、2018年4月の中印首脳会談で関係の「リセット」が行われた。しかし、南アジア諸国への関与をめぐる中印間の競争は今後も続くであろうし、長期的にはそれが、これまで総体的な中印関係が備えてきた、「管理された対立」としての性質を蝕んでいく可能性が高い。

中国・パキスタン経済回廊（CPEC）の主要プロジェクト

首都
道路（既存）
道路（CPEC以前からの継続事業）
道路（優先事業）
道路（短期プロジェクト）
道路（中期・長期プロジェクト）
産業特区
カシュガル
中国・新疆ウイグル自治区
スキ・キナリ水力発電所（870MW：18億ドル）
カラコルム・ハイウェイ第2期（ハベリアン－タコット間）（118km：13.7億ドル）
ペシャワール－カラチ自動車道（ムルタン－サッカル間）（392km：29.8億ドル）
N-50高速道路アップグレード第1期（デラ・イスマイル・ハーン－ジョーブ間）（210km：2億ドル）
中国・パキスタン越境光ケーブル敷設（820km：4,400万ドル）
カラコルム・ハイウェイ（ターコット－ライコット間）（136km：7.2億ドル）
ジンピール風力発電所（99MW：2.5億ドル）
サチャル風力発電所（49.5MW：1.3億ドル）
三峡第2・第3風力発電所（99MW：1.5億ドル）
ダウード・ハイドロ・チャイナ風力発電所（50MW：1.1億ドル）
ハブコ石炭火力発電所（1,320MW：19.1億ドル）
N-30高速道路（フズダル－バシマ間）（110km：8,000万ドル）
グワダル港開発事業（8億ドル）
・イーストベイ高速道路建設
・グワダル国際空港建設
・防波堤建設
・浚渫工事
・経済特区などのためのインフラ整備
コハラ水力発電所（1,100MW：23.6億ドル）
カロット水力発電所（720MW：17億ドル）
カラチ－ラホール－ペシャワール鉄道（ML-1）改修（1,830km：81.7億ドル）
ラホール市メトロ事業（27km）
サヒワール石炭火力発電所（1,320MW：19.1億ドル）
カイデ・アザム太陽光発電所（1,000MW：13億ドル）
ラヒーム・ヤール・ハーン石炭火力発電所（1,320MW：16億ドル）
マティアリーラホール間送電線（16.6億ドル）
マティアリーファイサラーバード間送電線（15億ドル）
タール第6区石炭火力発電所（1,320MW：13億ドル）
タール第2区石炭火力発電所（1,320MW：20億ドル）
タール第2区石炭鉱山（14.7億ドル）
タール第1区石炭鉱山（13億ドル）
タール第1区石炭火力発電所（1,320MW：20億ドル）
ポートカシム石炭火力発電所（1,320MW：19.8億ドル）
グワダル石炭火力発電所（300MW：6億ドル）
ギルギット
パキスタン側カシミール
ペシャワール
イスラマバード
ラホール
ムルタン
クエッタ
カラチ
グワダル
ハイデラバード

第4章　太平洋島嶼国――「一帯一路」の南端

中国は「一帯一路」構想における「21世紀の海上シルクロード」の南端を太平洋島嶼国と定めており、同構想の一環として近年、これらの国々に対する経済その他の支援を大幅に強化している。太平洋島嶼国側は、経済発展を目的として、基本的に中国からの支援を大いに歓迎し、「一帯一路」構想への参画にも積極的である。現在、中国による太平洋島嶼国への安全保障面での関与は、主として2国間レベルで進められている。中国が中長期的には戦略的な進出を始める可能性は否定できないものの、中国はまず同地域において経済権益の確保と、経済力を用いて政治的影響力を高めることに注力しているようである。太平洋島嶼国への中国の進出に対し、関係国の警戒感は高まっている。オセアニアの主要国であるオーストラリアやニュージーランドは、自らの影響力の相対的な低下を懸念している。同地域に領土を持つフランスも警戒感を強めている。

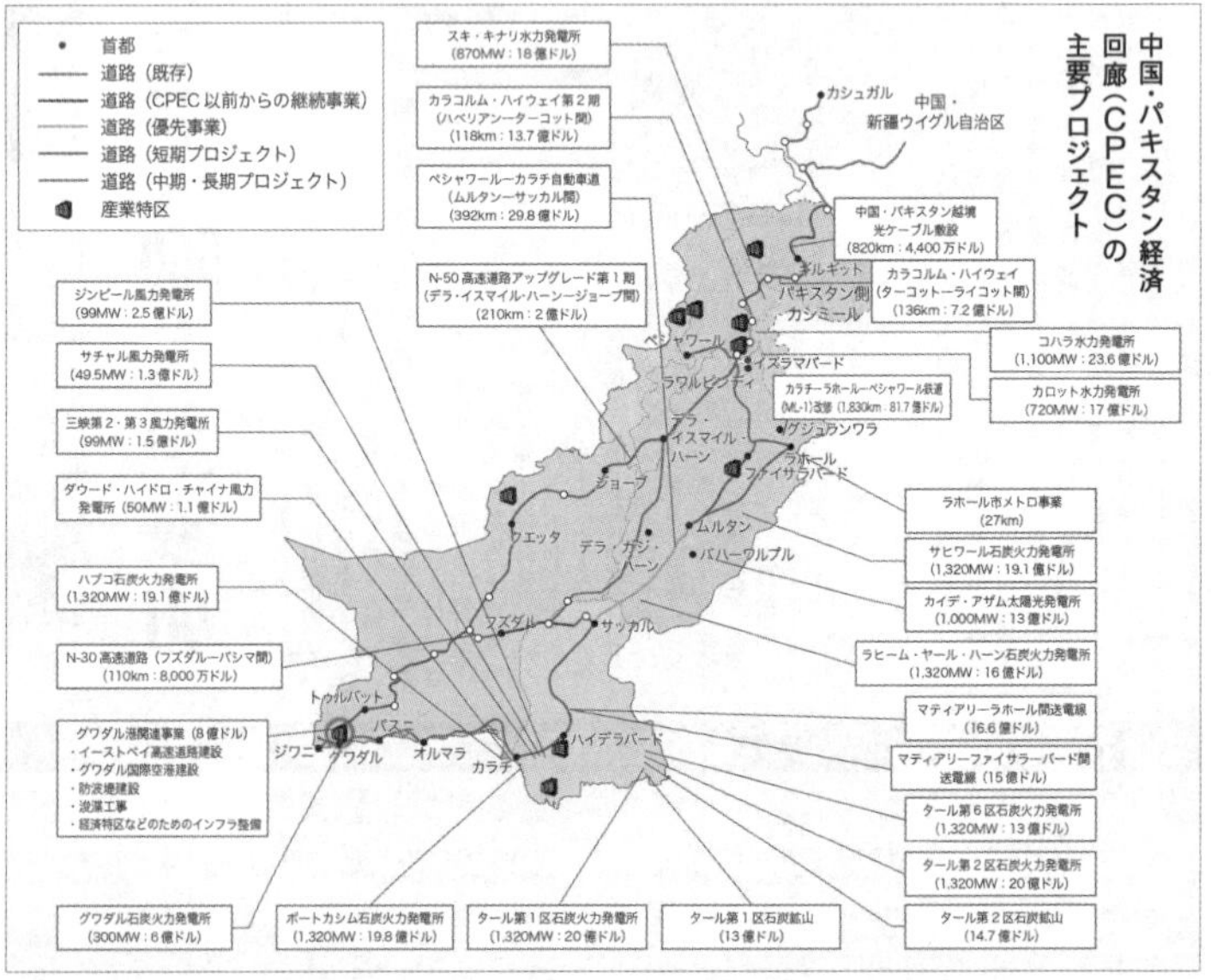

おわりに

習近平政権による秩序戦略は、二つの柱から成っていた。第1の柱は、世界第2位の経済力に依拠して、主に発展途上国との相互協力関係を拡大させることを通じて、安定した国際環境の中で経済の発展を推進すると同時に、地域や国際的な秩序の形成において主導的な役割を発揮することである。その実現を図る具体的な政策が、中国が提起し推進している「一帯一路」構想である。当初の「一帯一路」構想は、中央アジアや東南アジアなど中国の周辺地域に重点を置き、中国の発展と安定にとって望ましい地域秩序の構築を目指していた。しかし、政権が発展途上国の発言力を高めた新たな国際秩序の構築を推進するようになったことから、「一帯一路」構想はアフリカやラテンアメリカなどを対象に含むグローバルな概念へと変わったのである。

第2の柱は、急速に増大する軍事力に依拠して、中国が「核心的利益」ととらえる領土・主権や海洋権益をめぐる問題について、対立する相手国に圧力をかけて譲歩を引き出したり、時には実力をもって支配を拡大したりすることなどを通じて、その確保と拡大を図ることである。中国は実際に、人民解放軍を周辺海域に活発に進出させて現状を変更することにより、「核心的利益」の拡大を推進した。南シナ海では軍事基地を建設し、既存の国際海洋法秩序を力で否定した。東シナ海や西太平洋でも軍事的プレゼンスを増大させ、日本を威圧するだけでなく、米軍の行動の制約も試みるようになった。また中国は、同盟を否定する「アジア安全保障観」を提唱し、アジアにおける新たな安全保障秩序の構築も推進している。

本レポートでは、こうした中国の秩序戦略が東南アジア、南アジア、太平洋島嶼国のそれぞれにおいて、どのような影響を及ぼしているのかについて分析した。東南アジアにおいては、多くの国にとって中国は最大の経済パートナーとなっており、「一帯一路」構想の推進とも相まって中国の経済的影響力は急速に高まっている。また、多額の経済的支援を梃子にして、カンボジアやラオスといった権威主義的な東南アジア諸国への、政治的な影響力も着実に高めている。中国はこれらの国々に働き掛けることを通じて、南シナ海問題に関するASEANの立場を分断させることに成功しており、経済的影響力を政治的影響力に転化することで、中国にとって有利な地域秩序の構築で成果を挙げつつあるといえよう。

他方で、東南アジアにおける中国の影響力の拡大は、域外大国の影響力の「均衡」を図るASEANの反応も引き起こしている。南シナ海の軍事化を進める中国に対して、ASEANは懸念の表明を一時期避けたが、再度一致して懸念を示すようになった。「一帯一路」構想を通じて地域秩序の改編を図ろうとする中国の意図に対しても、ASEAN諸国の間では警戒感が持たれており、米国や日本などが推進する「自由で開かれたインド太平洋」のビジョンを支持することでバランスをとろうとする動きも見られている。また、中国による主導の下で「一帯一路」構想のプロジェクトを受け入れた国の中には、プロジェクトの採算性や過剰な債務、国内政治への影響などを懸念し、見直しを図る動きも広がっている。中国は確かに東南アジアにおいて影響力を高めてはいるが、中国が望む形での地域秩序の改編について東南アジア諸国の同意を得るまでには至っていないといえるだろう。

加えて、東南アジアにおける中国による力に依拠した「核心的利益」擁護の動きや、同盟を否定した新たな安全保障秩序の提唱などは、この地域の秩序の形成と維持で主要な役割を果たしてきた米国の警戒感も高めることになった。とりわけ、中国が推進している南シナ海の軍事化は、航行の自由に象徴される既存の海洋秩序を脅かし、地域における米軍のプレゼンスの弱体化を狙ったものとみなされ、米国による対抗策の強化を招いている。「核心的利益」の確保と拡大を狙った中国による力に依拠した強引な海洋進出は、東南アジアをめぐる米国との戦略的な競争を引き起こしたように見える。

南アジアにおいても、中国は経済的なプレゼンスを大幅に高めており、地域諸国との関係の強化を実現させている。とりわけ地域の中小国にとっては、経済を発展させる上で中国からの支援が有用であることと、地域大国であるインドとの関係におけるレバレッジとして中国との関係強化に期待する向きもあり、これら諸国は中国が主導する「一帯一路」構想に積極的な姿勢を示している。インドでさえ、中国との経済的な協力関係を重視しており、アジア・インフラ投資銀行（AIIB）に創設国として加入したり、新興5カ国（BRICS）の枠組みで中国との連携を進めたりするなど、中国が推進する経済秩序の改編に協力的な姿勢を示している。

（中略）

本レポートの分析に基づけば、「一帯一路」構想を看板政策として、発展途上国に対する経済的影響力を強化し、それを政治的影響力に転化することで、発展途上国を中国が主張する新たな国際秩序の構築に糾合していこうとする中国の秩序戦略は、ある程度の成果を収めているといえるだろう。他方で、採算性や透明性を欠いた「一帯一路」構想プロジェクトの推進や、力に依拠した「核心的利益」の確保と拡大に向けた動きは、地域の発展途上国の間で中国に対する警戒感を高めてしまった。同時に、「新型の国際関係」と「人類運命共同体」の構築を声高に標榜する「中国の特色ある大国外交」は、既存秩序の維持を重視する他の大国による中国への反発も招いている。これらを踏まえると、中国を取り巻く国際環境は必ずしも中国にとって有利になったとはいえないだろう。秩序戦略をめぐる今後の中国の対応が注目される。

募集・援護 特集

平和を、仕事にする。
陸海空自衛官募集

ただいま募集中！
◇予備自補（一般・技能）
◇自衛官候補生
◇医科・歯科幹部
★詳細は最寄りの自衛隊地方協力本部へ

女性隊員の活躍 PR

「自衛隊で女性が活躍できるイメージが一般の女子学生に伝わっていない」との反省から、各地本では"女性限定"の説明会を開催している。中でも兵庫地本は「ガールズトーク」と称し、女性隊員が親身に女子学生・生徒の相談に乗るイベントを開催、自衛隊の女性の職域拡大について詳しく説明しているほか、「女性制服のファッションショー」なども行い、受験意欲向上を図っている。一方、東京地本は会場にBGMを流し、スイーツや紅茶も用意して女子学生を迎え、カフェでおしゃべりする感覚で女性自衛官の魅力を伝えている。

兵庫 ガールズトークや制服紹介

「自衛隊ガールズ♡トーク」の中でファッションショーを行い、自衛隊の制服を紹介する女性自衛官たち（1月14日、兵庫地本で）

【兵庫】地本は1月14日、女子学生・生徒とその保護者を対象とした独自の職業説明会「第3回自衛隊ガールズ♡トーク」を開催した。

この企画は女性広報官が広報活動を行う中で、「自衛隊は男性が活躍する職場で女性は溶け込みにくい」というイメージが女子の間で依然強いことから、「女性限定の説明会が必要だ」との結論に達し、新イベントとして昨年6月にスタートさせた。

3回目となる今回の「ガールズ♡トーク」は兵庫地本の女性自衛官だけでなく、徳島地本、海自舞鶴総監部、空自2補給処（岐阜）、陸自3高射特科大隊（姫路）などの女性隊員も加わり、女性募集対象者ら20人が参加した。

午前中は兵庫県立芸術文化センターで開かれた「中部方面隊音楽まつり」を鑑賞し、午後から地本庁舎内で説明会を開いた。最初に女性自衛官が女子学生・生徒に対し、空自の戦闘機パイロットや海自の護衛艦の艦長など、国防の最前線で活躍する女性自衛官の仕事に触れつつ、多様な職域・職種、勤務地でのワークライフバランスなどについて話した。

その後、女性自衛官によるファッションショー（制服紹介）が行われ、最後にフリートークを行い、女子学生や生徒の質問に隊員たちが答えた。

参加した学生からは「男性の広報官には聞くことのできなかったことを、今日は女性自衛官に聞くことができてよかった」「陸海空のさまざまな制服が見られて貴重だった。どの制服も素敵で、自衛隊の受験を考えてもいいかなと思った」といった感想が聞かれた。

東京 カフェ感覚で気軽におしゃべり

「女性のための職業説明会」で女性自衛官と共に写真に納まる参加者。前列中央左は中山城南地区隊長（12月15日、東京地本港出張所で）

【東京】地本の城南地区隊港出張所は12月15日、所内で「女性のための職業説明会」を開いた。

このイベントは一般の女子学生らを対象に、自衛隊で活躍する女性自衛官への理解を深めてもらおうと企画。説明には港所の女性広報官のほか、臨時勤務の女性隊員ら4人が担当した。訪れた女子がリラックスできるよう、会場にはカフェミュージックを流し、スイーツや紅茶も用意。女性同士で気軽に話し合える雰囲気とした。

この日は午前と午後の2回の説明会に計12人の女子が参加。最初に城南地区隊長の中山めぐみ3空佐が自衛隊の任務や活動について話し、防衛省・自衛隊の男女共同参画推進に関する取り組みなどを話した。特に駐屯地の託児所など施設の紹介や女性隊員の育児と仕事の両立などについて話すと、参加者は真剣に耳を傾けていた。

後半は各女性自衛官が自分の体験などを個別に詳しく説明。それを真剣にノートに書きとめる参加者もいた。

これまで女性隊員に接する機会がなかった参加者たちは「女性自衛官から直に話を聞けて自衛隊に対する印象が変わった。今日は参加して良かった」などと笑顔で話していた。

「自衛隊も学校生活も笑顔で」
静岡 堀田1士が中学生に講義

生徒たちに自衛隊の魅力を伝える堀田1士（1月31日、藤枝市立青島中学校で）

【静岡】地本は1月31日、藤枝市立青島中学校が行った「リアル職業調べ」に、講師として女性自衛官を派遣した。

同イベントは外部講師から話を聞くことで、生徒が仕事や働くことへの理解を深め、職業に対する自分の考えを持つことを目的に実施されている。

「自衛隊の教室」は2回開かれ、計37人の生徒が参加した。講師は空自11飛行教育団整備補給群整備隊（静浜）で航空機整備員として勤務する堀田瑛1空士が務めた。

堀田1士は生徒に親近感を持ってもらえるよう、自身の中学時代の経験から話し、その後、「自衛官を選んだ理由」などを語った。

堀田1士が「自衛隊に興味がある人は?」と聞くと、多くの生徒が手を挙げた。

そこで「自衛隊は男女が同じように働けます。部隊では笑顔を大切にして、楽しく過ごすことで雰囲気が良くなり、仕事も楽しくなります」と話し、最後に「学校生活でも笑顔を忘れずに頑張ってくださいね」とメッセージを送った。

吉本芸人とコラボ動画「ジェイTube」第2弾は「フルーツポンチ」と

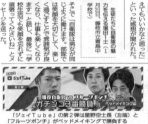

「ジェイTube」の第2弾は星野空士長（左端）と「フルーツポンチ」がベッドメイキングで勝負する

【陸幕】陸幕募集・援護課は1月31日、自衛官募集ホームページで吉本興業とのコラボ動画「ジェイTube」の第2弾の公開を開始した。

この動画は吉本興業のお笑い芸人が「自衛隊とあれこれやってみた」をテーマにさまざまなことに挑戦する企画。今回は、吉本興業の人気お笑いコンビ「フルーツポンチ」（亘健太郎さん＝写真中央、村上健志さん）が出演した。亘さんは元空自隊員だ。

陸自練馬駐屯地で現役航空自衛官の星野楓空士長と迷彩服姿の亘・村上さんが「自衛隊式ベッドメイキング」で対決する。元空自の芸人と現役空自隊員の真剣勝負は必見だ。

即応予備自の訓練 雇用企業主が見学
福岡

【福岡】地本は1月14日、19普連（福岡）の協力を受け、予備自衛官等雇用協力企業主らを大分県の日出生台演習場に案内し、即応予備自の訓練見学会を行った。

参加者は鉄帽と戦闘外被を着用して演習場へ。小銃や機関銃などを使用した戦闘射撃訓練について部隊の担当者から説明を受けながら見学した。さらに重迫撃砲中隊の実弾射撃訓練も研修した。

見学した企業主らは「弊社の予備自衛官がどんな訓練をしているのか興味があった。今日は実際に見ることができて本当に良かった」などと話していた。

「おおすみ」艦艇広報 1500人が来場
富山

【富山】地本は1月21、22の両日、富山県高岡市の伏木港に入港した海自輸送艦「おおすみ」の艦艇広報を実施した。

富山湾に雪が降る中、入港した「おおすみ」は「富山県海上自衛隊を支援する会」と地元高岡市、射水市家族会の横断幕に歓迎され入港。一般公開が行われたほか、関係者に対する特別公開を実施した。

特別公開に案内された自治体の防災担当者らは「おおすみ」の災害派遣での活躍と搭載するエアクッション艇（LCAC）に関する説明を受けた。

地本が引率した募集対象者は艦内で「おおすみカレー」を体験喫食し、その味とボリュームに満足の様子だった。

一般公開では、近隣の幼稚園児がバスで見学に訪れるなど、2日間で計約1500人が来場した。

難関突破目指し高工校挑戦
帯広など6会場で100人受験

㊤1次試験に臨む受験生たち（1月19日、釧路市の道東経済センタービルで）㊦推薦試験に挑む中学生（1月5日、横須賀市の高工校で）

【帯広】地本は1月19日、帯広、釧路、北見、美幌、中標津、根室の各試験会場で、平成30年度「陸自高等工科学校生徒」の1次試験を実施した。

この日は計100人の受験生が来場、難関突破を目指し、真剣な表情で試験に挑んだ。

帯広地本は一人でも多くの受験生が同試験を突破することを期待し、これから実施される各種試験に向け、さらなる支援を行う計画だ。

晴れて70人が合格
高工校 65期推薦採用試験を実施

【高工校＝武山】高工校は1月5日、来年度入校する第65期生徒の推薦採用試験を実施した。

平成22年度に推薦採用試験を導入してから今回で9回目。この日は約150人の中学生が全国から集まった。いずれの受験生も成績優秀、生徒会活動で顕著な指導力を発揮するなどして、各中学校から推薦を受けた。

試験は筆記試験、口述試験、身体検査などで、受験生たちは「絶対に自衛官になる!」という強い気持ちで受験に臨んだ。

1月17日、70人の合格者が発表された。

このほか、一般採用試験は地本が担任、1月19日に筆記試験、2月初旬に口述試験と身体検査が行われた。

地元出身の隊員を激励
熊本 八代市長ら108人が出席

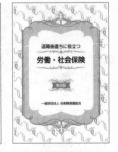

【熊本】地本は1月5日、八代市内のホテルで開催された「八代市出身自衛隊員新春激励会」を支援した。

同会は八代市の自衛隊協力会、家族会、隊友会が合同で昭和42年から開いている恒例行事。中村博生市長をはじめ、熊本県議会議員、八代市議会議員、防衛議員連盟会員ら来賓と協力団体が市出身の自衛隊員を招き、この日は総勢108人が参加した。

まず、全国各地で活躍している市出身隊員15人がステージ上であいさつ。出身校区を発表すると、その区の家族会員から歓声が上がった。

出身隊員を代表し、千丁校区出身の西方特科連隊副連隊長（湯布院）の村田幸2佐が「八代市出身隊員として常に誇りを持ち勤務に精励します」と謝辞を述べた。

懇親会では、各校区の家族会・隊友会員と出身隊員が各部隊での出来事などを語り合った。

八代市出身隊員を代表し、謝辞を述べる村田西特連副連隊長（前列中央）＝1月5日、八代市で

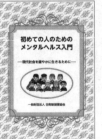

今年も盛況「じえコレ2019」
旭川 2日間で1400人、隊員と撮影会も
新制服や「耐Gスーツ」が人気

【旭川】地本は1月13、14の両日、旭川市内のモールで自衛隊広報展「じえコレ2019」を開催した。同展は昨年に続き2回目。

道内各地から集まった陸・海・空の現役自衛官26人が、さまざまな制服や作業服を身にまとい、約1400人（2日間）以上の観衆に向けて自衛隊をPRした。

中でも注目を浴びたのは、一新された陸自の新制服や戦闘機パイロットの「耐Gスーツ」。隊員たちはレッドカーペット上をさっそうと歩き、ポーズを決めると、観客から大きな拍手が送られた＝写真。終了後の隊員との撮影会も盛況だった。

モデルを務めた隊員は「このイベントで自衛隊を目指す人が増えてくれたら」と話していた。

16年経て 南極で初対面

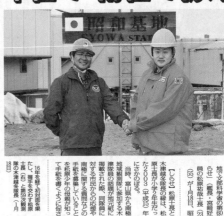

小学生の時、手紙を出した松原士長「しらせ」乗員に

返事を書いた木津隊員、第59次越冬隊長に

16年を経て初対面を果たし、握手を交わす松原士長（右）と第59次観測隊の木津越冬隊長（1月18日）

「はじめまして。16年前に手紙を出した者です」――。南極の昭和基地で文部科学省の第60次南極地域観測隊を支援している海自砕氷艦「しらせ」（艦長・宮﨑好司1佐）で奇跡的な出会いがあった。補給科給養員の松原祐哉士長（23）と第59次南極地域観測隊の木津暢彦越冬隊長（55）が1月18日、昭和基地で16年の時を経て初対面を果たした。

【しらせ】松原士長と木津越冬隊長の縁は、松原士長が小学2年生だった2003（平成15）年にさかのぼる。

当時、富山県から南極地域観測隊に参加する木津隊員の話題が地元紙に掲載された際、同隊員に対する市民からの応援や南極に関する質問などの手紙を募集していることを松原少年の母親が知って手紙を書くように促されたのがきっかけとなった。

松原少年は夏休みの自由研究課題として「南極の暮らし」について質問の手紙を投函。後日、木津隊員から小学生でも読めるようにと、すべて平仮名で書かれた返事が届いた。松原士長はこのころから「南極に行ってみたい」と思うようになったという。

時は過ぎ、高校を卒業した松原青年は2014年に海自に入隊し、今期初めて「しらせ」の乗組員として南極に行くことに。

昨年11月の出国を前に富山県の実家に帰省した松原士長は、当時の手紙を改めて読み返し、あの時に返事を送ってくれた木津隊員が現在、第59次南極地域観測隊の越冬隊長であることに気がつき、その時初めて自分が乗り組む「しらせ」がまさにその人を迎えに行くのだということを理解した。

「しらせ」の南極行動が始まると、同艦に乗り組んだ第60次南極地域観測隊の堤雅基隊長がこの話を昭和基地の木津越冬隊長に連絡。松原士長が基地設営支援作業に行く機会を利用して昭和基地での面会が実現した。

当日、松原士長は緊張しながら「はじめまして。16年前に手紙を出した者です」とあいさつ。木津越冬隊長は「こんなことってあるのですね。当時の富山県の小学生に対し、手紙を募集して本当に良かった」と笑顔で応えた。

この後、出身地や観測の話で盛り上がる中、「松原士長の実家に電話をしよう」ということになり、木津越冬隊長が松原士長の父親に出会えたことを伝えた。

観測隊の「越冬交代式」は2月1日に行われ、59次越冬隊員が約1年ぶりに「しらせ」に乗艦。木津越冬隊長の帰艦を心待ちにしていた松原士長は「給養員としておいしい食事を提供したいです」と語った。

ジャンボ滑り台など制作

滝川駐屯地が「雪まつり」支援

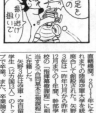

地元の高校生と太鼓演奏を披露する滝川駐屯地「しぶき太鼓」の隊員たち（手前）。左奥にそびえるのは「ジャンボ滑り台」（1月27日、北海道新十津川町で）

【10普連＝滝川】10普連（連隊長・伊與田雅一1佐）は1月27日に北海道新十津川町で開催された「第28回しんとつかわ雪まつり」の雪像制作を支援した。

2中隊を主力とする約20人の隊員たちは昨年末から約1カ月半にわたって連日の厳しい冷え込みの中で作業に当たり、「ジャンボ滑り台」や「特設メインステージ」のほか、今年は町からの要請を受けて「かまくら」も制作した。

雪まつり当日は晴天に恵まれ、約5500人の町民や観光客らが来場。「オープニングセレモニー」では隊員たちが制作した滑り台などが「雪まつり実行委員会」に引き渡された。その後、滝川駐屯地の「しぶき太鼓」が地元の高校の太鼓部に所属する生徒たちと共に力強い演奏を披露し、会場を盛り上げた。

隊員たちが制作した滑り台には子供たちの長蛇の列ができ、特設ステージ上では雪の上で中華なべに乗って闘う「押し相撲大会」も行われ、終日にぎわいを見せていた。

一方、滝川市の丸加高原では同日、駐屯地の修親会と曹友会の計36人が「そらぷちキッズキャンプ」でのジャンボ滑り台の制作に当たった。

同キャンプは、全国の小児ガンや心臓病などの難病と闘う子供たちに北海道の大自然を楽しんでもらおうと平成16年から毎年この時期に開かれている。

修親会と曹友会の会員たちは除雪道具などを用いて作業に着手。高原の斜面を利用した全長約50メートルの「ジャンボ滑り台」の骨格を作り上げた後、実際に滑り具合を確認し、子供たちが安全な速度で滑ることができるよう試行錯誤を重ね、安全性と耐久性を兼ね備えた完璧なものに仕上げた。

あさぐも　吉本どんど

ツーストライクまでは1本足打法で

「職務に精励を期待」

岩屋防衛相、別府駐屯地を視察

大臣就任後初の地元入り

地元・別府駐屯地で栄誉礼を受け、儀仗隊を巡閲する岩屋防衛相（手前中央）。その右後方はエスコートする山田駐屯地司令（1月26日）

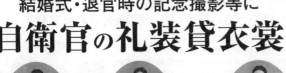

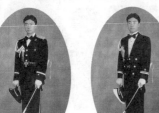

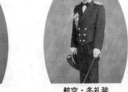

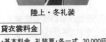

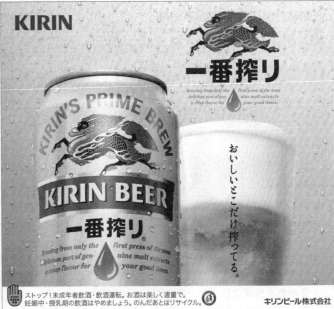

【別府】別府駐屯地は1月26日、岩屋防衛相の視察を受けた。大分県別府市出身の大臣の地元駐屯地視察は就任後初めて。

駐屯地では、小野塚貴之陸幕副長、沖邑佳彦4師団長、小瀬幹雄西方幕僚長、山田憲和駐屯地司令が大臣を出迎え、駐屯地体育館で儀仗隊長を務めた3中隊長の財津健二3佐以下隊員92人が栄誉礼を行った。

その後、大臣は女性自衛官隊舎を見て回り、女性隊員に「住み心地はどうですか」などと質問していた。

また、駐屯地体育館では隊員約800人を前に訓示し、「我が国と国民を守る自衛隊の役割はこれまで以上に大きくなっている。駐屯地司令をはじめとする各部隊指揮官の指揮統率の下、自身に課せられた責務の重さを認識し、職務に精励することを期待する」と述べ、隊員たちは真剣な様子で耳を傾けていた。

空自隊員が「総長賞」受賞

大韓民国合同軍事大学で 優秀研究論文賞も

列席したリー・ドンギュ空軍大学校長（左）と記念撮影に納まる矢野3佐（合同軍事大学で）

【空幕】大韓民国合同軍事大学の指揮幕僚課程に派遣留学していた矢野裕樹3空佐（統幕運用1課）は昨年12月7日に行われた同課程の卒業式で、成績優秀賞に当たる「合同軍事大学総長賞」を受賞した。

同大学は自衛隊の幹部学校に相当する韓国国防部の直轄機関。2011年にそれまでの陸海空軍大学を統廃合して創設された。矢野3佐は一昨年12月から昨年12月までの1年間、幹部学校の「指揮幕僚課程」に相当する「合同基本正規課程」に在籍した。

矢野3佐は空軍・空自留学生（12カ国13人）のトップで卒業。また、卒業論文として提出したヨーロッパの戦略環境変化が東アジアに与える影響についての研究論文も最優秀賞を受賞した。TOPIK（韓国語能力検定）の最上級の6級を取得する成果も残した。

一方、休日には子供と一緒に近くの歴史館などを見て回り、韓国の歴史や文化も学んだ。

帰国後、矢野3佐は「今回の派遣留学で視野が広がった。東アジアの安全保障環境のために生かしていきたい」と抱負を語った。

「空女」第3版が完成

女性初の戦闘機パイロットなど掲載

「空女」第3版に掲載された松島2尉

【空幕人計課】働く女性隊員の活躍状況や、航空自衛隊が推進する男女共同参画などの取り組みを紹介するパンフレット「空女」の第3版（全16ページ、フルカラー・A5版）が1月11日、完成した。

「空女」は2016年度に初めて作成され、募集・広報活動を担う全国各地の地本を通じて募集対象者やその関係者に配布され、好評を博している。

今回は、昨年8月に女性初の戦闘機パイロットとなった松島美紗2尉や宇宙状況監視の分野で奮闘する福田真珠美技官など、さまざまな職種で活躍する女性隊員ら約40人を紹介。ワークライフバランスへの取り組みとして、育児休業を取得した男女双方の隊員の声も掲載している。

第3版の作成を担当した空幕人事計画課の徳本夕里恵准尉は「女性隊員は、もはや特別な存在ではありません。意欲と能力があれば、性別に関係なく活躍することができます。空自をより身近に感じてもらい、男女双方の志願者が増えてくれればうれしいです」と話し、募集への波及効果を期待していた。

こちら警務隊　☎8・6・47625

自転車運転中の不注意で死傷事故、重過失致死傷罪

自転車を運転中に不注意で人を死傷させた場合、どんな罪になりますか？

例えば、わずかな注意を払えば事故を防げたのにそれを怠って人を死傷させた場合、刑法第211条後段の重過失致死傷罪に該当し、5年以下の懲役もしくは禁錮または100万円以下の罰金に処されます。

近年では、スマートフォンを操作して脇見をしたまま自転車を運転し、歩行中の女性に衝突し死亡させたとして、重過失致死罪に問われ、禁錮2年執行猶予4年の判決を受けたという事例もあります。

脇見や片手運転をせず、安全運転を心がけましょう。（東部方面警務隊）

2師団、旭岳でスキーヤー捜索

2師団（旭川）は2月16、17の両日、北海道知事の災害派遣要請を受け、上川郡東川町の旭岳で行方不明になったスキーヤーの男性1人の捜索を行った。

16日午前6時、2特連5大隊長（旭川）の井上博文2佐以下約35人、車両5両などが現地に向けて駐屯地を出発。午後1時5分、2飛行隊（同）のUH1多用途ヘリ1機が現場上空に向かい、捜索を行った。

翌17日は井上2佐以下約40人、車両約10両などが午前6時すぎから順次出発し、現地で活動。午後7時30分、自治体で対応可能となったことから知事の要請で撤収した。活動規模は延べ約75人、航空機延べ2機、車両延べ約15両だった。

小休止

▽…米海軍兵学校（アナポリス）で1月31日、卒業行事「シップセレクション」が行われ、日本に配属されている艦艇を最初に選択したベン・アルフォード候補生に米国防衛駐在官の奥梱拓朗1海佐から居合刀が贈呈された＝写真。

▽…同行事は、士官候補生が卒業後に自分が赴任する艦艇を成績順に選んでいく1年に1回の大イベント。今年は約260人中、男性17人、女性14人の計31人が日本を選んだ。

▽…アルフォード候補生は、米海軍横須賀基地に配属されているミサイル駆逐艦「マスティン」を選択。同校教官の前山一歩2佐と服部華都規3佐も後ろから笑顔で大きな拍手を送った。（海幕）

どうせ走るなら150キロ!!

「ツール・ド・おおすみ」

川村群司令とともに完走

「ツール・ド・おおすみ」に参加し、力走する川村1空群司令（中央）。その右が福永先任伍長

海曹長　福永　佳孝（1空群先任伍長・鹿屋）

昨年8月、第1航空群司令に川村伸一海将補が着任された。

「新しい群司令、自転車が趣味らしいよ…」

どこからともなく聞こえてきた声。それ！がすべての始まりでした。

「第18回ツール・ド・おおすみサイクリング大会」の案内がサイクリング仲間から届いた。

「今年はどうする?」と。私も趣味でロードバイクに乗り、所属するサイクリングチームの月1回の遠征には参加していたものの、超ハードな「ツール・ド・おおすみ」への出場には尻込みしていた。

川村群司令に早速、大会について説明を行った。

「このサイクリング大会は、鹿屋航空基地で開催される『エアーメモリアルinかのや』のスポーツイベントの一つとして、市制60周年を記念し、2001年に第1回大会が開かれました。現在では鹿屋市を中心に、鹿児島県大隅半島を舞台とするサイクルイベントとして定着、今年は70、110、150キロの3コースが準備されているようです」と説明しました。

すると、「先任伍長も走るんだよね?」と群司令。

「え、あ、はい」（汗）。

「群司令はいかがなさいますか」

「走るよ」

「コースはどれにしますか」（不安）

「どうせ、走るんなら…ね」（笑）

「で、ですよね」（涙）

というやりとりで、明治維新150周年を記念して新たに設定された「150キロコース」に出場することが決定しました。

その後、本番まで2カ月、天気のいい日には一緒に本番コースの試走をするなど練習を重ねたものの、不安いっぱいの中で本番の11月25日を迎えました。

当日は絶好の天気に恵まれ、一斉にスタート。最初は元気いっぱいで、気持ちよく海岸沿いを走り、途中の山岳コースでは、もがき苦しみながらも大隅半島の雄大な景観と、休憩所で振る舞われるご当地グルメを堪能しながら、何とか無事そろってゴールすることができました。

川村群司令からは「絶好の天気に恵まれ、楽しく走り終えられたね」との言葉がありました。

続いて、「来月にもこんな大会があったら、先任伍長どうする?」と聞かれ、疲れ果てていた私は、「嫌です」と正直に返事しました。しかし、内心は「一年に、また参加したくなるだろうな…」とも考えていました。

本大会には多くの某基地隊員がボランティアとして参加し、大会を支えるとともに、海上自衛隊の法被を着た隊員が沿道で応援に駆けつけ、海自の広報にも大いに寄与しました。

次回も多くの隊員たちを誘い、このサイクリング大会に参加したいです。

世界ではなく、自分自身を征服せよ。

デカルト（フランスの哲学者）

（世界の切手・ルクセンブルク）

朝雲ホームページ
www.asagumo-news.com
＜会員制サイト＞
Asagumo Archive
朝雲編集部メールアドレス
editorial@asagumo-news.com

みんなのページ

「仲間を大切に」胸に刻み

レンジャー集合教育で学生長

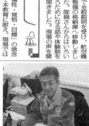

2陸曹　吉田　正也（32普連1中隊・大宮）

大宮駐屯地に帰還、横山裕之連隊長（左）からレンジャー徽章を受けた吉田2曹

昨年末、第32普通科連隊で行われた「第38期レンジャー集合教育」に、私は学生長として参加しました。

教育当初、自分は学生長として頼りない場面が多く、同期にはたいへん迷惑をかけてしまいました。

しかし、教官の要望事項である「一丸」と、教育中に言われた言葉「仲間を絶対大切にしろ!」を胸に刻み、その後の同期の支えと協力もあり、厳しい訓練を乗り越えることができました。

一番印象に残っていることは、ロープ橋で学生長として先陣をきって登り、レンジャー旗を運びきれたことです。

また、「終わった」と思った訓練で、さらに任務を追加された時は、気持ちが負けそうになりましたが、本物のレンジャーになるため、「犠牲・覚悟・目標」の信念を持って本教育に耐え、現場では仲間の大切さを実感することができました。

今後は、学生長を務めた経験を糧に、レンジャー隊員として先陣をきって皆を引っ張っていき、胸のダイヤモンドがさらに輝くように日々精進をし、部隊の任務に貢献していきます。

教育訓練で指導をしていただいた教官・助教をはじめ、私たちの支援や応援をしていただいた皆さんにも感謝の気持ちでいっぱいです。どうもありがとうございました。

入間基地を見学、空自への思い強まる

高3　三上　真緒（群馬県安中市）

空自への入隊を目指している高校生の三上真緒さん（左）

昨年末、入間基地で行われた入隊予定者・受験予定者見学会に参加しました。

私は第一希望である憧れの航空自衛隊を見学できるということで前日から緊張と胸の高鳴りを抑えることができませんでした。

入間基地では空港のターミナル待合室のような場所で全般説明を受け、航空機整備の格納庫へ移動しました。隊員さんからはいろいろためになる話や体験談を聞きました。現場の声を聞いて、いっそう空自入隊への思いが強くなりました。

その後、気象隊では勤務する女性の隊員さんが「予報官」の資格を取得していると聞き、驚きました。内務班では居住施設を見せてもらい、生活環境が想像できたので不安はなくなりました。

私が航空自衛官になれたら積極的に勤務し、みんなが憧れる女性自衛官になりたいです。夢がかなうよう、全力で試験に臨みたいです。

重い士長昇任

陸士長　元脇　由希恵（1直支援中隊・国分）

本年1月1日付で、私は陸士長に昇任しました。昇任して私が感じることは、今までの1等陸士とは違い、責任感の重さの違いです。私の自衛官生活も、もうすぐ3年が過ぎようとしています。

後輩が入ってきて、「自分もしっかりとしないといけない」と思う場面が増えてきました。

今までは、先輩方にたくさん頼ってしまっていた場面もありましたが、今度は自分が後輩に対して、先輩方のような立場にならなければいけないと思っております。

これからは、自分の立場をよく考え、行動や言動に今まで以上に気を付けていきたいと思います。

陸士長として、自衛官として恥ずかしくない行動をこれからも心掛け、いろいろなことに挑戦し、頑張っていきます。

OBがんばる

澤田　毅さん　55
平成29年6月、自衛隊三沢病院を最後に定年退職（1空尉）。建設会社の東京エネシスに再就職し、青森県の原子燃料サイクル施設で工事作業員の安全を管理している。

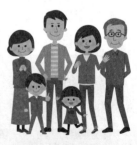

「負けじ魂」で切り開く

私の第二の人生は、自衛隊での経験を生かせる企画・総務系の仕事を希望し、現在、総合エネルギー関連施設の建設会社である当社の「安全マネージャー」に再就職することができました。

私の場合、退職翌日からの勤務を切望され、気持ちの切り替えもそこそこに辞令交付となりました。勤務先は青森県六ヶ所村にある原子燃料サイクル施設の再処理施設構内にある事務所で、現場で働く作業員の労働安全を管理するため、日々、工事現場を巡回し、社員52人・協力会社約70人に対して労働安全指導・教育のほか、年度計画・報告などの業務を2人の安全スタッフとともに実施しています。

営利目的の民間企業では、1件の事故や作業ミスが会社の信用を落とし、経営にも大きく影響します（社員にとってもボーナス等に大きく影響します）。それ故に「安全管理」という職務にも、自衛隊で培った法令遵守の精神が生かされていると実感しています。

最後に、これから定年を迎えられる皆さまも再就職へのイメージを早期に描き、健康不安を払拭し、30数年磨き上げた「負けじ魂（レジリエンス）」をさらに強固にし、第二の人生のゲートを開いていかれるよう祈念いたします。

私も再就職2年目の冬に突入し、豪雪地帯の青森県でも特に風雪厳しい地域での勤務に心が折れそうになる時もありますが、健康第一、負けじ魂で無事にこの仕事を勤め上げる所存です。

あさぐも掲示板

■日本国防協会、「中国の実像」テーマに富坂拓大教授の講演会

日本国防協会は3月7日（木）午後3時から東京都新宿区のホテルグランドヒル市ヶ谷で、拓殖大学海外事情研究所の富坂聡教授を講師に迎え、国防問題講演会を開く。演題は「日本からは見えない中国の実像」。

聴講希望者は協会事務局にFAX（03-5229-2050）またはメール（info@kokubou-league.com）で申し込む。締め切りは3月4日。聴講料は会員・隊員・OBが千円、一般2千円。

新刊紹介

『証言でつづる日本国憲法の成立経緯』　西　修著

法学者の著者（現・駒澤大学名誉教授）は40代の頃、研究者として米国に滞在、その機会を生かし、戦後、日本の連合国軍司令部（GHQ）で日本国憲法の原案（マッカーサー草案）起草に当たった米国人8人にインタビューした。さらに帰国後は日本人関係者に次々と聞き取り調査を行った。

本書は当時、日米の関係者の貴重な証言をまとめた「証言集」である。著者は当時のテープ、手紙、メモなども掘り起こし、丁寧に編集し、「歴史の証人たち」の言葉を見事に再現した。

米側は憲法草案のキーマンを務めたGHQ民政局次長のケーディス陸軍大佐、「行政権」の章を起案したエスマン元陸軍中尉、日本側は憲法の改正案に関与した松本烝治、入江俊郎氏らの証言を収録。その背景をまさに詳細に記録しており、その貴重な証言の数々は現在の改憲論議にも一石を投じるものだろう。

（海竜社刊、2700円）

『ふたつのオリンピック　東京1964／2020』　ロバート・ホワイティング著　玉木正之訳

『和をもって日本となす』『東京アンダーワールド』など、日本をテーマにした数々の著書で知られる米国人ジャーナリストの"自伝"。

1962年、米空軍の19歳の兵士として来日し、除隊後、上智大学に入学。卒業後は日本の出版社に就職し、その後、「ガイジン＝アウトサイダー」として当時の日本で暮らした。さまざまな問題にも直面。それに疲れ果てて本国に戻り、その後、再び日本へ。そして再び、東京で五輪が開催される時を迎える。

著者は「東京が大きく変わったところがベストセラー」のように、二つの五輪の間に大きく変わった東京の半世紀の変遷をガイジンの視点から見つめることができる貴重な一冊。

（KADOKAWA刊、2592円）

詰将棋

出題　九段　石田　和雄　日本将棋連盟

第789回出題

	5	4	3	2	1	
			竜	と		一
		金	金		歩	二
		王	銀			三
			歩			四
			桂			五
						六

■先手　持駒　角

【ヒント】竜は捨て駒、角成がドメ（10分で二段）。

▶詰碁、詰将棋の出題は隔週です◀

詰碁

出題　九段　曲　励起　日本棋院

第1204回解答

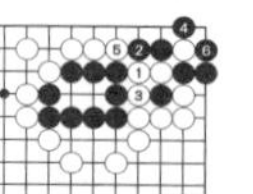

【解答図】白先、黒取り。白①が大切で黒②の時、白③で左側の黒を取れます。白③では黒①…「1」の劫になります。

朝雲

発行所　朝雲新聞社
〒160-0002 東京都新宿区四谷坂町12-20 KKビル
電話 03(3225)3841
FAX 03(3225)3831
振替00190-4-17600番
定価一部140円、年間購読料9000円（税・送料込み）

主な記事

大規模災派は「提案型支援」に

被災自治体に複数案提示

本省課長級以上を現地派遣

防衛省・自衛隊は国内で発災する大規模災害にこれまで以上に迅速かつ適切に対応するため、災害派遣活動の内容について被災自治体のニーズに合った複数のプランや具体的な支援策を打診する「提案型」の災害派遣を積極的に推進していく方針だ。同時に、本省課長級以上の幹部職員を被災自治体などに派遣することでハイレベルでの対外調整と本省へのダイレクトな報告・調整を可能にし、迅速な意思決定につなげていきたい考えだ。

こうした方針は、昨年7月に発生した西日本豪雨災害の対応に当たった政府の「初動対応検証チーム」が同11月に公表した「平成30年7月豪雨に係る初動対応検証レポート」の中で示された。

防衛省・自衛隊は当時、8府県からほぼ同時に災害派遣要請を受け、44日間で最大人員約3万3000人、航空機38機、艦艇28隻（防衛省のチャーター船「はくおう」1隻を含む）を投入。人命救助、給水支援約2万トン以上、給食支援、入浴支援、道路啓開約40キロメートル、瓦礫処理など多岐にわたる活動は約1万4000台分に及んだ。

レポートではこの時の経験を踏まえ、「防衛省・自衛隊は自治体からの要請を待つだけでなく、積極的に支援ニーズを把握し、先手先手で対応していく」ことが明記された。

さらに、各府省庁から課長級以上の幹部職員を被災自治体に派遣し、被災自治体の支援ニーズを早期に把握・整理する」ことが掲げられるとともに、「被災直後の自治体は混乱していることを前提に、多くの関係者が一堂に会した打ち合わせの場を設けることで応急対策が円滑に進んだ」ことなどが挙げられている。

員が中四国地方の被災自治体に派遣されたことを受け、「多くの関係者が一堂に会した▽国・県・市町村・事業者などの関係者が一堂に会した打ち合わせを行い、課題や復旧の工程などを共有することで応急対策が円滑に進んだ」ことなどが挙げられている。

防衛省・自衛隊はこれまで災害の規模にかかわらず、都道府県知事からの災害派遣要請を待たずに直ちに現地の部隊や地方協力本部などから連絡幹部（LO）を被災自治体に派遣し、情報収集とニーズの把握に努め、自治体からの要請に基づいて対応してきたが、今後は政府の方針を受け、大規模災害の発生時にはこれまで以上に積極的なニーズの把握と迅速・的確な初動対応、各種支援が求められることになる。

北海道・胆振東部で震度6弱

3自衛隊が情報収集

2月21日午後9時22分ごろ、北海道の胆振地方東部を震源とするマグニチュード（M）5.8と推定される地震が発生し、同地域で震度6弱を観測した。政府は直ちに官邸対策室を設置、防衛省も同9時35分、省内に災害対策室を設置した。

同25分、岩屋防衛相は3自衛隊に対し、①早期の被害状況の把握に万全を期す②関係省庁等との緊密な連携③の3点を指示。これを受け、陸自は7師団（東千歳）、11旅団（真駒内）とその隷下部隊から連絡幹部ら5人が各自治体に急派されたほか、航空機による情報収集に当たった。

翌22日午前10時8分まで情報収集を行ったが、被害は確認されなかった。

山崎陸幕長

「さらなる交流促進に期待」

訪日の英陸軍参謀総長と会談

日英の協力関係強化を目指し、来日した英陸軍参謀総長のカールトンスミス大将（左）と握手を交わす山崎陸幕長（2月20日、防衛省の陸幕長応接室で）

山崎陸幕長は2月20日、来日した英国陸軍参謀総長のマーク・カールトンスミス大将と防衛省で会談し、国際情勢について認識を共有したほか、今後の日英間の防衛協力について幅広く意見交換を行った。英陸軍参謀総長の来日は2014年3月以来、5年ぶり5回目。

陸幕長は冒頭、「英国は我が国にとって安全保障上の非常に重要なパートナーだ。両国間でさらなる陸軍種間の交流が促進されることを期待している」と述べた。

これに対し、カールトンスミス参謀総長は「昨年、日英共同訓練『ヴィジラント・アイルズ』は成功した。このような成功を積み重ねられるように、英日の今後について話し合いたい」と応じた。

両者はその後の会談で、幕僚間交流や共同訓練の範囲を拡大するなど、今後、日英間の防衛協力、交流をさらに強化していくことで一致した。

原田副大臣「ミュンヘン会議」に出席

欧州の安全保障を討議

原田副大臣は2月15、16日、ドイツで開かれた第55回「ミュンヘン安全保障会議」に出席し、各国の外相や国防相らと共に欧州の安全保障について討議を行った。

会議には独からメルケル首相とフォン・デア・ライエン国防相をはじめ、シャナハン米国防長官代行、ウィリアムソン英国防相、パルリ仏軍事相、ラブロフ露外相、ストルテンベルグ北大西洋条約機構（NATO）事務総長ら閣僚級数十人と10を超える国際機関のトップらが参加した。

原田副大臣は現地滞在中、リトアニアのカロブリス国防相、ギリシャのアポストラキス国防相、スウェーデンのフルトクヴィスト国防相、ドイツのジルバーホルン国防政務次官との2国間会談に臨み、今後の防衛交流の方向性やNATOを通じた協力などについて話し合った。

このほか、コーエン元米国防長官が主催する朝食会でNATOが直面する課題などについて議論したほか、「インド太平洋と欧州」をテーマとした日本国際問題研究所主催のイベントにも参加した。

砕氷艦「しらせ」

昭和基地を離岸

南極の昭和基地で昨年末から文部科学省の第60次南極地域観測協力を行っていた海自の砕氷艦「しらせ」（艦長・宮﨑好司1佐以下約180人）は2月3日、昭和基地を離れた。

「しらせ」は今後、リュツォ・ホルム湾で観測隊の各種観測業務を支援しながら北上を続け、2月下旬にも同海域を離れる。

その後、補給のためオーストラリアのシドニーに寄港（3月18〜23日）して観測隊員を降ろし、4月9日に東京・晴海に帰国する予定。

「天皇陛下ご在位30年」

全国の海自基地で記念の

満艦飾や電灯艦飾が輝く

「天皇陛下ご在位30年」を記念し、全国の海上自衛隊基地では2月24日から28日まで、艦艇の満艦飾と電灯艦飾が行われている。

横須賀基地では連日午後7時から電灯艦飾を実施。24日には停泊中の護衛艦「こんごう」「たかなみ」「はたかぜ」「てるづき」の艦首からマスト、艦尾にまで取り付けられた電灯が一斉に点灯した。

その美しいシルエットは港内の水面にも映り、近くのヴェルニー公園では、写真愛好家やカップルたちがライトアップされた風景をカメラに納めていた。

静岡県から訪れた大学生の齋藤和輝さん（19）は、「2隻の護衛艦が並んでいるだけでも珍しいのに、電灯艦飾を行うと聞いて駆け付けました」と夢中でシャッターを切っていた。

「天皇陛下ご在位30年」を記念し、電灯艦飾で祝意を表す海自の護衛艦「こんごう」（左）と「たかなみ」（2月24日、横須賀基地で）

タイで在外邦人等保護措置訓練

多国間訓練「コブラ・ゴールド」

3自衛隊員ら170人が参加

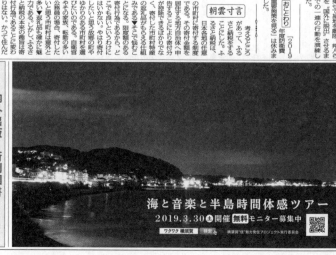

陸海空自などから隊員約170人が参加して1月14日からタイで行われていた米タイ共催の多国間共同訓練「コブラ・ゴールド19」が2月23日、終了した。

同17日にはタイ中部のピサヌローク空軍基地で「在外邦人等保護措置訓練（RJNO）」が行われた。

訓練には、陸自陸上総隊、空自航空総隊、支援集団の隊員約125人のほか、在タイ日本大使館職員と在留邦人ら約50人が避難統制所（ECC）要員や避難者役で参加した。

隊員たちは、基地外の一時避難場所に集まった邦人らを大使館職員から引き継ぎ、車両に乗せ飛行場地区のECCまで一般道を軽装甲機動車で先導。基地では、日米タイの3カ国が共同で多国間調整所を設置し、避難者を誘導して航空機搭乗前の手荷物検査などに当たった。

その後、待機中の空自C

多国間共同訓練「コブラ・ゴールド」の中の在外邦人等保護措置訓練で、空自C130H輸送機に乗り込む邦人ら（奥）と警護に当たる陸自中央即応連隊の隊員（2月17日、タイのピサヌローク空軍基地で）

130H輸送機に邦人らを乗せて基地を離陸。邦人らを"国外に脱出"させるまでの一連の行動を演練した。

春夏秋冬

21世紀　世界は新秩序の時代へ

秋元　千明

東西の冷戦が終結してから今年でちょうど30年になる。旧東側の共産主義国家が次々と崩れ去るのを目の当たりにした時、長い対立の歴史が終わり、世界は融和と平和の段階に入るだろうと誰もが予想した。

しかし、冷戦後の世界は予想とは大きく違っていた。地域紛争が頻発し、核兵器は拡散し、国際テロは多発し、インターネットの登場によるサイバー攻撃が繰り返されるようになった。冷戦時代よりはるかに不安定で、戦争でもない平和でもないグレーな時代が現代である。

それは第1次世界大戦前の世界と酷似している。それまで国際社会に君臨した大国が衰退し始め、その一方で新たな大国が台頭し始める。当然、旧大国はそれまで守ってきた秩序を維持しようとするから、秩序の崩壊をめざす新興勢力と決定的に対立し、その間で多くの国家が舵取りの難しい外交を迫られる。中ロの覇権拡大とそれに対峙する欧米の対立がそれである。

それにもかかわらず、米国は世界の警察官としての役割を返上し、内向き思考である。一方、中国は海に勢力圏を拡大し、南シナ海全域の支配を目論んでいる。ロシアはウクライナのクリミア半島を事実上併合、再び膨張主義に転じている。また、英国はEUから離脱する準備を始め、日本は米国とは別に、英国やアジア諸国と新たな同盟関係の構築を進めている。朝鮮半島をめぐっては、日本と米国、中国、韓国の厳しい外交的駆け引きが続いている。

これらの問題は一見、それぞれの地域で無関係に別個に起きているように見えるが実は違う。実際には地球という同一の空間を舞台に国家同士が有機的に関わり合いながらゲームを進めているのだ。

それはさながら東西冷戦後、これまで続いてきた米国一極支配の時代が終わり、かつての東側陣営のように西側陣営も崩壊し始めているのを見ているようだ。この新しい時代を米国では「G0（ジーゼロ）の時代」と呼ぶことがあるが、日本はこの時代にあってもなお繁栄を維持しなくてはならず、そのための全く新しい大戦略の構築が求められている。米国に寄り添っていれば済む時代は終わった。英国を中心とした友好国と連帯して、21世紀に見合った新しい同盟を構築し、日米同盟を支えなくてはならない。

これまでとはまるで違った全く新しいアプローチが必要であることを肝に銘じなくてはならない。

（英国王立防衛安全保障研究所アジア本部所長）

おことわり　「2019年度防衛費重要施策を見る」は休みました。

朝雲寸言

考えるところがあって、ふるさと納税をすることにした。ふるさと納税は、日本各地の任意の市町村に寄付する制度である。その寄付金額を居住する地方自治体へ申告することにより寄付分が控除できるばかりでなく、寄付した市町村特産の返礼品がもらえる仕組みである▼そこで悩むことになる。限度額のある寄付行為であるから、どこでも良いというわけにはいかない。やはり寄付したいと思う故郷の町やゆかりのある市町村を選びたいのである。自衛官やその家族、転勤の多い公務員の場合、寄付したいと思う市町村は意外と多い▼返礼品も確かに魅力である。しかし、ふるさと納税の本来の趣旨は寄付行為であることに変わりはない。かつて住んだ地方の町や、災害派遣で訪れた市町村には特別な思い入れがある。出来れば少しでも恩返しというか、お返しが出来ればと思いながら、その寄付先に迷うのである▼誰にでも故郷がある。故郷で生まれて育ち故郷で人生を終える人がいる一方で、若くして故郷を離れ日本各地を転々とする人もいる。故郷とは違った場所で終の棲家を決める人がいる。自衛官の多くは間違いなく後者である▼気づけば故郷の町は少子高齢化と人口流出、財政悪化や地域産業の低迷、そして災害の復興に苦しんでいる。カタログショッピングのように返礼品だけを見てふるさと納税を選ぶのは本末転倒のような気がしてならないと思うのだが、どうだろうか。

海と音楽と半島時間体感ツアー
2019.3.30(土)開催 無料 モニター募集中
ワクワク横須賀

時の焦点

国内　北朝鮮問題

包括的な解決が必要だ

一刻の猶予ももどかしい。憤りを押し殺して、最終的な成果に直結する行動を取らなければならない。その強い決意の表れであろう。

北朝鮮による拉致被害者の家族会と支援組織「救う会」が、北朝鮮の金正恩国務委員長あてのメッセージを発表した。初めてのことである。

「全拉致被害者の即時一括帰国を決断していただきたい」と題したメッセージには、金委員長への約束めいた一文がある。

「全拉致被害者の即時一括帰国が実現するのであれば、私たちは帰ってきた拉致被害者から秘密を聞き出して国交正常化に反対する意志はありません」

北朝鮮が拉致被害者を帰さないのは、被害者らが北朝鮮の国家機密を知っているためだ、という見方がある。重要な国家機密ではなくとも、北朝鮮での処遇などが明らかになれば、日本の世論が北朝鮮非難に傾き、経済協力への反対論が高まる、と恐れているというわけだ。

もちろん、この分析が当を得ているかどうかは分からない。家族会・救う会としては、北朝鮮がそれを懸念しているとしても心配は無用である、「秘密」を公にして日朝関係に悪影響を及ぼすつもりはない、と明確にしたのである。

本来、被害者が加害者の心理をおもんぱかる必要などはない。それでも感情を抑え、異例のメッセージを送った家族らの決意に、政治は応えねばなるまい。

安倍首相は米国のトランプ大統領と電話会談を行い、米朝首脳会談で日本人拉致問題を提起するよう改めて要請した。北朝鮮の核・ミサイル問題について、連携して対応することも確認した。

首相は、北朝鮮との直接対話に意欲を示すが、いまだ日朝首脳会談の見通しは立っていない。

まずは、トランプ大統領が安易な妥協に走らないように、核・ミサイル・拉致問題について、日本の立場を明確に伝えなければならない。

米国は、北朝鮮の「完全な非核化」を条件に、経済協力を進める方針という。

北朝鮮はこれまでもたびたび「非核化」を口にしてきた。重要なのは、具体的で実効性のある措置である。昨年5月には北東部・豊渓里の核実験場を爆破したが、「元の状態に戻すことができる」との見方も有力だ。

日本は、大陸間弾道ミサイル（ICBM）だけでなく、短距離・中距離ミサイルの脅威にも直面している。核・ミサイル・拉致問題の包括的な解決こそが地域を安定に導く。包括的解決なしに、日本との国交正常化やその後の経済協力はあり得ない。北朝鮮はそれを認識すべきだ。

「愛する肉親に数十年も会えず、ひたすら帰りを待ち続けている親兄弟の張り裂けるような胸のうちをぜひご想像ください」

家族らのメッセージを金委員長は正面から受け止めてもらいたい。

宮原 三郎（政治評論家）

海外　国家非常事態

壁建設へ米大統領宣言

トランプ米大統領は2月15日、不法移民や麻薬の流入を阻む対策として、議会の承認を得ずにメキシコとの国境に壁の建設を促進するため、「国家非常事態」を宣言した。大統領は壁の建設費に57億ドルを要求していたが、議会が14日に承認した歳出法案は、フェンス建設費14億ドルにとどまった。そこで大統領は予算に署名した上で、非常事態も宣言し、建設費用捻出を可能にした。

宣言の結果、政府は議会の承認なしに、国防総省の薬物対策費25億ドル、同・施設建設費36億ドル、財務省の薬物関連基金6億ドルなど計67億ドルを利用できることになり、議会が承認した14億ドルと合わせ、総計81億ドルを壁建設に充てられる。

国家非常事態法（1976年制定）に基づく同宣言は、「イラン政府資産の凍結」と題する79年（カーター政権）の第1弾を皮切りに、2001年の同時多発テロ直後など、これまでに58回発動され、うち28件が現在も有効になっている。

オバマ前政権は新型インフルエンザの流行時（09年）など12回発動し、うち10件が今も有効。トランプ政権も「ニカラグア情勢に関わる一定人物の資産凍結」など、既に3回発動済み。

しかし、「マケドニアの情勢」（01年）、「同ジンバブエ」（03年）、「同ブルンジ」（15年）などの宣言がまだ生きているとは！ 現在、これら諸国が米国にとってどんな脅威なのか。米国民にとって、南部国境の現状の方がはるかに「今そこにある危機」だろう。

共和党のジョーダン下院議員は17日朝、ABC-TVの番組「ジス・ウイーク」で、宣言への反対論者に反論していた。

「米国への不法入国を図る千、万単位の中南米の移民キャラバンは今や第5陣。キャラバンがどれだけ来れば『非常事態』になるのか？ 第6陣か？ 第7陣なのか？」

「2、3週間前、5700万人の米国民を殺せる量の麻薬密輸を国境で摘発した。これでも危機ではないのか？ 5800万人分の量が必要なのか？」

大統領は宣言を発表した際、「政府は訴えられるだろう」と述べたが、18日夜のFOX-TVは「トランプ氏の予言は正しかった」と妙な感心をしていた。

同日午後、カリフォルニア州など16州が「宣言は憲法違反」などとして、政府を訴えたからだ。訴訟は最終的には最高裁で、5対4で政府側が勝訴するような気がする。

訴訟の結果がどうなろうとも、焦点は20年の大統領選および議会選である。大統領は民主党を「国境の危機を信じない政党」と印象付ける戦略に成功した。

民主党のペロシ下院議長、シューマー上院院内総務はともに、「危機はでっち上げ」との主張だし、既存の国境線の撤廃に前向きな議員すらいる。

最近の国際世論調査では、世界で7億5千万人が米国に移住したいと答えていた。国境を管理しない国家は滅びる—これに尽きる。

草野 徹（外交評論家）

海賊対処行動支援隊10次隊
岩屋防衛相から1級賞状

岩屋防衛相（右）から1級賞状を受ける海賊対処支援隊10次隊副司令の[illegible]2佐（2月18日、防衛省で）

アフリカのジブチ共和国で昨年8月上旬から今年1月下旬まで、自衛隊活動拠点の警備などに当たった「派遣海賊対処行動支援隊10次隊」（司令・関谷拓郎1陸佐以下、陸自中央即応連隊基幹の陸・海自隊員約110人）に2月18日、岩屋防衛相から1級賞状が授与された。

表彰式には、引き続き次隊司令を務める関谷1佐に代わり、10次隊の代理として副司令の[illegible]2佐（現・4整備補給隊[illegible]）が出席。原田憲治副大臣、鈴木、山田両政務官、高橋事務次官、河野統幕長、[illegible]らが立会した。

岩屋大臣は「海賊行為の抑止に大きく寄与するとともに、国内外の理解と信頼を深めた」などと賞状を読み上げ、副賞の盾と部隊功績章を添えて授与した。

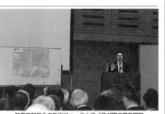

防衛施設学会「年次フォーラム」
専門家ら13件の研究発表
佐藤外務副大臣が講演

防衛施設学会の「年次フォーラム」が2月7日、東京都新宿区のホテルグランドヒル市ヶ谷で開催された。

研究発表では空自隊員らが「ミクロ交通シミュレーションを活用した大規模工事における工事車両の運行管理」について報告したのをはじめ、建設会社や大学の専門家が防衛施設の強化などをテーマに13件の研究発表を行った。

併設の展示会場では、米ミリタリー・エンジニア協会（SAME）を含む計22の企業・団体が最新の施工法や建設技術などをブースで展示・発表し、来場者の関心を集めた。

フォーラムの最後には、佐藤正久外務副大臣（元1陸佐）が登壇。「我が国の最新国防事情」と題して特別講演を行った。佐藤氏は昨年末に策定された新防衛大綱について、「陸、海、空それぞれ[illegible]ず、宇宙・サイバー・電磁波だけでは日本は守れない」と述べた。また、自衛官募集の重要性も強調。昨年1月、草津白根山の噴火災害で仲間を守り、殉職した伊澤隆行3陸曹のエピソードにも触れ、「家族や地元を愛し、それを守る自衛官の痛みを知ることが大切。今後も皆さまとともに、さまざまな現場で頑張る隊員たちを私たちも後押ししていきたい」と語った。

防衛施設学会の年次フォーラムで「我が国の最新国防事情」について講演する佐藤正久外務副大臣（2月7日、ホテルグランドヒル市ヶ谷で）

陸自東方とドローン事業者団体
全国初の災害時協定締結

陸自東部方面隊は2月15日、朝霞駐屯地でドローン事業者団体の一般社団法人「日本UAS産業振興協議会」（JUIDA、東京都文京区）との間で、「災害時における無人航空機による支援に関する協定」を締結した。

協定の目的は、発災時にドローンを使い、被災地の画像などを速やかに災派部隊に伝達し、早期に被害状況の把握を図ること。具体的には、①災害発生時の情報提供②平素からの共同訓練の実施③共同での情報提供④対象となる地域（関東圏の1都10県=東京都、茨城県、栃木県、群馬県、埼玉県、千葉県、神奈川県、新潟県、山梨県、長野県、静岡県）での活動—の4点となっている。

調印式では、東方総監部の嶋本学1佐とJUIDAの鈴木真二理事長が協定書に署名。嶋本1佐は「（災害の発生時に）ドローンは非常に有効な情報収集手段。迅速な災害救助活動に貢献する」と語った。

東方は20日にも、別の事業者である自律制御システム研究所（ACSL、千葉市）との間で同様の協定を結んだ。

大規模災害発生時の情報協力で協定を取り交わした陸自東方の嶋本1佐（右）とJUIDAの鈴木理事長＝2月15日、朝霞駐屯地で

鶴居陸将補、米海兵隊将官と会談
技術交流設置要綱に署名
装備庁と米海兵隊間では初

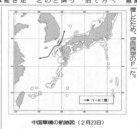

「軍種間技術交流に関する設置要綱」に署名した（左から）ウォートマン所長、鶴居装備庁プロジェクト管理総括官、パセジアン司令官（2月8日、米海兵隊システムズコマンドで）

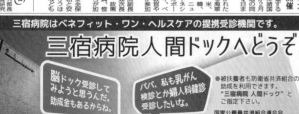

【装備庁＝市ケ谷】防衛装備庁プロジェクト管理部の鶴居正行陸将補は2月8日、米バージニア州の米海兵隊システムズコマンド（クワンティコ）を訪れ、司令官のアーサー・パセジアン准将、米海兵隊戦闘研究所長のクリスチャン・ウォートマン准将と会談後、装備庁と米海兵隊との間で初となる「軍種間技術交流に関する設置要綱」に署名した。

冒頭、鶴居総括官は「将来の水陸両用作戦における能力を向上させ、相互運用性を高めるため、運用コンセプトや装備品のことなどさまざまな分野について議論し、共同研究・開発など具体的な成果につなげたい」と述べた。これに対し、パセジアン司令官は「設置要綱は日米双方にとって歴史的なもので、意義がある」と応え、ウォートマン所長も「日米の友好関係構築から約70年が経ったが、これにより能力向上に真の価値を生み出すことができる」と評価した。

両者間の設置要綱には①将官級会議の定期開催②水陸両用作戦に関する運用コンセプト、各種装備品、技術的要求事項について相互利益につながる協力可能な分野の特定③相互運用性の改善・向上と共同作戦能力の強化—など、幅広い分野での情報共有と協力関係強化の方針が盛り込まれた。

装備庁では、将来の水陸両用作戦能力の向上のため、「将来水陸両用車技術に関する研究」を進めている。鶴居総括官は、「今後、ゲームチェンジャーとなりうる装備品を米海兵隊とともに造り上げたい」と力強く語った。

日米で防空・ミサイル防衛訓練

飛来した弾道ミサイルへの対処要領などを日米共同で演練する「平成30年度日米共同統合防空・ミサイル防衛訓練」が2月22日、陸自飯塚駐屯地、八重瀬分屯地、海自横須賀、佐世保、空自横田、春日、那覇、米海軍横須賀の各基地を結んで始まった。3月1日まで。

同訓練は、海自と米海軍が平成22年から行っている「BMD（弾道ミサイル防衛）シミュレーションでの特別訓練」を昨年から空自のPAC3部隊を加えて統合化したもので、今年は陸自の高射特科部隊も初めて加わった。

自衛隊は引田淳統幕運用部長を訓練統制官に、統幕、陸自の2高特団、15高特連、海自の自衛艦隊、イージス艦「こんごう」「みょうこう」、護衛艦「すずつき」「あきづき」、空自の総隊、西警団、南警団、2、5高群が参加。

米側はフィリップ・ソーヤー第7艦隊司令官を統制官に同司令部、艦艇が参加し、各部隊をネットワークでつなぎ、飛来した弾道ミサイルへの対処と防空戦闘に関する日米の連携要領を演練している。

海幹校で海軍大学セミナー開催

海自幹部学校が主催する「第22回アジア太平洋諸国海軍大学セミナー」が2月25日、東京・目黒基地の同校で始まった。3月4日まで。

今年は「自由で開かれたインド太平洋における海軍間の協力」を主題に、米、英、豪、露、仏、中、韓、比、印、加、ペルー、ニュージーランド、インドネシア、ブルネイ、シンガポール、マレーシア、タイ、ベトナムから海軍大学教官や研究者（大佐級）らが参加している。

国内からは内閣官房副長官補兼国家安全保障局次長をはじめ、慶応大学、政策研究大学院大学の教員、笹川平和財団の研究員らが加わっている。

参加者は期間中、安全保障協力や各地域の平和と安定に向けた討議を行うほか、海自横須賀基地なども研修する。

防衛省発令

▽海自1術科学校研究部長（海自幹部学校運用教育研究部学校教官）2海佐 井口 龍二

（2月22日）

共済組合だより

医療費が高額になった時は一定額を超えた額が「高額療養費」として支給されます

組合員または被扶養者が、同一の月にそれぞれ一つの医療機関等から受けた診療に係る自己負担額（食事療養または生活療養に係る標準負担額および保険診療外差額徴収料等は除きます。）が高額となり一定額を超えた場合は、その超えた額が「高額療養費」として共済組合から支給されます。算出方法は、高齢受給者と70歳未満の方とでは異なっています。

また、同一の世帯で同一の月に行われた療養が複数ある場合は、その療養に係る自己負担額を世帯単位で合算（高齢受給者は全ての自己負担額を、70歳未満の方は2万1000円以上の自己負担額を合算の対象とします。）して高額療養費

70歳未満の組合員または被扶養者の方が高額療養費の現物給付を受けるためには、組合員証等と併せて、組合員の方の所得区分を記載した「限度額適用認定証」（※2）を医療機関等に提示する必要があります。「限度額適用認定証」の交付を受けるには、支部で

認定証の詳細については、支部短期係または共済組合HP（トップページ→ライフシーン＜病気・ケガ＞から選ぶ）でご確認ください。

医療費等の給付を受ける権利は、その給付事由が生じた日から2年間行わないときは、時効によって消滅します。くれぐれもご注意ください。

※1 「現物給付」とは、組合員または被扶養者の方が、組合員証等を提示して病院等の医療サービス（治療、薬の処方等）を受け、その医療費（窓口で支払う自己負担額を除く）を共済組合が病院等へ支払うことにより、医療サービスそのものを皆様に提供することをいいます。

※2 「限度額適用認定証」は対象者お1人につき1枚交付します。所得に変動があり、高額療養費の算定基準の区分に変更があった場合は、新しい区分の「限度額適用認定証」が必要となります。その際は、再度、申請していただくことになります。

中国軍のY9が対馬海峡を往復

中国軍のY9情報収集機1機が2月23日、長崎・対馬海峡の公海上空を通過し、東シナ海と日本海を往復したため、空自西空のF15戦闘機などが緊急発進して対応した。領空侵犯はなかった。

Y9は上海方面から飛来し、対馬海峡（東水道）を抜けて日本海に進出。その後、反転して再び往路と逆ルートで上海方面へ戻った。

→：Y−9（1機）

中国軍機の航跡図（2月23日）

ビッグレスキュー　その時に備える　第14回

局地災害に学ぶ地方自治体の危機管理・防災

千歳市

塩屋　十三氏
北海道千歳市総務部参事監
＝渉外・危機管理担当＝
（元2陸佐）

1 はじめに

我が国は災害列島と呼ばれ、毎年のようにどこかで大規模災害が発生しているが、平成13年4月、地方自治体の危機管理に携わる自衛官OBの先駆けとして、二つの陸上自衛隊駐屯地と航空自衛隊基地が所在し、住民の約25%が自衛隊関係者で占められる千歳市に自衛隊との渉外および危機管理を担当する総務部参事（現・参事監）として勤務するご縁を受け、17年が過ぎようとしている。

この職務に就任後、当市においても、豪雪により200台を超える車が一昼夜雪の中に埋もれた際の救出活動、大雨特別警報発表に伴い避難勧告を発令した土砂災害危険区域住民の避難、震度6弱を記録した北海道胆振東部地震に伴う災害対応など、どこのまちでも起こりうるような各種の局地災害に見舞われ、その対応に翻弄されてきた。危機管理担当として、これらの災害対応を行う中で多くの教訓を得ることができたが、このなかで当市が進めている「災害に強いまち・ひとづくり」のため、特に重要視している事項について、いくつか紹介したい。

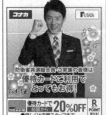

千歳市の災害対策本部会議で、山口幸太郎市長(右)から指示を受ける塩屋十三総務部参事監

2 首長（市町村長）の強い意志と自治体職員の能力向上

「災害に強いまち・ひとづくり」のためには、災害に備えた平素の準備と災害発生時の適切な対応が必要となるが、このためには、まず市民の生命・身体及び財産を災害等から守るという第一義的な責務を有する行政のトップである首長が、「災害は必ず我が身（まち）に降りかかるという覚悟を持ち、自ら先頭に立って行動する」という強い意志とリーダーシップを堅持し、このことを守るべき対象である市民は無論のこと、市職員や防災関係機関等に対し、発信する必要がある。

また、大規模な災害等が発生した場合、自治体は災害対応の中枢として対応することになるが、その基盤を成すのは地方自治体の職員である。このことから、職員の危機に対する意識や対応能力を向上させる必要があるが、地方自治体の組織や制度および財政上の措置は日常の市民生活に係る事項に重点が置かれ、いつ起きるか判らない危機に対する職員の意識や災害への備えについては優先順位が低く見られる傾向にある。

このことは、小生が就任した当時の千歳市においても同じであると感じたことであり、まずは職員の意識を改革することに重点を置きつつ、日常の業務から災害発生時の業務に移行する体制づくりや防災資機材の整備など財政上の措置に関する提言を行ってきた。しかしながら、財政が逼迫するなか、複雑・多様化する市民生活に対応するため多重のサービスと予算を費やす市において危機管理体制を向上させることは容易ではなく、多大な時間を要したが、毎年実施する各種の防災訓練や頻発する局地災害の対応などを通じ、職員の危機意識や災害対応能力は格段に向上し、北海道胆振東部地震における初動対応においてもこのことを確認することができた。

3 市民の防災・減災力の向上（助けられる人から助ける人へ）

災害から市民の生命・身体及び財産を守るため地方自治体が負うべき責務は大きいが、他方で「自分の身は自分で守る」という市民の防災・減災力の向上も重要である。このため、当市では「助けられる人から助ける人へ」を目標に掲げ、市民の防災・減災力の向上を目指し、地域防災リーダーの育成と自主防災組織育成事業、地区別（学校単位）の防災訓練や児童・生徒を対象とする防災イベントなどを実施しているほか、災害から生き残るための「家庭内防災・減災対策」にも力を注いでおり、これまで体験した局地災害においてもその成果が現れている。

他方で、高齢化の進展や地域コミュニティーの衰退、住民意識と行動のギャップ、さらには国際空港を有する当市の課題として大規模災害時に滞留する多数の観光客への対応など、新たな課題も生起し、さらなる対策が問われているところである。

4 自衛隊を中心とする防災関係機関等との緊密な連携

市民の生命・身体および財産を災害等から守るという第一義的な責務を有する行政の災害対応能力には限界があり、災害発生時は自衛隊をはじめとする防災関係機関等に頼らざるを得ない。このことから、当市では地域の特性である自衛隊と各種の支援と受援に関する協定を締結し、災害時の対応に生かすほか、総合防災訓練などを通じ防災関係機関等との相互理解を深めているが、自衛隊出身の危機管理担当者の存在は防災関係機関等との良好な関係を築くうえでもなくてはならない存在となっている。

5 おわりに

地方自治体における自衛隊出身の危機管理担当者として最も重要なことは、行政のトップである首長の信頼を得ることである。これがなければ首長への適切なサポートはできず、また市職員や防災関係機関、さらには市民の信頼を得ることも難しくなり、非日常業務である危機管理業務を推進することが困難になると考える。

上富良野駐

雪の山岳で遭難者救助

自衛隊、消防、警察が初の合同訓練

雪崩災害を想定し、自衛隊、消防、警察の3機関で行われた遭難救援訓練（2月12日、十勝岳周辺で）

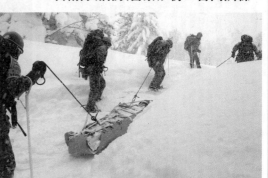

ゾンデ棒を雪中に差し、雪崩にまき込まれた遭難者の捜索訓練を行う隊員たち

【上富良野】上富良野駐屯地は2月12日、大雪山系の十勝岳周辺で「平成30年度冬季遭難救援隊総合訓練」を実施した。

同訓練は、冬季の山地での捜索・救助・搬送に必要な手順を学び、部隊・隊員の災害対処能力を向上させることが目的。自衛隊、消防のほか、今年は地元警察も加わり、初の3機関合同の訓練となった。

この日の訓練では、雪の中、陸自が警察・消防と連携して、雪山での遭難者を救出。隊員たちは雪崩現場に見立てた雪上でプローブ（ゾンデ棒）を用いて埋まった遭難者の捜索訓練を開始した。

雪中で遭難者を発見した後は、ソリ型の担架（万能運搬具）に載せ、前後からロープで支えて慎重に移送する訓練を実施。山を下って救助者をヘリや車両に託すまでの一連の手順を演練した。

今回、救援隊の小隊長を務めた林久雄2曹（4特群104特大）は、「雪中ではビーコン未装着の要救助者を捜索するのは大変難しい。現場では臨機応変に動く必要があり、今回の訓練はとても勉強になった」と語った。

救出した遭難者をソリ型の担架（万能運搬具）に載せて搬送、慎重に下山する隊員たち

20普連

雪上車を操縦し機動能力を向上

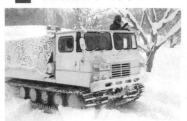

「初級装軌操縦訓練」で78式雪上車を操縦し、雪上を機動する20普連の隊員

【20普連＝神町】20普連は2月4日から15日までの間、山形県村山市の大高根演習場などで「初級装軌操縦」と「軽雪上車養成」の2訓練を行った。

初級装軌操縦訓練では、隊員たちが78式雪上車を操縦する練度を判定。課程修了者には特技が付与された。

一方、軽雪上車養成訓練では軽雪上車（スノーモービル）を使用し、積雪地での偵察要員らの機動能力を向上させた。

弘前駐

「八甲田山雪中行軍」で生還31連隊たたえ、224キロ踏破

弘前駐屯地創立50周年を記念した「八甲田雪中機動訓練」で、吹雪の中、隊列を組んで前進する39普連の隊員たち（2月2日、青森県の八甲田山域で）

【弘前】弘前駐屯地は1月29日から2月5日まで、「駐屯地創立50周年」を記念し、青森・八甲田山周辺で約224キロ区間の「雪中機動訓練」を実施した。

明治時代に旧陸軍の弘前歩兵31連隊が踏破したのと同じルートを辿るもので、1月29日〜2月1日の前段は9偵の池田重雄2佐以下23人が先発隊として踏破、2〜5日の後段は39普連2中隊の小文道1尉以下35人が挑戦した。

隊員たちはいずれも約20キロの背のうを背負い、平川市切明からスキー機動を開始。極寒の中、旧31連隊が辿った十和田〜新郷〜八甲田山の224キロの道のりを進み、途中、旧31連隊の案内人をたたえた「東道旌表碑」と、旧青森歩兵5連隊の後藤房之助伍長の銅像に参拝し、先人に敬意を示した。

隊員たちは無事に全行程を踏破、駐屯地では全隊員が拍手と歓声で出迎えた。

高射教導群が50周年

日高司令「部隊発展の気風、持ち続けよ」

【高射教導群＝浜松】弾道ミサイル防衛（BMD）も担う空自のペトリオット地対空ミサイル部隊などの教育支援に当たる高射教導群（司令・日高芳浩1佐）は1月31日、浜松基地で創立50周年の記念行事を行った。

行事には同群隷下部隊の基地防空教導隊（千歳）の隊員らを含め、約160人が参加。日高司令は隊員を前に「創立50周年を迎えることができたのは、諸先輩方をはじめ、部隊建設、整備、運用に携わった多くの方々の努力のたまものだ。今後とも部隊発展の気風を持ち続け、さらに50年、100年先を目指してほしい」と訓示した。その後、隊員たちが50周年を記念し、ペトリオットPAC3ミサイルなどの前で「50」の人文字を作り、記念撮影を行った。

同群の歴史は昭和44年1月31日、ナイキ部隊の教導高射隊が浜松南基地に新編されたことに始まる。平成元年3月、ナイキからペトリオットに換装され、平成10年、基地防空教導隊を隷下に加え、高射教導隊となった。20年にPAC3、26年2月に基地防空用SAMシステムを導入。同年8月の航空戦術教導団（横田）の新編に伴い、その隷下に入り、高射教導群と改称された。

部隊創立50周年を祝い、PAC3など装備品をバックに「50」の人文字を作る高射教導群の隊員たち（1月31日、空自浜松基地で）

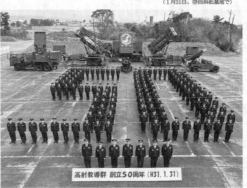

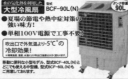

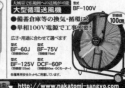

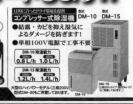

高射教導群　創立50周年（H31.1.31）

2普連

スキー指導官を養成

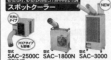

【2普連＝高田】2普連は1月27日から2月11日まで、「スキー指導官養成集合訓練」を担任した。

訓練には陸自東方管内の隊員46人が参加。約2週間にわたり、滑走や遭難者救助、座学などに励み、43人が部隊スキー指導官として認定された。

自衛隊のスキー教育では3年前から「プルークターン」などの新種目が段階的に導入されており、今回の訓練期間はその導入完成期に当たり、新種目のスキー指導官も育成された。

スキー指導官の養成訓練に当たる2普連の隊員（手前）

朝雲賞

昨年1年間の「朝雲」に掲載された投稿記事・写真などを4部門にわたって表彰する「朝雲賞」の選考委員会が2月7日、防衛省で開かれ、「最優秀賞」と「優秀賞」の受賞部隊・機関・個人が決定した（2月14日付既報）。今年は「記事賞」に1機関・6部隊、「写真賞」に7部隊、「個人投稿賞」に7人、「掲載賞」に6機関・13部隊が選出された。各部門で「最優秀賞」を受賞した記事の執筆者や写真撮影者に、受賞の喜びと今後の抱負を聞いた。

7機関、26部隊、7個人が受賞

女性自衛官や災派活動の活躍を伝える力作多数

朝雲新聞社は、全国の自衛隊各部隊・機関・個人などから寄せられた投稿の中から優れた記事・写真等を表彰する「朝雲賞」の制度を設けている。

朝雲賞は「記事賞」「写真賞」「個人投稿賞」と、最も多く紙面に掲載された部隊を表彰する「掲載賞」の4部門からなる。

記事、写真、個人投稿の各賞の候補は、陸海空各部隊の隊員65人に委嘱している「朝雲モニター」の意見などを基に、朝雲新聞社編集部が集計し、ノミネート作品を選んだ。

最終選考は、選考委員会（内局広報・厚生両課長、広報課先任部員・報道室長、厚生課福利厚生調整官・先任部員、統幕総括副報道官、各幕広報室長・厚生班長、朝雲新聞社社長・編集部長ら15人で構成）のメンバーが投票を行い、各部門の「最優秀賞」と「優秀賞」を決定した。

平成30年の総投稿件数は3795件（所感文を除く）で、前年比8・6%減だったが、各部隊で女性自衛官の活躍を伝える記事や、昨年の西日本豪雨、北海道胆振東部地震などの災害派遣に当たる部隊・隊員たちの姿を撮影した写真など、力作と言える作品が目立った。

「朝雲」への投稿方法

▽記事は書式、字数の制限なし。ワードなどで「5W1H」を参考にできるだけ具体的に記入する。

▽写真は紙焼きかJPEG形式のファイルにして添える。

▽郵送（〒162－8801 東京都新宿区市谷本村町5の1 防衛省D棟市ヶ谷記者クラブ内朝雲編集部）またはEメール（editorial@asagumo-news.com）で送付する。

「最優秀写真賞」を受賞の江田2曹が撮影した富士山上空を飛行するP1哨戒機を捉えた作品

最優秀写真賞　51航空隊計測隊（厚木）　江田 天平 2海曹

「P1 富士山を背景にフライト」（1月25日付3面）
夢中で撮った中の1枚

受賞した江田天平2曹（44）は海自の実験航空隊である51航空隊計測隊で航空機などの撮影を担当している。

入隊まではカメラ撮影には全く縁がなかったという江田2曹。厚木航空基地隊写真班への配属をきっかけに写真にのめり込んだ。17年間の部隊勤務で3術校（下総）など撮影関連の部署も経験し、カメラの腕を上げた。

受賞作品は富士山をバックに、斜め正面から躍動感あふれるP1哨戒機の姿を捉えている。「この写真は偶然が重なって撮れた1枚」と振り返る江田2曹。「私が搭乗したP1は推進が撮影する2機編隊のうちの1機、つまり被写体側でした」。このため、編隊飛行中に先導機の姿を狙ったという。使用カメラは「ニコンD700」だ。

撮影日は昨年1月9日。機長たちとの打合せで得た情報と、事前に入手した飛行経路の資料を基に、被写体の構図をイメージ。富士山の南側を旋回中はずっとP1の姿をファインダー越しに見つめ続けた。すると、眼下の富士山の右側からP1がバンク（旋回）して迫ってきた。夢中でシャッターを切り、画面を確認した時はイメージした以上の写真が撮れていて、「うれしさよりもホッとした」という。

最優秀写真賞の受賞について江田2曹は「写真で自分が賞をいただくのは初めてなので、とてもうれしい。プライベートの撮影にも力を入れ、次は写真美術展の入選を目指したい」と語った。

13施設群広報班のメンバー。左から濱谷直樹曹長、濱田奈生士長、春田将一2曹、広報班長の三澤香准尉、高橋直保曹長、田村葵3曹

最優秀記事賞　陸自13施設群広報班（幌別）

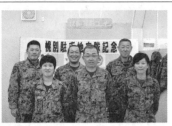

「働くパパはかっこいい！」（6月7日付5面）
子供の笑顔 きっかけに

昨年春の北海道大演習場の整備作業に合わせ、隊員家族を招待して13施設群が開催した「お父さんの参観日」の様子を伝えた6月7日付の記事が、朝雲賞の「最優秀記事賞」に輝いた。

13施設群の現広報班メンバーは班長の三澤匡准尉以下6人。記事執筆のきっかけは、「隊員家族の子供たちの笑顔」にあったという。受賞記事は広報班員の皆が意見を出し合いながら丁寧にまとめ上げた。

「記事では、作業現場で働く父親の姿に見入る子供の様子を紹介したいと思った。参観日当日に演習場内で父親に会えた時の子供の笑顔は本当に素晴らしかった」と三澤班長。

また、記事の中で、「パパー！」と駆け寄る子供を出迎える父親の写真が掲載されると「普段は見せることのない姿を子供たちに見せられてうれしかった。いい記念になりました」と話した。

13施設群の広報班は、幌別駐屯地の太鼓チーム「北海自衛太鼓」の活動の中核も担っている。同班の高橋直保曹長が6代目リーダーを務めているほか、塩谷直樹曹長はサブリーダー、三澤班長も「太鼓部長」を兼任している。

朝雲賞を受賞し、同班の今後の抱負としては、「幌別駐屯地の北海自衛太鼓の活躍も、これからも全国に広めていきたい。それも記事にして投稿したい」と三澤班長は意気込みを語った。

最優秀掲載賞　海自徳島教育航空群司令部広報室

多彩な話題を積極的に投稿
部隊改編や祭り、ボランティア活動など

「最優秀掲載賞」を受賞した徳島教育航空群司令部広報室の（左から）安森渉2曹、岡本公志1曹、香西晴之室長、新居宏子2曹、上垣内知康3曹（徳島航空基地で）

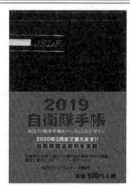

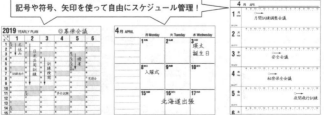

「一番多い掲載ということに、非常に感激しています」——。「最優秀掲載賞」に輝いた徳島教育航空群司令部広報室。前年は「最優秀記事賞」を受賞したが、「掲載賞」には届かず、悔しい思いをした。その分、喜びもひとしおだ。

広報室のメンバーは室長の香西晴之2尉以下5人。香西室長は昨年12月に着任したばかりで、昨年1年間の朝雲への投稿記事は、前室長の三原孝文3尉（現・202整備補給隊＝徳島）と朝雲モニターを務める岡本公志1曹が書き上げた。

広報室から受賞の知らせを受けた三原前室長は「原稿を投稿した結果が受賞につながってよかった。これからも徳島基地の活動や隊員の活躍を、広報室を通じて投稿していきたい」と今後の意欲をにじませる。

香西室長は「この受賞は、前室長が広報活動の重要性をしっかりと考え、海自徳島について『もっと知ってもらおう』という熱意の表れだと思っている。その熱意を我々も引き継ぎたい」と喜びを語った。

地元の伝統芸能「阿波踊り」にも力を入れて取り組む徳島航空基地。投稿では祭りの話題のほか、部隊の新改編やロゴマークの決定、ボランティアでの清掃活動など、多岐にわたるニュースを積極的に取り上げた。

「前任地の岩国基地で徳島の記事をよく見ていた」と香西室長。これからも「読みやすい文章」を心掛けながら広報室一丸となって徳島基地の魅力を全国に発信していく計画だ。

最優秀個人投稿賞　元海自幹部学校長、元海将　福本 出（いずる）氏

「色あせない『防大の対番』関係」（5月24日付8面）
一本の細い糸を大切に

防衛大学校の学生の間で連綿と続く自らの「対番」をたどって初めて"大家族"が集合した「大対番会」の喜びと時を綴ったエッセイが「最優秀個人投稿賞」に輝いた。

「栄えある賞を賜ることになり、恐縮しています。本当に多くの『対番』が退学や中途退職などによって"断絶"していく中、自らの「対番」は下級生へと受け継がれる「系列アルバム」の存在によって奇跡的に生き続けている。

「23期（1979年卒）の私から65期（現2年生）、そして今は66期（現1年生）に至るまで、『極めてレア』なこのつながりのことを多くの人たちに知ってもらおう」と思ったことが執筆のきっかけだった。

諸外国には防大のように将来の軍種の垣根を越えて4年間を一緒に過ごす士官学校は存在しない。そこには日本ならではの良さがある。

「軍種が違っても、世代が違っても、小原台での"詰襟時代"を共有する防大生にとって、特に対番の先輩後輩は『血のつながり』です。そんな顔の見える関係が日本の統合運用の根っこにあるのではないでしょうか」と福本氏。

「この一本の細い糸をこれからも大切にしていきたい」と話している。

記事賞（1機関・6部隊）

【最優秀】「働くパパはかっこいい！」（6月7日5面）陸13施設群

【優秀】6件＝掲載順

▽「初の女性P1機長誕生」（1月4日5面）海3空▽「『いずも』乗員に園児から感謝のメダル」（1月11日5面）海2術校▽「ミステリーツアーを企画」（10月4日6面）三重地本▽「広島カープ3連覇に一役？決戦は海自PRデー」（10月25日4面）海呉監▽「UH60J本領発揮」（11月15日7面）海21空群▽「警備犬ハンドラー・森事務官『国民の自衛官』に」（11月22日7面）海呉造補所貯油所

写真賞（7部隊）

【最優秀】「P1富士山を背景にフライト」（1月25日3面）海51空・江田天平2曹

【優秀】6件＝掲載順

▽「空自F35A、三沢に初配備」（2月1日1面）空3空団▽「名古屋城清掃に160人出動」（5月10日6面）陸35普連▽「昭和基地に燃料や物資輸送980トン」（5月17日3面）海しらせ・菊池孝紀3曹（現・海幕広報室）▽「水陸機動団発足後、初の演習」（5月31日3面）陸水機団▽「西日本豪雨、濁流から命を救う」（7月12日3面）陸10特連・竹葉幹生2曹▽「北海道地震、自衛隊災派を継続」（9月27日1面）陸7施大・菅井信吾2曹

個人投稿賞（7個人）

【最優秀】「色あせない『防大の対番』関係」（5月24日8面）福本出元海将＝元海自幹部学校長

【優秀】6件＝掲載順

▽「初めての異動を経験、家族の絆が深まった」（2月22日10面）冨山京太郎3曹＝陸富士・戦車教導隊▽「『自衛官になる覚悟』芽生えた息子を応援」（4月19日8面）古澤浩三さん＝隊員家族▽「西日本豪雨の災派活動に参加して、感謝の言葉が原動力」（9月13日10面）佐藤孝之事務官＝防衛装備庁▽「演習先に届いた家族の手紙」（9月27日10面）佐藤翼士長＝陸8普連▽「自衛隊人生最後の観閲式」（11月8日10面）小池晃弘曹長＝陸32普連▽「お父さんは即応予備自衛官」（11月22日8面）石井あゆみさん＝隊員家族

掲載賞（6機関・13部隊）

【最優秀】海徳島教育航空群

【優秀】▽陸自＝秋田、仙台、板妻、20普連（神町）、岩手、15旅団（那覇）

▽海自＝横須賀、呉、舞鶴

▽空自＝入間、浜松広報館、那覇

▽地本＝神奈川、愛知、新潟、京都

▽地方防衛局＝東北、九州

島嶼間輸送に力発揮

小型で高速「L－CAT」

自在に物資を搭載・卸下

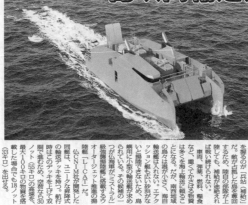

南西地域の防衛で自衛隊の課題に挙げられているのが「海上輸送力」だ。沖縄本島、石垣島、宮古島などを除き、ほとんどの島の港湾は小さく、水深も浅くて海自の輸送艦は入れない。このため、より小型で高速の輸送艇が求められている。その候補の一つがフランス海軍の揚陸艇「L－CAT」だ。二つの細い船体の間に昇降する輸送デッキを配置した同艇は、港の岸壁から砂浜まで、自在に物資を搭載・卸下できる。また、輸送デッキを上げて水の抵抗を減らし、30ノット（55キロ）出せるのも同艇の特徴だ。

フランスのCNIM社が開発中の島嶼間で車両輸送ができる高速揚陸艇「L－CAT」のイメージ。海上では輸送デッキを上げ、双胴で航行する（いずれもCNIM社ホームページから）

（上）「L－CAT」は砂浜に乗り上げると輸送デッキを下げ、搭載車両を自走で降ろす（左）デッキを強襲揚陸艦のウェルドックの高さに合わせて、車両を搭載できる

自衛隊の島嶼防衛でカギを握るのが「兵站（補給）」だ。敵が占拠した島を奪回するため、陸自の部隊が上陸しても、補給が途絶えれば戦い続けられない。車両、弾薬、燃料、糧食など、重くてかさばる物資は多くを海上輸送に頼ることになる。だが、南西地域の島々は港が小さく、海自輸送艦は入れない。エアクッション艇も広い砂浜がないと揚陸できないため、島嶼用に小型の輸送艇が求められている。その候補の一つが仏海軍が「ミストラル」級強襲揚陸艦に搭載するウオータージェット推進の揚陸艇「L－CAT」だ。

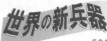

仏CNIM社が開発した同艇は、ユニークな昇降式の輸送デッキを持つ。航行時はこのデッキを上げて双胴で進むため、空荷なら30ノット（55キロ）の高速を、最大100キロの物資を搭載した場合でも18ノット（33キロ）を出せる。

港では貨物デッキを岸壁の高さに合わせて物資を卸下、ビーチングした場合はデッキを地面まで下げて車両を降ろせる。このため、同艇は災害時に海からの救援にも活用できる。

「L－CAT」の諸元は、全長30メートル、幅12メートルで、輸送デッキの面積は127平方メートル。航続距離は500マイル（930キロ）だ。

CNIM社では同艇をより大型・高速化し、島嶼間で使える航続距離を延伸した新型「L－CAT」も開発中だ。こちらは全長36メートル、幅14メートル、輸送デッキは145平方メートル。最高速力は35ノット（65キロ）で、最大搭載量100トンでも25ノット（46キロ）を出せる。人員は一度に42人を運べる。航続距離は800マイル（1500キロ）。波がかなり高い状況（シーステート6）でも運用できるという。

陸自装備の海上輸送は現在、海自艦艇やチャーター船に頼っている。今後、「L－CAT」のような揚陸艇が導入されれば、島嶼への輸送はもちろん、水陸両用戦の日常の訓練から災害時の救援などまで柔軟に対処できる。気象に左右される航空機に比べ、居住性を備えた揚陸艇は1隻で「自己完結」するため、柔軟な運用が可能だ。離島防衛に当たる部隊も、こうした兵站面を支えてくれる揚陸艇があれば安心感が増すだろう。

技術が光る

80

パワーアシストスーツ「J－PAS」　ジェイテクト

最大で16キロ相当のアシスト効果

電動補助具が腰痛リスクを除去

重い装備品のトラックへの積載や運搬作業など、自衛官は日常的に足腰に疲労が蓄積しやすい。そうした重労働を強いられている隊員たちに"頼りになる助っ人"が現れた。それが、ジェイテクト（大阪市）が開発したパワーアシストスーツ「J－PAS」だ。

「J－PAS」は、人が重量物を持ち上げる際、腰への負担を軽減する電動補助具だ。本体重量は約7・6キロで、一度の充電で約4時間稼働する。ベストは着脱式となっているため、汗をかいても簡単に外して洗えるため、常に清潔さを保てる。

「重量物の運搬作業に、このアシストスーツを着用すれば、腰への負担が大幅に減ります」と語るのはジェイテクトの小林祐紀さん。同スーツは、荷重換算で「最大約16キロ相当」のアシストが可能。アシスト機能はリモコンを使ってパワーとスピードを4段階に調節できる。

例えば、16キロの重さのポリケースを持ち上げた時、筋力の負担や心拍数の増加量はどちらも約50％軽減したという。

実際に記者が展示会場で「J－PAS」を装着し、約20キロの水袋を運搬してみた。脚部のアシスト機構や背中の制御ボックスはベルトで身体に固定されるため、フィット感は良好だ。アシストが入ると器材が使用人物の姿勢を記憶し、動作後は元の姿勢に戻そうとする。

アシスト機構は太ももを覆う部分が左右独立したモーター駆動となっており、腰をひねらせて持ち上げるといった動作も可能。記者が使用中にアシストを停止してもらうと、たちまち腰への負担が大きくなり、電動アシスト機能の効果を実感できた。

同製品は工場や物流倉庫などで働く人を対象に作られたという。「このスーツは弊社の工場内でも使っており、そこで得られたデータや使用感などをフィードバックして製品の改良に反映させています」と小林さん。

ユーザーからの「パワーを抑えた中出力のタイプも欲しい」との要望に応え、スーツ全体を軽量化させた「J－PAS LUMBUS」も今年春ごろに販売の予定という。こちらは本体重量を約4キロに抑えたほか、IP55（IP＝防水・防塵規格）相当の防水性を持ち、雨や雪の中でも使用できる。

「J－PAS」1着のリース月額は約4万円。作業員を腰痛から守ることを考えれば高くはないだろう。土砂崩れ現場への災害派遣などで、自衛隊員が行方不明者の捜索を行う時に、このようなアシストスーツがあれば、隊員への負担も減り、救出作業もよりスピードアップできるかもしれない。

（古川勝平）

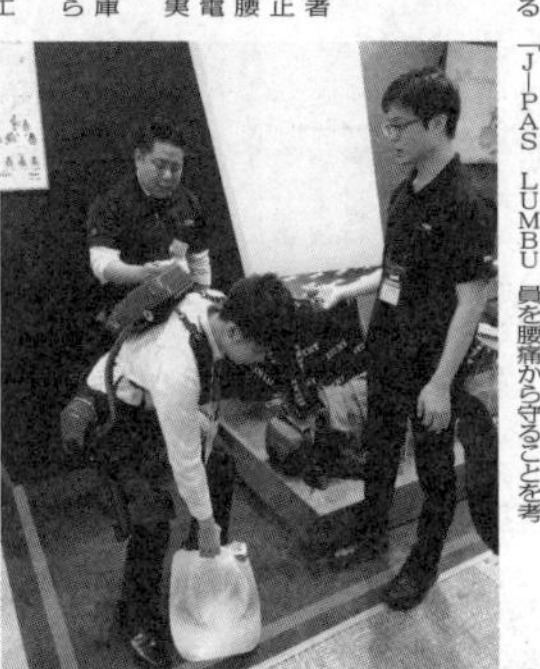

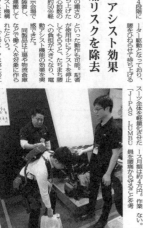

「J－PAS」は背中から太ももまでをベルトで固定して装着する。写真は、そのアシストを受けて約20キロの水袋を持ち上げる記者

防衛技術

日本の優れた技術と取り組み発信

英「国際装甲車会議」で初講演

柴田装備官

【防衛装備庁＝市ヶ谷】防衛装備庁装備官（陸上担当）の柴田昭市陸将は1月21日から24日まで英国の首都ロンドンで開かれた「国際装甲車会議」に出席し、「我が国の装甲車開発の実績と将来への取り組み」をテーマに講演した。

同会議は装甲車の運用、研究開発、調達、製造に携わる軍と防衛産業の関係者が一堂に会する「装甲車分野」を専門とした唯一の国際会議で、今年で19回目。英国の防衛関連イベント企画会社「ディフェンスIQ社」が主催し、今回は欧州を中心に50カ国超から55社以上、将官を含む650人以上が参加した。

「国際装甲車会議」で講演する柴田装備官（壇上）＝1月23日、英ロンドンの「トゥイッケナム・スタジアム」で

柴田装備官は講演で、▽10式戦車や16式機動戦闘車の開発実績▽将来水陸両用技術の研究の概要——などについて説明した上で、「地域の安定と国際平和、繁栄のために、同盟国である米国や会議に参加する関係諸国との研究開発ネットワークを強固にしていきたい」と語った。

日本は昨年から同会議に装備官（陸上担当）の派遣を開始したが、講演を行うのは今回が初めて。柴田装備官は現地滞在中、英国防省を訪問し、英陸軍本部のマーク・ガント少将と懇談。日英間の研究開発における協力をはじめ、技術交流や装備移転などに関して相互理解の促進を図った。

帰国後、柴田装備官は「各国は将来の脅威を的確に予測し、装甲車のアップグレードや将来開発ビジョンをしっかりと検討しており、自衛隊の研究開発を今後進めていく上で大変有意義な会議となった。また、自衛隊車両の開発実績や『将来水陸両用技術の研究』における重点技術について、我が国の優れた技術を積極的に発信するとともに、人的ネットワークも構築することができた。引き続き国内外の情報収集を継続し、我が国の陸上防衛力の近代化に尽力したい」と話した。

防衛トピックス

作戦行動や災派に使える「3D地図」

米エッジビーズ

米国のエッジビーズ（Edgybees）社は、軍の作戦行動や災害救援活動などに活用できる「3D地図」を米軍に納入している。

同地図は、既存の地図情報に加え、ドローンが上空から撮影した最新の映像なども取り込んで3D化し、対象の地域を立体的に見ることができる。

例えば、ハリケーン災害で市街地が冠水した場合など、地図上に被災情報を盛り込んで3D地図＝写真＝にでき、現場に向かう災害派遣部隊の行動を助けることができる。

地図上には線や文字などを自在に書き込めることから、部隊はオリジナルの地図に加工して彼我の部隊の配置状況などを記入し、作戦に活用することも可能だ。

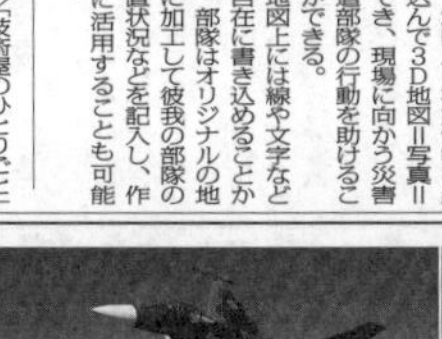

◇「技術屋のひとりごと」は休みました。

世界の新兵器

521

「MICA NG」空対空ミサイル　仏

最先端の能力維持が可能に

ヨーロッパのミサイル製造企業MBDA社は、フランスの戦闘機「ラファール」に搭載する「MICA」空対空ミサイルの次世代バージョンの開発契約をフランス防衛調達局（DGA）と交わした。

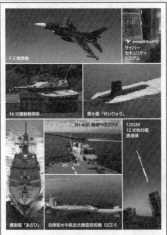

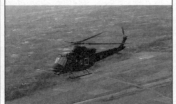

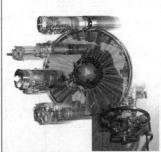

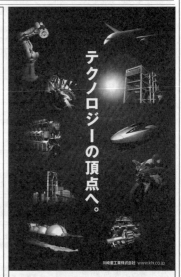

この契約をもとにMBDA社は567発の「次世代MICA　NG空対空ミサイル」の開発とその装備に責任を負うことになる。この兵器システムは、2000年代の初期からフランス軍で運用されているMICAミサイルを置き換えることになる。

「次世代MICA　NG」は、フランスの空軍と海軍に配備されたラファール戦闘機の中距離迎撃、近接戦闘、自己防衛の能力を助け、強化する。「MICA　NG開発計画」のもと、DGAは現用のMICAファミリーと同一の空力特性、重量・重心を維持しつつ、広範囲の再設計を実施する。MICAの更新は「ラファール」の残りの運用期間を通して仏軍が最先端の能力を維持することを可能にする。

「次世代MICA　NG」のシステムは、単一ミサイルの先端部にIR（赤外線）またはRF（レーダー誘導）シーカーを装備し、戦闘機からはレイル発射または投棄発射モードで発射される。IRシーカーはより高い感度を与えるマトリックスセンサーを使用し、一方、RFシーカーはAESA（アクティブ電子走査アンテナ）を使用する。

「MICA　NG」の削減された容積の電子部品はより大きな容積の推進薬を充填することができ、ミサイルの射程延伸に寄与する。また新しいダブルパルスロケットモーターの採用は、旋廻能力と遠距離目標の迎撃能力を改善するため飛翔の終端フェーズでミサイルに付加的なエネルギーを付与できる。

フランス軍の戦闘機「ラファール」から発射されたMICA空対空ミサイル。その性能をより高めた「MICA　NG」の開発が進められている（MBDA社ホームページから）

新たなセンサーシステムは、低赤外線・低電磁信号のステルス目標をはじめ、無人機（UAV）や小型航空機のようなさまざまな目標にも対処できるよう設計される。また、内部モニター用のセンサーも付加することでミサイルの状態を常に把握し、長寿命化と維持管理費用の削減も図る。

この「次世代MICA　NG」ミサイルの配備は2026年から開始し、現MICA装備部隊は2030年までに「MICA　NG」への近代化を終える予定だ。

柴田　実（防衛技術協会・客員研究員）

ひろば

弥生、桜月、早花咲月、晩春――3月。
3日ひなまつり、8日国際女性デー、14日ホワイトデー、21日春分の日、29日マリモの日。

流し雛　京都府京都市の下鴨神社の神事。十二単のお雛様、衣冠装束のお内裏様に続いて、舞妓や参拝客などが編んだ藁に乗せた雛人形を境内に流れる御手洗川に流して、子供たちの無病息災を祈る。3日

観櫻火宴　長崎県雲仙市で開催される県内最大の火祭り。総勢200人の甲冑武者が松明を片手に、桜が咲き誇る橘公園を「イヤサカー」の掛け声とともに練り歩く。行列は「炎の大蛇」とも呼ばれる。30日

日本人初の宇宙飛行士 秋山さんも滞在した 宇宙ステーション「ミール」

苫小牧に実物予備機

元自衛官の油井亀美也、金井宣茂両宇宙飛行士も滞在した「国際宇宙ステーション（ISS）」。その前身となったロシアの「ミール（平和）」の実物（予備機）が、空自千歳基地にほど近い北海道の苫小牧市に展示されている。無料で同宇宙ステーションを見ることができる苫小牧市科学センター「ミール展示館」を訪れ、宇宙ステーションの概要について同館の職員に聞いた。（菱川浩嗣）

北海道苫小牧市に展示されている旧ソ連製の宇宙ステーション「ミール」の予備機（後方）を紹介する苫小牧市科学センターの女性職員

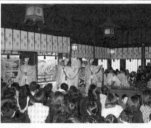

ISSの前身、世界初の長期滞在型

「ミール」は1986年2月にソ連（現ロシア）が打ち上げた世界初の長期滞在型の宇宙ステーション。地上から約400キロの軌道上にあり、人員・物資輸送用のソユーズロケットなどとドッキングするポートを6個有し、当時、滞在中の宇宙飛行士が無重力の環境でさまざまな実験を実施した。日本人初の宇宙飛行士、秋山豊寛さんも滞在したことで知られる。

「ミール」は2001年3月、老朽化により南太平洋に落下してその使命を終えたが、この間、延べ100人以上の宇宙飛行士が滞在した。

この「ミール」の予備機はオークションなどを経て、1998年9月、岩倉建設が苫小牧市に寄贈。その後、市は「ミール展示館」を開設した。

降下式シャワーや無重力温水蛇口も

同館にある「ミール」のコアモジュール（生活区域）の全長は13・13メートルで、最大直径は4・2メートル。居住区のほか、操縦室などもある。見学用の入り口から内部に入ると、広々とした空間に降下式シャワーや無重力対応温水蛇口が付いていた。

「このシャワーは床に下ろして使います。水が浮遊しないよう上から下へ空気の流れを作ることで、使用後の水を回収する仕組みになっています。ただし、水圧が低く、水の出は良くなかったそうです。そこで宇宙飛行士はタオルで体を拭いていたそうです」と職員が説明してくれる。

内部には冷蔵庫や作業台があった。宇宙飛行士たちはここで打ち合わせや食事をしたという。台上には当時の宇宙食などとともに会話を交わす宇宙飛行士たちの写真も展示されていて、当時の宇宙空間での生活ぶりが分かるようになっている。

コアモジュールを出ると実験棟「クバント」があった。長さ5・8メートル、直径4・15メートルで、天体観測に使われたものだ。

「4年前にISSで油井宇宙飛行士がロボットアームを使い、補給機『こうのとり』をキャッチしましたが、ミールは同機にある『プリズム』を利用していました。補給船側から光を照らし、跳ね返ってきたものを頼りに結合する方式でした」と職員。

「油井宇宙飛行士が宇宙に旅立った『ソユーズ』からISSに入った入り口は、『ミール』と同じ円型のドッキングポートです。このポートはここでしか見られませんので、宇宙に少しでも興味のある方はぜひいらしてください」と話していた。

「ミール」内部にある宇宙飛行士の個室。歴代の宇宙飛行士はプライベートルームとして音楽を聴いたり、本を読んで過ごしたという

マイヘルス Q&A

成人の鼠径ヘルニア

手術で治療が一般的　男性は女性の8倍リスク

Q　鼠径ヘルニアとはどんな病気ですか。

A　脚のつけ根あたりの腹部の筋肉の弱い部分から腸管などのお腹の中の臓器が飛び出て膨らんでくる病気です。ヘルニアとは飛び出ることを意味します。膨らみは痛みを伴うことがあり、特に咳をしたり、重い物を持ち上げたりするとひどくなります。小児でも鼠径ヘルニアが起こることがありますが、これから述べるのは成人の鼠径ヘルニアについてです。

Q　治療は。

A　すぐに治療をしなければならない病気ではありませんが、自然に良くなることはなく、命に関わるような事態を引き起こす原因となることがあります。手術以外の治療法はなく、痛みを伴ったり、大きくなったりするような鼠径ヘルニアは手術をおすすめします。鼠径ヘルニアの修復術は、一般的によく行われている手術の一つです。

Q　症状は。

A　鼠径ヘルニアの症状としては以下のものがあります。▽恥骨の左右のどちらかのあたりに膨らみがあり、立ち上がったり、咳をしたりするとはっきりと膨らむ▽膨らみに痛みが出ることがある▽ベッドに横になると膨らみが消える（膨らみが出たり消えたりするのが鼠径ヘルニアの大きな特徴です）▽咳をしたり、重い物を持ち上げた時に脚のつけ根のあたりに痛みや不快感が出る。男性の場合は、脚のつけ根の膨らみが陰嚢にまで達することがあります。

Q　放置するとどうなりますか。

A　「鼠径ヘルニア嵌頓」という命にかかわる状態になることがあります。ヘルニアの膨らみが元に戻らなくなり、痛みが持続するようになると、「鼠径ヘルニア嵌頓」が疑われます。ヘルニア嵌頓とは、いったん飛び出たお腹の中の臓器が元に戻れなくなった状態です。元に戻れなくなった臓器は、血流が悪くなって腐ったり、傷んだりすることがあり、命に関わる危険な状態になることがあります。緊急手術が必要になることもあります。

Q　原因は。

A　鼠径ヘルニアになる原因は明らかになっていませんが、①男性であること（女性の8倍リスクが高い）②高齢であること（加齢により筋肉が弱くなる）③両親や兄弟などに鼠径ヘルニアの人がいること――のほか、タバコなどによる慢性的な咳をはじめ、便秘や妊娠などでも腹圧が上がり、鼠径ヘルニアの危険因子となります。

自衛隊中央病院第1外科総合診療科医長　吉田　一路

靖國神社で3月2日 『ひなまつり親子の集い』

御神楽の儀や童謡コンサートを開催

靖國神社崇敬奉賛会（東京都千代田区）は3月2日、豊かな情操教育の一環として「ひなまつり親子の集い」を同神社参集殿で開催する。

今回は小学生以下を対象にした「桃の節句御神楽の儀」＝写真＝が行われ、子どもたちの成長を祈願する御神楽「浦安の舞」が奉納される。シンガーソングライターの合田道人氏の童謡コンサート「童謡には秘密がいっぱい」も行われる。

参加は無料だが、事前申し込み制で、先着300人。参加条件は小学生以下の子供と親の同席で、かつ親子のうちどちらかが奉賛会員であること。大人は靖國神社崇敬奉賛会（年額3千円）、子供は遊就館友の会（年額千円）への入会が必要となる。

問い合わせは「靖國神社崇敬奉賛会事務局」電話03（3261）8143まで。

BOOK NOW

私が読んだ この一冊

吉川英治著「三国志」（講談社）
32普連4中隊（大宮）
大澤海人3陸尉　24

「三国志」を題材とした作品は非常に多いですが、本書はその始まり（漢王朝の衰退）から終わり（晋の建国）までをまとめた歴史小説です。「泣いて馬謖を斬る」などの有名な故事もまとめてある「教本」であり、群雄たちの逸話を楽しむ「ヒーローもの」でもある作品で、"古臭い時代物"という認識を改めさせてくれる一冊です。歴史に苦手意識がある方、ゲームでしか三国志を知らない方、必読です。

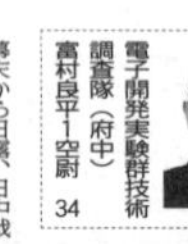

金谷治著「老子」（講談社学術文庫）
下総航空基地隊 厚生隊
坂山暢哉事務官　29

洋の東西を問わず現代でも古典が読まれるのは平易な文章である種の真理を説き、多く学ぶことがあるからであろう。

「論語」や「自省録」もよいが、「柔らかな水が剛いものを砕く」「無用だからこそ身を全うできる」といった、わかるようでわからず立ち止まりながら読む必要のある「老子」の域に達するのは、一回の人生では決して到達できそうにない。この点では、より寓話的な「荘子」も推挙したいが、まずはより俗世に近い「老子」をお勧めしたい。

半藤一利著「あの戦争と日本人」（文藝春秋）
電子開発実験群技術調査隊（府中）
富村良平1空尉　34

幕末から日露、日中戦争を経て太平洋戦争に突入し、日本が敗戦するまでの出来事をわかりやすく語り下ろした戦争史です。

特に面白かったのは、統帥権に関する考察。司馬史観では批判的な扱いを受けている「統帥権」が、どのような経緯で生まれたのかが中立的な目線でわかりやすく書かれています。先人たちが何を思い、過酷な世界大戦と向かい合ってきたかを理解できる一冊です。

隊員愛読書ベスト5

<入間基地・豊岡書房>
❶国家と教養　藤原正彦著　新潮社　￥799
❷海軍ダメージ・コントロールの戦い　雨倉孝之著　潮書房光人社　￥886
❸硫黄島　石原俊著　中央公論新社　￥886
❹サムライ精神を復活せよ！　荒谷卓著　並木書房　￥1728
❺陸鷲戦闘機　渡辺洋二著　潮書房光人社　￥918

<防衛省・三陽堂>
❶US－2救難飛行艇開発物語2　月島冬二著　小学館　￥880
❷日本国紀　百田尚樹著　幻冬舎　￥1944
❸米中衝突―危機の日米同盟と朝鮮半島　手嶋龍一、佐藤優著　中央公論新社　￥886
❹国家と教養　藤原正彦著　新潮社　￥799
❺日本史の内幕　磯田道史著　中央公論新社　￥907

<神田・書泉グランデミリタリー部門>
❶世界の傑作機No.188 LTV A－7コルセアII海軍型　文林堂　￥1646
❷航空縮尺イラストグラフィティージェット編　下田信夫著　大日本絵画　￥3132
❸US－2救難飛行艇開発物語1　月島冬二著　小学館　￥880
❹世界の空中機動部隊　アルゴノート　￥2700
❺戦場における小失敗の研究　三野正洋著　潮書房光人新社　￥950

<トーハン調べ1月期>
❶一切なりゆき　樹木希林著　文藝春秋　￥864
❷日本国紀　百田尚樹著　幻冬舎　￥1944
❸宝島　真藤順丈著　講談社　￥1998
❹「日本国紀」の副読本　百田尚樹、有本香著　産経新聞出版　￥950
❺生田絵梨花写真集インターミッション　講談社　￥1944

10師団 速やかに防疫措置

2市でさらに豚コレラ確認

延べ1200人が尽力

中部・関西の5府県で確認され、陸自10師団（守山）隷下部隊などが防疫措置を行った豚コレラの感染が、2月13日に愛知県田原市、同19日に岐阜県瑞浪市の養豚場でも確認され、同師団が引き続き災派活動に尽力した。

愛知県の立入検査の結果、田原市の養豚場で13日、豚コレラの疑似患畜が確認され、速やかに防疫措置を行うため14日午後6時、県知事から10師団長（甲斐芳樹陸将）に災害派遣が要請された。

15日早朝から10特連（豊川）と35普連（守山）の部隊が現地に向けて駐屯地を出発。到着後、豚舎内での豚の追い込み、殺処分した豚の運搬処理などの作業を開始した。10特連3大隊長の鳴海善行2佐が指揮を執った。

またこの間、10師団司令部などの連絡員が愛知県庁と現地対策本部（東三河農林水産事務所）で情報収集に当たった。

20日午前5時、自治体での撤収が可能となり県知事から撤収が要請された。6日間で2個連隊の延べ約725人が活動し、防疫措置に努めた。

一方、19日には岐阜県瑞浪市の養豚場で疑似患畜が確認され同日午前8時、県知事から10師団長に災派が要請された。35普連、14普連（金沢）、33普連（久居）の各部隊が順次現地に入り、交代しながら活動に当たった。35普連連隊長の曽根勉1佐が指揮官を務めた。

21日午前0時3分、県知事から撤収が要請された。3日間で延べ約475人が活動し、地域の安定に寄与した。

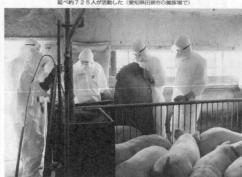

豚舎内で豚の追い込みを行う隊員。10特連、35普連の延べ約725人が活動した（愛知県田原市の養豚場で）

乗員2人は無事 F2B戦闘機が日本海洋上に墜落

2月20日午前9時18分ごろ、空自築城基地（福岡県）の北東約130キロの日本海洋上で、8空団6飛行隊（築城）のF2B戦闘機1機が墜落。搭乗していた2人のパイロットは緊急脱出し、同10時43分、海上で救助を待っていたところを芦屋救難隊のUH60J救難ヘリにより救助された。2人はそれぞれ重軽傷を負ったが、命に別状はなかった。F2は対戦闘機戦闘訓練を行っていた。

丸茂空幕長は2月21日、省内で記者団に対し、「国民の皆さまにご心配をおかけし、大変申し訳ありません」と述べるとともに、事故の再発防止に努めていく考えを示した。事故を受け、空自は対領空侵犯措置任務を除き、国内でのF2の飛行を停止している。

空自は事故直後の20日、空幕監理監察官の深澤英一郎将補を長とする航空事故調査委員会を設置。さらに、約20人の調査官を航空安全管理隊（立川）から築城基地に派遣し、事故原因を調べている。

男子の部に3年ぶりに出場の「空自混成」チームと共に望月靖夫大会会長（前列中央、元中警団副司令）を囲む「WAF」チーム＝1月19日、体校体育館で

念願かなって初出場

全自ハンドに空自WAF

「楽しみながら勝つ！」

全自ハンドボール大会が1月17～20日、体校体育館（朝霞）で行われ、女性の部に空自衛官でつくる「WAF」チームが念願の初出場を果たした。

大会は29回目。女性の部は22回から設けられ、海自WAVE、陸自WACなどが出場してきた。

今回、4度目の出場（過去3度はWAVE、WACで出場）の牧内睦3曹（1高射群＝入間）や西ひとみ1曹（空幕個人訓練班）を中心に百里、入間、熊谷、市ヶ谷、浜松、岐阜の6基地から未経験者3人を含む11人が集まって初めて単独チームをつくり、「楽しみながらも絶対勝つ！」を目標に掲げて大会に臨んだ。

優勝したWAVEに初戦で13－14と惜敗。WACとの3位決定戦も6－9で敗れ目標は果たせなかったが、「航空自衛隊チームとして参加できたことが何よりの収穫。来年、再来年へとつなげていきたい」（牧内3曹）と成果を得た。

4度目の出場を終えた牧内3曹は、「業務多忙の中、参加してくれたメンバー、貴重な人材を差し出してくださった各部隊、各種調整、声掛けをし、また大会運営に関わった方々など、全ての方に感謝申し上げます」と謝意も示した。

身代わり投票は犯罪です 公職選挙法違反で禁錮も

こちら警務隊 ☎8・6・47625

勤務で忙しく、投票所に行けない同僚の代わりに選挙の投票に行くと罪になりますか？

その行為、犯罪です。

他人の名を偽って投票し、または投票しようとすると公職選挙法第237条第2項違反の詐偽投票に該当し、2年以下の禁錮または30万円以下の罰金に処されます。

また、投票を依頼した側も同法違反に該当します。

演習や勤務などで投票が難しいときは、不在者投票や期日前投票を利用して、確実に自分で投票するようにしましょう。

また、投票を依頼されるようなことがあっても絶対に断りましょう。

（中部方面警務隊）

「ますみ会」今年も 空自遺族会に寄付

【空幕厚生課】空自幹部隊員の夫人らで作る親睦団体「ますみ会」（丸茂美登里会長以下約140人）の役員が1月25日、防衛省を訪れ、空自遺族会「ともしび会」の事務局長を務める空幕厚生課長の北川英二1佐に寄付金を手渡した。

寄付は昭和51年から毎年行われ、この日は鈴木勝代さん、佐藤美由紀さん、加藤美香さんの3人が来省した。

同会は、空自隊員の夫を支えることを目的とした夫人間の相互扶助のほか、隊員とその家族に対する支援などを行っている。

鈴木さんは「今後も遺族会との絆を大切にし、皆さんの心に寄り添っていきたい」と話していた。

北川空幕厚生課長（左端）に「ともしび会」への寄付金を手渡す「ますみ会」の役員（左から鈴木さん、佐藤さん、加藤さん）＝1月25日、空幕で

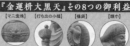

吉本どんど

若い女性と二人っきりで

深夜のドライブができますように…

望みが叶うといいのう…

ただここはお寺だけに…

改編後初の准曹士発表会

システム通信団 「即応・即動」テーマ

陸自システム通信団（市ヶ谷、団長・菅野俊夫将補）は1月28日、防衛省の国際会議場で陸上総隊隷下に改編後、初の准曹士発表会を「即応・即動」をテーマに開いた。

弁論方式（5分以内）で各隷下部隊の代表11人が意見を発表。団最先任上級曹長の小林孝至准尉を審査委員長とする隷下の先任が審査に当たった。

陸曹の部では「任務を再認識し、各自が職務分析を行って自らが成すべきことを今一度理解すべき」と述べた小林健一3曹（301映写中）、陸士の部では「有事の際に速やかに対応できるよう器材等の事前点検を実施し、準備を万全にしている」と語った沼能友香莉士長（中基シ電話中隊）が優秀賞を獲得。

また、陸曹の部で志良堂徹2曹（同搬送中隊）、陸士の部で石井美佳1士（301映写中）が団長特別賞を獲得した。

菅野団長は「即応、即動という重要かつ難しいテーマについて、しっかり考え、力強く発表してくれた」と講評。また「（大綱、中期防で）新たな任務、領域への対応が求められている。今までのやり方をベースにしながら時代の変化への対応をしっかり考えてほしい」と求めた。

優秀賞を獲得し同団最先任上級曹長の小林准尉（左）から賞状を贈られる沼能士長（右）と小林3曹（その左）＝1月28日、防衛省国際会議場で

海幕長から3級賞詞

最優秀教官に濱口1曹、原2曹

【海幕教育課】勤務成績が特に優秀で具体的な功績を挙げた海曹教官をたたえる「海自最優秀教官」の表彰式が1月28日、海幕応接室で行われ、濱口孝成1曹（4術校）と原敏郎2曹（2術校）に村川海幕長から3級賞詞、3級防衛功労章が授与された。

表彰は教官配置の魅力化策として平成29年度に始められ、今回で2回目。各術科学校、各教育隊、小月教育航空隊の教官から選抜される。

「海曹長及び1曹の部」で表彰された濱口1曹は、「海士補給課程」の課程科目標準を改正し、新たな指導項目を試行するとともに、4術校の経理補給実習講堂内に業務実習で活用する模擬倉庫区画を設営した。

「2曹及び3曹の部」の原2曹は、「海曹士専修科情報ネットワーク課程」の修業に必須となる試験の平均得点率の高水準を達成。また、自ら新たな電子計算機技能を習得し、受け持つ教務数を自発的に増やした。

受賞後、濱口1曹は「隊員に教官配置の重要性を認識させ、学校教官のステータス向上を図りたい」、原2曹は「今後も優秀な後進育成に尽力していきたい」と抱負を述べた。

村川海幕長（右）から3級賞詞を授与される濱口1曹（左手前）と原2曹（その右）＝1月28日、海幕応接室で

小休止

▽…福岡の太宰府天満宮の「梅の親善使節」が1月29日、北千歳駐屯地に来訪した。

▽…親善使節の来道は、昭和31年の日本航空の新千歳―福岡線の就航を記念して始まり63回目。駐屯地への来訪は54年以降、41回目。天満宮の禰宜、権禰宜、みこら7人が訪れ、紅梅、白梅の2鉢と職員が手作りした梅干を片岡義博司令に手渡した＝写真。司令はお礼に駐屯地自慢の干支の羽子板を贈った。

▽…厳寒の中で片岡司令は「駐屯地に春を届けていただき、ありがとうございます。今年も花が咲くのを楽しみにしています」と謝意を示した。寄贈された梅は司令室に甘い香りを漂わせ、ひと足早い春の訪れを告げている。（北千歳）

（世界の切手・スロベニア）

時は移ろうのではなく、積み上がって行くのだ。
浅田　次郎（作家）

朝雲ホームページ
www.asagumo-news.com
＜会員制サイト＞
Asagumo Archive
朝雲編集部メールアドレス
editorial@asagumo-news.com

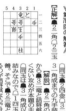

熊本地本の宮崎地区部隊研修に参加して
自衛隊への理解　深める

染田　由美子（医療法人かぜ「植木いまふじクリニック」職員・熊本市）

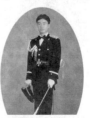

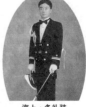

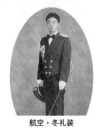

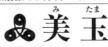

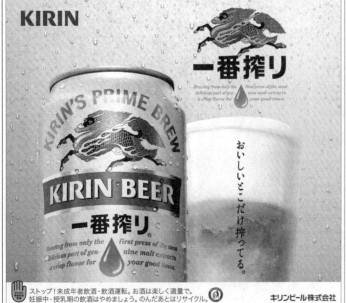

私は昨年末の12月1日から2日にかけ、当医療法人の理事長代理として自衛隊熊本地方協力本部の「宮崎地区部隊研修」に参加させていただきました。

「植木いまふじクリニック」は平成4年、熊本市の植木町に開業し、日々地域に根ざした医療を目標とし、診療活動を行っております。現在、4名の退職自衛官の方が勤務されており、車両の運転業務をはじめ、院内の整備など、多岐にわたる業務を担当していただいております。退職自衛官の皆さまは、何事も迅速に、丁寧に取り組み、全職員から大変頼りにされております。

さて、今回の研修ですが、たいへん有意義な時間を過ごさせていただきました。1日目は都城駐屯地の見学、そして2日目は新田原基地の「エアフェスタ」見学でした。私個人としては陸自の駐屯地見学をとても楽しみにしておりました。

1日目、都城駐屯地に到着してすぐに隊員食堂で昼食をいただきました。隊員の方々が摂られている食事を、一般の私たちが口にできる機会はなかなかありませんので、とてもよい経験となりました。

その後、駐屯地内の歴史資料館である「郷土館」に向かいました。ここには郷土に関する歴史的展示物が数多く展示されており、館長さんから神話にまつわる日本誕生の歴史から、自衛隊の歴史まで、時系列に説明をしていただきました。個人的には、ちょうど「ノモンハン事件」に関する書物を読んでいたので、事件に関する展示物を目にした時には思わず見入ってしまい、当時の兵士たちの尊い犠牲に思いを馳せました。

どこの国の「軍隊」も、その背後には重い歴史があります。日本の自衛隊もまた、重い、そして忘れてはならない歴史の上に存在しているのだと痛感しました。館内にはそのほか、歴史的にも貴重な物が多く展示してあり、いつかまた訪れてみたいと思いました。

その夜は、宮崎市内に宿泊し、地本の方々、そして他の参加者の皆さまとの懇親会を催していただきました。さまざまな企業の方々と交流する機会をいただき、とても楽しい時間を過ごすことができました。

翌日は、「エアフェスタ」が開催される新田原基地に向かいました。エプロン地区には陸海空自衛隊の航空機がそろい、さらにペトリオットなどの防空火器、災害派遣用の資材なども展示されていました。航空機については一機一機、隊員の方から説明がありました。その分かりやすい説明に、研修参加者以外の方々も耳を傾け、気がつけば私たちのまわりには多くの人だかりができていました。

当日は雨交じりで多少寒かったのですが、飛行展示が始まると、その大音響と迫力に興奮し、寒さを忘れ、空を見上げていました。一人ひとりのパイロット、そして航空自衛隊の方々が毎日「厳しい訓練に耐え、日本の空を守ってくれているのだな」と思い、自衛隊の方々の安全を祈らずにはいられませんでした。

午後になると雨が激しさを増し、「ブルーインパルス」による飛行展示は残念ながらキャンセルとなってしまいました。しかし、2日間の研修で、普段の生活では分からない自衛隊のことをより深く知ることができ、私にとってはとても貴重な経験となりました。

同行して下さった熊本地本の皆さまには細やかな心配りをして頂き、とても楽しい2日間となりました。このような機会を設けて頂き感謝するとともに、国民の自衛隊への理解が一層深まり、広がっていくことを心から願っております。

㊤都城駐屯地の「郷土館」で宮崎県と自衛隊の歴史について学ぶ参加者　㊦空自新田原基地を訪れた一行。左から3人目が染田由美子さん

みんなのページ

次回の観閲式も31連隊の勇姿を

1陸曹　飛田　和浩（31普連重迫撃砲中隊・武山）

私は昨秋、朝霞訓練場で実施された平成30年度自衛隊記念日観閲式に普通科車両部隊の指導部要員として参加しました。観閲式への参加は25年度、28年度に続いて3回目となりました。

訓練は9月中旬から開始されました。普通科車両部隊は、半数以上が即応予備自衛官で編成されていたものの、招集訓練の日程上、即応予備自については本番を含め8日間しか訓練に参加できない状況でした。

まずは支援部隊の要員も含め、基幹となる常備自衛官の練度向上が急務と考え、基本教練から観閲式の一連の動作を徹底的に演練しました。その中で感じたのは、長年にわたり積み重ねられてきた「個癖」の矯正の難しさです。

日々、無意識に繰り返されてきた個癖については、本人に認識がないため、ビデオの映像などを用いて自覚を促し、矯正するプロセスの繰り返しが必要でした。しかし、各人が個癖を認識し、正しい動作を繰り返し演練すると、練度は以前と見違えるほど向上しました。

10月に入り即応予備自衛官が合流、各隊員の個癖も徹底的に矯正していきました。特に練成期間の短い即応予備自衛官の中には基幹隊員以上に個癖の強い者や動作自体を理解していない隊員が散見されたため、部隊として斉一な動作ができるよう、昼夜を問わず訓練を繰り返しました。その甲斐あり、本番の観閲式においては、整斉とした動作で普通科車両部隊としての威容を発揮し、任務達成することができました。

今回の観閲式に参加した隊員が次回の観閲式にも参加し、今回培った整斉とした動作に、さらなる練成を重ね、普通科車両部隊としての勇姿を次回も観客に見せてほしいと思いました。

初任准尉特別講習に28人

3海尉　厚井　善行（横須賀教育隊・武山）

第3002期初任准尉特別講習を修了した28人の初任准尉たち

横須賀教育隊は1月10日から25日までの間、第3002期初任准尉特別講習を実施した。

この講習は、主として本年1月に昇任した准尉に対し、「初任准尉としての心構えを教育するとともに、人事や文書関係業務の基礎を修得させること」を目的に行われた。

今回の講習員数は28名（うち女性1名）で、最年長者は53歳であった。「先任伍長」経験者も多く、課程の中で各部隊での経験や、若年隊員の指導に関する意見を交換し合う場面が多く見られた。

また、講習では座学形式による教育だけでなく、討論やプレゼンテーションなどの機会も多く設けられた。

1月25日に修了式が行われ、浅岡世志司令は訓示の中で「今後の勤務を集大成と位置づけ、経験や知識技能の継承、強い部隊の構築に向けて、これまで以上の努力を期待する」と述べ、初任准尉たちを激励した。

初任准尉たちは元の部隊に復帰し、各術科のプロフェッショナルとして、若手隊員の指導、さらには部隊を補佐するベテラン隊員としての役割が期待されている。

新刊紹介

「現代語訳　孫子」
杉之尾　宜生　編著

本書は中国最古の兵法書『孫子』の原典13篇を、防衛大学校で長年、「孫子論」を講義してきた元1陸佐の編著者が、学生にも理解できるよう現代語に訳し、解説を加えたものだ。

日中戦争中、蒋介石や毛沢東が（孫子にあるように）「戦争と武力戦とを概念的に峻別し戦った」のに対し、日本軍は「戦争＝武力戦」と捉え、その結果、個々の戦いに勝利しながら戦争に敗北する愚を犯したと強調する。その失敗を避けるには、日本人も『孫子』研究が欠かせないとし、「戦争と平和は有機的一体の事象と捉えるべきだ」と説く。

中国軍は「平戦両時」を区分せず、その行動にも『孫子』の兵法が色濃く反映されているため、『孫子』を理解することが中国軍の本質を知るのに役立つとしている。

2500年前の書でありながら、『孫子』には指導者が忘れてはならない「国家生存」に向けた神髄が詰まっており、自衛隊員も手元に置いて繰り返し読んでもらいたい本だ。旧軍の「失敗」を決して繰り返さないためにも。

（日本経済新聞出版社刊、972円）

「南スーダンに平和をつくる」
～「オールジャパン」の国際貢献

紀谷　昌彦著

2011年7月、約半世紀に及ぶ内戦を経てアフリカ54番目の国家として独立した南スーダン。日本は国連平和維持活動（PKO）の一環として、翌12年1月から17年5月までの約5年4カ月間にわたって延べ3912人の陸自施設部隊の隊員を同国に派遣し、インフラ整備などの国づくり支援に当たった。

著者（現・外務省中東アフリカ局アフリカ部参事官）は15年から17年まで駐南スーダン大使を務めた経験を基に「教訓や課題を共有し、日本の平和構築支援を考える材料を提供したい」と本書を執筆した。

当時、大使として自らも緊密に連携した自衛隊のPKO活動やJICAの開発支援、NGOの取り組みなどを俯瞰した上で「日本なくして実現しないこと、日本がいるからこそ実現できることは多い」と指摘する。

「今後も『オールジャパン』でさまざまなツールを戦略的に活用すれば、平和と開発の双方で大きな成果を出せる」として、「南スーダンの人たちを温かく励まし続け、成果につながる環境を国際社会と共に整備することが大事だ」と訴えている。

（筑摩書房刊、864円）

勤続25年　防衛大臣より表彰状

1陸曹　横村　和幸（1高支中・国分）

私はこのたび「永年勤続（25年）」ということで、防衛大臣より表彰状を頂いた。平成5年4月に陸上自衛隊に入隊して早25年、長いようで短い、実に充実した25年だった。これまで人に恵まれて過ごせた[illegible]

[illegible]た家族。さまざまな人々に[illegible]だと改めて思う。いい時も、悪い時も、時に厳しく、時に優しく叱咤激励して頂いた上司・先輩、同期、そして協力してくれた部下・後輩。[illegible]

残された約10年の自衛隊生活も感謝の気持ちを忘れず、これまで培った知識や技能を後輩に伝えていけるよう、より一層精進していこうと思う。

OBがんばる

白崎　勇忠さん　56
平成29年7月、青森地本を最後に定年退職（特別昇任2陸佐）。フコク生命保険相互会社青森支社に再就職し、自衛隊の11駐屯地・基地での営業活動支援に従事している。

心身共に早めの準備を

私は、定年退職を半年後に控えた頃、再就職先をどのように選ぼうかと考えておりました。最後の勤務が青森地本の青森地域事務所だったため、弘前地区援護センターに立ち寄り、地域の雇用状況について情報収集しましたが、希望する金融・保険関係の求人はあまり多くありませんでした。そこで援護センターと援護課に自分の希望を伝え、紹介していただいたのが当社でした。

数度の面接を受け、採用通知をいただいたのが年度末退職の1週間前でした。

私の業務は、青森支社が担当する県内の陸海空自衛隊の駐屯地・基地において、営業活動を行う「ライフアドバイザー」です。[illegible]「もし、自分がお客様だったら」を常に念頭に置いて勤務しております。

[illegible]

退職を控えておられる隊員の皆さまは、ご自身のライフプランに沿った再就職先を早めに決め、準備を進めることをお勧めします。

あさぐも掲示板

JMAS事務所移転

自衛官OBが主体となって運営する認定NPO法人「日本地雷処理を支援する会」（JMAS、岡部俊哉会長＝前陸幕長）はこのほど、事務所を新宿区市谷本村町から千代田区九段の靖国神社前に移転した。

新住所は〒102-0074 東京都千代田区九段南3-8-10 9階 ☎03-6261-1785 HP=http://www.jmas-ngo.jp

JMASでは現在、陸海空自衛隊OBがカンボジア、ラオス、パラオ、ミクロネシアで活動しているほか、「海外での地雷・不発弾処理支援活動に関心のある方々や、活動に従事してみたいと考えている方は、ぜひお気軽にお問い合わせ、お立ち寄り下さい」と話している。

第1205回出題

詰碁
出題　日本棋院　九段　曲　励起

白先
『黒を取ってください。5分できれば初級以上です』

詰将棋
出題　日本将棋連盟　九段　石田　和雄

5	4	3	2	1	
		竜	と		一
	v金	v金		v歩	二
	v銀	v王			三
		v歩			四
					五
		桂			六

▲先手　持駒　角

▶詰碁、詰将棋の出題は隔週です◀

▽第789回の解答△

【正解】▲2二角△2三玉▲3二竜△1四玉▲2三竜△同玉▲2四金△3二玉▲3一角成までの九手詰め。

【解説】▲2二角の俗手から▲3二竜と詰将棋らしくない攻めが本題の主眼。△同玉は▲3一角成以下早詰みなので△1四玉は最善。そこで▲2三竜と捨てるのが詰将棋ならではの好手でトドメを刺します。

朝雲

発行所 朝雲新聞社
〒160-0002 東京都新宿区四谷坂町12-20 KKビル
電話 03(3225)3841
FAX 03(3225)3831
振替00190-4-17600番
定価一部140円、年間購読料9000円（税・送料込み）

主な記事

シナイ半島に陸自隊員派遣

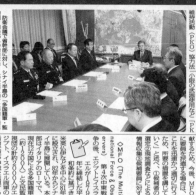

防衛相が準備指示

MFO司令部要員2人 平和安全法制で初

岩屋防衛相は2月28日、防衛会議を開き、エジプト東部のシナイ半島でエジプト、イスラエル両軍の停戦監視活動を行う「多国籍軍・監視団（MFO）」の司令部要員として、陸自隊員2人を派遣する方向で準備指示を出した。実現すれば、2016年3月施行の「平和安全法制」で可能となった「国際連携平和安全活動」に基づき、国連が統括しない国際貢献活動に派遣する初のケースとなる。防衛省は今後、現地調査や候補者の選定などを進める。

日本からMFOへの司令部要員の派遣は、同法に基づいて行われ、紛争当事者間の停戦合意や必要最小限の武器使用など「PKO参加5原則」が適用される。

派遣先はシナイ半島南端の紅海に面したエジプト・シャルムエルシェイクの現地司令部で、具体的な派遣時期は実施計画や関連政令の策定、MFOや関係国との調整を経て決定する。

岩屋大臣は防衛会議の後、省内で記者団に「中東の平和と安定に積極的に貢献するため、今後、MFOに要員を派遣する場合は、これを迅速かつ適切に行うため、所要の措置を講じていく」と述べ、①候補者の選定②現地調査などによる情報収集③候補要員に対する教育訓練や予防接種——に取り掛かる考えを示した。まずは調査団と政務三役の現地派遣を進める。

菅官房長官は同日の記者会見で「政府はMFOからの要請を踏まえ、要員派遣の可能性について（今年1月から）検討してきた。薗浦首相補佐官による現地視察を（2月上旬に）実施し、我が国の国益に資する活動か、要員の安全が確保できるか、『PKO参加5原則』が満たされるかなどの観点から十分な検討を進めてきた」と説明。

その上で今回の司令部要員の派遣準備について「司令部要員の派遣を通じ、MFOへのさらなる貢献が可能となり、中東の平和と安定に一層資するものと考えている」と述べた。

防衛会議で省幹部に対し、シナイ半島の「多国籍軍・監視団」司令部への陸自隊員2人の派遣に向けた準備を指示する岩屋防衛相（テーブル中央奥）＝2月28日、防衛省で

◇MFO（The Multinational Force & Observers）　第4次中東戦争の後、エジプトとイスラエルが1979年に締結した平和条約に基づき、米英仏伊などを中心に81年に設立され、82年からシナイ半島に展開している。本部はイタリアのローマで、現在12カ国による多国籍軍（約1200人）と文民監視団の計約2000人がエジプト、イスラエル両軍の活動状況や停戦を監視する任務に当たっている。

内閣府の国際平和協力シンポ

南スーダン第1次司令部要員の新井2佐が報告

内閣府国際平和協力本部事務局（岩井文男事務局長）が主催する「第8回国際平和協力シンポジウム」が2月26日、都内で開かれ、2012年2月から半年間、国連南スーダン共和国ミッション（UNMISS）に第1次司令部要員の施設幕僚として派遣された新井信裕2佐（現・教育訓練研究本部勤務）が当時の状況を報告した。

新井2佐（当時1尉）は南スーダンの首都ジュバに置かれたUNMISS司令部で施設活動の全般に渡る調整などを担当した。

シンポジウムでは、当時、自衛隊がインフラ整備に当たった際の苦労として、①隊員の居住場所や補給品をストックする倉庫など活動を支える兵站面の優先順位の決定②雨季の施設活動で障害となる降雨など天候上の影響——を挙げた。

また、土木作業に使う資材は現地で調達することから、「自衛隊は地域コミュニティーとの関係を重視し、現地の人々との触れ合いも大切にした」と報告した。

質疑応答では、「南スーダンでの活動は自衛隊でどう生かされているか」との質問に、「国際活動の分野で中核的な役割を担えたことは、ミリタリー・エンジニア・エキスパートとして士気高揚につながった。また、日本とアフリカでは環境や条件が異なることから応用力の向上にもなった」と語った。

新井2佐の報告に先立ち行われたセッションでは、同事務局の研究員が国連平和維持活動（PKO）をめぐる課題などについて発表。西村正二郎研究員が「米トランプ政権の2年間と国連、安保理、PKO」、今井ひなた研究員が「国連とアフリカ連合・PKO活動における『戦略的連携』の進展と課題」、菅原雄一研究員が「PKO活動の有効性に関する実証的政策評価の現在」について、それぞれ調査内容を報告した。

2019年度防衛費 重要施策を見る ■5■

統幕

新たな領域を組み合わせ「多次元統合防衛力」構築

昨年末に策定された新「防衛大綱」「中期防」を受け、「多次元統合防衛力」の構築に重点が置かれた防衛省の19年度予算案。

このうち、陸海空3自衛隊の統合運用を担う統合幕僚監部の予算は、新たな領域での防衛力を高めるため、前年度比18・4％増の521億円を要求している。

特に「サイバー分野」では、自衛隊のサイバー防衛能力を格段に高めるため、サイバー防衛隊の要員を約70人増やし、220人に増強する。この70人は、実戦的訓練体制の強化に約50人、初動対処・高度対処体制の強化に約20人を充てる計画だ。

さらに、「サイバーセキュリティー」に関する人材育成にも着手。3自衛隊共通教育として高度な知識・技能を隊員に習得させるため、陸自の通信学校（久里浜）で年2回（1回40人）の教育を開始する（5000万円）。

このほか、サイバー攻撃に対処するため「サイバー情報収集装置」を整備（36億円）。高度な専門的知見を必要とする領域については、部外の民間技術者なども活用していく（23億円）。

一方、「電磁波領域」では、19年度末に統幕指揮通信システム企画課に「電磁波領域企画班（仮）」を新設。通信やレーダーなど電磁波領域にかかる全ての統合運用についての企画・立案を[illegible]。

また、電磁波管理に関しては、最適化のための調査研究に300万円を充てる。3自衛隊間のシステム連接などについても、技術的側面から総合的に検討を行い、今後のシステム[illegible]進める。

3自衛隊の「統合訓練」では、弾道ミサイルへの対処や島嶼防衛を目的とした統合水陸両用作戦訓練など[illegible]軍との日米共同対処能力も高める。

海外で活動する「国際協力」の分野では、19年度はADMMプラス（拡大ASEAN国防相会議）の枠組みで「国際平和協力演習」に参加し、アジア地域の安全保障協力を積極的に推進する。

今年で10年目の節目を迎えるソマリア沖・アデン湾での自衛隊の「海賊対処任務」も継続。海自P3C哨戒機部隊の活動拠点が置かれるジブチ共和国では、4回目となる「災害対処能力強化支援事業」を行い、陸自隊員がジブチの工兵に重機の操作法などを教育するほか、教官の育成も行う。

[illegible]備の「パシフィック・パートナーシップ」に参加、衛生科隊員がアジア太平洋地域の各国を巡回して診療活動に当たる。

河野統幕長は年頭あいさつで「新たな領域を組み合わせた領域横断作戦を遂行するための能力を向上し、『多次元統合防衛力』の構築を着実に進めていく」と述べた。

統幕は19年度も有事や大災害への即応態勢を維持しつつ、これまで以上に「戦略的な活動」を常時継続できる体制を強化していく。

（星里美）

インターネット
攻撃、または防衛省への攻撃準備
防衛省・自衛隊ネットワーク
攻撃者
防衛の強化
情報の収集・分析

防衛省・自衛隊へのサイバー攻撃の事態を察知する「サイバー情報収集装置」のイメージ（予算案資料から）

陸自新多用途ヘリ「UHX」

試作機の納入式

スバル宇都宮製作所で

陸自の「新多用途ヘリコプター（UHX）」試作機の納入式が2月28日、栃木県宇都宮市のスバル宇都宮製作所で行われた。

式典には防衛省から山崎陸幕長、外園博一防衛技監らが出席。スバルの中村知美社長はあいさつで「陸自は（UH1ヘリのシリーズで）陸自ヘリの約半数を納品させていただいている。これに誇りと責任を持ち、今後も（UHXで）部隊運用の支援に万全を期す所存だ」と述べた。

また、防衛装備庁の外園技監は「UHXは昨今の我が国を取り巻く安全保障環境や災害派遣などの対応に必要不可欠なヘリコプター。陸自での早期戦力化が期待される。計画の初期からUHXの事業に携わった私にとって、この日が迎えられたことは感無量だ」と語った。

（3面に関連記事と写真）

陸自の新多用途ヘリ（UHX）試作機の納入式であいさつする防衛装備庁の外園博一防衛技監（右奥）＝2月28日、スバル宇都宮製作所で

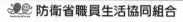

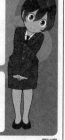

「武器等防護」昨年は計16件

防衛省

防衛省は2月27日、2016年3月施行の「平和安全法制」で新設された「自衛隊法95条の2」に基づき、自衛隊が昨年18年に実施した米軍等に対する「武器等防護」の実績が計16件だったことを公表した。全て米軍が対象で、17年の2件（いずれも米軍との共同訓練中）から大幅に増加した。

内訳は、今回初めて実施された「弾道ミサイル警戒を含む情報収集・警戒監視活動」中の艦艇防護が3件だったほか、共同訓練中の艦艇防護が3件、共同訓練中の航空機防護が10件だった。日時や場所などの詳細は非公表。

「武器等防護」は平時やグレーゾーン事態で自衛隊が最小限の武器使用で米軍等の装備を守る新任務。16年12月に運用を開始した。

河野統幕長は28日の記者会見で、米軍から「武器等防護」の要請が増えているとの認識を示した上で「米軍などからの要請に基づき、日本として要件に合致しているかどうかを判断して実施している。武器等防護によって日米同盟の精神的なつながりが向上すると思っている」と述べた。

春夏秋冬

不調に終わった第2回米朝会談

篠田英朗

ハノイで開催された第2回米朝首脳会談は、何も成果がないまま、終了した。昨年6月に開催されたシンガポールでの第1回米朝会談では、「CVID（完全かつ検証可能で不可逆的な非核化）」と「体制保証」を「取引（Deal）」するという方向性が示された。今回の会談も、その「取引」交渉の一環として行われた。だが何も進展はなかった。酷評された第1回会談の場合と同様に、成果がなかったからといって、両国の首脳が会談をしたことの意味を否定するべきではないだろう。だがそれでも、ひょっとしたら「取引」は進展するかもしれない、という幻想が崩壊したことの意味は小さくない。

アメリカ国内では、民主党が米朝会談にあわせて、コーエン元顧問弁護士の公聴会を開催し、爆弾発言を引き出していた。再選の行方を左右しかねない内容だった。トランプ大統領が、米朝会談に集中できる状況になかったことは確かだろう。

北朝鮮は、トップ会談に「取引」の進展を委ねるべく、大きな盛り上がりを演出していた。進展がなかったことによって、金正恩氏が窮地に陥ったとみるのが、妥当だろう。

韓国の文政権は、米朝会談の成果を、翌日の3・1独立運動百周年へとつなげる目論見であった。対北朝鮮制裁の違反行為を指摘されながらも動ぜず、会談直前には「親日清算」と踏み込んだ演説まで行っていた文大統領も、肩透かしを食らった形になった。南北融和を、韓国主導の北朝鮮の経済開発へとつなげたかっただけに、「取引」の不成立には、失望感が伴っているだろう。

核兵器やミサイル発射の実験の停止は、日本にとって望ましいことである。現状維持を歓迎することはできないとしても、悲嘆するわけにもいかない。引き続きアメリカと連動して、慎重な交渉を支援していくことになるだろう。拉致問題の解決を目指す姿勢を崩すことなく、「取引」の進展に寄与していけるかが、問われていく。

韓国との関係は、複雑になる一方だ。「インド太平洋」戦略を外交の基軸に置きつつ、大陸諸国や半島諸国との関係の微妙さを捉えていきたい。米朝会談の不調は、日本外交の戦略性とバランス感覚を問い直す契機になる、と言ってよいだろう。

（東京外国語大学大学院教授）

朝雲寸言

上野の科学博物館で開催されていた「明治150年記念 日本を変えた千の技術博」。一台の古びた建設機械の前で多くの人々が足を止めていた。先の大戦中、米軍がウェーク島に放置した米国製ブルドーザーを旧海軍が入手し、その能力に驚嘆。国産開発を依頼された日本企業が、自社製トラクターに土を押す油圧式ブレードを取り付ける改良をわずか1カ月で成し遂げた日本初のブルドーザー「G40」だった▼博物館にあったのは、日本が戦時中フィリピンで使っていた一台だった。戦後米軍に海中投棄されたが、その後引き揚げられると奇跡的にエンジンが起動。豪州の農場に買い取られて使われていたところを製造元が見つけ、里帰りを果たしたという▼戦時中、ブルドーザー開発で追い上げた日本だったが、量産や配備で先行した米軍はその建機を対日反攻作戦で多用し、勝利につなげた。一方、国産を開発した企業は戦後、世界屈指の建機メーカーに成長。現在の小松製作所である▼同社が自衛隊向け車両の新規開発事業をやめるという。開発コストに見合う利益が見込めないとして防衛事業から撤退する企業は前からあったが、同社ほどの大手の事例は驚きだ。「防衛産業の基盤強化」という掛け声はかかっても具体的な取り組みが進まない。そんな現状を今度こそ改めねばならない。日本の守りに長きにわたり寄与してきた恩人の思いを心して受け止めねばならない。

時の焦点

国内

自衛官募集

市町村との連携目指せ

岐阜県で昨年から散発していた豚コレラの感染が愛知、岐阜、長野などに広がり、陸上自衛隊が災害派遣要請に基づいて活動した。

豚コレラは人には感染しないものの、殺処分や消毒の支援などにあたった隊員の心労は計り知れない。防衛省は、メンタルケアを着実に実施してもらいたい。

防衛や災害派遣など、多岐にわたる任務を着実に遂行できる人材をどう確保するのか。安倍首相が自衛官の募集について、「6割以上の自治体から所要の協力を得られていない」と述べ、国会の論点となった。

防衛省は自衛官の募集活動で、主に18歳と22歳の住所、氏名、生年月日、性別の情報を、紙か電子媒体で提出するよう自治体に求めている。自衛隊法とその施行令に根拠規定がある。

2017年度には、1741市区町村のうち36%が提出に応じたが、自衛隊員による住民基本台帳の閲覧や書き取りだけを認めた自治体が53%、過疎地などの理由で自衛隊が要求しなかったケースなどが10%だった。5自治体は一切の協力を拒んだ。

非協力的な自治体は、多くの憲法学者が自衛隊を「違憲」と主張していることや、自衛隊に批判的な市民団体の運動などを意識しているのだろう。自衛隊の活動に対する国民の理解が広がる中、残念である。

野党は「閲覧も協力にあたる」とし、首相を批判する。住基台帳を手書きで書き写せば、膨大な作業となる。法にのっとった協力とは言えまい。

災害時に、自衛隊は捜索や救助、救援物資の輸送、がれきの撤去など幅広い仕事を行う。

過酷な状況での自衛隊の献身的な活動を考えれば、自治体は日頃から良好な関係を築くべきではないか。自衛隊の効率的な採用活動を支援してもらいたい。

自衛隊は、自治体との連携を深める努力が欠かせない。自らの任務を丁寧に説明し、理解を広げていく必要がある。

少子化の影響で、自衛官の採用環境は厳しい。任期付きの自衛官候補生の採用数は、4年連続で計画を割り込んだ。

国民の命と暮らしを守るという高い志を持つ人を確保することが大切だ。だが、その重要性を強調するだけで、民間との採用競争を制するのは難しいだろう。政府は、重い役割を担う隊員の処遇改善に積極的に取り組むべきだ。

防衛省は昨年、採用年齢の上限を26歳から32歳に引き上げた。採用層の拡大によって、人手不足を補う狙いである。

自衛隊員は減少傾向が続く。陸、海、空3自衛隊の役割を弾力的に見直して、現隊員を有効に活用することも考えねばなるまい。若年定年制を改め、定年の延長を本格的に検討する必要もある。

夏川　明雄（政治評論家）

海外

米朝会談決裂

非核化と制裁解除で溝

「禍根を残す中途半端な合意をするぐらいなら、合意などしない方がいい」。鳴り物入りで行われたベトナムの首都ハノイでの米朝首脳会談が事実上決裂に終わったとの一報に接し、脳裏にまず浮かんだのが、外交交渉の場でしばしば語られるこの格言である。

昨年6月のシンガポールでの史上初の米朝首脳会談に続く今回のトランプ、金正恩両首脳の再会談では、米国が要求する「完全な非核化」と北朝鮮が求める「見返り」をめぐってどのように折り合えるかが最大の焦点だったが、案の定、米朝双方の溝は根幹の部分で埋まらなかったということだ。

「（北朝鮮には）素晴らしい将来が待っている。私はそれが起きる手助けをしたい」（トランプ氏）、「皆が喜ぶ立派な成果を出せると確信しており、最善を尽くす」（金正恩氏）。2月27日のハノイでの一対一の会談直前に両首脳は記者団にこのように語り、8カ月ぶりの首脳会談に楽観的な見通しを示したが、友好的ムードは翌日の側近を交えた拡大会合に臨んだところで一変した。その後のホテルでの昼食会は取りやめとなり、午後に予定された合意文書の発表も取り消された。

2016年の米大統領選でのロシア介入疑惑や対メキシコ国境での壁建設をめぐる野党・民主党との対立など内政面で苦境にあえぎ、外交分野での功を焦るトランプ氏と、直接交渉で大きな譲歩を引き出すことを狙う金正恩氏。米朝会談の主役である両者の思惑が一致して何とかこぎ着けたベトナムでの首脳会談だったが、北朝鮮の非核化をめぐる対立の深さが改めて露呈する皮肉な結果となった。

トランプ氏は会談後の記者会見で、「北朝鮮が全面的な制裁解除を望んだことが合意に至らなかった理由だ」と説明し、北が示した寧辺核施設の廃棄だけではすべての制裁解除には不十分だとの認識を示した。北朝鮮の核・ミサイル問題に通じた日米両国の高官や専門家の間では、北朝鮮との外交駆け引きで成果を誇示したいトランプ氏が安易に譲歩するのではないかといった懸念が語られていたが、「非核化の実現まで制裁を解除しない」という原則はぎりぎりのところで守ったと言える。

昨年6月のシンガポール会談以降、実務協議の進展を遅らせるなどして米側をじらし、トップダウンで物事を進めるトランプ氏との再会談に持ち込んだ金正恩氏だが、ディール（取引）に長け、「予測不可能」とされるトランプ氏に今回は翻弄された格好だ。大国である米国と外交で堂々と渡り合っていることを喧伝し、国内での威信高揚にも役立てたいという思惑の北朝鮮の若い独裁者にとっては、少なからぬ打撃となろう。

米朝両国による非核化交渉がこのまま停滞すれば、北朝鮮指導部が強硬路線に戻る可能性もある。朝鮮半島をめぐる情勢を正常化させるには、やはり日米韓の適切な抑止力の維持と関係国による建設的な対話継続が欠かせないことだけは確かだ。

伊藤　努（外交評論家）

陸幕が「家族支援担当者会同」開催

災害時「安否確認」要領など共有

「平成30年度家族支援担当者会同」で、意見を総括する陸幕家族支援班長の緒方義大1佐（2月7日、市ヶ谷駐屯地で）

【陸幕厚生課】陸幕は2月7日、家族支援の実務者レベルの能力向上を目的とした「平成30年度家族支援担当者会同」を市ヶ谷駐屯地で実施した。

同会同は平成21年度に始まり今回で10回目。陸上総隊司令部、各方面総監部、各部隊、各機関の家族支援担当者ら計42人が全国から集結した。

陸幕厚生課長の吉田幸一1佐のあいさつに続き、家族支援班の各担当者が陸幕の施策を説明。豪雨や地震など昨年頻発した災害の教訓として、「より迅速かつ能動的な家族支援が必要」と述べた。

特に、隊員家族の「安否確認」では、①関係部外団体などの協力の必要性②留守家族名簿の平素からの最新版への整備③各団体との役割分担④訓練の充実——の重要性を強調した。

続いて、各方面の担当者が、災害時の関係団体との調整内容を発表。西日本豪雨災害で行った隊員家族の「安否確認」要領をはじめ、北海道胆振東部地震発生後のブラックアウトでの緊急登庁などを説明し、参加者は認識を共有した。

陸幕は、家族支援に関する関係団体との協力など、新たな施策の徹底と各部隊に対する斉一な施策の進捗を図るため、同会同を来年度から「集合訓練」と位置付け、参加対象者の拡大などを計画している。

働き方改革で空幕長表彰

西空司令部と3輪空整補群総人班が受賞

丸茂空幕長（前列左端）から表彰状を授与された井筒西空司令官（中央左）と生田3輪空整補群司令（同右）。前列右端は荒木空幕副長（2月4日、空幕長室で）

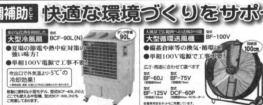

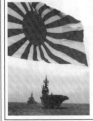

【空幕人計課】空自の平成30年度「働き方改革推進のための取り組みコンテスト」で特に優秀と認められた西部航空方面隊司令部（春日）と第3輸送航空隊第3整備補給群総務人事班（美保）に2月4日、丸茂空幕長から表彰状が贈られた。

西空司令部は隊員の勤務時間を記録・集計し、勤務意欲度と体調（心身）を関連付けて分析・評価し、さらに分析作業などの自動化を図り、負担軽減にも配慮している。3輪空整補群総人班でも同様に隊員の勤務時間を記録・集計するとともに、「勤務状況管理ボード」を作成して出退勤時の入力や集計作業の負担を減らしている。

こうした両部隊の努力は長時間勤務の是正などにつながり、利便性にも配慮していることから高く評価された。

空幕長室で行われた表彰式には荒木文博空幕副長、鈴木康彦人事教育部長らが立会。部隊を代表して西空司令官の井筒俊司空将と3輪空整補群司令の生田吉治1佐が表彰状を受け取った。

この後の懇談では、両部隊の担当者が取り組みの概要を説明。空幕長は、モデルケースとして他の部隊などにも普及させるよう関係部署に指示を出した。

2019年版「自衛隊手帳」景品当選者決まる

上尾田2空曹、永野陸士長に旅行券

手帳賞は20人、図書賞は50人

朝雲新聞社発行の2019年版『自衛隊手帳』の景品当選者が決まりました。応募はがき443通の中から朝雲新聞社社長立ち会いのもと厳正な抽選の結果、「朝雲賞」のJTB旅行券ナイストリップ（5万円相当）には上尾田寿路2空曹と永野隆介陸士長の2人、「手帳賞」のJTBナイスギフト（5000円相当）には村田健司1陸尉はじめ20人、「図書賞」の全国共通図書カード（1000円相当）には牟田謙介2海佐はじめ50人が、それぞれ当選しました。当選者への景品発送は3月下旬ごろになります。

各賞の当選者は次の通り（順不同、敬称略、カッコ内は所属）。

なお「図書賞」当選者の氏名は左記の方々のほか、景品の発送をもって発表に代えさせていただきます。

【朝雲賞】▽上尾田寿路2空曹（53警隊）▽永野隆介陸士長（1戦大）

【手帳賞】▽村田健司1陸尉（帯広駐業）▽尾田州平3陸曹（7後支連）▽石田茉莉1陸尉（東北方面後方支援隊）▽齊藤芳明陸曹長（39普連）▽橋口友佳2陸尉（基礎情報隊）▽手塚達也2陸曹（関東処用賀支）▽勝部薫2陸尉（8普連）▽宮島はづき陸士長（10師団付）▽鴇田正人2陸尉（2水機連）▽山下勇介2陸曹（8師団付）▽鵜川尚丈2海佐（呉海上訓練指導隊）▽笠井義隆1海尉（空補処）▽舘岡寛人2海曹（余市防備隊）▽小宮山仁士3空佐（教育集団司令部）▽山際耕平1空尉（近畿中部局）▽塚本隆央空曹長（西警団）▽安倉直美主事（共済組合大津支部）▽宮代三奈（一般）▽乃万陽斗（一般）▽梶原新一郎（一般）

【図書賞】▽牟田謙介2海佐（まつゆき）▽角通1海尉（防大）▽副島秀樹2空佐（北空司令部）▽大槻喜一朗3陸佐（52普連）▽長友博文（一般）ほか45人

「さみだれ」が印海軍と訓練

海賊対処水上部隊32次

ソマリア沖・アデン湾で海賊対処共同訓練を行う海自の護衛艦「さみだれ」（奥）とインド海軍フリゲート「トリカンド」（2月23日）

【海幕】海賊対処水上部隊32次の護衛艦「さみだれ」は2月23日、ソマリア沖・アデン湾でインド海軍のフリゲート「トリカンド」と共同訓練を行い、戦術運動や通信訓練などを行った。

C2がフィジーに国外運航訓練

【空幕】3輸空（美保）のC2輸送機1機が2月23日から3月5日まで、フィジーなどアジア・大洋州で国外運航訓練を実施した。C2の南太平洋への運航は初めて。参加人員は403飛行隊飛行班長ら。

C2は24日にフィジーのナンディ国際空港に到着。その後、豪州のアバロン空港に着陸し、「アバロン・エアショー」に参加した。

F2が飛行再開

操縦ミスで失速　墜落の可能性

【空幕】8空団（築城）のF2B戦闘機が2月20日に山口県沖に墜落した事故で、空幕は同27日、「事故機がエンジン出力を絞って急上昇した際に操縦不能になり、操縦ミスにより失速して墜落した可能性が高い」とする乗員への聞き取り結果を発表した。機体の不具合の可能性は低いと判断し、事故後に取りやめていたF2の飛行訓練を同28日、再開した。

事故機（2番機）は前席に乗っていた2尉が操縦し、1番機と対戦闘機戦闘訓練をしていた。2尉は1番機からの追尾を避けるため、エンジン出力を絞って旋回しながら降下した後に急上昇。その際に失速して操縦不能状態に陥った。後席で教官として搭乗していた1尉が操縦を代わり、操縦不能状態を回復させようとしたが、高度が下がり続けたため、2人は緊急脱出した。

海面に着水し、救助された2尉は頸椎ねんざなどで全治2週間の軽傷、1尉は胸椎骨折などで全治2カ月の重傷を負った。

山口県沖の海中に沈んだ事故機は引き揚げられ、空自はフライトレコーダーなどを回収する予定。

中国軍艦3隻が対馬海峡を南下

【統幕】2月23日午前9時ごろ、中国海軍の「ルーヤンⅢ」級ミサイル駆逐艦（満載排水量7000トン、艦番号117「西寧」）1隻と「ジャンカイⅡ」級フリゲート（同3900トン、艦番号547「臨沂」、598「日照」）2隻が、長崎・上対馬の東北東約110キロの海域を南西に向け航行しているのを14護衛隊（舞鶴）の護衛艦「せんだい」が確認した。

中国艦は2月15日に長崎・福江島沖で確認され、日本海に進出した艦艇と同一で、3隻は対馬海峡を南下して東シナ海に戻った。

共済組合だより

有効成分や効き目は同じ「ジェネリック医薬品」

薬代や医療費の抑制のためご利用を

皆さまは「ジェネリック（後発）医薬品」をご存知ですか？ ジェネリック医薬品は、医師が処方する医薬品であり、先発医薬品（新薬）と比べて安価で、なおかつ有効成分や効き目は同じです。

新しく開発された医療用医薬品は、先発医薬品として特許が与えられ、開発会社により独占的に販売されますが、ジェネリック医薬品は、先発医薬品の特許期間満了後に、同レベルの品質・有効性・安全性を有しているという国の審査・承認を受けて発売されます。

既に有効性や安全性が確認されている先発医薬品の有効成分を利用するため、開発期間や費用を大幅に抑えることができ、そのため薬の価格も安く設定することができます。

組合員や被扶養者の皆さまが診療を受ける際、病院や薬局等でジェネリック医薬品を積極的に選んでいただくことにより、ご自身の薬代が軽減されるだけでなく、共済組合全体の医療費も抑制することができます。

医師と薬剤師それぞれに意思を伝え相談することによりジェネリック医薬品を選ぶことができます。相談は、口頭やメモ等で大丈夫ですが、「お願いカード」＝写真＝を利用すると便利です。皆さまのご協力をお願い致します。

なお、先発医薬品の特許が切れていない場合や医療上の理由等でジェネリック医薬品を選べない場合もあります。

切り取り線

ジェネリック医薬品お願いカード

医師・薬剤師の皆様へ

私は可能な場合、ジェネリック医薬品の処方を希望します

氏名

防衛省共済組合

訂正

2月28日付5面「防衛技術」の「揚陸艇L-CAT」の記事で、「最大100キロの物資」とあるのは、「最大100トンの物資」の誤りでした。訂正します。

陸自向け新多用途ヘリ「UHX」試作機受領

陸自UH1ヘリの後継機としてお披露目された新多用途ヘリ（UHX）。UH1と外観が似ているが、メインローターが4枚羽根となっている（写真はいずれも2月28日、スバル宇都宮製作所南工場で）

陸自の「新多用途ヘリコプター（UHX）」試作機の納入式が2月28日、栃木県宇都宮市のスバル宇都宮製作所で行われた。現有のUH1ヘリの後継機となる「UHX」を陸自は今後、約150機導入する計画で、同機は今後、全国の航空部隊に配備される。

（文・写真　古川勝平）

長距離飛行の安全性向上

エンジン2発　メインローター4枚に

納入式典には防衛省から山崎陸幕長、外園博一防衛技監ら、会社側から中村知美スバル社長らが出席し、UHX試作機の前で晴れやかにテープカットを行った。

UHXは現有のUH1ヘリとほぼ同じ大きさで、全長約13メートル、全幅約3メートル、全高約4・5メートル。操縦者を含め13人が搭乗できる。特徴として、単発エンジンのUH1シリーズに対し、UHXには2発のエンジンを合わせた「PT6T－9」を搭載。メインローターも2枚から4枚となり、長距離飛行時の安全・安定性が高まった。

一番の目玉は新型のトランスミッションで、メインローター・ギアボックスの強化、トランスミッションの出力（トルク）上昇、ドライラン能力（メイン・トランスミッション内の潤滑油が抜けた状態でも焼きつきを起こさずに飛行が可能）などで、九州・沖縄の離島への長距離飛行なども安心して行える。

操縦席は、パイロットのワークロードを低減する統合型グラスコックピットとなり、必要な情報が画面に表示されるため視認性が向上。また、デジタル自動操縦装置も搭載された。ナイトビジョンゴーグルにも対応する。

座席は搭乗員を守る耐弾・耐衝撃性となり、着弾時の引火を防ぐセルフシーリング燃料タンクも設置し、生存性を向上させた。

UHXは航空機業界初となる民間・防衛事業の同時並行開発により製造された。スバルが米ベル・ヘリコプター・テキストロン社と共同開発した民間ヘリ「スバル・ベル412EPX」をベースに、陸自向けの仕様に変更。防衛省の機種選定の結果、平成27年にUH1の後継機に選定された。

陸自向けの部品では、疲労強度を上げるため、スバル独自のレーザーピーン技術を適用。マストのギア部分などにレーザーピーニング（LP）加工を施した結果、加工前に比べ、10倍以上の強度となっている（現在、試験続行中）。

スバルでは同日、防衛装備庁にUHXの試作機を納入。今後約1年間かけて装備庁が各種試験を行う。問題がなければ量産に移行し、陸自はUHXを今後、計約150機導入していく計画だ。

「長年、待ち望んだ装備品」

納入式後、山崎陸幕長は「新多用途ヘリは多次元統合防衛力の実現に当たって、陸上自衛隊が長年待ち望んだ装備品だ。優れた能力を今後、我が国の抑止力として内外にアピールできるものと確信している」と期待感を述べた。

UHX試作機の納入を祝い、テープカットする官民の関係者

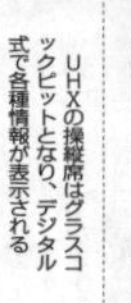

UHXの操縦席はグラスコックピットとなり、デジタル式で各種情報が表示される

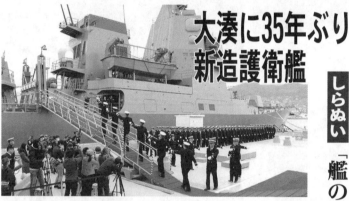

UHXのメインローター部分。ハイテクのトランスミッションを有し、オイルが漏れてもドライラン機能を持つ

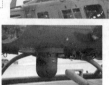

機首部下に設置された夜間でも視認できる赤外線画像監視装置

対空ミサイルを偽まんするため、UHXに搭載されたチャフ発射装置

大湊に35年ぶり新造護衛艦

しらぬい

「艦の歴史に良き伝統築け」

自衛艦旗を掲げた隊員を先頭に「しらぬい」に乗艦する初代乗組員（2月27日、三菱重工業長崎造船所で）

海自の平成26年度計画汎用護衛艦「しらぬい」（5100トン）の引渡式・自衛艦旗授与式が2月27日、長崎市の三菱重工業長崎造船所で行われ、同艦は同日付で3護衛隊群7護衛隊（大湊）に配備された。大湊基地に新造の護衛艦が配備されるのは35年ぶり。

「しらぬい」は、ガスタービンエンジンと推進電動機を組み合わせたハイブリッド推進（COGLAG）を採用した「あさひ」型汎用護衛艦の2番艦。海中の潜水艦を僚艦・僚機と協同して追い詰める「マルチスタティック」機能を有し、対潜能力が強化された。また海自艦として初めて「潜望鏡探知レーダー」を装備し、これにより短時間しか露頂しない潜水艦の潜望鏡を探知することが可能になった。

式では、三菱重工業の阿部直彦防衛・宇宙セグメント長と防衛装備庁の外園博一防衛技監との間で引渡書・受取書の交換が行われた後、村川海幕長から初代艦長の高須賀政信2佐に新しい自衛艦旗が授与された。

この後、「しらぬい」に乗艦した乗組員により艦尾の旗竿に自衛艦旗が掲揚され、同艦は7護衛隊に就役した。これに伴い、同隊に配備されていた護衛艦「せとぎり」（艦長・岩瀬剛2佐）は、同日付で14護衛隊（舞鶴）に編成替えとなった。

村川海幕長は乗員に対する訓示で、「ひとつの艦の伝統は、初代乗組員によって築かれると言われる。乗員諸官は、領土を四方の海に囲まれた島国である我が国の平和と独立を守るのは自分たちであるという気概を持ち、一致団結、任務に精励し、艦の歴史に良き伝統を築くよう希望する」と述べた。

式後、「しらぬい」は多くの関係者に見守られて長崎造船所を出港し、青森県の大湊に向かった。大湊基地には11日に初入港の予定。

母港となる青森県むつ市の大湊基地に向け、長崎造船所を出港する新汎用護衛艦「しらぬい」＝2月27日

「しらぬい」主要目

▷基準排水量約5100トン▷全長151メートル▷全幅18.3メートル▷深さ10.9メートル▷主機＝ガスタービン2基、推進電動機2基（2軸）▷速力30ノット

国教隊　HPCの研修を支援

緊急時の安全確保など指導

【国教隊＝駒門】陸自の国際活動教育隊は1月28日、駒門駐屯地などで広島平和構築人材育成センター（HPC）が行う外務省委託事業「平和構築・開発におけるグローバル人材育成支援事業プライマリーコース」の防衛省研修を支援した。

同事業の支援は今年で12回目。同コースは将来、国連平和維持活動（PKO）など平和構築の現場で活躍する人材を育成するもので、今回は日本人9人と外国人9人が参加した。研修員は約5週間の教育を東京や広島で受けた後、国際機関での海外実務研修を経て、平和構築の現場でさまざまな業務に従事する予定。

「他では得られぬ貴重な体験」

研修員18人は自衛隊の国際活動を経験した同隊評価支援科の三宮高3佐から体験談を聞いた後、途上国などで紛争に巻き込まれた場合の安全確保、けがをした仲間の応急処置法などを隊員の指導で実地に演練した。

総仕上げの総合実習では、「政情不安定な開発途上国で非政府組織（NGO）の一員として活動中」という設定で、現地軍が設けた検問の通過、活動中に武装集団から襲撃を受けた際の避難要領など、実際に発生した化学兵器を使ったリアルな状況の中で体験した。

実習の終了後、研修員は「自衛隊では他で得られない貴重な経験をすることができた。今回、隊員の皆さまから学んだことは、将来の国際活動に必ず役に立つと思います」と話していた。

「海外の途上国で活動中に襲撃された」との想定で、地面に伏せ、回避行動をとる研修参加者たち（1月26日、東富士演習場で）

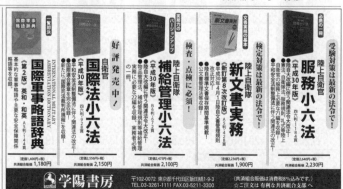

検問を通過するため、国際活動教育隊の隊員（右）から現地軍人との交渉法を学ぶ受講者

「襲撃を受け仲間が負傷した」との想定で応急手当の仕方を学ぶ研修者たち

部隊だより

海

帯　広　5飛行隊は1月10日、「平成30年度初飛行訓練」を実施した。今年の航空安全を祈願し、各協力団体の会長などを招待。隊司令らが搭乗したLR-1練習機1機、UH-1多用途ヘリ3機に搭乗し、十勝平野上空を約50分間飛行した。旅団長は上空で「一歩前進」、日々精進」を最優先に実行」と訓示した。

北千歳　駐屯地修親会と自衛隊友の会は1月26日、千歳市内で「スノーバスターズ2019」を行った。主催の青年部会、東北、空自千歳基地、東千歳・北千歳駐屯地から各1文字を取って命名され、今年は市民を含む約700人が集合。高齢者は「自衛隊さん毎年ありがとうございます」と謝意を示した。

真駒内　北方施設隊はこのほど、千歳試験場で特大型セミトレーラーの車両操縦競技会を開催した。2個から2主要事の基本操縦手79人が参加、そのタイムと識能テストで競い合った=写真。基本操縦手部門の個人戦では、310輸送中隊の森秀人3曹が優勝。森3曹は「ナンバーワン操縦手になれ、大変光栄」と語った。

八　戸　2航空群の機動施設隊の今井梨花3曹はこのほど、「平成30年度自衛隊音楽まつり」で自衛隊旗手を務めた=写真。事前訓練で東京音楽隊(上用賀)や厚木航空基地などに派遣され、約1カ月の厳しい訓練を乗り越えて本番に臨んだ。今井3曹は「両親にステージに立つ姿を見せられたことがうれしかった」と語った。

武　山　横須賀教育隊はこのほど、学生と職員計134人による横教～久里浜ペリー公園間の行軍を行い、全員が約23キロを完歩した=写真(下)。経路途中の武山では日頃の鍛錬の成果を発揮=写真(下)。未舗装の道や落ち葉が積もる急斜面で足を滑らせながらも、雨が降りしきる中、学生たちは黙々と行軍し帰隊した。

市ヶ谷　海自先任伍長の関秀之曹長は1月18日、来日した米海軍のラッセル・スミス15代最先任上等兵曹(MCPON)と在日米海軍司令部で意見交換を行った=写真(下)。昨年8月に任命されたスミス最先任上等兵曹とは初の会談。日頃のパートナーシップへの謝意を互いに伝えると、下士官交流や今後のリーダーシップ教育などの提案も飛び交った。

崎　辺　佐世保教育隊はこのほど、5期海曹予定者課程120人の修業式を行った。天沼秀俊司令は式辞で「同期の絆はかけがえのない財産。旧交を温める仲を保ってほしい」と述べた。菊地聡佐世保総監は「自己の使命を達成するには強い責任感と与えられた配置を守ることが大切だ」と激励。海曹予定者は3曹昇任要件を満たし、部隊に巣立っていった。

鹿　屋　1整補隊はこのほど、「開隊20周年記念行事」を行った。表彰式では11人の隊員が「職務精励」や「業務改善」をたたえられた。続いて木下周一司令が「総員が団結して困難に打ち勝ってきたことで、良き節目を迎えることができた」と訓示した。その後は厄除けの意味がある「ヒメシャリンバイ」を植樹し、部隊の任務遂行と隊員の安全を祈念した。

館山湾寒中水泳大会

海自・館山、舞鶴の隊員93人参加

沖合で肩組み　わ～っしょい!　わ～っしょい!

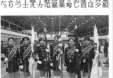

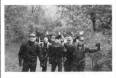

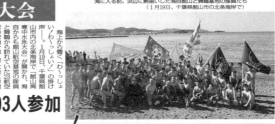

海に入る前、浜辺に勢揃いした海自館山と舞鶴基地の隊員たち(1月19日、千葉県館山市の北条海岸で)

海上から響く「わっしょい、わっしょい!」の掛け声—。1月19日、千葉県館山市の北条海岸で「館山湾寒中水泳大会」が開かれ、海自からも館山航空基地の隊員と舞鶴から訪れていた23航空隊の隊員計93人が大会に参加した。

同イベントは館山市の新春恒例行事だが、過去2年は天候不良のため中止となり、今回は3年ぶりの開催となった。この日は風が弱く、暖かい日差しに恵まれ、気温9度、水温13度という絶好の寒中水泳日和となった。

地元の中学・高校生を含め参加者約330人は、砂浜でまず準備体操をした後、太鼓の合図とともに一斉に海に駆け込んだ。

水しぶきを上げて沖合に出た後、海自の93人は生徒らと交え互いに肩を組んで複数の円陣を作り、その中で隊旗を振りながら約10分間にわたって「わっしょい、わっしょい」と声を張り上げ、大会を盛り上げた。

この間、浜辺では21航空群海曹会(館山)が約400食分の特製豚汁を用意し、冷えた身体で陸に上がってきた参加者にアツアツの豚汁が振る舞われた。これには一般の参加者も大喜びで、中には3杯もおかわりする高校生もいた。(館山)

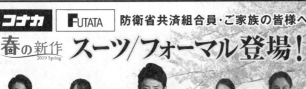

寒中水泳後、陸に上がった参加者たちにアツアツの豚汁を振る舞う21航空群海曹会(左側)の会員

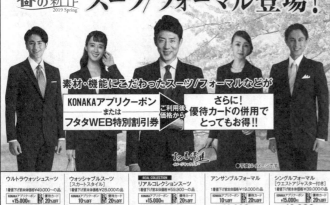

海上で中学・高校生らと肩を組み、手をつなぎ、掛け声を上げながら寒中水泳を行う海自隊員たち

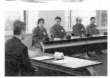

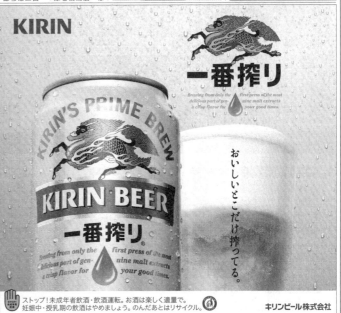

陸

南恵庭　105施設器材隊は1月11日、駐屯地で「渡河器材保管庫落成式」を実施した。今回の建て替えは部隊が実施し、外注に比べて半分の経費で行うことができた。平成29年度から2年にわたる期間中は躯体工事や電気工事などの集合訓練も行われた。3施設団長は「無事故で工事を完了させ、ご苦労だった」と隊員を労った。

秋　田　21普連は岩手山演習場で「第3次訓練検閲」を実施した。

神　町　20普連は1月11日、駐屯地グラウンドで「新年行事」を実施した。

武　山　31普連はこのほど、新潟県の関山演習場で「訓練検閲」を実施した。訓練には4、5中隊に情報小隊、施設作業小隊の207人が受閲、このうち即応予備自は129人だった。2個中隊に分かれた遭遇戦が3日間にわたって行われ、高低差約900メートルの20キロ区間を徒歩行進後、戦闘行動に移行=写真(下)。激戦の末、4中隊の攻勢で状況を終えた。

高　田　駐屯地は2月2、3の両日、新潟県上越市の金谷山スキー場で開催された、オーストリアからのスキー伝承を記念する「レルヒ祭」を支援した。前夜祭では隊員12人が市民14人とともにたいまつを持ち、山頂から滑降=写真(下)。翌3日、日墺国交150周年を記念し、グレゴール・チェルス全権公使も来訪、隊員は雪中行軍や音楽演奏で観客を沸かせた。

今　津　駐屯地は1月15日、新成人19人の「成人行事」を行った。水谷清隆司令は「大きな目標を掲げ、一人の大人として頑張ってほしい」と激励。新成人代表の杉本朔哉3曹は「新たな人生に臆することなく、全力で生きていきたい」と力強く述べた。新成人たちは式後、74式戦車との綱引きを行い、先輩たちの力を借りて約38トンの戦車を引き動かした。

千　僧　3師団は1月6日、司令部1部長の田中克秀2佐を担任官に、「陸自体験企画」を駐屯地で実施した。同企画には近畿2府4県の各地本の公募により約140人の一般女性が参加。制服の試着、炊事車で作ったスイーツの試食、女性自衛官との懇談などが行われ=写真(下)、参加者は「自衛隊の職場を見ることができ、良い経験になりました」と語った。

福　岡　4師団は1月4日、派遣海賊対処行動支援隊11次要員としてアフリカのジブチに派遣される隊員約110人の「壮行行事」を大村駐屯地で実施した。警備隊長の大町祐介3佐は「国際社会に貢献できるという高い使命感で身が引き締まる思い」と述べた。隊員たちはその後、長崎空港で家族らに見送られジブチに向けて出発した=写真(下)。

前川原　幹候校は1月19日、第99期一般幹部候補生357人の卒業式を行った。鬼頭健司学校長が一人一人に卒業証書を授与。山崎陸幕長は「部隊・隊員を愛し、誇りを持って自己の職責を遂行せよ。信頼される幹部自衛官を目指し、日々、自己修養せよ」と要望した。卒業生たちは式後、グラウンドで家族らに観閲行進を披露し、各部隊へと巣立った。

空

目　黒　幹校は2月13～15日、明治機械(千代田区)の社員14人に対し、隊内生活体験を実施した。基本教練では指揮動作を学び、10キロの行進訓練では車両が通過するたびに、隊列の前後へ声をかける安全管理を徹底。火災消火法、救命救急法なども演練した。加治屋秀昭副校長の講話では、教育の苦労やパイロットとしての経験談が語られた=写真(右)(上)。

浜　松　広報館はこのほど、「2019年度広報館カレンダー」掲載写真の表彰式を実施した。当日は受賞者2人のうち、「青空へのあこがれ」を撮影した鈴木歩さんが出席。白煙を上げながら飛翔するブルーインパルスを見上げる2人の我が子の後ろから撮った作品で、これを見た津田昌隆基地司令は「大変ほほえましい」と述べ、表彰した=写真(右)(下)。

小　牧　基地は3月2日、「小牧基地オープンベース2019」を開催し、約6万4千人の来場者が訪れた。展示飛行ではC130H輸送機、KC767空中給油・輸送機などに加えて、T4ブルーインパルスも飛来。基地の上空で編隊飛行と航過飛行を披露した。このほか、警備犬訓練展示や管制シミュレーター展示などが行われ、好評を博した。

武装工作員の侵入阻止

警察と共同で不測事態に対処

互いの強みを発揮し連携

48普連が群馬県警と共同で

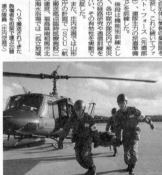

【48普連＝相馬原】48普連は2月8日、相馬原演習場で群馬県警察本部と「平成30年度警察との共同訓練」を行った。連隊からは即応予備自衛官30人を含む2中隊基幹の48人が参加した。

最初に治安出動命令下令を想定、「緊急部隊輸送訓練」と「共同調整所との連携訓練」を実施した。警察車両が先導する中、自衛隊車両が進み、双方の連絡員が互いの車に乗り込んで情報を共有、さらに共同調整所と連携を図りながら部隊集結位置に前進した。

続く「共同検問所訓練」では、陸自と県警が連携して検問と不測事態への対処要領を演練。両者はそれぞれの強みと持ち味を発揮し、互いの能力も確認した。

訓練で自衛隊側の統裁官を務めた副連隊長の猪瀬智2佐は、「双方の組織の違いを理解し、お互いの能力を補完することがいかに重要であるか良く認識することができた。これからも相互に理解を深め、引き続き実効性のある共同訓練を実施し、連携を保持していきたい」と述べた。

また、警察側統裁官の岡野桂警備部危機管理対策統括官も「双方の強みを発揮でき、理解と信頼を深めることができた。今後も共同訓練を継続し、自衛隊と緊密な連携に努めていきたい」と語った。

群馬県警との「共同検問所訓練」で、不測事態に対処する48普連の隊員（相馬原演習場で）

検問時の対処など 有事に備え演練

22普連

【22普連＝多賀城】22普連は1月17、18の両日、多賀城駐屯地で宮城県警との共同訓練に参加した。有事の際に相互に連携し、事態の鎮静化を図ることを目的に、共同調整所の開設・維持・運営要領をはじめ、検問時の対処要領を演練した。

侵入した不審者を取り押さえる22普連の隊員（多賀城駐屯地で）

共同対処向上へ 熊本県警と訓練

42即機連

【42即機連＝北熊本】42即応機動連隊は1月28日、北熊本駐屯地で熊本県警との共同訓練を実施した。

訓練は、治安出動時の警察と自衛隊との共同対処能力の向上を目的に、機能別訓練として格闘訓練と職務質問、総合訓練として施設警備における連携要領を演練した。

参加した隊員は「貴重な訓練に参加するなかで勉強になった。引き続き対処能力の向上に努めたい」と話した。

治安出動想定し県警と演練

ウェアラブルカメラで情報共有

21普連

【21普連＝秋田】21普連はこのほど、秋田駐屯地で2中隊約40人と秋田県警約40人による共同実動訓練を実施した。

訓練は治安出動下における自衛隊と警察の任務分担、連携要領を演練し、対処能力の向上を目的に行われた。

冷たい雨が降る中、「秋田県内に武装工作員が不法侵入し、自衛隊に治安出動が下令された」との想定で訓練はスタート。最初の緊急輸送訓練ではパトカー先導で重要防護施設まで部隊が前進。警察官が高機動車に、自衛官がパトカーに無線機を携行して乗り込み、移動中も情報共有を図り、安全確実な先導と随行法を演練した。

共同検問訓練では、自衛隊と警察がそれぞれ検問所を開設し、情報を共有するために共同調整所も設けた。警察官はウェアラブルカメラを使用し、現場の状況をタイムリーに共同調整所に伝送。その情報を自衛隊も受け、対処に当たった。

現場では警察の捜査能力と自衛隊の偵察能力を連携させ、武装工作員の重要防護施設への侵入を阻止。さらに自衛官が逮捕した武装工作員を警察に引き渡す要領も演練した。

訓練後の合同研究会では、この日の成果と教訓をもとに、今後、両者が相互連携していくための施策や要領についても活発に意見交換した。

共同検問訓練で、不審者の情報を警察に伝える21普連の隊員＝秋田駐屯地で

警察車両先導で現場へ

シームレスな連携を強化

17普連と山口県警

【17普連＝山口】17普連は2月6、7の両日、山口駐屯地で10回目となる「山口県警との共同実動訓練」を実施した。

訓練の目的は、警察との連携・調整能力を向上させるとともに、事態発生時の対処要領を演練し、共同対処能力の向上を図ること。

最初に「警察車両先導による緊急輸送訓練」を実施した後、「共同調整所の開設」「共同検問訓練（武装工作員・連携）」「被疑者および証拠品の引き渡し」の各訓練に臨み、共同検問訓練では侵入した武装工作員等に対し、緊密に連携して対処し、その実効性を向上させた。

訓練を担任した3中隊長の山路樹3佐は「継続的に互いの連携要領を維持したい」と話し、警察とのシームレスな連携について決意を新たにした。

山口県警と行った緊急輸送訓練（山口駐屯地で）

共同検問訓練を前に調整を行う陸自隊員と神奈川県警の機動隊員（横浜市内で）

機動隊と共同検問

東方混成団 初めて生地を使用

【東方混成団＝武山】東部方面混成団はこのほど、初めて生地を使用し神奈川県警と共同訓練を実施した。警察側は県警本部と第1機動隊が、自衛隊からは団本部と31普連が参加した。

訓練はまず警察先導による「緊急移動訓練」から行い、武山駐屯地から横浜市の第1機動隊まで、横浜・横須賀道路を含め、警察車両が一般車両を規制する中で梯隊を保持し前進した。

この際、ウェアラブルカメラで各車両の移動状況を撮影、これをスマートテレキャスターで伝送し、その技術的有効性も確認した。

到着後、機動隊の訓練場で「共同検問訓練」を行い、脅威の程度に応じた検問要領を演練、警察との共同対処能力を向上させた。

関係団体と防災訓練も

55団体が参加 国民保護図上訓練

33普連

【33普連＝久居】33普連は1月29日、三重県庁で行われた「三重県国民保護共同図上訓練」に参加した。

三重県内におけるテロを想定した図上訓練で、内閣官房、消防庁のほか、県・市、警察、消防、日本赤十字社などの関係機関55団体約230人が参加した。

想定の状況（県内での爆発物、立てこもり事案）①初動態勢の確認と対応能力の向上②緊急対処事態対策本部の設置と対応能力の向上③関係機関の機能確認と相互の連携強化④国民保護計画等の検証――を目的に、訓練は状況付与型ロールプレイング方式で行われた。

当初、災害派遣に当たっていた33普連には、新たに国民保護等派遣の出動命令が下達され、迅速な展開や各機関と連携しての負傷者の搬送、住民避難の支援などを演練した。

状況が表示された地図を囲み、現状を把握する33普連の隊員ら訓練参加者（三重県庁で）

東北各地の自治体と 防災訓練で連携強化

20普連

【20普連＝神町】20普連はこのほど、東北方面総監部が状況を付与した大規模防災訓練「みちのくアラート」に参加した。

訓練は前・後段に分かれ、前段では発災に伴う非常勤務態勢に移行、隊区内の自治体に情報収集部隊を急派し、これに続いてファスト・フォース（先遣部隊）、連隊主力の派遣準備などを訓練した。

後段は機能別訓練として、各中隊が隊区内で災害時の経路研究や通信訓練を行い、その有効性を実動で検証した。

また、庄内空港では山形県庁の計画で「SCU（航空搬送拠点臨時医療施設）」の運営、福島県南相馬市北泉海水浴場では「孤立地域における人命救助」の訓練を実施した。

これら訓練を通じて連隊は各自治体との連携を強化するとともに、対処要領を高め、「いつ、いかなる時にも即応し得る」能力を向上させた。

ヘリで搬送されてきた負傷者を担架で運ぶ20普連の隊員（庄内空港で）

桜島噴火を想定し 避難誘導など訓練

12普連

【12普連＝国分】12普連は1月12日、鹿児島市の桜島で行われた「桜島火山爆発総合防災訓練」に参加した。

桜島が爆発的噴火をした「大正噴火」から105年となる同日、住民ら約4600人と鹿児島市、県警、海保など関係機関が参加して訓練を実施。

警備隊区中隊の4中隊は、桜島での避難誘導、行方不明者の捜索、避難先となる長田中学校での炊き出し、装備品展示などを担当した。

NEXCO東日本と 北陸自動車道で訓練

2普連

【2普連＝高田】2普連はこのほど、北陸自動車道でNEXCO東日本と共同訓練を行った。

大規模地震の発生で主要道路が通行止めになったとの想定で、同社の車両の先導で陸自車両が「Uターン路緊急開口部」から高速道路の北陸道に進入し、北陸地方整備局から提供された展開地域（名立谷浜サービスエリア近傍）まで前進した。

現地では指揮所、通信所、給油所、整備所などを12後方支援隊と連携して開設し、災害派遣部隊の被災地への進出とその補給・整備など後方支援を担う態勢を整えた＝写真。

「十勝岳噴火」で 防災指揮所演習

上富良野

【上富良野】2月7日、上富良野駐屯地で「十勝岳噴火災害派遣指揮所訓練」が実施された。

訓練は2師団が統裁し、上川総合振興局、北海道開発局、旭川地方気象台、美瑛町・上富良野町・中富良野町の防災担当者、各消防署、旭川東警察署、富良野警察署が参加した。

訓練は「十勝岳が噴火する」との状況で、住民の緊急避難に焦点を当て、上富良野駐屯地と自治体・各関係機関の役割を確認し、連携要領を確立させた。

また、「次第に活発化する火山活動」に応じた噴火警戒レベルに対する対処要領を確認した。

訓練後の合同研究会では、関係機関の間で緊急避難時の情報共有要領や、役割分担などで意見を交換、認識の統一を図った。

住民避難の手順を演練する参加者（上富良野駐屯地で）

一日も早く 立派な自衛官に

募集・援護 特集

平和を、仕事にする。

ただいま募集中!
◇予備自補(一般・技能)
◇自衛官候補生◇幹候生(一般・歯科・薬剤科)
◇医科・歯科幹部◇一般曹候補生
★詳細は最寄りの自衛隊地方協力本部へ

各地で入隊予定者激励会

「入隊後は、1日も早く立派な自衛官や社会人になれるよう頑張ります」——。この春、入隊する若者たちの門出を祝い、全国の地本では入隊者激励会を支援している。神奈川地本は初の試みとして昨年度入隊した隊員の家族も同時に招待、今年度入隊者の家族と同席してもらい、未知の自衛隊に子供を送り出す父母らの不安払拭を図った。

地元若者の門出を祝う
帯広地本、管内の入隊激励会を支援

【帯広】地本は2月1日、網走市内のホテルで開かれた「平成31年網走地区入隊予定者激励会」を支援した。激励会は道東自衛隊友会網走支部の主催で、網走市と大空、斜里、小清水町の1市3町合同で実施された。この春に入隊する14人の入隊予定者をはじめ、家族、来賓らが出席、地元若者たちの門出を祝った。

入隊予定者と家族に向け主催者や来賓から激励の言葉があり、これに対し入隊予定者代表は「入隊後は、1日も早く立派な自衛官や社会人になれるよう頑張ります」と決意の言葉を述べた。

また、先輩隊員からの激励は網走桂陽高校出身で昨年入隊した6普連(美幌)の隊員がエール。続く懇親会では、5音楽隊(帯広)がアンサンブル編成で5曲を演奏する中、入隊予定者は多くの励ましの言葉を受け、希望に胸を膨らませていた。

◇

地本は2月17日、北見市で行われた「北見地区自衛隊入隊予定者激励会」も支援。同会は北見地域防衛協力会が主催し、北見市と訓子府、津別、置戸町の4市町合同で行われ、12人の入隊予定者と家族らが出席した。

予定者を代表し、海自一般曹候補生試験に合格した川島拓也さん(北見柏陽高校)が「家族に感謝し、立派な社会人となる準備をしていきたい」と力強く抱負を述べた。

来賓の前で紹介される入隊予定者たち(2月1日、網走セントラルホテルで)

先輩も同席、不安解消
入隊予定者祝賀懇親会 市ケ尾所が支援

神奈川

【神奈川】市ケ尾募集案内所は2月10日、横浜市都筑区のホールで行われた市ケ尾募集相談員会の「入隊予定者祝賀懇親会」を支援した。当日は入隊予定者とその家族ら計78人が参加。

懇親会では入隊・防大入校予定者の名前が読み上げられ、順番に入場。続いて相模原募集相談員会の松浦正義氏が「これからは自衛官として誇りを持って使命を果たしてください」と激励の言葉を述べた。

会場では神奈川地本初の試みとして、前年度の入隊者家族も招き、今年度入隊予定者の家族とともに会食ができるよう配席。これにより、未知の自衛隊に息子や娘を送り出す父母ら家族の不安払拭を図った。

このほか、先輩自衛官5人(陸1人、海4人)も入隊予定者のテーブルに同席、食事をしながら親睦を深めた。先輩を代表し、三上貴大2海士(横教)が「自衛隊では確かにキツイこともありますが、困った時は班長たちが親身になってくれます。一緒に生活を共にしている同期が一番の支えになるので、その絆を大切にしてください」と後輩にアドバイスした。

米子市役所で激励会開催 入隊予定者、力強く決意

【鳥取】米子地域事務所は2月15日、市役所で開かれた「米子市自衛隊入隊予定者激励会」を支援した。

来賓の伊木隆司市長、多羅尾整治市家族会会長、青木秀敏鳥取地本長らが16人の入隊予定者を激励。これに対し、予定者を代表して空自一般曹候補生に合格した渡邉京平さんが「今日という日を忘れず、立派な自衛官になります」と力強く決意表明した。

最後に多羅尾会長から16人に激励品が贈られた。

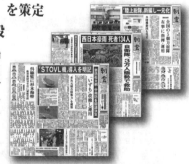

入隊予定者を代表して決意表明する渡邉さん(2月15日、米子市役所で)

県知事から激励メッセージ

宮崎「皆さんの活動を支援」
岩手「新しい人生、力強く」

【宮崎】地本は2月12日、河野俊嗣知事が県内の自衛隊入隊・入校予定者に向けた激励メッセージを収録した。

県防衛協会長を兼ねる河野知事はメッセージの中で「自衛隊協力団体などとともに、国民を挙げて皆さんの活動をしっかりと支援します。ふるさとや家族を守るために、一日も早く立派な自衛官となることを心よりご期待申し上げます」と祝福の言葉を述べた。

このメッセージは県内各市町村で行われている入隊・入校激励会の会場で映写されている。

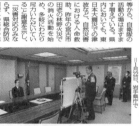

メッセージを収録した河野知事(中央)。右は荒井将人地本長、左は川越利明陸曹長(2月12日、宮崎県庁で)

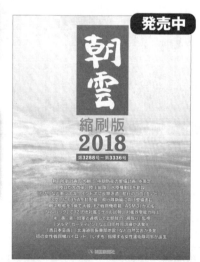

◇

【岩手】地本は1月22日、県庁で達増拓也知事の入隊予定者に向けたビデオ収録を行った。

知事は「今日、激変する国際社会情勢や地球温暖化等による世界的な異常気象など、[illegible]国民から信頼される[illegible]等から、自衛隊の活動の場はますます増えています。県内においても、東日本大震災[illegible]

入隊予定者への激励メッセージを収録する達増知事(左)=1月22日、岩手県庁で

[illegible]自衛官として、新しい人生を力強く歩んでいくことを祈念します」とメッセージを送った。地本は県内各地で行われている入隊予定者激励会で、このメッセージを入隊予定者に届けている。

ラジオで募集アピール
小幡地本長 特技のウクレレも披露

函館

【函館】小幡哲也地本長は2月4日、コミュニティーラジオ局「FMいるか」の番組に出演した。

番組は函館に着任した人や話題になっている人が出演する「人ネットワーク」というコーナーで、約30分間生放送された。

1月に着任した小幡地本長は、自身の略歴、自衛隊志望動機、地本の役割、今後の抱負などを話し、ライフワークにしている「ウクレレ」の生演奏も披露した。

番組後半は、3月までの自衛官採用の案内と応募年齢の引き上げなどについてPR。さらに新年度の自衛官募集情報も広報した。

地元ラジオ局に出演し、パーソナリティー(右)と軽妙なトークで自衛官募集をPRする小幡函館地本長(2月4日、FMいるかで)

キーワードは「UMC」
滋賀で公安系3機関合同説明会

【滋賀】地本は1月18、20の両日、大津市の県警察本部で自衛隊、警察、消防の3機関による「合同職業説明会」を開催した。

説明会は県内での募集環境が厳しさを増す中、「安心・安全系公務員」として3機関が連携して制度説明などを行うもの。昨年1月に県内初の合同事業として実現し、好評を博した。

今回は大学生、専門学校生、高校生ら計60人が参加。地本は自衛隊の説明で、①うらやましい②もったいない③チャンス——の三つのキーワード「UMC」を主体に、募集課長の辻田真一郎2陸佐による全般説明、広報官の小グループ懇談を行い、「自衛隊の魅力を知らずに、職業選択肢から外してしまうのはもったいない」と訴え、自らの体験談を述べるとともに参加者からの質問などに丁寧に対応、自衛官の職業の魅力を伝えた。

参加者は「同時に3機関から説明が聞けて非常に有意義だった」「自衛隊は堅苦しい印象があったが、直接隊員からさまざまな話が聞けて、イメージが変わった」など好意的な意見が多く聞かれた。

自衛隊、警察、消防の「合同職業説明会」で来場者に自衛隊の魅力を説明する滋賀地本の広報官(左)=1月20日、大津市の滋賀県警本部で

寒さから身を守るトレーニング紹介

自衛隊ライフハック・チャンネル・シーズン2

陸幕募集・援護課

【陸幕】陸幕募集・援護課は、自衛隊に伝わるいざというとき知っておくと役立つ知識やノウハウを収録した動画「自衛隊ライフハック・チャンネル・シーズン2=寒さから身を守れ!自衛隊体育学校推奨体幹トレーニング」を2月7日から自衛官募集ホームページなどで公開している。

この動画シリーズは2018年度からスタートし、今回は自衛隊体育学校(朝霞)の協力で、教官が体幹トレーニング術や本気の準備、整理運動を紹介している。

動画の内容は、①基本姿勢②プローンポジション③ラテラルポジション④スパインポジション⑤準備運動⑥整理運動⑦あっという間に柔軟性を高めるペアストレッチ——となっており、筋肉をつけることで寒さから身を守る方法などを紹介している。

陸幕募集・援護課の担当者は「体幹トレーニングによってつらい肩こりや腰痛を軽減・予防することができます。多くの方に見ていただき、健康に役立てていただければうれしいです」と話している。

配信中の動画「自衛隊ライフハック・チャンネル・シーズン2」。体育学校推奨の体幹トレーニングの方法を分かりやすく解説している

自主募集で4隊員表彰
航校 服部学校長が称賛

【航校=明野】航空学校は1月29日、隊員自主募集で功績があった4隊員(入隊実績5人)を表彰した。

中でも陸士でありながら1人を入隊に導いた同校整備部(OH1観測ヘリ航空機整備手)の牧野聡一郎士長に対し、服部正学校長がその募集意識の高さを称賛、自身で担ぎ上げ、功績をたたえた。

このほか、航校隷下の教育支援飛行隊(明野、滝ヶ原)でも2人の隊員がそれぞれ1人ずつ入隊実績を挙げ、表彰された。

自主募集で功績を挙げた牧野士長(右から2人目)を担ぐ服部学校長(その左)と航校最先任の石塚茂樹准尉(その右)。左端は整備部長の塚本秀幸1佐(1月29日、同校で)

護国神社清掃 甲府所が参加

【山梨】甲府募集案内所は2月11日、「NPO防衛と安全に関する懇話会」が企画した、甲府市の山梨縣護国神社清掃活動に参加した。

同神社での清掃奉仕は今年度2回目。当日は晴天に恵まれ、約50人が神社境内の清掃や側溝の手入れなどを約1時間にわたって実施した。

作業後、参加者全員が社務所前に集合。藤原進理事長のあいさつ後、浅井玄誠甲府所長が自衛隊に関する紹介も行った。

「ひまわり」繋いだ人の縁

東日本大震災で家族を失った佐々木1尉、道徳の教科書に

「りつ子、和海、教科書に掲載されるぞ」——。2011年3月の東日本大震災の津波で家族4人を失った6後方支援連隊・整備大隊施設整備隊（神町）隊長の佐々木清和1陸尉（52）は、妻のりつ子さん（当時42）と娘の和海さん（同14）の遺影に語りかけた。被災後、失意のどん底にいた佐々木1尉が被災から再起に至るまでの日々が、19年度の中学道徳の教科書に掲載される。

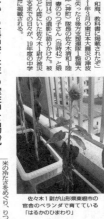

佐々木1尉が山形県東根市の官舎のベランダで育てている「はるかのひまわり」

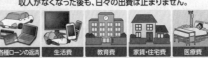

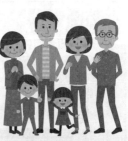

被災から再起に至る実話を掲載

「身近な人はかけがえのない存在」

東日本大震災からの再起の実話「ひまわり」が掲載された道徳教科書を掲げる佐々木1尉（2月25日、神町駐屯地で）

この文章「ひまわり」は大震災の4年後に佐々木1尉を取材したフォトライターのかどまどか（角円）さんがまとめたもの。これに注目した光村図書が「中学道徳1」に採用、掲載されることになった。

「ひまわり」は大震災の朝から始まる。その日の朝、佐々木1尉は炊飯器の電源が切れていたことによる白米の冷たさをめぐり、りつ子さんと夫婦げんかに。怒りながら家を出て、当時勤務していた105施設直接支援大隊（船岡）に出勤した。「まだ怒ってる?」。昼休みにかかってきた妻からの電話に、佐々木1尉は「もう怒ってないよ」と答えた。これが最後の会話となった。

数時間後、巨大な揺れと津波が、海岸から300メートルしか離れていなかった家族4人が残る宮城県名取市の自宅を襲った。

長女の和海さんとは震災から10日後、遺体安置所で対面した。その翌日以降、りつ子さんと妻の両親も遺体で見つかった。酒浸りになり、体重は10キロ減った。

ふさぎ込む日々が続いていた12年6月、阪神大震災で亡くなった少女にちなんで名付けられ、命の大切さを伝える「はるかのひまわり」の種が配布されていることを新聞で知った。譲り受け、津波で流された自宅跡地で育て始めると、14年には100本ものひまわりが咲き誇った。

15年8月に神町駐屯地に転勤した後も官舎で育て続けた。4階の部屋のベランダに咲くひまわりを地上から見上げると、「上から妻と娘が見ている」と思えた。

16年4月の熊本地震での災害派遣任務を終え、自宅に戻ると、鉢には種をまいていなかったにも関わらずひまわりが芽吹いていた。「おかえり」と二人が言ってくれているように感じた。

「朝早く起きてひまわりの世話をし始めてから、自然と酒量も減った」と佐々木1尉。活力を取り戻し、休日に被災した自宅付近で語り部として震災の体験を伝えるようになった。

語り部をする際、最後に必ず歌手の竹内まりやさんの曲「いのちの歌」も来場者に聴いてもらっている。

「身近にいる人がかけがえのない存在であることを考えてほしい」。曲は教科書の最後にも綴られている。佐々木1尉は教科書への掲載について「人の縁が作り出した奇跡だと思う。生徒たちそれぞれの大切な存在について考えるきっかけになってほしい」と語る。

「いのちの歌」は最後にこう締めくくられる。「出会ったこと　笑ったこと　そのすべてにありがとう　この命にありがとう」

東派遣部隊指揮官（右）、櫻井「いかづち」艦長（中央）をはじめとする隊員に訓示を述べる原田副大臣（左）＝2月9日、横須賀基地で

「成し遂げた任務を誇りに」

海賊対処31次隊「いかづち」帰国　原田副大臣がねぎらい

横須賀

【横須賀】ソマリア沖・アデン湾で海賊対処任務に当たっていた31次派遣海賊対処行動水上部隊（派遣部隊指揮官・東良子1佐）の護衛艦「いかづち」（艦長・櫻井敦2佐）の帰国行事が2月9日、横須賀基地で行われた。

帰国行事では東1佐が山下万喜自衛艦隊司令官に任務の完遂と無事の帰国を報告。原田防衛副大臣は訓示で「諸君の実施した護衛活動は海賊行為の抑止と、日本関係船舶を含む年間約1万8千隻にもおよぶ世界中の船舶の安全航行に大きく寄与した」と述べた。

さらに「自衛隊が海賊対処を始め今年で10年目を迎えるが、この間、海上自衛隊の民間船舶の護衛回数は800回以上となり、通算して3900隻を超える全ての船舶が一度も海賊被害を受けることなく安全に、安心して航行することができた。自らの成し遂げた任務を大いに誇りに思ってください」とねぎらった。

また、山下自衛艦隊司令官は「困難な任務を完遂した諸君の献身的な活動は称賛に値する。海上保安庁、ソマリア周辺海域派遣捜索隊と一致団結し、9回の護衛活動を行い、1隻の被害も出すことなく航行船舶の安全確保に大きく貢献した」とたたえた。

「いかづち」は昨年8月5日に横須賀を出港、9月5日からソマリア沖・アデン湾の行動海域で約4カ月間、海賊対処行動に従事した。

丸茂空幕長の号砲を受け一斉にスタートする各チームの第1区走者（2月20日、芦屋基地で）

北警団が優勝

空自持続走　代表10個部隊が競う

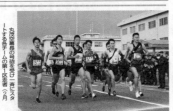

空自持続走大会が2月20日、福岡・芦屋基地で行われ、各航空方面隊の代表など10チームが出場、北警団が優勝した。

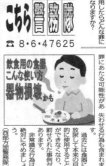

大会は3年に一度開催。駅伝方式（男女・年齢別全9区間、各区間3キロ）で競った。

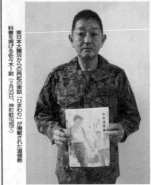

開会式で大会会長の丸茂空幕長は「部隊の代表であることを強く認識し、日ごろの錬成の成果を遺憾なく発揮してほしい」と訓示。空幕長の号砲で1区走者が一斉にスタートした。

レースは2区でトップに立った北警団が5、6区でやや後退したものの最終9区で再び首位に立ち優勝した。中警団が2位、保管群が3位に入った。

曹友連合会が優秀隊員を表彰

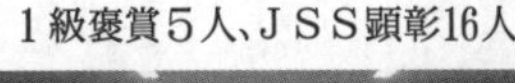

1級褒賞5人、JSS顕彰16人

㊤曹友連合会の1級褒賞受賞者・関係者㊦JSS顕彰の受賞者・関係者。それぞれ前列左から6人目は同連合会名誉会長の小野塚陸幕副長（2月20日、防衛省で）

陸自曹友連合会（会長・長山健准尉）は防衛省で2月20日、顕著な功績のあった隊員に対し、1級褒賞とJSS（ジャパン・サージェント・サリュート）顕彰を授与した。

1級褒賞は同連合会に功績のあった5人に、JSS顕彰は他の会員の模範となる活動を行った35歳以下の16人に贈られた。

祝賀会では同連合会名誉会長の小野塚貴之陸幕副長が「地域の皆さんに安心と安全をもたらし活力を送る、その一番の原動力が曹友会。引き続き陸曹団の核心として、（活動への）参画意識の高揚に努めてほしい」と述べた。

受賞者は次の通り。

▽1級褒賞＝藤元春光准尉、小林目幹曹長、外崎雅丈曹長、奥野稔国曹長、井崎弘毅曹長

▽JSS顕彰＝（北方）大野由太2曹、金田英樹2曹、平野悠希2曹（東北方）齋藤知栄子3曹、勝村学3曹、高橋朋貴3曹、栗島寛明3曹（東方）川上祐司3曹、小寺裕美3曹、高野謙吾3曹（中方）畑中剛2曹、瀧本真暉3曹、上田将生3曹（西方）本田聖一3曹、押川俊行3曹、高野恭平3曹

飲食用の皿を灰皿に使用　非常識！器物損壊罪にも

飲食店で飲食用のお皿を灰皿として使用したらどんな罪になりますか？

飲食店で食器を灰皿として使用する行為は、刑法第261条の器物損壊罪にあたる可能性があり、3年以下の懲役または30万円以下の罰金もしくは科料に処されます。

器物損壊とは他人の物を損壊、または傷害することであり、器物の変形などのほか本来の効用を失わせる行為も含まれます。

過去には食器に放尿して本来の目的に使用することができなくなり、罰せられた事例があります。

非常識な行為は絶対にやめましょう。

（西部方面警務隊）

大分地本　「領土問題」で高校生に授業

【大分地本】大分地本長の久田茂将1陸佐は2月4日、佐伯市の日本文理大学附属高校で同校の1・2年生275人に対し「領土問題」をテーマに授業を行った＝写真。

授業は日本の領土を取り巻く情勢とその課題、その状況下で自衛隊がどのような活動をしているのかを学んでもらおうと同校が依頼した。

生徒たちは我が国を取り巻く情勢と領土、領海、領空を守る取り組みの説明に真剣に聞き入っていた。

久田本部長は「我が国周辺や九州、沖縄で起こっていることを頭の片隅に留めておいてほしい」と締めくくった。

終了後、生徒会長が代表して「日本の周りで起きていることが分かりました。僕たちも国のことを考えたいと思います。今後も日本のために頑張ってください」とお礼を述べた。

小休止

▽…陸自21普連は1月21日、3中隊に着隊した佐々木佳月幹部候補生の着任行事を実施した。

▽…同日朝、「ウォーウォー」という地鳴りのような雄たけびが駐屯地に響き渡った。それは行動命令を下達に来たなまはげ（に扮した隊員）たちの声で、部屋に戻っていた佐々木幹候生は突如、訓練非常呼集を命ぜられた＝写真。

▽…佐々木幹候生はげきを飛ばすレンジャー助教の先導を受け、駐屯地内を駆け巡った。体育館では連隊銃剣道競技会を制した3中隊チームに迎えられ、全身全霊で初一本を繰り出し3中隊長との一騎打ちも制した。（秋田）

朝雲・栃の芽俳壇

畠中草史　選

いただきに達し山火の行き場なし　大阪・空OB　高木　智念
夕方、若草山の裾に火が放たれて燃え立つ音と壮大な焔が頂へ上がってゆき、燻り消える。

除夜の鐘ひととせのこと浮かび消ゆ　熊谷・空OG　福元万理子
平成三十年は自然災害の多い年だった。鐘の音と伴に様々なことが浮かんで消えてゆく。

冬の岬乾坤に竜咆哮す　江別・陸OB　鎌田日出雄
秩父路の色褪せし山眠りをり　熊谷・空OG　関田　絹江
久し振り友と肩組む年忘　大津・陸OB　丸岡　正男
盆梅を育て樹齢を知らずをり　善通寺・陸事務官　平田　結都
しみじみと母似と想ふ初鏡　熊谷・空OG　佐藤　玲美
床の間の戸を開け放つ梅真白　新座・陸OB　船田藤三郎
筑波嶺の高さに上るどんどの火　浜松・空OB　宮本　立勇
玻璃戸凍て風音かすか外見えず　西東京・空OB　水島　孝雄
香煙を神妙に浴ぶ受験子ら　浜松・空OG　塩見　惇子
野島崎岩それぞれの初日影　館山・海OB　斎藤　一向
米国の子へ新年のメールうつ　熊谷・空OG　関谷　桂子
笊に摘む程にはあらずつくしんぼ　神奈川・海OG　折口　桂子
寒晴の古都を駆けゆく女子駅伝　あきる野・一般　小和田一男
白絹の雪を被りし津軽富士　青森・陸OB　一戸　勇
鬼やらひ鬼役いつも鬼上手　札幌・陸OB　坂本　順一
尼寺の円空広展梅香る　浜松・空OG　鈴木和歌恵
書き出しに生きる喜び初日記　熊谷・空OB　明田　眞雅
あかぎれに悩みし頃の少なさよ　相模原・一般　森　謙二
赤のれん熱燗ちびりちびりかな　熊谷・空OB　蓮佛志向子
ふるさとの磧なつかし猫柳　仙台・陸OB　加川　師亭
細格子磨く町屋の春を待つ　小牧・陸OB　松岡　魚青
初日の出思はず願ふよい年を　熊谷・空OG　高橋ふみ子

選者作品
寒禽の点景として梢翔たず

投句歓迎！
▽郵便はがきの裏面に未発表の自作3句以内と氏名、年齢、職業（自衛官・事務官・所属部隊、OB、家族、一般など）、住所、電話番号を記入▽締め切り毎月15日▽宛先〒162-8801東京都新宿区市谷本村町5の1 防衛省D棟市ヶ谷記者クラブ朝雲俳句係 03（3225）1750、専用線8・6・28615

詰将棋

出題　日本将棋連盟　九段　石田　和雄

第790回出題

先手　持駒　金金

【ヒント】入玉形ですが短手数（10分で一級）。

▶詰碁、詰将棋の出題は隔週です◀

詰碁

出題　日本棋院　九段　曲　励起

第1205回解答

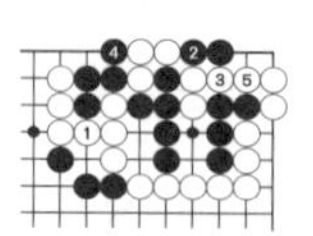

【解答図】白先、黒死。白①が大切で、黒❷には白③、黒❹白⑤で黒には一眼しかありません。

みんなのページ

沖縄で　海自第1練習隊　外洋練習航海

海自第1練習隊（司令・中釜義之1佐）は2月7日、幹部候補生学校を卒業した第52期一般幹部候補生（部内）103人を江田内で練習艦「せとゆき」と「しまゆき」に乗艦させ、外洋練習航海に出発した。部隊は6日間の航海実習を経て、最初の寄港地・沖縄の勝連（うるま市）に入港した。以下は候補生の所感文。

沖縄の勝連に入港し、地元市民から歓迎を受けた海自第1練習隊の隊員・候補生たち

歴史の上に生きている自分

候補生　横山　和義（「しまゆき」実習員）

那覇基地の5空群では、P3C哨戒機の機体説明に加え、対潜哨戒、緊急患者輸送など任務の説明が印象深かった。9空団ではF15戦闘機の運用、国籍不明機に対しての対領空侵犯措置などについて学び、国を守るため、3自衛隊がそれぞれ重要な役割を担って相互に協力している点を認識させられた。

史跡研修では首里城、旧海軍司令部壕、ひめゆりの塔を見学した。首里城は琉球王国最大の建造物であり、その建築様式は日本と琉球と中国の文化が混ざり合った独自のものだった。現在の沖縄の暮らしや風習のつながりを感じ、本土の文化とは異なる一面を垣間見て、沖縄の地理的特殊性を学ぶことができた。

印象に残ったのは、ひめゆり資料館で見た「腐ったイルカの肉」と題された記述である。腐ったイルカの肉ですら、当時は貴重な食料とされていた事実から、戦争の残酷さや悲惨さを実感させられた。多くの犠牲を払った沖縄戦ではあるが、連合軍を90日間も足止めにした意義は大きい。我々はその歴史の上に生きていることを忘れず、今後、幹部自衛官として活躍するために本遠洋航海を通じてさまざまな知識を吸収していきたい。

幹部としての気持ち新たに

候補生　酒井　宏之（「せとゆき」実習員）

沖縄研修では、3自衛隊による南西方面の防衛とその現状を理解した。その後、旧海軍司令部壕、ひめゆり平和祈念資料館を研修し、女学生の戦場への動員など、軍人のほかに多くの沖縄県民が戦争に参加して犠牲になったことなど、激戦の詳細を学んだ。

旧海軍司令部壕の内部は狭く、高温多湿の中、下士官は立ったまま休養するなど、悪環境であったものの、将兵は最後まで諦めず、戦い抜いたことが印象に残った。

沖縄戦で犠牲になられた12万人もの方々が現在の我が国の平和の礎であることを忘れず、国防を担う自衛官の一員として、職務に専念する気持ちを新たにした。

3自協同の重要性を再確認

候補生　沼田　悠斗（「しまゆき」実習員）

2月13日、外洋練習航海で初の寄港地となる沖縄に入港した。

3日間の停泊中、海自5空群、陸自15旅団、空自9空団の研修に加え、首里城、旧海軍司令部壕、ひめゆりの塔などの史跡研修を行った。

15旅団では手作りのジオラマを使い、沖縄戦における陸上戦闘の経緯を詳しく解説していただき、大変印象に残った。また、5空群と9空団では航空機の見学や対潜哨戒、対領空侵犯措置について説明を受け、3自衛隊協同の重要性を再認識した。

沖縄戦の地では、当時の軍用品などを見学したほか、生き残られた方々の体験談の映像を見て、当時の凄惨な状況と先人の偉大さ、戦争の悲惨さを痛感させられた。

いかに国防に貢献していくか

候補生　西川　竜也（「せとゆき」実習員）

勝連では、うるま市長をはじめとする地元の方々から温かい歓迎の言葉を頂いた。自衛隊の活動が地域の方々の理解や支援の上に成り立っていることに感謝して、今後の勤務にまい進する決意を新たにした。

陸海空自衛隊の駐屯地・基地研修では、3自衛隊が協力しなければ国防が成立しないことを考えさせられた。また、琉球・沖縄の歴史と文化を学び、沖縄戦が生んだ悲劇を知ることで、平和の尊さに改めて気付いた。

自分も今後、幹部自衛官としていかに国防に貢献していくかを考えながら、自身の課題に取り組んでいく所存である。

中学生の職場体験学習について説明する梅下3曹（左奥）

鹿児島地本で臨時勤務

3空曹　梅下　拓也（鹿児島地本・国分地域事務所）

私は、空自芦屋基地の第2高射群第6高射隊に所属する梅下3曹です。整備小隊で電気員として勤務をしています。昨年12月、隊長から故郷・鹿児島での臨時勤務の話があり、喜んで1月から国分地域事務所に勤務させてもらっています。

私は20歳の時、両親の勧めで自衛隊の試験を受けました。その時の担当広報官が航空自衛官でした。私の憧れであり、理想の広報官です。今回の臨時勤務も、そんな広報官を目指して勤務しています。地本勤務は部隊ではなかなか体験できないことが多く、とても新鮮です。高校生や中学生、そのご両親とも接する機会が多くて、いろいろな話を聞くことができます。

現在、国分地域事務所には空自の広報官がいないため、私が学生たちに航空自衛隊のことを積極的にPRしています。そのほか、採用試験の面接練習で試験官役を務めたり、中学生の職場体験学習の時は、自分の入隊動機を話したり、空自の仕事紹介なども行っています。進路相談会では高校生に自衛隊の良さを伝えているほか、依頼を受けて担当地域外でも活動しています。子供に自衛隊の制服を試着させて一緒に記念撮影したり、募集のチラシやパンフレットを配り、自衛隊の説明をしたりしています。

今後は、全国自治体の入隊壮行会への参加なども実施予定です。募集広報の仕事は大変ですが、やりがいも多いので、将来は広報官として地本勤務も視野に入れつつある今日この頃です。

ハローワークでのミニ説明会では一生懸命にチラシを配ってPRするのですが、なかなか話を聞いてもらえず、寂しい思いもしました。しかし、最後までしっかりと勤務し、一人でも多くの志願者を獲得できるよう努力したいと思います。

「不撓不屈」の精神

3陸曹　梁瀬　篤樹（6施大・中隊・神町）

自衛官として約5年の月日が経ちましたが、入隊したころがつい昨日のように思い出されます。昨年は厳しい教育を修了し、無事、陸曹に昇任することができました。これからは今までと違う環境で訓練や業務に臨まなければなりません。

そこで私の指針は「不撓不屈」です。どんな困難にも屈しないということです。初級陸曹として、まだまだ分からないことが多々ありますが、先輩方の良いところを見習い、自分のものにしていきたいと思います。立ち向かい、乗り越える「精神力」を養い、常に「スキル」の向上に努め、中隊と大隊に貢献していきます。

陸曹として後輩の育成に尽力するとともに、これまでお世話になった方々に恩返しできるよう努力していきます。公私共に充実した一年になるよう、一日一日を楽しんでいきたいと思います。

OBがんばる

関谷　修さん　54
平成30年11月、空自作戦システム運用隊（横田）を最後に定年退職（2尉）。オートシステムに再就職し、現在、本社で役員運転手のための教育を受けている。

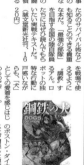

経営方針を愚直に実践

私は車の手入れや運転が好きでしたので、定年2年前から横田基地援護室と自衛隊援護協会東京支部にご尽力を頂き、自動車運行管理業務を行っているオートシステムに入社しました。

業務は一般企業と三井住友銀行が保有する車両を運行する自家用自動車運行管理業（2種免許不要）です。入社後、東京・日本橋の本社で役員運転手として必要な教育を受けています。教育内容は座学での個人情報管理やコンプライアンスの講義と、運転技術講習による接客マナーなどです。

昨年末、三井住友銀行の営業部（目黒区）で運転を経験する機会に恵まれました。この地域は道幅が狭く、一方通行が随所にあります。このような状況下、不慣れな私に対して先輩運転手から丁寧な指導を頂き、無事に役目を果たすことができました。

現在は都心の地理や交通にも慣れ、柔軟な運行計画を立てられるようになりました。役員運転手は企業の顔でもあるため、顧客の満足度向上に努めるとともに、経営方針である「安全、安心、快適」を愚直に実践していきたいと思います。

これから任期満了・定年を迎えられる皆さまは、体調管理に留意するとともに、趣味などで気分転換を図りつつ健全な状態で再就職に備えていただきたいと思います。

TRADICION NAVAL　$100　Chile

（世界の切手・チリ）

成長したいと思ったら、言い訳をしないことです。
中谷　彰宏（作家）

朝雲ホームページ
www.asagumo-news.com
＜会員制サイト＞
Asagumo Archive
朝雲編集部メールアドレス
editorial@asagumo-news.com

新刊紹介

「自衛隊最強の部隊へ」偵察・潜入・サバイバル編

二見　龍著

本書は中央即応集団幕僚長、東方混成団長などを務めた元陸将補の著者が、40普連長（小倉）時代に出合い、隊員の能力強化に向けて導入を進めた戦闘技術「スカウト」について紹介した実技書だ。

ハイテク兵器が配備された今日の戦いでは「見つかったら終わり」であり、自然への溶け込み方、気配の消し方、痕跡を残さない方法などを、本書は写真を多用しながら解説する。著者は「生き残るには詰めを徹底的に行うことが大事だ」と述べ、敵の斥候の動きを封じるノウハウなども伝える。

さらに「スカウト」の専門家による必殺の格闘技術、実戦に通用する偵察・監視技術、生き残るためのサバイバル術なども知ることができる実践的な本だ。「最強の部隊」を目指す全国の陸自隊員たちにはぜひ読んでもらいたい実戦テキストだ。（誠文堂新光社刊、1620円）

「鋼鉄の犬」

富永　浩史著

本書は四足歩行の軍事用ロボットにスポットを当てた軍事冒険小説だ。主人公のハンドラー・アルと相棒の軍用犬・ルークは、IED（即席爆弾）による負傷で軍を辞め、民間軍事会社へ再就職する。内戦が勃発する砂漠地帯へ派遣されたアルを待ち受けていたのは、最新型ロボット犬「BDY-9」だった。仲間と共に任務にあたる中、「バディ」の愛称で呼ばれるロボット犬に、アルは相棒として愛情を感じはじめるのだが……。

民間軍事会社、軍用ドローン、内戦問題など現代の軍事事情を背景に、人工知能（AI）搭載ロボットの開発が目覚ましい進化を遂げる中、ロボット犬が本当の「バディ」になり得るのかを問う。ボストン・ダイナミクス社が開発した実物の四足歩行ロボットも登場する。（マイクロマガジン社刊、750円）

朝雲

発行所 朝雲新聞社
〒160-0002 東京都新宿区四谷坂町12－20 KKビル
電話 03(3225)3841
FAX 03(3225)3831
振替00190-4-17600番
定価一部170円、年間購読料9000円（税・送料込み）

海自艦、中国観艦式に参加

7年半ぶりの派遣

岩屋大臣 艦艇交流再開に期待

岩屋防衛相は3月8日の記者会見で、中国海軍が4月23日に中国山東省・青島で開く「中国人民解放軍海軍創設70周年国際観艦式」に、海上自衛隊の護衛艦（DD）1隻を参加させると発表した。これに合わせ、海上幕僚長の訪中も調整している。中国への海自艦艇の派遣は2011（平成23）年12月に護衛艦「きりさめ」が青島を訪問して以来、約7年ぶり。岩屋大臣は「日中防衛当局間で多層的な対話や交流を促進し、相互理解と信頼醸成を進めていきたい」と述べ、約7年半ぶりとなる艦艇交流の再開に期待感を示した。

海自艦艇の中国への派遣は、2008（平成20）年6月に護衛艦「さざなみ」が広東省・湛江（中国海軍南海艦隊司令部の所在基地）に入港し、海自艦艇として初めて訪中したのを皮切りに、11（平成23）年12月に護衛艦「きりさめ」が山東省・青島（同北海艦隊司令部の所在基地）を訪問しており、今回実現すれば約7年半ぶり、3回目の派遣となる。

派遣期間は4月21日から26日までの予定で、今後、汎用護衛艦（DD）の中から参加する1隻を決める。滞在中の行動予定についてもこれから中国側と細部を詰める。

今回の派遣は、昨年10月に中国を公式訪問した安倍首相と李克強首相との間で行われた日中首脳会談の中で「海自と中国海軍の艦艇による相互訪問」について合意されたことを受けて調整が進められてきた。

これまで中国海軍からは2007（平成19）年11月に南海艦隊（湛江）所属の「旅海」級ミサイル駆逐艦「深圳」が同国海軍艦艇として初来日し、東京・晴海ふ頭に入港したほか、09（平成21）年11月には練習艦「鄭和」（母港・遼寧省旅順）が広島県の江田島・呉地区を訪れ、それぞれ海自との交流を深めている。

両国艦艇の相互訪問時には、艦上レセプションや懇親会、スポーツ交歓、合同演奏などの行事のほか、海自艦艇の訪中時には親善訓練も実施されるなど、この時期に日中間の艦艇交流の[illegible]その後、日本から11（平成23）年の護衛艦「きりさめ」の青島訪問を最後に、12（平成24）年9月の野田政権（当時の民主党）による沖縄県の尖閣諸島国有化などを機に、約7年半にわたって両国の艦艇交流が途絶えていた。

村川海幕長は3月12日の記者会見で「中国の国際観艦式にどの艦艇を派遣するかについては現在、部隊運用の都合などを踏まえて調整中だ。関連行事への海自からの高官の派遣も調整している。各国との相互理解と信頼関係を増進するため、さまざまな防衛交流を図っていきたい」と述べた。

統幕長、ベトナム総参謀長と会談

さらなる交流推進で一致

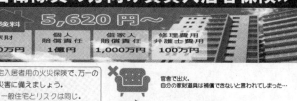

自衛隊とベトナム軍の今後の防衛協力について意見交換する河野統幕長（右）とベトナム軍のザン総参謀長（3月4日、防衛省で）

河野統幕長は3月4日、来日したベトナム軍総参謀長のファン・ヴァン・ザン陸軍上将と防衛省で会談し、日越の防衛協力・交流をさらに推進していくことで一致した。

ベトナム総参謀長の来日は2015年以来。会談で河野統幕長は、今年2月に江田島を出発した外洋練習航海部隊の同国ダナン寄港や、呉音楽隊の同国音楽隊との共同コンサートについて触れ、「今後もさまざまな分野で自衛隊とベトナム軍の交流を深めていきたい」と述べた。

これに対し、ザン総参謀長は、防衛大学校などへの同国からの留学生の受け入れに謝意を示し、「日本で教育訓練を受けた卒業生はベトナムで非常に良い仕事をしている。今後も陸海空、各階層の交流を深化させたい」と日本とのさらなる防衛協力に意欲を示した。

その後、ザン総参謀長は陸自木更津駐屯地を訪れ、CH47輸送ヘリや資料館などを視察した後、再び防衛省に戻り、岩屋防衛相を表敬した。

自衛隊とベトナム軍の防衛交流は昨年4月、同国のゴ・スアン・リック国防相が来日し、小野寺防衛相（当時）と日越防衛協力・交流の指針となる「共同ビジョン」に署名。同9月にフリゲート「チャン・フン・ダオ」が初来日するなど、日越関係は強化されている。

2019年度防衛費 重要施策を見る ■6■

人事処遇

内局に人材確保推進室

女性の活躍推進、WLB充実も

2019年度予算で防衛省は人的基盤の一層の強化を図る。女性の活躍推進やワークライフバランス（WLB）の充実などを進め、隊員の採用体制も強化する。

防衛省は[illegible]自衛官の割合を9％以上とすることを目標に、毎年度の採用目標を10％以上（事務官等は30％以上）と設定している。女性自衛官の活躍の場は広がり、昨年8月には空自の松島美紗2尉（5空団305飛行隊）が女性初の戦闘機パイロットに[illegible]

[illegible]境整備に26億円を計上。潜水艦1隻の女性用区画の整備（6億円）など[illegible]

[illegible]東京・三宿地区など8カ所に開設されている。19年度[illegible]規模拡大のための調査・設計を行う。

働き方改革に向けた環境整備に[illegible]千万円を計上。自宅で仕事が行えるテレワーク用端末（ノートパソコン）を整備する。テレワークは17年4月に内局、防衛装備庁で始まった。[illegible]

飛行教育航空隊（新田原）[illegible]

[illegible]る。一般社会人などを対象とする予備自補から予備自衛官に任官する人が増えている（17年度約3300人）ことも受け、即自への新たなルートを設け、即自の充足率向上を図る。志願者は予備自の訓練に加えて、即自の訓練（年間30日）を2～3年にわたって受ける。

就職支援も充実させ、職業訓練（1千万円）を新設、「ドローン操縦士」などの資格取得課目を設け、再就職を後押しする。

岩屋防衛大臣は、朝雲新聞の新春インタビューで人的基盤の強化を「防衛省が正面から取り組むべき重要な課題」と語った。省・自衛隊はさらに諸施策を進めていく。

（榎園哲哉）

空幕長、豪空軍本部長と会談

アヴァロン・エアショー視察

初参加C2の隊員を激励

豪空軍本部長のデイヴィーズ空軍中将（右）と会談、握手を交わす丸茂空幕長（2月26日、豪アヴァロン空港で）

丸茂空幕長は2月24日から27日まで豪州に出張し、同国空軍本部長のレオ・デイヴィーズ中将らと会談した。空幕長の豪州訪問は2001年以降、10回目。

空幕長は25日にメルボルン郊外のアヴァロンで行われた空軍参謀長等国際フォーラムに出席。翌26日はアヴァロン空港で開かれている「アヴァロン・エアショー」の会場を訪れ、デイヴィーズ本部長と会談、地域情勢をはじめ両国の防衛政策、防衛協力などについて幅広く意見交換を行った。

丸茂空幕長はその後、各国の空軍参謀長らとも会談、展示された各国の最新鋭機なども視察した。会場には空自から初出展された3輪空（美保）のC2輸送機も並び、説明に当たる403飛行隊飛行班長の山路直樹2佐以下16人の派遣隊員を激励した。

春夏秋冬

テキサス州で

中林 美恵子

2月中旬、テキサス州ダラスで講演する機会を得た。トヨタ自動車がカリフォルニア州からここに本社を移したこともあり、日本に対する関心は高まっている。ダラス・フォートワース都市圏の人口は500万人を上回り全米5位で、人口増加率はアメリカ国内でも突出している。

当地での話のテーマは、日本から見た北東アジアの安全保障と日米同盟であった。アメリカといえばいつもワシントン訪問が主目的になりがちな私にとって、テキサスでの反応は非常に興味深かった。2月15日に発表された国家非常事態宣言についても、その原因となったメキシコとの間の壁建設についても、話す人によって非常に濃淡があり、意外にリベラルな人たちにも出くわした。北朝鮮の核兵器とミサイルの問題でも、ここで会う人々の反応はワシントンと温度差があった。

そこで壇上では、日本から見た米朝首脳会談の懸念について触れ、さらに「皆さんの中にはアメリカにミサイルが飛んでこないなら安心と思っていらっしゃる方々が多いのではないでしょうか」と問いかけてみた。会場が大きかったので直ぐに声は出なかったが、講演が終わってから「言われてみて初めて、北朝鮮に関する懸念に気付いた」という反応が多く寄せられた。専門家がひしめくワシントンとは大分違うと感じた。そして熱狂的なトランプ大統領支持者からも反応があった。

彼は私に、「あなたの懸念は間違っている」と言い切った。そして「大統領は約束したことを全て守ってきた。彼は北朝鮮の核を全く容認などしない」と言うのだ。その頃はまだ、トランプ大統領が交渉のハードルを下げ、「行動対行動」つまり段階的非核化に応じてしまうのではないか…と懸念されていた時期だった。

ハノイでの一時的な決裂を迎えた今となっては、段階的非核化での合意がなかったのだから、熱狂的大統領支持者の主張のほうが少なくとも現時点では正しかったことになる。彼の予言ほどではないが交渉が慎重路線に切り替わったのは、正直なところ日本にとっては良かった。ただ将来アメリカが世界の警察官でなくなるという主張も有言実行されるとシビアだ。日本の自律と日米同盟のバランスに、知恵を絞らなければならない。

（早稲田大学教授）

英海軍「モントローズ」晴海寄港

「瀬取り」監視活動のため来日

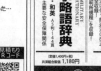

レインボーブリッジをくぐって東京に初入港した英海軍のフリゲート「モントローズ」（3月8日、東京・晴海ふ頭で）

北朝鮮船舶による密輸行為「瀬取り」の監視活動の一環としてアジア太平洋地域に派遣された英海軍のフリゲート「モントローズ」（満載排水量約4900トン）が3月8日、東京・晴海に寄港した。

艦長のコナー・オニール中佐以下乗員約180人を乗せた「モントローズ」は午前10時、海自のホストシップ「むらさめ」が待つ晴海ふ頭に接岸。歓迎行事には横須賀地方総監部管理部長の松浦正裕1佐をはじめ、ポール・キャッソン駐日英大使ら多数が出席した。

松浦部長はあいさつで「今回の寄港は、インド太平洋地域における（日英の）安全保障上のパートナー国との協調に加え、ハーモニーを深化し具現化する戦略的チャレンジという大きな意味を有している」と英艦の来日を歓迎した。

キャッソン大使も「『モントローズ』の寄港は、2017年9月に両国首脳が会談し約束した（英日間の）『より深く有意義な防衛安全保障環境』が現実のものとなっている明確な行動だ」と語った。

これに対し、英艦を代表してオニール艦長は、北朝鮮の瀬取り監視の一環として昨年、日本を訪問した「サザーランド」「アルビオン」「アーガイル」の各艦について触れ、「英国にとって極めて重要なこのアジア太平洋地域を、3隻に続いて訪れることができて誇りに思う」と語った。

「モントローズ」は同14日まで東京に滞在し、一般公開やホストシップの「むらさめ」乗員との交歓行事などを行った。出港後、同艦は日本沿岸海域で日英米3カ国による親善訓練も行う予定。

朝雲寸言

津波で大きな被害を受けた岩手県大槌町の海の見える丘に白い電話ボックスがひっそりと佇んでいる。「風の電話」。電話線はつながっていない。亡くなった、あるいは行方不明になった家族や友人ともう一度言葉を交わしたいと願う人々がこの電話で「会話」するのだという▼東日本大震災から8年が過ぎた。2578人の方々が未だ見つかっていない。復興が進んでも大切な人を失った悲しみが消えることはない。[illegible]を育てる時代が来るかもしれない。次の世代に選択肢を残したいのだと関係者は語る▼震災後、富岡町の町役場で自衛隊が防護服を着て除染作業したことは、はるか遠い昔のことのようだ。主のいない町に8年目の春が来ようとしている。

時の焦点

国内　大阪ダブル選

都構想の真摯な議論を

「それは私にとってギリシャ語だ」（It's all Greek to me）と英語で言うと、「ちんぷんかんぷんだ」という意味になる。シェイクスピアの『ジュリアス・シーザー』から広がった表現だという。シーザーが「ブルータス、お前もか」という有名な言葉を残して暗殺されたのは、紀元前44年の3月15日のことである。

多くの国民にとって、4月に行われる大阪の府知事・市長ダブル選は、一見、「ちんぷんかんぷん」であろう。

大阪府の松井一郎知事と大阪市の吉村洋文市長がそろって辞職し、松井氏が市長選に、吉村氏が知事選にと、立場を入れ替えて出馬する。大阪維新の会が掲げる「大阪都構想」の賛否を世論に問うためという。

二重行政を解消するため、大阪市を廃止して現行の24区を特別区に再編する。2015年の住民投票で一度は否決されたその看板政策を再び進めたい、というのである。

自らの最重要政策を進めるために、辞職して選挙で信を問うのは理解できないことではない。分かりにくいのは、知事と市長が入れ替わる、という点である。

背景には、現在の公職選挙法の規定がある。地方自治体の首長が辞職して再び選挙に出る場合、当選しても4年の任期は得られず、残り任期だけとなる。

大阪のケースでは、知事の任期は11月、市長の任期は12月までだが、入れ替わることで4年の任期が得られるのだ。

首長が辞職して同じ選挙に出馬する「出直し選挙」の任期に関する規定は、試行錯誤の歴史だ。

戦後しばらくは、出直し選挙で当選しても、4年の任期が得られた。この結果、現職が有利な時期に辞職して選挙に勝利する例が相次いだ。これを防ぐため、一時は、辞職した場合は立候補できないことにした。

ところが、首長が議会と対立した場合などに住民に信を問えないのはおかしい、といった問題点が浮上し、1962年の法改正でようやく現在の規定に落ち着いた。

結局のところ、首長の政策や判断が適切かどうかは、辞職の理由やタイミングも含め、有権者の審判に委ねる以外にない、というのが法律の趣旨であろう。

ダブル選を選択した今回の判断には、批判的な声が大きいようだ。

そもそも、大阪府政、大阪市政の課題は「大阪都構想」だけではあるまい。福祉や教育など身近な課題こそ、地方選挙で論じるべきであろう。

ただ、大胆な改革には抵抗が付きものだ。たとえ奇策ではあっても、民意を推進力に改革を進めたい、という政治家としての判断はあり得よう。

どちらの見方に重きを置くか、判断するのは有権者である。政治手法や府と市それぞれの課題など、論ずべき点は多い。

いずれにしても、賽は投げられた。悲劇に終わらぬよう、真摯な議論を期待したい。

宮原 三郎（政治評論家）

海外　米朝サミット

トランプ流儀の明と暗

ハノイで2月末に開かれた米朝首脳会談で、トランプ米大統領は2日目の28日、成果は見込めないと判断して会談を打ち切った。「北朝鮮は制裁の全面解除を望んだが、それは受け入れられない」（会談後の記者会見）が、決裂の理由である。

「交渉では席を蹴らなければならない時もある」（同）とする決断は、北の不誠実な要求ばかりか、元高官、評論家たちの「ノーベル平和賞を狙う私欲から国を売るのでは」といった"そこまで言うか"的予測をも一蹴した。

会談直前に「ニューヨーク・タイムズ」紙に寄稿したオバマ前政権のライス大統領補佐官（国家安全保障担当）はほんの一例で、「新たな核実験もなく、北の核脅威を任期末まで後送りできたら、トランプ氏は喜んで勝利を宣言し、問題を後継者に残すだろう」と書く。

オバマ政権は2009年から17年初めまで、北に「戦略的忍耐」と称し何もしなかった。金正恩氏は11年に権力を継承すると、何度も弾道ミサイル実験を行った上、核実験も13年に1回、16年に2回実施した。自分が補佐官時代のことだろう。

オバマ大統領は13年4月にNBCニュースとのインタビューで、北にはミサイルに核弾頭を装着する能力はないと語っていた。退任時になると、国家安保の面では北朝鮮が「最も緊急の課題」とトランプ氏に引き継ぎ、9カ月後には大陸間弾道ミサイル実験の成功と続いたのである。

今回の決断は、保守派の反トランプ陣営でも好評だ。その筆頭格の評論家ゴールドバーグ氏も「大統領、よくやった。合意ゼロは悪い合意より良い」と反応したが、歴史を振り返れば同氏の感想も分かる。

例えば、クリントン政権時代の1994年に北朝鮮核危機が起きた。その際に米朝交渉で合意した通りなら、北の核開発は3段階でとっくに「凍結」から「完全放棄」になっていたはず。

ブッシュ政権が2002年秋の米朝交渉で、北が核兵器開発用のウラン濃縮計画を推進している事実を暴露すると、北朝鮮は「われわれも核開発計画を持っている」と欺いてきた事実を認めた。

一方、サミット後に気になる動きも出ている。米韓両政府が3月2日、両国軍が毎春実施している大規模な合同軍事演習の打ち切りを決定したと発表したのである。

野外機動訓練「フォール・イーグル」と指揮所演習「キー・リゾルブ」の二つで、今後は規模を縮小し、内容を絞り込んだ訓練にするという。

しかし、軍事演習は即応態勢を維持するのに必要で、即応態勢は抑止力を維持するのに肝要だ―と軍事素人には思える。演習の規模縮小は軍事的即応態勢を弱体化し、北への「危険な贈り物」になりかねないのでは。

「悪い合意は合意ゼロより悪い」のは確かだが、「米国の一方的譲歩と合体した合意ゼロはただの合意ゼロより悪い」のも確かだろう。

草野 徹（外交評論家）

3自が高級課程合同卒業式

韓国留学生含む47人が卒業

3自衛隊の「高級課程合同卒業式」で出口統幕学校長（左）から卒業証書を授与される学生たち（3月6日、目黒基地で）

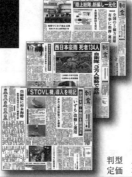

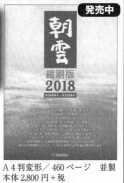

統幕学校と陸自教育訓練研究本部、海・空自の幹部学校は3月6日、目黒基地の大講堂で「自衛隊高級課程合同卒業式」を行った。

同課程の学生47人（陸18、海14、空13、韓国人留学生2人）は昨年4月、3自衛隊の「高級課程」に入校。最初に統幕学校で「統合教育」を受け、指揮官、幕僚として必要な統合運用の概要を学んだ。

その後、3自の「幹部高級課程」で高級幹部としての研さんを積んだ後、再び統幕学校の「統合高級課程」で統合運用に関する広範な知識と技能を修得した。

卒業式には、河野統幕長、山崎陸幕長、村川海幕長、丸茂空幕長ら来賓と職員ら約100人が出席した。

式辞で出口学校長は「諸官は新たな防衛大綱に示された『多次元統合防衛力』の構築とその運用に携わることになる。統合運用体制のさらなる強化の牽引者として、日々の任務や訓練、そして有事における『戦い』を勝ち抜いてほしい」と卒業生を激励した。

続いて河野統幕長が「これまでの延長線上ではない大胆な発想の転換を図り、変革の時代のリーダーとして、真に戦える体制を追求してほしい」と要望した。

さらに、韓国人留学生に対しては「日本と韓国の友好の懸け橋として、両国の相互理解の発展に寄与することを期待する」と述べた。

卒業生は式後、職員と陸自中央音楽隊の演奏に送られ、それぞれの任地に向かった。

国際平和協力活動セミナー

国教隊で官・民・学が能力構築支援など議論

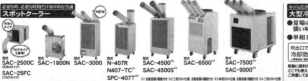

国教隊の国際平和協力セミナーで「能力構築支援」などをテーマに議論する官民学の参加者（1月16日、陸自駒門駐屯地で）

【国教隊＝駒門】陸自国際活動教育隊は1月16、17の両日、駒門駐屯地で「国際平和協力活動セミナー（IPCAS）」を開催した。

IPCASは海外での国際平和協力活動に関する隊員の連携に関する認識の向上と関係機関との相互理解の促進を目的に平成20年から毎年開催され、今年で11回目。

今年度は、メンター（指導者）として長谷川祐弘元東ティモール国連事務総長特別代表、吉崎知典防衛研究所特別研究官らを招き、内閣府国際平和協力本部事務局、国際協力機構（JICA）、大学、非政府組織（NGO）、シンクタンクなど各界の有識者ら約40人が参加した。

今回のセミナーでは「能力構築支援」をテーマに、さまざまな立場から議論を展開。官・民・学の参加者らがグループに分かれて課題解決のために意見を出し合い、最後に全体発表を行った。

国教隊では隊の佐藤1佐がコメントし、「能力構築支援活動における現状と課題」について紹介した。

浦上2陸佐をエチオピアに派遣

PKO教育支援

防衛省は3月8日、防衛大学校に所属する浦上2陸佐をアフリカのエチオピアにある「エチオピア平和支援訓練センター」に派遣した。期間は約2週間。

浦上2佐は昨年11月に続き、「国際コンサルタント」として派遣。国連平和維持活動（PKO）要員の教育カリキュラムのコース改善や更新などについて助言を行う予定。

防衛医学演習「MEDEX」

インドで始まる

拡大ASEAN国防相会議（ADMMプラス）の「防衛医学専門家会合」の「人道支援・災害救援及び防衛医学実動演習（MEDEX）2019」が3月8日、インド北部のラクナウで始まった。18日まで。

同演習には日本のほか、ASEAN加盟10カ国と米、中、韓、露、豪、印、ニュージーランドの計18カ国が参加。日本からは陸自衛生隊員ら約30人が加わった。

演習は「仮想の国で大地震が発生した」との想定で、隊員たちは負傷者らへの対応や避難キャンプにおける公衆衛生管理などの多国間共同医療活動に当たり、ADMMプラスの枠組みでの連携を強化する。

水上部隊33次隊 16日に舞鶴出港

海賊対処

ソマリア沖・アデン湾で海賊対処に当たる海自の水上部隊33次隊の護衛艦「あさぎり」が3月16日、舞鶴基地から出港する。

陸自OH1ヘリ 飛行を再開

3年3カ月ぶり

陸自は3月1日、平成27年2月に飛行中に不具合が発生し、飛行を停止していた観測ヘリ「OH1」の飛行を3年3カ月ぶりに再開した。

これに先立ち陸幕は、OH1の不具合発生原因について「エンジン内部の高圧タービン・ブレードの破断」と特定。製造元の川崎重工業で調査を進めるとともに、JAXA（宇宙航空研究開発機構）などの専門機関の協力も得て原因を究明し、対策を講じた。

これを受け陸自は3月1日、対策を施した飛行実験機（明野）から順次飛行を再開。今後、他部隊のOH1についても順次、部品の交換を行い、全機が飛行を再開する予定。

防衛省発令

▽統幕人事教育課計画班長（防衛装備庁プロジェクト管理部装備技術官付装備技術官）1海佐 梅澤 正

▽統幕学校教育課（航空教育集団司令部）1空佐 原田

▽2航空修理隊司令（空自幹部学校防衛戦略研究部）1海佐 小柳

▽大村航空基地隊司令（1航空隊副長）2海佐 川崎

▽海自東京業務隊付（近畿中部防衛局調達部次長）1海佐 寺地

▽海自幹部学校（統幕学校教育課計画室長）同 矢藤

▽空幕防衛課編成班長（空幕防衛課）1空佐 新宅

▽航空総隊補給課長（航空教育集団補給課長）同 原

▽9航空団基地業務群司令（空幕防衛課編成班長）同 川口

▽航空救難団副司令

「フォレストライト」米海兵隊と実動訓練

オスプレイで空中機動

緊密な日米共同作戦

陸自は今冬、西日本で米海兵隊との実動訓練「フォレストライト」を2回に分けて実施した。12月の1回目は4師団（福岡）が大分県の日出生台演習場で、1月末からの2回目は3師団（千僧）が滋賀県の饗庭野演習場などで本格的な戦闘訓練を行った。陸自部隊は米軍のオスプレイ輸送機で空中機動したほか、米軍は偵察用ドローンも投入するなど、効果的かつ緊密な日米共同作戦を演練した。

「フォレストライト01」の終了式典に臨む4師団と米海兵隊の隊員たち（12月19日、日出生台演習場で）

拠点防衛 4師団

【4師団＝福岡】4師団は12月7日から19日まで、日出生台演習場などで米海兵隊と「フォレストライト01」を実施した。

陸自は沖邑佳彦4師団長が担任官を務め、41普連（別府）基幹の約750人が参加。米側は第3海兵師団長のウイリアム・ジャーニー准将を担任官に、同団の第4海兵連隊第2－23大隊基幹の約250人が参加した。

最初の4日間にわたる機能別訓練では小火器、対戦車火器などの射撃訓練のほか、沖縄の普天間基地から飛来した米海兵隊のMV22オスプレイを使い、日米部隊の空中機動訓練も行われた。

続く総合訓練では、日米の部隊が共同で敵を攻撃した後、共に拠点防衛に当たるまでの一連の行動を演練した。このうち、攻撃の場面では陸自の2個部隊が並列して攻撃を行った後、米海兵隊が同部隊を超越して攻撃を継続する難しい手順も演練した。

同訓練に小銃小隊長として参加した41普連4中隊の木上雄介2尉は「米海兵隊と共同し、実戦を意識した訓練ができた。小隊の隊員とともに、真に戦える部隊に近づけたと実感した」と感想を語った。

4師団と米海兵隊による総合訓練中、敵の陣地攻撃を前に調整を行う日米の部隊指揮官（12月16日、日出生台演習場で）

陣地攻撃 3師団

【3師団＝千僧】3師団は1月28日から2月17日まで、饗庭野演習場などで「フォレストライト02」に挑んだ。

陸自は田中重伸3師団長が担任官を務め、7普連（福知山）基幹の約600人が参加。米海兵隊はジャーニー第3海兵師団長を担任官に、第4海兵連隊第2－23大隊基幹の約340人が参加した。

2月4日から8日の機能別訓練では、MV22オスプレイによる空中機動をはじめ、第一線救護、各種射撃、特殊武器防護、偵察訓練などを実施した。

12日から14日にかけての総合訓練では、日米共同で敵陣地攻撃を敢行。それぞれの指揮・統制の下、共同で敵警戒部隊を駆逐し、その後、連携を取りながら敵陣に迫り、最後に突撃した。雪が降りしきる中、日米両部隊は迅速な攻撃で敵陣地を奪取。その後、敵の逆襲に対処したところで訓練を終えた。

15日の訓練終了式で、陸自部隊を指揮した7普連長の飯島達也1佐は「共同訓練と隊員間の交流を通じ、日米相互の理解を深めることができた。我々は米海兵隊の高い練度に触れ、貴重な経験を得ることができた。我々の練度の向上が祖国の平和を守ることに直結するものと自覚し、引き続き練成に励みたい」と決意を述べた。

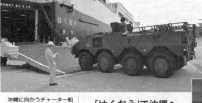

米海兵隊のMV22オスプレイ輸送機に搭乗し、前線に降着した3師団の隊員たち（滋賀県の饗庭野演習場で）

市街地戦闘訓練で、建物内に潜む敵の掃討に当たる7普連3中隊の隊員（饗庭野演習場で）

米軍の兵士たち（左奥）に対し、化学剤で汚染された小銃など装備品の除染法を展示する陸自隊員（饗庭野演習場で）

2夜3日の総合訓練で、陸自7普連と共同し、敵陣地の攻撃態勢を整える米海兵隊員（饗庭野演習場で）

機能別訓練で陸自隊員に対し、偵察用ドローンの運用法を展示する米海兵隊員（饗庭野演習場で）

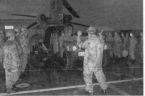

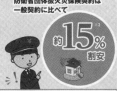

民間運送業者が運び込んだ奄美大島、宮古島向けの物資をフォークリフトで運搬、格納する九州処の隊員たち（1月31日、目達原駐屯地で）

九州補給処

新駐屯地に物資輸送

奄美と宮古へ

1300品目、コンテナ150本補給

鎮西演習踏まえ創意工夫

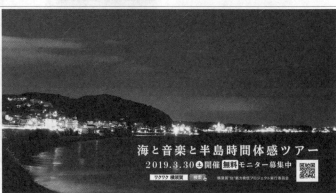

【九州処＝目達原】陸自九州補給処は1月中旬から3月上旬にかけて、今年3月に鹿児島県の奄美大島と沖縄県の宮古島に新編される部隊に向けた約1300品目、コンテナ約150本分の補給を行った。

処長の吉野俊二将補以下、隊員約250人は全国各地から目達原駐屯地に集まった新駐屯地・分屯地向けの物資の仕分けとコンテナ積み込み作業を行った。

一度に扱うコンテナ150本という膨大な補給物資はこれまで九州処が経験した最大物量の5倍。部隊としても前例がなかったため、補給部を中心に受け入れ部隊と補給品の選定や優先順位について調整を行ったほか、コンテナを搬送する業者らと必要な時期・場所に補給品が確実かつ完全な状態で届けられるよう手配を実施した。

隊員たちは西部方面隊の「鎮西」演習で積み重ねてきた兵站業務の教訓を取り入れて実践。補給品をコンテナに積載する「バンニング」では、海上輸送中に物品が破損しないよう、形や重さの違う品を組み合わせ、緩衝材を組み込んで破損を防止。さらにコンテナの容積を最大限に活用できる無駄のない入れ方を実践した。

約2カ月間にわたり九州処の隊員たちによって振り分けられた補給物資は、奄美大島と宮古島の新駐屯地・分屯地に向けて順次海上輸送された。

42即応機動連隊

改編後初の転地訓練

沖縄に向かうチャーター船「はくおう」に自走で乗船する42即機連の96式装輪装甲車（1月31日、大分港で）

「はくおう」で沖縄へ

CH47搭載卸下訓練

雨の中、15飛行隊のCH47輸送ヘリ（後方）への車両搭載卸下訓練を行う42即機連の隊員たち（2月5日、那覇駐屯地で）

【42即機連＝北熊本】42即応機動連隊は1月31日から2月18日まで、昨年3月の改編後初となる沖縄地区への転地訓練を実施した。

連隊長の小見明之1佐を訓練指揮官に約300人が参加。大分港からチャーター船「はくおう」などで沖縄本島への海上機動訓練を行った。

上陸後は沖縄の防衛に当たる15旅団（那覇）の支援を受け、15飛行隊（同）のCH47輸送ヘリを使っての車両の搭載卸下や小部隊の各種訓練などを行い、緊急事態への対処能力の向上を図った。

部隊だより

海

大湊　大湊所在5個部隊で編成される雪中特別救難隊の総合訓練が2月13〜15日、青森県むつ市の釜研野営場周辺で行われた。「積雪山岳地帯に航空機が不時着、搭乗員2人が遭難した」との想定で実施。救難隊は現場までスキーで進出し、遭難者の捜索訓練や心肺蘇生を行いながら救難用スノーボードで移動する搬送訓練などを行った＝写真㊦。

市ヶ谷　印刷補給隊は2月15日、千代田区の千鳥ヶ淵戦没者墓苑の清掃奉仕活動を実施した。同墓苑は約1.6平米の敷地内に「六角堂」と呼ばれる納骨堂のほか、墓地公園として休憩所や庭園を備え、参拝者が多く訪れる桜の開花時期を前に、藤井真司令以下隊員約30人が約1時間かけて拭き掃除や雑草の除去を行った。清掃後は墓苑の説明を受け、認識を深めた。

館山　21空群はこのほど、千葉県南房総市で実施された防災訓練で、パイロットによる講話と装備品紹介をした。避難場所で「地域とつくる防災講座」に参加し、炊飯訓練なども行った。3佐が災害派遣の体験を語り、装備品紹介では子供たちがパイロットの装具を試着し理解を深めていた＝写真。

呉　呉地方隊は2月3日、呉市総合体育館でプロバスケットボールチーム「広島ドラゴンフライズ」との協力イベントを行った＝写真㊦。西日本豪雨の災害派遣活動に従事した隊員と被災地の小学生の努力を讃え、同チームが主催し、会場には2258人の観客が来場。呉音楽隊はセレモニーなどで国歌吹奏や「軍艦マーチ」などを披露し会場を盛り上げた。

勝連　沖縄基地隊は1月25、26の両日、うるま市民芸術劇場で佐世保音楽隊の協力の下、音楽教室とふれあいコンサートを行った。音楽教室では放課後を利用し中学高校生に熱心に指導すると、約2時間で生徒は驚くほど上達した。翌日のコンサートでは約600人の観客を前に「島人ぬ宝」など11曲を披露。来場者は「感動しました」と感想を話していた。

岩見沢　12施設群は2月26、27の両日、スキー行進訓練を実施した＝写真㊧。計186人が参加、駐屯地を出発後、北海道の孫別演習場、岩見沢市内、萩の山市民スキー場山頂までの起伏に富んだ約10キロ区間を全員が踏破。本部管理中隊の川原大輔1曹は「充実した訓練だった。（初参加だったが）指導官などのアドバイスのおかげで完歩できた」と話した。

上富良野　14施設群の隊員約70人は2月17日、北海道美瑛町で開催された「寛仁親王記念丘のまちびえい宮様国際スキーマラソン」に協力した。大会には全国から約800人が出場、約38、20、10キロの3コースに分かれて行われ、隊員たちは雪が降る中、コース整備や監察などを整斉と実施した。選手達は整備された雪原のコースを快適に走り抜けた。

八戸　駐屯地は2月22日、青森県八戸市内のホテルで行われた「三八地区入隊予定者激励会」に参加した。式は八戸地区自衛隊協力会主催で行われ、84人の入隊予定者が出席。河村忠夫副会長ら来賓があいさつ、松坂仁志司令が歓迎の言葉を述べた。祝賀会では岩屋防衛相からのビデオメッセージが流れ、空自北空音（三沢）と八戸陣太鼓が祝賀演奏した。

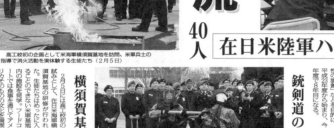

陸自高等工科学校90人　交流　在日米陸軍ハイスクール40人

教室での懇談後、腕相撲で日米交流を図る高工校と在日米陸軍ハイスクールの生徒たち（1月28日、陸自高工校で）

高工校初の企画として米海軍横須賀基地を訪問、米軍兵士の指導で消火活動を実体験する生徒たち（2月5日）

英語で高工校紹介　銃剣道の訓練展示

陸自高等工科学校は1月28日、在日米陸軍ハイスクール（座間）の生徒約40人を招き、高工校の「国際専修コース」で学ぶ3年生約90人との交流活動を実施した。

この日米文化交流事業は、両校の「国際性の涵養」などを目的に平成23年度から始まり、今年度で8年目になる。

この日、高工校を訪れた米ハイスクールの生徒に対し、まず対面式で陸自生徒が自校の概要を英語で紹介。

このあと、グループごとに分かれて教室内で懇談が行われ、日米の生徒は合同で会食、施設見学などを実施したほか、高工校生が防具を付けての銃剣道の訓練展示も行った。

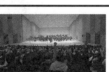

米陸軍ハイスクールの生徒たちに、銃剣道の技を展示する高工校の生徒（陸自高工校で）

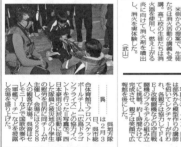

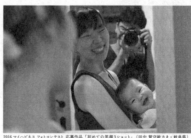

横須賀基地研修も

2月5日には高工校初の試みとして、在日米海軍横須賀基地の研修が行われた。生徒たちはめったに入ることのできない米軍基地内の施設を見学。フードコートでは食事を通じてアメリカそのものの文化を満喫した。

米側からの提案で、生徒たちは消火活動の講義も受講。高工校の生徒たちは消火器を使用し、燃え上がる炎に向けて消火剤を噴出し、消火を実体験した。（武山）

空

浜松　広報館はこのほど、5歳から小学3年生までを対象に「親子プラモデル教室」を開催し、15組の家族が参加した＝写真㊨㊤。イベント当日は部外から模型作りの講師を招いてレクチャーが行われ、各親子は協力してF4EJ改戦闘機などの空自戦闘機のプラモデルの組み立てに挑戦。約1時間かけて完成させ、親子は笑顔で広報館を後にした。

高良台　2高群8高隊長の兵藤浩太郎2佐以下約20人は2月7日、空自の協力団体である四歩会に対し、基地見学会を実施した。見学会当日、PAC3ミサイルの展示では、兵藤隊長自らメガホンを用いて展開方法などを説明。軽装甲機動車や炊事車などの展示も行われたほか、分屯基地に配置されているOHアンテナの活用法なども解説された。

知念　分屯基地サッカー部は「OTV（沖縄テレビ）杯争奪戦リーグ」で準優勝を果たし、2月9日、那覇市内のホテルでの表彰式に参加した。今年度から「知念蹴球部」として沖縄県サッカーリーグに加盟し、知念、那覇、与座岳基地の計23人が所属。部はフェアプレー賞も受賞、16高隊（知念）の眞栄城弦輝士長が得点王に輝いた＝写真㊨㊦。

善通寺　14旅団は2月8日、高知県立県民文化ホールで音楽祭りを開催した。当日は約1400人が来場し、地元の50普連（高知）の約70人も裏方として参加。旅団の活動映像を流しながら演奏したほか、善通寺十五聯太鼓、音楽クイズなど、約2時間にわたって趣向を凝らしたプログラムを行い＝写真㊤、最後に14音が「龍馬伝」を演奏して幕を閉じた。

小倉　40普連は2月17日、北九州市で開催された「北九州マラソン」で炊事支援を行った。同イベントは市最大規模のもので、今年は約1万2千人のランナーが参加。ゴール地点の小倉北区西日本総合展示場で駐屯地名物の豚汁約1万食を参加者に提供＝写真㊦、「自衛隊の皆さんの豚汁を楽しみに走った」「おいしい。疲れが吹き飛ぶ」などと好評だった。

都城　駐屯地は2月17日、「開設67周年・43普連創隊56周年記念行事」を開催、約4500人が来場した。これに先立ち同16日、都城中心市街地では初の市中パレードを挙行。沿道の約800人が拍手する中、観閲行進した。夕刻、地元ホールでは市民が駐屯地音楽部の演奏などを堪能。来場者は「隊員さんを見ると自分も元気になる」と語った。

那覇　15旅団はこのほど、名護市の米キャンプ・シュワブで「旅団英語集合訓練」を行った。訓練では6人の隊員が在日米海兵隊第4海兵連隊の各部署に配置され、キャンプ警備チームの補助、訓練の研修などで軍事英語力を向上させた。参加した15高特連の阿部清良士長は「米隊員にサポートしてもらい、驚くほど英語が上達した」と成果を話した。

陸

勝田　施設学校はこのほど、茨城県庁で行われた「国民保護共同図上訓練」に参加した＝写真㊦。9月に県で実施される国体の会場爆破テロを想定したもので、自衛隊のほか、県警、消防など約90機関が参加。陸上競技場での爆発後、犯行グループが立てこもる状況を付与し、隊員がLOとして情報を収集。負傷者搬送、住民の避難誘導などにも当たった。

大宮　32普連は2月1日、駐屯地講堂で「連隊小火器射撃競技会」の表彰式を行った。同競技会は1月15、16の両日に開催されたもので、中隊対抗では5中隊が優勝。個人戦では小銃の部（幹部・陸曹）で本部管理中隊の杉内勉曹長、同（陸士）で5中隊の猪股龍人士長、拳銃の部で3中隊の田村賢史3曹がトップを勝ち取った。

板妻　34普連は2月23日（富士山の日）、静岡県御殿場市で開催された「富士山樹空の森まつり」に参加。科長以下61人が板妻太鼓の演奏や豚汁の配布などを行い＝写真㊦、連隊マスコットの「イタツマン」も登場。訪れた市民たちは34普連の音楽演奏や「イタツマン」との記念撮影などを満喫した。

姫路　駐屯地は2月18〜22日、神戸女子大学からの依頼を受け、管理栄養士課程の4人の学生の実習を行った。業務隊では栄養技官が栄養管理の業務などを指導＝写真㊦。学生は「想像以上に喫食者などのデータを把握して驚いた」「佐車田技官の熱意が伝わり大変勉強になった」と語った。

山口　駐屯地は1月15日、新成人35人の祝賀行事を行った。新成人たちは川内康孝司令らと記念植樹・撮影を行った後、隊舎の屋上に移動。駐屯地グラウンドに並ぶ全隊員の前で、育ててくれた両親や世話になった人々への感謝の気持ちを一人ずつ表明。「自分の行動に対し、責任を取れる人間になる」「陸曹候補生に合格する」などと抱負を述べた。

厚生・共済

特集

共済組合の広報誌『さぽーと21春号』が完成

巻頭で「全自美術展」を大特集

「幸福度日本一!!福井の旅」を特集

防衛省共済組合の広報誌『さぽーと21 2019春号』が完成しました。

本号では「さよなら平成号」と題し、表紙には平成時代を飾った『さぽーと21』の歴代表紙がずらり紹介されています。

巻頭では「平成30年度全自衛隊美術展」（防衛省主催、防衛省共済組合協賛）を大特集。2年に1度の同美術展に入賞した絵画・写真・書道の作品が巻頭グラビアで紹介されています。

3部門でそれぞれ「内閣総理大臣賞」「防衛大臣賞」「文部科学大臣賞」に輝いた隊員・OB・家族の方の作品がカラーで紹介されるとともに、審査員の先生による講評も詳しく掲載され、絵画・写真・書道を趣味にする組合員の方にはよい参考になります。どうぞゆっくりと〝誌上美術展〟をお楽しみください。

ベネフィット・ステーション活用術は、「幸福度日本一!!福井の旅」を特集。東京から北陸方面への2泊3日の旅を、ベネフィット・ステーションの宿泊予約サイトを活用して満喫するプランが紹介されています。

1日目は「越前和紙の里」を訪れ、「卯立の工芸館」で和紙づくりの流れを見学、その後、パピルス館で実際に和紙づくりも体験します。お昼に「越前おろしそば」を味わった後は、福井県の匠の技を知ることができる「めがねミュージアム」へ。その後、夕景が美しい東尋坊を訪れ、あわら温泉に宿泊します。

2日目は「世界三大恐竜博物館」のひとつと言われる福井県立恐竜博物館を楽しみ、午後は曹洞宗大本山の永平寺を訪ね、禅の世界に触れます。

3日目は、福井から石川県の金沢に移動し、近江町市場、ひがし茶屋街と回り、その後、「日本三名園」のひとつ、兼六園を散策、最後に加賀友禅会館でハンカチづくりに挑戦します。これを読んだら、この春、北陸へ旅したくなること間違いなし。共済組合の「宿泊補助」も活用して旅行を楽しんでください。

連載の「教えて！年金」は産前産後休業と育児休業等の期間中の掛金等免除などを解説。防衛省・自衛隊の庁内託児施設も一覧で紹介しています。

「スポーツの楽しみ」は心も体もリセットできる体幹トレーニング、「おいしくヘルシーに」はスポーツ栄養を特集しています。

巻末では「さよなら平成」と題し、平成時代30年間に新設された支部を紹介。平成2年度の「陸上与座」から27年度の「与那国」、30年度末に新設される「奄美（仮称）」「陸上宮古島（仮称）」まであり、共済組合は30年度末、合計259支部となります。

これからも支部を通じ、共済組合のサービスをご活用ください。

「退職後3大疾病オプション」新たに導入
防衛省共済組合団体医療保険

防衛省職員団体医療保険（日本生命引受）は平成31年4月から一部が変更され、「退職後3大疾病オプション」が新たに導入されます。

「退職後3大疾病オプション」では、退職後、団体医療保険3大疾病オプションと同様の保障が受けられます。具体的には日本生命の個人保険に告知なしで加入（無診査加入）することができます。ただし、3大疾病オプションに加入されている方のみがご加入できます。

なお、無診査加入するには、以下の三つの要件を全て満たすことが必要です。

①3大疾病オプションに2年を超えて継続加入していること。

②脱退日翌日までに申し込みが完了していること。

③無診査加入が可能な保険金額は、3大疾病オプションの脱退日直前2年の最低加入保険金額以内かつ100万円以上であること。

総合賠償オプションの保険金　限度額を「2億円」に引き上げ

平成31年4月18日から、団体傷害保険の総合賠償オプションにおける日常賠償の上限を1億円から「2億円」に引き上げます。

この引き上げに伴い、保険料が以下のとおり改定されます。

●現役（月額）＝旧保険料（80円）プラス10円で、新保険料は「90円」に。

●OB（年額）＝旧保険料（910円）プラス60円で、新保険料は「970円」に。

近年、賠償金額の高額化により、1億円を超える賠償金を支払うケースが増えています。例えば、自転車で走行中に歩行者に衝突し相手に大けがを負わせ、その賠償に1億3000万円が請求されたケースもあります。

今回の総合賠償オプションについては、現役の組合員の方なら毎月わずか「90円」の保険料で賠償上限が「2億円」となります。ご本人だけでなく、ご家族に安心してもらえますので、この機会にぜひご加入ください。

詳しくはパンフレットをご覧になるか、共済組合支部に常駐している職員等にお問い合わせください。

4月27日(土) ブライダルフェア開催！

【各3組限定】憧れチャペル模擬挙式＆贅沢コース試食フェア

ホテルグランドヒル市ヶ谷（東京都新宿区）では、4月27日（土）に「【各3組限定】憧れチャペル模擬挙式＆贅沢コース試食フェア」（1部午前9時30分～、2部午後1時30分～、3部午後3時～）を開催します。

同フェアはチャペル体感模擬挙式をはじめ、婚礼料理無料試食、コーディネート見学、ドレス試着（予約制）、個別相談会など充実した内容です。

特に都内有数の「独立型チャペル」で行う体感模擬挙式は、生演奏や聖歌隊の歌声が響き渡り、挙式当日をイメージすることができ、ご結婚が決まったお二人におススメのフェアとなっています。

口コミサイト〝みんなのウェディング〟で「2018年東京都料理部門第1位」を獲得した婚礼料理無料試食のほか、リニューアルした披露宴会場のコーディネート見学など、充実した内容です。この機会に是非お越しください。

HOTEL GRAND HILL ICHIGAYA

4月中は上記フェアのほか、以下のさまざまなブライダルフェアも開催します

見積もりのからくり教えます♪【無料試食×体感挙式】4月6日（土）

【チャペル体感挙式付】「幸せになれる♪花嫁体験フェア」4月7日（日）・13日（土）の2日間。

【料理重視必見！】「シェフと話せる無料試食フェア」4月14日（日）・20日（土）の2日間。

【模擬挙式×豪華無料試食！】「グラヒルまるごと体験フェア」4月21日（日）

【GW限定】★スペシャルフェア★4月28日（日）・29日（月）・30日（火）の3日間。

【平日限定！】大人気の独立型チャペルと豪華無料試食会

各フェアの詳細・ご予約は、電話03－3268－0115【直通】、専用線8－6－28853（婚礼予約）またはホームページhttps://www.ghi.gr.jpまでどうぞ。

年金Q&A

自衛隊から地方公務員に。年金の扱いは？

両方の期間を合わせて支給されます

Q　現在自衛隊に勤務している者です。退職後は地方公務員に再就職する予定ですが、私の自衛隊での年金はどのような扱いになるのでしょうか。なお、扶養している妻がいます。

A　自衛隊退職後、地方公務員に再就職をされた場合、「自衛隊の期間」と「地方公務員の期間」を合わせて地方公務員共済組合から年金が支給されることになっています。（年金を受給するためには、公的年金の加入期間が原則10年必要です。）

再就職されましたら、地方公務員共済組合の年金担当に、自衛隊の期間があることを必ずお申出ください。地方公務員共済組合は、あなたからの申出を受け、国家公務員共済組合連合会（以下「連合会」という。）に年金を通算するために必要な書類、各種証明書の移管を依頼し、連合会は必要書類等を整備のうえ、地方公務員共済組合に送付することになっています。

この移管手続きが未整備のままですと、将来、地方公務員の年金を請求した際に自衛隊の期間が算入されていなかったり、年金の決定が遅れたりすることになりますので、注意が必要です。

奥様の年金手続きについてですが、再就職先でも被扶養者となる場合は、引続き国民年金の「第3号被保険者」となりますが、所属する共済組合が変わりますので、新しい勤務先に「国民年金第3号被保険者関係届」を提出してください。

もし、再就職までに1か月以上の期間が空く場合で、あなたも奥様も60歳未満の場合は、国民年金の「第1号被保険者」として、それぞれ年金の保険料を納めなければなりません。手続きにつきましては、お住まいのある市区町村の年金窓口で行うことになります。

また、現在ご所属の共済組合の支部で退職に伴う手続きをされる際には、地方公務員として再就職されることを担当者にお申出ください。

（本部年金係）

防衛省共済組合のホームページをご利用ください！

◆ホームページキャラクターの「リスくん」です！◆

防衛省共済組合では、組合員とそのご家族の皆様に共済事業をよりご理解していただくためホームページを開設しています。

事業内容の他、健診の申込み、本部契約商品のご案内、クイズのご応募、共済組合に関する相談窓口など様々なサービスをご用意していますのでご利用ください。

PC・スマホ版

http://www.boueikyosai.or.jp/

QRコード

★新着情報配信サービスをご希望の方は、ホームページからご登録いただけます♪★

メール受信拒否設定をご利用の方は「@boueikyosai.or.jp」ドメインからのメール受信ができるよう設定してください。

ライフシーンから選ぶ

入隊（入省）　退職・年金　結婚・出産・育児　健康管理

貯金・ローン　本部契約商品　病気・ケガ　保険に入る

「よくある質問（Q&A）」がリニューアルしたよ！

「ユーザー名」及び「パスワード」は、共済組合支部または広報誌「さぽーと21」及び共済のしおり「GOODLIFE」でご確認ください！

共済組合キャラクター　アイちゃん　ボーちゃん

手続等詳細については、共済組合支部窓口までお問い合わせください。

厚生・共済

特集

30年度全自美術展

岩屋防衛相も鑑賞

優秀作品等28点 一堂に

防衛省で2月26日から3月4日まで、「平成30年度全自美術展」（防衛省主催、防衛省共済組合協賛）が開かれ、多くの職員らが鑑賞に訪れた。これに先立ち1月29日、省内で表彰式が行われ、髙橋事務次官（共済組合本部長）代理の岡人事教育局長から「絵画」「写真」「書道」の3部門の受賞者にそれぞれ表彰状とトロフィーが贈られた。

「平成30年度全自美術展」は2月26日から3月4日まで、防衛省厚生棟の多目的ホールで開催された。期間中、岩屋防衛大臣をはじめ、多くの防衛省職員らが足を運び、昼休みなどを利用し、作品鑑賞に訪れた。

会場には「内閣総理大臣賞」を受賞した3作品をはじめ、「文部科学大臣賞」「防衛大臣賞」など各賞に輝いた隊員・OB・家族の優秀作品計28点が展示された。

空幕衛生企画室の柴田寛子3佐は「自分も書道をやっているので、書を見に来ました。どの書も字体やタッチ、題材などがおもしろいと思いました」と感想を語った。

また、通り掛かりに立ち寄った空幕防衛課の柿脇一穂3佐は「蟻が蝉の羽根を運んでいる様子を描いた絵画が特に印象に残った。表現力がすごい」と、防衛大臣賞を受賞した海自OBの枚梅木一家氏の作品「白き道」に感心していた。

「全自美術展」の会場に展示された優秀作品を鑑賞する岩屋防衛大臣（右から2人目）＝2月27日、防衛省で

省内で表彰式

これに先立ち、1月29日、防衛省で表彰式が行われた。（2月14日付既報）

最初に岡人事教育局長が「今回は各部門合わせて106点の応募があり、いずれも非常に優秀な作品で、厳正な審査を経て中から最優秀な作品が選ばれました」と述べた上で、「創作活動に当たっておられる多くの隊員、元隊員、ご家族の皆さまの熱意に心から敬意を表します」と受賞者をたたえた。

今回、「内閣総理大臣賞」を受賞したのは、永井利弘3陸佐（富士学校機甲科部）の絵画「10式戦車」、小森拓磨士長（情報保全隊）の写真、磯谷事務官（東京地方協力本部）の書道「猫祭帖」。

審査員は永井3佐の絵画作品について「戦車を画面中心に描き、上空の輝きが効果的」と高い評価。小森士長の写真は「画面構成力に優れ、色調も美しい」と高く評価し、磯谷事務官の書道作品は、横長の掛軸に書いて成功している。扱いにくい筆をうまく制御し、筆の動きも美しい作品」とその完成度の高さがたたえられた。

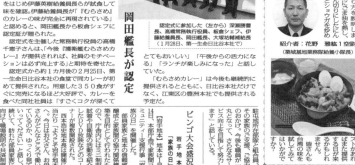

岡人教局長（前列左端）から表彰された受賞者たち。賞状を手にするのは、「内閣総理大臣賞」を受賞した（左から）小森士長＝写真＝、永井3佐＝絵画＝、磯谷事務官＝書道＝

いけばな部女性 5人が花添える

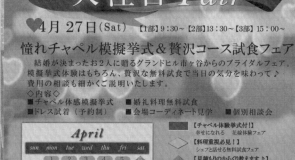

全自美術展の会場では期間中、防衛省の「いけばな部」に所属する梶岡雅子事務官以下5人の有志職員が生け花を展示し、文字通り、展覧会に花を添えた。

「型」にとらわれない「草月流」の生け花らしく、繊細かつダイナミックな作品が会場中央に飾られ、昼休みなどに訪れた隊員や部外の来場者たちから大きな注目を集めていた。

5人は部長の梶岡事務官を中心に、上野里江、新堂夢、小太刀有希、東海林泉の各事務官。それぞれの思いを込めて陸・海・空自衛隊やトモダチ作戦などをテーマに色彩豊かな作品を完成。紫をシンボルに全員で力を合わせて作った「統合幕僚部」の前で記念撮影を行った＝写真。

自慢の一品料理

魯肉飯（ルーローハン）

紹介者：花野雅紘1空尉（築城基地業務隊給養小隊長）

今回は築城基地が提供している台湾のおふくろの味「魯肉飯」を紹介します。魯肉飯を簡単に言うと「煮込み豚肉かけご飯」。それはこってりとした豚肉と、甘辛い煮汁が染み込んだご飯が癖になるおいしさです。

1センチ角に切った豚バラ肉を焼き色が付くまで炒めたら、砂糖、酒、しょうゆ、酢、肉が浸る量の水を加え、灰汁を取りながら煮ます。

続いて薄切りにした玉ねぎに小麦粉をまぶし、揚げたら先ほどの鍋に入れ、ゆで卵も加えたらさし水をしながら弱火で約40分煮込みます。汁が十分に残るように煮込んだら、オイスターソースと五香粉を入れて味を整えます。

最後に丼にご飯をよそい、肉を汁ごと盛り付け半分に切った煮卵とゆでておいた青菜を添えたら完成です。

「食育の日」に一度だけ提供した魯肉飯は「おいしい」と隊員からも好評の一品でした。リクエストがあれば、また提供する日が来るかもしれません。皆さんも台湾の味を試してみてはいかがですか？

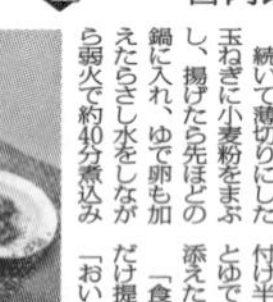

余暇を楽しむ

秋田駐屯地「野球部」

紹介者：1陸曹 小玉 満（秋田駐屯地本部管理中隊・野球部監督）

"逆転劇"に全部員が熱狂

平成最後の夏、全国を巻き込んだ「金農旋風」。例年以上に甲子園が盛り上がった夏を経て、今年も野球シーズンを楽しみにしている方も多いかと思います。

今回は、昨年秋に県下ナンバーワンに輝き「秋田駐屯地旋風」を巻き起こした、秋田駐屯地野球部を紹介します。

野球部は、秋田県内の草野球リーグ1部に所属し、課業外などの時間を活用し練習を重ねています。訓練や演習などもあり、常にベストメンバーがそろうわけではないですが、「大事なのはノリ」を合言葉に、明るく楽しく自分たちの実力を信じてプレーすることが我々の野球です。

県内で行われる草野球チームのシーズンは、「ドラゴンカップ野球連盟」が主催する5月から9月に行われる七つのトーナメントと七つのリーグです。そして、それぞれを勝ち抜いた14チームが出場できる「小西タイヤ全県選抜ファイナルカップ野球大会」の優勝が当部の最大目標です。

野球部は昨年、二つのトーナメントを制して"2冠王者"として同大会へコマを進め、悲願の優勝を勝ち取りました。最も興奮したのは、準決勝での"逆転劇"です。7回で終わる同大会において、6回裏の2点ビハインドからの大逆転は、昨年の金足農業高校の躍進を思い出させ、全部員が熱狂しました。

また、最優秀選手賞に選ばれた4中隊の成田英司1士は抜群のオールラウンドセンスを見せつけ、"秋田の二刀流"として先発完投など投打で活躍してくれました。

今後も駐屯地の仲間のみならず、地域の皆さまにも愛され話題になる秋田駐屯地野球部を目指して頑張っていきます。

決勝戦で完投し、最優秀選手賞に選ばれた4中隊の成田1士

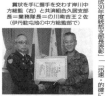

「小西タイヤ全県選抜ファイナルカップ野球大会」で見事優勝を勝ち取り、表彰された秋田駐屯地野球部のメンバー

「護衛艦むらさめカレー」

第一生命シェフが再現

岡田艦長が認定

【海幕】護衛艦「むらさめ」の艦長・岡田周作2佐は1月28日、東京都千代田区の第一生命日比谷本社で行われた「護衛艦むらさめカレー」の認定式に参加した。

認定式では、昨年12月に横須賀停泊中の「むらさめ」で研修した同社の板倉伸一シェフが再現したカレーを、岡田艦長をはじめ伊藤英樹給養員長らが試食して味を確認。伊藤給養員長が「『むらさめ』のカレーの味が完全に再現されている」と認めると、岡田艦長から板倉シェフに認定証が贈られた。

認定式を主催した常務執行役員の高橋千恵子さんは、「今後『護衛艦むらさめカレー』が提供されれば、社員のモチベーションは必ず向上する」と期待を寄せた。

認定式から約1カ月後の2月25日、第一生命日比谷本社の食堂で同カレーが初めて提供された。用意した350食がすぐに完売になるほど大好評で、カレーを食べた同社社員は「すごくコクが深くてとてもおいしい」「午後からの活力になる」「ランチが楽しみになった」と話していた。

「むらさめカレー」は今後も継続的に提供されるとともに、日比谷本社だけでなく、江東区の豊洲本社でも提供される予定だ。

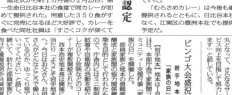

認定式に参加した（左から）深瀬勝曹長、高橋常務執行役員、板倉シェフ、伊藤給養員長、岡田艦長、大塚祐輔補給長（1月28日、第一生命日比谷本社で）

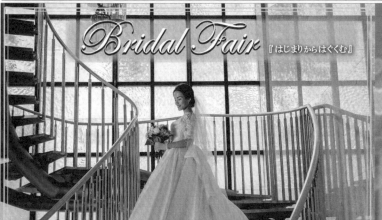

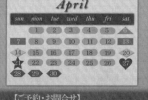

中方総監が久居支部表彰

さらなるサービス目指す

【久居】防衛省共済組合久居支部はこのほど、岸川公彦中部方面総監から「平成30年度統括支部長表彰」を受賞した。

同支部は、共済事業のサービスプロバイダーとして「迅速・的確」を基本理念に組合員とその家族の福利厚生の充実に努めている。

また、「利用者のニーズの把握とサービスの提供」、組織としての横の連携」を重要事項として、29年9月から3カ月に1回の支部運営委員会に加え、毎月、支部会同を開催。そのほか健康教育や休暇前教育時に共済事業説明会を実施するなど、新たな事業に積極的に取り組んできた。

今回は、共済組合アンケートと「なんでも意見箱」の設置による隊員のニーズの把握、業務隊衛生科の健康管理、補給科の栄養指導などの開催で、組員の生活習慣改善と健全化に努めた功績が認められた。

受賞に当たって業務隊共済班は、「受賞できたのは駐屯地所在部隊・組合員、その家族の皆さまのご協力のおかげ。今後も職員が一丸となって、さらなるサービス向上を目指して努力します」と話している。

賞状を手に握手を交わす岸川中方総監（右）と共済組合久居支部長＝業務隊長＝の川南吉王2佐（伊丹駐屯地の中方総監部で）

ビンゴ大会盛況

岩手地本「家族の日」

【岩手地本】地本は1月14日、本部庁舎で家族間コミュニティー支援行事「家族の日」を開催した。

部員家族と地本の信頼感醸成と家族間の相互関係構築を目的として行われたもので、庁舎内にはミニ制服試着や自衛隊の活動を紹介したDVD放映などのコーナーが設けられた。

西本治岩手地本長は開催に当たり「ようこそ岩手地本へ。今日はお父さん、お母さんがどんなところで働いているのか、ゆっくり見ていってください」と話し、続いて、訪れた部員家族に向けて職務説明や共済制度説明が行われた。

子供たちは輪投げや魚釣り、缶バッチ作りなどを楽しみ、遊び疲れると雑煮やうどんでお腹を満たした。イベントの締めくくりにはビンゴ大会を実施し、マシンから出た数字を読み上げるたびに参加者が一喜一憂する盛り上がりを見せた＝写真。

地方防衛局 特集

防衛施設と首長さん

石川県輪島市　梶 文秋市長

かじ・ふみあき　70歳。県立輪島高卒。輪島市職員を経て91年4月に輪島市議会議員に初当選（2期）、98年4月、輪島市長に就任。合併後の新市で現在4期目。輪島市出身。

輪島分屯基地と連携強化 安心・安全なまちづくり

輪島市は、日本海に突き出た石川県能登半島の北西部に位置し、約80キロに及ぶ海岸線は「能登半島国定公園」に指定され、日本海の荒波に削られた風光明媚で男性的な景観を呈しています。

市域面積は約426平方キロと石川県の約1割を占め、人口は約2万7000人と少ないながら年間約120万人の観光客の皆さまに本市を訪れていただいております。

堅牢優美な伝統的工芸品として名高い「輪島塗」をはじめ、物々交換が起源と言われ日本三大朝市に数えられる「輪島朝市」、かつては曹洞宗の大本山で現在も禅文化が息づく「曹洞宗大本山總持寺祖院」、さらには、世界農業遺産「能登の里山里海」のシンボル的な存在である国指定名勝「白米千枚田」など豊富な観光資源を有するほか、アワビやサザエ、加能ガニ（ズワイガニ）、ノドグロ、アマダイ、ブリをはじめとした多種多彩な魚介類が1年を通じて水揚げされ、新鮮な海の幸を堪能することができます。

近年では5年連続で漁獲高が日本一となっている天然ふぐを「輪島ふぐ」として商標登録するとともに、新たな食の魅力として全国に発信しており、輪島ふぐ料理を安価で食べられる市内店舗も増えてきました。

さて、航空自衛隊輪島分屯基地の皆さまにおかれましては、日頃の国防任務に加え、近年頻発する自然災害への派遣活動など、国民の生命と財産を守るために日夜ご尽力をいただいております。

そのような中、地域に密着した取り組みとして、本市で毎年実施している総合防災訓練では、倒壊家屋救出訓練や救助者トリアージ訓練をはじめ、各種訓練を実施いただいているほか、毎年6月に開催される輪島市民まつりでは、戦闘機やヘリコプターによる飛行展示や特殊車両の展示、基地隊員によるダンスパフォーマンスやパレードへの参加など、さまざまなイベントに積極的にご参加いただき、市内のにぎわい創出にご協力をいただいております。

また、2007年3月に本市を襲った能登半島地震の際には、いち早く給水・給食支援や緊急物資輸送などによる支援をいただいたほか、昨年1月の寒波の際には、凍結による断水に対して給水による支援をいただくなど、非常時における地域住民の生活確保のために多大なご支援をいただいております。

このように、航空自衛隊輪島分屯基地は輪島市にとって欠かせない存在となっており、今後とも基地の皆さまとの信頼関係を維持するとともに、さらなる連携強化を図ることにより、安全・安心なまちづくりに努めてまいります。

王城寺原演習場で「104号線越え実弾射撃移転訓練」

東北局、在沖米海兵隊を支援

現地連絡本部を設置

㊤訓練見学会で報道陣や地元自治体関係者ら（左側）に155ミリ榴弾砲について説明する米海兵隊員（2月12日、宮城県の王城寺原演習場）

㊦支援施設「あさいな」で利用者と輪投げなどのゲームを通じて交流を深める米海兵隊員（右奥）＝2月20日、宮城県大和町で

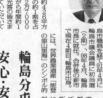

「日米調整会議」で米側（右奥）と打ち合わせする東北局の現地連絡本部の職員（手前）と陸自隊員（迷彩服）＝1月31日、宮城県の王城寺原演習場で

【東北局】在沖米海兵隊による「沖縄県道104号線越え実弾射撃移転訓練」が2月9日から16日まで、宮城県の陸上自衛隊王城寺原演習場（大和町、色麻町、大衡村）で行われた。東北防衛局（伊藤茂樹局長）は訓練部隊が演習場入りした1月31日から同地を離れた2月25日まで、同局の藤井真企画部長を本部長とする「現地連絡本部」を設置し、24時間体制で訓練支援や周辺自治体との調整に当たった。

王城寺原演習場での同訓練は1997年度に開始され、今回で16回目。

東北防衛局は、陸自の米海兵隊移転射撃協力隊（担任官・東北方面特科隊長の岡本浩1陸佐）の支援を受け、訓練の円滑で安全な実施や地域住民の不安解消を図るため、1月31日から2月25日まで、藤井企画部長を本部長とする「現地連絡本部」を演習場内に設置し、最大約50人態勢で、訓練部隊に対する支援や関係自治体などへの情報提供、演習場周辺地域の巡回警備などを24時間体制で行った。

訓練は、沖縄に駐留する第3海兵師団第12海兵連隊第3大隊の1個中隊によるもので、人員約200人、車両約30台と155ミリ榴弾砲5門の規模で実施された。

訓練開始に先立ち、訓練指揮官を務める第3大隊長のリチャード・ロビンソン中佐は、地元の浅野元大和町長、早坂利悦色麻町長、萩原達雄大衡村長らをそれぞれ表敬訪問。各首長らに対し、訓練の受け入れと支援に謝意を表すとともに、米軍が規則や手順を守り、安全に配慮することを強調した上で、「平素から自治体等と良好な関係を構築することで、災害時などでの迅速かつ緊密な対応が可能となる」と述べ、日米協力の重要性をアピールした。

2月12日には地元自治体や報道関係者を対象とした訓練見学会も開かれ、参加者たちは米軍の訓練や装備品などに関して理解を深めた。

施設訪れ交流

訓練が無事に終了した後、米海兵隊員たちは地域貢献や交流活動の一環として、大和町にある支援施設「あさいな」など二つの施設を訪問した。

「あさいな」では畑作りや窓拭き作業の奉仕活動のほか、施設利用者らと「輪投げ」などのゲームを通じた交流会を行い、その後の食事会では日米双方がカラオケで歌を披露し合って親交を深めた。

「あさいな」の利用者たちは「来年もまた来てくれることを楽しみにしている」とお別れの言葉を述べると、海兵隊員たちも「次回も必ず来て楽しい時間を過ごしたい」と応え、再会を約束した。

準備段階から調整に携わった東北防衛局の担当者は「日米交流を実感した感動的なひとときに立ち会うことができてうれしく思う。機会があれば次もぜひ調整に携わりたい。日米親善がより一層深まることを願っている」と話していた。

「朝雲賞」―― 東北、九州の2局が受賞 報道官から喜びの声

昨年1年間、「朝雲」に掲載された部隊や機関などからの優れた投稿記事や写真を表彰する「朝雲賞」の選考会議が2月7日、防衛省で開かれ、最も多く紙面に掲載された回数を競う「掲載賞」の「地方防衛局」部門で東北防衛局と九州防衛局が同点で「優秀賞」に輝いた（2月14日付、28日付既報）。

「朝雲賞」は昭和34年に始まり、「地方防衛局」部門は東北防衛局からの強い要望を受けて平成28年2月に新設。翌29年2月の「朝雲賞」から全ての地方防衛局の前年投稿分が受賞対象となり、29年と30年の2年連続で東北防衛局が単独で「優秀賞」を獲得してきた。

今回「優秀掲載賞」を受賞した東北、九州両地方防衛局の報道官から喜びの声が届いた。

東北防衛局・白澤豊報道官

職員一丸で努力、3年連続が誇り

「3年連続の『朝雲賞』受賞に伊藤局長以下、大変喜んでおり、私自身もとてもうれしく、誇りに思います。広報業務には歴代局長、歴代報道官をはじめ、職員一丸となって力を入れて取り組んでおり、こうした努力の積み重ねが連続受賞につながったものだと受け止めています。米軍と自衛隊と地域住民をつなぐ当局の動きを歴史に刻み、後世に伝えるとともに、国民の皆さまに防衛省・自衛隊を正しく理解していただくためにも、引き続き情報発信に励んでまいります」

九州防衛局・吉塚保報道官

毎月複数の記事提供、評価され初受賞

「このたび、当局として初めてとなる『朝雲賞』受賞の知らせを受け、三貝局長以下、驚くと同時に大変うれしく思っております。九州防衛局の広報担当として毎月複数件の記事を提供することを心掛けてきました。このことが評価されたものと理解しています。今後とも広報担当を2年間勤めてきたところですが、『朝雲』の『地方防衛局特集』のページを〝当局の情報提供の場〟と心得て引き続き記事の提供に努めている所存です」

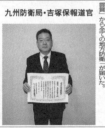

日米交流スポーツフェスティバル

横須賀で小学生81人が参加

―― 南関東局 ――

㊤記念写真に納まる日米の小学生たち。前列左端はサリヴァンズ小学校のキラ・ハースト校長、同右端は堀地徹南関東防衛局長

（写真はいずれも2月11日、米海軍横須賀基地で）

㊦息を合わせて「大縄跳び」にチャレンジする日米混成チーム

【南関東局】南関東防衛局は2月11日、米海軍横須賀基地内の体育館で、同基地司令部の協力のもと、横須賀市との共催による「日米交流スポーツフェスティバルin横須賀」を開催し、両国の小学生計81人が親睦を深めた。

日本からは同市内の小学生が、米側は横須賀海軍施設内にあるサリヴァンズ小学校の児童が参加した。

南関東防衛局の堀地徹局長があいさつを述べた後、横須賀市の上地克明市長が「日米の皆さんが交流し、友情を深めることは貴重な経験になることでしょう。チームで協力し合い、たくさんの友達を作ってください」と呼び掛けた。

続いて、米海軍横須賀基地司令官のジェフリー・キム大佐も「横須賀は皆さんにとって同じホームタウンです。このホームタウンで新しい友達を作ってください」とスピーチした。

日米の小学生たちはチームごとに分かれて名刺を交換した後、「大縄跳び」「追いかけ玉入れ」「綱引き」に全力投球したほか、「クイズ」や「ペア探しゲーム」を楽しんだ。

昼食時には焼きそばやおにぎり、フランクフルトをおいしくほお張り、最後は皆で力を合わせて作成したメッセージボードを前に記念写真に納まった。

リレー随想　三貝 哲

南国宮崎の古墳景観

昨年5月、宮崎県西都市、宮崎市及び新富町が申請した「南国宮崎の古墳景観」が日本遺産に認定された。

この2市1町は、新田原基地の周辺自治体として、私たちもお世話になっており、大変喜ばしい。西都原古墳群（西都市）、生目古墳群（宮崎市）、新田原古墳群（新富町）などの素晴らしい保存状態や規模、栄枯盛衰のストーリーが評価された。

宮崎県には2000基以上の古墳があるが、そのうち埴輪が出土した古墳は約50基との由。新田原古墳群の百足塚古墳からは多くの埴輪が出土し、一部が、新富町の総合交流センターに展示される。有名な「踊る女性」の埴輪は、全国から貸し出し要請があり、必見だ。

次に、西都原古墳群は、この日本遺産の中核となる構成遺産である。東西約2・5キロ、南北約4キロの洪積台地に300基以上の古墳が分布する、我が国有数の古墳群だ。

昭和9年に国の史跡に、昭和27年に国の特別史跡に指定され、古墳群の中心部は、特別史跡公園「風土記の丘」第1号として整備された。古墳の姿形が損なわれておらず、古墳の周りに建物がほとんどない景観は、全国で唯一とも言われており、今なお、繁栄した当時に近い景観が保たれている。

また、花の名所であり、2月の梅、3月に一面に咲く菜の花、4月には約2000本の八重桜、秋のコスモスなど、四季折々の花が楽しめる。

せっかく西都原古墳群を訪れたならば、県立西都原考古博物館も訪問してほしい。南九州独特の地下式横穴墓の原寸大模型を見学できるほか、多数の出土品や南九州における人類の足跡を学ぶことができる。

南九州の縄文土器は、教科書の縄文文様ではなく、独自の貝殻紋の土器である。温暖な気候のため豊作を祈る習慣がなかったことから、寒い地域で出土する土偶が出土しない等々…。

地元では、世界遺産登録の機運も高まっている。九州で5番目の世界遺産が誕生することを願ってやまない。

（九州防衛局長）

～地本　ホッと通信～

岩手

地本は2月9日、霞目駐屯地で東北方面航空隊（霞目）の支援を得て募集対象者など23人に向けたUH1J多用途ヘリの「体験搭乗」を行った。

参加者は搭乗前の安全教育でUH1Jの能力や主な役割、飛行経路や注意事項の説明を受けて飛行場へ移動。同機を間近で見学すると迫力に圧倒され、興奮した様子で機体をカメラに収めた。

その後、UH1Jに搭乗して約20分間のフライトを楽しみ、「上空からの景色がすごかった」「パイロットになりたい」などと感想を話していた。

千葉

地本所属の予備自衛官・長内力予備1曹は2月9日、東京都練馬区のホテルで開かれた東方優秀隊員招待行事で高田克樹東方総監から褒賞状を授与された。

表彰式に引き続き開催された記念会食では、河井孝夫地本長が功績の紹介を行い、勤務先上司・同僚らによるお祝いのビデオメッセージが流れた。長内予備1曹は、「現役自衛官の時に体力を鍛えられたおかげで、予備自衛官を続けることができた」と退官後、予備自、即応予備自として勤務した34年間の思いを語った。

長野

地本は2月2日、募集対象者33人を滝ヶ原駐屯地などに引率し、戦車試乗と見学を行った。

戦車試乗の演習場には、74式と10式戦車が縦列に並べられ、参加者は戦車の概要説明と安全教育を受けた後、戦車に乗車。目の前の砲身の迫力に圧倒されつつも体験試乗を楽しんだ。

午後は滝ヶ原に移動し、隊員食堂で分厚いイカステーキを味わった。史料館見学では、旧軍時代の歴史などを学んだ。参加者は「戦車に乗れて貴重な体験ができた」などと話していた。

静岡

袋井地域事務所は2月6日、県立遠江総合高校主催の「遠高マッチングフェスタ」に、同校OBで1空団（浜松）勤務の宮崎篤空士長と参加し広報を行った。

進路選択に対する興味と関心を深めることを目的に実施され、当日は企業約40社、大学約45校が集い、各ブースで約20分間の説明を4回実施。自衛隊ブースでは広報官が採用試験などについて説明し、その後、宮崎士長がT4練習機の模型を見せながら、航空機整備員として日頃の業務の中で感じるやりがいや、入隊後に経験したことなどを熱く語った。

兵庫

西宮地域事務所は2月15日、西宮市民交流センターで「自衛隊直伝！　LIFEHACK講座」で災害時に身を守るためのノウハウを紹介した。

初めて開催された同講座には定員35人を大きく上回る56人が参加。上着や毛布で応急的に担架を作製する方法などについて、自衛官募集HPの「LIFEHACKチャンネル」をスクリーンで放映し、その後、所員による説明を受けながら参加者が実習した。

質疑応答では、「非常持出袋」に入れておくことが望ましい医療品などを説明し、災害に備える自衛隊をPRした。

和歌山

地本は2月11日、和歌山市内の交流センター「ビッグ愛」で開催された「紀州っ子アドベンチャーフェスタ」を支援した。

イベントは和歌山県青少年育成協会主催で若者への体験の場の提供を目的に毎年開催。今年はその拡大版としてさまざまなブースが出展された。自衛隊ブースには約500人が訪れ、展示された防災パネルと自衛隊車両を見学。特に地本マスコット「みかんの助」

「うめの助」「かきの助」の塗り絵コーナーは人気を博し、行列ができた。

「大きくなったら自衛隊に入りたい！」

広報ブースが盛況

さっぽろ雪まつり

地本マスコット「モコ」もイベントでPR

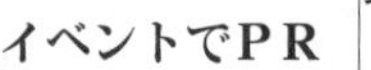

【札幌】国内外から延べ約273万人が訪れた「第70回さっぽろ雪まつり」が1月31日から2月11日まで開催され、札幌地本は期間中、まつり会場の2カ所で広報活動を行った。

そのうちの一つ、つどーむ（札幌コミュニティドーム）会場では、ドーム内に自衛隊ブースを出展し、制服試着や限定グッズなどを配布。制服の試着では小学生たちが「かっこいい！」と喜びながら迷彩服などを着て記念撮影を行い、「大きくなったら自衛隊に入りたい」と語る子供もいた。

このほか、札幌地本の羊のマスコット「モコ」も登場、来場者と触れ合った。

一方、大通会場の陸自広報ブースにも地本コーナーが置かれ、3自衛隊の職種や入隊案内、イベント情報などを紹介した。

9日には同会場4丁目STV広場のステージで行われたイベントに、札幌地本広報大使の佐藤広大さん、ガールズユニット「honey」とマスコット「モコ」が共演し、トークやミニライブを行い、自衛隊をアピールした。

期間中、自衛隊の両ブースには計約2万2千人が訪れ、雪まつりの雪像製作などでも活躍する自衛隊への理解を深めた。

(上)家族連れに囲まれ、子供たちと触れ合う札幌地本のマスコット「モコ」（中央）(左)さっぽろ雪まつり大通会場で、11旅団の隊員が築いた雪像のステージに立つ「モコ」（中央）と（その右へ）地本広報大使の佐藤広大さん、ガールズユニットの「honey」＝2月9日

雪が降る中、大通会場に設けられた陸自の広報ブース前で案内を行う札幌地本の隊員（中央）

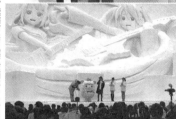

鳥取

地本は2月24日、空自美保基地で行われた「西空一斉広報の日」に募集対象者ら16人と参加した。

同イベントは今回が初開催。当日は天候にも恵まれ、C2輸送機の見学や体験タクシーをはじめ、警備小隊、管制隊、気象隊の見学、体験喫食やさまざまな職種の隊員との懇談が行われた。

参加者からは「自衛官になりたくなった」「将来の職業の選択肢の一つになった」「いろいろな仕事を知ることができた」などの感想が聞かれた。

島根

地本は2月14～20日の平日の5日間、地本本部内で、松江養護学校の高校1年生の女子生徒の職場体験学習を支援した。

体験学習は自衛隊に興味を持った女子生徒が進路指導の先生に相談し、実現。4日間は地本庁舎で広報作業を行い、広報グッズの製作やツイッターなどを活用した情報発信を実施。さらに出雲駐屯地での体験も行われ、天幕張りなどを経験した。参加した女子生徒は「敷居が高いと思っていたが、さまざまな仕事があり私にもやれることがあると感じた」と語った。

香川

地本は2月12～14日、高松港に寄港した掃海艇「やくしま」の支援を得て、募集広報を実施した。また、20年前に香川県から防大へ入校した艇長の武内智秀3佐の母校・大手前丸亀高校での帰郷広報に協力した。

武内3佐は母校で、同校教諭や1、2年生ら約35人に防大生活や海自で得た経験を説明。生徒からの「体力に自信がないが大丈夫か」などの率直な質問に丁寧に答えた。

高松港では募集対象者15人や県防衛協会青年部を対象に「やくしま」の特別公開が行われ、参加者は自衛隊の理解を深めた。

宮崎

地本は2月20日、川南町主催の入隊予定者激励会を支援した。

会は同町役場で開かれ、入隊予定者6人が参加。岩屋防衛相、河野俊嗣県知事のビデオメッセージや日高昭彦町長、来賓から激励の言葉が送られた。

日高町長は「我が国をはじめ、世界の平和と安定のため立派な自衛官になることを期待します」と祝辞を送った。空自に入隊する黒木郁弥君（18）が入隊予定者を代表し、「川南町の代表であることを誇りに思い、責任感のある

立派な自衛官を目指します」と力強く謝辞を述べた。

鹿児島

国分地域事務所は2月11日、「霧島市建国記念の日祝賀行事」に参加した。

パレードでは、12普連（国分）音楽部を先頭に中重真一霧島市長や自衛隊関係者らが続き、市役所周辺を市民と共に国旗の小旗を振りながら行進した。初参加となった国分所は、自衛官募集の幟旗を持ってアピールした。カメラマンや買い物客らが注目する中、小さな子供から高齢者まで参加者全員が完歩した。芦屋基地から国分所に臨時勤務中の梅下拓也3空曹は「良い勉強になった」と感想を話していた。

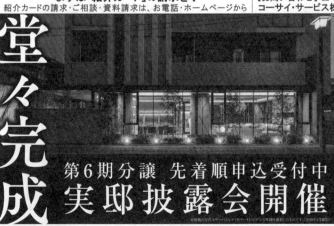

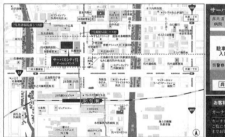

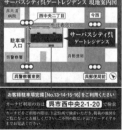

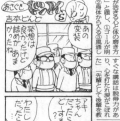

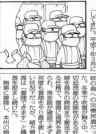

海自隊員の清水3佐、東京オリパラ組織委に出向中

近代五種をメジャーに

審判員養成などが"任務"

東京オリンピック・パラリンピック競技大会組織委員会（会長・森喜朗元首相）に海自3術校（下総）体育科長（現・東京業務隊付）の清水康3佐（49）が出向し、競技担当課長（近代五種）として活動している。自らもかつて近代五種競技で五輪出場を目指していた清水3佐の取り組みを同組織委で取材した。

（榎園哲哉）

東京オリパラ組織委に出向し、近代五種担当課長として尽力する清水3佐（3月4日、東京オリパラ組織委が入る東京・晴海のトリトンスクエアで）

東京オリパラ組織委（現在都内5カ所にオフィス）は、約500日後に迫った東京大会の運営を担い、職員数は現在約2千人（大会本番時8千人まで増員）。東京都や民間企業などからの出向者らで構成される。

清水3佐は平成元年3月、海自に入隊。護衛艦勤務を経て体校特体課程（近代五種班）へ入校し約10年間、選手として活動した。

日本近代五種協会の推薦を受けて昨年11月、組織委へ。東京大会の近代五種競技実施に向けた環境の整備、企画・運営のための準備が与えられた"ミッション"となる。

国際近代五種連合（UIPM）との調整はそのうちの一つ。近代五種は東京スタジアム（調布市）のみで実施されるが、5種目（水泳、フェンシング、馬術、コンバインド＝ランニング間に射撃＝）を行う同競技を1会場だけで行うのは初めてで、実施計画などについて夜遅くまでUIPMと連絡を取り合っている。

国際試合のルールを選手たちへ熟知させることにも努める。「ルールを熟知していないために減点させられたり、ペナルティーを取られたりすることがある」と清水3佐。

東京大会での審判の多くは日本人が務めるため、審判員の養成も喫緊の課題となっている。外国人審判を招き、国際審判員セミナーなどを開催している。

「東京スタジアムを満員にすることがミッション。オリンピックを契機に、日本国内で近代五種をもっともっとメジャーにしたい」――。果たせなかった五輪出場の夢を1年半後の東京大会で実現させる。

「日常を評価され、うれしい」

呉貯油所のハンドラー　藤井事務官に3級賞詞

【吉浦】呉造補所貯油所の藤井豊事務官は1月25日、警備犬訓練士として長年にわたって優秀な警備犬を育成してきたことなどが高く評価され、杉本孝幸呉地方総監から3級賞詞を授与された。

藤井事務官は日本警察犬協会公認2等訓練士の資格を取得し、これまでに同協会主催の各種競技会で優秀な成績を収めてきた。また、妙見丸号とマモル号の2頭の警備犬を国際救助犬試験B段階（国際救助犬連盟主催）に合格させるとともに、平成23年3月に起きた東日本大震災、26年8月の広島土砂災害では妙見丸号と共に災害派遣活動に従事した。

警備犬の管理面においても尽力し、早朝から犬舎の掃除や給餌を行い、訓練資材や施設などの整備に励んだ。

空自、警察にも訓練場所を提供したほか、他部隊などへ熱心に訓練指導を行い、自衛隊の警備犬とハンドラーの訓練技術の向上に大きく貢献してきた。

受賞後、藤井事務官は「大変驚いています。日常的に実施していたことが評価され、とてもうれしく思います。周囲の支えがあっての受賞です。これを励みに今後も警備犬ハンドラーとしてまい進していきます」と語った。

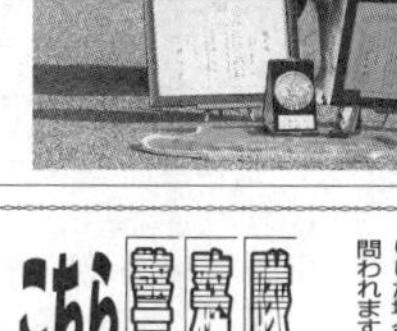

3級賞詞を授与され、育成している警備犬と共に写真に納まる藤井事務官＝1月25日、呉貯油所で

こちら警務隊　☎ 8・6・47625

破壊、焼却、隠匿行為　公用文書等毀棄で懲役

公用文書を意図的に破いたり隠したりした場合、何罪に問われますか？

刑法第258条の公用文書等毀棄罪に該当し、3月以上7年以下の懲役に処されます。

公用文書等とは、公務所の用に供する文書または電磁的記録を指しており、紙だけに限らず電磁的記録を含むCD等も該当します。

毀棄とは破壊、焼却により存在をなくす行為のほか、隠匿する行為も含まれ、いたずらによる一時的な「隠匿行為」であっても本罪に問われるので絶対にこのようなことをしてはいけません。

（東部方面警務隊）

大村基地の隊員130人聴講

元タカラジェンヌが教養講話

【大村】大村航空基地はこのほど、海幕が計画する教養講話として、元タカラジェンヌの人気講師、堀内明日香さんを招き、講話を行った。基地隊員約130人が聴講した。

堀内さんは宝塚歌劇団の宙組の娘役として活躍。現在は全国各地で講演活動や学校教育などを行っている。

この日は「ドラッカーのマネジメント論から読み解く宝塚100年の歴史と日本の理念と心～人が輝き組織が活きる心と体の磨き方～」と題し、①ゴールが明確②身体から入る③風通しの良さ④お手本の力⑤やり方より在り方――の五つをキーワードに講話した。

宝塚音楽学校や宝塚歌劇団での自身の経験を踏まえ、100年間揺るぎなく受け継がれる宝塚歌劇団伝統の人間教育や、日本人として人として組織人としてのあるべき姿などについて熱心に語り、組織としての「型」の重要性、日本人としての「心」のあり方などを伝えた。

聴講した隊員からは「自らの経験を織り交ぜた真っすぐな講話は説得力があり、心を打たれ涙がこぼれた」「先輩として後輩を教え導く責任やプロ意識、他人を敬う心や思いやりなど、自衛隊にも共通する部分が多くあった」などの声が寄せられた。

堀内さんは講演の最初と最後に、映像に合わせて自らの歌声も披露。会場から大きな拍手が送られた。

宝塚歌劇団の人間教育などについて講話する元タカラジェンヌの堀内さん（1月28日、大村基地で）

あさぐも　吉本どんど

580人で人文字　33普連

平成に感謝

【久居】陸自33普連はこのほど、新元号の制定が近づく中、平成の元号に感謝の意を込めて「アリガトウ　平成」の人文字をつくった＝写真。

人文字づくりは訓練始めの最後に駐屯地グラウンドで行われた。能勢龍一郎連隊長以下約580人が参加。連隊長と各幕僚が横一列に並び、その後方に隊員たちが大きな文字を描いた。

一方、訓練始めでは約2.5キロの持続走を実施。格闘訓練も行い、格闘指導官の号令の下、徒手技術の突打技、蹴り技を繰り出し、ミットを叩く音を響かせた。

飛点隊の緒方曹長が飛行1万時間

C1、YS11、U125に搭乗

機上整備員として安全管理

空自飛行点検隊（入間）の機上整備員、緒方秀通曹長（51）は2月20日、1万飛行時間を達成した。

緒方曹長は昭和62年4月に入隊し、2輸空（入間）、3輸空（美保）などで勤務してきた。平成7年3月に機上整備員資格を取得、C1輸送機などに搭乗し同整備員として任務にまい進してきた。

1万時間の中で最も印象に残ったフライトは3輸空のC1で向かった島根県隠岐の島への災害派遣だった。冬季で吹雪が舞う中、切迫流産の危険性がある妊婦を島外の病院まで搬送する任務で、雪雲に視界を遮られ、滑走路が確認できず何度も着陸をやり直す厳しい状況下だったが、緒方曹長は「着陸できます」と機長を励まし続けた。

無事に着陸し、本州の病院に搬送を完了。後日、基地に「母子ともに健康です。あの時は本当にありがとうございました」という感謝の手紙が届いたという。

1万時間目のフライト終了後、入間基地エプロン地区で中澤武志司令はじめ飛点隊員から祝福され花束を受けた緒方曹長。「ここまで育ててくださった航空自衛隊、上司と同期そして支えてくれた家族に感謝します」と語った。

飛行1万時間を達成し、飛点隊の隊員たちとともに記念撮影に納まる緒方曹長（最前列中央）。後方はYS11FC飛行点検機＝2月20日、空自入間基地で

JX、史上最多の11連覇

空自隊員父がヘッドコーチ

女子バスケ「Wリーグ」

実業団12チームが加盟する女子バスケットボールの「Wリーグ」ファイナル（決勝、2戦先勝方式）が3月2、3日、東京・大田区総合体育館で行われ、空自隊員の父がヘッドコーチを務めるJX-ENEOSが史上最多の11連覇を果たした。

今季リーグは昨年10月に開幕し、2月までに総当たり戦（各チーム21試合）を実施。上位8チームでプレーオフ（トーナメント）、勝ち上がったJXと三菱電機でファイナルが争われた。

JXは空自2空団（千歳）の佐藤大貴士長の父、佐藤清美さんが指揮を執り、初優勝を目指す三菱電機を上回った。

Wリーグ史に残る記録を樹立した佐藤HCは試合後、「苦しいシーズンでもあったが、選手たちが本当によく頑張ってくれた。OG、OBの全ての人たちにも感謝したい」と語った。

11連覇を果たした佐藤HC（前列右から4人目）をはじめとするJX-ENEOSチーム（3月3日、大田区総合体育館で）

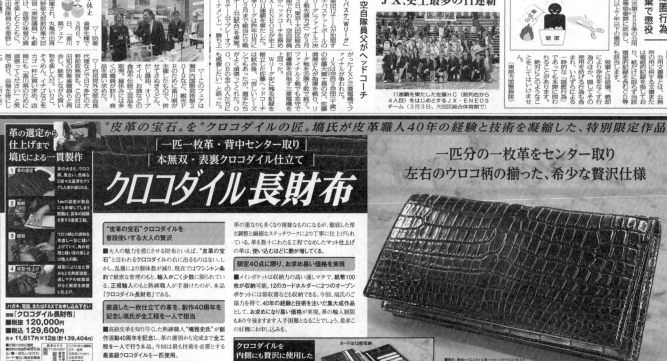

小休止

▽…防衛省厚生棟で3月6、7日、「香川県フェア」が開催され、丸亀市出身の大野敬太郎前防衛大臣政務官（衆院議員）も駆け付け、故郷の味覚の買い物を楽しむとともに、同県出身隊員らを激励した＝写真。

▽…このフェアは瀬戸内国際芸術祭2019など、観光PRのために香川県が主催したもので、併せてさぬきうどん、だし醤油、オリーブオイル、お酒などの食品や伝統工芸品を販売。昼休みには多くの職員が訪れ、商品を買い求めた。

▽…自民党外交部会長代理などで日々多忙の大野前政務官も、この日は旧知の防衛省職員らと再会し、談笑しながら買い物を楽しんだ。いりこ、そうめん、イチゴなどをカゴ一杯に買い求め、店員にも「香川県のために頑張ってください」と笑顔で語り、会場を後にした。

（市ヶ谷）

（世界の切手・英国マン島）

未来を予測する最良の方法は、未来を創ることだ。
ピーター・ドラッカー（オーストリア出身の経営学者）

朝雲ホームページ
www.asagumo-news.com
＜会員制サイト＞
Asagumo Archive
朝雲編集部メールアドレス
editorial@asagumo-news.com

海の防人として愛された本村雅久1海佐が退官

伝説の翼
―海自ナンバーワン操縦士―

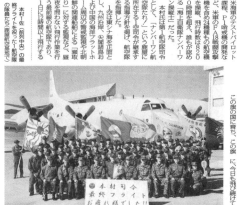

2海佐 臼井 洋太郎
（1航空隊12飛行隊長・鹿屋）

本年1月29日、本村雅久氏（1海佐）は定年退官の日まで最前線の第1航空隊司令の職を完遂し、ついに「伝説の翼」となった。

本村氏は昭和56年に第33期航空学生として入隊、第1航空隊においてP2J哨戒機の搭乗員として操縦士のキャリアを開始。その後、米海軍のテストパイロット課程、P1哨戒機の開発など、米軍のFA18戦闘攻撃機を含め24機種もの航空機を操縦、飛行時数は8200時間を超え、誰もが認める「海上自衛隊ナンバーワン操縦士」だった。

本村氏は第1航空隊司令として、「ナンバーワン航空隊たれ！」という鹿屋に所在する1空司令が継承する指導方針を掲げ、航空隊を指揮した。

1空は東シナ海を正面とし、九州沿岸、尖閣諸島および中国の海洋プラットホーム周辺の警戒監視や北朝鮮の関連船舶による「瀬取り」に対する監視など、昼夜を問わない飛行作業を行う最前線の航空隊であり、1日に12時間以上飛行する搭乗員もいる。

このような厳しい任務に従事する隊員を支えていたのは、本村氏の統率力だった。本村氏はP3Cの操縦士として、航空学生の先輩として、そして海の防人として、最後まで隊員一同に愛された。

「この旗の国に生まれ、この旗の国に育ち、この旗の国を守る」。本村氏は、国家に対して自衛官最後の敬礼の後、定年退官した。

本村氏という「伝説の翼」は退官したが、新司令・富田一成1佐に継承された「ナンバーワン航空隊」は旺盛な士気を保ち、我が国の平和と独立を守る自衛隊の使命を完遂するために、今日も飛び続けている。

本村1佐（前列中央）の最終フライトを祝った1航空隊の隊員たち（鹿屋航空基地で）

みんなのページ

我ら准曹が先頭に立とう！

3陸曹 木村 太郎（札幌地本・南部地区隊）

「広報官になって変わったことは何か」と聞かれえると、真っ先に頭に浮かぶことは、「さまざまな人との出会いが増えた」こと、「他部隊との調整業務が増えた」ことです。

最初は、相手の人に失礼がないようにと苦労しましたが、今では仕事にも慣れ、新しい出会いのある日々を満喫しています。

広報官として、部隊と調整を行う際に大きな力となってくれているのは、各部隊の先任上級曹長です。先日、南部地区隊で実施した入隊予定者説明会では、北部方面後方支援隊第101特科直接支援大隊最先任上級曹長の門脇慶久准尉に調整の窓口となっていただき、大変お世話になりました。一人ではできないことも、最先任の格別な配慮により、今回の説明会を問題なく実施することができました。

門脇准尉は「われわれ准曹士が幹部をサポートし、自衛隊を盛り上げていかなければならない。人不足の問題も准曹が率先して取り組まなければならない」といつも熱く語っておられます。

地本広報官の私は、通常スーツを着用し、街中に一人で出かけ、部外の方々を相手に広報活動を行っています。このため、自分が自衛官であり、本当の任務は国家を防衛することである、ということを見失いかけてしまうことがあります。

しかし、門脇准尉にお会いすると、また、「本来の任務」を実感することができます。最先任上級曹長として「隊員の模範」として行動する姿は、その言動にも現れ、私たち陸曹の規律を引き締めてくれます。

その姿を見て、自分の言動も、同じように志願者の心に大きな影響を及ぼしていることに気づきました。私も自衛官として、広報の業務を行う前に「自衛隊員としてどうあるべきか」を考えながら行動しなければならないと痛感しました。まずは自衛官の誇りを持ち、自衛官としての正しい言動・姿勢で、自衛隊への志願者を発掘していきたいと思っています。

門脇准尉の姿にならい、陸曹としての基本・基礎を重視し、これからも「心に語りかける広報」をしてまいります。

理想とする自衛官・101特科直接支援大隊最先任上級曹長の門脇准尉（左）と木村3曹

81ミリ迫撃砲の検定を受検

1陸士 富島 美有（46普連2中隊・海田市）

私は、46連隊の女性隊員として初めて第2普通科中隊迫撃砲小隊に配属され、1月8日に「81ミリ迫撃砲初級特技検定」を受検しました。

初級特技検定は、新隊員特技課程（後期教育）で学んだ内容の学科試験、砲手試験、戦闘訓練などで、正確さを重視し練成をしていましたが、特技検定では正確さはもちろん、機材等の操作時間を速くしなければならないので、とても難しかったです。

検定前の練成では、同じ小隊の上司から的確に指導して頂き、検定当日はとても緊張しましたが、練成の成果を発揮できてほっとしました。

しかし、初級特技検定の合格が終わりではなく、これは今後の自衛官としての勤務の始まりだと思っています。これからも練成を重ね、信頼される砲手を目指し頑張っていきます。

81ミリ迫撃砲初級特技検定に臨む46普連の富島1士

新刊紹介

「自分を強くする動じない力」
荒谷 卓著

陸自特殊作戦群の初代群長を務め、退官後は明治神宮武道場「至誠館」館長として日本精神、伝統武道を指導してきた著者が社会人向けの手引書をまとめた。

交渉やスピーチ、面接など、「動かない心」（平常心）で臨み、本来の実力を発揮するための七つの方法を説く。

そのうち「『下腹』に重心をもっていく」では、丹田呼吸（腹式呼吸）や丹田の当たりで両手のひらを卵を抱えるように重ね、手とおなか、全身を上下に揺らす「振魂」の方法を伝える。

「自分の『大義』を信じる」では、組織の価値観より自分の価値観を重んじるよう求め、そうすることで周りに左右されない「動じない自分」でいられると記す。

終章の「チャレンジを楽しむ」では、一所懸命の努力こそが天や宇宙のサイクルを動かす原動力であるとする。

努力を続け、気が枯れた状態（気枯れ=穢れ）に陥らず、元気（元の気）を増幅させることで自らが持つ力を好循環させられると伝えている。（三笠書房刊、1512円）

「憲法9条2項を知っていますか？」
〝戦力〟と〝交戦権〟のナンセンス
佐々木 憲治著

日本国憲法9条2項「前項の目的を達するため、陸海空軍その他の戦力は、これを保持しない。国の交戦権は、これを認めない」――。

憲法改正の立場から「そもそも9条2項とは」に焦点を当て、その生い立ちをひもといた上で、実務上の観点から課題や問題点を浮き彫りにし、最終的には2項の温存か削除かをめぐって「読者の判断を仰ごう」というのが本書の狙いだ。

著者は長島昭久衆院議員政策担当秘書。民社党政策審議会、民主党政策調査会（政権時は内閣官房専門調査員）などでの実務経験のほか、南山大学法学部、アメリカン大学ロースクール（国際関係法修士）、防研（一般課程修了）、防大（総合安全保障研究科後期課程単位取得退学）での研究成果を生かして執筆した。

政府解釈をベースに、各時代の国内外の動向を踏まえながら努めて客観的な評価を試みているのが特徴で、「あいまいな2項がもたらす弊害について正しい情報がなければ、安全保障に関する冷静な議論ができない」として、改憲議論に一石を投じている。（大学教育出版刊、1944円）

この場でしか学べないこと

大学生 藤島 茉央（鈴鹿大学短期大学部）

今回の久居駐屯地での実習は、調理実習だけでなく、自衛隊の皆さんのお仕事を直接見させてもらえるという、とても貴重な体験をさせて頂きました。

調理の面では実際に駐屯地の栄養量の基準値で献立作成をさせて頂き、隊員の皆さんがどれくらいの量の食事を取らなければならないのかを学びました。何百人分という数の食事を配膳しなければいけないのはとても大変で、慣れていない私は、お玉でスープをよそう時に指にマメができてしまいました。

しかし、隊員さんから「お疲れさまです」という声を掛けてもらいながら盛り付けをするのはとても楽しく、笑顔で「いただきます」と言われると、明日も頑張ろうという気持ちになり、とてもやりがいを感じました。

今回の実習を行うまで、私は自衛隊をよく理解していなかったので、自衛隊は野外で訓練している方ばかりではないということを学びました。

自衛隊の敷地内にある資料館では昔に実際に使われた軍服や刀、銃などが展示されており、とても興奮しました。戦車の上に乗って写真も撮らせてもらいました。これから自衛隊でイベントが開催されたら、また来たいなと思いました。

今回、自衛隊の実習で学んだことを、将来、何か壁にぶつかってしまった時に思い出し、前に進みたいと思います。5日間と短い時間でしたが、久居駐屯地の皆さま、大変お世話になりました。

OBがんばる

池ノ上 康明さん 54
平成30年3月、8施設大隊（川内）を最後に定年退職（特別昇任3陸尉）。日本アルコール物流に再就職し、出水営業所で工業用アルコールの出荷に当たっている。

資格は道を広げる

私は鹿児島地本のご尽力により、日本アルコール物流に就職させて頂きました。弊社は主としてグループ会社の日本アルコール産業が製造する工業用アルコールの充填管理や、配送業務を担っております。

再就職に際して私が希望したことは、「社会の発展に寄与し、人々の幸福な暮らしを支える仕事に就く」ことでした。弊社の工業用アルコールは多種多様な食品や衛生用品に使用され、人々の暮らしに豊かさを与えています。まさに私の希望を叶えてくれる会社でした。

私の仕事は工業用アルコールをタンクローリーやドラム缶に充填し、出荷させることです。その過程においては危険物を取り扱うということで、一つのミスが重大事故にも直結します。

また衛生管理も重要で、わずかな不純物の混入も許されません。さらに出荷も規格や数量に厳格に従うことが必要で、緊張感の伴う作業になります。自衛隊で体得した規律と基本・基礎重視の作業は現在の勤務に多いに活用されています。

出荷する際、私は「お客さまに無事に届きますように」と祈りつつ、やりがいのある充実した勤務をさせて頂いております。

私が無事に再就職できたのは、20代で取得した「危険物乙4類」、30代のフォークリフト操縦、50代での「コンピュータ技能評価試験」等の資格があったからだと思います。資格は再就職の道を広げ、部隊勤務にも役立つはずです。皆さまも希望に沿った再就職をされることをお祈り申し上げます。

日本アルコール物流株式会社 出水営業所

詰碁

第1206回出題

出題 日本棋院 九段 曲 励起

黒先
『黒はどうなりますか』。5分でできれば中級以上です。

▶詰碁、詰将棋の出題は隔週です◀

詰将棋

出題 日本将棋連盟 九段 石田 和雄

≫第790回の解答≪
【正解】▲3六金△同玉▲1六竜△同馬▲3七金までの五手詰め。
【解説】入玉形は難解。しかし、本題は五手詰めなので、さほどでもなかったはず。▲3六金捨ての好手から▲1六竜は詰将棋ならではの絵に書いたような順。これが本題の主眼でした。

「朝雲」へのメール投稿はこちらへ！

▽原稿の書式・字数は自由。「いつ・どこで・誰が・何を・なぜ・どうしたか（5W1H）」を基本に、具体的に記述。所感文は制限なし。
▽写真はJPEG（通常のデジカメ写真）で。
▽メール投稿の送付先は「朝雲」編集部（editorial@asagumo-news.com）まで。

朝雲
発行所 朝雲新聞社
〒160-0002 東京都新宿区四谷坂町12-20 KKビル
電話 03(3225)3841
FAX 03(3225)3831
振替00190-4-17600番
定価一部140円、年間購読料9000円（税・送料込み）

統幕長に山崎陸幕長

湯浅陸幕長、山村海幕長

4月1日付

山崎統幕長

湯浅陸幕長

山村海幕長

政府は3月19日の閣議で、歴代最長の約4年半にわたって統幕長を務めた河野克俊海将の勇退を認め、後任に山崎幸二陸幕長を充てる人事を了承した。陸幕長には湯浅悟郎西方総監が就任する。海自では村川豊海幕長と山下万喜自衛艦隊司令官の勇退に伴い、海幕長には山村浩海幕副長、自衛艦隊司令官には糟井裕之護衛艦隊司令官がそれぞれ就任する。空自では中空司令官に引田淳統幕運用部長が就く。将に5人、将補に10人が昇任する。いずれも4月1日付。

岩屋防衛相は19日の閣議後の記者会見で「統合体制や日米同盟の強化など、河野統幕長のこれまでの貢献に敬意を表するとともに、山崎新統幕長には『多次元統合防衛力』の構築に向けて力を発揮していただきたい」と述べた。

（将・将補昇任者の略歴は次号）

山崎 幸二（やまざき・こうじ）統幕長　防大27期。昭和58年陸自。平成9年2佐、14年1佐、20年将補、26年将。4施団長、西方幕僚副長、陸幕人事部長、9師団長、陸幕副長、北方総監などを経て、29年8月陸上幕僚長。山梨県出身。58歳。

湯浅 悟郎（ゆあさ・ごろう）陸幕長　防大28期。昭和59年陸自。平成10年2佐、…年1佐、21年将補、27年陸将。中方幕僚副長、東京地本長、陸幕装備部長、9師団長、陸幕副長などを経て、29年8月西方総監。徳島県出身。59歳。

山村 浩（やまむら・ひろし）海幕長　防大28期。昭和59年海自。平成10年2佐、…年1佐、21年将補、27年海将。4護群司令、海幕総務部長、統幕防衛計画部長、護衛艦隊司令官などを経て、28年12月海幕副長。山口県出身。57歳。

防衛省発令

増子統幕副長　中畑統幕運用部長　清田統幕学校長　本松西方総監　原田陸上総隊幕僚長　蛭川6師団長　鈴木10師団長　出口海幕副長　糟井自衛艦隊司令官　湯浅護衛艦隊司令官　乾海自幹部学校長　引田中空司令官

▽統幕学校長（6師団長）

▽自衛艦隊司令官（護衛艦隊司令官）　同　糟井 裕之

▽北部方面総監部幕僚副長

▽退職

（統合幕僚長）　海将　河野 克俊

（陸上総隊幕僚長）　陸将　藤田 浩和

（10師団長）　同　甲斐 芳樹

（海上幕僚長）　海将　村川 豊

（自衛艦隊司令官）　同　山下 万喜

（小平学校長兼小平駐屯地司令）　陸将補　勝井 省二

（北海道補給処長兼島松駐屯地司令）　同　大森 丈義

（東北補給処長）　同　加治屋 裕一

（航空救難団司令）　空将補　小川 能道

（空自補給本部副本部長）　同　鶴田 眞一

（以上4月1日）

〈以上閣議承認人事〉

▽空将補に昇任

（空幕総務課長）　1空佐　伊藤 顕

（同整備・補給課長）　同　山本 光伸

▽海将補に昇任

（自衛艦隊作戦主任幕僚）　1海佐　竹内 修

（教育航空集団幕僚長）　同　國見 泰寛

（福岡地方協力本部長）　同　藤田 英俊

（中央輸送隊長）　同　岡田 俊和

防大卒業式

「静かな誇り持ち、高み目指せ」

首相訓示　569人が門出

防衛大学校（横須賀市、國分良成学校長）の卒業式が3月17日、自衛隊最高指揮官の安倍首相を迎えて同校講堂で行われ、留学生30人を含む本科・研究科の計569人が卒業した。首相は訓示で「自ら進んで自衛官の道を選んだ諸君は日本国民の誇りだ。今や自衛隊は国民の9割から信頼を勝ち得ている。先人たちが弛まぬ努力で築き上げてきたこの成果を受け継ぎ、静かな誇りを持ちながら、さらなる高みを目指し、それぞれの自衛官人生を歩んでほしい」と述べ、平成最後となる本科63期卒業生を激励した。

式には安倍首相、岩屋防衛相をはじめ、髙橋事務次官、河野統、山崎陸、村川海、丸茂空の各幕僚長や各国駐在武官ら来賓、卒業生家族ら計約1500人が出席した。

国歌斉唱の後、國分学校長が卒業生一人一人に卒業証書を手渡し、福田秀樹大学改革支援・学位授与機構長からは学位記が授与された。

國分学校長は「最近公表された世論調査を見ても、あらゆる組織の中で自衛隊が最も高い信頼を勝ち得ている。幹部の多くが防大出身であることを考えると、先人たちが作り上げた防大の教育が正しかったことを証明している。防大生活の中で培った知識と品性を生かす時だ」と式辞を述べた。

続いて安倍首相が訓示。「国民のための自衛隊、世界の平和と安定に貢献する…

防大の卒業式で、答辞後、一斉に帽子を放り投げ、式場から駆け出す本科63期の卒業生たち（3月17日、防大記念講堂で）

留学生、過去最多の30人

今年度の卒業生は本科63期が503人（うち女子47人）で、内訳は陸上214人、海上114人、航空105人、留学生25人、非任官者49人。留学生は派遣国・人数ともに過去最多となった。

理工学研究科前期課程は陸19（女子1）、海8、空10（同1）、技官1、留…

鈴木政務官、シナイ半島視察

MFO司令部に調査チーム派遣

「瀬取り」監視

仏軍が初参加

春夏秋冬

AIと軍事的安全保障研究

宮家 邦彦

…のAI技術研究が何故「戦争目的の科学研究」なのか。大学等研究機関は「軍事的手段による国家の安全保障にかかわる研究」をしないというが、国家の安全保障の本質は軍事的手段だろう。軍事に触れずに国家の安全保障を研究することなど無理である。

ここにも第二次大戦後の日本の「空想的平和主義」の残滓が見え隠れする。学術とは無縁の筆者の戯言だが、AI兵器に対抗して平和を守るための対AI兵器抑止技術の研究が「学術の健全な発展」を阻害するとは到底思えない。「平和＝非軍事」という虚構が今も残る日本では、やはり自衛隊員に頑張って頂くしかないのである。

一年間のご愛読に心から御礼申し上げたい。

（キヤノングローバル戦略研究所研究主幹）

陸幕長がパプア初訪問

フィリピンも訪れ

国防次官と懇談

パプアニューギニア国防軍司令官のトロポ少将（右）と記念品を交換する山崎陸幕長＝3月7日

山崎陸幕長は比陸軍司令官マカイログ・アルベルト中将の招待を受け、3月4日から6日までフィリピンを訪問した。現地では同国のリカルド・デービッド国防次官らと懇談、東アジアの安全保障環境に関する認識を共有したほか、陸自と比陸軍・海兵隊との防衛協力・交流を今後強化していくことで一致した。

その後、山崎陸幕長は7日、パプアニューギニアを陸幕長として初めて訪れ…

…能力構築支援について謝意を示した。懇談では陸自とパプア軍の防衛協力・交流をさらに強化させることで一致した。

おことわり

「2019年度防衛費 重要施策を見る」は休みました。

朝雲寸言

人間は長年置かれた環境の中で、さまざまな思い込みに陥り、それがために弱点を抱える。防衛という領域でも、冷戦時代にできた「有事になっても3日待てば米軍が来援してくれるから、自衛隊はそれまでしのぎさえすればよいのだ」という甘い前提が防衛当事者の意識の底に潜む、と警鐘を鳴らす人もいる▼「日米安保体制と米軍の核の傘がある限り、外国が日本にミサイル攻撃を仕掛けることはないだろう」との想定が従来からある。しかし、周辺国がおびただしい数の弾道ミサイルを配備し、奇襲的に大量発射する構えを見せ始めたことで日本は対応の見直しを迫られている。最近「基地の抗堪性を強化すべきだ」との声が出ているのは実に尤もなことである▼ただ、日本は伝統的に抗堪性の確保では後手に回ってきた。旧軍の戦いぶりをみても、敵軍の猛攻にしぶとく持ちこたえた…

時の焦点

国内

シナイ半島へ

意義の大きい人的貢献

「国会の周辺には、自衛隊の海外派兵に反対する声がこだましている。軍国主義に対する懸念と不安は急速に高まっている」

1992年6月の国連平和維持活動（PKO）協力法成立時に、衆院本会議でこう声を張り上げたのは、後に首相として「自衛隊合憲」に舵を切った村山富市・社会党国会対策委員長である。

同党は、不信任決議案の連発や牛歩戦術で、PKO法に徹底抗戦した。

論争が不毛だったことは、その後、国際社会から自衛隊の活動が高い評価を受けていることからも、明らかだろう。

政府が、エジプトのシナイ半島でイスラエル、エジプト両軍の停戦監視にあたる多国籍軍監視団（MFO）に、陸上自衛隊員を派遣する方針を固めた。

実施計画の決定を経て、防衛省は4月にも司令部要員2人を送る方向で準備している。

自衛隊の国際貢献活動は、PKOや、特別措置法に基づく海外派遣に限られてきたが、2015年に安全保障関連法が成立し、国連が統括しない有志連合への参加が可能になった。「国際連携平和安全活動」という任務で、PKOに類似した人道復興支援などを行う。

今回はその初の適用例だ。

MFOは、中東戦争後の1982年に設立され、米英など12カ国が参加する。要員派遣は、MFOの要請に基づく。

原油輸入の8割を中東に依存する日本にとって、この地域の不安定化は避けなければならない。中東和平の根幹をなす活動に参加する意義は大きい。エネルギー資源の安定的な確保という国益にもかなう。

自衛官は、現地司令部のあるシナイ半島南部で、各国との連絡調整にあたる。派遣先の治安は比較的安定しているとされるが、安全に十分に注意を払い、任務にあたってもらいたい。

PKO協力法に基づく自衛隊の派遣は、これまでにPKO9件、人道救援活動5件で、延べ1万2000人の隊員が参加した。現在は南スーダンPKOに4人の司令部要員を送っている。

大規模な部隊派遣は、2017年に南スーダンから撤収して以降、途絶えている。PKOが治安の不安定なアフリカで多く、任務も、治安維持が困難な地域での文民保護など危険度の高い内容となっていることが、部隊派遣を難しくしている。

こうした問題は先進国共通の悩みだ。

一方で、国連から支払われる人件費を重要な外貨獲得手段とみる途上国は、リスク承知で多くの兵員を派遣している。近年、PKOの質の低下が指摘されている。

政府は、PKO部隊の教育や能力の向上など、新たな国際貢献活動の在り方も模索していくべきだろう。

夏川 明雄（政治評論家）

海外

中国全人代

一強体制下の内憂外患

中国の年に1度の政治イベントである全国人民代表大会（全人代＝国会）が3月5日から15日までの日程で開かれ、昨年後半以降に急減速した国内経済への対処策および貿易摩擦などに直面する米国との対立激化への対応という二つの課題が主要テーマとなった。

昨年同時期の全人代では、共産党総書記を兼務する習近平国家主席が国家主席の任期を撤廃する憲法改正を実現し、「一強体制」を盤石にしたかに見えたが、建国70周年という節目の今年は一転して、経済変調と米中摩擦の「内憂外患」に見舞われ、中国指導部も背水の陣で全人代に臨んだのではないか。

習近平指導部が現下の内外情勢に対して抱く危機感は、全人代の初日に行った李克強首相の政治活動報告の端々から見て取れる。経済専門家でもある李首相はこの中で、「わが国が直面する環境は複雑さを増し、リスクと試練が増える」と指摘した上で、今後の経済運営に当たっては「激闘の準備をしておく必要がある」と強調した。大仰な表現である激闘の準備は具体的には、景気浮揚と雇用の安定を主眼にして財政・金融政策を可能な限り動員する総合対策だが、国民に相応の覚悟を求める檄の意味合いもあるのだろう。

李首相はまた、今年の国内総生産（GDP）の成長率目標を「6～6・5%」と幅を持たせて設定、昨年の目標「6・5%前後」を実質的に引き下げた。中国指導部はGDPを2020年までに2010年の2倍にする目標を掲げており、達成には6%以上の成長率が必要とされるため、今年の目標値は最低ラインぎりぎりの数字ということになる。

一方、過剰とも言える圧力を強めるトランプ米政権への対応をめぐって、李首相は「中米貿易協議を引き続き進展させる」とした上で、「約束したことは真摯に履行し、自らの合法的な権益は断固として守り抜く」と述べた。

ただ、近年の政府活動報告で言及していたハイテク産業育成策「中国製造2025」の表現が今年は消えたほか、進出企業に対する技術移転強要を禁じた「外国企業投資法」が全人代会期中にスピード可決されるなど、知的財産保護をめぐる米国の圧力を何とかかわしたいとする習指導部の狙いが鮮明だ。

経済減速の影響を受けることなく、勢いを維持したのが軍事費で、国防予算は前年比7・5%増の約1兆1900億元（約19兆8000億円）を計上し、1兆元超えは3年連続となった。中国の国防費はGDPと同様、世界2位の規模だが、トップの米国（約80兆円）とはまだ4倍の開きがあり、「今世紀半ばまでには世界一流の軍隊を築く」（習主席）との野心的目標に向け、軍事力強化を引き続き推進する姿勢に変化はない。

西側とは異なる中国モデルで世界一流の強国を目指す中国の現指導部だが、貧富の格差拡大や社会保障制度の不備、言論の抑圧など国内のさまざまなひずみを放置したままでの強国路線はいずれ行き詰まるとの見方は専門家の間でも多い。李首相が全人代の場で使った「激闘」という言葉からは、習一強体制が抱える内憂外患の深刻さが垣間見える。

伊藤 努（外交評論家）

防医大

医学科40期、看護学科2期学生が卒業

岩屋防衛相「同期の絆を忘れずに」

防医大の卒業式で、長谷学校長（中央）から卒業証書を授与される卒業生たち（3月9日、防衛医科大学校で）

【防医大】防衛医科大学校（埼玉県所沢市、長谷和生学校長）の卒業式が3月9日、同校で行われ、医学科40期生76人と看護学科2期学生[illegible]人（自衛官コース7[illegible]人、技官コース41人）に卒業証書と学位記が授与された。

式には岩屋防衛相、[illegible]事務次官、河野統幕長、山崎陸幕長、村川海、丸茂空の各幕僚長をはじめ、来賓や卒業生の家族ら約760人が出席した。

[illegible]

海自初級幹部 江田島を出発

近海・外洋練習航海

海自幹部候補生学校（江田島）の卒業式が3月16日に行われ、「第69期一般幹部候補生課程」「第71期飛行幹部候補生課程」を修了した初級幹部は同日、近海練習航海と外洋練習航海に出発した。

[illegible]

4護群8護隊司令の本村吉倍1佐の指揮の下、「すずつき」は実習幹部の各種訓練を行いながら、途中タイを訪問し、4月29日に帰国する予定。

中方、7師団災派部隊に1級賞状

7月豪雨、北海道胆振東部地震に対処

昨年7月の西日本を中心とする豪雨災害と同9月の北海道胆振東部地震で災害派遣活動に当たった陸自の中部方面隊（伊丹）と7師団（東千歳）に3月6日、岩屋防衛相から1級賞状が授与された。大臣室で行われた表彰式には原田副大臣、鈴木政務官、髙橋事務次官、村川海、丸茂空両幕僚長、本松敬史統、小野塚貴之陸の両幕僚副長、岡真臣人教局長が立会。

大臣は「中方災派部隊および協同・支援部隊」と「7師団災派部隊および協同・支援部隊」に対し、「甚大な被害を受けた被災地へ迅速に進出し、人命救助や行方不明者の捜索のほか、土砂などの瓦礫撤去や入浴支援など被災者に寄り添った生活支援を真摯に行って民生の安定に寄与し、自衛隊に対する国民の理解と信頼を深めた」と述べ、西日本豪雨で災派部隊を率いた岸川公彦中方総監と、胆振東部地震で7師団を指揮した前田忠男師団長に1級賞状を手渡した。

岩屋防衛相（右）から1級賞状を授与される岸川中方総監と前田7師団長（後方）＝3月6日、防衛省で

NATOサイバー機関に初派遣

河野桂子主任研究官

防衛省は3月8日、防衛研究所の河野桂子主任研究官（理論研究部政治・法制研究室）をエストニアの首都タリンにある「NATO（北大西洋条約機構）サイバー防衛センター」に翌9日から派遣すると発表した。任期は約2年間の予定。

河野主任研究官は国際法の専門家としての知見を生かし、同センターの法務部門でサイバーと国際法の関係やサイバー防衛に関する規範の形成など、サイバー防衛に関する法的な研究に従事する。

防衛省から同センターへの職員派遣は初めて。昨年5月にエストニアで行われた両国間で初となる防衛相会談で小野寺防衛相（当時）とルイク国防相が合意し、調整が進められてきた。

岩屋防衛相は8日の記者会見で「同センターで得られる知見や経験を踏まえ、防衛省・自衛隊におけるサイバー攻撃への対処能力の向上に努めていきたい」と語った。

PKO応急救護教官に派遣

河野修一2佐

防衛省は3月9日から18日まで、陸自衛生学校（三宿）に所属する医官の河野修一2佐を、国連平和維持活動（PKO）における応急救護訓練教官としてアイルランドのゴールウェーに派遣した。

河野2佐は国連が主催する「応急救護上級訓練コース」で、各国の参加者に対し、他国の教官と共に止血法や負傷箇所の固定など、応急処置について指導・教育を行った。

PP19始まる

マーシャル諸島で医療チームが活動

米インド太平洋軍主催の医療・文化活動「パシフィック・パートナーシップ（PP）2019」が3月3日、マーシャル諸島を皮切りに始まった。

自衛隊の陸海空医療チーム約5人は、29日まで現地で医療活動に当たるほか、海自東京音楽隊の隊員数人も米太平洋艦隊バンドと共に文化交流を行う。

一方、東ティモールで開かれる「女性・平和・安全保障セミナー」には4月27日から5月5日まで、隊員3人を派遣。さらにベトナムにも4月29日から5月19日まで医療チーム約10人を派遣し、現地で医療活動を行う予定だ。

岩国の米軍機がグアムに訓練移転

在日米軍第5空母航空団（岩国）は3月11日から同29日まで、米グアム島のアンダーセン空軍基地に移転し、北マリアナ諸島のファラロン・デ・メディニラ空対地射場などで訓練を実施している。

同訓練にはFA18戦闘攻撃機など計約20機、人員約400人が参加している。

防衛省発令

▽21航空群首席幕僚（21航空隊司令）1海佐 牛若 健悟

▽21航空隊司令（教育航空集団教育主任幕僚）同 古賀 裕

▽202教育航空隊司令（202教育航空隊副長）2海佐 松岡 弘紀

（以上3月11日）

共済組合だより

「被扶養者の認定・取消手続き」はお早めに

被扶養者が就職したら手続きが必要

●被扶養者が就職した場合の手続き

組合員の被扶養者が就職した場合、速やかに共済組合の窓口で扶養取消の手続きをしてください。この場合、「被扶養者申告書」及び「就業証明書」等の提出、「組合員被扶養者証」の返納が必要となります。

なお、事実発生の日またはその翌日から取り消されるので、取消の手続きが遅れると給付を受けた分の戻入が生じることがあります。

●結婚・出産等による被扶養者の認定の手続き

組合員が結婚、出産等で被扶養者ができたら、速やかに「被扶養者申告書」を共済組合の窓口に提出し、その認定を受けてください。被扶養者としての各種給付が受けられるようになります。

届出は事実発生の日から30日以内に行うと、事実発生の日に遡って認定されますが、30日を経過した場合は、遡っては認定されないのでご注意ください（その届け出をした日から認定になります。）。

●認定条件

「被扶養者」の認定条件は主として組合員の収入で生活している次の範囲にあてはまる方です。

1 組合員の配偶者（内縁も含む）・子・父母・孫・祖父母・兄弟姉妹

2 3親等内の親族で右記以外の方（原則として組合員と同居していることが必要）

3 内縁関係にある配偶者の父母・子（同上）

4 内縁関係にある配偶者の死亡後におけるその父母・子（同上）

ただし、上記の該当者でも収入が年額130万円以上（障害による年金受給者または60歳以上の公的年金受給者は180万円以上）の方及び年額130万円以上になると見込まれる方は認定されません。

また、別居している父母等については当該父母等の全収入（父母等の全収入と組合員及びその他の方の送金等の収入の合計）の3分の1以上を組合員が送金等により負担していない場合も認定されません。

扶養認定において基準とする年収を算定する場合の1年間は、1月～12月の暦年や4月～3月の年度単位でなく、認定から現在までの引き続く期間において連続する12カ月で、どの12カ月の収入を見ても130万円未満である必要があります。

現時点で年額130万円以上でない場合であっても、年額130万円以上と見込まれる収入が継続的に得られるようになった場合、勤務形態の状況等により、扶養認定の取消となる場合もあります。

例えばパート勤務等で収入を得ているような場合は、130万円÷12カ月＝10万8333円であるため、月の収入が10万8333円を恒常的に超えることとなったらご注意ください。

被扶養者の認定、取消についての詳細は、ご所属の共済組合支部短期係までお問い合わせください。

那覇で南西地域守る「日米将官級懇談会」

上ノ谷司令官「日頃から話そう」

西部地区3自衛隊指揮官会議も開催

【南西空＝那覇】九州・沖縄地域の3自衛隊指揮官による「西部地区指揮官会議」と米軍の司令官級も加えた「日米将官級懇談会」が3月4、5の両日、空自那覇基地で開かれた。

4日の指揮官会議には菊地聡佐世保総監、井筒俊司西空司令官、上ノ谷寛南西空司令官、西方総監代理の坂元秀明同防衛部長らが出席、九州・沖縄地域の情勢認識と統合運用の実効性向上について意見交換した。

翌5日は米軍からチャールズ・クーパー第7艦隊揚陸部隊司令官、ケイス・カニングハム第18航空団司令官、クリストファー・マクフィリップス第3海兵遠征軍副司令官を迎えて日米将官級懇談会が開催され、上ノ谷司令官が「沖縄を含む南西地域を守る日米指揮官は、日頃から顔を合わせて話すことが重要だ」とあいさつした。

その後、日米間で周辺情勢や自衛隊と米軍の連携深化について忌憚なく意見を交わし、強固な絆を確認した。

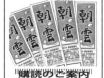

日米将官級懇談会に出席した（左から）上ノ谷司令官、カニングハム司令官、菊地総監、クーパー司令官、井筒司令官、マクフィリップス副司令官、坂元部長（3月5日、空自那覇基地で）

米・タイ共催の多国間共同訓練「コブラ・ゴールド19」

米国とタイが共催し、日本など計7カ国が参加する多国間共同訓練「コブラ・ゴールド19」が1月14日から2月23日まで、タイ中部のピサヌロークなどで行われた。防衛省・自衛隊からは隊員約170人が参加したほか、空自のC130H輸送機と陸自の軽装甲機動車が現地に持ち込まれ、「在外邦人等保護措置訓練」の一連の流れを演練した。そのほか、各国と共同して災害発生時の人命救助活動や小学校の多目的ホール建設活動などに取り組んだ。閉会式には統幕副長の本松敬史陸将も出席し、国際的な人道・民生支援活動で大きな役割を担う自衛隊のプレゼンスを示した。

在外邦人等保護措置の流れを演練

「在外邦人等保護措置訓練」で、中央即応連隊の隊員たちの警護と誘導を受けながら空自のC130H輸送機に乗り込む邦人ら（2月17日、ピサヌローク空軍基地で）

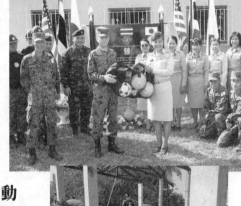

㊤邦人等の陸上輸送中、行く手を阻むバリケード（前方）への対処に当たる軽装甲機動車上の陸自隊員（2月17日、ピサヌロークで）
㊦一時避難所に集まった邦人らが乗った車を先導し、タイの一般道を走行する陸自の軽装甲機動車（右）＝2月17日

「コブラ・ゴールド19」のうち、空自のC130Hなども使用された「在外邦人等保護措置訓練（RJNO）」は2月17日、陸・空自の隊員約125人が参加し、タイ空軍のピサヌローク基地で行われた。

訓練は「架空の国で治安が悪化。工場から化学物質が漏れ出した」という想定のもと実施され、基地内に設置された避難統制所（ECC）には、今回初めて日米タイの3カ国が共同で多国間調整所を設けた。

陸自から参加した中央即応連隊（宇都宮）の隊員らは、基地外の一時避難所から在留邦人ら避難者が乗った車両を軽装甲機動車で先導し、途中、住民らが設置したバリケードを突破しながらECCまで一般道を走行した。「日米ガイドライン」に基づき、米国人の避難者も陸自が誘導する車両に乗り込んだ。

ECCに到着した邦人らは、米・タイ軍によるスクリーニング（汚染検査）を受けた後、自衛隊員による誘導や警護の下、搭乗前の持ち物検査などセキュリティーチェックを受けて待機。その後、離陸準備の整った空自C130Hに搭乗し、空路で安全な地域に脱出するまでの一連の行動を演練した。

一方、「人道・民生支援活動」の建設分野（ENCAP）には陸自4施団（宇治）の隊員5人が参加。米・タイ軍の工兵と協力し、ピサヌローク県にあるワト・ジョム・トン小学校に多目的ホールを建設した。

建設作業は時間がかかるため、隊員たちは一足早く1月16日に現地入りし、設計から施工、工程管理までの施設作業に臨み、基礎工事から建築に当たった。2月21日のホール落成式には統幕から本松副長も出席し、学校職員らと完成を祝うとともに、約1カ月間に渡って建設作業に従事した隊員たちを激励した。

また、人道支援・災害救援（HA/DR）活動に関する衛生分野の訓練にも隊員約15人が参加し、治療活動を各国共同で行った。

このほか、指揮幕僚活動（STAFFEX）では、自衛隊員約25人が各国の軍人と共同して、今回初めて「邦人の人質」を想定した在外邦人等保護措置訓練に臨んだ。さらに、海賊対処活動などについても、多国籍軍司令部との情報共有や調整の手順などについて演練した。

各国共同で治療活動

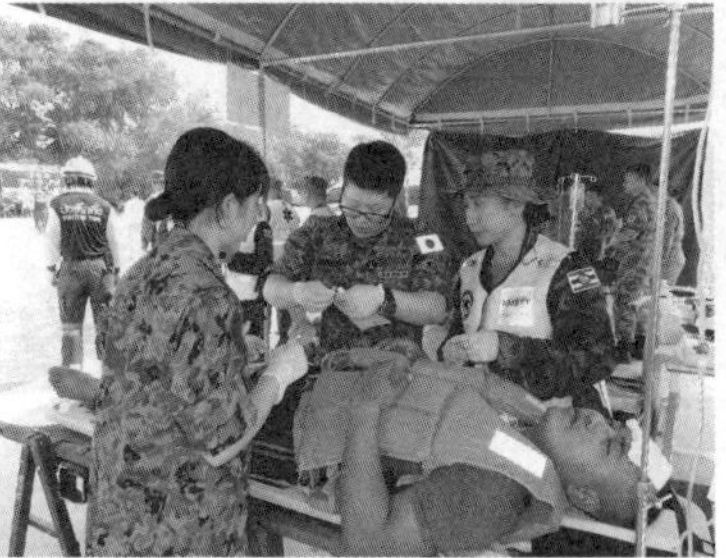

「人道・民生支援活動」の衛生分野でタイの参加者と共に救命訓練に臨む陸自の衛生隊員たち（2月20日、タイ南部のチェチューン・サオで）

「コブラ・ゴールド19」の閉会式で、参加国の要人らと記念撮影に納まる本松統幕副長（右から5人目）＝タイ中部のバンダンランホイで

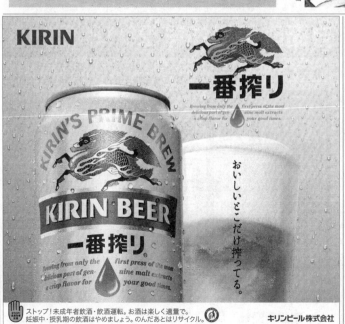

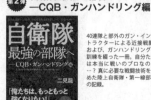

指揮幕僚活動

「指揮幕僚活動」で米・タイ軍と多国間調整要領を演練する陸・海自隊員たち

小学校に多目的ホール建設

ピサヌローク県の小学校に完成した「多目的ホール」の落成式で、学校職員にサッカーボールなどスポーツ用品を寄贈する本松統幕副長（中央左）＝2月21日、ワト・ジョム・トン小学校で）

「人道・民生支援活動」の建設分野で、米・タイの工兵らと協力して小学校の多目的ホールの建築に当たる陸自4施団の隊員たち（ワト・ジョム・トン小学校で）

30年度末に「第22即応機動連隊」に改編される22普連（多賀城）と、廃止され「機動戦闘車隊」に生まれ変わる6戦大（大和）はそれぞれこの冬、宮城県の王城寺原演習場で節目の練成訓練を行った。

3月末から22即機連

22普連　新装備を携え実射

【22普連＝多賀城】22普連は1月21日から23日まで、連隊に新たに装備された中距離多目的誘導弾の実射訓練を王城寺原演習場で行った。

訓練は射撃要領や射場勤務要領などを習得させることを目的に実施され、初日と2日目は座標入力や直接照準、さらに射撃要領や射場構成などを雪上で演練した。

実射が行われる23日は天候にも恵まれ、隊員たちは中距離多目的誘導弾を搭載した高機動車を使用し、東北方面隊として初の実射訓練に臨んだ。同誘導弾は対戦車、対舟艇、対構造物など多目的に使えるミサイルで、この日部隊は約6時間に渡って運用法を演練し、新装備に慣熟した。

東北方面隊として初の中距離多目的誘導弾の実射を行う22普連の車両（1月23日、王城寺原演習場で）

6戦大　射撃競技会で有終の美

【6戦大＝大和】6戦大は3月3、4の両日、戦車大隊として最後となる「平成30年度6師団戦闘射撃競技会」に出場、Bグループの部で優勝し、有終の美を飾った。

大隊は昨年末に戦闘射撃練成隊を編成し、射撃シミュレーターを活用した射撃予習のほか、実射では射撃の感覚を重視した教育を実施し、隊員を練成。

終盤では射撃方法をSOP（作戦規定）化する際、指揮部だけではなく各隊員からも積極的に意見を取り入れ、全隊員が一丸となって競技会に臨んだ。

本番では、三つの状況下、すべて第1現出で全的に命中させ、見事、優勝を勝ち取った。

小隊長の渡邊敬博2尉は「4人1組の4組編成にし、戦車長経験者を組長にすることで各組の指揮・統制をしやすくした」と成果を語った。

6戦大は3月末に廃止され、「第22即応機動連隊」隷下の「機動戦闘車隊」として新編される予定だ。

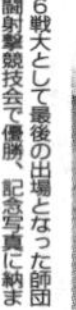

6戦大として最後の出場となった師団戦闘射撃競技会で優勝、記念写真に納まる隊員（3月4日、王城寺原演習場で）

陸自72戦連　米NTCで実動訓練

砂漠地帯50キロ機動

米陸軍と実弾射撃

陸自は2月4日から同26日まで、米カリフォルニア州フォート・アーウィンのNTC（ナショナル・トレーニング・センター）で米陸軍との実動訓練を実施した。

参加部隊は陸自が72戦車連隊（北恵庭）連隊長の兵庫剛1佐を指揮官に、同隊基幹の隊員約390人と90式戦車、89式装甲戦闘車、87式自走高射機関砲など。米陸軍は第1－25ストライカー旅団戦闘団（フォート・ウェインライト）団長のマシュー・ブラウン大佐を指揮官に、人員約4500人とストライカー装甲戦闘車、M777（155ミリ）榴弾砲などが参加した。

陸自部隊は8日、NTCの演習場内に展開し、9日から仮設敵との対抗訓練を開始。部隊は砂漠地帯を50キロ以上も機動しながら、各装備に取り付けた光線訓練装置を使用し、米軍と共同で各種作戦を行った。

日米部隊は15日、NTC最大の訓練用市街地ラディッシュで敵部隊と激突。24時間に及ぶ激戦の末、同市街地を占拠、その後、態勢を整えて敵の反攻に備えた。

18日からは実弾射撃訓練に移行。「砲迫火力による敵の制圧」から始まり、地雷原の処理、戦車部隊の攻撃戦闘、防勢作戦などを日米部隊が一連の状況下で演練した。

訓練期間中、米太平洋陸軍司令官のロバート・ブラウン大将ら米陸軍の高官も視察に訪れ、日米部隊の連携ぶりをつぶさに確認した。

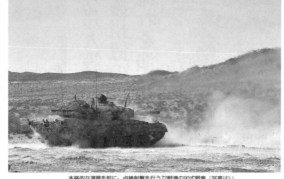

本格的な演習を前に、点検射撃を行う72戦連の90式戦車（写真はいずれも米カリフォルニア州のナショナル・トレーニング・センターで）

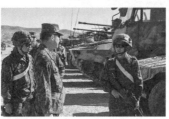

陸自部隊の準備状況を視察する訓練指揮官の兵庫72戦連長（中央）

敵の攻撃に備え、防護態勢を取る米軍の兵士

訓練

27普連の情報・重迫小隊　積雪寒冷地で訓練検閲

【釧路】27普連は2月12日から17日まで、然別演習場などで情報小隊と重迫小隊の訓練検閲を実施した。

統裁官を務めた井川三典連隊長は隊員に「生き残り、任務を必遂せよ」「積雪寒冷地の特性を理解し、作戦戦闘を遂行せよ」など4点を要望した。

両部隊は酷寒の中、日頃の練成成果を遺憾なく発揮。情報小隊は徒歩行進とスノーモービルにより斥候活動、重迫小隊は陣地進入後、120ミリ重迫撃砲の発射要領を演練した。

この検閲で、情報小隊の加藤大雅1士と重迫小隊の古城直樹2曹が優秀隊員として表彰された。

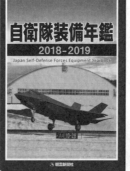

酷寒の中、120ミリ重迫撃砲の発射準備を行う27普連重迫小隊の隊員たち（2月16日、然別演習場で）

9師団　八甲田で応用射撃

【9師団＝青森】9師団は今冬、「冬季集中八甲田演習」を実施した。

5普連（青森）、39普連（弘前）、9偵（青森）は過酷な八甲田雪中行軍を実施＝2月14、28日付既報。

2月12〜15日には師団技能訓練が行われ、9施大（八戸）基幹の12個部隊が積雪寒冷地での作戦に備え、宿営施設（イグルー）を築いた。その後、宿営空間の活用法についての研修も行われた。

同演習の集大成となる冬季訓練検閲では、5普連が八甲田地域で雪中の伏撃に挑み、スキーを装着した状態での応用射撃などを実施した。

スキーを装着した状態で射撃を行う5普連の隊員（2月22日、青森市の小谷演習場で）

山岳スペシャリスト増員へ

13普連、冬季山岳訓練隊を初編成

【松本】13普連はこの冬、「冬季山岳訓練隊」を初めて編成し、12月12日から2月21日までの約2カ月間、冬季山岳訓練を実施した。

近年、山岳地で相次いで起きたヘリ墜落事故への災派活動を想定したもので、レンジャー隊員だけでなく、スキー有技者、一般隊員も含め、"山岳スペシャリスト"の増員を図った。

訓練前半はスキー場などで山岳・スキー技術の基礎を学び、後半では乗鞍岳、八ヶ岳など生地で雪山登山、雪中露営、氷瀑登はんなど山地機動と人員の救助・搬送などを演練した。

総合訓練は2月20、21の両日、「民間のセスナ機が不時着した」との想定で実施。隊員がスキー機動で山中に入り、乗員3人を発見、救助・搬送を行った。

その後、悪天候に見舞われた救助隊はビバーク（緊急露営）して一晩を過ごし、翌21日に下山、訓練を終えた。

"不時着したセスナ機の乗員"を発見し、救出・搬送作業に当たる13普連の隊員（2月20日、長野県の乗鞍岳で）

中方　逮捕術競技会を4年ぶり

130地区警務隊が初優勝

【伊丹】中方警務隊は2月13、14の両日、伊丹駐屯地体育館で「中方警務隊逮捕術競技会」を4年ぶりに実施した。5個部隊による団体戦と徒手・警棒による個人戦で競った。

団体戦では、130地区警務隊（守山）が4戦全勝で初優勝。監督兼選手の丹治正仁2尉は「選手たちが日頃の成果を十二分に発揮してくれた。支援してくれた人たちにも感謝したい」と語った。

一方、個人戦では、徒手の部で門間渉3曹（132地警）、警棒の部で平岡克則2曹（同）が激戦を制した。

警棒を使った逮捕術を競う中方の警務隊員たち（2月14日、伊丹駐屯地で）

AAV7の後継、水陸両用車「ACV1.1」

地雷やIEDの脅威下でも行動可能

上陸後、無補給で2日間戦える

米海兵隊は水陸両用車AAV7の後継にBAEシステムズが開発した「ACV（Amphibious Combat Vehicle＝水陸両用戦闘車）1.1」を選定した。装軌型のAAVに対し、ACVはコンバットタイヤ8輪のタイプとなり、路上なら時速100キロ以上で走行できる。最大の特徴は、母艦の安全化を図るため、より沖合から発進でき、さらに地雷を踏んでも生き残れる車体構造となり、搭乗員の安全性が高められている。上陸後は無補給で400キロの走行が可能で、乗員16人が2日間戦い続けられる物資も搭載できるなど、多目的に使える装甲車となっている。

米海兵隊

米海兵隊は1970年代から運用しているAAV7を更新するため、2015年から「ACV計画」として次期車両の選定作業を進め、昨年6月、英BAEシステムズ社と伊イヴェコ社が共同で開発した水陸両用車を選んだ。

ACVは全輪駆動の8輪装甲車で、全長約8メートル、幅約3メートル、全高約2・8メートル、全備重量約30トン。速力は陸上で時速100キロ以上、水上で約11キロ。乗員3人、兵員13人と3・3トンの武器や貨物を積め、搭乗員は2日間、補給なしに戦い続けることができる。

母艦の安全化を図るため、沿岸から12マイル（22キロ）離れた海上から発進し、着上陸後も燃料補給なしに400キロ以上、高速機動できる。

搭載武器は車内から遠隔操作するM2重機関銃1基のほか、自動擲弾銃も追加で搭載が可能。拡張性も確保されており、新たな武器の搭載なども可能という。

車体は超硬スチール合金のモノコックで、高い対弾性能を持つ。さらに車体前部に防弾板を兼ねた水上航行用波除板が装備されている。

8輪のコンバットタイヤのため、地雷を踏んだりIED（即席爆弾）攻撃により一部のタイヤを失っても問題なく走行できる。車体は前方から見ると「V字型」で、爆風を左右に逃がし、さらに車内の座席も耐衝撃型で、搭乗員の安全性が大幅に高められている。

米海兵隊では2020年からACVの本格導入を開始し、AAV7の更新を進めていく計画だ。

地雷やIEDから乗員を守るため、爆風を左右に逃がす「V字」型車体構造となっているACV（BAEのホームページから）

航走中のACV。車体前部には防弾板を兼ねた波除板が装備されている（イヴェコHPから）

上陸するACV。8輪タイヤのため、地雷などで1つが失われても問題なく走行できる（BAEホームページから）

防衛技術

技術が光る ＞81＜

回転角度センサー「レゾルバ／シンクロ」　多摩川精機

戦闘車両や航空機搭載機器など 厳しい環境下での用途に力発揮

陸海空自衛隊の防衛装備品にも多くの製品が取り入れられている精密機器メーカー、多摩川精機（本社・長野県飯田市）。同社の主力製品の一つに回転角度センサー「レゾルバ／シンクロ」がある。

レゾルバは、それぞれ円状のロータ（回転子）とステータ（固定子）から成る。ともに精巧な巻線（銅線）を施し、電磁誘導により回転角度に応じた信号を出力する。モーターと一体となって製品に組み込まれることが多く、モーターに信号を送り正確な角度を維持させる。

角度センサーにはデジタル・光学式の「エンコーダ」もあるが用途によっては温度や振動、衝撃に弱い。耐環境性（耐高温、耐振動、耐衝撃）に優れたレゾルバの需要は多く、「環境の厳しいところでは根強い人気を持っています。（防衛装備品の）戦闘車両や航空機搭載機器など高精度の角度検出が必要なところに多くのレゾルバを使ってもらっています」と多摩川精機販売開発営業本部の小池弘晃理事は語る。

同社のレゾルバは世界ナンバーワンのシェアを持つ。多様な製品に採用され、種類は数千。多くの技術的特許も取得している。

レゾルバは民生・軍事の両方に用いられるデュアルユース技術の一つで、戦闘車両、航空機、艦船、誘導武器などの自衛隊装備のほか、民間のロボット、ハイブリッドカー、航空機、宇宙機器など、幅広い市場で用いられている。

陸自最新鋭の「機動戦闘車」でも砲塔部や砲手・車長用の潜望鏡に使われている。

角度誤差が極めて小さく（1秒の十一〇・15秒）、その高い精度はNASA（米航空宇宙局）にも認められ、火星探査車「キュリオシティー」にも搭載された。チリ国立天文台の「アルマ」望遠鏡にも採用されており、そうした実績も踏まえ同社では「宇宙市場への用途拡大」（小池理事）も視野に入れている。

一方、レゾルバの製造は日本の伝統産業がベースになっている。本社のある長野県では明治期から繊維工業が盛んで、その手巻きの技術がレゾルバの銅線を巻く技術に継承されているという。

高精度の繊細さを必要とする巻線は機械では作れず、女性社員が手巻きで製造している。身に付けるためにおよそ5年はかかるという髪の毛より細い銅線を巻く技が「弊社の技術の根底となっています」と小池理事。

同社創業（1938年）のころから製作してきたレゾルバについて小池理事は、「歴史の古い製品ですが、用途が増え、高精度化が進められています」と語る。

多くの防衛装備品、民間工業製品の品質・性能の維持に、日本の伝統技術に基づくレゾルバが大きく貢献している。

多摩川精機の回転角度センサー「レゾルバ」。ステータ（右）とロータ（左）が一対でモーターと一体となって製品に組み込まれる

防衛トピックス

米海軍が沿海域戦闘艦などに装備中の長射程対艦ミサイル「NSM」（コングスベルク社HPから）

米艦に射程200㌔「NSM」の装備進む

米海軍は水平線以遠の目標に対して攻撃ができる新型長距離対艦ミサイル「ネーバル・ストライク・ミサイル（NSM）」の沿海域戦闘艦などへの装備を進めている。約200キロの射程を有し、終末では2波長の赤外線画像（IIR）誘導で目標に突入。弾体は複合材で覆われたステルス設計のため、艦側の迎撃は難しい。

露、原子力推進 核魚雷を開発

ロシアのプーチン大統領は2月20日、原子力推進の魚雷型水中兵器「ポセイドン」の発射試験に成功したと発表した。同兵器は「無限の航続距離」を持ち、核弾頭を搭載すれば米国の沿岸都市などを奇襲攻撃できるという。

「ポセイドン」は最高速度が70ノット（130キロ）で、水深1000メートルまで潜航できるとされ、一度発射されれば探知・迎撃は非常に困難。プーチン氏は「ポセイドン」を搭載できる原子力潜水艦を建造中であることも明らかにした。

F35電子機器 整備拠点、日本にも設置

米政府は2月12日、F35戦闘機の構成品のうち、一部のアビオニクス部品の整備拠点を、2025年以降、日本国内にも設置すると発表した。その整備拠点については、三菱電機の施設が予定されている。

世界の新兵器 ―――522

中国軍の「電磁砲」

マッハ7.5で180キロ先に砲弾発射

昨年も今年も正月早々、中国の「電磁砲」が世界を騒がせた。まず昨年、長江に浮かぶ揚陸艦「海陽山」の写真が中国のネットで撒き散らされる。艦首の砲塔には「電磁砲（レールガン／コイルガン）」らしき長い砲身が納まっている。砲塔の後方には大きなコンテナがゴロゴロしている。どうも電源や冷却装置らしい。

中国が電磁砲の研究を進めていることは良く知られていたが、米国に先駆けて試作品を艦載し、海上実験を始めるほど進んでいるとみていた人はいなかった。高まる驚嘆と警戒心に応えるように同年3月、人民解放軍のニュース・ポータル81CNは、あの写真が「試験中の電磁砲」であったことを認め、「すでに5万回の実験と数百回の失敗も体験した」ことなどを報じた。

さらに12月、国営紙「環球時報」は、この1年間に話題となった中国の先端軍事技術9件を紹介したが、その筆頭は「電磁軌道砲の軍艦搭載」であった。それを追うように今年の1月3日、中国中央テレビ局（CCTV）は、艦載された電磁砲を見せながら原理的な解説を行った。理論的にはマッハ7.5の高速で180キロ先へ砲弾を発射できる。また対航空機・対ミサイルにも最適である。そして「実用化は目前まで来ている」ことと、これは「外国技術のコピーではなく、全て国産技術である」ことを強調した。

1月30日、米国のCNBCテレビはこれを受け、中国が艦載の電磁砲で発射実験を今月行ったことや2025年までに運用開始する計画であることを米軍専門家からのリークとして報道する。それは太平洋コマンド統合情報センター運用部長を務めたカール・シャスター・ハワイ太平洋大学教授と目されるが、1月4日にCNNテレビが前日の中国CCTVの電磁砲報道を伝える際、同教授は「中国が運用開始というのは運用試験開始のことだから割り引いて考えて良い。だが外国技術のコピーでなく国産開発だという主張は本当であろう」と警告している。

参考になるのは、昨年5月に米議会の「米中経済・安全保障見直し委員会」が公開した「中国の先端武器システム」調査報告書である。

中国のウェブサイトに掲載された「電磁砲」（右側）とみられる砲塔を搭載した中国海軍の軍艦

米国に追い付こうとする中国の努力を認めながらも、電磁砲については「米国の技術も未熟。中国はさらに未熟」と評価し、正月以来の「米海軍の立ち遅れ」への非難に応えた。

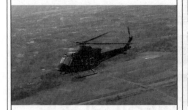

米海軍は2005年から本格的な実験を始め、2010年には33メガジュールの供給に成功した。2012年からは陸上に2種類のプロトタイプを置いて発射実験を繰り返してきたが、より高効率の直流電源開発や深刻な砲身浸食の解決を優先させ、派手な海上試験は見送っている。

「エアカバーのない状況での行動」を模索する米陸軍は、対空・対地両用の武器として電磁砲の開発を目指し、10メガジュールのプロトタイプで試験中だが、艦艇以上に電力効率が求められるので、道は厳しい。

徳田　八郎衛（防衛技術協会・客員研究員）

技術屋のひとりごと

2位じゃダメ、目指せ世界一！

金子　博文

（防衛装備庁艦艇装備研究所・研究企画官）

昭和の末に「入庁」し、平成30年間を経て新元号で退官の日を迎える老兵ですが、「試験評価と試験評価施設整備」は、実際に現場担当者としてかなりの仕事を楽しくかつ充実感をもってやらせていただいたな、と感じているところです。

船舶流体工学関係者にとって、推進器の性能評価に不可欠なキャビテーション水槽を整備することは悲願であったものの、なかなか財政当局の厚い壁を崩すことができなかったのですが、技本における試験評価能力の強化がうたわれ、追い風が吹いたことと、当時のS室長をたきつけて、「米・独・仏等に10年遅れで作るなら、世界一静かな音響計測可能な水槽を作りましょう」と大きな売りを作ったことも功を奏して、目黒の「フローノイズシミュレータ（FNS）」の整備が始まりました。

私は基本コンセプトの検討など、初期段階に携わったものの、桧町（旧防衛庁）の内局に異動になり、S室長と入庁したての若手技官たちの献身的な努力により完成し、その後、その静粛性を生かした試験評価により自衛隊の艦艇の能力向上に貢献するのみならず、豪州との共同研究で利用されるなど、成果を上げていることは喜ばしいかぎりです。

現在、艦艇装備研究所ではデュアルユース技術を活用した水中無人機等の先進的な研究分野に必要となる試験評価施設を岩国市に整備しているところです。この施設は地元の高等教育機関等との研究協力の検討もしており、防衛のみならず民生分野の水中無人機技術向上に貢献できる「世界一」の施設にしていきたいと考えているところです。

中央病院職業能力開発センター修了式

技術身に付け部隊に貢献

63期生6人が原隊復帰

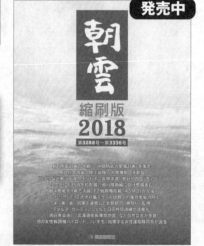

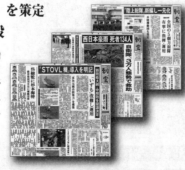

公務中の負傷、疾病で障害を負った隊員の円滑な部隊勤務や社会復帰に向けた技術修得指導を行う自衛隊中央病院職業能力開発センター（三宿、松岡秀広センター長）で3月7日、第63期生8人（陸自7、海自1）の修了式が行われ、継続の2人を除く6人が技術を身に付け原隊に復帰した。（星里美）

修了式には、内局人事教育局給与課の齋藤裕課長、陸海空自衛隊の給与・法務関係者などの来賓と上部泰秀中央病院長をはじめとする病院関係者約30人が出席した。

松岡センター長が更生指導の成果を報告した後、修了生一人一人に修了証書を授与。その後、学生長の筬島正行准陸尉（一般事務科）が原隊への異任申告をした。

執行官の上部病院長は式辞で「皆さんは職務遂行中の不慮の事故により思わぬ後遺症を残すことになったが、固い信念をもって当センターに入所した。全国の部隊への帰隊後は、身に付けた知識・技能を最大限に発揮し、初心を忘れることなく精進して勤務に励み、一層活躍してほしい」と要望した。

来賓代表の齋藤給与課長は「昨年4月、前職の中央病院総務部長として皆さんの入所を受け入れ、本日、修了という形で見送ることについて深いつながりを感じるとともに大変うれしく思う。我が国のため、自衛隊のため、そして自身のために存分に実力を発揮し、引き続き我が国の安全保障の一翼を担ってほしい」と激励した。

最後に修了生を代表して筬島准尉が「各人が目標に向け、日夜勉学にいそしみ、多くの成果を残し、修了式を迎えることができました。修得した知識・技能を余すことなく発揮し、それぞれの職務において貢献できるよう努力していきます」と決意を表明した。

同センターは昭和32年3月修了の1期生いらい、63期を含め、845人の修了生を送り出している。

上　執行官の上部中央病院長（左）に63期生を代表して答辞を述べる筬島准尉（中央）と修了生たち。下　2度目の入所でパソコン関連の資格を九つ取得し、修了式を迎えた学生長の筬島准尉（いずれも3月7日、中央病院職業能力開発センターで）

学生長の筬島正行准陸尉

「学んだ技術　後輩たちに」

九つのパソコン関連の資格取得

学生長の筬島正行准陸尉（53）＝相浦駐屯地業務隊＝は野戦特科出身で、7特科連隊（東千歳）で勤務していた平成元年（当時3曹）、作業中に左手の人差し指を負傷し、障害認定を受けた。

その2年後、職業能力開発センターの前身となる「自衛隊中央病院職能補導所」に入所し、一般事務科でワープロを学んだ。当時はキーボードの位置を覚えることと、慣れないタイピングに思うように手が動かず、“苦戦”を強いられた。

しかし、食事の時に利き手とは逆の左手で箸を使うなど、両手がスムーズに動くようにと普段の生活の中でも努力を重ね、1年間の教育でタッチタイピングをマスターし、さらに「ワープロ検定3級」を取得した。

職能センターでの教育はトータルで2年間受けられるため、1度目の修了から26年が経過した昨年4月、定年退職を前に再び同センターに入所。今回はエクセル、ワード、パワーポイント、アクセスを修学した。

筬島准尉は「入所時に一人だけ飛び抜けてキーボードタッチが早かった。タイピングは1度目の入所で修得していたので、その面での苦労はなかった」と笑顔で振り返る。

前回の入所とは違い、「学生長」という立場の中、研修生を統制しながら勉学に励み、今回の教育では「オフィスマスター」「P検2級」など、パソコン関連の資格を九つ取得した。

「センターでは個人のレベルに合った教育が受けられる。部隊の事情にもよるが、自分と同じ境遇の人はぜひチャレンジしてほしい」と筬島准尉。「部隊復帰後はセンターで学んだことを後輩たちに普及・教育していきたい」と抱負を語った。

価格表示勝手に貼り替え　未遂でも購入でも詐欺罪

価格表示を勝手に変えて商品を購入したらどんな罪になりますか？

価格表示のシールをはがし、異なる価格のシールに貼り替えて購入する行為は、店員をだまして貼り替えた価格との差額分を利益として得ているため、刑法第246条の詐欺罪に該当します。

詐欺罪は「人を欺いて財物を交付させた者は、10年以下の懲役に処する」と定められており、その未遂についても処罰対象となります。

スーパーなどで閉店間際などに貼られる半額や3割引といったシールを、本来割引されない商品に勝手に貼って購入することも同じ罪に問われます。

絶対にしてはいけません。

（中部方面警務隊）

ボランティアで高齢者の家を除雪　島松

【島松】駐屯地曹友会の高山真也1曹以下5人は2月24日、恵庭市社会福祉協議会からの依頼を受け、市内の高齢者が住む民家の除雪を行うボランティア活動を実施した＝写真。

午前9時から作業を行い、家屋の屋根から落ちた雪を近くの空き地まで運搬して通路を確保。依頼者から感謝の言葉をもらった。

高山会長は「今後もボランティア活動の一環として、困っている方のために除雪を積極的に実施し、地域との一体感の醸成に寄与していきたい」と述べた。

海自東音、東京マラソンを支援

ランナーたち（奥）を音楽で激励する海自東京音楽隊の隊員たち。石塚副長はテントの外で雨に濡れながらタクトを振った（3月3日、防衛省正門前で）

演奏でランナーにエール

「軍艦」などアップテンポの9曲

今年で13回目となる「東京マラソン2019」が3月3日、過去最多の約3万8000人が参加して東京都内の観光地などを巡るコースで行われ、海自東京音楽隊は防衛省前で冷たい雨の中を走るランナーたちを音楽演奏で激励した。

樋口好雄隊長以下26人は、あいにくの雨のため、防衛省正門前にテントを張ってスタンバイ。東京都庁前をスタートした車いすのランナー、男子の先頭集団、市民ランナーたちが次々に疾走する中、石塚崇副長のタクトで「軍艦」を皮切りに、「炎のキン肉マン」「宇宙戦艦ヤマト」「走れマキバオー」など全9曲を演奏してランナーにエールを送った。

コースでは、「ありがとう」と音楽隊にお礼を返すランナーや、走りながら手拍子をしたり、立ち止まって撮影する参加者の姿も見られた。

同音楽隊の企画担当者は「ランナーを元気づけるアップテンポな曲、東京音楽隊の力強さを伝える曲というコンセプトで選曲した。参加者の反応を身近に感じられる演奏となった」と話していた。

豚コレラ対処部隊などに3級賞状

高田総監「安心できる環境作った」　東方

【東方＝朝霞】長野県内の養豚場で2月6日に確認された豚コレラに適切に対処し、感染拡大を防いだ功績で、13普連（松本）を基幹とする「豚コレラ対処部隊」と後方支援に当たった松本駐屯地業務隊＝2月14日付既報＝に27日、東部方面隊からそれぞれ3級賞状が授与された。

表彰式は松本駐屯地体育館で行われ、13普連の150人と松本駐業務隊の50人の計約200人の隊員が出席。

高田克樹東方総監が「現場から帰ってきた隊員が安心できる環境を作って頂いた」と松本駐業務隊長の花里伝介2佐に、また、12旅団長の田尻祐介陸将補は「大きなストレスを感じる環境で、黙々と作業する姿が頼もしかった」と述べて13普連長にそれぞれ賞状を手渡した。

13普連は2月6日から8日まで、長野県知事からの災害派遣要請を受けて約306人態勢（松本）などと共に伊那郡宮田村町の養豚場に派遣され、豚の誘導や殺処分などの防疫措置を行った。

一方、松本駐業務隊は車両の給油、入浴支援、売店の営業、派遣隊員の洗濯業務の処理、戦闘服の洗濯業務などを行い、24時間態勢で派遣部隊を支えた。

豚コレラ災派の功績で、高田東方総監（右）から3級賞状を授与される松本駐業務隊長の花里2佐（2月27日、松本駐屯地で）

あさぐもドンマイ　吉本どんど

合宿中

なんだ？寝られないのか

羊でも数えたらいいんじゃないか

原因はそれなんだよ

同期2人がラストフライト

生徒26期の安永3佐と沖田准尉

【岩国】31整備補給隊整備補給統制班長の安永哲也3佐と81航空隊85分隊士の沖田政彦准尉は1月9日、P3C多用機9131号のフライトをもって航空人生を締めくくった。

2人は昭和55年4月、海上自衛隊生徒26期として江田島の少年術科学校に入隊。卒業後は主に固定翼航空機搭乗員として海上航空部隊の発展に貢献し、偶然にも同じ岩国の地で定年退官を迎えることになった。

安永3佐はOP3C画像収集評価員として同機の導入期から深く携わり、81空列線隊長などを務めるなど、卓越した知識技能を発揮して後進の育成に尽力した。

沖田准尉はOP3C機上電子整備員として導入期から深く携わる一方で、81航空隊、31航空群司令部、教育航空集団司令部の先任伍長を歴任した。

この日は、搭乗員として勤務する沖田准尉と、かつて搭乗員として勤務し、今は地上勤務となった安永3佐が共にOP3Cに搭乗し、ラストフライトを行った。

2人の飛行作業完了後、浦田哉81空司令、矢倉清次31整補隊司令をはじめ、労をねぎらおうと多くの隊員がエプロン地区に集結。2人は航空機から降りると、両司令に作業完了を報告し、出迎えた隊員から花束を贈られた。

安永3佐は「両隊の多くの隊員の出迎えによるラストフライトセレモニーを実施していただき感無量」と話し、沖田准尉は「自衛隊生活最後の勤務を航空隊で過ごし、搭乗員として締めくくることができて幸せに思う」と語った。

記念写真に納まる安永3佐（前列中央左）と沖田准尉（その右）＝1月9日、岩国航空基地で

小休止

▽…「わー、冷たい！　楽しい！」──。2月15日、沖縄県那覇市のさくら保育園の屋上で雪玉が飛び交い、子供たちのはしゃぎ声が響いた＝写真。

▽…この“雪のプレゼント”は「雪の降らない沖縄で子供たちに雪を体験させてあげたい」との思いから、北海道の東千歳駐屯地曹友会（会長・中山幸弥曹長）と早来こども園が提供したもの。子供たちは北国からの贈り物を満喫し、雪合戦や雪だるま作りを楽しんだ。

▽…那覇駐屯地曹友会長の具志堅良男曹長は「北海道と沖縄の子供たちの懸け橋となり、とても幸せ。天使の笑顔に癒やされた」と話していた。（陸那覇）

森の分かれ道では人の通らぬ道を選ぼう。すべてが変わる。
ロバート・フロスト（米国の詩人）

（世界の切手・エストニア）

朝雲ホームページ
www.asagumo-news.com
<会員制サイト>
Asagumo Archive
朝雲編集部メールアドレス
editorial@asagumo-news.com

東音とその「演奏の場」 ▶▶▶上

元海将　福本　出（元海上自衛隊幹部学校長）

待つ人のいる場所全てステージ

2月10日の昼下がり、東京都港区の赤坂アークヒルズにあるサントリーホールにおいて、海上自衛隊東京音楽隊（東音）の第58回定期演奏会が行われ、約2000名の観客が最高の場で極上のひとときを楽しんだ。

筆者は、同期から「音楽隊に行けると勘違いして防大に入った変なヤツ」といまだにはやされるほど、自他共に認める音楽隊ファンである。任官してからも諦めきれず、客席ではガマンできなくなることもしばし。練習艦隊首席幕僚、鹿児島地本長、呉監幕僚長などの職にあるとき、手の届くところで音楽隊が演奏するとなれば、"職権乱用"して楽器を手に、ステージに上った回数は数知れない。

そんな暴走を笑って許してくださった当時の上司や音楽隊の隊長、隊員の皆さまへのお詫びの気持ちも込め、陰に日なたに、音楽隊応援／支援者であるように心掛けてきたつもりだ。今回は本紙にもよく掲載される音楽隊関連記事とは少し趣を異とし、東音の定期演奏会について「演奏の場」という視点からの私見を述べてみたい。

陸・空中央音楽隊も同じだが、防衛大臣直轄部隊たる東音にとって、定期演奏会はその他の演奏会にも増して重みのあるステージである。というのは、通常どおり来場された観客に楽しんでいただくことに加え、年に一度の「訓練検閲」という側面もあるのだ。音楽隊といえどもれっきとした自衛隊の部隊だ。艦艇や航空機の部隊と同様、上級指揮官の検閲により部隊練度が評価される。

東音は"大臣直轄部隊"なので、直属の指揮官である大臣、またはその代理として海上幕僚長により、演奏の芸術的側面のみならず、演奏会を通じた海自広報への寄与や来客の満足度など総合的な部隊練度の検

クラシック音楽の殿堂、サントリーホールのステージに立つ東京音楽隊の隊員（2月10日）

練度評価の場、定演

閲を受けるコンサートということになる。この日をめざし、年間を通じて培ってきた実力を発揮し、ベストの演奏を披露できるようなプログラムをもって準備にあたる。

その演奏を披露する"場"となるのが、演奏会場だ。

プロのオーケストラや吹奏楽団と違い、自衛隊音楽隊は[illegible]を選ばない。[illegible]第一線部隊と[illegible]あらば、どんな[illegible]掛けて演奏す[illegible]地方に出掛けて[illegible]施設が調って[illegible]には音がまった[illegible]体育館や公民[illegible]、必ずしも音[illegible]した場所とは言えない場合も多々ある。

来場した子どもが泣き叫んでも、ショッピングモールで演奏をかき消すような商品連呼があってもウエルカム。屋外で、いてつく真冬に冷え切った楽器を凍えた指で操作することも、雨の中、ぬれる楽器をかばいつつ、ラッパやドラムにたまる水を拭いながら演奏することも、真夏のパレードで汗と泥にまみれながらの演奏も厭わない。

生演奏など聴いたことがない子どもたち、あるいは災害で途方に暮れる被災者などなど、そこに待つ人がいるならば、どんな場所にも楽器を持って駆け付ける。自衛隊音楽隊にとって、待つ人がいる場所全てが最高のステージだ。

しかし他方において、演奏する"場"は、音楽という芸術を表現するために大切な要素でもある。コンサートホールは、「それ自体が楽器」と言われるゆえんがそこにある。それぞれの楽器ひとつひとつが奏でる音色やメロディー、それらが紡ぎ出すハーモニーを、訪れた人の目と耳と心へと最高のコンディションで届けられる場所。年間を通じて錬磨してきた成果の頂点を披露する定期演奏会であれば、それを体現するに適したホールを選ぶことも重要だ。

それでは、来客に最高の演奏を披露するには、どういう場所が求められるのだろうか。1982年、大阪にクラシック音楽専用コンサートホールとして初めて「ザ・シンフォニーホール」がオープンして以来、我が国においても各地に同様のホール建設が始まった。東音がこれまで定期演奏会を行ってきた東京都新宿区初台にある「東京オペラシティコンサートホール」もそのひとつだ。

これらクラシック音楽専用のホールが、その他の多目的ホールと異なるところは、電気的音場操作を行わずとも、楽器が奏でる生の音が客席の隅々まで響き渡るよう、音響工学と建築技術を駆使し、精密な音響設計が施されたところにある。首都圏にはクラシックの演奏家たちからも評価の高いホールが指折り数えられるが、その頂点とされるのが、「サントリーホール」である。平成9年に行われた陸海空中央音楽隊による第1回合同コンサートの会場にサントリーホールが選ばれたゆえんでもあろう。次回は、サントリーホールと海自とのご縁に触れながら、演奏の場についてもう少し述べてみたい。（つづく）

最高の音響の音楽専用ホールで演奏を披露する東音隊員

みんなのページ

「奄美・宮古部隊新編」で補給業務

3陸曹　七田　唯（九州補給処補給部・目達原）

私が九州補給処補給部の業務として従事した今回の「奄美・宮古部隊新編のための補給業務」は、本年1月中旬から2月旬までの間に、コンテナ約150本分の補給品を用意して輸送業務を引き受けなければならないというミッションであり、この度の部隊新編の[illegible]に大きく影響するという、とても重要な任務でした。

コンテナを利用しての輸送は「鎮西」で、今回は訓練を積み重ねてきたことのない、その5倍の量のコンテナ数であり、なかなか計画通りに進みませんでしたが、補給部の皆が試行錯誤しながら知恵を絞り、作業を進めていきました。

九州補給処が一丸となっての協力態勢のもと、このミッションに私たちも集中して取り組み、なんとか任務をやり遂げました。協力してくれた補給処の方々に感謝するとともに、新しい部隊の新編業務に協力でき、まさに身の引き締まる思いでした。

今後、スムーズかつ早期に作戦・戦闘基盤の確立ができるよう、私たちも縁の下の力持ちとして、最後まで全身全霊で任務の完遂に努めていきたいと思います。そして、今後も「兵站のスペシャリスト」として、さまざまなことにチャレンジしていきたいと思います。

兵站のスペシャリストに

「奄美・宮古部隊新編」に向けの補給物資の積み込みを行う九州補給処の七田3曹

雪の中の中隊検閲に参加

即応予備2陸曹　高橋　文博（31普連4中隊・武山）

私は新潟県の関山演習場で行われた3日間にわたる中隊検閲に参加しました。

現地では雨が降り続く中、徒歩行進を開始、汗をかくと次第に寒さを感じるようになり、手足がかじかむようになりました。

天候はやがて、雨↓雷↓雪と激しく変化し、地面も茶色から雪で白色に変わりました。この悪天候の中での行軍は厳しいものでしたが、完歩し、乗り切ることができました。歩き終わった時に、着用していた衣類と戦闘靴はすべてずぶ濡れになっていました。

翌日も雨が降り続く中、狙撃班観測手として警戒・監視訓練を継続しました。

本検閲で「敵」となった第5中隊と遭遇後、戦闘は一進一退を繰り返す膠着状態となり、現場に配置された隊員たちは寒さにも耐え続けました。

3日目には雨がやみ、遊撃活動を開始した後の0900ごろに状況終了となりました。

自分の中では本当に過酷な3日間でした。この過酷な時間を克服できたのは、狙撃班の班員の励ましと助けがあったからでした。仲間たちには本当に感謝の気持ちでいっぱいです。

連隊長からも「概ね優良」と高い評価を頂き、和田中隊長を核心とする第4中隊の検閲は任務を完遂し、無事終了しました。

訓練が過酷であった分、夜の打ち上げのビールをおいしくいただくことができました。

OBがんばる

原村　隆行さん　55

平成29年4月、海自函館基地隊造修科を最後に定年退職（曹長）。共立メンテナンスに再就職し、同社の企業寮「ドーミー武蔵新田」のマネージャーとして寮母の夫人とともに夫婦で勤務している。

夫婦で企業寮を管理

海上自衛隊を定年退職し、早くも2年となりました。在職中はよくこの新聞記事を読んでいましたが、自分がOBとして記事を投稿するとは夢にも思っていませんでした。

現在は、夫婦2人で共立メンテナンスの企業寮のマネージャー、寮母として頑張っています。自衛隊生活ではさまざまな年齢層の中で勤務してきたので、現役時代と似たような環境で人間関係では戸惑うことなく、仕事も在職中の経験が大いに役立っています。

寮は65室あり、勤務は寮内のメンテナンスが主で、電気・水道関係の管理から備品の修繕や調達、荷物の受け取り、消防訓練などさまざまです。これら多種の業務を1人で行いますが、本社が全面的に指導・協力をしてくれるので何の不安もありません。自分で1日のスケジュールを決めて仕事することができ、上司も部下もいませんので、小さくても「一国一城の主」として勤務しています。

妻は寮生の朝夕の食事を提供し、栄養管理なども行っています。何十人もの食事を提供するので最初は不安もありましたが、献立も調理法も本社が手厚く指導してくださるので、調理の経験が少なくても心配ありませんでした。寮生が「とてもおいしかった」と声をかけてくれるので、仕事のやりがいがあります。

寮に住み込んで仕事をしているので光熱費等（食費は除く）の負担もなく、とても良い環境で充実した生活をしています。

退職予定の皆さまも、まずは健康維持に努められ、第2の人生の準備を早めにされることをお勧めします。

あさぐも掲示板

■元東方総監の渡部氏が「米中覇権争い」で講演

日本国防協会は4月10日（水）午後3時から東京都新宿区のホテルグランドヒル市ヶ谷で、元陸自東部方面総監の渡部悦和元陸将を講師に迎え、国防問題講演会を開く。演題は「米中覇権争いと日本」。

聴講希望者は協会事務局にFAX（03・5229・2050）またはメール（info@kokubou-league.com）で申し込む。締め切りは4月5日。聴講料は会員・隊員・OBが千円、一般2千円。

新刊紹介

「災害支援者支援」

高橋　晶編著

東日本大震災以降、被災者のメンタルヘルスの重要性が取り上げられるようになった。しかし、災害時に人命救助や不明者捜索など過酷な活動に当たる自衛官、警察官、消防士、救急救命士など「災害支援者」の心のケアは後回しにされがち。

本書は雑誌『こころの科学』（日本評論社）に連載された「支援者支援」に新稿を加えたもの。災害支援者のメンタルヘルスを守るために日頃から何をしておくべきか、取り組みが紹介されている。

執筆陣は筑波大学の高橋晶准教授、高橋祥友教授、[illegible]ら精神医学の専門家らが、▽支援者支援の必要性▽災害時の体制整備▽災害後の対応方法――を骨子に、救援活動の準備から活動中・後のケアやフォローアップなど、さまざまな事例を交えて紹介している。[illegible]

「今日から使える統計解析・普及版」

～理論の基礎と実用の"勘どころ"～

大村　平著

[illegible]災害時に行うことは不可[illegible]。日常的に[illegible]ための対策を大規模[illegible]。自衛隊幹部[illegible]、統計の「勘どころ」に関する多くの著書を世に送り出してきた元航空[illegible]。平均、相乗平均から、正規分布、推定と検定、危[illegible]を押さえておくことは、[illegible]る。（講談社刊、1188円）

詰将棋

第791回出題

出題　日本将棋連盟　九段　石田　和雄

先手　持駒　角金

【ヒント】初手、三手とも手順の妙（10分で二段）。

▶詰碁、詰将棋の出題は隔週です◀

第1206回解答

詰碁

出題　日本棋院

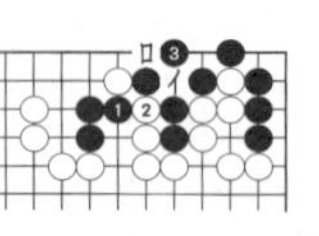

【解答図】黒先、黒活。[illegible]

朝雲

発行所 朝雲新聞社
〒160-0002 東京都新宿区四谷坂町12-20 KKビル
電話 03(3225)3841
FAX 03(3225)3831
振替00190-4-17600番
定価一部140円、年間購読料9000円（税・送料込み）

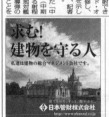

主な記事

陸自、大規模に部隊新・改編

奄美、宮古に駐屯地開設

陸上自衛隊は南西諸島への新たな駐・分屯地の開設など、3月26日付で大規模な部隊新・改編を行った。「創隊以来の大改革」と位置付ける組織改革の一環で、南西諸島防衛態勢を強化したほか、鹿児島・奄美大島と沖縄・宮古島に警備隊などを配置した。また、4師団（福岡）には機動力を高めた「偵察戦闘大隊」を、8師団（北熊本）には中域用無人偵察機を装備した「情報隊」をそれぞれ新編し、西方の偵察・情報収集能力を強化した。東日本では6師団（神町）と11旅団（真駒内）を「機動師団・旅団」に改編。岩屋防衛相は同日の記者会見で、奄美、宮古島への部隊配置について「南西諸島の『守りの空白地帯』が埋まる。災害を含む各種事態に対する初動対処、迅速な展開が可能になる」と語った。

南西地域の防衛態勢強化

陸自の30年度部隊新・改編では、南西地域の抑止・対処態勢を強化するため、27年度末の沖縄・与那国島への沿岸監視隊の配置に続き、鹿児島・奄美大島と沖縄・宮古島に警備部隊など第一線部隊を配置した。

両島は共に海峡に面していることから、地対艦ミサイル（SSM）部隊と、中距離地対空誘導弾（中SAM）を装備した高射特科部隊も配置し、侵攻してくる敵艦艇や航空機を迎撃できる態勢を整える。

26日に奄美大島北部に開設された「奄美駐屯地」（約350人）と南部の「瀬戸内分屯地」（約210人）には、普通科主体の警備隊が置かれ、初動対処の警備活動に当たる。奄美駐屯地には中SAM、瀬戸内分屯地にはSSM部隊が配置され、海・空自と連携する。

宮古海峡に面した沖縄の宮古島に「宮古島駐屯地」が開所。15旅団（那覇）の隷下部隊として約380人でスタートし、31年度以降、SSM、中SAM部隊も配置され、隊員は約700〜800人規模まで増員される。

同駐屯地の東部に位置する保良地区には、弾薬庫や射撃場などが整備される予定だ。

「守りの空白地帯埋まる」岩屋防衛相

奄美、宮古への部隊配置について岩屋大臣は22日の記者会見で「今、日本の守りの空白地帯であり、南西海域は約1200キロの広さがある。空白地帯のないよう部隊配置を進めている。これまで沖縄本島と与那国島以外には部隊が配置されていなかったので、宮古、奄美、瀬戸内に部隊ができることで守りの空白を埋める。災害に対しても迅速な展開が可能になる」と意義を強調した。

6師団・11旅団→「機動師団・旅団」

作戦基本部隊の即応性強化

一方、作戦基本部隊の即応性を強化する観点から、29年度末の8師団（北熊本）と14旅団（善通寺）に続き、30年度末に6師団（神町）と11旅団（真駒内）を「機動師団・旅団」に改編した。

4師団に「偵察戦闘大隊」 8師団に「情報隊」を新編

西方の4師団（福岡）には機動戦闘車などを装備する「偵察戦闘大隊」を新編。8師団（北熊本）には中域用無人偵察機「スキャンイーグル」を装備する「情報隊」を新編した。同機は約24時間以上の航空偵察が可能で、「スキャンイーグル」の運用教育などにあたる「情報教育」も行う。

このほか、駒門駐屯地には「地上レーダー装置1号」の教育なども行う機甲教導連隊、1機甲教育隊、戦車教導隊、偵察教導隊を統合した「機甲教導連隊」も新編された。機動戦闘車や10式戦車を装備する部隊の隊員教育を担任する。

中域用無人偵察機「スキャンイーグル」

2019年度防衛費 重要施策を見る ■7■

研究開発

「高速滑空弾」2段階で開発

潜水艦の水中持続力も向上へ

防衛装備庁の3自衛隊向け新規装備品の開発は従来、5〜10年かけて行われてきたが、「格段に速度を増す安全保障環境の変化」に対応するため、2019年度からは「従来とは抜本的に異なる速度で防衛力を強化する」方針に転じた。装備品の開発期間も短縮し、「早期の実用化」を図る。

18年度から研究開発が始まった「島嶼防衛用高速滑空弾」（19年度139億円）は、早期の実用化を目指し、開発を2段階に改める。弾頭部の滑空弾は時間がかかるため、先に海上から侵攻してくる敵艦艇を狙う通常型弾頭（ブロック1）を実用化し、陸上部隊の装備とする。

このほか、「多目的誘導弾システム（改）」（35億円）の開発にも着手する。96式多目的誘導弾システム（MPMS）を一新し、射程を延伸するだけでなく、同時・多数の目標に対処可能なシステムとして完成させる計画。

「島嶼防衛用高速滑空弾」の運用イメージ。19年度からは早期の開発完了を目指し、ブロック化が導入される

研究」に43億円を投入。電力貯蔵システムの高容量化・高密度化と電力給電システムの高効率化・小型化により潜水艦の水中持続力を高め、同時に船体の大型化を抑制する。

潜水艦の哨戒任務を補助する「無人水中航走体（UUV）」（42億円）の開発も進める。UUVは指定された海域でパトロールに当たるほか、海底観測など各種業務にも従事できるよう、搭載機器や電池をモジュール化し、用途に応じて入れ替えることで、多目的に運用できるUUVとする。

一方、護衛艦隊のデータリンク（ネット）と射撃管制（FC）を一体化させた「FCネットワークの研究」（63億円）にも取り組む。洋上航行中の護衛艦が捉えた対空目標を、周囲の艦艇にも同時に伝え、その目標に一番近い艦が迎撃に当たるネットワーク化を実現する。各艦の情報を連接し、艦隊規模でネットワーク化された対空戦が可能になる。

将来の長射程ミサイルの実現に向け、「極超音速誘導弾の要素技術に関する研究」（58億円）にも着手。マッハ10の極超音速飛翔が可能なスクラムジェットエンジンの実現を目指す。

このほか、装備政策面では「我が国の技術的優越を確保」するため、最新の民生技術を取り込み、自衛隊装備に組み込む体制とする。また、有望技術をいち早く取得できるよう、19年度も装備庁独自のファンディング制度「安全保障技術研究推進制度」に101億円を投じ、「萌芽的研究」の発掘と育成に力を注ぐ。（薗田嘉寛）＝おわり

河野統幕長に米メリット勲章

日米同盟強化に寄与

河野統幕長は3月21日から24日まで米国を訪れ、米統合参謀本部議長のジョセフ・ダンフォード海兵隊大将と会談するとともに、シャナハン米国防長官代理からのメリット勲章の伝達を受けた。

統幕長は21日に米国防省近傍の米軍マイヤー・ヘンダーソン・ホール基地を訪問し、ダンフォード議長と会談。この後、日米同盟の強化に大きく寄与したことがたたえられ、司令官クラスに贈られる勲章「リージョン・オブ・メリット・ディグリー・オブ・コマンダー」が授与された。

式後、河野統幕長は「このような勲章を頂き大変光栄に思う。ダンフォード大将と共に非常に厳しい安全保障環境の中で、日米が緊密に共同対処できたことを誇りに思う」と述べた。

ダンフォード議長は河野統幕長との関係について「北朝鮮ミサイル事案の際は、2、3日に1度は話し合い、最低2カ月に1度は訪問し合った。アジア太平洋地域への貢献に対する統幕長のリーダーシップはすばらしいものがあった」と賛辞を送った。

河野統幕長は翌22日、ロードアイランド州の米海軍大学を訪れ、「日米同盟の重要性および強固さ」をテーマに講話を行った。

河野統幕長（右）にメリット勲章を授与し、固い握手で功績をたたえる米統合参謀本部のダンフォード議長（3月21日、米バージニア州で）＝米統合参謀本部のツイッターから

空対艦誘導弾を長射程化

防衛相表明

岩屋防衛相は3月19日の記者会見で、空自F2戦闘機搭載用として2017年度に開発を完了した国産の空対艦誘導弾「ASM3」について、「近年、諸外国の艦艇に射程が長い対空火器の導入が進んでいることから、これに対応するため、『ASM3』のさらなる射程延伸を図るべく、早期に研究開発に着手し、順次、航空自衛隊に導入する」と述べ、同誘導弾を事実上、敵の脅威圏外から発射できる長射程の「スタンド・オフ・ミサイル」に改修し、運用していく考えを示した。一部報道を受け、記者からの質問に答えた。

昨年末に策定された「中期防衛力整備計画（中期防）」の中で「さらなる射程延伸を図った新たな地対艦誘導弾及び空対艦誘導弾の導入」が明記されたことを受けた措置で、将来のF2後継機への搭載も視野に入れる。同誘導弾はF2搭載用に開発されたが、現時点で実戦配備には至っていない。

岩屋大臣は「日本の南西諸島は約1200キロあり、島嶼防衛のために（長射程化が）必要だ」と説明。「誘導弾は基本的にすべからく長射程化を考えていかざるを得ない安全保障環境にある。自衛隊員の安全を確保しつつ事態に対応するため、長射程の装備が必要だ」と強調した。

春夏秋冬

新年度の執筆陣

小原、笠井、菊澤、黒川氏（掲載順）

本紙の人気コラム「春夏秋冬」の執筆陣が4月から交代します。次号から登場するのは、元海自隊員で在隊中に中国防衛駐在官を務めた中国軍事に詳しい笹川平和財団上席研究員の小原凡司氏、在インド・在パキスタン日本大使館に勤務経験がある岐阜女子大学南アジア研究センター特別研究員の笠井亮平氏、「戦略」「組織」研究の大家で、元防大教授として軍事にも精通した慶応大学商学部・大学院教授の菊澤研宗氏、そしてテレビや雑誌などで男女や年齢、時代で違う脳の感性を分かりやすく紹介している人工知能研究者の黒川伊保子氏です。どうぞご期待ください。

小原 凡司氏

（おはら・ぼんじ） 笹川平和財団安全保障事業グループ上席研究員 1963年生まれ。防大卒。筑波大院（地域研究修士）修了。85年海自入隊、回転翼操縦士に。03年〜06年中国防衛駐在官。海幕情報課情報班長、21航空隊司令を歴任。11年、英ジェーンズ・インフォメーション・グループに移り、13年東京財団を経て、17年6月から現職。主な著書に「中国の軍事戦略」「軍事大国・中国の正体」「曲り角に立つ中国」など。

笠井 亮平氏

（かさい・りょうへい） 岐阜女子大学南アジア研究センター特別研究員 1976年生まれ。中大卒、青学大院（国際政治経済修士）修了。専門は南アジアの国際関係、インド・パキスタンの政治、日印関係史。在中国（01〜03）、在インド（08〜10）、在パキスタン（11〜13）日本大使館に専門調査員として勤務。著書に「モディが変えるインド」「インド独立の志士『朝子』」、共著に「軍事大国化するインド」など。

菊澤 研宗氏

（きくざわ・けんしゅう） 慶応大学商学部・大学院教授 1957年生まれ。慶大卒、慶大院（商学博士）修了。88年防大講師、91年防大助教授、93年ニューヨーク大学スターン経営大学院、99年防大教授、02年中大教授、06年慶大教授。08年経営哲学学会会長。著書に「戦略の不条理」「組織の不条理」「組織は合理的に失敗する」「『命令違反』が組織を伸ばす」など。第1回経営学史学会賞受賞（04年）。

黒川 伊保子氏

（くろかわ・いほこ） 感性リサーチ代表、人工知能研究者 1959年生まれ。奈良女子大物理学科卒。富士通でAI（人工知能）研究。91年、大型機では世界初と言われた日本語対話コンピューターを実現。03年感性リサーチ設立。AI開発の一環で男女や年齢、時代で違う脳の感性を研究し、一般にも分かりやすく紹介。著書に「妻のトリセツ」「女の機嫌の直し方」「英雄の書」「日本語はなぜ美しいのか」など。

朝雲新聞社

朝雲寸言

「平成」の時代が終わろうとしている。振り返れば、平成は大きな変化の時代だった。そして、この30年間で最も変化した組織は自衛隊であろう▼マルタ島のサミットで冷戦が終わったのは平成元年のことだった。翌年、湾岸戦争が勃発し、平成3年ペルシャ湾に最初の自衛隊の国外派遣となる掃海部隊が派遣された。平成4年、自衛隊は初めて国連平和維持活動に参加し、国際平和協力隊がカンボジアに派遣された。新しい世紀の始まりとともに、平成13年、米国同時多発テロが起こり、特措法に基づきインド洋の給油活動が開始され、平成15年、イラク人道復興支援活動が開始された▼一方で平成は多くの災害や事件に見舞われた。平成7年、阪神・淡路大震災、地下鉄サリン事件。初めての国際緊急援助隊がホンジュラスに派遣されたのは平成10年、初の海上警備行動が発令されたのは平成11年の能登半島沖不審船事案だった。そして平成23年の東日本大震災、28年の熊本地震など、日本列島を襲った災害に立ち向かい、国民の負託に応えた▼3月17日、防衛大学校の卒業式で安倍内閣総理大臣は「その環境に[illegible]者こそが勝ち残る。昨日までの常識に[illegible]。変化に応じて変化することを恐れないで」と訓示した▼新たな時代の平和と安寧を願うのは当然のことだ。そのためには平成の教訓をしっかりと生かすことが求められている。

時の焦点

国内　統一選幕開け
地方活性化の展望競え

人口減少社会にあって、地方に活力を取り戻し、将来の展望を確かなものとする。その具体的な方策を議論する「亥年選挙」とせねばならない。

統一地方選の幕開けとして、北海道、大阪、福岡など11道府県の知事選と、6政令市の市長選が告示された。道府県議・政令市議選や、一般の市区町村長・議員選も順次告示され、4月7日に前半戦投票、同21日に後半戦投票を迎える。

知事選の構図は様々だ。大阪は、大阪維新の会が掲げる「大阪都構想」の是非をかけて、府知事選と大阪市長選のダブル選となる。知事と市長が立場を入れ替えて出馬する維新に、自公と野党が共闘して対抗する。

立憲民主、国民民主など野党各党間の協力が成り立った与野党対決型の知事選は、北海道のみである。福井、島根、徳島、福岡の4県知事選は、保守分裂選挙となった。

野党共闘が進まず、「1強多弱」が続く。そうした国政の状況が反映していよう。

今年は、統一地方選と参院選が重なる「亥年選挙」の年だ。参院選も地方の「1人区」が勝敗の鍵を握るため、各党は、統一選を参院選の前哨戦と位置づける。主要な知事選には幹部を連日送り込む国政選挙並みの態勢である。

12年前の2007年参院選で第1次安倍政権下の自民党が惨敗し、09年衆院選での民主党への政権交代につながった。各党にその記憶が生々しく残っていることが、選挙戦への全力投球につながっている。

重要なのは、「地方重視」を選挙向けのポーズに終わらせず、地方活性化に向けた議論をより深めることだ。

政権の看板政策の一つである「地方創生」は、安倍首相が14年に打ち出した。翌15年の統一地方選をにらみ、地方の支持を得る狙いもあった。

14年末決定の「まち・ひと・しごと創生総合戦略」には、20年までに東京圏と地方の転入・転出者数を均衡させるという目標を明記した。若者を中心に、地方から東京への人口流入が続く。この流れを反転させることが最大の課題だったといっていい。

だが、この目標の達成は、極めて困難となった。

地方から東京圏への流入超過は、昨年も14万人近くに上った。

安倍首相は先の国会答弁で「現状では、20年の均衡目標達成は大変厳しいものになった」と言わざるを得ない」と語った。

政府は、鳴り物入りでスタートした地方創生が、なぜ十分な成果を残せなかったか厳しく検証する必要がある。

ただ、「地方創生に取り組んでいなければ、地方はもっと疲弊していた。政府だけの力では東京一極集中は止まらない」（関係経験者）という見方も真実であろう。

地方が衰退すれば日本の国力は維持できない。与野党を超えて知恵を絞らねば、次の亥年には「地方重視」の声がむなしく響くことになろう。

宮原 三郎（政治評論家）

海外　NZモスク銃撃
テロの「敷居」下がる?

ニュージーランド南部クライストチャーチで3月15日午後、男が2カ所のイスラム教の礼拝所（モスク）を襲撃、銃を乱射して計50人を殺害した。

同国は2018年版の「世界平和指標」で、アイスランドに次いで世界で最も安全な国の第2位にランクされていた。

事件を起こしたブレントン・タラント容疑者(28)は、隣国オーストラリア出身で、白人至上主義の思想を持ち、アジア、中東からの移民増加に反感を募らせていた。

衝撃的なのは、彼が犯行の様子をフェイスブックを通じてライブストリーミングしていた事実。事件は、後に伝染的に続くだろう大量殺人事件の新機軸と言えるかもしれない。

思い出すのは、1999年4月に米コロラド州ジェファーソン郡のコロンバイン高校で、生徒2人が起こした銃乱射事件（自殺したこの2人を含む15人が死亡）。

同事件は、学校で発生する大量銃撃事件の「敷居」を低くしたと言われており、事実、その後の学校銃撃事件のほとんどがコロンバインの犯行を真似ているという。これを今回の事件に当てはめれば、確かに、類似したパターンが見られる。次なるテロの「敷居」を下げた可能性もあろう。

同容疑者は銃撃前、74ページに及ぶマニフェストをSNSに投稿していたが、その中で、過去の大量銃撃事件の犯人を特記していた。

一例を挙げれば、2015年にサウスカロライナ州チャールストンの教会で、9人が殺害された事件。その犯人ディラン・ルーフに霊感を受けた、と書いている。

また、カナダ東部ケベック州の州都ケベック・シティーのモスクで17年、カナダ人大学生アレクサンドル・ビソネットが礼拝中の約40人に向けて発砲、6人を殺害した。タラント容疑者は犯行に使った連発銃の弾倉に歴史的テロ事件の実行者の名前を記し、称賛していたが、ビソネット名もある。

マニフェストに1カ所、トランプ米大統領に触れ、「新たな白人アイデンティティーの象徴として支持」するという部分がある。

これがホワイトハウスで15日、大統領に「白人至上主義が台頭していると思うか」という質問に発展し、「そうは思わない」との答えになる。

続く「政策立案者や指導者としては全くノー」だとの部分は無視して、両者の思想的な「近さ」を醸し出そうとする。事件の政治的利用である。

CNN-TVに16日、パキスタン系英国人でイスラム教徒の医師兼作家カンタ・アーメドが出演した。

「トランプ大統領と政府はイスラム嫌いと批判されるが、視聴者は真実を知るべきだ。私はイスラム世界によく行くが、そこで大統領は本当に愛されている」

アーメドの見解はCNNの期待に反した。ゲストの人選を誤ったようだ。

マニフェストは自らを社会主義者、環境テロリストなどと称し、中国を称賛している。ならば、習近平中国国家主席にも事件の責任があるのか。

草野 徹（外交評論家）

海幹校「第66期指揮幕僚課程」
留学生含む36人が卒業

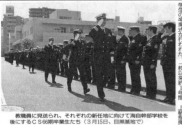

教職員に見送られ、それぞれの新任地に向けて海自幹部学校を後にするCS66期卒業生たち（3月15日、目黒基地で）

【海幹校=目黒】海自幹部学校（学校長・湯浅秀樹海将）で3月15日、「第66期指揮幕僚（CS）課程」学生の卒業式が行われた。

66期学生は海自学生32人、陸・空自学生各1人、豪州と韓国からの留学生各1人の計36人で、昨年3月の入校以来約1年間、上級指揮官・幕僚に必要な知識と技能に磨きをかけた。

大講堂で行われた卒業式には村川海幕長をはじめ、裏千家大宗匠千玄室氏、土山實男青学大教授の臨席のもと、歴代海幕長や歴代学校長、部外講師、朝雲新聞社の中島毅一郎社長ら来賓と卒業生家族ら計約60人が出席した。

湯浅学校長は学生一人一人に卒業証書を授与し、「諸君が自己の理想実現のため、自分たちが担う海上自衛隊、そして日本の未来のために強い心をもってなお一層努力することを祈念する」と激励した。

村川幕僚長は「常に目標を持って勤務せよ」「広い視野と創造力を発揮せよ」「人を大切にせよ」の3点を要望し、課程期間に学んだ全てを実践の場に役立て精進するよう訓示した。

引き続き和やかな雰囲気の中で祝賀会が開かれた後、学生たちは学校職員や家族に見送られ、決意新たにそれぞれの新任地に向けて幹部学校を後にした。

教研本に新編後初
CGS、TAC合同卒業式
120人の門出祝う

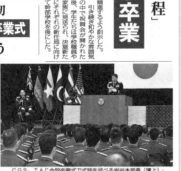

CGS、TAC合同卒業式で式辞を述べる岩谷本部長（壇上）、左は山崎陸幕長。壇上には9人の留学生の国旗も置かれた（3月15日、目黒駐屯地で）

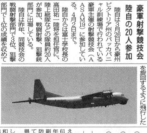

【教研本=目黒】陸自教育訓練研究本部（本部長・岩谷要陸将）は3月15日、目黒駐屯地大講堂で63期指揮幕僚課程（CGS）と46期高級技術課程（TAC）の合同卒業式を実施した。

同本部は旧幹部学校（目黒）と旧研究本部（朝霞）を統合したシンクタンク的機関として昨年3月に発足、新編後初の卒業式を迎えた。式には山崎陸幕長をはじめ、[illegible]

続けてもらいたい」と要望した。

続いて山崎陸幕長が「高い使命感を持って職務を遂行し、「不断の修養、研鑽に努め」と訓示、「諸官が真に戦える陸上自衛隊の実現に寄与することを期待する」と述べた。

海自が米海軍と共同指揮所演習

30年度「日米共同指揮所演習（米海軍）」が3月18日、米ロードアイランド州ニューポートの米海軍大学校で始まった。28日まで。

海自からは山下万喜自衛艦隊司令官以下、海幕、自艦隊、各部隊などから約40人、米海軍からはフィル・ソーヤー第7艦隊司令官以下約60人が参加。

我が国防衛のための日米の共同対処と各種事態に際しての指揮幕僚活動を演練する。同訓練は今回で31回目。

潜水艦「まきしお」派米訓練へ出発

海自1潜群（呉）の潜水艦「まきしお」（艦長・加藤豪2佐以下約80人）は3月30日、米ハワイ方面での「平成30年度第2回米国派遣訓練（潜水艦）」に参加するため、呉基地を出港した。

「まきしお」は4月中旬から6月上旬までハワイ方面に進出、洋上での艦艇訓練のほか、米海軍の施設を利用した魚雷発射訓練などを行い、6月29日に帰国する予定。

豪軍射撃競技会　陸自の20人参加

陸自は3月29日から豪州ビクトリア州のパッカパニャル演習場で行われている豪陸軍主催の射撃競技会（AASAM19）に参加している。4月2日まで。

陸自からは富士学校の高田臣一陸将補を長とする陸上総隊などの隊員約20人が射撃、狙撃部門に出場している。陸自は昨年、同競技会の戦闘射撃部門で3位、狙撃部門で1位の成績を収めている。

中国軍機の航跡図（3月19日）

中国Y9哨戒機　目視で初確認　空自緊急発進

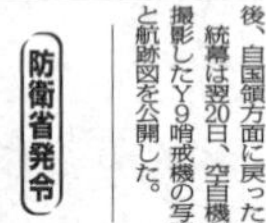

3月19日午後、中国軍のY9哨戒機2機=写真左=が尖閣諸島沖の東シナ海上空を飛行したため、空自南西空のF15戦闘機などが緊急発進して対応した。領空侵犯はなかった。これまで中国軍のY9情報収集機は確認されていたが、「Y9哨戒機」を空自が目視で確認するのは初めて。

上海方面から飛来したY9は、尖閣諸島の北方海域を旋回するように飛行した後、自国領方面に戻った。

統幕は翌20日、空自機が撮影したY9哨戒機の写真と航跡図を公開した。

共済組合だより

「全国春の火災予防運動」に合わせ　ホテルグランドヒル市ヶ谷で消防訓練

防衛省共済組合直営施設「ホテルグランドヒル市ヶ谷」（東京都新宿区）で3月8日、東京消防庁牛込消防署と合同による「平成30年度総合自衛消防訓練」が行われました。

この訓練は「全国春の火災予防運動」に合わせて実施されたもので、ホテル側から岡田光浩副館長以下約30人、牛込消防署から松本勝裕副署長以下約30人と指揮隊車、梯子車、ポンプ車の3台が参加しました。

午前11時、「西館の5階で火災が発生した」との想定で訓練を開始。ホテル職員は自衛消防隊長指揮項目表に基づき、火災通報、初期消火、宿泊客の避難誘導、救護所の設営など各班に分かれて行動し、到着した消防隊に対しては直ちに状況報告を行いました。

これを受け、消防隊は逃げ遅れた要救助者2人の救出活動を開始。屋上へ逃げた2人を確認すると、梯子車を高さ約20メートルの屋上まで伸ばし、次々と要救助者を救出=写真、地上の救護所に収容したところで無事に訓練を終えました。

牛込消防署の松本副署長は整列した参加者を前に、「訓練は大成功に終わりました。こうした災害対策では（ホテルの）自衛消防隊の皆さまの活動にかかっています。今後もしっかり訓練を続けていってください」と講評を述べました。

防衛省発令

▽海幕教育課教育班長兼個人訓練班長（自衛艦隊幕僚兼潜水艦隊司令部）1海佐 渡辺 将人

▽教育航空集団教育主任幕僚（海幕教育課教育班長兼個人訓練班長）同 高橋 俊隆

（以上3月18日）

▽海自幹部学校付（海幕防衛課）1海佐 横山 成樹

（やまぎり艦長）同 小野小百合

（潜水艦隊司令部）同 森安 竜

（大湊地方総監部人事課長）同 森 陸晃

（艦船補給処）同 大塚盛久

（以上3月22日）

将昇任者略歴

鈴木 直栄（すずき・なおえい）陸将 防大30期。昭和61年陸自。平成12年2佐、17年1佐、25年将補。中方幕僚副長、陸幕監察官、13旅団長、防衛研究所副所長などを経て、31年4月10師団長。新潟県出身。55歳。

蛭川 利幸（ひるかわ・としゆき）陸将 防大31期。昭和62年陸自。平成13年2佐、18年1佐、25年将補。統幕運用部副部長、東方幕僚副長、大阪地本長、中方幕僚長などを経て、31年4月6師団長。鹿児島県出身。54歳。

原田 智総（はらだ・ともふさ）陸将 防大31期。昭和62年陸自。平成13年2佐、17年1佐、24年将補。西方幕僚副長、中央即応集団副司令官、15旅団長などを経て、31年4月陸上総隊幕僚長。鹿児島県出身。54歳。

乾 悦久（いぬい・よしひさ）海将 防大31期。昭和62年海自。平成13年2佐、18年1佐、27年将補。統幕首席後方補給官、海幕監察官、海幕総務部長などを経て、31年4月海自幹部学校長。静岡県出身。54歳。

中畑 康樹（なかはた・やすき）海将 防大30期。昭和61年海自。平成12年2佐、17年1佐、23年将補。3護群司令、練艦隊司令官、監察本部監察官、1術科学校長などを経て、31年4月統幕運用部長。愛媛県出身。55歳。

将補昇任者略歴

高木 勝也（たかぎ・かつや）陸将補 防大33期。平成元年陸自。15年2佐、20年1佐。陸幕厚生課厚生班長、中央即応集団幕僚副長、北方人事部長、統幕総務課長などを経て、31年4月1高特団長。香川県出身。53歳。

富崎 隆志（とみさき・たかし）陸将補 法政大文卒。昭和58年陸自。平成19年2佐、24年1佐。陸幕防衛課編成班長、西方通群長、陸幕人事教育計画課長などを経て、31年4月大阪地本長。福岡県出身。51歳。

今村 武（いまむら・たけし）陸将補 防大34期。平成2年陸自。16年2佐、21年1佐。富校主任教官、陸幕人計課制度班長、72戦連長、10師団幕僚長、中方防衛部長などを経て、31年4月北方幕僚副長。熊本県出身。52歳。

竹内 哲也（たけうち・てつや）陸将補 防大37期。平成5年陸自。19年2佐、24年1佐。8特連長、陸幕情報課長、11旅団副長などを経て、31年4月富士学校特科部長兼諸職種協同センター副センター長。東京都出身。47歳。

岡田 俊和（おかだ・としかず）陸将補 防大32期。昭和63年陸自。平成14年2佐、19年1佐。統幕首席後方補給官付後方補給官、中央輸送隊長などを経て、31年4月北海道補給処長兼島松駐屯地司令。三重県出身。54歳。

藤田 英俊（ふじた・ひでとし）陸将補 防大31期。昭和62年陸自。平成14年2佐、18年1佐。6高特群長、15高特連長、東方情報部長、福岡地本長などを経て、31年4月2高特団長兼飯塚駐屯地司令。大分県出身。54歳。

竹内 修（たけうち・おさむ）海将補 防大30期。昭和61年海自。平成13年2佐、19年1佐。しらね艦長、14護隊司令、1術校副校長、自艦隊作戦主任幕僚などを経て、31年4月海洋業務・対潜支援群司令。石川県出身。55歳。

國見 泰寛（くにみ・やすひろ）海将補 防大35期。平成3年海自。17年2佐、22年1佐。海幕人事計画課制度班長、21空司令、統幕防衛課長、教空団幕僚長などを経て、31年4月海幕総務部副部長。徳島県出身。50歳。

伊藤 顕（いとう・あきら）空将補 防大33期。平成元年空自。15年2佐、20年1佐。空幕運支課運用支援調整官、情本画像・地理部長、1高群司令、空幕総務課長などを経て、31年4月南警団司令。東京都出身。53歳。

山本 光伸（やまもと・みつのぶ）空将補 防大35期。平成3年空自。17年2佐、22年1佐。1空団整補群司令、空幕装計課装備調整官、同整備補給課長などを経て、31年4月4補処長。兵庫県出身。50歳。

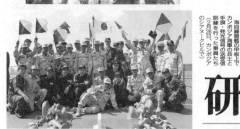

研修 外洋練習航海部隊 親善

海自第52期一般幹候生（部内）103人

カンボジアで

海自の第52期一般幹部候補生課程（部内）を卒業した実習員103人を乗せた外洋練習航海部隊（指揮官・1練習隊司令の中釜義之1佐、練習艦「せとゆき」「しまゆき」で編成）は南シナ海方面を航行中、2月25日にカンボジアのシアヌークビル、3月6日にベトナムのダナンに入港した。

実習員（幹部候補生）たちはカンボジアでリアム海軍基地や首都プノンペンを訪れ、国立博物館や虐殺記念館などを研修したほか、独立記念塔への献花も行った。

花束を持ったカンボジア海軍兵士に続き、独立記念塔への献花に向かう中釜義之司令と齋藤岳彦「しまゆき」艦長（2月26日、カンボジアのプノンペンで）

プノンペン市内の国立博物館を訪れ、カンボジアの文化について理解を深める海自の実習員たち

海自練習艦の甲板上でカンボジア海軍の兵士と手旗・発光信号の送受信訓練を行った実習員たち（2月26日、カンボジアのシアヌークビルで）

ベトナムで

一方、ベトナムではフエ王宮やダナン博物館などを研修、またベトナム人民海軍第3海軍区で同国海軍軍人と交流するなど、両国海上部隊間の親善を図った。そのほか、合同演奏会、スポーツ交流なども行い両国軍人との親睦を深めた。

㊤ダナン市のチュン・ヴォン劇場で約800人の聴衆を前に、初めての「日越合同演奏会」を開いた両国の音楽隊

㊨日越合同演奏会での演奏後、握手を交わすベトナム海軍の軍楽隊長（左）と石田敬和呉音楽隊長

（いずれも3月8日、ベトナムのダナンで）

ベトナム最初の世界遺産「フエの建造物群」を研修する実習員（3月8日、ベトナムのフエで）

ベトナム海軍の兵士たちとバレーボールを通じて交歓する海自隊員たち（3月7日）

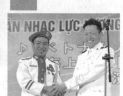

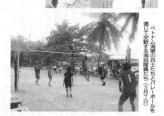

ビッグレスキュー その時に備える　第15回

新潟県

「安全に安心して暮らせる社会」の実現めざす

大崎 達也氏
新潟県防災局 危機対策課参事（元1陸佐）

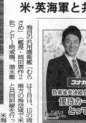

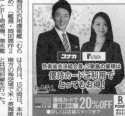

第2普通科連隊（新潟県上越市）での勤務を最後に陸上自衛隊を退職し、平成28年4月から新潟県防災局危機対策課参事として勤務しています。

勤務開始当初に発生した「熊本地震」に際して、全国知事会に関わる業務のために現地に派遣され、その後も自衛隊の災害派遣要請に至った事態として、鳥インフルエンザ、糸魚川大規模火災、佐渡広域断水など様々な事態に。この間、危機事態として北朝鮮による数次にわたる弾道ミサイル発射実験や核実験、木造船の漂着等もありましたので、専門分野の知識・経験を生かした対応をそれぞれ行ってきました。

1 特色のある防災・危機管理体制

新潟県は、東京オリンピックが開催された1964年の「新潟地震」で大きな被害を受けましたし、「中越大震災」（2004年）と「中越沖地震」（2007年）では立て続けにほぼ同一地域が被災するなど、地震災害の多い県としての印象がありますが、毎年のように発生する水害・雪害にも苦しめられています。これら数多くの自然災害への対応を経て、防災・危機管理体制の見直しを逐次行い、今日に至っています。

体制上の最大の特色は、平時から県危機管理監が各部局長の上位に位置づけられ、①危機管理情報の一元的掌理②危機対応に関する全庁統括③知事への進言④知事指示の庁内外調整等を行うこととされていることです。危機管理監が総監部における幕僚長のように「仕切る」ことにより、全庁を挙げて危機事態に迅速・適切に対応できる組織体制が常日頃から整っています。

もう一つの特色は、他都道府県での災害に際し、産・官・学連携の「チームにいがた」による支援を行う仕組みが構築されていることです。これは、県と県内市町村が一体となり、被災自治体のニーズに適格の職員を迅速に編成して現地派遣するとともに、専門的知見を有する企業、大学のサポートを得て効果的な支援を行う枠組みのことです。

平成30年は災害の多い一年でしたが、7月の豪雨災害、9月の北海道胆振東部地震に際し、岡山県倉敷市、北海道安平町に対する総務省指定の対口支援団体として、この「チームにいがた」により住家被害認定調査や罹災証明発行等を他の応援都県等とともに実施し、被災者の生活再建などに寄与しました。

昨年の「北海道胆振東部地震」で被災地の安平町に応援派遣され、住家被害認定調査にあたる職員に業務の仕方を説明する大崎達也参事（中央奥。円内も）

2 防災・減災に向けた新たな取り組み

近年、激甚化・頻発化する豪雨により全国各地で甚大な被害が発生し、国は平成30年7月豪雨における問題認識に基づく中央防災会議での議論等を踏まえて取り組みを強化していますが、県においても「防災・減災対策の新たなステージに向けた検討会議」を設置し、ハード対策・ソフト対策両面の対応を一段加速させています。

危機対策課ではソフト対策分野の検討会議を主催し、危機管理・河川工学・社会心理学等を専門分野とする大学教授、国交省・気象庁等の国の機関、テレビ・新聞等の報道機関、市町村の防災担当者等を招聘して検討を重ねています。

会議では、検討テーマを「豪雨災害時における住民目線に立った情報伝達のあり方」として、①住民に対し避難情報等を確実に伝達するための方策②市町村が避難情報をより適切に発令するための方策③住民の確実な避難行動に繋げるための方策を幅広い視点から議論しています。

3 「住んでよし 訪れてよしの新潟県」の礎を築く

「災害に同じ顔のものはない」「備えていてもまさかは起きる」と言われます。その時々で直面した事態に的確に対応していく上で、長年の自衛隊生活で培った状況判断力・実行力を大いに発揮していく所存です。「安全に安心して暮らせる社会」を実現することにより、県が目指す「住んでよし、訪れてよしの新潟県」となるための礎を築いていきます。

護衛艦「むらさめ」とP1哨戒機、潜水艦 米・英海軍と共同訓練

海自の汎用護衛艦「むらさめ」（艦長・岡田周作2佐）とP1哨戒機、潜水艦は3月14、15の両日、本州南方の海空域で米・英海軍と共同訓練を行った。

米海軍からはP8A哨戒機、英海軍からは14日まで東京・晴海に寄港していたフリゲート「モントローズ」が参加。洋上で対潜戦、通信、ヘリの相互発着艦訓練などを行い、日米英3カ国海上部隊のさらなる連携の強化を図った。

本州南方の海域で共同訓練を行う海自の護衛艦「むらさめ」（手前）と英海軍のフリゲート「モントローズ」（3月15日）

家族会版

＜連絡先＞
〒162−0845 東京都新宿区市谷本村町5−1 公益社団法人自衛隊家族会事務局
電話 03-3268-3111・内線 28863
直通 03-5227-2468

私たちの信条

【根本理念】
私たちは、隊員に最も身近な存在であることに誇りを持ち力をあわせて自衛隊を支えます

【心構え】
一、自らの国は　自ら守る防衛意識を高めます
一、自衛隊員の募集・就職援護及び家族支援に協力します
一、会員数を増大し　組織の活動力を高めます

家族会理事会

9議案全会一致で承認

31年度計画や新規事業

自衛隊家族会（伊藤康成会長）は3月19日、東京都新宿区のホテルグランドヒル市ケ谷で平成30年度「第4回理事会」を開催した。31年度事業計画（案）や収支予算（案）に加え、「国際平和協力活動等支援基金管理運営規則」の改正（案）など9議案が審議され、全会一致で了承された。また、海上自衛隊との家族支援協力に関する中央協定締結に向けた施策の進捗状況など、重点事項について土谷貴史事務局長が現状を報告した。

理事会には伊藤会長をはじめ、福岡絢子、三好貞夫、宗像久男各副会長、全国から理事計25人、監事2人、運営委員9人が出席。冒頭、伊藤会長はあいさつで「本日は年1回、理事全員が顔を合わせる貴重な機会だ。かつて、約13万人という数を誇った会員数は現在、約7万人に減少している。本部としても対策を取っているが、皆さまの率直な意見を聞かせていただければありがたい」と述べた。

議案の審議では伊藤会長を議長に、平成31年度の事業計画（案）と収支予算（案）、「国際平和協力活動等支援基金管理運営規則」の改正（案）、定期総会開催など9議案について担当理事らが説明した。

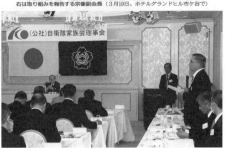

「家族会理事会」で議長を務める伊藤会長（壇上）。演台は土谷事務局長。右は取り組みを報告する宗像副会長（3月19日、ホテルグランドヒル市ケ谷で）

海自との支援協定時期を調整

31年度事業計画（案）では、宮下寿広理事が「おやばと拡販」と「活性化施策」、海沼敏明理事が「家族支援協力」、櫻木正明理事が「会勢の充実」の実施計画をそれぞれ発表。

継続事業に加えて新たに、▽「おやばと」紙面で連載中の災害派遣活動に従事した隊員・OBによる「回想シリーズ」の書籍化▽本部事務局による各県家族会の現地調査▽各県新任会長・事務局長らの研修会の開催▽東京オリンピック・パラリンピックに出場する自衛隊員を支援・激励するための募金活動――などの内容が説明された。

「国際平和協力活動等支援基金管理運営規則」の改正（案）では、支援対象部隊が災害派遣や24時間態勢で警戒監視に当たる部隊などにも拡大していることを受け、規則内容を「自衛隊の行う国際平和協力活動等を支援」から「自衛隊の海外活動および国内での長期または大規模な活動（演習は除く）を支援」などに改正した。

このほか、「防衛講演会」を神奈川県と滋賀県で、全国の支部代表が出席する「定期総会」を6月18日にそれぞれ開催することを決めた。

役員人事では、徳島県会長に斎藤忠恒同県副会長が、地域協議会長には、南関東に高橋亨神奈川県会長、東海・北陸に堀川孝一愛知県会長、九州・沖縄には江藤勝彦大分県会長がそれぞれ就任。本部運営委員には、前航空教育集団司令官の荒木淳一元空将と前防衛装備庁装備官の手塚信一元陸将が選任された。

各議案審議後、全会一致で承認。事業計画と収支予算は3月末までに内閣府に提出される。

この後、土谷事務局長が海上自衛隊、家族会、隊友会、水交会の4者による「家族支援に関する海自との中央協定締結」の時期について説明し、今年5月を目途に調整していることが報告された。

「北方領土返還要求大会」で署名活動団体を代表して決意を表明する横松顧問（2月7日、東京都千代田区の国立劇場で）

「日ロ、共存できる」

北方領土の日に栃木県・横松顧問

【家族会本部】北方領土の早期返還を求める平成31年「北方領土返還要求全国大会」が「北方領土の日」の2月7日、東京都千代田区の国立劇場で開かれ、安倍首相をはじめ、河野外相などの関係閣僚、各政党代表者、元島民、返還運動団体の代表者らが参加した。家族会からは伊藤康成会長が壇上に並び、栃木県家族会の横松盛人顧問が決意表明を行った。

安倍首相はあいさつで「6月の大阪G20サミットでプーチン大統領と首脳会談を行う。日本国民とロシア国民がお互いの信頼関係、友人としての関係をさらに増進し、相互に受け入れ可能な解決策を見いだすための共同作業を力強く進め、領土問題を解決して平和条約を締結するとの基本方針の下、交渉を進めていく。交渉を進展させるためには、政府と国民が一丸となって取り組むことが重要だ」と述べた。

その後、署名活動団体の代表として横松顧問が登壇。「自衛隊家族会は毎年約20万人の署名を集めている。これは北方領土の解決を求める国民総意の意思表示だ」と成果を述べるとともに、「昨年訪れた国後島、択捉島では、両島に住むロシア人と交流した。ロシア人は日本に強い関心を持っていた。かつて日本人とロシア人が共に住んでいた当時の写真も残されており、日本人とロシア人が共存できる基盤が十分にあると感じた。まずは身近な方々にしっかりと伝えていきたい」と力強く決意表明した。

隊員家族支援で協定

茨城県内の駐屯地と3者

【勝田】茨城県内の陸自各駐屯地（勝田、土浦、霞ケ浦、古河）と茨城地方協力本部、茨城県自衛隊家族会、茨城県隊友会はこのほど、「茨城県内における隊員家族の支援に対する協力に関する協定書」を締結した。

同協定は、大規模災害発生時に隊員家族の安否確認支援協力に関して必要な事項を定めるもので、協定書には、▽自衛隊側からの要請・情報提供により、家族会と隊友会が身の安全確保を十分配慮した上で、隊員家族の安否確認を主体に協力▽定期的に会同や実動訓練の実施――などが盛り込まれた。

締結後、家族会の田口文明会長は「長年の悲願であった家族支援が、隊友会の参加を得て協定書の締結までに至ったことに、感慨深いものを感じます」とあいさつ。隊友会の小原大森会長は「隊友会の重要な事業の一つとして支援して参ります」と語った。

各駐屯地を代表して勝田駐屯地司令の腰塚浩貴陸将補は「協定書の締結により、隊員が後顧の憂いなく任務遂行にまい進できる環境が整ったことの意義は大きい。今後、家族支援の重要性について隊員に対する普及・教育指導をより一層充実させていく」と述べた。

「茨城県内における陸自と家族会・隊友会の協定」に署名し、固い握手を交わす7者。中央が茨城県家族会の田口会長、その右は茨城県隊友会の小原会長

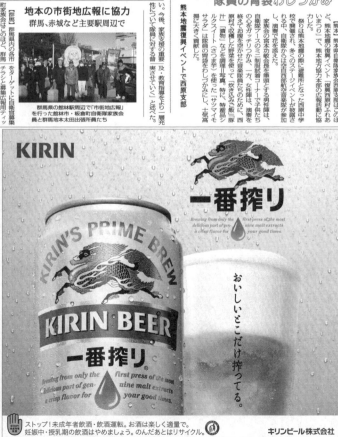

子どもの心をガッチリ 隊員の胃袋わしづかみ

熊本地震復興イベントで西原支部

【熊本】熊本県自衛隊家族会西原支部はこのほど、熊本地震の復興イベント「復興西原村ふれあいまつり」で、熊本地方協力本部の広報活動に協力した。

祭りは熊本地震の際に避難所となった西原中学校で開催され、多くのステージイベントが披露される中、自衛隊からは空自西部航空音楽隊が参加し、演奏で花を添えた。

家族会の宮本功敏会長を筆頭とする男性陣は、自衛隊ブースのミニ制服試着コーナーで子供たちの心をガッチリつかみ、一方、女性陣は、演奏を終えてお腹を空かせた音楽隊員たちのために、西原村で収穫した野菜を使って「炊き込みご飯」「豚汁」「漬物」などを調理＝写真。特に、特産品シルクスイート（さつま芋）を使った「サツマイモサラダ」は隊員の胃袋をわしづかみにし、士気高揚に大きく貢献した。

入隊入校240人にエール

新潟県内7会場で激励会

【新潟】新潟県内の各地区自衛隊家族会は2月23日から3月9日まで、新潟地本の支援を受け、県内の7会場で「平成30年度入隊入校激励会」を開催、約240人の入隊・入校予定者にエールを送った。

激励会は加茂地区を皮切りに、新潟、新発田、佐渡、柏崎、高田、長岡の各地区でそれぞれ開催され、式典のほか、新発田・高田音楽クラブによる演奏や新潟分屯基地の勢龍太鼓が披露された。

さらに、岩屋防衛相からの激励ビデオメッセージ、新潟県出身の陸海空の先輩隊員による激励などが行われ、予定者を祝福した。

新潟県自衛隊家族会加茂地区が開催した「入隊入校激励会」で入隊予定者を激励する３自衛隊の先輩隊員たち（壇上）＝2月23日、新潟県三条市で

地本の市街地広報に協力

群馬、赤城など主要駅周辺で

【群馬】群馬県内の各市町家族会はこのほど、群馬地方協力本部太田出張所が行う「市街地広報」に協力した。

広報活動は東武鉄道の主要駅周辺で行われ、みどり市家族会は赤城駅で、館林市・板倉町家族会は館林駅、太田市家族会は太田駅でそれぞれ、帰宅する学生をターゲットに自衛官募集チラシと募集広報用ティッシュを配布した。

会員たちが通り過ぎる学生にチラシを渡そうとすると、快く受け取り、友達同士で興味深そうにチラシを読む姿もあった。家族会員と太田出張所員は、市街地広報を共に行うことで、さらに絆を強くした。

群馬県の館林駅周辺で「市街地広報」を行った館林市・板倉町自衛隊家族会員と群馬地本太田出張所員たち

事務局だより

▽…平成30年度第4回理事会が3月19日にグランドヒル市ヶ谷で実施されました。31年度事業計画（案）、収支予算（案）や定期総会の開催などの議案について審議・承認され、各種事項について報告を行いました。

▽…今年も2月7日に北方領土返還要求全国大会が行われました。家族会は、北方領土返還要求署名獲得数が全国諸団体の中で最も多いことから、毎年、当日の大会会場で返還要求のアピール宣言を行っています。

今年は、家族会として横松盛人さんが発言しました。横松さんは、栃木県自衛隊家族会の顧問です。堂々として歯切れの良い語り口で、これからも粘り強く署名活動を続ける決意を表明し、会場から大きな拍手喝采を受けました。全国大会実行本部からも称賛され、家族会の存在を存分にアピールしてくれました。

▽…家族会防衛情報紙「おやばと」2月号を各県の入隊・入校者激励会等用に無償配布いたしました。また、家族会パンフレットの内容を一部更新し、こちらも入隊入校者激励会に間に合うように各地本宛に送付いたしました。既に各県家族会は地本と連携し、入隊・入校者等のご家族などへお配りしていることと思いますが、「おやばと」「パンフレット」ともに、家族会に対する理解増進と家族会会員増加にもお役立ていただきますようお願いいします。

▽…2019年版「ディフェンスワールド19」が完成しました。おかげさまで総合募集情報誌として広く活用されております。編集は、事務局長の専管で、構想段階から自衛隊駐屯地・基地等への出張取材、印刷会社との編集調整などを局長自らが行っています。

例年2万5千部ほど発行していますが、自衛隊を知っていただくには大変コンパクトで分かりやすい内容となっております。今年もまた自衛隊地方協力本部の募集・援護活動の一助にしていただくとともに、国民の皆さま、高校生など若い人に自衛隊をよりよく知っていただく「自衛隊読本」のような役割を果たせるように編集しています。

ご購入希望の方は事務局までご連絡ください。

（家族会事務局）

募集・援護 特集

平和を、仕事にする。

ただいま募集中！
◇予備自補（一般・技能）
◇自衛官候補生◇幹候生（一般・歯科・薬剤科）
◇医科・歯科幹部◇一般曹候補生
★詳細は最寄りの自衛隊地方協力本部へ

入隊予定者を引率、仕事内容を詳しく紹介

着隊前の不安は職場体験で解消

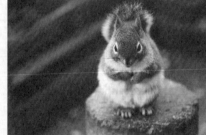

「いよいよ入隊だけど、自衛隊で本当にやっていけるか不安」「駐屯地内で隊員がどんなことをしているのか分からない」――。着隊を前に入隊への不安から、辞退してしまう若者が少なくない。そこで地本では、駐屯地・基地に入隊予定者を引率し、部隊の様子をつぶさに見てもらっている。岩手地本ではさらに、幹候校入校予定者を9高射特科大隊（岩手）の「一日大隊長見習い」に任命、幹部の仕事内容を詳しく体験させた。

「一日大隊長見習い」などとして"災害派遣"に出動、負傷者を担架で搬送する一般幹候生合格者（右）と防大入校予定者（左、奥）＝2月22日、岩手駐屯地で

一般幹候生が"大隊長"、防大入校生は"中隊長"に 岩手

【岩手】地本は1月28日と2月22日、9高射特科大隊（岩手、赤藤司大隊長）の協力を受け、各3人の幹部候補生学校入校予定者を「一日大隊長見習い」に、防大入校予定者を「一日中隊長見習い」に任命し、部隊生活を体験してもらった。

岩手駐屯地到着後、参加者はさっそく迷彩服に着替え、「一日大隊長見習い」などのたすきを掛けられた。その後、敬礼の仕方などを習い、朝礼に臨んだ。

整列した隊員に赤藤大隊長が「見習い」の若者たちを紹介。各人は緊張しながらもしっかりと抱負を述べ、それぞれの配置に付いた。隊員から報告を受けながら各事務室や営内居室を見て回り、官用車の点検にも立ち会った。

午後は災害派遣行動を体験。「県内で地震が発生し、災派要請を受けた」という想定で、教場に設置した指揮所に隊員が集合、一日大隊長が出動を命令した。

一方、中隊長見習いは各中隊で隊員に命令を下達。見習いたちも出発準備を整え、車両で被災地に前進した。到着後、"けが人"を救出する手順を演練した。

見習いの若者たちは最後に大隊の幹部と懇談し、実際に入隊・入校した後の生活や訓練について話を聞き、疑問点は積極的に質問していた。

今回、見習いの大隊長・中隊長を務めた6人は「自衛隊の幹部の仕事を実際に体験でき、とても貴重な経験になった。この経験は将来に生きると思う」と話していた。

ベッドメイクなど体験 鳥取 滋賀、和歌山地本とともに参加

【鳥取】地本は2月26日、舞鶴総監部が実施した「入隊予定者部隊見学」に滋賀、和歌山地本とともに参加した。鳥取からは予定者3人が参加、4月からの海自生活を確認し、不安を払拭した。

舞鶴基地では最初に教育隊の隊員から説明を受け、実際に学生の部屋なども見学。隅から隅まで整頓されているベッドを見て驚く予定者に対し、「初めはきれいにできませんが、毎日続けることでできるようになります」と説明すると、予定者は「一番きれいなベッドを目指します」と気合を入れていた。

この後、イージス艦「あたご」を見学。前年に鳥取から入隊した乗員が案内役となり、艦内での生活ぶりを見て回った。さらに舞鶴のヘリ基地も見学、哨戒ヘリや化学消防車の説明を受けた。

入隊予定者たちは「護衛艦に乗りたい」など具体的な目標を掲げ、着隊に向けて決意を新たにしていた。

高工校の先輩（右）から実習室の説明を受ける入隊予定者とその家族（3月3日、高等工科学校で）

入校予定者ら高工校に引率 青森

【青森】地本は3月3日、横須賀市の陸自高等工科学校に入校予定者10人とその家族9人を引率した。

当日は大阪、愛知、福島、宮城、帯広など19地本と合同で研修。最初に教員による学校の概要や授業内容の説明を受けた。その後、実際に教室などを訪れ、校内環境を見学した。

最後に広報展示室で学校の歴史などの説明を受けて終了。参加した田村翔君は「学校の中をいろいろと見学できて良かった。環境も良く、3年間一生懸命勉強して立派な自衛官になりたい」と抱負を語った。

家族からも「最初はいろいろ不安もあったが、バックアップ体制がしっかりとしていて安心した」「生徒たちは礼儀正しく、好感がもてた。教室や宿舎なども見学でき、とても良い環境で勉強できることがわかった」と安心感を示していた。

秋田地本長に大久保1佐

3月7日付の異動で秋田地本長が交代した。新任本部長の略歴は次の通り。

大久保 正広（おおくぼ・まさひろ）1空佐 秋田地本長
青学大文卒。平成4年空自。19年2佐、25年1佐。空警隊企画運用科長、教育集団教育1課長などを経て、30年3月空幕総務課警務管理官。東京都出身。51歳。

会津坂下町で入隊予定者激励 福島

【福島】会津若松出張所は3月6日、会津坂下町自衛隊協力会主催の「入隊予定者激励会」に参加した。

最初に町長室で空自に一般曹候補生として入隊予定の佐藤佳依君が紹介され、力強く抱負を述べた。これに対し齋藤文英町長が「地域からの自衛隊志願に敬意を表します。自衛官、社会人として立派になってほしい」と激励した。

その後、同町協力会長、家族会長から予定者に激励品が贈られ、会津方部募集相談員連絡協議会長らから励ましの言葉がかけられた。

佐藤君はその後の懇談で、「幼い頃から空自に憧れ、中でも救難隊への配属を希望しています。夢を実現できるよう、常日頃からストイックに自分を鍛えています」と語った。

齋藤町長（左奥）から激励を受け、決意を表明する予定者の佐藤さん（右端）＝3月6日、会津坂下町長室で

新年度へ向け募集・広報のスキルアップ

三重 SNS活用法を学ぶ

【三重】地本は3月1日、全部員の広報・渉外能力の向上を目的とした研修「SNSの活用と効果の上がる広報活動（実技編）」を行った。講師に「UNICO」の谷崎明美氏を招き、SNSの投稿を担当する広報官ら向けに専門的な講義を実施した。

講義は「ツイッターやインスタグラムでどう投稿をしたら多くの人に見てもらえるのか」をテーマに行われ、事前に各広報官が提出した投稿イメージ（カテゴリ・ハッシュタグ・コメント・写真）について講師から助言をもらい、投稿する際の技術的な指導を受けた。

谷崎氏は▽何を誰に伝えたいのかを整理▽最終目標を設定▽ペルソナ（架空の人物像）を設定――などを挙げ、「担当者の熱意とストーリー性が重要」と強調した。

さらに「SNSは多くの人に知ってもらうための広報。どんな人たちが何に興味をもち、いつ見ているか分析することも重要だ」と述べ、受講した広報官は「早速、SNSの見直しなどを行い、多くの人に興味を持ってもらえるような投稿をしていきたい」と語っていた。

谷崎講師（右奥）の指導のもと、効果的なSNS投稿の実技を習う広報官たち（3月1日、三重地本で）

山形 新着任予定者集合訓練

【山形】地本は3月4日から同15日まで、本部などで「新着任予定者集合訓練」を行った。

訓練は今春、新たに地域事務所長などに配置予定の隊員に対し、募集や援護業務などに必要な知識と技能を修得させ、補職後の円滑な業務遂行につなげることを目的としている。

最初に齋藤信明地本長が「広報官に必要なことは相手との信頼関係を高めるための誠実な態度、そして連携して職務に取り組む意識だ」と訓示。さらに自身の経験談を基に「失敗しても、すぐに対処することで解決できることが多い。悩むより私や上司に相談してほしい」と話し、初めての対外業務に就く隊員の不安を払しょくした。

集合訓練は県の概要から地本の総務・募集・援護の説明と服務教育を行い、2日目以降は配置予定地域の募集対応要領などを学んだ。参加者は訓練を通じ、配置予定先の部員と早くも打ち解け、不安なく業務をスタートさせる基盤を確立した。

名刺の渡し方、受け取り方について指導を受ける新任広報官（右）＝3月8日、鶴岡出張所で

元陸自隊員でタレントのかざりさん

国分寺所応援大使として奮闘

「地本のお手伝いでき、光栄」

【東京】国分寺募集案内所は元陸上自衛官のタレント「かざりさん」を平成29年12月から応援大使に起用し、地本の広報活動を行っている。

かざりさんは平成27年に陸自に入隊、練馬駐屯地で勤務し、任期満了で29年に退職。その後はモデル、タレントとして活動し、雑誌、テレビ、ラジオなどに出演するかたわら、小平駐屯地では「一日駐屯地司令」を務めた。さらに自衛官募集ポスターのモデル（写真）や入隊予定者に対する激励スピーチなど、募集広報に協力している。

かざりさんは「もともと自衛隊の広報に携わりたくて入隊したのですが、けがで断念して退職しました。それが今、地本の広報のお手伝いができ、大変光栄です。これからも自衛隊のPRに尽力します」と就任2年目の抱負を語った。

募集キャッチフレーズ決定 全新潟地本部員から応募200点

【新潟】小薗井明裕地本長は2月8日、公募した「地本オリジナル募集キャッチフレーズ」の優秀作品3点を決定し、発表した。

応募作品200点の中から全部員による投票で上位12点に絞り込み、最終的に「日本を守る誇りを胸に」「あなたの成長が国民の安全に」「私は守り抜く。この国の未来を」の3点のキャッチフレーズが選ばれた。

本部ではさっそく2月16、17の両日に行われた陸自12音楽隊（相馬原）の演奏会場でキャッチフレーズ入りの横断幕を披露（写真）、来場者にアピールした。

就活大学生向けのガイダンスに参加 宮城

【宮城】地本は3月4日、仙台市の夢メッセみやぎで開催された大学生向けのガイダンスに参加した。

当日は約2千人の学生が来場。地本のブースにも多くの学生が訪れ、募集班長の柿崎貴志3陸佐が自衛隊の仕事、陸海空の職種、入隊後の生活や処遇などについて丁寧に説明した。

柿崎班長は学生個々のキャリアプランを確認した上で、志願者に合った採用種目を解説。学生たちは「自衛隊には幅広い職種・職域があり、自分にあった仕事に出合えそう」「災害派遣や国際貢献にも参加できるので、やりがいある仕事だと思った」などと話していた。

ひろば

卯月、木葉取月、花残月——4月。

1日エイプリルフール、4日世界保健デー、12日世界宇宙飛行の日、22日アースデー、30日天皇退位の日。

御田植祭　埼玉県秩父神社で催される豊作祈願の祭り。県指定無形民俗文化財。境内を神田に見立て、神部が田植歌に合わせて田植えの所作を演じる。祭りの後には餅が入った供物が参拝者に配られる。4日

うそかえ祭　滝宮天満宮（香川県綾川町）で行われる奇祭。木製の鷽鳥を「かえましょ、かえましょ」と参拝者同士で取り換え、犯した罪や災いのウソを清め、良き事に鳥かえ（取り換え）る。24日

船内の高層デッキから見た中世の都市がそのまま残るバレッタの街並み。十字軍時代の城郭も見える

豪華客船でのんびり　地中海を巡る旅へ

「ヨーロッパに行きたいが、現地での疲れる長距離バスや列車の移動は避けたい」「さまざまな国を巡りつつ、ゆったりと旅を楽しみたい」——。そんな希望をかなえてくれるのが豪華客船を使っての地中海クルーズだ。今年1月、イタリア、マルタ、スペインの観光地を巡る最新型の大型客船「MSCメラビリア号」に乗り、地中海の旅を体験した。（文・写真　菱川浩嗣）

メラビリア号　19階建て、幅43メートルの最新大型船

乗船した19階建ての客船の名称「メラビリア」はイタリア語で「感嘆」を意味する。その名の通り、マルタ船籍の同船は最大5714人が乗れる豪華大型客船で、全長315メートル、幅43メートル、総トン数は約17万トン。この大きさのため外洋でも揺れはほとんどなく、地上のホテルと変わらない。

今回の旅はイタリアの首都ローマ近郊のチビタベッキアから乗船し、シチリア・パレルモ～マルタ・バレッタ～スペイン・バルセロナを同船で巡った。船はその後、フランス・マルセイユ経由でイタリアに戻るため、地中海を1周してローマに戻る旅を楽しむ人もいた。

「メラビリア号」は、午後7時にチビタベッキアを出港するため、余裕を持って乗船が可能だ。航海中も

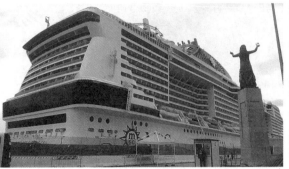

大型クルーズ船「メラビリア号」の全景。19階建てで約5700人を収容できる。巡航ルートはイタリア、マルタ、スペイン、フランスで地中海を一周する（1月21日、イタリアのパレルモ港で）

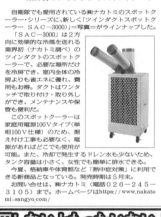

LEDで幻想空間を演出、世界各国の料理を堪能

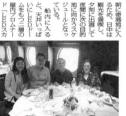

朝に寄港地に入るため、日中は観光を満喫し、夕刻に乗船して夜間に次の目的地に向かうスケジュールとなっている。

船内に入ると、天井いっぱいにLEDドームをもつ二層の屋内プロムナード「LEDスカイ」が出迎えてくれる。LEDで、星空や大聖堂の壁画などを映し出し、船内にいながら幻想的な空間を味わえる。

メインレストランで食事を楽しむ乗客。船には各国から多様な人種の旅行客が集まっており、交流できるのもクルーズ船の魅力だ

ロビーではピアニストが演奏を行い、乗客を楽しませる。各デッキにはバーのほか、カジノやプール、ダンスができるスペースなどがあり、飽きさせない。

航行中は巨大な地中海の景観が楽しめるほか、中世の城塞都市がそのまま残るマルタの首都バレッタや世界遺産の都市バルセロナを17階建てのビルの最上階と同じ高さから眺められる。

船内には12のレストランがあり、ビュッフェは1日20時間営業しているため、いつでも食事が可能。メインレストランでは、地中海料理をはじめ、世界各国の伝統料理が楽しめる。日本語のメニューもあり、英語ができなくても困らない。

屋外デッキは夜には、ダンスや参加型のイベントをするエンタメスペースに早変わり。お酒を手にプールサイドで会話を楽しむ人が多く見られた。

クルーズに同行した阪急交通社の添乗員は「クルーズ船の旅は今や多くのお客様から好評をいただいており、車両での移動に不安がある高齢の方を含むご家族や新婚旅行などのんびり旅を楽しみたい方におすすめです」と話していた。

MSCクルーズの旅の費用は時期によっても異なるが、出港地までの往復航空券、乗船料（客室海側）、宿泊、移動費込みで約30万円から。MSCにはこのほか、エーゲ海、アドリア海を巡る「ムジカ号」など多様なクルーズ船がある。ヨーロッパに行く際は選択肢の一つにしてみてはいかがだろうか。

マイヘルス Q&A

尿潜血

慢性腎炎などのおそれ　早期診断が重要です

Q　検診で尿潜血が陽性と言われました。どうすればよいですか。

A　尿は「腎臓」で作られ、「尿管」「膀胱」「尿道」を通って出てきます。これらいずれかの部位に異常があると、尿中に赤血球が混じることがあり、検診では尿潜血陽性として検出されます。

尿潜血陽性と指摘されたら、実際に赤血球が尿に混じっている「血尿」かどうかを顕微鏡で確認する必要があります。

Q　血尿を機に発見される病気にはどんなものがありますか。

A　血尿の中で最も注意すべきは、腎臓・泌尿器系の悪性疾患（癌）です。エコーやCTなどの画像検査や細胞診といった方法で診断を進めていきます。この場合、血尿単独で蛋白尿を伴わないことが多いです。

血尿と蛋白尿が同時に陽性になる可能性が高い病気に、腎臓に炎症を起こす「腎炎」があります。腎炎の中で最も多い慢性腎炎は、発見される時には多くの場合、尿所見異常のみで無症状ですが、放置すると徐々に腎機能が悪化し、将来的に透析が必要になる可能性があります。

Q　慢性腎炎の可能性があると、どんな検査をしますか。

A　慢性腎炎とは、腎臓に慢性的に炎症を起こし、尿蛋白や血尿といった尿所見異常を呈する疾患の総称です。疾患の種類によって、予後および治療法が異なります。したがって、以後の治療につなげるためには、診断をつけるために、腎生検という検査を行う必要があります。

Q　慢性腎炎には、どんな治療を行いますか。

A　慢性腎炎は疾患によって治療法は異なりますが、主にステロイドという炎症を抑える薬を使うことが多いです。

重要なのは、早期の診断と早期の治療開始です。慢性腎炎は早く診断し、早く治療すれば、治る可能性のある病気ですが、時間が経過するにつれて治りが悪くなります。

この数年来、検診のたびに尿潜血が出現する、という方は、放置せず受診してみることをぜひお勧めいたします。

自衛隊中央病院　第1内科腎臓内科専門医　松延　華子

BOOK NOW　私が読んだ　この一冊

荒木肇著「指揮官は語る」（並木書房）

32普連3中隊（大宮）三田宏和2陸尉　31

本書では「統率とはどういうことか?」を、著者が現役だった当時の幹部自衛官35名に尋ねた話が綴られています。学生時代から初級幹部、幕僚、部隊長までの経験が語られており、多様な補職及び職種ごとの経験をつぶさに記してあります。

この経験談を小隊長として、またこれから務める幕僚、部隊長勤務への糧にすることができると思います。

指揮官としていかにあるべきかを考えさせられる一冊です。ぜひ読んでみてください。

百田尚樹著「海賊と呼ばれた男」（講談社）

203整備補給隊機側整備隊機側整備班長（下総）吉野　徹3海佐　42

戦後の荒廃した日本で、私利私欲のためには動かず、部下、社員、ひいては日本の将来を憂慮し、活躍する主人公像に強く引かれる作品です。

物資の欠乏している中で、旧態依然とした組織、GHQ、世界のメジャーらを相手に、いかにして石油を手に入れるのかを模索し、困難を克服していく主人公像に共感し、一気に読み終わってしまいました。

我々も日常でさまざまな事案を判断する場面がありますが、その判断に必要なのは「ぶれない信念」であると改めて気付かされる作品です。

荻耿介著「イモータル」（中公文庫）

幹部候補生学校学生隊（奈良）高野直紀2空尉　28

物語は主人公がインドで消息を絶った兄から1冊の本「智慧の書」を引き継ぐことで始まります。その本はさまざまな時代や場所で繋がり、継承され続け、読者である我々も現代における自分や世界の存在に思いを馳せることができます。

読み進める上で、哲学的で難解な部分もありますが、何度も噛みしめながら読むことでその都度感じることが変わります。何かにつまずいたり、行き詰まった時、ぜひ一読してみてください。

隊員愛読書ベスト5

<入間基地・豊岡書房>
❶防衛実務小六法平成31年版　内外出版　￥7560
❷戦闘機年鑑2019－2020　青木謙知著　イカロス出版　￥2916
❸戦場における小失敗の研究　三野正洋著　潮書房光人社　￥950
❹最悪の事故が起こるまで人は何をしていたのか　ジェームズ・チャイルズ著、高橋健次訳　草思社文庫　￥1512
❺騎士団長殺し上・下　村上春樹著　新潮社　各￥594

<防衛省・三陽堂>
❶軍事的視点で読み解く米中経済戦争　福山隆著　ワニブックス　￥950
❷自衛隊最強の部隊へ―CQB・ガンハンドリング編　二見龍著　誠文堂新光社　￥1620
❸自衛隊最強の部隊へ―偵察・潜入・サバイバル編　二見龍著　誠文堂新光社　￥1620
❹自衛隊防災BOOK　マガジンハウス￥1296
❺US－2救難飛行艇開発物語2　月島冬二著　小学館　￥880

<神田・書泉グランデミリタリー部門>
❶世界の駄っ作機番外編　蛇の目の花園3　岡部いさく著　大日本絵画　￥2808
❷五島列島沖合に海没処分された潜水艦24艦の全貌　浦環著　鳥影社　￥3024
❸「砂漠の狐」ロンメル　大木毅著　KADOKAWA　￥972
❹零戦と一式戦「隼」完全ガイド　本吉隆ほか著　イカロス出版　￥2199
❺世界の傑作機No.32アンコール97式艦上攻撃機　文林堂　￥1234

<トーハン調べ2月期>
❶一切なりゆき　樹木希林著　文春新書　￥864
❷医者が考案した「長生きみそ汁」　小林弘幸著　アスコム　￥1404
❸樹木希林120の遺言　死ぬときぐらい好きにさせてよ　樹木希林著　宝島社　￥1296
❹すぐ死ぬんだから　内館牧子著　講談社　￥1674
❺宝島　真藤順丈著　講談社　￥1998

空輸した小牧基地隊員と再会

重度の肺障害から回復した女子小学生

「直接お礼言いたい」

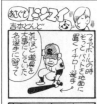

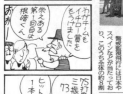

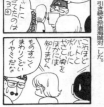

【小牧】「いつか自衛隊の皆さんに直接会ってお礼が言いたい」――。重度の肺障害のため自衛隊の1輸送航空隊と航空機動衛生隊（いずれも小牧）によりC130H輸送機で緊急搬送され、その後、病から回復した愛知県在住の小学5年生、竹内向日葵さん（11）が3月2日、小牧基地を訪れ、命を救ってくれた隊員たちに謝意を伝えた。

名古屋～岡山間 300キロの移動

向日葵さんは血液の病気の治療による合併症で重度の肺障害に陥り、昨年3月、入院していた名古屋大学病院から約300キロ離れた岡山大学病院に移動し、手術を受けることになった。

ただ、向日葵さんは自分の肺だけでは血液の酸素の取り込みが不十分で、人工呼吸器と人工肺を装着しており、救急車やドクターヘリでの搬送は不可能だった。

このため、3月23日に愛知県知事から小牧基地に災害派遣が要請され、1輸空のC130Hに「空飛ぶ集中治療室」と呼ばれる機動衛生隊の機動衛生ユニットを搭載し、集中治療を継続しながら小牧基地から岡山空港まで搬送した。

向日葵さんは搬送された5日後に手術を受け成功、およそ5カ月後に無事に退院した。その後、向日葵さんと両親から部隊に手紙が届き、その中に向日葵さんの「会って直接お礼が言いたいです」という言葉がつづられていたことから、小牧基地の航空祭に合わせて、向日葵さんらを招待した。

当日は小牧基地司令兼1輸空司令の船倉慶太将補や機動衛生隊長の山口大介1佐、当時搬送に携わった1輸空401飛行隊の操縦士、機動衛生隊員らが出迎えた。

船倉司令は懇談で「お元気になられた姿を見て、直接お話もでき、防衛省・自衛隊としても望外の喜びです」と語った。

機動衛生ユニット使用

向日葵さんの母は「命を救ってくださった自衛隊の方々と直接お会いすることができ、娘も改めてこんなに素晴らしい方々のお力添えを頂いていたことを知り、何かを感じているようです。命を救っていただいたことは娘にとってかけがえのない最高の財産です。本当にありがとうございました」とお礼を述べた。

自えい隊のみなさんへ

お元気ですか？
私は3月にみなさんに岡山につれていってもらいすごく元気になりました。8月13日にぶじ退院する事ができました。
お家での生活はとても楽しくて妹と遊んだり家族でごはんを食べたりする事ができて幸せです。
手術した後は歩けなかったしごはんも食べる事ができなかったけど先生やみんなに助けてもらって今は走ったりジャンプもできるようになりました。
ICUの先生に岡山まで行く時の写真を見せてもらいました。
すごくたくさんの人たちに力をかしてもらえたと思うととても感しゃしています。

退院後、小牧基地に届いた向日葵さんの手紙

命を救ってもらったお礼を伝えた竹内向日葵さん（前列中央）と向日葵さんの両親と妹（後列中央の3人）、船倉司令（前列右）、山口隊長（同左）と搬送に携わった隊員たち＝3月2日、空自小牧基地で

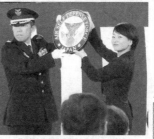

ジュニアのボールの時そっとバットを地面に置くイチロー選手
先ほど道具を大事にしていた名選手に習って
わがチームもイチロー賞をもうけました
栄えある第1回目は根暗くん
おお！
75打席中
ヒット1本
三振73
バットに当ったのは1回
これほどボールとやさしく接する選手はほかに知りません
ものすごいまわりくどいイヤミだな

任務飛行2222回を達成

海賊対処航空隊 今年で10年目

任務飛行「2222回」を達成し、P3C哨戒機の前で記念写真に納まる海賊対処航空34次隊と支援隊11次隊の隊員たち（2月22日、ジブチの自衛隊活動拠点で）

【統幕】アフリカのジブチを拠点にP3C哨戒機でソマリア沖・アデン湾の監視任務に当たっている海自派遣海賊対処行動航空隊34次隊（司令・赤松真次2佐以下5空群＝那覇＝基幹の隊員約60人）は2月22日、2009年6月に活動を開始した1次隊からの累計で「任務飛行2222回」を達成した。

警戒監視飛行には日本やスペインなどが当たっており、このうち全体の約8割を海自航空隊が担っている。

自衛隊の海賊対処任務は今年で10年目を迎え、派遣開始当初は年間200件を超えていた海賊事案発生件数は自衛隊を含む国際社会の取り組みが功を奏し、近年は低い水準で推移している。

赤松司令は「現場では隊員一人一人が国民と国際社会の期待に応えるべく高い意識を持って任務に臨んでいる。引き続き派遣海賊対処行動水上部隊や各国海軍と連携を密にし、緊張感を持って任務の完遂に努めたい」と語った。

鈴木政務官がエンブレム授与

千歳で政専機交代式

空自は3月24日、北海道・千歳基地で政府専用機の交代式典を行った。特別航空輸送隊（千歳）の政府専用機は同日からB747―400からB777―300ERへと引き継がれた。

式典には丸茂吉成空幕長をはじめとする関係者約150人が出席。執行者の山田真史支援集団司令官は「B747は、これまでに100カ国274空港に寄航し、1400万キロの距離を飛行しました。地球を約365周したことになる」と現行機の実績を紹介。

また、地元北海道選出の鈴木貴子政務官は「政府専用機は我が国の要人を乗せて『地球儀を俯瞰する外交』に欠かせないものであり、また、防衛省・自衛隊の国際協力を担う重要な航空機です。新たな政府専用機もその高い性能を発揮し、現行機以上に活躍してくれるものと信じています」と述べた。

現行機2機は予備機を含む今年度いっぱいで退役する。そのうち1機の貴賓室は、静岡県の空自浜松広報館で展示される。

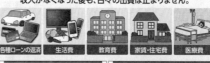

政専機交代式で新政専機B777―300ERのエンブレムを機長の鈴木克洋2佐（左）に手渡す鈴木政務官（3月24日、空自千歳基地で）

中音が"懸け橋"コンサート

駐屯地開設予定の石垣島で

陸自中央音楽隊（朝霞、隊長・樋口孝博1佐）は3月3日、駐屯地が開設予定の沖縄県・石垣島で「第3回やいま特別演奏会」を開催し、沖縄県出身者を含む隊長以下中音の43人が演奏を届けた。

1・2部構成で、そのうち2部では葉加瀬太郎さん作曲の「情熱大陸」など6曲を披露。松永美智子3曹は「安里屋ユンタ」「八重山古謡のアレンジ曲」を澄んだソプラノで歌い、会場を包んだ。演奏終了後、会場を埋めた市民からは盛大な拍手が送られた。

1回目（当時）音楽隊長在職時の期間以来二十数年ぶりの石垣島での公演を終えた樋口隊長は、「ご期待に応えた演奏を届けようと企画・構成を練り、準備を重ねてきた。（演奏会では）市民の皆さまの心の温かさが伝わってきた」と振り返った。

「やいま特別演奏会」で指揮を執る樋口隊長（右端）、独唱する松永3曹（その左）ら中音隊員（3月3日、石垣市民会館大ホールで）

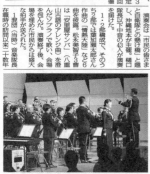

貯油所の警備犬が警察犬と合同訓練

【吉浦】呉造補所貯油所（所長・澤田和広1佐）は2月12、13の両日、貯油所警備犬と各府県警察犬と合同訓練を行った。

7回目の開催となる今回は、大阪、京都、和歌山、岡山、愛媛、山口、福岡の2府5県から関係者が貯油所に集まった。前回の訓練ではハンドラーのみの参加だったが、貯油所の充実した訓練施設を見て、警察犬を連れて参加する警察犬係の姿もあった。

訓練は警察官13人と警察犬9頭、貯油所ハンドラー4人と警備犬7頭で行われ、はしごなどの器具を使っての訓練や、警察が五輪に向けて強化している「爆発物捜索」の情報交換を行った。

このほか、大阪府警に所属する警察犬指導員からアドバイスを受けるなど、犬の運用の違いや課題点などを共有した。

国際救助犬試験の科目の一つである「トンネル通過」の練習のため、警察に指導する貯油所の隊員（手前左）。奥は訓練に臨む警察犬（2月12日、呉貯油所で）

小休止

▽…松本駐屯地広報班は3月11、12の両日、松本盲学校の生徒による「マッサージ施術会」を駐屯地会議室で実施した。

▽…施術会は松本盲学校からの依頼を受けて平成17年から毎年行っている。今年は生徒9人が訪れた。「あんまマッサージ指圧師」の国家資格に臨む生徒が隊員の筋肉質の体を借りて施術実習を行い、一方で隊員たちには日頃の疲れの癒やしとなっている。

▽…2日間で48人の隊員が手ぬぐいを持参してマッサージに訪れ、全身をリフレッシュ＝写真。企画した小川峻一3曹は「隊員の慰労になるとともに、盲学校生徒の国家資格の勉強に協力できてうれしい」と表情を柔らげた。（松本）

こちら警務隊 ☎8・6・47625

リベンジポルノ防止法やわいせつ物頒布等罪該当

元恋人の性的画像をネットに流すとどんな罪に問われますか？

刑法第175条のわいせつ物頒布等罪に問われる可能性があり、2年以下の懲役もしくは250万円以下の罰金等に処されます。

また、撮影された人が第三者に見られることを認識せず、かつ、その人と容易に特定できるような性的画像をわざとインターネットに流した場合は、さらに重い罪である私事性的画像記録の提供等による被害の防止に関する法律（通称「リベンジポルノ防止法」）違反に該当し、3年以下の懲役または50万円以下の罰金に処されます。

このような行為は絶対にしてはいけません。

（東部方面警務隊）

東音とその「演奏の場」

元海将 福本 出（元海上自衛隊幹部学校長）

〝旗艦〟の実力と魅力 遺憾なく発揮

海上自衛隊東京音楽隊は去る2月10日に東京・赤坂のサントリーホールにおいて「第58回定期演奏会」を行った。

サントリーホールは、企業の社会責任（CSR）のなかでも、文化芸術活動を支援する〝メセナ〟として、サントリー社長であった佐治敬三氏の「やってみなはれ」の一言で、採算を度外視し、限りない理想を追求して、1986年に開館し運営されている。設計にあたっては、著名な指揮者であるカラヤン氏の助言を基に、「世界一美しい響き」のホールを目指し、日本の音響設計技術の粋を集めて建造された。

そうして誕生したサントリーホールは、楽団全員が最大音量で鳴らしても耳をつんざくことなく、また消え入るような最弱の音も美しく隅々まで伝えられる。そこでは「余裕ある豊かな響き」「重厚な低音に支えられた安定感のある響き」「明瞭で繊細な響き」「立体感のある響き」をもって、残響2・1秒という理想的な音場が実現されている。

さらには、ステージを中心に客席が取り囲む「ワインヤード形式」を日本で初めて採用したことにより、どの座席からも演奏者との距離を身近に感じられる造りとなっている。

海幕等関係者のご理解と努力の結果、歴代隊長や隊員の長年の夢がかない、東音は定期演奏会の場としてそのような檜舞台に立つことができた。

樋口好雄隊長は「シンフォニックコンサート」と銘打ち、東音という〝海自音楽隊旗艦〟の実力と、吹奏楽の魅力を遺憾なく発揮すべく、意欲的なプログラムで挑戦した。

演奏が始まるや、その1曲1曲が終わるたびに、一瞬の静寂ののち、割れんばかりの拍手喝采が巻き起こった。吹奏楽団に専属ピアニストとボーカリストを取り入れるという海自東音が初めて行った試みは、日本の吹奏楽文化に新たな境地を開いた。

交響詩「フィンランディア」では、叙情部においてボーカルが効果的に取り入れられ、聴く人の目頭を熱くした。スミス作曲の「華麗なる舞曲」は吹奏楽団の実力を試される難曲だが、隊長の指揮棒が踊るスピードをものともせず、あたかも一つの楽器のように整然と演じきった。東音という銘器あってこそ為しえた名演だった。

太田紗和子1曹の精緻なピアノにのせた三宅由佳莉3曹のソプラノによるヴェルディの歌劇「椿姫」の有名なアリアの繊細な歌声は、一音たりとも聞き逃すまいと耳を澄ませる2000人の観客の静寂の中に染みいった。

檜舞台での演奏に感慨

東京音楽隊が演奏を終えるとサントリーホールは割れんばかりの拍手と喝采に包まれた

コンサートの最後を飾ったバーンズ作曲の交響曲第4番「イエローストーン・ポートレイト」は、バーンズ氏とも懇意で作曲意図をよく知る隊長の指揮に、隊員一人ひとりの技量と、バンドとしてのチームワークが華咲き、ホール全体が楽器となって響き渡り、観客を魅了した。

ここでは、カラヤンや小澤征爾など世界的な指揮者がウィーンフィルを始めとする世界超一流のオーケストラを率いて演奏し、また首都圏の名だたるオーケストラ定期演奏会の会場となり、日本のクラシック音楽界をリードしてきた。その同じ舞台で、自衛隊音楽隊が演奏したのだ。海上自衛隊東京音楽隊がここで定期演奏会を行い得たことは、それに相応しい実力を備えたプロの吹奏楽団であることの証にもなった。

そもそも英国仕込みの帝国海軍はウイスキーを愛し軍艦の酒保には必ず搭載されていた。物資が厳しい戦時下において、海軍が原料の大麦調達の便宜を図り、山崎蒸留所を海軍指定工場として海軍特製「イカリ印サントリーウイスキー」を製造させた歴史がある。

サントリーホール初代館長であった佐治敬三氏の義父（病没された前妻の父）は、帝国海軍随一の軍艦設計者であった平賀譲・海軍造船中将（のちに東京大学総長）だった。また、歴代サントリーホール総支配人をされた方の中には、海軍とも縁深い呉宮原高校の出身で大の海自ファンや、広島湾で爆沈した戦艦「陸奥」と運命を共にした艦長・三好輝彦海軍少将の孫に当たる方もおられた。海軍・海上自衛隊とサントリーホールとの不思議なご縁を思わざるを得ない。

戦後、旧軍の駆潜艇等を改造した掃海艇と米軍から貸与されたフリゲート艦で発足した海上自衛隊が、今や世界有数の海軍と評される大艦隊となったことと同じように、クラシック音楽の殿堂と言われるこのホールで海上自衛隊音楽隊の定期演奏会を行い得たことに幾ばくかの感慨を覚えたのは、筆者だけではなかっただろう。

海軍との不可思議なご縁を感じるこの檜舞台で、これからも東京音楽隊定期演奏会が聞けることを願ってやまない。

▶▶▶下

「フィンランディア」を指揮する樋口好雄隊長（右）と独唱する三宅由佳莉3曹

(世界の切手・イタリア)

若い歌手にとって自信は大切だが、恐れを抱くことも大事なことだ。

パヴァロッティ（イタリアの歌手）

朝雲ホームページ
www.asagumo-news.com
<会員制サイト>
Asagumo Archive
朝雲編集部メールアドレス
editorial@asagumo-news.com

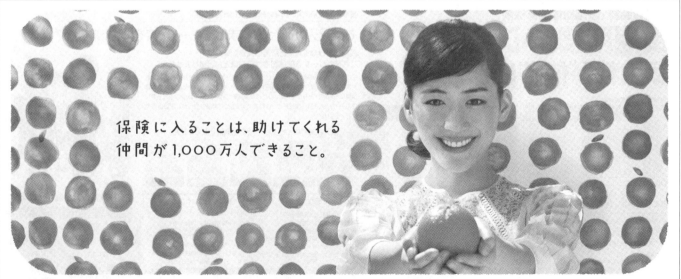

みんなのページ

家族会行事で募集広報

募集相談員 臼田 松男（愛知県瀬戸地区募集相談員会会長、家族会瀬戸地区会副会長）

「中1の娘が将来、航空自衛隊に入りたいと言っているんですが、相談に乗ってもらえませんか」と、同じ町内のご主人に声を掛けられました。

このご家族は、自衛隊の航空祭に幾度か出かけられており、娘さんは最近、自衛隊のパイロットになりたいという目標が固まったとのこと。であれば募集相談員の出番とばかりに、瀬戸地域事務所でご家族に説明会を行う段取りを進めました。

この事務所では毎年2月、入隊を控えた若者を激励する「餅つき大会」を家族会主催で行っています。

この好機をサプライズで活用しない手はないと、ご家族に餅つきは内緒で事務所に来ていただき、説明を始めました。

一通りの話が終わった後、餅つき会場にご案内すると、びっくりされたのも束の間、すぐに杵を取り、「自衛隊ファミリー」との交流を楽しんでおられました。

また、愛知地方協力本部長からも励ましのお言葉をかけていただき、大変感激しておられました。

自衛隊が、家族ぐるみ、地域ぐるみで、応援体制が整っていることに驚くとともに、組織の結束の強さにも理解を深められた様子でした。

募集相談員として、よい仕事ができた早春の一日でした。

自衛隊に関心をもつ家族に説明を行う愛知県瀬戸地区募集相談員の臼田さん（奥）

新刊紹介

「新防衛大綱の解説」

田村 重信著

政府は昨年12月、2019年度から約10年間を見据えた我が国の安全保障政策の基本方針を示す新たな「防衛計画の大綱（防衛大綱）」と、その下で最初の5年間の主要事業と経費を示す「中期防衛力整備計画（中期防）」を策定した。

防衛大綱は1976（昭和51）年以来、今回を含め計6回策定されてきた。通常はおおむね10年先までをデザインする大綱が、前回の2013（平成25）年12月からわずか5年で改定された背景には、我が国周辺の軍事情勢の激変やトランプ米政権による新たな安全保障戦略の策定、宇宙・サイバー・電磁波など科学技術の急速な進展がある。

本書は大綱と中期防の骨子と全文を網羅するとともに、有識者懇や与党のワーキングチームにより見直しの動きから閣議決定までの過程を記録。コンパクトなA5判、147ページにまとめた。

著者は自民党で外交・安全保障政策を長年担当してきた第一人者。新大綱を「歴史的意義のある極めて重要な指針」と位置付け、関係者はもとより、広く一般国民にも全文通読の必要性を訴えている。

（内外出版刊、1080円）

「未来の戦死に向き合うためのノート」

井上 義和著

戦後、国内ではタブー視されてきた「戦死」。自衛隊は「軍隊」ではないため、「戦死はありえない」という論理の下、その議論までも遠ざけられてきた。

本書は作戦中の犠牲（戦死）をどう受け止めるかではなく、「何のために隊員に命を賭けさせるのか」を国民と共に考えるための書だ。

帝京大准教授の著者は「（国が隊員に）命と引き換えにしてでも、やらなければならないこととは何なのか」を常にきちんと伝え、それを国民と共に考えていくことが重要であるとする。

隊員の任務に「殉職のリスク」がありながらも、その議論どころか語る言葉さえない今の状況を改め、国として「未来の戦死に向き合う」ことが大切だと強調。「戦死」を考えることは、リスクに立ち向かう隊員の覚悟を受け止め、同時に「日本の新たな戦争の抑止」にもつながると指摘し、本書をそのたたき台にしてほしいと著者は語っている。

（創元社刊、1728円）

陸自に体験入隊して

会社員 西川 裕登（近鉄グループホールディングス）

私は久居駐屯地での自衛隊生活体験入隊を通じて、今後働いていく上で大切にすべき考え方を2点学ばせていただきました。

1点目は「組織の一体感の重要さ」です。体験入隊中は団体行動が徹底されていました。基本教練での行進や整列時、ひとつの小さなズレが生じてしまうと、それが集団の中で連鎖し、大きな歪みへと膨らんでしまうことを体感しました。

その一方で、野外での地図判読訓練では、ひとりでは対処しきれないことも、チームとして目的を共有し、個々が役割分担・協力し合うことで、課題をクリアできることを実感しました。組織が一体感を持って行動することによって、その集団の能力を最大限に発揮できるという点を再認識することができました。

2点目は「理想とすべきリーダー像」です。精神教育の中で「心服統御」という言葉が大変心に残っています。「あのリーダーのためなら何でもできる」と考えるような組織を作り上げ、管理することです。

私は今はまだ新入社員で一番後輩ですが、将来、部下を抱えることになった時には、部下とこのような信頼関係を築ける上司を目指したいと思いました。また、そのために現在の下積みの経験を大切に、日々過ごさなければならないと改めて実感しました。

自衛隊と会社員で職業は異なりますが、組織としての在り方や心構えは同じであると感じる場面が何度もありました。今体験入隊で得た学び・気付きを、会社での日々の業務に落とし込み、生かしていきたいと思います。多忙な公務中にも関わらず、このように貴重な体験をさせていただき、部隊の皆さま、ありがとうございました。

OGがんばる

小野 香織さん 24
平成29年3月、北部方面輸送隊（真駒内）を最後に退職（陸士長）。北海道苫小牧市にある共立運輸に再就職し、大型トレーラーの操縦手を務めている。

もっと頑張っている私に

私は北部方面輸送隊を退職し、故郷の札幌を離れ、苫小牧にある共立運輸に入社しました。

札幌地本の合同企業説明会で、退職後も同じ運輸の仕事を希望していた私が興味を抱いたのが今の会社です。企業担当者から説明を受けた際、良い社風を感じ、この会社にお世話になりたいと意を決して応募しました。

私は自衛隊で大型車両の操縦手を務め、先輩や同僚に支えられながら、良い自衛隊生活が送れました。現在の挑戦は、20トンのシャーシーをけん引する大型トレーラーの操縦です。自衛隊でも経験のない大きさとトレーラーの操縦、さらに知らない苫小牧の地、たった一人で苫小牧港から道内各地へ、道内各地から苫小牧へ積荷を運ぶという未経験なことばかりで、最初は困惑することも多々ありました。

しかし、上司や先輩から励まされながら多くのアドバイスをいただき、少しずつ仕事を覚え、私なりに成長できたと感じています。高い荷台の外周パネルからピンを抜く作業はかなり苦労しましたが、「私流」に工夫をしてできるようになり、今ではとても楽しく仕事をしています。翌日の配車がはじめての場所だったりすると、「知らない土地に行ける」という喜びで、安全に業務を終えて帰ってきたときは何とも言えない充実感に浸れます。

4年間自衛隊で学んだ責任感や忍耐力と、上司や先輩の心強い支えがあるからこそ、今を頑張れる自分があります。これからも感謝と、入社時の初心を忘れず、日本の物流のために「今日もお安全に！」を自分に掲げ、世のため人のために役立つ、「もっと頑張っている私」でありたいと思います。

小野 香織さん㊨

第1207回出題

詰碁

出題 日本棋院 九段 曲 励起

黒先

『黒はどうなりますか』5分でできれば中級以上です。

▶詰碁、詰将棋の出題は隔週です◀

詰将棋

出題 日本将棋連盟 九段 石田 和雄

≫第791回の解答≪

5	4	3	2	1	
飛					一
銀		王	銀		二
	歩	歩		香	三
		桂	歩	歩	四

▲先手 持駒 角金

【正解】▲3一銀成△同飛▲4一角△同銀▲2二金までの五手詰め。

【解説】▲3一銀成が好手。単に▲4一角では△同飛で後続なし。二手目△2三玉は▲1二角で詰み。△同飛は止むなしですが、そこで▲4一角と打つ手が決め手となります。

朝雲
発行所 朝雲新聞社
〒160-0002 東京都新宿区四谷坂町12-20 KKビル
電話 03(3225)3841
FAX 03(3225)3831
振替00190-4-17600番
定価一部140円、年間購読料9000円(税・送料込み)

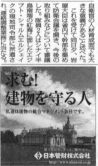

主な記事

鹿児島・奄美大島

奄美警備隊が発足

原田副大臣が隊旗授与

瀬戸内町では開設記念パレード

〝防衛の空白地域〟だった鹿児島県奄美群島の奄美大島に3月26日、陸自「奄美駐屯地」と「瀬戸内分屯地」(隊員計約550人)が開設され、その主力部隊「奄美警備隊」に同31日、原田防衛副大臣から隊旗が授与された。副大臣は奄美市の奄美駐屯地で行われた式典で、奄美警備隊長兼奄美駐屯地司令の平田浩二1佐、同隊普通科中隊長兼瀬戸内分屯地司令の古場太佑3佐以下の隊員に対し、「いかなる困難にもひるまず、強い使命感を持って任務に臨め」と訓示した。前日の30日には瀬戸内町で「分屯地開設記念市中パレード」が行われ、古場司令以下約200人が中央通りを行進、沿道を埋めた町民ら約500人から大きな声援を受けた。(奄美大島で菱川浩嗣)

陸自「瀬戸内分屯地」の開設を祝い、市中パレードを行う古場司令(先頭)以下の分屯地隊員たちと日の丸の小旗を振って歓迎する地元住民(3月30日、鹿児島県奄美大島の瀬戸内町で)

隊旗授与式は31日午前10時半から、奄美駐屯地の奄美警備隊本部隊舎前の儀仗広場で行われた。駐屯地は島の北西部にある名瀬港から北東約10キロの山の上に位置し、ヘリポート地区からは眼下に東シナ海が見渡せる。敷地面積は50万4674平方メートル(福岡のヤフオクドーム約7個分)で、隊舎、燃料施設、弾薬庫の一部が完成し、今後、グラウンドや長さ300メートルの射撃訓練場などが整備される。

原田副大臣は栄誉礼を受けた後、隊旗授与式に臨んだ。式には陸自から山崎陸幕長、湯浅西方総監、吉田圭秀8師団長らが出席、地元から三反園訓鹿児島県知事、朝山毅奄美市長、鎌田愛人瀬戸内町長ら来賓約70人が参列した。

式台に副大臣が登壇し、警備隊長の平田1佐に真新しい隊旗を授与。この後、副大臣は車両に乗り、整列した部隊を巡閲した。

その後、訓示に立ち、「島嶼防衛は喫緊の課題だ。奄美大島、宮古島に警備部隊などを配備したことで島嶼の防衛を万全にする礎を築いた」と述べた上で、隊員に対し「さまざまな課題を克服する必要があるが、どのような事態にあっても国民の生命・財産を守り抜く崇高な使命を心に刻み、いかなる困難にもひるまず、強い使命感を持って任務に臨むことを期待する」と隊員を激励した。

続いて三反園知事が「地域に愛され、人情に厚い奄美の風土に親しんでほしい」、朝山市長が「災害の多い奄美にとって警備隊が常駐し、災害派遣の態勢が整うことは住民にとって大変心強い」とそれぞれ祝辞を述べた。

その後、駐屯地の正門で看板の除幕式が行われ、上空では飛来した空自4空団11飛行隊(松島)のブルーインパルス6機が「サクラ」など3課目を披露、陸自の新駐屯地・分屯地の開庁を祝った。

式後、平田隊長が記者会見し、「駐屯地開設に当たり、地域の皆さまのご理解とご協力に改めて感謝を申し上げる。地元の一員として、奄美大島を守る隊員として、地域の皆さまから信頼されるよう努力したい」と決意を述べた。

一方、「瀬戸内分屯地」が開設された人口約8900人の瀬戸内町では30日、「分屯地開設記念市中パレード」が行われ、古場分屯地司令以下約200人の隊員が古仁屋中央通り約300メートルを行進、沿道を埋めた住民約500人から盛大な歓迎を受けた。行進後に古場司令が奄美の言葉で町民にあいさつし、「ここ瀬戸内を第二のふるさとにしたい」と話すと、市民たちから大きな声援と拍手が起きた。

オマーンと初の防衛相会談

覚書に署名 防衛協力・交流を促進

日本とオマーンとの初めての防衛相会談が3月25日、防衛省で開かれ、岩屋防衛相とサイード・バドル国防担当相が両国間で初となる「防衛協力に関する覚書」に署名した。

覚書には、①2国間協議②相互訪問・寄港③共同訓練④共通の関心分野を含むさまざまな防衛協力・交流の促進──などが盛り込まれ、両氏はこれに基づき、海軍種間の交流をはじめ幅広い分野で防衛協力を推進していくことで一致した。

会談の冒頭、岩屋大臣はソマリア沖・アデン湾で海賊対処に当たる海自の護衛艦やP3C哨戒機による補給などを目的とした寄港(寄航)の受け入れなど、オマーンの継続的な支援に謝意を表明。

その上で、アラビア半島の南東端に位置する同国について「湾岸諸国の入り口に位置し、国際航路のホルムズ海峡を領海に有するだけでなく、いずれの湾岸諸国とも良好な関係を維持している戦略的に非常に重要な国だ」と述べ、今回の署名を「関係進展の象徴」として歓迎した。

これに対し、バドル大臣は「日本は我が国にとって友好国だ。両国の関係がさらに進展し、花開くことを願っている」と応えた。

両氏は「自由で開かれたインド太平洋」のビジョンの下、港湾へのアクセスや海上交通の安全確保など、「航行の自由」の重要性についても再確認した。

「覚書」に署名し、握手を交わす岩屋防衛相(右)とオマーンのバドル国防担当相(3月25日、防衛省で)

2019年度予算が成立

2019年度予算は3月27日の参院本会議で、自民、公明両党などの賛成多数で可決、成立した。一般会計総額は101兆4571億円と7年連続で過去最高を更新、当初予算として初めて100兆円を突破した。

このうち、米軍再編関係費やSACO(沖縄に関する特別行動委員会)関係費などを含めた防衛費は5兆2574億円と7年連続で過去最大規模となった。新大綱・中期防に基づき、「多次元統合防衛力」の構築に向けて宇宙、サイバー、電磁波など新領域の能力強化に力を注ぐ。

統幕長、陸幕長、海幕長が交代

防衛省で4月1日午後、統幕長、陸幕長、海幕長の離着任行事が行われ、新たに着任した山崎幸二統幕長、湯浅悟郎陸幕長、山村浩海幕長が各幕の隊員に初訓示を行った。一方、退官する河野克俊統幕長と村川豊海幕長は多くの隊員の見送りを受け、防衛省を後にした。約4年半にわたって統幕長を務めた河野海将は、防大を含めた46年間の自衛官人生を振り返るとともに、後輩たちに「国民に寄り添う自衛隊としてさらに前進し、すばらしい祖国日本の国益を守り抜いてほしい」と述べ、後を託した。

(7面に関連記事)

上 第6代統合幕僚長に就任し、儀仗隊を巡閲する山崎幸二陸将
中 第37代陸幕長に就任後、栄誉礼を受け儀仗隊を巡閲する湯浅悟郎陸将
下 第34代海幕長に就任し、村川前海幕長(中央奥)と共に儀仗隊を巡閲する山村浩海将
(いずれも4月1日、防衛省で)

「新たな時代を切り開く」 山崎統幕長

第6代統幕長に就任した山崎前陸幕長は満開の桜が咲き誇る儀仗広場で栄誉礼を受けた後、防衛省講堂での着任式に臨み、約400人の統幕幹部らを前に訓示した。

山崎新統幕長は「『使命完遂』を本職の指針とし、統合運用体制の強化、各種事態への的確な対応、メジャーコマンドや米軍、関係機関との連携を重視し、職務を遂行する」と述べた上で、「よき伝統を継承し、統幕が一丸となり、我が国の安全保障環境に適応した新たな時代にふさわしい自衛隊の運用体制を諸官と共に切り開いていく」と決意を表明した。

「直ちに戦える陸自創造する」 湯浅陸幕長

第37代陸幕長には前西方総監の湯浅陸将が着任した。湯浅新陸幕長は儀仗隊による栄誉礼を受けた後、講堂で陸幕幹部ら約400人に対し訓示。我が国を取り巻く厳しい安全保障環境を踏まえ、「山崎前陸幕長から『強靭な陸上自衛隊の創造』を当初の目標として引き継ぎ、今、現在も直ちに戦え、将来も戦える陸上自衛隊を創造することに全身全霊をささげる」と述べた。

これに先立ち行われた離任行事では、山崎前陸幕長が最後の訓示を行い「各人が任務に対する揺るぎない信念と気概を持ち、新陸幕長を核心とし、さらに強靭な陸上自衛隊を目指して職務に精励することを期待する」と締めくくった。

「精強・即応と変化への適合」 山村海幕長

海自では山村海幕副長が第34代海幕長に着任。儀仗広場で市ヶ谷地区の海自隊員約400人に出迎えられた山村新海幕長は、儀仗隊の栄誉礼を受けた後、海幕会議室で幹部らに初の訓示を行った。

海幕長は、勤務方針とし

新元号は「令和」に

政府は4月1日の臨時閣議で、「平成」に代わる新元号を「令和」と決定した。菅官房長官が同日午前11時41分、首相官邸で記者会見し、発表した。元号を改める政令は即日公布され、皇太子さまが新天皇に即位する5月1日に施行される。典拠は日本最古の歌集「万葉集」で、日本の書物(国書)からの引用は初めて。

安倍首相は首相談話を発表し、「一人一人の日本人が明日への希望と共に、それぞれの花を大きく咲かせることができる日本でありたいとの願いを込めて決定した」と説明した。

シナイ半島への隊員派遣を決定

4月19日から

政府は4月2日の閣議で、エジプト東部のシナイ半島でエジプト、イスラエル両軍の停戦監視活動を行っている「多国籍軍・監視団」(MFO)の司令部に、4月19日から11月30日まで、陸自隊員2人を派遣する実施計画を決定した。

2016年3月施行の「平和安全法制」で可能となった「国際連携平和安全活動」の初のケースとなる。

岩屋防衛相は同日午前の閣議後会見で、「中東の平和と安定への貢献を目に見える形で示すことに加え、自衛官の人材育成面でも大きな意義がある」と述べた。

これを受けて同日夕、岩屋大臣は省内で幹部を集めて防衛会議を開き、今後の取り組みなどについて審議した。隊員2人はシナイ半島南端の紅海に面したエジプト・シャルムエルシェイクの現地司令部に派遣され、連絡調整業務に当たる。

春夏秋冬

米中新冷戦の構造化

小原 凡司

米中新冷戦が構造化されつつあり、日本を取り巻く安全保障環境が大きく変化しようとする中、本コラムを執筆する機会を得たことには大きな意義がある。米中新冷戦という言葉がメディア等でも使用されるようになったにもかかわらず、その意義が十分に理解されていないように思われるからだ。

冷戦とは、「直接的に武力を用いず、経済・外交・情報などを手段として行う国際的対立抗争」を言う。米中両国は、どのようにして、この冷戦状態に陥ったのだろうか? 実は、この冷戦を仕掛けたのは中国側である。米国との戦争に勝利できないことを理解する中国は、米国との軍事衝突を回避するために他の手段を用いてきたのだ。

中国は、米国が必ず中国の発展を妨害すると信じてきた。その妨害には、軍事的手段が含まれる。米国の軍事力行使回避は、中国にとって必須だった。中国は、積極的に文化等のソフトパワーを使用してきた。パブリック・ディプロマシーだ。

しかし、米国の軍事力行使を恐れる中国は、米国社会にソフトな表情を見せる一方、米軍の妨害を拒否する能力として軍備増強を続けてきた。米国が中国の急速な軍備増強に強い懸念を示し始めたのは、2015年に習近平主席が「中国製造2025」を掲げ、5G(第5世代移動通信システム)を支配する勢いを見せ始めたからだ。

[illegible]

(笹川平和財団上席研究員)

朝雲寸言

米国防総省でネット評価室長を40年以上にわたり務めたアンドリュー・マーシャル氏が97歳で[illegible]

[illegible]々と生き続けている▼弟子たちが綴った彼の評伝『最後の戦士』(邦訳『帝国の参謀』)を読んで驚かされるのは、マーシャル氏のような知の巨人の助言であっても、時に国防総省幹部が耳を傾けなかったことがあったという点だ。いかに分析や見積もりが正鵠を射ていても、それを利用する側が価値を理解できなければ意味がない▼常に舞台裏で淡々と核心を突く発言を続けたマーシャル氏。我々の周りにも、もしかしたらそんな存在がいないだろうか。謙虚な気持ちで改めて周囲を見渡したい。

防衛省入省式

574人が服務の宣誓

岩屋防衛相(壇上)の前で、入省者を代表して服務の宣誓を行う大野志温事務官(マイク前)=4月1日、防衛省講堂で

新元号の発表に先立つ4月1日午前、防衛省で2019(平成31)年度の入省式が行われ、総合職、一般職、専門職、障害者選考などの新規採用者574人が[illegible]。入省者数は2007年(平成19年)の省移行後で最多となった。

式典には岩屋防衛相をはじめ、原田副大臣、山田政務官、高橋事務次官、武田官房長らが出席。入省者を代表して大野志温事務官(23)=[illegible]=が壇上で岩屋大臣に宣誓書を手渡し、服務の宣誓を行った。

続いて岩屋大臣が訓示し、元号の変わる新たな時代のスタートに立ったことを強調し、①国民に対する責任、②[illegible]に対する眼差し、③新しいことに興味を持ち、学び続ける[illegible]

式後、新職員を代表して報道陣のインタビューに答えた[illegible]事務官(22)=[illegible]=は「自分のなすべき役割に一つ一つ真摯に向き合い、日本の平和と安全を守り、[illegible]」と抱負を語った。

今年度の新規採用者の内訳は総合職39(うち女性9)人、一般職474(同117)人、専門職30(同18)人、[illegible]

陸自ヘリ用廃部品 比空軍に無償譲渡

防衛省で式典

ラウレル駐日大使(後方左端)と原田副大臣(その右)が見守る中、テーブルで署名する深山装備庁長官(右)とエレファンテ比国防次官(3月12日、防衛省で)

防衛省は3月12日、陸自で用途廃止となったUH1H多用途ヘリ(ヒューイ)のエンジンやブレードなどの部品をフィリピン空軍に無償譲渡する式典を省内で開き、防衛装備庁の深山延暁長官と、来日したレイムンド・エレファンテ比国防次官(予算・財務担当)=退役空軍准将=が目録に署名した。

式典には防衛省から原田副大臣、丸茂空幕長、山崎陸幕長、フィリピン側はホセ・ラウレル駐日大使、空軍司令官のロザリオ・ブリーグス中将ら計約30人が出席した。

開式に当たり原田副大臣は「[illegible]安全保障上の課題が存在する中、日比両国が地域の平和と安定のために協力する意義はますます高まっている。今回の移転は人道支援、災害救援、輸送、海洋状況把握などの能力向上につながり、地域の平和と安定に資するものだ」と述べた。

続いてラウレル駐日大使は、親日家で同国の大統領を務めた祖父や、戦前に日本の陸軍士官学校を卒業して戦後は駐日大使を務めた父らが築いた日比の友好関係に触れ、「両国関係は今最も強く、新たな段階に入った。我々は真の友人としてこれからも地域の平和のために協力していく」とスピーチした。

この後、目録に署名したエレファンテ国防次官は「[illegible]フィリピンに引き継がれることは大変喜ばしい」と述べ、両国のさらなる連携協力に期待感を示した。

防衛当局間では昨年11月、UH1Hの部品等の無償譲渡に関する取り決めに署名。今回の目録への署名を受け、エンジンやブレード、ベアリング、トランスミッションなどの部品や器材が比空軍に引き渡され、予備の整備・補給部品として活用される予定だ。

時の焦点

国内

離島防衛

抑止力高める部隊配備

「昨年秋の訪中によって、日中関係は完全に正常な軌道へと戻った。あらゆる分野、国民レベルでの交流を深めながら、新たな段階へと押し上げていく」

安倍首相は1月28日の施政方針演説でこう述べ、昨年10月の7年ぶりの中国公式訪問が、日中関係を前進させているという自信をのぞかせた。

2012年の沖縄県の尖閣諸島の国有化を巡る対立で、日中関係は「最悪」と評された。その改善を、習近平国家主席との会談で確認した意義は大きい。

だが、習政権の「強国路線」が日本の安全保障にとって脅威であることに変わりはなかろう。政府は、一時の友好ムードに流されることなく、中長期的な観点から防衛力を強化しなければならない。

防衛省が、鹿児島県の奄美大島と沖縄県の宮古島に陸上自衛隊の新たな駐屯地を開設した。

奄美大島に地対空、地対艦のミサイル部隊と警備隊、宮古島に警備隊を配備した。宮古島にも将来、ミサイル部隊を置く予定だ。16年には、沖縄の与那国島に沿岸監視隊を配備している。

南西諸島は長年、陸自が沖縄本島にしかいなかった。安保上の「空白地帯」を着実に解消していくことが大切だ。離島への部隊の常駐により、抑止力は高まろう。ミサイル部隊は、島に近づく他国の艦船をけん制することになる。

中国初の空母「遼寧」は16年12月、沖縄本島と宮古島の間を通過し、太平洋進出が初確認された。爆撃機や戦闘機も頻繁に往来している。

中国の軍事戦略「接近阻止・領域拒否」(A2AD)は、伊豆諸島からグアムに至る「第2列島線」の内側で米軍の作戦行動を阻み、南西諸島やフィリピンを結ぶ「第1列島線」の内側に米軍を進入させない…という作戦である。中国軍が沖縄周辺で活動を強めているのは、第1列島線の要衝にあるためだ。

陸自は、石垣島でも駐屯地の建設に着手したが、地元には反対論がある。防衛省は、住民に部隊配備の意義を丁寧に訴え、理解を求め続けねばならない。陸自の存在は、災害時の迅速な対応にもつながる。

自衛隊最大の14万人を抱える陸自は、北方重視から南西対応に戦力をシフトしている。機動的に部隊を運用できるよう、全国の旅・師団の改編も進める。安保環境に応じて適切に態勢を整えることが肝要である。

離島奪還を主要な任務として、長崎県佐世保市の駐屯地に昨年新設された陸自の水陸機動団は、島嶼防衛の要だ。

空自が空域で優勢を確保し、海自が水陸機動団を島に上陸させる、といった事態も想定される。陸海空の3自衛隊の統合運用を進めることが不可欠である。米軍との共同訓練も重ね、対処能力を高めて欲しい。

夏川 明雄(政治評論家)

海外

タイ総選挙

親軍政派が政権担当へ

「ほほ笑みの国」と呼ばれている東南アジアの有力国タイで3月24日、軍事政権から約5年ぶりに民政移管するための下院総選挙が行われ、反軍政のタクシン元首相派の「タイ貢献党」と親軍政の「国民国家の力党」が接戦の末、それぞれ第1党、第2党となった。下馬評通り、どの政党も過半数に届かなかった中、軍主導の政権の継続を目指す第2党の国民国家の力党が選挙後の多数派工作で、プラユット暫定首相を首相に就ける構えだ。新しい首相を選出する国会の招集は5月以降となり、その直前にはワチラロンコン国王の戴冠式も行われるため、タイは立憲君主制国家として新たな出直しの機会を迎える。

軍事政権下で策定された新たな選挙制度により、タイの首相は、下院(定数500)および軍の事実上の任命制である上院(同250)を合わせた750議員が選ぶため、軍事政権が圧倒的に有利な状況は変わらない。反軍政派の指導者が今回の民政移管を「半分以下の民主主義」と揶揄する所以だ。

ただ、2014年5月のクーデターで実権を握った当時の陸軍司令官のプラユット氏が続投する場合でも、有力野党の存在など、政党活動が禁じられた軍政下とは政治状況が異なるため、政権運営は一筋縄ではいかないとみられる。選挙後にタクシン元首相派などの反軍政勢力が一つにまとまるかどうかが注目されるが、下院で第1党のタイ貢献党を軸にタクシン派が結集すれば、再びデモによる混乱やクーデターが起きることも予想され、民政移管後のタイ情勢は引き続き予断を許さない。

タイ東北部など貧しい農村を地盤に「赤」をシンボルカラーとするタクシン元首相派と、首都バンコクなど都市部のエリート層が支持する「黄」の反タクシン派の対立は10年以上も続く。2000年代前半に権勢を誇った当時のタクシン首相は2006年の前々回のクーデターで失脚し、海外亡命中の身だ。しかしその後も、対立する両派の度重なる街頭での抗議行動によって国際空港が閉鎖されたり、タイで開催予定の東南アジア諸国連合(ASEAN)首脳会議が延期されたりしたため、軍は5年前に混乱収拾を大義名分にクーデターを再び決行。実権を握った軍は政治混乱の元凶とみるタクシン派政権を追放し、治安の安定を最優先にして民政移管の時期を慎重に探ってきた。

筆者は1990年代後半のタイ駐在やその後の現地取材などを通じ、変転するこの親日国の政治・経済情勢をウオッチしてきたが、今回の総選挙結果については、▽軍政時代に社会を安定させたプラユット暫定首相に一定の支持があった▽これまで影響力を行使してきたタクシン氏本人に加え、実妹のインラック前首相も国外逃亡中で、大手を振るって選挙運動を支援できなかったことがタクシン派の失速につながった——とみている。

今後は、親軍政と反軍政の対立に構図を変えて政争は続くだろうが、強権ではなく、対立の背景にある都市と農村の格差是正に取り組むことがタイ社会に安定を取り戻す近道だろう。

伊藤 努(外交評論家)

共済組合だより

防衛省共済組合が取り扱う各種団体保険(表参照)は、災害派遣等の危険な任務に従事する可能性のある自衛隊員である組合員の万一の事故等に備えるため、加入者全員で、保険料を出し合い、支え合う相互扶助の制度です。

団体生命保険	団体医療保険	団体傷害保険
死亡、高度障害等を保障	病気による入院、手術、退院後の通院、3大疾病(がん、心筋梗塞、脳卒中)等を保障	ケガ、個人賠償、親介護、働けなくなった時の所得等を補償
団体年金保険	**PKO保険**	**海外旅行保険**
老後生活の資金の確保を目的	国連平和維持活動等に派遣された時のケガ、病気、個人賠償等を補償	公務での海外出張時のケガ、病気、個人賠償等を補償

各種団体保険は
加入者全員で支え合う相互扶助制度
安価な保険料で高い保障

加入者からの保険料
支払保険金
運営経費
剰余金(還付金)

○メリット1

組合員数約26万人というスケールメリットを活かし、少ない運営経費、安価な保険料で高い保障が受けられます。特に、団体生命保険、団体医療保険は、1年ごとに収支計算が行われ、剰余金が生じた場合は、還付金が受け取れます。(円グラフ参照)

○メリット2

全国の駐屯地等にある共済組合支部には、団体保険各社の常駐員が配置されており、スムーズに各種手続きが行えます。

防衛省共済組合が取り扱う各種団体保険は、加入者全員で支え合う相互扶助制度であり、組合員にとっても有利なものとなっていますので、ぜひ、加入、増口をご検討ください。

「国際士官候補生会議」で、防大生(左下)を前にあいさつする各国の士官候補生たち(2月27日、防衛大学校で)

リーダーシップをテーマに

防大で国際士官候補生会議

21カ国31人が参加

【防大】防衛大学校主催の「第5回国際士官候補生会議(ICC)」が2月27日から3月5日まで、同校で開催された。

今回はアジア、アフリカ、欧州、オセアニア、北米、南米の21カ国から31人の士官候補生らが参加、「変化する世界、変わらない信念〜リーダーになるために〜」をテーマに防大生と討議した。

参加者たちは全体討議で各国が直面している安全保障問題についてそれぞれ紹介した後、「軍事組織におけるダイバーシティ・リーダーシップ」「多国籍作戦におけるリーダーシップ」「宇宙戦略における軍事的リーダーシップ」「AI時代のリーダーシップ」の四つのセッションに分かれて議論を深めた。

討議に先立ち、[illegible]講演を行い、各国の駐在武官らも聴講した。

ICCに参加した各国の士官候補生らは、週末には浅草や鎌倉を訪れて日本の文化に触れたほか、スポーツなどを通じ、防大生との交流も深めた。

スペイン海軍のフリゲート「ナバラ」(奥)と共同訓練を行う海自の護衛艦「さみだれ」(3月24日、ソマリア沖・アデン湾で)

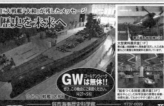

スペイン海軍と共同訓練

海賊対処「さみだれ」

ソマリア沖・アデン湾で民間船舶の護衛任務などに当たっている海自海賊対処水上部隊32次隊の護衛艦「さみだれ」(艦長・川合元2佐)は3月24日、欧州連合(EU)部隊に所属するスペイン海軍のフリゲート「ナバラ」(満載排水量約4000トン)とアデン湾で共同訓練を行った。

統制官は、海自が32次隊指揮官の西山高広1佐、EUはスペイン海軍のリカルド・ヘルナンデス准将が務め、搭載ヘリの相互発着艦訓練などを実施した。

マレーシア国際観艦式に参加

「あさぎり」

海賊対処任務の交代のためアデン湾に向かっている海自の護衛艦「あさぎり」(艦長・佐藤吉範2佐)は3月27日、マレーシア海軍主催の国際観艦式に参加した。

国際観艦式はマレーシア北部のランカウイ島周辺海域で行われ、「あさぎり」は12カ国の艦艇と共に同国のマハティール首相による観閲を受けた。

また、31日には同国海軍主催の多国間海上演習にも参加し、戦術運動など各種訓練を行った。

露軍機が列島沿いを長距離飛行

空自緊急発進

ロシア軍のイリューシンIL38型対潜哨戒機1機が3月27日、日本海上空を列島沿いに長距離飛行したため、空自の北空、中空、西空のF15戦闘機などが緊急発進して対応した。領空侵犯はなかった。

IL38は、[illegible]

中国軍艦3隻が大隅海峡を東航

3月28日午前3時ごろ、中国海軍のジャンカイⅡ級フリゲート(満載排水量4000トン、艦番号530「徐州」、532「荊州」)と「フチ」級補給艦(同2万3000トン、890「巣湖」)の計3隻が[illegible]海域を航行するのを海自1空群(鹿屋)のP3C哨戒機が確認した。

3隻はその後、鹿児島県の佐多岬と種子島の間の大隅海峡を東航し、太平洋に出た。

朝雲モニターが交代

2019年度 陸海空65人に委嘱

4月から来年3月まで、『朝雲』紙面について[illegible]「朝雲モニター」の2019年度の[illegible]が決まりました。

[illegible]

18(平成30)年度モニターの皆さんは業務多忙の中、1年間にわたりご意見を寄せていただき、ありがとうございました。

19年度モニターの氏名・所属は次の通りです。

【陸自】[illegible]

【海自】[illegible]

【空自】[illegible]▽開発集団 西口雅人1佐[illegible]▽補本 千葉八司1佐[illegible]、杉本真一准尉[illegible]

水機団の新拠点誕生

陸自崎辺分屯地を開設

陸自水陸機動団の新たな拠点「崎辺（さきべ）分屯地」が3月26日、長崎県佐世保市の崎辺地区に開設された。団本部がある同市の相浦駐屯地では水陸両用車AAV7の着上陸訓練はできなかったが、三方を海に囲まれた岬の突端にある崎辺では、本格的な上陸訓練が可能だ。将来的には部隊を迅速に海上輸送できる海自エアクッション艇（LCAC）の発着場も整備される。この日、相浦から水機団隷下の「戦闘上陸大隊」など隊員約160人と8両のAAV7が移駐。崎辺分屯地の開設記念行事で初代分屯地司令（兼戦闘上陸大隊長）の増山哲治2佐は「世界に冠たる崎辺の水陸両用部隊を目指し、全力を尽くす」と述べた。　（文・写真　古川勝平）

「崎辺分屯地」は海自佐世保教育隊の敷地に隣接し、以前は市の保有する工場跡地だった。佐世保湾内に突き出た岬の突端部にあり、東・南・西の三方が海のため、AAV7の着上陸訓練にはまさに好適地と言える。

〝親部隊〟が駐屯する相浦駐屯地からは南東に約12キロ離れ、分屯地は佐世保教育隊に向かう海沿いの道を途中で折れた先にあった。網のフェンスで囲まれた正門の向こうに、3階建ての真新しい庁舎が。ここが「戦闘上陸大隊」の本部だ。その奥に海に面した訓練場などが広がり、敷地面積は約13万4000平方メートル。グラウンドの脇には海から上がったAAV7を真水で洗浄する洗車場なども整備されていた。

分屯地の開設式典は午前9時から体育館で始まった。戦闘上陸大隊の隊員たちが整列し、水機団から青木伸一団長、平田雄嗣副団長、中沢剛相浦駐屯地司令ら部隊関係者と朝長則男佐世保市長、天沼秀俊佐世保教育隊司令ら来賓約80人が見守る中、式典が行われた。

最初に分屯地司令兼戦闘上陸大隊長の増山哲治2佐があいさつに立ち、「古くから海自と歩んできたこの崎辺の地に、陸自分屯地を開設することは非常に意義深く、また重要なことだ。今後、我々はここ崎辺で世界に冠たる水陸両用部隊を目指し、全力を尽くす」と決意を述べた。

続いて来賓を代表し、朝長佐世保市長が祝辞。「崎辺分屯地の皆さまが今後、安心して職務に専念できるよう、市としてもその環境作りに協力していきたい」と、地元としても分屯地を盛り上げていく意向を示した。

式後、分屯地内に整備された各種施設がお披露目され、AAV7を使った訓練展示も行われた。

上 戦闘上陸大隊の隊舎前で、「崎辺分屯地」の開設を祝い、記念撮影を行う水機団の幹部と来賓
右 崎辺分屯地の体育館で行われた開設記念行事で、あいさつする増山分屯地司令（壇上中央）
（いずれも3月26日、長崎県佐世保市の崎辺分屯地で）

佐世保湾に突き出た岬の先端に開設された崎辺分屯地の正門。海自佐世保教育隊の敷地に隣接している

AAV7の訓練展示

来賓らが見守る中、「入水点検槽」のプール内を航行する水機団のAAV7

三方が海　着上陸の適地

戦闘上陸大隊160人が移駐

分屯地の東南部にある海に面した陸上訓練場で、「戦闘上陸大隊」の訓練の一部が来賓やメディアに初公開された。

グラウンドに停車していたAAV7にエンジンがかかり、黒煙を上げて発進。場内をぐるりと一周する中で、スラローム走行なども披露し、同車が高い機動性を有しているところを見せた。

その後、〝敵が設置した障害物〟を模した高さ約90センチのコンクリート製の塀を難なく乗り上げて通過し、装輪車ではタイヤが挟まって動けなくなるような壕も突破した。最後にAAV7の後部ハッチが開かれ、隊員が次々と飛び出し、戦闘を開始したところで訓練を終えた。

引き続き、各種施設の説明があった。細長いプールのような場所は、AAV7に浸水がないかを調べる「入水点検槽」で、水深は4・4メートルあるという。車両は自走でプールに進入し、その後、水面を航行。その過程で車体に浸水など異常がないか点検するという。

プールから上がった車両は特大の「シャワー施設」に移動した。ここは雨水などを利用した真水の洗浄施設で、車体から塩分を洗い落とす手順が展示された。

この崎辺分屯地は現在も整備途上にあり、今後、陸上訓練場にAAV7用の登坂などを訓練する施設なども作られる予定だ。さらに海に面した「着上陸訓練場」には水中障害の偵察や処理に当たる専用の場所、海自輸送艦に搭載されたエアクッション艇（LCAC）が着上陸できる発着場も整える。現在、そのすべり（傾斜）地区を整備するためのボーリング調査が行われていた。

崎辺に分屯地が開設された意義について、〝親部隊〟相浦駐屯地広報班長の品田宗爾2佐は「一番の売りは着上陸訓練場だ。これまで（水機団の部隊）は海自の艦船で沖に出る必要があったが、これでいつでもAAV7は分屯地の浜から海に出られる。将来的には本格的な上陸作戦の訓練も可能だ」と語った。

〝上陸〟後にAAV7の後方ハッチから一斉に下車、展開する水機団の隊員

地上訓練施設で障害の壕を難なく通過する水機団のAAV7

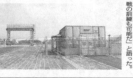

海から上がったAAV7を洗浄するため、雨水などの真水を使ったシャワー設備

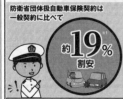

前事不忘　後事之師

第39回

戦略の本質とは何か

――「大戦略論」を読んで

ジョン・ルイス・ギャディス著の『大戦略論』という本を読みました。難解な部分もありますが、戦略の本質とは何かを考える手がかりを与えてくれる名著だと感じました。

ギャディス氏は米国イェール大学の歴史学の教授で、「冷戦史の泰斗（たいと）」と言われています。そのギャディス教授が、古代ペルシャ帝国のクセルクセス1世から20世紀アメリカのフランクリン・ルーズベルト大統領までの何人かの歴史上の人物を取り上げて、彼らが失敗・あるいは成功した要因を分析し、その中から失敗と成功を分ける「大戦略（Grand Strategy）」の本質を記述しているのがこの本です。

ジョン・ルイス・ギャディス著『大戦略論』（早川書房刊）

ギャディス教授は、大戦略の定義を「無限になりうる願望と有限の能力を釣り合わせること」と定義し、「目的は無限になりうるが、手段は無限になり得ないのだから、思い描いている目標を目の前の現実と結び付けなければならない。今、自分が置かれている現在地と目的地までを結ぶめどが立たない限り、戦略を立てることができない」と解説します。「時間、空間、スケールを超えて目的と手段を擦り合わせることこそが戦略」だと断言します。

ここで、教授は、2種類の動物を登場させて説明します。教授の説明を私流に解釈するとこうです。第一の動物はハリネズミで、ハリネズミは、一つの目的だけを目指す方位磁石のような揺るぎない方向感覚を持つ動物だとされます。第二の動物はキツネで、キツネは、環境変化に対する鋭敏な感性を持つ動物だとされます。

これら2種類の動物は、優れた長所を持つ半面、決定的な短所があります。ハリネズミは、今自分がいる場所やその周囲の状況を考慮することなく、目的地を目指すので、目的地までの途中に例えば沼地のような障害物があった場合には、それにはまり、結局は目的地まで到達できません。

他方、キツネは、自分の周囲の環境やその変化を鋭敏に嗅ぎ取り、障害を避けることは得意ですが、結局自分は何を目標にしたら良いかわからず、決定的な場面で行動することはできません。

ギャディス教授は、世の中の人の多くは、これら2種類の動物のどちらかに分類されると主張します。確かに、私自身の周囲の人間を見回してみれば、良く勉強していて、現状やある施策の問題点・課題を挙げるのが得意だけれど、目指すべき方向を決められないキツネ派、こうすべきだと高い理想を語るのは得意だけれど、それを実現する緻密な段取りを検討できないハリネズミ派、ほとんどこのどちらかです。

ギャディス教授の [illegible] り、成功した例は、この二つの動物の矛盾した能力の両方を兼ね備えた [illegible] 的地までの途上に存在する障害を巧みに避けながらも、[illegible] 到達する」であるというものです。

教授は、そのような方法で成功した歴史的なリーダーとして、オクタヴィアヌス、エリザベス一世、リンカーン、フランクリン・ルーズベルトを挙げます。このようなリーダーは、戦略の専門家などではなく、「自らの限界を知る常識」によって、時には妥協しながら、二つの矛盾する能力を融合したということです。

今の世の中、あらゆる分野で、「〇〇戦略」という言葉が氾濫しています。しかしながら、そのほとんどは、自分たちがしたいこと、欲しいものなどの「目的」の羅列にすぎず、それらを限られた手段や資源に合わせて、修正し、優先順位付けしているものは、ないように見受けられます。戦略の名に値しない、先の例で言えばハリネズミ派のスローガンに過ぎません。本当に戦略を語ろうとするのであれば、私たちは、ギャディス教授が『大戦略論』で主張するように「限界を知る常識」を鍛えることが大事なことだと思います。

鎌田　昭良（防衛省OB、防衛基盤整備協会理事長）

…… 前事（ぜんじ）忘れざるは後事（こうじ）の師 ……

防衛省発令

▽防衛大学生課補導室長（陸上総隊運用部陸上連絡官）1陸佐 松下 竜朗
▽防衛研究所教育課程運営室長（長野地方協力本部長）同 星野 浩幸
▽同主任研究官（装備実験隊副隊長）同 川嶋 幾夫
（教育訓練研究本部教育部総括室長）同 山下 雅弘

[illegible]

▽教育訓練研究本部付 同 松永 孝治
（統幕運用1課）同 本多 健二
（同運用3課）同 徳淵 文雄
（陸幕総務課）同 伊藤 充希
（同運用支援課）同 兜 智之
（同）同 南 俊之
（同防衛課）同 内藤 啓太
（同）同 須藤 英樹
（同）同 古川 琢弥
（同防衛協力課）同 西田 喜一
（陸上総隊運用部）同 河村 友則
（西部方面総監部防衛部）同 鏡森 直樹
（7特科連隊3大隊長）同 秋山 洋三
（3戦車大隊長兼今津駐屯地司令）同 水谷 清隆
（124地区警務隊長）同 廣瀬 繁
（衛生教導隊長）同 鈴木 裕之
（高射学校主任教官）同 矢ケ崎 貴浩
（教育訓練研究本部主任教官）同 中津 敏文
（教育官）同 寺井 優子
（同）同 與謙 みゆき
▽補給統制本部装備計画課長（関東補給処業務指示課長）同 川田 義一
▽同補給計画1課長（補給統制本部装備計画課長）2陸佐 水野 博仁
▽同通信電子部長（東部方面通信群長）1陸佐 時岡 秀和
▽補給統制本部付（航空学校整備部長）同 塚本 秀幸
（施設学校研究部長）同 吉田 剛
▽北海道補給処副処長（東北方面後方支援隊長）同 福島 由晃
▽同計画部長（北海道補給処計画1課長）2陸佐 狩野 秀樹
▽同整備部長（統幕学校国際平和協力センター）同 谷口 敏祐
▽同安平弾薬支処長兼安平駐屯地司令（補給統制本部補給計画1課長）1陸佐 千代丸 博
▽北海道補給処付（北海道補給処整備部長）同 一條 靖彦
▽東北補給処副処長（陸上総隊後方運用部）同 仲川 剛
▽同総務部長（東千歳駐屯地業務隊長）同 川崎 誠二
▽同装備計画部長（武器学校1教育部長）同 冨吉 直樹
▽関東補給処用賀支処衛生部長（衛生学校研究部長）2陸佐 菊地 道人
▽同吉井弾薬支処長兼吉井分屯地司令（14後方支援隊長）1陸佐 古賀 昭博
▽関西補給処計画課長（統幕指揮通信システム企画課）2陸佐 後川 裕一
▽同整備部長（小平学校システム教育部長）1陸佐 石本 勝彦
▽海幕艦船・武器課艦体班長（艦船補給処艦船部長）2海佐 中塚 仁二
▽潜水医学実験隊（広島地方協力本部長）1海佐 伊藤 拓也
▽海自幹部学校付（防衛政策局防衛政策課基本政策班兼分析班）同 芦原 賢治
▽艦船補給処艦船部長（艦船補給処）同 野口 祐二郎
▽情報保全隊本部情報保全隊長（情報学校1教育部長）1陸佐 大岡 耕太郎
▽同中部情報保全隊長（陸上総隊監察官）同 岩見 和彦
▽体育学校副校長（富士教導団団長）同 石津 吉康
▽中央病院総務課長（東部方面総監部医務官付）2陸佐 武田 征紀
▽兼中央病院脳神経外科（対特殊武器衛生隊長）1陸佐 長川 真治
▽中央病院産婦人科部長（中央病院産婦人科）同 吉永 洋輔
▽同リハビリテーション科部長（東部方面衛生隊長）同 向井 保雄
▽解中央病院リハビリテーション科部長兼補 中央病院衛生資材部長兼4外科 同 小原 聖勇
▽中央病院看護部長（札幌病院看護部長）同 會田 知子
▽中央病院（中央病院看護部）同 平 尚美
▽札幌病院看護部長（同1看護課長）2陸佐 大石 真由美
▽仙台病院総務部長（関東補給処用賀支処衛生部長）同 江島 正美
▽帯広地方協力本部長（教育訓練研究本部主任教官）1陸佐 濱本 博文
▽新潟地方協力本部長（対馬警備隊長兼対馬駐屯地司令）同 飯島 達也
▽富山地方協力本部長（7普通科連隊長兼福知山駐屯地司令）同 大倉 正義
▽長野地方協力本部長（防衛研究所主任研究官）同 三笠 展隆
▽愛知地方協力本部長（7師団幕僚長）同 福冨 毅尚
▽三重地方協力本部長（1ヘリ団副団長）同 瀬岡 清隆
▽島根地方協力本部長（2特科連隊長）同 高橋 洋二
▽広島地方協力本部長（防衛装備庁長官官房艦船設計官付主任設計官）1海佐 鷹尾 潤
▽大分地方協力本部長（3高射特科群長）1陸佐 井村 昭利
▽情報本部情報官（北部方面総監部情報部長）同 伊藤 俊宏
▽北海道防衛局防衛補佐官（14旅団2部長）2陸佐 新山 雄貴
▽防衛装備庁長官官房装備官付総括室長（7高射特科群長兼竹松駐屯地司令）1陸佐 八木 聖一郎
▽同1開発室長（防衛装備庁下北試験場長）同 浮須 康彦
（同プロジェクト管理部装備技術官付）2陸佐 中澤 官夫
▽同4開発室長（北海道補給処計画課長）1陸佐 大森 亮
▽同長官官房艦船設計官付主任設計官（海幕艦船・武器課艦体班長）1海佐 橋本 剛
▽同プロジェクト管理部事業監理官付事業計画調整官（4師団4部長）1陸佐 遠藤 正幸
▽同下北試験場長（装備実験隊）2陸佐 久保 雄穂
（以上3月23日）
▽海幕経理課（海自補給本部企画課長）1海佐 門野 政明
▽海上訓練指導隊群司令部（ひゅうが艦長）同 川内 健治
▽ひゅうが艦長（指揮通信システム隊サイバー防衛隊情報班長兼統幕指揮通信システム企画課）同 松田 光央
▽潜水艦隊司令部（2潜水隊司令）同 槇之上 明典
▽2潜水隊司令（呉システム通信隊司令）同 下濱 昭博
▽呉システム通信隊司令（システム通信隊群幕僚）同 水本 国
▽海自補給本部企画課長（海自補給本部）同 岡村 雄二
▽指揮通信システム隊サイバー防衛隊情報班長兼統幕指揮通信システム企画課（指揮通信システム隊サイバー防衛隊兼統幕指揮通信システム企画課）同 尾崎 立哉
（以上3月25日）
▽兼川分屯基地司令 航空安全管理隊司令 空将補 佐藤 幸喜
▽統幕運用1課総括班長（統幕運用1課）1空佐 山根 毅士
▽同運用1課（岩手駐屯地業務隊長）1陸佐 西山 隆
▽同指揮通信システム企画課指揮通信システム企画班長（統幕指揮通信システム企画課）同 鈴木 諭司
▽同指揮通信システム企画課（陸幕指揮通信システム課兼統幕指揮通信システム企画課兼指揮通信システム隊）同 黒木 孝太郎
▽陸幕会計課予算班長（教育訓練研究本部付）同 福井 謙
▽同人事教育計画課ワークライフバランス推進企画班長（衛生学校付）同 橋本 隆之
▽同航空機課航空機班長（飛行実験隊長）同 池田 通隆
▽陸上総隊システム通信課長（統幕指揮通信システム企画課指揮通信システム企画班長）同 小林 理
▽岩手駐屯地業務隊長（教育訓練研究本部教育調整官）同 山本 豊
▽東部方面総監部広報室長（1機甲教育隊長）同 甲田 宏
▽中部方面総監部広報室長（輸送学校主任教官）同 持留 順
▽西部方面総監部システム通信課長（通信学校研究部長）同 児島 隆幸
▽4師団火力調整部長（5特科隊長）同 岩村 福雄
▽6師団火力調整部長（13特科隊長兼日本原駐屯地司令）同 増田 健吾
▽7師団4部長（情報本部）2陸佐 稲吉 正孝
▽4施設団高級幕僚（東部方面総監部広報室長）1陸佐 高田 善行
▽富士教導団副団長（4特科連隊長）同 前田 利徳
▽10即応機動連隊長兼滝川駐屯地司令（10普通科連隊長兼滝川駐屯地司令）同 伊與田 雅一
▽22即応機動連隊長兼多賀城駐屯地司令（22普通科連隊長兼多賀城駐屯地司令）同 大場 智覚
▽西部方面特科連隊2大隊長（4特科連隊2大隊長）同 井上 雄一朗
▽5特科隊長（中部方面総監部広報室長）同 陣之内 宏
▽13特科隊長兼日本原駐屯地司令（統幕運用1課）同 中川 理
▽奄美警備隊長兼奄美駐屯地司令（8師団司令部）同 平田 浩二
▽宮古警備隊長兼宮古島駐屯地司令（15旅団司令部）同 田中 広明
▽機甲教導連隊長兼駒門駐屯地司令（戦車教導隊長）同 内田 明秀
▽解駒門駐屯地司令兼補 国際活動教育隊長
▽西部方面システム通信群長（西部方面通信群長）同 佐藤 和之
▽飛行実験隊長（航空学校主任教官）同 奈良 一志
▽航空学校主任教官（航空学校研究部長）同 横山 純一
▽通信学校研究部長（陸上総隊システム通信課長）同 姫野 智一
▽輸送学校主任教官（7師団4部長）同 高橋 孝介
同 西 俊作
▽教育訓練研究本部教育調整官（陸幕航空機課航空機班長）同 横沼 実
▽北海道補給処苗穂支処長兼苗穂分屯地司令（4施設団高級幕僚）同 西谷 修一
▽関東補給処古河支処総務部長（北海道補給処苗穂支処長兼苗穂分屯地司令）同 平野 善之
▽関東補給処付＝古河（関東補給処古河支処総務部長）同 高井 勝則
▽空幕人事計画課ワークライフバランス推進企画班長（空幕人事計画課）1空佐 池田 賢太郎
▽航空総隊訓練課長（統幕運用1課総括班長）同 橋本 勝士
▽教材整備隊（4補給処立川支処長兼立川分屯基地司令）同 畠田 卓
（以上3月26日）
▽空幕人事計画課制度班長（空幕人事計画課）1空佐 山口 嘉大
▽北部航空方面隊装備部長（7航空団整備補給群司令）同 加藤 栄一
▽2航空団副司令（北部航空方面隊装備部長）同 萬 昌裕
▽7航空団整備補給群司令（空幕人事計画課制度班長）同 林 育正
▽航空救難団飛行群秋田救難隊長兼秋田分屯基地司令（航空救難団飛行群那覇ヘリ空輸隊長）2空佐 渡邊 正幸
▽航空支援集団人事課長（空自幹部学校）同 三浦 晋吾
▽空自幹部学校付（航空支援集団人事課長）1空佐 武岡 成実
（空幕装備体系課）同 石関 明弘
（南西航空警戒管制団53警戒隊長兼宮古島分屯基地司令）同 谷口 幸輔
（同総務課）同 古田 桂子
（6航空団）同 森田 英明
（航空支援集団演習企画課長）同 藤井 浩
（以上3月27日）

—空自浜松基地—
コンプライアンス講習会
初代防衛監察監の櫻井弁護士が講演

コンプライアンスの重要性について講話する初代防衛監察監の櫻井弁護士（2月22日、空自浜松基地で）

【監察本部】防衛監察本部（野々上尚・防衛監察監）は2月22日、静岡県の空自浜松基地で「コンプライアンス講習会」を開いた。

同講習会は各機関や部隊などの隊員を対象にコンプライアンス（法令順守）意識の普及・啓発を目的に全国で開催しているもので、今回で42回目。部外講師として招かれた初代防衛監察監の櫻井正史弁護士（上田廣一法律事務所）が「一緒に考えようコンプライアンス」と題して講話し、約300人の隊員が聴講した。

櫻井弁護士は検察庁検事、防衛監察監、弁護士としての豊富な経験に基づき、▽組織を強靭にする一方策としてのコンプライアンスの重要性▽セクハラ・パワハラはなぜ起こるのか▽いかにして不祥事を防ぐか――などについて具体例を交えながら分かりやすく解説。

特に「不祥事は防げない（＝ゼロリスクはない）」ことを念頭に、想定外の緊急事態を想定した「不適合管理（リスクマネージメント）」を行うことの重要性を強調した。

参加した隊員は「コンプライアンスに関して理解を深めることができた」「意識を変えていこうと思った」などと話していた。

平成30年度の講習会は今回の浜松を含め、陸自東北方面総監部、陸自富士学校、海自横須賀基地（船越地区）、空自春日基地の計5カ所で開催された。

装備庁「マッチング事業」
9社1団体参加 防衛事業新規参入促す

【防衛装備庁】防衛装備庁は3月6日、都内のホテルで「中小企業等参入促進ワークショップ・展示会」（マッチング事業）を開催した。

同展示会は優れた製品や技術を有する中小企業などを発掘し、防衛事業への新規参入を促すことで、「防衛生産・技術基盤」の維持・強化を図ることが目的。

2018年度中、5度目となった今回は、防衛産業への新規参入を目指す製造技術・製品を有する9社1団体が出展。会場には防衛省・自衛隊や企業から多くの関係者が訪れ、熱心なやり取りが見られた。

開会スピーチで防衛装備庁の土本英樹装備政策部長は「官民一体となって防衛産業を盛り立てていきたい」と述べ、15年10月の同庁発足以来、防衛産業の強靭化を目指してさまざまな施策に取り組んでいることを強調。この展示会が16年度から計13回開催され、延べ115社が出展、うち8社が防衛省との契約に至ったほか、プライム企業との間でも複数の商談が進んでいることを紹介した。

続いて同庁の担当者が各種施策に関するプレゼンテーションを行った後、展示会へと移った。

製造技術関連の各社からは、独自の表面処理や加工技術などの紹介や、航空・宇宙分野での実績に関する説明があり、自衛隊が開発中の防衛装備品への応用の可能性について熱心な提案が行われた。

材料分野では銀メッキを施した特殊な繊維について導電性や電磁波シールド効果、抗菌・防臭効果があることから、自衛隊員の戦闘服に使用することで、隊員の生体データ管理や電磁波対策、衛生状態の向上などさまざまな効果が見込めることが提案された。

製品分野では、過酷な環境でも使用可能なバッテリーや遠隔操作の監視カメラ、高い除菌効果を持ちながら肌に優しい洗浄剤、複数の対象者の心拍等を1台で同時に測定可能なセンサーなどが紹介され、関係者の注目を集めた。

同展示会は19年度も引き続き開催される予定。

マッチング事業に参加した企業担当者（右から2人目）から説明を聞く航空自衛官（その左）＝3月6日、東京都新宿区のホテルグランドヒル市ヶ谷で

過去最多の防衛関連企業出展
施設科セミナー

【施校＝勝田】陸自施設学校は3月1日、「平成30年度施設科セミナー」を実施した。

同事業の目的は、民間の防衛・施設技術関連企業を招致して施設に関する最新技術を収集し、調査研究業務や基本教育の資とすること。7回目の開催となる今回は「将来にわたり多様な任務に対応する施設技術」をテーマに、過去最多となる54の防衛関連企業が出展した。

当日は防衛装備庁装備官の柴田昭市陸将らも視察に訪れたほか、各施設団長や部隊隊員など多数が研修に参加。部外からは防衛施設学会員約50人など研修者の総数は計約400人に上った。

今回初の取り組みとして、企業を対象に「施設学校の概要」「有事の施設支援上の技術的課題」について発表し、将来の装備開発にも寄与する情報を提供した＝写真㊤。

施設学校では企業に対するさまざまな情報発信を今後も継続していく計画だ。

施設科の人材育成など意見交換
施設団長等会議

【施校＝勝田】施設学校は2月28日、「30年度施設団長等会議」を開催した。

同会議は施設科の現況・問題点を共有し、施設機能向上のための方針を決めるもの。各施設団を始め、防衛装備庁、陸幕などの関係機関から主要指揮官が参集した。

会議では、陸自の体制移行に対応した「練成訓練及び人材育成」をはじめ、発展途上国での能力構築支援や国連工兵部隊マニュアルの改定など「国際任務の今後の方向性」、強靭な陸自の創造に貢献する「将来の施設科部隊の機能検討」などについて意見交換を行った＝写真㊤。

最後に、学校長の腰塚浩貴陸将補が「職種の力を結集するため、各団長には部隊の問題認識・成果などを方面隊内で共有することを期待する」と総括した。

海自・空自が部隊改編

「しょうりゅう」が1潜群に
初代艦長 阿部2佐に自衛艦旗授与

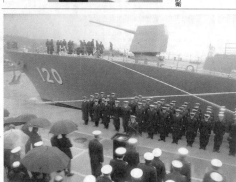

海自の平成26年度計画潜水艦「しょうりゅう」(2950トン)の引渡式・自衛艦旗授与式が3月18日、川崎重工業神戸工場で行われ、同艦は同日付で1潜水隊群1潜水隊(呉)に編入された。

「しょうりゅう」は「そうりゅう」型潜水艦の10番艦で、外燃機関のスターリングエンジンを搭載している。

式では、川崎重工業の金花芳則社長と原田防衛副大臣の間で引渡書・受領書の交換が行われ、その後、原田副大臣から初代艦長の阿部純一2佐に自衛艦旗が授与された。

この後、「しょうりゅう」乗組員により艦尾の旗竿に自衛艦旗が掲げられ、同艦は1潜群に就役した。

式後、「しょうりゅう」は原田副大臣や村川海幕長をはじめとする多くの防衛省関係者に見送られた。

原田防衛副大臣(左)から自衛艦旗を授与される阿部艦長=3月18日、神戸市の川崎重工神戸工場で

自衛艦旗を掲げ、1潜水隊群に就役した海自の潜水艦「しょうりゅう」(3月18日)

「しらぬい」、大湊に初入港
むつ市長ら母港市民が歓迎

2月27日に三菱重工業長崎造船所で海自に引き渡され、就役した最新鋭の汎用護衛艦「しらぬい」(5100トン)が3月11日、母港となる青森県むつ市の大湊基地に初入港した。大湊基地に新造の護衛艦が配備されるのは35年ぶり。

冷たい雨が降りしきる中で行われた入港歓迎行事には、宮下宗一郎むつ市長をはじめ、白井二郎同市議会議長、熊谷國治支援団体連絡協議会会長らが参列。歓迎の横断幕を掲げた大湊海自カレー普及会や自衛隊協力会関係者、乗員家族、大湊所在部隊の隊員ら約100人が「しらぬい」を温かく出迎えた。

母港への初入港後、高須賀政信「しらぬい」艦長は、「乗員一同、国民の期待に沿えられるよう精進していきたい」と力強くあいさつ。これに対し、酒井良大湊地方総監は「『しらぬい』を津軽海峡と宗谷海峡の警備を担う大湊基地に迎えることができたのは、北日本の海上防衛にとって誠に頼もしい限りだ」と同艦を歓迎した。

続けて乗員に対して、「高須賀艦長を中心に、全乗員が大湊を母港に大いに活躍し、『しらぬい』の伝統を築き上げていくことを期待する」と激励した。

タグボートの支援を受け、母港となる大湊基地に初入港する護衛艦「しらぬい」(3月11日)

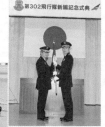

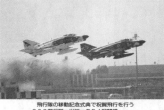

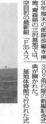

酒井大湊総監に「しらぬい」の初入港を報告する高須賀艦長(中央マイク前)=3月11日、海自大湊基地で

沖縄基地隊に「港務科」
勝連 快晴の下、新設記念行事を開催

【勝連】沖縄基地隊(司令・坊古居泰之1佐)に3月22日、「港務科」が新設された。近年、南西方面の拠点強化により沖縄の港湾に入港する艦艇が増加傾向にあるため、入出港に関する調整や曳船の運航を一括管理できる「港務科」が整備された。

快晴の下で行われたこの日の新設記念行事では、坊古居司令が隊員を前に「港務科を新設する」と宣言し、宮沢正美港務科長に表札を授与した。

初代港務科員は、「新しい部署での初代要員として精一杯任務を遂行したい」と意気込みを語った。

沖縄基地隊への「港務科」新設を祝い、「曳船92号」に乗り記念写真に納まる港務科初代隊員(3月22日、沖縄基地隊桟橋で)

「曳船12号」が就役
大型護衛艦支援にも対応
横須賀

【横須賀】横須賀警備隊(司令・松田辰雄1佐)に3月1日、「曳船12号」が就役した。同船は、「曳船67号」の減耗補充分として平成29年度予算で建造された排水量260トンの大型曳船。

ヘリ搭載護衛艦「ひゅうが」型、「いずも」型などの上甲板が張り出した大型艦の出入港支援にも対応できるよう、起倒式マストを備えており、従来の曳船と比べて機関出力も増した。

同船は兵庫県淡路島の栗之浦ドックで建造され、2月25日、阪神基地隊で海上自衛隊に引き渡された。その後、多用途支援艦「えんしゅう」による海上警戒など支援を受けながら、横須賀港務隊員が荒天の中、横須賀基地まで約700キロを回航した。

横須賀基地での式典では、松田警備隊司令から小沼賢一港務隊長に国旗が授与され、「君が代」のラッパ吹奏の中、高岡寿光船長の指揮でマストに高々と掲揚された。

「曳船12号」のマストに国旗を掲揚する同船の乗員(3月1日、横須賀基地で)

新たな防衛力の中心に

302飛行隊、F35Aに機種更新
三沢で新編記念式　百里で移動記念式

空自は3月26日付で平成30年度末の部隊改編を実施、青森県の三沢基地では、空自初の最新鋭「F35Aステルス戦闘機」を運用する302飛行隊の新編記念式典が開かれた。

基地体育館で行われた式には森川龍介北空司令官、鮫島建一3空団司令をはじめ、日米の高官、企業、自治体関係者、歴代302飛行隊長、基地隊員など約940人が出席した。

中野義人302飛行隊長による編成完結報告後、鮫島3空団司令が訓示。「先駆者としての立場と変革者としての責務を見据え、『いかにすれば勝てるのか』を追求した上で、『何を新たに創りあげるのか』を問い続けながら職務に当たれ」とステルス機部隊の隊員たちに要望した。その後、鮫島司令から中野隊長に隊旗が授与された。

最後に森川北空司令官が登壇し、「302飛行隊が装備するF35Aは新たなる防衛力の中心的役割を担う。その機能は我が国の防衛そのものに大きな変革をもたらすゲームチェンジャーとしての役割が期待されている」と訓示した。

新生302飛行隊はF35A戦闘機12機、隊員約80人体制で発足。F35は将来的には最大147機が空自に導入され、「統合機動防衛力の要」として各種防空任務に当たる。

これに先立ち3月2日、茨城県の百里基地で302飛行隊の三沢への部隊移動記念式典が開かれた。仲村智成飛行隊長(当時)から「臨時F35A飛行隊長」の中野2佐に隊旗が引き継がれた。

百里上空では記念塗装が施されたF4戦闘機2機が記念飛行を行い、出席者は同隊などで約半世紀にわたり飛行し続けた名機F4との別れを惜しんだ。

(上)鮫島3空団司令(左)からステルス戦闘機部隊「302飛行隊」の隊旗を授与された中野隊長
(左)F35Aステルス戦闘機(後方中央)とT4練習機(両側)をバックに記念撮影に臨む302飛行隊新編記念行事出席者(3月26日、空自三沢基地で)

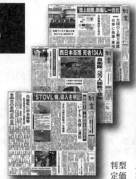

飛行隊の移動記念式典で祝賀飛行を行う302飛行隊=当時=のF4戦闘機(3月2日、空自百里基地で)

記念塗装が施されたF4戦闘機をバックに記念写真に納まる関係者

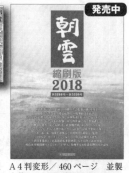

募集・援護 特集

平和を、仕事にする。

ただいま募集中！
◇予備自補（一般・技能）◇自衛官候補生◇幹候生（一般・歯科・薬剤科）◇医科・歯科幹部◇一般曹候補生
★詳細は最寄りの自衛隊地方協力本部へ

就活解禁！大学生を獲得せよ

一般幹部候補生の受付開始

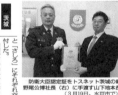

「さあ就活解禁だ！防衛省・自衛隊の魅力を大学生に伝えよ」――。3月1日、経団連加盟企業が一斉に大学生獲得に向けた説明会をスタート、地本もそれら会場にブースを出展し、一般幹部候補生の応募受け付けを開始した。青森地本は海・空自航空部隊の若手パイロットを「カレッジリクルータ」として会場に配置、航空職種の魅力を学生たちに直接伝えた。

就活中の弘前大生（右）に一般幹部候補生の試験の詳細を説明する福田歩弘前所長（左手前）＝3月5日、弘前市で

青森　海空自からパイロット　カレッジリクルータ派遣

【青森】地本は3月7日、青森市内のホテルで行われた「マイナビ就職セミナー　合同会社説明会」に参加した。

来年3月の大学、大学院、高専、短大、専門学校の卒業予定者や就職活動中の既卒者を対象に開かれたもので、地本は企業87社とともにブースを設け、訪れた学生らに陸海空自の特性や各種試験種目を説明、防衛省・自衛隊の魅力をアピールした。

特にカレッジリクルータを務める海自2空群（八戸）の近藤智里2尉、空自3空団（三沢）の大胡田優2尉は、来場者に幹部自衛官の魅力や仕事のやりがいを自身の経験を交えて説明。学生たちはメモを取りながら、「幹部候補生学校の教育内容はどのようなものですか」「体力に自信がなくても大丈夫でしょうか」などと質問、両隊員の説明に熱心に耳を傾けていた。

◇

これに先立ち弘前地域事務所も3月5日、弘前市内のホテルで開かれた「弘前大学合同企業説明会」に参加。こちらは同大学の3年生約400人を対象とした説明ブースを民間企業75社とともに設け、面談形式で説明を行った。

新潟　敬和学園大で一般幹候生PR

【新潟】新発田地域事務所は3月8日、同市の敬和学園大学で行われた企業説明会に参加、大学3年生に対し一般幹部候補生などの募集広報を実施した。同所のブースには男子学生6人が訪れ、幹候生を主体とした説明に熱心に聴き入った。広報官が公務員の優位性や達成感、充実感などについて語ると、学生は3自衛隊の違いなどについて質問、みな高い関心を示していた。

札幌　公務員フェスタに参加　若手幹部がやりがい伝える

【札幌】地本は就活解禁を受けて3月3、4の両日、北海道警察本部で公務員合同職業説明会「北海道で働く公務員フェスタ」を開いた。11機関（国家公務員8、地方公務員3機関）が合同でそれぞれの仕事の魅力を伝えた。

3日は女性限定で101人、4日は男女169人が参加し、各機関の熱のこもったメッセージに聞き入った。

各機関が順番にPRするステージ上で、札幌地本は「きみのやりたいことがある。夢がかなう自衛隊」と題し、多様な職種・職域や仕事とプライベートの両立、手厚い福利厚生などの魅力を紹介。陸海空各部隊から参加した若手自衛官も出演し、さまざまな現場で仕事にやりがいを見つけ、向上心をもって明るく努力していることを伝えた。

地本のブースなどには約90人の学生が訪れ、任用制度やキャリアアップなどについての個別の説明を受けた。学生たちは制服試着やライフハックなどの体験を通じ、職業としての自衛官への関心を高めていた。

体験コーナーで公務員志望の学生（左）に自衛隊式のロープの結び方を教える札幌地本の広報官（3月3日、北海道警察本部で）

帯広など9地本長　交代

3月22日付の定期異動で9地本の地本長が交代した。新任本部長の略歴は次の通り。

濱本　博文（はまもと・ひろふみ）1陸佐　帯広地本長　防大32期、昭和63年陸自。平成15年2佐、20年1佐。16普連長、14旅団幕僚長などを経て、30年8月陸幕研究主任。東京都出身。53歳。

大倉　正義（おおくら・まさよし）1陸佐　新潟地本長　防大39期、平成7年陸自。19年2佐、24年1佐。富士学校総務部、陸幕総務課などを経て、28年7月1普連。福岡県出身。50歳。

飯島　達也（いいじま・たつや）1陸佐　富山地本長　防大36期、平成4年陸自。21年2佐、26年1佐。統幕、陸幕人事部、西方幕僚などを経て、28年12月対馬警備隊長。静岡県出身。48歳。

三笠　展隆（みかさ・のぶたか）1陸佐　長野地本長　防大37期、平成5年陸自。19年2佐、22年1佐。北方情報隊長、統幕運用2課などを経て、30年3月防研主任研究官。福岡県出身。48歳。

福嶋　毅尚（ふくしま・よしなお）1陸佐　愛知地本長　防大32期、昭和63年陸自。14年2佐、20年1佐。陸幕、東方総監部などを経て、陸幕援護課。

濱島　清隆（はまじま・きよたか）1陸佐　三重地本長　防大34期、平成2年陸自。17年2佐、22年1佐。北方航空隊、航空学校教育部長などを経て、29年3月1教育団。福岡県出身。

高橋　洋二（たかはし・ようじ）1陸佐　島根地本長　防大37期、平成5年陸自。20年2佐、26年1佐。

井村　昭利（いむら・あきとし）1海佐　大分地本長　防大39期、平成7年海自。20年2佐、25年1佐。海幕援護業務課などを経て。49歳。

鷹尾　潤（たかお・じゅん）1陸佐　熊本地本長　九州大院工学研究科修了、平成8年陸自。29年3月2特連などを経て。熊本県出身。48歳。

海自入隊予定者「むらさめ」見学　山形

【山形】地本は3月5、6の両日、横須賀教育隊（武山）と横須賀基地に海自入隊予定者とその家族計15人を引率し、見学会を実施した。

初日の横教では概要説明後、基地内の案内をはじめ、隊舎でのベッドメイキング、隊員食堂での体験喫食などが行われ、新隊員さながらの生活を体験。隊員との懇談も行い、不安を払しょくした。

翌日は横須賀総監部募集支援係の支援を受け、基地内を見学。午前中は海自全般から職種まで詳しい説明を受けた。その後、隊員食堂でから揚げ、ビーフシチューを体験喫食、予定者は「ボリュームがあって最高です」と喜び、家族も「野菜も豊富でバランスがいいですね」と評価していた。

続いて護衛艦「むらさめ」艦内を見学。甲板や居住スペースなど実際に生活を送る場所を訪れた＝写真。

見学を終えた参加者は、「合格し、うれしい半面不安もあったが、入隊後の話を聞くことができたので安心した」「教育隊の生活をはじめ、基地や艦艇など隊員が勤務している姿を実際に見学でき、とても有意義だった」と語っていた。

入隊・入校予定者104人の門出祝う　香川

【香川】地本は3月10日、高松市内で防衛協会、隊友会、家族会の3団体が主催する「香川県自衛隊入隊・入校予定者激励会」を支援、来賓、家族ら約350人とともに入隊・入校予定者の新たな門出を祝った。

激励会では主催者代表のあいさつ後、地元選出の国会議員が祝辞を述べた。特に香川県議会議長による県知事祝辞の代読では、先般発生した豚コレラでの災害派遣にも触れられ、自衛隊に対しての謝辞と、104人の入隊・入校予定者に対する敬意が伝えられた。

この後、入隊・入校予定者が壇上で一人一人、決意を表明。その中には「国防のために一生懸命頑張ります」と発表した若者もおり、その志の高さに来賓は感心した様子だった。

最後に昨年度入隊した陸・海・空自の各先輩隊員が激励の言葉を述べ、入隊後の仲間の作り方や仕事の仕方についてアドバイスした。

茨城　予備自雇用協力企業に交付　防衛大臣と茨城地本長認定証

【茨城】地本は3月19、20の両日、予備自衛官等協力事業所表示制度の防衛大臣認定証を「トスネット茨城」に、地方協力本部長認定証を「アート・ジャパン」と「さしろ」にそれぞれ交付した。

同制度は防衛省が認定した企業が予備自衛官らの雇用を通じ、社会貢献を果たしていることを伝え、制度に対する理解の促進や円滑な運営に役立てることを目的としている。認定は防衛大臣と地本長の2種類。

山下慎一地本長から各認定証を交付された3企業は、「常日頃より国防の重要性を肌に感じ、一人でも多くの予備自と即応予備自の雇用に努めてきたことを高く評価をしていただいた。とてもうれしい限りで、今後も積極的に予備自衛官の雇用と自衛隊活動への協力を続けていきたい」と話していた。

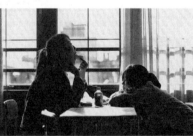

防衛大臣認定証をトスネット茨城の新野尾公博社長（右）に手渡す山下地本長（3月19日、水戸市で）

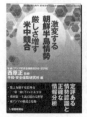

中学生に防災実技教育　304水際障害中隊が支援　和歌山

【和歌山】有田募集案内所は3月11日、304水際障害中隊（和歌山）の支援を受け、有田市立箕島中学校で1、2年生約200人に対し防災実技教育を行った。

最初に有田所広報官の萬賀善彦2陸曹によるライフハック映像を活用した防災講話を実施。その後、4グループに分かれ、ロープワークや土のう作業を体験したり、野外衛生、人命救助システムの説明を受けた。

昼食には野外炊事車で調理した豚汁が振舞われ、おかわりをする生徒も多数見られた。

最後に、東日本大震災の発災時間に合わせ、午後2時46分に震災犠牲者へ黙祷を捧げ、教育を終了した。

参加した生徒は「今日教わったことを忘れず、いざという時に役立てたい」「楽しく授業が受けられた」などと語った。

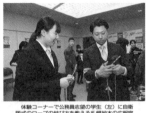

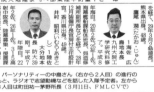

パーソナリティーの中島さん（右から2人目）の進行のもと、ラジオで志望動機などを話した入隊予定者。左から3人目は町田祐一茅野所長（3月11日、FMLCVで）

長野　3自入隊の3人　ラジオで抱負

【長野】茅野地域事務所は3月11日、諏訪地域コミュニティーFM「LCV」の番組「トワイライト交差点～自衛隊のツボ」に、今春3自衛隊に入隊予定の高校生3人を生出演させた。

パーソナリティーの中島裕子さんの進行のもと、3人は自己紹介後、入隊の動機や今後の抱負を元気よく答えた。ハキハキと話す3人に中島さんも「さすが、国を守ろうとする人たちですね」と感心していた。

3人は最後に、両親への感謝の言葉を一人ひとり述べると、見学に来ていた3人の家族も驚き、感激していた。

放送後は、リスナーから茅野所長に電話があり、「ラジオを聴いた。自衛隊に入隊する若者は入隊の動機もしっかりしていて素晴らしい。感動した」と感想を話していた。

キッズフェスタでなまはげ太鼓披露　秋田

【秋田】地本は3月23日、秋田市の秋田テルサで開催された「キッズフェス」に参加し、広報活動を行った。

同イベントは、秋田県の子育てをサポートする団体「チェリッシュ」が主催。地本は同団体と連携し、車両の乗車体験や陸・海・空自のミニ制服試着を実施してPRした。

ステージイベントでは、空自加茂分屯基地隊員による「なまはげ太鼓」が披露され、会場を盛大に盛り上げた＝写真。

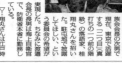

早大院の政治学研究科公共経営専攻

福井1陸佐 首席で卒業

総代として学位受ける

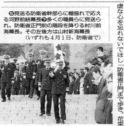

早稲田大学大学院（東京都新宿区）の政治学研究科公共経営専攻1年制コースに陸自から派遣されていた福井謙1佐（42）が3月25日、同専攻を首席で修了。同日、早大戸山キャンパスで行われた卒業式に陸自新制服姿で出席し、同専攻の卒業生総代として約1万人の卒業生の前で学位記を受け取った。

「おおっ！」――。陸自の新制服姿で壇上に上がった福井1佐の姿に、卒業生から驚きの声が上がった。新設された早稲田アリーナで開かれた合同卒業式で福井1佐は、在籍した専攻の総代として田中愛治総長から直接、「公共経営修士」の学位記を授与された。

陸自は早大大学院公共経営研究科の岡田邦彦教授から自衛官受け入れの打診を受け、平成19年4月から隊員の派遣を開始。これまでに11人を派遣し、大塚裕治陸幕装計部長や横田紀子陸幕企画班長も学位を取得している。

福井1佐は防大（43期、管理学科＝現公共政策学科）卒業後、機甲科職域の部隊などに勤務。鹿追駐屯地司令に就いていたときに政治学に興味を持つようになり、研究計画書を作成して研修生に名乗りを上げた。

防大ラグビー部で身に付けた前進する精神も生かし、「『習うより慣れろ』と良く言われるが、研修は1年間の短期間だったため、『慣れるより習え』の精神で動いた」と積極的に学んだ。

授業で分からなかったことは理解できるまで教授に聞き、内部進学の同級生にも不明な点を教えてもらった。修士論文「陸自に対する地方自治体の印象と財政状況や行政参画の状況」は、陸自と地方自治体との関係性について研究した成果をつづった。

卒業後、陸幕予算班長として勤務を始めた福井1佐。「この1年間の学びは大きかった。視野が広がり、物事を多角的に見る力が養われた。今後、指揮官、幕僚として政治学の論理的思考を生かしていきたい」と決意を語っている。

早稲田大学大学院政治学研究科公共経営専攻を首席で修了し、大隈講堂の前で学位記を掲げる福井1佐（3月25日、早大で）

「一年間の学び 視野広がった」

「歩んできた道 間違ってなかった」

河野統幕長 村川海幕長 隊員らに見送られ離任

「歩んできた道は決して間違っていなかった」――。河野統、村川海両幕僚長の離任行事が4月1日、防衛省で行われ、両海将は国防の第一線から退いた。

4年半にわたって自衛隊トップを務めた河野統幕長は、離任あいさつで防大時代を含む46年間の自衛官生活を振り返り、「防大に入校した当時は世間の目は厳しく、言われなき非難を浴びることもあった。しかし、今日では自衛隊は国民が最も信頼を寄せる公的機関となっている」と語り、「我々が歩んできた道は間違っていなかった」と述べた。一方で「『築城十年、落城一日』という格言もある。慢心することなく、謙虚な心を忘れないでほしい」と求めた。

栄誉礼を受け、儀仗隊を巡閲した後、行進曲「軍艦」が流れる中、儀仗広場から防衛省正門まで歩き、花束を贈られ、見送る幹部らに大きく帽子を振った。

一方、村川海幕長は最後の訓示で約150人の幹部に対し「新しいリーダーの下、諸君がより強く、より信頼され、より温かい海上自衛隊をつくっていってくれることを確信している。武運長久を祈る」と述べ、海の守りを後進に託し、省を後にした。

（左）見送る防衛省幹部らに帽振れで応える河野前統幕長（下）多くの職員らに見送られ、防衛省正門前の階段を降りる村川前海幕長。その左後方は山村新海幕長（いずれも4月1日、防衛省で）

ヘリ部隊、消火に全力

足利市で山林火災発生

東方

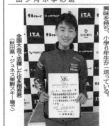

栃木県足利市で3月25日、山林火災が発生し、12ヘリ隊（相馬原）など陸自東方隷下の部隊が消火活動に当たった。

25日朝、東方航（立川）のUH1多用途ヘリ2機が情報収集に向かった。12特科隊などの連絡要員も栃木県庁などに入った。午後1時13分、栃木県知事から12特科隊長（宇都宮）に災派が要請された。

13時41分から12ヘリ隊のCH47輸送ヘリが相次いで離陸し、現地到着後、空中消火を行った。26日午後0時半に撤収が要請され、活動を終了した。

活動規模は航空機（ヘリ）が延べ16機、連絡要員が同17人。2日間の散水量・回数は約490トン、98回だった。

栃木県足利市の山林火災消火のため、同県の松田川ダムで取水する12ヘリ隊のＣＨ47ヘリ（3月26日）

被災地へエール

女子バスケ元日本代表 吉田亜沙美さんが引退

リオデジャネイロ五輪の女子バスケットボールで日本の8位入賞に貢献した元日本代表主将、吉田亜沙美さん（ＪＸ－ＥＮＥＯＳ）＝写真＝が現役を引退。3月25日に都内で行われた会見でメダル獲得の夢を後輩に託し、また、震災の被災者へ「（東京五輪の）バスケットボールを通じて勇気や感動を感じてほしい」とエールを贈った。

吉田さんは13年間、第一線で競技を続けた。空自隊員の父が監督を務めるＪＸでも活躍、今季はＷリーグで史上最多となる11連覇達成の原動力となった。

東京五輪は復興五輪とも位置付けられる。東日本大震災では、自衛隊は米軍の「トモダチ作戦」の支援も受け、10万人態勢で救助・復旧活動に当たった。

全自拳法 波乱の〝戦国時代〟

接戦を国分12普連A制す

団体戦準決勝で互いにすきをうかがう大宮32普連の隊員（左）と空挺団の隊員（3月16日、体校体育館で）

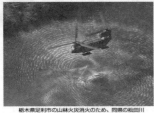

第35回全自拳法選手権大会が3月16～17日、体校体育館（朝霞）で行われ、団体戦（5人制）は前回優勝チームなどの強豪が途中敗退する〝戦国時代〟の接戦を12普連A（国分）が制した。

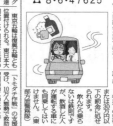

団体戦には地区予選を勝ち抜いた48個チームなど陸空自の計56個チームが出場。防衛大臣杯獲得を目指して戦った。

トーナメントは前回覇者、20普連A（神町）や21回優勝の滝ケ原Aが2～3回戦で敗れる波乱含みで繰り広げられ、12普連A、32普連A（大宮）、空挺団A（習志野）、37普連A（信太山）が4強入り。

決勝は2年ぶり2度目の優勝を狙う12普連Aが、初優勝を目指した32普連Aに2勝2敗1分けで競り勝った。

体校体育教官子息 スノーボードで頂点を目指す

体育学校（朝霞）体育班の教官、住永将之1陸尉の長男・翔吾君（13）＝中学2年＝がスノーボードのスラローム競技で活躍。2、3月の札幌冬季国体と全日本ジュニアスキー選手権（秋田県）で優勝、入賞した。

将吾君は4歳の時のそり遊びを機にスノーボードに興味を持ち、小学6年生から本格的にレースに取り組み始めた。学業に励むとともに練習を重ね、大会でも実績を積んでいる。

今季は一般男子が出場する全日本スノーボード選手権予選の関東大会（2月）に挑み、スラローム種目で5位に入賞。長野・菅平高原で行われた同選手権（3月）でも16位に入る健闘を見せた。冬季国体では同種目の中学生の部で優勝、全日本ジュニアスキーでは8位に入賞した。

「世界で戦いたい」と頂点を目指している翔吾君。住永1尉は「競技を通して人格陶冶にも努めてもらいたい。いずれは日の丸を背負ってほしい」とエールを送っている。

全国大会で活躍した住永翔吾君（秋田県・ジュネス栗駒スキー場で）

飲酒運転と知り同乗 運転者と同様の罰則

こちら警務隊 ☎8・6・47625

飲酒した運転者の車に同乗すると罪に問われますか？

道路交通法第65条第4項の「酒気帯び運転等の禁止」に該当します。

この法律は、飲酒をした運転者だけではなく、運転者が飲酒状態であることを認識した上で同乗した者にも運転者と同様の罰則が適用されます。

罰則は「運転者が酒酔いの場合」は、3年以下の懲役または50万円以下の罰金、「酒気帯びの場合」は、2年以下の懲役または30万円以下の罰金に処せられます。

飲んだら乗らないは鉄則ですが、飲酒した人が運転する車にも同乗してはいけません。（東部方面警務隊）

小休止

▽…福島駐屯地はこのほど、落語家を招き部外講話を実施した。「駐屯地ヘルスプロモーション委員会」（委員長・土肥直人駐屯地司令）の事業として毎年、講話を行っている。

▽…今回は渡邉武福島県自衛隊家族会会長の次男で現在、東京で活躍する「二つ目」（真打ちの一つ前の階級）の落語家、桂翔丸さんを招いた。駐屯地で披露してほしい、という委員会の希望が実現した。ちなみに渡邉会長の長男は海上自衛官で、防衛省本省に勤務している。

▽…翔丸さんは江戸時代を背景とした本格的な落語を披露＝写真。隊員たちは笑いを通して日頃のストレスを発散させていた。（福島）

あさぐもドンマイ　吉本どんど

床もそうじしてくれ

机の上もそうじしてくれ

棚もそうじしてくれ

すまんが席をはずしてくれ

みんなのページ

会社員　山本　一人　（株）イナテック鳥取工場長補佐

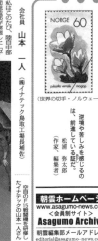

3自衛隊統一就職援護広報研修会に参加

一挙手一投足に感動

私はこのたび、陸自中部方面総監部が実施した「平成30年度3自衛隊統一就職援護広報研修会」に参加しました。研修目的は、自衛隊を退職する自衛官の再就職受け入れ企業として自衛官の役割や仕事ぶりを理解することでした。

弊社にとっても、また個人でも、自衛隊の基地を見学するのは初めてのことでした。研修を終えての感想を一言で申し述べますと、「自衛官の方々の一挙手一投足がキビキビしていて、隊員さんの目が輝いていた」ということです。自衛隊の皆さんに接して心がすがすがしくなり、元気をいただいたということに尽きます。

航空自衛隊では、大陸側から見た沖縄方面の地図を使いながらの「スクランブル（緊急発進）」状況の説明を受け、沖縄本島を中心とする琉球諸島の地政学的な重要性がよく理解できました。

また、F15戦闘機の研修では現役パイロットの方から分かりやすい説明がありました。その際のハキハキした受け答え、そして笑顔がとても素敵でした。

陸上自衛隊では不発弾処理の話が大変印象に残りました。無事故で活動するための安全への取り組みを質問させていただくと、「基本動作の徹底、復命復唱、長年培ったノウハウの共有、事前のシミュレーションが重要」と回答をいただきました。これは会社経営にも生かしたいと考えました。

海上自衛隊ではP3C哨戒機を研修しました。昭和50年代に導入され、すでに30年以上経過しているとの説明を受けましたが、そんなに古いモノであるとは思えませんでした。話を伺うと、「きちんと掃除をしているから」とのお答えでしたが、日頃の隊員の皆さんの使い方が丁寧なのであろうと推察いたしました。古い機材を自らの手で清掃し、古さを感じさせない使い方は大変すばらしく、自動車部品を製造するモノづくり企業として見習うべき点がありました。

最後になりますが、自衛官の方々が我が国の国防を担っていることを肌で実感し、一人の国民として安心感を得ることができました。テレビや新聞の報道を通じてしか自衛隊の活動を目にすることがなく、現地で直接見聞きし、装備に触れた経験は何ものにも代えがたく、一生忘れ得ない体験になったものと感じています。改めて感謝申し上げます。

研修後、会社に戻り社長に報告を行ったところ、退職自衛官の採用を継続的に行っていくよう指示がありました。

また、愛知県にあるグループ会社においても退職自衛官の採用を進めることとなりました。弊社は会社設立から3年目の新しい会社ではありますが、幸いお客さまの需要にも恵まれ、成長を続けております。引き続きご支援を賜りますようお願い申し上げます。

空自のF15戦闘機を研修したイナテックの山本一人さん

（世界の切手・ノルウェー）

逆境や苦しみを感じるのは、前進している証だ。

松浦　弥太郎（作家、編集者）

入隊前の不安払しょくへ
久留米駐で教育部隊研修

2陸尉　迫口　真也（鹿児島募集案内所長）

鹿児島募集案内所は2月15日、久留米駐屯地の第118教育大隊が企画する研修に、入隊予定の自衛官候補生（女子）5人と保護者4人を引率した。

本研修は入隊予定者に駐屯地と教育大隊の概況を理解してもらい、不安を少しでも解消することを目的に行われ、県内から総勢38人が参加した。

研修では、教育大隊の概況説明のほか、営内居室や入浴場などの施設見学、基本教練など訓練見学、体験喫食などが実施され、参加者は真剣かつ熱心に研修に取り組み、隊員に積極的に質問をしていた。

女生徒からは「部隊を事前に研修することができ、不安より期待の方が大きくなりました」「入隊後に同期となる人たちと事前に話すことができ、お互いに訓練を頑張っていこうとモチベーションが上がりました」という感想があった。

また、保護者からも「娘が入隊する自衛隊の施設や生活環境を知ることができ、安心しました」といった声が聞かれた。

鹿児島募集案内所では今後とも入隊予定者が自信をもって着隊できるような環境づくりに努めていきたい。

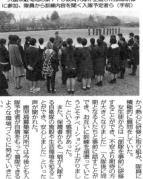

久留米駐屯地の第118教育大隊が企画した部隊研修に参加、隊員から訓練内容を聞く入隊予定者ら（手前）

新刊紹介

「防衛実務小六法　平成31年版」

全国の防衛省・自衛隊の実務担当者に長年にわたって広く愛用されてきた本書は、今年で第53版を迎えた。

前回の平成30年版（第52版）からの変更点として、「法令編」では「日ACSA」と「日仏ACSA」の2項目を新規収録し、40項目を改正したほか、「訓令編」では「陸上自衛隊の部隊の一体的運用の円滑な実施に関する訓令」1項目を新規収録し、54項目を改正。陸上総隊に関する改正などにも対応している。

内容は昨年12月7日までに公布されたものを反映。本文巻頭には日本国憲法を掲載しており、右側から開く「法令編」は縦書きで1661ページ分、左側から開く「訓令編」は横書きで1093ページ分を収録している。

分厚いながらも「法令編」「訓令編」の両編にそれぞれ50音順の索引と部門別の目次があり、左右からの検索が可能だ。

卓上で使いやすいA5判。日常業務はもちろん、3尉候補者や幹部候補生、曹候補生の選抜試験などの受験者をはじめ、幹部学校や術科学校などの入校学生、さらには安全保障分野の研究者にとっても必携の一冊だ。（内外出版刊、7560円）

「定年前後『これだけ』やればいい」　郡山　史郎著

「人生100年時代」だという。しかし、寿命が延びたと喜んではいられない。多くのサラリーマンにとって、定年後をいかに生きるかは死活問題だ。やはり、再就職したい、できればやりがいのある仕事で、と思う人は少なくないだろう。

本書は、そういうシニア世代が再就職活動で成功するための秘訣を紹介している。シニアの再就職は新卒や中途とはまったく異なるため、「早く頭を切り替えられるかどうか」が大切になるという。3000人の再就職をサポートしてきた著者は、定年後に充実して働けている人には、いくつかの行動原則や考え方が共通していると指摘する。

具体的には「自分で動いて仕事を探す」「早く定年後の準備にかかる」「過去の栄光にとらわれない」など10の習慣と三つの成功例を挙げている。

著者は言う。「定年後の人生は余生ではなく、もう一つの人生だ」と。60歳で定年を迎えると、残りの人生は40年。楽隠居を決め込むには長すぎる。（青春出版社刊、1026円）

朝雲・栃の芽俳壇
畠中草史　選

立春や河馬の歯磨く飼育員　大津・陸OB　丸岡　正男
動物園での景。河馬の口を大きく開けさせて歯磨きをしている。「立春や」による意外性。

今の世の顔に似せたる雛人形　熊谷・空OG　佐藤　玲美
雛人形の顔も時代の流れがあるのである。瓜実顔、享保の顔、人気アスリートの顔。

投函の葉書落つ音冴え返る　西東京・空OB　水島　孝雄

振り向かず病む鶴残し鶴帰る　宮崎・空OB　髙木　智念

バレンタインの日に内職の袋詰め　熊谷・空OG　関谷　桂子

野の風にたてがみ靡く厩出し　浜松・空OG　木通　佳子

水かげろふ幹に揺らして松の芯　船橋・陸OG　佐賀あかり

久々に声張り上げし鬼やらひ　熊谷・空OG　福元万理子

海の風通し旅籠の雛の間　浜松・空OG　塩見　惇子

雪雲を頂に巻く浅間山　館山・海OB　斎藤　一向

風を聞き遠くの畦を焼きはじむ　所沢・空OB　藤井　功風

蝌蚪の紐解れて澱ふかくせる　相模原・海OG　折口　桂子

寒風の人ら行き交ふ背を丸め　浜松・空OB　宮本　立勇

ひしめきつ遥か沖より流氷来　江別・陸OB　鎌田日出雄

庭に摘む芹も夕餉の一品に　新座・陸OG　牧　浩子

風のまま地へ届かずに雪消ゆる　熊谷・空OB　明田　眞雅

水琴窟春の近づく音にかな　浜松・空OG　鈴木和歌恵

囀や尖り屋根の風見鶏　あきる野・一般　小和田一男

露天湯に消え降り止まぬ六花　熊谷・空OB　蓮佛志向子

武蔵野の風音さやか木の芽晴　新座・陸OB　船田藤三郎

春日載せ堰越す水の眩しかり　小牧・陸OB　松岡　魚青

払ふ幣より春の風生る宮　熊谷・空OG　関田　絹江

「母の像」に語りかけゐし花の影　千葉・陸OG　杉山ふく美

春浅し日向の路地の立ち話　熊谷・空OG　髙橋ふみ子

選者作品
一斉に日向日陰の路の臺

投句歓迎！
▽郵便はがきの裏面に未発表の自作3句以内と氏名、年齢、職業（自衛官・事務官＝所属部隊＝、OB、家族、一般など）、住所、電話番号を記入▽締め切り毎月15日▽宛先＝〒162-8801東京都新宿区市谷本村町5の1　防衛省D棟市ヶ谷記者クラブ朝雲俳句係☎03（3225）1750、専用線8・6・25515

詰将棋
第792回出題
出題　日本将棋連盟　九段　石田　和雄

先手　持駒　桂歩

【ヒント】初手に妙手あり（10分で三段）

▶詰碁、詰将棋の出題は隔週です◀

詰碁
第1207回解答
出題　日本棋院　九段　曲　励起

【解答図】黒先、劫。黒❶白②黒❸白④までは必然です。

OGがんばる

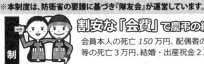

山口　早希さん　29
平成28年4月、陸自3音楽隊（千僧）を最後に退職（特別昇任3曹）。香川県丸亀市に所在するオー・エル・エスに再就職し、同社の人事・労務・総務を担当している。

新たな場所で挑戦を

私は、第3音楽隊で陸自を任期満了退職し、香川県丸亀市に所在する「オー・エル・エス」に再就職しました。弊社は住友化学と大倉工業の出資により設立された合併会社で、液晶ディスプレー用偏光板の製造販売をしております。

私は、学生時代から音楽の経験しかなく、趣味を仕事にしたこともあり、自衛隊生活を送っていくなかで仕事とプライベートの区別がつきにくくなりました。音楽のこと以外にも挑戦したいと思ったことがきっかけで地元である香川県で再就職しようと思い、合同企業説明会に参加しました。

私は、事務職が希望でしたが、合同企業説明会での求人数は少なく悩んでいたところ、同行してくれていた上司から「求人が出ていなくても事務職を募集している企業はきっとあるはずだから、いろんなブースを訪ねてみたら」と助言を受け、訪れたのが「オー・エル・エス」のブースでした。世界一の偏光板を目指し製造しているという話を伺い、目標を高く持って働いている同社の方々と一緒に働いてみたいと思いました。

現在は、人事・労務関係と総務を担当しております。最初は無知で慣れないこともたくさんありましたが、周りの人に助けられ、自衛隊で培った責任感や組織行動で得た経験を生かし、日々達成感とやりがいを感じながら楽しく働いております。今後も努力を惜しまずまい進していきたいと思います。

再就職を考えている皆さん、自衛隊で経験したことは必ず役立つと思います。自衛官であったことを誇りに思って、新たな場所でも「挑戦」してみてはいかがでしょうか。

入隊する娘を家族皆で応援

家族　松木　令子（新潟県上越市）

3月3日に「自衛隊入隊・入校激励会」に参加させていただきました。

会に先立ち、自衛隊家族会から説明を受けました。「隊員が心配することなく仕事ができるよう、家族会が陰ながら支えている」と実行委員長の横澤様から説明がありました。家族会という組織の活動によって「隊員と家族は見守られている」ということをより強く感じました。

その後の激励会では国会議員や上越市長をはじめ多くのご来賓の方々から激励のご祝辞をいただき、親としてもとても心に残るお言葉になりました。

祝賀会食では「高田駐屯地音楽クラブ」の方々の素敵な演奏をはじめ、来賓や先輩隊員の皆さまの貴重なお話を聞くことができ、何よりの励みになりました。

結びになりますが、自衛隊に入隊する娘の母親として心配と不安は尽きませんが、家族で支え応援していきますので、娘もこれから仲間と切磋琢磨し、「自衛官」という職務にまい進して頑張ってほしいと思います。

（空自一般曹候補生・松木裕美さんの母）

空自に入隊する松木裕美さん（左）と母令子さん

あさぐも掲示板

■「平成」テーマにシンポ　日本戦略研究フォーラムは4月18日（木）午後2時から、東京都新宿区のホテルグランドヒル市ヶ谷で「平成から新元号へ―冷戦後の外交・安全保障を総括する」をテーマにシンポジウムを開く。登壇者は平川祐弘東大名誉教授、西修駒沢大名誉教授、藤崎一郎元駐米大使、番匠幸一郎元陸自西方総監ら。参加希望者は同フォーラム事務局にFAX（03-6265-0894）で申し込む。会費は2万円。

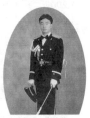

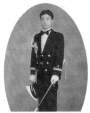

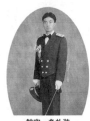

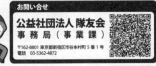

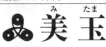

朝雲
発行所 朝雲新聞社
〒160-0002 東京都新宿区四谷坂町12-20 KKビル
電 話 03（3225）3841
FAX 03（3225）3831
振替00190-4-17600番
定価一部170円、年間購読料9000円（税・送料込み）

本号は10ページ

沖縄・宮古島

宮古警備隊が発足

岩屋大臣が隊旗授与

「南西地域の防衛体制、着実に整備」

沖縄県で3番目となる陸自の駐屯地「宮古島駐屯地」が3月26日、宮古海峡に面する先島諸島の宮古島に開庁した。その主力部隊となる「宮古警備隊」（隊長兼宮古島駐屯地司令・田中広明1佐）に4月7日、岩屋防衛相から隊旗が授与された。岩屋大臣は、オレンジ色の瓦屋根と白壁の隊庁舎をバックに整列した隊員約380人に対し、「南西地域は沖縄本島と与那国島以外に陸自の部隊が配備されていない〝空白状況〟にあった。本日新たに編成された宮古警備隊の諸君に接し、南西地域の防衛のための体制が着実に整備されつつあることを確認できた」と訓示した。今後、先島諸島には尖閣諸島により近い石垣島にも陸自の駐屯地が整備される予定だ。

（文・写真　星里美）

「宮古警備隊」への隊旗授与式は7日午前11時、真新しい白亜の隊庁舎群が建ち並ぶ宮古島駐屯地で行われた。

沖縄各地で「海開き」が行われたこの日、宮古島の最高気温は27・7度。夏を思わせる日差しが照り付ける中、田中隊長以下、戦闘服姿の隊員約380人が宮古警備隊本部庁舎前の儀仗広場に整列し、式典に臨んだ。

式には岩屋大臣をはじめ、湯浅陸幕長、本松敬史西方総監、中村裕亮15旅団長、中村敏弘海自5空群司令、伊藤顕空自南警団司令、中岡絵梨子宮古島分屯基地司令、松永浩二沖縄地本長らが出席。

地元からは下地敏彦宮古島市長、野津武彦宮古地区自衛隊協力会長らのほか、隊員家族など計約200人が島嶼防衛に当たる新たな陸自部隊のスタートを見守った。

岩屋大臣は栄誉礼を受けた後、車上から部隊を巡閲。この後、観閲台上で中央に桜があしらわれた赤色の隊旗を田中隊長に授与し、ここに宮古警備隊の歴史の1ページ目が刻まれた。

引き続き、大臣が訓示。宮古海峡を通過して太平洋に進出するなど、活動を活発化する中国軍の艦艇や航空機の増加を指摘した上で、「宮古警備隊が発足したことは『島嶼を守り抜く』という我が国の断固たる意志を示すものだ。南西地域における各種事態への対処の礎を築くことは極めて大きな意義を有する」と隊員を激励した。

さらに、地元コミュニティーとの関係について「自衛隊の活動は、国民一人ひとりの理解と協力があって初めて可能となる。地域のメンバーとしての活動を通じて、地元の方々との信頼関係をしっかりと構築してほしい」と要望した。

これに対し、田中隊長は「国防の最前線に置かれた警備隊・駐屯地の意義を深く認識するとともに、宮古列島の平和を断固として守るという我々の使命を踏まえ、日々精進していく」と抱負を述べ、目標として、①任務への即応②訓練精到③家族・地域と共に――を掲げた。

最後に隊員が大臣に「宮古警備隊歌」（作詞・野津武彦宮古地区自衛隊協力会長、作曲・15音楽隊）を披露、地元・宮古島への思いを込めた歌を力強く斉唱した。

式後、記者会見に臨んだ田中隊長は「これまで宮古島で災害が起きた時には（約300キロ離れた）沖縄本島から部隊が派遣されていたが、今後はより迅速に対応できる。防衛上の抑止力の強化にもつながる」と述べ、今後の地元との関係構築については「防災訓練や市が開催する各種行事への支援、駐屯地の祭りなどを通じて、警備隊への理解を深めていただけるよう、部隊としても地道に努力していきたい」と語った。

隊庁舎群がオレンジ色の瓦屋根と白壁で統一された陸自「宮古島駐屯地」。正門の門柱には魔除けの「シーサー」が設置されている（4月7日、宮古島駐屯地で）

宮古警備隊の隊旗授与式で、岩屋大臣（左）から隊旗を受ける初代隊長の田中広明1佐（4月7日、宮古島駐屯地で）

駐屯地の東北東1キロに空自のレーダーサイトが

先島諸島周辺空域を24時間監視

宮古島駐屯地（宮古島市上野野原1137の1）は、内陸にある宮古空港の南東約2キロに位置し、島中心部のゴルフ場跡地に新設された。周囲にはサトウキビ畑が広がり、駐屯地から東北東約1キロには先島諸島周辺空域を24時間態勢で警戒監視に当たる空自の宮古島分屯基地があり、駐屯地からもレーダーサイトの白いドームを見ることができる。

駐屯地の広さは約22ヘクタール（東京ドーム4・7個分）で、隊庁舎群の建物は沖縄の景観にマッチした白壁とオレンジの瓦屋根で統一。正門の門柱上では沖縄の守り神「シーサー」がにらみをきかせている。

現在は隊庁舎2棟、体育館、食堂・福利厚生施設、車両整備場、給油所が完成し、今後はさらに隊庁舎や、グラウンド、倉庫などが整備される計画。また、隣接する敷地には宿舎6棟が建てられ、すでに隊員家族ら200人が暮らしている。

駐屯部隊は、宮古警備隊、第344会計隊と那覇駐屯地の[illegible]基地通信中隊、1[illegible]警務隊の各宮古島派遣隊が編成される。主力の宮古警備隊は隊本部、本部管理中隊、普通科中隊、後方支援隊の編成。2019年度以降、地対艦誘導弾（SSM）部隊、中距離地対空誘導弾（中SAM）部隊も配置され、隊員は計700〜800人規模まで増員される予定。

さらにその後、尖閣諸島に近い先島諸島の石垣島にも警備部隊、SSM部隊、中SAM部隊（部隊規模計500〜600人）が配置される計画だ。

中国軍機10機、中国軍艦3隻

相次いで宮古海峡を通過

中国軍の戦闘機（推定）など計7機が3月30日[illegible]、沖縄本島と宮古島間の[illegible]公海上空を通過したため、空自南西空のF15戦闘機などが緊急発進して対応した。領空侵犯はなかった。

上海方面から飛来した戦闘機（推定）2機、H6爆撃機（下＝写真）4機、Tu154情報収集機1機は宮古島の東を通過して太平洋に進出。その後、反転して再び宮古海峡を通過し、日本から離れた。

4月1日午前から午後にかけては、2機のH6と1機のY9情報収集機がほぼ同ルートを往復した。

一方、海上では4月2日午前9時ごろ、宮古島の東北東約100キロの海域を北西に向け航行する中国海軍の「ジャンカイII」級フリゲート2隻（満載排水量3900トン、艦番号530「徐州」、532「荊州」）と「フチ」級補給艦（同2万3000トン、890「巣湖」）の計3隻を海自の13護衛隊（佐世保）の護衛艦「さわぎり」が確認。

3隻は3月28日に鹿児島県の佐多岬と種子島間の大隅海峡を航行した艦隊と同一で、宮古海峡を北西進し、太平洋から東シナ海に戻った。

上海
中国
東シナ海
太平洋
那覇
宮古島
台湾
3月30日
① 推定戦闘機（2機）
② Tu-154（1機）
③ H-6（2機）
④ H-6（2機）
4月1日
⑤ H-6（2機）
⑥ Y-9（1機）

中国軍機の航跡図（3月30日、4月1日）

春夏秋冬

インド、パキスタンを訪れて

笠井　亮平

2月と3月にインドとパキスタンを訪問してきた。図らずもテロと報復攻撃で両国の緊張が極度に高まった時期と重なった。いずれも本来の目的は講演や大学関係者等との意見交換だったが、現地の雰囲気を肌で感じる貴重な機会となった。

インドのジャンムー・カシミール州で治安部隊を狙った自爆テロが起きたのが2月14日。40人の[illegible]を出したこの攻撃について、パキスタンに拠点を置くイスラム過激派組織が犯行を認めた。筆者は[illegible]コルカタと首都デリーを訪問したが、メディアはこのニュースで持ちきりだった。インドはパキスタンの過激派のテロに対し、基本的に抑制的な対応をとってきたが、またもやテロが繰り返されただけに、毅然とした行動が必要との主張が渦巻いていた。

果たしてインドは報復攻撃を決行した。パキスタンに空軍機を派遣し、テロリストの訓練キャンプとされる場所に空爆を加えた。翌日パキスタンも反撃に出てインド空軍機を撃墜したことで対立はさらに激化。全面戦争に突入する可能性も取りざたされた。

筆者は3月中旬にパキスタンに出張したが、印パ対立の余波がここにも及んでいた。両国境界線付近を飛行する国際線が運休となったほか、アラビア海の空域の一部が夜間は閉鎖されたため、カラチからのフライトが大幅な時間変更を余儀なくされた。

そのパキスタンでは、自分たちは平和を求めているのにもかかわらず、総選挙を控えるモディ政権が対立を利用しているとの見方が支配的だった。インドはカシミールの一部を占領し、住民を抑圧している、とも。問題の根源にある過激派の取り締まりにはまだ課題を残すだけに、こうした主張を額面通り受け取るわけにはいかないが、同じ事件でも立場が変わるとここまで捉え方が違うのかと改めて驚かされた。

印パはともに事実上の核保有国であるだけに、仮に全面対決となれば核戦争のリスクも増す。核の存在が抑止になるのではとの見方もあるが、過去3度にわたり戦火を交えてきた両国だけに、予断を許さない。両国と友好的な関係を持つ日本には、緊張緩和に向けた働きかけを期待したい。

（岐阜女子大学南アジア研究センター特別研究員）

湯浅陸幕長、仏陸軍参謀総長と会談

インド太平洋地域の安定で一致

湯浅陸幕長は4月5日、来日した仏陸軍参謀総長のジャン＝ピエール・ボセール陸軍大将と防衛省で会談した。仏陸軍参謀総長の来日は2005年1月いらい14年ぶり。

ボセール参謀総長は栄誉礼、儀仗の後、湯浅陸幕長と会談。陸幕長は昨年7月、パリのシャンゼリゼ大通りで行われたフランス革命記念日のパレードに32普通連（大宮）の隊員が参加したことに触れ、「日仏関係が強まっているのを大変うれしく思う。フランス軍は全世界に展開し、世界の平和と安定に寄与している。関係強化を今後とも進めていきたい」と述べた。

両者は日仏防衛協力・交流の重要性について認識を共有、インド太平洋地域の安定のために協力していく考えで一致した。

ボセール参謀総長はその後、岩屋防衛相、山崎統幕長とも会談。訪日中、陸上総隊司令部（朝霞）や水陸機動団（相浦）などを訪れ、装備品などを視察した。

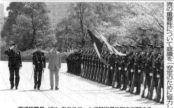

湯浅陸幕長（左）のエスコートで特別儀仗隊を巡閲するボセール仏陸軍参謀総長（左から3人目）＝4月5日、防衛省で

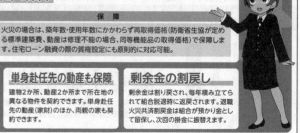

防衛駐在官に初の女性

五十嵐2海佐、マレーシアに

【海幕】五十嵐尚美2海佐（44）＝写真＝は3月29日、陸海空自衛隊を通じて初の女性防衛駐在官として在マレーシア日本大使館に着任した。[illegible]

[illegible]されており、現在は[illegible]1佐が派遣されている。今回の増員により2人体制になった。

五十嵐2佐は海自入隊後、試験艦「あすか」などの艦艇勤務を経て、自衛艦隊司令部、情報課、海幕総務課、情報課などで勤務。主に英語を生かす業務に就いてきた。海幕では各国海軍との会議の調整や運営などに携わり、情報幹部としての働きぶりが評価された。

出国に先立ち3月8日、五十嵐2佐は「これまでに培った知識と経験を十分に生かし、『自由で開かれたインド太平洋』の具現に向け、同じ海洋国家であるマレーシアとの友好関係の強化に努めたい」と村川海幕長（当時）に報告。海幕長は「防衛省の女性活躍の象徴として期待している」と激励した。

「しらせ」帰国

60次南極観測支援終え

南極・昭和基地などでの第60次南極地域観測支援活動を終えた海自の砕氷艦「しらせ」（艦長・宮崎好司1佐以下乗員約180人）が4月9日、5カ月ぶりに東京・晴海に帰国した。

「しらせ」は昨年11月10日、晴海を出港。同25日に豪フリーマントルで第60次観測隊員77人を収容し南極に向かった。12月25日に昭和基地に無事到着すると、その後は観測隊の越冬を支える燃料や物資、食料など約1000トンを基地に輸送したほか、観測業務の各種支援活動や基地設営支援を行った。

今次の「しらせ」の総行程は約3万7千キロで、特に復路の氷海の砕氷航行に苦労し、ラミング（船体を氷に乗り上げての砕氷）回数は計1743回に上った。

朝雲寸言

長い行列の向こうに江戸城の内郭を守る坂下門がある。重厚な門をくぐると石造りの宮内庁舎が見えてくる。その左手前に宮殿に向かう坂道がある。わずかな登り勾配の道を人波に押されるように歩くと富士見櫓を背景として満開のサトザクラが空に映えている▼皇居の乾通りの一般公開は、平成26年、今上陛下の傘寿を記念して、春の桜と秋の紅葉の美しい時期に行われるようになった。新しい元号が決まった日、思い立って皇居の桜を見る機会があった。花冷えの一日、しかし空は澄み渡っていた▼乾とは北西の方角を指す。その方向に乾門がある。通りの両脇にはソメイヨシノをはじめシダレザクラ、ヤマザクラ、ヒガンザクラなどが植えられている。手入れが行き届いているのは当たり前だが、広大な敷地が豊かな緑に囲まれていること、何よりも自然であることに驚かされる▼右、蓮池濠の石垣の上に富士見多聞、左に江戸城を守る武士が控える場所であったという門長屋に至る。本来なら濠の向こうに江戸城の天守閣が見えているはずだ。しかし明暦の大火で焼け落ちて以来、江戸城の天守閣は再建されていない。太平の時代には城よりも江戸の町造りを優先した当時の英断を思う▼一般公開の道のりは乾門までの750メートル、時間にして30分ほどであろうか▼新しい元号が「令和」に決まった。満開の桜の下、新元号を喜ぶ人々の笑顔が乾通りに溢れていた。

時の焦点

国内

新元号は令和

憲法と伝統の両立図る

国民主権を定める憲法を基本に、皇室と元号制度の長い伝統を尊重する。改元にあたり、政府がこの困難な要請の両立に務めたことは評価できる。新元号が国民に幅広く受け入れられることにつながろう。

新たな元号が「令和」と決まった。皇太子さまが即位される5月1日、平成に代わり、令和の時代が始まる。

世論の最大の関心は、新元号がどんな言葉になるかであったろう。令和は日本最古の歌集、万葉集からの引用である。中国の古典ではなく、初めて日本の国書に出典を求めたことも注目された。

読売新聞の世論調査では、令和に「好感を持っている」と答えた人が62%に上った。

近年、日常生活でもっぱら西暦を使う元号離れが指摘されていた。そうしたなかで、平成回顧がメディアをにぎわせ、令和にちなむ万葉集ブームも始まっている。改めて元号の意義を認識した人も多かろう。

元号と天皇とは切り離せない。天皇一代に一つの元号を用いる「一世一元」制のもとでは、天皇崩御後に元号が「おくり名」（追号）となる。

戦前は、最終的には新天皇が元号を決めていた。だが、天皇について「国政に関する権能を有しない」と規定する現憲法のもとでは、天皇が元号決定に関与しているかのように受け取られることも避けねばならない。

政府は今回、憲法に抵触しないように、かつ、皇室への敬意を損なわないように、細心の注意を払った。

安倍首相は3月29日、皇太子さまに面会した。詳細は公表されていないが、新元号選定について説明したとみられる。2月22日に続く面会は、より丁寧に伝える意思の表れであろう。

4月1日も、菅官房長官による新元号発表は、宮内庁を通じて皇太子さまに報告されるのを待って行われた。報告は閣議決定の後であり、国政への関与を疑われないようにという強い意識が感じられる。

憲法はもちろん、元号法なども、改元に関する手続きを詳細に定めているわけではない。昭和から平成への改元を参考に、より望ましい方策を模索した結果だろう。

有識者や衆参両院の正副議長の意見を聞き、全閣僚会議を経て臨時閣議で正式に決めるという手続きを取ることで、民主的な正統性が高まった。

今回の改元に際し、一部には、「元号は国民主権になじまない」という批判がある。

だが、政府の適切な対応と、国民の好感を踏まえれば、元号と国民主権は矛盾なく両立していると言えよう。

4月30日の天皇陛下の退位、5月1日の皇太子さまの即位まで、あとわずかである。混乱なくその日を迎えたい。

天皇陛下の公務負担の軽減など、残された課題も多い。国民主権と象徴天皇制の意義を踏まえ、国民的な論議を深めることが求められよう。

宮原 三郎（政治評論家）

海外

ロシア共謀疑惑

結論「シロ」に民主沈む

2016年の米大統領選挙で、トランプ（現大統領）陣営が勝利のためロシアと共謀したとする「疑惑」を捜査してきたモラー特別検察官は3月22日、最終報告書を司法省に提出した。

バー司法長官は24日、報告書の要約を公表したが、「共謀の事実はない」「新たな訴追もない」が結論。国家機密の部分を除く報告書の全容は4月中旬までに公表予定。

17年5月の検察官任命以来、民主党と一部メディアが「ロシア！」「ロシア！」と叫び続けて675日。捜査に2520万ドルも費やした。

34人が刑事訴追され、6人の有罪が確定したが、罪状は脱税や偽証。トランプ氏当選を目指しロシアと共謀したとして起訴されたり、有罪になった者は一人もいない。ゼロ。完全な「シロ」である。

メディア調査機関の集計では、大統領就任式の17年1月20日から、特別検察官の報告書提出の前日3月21日までの間、テレビ3大ネットワーク（ABC、CBS、NBC）の「共謀疑惑」報道は計2284分に上る。

追及の旗振り役CNNは、「シロ」で決着後、視聴者が50万人も減った。また、MSNBCのアンカー、レイチェル・マドウも毎夜、「ロシア&トランプ」の陰謀説を繰り返してきたが、通常、現実の世界はジョン・ル・カレの小説ではない。

「共謀の確たる証拠がある」と公言してきたアダム・シフ下院情報委委員長は、24日のCBS-TVの報道番組「フェース・ザ・ネーション」でも、「共謀はあった」と自説に固執。ギングリッチ元下院議長は「証拠があるなら、連邦議会の階段前でばら撒いてみたら」とからかっていた。

シフ委員長は、コロンブスが新大陸を発見してスペインに戻ってきた時、「地球の端から落ちる前に引き返してきた」と疑った「地球平面説」の信者みたいである。情報委の共和党議員9人全員が28日、「委員長の即時辞任」を迫ったのも当然か。

エリック・スウォルウェル下院議員も26日夜、FOX-TVの報道番組で、「状況証拠以上の直接的証拠がある」と強調。同番組中で感想を聞かれた下院情報委のデビン・ヌーネス議員は「番組の1時間全部を彼に充てればいい。自分がどういう人物に投票したか、国民がよく分かるから」と応じた。

民主党は支持基盤の固いニューヨーク州の検事局などを通じて攻撃継続の構えだが、共和党も「新たな疑惑」を追及する。

グレアム上院司法委員長は今回の連邦捜査局（FBI）の捜査手法に関し、特別検察官の任命を要請する意向だ。

司法省と当時のオバマ政権は、トランプ氏周辺の民間人の通信傍受のため、外国諜報活動偵察法（FISA）に基づく令状を請求した際、クリントン陣営が作成資金を出したガセネタ文書を根拠にした。

「ウォール・ストリート・ジャーナル」紙が「オバマ政権は『監視権力の歴史的乱用』を説明すべき時」と指摘した所以である。

草野 徹（外交評論家）

15旅団と沖縄の海運会社・協会

災害時など相互協力で覚書

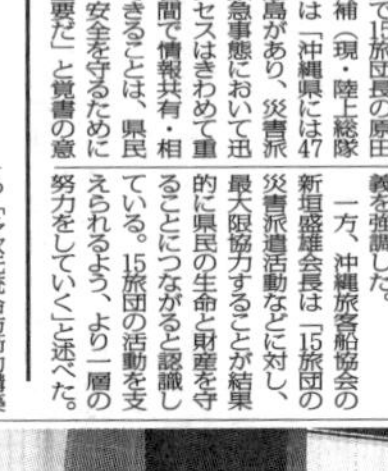

海上輸送の協力について覚書を締結した原田15旅団長（左・当時）と沖縄旅客船協会の新垣盛雄会長＝3月8日、那覇駐屯地で

【15旅団＝那覇】陸自15旅団は3月8日、那覇駐屯地で沖縄旅客船協会（沖縄県那覇市）、南西海運株式会社（同）、崎原海運有限会社（同）と「相互協力に関する覚書」を締結した。

これまで沖縄本島以外の離島で災害が発生した場合、15旅団の輸送手段はヘリコプターに限られていた。新たに海上輸送の手段を確保するため、地元の1機関、2社と同覚書を締結。

4者間の協力内容は、①15旅団への定期的な輸送情報の提供②15旅団の展開等に対する優先的な輸送力の提供——の2点となっている。

締結式で15旅団長の原田智総陸将補（現・陸上総隊幕僚長）は「沖縄県には47の有人離島があり、災害派遣時の緊急事態において迅速なアクセスはきわめて重要。4者間で情報共有・相互協力できることは、県民の安心・安全を守るために非常に重要だ」と覚書の意義を強調した。

一方、沖縄旅客船協会の新垣盛雄会長は「15旅団の災害派遣活動などに対し、最大限協力することが結果的に県民の生命と財産を守ることにつながると認識している。15旅団の活動を支えられるよう、より一層の努力をしていく」と述べた。

「多次元統合防衛力」の構築に向け初会合

防衛省・自衛隊幹部

初会合で「緊密に連携し、積極的に施策推進を」とあいさつする原田副大臣（テーブル左から３人目）＝３月27日、防衛省で

原田副大臣を委員長とする「多次元統合防衛力構築委員会」の初会合が3月27日、省内で開かれ、防衛省・自衛隊の幹部が今後の同委員会の進め方などについて話し合った。

会合の冒頭、原田副大臣は「4月からは新大綱に定められた『多次元統合防衛力』の構築を目指すことになる。我が国の防衛に責任を有する官庁として、大綱に示された防衛力の強化に当たり、従来とは異なる速度で着実に各種施策を実行する必要がある」と強調。各委員が緊密かつ横断的に連携し、施策の推進に尽力することを要望した。

「あさぎり」が印海軍艦艇と訓練

海自の護衛艦「あさぎり」（艦長・佐藤吉範2佐）は3月31日、インド・アンダマン諸島の東方海域でインド海軍哨戒艦と共同訓練を行った。

「あさぎり」は、海賊対処任務交代のため、中東のアデン湾に向かう途中の27日、マレーシア海軍主催の国際観艦式に参加。31日にマレーシア・ランカウイ島周辺海域で同国海軍主催の多国間海上演習に加わった後、共に演習に参加したインド海軍の哨戒艦「カドマット」（満載排水量約3500トン）とアンダマン海に移動し、通信、戦術などの各種訓練を行った。

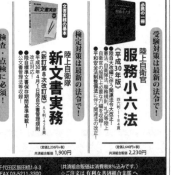

日印共同訓練で戦術運動を行う海自護衛艦「あさぎり」（手前）とインド海軍哨戒艦「カドマット」（3月31日、アンダマン海で）

海賊対処航空隊35次隊が出国

ソマリア沖・アデン湾で上空から海賊行為の警戒監視活動に当たる航空部隊の交代のため、4月12日、35次隊の要員約30人を乗せたP3C哨戒機2機が八戸航空基地からアフリカのジブチに向け出発する。

35次隊は2空群（八戸）の安納藤嘉2佐（22飛行隊長）を指揮官に、海自隊員約60人で編成。クルー以外の要員は同21日、成田空港から民航機で出国する。

一方、任務を終える34次隊（5空群＝那覇）の要員は同25日に民航機で羽田に、2機のP3Cは同27日に那覇航空基地に帰国の予定。

北朝鮮「瀬取り」12例目を公表

日本政府

国連から「資産凍結」の制裁対象となっている北朝鮮船籍タンカー「SAEBYOL（セビョル）号」が3月2日、東シナ海の公海上で船籍不明の小型船舶に横付けし、制裁逃れの密輸目的で物資を積み替える「瀬取り」を行った疑いがあることを防衛省が同28日、発表した。

海自第1海上補給隊（司令部・横須賀）所属の補給艦「おうみ」（佐世保）が2日未明、中国・上海の南方約390キロの沖合で両船舶が横付けして照明を点灯させ、ホースを接続しているのを確認した。

日本政府による「瀬取り」事案公表は昨年1月以来、今年1月18日の事例に続き12例目。政府は国連安全保障理事会の北朝鮮制裁委員会（専門家パネル）に通報するとともに、関係国と情報共有を行った。

英艦「モントローズ」も監視に参加

防衛省は3月19日、英海軍のフリゲート「モントローズ」が今年2月下旬から3月上旬まで、東シナ海を含む我が国周辺海域で、北朝鮮船舶による違法な「瀬取り」の警戒監視活動を実施したと発表した。

英国は昨年来、海軍艦艇を相次いで我が国周辺海域に派遣。これまでフリゲート「サザーランド」（昨年5月上旬）、揚陸艦「アルビオン」（昨年5月下旬～6月中旬）、フリゲート「アーガイル」（昨年12月中旬と今年1月上旬）が自衛隊や米軍などと連携して「瀬取り」の警戒監視活動を行っており、日英間では情報共有など協力強化を図っている。

「瀬取り」監視には日米英のほか、フランス、豪州、ニュージーランド、カナダの艦艇や航空機もあらゆる機会に日本とその周辺海域に派遣され、活動に参加している。

岩屋防衛相は19日の記者会見で「英国の取り組みを歓迎し、高く評価したい。今後とも『瀬取り』防止のため、国連安保理決議違反が疑われる船舶の監視を関係国と緊密に協力しながら行っていきたい」と述べた。

露軍艦3隻が対馬海峡を航行

4月2日午後11時ごろ、ロシア海軍の「ウダロイI」級ミサイル駆逐艦2隻（満載排水量8500トン、艦番号564「アドミラル・トリブツ」、572「アドミラル・ヴィノグラドフ」）と「ドゥブナ」級補給艦1隻（1万1500トン、「イルクート」）が長崎県・上対馬の北東約120キロの日本海を南西に向け航行するのを海自8護隊（佐世保）の護衛艦「きりさめ」が確認した。

3隻はその後、対馬海峡を南下し、東シナ海に入った。

日韓中印駐在の米大使が防衛相表敬

岩屋防衛相は4月5日、日韓中印の各国に駐在する米国大使一行の表敬を受け、北朝鮮を含む地域情勢や「自由で開かれたインド太平洋」の実現に向けた取り組みなどについて意見交換した。

来省したのは、ウィリアム・ハガティ駐日大使をはじめ、前米インド太平洋軍司令官のハリー・ハリス駐韓大使、テリー・ブランスタッド駐中大使、ケニス・ジャスター駐印大使の4人。東京で開かれた年次会合のため来日した。

冒頭、岩屋大臣は「今年は議論のスコープ（範囲）を北東アジアからインド太平洋地域に広げるため、駐印大使も来日されたと聞いている。『自由で開かれたインド太平洋』は日米共通のビジョンで、今回の取り組みは大変に時宜を得たものだ」と歓迎の言葉を述べた。これに対し、ハガティ大使は「インド太平洋地域に関する視点について、我々から大臣に提供すると同時に、我々も大臣からご意見を賜りたい」と述べた。

岩屋防衛相（中央）を表敬した（左から）ハガティ駐日、ジャスター駐印、ブランスタッド駐中、ハリス駐韓の各米国大使（４月５日、防衛省で）

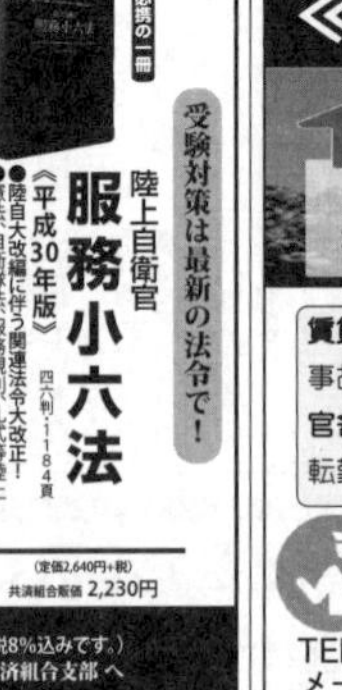

「奄美大島を第二のふるさとに」

陸自奄美駐屯地、瀬戸内分屯地が開庁

「皆さん、うがみんしょうらん（こんにちは）」――。九州・沖縄の島嶼防衛で長く〝防衛上の空白地帯〟と言われてきた鹿児島・薩南諸島の奄美大島に3月26日、陸自「奄美駐屯地」と「瀬戸内分屯地」が開設された。最初の週末となった30、31の両日、主力部隊「奄美警備隊」への隊旗授与式など各種行事が行われ、精鋭部隊が初めて地域住民に披露された。瀬戸内町では市中パレードも行われ、分屯地司令が市民に「ここ瀬戸内を第二のふるさとにしたい」と奄美の言葉を交えてあいさつすると、大きな拍手が沸き起こった。最新の対艦ミサイルや対空ミサイルを装備し、周辺海空域に目を光らせる奄美大島配置部隊。部隊誕生の瞬間と地域住民との交流の様子を現地で見た。

（文・写真　菱川浩嗣）

〝空白地帯〟解消へ

九州の南端から台湾へ連なる南西諸島は、全長が約1200キロある。この列島線上に空自基地、分屯基地（レーダーサイトなど）は8カ所あるが、陸自の駐屯地は長く沖縄本島だけだった。

この〝防衛上の空白地帯〟につけ込んで中国軍やロシア軍の艦艇・航空機が列島周辺で活発に行動、宮古海峡では中国海軍の空母も航行した。

この事態に対処するため、陸自は2015年度末、日本最西端の与那国島に沿岸警備隊を配置したのに続き、18年度末に鹿児島・奄美大島と沖縄・宮古島に警備隊を配置した。今後は19年度以降に沖縄・石垣島に駐屯地を開設し、〝空白地帯〟を解消させる計画だ。

南西諸島北部の警戒・監視に当たる奄美警備隊（隊長・平田浩二1佐）と諸隊は、奄美市名瀬大熊地区に置かれた奄美駐屯地と、島南部の瀬戸内町節子地区に開設された瀬戸内分屯地を拠点に、隊員約550人で編成。

奄美駐屯地には隊本部と中距離地対空ミサイル（中SAM）部隊「344高射中隊」（隊長・武井浩幸3佐）が、瀬戸内分屯地には普通科中隊と対艦ミサイル（SSM）部隊の「301地対艦ミサイル中隊」（隊長・原田展克3佐）が配置され、迎撃態勢を維持する。

抑止力を強化

平田隊長は31日、奄美駐屯地で行われた隊旗授与式後の記者会見で「南西地域の空白地帯である奄美に陸自が配備されることで、抑止力が強化される。島嶼防衛をはじめ、大規模災害などにも自衛隊として適切に対応していきたい」と決意を表明した。

瀬戸内分屯地の「開設記念市中パレード」の後、集まった地元の人たちと記念撮影する分屯地隊員ら（3月30日、鹿児島県奄美大島の瀬戸内町で）

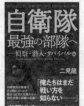

上 原田防衛副大臣（左）から「奄美警備隊」の隊旗を授与される平田隊長
下 隊旗授与式後に整列する奄美大島駐屯部隊の隊員。後方は生活隊舎のB庁舎（3月31日、奄美駐屯地で）

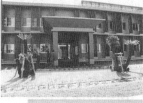

奄美駐屯地（奄美市名瀬大熊地区）
奄美警備隊（主力）
344高射中隊
など350人

瀬戸内分屯地（瀬戸内町節子地区）
奄美警備隊（一部）
301地対艦ミサイル中隊
など210人

鹿児島　宮崎　奄美大島　第15旅団　沖縄本島

隊旗授与から市中パレードまで

奄美駐屯地

奄美駐屯地は島の北西岸にある名瀬港の海岸沿いを北へ、山道を約200メートルほど登った先にある。以前はゴルフ場「奄美カントリークラブ」だったため、道路も良く、山間部とはいえアクセスしやすい環境だ。

敷地面積は50万4874平方メートル（福岡のヤフオクドーム約7個分）。駐屯地は「L字型」の形状をしており、正門から先は施設が二方向に分かれている。ここに隊員約350人が常駐している。

隊舎は奄美の景色にマッチするよう明るい緑色に塗られている。海風が強い場所のためか、整備工場の巨大な風車のプロペラが勢い良く回っていた。高台もティーグラウンドのような形状で、ゴルフ場の名残がうかがえた。

正門からすぐに現れるのが独身隊員の居室などが入る4階建てのB庁舎だ。さらに傾斜地を挟んだ場所に奄美警備隊本部などが入るA庁舎があった。その先にはヘリポートがあり、救急患者の緊急搬送などにも使用されるという。ここからは眼下に美しい東シナ海の大海原が見渡せる。

ヘリポートの右手には医務室が置かれ、医官も常駐。けが人や病人が発生すれば、すぐにヘリで搬送できる。

奥にある2階建ての厚生棟は2階に食堂、1階に売店、隊員クラブ（居酒屋）、浴場が入っていた。隊員クラブは地元企業が経営、すでに隊員から好評を得ているという。

厚生棟の右側には建設途中の屋内射撃場があった。完成すれば300メートルの複合射撃場となる。「防音対策はしっかりなされているので、小銃射撃をしても外部に騒音の心配はありません」と8師団（北熊本）広報室長の菅大輔3佐。

正門からまっすぐ進んだ場所にある高台には燃料施設と特殊車両の整備工場が置かれていた。警備隊や344高射中隊の車両がずらりと並び、部隊の機動力の高さが伺えた。

警備隊が新編された日の夕方、駐屯地の隊員たちは式典の疲れも見せず、庁舎の周囲で体力錬成に励んでいた。その姿からは、選ばれた戦士の自信とプライドが感じられた。

奄美駐屯地正門の看板を除幕する出席者。中央左から原田副大臣、（左に）山崎陸幕長（当時）、湯浅西方総監（同）ら。中央右に平田隊長、三反園鹿児島県知事、吉田圭秀8師団長ら

瀬戸内分屯地

瀬戸内分屯地は標高500メートル級の山々が連なる山間部の高台にあった。瀬戸内町の市街地から国道58号線を北東に向かい、幾つものトンネルを抜け、曲がりくねった道を20分ほど進むと、緑色に塗られた施設が見えてきた。ここが分屯地だ。

「三日月」のような細長い形の分屯地の総面積は約48万平方メートル（ヤフオクドーム6・9個分）で、広さは奄美駐屯地に匹敵する。

警備隊の普通科中隊などが入る庁舎。勤務と生活スペースが同じ建物内に配置されている（3月31日、瀬戸内分屯地で）

山の頂上から見た瀬戸内分屯地の一角。周囲を山に囲まれ、自然豊かな場所にある

島に溶け込んだ外装、充実した設備

「ここの敷地の約3分の2が弾薬や武器を保管する火薬庫となっています。完成は来年度以降になりますが、現在導入された装備品の弾薬はすでに配備が完了しています」と菅広報室長。

正門を入ってすぐ左側に建設途中の車両整備工場と燃料施設があった。そこから右手に折れながら急な坂を上がっていくと工事途中のグラウンド予定地が広がっていた。高台からは建設中の弾薬庫も見えた。

さらに車両で坂を登り、まっすぐ進むと隊員の生活区域に入る。隊舎は奄美と同じく周囲の自然に合わせて濃い緑色に塗られており、入口の花壇にはソテツが植えられ、ハイビスカスが早くも赤い花をつけていた。

さらに急な坂を上っていくと山頂に着き、ここに厚生棟があった。食堂は「幹部、曹士とも共通メニュー」という。分屯地が開設された3月26日には、お祝いのビーフステーキが振る舞われたという。他に売店や理髪店（予約制）も入り、夕方からは飲酒もできる隊員クラブがオープンする。

〝山城〟瀬戸内分屯地の古場太佑司令は瀬戸内町での市中パレードの後、市民を前に奄美の言葉であいさつし、「我々の活動の根源は家族愛、郷土愛、愛国心だ。この地域にしっかりと根ざし、皆さまに家族と言っていただけるよう、積極的に地域に溶け込みたい」と話した。

防衛省発令

▽2020年3月31日まで勤務延長（大臣官房審議官）平井 啓友
（防衛大学校長）國分 良成
（以上3月31日）

▽大臣官房付（内閣官房へ出向、内閣審議官・内閣官房副長官補付・事態対処・危機管理担当＝付へ）（九州防衛局長）三貝 哲

[illegible] 齋藤 雅一

[illegible] 岡 真臣

（以上4月1日）

防衛装備庁発令

[illegible] 津曲 昌隆

（4月1日）

[illegible]

…装備研究所付併任、解電子装備研究所付併任、長官官房装備開発官＝航空装備担当（長官官房装備開発官＝航空装備担当＝付次期固定翼哨戒機・次期輸送機開発室長）西村 義孝

▽技術戦略課長、内閣府へ出向＝併任（航空装備研究所航空機技術研究部長）堀江 和宏

▽技術戦略部技術振興官（技術戦略部技術計画官付技術評価室長）横山 映

▽航空装備研究所航空機技術研究部長（長官官房装備開発官＝航空装備担当）森 重樹

▽同誘導技術研究部長、誘導システム研究室長併任（同＝統合装備担当）稲石 敦

▽陸上装備研究所システム研究部長（同＝陸上装備担当）有澤 治幸

▽電子装備研究所センサ研究部長（技術戦略課長）嶺 康晴

▽先進技術推進センター研究管理官＝2技術領域担当（技術戦略部技術振興官）鈴木 茂

（以上4月1日）

1佐職 春の定期異動

3月29、31日、4月1日付

防衛省発令

[illegible]

…センター事態対処研究室長）同 關 政景

（以上3月31日）

▽防衛医大学生部長（教育訓練研究本部研究部総括室長）1陸佐 福森 秀樹

▽統幕総務課長（陸幕航空機課長）同 中尾 国保

▽同運用3課訓練評価・支援班長（統幕運用3課）1空佐 今泉 康就

▽同計画課統合防衛戦略室長（中部航空警戒管制団中部防空管制群司令）1空佐 斎藤 和典

▽統幕学校教育課研究室主任研究官（北海道補給処企画課長）1陸佐 森 英久

▽陸幕人事教育計画課長（8後方支援連隊長）同 坂田 裕樹

▽同施設課長（補給統制本部施設部長）同 大久保克久

▽同装備計画課企画班長（教育訓練研究本部研究員）同 香川 賢士

▽同装備計画課輸送室長（北部方面後方支援隊北部方面輸送隊長）同 小澤 和之

▽同航空機課長（西部方面航空隊長兼高遊原分屯地司令）同 伊東 佳哉

▽同情報課基盤情報班長（教育訓練研究本部教官）同 藤田 博之

▽陸上総隊情報部副部長（中央即応連隊長）同 石田 広記

▽北部方面後方支援隊北部方面輸送隊長（陸幕情報課基盤情報班長）同 山内 徹

▽東北方面総監部情報部長（教育訓練研究本部主任訓練評価官）同 井芹 嘉宏

▽東部方面総監部総務部長（防衛医大学生部長）同 福元 洋一

▽中部方面総監部会計課長（陸幕総務課）2陸佐 青木 哲也

▽同防衛部長（8師団幕僚長）1陸佐 安田 百年

▽西部方面総監部総務課長（中部方面総監部会計課長）同 加藤 恵一

▽同人事部長（陸幕施設課長）同 圓林 栄喜

▽同防衛課長（同総務課）同 遠藤 智明

▽西部方面航空隊長兼高遊原分屯地司令（東北方面総監部情報部長）同 椿 裕一

▽健軍駐屯地業務隊長（西部方面混成団副団長）同 森岡 雄介

▽8師団幕僚長（東部方面総監部総務部長）同 五十嵐 淳

▽10師団3部長（10師団司令部）同 越山 光正

▽11旅団副旅団長兼真駒内駐屯地司令（補給統制本部装備計画部長）同 永田 伸二

▽中央即応連隊長（統幕学校教育課研究室主任研究官）同 岩上 隆安

▽10特科連隊長兼豊川駐屯地司令（陸幕装備計画課企画班長）同 中村 雄久

▽8後方支援連隊長（西部方面総監部防衛課長）同 黒川 修

▽11施設群長（10師団3部長）同 坂本 浩紀

▽中央輸送隊長兼横浜駐屯地司令（陸幕装備計画課輸送室長）同 大場 昭彦

▽富士学校教育課長（10特科連隊長兼豊川駐屯地司令）同 伊藤 久史

▽教育訓練研究本部企画調整官（教育訓練研究本部）同 椋木 勇一

▽同研究部総括室長（富士学校教育課長）同 上田 俊博

▽教育訓練研究本部（健軍駐屯地業務隊長）同 堤 秀一
（教育訓練研究本部企画調整官）同 小山 和彦

▽補給統制本部装備計画部長（西部方面総監部人事部長）同 佐藤 洋

▽同施設部長（11施設群長）同 古舘 俊之

▽北海道補給処企画課長（西部方面総監部総務課長）同 小野 真嗣

▽海幕防衛課業務計画班長（海幕防衛課）1海佐 安永 崇

▽同運用支援課訓練班長（同運用支援課）同 酒井 尚久

▽同施設課長（佐世保地方総監部管理部長）同 藤木 乾

▽解海幕施設課施設基準班長兼補 海幕施設課建設班長 同 松岡 和人

▽海幕施設課施設基準班長（佐世保地方総監部施設課長）同 湯浅 浩充

▽同指揮通信課指揮通信体系班長（海幕指揮通信課）同 田代操一朗

▽同情報課長（同情報課情報保全室長）同 大江 保友

▽同情報課情報保全室長（1潜水隊司令）同 目加田児彦

▽兼海幕艦船・武器課電気班長 海幕艦船・武器課機関班長 2海佐 東 久光

▽海幕総括副監察官（ちよだ艦長）1海佐 布田 英二

▽自衛艦隊作戦分析主任幕僚（21航空隊副長）同 白戸 将吾

▽同作戦主任幕僚（情報本部情報官）同 池内 出

▽同海上連絡官（海自1術科学校教官）2海佐 杉山 晋作

▽海上訓練指導隊群首席幕僚（海上訓練指導隊群司令部）1海佐 川内 健治

▽ちよだ艦長（1潜水隊群首席幕僚）2海佐 渡邊 忍

▽教育航空集団幕僚長（航空集団訓練主任幕僚）1海佐 石川 一郎

▽航空集団訓練主任幕僚（呉地方総監部管理部長）同 大久保勝司

▽航空集団司令部（1航空隊司令）同 富田 一成
（電子情報支援隊司令）同 宮地 裕

▽1航空隊司令（3航空隊司令）同 藤澤 豊

▽3航空隊司令（51航空隊副長）同 赤岩 英明

▽21航空隊副長（25航空隊副長兼幕僚室長）2海佐 齋藤 一

▽25航空隊副長兼幕僚室長（自衛艦隊海上連絡官）同 近藤 匡

▽51航空隊副長（海幕防衛課業務計画班長）1海佐 中山 信孝

▽下総航空基地隊司令（下総教育航空群司令部）同 田中 佳行

▽2潜水隊群司令（海幕総括副監察官）同 村上 健悟

▽1潜水隊司令（同運用支援課訓練班長）同 原 利光

▽電子情報支援隊司令（自衛艦隊兼航空集団司令部）同 藤井 健一

▽横須賀地方総監部防衛部（海幕指揮通信課指揮通信体系班長）同 北山健一郎

▽同4幕僚室長兼1幕僚室長（横須賀地方総監部防衛部付）2海佐 六田 和義

▽呉地方総監部管理部長（海自1術科学校教務部長）1海佐 宇仁健一郎

▽呉地方総監部付（1練習隊司令）同 中釜 義之

▽佐世保地方総監部管理部長（下総航空基地隊司令）同 垣内 勉

▽対馬防備隊司令（潜水艦隊司令部）同 檀之上明典

▽横須賀弾薬整備補給所長（南関東防衛局装備課長）同 三好 昇次

▽1練習隊司令（海上訓練指導隊群首席幕僚）同 遠藤 昭彦

▽システム通信隊群首席幕僚（自衛艦隊幕僚）同 筒井 大介

▽東京業務隊付（横須賀弾薬整備補給所長）同 田村 久幸

▽海自幹部学校防衛戦略教育研究部主任教官（開発隊群司令部）同 岡田 岳司

▽海自1術科学校教務部長（自衛艦隊作戦分析主任幕僚）同 三上 大二

▽空幕総務課長（空幕補任課服務室長）1空佐 伊豆原隆志

▽同補任課服務室長（1航空団基地業務群司令）同 世良 達裕

▽同教育課一般教育班長（航空総隊総務課長）同 竹内 浩之

▽同装備課（飛行開発実験団）2空佐 蛯名 耕士

▽同整備・補給課長（中部航空警戒管制団副司令）1空佐 秋本 康雄

▽同首席衛生官付衛生官（航空機動衛生隊長）同 山口 大介

▽航空総隊総務課長（航空総隊人事課長）同 柳本 誠

▽同人事課長（4航空団監理部長）2空佐 高橋 博幸

▽北部航空警戒管制団北部防空管制群司令（統幕計画課統合防衛戦略室長）1空佐 石井 浩之

▽中部航空警戒管制団副司令（北部航空警戒管制団北部防空管制群司令）同 杉山 公俊

▽同中部防空管制群司令（統幕運用3課訓練評価・支援班長）同 武田 恭一

▽1航空団基地業務群司令（空幕教育課一般教育班長）同 川島 巌

▽航空機動衛生隊長（同首席衛生官付業務担当衛生官）同 田村 信介

▽中央病院診療技術部長兼1精神科部長（中央病院1精神科部長）1陸佐 丸山 徹

▽舞鶴病院長、診療部長事務取扱、歯科診療部長事務取扱（同診療技術部長）1海佐 永吉 広和

▽呉病院長、衛生資材部長事務取扱（舞鶴病院長）同 藤野 和浩

▽解岐阜病院診療部長兼補岐阜病院副院長兼防衛医大講師 1空佐 佐々木 強

▽岐阜病院診療部長（中央病院1外科兼人事教育局衛生官付）同 木村 幹彦

▽福岡地方協力本部長（陸上総隊情報部副部長）1陸佐 深草 貴信

▽情報本部情報官（海幕情報課長）1海佐 南 厚

▽防衛監察本部統括監察官付（九州防衛局長崎防衛支局装備課長）同 宮村 剛志

▽南関東防衛局装備課長（海幕艦船・武器課電気班長）2海佐 長屋 次郎

▽九州防衛局長崎防衛支局装備課長（防衛装備庁プロジェクト管理部統合装備計画官付統合装備計画室装備計画調整官）1海佐 柳田 篤志

▽防衛装備庁長官官房装備開発官付（同長官官房装備開発官付3開発室長）1空佐 井上 和雄

▽同3開発室長（同次期固定翼哨戒機・次期輸送機開発室副室長兼長官官房装備開発官付）同 鈴内 克律

▽同次期固定翼哨戒機・次期輸送機開発室副室長兼長官官房装備開発官付（同プロジェクト管理部統合装備計画官付統合装備計画室装備計画調整官）同 政金 浩治

▽同高高度超音速飛しょう体システム研究室副室長（同長官官房装備開発官付6開発室長）1陸佐 養手 章

▽同プロジェクト管理部統合装備計画官付統合装備計画室装備計画調整官（空幕装備課）1空佐 佐々木 宏
（防衛装備庁プロジェクト管理部統合装備計画官付）1海佐 宮本 亘

（以上4月1日）

「第10即応機動連隊」に改編
滝川で編成完結式

【10即機連＝滝川】10普連は3月26日、滝川駐屯地で「第10即応機動連隊」に改編され、その編成完結行事を行った。

最初に体育館内で新編中隊長・小隊長が連隊長に申告、それぞれ隊旗を受けた。その後、雪が残る駐屯地滑走路に新編成の部隊が整列して編成完結式が行われ、伊與田雅一滝川駐屯地司令兼10即機連長が亀山慎二11旅団長に対し、10即機連の編成完結を報告した。

続く観閲式で執行者の伊與田連隊長が訓示、「即応機動連隊は平素から諸職種連合の部隊であり、連隊として一心同体であれば初動から100パーセントの戦闘力を発揮できる。諸官に対する方面隊・旅団の期待は大きい。本日から即機連として新たな歴史が始まる。今ここに存在することを誇りとし、伝統ある気風を継承しつつ、最強連隊を目指して共に歩んでいこう」と隊員を激励した。

式後、連隊に新たに導入された16式機動戦闘車などをバックに、全隊員で記念撮影を行った。

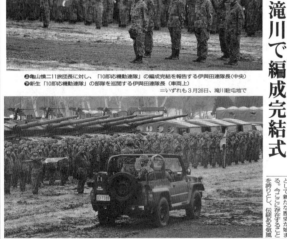

㊤亀山慎二11旅団長に対し、「10即応機動連隊」の編成完結を報告する伊與田連隊長（中央）
㊦新生「10即応機動連隊」の部隊を巡閲する伊與田連隊長（車両上）
＝いずれも3月26日、滝川駐屯地で

多連装ロケットシステム部隊
133特科大隊
15年の歴史に幕
北千歳

【1特群＝北千歳】1特科群は3月26日、北千歳駐屯地で部隊廃止に伴う133特科大隊の隊旗返還式を行った。

133特大は平成16年3月、陸自最大規模の重火力部隊として真駒内駐屯地で編成完結、1特群の隷下部隊となり、「勇進天翔」を合言葉に多連装ロケットシステム（MLRS）部隊として第一歩を踏み出した。

同年8月に矢臼別演習場で初度射撃を実施。その後も各種検閲・競技会で所望の成果を上げ、災害派遣など民生支援の任務も完遂してきた。

陸自の部隊改編に伴い、同大隊は3月20日、中隊旗返還式を挙行、大隊の看板を群に引き渡した。そして同26日、第9代大隊長の前井良仁3佐から群長の水沼大1佐に大隊旗が返還され、133特科大隊は15年間の歴史に幕を閉じた。

水沼1特群長（左）に隊旗を返還する前井133特科大隊長（3月26日、北千歳駐屯地で）

青森・大湊の7護衛隊から 京都・舞鶴の14護衛隊に編入
護衛艦「せとぎり」

【舞鶴】舞鶴地方隊は2月27日、護衛艦「せとぎり」の入港歓迎行事を行った。

「せとぎり」は同日付で青森・大湊の7護衛隊から京都・舞鶴の14護衛隊に編入され、舞鶴基地の北吸岸壁に入港した。

岸壁では舞鶴総監部や同地区の隊員約220人が出迎え、乗員に花束を贈り、歓迎した。

これに対し、「せとぎり」艦長の岩瀬剛2佐が「艦の歴史に恥じぬよう舞鶴の地で頑張り、乗員一同、精一杯の努力を重ね、職務にまい進していく」と述べた。

「せとぎり」は「あさぎり」型護衛艦の6番艦として平成2年に就役。阪神・淡路大震災、東日本大震災の救援活動やインド洋での補給支援に活躍したほか、ソマリア沖・アデン湾での海賊対処任務にも3回派遣されている。

新たな母港となる舞鶴に入港、基地隊員らから花束を受ける護衛艦「せとぎり」乗員（右側）＝2月27日、舞鶴港北吸岸壁で

「生活・勤務環境のモデル駐屯地」
施設学校が取り組む
駐屯地看板などリニューアル

【施校＝勝田】勝田駐屯地は昨年度、陸幕から「駐屯地における生活・勤務環境の整備（試行）」を、山崎陸幕長（現・統幕長）から施設学校に「モデル駐屯地」としてその施策を具現化するよう命じられ、各種環境整備に取り組んできた。

施設面では、①自ら整備する気概②使用者による整備の計画的推進③職種の特性を最大限活用した自隊施工の推進④情報の見える化・共有化――の4点を柱に、「精強な部隊・隊員の育成」を進めてきた。

この取り組みの一環として2月末、駐屯地の看板をリニューアル。看板製作に当たっては陸幕施設課の意見も取り入れ、「訪問者等の見る側の印象（視認性）」を考慮し、字体や余白などデザインやバランス、材質にもこだわり、今後の陸自看板の規準（一例）を目指した。

また、エンジニアセンター内の「茨城県殉職隊員の顕彰室」も、その扉を事務室仕様の簡素なものから、落ち着きのある木製の扉に換え、遺族の気持ちに寄り添える環境にした。

「自隊施工の推進」では、施設教導隊の訓練検閲に合わせた構内道路の舗装、構内排水路の整備などに取り組み、駐屯地内の環境整備も継続的に推進している。

新年度は「中期計画」を具現化する初年度であることから、「各部隊が実施する軽易な整備」をさらに推し進めるとともに、全国の部隊が実施した整備事例など、さまざまな情報やノウハウを共有する「情報発信サイト」も整備していく計画だ。

陸上自衛隊の施設の高感度アップのため、新デザインの正門と看板に改めた勝田駐屯地。中央は腰塚浩貴施設学校長兼駐屯地司令

正門門標を架け替え
案内看板を新設・除幕
金沢駐屯地

【金沢】金沢駐屯地は3月26日、駐屯地正門の門標の架け替えと、駐屯地の所在を明確にする「案内看板」を新設し、その除幕式を行った。式には梨木信吾駐屯地司令兼14普連長をはじめ、副連隊長、各中隊長、最先任上級曹長らと家族会員が参加し、正門門標と新設された案内看板2枚の完成を祝った。

旧門標は平成12年5月、石川県出身の当時の瓦力防衛庁長官が初度視察の際に揮毫した木製の門標だった。新門標はその文字を形取った光り輝く砲金製となった。

また、駐屯地正門に続く県道脇に新設された2枚の「案内看板」には、あらゆる任務に立ち向かう北陸3県の隊員の心意気「生々躍動 北陸健児」が書き込まれ、地元市民へのアピール効果も期待されている。

「生々躍動　北陸健児　金沢駐屯地」と書かれた案内看板を除幕する各部隊長ら（3月26日、金沢駐屯地で）

厚生・共済

特集

ブライダルフェア

4月27日(土)と5月26日(日)開催

HOTEL GRAND HILL ICHIGAYA

【各3組限定】憧れチャペル模擬挙式&贅沢コース試食

ホテルグランドヒル市ヶ谷（東京都新宿区）では、4月27日（土）と5月26日（日）に【各3組限定】「憧れチャペル模擬挙式＆贅沢コース試食フェア」（予約制）を開催します。時間は1部午前9時30分～、2部午後1時30分～、3部午後1時30分～です。

同フェアの「チャペル体感模擬挙式」では、都内最大級の独立型チャペルで、「足元にバージンロード」を歩くことができます。この模擬挙式では、生演奏や聖歌隊の歌声も響き渡り、挙式当日を具体的にイメージできます。

また、婚礼口コミサイト『みんなのウェディング』で2018年東京都料理部門第1位を獲得した和洋3品の無料試食会「贅沢コース試食」も味わってみてください。ぜひ、ご賞味ください。

大人気の「ドレス試着」（予約制）は、アドバイスを受けながら、さまざまなウエディングドレスを試着することができるので、お気に入りの1着がきっと見つかるはずです。

このほか、リニューアルした披露宴会場のコーディネート見学や個別相談会なども行っていますので、ご結婚を決めた二人にはおススメのフェアとなっています。この機会にぜひお越しください。

スペシャルフェア目白押し

ゴールデンウイーク期間・5月中は、上記フェアのほか、以下のブライダルフェアを開催します。

【GW限定】★スペシャルフェア★ 4月28日（日）～5月6日（月）までのゴールデンウイーク中の9日間。

【料理重視必見！】シェフと話せる無料試食フェア 5月11日（土）・19日（日）の2日間。

【チャペル体感付】幸せになれる♪花嫁体験フェア 5月12日（日）・25日（土）の2日間。

【無料試食×体感式】見積もりからじっくり教えます♪ 5月18日（土）。

【平日限定】大人気の独立型チャペルと豪華無料試食会 平日開催。

各フェアの詳細・ご予約は、電話03・3268・0115（直通）、専用線8・6・28853（ブライダルサロン直通、平日午前10時～午後6時、土日祝日は午前9時～午後7時）またはホームページ（https://www.ghi.gr.jp/）まで、お気軽にお問い合わせください。

年に一度の機会！ 「財形貯蓄」19日まで

全国の駐屯地・基地等で受付

全国の自衛隊駐屯地・基地等の厚生担当課（科）等では、4月の第2週月曜日から第3金曜日までの間、「平成31年度財産形成貯蓄」の申し込みを受け付けています。

財形貯蓄は年に1度の申し込み機会となっており、防衛省では「平成31年度財産形成貯蓄制度のご案内」のパンフレット＝写真＝を配布し、隊員に申し込みを呼び掛けています。

財形貯蓄は、使途が自由な「一般財形」、住宅購入等の資金を積み立てる「住宅財形」、在職中に積み立てたお金を満60歳以降に定期的に受け取る「年金財形」の3種類があり、加入年齢は「一般財形」が制限なし、「住宅財形」「年金財形」は55歳未満となっています。

パンフレットでは財形貯蓄と財形融資制度について詳しく説明しているほか、銀行・証券会社・保険会社等が取り扱う財形貯蓄商品について分かりやすく解説していますので、どうぞご覧ください。

なお、財形貯蓄に関する質問は各駐屯地・基地等の厚生担当課（科）等財形担当者までお問い合わせください。

「短期掛金率」と「介護掛金率」

4月から変更になります

組合員の皆様の給与から徴収させていただいている「短期掛金（福祉掛金を含む）」と「介護掛金」の掛金率が4月1日から別表のように改められました。

短期掛金率は組合員（自衛官を除く）及び組合員の被扶養者の医療費の給付等に必要な費用に充てられるもので、短期掛金（標準報酬の月額及び標準期末手当等×短期掛金率）は、自衛官は変更なし、事務官等、任意継続組合員は表のようになりました。

また、40歳以上の組合員から徴収している介護掛金（標準報酬の月額及び標準期末手当等×介護掛金率）は引き上げとなりました。

皆様のご理解・ご協力をよろしくお願い致します。

平成31年4月から、次のとおり変更

掛金	組合員	現在の掛金率	平成31年4月からの掛金率	前年度との比較
短期掛金（福祉掛金を含む）	自衛官	32.04/1000	32.04/1000	変更なし
	事務官等	37.02/1000	37.02/1000	変更なし
	任意継続組合員	74.04/1000	74.04/1000	変更なし
介護掛金	自衛官	7.77/1000	8.45/1000	0.68/1000 引き上げ↑
	事務官等	7.77/1000	8.45/1000	
	任意継続組合員	15.54/1000	16.90/1000	1.36/1000 引き上げ↑

共済組合の貸付制度

20年ぶり一部利率が改正

貸付の種類		貸付対象	利率（変更前）		利率（31.4.1～）
普通貸付	一般	臨時の支出に充てる費用	4.26%	→	変更なし
	特認	業務上の事由による転居等に要する費用又は1か月以上の海外出張等に要する国内での準備費用			
特別貸付	教育	学校教育法に規定する教育機関に支払う費用	2.96%	→	1.86%
	結婚	結婚に要する費用			
	医療	医療に要する費用			
	葬祭	葬祭等に要する費用			
	災害	災害により住居、家財に損害を受けたときに要する費用			
住宅貸付	―	住宅の新築、増改築、修繕又は住宅用土地の購入等	2.96%	→	1.42%
特別住宅貸付	―	住宅の購入等費用（2年以内に自己都合退職予定又は、5年以内に定年退職予定の者に限る）	3.26%	→	1.42%

共済組合では、組合員が臨時の資金が必要になった時に利用できる貸付制度を設けております。

この貸付制度には、「普通貸付」「特別貸付」「住宅貸付」「特別住宅貸付」があります。

それぞれの貸付には利率が設定されていますが、普通貸付を除く貸付について、平成31年4月から利率が改正されました。これは約20年ぶりの改正となります。

共済組合の貸付は、返済が源泉控除において行われるため、返済日毎に口座の残高を気にする必要がありません。また、「住宅貸付」や「特別住宅貸付」は共済組合からの貸付にかかる抵当権の設定や保証料等が不要になっています。

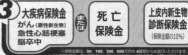

詳細は、共済組合のホームページ（https://www.boueikyosai.or.jp/）をご覧ください。詳しい手続き等については共済組合の支部窓口にお問い合わせください。

2019年度の福利厚生・特定健診

「ご利用ガイド」できました

各種健診やTDR入園補助など

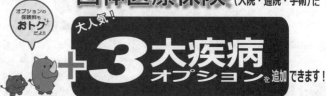

防衛省共済組合における2019年度の一般福利厚生・特定健診事業は、引き続き㈱ベネフィット・ワン及び㈱ベネフィット・ワン・ヘルスケアをサービス提供会社として次のとおり実施します。

【主なサービス等】

▽会員証

カードにプリペイド機能が付加されており、あらかじめチャージ（入金）することにより、Visa加盟店やインターネットサイトでのショッピングに利用可能です。会員証の氏名欄は記名式となります。

▽「ご利用ガイド」

一般福利厚生・特定健診の事業内容が記載された「ご利用ガイド」は組合員に各自1冊配布されます。

▽宿泊関連の補助金

1泊2000円（1組合員につき年度内4人泊まで。級地区分が3級以上の特地官署に所在する部隊等に勤務する組合員については6人泊まで）。公費（出張費）による宿泊には適用されません。

▽各種健診の補助金（人間ドック・生活習慣病健診、特定健診等）

組合員（任意継続組合員含む）及びその被扶養配偶者は上限2万円補助（年度内1回限り）。右記以外の特定健診対象者は7700円補助（年度内1回限り）されます。特定健診のみ受診の場合、自己負担はありません。

▽東京ディズニーリゾート、ユニバーサル・スタジオ・ジャパンの補助

東京ディズニーリゾートの直接入園券（期日指定券）は、1枚1000円（小人500円）補助。近畿日本ツーリスト（一部店舗を除く）及び西鉄旅行（九州の一部を除く店舗のみ）の店舗での購入となります。

東京ディズニーリゾートのコーポレートプログラム利用券は、1枚1000円補助。直接入園券と違い、期日指定はありません。ベネフィット・ステーション会員専用サイトまたはカスタマーセンターに申し込み、後日郵送で利用券を受け取ります。

ユニバーサル・スタジオ・ジャパンの入場予約券補助（期日指定券）は、1枚1000円（小人500円）補助。近畿日本ツーリスト（一部店舗を除く）及び西鉄旅行（九州の一部を除く店舗のみ）の店舗での購入となります。

東京ディズニーリゾートの直接入園券、コーポレートプログラム利用券、ユニバーサル・スタジオ・ジャパンの入場予約券補助のうち、いずれかを年1回限定で上限4枚までお申し込みいただけます（それぞれの併用はできません）。

▽育児補助

1組合員につき、1日1時間700円を上限として、月々最大20日分（最大で1万4000円分）を補助。施設利用時に手帳を提示します。対象は未就学児の被扶養者。詳細については、ご利用ガイド及び一般会員向けWEBサイト（PC版http://www.benefit-one.co.jpスマホ版http://bnft.jp）から、会員IDとパスワードを入力してアクセスできる防衛省専用WEBサイトでご確認ください。

なお、各種補助金及び各種健診の申し込みや東京ディズニーリゾートのコーポレートプログラム利用券及び各種健診の受付は、4月1日より開始しております。

年金Q&A

学生期間の国民年金保険料が猶予される制度とは？

国民年金窓口に特例申請書の提出を

Q　私には大学生の息子がいます。先日、国民年金第1号被保険者として保険料の支払いが始まりましたが、学生期間の保険料が猶予される制度があると聞きました。どのようなものでしょうか？

A　20歳以上の学生本人の前年の所得が一定額以下の場合には、学生の期間中に保険料負担を求めることなく、本人が卒業後、社会人になってから保険料を自分で支払うことができる「学生納付特例制度」があります。

「学生納付特例制度」を利用するためには、申請をし、承認されなければなりません。学生本人の住民票を登録している市区町村役場の国民年金窓口に「国民年金保険料学生納付特例申請書」を提出してください。承認期間は、申請月以前の4月から翌年の3月までです。前年の所得を確認しなければならないため、申請は毎年必要になります。在学している学校が日本年金機構の指定を受けていれば、学校で手続きをすることも可能です。

保険料の納付が猶予されている学生納付特例期間中に、病気やけがなどにより障害が残った場合や死亡した場合には、障害基礎年金や遺族基礎年金（子がいる場合）が支給されます。猶予の申請をしていないと、「未納」扱いとなり、年金を受給できない場合がありますので、お気を付けください。

特例を受けた期間については、10年前まで追納することができます。保険料の追納があった期間には、老齢基礎年金の額に反映されますが、追納がない場合には、その期間は老齢基礎年金の額に反映されず、年金の受給権発生のために必要な資格期間としてのみ考慮されます。

さらに、所得が少なく保険料が払えないときには、20歳から50歳未満（平成28年6月までは30歳未満）の国民年金第1号被保険者に対する「保険料納付猶予制度」や「保険料の免除制度」があります。

保険料の納付を猶予、免除された期間については、追納として本来の納付期限である2年を過ぎても10年以内であれば、さかのぼって保険料を納付できますが、3年度目以降に追納する場合には、当時の保険料額に経過期間に応じた加算額がプラスされます。

どちらの制度も申請時の2年1カ月前の分までさかのぼって免除等の申請ができるようになっています。利用される場合は、速やかに手続きをして下さい。

（本部年金係）

防衛省共済組合の団体保険は安い保険料で大きな保障を提供します。

～防衛省職員団体生命保険～

死亡や高度障害に備えたい

万一のときの死亡や高度障害に対する保障です。ご家族（隊員・配偶者・子ども）で加入することができます。（保険料は生命保険料控除対象）

《補償内容》
- 不慮の事故による死亡（高度障害）保障
- 病気による死亡（高度障害）保障
- 不慮の事故による障害保障

《リビング・ニーズ特約》

隊員または配偶者が余命6か月以内と判断される場合に、加入保険金額の全部または一部を請求することができます。

～防衛省職員団体医療保険～

保険料が改定されました

団体医療保険（入院・通院・手術）に

お申込み・お問い合わせは 共済組合支部窓口まで

詳細はホームページからもご覧いただけます。 http://www.boueikyosai.or.jp

厚生・共済

特集

北熊本、宇都宮で協定締結

家族支援体制 盤石に

大規模災害の発生時に緊急出動する自衛隊員に代わり、残された隊員家族の安否確認などを担う自衛隊家族会、隊友会と自衛隊部隊との「家族支援協定」が全国の駐屯地・基地などで次々と結ばれている。北関東の宇都宮駐屯地と九州の北熊本駐屯地でもこのほど、3者間で協定が締結され、隊員は緊急時、後顧の憂いなく活動ができるようになった。

自衛隊、家族会、隊友会の3者で締結
藤井司令「実効性向上に努める」

【北熊本】北熊本駐屯地は2月13日、県内の健軍、熊本両駐屯地、熊本地本、県家族会、県隊友会との間で「留守家族支援合同協定締結式」を行った。

式には8師団、熊本県下各部隊、関係団体などから隊員ら約400人が参加、協定締結の場に立ち会うことで「留守家族支援」の重要性を認識した。

締結式で、藤井祥一北熊本駐屯地司令は「将来、南海トラフ巨大地震などの災害においても、隊員が後顧の憂いなく任務にまい進できるよう、平素から準備を怠らずこの協定の実効性向上に努めてまいりたい」と抱負を語った。

続いて井上朋和家族会長が「この協定締結により3者の輪がさらに強まり、より充実した支援活動ができる」と述べると、山下高憲隊友会長は、「隊友会も隊員に寄り添っての家族支援に努めたい」と意気込みを語った。

小泉会長「綿密に連携図る」

【宇都宮】宇都宮駐屯地は3月12日、栃木県内に所在する北宇都宮駐屯地、栃木地本、県家族会、県隊友会との間で、「県内隊員家族の支援に関する協力協定」を締結した。

伊高賢宇都宮駐屯地業務隊長が主導、関係団体・部隊などと調整・協議を重ね、この日の協定締結が実現した。

協定は、県内の陸自、家族会、隊友会の連携を強化し、家族支援施策の実効性向上が目的。大災害が発生し、栃木県下の自治体なども被災する中で隊員が派遣される際、家族会、隊友会の協力で隊員家族の安否確認などが円滑に実施できる体制の整備が狙いとなっている。

協定書調印式には、小田島邦弘宇都宮駐屯地司令、木戸口和彦北宇都宮駐屯地司令、諸石正弘栃木地本長、小泉克彦県家族会長、橋口豪二県隊友会長が出席し、協定書に署名した。

この後、小泉家族会長が協力団体を代表し、「この協定を栃木県家族支援体制の大きな柱として、自衛隊との連携をさらに強固なものにするべく、地区会や担当業務隊などと地域ごとに綿密な連携を図っていきたい」と抱負を述べた。

続いて小田島司令が部隊側を代表し、「関係協力団体の皆さまのご理解とご尽力によって家族支援体制が盤石となり、隊員は安心して活動することができます。今後はさらに連携を密にして、この協定を実効性のあるものにしていきたい」と語った。

熊本県留守家族支援合同協定締結式

栃木県家族支援協定書調印式

㊤「熊本県留守家族支援合同協定締結式」に出席した（左から）平山熊本駐屯地司令、小瀬健軍駐屯地司令、井上家族会長、山下隊友会長、藤井北熊本駐屯地司令、濱田地本長（2月13日、北熊本駐屯地で）㊦家族支援協定書に署名する（左から）諸石栃木地本長、橋口隊友会長、小泉家族会長、小田島宇都宮駐屯地司令、木戸口北宇都宮駐屯地司令（3月12日）

余暇を楽しむ

防衛省 草月流華道部

紹介者：事務官 上杉 里江（大臣官房秘書課 防衛審議官室）

お花を通し想い伝える

お花を切り、剣山や器にさしていく…単純な作業のようですが、「いけばな」を始めて、とても奥深い世界に触れました。

「私をいける」

同じお花を使っても、いける人が違うと全く違う作品ができあがります。いけばなには、その人の心が映されるようです。

季節の植物に触れ、できあがったきれいな作品を見ていると、心が洗われます。自分の技術が向上していくにつれて、同時に自分の心も磨かれていくように感じています。

「自分の気持ちを込めて作った作品は、それを見た人の心を動かす」ということを体験しました。

言葉にはなかなか出して言えない気持ちを、お花を通して伝えたい…。

“私の想いをあなたに届けられますように”

私にとっていけ花は、自分の気持ちを伝える手段のひとつです。

私たちは、部長の梶岡雅子事務官以下約15人で、月3回、木曜日の課業後に活動しています。流派は草月流で「いつでもどこでもだれにでも」、そして、「どんな材料を使ってもいけられる」というところが特徴です。部外の中原直子先生にご指導いただきながら、テキストに沿って、季節のお花をいけます。

毎回、いろいろなテーマに沿ったいけ方・お花に苦戦もしますが、頑張っていけたお花は世界に一つ、自分だけの「いけばな」です。そして、頑張った分、お花も輝いて見えます。

みなさんもぜひ私たちと一緒に、お花をいけてみませんか？初心者の方も大歓迎です。（もちろん男性もOK）

初級～師範までの資格もとることができます。忙しい業務の息抜きに、お花に触れてリフレッシュしましょう。

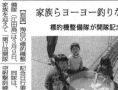

㊤師範（手前後ろ向き）の指導のもと、テキストを用いながら自由な発想で花をいける部員（防衛省厚生棟2階和室で）㊦「見学や体験はいつでもOKです」と話す（左から）上杉里江事務官、梶岡雅子事務官、中原直子師範、新堂夢事務官、小太刀有香事務官、二見彩事務官

お弁当チェックで栄養指導

三重 初のランチミーティング開催

【三重地本】地本は2月19日、部員の健康管理の一環として、部内会議室で初のランチミーティングを開催した。

「食と生活習慣病」について「痩せるためのエネルギー計算」「栄養バランスを考えたお昼ご飯の選び方」をテーマに、久居駐屯地業務隊糧食班で管理栄養士を務める浦ゆかり技官が講師を務めた。

はじめに、肥満者の疾患別リスク表や糖尿病の合併症写真を使用して、肥満と生活習慣病のリスクについて説明。続くエネルギー計算では、年齢・性別によって基礎代謝量が異なるため、若いころと同じ食生活を続けると体重が増加することや、1キロの体脂肪を減らすためには7000キロカロリーの消費エネルギーが必要なことなどを話した。

1キロの脂肪サンプルを掲げながらの浦技官の説明に、参加者は思わず自分のお腹と比較し、苦笑いをしていた。

その後の「お弁当チェック」では、参加者が持ち寄った手作り弁当などを前に浦技官が巡回指導。「主食、主菜、副菜はどれですか」などと質問しながら、それぞれの弁当に足りない栄養素を指摘していた。

最後に参加者は、「カップラーメンには栄養が含まれていますか」など、浦技官に積極的に質問をして、健康についての理解を深めていた。

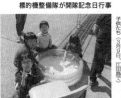

参加者が持参した弁当の栄養素について指導する浦技官（2月19日、三重地本で）

自慢の一品料理

たれかつ丼

紹介者：菅原 美紀子技官（題目駐屯地業務隊補給科糧食班）

今回紹介するのは、隊員から人気のトンカツを丼にした「たれかつ丼」です。少し甘めの和風醤油味のカリっとした衣が食欲をそそる一品です。

作り方を説明します。まず薄切り豚ロース肉を半分にカットして、軽く塩コショウを振りかけます。小麦粉、卵、パン粉を付けて、180度の油で3、4分ほど揚げます。

お好みの薄さに希釈したそばつゆにみりんを加え、鍋でひと煮立ちさせたら、そこに先ほど揚げたロース肉をさくっとくぐらせます。最後に、どんぶりに麦ごはんを盛り、千切りにしたキャベツを乗せます。さらにロース肉を盛りつけ、紅ショウガを添えたら完成です。

「肉」「揚げ物」「どんぶり」という隊員の好物3拍子が揃っていて、「和風だとあっさりしていて食べやすい」と評判も良く、駐屯地の約9割の隊員さんが「好き」と回答するほど、人気で自慢の一品です。

ご家庭で作る際には、トンカツ用の厚めの肉や、ひれ肉などでアレンジしてもおいしく食べられます。その際にはつゆを濃いめに作るのをおすすめします。

ご家庭にある材料で気軽に作れるので試してみてはいかがでしょうか。

徳島教空群、松茂町と協定

「金曜日の金時カレー」今春販売

【海徳島】徳島教育航空群はこのほど、徳島県板野郡松茂町役場で行われた「金曜日の金時カレー普及事業」の協定書締結式に出席した。

同協定は松茂町役場チャレンジ課が地域復興のために発案した事業で、徳島航空基地の「鳴門金時カレー」が平成27年に基地内で開催された「第1回教育航空集団調理競技（カレー）」で優勝したことに町が注目、徳島産のブランドさつまいも「鳴門金時」と海自を結び付けた商品の作製に着手した。

徳島教空群は、松茂町役場にレシピを提供することで商品開発に協力。町と商工会から成る「まつしげまるしぇ実行委員会事務局」はそのレシピを基にレトルトカレーを開発した。併せて、パッケージには教空群のTC90型航空機が大きくプリントされ、地元に協力する同群の姿勢がアピールされている。

今泉一郎群司令は「徳島航空基地は今年で開隊60周年になりますが、長きにわたり基地を維持してこられたのは町民の皆さまのご理解とご友好の賜物です。地元の発展と活性化に貢献できることは大変喜ばしく思っています」と話している。

レトルトカレー「金曜日の金時カレー」は、4月中に松茂町内で販売される予定だ。

金曜日の金時カレー普及事業協定書

協定を締結し、握手を交わす今泉群司令（右）と吉田直人松茂町長＝松茂町役場で

家族らヨーヨー釣りなど楽しむ

標的機整備隊が開隊記念日行事

【岩国】海自の標的機整備隊（江田島）は3月9日、家族を迎えて「第17回開隊記念日行事」を行った。

同隊は、護衛艦部隊が対空射撃訓練を行う際に用いる高速無人標的機「CHUKAR（チャッカー）III」の整備を行う海自唯一の部隊。平成14年3月、前身の11海上訓練指導隊（護衛艦隊隷下）から31航空群隷下の標的機整備部隊として改編された。

当日は隊員約60人と家族27人が参集、子供たちはたこ揚げやヨーヨー釣りなどを楽しみ、お昼には基地隊員手作りのカレーに舌鼓を打った。

隊員たちは日頃から支えてくれている家族に改めて感謝するとともに、司令の指導方針「プロ魂」の下、護衛艦部隊の精強性を支える「オンリーワン部隊」として責務を果たしていくことを誓った。

イベントで「ヨーヨー釣り」を楽しむ子供たち（3月9日、江田島で）

特集 地方防衛局

廣瀬律子九州防衛局長が着任

「職責全う」力強く決意

防衛省女性初の指定職に

防衛省は4月1日、廣瀬律子人事教育局人事計画・補任課長を同日付で九州防衛局長に昇任させる人事を発令した（4面に人事発令）。事務官・自衛官を含め、防衛省採用の女性が審議官や局長などの「指定職」に就任するのは初めて。

【九州局】廣瀬律子局長は4月2日、九州防衛局（福岡市博多区）で行われた着任式に臨み、集まった約200人の職員に対し、初の訓示を行った。

この中で廣瀬局長は「地方防衛局の役割とその存在は非常に重要性を増している状況にある」との認識を示した上で、「自らも勉強しながら職責を全うしたい」と強い決意を表明した。

一方で、自身がこれまで職責として取り組んできたワークライフバランス（仕事と生活の調和）の重要性についても言及。「仕事の進め方にメリハリをつけ、ワークライフバランスの充実にも心掛けて欲しい」と訓示した。

着任式で職員に訓示し、決意を述べる廣瀬局長（4月2日、九州防衛局で）

廣瀬 律子（ひろせ・りつこ）九州防衛局長 九大法卒。平成2年旧防衛庁。防大教授、防衛省文書課環境対策室長、人事計画・補任課男女共同参画推進企画室長、服務管理官、広報課長、人事計画・補任課長などを経て、2019（平成31）年4月九州防衛局長。佐賀県出身。51歳。

千歳市「第2庁舎」が完成

北海道局 6億4000万円を補助

【北海道局】2016年度から建設が進められてきた千歳市役所の「第2庁舎」がこのほど完成し、2月12日、供用開始式典が行われた。

式典には千歳市の山口幸太郎市長、同市議会の古川昌俊議長など多数の関係者をはじめ、北海道防衛局からは千歳防衛事務所の滝川和志所長が出席した。

建設に際し、同局では千歳飛行場を使用する自衛隊機などの騒音を緩和するため、「防衛施設周辺の生活環境の整備等に関する法律」第8条に基づく民生安定事業の防音助成として、約6億4000万円の補助を行った。

人口増加や耐震改修の必要性などで現庁舎が手狭になってきていることから新設された「第2庁舎」は、鉄筋コンクリート造りの2階建てで、総面積は約4400平方メートル。窓口を1階に集約するなど、市民の利便性やサービス向上を考慮した設計となっている。

供用開始を祝う千歳市の山口市長（くす玉左）、古川市議会議長（同右）、千歳防衛事務所の滝川所長（その右）ら関係者（2月12日、北海道千歳市で）

新設された千歳市役所の「第2庁舎」

えりも町に「水産物荷捌施設」

1億6000万円を補助

えりも町の庶野漁港にこのほど、「水産物荷捌施設」が完成し、2月23日、供用開始記念式典が行われた。式典には、えりも町の大西正紀町長、えりも漁業協同組合の神田勉代表理事組合長ら多数の関係者をはじめ、北海道防衛局からは高木健司局長が出席した。

この施設は、静内対空射撃場（新ひだか町）のために設定されている漁業制限水域が同漁協に所属する組合員の漁業経営に影響を与えていることから、同射撃場の円滑な運用と周辺地域の漁業経営の安定化を図るため、北海道防衛局が「防衛施設周辺の生活環境の整備等に関する法律」第8条に基づき、民生安定事業の漁業用施設として、約1億6000万円を補助した。

施設は鉄骨造りの平屋建てで、総面積は約737平方メートル。今後はより新鮮な水産物の流通が期待されている。

㊦完成した「水産物荷捌施設」㊤テープカットするえりも町の大西町長（右端）、北海道防衛局の高木局長（左から5人目）ら関係者（2月23日、えりも町で）

日米の中高生交流演奏会 1100人を魅了

九州局 佐世保市で友好深める

ステージで合同演奏を披露する日米の生徒たち（3月26日、佐世保市のアルカスＳＡＳＥＢＯで）

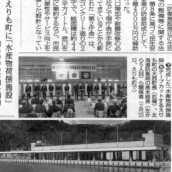

【九州局】九州防衛局は3月26日、長崎県佐世保市内の多目的ホールで「日米交流演奏会2019」を開催し、市民や米軍の家族ら約1100人が訪れた。

同市内の中高生と米海軍佐世保基地内のアメリカン・スクールの高校生が吹奏楽を通じて交流することで相互理解を深め、より大きな信頼関係を構築することを目的に開かれた。

開演に当たり、主催者を代表して九州防衛局の三貝哲局長（当時）が「演奏を楽しんでほしい」とあいさつ。続いて協賛者を代表し、米海軍佐世保基地司令官のブラッド・ストーリングス大佐が「今日の演奏を誇りに思って下さい」と激励し、最後に後援者を代表して佐世保市の朝長則男市長が「音楽という『世界の共通語』を通じて友好を深めてほしい」とスピーチした。

演奏のトップを飾ったのは長崎県立佐世保東翔高校のマーチングバンドで、約50人の生徒たちは一糸乱れぬ動きと演奏を披露。続いて登場したE・J・キング・ハイスクールの34人がラテンナンバー「フィエスタ・ラ・ヴィーダ」など3曲を軽快に奏でた後、複数の中学校の有志による「佐世保ジュニア・オールスターズ」の84人が「吹奏楽のための第一組曲」などを元気よく演奏した。

最後に日米の生徒計168人が合同演奏を行い、両国国歌のほか「キエフの大門」など2曲を披露。割れんばかりの拍手の中、両国の生徒たちはステージ上でプレゼントを交換し、盛況のうちに閉演した。

「ひな祭り」で文化交流

東北町と三沢基地の日米小学生ら

東北局

【東北局】東北防衛局は3月2日、青森県東北町の小川原湖交流センター「宝湖館」で日米交流事業「第7回ひな祭り in Tohoku Town 2019」を開催し、東北町や米軍三沢基地に住む日米の小学生とその保護者計約60人が参加した。

日米交流事業は米軍施設周辺の住民と、在日米軍関係者やその家族がさまざまな行事を通じて相互理解を深める取り組みで、2008年度から実施している。

開会式では主催者を代表して東北防衛局の伊藤茂樹局長があいさつ。続いて東北町の蛯名鉱治町長、米空軍三沢基地司令官のクリストファー・ストルーヴィ大佐がそれぞれ祝辞を述べた。

日米の参加者たちは親子一緒になってプラスチック製のボトルにミニチュアのひな人形などを入れた「オリジナルボトルランプ」の制作に取り組んだほか、地元の新鮮な食材を使った「手まり寿司」などの料理にもチャレンジした。

ランチバイキングの後は全員で餅つきを体験し、地元の演奏者による美しい琴の音色に聴き入るなど、みなそれぞれの感じ方で日本の文化を楽しんでいた。

東北局では「今後も地元自治体と米軍の協力を得ながら、日米の相互理解を深められるよう交流事業を計画していきたい」と話している。

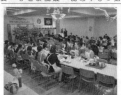

琴の奏者（ひな壇右）を迎え、親子で作った「手まり寿司」のランチバイキングを楽しむ日米の参加者たち（3月2日、青森県東北町の「宝湖館」で）

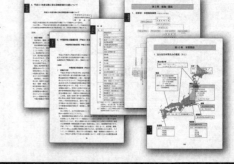

防衛施設と首長さん

北海道八雲町 岩村 克詔町長

空自八雲分屯基地と連携

防災事業からお祭りまで

八雲町は渡島半島北部に位置する「太平洋と日本海—日本で唯一、二つの海をもつ町」です。太平洋側の八雲地域は尾張徳川の歴史、日本海側の熊石地域は松前藩の歴史があり、同じ町でも異なる歴史文化が存在する町です。

二つの海の恵みから漁業も盛んであり、太平洋側ではホタテ、ボタンエビ、日本海側ではアワビが水揚げされ、また、牧歌的な風景と乳製品も道内外の観光客から人気があります。

道南北部地域の中心都市として、医療機関や商業施設等の都市機能がコンパクトに整備されている一方、市街地から数キロ足を伸ばすと天然記念物のオジロワシやオオワシが観察できるなど、多様な自然と都市の利便性が共存する「ちょうどいい田舎」です。

熊石の食を堪能できる「熊石あわびの里フェスティバル」や、北海道三大あんどん祭りの一つ「八雲山車行列」、100メートルの氷の滑り台が楽しめる「八雲さむいべや祭り」をはじめ、四季折々の八雲を味わい、体験できる多様なイベントが開催されています。

噴火湾が一望できる道立公園「噴火湾パノラマパーク」は、なだらかな丘陵に造られた62・7ヘクタールの公園で、アスレチック遊具やパークゴルフ場などもあり、子どもからご年配の方まで楽しむことができる施設がいっぱいです。

熊石青少年旅行村は宿泊施設があり、夏には家族連れでにぎわいます。また、町内には温泉地が点在しており、料理自慢の情緒豊かな温泉宿があります。

「北海道木彫り熊」発祥の地として多くの作品を展示する「木彫り熊資料館」をはじめ、徳川義親公の銅像など八雲町の歴史を肌で感じることのできる名所が多くあります。

また、梅村庭園は八雲町指定文化財や北の造園遺産に認定されています。

町の将来像を示した第2期八雲町総合計画では、「八雲発！自然と人を未来へつなぐ」をスローガンに、安心して子育てができる環境の充実を図るため、学校給食費の無料化や保育料の軽減、医療費助成などの支援を行っています。

今後も自然豊かな町として、農業・漁業のさらなる発展と、2030年度の北海道新幹線駅の開業を見据えた産業・経済・ひとが活発で笑顔あふれる町になるよう取り組みを進めていきます。

町内には航空自衛隊八雲分屯基地があり、日頃より町内イベントへの参加、運営協力、防災事業への参画・危機管理や防災対策の推進、安心・安全なまちづくりにご尽力いただいています。さらに、町民との各種交流などさまざまな活動を通して地域の活性化にご貢献をいただいています。

いわむら・かつのり 62歳。道立八雲高卒。大岩工業代表取締役などを経て、2005年10月八雲町議会議員、13年10月八雲町長に就任。現在2期目。八雲町出身。

リレー随想 堀地 徹

リレー随想、これで3回目。さてさて。

2月23日は富士山の日である。このころは真っ白な富士山を見られるのだが、今年は異様に雪が少ない。北富士では富士山に「農鳥」がもう現れた。残雪と岩肌のコントラストが田植えの時期を示すものだ。通常なら5月のことだ。静岡側からみると雪がない。まるで葛飾北斎の凱風快晴だ。これはまた美しい。でも、こんなに小雪だと水不足になるのではと心配になる。

「ごてんばこしひかり」は知る人ぞ知るブランド米。忍野八海は枯渇しないのか。しかし、柿田川も忍野八海も、変わらずこんこんと透明な清水を流し続けている。

どうも富士山に降った大量の雨雪は地下に浸透して数年かけて山麓に湧出するそうだ。なので、すぐに影響が出るわけではないらしい。でも、まだ水のメカニズムは解明されてないらしい。

富士山と桜と東京五輪

富士山は実に壮大であり壮麗である。宝永火口の淵に立ち、大沢崩れにより断絶した御中道、小山町上流の切り取られた地層、実際に間近に触れる富士山は遠くから見えるのとは全く違う。富士は今も生きている。悠久の歴史、莫大な力・エネルギー、自然の偉大さ強さに圧倒される。

東京五輪では、自転車ロードレースが東京から山中湖を周回し、東富士演習場を巡り富士スピードウェイでゴールする。世界で10億人以上がこのレースに注目する、富士山の美しい姿を背景に疾走するアスリートたち。素晴らしいだろう。世界が注目するだろうなあ。

これから桜の季節。富士山のご神体は桜のように美しいという木花咲耶姫。産屋に火をかけさせた激しい女神様だ。だから富士山と桜は良く似合う。富士吉田の新倉山の桜と富士山は本当に絵のようだ。というか既に絵や写真になって紹介され、多くの人に愛されている。

その整備は当局の補助事業を活用されたものだから、その分ちょっぴりうれしい。

（南関東防衛局長）

部隊だより

陸

東千歳　1高特団本部付隊は2月7日、駐屯地で対空戦闘指揮統制システム（ADCCS）保管庫の落成式を実施した。約2年間かけて完成させたもので、ADCCSの装備・施設に係る体制を整備。当日は、1高特団長の宮本久徳将補をはじめとする関係者のテープカットで会場が盛り上がり、式後は真新しい設備の整った保管庫が披露された＝写真㊤。

岩手　駐屯地は3月9日、盛岡市民文化ホールで「第33回駐屯地演奏会」を開催し、地域の約1600人が鑑賞した。演奏会は、駐屯地音楽隊、音楽隊のOB・OGのほか、地域の吹奏楽やバトン団体の協力で行われた。地域の太鼓演奏や「さんさ踊り」の演奏で、「力強い歩み」を構成し演奏、「郷土・岩手の誇り」を表現した。

勝田　施設学校はこのほど、「施設群長等集合訓練」を実施した。施設科部隊長としての識能向上を図るもので、学校長の講話のほか、施設群長経験者の体験談も語られ、「戦車・特科部隊が削減された後の諸職種協同の練度維持要領」「幹部の人材育成」の3テーマについて議論した。

板妻　34普連は2月28日、高田克樹東方総監が視察する中、駐屯地で「バトラー（交戦訓練装置）」を活用した実践的な戦闘射撃訓練を実施した。3中隊の21人は「野外での部隊の行動」を演練。敵の襲撃への対処、弾数管理なども盛り込んだ＝写真㊦。

座間　駐屯地は2月9日、創立60周年記念行事を実施し、これに協力した部外協力団体の10人に感謝状を贈った。行事は体育館で行われ、地元の関係者など約200人が出席した。その後、キャンプ座間のコミュニティクラブで祝賀会食が行われた。

金沢　14普連長の梨木信吾1佐は2月25日、富山県消防学校で署補の特殊災害科課程学生17人に対し、「災害時における自衛隊の対応要領」の講話を行った。自衛隊の概要、災害派遣の流れを約2時間にわたり説明。大規模地震、津波、噴火などの自然災害に備え、富山県の弥陀ヶ原・立山での山岳訓練を計画していることも語った。

真駒内　北方輸送隊は3月4日、20フィート輸送コンテナを導入し、入魂式を実施した。同コンテナは輸送効率を上げるために導入され、輸送隊と一般道路のトラックに積載しても制限なく通行できる＝写真㊧。隊長の小澤和之2佐は式で「輸送隊の実施能力の向上につながる。輸送隊として運用に習熟し、引き続き安全に努めよう」と訓示した。

名寄　3普連は3月9、10の両日、北海道美深町で開催されたスキー大会（エアリアル種目）に協力した＝写真。隊員6人は選手が安全に競技に専念できるようスタッフと綿密に調整を行い、会場の整備のほか、砕雪、除雪作業を実施。当日は国内から15人の選手が参加し、多くの観客を魅了した。

秋田県警、秋田海保と「女性公務員意見交換会」

秋田駐屯地

勤務時間　結婚　子育て　人事異動　悩みは同じ

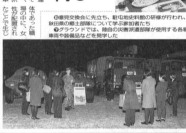

女性公務員同士で話を弾ませる隊員と秋田県警、秋田海上保安部の参加者たち（3月14日、いずれも秋田駐屯地で）

秋田駐屯地は3月14日、秋田県警察と秋田海上保安部の協力を得て、「県内女性公務員意見交換会」を開催した。

当日は、駐屯地から業務隊衛生科長の保坂美佳1尉以下10人が参加。秋田県警からは5人、海上保安部から4人が駐屯地を訪れた。

意見交換会に先立ち、駐屯地史料館の研修が行われ、隊員が郷土の部隊について説明。県警・海保の参加者たちは旧陸軍歩兵17連隊などの展示物を興味深そうに見入っていた。その後、グラウンドで陸自の災害派遣部隊が使用する高機動車など装備品も見て回った。

意見交換会では、主に家庭と仕事の両立をテーマとした「ライフワークバランス」について話し合われ、各参加者から勤務時間、結婚、子育て、人事異動などについて悩みが明かされた。特にこれまで男性が主体であった職場の中に、女性が配置されたことで生じたさまざまな問題について活発に意見交換を行った。

参加した栁沼梢3曹は「同じような環境の職場で働くほかの公務員の意見を聞くことで、悩みを共感でき、今後、自衛官を続けていく上で参考になった」と話した。

秋田駐屯地では今後も隊員の「ライフワークバランス」施策を推進するとともに、引き続き県警、海保の女性職員との意見交換会を継続し、女性が駐屯地で働きやすい環境づくりを目指していく計画だ。

（秋田）

㊨意見交換会に先立ち、駐屯地史料館の研修が行われ、秋田県の郷土部隊について学ぶ参加者たち
㊦グラウンドでは、陸自の災害派遣部隊が使用する各種車両や装備品などを見学した

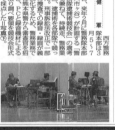

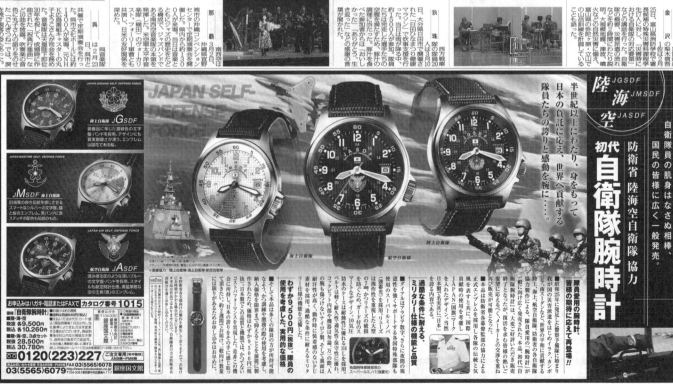

久居　33普連協力会「大鷹会」の片岡眞郁会長以下9人は2月10日、静岡県の東富士演習場で訓練中の連隊を研修した＝写真㊧。指揮所ではブリーフィングが行われ、参加者は隊員の活動状況などを確認。後方地域では、炊事班の配膳や戦闘糧食などの説明が行われた。一行は2直接支援中隊の整備所や衛生小隊の救護所、重迫中隊の陣地なども見学した。

健軍　西方警務隊本部は3月5～7日、来年2月に警務隊本部（市ヶ谷）が計画する「警務隊逮捕術競技会」の選考を兼ねて、持続走、警務業務、逮捕術を各部隊で競った。刑事訴訟法改正で一部の捜査での録音・録画が義務化するため、警務業務では熊本県警から審査官を招き、PCと録音機材による取り調べ要領を競技会形式で採点した＝写真㊦。

対馬　駐屯地はこのほど、対馬警備隊OBで対馬防衛協会出納長の小松津代志さんを講師に招き、全隊員に対し「対馬歴史教育」を実施した。小松さんは隊の広報班長に在任中、対馬・壱岐での戦史を執筆した経験を持つ。講話に先立ち、「過去に学び、現在に生かし、未来に繋ぐ」と教示。対馬の地理的背景や、歴史を伝えることの重要性を力説した。

玖珠　西方戦車隊の隊員20人は3月10日、大分県日田市で開催された「日田ひなまつり健康マラソン」で炊事支援を行った。当日は雨が降る中、約1500人が参加。隊員たちは完走した選手たちの空腹を満たすため、豚汁の調理に当たった。豚汁を食べた参加者からは「おいしかった」「ありがとう、生き返った」などの感謝の言葉が聞かれた。

海

大湊　護衛艦「ゆうだち」は2月9日、定期検査修理地の函館で「就役20周年記念行事」を実施した。同艦は平成11年3月に就役。25年6月に大湊に転籍。これまでに3回のソマリア沖アデン湾での海賊対処行動に従事してきた。会場には「ゆうだち」の歴史を伝える写真が展示され、乗員と家族が20年の歩みを振り返った。

館山　21空群は2月7、8の両日、千葉県立安房高校、館山総合高校のマラソン大会を支援した。高校周辺の交通事情などでコースの確保が困難なため、館山基地内の外周道路を提供している。今年で17回目となる。生徒たちは隊員の応援を受けながら、与えられた距離を完走した。上位入賞者には21空群から広報グッズが贈られた。

市ヶ谷　戸井雄一郎海幕広報室長は3月19日、「朝雲優秀写真賞」を受賞した菊池孝紀3曹に賞状と盾を伝達した＝写真㊦。菊池3曹の受賞は2度目で、砕氷艦「しらせ」にカメラマンとして乗り組み、オーロラの下を航行する同艦を撮影した写真が高く評価された。菊池3曹は「2年連続で頂けるとは思っていなかったのでうれしい」と喜びを語った。

上用賀　東京音楽隊は3月12日、防大吹奏楽部員の要望を受け、同部員約30人に楽器の演奏指導を行った＝写真㊦。東音は学生への指導経験が豊富で、教員資格を持つ隊員もいる。午前は楽器ごとに個人レッスン、午後は合同演奏を行い、全体で音楽を作り上げる方法を教えた。学生は貴重な上達の機会を逃さないように終始、真剣な表情で取り組んでいた。

呉　呉音楽隊は2月23日、呉市と共催で定期演奏会を行った。呉市文化ホールには約1400人が来場、元NHK広島番組キャスターの丸子ようこさんが司会を務めた。音楽隊は天皇陛下即位30年を祝して、成婚時に作曲された「祝典行進曲」など10曲を披露。吹奏楽の音色に丸子さんの語りをのせた「ごんぎつね」では、涙を流す観客の姿もあった。

空

芦屋　基地司令の加藤康博将補以下59人は3月2日、基地近くの三里松原の景観維持に努めるため、基地内で松の植樹を行った。植樹は平成23年から毎年行われている。今年度は芦屋町長など基地周辺の関係者のほか、地域住民47人も参加＝写真㊨㊤。暖かい気候の中、用意した1400本の松の苗木を約1時間かけて手作業で丁寧に植樹した。

春日　西空音は3月1日、福岡県のアクロス福岡シンフォニーホールで定期演奏会を開催、約1800人が来場した。今回の演奏会では、作曲家の冨貴晴美さんに委嘱した西空60周年記念曲「スカイストラット」を初演。冨貴さんは演奏後のインタビューで、「空を見上げて平和だと思えるのは、空自のおかげだと実感しました」と答えていた＝写真㊨㊦。

那覇　南西空は3月2日、沖縄県宜野湾市の沖縄コンベンションセンターで定期演奏会を開催した。県内から約1300人が来場。当日は音楽とともにジャズの歴史をたどる構成で、ジャズバンドである南西空音楽隊の本領を発揮した。米空軍太平洋音楽隊（横田）のヴォーカリスト、フォーリー軍曹とも共演し、日米の友好関係を深めた。

豪射撃競技会「AASAM」に陸自精鋭20人

戦闘射撃部門で3位

参加国との信頼関係強化

陸自は3月3日から15日まで、豪ビクトリア州のパッカパニャル訓練場で行われた国際射撃競技会「AASAM19」（豪陸軍主催）に参加、戦闘射撃部門で3位に入賞した。競技会を通じて射撃技術を向上させ、参加国との信頼関係を強化した。

戦闘射撃部門の拳銃種目で利き手を負傷したことを想定し逆の手で射撃を行う陸自隊員（いずれもパッカパニャル訓練場で）

米、英など20カ国

競技会には豪、米、英など20カ国から射撃技術の優れた兵士らが集まった。陸自は富士学校長の高田祐一陸将を担任官に陸上総隊と各方面隊の選手12人（普通科10、特科1、化学科1）を含む約20人で挑んだ。

競技は2部門で実施され、そのうち戦闘射撃部門は各国の射手10人が小銃（長距離=400～600メートル=、至近距離=10メートル=各射撃など）、機関銃（突撃=25～100メートル=、防御各射撃）、拳銃（通常=5～25メートル=、応用=5～12メートル=、戦闘各射撃）の射撃を行い、得点を競った。

射撃技術向上に手応え

陸自は小銃で4位、拳銃で1位、機関銃で5位となり総合3位に。インドネシアが総合1位だった。

狙撃銃部門は狙撃手と的までの距離を測る役割などを担うスポッターの2人一組で射撃（400～1500メートル）。細部の実施要領は競技会直前に明示された。豪陸軍が1、2位を占め（同軍からは6チームが出場）、陸自は9位で終えた。

競技会後、陸自はホームページで「任務遂行に必要な戦闘射撃技術を大きく向上させることができた。引き続き精進してまいります」と感想を記した。

戦闘射撃部門の4人で行う分隊射撃種目で、重装備で射撃位置に向かって駆け出す陸自隊員

国際射撃競技会「AASAM（Australian Army Skill at Arms Meeting）」は1987年からほぼ毎年開催。陸自は2012年から出場し、国際マッチ（チーム戦=戦闘射撃部門）は一昨年2位、昨年3位、狙撃銃部門は一昨年2位、昨年1位などの成績を収めている。

アデン湾の海賊対処水上部隊

船舶護衛「4000隻」達成

【統幕】ソマリア沖・アデン湾で海賊対処活動に当たっている海自の派遣海賊対処行動水上部隊32次隊（指揮官・西山高広1佐）の護衛艦「さみだれ」（艦長・川合元2佐）は3月12日、1次隊からの累計で船舶護衛「4000隻」を達成した。

4000隻目の直接護衛船は、紅海からアデン湾を通過し、日本に向けて航行する日本関連船舶。「さみだれ」はアデン湾に設置された国際推奨航路の西側で合流し、護衛隊形を作って同航路を東へ航行した。

護衛中は搭載ヘリで厳重な警戒を行うとともに、必要時には直ちに護衛船の防護が可能な態勢を維持。海賊が発生する危険性の高い海域を通過し、無事に直接護衛を完遂した。

護衛終了後、日本人船長から「護衛をありがとうございました。貴艦の今後の活躍と乗組員のご健康を祈念します」と無線でメッセージを送られ、川合艦長は祖国から遠く離れた海域で活躍する船員への敬意と感謝を伝えた。

「さみだれ」は2009年3月に活動を開始した1次隊の2隻のうちの1隻の艦艇。海賊対処活動10年目で、4000隻目となる節目の護衛も無事務め終えた。

船舶護衛「通算4000隻」を達成し、ヘリ甲板上で「4000」の人文字を描く護衛艦「さみだれ」の乗員たち（3月12日、ソマリア沖・アデン湾で）

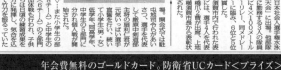

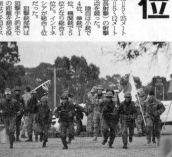

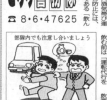

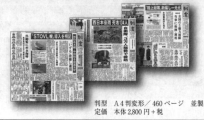

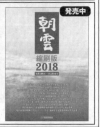

災害時、バイクで情報収集

東方、二輪業界と協力協定

【東方＝朝霞】陸自東部方面隊は3月18日、朝霞駐屯地で災害ボランティア・バイクネットワーク関東（VBN）と「災害時応援に関する協定」を締結した。陸自が二輪車業界団体と災害協力協定を締結するのは全国で初めて。

協定の対象地域は東京、神奈川、埼玉、山梨など関東甲信越の一都9県。大規模災害が発生した際、東方の要請にVBNのメンバーが応じ、オートバイで被害状況の情報収集を行う。

昨年6月の統合防災演習での教訓が協定締結のきっかけとなった。首都直下地震後の初動で、道路途絶により地上偵察部隊が現地に進入することが困難な際に「どうすれば情報の空白を埋められるか」という問題認識から検討が始まった。

東方は昨年9月からVBNと交渉を開始。総監部内の法令審査や文書審査と並行し、情報部資料課課長の白川智章2佐が中心となって作業を進め今回、VBN側との合意に至った。

記者会見で東方総監部情報部長の嶋本学1佐は「大規模災害時における初動時の情報収集の空白を埋めたい」、VBNの赤坂正人会長は「中越地震、東日本大震災時は（VBNの会員たちが）電話やメールによる通信で被害状況を提供した。このような支援を（提携を機に）陸自にも行っていきたい」と語った。

大規模災害時の相互協力で協定を取り交わした嶋本東方情報部長（右）と赤坂VBN会長（3月18日、朝霞駐屯地で）

気高く、力強く

護衛艦「まや」ロゴマーク決まる

海自は3月29日、来年就役する新型護衛艦「まや」（基準排水量約8200トン、艤装員長・小野修司1佐）のロゴマーク=写真=を公表した。

昨年12月から海自ホームページなどで募集し、約360点の応募があった。艤装員の投票で、東京都在住の会社員、将田悟志さんの作品が選ばれた。

ロゴは黒地に金色の図柄で描かれ、国内外で活躍する自衛艦の気高さと力強さを表現。艦の下にある錨と桜は海自の伝統と志を意味し、また、艦の上には八つの国が見渡せることから「八州嶺」とも呼ばれた六甲山系の摩耶山をはじめとする峰々を描き、イージス護衛艦「まや」の全方位警戒と盾の役割を表した。

愛知県2市で豚コレラ

10師団から延べ780人災派

愛知県の瀬戸市と田原市の養豚場で3月27、28日、豚コレラの感染が確認され、陸自10師団が防疫措置に当たった。

瀬戸市では27日午前9時5分、愛知県知事から10師団長に災派が要請された。10通信大隊（守山）、10特殊武器防護隊（同）の隊員が順次駐屯地を出発。到着後、豚の追い込み、埋却地への運搬処理などを行った。30日午後3時50分、撤収が要請され、支援活動を終えた。従事した隊員は延べ約280人だった。

田原市では28日午後5時5分、災派が要請され、10特科連隊（豊川）、10

整補隊田中1曹に鹿屋市体育功労者賞

選手・審判で尽力

【鹿屋】1航空群整備補給隊の田中秀樹1曹は陸上水泳の競技で選手、審判、役員として尽力したことが認められ、このほど鹿屋市体育協会（原口明会長）から「鹿屋市体育功労者賞」を授与された。

田中1曹は1整補隊のレーダー整備などに従事しながら、技能訓練練習と共に後進の整備技能向上に努めた。

「鹿屋市体育功労者賞」を受賞した田中1曹（同市中央体育館で）

水泳健闘の横教橋爪2曹

横須賀市スポーツ栄光章

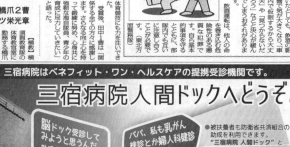

【横教】横須賀教育隊の体育教官室に勤務する橋爪久司2曹はこのほど、社会人水泳大会での健闘が評価され、「横須賀市スポーツ栄光章」を受章した。

橋爪2曹は昨年9月、新潟県長岡市で行われた「第1回日本社会人選手権水泳競技大会」に出場。他部隊と共に4×100メートルフリーリレー、同メドレーリレーに臨み、6位、5位に入賞した。

横須賀市内で行われた表彰式では上地克明横須賀市長から表彰状を贈られた。

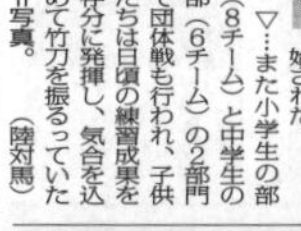

小休止

▽…対馬駐屯地は3月3日、「駐屯地司令杯少年剣道大会」を実施した。

▽…対馬全島から小・中学生13チーム73人が出場。開会式では駐屯地司令らがあいさつ、選手を代表して厳原中剣道部主将の扇利仁君が元気いっぱい選手宣誓を行い、続いて小学生（男・女）低学年、同高学年、中学生の5部門に分かれ個人戦が開始された。

▽…また小学生の部（8チーム）と中学生の部（6チーム）の2部門で団体戦も行われ、子供たちは日頃の練習成果を存分に発揮し、気合を込めて竹刀を振るっていた=写真。（陸対馬）

こちら警務隊　☎ 8・6・47625

最も確実なのは飲む場所に車で行かない

飲酒運転を防ぐにはどうしたら良いですか？

飲酒運転（酒気帯び運転を含む）の防止には、基本的である「飲んだら乗らない」に加え、「飲む場所に車で行かない」ことが最も確実です。

飲む前は「運転代行を利用する」という決意をしていたとしても、飲酒で気が大きくなり「車内で仮眠するから大丈夫」とか「見つからないだろう」などと安易に運転をしてしまうおそれがあります。

飲酒運転は、他人の命を奪いかねない危険性の高い悪質な犯罪です。自分自身の基本的事項を守るとともに、部隊内でお互いに注意し合うことが大切です。（東北方面警務隊）

みんなのページ

判断力養い成長
「戦傷治療訓練」に参加して

2陸曹　岡本 裕貴
（東北方衛生隊105野外病院隊・仙台）

私はこのほど東京・三宿の陸自衛生学校で実施された「戦傷治療訓練」（衛生競技会）に参加しました。

この訓練は衛生科初の全国規模の競技会で、准看護師3名、衛生資材陸曹等4名の7名1チームで、各方面衛生隊など計6チームで競技しました。私は東北方の衛生資材陸曹として参加しました。

競技は「実況中継される」という環境で、また、どんな患者が来るのか分からない状況で、チームは緊張感と不安感に包まれ、仲間も普段は見せたことのない顔つきになっていました。

競技中は私も緊張感で全ての力を発揮できたかは分かりませんが、競技終了後の研究会（AAR）では、その達成感から涙が出ました。

私は普段からの練成で医療機器の取り扱いや清潔動作などの要領は理解していましたが、本競技会を通して「緊張性気胸の処置」などを再確認できました。また、状況不明の中で「自分ができる処置は何か」という判断力を養うこともでき、この訓練を通じて成長できたと感じています。

これまで器械出しの清潔動作や患者処置の介助は、経験不足で自信がなく、苦手意識もありましたが、今ではむしろこれらを究めたいと思えるようになりました。

今後もさらなる練成に励み、衛生科隊員としてのプロ意識を向上させていきたいと思っています。

衛生学校で行われた「戦傷治療訓練」で、負傷した隊員の治療に当たる衛生隊員

陸自改革　隊員も「自分改革」を

准陸尉　斉木　学美　（東方最先任上級曹長・朝霞）

「強靭な陸上自衛隊の創造」に向けた大改革が断行される中、私も東部方面隊の「最先任」として、どういう形で部隊に貢献していくべきかを考えました。

最先任上級曹長の地位・役割としては「上意下達、下意上達、指揮官補佐、伝統の継承」などたくさんあり、どれをとっても最先任の大切な使命であると感じています。

それを踏まえ、強靭な陸上自衛隊の創造のために必要なことは、「一人一人が強くなる」ことであると思っています。

どんな大きな組織も、一人一人の人間で形成されています。それぞれの隊員が「この国を守っている」という誇りを持ち、自らが成長し、強くなろうとする意思、つまり各隊員の「自分改革」が必要だと考えます。

ある書の中に「全ての将来の運命を決定するものはその集団、その組織に参加する個人が自己を磨いて、その磨かれたる自己をもって、いかにその集団に参加し、その影響を受け、またそれに影響を与えていくか」と記されていました。

まさに今、われわれ最先任が立ち位置を誤ることなく、自己修練を怠らず、それぞれが持っている感化力・人間力をもって、その「生き様」を隊員に見せていくことが大事だと思います。そして一人一人の隊員の意識を強くし、その隊員たちが組織に影響を与えていくことこそが大切だと思っています。

それが強靭な陸上自衛隊の将来につながり、また「最先任」が陸上自衛隊になくてはならない存在へとつながるのだと信じています。

息子の成長を確信
入隊・入校激励会に参加して

家族　浅野　健志　（新潟県上越市）

3月3日、上越市で「自衛隊入隊・入校激励会」が開催され、親子で出席させていただきました。

最初に家族会の活動について、高田地区協議会長から自衛隊への今後の関わりや、家族としての協力・支援に関し詳細な説明をいただきました。

式典においては、ご来賓として国会議員の高鳥修一様、風間直樹様、上越市長の村山秀幸様はじめ、自衛隊新潟地方協力本部長など錚々たる方々から激励の言葉をいただき、身が引き締まる思いでした。

祝賀会は高田駐屯地業クラブ様の素晴らしい演奏で和やかな雰囲気で始まりました。息子は小学生のころから自衛隊にあこがれ、高校進学時に具体的な目標として入隊を目指してきました。

海自に一般曹候補生として入隊する浅野友輝君（中）と両親

無事に採用試験を通り、親子で喜び合うと同時に、「国防」を使命とする自衛隊の任務が仕事となることに、「本当にやっていけるのだろうか」との不安も感じておりましたが、同じテーブルの先輩隊員の方から貴重な体験談をお聞かせいただき、安心しました。何よりも先輩隊員の皆さまの[illegible]く、お話を聞く息子の積極的な姿勢に、彼もまして成長してくれると確信致しました。

祝賀会では、力強い先輩隊員の激励の言葉や入隊・入校予定者のお礼の言葉などがあり、私も感動で胸がいっぱいになりました。

息子にとっては、入隊した後に辛いこともたくさんあると思いますが、初心を忘れず、最後までやりきってもらいたいと思います。

最後に、このような立派な会を開催していただきました関係者の皆さまに感謝申し上げます。息子もこれからがスタートです。家族としても後ろから支え、応援していきますので、今後ともどうぞよろしくお願い致します。

（海自一般曹候補生・浅野友輝君の父）

（世界の切手・スロベニア）

振り返るのはやめにしよう。大切なのは明日、何が起きるかだ。
スティーブ・ジョブズ
（米アップル社の創設者）

朝雲ホームページ
www.asagumo-news.com
＜会員制サイト＞
Asagumo Archive
朝雲編集部メールアドレス
editorial@asagumo-news.com

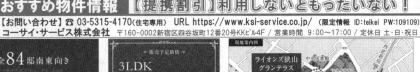

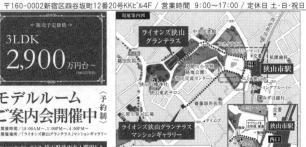

新刊紹介

「現代の軍事戦略入門―増補新版」
エリノア・スローン著　奥山真司、平山茂敏訳

カナダ陸軍士官の経歴を持つ同国カールトン大学の女性教授である著者が、大学院生向けに古代から現代までの軍事戦略を紹介した入門書だ。孫子からクラウゼヴィッツ、そして現代のトフラー夫妻まで、古今東西の軍事思想が網羅されているが、本書最大の特徴は「過去20年の戦略」にも焦点が当てられていることだ。

国や機関にも触れ、国連軍の平和維持・執行戦略をはじめ、中国の接近阻止・領域拒否〈A2/AD〉戦略、米国の特殊部隊・無人機の運用戦略まで、現代の軍事組織の部隊運用思想が簡潔にまとめられている。

さらに、宇宙・サイバー・電磁波といった技術面にも言及、防衛省が現在進める「多次元統合防衛力」についても、その考え方や狙いを理解できるだろう。

訳者は現代最高の戦略家の一人、エドワード・ルトワックを日本に紹介した奥山氏と海自幹部学校の元戦略研究室長（現・防大教授）の平山氏のため、翻訳も的確。次代を担う若い自衛隊員には最高のテキストとなっている。

（芙蓉書房出版刊、3024円）

「桜と日章」
神家　正成著

元陸自隊員の著者が南スーダンPKOをテーマにした『深山の桜』、陸自富士学校の74式戦車をめぐるミステリー『七四』に続く自衛官を主人公とした小説だ。

今回は習志野駐屯地、海自下総基地に近い千葉県柏市が舞台で、警察幹部の誘拐事件をきっかけに、「桜＝自衛隊」と「日章＝警察」の協力と対立がドラマの核となっている。

主人公の一人は自衛隊千葉地本の柏募集案内所に勤務する3等陸曹の広報官。犯人が元自衛官であると疑われたことから、地本の広報官が警察官とぶつかり合いながらも協力し、事件の真相に迫るという展開だ。

元隊員だけに自衛隊内部の描写がリアルで、物語もスリリング。自衛隊は現在、G20大阪サミットや東京五輪を前に、警察と各種訓練を本格化させており、両者の共同というテーマはタイムリーだ。隊員が警察の組織を知る上でも参考になる小説だ。

（宝島社刊、864円）

OBがんばる

吉田　和彦さん　54
平成30年6月、自衛隊岩手地本を最後に定年退職（准陸尉）。エヌ・エスコーポレーションに再就職し、レンタカー事業に携わっている。

資格・免許が重要

私は、最終補職である岩手地本の岩手地域援護センターでの勤務の際、再就職では資格・免許の取得が重要であるとの認識を得て、担当する援護希望者に将来を見据えて資格・免許の取得を勧めるとともに、私自身も週末等を利用して資格・免許の取得に努め、すぐに企業の戦力となれるよう準備をしておりました。

その結果、エヌ・エスコーポレーションに再就職できました。弊社では新たにレンタカー事業を立ち上げ、その全般管理業務が私の主な仕事となっております。具体的にはレンタカーの貸し出し業務と車両の維持管理などです。これらの仕事では自衛隊在職間の勤務経験と取得した免許・資格を生かすことができております。

定年退職から再就職への道は平坦ではありませんが、援護センターの担当者との二人三脚により、ともに乗り越えていけるものと確信しています。私の所見ですが、再就職への準備期間は「長ければ長いほど良い」と感じています。自衛隊生活を振り返り自己分析をする期間、再就職後のライフプランを作成する期間、企業訪問を実施して自分に合う企業を探す期間、再就職に向けて免許・資格を取得する期間など、充実した準備期間を送ることができます。

皆さまも、まずは駐屯地の援護センターを訪問してください。きっと親身になって相談に乗ってくれることでしょう。皆さまが援護担当者との二人三脚のもと、部隊を含めた三位一体の関係の中で、計画的に資格・免許を取得して、各人のライフプランに合った再就職先に出合えることを祈念しております。

初級ATM教育を修了して

1陸士　山中　剛光　（32普連・大宮）

私は「初級ATM（対戦車ミサイル）教育」を受け、対戦車小隊に必要な知識と技術を学ぶことができました。

教育中に一番苦労したのは、勉学です。勉強が苦手な私は、同期に遅れを取らないよう人一倍勉学に励みましたが、途中で自分の限界を感じることもありました。そんな時は、課業外等を利用し、助教に相談したり、理解できないことを直接教えていただいたりして、一つずつ理解を深め、その結果、同期と議論したり、間違いを指摘し合えるようになりました。

また、教育中は教官の要望事項であった「仲間と協力する」ということの大切さを学ぶことができました。

「初級ATM教育」では、攻撃や防御があり、一人では任務を遂行できないことを痛感しました。分隊長をはじめ、操作手、弾薬手の3人が協力し、連携することの重要さを学びました。

上司の命令やその意図を理解し、自分に何が求められているのかをしっかり考えられる隊員になれるよう、今後も訓練に邁進していきたいです。

第1208回出題

詰碁
出題　日本棋院　九段　曲　励起

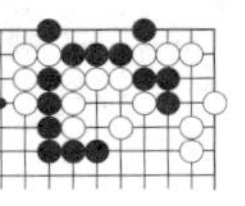

黒先
『攻め合いに勝って下さい』。5分でできれば初級以上です。

▶詰碁、詰将棋の出題は隔週です◀

詰将棋
出題　日本将棋連盟　九段　石田　和雄

≪第792回の解答≫

【正解】▲2三飛成△同玉▲2四歩△3三玉▲2五桂までの五手詰め。

【解説】初手の▲2三飛成が絶妙。この手で▲2二馬は△同飛▲4四銀△3二玉で不詰み。▲2三飛成と捨てることによって、後の▲2五桂を作るのが本題の主眼でした。

▲先手　持駒　桂歩

朝雲

発行所　朝雲新聞社
〒160-0002 東京都新宿区四谷坂町12-20 KKビル
電話 03(3225)3841
FAX 03(3225)3831
振替00190-4-17600番
定価一部140円、年間購読料9000円（税・送料込み）

主な記事

海幕長 5年ぶり訪中

4月23日の中国観艦式に合わせ 護衛艦「すずつき」派遣

防衛省は4月11日、中国海軍が4月23日に中国山東省・青島沖で実施する「中国人民解放軍海軍創設70周年国際観艦式」に、現在、東南アジア方面を外洋練習航海中の海自汎用護衛艦「すずつき」（艦長・川田英司2佐）を派遣すると発表した。

中国への海自艦艇の派遣は約7年半ぶりで、昨年10月に中国を公式訪問した安倍首相と李克強首相との間で行われた日中首脳会談で合意した「海自と中国海軍の艦艇による相互訪問」を受け、決定した。

同国際観艦式に合わせ、山村海幕長が4月22日から25日まで、海幕長として約5年ぶりに中国を訪れ、青島での観艦式、シンポジウムに出席するほか、各国との2国間会談に臨む。

岩屋大臣は4月12日の記者会見で「今回の海幕長と海自艦艇の派遣は、日中首脳会談や昨年10月にシンガポールで行った日中防衛相会談などハイレベルの合意を踏まえて実施される。日中防衛当局間における相互理解・信頼醸成に資するものにしたい」と述べた。

信頼醸成に資する 山村海幕長

山村海幕長は4月16日の記者会見で「今回の私の訪中は、日中防衛当局間における多層的な対話や交流の促進、特に軍種間の相互理解と信頼醸成に資するものだ。この機会を捉え、なるべく多くの参加国の方々と2国間会談等を実施していきたい」と述べた。

海自艦艇として約7年半ぶりに訪中し、青島沖で行われる中国の国際観艦式に参加する汎用護衛艦「すずつき」

東アジア戦略概観2019 ——防衛研究所

防衛研究所は4月5日、昨年1年間の国際情勢について安全保障上の観点から独自に分析した年次報告書『東アジア戦略概観2019』＝写真は表紙＝を発表した。（4面に概要）

今年のトピックスは「『インド太平洋』概念とオーストラリア・インド」。米国の相対的なプレゼンスの低下に対し、豪州は「不安視」する一方、インドは「米国の秩序維持責任を分担する機会」と捉えていると分析した上で、豪州は「改めて対中関与の難しさを学びつつあり、米中以外のインド太平洋諸国との連携を強化するネットワーク外交を模索している」との見方を示した。一方、昨年6月に米国の

北朝鮮「非核化」見通しは不透明 米韓連携の弱体化も懸念

トランプ大統領と北朝鮮の金正恩朝鮮労働党委員長がシンガポールで開いた史上初の米朝首脳会談の共同声明では、朝鮮半島の「完全な非核化」をうたいながらも、非核化に向けたタイムテーブル（工程表）は明示されておらず、北朝鮮による「非核化」の見通しは不透明との見解を示した。

さらに、韓国の文在寅政権が北朝鮮との融和を優先していることにも警戒感を表明。南北関係や米朝関係の進展に伴い、例年実施されてきた米韓合同軍事演習が中止されたことについて「長期化すると在韓米軍と韓国軍の連携が弱まり、米韓連合軍の抑止能力の低下が懸念される」と指摘した。

中国については、外交の最重要課題である米中関係が、▽台湾▽南シナ海▽経済摩擦――をめぐって悪化したことから、習近平政権は「日本を含む周辺国や発展途上国との関係を強化し、外交的地平を拡大することで、危機的状況を打開しようとしている」と分析。米中間の懸案事項は「基本的に解決されておらず、中国にとってなお厳しい状況にある」と評価した。

同書は1996年度から毎年刊行され、今年で23回目。防研のホームページには日本語版（全文）をPDF形式で掲載、英語版（概要）も6月上旬にアップされる予定だ。

編集長を務めた兵頭慎治地域研究部長は「防研の研究者ならではの独自の着眼点で東アジアの安全保障環境が悪化していることを浮き彫りにした。本書を研究面や政策面などで幅広く役立ててもらえればうれしい」と話している。

30年度 空自緊急発進

過去2番目の999回

対中国軍機64%、露軍機34%

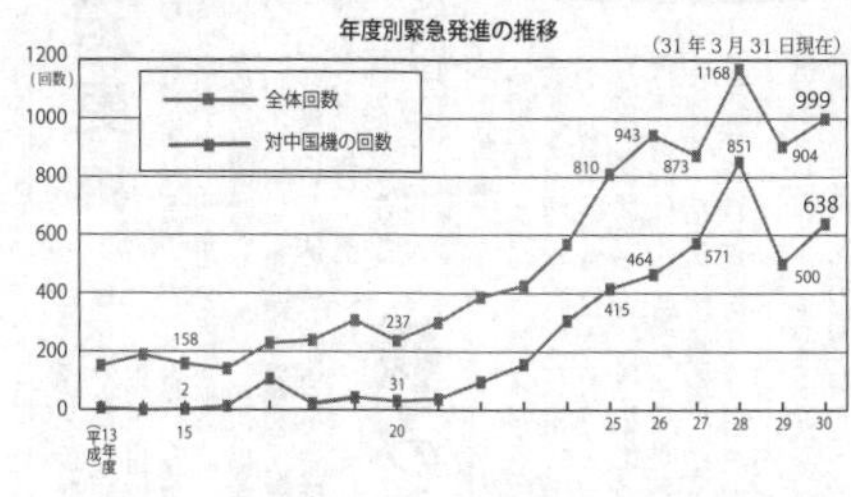

統幕は4月12日、平成30年度（平成30年4月1日から31年3月31日）の空自戦闘機による「緊急発進（スクランブル）」実施状況を発表した。

30年度の緊急発進回数は、29年度に比べ約1割増の「999回」で、過去最多を記録した28年度（1168回）に次いで過去2番目に多かった。領空侵犯はなかった。

このうち対中国軍機の発進回数は前年度比の約3割増となる「638回（全体の約64%）」で、国籍別の統計が発表されている平成13年度以降、2番目に多かった。

中国軍機の飛行は、沖縄本島と宮古島間の宮古海峡を通過する事例が目立ち、その数は21件を数えた。

このほか、特異な事例として「Y9情報収集機」が宮古海峡を抜けて鹿児島・奄美諸島沖の太平洋まで進出したのをはじめ、東シナ海で初めて「Y9哨戒機」が確認された。さらに、中国の無人機（BZK－005）とみられる航空機が沖縄・尖閣諸島沖を飛行するなど、中国軍機の近代化、活動の活発化、飛行範囲の拡大の傾向が顕著に表れている。

一方、ロシア軍機へのスクランブルは前年度に比べ約1割減の「343回（全体の約34%）」だったが、初めて露空軍の最新鋭機である「Su35戦闘機」＝写真㊤＝が確認された。

空自の各方面隊別スクランブルでは、沖縄周辺や東シナ海の防空を担う南西空が596回（29年度477回）を記録し、次いでロシア方面に対応する北空が277回（同330回）、西空が74回（同41回）、中空が52回（同56回）だった。

統幕は公表していない事例を含め、中国軍機の中では戦闘機、ロシア軍機では情報収集機にそれぞれ多くの緊急発進を行ったとしている。

日英艦艇「瀬取り」監視で連携

「モントローズ」「おうみ」東シナ海で

英国防省は4月5日、「英艦艇が北朝鮮の制裁回避を確認」と題したプレスリリースを発表し、英海軍フリゲート「モントローズ」が3月2日未明、海自補給艦「おうみ」と連携して東シナ海の公海上で北朝鮮船籍タンカー「SAEBYOL（セビョル）号」による違法な「瀬取り」の発見、追跡に成功したことを明らかにした。防衛省が5日、英側の発表をホームページ上で紹介した。「セビョル号」については防衛省が3月28日、「瀬取り」12件目として公表（本紙4月11日付既報）しているが、日英艦艇の具体的連携が両国から発表されるのは今回が初めて。

英国防省のプレスリリースによると、「モントローズ」のチームは、「セビョル号」が船籍不明の小型船舶に横付けし、制裁逃れの密輸目的で物資を積み替える「瀬取り」の現場の証拠写真を収集し、当該情報を国連に報告した。

ウィリアムソン英国防相は「英海軍の昨年来の東アジアにおけるプレゼンスは、北朝鮮への国際的な制裁を回避しようとする試みへの強固な抑止となっている。制裁回避の試みは、北朝鮮の核兵器計画を支え、主要な資金源となっている」と指摘。その上で「制裁は継続する。北朝鮮の完全かつ検証可能で不可逆的な非核化に向けた具体的な進展が見られるまで、英海軍はその履行を維持する」とのコメントを発表した。

また「モントローズ」の艦長を務めるコナー・オニール中佐もコメントを発表し、「違法な活動の証拠の収集に尽力した乗組員を誇りに思う。これは複雑なプロセスであるが、我々は任務以上のことを達成できた」と語った。

英国は昨年来、海軍艦艇を相次いで我が国周辺海域に派遣。これまでフリゲート「サザーランド」（昨年5月上旬）、揚陸艦「アルビオン」（昨年5月下旬～6月中旬）、フリゲート「アーガイル」（昨年12月中旬と今年1月上旬）が自衛隊や米軍などと連携して「瀬取り」の警戒監視活動を行っており、日英間では情報共有の強化を図っている。

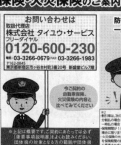

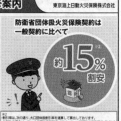

F35A戦闘機が墜落

操縦していた3空佐不明

訓練中、青森県東方沖に墜落したF35Aの705号機。国内FACO（最終組み立て・完成検査）の初号機でもあった

4月9日午後7時27分ごろ、青森県の空自三沢基地の東方約135キロの太平洋上で訓練を行っていた3空団302飛行隊（三沢）所属のF35Aステルス戦闘機1機＝705号機、細見彰里3佐（41）搭乗＝がレーダーの航跡から消え、消息を絶った。その後、洋上で垂直尾翼の一部が発見され、防衛省は同機が墜落したと断定した。

自衛隊では同機が消息不明になった直後から航空機や艦艇などによる捜索活動に全力を挙げているが、16日現在、細見3佐、機体本体ともに発見されていない。

705号機は9日午後6時59分、他のF35A3機とともに対戦闘機戦闘訓練を行うため三沢基地を離陸。太平洋上で訓練を始めたが、同7時26分、細見3佐が「訓練を中止する（ノック・イット・オフ）」と他機に無線で通告したのを最後に、その1分後、レーダー上から消えた。

この事態を受け、同7時47分以降、秋田救難隊など空自捜索・救難部隊の航空機計11機が現場で捜索活動を開始したほか、海自からも艦艇4隻、航空機3機が加わり、洋上一帯を捜索。同9時45分ごろ、浮遊物を発見し、秋田救難隊のUH60J救難ヘリと護衛艦「ちくま」が回収した。その結果、不明機の垂直尾翼の一部であることが分かった。

空幕は同10時30分ごろ、監理監察官の深澤英一郎将補を長とする「航空事故調査委員会」を設置し、調査団を現地に派遣した。

丸茂空幕長は12日の記者会見で「国民の皆さまに多大なご心配をおかけし、心からおわび申し上げる。米軍、海上保安庁、海自など捜索にたくさんの協力をいただいていることに感謝したい」と述べた。

現在、海上では空自のU125A救難捜索機などのほか、海自の潜水艦救難艦「ちよだ」、米空軍の航空機、米海軍の駆逐艦などが出動し、協同して捜索活動を行っている。

春夏秋冬

日本的リーダーと大和心

菊澤　研宗

桜の季節である。桜といえば、ソメイヨシノではなく、山桜花。この山桜花にこだわったのは、国学の大家である本居宣長であった。そして、その本居宣長の研究を通して、日本の伝統に迫った人物が、晩年の小林秀雄である。

小林秀雄が本居宣長の研究を通して辿り着いた言葉の一つが「大和心」だった。小林秀雄は、「大和心」という言葉は、昔、絶対に女性が使っていた言葉だと確信していた。そして、この言葉がはじめて登場したのは、学者の妻である赤染衛門の歌であることを突き詰めた。

学者である夫が、当時、子供が生まれて詠んだ歌が、乳もでないような貧相な女が学者の家の乳母になるのは不安だという内容の歌であった。ここで、乳と知識がかけてある。これに対して、妻が「大和心」があれば、乳など出なくても大丈夫と返歌したときに出てきた言葉だという。

当時、最新の科学的知識は中国から入ってきた。そのような科学的知識のことを、当時は「漢心」といった。そして、その反対語が「大和心」だったのである。それは、科学的には説明できないことを意味し、「もののあわれ」を理解する心、人間の誠実さや真摯さなどを理解する心であり、見えないものをみる真心を意味したのである。

今日、人間組織のリーダーの条件として、科学的な分析力や理論的な説明力と応用力が必要だといわれている。確かにそうである。

しかし、果たしてそれだけか。小学生6年生の子供も、歳を取った私も論理的に1プラス1は2で同じなのだ。そこに差はまったくない。おそらく私よりもはるかに論理思考のすぐれた若者はたくさんいるだろう。では、歳を取ることに意味はないのか。

リーダーの条件とは、実は経験的に見えるものだけを見る科学的な「漢心」にあるのではなく、誠実さや真摯さといった見えないものまで見通す「大和心」にあるのではないか。そういったリーダーがいれば、悪いことをしてでも業績を高めようとする部下はびくびくし、業績が低くても誠実に正しいことをしようとする部下は生き生きとする組織が形成される。

そういったことを考えながら、今年も山桜花を眺め、そして新しい「令和」の時代を迎えたいものだ。

（慶応義塾大学教授）

朝雲寸言

陸上自衛隊が大きな駐屯地を置く町に暮らす一人の住民が、ひょんなことから駐屯地での観閲式に参加する機会を得た。式の後、駐屯地内の芝生でお昼を食べていた時、その人が「この町に長いこと住んできたけど、ここに来られたのは今日が初めて」とつぶやくのを聞いた▼産経新聞社が、優れた部隊や自衛官を称える「国民の自衛官」表彰を続けている。十年前、表彰された一人が「この『国民の自衛官』という言葉が本当にいいですね。警察や消防と違い、我々は国民と触れ合う機会が少なかったので」としみじみ語っていた▼そんな国民と自衛隊の距離をぐっと縮め、およそ9割もの国民が自衛隊に好感を抱く原動力になったのは、全国各地で相次いだ自然災害での自衛隊員たちの奮闘ぶりだった。別な言い方をすれば、過酷な大災害くらいしか自衛隊と国民の幅広い層が接する機会はなかったのかもしれない▼そう考えると、平和な時に双方が余裕を持った心持ちで接することのできる駐屯地（基地）祭は実に貴重な場である。数年前、宇治駐屯地の創設記念祭を訪れた。最寄りの黄檗駅に[illegible]から「駐[illegible]待ちきれ[illegible]ばかりの[illegible]が飛び出[illegible]前では、[illegible]齢の女性[illegible]「どうぞ[illegible]い」と笑[illegible]いた。準[illegible]心から感[illegible]地祭の発[illegible]

時の焦点

国内

五輪相更迭

緩みと驕り徹底排除を

失言と釈明を繰り返してきた経緯を考えれば、そもそも閣僚に任じたことが誤りだったと言わざるを得ない。

桜田義孝五輪相が辞任に追い込まれた。事実上の更迭である。岩手県出身の自民党衆院議員のパーティーで、東日本大震災の復興以上に大事なのが、同党議員だ、とあいさつした。支援を求めるつもりだったのだろうが、被災者への配慮を欠く。不見識極まる。

安倍首相は「任命責任は私にある」と陳謝した上で、「被災者に寄り添いながら、復興に全力を傾ける」と述べた。

首相は2012年の第2次内閣発足以降、政権の安定を優先し、主要閣僚をあまり入れ替えていない。その結果、自民党内には、閣僚就任を待望する議員が増えた。

そこで、昨年の内閣改造では、党総裁選での連続3選を支えた各派閥に、論功行賞でポストを割り振った。桜田氏もその一人である。

派閥均衡、年功序列の人事を行ったことが、今回の事態を招いたと言って良かろう。適材適所の原則を軽視したことを、首相は猛省すべきだ。

桜田氏は物議を醸す発言を繰り返してきた。単なる言い間違えもあったが、不勉強が原因によるミス、人の心を傷つける発言も多かった。

首相は一貫して桜田氏をかばい続けてきたが、今回の発言を放置すれば、内閣の復興に対する姿勢が問われかねないと判断したのだろう。更迭は遅きに失した感さえある。

後任には、前五輪相で、被災地の事情にも精通する岩手選出の鈴木俊一氏を充てた。安定した行政遂行を期待しての人選は妥当である。

政府は東京五輪に向けて、テロやサイバー攻撃対策といった危機管理の強化や、交通渋滞の解消、暑さ対策などを急ぐ必要がある。関係省庁は緊密に連携し、万全の体制を構築することが大切だ。

安倍政権の緩みは甚だしいと言えよう。

桜田氏の問題発言の5日前には、塚田一郎・前国土交通副大臣が、首相と麻生副総理の地元の道路整備を巡る失言で辞任した。「忖度」という言葉を繰り返し、利益誘導をうかがわせた。

桜田氏もパーティーで「がっかりという言葉は禁句なんですよ」と述べていた。競泳の池江璃花子選手が白血病を公表した際に感想を述べて、批判を浴びたものだ。

野党の支持率が伸びず、自民1強が続いていることが、「受け」を狙った発言につながっているのではないか。「多少の失言は許してもらえる」という甘えが自民党内に蔓延しているとすれば、ゆゆしき事態である。

相次ぐ不祥事で、衆院補欠選挙には影響が出よう。首相は、政権を蝕む緩みと驕りを徹底的に排除しなければならない。緊張感を持って政権運営にあたることが求められる。

夏川 明雄(政治評論家)

海外

NATO創設70年

成功した米欧同盟の今

北大西洋条約機構(NATO)は4月4日、創立70周年を迎え、これに合わせて米国の首都ワシントンで外相理事会を開催した。ただ、トランプ米大統領がストルテンベルグNATO事務総長との会談で、「米国だけが大きな負担をしており、不公平だ」と国防費支出問題をめぐって改めて不満をぶちまけたほか、米欧間で争点となっているロシアに対する姿勢や米国が離脱したイラン核合意などでは立場の違いが浮き彫りになるなど、祝賀ムードには程遠く、米欧同盟を取り巻く状況の厳しさをうかがわせた。

NATOは過去70年にわたり欧州の平和と安全を守ってきた。1990年には東西冷戦の勝者となり、その後は東方に拡大し、新たに加盟した東欧諸国に民主主義が根づくよう貢献するとともに、域外とされたバルカン半島やアフガニスタンの紛争にも軍事介入してきた。加盟国は年内に30カ国となり、一時は歴史上最も成功した軍事同盟と称賛されたNATOだが、創立70周年を迎えた現在、一転してさまざまな難問を抱える。

最大の危機は外部の敵ではなく、米欧同盟の内部対立に起因する。2年余り前のトランプ大統領就任後の米国では、「国際機構は無用なもの」と考え、米国第一主義を訴える現職大統領が唐突にNATO離脱をほのめかし、側近らが火消しに追われた。そうした中で、欧州では経済で最大規模のドイツがNATO首脳会議で決定された「GDP(国内総生産)比2%」の国防支出目標値を守らなければ、「米国の問題」と「ドイツの約束違反」が危険な形で結び付きかねない。ドイツ有力誌シュピーゲルは最近のNATO創設70周年の特集記事でこのように警鐘を鳴らした。

同誌の指摘を待つまでもなく、第2次大戦後の1949年にNATOが設立された目的の一つは、ドイツ軍国主義の復活を阻止することだった。だが皮肉なことに、現在、欧州の安全保障を脅かしているのはドイツの軍国主義ではなく、同国の「軍事抑制主義」だ。

第2次大戦の敗戦から徹底的に学んだドイツで現在、国防費増額を積極的に支持する政党は見当たらない。しかし、「欧州の加盟国でドイツの国防費増額に不安を感じている国はない」(NATO高官)というのが現実であり、多くの加盟国はドイツの姿勢について「過去の歴史は口実にすぎず、単に軍事費を増やしたくないだけ」と冷ややかにみる。

同盟内部の問題と言えば、有力加盟国のトルコがロシア製地対空ミサイル「S400」の導入を決めたことに対し、米国がトルコも共同開発に加わった最新鋭ステルス戦闘機F35の引き渡しを凍結するなど、同盟国同士の深刻な対立に発展している。NATOは今回の外相理事会で、クリミア半島併合後のウクライナ周辺でのロシア軍の増強を念頭に「これまで以上に攻撃的」とロシアを名指しで批判し、対抗姿勢を打ち出したが、米ロ間の中距離核戦力(INF)全廃条約失効後の対応を含め難しい課題が山積する。NATOトップが訴えた同盟の結束強化には米欧間にある溝を埋める取り組みが欠かせない。

伊藤 努(外交評論家)

「無限の可能性に向け努力を」

原田副大臣が激励　防大67期生ら入校式

【防大】防衛大学校(神奈川県横須賀市、國分良成学校長)の平成31年度入校式が4月5日、同校記念講堂で行われ、原田憲治防衛副大臣、各幕副長などの来賓や家族ら約1350人が見守る中、本科67期生など計618人が決意新たに式に臨んだ。

国歌斉唱の後、國分学校長が各科学生を任命し、難波竜平学生(理工学専攻)の宣誓と各科代表の申告が行われた。

國分学校長は式辞で「防大の目標は『世界一の士官学校』だ」と述べた上で、1953(昭和28)年4月に行われた防大1期生の入校式における槇智雄初代学校長の言葉を引用し、知性と品性をバランスよく磨くことの重要性を強調した。

続いて原田副大臣が訓示し、「高き志を持って学業と訓練に励み、自分の殻を打ち破り、その先の無限の可能性に向け、日々努力することを期待する」と激励した。

最後に来賓を代表して祝辞を述べた統幕副長の増子豊空将は、①切磋琢磨し、幹部自衛官となるための『資質と識能』を身につけよ②将来のさらなる統合運用のため『同期の絆』を育め——の2点を要望した。

今年の入校生は、本科67期生516(うち女子59)人をはじめ、ラオスや東ティモールなど9カ国の留学生25人、理工学研究科前期課程58期生55(同4)人、同後期課程19期生8人、総合安全保障研究科前期課程23期生14人。

防大本科67期生らの入校式で新入生を歓迎し、激励する國分学校長(壇上中央)=4月5日、横須賀市の防大記念講堂で

防大振興会

「山崎賞」に別府教授

構造物の耐衝撃設計法を研究

【防大振興会】防衛大学校学術・教育振興会(東京都新宿区、西原正理事長)は3月11日、防大で極めて優れた研究成果をあげた研究者を顕彰する「山崎賞」の贈呈式を同校で行った。

27回目となる今回は、振興会から委嘱された選考委員12人(委員長・防大地球海洋学科、小林文明教授)による厳正な選考と審査の結果、建設環境工学科の別府万寿博教授が選ばれ、西原理事長から賞状とメダルが授与された。

別府教授の研究は、爆破テロや気候変動に起因する大規模土石流による構造物の破壊など、外部からの耐衝撃設計法に大きく貢献するもので、研究成果は構造物の安全性評価などにも寄与する。

一方、研究科学生を対象とした「山崎学生奨励賞」の贈呈式は3月16日、防大記念講堂で行われ、麻生篤1陸尉(理工学研究科後期課程)、ベトナムからの留学生ブイ・ヴァン・バオ陸軍大尉(同)、上垣慧2陸尉(同前期課程)、福本正樹2陸尉(総合安全保障研究科前期課程)の4人にそれぞれ、岡崎匠常務理事から賞状と副賞が贈られた。

そのほかの「山崎賞」関連受賞者は次の通り。

◇山崎奨励賞＝▽丸山大介准教授(人間文化学科)

◇教育奨励賞＝岩井啓輔准教授(情報工学科)▽德田道之准教授(統率・戦史教育室)

◇研究奨励賞＝▽平原将也助教(応用化学科)▽上原知幸講師(通信工学科)

「山崎賞」の贈呈式で西原防大振興会理事長(左)から賞状を授与される建設環境工学科の別府教授(3月11日、防大で)

職業能力開発センター

64期生10人が入所

院長式辞「部隊復帰を支援」

公務中の負傷や疾病で障害を負った隊員の円滑な部隊勤務や社会復帰に向けた技術修得指導を行う、自衛隊中央病院職業能力開発センター(三宿、野口歩センター長)で4月5日、第64期生10人(陸7、海2、空1)の入所式が行われた。

式には井ノ口哲也人事教育局給与課災害補償室長、後藤義孝衛生学校長、陸海空自衛隊の給与・法務関係者、朝雲新聞社の中島毅一郎社長などの来賓と病院関係者約30人が出席した。

国歌斉唱に続き、松村渡教務班長が10人を研修生に任命。64期生を代表して十亀忠義2海尉が力強く申告を行った。

この後、中央病院の上部泰秀院長が式辞で「皆さんは不慮の事故により思わぬ後遺症を残すこととなったが、この試練は新たな職能を身に付け、将来に飛躍する大きなチャンスとも考えられる。ここで学び、新たに身に付けた能力で再び部隊に復帰すると決意された皆さんの志に深甚なる敬意を表し、センター職員一同をあげて支援していく」と研修生を激励した。

共済組合だより

「被扶養者の認定・取消手続き」はお早めに

被扶養者が就職したら手続きが必要

●被扶養者が就職した場合の手続き

組合員の被扶養者が就職した場合、速やかに共済組合の窓口で扶養取消の手続きをしてください。この場合、「被扶養者申告書」及び「就業証明書」等の提出、「組合員被扶養者証」の返納が必要となります。

なお、事実発生の日またはその翌日から取り消されるので、取消の手続きが遅れると給付を受けた分の戻入が生じることがあります。

●結婚・出産等による被扶養者の認定の手続き

組合員が結婚、出産等で被扶養者ができたら、速やかに「被扶養者申告書」を共済組合の窓口に提出し、その認定を受けてください。被扶養者としての各種給付が受けられるようになります。

届出は事実発生の日から30日以内に行うと、事実発生の日に遡って認定されますが、30日を経過した場合は、遡っては認定されないのでご注意ください(その届け出をした日から認定になります。)。

●認定条件

「被扶養者」の認定条件は主として組合員の収入で生活している次の範囲にあてはまる方です。

1 組合員の配偶者(内縁も含む)・子・父母・孫・祖父母・兄弟姉妹

2 3親等内の親族で右記以外の方(原則として組合員と同居していることが必要)

3 内縁関係にある配偶者の父母・子(同上)

4 内縁関係にある配偶者の死亡後におけるその父母・子(同上)

ただし、上記の該当者でも収入が年額130万円以上(障害による年金受給者または60歳以上の公的年金受給者は180万円以上)の方及び年額130万円以上になると見込まれる方は認定されません。

また、別居している父母等については当該父母等の全収入(父母等の全収入と組合員及びその他の方の送金等の収入の合計)の3分の1以上を組合員が送金等により負担していない場合も認定されません。

扶養認定において基準とする年収を算定する場合の1年間は、1月～12月の暦年や4月～3月の年度単位でなく、認定から現在までの引き続く期間において連続する12カ月で、どの12カ月の収入を見ても130万円未満である必要があります。

現時点で年額130万円以上でない場合であっても、年額130万円以上と見込まれる収入が継続的に得られるようになった場合、勤務形態の状況等により、扶養認定の取消となる場合もあります。

例えばパート勤務等で収入を得ているような場合は、130万円÷12カ月＝10万8333円であるため、月の収入が10万8333円を恒常的に超えることとなったらご注意ください。

被扶養者の認定、取消についての詳細は、ご所属の共済組合支部短期係までお問い合わせください。

1輪空C130と2輪空U4

東南アジアで国外運航訓練

ベトナム防空・空軍と部隊間交流も

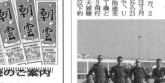

【空幕】空自1輪空(小牧)と2輪空(入間)は3月中、それぞれ東南アジア方面などを巡る国外運航訓練を実施した。

1輪空は3月19日から22日にかけ、C130H輸送機1機と401飛行隊の倉岡宏行3佐以下約20人をベトナム・ハノイのノイバイ国際空港とマレーシア・コタキナバルのコタキナバル国際空港に派遣し、飛行経路や航空交通管制の状況、離着陸時の特性、駐機要領などを確認した。

ノイバイ国際空港ではベトナム防空・空軍との部隊間交流を行った。

一方、2輪空は3月17日から21日まで、U4多用途支援機1機と402飛行隊の大原健3佐以下約10人を、ベトナム・ホーチミンのタンソンニャット国際空港、スリランカ・ハンバントタのマッタラ・ラージャパクサ国際空港、ブルネイ・バンダルスリブガワンのブルネイ国際空港に派遣した。

スリランカでは2輪空の隊員たちも同国空軍と部隊間交流をした＝写真＝ほか、大原3佐が基地司令代理のデシルバ中佐を表敬、会談を行った。

露軍哨戒機が山陰沖を飛行

空自緊急発進

ロシア軍のイリューシンIL38哨戒機1機が4月5日午前から午後にかけ、山陰沖から石川・能登半島沖の日本海を飛行したため、空自中空、西空のF15戦闘機などが緊急発進して対応した。領空侵犯はなかった。

山陰沖に飛来したILは、島根県の竹島と隠岐島間を抜け、山口県北方沖まで西進。見島沖を周回後、再び逆ルートで竹島—隠岐島間を通過し、能登半島沖で北に針路を変えて日本領空から離れた。

統幕は同日、空自機が撮影した露軍機の写真と航跡図を公表した。

露軍機の航跡図(4月5日)

中国軍艦3隻が宮古海峡を通過

4月5日午後5時ごろ、中国海軍の「ルーヤンII」級ミサイル駆逐艦(満載排水量約7100トン、艦番号153「西安」)、「ジャンカイII」級フリゲート(同3900トン、599「安陽」)、「フチ」級補給艦(同2万3000トン、966「高郵湖」)の3隻が沖縄県宮古島の北東約100キロの公海上を南東に向け航行するのを海自1海上補給隊(佐世保)の補給艦「はまな」と12護衛隊(呉)の護衛艦「うみぎり」が確認した。3隻は、沖縄本島と宮古島間の宮古海峡を南東進し、東シナ海から太平洋に出た。

防衛省発令

▽教育訓練研究本部付(教育訓練研究本部)
1陸佐 冨田 晃生
(4月4日)

▽統幕首席法務官(海自幹部学校運用教育研究部主任教官)
1海佐 宮原 伸行

▽海自幹部学校運用教育研究部主任教官(海自幹部学校)
同 松尾 聡成
(以上4月9日)

おわび

4月4日付3面「陸自崎辺分屯地を開設」の記事で、「中沢剛相浦駐屯地司令ら部隊関係者…が見守る中」の中沢氏は、前司令のため出席していませんでした。おわびして中沢氏の氏名を削除します。

また前文の「将来的には…海自エアクッション艇の発着場も整備される。」の部分も削除します。

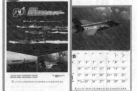

ビッグレスキュー

その時に備える　第16回

「平成30年7月豪雨」を経験して

池田　一敏氏　岡山県

岡山県危機管理課参事
＝危機管理・防災訓練担当
（元陸将補）

「人が流された」と第一報

平成30年7月6日16時30分、岡山県庁は非常体制に移行するとともに、災害対策本部を設置し、大雨に対する防災体制を整えた。そして、19時39分に岡山県内に初めて「大雨特別警報」が発令され、災害対策本部に「人が流された」との第一報が入ったのは22時ちょうどであった。ここから人命救助に関わる水害との戦いが始まった。

何とか「本番」に間に合う

私は3年前に自衛隊を早期退職した後、岡山県危機管理課に勤務し、防災訓練の計画・実施を担当するとともに、危機管理に関する全般の助言等を実施している。また、災害時は災害対策本部事務局の応急対応班長を命ぜられている。

就任当時、岡山県は「晴れの国」として災害の少なさをPRしていて、県民の災害に対する意識は高くなく、県庁の防災体制も大規模災害に対応するには不十分であった。そんな中、熊本地震、鳥取中部地震や県内でも台風災害等を経験しつつ、県は大規模災害に備えるためにできる範囲で実践的な訓練を実施し、各種計画や運用の改善を図っていたのである。

このことが今般の豪雨災害の対応に繋がった。受援・物資支援等の計画作成や災害対策本部事務局各班の活動マニュアルの修正等、また、それらを取り入れた訓練を実施していたことで、何とか「本番」に間に合ったと言える。

岡山県を襲った昨年の「7月豪雨災害」で陸自第3師団長（右）と共に部隊運用について調整を行う池田一敏危機管理課参事（中央）＝岡山県庁で

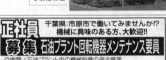

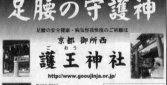

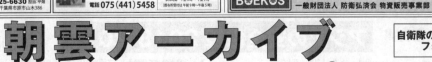

自衛隊に災害派遣を要請

人的被害の第一報を受け、情報の正確性を確かめ、場所の特定作業を進めている矢先の22時19分に、高梁市から電話にて「広瀬駅周辺で住民が浸水により孤立、警察・消防だけでは対応できない」と自衛隊に対し、災害派遣が要請された。

緊急性、公共性、非代替性という「災害派遣の3要件」を満たしていると判断し、知事が自衛隊に災害派遣を要請する運びとなった。

その後も次々と被害情報が寄せられ、応急対応班では部隊運用を調整し、警察、消防、自衛隊そして地区住民の有志等による懸命な救助活動によって多くの方々を救助することができた。しかしながら、その一方で、県内で60名（関連死除く）を超す尊い命が失われ、行政に多くの課題が突きつけられている。

災害検証委員会が報告書

岡山県は、第三者による「平成30年7月豪雨」災害検証委員会を昨年8月に設置し、今年3月に報告書が提出された。

今後の対応に向けた提言には、①県災害対策本部の機能充実②市町村との連携強化③河川管理等の取り組み強化④自助・共助の取り組み促進──の観点から、今後、実施すべき取り組みが示されている。

県では、この提言を受け、各担当部署でハード・ソフト分野での改善が進められている。

個人的には、岡山県が抱えていた大規模災害時における対応の問題点が顕在化し、その各種問題を全庁挙げて取り組む転換点としていかなければならないと考えている。

この際、国からの「提案型」いわゆるプッシュ型支援（自衛隊の災害派遣を含む）への対応を含め、改善施策を訓練等によって実効性あるものにすることが私に与えられた課題である。

防災関係機関と顔の見える関係を

最後に、自衛隊出身の危機管理担当者として、今般の豪雨災害で経験し、感じたことを紹介する。

人命救助等の緊急対応期において、自衛隊出身者は「運用のプロ」であり、間違いなくキーパーソンとなる。

その場での状況判断に基づく指示は、現役時代に培った知識と経験が生かされる。「この日のために自分はここにいる」との気構えで、適確な指示を出せば、自治体の職員は優秀であり、組織的な対応が可能となる。

また、緊急対応期から応急復旧期に移行するにしたがって、キーパーソンは「行政のプロ」である自治体職員となる。その際、自衛隊との連携を含め、運用の観点から補佐することが求められる。

災害対応はその備えが重要であるのと同様に、災害時に運用のプロとして立ち回るには平素の勤務による基盤作りが必要である。上司や同僚との信頼関係、特に首長の信頼を得ることは不可欠である。

そして、自衛隊はもちろんのこと、警察・消防・海保等の防災関係機関との顔の見える関係作りを日頃から意識し行動することである。

「沖縄―九州」大移動

15旅団　大分・日出生台で訓練検閲

【15旅団＝那覇】沖縄の防衛を任務とする陸自15旅団はこのほど、大分県の日出生台演習場で行った「旅団訓練検閲」に合わせ、沖縄・九州間で隊員延べ約2000人、車両約550両の輸送を民間の船舶と航空機を使って実施した。旅団として過去に実績がない、①チャーター便で隊員・武器・弾薬の同時輸送②定期航空便への戦闘服での搭乗③在日米軍那覇軍港の使用──にも取り組み、これを完遂、大部隊の機動展開能力の実効性を強化した。

那覇空港の搭乗カウンターで装備品のケースを預ける15旅団の隊員

那覇空港でチャーター便に搭乗、九州の大分空港に向かう15旅団の隊員

隊員延べ2000人　車両550両を輸送

民間船舶・航空機を使用

大規模機動展開の実効性強化

15旅団の「平成30年度第1次旅団訓練検閲」は2月6日から10日まで日出生台演習場で行われた。訓練には受閲部隊の51普連、15施設中隊、15特殊武器防護隊（いずれも那覇）と、統裁部、対抗部隊など人員計約1200人、車両約300両が参加。受閲部隊は「旅団の先遣部隊」として防御準備から防御戦闘までの一連の作戦行動を4夜5日にわたり実施した。この訓練検閲に前後する「沖縄―九州」間の移動では、民間の定期航空便、定期航路を使用したほか、防衛省の借り上げ船（PFI船）「はくおう」をはじめ、新たに借り上げた民間の航空機や貨物船を活用し、集中的に大部隊を輸送した。

47の有人島がある沖縄の防衛・災害対処に当たる15旅団にとって、民間船舶・航空機を使って迅速に部隊を輸送できれば、広域での部隊運用能力は格段にアップする。

このため、今回の訓練では過去に実績がない、①民航機による隊員・武器・弾薬の同時輸送②那覇―福岡間を運航する定期航空便への戦闘服での搭乗③在沖米陸軍との合意に基づき、米那覇軍港を使用──の3点にチャレンジした。

チャーター機で大分空港に到着、直ちに集結場所に向かう隊員たち

チャーター機に積まれるLD3コンテナに収納された陸自の装備品

米那覇軍港も活用

借り上げ貨物船から下ろされた陸自車両とコンテナ。後方に見えるのは15旅団の司令部庁舎

民間の借り上げ貨物船（左奥）から那覇軍港に下ろされた247両の陸自車両（中央右）。手前には米軍の車両が見える

那覇軍港に到着した借り上げ貨物船から、夜間、岸壁に下ろされる陸自車両

15旅団　三つのチャレンジ

1　民航機で隊員・武器・弾薬を同時輸送

民間の航空機で隊員・武器・弾薬を同時に輸送するため、航空機チャーター事業を営む株式会社ＪＭＲＳ、航空会社ジェットスタージャパンの協力を得て、１月30日、旅団がチャーターした民航機に隊員１７６人、武器・弾薬合計約１トンを乗せ、「那覇空港―大分空港」間を輸送した。

2　民間定期便に隊員が戦闘服で搭乗

定期航空便への戦闘服での搭乗は、２月２日から同15日までの間、日本トランスオーシャン航空、全日本空輸が運航する「那覇空港―福岡空港」間の定期便で実施した。戦闘服姿の隊員延べ約１０００人が各空港での搭乗手続き、保安検査場の通過も一般旅客と同様に行って旅客機に乗り込んだ。

3　在日米軍の那覇軍港を旅団も使用

15旅団と在沖米陸軍との現地部隊レベルでの合意に基づき、機動部隊が那覇軍港を使用した。部隊の輸送に当たっては、琉球海運株式会社が保有する８０００トン級の貨物船を借り上げ、２月18日から19日にかけ、「中津港（大分県）―那覇軍港」間で車両２４７両を輸送し、那覇軍港の岸壁に陸揚げした。

この際、車両34両は３月26日に新編される陸自「宮古警備隊」の装備車両であったことから、宮古島への海上輸送に向けて那覇軍港にそのまま保管した。

また、那覇駐屯地に保管していた宮古警備隊向けのコンテナ８本についても、同様に那覇軍港に保管した。

「東アジア戦略概観2019」概要　防衛研究所編

第1章　「インド太平洋」概念とオーストラリア・インド

オーストラリアとインドは、米国のアジア回帰（リバランス）政策の中で、「インド太平洋」の重要性を認識した。その後、主体的にインド太平洋概念の形成に関わってきた。両国には、通商ルートとしてのインド洋の重視、中国に対する経済的依存、「ルールに基づいた秩序」原則の重視、の三つの共通点がある。

一方、米国のパワーの相対的低下に対する認識は大きく異なり、オーストラリアが米国のプレゼンス低下を不安視するのに対して、インドは[illegible]。総じて両国の「インド太平洋」概念は"対中国抑止"と"対米関係"を自国の国益を損なわないように管理、調整しようとする試みに根差しているものと考えられる。

オーストラリアの「インド太平洋」概念は、米国中心の地域秩序の維持という認識への対応の必要性を背景とし、米中間の戦略的競争と協調[illegible]、ドナルド・トランプ政権の[illegible]オーストラリアの懸念を示唆している。米豪同盟協力は、既定路線を維持するという意味で順調ではあるが、トランプ政権誕生後、新たな協力強化のイニシアチブは発表されていない。

一方、中国との関係は、南シナ海問題、インフラ投資の加速、国内政治への介入などで悪化しており、オーストラリアはあらためて対中関与の難しさを学びつつある。

米中両国との関係維持や発展に困難が伴う中で、オーストラリアは米中以外の「インド太平洋」諸国との連携を強化するネットワーク外交を模索している。

インドの「インド太平洋」概念は、「インド洋地域」における安全保障提供者としての自己認識と米国からの認知を背景としている。自身の利益圏であるインド洋に2000年代半ば以降に参入してきた中国に対抗するために、インド洋西側の島嶼国では、自国主導の能力構築と枠組み形成を進めている。

一方、インド洋東側では、東南アジア諸国連合（ASEAN）の連携を強化すべく、文化的紐帯と価値の共有を強調する価値観外交を展開している。

インドの対中国貿易（単位100万米ドル）

■輸出　■輸入

（出所）インド商工省商務局輸出入データバンクより執筆者作成。

第2章　中国　第2期習近平体制の始動

2017年10月18日に開催された中国共産党第19回全国代表大会（以下「19回党大会」）において、習近平は中国共産党総書記、党中央軍事委員会主席に再任された。そして19回党大会後に発表された新たな党の規約には、「習近平による新時代の中国の特色ある社会主義思想」が、マルクス・レーニン主義、毛沢東思想、鄧小平理論、「三つの代表」重要思想、科学的発展観と同列に党の行動指針に盛り込まれた。自らの名前を冠した指導理念が党規約に盛り込まれたことに示されるように、習近平主席は19回党大会で自らの政治的権威と指導力を大幅に高めることに成功したものと評価されている。

他方、[illegible]「七上八下」（67歳以下は留任）という慣例を打破できなかったこと、③「党主席制」を復活できなかったことから、習近平主席が政治的な絶対的な権力基盤を確立したわけではないとも評価されている。2018年はこうした第2期習近平体制が本格的に始動した1年であり、その焦点は、習近平主席が内政、外交、国防などの分野でどのようなイニシアチブを発揮するのかという問題に収斂されていた。

内政では、習近平主席がいかにして権力基盤の一層の強化を図るのかという点が最も注目された。習近平主席は、人事、憲法改正を含む党・国家の制度組織改編、反腐敗闘争の三つの手段を通じて、党内での権力基盤の強化を目指した。[illegible]

国防政策では、[illegible]関心が寄せられた。

第3章　朝鮮半島　「非核化」交渉の行方

朝鮮半島の「完全な非核化」をうたう南北首脳による「朝鮮半島の平和と繁栄、統一のための板門店宣言」（以下「板門店宣言」）の直前、北朝鮮の労働党中央委員会は核兵器の運用継続を前提とするドクトリンを確認する決定書を採択した。それによれば、核実験場の廃止は「世界的な核軍縮」のためだとされる。もし「世界的な核軍縮」に合わせて「完全な非核化」を実施するのなら、[illegible]

[illegible]

また、板門店宣言が示した中国を排除する平和体制構築の可能性は、第2回南北首脳会談（2007年）の宣言の内容を[illegible]、宣言の数カ月後に北朝鮮は中国から米韓同盟は「遺物」だと非難する従来にない立場を引き出す成果を得た。板門店宣言でも、北朝鮮は、これに先立つ金正恩朝鮮労働党委員長・国務委員会委員長による初の中朝首脳会談以降、平和体制構築における中国の役割の確認を回避し続け、それに関心を持つ中国に連携強化を促した。

他方、韓国の文在寅政権は[illegible]

[illegible]されるかが注目される。

第4章　東南アジア　域外関係の再調整

2018年の東南アジアでは、[illegible]

[illegible]の協力関係が拡大している。

ロシア東部軍管区における「ヴォストーク2018」演習

（出所）ロシア国防省発表の資料を基に執筆者作成。

第5章　ロシア　第4期プーチン政権の始動

2018年5月、通算4期目となるウラジーミル・プーチン大統領の政権が発足した。[illegible]

[illegible]体制が整備された。一方、安定維持の観点から慎重な財政金融政策が展開されたほか、石油輸出国機構（OPEC）と連携して原油価格の安定化を図るなど、バランスに留意した政策を展開した。その中で、国民の反対を押し切って年金改革法を成立させるなど、国内改革を断行する姿勢も見られた。

軍事面では、プーチン政権は将来予想される多様な事態に対応できる軍事力の整備を着実に進めている。欧州正面におけるロシアの脅威認識が厳しくなっており、西部および南部両軍管区における師団の復活など軍事態勢の強化が見られた。9月に東部軍管区で実施された軍事演習「ヴォストーク2018」では、極東地域だけでなく北極地域における戦闘準備態勢も検証された。「2018年から2027年までの国家装備計画」に基づきロシア軍の装備更新は進展しており、軍改革の方向性をめぐる議論も活発化している。中央アジア地域におけるイスラム過激主義の脅威は依然として深刻であるとの認識の下、集団安全保障条約機構（CSTO）やSCOを通じた対テロ軍事協力が強化されている。東南アジア諸国との軍事技術協力の強化は、武器輸出の拡大を目指す動きと連動している。

第6章　米国　「強いアメリカ」復活を目指す2年目のトランプ政権

ドナルド・トランプ政権が生まれたのは、冷戦後しばらく米国が享受してきた「唯一の超大国」としての圧倒的な優位が動揺し、また中国など大国間関係が競争的な様相を強めつつあるタイミングであった。

そして「大国間の競争が復活した」との世界観に基づいて、2017年12月18日に「国家安全保障戦略」（NSS）が発表された。トランプ政権はこうした世界観を基に、「米中貿易戦争」と呼ばれる状況や、技術分野における競争力をめぐる問題など、競争的な性格を帯びた対中政策が展開されている。

北朝鮮に対しては、6月に史上初めての米朝首脳会談が行われ、その後に米朝協議が行われているが、これが最終的な非核化をもたらすかどうかについてはまだ予断を許さない。

国防面においては、核戦力の再構築や新技術の研究開発が進められている。核戦力については、弾頭の寿命延長プログラム（LEP）に加え、新型大陸間弾道ミサイル（ICBM）や新型爆撃機、新型[illegible]ミサイル原潜の開発などが進められ、その近代化に精力的に取り組んでいる。

新技術については、宇宙、極超音速技術、指向性エネルギー兵器、人工知能が注目されているが、現在はまだその多くは研究段階にあり、装備化までにはまだ時間を要すると予測される。

内政においては、11月6日に中間選挙が行われた。その結果、下院では民主党が多数派となったものの、上院では共和党が議席を増やした。2016年の大統領選挙と比較して、都市部で民主党支持が多く、郊外で共和党支持が多いという全体的な傾向は変化していないが、民主党が下院で多数を確保したことによって、予算や立法に関して民主党側の影響力が増大した。

今後、2020年の大統領選挙に向けて民主党側で候補者の絞り込みが始まっていくことになる。

第7章　日本　新たな防衛計画の大綱

2018年12月、政府は「平成26年度以降に係る防衛計画の大綱」（以下「25大綱」）に代わる、新たな「平成31年度以降に係る防衛計画の大綱」（以下「30大綱」）を発表した。「防衛計画の大綱」は、その上位文書である「国家安全保障戦略」を踏まえ、日本の防衛の基本方針、防衛力の役割、自衛隊の具体的な体制の目標水準などを示したものである。その策定に当たり最も重要な要素は、時の国際安全保障環境に対する一定の見通しと、そこにおける日本の防衛力の役割の位置付けである。

冷戦後、日本を取り巻く国際秩序が流動化すると、防衛計画の大綱は冷戦期の静態的な国際秩序認識を前提とした「基盤的防衛力」構想からの脱却を図り、日本周辺の脅威への対応や国際秩序の安定化に向けた、より能動的かつ実効的な防衛力の整備を目指すようになる。さらに25大綱以降は地域のパワーバランスの変化を受け、防衛力の「運用」のみならず、その「質量」の充実を図る方向へとかじを切ってきた。

25大綱が作成された2013年時点と比べ、日本を取り巻く安全保障環境は一層厳しさを増してきた。中国の台頭に起因するパワー・トランジションによって、米中間の緊張関係と紛争の蓋然性が高まり、その影響がさまざまな形で日本にも波及するおそれがある。不確実性をはらんだ大国間政治のダイナミクスに加え、島嶼部や海上交通路の防衛、そして宇宙やサイバー空間も含めた「領域横断的」な防衛力の構築の必要性など、喫緊の課題が浮上してきている。さらに北朝鮮の核・ミサイルの脅威も新たな段階に入り、弾道ミサイル防衛の対応は急を要している。

以上の背景の下、策定された30大綱は、宇宙やサイバー、電磁波といった「新たな領域」を含む領域横断的な作戦を遂行するための「多次元統合防衛力」の構築を目標に掲げた。30大綱はそのために、防衛力の質と量の向上を引き続き図るほか、持続性・強靭性の強化を重視している。また30大綱は、「インド太平洋」地域・諸国家への関与の強化を掲げ、自由で開かれたインド太平洋の維持に向けた防衛省・自衛隊による具体的な取り組みの強化を示した。

今後は、陸海空のさらなる統合運用や日米の共同運用および官民一体となった総合的な防衛力の構築を含め、30大綱で掲げられた目標をどのように実行に移していくかが課題となるであろう。

日本、米国、中国、ソ連（ロシア）の名目GDP比較（1987-2017年）

（出所）世界銀行国際比較プログラムデータベースを基に執筆者作成。

募集・援護 特集

「同期と高みを目指して」

宮川地本長、入隊予定者を激励

静岡地本

地本の広報官や家族ら（左）に見送られ、バスに乗り武山駐屯地に向かう入隊予定者（3月26日、静岡地本で）

【静岡】地本は3月26日、静岡市の本部庁舎前で、横須賀市の陸自117教育大隊（武山）にバスで向かう入隊者23人を見送った。

当日は一般曹候補生として入隊予定の若者たちが家族と共に続々と到着。午前7時、宮川知己地本長が正面玄関から姿を現すと、全員が早くも自衛官らしく整列、姿勢を正し、大きな声であいさつした。

宮川地本長は「皆さんはこれから陸上自衛官となりますが、厳しい教育訓練の中でも国防や災害対処を担う使命を忘れないでください。努力は決して裏切らないので、同期と共に、高みを目指して頑張ってほしい。皆さんのこれからの活躍を期待しています」と激励した。

その後、入隊者たちは横須賀に向かう大型バスに乗り込んだ。家族や友人、本部職員、担当広報官らが拍手で送り、「頑張れ！」というエールの中、バスはゆっくりと出発、武山駐屯地へ向かった。

自候生課程教育に向け準備

基本教練や部隊行動など演練

板妻駐

【34普連＝板妻】連隊は3月28日、板妻駐屯地に教育予定者を受け入れた。

教育を担任する自候生教育隊は着隊後さっそく、班長らを派遣。4月6日から始まる「自候生課程教育」に向けた準備を進め、身の回りの準備や生活面などの説明を行った。

着隊者たちは自衛隊についての概要説明を受け、ぎこちない手つきながらも自衛隊での生活をはじめ、基本教練や部隊行動などの要領を演練した。

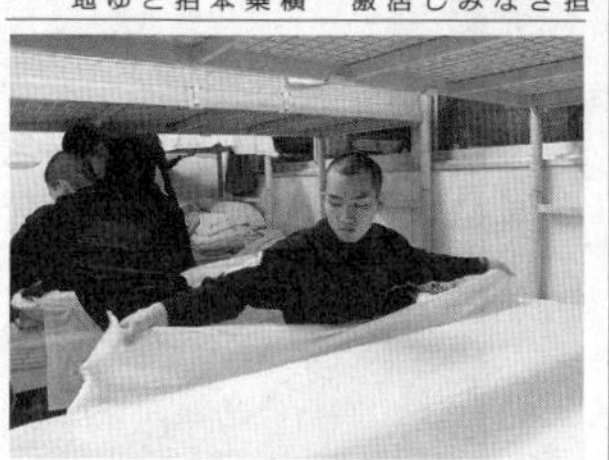

着隊後、ベッドメイキングを習う入隊予定者たち（3月30日、板妻駐屯地で）

各地で入隊式

女教隊の入隊式で服務の宣誓を行う32歳の伊東自候生（先頭）ら新隊員（4月7日、朝霞駐屯地で）

「勇気を持って第一歩」

体育教師から転身、夢を実現

女教隊入隊式　32歳の伊東自候生が代表申告

「年齢に関係なく、勇気をもって積極的に何でも取り組めるのが自衛隊。自分もようやく第一歩を踏み出せたのがうれしい」――。朝霞駐屯地の女性自衛官教育隊で4月7日、応募者の年齢上限引き上げ後、初の入隊式が行われ、32歳の女性自衛官候補生が同期を代表して申告、入隊の喜びを語った。

女性自衛官教育隊の入隊式は4月7日、朝霞駐屯地の体育学校体育館で行われ、第12期一般陸曹候補生課程の253人と、第11期自衛官候補生課程の249人が入隊した。

式には家族ら来賓約840人も出席し、国歌斉唱、任命告達後、一般曹候補生代表の中鉢里奈2士と自候生代表の伊東唯候補生が申告、続いて宣誓を行った。

執行官の中川美佐隊長は式辞で、「受け身で教育を受けるのではなく、中隊長や区隊長をはじめとする経験豊かな教官たちに学び、諸官自身が『前進する！』『昨日の自分を越える！』という気概を持って教育に臨んでほしい」と新隊員を激励した。

続いて立会官の東方混成団長の石丸威司1佐が「チャレンジ」「技の習得」「同期の団結」の3点を要望。富岡勝則朝霞市長らが祝辞を述べた。

◇

入隊時の年齢制限が従来の26歳から「32歳」に引き上げられ、昨年までは入隊が叶わなかった27歳以上の女性隊員たちも今回、12人が入隊した。その一人で自候生代表を務めた伊東候補生（32）は、昨年まで東京都日野市の公立中学校の体育教師として生徒たちを指導する立場だった。学校の部活ではバレーボール部とダンス部の顧問も務め、スポーツの普及に積極的に携わってきた。

30歳を過ぎたころ、両親が自衛官だった影響もあり、東日本大震災などで被災者を助ける自衛官の姿などを見て自衛隊への興味と関心が強まった。しかし、「年齢制限を過ぎていた」ことから、その時は入隊を断念せざるを得なかった。

ところが昨年、年齢上限が32歳まで引き上げられたことを知り、「これがラストチャンスだ！」と思い、伊東さんは迷わず自候生試験を受験、見事合格し、自衛官となる夢を実現させた。

伊東さんは学生時代、バスケットボールを6年、サッカーを4年、夢中になって取り組んだという、まさに長身のスポーツウーマンだ。

「自分は（チームで）仲間たちと同じ目標に向かって進み、達成感を味わうのが大好き。年齢に関係なく、勇気をもって積極的に何でも取り組める環境は自衛隊だと考えた。ようやく自衛官としての一歩を踏み出せたことがうれしい」と入隊の喜びを語った。

伊東自候生は将来の目標として、「立派な自衛官になれた暁には、教師のキャリアを生かし、若い後輩隊員を育てる教育訓練の業務などにも挑戦していきたい」と希望を語っている。

自候生84人が姫路に

紫紺色の制服を身にまとい入隊式

【姫路】駐屯地は4月7日、自衛官候補生課程の入隊式を行った。

紫紺色の新制服を身にまとった自候生84人が申告、服務を宣誓した。家族と離れ、着隊から約10日で規律正しい動作を身につけた候補生たち。晴れの式典で立派に成長した息子と再会した家族たちの中には、感激して涙を浮かべる母親の姿も見られた。

新隊員たちは今後約3カ月の自候生前期課程の中で、堀川佳紀駐屯地司令が式辞で要望した「目標を持ち、最後まで努力する」「同期との絆を大切にする」を胸に、各種の教育訓練に励む。

祝入隊式

自候生84人の入隊を祝い、式辞を述べる堀川駐屯地司令（壇上）＝4月7日、姫路駐屯地で

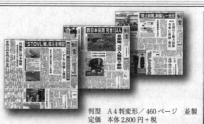

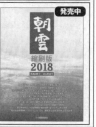

厚木所の広報官　新隊員をサポート

神奈川

【神奈川】厚木募集案内所は4月4日、滝ヶ原駐屯地で行われた入隊式に参列した。

教育を担任するのは普通科教導連隊新隊員教育隊で、厚木所からの11人を含む98人が自候生に任命された。式後、新隊員は祝賀会食で家族と再会、式までの生活の様子や今後の抱負などを語ると、家族も安心した様子だった。

厚木所から入隊し、自候生代表として申告を行った兒玉翔太候補生は「父のような立派な自衛官になりたいので、精一杯頑張ります」と父親の隣で照れながら抱負を語った。

また、古谷野候補生の母親からは「担当広報官の方が受験時の面接指導や合格後の駐屯地見学、入隊時の書類作成など、きめ細やかにサポートしてくださり安心して今日を迎えることができました。本当にありがとうございました」と感謝の言葉があった。

ただいま募集中！

◇自衛官候補生◇幹候生（一般・歯科・薬剤科）◇医科・歯科幹部◇一般曹候補生

★詳細は最寄りの自衛隊地方協力本部へ

青森、福岡で地本長交代

3月31日、4月1日付の定期異動で青森、福岡の地本長が交代した。新任本部長の略歴は次の通り。

青森地本長　木村 政和（きむら・まさかず）1空佐　防大39期。平成7年空自。21年2佐、26年1佐。補給本部、空幕会計課、空幹校などを経て、28年12月空幕会計課予算班長。北海道出身。46歳。

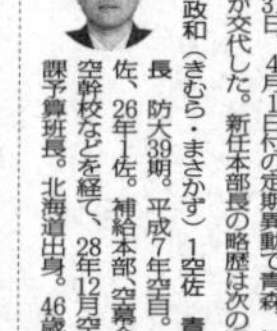

福岡地本長　深草 貴信（ふかくさ・たかのぶ）1陸佐　防大37期。平成5年陸自。19年2佐、24年1佐。統幕防計部計画班、中即連長などを経て、30年3月陸上総隊情報部副部長。熊本県出身。49歳。

プロ野球開幕戦で広報

札幌　北方音が演奏、「モコ」も登場

【札幌】札幌地本は3月29日、札幌ドームで開催されたプロ野球「北海道日本ハムファイターズ」の開幕戦で広報活動を行った。

開幕セレモニーではファイターズによるパフォーマンスに北部方面音楽隊が演奏し、最後まで盛り上げた。

地本マスコットの「モコ」が登場すると「かわいい！」と子供たちに囲まれ、一緒に記念撮影するなど大人気。さらに、ファイターズのマスコット「ポリーちゃん」とも交流、自衛隊のPRに一役かっていた。

観戦に訪れた多数の来場者に缶バッチなどの広報グッズの配布を行い、自衛隊をアピールした。

地本の広報ブースでは、…

プロ野球開幕戦の会場で広報活動を行う札幌地本の広報官たち（3月29日、札幌ドームで）

茨城地本が募集ポスター

男性キャラで親しみアピール

【茨城】地本は、新年度に使用する「新募集ポスター」を作製した。

地本では平成26年度から女性のアニメ風ポスターを作製しているが、新年度は趣向を変えて男性キャラクターのポスターとし、作画は昨年度と同じイラストレーターのえりこんさんに依頼した。

ポスターは「募集対象者に親しまれるように」との思いを込め、少年漫画やアプリゲームをイメージした3人のオリジナル男性キャラを配した。

キャッチフレーズは地本隊員による投票で、「『大切な人守れる自分』はじめよう！」に決定した。

男性隊員3人を中央に据えた茨城地本の新募集ポスター

イラストレーターえりこんさん作

野田市役所にブース開設

県内3例目、週1ペースで認知広まる

千葉

【千葉】柏募集案内所は1月から野田市の全面協力で、野田市役所内に募集ブースを開設した。

県内市役所でのブース開設は千葉市、木更津市に続いて3例目。市役所を訪れる市民に対し、直接、自衛隊をPRできることから募集効果は非常に大きい。

開設当初は市民も目新しい自衛隊ブースに戸惑っていたが、毎週1回のペースで設置することで市の職員や市民が気軽に広報官に話しかけてくれるようになった。

市役所を訪れる人の年齢層は幅広く、年配の人が親戚や知人の自衛官募集適齢者について紹介してくれるなど、早くも有用な情報が集まっている。

宮古島駐屯地で三線クラブ紹介

沖縄

【沖縄】宮古島出張所の屋良渚2陸曹は4月3日、宮古島駐屯地の朝礼のクラブ紹介で、同駐屯地司令職務室の下地茂樹曹長とともに三線で宮古民謡の「なりやまあやぐ」を披露し、隊員たちに「駐屯地三線クラブ」への入会を呼び掛けた＝写真。

屋良2曹は、民謡披露に先立つ自己紹介の中で、「隊員自主募集」協力も依頼、地本広報員としてのアピールも欠かさなかった。

あさぐも ドンマイ's　吉本どんど

クロスプレーをめぐっての乱闘騒ぎ

コラ

感情にまかせて何を持ち出してるんだ！

もし相手チームの選手の頭にバットが当たって陥没したりヒビが入ったらどーする!!!

責任とれんのか!!

このバットの代金の…

〝異色の戦闘機乗り〟ジャズピアニストに

空自のテストパイロット出身、道畑剛作元空将補

航空自衛隊のテストパイロット出身で元防大教授の道畑剛作元空将補（79）が、退官後に趣味が高じてアマチュアの「ジャズピアニスト」として活動を開始してから今年で〝25周年〟を迎えた。現役時代から独学でジャズピアノを弾く〝異色の戦闘機乗り〟として知られてきた道畑さんは「これからも生涯の楽しみや課題として演奏を続けていきたい」と話している。（日置文恵）

「58歳差デュオ」を組みライブ

スイングからバラードまで見事なピアノ演奏を披露する79歳の道畑剛作さん（手前）と、サックスを奏でる鴨居海正さん（21）＝3月30日、神奈川県横須賀市で

季節外れの真冬の寒さに見舞われた3月30日の夕刻、神奈川県の京急「横須賀中央」駅からほど近いダイニングバー「無頼庵酒場」（横須賀市大滝町）の扉を開けると、店内は米軍関係者を含む約30人の常連客やファンらで熱気にあふれていた。

当日の目玉は、道畑剛作さんと鴨居海正さん（21）＝関東学院大・現4年生＝が一日限りで結成したピアノとサックスの「歳の差58歳デュオ」のライブ。もちろん、ノーチャージ（無料）だ。

2人は軽く音合わせを行った後、道畑さんの流れるようなピアノのイントロに誘われて最初の曲へ。追いかけるように艶のあるテナーサックスが軽快なメロディーを紡ぎ出していく。

「歳の差58歳」をものともせず、2人は時に目を合わせ、体を揺らし、息の合ったプレーを見せ、第1ステージは往年の名作映画と同名の主題歌「二人でお茶を」を皮切りに、映画「いそしぎ」のテーマ曲「ザ・シャドー・オブ・ユア・スマイル」、スタンダードのジャズナンバー「キャンディー」「なんでも私に」「キスへのプレリュード」の5曲を一気に奏で、耳の肥えたジャズ愛好家たちから大きなエールと拍手が送られた。

同店のオーナーを務める石井利幸さん（66）は、楽譜を初見で流麗に弾くことができる道畑さんについて「並外れた集中力の持ち主」と舌を巻く。この日、深夜まで3ステージを共にした鴨居さんは「緊張したが、とても楽しかった。また一緒に演奏したい」と声を弾ませた。

道畑さんは1939（昭和14）年生まれの防大6期生（応用物理学科）で奈良県出身。62（昭和37）年に空自入隊後、75（昭和50）年に自衛隊の操縦関連教育で最も厳しい少数精鋭の「試験飛行操縦課程」を修了した。超音速から失速速度まで極限に迫って機体性能の試験評価に当たるテストパイロットの飛行隊長や飛行実験群司令（岐阜）などを務め、新型機の開発や機種選定などに携わってきた。F86F、F104、F4EJ改などの戦闘機やC46輸送機、S62救難ヘリなど空自のほぼ全機種と、P2V哨戒機などの海自機、フランスの「ダッソー・ファルコン」ビジネスジェットなどの海外機種を含む計24機種での飛行経験を持つ。

「生涯の楽しみとして続けていきたい」

多忙な現役時代も細切れの時間を利用して少年時代から親しんできたピアノに触れ、退官後はさまざまな場面で演奏を披露するほか、依頼を受ければ「戦闘機コックピットの世界」をテーマにした講演も行っている。最近では横浜市や佐賀県嬉野市でジャズナンバーを弾いた。

現在、心の問題を抱える人たちの就労支援を行う社団法人の役員と講師を務める傍ら、地元の横須賀市を中心に活動する道畑さん。「この歳になっても『指が手馴れてくる』という自覚がある。若い人たちと一緒に演奏できるのは何よりうれしく、これからも頑張っていきたい」と意気込みを語った。

陸自ヘリが空中消火

広島、静岡、長野、福島　4県5カ所で山林火災

4月4日から10日にかけて広島、静岡、長野、福島の4県5カ所で相次いで山林火災が発生し、各県知事からの要請を受けた陸自の災害派遣部隊がヘリによる消火バケットを使った空中消火を行った。いずれも事後、自治体で対応可能となったことから部隊は撤収要請を受け活動を終了した。

山林火災の消火活動のため、バケットを用いて給水後、災害現場へ向かう3飛行隊（美保）のCH47ヘリ（4月5日、広島県呉市の蒲刈町近傍の海上で）

4日に広島県呉市で発生した山林火災では翌5日午前7時、知事が13旅団長（海田市）に災派を要請。中方航（八尾・美保）のCH47ヘリなど計5機が同日午後6時過ぎまで活動し、散水回数118回、散水量は約590トンに上った。

静岡県浜松市の山林火災では5日午後6時20分、34普連長（板妻）に知事から災派要請があり、翌6日午後2時半までヘリ団（木更津）のCH47ヘリなど計5機が出動して19回、約95トンを散水した。活動人員はLO（連絡幹部）や初動対処部隊、支援要員を含め延べ160人を超えた。

一方、長野県佐久穂町では5日に発生した山林火災で同日午後7時すぎ、知事が13普連長（松本）に災派要請。12ヘリ隊（相馬原）のCH47ヘリなど延べ15機が7日午前6時過ぎまで空中消火に当たった。活動規模は人員延べ約50人、散水回数105回、散水量は約525トンに及んだ。

同県喬木村で6日に起きた山林火災では、佐久穂町で空中消火に当たっていた12ヘリ隊のCH47ヘリ4機が順次現地に急行。翌7日も早朝から12ヘリ隊とヘリ団の同型機が空中消火を行い、午前7時半過ぎに活動を終えた。この間、空自浜松基地（1空団）が補給面で陸自ヘリの活動を支援。活動規模は航空機延べ17機、散水回数47回、散水量は約235トンだった。

福島県郡山市の山林火災では9日午後3時、知事が6師団長（神町）に災派要請。東北方航（霞目）や6飛（神町）のUH1多用途ヘリやヘリ団のCH47など延べ18機が翌10日午後1時前まで活動し、51回、約120トンを散水した。

宮古島の空自レーダーサイト部隊

「安全保障に直結する任務」

岩屋防衛相が視察

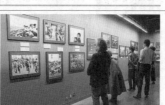

中岡分屯基地司令（手前左）の案内で基地内を視察する岩屋大臣（中央）＝4月7日、沖縄県の宮古島分屯基地で＝防衛省提供

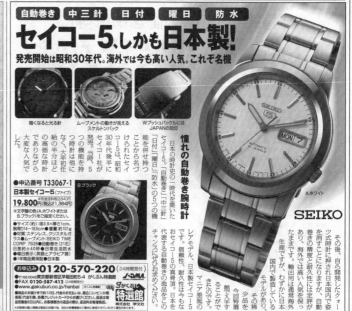

岩屋防衛相は4月7日、沖縄県の宮古島に先月末開庁した陸自宮古島駐屯地での隊旗授与式＝4月4日付既報＝に出席した後、空自宮古島分屯基地を視察し、24時間態勢で南西諸島の警戒監視活動に当たる隊員らを激励した。

荒木文博空幕副長、伊藤顕南警団司令の出迎えを受けた岩屋大臣は、中岡絵梨子53警戒隊長兼分屯基地司令から状況報告を受けた後、体育館で53警戒隊と作戦情報隊4収集隊の隊員約60人を前に訓示した。

岩屋大臣は我が国を取り巻く安全保障環境や宮古海峡周辺海空域で活動を活発化させる中国軍の艦艇や航空機の増加を指摘した上で、「24時間365日、隙のない警戒監視と情報収集の重要性は一層高まっている。諸君の日々の活動は我が国の安全保障に直結している。その責任感と自信を持ち、引き続き任務に当たってほしい。また、新たにできた陸自駐屯地との連携もしっかりお願いしたい」と激励した。

背のう背負い10キロ行進完歩

34普連、地元メディアの隊内生活体験支援

【34普連＝板妻】連隊は4月4、5の両日、板妻駐屯地で静岡新聞社、静岡放送の新入社員計31人に対する隊内生活体験を支援し、自衛隊への理解促進を図った。

参加者は重迫撃砲中隊の担任の下、自衛隊の基本動作、発声駆け足、ベッドメイキング、徒歩行進などを体験。5日朝には突然の非常呼集を受けて駐屯地内の約10キロを背のうを背負って互いに協力しながら徒歩行進し、最後は患者発生を想定した担架搬送も行って全員が完歩した。

この体験を通じ、参加者は社会人としての規律心、協調性、忍耐力の涵養を図り、団体行動の重要性を学んだ。

「防大生の青春像を見に来て」

宮嶋茂樹さんが防大写真展開催

数々の自衛隊写真集で知られる〝不肖・宮嶋〟こと、カメラマンの宮嶋茂樹氏の写真展「防衛大学校の日々」が4月4日から10日まで、東京・銀座のキヤノンギャラリーで開催された。

防大への取材は、構想から学校との交渉を含め約1年半かけたという。写真展会場には、日本人の多くがその存在を知りながらも、足を踏み入れたことのない防衛大学校の実像と、学生たちの1年間を追った迫真の写真が並んだ。

防大生の日常に興味があり訪れたというサラリーマンの柳田明宏さんは「どの写真も防大生が精悍な表情をしていてすごい。一般大の学生とは違う」と語り、中でも新入生が散髪をする写真が印象に残ったという。

同写真展は東京に続き、4月25日から5月15日まで、大阪・中之島のキヤノンギャラリーでも開催される。（日・祝とGW中の4月28日〜5月6日は休館）。

宮嶋氏は大阪での写真展に向け、「（防衛に）興味がある方もない方も、防大生の青春像、成長期を見に来てほしい。特に日本の若者に不安がある方は、ぜひお越しください」と話していた。

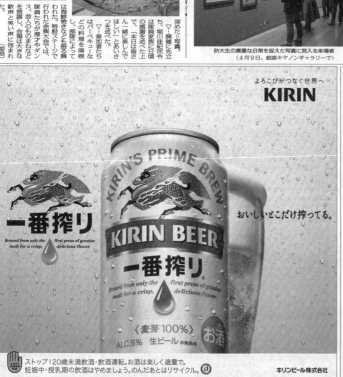

防大生の貴重な日常を捉えた写真に見入る来場者（4月9日、銀座キヤノンギャラリーで）

こちら警務隊　☎8・6・47625

指導の一環でバリカン　それは暴行や傷害です

注意しても頭髪を直さない後輩がいるので、罰としてバリカンで髪を刈ろうと思うのですが大丈夫でしょうか？

刑法第208条の暴行罪や第204条の傷害罪に該当する可能性が考えられます。

相手の同意なく髪を切る行為は、人の身体に不法な有形力を行使することになり、暴行罪に当たる可能性があります。また、容姿を著しく損傷するほど髪を切った場合は、傷害罪に当たる可能性もあります。

たとえ指導の一環だとしても、絶対にしてはいけません。粘り強く自覚を促しましょう。

（中部方面警務隊）

小休止

▽…ソメイヨシノが咲き誇る姫路駐屯地では4月7日、観桜会が開催され、隊員とその家族ら約1000人が参加して親睦を深めた＝写真。

▽…開催に先立ち、堀川佳紀司令は隊員家族に日頃の感謝を述べた上で、「本日は皆さん一緒に楽しんでほしい」とあいさつを述べた。

▽…参加者たちはバーベキューなどの料理を満喫し、部隊によっては海鮮焼きなども振る舞われた。特設ステージで行われた余興大会では、隊員たちが漫才やダンス、芸人のものまねなどを披露し、会場は大きな歓声と笑い声に包まれた。（姫路）

（世界の切手・ベトナム）

顔が遠ければ、心も遠い。
ベトナムの格言

朝雲ホームページ
www.asagumo-news.com
<会員制サイト>
Asagumo Archive
朝雲編集部メールアドレス
editorial@asagumo-news.com

ベトナム・ダナンで日越音楽隊が合同演奏

聴衆900人、鳴りやまない拍手　呉音から19人派遣

1海曹　黒瀬　康弘（呉音楽隊）

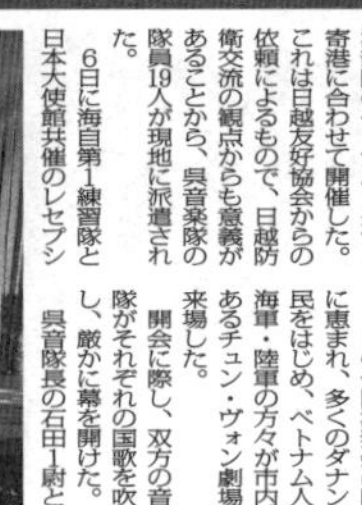

呉音楽隊（隊長・石田敬和1尉）は3月8日、ベトナム人民海軍音楽隊との合同演奏会を海自外洋練習航海部隊のベトナム・ダナン寄港に合わせて開催した。これは日越友好協会からの依頼によるもので、日越防衛交流の観点から音楽隊が派遣され、呉音楽隊の隊員19人が現地に派遣された。

6日に海自第1練習隊と日本大使館共催のレセプションが開かれ、練習艦「せとゆき」艦上で呉音楽隊の小編成6人による演奏が行われた。

8日の合同演奏会は晴天に恵まれ、多くのダナン市民をはじめ、ベトナム人民海軍・陸軍の方々が市内にあるチュン・ヴォン劇場に集まった。

開会に際し、双方の音楽隊がそれぞれの国歌を吹奏し、厳かに幕を開けた。

呉音楽隊長の石田1尉とベトナム人民海軍音楽隊長のタイ少佐の指揮で交互に演奏され、呉音が民謡「八木節」、越音楽隊が「私の故郷ベトナム」を演奏すると盛大な拍手が起きた。

呉音はその後も「宇宙戦艦ヤマト」などを披露、「涙そうそう」では高見聡3曹がしっとりした歌声で会場を埋めた約900人の聴衆を魅了した。

呉音単独の最後の曲は、ベトナムをはじめ東南アジアで人気の高い五輪真弓の「心の友」を大平武千代3曹がトランペットで演奏した。

最後は越軍音楽隊と合同で行進曲「軍艦」とベトナムの「波に乗って沖に出る」を両隊長の指揮で演奏、迫力あるサウンドで締めくくった。両隊長が握手を交わすと「日越友好のコンサート」は鳴り止まない拍手の中で盛況のうちに幕を閉じた。

今回の合同演奏会は、日越友好協会長の加藤均氏をはじめ、多くの人たちの努力で初めて実現したものであり、呉音楽隊にとっても意義深い一歩となった。

900人の聴衆を前に初の「日越合同演奏会」を行う海自呉音楽隊（右側）とベトナム人民海軍音楽隊（3月8日、ベトナムのダナンで）

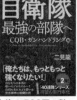

みんなのページ

ベトナムの歴史に触れる　ダナンに寄港して

外洋練習航海部隊の所感文

実習員　菅　淳

外洋練習航海部隊がベトナムのダナンに入港すると盛大な歓迎を受けた。

艦上レセプションなどではベトナム語を用いる海軍士官との意思疎通に戸惑ったが、身振り手振りでも気持ちが通じ合ったのは良い思い出になった。また、バレーボールでのスポーツ交歓を行い、共に汗を流し交流を深めた。

史跡研修ではフエ王宮やダナン博物館を訪れ、ベトナムの歴史・文化を学んだ。ベトナム国民の愛国心と戦後の復興への情熱には見習うべき点があった。

実習員　堀之内　柔佳

現代の日・越の関係は「緩やかな同盟関係」と評され、日本はベトナムに積極的に経済援助を行っており、ODA（政府開発援助）は我が国が最大の支援国である。

ベトナムは中国、フランス、日本に支配された歴史がある。そして1961年～75年にはアメリカと第2次インドシナ戦争（ベトナム戦争）を戦った。ベトナムはこれまで数々の困難に打ち勝ち、独立を貫いてきた強い国である。

今回の研修で最も印象に残ったのは「ティエンムー寺院」にある1963年の僧侶の焼身供養である。身体は焼け落ちても、心臓は形を保ったまま残り、不滅の精神を体現したと言われ、彼らの強い意志を感じることができた。

ベトナム・ダナン寄港中の史跡研修でフエの王宮を見学する海自実習員

実習員　高橋　将人

ダナンはハイフォンやサイゴンと並んでベトナムの主要港であり、港には世界各国の船が入港していた。また、ベトナム海軍の艦艇研修では哨戒艇を見学し、自衛隊とベトナムの艦艇の任務や搭載兵器の違いを学んだ。

さらに、フエの王宮やダナン国際博物館でベトナムの歴史や文化を学び、ベトナムの苦難の歴史、現在の発展状況、少数民族の生活を知った。

練習航海ではさまざまな経験を通し、幹部自衛官として一回り成長できたと感じる。

実習員　関本　寛司

ダナンでは在ベトナム大使の梅田邦夫氏の講話や艦上レセプションがあり、史跡研修でダナン国際博物館、ティエンムー寺院、フエ王宮などを訪れた。

寺院研修ではベトナム戦争中、仏教徒弾圧への抗議のために僧侶の焼身自殺があったことを知った。

今回の寄港ではベトナムに対する見識が深まるとともに、さまざまな国際交流ができたことは大変有意義な経験となった。

不安のない着隊へサポート

2海曹　椎澤　裕岳（群馬地本沼田事務所）

群馬県の北毛地域を担当する沼田地域事務所は3月6日、担当地域から入隊する予定者10人への説明会を実施した。これは入隊を目前に控える予定者の不安の払しょくと、これから同じ自衛官として頑張っていく同期との顔合わせを兼ねて行われた。

まず所長の若山晃2陸尉が自衛官としての心構えや準備事項について説明し、続いて入隊後の教育隊の生活をまとめたDVDを放映し、入隊後のイメージアップを図った。

予定者は「何を持っていったら良いのか」「すぐに訓練が始まるのか」など、疑問に思ったことを積極的に質問し、希望に満ちた表情を見せていた。昼食は所員全員と会食を行い、励ましの言葉を贈った。

予定者は初対面の者が多かったが、お互いすぐに打ち解け合い、連絡先を交換して、「着隊日にまた会おう」と約束していた。

当事務所では、今後も入隊者が不安なく着隊できるようサポートを実施していく。

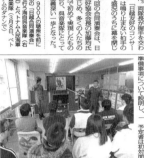

入隊予定者（手前）に着隊後の教育訓練について説明する群馬地本沼田所の隊員

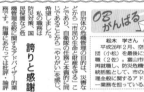

走る自衛隊広報マン

2陸曹　丸田　明（12普連3中隊・国分）

3月3日に鹿児島市で行われた「第4回鹿児島マラソン」に参加しました。

私は2回目の参加で、目標は1回目の記録を更新することでしたが、国分駐屯地の広報班長から「昨今の自衛隊は募集難であり、自衛隊のPRを兼ねて走って欲しい」と依頼され、PR活動を重点目標にすることにしました。

胸と背中に「自衛官募集」の文字の入ったTシャツを着て、1キロ約5分のゆっくりとしたペースで、ともに走る元気な若者や、沿道に集まった大勢の応援者に自衛隊をアピールしながら走りました＝写真。

沿道からは「自衛隊頑張れー」「自衛隊行けー」など、たくさんの応援の言葉をいただき、その都度、手を振ったりガッツポーズをして応えました。

今回は「自衛隊広報ランナー」として地域の方々に広く自衛隊をPRできたと思います。これからもマラソン大会に参加し、自己ベストの更新を目指すとともに、自衛隊のPRでも頑張りたいと思います。

OBがんばる

松木　学さん　60

平成26年2月、空自6空団（小松）を最後に定年退職（2佐）。富山市役所に再就職し、防災危機管理副統括監として、市の危機管理全般に関するアドバイザー業務を担っている。

誇りと感謝を持ち精進

自治体の危機管理の目的は、災害などから「市民の生命と財産を守る」ことであり、自衛隊の任務と本質的に同じであることから「やりがい」を感じ、希望しました。

私の職務は防災対策、国民保護など危機管理全般に関するアドバイザー的業務です。指導にあたっては批評・論評ではなく、担当者が実践・実行できるよう、自ら解決案を提示するなど、具体的な指導に留意しています。

また、有事において的確な指導ができるよう、最新の防災情報に目を向けるとともに、有事を想定したケーススタディーにも心掛けています。自衛隊で培った企画力、問題解決能力、さらには災害派遣、航空救難、対領空侵犯措置など指揮所活動の経験は、自治体の対策本部活動にも大いに生かせています。

ただ、多くの自治体で共通することですが、防災等に関する専門的知識を有する職員を育成・確保するという経歴管理がなされていません。だからこそ、防災などに知見を有した自衛隊OBの有用性（即戦力）があります。

富山市は、持続可能なまちづくりの実現を目指し、公共交通を軸とした拠点集中型のコンパクトなまちづくりを推進しています。加えて高齢化や自然災害など、国際的な課題に先進的に取り組む都市としてアメリカのロックフェラー財団の「レジリエント100都市」に国内で初めて選ばれました。

本市で勤務できることに誇りと感謝を持って、これからも精進します。いつの日か、立山連峰を背に飛行する空自「ブルーインパルス」の雄姿を夢見て。

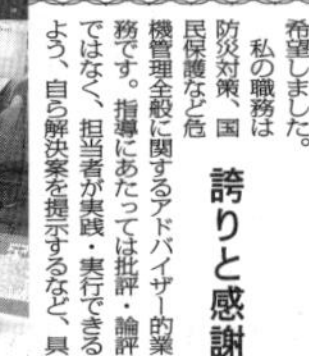

新刊紹介

「自衛官が語る災害派遣の記録」

自衛隊家族会編、桜林美佐監修

自衛隊はこれまで4万件を超える災害派遣活動に従事してきた。国防のために錬成してきた特別な技能は激甚災害の現場だけでなく、急患輸送、水難救助、防疫活動、不発弾処理など、さまざまな民生支援の分野で生かされている。

本書は自衛隊家族会の機関紙『おやばと』にこれまで掲載された災派に関する隊員の回想録を一冊にまとめたもので、まさに創隊後、大災害と戦い続けてきた隊員たちの〝戦記〟となっている。

離島からの急患空輸を40年続けてきた沖縄のヘリ隊長、ジャンボ機墜落で御巣鷹山に仮設ヘリポートを構築した施設隊長、阪神大震災で全国からの救援部隊を指揮した中方総監、地下鉄サリン事件で除染を担った連隊長、東日本大震災で福島原発のメルトダウンに対処した指揮官など、隊員37人の生々しい証言がまとめられている。

近年、国内外で大災害が増え、自衛隊は毎年のように大規模災派に従事しているが、その現場はどのようなものなのか、若い隊員たちにとって本書は貴重な体験集となることだろう。各部隊に常備して先輩たちの貴重な教訓を共有していってもらいたいものだ。（並木書房刊、1728円）

「マスメディアの罪と罰」

高山　正之、阿比留　瑠比著

産経新聞社元社会部次長でジャーナリストの高山正之氏と同社論説委員の阿比留瑠比氏が一般に報じられないマスメディアの偏向した報道の是非について論じ合った対談本だ。

両氏はまず大東亜戦争に至る当時の各国の思惑やそれぞれの歴史を総括。続いて戦後の日本の新聞社、放送局の報道姿勢や「反権力」の欺瞞（ぎまん）について熱弁を振っている。

さらに近年、報道各社で問題となっているオフレコ破りや取材先との信頼関係の崩壊についても言及し、チェック機関の必要性やインターネット時代の過激な取材について警鐘を鳴らしている。

両者は欧米のメディアにはびこる「ポリティカル・コレクトネス（政治的妥当性）」の弊害も論じ、今後のSNSなど〝新メディア〟の展望についても議論を戦わせている。

テヘラン支局長などを務めた高山氏の報道の闇をえぐり出す鋭い論説と日本で指折りの論客として情報発信する阿比留氏の厳しい批評と相まって、今後の報道のあるべき姿を理解することができる。（ワニブックス刊、1400円）

詰将棋

第793回出題

出題　日本将棋連盟　九段　石田　和雄

先手　持駒　金

【ヒント】金の使用、手順の追い（10分で初段）。

▶詰碁、詰将棋の出題は隔週です◀

詰碁

第1208回解答

出題　日本棋院　九段　曲　励起

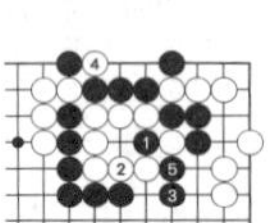

【解答図】黒先、白死。黒❶のホウリコミが大切です。白②には黒❸で攻め合い、白④には黒❺一手勝ちです。

あさぐも掲示板

■戦略研究学会、20日に第17回大会

戦略研究学会は4月20日（土）、東京都千代田区神田駿河台の明治大学で第17回大会に合わせ講演会を開く。「地政学を巡る戦略」がテーマで、國分良成防大校長が「中国政治と日米中関係」、菊澤研宗慶応大商学部教授が「日本軍に学ぶ〈組織の不条理〉とその回避」について講演。その後、研究発表も行われる。参加費など詳細は学会のホームページへ。

朝雲
発行所 朝雲新聞社
〒160-0002 東京都新宿区四谷坂町12-20 KKビル
電話 03(3225)3841
FAX 03(3225)3831
振替00190-4-17600番
定価一部140円、年間購読料9000円（税・送料込み）

主な記事

サイバー攻撃に安保5条適用

「日米2プラス2」で初確認

防衛相「抑止に極めて重要」

日米両政府は4月19日午前（日本時間同日深夜）、米ワシントンの国務省で外務・防衛担当閣僚による日米安全保障協議委員会（SCC＝2プラス2）を開き、日本がサイバー攻撃を受けた場合、米国の対日防衛義務を定めた日米安全保障条約第5条が適用され得ることを初めて確認し、共同文書を発表した。岩屋防衛相は協議後の共同記者会見で「サイバー攻撃が日米安保条約第5条で定める『武力攻撃』に当たる場合があり得ることを確認した。サイバー空間における日米共同対処の可能性を明確にするもので、抑止の観点から極めて重要だ」と意義を強調した。

「日米2プラス2」の開催は2017年8月以来。日本から河野太郎外相、岩屋毅防衛相、米側からマイク・ポンペオ国務長官、パトリック・シャナハン国防長官代行が出席し、約1時間行われた。

4閣僚はサイバー分野での協力強化で一致。共同文書には「悪意あるサイバー活動が日米双方の安全と繁栄にとって一層の脅威となっている」とした上で、「『国際法』がサイバー空間に適用されるとともに、一定の場合には、サイバー攻撃が日米安保条約第5条の規定の適用上、『武力攻撃』を構成し得る」と明記し、日本へのサイバー攻撃に対して米軍が反撃する可能性を示した。

原子力発電所や自衛隊施設などを狙った大規模なサイバー攻撃が想定されるが、具体的にどのような場合が第5条の定める『武力攻撃』に当たるかについては、「他の脅威の場合と同様、日米間の緊密な協議を通じて個別具体的に判断される」と記された。

協議では、4閣僚が強固な日米同盟を確認するとともに、宇宙やサイバー、電磁波といった新たな領域を「優先分野」と位置付け、これら新領域における能力向上を含む「領域横断（クロス・ドメイン）作戦」に向けた協力を強化することでも一致した。

宇宙分野の協力をめぐっては、日本が2023年に打ち上げを予定している我が国独自の測位衛星である準天頂衛星（日本の真上に長く留まる「準天頂軌道」を進む衛星）に、米国の宇宙状況監視（SSA）センサーを搭載することで合意した。中国やロシアなどの軍事衛星の動向を念頭に、衛星を破損させる恐れのある宇宙ゴミなどを監視する能力を向上させる。

このほか、ディープ・スペース（深宇宙）を監視するため、日本による「ディープ・スペース・レーダー」の開発も盛り込まれた。

一方、北朝鮮問題では核を含む全ての大量破壊兵器とあらゆる射程の弾道ミサイル、関連施設の「完全で検証可能かつ不可逆的な放棄」で一致。日米が引き続き国際社会と連携して「瀬取り」監視に取り組むことを申し合わせた。

「自由で開かれたインド太平洋」の実現に向けては、日米が共同訓練や寄港などを通じてこの地域におけるプレゼンスを向上させていくことを確認した。

さらに、日米豪、日米印の3カ国間の関係発展を踏まえ、「日米豪印」4カ国による取り組みの「定例化」を目指す考えを表明した。

「日米2プラス2」に臨む岩屋防衛相（右から2人目）と河野外相（その奥）、シャナハン国防長官代行（左から2人目）とポンペオ国務長官（その奥）＝4月19日、米ワシントンの国務省で（防衛省提供）

F35A調達計画変更せず

日米防衛相会談 FMSの合理化促進

岩屋防衛相とシャナハン国防長官代行は4月19日午後（日本時間20日未明）、ワシントン郊外の国防総省で約2時間にわたって個別会談し、領域横断作戦のための日米協力を推し進めていくことで一致した。

防衛相会談に先立って行われた「2プラス2」では、F35ステルス戦闘機や陸上配備型ミサイル防衛システム「イージス・アショア」など、高性能な装備品の日本への導入などを通じて「日米同盟の能力の近代化」を図る方針が表明されたのを受け、両氏は米国からのFMS（対外有償軍事援助）調達の合理化をさらに進めるため、▽複数年度予算の活用▽価格透明化▽早期かつ効果的な精算手続き――などに取り組むことを確認。日米の共同研究・開発を推進し、防衛装備・技術協力を強化していくことで一致した。

また、4月9日に青森県沖の太平洋に墜落した空自三沢基地所属のF35A戦闘機の捜索に関し、岩屋大臣は米側による捜索救助の協力に謝意を伝え、引き続きの支援を求めた。日米が連携して事故原因の究明に当たることも確認した。

会談後、岩屋大臣は記者団の質問に対し、F35Aの追加調達などに関する議論の詳細は控えるとした上で、「現時点で取得方針や整備・配備計画を変更する予定はない。そのことについても米側には理解をいただいている」と述べた。

岩屋防衛相（右）からMFO司令部要員の辞令を交付される桑原2陸佐と若杉1陸尉（左）＝4月22日、防衛省で

MFO司令部要員に辞令

桑原2陸佐、若杉1陸尉 シナイ半島に派遣

初の「国際連携平和安全活動」

防衛省は4月22日、エジプト東部のシナイ半島でエジプト、イスラエル両国の停戦監視活動を行っている「多国籍軍・監視団」（MFO）の司令部要員に、桑原直人2陸佐（42）と若杉貴1陸尉（47）＝ともに陸上総隊司令部付＝を派遣すると発表した。

派遣期間は今年11月30日までの予定で、2人は26日に出国し、シナイ半島南部の紅海に面したエジプト・シャルムエルシェイクのMFO司令部で連絡調整業務に当たる。2016年3月施行の「平和安全法制」で可能になった「国際連携平和安全活動」に基づく初の派遣となる。

この後、岩屋大臣は2人に辞令を交付した。

我が国が国際社会の一員として中東の平和と安定のために一層の貢献を果たす極めて重要な任務だ。2人の能力と経験を生かし、日本の代表として頑張ってください」と激励の言葉を述べた。

◇国際連携平和安全活動 国連が統括しない人道復興支援や安全確保などの活動で、2016年3月に施行された「平和安全法制」の一つである改正国際平和協力法（PKO協力法）で新たに可能になった。国連機関や多国間機関が要請するPKOに類似した活動に、PKO参加5原則に基づく要件を満たせば自衛隊を派遣できる。

統幕2019年度主要統合訓練予定

訓練名	実施予定時期
パシフィック・パートナーシップ2019	3月3日〜5月19日
自衛隊統合防災演習（JXR）	5月〜6月（約5日間）
日米共同統合防災訓練（TREX）	7月〜2020年3月（約2日間）
国際平和協力演習	7月〜8月（約3日間）
統合水陸両用作戦訓練	7月〜11月（約3週間）
離島統合防災訓練（RIDEX）	8月下旬〜9月上旬（約2日間）
仏軍主催HA／DR多国間訓練（赤道19）	9月下旬〜10月上旬（約15日間）
在外邦人等保護措置・輸送訓練（国外）	9月下旬〜10月上旬（約2週間）
在外邦人等保護措置・輸送訓練（国内）	10月〜12月（約1週間）
自衛隊統合演習（実動演習）	11月（約2週間）
日米共同統合演習（キーン・エッジ20）	2020年1月〜2月（約2週間）
コブラ・ゴールド20	1月下旬〜2月下旬
日米共同統合防空・ミサイル防衛訓練（RS20）	2月下旬（約5日間）

海自護衛艦「いずも」と「むらさめ」

インド太平洋で巡航訓練

陸自水機団の30人も乗艦

海自の艦艇が約2カ月間にわたりインド太平洋地域を巡航する「平成31年度インド太平洋方面派遣訓練」が4月30日から始まる。7月10日まで。

同訓練は昨年に続き2回目で、派遣部隊は1護衛隊群司令（横須賀）の江川宏海将補を指揮官に、ヘリ搭載護衛艦「いずも」、汎用護衛艦「むらさめ」と搭載航空機4機、乗員計約590人で編成。今回初めて陸自水陸機動団（相浦）の隊員約30人も「いずも」に乗り組む。

2隻は巡航訓練中、ベトナム、マレーシア、シンガポール、ブルネイ、フィリピンに寄港し、各国海軍などと共同訓練も行う計画。

シンガポールでは、チャンギ港周辺で実施される「拡大ASEAN国防相会議（ADMMプラス）海洋安全保障実動訓練」に参加するほか、「国際海洋防衛装備展示会（IMDEX Asia2019）」にも参加する予定となっている。

「いずも」に乗艦する陸自隊員約30人は航海中、「統合機動防衛力」構築の観点から海自艦艇の運用法を学ぶほか、各寄港地では各国陸軍や海兵隊と交流し、識能を高める。

東京五輪中の首都直下地震を想定し防災演習

統幕が2019年度主要統合訓練発表

統幕は4月18日、2019年度に実施する統合訓練の概要を発表した。

来年夏に東京オリンピック・パラリンピックを控えた今年度は、首都直下地震を想定した統合訓練「自衛隊統合防災演習（JXR）」を"五輪開催期間中に発生した"との想定で行う。

防災面では、南海トラフ地震を想定した「日米共同統合防災訓練（TREX）」を東海・近畿・中国・四国各地方で、また、伊豆大島災派を教訓とした「離島統合防災訓練（RIDEX）」は沖縄県で実施する。

国内の訓練では、島嶼防衛のための「統合水陸両用作戦訓練」を3自衛隊協同で、防空面では「日米共同統合防空・ミサイル防衛訓練（RS20）」を米軍と共同で行う。

国外の訓練では、「在外邦人等保護措置・輸送訓練」を海賊対処部隊の拠点となっている東アフリカのジブチで実施。タイで行われる「コブラ・ゴールド20」では、邦人保護に関する多国間調整要領などを演練する。

今年で13回目となる「パシフィック・パートナーシップ2019」は3月3日から3自衛隊の医療チームなどを派遣してマーシャル諸島で始まり、4月下旬からはベトナムを訪問する。東南アジアで実施される「国際平和協力演習」には拡大ASEAN国防相会議（ADMMプラス）の枠組みで参加。国際緊急援助隊の派遣を想定し、関係機関との連携強化を図る。仏領ニューカレドニアで行われる「仏軍主催人道支援・災害救援（HA／DR）多国間指揮所訓練」では多国間指揮所活動を演練する。

お知らせ

本紙5月2日付は休刊とし、5月9日付（3354号）から通常通りの発行となります。ご了承ください。

朝雲新聞社

春夏秋冬

男女の脳は違うのか、違わないのか

黒川 伊保子

私は人工知能とヒトの対話を研究している。

その研究のはじまりは、30年前。機械語に近いコンピュータ言語で命令文を書き、中央の大型コンピュータから恭しく答えが出てくるのを待つ、そんな1980年代の後半に、私には「ヒトとのコンピュータの対話」を拓くというミッションが与えられた。

やがて、1991年4月、「世界初」と言われた日本語対話型コンピュータを実現した。全国の原子力発電所で技師たちをサポートした、女性司書AIである。

その開発の途上で、私は、男女の対話の流れが違うのに気づいた。そもそも、対話には、二種類ある。気持ちの流れを語り、共感とねぎらいで落とす「心文脈型」と、事実を客観的に見極めて、すばやい問題解決で落とす「事実文脈型」と。男女ともどちらもできるが、情が絡むとっさの会話においては、女性は前者を、男性は後者を選ぶことが多いのだ。こういうとっさの使い方の違いを人工知能に反映しようとすると、記憶のデータ形式も変えてやる必要がある。となると、男性のようにふるまう人工知能と、女性のようにふるまうそれは、1本のプログラムでは書けないのである。

だとするならば、生身の男女脳も「使い方が違う」とみていいのではないか。それが私の考え方だ。

医学生理学の専門家からは、「男女の脳は違わない」という反論が強くある。解剖学的にはたしかにほとんど違いはない。しかし、神経信号特性から見て、やはり男性脳と女性脳は違う。

ただし、ここでいう男性脳とは「多くの男性が典型的に使う演算モデル」のこと。すべての男性が典型的なわけではないし、女性の身体に男性脳が搭載されている場合もある。責務上、後天的にその使い方を獲得して、先天的な男性脳以上に男性脳的に生きている人もいる。多くのキャリアウーマンがそう。自衛隊女子たちもきっとそう。しかしそれでも、とっさの気づきの場所が違ったりする。だからいいのだ。

男女脳のありようを突き詰めていくと、「とっさの使い方」の違いは互いを補完して守り合っている。男女が完璧なペアの装置なのがわかる。違うからこそ、意味がある。男女脳は違うという視点は、安易に捨ててはいけない。

（感性リサーチ代表、人工知能研究者）

朝雲寸言

地球は24時間で自転しながら365日ほどで太陽を回っている。その自転周期を一日と呼び、公転周期を一年と呼ぶ。昼と夜に分かれている一日に比べ、一年の区切りは曖昧である。季節の移り変わりは、黄道面（公転面）に対し自転軸が傾いていることから起こるもので、地球上の多くの地域で四季が存在する▼実は一年をどこから始めるか、科学的な根拠はないという。古代ローマ人が決めた一年の初めは冬至だった。キリスト教では復活祭が春分の日に行われ、新たな年を象徴する祭りとなった。日本での年の始まりは正月だが、旧暦のことなので現在の暦では2月上旬にあたる。正月に初春と書くのは季節的にも正しいのである▼一方で学校や官公庁は4月1日を年度の始まりとする。春は芽吹きの季節、始まりにふさわしい季節である。希望に胸を膨らませた多くの若者が新しい一歩を踏み出す季節でもある▼先日、国立天文台は世界の天文観測チームと共同して5500万光年の彼方にあるブラックホールの視覚化に初めて成功した。そのために地球上の8カ所に展開した66基の電波望遠鏡が連携したのだという。一方、地球の生命誕生の謎に迫る「はやぶさ2」は小惑星リュウグウへのタッチダウンに成功した。宇宙開発は競争から国際協調の時代に移行している▼新しい時代が人類の進歩と協調を予感させるものであってほしいと願う。「令和」の時代が間もなく始まる。

「防衛省シンポジウム」開催

新たな大綱めぐり討議

研究者、学生ら約400人が聴講

新たな「防衛計画の大綱」をめぐって討議する（左から）宮崎、秋田、黒江、神保、道下の各氏（3月19日、東京都渋谷区の山野ホールで）＝防衛省提供

平成30年度「防衛省シンポジウム」が3月19日、都内で開催され、防衛産業の関係者や研究者、学生など約400人が聴講した。

今年のテーマは「日本の防衛～新たな防衛計画の大綱」。岩屋防衛相は開会あいさつで「防衛省・自衛隊は国民の皆さまのご理解と信頼があればこその組織だ。一人でも多くの国民の皆さまに日本の新しい防衛政策について理解を深めていただきたい」と述べた。

続いて、槌道明宏防衛政策局長が基調講演し、昨年末に策定された新たな「防衛計画の大綱」について分かりやすく解説した。

その後、パネルディスカッションが行われ、千葉商科大学の宮崎緑教授を司会に、日経新聞の秋田浩之・編集局コメンテーター、元防衛事務次官で国家安全保障局・国家安全保障参与の黒江哲郎氏、慶應大学の神保謙教授、政策研究大学院大学の道下徳成教授が登壇。

黒江氏は日本の尖閣諸島周辺海域に頻繁に侵入を繰り返す中国公船などの事例を挙げ、「既に我々はグレーゾーンの中にいる」と発言。「新たな大綱は自衛隊に『今が有事』として対応することを求め、またそれをやっていくことを示している」と述べ、これまでの大綱との違いを説明した。

一方、秋田氏は優秀な人材確保の観点から日本が抱える問題を指摘。「知識を詰め込んで受験する日本のエリート教育では優秀な人材は出てこない」と述べ、日本がマルチドメイン（複数領域）で成功するためには、①民間と防衛の協力②教育制度の見直し――の2点が重要だと強調した。

道下教授も優秀な人材の確保を喫緊の課題に掲げ、「日本が持つ比較優位を最大限に生かし、難しい課題にチャレンジしていくことが重要だ」と述べた。

神保教授は日本の防衛予算について「国内総生産（GDP）の1%以下の状況で宇宙やサイバー、電磁波、AIなどあれもこれもと（手を広げ）続ければ、（中途半端になって）日本の脆弱性が拡大する」と厳しく指摘し、「戦略的な選択」の必要性を訴えた。

「きりさめ」が仏海軍と訓練

日仏共同訓練で近接運動を行う海自の護衛艦「きりさめ」（奥）とフランス海軍のフリゲート「ヴァンデミエール」（4月14日、東シナ海で）

海自4護群8護隊の護衛艦「きりさめ」（艦長・伊藤雅彦2佐）は4月14日、来日したフランス海軍フリゲート「ヴァンデミエール」（満載排水量約2950トン）と九州西方海域で共同訓練を行った。

「ヴァンデミエール」は北朝鮮船舶による違法な「瀬取り」の警戒監視活動の一環として4月10日から14日まで、佐世保に寄港。共同訓練では対空戦、機関銃射撃、近接運動、ヘリ発着艦などを実施し、日仏艦艇の連携を強化した。

時の焦点

国内　衆院補欠選挙

参院選へ 与野党に課題

与野党ともに、選挙結果を的確に分析し、国民の期待に応える努力が求められる。

衆院大阪12区と沖縄3区の両補欠選挙で、自民党が敗れた。夏の参院選の前哨戦であり、与党には大きな痛手である。

補選は一般的に、閣僚や党幹部による応援を集中できることなどから、与党に有利に働くとされている。安倍首相が再登板した2012年の第2次内閣発足後、自民党が国政選挙の補選で敗北したのは初めてだ。

自民党の二階幹事長は「謙虚に受け止め、敗因の分析を急ぎ、今後に備えたい」と語った。

大阪は日本維新の会が強く、沖縄は米軍普天間飛行場移設問題に関心が集中した。こうした地域的な事情が大きく影響したにせよ、閣僚や副大臣があまりにも軽率な失言で辞任した直後である。「1強」の驕りに嫌気が差した有権者も多かったのだろう。

野党は、共闘に成功した沖縄3区補選の勝利に気勢を上げている。政党色を薄めた無所属候補を各党が支援する形として、候補者の一本化に成功したためだ。

野党や一部メディアには、閣僚の不祥事が相次ぎ、参院選の敗北、首相退陣につながった第1次安倍政権に似てきた、という声が出ている。

だが、現段階で参院選の与党敗北まで見通すのは早計であろう。

国民の政治意識を分析するうえで、興味深いのは、朝日新聞社が実施した全国世論調査の結果である（4月16日付）。

桜田義孝・前五輪相の失言による辞任について「遅すぎた」と答えた人は62%、塚田一郎・前国土交通副大臣の「忖度」発言は「大きな問題だ」とした人は56%に上った。それにもかかわらず、「内閣のイメージ」は「変わらない」が最多の56%となった。内閣支持率にいたっては、44%と前回調査より3ポイント上昇したのである。

新元号令和の発表により、祝福ムードが広がったことが政権にプラスに作用した面はあろう。

だが、それ以上に、当面、政権を委ねられる勢力がほかにないことが大きいのではないか。

朝日新聞社の同じ世論調査で、野党の支持率はいずれも10%未満にとどまっている。民主党が期待を集めていた2007年参院選当時との大きな違いである。

参院選では、沖縄のような野党共闘を全国で展開するのは難しい。

今回の衆院大阪12区補選では、立憲民主党も国民民主党も候補を擁立せず、自主投票とした。共産党は前衆院議員を無所属で擁立したが、元民主党の無所属候補の得票に及ばず、野党結集の軸となることはできなかった。

与党が長期政権の驕り、緩みを排して、謙虚に政権を運営できるか。野党が政策・理念を磨き、政権の受け皿としての期待を高められるか。

補選が明らかにした課題への、与野党の対応が問われる。それが参院選の行方に直結しよう。

宮原 三郎（政治評論家）

海外　イスラエル選挙

ネタニヤフ首相が勝利

イスラエルで4月9日、総選挙の投開票が行われ、ネタニヤフ首相が率いる与党の右派「リクード」が36議席を獲得し、第1党になった。

定数120のうち、全体では右派勢力が65議席と過半数を確保。同首相には汚職疑惑の問題があるものの、続投となる見通し。ネタニヤフ氏が5期目続投となれば、イスラエル独立を宣言したベングリオン初代首相を抜き、在任期間が歴代最長になる。

9日夜、開票が進む現地からのTV中継を見ていて、実に興味深かった。2016年のトランプ対ヒラリーの米大統領選を彷彿させたからだ。

午後10時の時点でも、同国で最も著名な世論調査専門家は、ガンツ元軍参謀総長率いる野党統一会派の中道「青と白」の圧勝と予想。

こうした見方は投票日までずっと続いてきて、ヒラリー陣営も結果判明の直前まで、マンハッタンで当選祝賀の花火大会を行う準備をしていたほど。結果が出るや、有力選挙参謀の一人が首になったものだ。

ネタニヤフ氏が居を構えるカイサリアは、高所得層が住む海辺の町だが、住民の大半はガンツ候補を支持。一方、ガンツ氏の住むロシャアインは労働者階級の小さな町で、町民のほとんどがネタニヤフ首相に投票した。

ニューヨークやロサンゼルスなど、リベラル派が多い大都会ではヒラリー氏が支持を得た半面、保守意識が強い地域は、劣勢を伝えられたトランプ氏に「アメリカ・ファースト」の希望を託した。同じパターンである。

ネタニヤフ氏は、その個性と「イスラエル・ファースト」の確固たる政治信念が支持層にアピールする。

「リクード」はシャロン党首時代の03年選挙で38議席を獲得。ネタニヤフ氏が後を継いだ06年は12議席に落ち込んだが、09年27、13年31、15年30、そして今回は36議席。党の団結、支持基盤の強化に成功しているのだろう。順調な国内経済に加え、対外面でも、ネタニヤフ政権は自国を大きな戦争に巻き込まず、いかなる攻撃、侵入も現実の国家的脅威になるのを防いできた。

パレスチナ自治区ガザを実効支配するイスラム原理主義組織ハマス、イスラム教シーア派原理主義組織ヒズボラは治安上の懸念だが、大部分を阻止してきた。

イスラエルがシリア領内のイラン軍陣地を空爆しても、大規模な報復攻撃はなく、ロシアも干渉してこない。トランプ氏の米国を「後ろ盾」にしたネタニヤフ外交の成果だろう。

トランプ大統領は3月21日、1967年の第3次中東戦争でイスラエルが占領したゴラン高原に同国の主権を認めた。

プーチン・ロシア大統領も4月4日、82年のイスラエル軍のレバノン侵攻時に行方不明となっていたイスラエル兵の遺体が発見され、同国に返還された、と発表した。

選挙直前の米ロの動きは、ネタニヤフ政権への「ビッグ・プレゼント」。中東の政治構図の様変わりを改めて印象付ける。

草野 徹（外交評論家）

2019年度の陸自主要演習　陸幕が発表

陸上自衛隊2019年度主要演習

演習名	担任方面隊等	実施国	時期
アークティック・オーロラ	陸上総隊	米国	5～6月
サザンジャッカルー	東方	豪州	5～6月
カーン・クエスト（多国間共同訓練）	陸上総隊	モンゴル	6月
タリスマンセイバー	陸上総隊	豪州	6～8月
方面隊転地演習（師団、連隊等）	北、東北、東、中方	日本	7～9月（師）、7～来年3月（連）
オリエント・シールド	西方	日本	7～9月
方面等実動演習	北、中、西方	日本	7～9月(北)、10～12月(西)、1～3月(中)
ヤマサクラ76、77（日米共同方面隊指揮所演習）	東方	米、日	7～9月、10～12月
ライジング・サンダー	東方	米国	7～9月
ホーク中ＳＡＭ部隊実射訓練	15高特連など	米国	7～12月
地対艦ミサイル部隊実射訓練	地対艦ミサイル連隊	米国	7～12月
カマンダグ	陸上総隊	比国	9～12月、来年1月～3月
フォレストライト01、02	中、西方	日本	10～12月（中）、来年1月～3月（西）
ダルマ・ガーディアン（印陸軍との実動訓練）	東方	インド	10～12月
ノーザンヴァイパー	北方	日本	来年1月～3月
国内における米豪軍との実動訓練	中方	日本	来年1月～3月
アイアンフィスト	陸上総隊	米国	来年1月～3月
コンバットトレーニングセンター	東北方	米国	来年1月～3月

陸幕は4月10日、2019年度陸自の主要演習の概要を発表した。

19年度の主要演習は18件で、このうち国内の大型演習は、北方、東北方、東方、中方が参加する協同転地演習など、米国派遣演習では日米共同実動訓練「アークティック・オーロラ」「ライジング・サンダー」「アイアンフィスト」などを行う。

また、豪州派遣演習では日米豪共同訓練「サザンジャッカルー」など、モンゴルでは多国間共同訓練「カーン・クエスト」、インドでは実動訓練「ダルマ・ガーディアン」を18年度に引き続き実施する。

共済組合だより

防衛省共済組合の職員を募集

防衛省共済組合では、防衛省共済組合本部等に勤務する職員を募集します。

▽募集職種　一般事務職及び経理事務職

▽採用人数　若干名

▽受験資格　①平成元年4月2日～平成10年4月1日生まれの者②平成10年4月2日以降生まれの者で、大学、短期大学又は高等専門学校を卒業した者及び平成32年3月までに大学、短期大学又は高等専門学校を卒業する見込みの者並びに防衛省共済組合がこれらの者と同等の資格があると認める者。

ただし、次のいずれかに該当する者は、受験できません。

①成年被後見人又は被保佐人（準禁治産者を含む）②禁錮以上の刑に処せられ、その執行を終わるまで又は執行を受けることがなくなるまでの者③法令の規定による懲戒免職の処分を受け、当該処分の日から2年を経過しない者④日本国憲法又はその下に成立した政府を暴力で破壊することを主張する政党その他の団体を結成し、又はこれに加入した者

▽試験内容　▽第1次試験＝基礎能力試験（多肢選択式）及び論文試験▽第2次試験＝個別面接試験

▽試験日　▽第1次試験＝平成31年8月31日（土）▽第2次試験＝平成31年10月16日（水）又は10月17日（木）のいずれか1日▽最終試験＝平成31年11月6日（水）

▽試験地　▽第1次試験＝TKP市ヶ谷カンファレンスセンター（東京都新宿区市谷八幡町8）▽第2次試験＝防衛省共済組合本部（東京都新宿区市谷本村町4−1）▽最終試験＝ホテルグランドヒル市ヶ谷（東京都新宿区市谷本村町4−1）

▽採用予定日　平成32年4月1日

▽給与等　防衛省職員に準ずる

▽勤務地　防衛省共済組合本部及び支部（全国勤務あり）

▽受験手続　（1）採用説明会への参加　受験申込みには採用説明会への参加が必要です。採用説明会は平成31年7月12日（金）、7月27日（土）及び8月2日（金）の各日2回（①13：30～14：15②15：00～15：45）開催します。詳細は、防衛省共済組合ホームページ（http://www.boueikyosai.or.jp/）をご確認下さい。

（2）受験申込　所定の受験申込書を受付期間内に特定記録郵便、簡易書留又は一般書留の郵便物として申込先に郵送して下さい。

（3）受験申込受付期間　7月16日（火）～8月13日（火）消印有効

▽その他　（1）業務説明パンフレットの郵送を希望される方は、左記の問い合わせ先まで連絡下さい。（2）身体に障害があるため、受験の際に何らかの措置を希望される方は、事前にその旨を受験申込書に記入の上、申し出て下さい。（3）受験に関する詳細事項については、防衛省共済組合ホームページの採用情報を随時更新しますので、必ずご確認下さい。

▽受験申込・受験申込書の送付及び問い合わせ先　防衛省共済組合本部人事班人事係　〒162−8853東京都新宿区市谷本村町5−1　TEL03−3268−3111　内線25163（対応時間：平日09：30～18：00（12：00～13：00を除く））

ブルーインパルス　6月末まで飛行停止

T4全機のエンジン部品交換

空自は4月19日、同2日から飛行を停止していたT4中等練習機全約200機の飛行停止を継続し、不具合の原因とみられるエンジン部品の交換を行うと発表した。

また、同型機を運用する4空団11飛行隊（松島）の「ブルーインパルス」についても4月～6月中の展示飛行は中止する。

空自によると4月2日午後1時10分ごろ、三沢基地を離陸したT4の右エンジンから異音と振動がしたため、同機は基地に緊急帰投。空自は同日からT4全機の飛行を見合わせていた。

緊急着陸したT4は離陸時、エンジンの異常を示すライトが点灯。帰投後の点検で、エンジン内部タービンブレードの羽根の1枚が外れ、排気口ノズルの一部がずれていたことが確認された。羽根が外れたことで他のエンジン部品も損傷したとみられる。

エンジンの製造会社IHIによる調査により、同部品の交換が必要なことが判明した。4月末から順次、T4の同部品の交換を行い、安全が確認された機から飛行を再開する予定。

中国軍機5機が宮古海峡を通過

空自緊急発進

中国軍のH6爆撃機4機とY8電子戦機1機が4月15日午後、沖縄本島と宮古島間の宮古海峡の公海上空を通過したため、空自南西空のF15戦闘機などが緊急発進して対応した。領空侵犯はなかった。

台湾南部のバシー海峡方面から飛来し、太平洋に進出した中国軍機は、沖縄・先島諸島沖を北東に進んだ後、針路を北西に変え、宮古海峡を抜けて東シナ海に入った。

統幕は同日、航跡図を公表した。

フリゲートも確認

一方、海上では同15日午後2時ごろ、宮古島の北東約120キロの海域を中国海軍の「ジャンカイII」級フリゲート（満載排水量3900トン、艦番号530「徐州」）1隻が南東に向け航行するのを海自5空群（那覇）のP3C哨戒機と8護隊（佐世保）の護衛艦「ちょうかい」が確認した。

中国艦は、宮古海峡を南東進して一時的に東シナ海から太平洋に進出。その後、再び同海峡を北西に進み、東シナ海に戻った。

中国軍機の航跡図（4月15日）

政専機交代後初の実任務

首相乗せ欧州、北米へ

空自特輸隊（千歳）のB777−300ER政府専用機は4月22日から29日まで、トランプ米大統領ら各国首脳と会談する安倍首相を乗せ、仏・パリ、伊・ローマ、墺・ウィーン、ベルギー・ブリュッセル、米・ワシントンDC、加・オタワの6カ国を巡る運航を行う。同機が実任務運航をするのは初めて。

防衛省発令

▽統幕人事教育課（航空集団後方主任幕僚）　1海佐　森岡　信也

▽航空集団後方主任幕僚（航空集団司令部）　同　瀧谷　芳洋

▽81航空隊副長（81航空隊）　同　菅原　克憲

▽大湊病院（海幕首席衛生官付衛生企画室）　同　海老沢　政人

（以上4月15日）

▽1潜水隊群首席幕僚（ちはや副長兼航海長）　2海佐　岡崎　淳平

（4月16日）

▽特別航空輸送隊701飛行隊長（特別航空輸送隊）　2空佐　鈴木　克洋

▽教材整備隊司令（教材整備隊）　1空佐　島田　卓

（以上4月18日）

天皇陛下と防衛省・自衛隊 ―― 平成を回顧して

防衛研究所研究幹事
庄司 潤一郎

時代を通して関係変化
陛下のご活動に多大な貢献

はじめに

来たる4月末日をもって、天皇陛下は退位され、「平成」の御世は終わりを迎える。一方、陛下と防衛省・自衛隊の関わりについては、あまり語られることはない。そこで本稿では、平成における両者の関係について考察したい。

天皇の行為は「国事行為」「公的行為」「その他の行為」と大きく三分類されている。「国事行為」は憲法により定められた国家機関としての行為であり、「公的行為」は「国事行為」とは異なり、憲法に明文化されていないものの、象徴としての地位に基づいて行われるものである。

恒常的な「公的行為」における自衛隊の関わりは、まず、国王、大統領など外国の賓客が来日された折の歓迎式典である。式典では、自衛隊による儀仗が行われる（自衛隊法施行規則第2章）。

ちなみに、両陛下の地方行幸啓の際にも、自衛隊部隊等が所在する市町村やその近傍を通過する時に、自衛隊員によると列が実施されることがある。最近では、昨年3月の日本最西端の与那国町訪問に際して、自衛隊員のと列が行われた。

第二に、海外御訪問の往復には空自が運航する政府専用機が使用される（自衛隊法第100条の5）。政府専用機は平成5年4月から運用が開始され、空自の特別航空輸送隊（千歳基地）に所属している。両陛下の海外御訪問は16回実施され、第1回は平成5年9月のヨーロッパ諸国御訪問（イタリア・ベルギー・ドイツ）、最後は平成29年2〜3月のベトナム御訪問であった。

第三に、高級幹部会同参加者の拝謁（天皇陛下、定期的、平成では少なくとも10回）、国際平和協力業務（PKO）の御接見（両陛下、不定期、同10回）で、いずれも宮殿において実施されている。

自衛隊高級幹部会同は、昭和35年11月2日の自衛隊記念日に当たり、昭和天皇が陸上自衛隊各方面総監、海上・航空自衛隊幹部20名が宮殿において御会釈を賜ったのが初めてである。38年11月には「御会釈」から「拝謁」としての取り扱いに格上げされ、翌39年9月16日、自衛隊高級幹部会同に参集する陸海空自衛隊の主要幹部の拝謁を毎年行われ、その後は毎年行われる慣例が作られたのである（『昭和天皇実録』）。この慣例は、平成に入っても引き継がれたのである。

自衛隊の国際貢献活動は、まさに平成に入った平成3年の湾岸戦争における海自掃海艇の派遣を嚆矢としており、これまで海外に派遣された自衛隊員は延べ約5万7460人に上っている。5年11月、カンボジアの国連平和維持活動に参加した自衛隊員などが赤坂御所に招かれ、活動内容の報告の後、陛下から「ご苦労でした」とのお言葉をいただいた。これまで国際貢献では、青年海外協力隊、国際緊急援助隊の隊員らが招かれていたが、自衛隊員は初めてであった（『朝雲新聞』5年12月2日）。

また、18年12月、両陛下はイラク人道復興支援特別措置法などに基づきインド洋やイラクに派遣されていた自衛隊員などに対して接見され、「厳しい環境のもとでの任務の遂行にはさまざまな苦労があったことと察します。……精神的にもずいぶん大変だったでしょう」と労われた（『読売新聞』18年12月15日）。

25年2月、中東ゴラン高原、中米のハイチ、アフリカの南スーダン、東南アジアの東ティモールに派遣された延べ1900人の代表168人と懇談、天皇陛下は、「危険を伴う厳しい環境の中で、さまざまな計り知れない苦労があったことと察しています。みなさんの尽力により、これら地域の平和と安寧が保たれたことは、誠に意義深いことであったと思います」と述べられた（『朝日新聞』25年2月14日）。

一方、「その他の行為」として行われている各省庁トップによる御進講においても、防衛省（防衛庁）の事務次官は、天皇陛下に対して、日本の安全保障政策について延べ7回御進講を実施している。

「即位の礼」と自衛隊

陛下の即位に際して、2年11月12日、平成最大の儀式である「即位の礼」が「国事行為」として挙行され、元首級70人含む158カ国、2国際機関から、内外合わせて約2200人が参列した。その際、自衛隊は「即位礼正殿の儀」において礼砲、「祝賀御列の儀」において儀仗（皇居正門〜赤坂御所正門）、およびと列・奏楽（赤坂御所までの途上）を行い、陸海空自衛隊員、防衛大学校、防衛医科大学校各学生の約1250名が参加した。

また、成田空港と都心との間の国賓等の輸送（自衛隊法第100条の5）が行われ、陸自ヘリ（V107、AS332Lスーパーピューマ）、海自・空自輸送機（YS11）合計20機が従事、11日間（2年11月8日〜18日）に延べ1000名以上を輸送したのである。

さらに、「即位の礼」に係る「高御座」と「御帳台」が、京都御所から皇居へ、陸自のヘリ（CH47）によって空輸され、式典当日、海自の在泊艦艇は祝賀の意を表して「満艦飾」を行った（防衛庁編『防衛白書 平成3年版』大蔵省印刷局。『朝雲新聞』2年11月15・22日）。

右 九州北部豪雨で自衛隊の災派部隊を指揮した5施設団長兼小郡駐屯地司令の秋葉瑞穂陸将補（当時）＝左＝にねぎらいの言葉を掛けられる天皇皇后両陛下（平成29年10月27日、福岡県朝倉市で）＝福岡県提供

上 熊本地震の被災地を見舞うため、陸自第1ヘリコプター団のCH47ヘリで熊本空港から南阿蘇村の白水運動公園に到着された天皇皇后両陛下（平成28年5月19日）＝防衛省・自衛隊提供

被災地お見舞い

平成を象徴する陛下の御活動として、二つの祈り、すなわち「被災地お見舞い」と「慰霊の旅」が挙げられる。平成時代は、大規模な自然災害が頻発、自衛隊も再三にわたって災害派遣を実施してきた。平成における派遣実績（平成元年〜28年）は、1万9814件、人員は392万2432人となっており、割合としては昭和を上回っている。その結果、災害派遣を通じて自衛隊の活動への理解は深まり、世論調査では「自衛隊を信頼している」と回答した国民は、5年には6％であったが、30年には74％に上昇、最も信頼される公共機関となった（『読売新聞』平成31年4月3日）。

その際、救援・被害状況の御説明を3回行っている。平成7年2月10日、陛下に対して事務次官と統合幕僚会議議長が、阪神・淡路大震災被災地の救助、救援等の状況について御説明を実施した。自衛隊の災害派遣で、制服トップの統合幕僚会議議長が天皇にお会いする機会はあったものの、御説明を行ったのは初めてのことであった（『産経新聞』平成7年2月11日）。

昭和天皇は、宮内府次長であった林敬三警察予備隊総隊総監（のち、保安庁第1幕僚長、統合幕僚会議議長）からは、頻繁に御進講を受けられていたが、それは例外であった。

ついで、23年4月1日、両陛下に対して防衛大臣と統合幕僚長が、東日本大震災と福島原子力発電所に対する自衛隊の活動状況について、23年8月3日には両陛下に対して陸自東北方面総監（統合任務部隊指揮官）が、東日本大震災に対する自衛隊の活動状況について御説明を行っている。

特に、被災地お見舞いに際しての御移動に自衛隊機やヘリが使用された。嚆矢となったのは、象徴的な最初の被災地お見舞いとしてしばしば紹介される3年7月10日の雲仙・普賢岳噴火のお見舞いである。以降、延べ11回にわたって、自衛隊が被災地お見舞いにおける御移動に参画したのであった。

ちなみに、「天皇」というお立場の方が自衛隊のヘリを初めて使用されたのは、昭和天皇が昭和62年6月22日、三原山噴火による伊豆大島被災地御訪問された折で、下田外ケ岡ヘリポートから大島空港まで、陸自のスーパーピューマ「はと号」に搭乗された。

これまでは自衛隊のヘリを利用できる「国賓等の範囲」に天皇が明記されていなかったため、当時、自衛隊法施行令が改正され、「天皇及び皇族」（第126条の16）が加えられたため、実現を見たのであった。昭和天皇にとって、初めてのヘリコプター御搭乗であった（『昭和天皇実録』）。

現地におけるヘリによる御移動・御視察のみならず、被災直後ということで移動手段が困難であったため、羽田空港と現地の往復も自衛隊の航空機が使用されることが多かった。

例えば、阪神・淡路大震災では、平成7年1月31日、羽田空港から伊丹空港までは空自のYS11輸送機、現地では陸自のCH47輸送ヘリで御移動された。

また、東日本大震災では、23年5月6日の岩手県御訪問に際して、羽田空港と花巻空港の往復は空自のU4多用途支援機、現地では陸自のEC225型スーパーピューマが使用された。さらに、岩手県から陸自第9師団への依頼により、バス（3台）と運転手が御移動に提供されたのであった（朝日新聞社会部『祈りの旅―天皇皇后、被災地への想い―』朝日新聞出版）。

被災地御訪問により、被災された人々はもちろん、災害派遣に従事していた隊員に両陛下からかけられた労いの言葉に、隊員は深い感銘を受けたと言われる。例えば、西日本豪雨の際、岡山県で被災者の救援活動に当たったある陸上自衛官に、皇后は「夜を徹して救助してくださって、ありがとうございました」と何度も謝意を述べられた（『産経新聞』30年9月15日）。

慰霊の旅

「慰霊の旅」は、戦後50年の平成7年、長崎・広島・沖縄などの行幸啓から始まったとされるが、実は嚆矢となったのは、その前年、6年2月の小笠原諸島行幸啓の一環として御訪問された硫黄島であった。

父島と母島に飛行場がなく、加えて硫黄島は政府専用機の離発着が不可能であったため、その移動では、警備・警戒を含めて自衛隊が全面的に支援することになった。

東京から硫黄島への往路は航空自衛隊のC1輸送機（第2輸送航空隊＝入間）、硫黄島と父島間および父島と東京間（帰路）は海上自衛隊のUS1救難飛行艇（第31航空群＝岩国）、そして父島と母島の往復には海上自衛隊のHSS2対潜ヘリ（第21航空群＝館山）が担当した。さらに、海上自衛隊の護衛艦が、空路や小笠原周辺で警戒・護衛に当たり、島内の移動には自衛隊の四輪駆動車が使用されたのである。

ある新聞は、「天皇慰霊の旅で自衛隊『史上最大の作戦』」と評し、航空・海上自衛隊の航空機20機以上、護衛艦約10隻と2000人を超す隊員が従事し、「大喪の礼」や「即位の礼」を上回る規模と報道された（『東京新聞』6年2月7日）。

羽田空港では東京都知事がお出迎え、航空幕僚長が御先導を行い、硫黄島御到着に当たっては、赤絨毯の上を歩かれる両陛下を海上幕僚長以下、海上自衛隊および航空自衛隊の隊員が整列してお迎えし、航空基地では、都知事と海上幕僚長から、硫黄島や自衛隊基地の概要について説明を受けられた。

こうした支援や硫黄島における自衛隊の任務について、両陛下は、「今日、硫黄島の厳しい環境の下で勤務している自衛隊ならびに海上保安庁の労苦を多とするものであります」との御感想を述べられ、自衛隊を筆頭に言及、慰労された。

陛下は、硫黄島航空基地、正式には海上自衛隊硫黄島航空基地隊と航空自衛隊硫黄島基地隊に行幸啓、すなわち公式に御訪問されたが、「天皇」というお立場の方の自衛隊基地への行幸啓は、管見の限りこれまで2回行われた。

一つは硫黄島、そしてもう一つは陸上自衛隊湯布院駐屯地である。昭和41年10月25日、昭和天皇・皇后は大分国体に際してホッケー御観覧のため同駐屯地に行幸啓された。現在、駐屯地には、「行幸啓記念碑」があり、広報館にはその時の玉座が展示されている。また、『昭和天皇実録』には、以下のように記されている。

「大分郡湯布院町の国体ホッケー競技会場の陸上自衛隊湯布院駐屯地に向かわれる。同駐屯地正門より御入門の際、警衛隊より着剣捧げ銃の敬礼を、正門内外において、堵列者の挙手の敬礼をそれぞれ受けられる」

戦後60年の平成17年6月、両陛下は初の海外における「慰霊の旅」であるサイパンを御訪問された。その後、27年4月のパラオ、28年1月のフィリピン、そして29年2、3月のベトナム御訪問と、「慰霊の旅」を続けられた。

海外の「慰霊の旅」に際しては、政府専用機が利用されたが（パラオでは滑走路の関係から民航特別機）、加えて戦史に関する御説明が、毎回御所において行われたのであった（サイパンは2回のため、延べ5回）。御説明は、防衛研究所戦史部（現在、戦史研究センター）が担当した。

ちなみに陛下は、戦史の意義を認識されており、以下のように述べられている。

「三笠宮が陸軍大学の時代に、戦史をやる人と戦術をやる人とが演習をやると、必ず戦史をやる人が勝つんだそうです。結局、現在の状況を判断する上で戦史が一番大事だと考えられて、歴史を戦後に始められたという話を聞いたので、そういうある程度の長さの期間でみるのが、現在、それから近い将来を含んだ一つのものをつかんでいくことになると思うんです」（昭和52年12月、皇太子誕生日記者会見）。

おわりに

陛下は、東日本大震災に際しての御言葉（平成23年3月16日）において、以下のように述べられていた。

「自衛隊、警察、消防、海上保安庁をはじめとする国や地方自治体の人々、諸外国から救援のために来日した人々、国内のさまざまな救援組織に属する人々が、余震の続く危険な状況の中で、日夜救援活動を進めている努力に感謝し、その労を深くねぎらいたく思います」

東日本大震災において災害派遣を現場で指揮した東北方面総監（統合任務部隊指揮官）は、「自衛隊を真っ先に言及していただいた」と感動したと言われている（朝日新聞社会部『祈りの旅』）。ちなみに16年の新潟県中越地震の際は、「救助、救援活動に当たった消防、警察、自衛隊の人々、また全国から集まったボランティアに対し、深く感謝しています」と述べられていた（天皇誕生日に当たって）。

また、27年9月の関東・東北豪雨に対しても、「自衛隊等の救助活動をはじめとするヘリコプター等の救助活動により、人々が無事に救出されたことは本当に幸いなことでした」と述べられていた（天皇誕生日に当たって）。

皇后陛下も、26年お誕生日に際して、集中豪雨や火山の噴火を踏まえて、「限りのない困難に立ち向かい、救援や捜索に当たられた各県の関係者はじめ自衛隊、消防、警察、医療関係者、捜索の結果を待つ遺族に終始寄り添われた保健師の方々に、感謝をこめ敬意を表します」と述べられていた。

米国の天皇制研究の第一人者であるケネス・ルオフ（オレゴン州のポートランド州立大学教授）は、「戦争終結後70年近く、皇室と自衛隊の関係はデリケートでありつづけたということです。……自衛隊員は国家のための仕事に多大な犠牲を払ってきました。それはとうぜん皇室が関心を払ってしかるべき公務です」と指摘していた（ケネス・ルオフ『天皇と日本人』朝日新書）。

しかし、「被災地お見舞い」と「慰霊の旅」という平成を象徴する陛下の御活動において、防衛省・自衛隊ならではの多大な貢献を行い、陛下もそれを多とされ、平成を通して、両者の関係は変化していったのであった。

被災地御訪問の際、制服姿の自衛隊幹部らと昼食を共にしながら説明を受けられた際、関係者は、「天皇と自衛隊の関係の変化を感じる光景だった」と回想していたのである（『読売新聞』31年3月26日）。識者からも、「相次ぐ災害によって、天皇と自衛隊の距離は昭和よりも縮まっています」と指摘されたのであった（原武史『平成の終焉―退位と天皇・皇后』岩波新書）。

今春行われた防衛大学校の卒業式において、陛下の側近トップであった前侍従長の川島裕氏が来賓としてあいさつをされたが、これもそうした時代の変化を象徴しているのではないだろうか。

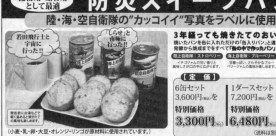

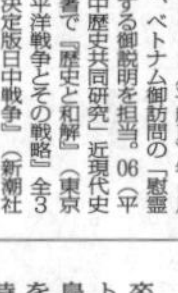

庄司 潤一郎（しょうじ・じゅんいちろう）
1958（昭和33）年東京生まれ。筑波大学社会学類卒、同大学大学院社会科学研究科博士課程単位取得退学。防研戦史研究センター長などを経て現職。専攻は近代日本軍事・政治外交史、歴史認識問題。天皇皇后両陛下の2005（平成17）年6月のサイパン以来、パラオ、フィリピン、ベトナム御訪問の「慰霊の旅」に際し、事前に御所で戦史に関する御説明を担当。06（平成18）年から10（平成22）年まで「日中歴史共同研究」近現代史分科会委員。主な著書に、いずれも共著で『歴史と和解』（東京大学出版会、2011年）、『検証太平洋戦争とその戦略』全3巻（中央公論新社、2013年）、『決定版日中戦争』（新潮社刊、2018年）などがある。

部隊だより

海

館山 21空群は3月29日、館山市自衛隊協力会と共催し、基地で観桜会を開催した。同会は「桜に感謝し、地元に感謝し、共に春を祝う」をテーマに行われ、基地内の5分咲きの桜101本が地域住民ら約400人を出迎えた。来場者は桜を愛でながら、給養員が腕を振るった「館空カレー」や「つみれ汁」などに舌鼓を打ち、海自への理解をさらに深めた。

下総 基地業務群は3月23日、特別養護老人ホーム「ひかり隣保館」でボランティア活動を行った＝写真㊤。参加した21人の隊員は、施設職員らとお年寄りと触れ合いながら、施設内の窓ガラスや網戸の清掃などを行った。参加者は「今後も地域住民との交流を通して、地域社会に寄与できるよう取り組みたい」としている。

新井 横須賀警備隊は3月6日、相模湾で特別体験航海を実施した。当日は掃海艇に乗艇し、募集対象者らが艦橋や食堂、居住区などを見学し、海自の装備や勤務の一端に触れた。

呉 呉教育隊は3月8日、第18期一般海曹候補生課程修了予定者の「持久走競技」を行った＝写真㊦。休日なども使い鍛錬に励んだ学生たちは、呉水交会員や職員が見守る中、号砲と同時に一斉に出走。それぞれが1秒でもタイムを縮めようと力を振り絞って3000メートルを走り切り、11分隊が分隊優勝に輝いた。

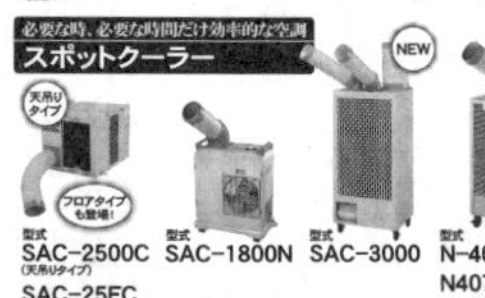

那覇 5空群はこのほど、青森県から空輸した雪を沖縄県内の保育所などにプレゼントした。この行事は2空群（八戸）と5空群の上番会が中心となり行われ、八戸での訓練を終えたP3C哨戒機に雪を載せ、子供たちに届けた。初めて雪を見た児童は「冷たーい！」とはしゃぎ、隊員が頭上からふるい落とした雪に歓声を上げて喜んでいた＝写真㊤。

函館 28普連は4月8日、駐屯地で自衛官候補生31人の入隊式を行った。式には八雲町長をはじめ、各協力団体会長や家族など約90人が参加。連隊長は自候生らに辞令を手渡し、式辞で「高い志と大きな夢を持ち入隊した諸君、共に切磋琢磨していきましょう」と激励した。その後の祝賀会では、自候生とその家族が懇談した。

帯広 4普連は4月6日、駐屯地で一般曹候補生65人の入隊式を行った。式には各協力団体の代表や候補生の家族など約180人が出席。執行官の荒木真吾1佐は式辞で「真摯に教育に臨み、同期と切磋琢磨して絆を深めてもらいたい」と要望した。式後、小銃を手にした候補生たちは決意を新たにしていた。

釧路 駐屯地は3月16日、釧路市内のホールで「部隊ミュージックフェス」を開催した＝写真。約1200人が訪れた。27普連の20人によるファンファーレドリルを皮切りに、釧路音楽隊が北海道日本ハムの応援歌などの力強い演奏を披露。5音（帯広）が加わり、フィナーレでは「花は咲く」を合唱した。

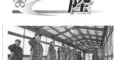

桜満開　堂々パレード

高田、新発田両駐屯地

上越市民や観光客ら7500人が声援

パレードの先頭は高田・新発田両駐屯地の音楽クラブが務め、マーチング演奏を披露した

桜の名所として知られる新潟県上越市の高田公園で4月6日、約4000本の桜が咲き誇る中、郷土部隊である高田、新発田両駐屯地の隊員163人と陸自車両26両が「高田自衛隊パレード」を行った。

高田城の城跡に整備された同公園では、毎年この時期に「高田城百万人観桜会」が開催されている。樹齢100年を超えるソメイヨシノは、東京都台東区の上野恩賜公園、青森県弘前市の弘前公園と並んで「日本3大夜桜」に数えられている。

この桜は明治41年、旧陸軍13師団を高田へ誘致した際に記念植樹されたもの。旧高田歩兵58連隊の在郷軍人たちが寄付金を集めて約2200本を植え、それが世代を超えて見事に育った。

高田、新発田両部隊によるパレードは今年で6回目。この日は晴天に恵まれ、会場では村山秀幸上越市長や観客ら約7500人が地元の郷土部隊を出迎えた。

パレードは両駐屯地の合同音楽クラブが先頭を務め、続いて高田駐屯地の装輪装甲車など各種車両も次々と登場。かつて13師団が高田に入城した時と同じように、部隊は公園内の「司令部通り」を堂々行進し、沿道に詰めかけた観客から大きな拍手と声援が送られた。（高田）

沿道を埋めた7500人の観客が見守る中、堂々と行進を行う高田駐屯地の指揮通信車（中央）などの車両（4月6日、新潟県上越市の高田公園で）

公園内の「司令部通り」を行進する高田駐屯地の隊員たち

空

浜松 広報館は3月9日、10日、F15戦闘機の地上展示を行った。約5800人が広報館のエプロン地区を訪れ、普段は間近で見られない戦闘機を見学。来場者からは「大きい！」「迫力がある」と驚きの声が聞かれ、機体の近くまで行ってゆっくり観察するなど楽しんでいた。毎年楽しみにしている方もいた。

百里 7空団302飛行隊は3月26日、基地の格納庫で部隊改編式を行った。飛行隊長は式辞で「伝統と、これまで携わってきた全員に感謝を込め、次の任務をF35A戦闘機に託す」と述べ、「空自最初のF35A飛行隊として新たな歴史を刻むだろう」と祝辞を述べた。

市ヶ谷 比空軍司令官のブリゲス中将が3月12日、防衛省を訪れ、丸茂空幕長と会談した。両者は地域情勢や日比防衛協力などについて、幅広く意見を交換。翌13日には入間、百里基地を訪れ、交流を通じて日比空軍種間の相互理解を深めた。百里基地を視察後は、記念塗装が施されたF4戦闘機の前で空幕長と記念撮影を行った＝写真㊦。

久留米 西部方面混成団1教育大隊は4月6日、女性自衛官候補生195人の入隊式を行った。駐屯地では昨年8月に女性自衛官教育隊が設置され、今年3月に女性自衛官教育中隊長が着任。入隊者は「日々の努力が身体の糧となるよう、新たな気持ちで訓練を頑張りたい」と語った。

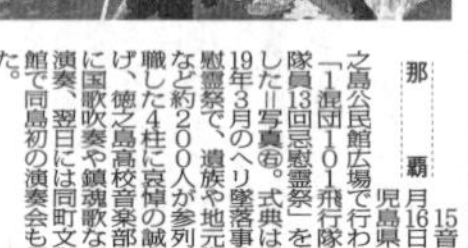

北熊本 42即機連は3月17日、駐屯地で創隊1周年の記念行事を行った。当日は協力団体や隊員家族らが参加。連隊長は「諸職種協同部隊の実力を最大限発揮する」と述べた。その後、観閲行進や訓練展示などが披露された。

別府 駐屯地の曹友会、陸士会は3月24日、別府市内の「境川清掃ボランティア」に参加した＝写真。周辺住民らと連携し、川の中のゴミ拾いや草刈りを行い、約80袋のゴミを回収。参加者は「地域の美化と交流ができた」と語った。

那覇 15旅団は3月16日、鹿児島県の徳之島町公民館広場で行われた「1混団101飛行隊殉職隊員13回忌慰霊祭」を支援した＝写真㊦。式典は平成19年3月のヘリ墜落事故の殉職者を慰霊するもので、遺族や地元住民ら約200人が参列。徳之島高校音楽部と共に献歌や鎮魂歌などを演奏。翌日には同町文化会館で同島初の演奏会も行った。

陸

青森 5普連は東和電材の新入社員15人に対し、4月2日から2泊3日の体験入隊を行った。初日は担当教官の玉熊誠曹長が説明を行い、基本教練で敬礼などを実習＝写真㊤。2日目には小谷演習場で10キロ行進に挑戦し、最終日には腕立て伏せなどの体力測定をした。参加者からは「規律の重要性や協力の大切さを学んだ」などの感想が聞かれた。

福島 44普連は4月6日、駐屯地で自衛官候補生70人の入隊式を行った。後藤洋之自候生（31）が入隊を申告、田島懐哉自候生が「一致団結し、心身を鍛え、技能を磨く」と宣誓した。続いて土肥直人1佐が自候生らを激励し、萩原妙師候補生が答辞を述べた。式後、後藤自候生は「国を守る自衛官になれるよう、同期で一致団結して頑張りたい」と語った。

武山 高工校は4月10日、65期生346人の新入生歓迎行事を行った。同行事は在校生の自主性や指導力を養うため、生徒が実行委員会を運営。学校行事を漫才風に伝えるパフォーマンスのほか、陸自中音（朝霞）と同校吹奏楽部による演奏なども行われた＝写真㊤。最後に新入生代表の小山田和輝生徒が中音の指揮者・稲積英典3佐に花束を手渡した。

大津 駐屯地は3月10日、滋賀県で開催された「びわ湖毎日マラソン大会」を人員25人、車両5両で支援した。昭和36年から支援を続け、今回で58回目。当日は雨の中、発着地点となる大津市内の皇子山競技場を拠点に活動した。取材車の運転手を務めた中混団の遠山康隆1曹は「選手が無事に走りきれるよう支援し、レースを円滑に進めたい」と語った。

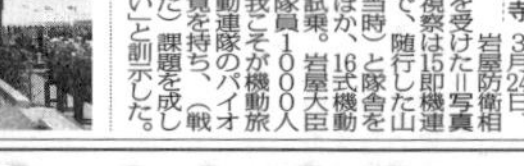

善通寺 14旅団は3月24日、岩屋防衛相の部隊視察を受けた＝写真㊤。大臣の視察は15即機連の新編後初で、随行した山崎陸幕長（当時）と隊舎を見て回ったほか、16式機動戦闘車にも試乗。岩屋大臣は団隷下の隊員1000人に対し、「我こそが機動旅団、即応機動連隊のパイオニアとの自覚を持ち、（戦力化に向けた）課題を成し遂げてほしい」と訓示した。

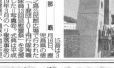

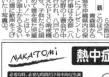

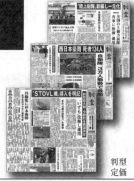

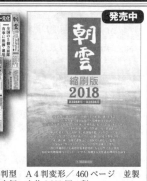

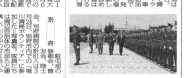

固定翼UAV「スキャンイーグル」

陸自が初導入

42即機連などを情報面から支援

陸上自衛隊は3月の年度末改編で、南九州の警備に当たる8師団（北熊本）に、無人偵察機（UAV）を装備した「情報隊」（約50人）を新編した。薩南諸島など島嶼にも対応する8師団の偵察・情報収集能力の強化を目指したもので、陸自として初めて中域用の固定翼UAV「スキャンイーグル」を導入、有事や大災害に即応する42即応機動連隊（北熊本）などを情報面から支援する。同機は24時間以上の滞空時間を有し、中域での哨戒活動のほか、災害時はいち早く被災地の状況や部隊の進出経路などを上空から偵察できる。

機首部に偵察用センサーを搭載した無人機「スキャンイーグル」（ボーイング社HPから）

ガス圧式カタパルトを使い、空に打ち出される無人機「スキャンイーグル」（米海軍HPから）

防衛技術

滞空時間は24時間
中域で偵察可能な自律型
米国製　各国部隊が使用
滑走路は不要

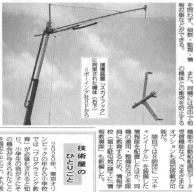

「スキャンイーグル」は約24時間の滞空時間を持ち、広い範囲（中域）で偵察活動が可能な自律型UAVだ。米ボーイング社傘下のインシツ社が開発し、2004年から米海兵隊など各国の部隊でも使用している。

「スキャンイーグル」の最大の特徴は、固定翼機でありながら、容易に発進・回収ができること。発進には圧縮ガスを使った専用のカタパルトを使い、回収には垂直に張ったワイヤーに翼を引っ掛ける「スカイフック」を使用するため滑走路は必要なく、艦上など狭い場所でも運用できる。

機体サイズは全長1・4メートル、全幅3・1メートル、重量13キログラム、最高時速150キロ。機首部に観測用センサー、胴体尾部にエンジンとプロペラが配置され、ガソリンで駆動する。飛行は事前に入力したプログラムで指定されたルートを自律飛行するほか、GPSとフライトコンピューターを使ってオペレーターが遠隔操縦することもできる。

搭載センサーは地上偵察用の電子光学／赤外線カメラで、このほか使用目的に応じてさまざまな機器・装置も搭載が可能。これにより昼夜を問わず、偵察・監視・情報収集などができる。

また、同機には空中で他の機体との衝突を防止する機能や自動船舶識別データ受信機能など、さまざまなオプションも追加搭載可能だ。

陸自では8師団に「スキャンイーグル」を装備した情報隊を配置したほか、同隊の運用・整備法などを隊員に教育するため、情報学校（富士駐屯地）隷下に「情報教導隊」も新編した。

捕獲装置「スカイフック」に拘束された機体（右下）＝ボーイング社HPから

☆英陸軍、新型の爆発物処理ロボ「T7」導入

米軍に続いて英陸軍も次期爆発物処理ロボットに米ハリス社製の「T7」を選定した。「T7」は遠隔操縦システムに「触覚フィードバック機能」が導入され、操縦者がロボットのアームを動かす際、自らの手に同じようにデリケートな操作が可能で、即席爆発物処理などに適している。英軍では2020年までに装備化を進める計画。

技術が光る　〈82〉

超高強度繊維補強コンクリート「ダクタル」　大成建設

8・4キロの鋼製飛翔物の貫通防ぐ

強度はコンクリートの4～8倍

国連のPKO（平和維持活動）などで派遣部隊の宿営地内に迫撃弾などが着弾しても、隊員の安全が確保できる防護力の高い施設が作れたら――。そんな自衛隊向けの用途にも対応が可能な超高強度繊維補強コンクリート「ダクタル（UFC）」の技術を有しているのが、大成建設（本社・東京都新宿区）だ。

「ダクタル」はセメントをベースとした技術でありながら、コンクリートと比べ飛躍的に強度を高めた新素材だ。「弊社で使用しているダクタルは1990年代にフランスで開発され、2000年頃から日本に技術導入された材料です。04年に土木学会より『超高強度繊維補強コンクリートの設計・施工指針（案）』も示され、弊社は道路橋など20件以上の国内トップの適用実績を有しています」と話すのは同社生産技術開発部の橋本理課長。

「ダクタル」は鋼材に匹敵する強度と靭性に優れ、耐久性も高い。これまでの同社などの研究では銃弾、爆風、落石などを想定した各種衝撃実験の結果、重量8・4キロの鋼製飛翔物の貫通を防いだ。同時に「ダクタル」で防護された施設内部にいる人の安全性も確保できることが証明された。

「弊社ではダクタルを使った厚さ6センチの薄肉耐爆プレキャストパネルも開発しました。これを格納庫などの外装材（屋根や壁）として使用すれば、内部の装備品の保護などに絶大な効果があります」と橋本課長は話す。

「ダクタル」はライフサイクルの長さにも定評があり、メンテナンスフリーのため、コストを大幅にカットできるという。通常のコンクリートではセメントの粒子間に空隙があるため、鉄筋を入れたとしても塩害や経年変化で強度が弱くなってしまうが、「ダクタル」ではケイ砂微粉やシリカフュームがその隙間に入るため、コンクリートの4～8倍の強度が保てるという。

錆びて劣化する鉄筋を一切使わない施工法により、民間では山形県の「酒田みらい橋」や羽田空港の「D滑走路」に使用されている。

また、「ダクタル」の硬化体は非常に緻密であり、塩分の浸透深さが一般のコンクリートに比べ10分の1～50分の1程度と小さいことから、海に近い駐屯地や基地の工事に利用すれば耐久性は大幅に向上する。

「厚さ5～10センチのダクタルを地面に敷設すれば簡易舗装としても活用できます。高耐荷スラブは耐摩耗性が非常に優れているため、戦車用の駐車場にも使えます」と橋本課長。「ダクタル」のパネルは厚さが薄く積層での長期保管が可能であるため、弾薬資材もしくは航空機の応急掩体の防護板への使用など、有事の際への備えとしての活用も期待できそうだ。

強度実験に使った「ダクタル」＝左＝を手に説明する大成建設生産技術開発部の橋本課長（東京都新宿区のホテルグランドヒル市ヶ谷で）

技術屋のひとりごと

プログラミング的思考

大西　洋一
（防衛装備庁・先進技術推進センター研究管理官＝第2技術領域担当＝付CBRN脅威対処技術推進室長）

2020年、東京オリンピックの年から小学校では「プログラミング教育」が必修化されると知り、小学生の我が子にその機会が与えられたことを喜ぶとともに、その教育に本人がどのように向き合い、育ち、親としてはどのように支援できるかと想いを馳せる時があります。

私自身は小学生時代がパソコン普及期の始まりで、父が買ってきたプログラミングの本を読み、紙上にプログラムを書いて動作を想像して楽しむ程度でしたが、高校では趣味でコンピューターの拡張ボード等の自作をしていた友人から種々教えを受け、それ以来、つかず離れず仕事・趣味でプログラミングとの縁が続いています。

ロボット、ゲーム等を題材にしたさまざまなプログラミング教室のチラシを見て、義務教育でプログラミングに取り組むことの意図が気になり、先日、文科省のホームページを見てみました。そこでは、背景として第4次産業革命や諸外国での教育理念等が紹介され、また、学習内容のほか学習過程、能力・資質の在り方等の総合的な検討について記されていました。そして、将来の社会では、情報技術の受け身な消費者であっては我身を守れず、さまざまなことに自ら興味を持ち、順序立てて考え解決できる力を全ての国民に養うという、大きな概念があるものと理解できました。

「プログラミング的思考」は工学に限らず哲学、詩作等あらゆる事に含まれているとのことで、我が子には興味のある題材を見つける支援をしたいと思います。

先進技術推進センターでは、今年度の組織改編により、基礎分野を含むさまざまな技術領域に対応することを目指しています。当室でも当該思考を活用して、前例にとらわれることなく柔軟に新しい技術を取り込むことで、画期的な「CBRN（化学・生物・放射性物質・核兵器）脅威対処装備」の創製に努めたいと考えています。

世界の新兵器　――523

高速艦隊給油艦「タイド」級［英］

民間人が運航する武装した補助艦艇

今回はいつもの戦闘艦艇ではなく補助艦艇である補給艦で、英海軍が現在、同型艦4隻を整備中の「タイド」級をご紹介する。

本級は補給艦とはいっても給油に重点を置いた大型の「高速艦隊給油艦（AO）」で、いわゆるタンカー、あるいはオイラーと言われるタイプに属する。2017年11月に1番艦「タイドスプリング」（A136 Tidespring）が就役したのに続いて、18年8月に2番艦「タイドレース」（A137 Tiderace）、本年2月に3番艦「タイドサージ」（A138 Tidesurge）が就役し、現在4番艦「タイドフォース」（A139 Tideforce）が艤装中である。

主要性能要目は、全長200.9m、垂線間長185.1m、最大幅28．6m、吃水10mで、満載排水量3,8000トンという大型艦である。主機は中速ディーゼル機関を用いたCODELOD（Combined Deisel Electric Or Diezel）と呼ばれる方式を採用し、使用速力に応じた経済的な燃料消費となるように設計されている。これにより推進器2軸で最大速力26.8ノット、巡航速力15ノット、航続距離18,200マイルとされている。

洋上補給装置は3基で、重油の他にディーゼル油、航空燃料､真水の補給も可能であり、潤滑油などはドラム缶詰めで前甲板装備のクレーンまたはヘリコプターによるバートレップで移載する。

固有乗員63人のほか、海兵隊やヘリコプター要員など46人の居住設備を有している。また、武装としてCIWSファランクスを2基と30ミリ単装機銃2基を装備し、後部には中型ヘリコプター1機用格納庫と「チヌーク」などの大型機が離着艦可能な飛行甲板を備えている。

船型としての最大の特徴は、何と言っても4万トン近い大型艦であるにもかかわらず前甲板にはブルワークではなく甲板室が設けられていることであろう。これは北大西洋における厳しい海洋環境を考慮したためとも考えられるが、日・米などでは見られないものである。

注目されるのは、本級の設計自体は「BMT Defense Services」社の手になるAEGIRシリーズの一つ「AEGIR－26タイプ」と言われるものであるが、建造は韓国の3大造船メーカーの一つである「大宇造船海洋」と4隻一括契約で行われていることである。韓国で建造される戦闘艦艇においてはこれまでにもいろいろと問題が発生していることが伝わってきているところであるが、本級1番艦でも艤装中に機関系統の不具合が見つかり、これの解決のために1番艦および2番艦の就役が半年ほど遅れたことが知られている。

ただ、船種としてはタンカーの一種に属するものであり、設計そのものは英国でのものであることもあって、一応既に就役した3隻はその後これまでに大きなトラブルの発生などは起きていないようである。

英空母「クイーン・エリザベス」（左）への洋上補給にも当たる「タイド」級補給艦（英海軍HPから）

ご存じのとおり、英海軍では本級を含め補助艦艇は全て英海軍艦隊補助部隊（RFA、Royal Fleet Auxiliary）が運用する。その名称のとおり、公的な組織上の位置付けは海軍とは別組織であり、一部、海軍軍人が乗り組むものの、基本的には民間人によって運航されるが、作戦上は各艦隊などの指揮下に置かれる。ただし、いわゆる正規の軍艦ではないので、英海軍の軍艦旗であるホワイト・エンスンではなく、民間船と同じブルー・エンスンの一種を掲揚する。

米国における輸送軍（US Transportation Command、USTRANSCOM）隷下の軍事海上輸送軍団（Military Sealift Command、MSC）と似たような組織ではあるが、MSCの船舶は非武装であり、RFAは平時から兵器を搭載している点は大きく異なる。

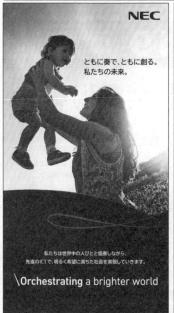

堤　明夫（防衛技術協会・客員研究員）

皐月、仲夏、橘月、梅色月、五月雨月——５月。

１日天皇ご即位の日、３日憲法記念日、４日みどりの日、５日こどもの日、12日母の日、15日沖縄本土復帰記念日、31日世界禁煙デー。

しものせき海峡まつり　山口県下関市の一大イベントで約１００人の鎧武者らが源氏と平家に分かれて市内を練り歩く。最終合戦の舞台・関門海峡では約80隻の船がパレードで合戦模様を再現する。　２〜４日

檜枝岐歌舞伎　愛宕神社（福島県檜枝岐村）で行われる江戸時代から続く伝統芸能。県指定重要無形民俗文化財。出演者から裏方まで全て村人が担い、代々親から子へと継承された演目が奉納される。　12日

クラシックで焼酎熟成

日本国内では鹿児島県の奄美諸島（奄美大島、徳之島、沖永良部島、喜界島、与論島）だけで生産されている「黒糖焼酎」。同諸島でも戦前は沖縄と同じ「泡盛」が作られていたが、米不足により戦後、島民たちがサトウキビを原料にした焼酎作りに挑戦したのがきっかけで、独特の味わいを持つ黒糖焼酎が誕生した。現在、奄美大島内には約10の蔵元があり、互いに技術を高め合って「すっきりした味わい」の焼酎を全国に出荷している。同島にはこの３月、陸自の奄美駐屯地と瀬戸内分屯地が開設され、隊員もさっそく愛飲している。両駐・分屯地からも近い「奄美大島開運酒造」を訪れ、こだわりの黒糖焼酎ができあがるまでの工程を見た。

（文・写真　菱川浩嗣）

黒糖焼酎「奄美大島開運酒造」

モーツァルト「効いて」ます

黒糖焼酎はまずこうじづくりから始まり、約40時間かけて熟成させたこうじに水と酵母を合わせ、約５日間発酵させる。ここまでは芋や米など他の焼酎製造と同じ工程だが、違ってくるのは「二、三次仕込み」から。工場内の銀色の四角いタンクには黒糖の塊が大量に詰め込まれていた。

「この黒糖にかゆ状の酒のもと『もろみ』を加え、温度25〜30度で約２週間発酵させます。原料にはこの宇検村で収穫されたサトウキビの黒糖を使用しますが、それだけでは足りないので南米のボリビアや沖縄産の黒糖も使用しています」と同社管理部の明徳久さんが説明する。

一つのタンクには９００キロから１２００キロの大量の黒糖が詰め込まれていた。これを発酵させると炭酸ガスのような泡が出てくるという。

二、三次仕込みのためタンクに入れられた大量の黒糖。これを溶かしてもろみと混ぜ合わせ、発酵させる

〝音響熟成〟のため、タンクに付けられたスピーカー。24時間、クラシックを流し続けることでその振動が焼酎をまろやかにする（写真はいずれも３月30日、宇検村の同社工場で）

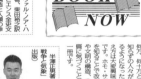

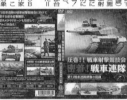

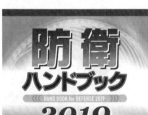

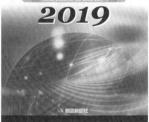

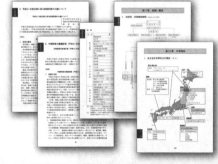

続いて原酒を作り出す蒸留場に進む。さきほどのタンクで２週間寝かした黒糖と「もろみ」の混合物の液体を金属製の蒸留器の中に入れ、蒸気で温めて沸騰させる。すると沸点の違いから水よりも先にアルコールが蒸発し、これを集めたものを冷やすと液体に戻る。蒸留前、もろみと合わさって茶色だった液体がこの時には透明になっていた。アルコールと香り成分のみを取り出したため、糖分は分離したもろみの方に移り、焼酎は「糖質ゼロ」だという。一方、もろみにはアルコールは残らないため、これを原料にノンアルコールの健康飲料「もろみ酢」が作られるという。

ここで、何やらクラシックの音色が聞こえてきた。終業の合図ではない。20個ほどあるタンクの両サイドに設置されていた黒いスピーカーから音楽が流れていた。

1年かけこだわりの味

「タンクに触れてみてください」と促され、手を置いてみると振動が伝わってきた。「おいしいお酒は水の分子集団が小さいという特長があります。音響振動を与えることでアルコールの分子が細かくなり、熟成酒のようなまろやかな味わいに変化します」と明さん。これは数ある黒糖焼酎の蔵元でも、開運酒造だけが行っている独特の熟成法で、1日24時間、約3カ月にわたって音楽を〝聴かせ〟続けているという。

「夜は電気が消えて真っ暗ですが、音楽だけは流れています。弊社の看板商品『れんと』の名前の由来もイタリアの音楽用語『レント（ゆったりと）』から来ています」と明さん。そのイメージに合うモーツァルトの「アイネ・クライネ・ナハトムジーク」など、クラシックを酒に〝聴かせている〟という。「れんと」のラベルにもよく見ると音響熟成の文字があった。

こうした特別な熟成を経て出来上がるため、同社の商品が市場に出るまで約１年間かかるが、まろやかなのどごしに仕上がっている。同社では工場見学の後、10年貯蔵の古酒「武彦」などを試飲でき、島で最高峰の黒糖焼酎の素晴らしさを実感できる。

奄美大島開運酒造は「大自然に流れるクラシック音楽を聴きながら、ひと味違う『れんと』をお楽しみ下さい。ぜひ宇検村へ」と奄美に赴任した自衛隊員の工場見学も歓迎している。見学の予約は同社（080−8557−4497）へ。

試飲コーナーで奄美大島開運酒造の黒糖焼酎の特長を説明する明徳久さん

マイヘルス Q&A

心筋梗塞

高血圧、糖尿病は要注意

命に関わる危険な病気

Q　「心筋梗塞（こうそく）」とはどのような病気ですか。

A　心臓の周りには冠動脈という血管がありま す。この冠動脈が閉塞し、その先の血流がなくなる病気が心筋梗塞です。冠動脈が閉塞すると心臓の細胞が壊死し始め、閉塞時間が長ければ長いほど壊死範囲も広くなり、心臓の機能もより低下します。心臓の機能が低下すると、息が苦しくなる心不全や命に関わる危険な不整脈などを合併し、最悪の場合死に至ることがあります。

Q　どのような症状がありますか。

A　典型例では突然、胸の痛みが出現します。「鈍い」「重い」「圧迫される」「締め付けられる」といった痛みであることが特徴です。吐き気やめまい、冷や汗などの症状を伴うこともあります（随伴症状といいます）。また胸ではなく、「歯の痛み」や「肩の痛み」を訴えられる方もいます。判断が難しいことも中にはありますので、自分で判断せず、気になる場合は医師にご相談ください。

Q　検査・治療はどのようなことをするのですか。

A　問診（症状について詳しく聞きます）、血液検査、心電図、心エコー検査を行います。これらの検査で心筋梗塞が疑わしい場合は、冠動脈造影検査を行います。手首もしくは股関節近くにある動脈からカテーテルと呼ばれる長い管を心臓まで持っていき、造影剤を流すことで閉塞した冠動脈を見つけます。

閉塞した冠動脈があれば心筋梗塞と診断され、そのままカテーテル治療を行います。ステントと呼ばれる金属の網状の筒で閉塞した血管を広げ、血流が再開すれば初期治療は成功です。

カテーテル治療後は集中治療室に入り、２〜３日厳重に管理します。その後、一般病棟へ移り、少しずつ心臓へ負荷をかけて（心臓リハビリテーション）、２週間ほどで日常生活が送れるようになります。

Q　どのような人が心筋梗塞になりやすいのですか。

A　危険因子というものがあります。高血圧、糖尿病、高LDLコレステロール血症、喫煙、肥満、家族歴（血縁者で狭心症や心筋梗塞になった方がいる）などがそれに当たります。これらに当てはまる方は、一度医師にご相談ください。

Q　自衛隊中央病院では心筋梗塞の検査・治療が行えますか。

A　自衛隊中央病院では心筋梗塞や狭心症（冠動脈が狭くなる病気）の検査・治療が行えます。心筋梗塞の場合は一刻も早く血流を再開させなければなりませんが、当院では多くのスタッフの方の協力により、可能な限り最短で治療が行えるよう訓練しています。

心筋梗塞は命にかかわる危険な病気です。一度心筋梗塞が起きてしまった場合は、早期診断、早期治療が何より大事です。胸痛を自覚した場合は、我慢されずに救急車を呼んでください。

自衛隊中央病院　循環器内科専門医　木村　豊和

DVD『密着！戦車連隊』が発売

71戦連　奮闘の日々を克明に記録

ドローン空撮など迫力ある映像満載

陸自第7師団に所属する第71戦車連隊（北千歳）の隊員たちが年1回実施される北部方面隊戦車射撃競技会に向けて訓練にまい進する日々を克明に記録したDVD『密着！戦車連隊』がこのほど、アースゲート（東京都台東区）から発売された＝写真。

制作したのは陸自OBで札幌市在住の映像作家・小島肇さん（67）。これまで北方の部隊を対象にしたDVD3作品を発表しているが、今回は通常のカメラに加え、ドローンによる空撮映像や戦車の車体に取り付けたカメラによるマルチアングルの動画も収録し、これまで以上に迫力ある映像作品に仕上がっている。

90式戦車の実弾射撃シーンをはじめ、71戦連の創隊時からの歴史やその任務・役割、戦車乗員の服装・装備などもナレーションにより分かりやすく解説され、戦車部隊の全容を理解できる。特典として平成29年春に装備された10式戦車の報道公開時の映像も収録されており、90式戦車との比較も楽しめる。

DVD（税別2000円）は全国の主要な書店などで購入できる。問い合わせは小島肇氏のアドレスinfo@hajimevision.comに直接Eメールで。

BOOK NOW

私が読んだ　この一冊

ユヴァル・ノア・ハラリ著、柴田裕之訳「サピエンス全史文明の構造と人類の幸福」（河出書房新社）

32普連1中隊（大宮）倉持太一2陸尉　29

同書では、「ホモ・サピエンス」という我々の祖先の誕生から現在に至るまでの歴史を多方面から独自の視点で描いています。ホモ・サピエンスだけが他の人類種と異なり、ある能力のおかげで何万、何十万という見ず知らずの人々が協力できるようになったという考え方は大変興味深かったです。ホモ・サピエンスを知ることで改めて社会や文明の構造、我々の本質に気づくことができる一冊です。

半澤正男著「検証 戦争と気象」（銀河出版）

徳島航空基地隊運航隊　河崎　理1海尉　29

古来より、気象が戦争の結果に影響することは自明の理です。しかし、多くの戦史著書が刊行される中、戦争と気象に焦点を当て考察した著書はわずかです。

例えば、本書の海軍関係で「ケ号作戦」は有名ですが、米海軍が台風予報の失敗から大損害を生じた「3F事件」を知る人は少ないでしょう。

本書は、気象関係の戦史戦訓について事実を正確に反映した読みやすい構成で、戦争と気象の関わりについて学べる入門しやすい一冊です。

清水建二、すずきひろし著「英単語の語源図鑑」（かんき出版）

横田気象隊　長谷川聖1空尉　53

英単語を丸暗記するのではなく、「語源」の知識をもとに楽しく覚えるよう工夫された話題の本だ。

例えば、「トイレを表す「lavatory」は、「lava（流れる）」＋「ory（場所）」から成り立っている」というように、言葉の由来を学ぶことで、連想的に語彙を増やすことができる。

楽しいイラストも豊富にあり、苦手な英語を克服したい初心者に特におすすめしたい。

隊員愛読書ベスト5

＜入間基地・豊岡書房＞

❶防衛実務小六法平成31年版　内外出版　￥7560
❷新防衛大綱の解説　田村重信著　内外出版　￥1080
❸新人女性自衛官物語　シロハト桜著　潮書房光人社　￥842
❹妻のトリセツ　黒川伊保子編著　講談社　￥864
❺あおさくら防衛大学校物語11　二階堂ヒカル著　小学館　￥490

＜防衛省・三陽堂＞

❶防衛ハンドブック2019　朝雲新聞社　￥1728
❷軍事的視点で読み解く米中経済戦争　福山隆著　ワニブックス　￥950
❸自衛隊防災ＢＯＯＫ　防衛省・自衛隊協力　マガジンハウス　￥1296
❹自衛隊最強の部隊へ―ＣＱＢ・ガンハンドリング編　二見龍著　誠文堂新光社　￥1620
❺技術は戦略をくつがえす　藤田元信著　クロスメディア・パブリッシング　￥1814

＜神田・書泉グランデミリタリー部門＞

❶「砂漠の狐」ロンメル　大木毅著　ＫＡＤＯＫＡＷＡ　￥972
❷世界の駄っ作機番外編　蛇の目の花園３　岡部いさく著　大日本絵画　￥2808
❸五島列島沖合に海没処分された潜水艦24艦の全貌　浦環著　鳥影社　￥3024
❹世界の傑作機No.189　アヴロ・ヴァルカン　文林堂　￥1646
❺ラスト・オブ・カンプフグルッペ７　高橋慶史著　大日本絵画　￥4644

＜トーハン調べ３月期＞

❶一切なりゆき　樹木希林著　文春新書　￥864
❷樹木希林１２０の遺言　死ぬときぐらい好きにさせてよ　樹木希林著　宝島社　￥1296
❸妻のトリセツ
❹ゼロトレ　石村友見著　サンマーク出版　￥1296
❺医者が考案した「長生きみそ汁」　小林弘幸著　アスコム　￥1404

あさぐもドンマイ　吉本どんど

『孤島での生存率高めろ』

救命技能資格を取得

硫黄島の空自隊員30人が受講

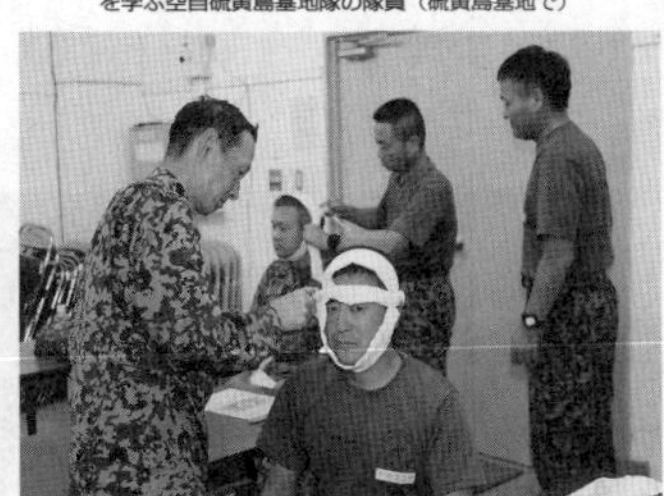
東京消防庁上級救命講習で外傷の応急手当などを学ぶ空自硫黄島基地隊の隊員（硫黄島基地で）

【空硫黄島】「絶海の孤島で生存率を高めろ」――。空自硫黄島基地隊（司令・岡一郎1佐）はこのほど、延べ3日にわたって隊員への東京消防庁上級救命講習を行った。

普通救命講習の心肺蘇生、AED（自動体外式除細動器）、異物除去、止血法などに加えて、小児などの心肺蘇生、傷病者管理、外傷の応急手当、搬送法などを約8時間、実技を交えて実施した。

講師は東京消防庁応急手当指導員の資格を持つ宮坂信二曹長が務め、30人の隊員が受講、全員が上級救命技能の資格を取得した。資格を取得したことで急患発生時に迅速、確実に対応できるようになった。

受講者の一人、鶴田桂一1曹は、「子供たちのラグビーの試合にもAEDを携行することができる。公私ともに有用な資格だ」、宮坂曹長は「大切な仲間や家族を守るため、今後は（硫黄島の）海自隊員などにも普及していきたい」と語った。

「東京五輪で活躍を期待」

体校にライフル射撃訓練場

落成式で射撃班選手ら競技展示

落成式でテープカットを行う（右から）福田築体校校友会会長、松丸喜一郎日本ライフル射撃協会会長、谷村博志体育学校長、富澤賢体校後援会会長、紅林昌北関東防衛局調達部長、關野武男朝霞市副市長（いずれも4月19日、ライフル射撃訓練場で）

「東京五輪で活躍を！」――。自衛隊体育学校（朝霞）の新たなライフル射撃訓練場がこのほど完成し、4月19日、関係者らが出席して落成式が行われた。来年夏の東京五輪への出場を目指す同校射撃班選手による競技展示も行われた。

落成式には日本ライフル射撃協会の松丸喜一郎会長、朝霞市の關野武男副市長をはじめとする来賓と陸幕、教育訓練研究本部（目黒）、体校の関係者ら約60人が出席した。

谷村博志体育学校長はあいさつで「待ち望んでいた射場が完成した。（立派な射場以上に、射撃班は世界一だと言ってもらえるよう戦っていきたい」と決意を表明。松丸会長は「（東京五輪の）日本代表の中核となってくれるのが体育学校の選手たち。活躍を期待しています」と激励した。

射撃訓練場は、およそ2年半かけて3月に完成した。前回東京五輪（1964年）の際に建てられ、老朽化が進んでいた旧射撃訓練場を取り壊し、その跡地に造られた。国際大会会場に準じた造りで、50メートル射場、ファイナル（決勝）射場がある（25メートルと10メートルの各射場は建設中）。射座数は26。

射撃訓練場がある朝霞訓練場には今後、東京五輪・パラリンピックのライフル射撃会場（仮設）が造られる。同会場の近くで練習を行う体校選手には出場できた場合、大きな"地の利"にもなる。

出場を目指す射撃班選手による競技展示も行われ、東京大会で新たに採用される10メートルエアライフルと同エアピストルの「ミックスチーム（男女混合）」種目が披露された。

男女一組が交互に射撃する種目で、計5組が競技を行い、ライフルは松本崇志1尉と清水綾乃3尉のペアが1位となった。

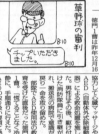

東京五輪から採用される10メートルエアライフルミックス（男女混合）の競技展示を行う射撃班選手。清水綾乃3尉（右から2人目）・松本崇志1尉（その左）組が最高得点で優勝した

宜野湾市消防から感謝状

バレーボール大会中に人命救助

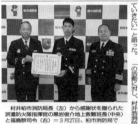

宜野湾市消防本部の浜川秀雄消防長（右）から感謝状を授与される徳門1曹（3月26日、消防本部内講堂で）

【那覇】海自5空群那覇航空基地隊の徳門祥1曹は3月26日、人命救助の功績により、沖縄県宜野湾市消防本部から感謝状を贈られた。

徳門1曹は昨年12月16日、宜野湾市で開催されたソフトバレーボール大会に参加していた際、試合中に体調不良を訴えその後意識がなくなり呼吸が停止した男性に対し、大会関係者と協力して心臓マッサージやAED（自動体外式除細動器）による救命処置を施した。男性はその後、駆け付けた消防隊員に引き継がれ、搬送先の病院で意識が戻り一命を取り留めた。

部隊でAED使用法の教育を受けた直後だった徳門1曹。「慌てることなく冷静に、手順通りに行えた。AEDの取り扱い要領に熟知する必要性を改めて実感した。部隊勤務にも生かしていきたい」と語った。

自衛隊初の迷彩自販機

小平学校グラウンドに登場

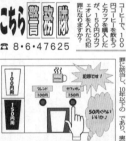

全国の駐屯地・基地で初めて設置された迷彩自販機をお披露目し、握手を交わす檀上学校長（右）と大谷部長（4月3日、小平駐屯地で）

【小平学校】全国の自衛隊で初となる"迷彩柄"の飲料水自動販売機が4月3日、駐屯地厚生センター前のグラウンド横に設置された。

この「迷彩自販機」は設置会社のパブリック・ベンディング・サービスが提案。同日に開かれた除幕式では、同社の親会社に当たるポッカサッポロフーズ＆ビバレッジ法人営業統括部長の大谷光弘氏と、学校長の檀上正樹陸将補がロープを引いて除幕、自販機をお披露目し、隊員に無料で試供品が配られた。

学校長は「迷彩自販機は自衛隊ならではのデザインで野外の環境に溶け込んでいる。休日にはグラウンドは市民の方々に開放されるため、『自衛隊の名物』となることを期待している」とあいさつを述べた。

同校は職員のほか、全国の部隊から年間約1800人に及ぶ隊員が入校しており、大きな反響が予想される。

操縦士と機体の捜索続く

空自F35墜落事故　洋上や海岸線

空自3空団302飛行隊（三沢）のF35A戦闘機が4月9日に三沢基地東方約135キロの太平洋上付近に墜落した事故で、空自はパイロットと機体の捜索に全力を挙げている。

墜落機には細見彰里3佐（41）が搭乗、F35A4機で夜間の対戦闘機戦闘訓練を行っていた。同日、墜落機の垂直尾翼の一部が発見された。

空自は現在、302飛行隊のF35A全機（12機）の飛行を停止。航空事故調査委員会が墜落原因の究明を行っている。また空自の航空機と海自の艦艇が洋上で、3空団を主体とする空自の地上部隊が海岸線などでそれぞれ捜索に当たっている。

こちら警務隊　☎8・6・47625

「たった50円」でも窃盗　10年以下の懲役や罰金刑

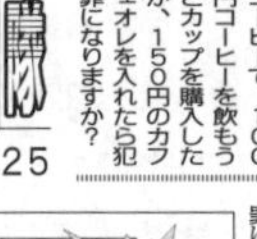

コンビニのセルフコーヒーで、100円コーヒーを飲もうとカップを購入したが、150円のカフェオレを入れたら犯罪になりますか？

刑法第235条の窃盗罪に該当し、10年以下の懲役または50万円以下の罰金に処せられます。

「たった50円ぐらい」といった軽い気持ちであっても、それは犯罪行為であり、実際に逮捕された事例もあります。

また、最初から店員をだますつもりであれば、詐欺罪となる場合もあります。絶対にしてはいけません。

（西部方面警務隊）

火災消火活動で感謝状

下総教空群、柏市消防局から

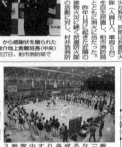

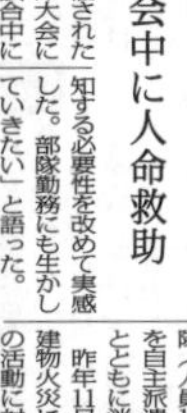
村井柏市消防局長（左）から感謝状を贈られた派遣防火隊指揮官の黒岩俊介地上救難班長（中央）と福島群司令（右）＝3月27日、柏市消防局で

【下総】下総教育航空群（群司令・福島博1佐）は3月27日、基地近隣の民家で起きた火災の消火活動により、柏市消防局から感謝状を受けた。

2月22日午後4時ごろ、千葉県柏市高柳の民家で火災が発生。同群は派遣防火隊（人員11人、車両5台）を自主派遣し、柏市消防局とともに消火に当たった。

昨年11月に起きた近隣の建物火災に続く派遣防火隊の活動に対し、村井浩消防局長からは「ご支援ありがとうございます」と感謝の言葉が伝えられた。

福島群司令は「今後も基地近隣消防局などとの合同訓練を重ね、即応体制の一層の維持向上に努めたい」と話した。

高工校　「祝卒業」糧食班と職員　昼食会にカード添える

陸自高等工科学校（武山）の第62期生徒卒業行事が3月21日、同校で行われ、式後の昼食会の席に駐屯地糧食班と同校管理課の職員が作った卒業を祝うカードが添えられた。

学校生活の思い出になるようにとの思いを込めて、職員が平成20年の卒業式から作成、配布している。10センチ四方ほどの紙に、今年は「祝卒業の気持ちをこめて（お弁当を）作りました」などの言葉を記し、卒業生（327人）と来賓、保護者計約1170枚分を用意し、各席に1枚ずつ置いた。

「赴任先で生徒出身者の自覚と誇りを持って任務にまい進してほしい」という思いで職員たちが書いたカードを手にした卒業生たち。「自分たちを3年間育ててくれた食堂に感謝します。立派な姿でまたこの食堂で食事をしたい」と飛躍を誓っていた。

真心こもったメッセージカードが置かれたテーブルで、3年間の最後の食事を楽しむ高工校62期生たち（3月21日、同校食堂で）

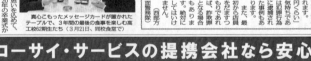

小休止

▽…陸自20普連（連隊長・梶恒一郎1佐）は3月15日、神町駐屯地で平成最後の連隊銃剣道競技会を実施した。

▽…開会式で統裁官の梶連隊長は「中隊の団結強化」など3点を要望するとともに、「平成最後の競技会に各中隊が全力で取り組むことを期待する」と訓示。各中隊21人（新配置隊員2、陸士2、幹部・准尉・陸曹3、中隊長1、抽選13）による試合が開始された。

▽…中隊の名誉を懸けて戦う選手と応援者が一体となって盛り上がり、会場は熱気に包まれた＝写真。1中隊が5戦全勝で優勝した。（神町）

（世界の切手・イギリス）

歴史というのは、往々にして脚注が主題に劣らずおもしろい。
ロバート・ゴダード
（英国の作家）

みんなのページ

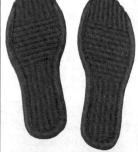

歴代広報官が支え、入隊した幹部候補生

隊員　高橋　恵理子（神奈川地本市ケ尾募集案内所）

3月2日、神奈川地本の横浜地区入隊・入校予定者激励会で、入校者を代表してスピーチした米林健太さんを紹介したい。

米林さんは市ケ尾募集案内所の歴代広報官3名に支えられ、今春、航空自衛隊幹部候補生学校に入校した。

米林さんと市ケ尾所の出会いのきっかけは、神奈川県立川和高校の生徒だった米林さんが「防衛大学校を受験したい」と来所した時だった。その後、防大理工学専攻を受験した米林さんだったが、2次試験の前に首都大学東京の航空工学科への合格が分かり、ご家族と相談の結果、「戦闘機開発の研究者」を目指すため、首都大学東京への進学を決められた。

同大学に進学後も、自衛隊に関心のある米林さんを曽我秀臣広報官（現・陸自中央野外通信群＝久里浜）が支え、予備自衛官補への挑戦を勧め、見事合格した。米林さんは学業と両立させて予備自衛官補の訓練に定期的に参加し、在学中、晴れて「予備自衛官」に任命された。

米林さんが大学2年となった冬、「（防衛省の）貸費学生を受験してみたい」との相談があった。毎年、全国で数名の合格者しか出ない難関の試験であったが、過去問題を情報開示請求をして入手するなど対策を行い、曽我広報官との二人三脚により狭き門を突破し、見事合格を勝ち取った。

3年生の4月からは晴れて貸費学生として大学生活がスタートし、防衛省からの支援を受けながら、研究者の道を進んだ。

その後、後を引き継いだ2人目の松村浩二広報官（現・横須賀地域事務所）が、首都大学東京の卒業を控えていた平成29年1月に米林さんと連絡を取ると、「学会での論文の発表成果が認められ、大学院への進学が決まった」と報告を受けた。米林さんは大学院進学後も「予備自衛官（2士）」として訓練を続け、心身ともに成長を遂げていった。

30年3月、さらに後を引き継いだ3人目、現在の担当の井坂健太郎広報官が大学院の卒業を控えた米林さんを親身になって支え、ついに米林さんは航空自衛隊幹部候補生学校に入校するに至った。

横浜地区の入隊・入校予定者激励会の当日、米林さんはスーツ姿に身を包み、約200名の入隊・入校予定者とその家族の前で、堂々と自身の入隊までの歩みを語り、「GPS（全地球測位システム）研究」で学会から表彰されたことや、自分を支えてくれた防衛省と地本広報官に対して感謝の言葉が述べられた。

そして「今後は戦闘機の開発に携わっていきたい」と熱い思いも語ってくれた。あいさつが終わると、会場から盛大な拍手が送られ、参列していた米林さんの父、実さんも感慨深い様子であった。

市ケ尾所では、足かけ7年間、広報官3名がそれぞれの思いで支え続けた若者が空自に入隊し、感慨もひとしおである。

これからも対象者に寄り添う広報を続け、対象の若者個々に応じた「絆」を大切にしながら優秀な人材を防衛省・自衛隊に導いていきたい。

神奈川地本の横浜地区入隊・入校予定者激励会であいさつする空自幹部候補生学校入校が決まった米林さん（中央）

新刊紹介

「妻のトリセツ」　黒川　伊保子編著

入隊式も終わり、各部隊にはこれから続々と女性自衛官が配置される。しかし、男所帯が長かった所では「女子の扱いはどうも…」とその対応や指導法に悩んでいる部隊も少なくない。

男子と違い、女子は「声掛け」などを均等にしないと、贔屓（ひいき）しているように受けとられ、思わぬ"反撃"を受けることもある。

本書は脳科学の立場から男女の脳の仕組みや違いを明らかにし、妻の不機嫌や怒りの理由を解説しているが、自衛隊では本書を"女性隊員のトリセツ"としても読めるだろう。

著者は本紙コラム「春夏秋冬」で今号から連載を始めた人工知能研究者。男性の思慮のない言動に即座に反応、態度も"豹変（ひょうへん）"させる女性脳について解説している。共に良い関係を保つコツは「女性の心を肯定し、共感してあげること」ということなので、男性陣は心しておきたい。

著者には他に『キレる女 懲りない男』『女の機嫌の直し方』などの本もあるので、女性の部下を指導する立場にある男性隊員はこちらも参考になるだろう。

（講談社刊、864円）

「日本の機甲100年」

「戦車」が登場したのは第1次大戦中の1916年、仏ソンムの戦いだった。その2年後、日本陸軍は英国から「マークⅣ」を購入、ここに日本の戦車史が始まった。その100周年を記念したのが本書だ。

帯で元防衛大臣の中谷元氏が「よくぞこれだけの資料が集められたもの」と感嘆しているように、戦前の国産戦車の開発から日露初の戦車戦となったノモンハン事件、大東亜戦争中のマレー、フィリピン、ビルマ、沖縄、占守島などでの戦車戦が貴重な写真とともに紹介されている。

第2章からは陸自の戦車史となり、米軍供与のM24戦車から戦後初の国産61式、そして74式、90式、10式戦車や16式機動戦闘車まで、その史料やコラムとともに記されている。

本書制作に当たっては富士学校機甲科部が全面協力し、各隊の沿革から部隊マーク、歴代指揮官まで一覧で紹介。また、各隊のQRコードをスマホで読み取れば、隊歌も聴くことができる。

戦車マンだった岩田清文元陸幕長も「機甲科は進化を止めていない。役割を拡大しつつ戦闘力を維持・発展させている。隊員必読の書だ」と推薦の言葉を寄せている。

（防衛ホーム新聞社刊、4860円）

3月の風と4月のにわか雨とが5月の花をもたらす

家族　有川　美穂（群馬県高崎市）

「僕は、人の役に立つ仕事がしたいな」

息子が小学生のころ、テレビで被災地の特集番組を見ていた時につぶやいた言葉でした。自衛隊の方々が任務を遂行している姿が映し出されていました。

「こういうお仕事は、気持ちが強くて、体力があり、みんなと協力できる人でないと務まらないと思うよ」

私はその時、そう息子に答えていました。というのも、息子は甘えん坊のわがままで、自分を否定されると、おへそがどこかに行ってしまうような子だったからです。

月日が経ち、息子は高校を卒業し、大学に進学しました。本人にとって大学生活はあまり楽しいものではなかったようでした。

3年生のある日、「なんだか、自分のやりたいことではなかったんだよね」と言い、その後、大学にまったく行かなくなってしまいました。しかし、アルバイトはとても楽しかったようで、「自分がいないと駄目なんだ」と言って毎日休むことなく働いていました。

その後、友人が次々と就職していく姿を見て、本人も不安に感じたのでしょう。

「やっぱり、人の役に立つ仕事がしたいんだ」と言うようになりました。そこで、自衛隊の見学会があることを知り、早速、参加させていただきました。その時、お世話になった広報官のおかげもあり、帰宅時には満面の笑顔で、「こういう仕事がしたかったんだよね」と言いました。

「それなら頑張ろうね」。私も答えました。

そしてこの3月、息子は「じゃ、行ってくる」と右手を挙げ、仲間とともに航空自衛隊熊谷基地に向けて出発して行きました。

現在は熊谷基地で自衛官として必要な「気力・体力、協調性、冷静な判断力」を養うために、教育を受けています。そんな息子への母親の思いは一つです。

3月の風と4月のにわか雨とが、5月の花をもたらしますように。

（有川拓熙自候生の母）

空自に入隊した有川拓熙さん（中央）と両親

外洋練習航海部隊 所感文　――カンボジア研修

海上防衛の志は同じ

実習員　井田　耕嗣

海自第52期一般幹部候補生（部内）103人を乗せた外洋練習航海部隊は2月25日、カンボジア海軍の出迎えを受け、シアヌークビルに入港した。

最初の研修先はリアム海軍基地に所在する海上保安戦略本部だった。この組織はフン・セン首相のイニシアチブにより、沿岸警備・海難救助などを所掌する機関として2012年に創設された。

近年、カンボジアの経済成長を背景とする海上輸送量の増大や沿岸部の拡張といった戦略環境の変化は、同組織の想定を超え、大型艦艇の導入といった海軍力強化の必要性を強く認識しているという。

また、これまでベトナムなどの諸外国海軍に依存してきた海軍士官の養成も自国で行う計画である。海上防衛の志を同じくするカンボジア海軍将兵との交流を通じて、我々も日本の防衛のため鋭意努力していく決意を新たにした。

海自部隊の代表が献花を行った首都プノンペンのカンボジア独立記念塔

平和の尊さ知る「虐殺博物館」

実習員　西坂　弥恵

シアヌークビルは私にとって初の海外渡航の地となった。

街にはホテルやカジノが建設され、道は人で溢れんばかりに乗ったトラックやワゴン車、その間を縫ってバイクが走っていく。現在進行形で発展を続けるこの国は、明るく、活気に満ちているように感じられた。

研修で最も印象に残ったのは「虐殺博物館」である。高校の校舎はクメール・ルージュのポル・ポト政権下において収容所に転用され、教室は細かく仕切られた独房と化した。そして多くの罪なき人々が拷問の末に処刑されたことを思うと胸が痛んだ。日本とは歴史も文化も異なるが、平和を願う気持ちは同じである。

鎮魂の祈りを捧げるとともに、平和の尊さを知る研修となった。

苦境を乗り越え経済発展

実習員　寺地　壮平

シアヌークビル停泊中の3日間の研修で、特に興味をひかれたのは「虐殺博物館」である。ポル・ポト政権時、監獄であった場所を使用しており、当時収容された人々の写真が展示されていた。事前の知識として同政権下で国民が虐殺されたことは知っていたが、現場に立ち、いっそうその事実を身近に感じた。

そうした苦境を乗り越え、経済発展を遂げようとするカンボジア国民の芯の強さにも心を打たれた。我々も彼らのような強さを養い、幹部自衛官として成長していく決意だ。

OBがんばる

松田　匡さん 55
平成30年12月、空自気象群付を最後に定年退職（2佐）。全日本空輸に再就職し、都内にある訓練センターで「緊急合同訓練」の担当教官を目指し、教育を受けている。

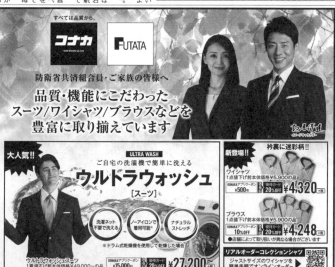

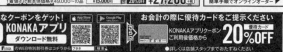

次なるステップへ

私は空自浜松基地に所在する浜松気象隊を最後に定年退職し、現在は東京都大田区にある全日本空輸の訓練センターに勤務しています。今は早く会社の戦力となるべく任用訓練を行い、充実した日々を送っています。

私の所属する部署はフライトオペレーションセンター訓練推進部の学科訓練チームです。ここでは副操縦士や機長になるための訓練を実施しています。チームには基礎学科と実用機学科を担当する教官が集まっており、航空法・気象・管制・航空機システム・基本操作手順などの各種教育訓練を行っています。

私はここで運航乗務員と客室乗務員が行う「緊急合同訓練」の担当教官となるべく、日々努力しています。今後は自衛隊での職務と人生経験を生かし、早く組織の発展に寄与していきたいと考えております。

私は定年直前まで自宅を離れ、単身赴任で勤務していました。このため就職援護をお願いしていた府中基地の担当者とはなかなか意思疎通ができない状況でした。

しかし、府中基地援護室の皆さまのおかげで、当社への応募手続きから面接に至るまで、必要な準備を丁寧にしていただき、大変お世話になりました。

やはり、各基地の就職援護部隊は絶対に必要であると実感した次第です。今後は私自身が自衛隊OBとして恥じることのないよう、しっかりと勤めてまいりたいと思います。

松田匡さん（前列中央）

あさぐも掲示板

拓殖大・濱口教授が講演　日本国防協会

日本国防協会は5月15日(水)午後3時から東京都新宿区のホテルグランドヒル市ヶ谷で、拓殖大学大学院の濱口和久特任教授を講師に迎え、国防問題講演会を開く。演題は「民間防衛と緊急事態への対応」。

聴講希望者は協会事務局にFAX（03−5229−2050）又はメール（info@kokubou-league.com）で申し込む。締め切りは5月10日。聴講料は会員・隊員・OBが千円、一般2千円。

詰碁

第1209出題

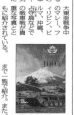

出題　日本棋院　九段　曲　励起

白先

『黒はどうなりますか』。5分でできれば中級です。

▶詰碁、詰将棋の出題は隔週です◀

詰将棋

出題　日本将棋連盟　九段　石田　和雄

7	6	5	4	3	2	1	
	香					竜	一
				王	歩		二
	銀	歩	歩	桂			三
		歩		歩		歩	四
							五

▲先手　持駒　金

≫第793回の解答≪

【正解】▲3一金△4二玉▲2二竜△5一玉▲4一金△同玉▲4二歩△5一玉▲3一竜までの九手詰め。

【解説】まず▲3一金とベタッと打つ手が正解。次いで竜をどう活用するかが本題を解くカギ。五手目4一金が好手。次に▲4二歩と打ち換え▲3一竜までが、竜を働かせる好手順。これが主眼でした。

朝雲
発行所 朝雲新聞社
〒160-0002 東京都新宿区四谷坂町12−20 KKビル
電話 03(3225)3841
FAX 03(3225)3831
振替00190-4-17600番
定価一部170円、年間購読料9000円（税・送料込み）

海自艦艇 7年半ぶり訪中
「すずつき」観艦式参加
海幕長、海軍トップと会談

中国人民解放軍海軍の「創設70周年国際観艦式」が4月23日、中国山東省・青島沖で実施され、招待を受けた山村海幕長が海幕長として約5年ぶりに中国を訪れるとともに、汎用護衛艦「すずつき」（指揮官・本村信悟1佐＝8護衛隊司令）が海自艦艇として約7年半ぶりに訪中、同観艦式に参加した。「すずつき」は翌24日、青島港で艦内の一般公開も行い、乗員や実習幹部は訪れた約5000人の中国市民と和やかに交流した。

海自艦艇の訪中は2008（平成20）年6月の護衛艦「さざなみ」、11（平成23）年12月の同「きりさめ」に続き3回目で、今回は飛行幹部を乗せて東南アジア方面を外洋練習航海中の「すずつき」が派遣された。

「すずつき」は4月21日、中国海軍軍楽隊の演奏に迎えられて青島に入港、約7年半ぶりとなる海自艦艇の訪中が実現した。

23日に青島沖で行われた国際観艦式には中国海軍に加え、日本、ロシア、インド、フィリピンなど13カ国の艦艇も参加。「すずつき」をはじめとする各国艦艇は、濃霧と強風の中、中国艦艇に続いて航行、観閲艦に乗り込んだ中国の習近平国家主席の観閲を受けた。

翌24日には青島港で参加国艦艇などの一般公開が行われ、「すずつき」には約5000人の市民らが詰め掛け、乗員たちと記念写真に納まるなど交流した。

一方、14（平成26）年4月に青島で開催された「西太平洋海軍シンポジウム（WPNS）」に出席した河野海幕長（当時）以来、約5年ぶりに訪中した山村海幕長は、観艦式に先立つ22日、青島で沈金竜中国海軍司令員と会談。両者は中国海軍幹部や艦艇の訪日に向けて調整を進めるとともに、日中両部隊間の交流を推進していくことで一致した。

国際観艦式の関連行事に出席するため中国を訪れ、中国海軍の沈金竜司令員（右）と会談を行った山村海幕長（4月22日）

海幕長と中国海軍トップである司令員との正式な会談は、09（平成21）年7月以来約10年ぶり。

山村海幕長は青島滞在中、約60カ国が参加した観艦式関連のハイレベル・シンポジウムに出席し、ロシア、カナダ、ブラジル、タイなどの代表と共にパネリストとして登壇。日米が掲げる「自由で開かれたインド太平洋」のビジョンについて各国に発信した。このほか、イラン海軍のホセイン・カンザディ司令官とも会談した。

岩屋防衛相は同23日、記者会見で海幕長と「すずつき」の訪中の意義について語り、「日中関係は大事な2国間関係の一つだ。防衛当局間においても、さまざまな対話・交流を行っていく必要がある」と強調した。

一般公開に5000人

中国国際観艦式の翌日に行われた護衛艦「すずつき」の一般公開には多くの中国市民が訪れ、甲板上も見学者でにぎわった（4月24日、中国山東省の青島港で）

防衛省顧問に 河野前統幕長

防衛省は4月25日付で、河野克俊前統合幕僚長＝写真＝を防衛省顧問に任命した。これにより防衛省顧問は、豊田硬前事務次官との2人体制となった。

河野氏は65歳。昭和52年3月海自に入隊し、護衛艦隊司令官、統幕副長、自衛艦隊司令官、海上幕僚長などを経て、平成26年10月に統合幕僚長に就任。3度の定年延長を受けて今年4月1日まで、歴代最長の約4年半務めた。

海自「満艦飾」新天皇即位祝う

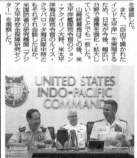

ソメイヨシノが満開の青森県むつ市の大湊基地で、桜の花と競うように見事な満艦飾を披露した3護群7護隊の護衛艦「すずなみ」（5月1日）

新天皇陛下が即位された令和元年5月1日、海上自衛隊は祝意を表すため、横須賀、佐世保、呉、舞鶴、大湊など全国の基地で一斉に在泊艦艇による「満艦飾」を行った。

大型のイージス艦から、掃海艇、補給艦、支援艦まで全艦艇が艦首からマストを通して艦尾まで信号旗を連ね、新たな時代の幕開けを祝福。さらに日没後は「電灯艦飾」も実施し、艦艇の電灯が港内を明るいオレンジ色に染めた。

大湊基地では、2月末に就役し同基地に配備された護衛艦「しらぬい」をはじめ、「すずなみ」「ゆうだち」「はまぎり」が満艦飾と電灯艦飾で即位を祝った。

日比、防衛協力を強化
防衛相会談 7月にも「いずも」寄港

岩屋防衛相は4月17日、来日したフィリピンのデルフィン・ロレンザーナ国防相と防衛省で会談し、装備・技術協力を含む幅広い分野で防衛協力を推進していくことで一致した。

会談の冒頭、岩屋大臣は両国の防衛協力が着実に進展していることを踏まえ、「貴国は我が国が実施する能力構築支援の最重要対象国の一つであり、これからも積極的に貢献していきたい」と述べた。

これに対し、ロレンザーナ国防相は「新たな『令和』の時代に入る日本の皆さまと共に、我が国は日本との『戦略的パートナーシップ』を強化していきたい」と応えた。

会談で岩屋大臣は今後の具体的な協力方針として、①海自護衛艦「いずも」による今年7月ごろの比スービック港への寄港②米比共同訓練「カマンダグ」などへの自衛隊参加を含む日米比3カ国協力の推進③陸海空全軍種での能力構築支援の強化④日本と東南アジア諸国連合（ASEAN）との協力指針「ビエンチャン・ビジョン」に基づく多国間協力の推進――などを挙げ、ロレンザーナ国防相もこれに歓迎の意を示した。

日比両国は2015年に「防衛協力・交流の覚書」、翌16年に「防衛装備品・技術移転協定」を締結。これらに基づき、海自のTC90練習機や陸自のUH1Hヘリの部品等のフィリピンへの無償譲渡が進められており、会談の中でロレンザーナ国防相は「こうした協力が我が国の警戒監視能力の向上に貢献している」と改めて謝意を表した。

両氏は「自由で開かれたインド太平洋」ビジョンの実現に向け、南シナ海情勢を含む地域情勢についても意見を交換した。

防衛協力のさらなる強化で一致し、握手を交わす岩屋防衛相（右）とロレンザーナ比国防相（4月17日、防衛省で）

山崎統幕長が米インド太平洋軍司令官と会談
日米連携の強化で一致

山崎統幕長は4月24日から26日まで、米ハワイを訪れ、米インド太平洋軍司令官のフィリップ・デービッドソン海軍大将と会談した。

両者は、日本周辺を含むインド太平洋地域を取り巻く安全保障環境を踏まえて意見交換を行い、強固な日米同盟が同地域や国際社会の平和と安定、繁栄に重要な役割を果たしていることを確認した。

また、「自由で開かれたインド太平洋」を実現するため、日米が今後、幅広い分野で連携を強化・拡大していくことでも一致した。

山崎統幕長はこの後、米太平洋艦隊司令官のジョン・アクイリノ大将、米太平洋海兵隊司令官のルイス・クラパロッタ海兵隊中将ともそれぞれ会談したほか、米国防省の研究機関「アジア太平洋安全保障研究センター」を視察した。

東アジア地域の安全保障環境について意見を交換する山崎統幕長（左）と米インド太平洋軍のデービッドソン司令官（右）＝4月24日（現地時間）、米ハワイの同軍司令部で

北朝鮮「飛翔体」発射
日本に影響なし 防衛相「日米韓で分析」

韓国軍合同参謀本部は5月4日、北朝鮮が同日午前9時6分頃から27分頃にかけ、東岸の元山（ウォンサン）付近から北東方向に短距離の飛翔体数発を発射したと発表した。約70〜200キロ飛翔し、日本海に落下したという。

防衛省は同日、「我が国領域や排他的経済水域（EEZ）への弾道ミサイルの飛来は確認されていない」とのコメントを発表した。

岩屋防衛相は訪問先のベトナムで同日午後、「直ちに我が国の安全保障に影響を与えるような事態、また、航空機や船舶への被害報告は確認されていない。北朝鮮問題への対処には日米韓の緊密な連携が極めて重要であり、情報収集や分析、警戒監視に努めていきたい」と記者団に述べた。

一方、北朝鮮は翌5日、国営メディアを通じて発射時の写真を公開し、「金正恩朝鮮労働党委員長の立ち会いのもと、火力打撃訓練を行い、大口径長距離放射砲（多連装ロケット）や戦術誘導兵器の運用能力を点検した」と発表した。

これを受け、安倍首相は6日夜、トランプ米大統領と電話会談し、日米が完全に一致して北朝鮮に対応していくことを確認した。岩屋大臣は7日の記者会見で「現段階で飛翔体を特定できる状況にない。日米韓で連携し、さらに分析を進めたい」と語った。

北朝鮮は一昨年11月、西岸から東方に向けて新型のICBM級の弾道ミサイル「火星15型」1発を発射したのを最後に、昨年は米朝首脳会談などの進展を踏まえ、ミサイルの発射を控えていたが、今年4月17日に短距離ミサイルとみられる「新型戦術誘導兵器」の発射実験を行ったことを明らかにしている。

防衛省発令

▽人事教育局人事計画・補任課長、同厚生課長併任 久澤 洋

（5月7日）

春夏秋冬

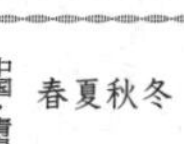

中国海軍観艦式

小原 凡司

中国・青島沖で国際観艦式が挙行された。観艦式が挙行された4月23日は、中国人民解放軍海軍創設70周年を祝う特別な海軍記念日だった。午後1時頃、観閲官である習近平主席が乗艦した中国版イージス艦は、青島の埠頭を離れ、受閲艦たちが待つ海域に向かった。

午前中に降った雨は上がっていたが、観艦式の海域は霧が多く視界が悪い。観閲艦から先導艦さえも霞んで見える。目を凝らしていると、先導艦の左舷から黒い塊が少しずつ形となって現れてくる。先頭は戦略原潜だ。中国海軍は悔しかっただろう。晴天で視界が良ければ、観艦式は壮観だったはずなのに。

中国は、この観艦式に、32隻の戦闘艦艇と39機の作戦機を参加させた。さらに13カ国18隻の外国海軍艦艇も参加したのだ。晴れ渡って視界が良く波が穏やかであれば、彼方まで各種艦艇が連なって見え、その上空を各種航空機の編隊が軽やかに飛び去っただろう。

そもそも、観艦式は壮観でなければ目的を達成できない。その目的は、大きく三つあると言われる。一つ目は、部隊の士気を高めること、二つ目は、自国民や友好国に対して自らの能力を知らしめること、そして三つ目は、敵対勢力に対する示威である。中国は、自らが十分に強く、自国や中国に従う国々を守る能力があるということを示したかったのだ。

それが、国内的には共産党指導部の権威を高め、対外的には影響力を拡大することにつながる。これが、中国が考える経済発展の基盤でもある。

一方で、中国は、米国を過度に刺激したくはないだろう。現在の状態で米国と戦争しても勝ち目はない。中国は、米国が経済問題だけでなく、安全保障の問題も絡めて中国に圧力をかける状況を憂慮している。米国が観艦式に艦艇を派遣しなかったことも、米中が軍事的に対立している訳ではないと示したかった中国にとっては誤算だったはずだ。

軍事力の誇示は、両刃の剣である。研ぎ澄まされた軍事力という刃を外に向ければ、自らにも同様に刃が向く。そのことを理解していても止められないのが、安全保障のジレンマのジレンマたる所以なのだろう。

（笹川平和財団上席研究員）

朝雲寸言

元号が平成から令和に代わった10連休に、一見ささやかではあるけれど実に嬉しいニュースがあった。宙に浮いていた政府の「領土・主権展示館」の移転先がついに決まったという。今は東京・日比谷公園の市政会館にある展示館だが、同会館の耐震工事を前に着手した移転先探しが難航していた▼展示館には、竹島や尖閣諸島が古くから日本の領土であることを示す古文書や古地図、立体模型などが展示され、ビデオ映像で知らなかった多くのことも学べる。ただ、場所が地下1階の奥まった場所で人目につきにくいのが実に惜しかった。このほど決まった移転先は、今ある場所からほど近い虎ノ門の一角。移転後はより多くの人々に訪れてもらえそうで、展示内容も充実できるようだ▼「よろしければ、この資料もお持ちください」――。展示館職員の方々は、控えめながらも熱意をもって訪問者に接してくれる。この国の未来を担う子供たちの訪問を増やそうと、さまざまな工夫もしてくれている。展示館の方々は紛れもなく、海や空、島々で今も懸命に日本の領土と主権を守る任務に就く自衛官や海上保安官の「同志」である▼周辺国との平和共存が大切なのは自明なことである。ただそれは無原則なものであってはならず、譲れない一線を守り切る覚悟と構え方を我々が持ってこそ真に「美しい調和」となる。令和の時代の始まりに展示館は再出発する。本当に喜ばしい。

マレーシア海軍艦艇 17年ぶり来日

訓練支援艦「くろべ」と親善訓練

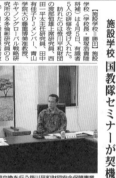

マレーシア海軍艦艇として17年ぶりに来日したフリゲート「レキウ」(艦長・スハイミ・ビン・ジュマハット中佐、満載排水量2270トン)が4月15日から18日まで呉に寄港した。

滞在期間中は、海自1海上訓練支援隊の訓練支援艦「くろべ」(艦長・能々太郎2佐)がホストシップを務め、相互訪問や乗員間のスポーツ交歓などで交流を深めた。

18日、「レキウ」出港後に瀬戸内海西方の伊予灘で行われた訓練では、戦術運動や通信訓練などを実施し、両海上部隊間の信頼関係を強化した。

マレーシア海軍フリゲート「レキウ」(奥)と行った親善訓練で、発光信号を送る海自の訓練支援艦「くろべ」の乗員(手前)=4月18日、瀬戸内海西方の伊予灘で

財団研究者ら5人が研修

施設学校 国教隊セミナーが契機

【施設学校=勝田】施設学校(学校長・腰塚浩貴陸将補)は4月5日、有識者5人の研修を受け入れた。

訪れたのは笹川平和財団の渡部恒雄上席研究員、西田一平太主任研究員、田中有佳子PJメンバー、青山学院大の藤重博美准教授、キヤノングローバル戦略研究所の本多倫彬研究員の5人。1月に陸自国際活動教育隊(駒門)主催の「国際平和協力活動セミナー」に西田氏らが参加、「今後の研究のために陸自施設科と施設学校を詳しく知りたい」との要望があったことを受けて実現した。

当日は学校職員が施設科職種の国内外での活動に関する説明を実施。装備品への試乗をはじめ、「防衛館」や、ローマ時代から現代までの工兵の歴史を展示した「エンジニアセンター」などを研修した。

その後、腰塚学校長も出席して意見交換が行われ、アフリカなどでの陸自の能力構築支援などの国際活動に対する評価や今後の方向性について議論。特に、官民と自衛隊が密接に連携するための枠組み構築や多角的に多層的な安全保障協力を行う上での課題について認識を共有した。

参加者は「訪問を通じて国際活動の現場の状況を具体的に把握することができ、さまざまな示唆が得られた。今後も交流を続けたい」と感想を述べた。

腰塚学校長(右)と意見交換を行う笹川平和財団安全保障事業グループの渡部上席研究員(4月5日、陸自施設学校で)

時の焦点

国内

令和を迎えて

重み増す政治の責任

平成時代が終わり、令和元年を迎えた。「常に国民を思い、国民に寄り添い」象徴の責務を果たす、という天皇陛下のお言葉は、平和と安定を願うお気持ちの表れと言えよう。

平成の天皇が築かれた象徴像を継承しつつ、新たな時代にふさわしい皇室の在り方を模索していただきたい。

陛下は気さくなお人柄で知られる。昨年6月には、パラリンピック銀メダリストの伴走をお忍びで務め、1・5キロの道を走った。国民とのふれ合いを大事にされる姿に親しみを感じる人も多いだろう。

学生時代から、治水や水資源の研究をライフワークとされてきた。防災への関心も極めて高い。長年培ってきた知見が今後、様々な場面で生かされることを期待したい。

歴代の天皇では、初めて海外留学も経験されている。皇室外交の果たす役割は大きい。外交官出身の新皇后、雅子さまとともに、国際親善などに携わっていただきたい。

上皇さまは「象徴天皇の務めが常に途切れることなく、安定的に続いていく」ことを祈念されていた。皇位継承の在り方を巡る検討は、政治に課された重い課題である。

2017年に成立した皇室典範特例法は、付帯決議で「皇位継承を確保するための諸課題、女性宮家の創設」について、法施行後速やかに検討することを定めている。

菅官房長官は、皇位の安定的な継承について「国家の基本に関わる極めて重要な課題だ」と述べ、天皇陛下のご即位に伴う一連の儀式が終わる秋以降、本格的な検討に入る考えを示した。

皇室典範は、天皇の地位は男系男子が継ぐ、と定める。今回の代替わりにより、皇位継承権を持つ男性皇族は3人に減り、戦後最少となった。陛下の叔父の常陸宮さまは83歳、秋篠宮家の悠仁さまは12歳だ。

今後、女性皇族の結婚による皇籍離脱が予想される。公務の担い手の減少は避けられない。

30代以下の皇族7人のうち、女性が6人だ。将来、悠仁さまのほかに、皇族がいなくなる可能性さえある。安定的な皇位継承と皇室の維持を図る上で、政府は女性宮家の創設などを真剣に検討すべきだろう。

明治、大正、昭和と異なり、平成は戦争がなかった。内閣府の世論調査では、多くの国民が現在の生活に「満足している」と答えている。

一方で、景気は長期にわたって低迷し、数多くの大規模災害にも見舞われた。政治はようやく安定したが、経済は国際的な競争にさらされている。急速な人口減少への対処も急務だ。

新たな時代にふさわしい国造りをどう進めていくのか。平和と繁栄の維持のため、政府は明確な戦略に基づいて課題に取り組まねばならない。

夏川 明雄(政治評論家)

海外

インドネシア大統領選

現職再選も課題は山積

人口2億6000万と世界第4の規模を抱える東南アジアの大国インドネシアで4月17日、5年に一度となる大統領選が行われ、現職のジョコ・ウィドド大統領(57)が、野党党首でスハルト元大統領の元娘婿のプラボウォ・スビアント氏(67)を抑え、再選を果たした。大統領選の構図は前回と同じく、経歴が対照的なジョコ、プラボウォ両氏の一騎打ちとなったが、この国で初の庶民出身のジョコ大統領がインフラ整備など現職としての実績をアピールし、エリートや保守層を地盤とする元軍人の難敵を振り切った。

インドネシアでは「開発独裁」を大義名分に強権的な支配体制を長期にわたって敷いたスハルト政権を打倒した1998年の民主化実現以降、大統領を直接選挙で選ぶのは今回が4回目だったが、選挙戦を通じて暴力的な混乱はなく、民主的なプロセスの選挙が定着していることを内外に印象づけた。

「東南アジアの雄」と目されるインドネシアが創設時から加盟する東南アジア諸国連合(ASEAN)の各国を見渡すと、総選挙で最大野党を解党に追い込み、フン・セン首相の長期独裁が続くカンボジア、総選挙で民政移管を果たしたものの軍政に有利な選挙制度によって親軍の政権が誕生するタイ、民主化運動を率いたスー・チー氏が最高指導者となりながら軍部におもねる政治が続くミャンマーといった具合に周辺国で民主化の後退現象が目立つ中で、独裁の過去に決別し、着実な国づくりを進めるインドネシアはこの地域にとって重要な存在だ。

ただ、インドネシア政治の専門家によると、国民の9割を占めるイスラム教徒の間に保守派と世俗派の分断があり、今回の大統領選では「多様性の中の統一」を国是とする同国で社会分断の深さが浮き彫りになったとの指摘は多い。このため、世界各地で共通の課題となっている社会の分断を防ぐ取り組みが、次期政権でも重くのしかかることになろう。

2期目となるジョコ政権の政策課題は山積する。経済政策では、ジョコ氏の初当選時の公約でもある「年7%成長」はその後、5%台での足踏みが続き、自国製造業を育てる加工輸出型への産業構造の転換が急務だ。カギを握るのが技術や経験が豊富な日系企業など進出外国企業との連携だが、この分野で先行するタイやベトナムなどに比べ、複雑な投資関連法整備の改善で後れを取り、政府が急ぐ必要のある取り組みは少なくない。

重点施策に掲げる50兆円規模のインフラ整備5カ年計画をめぐっても、中国と進める高速鉄道計画が停滞するなど、大型事業に黄信号が点滅する。大統領選ではプラボウォ氏が「現政権のインフラ政策や開発計画は外資依存で従属的」と攻撃していたが、政府債務を増やさずにどのようにインフラ整備を進めていくのか。南シナ海における軍事拠点づくりや「一帯一路」の推進など東南アジア地域で存在感を強める中国に対する外交姿勢と併せ、地域大国であるインドネシアの政治動向を注視していきたい。

伊藤 努(外交評論家)

モールス通信網 空シス隊が運用終了

64年間の歴史に幕

【空シス隊=市ヶ谷】空自の航空システム通信隊(隊司令・三島信彦1佐)は3月29日、モールス符号による短波無線で基地間を結ぶ「指揮管理短波無線通信網」の運用終了に伴う記念行事を行った。

空自市ヶ谷基地の通信所で行われた記念行事には隊員と来賓を合わせ約40人が出席。三島隊司令は冒頭、各基地で「指揮管理短波無線通信」の運用に携わってきた関係者に謝意を表すとともに、情報通信技術が変化していく状況を踏まえ、「航空システム通信隊員である誇りを胸に、衛星通信と航空自衛隊クラウドシステムを中核とした指揮管理通信の新たな姿を追求すべく、最善を尽くしてもらいたい」と訓示した。

「電鍵」を返納

続いて、市ヶ谷から全国72カ所の空自の通信所に向けて「長年にわたる運用に深謝する」との謝辞の電報がモールス符号で送信された後、同隊のシステム管理群中央通信隊長が隊司令に運用終了を報告した。

この後、最後のモールス通信を担った通信士の船津祥子3曹が、モールス信号を送る装置「電鍵」を隊司令に返納し、隊司令自ら通信器材の電源を落とした。

「指揮管理短波無線通信網」は昭和30年以降、空自におけるモールス通信の主力として約64年にわたって運用されてきたが、今年4月1日の午前0時をもって、その長い歴史に幕を降ろした。

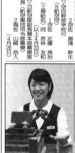

空シス隊司令の三島1佐(右)に、モールス符号の出力装置「電鍵」を返納する船津3曹(3月29日、空自市ヶ谷基地で)

海賊対処水上部隊が交代

ソマリア沖・アデン湾で海賊対処任務中の海自水上部隊は4月19日、32次隊の護衛艦「さみだれ」から33次隊の同「あさぎり」に任務を交代した。

33次隊は「あさぎり」艦長の佐藤吉範2佐を指揮官に、乗員約200人で編成。海上保安官8人も乗り組んでいる。

任務を終え帰国の途に就いた32次隊の「さみだれ」は同24、25の両日、インド洋のモルディブ・首都マレに寄港し、同国防軍の沿岸警備隊哨戒艇「フラヴィ」と戦術運動や通信などの訓練を実施した。

海賊対処任務の指揮移転会議を終えて固い握手を交わす、32次隊指揮官の西山高広1佐(中央)と護衛艦「あさぎり」の佐藤艦長(4月19日)

航空部隊34次隊 印海軍と訓練

帰国途中に

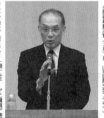

P3C哨戒機でアデン湾上空から海賊行為の監視飛行を行っている海自の航空隊は4月23日、34次隊から35次隊に任務を引き継いだ。35次隊は2空群(八戸)の安納藤嘉2佐(22飛行隊長)を指揮官に、隊員約60人で編成。ジブチを拠点に活動に当たる。

一方、約3カ月間の任務を終えて帰国のためジブチを出発した34次隊(5空群=那覇)のP3C哨戒機2機は同24日、インド南西部のゴア・ダボリム海軍航空基地に寄航し、その後、インド海軍と共同訓練を実施した。訓練には海自からP3C1機、印海軍からP8I哨戒機1機と潜水艦1隻が参加し、対潜訓練や通信訓練を行った。

34次隊のP3C2機は同27日、那覇航空基地に帰国した。

共済組合だより

そっと話して、ほっとやすらぐ 悩みのある人はお気軽に「さぽーとダイヤル」でご相談を

周囲から「どう思われるのか」ではなく、「自分がどうあるか」を貫き、一歩先へ踏み出そう——。

防衛省共済組合では電話(無料専用ダイヤル)による相談窓口「あなたのさぽーとダイヤル」を開設し、組合員と被扶養者の皆さまの心のケアに取り組んでいます。

相談内容は「こころの悩み」と「健康相談」が対象で、職場における問題等、心の悩みにも対応しています。電話相談は24時間・年中無休で、一般電話のほか携帯電話、PHSでも受け付けています。全国どこからでも通話料は無料です。ほかに専用サイトでも受け付けています。

匿名で話せるので、プライバシーは100%守られます。安心してご利用ください。

電話番号及び専用サイトのURLについては、共済組合ホームページにログインのうえ、「健康」→「さぽーとダイヤル」でご確認ください。

職場や家庭でお悩みのある方は、お気軽にご相談ください。

東北局が山形市で防衛セミナー

黒江元次官ら講演

【東北局】東北防衛局(伊藤茂樹局長)は3月7日、元防衛事務次官で内閣官房国家安全保障参与を務める黒江哲郎氏ら2人の講師を招き、山形市内で「第38回防衛セミナー」を開催した。黒江氏は地元の山形県出身。会場には満席となる約230人が詰め掛けた。

開会に当たり、主催者を代表して東北防衛局の伊藤茂樹局長と、来賓を代表して山形市の佐藤孝弘市長がそれぞれあいさつを述べた。

はじめに黒江氏が「我が国を取り巻く安全保障環境」をテーマに講演。続いて、6師団副師団長兼神町駐屯地司令の滝澤博文陸将補が「陸上自衛隊の取り組み～神町駐屯地と地域との関わり」と題し、同駐屯地の活動などを紹介した。

聴講者からは「日本を取り巻く国際情勢や安全保障環境についてとても分かりやすく説明していただき、大変参考になった」「自衛隊の取り組みと地元の駐屯地について知ることができた」「機会があればまた参加したい」などの感想が寄せられた。

東北局では防衛政策や自衛隊の活動を国民に広く理解してもらうため、今後も東北各地で「防衛セミナー」を開催していく予定だ。

我が国を取り巻く安全保障環境について講演する黒江元防衛事務次官(3月7日、山形国際交流プラザで)

防衛省発令

▽防衛研究所企画調整課国際交流企画官(航空保安管制群副司令) 1空佐 畑中 毅彦
▽空幕運用支援課運用支援調整官(6航空団飛行群司令) 同 柳 享範
▽6航空団飛行群司令(防衛研究所企画調整課国際交流企画官) 同 古川 義久
▽航空支援集団運用課作戦支援室長(5術科学校2教育部長) 2空佐 田中 国敏
▽航空保安管制群副司令(航空支援集団運用課作戦支援室長) 1空佐 柴原 弘明
▽12飛行教育団司令兼防府北基地司令(空幕運用支援課運用支援調整官) 同 樋口 達巳
▽5術科学校2教育部長(航空保安管制群) 2空佐 湯淺 幹生
▽空自幹部学校付(8航空団) 1空佐 近藤 亮治
(2補給処) 同 若林 友和
(以上4月23日)
▽23航空隊副長兼本部幕僚室長(航空集団司令部幕僚) 2海佐 山崎 浩人
(4月26日)

「しらせ」第60次南極観測支援 終え帰国

昭和基地に物資輸送1000トン

海自の砕氷艦「しらせ」（艦長・宮崎好司1佐以下乗員約180人）が4月9日、151日間に及んだ南極地域観測支援活動を終えて、東京・晴海ふ頭に帰国した。

「しらせ」は昨年11月10日、文部科学省の第60次南極地域観測事業の支援のため晴海を出港し、豪フリーマントルを経て12月25日、南極リュッツオホルム湾内にある昭和基地沖に到着。6年連続で"接岸"を果たした。

昭和基地では第60次観測隊員の越冬に備え、食料や観測資材、燃料など、約1000トンの物資輸送を無事故で完遂。このほか、野外観測や内陸旅行チームのヘリによる輸送、風力発電施設の建設など各種支援活動を行った。さらにゴミや廃材など基地からの持ち帰り物資約400トンも艦内に積み込んだ。

今次の南極海での砕氷航行は、氷上に船体を乗り上げて氷を砕く「ラミング」は往路が344回だったのに対し、復路はその約4倍の1399回を記録した。これは、低気圧の通過で流氷域内の氷が強固に膠着したためで、「しらせ」は2月3日に昭和基地沖を離岸した後なかなか進めずにいたが、ラミングを繰り返してようやく同23日に流氷域を離脱。その後、豪シドニーで観測隊員約80人を降ろし、東京への帰路に就いた。

◇

4月9日、晴海の旅客ターミナルで行われた帰国行事には乗員の家族ら約300人が駆け付け、約5カ月ぶりの再会を喜んだ。

式では家族や来賓が見守る中、増子豊統幕副長が宮崎艦長に2級賞状を授与。続いて増子副長が山崎統幕長の訓示を代読し、「南極の過酷な環境を克服し任務を全うして帰国した諸官は、本業務を通じて得難い経験を蓄積したと思う。それを今後の勤務に生かし、ますます精励することを期待する」と述べた。

続いて山村海幕長が「昭和基地への輸送任務のほか、野外観測支援、海洋観測支援など多岐にわたる業務を限られた時間内に実行できたのは、宮崎艦長のリーダーシップの下、総員が持てる能力を最大限に発揮した賜物だ」と語り、南極焼けして帰国した乗員たちの労をねぎらった。

13日には、晴海から横須賀基地への回航を利用して「体験航海」が行われ、募集対象者ら約700人が東京湾クルーズを楽しんだ。

艦首部から氷上の雪を溶かすための放水を行い、ラミングしながら前進する「しらせ」（2月19日）

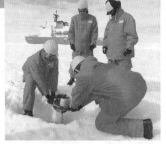

南極の空に輝く巨大なスーパームーン（2月19日）

アイスドリルを使って穴をあけ氷の厚さを測る隊員。後ろには「しらせ」が見える（12月25日）

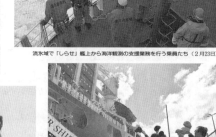

「しらせ」のCH101輸送ヘリが運んできた物資を運び出す隊員（12月27日）

流氷域で「しらせ」艦上から海洋観測の支援業務を行う乗員たち（2月23日）

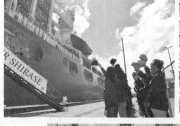

復路に寄港した豪シドニーで退艦した観測隊員（右下）と帽振れで別れを惜しむ「しらせ」乗員たち（3月21日）

5カ月ぶり再会

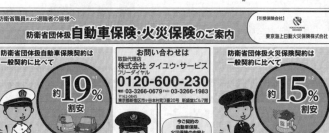

約5カ月ぶりに家族と再会し、大きくなった我が子を抱き上げる乗員（4月9日、晴海の「しらせ」艦上で）

晴海―横須賀間の「体験航海」では、ヘリ格納庫前でラッパや手旗展示が行われた（4月13日、東京湾の「しらせ」艦上で）

家族が見守る中、南極での観測支援業務を終えて帰国した「しらせ」乗員をねぎらう山村海幕長（壇上）＝4月9日

前事不忘 後事之師

第40回

それしか知らない者は、それをも知らない

英国防大学の講義でよく引用される雑誌『エコノミスト』

今から20年以上前のことですが、イギリスの国防大学に留学しました。たまたまその年の5月にイギリスでは総選挙が行われ、労働党のトニー・ブレアー政権が誕生。その選挙期間中、ブレアー党首が記者に最優先課題は何かと聞かれ、「Education（教育）,Education,Education!」と繰り返す場面がテレビで放送されていました。翌日、国防大学の同僚に聞くと、「英語の読み書きができないイギリス人がたくさんいるのだ」という答えが返ってきて驚きました。

翻って、我が国を見れば、日本語の読み書きができない人間は、ほとんどいません。我が国でも最近、格差が大きな問題になっていますが、日本は中間層がしっかりしていて、国民総体として相応の教育水準が維持されています。この点こそが我が国の強みであり、日本が得意とする物作りのベースであるように思います。

イギリスの国防大学の講義では、しばしば『エコノミスト』という雑誌が引用されることがありました。私も拙い英語力で読んでみました。全世界で生起する事象を2週間ごとに分析しているレポートのような雑誌ですが、読んでみると、その客観的な分析力、深みのある内容に驚きました。主要国で生起している事柄のみならず、アフリカや中央アジアなど普段あまり注目されていない地域で生起した事柄も正確にカバーしています。

日本にもいくつか雑誌はありますが、残念ながらこの水準の雑誌はないと思います。イギリスには、こうしたレベルの記事を書くライターがいて、またそれを編集する力のある編集者がいるのでしょうし、一番重要なことは、知的水準の高い雑誌を読もうとする読者層が存在するということです。言ってみれば、知的エリート層の存在です。日本には良い意味でのエリート層が存在するのか私には分かりませんが、政治、経済、安全保障などを考える上でこの両国の違いは大きいと感じました。

私は、この時以来、「日本にいるだけでは日本のことは分からない」と考えるようになりました。どこの国でも良いのですが、外国にそれなりの期間、滞在・生活して外から日本を見て、比較することがとても大切です。日本に留まっていることの弊害は、日本で行われていることは他国でも当然のことだ、と錯覚してしまうことです。自らを「相対化」して見る力を養うことが重要なのです。

そんなことをずっと思っていたところ、本年2月に五百旗頭真・前防衛大学校長が書かれた日経新聞「私の履歴書」の連載の中で、「それしか知らない者は、実はそれをも知らない」という言葉を見つけて、私が考えていたことは、これだと気づきました。五百旗頭先生の場合は、ご自身の研究者としての最大関心事項である戦後の日本社会を戦前の政治との「対比」において捉えようとされたとのことで、戦後日本を測定する「客観的なものさし」を歴史に求めた」とおっしゃっておられます。そのことしか知らなければ「対比するものさし」がありませんので、そのことを客観的に見ることができないということなのだろうと思います。

正直言えば、私にも安全保障、軍事の専門家であるという多少の自負がありますし、国際軍事情勢や戦略についての基礎知識ぐらいはあると思っています。しかしながら、五百旗頭先生のこの言葉をよく噛みしめてみると、それだけでは駄目なのだと反省しました。安全保障や軍事を「相対化」できる何か――それは政治や経済の知識でも、あるいは文学、芸術、歴史などでも良いかもしれません――を知っていること、それが重要なのです。

ちなみに、昭和史の研究家である保阪正康氏は、旧日本軍の軍人の多くが小説、文学書を読むことなどは軟弱な行いであり、全てを「実学」の中で学べば十分と考えていたと述べ、そうした人格形成が軍、ひいては国家を存亡の危機に導いたと書いています。

鎌田 昭良（防衛省OB、防衛基盤整備協会理事長）

…… 前事忘れざるは後事の師 ……

厳しい任務に備え体制万全　陸自が部隊新編

機甲科部隊の"さきがけ"に
戦教導、偵教導 1機甲教が統合　新たに「機甲教導連隊」へ

陸自富士学校隷下の戦車教導隊と偵察教導隊、東方混成団隷下の1機甲教育隊は3月26日、新たに「機甲教導連隊」として統合・新編され、同日、駒門駐屯地で隊旗授与式が行われた。

前日の25日には富士駐屯地で戦車教導隊と偵察教導隊の廃止行事を実施。行事後、部隊は隊員たちに見送られ、駒門駐屯地に移駐した。

「機甲教導連隊」への隊旗授与式は26日午前10時頃から駒門駐屯地のグラウンドで行われ、編成担任官を務めた富士学校長の高田祐一陸将から同連隊長（兼駒門駐屯地司令）の内田明秀1佐に隊旗が授与された。

編成管理官を務めた高田富士学校長は隊員たちに「機甲教導連隊はまさに全国機甲科部隊のさきがけとなる部隊だ。諸君の前に道はなく、諸君が歩いた後に道ができる」と訓示した。

駒門駐屯地に移駐後、堂々とした観閲行進を披露する機甲教導連隊の10式戦車（3月26日）

大勢の隊員に見送られ富士駐屯地を後にする元戦車教導隊と偵察教導隊の車両群（3月25日）

教育支援飛行隊　「飛行教導隊」に改編
田川隊長「陸自航空科を導く模範に」

【飛行教導隊＝明野】陸自航空学校隷下の教育支援飛行隊は3月26日、明野駐屯地で「飛行教導隊」に改編され、その編成完結式を行った。

前身となった教支飛はこれまで、航校と富士学校で学生教育の支援を主任務としてきた。AH1S対戦車ヘリの導入に伴う各種運用試験をはじめ、CH47J輸送ヘリの性能試験やパイロット用の夜間暗視装置（NVG）の導入検証なども担当。近年ではAH64D戦闘ヘリを導入した航空科の新たな部隊運用法なども学生教育に反映させた。

今回の「飛行教導隊」への改編で初代隊長となった田川秀樹2佐は「飛行教導隊は全国の陸自航空科を教え導く"指標（模範）"でなければならない」と述べ、「不易流行」を隊員たちに強く要望した。

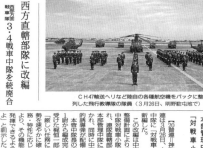

CH47輸送ヘリなど陸自の各種航空機をバックに整列した飛行教導隊の隊員（3月26日、明野駐屯地で）

初の「爆発装置処理隊」
宇都宮駐屯地に　PKOなど海外で活動も
遠隔操作ロボや「多目的防護衣」装備

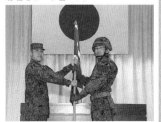

陸自中央即応連隊（宇都宮）に3月26日、初の「爆発装置処理隊」が新編された。同日、宇都宮駐屯地で隊旗授与式が行われ、石田広紀中央即応連隊長から初代爆発装置処理隊の久古啓三3佐に隊旗が授与された。

同隊は隊長以下約30人で編成され、IED（即製爆発物）の処理などに当たる専門部隊。将来的には国連のPKO（平和維持活動）など海外での自衛隊の活動で、危険物の処理任務などに従事する。

このため同隊は専用の装備を保有し、安全に爆発物を処理できる態勢が整えられている。

遠隔操作で爆発物の確認などを行うロボット「爆発物対処用UGV（無人車両）」には、車体上部にカメラが取り付けられ、離れた場所から不審物の確認ができる。またUGVにはアームが取り付けられ、これで容器を開けることなどもできる。

爆発物と確認された後、処理を行う隊員が着用する「多目的防護衣」も同様に、万が一、IEDが爆発しても隊員が爆風や衝撃から身を守れるよう、全身が分厚い防護服で覆われ、頭部は頑丈なヘルメットで守られる。隊員はこれを着用して作業に当たることから、今後はこれら装備品を使って訓練を行い、隊員の練度を高める。

上　爆発装置処理隊がIEDの確認や処理に使う「爆発物対処用UGV」
右　爆発物の処理に当たる隊員が着用する「多目的防護衣」。爆風などに耐える特別な構造となっている

石田中央即応連隊長（左）から「爆発装置処理隊」の隊旗を授与される久古隊長（3月26日、宇都宮駐屯地で）

西方直轄部隊に改編
西部方面戦車隊　3・4戦車中隊を統廃合

【西方戦車隊＝玖珠】西部方面戦車隊は3月26日、3・4戦車中隊を統廃合し、4師団隷下から西方直轄部隊に改編され、新体制で運用を開始した。また、装備する戦車はすべて最新の10式戦車に換装され、令和元年の隊務を開始した。

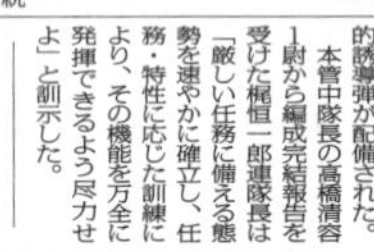
前田健一郎司令（右）に隊旗を返還する4戦車中隊長の馬越俊典1尉（3月26日、玖珠駐屯地で）

本部管理中隊に「対戦車小隊」
20普連

【20普連＝神町】20普連は3月26日、本部管理中隊に「対戦車小隊」を新編した。

この改編は中期防衛力整備計画により、普通科中隊対戦車小隊が廃止され、連隊直轄部隊として本部管理中隊に同隊が置かれ、同時に中距離多目的誘導弾が配備された。

本管中隊長の高橋清容1尉から編成完結報告を受けた梶恒一郎連隊長は「厳しい任務に備える態勢を速やかに確立し、任務・特性に応じた訓練により、その機能を万全に発揮できるよう尽力せよ」と訓示した。

130特科大隊が隊旗返還式を実施

【仙台】仙台駐屯地で3月20日、多連装ロケット部隊である「130特科大隊」の廃止に伴う隊旗返還式を実施し、同25日にも4地対艦ミサイル連隊の4中隊が隊旗を返還した。中期防衛整備計画に基づく同部隊改編により、歴史ある二つの部隊が幕を閉じた。

22即機連が編成完結式
大場連隊長「与えられた任務、完遂を」

【22即機連＝多賀城】22普連は3月26日、「22即応機動連隊」に改編され、その編成完結式を多賀城駐屯地で行った。

連隊長の大場智覚1佐は訓示で「我々は今与えられた任務を完遂させるため、強靭な即機連の戦力化とともに戦い方や不撓不屈の精神を共有し、連隊が一丸となることが求められる」と述べた。

式の最後には、大場連隊長と松本祐也最先任上級曹長（当時）が作詞した新たな連隊歌を全隊員で熱唱。同隊の統率方針を「任務完遂、強靭な即機連の創造」とし、「一心同体で一日一日を悔いなく生きよう」と隊員たちは互いに決意を確認し合った。

部隊新編後、「22即応機動連隊」の看板を囲み、記念撮影を行う同隊の隊員たち（3月26日、多賀城駐屯地で）

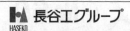

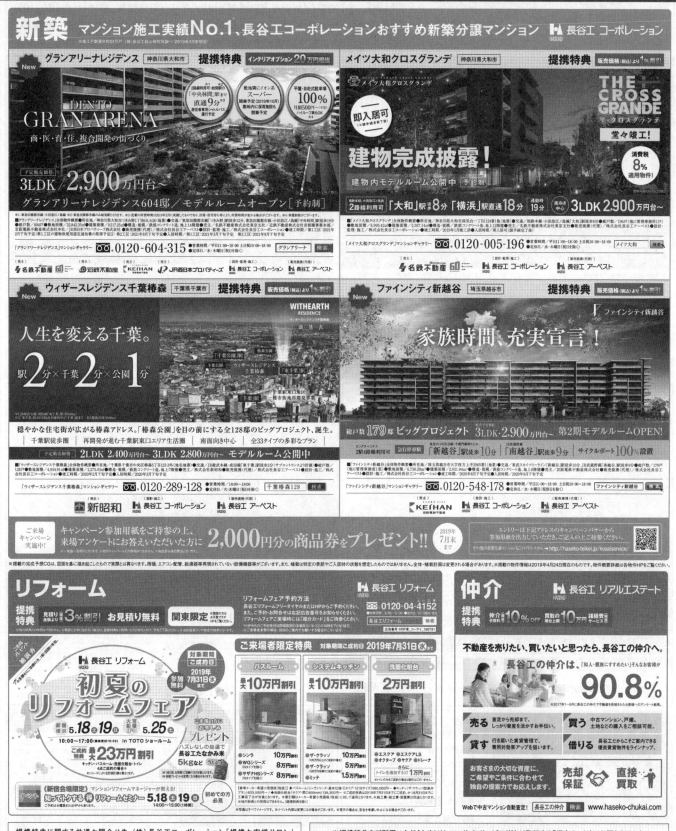

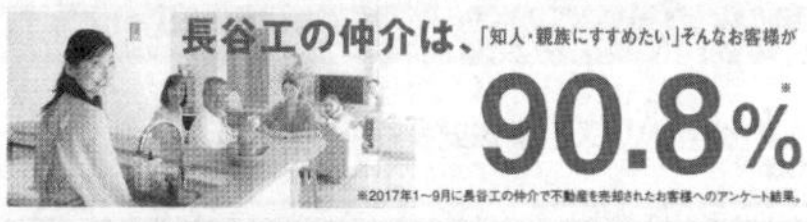

朝雲

防衛省にご勤務の皆さまへ　住まいと暮らしのことなら何でもお任せください！

コーサイ・サービス ニュース　No.60

「紹介カード」で、お得なサービス
【提携割引】 利用しないともったいない！

⇒URL　https://www.ksi-service.co.jp (限定情報　ID:teikei PW:109109)

"紹介カードでお得に！お住まいの応援キャンペーン①・②・③！" 実施中

【住まいのご相談・お問合せ】 コーサイ・サービス株式会社 ☎03-5315-4170 (住宅専用) 担当：佐藤　東京都新宿区四谷坂町12番20号KKビル4F／営業時間 9:00～17:00 ／定休日 土・日・祝日

BAUS　バウス横須賀中央

日本土地建物

提携割引 販売価格(税抜)の1%

YOKOSUKA FLAGSHIP

横須賀の、真の中心へ。

「横須賀中央」駅徒歩4分、横須賀市役所の隣、旧警察署跡地。全212邸の大規模レジデンス〈BAUS横須賀中央〉誕生。

4min from 「横須賀中央」駅

第2期1次・2次【連続】即日完売！モデルルーム公開中

■「バウス横須賀中央」先着順物件概要 ●所在地／神奈川県横須賀市小川町10-1（地番）●交通／京急本線「横須賀中央」駅徒歩4分●用途地域／商業地域●敷地面積／2,405.63㎡●建築面積／1,234.95㎡●建築延床面積／16,951.38㎡●構造・規模／鉄筋コンクリート造地上17階建●総戸数／212戸（他に管理事務室、集会室）●販売戸数／7戸●間取り／1LDK～3LDK●専有面積／47.92㎡～75.30㎡●バルコニー面積／8.67㎡～14.72㎡●建築確認番号／第BVJ-TOK17-10-0837号（2017年11月27日付）※今後計画変更を提出する場合があります。●駐車場／53台（月額使用料：15,000円～25,000円）●駐輪場／288台（月額使用料：100円～200円）●ミニバイク置場／10台（月額使用料：1,500円）※駐車場・駐輪場・ミニバイク置場等の台数については、全戸分を表示しております。●販売価格／3,458万円～5,578万円●管理費／5,600円～8,800円（月額）●修繕積立金／4,550円～7,150円（月額）●管理準備金／12,900円～20,300円（引渡し時一括）●修繕積立基金／273,140円～429,150円（引渡し時一括）●インターネット利用料／550円（月額）●セキュリティ利用料／880円（月額）●売主／日本土地建物（株）国土交通大臣免許(15)第125号、（一社）不動産協会会員、（一社）不動産流通経営協会会員、（公社）首都圏不動産公正取引協議会加盟、東京都千代田区霞が関一丁目4-1日土地ビル、セコムホームライフ（株） 国土交通大臣免許(13)第1937号、（一社）不動産協会会員、（一社）全国住宅産業協会会員、（公社）首都圏不動産公正取引協議会加盟、東京都渋谷区千駄ヶ谷4-19-12、JR西日本プロパティーズ（株）国土交通大臣免許(1)第9056号、（一社）不動産協会会員、（一社）不動産流通経営協会会員、（公社）首都圏不動産公正取引協議会加盟、東京都港区芝5丁目34番6号、ファーストコーポレーション（株）国土交通大臣免許(1)第9388号、（公社）東京都宅地建物取引業協議会会員、（公社）首都圏不動産公正取引協議会加盟、東京都杉並区荻窪四丁目30番16号藤澤ビルディング8階、三信住建（株）東京都知事免許(3)第85626号、（一社）全国住宅産業協会会員、（公社）首都圏不動産公正取引協議会加盟、東京都中央区銀座6-2-1Daiwa銀座ビル9階●販売提携（代理）／野村不動産アーバンネット（株）国土交通大臣免許(4)第6101号、（一社）不動産流通経営協会会員、（公社）首都圏不動産公正取引協議会加盟、東京都新宿区西新宿1-26-2新宿野村ビル、日本土地建物（株）●管理形態／区分所有者全員により管理組合を結成していただき、運営・管理業務は管理会社三信住建（株）に委託●施工／ファーストコーポレーション（株）、三信住建（株）●建物完成予定時期／2020年2月下旬●引渡予定時期／2020年3月下旬 ■先着順申込スケジュール ●申込受付時間／［平日］11:00～18:00 ［土日祝］10:00～18:00●申込受付場所／「バウス横須賀中央」マンションギャラリー●申込時にお持ちいただくもの／印鑑（お認印）、収入証明書の写し（2017年・2018年分の源泉徴収票または、直近3年分の確定申告書の控え）、本人確認書類（運転免許証、健康保険証、パスポート等）●広告有効期限／2019年5月末日※先着順申込受付につき、成約済の場合はご了承ください。※表示の販売価格には、消費税等の税率10%相当額を含んでおります。

お問い合せは「BAUS横須賀中央」マンションギャラリー　0120-588-212　営業時間 10:00～18:00（定休日を除く） 定休日／毎週水・木曜日、第2火曜日（祝日を除く） ※携帯電話・PHSからもご利用になれます。

詳しくはホームページへ　バウス横須賀中央　検索

BAUS　バウス朝霞根岸台

（売主・販売）日本土地建物　（販売提携（代理））長谷工アーベスト

提携特典　販売価格(税抜)の1%割引

都心へダイレクトアクセス

3路線利用可能　駅までフラットアプローチ

「朝霞」駅 徒歩6分

「バウス朝霞根岸台」第2期 モデルルームオープン

※先着順のため、ご希望の住戸が販売済の際はご容赦ください。※お申込の際は、印鑑（お認印）、収入証明書の写し（2017年・2018年分の源泉徴収票または、直近3年分の確定申告書の控え）、本人確認書類（運転免許証、健康保険証、パスポート等）をご持参ください。※掲載の建物外観完成予想CGは、計画段階の図面を基に描き起こしたもので、形状・色彩・植栽等は実際とは異なります。なお、外観形状細部・設備機器等は表現しておりません。また、表現されている植栽は竣工から初期育成期間を経たものを想定して描いております。施工上の理由および改良のため、変更になる場合がありますので、ご了承ください。※掲載の距離表示については現地からの地図上の概測です。また徒歩分数については80mを1分として算出し、端数を切り上げたものです。

■「バウス朝霞根岸台」全体物件概要　●所在地/埼玉県朝霞市根岸台5丁目6番6他（地番）●交通/東武東上線「朝霞」駅徒歩6分●用途地域/第1種住居地域●敷地面積/3,072.7㎡●建築面積/1,320.23㎡●建築延床面積/7,053.66㎡●構造・規模/鉄筋コンクリート造地上8階建●総戸数/86戸（他に管理事務室、清掃員控室、集会室）●建築確認番号/第UHEC建確300290号（2018年8月30日付）※今後計画変更を提出する場合があります。●駐車場/37台：平置37台（内1台は身障者用）（月額使用料：11,000円～12,500円）●駐輪場/178台：平置16台、2段式162台（月額使用料：100円～400円）●バイク置場/5台（月額使用料：2,000円）※駐車場・駐輪場・バイク置場等の台数については、全戸分を表示しております。●インターネット利用料/550円（月額）●売主・販売/日本土地建物（株）国土交通大臣免許(15)第125号、（一社）不動産協会会員、（一社）不動産流通経営協会会員、（公社）首都圏不動産公正取引協議会加盟、東京都千代田区霞が関一丁目4-1日土地ビル●販売提携（代理）/（株）長谷工アーベスト　国土交通大臣免許(10)第3175号、（一社）不動産協会会員、（一社）不動産流通経営協会会員、（公社）首都圏不動産公正取引協議会加盟、東京都港区芝2-6-1長谷工芝二ビル6階●管理形態/区分所有者全員により管理組合を結成していただき、運営・管理業務は（株）長谷工コミュニティに委託●施工/（株）長谷工コーポレーション●建物完成予定時期/2019年9月下旬●引渡予定時期/2019年10月下旬■第2期予告物件概要●販売戸数/未定●間取り/3LDK～4LDK●専有面積/64.50㎡～82.29㎡●バルコニー面積/2.58㎡～14.70㎡●販売価格/未定●管理費等/未定●販売開始予定時期/2019年5月下旬※記載の専有面積等は、未分譲の全販売対象住戸に対してのものです。販売戸数等の未確定部分につきましては本広告で表示いたします。■第1期先着順物件概要●販売戸数/8戸●間取り/3LDK●専有面積/64.50㎡～72.55㎡●バルコニー面積/12.00㎡～15.60㎡●ポーチ面積/11.30㎡●テラス面積/15.88㎡●販売価格/4,378万円～5,578万円●管理費/11,300円～12,700円（月額）●修繕積立金/6,450円～7,260円（月額）●管理準備金/12,900円～14,600円（引渡し時一括）●修繕積立基金/323,000円～363,000円（引渡し時一括）※先着順のため、ご希望の住戸が販売済の際はご容赦ください。※お申込の際は、印鑑（お認印）、収入証明書の写し（2017年・2018年分の源泉徴収票または、直近3年分の確定申告書の控え）、本人確認書類（運転免許証、健康保険証、パスポート等）をご持参ください。●広告有効期限/2019年5月末日※表示の販売価格等には、消費税等の税率10%相当額を含んでおります。なお、消費税率は今後変更になる場合があります。

予告広告　本広告を行い取引を開始するまでは、契約又は予約の申込に一切応じられません。また、申込順位の確保に関する措置は講じられません。（販売開始予定時期/2019年5月下旬）

公式ホームページ　バウス朝霞　検索　www.baus-web.jp/baus/asaka6/

お問い合わせは　0120-086-845　営業時間:10:00～18:00 定休日:水・木曜日（祝祭日を除く）

PREMIST 本厚木

小田急小田原線「本厚木」駅 徒歩4分

都市の真ん中で、※1 やすらぎの真ん中に。

HEART OF OASIS

外観完成予想図

■「プレミスト本厚木」全体物件概要●所在地／神奈川県厚木市中町4丁目96(地番)●総戸数／144戸(別途管理室1戸・店舗1戸)●事業主・売主／大和ハウス工業株式会社横浜支社〒220-8620 神奈川県横浜市西区みなとみらい3丁目6番1号みなとみらいセンタービル15F Tel 045-650-5295[建設業許可番号・国土交通大臣許可(特-27・28)第5279号 宅地建物取引業者免許番号・国土交通大臣(15)第245号(公社)神奈川県宅地建物取引業協会会員(公社)首都圏不動産公正取引協議会加盟]●販売代理／株式会社長谷工アーベスト 〒105-8545 東京都港区芝2丁目6番1号 Tel 03-5440-5800[宅地建物取引業者免許番号：国土交通大臣(10)第3175号(一社)不動産協会会員(一社)不動産流通経営協会会員(公社)首都圏不動産公正取引協議会加盟]●交通／小田急電鉄小田原線「本厚木」駅から徒歩4分●敷地面積／2,234.17㎡●構造・階数／鉄筋コンクリート造地上19階建●施工／株式会社長谷工コーポレーション●管理会社／株式会社長谷工コミュニティ●管理形態／管理組合と管理会社(株式会社長谷工コミュニティ)との間で管理委託契約を締結●完成予定年月／2020年11月中旬●入居予定年月／2020年12月中旬●分譲後の権利形態／敷地は共有、建物は区分所有●土地の権利形態／所有権●駐車場台数／82台(機械式81台・身障者用平置1台)・月額：16,600円～23,100円●駐輪場台数／216台(二段ラック式208台、平置8台)・月額：100円～300円●バイク置き場台数／4台(ミニバイク4台)・月額：1,000円●インターホン向けIotシステム料／月額：330円●用途地域／商業地域●建築確認番号／第TBTC18000218号(2018年7月31日)■第1期先着順販売住戸概要●販売戸数／5戸●専有面積／65.17㎡～85.20㎡●バルコニー面積／11.76㎡～12.50㎡●サービスバルコニー面積／4.46㎡●ポーチ面積／3.75㎡●販売価格(税込)／4,128万円～5,658万円●間取り／2LDK・3LDK・4LDK●管理費(税込)／月額：10,200円～13,200円●修繕積立金／月額：7,180円～9,380円●管理準備金(税込)／一括：23,200円～30,300円●修繕積立基金／一括：457,000円～597,000円●インターネット使用料(税込)／月額：1,100円●先着順申込受付場所／「プレミスト本厚木」マンションギャラリー※申込の際は印鑑(認印可)、2017年・2018年分の収入証明書(源泉徴収票等)、本人確認資料(運転免許証等)をお持ちください。※販売価格には建物に係る消費税10%相当額が含まれています。●広告作成日／2019年4月23日●取引条件有効期限／2019年5月15日

※掲載の外観完成予想図は、設計図書を基に描き起こしたもので、実際とは多少異なる場合があります。雨樋、エアコン室外機、給湯器、TVアンテナ等再現されていない設備機器がございます。植栽等は特定の季節、ご入居時の状況を想定して描かれたものではありません。また、竣工時には完成予想図程度には成長しておらず、形状、位置などは実際とは多少異なる場合があります。※1.東に「本厚木」駅や「本厚木ミロード1・2」(徒歩4分・約260m)などの商業施設、北に厚木一番街商店街振興組合(徒歩3分・約210m)、南にあつぎ商和会(徒歩1分・約80m)、西にイトーヨーカドー(徒歩2分・約130m)があり、徒歩利便に囲まれていることを表現したものです。※2.天井高約2,580mmは、3階～14階住戸になります。※3.あつぎ鮎まつり大会花火大会、えびな市民まつり。

都市型高層レジデンス	開放的な住空間	豊かな緑量を創造	2つの花火大会※3のパノラマステージ
地上19階／全144邸	天井高最大約2,580mm※2	日常を潤す緑のオアシス	地上57m超の展望デッキ

モデルルーム公開中　提携割引 販売価格(税込)より1%割引　提携割引をご利用いただくには「紹介カード」が必要です。初回来場前にコーサイ・サービス(株)へご請求ください。

［事業主・売主］大和ハウス工業株式会社

お問い合わせは「プレミスト本厚木」マンションギャラリー　0120-019-144　営業時間／10:00～18:00（火・水曜日定休・祝日除く）

詳しくは公式サイトをご覧ください。　ダイワ 本厚木　検索　www.dhms.jp/honatsugi

やさしい駅近

PREDEAR プレディア 府中西府

新築分譲マンション

5月中旬 モデルルームオープン(予定)

資料請求受付中

「西府」駅 徒歩2分

■物件概要●所在地／東京都府中市本宿町1丁目44番3（地番）●交通／JR南武線「西府」駅徒歩2分●用途地域／近隣商業地域●地域・地区／防火地域・第3種高度地区・西府駅周辺地区地区計画・景観形成区域●地目／宅地●敷地面積／461.87㎡（139.71坪）●建築面積／243.93㎡●建物延床面積／1168.52㎡●建ぺい率／52.82%（許容100.0%）●容積率／299.67%（許容300.00%）●構造・規模／鉄筋コンクリート造地上8階建●建築確認番号／第H29確及建合00244号（平成30年3月1日付）●建物完成予定／2019年4月下旬（予定）●建物入居時期／2019年9月下旬（予定）●総戸数／20戸（他管理員室1戸）●専有面積／57.84㎡～72.76㎡●バルコニー面積／5.47㎡～12.62㎡●テラス面積／8.33㎡●サービスバルコニー面積／3.60㎡●分譲後の権利形態／敷地及び建物共有部分：専有面積持分割合による所有権の共有 専有部分：区分所有●管理形態／管理組合を結成し、管理会社へ委託●管理会社／JR西日本プロパティーズ株式会社●設計・監理／風越建設株式会社一級建築士事務所●施工／風越建設株式会社●売主／JR西日本プロパティーズ株式会社 国土交通大臣(1)第9056号 (一社)不動産協会会員 (一社)不動産流通経営協会会員 (公社)首都圏不動産公正取引協議会加盟 〒108-0014 東京都港区芝5丁目34番6号●販売提携(代理)／株式会社City Innovation 国土交通大臣(1)第9062号(公社)全日本不動産協会会員(公社)不動産保証協会会員(公社)首都圏不動産公正取引協議会加盟〒160-0022 東京都新宿区新宿2丁目11番2号※本広告につきましては物件ホームページにて公開いたします。※最新情報は弊社のホームページをご覧ください。

お問い合わせは　0120-002-115　営業時間／10:00～19:00（火・水曜定休／祝日を除く）　西府20　検索

［売主］JR西日本プロパティーズ　［販売提携（代理）］JNIグループ City Innovation

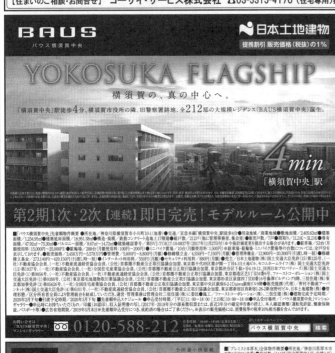

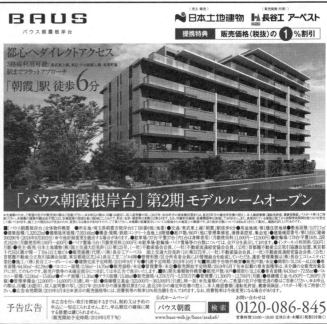

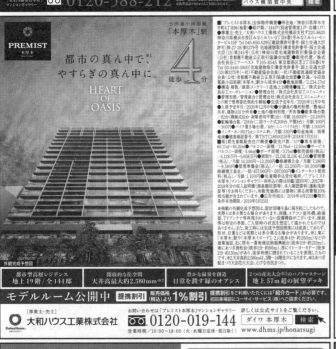

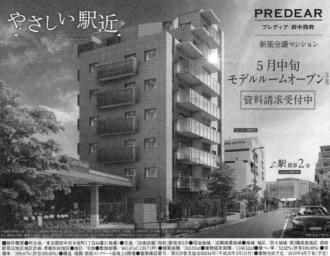

コーサイ・サービスの提携会社なら安心・おすすめ物件情報

物件名	所在地 交通	規模・規模	入居時期 (予定)	提携割引 特典		提携会社 施工会社
新築分譲マンション プレミストひばりが丘 シーズンビュー	東京都西東京市ひばりが丘3-1616-20 西武池袋線「ひばりヶ丘」駅 徒歩23分 西武池袋線「ひばりヶ丘」駅 バス6分下車徒歩2分	鉄筋コンクリート造 地上8階地下1階建 (総戸数：141戸)	即入居可 諸手続き 完了後	販売価格 (税抜き)の 1%割引		大和ハウス工業㈱ ㈱長谷工コーポレーション
新築分譲マンション ディアスタ宮崎台	神奈川県川崎市宮前区宮崎3丁目10番9(地番) 東急田園都市線「宮崎台」駅徒歩8分	鉄筋コンクリート造 地上5階建 (総戸数：31戸)	即入居可 諸手続き 完了後	販売価格 (税抜き)の 0.5%割引		JR西日本プロパティーズ㈱ 風越建設㈱
新築分譲マンション コージーコート茅ケ崎	神奈川県茅ケ崎市共恵1丁目5715-4.～19(地番) JR東海道本線・相模線「茅ケ崎」駅徒歩3分	鉄筋コンクリート造 一部鉄骨造 地上11階建 (総戸数：30戸)	即入居可 諸手続き 完了後	販売価格 (税抜き)の 0.5%割引		リストインターナショナルリアルティ㈱ 山田建設㈱
新築分譲戸建 パウスガーデン 市川国府台	千葉県市川市真間5丁目146番1他(地番) 京成本線「国府台」駅 徒歩14分 JR総武線・総武線快速「市川」駅バス11分下車7分	木造2階建 (2×4工法) (総戸数：21戸)	2019年 7月下旬	販売価格 (税抜き)の 1%割引		日本土地建物㈱ 西武建設㈱

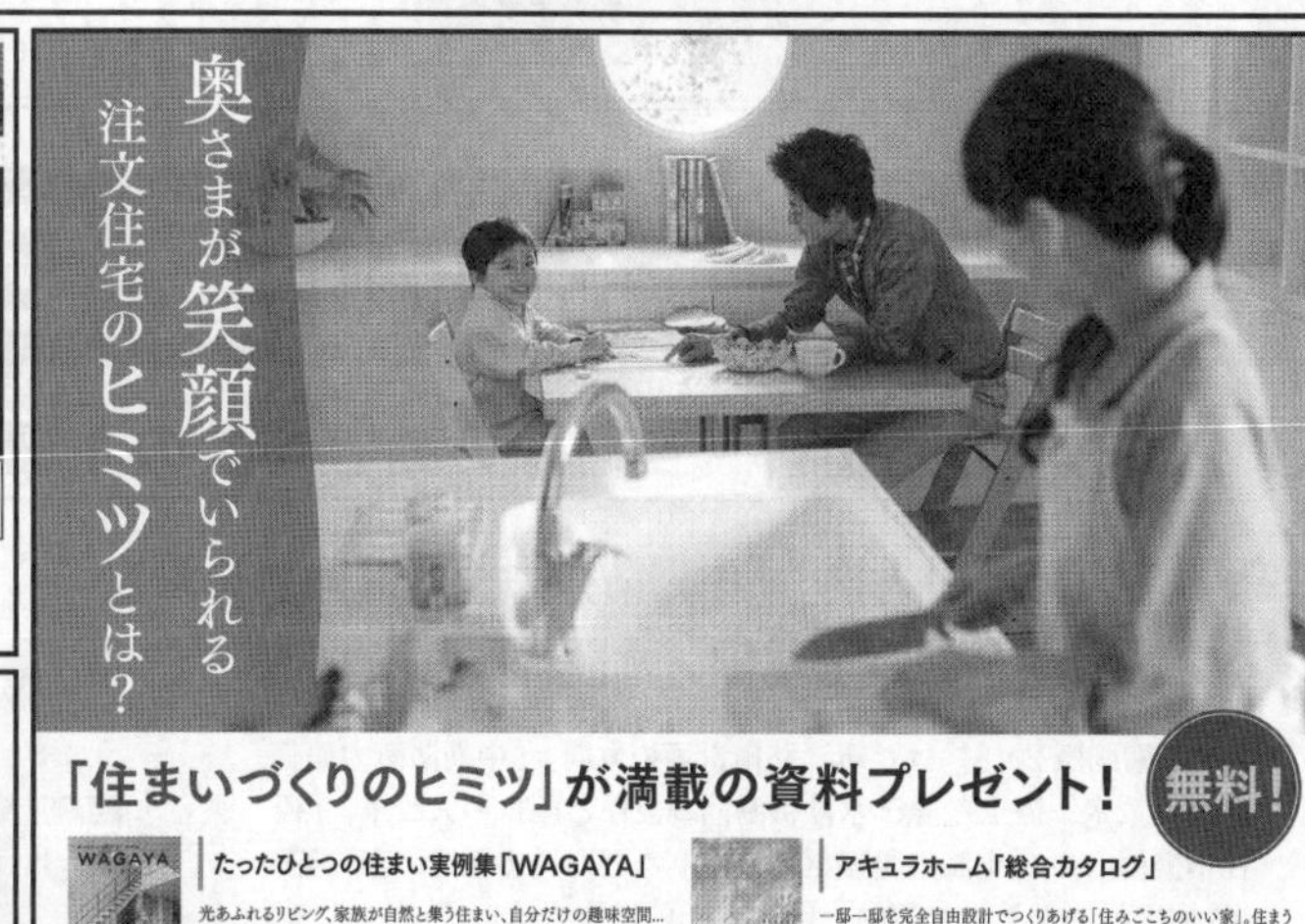

「住まいづくりのヒミツ」が満載の資料プレゼント!　無料!

たったひとつの住まい実例集「WAGAYA」
光あふれるリビング、家族が自然と集う住まい、自分だけの趣味空間…オーナー様それぞれのこだわりが詰まった実例をご紹介しています。間取りはもちろん、メーカーを決めた理由、ご入居後に感じた住みごこちなどのリアルな声も掲載。家づくりの楽しさを感じられる一冊です。

アキュラホーム「総合カタログ」
一邸一邸を完全自由設計でつくりあげる「住みごこちのいい家」。住まう人の暮らしに寄り添い、オーダーメイドの「住みごこち」をデザインします。光や風を感じる住まい、家事が楽しくなる住まい、ずっと安心が続く住まい… そんな理想を形にした先にある「豊かな暮らし」を描いた一冊です。

資料請求はこちら　専用WEBサイトから　aqura.co.jp/teikei/　企業番号 171-05-C　お電話から 0120-004-383（受付時間:平日10:00～17:00 定休日:土・日曜日）

● 全国100拠点。展示場で住みごこちの良さをご体験ください。最寄りの展示場はWEBでチェック!
提携割引 建物本体価格(税抜) 3%　※展示場来場・資料請求の前に「紹介カード」が必要となります

職人品質を、もっと身近に。
アキュラホーム
カンナ社長 で 検索

米国防情報局報告書『中国の軍事力』を読む

防研 軍事戦略研究室 遠田弘明・主任研究官

米国防総省国防情報局（DIA）は今年1月15日、中国の軍事力に関する報告書「China Military Power」を発表した。米国の指導者や国家安全保障関係者、同盟国、一般市民などに向けて秘密情報を含まない形で幅広く情報提供するのを目的としている。DIAは1980年代から同様の目的でソビエト連邦（ロシア）の軍事力に関するレポートを発表してきたが、中国に関しては今回が初めて。防衛研究所軍事戦略研究室の主任研究官を務める遠田弘明1空佐に概要の紹介と分析をお願いした。（分析については個人の見解であり、所属組織の見解を代表するものではありません）

歴史

人民解放軍（以下、解放軍という）は1927年に中国共産党の軍として創設され、現在に至るまで党の軍としての性格は不変である。

1978年からの鄧小平の「四つの近代化」政策によって軍の近代化が進められ、1991年の湾岸戦争は、現代戦における情報化された戦力による機動力と精密攻撃能力の決定的な有用性を中国共産党の指導者に強く認識させた。

2004年、胡錦濤の「新世紀新段階の我が軍の歴史使命」というスローガンの下、解放軍は国連平和維持活動（PKO）への参加など、その活動範囲をグローバルに拡大させていくこととなる。

中国の軍事概況

1 脅威認識

中国は世界規模の戦争は当面起きないとの認識の下、この現状を「戦略的好機」と捉え、可能性のある局地戦への準備を着々と進めている。それと同時に、台湾の独立、ウイグルおよびチベットの分離主義、東・南シナ海の領有権の問題などは、永続的な共産党支配を脅かす問題として認識。

米軍のアジアにおけるプレゼンスは、中国の台頭を抑えるとともに、中国の主権、特に台湾および東・南シナ海における紛争への介入を意図するものと考えている。また、中国は国益がグローバルに拡大するのに伴い、自国が国内外において脆弱になっていると認識している。

2 国家安全保障戦略

中国共産党は2015年1月に初めて公表された「国家安全戦略綱要」において、共通の安全保障問題対処への国際的な関与の必要性について訴えるとともに、国家の安全を確保し、近代化を推進し、社会主義システムを保全するという中国の国家目標について概説している。

また、2017年に公表された習近平思想では、「中国を復興させ大国になる」という野心を描いている。そして中国は大国としての責任を負って、グローバルなパートナーシップのネットワークを構築する用意がある一方、主権と安全保障上の利益については一切妥協しない、としている。

3 人民解放軍の役割

解放軍は、①中国の主権と領土の保全②国家統一③宇宙、サイバーなど、新たなドメインの権益の保全④中国の海外権益の保全⑤戦略的抑止の維持⑥国際安全保障協力への参加⑦中国の政治および社会の安全保障⑧緊急救護および災害救援などの任務を担うとしている。

4 軍の指導体制

解放軍は党の一機構で、軍の幹部のほとんどは共産党員であり、中隊レベル以上の部隊には人事権、プロパガンダおよび防諜の職責を持つ政治将校が配置され、党の命令の部隊への徹底を図っている。中央軍事委員会は解放軍の最高意思決定機関であり、中国共産党の組織であると同時に全人代によって任命される国家の組織でもある。中央軍事委員会の主席は文民で中国共産党総書記と国家主席を兼務している。

5 治安問題

中国の政治と社会の安定維持は軍の戦略的任務であり、暴動、自然災害に対応し、テロを防止するため、警察の支援を行う。2015年、中国は反テロ法を成立させ、海外での解放軍、武装警察、警察の活動を合法化した。また、治安当局はハイテクとビッグデータを用いた捜索システムを積極的に利用し、2017年4月以降、新疆の数百万人ともいわれるイスラム教徒を反過激主義の再教育と称して拘留している。

6 国防予算

2000年から2016年までの間、中国の国防支出は年平均で10％増の伸びを示してきたが、この2年間は5～7％に低下。国外の兵器調達や一部の研究開発および人件費を含まない公式な国防予算は、この10年間でGDPの1・2～1・5％に留まっているが、2018年の価格と為替レートを適用した場合、中国の総国防関連支出はおそらく2兆ドル超となり、これは2002年の予算の3倍となっている。

遠田　弘明（えんた・ひろあき）１空佐
1965年生まれ。東京都出身。早稲田大学教育学部英語英文科卒。米アラバマ州トロイ大学（在日米軍嘉手納基地内）管理学修士。88年空自入隊（一般88期）、高射運用。空幕防衛課、在中国防衛駐在官、１高群副司令、空幕運用支援課、２空団基業群司令、11飛教団副司令などを経て、18年３月から現職。

軍事ドクトリンおよび戦略

中国はその軍事戦略を「積極防御」と性格付けている。これは敵が中国の国益に戦略レベルにおいて損害を与えるあるいは損害を与えようとする場合、敵がまだ攻撃的な軍事作戦を行っていなくても、作戦もしくは戦術レベルで「防御的」に対応することが正当化されるということである。

また、中国は侵略や拡張を行わないとする一方、中国の領土を中国から切り離すことは絶対に許さないとしている。

中国は、特に「海上の軍事紛争」に焦点を置いた「情報化局地戦争」に備えている。「情報化戦争」とは、情報を入手、伝達、処理、使用して陸・海・空・宇宙・サイバー・電磁スペクトラム領域を横断した統合運用を行うことである。

中国は航空攻撃、長距離機動および宇宙とサイバー作戦について、その重要性が増しているとし、一体化したリアルタイムの指揮統制ネットワークを運用し、戦闘能力の高い、局地戦に勝利できる戦力を建設している。

中国は2015年以来、中央軍事委員会から戦区および作戦部隊へ一貫した意思決定が行われる統合作戦指揮システムを作ることとした。これにより、解放軍は従来の七つの軍区から五つの戦区（統合軍）に移行し、統合作戦指揮センターを中央軍事委員会と各戦区に設置するとともに、指揮統制やISR（情報・監視・偵察）システムを近代化している。

中国の軍事力の中核

米国は解放軍を、大規模な通常兵力をグローバルに展開する能力をまだ持たないものの、核、宇宙、サイバー空間や他の能力をもってグローバルに潜在する敵に対処することが可能であると評価するとともに、以下9項目を中国の軍事力の中核として取り上げている。

1 戦力投射および遠征作戦

解放軍は新たな長距離爆撃機を開発しているほか、最初の国産空母を建造している。また、ターゲティング能力を向上させ、脅威に適時に対応するため、ISR能力の向上も重視している。

そのほか、中国は国連PKO活動へ積極的に参加するとともに、インド洋における潜水艦パトロールを実施するなど、海上交通路の防衛と戦力投射能力を向上させている。ジブチにおける海兵部隊を配備した初の海外基地および「一帯一路」政策による経済の一体化は、今後の解放軍の戦力投射能力をさらに強化するであろう。

2 核戦力

中国は「先制不使用」政策をとっており、「警報即発射」(launch on warning)を重視する核態勢を表明。このため、宇宙配備の早期警戒能力を開発している。中国はロケット軍と海軍の核搬能力を維持しているが、開発中の戦略爆撃機が配備されると「核の3本柱」が完成し、核抑止能力がさらに向上するであろう。

米国およびその他の国に対抗するため、MARVs（終末誘導機動弾頭）、MIRVs（多弾頭）、デコイ、ジャミング、熱源隠蔽や極超音速滑空ビークルなど、さまざまな技術を開発。また、移動式ICBMの数の増加や原子力潜水艦発射弾道ミサイルの抑止パトロールの実施に伴い、核発射権限の規範を保全するため、高性能の指揮統制システムを展開するとともに手順を精査している。

3 生物・化学兵器戦

中国は生物・化学技術を兵器化し、ミサイルなどで運搬する能力を有しているが、攻撃目的での使用を否定している。また、中国は生物・化学兵器による攻撃から防御するための部隊と装備品を保有している。

中国は生物・化学兵器の禁止条約を批准するなど、国際的な生物・化学兵器禁止の取り組みに積極的に協力する一方、国内の個人や組織は懸念国に対して大量破壊兵器やミサイルプログラムに適用可能な技術や部品、物資を供給し続けており、このような物資や技術の移転は、懸念国に独自の化学兵器製造能力を開発させる助けとなっている。

4 宇宙／対宇宙

宇宙作戦は、解放軍の他の作戦を実施する上で不可欠な要素であり、解放軍が中国の宇宙プログラムを監督している。中国は宇宙配備のISRをはじめ、通信、航法、気象、有人宇宙飛行・無人宇宙探査への投資を継続している。また、紛争などの際に敵の宇宙アセットの使用を制限・阻止するため、対衛星ジャマー、指向性エネルギー兵器、衛星攻撃兵器、デュアル・ユースの軌道上技術など、多種多様な対宇宙能力の開発を継続。2015年12月設立の「戦略支援部隊」は、衛星の打ち上げや運用を行うが、領域横断の相乗効果を意図し、解放軍の宇宙能力やサイバー能力、電子戦能力を統合した。

5 サイバー空間

「情報の支配」は、現代戦で勝利するにあたっての前提条件であると解放軍は認識。解放軍の情報ドメインという概念は、ネットワークから電磁、心理、知識のドメインにまで及ぶ。中国は戦場において、敵の神経中枢である指揮統制と兵站ネットワークを標的にしてサイバー攻撃を行うであろう。

「戦略支援部隊」の設立により、サイバー偵察（技術やデータを収集）、サイバー攻撃、サイバー防御能力を一つに束ねるとともに、解放軍のサイバー部隊の指揮統制が集約された。

6 拒否と欺瞞

解放軍は非対称の優位を得るとともに、不意をつくため、伝統的に欺瞞と心理作戦を重視している。そのため、隠蔽（秘匿化）、偽装、陽動、心理的策略、さらには非軍事的に不利な態勢にさせる手段を用いて敵を混乱させるとともに、解放軍部隊や施設に対する敵のあらゆる偵察手段に対するさまざまな妨害を行う。

7 兵站と国防産業の近代化

解放軍の兵站システムは歴史的に非効率的であり、2016年に指揮統制の改善、軍民融合のための手順の改善、長年の汚職に起因する無駄や非効率を排除する監督メカニズムといった構造改革を始めた。[illegible]防衛産業の[illegible]将来の要求に応える先進的な技術が提供できる革新的な軍事産業複合体の開発である。中国の研究開発組織は、[illegible]について検討し、それを最大限に活用するよう研究している。

8 地下施設

中国は、核の先制不使用政策により、最初の核攻撃を受けても[illegible]指揮統制、[illegible]機能、ミサイル・アセットの防護、隠蔽を重視し[illegible]地下施設計画を維持している。

9 戦争以外の任務

中国は2008年から国連PKOへの[illegible]拡大させ、中国の国際的イメージを向上させるとともに、解放軍の作戦経験を積ませている。2018年現在、中国は2500人以上の工兵、警察、軍事顧問を国連ミッションに派遣させている。また、解放軍海軍は近代的な病院船である「平和の箱舟」を世界中の海外援助・災害救援任務に派遣するとともに、2008年からアデン湾での海賊対処活動を継続している。

分析――
軍改革の行方に注目

米国は、経済発展を背景に着実に軍の近代化を推し進め、接近阻止／領域拒否（A2／AD）能力など、ハード面において大きな進展を見せる中国を競争相手とみなし、このままでは追い抜かれてしまうかもしれないという危機感を募らせている。

また、米国は、中国が恒常的に海外から優れた装備品を直接購入したり改造したりするとともに、知的財産の不法取得によって製造していると見ており、現在進行している米中貿易戦争もこのようなことも背景にあると思われる。

他方、米国は、作戦の「機敏性」を妨げる硬直した指揮統制システムと兵站に中国の脆弱性があると見ている。

この課題を解決すべく、習近平は2015年、軍改革の一環として解放軍の作戦を統合で実施できる体制を作るとともに、軍内にはびこる汚職を取り締まり、効率的な兵站活動が行えるよう大規模な組織改革を開始した。

その成果については、まだ不明な部分が多いものの、PKOなど海外での作戦訓練[illegible]ネットワーク環境での統合訓練[illegible]向については注視していく必要がある。

本レポートの付録では、軍種毎の能力などについて記述されているが、その記述量は、[illegible]空軍も8ページであるのに対し、[illegible]2／AD、さらにはグローバルな作戦の中心を担う海・空軍の動向を特に注視していることを示しているものといえよう。

他方、解放軍海軍陸戦隊が着上陸作戦において、米国、日本、韓国、ロシア[illegible]て、これを打ち負かすレベルにまで至っていない評価していることも興味深い。

新時代の幕開けに始動

自衛隊の庁舎や隊舎は、それが防衛施設であるという特性のほか、厳しい予算上の制約などから、これまで全国どこも画一的で個性のない建物が多かった。しかし、近年それが大きく変わりつつある。

今年3月、南西諸島に開庁した沖縄・宮古島の陸自宮古島駐屯地は、白い砂浜と特産のマンゴーやサンゴをイメージさせる鮮やかな白とオレンジ色で統一され、一方、鹿児島・奄美大島に開設された奄美駐屯地と瀬戸内分屯地は、それぞれサトウキビやソテツを思わせるグリーン系の色で統一され、外観からは自衛隊施設とは思えない建物となっている。それぞれ島の文化を尊重し、周辺環境にも配慮しているほか、地元との一体感や地域振興なども目指した施設になっているようだ。

「令和」元年の新時代に誕生した「白とオレンジの宮古島」、「グリーンの奄美大島」の施設を写真で紹介する。

（撮影　宮古島・星里美、奄美大島・菱川浩嗣）

宮古島駐屯地

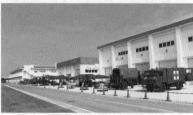

（右）駐屯地に隣接する敷地に建てられた官舎も白壁にオレンジの屋根瓦で統一されている。敷地内の公園には滑り台やブランコなどの遊具もあり、子供たちの笑い声が響いていた

（上）宮古警備隊への「隊旗授与式」で、本部庁舎前に並んだ隊員たちを車上から巡閲する岩屋防衛相（いずれも4月7日）

車両整備所前にずらりと並んだ各種車両。式典後、軽装甲機動車や小型ショベルドーザーに加え、浄水セット逆浸透Ⅱ型、野外洗濯セットⅡ型など災害派遣の際に使用する装備が来賓や地元のメディアにも公開された

「シーサー」と宮古島が描かれた駐屯地内のマンホール。写真のものは展示用に色づけされている

正門詰所の奥には宮古島分屯基地のレーダーサイトのドームが見える

宮古島駐屯地正門の警衛所。平屋建ての屋上から警備に当たる隊員と共に門柱上では沖縄の守り神「シーサー」も周囲にキラリと目を光らせている

島の文化や周辺環境を尊重

奄美駐屯地・瀬戸内分屯地

奄美警備隊本部が入るA庁舎（後方）前の儀仗広場で行われた同隊の隊旗授与式。壇上は原田防衛副大臣　（3月31日、奄美駐屯地で）

奄美駐屯地の高台にある特殊車両の整備工場

自らデザインした奄美警備隊のロゴマークを説明する同隊広報班長の田中裕二曹長。盾の4カ所に奄美大島の「花鳥風月」、矛に守り神「ハブ」を描いた

海沿いに建てられた瀬戸内分屯地の官舎。近くに公園も整備され、町民との交流も行われる予定だ

瀬戸内分屯地の隊員食堂。木目調のテーブルやイスが並び、気持ちがやすらぐ空間となっている

瀬戸内分屯地の隊舎前にはソテツ（上）やハイビスカス（手前）が植えられていた

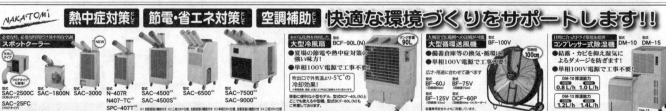

募集・援護 特集

目標達成へ勝ちどき
令和元年の奮闘誓う

「令和元年度も募集目標達成だ！行くぞ！」――。新年度を迎え、全国の地本はそれぞれ新たな募集目標を掲げ、一斉にスタートを切った。東京地本は昨年6月の新庁舎への移転後、初となる「出陣式」を行い、部員たちは令和元年の奮闘を誓って力強く勝どきを上げた。

東京　新庁舎で初の出陣式

【東京】地本は4月11日、新年度の業務開始に当たり、任務必成を誓って「出陣式」を行った。

最初にこの1年間、東京地本の奮闘を見守った大きなダルマの右目に、荒井正芳地本長が感謝を込めて墨で目を入れた。

その後、平成31年（令和元年）度の新しいダルマの左目に、各地区隊長、各課室長らが一筆ずつ目を入れ、業務開始に当たっての決意を力強く述べた。最後は荒井地本長が左目を完成させ、全隊員で令和元年度の目標達成を祈願した。

荒井地本長は訓示で「今年度は『大願成就』と『部内安全』を願掛けした。各自が『任務を達成する！』など具体的な目標を持っていると思うが、それは努力して自分で取りにいくもの。そこでダルマにはそれぞれの目標、全ての願いがかなうよう『大願成就』をお願いした。そして『部内安全』の部は地方協力本部の部だ。全てが安らかにという意味が込められ、隊員も家族も安全・健康で一年間をやっていこう」と述べた。

この後、締めを飾る「鬨の声」では、古賀豊彦副本部長が総員に向け「本年度の目標達成を祈願し、行くぞー！」と叫び、これに応えて総員が「エイ、エイ、オーッ」と力強く勝どきを上げた。

その後、参加者は庁舎屋上に移動し、募集用の横断幕やノボリを手に東京スカイツリーを背に記念撮影。昨年6月に完成した本部庁舎で迎える初めての年度が「令和元年度」であり、隊員一同、新時代に向けて決意を新たにした。

古賀副本部長（壇上）の掛け声で、募集目標達成に向けて勝ちどきを上げる東京地本の部員たち（4月11日、東京地本で）

優秀所隊・隊員など18人表彰
札幌「全員の力あってこそ」

【札幌】地本は4月11日、丘珠駐屯地で募集・就職援護の目標達成を祈願して「出陣式」を実施した。

最初に平成30年度の「優秀所隊」と「成績優秀者」の表彰が行われ、厳しい募集環境の中で多大な成果を挙げた優秀所隊、広報官、援護担当官、本部勤務優秀隊員の18人に菅股弘信地本長から褒賞状が授与された。

「最優秀所隊」は昨年に続いて恵庭地域事務所が受賞。また、小樽地域事務所の渡部幸治海曹長が「最優秀広報官」に、札幌地域援護センターの田島良一准陸尉が「最優秀援護担当官」にそれぞれ選ばれた。

菅股地本長は「組織として全員の力があってこその任務達成だ。今年も一丸となって頑張っていこう！」と訓示した。

最後に地本長を中心に副本部長、各部長、各所隊長がステージに上がり、最優秀所隊・恵庭所長の小嶋久裕2陸尉の音頭で「札幌地本！一丸となって目標を達成するぞ！エイ、エイ、オー」と勝ちどきを上げた。

新年度の業務開始を受け出陣式を行った菅股地本長（先頭）以下の札幌地本部員（4月11日、丘珠駐屯地で）

宮古島駐開設祝賀会に300人
宮古地区自衛隊協力会など共催

【沖縄】宮古島出張所（所長・高橋明介3陸佐）は4月7日、宮古島市内で開かれた「宮古島駐屯地開設祝賀会」を支援した。

祝賀会は宮古地区自衛隊協力会、同家族会、隊友会宮古島支部の協力3団体と宮古島市防衛協議会の4団体が主催。会には下地敏彦市長をはじめ市議会議長ら地元関係者、本松敬史西方総監、中村裕亮15旅団長、中嶋浩一郎58普連隊長ら部隊関係者と協力団体会員ら計約300人が参加して盛大に行われた。

下地市長「隊員と家族を歓迎」

最初に家族会の仲間豊信氏ら4人が琉球舞踊『とうがにあやぐ』を披露して祝賀会は華やかに幕開け。続いて主催者を代表して野津武彦協力会会長、来賓を代表して下地市長があいさつ。市長は「隊員とご家族の皆さんを歓迎します。宮古島の安心と安全、地域の活性化のために、これから島民として頑張ってもらいたい」と激励した。

これに対し、隊員を代表して宮古警備隊長の田中広明1佐が「早く島の一員となり、地域に溶け込みたい」と意気込みを述べた。その後、15旅団（那覇）のエイサーや15音楽隊（同）の吹奏楽が披露されたほか、地元出身隊員が来賓らに紹介された。最後に警備隊隊員全員で「隊歌」を熱唱し、会場は大いに盛り上がった。

この祝賀会には石垣出張所からも栗原敬一陸曹以下6人が来島し、式典の円滑な進行を支えた。

㊤宮古島駐屯地開設祝賀会で、琉球舞踊『とうがにあやぐ』を披露する家族会員ら㊦ステージに上がり、肩を組んで「宮古警備隊歌」を歌う同隊の隊員たち（写真はいずれも4月7日、宮古島市のJAおきなわ宮古地区本部で）

静岡「しずぽんブルゾン」完成
"営業部長"が背中押す

「しずぽんブルゾン」の背面。「しずぽん」と静岡地本のロゴプリントを一つひとつアイロンで貼りつけた

【静岡】地本は3月30日、「しずぽんブルゾン」の作製を発表するとともに、この日の県防衛協会主催の「静岡観桜会」で部員が同ブルゾンを着用し、初披露した。

地本の"営業部長"しずぽんは、平成27年度から「ゆるきゃらグランプリ」に出場し、自衛隊のキャラクターの中では1番の人気を獲得している。しかし、一般ではまだ知名度が低いため、宮川知己地本長の命を受けた本部広報室特別チームがさらなる知名度向上に向け、オリジナルブルゾンを製作した。

「しずぽんブルゾン」はマルチカラーコンセプトを採用し、「しずぽん」と同じ橙色をはじめ7色がラインアップ。背面に「しずぽん」と静岡地本のロゴ、胸元には「しずぽん」が陸海空の制服姿になったエンブレムが付けられている。

このほか左袖に「TEAM MIYAGAWA」のロゴが入り、宮川地本長の下で一丸になって募集に取り組む決意も表している。

初めてブルゾンを着用した広報官たちも「橙色は目立つ色なので広報効果が高いと思う」「来月のイベントでぜひ使いたい」などとうれしそうに語っていた。

34普連　ジュビロサポーターに豚汁と車両展示でPR

【34普連＝板妻】連隊は4月14日、袋井市のエコパスタジアムで開かれたプロサッカーチーム「ジュビロ磐田」の試合会場で車両の展示と野外炊事で自衛隊をPRした。

当日はエントランス広場で3中隊の隊員18人がオートバイ、軽装甲機動車、高機動車を展示するとともに、野外炊事車で豚汁1000食分を調理、来場者に配った。

会場は試合開始前からサッカーファンでにぎわい、自衛隊の車両展示にも多くの家族連れが訪れ、配る豚汁を求める姿が見られた。

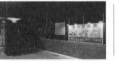

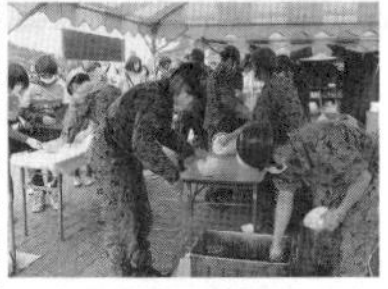
ジュビロ磐田の地元開幕戦で観客に豚汁を配る34普連の隊員（4月14日、袋井市のエコパスタジアムで）

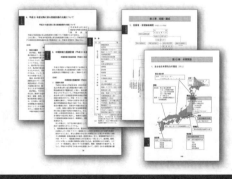

13人女性限定で見学会
奈良　千僧駐と阪神病院

【奈良】地本は4月2日、「女性のための事務・医療系職場見学会」を開催した。13人の女性が千僧駐屯地と阪神病院を見学した。

駐屯地では参加者が実際の勤務環境を肌で感じることができるよう、女性用隊舎の見学や隊員食堂での喫食、勤務する女性隊員との懇談会などを行った。一方、阪神病院では最新の医療機器や業務内容について説明した。

参加者は自衛隊に関するイメージとして「頼りになる」「誇れる仕事」といった好意的な印象とともに、「訓練がきつそう」「体力面が心配」といった感想もあり、これに対して女性隊員が自身の実体験を交えて説明、不安の払拭に努めた。

女性隊員（右）との懇談で駐屯地の生活を聞く女性募集対象者たち（4月2日、千僧駐屯地で）

2社の新人20人 生活体験を支援
青森

【青森】地本は5普連と9後支連衛生隊がこのほど青森駐屯地などで実施した東和電材、ダイハツモータースの新入社員計20人に対する隊内生活体験を支援した。

青森地区自衛隊退職者雇用協議会会員の両社からの依頼によるもので、参加した新入社員は陸自の基本教練、体力検定、行進訓練、救急法教育などに挑戦した。

行進訓練では残雪がある中で約10キロの行程を歩き、互いに声を掛け合いながら、最後まで諦めることなく全員が踏破した。

ダイハツの担当部長（手前右）を交えて駐屯地食堂で体験喫食する同社の新入社員たち（4月5日、青森駐屯地で）

艦艇特別公開に募集対象者引率
大阪

【大阪】地本は4月7、8の両日、海自阪神基地で実施された艦艇特別公開に募集対象者らとともに参加した。

両日とも晴天に恵まれ、参加者は護衛艦「いかづち」を見学。参加者からは訓練や処遇に関するさまざまな質問が寄せられ、乗員が丁寧に回答していた。このほか、幹部候補生を希望する学生には個別の説明も行われた。

見学後、参加者からは「自衛隊のことをたくさん知ることができた。職域、職種も多く、自分のやりたいことが見つけられそう」といった感想が寄せられた。

被災経験から興味
山形で防衛モニター委嘱式

【山形】地本は4月1日、新年度の防衛モニター委嘱式を実施した。

モニター制度は、防衛問題や自衛隊に関して広く国民一般から意見・要望などを聴き、防衛行政に反映させる目的で2年間の任期で委嘱している。今年度は20代の女子学生と公募採用の井上英里さんの2人に委嘱された。

委嘱式には井上さんが出席。式後、齋藤信明地本長らと懇談が行われ、井上さんは「東日本大震災で被災した経験から自衛隊の活動に興味を持ちました」などと話した。齋藤地本長も「防衛省・自衛隊に対し、率直なご意見をお待ちしています」と協力を要請した。

夜間でも明るく募集看板に照明
明野

【明野】駐屯地は三重地本伊勢地域事務所が設置した正門前の「自衛官募集」看板に、新たに太陽光発電式の照明装置を付け、夜間の広報効果を大きく向上させた。

これは隊員募集にも力を入れる駐屯地と地本の意向に沿って、業務隊が照明を設置したもの。

明野駐屯地の正門前は、周辺に住宅や学校などがあり、日没後も通勤・通学者が多い。また、駐屯地の正門から約500メートル南には国道と接続した交差点があり、駐屯地前は夜も人通りが絶えない。

このため、自衛官の募集看板に照明が設置されたことで夜間も目立ち、看板は地域住民や学生らの目に留まりやすくなった。

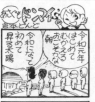

千歳野球部　悲願の都市対抗野球出場へ勢い

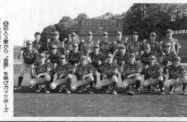

巨人3軍から金星

攻守巧みに、強力打線抑える

都市対抗野球北海道大会準優勝の実績を持つ道内屈指の硬式野球チーム「航空自衛隊千歳」が4月23日、神奈川県川崎市のジャイアンツ球場で読売巨人軍3軍とのプロアマ交流戦を行い、6―1で快勝、球界盟主との対戦で"金星"を挙げた。

右 巨人3軍から"金星"を挙げガッツポーズをとる空自千歳チーム
下 6回表に2点適時打で1塁から一気に本塁に生還する千歳の飯田和樹士長（右）＝いずれも4月23日、読売ジャイアンツ球場で

プロアマ交流戦は巨人軍3軍がオフシーズンに社会人野球チームと行っている。千歳野球部との対戦は、同部関係者の打診を巨人が快諾し、2年前から実施されている。

一昨年、昨年と敗戦し、初勝利を期して臨んだ今回は、試合開始前から選手の士気が高まっていた。元2空団司令の武藤茂樹航空総隊司令官も応援に駆け付け、選手を激励した。

中盤まで0対0で推移していた試合は、終盤の6回に入り大きく動いた。「ポジティブに楽しんでいこう」――。同回直前の工藤康洋監督の指示に応えるかのようにバットが良く振れ始め、地対空誘導弾「PAC3」を思わせるような勢いのある打球が一度のみならず打ち上げられた。

8番小竹悠樹士長が左翼線際に二塁打を放ち出塁。四球で一、三塁とし、3番岸本大志士長の右中間2点適時打で2人が本塁へ生還した。4番伊賀俊輔士長も一、二塁間を抜き、さらに1点を加えた。7回に2点、8回にも1を新たにした。

点を奪った千歳は、守備でも"掩体壕"のような堅い守りを見せた。三塁の伊賀士長は打球を巧みにさばき、併殺につなげた。

また先発の野中歓太士長をはじめ4投手が継投。抑えの佐藤怜3曹がクリーンアップから三振を奪うなど、巨人の強力打線をわずか1失点に抑えた。

球界の盟主から貴重な勝ち星を奪った千歳野球部。工藤監督は「（今季開幕に向けて）いい弾みになった。とてもいい経験になった」と語った。伊賀主将は「応援して下さる方々に結果で恩返ししたい」と、悲願の都市対抗野球本大会（東京ドーム）出場に向けて決意した。

空自千歳基地野球部　1981年創部。部長の荒田貴一1佐（2空団基業群司令）以下29人。都市対抗野球道大会準優勝（08年、10年、12年）、日本選手権出場（12年）の実績がある。19年度スローガンは「Catch The Wave ～心化・一体感～」。

ニコニコ超会議に最多の16万8千人

空挺団の装備など大人気

航学女性1期生がトークショー

自衛隊ブースで女性パイロットの活躍について語る逢坂2佐（中央）と梅田3佐（右）。左は司会の石田晴香さん（4月27日、千葉市の幕張メッセで）

人気投稿サイト「ニコニコ動画」の運営会社が主催するイベント「ニコニコ超会議」が4月27、28の両日、千葉市の幕張メッセで開催され、陸・海・空幕広報室などがそれぞれブースを出展し自衛隊の任務や活動をPRした。

陸自ブースでは空挺団（習志野）の13式空挺傘を開いた状態で豪快に吊るして展示。傘が実際に入った装備を試着できるとあって大勢の若者らが記念撮影の列に並んだ。

機甲教導連隊（駒門）の16式機動戦闘車の前でトークショーも実施、陸幕募集・援護課募集広報室の小島大3佐が自衛官の職種や魅力を解説した。

海自ブースでは護衛艦「あわじ」、試験艦「あすか」などの給養員が登場、各艦自慢のカレーの調理法などを紹介した。

空自は航空学生女性1期生の逢坂慶子2佐（空幕募集課）と梅田昭美3佐が、昨年誕生した女性戦闘機パイロットについて語り、テストパイロットの厳しさや魅力について熱弁を振るった。

イベントには両日で過去最多の16万8千人が訪れた。

宮古警備隊が初の災派

発足から1カ月、油物除去に当たる

沖縄県宮古島市の海岸に4月19日、油状の物体が漂着し、3月に発足した陸自宮古警備隊（宮古島）が空自宮古島分屯基地などとともに初めて災派に出動、油物除去に当たった。

19日午前11時9分、沖縄県知事から宮古警備隊長などに災派が要請された。要請を受け、宮古警備隊の部隊（隊員約120人）が出動、53警戒隊の部隊（同約35人）も続いた。

部隊は任務する3カ所の海岸に到着し、総延長約2キロの広範囲にわたって漂着していた油物（廃油ボール＝廃油からできた汚染塊）の除去・回収を実施した。作業は翌20日まで続いた。

20日午前9時14分、同16分に撤収要請があり、活動を終えた。従事した隊員は延べ約155人、回収した油物は一斗缶（18リットル）33缶分だった。

10師団、再び災派

岐阜県恵那市で豚コレラが発生

岐阜県恵那市の養豚場で4月17日、豚コレラの感染が確認され、陸自10師団（守山）が防疫措置に当たった。

17日午後1時半、岐阜県知事から10師団長に災派が要請された。10師団は10戦大（今津）、10支連（春日井）も加わり、隊員たちは豚舎から豚の追い込みなどに当たった。

19日午後8時55分、撤収要請があり、活動を終えた。従事した隊員は延べ約[illegible]人に上った。

こちら警務隊

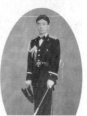

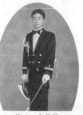

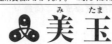

寝顔を無断で撮影し迷惑防止条例違反に

電車内で寝ている女性が魅力的だったので、寝顔をスマホで撮影しました。何か問題ありますか？

正当な理由がなく、公共の場所や公共の乗り物において、人を著しく羞恥させ、または不安を覚えさせるような行為に該当し、各都道府県で定める迷惑防止条例違反に問われる可能性があります。

スカート内を撮影するなどのわいせつ行為でなくとも、女性の寝顔を撮影して相手に羞恥や不安を感じさせたという理由で警察に逮捕された事例があります。

たとえ魅力的な異性であっても勝手に写真撮影するようなことは絶対にやめましょう。

（北部方面警務隊）

日本防衛衛生学会　「派遣の心理学」を出版

派遣任務の影響とメンタルサポート提言

「隊員はぜひ一読を」前陸上総隊司令官

海外への派遣任務が隊員やその家族らのメンタルヘルスに及ぼす影響とその緩和についてまとめた翻訳書『派遣の心理学』（＝写真）がこのほど、日本防衛衛生学会から出版された。

米軍の精神科医・心理学者らが執筆した米心理学会の出版物を、OBを含む自衛隊医官、臨床心理士、防衛衛生関係者ら12人が監修・翻訳した。専門用語に注釈を付け、各章の要点や関連コラムを追加するなど分かりやすいよう配慮した。

派遣前後の最新のメンタルサポートを豊富な事例とエビデンスに基づき広範にわたって提言している。

日本防衛衛生学会の初の出版事業で、Ⅰ巻（派遣中）とⅡ巻（派遣後）。Ⅱ巻は今夏出版予定。Ⅰ巻には小林茂前陸上総隊司令官らが推薦文を寄せ、このうち小林前司令官は「活動に携わる自衛官の皆様には、ぜひ一読していただきたい」と勧めている。

価格は千円（自衛隊員と防衛衛生学会会員は900円）。発注者は所属、氏名、電話番号、冊数を明記しFAX（03・6412・8129）または電子メール（boueieisei@gmail.com）で申し込む。

11戦車大隊で任官行事

3幹候　初の女性戦車小隊長目指す

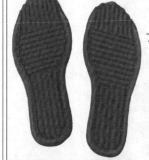

任官行事で戦車車体部の名称などを確認する陸自初の女性戦車小隊長を目指す松浦幹部候補生（左）＝北恵庭駐屯地で

【11旅団＝真駒内】11戦車大隊（北恵庭）は3月、3人の幹部候補生の任官行事を行った。このうち陸自初の女性戦車小隊長を目指す松浦伽奈幹部候補生は「戦車小隊長目指します」と任官に向けての抱負を語った。

3人の幹部候補生は翌日、3尉に任官。松浦3尉は4月1日、富士学校機甲科部の幹部初級課程に入校し、戦車小隊長に必要な知識と技能を身に付けるため、奮闘している。

小休止

▽…海自佐世保教育隊は3月18日、第6期海曹予定者課程129人の水泳競技会を実施した。3冠を目指す12分隊と、阻止しようとする11分隊が力をぶつけ合った。

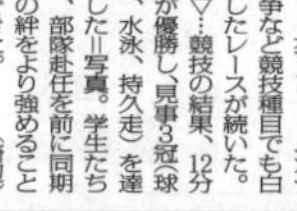
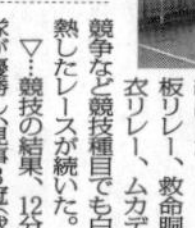
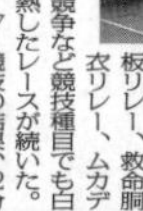

▽…個人種目は、四泳法（自由形、平泳ぎ、背泳ぎ、バタフライ）の50メートル、100メートル種目で各分隊のトップスイマーが力泳を見せ、好タイムが続出した。ビート板リレー、救命胴衣リレー、ムカデ競争など競技性の高い種目でも白熱したレースが続いた。

▽…競技の結果、12分隊が優勝し、見事3冠（球技、水泳、持久走）を達成。学生たちは、部隊赴任を前に同期との絆をより強めることができた。

すべての日がそれぞれの贈り物をもっている。
マーチン・ルーサー・キング（米国の牧師）

（世界の切手・日本）

みんなのページ

積極進取の気概で

鍛えた美しい「顔」の卒業生

中学校非常勤講師　西　眞次（神奈川県葉山町）

江田島の表桟橋から交通船に乗り、沖合に錨泊した練習艦などに向かう幹部候補生学校の卒業生たち

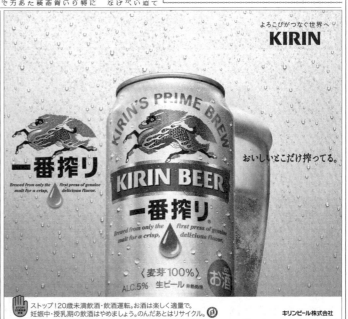

この3月に広島県・江田島の卒業式に参列させて頂きました。海上自衛隊幹部候補生学校の卒業式です。以前、教えた生徒が成長し、晴れて幹部自衛官の日を迎えました。

前夜は広島市に泊まり、朝早く、江田島行きの高速船に乗りました。隣り合わせた男性も卒業式に向かうお父さんでした。つい話しかけましたら、娘さんが卒業とのことでした。そのお父さんの父上も海軍在籍だったそうです。私の父も呉で海軍に入り、8年間在籍しました。父も見たであろう窓外の瀬戸内の景色は美しく、少し歩くと赤レンガの立派な校舎が現れました。白い砂、松の緑に囲まれ、きれいな校内でした。「凜」とした空気でした。なぜか背筋を伸ばして歩いている自分に気付きました。「環境が人を作る」といいますが、江田島の雰囲気が私の歩き方まで変えてくれました。

「ここが（旧海軍の）伝統墨守の御なんだ」と感じました。校内がこれだけきれいですと、汚すことが罪悪のように感じられます。家を建てるときも同じで、玄関とトイレを見るだけでだいたい分かります。赤レンガ校舎の玄関も整然としていました。トイレはあちこちにあり、恐らく「自分を見よ」ということなのでしょう。トイレはもう見なくても想像がつきました。

幹部候補生学校の卒業式典は当然のごとく素晴らしいものでした。卒業生が整然と進行するさまは日本一だと思いました。私の人生経験では日本一です。私も教育者の端くれとして、自分の今までの指導を恥じ入りました。こんな立派な卒業式を挙行できる学校があったのですね。

国歌斉唱では大音声で、感動の一語に尽きました。卒業生にはそれぞれ「顔」がありました。鍛えた美しい「顔」です。恐らく、戦前の海軍兵学校の卒業式もこうだったのでしょう。

午後の卒業生の見送りも一般の方たちも多く、卒業生たちは行進して一気に岸壁に向かい、小さな艇で沖の練習艦隊へ向かいました。「帽振れ」「祝賀飛行」はいかにも自衛隊の雰囲気でした。「蛍の光」がピッタリの雰囲気でした。1年間の学校教育を終えて、次は艦艇で実習訓練と……本当に大変です。

明治以来の伝統の地、江田島で過ごした一日は有意義でした。

聞けば、4月28日は「海上自衛隊の日」とか。昭和27年、前身である海上警備隊創設の日と聞いております。帝国海軍が解散して、以後7年目にして復活したわけですね。

海上自衛隊は「自衛艦旗」を含め、旧海軍から有形無形なものをたくさん受け継いでいる組織だと思います。「江田島教育」はその中核かもしれません。

卒業生たちが乗り込んだ練習艦の艦名は、海軍時代なら「鹿島」でしょうが、今は「かしま」です。「伝統墨守」を維持しつつも、「積極進取・臨機応変の海上自衛隊」であってほしいと思いつつ、帰途につきました。

海上自衛隊幹部候補生学校

江田島の卒業式に参列

米子市立北斗中学校の生徒たちに銃剣道を指導する糸原曹長（中央左）

銃剣道の授業を支援

陸曹長　糸原　純二（鳥取地本・米子地域事務所）

去る3月4、5、7の3日間、鳥取県銃剣道連盟主催による米子市立北斗中学校1年生40名の「銃剣道授業」を支援する指導者として参加してきました。

生徒たちのやる気に満ちあふれた「おはようございます！」のあいさつで始まった授業は、彼らに銃剣道に興味を持ってもらえるよう、「いかに印象深く、面白く伝えるか」が鍵でした。

私は限られた3時間という中で、銃剣道の歴史や基本的な構え、新聞紙を使った「突き」の練習などを実施しました。生徒たちは初めて扱う「木銃」に興味津々で、楽しそうに授業を受けていました。

授業後には「用具を付けて試合がしたいです」などの声を聞くこともでき、指導者冥利に尽きる思いでした。

北斗中学校は、中学校の武道必修化に伴い、銃剣道を授業に組み込んでいる全国で唯一の中学校です。私たち地本の隊員は、募集活動を通して自衛隊への理解を深めてもらえるよう地域とのつながりに留意しています。今回は銃剣道を通じて日本の文化を伝えることができました。今後も銃剣道で地域に貢献できるよう、引き続き頑張っていきたいと思います。

新刊紹介

「欧州対テロ部隊」進化する戦術と最新装備

L・ネヴィル著、床井雅美ほか訳

G20大阪サミットや東京五輪を前に、日本でも「対テロ訓練」が本格化している。本書は欧州の対テロ部隊の戦術、装備を写真で紹介している。

1972年、独・ミュンヘン五輪で起きたテロリストの選手村襲撃事件を機に、欧州各国では「介入部隊」が創設された。各国の対テロ部隊はバスや列車、航空機などの乗っ取りにも対処すべく最新装備を導入し、「強襲チーム」が編成された。本書では独GSG9をはじめ、英SAS、仏GIGN、露アルファなど欧州の30カ国の特殊部隊をリアルな写真とともに詳述している。本書では各部隊が装備する銃器や特殊車両、ドローンなども紹介。今日、欧州では34の対テロ部隊が協力して「アトラス」という組織を立ち上げており、最先端の戦術と装備を共有している。

（並木書房刊、1940円）

「自衛隊駐屯地等の上下水道機能の確保等に関するガイドライン（案）」（1・2）

防衛施設学会編

自衛隊の駐屯地・基地などの防衛施設は災害時、部隊の活動拠点として重要な役割を担う。だが、施設が被災して水道が断水したり、汚水を流せなくなると、たちまち衛生・勤務環境は悪化し、隊員は劣悪な環境の中で任務を強いられることとなる。

本書は、防衛施設学会の水道技術部会が、駐屯地・基地の施設担当者がどんな状況にあっても、これらの機能を維持できるようにまとめたもの。

本書は2分冊になっており、「第1分冊（上水道編）」は水源の二元化、耐震化など施設整備の指針を、「第2分冊（下水道編）」はマンホールトイレの整備法など、応急対策について記している。

専門書ではあるが、駐屯地・基地の施設担当者は、いざという時のために読んでおいてもらいたい本だ。

（購入は直接、防衛施設学会へ）

81ミリ迫撃砲小隊に配置されて

1陸士　原田　紗弥加（46普連重迫中隊・海田市）

私は入隊後、滋賀県の大津駐屯地で自衛官の基礎を学び、広島県の海田市駐屯地で訓練を積み、81ミリ迫撃砲小隊に配置されました。迫撃砲の訓練では、砲の据え付けや照準など、普通科の「迫撃」特技を学びました。

その後、46普連の重迫中隊に配置となり、初級迫撃砲特技を修得するための教育を受けることになりました。教育は短い期間でしたが、教官や班長、班付、先輩方のおかげで少しずつできるようになりました。

これからも中隊の一員として、すぐに良い経験となるよう、日々努力していきたいと思います。

OBがんばる

柴田　有三さん　59

平成27年12月、横須賀教育隊司令（特別昇任・海将補）を最後に定年退職。阪和興業に再就職し、メキシコの工場長を経て、現在、鼓鋼に所在する関連会社の工場長を務めている。

何と言っても健康管理

退官後は海自勤務で得た国際感覚を生かしたいとの思いで「商社」を希望していたところ、海幕援護業務課から、阪和興業を紹介していただきました。同社は鉄鋼がメインの総合商社で、入社後は鋼材の加工・流通を担う事業所をバックアップする社長直轄の事業所に配属され、国内外の事業所を巡回しながら安全管理、方針管理、人材育成・教育等に係る助言・提言を実施しました。2017年4月からはメキシコにあるHSSM（阪和スチールサービス・メキシカーナ）に出向し、工場長として慣れないスペイン語を駆使しながら何とか工場を運営してきました。本年3月からは鼓鋼に所在する阪和スチールサービスの工場長として配置され、海外に20カ所ある事業所の「手本」となるよう会社の組織作りに取り組んでいます。

33年間の海自勤務で得られた経験・知識、要領や考え方は人材育成や組織運営に直結し、大いに役立っております。一方で、自分の意図がうまく伝わらずジレンマに陥ることもありました。

後輩の皆さんは誇りを持ちつつ、謙虚な気持ちで新たなステージにチャレンジしていただきたいと思います。そのためには何よりも健康が大事です。心身ともに健康であれば年齢に関係なく仕事を続けられます。スタート準備を整えておくことが大切です。

あさぐも掲示板

■陸自中央音楽隊が定期演奏会

陸自中央音楽隊が6月16日、東京都豊島区の東京芸術劇場で「新時代令和・永久のNIPPON・フェニックス！」と題し、定期演奏会を開催する。曲目はストラヴィンスキー「火の鳥」、西村朗「不死鳥」など。入場無料だが、中央音楽隊HPの応募フォームから5月27日までに応募する。1件で2人まで。当選者には当選メールが同30日に送付される。

朝雲・栃の芽俳壇

畠中草史　選

うららかや乙女繰り行くトラクター　江別・陸OB　鎌田日出雄

多種多様な職業に女性が着く時代となった。麗らかな天気が生活維持社会の一齣を祝福。

花見山来し方呼び友呼び　西東京・空OB　水島　孝雄

桜の木の下で満開の桜を見上げると、自ずと来し方が偲ばれる。同期の仲間たちの顔までも。

敦盛の音曲を吹く雪柳　高崎・空OB　高木　智念

帯となり築へ流るる花吹雪　香川・陸OB　渡辺　成典

はればれと令和の朝明月富士　銚子・海OB　斎藤　一向

富士嶺の笹原焼かす野焼きかな　浜松・空OB　宮本　立男

七色の物語めくしゃぼん玉　大津・陸OB　丸岡　正男

野火止の流れに楽し黄水仙　新座・陸OB　船田藤三郎

鉄の空薬莢にそむる桜の花　町田・技本OB　工藤　青樹

霧深き沖より戻る白魚舟　静岡・空OG　岩城　節子

嫁ぐ日を数へ早々鯉幟　熊谷・空OG　関谷　桂子

春の野に歩き始めし靴嗄ら　あきる野・一般　小和田一男

いつせいに野の色変わり春隣　熊谷・空OG　佐藤　玲美

浜風壇かすめ飛びの燕かな　浜松・空OG　堀内ミサ子

草の名を知らずに摘んで春田かな　熊谷・空OG　高橋ふみ子

水底に日の差し蛸釘の紐ふ　浦安・陸OG　川端　初枝

園児らの歓声乗せて春の風　熊谷・空OG　福元万理子

背戸の梅八方に香る風の来し　熊谷・空OG　関田　絹江

春の野の眠り散歩に摘みもして　横浜・一般　福本　祥子

秩父路の木の芽起こしの雨の夜　熊谷・空OB　蓮佛志向子

伽藍脇や大山古道の佃煮屋　相模原・海OG　折口　桂子

雨寝兆す風吹く花の角櫓　所沢・空OB　藤井　功風

人の世の出直し効かぬ木の芽晴　仙台・陸OB　加川　師亭

百段に並ぶ千体雛祭り　熊谷・空OB　明田　眞雅

選者作品

春愁や鯉の跳ねゐる法の池

投句歓迎！

▽郵便はがきの裏面に未発表の自作3句以内と氏名、年齢、職業（自衛官・事務官＝所属部隊＝、OB、家族、一般など）、住所、電話番号を記入▽締め切り毎月15日▽宛先＝〒162－8801東京都新宿区市谷本村町5の1 防衛省D棟市ヶ谷記者クラブ朝雲俳句係☎03（5225）1750、専用線8・6・25515

詰将棋

出題　日本将棋連盟　九段　石田　和雄

第794回出題

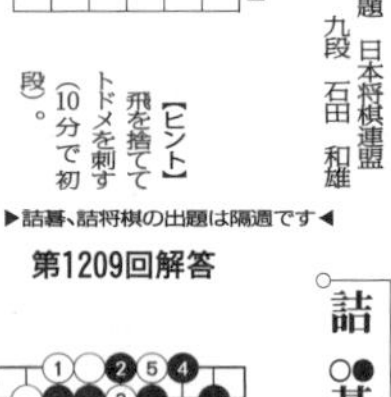

■先手　持駒　金銀

【ヒント】飛を捨ててトドメを刺す（10分で初段）。

▶詰碁、詰将棋の出題は隔週です◀

詰●○碁

出題　日本棋院　九段　曲　励起

第1209回解答

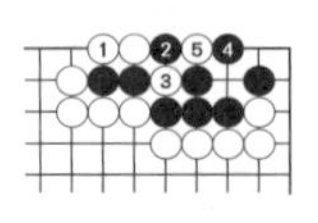

【解答図】白先、黒劫。白①黒❷白③はともに必然です。次の黒❹が大切で、白⑤の劫取りまで劫になるのが正解です。

朝雲

発行所 朝雲新聞社
〒160-0002 東京都新宿区四谷坂町12－20 KKビル
電話 03（3225）3841
FAX 03（3225）3831
振替00190-4-17600番
定価一部140円、年間購読料9000円（税・送料込み）

主な記事

初の「防衛産業間協力」覚書

日越防衛相会談で署名

官民連携強化でも一致

岩屋防衛相は5月2日から4日までベトナムを訪問し、同国国防相のゴ・スアン・リック陸軍大将と会談した後、グエン・スアン・フック首相を表敬、部隊視察なども行った。防衛相会談では日越の防衛産業間協力と官民の連携を強化していくことで一致し、同席した防衛装備庁の深山延暁長官と越国防次官のグエン・チー・ヴィン陸軍上将が両国間で初となる「防衛産業間協力の促進の方向性に係る覚書」に署名した。初の事例となった日越間の同覚書について岩屋大臣は会談後、記者団に「将来的には防衛装備移転等に資するものだ」と意義を語った。

日越防衛相会談は2日、首都ハノイの国防省で約1時間半にわたって開かれた。防衛相の訪越は約3年半ぶり。

会談の冒頭、岩屋大臣は「令和の時代もベトナムとの関係をさらに深化させたい」と協力強化に意欲を示すと、リック国防相は天皇陛下の即位に祝意を表し、「今回の岩屋大臣の来訪は、両国の国防関係を新たな段階へと進めることに貢献する」と歓迎の言葉を述べた。

両氏は、昨年4月に東京で行われた防衛相会談で小野寺五典防衛相（当時）とリック国防相が署名した「防衛協力に関する日越共同ビジョン」を踏まえ、①ハイレベル交流②艦艇・航空機の寄港（寄航）③能力構築支援の強化④日本と東南アジア諸国連合（ASEAN）との防衛協力の指針「ビエンチャン・ビジョン」に基づく多国間協力⑤政策協議――などを推進していくことを確認した。

その上で、今回新たに署名した「防衛産業間協力の促進の方向性に係る覚書」に基づき、防衛装備・技術協力の促進を図ることで一致した。

具体的には「防衛装備移転三原則」（2014年）や「ビエンチャン・ビジョン」（16年）で示されている協力分野として、▽海洋安全保障▽捜索救難▽人道支援・災害救援▽地雷・不発弾の処理▽サイバーセキュリティー▽輸送▽警戒監視▽掃海――などを掲げ、①協力の可能性がある案件等に関する情報共有②官民間や産業間の意見交換・相互訪問③展示会やフォーラムなどを通じた官民連携④装備当局間の政府間協議――などを積極的に行っていく方針を表明した。

さらに、覚書には「両国の防衛当局と企業は相互にコンタクトを取り合うことができ、特に両国の防衛産業は双方の同意とスムーズな調整の下、一層の意見交換や交流を実施する」と明記。今後は関係者同士で個別具体的な協力を進めていくことを申し合わせた。

会談で両氏は北朝鮮や中国をはじめ、東・南シナ海情勢などをめぐっても意見を交わし、「自由で開かれたインド太平洋」ビジョンに基づき、日越の防衛協力をさらに深化させていくことで合意した。

フック首相と会談

岩屋大臣は4日、ハノイの首相府でフック首相と約30分間会談し、幅広い分野で協力関係を強化していくことで一致した。

会談後、岩屋大臣は記者団に「今回の訪問成果を生かし、両国の連携を深め、地域の安定と平和に貢献していきたい」と強調した。

ベトナム滞在中、岩屋大臣はハノイで陸軍の「第113特殊旅団」を視察したほか、ハノイから南東に約70キロのトンキン湾（南シナ海）に面した海軍司令部が所在するハイフォン海軍基地を訪れ、海軍司令官のファム・ホアイ・ナム中将と懇談、海軍「第679旅団」の沿岸ミサイル部隊を視察した。

岩屋防衛相（後方右）とリック国防相（同左）が見守る中、初の「防衛産業間協力の覚書」に署名する深山装備庁長官（前列右）とヴィン国防次官（同左）＝5月2日、ベトナムの首都ハノイの国防省で（防衛装備庁提供）

◇日越防衛装備協力　日越の防衛当局間では2017年に装備協力の定期協議を立ち上げ、「官民防衛産業フォーラム」を開催するなど、両国の政治・経済体制の違いを超えて相互理解の促進に努めてきた。社会主義国家のベトナムでは国有企業が国防などの基幹産業を担っており、日本の民間企業とのギャップは大きい。防衛装備庁の林美都子国際装備課長は「協力進展には今後見込まれる分野や双方の防衛産業の特性などの認識共有が重要だ」と指摘した上で、「今回の覚書によって両国の防衛産業間の対話がスムーズに行われ、具体的な防衛装備・技術協力につながることを期待している。今後ともベトナム国防省と緊密に協議し、官民連携を進め、装備協力に取り組んでいきたい」と話している。

北朝鮮が短距離弾道弾発射

防衛相「安保理決議に違反」

韓国軍合同参謀本部によると、北朝鮮が5月9日午後4時29分頃と49分頃、北西部の亀城付近から短距離ミサイルと推定される飛翔体を1発ずつ、東方向に発射した。1発目は約420キロ、2発目は約270キロ飛翔し、日本海上に落下した。

防衛省は直ちに「我が国領域や排他的経済水域（EEZ）への弾道ミサイルの飛来は確認されておらず、我が国の安全保障に直ちに影響を与える事態は確認されていない」とのコメントを発表した。

岩屋防衛相は翌10日の記者会見で、北朝鮮が前日に発射した飛翔体について政府として総合的に勘案した結果、「短距離弾道ミサイルとみられる」と明言した。その上で「弾道ミサイルの発射は国連安全保障理事会決議に明白に違反するものであり、誠に遺憾だ。米国や韓国とも引き続き緊密に連携し、適切に対応していきたい」と述べた。

北朝鮮は今月4日にも、「戦術誘導兵器」と称する短距離の飛翔体を東岸の元山付近から日本海に向けて発射したばかり。北朝鮮による弾道ミサイルの発射が確認されたのは、新型のICBM級の弾道ミサイル「火星15型」1発を発射した2017年11月以来となる。

F35A戦闘機墜落

発生1カ月 捜索続く

FDRの一部回収

空自3空団302飛行隊（三沢）所属のF35Aステルス戦闘機705号機が4月9日、三沢基地東方約135キロの太平洋上に墜落した事故で、空自はパイロットと機体の捜索に全力を挙げているが、5月14日現在、まだ発見されていない。

現場海域では自衛隊の捜索部隊に加え、文科省所管の海洋研究開発機構の海底広域研究船「かいめい」と米軍がチャーターした深海作業支援船「ファン・ゴッホ」などが投入され、これまで墜落機のフライト・データ・レコーダー（FDR）の一部を含む部品を発見、回収したが、FDRのメモリー、記録媒体は発見されていない。

両船の捜索は同8日に終了、その後は空自が契約した民間サルベージ船が海中捜索を継続している。

南シナ海で初めて 日米印比巡航訓練

「いずも」「むらさめ」参加

海自のヘリ搭載護衛艦「いずも」と護衛艦「むらさめ」は5月3日から9日まで、九州西方から南シナ海に至る海域で米、インド、フィリピン海軍艦艇と共同巡航訓練を行った。海自部隊が日米印比の4カ国共同訓練を実施するのは初めて。

訓練には米海軍からミサイル駆逐艦「ウィリアム・P・ローレンス」（満載排水量9300トン）、印海軍から同「コルカタ」（7000トン）と補給艦「シャクティ」（2万2000トン）、比海軍からフリゲート「アンドレス・ボニファシオ」（約3000トン）が参加。6隻の艦艇は巡航中、艦載ヘリの発着艦や戦術運動などの訓練を実施し、4カ国部隊間の意思疎通を図った。

「いずも」と「むらさめ」はインド太平洋方面への長期巡航訓練を実施中で、この後、シンガポールのチャンギに寄港した。

日米印比の共同巡航訓練中、戦術運動を行う4カ国艦艇。手前から時計回りに、海自護衛艦「むらさめ」、米海軍ミサイル駆逐艦「ウィリアム・P・ローレンス」、印海軍補給艦「シャクティ」、比海軍フリゲート「アンドレス・ボニファシオ」、印海軍ミサイル駆逐艦「コルカタ」、海自ヘリ搭載護衛艦「いずも」

北の飛翔体発射で連携確認

日米韓防衛実務者協議 「瀬取り」撲滅も協力

日米韓の「防衛実務者協議（DTT）」が5月9日、韓国国防省（ソウル）で開かれ、3カ国の緊密な連携を確認するとともに、最近の北朝鮮による飛翔体の発射について引き続き警戒することで一致し、共同声明を発表した。

協議には、日本から防衛省の石川武防衛政策局次長、米国からランドール・シュライバー国防次官補、韓国から鄭錫煥国防省国防政策室長が出席した。

3カ国は北朝鮮による違法な「瀬取り」を撲滅するための国際協力を含め、国連安全保障理事会決議に基づく対北朝鮮制裁の完全な履行と厳格な執行に向け、国際社会と協働することを再確認。北朝鮮が同決議に従って国際的な義務を順守するまで、3カ国は同決議を完全に履行する意思を改めて表明した。

このほか、3カ国は「朝鮮半島の完全な非核化と恒久的な平和」を達成するための外交努力を支援し、密接に協力していくことを確認。日米韓の安全保障協力が「地域の平和と安定を維持する上で重要な役割を果たしている」と強調した上で、「全ての紛争は国際法の原則に基づいて平和的に解決すべき」ことを改めて確認し、「地域の国家間における軍事レベルでの信頼醸成が重要だ」との認識を共有した。

豪軍が再び「瀬取り」監視

防衛省は4月26日、北朝鮮船舶による違法な「瀬取り」を監視するため、オーストラリア軍の航空機と艦艇が5月上旬から我が国周辺海空域で警戒監視活動を開始すると発表した。豪軍による同活動への参加は航空機が昨年4月以来、12月に続き4回目。艦艇は昨年10月に続き2回目。

航空機は豪空軍の「P8哨戒機」で、国連軍地位協定に基づき沖縄県の在日米軍嘉手納基地を拠点に活動を開始。艦艇は前回も派遣された豪海軍フリゲート「メルボルン」で、東シナ海を含む我が国周辺海域で警戒監視に当たっている。

北朝鮮の「瀬取り」13例目

国連から「資産凍結・入港禁止」の制裁対象となっている北朝鮮船籍タンカー「YU SON（ユソン）号」が3月20日、東シナ海の公海上で、「秦皇島」と表示がある船籍不明の小型船舶に横付けし、制裁逃れの密輸目的で物資を積み替える「瀬取り」を行った疑いがあることを防衛省が4月25日、発表した＝写真。

海自15護衛隊所属の護衛艦「おおよど」（大湊）が3月20日午前、中国・上海の南方約410キロの沖合で両船が横付けしてホースを接続しているのを確認した。

また、同日深夜から翌日未明にかけても「YU SON号」が同海域で、別の船籍不明の小型船舶と接舷し、ホースを接続しているのを海自第1海上補給隊所属の補給艦「ときわ」（横須賀）が確認した。

「秦皇島」は中国・河北省の「秦皇島市」を意味するものとみられることから、日本政府は船籍不明の小型船舶に関係している可能性のある中国に対して事案を注視することを表明した。

日本政府による「瀬取り」事案公表は昨年1月以降、今年3月2日の事例に続き13例目。

春夏秋冬

インドの電子投票機

笠井 亮平

インドでは4月から5月にかけて、下院総選挙の投票が7回に分けて行われている。モディ首相率いる与党インド人民党（BJP）が5年前の前回総選挙に続いて連勝を果たすかどうかが焦点だが、それは5月23日の開票日に譲るとして、ここでは選挙を支える「ある秘密兵器」を紹介したい。

それはEVMと呼ばれる「電子投票機」だ。1999年に一部で導入され、2004年以降の総選挙で全面的に採用されている。ピアニカを縦にしたような形の機器で、有権者は候補者ごとに割り当てられたボタンを押すことで投票が完了する。各ボタンの隣には候補者名に加え、所属政党のシンボルマークが示されている。改善されたとはいえ、今も国民の4人に1人が読み書きができない現実を踏まえた措置だ。EVMはネットワークにつながっているわけではなく、スタンドアローン型の機器であるため、電子投票をめぐる議論で指摘されるセキュリティ面の課題もクリアしている。

EVMの導入によって、開票作業に要する時間が劇的に短縮された。「世界最大の民主主義」と言われるだけあって、インドの有権者数は約9億人と途方もない規模だが、開票日当日に大半の結果が判明するのである。いまではネパールやブータン、一部のアフリカ諸国でもインドのEVMが採用されているという。

日本の話になるが、筆者は故あって4月の統一地方選挙の際、地元の投票所で「投票立会人」を務めた。朝8時から夜8時まで投票[illegible]日本でもEVMを導入できないだろうかと思った。日本では開票作業に投票用紙計数機が導入されているが、EVMなら集計プロセスをさらに迅速にできる。何千万枚もの投票用紙も不要になり、ペーパーレス化が実現できる。

日印間では多方面で協力が展開されているが、選挙の分野でもインドの発想に日本の技術が加われば、改良型EVMの開発に道を拓くことができるのではないだろうか。そのうち日本でもタッチパネル式のEVMが使われるようになるかもしれない――。そんな想像をしながら有権者が一票を投じる様子を注視していた。

（岐阜女子大学南アジア研究センター特別研究員）

朝雲寸言

自衛隊にとって最大・最強の敵はゴジラである。もちろん架空の話で、映画「ゴジラ」第1作が封切られた1954年、自衛隊がまだ保安隊だった頃に作られたため映画では「防衛隊」という名前だったが、圧倒的な破壊力を持つゴジラの前で、防衛隊は無残に踏みつけられる存在だった。自衛隊が国民に認められようとしていた昔のことである▼その後もゴジラと自衛隊の戦いは繰り返されたが、残念ながら、これまで自衛隊がゴジラに勝ったことはない。しかし時代の流れとともに自衛隊の評価も変わり、自衛隊はゴジラに立ち向かうキャラとして描かれるようになった。その後、怪獣映画の製作に防衛庁（省）が積極的に協力するようになった。そして最新作「シン・ゴジラ」では自衛隊の作戦行動がリアルに描かれたことで評判になった▼近年、怪獣映画以外でも等身大の自衛官を主人公にしたドラマ・アニメを目にすることが増えた。それでも自衛官・自衛隊を描く映画はマイナーである▼映画を現実のものとして論じることは避けなければならないが、同時に映画がその時代を映す鏡であることも認めるべきであろう。まもなく「空母いぶき」という映画が封切られる。言うまでもないが、海上自衛隊にこのような空母は存在しない▼

時の焦点

国内

北朝鮮の挑発

日米の連携が不可欠だ

「長州男児の腕前お目に懸け申すべく」

幕末の長州。藩内の守旧派を倒すため、下関の功山寺で挙兵した高杉晋作の言葉と伝えられる。新暦の1867年5月17日は、高杉の命日である。山口を地元とする安倍晋三首相の「晋」は、父・安倍晋太郎元外相の「晋」であると同時に、高杉にちなむものだ。

安倍首相が、金正恩朝鮮労働党委員長との会談に強い意欲を示している。日本人拉致問題は進展の兆しが見えない。金委員長との直接対話には、首相の「長州男児の腕前」が問われよう。

首相は、トランプ米大統領との電話会談で、日朝首脳会談について「条件をつけずに直接向き合う考えだ」と語った。記者団には、「拉致問題を解決するために、あらゆるチャンスを逃さない決意だ」と強調した。

首相は従来、拉致問題の解決につながることを会談の条件と説明しており、軌道修正した。

この点について、なぜ方針転換するのか不明確だ、などと批判する向きもある。だが、大切なのは、拉致と核・ミサイル問題の包括的な解決に向けて前進することだ。

首相は国会で、拉致問題の解決前に経済制裁緩和や国交正常化を行うかどうかを問われ、明確に否定した。北朝鮮が拉致・核・ミサイル問題をすべて解決すれば、日本は十分な経済協力を行う。

この順序をたがえないことこそが重要である。

北朝鮮は、4日に「飛翔体」数発を発射後、9日には短距離弾道ミサイルを発射した。岩屋防衛相が「安保理決議に明白に違反するもので、誠に遺憾だ」と非難したのは当然だ。

訪米した菅官房長官は、ペンス副大統領と会談し、北朝鮮のミサイル発射について「極めて遺憾だ」との認識で一致した。拉致問題解決に向けた連携も確認した。

日朝首脳会談で成果を上げるには、北朝鮮にとって、拉致問題を解決し、日本から協力を得ることが不可欠だという状況を作る必要がある。そのためにも、北朝鮮の核・ミサイルに対する国際社会の包囲網を緩めてはならない。

北朝鮮には、米国を揺さぶり、譲歩を引き出す狙いがあろう。

だが、こうした危険な挑発は北朝鮮のためにならない。軍事的な緊張を高めれば高めるほど国際社会の信頼を失い、「体制保証」や国交正常化などを通じた国家の発展が遠のくことを肝に銘じる必要がある。

高杉ら幕末の志士が今も支持されるのは、「強さ」のゆえではない。時代の変化を見通し、祖国の将来のために果敢に行動したからである。

首相の愛読書でもある『世に棲む日日』で、司馬遼太郎は高杉をこう評した。

〈かれの両眼だけが、未来の風景を見ていた〉

軍事大国を夢見ても、北朝鮮の将来はない。それが見えていないのは、金委員長だけではないか。

宮原 三郎(政治評論家)

海外

ロシアの内実

貧困、出国願望が増加

ロシアのプーチン政権は、再三のクーデター騒ぎなど政情不安が続く南米ベネズエラのマドゥーロ大統領を支援してきた。

国際通貨基金(IMF)から「2019年中にインフレ率は1000万%に」との仰天予想まで出るに至った反米マルクス主義的政策の付けは、国民生活の悲惨として回ってきた。

ロシアにも、自国経済を軽視し、ベネズエラの独裁政権を巨額の援助で支え続けた「負の遺産」が及び、それは貧困と海外移住願望となって表れた。

最近の『USニューズ・アンド・ワールド・リポート』によると、ロシア国民の5人に1人が、もし可能なら出国したいと考えている。「5人に1人」はこれまでで最も高い割合。

同誌が伝えたギャラップ社の最新世論調査の結果で、18年に国民の20%が他国に永久に移住したいと望んでいた。17年には17%だった。

移住希望者を年齢層で見ると、15-29歳が44%と最多で、46-60歳は9%と最も少ない。学歴別では、大学卒など高学歴層が24%。

希望の移住先は、ドイツが15%でトップ。以下、米国12%、日本、カナダ、スペイン3国が5%で並び、フランスが4%で続く。

また、ロシア連邦統計局が3月末に発表した同国の生活水準に関する統計(18年9月に約6万世帯を対象に調査した集計)も、少し意外というか、何というか。

英BBCが紹介した内容によれば、国民の約80%が生活のやり繰りに奮闘していて、3分の1以上の人々が、家族のために靴を毎年2足は買えない状況にある。

BBCがこれを報じると、政府機関の公式データなのに、プーチン大統領のスポークスマンは「なぜ靴の話なのか?3分の1とはどういうことだろう?これらの数字はどこから出たものか?」などと質問したという。

この他、12%以上が共同もしくは屋外にあるトイレを使っており、生命に係わりかねない大事な薬を購入できない人々も11%いた。

「24年までに貧困を半減」がプーチン大統領の公約だった。そのため、国内経済が低迷を続ける事態は、同大統領に突き付けられた重大な挑戦になる。

こうした現状に国民は不満を示し、政府が18年、国民の年金支給開始年齢の引き上げを計画すると、大規模な反政府デモが起きた。

ロシアは08-09年と14-17年、リセッションに見舞われ、国民は今、5年連続の所得減少という事態に直面している。

長期の経済停滞と、政治的自由の衰退を結び付ければ、国民の出国願望の高まりの理解には十分なのかもしれない。

前掲の『USニューズ』は、ロシアは人口減少という「古き悪しき時代」に戻ったと見る。そして国民はプーチン氏を旧ソ連時代のブレジネフ共産党書記長兼最高会議幹部会議長になぞらえているそうだ。ブレジネフ氏と言えば、「軍事冒険主義」の語を思い出すが―。

草野 徹(外交評論家)

小山田2曹に文科相功労者賞

戦車エンジン分解工具を考案

文部科学大臣からの賞状を高田東方総監(左)から受ける小山田2曹(4月19日、陸自朝霞駐屯地で)

技術に関する優れた創意工夫を行った功労者を表彰する「平成31年度文部科学大臣表彰創意工夫功労者賞」の伝達式が4月19日、陸自朝霞駐屯地で行われ、陸自で唯一受賞した小山田忠吉2曹(関東補給処火器車両部)に、高田克樹東方総監から表彰状が伝達された。

式には関東補給処長の権藤三千蔵陸将、東方総監部幕僚長の鬼頭健司将補らが立会。高田総監は「審査の結果、職域における技術の改善向上に顕著な貢献をされたと認められましたのでこれを賞します」と文部科学大臣からの表彰状を読み上げ、小山田2曹に手渡した。

同賞は「科学技術の振興が我が国の経済の発展と国民生活の向上に極めて重要」という観点から行われている制度。文科省による審査の結果、防衛省では陸1、海2、空2の計5件が受賞した。

小山田2曹は「90式戦車エンジンのロックナット分解工具の考案」で同賞を受賞。エンジンに不具合が生じた場合、クラッチ部分全体を交換しなければならなかったが、同工具によって一部の部品のみで交換が可能となり、点検作業性の向上とともに部品交換時のコスト削減に大きく寄与した。

小山田2曹は「この受賞は工場の隊員全員の受賞です。自分の職場をとても誇りに思います」と喜びを語った。

「さみだれ」が印海軍と訓練

海賊対処帰国途中

ソマリア沖・アデン湾での海賊対処任務を終え、帰国途中の水上部隊32次隊(指揮官・西山高広1佐)の護衛艦「さみだれ」(艦長・川合元2佐)は4月28日、インド東海岸に位置するヴィシャカパトナム沖でインド海軍艦艇と共同訓練を行った。

訓練は、「さみだれ」と印駆逐艦「ラージプート」(満載排水量5050トン)との間で戦術運動や通信訓練を行い、日印海上部隊の連携を強化した。

「さみだれ」は翌28日から5月1日まで、ヴィシャカパトナムに寄港。西山1佐がインド海軍東部コマンド司令部を訪れ、司令官のカランビル・シン中将を表敬したほか、乗員らは印海軍の防水学校などを研修した。

海賊対処の任務を終えて帰国途中、ベンガル湾でインド海軍の駆逐艦「ラージプート」(右)と共同訓練を行う海自護衛艦「さみだれ」(4月28日)

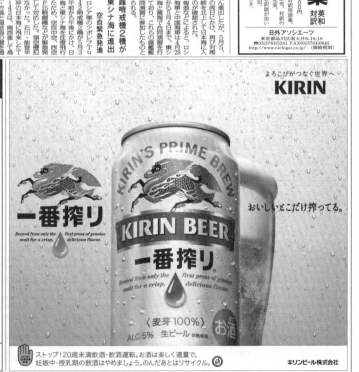

インドネシア海軍とも訓練

5月1日、インドを発った「さみだれ」は8日、インドネシアのジャカルタに寄港し、同国海軍と交流。10日の出港後、インドネシア海軍の哨戒艦「ブン・トモ」と海賊対処、通信、戦術運動など訓練を行った。

「さみだれ」は5月25日に呉基地に帰国の予定。

「あさぎり」がアデン湾で訓練

オマーン海軍と

海賊対処水上部隊33次隊の護衛艦「あさぎり」(艦長・佐藤吉範2佐)は5月2日、アデン湾でオマーン海軍艦艇と海賊対処共同訓練を行った。

統制官は海自が33次隊指揮官の佐藤艦長、オマーンは哨戒艦「アル・マブルカ」の艦長が務め、戦術運動や通信訓練などを行い、海賊対処能力を向上した。

機種交代の政専機 初の国外任務運航

首相乗せ欧、北米へ

空自特輸隊(千歳)の新型B777-300ER政府専用機(機長・701飛行隊長の鈴木克洋2佐以下約60人=予備機含む)は4月22日から29日まで、欧米各国首脳と会談する安倍首相を乗せ、初の国外任務運航を行った。

政専機は23日、仏パリのオルリ空港に到着後、伊ローマ、墺ウィーン、ベルギー・ブリュッセルを経て27日、米ワシントンDC、28日に加オタワを訪問し、29日、羽田に帰国した。

露海軍最新鋭フリゲート 初めて確認

露軍艦延べ14隻 対馬海峡を航行

ロシア海軍の最新鋭艦を含む艦艇延べ14隻が4月24日から5月6日にかけ、長崎・対馬海峡の公海上を相次いで航行するのを海自が確認した。

4月28日午前6時ごろ、露海軍の最新鋭「アドミラル・ゴルシコフ」級フリゲート(満載排水量4500トン、艦番号454)=写真㊨=など計4隻が、下対馬の南西約220キロの海域を北東に向けて航行するのを43掃海隊(下関)の掃海艇「ひらしま」と1空群(鹿屋)のP3C哨戒機が確認した。海自が「ゴルシコフ」級を確認するのは初めて。

これら4隻は4月23日に中国・青島沖で開催された中国海軍の「国際観艦式」に参加した艦艇群で、対馬海峡を北上して日本海に入った。また、5月11日午前10時ごろ、北海道松前半島白神岬の西方約160キロの海域を東進し、津軽海峡を太平洋に向けて航行するのを2空群(八戸)のP3Cなどが確認した。

一方、4月24日午後5時ごろには、上対馬の北東約150キロの海域を南西進する露海軍の「ステレグシチー」級フリゲート(2200トン、333「ソビエルシェンヌイ」)、浮上航行中の「キロ」級潜水艦(水中排水量3100トン)、「イゴリ・ベロウソフ」級潜水艦救難艦(満載排水量5000トン)の3隻を5護隊(佐世保)の護衛艦「ありあけ」が確認した。

また、26日午前10時ごろには、4空群(厚木)のP1哨戒機が露海軍の「スラバ」級ミサイル巡洋艦(1万1674トン、011「ワリヤーグ」)、「ロプチャーI」級戦車揚陸艦(4000トン、066「オスリャービャ」)の2隻を上対馬の北東約180キロの海域で確認した。

これら5隻は、対馬海峡を南下し、東シナ海にいったん進出したが、5月5、6の両日にかけ、再び対馬海峡を北上して日本海に入るのが確認された。

報道などによると、ロシア海軍と中国海軍は4月29日から5月4日まで、東シナ海と黄海で合同演習を行っており、これらの露艦艇は同演習に参加したものとみられる。

露哨戒機2機が東シナ海に進出

空自緊急発進

ロシア軍のツポレフTu142哨戒機2機が5月3日午前から午後にかけ、日本海と東シナ海を往復飛行したため、空自中空、西空のF15戦闘機などが緊急発進して対応した。領空侵犯はなかった。石川・能登半島沖の日本海に飛来したTu142は、南西進して島根・竹島と隠岐島の間を通過し、対馬海峡(東水道)上空を抜けて東シナ海に進出。韓国・済州島沖で反転して往路と逆ルートで自国領方面へ戻った。

防衛省発令

▽防医大教授(防医大准教授) 2陸佐 長峯 正典
▽岐阜病院副院長(同教授) 1空佐 清水 邦夫
(以上4月29日)
▽教育訓練研究本部付(教育訓練研究本部研究員) 1陸佐 岩男 哲二
(4月30日)
▽中央病院付(中央病院) 同 平 尚美
(5月1日)
▽海幕運用支援課南極観測支援班長(海幕運用支援課) 2海佐 白方 将司
▽しらせ艦長(同南極観測支援班長) 同 竹内 周作
▽ましゅう艦長(海自1術科学校教育2部長) 1海佐 今野 卓
▽横須賀地方総監部付(ましゅう艦長) 同 前久保 一彦
▽横須賀基地業務隊司令(てるづき艦長) 2海佐 藤井 健志
▽海自幹部学校付兼海幕指揮通信課兼情報課(情報業務群幕僚) 1海佐 高嶌 正顕
▽海自1術科学校教育2部長(しらせ艦長) 同 宮﨑 好司
▽防衛装備庁調達事業部艦船調達官(東京業務隊付) 同 田村 久幸
(以上5月10日)
▽北関東防衛局長(南関東防衛局次長) 松田 尚久
(5月9日)

「すずつき」が訪中　国際観艦式に参加

海自4護群8護隊（佐世保）の汎用護衛艦「すずつき」（基準排水量5050トン）は4月21日から26日まで、海自艦艇として約7年半ぶりに中国を訪問、山東省青島沖で行われた中国人民解放軍海軍の「創設70周年国際観艦式」に参加した（5月9日付既報）。同観艦式に合わせて山村海幕長も海幕長として約5年ぶりに中国を訪れ、同地で中国海軍トップの沈金竜司令員と会談したほか、国際シンポジウムにも出席し、各国海軍首脳の前で海自の取り組みについてスピーチした。海幕長と「すずつき」の中国訪問を現地で海自隊員が撮影した写真で振り返る。

㊨中国海軍トップの沈金竜司令員（右）と会談する山村海幕長（左）。両者は日中間の防衛交流を進めていくことで一致した（4月22日）
㊦護衛艦「すずつき」の艦上レセプションで、中国海軍北部戦区副政治委員兼北部戦区海軍政治委員の康非中将（左から2人目）と言葉を交わす山村海幕長（中央）＝4月24日

中国海軍創設70周年の関連行事の一つである国際シンポジウムに参加し、日米が掲げる「自由で開かれたインド太平洋」のビジョンについてスピーチする山村海幕長（左演台）＝4月24日

山村海幕長、シンポジウムに出席

海上には深い霧が…

中国国際観艦式に参加した中国海軍の戦略原潜（4月23日）

㊧習近平主席が座乗し、観閲艦を務めた中国海軍のミサイル駆逐艦「西寧」。艦番号は「すずつき」と同じ「117」だ（4月23日）
㊦中国海軍の国際観艦式で、深い霧の中に霞んで見える観閲艦「西寧」に向けて敬礼する「すずつき」の乗員ら（4月23日）

【すずつき＝佐世保】「すずつき」（指揮官・本村信悟1佐＝8護隊司令、艦長・川田英司2佐）は3月16日、広島県・江田島で「71期飛行幹部候補生課程」を修了した実習幹部44人（うち女性3人）を乗せ、東南アジア方面に向けて外洋練習航海に出発した。洋上訓練を行いながら南シナ海を航行し、4月9日から12日まで、タイ南部のサタヒップに寄港、タイ海軍との親善活動を行った。

実習幹部たちはタイ海軍司令部を研修するとともに、サッカーなどスポーツを通じ同国海軍兵士と交流したほか、バンコク市内の寺院などを研修した。

12日に出港後は、タイ海軍のコルベット「ラタナコシン」（満載排水量960トン）と親善訓練を実施した。

「すずつき」はこの後、中国海軍の「創設70周年国際観艦式」に海自部隊を代表して参加するため、南シナ海を北上。同21日、中国海軍北海艦隊の司令部がある黄海に面した山東省の青島に入港した。

23日に同市沖合で行われた中国海軍70周年の「国際観艦式」では、海上に深い霧が立ち込める中、中国海軍をはじめとする参加国艦艇と共に、「すずつき」も縦列航行を行って海自部隊の威容を示した。航行中、「すずつき」と同じ艦番号117の中国海軍ミサイル駆逐艦「西寧」（満載排水量7000トン）に座乗した習近平国家主席の観閲を受けた。

青島寄港中、「すずつき」乗員と実習幹部たちは中国海軍のホストを受け、スポーツ交歓などの親善行事を行った。また期間中、「すずつき」艦上でレセプションも開かれ、観艦式に参加した各国海軍の軍人たちとも交流した。このほか、実習幹部らは青島市内の史跡研修も行い、中国の歴史や文化についても学んだ。

歴史的な中国訪問を終えた「すずつき」は4月29日、無事、佐世保に帰国。実習幹部たちは約1カ月半の外洋練習航海を終え、それぞれの部隊へ赴任した。

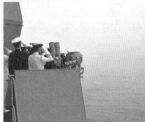

青島寄港中、日中は満艦飾、日没後は電灯艦飾を行った海自の護衛艦「すずつき」（4月21日）

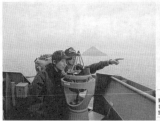

国際観艦式関連の親善行事の一つ、カッターレースに参加し、中国海軍兵士と交流する海自の実習幹部たち（手前ボート上）＝4月24日

タイ海軍とスポーツ交流や訓練も

㊤外洋練習航海の最初の寄港地、タイのサタヒップで同国海軍軍人とスポーツで交流を行った本村8護隊司令（中央左）以下、「すずつき」の乗員と実習幹部たち（4月9日）
㊧タイ海軍のサタヒップ基地を訪れ、チョームサック・ナクウィジット司令（右）と記念品を交換する8護隊司令の本村1佐（4月9日）

タイのサタヒップから中国の青島に向けて航行中、「すずつき」乗員から艦位測定法を学ぶ実習幹部（左）

中国海軍幹部が「すずつき」を見学

青島港に寄港中の海自護衛艦「すずつき」を見学する中国海軍の若手幹部たち（4月25日）

厚生・共済

特集

「大会会長賞」を受賞

ホテルグランドヒル市ヶ谷「日本料理ふじ」料理人・松田技師の作品

第31回 全国日本料理コンクールにて

「日本料理ふじ」の松田技師（写真㊦）が創作した春をイメージした料理「東京・春一色」。コンテストで会長賞を受賞した

HOTEL GRAND HILL ICHIGAYA

第31回全国日本料理コンクール「日本料理文化の今日と明日」（主催・公益社団法人日本料理研究会）が都内で開かれ、防衛省共済組合の直営施設「ホテルグランドヒル市ヶ谷」から参加した和食レストラン「日本料理ふじ」の料理人、松田直生技師の作品が「大会会長賞」を受賞しました。

同コンクールは日本料理を伝承、発展させていく上で、調理師の資質の陶冶と技術・技能の向上を図るとともに、日本料理への国民の関心を高め、食生活の改善にも寄与することを目的に開かれており、非常に名誉のある料理展。

「日本料理ふじ」の松田技師は、東京の郷土料理をイメージした作品「東京・春一色」を出展。サクラ色の料理を盛りつけた小鉢など、彩や構成のアイデアが審査員から高く評価され、「大会会長賞」に選ばれました。

松田技師は「今回このような名誉ある催しに出展できたのは、高嶋館長をはじめホテルグランドヒル市ヶ谷の皆さまのご支援ご鞭撻と、日本料理業界の重鎮である大宮康雄先生のご指導があったからこそです。今後もさらに精進し、お客様にご満足いただける料理を日々提供してまいります」と話していました。

◇

松田技師が腕をふるう「日本料理ふじ」のご予約・お問い合わせは、電話03-3268-0119（直通）まで。

営業時間は【平日】昼11時30分～14時30分、夜17時～22時、【土・日・祝日】は昼11時30分～14時30分、夜17時～21時。詳細はホテルグランドヒル市ヶ谷のホームページ（https://www.ghi.gr.jp）まで。

■各種健診の補助額　※補助のご利用は年度内1人1回コースに限ります

続柄＼検診コース	人間ドック（日帰り・2日）	脳ドック	肺ドック	PET	婦人科単体コース	生活習慣病健診（便潜血2回法含）	特定健診 ※40歳～74歳
組合員本人	最大20,000円まで補助	最大20,000円まで補助				組合員ご本人様は対象外ですので、医務室等の事業主健診（各駐屯地・基地の医務室等で実施する健診）をご受診ください	
被扶養配偶者 任継組合員 任継被扶養配偶者	最大20,000円まで補助	最大20,000円まで補助				自己負担0円（※1オプション検査追加の場合は7,040円を超えた額）	自己負担0円
被扶養者（配偶者以外）※40～74歳対象	7,700円を補助	×				自己負担5,400円（※2オプション検査追加の場合はその検査費用額）	自己負担0円

※上記いずれの続柄でも、健診受診日に組合員資格がない方は補助の対象になりません。※人間ドック・脳ドック・肺ドック・PET・婦人科の自己負担額・検査項目・受診費用は健診機関により異なります。

<オプション検査について>乳がん検査（マンモグラフィ・乳房エコー）・子宮頸がん検査などオプション検査が対象になります。また受診可能なオプション検査項目・自己負担額は検査機関により異なります。

※1生活習慣病健診は自己負担0円＋オプション検査費用7,040円まで自己負担なしでご受診いただけます。（7,040円超過分は当日窓口にてご負担いただきます）

※2生活習慣病健診は自己負担5,400円＋オプション検査費用は全額自己負担となります。（当日窓口にてご負担いただきます）

■健診コース一覧

検査項目		人間ドック	生活習慣病健診（便潜血2回法含）	特定健診
問診診察	（問診・既往歴等）	●	●	●
視力検査	視力（裸眼・矯正）	●	●	
身体計測	身長・体重・腹囲・BMI	●	●	●
血圧	血圧検査	●	●	●
聴力検査	オージオ	●	●	
尿検査	蛋白・尿糖	●	●	●
	潜血・比重・沈渣	●		
貧血検査	赤血球・ヘマトクリット・ヘモグロビン	●	●	☆
血液学的検査	白血球・血小板数	●	●	
	MCV・MCH・MCHC	●		
肝機能検査	AST(GOT)・ALT(GPT)・γGTP	●	●	●
糖質検査	総コレステロール	●		
	HDLコレステロール・LDLコレステロール・中性脂肪	●	●	●
血糖検査	空腹時血糖	● 両方	● どちらか	● どちらか
	HbA1c			
腎機能検査	クレアチニン	●	●	☆
尿酸検査	尿酸	●	●	
その他血液検査	ALP・総蛋白・アルブミン・総ビリルビン・CRP	●		
肺機能	肺機能検査（スパイロメーター）	●		
胸部	胸部X線検査	●	●	
心電図	安静時心電図	●	●	☆
眼科	眼圧検査	●		
	眼底検査（両眼）	●		☆
便検査	便潜血（2回法）	●	●	
腹部	腹部エコー	●		
胃部検査	胃部X線	● どちらか		
	胃内視鏡（経口または経鼻）			

※人間ドックの検査項目は上記を基本項目としていますが、健診機関により実施がない場合もございます。あらかじめご了承下さい。

☆は医師の判断による追加項目

●2019年2月時点での情報となります。

健診施設の予約を代行

ベネフィットワン・ヘルスケア健診予約受付センター

「ベネフィット・ステーション」では、組合員とその被扶養者の健康維持のため、全国の優良医療機関からご希望に沿った健診施設をご紹介しています。

「ベネフィットワン・ヘルスケア健康予約受付センター」が予約を代行しますので、皆さまは面倒な手続きなしに受診できます。

まずは『2019ご利用ガイド』または「ベネフィット・ステーション」のホームページからご希望に合った施設をお選びください。

各種健診のご案内

健診の申し込み期間は2020年2月29日まで、受診期間は2020年3月31日までとなっています。

各種健診の利用助成と健診コースは別表のとおりで、人間ドック（日帰り・1泊2日）の場合、組合員本人・任意継続組合員・被扶養配偶者は最大2万円まで助成されます。

健診のお申し込みは「ベネフィット・ステーション」のホームページもしくは「ベネフィットワン・ヘルスケア健診予約受付センター」に電話、FAX、郵送にて受付しております。詳細は『ご利用ガイド』とホームページに記載されていますので、ご確認ください。

受付後、「ご予約確認通知書」が送付されることで、予約が確定します。受診当日は「防衛省共済組合員証」または「自衛官診療証」を持参して受診してください。

自己負担がある場合は、健診機関の窓口で受診当日にお支払いください。

多彩な情報やサービスご提供

福利厚生アウトソーシング・サービス「ベネフィット・ステーション」活用を

防衛省共済組合員とその被扶養者のための福利厚生アウトソーシング・サービス「ベネフィット・ステーション」を活用していますか？

「ベネフィット・ステーション」は、毎日の生活を充実させることのできる数々のお得な情報を発信、ご提供しています。パソコンのほか、スマートフォンもご利用できるので、大変便利です。

ご利用方法については、組合員（任意継続組合員を含む）の皆さまに配布している『2019ご利用ガイド』または「ベネフィット・ステーション」のホームページをご覧ください。

また、新たに組合員になられた方については、「ベネフィット・ステーション会員証」が届きます。ホームページへアクセスし、台紙に記載された会員IDとパスワードにてログインすることで、利用開始となります。

なお、会員IDとパスワードを忘れてしまった場合は、カスタマーセンター（0800-170-5125）までお問い合わせ下さい。

同サイトでは、旅、学ぶ、ショッピング、介護、健康、お祝い、生活、出会い・ブライダル、レジャー・エンタメ、リラク・ビューティ、スポーツ、育児、グルメ、ハウジング、カー等、さまざまなカテゴリーから皆さまのニーズに沿った情報を得ることができます。

このほか、ディズニーチケット」の「コーポレートプログラム利用券」も取り扱っています。

また、スマホを利用すれば出先でも気軽にサービスが受けられます。映画、レジャー、日帰り入浴、リラクサロンなどのチケットはすぐにコンビニで発券できるので大変便利です。

さらに会員限定の「通販サイト」もあり、お買い物もネットでお楽しみください。

マイカー購入が更にお得に

共済組合の割賦販売制度が便利

共済組合では組合員の皆さまがマイカーをご購入する際のサポートを行っています。割賦販売制度を利用すれば大変有利な利率で毎月の俸給やボーナスから返済できるのでとても便利です。4月からは利率も下がり、さらにお得になりました。

割賦販売制度は、俸給の10カ月分までを限度に、最長5年間で分割払いできる制度です。返済は給料から源泉控除されますので、銀行の残高を気にする必要もありません。ご所属の支部物資係の窓口でご希望を伺いながらシミュレーションできるので、まずはお気軽にご相談ください。

共済組合が契約している販売店は「新車」「中古車」「二輪車」等、幅広く取り扱っておりますので、詳しくは支部の物資係窓口でご確認ください。

200万円の自動車を60回(5年)払いで購入した場合の比較

	平成30年度		平成31年度
年利換算	1.05%	年利換算	1.04%
総支払額	2,105,000円	総支払額	2,104,000円

更にお得に！

年金Q&A

年金受給者が死亡した場合の家族の手続きは？

老齢厚生年金は共済組合連合会に連絡を

Q　私は現在、老齢厚生年金と老齢基礎年金を受給しています。私が死亡した場合、私が受給していた年金について、家族はどのような手続きが必要になるのでしょうか。

A　老齢厚生年金と老齢基礎年金を受給していた方がなくなったときには、次のような手続きが必要になります。

①老齢厚生年金について

国家公務員共済組合連合会（以下「連合会」という。）から支給を受けていた老齢厚生年金については、受給者が死亡したことを、電話か様式任意の文書で速やかに連合会に連絡します。この際、年金証書記号番号がわかる書類を用意しておくと、手続きがスムーズです。

連合会は連絡を受けると、遺族厚生年金を受けることができる遺族の方がいるかどうかなどを確認し、手続きに必要な書類を送付します。

「老齢厚生年金」は、受給者が死亡した日の属する月分までで受給権は消滅しますが、「遺族厚生年金」は、請求手続きをすることにより、死亡した日の属する月の翌月分から支給されます。

②老齢基礎年金について

日本年金機構から支給を受けていた老齢基礎年金について、原則として手続きは不要ですが、支払の済んでいない年金がある場合や、戸籍法上の死亡の届出が遅れた場合（死亡日から7日超）、機構が住基ネットで死亡の事実を確認することができない場合に、受給者の住所地を管轄する年金事務所に「年金受給権者死亡届」等を提出する必要があります。詳細は提出先の年金事務所に確認してください。

厚生年金、基礎年金とも、諸々の手続きが遅れますと、その間死亡した方の年金が支給されてしまうことがあります。その場合、返還が必要になりますので、ご注意ください。

この他、一身上の変更が生じたときは、年金証書や「届出用紙綴」等の書類が必要になります。年金の支給が開始された後も、大切に保管してください。（本部年金係）

【連絡先】
〒102-8082　東京都千代田区九段南1-1-10　九段合同庁舎
国家公務員共済組合連合会　年金部年金相談室
ナビダイヤル　0570-080-556
一般電話　03-3265-8155

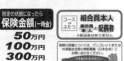

むつ市「大湊Sora空っ！」大ヒット

空幕長に事業報告

経済効果1400万円

上「Sora空っ！」を試食し、「大変おいしい」と笑顔を見せる空幕幹部たち
右宮下むつ市長（右）から「Sora空っ！」の事業報告を受ける丸茂空幕長（左）ら＝いずれも3月26日、防衛省で

【空幕】空自は昨年度、「空上げ普及5カ年計画」を策定し、空上げ（唐揚げ）が各部隊の定番料理として定着するよう事業を推進している。これを受け全国の基地では、地元の特産品などを使った"ご当地空上げ"を生み出し、それぞれ地域との連携を深めている。青森県むつ市では、地域のブランド化を図るため"ご当地グルメ"として全国に先駆け、むつ市オリジナルの空上げの一般販売をスタート。宮下宗一郎市長は3月26日、丸茂空幕長を表敬し、大湊分屯基地がむつ市役所、同商工会議所と協力して販売し、大ヒットしている「大湊Sora空っ！」の事業報告を行った。

こだわりの地産地消

「Sora空っ！」は大湊分屯基地独自の空上げで、地産地消にこだわり、もち粉や鶏肉など食材はすべて下北半島産を使用している。2度揚げすることで独自の「カリカリ感」を出すとともに、通常の唐揚げの2倍サイズで食べ応えもある。

空幕を訪れた宮下市長と商工会議所の其田桂会頭は丸茂空幕長に対し、昨年7月に市内6店舗で一般販売を開始した同空上げが"地域のソウルフード"としてしっかりと根付き、販売食数が早くも1万食を突破し、地域への経済効果が約1400万円に達していることなどを報告した。

空幕長は「Sora空っ！」普及会の鳥山和之会長が用意した空上げを試食した後、「むつ市の取り組みは隊員の士気高揚にもつながり、地域の方に航空自衛隊のことを知っていただく素晴らしい取り組みだと認識している。『Sora空っ！』も大変おいしかった」と同事業を評価した。

宮下市長は、「現在新たな販売店舗を募集中で、地域一体となって今後さらに販売数を増やし、『大湊海自カレー』とともに『Sora空っ！』も盛り上げ、地域に長く愛される商品を目指したい」と抱負を述べた。

余暇を楽しむ

福島地本「バックスクラッチャーズ」

募集環境の追い風に

紹介者：2陸曹　象潟　龍介（福島地本募集課）

「バックスクラッチャーズ」とは、自衛隊福島地方協力本部の要員で構成される楽器演奏経験者の集まった「音楽クラブ」です。

クラブ名は日本語に訳すと「孫の手たち」。音楽隊や駐屯地の音楽クラブが事情により対応できないイベントなどで、少しでも主催者方のニーズに応えることができるように、"かゆい所に手が届く"活動をモットーに名付けました。

メンバーは援護広報官の永山賢治陸曹長を筆頭に、独学でドラム、ベースなどをマルチにこなす才能を持つ総務課計画班長の鈴木貴明2陸尉、福島、郡山両駐屯地の音楽クラブ出身者（募集広報官4人、募集課1人）の計7人で構成されています。

結成日は平成30年10月1日とまだ日が浅く、出来立てホヤホヤで物珍しさもあるのか、11月の創部記念行事で演奏した後、さまざまな方から本部長に演奏依頼の話が来たとか来ないとか。

皆さんもご存知のとおり、募集環境は大変厳しい状況にあります。この状況を打破するためにはさまざまな手段を活用すべきであり、その一環として私たちには「音楽」という手段がありました。

半分は仕事のような活動ではありますが、皆、好きな楽器演奏を楽しんでいます。忙しくてなかなか一堂に会しての練習はできませんが、おのおの余暇を利用し、まずは練度の復活から徐々にレベルアップし、少しでも募集環境改善の追い風になれるよう、引き続き演奏活動を続けていきます。

応援をよろしくお願い致します。

上 福島地本の楽器経験者で結成した音楽クラブ「バックスクラッチャーズ」のメンバー　下「平成30年度入隊激励会」でゆずの「栄光の架橋」などを演奏する部員

「保育士の協力　心強い」

庁内託児所と緊急登庁支援協定

朝霞

緊急時の保育所運営訓練で子供たちの面倒をみる支援隊員たち（3月14日、朝霞駐屯地で）

【朝霞】朝霞駐屯地業務隊は3月18日、庁内託児所「Jキッズガーデン朝霞」を運営している「桑の実会」と、緊急登庁支援の協力に関する協定を締結した。東部方面隊管内では初の試み。

大規模災害時の緊急登庁支援として、業務隊、中央音楽隊、東部方面音楽隊で開設・運営する「子供の面倒を見る施設」に、桑の実会から保育士を派遣してもらうことで、より安全で確実な運営を行うことを目的としている。

協定に先立ち同14日には運営訓練を行い、支援隊員22人で子供15人を預かり、保育能力の向上を図るとともに、保育士4人の派遣協力を得て協定内容も検証した。

受け入れ開始後、隊員は大泣きする子供の対応に苦戦していたが、桑の実会の保育士が遊具で慰めると、子供は次第に泣きやみ遊び始めた。この光景に隊員は「さすがプロの保育士だ」と感心していた。

訓練中は、子供を登録している隊員に向けた説明会や訓練の見学会も行われ、施策の理解促進を図った。

清水哲志業務隊厚生科長は「保育士の協力を得られるのは何よりも心強い。今後は本協定を有効活用し、さらなる施策の充実発展を図りたい」と語った。

最新自販機21台を導入

Wi－Fi付きなど

小平学校

【小平学校】陸自小平学校はこのほど、隊員や学生の要望に応え、計21台の自動販売機を導入した。自販機は大手コンビニの食品を扱う2台、Wi－Fi（無線通信システム）付きが5台、電子マネー対応14台で、利用者の利便性が大幅に向上した。

Wi－Fi付自販機は学校庁舎1・2階、学生の生活隊舎3・5階、営内隊舎に設置され、スマホを利用する隊員の通信料負担を軽減、災害時に家族との連絡も容易にできるようになった。

また、自販機の約半数が電子マネー対応となり、小銭を持ち歩くことなく「Suica」や「PASMO」などの交通系電子マネーが利用できる＝写真。

このほか、今回の自販機の公募により、迷彩柄自販機＝4月25日付7面既報＝もグラウンド横に設置された。

お花見日和

勝田駐を一般開放

【勝田】勝田駐屯地は4月6、7の両日、駐屯地を一般開放し、併せて「家族オリエンテーション」も開催した。

過去2年は天候などに恵まれず来場者が少なかったが、今年は暖かい春の陽気と満開の桜に恵まれ、約4600人の来場者があった。訪れた家族連れや地域住民らは桜の下にシートを広げ、持参した弁当などを頬張りながら花見を楽しんでいた＝写真。

当日は、駐屯地や各部隊の歴史について展示した防衛館とエンジニアセンターも開放。来場者は「このような展示物があるのは知らなかった」と話し、興味深そうに見学していた。このほか、茨城地本と連携したブースでは満開の桜と装備品を背景に記念撮影ができる制服試着コーナーも設け、募集・広報活動につなげた。

家族オリエンテーションでは、新たに着任した隊員とその家族計68人に向け、駐屯地周辺の概要、家族支援施策、福利厚生について説明し、理解促進を図った。

家族懇親会に100人集う

岩国

懇親会最後のビンゴ大会を楽しむ子供たち（2月16日、愛宕スポーツコンプレックス内体育館で）

【岩国】海自91航空隊はこのほど、岩国市内の日米交流施設「愛宕スポーツコンプレックス」内のバーベキューエリアなどで、家族懇親会を開催した。

当日は隊員と隊員家族100人が参加し、各種イベントを楽しみ家族間の親交を深めた。

バーベキュー形式の食事会では、隊員が持参したイノシシ肉や家族が差し入れてくれた手作り料理なども並び、会話を楽しみながら全員で完食、「おいしかった」と満足そうに話していた。食後にはドッジボール大会が開かれ、隊員夫人や子供たちも作戦会議に加わり、各チームがそれぞれ奇抜なアイデアで試合を盛り上げた。

懇親会最後のビンゴゲームには全員が参加。景品は豪華賞品から駄菓子までがランダムに包装され、当たった人がその場で包みを開くと大きな歓声と拍手が沸き起こった。

自慢の一品料理

せんべい汁

紹介者：郷家晶子技官（八戸航空基地隊厚生隊給養班）

青森県八戸市を中心とした県南地域で食べられている「せんべい汁」。その歴史は長く、約200年前の江戸時代から食されていると言われています。今回は肉や魚、野菜、きのこでだしを取った汁に、「かやき煎餅」と呼ばれる"おつゆ専用"のせんべいを入れて煮込んだ、八戸周辺の郷土料理「せんべい汁」を紹介します。

まず、ごぼうと人参はささがきに、鶏もも肉は小口切りにします。油を熱した鍋で切った具材を炒め、鶏肉が白っぽくなったら水を加えます。沸騰したらシメジを入れ、あくを取り、醤油、酒、塩などで味を調えます。

最後に、沸騰した鍋に長ネギとメインのかやき煎餅を割りながら入れて煮込みます。せんべいが"アルデンテ"の状態になったら完成です。

鶏とごぼうのしょうゆ味が定番ですが、サバの水煮缶を使った塩味の汁などもあります。

ご家庭で作る際には白菜や舞茸など好みの具材に変更してもOK。特に決まった具材はなく、中途半端に余っている野菜など、冷蔵庫内にある食材でおいしく作れる家計に優しい一品です。味付けにそばつゆを加えると、少し甘さがある汁に仕上がります。

隊員さんからも大人気なので、皆さんもぜひ試してみて下さい。

地方防衛局 特集

【東北局】青森県内にこのほど、防衛省の交付金を活用した二つの子育て支援施設が完成し、地元関係者をはじめ、東北防衛局の伊藤茂樹局長らが出席してそれぞれオープニングセレモニーが行われた。地域における子育て支援策の充実や、子育て環境の向上に寄与するものとして大きな期待が寄せられている。

東北局 子育て支援2施設が完成

防衛省の交付金活用

幼保一体型に一新 大型の屋内遊戯充実

六ヶ所村立南こども園

テープカットに臨む（左から）六ヶ所村の戸田衛村長、女児を挟んで東北防衛局の伊藤茂樹局長、南こども園の小泉真知子園長（4月3日、青森県六ヶ所村で）

建て替えオープンした六ヶ所村立「南こども園」の全景。木造平屋建てで、従来の保育所に幼稚園としての機能も備わった

青森県六ヶ所村に完成した村立「南こども園」では4月3日、オープニングセレモニーが開かれ、約60人が出席した。

老朽化した「村内保育所」を「保育所型認定こども園」として約2年がかりで建て替えたもので、従来の保育所に幼稚園としての機能も加わり、保育と幼児教育を一体的に行う施設に生まれ変わった。

同園は木造平屋建てで、延べ床面積は約1225平方メートル。遊戯室や一時保育室、子育て支援室、ランチルームなどを備えているほか、屋外遊戯場や人工芝も完備している。

セレモニーで六ヶ所村の戸田衛村長は「村の宝である子どもたちが個性を伸ばし、さまざまな分野で活躍できることを願っている」とあいさつを述べた。

一方、青森県三沢市では、市民待望の子育て支援の拠点施設「三沢キッズセンターそらいえ」が完成し、4月9日のオープニングセレモニーには地元関係者ら約150人が出席して開園を祝った。

同施設は鉄筋コンクリート造りの2階建てで、延べ床面積は約1075平方メートル。市内に点在している既存の子育て関連施設の集約とバージョンアップを目的に、2016年度から建設が進められてきた。

子育て家庭のニーズに応えるため、天候に左右されない大型の屋内遊戯室のほか、子育てサークルなどの活動の場として利用できる集会室やサークル支援室などを完備。さらに、子供を預かってほしい人と援助できる人を結ぶファミリーサポートセンターや一時預かり室、相談窓口など、子育てのための総合的な機能を備えており、同市が進める"安全・安心できる子育て環境"と"子育てしやすい街づくり"の一翼として、充実したサービスを受けられるのが大きな特徴となっている。

セレモニーであいさつを述べた三沢市の種市一正市長は「子育て世代を支え、多くの皆さまに愛される施設となってほしい」と期待感を示した。

両セレモニーには東北防衛局から伊藤茂樹局長と三沢防衛事務所の古川和久所長が出席。伊藤局長は「周辺地域の調和を図るため、周辺対策事業には特に力を入れている。今後とも地元の皆さまの生活の安定と福祉の向上に寄与するよう、これまで以上に積極的に取り組んでまいりたい」と祝辞を述べた。

両施設の整備には防衛省の交付金が活用されており、「南こども園」は事業費約6億6900万円のうち、「駐留軍等再編特措法」に基づく「再編交付金」約6億1300万円が、また「三沢キッズセンターそらいえ」は事業費約5億6600万円のうち、「防衛施設周辺の生活環境の整備等に関する法律」に基づく「特定防衛施設周辺整備調整交付金」約4億4200万円がそれぞれ充てられている。

三沢キッズセンターそらいえ

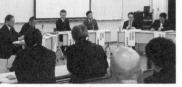

（上）オープニングセレモニーであいさつを述べる三沢市の種市一正市長（4月9日、青森県三沢市で）
（下）「三沢キッズセンターそらいえ」の外観。大型の屋内遊戯室が特徴で、子育て支援の拠点施設としての活用が期待されている

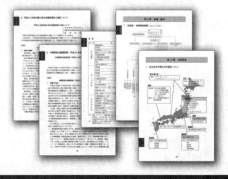

リレー随想　杉山　真人

南九州食紀行

私は昨年8月に熊本に赴任しました。転勤族としての私の楽しみは、地場の食文化を堪能することです。これまでは沖縄勤務が多く、「ヒージャー（山羊）」など沖縄特有の料理をおいしく頂きました。

さて、熊本と言えばやはり馬刺が有名です。なぜ熊本で馬刺しを食すのか？

調べてみますと、肥後を治めていた加藤清正の時代、朝鮮出兵の現地で食料難となり、やむを得ず馬肉を食べたことにルーツがあるというのが通説とのことです。赤身・霜降り・ロースなど、部位や肉質によってそれぞれ味わいがあり、私は相当な頻度で食べていますが、飽きることがありません。

宮崎に行くと鶏料理のお店が多くあります。都城で出合ったそのお店、鶏刺し盛り合わせが絶品でした。特に肝は衝撃的美味で忘れられない逸品です。

鹿児島は黒豚が有名で、噛めば噛むほどに旨味が増します。錦江湾の海の幸も良いですね。漁港近くのお店では新鮮なカンパチの漬け丼を低価格で食べることができます。

意外であったのが真鯛です。太平洋戦争で浅い真珠湾での航空魚雷攻撃のために艦載機が錦江湾で猛訓練を行ったということから、私は「錦江湾は浅い」と勝手に思い込んでいたわけですが、実は湾自体がカルデラであり、最深部では約200メートルの深さとのことで、比較的深い海に生息する真鯛が多く獲れることを知りました。

ちなみに調べ直してみると、錦江湾での訓練は地形が真珠湾に似ていることに着眼してのものでした。不明を恥じております…。

最後に奄美大島についてです。陸上自衛隊配備のための施設整備を行ってきたことから何度か訪れております。総じて申し上げれば、九州と沖縄の食文化が融合していて、農作物や海産物といった素材は沖縄寄り、メニューは九州寄りといった個人的な印象です。

南九州でまだ訪れていないところも多いですので、これからもご当地ならではの食を求めて味わいたいと思っております。

（熊本防衛支局長）

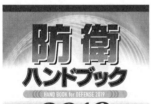

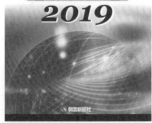

北海道局 「胆振東部地震と自衛隊の活動」テーマに防衛問題セミナー

【北海道局】北海道防衛局は3月12日、札幌市教育文化会館で「平成30年北海道胆振東部地震と自衛隊の活動」をテーマに「第40回防衛問題セミナー」を開催し、市民ら約120人が来場した。

同セミナーは札幌市をはじめ、札幌市自衛隊協力会、札幌商工会議所の後援と、札幌地方協力本部の協力を得て開かれた。

主催者を代表して北海道防衛局の高木健司局長があいさつを述べた後、第1部は気象庁札幌管区気象台の山里平台長が「北海道胆振東部地震の概要」と題し、当時の地震の状況などについて講演した。

続いて第2部では、北部方面総監の田浦正人陸将が「隊員たちの使命感」と題し、胆振東部地震における北部方面隊の災害派遣活動について紹介した。

来場者からは「地震のメカニズムや情報伝達要領、地盤の特性などを把握することができ、今後の防災について考える資となった」（国家公務員）、「自衛隊に対するありがたみや力強さを感じた」（学生）、「自衛隊の自己完結力を改めて認識した」（団体職員）、「自衛官の皆さまの命を懸けた活動に胸が熱くなった」（自営業）など多くの感想が寄せられた。

また、セミナー会場では7師団と11旅団の協力で胆振東部地震における自衛隊の災派活動の様子を伝える写真パネルが展示されたほか、札幌地本による自衛官の募集広報も行われた。

札幌管区気象台長の山里平氏

北部方面総監の田浦正人陸将

九州局 周辺環境整備で会合

55自治体から117人 地域活性へ活発議論

パネルディスカッションで、基地を擁する自治体の「まちづくり」のアイデアについて意見を述べ合う各自治体の代表者ら（3月20日、福岡市で）

【九州局】九州防衛局は3月20日、防衛施設周辺地域の生活環境などを整備することを目的とした「周辺環境整備事業」に関わる地方自治体担当者との会議を開催した。

福岡市博多区の福岡第2合同庁舎で開かれた会議には、管内の防衛施設周辺に所在する55の地方自治体から117人の担当者が出席した。

同会議は、「防衛施設周辺の生活環境の整備等に関する法律」や「駐留軍等の再編の円滑な実施に関する特別措置法」などによる制度内容について具体的な事例を交えて説明することで、今後の補助金の適正な運用と補助金業務の一層の効率化・円滑化を図ることを目的に不定期で開かれている。

開催に当たり、九州防衛局の桝賀政浩次長があいさつを述べた後、午前中は同局の周辺環境整備課と防音対策課の担当者が説明を行った。午後からは講師として招かれた（株）つなぐネットワークの牛島晃代表取締役が「地方における地域活性化の課題について」と題して講演した。

さらに、自治体の代表者を交えてのパネルディスカッションも行われ、参加者たちは熱のこもった議論を展開。各自治体が抱える問題を踏まえた上で、今後の地域活性化に向けた「まちづくり」のアイデアなどを共有し、有意義な時間を過ごした。

防衛施設と首長さん

大分県別府市　長野　恭紘市長

ながの・やすひろ　44歳。日本文理大商経学部卒。衆院議員秘書を経て、2003年から11年まで別府市議会議員、15年4月に別府市長に就任。現在2期目。別府市出身。

愛され、親しまれる自衛隊 市民との絆深い別府駐屯地

別府市は、人口約12万人、瀬戸内海に面した大分県の東海岸のほぼ中央に位置し、西にそびえる由布・鶴見岳の麓から別府湾に穏やかに広がる扇状地を形成しています。

大地から幾重にも立ち昇る「湯けむり」は別府を象徴する景観として、市民はもちろん、多くの観光客から親しまれており、日本を代表する温泉地として、年間880万人を超える観光客をお迎えする国際観光温泉文化都市です。

「別府八湯」と呼ばれる八つの温泉エリアでは、世界に誇る豊富な湧出量と源泉数、多様な泉質を有し、浴用はもちろんのこと、美容や医療など多岐にわたり利用され、市民生活になくてはならない自然からの恵みとなっています。

2016年より開催の「別府ONSENアカデミア」では、医療関係者やスポーツ選手の協力のもと、入浴方法などのエビデンスの解明に努め、温泉入浴により良質な睡眠と疲労回復をもたらす効果が確認されています。

また、五つの大学・大学関連施設があり、3300人を超える留学生が勉学に励みながら異文化を学んでいます。

人口当たりの留学生数は日本2位と、多様性に満ちた国際色豊かなまちを形成しており、今年3月下旬には、世界中に広がった卒業生に声掛けして「市民・学生大同窓会」を開催し、地域の皆さまとの再会の場を創りました。

そのほかにも、世界的に有名な「アルゲリッチ音楽祭」や、四季を通じてさまざまなイベントやお祭りを開催するなど、芸術や文化の発信にも力を注いでいます。別府湾で獲れた新鮮な魚介をはじめとした山海の幸も豊富にあります。

別府ならではの「癒し」や「ワクワク・ドキドキ」を体感しに、ぜひお越しください！

陸上自衛隊別府駐屯地は昭和32年に開設されて以来、絶えず市民との融和と協調を図っていただいております。

平成28年に発生した熊本地震の際にも、給水や炊き出し活動、避難要支援者への誘導支援、家屋被害の状況調査など、地域住民の安心安全の確保に尽力していただいております。

また、日頃から駐屯地行事の市民への積極的な開放や音楽活動などでのさまざまな地域行事への支援、納涼音頭大会など住民に寄り添った活動により「市民に愛され親しまれる自衛隊」として、市民と深い絆で結ばれています。

今後もますます、自衛隊との連携を深め、市民をはじめ別府を訪れる全ての方に安心と安全を感じていただけるまちづくりに取り組みたいと思います。

陸自部隊 山林火災 相次ぎ出動
長野、群馬、青森の3県

4月19日から23日にかけて長野、群馬、青森の3県で相次いで山林火災が発生し、各県知事からの要請を受けた陸自の災害派遣部隊がヘリによる空中消火に向かった。いずれも事後、自治体で対応可能となったことから、部隊は撤収要請を受けて活動を終えた。

19日に長野県軽井沢町で発生した山林火災では同日午後2時20分、知事が13普連長（松本）に災派を要請。12ヘリ隊（相馬原・北宇都宮）のCH47ヘリなど計5機が現場へ向かったが、同4時過ぎ、自治体で対応が可能となったことから撤収要請があり、空中消火を実施せずに活動を終了した。

22日には群馬県下仁田町で山林火災が発生し、同日午後3時13分、知事が12旅団長（相馬原）に災派を要請。直ちに12ヘリ隊のCH47ヘリなど計5機が現地に急行し、空中消火を行った。散水回数は9回、散水量は約45トンで、同7時前に知事からの要請を受けて撤収した。

一方、青森県南部町では23日午後1時、知事が9師団長（青森）に災派を要請。9飛行隊（八戸）のUH1多用途ヘリなど計4機が駐屯地を離陸したが、同4時前に自治体で対応可能となったため、知事からの撤収要請を受けて、空中消火を行わずに活動を終えた。

ダムで給水後、山林火災現場の散水地点へ向かう12ヘリ隊のCH47輸送ヘリ（4月22日）

12ヘリ隊のCH47ヘリに懸吊されたバケットへの給水の様子（4月22日、群馬県の道平川ダムで）

空自小松救難隊が救助
民間グライダーで不時着の2人

長野県と岐阜県にまたがる北アルプスの焼岳（標高2455メートル）に5月2日、民間グライダーが不時着し、警察と消防が乗員2人（共に59歳）を捜索したが、発見できなかった。

翌3日午前1時25分、東京空港事務所から災害派遣要請を受けた空自中部航空方面隊（入間）では、同午前4時14分、新潟救難隊のUH60J救難ヘリ584号機（機長・片ヶ瀬弘3佐以下5人）を発進させ、捜索・救助活動に着手した。

同25分以降、小松救難隊からもUH60J599号機（同・水野勇作1尉以下5人）とU125A救難捜索機027号機（同・鈴木吉一3佐以下4人）が離陸し、現場に向かった。

同6時20分、焼岳の山頂から南に約500メートル離れた山林の中で救助を待っていた2人を空自機が発見。同29分以降、小松救難隊のUH60J599号機から救難員の木下修作2曹と上田浩貴3曹が現場に降り立ち、ヘリのホイストを使った救助を開始。上空の599号機から機上整備員の猪田浩1曹がホイストを操作し、地上の救難員が遭難者1人ずつに付き添って2人を機内に収容した。

同機は同46分、岐阜県高山市の飛騨エアパークに2人を搬送し任務を完了。東京空港事務所からの要請を受けて撤収した。

グライダーの乗員（右）をホイストでUH60J救難ヘリに収容する猪田1曹（手前左）＝5月3日、焼岳の長野県側で

陸自が情報収集
宮崎地震

5月10日午前8時48分ごろ、宮崎県沖の日向灘を震源とするマグニチュード（M）6・3と推定される地震が発生、同県宮崎市と都城市で最大震度5弱を観測し、陸自部隊などが情報収集に当たった。災害派遣の要請はなかった。

地震発生後、直ちに宮崎地本、8通大（北熊本）、43普連（都城）が宮崎県庁などに連絡幹部（LO）を派遣。続いて、西方航（高遊原）のUH1多用途ヘリ、8飛行隊（同）のUH60多用途ヘリが相次いで駐屯地を離陸し、情報収集に当たったが、被害は確認されず、午前11時20分、航空機による情報収集活動を終了した。

活動規模は、航空機3機、連絡幹部17人、車両7両だった。

原田副大臣 磯谷事務官を激励
全自美術展で「内閣総理大臣賞」

副大臣室に作品飾る

原田憲治防衛副大臣は5月8日、全自衛隊美術展の「書道」の部門で最高位の「内閣総理大臣賞」に輝いた磯谷真美事務官（21）＝習志野駐屯地業務隊＝の作品「蜀素帖」を副大臣室に飾るとともに、同事務官を招いて懇談した。

この作品は「平成30年度全自衛隊美術展」（防衛省主催、防衛省共済組合協賛）＝本紙2月14日付既報＝に出展されたもので、今年1月に表彰を受けた後、2月26日から3月4日まで同美術展の会場となった防衛省の厚生棟多目的ホールに展示されていた。

副大臣は作品の前で磯谷事務官を迎え、「こんなに立派な字を書く方が若い人だとは驚いた。大事に長く飾ります。これからも良い賞をもらうように頑張って下さい」と握手で激励した。

懇談の中で副大臣は、自身の父で運輸相、郵政相、経済企画庁長官などを歴任した元衆院議員の原田憲氏が書道の師範だったことを紹介し、書道に対する理解を示した。

これに対し、磯谷事務官はやや緊張した面持ちで謝意を表明した上で、小学校1年生から書道を始めたことや、同作品を平日深夜に一日2時間、トータル4日間かけて書いたことなどを説明。文字の間隔に至るまで「原文の大きさに忠実に書いています」と作品について解説した。

この作品は今から約900年前の中国の文人が、ある政治家から絹を渡され、「この絹にあなたの一番良い書で書いてほしい」と頼まれた名品の模写。原本は横長の巻物で、台湾の故宮博物院に所蔵されている。磯谷事務官はこれをあえて縦の掛け軸に書き、全自美術展の「書道」部門の選者である筑波大学の中村伸夫教授（全国書美術振興会、日展、日本書芸院など所属）から「非常に成功した」と高く評価された。

全自美術展で「内閣総理大臣賞」に輝いた書道作品の前で、作者の磯谷真美事務官（右）を激励する原田副大臣（5月8日、副大臣室で）

山林火災で災派、静岡県から感謝状
34普連

【34普連＝板妻】34普連は4月25日、静岡県浜松市で同月5日に発生した山林火災に伴う災害派遣活動＝4月18日付既報＝の功績で、同県知事の代理として板妻駐屯地を訪れた金嶋千明危機管理監から感謝状が贈られ、部隊を代表して深田満男連隊長が受け取った。

34普連は4中隊長の斉藤慎二1尉以下85人が県庁への連絡要員の派遣や現地での情報収集、船明ダム運動公園など周辺地域における安全確保などに努め、ヘリ団（木更津）の空中消火活動を支援した。

静岡県知事代理の金嶋危機管理監（左）から感謝状を贈られた深田34普連長（中央）＝4月25日、板妻駐屯地で

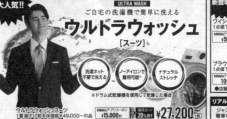

小休止

▽…空自航空中央音楽隊（隊長・松井徹生2佐）は4月29日、東京都立川市の国営昭和記念公園で開かれた同公園主催の「緑のフィールドコンサート」で演奏し、約300人の観客を魅了した。空音は毎年独奏公演しているもので、今年で21回目。

▽…渡邉秀1尉の指揮のもと、春をテーマに前半は「スプリングマーチ」、後半は「そよ風のマーチ」を皮切りに各7曲を演奏。「メリー・ポピンズ・セレクション」ではボーカルの森田早貴士長が伸びやかな独唱を披露した。

▽…アンコールは空音の行進曲「空の精鋭」を披露。会場が一体となった。演奏中、渡邉1尉の手拍子に合わせて"指揮者"になりきる観客も現れ、大いに盛り上がった。（立川）

空自入間基地 滑走路3.6kmウオーキングに1350人

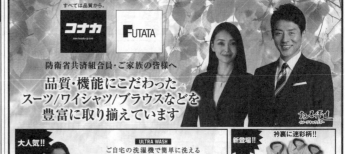

横断幕を掲げた隊員の先導のもと、一斉にスタートする参加者（5月11日、空自入間基地で）

空自入間基地は5月11日、基地を開放し、滑走路の歩行体験ができる「ランウェイウォーク2019」を開催した。13回目となる今年は快晴の下、市民や航空ファンなど約1350人がイベントを楽しんだ。

開会式で基地司令の岩城公隆将補は「今回は5千人を超える応募があり、皆さまは選ばれた強運の持ち主。学生の方はこれを縁に将来、空自に入隊し一緒に仕事ができることを願っています」とあいさつ。

ポークカレーや自衛太鼓を披露

午前11時、司令の号砲で参加者たちは一斉にスタート。全長約3.6キロのコースには、残距離を記載したプラカードを持った隊員が一定間隔で並び、体調不良者などに配慮した途中離脱用の連絡や給水スポットも設けられた。

開始から約30分後にトップ集団がゴールイン、午後0時40分頃には全員が完歩した。

エプロン地区では「入間基地ポークカレー」が振る舞われ、中音音（浜松）や朝霞駐屯地と入間基地がコラボした自衛太鼓の演奏も披露された。

横浜市から来た会員の小野くみ子さん（61）は「基地に来るのは初めて。滑走路はなかなか歩けないので気持ちが良かった」と達成感あふれる表情を浮かべていた。

こちら警務隊
男性も被害者に含む 5年以上の有期懲役

強制性交等罪とは、どんな犯罪ですか。

強制性交等罪は、平成29年7月に刑法が改正され、従来の強姦罪の内容や刑罰が厳罰化されたものです。

主な改正点は、被害者等からの訴えが無くても捜査が可能となり、口なども強制性交行為の対象となり、男性も被害者に含まれるようになりました。また、法定刑が3年以上から5年以上の有期懲役となり、基本的に執行猶予がつかなくなりました。

強制性交等は「魂の殺人」とも言われ、被害者の人権と尊厳を踏みにじり、心と体に一生消えない傷を負わせます。強制性交等は、凶悪犯罪であり、絶対にしてはいけません。

（東北方面警務隊）

（世界の切手・ドイツ）

私たちのつとめは、この素晴らしい世界になにか貢献すること。
イヴ・アーデン（米国の女優）

平和を築いた先人に感謝

戦没者遺骨収集に参加して

陸曹長　石崎　弘之（37普連本管中隊・信太山）

私は本年2月13日から28日まで、パプアニューギニア（PNG）で実施された「平成30年度東部ニューギニア戦没者遺骨収集派遣」に日本遺族会から参加させていただきました。

PNGはニューギニア島の東半分を国土（日本の1・25倍）とし、人口は約700万人（埼玉県と同程度）で、首都はポートモレスビーです。

この島では約75年前、日本軍と連合軍の間で激戦が繰り広げられ、日本側の戦死者約12・7万人を出し、「死んでも帰れぬニューギニア」と言われたこの地には今なお約8万余柱の未帰還日本人の遺骨が眠るといわれています。

私がこの事業に参加した理由は、叔父が東部ニューギニアで戦死しており、この島に強い思いを持って育ち、今回、念願かなっての訪問となりました。

今回の派遣団の編成は、日本戦没者遺骨収集推進協会から4名、日本遺族会から私を含め6名、東部ニューギニア戦友・遺族会から6名、JYMA日本青年遺骨収集団から3名、厚生労働省職員（指導監督・遺骨鑑定専門員）4名の計23名の派遣となり、このほか現地通訳3名、現地遺骨鑑定人（パプアニューギニア国立博物館職員）3名、現地警察官が数名同行しました。

活動内容は州政府への表敬から始まり、遺骨の収容（発掘）、洗骨、焼骨、現地追悼式という流れでした。

遺骨の収容は、現地住民から情報提供された地域を住民と協同して発掘します。今回収容した地域の御遺骨は、比較的浅く、60センチほど掘れば出てきました。頭蓋骨、顎の骨と歯、喉の骨、大腿骨が多く発見されました。歯はほぼ原形を留めており、歯があると日本人であるかの判定が容易だそうです。

活動はジャングルの炎天下で行うため、過酷なものですが、昔この地で食糧の補給もなく戦われた将兵のことを思うと暑いだのと言っている場合ではなく、一人でも多くの御遺骨を日本へ送還したいという気持ちで必死になって探しました。

しかし、参加者の多くは戦没者の遺児の方であるため、こちらも高齢化しており、今後は遺族会青年部の強化も必要ではないかと思われます。

捜索する場所からは、御遺骨の他に多くの遺留品（銃剣、鉄帽、薬莢、飯盒、水筒、軍服のボタン、軍靴の底鉄、医薬品のビン）や硬貨、印鑑、歯ブラシなども発見しました。

このような御遺骨や遺留品を実際に見ると、今まで人から聞いていた戦争の話が空想の世界ではなく、この場所で実際に戦いが行われ、不幸にもお亡くなりになられた方がいたというリアルな世界に入っていき、とても重たい気持ちになりました。無言の御遺骨は、私たちに「お前たち、迎えに来るのが遅いではないか」と語りかけてくるような気もしました。

もし戦争がなく、平和な世に生きていたら、この方々はどのような一生を過ごしたのだろうか、両親、妻、子供たちとどのような生活を営んだだろうか、などと考えてしまいます。しかし戦争が起き、国や家族を守るため、日本から遠く離れた異国の地で眠りについてしまうとは。さぞかし無念でならなかったでしょう。

ゆえに、一人でも多くの御遺骨を日本へ連れて帰ろうと、私も強い思いが込み上げてきました。戦死した叔父も、もし戦争がなければ一家を築き、楽しい家庭を築けたのではないでしょうか。

御遺骨は長年土の中にあったため、ビッシリと土が詰まっていました。私たちは御遺骨の土をきれいに払い落とし、洗骨作業をしました。

この地には戦後70有余年が過ぎる今もなお、未帰還の約8万柱の英霊が眠りについています。今回、帰国に際して思ったことは、御遺骨には飛行機の中で一つの席も用意されず、「貨物」として積み込まれたことでした。そして成田空港に到着しても、誰の迎えもなく、寂しい限りでした。

御英霊の日本への帰還は、最大級の礼を持ってお出迎えし、空港内でも「ただいま70数年ぶりに戦没者の御遺骨が日本に帰還されました。皆さま、しばし黙祷をお願いします」と放送し、いま生きている日本の人たちも御英霊に敬意を表しても良いのではないかと思いました。

私たちは今、平和な時代に生きています。しかし、かつては大きな戦争がたくさんあり、特に大正生まれの方は「7人に1人が戦死した」という惨禍を味わいました。

私も今回PNGを訪れ、御英霊に感謝し、その御遺志を尊重していくことの大切さと、人と人の繋がりの重要性を再認識することができました。そして改めて今の平和を築いて下さった先人に感謝するとともに「平和の尊さ、命の大切さ」を実感いたしました。

結びに、年度末の業務多忙の中、私をPNGに送り出してくれました上司、同僚の皆さまに深く感謝します。

パプアでの戦没者遺骨収集事業に参加した37普連の石崎弘之曹長

みんなのページ

西部地区入隊・入校予定者激励会　ラッパ吹奏で門出を祝う

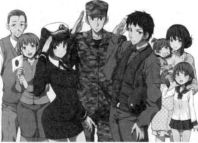

2陸尉　橋本　薫（鳥取地本・米子地域事務所長）

米子地域事務所は3月3日、米子商工会議所で実施された「西部地区入隊・入校予定者激励会」を支援した。

激励会ではまず、防衛大臣、県知事からの激励メッセージが紹介された。この後、来賓である赤沢亮正衆議院議員から「誇りをもって一人前の自衛官になってください」、伊木隆司米子市長から「地元の地域行事にも積極的に参加し、充実した勤務を送ってください」とそれぞれ祝辞が贈られた。

これを受け、防衛大学校に入校する川本達也さんが「人間性の涵養を図り、困難を乗り越え、成長します」と力強く決意表明した。

「目覚ぎ音」などを吹奏する米子駐屯地ラッパ隊

「中国製造2025」の衝撃　—習近平はいま何を目論んでいるのか

遠藤　誉著

トランプ政権は中国などに向けた「米国輸出管理改革法(ECRA)」をまもなく発動する。これは米国が「国防上危険」と考える国に対し、最先端技術を輸出できなくする法律で、バイオ、AIなど14分野が対象となっている。これは事実上、中国のハイテク産業振興計画「中国製造2025」に対抗する措置で、米国の技術流出を阻止するための強硬な施策と言える。

こうした「米中冷戦」の火種となっている「中国製造2025」とはどのようなものなのか。本書では筑波大学名誉教授の著者が2025年までに中国が半導体、量子暗号通信技術などで世界一になり、空と宇宙にも覇権を拡大し、「一帯一路一空一天」（天＝宇宙）の実現を目指す習近平主席の野望について解説している。

これに立ちふさがるのがトランプ大統領だ。「我がアメリカを凌駕して中国が世界一になることだけは絶対に許さない」という固い信念から、次々と対抗策を打ち出す米政権の狙いと、米中冷戦の行方、そして日本がこの時代をどう生き抜くか考える上で本書はさまざまな示唆を与えてくれる。（PHP研究所刊、1836円）

新刊紹介

「全体主義と闘った男　河合栄治郎」

湯浅　博著

あの時代に、命がけで闘った言論人がいた。欧米人の自由は革命で血を流して勝ち得た自由であるが、日本人の自由は上から与えられた自由に過ぎない、との話がある。しかし、それが全く事実に基づかない俗論に過ぎないことが、本書を読むとよく分かる。

マルクス主義者によって学問の自由が脅かされ、また軍部の圧力で真っ当な議論を展開することが困難となった論壇において、命を削って正論を吐き続けたのが、「戦闘的自由主義者」（猪木正道・評）である河合栄治郎であった。「この時代の自由主義は、左右両翼の全体主義から挟撃され、彼らとの戦いの末に獲得するもの」であり、我が国にも自由獲得に向けた激しい闘争史があったことを現代に生きる日本人に突きつけたところに、本書の意義がある。

歴史は過去、現在、未来をつなぐ一本の線である。志半ばで倒れた河合の遺志を継ぐ門弟が著者の勤務する新聞社のオピニオン欄主要メンバーとなり、著者はその連続性の中で今日にまで連綿と続く自由獲得の道程を克明に描き出す。

これからの新時代、自由主義の守護者たる「令和の河合栄治郎」の出現が切に求められている。（産経NF文庫、929円）

小林　武史（国会議員秘書）

「龍馬ハネムーンウオーク」に参加

陸曹長　中島　万賀（鹿児島地本・国分援護センター）

曹友会の役員など23人は3月17日、「第23回龍馬ハネムーンウオークin霧島」に運営ボランティア（安全係）として参加した。

当日は天候にも恵まれ、絶好のウオーキング日和となった。この大会は、その昔、坂本龍馬が寺田屋事件で受けた刀傷を癒すため、妻のお龍と薩摩を訪れ、温泉で湯治をしながら霧島を満喫し、人生最高の日々を過ごしたことに由来する。

この旅は「日本最初の新婚旅行」と言われており、ウオークは龍馬夫妻が訪れた霧島の地を巡るというものである。

さすがにこのルートは「新日本歩く道紀行・100選シリーズ」に選ばれているだけに、日本全国そして海外から800人を超える参加者が集まり、盛大に開催された。

午前10時、一斉に鹿児島神宮を出発。私たちも「隼人・天降川コース（約17キロ）」では美しい山桜や菜の花畑などを眺めつつ「参加者全員が安全にゴールする」ことを最大の目標に支援活動を実施した。

参加者からは「ご支援お疲れさまです。自衛隊の方々が一緒なので安心して楽しめます」などとねぎらいの声を掛けられ、我々の疲れも吹き飛んだ。

また、沿道では地元の太鼓演奏や地域の方々からたくさんの心温まるおもてなしを受け、その歓迎ぶりにも驚きながら歩いた。

今後ともこの大会が自衛隊をPRできるいい機会と捉え、隊員の募集・援護広報にも繋げながら参加したい。

国内外から800人が参加した「龍馬ハネムーンウオーク」

OBがんばる

清水　隆弘さん　56
朝霞駐屯地業務隊を最後に定年退職（1陸佐）。ユーロフィン日本環境株式会社に再就職し、東京事業所で総務課長を務めている。

入社したら新隊員

私の再就職は、地本から「給与は希望通り。器材担当係長職で残業も多く、仕事は厳しい。定年退職自衛官の採用は初めて」と紹介を受け、決意しました。

社の業務は大気・水中・土壌・作業場等の有害物質の計測で、同業世界最大企業ユーロフィンに参画し、日本国内で事業を拡大している会社です。試験採用中、自発的に器材倉庫を整理していたところ、社長から「当社の気風に染まる前に、おかしいと感じたことを教えてください」と問われ、正直に申し上げたところ、「総務課」が新設され、初代総務課長に任命されました。

その後は「収益性の向上と従業員満足度の向上」を両立させるべく、業務改善に取り組んできました。

苦労したのは、組織として欠落機能がある上に従業員は当面の業務に精一杯で、誰も対処できないこと、いざ改善しようにも「上意下達」とはいかず、説明して納得させなければ誰も動かず、指導をすれば（優しく言ったつもりでも）パワハラ扱いされたことでした。しかし、今では若い人を中心に業務改善に取り組む仲間が増えてきました。

各社とも人手不足と「働き方改革」の大波の中、生存をかけた組織改革に取り組んでいます。その中で、自衛隊で培った「管理者」としてのスキルは重宝されています。自信を持ってチャレンジして下さい。

入隊しての決意

一般曹候補生（陸）　姉崎　友睦（17教育大隊・武山）

私は小学生の頃から将来は自衛官になりたいと思っていました。

震災や水害、土砂災害などで体を張って人々を懸命に守る自衛官をテレビや新聞で見て、さらに憧れを抱くようになり「将来は自衛官として働く」とその頃から心に決めていました。

しかし、これからはもう憧れではなく、自分が人々を守っていく立場となります。

今後は厳しい訓練が待っていますが、それを同期生全員で乗り越え、自分が小学生の頃に憧れていたような自衛官になれるよう、精一杯努力していきたいと思います。

今までお世話になった方々への感謝の気持ちを忘れず、日々精進していきたいと考えています。

詰碁

第1210回出題

出題　日本棋院　九段　曲　励起

白先

「白を助けて下さい。最初の三手目が大切です。5分でできれば中級以上です。」

▶詰碁、詰将棋の出題は隔週です◀

詰将棋

≪第794回の解答≫

【正解】▲4二金□2一玉▲2二飛成□同玉▲3二銀□1二玉▲2三成香までの七手詰め。

【解説】初手は▲4二金とガッチリ押さえます。次の▲2二飛成が絶妙手で決め手。□同玉の一手に▲3二銀と打つ手が、銀の使い方の見本のようで次の▲2三成香でピッタリです。

出題　日本将棋連盟　九段　石田　和雄

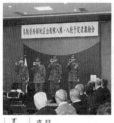

朝雲

発行所 朝雲新聞社
〒160-0002 東京都新宿区四谷坂町12-20 KKビル
電話 03(3225)3841
FAX 03(3225)3831
振替00190-4-17600番
定価一部140円、年間購読料9000円（税・送料込み）

国際防衛ラグビー競技会

9月8日から首都圏で開催

日英豪など10カ国参加

自衛隊は船岡、習志野軸に編成

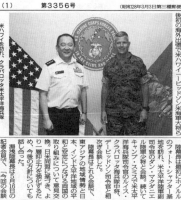

防衛省・自衛隊は今年秋に日本で開催されるラグビー・ワールドカップ（W杯）に合わせ、9月8日から同24日まで「国際防衛ラグビー競技会（IDRC）」を陸自朝霞駐屯地など首都圏の3会場で開催する。同省の準備委員長を務める岡真臣人事教育局長は「精力的に準備を進めており、しっかりと取り組んでいきたい」と意気込みを語るとともに、「自衛隊ラグビーチームに熱い声援を！」と呼び掛けている。（7面に関連記事）

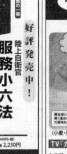

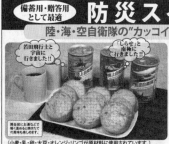

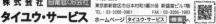

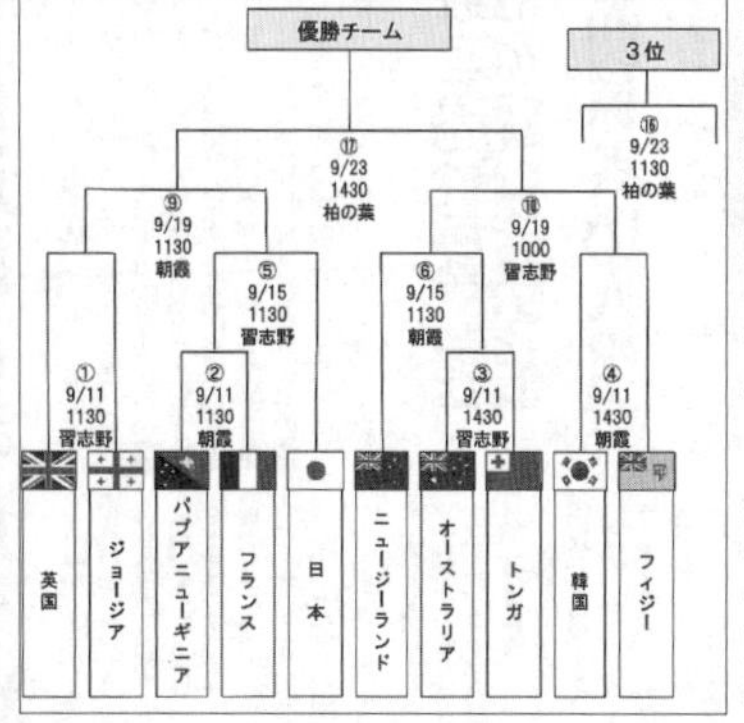
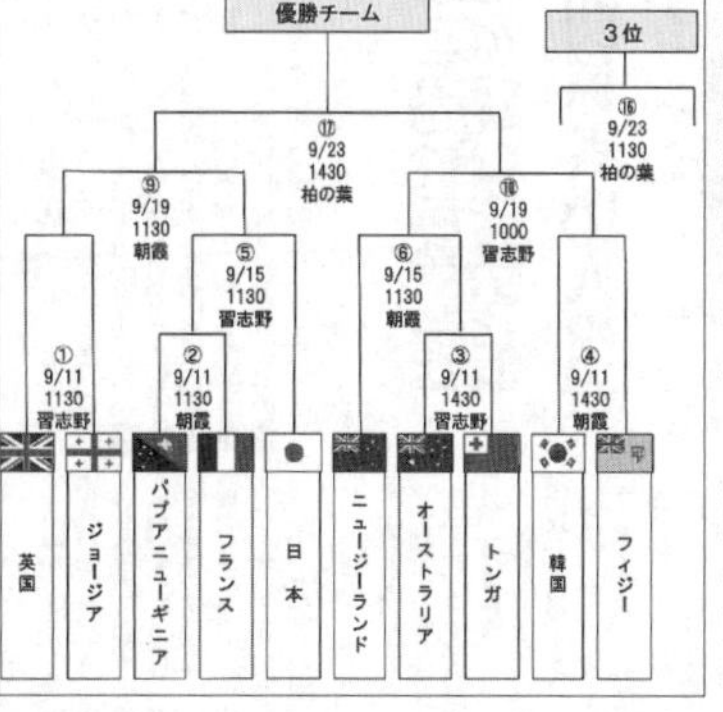

「自衛隊ラグビーチームに熱い声援を！」岡人事教育局長

IDRCはラグビーを通じて各国軍との交流や信頼関係の強化を目的としたスポーツイベントで、2011年のニュージーランドW杯時から開催され、今回で3回目。

日本大会の出場国は、主催国の日本（自衛隊）のほか、オーストラリア、フィジー、フランス、ジョージア、ニュージーランド、パプアニューギニア、韓国、トンガ、英国の計10カ国。各チームはトーナメント方式で対戦し、優勝を目指す（トーナメント表参照）。

競技会場は、陸自朝霞駐屯地（東京都練馬区）、習志野演習場（千葉県船橋市）と千葉県柏市の柏の葉公園総合競技場の3カ所。初戦の英国―ジョージア戦は9月11日に習志野で、日本の初戦は同15日にパプアーフランスの勝者と習志野で対戦する。3位決定戦と決勝戦は同23日、柏の葉で行われる。

いずれの試合も一般公開され、各会場での観戦要領は今後、防衛省ホームページに掲載される。初戦敗退のチームなどによる「親善試合」（トーナメント）も実施される。

日本（自衛隊）代表チームのメンバーは現在、全自衛隊ラグビー大会の両雄である陸自船岡、習志野の選手などを軸に選考が進められており、今後、"オール自衛隊"の代表メンバーが決定したところで大会前に合宿などが行われ、本大会に備える。

IDRCはラグビー競技・交流を目的としていることから、防衛省・自衛隊では岡真臣人事教育局長を長とする準備委員会が中心となって大会の成功に向けて万全の態勢で準備を進めるとともに、各国チーム来日後の各種交流事業なども計画している。

岡委員長は「参加国のほとんどが"ラグビー先進国"という中、陸海空の3自衛隊から選抜された『自衛隊ラグビーチーム』は、大会を通じて大きな成果が得られるよう、日々練習に励んでいる」と述べた上で、自衛隊ラグビーチームへの熱い声援と、IDRCに対する理解・協力を幅広く呼び掛けている。

◇国際防衛ラグビー競技会（IDRC）

（IDRC＝International Defence Rugby Competition）は、4年に1度のラグビーW杯に合わせて開かれる軍人のラグビー国際大会。2011年に豪・ニュージーランド共催で第1回大会が開かれ、今回で3回目。日本（自衛隊）チームは前回の英国大会から参加し、予選リーグで敗退したが、親善試合でジョージアに勝利した。3回目となる日本大会は防衛省が主催。現在、人事教育局長を長とする準備委員会の下で開催に向けた準備が進められている。

陸幕長、米太平洋海兵隊司令官らと会談

ハワイで 日米同盟、抑止力を強化

米ハワイを訪れ、クラパロッタ米太平洋海兵隊司令官（右）と会談した湯浅陸幕長（5月14日、米キャンプ・スミスの太平洋海兵隊司令部で）

【陸幕】湯浅陸幕長は5月12日から15日まで、就任後初の海外出張で米ハワイ州を訪れ、米インド太平洋軍司令官のフィリップ・デービッドソン米海軍大将ら3人の米軍の将官と会談した。

陸幕長は最初にホノルルのフォート・シャフター基地を訪れ、米太平洋陸軍副司令官のダン・マクダニエル陸軍少将と会談。続いてキャンプ・スミスで米太平洋海兵隊司令官のルイス・クラパロッタ海兵隊中将、デービッドソン司令官と相次ぎ会談した。

陸幕長はこれら会談で、東アジアの地域情勢と日本、インド太平洋地域の平和と安定につなげる両国の取り組みについて意見交換。日米同盟に基づき、より一層抑止力を強化するため、今後の方針についても話し合った。

湯浅陸幕長は5月16日の記者会見で、「今回の会談により米陸軍、米海兵隊との関係強化を図り、日米同盟のより一層の強化に寄与できた」と成果を述べた。

南スーダンPKO 司令部要員の派遣1年延長

政府は5月17日、国家安全保障会議（NSC）と閣議を開き、国連平和維持活動（PKO）協力法に基づく国連南スーダン共和国ミッション（UNMISS）への司令部要員の派遣について、今月末に期限を迎える派遣期間を来年5月末まで1年間延長することを決めた。

岩屋防衛相は同日の閣議後の記者会見で「優秀な自衛官を派遣することにより、南スーダン国際平和協力業務への貢献を継続していきたい」と述べた。

日本は2017年5月、陸自施設部隊が南スーダンPKOから撤収したが、UNMISS司令部には陸自隊員4人（兵站、情報、施設、航空運用の各幕僚）派遣を継続している。

英陸軍「UNMISS派遣前訓練」

陸自から経験幹部2人を初めて派遣

陸自は英国東部のノーフォークで行われていた英軍主催の「国連南スーダン共和国ミッション（UNMISS）派遣前訓練」に5月中旬、幹部隊員2人を派遣し、陸自として初となる同国への専門家による訓練支援を行った。

[illegible]

湯浅陸幕長は5月16日の記者会見で「我々が（英陸軍の）UNMISSの派遣前訓練に参加し、[illegible]」と述べた。

屋久島で大雨 登山者孤立

12普連が救出活動

5月18日、鹿児島県・屋久島で大雨により土砂崩れなどが発生し、登山者が山中で孤立した。災害派遣の要請を受けた陸自12普連（国分）は、空自のCH47輸送ヘリなどで屋久島に進出。谷川の増水などで下山できなくなっていた登山者らを安全に救助し、下山させた＝写真。（7面に関連記事）

仏艦艇が初の「瀬取り」監視

防衛省は5月17日、フランス海軍のフリゲート「ヴァンデミエール」（満載排水量2950トン）がこのほど、東シナ海を含む我が国周辺海域で海自と連携し、北朝鮮船舶による違法な「瀬取り」の監視活動を実施したと発表した。

同艦はこれに先立ち、4月10日から14日まで佐世保に寄港し、14日に海自4護群8護隊の護衛艦「きりさめ」と九州西方海域で共同訓練を行った（4月25日付既報）。仏軍による「瀬取り」監視活動への参加は今回が初めて。

「ヴァンデミエール」のほか、仏海軍の哨戒機「ファルコン200」も日本に派遣され、3月中旬から約3週間、国連軍地位協定に基づき、沖縄県の在日米軍嘉手納基地を拠点に活動を行った。

春夏秋冬

インターネット時代には「情」は不要か

菊澤 研宗

いまをときめくファッション通販サイトZOZOTOWN。それを運営するのは、若き前澤友作社長。有名な女優と浮名を流し、お年玉として100人に100万円プレゼントし、そして数百億円の月旅行に申し込むなど、若者のあこがれの経営者だ。この若き経営者と経営の神様・松下幸之助を比較してみたくなった。

最近、このZOZOTOWNをめぐって大手アパレル会社が相次いで離脱しはじめている。いわゆる「ゾゾ離れ現象」だ。それは、いくぶん強引な安売り戦略からはじまったようだ。巨大化したZOZOTOWNにとって、多少の企業離れは大した問題ではないという見方もある。しかし、株価は下落し、前澤氏はかつて購入した高価な美術品を売り始めている。

この問題は、実は松下幸之助がかつて経験した熱海会談のケースに似ている。幸之助は、会長に退いた後、売上減少に気づいた。全国の系列販売店の努力不足ではないかと思い、急きょ「檄」を飛ばすために熱海のホテルに呼び寄せた。ところが、販売店側の不満は強かった。松下の営業部が横柄な態度で機械的に大量に在庫を流すだけで、売れる新商品を作っていないと反発してきたのである。議論は平行線をたどり、結論がでなかった。

やがて、松下幸之助はこの対立が単なる損得計算の問題ではなく、「情」の問題だと気づいた。系列販売店側は、「自分たちが頑張って松下ブランドを育ててやったのに、長者番付1番になり、随分遠くに行ってしまったなあ」という「情」を見抜いたのである。

これに気づいた幸之助は、「皆さんの言い分はわかった。松下が悪かった。この現状を突破するため、そしてお得意先のこれまでの信頼に応えるため、今は松下が頑張るときだと思う。そして、もう一度助けてほしい」と涙し、情で答えたのである。こうして、会場の空気は一変し、一致団結したという。

現代のようなインターネット社会で展開される IT ビジネスには、一見、非合理的な「情」など不要に思えるかもしれない。しかし、そうではない。やはりいまでも「情」の問題は重要であり、それを見抜けないものには人間組織のリーダーとしての資格がないように思える。これは、最新技術を具備した現代の自衛隊組織にもいえるのではないだろうか。

（慶応義塾大学教授）

朝雲寸言

航空自衛隊の基地名にもなっている埼玉県の入間という地名の由来は「（神の化身である）熊の通り道」というアイヌ語だという。陸上自衛隊の駐屯地がある千葉県の木更津は「（アイヌ族の巨大神）アイヌラックルの耳」を指すとされる（菅原進著『アイヌ語地名が語る日本史物語』）▼太古の日本列島には縄文系の人々が広く暮らし、うち東北以南の縄文系は稲作をもたらした大陸系と融合し、日本民族が生まれた。一方、北海道の縄文系は、縄文文化を発展させた擦文文化を生み出し、のちにアイヌ民族と呼ばれるようになった。注視すると本州にもアイヌ語が起源とみられる地名があるのは「縄文の名残」なのだ▼日本が国外から多くの人々を迎えた時期は、縄文～古墳時代、戦国時代、明治時代以降など幾度かあった。外国人労働者の本格的な受容に政府が舵を切った現代は、新たな受け入れ期になるのだろう▼国防という分野は、外国出身者の受け入れには特に熟慮が求められる。一方で急速な人口減少で、従来型の思考では物事が立ちいかなくなりつつあるのも確かだ。そんな時、元々日本は様々な由来を経た人々の融合体であることを思い起こせば発想の自由度が増すかもしれない。何より大切なのは、外国出身者を受け入れても日本が日本らしさを、自衛隊が精強さを維持することにある。そのために何が必要かを、そろそろ真剣に構想すべきであるように思われる。

主な記事

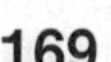

時の焦点

国内　北方領土交渉

歴史の歪曲は許せない

浅田次郎さんの小説『終わらざる夏』は、太平洋戦争後にソ連が千島列島を攻撃するまでを描いた物語だ。

同列島の北端・占守島に攻め込んできたソ連2個大隊を、終戦で武装解除の準備をしていた日本軍が、やむを得ず迎え撃つ。

「日本は国際法に基づいて降伏したのに、なぜソ連は攻めてきたのでしょうか」と聞く若い日本兵に、上官が「アメ公（米国）に取られる前に取れるだけ分捕っておこうという魂胆だな」と、ソ連の狙いを推察する場面がある。

ソ連が日ソ中立条約を一方的に破棄し、日本の領土に侵攻してくる事態を、現実の日本も想定していなかっただろう。

占守島と同様、ソ連に奪われた北方領土の返還交渉が、安倍政権の下で本格化している。

ロシアのプーチン大統領は昨年9月、前提条件を付けずに年内に平和条約を締結しよう、と安倍首相に呼びかけた。これを受け、両首脳は11月、歯舞群島、色丹島の引き渡しを明記した1956年の日ソ共同宣言を平和条約交渉の基礎とすることで合意した。

ただ、70年以上にわたる懸案を解決するのは容易ではない。

ロシアのラブロフ外相は、河野外相との条約交渉で、入り口論に固執する。北方領土は第2次世界大戦の結果、合法的にロシア領になったと日本は認めるべきだ、という主張だ。4島が旧ソ連に不法に占拠された歴史的事実を歪曲する考え方は受け入れられない。

ラブロフ氏は、日本に北方領土を返還した場合、米軍基地が置かれることに懸念を示している。ソ連時代から繰り返してきた論法であり、領土交渉を長引かせるための時間稼ぎの戦術だ。

プーチン氏は今年3月、「交渉の勢いは失われた」と発言したという。ロシア国内で領土返還への反対論が強まったためだろうが、首脳間の合意を軽視しており、無責任だ。領土問題を解決し、日露関係を発展させる重要性をロシア国内で説くべきである。

日本政府は長年、4島一括返還を唱えていた。日ソ共同宣言を交渉の基礎に据える今の方針は、事実上の譲歩と言えよう。それでもロシアが頑なな姿勢を改めないのであれば、政府は交渉の戦略を練り直さねばなるまい。

『終わらざる夏』では、ソ連側に日本の領土を奪うことへの躊躇があったこともうかがえる。

千島列島に上陸したソ連の小隊長は、上官への報告にこう記した。

「奪われた領土ならば、取り返そうという理由もある。しかし、クリル（千島）列島は、平和的外交条約で日本の領土となった。その戦争は、ソ連の威信を傷つけ、貶めてしまう」

ロシア政府は真摯な姿勢で平和条約交渉に臨むべきだ。

夏川 明雄（政治評論家）

海外　トランプ外交

再選にらむ危うい戦略

来年の米大統領選に向け、再選を目指すトランプ氏の共和党陣営と政権奪回が至上命題の民主党の政治的駆け引きが激しさを増す中、米国における日本政治研究の第一人者として知られる碩学の講演を聞く機会があった。世界経済を人質に取るような米中貿易戦争やイランの封じ込めを図る圧力強化策、北朝鮮の非核化をめぐるトップダウンの米朝交渉など、トランプ政権の打ち出す対外戦略はいずれも大統領再選をにらんだ駆け引きの側面を併せ持つ。米国第一主義ならぬ「トランプ・ファースト」が鮮明になりつつある独断的な通商・外交・安保政策に国際社会が振り回されている折、その寄ってきたる米国の国内事情の一端がよく分かる講演だったので、今回はさわりを紹介したい。

「米国政治の最新状況と日米関係」と題する講演でこの米国人学者は、2017年に就任して以降のトランプ大統領について、「米国史上で前例にないタイプの大統領であり、分断された政治・社会状況の中で国家の統合あるいはコンセンサスづくりの取り組みをしようとしていない」として、対立をあおる政治姿勢を批判。さらに、「個人的にはとんでもないことだと思うが、45%の支持層だけに目を向け、怒りをあおる政治的手法」に強い懸念を示した。

特に問題視する大統領の言動については、米国における白人の立場が弱くなるとして排他的な移民対策を声高に主張したり、ドイツ、カナダなど同盟国の指導者を批判する一方で北朝鮮の独裁者を褒めたたえたりすることを例に挙げ、民主主義や人権の価値観を共有する米国の同盟国との関係を傷つけるだけでなく、国際社会における米国の信用や信頼性を大きく損なっていると指摘した。

こうした批判に共感する人は少なくあるまい。

身辺の醜聞も多いトランプ氏のような人物がなぜ米大統領になることができたのか。誰もが抱く素朴な疑問に対しては、2008年大統領選では「希望と変革」を掲げた民主党候補のオバマ氏に政権を託したものの、2期8年のオバマ政権の実績に満足できなかった有権者が前回大統領選では、民主党のヒラリー・クリントン候補よりも共和党のトランプ候補の方が皮肉にも「希望と変革」の政治が期待できると見なされて僅差での当選を果たしたと分析。その上で、政治経験が豊富なヒラリー候補ではなく、公職経験のないトランプ氏が大統領の座を射止めた米国における「四つの構造変化」として、▽主要な社会階層間の不平等拡大▽グローバル化への不満や怒り▽白人比率が低下する人口構成の変化▽既成政党や議会指導者に対する信頼低下――を挙げ、これらいずれの構造変化も「アメリカ・ファースト」を公約に掲げるトランプ氏には追い風になったと指摘した。

政権奪還を目指す民主主党にとっては、激しい批判や中傷も逆手に取って自らの政治的エネルギーに転化する能力に長けたトランプ氏に対抗し得るタフな大統領候補の擁立が勝利するための最低条件となろう。近く始まる民主党の立候補者による論戦に注目したい。

伊藤 努（外交評論家）

山中元施設庁長官に瑞宝重光章

春の叙勲　防衛省関係者128人受章

政府は5月14日の閣議で、令和元年「春の叙勲」受章者4225人（うち女性401人）を決めた。発令は5月21日付。防衛省関係の受章者は128人（同5人）で、山中昭栄元防衛施設庁長官が瑞宝重光章を受章した。瑞宝中綬章は13人、瑞宝小綬章は78人、瑞宝双光章は18人、瑞宝単光章は18人。叙勲伝達式は5月31日に防衛省講堂で行われ、岩屋防衛大臣から伝達される。受章者の氏名は次の通り。（50音順、階級、役職は退職時）

〈瑞宝重光章〉

▽山中昭栄防衛施設庁長官

〈瑞宝中綬章〉

▽大古和雄参事官（防衛政策局長）▽落合義治事務官（大阪施設局長）▽掛田良雄教官（防大名誉教授）▽河合俊明教官（防医大名誉教授）▽富田雅男技官（技本電装研所長）▽九田一久技官（技本艦装研所長）▽坂口敏夫教官（防大名誉教授）▽澤山正一陸将（東方総監）▽玉井誠一教官（防医大名誉教授）▽中村信悟陸将（中方総監）▽堀好成空将（西空司令官）▽村上同海将（海補本長）▽山口淨秀陸将（即応集団司令官）

〈瑞宝小綬章〉

▽新井洋一空将補（空幹校主任教官）▽有村幸嘉陸将補（九州処副長）▽池田稔海将補（契本大阪支部長）▽石井克巳陸将補（伊丹駐業長）▽石井健之1海佐（掃支隊司令）▽伊藤和雄海将補（海幹候校副長）▽伊藤道彦陸将補（会計監査隊長）▽宇佐美光治技官（近畿中部局次長）▽梅田正博1空佐（西警団43警群司令）▽江崎信義事務官（情本）▽大久保淳空将補（12飛教団司令）▽大空俊廣陸将補（東方監察官）▽大竹伸宏1陸佐（霞ヶ浦駐業長）▽大塚正信1海佐（61空司令）▽岡澤克己空将補（空補本2部長）▽緒方信之陸将補（陸幹校主任教官）▽加藤泰樹陸将補（研本主任研開官）▽神本光伸陸将補（武器学校長）▽河村雅美海将補（掃群司令）▽岸本條太郎海将補（下総教空群司令）▽北村善信空将補（西警団副司令）▽小池亨教官（防大教授）▽古賀辰司1空佐（空3術校副長）▽小林秀至海将補（阪基司令）▽酒井省三1陸佐（武校研究部長）▽佐野到事務官（情本）▽澤田保空将補（空幹校主任教官）▽重水義也海将補（海洋群司令）▽柴田雄二空将補（救難団司令）▽条幹雄空将補（6空団司令）▽新郷憲司海将補（空補処下総支処長）▽水津輝也1空佐（空2術校1教育部長）▽諏訪英弘空将補（空幹校業務部長）▽高野宏西郎空将補（中警団副司令）▽高橋通陸将補（防大教授）▽竹下茂之海将補（調本副本部長）▽武田新一1陸佐（施校総務部長）▽立山良司教官（防大名誉教授）▽田上建實陸将補（朝霞駐業長）▽帖佐正和1海佐（佐警司令）▽富山一郎陸将補（東方航空隊長）▽中川克也陸将補（衛生学校長）▽永嶋且司陸将補（富校普通科部副部長）▽中村猛見1陸佐（関西処桂支武器部長）▽那須誠陸将補（体育学校長）▽西垣義治1空佐（教空隊司令）▽西村繁樹教官（防大教授）▽波江野和宏1海佐（厚空基司令）▽初谷龍夫海将補（海2術校長）▽林政夫陸将補（2混団副長）▽原田実事務官（防衛施設庁総務部施設調査官）▽春川順市技官（技本先進技術推進センター特別研究官）▽東山寛1空佐（契本名古屋支部岐阜契約管理事務所長）▽平山清空将補（5空団副司令）▽福永五月海将補（1空修隊司令）▽藤崎供美海将補（空補処長）▽藤井信二陸将補（中業支隊長）▽本多宏隆海将補（護衛艦隊幕僚長）▽増戸孝一1陸佐（小平校人教部長）▽松崎重久事務官（防衛施設庁労務管理課長）▽松永國博陸将補（東方後支隊長）▽水田寛之海将補（電情隊司令）▽水野旭陸将補（2施団副長）▽光中義隆海将補（海3術校長）▽向良一事務官（東京施設局総務部長）▽宗田清昭事務官（装本会計課会計管理官）▽村山文彦陸将補（守山駐業長）▽森康雄陸将補（関東処総務部長）▽山内利典海将補（作情隊司令）▽山下育宏空将補（空幹校研究部長）▽山本隆之空将補（教育集団幕僚長）▽横山敏海将補（舞鶴造補所長）▽吉田勉1海佐（呉弾補所長）▽吉田春男事務官（防大会計課長）▽吉村允陸将補（1混団副長）▽若松義文1陸佐（需品学校副長）▽渡邊寛人1空佐（中業隊司令）▽渡邊正樹陸将補（東方監察官）

〈瑞宝双光章〉

▽石川佳子技官（横須賀病院看護課長）▽石原久士2陸佐（幌別駐業長）▽宇野眞弘1陸佐（12後支隊副長）▽古閑博良2海佐（佐教教育部長）▽小林正志1陸佐（武校教材課長）▽澤榮一2海佐（しらね機関長）▽瀬川康彦2空佐（2空団装備部長）▽高橋信一郎1陸佐（富校研究課研究員）▽高山順一1陸佐（14普連副長）▽田中憲一1空佐（6空団安全班長）▽田中文夫2空佐（北警団監理部長）▽鳥濱兼良1海佐（すま艦長）▽長嶺勇2陸佐（えびの駐業総務科長）▽西本正洋1陸佐（東方総務課庶務班長）▽矢木信利1海佐（指隊システム調整官）▽八木康夫1空佐（契本名古屋支部岐阜契約管理事務所主任検査官）▽柳田昇吾1海佐（211教空副長）▽山沢八十八2海佐（51空副指隊安全指導班長）

〈瑞宝単光章〉

▽浅田修技官（関西処桂支）▽井戸ちず子技官（岐阜病院）▽海老原恒夫技官（関東処）▽尾崎憲二技官（中央病院）▽菅野博之技官（4空団）▽菊地唯俊技官（霞ヶ浦駐業）▽桑野和幸技官（8空団）▽小西善成技官（関西処桂支）▽齋藤正三技官（関東処古河支）▽塩田一弘技官（九州処健軍支）▽柴田明子技官（神町駐業）▽鈴木輝子技官（木更津駐業）▽高木守生技官（旭川駐業）▽中本秀伸技官（中央病院）▽畑田徳明技官（八尾駐業）▽樋口正之技官（朝霞駐業）▽松前範子技官（札幌駐業）▽山崎光雄技官（関東処）

RDEC派遣幹部が陸幕長に出国を報告

ウガンダ国軍に重機操作を指導

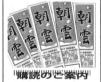

国連の施設部隊早期展開プロジェクト「RDEC（アールデック）」の一環で、アフリカのケニアに派遣される陸自9施群（小郡）副群長の宮本健2佐以下幹部5人が5月17日、陸幕を訪れ、湯浅陸幕長に出国を報告した。

報告は陸幕長応接室で行われ、小野塚貴之副長、泉英夫運用支援課長が立会。湯浅陸幕長は「RDECでの教育には非常に大きな価値がある。健康に留意し、活動してきてほしい」と激励した。5人はこの後、岩屋防衛相にも出国を報告、励ましを受けた。

教官団長の宮本2佐以下24人（内閣府の連絡調整要員1人を含む）は5月25日に日本を出発。ナイロビに到着後、「ケニア国際平和支援訓練センター」を拠点に6月3日から8月23日まで、ウガンダ国軍の工兵を対象に油圧ショベルなどの重機操作に関する指導を行う。

同プロジェクトは、アフリカ地域を対象とした「ARDEC」として日本が主導、4年前に開始した国連初の取り組み。これまで計7回、125人の陸自隊員がケニアに派遣され、アフリカ諸国の工兵211人に施設器材の操作方法を教育し、国連平和維持活動（PKO）への施設部隊の早期展開を支援している。

出国報告後、湯浅陸幕長（右手前）から激励を受ける宮本教官団長（その左奥）以下のRDEC派遣幹部ら（5月17日、陸幕長応接室で）

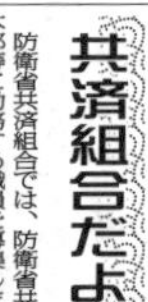

共済組合だより

防衛省共済組合の職員を募集

防衛省共済組合では、防衛省共済組合本部等に勤務する職員を募集します。

■募集職種　一般事務職及び経理事務職

■採用人数　若干名

■受験資格　①平成元年4月2日～平成10年4月1日生まれの者②平成10年4月2日以降生まれの者で、大学、短期大学又は高等専門学校を卒業した者及び令和2年3月までに大学、短期大学又は高等専門学校を卒業する見込みの者並びに防衛省共済組合がこれらの者と同等の資格があると認める者

ただし、次のいずれかに該当する者は受験できません。

①成年被後見人又は被保佐人（準禁治産者を含む。）②禁錮以上の刑に処せられ、その執行を終わるまで又は執行を受けることがなくなるまでの者③法令の規定による懲戒免職の処分を受け、当該処分の日から2年を経過しない者④日本国憲法又はその下に成立した政府を暴力で破壊することを主張する政党その他の団体を結成し、又はこれに加入した者

■試験内容等　▽第1次試験（1）試験種目＝基礎能力試験、専門試験（多肢選択式）及び論文試験（2）試験日＝令和元年8月31日（土）▽第2次試験（1）試験種目＝集団討論試験（2）試験日＝令和元年10月15日（火）又は16日（水）のいずれか1日▽最終試験（1）試験種目＝個別面接試験（2）試験日＝令和元年11月6日（水）

■試験地　▽第1次試験＝TKP市ヶ谷カンファレンスセンター（東京都新宿区市谷八幡町8）▽第2次試験＝ホテルグランドヒル市ケ谷（東京都新宿区市谷本村町4－1）▽最終試験＝ホテルグランドヒル市ケ谷

■採用予定日　令和2年4月1日

■給与等　防衛省職員に準ずる

■勤務地　防衛省共済組合本部及び支部（全国異動あり）

■受験手続　（1）採用説明会への参加▽受験申込みには採用説明会への参加が必要です。採用説明会は令和元年7月12日（金）、7月27日（土）及び8月2日（金）の各日2回（①13：30～14：15②15：00～15：45）開催します。詳細は、防衛省共済組合ホームページ（http://www.boueikyosai.or.jp/）をご確認下さい。

（2）受験申込　所定の受験申込書を受付期間内に特定記録郵便、簡易書留又は一般書留の郵便物として申込先に郵送して下さい。

（3）受験申込受付期間　7月16日（火）～8月13日（火）消印有効

■その他　（1）業務説明パンフレットの郵送を希望される方は、左記の問い合わせ先までご連絡下さい。（2）身体に障害があるため、受験の際に何らかの措置を希望される方は、受験申込書の裏面に記入の上、事前に申し出て下さい。（3）受験に関する連絡事項等について、防衛省共済組合ホームページの採用情報を随時更新しますので、必ずご確認下さい。

■資料請求、受験申込先及び問い合わせ先　防衛省共済組合本部人事班人事第1係　〒162－8853東京都新宿区市谷本村町5－1　TEL03－3268－3111　内線25163（対応時間・平日09：30～18：00（12：00～13：00を除く））

三沢市に消防車両を整備

防衛省の再編交付金　1億3500万円を活用

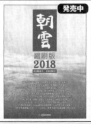

【東北局】青森県の三沢市消防本部に3月27日、防衛省の「再編交付金」を活用した新型消防車両が整備され、配置式が行われた。

式には三沢市の種市一正市長をはじめ、地元関係者が多数出席し、東北防衛局からは熊谷昌司局長が出席した。

種市市長は「新鋭の小型動力ポンプ付水槽車を更新整備できたことは喜ばしく、強力な防災体制が整えられるものと確信している。関係機関との連携をさらに強化し、災害に強いまちづくりに取り組んでいく」とあいさつした。

熊谷局長は「米軍や自衛隊の三沢基地と三沢対地射爆撃場の安定的な運用を確保することは最も重要な課題であり、周辺対策事業には特に力を入れている。地元の皆さまの生活の安定と福祉の向上に寄与するよう、これまで以上に努めてまいりたい」と述べた。

今回の更新整備は、防衛省の所管する「駐留軍等の再編の円滑な実施に関する特別措置法」に基づく「再編交付金」を活用したもので、事業費約1億4300万円のうち、再編交付金1億3500万円が充当された。

更新された新車両は、消防・救助活動のための資機材も搭載され、隊員の安全確保を高めた万全な防災救助活動に期待が寄せられている。

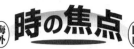

防衛省の再編交付金を活用して三沢市に整備された新消防車両。救助資機材なども搭載されている

陸自が米・豪軍と3カ国実動訓練

サザン・ジャッカルー

陸自は5月10日、豪州クイーンズランド州のショールウォーターベイ演習場で米・豪軍との実動訓練「サザン・ジャッカルー19」を開始した。6月14日まで。

陸自は高田克樹東方総監部幕僚副長を担任官に、13普連（松本）基幹の約160人が参加。米海兵隊からは第3海兵機動展開部隊1個中隊基幹の約250人、豪陸軍からは第7旅団1個大隊基幹の約720人が参加している。

同訓練では訓練の統裁、共同戦闘射撃などを通じて日米豪3カ国陸上部隊の連携強化を図る。各種機能別訓練を経て、6月1～3日に総合訓練を行う。

空挺団などが米陸軍と実動演習

アークティック・オーロラ

陸自は5月22日から、米アラスカ州のエルメンドルフ・リチャードソン統合基地で米陸軍との日米共同実動演習「アークティック・オーロラ」を開始した。6月28日まで。

[illegible]

6月4日から14日までの期間中、米空軍のC130輸送機から日米隊員が空挺降下し、射撃、分隊共同戦闘射撃などの実動訓練を行う。

[illegible]

防衛省発令

[illegible]

進む日印防衛交流

インド防衛駐在官のレポート（上）

1陸佐　三島　健司　陸

日本とインドの関係強化が進んでいる。昨年10月に来日したモディ印首相は安倍首相の別荘で両国の将来について親しく会談。今年1月のニューデリーでの第10回日印外相間戦略対話では、両国の外相が日印は「特別な関係」であることを確認した。この歩調に合わせるように日印防衛交流も加速度的に進展し、昨年は陸自が「ダルマ・ガーディアン」、海自が「マラバール」、空自が「シンユウ・マイトゥリ」の共同訓練をそれぞれ実施した。これら日印の防衛交流を支えているのがインド派遣の防衛駐在官たちだ。日印の「戦略的パートナーシップ」構築に向けて日々、"外交官"として心血を注いでいる陸・海・空の3人の防衛駐在官に現地での生活や両国の懸け橋としての苦労を聞いた。初回は陸自から派遣されている三島健司1佐。

共に寝食、汗流す

「ダルマ・ガーディアン」

インドに赴任して2年半が過ぎた。着任以来、日印両国の防衛協力関係は着実に深化している。

私の主要な業務は、日本国防衛省とインド国防省間の防衛協力・部隊間交流の調整、日本から派遣される隊員・部隊の随行支援、そしてインドの地域情勢を含めた我が国の安全保障に係る情報収集などだ。インドに派遣されている各国の駐在武官などともインドとの防衛協力・交流について、いろいろ意見交換をしている。

私は防衛駐在官としてデリーの日本大使館に赴任する前に、インド南部タミルナド州にある「インド軍国防幕僚大学（DSSC）」に1年間留学した。そのため、デリーに赴任した時にはインドの文化に再び接し、少し懐かしい印象を持った。

日常の業務では、インド国防省の方や各国駐在武官の方との交流が多い。歴代の先輩防衛駐在官のお人柄やお付き合いもあってか、彼らの日本人への印象はとても良く、私も赴任当初から仲間として迎え入れてもらえた。

昨年11月、インド北東部のミゾラム州で日印陸軍種間では初となる、対テロ分野での共同訓練「ダルマ・ガーディアン」が実施された。この共同訓練ではインド陸軍グルカライフル第6大隊の将兵と陸上自衛隊の第32普通科連隊（大宮）の隊員が共に訓練で汗を流し、寝食を共にした。

私も防衛駐在官として、本共同訓練の調整や32普連の同行支援を行ったが、文化や経験が違うなかでも、日印の隊員が分かり合える部分はとても多く、日印陸軍種間で協力できる分野はまだまだたくさんあると感じた。

初めての日印陸軍種共同訓練において一番印象に残ったのが、陸自部隊の受け入れを担当してもらったグルカライフル第6大隊の兵士たちの心遣いだ。訓練だけでなく、日本からやってきた32普連の隊員の食事から入浴、そして健康管理まで、「できる限りの支援をしたい」というインド流の〝おもてなし〟の気持ちがとても伝わってきた。

インド軍人の多くが日本の自衛隊に対し好印象を持っていると思われ、私はインドに来て、自衛隊に悪い印象を持つと話すインド軍人と会ったことはない。これは、これまでの防衛協力・交流の積み重ねにより、両国の信頼関係が強化されたことも大きな要因だと考える。

この良好な日印関係をさらに強固なものにするため、今後とも尽力していきたいと思っている。

インド流の〝おもてなし〟

初の陸軍種共同訓練

日印共同訓練前の装備品展示で、陸自隊員に自軍の機関銃など火器について説明するインド陸軍兵士（右）

「ダルマ・ガーディアン18」の訓練終了式で、日印友好のダルマに目入れを行った日印の両部隊長

日印初の共同訓練「ダルマ・ガーディアン18」で、ジャングルで食べられる魚介類や果実などを陸自隊員（左）に教えるインド陸軍兵士(右)

ビッグレスキュー その時に備える　第17回

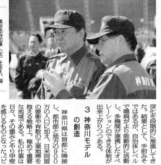

「ビッグレスキューかながわ」と国民保護訓練 ——多機関連携による対応力の向上

岡﨑　勝司氏　神奈川県

前・神奈川県くらし安全防災局参事監（危機管理担当）
現・神奈川県総合防災センター危機管理アドバイザー（元陸将補）

1 はじめに

「郷に入れば郷に従え」を念頭に、微力ながら5年に及び神奈川県の危機管理・防災に携わってきた。今、充実感とともに任期の最後まで「その時は来ない」ことを祈りつつ、最悪の事態に備える。以下、これまでの取り組みの一端を紹介したい。

2 使命と危機管理上の取り組み

近年のたび重なる自然災害の発生と、ワールドカップ、オリンピック・パラリンピックを控え、政策を司る県庁・県議会でも「オペレーション」という言葉が聞かれるようになった。本県は関東大震災以後、幸いにも百年近く大規模災害に見舞われたことがない。

私の使命は、有事における知事の意思決定の補佐、多機関の総合調整というオペレーション上の役割と、これを可能にする平素の態勢の整備、総合的な訓練の計画・実行である。

具体的には陸自の「ビッグレスキュー」誕生に大きな影響を与えた、黒岩知事の下、総合防災訓練である「ビッグレスキューかながわ」や国民保護訓練等のさまざまな実動訓練や防災対策に取り組んできた。

また、司令塔機能を強化するため、局の即応態勢の整備とともに、毎月の統制部設置・運営訓練、地域と市町村をローテーションして実施する大規模図上訓練、全職員参加の緊急参集訓練や災害対策本部訓練の深化を段階的に推進してきた。結果として、手前みそではあるが、自治体レベルで職員がより能動的に活動し、多機関が連携したオペレーションのできる体制が出来上がりつつある。

黒岩祐治知事（左）を支え、国民保護訓練を指揮する神奈川県くらし安全防災局の岡﨑勝司参事監

3 神奈川モデルの創造

神奈川県は首都に隣接し、都市部と地方の900万の人口に加え、日米同盟の要衝や有数の工業地帯を抱える戦略上、極めて重要な地域である。私の仕事は日々、その重みとやり甲斐を感じるものとなった。「ビッグレスキューかながわ」は、消防、警察、自衛隊、医療機関、在日米3軍など毎年100を超える機関が参加する、救出救助から医療救護を主体とした他に例のない訓練として進展してきた。

自衛隊や在日米軍の関与の度合いは大きなものとなっており、訓練・交流を通じた自治体や地域社会とのさまざまなレベルでの「顔の見える関係」の構築が相互理解と県民の安心感・信頼感の醸成に寄与してきたと考える。

オリ・パラなどスポーツイベントにおける安全・安心、特にテロ対策は広域自治体たる県の喫緊の課題である。大会運営や警備要領が明らかになる前の平成27年より、国との国民保護共同訓練を毎年4回連続で実施して、横浜市や藤沢市の三つの競技会場や周辺港湾・駅などにおけるさまざまな事態対処能力の向上に取り組んできた。自然災害とは異なる緊急事態に、いかに現場や国、県、市の対策本部レベルで、オリンピック組織委員会を含む多機関が迅速に情報共有し、調整・判断していくか、試行錯誤と地道な努力が必要である。

今後は、実動訓練で積み上げた連携要領を、本番の警備計画や多機関の体制を踏まえた図上検討により、全県レベルや開催1都3県で総合化する段階に入ってくる。

自衛隊への期待はますます大きくなるであろう。

幾重もの対策や即応態勢が構築され、十全に機能して、大会が何事もなく成功裏に終わることを祈る。そして、これら訓練や準備で出来上がった「オール神奈川」の多機関連携チームが、オリンピックの隠れた遺産となり、災害や危機において大きな役割を果たしてくれることを願うものである。

4 おわりに

現職の皆さん、自治体や国民、防災機関が「最後の最後に頼りにするのは自衛隊」です。ぜひ、オペレーションに慣れない自治体との地道な連携強化を継続して頂きたいと思います。

次に、自治体に再就職される皆さん、典型的な「防災官」は全国のどこにもいません。置かれた立場・環境は異なり、郷に従い、常に向上心を持って仕事に取り組み、首長や周囲の信頼を得ること、自衛隊も自治体もウイン・ウインになるよう行動することが大切です。

部隊だより////

海

横須賀　音楽隊は3月1日、神奈川県の横浜みなとみらいホールで定期演奏会を開催した。2部構成で行われ、森田2曹の指揮で武士の生き様を表現した「小栗」などを披露したほか、植田哲生3曹が「すみれのように」を披露。アンコール行進曲「軍艦」で締めくくった。

舞鶴　地方隊はこのほど、舞鶴北吸岸壁で「京都府舞鶴防災フェスタ」を京都府・舞鶴市と共催した。訓練には警察、消防など約30機関から約1200人が参加。「京都北部で震度6の地震が発生した」と想定し、搬送した重傷者を「ひゅうが」に収容、DMAT約30人と舞鶴衛生隊が協力して病院への一連の行動を演練した＝写真㊤。

徳島　教育航空群は4月4日から19日までの期間中、地元企業の新入社員に対し、隊内生活体験を行った。社員らは1泊2日の日程で、基本教練や救命法訓練、航空管制や地上救難業務などにも取り組んだ。体験後の見学、甲板掃除や遊泳などの見送りで整斉と行動する姿を見た各社の役員からは「短期間で見違えるようになった」と感心していた。

小月　航空基地隊は4月14日、高杉晋作にゆかりのある明治維新の史跡を巡る「維新・海峡ウォーク」に参加した。34回目となる今年は隊員家族ら約1万人が集結。参加者は史跡と沿道に咲き誇る桜をめでつつ、各関門を通過した。地元特産品を使った郷土料理を味わい、約30キロの道のりを7時間かけて完歩した＝写真㊤。

佐世保　教育隊の第13期一般曹候補生課程学生は4月15日〜19日、大村航空基地で部隊実習を実施。学生は管制や救難飛行の業務について見学。救難ヘリに搭乗した学生は「人を助けたい」という様子で、レスキュースイマーに関心を示していた。

北千歳　駐屯地修親会は4月13日、千歳市商工会議所などが主催する「まちなかクリーン大作戦」に参加。隊員とその家族約240人に加え、地元商店街の組合員や高校生ら計約400人がJR千歳駅周辺の公共広場のゴミを拾い集めた。隊員らは活動を通じて市民と交流を深めた＝写真㊧。

弘前　39普連の矢萩孝幸副連隊長以下約300人は4月23日、弘前市からの依頼を受け、青森県最高峰の岩木山（標高1625メートル）で除雪に協力した。部隊は8合目から9合目までのリフト付近約450メートル区間で作業を開始。スコップやスノーダンプを用いて最大で高さ5メートルの積雪を手際よく除雪し、1日で全ての作業を終えた＝写真㊨。

陸

仙台　駐屯地は4月15日、仙台市内の「カール英会話こども園」の駐屯地見学に協力した。園児43人は、正門をくぐると大きな声で「よろしくお願いします！」とあいさつ。防衛館までの約800メートルの道のりを「桜がきれい！」「自衛隊かっこいい」と話しながら元気に歩き、到着後は戦車やヘリなどを見学し、楽しみながら自衛隊に触れた＝写真㊦。

下志津　駐屯地は4月29日、「創設64周年記念行事」を行った。行事では観閲行進や模擬戦闘などを実施し、来場者に地元部隊の威容を示した。グラウンドでは四街道市の高校生がマーチングバンドやヒップホップダンスを披露。会場には高射特科機材や10式戦車などの陸自の装備品に加え、空自のペトリオットPAC3も展示され、来場者の注目を集めた。

北富士　1特隊は4月13日、3月末に着隊した自候生52人の入隊式を行った。自候生たちは駐屯地協力会長を務める地元山梨県忍野村の天野多喜雄村長や家族が見守る中、緊張した面持ちで辞令書の交付を受け、力強く宣誓した。30歳で入隊した五井晃太自衛官候補生は「若い子には気持ちも根性も負けていないと思います。一生懸命やり遂げます」と話した。

桂　駐屯地は4月6、7の両日、毎年恒例の「桂さくら並木公開」で駐屯地を一般開放し、約400本の桜で延べ約2万5700人の来場者を出迎えた。会場には野外入浴セット2型による「足湯」体験コーナーを設置したほか、今回初めて「隊員作品展」として隊員が作製した戦艦や鉄道模型も展示。来場者は満開の桜の下、地元部隊への理解を深めた。

信太山　駐屯地は4月21日、「創立62周年記念行事」と旧陸軍野砲兵第4聯隊からの「信太山駐屯100周年記念行事」を開催、約9000人が訪れた。観閲式では、観閲官の伊藤優一郎司令と部隊指揮官の高司一彦2佐がヘリからのリペリング降下で会場に臨場し、来場者を驚かせた。このほか、和泉市、堺市などと共に災害派遣訓練展示なども行われた。

姫路　3特隊は4月18日から22日まで、兵庫県の青野ヶ原演習場で「春季集中整備」を実施した＝写真㊦。堀川佳紀隊長を担任官に、集中整備隊長の柳原秀親2佐以下約230人、車両50両が参加。隊員たちは確実な工程管理などを行い、集中整備隊長の要望事項「指揮の要訣の実践」「効率的な整備の追及」を実践し、事故もなく任務を終えた。

三軒屋　関西処弾薬支処衛生科長の山尾正倉1尉は4月3日、岡山県内の朝日医療大学校で新入生約300人に対し講話を行った。山尾1尉は自衛隊の災派時の行動、生活支援、大地震が医療に及ぼす影響などについて話した。大学校の職員は「衛生科隊員の活動内容の説明が分かりやすく、生徒は関心を持って聞いていた」と語った。

小倉　40普連は4月2日から16日までの期間中、北九州市の各企業から依頼を受けて2泊3日の隊内生活体験を行い、重迫中隊と1中隊が計980人を指導。最終日には非常呼集があり、参加者たちは皿倉山までの約8キロ区間で背のうを背負って登山した＝写真㊤。1中隊の久場聖也3曹は「初めて班長を務めたが、指導する能力に自信がついた」と語った。

前川原　幹候校は4月14日、「開校65周年記念行事」を行い、部内外から約1500人が訪れた。観閲官の藤岡史生学校長が式辞、大曲昭恵福岡県副知事があいさつした。その後、西方航（高遊原）のAHIS対戦車ヘリなどによる観閲飛行、4音（福岡）の演奏、候補生対抗の「剛健綱引き」が行われた。このほか、装備品展示などがにぎわいを見せた。

大村　駐屯地は3月29、30の両日、長崎県内のシーハット大村で市民とのふれあいコンサートを行った。駐屯地音楽部のほか、4音、小倉駐屯地音楽部などの支援を受け、地元団体がゲストに登場。1日目は佐賀地本の松岡美紀子1曹による歌謡ショーなど、2日目は地元中学校の吹奏楽部との合同演奏などで会場が一体となった＝写真㊦。

ホワイトビーチフェスに1万3000人

日米艦艇や装備品　一般公開

沖縄基地隊300人が支援

海自沖縄基地隊と在沖米海軍艦隊活動司令部は4月13、14の両日、沖縄県うるま市内の勝連地区で「ホワイトビーチ・フェスティバル」を開催、2日間で地元のネービーファンら約1万3000人が来場した。

同フェスは今年で28回目となる人気イベントで、沖縄基地隊からは隊員約300人が支援などに当たった。会場にはハンバーガーなどの飲食店をはじめ、ゲーム店などが20店舗以上も立ち並び、来場者はアメリカの味覚や文化を満喫。

岸壁では日米部隊の艦艇も一般公開され、海自のイージス護衛艦「ちょうかい」や米海軍のミサイル駆逐艦「ミリアス」は大勢の見学者でにぎわった。

陸上の広場でも日米の装備品が展示され、陸自の野外手術車や中距離地対空誘導弾が公開されたほか、米軍からは垂直離着陸輸送機のMV22オスプレイや多用途ヘリUH60ブラックホークなどが注目を集めた。

熱気　ハーリーレース

14日には港内で米海軍や地元勝連から計30チームが参加してハーリーレースが開催された。今回は自衛隊チームの出場はなかったが、海自隊員は表彰式のステージ設営など支援に回った。ハーリーレースの結果、一般の部では地元チームの「ガナーズ」が優勝した。

このほかにも会場ではモーターショーなど、さまざまなイベントが2日間にわたって開催され、ホワイトビーチの初夏のフェスティバルは盛会の内に終了した。主催した沖縄基地隊司令の坊古居泰之1佐と在沖米海軍司令官のロバート・ハーディ大佐は固く握手を交わし、次回の日米連携フェスの成功を誓い合った。（勝連）

ホワイトビーチ・フェスティバルで広場に展示された米海兵隊の垂直離着陸輸送機MV22オスプレイを見学する来場者（いずれも沖縄県うるま市の勝連地区で）

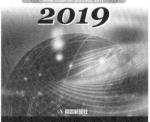

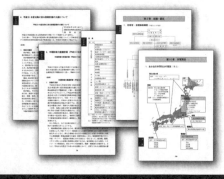

会場を熱気の渦に包んだ総勢30チームによるハーリーレース（4月14日）

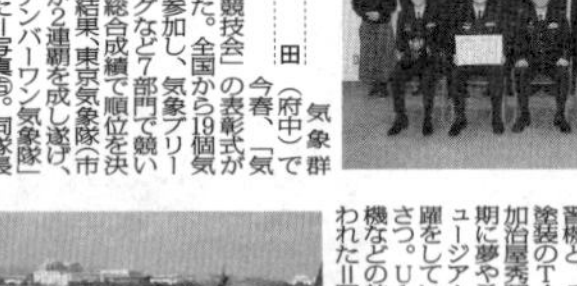
日米共同のフェスの成功を喜び合う沖縄基地隊司令の坊古居1佐（手前左）と在沖米海軍司令官のハーディ大佐

空

目黒　幹部学校は3月29日、第66期指揮幕僚課程の卒業式を行い、丸茂空幕長をはじめとする多数の来賓が臨席し、学生の家族も招待された。長島純学校長は式辞で「この一年は、将来の諸君、空自、日本のため、組織として大きな期待をかけて諸君に託した時間だった」と話し、宇宙物理学者の佐治晴夫博士の言葉も引用してエールを送った。

横田　気象群（府中）で今春、「気象技術競技会」の表彰式が行われた。全国から19個気象隊が参加し、気象ブリーフィングなど7部門で競い合い、総合成績で順位を決めた。結果、東京気象隊（市ヶ谷）が2連覇を成し遂げ、「空自ナンバーワン気象隊」となった＝写真㊨。同隊長の八尾幸蔵2佐は「誠実かつ謙虚に日々の業務に取り組んだ成果」と語った。

浜松　広報館は4月20日、開館20周年記念行事を実施した。式場では20周年記念エンブレムと記念塗装を施したT4練習機と、ラグビーW杯記念塗装のT4が展示された。加治屋秀昭司令は「20周年期に夢や希望にあふれるミュージアムとして一層の飛躍をしていきたい」とあいさつ。U125A救難捜索機などの航過飛行なども行われた＝写真㊧。

募集・援護 特集

ただいま募集中!
◇自衛官候補生◇技術海上・航空幹部
◇技術海・空曹
★詳細は最寄りの自衛隊地方協力本部へ

各地で援護担当者会同 早期の内定獲得目指し

優良企業開拓へ

「令和元年度は定年延長など、環境が大きく変化する。隊員が退職後も安定した生活ができるよう、優良企業の開拓に努めよう」——。全国の地本では新年度に入り、各部隊の援護担当者や部隊長などと連携し、就職援護のための各種施策を積極的に推進している。夏には大規模な合同企業説明会なども予定されていることから、採用企業との間でスムーズなマッチングが実現するよう、地本では各種準備を整え、退職予定者の早期の内定獲得を目指している。

「雇用先の拡大を」 鳥取地本大圓課長 山陰地区会同で要請

【鳥取】地本は島根地本と協同で4月22日、「山陰地区援護担当者会同」を陸自米子駐屯地で開催した。

会同には陸自米子、出雲駐屯地の地本分室、空自美保基地、高尾山分屯基地、美保通信所から援護担当者が一堂に会し、2県の垣根を越えて援護に関するさまざまな情報共有と施策の統一を図った。

最初に定年退職予定隊員の就職援護について各担当者がそれぞれ進捗状況を報告、各機関が獲得した求人情報も公開した。

その後、鳥取地本が今年8月29日に米子市で担任する「山陰地区合同企業説明会」の細部実施要領について説明し、認識統一を図った。

会同を担任した鳥取地本援護課の大圓広美課長は「今年度は定年延長やインターンシップの本格的な実施など、援護環境も大きく変化する。隊員が定年後も家族とともに安定した生活ができるよう、積極的に優良企業の開拓に努め、雇用先の拡大を図っていきたい」とあいさつし、各部隊長には「8月の合同企業説明会には多くの退職予定隊員が参加できるよう支援をお願いします」と要請した。

合同企業説明会には45社が参加予定で、退職者にとっては最高の就職機会となる。このため、地本では同説明会を効果的に開催し、多数の隊員が早期の内定を獲得できるよう、今後も部隊と協同して事前の就職補導教育や援護相談などを推進していく考えだ。

集合した鳥取、島根の部隊関係者に8月の「合同企業説明会」への任期制隊員の参加を呼び掛ける鳥取地本の大圓援護課長(中央右)=4月22日、米子駐屯地で

「やる気」即応性アピールを 香川地本、援護相談員と意見交換

【香川】地本は4月16日、日頃から求人情報の提供などでお世話になっている県内各商工会議所の幹部職員や企業主ら援護相談員10人を招き、連絡会議を開いた。

この会議は香川地本独自の施策で、援護の現状と問題点の認識が目的。この日も各相談員から率直な意見があり、地本にとっては貴重な情報となった。

最初に地本側が自衛隊の援護施策について説明した後、課題となっている「(再就職後の)早期離職防止」について両者で意見を交換した。

相談員からは「企業が地域で取り組んでいる魅力的な施策をもっと伝えるべきだ」「企業情報に関しては誤解のないよう工夫して伝えることが大事だ」「自衛官の取り柄である『やる気・即応性』をアピールすることで企業への定着率が向上するのでは」といった意見が出された。

また、企業が人手不足から新規器材の導入に力を入れていることを説明し、「ドローンの操縦など自衛隊で訓練していることが企業で有用となる分野も少なくない。それをアピールすべき」といった意見もあった。

このほか会場では予備自制度の説明や募集パンフレットの配布も行われ、相談員に予備自・募集の協力も要請された。

定年1年延長を周知 青森 部隊長援護会同を開催

【青森】地本はこのほど、八戸、青森、弘前駐屯地で「部隊長等援護会同」を開催した。

最初に田中佳行地本長(当時)が各部隊長らに対し、県内の援護状況を説明。「平成31年度から定年が1年延びる。退職予定隊員にはこれから役に立つ資格をしっかりと身に着けさせ、健康面でも万全な状態で就職に臨んでいただきたい。即応予備自への志願などもー層のご協力をお願いしたい」と要請した。

その後、援護センターが青森県の雇用状況、30年度の就職援護結果、最新の求人情報や施策などを発表し、両者の認識共有に努めた。

援護施策を発表する青森地区援護センター長の山本博司1陸尉(右壇上)=青森駐屯地で

企業訪問やOB懇談 函館地本が陸士就職補導教育

【函館】地本はこのほど、函館駐屯地所在部隊の任期満了退職予定隊員13人に対し、「陸士就職補導教育」を3日間にわたり実施した。

同教育は雇用情勢・職業選択に必要な事項などを教育し、再就職の準備促進を図ることが目的。初日は部外講師も招へいし、「年金・健康保険等」「適性検査」「ビジネスマナー」「再就職の心構え」について教育した。

翌日は「雇用情勢」「予備自等制度」の教育に続き、13人は地元の函館日産自動車を研修。任満退職したOBとも懇談し、再就職の現状を把握した。

最終日は函館公共職業安定所でハローワークの活用法や求人情報の検索法などを体験。訪問したアートコーポレーションでは、社内を見学後、担当者から会社説明を受けた。

参加隊員は「再就職、任期継続にかかわらず、とても参考になる教育だった。今後の進路などをしっかりと考え、準備していきたい」との感想があった。

アートコーポレーションの研修を行う任期制隊員(函館市の同社函館支店で)

学生の志願意欲向上へ 熊本 県警、市消防局と合同就職説明会

【熊本】地本は4月6日、公安系公務員への理解促進と志願意欲の向上を図るため、「公務員就職説明会」を熊本地方合同庁舎で開催した=写真。

説明会は県警察本部、市消防局に働きかけて実現。当日は公安系公務員を目指す大学生ら14人が参加し、「職業紹介」「座談会」「自由訪問」の3部構成の説明会に臨んだ。

第1部「職業紹介」では自衛隊、警察、消防の募集担当者が職種や仕事内容などを分かりやすく紹介。

第2部「座談会」では、参加者を3グループに分け、各機関を順番に訪問。自衛隊ブースでは学生らから「自分の特技である英会話を生かせる仕事はあるのか」「陸自にインターンシップがあるのを初めて知った。ぜひ参加したい」といった質問や意見があった。

第3部「自由訪問」では、参加者が関心のあるブースを訪れ、個別に相談。自衛隊ブースを訪れた参加者からは「他の機関に関心があって来たが、説明を聞いて自衛隊も受験しようと思った」といった感想も聞かれた。

西空音コンサート 北部豪雨の災派に 大分 市長が感謝

【大分】日田地域事務所は4月14日、市内のパトリア日田で開催された「西部航空音楽隊ふれあいコンサート」を支援した。

冒頭、日田市の原田啓介市長が同市を襲った九州北部豪雨での自衛隊の救援活動に感謝の言葉を述べた。

この後、春日基地から訪れた音楽隊がコンサートを開始。大分県出身の高倉岳彦曹長と西嶋蘭奈1士のソロで「ファンダンゴ」を披露したほか、大ヒットした映画「ボヘミアン・ラプソディ」の音楽などが演奏された。

前日には日田市立日隈小学校と藤蔭高校で、西空音の隊員による演奏指導も行われ、生徒たちからは「とても良い参考になった。また楽器の指導をしてほしい」との要望が寄せられた。

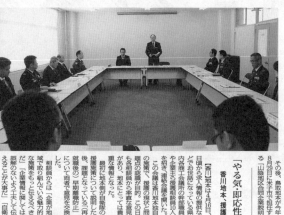

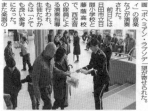

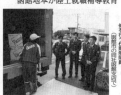

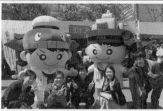

来場者に募集用ステッカーを配る西空音の隊員(右)=4月14日、日田市のパトリア日田で

五輪、ラグビーW杯をPR 東京地本 来訪者も注目、本部庁舎の玄関などで

【東京】地本はこのほど、今年9月に都内などで開幕するラグビーW杯と来年の東京2020五輪・パラリンピックのPR活動を、防衛省に隣接する本部庁舎の正面玄関などで開始した。

日頃から都民と自衛隊の間で連絡窓口として活動している東京地本が、日本で開催される両大会に貢献するため、都庁や大会組織委と調整して活動を開始した。

正面玄関には、都庁などから提供を受けた「富士山に昇る太陽をあしらったロゴ」が印刷されたラグビーW杯の「のぼり」とポスターを掲示。さらにエントランスホールには東京五輪・パラリンピックの「のぼり」を立て、モニターで大会のPR動画を放映している。

東京地本を訪れた人たちはみなこれらの前で足を止め、迫力あるモニター映像に見入っていた。

東京五輪・パラリンピックの「のぼり」に見入る地本来訪者(東京地本のエントランスホールで)

防府さかな祭りで広報ブースを開設 山口

【山口】4月14日、防府市の道の駅「潮彩市場」で開催された「防府さかな祭り」に地本も広報ブースを開設した。

今回は17普連(山口)の支援を受け、軽装甲機動車や高機動車を展示したほか、子供向けにミニ制服試着コーナーを開設。午前9時のオープン直後から多くの家族連れが訪れ、地本ブースの前には人だかりができた。自衛隊に興味のある高校生らも来場し、広報官が各種募集要項の説明を行った。

ステージでは山口駐屯地の音楽隊や「山口維新太鼓」が見事な演奏を披露した。

はな・はる・フェスタ 航空部隊による祝賀飛行も実施

【徳島】地本は4月20、21の両日、徳島市藍場浜公園で開催された「はな・はる・フェスタ2019」で、部外広報を実施した。

同フェスタは徳島市の春の一大イベントで、今年で22回目。阿波踊りや物産展、グルメ横丁、ステージ・アトラクションなどが連日繰り広げられ期間中、約21万人でにぎわった。

期間中、天気にも恵まれ、開幕式では海自徳島教育航空群、24航空隊(小松島)、陸自14飛行隊(北徳島)の航空機が祝賀飛行を行った。

会場には海自呉地方総監部から参加した「くれこ」と「やまと」の双子のキャラも登場。地本ブースの制服体験コーナーでは、多くの家族連れが子供に制服を着せ、写真撮影をしていた。

大学生たちと記念撮影に納まる海自公式キャラの「くれこ」(左)と「やまと」=4月20日、徳島市藍場浜公園で

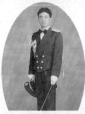

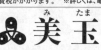

日米豪共同訓練「コープ・ノース・グアム2019」

米グアム島のアンダーセン空軍基地とその周辺空域などで約1カ月にわたり行われていた日米豪共同訓練「コープ・ノース・グアム2019」がこのほど終了した。今回の訓練では期間中、大型台風の接近で一部の航空部隊が避難を余儀なくされるなど、訓練機会が1週間減るアクシデントにも見舞われたが、3カ国の航空部隊はこれを挽回するかのように太平洋上の広大な訓練空域を存分に飛び回り、対戦闘機戦闘、電子戦など実戦に即した訓練に挑み、それぞれ大きな成果を上げた。

共同訓練を前に、全体ミーティングに参加した空自隊員ら＝アンダーセン空軍基地で

米グアム島のアンダーセン空軍基地に集結した日・米・豪の「コープ・ノース・グアム2019」参加部隊と航空機

空自から　戦闘機など21機　隊員480人が参加

太平洋上の空域　存分に
対戦闘機戦闘、電子戦など挑む

訓練は日米豪3カ国空軍種の共同対処能力と相互運用性の向上などを目的に2月17日から3月8日（展開、撤収を除く）まで、米グアムのアンダーセン空軍基地などで行われた。空自からは9空団（那覇）飛行群司令の清永剛夫1佐を訓練指揮官に、航空総隊、支援集団から隊員約480人が参加した。

航空機は8空団（築城）からF2戦闘機6機（グアム島に接近した台風2号の退避のため先に帰国）、9空団（那覇）からF15戦闘機8機をはじめ、救難団（入間）のU125A救難捜索機2機、警空隊（三沢）のE2C早期警戒機2機、1輸空（小牧）のC130H輸送機2機、KC767空中給油・輸送機1機がそれぞれグアムに展開した。

主要な共同訓練は、戦闘機部隊が防空戦闘、援護戦闘、対戦闘機戦闘、空対地射爆撃、電子戦、空中給油など、輸送機部隊は戦術空輸、航空輸送など、救難機部隊は洋上での捜索活動などの訓練に取り組んだ。

このほか、日米豪3カ国による人道支援・災害救援（HA／DR）共同訓練では、航空輸送、不整地離着陸、捜索、患者搬送、飛行場応急措置の各訓練を演練した。

約1カ月に及んだ訓練を終えて帰国した訓練指揮官の清永1佐は「今回の訓練では台風からの退避とF2戦闘機の不参加という厳しい状況に直面したが、3カ国が力を合わせ、かえって質の高い訓練ができた。同じ目標に向かってまい進した日米豪の隊員間や空自隊員の間に絆が生まれたと確信している」と今回の訓練の成果を語った。

F15戦闘機部隊を統括した9空団304飛行隊長の岩﨑康治2佐は「台風接近という厳しい状況の中でも、米豪空軍部隊との共同対処能力を向上させることができた。今後はその能力を、日本での練成訓練にどう反映させていくかが課題だ」と述べた。

1輸空401飛行隊長の浅沼克典2佐は「昨年、インドネシア国際緊急援助隊で共に救援活動に従事した3カ国がグアムでも連携し、実任務の教訓を踏まえた質の高い訓練を行えた。これまで築き上げた日米豪の信頼関係をさらに深化させ、輸送機部隊の能力を向上させていきたい」と今後への抱負を語った。

㊤アンダーセン空軍基地に到着した9空団のF15戦闘機を誘導する空自の女性整備員
㊦テニアン島で共同基地警備訓練を行った日米豪3カ国の隊員。後方は米軍のUH60ヘリ

1輸空のKC767空中給油・輸送機を先頭に編隊飛行を行う米空軍の戦闘機（米グアム島周辺空域で）＝米空軍HPから

派米隊員全員で記念撮影に臨む訓練指揮官の清永1佐（手前）以下の空自隊員

共同対処能力を向上

豪空軍の兵士（左）と業務調整をする空自隊員

指揮官会議で参加空自部隊を代表し発言する清永1佐（右手前）

太平洋上で訓練を行うため、アンダーセン空軍基地を離陸する9空団のF15。下は米軍のC130H輸送機

吉本どんど

海保巡視船「あまぎ」に乗り込む12普連を基幹とする派遣部隊隊員（5月19日、鹿児島市の谷山港で）

屋久島豪雨
孤立者314人 全員救助
12普連など3自が全力で

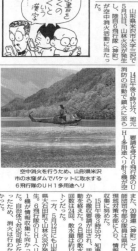

鹿児島・屋久島で5月18日に発生した集中豪雨。九州最高峰の宮之浦岳（標高1936メートル）で孤立した登山者らの救助に、陸自12普連（国分）を基幹とする部隊が全力で当たった。（1面参照）

18日午後9時、三反園鹿児島県知事から災害派遣が要請された。翌19日午前1時以降、8師団隷下部隊などが北熊本、健軍、川内から国分駐屯地に集結した。12普連を基幹とする災派部隊は、一部は海自鹿屋基地で空自C2輸送機（入間）に搭乗、一部は鹿児島市の谷山港で海上保安庁の巡視船「あまぎ」に乗船し、それぞれ屋久島に入った。

世界遺産にも登録される屋久島の登山道では、土砂崩れや谷川の増水で多くの登山者が孤立していた。

隊員たちは警察や消防の署員らと協力し、豪雨のため激流となっている谷川にロープを展張するなどして登山者らを救助、安全に下山させた。渡辺12普連長も現地に入り、陣頭で指揮を執った。隊員たちは20日までに孤立者314人全員を救助、知事から撤収要請を受け、同日午後5時、活動を終えた。

5月19～20日の2日間で、隊員延べ約330人が活動した。鹿児島県によると、5月17日午前9時から19日午後8時までに屋久島では、同島の5月の平均降雨量（441ミリ）を超える458ミリの降雨があった。

陸自6飛行隊が消火活動
山形県内の山林火災で

5月13日、山形県米沢市大字三沢で山林火災が発生し、陸自6飛行隊（神町）が空中消火活動に当たった。

14日午後0時12分、地元消防の活動で鎮火に至らず、山形県知事から6師団長（神町）に災害派遣が要請された。

要請を受け6飛行隊のUH1多用途ヘリ計3機が空中消火、空中統制のため相次いで駐屯地を離陸。翌15日にかけて消火を行った。また、20普連（神町）と6師団司令部の隊員は県庁、現地対策本部に入り、情報収集に努めた。

15日午後3時55分、知事から撤収要請が出され、活動を終えた。2日間の散水回数は24回、散水量は約12トンだった。

一方、5月12日にも山形県大石田町で山林火災が発生。6飛行隊のUH1ヘリ1機が情報収集に向かった。自治体で対応可能となったため、消火は行わなかった。

空中消火を行うため、山形県米沢市の水窪ダムでバケットに取水する6飛行隊のUH1多用途ヘリ

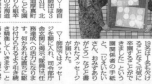

「航海の安全願う塔」除幕式
海1術校長、幹候校長が参列

【江田島】海自1術校長と同幹候校長はこのほど、江田島市のNPO法人古鷹フレンドシップが設置した「航海の安全を願う塔」の除幕式に参加した。

塔は高さ6メートル、幅2メートルで国際信号旗の「UW（ご安航を祈ります）」をデザインしている＝写真。

NPO法人の越智剛理事長は式で、「江田島は海軍兵学校移転以来、海軍、海自と深い縁でつながっている。海自艦艇のご安航を心から祈っています」と建立の理由を述べた。

「卒業する候補生は人生の大事な時間を島で一緒に過ごした仲間。笑顔で旅立ちを送りたい」という思いから、塔は卒業生が江田島湾から大海原へ旅立つ津久茂瀬戸の最狭部付近に建立された。

NPO法人は昨年1月、江田島市民と海上自衛官との交流を深めるために設立された。古鷹山登山道の整備など、地域住民との交流の場を設けている。

小休止

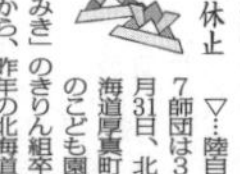

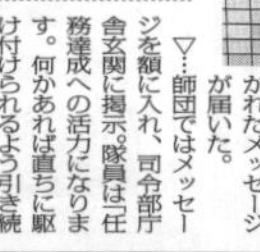

▽…陸自7師団は3月31日、北海道厚真町のこども園「つみき」のきりん組卒園児から、昨年の北海道胆振東部地震の災派活動に対する感謝のメッセージを贈られた＝写真。

▽…「きりん組19名は1名も欠けることなく元気に卒園することができました」という園関係者の手紙と、「じえいたいさん、おみずありがとう」などと書かれたメッセージが届いた。

▽…師団ではメッセージを額に入れ、司令部庁舎玄関に掲示。隊員は「任務達成への活力になります。何かあれば直ちに駆け付けられるよう引き続き精進していきます」と語っている。（東千歳）

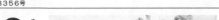

国際防衛ラグビーへ　精鋭45人が朝霞で合宿
〝自衛隊カラー〟で勝機を
「規律心」や「粘り強さ」発揮

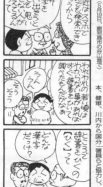

「もうひとつのワールドカップで勝利を！」――。ラグビーW杯日本大会に先立って実施される国際防衛ラグビー競技会（IDRC）に参加する自衛隊代表選手の強化合宿が5月14日から18日まで、朝霞駐屯地で行われ、各国軍人チームに立ち向かうための戦術などが練られた。（1面参照）

合宿には自衛隊代表選手を含む陸自船岡、習志野の選手を中心とする45人（陸自40、海自4、空自1）が参加。両駐屯地などの5人がスタッフとして支援に当たっている。

1回目（昨年10、11月）、2回目（1、3月）に続く3回目となる今回の合宿では、ヘッドコーチを務める松尾勝博氏（元日本代表、駿河台大ヘッドコーチ）の指導の下、フィジカルトレーニングや各ポジションに分かれてのチーム練習などを実施した。

普段は各部隊で練習などを行い、それぞれプレースタイルも異なるため〝オール自衛隊チーム〟としての戦術の意思統一も図られた。

支援スタッフの一人でIDRC準備室（市ヶ谷）の若松忠司3陸佐によると、自衛隊チームのカラー、持ち味は「規律心」「粘り強さ」「堅実なディフェンス」。大柄な外国軍人チームに対し、低いタックルと素早い出足での対抗を目指す。

松尾HCは「自衛隊の選手は常日頃から鍛え、メンタルが強く、ピンチの局面や劣勢でも戦える。（失点を抑える）ロースコアで戦い、勝機をつかみたい」と語る。

部隊・自衛隊を代表して挑む隊員たちの士気は高い。前回に続いて2度目の出場となる船岡ラグビー部主将の津留崎幸彦2陸曹は、「競技を優先してもらい、（所属する）部隊には迷惑をかけている。必ず結果を出し、恩返ししたい」と勝利を期す。

前回大会優勝のフィジーをはじめとする9カ国から軍人が集う今大会は、防衛省・自衛隊が全面的に受け入れなどの支援に当たる。

「試合の後はノーサイドの精神でお互いの健闘をたたえ合う。強い心の結び付きにもつながる」と若松3佐。競技場外での各国軍・軍人との防衛交流も期待されている。

選手たちは今後4回目の合宿（7月）、大会準備合宿（8～9月予定）を行い、競技会の本番に臨む。

【右】合宿で撮影に納まる船岡、習志野の選手を中心とした選手と東京ワールドコーチ（前列左端）、松尾ヘッドコーチ（同右端）をはじめとするスタッフ【上】IDRCに向けた3回目の強化合宿でオフェンスとディフェンスに分かれ戦術を確認する隊員たち（いずれも5月16日、朝霞駐屯地で）

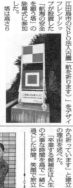

陸幕長が感謝状を贈呈
前在日米陸軍副司令官グラブスキー大佐へ
陸自との関係強化に尽力

湯浅陸幕長は5月7日、前在日米陸軍副司令官のスティーブン・グラブスキー大佐に対し、陸自と米陸軍の関係強化に尽力した功績をたたえ、防衛省で陸幕長感謝状を贈呈した。

グラブスキー大佐は平成26年1月からキャンプ座間で在日米陸軍司令部第3部長を務め、27年5月からは約4年間にわたり副司令官として陸自との関係強化に努めてきた。

日米共同方面隊指揮所演習（ヤマサクラ）で米軍側の統裁部副部長を担任。防大生が米陸軍士官学校の「サンドハースト競技会」に参加した際は、米国製銃器の扱いなどもレクチャーした。また、休日には夫妻で日本の武具を鑑賞、日本酒も嗜んだ。グラブスキー大佐は6月に退官を予定している。

湯浅陸幕長（右）から陸幕長感謝状を贈られた前在日米陸軍副司令官のグラブスキー大佐（中央）。左は同大佐夫人（5月7日、防衛省で）

こちら警務隊
暴行などでわいせつ行為 被害者の心に深い傷残す

強制わいせつ罪とはどんな罪ですか？

男女問わず13歳以上の者に対し、暴行または脅迫を用いてわいせつな行為（いたずらに性欲を興奮、刺激する行為）をした場合のほか、相手の感情を無視したキスなども含まれ、6カ月以上10年以下の懲役に処されます。

13歳未満の者に対しては、暴行や脅迫の有無に関わらず、わいせつ行為を行えば、相手が承諾しても同様に罰せられます。

また、従来は被害者等からの訴えが必要な親告罪でしたが、法改正により親告罪でなくなりました。

性犯罪は、被害者の心に深い傷を残すものであり、絶対にしてはいけません。（東部方面警務隊）

（世界の切手・ニューカレドニア）

雲の向こうは、いつも青空。
ルイーザ・メイ・オルコット（米国の小説家）

朝雲ホームページ
www.asagumo-news.com
＜会員制サイト＞
Asagumo Archive
朝雲編集部メールアドレス
editorial@asagumo-news.com

仲間とともに勇往邁進

念願かなって新編奄美警備隊員に

陸士長　此垣内　文二（奄美警備隊）

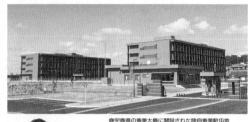

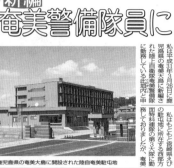

皆さま、はじめまして。私は平成31年3月26日に鹿児島県の奄美大島に新編された陸上自衛隊奄美警備隊に勤務している此垣内と申します。

私はもともと宮崎県えびの駐屯地に所在する西部方面特科連隊の第3大隊に勤務しておりましたが、奄美大島に奄美警備隊が新編されることを知り、当初から同隊での勤務を熱望し、念願かなって新しい奄美警備隊の一員となることができました。

これも当時の上司のご理解と後押ししていただいた部隊の皆さまのおかげです。この場をお借りして改めてお礼を申し上げます。

離島にある警備隊での勤務は初めてですが、先輩方のご指導をいただきながら職務の基盤を作り、柔軟な対応力を持って、与えられた島嶼防衛の任務を一つ一つ確実に遂行し、また奄美大島の皆さまからも信頼されるよう全力で勤務していく所存です。

南西諸島の防衛に当たる重要な奄美警備隊の新編時に、自分がその一員として勤務できることを誇りに思い、「自分自身が警備隊の歴史と伝統を築く」との強い信念の下で任務に当たっていきたいと思います。

そして近い将来、陸曹となり、部隊においてさらに責任ある仕事を任されるよう、勇往邁進して参ります。

私は仲間と共に、この奄美大島を絶対に守り抜きます。全国の部隊の皆さま、機会があれば、ぜひ、この美しい奄美大島にご来島ください。警備隊の仲間とともにお待ちしております。

鹿児島県の奄美大島に開設された陸自奄美駐屯地

決して仲間見捨てない

3陸尉　入道　智史（33普連1中隊・久居）

私は昨年9月から約3カ月間、富士学校で実施された幹部特技課程「幹部レンジャー（A）」に入校し、11月末に教育を修了することができました。

レンジャー教育は陸自で最も厳しい訓練の一つと言われていますが、その厳しさ故に学ぶことが多くありました。

学んだ一番の成果は「組織の力」ではないかと思います。「組織の力」とは、各人が持つ戦闘能力や高度な持久能力などの、個の力が集まって生まれる力です。この組織の力こそがレンジャー部隊の力の源であり、陸自の力の源でもあると私は考えます。

特にレンジャー教育においては、隊員は極限の状態で任務に臨みます。不眠不休、食事・水分制限、重装備、厳しい気象条件、険しい地形、怪我など、まさに満身創痍の状態で、与えられた任務の完遂のために行動します。私がどんな状態でも前に進むことができたのは、一緒に苦難を乗り越えてきた仲間がいたからでした。

腰を痛めて顔を歪めながら歩く仲間、重い荷物で肩を痛めた仲間がいれば、皆がそばに集まり、その隊員の荷物を分配して、どうにか一緒に任務を完遂しようとします。単に戦闘能力が一人分少なくなるからではなく、その一人を失うことが、部隊として大きな痛手になることを理解しているからです。

そのため、レンジャー教育を通じて、仲間を決して見捨てないことの大切さを学びました。このような組織だからこそ、数々の困難な任務においても確実な成果を挙げ、信頼を勝ち得ているのだと改めて認識することができました。

今後は修得した技能を少しでも部隊に還元できるよう尽力していきます。

みんなのページ

同じ自衛官の道を歩み始めた娘

1陸曹　小野　美貴（山形地本）

「敬礼！」「直れ！」。「小野祐佳以下112名の者は教育入隊を命ぜられました！」

大きな声で節度ある動作を行い、自衛官らしい娘の姿を見て、私は涙が出るほど感動しました。

平成31年4月7日、薄曇りの肌寒いこの日、宮城県の陸上自衛隊多賀城駐屯地において第13期一般曹候補生と自衛官候補生の入隊式が実施されました。

娘の祐佳は、今年、自衛官候補生として第119教育大隊に入隊、自衛官の卵として歩み始めました。目新しい紫紺の制服に身を包んだフレッシュな自衛官候補生（女子）112名を代表し、緊張しながらも堂々と申告をする、普段とはまったく違った娘の姿に、入隊当時の自分の姿を重ねながら感慨深く見守りつつ、同じ職業を選択してくれたことに感謝と喜びを感じました。

会食の時には、緊張がほぐれて普段通りの娘に戻っていて、たくさんの話をしました。区隊の統制係をしていると聞き、着隊してからの1週間は、精神的にもきつかっただろうなと思います。きっと、持ち前の天然の明るさで何とかやり遂げているのではないでしょうか。

教育期間の約3カ月間は、体に十分気を付けて、厳しい訓練も仲間たちと一緒に乗り越え、一生の宝物になるよう、今の時間を大切に過ごしてもらいたいと思います。

私も自衛官として、社会人として娘の成長を見守り、今後の娘の活躍を楽しみにしています。

119教育大隊に自衛官候補生として入隊した小野祐佳さん（左）と母の美貴さん

それぞれの入隊式

父、兄のように誇り持って

自衛官候補生　長友　祭（109教育大隊・大津）

私が自衛官候補生となったのは、父に薦められたからです。

私の家族は、父と兄の2人が自衛官として働いています。父は30年以上続け、幹部自衛官として勤務しています。また、1番上の兄も幹部自衛官、2番目の兄は陸曹で、国内だけでなく海外での業務も行っています。

父は残り2年ほどで定年を迎えますが、自衛官の仕事に対する誇りと責任感が強く、そんな父を私は尊敬しています。

これからは私も自衛官として父や兄のように自分の仕事に誇りを持ち、最後まで続けられるよう頑張っていきたいと思います。

陸上自衛官の父と兄の祝福を受け、入隊した長友自衛官候補生（中央）

新刊紹介

「世界地図を読み直す」―協力と均衡の地政学
北岡　伸一著

極東の地図を左に90度回転させ、中国を下に、太平洋を上に置くと、ロシアと中国が日本列島や南西諸島にすっぽりと覆いかぶされてしまうのが分かる。中国が名付けたこの「第1列島線」を突破しないと、中・露の艦艇や航空機は太平洋に進出することができない。まさに「世界地図を読む」と各国の戦略が鮮やかに見えてくる。

本書は東大名誉教授がこれまでの自身の経験をもとに国際協力と勢力均衡の最前線で考え続けた「21世紀の地政学」の解説書である。まずは安倍政権が推進する「自由で開かれたインド太平洋構想」の意義を解明し、次いで米露中などが進める世界戦略について分析。そこからロシアの脅威の中で生き残りをかけるフィンランド、バルト三国、ウクライナなどの戦略を紹介している。

一方、中国の軍事・経済的な圧力に対しては、ウガンダ、南スーダン、エジプトなどの事例を取り上げ、弱小国のサバイバルのための知恵を明らかにしている。

5G情報革命時代での「情報と地政学の融合」の重要性を著者は力説している。

（新潮社刊、1404円）

「陛下、今日は何を話しましょう」
アンドルー・B・アークリー著

今年5月1日、新天皇陛下（徳仁さま）が即位され、新たな「令和」の時代が始まった。

著者は学習院高等科時代の1975年から陛下の御学友として20年以上にわたって家族ぐるみの親交があったオーストラリア人。当時の浩宮徳仁親王との交流を外国人留学生ならではのユニークな視点で回想し、日本人の私たちに皇室をより身近で新鮮に感じさせてくれる異色作となっている。

学習院高等科のクラブ活動では「地理研究会」に所属し、能登半島や木曽路への泊まりがけの旅行を通じて親交を深めていった二人。そんな多感な青春時代の日常が、貴重な写真やエピソードと共に紹介され、陛下の「素顔」を垣間見ることができる。著者が日本語でつけていた当時の日記も登場し、読者は時にワクワク、時にハラハラしながら二人の交流を追体験できるだろう。

東京外大を卒業し、現在は横浜市の内科クリニックで事務長を務める傍ら、日豪の懸け橋としても活躍する著者は「あの頃、陛下と過ごした楽しいひとときが、私を日本に引きつけておく強い磁石になっている」と記している。

（すばる舎刊、1620円）

OBがんばる

中村　素章さん　56
平成29年11月、空自中警団司令部（入間）を最後に定年退職（特別昇任2佐）。山九プラントテクノに再就職し、京葉事業所で安全パトロールの業務に就いている。

「三つのY」を胸に

私は製鉄所でラインの保守工事を担当する会社で働いています。業務は安全パトロールで、工事現場を巡回し、安全に問題のある箇所を指摘し改善を促しています。

しかし、配置された当初は工事に関する知識や経験がなく、何をどう指摘したらよいか分からずに悩み、暗い顔で勤務していました。ある日、上司から「自衛官の尺度で考えてみて、危険だと思うことを厳しく指摘してくれれば良いのですよ」と優しく声掛けしてもらい、この一言で道が開けました。以降、私は「三つのY」を心掛け、業務に励んでいます。

「三つのY」とは、「陽気に」「休まない」「辞めない」です。常に「陽気に」振る舞うことで、職場の人たちと気持ちよく話せるようになり、さまざまなノウハウを教えてもらえるようになりました。「休まない」は、病気や風邪などに気を付け、会社を休まないように努めることです。

最後は「辞めない」です。私は陸自に入隊して39年間、苦しくて辞めたくなったこともありましたが、そのたびに乗り越えることができました。そのことが現在の職場でも活きています。

今の仕事も「陽気に」振る舞うことができなくなる時まで、「休まない」ことと「辞めない」ことを続けていこうと思っています。

あさぐも掲示板

■東方音楽隊が定期演奏会

陸自東部方面音楽隊は6月22日（土）午後6時から埼玉県の和光市民文化センター「サンアゼリア」で第71回定期演奏会を開催する。

曲目は「式典序曲」（ショスタコーヴィチ）、「グレイテスト・ショーマン（メドレー）」「スピリティッド・アウェイ」（千と千尋の神隠し）など。入場は無料。

希望者は往復はがきで応募する（未就学児童の入場は不可）。詳細は東方音HPを参照。締め切りは6月7日。問い合わせは東方音（048-460-1711）まで。

詰将棋

第795回出題
出題　日本将棋連盟　九段　石田　和雄

■先手　持駒　角

【ヒント】飛を上手に捨てます（10分で初段）

詰碁

第1210回解答
出題　日本棋院　九段　曲　励起

【解答図】白先、白活。白①がまず大切で黒②なら白③がまた大切です。黒④には、白⑤、黒⑥白⑦で白は活きです。

▶詰碁、詰将棋の出題は隔週です◀

朝雲

発行所 朝雲新聞社
〒160-0002 東京都新宿区四谷坂町12-20 KKビル
電話 03(3225)3841
FAX 03(3225)3831
振替00190-4-17600番
定価一部140円、年間購読料9000円（税・送料込み）

主な記事

トランプ大統領「かが」乗艦

首相とともに日米隊員激励

「令和」初の国賓として5月25日に来日した米国のトランプ大統領と安倍首相による日米首脳会談が27日、東京・元赤坂の迎賓館で行われ、両氏は「強固な日米同盟」を改めて確認した。これに先立つ27日朝、皇居・宮殿東庭では天皇、皇后両陛下が出席されて大統領夫妻の歓迎式典が実施され、トランプ大統領は陸自の302保安警務中隊と中央音楽隊の隊員で編成された「特別儀仗隊」による栄誉礼を受け、巡閲した。翌28日には、海自横須賀基地に停泊中の海自最大の護衛艦「かが」を両首脳が視察し、日米両国の隊員を激励した。

護衛艦「かが」の格納庫で、日米の隊員約500人を前に訓示する安倍首相（壇上・演台前）とトランプ米大統領。壇上左端はメラニア夫人、同右端は昭恵夫人（5月28日、海自横須賀基地で）＝防衛省提供

トランプ大統領は日本滞在最終日の5月28日、海自横須賀基地を訪れ、「いずも」型ヘリ搭載護衛艦の2番艦「かが」（艦長・水田英幹1佐）＝4護群4護隊（呉）所属、基準排水量1万9950トン＝を安倍首相と共に視察し、日米両国の隊員を激励した。

米大統領が自衛隊の施設（駐屯地・基地等）を訪問するのも、海自艦艇を視察するのも、両首脳がそろって日米の隊員を激励するのも今回が初めて。

安倍首相は陸自ヘリ団特別輸送ヘリ隊の「スーパーピューマ」要人輸送ヘリで午前10時すぎ、トランプ氏は米海兵隊の大統領専用ヘリ「マリーンワン」で同10時半に「かが」の飛行甲板に降り立った。

トランプ氏は艦上で安倍首相をはじめ、山田防衛大臣政務官、山村海幕長らの出迎えを受けた後、航空機用エレベーターで首相と共に同艦の格納庫に降り、整列して迎えた日米の隊員計約500人に訓示した。

安倍首相は「日米同盟は、私とトランプ大統領の下でこれまでになく強固なものになった。[illegible]」と述べ、[illegible]

続いてトランプ大統領がスピーチし、「横須賀は米軍と同盟国である日本の海自が共に司令部を置く世界で唯一の基地だ。ここに勤務する日米の隊員は両国の素晴らしいパートナーシップを象徴している」とたたえた。

その上で、日本が昨年末、米国から新たに105機の新鋭「F35ステルス戦闘機」を追加調達すると発表し、将来的には42機のSTOVL機を含む計147機体制となることについて「（F35は）同盟国の中で最大規模だ」と高く評価し、日本の防衛力向上と日米同盟の抑止力の強化に期待感を示した。

首脳会談で強固な日米同盟を確認

27日の首脳会談は、昼食を含めて計約2時間半行われた。両氏の会談は今回で11回目。

両首脳は、我が国の「平和安全法制」をはじめとする近年の同盟強化に向けた取り組みと首脳間の強固な個人的関係によって、日米同盟が「世界で最も緊密で史上かつてなく強固」であるとの認識で一致。その上で「新たな『令和』の時代も日米の揺るぎない絆を一層強化し、真のグローバル・パートナーとして地域や国際社会の平和と繁栄を主導していく」との強い決意を示した。

北朝鮮問題をめぐっては最新の情勢を踏まえた上で、綿密に方針をすり合わせるとともに、国連安全保障理事会決議に基づく対北朝鮮制裁の完全な履行の重要性を含め、日米の立場が「完全に一致している」ことを改めて確認した。

一方、強引な海洋進出を続ける中国を念頭に、両氏は東・南シナ海の現状に懸念を表明。「自由で開かれたインド太平洋」の実現に向けて日米で連携していくことを再確認し、日米同盟を基軸に日米印、日米豪、日米豪印など、地域における同盟国や友好国のネットワークを強化・拡大していくことで一致した。

このほか、宇宙分野での協力推進でも一致した。

防衛協力の強化で一致

日本・シンガポール防衛相会談

新儀仗銃で出迎え

岩屋防衛相は5月22日、来日したシンガポールのウン・エンヘン国防相と防衛省で会談し、「自由で開かれたインド太平洋」ビジョンに基づき、2国間の防衛協力を一層強化していくことで一致した。この日、ウン国防相は、62年ぶりに更新された新たな儀仗銃を使用した特別儀仗隊による栄誉礼で迎えられた。（7面に関連記事）

[illegible]

これに対し、ウン国防相は「日本はこの地域の安定にとって非常に重要な役割を果たしている」とした上で、[illegible]

両氏は南シナ海を含む地域情勢についても意見を交換。北朝鮮制裁の完全な履行に向け、「瀬取り」対処などで引き続き連携していくことを確認した。

両氏は6月初旬にシンガポールで開催される英国際戦略研究所主催の「アジア安全保障会議（シャングリラ会合）」で再会する予定。

岩屋防衛相（左から2人目）のエスコートで、新儀仗銃を手に整列した陸自の特別儀仗隊を巡閲するシンガポールのウン国防相（その右）＝5月22日、防衛省で

「いずも」と「むらさめ」フランス空母と初訓練

日仏豪米が共同訓練

インド太平洋方面に長期巡航訓練中のヘリ搭載護衛艦「いずも」と護衛艦「むらさめ」は、5月19日から22日まで、インドネシア・スマトラ島西方のインド洋上で、フランス海軍の原子力空母「シャルル・ド・ゴール」（満載排水量4万2000トン）と初めて共同訓練を行った。

同訓練は今年1月にフランスで開かれた日仏外務・防衛担当閣僚会合（「2プラス2」）の合意を受けて実現したもの。インド洋では豪海軍と米海軍の艦艇も加わり、日仏豪米による初の共同訓練となった。

仏海軍からは駆逐艦「フォルバン」（7000トン）、フリゲート「プロヴァンス」（6000トン）、「ラトゥーシュ・トレヴィル」（4000トン）、補給艦「マルヌ」（1万7800トン）が、豪海軍からはフリゲート「ツゥーウンバ」（3700トン）と潜水艦、米海軍からはミサイル駆逐艦「ウィリアム・P・ローレンス」（9300トン）が参加した。期間中、仏空母の乗員がヘリで「いずも」に移乗し、日仏間で意見交換なども行った。

山村海幕長は5月21日の記者会見で「仏豪米の3カ国は『自由で開かれたインド太平洋』の実現に向けて協力するパートナー。海自がこれらの国と共同訓練を行うことは、海洋秩序の維持・強化に貢献するものだ」と意義を述べた。

「日仏豪米共同訓練」で、仏海軍原子力空母「シャルル・ド・ゴール」（奥）の指揮官に敬礼する海自ヘリ搭載護衛艦「いずも」の乗員（手前）＝5月22日、インド洋で

海幕長がスピーチ

シンガポールの国際会議で

山村海幕長は5月12日から15日までシンガポールを訪れ、チャンギ地区で開かれた「国際海洋防衛装備展示会（IMDEXアジア2019）」の関連行事に出席した。

海幕長は各国海軍の高官や企業など約400人が参加する「国際海上安全保障会議」に出席し、豪海軍本部長、ブルネイ海軍司令官、独海軍総監と共にパネリストとして登壇、「海洋共有における平和維持」をテーマに、インド太平洋地域の平和と安定に積極的に寄与する海上自衛隊の取り組みについてスピーチした。

同会議では各国海軍のトップらとも会談、地域情勢や海洋安全保障、今後の防衛協力の在り方などについて意見を交換した。

このIMDEXに合わせ、海自のヘリ搭載護衛艦「いずも」と護衛艦「むらさめ」も同12日から16日までシンガポールのチャンギ海軍基地に寄港、米豪印比などと共に「艦艇展示」に参加し、艦内の一般公開を行った。

「IMDEXアジア2019」の国際会議で、海自の取り組みを発表する山村海幕長（左演台）＝5月15日、シンガポールのチャンギ地区で

陸幕長がロシア訪問

地上軍総司令官と会談

湯浅陸幕長は5月26日から30日までロシアの首都モスクワに出張し、露地上軍総司令官のオレグ・サリュコフ上級大将と意見交換するほか、露軍参謀総長兼第1国防次官のヴァレリー・ゲラシモフ上級大将を表敬する。

訪問はサリュコフ総司令官の公式招待によるもので、陸幕長以下約5人の陸自代表団が訪露する。現地では、ロシア軍の一般兵科大学、第4親衛戦車師団も視察する。

湯浅陸幕長は5月23日の記者会見で「今回の出張を通じ、（日露陸上部隊間の）相互理解の促進と信頼関係の醸成に努めたい」と述べた。

春夏秋冬

ヒューマンエラーを未然に防ぐ、意外な方法

黒川 伊保子

ヒューマンエラーをゼロにする。それは、すべての"現場"の悲願である。

機械操作を伴う現場では、当然、ヒューマンエラーを起こしにくい機械設計をすることが基本。昨今では、AIアシストも大いに期待されている。しかし、どこまで行っても、人間によって引き起こされるエラーはゼロにはできない。機械が完璧でも、ときに外的環境が変わる。とっさに人間が判断する余地を残さないわけにはいかないからだ。

若き日、人工知能エンジニアとして、電力中央研究所のヒューマンエラー研究室を訪れたとき、研究員のことばに私は胸を打たれた。「結局、人の相性なんです」

生理的に相性のいい相手とそうじゃない相手では、何気なくかわすことばの数が違う。その何気なくかわすことばに、ヒューマンエラーを未然に防ぐ鍵がある。たとえば、根拠のない不安を感じたとする。「今日は、なんだか、しっくりこないんですよね」という言葉を、頭に浮かんだままに、上司に言えるだろうか。

運転員の「しっくりこない」には、重要な気づきが含まれていることがある。いつもと振動音がわずかに違う、計器全体の数値のバランスがわずかに違うなどを、無意識下に察知している可能性もある。あるいは、本人の神経系に何らかの疲労があるのかもしれない。こういう「根拠のない一言」を、あるいは「ひやりとした」「はっとした」など自分の弱みを見せるような経験を語り合える仲かどうかが、ヒューマンエラーゼロへの道だ。

実は、五感が感じたことを顕在意識にうまく伝えるためには、ときに脳が主観的になることも必要。寝食を一緒にしている場合を除いて、「客観と合理性」「結論と問題解決」だけで話をするチームには、頭に浮かんだことを素直に言い合える雰囲気は生まれない。

ときに合理性を休めて、主観で雑談をしてほしい。男たちが「女の無駄話」と呼んでいるアレである。週末に食べたラーメンの話、昨日見た夕焼けの話、家族とのやりとり。結論も蘊蓄もいらない。「美味しかったよ」「きれいだった」「よかった」「とほほだよ」で終えればいい。ヒューマンエラー・ゼロミッションだと思って、勇気を出して。

（感性リサーチ代表、人工知能研究者）

朝雲寸言

昭和39年から始まったNHKの大河ドラマで最も多くの題材となったのは戦国時代である。

諸説あるが戦国時代とは室町時代末期から安土桃山時代を指し、応仁の乱から関ケ原の戦いまでの日本史における戦乱の時代をいう▼世情が混乱し室町幕府の権威が低下したことに伴い、守護大名に代わって全国各地に戦国大名が台頭し、領国内の土地を支配して領土拡大のため他の大名と戦うようになった▼その戦国武将の中でも、世代や男女を問わず圧倒的な人気を誇るのは織田信長である。信長の人気が高いのは、小説やゲームの影響ばかりでなく、信長が時代を変える改革者であったからである。多くの戦国大名がいる中で、既存の体制に挑戦し天下を取ろうと行動した武将は恐らく信長が最初であろう▼永禄3年5月、2万5千の兵力で駿府を出陣した今川義元の本陣を信長は2千余りの兵力で奇襲、義元の首を取って天下統一の第一歩を踏み出した。「天下布武」、戦いで戦国の世を終わらせるというスローガンを掲げた信長は、鉄砲の集中運用など戦い方に目が向きがちだが、信長の本質は、交通網の整備や楽市楽座などの社会・経済改革にあるといえる。天下統一を目の前にしながら信頼する部下に裏切られ、本能寺で倒れた悲劇の英雄の人気が衰えることはない▼桶狭間の戦いから来年で460年を数える。NHKは来年の大河ドラマの主人公を明智光秀に決めたという。

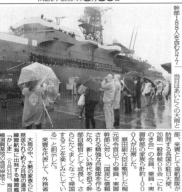

海自遠洋練習航海部隊が出発
環太平洋11カ国13寄港地巡る

海自の令和元年度遠洋練習航海部隊（練習艦「かしま」、護衛艦「いなづま」で編成、指揮官・梶元大介練習艦隊司令官以下、実習幹部188人を含む約577人）が5月21日、横須賀から北・南米西岸、南太平洋、オセアニアを巡る約5カ月間の遠洋練習航海に出発した。

当日はあいにくの大雨と [illegible]

「我が国の防衛のため、たくましい初級幹部を育て上げ、国際親善に励みます」[illegible]「行ってまいります」とあいさつし、乗員・実習幹部たちは「かしま」と「いなづま」の2艦に乗艦した。艦は午前10時46分、激しい雨の中を来賓や家族に見送られて出港、最初の訪問国米パールハーバーに向かった。

遠航部隊はこの後、太平洋をほぼ時計回りに航海を続け、米国西海岸、グアテマラ、ペルー、チリ、エクアドル、メキシコを経て太平洋を横断、仏領ポリネシア、フィジー、ニュージーランド、オーストラリア、パプアニューギニア、パラオ、米グアムの計11カ国13寄港地を巡り、10月24日に横須賀に帰国する。総航程は約2万6千マイル（[illegible]キロ）。

大雨の中、大勢の家族らに見送られて約5カ月間の遠洋練習航海に出発する練習艦「かしま」（5月21日、海自横須賀基地の岸壁で）

時の焦点

国内　衆院に解散風
改憲と同日選の方程式

夏の参院選を前に、安倍首相が衆院解散に踏み切り、衆参同日選となるのではないか。政界で、こんな観測が広がってきた。

首相はトランプ米大統領と11回目の首脳会談を行った。前日には、ゴルフを楽しみ、大相撲をともに観戦した。

野党は「米国べったりで良いのか」と批判するが、日米関係の重要性は国民の多くが理解しているのだろう。内閣支持率は「令和」祝福ムードもあいまって好調を維持し、これが衆参同日選論につながっている。

首相は6月中旬にイラン訪問を予定しており、下旬には大阪で主要20カ国・地域（G20）首脳会議に臨む。外交日程が相次ぎ、首相のメディア露出が増えれば、さらに有利になるというわけだ。

自民党の二階俊博幹事長も記者会見で、「近ごろ、（解散の）風が吹きかけているように思う」と語った。

前回衆院選から、2年もたっていない。それにかかわらず、解散風が吹くのは、参院選への危機感が強いためだ。

2013年参院選は、政権復帰後初の大型国政選挙だった。アベノミクス歓迎ムードのなか、自民党が65議席を獲得して圧勝した。

今回の参院選は、この選挙の改選であり、議席維持は簡単ではない。

同日選なら、衆参の相乗効果で選挙運動が活発化して、保守票の掘り起こしにつながる。野党が衆参で統一候補を擁立するのは難しく、野党共闘のハードルが上がる。

これが自民党の狙いである。

だが、これらは政党の論理に過ぎない。一般の有権者にしてみれば、何のための衆院選か、4年の任期の間、腰を据えて政策実現に努力してもらいたい、と考えるのが普通だろう。

同日選の場合、首相は「解散の大儀」をどう説明するかが問われる。

焦点の一つは、憲法改正である。憲法審査会など、国会での憲法論議は遅々として進まない。自民党内には、「初の憲法改正」を掲げて民意を問うべきだ、という声が出ている。

現在、自民、公明両党は、日本維新の会を加えると、衆参両院で憲法改正に必要な3分の2の勢力を保持している。参院選単独では困難な「3分の2」を維持するための同日選となる。

だが、この論法には公明党が難色を示すだろう。公明党には、改憲に慎重な支持者も多い。自公維による「3分の2」にこだわらず、野党も含めた幅広い合意のもとで改憲を進めるべきだという立場だ。

憲法改正、公明党、維新……、この複雑な連立方程式の先に、同日選の判断がある。勝利に導けば、総裁4選の声も出てこよう。

ちなみに、明治以降、改元時の政権はその後、短期間で退陣する、というジンクスがある。数々の難局を乗り切ってきた安倍首相は、このジンクスをも打破するだろうか。

宮原　三郎（政治評論家）

海外　対イラン緊張
米「明確な決意」で攻勢

核問題や制裁、海外テロなどの懸案で緊張が続いている米・イラン関係に関し、シャナハン米国防長官代行は5月21日、国防総省で記者会見し、米国が講じた予防措置のおかげで「イランが米国を攻撃する潜在的脅威は遠のいた」と言明した。

米国はイラン脅威情報に対処して5月上旬、空母打撃群とB52爆撃機を中東に急派した。この「明確な決意」表明の結果、米国はイランを守勢に追い込んだとの認識を示したものだ。

イラン革命防衛隊が短距離弾道ミサイルをペルシャ湾地域に輸送したなど多くの情報があり、シャナハン氏は「イラン軍の脅威に関して信頼できる兆候があった」と述べ、米国の対応を正当化した。

確かに、5月に入って最初の約2週間は、両国の緊張は開戦の事態に傾斜しつつあるようにも見えた。

ボルトン大統領補佐官（国家安全保障担当）は5日、空母打撃群の中東展開の発表とともに、米国および同盟国へのいかなる攻撃にも「容赦なき武力」で応ずると、一段と強い警告を発した。

これに対し、イランも「米国と全面対決の準備はできている」と応酬した。イランが米国を直接攻撃することは、可能性ゼロと断定できないものの、ありそうもない。

現実には、イランと同盟国、代理人が米国の同盟国と対決する構図。イランがイエメン内戦で支援する武装組織フーシが14日、米国の同盟国サウジアラビアのパイプライン施設を攻撃した事件はこの構図を鮮明にした。

トランプ大統領もペンス副大統領もポンペイオ国務長官もシャナハン氏もボルトン氏も、先制攻撃、ましてや全面戦争など一言も発したことはない。

だが、大方の米メディア（たぶん日本でも）はボルトン補佐官を「タカ派」「好戦的」と批判し、「ボルトンの世界にトランプ氏は住む」（ロサンゼルス・タイムズ紙）、「ボルトンがトランプ氏の耳に戦争を吹き込む」（CNN）と散々なトーン。

対イラン批判がなく、米政権批判ばかりの姿勢も大いに疑問だが、①何とか大統領に同補佐官を解任させる②現政権が1年前に脱退したイラン核合意の復活を期す――が政権批判派の「真意」と知れば納得。

こうしたトーンがイラン側に発するという事実も銘記しておく必要があるだろう。

ザリフ同国外相は4月末、ニューヨークで英ロイター通信とインタビューし、「トランプ氏が（ボルトン氏によって）戦争に誘い込まれる可能性は排除できない」と表明。

ロウハニ同国大統領の顧問も5月14日、「より良い核合意を望むと言いながら、口ひげ（ボルトン氏を指す）の意見に耳を傾け、戦争に進むように見える」と述べた。

革命防衛隊のサラミ司令官が議会の非公開会合で、「米国は『心理戦』を仕掛けている」と語ったとのイラン内部情報も、どう分析すればいいものか。

草野　徹（外交評論家）

PKO工兵部隊マニュアル改訂会合
施設学校から2隊員派遣
カナダで開催　7カ国15人参加

【施校＝勝田】陸自施設学校は4月29日から5月3日まで、カナダの首都オタワで開かれた「第3回国連PKO（平和維持活動）工兵部隊マニュアル改訂に関する専門家会合」に、議長として同校教育部主任教官の白石稔1佐、議長補佐として[illegible]赤塚[illegible]1尉を派遣した。

[illegible]日本が議長国となって策定。昨年、国連が改訂のための会合[illegible]了する予定で、これまでに日本、アイルランドで開催された。

カナダで開かれた「第3回国連PKO工兵部隊マニュアル改訂専門家会合」に議長として参加した白石1佐（前列中央）と同補佐の赤塚1尉（後列左端）＝5月3日、カナダ・オタワで

カナダでの第3回会合には日、加、中、米、ブラジル、パキスタン、スイス、国連平和活動局と国連地雷対策サービス部の7カ国2機関から佐官級の施設（工兵）と爆発物の専門家ら約15人が出席した。

議長を務めた白石1佐は開会のあいさつに続き、会同の目的と合意事項、目標と進行手法について発言した。

今回の会合では、国連工兵部隊に求められるIED（即席爆発物）の捜索・探知に関するガイドラインについて合意。その上で同マニュアルの改訂を概成し、改訂サイクルと普及要領についても議論を深めた。

6月には最後の「第4回会合」が中国で開催され、その後、改訂案が国連本部に提出される予定。

豪「メルボルン」が横須賀に寄港
「瀬取り」監視で派遣

北朝鮮船舶の「瀬取り」監視のため東アジア方面に派遣されている豪海軍フリゲート「メルボルン」（満載排水量約4200トン）が5月14日から18日まで、海自横須賀基地に寄港した。

入港行事では横須賀地方総監部管理部長の松浦正裕1佐とホストシップを務めた護衛艦「たかなみ」（艦長・池田忠司2佐）の乗員らが出迎え、来日を歓迎した。

「メルボルン」の寄港中、日豪の乗員は相互艦艇見学などを行い、両国海上部隊の親交を図った。

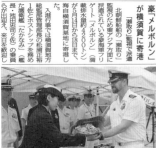

入港歓迎行事で海自の女性隊員から花束を受ける豪海軍フリゲート「メルボルン」のマーカス・バトラー艦長（右）＝5月14日、横須賀基地で

「さみだれ」が比海軍部隊と共同訓練

フィリピン海軍の駆潜艇（右）、航空機（中）と捜索救難訓練を行う海自の護衛艦「さみだれ」（5月15日、比パラワン島東方海域で）

ソマリア沖・アデン湾での海賊対処任務を終え、帰国途中の水上部隊32次隊（指揮官・西山高広1佐）の護衛艦「さみだれ」（艦長・川合元2佐）は5月15日、フィリピン南西部のパラワン島東方海域で比海軍と共同訓練を行った。

比海軍からは駆潜艇「フェデリコ・マルティア」とアイランダー312固定翼機が参加し、「さみだれ」と捜索救難訓練などを行った。

訓練後、「さみだれ」は同17日から19日まで、フィリピンのスービックに寄港。西山1佐が比海軍教育訓練軍団司令官のアラン・フェルディナンド少将を表敬したほか、乗員らは比海軍兵士らとスポーツを通じて親睦を深めた。

「さみだれ」は同25日、約半年間の派遣任務を終え、呉基地に帰国した。

6月から順次12次隊が出国
海賊対処支援隊

アフリカのジブチで自衛隊の海賊対処活動拠点の警備などに当たる支援隊の交代のため、6月4日、12次隊の第1波約20人が成田空港から出発する。

12次隊は、指揮官の小澤学1陸佐以下、陸上総隊と海自航空集団を基幹とする陸・海自隊員約110人で編成され、約半年間の任務を終える11次隊（指揮官・関谷拓郎1陸佐）と交代する。続く第2、3波は7月上旬から下旬に出国する。

一方、ソマリア沖・アデン湾で民間船舶の護衛任務などに当たっている海賊対処水上部隊33次隊は、5月24日付で指揮官（護衛艦「あさぎり」艦長）が佐藤吉範2佐から波江野裕一2佐に交代した。

F2など米空軍演習に参加
「レッド・フラッグ」

空自は6月7日から同22日まで、米アラスカ州アイルソン空軍基地、エレメンドルフ・リチャードソン統合基地とその周辺空域で行われる米空軍主催の演習「レッド・フラッグ・アラスカ」に参加し、米空軍と防空戦闘訓練などを行う。

派米部隊は、3空団（三沢）のF2戦闘機6機、警空隊（浜松）のE767早期警戒管制機1機、1輸空（小牧）のC130H輸送機2機で、人員は計約280人。

F2は初参加で、日本とアラスカ間を移動中に空自KC767空中給油・輸送機などから空中給油を受ける。演習にはタイ、韓国、NATO（北大西洋条約機構）軍も参加する予定。

丸茂空幕長は5月24日の記者会見で「アラスカという訓練環境に恵まれた場所で戦闘訓練の計画立案から発進、帰投まで一連の課目を演練できる。F2が参加することで、従来、（制空戦闘機である）F15ではできなかった地上目標への攻撃訓練ができることは意義がある」と述べた。

海自が初参加
豪州で日米訓練「タリスマン・セイバー」

陸・海自は6月3日から8月21日まで、豪州クイーンズランド州のショールウォーターベイ演習場などで米海兵隊、海軍との実動訓練「タリスマン・セイバー19」を実施する。海自が同訓練に参加するのは初めて。

陸自は住田和明陸上総隊司令官を担任官に、水陸機動団（相浦）と1ヘリ団（木更津）基幹の約[illegible]人が参加。海自は自[illegible]群司令を訓練[illegible]に、ヘリ搭載護衛艦[illegible]、輸送艦「くにさき」[illegible]など約500[illegible]る。

訓練は、自衛隊と米軍で日米共同で指揮[illegible]じめ、着上陸、[illegible]どの訓練を行う。陸自は水陸両用車AAV7、CH47輸送ヘリなど大型装備を現地に持ち込み、[illegible]着上陸の手順を演練する。

モンゴルで共同訓練
「カーン・クエスト」

陸自は6月14日から28日まで、モンゴルのファイブ・ヒルズ演習場で行われる多国間共同訓練「カーン・クエスト19」に参加する。

陸自からは[illegible]の隊員約60人が参加。[illegible]国は共催する米、モンゴルのほか、豪、英、仏、印、中、韓など計39カ国を予定。

訓練は国連PKOに関する指揮所訓練の[illegible]訓練では、検問[illegible]製爆発物）対処[illegible]護、交付所任務[illegible]している。

共済組合だより

公務外の交通事故などで組合員証等を使用する際はすぐに共済組合に連絡を

組合員又は被扶養者が交通事故などの第三者の行為によって負傷され、「組合員証」等を使用する場合は、事前に必ず共済組合へ届け出てください。

交通事故などで負傷した際、その治療費用は加害者が負担するのが原則となっています。このため、「組合員証」等を使用して治療を行う時は、「損害賠償申告書」の提出が必要になります。

「損害賠償申告書」には、事故報告書、警察署の事故証明、医師の診断書などを添付する必要があります。

また、示談の場合は示談書の写しも必要になります。

その後、共済組合は負傷された方の医療費を給付するとともに、その給付額を限度として被害者に代わって加害者に損害賠償を請求する権利（代位請求権）を取得し、給付を行った額を限度として損害賠償請求を行います。

交通事故の場合、加害者は示談を急ぎたがりますが、被害者が不利な示談をしてしまいますと共済組合が立て替えた費用を加害者に請求できなくなり、結局その費用は被害者自身が負担することになる場合もあります。

「組合員証」等を使って治療を受けたときの示談については、共済組合の事務担当者とよく相談のうえ慎重に進めてください。

戻れない
手を出す前の 日常に

6月は、防衛省薬物乱用防止月間です。
たった一度の違法薬物の使用で、自分の健康だけでなく、自分の未来、そして、家族や友人等のすべてを失うこととなります。
薬物乱用の危険性や自分自身が被ることとなる社会的不利益を理解して、薬物乱用防止に努めましょう。
人事教育局服務管理官（内線8-6-20713）

防衛省発令

[illegible]
（以上5月20日）

進む日印防衛交流

インド防衛駐在官のレポート㊥

海　1海佐　江田　大興

私は、防衛省とインド国防省、海上自衛隊とインド海軍間で行われる防衛交流などの調整業務に当たるとともに、インド国内で軍人、外国武官、有識者との意見交換を通じた情報収集を行っている。

日本大使館のあるデリー中心部はよく整備され、ショッピングセンターや高級ホテルではブランド品に身を包み、高級車に乗る富裕層を多く見かける一方、交差点には老若問わずホームレスがおり、裏通りにはスラム街が広がっている。この激しい貧富の差と、道路を所狭しと移動する人と車両が発する喧噪こそ、インドのエネルギーと表裏一体だと感じる。

デリーでは時折、停電やインターネット障害が発生するなど生活インフラは不安定だが、スマホによる配車や食事の宅配サービスは日本よりも普及していると感じる。他方で、消費経済ではなく、物を修理して使う文化が根強く残っており、例えばスーツケースの車輪が破損しても市内のマーケットですぐに修理してもらえる。

「マラバール」で協力関係深化

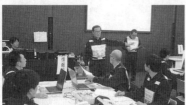

日米印3カ国による共同演習「マラバール2017」で、戦術運動を行う（手前から）米空母「ニミッツ」、印空母「ヴィクラマーディティヤ」、海自ヘリ搭載護衛艦「いずも」などの艦艇

規律正しいプロ集団

自衛隊の装備に関心が高い

私が日常的に接するインド海軍士官たちはとても規律正しく、任務を真摯に遂行するプロ集団だ。また、英語が公用語の一つのため、欧米軍隊との意思疎通に困難はないことが強みである。

彼らの時間軸は日本人と比べて非常に長く、原子力潜水艦や空母建造に関するプロジェクトは数十年にも及ぶが、長い時間をかけても壮大な計画を着実に達成する長期的な視野は、見習うべきものがあると感じる。

緊張が続くパキスタンとの国境付近では、頻繁に銃撃戦が発生しており、安全への意識は高い。例えば、インド海軍基地内では艦船が入港する前、必ず潜水員と爆発物探知犬を使い、岸壁付近の安全確認を実施している。

2017年7月にインド・チェンナイ沖で開催された日米印共同訓練「マラバール」においては、私も海自部隊の受け入れを担った。着任直後で不慣れだったが、インド海軍のサポートにより、インド港湾・空港当局との調整もスムーズに進んだ。訓練期間中に乗艦した米空母から見た、ベンガル湾を並んで航行する日印艦艇の光景がとても印象に残っている。あの時は本当に日米印による協力関係の深化を実感した。

インド軍人から見た自衛隊は、"規律が保たれ、高練度"、さらに「いずも」型護衛艦など"先進的な装備を有する部隊"というイメージである。これら日本の装備品に対するインド国防省・海軍の注目度は非常に高い。

共同訓練中、護衛艦「さざなみ」で行われた艦上レセプションで、日本酒の樽の鏡割りを行う日米印の指揮官たち

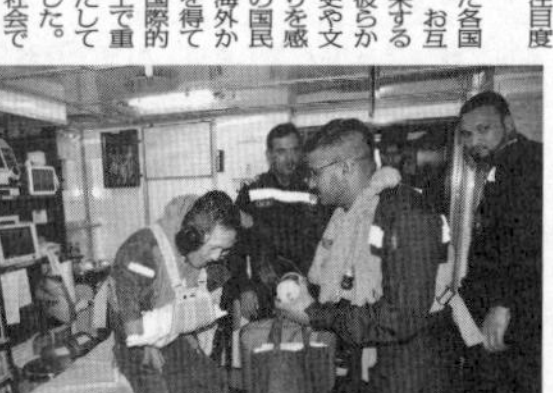

共同訓練でインド海軍フリゲート「サヒャディ」に搬送され、艦内の医務室で"治療"を受ける「さざなみ」の乗員（左）

親しくなった各国武官たちとは、お互いに家を行き来する関係であり、彼らからは自国の歴史や文化に対する誇りを感じる。日本人の国民性については海外からも高い評価を得ており、日本が国際的な信頼を得る上で重要な役割を果たしていると再認識した。

他方、国際社会では、日本人特有の"以心伝心"は通じにくい。私自身、拙い英語に身振り手振りも交え、親日家を一人でも増やせるよう努めている。

インドは独立後、「非同盟主義」の下、自国の「戦略的自律」を優先する政策を採ってきた。そして近年では主要な海洋国家としての地位を志向し、日本との関係強化にも力を入れている。インドは日本の経済力、技術力を活用して自国のインフラを充実させるとともに、「Make in India」政策のもと、国内製造業を振興させ、武器についても輸入国から輸出国への転換を企図している。

そして国際社会で主要な地位を志向するインドは、世界の海上交通路の要衝に位置し、インドとの協力関係の深化は日本の国益に適うものだ。日印首脳間で共有された「自由で開かれたインド太平洋の実現」というビジョンの下、安全保障・防衛の分野で日印関係を無形の信頼のみならず、中身のある実質的な関係とするため、私も微力ながら努めていきたい。

ビッグレスキュー　その時に備える　第18回

「滋賀県地震防災プラン」の具体化に取り組む

滋賀県　福増　与志朗氏

滋賀県防災危機管理局
地震・危機管理室参事
（元1陸佐）

はじめに

平成30年6月18日午前7時58分、危機管理センターに登庁したところに地震の揺れを感じた私は、急いで事務室のテレビを付け、画面をのぞき込んだ。大阪府北部で地震が発生し、大津市は震度5弱の揺れであった。緊急初動対策班の要員である私は、直ちにオペレーションルームへ駆け込んだ。

私は平成26年11月から、滋賀県防災危機管理局に勤務しています。この間、熊本地震、西日本豪雨や台風等の風水害への対応などを経験しました。

滋賀県は、周囲を活断層に囲まれており、県内のどの地域でも阪神・淡路大震災や平成28年熊本地震のような直下型地震の被害を受けるおそれがあります。また、南海トラフ地震でも、最大で震度6強の揺れが起こると想定されています。

これより、大規模な自然災害等に備える滋賀県の危機管理・防災政策について紹介するとともに、自衛隊OBとしての役割とやりがいについてお話しします。

滋賀県の危機管理・防災政策

自然災害のなかで特に、いつ、どこで起こるか分からない地震は、県民生活にとって大きな脅威です。これに備えるため、県はこれまでに様々な地震対策に取り組んでいます。

県は、琵琶湖周辺の活断層や南海トラフ巨大地震の被害想定に基づき、①「耐震化等の必要な基盤整備」、②「地震に備え対応する体制づくり」、③「防災機能の整備・充実」――の三つの基本施策を柱に、各種の地震対策を実施してきました。

滋賀県緊急初動対策班の「地震災害初動対応訓練」で、職員に指示を出す県防災危機管理局地震・危機管理室の福増与志朗参事（中央奥）＝平成29年2月、滋賀県庁で

①については、県有施設や県営住宅の耐震化はほぼ完了し、住宅等の耐震化、避難路の整備をさらに進めています。

②については、関西広域連合等による広域応援・受援体制の枠組みが整備されるとともに、関係団体等との「災害時応援協定」も多数締結しています。また、地域防災力の向上に資する研修等や自主防災組織に対する支援をしています。

しかし、在宅、車中泊、テント泊等の多様な被災者への対応、要配慮者への合理的配慮、多様な団体からの支援を効率的かつ効果的に活用するための受援体制、災害時応援協定の円滑な運用等について課題があり、これらに対応するために、全国各地で発生した過去の大規模災害の教訓を踏まえて、今後、重点的に取り組むべき地震対策の基本的な考え方やスケジュールを「滋賀県地震防災プラン」として策定し、その具体化に取り組んでいます。

③については、平成28年1月に危機管理センターを整備し、併せて防災情報システム、防災情報無線を更新しました。危機管理センターが自然災害、原子力災害や国民保護災害等の危機対応の拠点として機能を十分に発揮し、情報の集約、意思決定、情報発信等、迅速・的確な災害応急対策を実施できるよう、職員の防災意識・災害対応能力の向上を図っています。

自衛隊OBの役割とやりがい

私の役割は、職員の防災意識や災害対応能力の向上と、自衛隊との良好な関係の維持などに寄与することです。

まず、職員の防災意識や災害対応能力の向上については、主として災害対応計画やマニュアルに基づき、県の総合防災訓練、原子力防災訓練や国民保護訓練等の総括を担当して職員の対応能力の向上を図るものです。「訓練でできないことは実戦でもできない」ことを肝に銘じ、より実践的な訓練を追求しています。この際、各種訓練に共通して、関係機関等との顔の見える関係の構築、地図等を活用した情報の集約化・見える化などに着意して、より効果的な訓練ができるように努めています。

次に、自衛隊との良好な関係の維持については、駐屯地行事や業務などを通じた関係者との連携を図るとともに、知事と県内所在の各部隊長とを交えた意見交換会の機会を設け、トップ間の顔の見える関係作りに努めています。

特に、中部方面区内最大の「饗庭野演習場」を有する本県では、地元自治体や防衛省・自衛隊と連携して県民の安全・安心を確保する努力がなされており、これらの連絡・調整の要として活動しています。

県庁に身を置いてみると、自衛隊は県民にとって頼もしい存在であること、生命・財産を守る「最後の砦」として、県民の自衛隊に対する期待は非常に大きいことを感じます。不断の備え、いざという時に、自衛隊等関係機関や多様な団体・組織の力を結集して事に当たる県職員の一翼を担っていることに、私はやりがいを感じています。

第32回危険業務従事者叙勲

精励、貢献を称えて

元自衛官947人に

政府は5月10日の閣議で第32回「危険業務従事者叙勲」の受章者を決めた。令和改元後初となる叙勲で、発令は5月21日付。防衛省関係者では947人(うち女性3人)が受章した。

危険業務従事者叙勲は自衛官、警察官、消防士など危険性が高い業務に精励し、社会に貢献した公務員を表彰する制度で、関係省庁の大臣の推薦に基づき受章者を決定。今回は計3642人(同6人)が受章した。

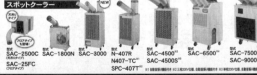

防衛省関係者のうち、「瑞宝双光章」は598人(同2人)、「瑞宝単光章」は349人(同1人)。1佐から3尉までの61歳から67歳までの元自衛官が受章した。

防衛大臣による勲章伝達式は、5月29日に陸自関係者、30日に海・空自関係者に対して防衛省で行われる。受章者はこの後、皇居で天皇陛下にお目にかかる。

防衛省関係者の受章者は次の各氏。(階級、所属は退職時)

■瑞宝双光章(598人)

■陸自(441人)

▽會澤一則1尉(茨城地本)▽會田雄三3佐(会監)▽赤城健3佐(10施群)▽赤木達矢1尉(2特連)▽赤峰忠芳3佐(情保隊)▽阿久津安弘2佐(同)▽浅井正則3佐(122地警)▽阿部明2尉(東北処)▽阿部巧2尉(青野原駐業)▽阿部勤2尉(霞目駐業)▽阿部昇1尉(6師団)▽阿部宏2尉(東北処)▽新井総一郎3佐(熊本地本)▽有川幹晃3佐(茨城地本)▽有宗三男2尉(別海駐業)▽有吉正澄3佐(15施中)▽安藤庄作1尉(4普連)▽家入政寛2尉(熊本地本)▽五十嵐久夫2佐(7飛隊)▽五十嵐守正3佐(北方後支隊)▽井倉奈津夫1尉(北教連)▽池内孝3尉(15後支隊)▽池田勉2尉(高田駐業)▽池本信雄1尉(熊本病院)▽石岡秀次2佐(11戦大)▽石岡義信2尉(13施中)▽石黒輝彦2尉(西方通群)▽石坂政次1尉(117教大)▽石田和重3佐(10師団)▽石田覚1尉(4普連)▽石田光男1尉(2師団)▽泉健一3尉(沖縄地本)▽泉川寛晃3佐(東京地本)▽一笠猛夫2佐(札幌病院)▽市川浩己1尉(13後支隊)▽市田行夫3佐(南恵庭駐業)▽出井勝3佐(大宮駐業)▽伊藤輝信2佐(41普連)▽猪苗代伸一郎3佐(輸校)▽猪原正徳2尉(北方通群)▽井上輝彦1尉(札幌地本)▽井島大2尉(富山地本)▽今井力夫1尉(東北方特連)▽今岡誠治2佐(北教連)▽今城和人2尉(情保隊)▽岩崎隆3佐(12後支隊)▽岩下初男2尉(都城駐業)▽岩本敏郎1尉(西方通群)▽上田英樹3佐(関東処松戸支)▽植田雄二2尉(岐阜地本)▽上殿眞二3佐(1戦群)▽上野勝美3佐(情保隊)▽上野恭朗3佐(26普連)▽内古俊範3佐(福島駐業)▽姥浦孝弘3佐(装本)▽梅﨑眞吾3佐(熊本地本)▽海野芳明2佐(2師団)▽江藤章三1尉(滝川駐業)▽榎信治朗1尉(112特大)▽及川淳3佐(東北方後支隊)▽大岡博1尉(北海道処)▽大島豊実1尉(東北方後支隊)▽大谷隆尚2尉(九州処)▽大塚明彦3佐(中業支)▽大津留眞澄3佐(8飛隊)▽大西泰志1尉(126地警)▽大西嘉隆2佐(愛知地本)▽大貫祐一3佐(航校宇都宮校)▽大野貞広3佐(東京地本)▽大場利英1尉(北海道処苗穂支)▽大場由幸2尉(情本)▽大橋英一1尉(117教大)▽大橋勝彦2佐(2曹教)▽大堀庸夫2尉(西方会)▽大牧剛2尉(東京地本)▽大道富士男2佐(旭川駐業)▽大柳秀輝2尉(9師団付隊)▽大矢根剛二2尉(施校)▽大山光雄3佐(関東処)▽岡島則夫2佐(会監)▽尾形和廣1尉(北千歳駐業)▽岡村勇3佐(南関東局)▽岡本亀壽1尉(美唄駐業)▽小川宏2佐(関西処桂支)▽奥田謙一2尉(6施大)▽尾崎昭生2尉(1地対艦ミサイル連隊)▽小澤俊雄3佐(豊川駐業)▽小副川祐二2尉(41普連)▽小平盛雄1尉(6高特大)▽小野英治2佐(大分地本)▽小野憲司1尉(東北方後支隊)▽小野仁3佐(東方後支隊)▽小野泰利3尉(西方特)▽小野塚光彦1尉(7特連)▽甲斐実弥1尉(19普連)▽甲斐広幸3佐(別府駐業)▽甲斐雄二3佐(8師団)▽柏原憲一3佐(通校)▽片平啓二2佐(東方ヘリ隊)▽加藤伊佐夫2佐(7飛隊)▽加藤修1尉(北方混団)▽加藤千二2尉(1輸送ヘリ群)▽兼重貴2佐(2後支連)▽上村正幸3佐(駒門駐業)▽神谷好美1尉(10特連)▽亀川浩美1尉(43普連)▽亀野義広2佐(九州処)▽狩野武彦2尉(119教大)▽河内迫晴美1尉(43普連)▽川崎良金1尉(4特群)▽川島大治1尉(北方航)▽河野成児2尉(2後支連)▽川畑政巳2佐(5施団)▽川本畯1尉(4後支連)▽勘野昇二2尉(2特連)▽菊田勝弘2佐(1輸送ヘリ群)▽菊地秀次3佐(1ヘリ野整備隊)▽岸川勝則1尉(長崎地本)▽北川達海2尉(関東処)▽北村誠2佐(通校)▽喜讀敏春2佐(3曹教)▽木村秀若3佐(高射校)▽木村裕幸2佐(青森地本)▽木村幸保1尉(72戦連)▽木山博史2尉(14普連)▽京野克宏1尉(ヘリ団)▽日下部幸永2尉(関西処)▽久住雅彦3佐(1後支連)▽工藤一則2尉(仙台駐業)▽工藤大3佐(関東処古河支)▽久保田嘉和2佐(北熊本駐業)▽熊谷一久2尉(東北方情処隊)▽久米栄2尉(鳥取地本)▽倉谷俊一1尉(4普連)▽栗田剛司1尉(福岡病院)▽黒川英美3佐(補統)▽黒木忠一2尉(九州処)▽黒沢春雄1尉(警務隊)▽高坂清3佐(123地警)▽古川収1尉(9偵)▽小塊清2尉(古河駐業)▽小島明1尉(兵庫地本)▽児玉富士夫3佐(5高特群)▽後藤健一3佐(122地警)▽小林修2尉(高射校)▽小林敏雄2尉(松本駐業)▽小林稔3佐(9後支連)▽小牧正1尉(中音)▽古味耕喜1尉(信太山駐業)▽小宮良之3佐(東方会)▽小森信彦2佐(北方後支隊)▽小山一喜1尉(輸校)▽齋藤剛2尉(71戦連)▽齋藤利幸2尉(44普連)▽齋藤伸弘1尉(西方通群)▽齋藤祥夫3佐(防研)▽酒井孝幸2尉(6特連)▽坂下正志1尉(北熊本駐業)▽坂本滋1尉(西方通群)▽佐久間芳行1尉(東北方通群)▽迫田一博2尉(西方通群)▽佐々木勝彦2佐(9高特大)▽佐々木均1尉(38普連)▽佐々木勝2佐(東北処)▽佐々木利栄2尉(板妻駐業)▽笹倉幸雄2尉(北方通群)▽貞幸伸2佐(阪神病院)▽佐藤浩1尉(沖縄地本)▽佐藤正照3佐(北海道処)▽佐藤安美3佐(西方会)▽里麻昭夫3佐(松本駐業)▽佐野真木男2尉(1機教)▽鮫島昭信1尉(竹松駐業)▽澤原勝昭1尉(24普連)▽澤本達也2尉(11後支隊)▽塩田均1尉(幌別駐業)▽志垣幸雄3佐(帯広地本)▽茂田修二1尉(九州処)▽重光誠司1尉(中方会)▽志田祐子1佐(中央病院)▽篠田孝司2尉(高射校)▽柴山重徳2尉(12後支隊)▽紫尾田一徳2佐(鹿児島地本)▽澁谷弘3佐(仙台駐業)▽島田忠徳3佐(米子駐業)▽嶋田光義1尉(1特群)▽島ノ江彰功2佐(4特連)▽清水和輝1尉(兵庫地本)▽清水眞2佐(中央病院)▽下元雄彦3佐(岡山地本)▽下山光史1尉(関西処)▽庄松雄3佐(福岡病院)▽城島和正3佐(4師団付隊)▽白石雄三2尉(東北処)▽白岩隆2佐(北方後支隊)▽白川豊1尉(中方付隊)▽白水政昭2尉(19普連)▽杉本和男2尉(鳥取地本)▽鈴木克己1尉(9後支連)▽鈴木敏博2佐(小倉駐業)▽鈴木勝1尉(滝川駐業)▽鈴木宗雄2尉(富士病院)▽鈴木渡3佐(関東処)▽砂川佳一2佐(ヘリ団)▽関一1尉(郡山駐業)▽関原進3佐(2普連)▽早田隆2佐(曹気隊)▽園田正敏1尉(2高特団)▽平良けい子2佐(関東処)▽高木勇次郎3佐(同)▽高澤昭彦2尉(高田駐業)▽高嶋裕2尉(遠軽駐業)▽高田幸男2尉(9特連)▽高藤博行2尉(北海道処)▽高橋修3尉(13偵)▽高橋茂1尉(6師団)▽高橋平1尉(8師団)▽高橋徳雄1尉(北海道処)▽高橋吉彦2尉(船岡駐業)▽高濱修一1尉(9後支連)▽田上雅昭2佐(小平校)▽高本稔1尉(1混団)▽滝沢章1尉(126地警)▽田口登志也2尉(21普連)▽武石純一3佐(幹候校)▽竹下俊也2尉(42普連)▽竹下信男3尉(5特隊)▽竹田大乗2尉(岐阜地本)▽武田政司2尉(5曹教)▽武田良二2佐(14後支隊)▽田嶋喜久男1尉(120地警)▽田代和政3佐(関東処古河支)▽田中信一3佐(西方衛)▽田中隆幸2佐(11旅団)▽田中秀海3佐(長崎地本)▽田中均2尉(情保隊)▽田中稔1尉(姫路駐業)▽田中洋一2佐(高知駐業)▽谷也瑞樹2尉(中方通群)▽谷本昭博2尉(47普連)▽谷本隆3佐(北千歳駐業)▽谷脇千博1尉(37普連)▽田原一晃1尉(倶知安駐業)▽田渕孝弘2佐(1高特団)▽田村哲也2佐(情保隊)▽田村準人2佐(青森駐業)▽丹下幸男2尉(高射校)▽丹治等2尉(北恵庭駐業)▽千葉昌弘2佐(航校霞ヶ浦校)▽塚崎忠志1尉(118教大)▽蔦木治夫2尉(立川駐業)▽鶴田康1尉(北方後支隊)▽鶴田義光2佐(情本)▽鶴留重弘3佐(関西処)▽鶴原浩之1尉(304無線誘導機隊)▽手嶋輝1尉(41普連)▽手嶋健祐2佐(3高特群)▽土井啓光2佐(高射校)▽鴇匠3佐(東北方ヘリ隊)▽徳永誠次2佐(2曹教)▽戸田正久3佐(中音)▽外山勝雄3佐(日本原駐業)▽直井邦男1尉(警務隊)▽永井達雄1尉(9偵)▽中永興信3佐(14普連)▽長尾明宏2佐(九州処)▽長岡章3佐(12特隊)▽長岡誠二3佐(6師団)▽中川顕司1尉(大久保駐業)▽中川原勝夫1尉(訓練評価隊)▽中島隆光3佐(情保隊)▽中島遠3尉(西方通群)▽中瀬隆2佐(大村駐業)▽中武孝則3佐(東方)▽中武裕志1尉(24普連)▽中谷政憲2尉(37普連)▽長戸良治3佐(113教大)▽中西茂雄1尉(補統)▽中道進3佐(東方会)▽中村隆宏2佐(中方航)▽中村武好3佐(119教大)▽中村隼人2佐(2師団)▽中元一孝3佐(関西処)▽中山総一郎2佐(19普連)▽永山清光1尉(3対戦ヘリ隊)▽成澤武志2佐(富校)▽難波悟2尉(青野原駐業)▽新妻裕一2尉(東北処)▽西岡保1尉(航校)▽西谷富生2佐(松山駐業)▽西間木亙1尉(東方)▽西村昭彦1尉(航校宇都宮校)▽西山幹哉3佐(情保隊)▽二瓶宏1尉(4普連)▽納富文治1尉(補統)▽野澤裕之2佐(群馬地本)▽野田頭照雄2尉(八戸駐業)▽野々下孝一2尉(大分地本)▽野村達也3佐(北熊本駐業)▽橋口志朗2尉(川内駐業)▽橋満稔1尉(宮崎地本)▽橋本哲也1尉(関西処)▽蜂谷憲一3佐(化校)▽八反田勝広3佐(竹松駐業)▽花田公世2佐(青森地本)▽花田豊喜3佐(川内駐業)▽馬場吉治3佐(4特連)▽濵本善広1尉(守山駐業)▽羽村公志3佐(13後支隊)▽早坂勇2尉(3普連)▽早坂栄司1尉(7後支連)▽原田浩一1尉(6通大)▽原野康雄1尉(飯塚駐業)▽張石稔2佐(石川地本)▽榛澤一郎2尉(12後支隊)▽馬場博重1尉(福知山駐業)▽日置一也3尉(九州処健軍支)▽東弘毅1尉(熊本地本)▽東田政尋1尉(青森駐業)▽日熊道郎1尉(西方通群)▽日高照秋3尉(43普連)▽日戸俊男2尉(4特群)▽鶴野正文1尉(関東処古河支)▽平川浩二1尉(別府駐業)▽平原辰男3佐(18普連)▽平山經祐2佐(西方航)▽広井秀昭2佐(装本)▽福井伸1尉(1高特群)▽福岡正一2佐(2特群)▽福島信介1尉(東方航)▽福田幸一1尉(1高特群)▽福田裕2佐(北海道処)▽福原光孝3佐(帯広駐業)▽福山幸弘3佐(3高特群)▽藤井賢治1尉(2高特団)▽藤川修1尉(真駒内駐業)▽藤田元也2尉(東京地本)▽藤田義昭2佐(8偵)▽伏見誠2尉(北富士駐業)▽藤本弘光3佐(9後支連)▽藤原敬三3佐(東北処)▽古家茂治1尉(8通大)▽古澤豊己1尉(6普連)▽保坂初美1尉(武山駐業)▽保坂光延2尉(2施群)▽細川幸彦2尉(5施群)▽細川賴行3佐(情保隊)▽細谷智彦2尉(中基シス通)▽穂積英光3佐(北海道処)▽堀博文1尉(10後支連)▽堀下光幸2佐(北方)▽本多秋広2尉(16普連)▽前園則男1尉(通校)▽前田英次3佐(2特連)▽前田昇二1尉(幹校)▽前田徹3佐(熊本地本)▽牧山治義2尉(118教大)▽正城卓巳3佐(北方輸)▽松井一3佐(留萌駐業)▽松浦紀之3佐(札幌病院)▽松浦龍司3佐(13後支隊)▽松岡和彦3佐(小郡駐業)▽松岡隆治1尉(西方通群)▽松下忠代志3佐(豊川駐業)▽松下誠1尉(大分地本)▽松田憲一郎2佐(113教大)▽松本俊英2佐(東方通群)▽松本守3佐(北海道処)▽松吉和昭2尉(19普連)▽丸山圭司3佐(日本原駐業)▽萬原寺茂3佐(北海道処)▽三浦弘3佐(美幌駐業)▽三浦三洋2佐(島根地本)▽三上晃3佐(47普連)▽水嶋誠3佐(岡山地本)▽光成砂和男3佐(北方後支隊)▽三富敏夫2佐(練馬駐業)▽皆越博久3佐(関東処松戸支)▽三森国夫1尉(茨城地本)▽宮川誠一3佐(神町駐業)▽宮越宣行3尉(北方付隊)▽宮崎輝彦2佐(九州処)▽宮田範男1尉(5後支隊)▽三吉和昭3佐(46普連)▽村岡信次2佐(補統)▽村上昭彦3佐(中央会計隊)▽村上豊喜3佐(西方航)▽村上吉一1尉(帯広地本)▽村田邦生1尉(7師団付隊)▽村田忠志2尉(9後支連)▽持留優2佐(4通大)▽森和好3佐(12特隊)▽森益雄3佐(中方会)▽森島郁雄2尉(2特連)▽守田克敏1尉(情本)▽森田堂友2尉(5特隊)▽森田康博3佐(13旅団付)▽守永宏3佐(西方)▽森藤泰秀2尉(4師団付隊)▽森谷誠2佐(航校霞ヶ浦校)▽森山勝也1尉(16普連)▽矢尾一幸1尉(立川駐業)▽八木廣高2尉(情保隊)▽八木場茂基3佐(飯塚駐業)▽保田賢治3佐(九州処)▽安山正人2佐(113教大)▽山形昭俊1尉(9高特大)▽山口大輔1尉(17普連)▽山口弘幸2佐(航校霞ヶ浦校)▽山口芳夫1尉(30普連)▽山崎時光2尉(1曹教)▽山下治夫3尉(5曹教)▽山田洋1尉(東北処)▽山田守2佐(東北方)▽山根栄次3佐(米子駐業)▽山根猛3佐(10後支連)▽山村豊2尉(1戦群)▽山本喜美男1尉(関西処桂支)▽山本清輔2尉(5高特群)▽山本幸男2佐(善通寺駐業)▽結城章夫2尉(霞ヶ浦駐業)▽横手行廣3佐(12普連)▽横道輝男3佐(札幌地本)▽横山泰三2尉(北教連)▽吉岡清正1尉(西方会)▽吉田信治3佐(東北方混団)▽與島重光2佐(15旅団)▽米倉敏博2佐(守山駐業)▽四方田繁雄3佐(出雲駐業)▽若井正敏2佐(3曹教)▽若林秀雄2尉(釧路駐業)▽脇本輝夫2佐(情本)▽和栗利夫1尉(12後支隊)▽和田孝敏1尉(9特連)▽和田武二1尉(東方会)▽渡邊公雄3佐(北方会)▽渡邉純一2佐(美幌駐業)▽渡邊俊輔3佐(北方通群)▽渡邊廣行1尉(10通大)▽渡邊由紀夫3佐(東方衛)▽渡部良二2尉(関東処)

■海自(83人)

▽上石義幸2尉(横須賀病院)▽阿部俊之2佐(八シス通分)▽荒木一德3佐(呉潜基)▽有井秀彦1尉(呉教)▽池田昭2尉(2術校)▽石井智也3佐(情本)▽石川忠祐3佐(31整補隊)▽石川喜則2尉(八シス通)▽石村恭久1尉(111空)▽岩渕浩3佐(中シス通)▽上野博文3佐(佐造補所)▽内村八州幸1尉(大基業)▽神中敏治3佐(村空基)▽遠藤和弘2尉(203整補隊)▽太田公芳3佐(佐造補所)▽大波敏弘1尉(横弾補所)▽大元茂2尉(1術校)▽大森仁1尉(艦補処)▽岡村成紀2佐(総空基)▽尾原信幸3佐(由基分)▽小宅幸喜1尉(教空団)▽風間忠亥3佐(指通シス隊)▽上久保嘉人2佐(大弾補所)▽川崎孝3佐(佐造補所)▽神田忠光1尉(佐指隊)▽久家正登3佐(72空)▽工藤保3佐(余防)▽久保田肇1尉(船基分)▽久保田稔1尉(護衛艦とね)▽熊谷良悦1尉(護衛艦ちくま)▽栗林和生1尉(厚空基)▽小林富雄2尉(大警)▽近藤誠1尉(舞指隊)▽斉藤亮3尉(八空基)▽坂本司2尉(1整補隊)▽佐々木秀夫1尉(北観所)▽佐藤俊範1尉(村空基)▽澤目国弘3佐(八空基)▽篠﨑睦弘3佐(村警分)▽篠原清治2尉(202整補隊)▽下平賀津雄2尉(鹿験所)▽白田博久2佐(九州局長崎支局装備課)▽菅沼照夫3佐(空補処)▽菅原実2佐(22整補隊)▽瀧本茂1尉(大監)▽武田誠1尉(2空修隊)▽竹本真司3佐(24空)▽立元敏春3佐(護衛艦あまぎり)▽戸田宏充3佐(佐監)▽冨永安雄3佐(佐造補所)▽中川功1尉(徳空基)▽庭木隆1尉(佐指隊)▽野坂義雄2尉(31整補隊)▽野津英世1尉(呉教)▽畑中光雄1尉(2整補隊)▽原一之3佐(護衛艦きりさめ)▽原口達哉2佐(潜訓)▽平岡信夫2佐(31整補隊)▽福原稔2尉(経装局)▽福本俊樹1尉(情保隊)▽藤井真治2尉(月空基)▽藤重幸夫1尉(岩空基)▽前田博之1尉(呉教)▽政廣文順1尉(24空)▽増子勉2尉(2整補隊)▽松田幸雄1尉(佐警)▽松橋正人3佐(横警)▽水谷宏之2佐(203教空)▽峯廻佳典2佐(佐警務)▽宮野幸男3佐(22整補隊)▽見良津文彰1尉(佐監)▽村松伸一1尉(3術校)▽森範幸1尉(多用途支援艦あまくさ)▽森下力2尉(3術校)▽森山信吉1尉(函基)▽安永俊彦2佐(近畿中部局)▽柳川悟2尉(203整補隊)▽山下勝彦1尉(佐警)▽山森正信1尉(1空)▽吉澤仁2佐(南関東局)▽由元保志1尉(2術校)▽和田啓二2尉(25空)▽渡邊政則2尉(村空基)

■空自(74人)

▽浅賀正巳3佐(幹校)▽阿慈地浩2尉(6空団)▽安部誠3佐(8空団)▽有松美津次2佐(1補立川支)▽安東武雄2佐(救難団)▽安藤正美2佐(4補)▽石川博信2佐(5空団)▽石橋英治2佐(補本)▽伊藤密秀3佐(医実隊)▽糸田健児2佐(2高群)▽稲垣勝彦3佐(管制群)▽井上寛2佐(西警団)▽岩切順二3佐(補本)▽岩﨑昌信3佐(教整隊)▽上村幸嗣3佐(気象群)▽大古場廣二3佐(西警団)▽大淵成樹2佐(航安隊)▽大道和義2尉(3空団)▽岡野政義3佐(6空団)▽恩村忠男2佐(北関東局)▽柿木功2佐(中警団)▽柏木信和2佐(特輸隊)▽片山満3佐(3術校)▽河野義人3佐(幹校)▽木下東次郎3佐(5空団)▽君島健司2佐(飛実団)▽日下賢治3佐(警空隊)▽國元一正2佐(気象群)▽黒澤栄2佐(1補)▽坂井田祐二3佐(4補東北支)▽坂爪忠道2佐(2空団)▽坂元俊也1尉(作情隊)▽佐藤義政2佐(空中音)▽沢尾宏之2尉(6高群)▽重丸健一2佐(83空隊)▽志田甚市2佐(2空団)▽篠原良二2尉(飛点隊)▽白土高志3佐(情保隊)▽城本康一2佐(3術校)▽鈴木和彦3佐(中警団)▽鈴木健一2佐(警空隊)▽関屋博文3佐(南施隊)▽高橋重美3佐(情保隊)▽武田勝則2佐(4補高蔵寺支)▽武知忍3佐(空教隊)▽竹本貴志3佐(北関東局)▽塚本吉胤2佐(西警団)▽中村真二3佐(北警団)▽中山秋生2佐(情本)▽野上秀美2尉(3空団)▽野﨑幸延2佐(中警団)▽橋本忠紀2佐(総司飛)▽濱島洋一2佐(1空団)▽原義和3佐(北警団)▽藤田秀司3佐(2補)▽舟井幸博3佐(幹候校)▽古江大2佐(西警団)▽古川雅章2佐(補本)▽堀之内美津雄2佐(飛点隊)▽増田義雄2佐(気象群)▽松本明彦2佐(実験群)▽丸川新吾2佐(開発集団)▽三木文隆2佐(5空団)▽宮入一生2佐(空教隊)▽宮前武史2佐(3輸空)▽屋敷進1尉(幹候校)▽安居隆明3佐(同)▽柳岡善行2佐(4空団)▽山口浩吉3佐(北空)▽山添謙児3佐(総隊)▽山田好昭2尉(4補東北支)▽横浜弘志2尉(3補)▽米徳2佐(補本)▽若松孝文2佐(北警団)

■瑞宝単光章(349人)

■陸自(242人)

▽相沢伸二3尉(富校)▽赤川昭美3尉(関東処松戸支)▽阿久津亨3尉(6地対艦ミサイル連隊)▽浅井芳光3尉(19普連)▽安部郁生3尉(湯布院駐業)▽阿部道彦3尉(静内駐業)▽荒松修一3尉(36普連)▽安藤勝則3尉(44普連)▽安藤茂3尉(北海道処)▽池田弘光3尉(38普連)▽池田光優3尉(101基シス大)▽池田洋一3尉(宮崎地本)▽池本正美3尉(中方総務部)▽石井敏明3尉(茨城地本)▽石井俊弘3尉(中央病院)▽石井政邦3尉(9偵)▽石川一茂3尉(東北方会)▽石川信行3尉(東北処反町弾支)▽石黒嘉昭3尉(7特連)▽石澤和吉3尉(3高特大)▽一水杉男3尉(8特連)▽伊藤淳一3尉(21普連)▽伊藤次男3尉(東北処)▽伊藤映人3尉(情保隊)▽伊藤均3尉(44普連)▽稲葉真二3尉(1特群)▽猪友一3尉(12旅団)▽岩本豊3尉(秋田駐業)▽植田信隆3尉(中方会)▽上原芳郎3尉(42普連)▽内松幸一3尉(東京地本)▽内山博幸3尉(東北処)▽梅田壽三夫3尉(10高特大)▽瓜生三郎3尉(1後支連)▽江藤毅3尉(北方付隊)▽及川伸一3尉(東北処反町弾支)▽大石博志3尉(17普連)▽大川政春3尉(13特隊)▽大澤好正3尉(9後支連)▽大空勲3尉(北海道処)▽大竹文乃夫3尉(東北方通群)▽大竹柳二郎3尉(1機教)▽大西英之3尉(2師団)▽大野浩二3尉(7普連)▽大森伴彦3尉(1普連)▽岡田清隆3尉(釧路駐業)▽小川勝人3尉(中特防)▽沖原武則3尉(情保隊)▽小椋伸二3尉(今津駐業)▽小椋正門3尉(金沢駐業)▽落合明3尉(関東処古河支)▽小野俊一3尉(9後支連)▽尾ノ上昭徳3尉(鹿児島地本)▽小室信義3尉(金沢駐業)▽海上豊3尉(大村駐業)▽笠井信一3尉(31普連)▽柏村晃嗣3尉(山口地本)▽勝俣和廣3尉(富校)▽加藤伸一3尉(9特連)▽門山敏一3尉(2後支連)▽金井田倉幸3尉(18普連)▽金田秀樹3尉(2高特団)▽亀﨑誠也3尉(福岡地本)▽萱野敏美3尉(小平校)▽神庭進3尉(13後支隊)▽菊池芳彦3尉(11特隊)▽北原恵二3尉(情本)▽木之下義行3尉(24普連)▽木村公彦3尉(8後支連)▽木村元治3尉(11後支隊)▽京口毅3尉(補統)▽楠田重信3尉(16普連)▽工藤浩二3尉(10特連)▽熊野寿徳3尉(11旅団付隊)▽熊野正行3尉(北方施付隊)▽黒石忠明3尉(久居駐業)▽小芝純一3尉(33普連)▽小島晃3尉(新町駐業)▽後藤誠一3尉(1戦ヘリ隊)▽後藤忠雄3尉(6師団付隊)▽小林修一3尉(5普連)▽小林久典3尉(10特連)▽小林誠3尉(装実隊)▽小林良治3尉(守山駐業)▽小牧伊三吉3尉(真駒内駐業)▽権藤弘司3尉(九州処)▽齊藤達郎3尉(西方情)▽齊藤彦士3尉(73戦連)▽齋藤泰章3尉(東北処)▽齋藤優3尉(新発田駐業)▽酒井仁3尉(幹校)▽坂尻守3尉(守山駐業)▽坂梨英樹3尉(福岡病院)▽佐々木功3尉(岩手駐業)▽笹田勉3尉(北方対舟対戦)▽佐竹良雄3尉(6特連)▽佐藤功3尉(24普連)▽佐藤隆志3尉(10施群)▽佐藤孝吉3尉(仙台病院)▽佐藤秀幸3尉(6通大)▽佐藤秀幸3尉(関東処吉井弾支)▽佐藤雅夫3尉(34普連)▽佐藤光広3尉(東方航)▽三岳亨3尉(122地警)▽塩飽清史3尉(阪神病院)▽下澤敏朗3尉(松本駐業)▽下田和光3尉(16普連)▽白石英雄3尉(5施団付隊)▽白石央3尉(43普連)▽白崎久志3尉(1地対艦ミサイル連隊)▽秦泉寺亨3尉(127地警)▽末永盛男3尉(2施団付隊)▽杉山英美3尉(訓練評価隊)▽祐川和幸3尉(2後支連)▽鈴木勝美3尉(20普連)▽鈴木菊雄3尉(312ダンプ車両中隊)▽鈴木裕3尉(6高特大)▽須藤茂3尉(5普連)▽隅谷正信3尉(東方後支隊)▽関正3尉(7特連)▽瀬戸口健治3尉(川内駐業)▽高清水千喜男3尉(東北方混団)▽高塚勝司3尉(相浦駐業)▽高橋勝次3尉(通校)▽高橋伸治3尉(豊川駐業)▽高橋博3尉(11後支隊)▽高橋学3尉(東京地本)▽高橋義明3尉(神奈川地本)▽田川健司3尉(19普連)▽武澤一夫3尉(関東処古河支)▽武田照夫3尉(東方会)▽武田光明3尉(善通寺駐業)▽田代文雄3尉(10師団付隊)▽田中重昭3尉(4特連)▽田中隆3尉(3普連)▽田沼浩3尉(新町駐業)▽筒井圭司3尉(西方後支隊)▽津野幸信3尉(東北方後支隊)▽坪田貞雄3尉(10施大)▽寺門秀泰3尉(1後支連)▽遠越孝宏3尉(東北方航)▽德弘恒美3尉(高知地本)▽土肥傳3尉(福岡病院)▽中川正一3尉(北方航)▽中島茂3尉(朝霞駐業)▽中島久志3尉(3戦大)▽中島正人3尉(鹿追駐業)▽中園哲郎3尉(8戦大)▽中出孝治3尉(3特隊)▽長野修一3尉(8高特大)▽長野孝義3尉(玖珠駐業)▽中東昭3尉(久居駐業)▽名嘉眞儀孝3尉(那覇駐業)▽中村真二3尉(103施器)▽中村良人3尉(久留米駐業)▽成枝卓三3尉(43普連)▽成田誠3尉(弘前駐業)▽西盛人3尉(8特連)▽西田康晴3尉(函館地本)▽沼倉透3尉(4特群)▽野村三智夫3尉(西方特)▽羽賀衛和3尉(補統)▽橋本康宏3尉(4特群)▽長谷川薫3尉(久居駐業)▽長谷川一二3尉(1後支連)▽長谷川住夫3尉(大久保駐業)▽畠中勝己3尉(金沢駐業)▽畑中正行3尉(多賀城駐業)▽濱尾悦司3尉(4特防)▽濱崎俊也3尉(中方付隊)▽早田正郁3尉(8偵)▽原田進3尉(6後支連)▽日置裕義3尉(8後支連)▽東久3尉(37普連)▽平井輝明3尉(小平校)▽平井靖彦3尉(中方衛)▽福井俊弘3尉(4後支連)▽福島博3尉(富校)▽福島貴3尉(即応集団付隊)▽福田彰3尉(15普連)▽福地文雄3尉(九州処)▽藤井悟3尉(8普連)▽藤井龍雄3尉(5施隊)▽藤野憲明3尉(4特群)▽藤本雅幸3尉(岡山地本)▽藤山賢一3尉(大村駐業)▽古川法一3尉(長崎地本)▽北條道男3尉(大宮駐業)▽法花津和弘3尉(福岡病院)▽法花津直之3尉(1高特大)▽堀内晴男3尉(東方後支隊)▽堀内靖造3尉(19普連)▽堀田仁司3尉(西方警務)▽前田美夫3尉(ヘリ団)▽前原明3尉(5後支隊)▽前本邦彦2尉(47普連)▽牧野和好3尉(11施群)▽増田一徳3尉(静岡地本)▽俣村雄二3尉(4特連)▽松井美喜雄3尉(5地対艦ミサイル連隊)▽松尾邦彦3尉(18普連)▽松岡健次3尉(福岡病院)▽松重康則3尉(海田市駐業)▽松永幸一3尉(関東処)▽的場喜孝3尉(35普連)▽丸田正勝3尉(27普連)▽三浦常雄3尉(南恵庭駐業)▽水落智3尉(北熊本駐業)▽光永朗3尉(40普連)▽三津谷寛幸3尉(9通大)▽三原雅彦3尉(西方後支隊)▽宮寺達也3尉(高教導)▽宮部忠実3尉(5戦大)▽宮本和則3尉(5曹教)▽六鎗勉3尉(東北処)▽村上章二3尉(4偵)▽森川清3尉(6普連)▽森口賢二3尉(海田市駐業)▽森下礼子2佐(八尾駐業)▽八木沢日出将3尉(栃木地本)▽山内康司3尉(八戸駐業)▽山岸清志3尉(10音)▽山口晃3尉(情保隊)▽山口清3尉(情本)▽山口昇3尉(22普連)▽山口晴彦3尉(情本)▽山田博美3尉(13旅団付隊)▽山本郁夫3尉(高知地本)▽山谷一敏3尉(札幌地本)▽湯本和夫3尉(化校)▽与古光文広3尉(久留米駐業)▽吉田耕司3尉(通校)▽吉富武光3尉(情保隊)▽吉野洋一郎3尉(中央病院)▽米村晃3尉(姫路駐業)▽若林久志3尉(7普連)▽和田茂3尉(8高特大)▽和田建夫3尉(46普連)▽渡部清志3尉(9通大)▽渡邊正一3尉(41普連)▽渡辺浩3尉(北海道処)▽渡邊文男3尉(44普連)

■海自(44人)

▽池田博3尉(沖基)▽池田三男3尉(鹿空基)▽石川文雄3尉(101掃隊)▽伊藤敏典3尉(51空)▽岩原幸治3尉(護衛艦こんごう)▽内堀秀典3尉(3術校)▽榎本秀勝3尉(同)▽川島功3尉(佐シス通)▽川嶋久男3尉(呉警)▽川原吹武久3尉(横監)▽北田孝彦3尉(横基業)▽木下広文3尉(厚空基)▽工藤貴美男3尉(25空)▽紅林隆一3尉(22空群)▽黒原尚憲3尉(鹿空基)▽小松泰行3尉(護衛艦しまかぜ)▽齊藤恵三3尉(海洋観測艦わかさ)▽佐藤一江3尉(2術校)▽佐藤義雄3尉(51空)▽下田正一3尉(佐警)▽菅原生3尉(気象隊)▽鈴木重輝3尉(4整補隊)▽高木勝栄3尉(24空)▽田村徹3尉(護衛艦きりしま)▽千坂憲悦3尉(横指隊)▽豊住勇3尉(護衛艦ひゅうが)▽中西俊行3尉(1術校)▽長濱雅紹3尉(鹿空基)▽永村講一3尉(22整補隊)▽中山武義3尉(舞造補所)▽新里守3尉(2空)▽橋口義則3尉(横警)▽平野直之3尉(潜訓)▽洞田隆3尉(25空)▽本郷寛3尉(横監)▽松尾末隆3尉(佐警)▽松尾忠勝3尉(護衛艦あしがら)▽溝田慶一3尉(補本)▽茂貫昌彦3尉(護衛艦ひゅうが)▽森下佳男3尉(呉シス通)▽森田正美3尉(4整補隊)▽山辺正隆3尉(佐指隊)▽吉田恭平3尉(補給艦ましゅう)▽渡辺孝3尉(横警)

■空自(63人)

▽朝川政信3尉(8空団)▽足立正美3尉(2補)▽飯村康男3尉(3空団)▽石田征弘3尉(2高群)▽石飛正司3尉(西警団)▽猪俣文男3尉(宮崎地本)▽岩崎史郎3尉(3高群)▽岩本政幸3尉(2術校)▽臼井正典3尉(2補)▽衛藤正美3尉(8空団)▽大田敏治3尉(2高群)▽岡本治3尉(5高群)▽奥川光則3尉(6空団)▽川浦晃3尉(4術校)▽工藤和教3尉(北警団)▽黒木正二3尉(西施隊)▽黒沼定雄2尉(中警団)▽桑原従久3尉(2空団)▽光源寺徹1尉(2術校)▽古家三男3尉(救難団)▽小坂元峰3尉(3空団)▽小松和吉3尉(西警団)▽榊枝三男3尉(北施隊)▽迫田一成3尉(2高群)▽忍宗範3尉(中警団)▽渋谷誠3尉(警空隊)▽下原弘美3尉(4高群)▽杉山義光3尉(7空団)▽澄川義蔵3尉(総司飛)▽相馬太幹3尉(2空団)▽高崎昌博3尉(西警団)▽高橋朗3尉(作情隊)▽田中康之3尉(北警団)▽谷元雄二3尉(西空)▽鶴川一男3尉(西警団)▽鶴留憲一3尉(情本)▽寺野康行3尉(中空)▽徳田優3尉(空教隊)▽土肥久徳3尉(同)▽富尾章3尉(83空隊)▽中島淳治3尉(2補)▽中武幸教3尉(3輸空)▽仲吉政秀3尉(9空団)▽西田敏雄3尉(同)▽西森集3尉(特輸隊)▽根岸健二3尉(1補)▽濵中征春3尉(中警団)▽原口朋納3尉(13飛教団)▽藤崎茂3尉(2輸空)▽藤巻日出夫3尉(幹候校)▽古沢登志幸3尉(1術校)▽水上博3尉(6空団)▽水谷邦彦3尉(4高群)▽三宅雅広3尉(飛実団)▽村松善信3尉(飛教隊)▽本正道3尉(1高群)▽森田計久3尉(空教隊)▽藪内信隆3尉(警空隊)▽山中誠3尉(3輸空)▽横山薫3尉(補本)▽吉住隆祐3尉(西警団)▽吉原未生3尉(2高群)▽渡部剛3尉(7空団)

現状分析から適合確認まで 「NIST基準」クリアーへ

防衛基盤整備協会　米国防省の「情報セキュリティ基準」への適合で企業支援

あらゆるものがインターネットでつながる「5G通信ネットワーク」の時代を前に、米国防省は重要な情報の漏洩を防ぐため、防衛装備品の製造や調達に関わる企業に対し、重要な情報の機密性を担保する「情報セキュリティ基準(NIST SP800―171)」への適合を要求している。この基準への適合はサプライチェーンに対しても求められているため、米国防省と直接契約していない日本の関係企業にも要求される。防衛基盤整備協会(鎌田昭良理事長)では、日本国内の企業が同基準に沿って装備品の調達・整備・補給業務などをスムーズに進められるよう、体制構築のためのコンサルティング事業を行っている。

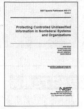

図1　CDI(CUI)の概念

Unclassified 一般情報
CDI (CUI※) 管理対象防衛情報
Classified 秘密情報

※ Controlled Unclassified Information(管理対象非秘密情報)
CDI(管理対象防衛情報)はCUIのうち、防衛関係のもの

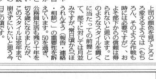

サプライチェーン全体が対象に

防衛技術

「5G通信ネットワーク」の時代、防衛装備品の研究開発・製造・整備補給などはインターネットを介し、同盟国間で同時・並行的に行われるようになる。そこで最大の脅威となるのがインターネットを通じたテロや犯罪だ。

防衛装備品の設計図など「機密」に指定された極めて秘匿度の高い情報だけでなく、「機密」には指定されていないが、仕様書やマニュアルなどのような「重要な情報」である「管理対象防衛情報(CDI＝Covered Defense Information)」(図1参照)の漏えいも防止することが重要となる。

また、各企業が保有する装備品の整備・補給記録といった一般的な資料であっても、それがハッキング(不正侵入)されてライバル国の手に渡れば、装備品の問題点などが相手に把握されてしまう。また、知らない間にデータが改ざんされれば、装備品の運用中に重大な事故が起きる恐れも出てくる。

米国では重要な情報の漏えいを防ぐためのガイドラインである連邦政府向けの「情報セキュリティ管理策(NIST SP800―53)」を定め、その中から非連邦政府組織(企業)で必要な事項をまとめた「情報セキュリティ要件(NIST SP800―171)」(図2参照)を策定した。そして米国防省は、装備品などの開発・製造にあたる企業に対してNIST基準の順守を要求している。

これは米国防省から装備品の製造を発注されたプライム企業だけでなく、その下請けまでをも含む企業群(サプライチェーン)全体が対象となっており、部品を製造する会社から委託されて整備や補給業務にあたる事業所まで、CDIを取り扱う場合にはすべてNIST基準への適合が求められている。

このNIST基準を満たしていない会社は、無条件にサプライチェーンから外されることになる。

「NIST SP800―171」の目的

このNIST基準は米国防省調達規則(DFARS)により、「管理対象防衛情報(CDI)」が含まれる契約にすべて適用され、その順守はプライム企業から下請けまでの関係全企業に求められる。このため米国の装備品の生産などに当たる日本企業も契約する際に同基準への適合が要求される。

「NIST SP800―171」の情報セキュリティは、管理対象防衛情報の保全を目的に、「14ファミリー・110項目」からなっている。

このうち「技術要件」が77項目、「非技術要件」が33項目あり、技術要件では情報セキュリティの面で「アクセス制御」「構成管理」「認証」「暗号化」「システム監視」などの項目がある。

その内容はいずれも米国方式で内容も専門的であり、また他の規定への参照も多いため、IT技術や米国の規定類に精通していないと、これをクリアーするのは難しい。

このため、日本企業が「管理対象防衛情報(CDI)」を伴う契約を米国企業と行う際、NIST基準に詳しい専門家がいないと契約するのが非常に困難となる。

図2　NIST SP800―171

コンサルティングは情報セキュリティ支援課が対応

このような状況に対応するため、防衛基盤整備協会では国内の企業などがNIST基準にスムーズに適合できるよう、「DFARS／NIST セキュリティ要件適合のための体制構築支援」のコンサルティング業務を開始した。

この支援業務は同協会情報セキュリティ部の情報セキュリティ支援課が中心となり、各企業からの要望に対応する。同支援課では独自に日本語の「NIST SP800―171セキュリティ要件解説書」と「適合状況確認シート」を作成し、企業等に対して具体的な作業手順を示し、確実に「NIST基準」をクリアーできるよう支援を行っている。

その内容は、主に①現状確認と分析を行い、問題点を抽出②適合化方針の決定③基本方針・基準の作成④実施手順の作成⑤NIST適合状況の確認――という流れになっている。(図3参照)

米国防省では、企業などに対し、「NIST基準」適合の有無を「システムセキュリティ計画(SSP)」の作成により表明することを求めていることから、支援業務は「SSP作成」までを対象とし、通常その期間は3〜4カ月を見込んでいる。

図3　コンサルティングの流れ

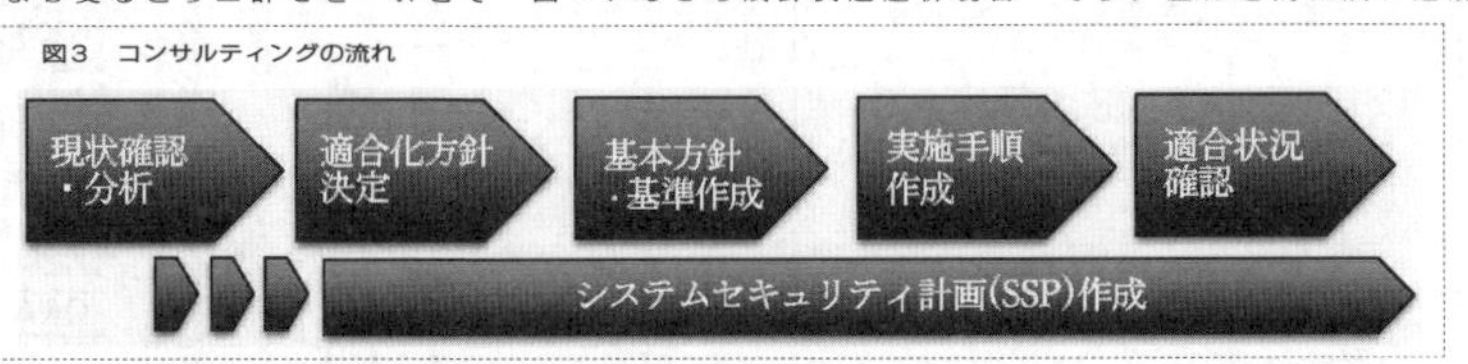

防衛基盤整備協会の同コンサルティング事業の有用性について、同協会の石渡幹生専務理事は「NIST基準への対応は、米国防関連企業と取引のある日本企業にとって喫緊の課題になっている。防衛基盤整備協会は、NISTをはじめとする情報セキュリティおよび防衛調達に関するノウハウを持った専門家をそろえており、日本の防衛産業の情報セキュリティ強化のために役立てるものと考えている」と話している。

同事業の詳細については、防衛基盤整備協会のホームページに掲載されているほか、同協会の情報セキュリティ支援課(電話03―3358―8704)で対応している。

おことわり　「技術が光る」は休みました。

技術屋のひとりごと

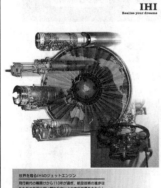

伝える、決める、逃げない

片山　泰介
(防衛装備庁・技術戦略部技術計画官)

私の尊敬する偉人の一人、アメリカの鉄鋼王アンドリュー・カーネギーの墓碑銘は、「自分より優れた能力の者を集める能力に長けた者、ここに眠る」です。幸いなことに、現在、30人以上の大へん優秀な部下と一緒に仕事をさせていただいていますが、広範多岐に渡る今の部署の業務量を鑑みれば、浅学菲才の私がスピード感を持って業務を円滑に回すことは極めて困難であり、あらためて、カーネギーの墓碑銘を心に刻んで日々を過ごしているのですが、自分より能力の高い者が部下となったからには、彼らとの信頼関係があって仕事はできるもの。人が動き、仕事が流れていくもの。いったい部下からの強い信頼を得るにはどうあるべきか自分なりに考えた結果、執務室の机の前のパソコンの裏に、相手(特に部下)から見えるように、「伝える、決める、逃げない」というものを書いて貼っています。

「伝える」は、自分が把握している情報を咀嚼して、なるべく分かりやすく部下に伝え、自分自身が何をしてほしいのかを理解してもらうこと。

そして「決める」。部下の持ってくる情報を判断し、最終的に「これでいこう」と決めること。

そして一番大事な「逃げない」こと。部下と一緒に一度決めたことを、上司の顔色を見てころころ変えるようでは(もちろん、その決めた内容が時には必要ですが)、およそ部下からの信頼は得られないと思います。このような自分のスタイルに当たっての前提として、部下に対しては月並みですが、普段から「ほうれんそう(報告・連絡・相談)」の重要性を訴えています。50を過ぎ、公務員生活も残り十年を切る歳になりましたが、このスタイルは定年までずっと自分が上司に対して説明するときのイメージ・トレーニング、日々の糧です。

世界の新兵器　524

無人攻撃機「XQ58」(米)

次世代無人攻撃機の革命的挑戦

近未来の対地攻撃作戦においては、無人攻撃機が数機から数十機の編隊を組んで彼我の情報を共有しつつ任務を分担し、単独またはこれら無人機を統制する第5世代戦闘機等と編隊を組み、敵の防空圏域内で任務を遂行すると思われる。現在、その研究開発計画が進み、米国では2種類のプロジェクトが進行中である。

その一つが空軍研究所の「LCAAT(低価格消耗航空機技術)計画」であり、その技術実証機「XQ58」が3月に初飛行に成功した。この計画は、異常に高騰する航空機価格や厳しさを増す戦場環境(中国を念頭にしている)に対抗し、「低価格で人的損耗を局限し、制空権のない空域でも任務を達成できる無人攻撃機」を活用した作戦である。製造は米国のクラトス社(近年、無人機製造等で脚光を浴びている)で、受注後わずか2年半で初飛行に成功した。民間の民生技術を多用し、量産単価は1機あたり2億円程度とされている(F35A戦闘機は約100億円)。

本機は、地上スタンドから補助ロケットで発射され、任務終了後、元の場所まで戻り、パラシュートで回収・整備し、再使用される。クラトス社では近々、複数機で編隊を組ませ、実証試験を行う予定である。

「XQ58」はステルス形状・V尾翼で、その諸元・性能等は、全長8.8m、全幅6.7m、小型ジェットエンジン単発で、最大速度マッハ0.85、航続距離約4000km、各種小型誘導爆弾4発程度を内外装できるほか、各種電子機器や偵察器材を選択搭載できるとされている。

もう一つのプロジェクトは、国防省DARPA(先進技術研究計画局)が2016年から始めた「グレムリンズ(小悪魔)」計画で、これにもクラトス社の無人機「Mako」が選ばれたようで、近々初飛行が行われる予定である。運用構想や機体規模は「XQ58」とほぼ同じであるが、発進は輸送機や爆撃機、戦闘機に複数機が内・外装されて目標に接近し、敵の防空圏域外で空中発進、任務終了後、

米空軍が研究開発中の無人攻撃機の技術実証機「XQ58」(クラトス社HPから)

元の場所まで戻り、輸送機から伸ばしたキャッチ用フックで空中回収され、基地で整備後、再使用(約20回程度)される。すでにC130輸送機で空中回収の実験が進んでいる。

このほか、米ボーイング社がオーストラリア空軍と共同開発している無人攻撃機があり、来年末の初飛行を目指している。運用構想は前述の2機とほぼ同じであるが、機体規模はF16戦闘機とほぼ同じで大きく、滑走路から離発着する。

いずれの機体も、実際に運用されることになるかどうか未知数であるが、今後の空軍の攻撃作戦に大きな影響を与えるかもしれないプロジェクトである。日本も今後、注目していく必要がある。

高島　秀雄(防衛技術協会・客員研究員)

ムーミンバレーパーク　埼玉県にオープン

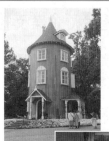

北欧のおとぎの国、ムーミン谷を訪ねてみませんか――フィンランド以外では世界初となる絵本「ムーミン」の物語を主題としたテーマパーク「ムーミンバレーパーク」（運営会社・ムーミン物語）がこのほど、埼玉県飯能市にオープンした。宮沢湖を囲む「メッツァ（森）」の中にパークはあり、来場者はここでムーミンの世界に触れることができる。その見どころを紹介しよう。（写真・文　石川穂乃香）

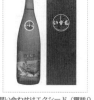

参加型で楽しむ おとぎの国

パーク内は「はじまりの入り江」「ムーミン谷」「コケムス」「おさびし山」の四つのエリアで構成され、それぞれ見どころがいっぱいだ。

広大な森の中にかわいらしい北欧雑貨のショップやレストランが並ぶ「メッツァビレッジ」を抜けると、パークの入り口「はじまりの入り江」に到着する。原作者トーベ・ヤンソンが描いたムーミンの〝本〟のゲートをくぐると、その先にはムーミン谷が広がる。

最初に現れるのは、湖上に建つムーミンパパが作った「水浴び小屋」で、木の橋を渡ると中ものぞける。木々に囲まれた道をさらに進むと、ムーミン一家らが暮らす「ムーミン屋敷」が見える。

鮮やかなブルーの外壁に白い窓、茶色の屋根がかわいらしい。地下1階～地上3階建ての屋敷は、30分毎に開催されるガイドツアー（有料）に参加すると中に入ることができ、ムーミン一家の暮らしぶりを知ることができる。

屋敷の隣にある「リトルミイのプレイスポット」（有料）はいたずら好きのリトルミイが主人公。ミイがムーミン屋敷に住むようになった経緯が参加型シアターを通じ、理解できる。

コケムスのエリアでは、スナフキンらキャラクターたちとフォトジェニックな写真を撮影できる。物語の言葉や挿絵が展示されるギャラリーでは、77種ものキャラクターが紹介されるので、ファンは必見だ。本「それからどうなるの？」を再現した体験展示では、トーベが生前に残した絵本の朗読も聞くことができる。そのほか、企画展ではムーミンの原画なども観賞できる。

限定品も数多くそろっている世界最大級のギフトショップ

ペットの同伴が可能
世界最大級のギフトショップも

ムーミンバレーパークの特徴の一つは、ペットも同伴できること。自然に囲まれたパーク内には至るところにベンチがあり、一日、ペットとのんびり過ごせるので、愛犬家には特におススメだ（アトラクション、一部エリアは入場不可）。

また、世界最大級のギフトショップもあり、ここでしか手に入らない貴重なグッズが1000点以上も販売されている。

休日の一日、子供や愛犬を連れて森の中に広がるムーミン谷を訪れてみてはいかがだろう。

ショーでも登場する〝魔法の帽子から出てくる雲〟をイメージした「雲のコットンキャンディーパンケーキ」

㊨ムーミン谷エリアの「エンマの劇場」では、1日3回、ムーミンとその仲間たちによるショーが繰り広げられる　㊤「ムーミン屋敷」の中では、家族の部屋やキッチン、食べ物などをガイドが詳しく紹介してくれる

◇ムーミンバレーパーク

開園時間は午前10時～午後8時。西武池袋線「飯能」駅北口から直行バスで約13分。車で訪れる際は駐車場の事前WEB予約がおすすめ。入場料は4歳～小学生が1,000円、中学生以上1,500円。パーク内のアトラクションは全てチケット制で、先に希望時間帯の整理券を購入する。入場券等は事前予約も可能。詳しくはホームページへ。

ひろば

水無月、風待月、鳴神月、季夏――6月。1日気象記念日、2日横浜港・長崎港開港記念日、14日五輪旗制定記念日、16日父の日、23日沖縄慰霊の日。

貴船祭　全国に約500社ある貴船神社の京都・貴布禰総本宮の祭礼。本宮で雅やかな舞楽奉納の後、華やかな金色の神輿が軽快な囃子の調べとともに貴船町内を練り歩く。　1日

チャグチャグ馬コ　農作業で共に働く愛馬に感謝する岩手県の行事。色とりどりの装束に身を包んだ約100頭の馬が、滝沢市から盛岡市までの約13キロを大きな鈴を打ち鳴らしながら行進する。　8日

マイヘルス Q&A
クラミジアと淋病
感染者との接触で感染
どちらも抗生物質で治療

◇クラミジア

Q　クラミジアはどのような原因で感染しますか。

A　感染ルートは、感染者との粘膜接触です。コンドームを使わない性行為で感染します。性器のほかにも、のどにクラミジアを持っている相手とのディープキスでも感染することがあるので要注意です。

Q　どのくらいの潜伏期間で、どんな症状がでますか。

A　感染した後は、1～3週間の潜伏期間を経た後に症状が出ますが、その症状は「尿道がむずがゆいかな？」や、「白いすけた液体が少し付いていたような？」程度のごく軽いものです。また、咽頭に感染した場合はのどが腫れたり痛くなったりすることがありますが、こちらも症状は軽いです。

Q　放っておくとどうなりますか？

A　気づかず放置するとHIVや不妊のリスクになります。

Q　どうすれば治りますか。

A　抗生物質を飲めば、1週間前後で治ります。

◇淋病

Q　淋病にはどのような原因で感染しますか。

A　性行為やオーラルセックスなど、感染者の粘膜や分泌物との接触により感染します。

Q　どのくらいの潜伏期間で、どんな症状がでますか。

A　感染後、2～9日は特に痛みや症状は現れず、その後、尿道の痛みや発熱などの症状が現れます。性行為による感染の場合は、尿道に炎症が起こり、尿道のかゆみや発熱、排尿時にうずくまるような痛みが起こります。また、尿道から黄色くドロっとした膿が出るのも特徴です。オーラルセックスによる感染の場合、咽頭に淋菌が感染することがあります。ムズムズとしたかゆみや不快感、痛み、出血などがあります。

Q　どんな人が感染しやすいですか。

A　特に不特定多数と性行為をする（した）方、コンドームなしで性行為をする（した）方は危険です。

Q　放っておくとどうなりますか。

A　治療せずに放っておくと、前立腺炎や精巣上体炎を発症する可能性があります。また、治療後に無精子症を生じる場合もあります。

Q　どうすれば治りますか。

A　抗生物質を点滴することで治療できます。

いずれにしても、あなたが感染すれば、大切なパートナーにも感染します。気を付けましょう。

自衛隊中央病院
泌尿器科
専門医・指導医
辻田　裕二郎

純米大吟醸「出雲誉」と護衛艦「いずも」がコラボ
清酒「IZUMO」発売
エクシードから

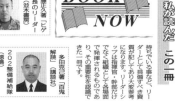

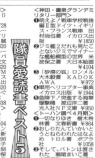

純米大吟醸「出雲誉」と、海自のヘリ搭載護衛艦「いずも」をコラボレーションした清酒「IZUMO　純米大吟醸」（720ミリリットル）が、5月20日からオンラインストアなどで売り出されている。

販売元は（株）エクシード（東京都港区）。

「出雲誉」は出雲地方（島根県雲南市）にある創業150年の蔵元、竹下本店の代表的な銘柄。

「IZUMO」は、我が国を取り巻く安全保障環境の安定のため、日夜職務に邁進している自衛官に敬意を表し、海の防人である護衛艦「いずも」の乗員の航海安全を祈願して造られた。

酒造好適米の一つ「山田錦」と、中国山地から湧き出る天然ミネラルが豊かで清らかな水を使い、出雲蔵人が米と米麹だけで丹精を込めて仕込んだ。

芳醇な香りと、純米酒ならではの深みのあるまろやかな味わいが特徴。淡い琥珀色のフルーティーな仕上がりとなっている。

10度前後に冷やせば食前酒としても楽しめる。香りが高く、味が淡いことから、刺身や白身魚料理などとの相性が良い。

販売価格は4,250円(消費税込)。

問い合わせはエクシード（電話03―6426―5016、メールinfo@jp-exceed.com）まで。ホームページは、http://jp-exceed.com/izumo/

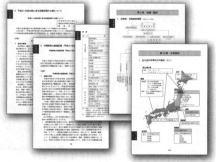

BOOK NOW
私が読んだ この一冊

佐藤正久著「ヒゲの隊長のリーダー論」（並木書房）
8師団司令部通信課（北熊本）
中島　健太2陸尉32

本書は、自衛官から政治家に転身した著者が民主党政権時の政界に対して感じた「リーダーのあるべき姿」について書かれています。

現場で自ら確認する重要性、任務分析による状況判断、常に前向きな気持ちでいる事など、リーダーとして具備すべき資質が記してあり大変参考になります。リーダーシップは指揮官・幹部だけでなく組織として各場面で発揮されるものであり、その重要性を認識できた一冊です。

多田克己著「百鬼解読」（講談社）
202整備補給隊（徳島）
寺下　千奈1海尉45

妖怪とは胡散臭く、怖いもの。そう感じている人がほとんどではないでしょうか。この本は妖怪の解説本であり、さまざまな妖怪とそれにまつわるエピソードが散りばめられています。

人間と妖怪が古くからどのように関わってきたのか、どのような存在だったのか、これを読めばきっと理解できるはずです。妖怪とは、日本人にとって文化であり、歴史であり、人間の叡智である。そんな思いを抱かせてくれる一冊です。

角田光代著「今日も一日きみを見てた」（角川文庫）
浜松気象隊
高林　詳二1空尉48

ごく普通の家庭で子猫を育てることになった飼い主と猫の関係をエッセイにした本です。猫からさまざまなことを学び、知ることで単なるペットではなく、飼い主にとって特別で大切な存在となっていく話です。

すでに動物を飼っている方やこれから動物を飼うことを検討されている方におススメですが、そうでない方もきっとほっこりとした気持ちになれ、日頃の疲れから解放される〝癒しの一冊〟だと思います。

隊員愛読書ベスト5

＜入間基地・豊岡書房＞
❶防衛ハンドブック2019　朝雲新聞社　¥1728
❷自衛隊最強の部隊へ―CQB・ガンハンドリング編　二見龍著　誠文堂新光社　¥1620
❸自衛隊最強の部隊へ―偵察・潜入・サバイバル編　二見龍著　誠文堂新光社　¥1620
❹世界の名機シリーズMiG―31　フォックスハウンド　イカロス出版　¥1620
❺空母いぶき12　かわぐちかいじ著　小学館　¥638

＜三省堂書店・神保町＞
❶働きアリからの脱出　越川慎司著　集英社　¥1404
❷日本語の発声レッスン一般編　川和孝著　新水社　¥1296
❸幸福への扉　相川圭子著　光文社　¥1188
❹ランチパスポート神保町・神田版16　DRCマーケティング　¥1000
❺FACTFULNESS　ハンス・ロスリングほか著　日経BP社　¥1944

＜神田・書泉グランデミリタリー部門＞
❶萌えよ！戦車学校戦後編Ⅱ型ドイツ・イギリス・フランス戦車　田村尚也著　イカロス出版　¥1850
❷ジミ艦2だれも見たことないジミでマイナーな艦船模型の世界　米波保之著　大日本絵画　¥4104
❸「砂漠の狐」ロンメル　大木毅著　KADOKAWA　¥972
❹軍用ヘリコプター事典　イカロス出版　¥1944
❺急降下！突進する海軍爆撃機　渡辺洋二著　光人社NF文庫　¥950

＜トーハン調べ4月期＞
❶一切なりゆき　樹木希林著　文春新書　¥864
❷おしりたんていかいとうとねらわれたはなよめ　トロル著　ポプラ社　¥1058
❸そして、バトンは渡された　瀬尾まいこ著　文藝春秋　¥1728
❹樹木希林120の遺言　樹木希林著　宝島社　¥1296
❺おしりたんていカレーなるじけん　トロル著　ポプラ社　¥1058

62年ぶり「新儀仗銃」授与

陸自302保安警務中隊へ

国賓の来日などの際に特別儀仗を行っている陸自302保安警務中隊（市ヶ谷）にこのほど、62年ぶりに新たな儀仗銃が授与され、5月22日、来日したウン・エンヘン・シンガポール国防相への特別儀仗で初めて使用された。（1面参照）

シンガポール国防相の来日 特別儀仗で初使用

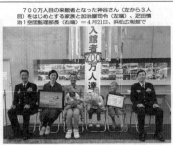

シンガポール国防相への特別儀仗で新儀仗銃を初めて使用し「捧げ銃」を行う302保安警務中隊の隊員（5月22日、防衛省で）

統制の取れた特別儀仗隊隊員の一挙手一投足の中で、新たに授与された儀仗銃が映えた。稲田創302保安警務中隊長の号令の下、約100人の隊員たちが「立て銃」「捧げ銃」などを整斉と行った。

昭和から平成にかけて特別儀仗に使用されてきた銃（M1ライフル＝米スプリングフィールド社製）は、製造から60年以上が経過し、製造が中止され、老朽化していた。国産の新たな銃の取得が進められ、開発、製造を行ってきた豊和工業（愛知県清須市）から今年3月、「新儀仗銃」が陸自に納入された。

新儀仗銃は長さが1110ミリ（着剣時は1360ミリ）、重さは3・75キロ。本体・銃床部の素材はカエデ属の樹木のメープルで、赤みを帯びた木本来の光沢が美しい。従来のM1ライフルより550グラム軽く、操作性にも優れている。

令和の新しい時代の始まりとともに使用が開始された新儀仗銃。今後、多くの行事で存在感を示していく。隊員の一人は「新たな歴史の瞬間に立ち会い、儀仗銃に魂を込める最初の隊員になれることを誇りに思う」と語っている。

62年間にわたって使用されてきた旧儀仗銃のM1ライフル（上）と新儀仗銃

302保安警務中隊　保安警務中隊は陸自各方面警務隊直轄の警務科部隊。301～305の5個部隊がある。東部方面警務隊（朝霞）直轄の302保安警務中隊は、国賓の来日などの際に約100人で特別儀仗隊を編成し、特別儀仗を行う。昭和32年10月、東京・神宮外苑で岸信介首相（当時）に第1回の特別儀仗を実施。以来62年間、任務に努め、ウン・エンヘン・シンガポール国防相への特別儀仗で儀仗回数は2867回となった。

700万人目の来館者となった神谷さん（左から3人目）をはじめとする家族と加治屋司令（左端）、迚田慎治1空団監理部長（右端）＝4月21日、浜松広報館で

入館者700万人達成

浜松広報館　開館から20年

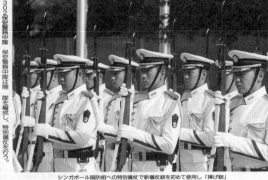

年間40万人が来館

【浜松】空自「浜松広報館（エアーパーク）」は4月21日、「入館者数700万人」を達成し、記念行事を行った。

700万人目の入館者となったのは地元浜松市の建設業、神谷知之さん（37）。神谷さんは妻の竹美さん（32）、長男の忠宏君（6）らとともにくす玉を割って達成を祝った。加治屋秀昭浜松基地司令からは700万人目の認定証と記念品が贈られた。

神谷さんは「家族みんなが大好きで50回以上来館しています。幸運にめぐり合い、一生の思い出になります」と笑顔で話し、忠宏君は「将来はパイロットになりたい」と夢を語った。

空自の活動を広く一般に紹介する同館は「見て、体験して、楽しんで」をテーマに平成11年4月に開館。航空ファンや団体旅行者、地元市民が絶えず来訪している。近年は年間平均約40万人が訪れ、14年に累計100万人、28年に同600万人を達成。600万人達成から約2年6カ月で700万人に到達した。

館長の伊藤巌事務官は、「開館20周年の年に700万人を達成することができた。今後もさらに皆さまに楽しんでいただける施設を目指し、創意工夫をしていきたい」と話している。

東方がPR冊子「陸女」作成

女性自衛官の活躍紹介

東方募集課が作成した女性自衛官PR冊子「陸女」の表紙

陸自東部方面隊（朝霞）はこのほど、各職種の女性隊員の活躍を紹介するパンフレット「陸女」（A5版・全24ページ）を作成。管内の各地本で募集対象者やその関係者に配布され、好評を博している。

昨年10月の観閲式で女性自衛官部隊指揮官を務めた東方通信群105基地システム通信大隊長の千葉奈央2佐や、同12月に陸自初の方面隊最先任上級曹長に着任した斉木学美准尉など、さまざまな職種で活躍する東方の女性隊員約20人を紹介。女性自衛官の教育の様子や福利厚生（庁内託児所、女性活躍推進制度）についても掲載している。

国連の「アフリカ施設部隊早期展開プロジェクト（ARDEC）」での女性隊員の活躍も紹介されている。

作成を担当した募集課の石川順子1尉は「作成に当たりプロジェクトチームを立ち上げ、撮影、編集の全てを女性自衛官だけで行った」と語り、「多くの方に女性自衛官の活躍を知ってほしい。保護者や学校関係者にもぜひ手に取ってもらいたい」と話している。

12普連が復旧支援

大雨被害の口永良部島　導水管破損で断水

断水していた口永良部島の金岳小・中学校で導水再開を喜ぶ女子生徒ら（5月23日）

鹿児島県の口永良部島で5月18日、大雨の影響で導水管破損による断水が発生し、また一部の住宅が床上浸水の被害を受け、陸自12普連（国分）が復旧支援に当たった。

自治体での対応が困難なことから19日午後11時、三田園訓県知事から渡辺12普連長に災害派遣が要請された。

連隊は西方総監部幕僚部らと被害状況を確認。21日午前11時ごろ、12普連本[illegible]心とした隊員約10人が西方航（高遊原・目達原）のCH47JA輸送ヘリで口永良部島に到着した。

隊員たちは直ちに断水復旧作業を開始し、塩ビニール製配水管パイプ[illegible]の土砂の除去を行った。[illegible]

活動実績は、人員延べ約270人、航空機[illegible]。

日米防衛協力関連法成立に尽力

野呂田元防衛庁長官死去

野呂田芳成氏（のろた・ほうせい＝元衆院議員、元防衛庁長官）5月19日午後3時23分、ぼうこうがんのため東京都内の病院で死去、89歳。葬儀は近親者のみで行った。後日お別れの会を開く。

秋田県出身。中央大学卒業後、旧建設省に入省。1977年の参院選に秋田選挙区から出馬し、初当選。その後、衆院に転じて連続8期務めた。95年に村山改造内閣で農相として初入閣。98年11月～99年10月まで小渕改造内閣で第60代防衛庁長官を務め、日米防衛協力のための指針（ガイドライン）関連法成立に尽力した。北朝鮮工作船による能登半島沖不審船事件で自衛隊発足以来初の海上警備行動を発令した。

こちら警務隊

暴力は「指導」ではない　15年以下懲役や罰金刑に

部下を指導するつもりで、つい熱くなり胸倉をつかんで壁に押しつけてしまった場合、罪になりますか？

刑法第204条の傷害罪に当たることが考えられ、その場合、15年以下の懲役または50万円以下の罰金に処せられます。

傷害とは、人の生理的機能を害することで、あざや骨折以外でも吐き気やめまい、嘔吐のほか、うつ状態に陥らせて精神的機能を害することも傷害に当てはまります。

けがをさせるつもりがなくても結果的にけがを負わせれば傷害罪となる場合があります。

暴力行為は「指導」ではありません。絶対にやめましょう。（中部方面警務隊）

首が！　痛っ！！

暴力行為は「指導」ではありません。

小休止

▽…空自幹部候補生学校（奈良）学生隊の[illegible]佐以下5人は5月3日、平城宮跡歴史公園（奈良市）で行われた「平城京天平行列」に参加。奈良時代の天平衣装をまとって歩いた＝写真。

▽…行列は朱雀大路から大極殿前まで、平城宮時代の天皇と貴族を模して練り歩くもの。5人は奈良県の役所で入念に所作練習を行った。天皇に近侍して宮廷の任に当たった「兵衛」役を務め、注目を集めた。

▽…末武3佐は「兵衛隊として行事に参加し、歴史を感じる貴重な経験になった」と語り、天皇陛下を守っていた兵衛隊に思いをはせていた。（奈良）

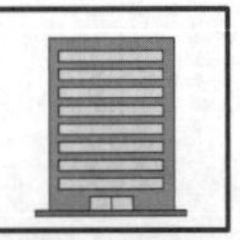

みんなのページ

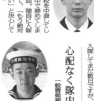

海自第21期航空学生同期会

「入隊50周年」小月に集う

海自OB　古橋　一男（栃木県小山市、元1海佐）

4月6日、山口県下関市の小月航空基地に海自第21期航空学生42名とその夫人12名が「入隊50周年記念」の同期会のために顔をそろえた。

第21期航空学生は昭和44年（1969年）3月17日、104名で教育が開始された。20期生まで横須賀教育隊で行っていた「前期基礎課程」を小月の第221教育航空隊（現・小月教育航空隊）で開始した最初のクラスであり、また、それまで空自で行っていた「操縦英語課程」も小月で行うことで、完全に海自だけの航空教育となった最初のクラスであった。

当日は小月教育航空群司令・井上竜三1佐の計らいにより、参加者は桜が満開の隊内を1時間ほど見学し、往事と変わらぬ建物を懐かしむ一方、近代化された施設に年月の流れを大いに感じることができた。

見学の途中、かつて植えた桜の木の根元にクラス名を入れた「石碑」を設置し、まさに同じ庭に咲く「同期の桜」を鑑賞した。この後、場所を移して懇親会を行い、50年前を偲んでにぎやかに昔話に花を咲かせた。

翌7日には「航翔会」（海自航空学生の会）が企画した「ネスト・カミング・デー（NCD）」に参加した。NCDは同じ巣を巣立った者の集まりを意味し、「同巣会」とも言われる。この会では部隊側の計らいにより、第71期航空学生の入隊式に参列を許され、後輩たちのはつらつとして頼もしい姿に往事の自らの姿を重ねつつ、学生代表の宣誓に我々が受け継いだものがしっかりと宿っているのを強く感じることができた。

さらに、式辞では山村海幕長から第21期が「50期先輩クラス」として、「冷戦期を乗り越え、活躍したクラスである」と紹介され、一瞬のうちに50年という時の重みと当時の先輩・同僚の姿がよみがえり、歳月を共に分かち合う感動を覚えた。

式後、飛行場において観閲行進と展示飛行、ファンシードリルを見学し、祝賀昼食会に参加した。自分たちより50も若い学生とその家族に接し、50年のジェネレーション・ギャップをつくづくと感じた。そして全ての行事が終わり、71期航空学生の今後の活躍を祈念しつつ、思い出深い小月の隊門を後にした。

「入隊50周年記念同期会」で小月航空基地を訪れ、かつて記念植樹した桜の木の下で集合写真に納まる第21期航空学生の元海自隊員とその家族

新入隊員の抱負

年齢制限変更で入隊できた

自衛官候補生　橋本　拓郎（普教連新教・滝ヶ原）

私が自衛隊に入隊するきっかけとなったのは、昨年から受験資格が変更され、入隊できる年齢が「33歳未満」となったことです。

それにより、これまで民間企業や自営業に関わってきた自分にとっては、自衛隊という新たな可能性に挑戦する機会を得たと感じています。

今後は滝ヶ原での3カ月の訓練を通じて心身を鍛え、仲間と共に一致団結して国防に貢献していきたいと考えています。また、3カ月後の新隊員特技課程に向け、体力練成を頑張り、技能を磨き、容儀等も含めて一人前の自衛官になれるよう、一つ一つ物事を着実に覚え、任務遂行のために日々の訓練に臨んでいきたいと考えています。

もう絶対に逃げ出さない

自衛官候補生　相崎　翼（普教連新教・滝ヶ原）

私は専門学校を中退してしまい、夢を途中で諦めてしまったので、今回、陸自に入隊するにあたって、「もう絶対に逃げ出さない」と決心して入隊しました。

今後は、自衛官として早く一人前になって、助けを必要としている人々の役に立ちたいと思います。そのためには日々成長して前進することが大切だと思っています。

入隊してまだ数日ですが、尊敬できる先輩方と出会うことができました。現在は、その方々を模範とし、先輩方の良い部分を自分の行動に取り入れられるよう常に意識して行動しています。

今後、定年まで自衛官をやり遂げたいという思いでいますが、まずはこの教育期間の一日一日を大切にしていきます。

心配なく隊内生活を送れた

一般曹候補生　石井　優斗（横須賀教育隊）

私が入隊しようと思った動機は、中学生の頃、海上自衛隊に強い憧れがあったからです。そして、希望どおり入隊しました。

しかしながら、私は一切泳げなかったので、海自に入隊するのは難しいと思っていました。高校3年生の時、広報官から「教育隊で訓練すれば泳げるようになるから心配いらないよ」と聞き、最終的に海自を選択しました。

そして入隊し、教育隊での生活が始まりました。今までの生活スタイルとは全く違うため辛いこともありますが、楽しいこともあります。

最初は朝6時に起床するのが大変でしたが、1週間で慣れました。また、6人部屋での共同生活についても、年齢が近い人が多いので気軽に会話をすることができ、あまり社交的ではない私にとっても、心配なく隊内生活が送れるようになりました。

日々、分隊の仲間と励まし合いながら生活していると、そのきずなが強い団結力に変わっていくのが分かります。

訓練も厳しいですが、耐えられないほどではなく、テレビで見る自衛隊とは異なることが多いと感じました。

最初は不安もありましたが、教育隊でしっかり教えてくれるので大丈夫でした。自衛隊に興味があったり、いま進路で悩んでいる人がいたら、一度、自衛隊の話を聞いてみてはどうでしょうか。

（世界の切手・フィンランド）

大切なのは自分のしたいことを自分で知ってるってことだよ。

トーベ・ヤンソン（フィンランドの作家）

朝雲ホームページ
www.asagumo-news.com
＜会員制サイト＞
Asagumo Archive
朝雲編集部メールアドレス
editorial@asagumo-news.com

女性初、ATM課程に入校

陸士長　森川　友紀子（3陸曹教育隊・板妻）

私は4月3日、板妻駐屯地の第3陸曹教育隊で実施される「初級陸曹特技課程・ATM（対戦車ミサイル）」に女性自衛官として初めて入校しました。

この課程教育では、陸自が装備する「中距離多目的誘導弾」の特技を修得するため、全国の各部隊から学生が集まり教育を受けています。

私は着隊する2週間前まで、朝霞駐屯地にある女性自衛官教育隊に入校していて、女性自衛官ばかりの生活に慣れてしまっていたせいか、板妻駐屯地では同期の男性自衛官の背丈や体格の違いに戸惑いと不安を感じました。

そんな中で心の支えになったのは、陸曹として先輩であるATM区隊の同期生会会長の要望事項である「仲間を見捨てない」「いつも元気で」という言葉でした。

私はこの言葉に共感し、今では私が理想とする陸曹像のモットーとなっています。

入校して3週間が経ちましたが、毎日が成長のチャンスと考え、「同期や原隊の仲間のために何ができるのか」「自分はいま何をすればいいのか」を考えながら教育に励んでいます。

うまく出来ないことも多いですが、一つだけ心掛けていることがあります。それは何事にも自分が持っている力を100％出しきることです。「自信がなくても、失敗しても、指導されても、100％の力でやり抜こう」と決め、日々全力で何事にも取り組んでいます。

終わりに、教官・助教をはじめ、教育に関わっている多くの方に対する感謝の気持ちを忘れず、ATM魂である「初弾必中！」の精神を受け継ぎ、自己の責任を全うできるよう頑張っていきたいと思います。

（原隊・普通科教導連隊2中隊＝滝ヶ原）

中距離多目的誘導弾（後方）の特技修得のためATM課程に入校した森川友紀子士長

新刊紹介

「高校生にも読んでほしい平和のための安全保障の授業」

佐藤　正久著

「令和の日本も戦争のない平和な時代にするために、私たちはどうすればいいのか」をテーマに"ヒゲの隊長"で知られる元1陸佐の著者（外務副大臣・参院議員）が高校生向けに執筆した本だ。

平和の実現には武力を使わない「対話（外交）」と武力を後ろ盾とした「抑止力」が必要であるとし、日本の安全保障政策を平易に解説している。

「日本に迫る脅威・危機」の章では、南シナ海の環礁を埋め立て軍事基地を作る中国への対処法も説明。「戦わずに国を守る方法」として、積極的に真実を世界に発信すると同時に、海上保安庁を強化し、海の抑止力を高める必要があると述べる。

最後に「平和のためにできることは身近にある」として、「人的交流」の大切さを強調。大震災で被災者を援助してくれた台湾や中東戦争で日本人を救出してくれたトルコの事例を挙げ、「真心をもって外国人に接することが平和な日本の実現につながる」とし、高校生たちに世界の同世代との交流を促している。

（ワニブックス刊、1296円）

「ある村長の満州引揚げ、戦後復興奮闘記」

佐野　剛著

敗戦で修羅場と化した満州国から家族を連れ命がけで引揚げ、祖国の再建のために必死で闘った熊本県下矢部村（現・山都町）の初代村長・故佐野剛氏の手記を元に、その長男である紀元氏（防大10期、元43普連長）が再編集して復刊したルポルタージュだ。

昭和初期に一家で満州に渡り、農業技術員として働いていた剛氏。だが大陸では戦火が広がり、昭和20年8月、ついにソ連軍の侵攻が始まり、一家は追いつめられる。妻には劇薬を手渡しながらも、「決して早まるな」と伝える。

剛氏はその後、従事するが、家族を救出するためにソ連占領下のハルビンに密かに向かい、満鉄の機関士経験者30人とともに"逃亡列車"を編成する。そしてソ連軍に発見される危険がある中、家族を連れての命がけの脱出作戦が決行される。

ようやく郷里熊本に生還した剛氏は、その後、郷里の復興のため下矢部村の村長に立候補、当選して戦後の復興に乗り出す過程が描かれている。

満州脱出に際しての壮絶な情景描写は圧巻。「置かれた環境の中で、前向きに努力していけば必ず道は拓ける」――。著者の言葉は真摯に生きる大切さを教えてくれる。

（PHPエディターズ・グループ刊、1296円）

OBがんばる

まじめさ、責任感が重要

北村　敏郎さん　54
平成30年12月、自衛隊新潟地方協力本部を最後に定年退職（陸曹長）。㈱建設マネジメント北陸長岡支店に再就職し、河川の管理支援業務に従事している。

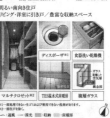

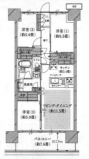

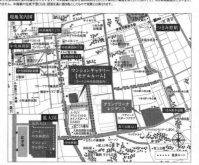

私が再就職した会社は国土交通省北陸地方整備局をメインクライアントとしており、公共事業における発注者支援業務を主軸としています。

北陸地方の公共事業はさまざまありますが、私は燕市にある信濃川河川事務所大河津出張所で堰等の管理支援業務を行っています。大河津分水路には洗堰、可動堰、西川導水門などがあり、河川の状況等を365日24時間絶え間なく監視しています。

河川は1日のうちでも水量の増減が大きく変わることがあり、水害を未然に防ぐために緊張感をもって勤務しております。縁の下の力持ち的な仕事ではありますが、大切な役割をさせていただいていると誇りを持って臨んでいます。

経験も浅く覚えなければいけないことも多いですが、アドバイスをいただいており、他にも陸自OBが活躍しているので心強く感じています。

これから定年を迎える方の中には業務に追われ、自分の将来について考えることさえ後回しにせざるを得ない方も多いのではないかと思います。私も定年1年前にようやく業務管理教育を受講でき、本当に再就職できるのか不安になりました。しかし、新発田駐屯地援護室のご尽力で希望にかなった再就職ができました。

再就職にあたっては資格の取得なども大事ですが、多くの企業が求めているものはコミュニケーション能力であったり、まじめで責任感のある人材ではないかと思います。これから退職される皆さまのご健勝とご多幸を祈念申し上げます。

教える側の「責任」とは

陸士長　中島　大虎（32普連3中隊・大宮）

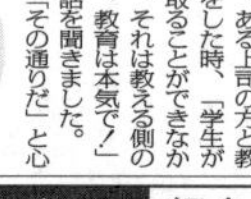

私は、連隊らっぱ集合教育に助手として参加しました。助手で参加と聞き、私は軽い気持ちで「わかりました」と答えたのを覚えています。

後日、ある上司の方と教育の話をした時、「学生が特技を取ることができなかったら、それは教える側の責任だ。教育は本気で！」という話を聞きました。

私は「その通りだ」と心の底から思いました。

教育中、私は何度も不安な気持ちになりましたが、先輩助教の手助けもあり、自分の持てる限りの知識を隊員に教えながら一生懸命に頑張りました。そして無事に助手として教育をやりきることができました。

助手として、隊員を一人前のらっぱ手に育成することが自分の「責任」だと理解することができました。今回の教育で私自身、成長できたと感じています。この経験を糧に、臆することなく次の任務に向けて努力していきたいと思います。

第1211回出題

詰碁

出題　日本棋院　九段　曲　励起

白先

『左側の黒をうまく攻めて下さい』。5分でできれば中級です。

▶詰碁、詰将棋の出題は隔週です◀

詰将棋

出題　日本将棋連盟　九段　石田　和雄

≪第795回の解答≫

【正解】▲1二飛成△1四玉▲2三竜△同玉▲3二角打△1二玉▲2一角成△2三玉▲3二角成までの九手詰め。

【解説】▲1二飛成が好手。△同香なら▲3二角打以下早詰み。△1四玉に▲2三竜が追撃の竜捨て。この手がトドメで、△同金なら▲3六角が用意してあり、△同玉ですが▲3二角打以下は手順の詰み。

▲先手　持駒　角

朝雲
発行所 朝雲新聞社
〒160-0002 東京都新宿区四谷坂町12-20 KKビル
電話 03(3225)3841
FAX 03(3225)3831
振替00190-4-17600番
定価一部140円、年間購読料9000円（税・送料込み）

日露2プラス2

防衛交流推進で一致

露海軍総司令官、年内に来日

陸中音、8月の露軍楽祭に初参加

協議後、共同記者発表に臨む（右から）岩屋防衛相、河野外相、ラブロフ露外相、ショイグ露国防相（5月30日、東京都港区の外務省飯倉公館で）＝防衛省提供

日露両政府は5月30日、第4回となる外務・防衛担当閣僚協議「2プラス2」を都内の外務省飯倉公館で開き、防衛協力・交流をさらに推進することで一致した。ロシアの首都モスクワで今夏開催される国際軍楽祭「スパスカヤ・タワー」に陸自中央音楽隊が自衛隊の音楽隊として初めて参加することや、今年後半にロシア海軍総司令官が18年ぶりに来日することが決まった。協議後の共同記者会見で岩屋防衛相は「対話と交流を通じて両国の相互理解をさらに深め、信頼関係を一層強化していきたい」と語った。

日露「2プラス2」は2013年11月の東京での初会合以来、昨年7月のモスクワでの開催に続き4回目。日本からは河野外相、岩屋防衛相、ロシアからラブロフ外相、ショイグ国防相が出席した。

4氏は湯浅陸幕長の訪露（5月26〜29日）が成功裏に終わったことを評価。今年8月下旬から9月初旬にかけてモスクワで開かれる国際軍楽祭「スパスカヤ・タワー」に陸自中央音楽隊が自衛隊の音楽隊として初めて参加することで一致した。さらに、今年後半にロシア海軍総司令官が来日することや、6月中旬に極東のウラジオストク沖で日露捜索・救難共同訓練「SAREX」を実施することでも一致。統幕長と露軍参謀総長による定期的な相互訪問も継続する方針を確認した。

一方、日本が米国から新規導入を進める陸上配備型のミサイル防衛システム「イージス・アショア」について、ロシア側は「米国のグローバルな弾道ミサイル防衛システムの一部だ」として懸念を示した。これに対し、日本側は「純粋に防御的なシステムで、ロシアを含む周辺国に脅威を与えるものではない」と説明し、理解を求めた。

さらに日本側からは、ロシア軍が我が国の北方領土でミサイル訓練や戦闘機配備などの軍備強化を進めていることに対し、「我が国の法的立場から受け入れられない」と抗議を申し入れるとともに、日本周辺でのロシア軍機の活発な活動に対しても懸念を表明し、「冷静な対応」を求めた。

これに対し、ロシア側は「北方四島はロシアに主権があり、ロシア領内におけるロシア軍の活動だ」と主張し、受け入れなかった。

協議ではこのほか、最新の北朝鮮情勢をめぐっても意見を交わし、日露共通の目標である「北朝鮮の完全な非核化」に向けて引き続き緊密に連携することで一致した。

「2プラス2」に先立ち同日、防衛省では岩屋大臣とショイグ国防相による防衛相会談が行われ、両氏は①ハイレベル交流②部隊間交流③安全保障対話――などを通じて日露間で相互理解と信頼醸成を図っていくことで一致した。

シャングリラ会合

岩屋防衛相、年内に訪中

米豪中韓国防相と個別会談

岩屋防衛相は5月31日から6月2日まで、シンガポールで開催された英国際戦略研究所主催の「アジア安全保障会議（シャングリラ会合）」に出席して演説するとともに、米豪中韓の4カ国の国防相と個別に2国間や3カ国間の会談を行い、関係強化を図った。

今年で18回目を迎えた会議には世界約40カ国から国防相や軍幹部らが参加。1日に「朝鮮半島の安全保障・次のステップ」と題して開かれた第2全体会合でスピーチした岩屋大臣は「北朝鮮の非核化に向け、国連安全保障理事会決議の完全な履行が極めて重要だ」と訴え、国際社会の団結を呼び掛けた。

中国の魏鳳和国務委員兼国防相との会談では、年内に岩屋大臣が訪中することで一致。防衛相の訪中は、実現すれば2009年（平成21年）3月の浜田靖一氏以来10年ぶりとなる。両氏は日中防衛当局間の「海空連絡メカニズム」のホットラインの早期開設に向けた調整を加速させることでも一致した。

同日にはシャナハン米国防長官代行、オーストラリアのレイノルズ国防相との会談に臨み、大臣は、シャナハン氏が同会議で公表した米国防総省の「インド太平洋戦略報告」を歓迎した。

韓国の鄭景斗国防相とは約30分間、非公式に会談。昨年12月の韓国海軍艦艇による海自哨戒機への火器管制レーダー照射問題後、初めて。

会談後、岩屋大臣は記者に「真実は一つしかない。私どもの見解に変わりはないが、未来志向の関係を作っていくために一歩前に踏み出したい」と語った。

最終日の2日は、12回目となった日米韓防衛相会談を約1時間40分にわたって開き、3カ国の防衛協力の重要性を改めて確認。北朝鮮の完全な非核化に向け緊密な協力を明記した共同声明を発表した。

統幕長もスピーチ

山崎統幕長は5月31日から6月2日まで、シンガポールで開催された「アジア安全保障会議（シャングリラ会合）」に出席した。

同会議で統幕長は特別セッションに参加し、「新たな領域」をテーマにスピーチを行った。

このほか、米インド太平洋軍司令官のフィリップ・デービッドソン海軍大将との2国間会談をはじめ、豪、英、比、シンガポールの参謀長級とそれぞれ会談を行い、地域の安全保障について意見を交換した。

春夏秋冬

トランプ大統領「かが」乗艦の意義

小原 凡司

5月25日から28日にかけてのトランプ大統領訪日は、日本にとって成功だったと言えるだろう。トランプ大統領の満足げな様子がそれを物語る。これまでも日本政府は米国と協力して「地域と国際社会の平和と繁栄を主導する」という意思を示し、努力を継続してきた。トランプ大統領訪日に際して、日本政府は、実際に行っている対米協力の努力を見てもらえば良かったのだから、懸念すべき事項は少なかったかもしれない。

日本政府が心配したとすれば、4月の日米首脳会談において、トランプ大統領が5月中に貿易協定を締結する可能性に触れたことだろう。しかし、トランプ大統領は早々に「日米貿易協定交渉について8月に大きな発表ができると思う」と表明した。7月に想定される参院選への影響を懸念する日本政府に配慮したのだ。

トランプ大統領が配慮して見せたのは、日本政府の対米協力姿勢に満足したからに他ならない。昨年12月に閣議決定された防衛大綱では、陸・海・空に加え、宇宙・サイバー・電磁波といった新たな領域を加えた「領域横断（クロス・ドメイン）作戦」を打ち出して、米国の作戦に全面的に協力する姿勢を示し、実際に、宇宙部隊創設などの行動に移している。

共同会見において安倍首相は、「日米は互いに助け合うことのできる同盟になった」と宣言した。相互補完的という意味だ。日本が、自国の防衛および北東アジアの安定に責任を持ち、北朝鮮との直接対話を通じて朝鮮半島問題の解決に貢献できれば、米国は他の問題に注力できる。米国にとって、北朝鮮問題は必ずしも最重要課題ではないのだ。

空母化が計画される「かが」は、日本の防衛努力およびF35戦闘機導入による日米貿易不均衡是正の意図を示す象徴であると言える。トランプ大統領の「かが」乗艦は、日本の努力と意図を、身をもって実感してもらうイベントだったのだ。

今回は、トランプ大統領に好印象を持って帰ってもらうことが第一の目的だったかもしれない。しかし、努力の結果、具体的な成果が上がるかどうかは、今後の日本の行動にかかっている。

（笹川平和財団上席研究員）

陸幕長がロシアを訪問

露地上軍総司令官らと会談

「信頼関係醸成できた」

会談を前に握手を交わす湯浅陸幕長（右）とサリュコフ露地上軍総司令官（5月27日、モスクワの地上軍司令部で）

湯浅陸幕長は5月26日から29日までロシアの首都モスクワを訪れ、露地上軍総司令官ら幹部と会談するとともに、露軍戦車部隊などを視察した。陸幕長の訪露は5年ぶり4回目。

陸幕長は27日、モスクワ市内の露地上軍司令部を訪問し、露軍無名戦士の墓への献花・儀仗の後、露地上軍総司令官のオレグ・サリュコフ上級大将と会談。日露陸軍種間の相互理解の促進と信頼の醸成を図った。

続いて露軍参謀総長兼第1国防次官のヴァレリー・ゲラシモフ地上軍上級大将を表敬したほか、ロシア軍の一般兵科大学、第4親衛戦車師団も視察した。

陸幕長は帰国後の30日の記者会見で「ロシアと我が国は（海を隔てて）隣国同士のため、その陸上部隊と信頼を醸成して相互理解を深めることは、地域平和と安定の構築には欠かせない」と述べた。

海自制服 23年ぶり大幅デザイン変更

「第2種夏服」カーキ色に

ベレー帽も初採用

海上自衛隊は今年4月から、年間を通して着用できる新たな「第2種夏服」を導入した＝写真。海自制服の大幅なデザイン変更は平成8年以来23年ぶり。併せて海自として初めて「ベレー帽」も採用した。

新第2種夏服は、従来の長そで白ワイシャツ・黒ズボンから、上下ともカーキ色に刷新。海自の「威容保持と機能性の両立」をコンセプトに、おしゃれさに加え、汚れにくさ、動きやすさなどの実用性を兼ね備えたスマートなシルエットとなっている。

当直勤務、軽作業から部外での広報活動まで、幅広く活用できるように「常装の制服と作業服の中間」として位置付けられているのが特徴だ。

まずは海幕の男性隊員から支給が開始され、順次各部隊に導入を広げていく計画。女性用も同じくカーキ色のパンツスタイルとなり、数年後の支給を目指す。

初めて新第2種夏服を着用した隊員は「着ている感覚は作業服に近い。自制服より汚れが目立たず、使い勝手が良いと思う」と感想を話していた。

海自と露海軍が 捜索・救難訓練

ウラジオストク沖で

海自とロシア海軍による「捜索・救難共同訓練（SAREX）」が6月10日から15日まで、極東ロシアのウラジオストク港とその周辺海域で行われる。

海自は7護衛隊（大湊）司令の清水徹1佐を指揮官に、護衛艦「すずなみ」（艦長・佐藤剛2佐以下約180人）、露海軍からは駆逐艦「アドミラル・パンテレーエフ」（満載排水量8600トン）など数隻が参加する。

共同訓練は「海賊行為による被害を受けた民間船舶から遭難信号を受信した」との想定で、洋上での捜索・救難、船内捜索、通信などの各訓練を実施する。

「瀬取り」監視 カナダ軍が再開

防衛省は5月24日、北朝鮮船舶による違法な「瀬取り」を監視するため、カナダ軍が6月上旬から我が国周辺海空域で警戒監視活動を実施すると発表した。

カナダ軍の参加は、航空機が昨年4月以来、同9月に続き3回目。艦艇は昨年10月に続き2回目。

航空機は空軍の「CP140哨戒機」で、国連軍地位協定に基づき沖縄県の在日米軍嘉手納基地を拠点に6月上旬から活動を開始。艦艇は海軍のフリゲート「レジーナ」と、前回も派遣された補給艦「アステリックス」で、海自と連携し、東シナ海を含む我が国周辺海域で警戒監視に当たる。

岩屋防衛相は24日の記者会見で「カナダの取り組みを歓迎する」と述べ、引き続き関係各国と協力していく考えを示した。

8月25日に「富士総火演」

ネットで応募受け付け開始

陸自の令和元年度「富士総合火力演習」（8月25日、静岡県御殿場市の東富士演習場）のインターネットによる応募受け付けが6月1日から始まった。

同公開演習は国内最大規模で行われ、陸自の主力装備である戦車や火砲、戦闘ヘリなどによる火力戦闘が展示される。

今年度のネット受け付けでは、陸自公式ツイッターをフォローしているアカウント名を応募フォームに記載することで、再抽選のチャンスがある。

観覧希望者は陸自ホームページの応募フォームから「一般券」または「青少年券」（32歳以下が1人で含まれる場合）を選んで申し込む。車での来場者は「駐車券希望」を選択する。

申し込みは1人1件のみで、重複応募は無効。「青少年券」は当日、32歳以下の人が来場できない場合は無効となる。

締め切りは7月1日。当選者には7月下旬ごろ、「当選はがき」が送られる。詳しくは陸自HPを参照。

朝雲寸言

〝空母化〟が決まった護衛艦「かが」にトランプ米大統領が乗艦した数日前に、映画『空母いぶき』が公開された。日本の離島を占領した仮想の周辺国軍に立ち向かう物語で、『いぶき』艦長役を演じた西島秀俊さんは雑誌『Voice』のインタビューで、役作りのため自衛官に話を聞いたことを紹介。「パイロットや護衛艦、潜水艦の乗員もそうですが、想像できないほどの重圧の中で、いかにも精神的に強い方々ばかりで、本当に頭の下がる思いです」と。▼その一方で、映画を観た自衛隊関係者から戸惑いも漏れる。物語の中で自衛隊が、政治的な配慮から相当抑制的に対処するよう求められる場面に関して「自衛隊は、あんなに手足を縛られた状態で作戦に臨まねばならないんだな、との誤った印象を諸外国に与えかねない」との懸念だ。▼実際の自衛隊ならそんなことでは切れ味は鈍らない。そのことは、自部隊に探知・猛追され、恐怖のひとときを味わったであろう潜水艦をはじめとする中国軍が特に感じているはずだ▼中国では政権の厳重な指導下で映画は作られるため、映画「いぶき」も「日本政府のプロパガンダ」とミラーイメージしかねない。精強な自衛隊がわざわざ弱さをさらすような物語を、共産党や軍の幹部は「中国から戦いを挑ませるという罠にはめようとしている」と疑心暗鬼になっているかもしれない。

時の焦点

国内　防衛力整備

調達改革で費用抑制を

航空技術者の堀越二郎は、戦前の「零式艦上戦闘機」（零戦）の主任設計者である。映画『風立ちぬ』の主人公のモデルにもなった。

堀越は零戦の設計前、海軍からの要望を受け取った際の思いを次のように記している。

「内容に目を通した瞬間、我が目を疑った。こんな戦闘機が本当に実現するなら、世界のレベルをはるかに抜くだろう」（『零戦　その誕生と栄光の記録』）。航続距離は従来の2倍とし、最大速度も向上させる――という要求に堀越は応え、名機が誕生した。

軍用機に限らず、日本は昭和初期まで長時間・長距離飛行で多くの世界記録を打ち立てた「航空機大国」だったが、終戦で状況は一変する。連合国軍総司令部（GHQ）は1945年、航空禁止令を出し、日本の航空機産業を事実上、消滅させた。禁止令が解除される52年までを航空関係者は「空白の7年間」と呼ぶ。

戦後も日本の航空機産業は挫折続きだった。政府は機体やジェットエンジンの自主開発を推進する姿勢を示したが、業界への支援が十分だったとは言えまい。米国との経済摩擦を回避する思惑もあったのだろう。

技術的に高度な戦闘機の開発に踏み込めない現状は、今なお続く。日本は主力戦闘機を海外から調達せざるを得ない。

政府は、米国製のステルス戦闘機F35を147機態勢とする方針だ。通常の滑走路を利用するA型と、短距離での離陸や垂直着陸が可能なB型の双方を導入する。1機100億円以上の高額装備品だ。

B型は、海上自衛隊最大の護衛艦「いずも」「かが」の2隻を改修し、運用される予定だ。安倍首相は横須賀基地でトランプ米大統領と「かが」を視察した際、「地域の平和と安定に一層寄与していく」と述べ、改修の意義を訴えた。

中国は空母や潜水艦の建造を強力に推し進めている。沖縄本島を除けば大型の滑走路のない南西諸島周辺で、機動力を高めようという狙いは妥当である。

東アジアの安全保障環境が不透明な以上、自衛隊の装備を充実させねばならない。日本の安全を守るため、米国の抑止力は不可欠だ。政府は強固な同盟を維持しながら、防衛力を整備すべきである。

気がかりなのは調達価格の高騰だ。F35のほかにも、無人偵察機や早期警戒機の導入が決まっている。

防衛省は、調達の改革に着実に取り組まねばならない。米国との交渉では、徹底的に費用の抑制を図ることが重要だ。

最新鋭の装備を購入する「対外有償軍事援助」の透明性を確保することで、防衛力の整備に対する国民の理解につなげなければならない。

夏川　明雄（政治評論家）

海外　欧州議会選

EU統合路線は岐路に

欧州連合（EU）の立法機能を担う欧州議会（定数751）選挙が5月下旬に4日間の日程で28の加盟国でそれぞれ行われ、大方の下馬評通り、フランスやイタリアなどでEUに懐疑的な極右・右翼政党が勢力を拡大する一方、これまで欧州議会を主導してきた中道右派、中道左派の2大会派がそろって大幅に議席を減らした。欧州議会選は5年に1度実施されているが、2015年に起きた中東などからの欧州への大量難民流入後初めての有権者の審判となったため、移民・難民をめぐる政策が主要な争点に浮上した。

EU懐疑派の政党が勢力を伸ばしたことで、難民については加盟国で受け入れ負担を分担するべきだとしてきたEUの基本姿勢が見直しを迫られるほか、EUで大きな発言力を有してきたドイツ、フランス両国主導の統合深化や、行政執行機関（内閣に相当）である欧州委員会の権限強化の動きが後退するのは必至だ。

また、欧州議会選のさ中に、3年前の国民投票でEUからの離脱を決めた後、その道筋を決めることができずにいた英国のメイ首相が与党・保守党内の反発に屈する形で辞意を表明する事態となった。EU離脱に伴う混乱回避を重視してきたメイ首相の退場により、EUや世界経済にさまざまな悪影響を及ぼすことが懸念される「合意なき離脱」の可能性が高まったと受け止められている。

さて、欧州議会選では最大会派の中道右派「欧州人民党」と第2会派の中道左派「欧州社会・進歩連盟」がともに議席を減らし、主流の中道両派を合わせた議席が1979年の第1回選挙以来、初めて過半数割れする歴史的な結果となった。これに対し、欧州で支持を広げているEU懐疑派の極右政党などが勢力を伸ばし、イタリアの連立与党「同盟」、フランスのルペン氏が党首を務める「国民連合」がいずれも国内で得票トップとなった。EU離脱問題をめぐって首相交代に発展した英国でも、早期離脱を訴える新党「ブレグジット党」が保守、労働の二大政党を抑え、大勝した。

反EU勢力は新議会で3割強の議席を得ることになるが、いずれにせよ、欧州統合をリードしてきた中道の2大会派が議会での勢力を弱めたことにより、欧州委員会の次期首脳人事を含め、EUの今後の道筋は複雑さを増すことは避けられない。

一方、7月下旬までに新党首（次期首相）を選ぶ予定の英保守党党首選では、ジョンソン前外相ら離脱強硬派の中から選出されるとの見方が多く、後継が誰に決まっても10月末の離脱期限までに離脱協定案の下院承認を得るのは至難の業だ。「合意なき離脱」となれば、英国に生産拠点を構える同国内外の企業の活動などに支障が出る恐れがある。

EU離脱をめぐる英国政治の混迷は、EU懐疑派が発言力を強める欧州議会での法案審議や欧州委員会の政策遂行にさらなる混乱を招く公算が大きく、国際的な外交舞台での影響力拡大を主眼に進められてきたEUの統合深化路線は新たな岐路に立たされている。

伊藤　努（外交評論家）

海自と家族会・隊友会・水交会
隊員家族支援の中央協定締結

海上自衛隊・自衛隊家族会・隊友会・水交会　隊員家族の支援に対する協力に関する中央協定締結式

海自の隊員家族の支援に関する「中央協定」を締結し、握手を交わす（左から）先崎隊友会理事長、山村海幕長、伊藤家族会会長、赤星水交会理事長（6月3日、海幕会議室で）

海自と自衛隊家族会、隊友会、水交会の4者は6月3日、大規模災害や突発的な事態の発生時に、海自隊員とその家族をサポートすることを目的とした「隊員家族の支援に対する協力に関する中央協定」を締結した。

自衛隊の「家族支援」の取り組みは、平成23年3月11日に発生した「東日本大震災」が大きな契機となった。災派活動中、多くの隊員が家族と安否確認が取れない状態で任務に就いていたことから、これを教訓に29年5月、まず陸自が家族会、隊友会と「中央協定」を締結した。海自は部隊レベルで各都道府県の協力団体17団体（家族会7、隊友会6、水交会4）と協定を結んできた。

海自の「中央協定」締結式は防衛省で行われ、山村海幕長、伊藤康成家族会会長（元事務次官）、先崎一隊友会理事長（初代統幕長）、赤星慶治水交会理事長（元海幕長）が出席し、4者で協定書に署名した。

協定書には、▽支援に対する協力の内容▽調整窓口の指定▽情報管理▽関係の強化▽隊員家族の支援に対する協力時の安全管理▽協議有効期間――などが盛り込まれた。

山村海幕長は署名後のあいさつで「（家族支援は）多次元統合防衛力の重要な構成要素だ。大綱・中期の初年度に本協定を結ぶ意義は非常に大きい。この中央協定を基に、地方での家族支援の施策拡充に向けた調整が容易になる」と述べた。

幅広い交流で一致
日本・カタール　初の防衛相会談

岩屋防衛相は5月23日、来日したカタールのハーリド・ビン・ムハンマド・アル・アティーヤ副首相兼防衛担当国務大臣と防衛省で会談し、今後さらに幅広い分野で防衛協力・交流を推進していく方針で一致した。両国間の防衛相会談は今回が初めて。

副首相兼防衛担当相に「旭日大綬章」

アティーヤ大臣は元外相で、日本とカタールの関係強化と友好親善に寄与した功績がたたえられ、21日付で日本政府から「旭日大綬章」を受章。23日に皇居で行われた親授式に出席するため来日した。

会談の冒頭、岩屋大臣は叙勲への祝意を伝え、「両国の伝統的な友好関係、緊密な防衛協力・交流が続いている」と歓迎の言葉を述べた。

これに対し、アティーヤ大臣は「本日は天皇陛下にお目にかかり、大変名誉な勲章を授かることができて誠にうれしく誇りに思う」と謝意を表した上で、「日本とは経済分野のみならず、防衛、教育などの分野でもさらに協力を推進していきたい」と応えた。

両国間では2015年2月20日、東京で安倍首相とタミーム首長が開いた首脳会談を受けて同日、防衛省とカタール国防省が「防衛交流に関する覚書」に署名。これに基づき、防衛当局間では着実に交流が進められている。

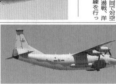

岩屋防衛相（左から2人目）のエスコートで、陸自の特別儀仗隊を巡閲するカタールのアティーヤ副首相兼防衛担当国務大臣（その右）＝5月23日、防衛省で

日米豪韓で初の4カ国共同訓練

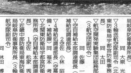

「日米豪韓共同訓練」の対水上射撃訓練で、5インチ砲を発射する海自護衛艦「あさひ」。奥は米海軍巡洋艦「アンティータム」（グアム島周辺海域で）

海自は5月23日から28日まで、米、豪州、韓国海軍と共に、グアム島周辺海域で実施された米豪韓の4カ国共同訓練「パシフィック・ヴァンガード19―1」に参加した。日米豪韓4カ国の共同訓練は初めて。

昨年12月の韓国海軍駆逐艦による海自P1哨戒機への火器管制レーダー照射事案後、初となる日韓海上部隊の共同訓練となった。

海自からは[illegible]の中村譲介1佐を指揮官に、護衛艦「ありあけ」（艦長・田中裕昭2佐）、同「あさひ」（同・高岡智2佐）と搭載ヘリが参加。

米海軍は揚陸指揮艦「ブルーリッジ」（満載排水量1万9900トン）など艦艇5隻とP8A哨戒機、EA18G電子戦機、豪海軍は北朝鮮船舶による「瀬取り」の監視活動のため東アジアに派遣されていたフリゲート「メルボルン」（4200トン）など3隻、韓国海軍からは駆逐艦「ワン・ゲオン」（5500トン）が加わり、4カ国共同で対空戦、対水上戦、対潜戦、洋上補給の各種訓練を行った。

中国軍機が宮古海峡往復
空自緊急発進

中国軍の「Y9」情報収集機＝写真㊤＝1機が5月29日午前から午後にかけて、沖縄本島と宮古島間の公海上空を通過し、東シナ海と太平洋を往復飛行したため、空自南西空のF15戦闘機などが緊急発進して対応した。領空侵犯はなかった。

尖閣諸島沖に飛来したY9は、宮古海峡を通過して太平洋に進出。先島諸島東方沖を南西進した後、反転して往路と逆のルートで自国領方面に戻った。

また、同日の同時間帯、中国軍のY8電子戦機＝写真㊧＝1機が東シナ海方面から飛来し、長崎・対馬海峡付近まで飛行したため、西空のF15などが緊急発進して対応した。

統幕は同日、空自機が撮影した中国軍機の写真と航跡図を公開した。

日本海　対馬　中国軍機Y-8×1　東シナ海　中国軍機Y-9×1　那覇　太平洋

中国軍機の航跡図（5月29日）

中国艦艇も宮古海峡往復

5月26日午前7時ごろ、中国海軍の「ジャンカイⅡ」級フリゲート（満載排水量3900トン、艦番号515「浜州」）＝写真㊦＝1隻が沖縄・宮古島の北東約100キロの公海上を南に向け航行するのを海自4空群（厚木）のP1哨戒機と5空群（那覇）のP3C哨戒機が確認した。

中国艦艇はその後、宮古海峡を南下して太平洋に進出。5月30日に再び宮古海峡を北上して東シナ海に戻った。

共済組合だより
40歳以上の組合員と被扶養者を対象に「特定健康診査」「特定保健指導」実施

糖尿病など生活習慣病を患う人が近年増加し、日本人の死亡原因の約6割に上ると推計されています。

これを受け、防衛省共済組合では「高齢者の医療の確保に関する法律」に基づき、40歳以上74歳以下の組合員（任意継続組合員を含む）とその被扶養者を対象に、「特定健康診査（特定健診）」と「特定保健指導」を実施しています。

これは特定健診でメタボリックシンドローム（内臓脂肪症候群）など、「生活習慣病発症のリスクが高い」と判定された方を対象に特定保健指導を実施し、保健師や管理栄養士が対象者一人ひとりの身体状況に合わせた生活習慣を見直すためのサポートを行うものです。

組合員の方の特定健診は医務室等での受診となりますが、被扶養者の健診の受け付けは共済組合が委託する「ベネフィットワン・ヘルスケア」が行っています。お申し込み方法は次の通りです。

【WEB】パソコンはhttp://www.benefit-one.co.jp　スマートフォンはhttp://bnft.jp　へアクセスし、「健診予約はこちら」のバナーをクリックしてお進み下さい。

【電話】ベネフィットワン・ヘルスケア健診予約センター（0800－170－2502、03－6870－2775）。朝10時から平日21時、土日祝日は18時まで受け付けており、12月29日から1月3日は休みです。

【FAX】0800－9199－030、089－900－8281。お手元のご利用ガイドの「＜各種健診＞FAX・郵送申込書」または「＜婦人科検診＞FAX・郵送申込書」をご利用ください。

【郵送】〒790－8790　愛媛県松山市藤原2－8－8　株式会社ベネフィットワン・ヘルスケア健診予約受付センターまで。「＜各種健診＞FAX・郵送申込書」または「＜婦人科検診＞FAX・郵送申込書」に必要事項をご記入のうえ、お送りください。

受付後、「ご予約確定通知書」が送付され、予約が確定します。受診当日は「防衛省共済組合員証」「自衛官診療証」または「組合員被扶養者証」を持参してください。

日本防衛装備工業会
総会に600人集う
岩屋防衛相が祝辞

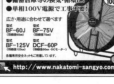

令和元年度総会記念パーティー　一般社団法人　日本防衛装備工業会

新大綱・中期防を踏まえた体制づくりに努力を誓う日本防衛装備工業会の斎藤会長（壇上）＝5月28日、東京都新宿区のホテルグランドヒル市ヶ谷で

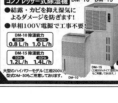

日本防衛装備工業会の令和元年度の総会が5月28日、都内のホテルで開かれ、総会後の記念パーティーには三菱重工業や日立製作所、川崎重工業、IHIなど加盟130社の関係者をはじめ、国会議員、防衛省、経済産業省の関係者など計約600人が出席した。

同工業会の会長を務めるIHIの斎藤保会長は、昨年末に策定された新たな「防衛計画の大綱」と「中期防衛力整備計画」を踏まえ、「一連の防衛政策をしっかりと受け止め、防衛生産・技術基盤を着実に維持し、我が国の安全保障、防衛上の要請に即応できる体制を整えておくことが社会的責務だ」とあいさつした。

続いて来賓を代表して祝辞を述べた経産省の滝波宏文政務官は「防衛省と連携し、『防衛装備移転三原則』に基づき、諸外国との防衛装備・技術協力を推進していく」と同省の方針を表明した。

最後に登壇した岩屋防衛相は「しっかりとした防衛産業の存在こそが我が国の防衛に不可欠だ」と強調。①重要技術への重点投資②契約制度の見直し③サプライチェーン（部品供給網）のリスク管理④情報保全の強化――など各種施策に取り組む考えを示した上で、防衛装備移転の推進に向け、「官民がこれまで以上に知恵を出し合い、車の両輪となって連携していくことが重要だ」と訴えた。

この後、同工業会の副会長を務める日本製鋼所の宮内直孝社長が乾杯の音頭をとった。

同工業会は昭和26年に創設された日本技術生産協力会が母体。現在、斎藤会長のもと、副会長には[illegible]をはじめ、東芝インフラシステムズの今野貴之社長、旭化成の山岸秀之常務執行役員の3氏が就いている。

防衛省発令

▽3航空団副司令（南西航空方面隊総務部長）1空佐　加藤[illegible]

▽南西航空方面隊総務部長（近畿中部防衛局東海防衛支局岐阜防衛事務所長）同　大[illegible]

▽3輸送航空隊副司令（北関東防衛局宇都宮防衛事務所長）同　太田[illegible]

▽航空開発実験集団[illegible]（3航空団副司令）同　佐藤[illegible]

▽空自補給本部調達[illegible]（4補給処調達部長）2空佐　小林[illegible]

▽4補給処調達部長（空自補給本部装備・補給課）同　福本[illegible]

▽北関東防衛局宇都宮防衛事務所長（空自補給本部）1空佐　松本[illegible]

▽近畿中部防衛局東海防衛支局岐阜防衛事務所長（[illegible]航空隊副司令）同　林田　博行

（以上5月[illegible]）

6月1日から9月30日は
防衛省ワークライフバランス推進強化月間です。

ゆう活

「ゆう活」とは？
勤務終了時刻が早まることで生まれる夕方の時間で、生活を豊かにしていくという考え方から名付けられました。明るい夕方のうちに仕事を終わらせ、夕方からは家族や友人との時間を楽しみましょう。

進む日印防衛交流

インド防衛駐在官のレポート（下）

空

1空佐　寺西　竜哉

インドでの私の主要な業務は、日印防衛協力に係る調整、情報収集、インド出張者への対応などだ。当地では、こうした実業務を通じて、日本とインドの関係が目覚ましく発展・深化していくことを肌で感じることができる。

インドの第一印象は赴任前から想像していたとおり、多様性を感じさせる社会、新旧が並存といったものだった。

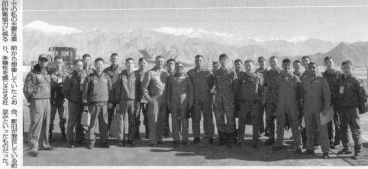

「シンユウ・マイトゥリ」に成果

日印初の空軍種共同訓練「シンユウ・マイトゥリ18」で、ヒマラヤ山系を背にインド空軍の兵士と記念写真に納まる空自隊員たち

着任した6月は、1年の中で最も暑い時期で、気温は45度近くまで上がり、まずは環境に慣れ、体調を整えることが最初の仕事だった。インドはとても親日的な国で、私が「日本から来た」と言えば、多くの人が「日本は良い国だ」と話す。インド空軍も私の着任をとても歓迎してくれたので、赴任当初は環境的に厳しいと感じつつも、全体としては良い印象を持った。

インド軍は、厳格な中央統制による組織体制が徹底しており、各種の許可などを取得するのに多くの時間を要する。そのため、申請や調整を行っても、直前になるまで回答を得ることができないことが多く、時間感覚の違いに苦労した。ただ、実際の訓練になれば訪問者に対して、日本の「おもてなし」に負けず劣らず素晴らしい対応をしてくれる。

空軍種間で日印初となる共同訓練「シンユウ・マイトゥリ」では、航空自衛隊からC2輸送機、インド空軍からC17およびAn32輸送機が参加し、5日間の日程で日印両部隊が積極的に訓練に取り組み、大きな成果を収めた。事前の調整では節目ごとに日印相互のニーズをすり合わせて、訓練項目や実施環境を検討しながら進めた。日印の両空軍種が今後さらに協力していける可能性を見いだせた訓練になったと思う。

発展の可能性を秘めたインド

空軍種間の関係 より高いステージへ

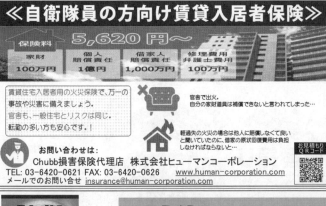

共同訓練「シンユウ・マイトゥリ18」に参加した空自C2輸送機をバックにインド空軍の兵士と防衛駐在官の寺西1空佐（左から2人目）

インド空軍のAn32輸送機に搭乗し、飛行中の機内から同軍の空挺降下を研修する空自3輸空（美保）の隊員たち

インドから見て、日本は清潔でインフラが整然としており、品質の高い製品を生み出す「技術立国」という印象を持たれている。そのため、自衛隊の装備や、技術に対しても、インド空軍の軍人は同様の印象を持っているようだ。

こちらインドでは、人・牛・猿・犬などが町に混在して生活し、至る所で工事が行われ、生活インフラも発展途上のため、かなり雑然としている。他方で大型ショッピングモールやデリー郊外での高層ビル建設など、急速に経済成長する様子からはこの国の活力を感じる。帯同した家族は、こうした日本とは大きく異なる環境で生活しながらも、各国武官との交流など、さまざまな協力をしてくれており、とても感謝している。

今日、安全保障分野における日印の関係は深まり、昨年、空軍種間では人的交流だけでなく共同訓練が実施されるなど、より高いステージへと進んでいる。これからさらに発展していく「可能性を秘めたインド」との関係は、日本の将来のためにも重要だと感じている。

今後も日印協力が進展し、航空自衛隊とインド空軍が重要なパートナーとしてさらに協力を深化していけるよう私も貢献していきたい。

前事不忘　後事之師

第41回

一国は一人を以て興り、一人を以て滅ぶ。

児玉源太郎
——近代日本の命運を背負った男

対露戦をにらみ「2階級降格」を自ら選び、参謀本部次長として日露戦争を指揮した児玉源太郎

司馬遼太郎著『坂の上の雲』（文春文庫）

明治・大正・昭和に活躍した軍人の中で誰が一番好きかと問われれば、司馬遼太郎の小説『坂の上の雲』にも登場する児玉源太郎と答えます。明治という時代において、誕生したばかりの近代国家の命運を軍事面において、全力で支え、走り去っていった"爽快な人物"だったと思います。

児玉の爽快さが後世にも語りつがれる有名な事件は、日本の国運がかかった日露戦争の前年に起きました。ロシアとの戦争を想定し、その戦略を練っていた田村怡与造参謀本部次長が突然、逝去します。田村は、「今信玄」と称されるほどの有能な軍略家だったことから、その急逝は、時の軍部と政府に大きな動揺を与えます。

児玉は当時、陸軍大臣を経験し、内務大臣兼台湾総督でしたが、ある時、官邸に桂太郎首相を訪ねた際に、桂から「後任参謀次長に適任者がいなくなって弱っている」と聞かされました。それを聞いた児玉は、「それじゃあ、吾輩が蝦蟇坊（大山巌参謀総長のあだ名）のための次長になってもいいです」と言ったと伝えられています。

当時の内務大臣兼台湾総督は、政府の副総理格であり、副総理格の児玉が「2階級降格」と言える参謀本部次長に就任します。この時、参謀本部総務部長であった井口省吾少将は、「児玉男爵、内務大臣を去って参謀本部次長の職に就かるるに会す。もって天の未だ我が帝国を棄てざるを知る」と日記に書きました。

児玉の参謀本部次長就任で、暗かった参謀本部が明るくなり、部員の士気が一挙に高揚したと言われています。「国家の命運が掛かっているなら、自分のことなどどうでも良い」――。この私心の無い気概こそが、児玉を特徴づけた性格でした。

児玉はその後、日露戦役を前線の満州軍総参謀長として戦い抜きながらも、日本の国力の限界を踏まえて、ロシアとの早期講和を指導します。しかしながら、その後の日本にとって、最大の不幸なことに、日露戦争終結の翌年、ロシアとの戦いを背負ったこの男は、54歳の若さで亡くなります。

児玉源太郎という不出生の人物の生涯を見る時、この人物の本質は、プロフェッショナルな陸軍軍人であったと私は思います。弱冠16歳で戊辰戦争に参加し、その後、佐賀の乱、神風連の乱の鎮圧にも加わり、西南戦争でも奮戦しました。戦火をくぐり抜ける中で鍛え上げられた人物でした。

他方で、児玉はこうした戦役の中で育った人物にありがちな頑な軍事一辺倒の人間ではなく、柔軟な幅広い発想の持ち主でした。彼は幼少期に、出身である徳山藩内の政争に巻き込まれて父と義兄を亡くし、家名断絶という辛酸を味わいましたので、終生、国論を分裂させる政治的な動きには距離を置きました。

このため、民衆を煽り立てるような政党政治にも否定的で、「陸軍の政治的な関与は極小化すべきで、陸軍はプロフェッショナルな集団でなければならない」と考えていました。

また、児玉は立憲制度の首相の下で、政略と軍略を統合できる体制を確立することが重要であり、参謀総長の帷幄上奏権の大幅な縮小や参謀本部の権限を純粋な作戦・用兵事項に局限することなどを目指しました。児玉の評伝を書いた小林道彦氏は、彼は帝国陸軍史上「空前絶後の立憲主義的軍人」であったと述べています。

児玉が早逝したこともあり、その後、児玉の考えは軍の中では主流とはならず、むしろ逆に展開していくことになります。総力戦を戦う必要性から軍の政治関与が進むとともに、所謂「統帥権」が肥大化、児玉が危惧していた軍略により政略が決められるという事態に陥り、結局、我が国は国策を誤ることになりました。

歴史の「if」ですが、もし児玉があと10年長生きしていたら、その後の日本は、どうなっていたのかと思わず想像してしまいます。中国に「一国は一人を以て興り、一人を以て滅ぶ」という格言がありますが、児玉源太郎という軍人の生涯を見る時、本当にその通りだと思います。

鎌田　昭良（防衛省OB、防衛基盤整備協会理事長）

…… 前事忘れざるは後事の師 ……

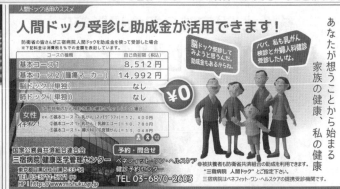

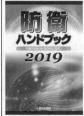

部隊だより

海

大湊　25空は4月23、24の両日、今年2月に就役した護衛艦「しらぬい」に、部隊に配備されたばかりのSH60K哨戒ヘリを搭載した。同艦へのヘリ搭載は初めてで、乗員と整備員たちは艦艇運用に関する基本的事項を訓練した。派遣された隊員は「これからも艦・ヘリ一体となって活躍できるようにしたい」と抱負を語った。

武山　横須賀音楽隊は4月21日ほか、埼玉県ふじみ野市大井中央公民館でコンサートを行った。1部は行進曲「理想の海へ」などを演奏。2部ではディズニーアニメの音楽やクイーンの名曲メドレーなど計11曲を披露した。アンコールで中川麻梨子3曹が中島みゆきの「糸」を歌い、訪れた約600人の観客が歌声に酔いしれた。

市ヶ谷　海自先任伍長の関秀之曹長は4月18日、横須賀基地などで「米海軍艦艇等研修」を行った。統幕・空自の最先任をはじめ、在日米軍のリチャード・ワインガードナー最先任など30人を超える"下士官リーダー"が集い、米空母「ロナルド・レーガン」、潜水艦2艦、護衛艦「むらさめ」などに乗艦。各部隊や施設の業務や取り組みを研修した＝写真㊤。

舞鶴　23空は4月25、26の両日、飛行幹部候補生鍛錬行事「100キロ行軍」を行った＝写真㊤。舞空基隊長の高橋睦身2佐以下27人は雨の中、基地を出発し、由良川や港町などを眺めながら行進。各休憩所では家族会員らが声援や飲み物などの差し入れでエールを送った。候補生たちは足の痛みと戦いながら、基地から天橋立までの往復を完歩した。

崎辺　佐教は4月15日〜19日まで、13期一般海曹候補生課程と19期自衛官候補生課程の両学生計387人の潜水艦乗艦実習を行った＝写真㊤。学生たちは初めて見る潜水艦の大きさに驚きながらも真剣に最新鋭の装備や武器を見学、艦内スペースの有効利用法について乗員に活発に質問を投げかけた。学生は「今後の職種選択の参考になった」と語った。

函館　28普連は5月7日、レンジャー集合教育の開始式を行った。同教育は主に遊撃行動などの困難な状況を克服し、任務を完遂する能力と精神力を養うことを目的に7月30日まで実施される。阿部慎治連隊長は藤井力学生長に…を渡し、学生たちを激励。まず課目の跳躍など「体力調整」への挑戦が始まった＝写真。

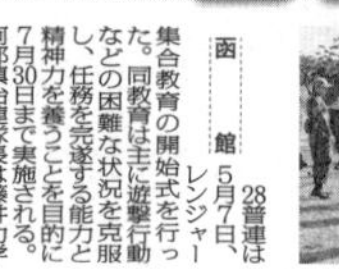

東千歳　1特団は4月21日、駐屯地で「創設47周年記念行事」を行った。歴代団長ら約200人が臨席。高木勝也団長は隊員に対し「防空の要として重要な任務を国民から負託されていることへの誇りと責任を持ち、職務にまい進してほしい」と述べた。その後、7音による演奏を披露したほか、団OBの高友会主催で記念会食なども催された。

島松　駐屯地修親会、事務官等親交会、曹友会は4月24日、駐屯地周辺でボランティア清掃を行った。参加者計約400人は、午前7時から駐屯地の外周、隣接する道路や歩道などでゴミやタバコの吸い殻などを丁寧に拾い集め、周辺地域の環境美化に協力した。高田隆秀曹友会長は「今後も奉仕活動を積極的に行い、地域との連携を深めていきたい」と述べた。

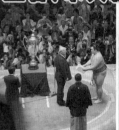

空音、米大統領と首相の前で『君が代』演奏

国技館に荘厳な響き

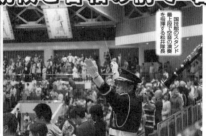

トランプ米大統領が優勝力士の朝乃山にトロフィーを手渡すその歴史的瞬間、航空中央音楽隊が演奏する『得賞歌』が東京・両国の国技館内に響き渡った――。

航空中央音楽隊（隊長・松井徹生2佐以下約25人）は5月26日、来日中のトランプ大統領夫妻、安倍首相夫妻が観戦する大相撲夏場所千秋楽で、国歌『君が代』などの演奏を担当した。

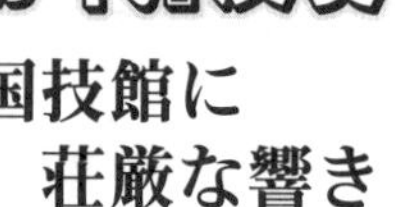

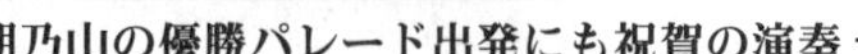

国技館のスタンド最上段で空音の演奏を指揮する松井隊長

空音の演奏する『得賞歌』が場内に流れる中、優勝力士の朝乃山（土俵右）を表彰するトランプ米大統領。その左後方は安倍首相
（いずれも5月26日、東京都墨田区の国技館で）

午後5時ごろ、日米の両首脳が、赤じゅうたんが敷かれた通路に現れると、観客は総立ちになり、拍手と歓声で2人を出迎えた。格闘技が好きで大相撲にも関心があったというトランプ大統領は、首相とともに土俵近くに設けられた特別のソファに座り、優勝した朝乃山の取組から計5番を観戦した。

その後、表彰式に移り、国歌演奏ではスタンドの最上段に陣取った空音が松井隊長の指揮のもと、『君が代』を演奏した。荘厳な演奏に合わせ、観客も起立して斉唱、会場が一体となった。続いて空音が『得賞歌』を演奏する中、表彰式が始まり、安倍首相が三役経験のない平幕としては58年ぶりに優勝した朝乃山に「内閣総理大臣杯」を手渡した。この後、スリッパをはいたトランプ大統領が土俵に上がり、英語で賞状の文面を読み上げた後、米国を象徴する白頭鷲がカップにのった特製のトロフィー「大統領杯」を朝乃山に授与した。

式後、空音は国技館入口付近に移動、優勝パレードに出発する朝乃山をたたえて、空自の行進曲『空の精鋭』を高らかに演奏し、初優勝力士の前途を祝した。

歴史的な瞬間に立ち会った松井隊長は「トランプ大統領、安倍首相をはじめとした多くの皆さまの前で『君が代』を演奏でき大変光栄でした」と語った。（立川）

朝乃山の優勝パレード出発にも祝賀の演奏

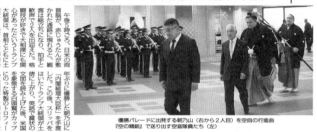

優勝パレードに出発する朝乃山（右から2人目）を空自の行進曲『空の精鋭』で送り出す空音隊員たち（左）

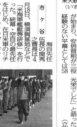

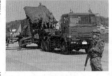

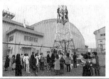

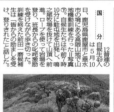

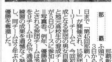

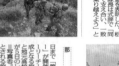

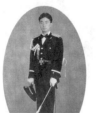

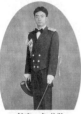

陸

多賀城　22普連は5月9日から16日まで「王城寺原演習場春季統一整備」に参加した。隊員たちは至近距離射場や戦車射場の整備・伐採などを実施。このほか、隊務総合一体化の観点から、本部管理中隊が偵察用オートバイ操縦訓練、機動戦闘車隊が16式機動戦闘車操縦訓練など、各隊ごとにさまざまな訓練が行われた。

福島　44普連は5月19日、福島県の中部にそびえる安達太良山（標高約1700メートル）で、二本松市が主催する山開きを支援した。鈴木誠志2中隊長ら25人は4カ所の登山口に分散し、登山者の救護など安全態勢の維持に努めた。隊員たちが見守る中、約1千人の登山者は新緑と残雪が織り交ざる風景を見ながら山頂を目指した＝写真㊤。

滝ヶ原　駐屯地は4月17日、厚生センター前で静岡県赤十字献血センターが実施する「愛の献血」に協力した。今年度初の献血は午前9時から午後4時まで行われ、32人の隊員が400ミリリットルを献血した。今回で51回目の協力となった前田貴彦1曹は「自分の献血で1人でも多くの命を救えるよう今後も献血に協力していきたい」と語った。

板妻　34普連は5月3、4の両日、静岡県御前崎市で開催された「遊ぼう春の御前崎で」を支援した＝写真㊤。海自横須賀基地の掃海艇「えのしま」の艦艇広報と協同で自衛隊をPR。空自御前崎分屯基地の装備品展示のほか、連隊の高機動車と隊のマスコット「軽装甲機動戦士イタツマン」が会場を盛り上げ、写真撮影をする親子連れでにぎわった。

豊川　49普連は4月27日、大津駐屯地で実施された「創設60周年・中方混成団創立12周年記念行事」に参加した。行事では同団の隷下部隊が集まり、観閲行進や新隊員による自衛隊体操、装備品展示、写真展などを行った。その中で連隊は模擬戦闘訓練展示を担当し、来場者約4000人の前で、陣地攻撃における一連の行動を披露した＝写真㊤。

空

市ヶ谷　空自は4月9、10の両日、米空軍参謀総長ゴールドフィン大将からの招待に応じ、米空軍が主催する「宇宙シンポジウム」に参加した。これに併せて米国内で開催された「空軍参謀長等会議」に同月11、12の両日、丸茂空幕長の代理として長島純幹部学校長が列席。各国の空軍参謀長らと「宇宙領域における協力」について幅広く意見交換した。

武山　1高群2高隊の約30人は3月5日、ペトリオットPAC3の機動展開訓練を海自横須賀基地で行った＝写真㊨㊤。弾道ミサイル対処の戦術技量の向上が目的。報道公開で車両10両の展開を披露後、渡部博隊長は報道陣の質問に対し「我々は弾道ミサイル対処における最後の砦であり、常にその心構えと緊張感を持って訓練に臨んでいる」と語った。

新潟　新潟救難隊は5月31日、分屯基地で空自空上げ「新空」の体験喫食と基地見学会を行った＝写真㊨㊦。同会は午前10時半から行われ、見学者30人が集合。昼食に先立ち、基地で全般説明のほか救難隊員による吊り上げ訓練なども行われた。その後、「新空」を試食した40代女性などから「柿の種の食感がゴロゴロして面白い。おいしかった」と評判だった。

海田市　47普連の即応予備自衛官計19人は4月6、7の両日、海田市駐屯地を始めとする各出頭先で「即応予備自招集訓練開始式」に参加した。式辞で佐藤篤連隊長は「限られた時間を有効に活用し、積極的に訓練に励み、技術の向上を図ってほしい」と激励。同行事では「平成30年7月豪雨」で災害派遣活動に従事した12人に賞詞が授与された。

福岡　19普連は4月7日、駐屯地体育館で「自衛官候補生課程教育入隊式」を行った。入隊した87人の自候生は真新しい制服に身を包み、緊張の面持ちで式に出席。代表の鍋倉貴光候補生が申告後、田中大地候補生が宣誓し、力強く決意を表明した。松﨑早博連隊長は式辞で「同期みんなで支え合い、一致団結して乗り越えよう」と激励した。

国分　12普連の自候生49人は5月10日、鹿児島県鹿屋市と垂水市の境にある高隈山地で山地機動訓練を行った＝写真㊦。自候生たちは午前7時10分に駐屯地を出発し、鳴之尾牧場を抜けて山頂へ前進。ロープを使って岩場を登り、班長からの叱咤激励を受けながら歩き切った。訓練を終えた前田一磨候補生は「皆からの励ましを受け、登りきれた」と話した。

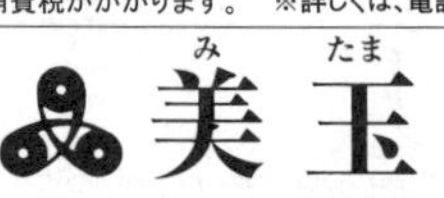

那覇　那覇新港ふ頭で5月3日から5日まで「第45回那覇ハーリー」が開催され、15旅団ハーリーチームと、今回初編成となる旅団の男女自衛官と地元高校生の混成チームが5日のレースに参加した＝写真㊨。例年、優勝候補とされる旅団チームは予選を9チーム中2位で通過。練習の成果を遺憾なく発揮し、同チームは2年ぶりに優勝を奪還した。

定価2,800円

補充注文カード
貴店名
年　月　日
部数　部
書名　『朝雲』縮刷版2019
発行所　朝雲新聞社
編著　朝雲編集部 編
9784750991191
ISBN978-4-7509-9119-1
C0031 ¥2800E
定価 本体2,800円+税

募集・援護

特集

ただいま募集中！
◇自衛官候補生
★詳細は最寄りの自衛隊地方協力本部へ

募集戦線の打開策

自治体トップに協力要請

「知事に対してもトップセールスをしていこう」――。全国の地本では年度が改まったことを受け、地本長自らが知事を表敬し、自衛官募集について協力を要請している。鹿児島地本では、地本長が知事に岩屋防衛大臣からの文書を手渡し、協力を求めた。新潟地本では着任あいさつを兼ねて知事を表敬、地本長が協力を要請するなど、トップ会談で募集戦線の打開を図っている。

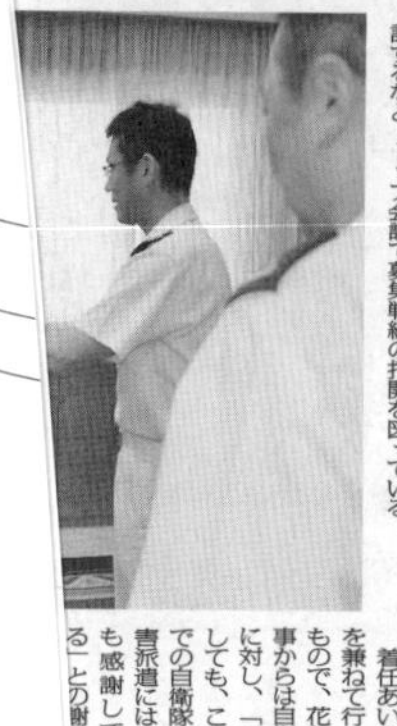

「……しいパートナー」
……倉地本長が県知事と会談

【新潟】大倉正義地本長は4月19日、新潟県庁に花角英世知事を表敬訪問し、自衛官募集への協力を依頼した。

着任あいさつを兼ねて行ったもので、花角知事からは自衛隊に対し、「県としても、これまでの自衛隊の災害派遣にはとても感謝している」との謝辞が……の関係強化にも前向きに取り組んでいきたい」との言葉があった。

大倉地本長は懇談後、「今回の知事との会談で県が地本の頼もしいパートナーであることが確信できた。地本が令和元年度に掲げた各種目標の達成に向け、今後とも自治体との連携を……

目指せ！幹部自衛官
愛知、幹候生採用1次試験に146人

【愛知】地本は5月11、12の両日、西三河総合庁舎と名古屋市内の専門学校で幹部候補生採用第1次試験を行った。

当日は146人が受験。緊張した面持ちの学生も多かったが、部員から励ましの言葉を受けると、笑顔で受験会場に入っていった。

入室後は参考書を見直しながら開始時間を待ち、問題用紙が配られて試験が始まると、「幹部自衛官になる！」という夢に向かい、難関突破を目指して試験に挑んでいた。

終了後、受験生は「思っていたより難しかった」などと語り、会場を後にした。

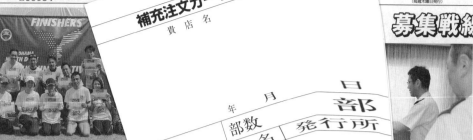

幹部を目指して試験問題に取り組む受験生（5月11日、釧路市の道東経済センタービルで）

帯広管内で22人が挑む

【帯広】地本は5月11、12の両日、帯広駐屯地と釧路市、美幌町内の会場で幹部候補生採用第1次試験を実施した。地本管内では22人（うち部内8人）が受験し、試験に取り組んでいた。帯広地本は「一人でも多くの受験者の合格を期待し、今後も支援を続けていく」。

山梨では17人

【山梨】地本は5月12日、甲府市の合同庁舎で一般幹部候補生採用第1次試験を実施し、17人が受験した。受験者は真剣な表情で試験に挑んでいた。

防衛モニター3人に委嘱状
宮城

【宮城】地本は4月20日、霞目駐屯地で新年度防衛モニターへの委嘱状伝達式を行った。

当日は技術職の男性会社員2人と福祉関係の女性職員1人に対し、中村一弘副本部長が本部長の委嘱状を伝達した。

その後、同制度の説明や懇談が行われ、モニターからは「自衛隊の活動がきっかけで自衛隊に興味を持った」「これからは自衛隊を知り、広報できるようにしたい」などの抱負が述べられた。

その後、霞目駐屯地の東北方航空隊のUH1多用途ヘリの体験搭乗や隊員食堂での体験喫食なども行った。

……大変好評だった。

……岡所、光秀まつりでPR
京都

【京都】亀岡募集案内所は……亀岡市内で開催された「亀岡光秀まつり」で……活動を……。今回は……軽装甲機動車を展示、来場者から大きな注目を集めた。……

JRや地下鉄に募集中吊り広告
札幌

【札幌】地本は4月29日から5月20日まで、JR北海道の車内に「自衛官募集」の広告を掲出。さらに市営地下鉄の車両内に7月30日まで広告を掲載中だ。

今回は「平和をつくる人が、そばにいる」をテーマに、JRと地下鉄の車内に広告を出し、自衛隊の多種多様な職種や意外な仕事を紹介。通勤・通学中の若者に自衛隊の魅力をアピールした。

地本では今後もインパクトのある募集広報を準備し、積極的に情報を発信していく計画だ。

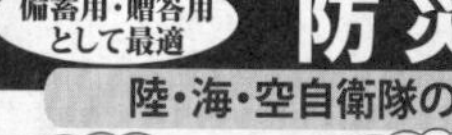

「自衛隊ガールズトーク」で女性隊員の働き方について理解を深めた参加者と隊員（5月11日、陸自伊丹駐屯地で）

制服ファッションショ……

……人の女性隊員も加わった。……小松基地から3……募集対象者は、……

最初に「3師団・千僧駐屯地創立記念行事」の予行を見学。その後、伊丹駐屯地に移動し、3師団の多様な職種・職場や防衛省の福利厚生、女性隊員の働きぶりについて説明を受けた。さらに女性隊員による制服ファッションショーや隊員との懇談会なども行われた。

参加者からは「自衛隊にさまざまな職種があることが分かり、入隊を希望する気持ちが高まった」、保護者からは「自衛隊の内部を知ることができて良かった。娘が自衛隊を就職先に選んでもいいと思った」などの感想があった。

特製のQRコード入りTシャツを着てフルマラソンリレーを完走した荒武空幕援業課長（前列中央）以下の参加隊員ら（5月18日、横浜市の横浜ノースドックで）

QRコード背にリレーマラソン
退職者の求人「繋ぐ」
空幕援業課の13人

【空幕】空幕援護業務課長の荒武香織1佐以下13人（民間人1人を含む）は5月18日、横浜市内の米軍横浜ノースドックで行われたランニングフェスティバル「フルリレーマラソン混成の部」に参加した。

援業課は本年のテーマとして「繋ぐ」を掲げ、退職自衛官の再就職先へのさまざまな就職活動を援護している。今回はその一環として、「自衛隊退職者の求人」を呼びかけるそろいのTシャツ（同課HPにアクセスできるQRコード付き）＝写真下をチーム全員が身につけ、〝1人1人が援護マン！〟の意識で激走した。

フルリレーは42・195キロの距離で1チーム3～15人で約1・4キロを計30周（1周目のみ約1・6キロ）する。第1走者の渡邊敏3佐が快走してチームに勢いをつけ、その後、各隊員らが次々と襷をつなぎ、アンカーの荒武課長がゴールテープを切った。

結果は3時間5分57秒で、115チーム中、23位だった。同課の小倉佳穂事務官は「練習の成果もあり、課のみんなと援護Tシャツを着て楽しく走ることができた」と笑顔で話した。援業課の隊員らは今後、東京都調布市の「味の素スタジアム」で開かれる大会にも参加する。

群馬県下の部隊指揮官らに援護施策を説明する地本援護センター長の仲井1尉（左奥壇上）＝5月15日、新町駐屯地で

就職指導の重要性説く
群馬、援護会同に44人

【群馬】地本は5月15日、相馬原、新町両駐屯地で「令和元年度援護業務指揮官等会同」を開催した。

会同には各部隊長や援護担当者ら44人が参加した。

最初に大塚英司地本長があいさつ、続いて援護センター長の仲井利明1陸尉が昨年度の援護実績や依頼事項などについて、予備自衛官室長の佐々木満事務官が予備自衛官等制度についてそれぞれ説明した。

この後、自衛隊援護協会東京支部の群馬担当主幹が部隊長に向けて講話し、「退職後の幸せは指揮官次第」との演題で就職指導の重要性を伝えた。

各部隊長は「初めて援護会同に参加したが、隊員の退職後の幸せを追求するために、部隊も訓練と同様に援護にも真剣に取り組む重要性を改めて認識した」などと感想を語っていた。

愛媛地本長に堀1陸佐就任

5月20日付で愛媛地本長が交代した。新任本部長の略歴は次の通り。

堀　次郎（ほり・じろう）1陸佐　愛媛地本長　防大35期。平成3年陸自。18年2佐、24年1佐。中方後方運用課長、幹校教務課長などを経て、30年8月中方混成団副長。大阪府出身。52歳。

米トランプ大統領「かが」を視察

安倍首相と共に日米隊員を激励

天皇、皇后両陛下（右側）の出迎えを受け、陸自「特別儀仗隊」による栄誉礼を受けるトランプ大統領とメラニア夫人（左側）＝5月27日、皇居・宮殿東庭で（米大使館ツイッターから）

「令和」初の国賓として米国のトランプ大統領が5月25日から28日まで来日した（5月30日付既報）。27日には天皇、皇后両陛下にお目にかかるため皇居を訪れ、宮殿東庭で陸自302保安警務中隊と中央音楽隊員で編成された「特別儀仗隊」から栄誉礼を受けた。トランプ大統領は28日、海自横須賀基地に停泊するヘリ搭載護衛艦「かが」（艦長・水田英幹1佐）にヘリコプターで降り立ち、安倍首相と共に艦内を視察。格納庫内では整列した日米の隊員約500人を前にスピーチし、「ここ（横須賀地区）に勤務する日米の隊員は両国の素晴らしいパートナーシップを象徴している」と激励の言葉を贈った。

陸自「特別儀仗隊」から栄誉礼を受けた後、巡閲するトランプ大統領（左）＝5月27日、皇居・宮殿東庭で（米大使館ツイッターから）

同盟の絆 さらに強固に

「かが」の航空機格納庫内で日米隊員約500人が待つ中、エレベーター（奥）に乗り登場した安倍首相とトランプ大統領（5月28日）＝防衛省提供

日米隊員が拍手で見送る中、「かが」のエレベーターに乗り、会場を後にするトランプ大統領夫妻（中央左）と安倍首相夫妻（その右）＝5月28日（首相官邸ホームページから）

㊤海自のヘリ搭載護衛艦「かが」の格納庫で、整列した日米隊員（手前）を前に訓示する安倍首相（演台前）。その左はトランプ大統領夫妻（5月28日、海自横須賀基地で）＝防衛省提供

㊦日米隊員への激励を終え、「かが」の艦橋前で安倍首相（中央後ろ向き）とあいさつを交わすトランプ大統領。その左後方で敬礼するのは山村海幕長（5月28日）＝首相官邸フェイスブックから

安倍首相訓示（全文）

本日はトランプ大統領と共に、自衛隊、米軍の諸君の勇姿に接する機会を得たことを心からうれしく思います。日米両国の首脳がそろって自衛隊、米軍を激励するのは、史上初めてのことであります。日米同盟は私とトランプ大統領の下で、これまでになく強固なものとなった。この「かが」の艦上に我々が並んで立っていることがその証しであります。

トランプ大統領、あなたの友情に心から感謝します。そして、日本の自衛隊と米軍が、今、私たちと同様、深い友情で結ばれていることを共に喜び合いたいと思います。インド太平洋を自由で開かれたものにし、地域の平和と繁栄の礎としなければならない。その揺るぎない意志をここに立つ私たち全員が完全に共有します。

この護衛艦「かが」は、昨年、西太平洋からインド洋に及ぶ広大な海において、米海軍と密接に連携しながら地域の海軍との協力を深めました。今後、本艦を改修し、STOVL（短距離離陸・垂直着陸）戦闘機を搭載することで、我が国と地域の平和と安定に一層寄与していきます。「地域の公共財」としての日米同盟のさらなる強化に向けて、日本はしっかりとその役割を果たしていく。これからも不断の努力を重ねていく考えです。

もとより、強固な日米同盟は、日米の隊員一人ひとりの努力によって支えられています。自衛隊の諸君、昼夜を分かたず自由で平和な海を守り続ける諸君を私は誇りに思います。

祖国から遠く離れた地で、我が国と地域の平和と安全を守り、日米同盟の抑止力を高める在日米軍の皆さん、そしてその最高司令官であるトランプ大統領に敬意を表するとともに、改めて感謝を申し上げたいと思います。

地域を取り巻く安全保障環境が厳しさを増す中にあって、「平和と安定を守る砦」たる日米隊員諸君の今後ますますの活躍を大いに期待しています。

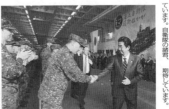

訓示後、安倍首相（右）から握手で激励を受ける糟井裕之自衛艦隊司令官（中央）＝5月28日（首相官邸HPから）

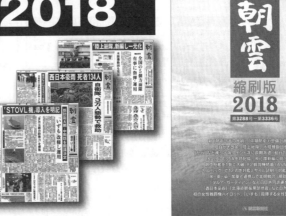

トランプ大統領訓示（要旨）

まず初めに、（昨日5月27日の）米国の祝日「戦没将兵記念日（メモリアルデー）」を祝いたいと思います。ハッピー・メモリアルデー！

さて、この数日間、偉大なリーダーで紳士たる安倍首相と共に本当に素晴らしい時を過ごすことができました。ファーストレディー（妻のメラニア）と私は、この巨大で立派な護衛艦「かが」に今こうして乗艦することができ、非常に名誉なことだと思っています。

また、私の友人である安倍首相、首相夫人、そして米海軍第7艦隊と日本の海上自衛隊の極めて優秀な男女隊員の皆さんと共にこの「かが」にいることを大変光栄に思います。

昨夜、そして今朝もですが、新たに即位された天皇、皇后両陛下にお目にかかることができ、この上ない名誉でした。実に特別で際立った方々です。天皇、皇后両陛下はこれから日本のためにとても大きく素晴らしい活動をなさることでしょう。そして日本国民はそれを大変誇りに思うでしょう。

ここで、ハガティ駐日大使夫妻に感謝の気持ちを述べたいと思います。また、同席してくれている米海軍第7艦隊司令官のフィリップ・ソーヤー中将、在日米海軍司令官のグレゴリー・フェントン少将にも感謝します。さらに、海上幕僚長の山村浩海将、そして、この壮大で堂々とした護衛艦の指揮をとっておられる艦長の水田英幹1等海佐にも同じく感謝を申し上げます。ありがとうございます。

日本が「令和」の時代を迎えたこの歴史的瞬間に、我々は日米同盟、そして自由を愛する両国民の間の友情をたたえたいと思います。

我々両国の海軍種は、ここ横須賀を含め、世界中で共に訓練し、活動しています。横須賀というこの特別な場所は、米海軍艦隊と、同盟国である日本の海上自衛隊の艦隊が共に肩を並べて司令部を置く、まさに世界で唯一の港（基地）です。この港に駐留する両国の隊員諸君は、日米間のとてつもなく固く、そして恒久的なパートナーシップを象徴する生きた証しなのです。

皆さんもご存じのように、日本は最近（昨年末）、105機の最新鋭「F35ステルス戦闘機」を購入する意向を発表しました。世界で最高の戦闘機です。これにより、日本は同盟国の中で最大規模のF35戦闘機の保有国となります。そして間もなく、まさにこの護衛艦がこれらの最先端の航空機を搭載できるよう改修（アップグレード）される予定です。

こうした高性能で優れた最新装備と共に、護衛艦「かが」は、この地域とさらに離れた地域におけるあらゆる複雑な脅威から私たちの国々を守ってくれるでしょう。

私は、友人である日本の総理大臣の尽力に感謝を申し上げたいと思います。安倍首相は本当に並外れた人物です。強い決意で日本の防衛能力を高め、米国の安全保障の向上にも貢献してくれています。

今日ここに集まった素晴らしい日米の隊員の皆さん、本日こうして皆さんのもとを訪れることができたのは、本当に名誉なことでした。全てのアメリカ国民を代表し、皆さんが国民を守るためにして下さっている全てのことに対し、深い感謝の気持ちを述べたいと思います。ありがとうございます。全ての方に神様のご加護がありますように。

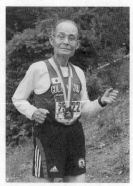

千葉県銚子市の犬吠埼沖で5月26日未明、貨物船2隻が衝突、海自の潜水艦救難艦「ちよだ」が不明者の捜索・救助活動を支援した。また同27日、東京都檜原村と北海道雄武町でそれぞれ山林火災が発生し、陸・空自のヘリ部隊が空中消火に当たった。

船舶衝突事故、山林火災など

陸海空 各地で災派

不明者捜索に全力　「ちよだ」が犬吠埼沖で海保と

犬吠埼沖の民間船舶（貨物船）2隻の衝突で「千勝丸」（499トン）が沈没、海自は海保と連携して行方不明者2人の捜索に全力で当たった。

27日午後5時半、第3管区海上保安本部長から自衛艦隊司令官（横須賀）に災派が要請され、2潜水隊群（同）所属の潜水艦救難艦「ちよだ」（艦長・渡邉忍2佐以下乗員約130人）が停泊していた徳島県沖から犬吠埼沖へ向かった。

渡邉艦長は「本艦の特性を最大限に発揮し海上保安庁との連携の下、一刻も早くお2人を捜索、救出することに全力を尽くす」と捜索に臨んだ。

28日午後2時前に現場海域に到着した「ちよだ」は、海保巡視船「いず」と合流。ソーナーで沈没船の位置を確認し、潜水士の資格を持つ連絡員を「いず」に派遣して救助要領を調整した。

艦では21空群（館山）のUH60J救難ヘリから空輸された潜水医学実験隊（横須賀）の医官ら3人が待機。海保のヘリで特殊救難隊員9人が「いず」から空輸された。

「ちよだ」は海面状況に左右されずにその場にとどまることができる定点保持能力を生かし、同艦を潜水捜索の拠点にすることなどを海保との間で調整したほか、深海潜水装置を活用した救助方法なども共有し、互いに役割を分担した。

28日午後9時過ぎ、海保の特殊救難隊員が潜水捜索を開始。29日朝からは船内未捜索部分の捜索が再開された。この間「ちよだ」は海保の作業を全力で支援した。同午後3時、同艦は支援を終了し、現場海域から離脱した。

一方、捜索範囲が周辺海域まで拡大されたことに伴い、海自4空群（厚木）のP1哨戒機1機が29日から海面の捜索に当たった。30日午後、海保が沈没船内で新たに1人を発見。31日午後5時55分、海保の撤収要請を受け、同機は捜索活動を終了した。

潜水捜索に向け「ちよだ」の艦内で入念に準備する海保の特殊救難隊員と、支援する海自潜水員ら（5月29日、犬吠埼沖で）

陸空自ヘリ部隊が空中消火　北海道・雄武町で山林火災

北海道紋別郡雄武町で5月27日、山林火災が発生し、陸自の2飛行隊（旭川）、北方ヘリ隊（丘珠）、1ヘリ団（木更津）と空自の三沢ヘリ空輸隊が空中消火に当たった。

消防の消火活動では鎮火に至らず27日午後2時35分、鈴木直道知事から野澤真2師団長（旭川）に災派が要請され、同日午後から翌日昼にかけて、2飛行隊と北方ヘリ隊のUH1ヘリ各1機、三沢ヘリ空輸隊のCH47ヘリ1機が相次いで現地に向かい、到着後、消火活動を開始した。

北方ヘリ、三沢ヘリ空輸両隊は29、30日も引き続き消火活動を実施、30日には1ヘリ団のCH47ヘリ2機も活動に加わった。

6月3日現在、部隊は活動を継続（待機）している。5月27～6月1日の6日間で延べ27機のヘリが活動、散水回数・量は127回、約260トン。

消火に向かう空自CH47ヘリ機内から撮影された火災現場（5月29日）

東京・檜原村では12ヘリ隊が消火活動

東京都檜原村で5月27日、山林火災が発生、陸自12ヘリ隊（相馬原）などが消火活動に当たった。

27日午後8時55分、小池百合子東京都知事から竹本竜司1師団長（練馬）に災派が要請された。

27日夜、1施大（朝霞）の初動対処部隊約10人が出発。現地に到着後、ヘリにバケット取り付けを開始した。1飛行隊（立川）、東方ヘリ隊（同）のUH1ヘリ各1機も空中統制などのため現地に向かった。

12ヘリ隊のCH47ヘリ計5機は駐屯地を順次離陸し、到着後、消火活動を始めた。29日午前9時7分、都知事から撤収要請を受け、活動を終了した。

延べ9機のヘリが活動し、散水回数・量は70回、約350トンだった。

東京都檜原村の山林火災で機上から火点を確認する12ヘリ隊の隊員（5月28日）

陸自OB 下條さん
最高齢でボストン完走
年齢の壁超え「走り続けたい」

ボストンマラソン出場のユニフォームを着用し、首に完走者の証のメダルをかけた下條さん（6月3日、八王子市の自宅近くで）

元陸上自衛官の下條道則さん（83）＝東京都八王子市在住＝がこのほど、米国で行われたボストンマラソンで、約3万人の出場選手中の最高齢で完走を果たした。

下條さんは熊本県出身。県内一の進学校、熊本高校を経て防大（3期）に進み、陸上自衛官に任官。26普連（留萌）、44普連（福島）、富士学校、空挺団（習志野）などの勤務を経て平成3年4月、習志野駐屯地業務隊長を最後に1陸佐で退官した。現在は八王子市の高齢者施設で勤めている。

2師団（旭川）持続走訓練監督を務めた昭和37年ごろ、隊員たちの勧めでフルマラソンに挑戦したことがあったが、本格的に大会に出場し始めたのは退官後から。

高校在学中の昭和28年に山田敬蔵さんがボストンマラソンを制し、その走りに感動した思い出もあったことから68歳になった平成16年、初めて同マラソンへ出場。以来、同マラソンに挑み続け、出場は今回で13回目となった。

レースでは「選ばれた者しか走れないため、みんなが英雄だとされ、沿道の人から声援が絶えない」と話し、80歳以上の男性で完走を果たした9人中の2位、タイムは5時間25分58秒だった。

最高齢で完走したものの参加資格タイム（80歳以上＝4時間50分以内）を切ることができず、来年の出場は決まらなかった下條さん。「（年齢が）1年経つごとに先が読めなくなっている。記録も関係なく、今は走ってみないと分からない」と話す。

また、「11月の神戸マラソンで参加資格をクリアしたい。（出場を続けるには）年齢が進むにつれ、走り続けたい気持ちだけは持ち続けていく」と、再来年の14回目の出場に向け決意を新たにしている。

オリジナル曲「まぁるく」など10曲
鶫3曹 セカンド・アルバム『ハレオト』発売

陸自中部方面音楽隊（伊丹）の“歌姫”鶫真衣3曹のセカンド・アルバム『ハレオト～こころが晴れるうた』（写真）が5月29日、日本コロムビアから発売された（税込3,240円）。

ファースト・アルバム『いのちの音』に続く今回の作品は、鶫3曹自らが作詞し柴田昌宣中方音隊長が作曲したオリジナル曲『まぁるく』や、新旧邦楽のカバー曲計10曲を収録。鶫3曹の“晴れやかな歌声”が堪能できる。

指揮した柴田隊長は「多くの方に自衛隊への親近感を持っていただくため、幅広い選曲を心がけた」と語る。

「ハレオトというタイトルのように、聴いていただいた人の心が晴れて元気になるようにと願い、心を込めて歌いました」と鶫3曹。

「幼いころから作詞が好きだった」という鶫3曹の詞の世界も楽しめる。

脳障害で記憶低下や精神異常引き起こす

こちら警務隊　薬物犯罪　その①

覚せい剤の恐ろしさは？

覚せい剤とは、麻黄（まおう）という植物の成分等を原料として製造された白色の粉末または無色透明の結晶で、俗に「シャブ」「エス」「スピード」等と呼ばれています。

覚せい剤を使用すると脳障害による記憶低下、認知障害、幻覚に襲われ暴力的になります。また、覚せい剤の使用を止めても再び幻覚等の精神異常を起こすフラッシュバック現象が生涯続きます。

罰則として、所持・使用・譲り渡し・譲り受けは、10年以下の懲役に処せられます。

一時の快楽のため大事な仕事や家族等を失わないよう絶対に使用してはいけません。

（東部方面警務隊）

※次回は「大麻取締法」

薬物乱用は　自己の崩壊を招く

小休止

▽…陸自34普連は5月10～11日、3中隊が担任し、板妻駐屯地と東富士演習場で「フォーラム21」（梅下村塾）の隊内生活体験を支援した。

▽…フォーラム21は官界、経済界のリーダー育成を目指す異業種交流グループ。体験には大手企業、各省庁の幹部候補者57人が参加、基本動作をはじめ、発声駆け足、障害通過などを次々と体験した＝写真。非常呼集からの徒歩行進では、早朝に招集を掛けられ約10キロを行進、励まし合いながら完歩した。

▽…参加者は慣れない団体行動や指揮の執り方に戸惑いながらも相互に協力し合い、リーダーとしての心構えを養成した。（板妻）

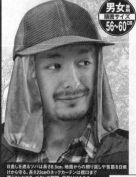

全日本ジュニアスノーボードテクニカル選手権で巧みな滑りを見せる小川咲さん（スノーパーク尾瀬戸倉で）

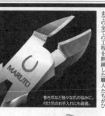

陸自31普連隊員の長女 小川咲さん
スノーボード選手権制す

【31普連＝武山】陸自31普連2中隊長を務める小川育1尉の長女、咲（さき）さん（13）＝中学2年＝はこのほど、群馬県片品村で行われた「全日本ジュニアスノーボードテクニカル選手権大会」に出場、中学生女子の部で優勝した。

咲さんは2歳の冬に“ゲレンデデビュー”し、小学3年生のときに日本スノーボード協会の公認インストラクターの受験資格を与えられる1級を取得。本格的にテクニカル競技に取り組み始めた。

大会では3種目（フリーカーブ、フリーライド、ミドル）の合計得点で競われ、咲さんは2位に10点以上の差をつけて優勝した。

咲さんは大会に先立って長野県山ノ内町で行われた一般女子も参加する全日本テクニカル選手権でも健闘し、約60人中の7位に入賞した。

「（将来は）デモンストレーターになってプロを育てたい」と話している咲さん。小川1尉は「夢に向かって挑戦し続けてもらいたい。献身的な指導者になれるよう今を大切に！」とエールを送っている。

朝雲・栃の芽俳壇

畠中草史　選

瀬を抜けてつぎに花筏組む　熊谷・空OB　明田　眞雅

瀬の流れに散った桜はそれぞれに流れ、瀬を抜けてまた花筏を作る。動と静の趣。

花冷や冑に遺る刀痕　宮崎・空OB　高木　智念

歴史博物館の鎧か。陳列の一つ刀痕のある冑。見る者に花冷の如くひびく。

雨の降る窓辺を過ぎり飛ぶ燕　西東京・空OB　水島　孝雄

もつれあひ鶯の屋根を越ゆる蝶　あきる野・一般　小和田一男

潮騒の届く岬の花辛夷　浜松・空OB　高本　文男

張り出して千鳥ヶ淵の桜かな　熊谷・空OG　関田　絹江

過疎島の細りし道の紫木蓮　館山・海OB　斎藤　一向

自転車の紐を留めて来る若葉なか　横浜・空OB　永澤　功

法堂の寝釈迦の谷渡り　浜松・空OG　塩見　惇子

花明りして幽玄に能舞台　熊谷・空OG　佐藤　玲美

親心こもる草餅頂くころ　高崎・陸OB　船田藤三郎

一番星上がり代掻き終わりたる　香川・陸OB　渡辺　成典

花筏流れに乗りて姿変へ　熊谷・空OG　高橋ふみ子

只管が見はかり起るベンチかな　小牧・陸OB　松岡　魚青

金婚もすぎし夫婦や初蝶　横浜・一般　福本　祥子

門前に吹き寄せられし花の屑　東葛・陸OB　足立　徹

姉妹揃ひの法被祭　相模原・海OG　折口　桂子

ランドセルまぶし光る入学児　熊谷・空OB　蓮佛志向子

能管の音高く澄徹す花の夜　町田・陸OB　岩原　滋利

ランドセル自ら選ぶ入学生　熊谷・空OG　関谷　桂子

外苑の斜面を染むる躑躅かな　佐賀・陸OB　一ノ瀬恵昭

生き生きと渓流跨ぐ鯉幟　札幌・陸OB　坂元　順一

公園の土塁道に沿ひ沈丁花　相模原・一般　森　謙二

何よりも遊具気になる入園児　熊谷・空OG　福元万理子

選者作品

桑山を白蝶転び超え来る

投句歓迎！

▽郵便はがきの裏面に未発表の自作3句以内と氏名、年齢、職業（自衛官・事務官＝所属部隊＝、OB、家族、一般など）、住所、電話番号を記入▽締め切り毎月15日▽宛先＝〒162−8801東京都新宿区市谷本村町5の1　防衛省D棟市ヶ谷記者クラブ朝雲俳句係☎03（5225）1750、専用線8・6・25515

みんなのページ

入隊前の不安を払拭！

新田原で空自の職場見学ツアー

1空曹　藤島　基弘（熊本地本・募集課募集2係）

自衛隊熊本地方協力本部はこのほど、航空学生航空要員の合格者、航空自衛隊入隊予定者、これから自衛隊受験を予定している高校生とその保護者の計15名を対象に、「航空自衛隊の職場見学ツアー」を行った。

当日は新田原基地（宮崎県）で「西部航空方面一斉広報」が実施されており、参加者に空自について理解を深めてもらうことで、志願・入隊意欲の向上と保護者の不安払拭を目的にツアーは行われた。

基地到着後、第305飛行隊（警戒監視により発見した国籍不明機が、領空侵犯する恐れがある場合、これに対処する部隊）による「国籍不明機に対する緊急発進」の展示が見学者の目の前で行われた。

パイロットと整備員が2列に整列している状態からベルが鳴ると、一斉にF15J戦闘機に向かって走り出し、パイロットがコックピットに乗り込み、素早くエンジンを始動させ、整備員の誘導でタキシング（地上滑走）を開始した。轟音とともに目の前を横切るF15Jに対し、見学者は夢中でシャッターを切っていた。

場所を移し、第2作業隊では、模擬の滑走路を約3カ月かけて作り、「敵の攻撃によって破壊された」ことを想定して地下に埋設した爆弾を爆発させ、約4時間で滑走路を航空機が離発着できる状態まで復旧する訓練の説明を受けた。見学者はその作業能力の高さに驚きを隠せない様子であった。

救難隊では、救難捜索機U125Aと救難ヘリコプターUH60Jについてパイロットから説明があり、ヘリの操縦士を目指している航空学生合格者が熱心に質問を行っていた。

新田原救難隊のUH60J救難ヘリについて学ぶ参加者

F15J戦闘機のコックピットに座り、隊員から説明を受ける見学ツアー参加者（いずれも空自新田原基地で）

第23飛行隊（F15に乗るための操縦方法や戦闘機同士の戦闘方法を教育する部隊）では、教官が「戦闘機操縦者への道のり」を説明し、参加者は熱心に聞き入っていた。

普段は見学できない航空管制隊では、航空管制で使用するGCA室内（隊員が音声で航空機を滑走路まで誘導する部屋）の見学やシミュレーターによる航空機の誘導体験を行った。また、気象隊では観測気球を実際に空へ放ち、上昇していく様子を観測する体験も実施した。

昼食はカレーライスと「空上げ」の献立で、参加者にも好評だった。空自の各基地では、鶏の唐揚げを空自全体で「より上を目指す」という意味を込め、各基地で特色のある「空上げ」を提供している。それを説明すると、参加者も興味深そうに空上げを頬張っていた。

午後は戦闘機、車両、機材（ジェットエンジンや模擬弾）などを見学した。その中で特に人気があったのはF15のコックピットに着席しての記念撮影や、戦闘機の翼の上を歩く「翼上ウオーク」、消防小隊の「破壊機救難消防車」の助手席に乗っての体験走行だった。

また、戦闘機パイロットが装着するヘルメットとライフベストを着用しての記念撮影や自衛官へのQ&Aを通じ、空自の魅力をアピールした。見学者からは「将来、ここ新田原基地に戦闘機パイロットとして戻れるように頑張ります」と頼もしい言葉もあった。

空自では今後も同様の…熊本地本もそれぞれに合わせてツアーを企画し、志願者確保に尽力していく。

教育する立場になって

陸士長　佐藤　寛之（東北方面衛生隊・仙台）

私は東北方面衛生隊が実施した「職種統一訓練」において、収容所業務の展示要員として参加しました。これまでは教育を受ける側でしたが、初めて「教育する側」の貴重な経験となりました。私は訓練を通じて二つのことを学びました。

負傷者の治療法を実地に展示する佐藤士長

一つ目は、「正解」を示すことの大変さです。私たちの展示は、他部隊が訓練をする上での教材となるため、常に正しいことを示さなければなりません。自分の行動が正しいのかと常に問いかけながら、一つ一つの手技を実施していきました。「正解」を示すには、根拠に基づいていることが重要であり、私はその実践を心がけました。

二つ目は、「準備」することの大切さです。時間的制約がある中で、展示の質を上げるために、物の準備、手技のおさらい、いかに良く見せるかなど、事前の準備に追われ、本番の展示に向けて刻々と時間がなくなっていく中、大きなプレッシャーを感じましたが、それを乗り越えるために自分でイメージトレーニングを繰り返すことで、なんとかプレッシャーを払拭しました。

この期間は2週間と短い時間でしたが、教育する立場となり、自分も多くのことを学べました。今後もこのような機会があれば、ぜひ参加したいと思います。

OBがんばる

山田　敬一さん　57

平成27年10月、空自航空気象群中枢気象隊（府中）を最後に定年退職（1尉）。埼玉電気安全サービスに再就職し、電気施設の調査員を務めている。

現役中に体力向上を

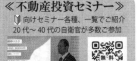

私は熊谷地域援護センターのお世話になり再就職することができました。今の職場に入ってから、自衛隊在職中に取得した電気工事士の資格を生かし、電気設備の安全チェックを行う調査員として勤務しております。

仕事は電気事業法に基づき、定期的にお客さまの自宅や会社を訪問して安全診断を行うものです。点検箇所は電力を供給する引込線、計量器、分電盤、変流器などです。点検を通じて電気設備が基準に適合しているかどうかを調べますが、最も重視するのは漏電の有無で、現在は漏電遮断器を使用して漏れ電流を測り、判断します。

自衛隊では電気の仕事をしていたので、入社後の研修で先輩から指導を受け、今は仕事も板についてきました。

しかし、真夏の炎天下、真冬の風雨吹き荒ぶ中、時には雨の降りしきる中もお客さま宅を一軒一軒訪問するのはハードで、必要になるものは何と言っても体力です。

「電気屋さん、安心しました」「ありがとう」。また「来てくれてよかった」など、お客さまに言っていただけると、励みになります。仕事を通じて地域に貢献できることもうれしいです。

皆さんは現役中に体力の維持向上を図るとともに、資格（第2種電気工事士など）の取得のほか、現役中に体力の維持向上を図り、再就職後に活躍されることを祈念しております。

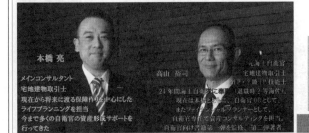

個人戦での悔しさバネに
全自拳法で団体優勝

2陸曹　平岡　譲（12普連1中隊・国分）

3月15、16の両日、朝霞駐屯地で実施された防衛大臣杯第35回全自衛隊拳法選手権大会に12普連Aチームの選手として参加しました。

私は団体戦と個人無差別級で出場しました。昨年は団体戦3位、個人戦優勝という成績だったので、今年の個人戦は「連覇を」と意気込んでいましたが、達成はできませんでした。

一方、団体戦は、昨年までの隊員が抜けて新たなAチームとして出場し、個人戦での悔しさをばねに、チームとして優勝することができました。

この結果に満足することなく、今後は追われる立場の者として、さらなる高みを目指し練成に励んでいきたいと思います。

私たちが日々練成に励めるのは、連隊長をはじめ、各科長、中隊長、隊員皆さまのご理解・ご協力があってのことであり、深く感謝しています。

自分が苦しい時は、相手はもっと苦しんでいる。そこを乗り切った時に勝利がある。

坂井　三郎（零戦パイロット）

（世界の切手・イスラエル）

新刊紹介

『成功する日本企業には「共通の本質」がある』
―ダイナミック・ケイパビリティの経営学―

菊澤　研宗著

「成功する組織」研究の第一人者で、本紙コラムでも健筆をふるう慶応大学教授の著者が、現在の最大の環境変化であるIT革命の大波の中で生き残り、成功した企業はどのような体質であるのか、実例をもって明らかにした本だ。

デジカメの登場で米コダックは倒産したが、富士フイルムは残った。その最大の理由は同社が自己変革能力「ダイナミック・ケイパビリティ」を有し、これにより「第2の創業」を成功させたからであると分析する。

自己変革できる企業には共通の本質があると述べ、トヨタ、ソニー、YKKなどがそのいい例である。この能力こそが「組織の存続」の鍵を握り、経営を成功に導いている、とする。

この自己変革は、現在の「失敗の本質」「組織の不条理」を教訓に、「領域横断（クロス・ドメイン）防衛体制」の構築を急ぐ防衛省・自衛隊にとっても欠かせないものであり、今後の組織改革に多くの示唆を与えてくれる。

（朝日新聞出版刊、1728円）

『戦闘機「超」集中講義』
―F-15パイロットが教える戦闘機の超集中講義―

船場　太著

「対空ミサイルを撃たれたら逃げられる？」「音速を超えたら機体はどうなる？」――等々。子供から大人まで「大空とヒコーキ」に抱くさまざまな疑問に「一問一答」形式で分かりやすく答える入門書。

著者は空自F15戦闘機パイロットで、現在、自衛隊を退職し「イー・フライトアカデミー」の代表を務める。戦闘機パイロットの任務について図表や写真を使って嚙み砕いて説明する。

タイトルこそ「戦闘機」と謳っているものの、飛行機雲などの気象の話から旅客機の空酔い対策まで、マニアに限らず男女幅広い年齢層に楽しく読めて「知って得する知識」が満載だ。

（パンダ・パブリッシング刊、1728円）

詰将棋

出題　日本将棋連盟　九段　石田　和雄

第796回出題

	6	5	4	3	2	1	
			v飛			馬	一
							二
			歩	v歩	v王	v角	三
				v銀	v歩		四
						歩	五
							六

▲先手　持駒　金金銀

【ヒント】馬捨てがトドメの好手（10分で初段）。

▶詰碁、詰将棋の出題は隔週です◀

詰碁

出題　日本棋院　九段　曲　励起

第1211回解答

黒❽3目トル

【解答図】白先、黒取り。白①黒❷はともに当然。次の白③が大切で、黒❹以下白⑨までとなり、左側の黒石を白はもぎ取れます。

朝雲
発行所　朝雲新聞社
〒160-0002 東京都新宿区四谷坂町12-20 KKビル
電話 03(3225)3841
FAX 03(3225)3831
振替00190-4-17600番
定価一部170円、年間購読料9000円（税・送料込み）

防衛協力「新たな段階」に

日加防衛相会談、初の共同声明

「ACSA」近く発効

岩屋防衛相は6月3日、来日したカナダのハルジット・シン・サージャン国防相と防衛省で会談し、安全保障面における両国関係を「新たな段階」に引き上げることで一致。防衛協力の強化に向けた初の「共同声明」を発表した。声明には「自由で開かれたインド太平洋」の実現に向け、共同訓練や部隊間交流、国連平和維持活動（PKO）など「平和構築」分野での協力推進などが盛り込まれた。また、両国間で昨年4月に署名した「物品役務相互提供協定（ACSA）」が近く発効することを受け、両氏は自衛隊とカナダ軍のさらなる「緊密な協力」の促進にも期待感を示した。

日加防衛相会談は3年ぶりで、カナダ国防相の来日は2006年9月以来、約13年ぶり。

会談の冒頭、岩屋大臣は今年が「日加修好90周年」に当たることに祝意を表し、「カナダは『自由で開かれたインド太平洋』を実現する上で非常に重要なパートナーだ。防衛当局間の戦略的連携を強化し、インド太平洋における連携を強化したい」と述べた。

これに対し、サージャン国防相は「両国は共に『太平洋国家』として、法の支配や民主主義といった共通の価値に基づく強い絆を持ち、アジア太平洋の安定と安全保障に深く関与している」と応え、防衛協力の具現化に期待感を示した。

岩屋防衛相（左から2人目）のエスコートで陸自の特別儀仗隊を巡閲するカナダのサージャン国防相（右）＝6月3日、防衛省で

最近の日加防衛交流　[illegible]

同氏は、2010年に両国首脳間で署名された「政治・平和および安全保障協力に関する日加共同宣言」の下で防衛協力・交流が進展してきたことを踏まえた上で、部隊運用の面でもさらに連携を強化していくことで一致。日加防衛相間で初となる「共同声明」を発表した。

声明には、①平和維持分野での協力②共同訓練・部隊間交流③人道支援・災害救援（HA/DR）④教育・研究交流⑤ハイレベル対話・相互訓練——を推進していくことが明記された。[illegible]

完了し、近く発効する見通しとなったことから、[illegible]

「東日本」に次ぐ119万人派遣

平成30年度 自衛隊災害派遣実績

統合幕僚監部は5月16日、平成30年度の自衛隊の災害派遣（不発弾処理の実績を除く）実績を発表した。30年度の災害派遣人員は延べ約119万人で、過去10年間で東日本大震災があった23年度に次いで、2番目に多い派遣人員となった。

このうち、昨年7月に九州、中国・四国、関西地方など広域で発生した「西日本豪雨」では、[illegible]

また、9月の「北海道胆振東部地震」では[illegible]

30年度の総件数は443件（前年度503件）で、このうち「急患輸送」が334件、以下「消火活動」が49件、「捜索救助」が17件、「風水害・地震等」が17件、「その他」が26件だった。[illegible]（4面に詳報）

災害派遣件数別内訳	件数	割合
急患輸送	334件	約75%
消火活動	49件	約11%
捜索救助	17件	約4%
風水害・地震等	17件	約4%
その他	26件	約6%
総件数	443件	

本号は10ページ

「インド太平洋戦略」で連携

シャナハン米国防長官代行が初来日

岩屋防衛相と会談

岩屋防衛相は6月4日、米国防総省のトップとして初来日したシャナハン国防長官代行と防衛省で約1時間会談し、日米が掲げる「自由で開かれたインド太平洋」の実現を目指し、関係国と共に連携強化を図っていくことで一致した。[illegible]日米同盟をさらに深化させていきたい」と歓迎の言葉を述べると、シャナハン氏は「岩屋大臣とは非常に力強いつながりを感じている。日米同盟はかつてなく『最強だ』」と応じた。

会談で岩屋大臣は、シャナハン氏が1日にシンガポールでの「アジア安全保障会議（シャングリラ会合）」の演説で発表した米国防総省の「インド太平洋戦略報告」を歓迎。両氏は同レポートを含め、両国がそれぞれの戦略文書に基づいて緊密に連携していく方針を確認した。

さらに、宇宙・サイバー・電磁波などの「新たな領域」を含む「領域横断（クロス・ドメイン）作戦」を遂行するための日米協力を推進することでも一致。「北朝鮮の完全な非核化」に向けた日米韓3カ国の連携も申し合わせた。

これに先立ち同日、官邸で安倍首相と約30分間会談したシャナハン氏は「首相のリーダーシップや関係閣僚のチームワークによって日米同盟はかつてなく強固になっている」と述べ、同盟強化に向けた日本の取り組みに謝意を表した。

初来日したシャナハン米国防長官代行（左）と握手する岩屋防衛相（6月4日、防衛省で）＝防衛省提供

春夏秋冬

第2次モディ政権の外交展望

笠井　亮平

5月、インドは選挙と人事の一月だった。前月から各地で順次投票が行われていた総選挙の開票が23日に行われ、インド人民党（BJP）主導の与党連合が大勝を収めた。[illegible]の下地が整ったと言え、防衛協力やインフラ整備、投資促進をはじめとする各分野での進展を期待したい。

ただし、インドにおける安定政権の継続というファクターは日印関係に限ったことではなく、他国にとっても同様であることを忘れてはいけない。特にインドと中国は2017年の国境対峙事案が嘘[illegible]改善が進んでおり、今後も続くものと見られる。「自由で開かれたインド太平洋」の実現に取り組んでいくなかで、インドの全方位外交、特に印中接近をしっかり注視していく必要がある。

日本にとっても腰を据えてインドとの関係を拡大するに当たって[illegible]モディ首相が外交の[illegible]位置づけているのは対米関係だろう。総選挙が終わった今、貿易問題や対イラン政策をめぐるトランプ政権の要求にいよいよ本腰を入れて対処する必要に迫られている。

新政権では首相の信任が厚いとされるジャイシャンカル前外務次官が非議員ながら外相に抜擢されるという「サプライズ人事」が大きな注目を集めたが、これもかつて民生用原子力協力で対米交渉の妥結に尽力し、その後駐米大使としても活躍した同氏の手腕を見込んでのことだと筆者は見ている。

他にも隣国パキスタンとの対立状態をどうマネージするかという難題も依然として存在している。

インドは米中に次ぐ超大国の座をうかがっているとの見方もあるなかで、これからの5年間は台頭著しい同国の真価が試されることになる。その意味で、今後のインド外交がますます重要性を増していくことは間違いない。

（岐阜女子大学南アジア研究センター特別研究員）

「レッド・フラッグ・アラスカ」始まる

空自は6月7日から米空軍がアラスカ州で行う多国間防空戦闘訓練「レッド・フラッグ・アラスカ」に参加している。

訓練は同州のアイルソン空軍基地、エレメンドルフ・リチャードソン統合基地とその周辺空域で行われており、航空総隊が同隊司令部（横田）訓練課長の橋本勝士1佐を訓練指揮官に隊員約210人、支援集団が1輸空（小牧）飛行群司令の太田将史1佐を訓練指揮官に、約70人が参加。

3空団（三沢）のF2戦闘機部隊（6機）は三沢からアラスカまでの片道約5400キロの太平洋上を、1輸空のKC767空中給油・輸送機などから空中給油を受けながら横断した。

F2が初参加

空自F2部隊の「レッド・フラッグ・アラスカ」参加は初めてで、今回の演習にはタイ、韓国、NATO（北大西洋条約機構）軍も参加している。同月22日まで。

KC767から空中給油
三沢から米アラスカ州への飛行中、空自1輸空のKC767（手前）から空中給油を受ける3空団3飛行隊のF2戦闘機（6月5日、太平洋上空で）

F35A墜落

「操縦士は殉職」と判断

身体の一部発見「空間識失調」に

空自3空団302飛行隊（三沢）のF35Aステルス戦闘機（705号機）が4月9日に三沢東方沖の太平洋上に墜落した事故で、丸茂空幕長は6月7日、行方不明になっているパイロットの細見彰里3佐について、「総合的に勘案し、死亡と判断するに至った。優秀なパイロットを失ったことは痛恨の極み」とのコメントを発表した。

空自は同10日、F35Aで対戦闘機戦闘訓練中だった細見3佐が「空間識失調（平衡感覚を失った状態）」に陥ったことが墜落原因」とする見解を発表した（詳報は次号）。

機体捜索は終了　飛行再開を目指す

今後の再発防止策としては、F35Aの全操縦者に対し、①空間識失調に関する教育②空間識訓練装置とシミュレーターによる訓練③G-LOC（重力による意識喪失）防止のための教育——を徹底するとともに、各機体の特別点検を行うことも併せて発表した。防衛省は青森県や三沢市など地元の理解を得て、飛行停止中のF35A（12機）の飛行再開を目指すとしている。

空自は墜落機の部品が散在していた海域で細見3佐のものとみられる身体の一部を発見、収容しているが、フライト・データ・レコーダー（FDR）は見つからず、機体の捜索活動は6月3日に終了した。

丸茂空幕長はコメントの中で、死亡したと判断した理由について、「捜索期間や操縦者の身体の一部と特定されたものを確認できたことや、揚収した機体の部品等の状況などを総合的に勘案した」と説明した。

岩屋防衛相は同日の記者会見で「献身的に任務を全うする中で亡くなった細見3佐に敬意を表し、ご冥福を心よりお祈り申し上げ、ご家族に対し心からお悔やみを申し上げます」と述べた。

朝雲寸言

国家をよく動物にたとえる。[illegible]熊であろう。イギリスはライオン、フランスは雄鶏、中国は龍、そしてアメリカを象徴するのはといえば白頭鷲である▼ここに象徴的な一枚の風刺画がある。日清戦争で弱体化した中国の姿を狙う世界の列強の姿を動物で表している。画面中央に弁髪の龍が横たわり、そばにイギリスのライオンとロシアの熊が睨み合っている。画面の下には日本の豹がいて、背中にJAPANという文字が見える。後方にはアメリカの白頭鷲とドイツのコウノトリがいて、隙を狙っている。イギリスの陰にいるのはイタリア、禿鷹はオーストリアのようだ▼中国にとっては屈辱的な風刺画に違いない。アヘン戦争から日清戦争、そして日中戦争を経て共産党政権樹立に至るまでの百年は「百年屈辱」と呼ぶ。その怨嗟の国民感情は我々には推し量れないものかもしれない▼一方、韓国は植民地時代の日本の暴虐を意図的に誇張して教え、戦争博物館で国民に展示している。多くの日本人が韓流ドラマやK-POPに拍手するのとは対照的に反日の姿勢を強めている▼米中の貿易戦争が始まったと言われる。北朝鮮情勢も併せ見ると、韓国に対して日本が[illegible]になった方がお[illegible]と、逆に心配になる。お節介が過ぎるのか、人が良すぎるというのか。

時の焦点

国内　参院選公約

大衆迎合主義では困る

国民の将来不安に応え、日本の新時代をどう展望するか。各党が具体策を明確に示し、政策を競うことが必要だ。

自民党が参院選の公約を発表した。政界は衆参同日選の観測で浮き足立つ。同日選の有無はどうあれ、各党に問われるのは、まず政策である。

自民党の公約は、6本柱の先頭に「外交・防衛」を位置づけ、「国際社会の結束やルールづくりを主導する」と掲げた。

大阪での主要20カ国・地域（G20）首脳会議など、重要な外交日程が続く。安倍首相が注目される機会を選挙戦に生かす狙いもあるのだろう。

日本はかつて、欧米諸国がつくったルールにうまく適合することを目指した。だが、米国と中国が激しく対立し、欧州に自国第一主義が広がる現在、日本は受け身ではいられない。

日本が世界でどのような役割を果たすのか。北朝鮮問題などの懸案にどう臨むのか。選挙戦に向けてさらに議論を深め、より具体的に語ってもらいたい。

「1強」が続く自民党に、野党はどう対抗するのか。

勝敗のカギを握る全国32の「1人区」（改選定数1）で、野党候補一本化の見通しが付いた。あとは政策である。

立憲民主党は、「安倍政権下で格差が広がった」として、アベノミクスに代わる経済政策を訴える方針だ。

野党各党からは、学校給食の無償化など、生活に密着した政策をアピールすべきだという声が上がっている。

地方を中心に、景気回復の実感が乏しいとの声は少なくない。政府・与党の目が行き届かない部分に光を当てるのは、野党の重要な役割である。

気がかりなのは、与党との違いを強調し、野党間の連携を重視するあまり、政策がバラマキに流れることだ。

自民党が公約に盛り込んだ消費税率引き上げに対し、野党からは反対の声が相次いでいる。

国民民主党の玉木雄一郎代表は記者会見で、リーマンショックのような場合としながら、「消費減税」について「選択肢から否定するものではない」と語った。

一部の識者は、欧州で大胆な財政出動を主張する反緊縮運動が広がっていることを踏まえ、日本でも、消費増税を中止し、「反緊縮」を進めるべきだと主張する。

だが、注意しなければいけないのは、緊縮財政の欧州連合（EU）とは違い、日本はむしろ歳出を拡大させ、教育無償化などのリベラル派的な政策を展開していることだ。

歳出規模を維持したまま、消費増税を中止、さらには減税まで踏み込めば、将来世代に莫大な借金を残してしまう。

野田佳彦・前首相が消費減税を「ポピュリズム（大衆迎合主義）の極地だ」と批判したのは当然であろう。

国民が求めているのは、一時しのぎではなく、将来の安心につなげるための政策論争である。

宮原 三郎（政治評論家）

海外　Dーデイ75周年

現地式典に大統領欠席

今年の6月6日は、第2次世界大戦で連合軍がドイツ軍への本格的反攻に転じたノルマンディー上陸作戦の開始（Dーデイ）から75周年に当たる。

しかし、北フランスのノルマンディー海岸で同日開催された国際的記念式典に、マクロン仏大統領は出席しなかった。

「大統領はDーデイの国際的記念式典には、60周年、70周年という端数のない年にのみ参加する」（仏大統領府）との説明だ。

だが、反ドイツの第2戦線を開き、ナチス・ドイツ撃滅、欧州解放という推移を振り返れば、「Dーデイ」は果たしてその程度のものなのだろうか？

ドイツ防衛軍総司令官だったロンメル元帥が約1カ月半前、「上陸後の24時間が帰趨を決する。連合軍にとってもドイツ軍にとっても、最も長い一日になる」と予知した通り、その日だけで4400人以上の連合軍兵士が死亡する激戦になった。

仏で議員が同大統領に「深い失望」を表明し、「復員軍人への侮辱」と怒りの声が上がったのも当然か。同作戦に参加した兵士の老齢を思えば、「今年が彼らの存命中の最後の主要式典になるかもしれないのに」という意見には同感する。

察するに、1977年生まれのマクロン氏にとっては、「Dーデイ」はもう古代史に近い印象なのかもしれない。同作戦を記念することより、最近はドイツとの同盟維持により関心がある感じだ。

5年前の2014年に開かれたDーデイ70周年記念式典の際は、オバマ米大統領が大きな話題になった。

会場でのオバマ氏はいかにも退屈そうな表情で、チューインガムをかんでいた。その姿が式典中継のテレビカメラにばっちり捉えられ、視聴者から直ちに、「フランス国歌が演奏されている最中に恥ずべき行為」などの批判が起きた。

世界の指導者、主要参列者らが、死者に敬意を表し、式典の荘厳さに身を置いている中、なぜ米大統領だけがチューインガムなのか。これがトランプ氏だったら、「国辱」どころか、「生きている資格」すら問われかねないところだが。

やるせないエピソードの「解毒剤」として、1984年6月6日、Dーデイ40周年記念式典でのレーガン米大統領の演説の一部を――。

レーガン氏は最大の激戦地オック岬に立った。ドイツ軍の砲弾の雨の中、米降下部隊225人が海岸から30メールの絶壁をよじ登り、生き残ったのは僅か90人という文字通りの死闘が演じられた場所だった。

「レンジャー部隊が崖の上を見上げると、今まさに手投げ弾を投げおろそうとしている敵兵がそこにいた。しかし、一人が崖から落ちても次の兵士が、次が落ちてもまたその次の兵士が崖を登り続け、ついに頂上を確保し、進撃した。彼らはこうして民主主義を守ったのである」

当時のニュース映像を何度見ても胸にじんとくる場面で、真のリーダーの姿がここにある。

草野 徹（外交評論家）

空幕長、タイ空軍司令官と会談

空軍種間の関係強化で一致

【空幕】丸茂空幕長は5月30日、来日したタイ空軍司令官のチャイヤプルック・ディサヤサリン大将と防衛省で会談した。タイ空軍司令官の来日は2018年5月以来で、7回目。

チャイヤプルック司令官は防衛省のメモリアル・ゾーンで殉職隊員の慰霊碑に献花した後、陸自302保安警務中隊による栄誉礼・儀仗を受けた。

この後の空幕長との会談には、荒木文博空幕副長、荒木哲哉総務部長、南雲憲一郎防衛部長が立会。空幕長と司令官は地域情勢、日タイ防衛協力・交流などについて幅広く意見交換を行い、両空軍種間で今後さまざまな機会を通じ、関係強化を図っていくことで一致した。

来日したタイのチャイヤプルック空軍司令官（左）と会談し、記念品を交換する丸茂空幕長（5月30日、空幕で）

小野塚陸幕副長がLANPAC出席

パネル・ディスカッションで「新大綱」発信

【陸幕】小野塚貴之陸幕副長は5月20日から22日まで米ハワイ州ホノルルのホテルで開かれた米陸軍協会主催の「太平洋地上軍シンポジウム（LANPAC）」に出席し、米太平洋陸軍副司令官のダン・マクダニエル少将らと会談した。

LANPACは「自由で開かれたインド太平洋」をテーマに開かれ、域内の20数カ国から陸軍参謀総長らが参加した。小野塚副長は同21日に行われたパネル・ディスカッションにパネラーとして加わり、日本の新たな「防衛大綱」を踏まえた日米同盟と日米の安全保障協力の推進について説明した上で、地域の平和と安定に貢献するため、引き続き米陸軍や米海兵隊との相互運用性の向上に取り組むことを発信した。

ホノルル滞在中、豪州陸軍本部長のリチャード・バー中将をはじめ、ニュージーランド、カナダ、ネパール各陸軍の高官とも会談、地域情勢の認識を共有し、今後の防衛協力・交流について意見交換した。

帰国後、小野塚副長は「インド太平洋域内における各国陸軍と関係強化を図ることができた」と成果を語った。

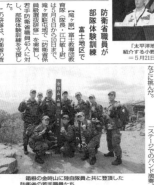

「太平洋地上軍シンポジウム」に参加し、陸自の取り組みを紹介する小野塚陸幕副長（中央）＝5月21日、米ハワイ州ホノルルのシェラトン・ワイキキで

防衛省職員が部隊体験訓練

富士教導団

【滝ヶ原】富士教導団教育隊（隊長・江口敏一1佐）は5月8日から10日まで、滝ヶ原駐屯地で「防衛省職員研修」を実施し、若手防衛省職員45人に対し、部隊体験訓練を支援した。

この研修は、防衛省の管理職候補者と本省係長級の事務官等に対し、陸上自衛隊の行動・規律・環境などを体験させ、今後の防衛省・自衛隊での円滑な勤務が行えるよう、毎年この時期に行われている。

訓練開始にあたり、江口隊長は「積極的に参加せよ」「健康管理と安全管理」の2点を要望、教官の中屋信行2尉（普教連本管中）以下、助教たちの熱意あふれる指導の下、研修者たちは陸自の基本教練や分隊教練などに挑んだ。

また、参加者は将来、管理職となることから、初歩的な心理学的知識を普及することを目的に、業務隊衛生科の臨床心理士がメンタルヘルス教育も実施した。

期間中は金時山への登山など、陸自の訓練を肌で体験した研修者たちは、防衛省職員としての重い使命を自覚し、次の研修先に移動した。

箱根の金時山に陸自隊員と共に登頂した防衛省の若手職員たち

米軍キャンプ富士のイベントに協力

滝ヶ原駐

【滝ヶ原】滝ヶ原駐屯地は5月11日、隣接する米海兵隊キャンプ富士（司令官・マイケル・ライリー大佐）を一般開放して行われた「キャンプ富士フレンドシップ・フェスティバル」に参加し、陸自車両などの展示や「滝ヶ原雲海太鼓」の演奏を行った。

この日は晴天に恵まれ、海兵隊の装備品展示や野外ステージでのバンド演奏、DJなどによるパフォーマンスがあり、また本場米国のフードコートや屋台が並び、日米の食の文化交流も行われた。会場には多くの家族連れが訪れ、子供たちが遊べるキッズコーナーは終日にぎわっていた。

米軍キャンプ富士と滝ヶ原駐屯地は平素から互いに支援活動を行うなど、日米連携の拠点ともなっている。

海軍作戦計画作成手順教育プログラム

海幹校で開催

海自幹部学校（目黒）は6月17日から28日まで、インド・アジア太平洋地域16カ国の海軍士官ら32人を迎え、人道支援・災害救援（HA/DR）分野に関する「海軍作戦計画作成手順教育プログラム（APNIC）」を開催する。

APNICは、大規模災害などの発生時に多国籍の海軍が共同で救援活動を実施するために必要となる計画立案の手順を若手士官に教育するプログラム。米太平洋艦隊司令部が主催し、米海軍大学の教授陣が教育を担当、海自の幹校で2016年から開催されている。

4回目となる今回は、日本のほか、初参加のインドネシア、パキスタン、スリランカをはじめ、米、豪、韓、比、印などから計40人が参加する。

17日から20日までは、米海軍大学が設ける「海軍作戦計画作成手順（NPP）」に関する教育を行い、続く2週目は「架空の国が大型ハリケーンで被害を受けた」とのシナリオに基づき、多国間で対応するための危機対処計画の作成を実習する。

日米共同で初の実機雷処分訓練

海自は6月21日から24日まで、日米共同の「令和元年度機雷戦訓練（硫黄島）」と「掃海特別訓練」を小笠原諸島・硫黄島周辺海域で実施する。

日米共同で「掃海特別訓練」を行うのは初めて。海自の「実機雷処分訓練」は昭和47年に始まり、今回で47回目。

海自からは掃海隊群司令の小関真彦1佐を統制官に、掃海母艦「うらが」、掃海艦「あわじ」「ひらど」、掃海艇「はつしま」など計5隻が参加する。

訓練では、機雷掃海・掃討や水中処分による機雷処分などを実施する。

海自は6月4日の記者会見で「海自は米海軍との連携強化を図るため、訓練機雷ではなく実機雷を使用した訓練を実施し、日米同盟の抑止力・対処力を維持・強化し、アジア太平洋地域の平和と安定に寄与していく」と述べた。

防衛省発令

▽解統幕首席参事官付兼務 海幕運用支援課 1海佐 塩崎 浩之
▽海自幹部学校運用教育研究部主任研究開発官（海自幹部学校） 同 矢藤 久雄
▽海自幹部学校（同運用教育研究部主任研究開発官） 同 浅野 潔
[illegible]

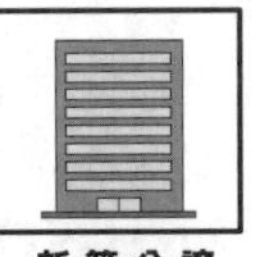

海自護衛艦「いずも」「むらさめ」仏・豪・米・印と共同訓練

人道支援・災害救援に関する能力構築支援事業で、海自護衛艦「いずも」の艦上に「人命救助セット」を展示し、マレーシア軍将兵らに装備品の説明を行う陸自11普連の隊員（左手前）＝5月28日、マレーシアのポートクラン港で

「日仏豪米共同訓練」でフォーメーションを組み、航行する仏海軍空母「シャルル・ド・ゴール」（手前右）、海自ヘリ搭載護衛艦「いずも」（同左）など4カ国の艦艇。先頭は豪海軍の潜水艦（5月21日、インド洋で）＝仏海軍提供

インド太平洋方面で約2カ月半に及ぶ長期巡航訓練を行っている海自の派遣部隊（IPD19、指揮官・江川宏将補＝1護群司令）のヘリ搭載護衛艦「いずも」（艦長・本山勝善1佐）と汎用護衛艦「むらさめ」（同・岡田周作2佐）はマラッカ海峡周辺海域での訓練を終え、6月1日、赤道を超え南半球に入った。

IPD部隊は4月30日、陸自水陸機動団の隊員約30人を乗せて横須賀を出発。航海中は陸自隊員も交えて各種訓練を行いながらインド洋方面に向かい、5月中旬、欧州方面から来航したフランス海軍の空母「シャルル・ド・ゴール」（満載排水量4万3000トン）機動部隊とインド洋で会合した。日仏部隊にはその後、豪、米海軍の艦艇も加わり、現地で4カ国の共同訓練を実施した。

派遣部隊は、インド海軍とも共同訓練を行ったほか、シンガポールと韓国が共催する多国間訓練「拡大ASEAN国防相会議（ADMMプラス）海洋安全保障実動訓練」にも参加。引き続き、「国際海洋防衛装備展示会」が開かれるシンガポールに向かい、同国のチャンギ海軍基地に5月12日から16日まで寄港し、展示会に合わせて艦内の一般公開も行った。

その後、同26日から29日まで寄港したマレーシアのポートクランでは、空路で現地入りした陸自7師団（東千歳）などの隊員5人と共に「いずも」艦内でマレーシア軍将兵などに対し、人道支援・災害救援（HA／DR）分野での能力構築支援活動を実施した。

6月になり、IPD部隊には新たに汎用護衛艦「あけぼの」（艦長・竹下文人2佐）が加わり、3隻体制となった。今後、ブルネイ、フィリピン、ベトナムなどを訪問しながら訓練を続け、7月10日帰国の予定だ。現地から届いた写真でこれまでのIPD部隊の活動の様子を紹介する。

能力構築支援活動も

マレーシアでは陸自と連携

災害救助活動の展示で、負傷者を緊急輸送するため「いずも」搭載のSH60J哨戒ヘリに患者を搬送する陸自水陸機動団の隊員たち（5月28日）

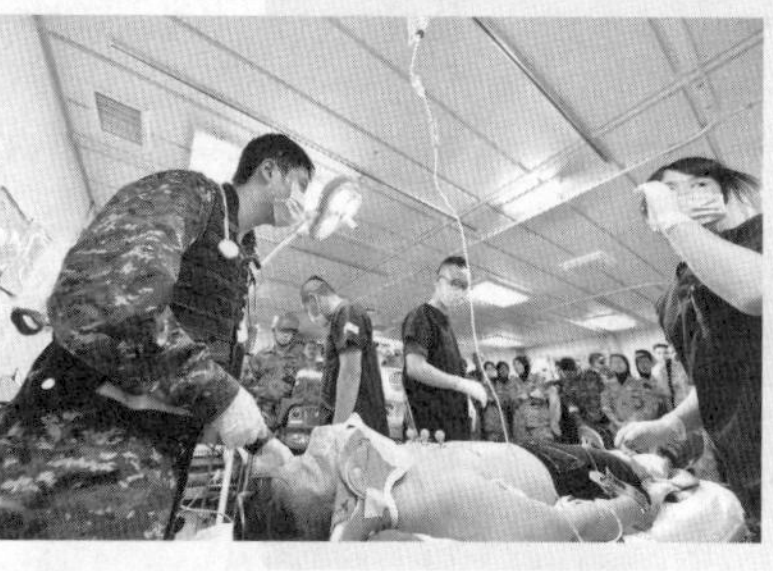

医療活動の訓練展示で「いずも」艦内の医療用ベッドを使用して応急処置を行う海自の医官ら（5月28日）

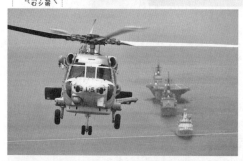

「ADMMプラス海洋安全保障実動訓練」で単縦陣で航行する各国の艦艇。（手前から）「いずも」、インド海軍ミサイル駆逐艦「コルカタ」、「むらさめ」など（5月9日、シンガポール沖で）

マレーシア海軍との親善訓練で、海自ヘリ（左）と連携しながら戦術運動を行う（右手前から）マレーシア海軍フリゲート「レキウ」、「むらさめ」、「いずも」（5月29日、マレーシアのポートクラン沖で）

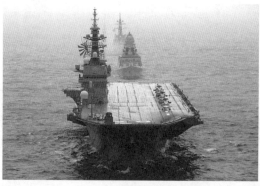

航海中に「いずも」の航空機格納庫で行われた「立ち入り検査訓練」では、本番さながらの緊張感ある訓練が展開された（5月23日、「いずも」艦内で）

「日印共同訓練」で記念品を交換し、握手を交わす日印の部隊指揮官。左は「いずも」の本山艦長（5月23日、「いずも」艦内で）

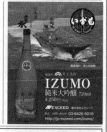

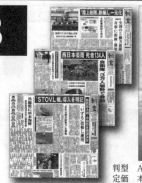

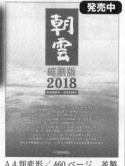

平成30年度 自衛隊の災害派遣実績

昨年に比べ1割減

災害派遣件数の推移（過去10年間）

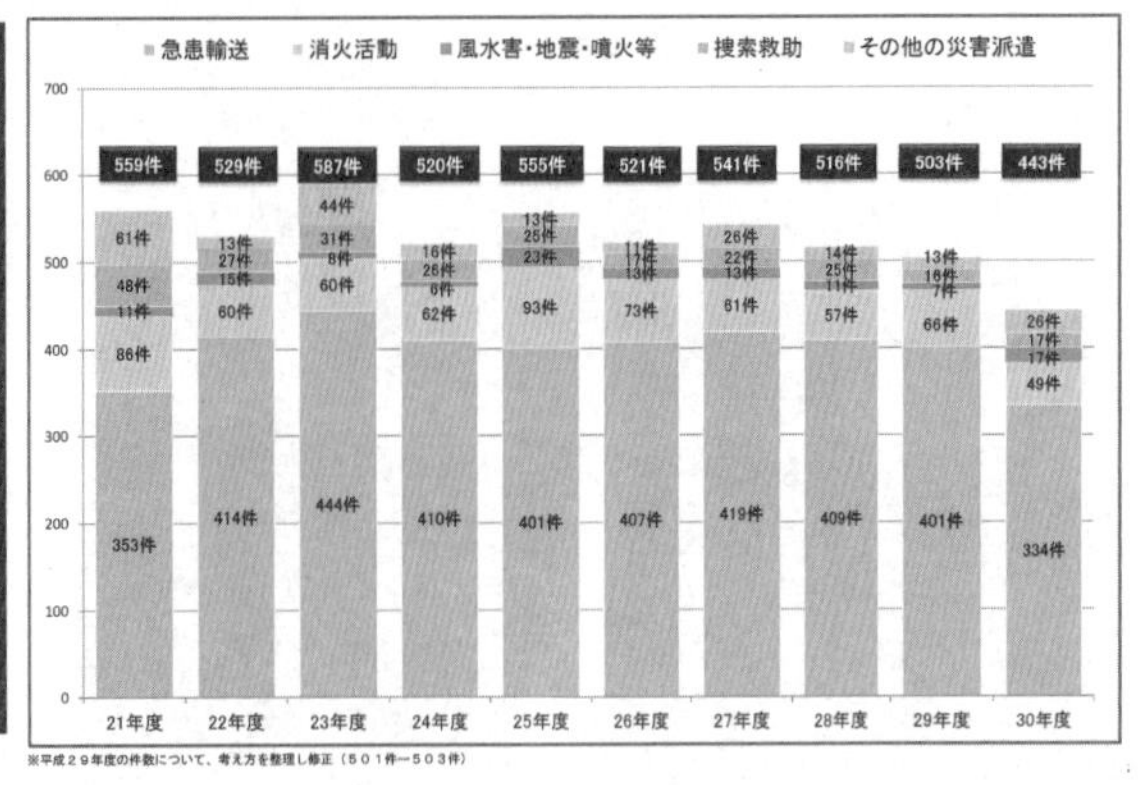

過去10年間で2番目

派遣人数の推移（過去10年間）

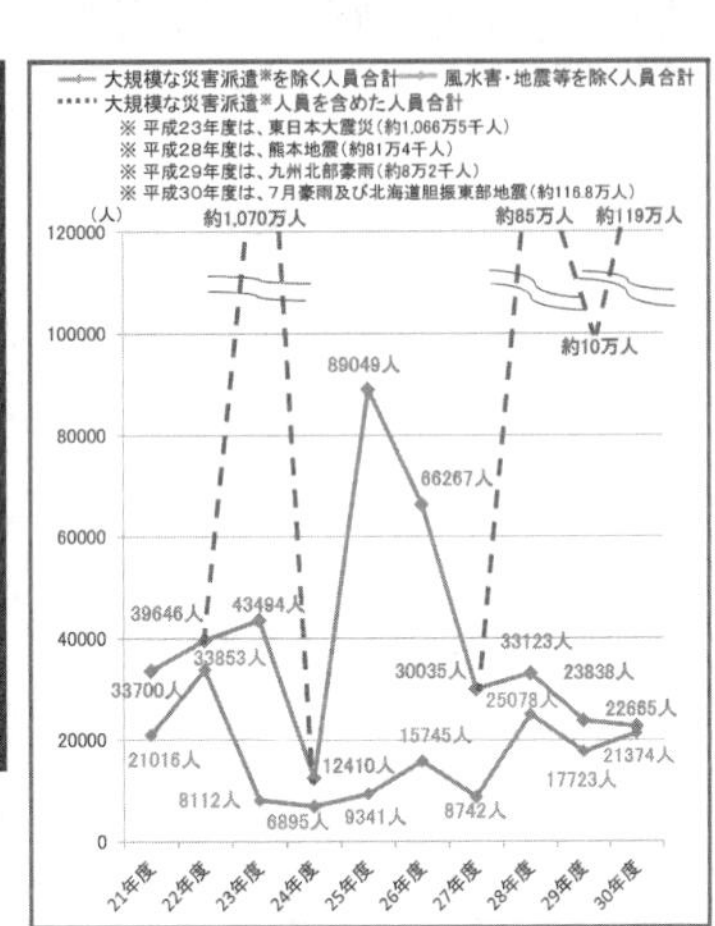

ドクターヘリ普及で2割減

急患輸送（件数と都道府県別実績の推移）

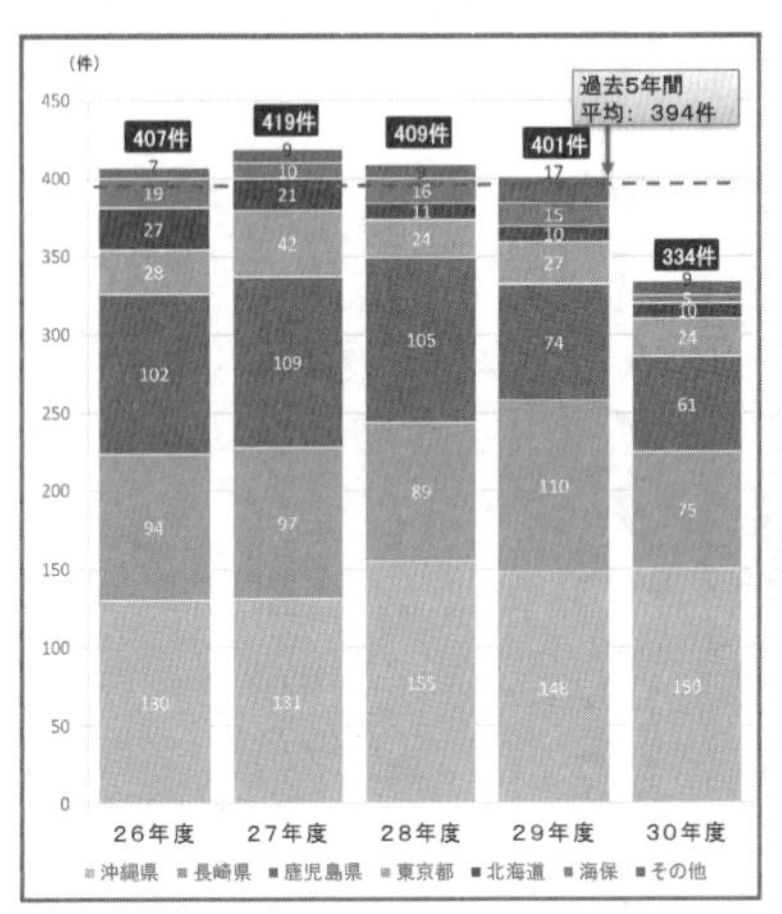

西日本豪雨に関する災害派遣実績

延べ95万7千人態勢で

派遣期間	平成30年7月6日～8月18日
活動地域	京都府、高知県、福岡県、広島県、岡山県、愛媛県、山口県、兵庫県
派遣部隊	陸自：13旅団（海田市）など 海自：呉地方隊など 空自：中部航空方面隊（入間）など

【派遣規模（延べ数）】

人　員			約957,000人
航空機	約340機	艦　艇	約150隻

【派遣実績（累計）】

水防活動		土のう約5,200袋
人命救助・孤立者救助		2,284人
給水支援		約19,000トン
入浴支援		約94,000人
物資輸送	水	約182,512本
	食　料	74,027食
	燃　料	125.5キロリットル
給食支援		約20,590食
道路啓開		約39.8キロメートル
防疫支援		約127.3ヘクタール
がれき等除去		ダンプ約14,000台
宿泊支援		約420人

北海道胆振東部地震に関する災害派遣実績

延べ21万人態勢

派遣期間	平成30年9月6日～10月14日
活動地域	北海道
派遣部隊	陸自：7師団（東千歳）など 海自：大湊地方隊など 空自：2空団（千歳）など

【派遣規模（延べ数）】

人　員			約211,000人
航空機	約230機	艦　艇	約20隻

【派遣実績（累計）】

人命救助	46人
道路啓開	約7,900メートル
給水支援	約1,200トン
入浴支援 （うち「はくおう」）	約24,100人 （約1,550人）
給食支援	約167,000食

特定家畜伝染病（豚コレラ）に関する災害派遣

自衛隊が初の活動

番　号	実施時期	場　所	活動部隊
①	12月25日（火）～12月27日（木）	岐阜県関市	陸自：第35普通科連隊（守山）等
②	1月29日（火）～1月30日（水）	岐阜県各務原市	陸自：第35普通科連隊（守山）等
③	2月6日（水）～2月9日（土）	愛知県豊田市	陸自：第10特科連隊（豊川）等
④	2月6日（水）～2月8日（金）	岐阜県恵那市	陸自：第35普通科連隊（守山） 第14普通科連隊（金沢） 第33普通科連隊（久居）等
⑤	2月6日（水）～2月8日（金）	長野県宮田村	陸自：第13普通科連隊（松本） 第306施設隊（松本）等
⑥	2月14日（木）～2月20日（水）	愛知県田原市	陸自：第10特科連隊（豊川） 第35普通科連隊（守山）等
⑦	2月19日（火）～2月21日（木）	岐阜県瑞浪市	陸自：第14普通科連隊（金沢） 第35普通科連隊（守山） 第33普通科連隊（久居）等
⑧	3月27日（水）～3月30日（土）	愛知県瀬戸市	陸自：第10通信大隊（守山） 第10特殊武器防護隊（守山）等
※	3月28日（木）～4月1日（月）	愛知県田原市	陸自：第10高射特科大隊（豊川） 第10特科連隊（豊川）等

※は4月に撤収要請があったため、集計は次年度

不発弾処理実績　減少傾向に

陸上で発見された不発弾処理件数の推移

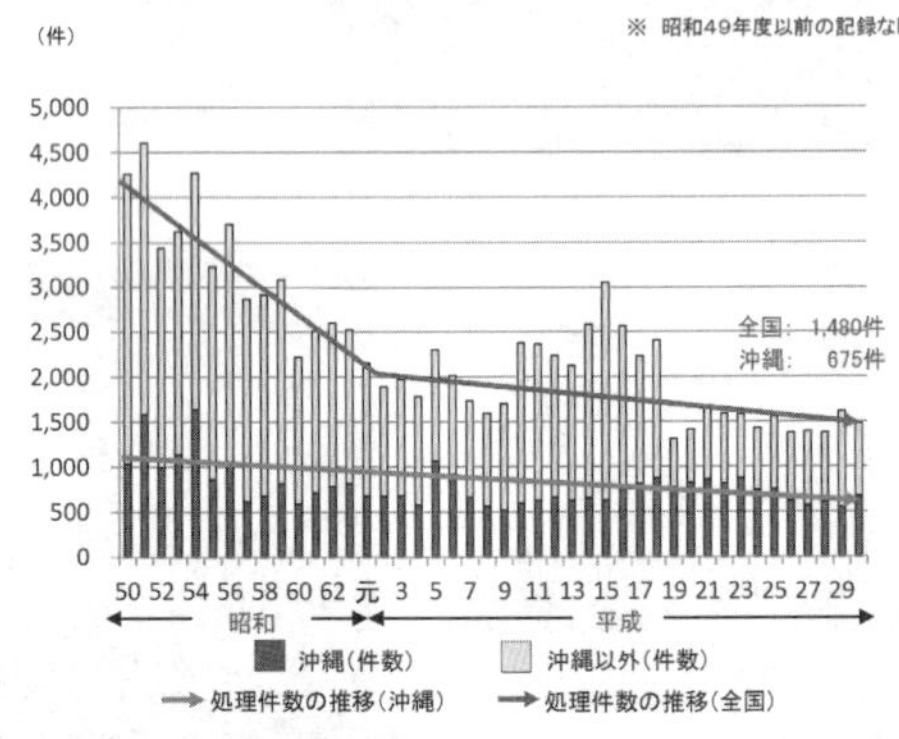

海上における爆発性危険物の処理個数と重量の推移（機雷を除く）

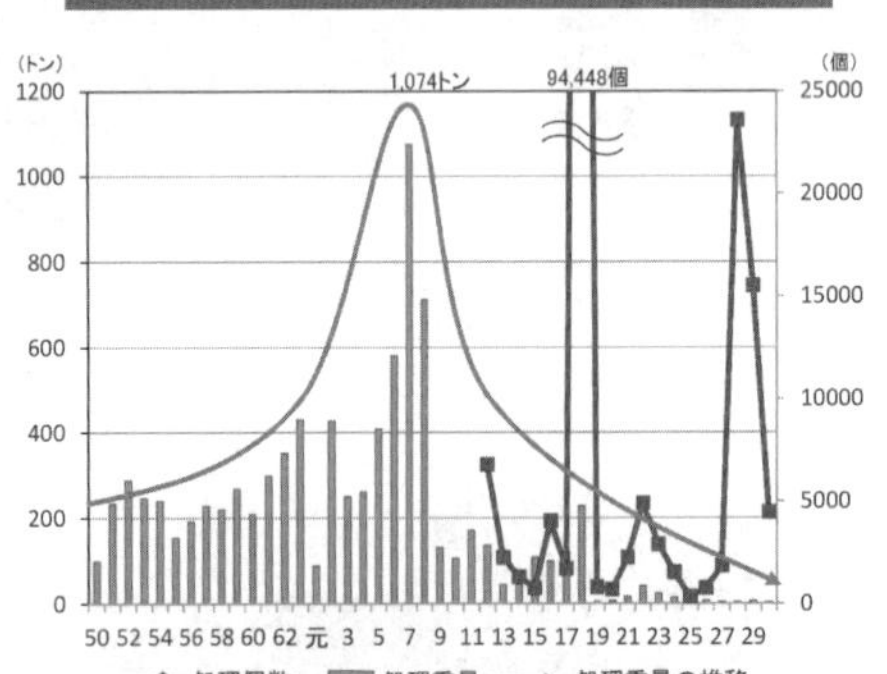

※ 平成7～8年度は、阪神・淡路大震災の港湾復旧作業において砲弾等が大量に発見されたため、処理重量が大
※ 平成18年度は、舞鶴西港の浚渫工事において、旧軍小火器弾が大量に発見されたため、処理個数が大
※ 平成49年度以前の記録なし
※ 平成11年度以前の処理個数に関する記録なし

山林火災に関する災害派遣

4月に6回出動

番号	実施時期	場　所	主要対処部隊（放水量）
①	4月2日（月）～4月3日（火）	長野県飯田市	陸自：第13普通科連隊等（約55t）
②	4月6日（金）	長野県長野市	陸自：第13普通科連隊等（約5t）
③	4月12日（木）	宮崎県美郷町	陸自：第8師団等（約465t）
④	4月12日（木）	岩手県宮古市	陸自：第9特科連隊等（約348t）
⑤	4月21日（土）	秋田県男鹿市	陸自：第21普通科連隊等（無し）
⑥	4月21日（土）～4月22日（日）	岩手県岩泉町	陸自：第9特科連隊等（自主派遣）
⑦	8月7日（火）～8月8日（水）	長野県大桑村	陸自：第13普通科連隊等（約355t）
⑧	1月3日（木）～1月4日（金）	群馬県安中市	陸自：第12旅団等（約550t）
⑨	1月23日（水）～1月25日（金）	埼玉県ときがわ町	陸自：第1師団等（約440t）
⑩	1月24日（木）～1月26日（土）	和歌山県田辺市	陸自：第37普通科連隊等（約120t）
⑪	3月24日（日）～3月25日（月）	埼玉県飯能市	陸自：第32普通科連隊等（無し）
⑫	3月25日（月）～3月26日（火）	栃木県足利市	陸自：第12特科隊等（約490t）

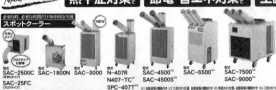

厚生・共済

特集

『SUPPORT（さぽーと）21』夏号が完成

特集は新年度事業計画

「ラグビーを身近に」など掲載

新時代へ 表紙も題字も刷新

防衛省共済組合の広報誌『SUPPOPT（さぽーと）21』夏号が完成しました。「令和」の時代となり表紙も刷新、題字は英語に改められました。

巻頭特集は「平成31年度防衛省共済組合の事業計画及び予算の概要」で、新年度の各事業と予算概要が表やグラフを使って分かりやすく解説されています。

新たに組合員になった方にも理解できるよう、まず共済組合の概要を説明。続いて共済組合の「短期給付事業」「業務経理」「保健事業」「医療事業」「宿泊事業」「住宅事業」「貯金事業」「貸付事業」・保険事業」「物資事業」「財形持家融資事業」について、それぞれ新年度の事業計画や収支などが説明されています。

連載記事の「教えて！年金」は、厚生年金保険給付と退職等年金給付の手続きについて解説。「シリーズ・短期給付」は、子どもが生まれたときの出産費等・出産費附加金等の概要と産前・産後休業、育児休業等についてアドバイスしています。

今秋、日本でラグビー・ワールドカップ（W杯）が開催されることから、本誌でも「今年最注目のスポーツ ラグビーを身近に！」と題し、ラグビーの観戦法なども掲載。さらにW杯に合わせて防衛省が主催する「第3回国際防衛ラグビー競技会」や、自衛隊体育学校ラグビー（女子）班が参戦する「太陽生命ウィメンズシリーズ2019」についても紹介しています。

本号ではこのほか、夏のレジャーシーズンを前に、共済組合が加入するベネフィット・ステーションを活用した宿泊施設の利用法や東京ディズニーリゾートのコーポレートプログラム利用券なども紹介しています。本誌はご家庭に持ち帰り、ご家族と一緒にご覧ください。

組合員に役立つ情報が詰まった共済組合広報誌『さぽーと21』夏号

“宿泊施設探しはベネフィット・ステーション”

「宿泊補助金」の利用で 夏のレジャーお得に

年度内「2,000円×4人泊」を補助

特地官署区分3級以上の部隊等に勤務する組合員には2,000円×6人泊

防衛省共済組合では、組合員お1人様当たり年度内「2000円×4人泊」の宿泊補助を行っています。

特に特地官署区分3級以上の部隊等に勤務する組合員に対しては、年度内「2000円×6人泊」と、より手厚い補助内容となっています。夏のご旅行や帰省の際などに是非ご利用ください。

宿泊補助金の対象となる施設の検索は、ベネフィット・ステーション会員専用サイトのトップページにあるキーワード検索、またはサービスのカテゴリから「宿泊・旅行」を選択し、その後、検索条件を追加して補助対象施設を表示で、ご希望の宿泊プランを選択すれば、その場で予約することができます。

防衛省共済組合の直営施設「ホテルグランドヒル市ヶ谷（東京都新宿区）」も宿泊補助対象施設となっておりますので、この夏、上京する際は補助金を活用して宿泊ください。

また、ベネフィット・ステーションには「H.I.S.防衛省共済組合専用デスク」もございます。こちらはトラベル専用デスクで、海外・国内のパッケージツアーをはじめ、ご宿泊ホテルやクルーズ船の旅など、幅広く商品を取りそろえています。宿泊補助金の対象となる施設もありますので、夏の家族旅行の計画の際には、こちらのトラベルデスクもご利用ください。

ご希望のクルマがきっと見つかる

防衛省共済組合の「自動車販売会社紹介制度」

夏休みを前にマイカーのご購入計画がある方は、お得な防衛省共済組合の「自動車販売会社紹介制度」を利用してみませんか。

組合が契約する販売店で新車・中古車を購入した場合は共済組合の「割賦制度」が利用できます。ご希望の方は共済組合支部物資係がご相談を承りますので、どうぞご活用ください。

◆新車ご購入の場合

新車をご購入の場合は、以下のフリーダイヤルにお電話を。ご希望の車をご紹介いたします。ご都合が合わない場合の利用はご自由です。なお、既存ディーラーを訪問されないことがありますので、訪問前にお問い合わせください。また、混乱を避けるため、1車種につき1社のみのご利用をお願いいたします。本制度のご利用は自動車保険の加入を条件とするものではありません。

取り扱い企業は以下の4社です。

○損保ジャパン日本興亜（株）0120－552－557（関東以北）、0120－041－969（中部以西）平日午前9時から午後5時まで

○三井住友海上火災保険（株）0120－155－038 平日午前9時から午後5時まで

○東京海上日動火災保険（株）0120－086－590 平日午前9時から午後5時まで

○あいおいニッセイ同和損害保険（株）0120－540－591 午前9時から午後6時まで（8月13日～15日、12月31日～1月3日を除く）

◆中古車ご購入の場合

中古車ご購入の場合は、共済組合のホームページから株式会社JCMの「中古車指定店制度」をご利用ください。全国500店舗以上の会社が加入する優良中古車販売ネットワークから、ご希望の車を選ぶことができます。

このほか、共済組合では「本部契約」として以下の自動車メーカーと契約しています。気になる外車が組合員特別価格でご購入できますので、どうぞご利用ください。

○株式会社ヤナセ（電話03－5440－5480）

◆割賦制度とは

俸給の10カ月分までを限度に、最長5年間で分割払いできる制度です。返済はお給料から源泉控除されるので、毎月銀行の残高を気にする必要もなし！

ご購入の際は、所属の支部物資係の窓口でご希望をうかがいながらシミュレーションできるので、まずはお気軽にご相談ください。

防衛省共済組合の職員を募集

来春、若干名を採用　詳細は共済組合HPで確認を

防衛省共済組合では、防衛省共済組合本部等に勤務する職員を募集します。

【募集職種】一般事務職および経理事務職

【採用人数】若干名

【受験資格】(1) 平成元年4月2日～平成10年4月1日生まれの者

(2) 平成10年4月2日以降生まれの者で、大学、短期大学または高等専門学校を卒業した者および令和2年3月までに大学、短期大学または高等専門学校を卒業する見込みの者ならびに防衛省共済組合がこれらの者と同等の資格があると認める者

ただし、次のいずれかに該当する者は、受験できません。

①成年被後見人または被保佐人（準禁治産者を含む）②禁錮以上の刑に処せられ、その執行を終わるまでまたは執行を受けることがなくなるまでの者③法令の規定による懲戒免職の処分を受け、当該処分の日から2年を経過しない者④日本国憲法またはその下に成立した政府を暴力で破壊することを主張する政党その他の団体を結成し、またはこれに加入した者

【試験内容等】

第1次試験　①試験種目＝基礎能力試験、専門試験（多肢選択式）および論文試験②試験日＝令和元年8月31日(土)

第2次試験　①試験種目＝集団討論試験②試験日＝令和元年10月15日(火)または16日(水)のいずれか1日

最終試験　①試験種目＝個別面接試験②試験日＝令和元年11月6日(水)

【試験地】

第1次試験＝TKP市ヶ谷カンファレンスセンター（東京都新宿区市谷八幡町8）

第2次試験＝ホテルグランドヒル市ケ谷（東京都新宿区市谷本村町4―1）

最終試験＝ホテルグランドヒル市ケ谷

【採用予定日】令和2年4月1日

【給与等】防衛省職員に準ずる

【勤務地】防衛省共済組合本部および支部（全国異動あり）

【受験手続き】

(1) 採用説明会への参加▽受験申込みには採用説明会への参加が必要です。

採用説明会は令和元年7月12日(金)、7月27日(土)および8月2日(金)の各日2回（①午後1時30分～2時15分②3時～3時45分）開催します。詳細は、防衛省共済組合ホームページ（http://www.boueikyosai.or.jp）をご確認下さい。

(2) 受験申し込み　所定の受験申込書を受付期間内に特定記録郵便、簡易書留または一般書留の郵便物として申込先に郵送して下さい。

(3) 受験申込受付期間　7月16日(火)～8月13日(火)消印有効

【その他】

(1) 業務説明パンフレットの郵送を希望される方は、左記の問い合わせ先までご連絡下さい。

(2) 身体に障害があるため、受験の際に何らかの措置を希望される方は、受験申込書の裏面に記入の上、事前に申し出て下さい。

(3) 受験に関する連絡事項等について、防衛省共済組合ホームページの採用情報を随時更新しますので、必ずご確認下さい。

【資料請求、受験申込先および問い合わせ先】

防衛省共済組合本部人事班人事第1係 〒162―8853 東京都新宿区市谷本村町5―1 電話03―3268―3111 内線25163（対応時間・平日午前9時30分～午後18時（正午～午後1時を除く））

年金Q&A

「退職年金分掛金の払込実績通知書」って何ですか？

年度末時点の「付与額」と「利息」をお知らせ

Q　国家公務員共済組合連合会の広報誌で、「退職年金分掛金の払込実績通知書」が送付されるという記事が出ていたのですが、どのような内容のものですか？

A　平成27年10月の被用者年金の一元化により、新たに退職等年金給付（年金払い退職給付）が創設されました。

退職等年金給付とは、従来の職域加算額の代わりとなる制度で、公的年金とは異なり、組合員の皆様の掛金を積み立てて、ご自身の将来の給付に備える仕組みとなっています。

年金の種類は、「退職年金」「公務障害年金」「公務遺族年金」の3種類です。

「退職年金」の半分は、有期退職年金、半分は終身退職年金となります。

有期退職年金は20年受給または10年受給を選択（一時金の選択も可能）します。

本人死亡の場合、終身退職年金は受給終了。有期退職年金の残余分は、遺族が一時金として受給できます。

退職等年金給付は、平成27年10月以降、個人ごとに毎月積み立てられる「付与額」と「利息」の累計額が将来の年金原資となるため、年度末時点の「付与額」と「利息」の累計額などを表示した「退職年金分掛金の払込実績通知書」を連合会から直接ご本人あてにお送りします。

主な内容は以下のとおりです。

①通知対象者…現役組合員および退職された方

②通知方法…国家公務員共済組合連合会より直接本人に送付

③通知時期…現役組合員毎年6月末に送付

退職された方　退職時と節目年齢（※）の翌年度の6月末に送付

（※節目年齢とは、35歳、45歳、59歳、63歳）

④通知内容

退職等年金給付の額を算定する基礎となる給付算定基礎額（利子等を含めた積立額）と標準報酬月額・期末手当等の額など

○「退職年金分掛金の払込実績通知書」がご本人に確実に届くよう、住所に変更があった場合は、必ず住所変更の手続きを実施して下さい。

（本部年金係）

厚生・共済

特集

鈴木政務官が防衛省内託児所を視察

職員と意見交換

安全性、衛生面も確認

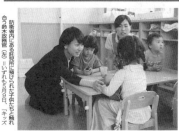

鈴木貴子防衛大臣政務官は5月9日、防衛省厚生棟2階に開設されている庁内託児所「キッズパオ防衛省市ヶ谷保育園」を訪れ、入園中の子供たちの様子を視察するとともに、保育士など同園の職員と意見交換を行った。

同施設は平成29年4月、防衛省・自衛隊で7番目の庁内託児所として開設され、東京都新宿区から「保育所型事業所内保育所」の認可も受けている。

広さは217平方メートルで、施設内には0歳児用の乳児室、1歳児用のほふく室、2歳児以上用の保育室などがあり、現在、0歳児から3歳児まで計19人が入園している。多くが防衛省など市ヶ谷地区勤務隊員の子供だが、一部、新宿区民の一般児童も受け入れている。

防衛省内にある託児所に預けられた子供たちと触れ合う鈴木政務官（左）＝いずれも5月9日、「キッズパオ防衛省市ヶ谷保育園」で

園庭にすべり台設置など提案

自身も子育て中という鈴木政務官は、まず厚生棟の屋外にある児童用の「園庭」を見て回った。園児が日頃から遊んでいる遊具に手を触れて、その安全性を確認。また、しゃがんで芝生の状態を確かめたほか、ネコなどの動物が入らないようになっている砂場の衛生面についても確認した。

鈴木政務官からは、子供の目線での工夫が必要との意見があり、園庭にすべり台の設置などを提案した。

この後、保育園内に移動し、室内で遊んでいる子供たちの様子を見ながら、座席などにさわって状態を調べたほか、子供たちが使うトイレの衛生状態なども確認した。また、2歳児以上が砂遊びの後などに使う沐浴用のシャワー室なども見て回った。

同園では磁器で作られた独自の「知育食器」が使われており、鈴木政務官は自ら手に取って「（スプーンなどの持ち手が）長いから容器に落ちなくて良い。（食器が）プラスチックだと軽くて動いてしまうが、これは安定感がある」と磁器製の食器類を高く評価した。

このほか、全保育士が共有できるという園児の各種情報を集めたITデータ活用法についても職員から説明を受けた。

約30分間にわたり防衛省職員の子供を預かる庁内託児所を視察し、児童たちとも触れ合った鈴木政務官は、最後に職員たちに「いつでもなんなりと声をかけてください」と述べ、笑顔で保育園を後にした。

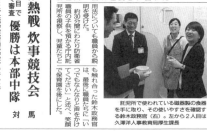

託児所で使われている磁器製の食器を手に取り、その使いやすさを確認する鈴木政務官（右）。左から２人目は久澤洋人事教育局厚生課長

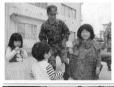

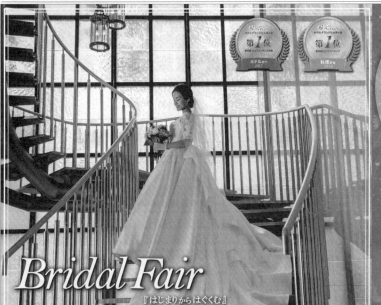

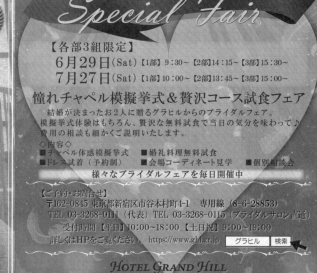

3部隊が熱戦 炊事競技会

5項目で厳しく審査 優勝は本部中隊

対馬

【対馬】対馬警備隊はこのほど、野外炊事能力の向上と隊員の士気高揚を目的に、本部中隊、普通科中隊、後方支援隊対馬派遣隊による「警備隊炊事競技会」を上対馬で行った。

同競技では、事前に献立の指定や食材の公表をせず、競技の開始と同時に米、肉、野菜など約20品目の食材を配布する"野外炊事の鉄人"方式で実施された。

各部隊5人のチームは、使われる食材を余すことなく使い切る献立を考え、その場で「お品書き」を書き、料理のメニューを発表してから調理を開始。正午までに審査員用を含めた50食の配食を完了させた。

各チームは、大倉正義隊長（当時）の要望事項「創意・安全・一致団結せよ」の3点を肝に銘じながら調理に臨み、全部隊が制限時間内に「炊事終了！」と大きな声で報告。今回は競技中、各チームへのインタビューと応援タイムを設けたことで、応援する側の隊員たちも大いに盛り上がった。

完成した料理は、「衛生管理」「安全管理・手順」「盛り付け」「工夫」「食味」の5点で厳しく審査され、審査には見学した防衛モニターなども加わった。

審査の結果、本部中隊が優勝。後日、福岡駐屯地で開催された4師団炊事競技会に対馬駐屯地の代表で出場した。

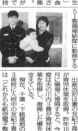

当日まで未公表だった食材を受け取り、班長を中心に考えたメニューを書く隊員（対馬駐屯地で）

余暇を楽しむ

空自峯岡山分屯基地 アウトドア部

紹介者：空曹長 小原 英一（44警戒隊監視小隊）

サバイバルゲームで一戦

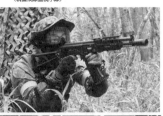

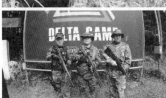

皆さん、こんにちは。千葉県南房総市に所在する航空自衛隊第44警戒隊（峯岡山分屯基地）で活動中の「アウトドア部（OD部）」についてご紹介します。

発足は意外と古く、平成14年。サバイバルゲーム（SG）をこよなく愛する基地所在隊員7人により始まりました。当初はサークル活動として月1回程度、近隣のSGが可能なキャンプ場を活動の場にしていました。それから17年が経過し、サークルは「部」へと変わり、発足当時のメンバーは私1人になりましたが、細く長くをモットーに、現在は9人で活動を継続しています。

さて、部の名称である「OD部」ですが、SG以外のことはほとんどしていません。「SG部でも良いのではないか」と思われるかもしれませんが、発足当時は世間の理解が今ほどなく、「SGだけでは承認されないのではないか」との某策士の助言を取り入れ、「OD部」の名称に偽装（迷彩？）しました。SGだけに。

SGですが、近年は装備やゲーム方法が多様化するとともに、競技人口が増加、特に女性の参加が増えていることから、基地周辺でも2カ所、千葉県内では複数のSG専用施設が存在しています。発足当時は少ない人数で活動していましたが、最近はそうした施設が催すイベントにも参加し、自衛官以外の方とも広く交流できる場となっています。

私もアラフィフの仲間入りをしましたが、落ちた体力の代わりに経験と技術でごまかしながら、これからも若人たちと同じ目線で遊んでいきたいと思います。近隣にお越しのSG好きの自衛官は、我が「OD部」との一戦はいかがでしょうか。

㊤ターゲットに狙いを定める「OD部」の小原曹長
㊦基地周辺のSG専用施設で銃を構え、写真に納まる部員たち

家族間の交流深める

奄美警備隊が説明会を初開催

【8師団＝北熊本】奄美警備隊普通科中隊は4月11日、隊員家族への各種情報提供と家族間の交流を目的に、初の「家族説明会」を行った。

奄美大島への陸自部隊新編に伴い、新たに造成された阿木名官舎地区の公園内で開催。この公園は地域内でも最大規模で、隊員家族のほか、地域の子供やその親たちも集まる交流の場となっている。

説明会では、まず上新人1尉が令和元年度の部隊の活動計画や訓練内容などについて紹介。続いて奄美出身の隊員が奄美のおすすめスポットや観光情報、環境保護や危険生物への注意を呼び掛けた。

説明会を通じて九州本土からの転入に当たっての不安を解消し、家族間の交流も図った。

親交を深める奄美警備隊の隊員家族（阿木名官舎地区内の公園で）

男性隊員が育休

25空では初

【大湊】海自25航空隊251整備補給隊に勤務する川内康司3曹はこのほど、25空では初となる「男性隊員の育児休業」を取得した＝写真㊧。

出産当初は妻の友紀士長が育児休業を取得。昨年10月に職場に復帰すると、今度は夫の川内3曹が育児休業を取得し、復帰した妻を支えている。

現在、千葉・下総基地の3術校に入校中の友紀士長は「これからも航空電子整備員として海自で勤務を続けたい。夫婦ともに仕事と子育てを両立していくため、ワークライフバランスに関する防衛省のさまざまな制度を活用していきたい」と話している。

“逆参観日”で訓練展示

部隊活動への理解促進図る

海田市

【海田市】47普連はこのほど、駐屯地の桜まつりに合わせ、「部隊家族間コミュニティー支援」を行った。

日頃、夫や父親が職場でどんな仕事をしているのかを家族に知ってもらい、部隊活動への理解と家族間の交流を促進させるもので、“逆参観日”として家族を招いた。今回は24家族の約60人が参加した。

佐藤健連隊長が家族を歓迎した後、食堂で家族一緒に昼食を食べた。その後、隊員たちは4個に分かれ、12.7ミリ機関銃などの操作や衛生救護などの訓練展示、装備品展示や車両の体験試乗を行った。

家族が特に興味を示したのが装備品の体験で、防弾チョッキを試着した子供からは「思ったよりも重くない」「カッコいい」と喜ぶ声が上がった＝写真。

自慢の一品料理

ひつまぶし

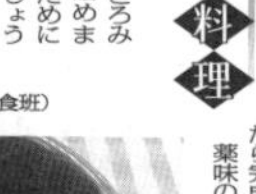

紹介者：楠田 直美 技官（守山駐屯地業務隊補給科糧食班）

名古屋名物のウナギ丼と言えば「ひつまぶし」。その名の由来は「お櫃にまぶす」からきているそうです。今回は名古屋市に所在する守山駐屯地の人気料理「ひつまぶし」を紹介します。

まずはタレを作ります。鍋にみりん、しょうゆ、刺身しょうゆ、氷砂糖を入れ、とろみがつくまで煮詰めます。コクを出すために氷砂糖を使い、しょうゆも2種類入れてタレの味にこだわっています。

続いてウナギのかば焼きを短冊切りにして、表面に焦げ目が付くまでオーブンで焼きます。炊き上がったご飯にタレを混ぜ込み、茹でておいた枝豆を散らして再度軽く混ぜます。枝豆を入れることで色合いが鮮やかになります。どんぶりにご飯を盛り、その上にウナギを乗せ、さらに上から残ったタレをかけたら完成です。

薬味の万能ねぎ、生練りわさび、細切りのり、そして白だしを用意し、①そのまま②薬味を乗せて③だしをかけて、三つの食べ方でおいしく召し上がって下さい。

隊員さんも嬉しそうな顔で頬張る人気の「ひつまぶし」は、3カ月に1度のペースで提供しています。みなさんも名古屋名物を試してみてはいかがでしょうか。

地方防衛局

特集

「矢本海浜緑地」オープン
敷地内に「休養施設」
宮城県東松島市

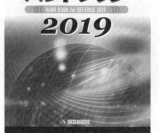

防衛省が1億1300万円を補助

【東北局】宮城県東松島市でこのほど、東日本大震災からの復旧が進められてきた「宮城県立都市公園矢本海浜緑地」の整備が完了し、4月26日、開園式が行われた。敷地内には、防衛省の助成を受けて完成した鉄骨造り3階建ての「休養施設」もあり、同日、オープンした。

開園式でテープカットに臨む宮城県の村井知事（中央）と東松島市の渥美市長（その右）ら関係者（4月26日、東松島市で）

開園式には宮城県の村井嘉浩知事、東松島市の渥美巖市長ら地元関係者約100人が参加し、東北防衛局からは伊藤茂樹局長、藤井真企画部長、鈴木雅之周辺環境整備課長が出席した。

今回整備された「矢本海浜緑地」の中にある休養施設は、「防衛施設周辺の生活環境の整備等に関する法律」第8条に基づく「民生安定施設設置助成事業」により整備されたもので、事業費約1億8800万円のうち、防衛省が約1億1300万円を補助した。

建物は鉄骨造り3階建てで、延べ床面積は436・32平方メートル。駐車場や水質浄化施設などを備え、住民のコミュニティー活動の場としてのほか、航空機事故等の発生時には緊急避難地としても活用できるのが特徴となっている。

「空自松島基地との共存共栄」を掲げる東松島市では、同施設が国防はもちろん、災害時における基地の重要性を広く周知する役割を果たすものとして期待を寄せている。

㊤矢本海浜緑地の俯瞰図　㊦防衛省の補助金で完成した「休養施設」

防衛施設と首長さん
長野県松本市　菅谷　昭市長

すげのや・あきら　75歳。信州大学医学部（医師）。同大医学部助教授を経てチェルノブイリ原発事故の医療支援活動に従事。2002年に長野県衛生部長、04年に松本市長就任、現在4期目。同県千曲市出身。

信州で唯一の自衛隊部隊
松本駐屯地は郷土の誇り

松本市は、人口約24万人、面積978平方キロメートルの豊かな自然や歴史に恵まれた都市として発展しています。

平安時代には信濃国府が置かれ、中世には信濃守護の館の所在地として、また、江戸時代には松本藩の城下町として栄えました。

明治40（1907）年5月1日に市制を施行し、平成29（2017）年には市制施行110周年を迎えました。明治期からは製糸業を中心とした近代産業が栄え、電気・機械・食料品などの業種を中心に発展し、最近ではソフトウエア産業の振興に力を入れています。

松本市は日本アルプスを擁し、槍ヶ岳など六つの日本百名山を有する「岳都」です。また、平成4年に小澤征爾氏が創立し、毎夏行われる音楽祭「セイジ・オザワ松本フェスティバル」など音楽があふれる「楽都」、そしてこの度、国宝に指定される「旧開智学校」など、古くから学問を尊び、議論好きの市民気質から「学都」でもあります。

このため「『三ガク都』まつもと～岳都・楽都・学都～」と呼ばれています。

また、松本市は、年間約549万人の観光客が訪れる観光都市でもあります。国宝「松本城」を中心とした城下町に加え、上高地、乗鞍高原、浅間温泉、美ヶ原温泉といった豊富な観光資源を有しております。

なお、乗鞍高原に通じる乗鞍エコーライン（県道84号）は、松本の部隊を含む陸上自衛隊施設部隊により、人跡未踏の地を難工事の末、昭和39（1964）年に完成した貴重な山岳道路であり、道中の三本滝には偉業をたたえる記念碑があります。

松本駐屯部隊は、「山岳連隊」と呼ばれた旧軍の「松本歩兵第五十連隊」の伝統を受け継ぎ、現在も「山岳部隊」と呼ばれています。

平成26（2014）年の御嶽山の火山噴火による災害をはじめ、多くの災害派遣任務に従事していただき、信州唯一の自衛隊部隊として国民の生命・財産を守っていただいております。

松本市は「糸魚川－静岡構造線断層帯」に位置していることから、大規模地震の発生に対して危機感を持って防災対策に当たっています。自衛隊の皆さまには総合防災訓練、図上防災訓練、シェイクアウト訓練に毎回参加いただいております。

また、例年7月末に開催される太鼓演奏会「国宝松本城太鼓祭り」や「松本ぼんぼん（祭り）」での隊員の皆さまのはつらつとした姿は大変頼もしく、心強く感じております。

我が郷土に駐屯する精強な部隊は、松本市の誇りです。今後も松本駐屯地との信頼関係を維持し、「いのちを大切にするまちづくり」に努めてまいります。

千葉県沖　米軍の「チャーリー訓練区域」
7月18日から変更へ
成田便発着枠増加の一環で

千葉県沖の日本の排他的経済水域（EEZ）内の空水域に設定されている米軍の訓練区域「チャーリー区域」の形状が7月18日から変更される。5月17日の日米合同委員会で合意され、同日、防衛省が発表した。

訪日外国人旅行者数の拡大に向けて成田空港の発着枠を増やす施策の一環として、「チャーリー区域」の上空を通過する民間航空機の飛行ルートを変更することに伴う措置で、来月18日の施行を前に6月3日、告示された。

防衛省では「漁船操業制限法」に基づき、「チャーリー区域」の水域における漁船の操業を制限するとともに、これに伴う漁業者の損失を補償していることから、今回の変更によって漁業者に新たな損失が生じる場合は「同法に従い、適切に対応する」としている。

詳細は防衛省のHP（https://www.mod.go.jp/j/press/news/2019/05/17e_01.pdf）に掲載されている。

成田空港　東京都　神奈川県　千葉県
チャーリー区域
現行の空域・水域
変更後の空域・水域
面積：約4,200㎢
(変更前：約3,700㎢)

北関東防衛局長に松田尚久氏

2017年8月から北関東防衛局長を務めていた吉田廣太郎氏の死去に伴い、5月9日付で、新たな北関東防衛局長に前南関東防衛局次長の松田尚久氏が着任した。略歴は次の通り。

松田　尚久（まつだ・たかひさ）北関東防衛局長　神戸大大学院工学部土木科修了。昭和62年旧防衛施設庁。中国四国防衛局企画部長、大臣官房参事官、地方協力局防音対策課長、同施設管理課長、南関東防衛局次長などを経て、令和元年5月、北関東防衛局長。広島県出身。56歳。

リレー随想　高木　健司

昨年8月に札幌へ着任したが、季節はすぐに秋へと移り、紅葉の美しさに感動したのもつかの間、あっという間に葉が落ち、そして長い冬を経験した。

初めての積雪地での生活。雪の降り始めには、凍結した横断歩道で見事に滑って転ぶ経験もした。幸いにしてどこもけがをせずに済んだが、それ以後、雪が溶けて、路面の凍結がなくなるまで、歩く時は細心の注意を払っていた。

積雪時には毎週末、車の除雪も経験した。車に積もった雪も気温が下がっているため、いわゆるパウダースノーで、30センチくらい積もっていても除雪用のブラシで払うと簡単に雪は滑り落ちる。その雪を邪魔にならない場所まで押して、スコップで捨てる。寒いので防寒をしっかりして作業を始めるが、毎回、終わった時には汗をかいていた。

[illegible]

積雪地での冬の暮らしは、やはり厳しく、つらいものだと振り返ってそう思っている。

札幌の春

10連休となったゴールデンウイークも前半はまだ寒かったが、令和となった連休後半には暖かくなり、春らしい気候となった。

札幌の春は、梅、桜、ツツジ、こぶし、タンポポ等、全ての花が一斉に咲き乱れる。長い厳しい冬の間に閉じ込められていた植物の生命が、一斉に爆発するような、素晴らしい美しさで感動している。

その春も、このところ良い天気が続き、一気に夏模様の陽気となった。昨夏、札幌に来たころよりも、むしろ今の方が暑い。[illegible]

長く厳しい冬の後のこの季節をありがたく楽しんでいきたい。

さて、2月の中旬、現職の北関東防衛局長の突然の訃報に接した。彼は私の2代前の北海道防衛局長で、[illegible]残念でならない。彼も北海道で感じたであろう札幌の春の美しさや暖かさを感じながら、ご冥福を祈るばかりである。

（北海道防衛局長）

南関東防衛局の「防衛セミナー」が6月23日(日)に静岡市で、また、北関東防衛局の「防衛問題セミナー」が7月5日(金)に茨城県水戸市でそれぞれ開催される。いずれも入場無料だが、事前の申し込みが必要（締め切り・定員制）。両地方防衛局では多くの市民の参加を呼び掛けている。開催概要と応募要領は次の通り。

◇「第37回防衛セミナー」　南関東防衛局

▽日時＝令和元年6月23日(日)午後2時～4時半（開場午後1時）▽場所＝コミュニティホール七間町「MIRAIEリアン」多目的ホール（静岡市葵区）▽入場無料（定員150人）▽テーマ＝「災害時における自助・共助」▽講師＝①[illegible]2陸佐（34普通科連隊長）「第34普通科連隊の概要と災害時の対応」②[illegible]晃一氏（静岡市危機管理課）「近年の自然災害と市民の[illegible]」▽イベント＝自衛隊サバイバル・スキル体験「ライフハック（LIFE HACK）」体験講座も開催▽申し込み＝南関東防衛局のメールアドレス（[illegible]）に①氏名（ふりがな）②年齢[illegible]を記入して送信▽締め切り＝6月20日必着▽問い合わせ＝南関東防衛局企画部地方協力確保室、電話045（211）7102（直通）、HP（https://www.mod.go.jp/rdb/s-kanto/）

◇「第43回防衛問題セミナー」　北関東防衛局

▽日時＝令和元年7月5日(金)午後6時～8時15分（開場午後5時半）▽場所＝茨城県民文化センター「ザ・ヒロサワ・シティ会館」小ホール（水戸市千波町）▽入場無料（定員300人）▽テーマ＝「変化する安全保障環境と日米同盟～令和元年を迎えて我が国防衛を考える～」▽講師＝①[illegible]将補（7空団基地司令）「我が国の空の守り～進化する[illegible]」②[illegible]▽申し込み＝北関東防衛局HPの参加申込書に記載の上、FAXまたはメールで申し込み▽締め切り＝7月3日必着▽問い合わせ＝北関東防衛局企画部地方協力確保室、電話048（600）1844（直通）、HP（https://www.mod.go.jp/rdb/n-kanto/）

部隊だより////

陸

神町　20普連の山田亮3曹は4月24日、山形コミュニティ放送のラジオ番組「ラジオモンスター」の自衛隊百科コーナーに出演（5月17日放送）し、連隊の広報活動などを紹介した＝写真㊦。収録では昨年8月の最上・庄内豪雨での災害派遣活動や県内でのイベント協力などをPR。今後の抱負を聞かれ「20普連をより知っていただくため頑張ります」と答えた。

武山　31普連の「武山自衛太鼓」（和田博幸1曹以下11人）はこのほど、米海軍横須賀基地で開催された「よこすかスプリングフェスタ」に参加した。連隊として演奏を行うのは12年連続となった。当日は多くの観客や米軍関係者らが見守る中、計3曲を披露。隊員たちは迫力ある演奏で会場内を沸かせ、終了後は大きな拍手と喝采を受けた。

高田　5施設群は5月8日から17日までの間、東富士演習場定期整備に参加し、102施設直接支援大隊2直接支援中隊が支援した＝写真㊦。庭田徹同南地区整備隊長（同群長）は「目的意識と創意を持って実行せよ」と要望。陸上総隊、東方混成団、東方航の計384人で約41キロ区間の機動路整備、排水溝整備などに当たり、事故なく任務を終えた。

久居　33普連は4月15日から7月上旬まで、中島健二4中隊長を担任官にレンジャー養成訓練を行っている。連隊から16人、10施大（春日井）、5対戦車ヘリ隊（明野）、中方航（八尾）から各1人の計19人を教育。開始に先立ち石原雄介連隊長は「苦しい時はバディーや教官、助教に相談せよ。全員がレンジャーバッジを付ける事を期待する」と激励した。

大津　駐屯地は4月27日、中方混成団創立12周年、駐屯地創設60周年記念行事を行った。当日は県内外から約4200人が来場。記念式典で芝伸彦司令は「仲間のため、さらに強くなることを目指せ」と式辞を述べた。観閲行進や中方音（伊丹）の音楽演奏のほか、新隊員（109教育大隊）約470人による自衛隊体操などが披露された＝写真㊦。

八戸　駐屯地は5月20、21の両日、三菱製紙八戸工場の新入社員21人に対し「隊内生活体験」を行った。参加者は基本教練、82式指揮通信車の試乗、非常呼集などを体験。徒歩行進訓練では約8キロのコースを歩き切った。隊内生活を終えた社員たちからは「厳しい訓練を乗り越えていく自衛官の姿が印象的だった」などの感想が聞かれた。

帯広　4普連は5月8日から16日まで、然別演習場で行われた「春季然別演習場定期整備」に参加した＝写真㊧。編成完結式で大橋永一連隊整備隊長（3中隊長）は「安全・健康管理の徹底」など3点を要望。期間中は武器訓練や車両操縦訓練なども行われた。16日に降旗慎生然別整備隊長（6普連長）の最終点検を受け、1件の事故もなく任務を完遂した。

上富良野　駐屯地曹友会と各部隊先任上級曹長らは5月20日、駐屯地内で「交通安全キャンペーン」を行い、富良野地方自衛隊協力会富良野支部女性部を含む計約30人が参加した。これは春の交通安全運動週間に合わせたもので、日没時の事故の危険性を喚起。正門と東門に分かれた参加者は、退庁する隊員へ熱心に交通安全を呼びかけ、意識の高揚を図った。

機甲師団1300人 380両

迫力の観閲行進

7師団64周年、東千歳駐65周年行事に2万2千人

約2万2000人の大観衆の前で、堂々とした観閲行進を披露する7師団の機甲科部隊（いずれも5月26日、東千歳駐屯地で）

来場者の前で力強い演奏を見せる11普連「千歳機甲太鼓」のメンバー

陸自唯一の機甲師団の全容を一般に公開する「7師団創隊64周年・東千歳駐屯地創立65周年記念行事」が5月26日に行われ、2万2000人の来場者でにぎわった。

前日の25日には駐屯地慰霊碑で追悼式が営まれ、前田忠男7師団長は「44柱の尊い志を胸に、『我らここに励みて国やすらかなり』の気概をもって、真に国民の負託に応え得る頼もしい部隊・隊員の育成にまい進する」と誓った。

翌日の記念式典は晴天に恵まれ、大観衆が見守る中、副師団長の斎藤兼一将補（駐屯地司令）以下、隊員約1300人と10式、90式戦車など車両約380両が整列。式辞で前田師団長は「我々はあらゆる脅威に対し、自衛隊唯一の機甲師団・在北海道の部隊として、一朝有事の秋には、戦勝を勝ち取らねばならない」と述べ、全隊員と共に勝ちどきを上げた。

この後、地上部隊によるパレードが開始され、上空では空自千歳基地から飛来したF15戦闘機2機も祝賀飛行を行った。

続いて87式自走高射機関砲、10式戦車などがその戦闘能力を実動で展示。この後、73戦闘団が戦車、装甲車、ヘリコプターなどを使用した実戦さながらの訓練展示を披露、その迫力に観客から大きな歓声が上がった。

千歳機甲太鼓やロープ橋も

このほか、市民とのふれあい行事として戦車試乗、7音や11普連の「千歳機甲太鼓」による音楽演奏、ロープ橋体験などがあり、来場者は終日、駐屯地のイベントを満喫していた。（東千歳）

隊員と市民のふれあい行事で催された「ロープ橋体験」にチャレンジする子供たち

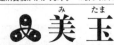

福知山　7普連2中隊の堀田武史2曹以下22人は5月18日、海自北吸係留所地区で行われた「舞鶴グリーンフェスタ」を支援した。当日は約1万6000人の来場者でにぎわい、連隊からは野外炊具1号などの装備品展示のほか、高機動車などの体験試乗を実施。特設ステージでは「福知山酒呑太鼓」が計4曲を演奏し、来場者にアピールした＝写真㊧。

前川原　幹候校は5月29日、剛健大講堂で医科歯科幹候生課程55人と看護科幹候生課程65人の卒業式を行った＝写真㊨。藤岡陸学校長は式辞で「ここにいる同期は生涯の友であり、教官たちは生涯の師、幹候校は心のふるさと。医官、歯科医官、看護官として大きく飛躍してほしい」とはなむけの言葉を贈った。続いて川口雅久陸幕衛生部長が陸幕長訓示を代読した。

玖珠　駐屯地は5月5日、大分県玖珠町で開催された「日本童話祭」で装備品展示を行った。初夏の陽気の中、玖珠川河川敷の会場に約5万人が訪れ、ステージ行事や魚のつかみ取りなどでにぎわった。隊員が展示した偵察用オートバイにまたがり、記念撮影を行った子供から「自衛隊さん頑張って下さい」など多くの温かい言葉がかけられた。

都城　43普連は4月3日から19日まで、宮崎県内の各企業などの隊内生活体験を支援した。今年は9団体計143人の新入社員が2泊3日で自衛隊の規律、団体行動などを経験。1社の担当を受け持った外薗杏里沙3曹（本部管理中隊）は「同世代の新入社員もおり、自衛隊の生活をひたむきに学ぶ姿に大変刺激を受けました」と話していた。

海

大湊　地方隊はこのほど、八戸市公会堂で「大湊音楽隊第41回定期演奏会」を開催した。1部では大栗裕作品「鳥之石楠船神・吹奏楽と打楽器群のための神話」を演奏。2部の「オペラ座の怪人」では、音楽隊が奏でる豊かな音色と中川麻梨子3曹の歌声が会場に響き渡り、温かい拍手が送られた。

市ヶ谷　印刷補給隊はこのほど、「印刷OEM研究会」の視察研修を支援した。同会は印刷会社の技術者や教授らが集まり印刷技術の研究開発などを行っている団体。海自唯一の印刷部隊である印刷補給隊の印刷所、歴史室や業務内容を見学した。研修者は「古い機器を大事に使っている」と感心し、海自への理解を深めた＝写真㊤。

下総　下総地区宿舎に居住する隊員と家族でつくる下総航空基地自衛隊地区自治会は5月24日、柏市が企画・実施する「柏市ゴミゼロ運動」に参加した。30度を超える暑さの中、144人が袋を片手に基地正門から3カ所に分かれ、道路脇などに落ちているごみを回収＝写真㊤。いっぱいになった袋を集積した後、子供たちには菓子とジュースが配られた。

舞鶴　総監部はこのほど、「平成31年度防衛・基地モニター委嘱式」を行った。広報係の吉竹範晃2尉が新規モニターに制度の目的などを説明すると、各自2年間の役割を熱心にメモしていた。今年度はSNSで海自の行事を発信できる人を選考したため、前年度からの継続者にも情報発信の協力を依頼。昼食時には特製カレーを食べながら意見を交換した。

佐世保　佐世保教育隊の13期一般海曹候補生課程と19期自衛官候補生課程の計385人は5月10～21日、東山海軍墓地の清掃活動に当たった＝写真㊤。祖国のために殉じた英霊の功績などを学び、武人としての徳操を養成する目的で行っているもの。学生らは英霊に黙とうを捧げ、旧海軍の伝統の一端を担っていることを認識し、真剣に活動に臨んでいた。

空

山田　分屯基地は4月28日、岩手県山田町で開催された「三陸山田カキまつり」に広報活動の一環で参加した＝写真㊨。当日は約3000人の来場者が訪れる中、宮古地域事務所と協力して軽装甲機動車や子供向けの制服試着などを実施。広報スペースで自衛隊の紹介映像を眺めていた男の子は「将来は自衛官になるんだ！」と元気よく隊員に話していた。

市ヶ谷　空幕は5月31日、在京米空軍武官ウィリアム・アンダーソン大佐を招いて講演会を開いた＝写真㊦。アンダーソン大佐は武官として日本に駐在した経験を踏まえて、古典などを引用しながら日米同盟の重要性を説いた。隊員は講話を通じ、日米の空軍種間があらゆる分野で緊密に連携し、強固な日米同盟の一翼を担っていることを再確認した。

浜松　高射教導群は5月19日、基地内で「創立50周年記念行事」を行った。式で日高芳浩群司令は「全隊員が歴史の教訓を学び、伝統を継承して誠意努力していく」と誓いを立てた。訓練展示や記念会食では中空音が記念演奏をしたほか、日高司令の描いた絵画『夜明けのイルカ』の抽選会などが来賓から好評だった。

関東地区スペシャル五輪、節目の40回
陸海空隊員600人が支援

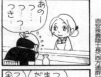

障害を持った選手が参加する米軍横田基地主催の「第40回関東地区スペシャルオリンピック」が6月1日、東京都福生市の同基地で開かれ、陸海空自衛隊員ら約600人がボランティアとして支援に当たった。大会は15団体から164人が出場、バスケットボールなど11競技に挑んだ。

普段は横田基地の隊員らが使用するトラックに、自衛隊の準備会ののぼりが次々とひるがえった。

開会式では米空軍立川音楽隊の演奏に合わせ、知的障害者入所施設「青梅学園」をはじめとする15団体の参加者がオリンピックさながらに観客に手を振りながら行進。列の最後に支援する自衛隊員が[illegible]ていった。

航空中央音楽隊（立川）の森田昌貴士長と米空軍太平洋音楽隊（横田）のアリシア・キャンセル上等兵の国歌独唱後、米軍横田基地司令官のオーティス・ジョーンズ大佐があいさつし、「3自衛隊の協力に感謝します」と述べ、空自横田基地司令の吉村一彦1佐に感謝状を手渡した。

午前10時すぎ、競技が開始された。介助が必要な選手には隊員らがバディにつき、隊員の応援が特に大きかったのがバスケットボール。

ドリブルシュートを競う競技ではボールがうまくつかめなかったり、コースを大きく外れる選手が出。それでも隊員たちは手にした応援メガホンを力強く鳴らして励まし、競技ゾーンに懸命に誘導。そんな熱意に励まされ選手は大きく構え、シュートを見事に決めて隊員一人一人とハイタッチし、喜びを爆発させていた。防医大のチアダンス部（白川ひな子学生以下8人）も華麗に舞って選手のプレーを後押しした。

水泳ではプールで選手と共に泳ぐ海自隊員の姿が、50メートル走では選手の隣で伴走する隊員の姿が見られた。各競技の成績上位者にはメダルが授与された。

水泳競技で選手の伴泳をした51空（厚木）の野崎貴寛曹長は「選手に元気を与えられたらと思っていたが、我々の方が元気をもらった」、50メートル走で選手を見守り、励ました化学学校（大宮）の竹腰慶准陸尉も「初めてボランティアに参加したが、選手の懸命な姿に勇気付けられた」と語った。

空自横田基地准曹会会長の杉本孝敏准尉は「3自衛隊が米軍と共に協力して支援することは意義のあること。今後も大会が成功するよう支援していきたい」と話した。

㊤防医大チアダンス部の学生や隊員（後方）たちとともに記念撮影に納まる大会参加者　㊦ジョーンズ横田基地司令官から感謝状を受けた吉村1佐（左端）と陸・海・空自衛隊准曹会の各会長ら。右から村嶋陸曹長、清水顕海曹長、杉本准空尉、作運隊准曹士先任の田中智准空尉（写真はいずれも6月1日、米軍横田基地で）

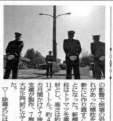

パックンマックン登場
防衛省環境月間で講演

講演中に全員参加型のレクリエーションでコミュニケーションを取るコツを伝えるパックン（右）とマックン（6月6日、防衛省講堂で）

お笑いコンビ「パックンマックン」（パトリック・ハーランさん、吉田眞さん）が6月6日、「防衛省環境月間」の講師として同省に招かれ、環境をテーマにしたトークで湧かせた。

「パックンマックン」は1997年にコンビを結成。日米の文化の違いをネタにした漫才で人気を集めている。環境省や地方自治体、省エネ製品の普及を目指す日本照明工業会などから環境問題に関する講演依頼があり、今回、防衛省で講演を行うことになった。

二人は「情報交換、意見交換がコミュニケーションの基礎。コツをつかめば相手を動かすことができる」と強調。「この点を生かし環境問題について発信する力も備わる」と話した。

その説明をする中で、マックンがエコバッグで買い物をし、風呂の排水を洗濯に再利用しているというエピソードを披露。ボケを交えるパックンと軽快にトークを交わした。

コミュニケーションにはエトス（信頼）、パトス（感情）、ロゴス（論理）の3大要素が必要とも語り、そのうちロゴスを示す一例として「早い、うまい、安い」の牛丼屋のキャッチコピーを紹介した。

「おおよど」3分隊の高山3曹
民家火災で住民救助
むつ市消防から感謝状

【大湊】15護衛隊所属の護衛艦「おおよど」3分隊の高山典明3曹は5月12日、むつ市消防署から感謝状を贈られた。昨年8月19日に民家で発生した建物火災の初期消火と住民救助の功績によるもの。散歩をしていて偶然近くを通りがかった高山3曹は、近隣住民への延焼を防止するため消火器を使い消火活動を行った。また危険を顧みず屋内に入り、住人を捜索、屋外に退避させた。

高山3曹は「当然のことをしたまでです。普段の訓練を行っておけに役立ってよかった」と話した。

5月20日には、「おおよど」の大塚健太郎艦長からも普通表彰を授与された。

むつ市消防署長（左）から感謝状を贈られる高山3曹（右から2人目）＝5月12日、むつ市のウェルネスパークで

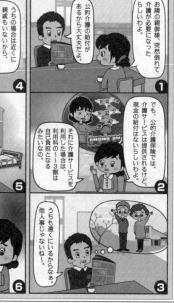

こちら警務隊
薬物犯罪　その②
脳の神経細胞に影響　幻覚、そううつ病発生

大麻は有害ですか？

大麻とは、アサ科の一年草である大麻草とその製品を言い、「大麻取締法」で規制されています。

代表的な物には、大麻草を乾燥させたマリファナ、樹脂をすり潰して固めたハシシ、葉や樹脂から成分を抽出したハシシオイル等があり、俗に「ハッパ」「チョコ」等と呼ばれています。

使用すると脳の神経細胞に影響し、幻覚やそううつ病等が発生し、また、生殖器官にも影響します。

罰則として、所持・譲り受け・譲り渡しは、5年以下の懲役に処せられます。

乱用すれば、大事な仕事や家族等を失ってしまいます。絶対に使用してはいけません。

（東部方面警務隊）

※次回は「危険ドラッグ」

DANGER DANGER

大麻草

あさぐも　吉本どんど

さっきから何か言いたそう…

でも言いだせない

もじもじ

女将（おかみ）を永年やってきたわたしの経験からすると

こういう時はたいがい

好きですっ

あのー　つ…つ…つき…

つき出しがまだなんだけど

つき出し（お通し）

全自空手道大会開会式後、笹川堯全空連会長（後列中央）から激励された空手基幹要員集合訓練に参加する（前列左から）班長の丹野3尉、河野3曹、島田士長、吉安士長、酒井士長＝6月1日、防衛省市ヶ谷体育館で

体校の4人全空連NT入り
東京五輪出場へ挑む

全日本空手道連盟（東京都新宿区、笹川堯会長）の国際大会出場候補者で編成されるナショナルチームに、このほど、自衛隊体育学校（朝霞）の空手基幹要員集合訓練の参加者4人（男性1、女性3）が入った。

NTは、世界空手連盟のランキング50位以内をはじめとする国内トップ級の選手が在籍。今年度は40人（男性18、女性22）、組手（個人）で23人（6月1日現在）が選ばれている。

NT入りを決めたのは、河野潤也3曹（空手／体校）、島田知佳空士長（作運隊）、吉安珠貴陸士長（西方通群）、酒井愛佳陸士長（14普連）で、それぞれ全国大会で実績をあげ評価された。

4人は6月1日に東京・市ヶ谷の防衛省体育館で行われた「全自衛隊空手道選手権大会」の開会式で、集合訓練に参加する他の2人のスタッフと共に紹介された。笹川会長をはじめとする来賓・関係者から激励も受けた。大会でも圧倒的強さを見せ、上位を独占した。組手の女子個人戦決勝では、吉安士長が上段突きでポイントを重ね、島田士長に3－2で競り勝った。

NTは世界選手権優勝者をはじめとする強豪選手がそろっている。東京五輪の出場権獲得争いは激しくなっていく。出場権獲得争いを見据え、河野3曹は「自衛隊の代表として恥じないよう、一つ一つの試合をしっかりと戦っていきたい」と決意を語る。

選手たちを全自空手道連盟OB会（石坂紀生会長）も全面的に支援している。吉安士長は「勝って結果を出したい」と語るとともに、「支援、応援してくださる方々に恩返ししたい」と繰り返した。

元タカラジェンヌの堀内さん
パラオで旧日本軍兵士を慰霊

自衛隊の基地でも講演を行っている講師で元タカラジェンヌの堀内明日香さんが5月22日～27日、パラオ諸島のペリリュー島、アンガウル島、コロール島を訪れ、旧日本軍兵士の慰霊を行った。

慰霊は日本の伝統的精神文化を継承する「菅家廊下翔塾」（東京都新宿区）が行い、菅家一比古代表、堀内さん、陸自OBの池田整治さん（元陸将補）ら総勢の14人が参加した。

一行は日本兵1万500人が玉砕したペリリュー島などを巡り、慰霊碑の前で祈りを捧げた。堀内さんは国歌、「海ゆかば」「ふるさと」などを歌い、祝詞を奏上した。

ペリリュー島では、「3日で制圧する」という米軍に対し、日本軍は70日以上持ちこたえた。日本軍司令官の中川州男大佐は、「人は憎しみでは戦えない。愛のために戦うのである」と語ったという。

パラオでの慰霊を終えた堀内さんは、「旅を通して気付いたことがありました。それは日本兵のほとんどが生きて帰れない、と覚悟を決めていたこと。そして愛するもの（家族、恋人、故郷、国家）を守るための戦いは強いということです」と振り返った。

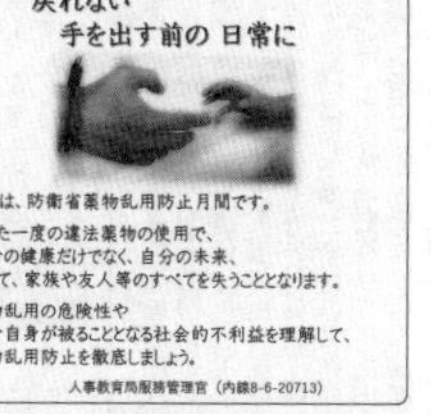

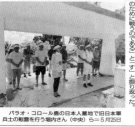

パラオ・コロール島の日本人墓地で旧日本軍兵士の慰霊を行う堀内さん（中央）ら＝5月25日

戻れない
手を出す前の 日常に

6月は、防衛省薬物乱用防止月間です。

たった一度の違法薬物の使用で、
自分の健康だけでなく、自分の未来、
そして、家族や友人等のすべてを失うこととなります。

薬物乱用の危険性や
自分自身が被ることとなる社会的不利益を理解して、
薬物乱用防止を徹底しましょう。

人事教育局服務管理官（内線8-6-20713）

小休止

▽…陸自7師団は5月25日、東千歳駐屯地正門で新標柱除幕式を行った。

▽…昨年9月の台風21号と北海道胆振東部地震の影響で倒壊の恐れがあった標柱を新たに作り直すことになった。新標柱はトドマツを素材とし、高さは約11メートル。約4カ月間かけて7後支連が製作、7施大が正門前に立てた。

▽…除幕式には前田忠男師団長、斎藤兼一副師団長、各部隊長らが参列、師団長が祝辞を述べた＝写真。隊員たちは標柱に記された「我らここに励みて国やすらかなり」の信念を新たにしている。（東千歳）

遠航出発に際して

見送る人の期待に応える

3海尉　黒田　昌宏（「かしま」実習幹部）

日本国内を巡る「近海練習航海」を終え、あとは「遠洋練習航海」のため出国を待つばかりとなって過ごした横須賀での2週間は、期待と不安を交ぜたような心持ちだった。

横須賀入港時は、防大在学時に過ごした土地への懐かしさと、毎日の研修の忙しさから不安を感じることは少なかった。

しかし、出国が近づくにつれ不安のほうが大きくなり、直前の3連休では帰艦することに抵抗を感じるほどであった。

出国当日、あいにくの大雨で出国行事は体育館で行われたものの、実習幹部の家族や出国を見守ってくれている方々が、体育館いっぱいになるほど参加していた。出港する際、雨の中、大きな声で応援の言葉をかけてくれる姿を見て、「この期待に応えられるようになって帰ってきたい」と感じ、不安の大半は解消された。

これからの5カ月間には、さまざまなことがあるだろう。出国後も悪天候が予想され、波も高くなるといわれている。しかし、出港当日に感じたこの初心を忘れず、自然環境にも負けることなく、日々の訓練に精力的に臨んでいきたい。

大雨の中、行進しながら練習艦「かしま」に乗艦する実習幹部たち（いずれも5月21日、海自横須賀基地で）

出国行事で山村海幕長（右壇上）から訓示を受ける遠航部隊の乗員と実習幹部たち（左側）

諸外国の人々と親交を

3海尉　杉浦　優吾（「いなづま」実習幹部）

5月21日、ついに遠航出発の日を迎えた。

眼前に広がる果てしない太平洋を前にして緊張感が高まり、不安も募ったが、出国に至るまでの日本国内での数々のレセプションや史跡研修などで出会った多くの方々の期待の言葉を思い返し、意気込みを新たに、今後とも邁進する覚悟を固めた。

本年度の遠航は、練習艦「かしま」と護衛艦「いなづま」の2隻編成で、環太平洋諸国を時計回りに周回するコースだ。太平洋を通じて、多くの民族の交流を経た国々を直に目にすることを楽しみに思う。

また、自分たちが日本の代表として、諸外国の人々と親交を結べることに期待感もいっぱいだ。

航海中は、実際の護衛艦を舞台に、初級幹部としての技量を高めるとともに、将来、部下を持つ時に必要な人間性を身につけていく覚悟だ。

5カ月間の航海で、われわれ実習幹部は多種多様な配置を経験して、艦船の運用を肌で学ぶこととなる。多くの課題に身の引き締まる思いであるが、同期同士のチームワークとフォロワーシップを発揮して、全員が良い結果を得られるよう、努力を重ねていきたい。

みんなのページ

島根地本の女性モニターを終えて

これからも自衛隊を応援

社会保険労務士　森脇　和恵（島根県出雲市）

平成29年4月、島根地本から「女性モニター」の委嘱状をいただいてから、もう2年となりました。とても名残惜しい気がしています。

この2年、日本各地でさまざまな災害が起こり、自衛隊員の皆さまは寸暇を惜しまず災害復興に向けて活動をしてこられました。その間にも一般市民に対して自衛隊への理解を深めてもらうため、いろいろなイベントが催され、私たちモニターも参加させていただくことができました。

モニターになる前は、自衛隊の印象はやはり「少し怖い」という感じがしていました。自衛官にお会いしても、何を話してよいのかわからないし、変なことを聞いたら怒られるのではないかとも思っていましたが、実際のモニター会議などではとても親切にお話をしていただき、印象が大きく変わりました。

また各種イベントに参加させていただいた際も、自衛官の皆さんの紳士的な態度に、とても好感が持てました。

海自試験艦「あすか」での昼食体験、CH47ヘリコプターによる体験飛行、空自美保基地航空祭記念式典への参加など、普通では体験できないことをモニターとしてさせていただきました。

海自江田島地区を訪れた島根地本のモニターの一行。後列右から2人目が森脇さん

イベントへの参加や自衛官の皆さんとのふれあいを通じて感じたことは、自衛官の方々がみな仕事に誇りをもっておられるということです。

また、その自衛隊を支える支援者の方、若い人もですが、年配の方がたくさん応援しておられることに少し驚きました。過去の戦争体験から年配の方は自衛隊について批判的なのかなと思っていましたが、そうではないことを知り、少し安堵しました。

女性モニターとして少し心残りだったのは、女性自衛官の方々ともう少しお話をしてみたかったことです。女性自衛官という職業を選択して良かったこと、大変なことなどを聞いてみたかったです。その意見や感想をもとに、女性の立場で自衛官という仕事を薦めることができるのではないかと思いました。

本当に楽しいモニターとしての2年間でした。これからも自衛隊を応援していきたいと思っています。ありがとうございました。

新隊員たちが停泊実習

1海尉　元木　康年（横須賀教育隊・武山）

横須賀教育隊は4月22日から25日まで、第13期一般海曹候補生、第19期自衛官候補生課程、第11期自衛官候補生（女性）課程学生の総員912人に対して、横須賀地区の船越岸壁と吉倉岸壁で「停泊実習」を行った。

本実習の目的は「艦艇での各職域における勤務および各種作業の内容に対する理解を深めさせる」ことで、各分隊で事前に実習概要を説明し、学生は雑誌や映像などで基本的な知識は得ていたものの、恐らく生まれて初めてであろう海上自衛隊の本物の艦艇を見て、そし、初めて目の当たりにする[illegible]

[illegible]内で艦橋など艦内を見学[illegible]くとともに、乗員も学生のレベルに合わせ、分かりや[illegible]際に艦艇を希望するきっかけになると思われる。

学生が停泊実習で学んだことは、海上自衛隊の勤務が大変さや厳しさだけでなく、洋上勤務の楽しさであろう。その思いを胸に刻み、これからの教務・訓練に励み、教育隊を修業して、早く一人前の海上自衛官になってもらいたい。

最後に、本実習のために貴重な時間を割き、新隊員のために気さくに分かりやすく説明してくれた各艦艇の先輩自衛官の皆さんにも感謝の言葉をお伝えしたい。

護衛艦の主砲について乗員（右手前）から説明を受ける横須賀教育隊の学生たち

OBがんばる

川﨑　久彦さん　56
平成28年12月、熊本地方協力本部を最後に定年退職（3陸佐）。熊本市にある障害者支援施設「すみれ園」に再就職し、生活支援員として利用者の生活全般の支援を行っている。

家族とも情報共有を

私には生まれつき障害を持った子供がいます。今では元気に支援学校で高校生活を送っていますが、ここまで子供が成長する間、たくさんの地域の方々や先生方、職場の方々の理解と協力がありました。このため、退職後は私もそのような仕事に関わりたいと希望したところ、熊本地本を通じてこの職場にご縁をいただきました。

私が働く障害者支援施設「すみれ園」は熊本市北区にあり、主に知的障害をもつ方々の生活介護などを行っています。

私は生活支援員として利用者の日常生活全般の支援業務を担当していますが、介護福祉に関する経験や知識がなかったため、当初はどのように接してよいのか分かりませんでした。しかし、そんな私にある利用者が笑顔で握手を求めてこられました。利用者はさまざまな障害を持っておりますが、その人なりの考え方や行動があり、それが個性となっています。私はそのような人格と尊厳を尊重しながら支援に当たっており、いつも笑顔で接することができるよう努めています。

再就職に当たっては、自分が何をしたいのか、事前にしっかりとイメージすることが大切だと思います。採用先は自衛隊退職者を即戦力として期待しているでしょう。そのために何を準備するべきか、どのような資格を取得すればよいのか検討し、職場見学などでより明確なイメージを持つことが大切だと思います。

また、再就職に伴う生活環境の変化は、家族の生活にも少なからず影響を与えます。就職活動中に知りえた情報を家族とも共有し、家族の理解を得ながら進めるとよいと思います。

第1212回出題

詰碁

出題　日本棋院　九段　曲　励起

黒先　『攻め合いに勝って下さい』。5分でできれば中級です。

▶詰碁、詰将棋の出題は隔週です◀

詰将棋

出題　日本将棋連盟　九段　石田　和雄

≫第796回の解答≪

先手　持駒　金金銀

【正解】▲2二金△同角▲1二銀△3二玉▲2一馬△同飛▲4二金までの七手詰め。

【解説】直ぐに▲1二銀では△3二玉▲2一馬△同飛▲4二金△2二玉で不詰み。ここは▲2二金と打ち捨てるのが妙手。△同角と取らせそこで▲1二銀が好手順。五手目▲2一馬がトドメで次の▲4二金がピタリ決まります。

「朝雲」へのメール投稿はこちらへ！

▽原稿の書式・字数は自由。「いつ・どこで・誰が・何を・なぜ・どうしたか（5W1H）」を基本に、具体的に記述。所感文は制限なし。
▽写真はJPEG（通常のデジカメ写真）で。
▽メール投稿の送付先は「朝雲」編集部（editorial@asagumo-news.com）まで。

（世界の切手・コロンビア）

破綻をきたす組織は、たいてい管理過剰で指導力が不足している。
ウォーレン・ベニス（米国の経営学者）

朝雲ホームページ
www.asagumo-news.com
<会員制サイト>
Asagumo Archive
朝雲編集部メールアドレス
editorial@asagumo-news.com

新刊紹介

「サムライ精神を復活せよ！」—宇宙の屋根の下に共に生きる社会を創る

荒谷　卓著

陸自特殊作戦群初代群長を務め退官した著者は、明治神宮武道場「至誠館」館長を経て三重県熊野市飛鳥町に移り住み、現在、伝統的精神文化を守り実践する共同体「熊野飛鳥むすびの里」の代表を務める。

前作『戦う者たちへ』に続く今作は、タイトルに「サムライ精神」を冠しているが、武士道の教義を述べているわけではない。その根源にある伝統的精神文化、大和心について記す。

至誠館館長時代の経験を基に、「（海外の愛好家が）日本武道に関心を持つ最大の理由は、その精神性にある」とし、相互扶助の武士道の崇高な精神が混迷するポストグローバル資本主義の時代に求められていると述べる。

大和魂は「日本の武人にとって万難不屈の中心力」であるとし、「個人より培われる力は、個人のために使う武力ではなく、公のために使う力」であると説く。

さらに「礼を尽くして高い道義性を示し、共存[illegible]（並木書房刊、1728円）

「陸軍参謀　川上操六」

大澤　博明著

熊本大学の教授として、長年にわたり近代日本の東アジア政策や日清戦争を研究してきた著者が、日清戦争で日本を勝利に導いた薩摩藩出身の陸軍軍人、川上操六の生涯を描いた伝記だ。

[illegible]

（吉川弘文館刊、2052円）

発行所 朝雲新聞社
〒160-0002 東京都新宿区四谷坂町12-20 KKビル
電話 03（3225）3841
FAX 03（3225）3831
振替00190-4-17600番
定価一部140円、年間購読料9000円（税・送料込み）

主な記事

インド空軍戦闘機パイロット、F2Bで体験飛行

日印空軍種間の防衛交流の一環としてインド空軍の戦闘機パイロット3人が6月10日から12日まで空自小松基地を訪れ、4空団21飛行隊（松島）に所属するF2B戦闘機（複座型）への体験搭乗などを行った。インド軍人が日本製のF2で体験飛行したのは今回が初めて。

来日した3人は、初日に小松基地司令の門間政仁将補を表敬し、記念品を交換。11日には21飛行隊で操縦教官を務める松井宏3佐からF2の機体について説明を受けた後、インド空軍パイロットも同機の後席に乗り込み、松井3佐の操縦で日本海のG訓練空域で約1時間にわたり飛行を体験した。

インド軍の3人は日本滞在中、小松基地の部隊研修や空自隊員との意見交換を通じ、日印間の相互理解と信頼関係を強化した。

空自のF2B戦闘機で体験飛行を行ったインド空軍パイロット（左から5人目）と操縦した松井3佐（その左）ら、交流した日印の部隊関係者（6月11日、空自小松基地で）

陸上イージス

防衛相「原点に返り信頼回復」

秋田知事、市長に陳謝

整備推進本部設置 候補地再調査を表明

岩屋防衛相は6月17日、秋田県を訪れ、陸上配備型ミサイル防衛システム「イージス・アショア」の配備計画をめぐり、佐竹敬久知事や秋田市の穂積志市長らと相次ぎ会談した。岩屋大臣は陸自新屋演習場（秋田市）を「適地」とした防衛省の調査に誤りが見つかった問題など不手際が相次いだことを陳謝するとともに、「信頼を回復できるよう、もう一度、原点に立ち返って真摯に取り組む」と述べ、省内に原田副大臣を長とする「イージス・アショア整備推進本部」を立ち上げた上で、外部の専門家を活用した他の候補地も含めた現地測量を実施するなど再調査に取り組む考えを表明した。

秋田県の佐竹知事（テーブル右端中央）に陳謝し、信頼回復に全力を挙げることを表明する岩屋防衛相（左から3人目）＝6月17日、秋田県庁で（防衛省提供）

「イージス・アショア」の配備計画をめぐっては、6月5日、防衛省が新屋演習場の代替地に関する調査データに誤りがあったと発表。調査の際、3次元図「グーグルアース」のデータを誤って利用し、レーダーの障害となり得る山の角度を過大に算出していた。さらに、この経緯を説明する8日の住民説明会で防衛省職員が居眠りし、地元の反発を招いた。

秋田県庁で行われた佐竹知事との会談で岩屋大臣は「防衛省の調査に信頼が失われる事態が生じたことについて誠に申し訳なく、改めて深くおわびを申し上げる」と陳謝した。

その上で「こうした事態が二度と起こらないよう、再発防止を徹底し、体制を抜本的に強化して緊張感を持って今後の対応に当たるよう、事務方に厳しく指示した」と述べ、原田副大臣を長とする「イージス・アショア整備推進本部」を同日中に省内に立ち上げ、内局と陸海空自衛隊の全ての関連部局を参画させて抜本的な体制強化を図る考えを示した。

データの誤りについては、国有地と遮蔽物の角度をより精緻に把握するため、部外の専門家の活用も含め、現地での測量調査に取り組む方針を表明した。さらに、説明内容に関する確認と見直しを徹底し、準備を整えた後に改めて説明に臨みたいとの防衛省側の希望を伝え、「皆さまからの信頼を回復できるよう、もう一度、原点に立ち返って真摯に取り組んでまいる所存だ」と述べた。

これに対し、佐竹知事は「私（自身）は防衛省に理解のある首長だと思っているが、今回の事案については残念というよりも非常に悲しい」と発言。「現場でしっかり任務に就いている隊員の士気にも影響する。日本の国防政策に対する国際的な評価も落ちる。配備に理解を示していた方も少なからずいたが、（今は）応援する雰囲気ではない」と述べ、「防衛省の作業はマイナスからのスタートだ」と厳しく指摘した。

その上で「もう一回、スタートに戻って検討しないことには協議に入ることはできない。全体をしっかり精査し、丁寧な説明よりも、正確な説明をお願いしたい」と強く要望した。

中東・ホルムズ海峡で日本タンカーへの攻撃

「自衛隊派遣せず」

中東・イランとオマーンの間に位置する原油海上輸送の大動脈であるホルムズ海峡近くのオマーン湾で6月13日朝（日本時間13日昼）、日本の海運会社「国華産業」（東京）が運航するパナマ船籍のタンカー「コクカ・カレイジャス」（1万9349総トン）が航行中に2度にわたって攻撃を受け、船体に被弾した。乗員21人はフィリピン人で、全員が救命艇で船外に避難したが、1人が軽傷を負った。日本人は乗船していなかった。別のタンカー1隻も攻撃された。攻撃者は分かっていない。

政府は同日、首相官邸の危機管理センターに情報連絡室を設置。イランを訪問していた安倍首相は、関係各国と連携して情報収集と乗組員の安全確保に万全を期すよう指示した。

岩屋防衛相は翌14日の記者会見で「極めて重大な関心を持って情報収集を続けている。国土交通省などを中心に防衛省としても情報収集と乗組員の安全確保に全力を挙げて対応している」とした上で、「現時点では自衛隊へのニーズは確認されておらず、本事案に対処するためにホルムズ海峡付近に部隊を派遣する考えはない」と述べた。また、今回の攻撃は我が国の存立や国民の生命が脅かされる「存立危機事態」には当たらず、平和安全法制で可能となった集団的自衛権の限定行使の対象にならないとの見解を示した。

「すずなみ」がウラジオストク入港

日露海上部隊の交流行事「綱引き」で、熱戦を繰り広げる海自「すずなみ」の乗員（奥）とロシア海軍の兵士たち（手前）＝6月11日

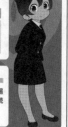

綱引きで日露交流

海自の護衛艦「すずなみ」（派遣部隊指揮官・清水徹7護隊司令、艦長・佐藤剛2佐）は6月10日、ロシア海軍艦艇と「捜索・救難共同訓練」を行うため、極東ロシアのウラジオストクに入港した。

寄港中は、日露乗員たちの交流行事も行われ、岸壁では、「すずなみ」の乗員たちが屈強な体格の露軍兵士を相手に「綱引き」に挑み、熱戦を繰り広げた。また、期間中には「すずなみ」の艦内一般公開も行われ、多くの地元市民が訪れ、甲板上で日露間の交流も深めた。

ロシア海軍艦艇と捜索・救難訓練

「すずなみ」は15日の出港後、ウラジオストク沖で露海軍の駆逐艦「アドミラル・パンテレーエフ」などと共同訓練を実施。洋上で捜索・救難、船内捜索、通信など各訓練を行った。

春夏秋冬

オリンピック代表選考会に見る組織の不条理

菊澤 研宗

東京オリンピックが、来年に迫ってきた。注目されるのは、その日本代表選考会だ。このオリンピック代表選考会をめぐって、奇妙に思えることがある。すなわち、選手が選考対象となる試合やレースで力を使い果たし、本番であるオリンピックではまったく成績が振るわないという現象だ。選考会レースで優勝し、選手として選ばれたのはいいが、結局、体調を崩して本番のオリンピックでは欠場してしまうという残念なケースだ。

このような現象の本質は、手段と目的の転倒にある。本来、本番で良い成績をあげる選手を出場させることが、その競技団体の「目的」であり、そしてそのような選手を選ぶ選考レースや選考試合が「手段」なのだ。ところが、選手個人にとっては、最終選考会のレースや試合自体が目的となり、そこに全身全霊を傾けることになる。

こうして、手段の目的化が起こる。この場合、問題は本来の目的と手段をしっかり認識し調整している優秀な選手が、手段を目的化して死に物狂いで臨む選手には勝てない可能性があり、それゆえ選出されない可能性があるということだ。このような現象は、個別合理的ではあるが全体非合理的な現象、つまり不条理な現象なのである。

この同じことが、実は現代企業でも起こっている。本来、経営者というポストは、企業全体が目的とする理念やビジョンを実現するための一つの手段なのである。ところが、企業組織の中には、その経営者というポストに就くことだけを目的としている人たちがいる。そのような人たちは、どんな手段を使ってでもそのポストを獲得しようとする。それゆえ、しっかりとした理念やビジョンをもった優秀な人材が経営者のポストにつけず、排除されることになる。

最近、日本ではこういった手段を目的化して経営者のポストにつく人が多くなっている。それは個別合理的であるが、全体非合理という不条理な状態なのである。このような人たちが経営者のポストにつくと、何の理念もビジョンももたないし、すでに目的は達成されているので、まったく改革や変革を起こそうとはしない。ただただ在任期間が過ぎることだけを待つ。こうして、組織は合理的に失敗するのである。

（慶応義塾大学教授）

中国空母「遼寧」宮古海峡を通過

中国海軍の空母「遼寧」（満載排水量5万9400トン）＝写真＝をはじめとする駆逐艦、フリゲートなどの艦艇計6隻が6月11日、沖縄本島と宮古島間の宮古海峡を南下し、東シナ海から太平洋に向け航行するのを海自が確認した。「遼寧」が宮古海峡を通過するのは、2016年12月、18年4月に次いで3回目。

「遼寧」は10日午後9時ごろ、「ルーヤンIII」級ミサイル駆逐艦1隻（7500トン、117「西寧」）、「ジャンカイII」級フリゲート2隻（3900トン、576「大慶」、598「日照」）と艦隊を組み、沖縄・久米島の北西約350キロの東シナ海を南東に向け航行。これを海自14護隊（舞鶴）の護衛艦「まつゆき」と5空群（那覇）のP3C哨戒機が確認した。

これに先立ち、同日午前7時ごろには「まつゆき」、12護隊（呉）の「うみぎり」、11護隊（横須賀）の「やまぎり」が、久米島の北西約270キロの公海上を南東進する「ルージョウ」級ミサイル駆逐艦1隻（7100トン、116「石家荘」）と「フユ」級高速戦闘支援艦（965）を確認した。海自が「フユ」級を確認するのは初めて。

これら艦艇はいずれも11日、宮古海峡を南下し、太平洋に出た。

山崎統幕長は6月13日の記者会見で「我が国周辺における中国艦艇の動きについては、重大な関心を持って警戒監視態勢をとっていく」と述べた。

朝雲寸言

英国がドイツから連日爆撃を受けていた第2次世界大戦のさ中、チャーチル首相は屋上から独軍の空襲を悠然と眺めたり、爆撃でできたばかりの土砂の山に登ってみせたりした。不屈の闘志を示し国民の士気を高めようとしたのだ。ただ、そんな彼も思わず絶句する場面があった。不発弾を処理する英軍部隊を激励した時のことだ▼当時、独軍は不発弾処理を難しくするため、信管の種類を示す表示に虚偽情報を記載するなどの欺瞞作戦を展開。英軍の処理作業は危険を極め、首相が会った隊員たちの表情には日々の任務の過酷さがくっきりとにじんでいた。「我々は壮絶という言葉を乱用しがちだ。この言葉は不発弾処理部隊に対してだけ使うべきだ」とチャーチルは彼らを称えた▼不発弾処理は、まもなく戦後74年を迎える日本でも陸上自衛隊の手によって続いている。6月上旬に報じられただけでも、都内の東京五輪テニス会場予定地の近くで5日に、沖縄県糸満市で9日に処理作業が実施され、23日には名古屋市で隊員たちが任務に就く▼民主主義国家では、選挙で選ばれ「選良」とも呼ばれる文民が国家の軍事組織を統制する。ただ、その際には、統制の対象となる人々の任務の壮絶さを真に理解することが大前提になるように思われる。自らが危険に身をさらすわけでもないのに軽々しい発言をする前に、不発弾処理部隊をはじめとする自衛官たちの姿を見詰めてほしい。

時の焦点

国内

陸上イージス

信頼回復が欠かせない

安全保障政策上、重要な施設を整備するという認識を欠いている、と言われても仕方なかろう。

防衛省は猛省しなければならない。

弾道ミサイル防衛の強化のため、秋田、山口両県に新設する地上配備型迎撃システム「イージス・アショア」を巡る不手際である。防衛省が行った候補地選定の調査データに、誤りがあった。

政府は既に新屋（秋田市）、むつみ（山口県萩市、阿武町）両演習場を配備先に選定している。

防衛省は、秋田市の反対論を踏まえ、東北地方で代替地を調査し、いずれも不適と結論づけた。だが、ミサイルを探知・追尾するレーダーの障壁となる山が近くにあるとした9カ所については、地形の縮尺の数値を間違えて計算していた。

本省の職員がインターネットの3次元地図サービス「グーグルアース」を利用したという。現地調査を行うべきだったのは言うまでもない。

岩屋防衛相が「あってはならないミスだ」と述べたのは当然である。ずさんな調査では、配備への地元の理解は得られない。

秋田市で開いた住民説明会では、職員が居眠りをしていたことも分かった。緊張感の欠如が甚だしい。

岩屋氏は秋田県を訪れ、一連の問題について知事らに陳謝した。配備候補地の信頼を取り戻す取り組みが欠かせない。

北朝鮮に限らず、中国やロシアも様々なミサイルを開発している。日本海で警戒にあたっている海上自衛隊のイージス艦の対処能力には限界があろう。陸上に、最新鋭のレーダーを搭載し、多数のミサイルの同時攻撃にも対処できる施設を整備する意義は大きい。

秋田、山口両県には、有事の際に攻撃対象になるのではないかといった不安や、高性能レーダーの電波の健康への悪影響を懸念する声がなお根強い。

調査結果は、健康への悪影響を否定したが、一部とはいえミスが発覚した以上、信頼性に欠けると言わざるを得まい。徹底的にデータの精査を行うことが大切だ。「配備ありきで調査したのではないか」といった野党の批判を払拭していくことが求められる。

防衛省は、地元の意向に配慮しつつ、配備の重要性を丁寧に訴えていかなければならない。

岩屋氏は、防衛副大臣を長とするイージス・アショア整備推進本部の設置を表明した。態勢を立て直し、計画の再点検や、候補地との調整にあたるべきだ。

米国製のイージス・アショアの導入、維持費用は30年間で4000億円以上かかるという。高額な装備品を導入する上で、国民の理解は欠かせない。

防衛省は米国との交渉で、徹底的に費用の抑制を図る必要がある。

夏川 明雄（政治評論家）

海外

ポピュリズムへの対抗

独の知日派大使の忠言

在任が5年余に及んだドイツのウェアテルン駐日大使が6月末の離任を前に都内で会見し、日独関係の在り方や最近の欧州連合（EU）欧州議会選の結果、米国および中国、ロシアなど大国との関係への対応について率直な見解を示した。日独両国はアジアと欧州で似たような国際的地位にあり、国情にも共通点がある友邦ドイツの外交官の現下の世界観察とそこから引き出される教訓は大いに参考になったので、紹介したい。

在中国公使なども歴任した東アジアの専門家でもあるウェアテルン大使は近年の国際情勢について、英国のEU離脱の動きや米国第一主義を唱えるトランプ政権の誕生、欧米でのポピュリズム（大衆迎合主義）政党の台頭を例に挙げながら、「これまで当たり前と考えられた国際秩序が当たり前でなくなりつつある時代を迎えている」として、こうした流れに対抗していくため、日本やドイツのような「リベラルな民主主義国家」の在り方が問われていると指摘。その上で、日独両国が今後とも密接に協力しながら国際社会で大きな責任を担っていく必要があるとの考えを示した。

日本が議長国を務める大阪での主要20カ国・地域（G20）首脳会議については、G20の結束維持は重要だとしながらも、気候変動対策や自由貿易体制の堅持といった主要議題をめぐって意見の一致ができなかった場合は共同声明にも意見の相違があったことを明記し、交渉を通じて合意可能な解決策を探っていく取り組みの重要性を指摘した。

2014年の大使着任以降、両国間では首脳の相互訪問が重ねられ、民間交流も拡大し、日独関係は緊密化の一途をたどっている。しかし、両国を取り巻く国際関係はこの間、不安定さを増しており、日独のようなリベラルな民主主義国家は法治国家、自由と人権、開かれた市場の確保といったあるべき国際秩序を断固として守るため、大きな責任を担う必要があり、そのために緊密な協力をしていかなければならないと大使は強調する。日独でも原発依存の可否などをめぐって立場の異なる問題は多々あるが、双方がそれぞれの国情や立場を尊重し、話し合い、学び合うという姿勢が大切だというのが大使の持論だ。

最近の欧州議会選では、ドイツを含め、中道の左右両派という主要政党が議席を減らし、環境保護政党「緑の党」や移民排斥を訴える極右・右翼政党が勢力を伸ばしたが、これについては、EU域内の若い有権者が強い関心を持つテーマに沿って投票する政党を決めるという投票行動も一つの要因とみている。EU各国での似たような投票行動は、複雑な背景や要因を持つ問題に対して簡単な答えを主張するポピュリズム政党を利することとになり、世界情勢を知り得る立場にある外交官やメディアも、現代社会が直面するさまざまな課題には簡単な答えはなく、問題を解決する能力を高めていくしかないことを市民に説得していくという重要な役割がある。インターネット空間で一方的な主張が横行する時代にあって、若者に対する教育、働き掛けが重要だというメッセージが特に印象に残った。

伊藤 努（外交評論家）

海賊対処

水上32次隊に特別賞状

航空34次隊には1級賞状

ソマリア沖・アデン湾で約4カ月間にわたり民間船舶の護衛任務などに従事して帰国した海自の海賊対処行動水上部隊32次隊に6月10日、岩屋防衛相から内閣総理大臣特別賞状が伝達された。

32次隊は4護隊司令の西山高広1佐を指揮官に、護衛艦「さみだれ」（艦長・川合元2佐以下195人）で編成。1月5日から4月18日までの間、多国籍の第151連合任務部隊（CTF151）に参加してシーレーンのゾーンディフェンスを実施し、81日間で約230隻の商船の安全航行に寄与した。直接の護衛は9回・15隻の実績を残した。

大臣室で行われた表彰式には原田副大臣、鈴木政務官、高橋事務次官、山崎統幕長、山村海幕長、岡人事教育局長が立会。

岩屋大臣は「国際社会の重要な取り組みである海賊行為の抑止に大いに寄与するとともに、スペイン海軍をはじめとする各国海軍との共同訓練を実施し、我が国との防衛協力の強化を図った」と賞状を読み上げ、西山1佐に特別賞状と副賞の盾を伝達した。

これに続いて、アフリカのジブチ共和国を拠点に1月24日から4月22日までの間、上空からアデン湾の監視活動に当たった海自航空隊34次隊に岩屋大臣からの1級賞状が授与された。

34次隊は司令の赤松真次2佐以下、5空群（那覇）基幹の隊員63人で編成。派遣期間中、任務飛行58回、飛行時間約390時間、確認船舶数4800隻の実績を残した。岩屋大臣は「自衛隊に対する国内外の理解と信頼を深めた」と読み上げ、赤松2佐に1級賞状と盾を手渡した。

この後、岩屋大臣は西山1佐に1級賞詞と1級防衛功労章を授与し、功績をたたえた。

岩屋大臣（右）から特別賞状を授与される海賊対処水上部隊32次隊指揮官の西山1佐（手前中央）。その左後方は同航空隊34次隊司令の赤松2佐（6月10日、防衛省で）

空幕長がフィリピン訪問

空軍司令官らと防衛協力・交流で意見交換

【空幕】丸茂空幕長は6月3日から6日までフィリピンの首都マニラを訪れ、比空軍司令官のロッザノ・ブリゲス中将らと会談した。

空幕長は4日に比空軍司令部を訪れ、ブリゲス司令官、続いて同国軍参謀次長のサルバドール・ミソン空軍中将と相次いで会談し、幅広く東アジアの地域情勢や日比空軍種間の防衛協力・交流に関する意見交換を行った。

このほか、空幕長はパサイ市で開かれた比空軍主催のエアフォース・シンポジウムに参加し、比国防省のルナ筆頭国防次官らとも懇談した。

比空軍司令官のブリゲス中将（右）と会談する丸茂空幕長（6月4日、フィリピンのマニラで）

C2輸送機2機が国外運航訓練

1機は海自P1哨戒機と共にパリ国際航空宇宙ショー参加

空自第3輸送航空隊（美保）のC2輸送機209号機（伊藤友紀2佐以下約15人）と210号機（岡安弾3佐以下約15人）は6月9日からカンボジア、アラブ首長国連邦（UAE）などを巡る国外運航訓練を実施している。

209号機は9日にカンボジアのシェムリアップ、10日にUAEのアブダビ、11日に仏のパリを訪問。その後「パリ国際航空宇宙ショー」に参加し再び、UAE、カンボジア経由で26日に帰国する。パリのショーには海自51空（厚木）のP1哨戒機（千葉真一2佐＝511飛行隊長＝以下約40人）1機も参加した。

一方、210号機はシェムリアップを経て、10日にアブダビ空軍基地を訪れ、同基地周辺で運航訓練やUAE空軍との部隊間交流を行った。同機は15日に美保に帰投した。

露軍艦が宮古、対馬両海峡通過

6月3日午前10時ごろ、ロシア海軍の「ウダロイI」級ミサイル駆逐艦2隻（満載排水量8600トン、艦番号564「アドミラル・トリブツ」、572「アドミラル・ヴィノグラドフ」）が沖縄県・宮古島の北東約165キロの東シナ海を南に向け航行するのを海自5空群（那覇）のP3C哨戒機が確認した。

同艦隊はその後、宮古海峡を南下し、太平洋に進出。北・南大東島周辺海域を航行した後、再び宮古海峡を往復して太平洋に出た。2隻は同8日、宮古海峡を北上して東シナ海に入り、合流した「ドゥブナ」級補給艦と共に対馬海峡を12日に北上し、日本海に入った。

露軍揚陸艦が宗谷海峡東進

6月8日午前5時ごろ、ロシア海軍最新鋭「ステレグシチー」級フリゲート（2200トン、艦番号333「ソビエルシェンヌイ」）と「ロプチャーI」級戦車揚陸艦（055）が北海道・宗谷岬の西方約120キロの日本海を東に向け航行するのを海自1ミサイル艇隊（余市）の「くまたか」が確認した。2隻は宗谷海峡を東進し、オホーツク海に入った。

新政専機、首相乗せテヘランに

空自特輸隊（千歳）のB777政府専用機は6月12日から14日まで、イランのロウハニ大統領と会談する安倍首相を乗せ、同国の首都テヘランのメヘラバード国際空港と羽田空港を往復した。

F35A墜落の原因

「空間識失調」に陥る

時速1100キロで急降下

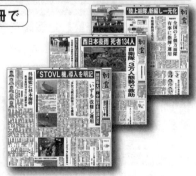

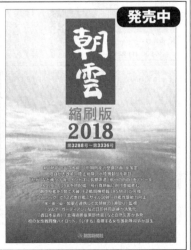

空自3空団302飛行隊（三沢）所属のF35Aステルス戦闘機（705号機）が4月9日に三沢東方沖の太平洋上に墜落した事故で、空自は6月10日、事故の推定原因を発表した。

それによると、4月9日午後7時25分ごろ、F35A 4機編隊の1番機として、高度約9600メートルで、対戦闘機戦闘訓練中だった705号機の細見彰里3佐から「2キル（2機撃墜）」と交信があり、その1分後、地上管制が1万1300メートル付近を飛行中の米軍機を避けるよう降下を指示した。

705機は追加で指示された左旋回をしながら時速900キロ以上で高度約4700メートルまで20秒で急降下し、「はい、ノック・イット・オフ（訓練中止）」と交信。同機はその後も時速1100キロ以上で急降下を続け、約15秒で海面から約300メートルの高度に達し、レーダーから消えた。海上捜索で同機の破片が発見され、墜落が確認された。細見3佐が緊急脱出をした形跡はなかった。

航空事故調査委員会が他の関係隊員に行った聞き取り調査によると、細見3佐の最後の交信の声は落ち着いており、異常を知らせる様子もなかった。重力のかかる左旋回の直後の交信だったことから、その後に重力で意識を喪失した可能性は極めて低いという。

推力喪失や機体の不具合ではあり得ない速度で急降下したことから、空自は細見3佐が「空間識失調」（平衡感覚を失った状態）に陥り、本人もその状態になっていたことを認識していなかった可能性が高いと推定した。

共済組合だより

「夏のパーティーパック」

職場の懇親会や暑気払いなどに

防衛省共済組合の直営施設「ホテルグランドヒル市ヶ谷」（東京都新宿区）では、この夏、旬の食材を生かしたメニューでお客様をお迎えしています。

懇親会や暑気払い向けには、お客様がゆったりと素敵な時間を過ごせる「夏のパーティーパック」（フリードリンク付き、20名様より）をぜひご利用ください。

同パックの期間は8月31日まで。お客様から幅広くご好評を頂いている「和洋ビュッフェ」と伝統洋食を堪能できる「洋食ビュッフェ」があります。

いずれも、お1人様6000円（全12種類）、7000円（全15種類）、8000円（全17種類）、10000円（全17種類）のパック料金でご提供。

フリードリンクはA・Bの2コースがあり、《Aコース》はビール、ウィスキー、焼酎（芋・麦）、ハイボール、日本酒、ソフトドリンク、《Bコース》はビール、ウィスキー、カクテル各種、ハイボール、日本酒、ソフトドリンクとなっています。

7000円以上のコースにはワイン（赤・白）が付き、さらに8000円コースは日本酒またはワインをグレードアップ、10000円コースはワイン、日本酒どちらもグレードアップします。

当プランにはいずれも室料・料理・フリードリンク・消費税・サービス料が含まれています。料理内容の変更やオプション料理も充実していますので、お気軽にご相談ください。

「組合員限定のお得なパック」も

さらに今回から「組合員限定のお得なパック」として、お1人様5000円（全12種類）の特別プランもご用意。こちらは洋食ビュッフェでのご提供となります。

都心に位置するホテルグランドヒル市ヶ谷は、JRと地下鉄3線が乗り入れる市ヶ谷駅に近く、交通も大変便利。この夏のパーティーにぜひご利用ください。

当ホテルへのご予約・お問い合わせは宴集会担当（電話03-3268-0116【直通】、8-6-28854【部隊線】受付時間9:00～19:00）まで。詳しくはホームページ（https://www.ghi.gr.jp）を参照。

HOTEL GRAND HILL ICHIGAYA

訂正

6月13日付1面「レッド・フラッグ・アラスカ始まる」の写真説明で、「空自1輸空のKC767」とあるのは、「米軍のKC135」の誤りでした。

防衛省発令

▽201整備補給隊司令（海幕航空機課回転翼班長）2海佐 円山 敏範
▽海自幹部学校付（ゆうだち艦長）1海佐 古賀 丈憲
（以上6月10日）

アジア安全保障会議のシンポジウムで「安全保障協力の新たなパターン」をテーマにスピーチする山崎統幕長（右から3人目）＝6月1日、シンガポールのシャングリラホテルで

中国国防相の出席がハイライト

「アジア安全保障会議」に出席して

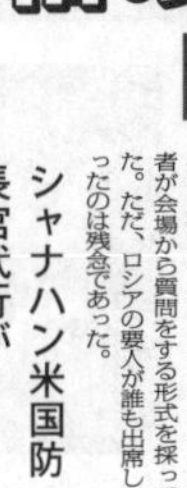

西原　正氏
（平和・安全保障研究所理事長、元防衛大学校長）

過去最大規模の会議

去る5月31日から6月2日までシンガポールで開催された「アジア安全保障会議（シャングリラ・ダイアローグ）」は、これまでにない規模の大きい会議であった。

例年のように、会議では関連地域の14人の国防大臣が順にそれぞれの国の国防政策（20分程度）を紹介し、その後に620人余りの学者、シンクタンク研究者、政府関係者、制服組、ジャーナリストなどの参加者が会場から質問をする形式を採っていた。ただ、ロシアの要人が誰も出席しなかったのは残念であった。

シャナハン米国防長官代行がトップバッター

会議の参加者の規模をふくらませたのは、米中、米露の関係悪化や、米朝関係の行き詰まりなどが関心を高めたことや、中国の国防大臣が8年ぶりに出席したことが大きかったと思う。これまでの中国は人民解放軍副参謀長クラスを出しており、質疑応答のやり取りなど、パンチに欠けるところがあった。

例年と同じく、今回も米国代表がトップバッターで、シャナハン国防長官代行であったが、まだ国防長官としての議会承認を得ていなかったことで威信を誇示することはできなかった。しかし、それでも「米国は信頼に基づく、包括的で柔軟な安全保障のネットワークを構築し、自由で開かれたインド太平洋を支える」と力説して、「南シナ海などで中国は他国の主権を侵害すべきではない」と主張し、日豪などの同盟国や地域友好国との連携強化を進めるとした。さらに台湾の自衛力強化を支援することを強調して、台湾の独立を阻止する中国を牽制した。

反撃的な中国国防相

これに対して、翌朝の最初の講演者となった中国の国務委員兼国防部長（国防相）である魏鳳和（ウェイ・フォンホー）（上将、前ロケット司令部員）氏は、終始語調を強めて威圧的な講演をした。

「南シナ海の島嶼は中国の領域であり、そこを守るのは当然である」、「中国は南シナ海ではだれにも脅威を与えていない」、「カンボジアに中国の軍事基地を置くことはない」、「中印国境は安定している」などと言い、次いで「他国が台湾の分裂を図るのであれば、我々にはすべての犠牲を払って戦うという選択肢しかない」、「他国が中国を餌食にしたり、分裂させたりすることは許さない。対話したいのならば、ドアは開いている。戦いたいのならば、最後まで戦う。準備はできている」などと反撃的な表現で応じた。

米中関係の現状は中国側が守勢に立っており、中国はこの機会に国防大臣を送り込んで、劣勢を少しでも挽回したいという意図を感じた。したがって発言の多くがプロパガンダと挑発的な発言だったので、私は「付き合いにくい国だ」と痛感した。

各国の国防相や軍幹部らを前に演説し、北朝鮮の非核化を実現するため国際社会の団結を呼び掛ける岩屋防衛相（6月1日、シンガポールのシャングリラホテルで）＝防衛省提供

北の非核化で熱弁ふるった岩屋防衛相

最初のシャナハン国防長官代行の後、岩屋防衛大臣が韓国の鄭景斗（チョン・ギョンドゥ）防衛大臣とEUのモゲリーニ外交安保政策上級代表とともに登壇し、日本の防衛政策について聞き取りやすい英語で講演した。

北朝鮮の非核化の完全履行のためには、抑止力としての米国のプレゼンスとともに、国際社会の団結などが重要であると説いた。そして「北朝鮮が正しい道を歩めば日本は助力を惜しまない」と述べた。しかし、北朝鮮の非核化の行き詰まりから、北朝鮮の非核化を重視した日韓の発言に対する会場の関心は驚くほど低かった。

ベトナムとフィリピンの国防大臣の講演に対して、私は、両国は米国などの「航行の自由」作戦をもっと明示的に支持すべきではないかと質問した。それに対して、フィリピンのロレンザーナ国防大臣は「自分たちは支持している」と弁解していた。実際にはドゥテルテ大統領が表立った中国批判を控えているため、「航行の自由」作戦支持の声は明確に聞こえてこない。政府と国軍との立場の違いを示すこうしたASEAN側の事情が米国の行動を制約している。

深化する英仏の関与

これ以外に、英仏の国防大臣がいずれもインド太平洋地域の動向に強い関心を示したのは興味深かった。

両国はいずれも南シナ海の航行の自由を確保することの重要性を強調した。その上で、英国はこれまでほとんど注目されなかった5カ国防衛協定（参加国は英国、マレーシア、シンガポール、オーストラリア、ニュージーランド、1971年発足）の重要性に何度か言及した。

また、フランスは南太平洋の自国領であるポリネシアやニューカレドニアなどの「主権」に言及した。いずれも間接的に中国の東南アジアや南太平洋への進出に対する警戒を示した。

この会議は何かを決議するのではなく、関係国の国防相がそれぞれの国防政策や考えを披露し、参加者やメディアと対話し、宣伝することを目指している。その点ではシャングリラ・ダイアローグは大いに成功していると言えよう。

シンガポールのチャンギ地区で開催された「IMDEXアジア2019」に参加するため、チャンギ海軍基地に寄港した海自ヘリ搭載護衛艦「いずも」を視察する同国のウン国防相（中央）とエスコートする山村海幕長（その右）、江川宏1護群司令（同左）＝5月14日＝IMDEXアジアのホームページから

日米豪陸上部隊が実動訓練「サザン・ジャッカルー」

豪ショールウォーターベイ演習場

戦術技量を向上

日・米・豪の陸上部隊による共同訓練「サザン・ジャッカルー」が5月10日から6月14日まで豪クイーンズランド州ショールウォーターベイ演習場で行われた。

陸自からは東方総監の高田克樹陸将を担任官、岩原傑13普連長（松本）を指揮官に、連隊の普通科中隊、12特科隊（宇都宮）の射撃中隊の2個中隊計約160人が参加。豪陸軍からは第7旅団1個大隊基幹の約720人、米海兵隊からは第3海兵機動展開部隊1個中隊基幹の約250人が加わり、3カ国共同で各種戦闘訓練を行った。

各部隊はオーストラリアの広大な演習場を存分に活用し、オスプレイによる空中機動や火砲の実射などを通じて戦術技量を向上させるとともに、日米豪部隊の信頼関係の強化を図った。

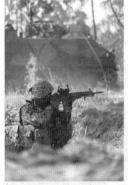

㊤豪陸軍の装甲車両（後方）とともに森の中に潜み、小隊戦闘射撃を行う13普連の隊員
㊨総合訓練でMV22オスプレイ輸送機（上）に乗って空中機動、降着後に周囲を警戒しながら前進する豪陸軍の兵士たち
＝いずれも豪軍HPから

豪州で初めてFH70を射撃

5月19日から同31日までは機能別訓練が行われ、陸自としては豪州で初の実射となった155ミリ榴弾砲FH70の戦闘射撃訓練をはじめ、小火器、対戦車火器、迫撃砲などによる戦闘射撃や攻撃、防御、市街地戦闘、空中機動の各種戦術訓練を実施した。射撃要領の調整や指揮幕僚活動を通じて米・豪の部隊と意思疎通を図り、互いの成果を自国の教訓とした。

ハイライトとなる総合訓練は6月2、3の両日行われ、日米豪共同による「後退行動における総合戦闘射撃」を課目に実施。日豪の野戦特科部隊による火力支援のもと、日米豪の部隊が交互に敵部隊の侵攻を阻止しつつ、所定の位置まで後退を完了し、状況を終了した。

陸自として初めてオーストラリア国内での155ミリ榴弾砲FH70の射撃を行う12特科隊員（写真はいずれも豪クイーンズランド州のショールウォーターベイ演習場で）

市街地戦闘訓練中、暗い屋内で89式小銃による掃討訓練を行う13普連の隊員

無事に日米豪共同訓練を終え、目入れをしたダルマを掲げる訓練指揮官の岩原13普連長（左）と米海兵隊のスミス少佐＝豪軍HPから

〜地本　ホッと通信〜

函　館

地本は5月24日、精華学園高校函館校の依頼で、海自補給艦「とわだ」の支援を受けて「総合的な学習の時間」を実施した。

参加した生徒16人と教員1人は、食堂で海自と補給艦「とわだ」の任務について概要説明を受けた後、グループに分かれてロープワークや救急法を体験。開始直後は、初めての海自艦艇の雰囲気に緊張気味だった生徒たちも、次第に打ち解けると積極的に質問をして楽しそうに取り組んでいた。その後、艦内の職場や居住区画を見学して、昼食時には海自カレーを体験喫食した。

終了時には、「看護関係に関心があったので、救急法の体験など貴重な体験ができた」「『とわだ』のカレーはとてもおいしかった！」「海自に対するイメージが変わった」などと話していた。

山　形

地本は6月2日、東根市が主催する「東根さくらんぼマラソン大会」で広報展を行った。

本大会は神町駐屯地をスタート・ゴール地点のメイン会場として開催しており、今年で18回目。県内外から約1万2500人がエントリーし、地本からは齋藤信明地本長をはじめ、佐々木秀夫副本部長、山形地本部員も参加した。

参加者は赤く色付き始めたさくらんぼの果樹園地帯を駆け抜けるコースを走り、さわやかな汗を流しながらレースを楽しんだ。部員の一人は地本キャラクター「花笠音頭之助」に扮（ふん）し、自衛官募集のたすきをかけて10キロを完走。沿道の応援に手を振りながら応え、自衛隊をアピールした。

東　京

西東京地域事務所は4月20、21の両日、都内の小金井公園で開催された「子どもフェスタ2019」に広報ブースを出展し、広報活動を行った。

イベントは小金井市商工会などが主催し、自衛隊、警察、消防などが協力。西東京事務所は募集相談員らの支援を得て、広報ブースに制服試着コーナーを設けるとともに、地本キャラクターの「トウチ君」も会場に駆け付けた。

陸自1偵察隊による87式偵察警戒車展示は、制服を試着して写真撮影ができることから行列ができるほどの人気となり、偵察用オートバイの訓練展示では、隊員の技術の高さを目の当たりにした来場者から驚きの声が上がっていた。

新　潟

地本は5月26日、空自新潟分屯基地で入間ヘリ空輸隊の支援を受けて体験搭乗を実施した。

募集対象者60人が2組に分かれてCH47J輸送ヘリに搭乗。国指定重要文化財で信濃川に架かる「萬代橋」や新潟県庁などの上空を一巡し、約20分間の空の旅を満喫した。

参加した学生からは「普段歩いている萬代橋を上空から見ることができて感激しました」との声があった。

このほか、体育館の広報ブースでは、パネル展示や自衛隊グッズが当たる抽選会などを行い、自衛隊を幅広くPRした。

静　岡

地本は5月17日から19日まで、下田市最大のイベント「第80回黒船祭」に参加した。

80回目を迎えた今年は、下田港での海自掃海艇「ひらど」の一般公開や陸自96式装輪装甲車の展示に加え、空自F15戦闘機などの祝賀飛行、空自救難ヘリの救難訓練展示を行い、来場者の目を引き付けた。

パレードでは、宮川知己地本長と営業部長「しずぽん」が一目で自衛隊とわかる緑色の小型トラックに乗り込み、沿道を埋め尽くす人々からの「自衛隊かっこいい」「しずぽん頑張って」などの声援に笑顔で手を振り、自衛隊をPRした。

一方、「ひらど」が入港した下田港外ヶ丘岸壁には広報ブースを開設。艦艇や陸自車両などをバックに制服を試着して写真撮影ができるコーナーを設けたほか、南関東防衛局と共に、自衛官と米軍の仕事をパネルや映像を使って紹介した。

東音　愛知で　3年ぶり演奏会

小川広報官　サプライズ共演

1500人が喝采

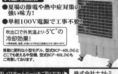

アンコールのサプライズゲストとして登場、東音と見事なセッションを披露したサックス奏者の地本広報官、小川優奈3曹（右）

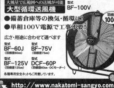

「愛知県演奏会」で樋口好雄隊長の指揮の下、計11曲を演奏した海自の東京音楽隊（いずれも5月27日、愛知県芸術劇場で）

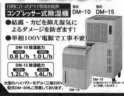

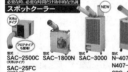

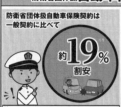

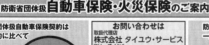

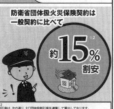

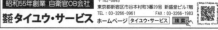

定年退官を前にした最後のステージで、サックスの独奏を行う東音の多田宏1曹

【愛知】地本は5月27日、海上自衛隊の東京音楽隊を名古屋市に迎え、県芸術劇場で「愛知県演奏会」を開催した。東音が愛知県で演奏するのは3年ぶり。

会場には日頃から自衛官募集などで協力してくれている地元の市町村長をはじめ、大学の学長、高等学校長、そして中・高校の吹奏楽部生や一般公募で当選した吹奏楽ファンら約1500人が訪れた。

東音には、愛知県出身者や県内の学校を卒業した隊員8人が所属。中でも、愛知県立芸術大学大学院を卒業した東音の新歌姫・中川麻梨子3曹はオペラ「ネッラ・ファンタジア」を華麗なソロで歌い上げ、聴衆から大喝采を浴びた。

演奏会後半は『ルパン三世』のテーマや、映画『魔女の宅急便』の挿入歌「海の見える街」などなじみ深い曲を演奏。また、この演奏会を最後に定年退官する多田宏1曹がサックスのソロを披露すると、会場は大きな拍手に包まれた。

アンコールでは、前日に地本が支援して開かれた蒲郡市主催の「市制65周年記念コンサート」の会場で、東音の樋口好雄隊長が音楽大出身の愛知地本広報官、小川優奈3海曹に「一緒にやろうよ！」と声掛けして実現したサプライズイベントを実施。サックス奏者の小川3曹が東音との見事なセッションで、アーティスト米津玄師が作曲・作詞した2020応援ソング「パプリカ」、行進曲「軍艦」を披露すると、会場から割れんばかりの拍手が送られた。

2時間の演奏会の終了後、来場者は「すごくよかったです」「ありがとうございました」などと地本部員らに声を掛け、みな満足そうな表情で会場を後にしていた。

京　都

亀井律子地本長は4月14日、KBS京都のラジオ番組「武部宏の日曜トーク」に生出演し、京都府内の自衛隊や自衛官の魅力についてPRした。

今回の出演は、日頃から地本に協力している株式会社・安藤不動産の会長の紹介により実現。亀井地本長はトークの中で、入隊の動機や陸上自衛隊初の女性地本長として現在に至った経歴などを紹介。自衛隊の人材育成や女性自衛官の採用・登用の拡大などについて発信した。

和歌山

地本は4月13日、和歌山県の広川町民体育館で陸自3音（千僧）、37普連（信太山）の協力を得て「稲村の火コンサート」を支援した。

会場には約900人の観客が詰めかけ、立ち見客が出るほどの盛況ぶり。コンサートは、3音による吹奏楽の名曲「フィエスタ！」で始まり、行進曲「大空」や2019年度全日本吹奏楽コンクールの課題曲などを披露。続けて「信太菊水太鼓」が体育館を揺るがすほどの迫力あるバチさばきで会場を沸かせた。

鳥　取

地本は5月14日から17日まで、日本原駐屯地と協同で鳥取市立中学校2年生5人に対し「職場体験学習」を行った。

生徒たちは地本本部で自衛隊の概要や自衛官募集業務などの説明を受けた後、駐屯地に移動して基本教練や指紋・足跡採取などの警務業務を体験。初めて使う道具に悪戦苦闘しながらも自分たちの指紋を採取した。このほか、74式戦車展示などを見学した。

終了後のアンケートには「初めて経験することばかりで楽しく、自衛隊への関心が強くなりました」「一番印象深かったのは基本教練。これからはキビキビと行動したいです」などの感想があった。

島　根

地本は5月17日、島根県松江市が実施した「自転車マナーアップ街頭指導」に参加した。

同指導は春の全国交通安全運動の一環として関係各機関が連携し、市内25カ所の交差点で行うもの。地本は平成29年から「松江市交通安全モデル事業所」に指定されており、今回、市からの依頼を受けて参加した。

当日は市内の交差点で自転車利用者に対して「自転車安全利用五則」が書かれたチラシなどを配り、交通安全を呼び掛けた。参加した部員は「今回の運動が自転車を利用する方々が安全運転を考えるきっかけになれば」と語った。

香　川

地本は5月30日から6月3日まで、陸自善通寺駐屯地で行われた「予備自衛官5日間招集訓練」を支援した。

同訓練には89人の予備自が参加し、射撃訓練、体力検定などを実施した。

訓練期間中、河合龍也地本長は、6月1日に最終任期満了を迎える3人の予備自に、中方総監からの顕彰状を伝達したほか、勤続5年以上の予備自10人に永年勤続表彰を授与した。

河合地本長は「多忙な中、訓練に参加していただき感謝する。今後も有事に備え、練度維持に努めてほしい」と激励した。

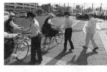

熊　本

地本は6月1日、陸自高遊原分屯地でCH47JA輸送ヘリの体験搭乗を行い、県内から募集対象者や協力者など計53人が参加した。

当日は天候に恵まれ、参加者は視界良好の中、阿蘇地区上空の周回コースを堪能。約20分間のフライトを終え、「大変貴重な経験だった。また参加したいです」「熊本地震の爪跡を見て、復興の後押しをしたいと思った」などと感想を語った。

自衛隊統合防災演習（JXR）　五輪開催中の首都直下地震を想定

人命救助 72時間で

来年の「東京オリンピック・パラリンピック」開催中の首都直下地震発生を想定した令和元年度「自衛隊統合防災演習（01JXR）」が5月21日から24日まで、防衛省と全国各部隊を結び行われた。「都心南部を震源とするマグニチュード7・3の地震が発生した」との想定の下、山崎統幕長を統裁官に隊員約1万2000人が指揮所演習に参加。陸自東方はJXRに合わせて実動演習を実施し、CH47輸送ヘリを使用した医療搬送訓練をはじめ、ドローンを投入しての情報収集活動なども演練した。自衛隊中央病院は「大量傷者受け入れ訓練」を行い、国際イベント開催中の"万が一"に備えた。

ドローンで情報収集

医療搬送訓練　機上で応急治療も

東部方面隊

東部方面隊は5月21日から25日まで、JXRに連動した独自の防災訓練を実施した。朝霞訓練場では、ドローン事業者などと連携した「災害情報収集訓練」を行ったほか、救急処置や航空後送器材（MEDEVAC）を使った「医療搬送訓練」に当たった。

災害情報収集訓練には東方と「災害時応援に関する協定」を結んでいるJUIDA、ACSLのドローン事業者2団体とバイクを使い情報収集に当たるVBN（災害ボランティアネットワーク関東）も参加。

訓練は「被災した2地域への自衛隊の到着が遅れている」との想定で、東方が民間の事業者に協定に基づく情報収集を要請。このうちA地区では、上空から偵察活動中のドローンが複数の倒壊家屋を発見し、自衛隊の指揮所に情報を伝達。これを受け直ちに陸自の偵察部隊が現地に向かい、被災状況を詳しく確認した。

一方、B地区ではVBNがバイクを使って倒壊家屋を発見。建物は倒壊の恐れがあるため人は入れず、代わってJUIDAの屋内用ドローンが情報収集を行い、被災者を確認した。

いずれの現場でも、その後、被災地に到着した陸自の救助部隊が被災者を救出した。

◇

次に行われた医療搬送訓練には東方衛生隊と12ヘリ隊（相馬原）が参加した。

まず野外救護所と装備品の展示が行われ、「航空後送器材（MEDEVAC）」について説明。重さ245キロの同器材はCH47ヘリに3台まで搭載が可能で、ストレッチャー、応急治療機器、振動対策パレットで構成される。特別なパレットのおかげでヘリの振動が抑えられ、機上でも応急治療ができる。

訓練では衛生隊員が緊急処置を実施後、傷病者のトリアージを行い、後送する一連の動作を演練した。重傷患者は複数の隊員でヘリポートまで搬送し、MEDEVACと共にCH47ヘリに乗せ、東京・三宿駐屯地の中央病院まで空輸した。

㊧重傷者をMEDEVACに乗せてCH47輸送ヘリに搬送する東方衛生隊の隊員　㊦医療搬送訓練で負傷者の応急処置からトリアージまで一連の動作を演練する東方衛生隊員（5月25日、朝霞訓練場で）

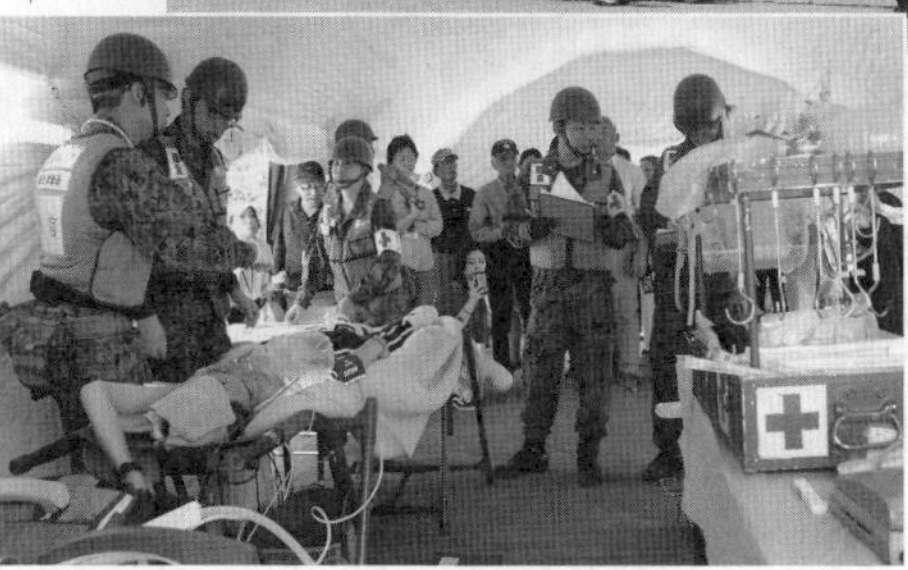

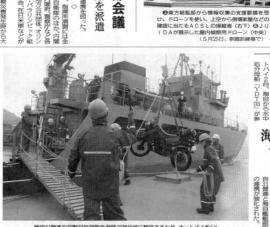

㊤東方総監部から情報収集の支援要請を受け、ドローンを使い、上空から倒壊家屋などの確認に当たるACSLの操縦者（右下）㊧JUIDAが展示した屋内偵察用ドローン（中央）（5月25日、朝霞訓練場で）

防衛省で災害対策本部会議

オリンピック支援部隊を派遣

防衛省では5月22日、「発災から24時間が経過し、各所で大規模な火災や建物の倒壊により多くの死傷者が出ている」との想定で、「第3回防衛省災害対策本部会議」を開いた。

この中で、岩屋防衛相は「オリンピック開催中であることから、競技会場では多くの負傷者や外国人を含めた帰宅困難者が発生している。迅速な人命救助のためには陸路のみならず、海上交通や空路での部隊のさらなる増強を進めなければならない。競技会場における被災者への対応のため、『オリンピック支援部隊』の隊員を派遣する必要がある」と述べ、その後の対応策について協議し、関係機関との連携を図った。

◇

また、指揮所演習には全国の3自衛隊のほか、内閣官房、内閣府、警察庁など各省庁、地方公共団体、オリンピック・パラリンピック組織委員会、在日米軍などが参加。

大規模災害発生時から大量の負傷者に対応する「72時間の対処」に重点を置き、▽人命救助を第一義とする情報収集や被害状況の把握▽全国からの増援部隊の移動手段▽統合任務部隊による応急対策活動▽本格的な生活支援への組織の態勢整備――などをそれぞれ演練した。

大型ヘリで患者を空輸

中央病院　大量傷者受け入れ訓練

中央病院（三宿）では5月25日、「大量傷者受け入れ訓練」が行われた。

上部泰秀病院長が訓練統裁官を務め、防医大、陸自東方、衛生学校などから隊員約390人と日本赤十字社の職員ら約30人が参加した。大量の負傷者が運び込まれる「発災後6～72時間」の対処要領について、隊員たちは重傷者の救急治療をはじめ、避難所に開設した救護所で世田谷・目黒各区医師会などと連携した救護支援活動を演練した。

屋上では、都内で唯一、大型ヘリが降着できるヘリポートを使い、患者の航空搬送に当たった。UH1多用途ヘリ2機とCH47大型輸送ヘリ2機が、都内のがん研有明病院、千葉県の国保旭中央病院、日本医科大学千葉北総病院、群馬県の前橋赤十字病院に見立てた陸自朝霞駐屯地のヘリポートにそれぞれ患者を空輸した。

このほか、日赤医療センターを介して中央病院と都立広尾病院を通信で結び、患者のレントゲン写真の映像を共有するなど、各医療機関の連携態勢も強化した。

この日は原田副大臣、山崎統幕長、住田和明陸上総隊司令官、高田克樹東方総監らも訓練を視察に訪れ、中央病院の取り組みを確認した。

訓練後、上部病院長は「首都直下地震の発生に備え、地域の医療機関と連携した医療支援ができるように準備しておくことが重要」と述べた。

「大量傷者受け入れ訓練」で中央病院屋上のヘリポートに降着したCH47輸送ヘリに患者を搬送する陸自の隊員たち（5月25日、三宿の自衛隊中央病院で）

海自と連携し海上機動訓練

YDTのクレーン使いオートバイ積み込み

同じ横須賀が拠点の31普連

陸自31普連（武山）は5月21日、横須賀基地などで、海自横須賀地方総監部と連携を図りながら「海上機動訓練」を行った。

訓練では、①陸自初動対処部隊と海自横須賀地方隊の連携の強化、②車両の乗船・下船③被災地区までの経路偵察とその要領――を演練。派遣から海自の艦艇で海上機動し、被災地区に展開するまでの時間と、一連の流れを検証した。

強い風雨の中で行われたこの日の訓練には、31普連から隊員12人、偵察用オートバイ2台、海自から水中処分母船「YDT03」が参加した。

午前11時5分、武山駐屯地を出発した初動対処部隊は同48分に横須賀基地に到着。海自側との調整後、YDTのクレーンを使い、オートバイ2台を甲板に積み込んだ。

午後0時23分に出港したYDTは川崎市沿岸部の東扇島に向かい、同2時50分ごろ到着。陸自隊員とオートバイを降ろした後、初動対処部隊は現地の被災状況の確認に当たり、これを31普連長に報告した。

この一連の訓練を通じて、横須賀に拠点を置く陸自31普連と海自横須賀総監部との連携が強化された。

陸自31普連の初動対処部隊を海路で被災地に輸送するため、オートバイを「YDT03」の甲板に積み込む乗員たち（5月21日、海自横須賀基地で）

募集・援護 特集

平和を、仕事にする。
陸海空自衛官募集

ただいま募集中！
◇自衛官候補生
★詳細は最寄りの自衛隊地方協力本部へ

創立35周年で記念事業

東京地本援護協力会が定期総会

荒井地本長「リーディング地本」強調

退職自衛官の再就職を支援することを目的とした東京地本援護協力会（伊奈信一会長以下約600人）の2019年度定期総会が5月30日、東京都新宿区のホテルグランドヒル市ヶ谷で開かれ、朝雲新聞社の中島毅一郎社長をはじめ企業関係者ら約80人が出席した。19年度事業計画（案）や収支予算（案）に加え、「創立35周年事業」など5議案が審議され、全会一致で了承された。総会終了後、東京地本長の荒井正芳陸将補が「30防衛計画大綱と東京地本」と題して講話し、昨年末に策定された新たな「防衛計画の大綱」について分かりやすく紹介した上で、人的基盤強化の重要性を訴えた。

「創立35周年事業」の成功に向け協力を呼び掛ける伊奈信一会長（前方テーブル左から3人目）＝5月30日、東京都新宿区のホテルグランドヒル市ヶ谷で

開会に当たり、伊奈会長は「我が東京地本援護協力会は本年、創立35周年を迎える。設立日の9月11日には記念式典や祝賀会、さらに5年に1度の『記念誌』の発行も予定している。企業広告の協賛や役員の皆さまからのご寄稿などをお願い申し上げたい」とあいさつし、関係者に協力を呼び掛けた。

議案の審議では伊奈会長を議長に、①18年度事業報告・収支決算②18年度会計監査報告③19年度事業計画（案）・収支予算（案）④19年度行事予定（案）⑤創立35周年事業（式典・記念講話・祝賀会・記念誌発行）――の5議案について、伊奈会長と湯村良彦事務局長がそれぞれ説明を行った。

「創立35周年事業」では、9月11日にホテルグランドパレス（東京都千代田区）において▽式典▽防衛講話▽祝賀会――などを開催することを決定。記念誌への寄稿に関しては「創立35周年に寄せて」をテーマに各地区会の会長や役員らが7月末までに執筆することも決まった。

このほか、19年度は11月24日に「東京地本63周年記念行事」をホテルグランドヒル市ヶ谷で共催するほか、11月28、29の両日には部隊研修（詳細未定）も予定されている。

審議終了後、いずれも同協力会の副会長で各地区会長を兼務する城東地区の吉田博氏、城西地区の野崎昭男氏、城南地区の小出修一氏、城北地区の橋本貞夫氏の4氏がそれぞれ各地区会の活動を報告した。

最後に、東京地本援護課企画班長の岡本貢事務官が、管内の定年退職自衛官や任期制隊員らの同協力会会員企業への就職状況について報告し、平素からの企業側の理解と協力に謝意を述べた。

総会終了後、防衛講話を行った荒井地本長は、東京地本が「首都を担任し、全国一の成果を求められるリーディング地本」であることを強調した上で、退職自衛官の再就職に関する援護業務では10年連続で「決定率100パーセント」を達成していることを報告。集まった企業関係者に謝意を表明し、引き続きの支援と協力を求めた。

命令書交付訓練を実施

災害発生時に即応予備自を招集　鳥取

即応予備自の雇用主（右）に対し、訓練の趣旨と実際の災害招集命令書の交付手順を説明する地本隊員（5月21日、鳥取市内で）

【鳥取】地本は5月21日、鳥取県内で即応予備自衛官「災害招集命令書交付訓練」を実施した。

昨年7月の西日本豪雨災害では、鳥取地本は即応予備自17人に対し、災害招集命令書を交付。そのうち13人は各職場で手渡したことを踏まえ、今回の訓練は主に山間地に所在する企業に勤務する隊員を対象に実施した。

当日は広報官が即応予備自の勤務先まで出向き、各職場で災害招集命令書を交付する要領を演練した。交付場所は県内全域に及んだため、援護課のほか、各地域事務所でも「交付組」を編成し、対応した。

「交付組」に加わった広報官は本部と地域事務所の連携要領を確認し、即応予備自が勤務する企業へのアクセスルートや命令書の交付手順を頭に叩き込んだ。

また昨年7月、災害招集命令書を交付しなかった企業に対しても、雇用主らに訓練の趣旨や実際の命令書の交付手順を説明し、災害発生時の予備自招集に関する理解と協力を求めた。

◇

地本は5月26日、鳥取市の千代川河川敷で行われた「県水防訓練」に参加した。訓練は「台風の接近で水害や土砂災害が起きた」との想定で行われ、地本は自衛隊の装備品などを展示。そのほか広報グッズ配布や災害派遣パネルの展示なども行った。

会場には鳥取大学工学部の大学院生や地元中学生らも訪れ、広報官が災害時の自衛隊の活動について熱のこもった説明をした。

"被災した住民"の救出訓練に当たる8普連（米子）の隊員（5月26日、鳥取市の千代川河川敷で）

宮崎県主催 防災の日フェアに参加

災派時の活動を紹介

【宮崎】地本は5月26日、イオンモール宮崎で開催された「県防災の日フェア」で自衛隊の防災への取り組みなどを紹介した。

新年度に入って宮崎県内では震度5弱の地震もあり、会場には多くの人が訪れ、災害に対する知識や非常時に役立つ情報に耳を傾けていた。

地本は自衛隊の災派活動を写真やビデオで紹介。また、家族連れ向けにミニ制服試着コーナーなども設け、積極的に広報活動を行った。

このほか、地本キャラの「渚」と「隼人」が「バケツリレー」に参加するなど、会場の盛り上げにも一役買った。

地本キャラ命名で中学生を表彰

猫の3姉妹「リーニャ・カーニャ・クーニャ」　岩手

【岩手】西本浩史地本長は5月21日、「猫の3姉妹」の新キャラクターの命名者となった宮古市立河南中学1年生の澤田柚輝君を表彰した。

新キャラは漫画『ねこ艦』の著者ムラナコさんが描いたもので、陸・海・空の迷彩服を着た3匹の猫のマスコット。名前は地本ホームページなどで公募され、410件の応募作品の中から澤田さんの「リーニャ・カーニャ・クーニャ」が選ばれた。

この「リーニャ・カーニャ・クーニャ」の名前は、「陸・海・空自の頭文字と猫の鳴き声」から来ている。

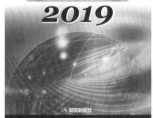

岩手地本の新キャラクターの命名者澤田君（左から2人目）。その左は西本地本長、右は沼田校長と前澤所長（5月21日、宮古市立河南中学校で）

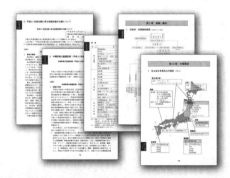

澤田君は応募当時、宮古市立磯鶏小学校の6年生だった。小学校から「防災講話」の講師派遣の依頼を受け、宮古地域事務所長の前澤健一1陸尉が同校を訪問した際、「猫の3姉妹」の新キャラの名前を公募していることを知り、名前を考えたという。

表彰式は澤田君が通う中学校の校長室で行われ、沼田弘二校長は「我が校の生徒がこのように表彰されるのは大変喜ばしい」と目を細めていた。

岩手地本新マスコットキャラ「リーニャ（陸自、中央）・カーニャ（海自、左）・クーニャ（空自、右）」

京都市の中学生が自衛隊で職業体験

【京都】地本は5月14日から17日まで、桂駐屯地の支援を受け、京都市立樫原中学校の生徒5人の自衛隊での職業体験「生き方探求・チャレンジ体験」を行った。

同体験は生徒が自分を見つめ直し、生き方について考えを深めながら学ぶ取り組み。市内の全中学校の1万人がそれぞれの興味や関心のある職業体験を各事業所で行っている。自衛隊施設で実施されるのは今回で2回目。

桂駐屯地を訪れた生徒たちは、まずビデオなどで自衛隊の任務や東日本大震災での活動を学んだ。その後、隊員の支援を受けて体力検定、土のう作製、自衛隊車両への試乗、行進訓練、救急法教育などに挑戦した。

参加した生徒は「隊員の皆さんが優しくて、いろいろ学べた」「自分も将来、世の中の役に立ちたい」「自衛隊という職業を知ることができ良かった」などと感想を述べていた。

中学生5人に敬礼の仕方を教える陸自隊員（5月16日、桂駐屯地で）

県協力5団体の会議を支援

知事などが募集協力を要請　岡山

【岡山】地本は5月22、23の両日、岡山市内のホテルで開かれた県内の5団体（防衛協会、隊友会、家族会、雇用協議会、地本OB会）主催の「中国・四国地区自衛隊協力団体長会議」を支援した。

会議は「防衛思想の啓蒙普及や自衛隊への協力支援のあり方について各県の自衛隊協力団体の要望・意見を集約し、その総意を政府や政党に要望する」目的で各県が持ち回りで担当、今回は9年ぶりに岡山県で開催された。

協力団体長会議で、募集への協力を呼びかける岸川中方総監（壇上）＝5月22日、岡山市で

初日は分科会、全体会議、記念式典、中方総監の岸川公彦陸将の講演などが行われた。会議では各県代表が意見を発表後、討議を行い各県の優良事例や教訓などを共有。式には伊原木隆太県知事も出席し、祝辞で自衛官の募集協力に関する発言があった。

また、岸川総監も講演で来場者に対し、自衛官募集への協力を呼びかけた。

食のイベントで広報

基地空白地帯でPR　愛媛

【愛媛】宇和島地域事務所は5月12日、愛南町で開催された「ぎゅぎゅっと愛南／夏の陣～海と山を喰らう～」で広報活動を行った。

イベントは町の豊かな水産資源や農産物など食材の宝庫であること県内外に広報し、地域の活性化を図る目的で毎年開催されている。今年は天候に恵まれ、約2万5千人が来場した。

宇和島所はミニ制服の試着、災派活動写真のパネル展示に加え、陸自トラックも披露。近辺には自衛隊の駐屯地や基地がないため、ふだんは目にすることのないトラックに子供たちも興味津々だった。

来場者は「昨年の豪雨災害で自衛隊の派遣活動を目にした。本当に感謝している」などと隊員に話しかけていた。

島根 13音の演奏会を支援

【島根】地本は4月28日、浜田市内で行われた浜田地区防衛協会主催の「スプリングコンサートinはまだ」を支援した。

今回は、陸自13音楽隊（海田市）が演奏を担当し、江津、浜田商業、浜田、石見智翠館の各高校吹奏楽部員とも共演した。

前日には浜田高校で各高校吹奏楽部員に対する演奏指導と合同演奏練習が行われ、本番に備えた。

当日は約1200人が来場。第1部は各高校吹奏楽部が演奏し、第2部は13音の整斉とした演奏が披露された。第3部は合同演奏で浜田市民歌「呼びかける風に」が奏でられ、観客も一緒になって歌った。

地本は会場内に広報ブースを開設し、自衛隊の活動をパネル写真で紹介。このほかミニ制服試着などを行い、来場者に自衛隊への親近感を高めてもらった。

岐阜・愛知で豚コレラ災派

速やかに防疫措置

陸自10師団 延べ約850人が活動

岐阜県山県市の養豚場で6月5日、豚コレラの発生が確認され、陸自10師団（守山）の隊員延べ約850人が防疫措置の災害派遣活動を行った。5月17日に愛知県田原市で発生した豚コレラにも同師団の延べ約290人が24時間態勢で対処した。

災派活動の撤収式で、古田岐阜県知事（右マイク前）から感謝の言葉を贈られる10師団の隊員（6月8日、山県市の高富中央公民館で）

岐阜県山県市では豚コレラ発生に対し、速やかな防疫措置を行う必要があることから5日午後3時半、古田肇知事から鈴木直栄10師団長に災害派遣が要請され、部隊は直ちに活動を開始した。

隊員たちは現地に到着後、人員約35人が昼夜を問わず6時間交代で対処。豚舎内で豚を追い込んだ後、市が殺処分した豚を袋に詰め込んで埋却地へ運搬した。

岐阜県は8日、豚約4000頭の殺処分が完了したことを発表。県の撤収要請を受けて10師団は同日午前8時、活動を終えた。活動部隊はいずれも守山駐屯地の10師団司令部、35普連、10後支連第3普通科直接支援中隊、130地区警務隊の延べ約850人、連絡幹部延べ8人、車両延べ約80両だった。

一方、愛知県田原市の養豚場でも5月17日に豚コレラが発生。10師団の隊員延べ290人が対処に当たり、同月20日に活動を終えた。

夜を徹して防疫措置の災派活動に当たる10施大の隊員たち（5月17日、愛知県田原市内の養豚場で）

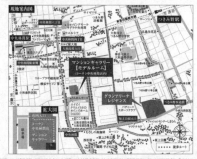

17日午後3時ごろ、愛知県の大村秀章知事から鈴木10師団長に災害派遣が要請された。隊員たちは現場に進出すると24時間態勢で、ベニヤ板での豚の追い込み作業や、殺処分された豚の運搬に当たった。

20日に愛知県は豚約4700頭の殺処分を発表。事後、自治体での対応が可能となったことから同日午前7時半、10師団は撤収要請を受けて活動を終了した。

活動部隊は10師団司令部、10施大（春日井）、130地区警務隊（守山）の延べ約290人、連絡幹部延べ8人、車両延べ約25両だった。

JAXAから感謝状

海自南鳥島航空派遣隊 滑走路など提供し支援

4空群南鳥島航空派遣隊はこのほど、国際宇宙ステーション（ISS）からの初のカプセル回収のミッションへの貢献がたたえられ、宇宙航空研究開発機構（JAXA）から感謝状が贈られた。

JAXAは、初めて地球に実験試料を持ち帰るための小型回収カプセルを搭載した「こうのとり」7号を昨年9月23日、種子島宇宙センターから打ち上げた。

同機は9月28日、ISSに結合して運用に欠かせない補給品や利用物資などを移送。41日後の11月8日、研究成果や試料サンプルを格納した小型回収カプセルとISSからの不要物資を搭載して離脱した。

その3日後に「こうのとり」から放出されたカプセルは、大気圏に再突入し、パラシュート降下で南鳥島（マーカス島）から約660キロ地点の太平洋上に着水、待機していた民間の船によって回収された。「こうのとり」は大気圏に再突入した後、大半が燃え尽きた。

民間船は13日に南鳥島に接岸、試料サンプルを入れたクーラーボックスを降ろし、飛行場で待機していた民間航空機に搭載。航空機はサンプルを筑波宇宙センターに届けるため茨城空港に向けて離陸した。

南鳥島航空派遣隊はこの間、航空機の発着に際し、滑走路と駐機場を提供し、誘導も実施。さらに、関係者を基地施設に宿泊させるなどの支援を行った。これらの功績により、JAXAから若田光一理事の署名が入った感謝状が贈られた。

同隊隊長の雪下弘司3佐は「このような活動の一つ一つが、日本最東端の島である南鳥島の存在意義を示し、ひいては国益につながる。今後も機会があれば、このような活動に対し、誠実かつ積極的に対応したい」と話している。

庁舎前でJAXAからの感謝状を掲げる雪下隊長（南鳥島航空派遣隊で）

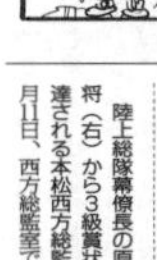
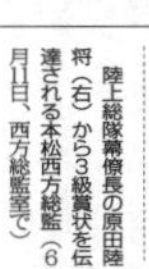
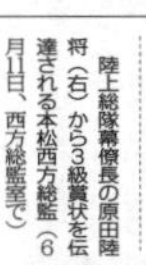
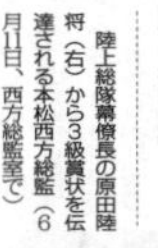
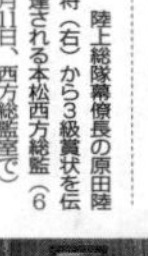
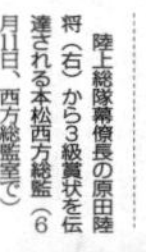

西部方面隊に3級賞状

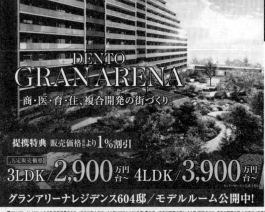

西日本豪雨災派の功績で

【西方＝健軍】西部方面隊は6月11日、昨年7月に発生した西日本豪雨での災害派遣（人命救助、行方不明者の捜索活動、生活復旧支援）の功績で住田和明陸上総隊司令官からの3級賞状を伝達された。

伝達式は西方総監室で行われ、陸上総隊司令部幕僚長の原田智総陸将が賞状を読み上げ、本松敬史西方総監に手渡した。

賞状には「2次災害の危険がある中、迅速に福岡県内の被災地に進出し、昼夜を徹して人命救助、行方不明者の捜索を行うとともに、道路啓開により緊急車両の通行を可能にし、孤立住民を救助するなど住民の安全を確保した」と記され、その後の3千人規模の部隊増援によって「早期の民生安定」に寄与したことなどがたたえられている。

西部方面隊は「即応態勢を維持し、島嶼部を含む九州・沖縄の災害への備えに引き続き万全を期していく」としている。

陸上総隊幕僚長の原田陸将（右）から3級賞状を伝達される本松西方総監（6月11日、西方総監室で）

小休止

▽…海上自衛隊佐世保史料館（セイルタワー）の入館者が5月25日、平成9年3月の開館以来200万人を達成した。200万人目となったのは、初めて来館したという佐世保市に住む小学5年生の烏山煌士君で、くす玉を割って達成を祝った＝写真。

▽…史料館には菊地聡佐世保総監や、佐地隊のゆるきゃら「ナマコロ」たちも駆け付けて祝福。菊地総監から認定証と記念品を贈られた煌士君は「自衛隊の歴史をさらに勉強したい」と話していた。

▽…同館には旧海軍の歴史や海自の活動を紹介した資料が展示されており、今年は佐世保鎮守府開庁130年を記念し、10月31日まで特別企画展「佐世保鎮守府からみた海軍艦艇の歴史」が開催されている。（佐世保）

Gスーツで操縦士に

1警群 谷口司令自ら対応

中学生9人が職場体験

谷口司令（右端）ら空自隊員からGスーツを着せてもらう中学生（左から2人目）＝5月29日、空自笠取山分屯基地で

【1警群＝笠取山】空自第1警戒群（群司令・谷口隆宏2佐）は5月22日と29日、三重県津市の笠取山分屯基地で地元中学生の職場体験を受け入れた。

22日は松阪市立嬉野中学校の2年生5人、29日は津市立白山中学校の2年生4人が基地を訪問。両日とも谷口司令が自ら出迎えて対応し、空自の職種をPRした。

さらに司令自身がF4戦闘機のパイロットであることから、Gスーツの装着体験も実施。酸素マスクも付けて操縦者の姿になった中学生は「窮屈に感じたが、この状態で飛行していると考えると、パイロットの体力はすごいと感じた。友達に自慢したい」と声を弾ませていた。

このほか、女性隊員の活躍状況についても司令が説明。戦闘機パイロットをはじめ、さまざまな職に就ける点や庁内託児施設の整備など、女性が勤務しやすい環境作りをしていることをアピールした。

1警群では年に8回程度職場体験を受け入れている。谷口司令は「自分の子供よりさらに小さい中学生との交流では、逆に元気をもらった。今後とも広く操縦者の仕事を紹介し、我々の新しい仲間を得られるよう努力し続けたい」と話していた。

学生388人 烏帽子岳登山

佐世保教育隊

【崎辺】佐世保教育隊は5月13日、一般海曹候補生課程と19期自衛官候補生課程の学生計388人による最初の鍛錬行事「烏帽子岳登山」を実施した。

学生は、47年前に烏帽子岳登山競技中に亡くなった35期初任海曹課程学生の糸田幸夫2曹の「雄魂の碑」に黙とうを捧げて基地を出発。道中、東山海軍墓地の「海の防人の碑」にも黙とうを捧げ、烏帽子岳に向かった。

山道ではすれ違う町の人たちから温かい声援を受け、学生たちはそれに応えるようにあいさつを返しながら、各分隊で互いに声を掛け合いながら山頂に到着。佐世保湾、九十九島が一望でき、学生たちもその美しさに歓声を上げて登山の醍醐味を満喫した。

山頂広場で豚汁と缶飯を食べ、一発芸を披露したりして下山。全員が往復約23キロの道のりを歩き切った。

こちら警務隊

薬物犯罪 その③

違法薬物と似た構造 身体・精神に悪影響

危険ドラッグとは何ですか？

危険ドラッグとは、他の違法薬物と似た構造の薬物であり、以前は合法ドラッグ等と称し規制から逃れていましたが、平成26年の法改正により規制対象となりました。他の違法薬物と同等か、それ以上の悪影響を身体・精神に及ぼすとともに、幻覚等で事件を起こす危険性があります。

罰則として所持・購入・使用等は、3年以下の懲役または300万円以下の罰金に処せられます。

インターネット等で違法性・危険性を隠して販売されていますが、絶対に手を出してはいけません。

（中央警務隊）

※次回は「麻薬および向精神薬取締法」

危険ドラッグにだまされないで！

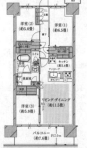

みんなのページ

新編直後に奄美大島の伝統行事「舟こぎ」参戦
仲間と団結、達成感

2陸尉　平田　卓己（奄美警備隊・普通科中隊警備小隊長）

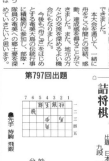

「奄美舟こぎフェスティバル」に初参加し、見事優勝した陸自の奄美警備隊チーム

奄美警備隊は3月末に新編されたばかりの部隊であり、「部隊の伝統・気風」「地元の方々からの信頼」を一から築いていくことが必要と考えていました。

そのため、新編直後ではありましたが、5月に地元で開催された「第11回奄美舟こぎフェスティバル」に参加しました。

警備隊として初の部外行事であり、「舟こぎ」も隊員にとって初体験でした。舟こぎは体力を使うハードな競技であり、舟は地元の方の好意により借用させていただき、課業外を活用して錬成をしました。

真っすぐに進まず、操作は大変難しいものでした。

大会本番の結果は、錬成の成果と家族などの声援もあり、11チーム参加の「一般の部」で優勝することができました。

本大会を通じて、一緒に舟をこぐ仲間との団結、感動、達成感を得ることができました。また、地元の方々との交流を深めるよい機会にもなりました。

今後も「舟こぎ」をはじめとする奄美大島の伝統行事に積極的に参加し、部隊・隊員の奄美への郷土愛を深めていきたいと思います。

「私たちは東海道新幹線セキュリティークルーです」

安全・安心・快適をお客さまにお届け

陸自OB　山根　哲臣（元36普連＝伊丹）

東海道新幹線セキュリティークルーの山根元准陸尉

私は今年2月、陸自を定年退職し、全日警に入社しました。「温もりのあるセキュリティー」をスローガンに、安全・安心・快適を日々お客さまにお届けしています。

私は東海道新幹線のセキュリティークルーとして新幹線に乗車し、車内の巡回を行い、お客さまに安全と安心を提供しています。日本の大動脈を守る仕事は責任重大ですが、同時にやりがいと充実感を感じています。

入社後、新任教育や実務研修を経て、新幹線車内での警乗業務が始まりました。走行中の揺れに耐え、一定速度でお客さまの前方また後方から表情や動向などを目視しながら通路を巡回するには、それなりの体力と気力が必要です。当初は新幹線の車内を恐る恐る歩くことしかできませんでしたが、現在は慣れ、普通に巡回ができるようになりました。

車内でのお客さまへの対応では、親切丁寧・思いやりを持って誠実に対応することを心掛けています。お客さまから笑顔で「ありがとう」と言われると、達成感と充実感を感じます。いまでは自分の好きな新幹線の仕事に就けて良かったと感じています。

今後とも自衛隊で培った積極性・実行力・協調性を発揮し、また「警乗要員」として知識や技能を磨き、東海道新幹線の安全・安定輸送に貢献したいと考えています。

「日々、社会貢献を実感」

陸自OB　後藤　弘二（元・千僧駐屯地業務隊）

私は昨年12月に陸自を定年退職し、全日警大阪支社に再就職し、現在、新大阪警乗警備隊でセキュリティークルーとして勤務しています。

仕事は東海道新幹線に乗務し、主に新大阪駅を拠点に東京駅までの各区間で車内を巡回し、車掌長をはじめ他の乗務員やパーサーと連携して、不審者・不審物等の早期発見、報告・処置・対応に努めています。

この仕事を選んだのは昨年、東海道新幹線内で発生した殺傷事件がきっかけでした。テレビや新聞で事件の概要を知る中で、私自身、痛恨の思いだけが心に残りました。そんな折、地本の援護担当者から「新幹線内のセキュリティークルー」公募のお話を受け、私は迷うことなく決心し、この仕事に就きました。

最初は慣れない勤務に戸惑いを感じましたが、自衛隊在職中はあらゆる場で多くの方々から多種多様な教育を受け、それが助けとなり、職務に適応することができました。

先日、名古屋駅のホームで女性から「警備員さん、すごく立派な身体ですが、武道とかやっているのですか?」と質問をいただくと、私たちも安心です」と言われ、とてもうれしく感じました。

そのほかにも、駅や車内でいろいろと声をかけられ、この仕事は世の中の人から感謝され、社会に貢献できるものであると改めて実感しました。

今後とも、座右の銘の「生涯現役」を貫くとともに、青春時代を自衛隊に捧げてきたOBとして、これからも自衛隊を応援していきたいと思っています。

東海道新幹線のセキュリティークルーとして勤務するOBの後藤元陸曹長

新刊紹介

「エア・パワー　空と宇宙の戦略原論」
石津朋之、山下愛仁編著

「日本ではエア・パワー研究が手薄だ」との危機感から、空幹校、空幕、防研、防大などの研究者19人が、軍用機の歴史から航空戦力の運用法、そしてサイバー・宇宙を含む将来のエア・パワーの役割までを分担し、執筆した入門書だ。

長島純空将補が巻頭で「エア・パワーは空軍と同義ではない。この言葉には陸・海軍・海兵隊の航空機、ミサイル、無人機なども含まれ、飛ぶものはすべてエア・パワーだ」と述べる通り、今日のクロス・ドメイン（領域横断）や技術革命の中で、大きな戦略に立つエア・パワーの近未来を予測している。さらに、空と宇宙が一体化された時代の「空軍将校」の役割をはじめ、自衛隊のエア・パワーを抑止・危機管理・（事態）対処にどう活用するか。本書は自衛隊の「空の戦略」を考えていく上で、最良のテキストとなっている。海自の「いずも」型護衛艦に近い将来、F35B戦闘機が搭載されると言われている。
（日本経済新聞出版社刊、3888円）

「偽善者の見破り方」
岩田温著

著者は古典、名著、雑誌などを引用しながら、さまざまな事象を本質的な論理へと昇華させる。例えば、政治家は大衆にアピールする形で、効果的な政策を用いて政敵を作りながら、それが為政者の常套手段であると指摘。戦後の憲法制定過程をめぐり、GHQの民政局で書かれた『国家の制度』（1954年刊）を読み込みながら、憲法制定に関わった「偽善者」をあぶり出す。

また、一般には悪人と思われているヒトラーの『我が闘争』から、メディアに翻弄される大衆という図式を読者に提示する。「宣伝は常に大衆的であるべきであり、その知的水準は、宣伝が目指すべきものの中で最低級のものがわかる程度に調整すべきである」とヒトラーは言う。

この世の中は、数多の偽善に満ちている。しかし、偽善を見抜けるか否かは本人の努力次第である。賢い有権者になるためにも一読したい史的事実だ。
（イースト・プレス刊、1620円）
小林武史（国会議員秘書）

青森県の護国神社例大祭に参列して

海自OB　後藤　隆行（青森・大湊水交会副会長）

青森県護国神社は、弘前市弘前公園四の丸に鎮座する青森県護国神社は、弘前藩が官軍として出兵した幕末の函館戦争などの戦没者67柱の戦没者慰霊のため、藩主のおぼしめしにより明治3年に弘前城下に招魂社として創建され、明治43年3月、弘前城内の現在地に移築されたものである。

昭和14年4月には内務大臣指定護国神社となり、以後、日清、日露、大東亜戦争など多くの戦いで亡くなられた青森県出身2万9千余柱の御霊（英霊）が神として祭られており、毎年春と秋に例大祭が開催されている。

かつては、青森県在住海軍出身者らで組織する「青森県水交会」が本例大祭に参加されていたとのことだが、高齢化などによる会員の減少から近年参加が途絶えていたようである。

昨秋、青森県偕行会事務局長より海軍軍人も祭られており、軍艦「津軽」の慰霊碑も建立されていることから水交会を継承する大湊水交会へも護国神社例大祭参列への調整があった。

もとより、本会員中にも同神社内の海軍軍人顕彰碑の存在や肉親が海軍軍人であることなどから同神社への思いを寄せていたことなどにより、ほどなく有志で参拝させていただき、今回、初めて会長代理として春爛漫の例大祭参列となった。

県下各地域から多数の遺族会員が境内に着席する中、宮司、県知事・近隣市町村長等、遺族連合会・英霊にこたえる会・偕行会等の代表・会長らと共に大湊水交会代表として昇殿参拝し、玉串奉奠をさせていただき6千余柱の海軍軍人も含む御霊の安寧を祈ることができたことは幸いであり、今後も参列を継承させていただくことをお誓い申し上げた。

青森県護国神社

OBがんばる

小瀧　弘規さん　55
平成30年7月、海自1整備補給隊（鹿屋）副長を最後に定年退職（2佐）。鹿児島県の錦江町役場に再就職し、防災専門監を務めている。

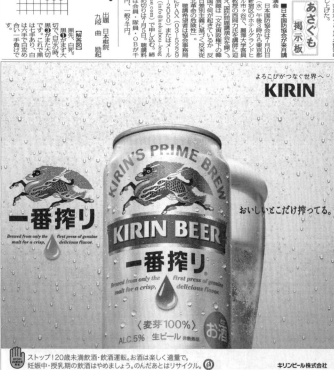

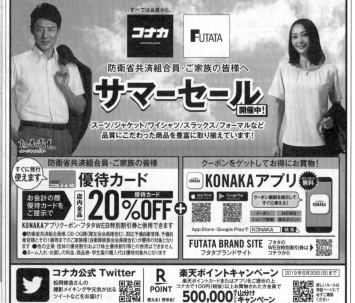

「次の生涯目標」設定を

私は36年余りを過ごした海上自衛隊を定年退職し、現在、鹿屋市に隣接する肝属郡錦江町役場総務課で、防災専門監として地域防災計画の見直しに没頭する毎日を送っています。

錦江町は東に大隅半島の山々、西に美しい錦江湾に囲まれ、非常に風光明媚な町です。大河ドラマ『西郷どん』の影響もあり、地域の名所を訪れる観光客でにぎわっています。

私が現職に就くきっかけは、退職予定隊員に対する職業訓練として「防災・危機管理教育」を受講したことでした。「何か自衛隊の役に立てる職に」との思いもありましたが、錦江町が防災専門監を募集しているということを知り、同講習で得た「地域防災マネージャー」の資格を生かして地域の人々の防災意識高揚などに尽くすのも自衛隊OBとしての役目と考え、錦江町にお世話になった次第です。

役場は少ない職員で煩雑多岐な業務を各課の枠を超えて協力し合いながら行っています。自衛隊のように、部隊同士の連携を重んじる組織から来た私にも、この雰囲気はなじみやすい環境でした。

防災専門監として台風の進路予想や最接近日時の予測などは、かつて航空隊に身を置いていたこともあり、またインターネットでさまざまな情報が入手できる今日では苦労もありませんが、それ以前に総務課員として住民に対する役場の持つ多様な役割に初めて触れ、自衛隊にいると知らずにいることが多いと気付かされました。

当初は周囲も見知らぬ人ばかりで心細い思いもしましたが、今では職場の人間関係にも慣れ、毎日を楽しく過ごしています。今後は積極的に町へ出て、地域の学校や住民自治会における防災教育などに精を出し、防災意識の高い「逃げ遅れゼロの町」を作るべく、頑張ろうという思いを新たにしています。

定年退職を控えている皆さん！　若くして定年するということは、次の生涯目標を他の人より早く設定できる強みとも考えられます。頑張ってください！

あさぐも掲示板

■日本国防協会が来月講演会

日本国防協会は7月10日（水）午後3時から東京都新宿区のホテルグランドヒル市ヶ谷で、麗澤大学客員教授の西岡力氏を講師に迎え、国防問題講演会を開く。演題は「文在寅政権下の韓国で何が起きているか　反日差別主義に基づく反米従北革命の危険性」。

聴講希望者は協会事務局にFAX（03−5229−2050）またはメール（info@kokubou-league.com）で申し込む。締め切りは7月5日。聴講料は会員・隊員・OBが千円、一般2千円。

詰将棋

第797回出題

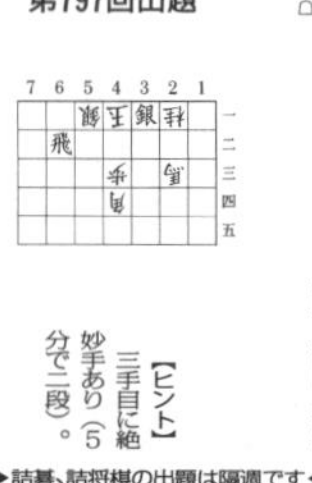

出題　日本将棋連盟　九段　石田　和雄

【ヒント】三手目に絶妙手あり（5分で二段）

▶詰碁、詰将棋の出題は隔週です◀

詰碁

第1212回解答

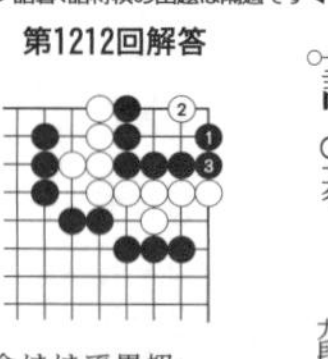

出題　日本棋院　九段　曲　励起

【解説】黒先、白死。黒❶がまず大切で、白②の時、黒❸が大切です。これで黒は七手目、白は大手合い一手負けです。

朝雲

発行所 朝雲新聞社
〒160-0002 東京都新宿区四谷坂町12−20 KKビル
電話 03(3225)3841
FAX 03(3225)3831
振替00190-4-17600番
定価一部140円、年間購読料9000円(税・送料込み)

主な記事

陸上イージス配備計画

防衛相「一から出直す」

「整備推進本部」が初会合

「部局を横断し強化」

防衛省は6月19日、陸上配備型ミサイル防衛システム「イージス・アショア」の配備計画をめぐる調査ミスなどを受け、信頼回復と組織横断的な体制強化に向けて新たに立ち上げた「イージス・アショア整備推進本部」(本部長・原田憲治副大臣)の初会合を省内で開いた。最高責任者として出席した岩屋防衛相は「厳しい批判を重く受け止め、省全体がこれまでの進め方を反省し、一から出直す気持ちで検討を進める」と強い決意を示し、深刻な危機感と確固たる責任感をもって信頼回復に全力を尽くすよう指示した。

「イージス・アショア」の配備計画をめぐっては、防衛省が6月5日、秋田県の陸自新屋演習場を「適地」とした調査データに誤りがあったことを発表。同演習場の代替地に関し、3次元地図サービス「グーグルアース」のデータを縮尺を誤って使用し、レーダーの障害となる山の角度(仰角)を過大に算出していた。さらに、この経緯を説明する8日の住民説明会で防衛省職員が居眠りし、地元の反発を招いた。

こうした経緯を受け、岩屋大臣は17日に秋田県を訪問。佐竹敬久知事や秋田市の穂積志市長と相次ぎ会談し、一連の不手際を陳謝。「イージス・アショア整備推進本部」を同日中に新設することを表明した(本紙6月20日付既報)。

同本部の初会合で岩屋大臣は「イージス・アショアを含む『総合ミサイル防衛体制』の確立は、専守防衛を旨とする我が国の防衛力・抑止力にとって必要不可欠な重要な要素であり、その体制を作り上げるためには国民の皆さまの信頼とご理解が不可欠だ」と強調。その上で「関係部局を横断的にカバーし、チェック体制を強化する」との方針を示し、「信頼回復に全力を尽くし、新たな方策を速やかに実行する体制を整え、深刻な危機感と確固たる責任感をもって今後に臨んでほしい」と指示した。

続いて本部長を務める原田副大臣があいさつを述べ、「一連の事態はあってはならないことだ。地元の皆さまに不安や懸念を解消していただき、信頼を回復するためには、正確で丁寧な説明が何よりも必要だ」と指摘。「内局、装備庁、統幕、陸海空自衛隊、地方防衛局の関係部署が連携し、職員一人一人が緊張感を持って情報共有や専門的見地を取り入れた分析調査を行い、さまざまなレベルで内容を確認していくことが重要だ。地元の声にしっかりと向き合った検討に真摯に取り組んでいく決意だ」と述べた。

同本部は鈴木、山田両政務官が本部長代理、高橋事務次官が副本部長を務め、統陸海空の各幕僚長や防衛装備庁長官らを本部員として必要に応じて会合を開く予定だ。今後は同本部を中心に配備を予定する秋田、山口両県との調整が進められる。

初会合で信頼回復に全力を挙げるよう指示する岩屋防衛相(テーブル左から2人目)と、本部長の原田副大臣(その右)。左端は山田政務官、右端は高橋事務次官(6月19日、防衛省で)

新潟県で震度6強

3自衛隊が情報収集

新潟・山形地震

6月18日午後10時22分ごろ、山形県沖を震源とするマグニチュード(M)6・7と推定される地震が発生し、新潟県村上市で最大震度「6強」を観測した。気象庁は津波が発生する可能性があるとして沿岸部に津波注意報を発表した。

この地震発生を受け、政府は直ちに官邸対策室を設置。安倍首相は(1)早急な被害状況の把握(2)政府一体となって災害応急対策に全力で取り組む(3)被害に関する情報提供を適時的確に行うこと—の3点を指示した。

同10時38分、岩屋防衛相は省幹部に自治体との連携を密にし、情報収集や災害派遣に万全な準備態勢をとるよう命令を発出した。

3自衛隊では発災後、陸自東北方面航空隊(霞目)、12ヘリ隊(相馬原)、東方航空隊(立川)など、海自は(八戸)、(厚木)、空自は3空団(三沢)、6空団(小松)、秋田救難隊などの航空機が偵察のため飛び立った。

一方、20普連(神町)、30普連(新発田)、2普連(高田)、14普連(金沢)各普通科連隊の初動対処部隊が待機。海自の掃海艦「のと」も舞鶴から新潟県に向けて出港した。

翌19日午前、陸空と海から偵察活動が続けられたが、大きな被害は確認されなかった。また、新潟、山形両県など自治体からの災害派遣要請もなかった。

トルコ陸軍総司令官が来日

湯浅陸幕長と会談

トルコ陸軍総司令官として16年ぶりに来日し、湯浅陸幕長(右)と握手を交わすドゥンダル大将(6月18日、陸幕長応接室で)

湯浅陸幕長は6月18日、来日したトルコ陸軍総司令官のウミット・ドゥンダル大将と陸幕で会談した。トルコ陸軍総司令官の訪日は、2003年以来、16年ぶり2回目。

ドゥンダル総司令官は栄誉礼と儀仗の後、湯浅陸幕長と会談。陸幕長は冒頭、「イラン・イラク戦争時には(トルコ機により)多くの日本人を救出していただいたという歴史もあり、我々はトルコに感謝している。相互に友好国ということで、司令官を迎えられたことは喜びだ」と歓迎の意を表した。これに対し、総司令官は「今回の日本訪問が両国の友好関係の促進につながればと思っている」と述べ、両国間で防衛協力・交流を深化させていくことが、国際社会の平和と安定にとって重要という認識で両者は一致した。

ドゥンダル総司令官は19日、防衛装備庁陸上装備研究所(相模原)を訪れ、陸自向け各種車両の研究開発の現況などについて説明を受けた。翌20日には同庁の先進技術推進センター(三宿)と陸自教育訓練研究本部(目黒)も視察した。

海上防衛技術の国際会議

「MASTアジア」開催

海自30FFMの模型を初公開

海上防衛技術の国際会議・展示会「MASTアジア2019」が6月17日から19日まで、千葉市の幕張メッセで開催された。3回目となる今回は約40カ国から政府や企業関係者などが参加し、最新の技術や装備品を発表した。

(3面に写真特集)

三菱重工は対機雷戦の装備をもつ平成30年度計画の海自新型護衛艦「30FFM」(3900トン)のモデルを国内で初公開。30FFMは海中の機雷の捜索・処理などに当たる水上無人機(USV)と水中無人機(UUV)を初搭載するのが最大の特徴。また船体はステルス性を追求したシャープな外観となり、シンプルなマストには対水上、対空レーダーなどを兼ねた複合センサーが装備される。

船体の詳細設計では同社のほか三井E&S造船も加わり、1番艦は三菱重工長崎造船所で、2番艦は岡山県の三井E&S造船玉野艦船工場で同時に建造される。就役は、いずれも2022年3月の予定。

ピラミッド型の上部構造物とマストが特徴的な海自の平成30年度計画護衛艦「30FFM」。2隻が2022年に完成する(6月17日、MASTアジア2019の展示会場で)

春夏秋冬

動揺する脳にしか見えないもの

黒川 伊保子

若い女性の脳は、「怖い」「ひどい」「つらい」など危険に伴って起こる感情が、男性より強く働き、はるかに長引くようにチューニングされている。もちろん、訓練でそれを抑制できるが、その特性を乗り越えて、国防に参画する決心をした自衛隊女子たちに、私は心からの敬意とエールを送りたい。

女性に限らず、動揺しやすい脳には、理由がある。脳には、ゴール指向とプロセス指向、二つの指向性がある。ゴール指向とは、目的達成のために余分な情報を削ぎ落していく感性モデルであり、プロセス指向とは、プロセスの中から微細な情報を取り出して、そこに潜む真実や潜在的な危険を察知する感性モデルである。たとえて言えば、前者は微分、後者は積分、演算方式が真逆なのだ。男女ともどちらのモデルも使えるが、あらかじめ人生に必要な感性モデルを「とっさに」採択するようにチューニングされている。

経験の少ない若い女性脳は、来る子育てに備えて、危険回避能力を上げなければいけない。このため、危険な目に遭うと、自らをその場所に自分を追い込んでいったプロセスを無意識のうちに脳の中で反芻し、なんらかの回避方法を見出して、とっさに使える「直感の領域」に書き込んでいるのである。この作業には時間がかかる。このため脳は、一定時間、意識を集中しておいてもらう必要がある。それこそが「動揺が長引く」なのである。私は、動揺する気持ちを押さえすぎるのは、もったいないと思う。この能力をもって女性は、厳密には「今後の人生で、二度と同じ危険な目には遭わない」のだもの。若き日にこの能力を蓄えて、やがて動揺しにくくなった大人の女性は最強である。

一方で、狩りをしながら進化してきた男性脳は、動揺が長引くとかえって危ない。このため、「危険を回避した身のこなし方」(ゴール)だけを素早く「直感の領域」に書き込んでいく。男子は、「懲りずに同じ危険な場所に足を踏み入れていく」が、その度に身のこなし方が秀逸になっていくのである。そりゃそうだ、危険な場所を回避していたら、狩りはできない。懲りない脳と、動揺する脳。この二つの組合せでなければ、大切なものは守れない。

(感性リサーチ代表、人工知能研究者)

露軍機が領空侵犯

3年9カ月ぶり 南大東島、八丈島沖

6月20日午前、ロシア軍のツポレフTu95爆撃機2機(53、54号機)が沖縄・南大東島沖と東京・伊豆諸島の八丈島沖の上空を領空侵犯したため、空自全方面隊のF15戦闘機などが緊急発進し、領空から出るよう無線による通告・警告を行って対応した。

日本海を南下し飛来したTu95編隊は、対馬海峡を抜け、東シナ海を経て太平洋に進出。午前8時53分32秒から同56分18秒にかけて、沖縄本島東方の南大東島西側の日本領空を侵犯した。

2機はこの後、列島沿いに北上。54号機が午前10時21分55秒から同23分51秒まで、八丈島北西の日本領空を再び侵犯した。防衛省は同日、ロシア軍機の写真と航跡図を公表した。

露軍機による日本への領空侵犯は、平成27年9月に同国軍機とみられる機体が北海道・根室半島沖の領空を侵犯して以来で、約3年9カ月ぶり。空自が対領空侵犯措置任務を昭和33年に開始して以降の領空侵犯は今回を含め40回目で、このうち37回がロシア軍機(旧ソ連時代を含む)となっている。

岩屋防衛相は翌21日の記者会見で「外交ルートを通じてロシア側に遺憾だと抗議した。意図については分析中だ」と述べた。

ロシア軍Tu95爆撃機(54号機)

ロシア軍Tu95爆撃機(53号機)

北大東島
南大東島
八丈島

ロシア軍機の航跡図(6月20日)

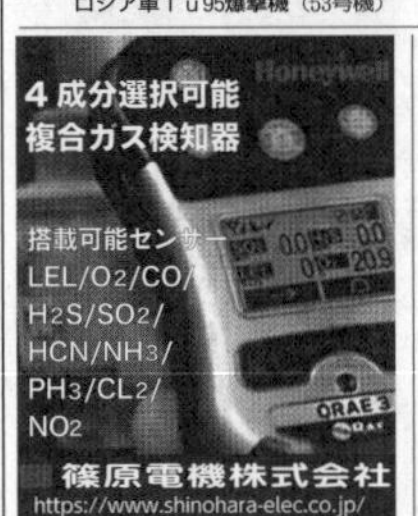

朝雲寸言

教師は因果な職業である。暇なようで忙しく、簡単なようで難しい。人を育てる観点からみれば、教育の成果は、数年以上の年月が経ってはじめて分かるものである▼長く教えていれば、教え子の顔も忘れがちになるが、覚えている者は、よほど優秀であったか、手を焼かされたか、そのどちらかである。そんな教え子に十数年振りに出会って声をかけられる。体型も物腰も随分と丸くなった昔の教え子は、聞けば人を教えているのだという。因果応報とはこのことかと内心思いながら、当時の何気なくかけた言葉の重さをひしひしと感じる再会であった▼思えば教えられた者がやがて教える側に回り、その教え子もまた教える立場になることで世の中は成り立っているのかもしれぬ。伊勢神宮は20年に一度、式年遷宮を執り行う。20年という数字はひとつの技術が次世代に受け継がれていくギリギリの数字なのだという▼先の戦争から三四半世紀が経とうとしている。生きて戦争を語れる人は本当に僅かになった。新隊員課程から統合幕僚学校まで、防衛省、各自衛隊には多くの学校・教育部隊がある。先輩から後輩へと続く輪廻に終わりはない。それこそが国家の防衛なのかもしれない▼挨拶を終えて遠ざかる教え子を見送りながら、晴れ晴れとした気持ちになったのは教師冥利に尽きるというか、教師の本懐というべきか。彼が優秀であったか、そうでなかったかは敢えて語るまい。

南スーダンPKO司令部要員

派遣2隊員、陸幕長に出国報告

国連南スーダン共和国ミッション（UNMISS）に第11次司令部要員として派遣される高橋忍1陸尉（陸上総隊）と佐藤応百1陸尉（教育訓練研究本部）が6月20日、湯浅陸幕長に出国報告を行った。

2人は6月29日に出国し、ウガンダ共和国のエンテベで約1週間、国連の研修を受けた後、南スーダンに移動し、高橋1尉は首都ジュバの国連UNハウス地区、佐藤1尉はトンピン地区でそれぞれ約1年間任務に当たる。高橋1尉はUNMISSの情報幕僚として情報収集や分析などを、佐藤1尉は施設幕僚として施設作業の立案などを担当する。

出国報告には小野塚陸幕副長と末吉洋明運用支援・訓練部長が立会。高橋1尉と佐藤1尉が湯浅陸幕長に出国報告を行うと、湯浅陸幕長は「危険には細心の注意を払って任務に当たってほしい」と激励の言葉を贈った。

防衛省では2017年5月に陸自施設部隊による南スーダンPKO活動が終了した後も、UNMISS司令部（約400人）への陸自隊員4人（兵站、情報、施設、航空運用の各幕僚）の派遣を継続。4人は2人1組で出発時期を半年ずらして出国し、それぞれ約1年間の任務に就いている。

湯浅陸幕長（中央）から激励を受けるUNMISS司令部要員の（左から）佐藤1尉と高橋1尉。右は小野塚陸幕副長（奥）と末吉運用支援・訓練部長（6月20日、陸幕で）

派遣の2人に総合実習　国教隊

【国教隊＝駒門】陸自国際活動教育隊は5月17日、国連南スーダン共和国ミッション（UNMISS）への派遣要員2人（高橋、佐藤1尉）に対し、総合実習を含む研修支援を行った。

まず、国際平和協力基礎講習を主体とした座学に続き、アフリカ派遣中の業務を想定した総合実習を実施。さらには衛生に関する座学や安全確保の手順も教育。最後の総合訓練では、交通事故現場での対応、検問、負傷者対応など一連の動作を教育した。

当日は内閣府国際平和協力本部事務局の岩井文男局長も訪れ、派遣要員2人の総合実習の様子を視察した。

ドイツ国連訓練センター長　陸自国際活動教育隊を訪問

【国教隊＝駒門】国際活動教育隊は5月16日、ドイツ連邦軍国連教育訓練センター長のワーナー・クラフス大佐を駒門駐屯地に招き、意見交換を行った。

まず国教隊が任務や活動内容について説明を行い、その後、クラフス大佐がドイツのPKO分野に関する教育について話した。また、今後の日独部隊交流も含め、両国が国際活動教育に関し、知見や経験を共有していくことも申し合わせた。クラフス大佐の滞在中、佐藤和之隊長との懇談も行われた。

ドイツ国連訓練センター長のクラフス大佐（左）と意見交換する国際活動教育隊の佐藤隊長（5月16日、駒門駐屯地で）

5施団がRDEC派遣隊員を壮行

【5施団＝小郡】5施団は5月22日、国連の施設部隊早期展開プロジェクト「RDEC」派遣隊員の壮行行事を行った。

同プロジェクトは日本が主導し、2015年に始まった国連初の取り組み。これまでケニアには計7回、125人の陸自隊員が派遣され、アフリカ諸国の工兵211人にブルドーザーなど施設器材の操作方法を教育し、国連平和維持活動（PKO）への施設部隊の早期展開を支援してきた。

今回の派遣隊員は5施団を基幹とし、教官団長の宮本健2佐以下23人で編成。ケニアの首都ナイロビに6月3日から8月23日まで派遣されている。

壮行行事には小郡市自衛隊協力会会長の加地良光市長をはじめ、多数の来賓が参加。

白川訓通団長は「これまでに培ってきた自信を胸に、任務を完遂してもらいたい」と派遣隊員を激励した。

時の焦点

国内　老後資金問題

人生100年の論議を

選挙戦を左右しかねない年金問題のインパクトに、与野党がともに浮き足だっている、といったところだろう。「老後2000万円問題」である。衆参同日選の機運は急速にしぼみ、参院選の争点として、年金や老後の資金問題が急浮上しつつある。

発端は、金融審議会の市場ワーキンググループがまとめた報告書だ。夫が65歳以上、妻が60歳以上の夫婦の場合、30年で約2000万円の金融資産の取り崩しが必要になる、といった試算が示された。年金以外に2000万円である。これが一部で「公助の限界を認めた」と報道され、インターネットなどで政府批判が相次いだ。

野党からは、「公的年金制度について、政府が『100年安心』と言ってきたのは嘘だったのか」と追及する声が上がっている。

「突然、2000万円もの預金が必要と言われても…」と一般国民が戸惑うのは理解できる。ただ、この金額はあくまでも、平均から導いた一つの試算に過ぎない。これをもとに、年金の将来像を不安視し、政府を批判するのは無理があろう。

「100年安心」とは、公的年金制度が今後も安定的に持続できることを指すものだ。老後の生活資金すべてを年金で賄うことができる、という意味ではない。

ただ、政府・与党の対応は、わかりにくい。自民党からは撤回を求める声が上がり、麻生金融相は「不安を招いた」などとして、報告書を受け取らなかった。

報告書を受け取った上で、修正を求めたり、政府として別の見解を示したり、といった対応はあり得ただろう。

野党は、麻生氏の「受け取り拒否」を「前代未聞の隠蔽工作」などと批判し、不信任決議案や問責決議案を提出した。

決議案はともに否決されたが、隠蔽などとアピールするのも大げさではないか。

肝心の報告書は、金融庁のホームページに今も掲載され、誰でも読むことが出来るのだ。

与野党の過剰反応の背景には、近年、年金問題が国政選挙を大きく左右してきた事実がある。

第1次安倍政権下の2007年参院選は、「消えた年金」問題で自民党が敗北。2009年衆院選は、民主党が最低保障年金の創設などを掲げて勝利した。

今回も、「老後2000万円問題」が表面化した後、報道各社の世論調査で内閣支持率が3ポイントほど下落した。

本来議論すべきは、年金問題にとどまらず、「人生100年時代」をどう安心して過ごせるようにするか、であろう。

日本の総人口が減少する中で、70歳以上の人口は2600万人を超え、2割を占めるのである。

年金制度の安定性を高めると同時に、70歳を過ぎても、個人の状況に応じて働ける社会をつくる。各党には、そのための具体策こそ求められよう。

宮原　三郎（政治評論家）

海外　米イラン緊張

タンカー攻撃で激化へ

シャナハン米国防長官代行は6月17日、イランとの緊張激化に対処するため、兵士1000人を中東に派遣すると発表した。

イラン沖のホルムズ海峡近くのオマーン湾で13日、日本企業が運航するタンカーなど2隻が攻撃を受け、米イラン間の緊張が一段と高まっていた。

シャナハン氏は声明で、「米中央軍（CENTCOM）からの兵力増強の要請、統合参謀本部議長の助言、ホワイトハウスとの協議に基づき、中東における地上、海、空の脅威に対処するため、防衛の目的で約1000人の兵士を増派する」と説明した。

今回のタンカー攻撃事件では、イランの犯行とする米の主張を疑問視する声もあることはある。

米中央軍は事件の約5時間後、イラン革命防衛隊（IRGC）の小型船が日本のタンカーに横付けし、不発のリムペット・マイン（吸着機雷）を除去する様子をとらえた映像を公開した。偵察用ドローンが撮影したものだ。

これに関し、英政府は「イラン軍部が実行したことは「ほぼ確実」との公式声明を発表。

しかし、マース独外相は「最終的評価を下すには同映像だけでは不十分」との見解で、仏外務省も攻撃を非難はしても、米情報への評価は明らかにしなかった。

中央軍のスポークスマンが16日明らかにしたところでは、炎上する日本タンカーを撮影中の同ドローンに向けミサイル一発が発射された。撃墜もしくは偵察の妨害を狙った攻撃だったが、失敗した。同ミサイルはイランの地対空ミサイルSA7とみられている。

もちろん、イランは今回の事件への関与を一切否定している。でも、仮に無関係なら、なぜタンカーから機雷を除去したのか？　善意の救援活動だったはずはないから、「イランの犯行」の方がより信じられる。

米国は昨年、イラン核合意から一方的に脱退し、原油輸出などに焦点を絞った厳しい制裁を復活させた。以来、同国経済は極めて厳しい状況が続いている。

イランが取った対抗策は、核合意に基づく義務の履行を縮小すると声高に叫ぶことで、「欧州人質作戦」（ジャック・キーン陸軍大将＝退役）とも呼ばれる。

イランが「われわれも核合意から離脱する」と言う時、それは欧州に向けられた「脅し」で、欧州が米トランプ政権の政策を無視するよう狙っている。欧州が最も見たくないのは、核計画に傾斜するイランの姿だからだ。

米政府は、イランの責任を追及する国際的合意を目指す姿勢を崩していないが、ポンペイオ国務長官は16日朝のCBS－TVの報道解説番組「フェース・ザ・ネーション」で、「広範なオプション」の対応を検討中とし、「軍事的対応も含むのか」との質問に「もちろんだ」とも答えた。

トム・コットン上院議員（共和）も同番組で「民間船舶へのこうした攻撃は、軍事的報復の正当な理由になる」と指摘していた。

草野　徹（外交評論家）

共済組合だより

自然災害への備えは万全ですか？

「団体取扱火災保険」への加入をお勧めします

防衛省共済組合では、組合員の「団体取扱火災保険」への加入をお勧めしています。下記の取扱損害保険会社の場合、保険商品（一部商品を除く）に団体割引で加入できます。この機会にどうぞご加入ください。

火災保険は、住まいや家財の火災や自然災害による損害について補償します。その補償範囲は、火災に加え、集中豪雨、台風、大雪、落雷、雹といった自然災害から、盗難、破損などの損害も補償します。

さらに「地震保険」に加入すれば、地震による損害にも備えることができます（地震による津波・火災の被害は火災保険だけでは補償されません）。

なお、地震保険は単独での加入はできませんのでご注意ください。

また、「借家人賠償責任担保特約」を付帯することもできますので、官舎や賃貸住宅にお住まいの方も安心です。

保険料は、いずれも契約者指定の預貯金口座から振り替えられますので、加入後も手間いらずです。

詳しくは各社のコールセンターに直接お電話ください。（平日9～17時、土日祝日は休み）。

▽三井住友海上火災保険（0120－929－417）

▽東京海上日動火災保険（0120－789－139）

▽損害保険ジャパン日本興亜（0120－381－166）

▽AIG損害保険（0120－016－693）

▽あいおいニッセイ同和損害保険（0120－500－826）

た。これに対し、宮本2佐は「日本隊らしいきめ細やかさ、学生目線での教育、安全管理の3点を重視し、ウガンダ国軍工兵要員の練度を高めるべく、精一杯頑張ってきます」と意気込みを語った。

中国軍機・艦が宮古海峡を通過

中国軍のY9情報収集機1機が6月16日午前から午後にかけ、沖縄本島と宮古島間の宮古海峡の上空を往復したため、空自の西空、南西空のF15戦闘機などが緊急発進して対応した。中国軍機の領空侵犯はなかった。

上海方面から尖閣諸島沖に飛来したY9は、東シナ海を南東進して宮古海峡から太平洋に進出。その後、針路を北東に変え、沖縄本島沖で反転して往路と逆ルートで自国領方面へ戻った。

一方、海上では同日午後3時ごろ、中国海軍の「ジャンカイⅡ」級フリゲート（満載排水量約3900トン、艦番号529「舟山」）1隻が宮古島の東方約180キロの太平洋を北西に向け航行するのを5空群（那覇）のP3C哨戒機が確認した。

中国艦はその後、宮古海峡を北西進して東シナ海に入った。

防衛省発令

▽北部航空警戒管制団42警戒群司令兼大湊分屯基地司令（7航空団防衛部長）　2空佐　丸山　潔

▽空自5術科学校1教育部長（北部航空警戒管制団42警戒群司令兼大湊分屯基地司令）　1空佐　佐藤　聖一

（以上6月15日）

▽大臣官房参事官（防衛政策局国際政策課能力構築支援室長）　小松　克行

（6月18日）

海自がカナダと訓練

南シナ海で「KAEDEX」

海自は6月13日から15日まで、ベトナム沖の南シナ海で日加共同訓練「KAEDEX19－1」を実施した。

海自からインド太平洋派遣部隊（IPD19、指揮官・江川宏将補＝1護群司令）のヘリ搭載護衛艦「いずも」（艦長・本山勝善1佐）、汎用護衛艦「むらさめ」（同・岡田周作2佐）、同「あけぼの」（同・竹下文人2佐）、カナダ海軍からフリゲート「レジャイナ」と補給艦「アステリクス」が参加し、対潜戦、模擬洋上給油、戦術運動などの各訓練を行った。

同訓練は2017年に始まり、今回で4回目。今年は「日加修好90周年」に当たり、6月3日にはカナダ国防相が13年ぶりに来日し、日加防衛当局間で初となる「共同声明」を発表するなど、防衛協力強化が進んでいる。

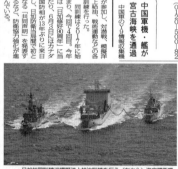

日加共同訓練で模擬洋上給油訓練を行う（左から）海自護衛艦「あけぼの」、カナダ海軍補給艦「アステリクス」、フリゲート「レジャイナ」（ベトナム沖の南シナ海で）

平成30年度中央調達実績

5938件、総額1兆4402億円　上位3社は三菱重工、川崎重工、三菱電機

防衛装備庁は6月6日、平成30年度中央調達実績を発表した。それによると、総件数は5938件、総額は1兆4402億円で、29年度に比べ、件数が480件、金額も1362億円それぞれ減少した。

契約高上位は、1位三菱重工業（169件、1949億円）、2位川崎重工業（120件、1534億円）、3位三菱電機（105件、1115億円）、4位日本電気(187件、686億円)、5位富士通（116件、572億円）だった。

平成30年度中央調達の主要調達品目（金額単位：億円）

機関＼区分	件数	金額	主要調達品目：品目	数量	金額	契約先
陸幕	1,979	3,568	ティルト・ローター機	1式	688	米海軍省
			03式中距離地対空誘導弾（改善型）	1式	164	三菱電機
			12式地対艦誘導弾	1式	122	三菱重工業
			16式機動戦闘車	18両	100	三菱重工業
			中距離多目的誘導弾	1式	58	川崎重工業
			10式戦車	5両	58	三菱重工業
			99式自走155ミリ榴弾砲	7両	52	日本製鋼所
			電波監視装置2号機（その1）	1式	35	東芝インフラシステムズ
			11式短距離地対空誘導弾	1式	30	東芝インフラシステムズ
			01式軽対戦車誘導弾	1式	26	川崎重工業
			89式5.56ミリ小銃	1500丁	5	豊和工業
			120ミリ迫撃砲RT	2門	1	豊和工業
海幕	1,699	4,833	弾道ミサイル防衛用誘導弾SM－3	1式	627	米海軍省
			護衛艦（3900トン型）	2隻	498	三菱重工業
			潜水艦（8129）	1隻	433	川崎重工業
			潜水艦用主蓄電池（SLH）（30SS用）	1式	84	ジーエス・ユアサテクノロジー
			捜索用レーダ（HPS－106・P－1用）	5セット	70	東芝インフラシステムズ
			BMD用イージス装置に関わる技術支援	1式	64	米海軍省
			62口径5インチ砲	3セット	52	日本製鋼所
			SH－60K機齢延伸機体改修用キット	3式	32	三菱重工業
			P－3Cの機齢延伸措置（4国）	2機	11	川崎重工業
			SH－60K機齢延伸措置（3国）	1機	12	三菱重工業
			SH－60Jの機齢延伸措置等（4国）	2機	7	三菱重工業
			OP－3Cの機齢延伸措置	1機	6	川崎重工業
空幕	1,734	4,383	F－35A戦闘機	1式	837	米空軍省
			C－2輸送機	2機	336	川崎重工業
			空中給油・輸送機（KC－46）の取得	1式	266	米空軍省
			E－2Dの取得	1式	246	米海軍省
			F－15の次期敵味方識別方式への適合化改修	40機	197	三菱重工業
			滞空型無人機等の取得（省統一）	1式	147	米空軍省
			E－767の情報処理能力等の向上	1式	84	米空軍省
			99式空対空誘導弾（B）	1式	71	三菱電機
			F－2能力向上（JDCS（F））	2式	10	三菱重工業
			C－130Hへの空中給油・受油機能付加改修	1機	7	川崎重工業
装備庁	127	972	新艦対空誘導弾（その2）	1式	100	三菱電機
			次期警戒管制レーダ装置（その1）	1式	87	三菱電機
			電気駆動型高出力レーザシステムの研究試作	1式	79	川崎重工業
			12式地対艦誘導弾（改）及び哨戒機用新空対艦誘導弾（その2）	1式	72	三菱重工業
			将来中距離空対空誘導弾（その1）の研究試作	1式	68	三菱電機
防大	121	9	テラヘルツ解析システム	1式	1	穂高電子
防医大	146	15	X線撮影装置	1式	1	富士フイルムメディカル
内局等	132	622	Xバンド通信衛星	1式	149	三菱電機
			Xバンド通信衛星の関連地上施設の整備等	1式	79	日本電気
			統合IP伝送システム	1式	39	富士通
合計	5,938	14,402				

（注）金額は、四捨五入によっているので計と符合しないことがある。内局等には、防研、統幕、情本、監察本部および地方防衛局を含んでいる。

MAST Asia 2019

Maritime/Air Systems & Technologies

防衛装備庁のブースを訪れ、自律型水中航走式機雷探知機「OZZ5」について説明を受ける米海軍第7艦隊のフィリップ・ソーヤー司令官（中央）。その右奥は防衛装備庁装備官の佐藤直人海将

最新の防衛装備技術を発表する国際会議・展示会「MASTアジア2019」（防衛省・外務省後援）が6月17日から19日まで、千葉市の幕張メッセで開催された。今回は世界約40カ国から政府関係者、企業代表、技術者らが参加。防衛メーカーなど50社以上が自衛隊などに向けた艦艇・航空機・電子システムなどを発表、期間中、多数の来場者でにぎわった。国際会議には山村海幕長も出席し、スピーチを行ったほか、各国の軍人や研究者も「インド太平洋の安定と防衛装備技術」をテーマに討議を行った。

山村海幕長、「海洋の安定」テーマに講演

深海から宇宙まで 最先端技術が集結

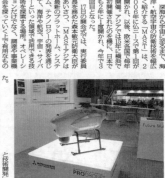

深海から宇宙に至るまで、海洋・航空宇宙の防衛技術を幅広く紹介する「MAST」は、2006年に仏ニースで第1回が開かれ、以後、欧米各国で毎年開催。アジアでは15年に横浜で初開催されたのを機に、日本でも2年に1度開かれ、今年で3回目となった。

17日の開会式では、実行委員長を務めた森本敏元防衛大臣があいさつ、「MASTアジアは最新のプラットホーム、システム、テクノロジーの発表を通じて、海洋や航空、宇宙・サイバーといった領域で活用できる技術を探索する場所。オペレーションだけでなく、調達や事業機会を探っていく上で有用なものになることを期待する」と述べた。

続く「海洋の安定―海軍戦略と技術開発」をテーマとした基調講演では、山村海幕長、フィリップ・ソーヤー米海軍第7艦隊司令官らが登壇した。

山村海幕長は、日米が掲げる「自由で開かれたインド太平洋」の実現に向けた海自の取り組みについて説明し、海洋の海上交通路としての重要性に加え、通信水中ケーブルが敷設される「情報ルート」としての重要性も指摘した。

また、グローバルな課題に対応するため、「海洋状況把握（MDA）」の能力向上が重要であると述べ、▽情報収集システム能力▽リアルタイムで情報を共有するネットワーク――の強化の必要性を強調。「革新的な技術を開発するためには、我々の防衛コンセプトに技術を組み入れ、運用に適応できる道を開いていかなければならない。それにより必要な能力を強化でき、将来の環境変化に適応できるようになる」と締めくくった。

一方、別セッションの会議には空自幹部学校長の長島純空将が登壇し、「多次元領域におけるエアパワー」をテーマに講演した。

基調講演を行う山村海幕長

㊤三菱重工とプロドローンが共同開発する無人偵察機「コースチタン」。人工衛星など外部センサーからの情報も利用し、不審船などの行動を予測する　㊦IHIが独自に開発中の多目的水陸両用車。最高速度は陸地で70キロ、水上9ノット（約17キロ）で約6トンまでの物資搭載が可能

三菱重工「30FFM」の模型、JAXAも展示

併設の展示会場には防衛装備庁をはじめ、防衛企業約30社のブースが並び、装備品の実物や模型を前に、各国海軍の軍人や技術者らが広報担当者の説明に熱心に聞き入っていた。

防衛装備庁は、海外への移転の可能性がある技術・装備品として、低周波と高周波の合成開口ソーナーを搭載した自律型水中航走式機雷探知機「OZZ5」や、戦闘機の高運動性・ステルス性に寄与するジェット・エンジンの「推力偏向ノズル」などを紹介。また、陸海空3自衛隊の国産航空機C2、US2などの模型も展示し、外国軍人らへの説明も行った。

民間企業のブースでは、三菱重工が日本初公開という海自の平成30年度計画護衛艦「30FFM（フリゲート）」の模型のほか、陸海空のネットワークを介して広範囲の監視が可能な無人偵察機「コースチタン（CoasTitan）」を展示。このほか、外国企業の出展も目立った。

また、宇宙航空研究開発機構（JAXA）も初めてブースを設け、小惑星探査機「はやぶさ2」の実物大模型を展示。スペース・デブリ（宇宙ごみ）を監視する「宇宙状況把握（SSA）システム」の紹介を行った。

防衛装備庁が開発中の「推力偏向ノズル」の試作品。戦闘機用エンジン（XF9―1）の大推力を全周に20度偏向させる技術獲得を目指す

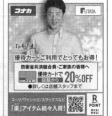

㊤装備庁ブースに展示された海自US2救難飛行艇の説明に、真剣に耳を傾けるマレーシア海軍司令官（左）　㊦今回初めて出展したJAXAのブースに展示された小惑星探査機「はやぶさ2」の実物大モデル

ビッグレスキュー その時に備える　第19回

危機対応の嗅覚を呼び起こし、我が故郷を守る

梅崎 時彦氏　唐津市

佐賀県唐津市役所
防災対策監
（元1海佐）

はじめに

唐津市は佐賀県北部の玄界灘に面する人口12万人の城下町です。日本三大松原に数えられる「虹の松原」は、白砂青松のコントラストが息をのむほど美しく、また、ユネスコ世界遺産に登録された豪華絢爛な14台の曳山が市内を練り歩く「唐津くんち」は圧巻です。

私は、この自然と文化が調和した素敵な町で青春を過ごしました。海上自衛隊で全国各地を転勤して回りましたが、私の原風景は唐津そのものです。昨年4月、佐世保教育隊司令を最後に定年退職し、10月から現職に就くことができました。そして何よりも故郷に恩返しができる機会に恵まれたことに深く感謝し、日々勤務しております。

1 災害対応体制の見直し

唐津市は、昨年7月の西日本豪雨時に「大雨特別警報」が初めて発令され、市内1500個所に土砂災害が起きるなど、多くの被害が出ました。特に指揮所活動、避難場所の開設、要配慮者の避難支援において大きな混乱を来し、災害対応体制の改善が急務でした。

着任早々、大きな問題に直面することとなりましたが、そこで私の指針となったのが「作戦要務」の手法です。まず、在るべき姿を明確にして、現状分析を行い、問題点を摘出し、改善案を導く。次に、目的の適合性、実施の可能性、結果の受容性の観点から改善案を比較検討し、最善解を導出するというものです。

まず、災害の初期段階から特に重視して全庁横断的に組むべき業務を、①指揮所活動、②防災・生活インフラ等維持、③避難場所開設、④要支援者対応――の四つに区分し、これらの業務に専従する職員を固有編成の垣根を廃して個別に割り当てました。

さらに、当該職員を分割して6個班を編成し、事態推移に応じて段階的に班単位で職員を動員する配備基準、いわゆる有事対応型の任務編成「防災配備体制」を構築しました。

市職員には「任務編成」という考え方は馴染みが薄く、新体制の周知には多くの時間と労力を要しましたが、5月末までには体制も整い、雨水期に間に合わせることができました。

佐賀県原子力防災離島避難訓練で、向島漁港に着陸した陸自UH1ヘリに避難島民を誘導する梅崎氏（左）。下は向島に入港した海自の水中処分母船＝平成31年2月1日

2 原子力災害への備え

唐津市は市全域が「玄海原子力発電所」の30キロ圏内に含まれ、原発の周辺には七つの有人離島も点在しています。原子力災害に対しては、あらゆる事態を想定した受援体制を構築しておくこと、特に自衛隊との共同体制が不可欠です。

唐津市から海上自衛隊佐世保基地までは約50マイル（92キロ）、市整備の250メートル防災岸壁（水深15メートル）には大型護衛艦も係留可能です（「いせ」「みょうこう」の入港実績あり）。しかしながら、原子力防災訓練では、平成19年度以降、海上自衛隊の艦船の参加が得られておらず、30年度も具体的な計画はありませんでした。

そこで、佐世保地方総監部を含め関係各部と入念な調整を促進し、10年ぶりに海自艦艇の参加を得て、離島避難訓練を円滑に実施することができました。海自艦艇の離島への入港は初めてであり、自衛艦の姿を目の当たりにした島民からは「大変心強い」との安堵の声をいただき、市政への信頼にも繋がったものと思います。今後も引き続き、大型艦艇を含めて訓練参加を要望していく予定です。

加えて、各離島には自衛隊ヘリが離発着できるヘリポートが整備されておらず、空路避難の実効性が乏しい状況でした。ヘリポートの場所や仕様について離島住民と調整を重ね、県にも住民の声を届け、整備の必要性を粘り強く説明した結果、国の補助金交付事業として本年度から3カ年をかけて各離島にヘリポートを整備することが認められました。離島ヘリポートは平時の急患輸送（災害派遣）にも活用でき、島民の安心・安全に大いに寄与するものと思います。

海上自衛官としての勤務経験を踏まえた艦艇やヘリコプターの機動力、運用法についての視点が、これら事業の実現に繋がったものと思料します。

おわりに

特に、市町村のような基礎自治体は、市民の日常生活に対し公平に滞りなくサービスを提供することを第一義としており、これには縦割りの行政システムが有効に機能します。

一方、非日常の災害時には、縦割り行政システムは機能不全に陥ります。災害対応は、行政の縦割りの力学を「全庁横断的な横連携の力学」にシフトする必要があり、その舵取り役が防災対策監の責務であると考えます。

有事対応のガバナンスを市職員に浸透させることは容易ではありませんが、それができるのは危機対応の嗅覚を培ってきた自衛官に他ならないと思います。我が故郷を守ることが第二の人生の使命であると肝に銘じ、危機対応の嗅覚を呼び起こしながら精進しています。

海自遠洋練習航海部隊

環太平洋一周の長期航海を行っている海自の令和元年度遠洋練習航海部隊（練習艦「かしま」、護衛艦「いなづま」で編成、指揮官・梶元大介練習艦隊司令官以下577人）は6月3日、最初の訪問地・米ハワイのパールハーバーに寄港した。両艦に乗り組んでいる実習幹部（188人）から5月21日の横須賀出港～ハワイ間の航海の模様と、パールハーバー滞在中の所感文が届いた。

英霊から国防の意志　受け継ぐ

ホノルルにあるマキキ日本海軍墓地を訪れ、献花を行う梶元練習艦隊司令官以下の隊員たち（6月4日）

横須賀～パールハーバー

部署訓練はチームワークが重要

3海尉　沖山　静夏

我々は現在、ハワイのパールハーバーに向かっている。横須賀を出港後、荒天のため船体が激しく動揺し、訓練内容が毎日変更となった。私も配置を変えながら繰り返し実施される部署訓練を通じ、徐々に練度を上げ、全体像が少しずつ見えるようになってきた。

部署訓練で重要なことはチームワークだ。訓練中、別の配置についている同期に何度も助けられた。また、私の号令によって部署が進み、多くの人の命を預かる配置にも就いた。

帰国後、我々は初任幹部として責任ある立場に立つ。いま部署訓練において毎回その難しさを痛感しているが、部隊配属までに、心身ともにさらに成長していきたい。

多くの米軍将兵が眠る太平洋記念墓地への献花準備に当たる乗員（6月4日）

英霊思い、恵まれた環境を実感

3海尉　西岡　涼

日増しに強くなる太陽と3日に1回ほどの頻度で行う時刻帯変更で、パールハーバーに近づいていることを実感する。

この2週間の航海で印象的だったのは、ミッドウェー島沖で行った洋上慰霊祭だ。国内の近海練習航海では経験しなかった海面状況と、艦の動揺に圧倒された私は、この航海に不安を抱いていたが、洋上慰霊祭を経て考えを改めた。

約80年前、日本海軍がこの海で戦った。現代の艦よりもはるかに劣悪な艦内環境と乏しい機材で長距離航海を行い、決死の戦いに挑んだ英霊たちを思うと、私がいま置かれている環境はいかに恵まれたものであるかを感じる。国防への意志を受け継ぐ立場として、これしきのことで気落ちしていてはいけない。

意識の差縮め、全体レベルを向上

3海尉　森永　翔太

ようやく艦内生活にも慣れ、訓練に集中できる環境も整った。

操艦や部署訓練においては、申し継ぎと立て付け（リハーサル）というサイクルが確立され、実習を効率的に行うことができるようになった。その一方で問題もある。実習幹部内でも「意識の差」があるということだ。

現状では目に見えない差かもしれないが、5カ月の航海が終わるころにはその差が顕著になっているだろう。同期は一生ものであり、今後の訓練に対し準備を行うことで差を小さなものとし、18幹候のレベルを向上させていきたい。

特殊環境で乗艦実習の意味を実感

3海尉　二瓶　航汰

我々は昼夜を問わず、当番制で艦橋などの勤務場所に立ち、訓練に励む。短時間の睡眠しかとれず、生活リズムはガタガタに。だが、続けているうちに不思議と身体も適応していくものである。短時間かつ動揺のある環境でも深い睡眠をとれるようになり、疲労も当初ほどは感じなくなった。これにより各種訓練も、より集中して臨むことが可能となった。

以前は、将来の補職に関係なくすべての幹部候補生が乗艦実習に送られることに疑問を抱いていた。しかし、今ではその意味が身に染みてわかる。艦艇での勤務を経験しなければ、いかなる職種に配属されようと、海自の任務を遂行する上で適切な調整・判断ができないということだ。それほど艦艇という環境は特殊なものであり、実際の経験がなければ理解できないものである。

多様な配置経験し、部下の仕事学ぶ

3海尉　永田　慎治

艦上の訓練では指揮官だけでなく、伝令や現場班長の配置も経験する。これにより指揮官の号令で部下が何を行っているのか、指揮官がどのような情報を必要としているのかを学ぶ。

訓練を通じ最も強く感じたのは、各部の連携の大切さである。艦艇を運航するために多くの乗員が連携しているが、訓練でもそれが実感できた。指揮官の判断、指示の早さが以後の処置を左右し、指揮官が正しい判断を下すためには各部が必要な情報を集約する必要がある。さまざまな配置を経験することで、相手が必要としている情報や自分の指示の下で行われている作業を理解することができた。

幹部になったら部下の仕事を経験する機会は少なくなるため、今のうちに多くの配置を経験しておくことが大切だ。

訓練環境向上のため信頼構築目指す

3海尉　奥園　聡史

パールハーバーまでの間、1日として同じ海の日はなかった。千変万化する太平洋での実習は、我々が海の厳しさを肌身で学ぶ絶好の機会となった。

約2週間の航海を経て、チームとしての術科技能や理解度は着実に向上しつつある。今後は、訓練環境の向上のため、艦内の日々の生活において生活の悩みや不安を気軽に相談できるような、周囲との信頼関係構築も目指したい。

大切な人思い、気持ち新たに

3海尉　朝比奈　大貴

太平洋を横断中、我々は悪天候や慣れない船の居住環境に、「負けてなるものか」と気合を入れて訓練に挑んだ。そうしたときに思い出すのは、決まって日本に残してきたかけがえのない大切な人々のことだ。彼らがいるから私たちはいま頑張ることができる。「しっかりやらねば」と日々気持ちを新たにする。

間もなくパールハーバーに到着する。日本のために、そして多くの方々の期待に応えられるよう、より一層、諸訓練に励みたい。

ハワイ滞在中、実習幹部は同地で潜水艦と衝突して沈没した「えひめ丸」の慰霊碑清掃活動も行った（6月3日）

パールハーバー寄港

戦争の地が未来への関係築く地に

3海尉　横田　光翼

最初の寄港地パールハーバーに入港した。この地は約80年前に旧日本海軍の「真珠湾攻撃」が実行され、太平洋戦争が開戦した地である。だが、現在では多くの日本人が旅行に訪れる人気の観光地として栄え、日米が同盟国として相互に手を取り合い、未来に向けた関係を築いている場所であると感じた。

米戦艦研修は、自衛官人生の宝に

3海尉　大野　良真

パールハーバーまでの2週間の航海を経て、先人たちが「真珠湾攻撃」のためにこれほど長い航海をしたのかと思いを馳せた。狭い港湾の入り口を抜けて、南国の熱気を感じながら港内を見渡すと、広大な自然の中に戦艦「ミズーリ」が見えた。

寄港中、1番印象に残ったのは、この「ミズーリ」研修だ。横須賀で研修した戦艦「三笠」の日本海海戦から時代は流れ、より近代的な装備とともに実際に太平洋戦争で使用されたアメリカ軍艦を研修できたことは、私の自衛官人生における宝になった。

戦時の事実知り、感銘受けた

3海尉　刈屋　幸長

研修で訪れた太平洋航空博物館の格納庫は、「真珠湾攻撃」の際、日本の航空機から銃撃を受けている。扉のガラスには生々しい銃痕が残されていて、それを見た瞬間、「ここで本当に攻撃が行われたのだ」と実感が沸いた。

戦艦「ミズーリ」の研修では、戦死した日本人特攻隊員に対し、翌日、艦長の意向で乗員が作ったという手ぬぐいの旭日旗を棺にかけて水葬が行われたという事実を知り、感銘を受けた。軍人としての誇りを大切にするところにも、米軍の強さの要因があると感じた。

「かしま」の艦上レセプションでは、地元女性たちによるフラダンスも披露された（6月3日）

現地人と触れ、日本への思い知る

3海尉　武藤　航至

この地は米国と日本の海戦の火蓋が切られた地である。この場所から世界初の空母機動部隊を主軸とする太平洋戦争が始まり、米国は「リメンバー・パールハーバー」の旗印の下、日本への反撃を開始した。そのため、この地の人々は日本に対し好印象を持っていないと私は考えていた。しかし、実際に現地の方と触れ合って、ハワイの人々は米国と日本が「重要な同盟国」であると考えていることを知った。

戦艦「ミズーリ」の見学では、艦長の兄が日本軍の攻撃により亡くなったにもかかわらず、同艦に特攻を仕掛けた日本軍パイロットを水葬したという話を聞き、特攻隊員や「ミズーリ」艦長のような偉大な方が争わなければならない戦争は、二度と起こしてはならないと心に誓い、平和を守ることの重要性を改めて認識した。

自主研修でハワイの文化に触れた

3海尉　羽地　朝樹

パールハーバーを実際に自分の足で見て回ることで、ハワイが戦略的にも重要な太平洋の中心にあり、米国の安全保障観にも大きな影響を与え続けてきたことを実感した。

自主研修では、ワイキキビーチ、ショッピングセンターなどを巡った。どこも多くの人でにぎわい、日系人も多く、いたるところで日本の文化も見ることができた。現地の人たちと交流することでハワイの歴史や文化に触れることができ、良い経験になった。

良好な関係は、長年の積み重ね

3海尉　林　洸彰

ハワイは私にとって初めての海外で、右側通行の道路や巨大なトラックなど日本では見ることのない光景一つ一つが非常に新鮮だった。

しかし、私が最も印象に残ったことは、日本との違いではなく、日米の関係が非常に良好であるということだ。この良好な関係が意味するのは、自衛隊が長年に渡って努力を積み重ね、米国の信頼を獲得してきたということだ。そしてその信頼は、今日の日本の安全を保つ上で非常に重要な位置を占めるまでに至っている。

近い将来、我々も必ず米軍と何らかの形で交流する機会がやってくるが、その際にこれまでの日米の信頼関係を損ねることがないよう、しっかり行動できるようにしたい。

艦上レセプションでは日米の食文化が合体した巨大なエビフライバーガーがふるまわれた（6月3日）

ハワイ経済の中心、観光業を知った

3海尉　関　章成

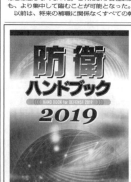

パールハーバー滞在中、私はハワイの歴史と経済の二つに主眼を置き、研修やレセプションに臨んだ。

レセプションでは米軍人と交流し、ハワイから見た日米同盟に対する具体的な考察を得ることができた。自主研修ではワイキキビーチなど活気に満ちた観光地を巡り、ハワイ経済の中心である観光業について知ることができた。

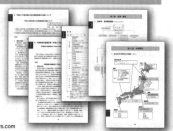

実習幹部たちは自主研修でホノルルを訪れ、ハワイの文化にも触れた

ANA➡米ヴァージン・オービット

衛星打ち上げで事業協力

日本が「アジアでの宇宙輸送ハブ」になることを目指す――。ANAホールディングス（東京都港区）は6月6日、空中発射型のロケット「ランチャーワン」を使って衛星打ち上げ事業を行う米ヴァージン・オービット（VO、カリフォルニア州）と同社の日本・アジア展開に関する契約を結んだと発表した。ANAは今後、VOが日本やアジアで衛星を打ち上げる際、輸送支援や航空機整備などで協力する。航空機を使った衛星打ち上げは、地上からの発射に比べて迅速かつ柔軟に対応できるため、既存の衛星が何らかの理由で使用不能になった場合、直ちに代替機を打ち上げることが可能になる。

空中発射型ロケット「ランチャーワン」

輸送支援や航空機整備で

ヴァージン・オービット社は2017年に設立された米国の衛星打ち上げ企業。ボーイング747―400型機を改修した大型民航機の主翼下に小型ロケットを搭載し、高空で切り離して人工衛星を軌道上にのせる。

この方式は、地上からのロケット打ち上げに比べて準備時間が少なくて済み、また高空からの発射のため、天候にも左右されない。

ロケットや人工衛星を事前に用意しておけば、必要になった時、即座に衛星打ち上げが可能になる。もちろん、費用面でも地上発射に比べて安くなる。

ANAは同事業に協力することで、空中発射システムを日本の宇宙事業にも取り入れ、「日本から宇宙へのアクセスをより身近なものとし、日本の宇宙産業の拡大に貢献できる」としている。

今回、ANAとVOは長期的な協力関係を結ぶことで合意。

今後、日本・アジアでのVOの衛星打ち上げに向けて、ANAは航空機（B747型機）や地上支援機材（航空機牽引車など）の整備、運航支援などで協力していく。

VOは、航空機からの衛星打ち上げ専用のロケットとして「ランチャーワン」を使用。同ロケットは最大重量500キログラムまでの衛星の搭載が可能。母機となるB747―400は、エンジン運搬用の第5パイロンに「ランチャーワン」を懸架し、離陸する。

同機は指定された発射地点に到着後、高度1万2000メートルの高空で「ランチャーワン」を切り離す。同ロケットはエンジンを点火して宇宙空間に飛び出し、所要の高度で衛星を軌道上に放出する。

その初回の衛星打ち上げは2019年中に行われる計画だ。

B747の左主翼のつけ根近くに搭載された衛星打ち上げ用ロケット「ランチャーワン」（いずれもヴァージン・オービット社のHPから）

「日本をアジアの宇宙輸送ハブに」

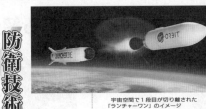

宇宙空間で1段目が切り離された「ランチャーワン」のイメージ

B747に搭載される前の小型ロケット「ランチャーワン」

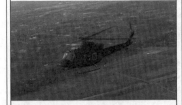

スペースポートジャパンとも連携

国内で「宇宙機離発着場」検証も

元宇宙飛行士・山崎直子氏が代表理事

ANAは、一般社団法人スペースポートジャパン（SPJ）とも連携し、国内での「宇宙機離発着場」に関する検証も行っている。

元宇宙飛行士の山崎直子氏が代表理事を務めるSPJは、日本に「スペースポート（宇宙港）」を開港させ、日本国内で宇宙関連ビジネスの振興を促している団体。日本国内にいち早く「スペースポート」を開港し、内外の関連企業や団体、政府機関と連携し、将来のスペースプレーンや有人ロケットなどの開発・実用化も目指している。

今後、SPJはANAとVOの共同事業に協力し、最適な打ち上げ場所の選定などで支援していく計画。

SPJは「日本がアジアにおける宇宙輸送のハブになる」ことを目指しており、VO社の航空機による衛星打ち上げサービスの開始は、日本国内での「宇宙港」開港に向けて起爆剤となることが期待されている。

防衛技術

技術が光る

>83<

センシンドローンハブ

センシンロボティクス

機体、基地、アプリなどを一体化

リアルタイムでの映像伝送可能

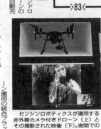

大地震や台風など大規模災害の発生で、陸上自衛隊が出動する際、被災地への進出ルートの偵察がまず重要になる。道路が土砂崩れで通行止めになっていたり、橋が落ちていれば、車両部隊は前進できないからだ。このため事前のルート偵察が第一となる。

これまでは、それを自衛隊のヘリや偵察隊のオートバイ隊員が担当していた。これをドローンで代替させようと提案しているのが、東京都渋谷区のドローン事業者、センシンロボティクスだ。

2015年に設立された同社は産業用ドローンの各種運用法を提案するソリューションベンダーで、同社最新の全自動運用型ドローンシステム「センシンドローンハブ」は、ドローンの機体、自動離発着・自動充電に対応する基地、制御ソフトウエア、業務アプリケーションが一体化されたシステム。事前に設定されたルート上での自動飛行やフライト中の長時間撮影などが可能なため、自衛隊が被災地に進出する予定のルートを先に飛んで道路の状態を調べ、部隊の迅速な展開を助けることができる。

このシステムでは、ドローン運用の統合プラットホーム「センシンフライトコア」とリアルタイムでの映像共有を可能にする「センシンドローン・コミュニケーションサービス」を利用することで、遠く離れたドローンからでも確実な情報の伝送を行うことができる。

「センシンフライトコア」はシステムの中核となるソフトウエアで、ドローンを飛行させるフライトプランの作成や、ドローンが撮影した映像の管理などをはじめ、さまざまな機能を持つ。

またリアルタイムでの映像伝送を可能にする「センシンドローン・コミュニケーションサービス」は、ドローンの撮像を複数の拠点で見ることができ、同時にドローンの位置や高度、速度、カメラの向き、バッテリー残量といった機体の状態などもその場で確認できる。

また、遠隔でドローンのカメラの向きを変えたり、ズームアップといった操作も行えるため、飛行中に発見した倒壊建物の詳細な映像情報を事前に得ることもできる。

ドローンの運用では、日常的なメンテナンスや保険への加入、バッテリーやプロペラなど消耗品の交換が必要となるが、センシンロボティクスではそれらのメンテナンスも代行してくれる。また、カスタマーセンターもあるので、ドローンの改修などもスムーズに行える。

現在、自治体などでは大規模災害に備えてドローンの導入を進めているが、同社はその全ての運用をサポートしてくれるので、いざという時に、頼りになるパートナーとなってくれそうだ。

センシンロボティクスが運用する赤外線カメラ付きドローン（上）とその撮影された映像（下）。夜間での警備・監視活動にも使える（5月29日、都内の展示会で）

技術屋のひとりごと

Quantum Leap（飛躍的進歩）再び

原崎 亜紀子
（防衛装備庁・電子装備研究所 センサ研究部技術分析官）

30防衛大綱が策定されて、「電磁波」が新領域として設定されました。「電磁波」は19世紀末のマルコーニによる無線電信の成功以来、利用されていますので、実は20世紀初頭のライト兄弟の初飛行で始まる従来領域である「空」の利用よりも、歴史は古いのです。

さて、私が勤務する電子装備研究所では、電磁波を利用する装備品の研究および試験評価をしています。現在、当研究所では電磁波を一括して扱うのではなく、通信、レーダー、光波のように用途別に研究しています。自衛隊が電磁波領域で優越を確保できるよう、電磁波管理で、当研究所に寄与が求められていますが、戦闘様相を変えるような純粋、技術的なイノベーションは、果たしてこの領域に残されているのか、気になります。

「シュレディンガーの猫」という話を聞いたことはありますか。「電磁波は量子的性質を持っている」、すなわち「電磁波は波であり粒子である」ということです。この性質に関して最近、注目を集めているのは「Quantum Entanglement（量子もつれ）」という現象です。この粒子間の遠く離れた不思議な相関は、まるでSF映画のような量子テレポーテーションをはじめ、様々な技術的な可能性を示してくれます。

残念ながら、このような先端の研究成果は「Physical Review」などの権威ある論文誌に掲載される段階で、まだまだこれからの技術となります。

防衛装備庁は平成30年度から、久しぶりに基礎研究も担える「物理」の採用区分で研究職技官の募集を始めました。まさに「Quantum Leap（量子跳躍）」を若い人に期待したいです。

世界の新兵器　525

極超音速滑空ミサイル「アバンガルド」〈露〉

予測不能な軌道でMDシステム突破

ロシアは、ソ連時代から機動再突入弾頭の研究を行ってきた。その第1世代は1980年代後半まで開発を実施していた「アルバトロス」（ICBMへの搭載が計画された機動再突入弾頭）である。そして現在、新たな機動再突入弾頭の配備を計画している。それが「アバンガルド」である。

ロシアのプーチン大統領は昨年12月26日、モスクワの国防省内で極超音速滑空ミサイル「アバンガルド」の発射実験の模様を見守った。同ミサイルは南部オレンブルク州内の基地から約6000キロ離れた極東カムチャッカ半島のクラ演習場に向けて発射され、「設定された目標エリアに予定どおりに着弾した」という。

「アバンガルド」はICBMの先端に搭載されたグライダー型の再突入体で、それ自身が飛翔中に機動を行うことで、迎撃ミサイルを回避することができる。打ち上げ母機はUR100Nファミリー（SS19）の1種で、通常は衛星打ち上げ機として使用されているロケット「ストレラ」に搭載して試験が行われたとみられる。

「アバンガルド」の再突入弾頭のメカニズムは、通常の放物線を描き落下してくる従来弾頭に対し、グライダー型の弾頭は最大速度マッハ27で運動（巡航、機動）しながら飛翔する。このため迎撃側にとっては予測不可能な軌道となり、イージス艦やペトリオットなど従来のミサイル防衛（MD）システムでは迎撃が難しい。それは重力と空気力学以外に、滑空という第3の要素が加わり、計算・予測された迎撃ミサイルの会合点にズレが生じてしまうからだ。

「アバンガルド」がエンジンを搭載し、動力飛行をしているかどうかはロシアの動画からは読みとれない。ロシアの発表によれば、再突入体は飛翔中に衛星と逐次データリンク・通信を行うことで、飛翔コースを修正し、迎撃ミサイルを回避できるとしている。

ロシアが公開した極超音速滑空ミサイル「アバンガルド」のCG映像

ロシアが公開したCG映像からは、「アバンガルド」が交信を行って飛翔コースを変更し、回避機動をしている様子が読み取れる。ロシアのこの新たな「機動再突入弾頭」に対処するため、米国をはじめとする西側各国は、新たな迎撃手段を早期に見出すことが求められている。

柴田 実（防衛技術協会・客員研究員）

ひろば

文月、七夜月、愛逢月、初秋——7月。

1日国民安全の日、7日七夕、15日海の日、27日土用の丑の日、28日第1次世界大戦開戦日。

宇出津あばれ祭　八坂神社（石川県能登町）の神事で県指定無形民俗文化財の一つ。高さ7メートルの燈籠が大松明の火の粉を浴びながら港町を乱舞し、神輿を海や火の中に投げ込み神に捧げる。5、6日

渋川へそ祭り　群馬県渋川市で行われる子供の健全育成や郷土愛の定着を願う祭り。お腹に大きな顔を描いた踊り子たちが「へそ出せヨイヨイ」の掛け声と軽快な音頭に合わせて市内を練り歩く。27日

大漁旗や出産、節句の祝いなど
政治的主張、軍国主義の象徴は誤解

菅官房長官記者会見（2013年9月26日午前・抜粋）

「…皆さん、ご承知のとおり、旭日旗のデザインは大漁旗や出産、節句の祝い旗、あるいは海上自衛隊の艦船の旗（など）、日本国内では広く使用されており、これが政治的主張だとか軍国主義の象徴だという指摘は全く当たらない。大きな誤解があるのではないかと思っております」。

「自衛艦旗」を知ろう！

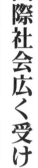

防衛省と外務省は5月24日、海自艦艇が掲げる「自衛艦旗」や、日本文化としての「旭日旗」に関する正しい知識と理解の普及を目的に、それぞれ独自のホームページ（HP）を開設した。どちらも画像を用いて簡潔に分かりやすく書かれているのが特徴だ。ぜひアクセスしてみてはどうだろう。（画像・写真はいずれも外務省HPから）

海上自衛隊　自衛艦旗

防衛省と外務省がHP新設
国際社会広く受け入れ

防衛省のHPでは「防衛省・自衛隊の『ここが知りたい！』」のコーナーで、「自衛艦旗」が日本国籍を示すとともに、組織の団結や士気向上に資することなどがQ&A形式でまとめられている。

一方、外務省のHPでは「旭日旗」の意匠が太陽をかたどっており、我が国では古くから大漁旗や出産、節句の祝いなど日常生活のさまざまな場面で使われてきたことなどを説明。

国籍示す公式な旗

さらに「自衛隊の公式な旗」としての観点から、海自の「自衛艦旗」と陸自の「自衛隊旗（連隊旗）」について、①1954（昭和29）年に制定された自衛隊法施行令で「旭日の意匠」が用いられている②制定以来、国内外のさまざまな場面で掲げられてきた③半世紀以上、自衛艦や部隊の存在を示すものとして不可欠な役割を果たし、国際社会でも広く受け入れられている——ことなどを紹介している。

陸上自衛隊　自衛隊旗（連隊旗）

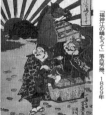

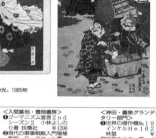

今年4月に中国で開かれた中国人民解放軍海軍の「創設70周年国際観艦式」に参加するため、艦尾に「自衛艦旗」を掲げて青島港に入港、停泊する海自護衛艦「すずつき」。一般公開日には満艦飾を行って約5000人の市民らを艦内に迎えた

海自HPに意外な仕掛けが！　海上自衛隊の公式HPで、トップ画面左上のロゴ横にある「自衛艦旗」マークをクリックすると、「防衛省・自衛隊の『ここが知りたい！』～自衛隊の旗と海上自衛隊の満艦飾について」のコーナーにジャンプする仕組みだ。さらに、そこから外務省のHPにもリンクしている。両省ともに英語版も掲載している

日本文化の「旭日旗」も紹介

『善悪児手柏』から「清盛入道」安達吟光、1885年

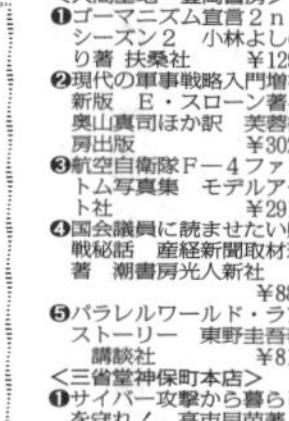

「福神江の嶋もうで」落合芳幾、1869年

マイヘルス Q&A
親知らずのトラブル
抜歯は状況に応じて　残した方が良いことも

Q　親知らずは周りの歯肉にどのような問題を起こすのでしょうか。

A　親知らずが歯肉に部分的にかぶったままになると、不潔になりやすくなります。それによって親知らずの周りに汚れが残ったままになると、親知らずや手前の奥歯も虫歯になり、痛みが出ることがあります。

また、親知らずの周りの歯肉が炎症を起こすことがあり、これを「智歯周囲炎」と呼びます。炎症が周りの組織や顎の骨に広がると口が開かなくなったり、顔が腫れたりします。

Q　そうした問題のある親知らずには、どのような処置をするのでしょうか。

A　親知らずが虫歯になった場合には、可能であれば通常の虫歯の治療を行います。しかし、親知らずが傾いて生えている場合は、物理的に治療器具が届かないこともあり、その場合は抜歯が必要になります。

また、智歯周囲炎になった場合は、抗菌薬（化膿止め）や消炎鎮痛薬（痛み止め）の投与、さらにうがい薬などを使用して炎症を鎮めます。

親知らずの生える方向が悪かったり、炎症を繰り返したりする場合は、抜歯することが適当と考えられます。

Q　親知らずは全て抜いておいた方が良いのでしょうか。

A　全ての親知らずを抜く必要はありません。

正常に生えて機能している場合や、手前の奥歯などが抜けてしまってない場合には、その部分を補うために親知らずを利用できることがあるため、残しておいた方が良いこともあります。抜歯が必要となるのは、先述の通り、親知らずや手前の歯が虫歯になった場合や智歯周囲炎を起こした場合などです。

最後に、親知らずについての疑問や問題を感じた方は、まずは歯科受診されることをおすすめします。

自衛隊中央病院第1歯科口腔外科認定医　片岡 陽平

BOOK NOW
私が読んだこの一冊

山下康博著「指揮官の決断」（中経の文庫）
8師団司令部（北熊本）　久保田亘彦2陸尉　28

明治35年1月、記録的な大寒波が襲った八甲田山で雪中行軍に挑み、青森5連隊が遭難した一方で、弘前31連隊は八甲田山踏破を達成しました。本書では二つの部隊の違いを比較しつつ、弘前隊の指揮官・福島泰蔵大尉にスポットをあて、彼の先見力や指揮力について分析しています。現代とは環境や時代背景が異なりますが、指揮官の決断力やリーダーシップがどうあるべきかを考えさせられる一冊です。

横田友宏著「国際線機長の危機対応力」（PHP研究所）
202教育航空隊（徳島）　中村魁斗1海尉　34

国際線機長として多くの経験を積まれた著者の仕事術や、人材の育て方について書かれたものです。わずかな状況の変化から、今後予想される事態を見極め、適切に対処する、といった航空機の操縦のみならず、仕事をするうえで先を見据えたマネジメント力の大切さを再度気付かせてくれる一冊です。人材の育て方についても非常に考えさせられる点がいくつもありますので、参考にしてみてはいかがですか。

河合雅司著「未来の年表2　人口減少日本であなたに起きること」（講談社現代新書）
横田気象隊　穂積泰隆1空尉　34

誰もが知っている日本の少子高齢化社会を背景に、人口減少によって10年後、20年後に日常生活に迫る「危機的事態」を予測し、一覧にしています。著者は個人や企業として今からできることを提言。既に自衛隊募集でもその影響が出始めているように、止められない少子化を前提とした社会や組織に属するものとして、組織に何を変えていかなければならないかと改めて感じ、自衛隊員として何をすべきか、今一度考えさせられる。

隊員愛読書ベスト5

<入間基地・豊岡書房>
❶ゴーマニズム宣言2nd シーズン2　小林よしのり著　扶桑社　¥1296
❷現代の軍事戦略入門増補新版　E・スローン著、奥山真司ほか訳　芙蓉書房出版　¥3024
❸航空自衛隊F－4ファントム写真集　モデルアート社　¥2916
❹国会議員に読ませたい敗戦秘話　産経新聞取材班著　潮書房光人新社　¥886
❺パラレルワールド・ラブストーリー　東野圭吾著　講談社　¥810

<三省堂神保町本店>
❶サイバー攻撃から暮らしを守れ！　高市早苗著　PHP研究所　¥1728
❷膠原病・リウマチがわかる本　宮坂信之著　法研　¥1836
❸クズ土地から1億円の家賃をたたき出す、本当の「儲かる家」　大長伸吉ほか著　¥1620
❹ノーサイド・ゲーム　池井戸潤著　ダイヤモンド社　¥1728
❺甦った田中角栄日本ゼロ計画　山崎寿郎著　合同フォレスト　¥1620

<神田・書泉グランデミリタリー部門>
❶世界の傑作機No.190ハインケルHe162　文林堂　¥1440
❷巨砲モニター艦　イアン・バクストン著、本吉隆監修、橋本若路訳　イカロス出版　¥3780
❸さらばオジロファントム第302飛行隊　文林堂　¥2700
❹山下しゅんやのプラスチック・エンジェル　大日本絵画　¥3132
❺陸自会計部、本日も奮戦中！　シロハト桜著　潮書房光人新社　¥842

<トーハン調べ5月期>
❶おしりたんていかいとうとねらわれたはなよめ　トロル著　ポプラ社　¥1058
❷一切なりゆき　樹木希林のことば　樹木希林著　文春新書　¥864
❸そして、バトンは渡された　瀬尾まいこ著　文藝春秋　¥1728
❹おしりたんていカレーなるじけん　トロル著　ポプラ社　¥1058
❺樹木希林120の遺言　樹木希林著　宝島社　¥1296

慎重に安全化・撤去

五輪・テニス会場近く 東京・有明で焼夷弾発見

陸自東方の102不発弾処理隊

東京五輪・パラリンピックのテニス競技会場となる「有明テニスの森」（東京都江東区）近くのマンション建設現場で不発弾が発見され、6月5日、陸自東部方面後方支援隊（朝霞）隷下の102不発弾処理隊が安全化・撤去を行った。

油を吹き掛けながら慎重に信管を取り外す作業を進める102不発弾処理隊の隊員（6月5日、東京都江東区のマンション建設現場で）

不発弾は4月5日、マンションの基礎工事を行っていた際に地中で発見された。処理隊によると、太平洋戦争中に米軍機によって投下された500ポンド（約225キロ）焼夷弾で、全長約122センチ、直径約43センチ。起爆装置の信管が残っていた。

処理作業は5月20日に始められた。業者によって同30日までに発見現場を囲むように土のうが積み上げられ、直径約4メートル、深さ約5メートルの防護壁が作られた。

安全化・撤去作業は6月5日、処理隊の中森勇2尉以下5人によって行われた。近くに設けられた対策本部で指揮を執った処理隊隊長の山根光2佐によると、不発弾には弾頭と弾底に信管が残り、爆発の可能性があったため、「不測の事態にならないよう慎重に作業を行った」。

不発弾は変形し、さび付いていたため、信管の取り外しは難航した。専用工具を使い、油を吹き掛けながら、隊員が少しずつ作業を進めていった。

作業は約1時間半で終了した。山根隊長は「周辺が立ち入り制限となり、住民の方々が避難されていた。スムーズに（処理を）実施することを心掛けた」と振り返った。

不発弾は同日、朝霞駐屯地に運ばれた。演習場で今後処分される。102処理隊の昨年度の処分回数は239回、処分数・量は約1万7千発、約20トン。

「しらせ」気象庁長官表彰

先代に続き「船舶」で2度目

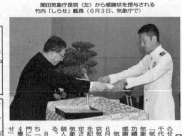

関田気象庁長官（左）から感謝状を授与される竹内「しらせ」艦長（6月3日、気象庁で）

【海幕】海自砕氷艦「しらせ」は6月3日、東京都千代田区気象庁で行われた「気象記念日記念式典」で、気象業務の発展に寄与した功績により気象庁長官から感謝状を授与された。

気象記念日は、明治8年6月1日に気象庁前身の東京気象台が開設されたことを記念して、昭和17年に制定された。感謝状は毎年、気象業務の発展に貢献した個人や団体に贈られている。今回で144回目。

8部門に分かれ、そのうち「船舶（気象通報）」部門において「しらせ」以下4隻が表彰された。「しらせ」は、5年以上にわたって年間100通以上の観測通報を送り、また過去2年間に500通以上の通報実績があったことが高く評価された。受賞は先代「しらせ」に続いて2度目。

式では、関田康雄気象庁長官から「しらせ」艦長の竹内周作2佐に感謝状と盾が贈られた。竹内艦長は「今回の表彰は歴代『しらせ』乗員の成果が評価されたものので、励みになる。今後とも気象庁の観測業務に協力していきたい」と語った。

評議委員会に90人

優秀若年隊員と特別功労賞表彰

空自准曹会

【空幕】空自連合准曹会は6月13、14の両日、東京都新宿区のホテルグランドヒル市ヶ谷で第27回連合准曹会評議委員会を開催。全国73基地（支部）から評議員（各基地支部会長）約90人が参加した。

連合准曹会の杉本孝哉会長のあいさつの後、前年度会計などが報告された。航空総隊（横田）准曹士先任の黒木伴徳准尉の講話、准曹会最高顧問の丸茂空幕長による訓話も行われ、空幕長は「日頃から各基地で、准曹会活動に当たっている皆さんに感謝する」と述べた。

続いて優秀若年隊員と特別功労者を表彰。優秀若年隊員は各種活動を通じて准曹士隊員の模範となった35歳以下の2・3曹や事務官など。特別功労者は支部准曹会会長に2期連続で就いた隊員で、それぞれ功績をたたえた。

丸茂空幕長は盾などを受賞隊員に手渡し、一人一人と握手を交わした。受賞者の一人は「准曹会の目標である人材（後継）育成に貢献できるように頑張りたい」と決意を新たにしていた。空自OBでつくる「つばさ会」と米国軍人支援団体「USOジャパン」からも副賞が贈られた。

◇

受賞者は次の通り。（カッコ内は所属基地）

◇優秀若年隊員＝川村亘2曹（千歳）▽中野光摂3曹（加茂）▽大谷徳子事務官（三沢）▽宮本悠真2曹（硫黄島）▽山田歩3曹（小牧）▽滴永加穂里2曹（新田原）▽谷口礼美3曹（白山）▽小関佑一朗2曹（海栗島）▽久保田晃3曹（築城）▽石原正樹3曹（知念）

◇特別功労賞＝岩田健曹長（網走）▽古舘猛1曹（当別）▽向井明治曹長（東北町）▽虻川仁1曹（加茂）▽戸島壽雄1曹（習志野）▽賓谷和幸曹長（十条）▽天光和彦曹長（輪島）▽高取健親曹長（岐阜）▽伊藤博昭1曹（笠取山）▽笹岡敦1曹（土佐清水）▽原口啓太1曹（恩納）▽玉城真晃1曹（奄美大島）

連合准曹会評議委員会に出席し、丸茂空幕長（前列左から6人目）、杉本准曹会会長（その右）を囲み記念撮影に納まる評議員ら（6月13日、ホテルグランドヒル市ヶ谷で）

ヨガでリフレッシュ

海幕幹部ら80人 汗流す

6月21日は「国際ヨガの日」

海幕広報室は6月13日、「心身ともにリフレッシュ」を目的に、防衛省の海幕大会議室でヨガクラスを開催した。

6月21日の「国際ヨガの日」を前に実施。前回（昨年10月）に引き続き、ヨガで心身を磨いている「ミス・ワールド」日本代表がインストラクターを務め、市川あまみさん（2017年日本大会ヨガ賞受賞）と加藤亜希子さん（15年大会特別賞受賞）の2人が、緊張を強いられる任務が多い隊員たちに向けて「職場でできるヨガ」を伝えた。

ヨガクラスには出口佳努海幕副長以下約80人が参加し、2人の指導の下、椅子に座ったり立ち上がったりしてさまざまなヨガポーズに挑戦。慣れないポージングに苦労しながらも、多忙な仕事の合間にさわやかな汗を流してリフレッシュした。

海幕での開催に先立ち6月10日に呉、江田島、同21日に館山基地でもそれぞれ行われ、参加者たちはヨガを通じて集中力を高めた。

ヨガクラスで「戦士のポーズ2」を見事に決める海幕広報室長の戸井健一郎1佐（右）＝6月13日、海幕大会議室で

UH1J、着陸失敗で大破

東方航 訓練中に操縦ミスか

陸自東部方面航空隊（立川）のUH1J多用途ヘリ889号機が6月21日、同立川飛行場（東京都立川市）で行っていた操作訓練中に着陸に失敗し、大破した。乗員2人にけがはなかった。陸自は同日、小野塚貴之陸幕副長を長とする事故調査委員会を立ち上げ、原因を調べている。操縦ミスによるものとみられる。

事故は副操縦士（3尉）の機長資格を取るための訓練中に発生。機体後部のテールローターが操作不能となった緊急時を想定して約10メートルの高さから地面に滑りながらの着陸を試みていた。教官の機長（1尉）が2回ほどこの操作を行い、3回目に副操縦士が行ったところ、テールから地面に衝突した。

機長は着陸直前に危険と判断し、操縦を代わり修正を試みたが間に合わなかった。気象状況や視界に問題はなく、機体の不具合も確認されていない。陸自は現在、他機種も含め、ヘリでの同様の操作訓練を停止している。

こちら警務隊

薬物犯罪 その④

依存性・耐性高い麻薬 意識障害・幻覚の危険

麻薬及び向精神薬取締法とは何ですか。

同法における麻薬とは、ヘロイン、モルヒネ、コカイン等であり、意識障害、幻覚、不眠等の危険があります。その所持等について、ヘロインは10年以下、モルヒネ・コカインは7年以下の懲役に処せられます。

向精神薬とは、睡眠薬、抗不安薬等ですが、感情不安定や判断力低下等の危険があり、病院で処方されたものでも他人に譲り渡すと3年以下の懲役に処せられます。

麻薬は依存性・耐性があり、乱用すると使用量が増加し、禁断症状が極めて激しいことから自分の意思では止められません。絶対に使用してはいけません。

薬物依存の悪循環

耐性

欲求

精神依存

クスリが欲しい

今の量じゃ効かない

クスリがなくて不安だ

（東北方面警務隊）

※来月は「選挙関連犯罪」

小休止

▽…秋田駐屯地曹友会（会長・畠山実曹長）は5月4日、「秋田駐屯地曹友会会長杯秋田市北部地区女子ミニバスケットボール大会」を開催した。

▽…大会には小学校8校が参加し、会場の秋田駐屯地体育館を駆け回った＝写真。決勝は飯島小学校が最大時で8点あった得点差を次第に縮め、同点に。延長戦は残り2秒、相手ファウルによるフリースローを正確に決め、同校が優勝した。

▽…大会を見届けた畠山会長は、「白熱した大会になりうれしい。来年も皆さんの活躍を見せてほしい」と語った。（秋田）

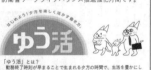

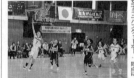

6月1日から9月30日は

防衛省ワークライフバランス推進強化月間です。

はじめよう！夕方を楽しく活かす働き方。

ゆう活

「ゆう活」とは？

勤務終了時刻が早まることで生まれる夕方の時間で、生活を豊かにしていくという考え方から名付けられました。明るい夕方のうちに仕事を終わらせ、夕方からは家族や友人との時間を楽しみましょう。

吉本どんご

なんだ!?

組む相手がいないのか？

あっぶねえな〜

高齢者運転

募集広報の最前線へ

戦闘機パイロット学生

3空尉　天野　祥太
（航空教育集団司令部）

私は戦闘機操縦者の学生として航空教育集団司令部に所属し、訓練を受けています。その基本操縦課程を修了し、次の課程へ進むまでの約3週間、「地元で自衛官募集に貢献したい」という思いから、鳥取地本にて臨時勤務をしました。

この臨時勤務では、駅前広場での市民広報、お世話になった先生がいる高校への訪問、学校説明会への参加、自衛官募集相談員委嘱式への同行など、さまざまな仕事を通じて地方協力本部の業務を体感するとともに、募集広報の重要性を理解することができました。

鳥取駅前の周辺広場では地元市民への広報に取り組みました。鳥取県東部地区には駐屯地や基地がないため、市民も自衛隊に関わる機会が少なく、自衛官が具体的にどのような仕事をしているのかを十分に理解していないのが現状でした。そのため、市民とお話すると、自衛隊にただ漠然と「きつい仕事」というイメージを持たれていると感じました。

高校生などに声をかけていく上で、自衛隊は厳しいだけでなく、段階的な教育訓練によって「成長していける場所」であることを自分の経験を交えながら話せるように努めました。

また、鳥取地本は「高校説明会の開催拡大」を施策の一つとして取り組んでいました。私も説明会の機会増加に寄与するため、私が高校在学中にお世話になった恩師が勤務する四つの高校を訪ね、高校卒業後、防大に入校し、現在、航空自衛隊のパイロットとして教育を受けている経緯を話すとともに、説明会の実施に向けた相談も行いました。私の話に先生たちはみな共感してくださり、今回の私の訪問が今後の高校説明会の実施のきっかけになってくれればと感じました。

鳥取地本での臨時勤務を通じ、募集の現場における難しさや厳しさについて身をもって感じることができました。各地本の広報官の皆さまのご活躍により、いま新隊員は確保されていますが、「人的戦力の確保」は自衛隊にとってまさに喫緊の課題であり、広報官以外の自衛官も、一人ひとりが日ごろから自衛隊のよさを周りの人に広めていくことが大変重要であると思いました。

原隊に戻った後も、今回の貴重な経験を生かして募集業務に寄与できるよう、積極的に関わっていきたいと考えています。

鳥取地本に臨時勤務し、女子高校生に空自パイロットの魅力を伝える天野祥太3尉（右）

（世界の切手・ポルトガル）

異国の朝はいつも童話の世界のような美しさや驚きがある。
松浦　弥太郎（随筆家）

朝雲ホームページ
www.asagumo-news.com
＜会員制サイト＞
Asagumo Archive
朝雲編集部メールアドレス
editorial@asagumo-news.com

みんなのページ

指揮統率能力向上を

前衛分隊長の任務を終えて

陸曹長　渡邉　笙子
（東北方面衛生隊・仙台）

「前衛分隊」の任務は、示された進路の警戒と部隊主力を遅滞させることなく前進させることであると学んだ。今回、私が前衛分隊長として着意したことは2点ある。

1点目は、地図上における前進経路の把握と、敵の現出予想地点を確認・分析することである。事前に図上研究で経路の特性を把握し、行進間、常に対敵行動がとれるようにした。

しかし、実際に示された経路を歩いてみると、道路の状態や高低差等、十分に読み解けなかった部分が多くあった。図上研究だけでは見えてこない状況にも臨機応変に対応できるよう、腹案の保持と先行的な見積もりが重要であると学んだ。

2点目は、確実に偵察・警戒を実施し、定刻に主力が行動できるようにすることである。

そのためには、分隊員に対する適時適切な行動の明示、行進速度の維持、時間管理が必要であると感じた。

しかし、背嚢を背負っての行進は、想像以上に体力を要するものであり、特に勾配のある道では、速度維持が困難であった。

分隊員を率いる立場にある者が行進速度を守らなければ、分隊員を掌握できず、適切な対敵行動がとれないと知った。また、対敵行動がとれないことは、主力の行動に影響を及ぼすため、前衛分隊が非常に重要な役割であることを再認識した。

幹部任官後には、部隊を指揮する立場となる機会が増えていくと思う。部隊の任務完遂のためにも、まずは個人の体力や、指揮統率能力の向上に努めたい。

部隊を引率する「前衛分隊長」を務めた渡邉笙子曹長

「美味しかったよ」の言葉

3陸曹　小川　宏樹（大津駐屯地業務隊）

私は昨年3月から大津駐屯地業務隊補給科で調理監督検査係として勤務し、1年が経ちました。糧食班勤務は、陸士時代に臨時勤務していらい約10年ぶりです。

営内者として、「喫食」する立場から「提供」する立場になるとは考えたこともありませんでした。

最初は何も分からず無我夢中でしたが、今は喫食者のことを考え、「どうすれば安心・安全に美味しく食事をしてもらえるか」を常に考えながら仕事をしています。

「美味しかったよ」「ごちそうさまでした」の言葉を聞くと、早朝からの仕事の疲れも吹っ飛びます。

私は美味しい物を食べ歩くことが好きなので、休みの日は美味しい店を調べて食べに行き、店内の雰囲気や接客態度、盛り付け、味などを見て、それを仕事に生かせることは生かして、さらなる「喫食者の満足」を追求しています。

これからも「美味しかった」と言ってもらえるように、また、部隊の人的戦闘力発揮に寄与できるように、安心・安全な食事を提供していきたいと思います。

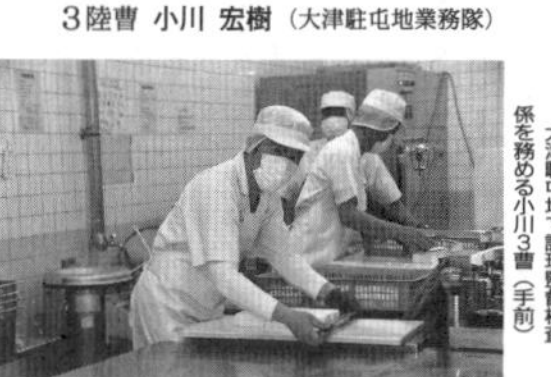
大津駐屯地で調理監督検査係を務める小川3曹（手前）

新刊紹介

「海戦の世界史」
――技術・資源・地政学からみる戦争と戦略

J・ブラック著、矢吹啓訳

第1次大戦中の潜水艦による通商破壊戦から、第2次大戦中の空母を使った攻撃、朝鮮戦争での揚陸戦、原潜やSTOVL（短距離離陸・垂直着陸）機が投入されたフォークランド紛争、そして中国の対艦弾道ミサイルを使った戦術まで、数々の海戦を解説・評価した「海軍史」の入門書だ。

著者は英エクセター大学の歴史学教授。本書では全11章のうち、冷戦期以降に5章が割かれ、現代海戦の特徴がリアルに描かれている。戦力投射、通商保護、海賊取り締まりなど、今日のシー・パワーの意義も紹介される。

「新冷戦」とも称される米中の覇権争いについては、「中国は海軍の伝統を発展させる時間がなかった。そして戦闘経験もない」とその実力を一刀両断している。

著者は「海軍の実戦における有効性は未知数で、それが平時の不安定さにつながる」としながらも、「技術革新への投資を怠れば、実際に戦争が起きたときに手痛いしっぺ返しを受ける」と、艦艇整備継続の意義を語っている。

（中央公論新社刊、3888円）

「習近平の敗北」
――紅い帝国・中国の危機

福島　香織著

中国の「一帯一路」戦略VS日米の「開かれたインド太平洋」構想――。中国の習近平国家主席が進める世界進出政策がトランプ大統領の米国と軍事的、経済的に激しく衝突する中、中国に訪れつつある危機とは何か。産経新聞の香港支局長や中国総局駐在記者を歴任した中国ウオッチャーの著者が中国トップの抱えるさまざまな問題に鋭く斬り込んだ本だ。

まず習氏の中国人民解放軍に対する締め付けの実情を明かし、続いて宗教弾圧や台湾有事、香港でのスキャンダルも暴露し、そこから政権危機の可能性を論じる。粛清や対外強硬路線を断行する姿勢が招く事態も鋭く予想する。

このほか、中国の原発推進策の危うさや、国内での食糧危機なども指摘し、日本の安倍政権が取り組む対中外交の是非についても考察する。

著者の習氏批評は手厳しく、彼の野望とその危険性を明らかにすることで、抑圧された中国の内情を垣間見ることができる。大国・中国が抱える今後のリスクを知り、現在起きている米中文明衝突の裏側を理解するには最適の一冊だ。

（ワニテックス刊、1620円）

1年間を木銃と共に

陸士長　小林　奏太（33普連4中隊・久居）

私は銃剣道を始めて1年が経ち、このたび師団銃剣道競技会の個人戦において3位の成績を収めることができました。技術指導を賜った方々と応援して下さった皆さまに対し、心より感謝しております。

私は銃剣道を自衛隊に入隊して初めて知り、当初は全く興味がなく、練習もやらされているという思いが強く、時間が過ぎるのを待つばかりでした。

その後、本格的に訓練をすることになり、最終選考で集合訓練隊の要員に選ばれました。そこから「やるからには強くなりたい」という気持ちが芽生え、それからは日々の訓練で試行錯誤を繰り返し、ようやく「自分の剣」を身に付けることができました。

そして競技会前の他部隊との練習試合で全勝しました。その時私は、自分が強いのではないかと勘違いし、浮かれていました。その後、一緒に訓練してきた同期2人との練習試合で2敗し、非常に焦りを感じ、再度基本から全てを見直して競技会に臨みました。

競技会では団体戦と個人戦の両方に出場し、緊張はしていたものの、盛り上がった雰囲気がとても楽しく感じました。そして全ての試合において全力を出すことができ、良い成果を残すことができました。また、同じ班員だった同期と個人戦で対戦した時は胸が熱くなり、あの時の思いは今でも忘れられません。

自分がこのような成果を残すことができたのは、多くの方々に支えられたからです。このことをしっかり胸に刻み、これからも感謝の気持ちを忘れず、さらに技術を向上させていきたいと思います。

OBがんばる

三曵　仲雄さん　55

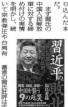

平成29年3月、陸自関西補給処を定年退職（特別昇任准尉）。奈良市の宗教法人・春日大社に再就職し、用務員を務めている。

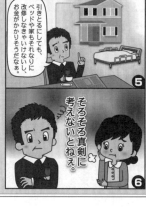

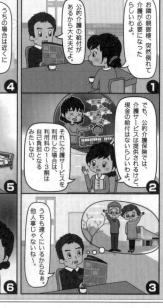

早めに情報の入手を

私は奈良地方協力本部の紹介で、春日大社の用務員として採用されました。援護担当者から「春日大社で用務員を募集している」との連絡を受けたときは、神社の仕事に興味がわき、早速、調整していただきました。

用務員の仕事は、一日の作業計画をたて、パートさん10名と一緒に落ち葉掃き、建物等の管理、祭儀の手伝いなど、ほかにも細々した仕事がたくさんありました。また、休日は他の企業等より少なく、お盆や正月もなく、「大祭時には泊まりあり」との説明でした。

しかし、自然が好きな私にとっては、春日山原始林に囲まれた環境が一目で気に入りました。さらに倒木の処置、参道の整備など、自衛隊で培った経験がそのまま生かせそうな仕事もあり、「是非ここで」とお願いし、再就職が決まりました。

仕事で一番の苦労は、年間を通じて100件以上ある祭儀等を円滑に進行するため、事前準備を整えることです。これについては現在も苦労しています。また、台風の被害により、参道に倒れた倒木の処理は、作業が1カ月にも及びました。しかし、これは自衛隊での災害派遣の経験が生き、「さすが元自衛官ですね」と言っていただき、とてもやりがいを感じました。

これから退職される皆さんへのアドバイスとして、援護担当者から早めに情報を入手し、気になる仕事があれば、実際に会社見学など足を運ぶことが大切です。また、自衛隊で培った技能は一般社会でも十分に役立ちます。健康に留意され、頑張ってください。

第1213回出題

詰碁

出題　日本棋院　九段　曲　励起

黒先
『左側の黒はどうなりますか』5分でできれば中級以上です。

詰将棋

出題　日本将棋連盟　九段　石田　和雄

≪第Ｘ回の解答≫

▶詰碁、詰将棋の出題は隔週です◀

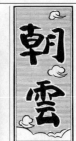

朝雲

発行所 朝雲新聞社
〒160-0002 東京都新宿区四谷坂町12−20 KKビル
電話 03(3225)3841
FAX 03(3225)3831
振替00190-4-17600番
定価一部140円、年間購読料9000円（税・送料込み）

主な記事

統幕長がUAE、イスラエル初訪問
エジプト・シナイ半島も
MFO司令部の陸自隊員激励

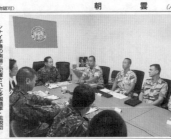

山崎統幕長は6月15日から22日まで、アラブ首長国連邦（UAE）、エジプト、イスラエルの中東3カ国を訪問した。統幕長がUAEとイスラエルを訪問するのは平成18年の統幕創設以来初めて。

16、17の両日はUAEの首都アブダビを訪れ、ムハンマド・アブダビ皇太子を表敬したほか、UAE軍参謀総長のルメイシー陸軍中将、海軍司令官のナヒヤーン少将、空軍副司令官のシャムシ少将らと会談した。

18日はエジプトの首都カイロで同国軍参謀総長のヘガージ陸軍中将と会談し、同国のシナイ半島南端に置かれた「多国籍軍・監視団」（MFO）に陸自から隊員2人が派遣されていることに謝意を表した。

両者は、MFOの活動が中東・アフリカの平和と安定の維持に重要かつ象徴的な役割を果たしていることを確認した上で、「自由で開かれたインド太平洋」の実現に向け、両国間の防衛交流を継続していくことで一致した。

統幕長は同日、シナイ半島のシャルムエルシェイクにあるMFO司令部を訪れ、司令官のスチュアート陸軍少将（豪州）とも会談。4月末から同司令部に配置され、連絡調整業務に当たる陸自の桑原直人2佐と若杉貴史1尉を激励した。

20日にはイスラエルのテルアビブで同国軍参謀総長のアビブ・コハビ陸軍中将と会談した。

山崎統幕長は帰国後の27日の記者会見で「MFOの司令部要員として、自衛官2人の派遣について高い評価をいただいた。エジプト、イスラエル両国からも自衛官の派遣について感謝の意を受けた」と述べた。

シナイ半島の南端に配置されている多国籍軍・監視団（MFO）の司令部を訪れ、陸自から派遣された桑原2佐（中央奥）と若杉1尉（その右）を激励する山崎統幕長（左奥）＝6月18日、エジプトのシャルムエルシェイクで

皇太子を表敬

アブダビ首長国皇太子のムハンマド・アブダビ皇太子（右）を表敬する山崎統幕長（6月17日、アブダビで）

米新国防長官代行にエスパー氏
防衛相、初の電話会談

米国の新たな国防長官代行に6月24日、マーク・エスパー陸軍長官（55）＝写真＝が就任した。

前任のシャナハン氏は、家族の事情を理由に国防長官に昇格する指名人事を辞退し、23日付で辞任した。

これを受け、岩屋防衛相は25日、エスパー新国防長官代行と初の電話会談を行い、日米同盟の強化や「自由で開かれたインド太平洋」の実現に向けて協力を進めていくことで一致した。

北朝鮮の完全な非核化に向け、「国連安保理決議の完全な履行が重要だ」との方針も確認した。

エスパー氏は1986年に米陸軍士官学校を卒業後、空挺レンジャーとして湾岸戦争にも参加した。2007年に退役し、米国防次官補代理、米大手防衛産業レイセオン社の副社長などを経て、2017年11月に陸軍長官に就任した。

米国ではマティス前国防長官が昨年末に辞任して以来、約半年間にわたって長官不在が続いている。

G20大阪サミット
3自が警戒監視

日本が初めて議長国を務めた「主要20カ国・地域首脳会議（G20大阪サミット）」が6月28、29の両日、大阪市で開催され、初来日となった中国の習近平国家主席をはじめ、トランプ米大統領、プーチン露大統領、マクロン仏大統領、メイ英首相、モディ印首相ら主要国の首脳が一堂に会した。

この国際会議を支えるため、防衛・自衛隊はテロや災害などに備えて即応態勢を維持し、開催中は国際会議・展示場となった「インテックス大阪」など周辺の警戒監視に海・空自が当たった。

大阪湾に「かが」 上空からF15が

大阪湾には海自のヘリ搭載護衛艦「かが」などが展開し、不審船などがないよう監視。上空では空自のF15戦闘機などが周辺空域の警戒監視に当たり、安全確保と不測の事態に備えた。

一方、陸自は医官が厚生労働省の要請で医療体制の業務に就いた。

このほか、空自特輸隊（千歳）のB777政府専用機は6月27日から同30日まで、同会議に出席する安倍首相を乗せ、東京－大阪間を往復した。

G20大阪サミットに出席するため来日し、安倍首相（左から2人目）のエスコートで陸自の特別儀仗隊を巡閲するマクロン仏大統領（その右）＝6月26日、首相官邸HPから

北朝鮮「瀬取り」東シナ海で6回

国連から「資産凍結・入港禁止」の制裁対象となっている北朝鮮船籍タンカー「AN SAN（アンサン）1号」が5月13日未明から14日午前にかけて、東シナ海の公海上で船籍不明の小型船舶2隻に繰り返し接舷し、計6回にわたって物資を積み替える「瀬取り」を行った疑いがあることを防衛省が6月18日、発表した。

中国・上海の東方約40キロの海上で、北朝鮮籍タンカーが小型船舶（A・B）にそれぞれ3回ずつ横付けし、ホースを接続していたのを海自第1護衛隊所属の護衛艦「はたかぜ」（横須賀）が確認した。

日本政府による「瀬取り」の事例の公表は昨年1月以来、今年3月20日の事例に続き19件目。回数としては今回の6回を加え、計20回目。

政府は国連安全保障理事会の北朝鮮制裁委員会などに通報するとともに、関係国と情報共有を行った。

接舷しホースを接続する北朝鮮船籍タンカー（左）と船籍不明の小型船舶（5月13日午前、東シナ海の公海上で）＝海自護衛艦「はたかぜ」が撮影

NATO司令部に野間1海佐を派遣

防衛省はこのほど、英ロンドン近郊にある「北大西洋条約機構（NATO）海上司令部」＝MARCOM（マルコム）＝に、在英日本大使館で防衛駐在官を務める野間俊英1海佐を派遣することを決め、NATO側との調整が整った6月7日、公表した。

2017年の安倍首相によるNATO訪問時の合意を受けて実現した。

防衛省では「野間1佐の派遣を機に、日本とNATOとの関係をさらに進展させていきたい」としている。

神父と英国海軍兵による原田2等兵曹の葬儀の様子＝『第2特務艦隊記念写真帖』（防衛研究所戦史研究センター所蔵）より

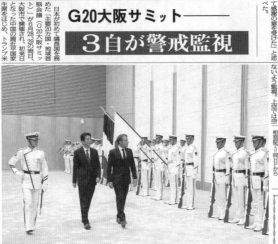

防研HPに新コーナー「戦史秘話」スタート
人々の隠れた物語読み解く
第1話は「百年目の慰霊」

防衛研究所（廣瀬行成所長）のホームページ（HP）でこのほど、戦史をめぐる人々の隠れた物語を読み解く新コーナー「戦史秘話」がスタートした。

第1話は、第1次世界大戦期に地中海に派遣された日本海軍兵士の墓地と日英の交流を描いた「百年目の慰霊―英国ポートランドに眠る日本海軍兵―」。

100年前に英国で没した「海軍2等兵曹・原田浅吉」の墓碑を見た一人の英国人大学生の問いに端を発し、在英日本大使館に防衛駐在官として勤務する野間俊英1海佐から防研戦史研究センターの石丸安蔵2海佐へ、そして長崎地方協力本部副本部長の玉川裕一事務官へとリレーされ、ついに原田2等兵曹の孫に当たる原田脩二氏（85）＝長崎市在住＝へとつながる心温まる話が展開する。

随時掲載予定

防研ではこうした戦史秘話を随時掲載していく予定で、「『あの時、あの戦いで人々は』――をテーマに、史料に残された戦史にまつわる思いがけない物語を紹介するコーナーとして開設した。多くの方々にHPを見ていただき、『知られざるもう一つの歴史』を知っていただければうれしい」と話している。

春夏秋冬

中国の「空母外交」
小原　凡司

2019年6月中旬、中国の空母「遼寧」が、初めて米国のグァム島周辺海域を航行したと分析されている。「遼寧」は、6月11日に太平洋に入っていた。台湾メディアは、「遼寧」と最新の901型補給艦を含む5隻の随伴艦が、宮古海峡を抜けた後、グァム島周辺海域に到達し、フィリピンの南から南シナ海に入ったとしている。中国は「遼寧」の航海について明らかにしていないが、6月28日から始まる「G20大阪サミット」中に予定されている米中首脳会談の直前に、米国をけん制する狙いがあったとみられている。

空母の行動は、政治的メッセージとして使用されるということだ。2012年9月に「遼寧」が就役して以降、中国は「空母外交」を展開すると公言してきた。空母外交を展開することによって、米中両大国は戦略的相互信頼を深め、「新型大国関係」の構築を助けることになるという。中国は、長きにわたって米国と新型大国関係を築けないでいたのは、中国の戦略核兵器が貧弱で、空母を保有していなかったからだとしている。

中国は、米国に対抗できる軍事力を保有して初めて自らの目的を達成できると考えてきた。中国による米中新型大国関係の主張を許してきたのはオバマ前大統領である。中国は米国の圧力を最小限に抑え、軍備を増強し、軍事活動および対外経済活動を拡大してきたのだ。

状況を一変させたのは、2017年1月のトランプ大統領の誕生である。中国は「新型大国関係」という言葉を使用しなくなった。しかし、すでに中国の空母建造は進行していたのだ。トランプ大統領就任からわずか3カ月後、中国は大連で初の国産空母を進水させた。上海では3隻目の空母も建造中である。

特定の軍事力の分野では、すでに中国が米国を凌駕したという分析もある。特に、海軍艦艇の数では、中国が米国に対して優位に立とうとしている。相手の意図と能力を見誤り、一時期でも国防の努力を怠れば、勢力の均衡が崩れかねない。そして、艦艇建造に巨額の予算と何年もの時間がかかるように、いったん劣勢に立たされれば、これを挽回することは難しい。日本も気を緩めることが許されない所以である。

（笹川平和財団上席研究員）

朝雲寸言

今から43年前の7月3日深夜、ウガンダのエンテベ空港にC130輸送機4機が強行着陸した。派遣したのはイスラエル国防軍。過激派に人質にされた同国の国民ら102人の救出にあたった「サンダーボルト作戦」の始まりだった▼犯人は収監中の過激派の解放を要求。しかし当時のペレス国防相は「テロリストの要求には屈しない」「人質を解放する」との原則を曲げず、この信念が作戦成功の第一の理由となった▼二つ目の理由は軍のプロフェッショナリズムだった。救出隊の指揮官ネタニヤフ中佐（現イスラエル首相の実兄）が銃撃を受け倒れるや、傍にいたパルド大尉（対外情報機関モサドの現長官）が指揮を引き継ぎ、作戦は続けられた▼総指揮官は立案時点で「1時間あれば100％近い確率で作戦を終えられる」と述べた。作戦は51分で完了した。部下たちの実力を熟知していたのだ▼必要な情報を集め、短期間で模擬施設をつくり突入訓練を重ねたことが三つ目の理由だ▼信念と本来の意味でのプロの姿勢、情報を重視する姿勢。そのいずれが欠けても作戦の成功はなかった。先々、日本がたどるべき道も同じである。他国の経験に学び続けたいものである。

時の焦点

国内

参院選公示

不安払拭へ政策競え

人口減少、少子高齢化、不安定化する国際情勢への対応といった重い課題をどう乗り越え、国民の不安を払拭していくか。与野党と各候補者は、実効性ある処方箋を提示し、実りある論戦を展開すべきである。

参院選がきょう公示される。日本の針路を左右する重要な選挙が7月21日の投開票日まで続く。

参院選で問われるのは、安倍首相の政権運営の是非だ。

首相は2012年の政権復帰後、経済最優先の姿勢を掲げ、雇用や賃金の向上に取り組んだ。一定の成果を上げたことが、高い内閣支持率の維持につながっている。

首相の通算在職日数は、歴代最長が視野に入る。参院選で支持を得て、政権運営の推進力を保てるか注目される。

政治の安定の重要性を唱える首相は、参院選の獲得議席目標について、自民、公明両党で過半数確保を掲げた。

野党は、32ある改選定数1の1人区すべてで候補者を一本化し、対抗する。野党統一候補が3分の1の1人区を制した3年前の選挙が、念頭にあるのだろう。

立憲民主、国民民主両党が、安全保障など基本政策で隔たりのある共産党と連携することには、批判もある。参院選は政権選択選挙ではないとはいえ、「1強自民」に対抗する選挙戦術が、有権者の理解を得られるかどうか。

最大の争点は、経済政策だろう。デフレからの完全脱却を果たすことが重要だ。雇用や賃金の底上げで成長を実現する方策を、与野党は示さなければならない。

年金以外に老後に2000万円の蓄えが必須であるかのような表現ぶりが目立った金融庁の報告書は、配慮を欠いている。だからといって、公的年金制度への不安をあおる主張は疑問だ。与野党は冷静な議論を心がけねばならない。

政府は、社会保障制度全体の改革を参院選後に先送りした。持続可能な制度とするためには、給付と負担の見直しは避けられまい。必要な財源の確保や給付のあり方について、真正面から論じる必要がある。

外交・安全保障政策の論点はまず、貿易摩擦への対処だ。保護主義に傾斜するトランプ米政権を説得し、国際協調の重要性を訴えていくことが大切である。大所高所から論じてほしい。

米国とイランの緊張が高まっている。ホルムズ海峡の安全は、日本の国益に直結する。エネルギー安全保障もテーマとなろう。

安全保障関連法の廃止を訴える野党は、日米同盟を軽視し過ぎていると言わざるを得ない。

通常国会では、衆参の憲法審査会でほとんど議論が行われなかった。参院選を通じて、憲法論議も深めるべきだ。

夏川　明雄（政治評論家）

海外

米大統領選

トランプ陣営に危機感

世界で最強国家の米国のリーダーを決める2020年11月の大統領選が本格化してきた。「アメリカ・ファースト」と自国第一主義を掲げ、国内外で物議を醸し続ける共和党現職のトランプ大統領（73）が再選されるかどうかが最大の焦点で、同大統領は6月18日、一期目の「実績」を前面に打ち出し、正式に出馬表明した。政権奪還を目指す民主党からも候補者が続々と名乗りを上げており、現時点で民主党の最有力候補とされるバイデン前副大統領（76）は5月半ばに出陣集会を開き、国民の団結とトランプ大統領の打倒を訴えた。

トランプ氏はフロリダ州オーランドで開いた集会で、新たな選挙スローガンを「キープ・アメリカ・グレート（米国を偉大なままに）」にすると表明し、「米国が偉大であり続けるために戦い続ける」と語った。トランプ氏は前回の2016年大統領選で「米国を再び偉大に」と社会の不満に訴えかけており、前回と同じ選挙前年の6月を出馬表明のタイミングとして選んだのも勝利の再現を期す狙いからだ。出馬表明の集会では、対中関税などの成果で米国の製造業が復活したと強調、「（オバマ）前政権は米国に雇用を取り戻すには魔法の杖が必要だと言っていたが、われわれは杖を手に入れた」とアピールした。

米国の政治史を振り返ると、再選を目指した現職大統領の当選確率は高いものの、トランプ氏の場合はこれまでの政権運営と同様、「予測不能だ」という専門家が多い。トランプ氏が「フェイク（偽）ニュース」の元凶と攻撃する米CNNテレビが最近公表した世論調査によると、「トランプ氏が再選される」と予想する人が全体の54％に上った。1年前には「トランプ氏は再選されない」との回答が多かったが、逆転したわけだ。

だが、内実を見ると、トランプ氏陣営では表向きの強気姿勢とは裏腹に、再選に向け危機感が増しているとの情報も漏れ伝わる。その一つは米メディアが6月に入ってから報じた陣営の内部調査の結果で、再選のカギを握るペンシルベニア、ウィスコンシン、フロリダなどの重要州でトランプ氏が民主党候補のバイデン氏に大きく差を付けられている結果が出た。これとは別の信頼性のある全国調査でも、トランプ氏はバイデン氏に13ポイント差と大きくリードされているだけでなく、サンダース、ハリス、ウォーレン各上院議員ら他の民主党候補に対して軒並み劣勢だったことが分かった。

ただ、トランプ氏は2017年の政権発足以来、不法移民対策など「米国第一」の公約を最優先にしてきた。好調な米国経済も手伝い、白人労働者を中心とした一部の熱狂的な支持は変わらない。その一方で分断を深める政治手法への反発は依然として強く、支持率が不支持率を上回ったことは一度もない。

民主党候補者争いで支持率トップを走るバイデン氏は「歴史はトランプ政権の4年間を（正常な時代からの）逸脱と見なすだろう」と述べ、再選阻止へ自信を見せている。

伊藤　努（外交評論家）

栃木、山梨、福岡地本に1級賞状

募集、再就職など顕著な功績

自衛官の募集や再就職援護、予備自の管理などで平成30年度に顕著な功績を収めた自衛隊地方協力本部の表彰式が6月24日、防衛省で行われ、栃木、山梨、福岡の3地本に岩屋防衛相から1級賞状が授与された。山梨は初、栃木は2年連続4回目、福岡は同8回目の受賞となった。

大臣室で行われた表彰式には原田副大臣、鈴木政務官、高橋事務次官、湯浅陸、山村海、丸茂空各幕僚長と岡真臣人教局長が立会。岩屋大臣は「募集基盤の拡充に努め、良質な隊員を確保するとともに、退職予定隊員の就職援護や予備自衛官の管理についても格段の努力を傾注した」と功績をたたえ、栃木地本長の諸石正弘1陸佐、山梨地本長の新宅正章1陸佐、福岡地本長の深草貴信1陸佐にそれぞれ1級賞状と副賞の盾を手渡した。

3地本はいずれも自治体や地元の学校などと連携を強化、地域住民の自衛隊に対する理解を促進するとともに、組織的募集基盤の拡充を図り、質の高い隊員確保などに顕著な成績を収めたことが高く評価された。

岩屋防衛相（右）から1級賞状を授与される栃木地本長の諸石1佐。その後方左は山梨地本長の新宅1佐、右は福岡地本長の深草1佐（6月24日、防衛省大臣室で）

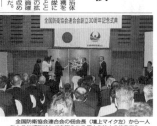

全国防衛協会連合会創立30周年記念式典

200人出席　佃会長が決意表明

全国防衛協会連合会（佃和夫会長）は6月12日、東京都新宿区のホテルグランドヒル市ヶ谷で第30回定期総会と「創立30周年記念式典」を開き、朝雲新聞社の中島毅一郎社長ら関係者約200人が出席した。

総会では平成30年度事業報告と収支決算、令和元年度の事業計画、役員人事など計6議案が審議され、全会一致で了承された。

この中で、政府・政党などに提出する今年度の「防衛問題に関する要望書」について、小川清史理事（元西方総監）が憲法改正と自衛官の処遇向上の2点を明記したことを説明し、協力を呼び掛けた。

続いて「創立30周年記念式典」が開かれ、佃会長があいさつ。関係者に謝意を表した上で「国民の防衛意識の高揚、自衛隊への支援・協力、自衛隊と国民との一体感の醸成という理念を掲げ、新たな令和の時代も会勢拡大を図り、各種事業を着実に推進していく所存だ」と決意を述べた。

自衛隊最高指揮官として安倍首相からの祝辞が披露された後、感謝状・表彰状の贈呈式が行われ、会の発展に尽力した40個人と法人112社に佃会長から壇上で賞状が贈られた。

この後、「世界史の転換期を迎えて」をテーマに講演した京都大学の中西輝政名誉教授は「最先端技術によって宇宙空間が海洋の優位を打ち消すパラダイムシフトの中、2030年代には米一国覇権の時代から多極化の時代に転換する」と指摘し、「今こそ日本の防衛の在り方を根本から考え、心構えを持つべき重要な時期だ」と訴えた。

最後に開かれた祝賀会には岩屋防衛相、原田副大臣、鈴木・山田両政務官ら防衛省幹部が出席し、30周年の節目を盛大に祝った。

全国防衛協会連合会の佃会長（壇上マイク左）から一人ひとりに感謝状などを贈られる個人や法人の代表者ら（6月12日、東京都新宿区のホテルグランドヒル市ヶ谷で）

共済組合だより

40歳以上の組合員と被扶養者を対象に「特定健康診査」「特定保健指導」 7月から、宛名は「㈱ベネフィット・ワン」に

糖尿病など生活習慣病を患う人が近年増加し、日本人の死亡原因の約6割に上ると推計されています。

これを受け、防衛省共済組合では「高齢者の医療の確保に関する法律」に基づき、40歳以上74歳以下の組合員（任意継続組合員を含む）とその被扶養者を対象に、「特定健康診査（特定健診）」と「特定保健指導」を実施しています。

これは特定健診でメタボリックシンドローム（内臓脂肪症候群）など、生活習慣病発症のリスクが高いと判定された方を対象に「特定保健指導」を実施し、保健師や管理栄養士が対象者一人ひとりの身体状況に合わせた生活習慣を見直すためのサポートを行うものです。

組合員の方の「特定健診」は医務室等での受診となりますが、被扶養者の健診の受け付けは共済組合が委託する「㈱ベネフィット・ワン」が行っています。

なお、令和元年7月1日より、これまでの委託先である「㈱ベネフィットワン・ヘルスケア」は、「㈱ベネフィット・ワン」と合併いたしました。今後、ご連絡やご郵送の際は、宛名を「㈱ベネフィット・ワン」として頂くようお願いします。年度内は旧社名でもご連絡・ご郵送について対応しております。

「㈱ベネフィット・ワン」への連絡方法

【WEB】パソコンはhttp://www.benefit-one.co.jp スマートフォンはhttp://bnft.jp にアクセスし、「健診予約はこちら」のバナーをクリックしてお進みください。

【電話】健診予約センター（0800-1702-502、03-6870-2775）。朝10時から平日21時、土日祝日は18時まで受け付け。12月29日～1月3日は休みです。

その他、FAXや郵送でも予約を受け付けております。詳細は、別途『ベネフィット・ステーション2019ご利用ガイド』の44ページをご確認ください。

皆さまの健康維持のため、ぜひ「特定健康診査」「特定保健指導」をご受診ください。

15旅団の災害時輸送協力協定

南西諸島航行の10機関744社に拡大

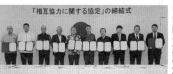

【15旅団＝那覇】15旅団（旅団長・中村裕亮将補）は6月3日、那覇駐屯地で沖縄、鹿児島県などに所在する運送7機関と「相互協力に関する協定」を締結した。

旅団は大災害などの緊急事態が県内で発生した場合、有人離島47島に展開するが、移動手段がヘリに限られるため、大部隊・大型装備の早期展開は厳しいという問題があった。

これを改善するため、旅団は今年3月、沖縄旅客船協会（船舶会社17社加盟）、南西海運、崎原海運の3機関19社と、「相互協力に関する覚書」を締結した。

そして今回、その範囲を拡大するため、県トラック協会、倉庫協会、マルエーフェリー、マリックスライン、琉球海運、南日本汽船、JMRSの7機関725社とも協定を結んだ。

この締結により緊急時、南西諸島で活動する輸送業者など10機関744社から旅団は協力を受けられることになった。

締結式で中村旅団長は、「この協定により、県内の有人離島47島に対し旅団は迅速な部隊展開が可能となり、沖縄県民の生命と財産を守る活動の実効性が大きく向上する」と歓迎の言葉を述べた。

7機関を代表して沖縄県トラック協会の佐次田朗会長は「今回、15旅団と相互に協力し、連携する枠組みが構築された。（緊急時に備え）双方の活動の実効性の向上にも期待したい」と話した。

災害時の「相互協力に関する協定書」に署名した沖縄県などの輸送機関代表と中村15旅団長（中央迷彩服）＝6月3日、那覇駐屯地で

露軍艦艇計4隻　宗谷海峡を航行

6月21日午前4時半ごろ、ロシア海軍の「タランタルⅢ」級ミサイル護衛哨戒艇2隻（艦番号921、978）が北海道・宗谷岬の西北西約130キロの公海上を東に向け航行するのを海自1ミサイル艇隊（余市）所属のミサイル艇「くまたか」が確認した。

露艦艇2隻はこの後、宗谷海峡を東進してオホーツク海に入った。

6月23日午後4時ごろには宗谷岬の北北東約40キロのオホーツク海を西方に向け航行するロシア海軍の「ステレグシチーⅠ」級フリゲート（2200トン、艦番号333「ソビエルシェンヌイ」）と「ロプチャーⅠ」級戦車揚陸艦（055）を「くまたか」が確認。

2隻は6月8日に宗谷海峡を東進してオホーツク海に進出した艦艇で、この後、同海峡を西進して日本海に入った。

F2の山口県沖墜落事故

機首高で操縦不能　回復操作も誤る

空自8空団（築城）のF2B戦闘機（132号機、2人搭乗）が今年2月20日に山口県の見島東方沖に墜落した事故で、空幕は6月21日、「機首高の状態で操縦不能となり、後席操縦者（教官）も誤ったスイッチの操作を指示したことが原因」とする事故の調査結果を発表した。

それによると、132号機は1対1の対戦闘機戦闘訓練中、エンジンの出力が足りない状態で旋回しながら急上昇したため、機首が高い異常な姿勢になった。この結果、失速して低速度警報が鳴ったが、そのまま上昇を続けたことで、背面の状態で操縦不能に陥った。

機体が背面姿勢でスピンしながら落下していく中、前席のパイロットから操縦操作を交代した後席の教官が回復操作を試みたが、緊急時に使用する「MPO（操縦桿をマニュアルモードに切りかえる）スイッチ」に手が届かなかった。その後、教官が前席のパイロットに同スイッチではない「アチチュード・リカバリー・スイッチを押せ」と誤った指示を出したため、スイッチを押した後も回復せず、操縦不能の状態が継続、高度が下がり続けたため2人は「緊急脱出」した。両操縦士は海面にパラシュート降下し、その後、救難ヘリに救助されたが共に重軽傷を負った。機体は海中に沈んだ。

空幕は再発防止策として①飛行特性に関する教育の徹底（低速度や操縦不能状態における飛行特性など）②緊急手順などに関する教育・訓練（異常姿勢と操縦不能状態からの回復要領など）③飛行特性や操縦者の練度を踏まえた訓練管理④後席の「MPOスイッチ」の配置の変更――などの改善を進める。

1佐昇任人事

防衛省発令

▽1陸佐に昇任
（10師団司令部）2陸佐　足達　好正
（防衛装備庁）同　安部　透
（東部方面総監部）同　飯田　努
（陸幕）同　伊藤　弘幸
（中央業務支援隊）同　井藤　庸平
（陸上総隊司令部）同　遠藤祐一郎
（札幌病院）同　大石真由美
（現地情報隊）同　大窪智洋
（中部方面総監部）同　太田　光
（中央業務支援隊）同　大谷　雅之
（情報学校）同　大山　和伸
（中央病院）同　岡部　健吾
（教育訓練研究本部）同　奥田　嘉夫
（水陸機動団特科大隊）同　梶田　穣路
（都城駐屯地業務隊）同　菅沼　文洋
（東北方面総監部）同　川畑　竜児
（3師団司令部）同　吉良　学
（1師団司令部）同　小山　幹生
（教育訓練研究本部）同　齋木　小無
（陸幕）同　酒井　隆
（同）同　佐藤　敦茂
（陸上総隊司令部）同　佐藤健次郎
（小平学校）同　白岸正太郎
（2高射特科団本部）同　平　剛
（教育訓練研究本部）同　谷　雅和
（同）同　寺島　俊樹
（防衛装備庁）同　中澤宣夫
（防衛医大）同　長峯　正典
（補給統制本部）同　西　重和
（教育訓練研究本部）同　橋爪　浩臣
（仙台病院）同　長谷川　健
（西部方面総監部）同　平田　弘俊
（阪神病院）同　鉾石　和彦
（東北方面総監部）同　細谷　剛
（中央業務支援隊）同　松本　宏
（航空学校）同　水野　宏治
（富士学校）同　宮武　勲
（教育訓練研究本部）同　村山　正人
（陸幕）同　森本　克也
（教育訓練研究本部）同　山口　慎吾
（東部方面総監部）同　山下　正浩
（防衛装備庁）同　山田芳樹
（教育訓練研究本部）同　矢山　善隆
（北部方面航空隊）同　横川　文彦
（装備実験隊）同　餘永竜二
（教育訓練研究本部）同　米村　謙一
（中部方面総監部）同　渡邊　英明

▽1海佐に昇任
（ふゆづき）2海佐　青木　操
（舞鶴弾薬整備補給所）同　赤尾　信哉
（海幕）同　五十嵐　裕
（統幕）同　稲垣　芳朗
（自衛艦隊司令部）同　大嶽　和弘
（5航空隊）同　川合　文子
（大村航空基地隊）同　川崎　実広
（中央病院）同　川村　陽一
（横須賀病院）同　黒川　貴幸
（舞鶴海上訓練指導隊）同　黒木　一博
（海自幹部学校）同　黒田　純平
（呉地方総監部）同　城　武昌
（22整備補給隊）同　白石　俊彦
（海幕）同　関本　博充
（しらせ）同　竹内　周作
（海幕）同　中井　孝泰
（同）同　中村　光
（南関東防衛局）同　長屋　次郎
（呉造修補給所）同　萩田　行秀
（航空集団司令部）同　林　和昭
（51航空隊）同　山本　貴文
（海幕）同　吉田　薫
（海自幹部学校）同　鷲澤　公一

▽1空佐に昇任
（航空総隊司令部）2空佐　荒木　克美
（空幕）同　石岡顕一郎
（空自幹部学校）同　稲留　仁
（空幕）同　裏辻　康二
（航空支援集団司令部）同　大塚　一英
（作戦情報隊）同　小野理沙
（航空総隊司令部）同　金子浩三郎
（空幕）同　加美山　聡
（同）同　岸本　覚
（空自幹部学校）同　木下　拓也
（空自2術科学校）同　近藤　庸二
（空幕）同　坂本　真裕
（同）同　進藤　将宗
（統幕）同　高倉　征宏
（空幕）同　玉井　一樹
（航空支援集団司令部）同　出端　雅春
（航空医学実験隊）同　中西　貴士
（空自幹部学校）同　中原　聡
（統幕）同　野本　洋平
（空幕）同　前川　孝一
（北部航空警戒管制団）同　丸山　潔
（統幕）同　湯浅　将史
（以上7月1日）

1佐職人事

▽防衛研究所所員（海幕施設課基地対策班長）1海佐　磯貝　充貴
▽兼海幕施設課基地対策班長　海幕施設課施設基準班長　同　湯浅　浩充
▽海幕装備需品課（東京業務隊付）同　長野　晋作
▽同艦船・武器課電気班長（同）同　宮上　英征
▽解海幕艦船・武器課電気班長兼補　海幕艦船・武器課機関班長　2海佐　東　久光
▽海自3術科学校研究部長（東京業務隊付）1海佐　金沢　慶人
▽解海自3術科学校研究部長事務取扱　海自3術科学校副校長　同　猪森　聡彦
▽空自幹部学校教育部主任教官兼空自幹部学校（防衛装備庁岐阜試験場長）1空佐　柚木　益丈
▽防衛装備庁岐阜試験場長（同長官官房装備開発官付）同　井上　和雄
（以上6月27日）
▽空自幹部学校（航空中央業務隊付）1空佐　富岡　慶充
（同）同　井上　利光
（同）同　味﨑　利光
（同）同　宮城　浩太
（以上6月28日）
▽統幕防衛課（教育訓練研究本部付）1陸佐　伊達　俊之
▽陸幕会計課（中央業務支援隊付）同　大谷　雅之
▽同衛生部企画室兼中央病院1内科（同）同　中家　和宏
▽陸上総隊運用部（同）同　井藤　庸平
▽北部方面総監部防衛部（同）同　宮本　真也
▽東北方面総監部防衛部（同）同　後藤　真二
▽西部方面総監部装備部（同）同　山下　拓路
▽8師団司令部（同）同　福添　哲生
▽9師団司令部（教育訓練研究本部付）同　富永　将文
▽中央業務支援隊付（防衛研究所主任研究官）同　財津耕一郎
▽開発隊群司令部（海幕運用支援課）1海佐　塩﨑　浩之
▽海自1術科学校（海自1術科学校付）同　坂前　信博
▽空幕総務課渉外班長（航空中央業務隊付）1空佐　中村　秀明
▽8航空団飛行群司令（飛行開発実験団飛行実験群司令）同　野口　英臣
▽4航空団飛行群司令（空幕総務課渉外班長）同　藤﨑　能史
▽飛行開発実験団飛行実験群司令（4航空団飛行群司令）同　仙波　浩
▽空自幹部学校（8航空団飛行群司令）同　大西　健介
（以上7月1日）

▽防衛書記官、人事教育局厚生課長に採用（内閣官房内閣情報調査室内閣衛星情報センター分析部管理課長）井草　真言
（7月1日）

日米共同降下訓練「アークティック・オーロラ2019」

第1空挺団主力に派米

上米軍のC130H輸送機から降下する直前の陸自の空挺隊員たち
右C130H輸送機から次々と空挺降下を行い、空にパラシュートの花を咲かせた日米の隊員たち（6月11日）

米軍砲兵火力を初めて誘導

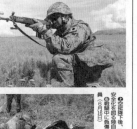

上空挺降下後、降着地域周辺を警戒し、後続部隊の安全化を図る陸自隊員（6月8日）
右戦闘中に負傷した隊員の救護訓練にあたる衛生隊員（6月19日）

空中で傘の操縦ができる自由降下傘を使い、単独で降下訓練を行う陸自隊員

第1空挺団（習志野）を主力とする陸自の派米部隊は6月3日から同18日まで、米アラスカ州のエレメンドルフ・リチャードソン統合基地、アイルソン空軍基地、ドネリー訓練場、ハスキー降下場で行われた米陸軍との実動訓練「アークティック・オーロラ19」（北極圏のオーロラ）に参加した。

陸自は陸上総隊司令官を担任官に、空挺団第1普通科大隊基幹の約110人、米軍は陸軍第4－25歩兵旅団戦闘団、第1－501歩兵大隊から計約140人が参加。飛行中の輸送機からの空挺降下、降着後の部隊編成、敵との戦闘まで、一連の行動を日米共同で演練した。

また、同訓練中、初めて米軍砲兵の火力誘導訓練も行われた。

今回の空挺降下は、同時に行われた米空軍の演習「レッド・フラッグ・アラスカ」に参加中の米軍C130H輸送機が協力。隊員たちは高度約340メートルを飛行中の同機から次々と空挺降下した。

地上に降着した日米の隊員たちは、直ちに部隊編成と装備を整え、速やかに前進。共同で攻撃を行い、敵陣地を制圧するまでの行動を演練した。

このほか総合訓練の期間中、第一線救護や重傷者の共同搬送、共同戦闘射撃などの訓練も実施した。

10日の訓練後には日米の空挺隊員がお互いの健闘を称え合い、相互信頼の証として、空挺き章の交換も行った。

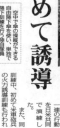

降着後、敵からの攻撃を避けるため、煙の中で陣地に突入する陸自隊員（6月15日）

共同訓練の終了後、「信頼の証」として空挺き章の交換を行う日米の空挺隊員（6月10日）

前事不忘 後事之師　第42回

ヒットラーの台頭を考える
相手に屈辱を与えれば、いずれは自らにかえってくる

第2次世界大戦の始まりをドイツがポーランドに侵攻した1939年9月1日とするのであれば、今年は、第2次世界大戦が始まってから、ちょうど80年の節目にあたります。この節目の時に、侵攻をしかけた人物、ドイツの指導者ヒットラーの台頭について考えてみました。

選挙という合法的な手段によって政権を獲得したナチスの党首、アドルフ・ヒットラー（中央）

ヒットラーの極端な思想とユダヤ人の虐殺、ドイツ民族「生存圏」確保のために始めた戦争については、今では様々なことが明らかにされています。しかしながら、一番重要なことは「なぜ極端な思想を持ち、後世、大量虐殺者と評されるような人物がにわかにドイツで大物政治家にのしあがったのか」を考えることです。

ポイントは、ヒットラーが党首となった国家社会主義ドイツ労働者党（ナチス党）は、「選挙」という合法的な手段によって、政権を獲得した点です。1923年のミュンヘン一揆の失敗を受けて、ヒットラーは「クーデターによる権力奪取の試みは、国防軍や警察など既成の勢力を敵にまわすことになり、成功の見込みはうすい。今後は、ワイマール憲法下の合法的な手段を利用して権力を獲得すべきだ」と考えを改めました。

このあたりが、ヒットラーがありきたりの暴力政治家と異なる点ですが、そうした方針転換の結果、1930年9月の国会選挙では107議席、1932年7月の選挙では得票率37・4%、国会に230議席を擁する第一党の地位に立つことになりました。

このドイツにおけるナチス党の急激な台頭の背景の一つは、1929年にニューヨークの株式市場の大暴落に端を発した世界的な大恐慌の影響であり、経済的な困窮の中で有効な対策を示すことのできない既存の政治勢力への国民の不満でした。この大恐慌の影響以上に、ナチス台頭のより重要な背景は、第1次世界大戦終結後のパリ講和会議で決められたヴェルサイユ条約に対するドイツ国民の不満と怒りだったのではないかと私は考えます。

ヴェルサイユ条約は「国際連盟」を提案するなど、先駆的な試みもありましたが、実質は、敗戦国ドイツに対する戦勝国の報復でした。ドイツは、ヨーロッパの領土や人口を1割以上削減された上に、海外に有していた植民地は放棄させられ、軍備も極端に制限されることになりました。最も報復的だったのは、天文学的と評された賠償金でした。結局のところ、ヴェルサイユ条約は、ドイツ国民にとっては、屈辱そのものであり、ドイツ国民の怨念を深めることになりました。

ヒットラーは、その著『我が闘争』の中で、「民衆の圧倒的多数は、冷静な熟慮よりもむしろ感情的に行動を決めるという女性的素質を持つ」と述べていますが、ヒットラーは、その一流の弁舌でヴェルサイユ体制に対する国民の〝怒り〟と〝不満の感情〟を巧みに煽って、合法的な政権取りに成功しました。

ヒットラーと同時代を生きたセバスチャン・ハフナーは、その著書の中で、「かつてメッテルニヒが、ナポレオン戦争後のフランスをウィーン体制に組み入れたのと違って、第1次世界大戦の戦勝国は、敗戦国ドイツを平和秩序創設のメンバーに加えず、これを侮辱して叩き出した」と書いています。ヒットラーの台頭と第2次世界大戦の要因について本質をついた言葉です。

近世ヨーロッパの歴史を振り返ると、1870年の普仏戦争以降の歴史展開の基軸は、台頭する強国ドイツをどのようにヨーロッパの国際システムに[illegible]るかということで[illegible]第1次大戦後のヴ[illegible]ユ体制では、報復[illegible]れた結果、それに[illegible]次の大戦の原因を[illegible]た。

ここから学ぶべき教訓は、恒久的な平和を構築するのであれば、各国が抱えるナショナリズムを乗り越えて、台頭してくる強国を上手に国際秩序の中に誘い込まなければならないということです。戦争に勝利しても相手を消し去ることができないのであれば、相手と共存していかなければならず、相手に屈辱を与えれば、いずれは自らにかえってくるという当たり前の事実を過激なナショナリズムの高揚の中で見失わないようにすること──難しいことですが、それが極めて重要な感覚だと考えます。

鎌田 昭良（防衛省OB、防衛基盤整備協会理事長）

……前事忘れざるは後事の師……

3月新編の宮古警備隊　九州へ初の転地訓練

15偵察隊も日出生台へ

陣地偵察で、前進観測と火力調整を行う宮古警備隊の隊員

下軽装甲機動車のルーフから機関銃を射撃する15偵察隊の隊員

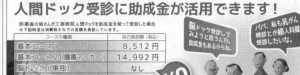

25ミリ機関砲を射撃しながら同時に偵察活動を行う15偵察隊の87式偵察警戒車（いずれも大分県の日出生台演習場で）

【15旅団＝那覇】沖縄・先島諸島の警備体制強化のため、今年3月に宮古島に新編された陸自宮古警備隊はこのほど、初めてとなる九州への転地訓練を行い、大分県の日出生台演習場で陣地偵察などの訓練を行った。

同訓練は15旅団の「第1次旅団九州転地訓練」として行われ、宮古警備隊普通科中隊と15偵察隊（那覇）が参加した。

宮古警備隊普通科中隊は5月10〜16日、15偵察隊は同13〜24日の間、それぞれ日出生台演習場に展開。宮古部隊は小隊長と分隊長が核心となり、陣地偵察、調整要領に関する教育・練成訓練などを実施した。

一方、機動力を有する15偵は、偵察小隊と斥候班遺隊の検閲を兼ね、偵察警戒車が搭載する25ミリ機関砲、軽装甲機動車の搭載する機関銃の実射訓練に取り組み、車上からの射撃能力を高めた。

部隊だより

海

下総　航空警備隊地上救難班は5月23日、柏市消防局、鎌ケ谷市消防本部と共に基地内で消火訓練を行った＝写真㊤。1回目は基地内での航空機事故、2回目は一般道のタンクローリー火災を想定して、訓練用の建物に点火。班員らは救難消防車1B型を使った救難消火活動や給水車4500L型3台による給水支援を行い、現場での動きを確認した。

館山　基地隊員は6月21日、「国際ヨガの日」を記念し、飛行場駐機地区でヨガを実施した。海自航空部隊では初の開催で、インド政府公認のヨガインストラクターやミス・ワールドヨガ日本代表ら15人を講師に隊員約180人が参加。日頃の飛行作業などで疲労が蓄積した隊員たちは、ヒーリング・ミュージックを聴きながらリラックスした＝写真㊦。

舞鶴　総監部は5月18日、北吸岸壁で23航空隊と「グリーンフェスタ」を共催した。約1万6千人が訪れ、特務艇「はしだて」（横須賀）や潜水艦の一般公開、吹奏楽による港内巡りなどのほか、「艦艇」のイラスト入りうちわを配布。ステージでは舞鶴音楽隊の演奏に合わせて「踊る海自音頭」をダンスで披露して海自をPRした＝写真㊦。

崎辺　佐世保教育隊の新隊員40人は5月27日、東山海軍墓地で行われた「114回日本海海戦記念式典」に参列した。先人の偉業を受け継ぐ意義を考えるため、各分隊から選出された学生たちは、佐世保総監をはじめとする各級指揮官、OBらと共に出席。粛々とした式典の雰囲気を肌で感じ、英霊たちの冥福を祈るとともに自衛官としての成長を誓った。

那覇　5空群は5月27日、海軍壕公園で行われた沖縄海友会主催の「海軍戦没者慰霊祭」を支援した。國吉信雄会長をはじめ、大田實海軍少将の三男、落合畯元海将補などの遺族、旧海軍出身者、陸海空・沖縄地本の各指揮官らが参列して献花を行い、英霊に哀悼の意を捧げるとともに恒久平和を祈念。5空群は軍艦旗掲揚や儀仗隊による弔銃発射を行った。

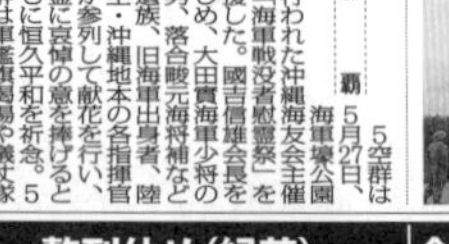

北千歳　1特群は6月6日、北海道大演習場東千歳地区で「自候生25キロ行進訓練」を行った＝写真㊨。前日の野営訓練中の豪雨から一転、当日は蒸し風呂のような夏晴れとなった。教育開始から2カ月たった自候生20人は、緊張した面持ちで行進を開始。約20キロの装備を身につけた自候生たちは、お互いに声をかけて励まし合い、全員が無事に歩ききった。

秋田　21普連は5月7日から14日まで、岩手県の岩手山演習場で「春季統一整備」を行った。期間中は晴天に恵まれ、隊員たちは士気高く作業に着手。小火器戦闘射場幹線道の整備、資器材の点検、87式対戦車誘導弾射場の拡張工事など各種任務を遂行した。10日には9音（青森）による巡回コンサートの慰労を受け、全隊員が一体となって楽しんだ＝写真㊨。

軽装甲機動車80両が市内を行進

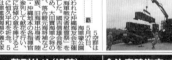

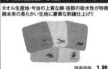

ねぶた、なまはげ、さんさ踊り　師団内3県の祭囃子を披露

9師団・青森駐屯地記念行事

陸自9師団は6月8、9の両日、青森市のメーンストリートなどで「師団創立68周年、青森駐屯地創立57周年記念行事」を行った。会場では隊員たちが北東北3県の郷土芸能「青森ねぶた」「秋田なまはげ」「盛岡さんさ踊り」なども披露し、沿道を埋めた地元市民から大喝采を受けた。

同行事は9師団のありのままの姿を広く地域住民に公開して、自衛隊に対する信頼感を高めてもらうことを目的に、地元青森市の協力も得て大々的に行われた。

初日は青森駅前の新町通りで隊員約300人、車両約100両が市中パレード。最初に3県の旗が掲揚され、その後に「青森ねぶた」、秋田の「なまはげ」、岩手の「盛岡さんさ踊り」の衣装をまとった隊員たちが踊りながら練り歩き、地域の文化を守る9師団を強くアピール。続く徒歩・車両行進では軽装甲機動車80両の大車列が登場するなど、精強な郷土部隊の姿を地元の人たちに披露した。最後に9飛行隊と2対戦車ヘリ隊の6機編隊が上空を航過した。

翌9日には青森駐屯地で記念行事が開催され、三村申吾青森県知事をはじめ多数の来賓が出席。観閲官の岩村公史9師団長は式辞で、整列した600人の隊員を前に「9師団はこれからも一丸となり、本物の力を持った部隊、そして隊員を育成していく」と力強く決意を述べた。

この後の訓練展示では、戦車などで敵を撃破する一連の戦闘要領を披露。5普連の女性隊員4人が空中停止したヘリからリペリング降下を行うと観客から大歓声が上がった。2日間で延べ7000人の市民が「9師団の今」に触れた。

（青森）

地元市民に軽装甲機動車80両による大車列を披露した9師団の市中パレード（いずれも6月8日、青森市内で）

北東北の郷土芸能である（左から）「青森ねぶた」「秋田なまはげ」「盛岡さんさ踊り」を披露する9師団の隊員たち

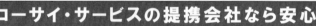

健軍　本松敬史西方総監は6月2日、熊本市内のホテルで着任後初となる防衛講話を行った。講話は熊本県内の自衛隊OBや協力団体など計約40人に対して実施。北部九州と南西諸島での戦略、南海トラフ地震などの大規模災害に備えた陸自の態勢、周辺国の情勢について熱弁。聴講者は「識見があり、現場を経験された総監の話は勉強になった」と語った。

小倉　40普連は6月8、9の両日、北九州市の夜宮公園で開催された「とばた菖蒲まつり」で装備品展示を行った＝写真㊧。今年で5回目の同支援活動には福岡地本も参加し、募集ブースを設置。色とりどりの花菖蒲が迎える中、軽装甲機動車の展示には多くの家族連れが集まり、「珍しい車を見られてよかった。自衛隊を応援している」などの感想があった。

北熊本　42即機連は5月29日、駐屯地で行われた募集相談員77人の部隊見学での装備品展示を支援した。当日、連隊からは16式機動戦闘車と96式装輪装甲車を展示、各担当が見学者に対し説明を行った。相談員からは多くの質問が寄せられ、装備品や連隊への理解促進に貢献した。このほか駐屯地資料館の見学や、自衛隊の募集状況の説明なども行われた。

那覇　15旅団は5月18日、米空軍嘉手納基地で行われた「USO顕彰式」に参加した＝写真㊨。同式は年に一度、米4軍から優秀な下士官を1人ずつ選出して表彰する伝統行事。今回は3自衛隊員も表彰を受け、陸自からは15ヘリ隊の川口徳文3曹が整備などの功績で盾を授与された。「今後も日米の絆を向上できるよう日々努力する」とコメントした。

空

網走　28警戒隊は5月18日、北海道網走市内で行われた「網走市植樹祭」に参加した。今回の祭では、公募をもとに選定されたカツラのほか、ミズナラ、ハルニレ、エゾヤマザクラの計4種を植樹。中島修治司令をはじめとする隊員とその家族計21人は、春の木漏れ日の中でさわやかな汗を流し、未来につながる植樹作業を楽しんだ＝写真㊨㊦。

根室　小宮俊哉26警戒隊長は5月29日、根室市商工会議所で開かれた根室自衛隊協力会通常総会で防衛講話を行った。始めに防衛省が作製したDVDを上映して自衛隊の役割や平成30年度の空自の活動状況を紹介。結びには採用上限年齢を32歳に引き上げたことと、空自には約70の職種があることを紹介し、協力会の自衛隊に対する理解を促進させた。

知念　18高射隊の隊員20人は6月25日、分屯基地で嘉手納基地所属の米陸軍1―1ADA（C中隊）の隊員8人との交流活動を行った＝写真㊧。空自隊員たちは米陸軍が保有するミサイルのリロード訓練展示を見学。ミサイルの発射機（LS）の器材の説明を受けたほか、日米の隊員同士が積極的に意見交換を行うなど、充実した時間を過ごした。

陸

松本　駐屯地は5月15日から3日間、長野県内各企業の新入社員に対し隊内生活体験を支援した。13普連本部管理中隊が担当。到着した社員らは戦闘服に着替え、基本教練や救急法などの課目を体験。重い荷物を背負っての約10キロの行進訓練では、汗をかきながらもくじけず歩いた。参加した昭和電工の村上颯さんは「有意義な時間を過ごせて楽しかった」と語った。

滝ヶ原　駐屯地は5月18日、静岡県下田市で開催された「下田黒船祭」に参加し、中隊と駐屯地マスコット「たきすけ」がパレードに加わった。同祭典は毎年3日間開催される日米親善の一大イベント。当日は20万人以上が訪れる中、あふれる市街地を海自音楽隊や米海軍の音楽隊の演奏に合わせて約2.5キロを行進し、司令とたきすけは手を振って歓声に応えた＝写真㊦。

守山　35普連自候生課程教育隊は6月3日、空自岐阜基地で「25キロ行進訓練」を行い、家族ら全員が見守る中、自候生87人は約8時間55分の行進を歩き抜いた。最高気温29度の暑さの中、区隊長らの激励を受けながら歩いた。自候生は「正直きつかったが、家族や家族会の前で格好悪い姿は見せられないため、気合が入った」と語った。

宇治　駐屯地修親会は5月25日、京都市伏見区内の旧陸軍墓地（深草墓地）で清掃奉仕活動を行った。同墓地はかつて陸軍16師団司令部が置かれていた地として知られている。当日は真夏日となる中、会員たちは落ち葉を拾い清掃。清掃後は陸軍墓地碑などに向かって哀悼の誠を捧げ、献花を行った。

大久保　駐屯地は5月25日、「4施団創隊58周年、駐屯地創立62周年記念行事」を行い、約4500人が来場。新隊員教育隊の約120人を含む人員約440人、車両約80両、航空機3機による観閲行進が行われ、装備品展示会場を訪れた家族連れは「戦車を目の前で見られて興奮した。来年も来たい」と話した。

善通寺　14旅団は5月23日から31日まで、滋賀県の饗庭野演習場で14施設隊の陣地構築訓練（施設）を担任した。同訓練には隊員約280人が参加、陣地構築や障害の構築などを演練し、陣地構築能力を向上させた＝写真㊤。

家族会版

<連絡先>
〒162－0845 東京都新宿区市谷本村町5－1 公益社団法人 自衛隊家族会事務局
電話 03-3268-3111・内線 28863
直通 03-5227-2468

私たちの信条

【根本理念】
私たちは、隊員に最も身近な存在であることに誇りを持ち、力をあわせて自衛隊を支えます

【心構え】
一、自らの国は自ら守る防衛意識を高めます
一、自衛隊員の募集・就職援護及び家族支援に協力します
一、会員数を増大し 組織の活動力を高めます

森山氏を理事に選出

家族会定期総会　3議案、全会一致で承認

自衛隊家族会（伊藤康成会長）は6月18日、東京都新宿区のホテルグランドヒル市ケ谷で令和元年度「定期総会」を開いた。30年度事業報告や収支決算に加え、辞任理事の後任選任の3議案が審議され、全会一致で了承。この後の理事会で森山尚直氏が業務執行理事に就任した。このほか、家族支援に関する海上自衛隊との中央協定締結について報告された。

総会には全国から理事、監事をはじめ運営委員、各都道府県会長などの代表者83人が出席。冒頭、伊藤会長は海自との家族支援協力の協定について述べ、「艦艇での海外派遣が非常に多い海自の留守家族のケアは以前から行っているが、今回は海幕側の意向もあり締結に至った。今後の各案件については都道府県それぞれが部隊と相談して進めてほしい」と語った。

その後、岡本智博東京都会長を議長に選出。平成30年度の事業報告と収支決算、辞任理事の後任選任の3議案について審議した。

事業報告では、鍛冶雅和運営委員が防衛講演会の実施など主要事業の成果を報告。役員人事では、原敬二理事の辞任に伴い、森山運営委員（元東方総監）を理事に選出したほか、依田智治名誉会長の任期が3年延長された。

この後開かれた理事会で、森山氏が業務執行理事（おやばと拡販）兼運営委員に就任。また、各都道府県新会長に、野呂和生氏（青森県）、黄木修治氏（山形県）、斎須勝位氏（埼玉県）、小松龍也氏（神奈川県）、福井順一氏（滋賀県）、興國洋氏（福岡県）が、新運営委員に大石多恵子南関東地域協議会事務局長と橋本尚典元空将（前防衛装備庁装備官）がそれぞれ選ばれた。

引き続き行われた表彰式では、神奈川県に「最優秀表彰」、栃木、群馬両県に「優秀表彰」が贈られ、延べ16家族会、90個人に伊藤会長から表彰状などが授与された。

式典には、岡真臣人事教育局長、山村浩海、丸茂吉成空の両幕長、小野塚貴之陸幕副長、朝雲新聞社の中島毅一郎社長などの来賓をはじめ、防衛省・自衛隊関係者、協力団体など約120人が出席。岡人事教育局長は「隊員の一番身近な存在である家族会の皆様方の力強い支援と温かい励ましが我々にとって最も大事。これまでと変わらぬご尽力をお願いしたいと思っております」と謝意を表した。

家族会定期総会で祝辞を述べる岡人事教育局長（壇上）。その右は伊藤家族会長（6月18日、ホテルグランドヒル市ケ谷で）

土浦市・沖永良部島に家族会が誕生

「活動の輪を広げたい」　朝霞駐屯地で設立記念式典　土浦

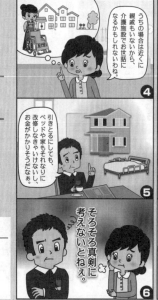

【茨城】茨城県土浦市に新たに家族会「土浦市自衛隊家族会」が発足し、5月18日、同会の「設立記念式典」が霞ヶ浦駐屯地で開催された。

土浦市にはこれまで家族会がなかったため、初代会長に選出された篠塚毅氏が発起人となり、地道な勧誘活動を継続。これが実り、新会員20人が参加した設立記念式典では、茨城県家族会の田口文明会長が登壇し、「以前から駐屯地のある土浦市に家族会ができることを願っていた。隊員にとって大変心強い」と祝意を表した。

篠塚会長は「自衛隊員が安心して活動できるよう、家族会の活動の輪を広げていきたい」と力強く語った。茨城地本は「これからも家族会の活動を積極的に支援し、家族会の充実・発展に寄与していく」としている。

沖永良部島に念願の発足　和泊町家族会

【鹿児島】鹿児島県沖永良部島の和泊町自衛隊家族会が発足し、5月11日、「第1回総会」が開催された。

総会には、自衛隊から鹿児島地本長の高岩俊弘1海佐、鹿児島県家族会の伊藤正夫会長も駆け付け、会の発足を祝福した。

和泊町の隊員家族は会設立のため、昨年から町役場勤務者を中心に情報収集を開始した。同町には隊員家族が32人居住していることが分かり、会設立に向けた会合を進め18人が家族会に入会し、念願の発足となった。

会長に選出された柿本早俊氏は「家族会の活動については未知な点も多いが、まずは会員相互の親睦を図りながら規模を拡大させていきたい」と述べた。

和泊町の伊延港には毎年、海自の掃海艇が寄港し、艦艇の一般公開や体験喫食などのイベントが催されている。これまでの入港歓迎行事が今回の家族会の発足により、ますます盛大になることが期待されている。

（上）「土浦市自衛隊家族会」の篠塚会長（前列左から3人目）と会員たち。その左は茨城地本長の山下1陸佐（5月18日、陸自霞ケ浦駐屯地で）
（下）「和泊町自衛隊家族会」の柿本会長（前列中央）と会員たち。その右は鹿児島地本長の高岩1海佐（5月11日、鹿児島県沖永良部島で）

大分県家族会が創立60周年

記念行事で岩屋防衛相、県知事が祝辞

【大分】大分県自衛隊家族会（江藤勝彦会長）は5月19日、大分地方協力本部の支援を受け、「創立60周年記念行事」を大分市のレンブラントホテル大分で開催した。

大分県家族会は昭和30年4月1日に「大野町父兄会」として会員85人で結成された。平成29年に「大分県自衛隊家族会」となり、現在約2000人の会員で構成されている。

記念行事では岩屋防衛相をはじめ、広瀬勝貞大分県知事が出席して祝辞を述べたほか、家族会本部の宮下寿広業務執行理事（元西方総監）が「今そこにある危機！南西防衛の現状と課題」をテーマに記念講話を行った。地本は同県からの自衛隊への入隊状況を説明するとともに、自衛官募集への協力を家族会に呼びかけた。

参加者からは「今後も自衛隊員の家族として自衛隊に寄り添っていきます」「自衛隊に一番近い協力団体として活動していきます」などの声が数多く聞かれた。

大分県家族会の「創立60周年記念式典」で祝辞を述べる岩屋防衛相（5月19日、大分市で）

4者で家族支援協定

山村海幕長「安心して任務にまい進」

海自、隊友会、水交会と締結

自衛隊家族会は6月3日、海上自衛隊、隊友会、水交会との4者間で、大規模災害発生時に部隊と連携して隊員家族をサポートする「隊員家族の支援に対する協力に関する中央協定」を締結した（本紙6月6日付既報）。

防衛省で行われた締結式には、鍛冶雅和運営委員と今井恵治業務担当が出席。山村海幕長、伊藤康成家族会長、先崎一隊友会理事長、赤星慶治水交会理事長が協定書にサインした。

協定内容は、▽隊員家族の安否確認や生活支援▽調整窓口の指定▽情報管理▽関係の強化▽協力時の安全管理――など11項目からなり、対象は海上自衛官に限らず、陸空自隊員も含まれる。

家族会と海自はこれまで、1空群司令部（鹿屋）、函館基地隊、4空群司令部（厚木）、大湊地方総監部、佐世保地方総監部、稚内基地分遣隊、22空群司令部（大村）の7部隊と地方レベルで協定を締結している。

山村海幕長は「今回の協定締結による連携強化は、隊員・部隊が安心して任務にまい進できる環境の有効な基盤になる」と歓迎の言葉を述べた。

伊藤会長は「海自と協定を結んだことでさらに充実を図り、それぞれの地方での連絡体制を密にしていきたい」と語った。

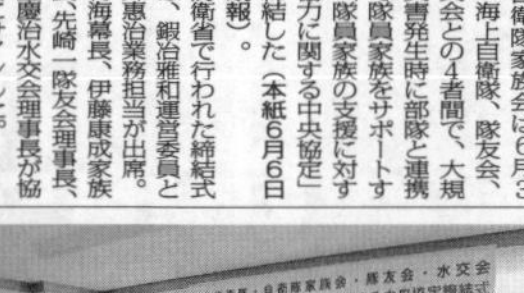

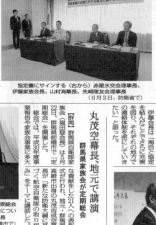

協定書にサインする（右から）赤星水交会理事長、伊藤家族会長、山村海幕長、先崎隊友会理事長（6月3日、防衛省で）

丸茂空幕長、地元で講演

群馬県家族会が定期総会

【群馬】群馬県自衛隊家族会（福田登会長）は5月22日、群馬県前橋市で「定期総会」を開催した。

総会では、平成30年度事業報告や家族会事業に多大な貢献をした21人への表彰式が行われ、地元・群馬県高崎市出身の丸茂吉成空幕長が「新たな防衛大綱に基づく航空自衛隊の取り組み」をテーマに講話した。

丸茂空幕長は、我が国の安全保障環境や空自の任務について説明。特に中国情勢では「軍事力を急速に強化し、活動範囲を広げている」とした上で、「（中国の対応を含めて）昨年度の空自の戦闘機による対領空侵犯措置は計999回に達した」と述べた。

また、群馬県出身の自衛官について「輸送機のパイロット、F15戦闘機の整備員、政府専用機のキャビンアテンダントなど多くの分野において群馬県出身の隊員が活躍している」と写真を交えて紹介した。

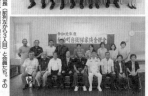

群馬県家族会の定期総会で、空自の取り組みについて講演する丸茂空幕長（5月22日、前橋市で）

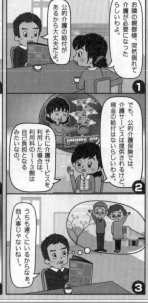

“おふくろの味”で激励

4普連新隊員教育隊25キロ行進　帯広市

【帯広】帯広市自衛隊家族会（大谷正明会長）は6月13日、帯広地方協力本部の支援を受け、然別演習場で実施された陸自4普連新隊員教育隊（帯広）の「一般曹候補生課程25キロ行進」を“おふくろの味”で激励した＝写真。

今年4月に入隊した曹候補生は今まで培ってきた体力と同期の絆で心身ともに大きく成長。教育の集大成の一つとなっている25キロ徒歩行進に臨んだ。

激励に参加した曹候補生の家族と家族会員は、大休止地点の廠舎地区で豚汁を調理。到着した曹候補生たち一人一人に手作りの温かい豚汁を手渡した。

曹候補生たちは笑顔を見せながらおいしそうに“おふくろの味”を思う存分味わい、次から次へとおかわりして英気を養った。

参加した家族や会員の顔は「とてもおいしそうに食べてくれたので作りがいがありました」と喜びに満ちた表情を浮かべていた。

「息子の業務に興味が湧いた」

大村航空基地祭を研修　鳥栖市家族会

【佐賀】鳥栖市家族会員21人は5月19日、佐賀地方協力本部の支援を受け、長崎県の海自大村航空基地を研修した。

研修は基地祭に合わせて行われ、地上展示ではUS-2救難飛行艇やTC90練習機などの航空機をはじめ、陸自の中距離地対空誘導弾（中SAM）などを見て回った。このほか、航空学生によるドリル展示、ヘリ編隊の飛行展示なども見学した。

海自隊員を我が子に持つ会員は「息子の業務にますます興味が湧いてきた」「もっと他の部隊も見てみたい」と話していた。

佐賀地本は「今後も協力団体と地域の方々に自衛隊に対する理解や親近感を深めてもらえるよう積極的にPR活動を行い、自衛官募集につなげていく」としている。

事務局だより

▽…5月1日、新天皇陛下が即位され、令和の時代が始まりました。令和の文字に込められた素晴らしい時代となるよう、自衛隊家族会もその使命をより一層果たしてまいりましょう。

▽…6月18日、グランドヒル市ヶ谷で令和元年度自衛隊家族会の「総会・表彰式・理事会・式典および意見交換会」を行いました。

総会では、平成30年度の「事業報告・収支決算書」のほか、「辞任理事の後任選任」が提案され、原案どおり可決されました。

総会後、理事会を開催し、6人の新たな県家族会長を承認しました。新しい理事および県家族会長のご活躍を祈念します。

▽…総会翌日の19日、防衛研究所国際会議室で令和元年度「募集協力者会同」が実施されました。この会同は陸幕が主催し、各県自衛隊家族会長および自衛隊家族会本部事務局長・各地域協議会担当委員が参加して、防衛省の募集所掌部署と自衛隊家族会が相互に理解を深め、募集協力態勢の充実を図る目的で毎年開催されています。

自衛隊家族会からは、「厳しい募集環境に対応するための方策」についてどうしたら募集成果を上げられるか、そのアイデアまたは既に実行しているもので成果があったものなどについて4県家族会が発表しました。

▽…6月3日に、「隊員家族の支援に対する協力に関する協定」が海上自衛隊と自衛隊家族会、隊友会、水交会の4者間で締結されました。

これまで、陸上自衛隊と協定を締結しておりましたが、新たに海自を加えることとなりました。新中期防の方向性とも合致しており、新大綱・新中期防の初年度に締結できたことは意義深く、また、地方における調整等がさらに容易になるとの海幕長の期待を込めた言葉がありました。

家族会では、陸自と試行期間を含めて5年ほどになりますが、今回の協定締結を機会として海自の持つ家族支援の独自のノウハウをさらに吸収し、家族支援協力を充実させていきたいと思います。また、現地においては部隊等と連絡調整を密にして実を上げていただければと思っております。　（家族会事務局）

募集・援護　特集

全国地本長会議　3幕僚長が大号令

創意工夫で任務達成を

全国から集まった50地本長を前に訓示する湯浅陸幕長（壇上右）。その左は山村海幕長と丸茂空幕長（いずれも6月24日、防衛省講堂で）

自衛官候補生の募集目標が未達成となったことを機に、2016年から再開された「全国自衛隊地方協力本部長会議」が6月24、25の両日、防衛省で開催された。会議には湯浅陸、山村海、丸茂空各幕僚長が出席し、全国から参集した50地本長に対し、訓示を行った。湯浅陸幕長は「各地本は創意と工夫をもって任務達成にまい進してもらいたい」と大号令をかけた。

会議冒頭、湯浅陸幕長が訓示に立ち、4年連続で自候生が採用計画数に届かなかったことを指摘。「陸幕として制度面での改善が後手に回った。今こそ将来を見据えた制度改善に取り組まねばならない」と危機感を表明した。

改善案には募集関係の経費配分も含まれ、「7月からの募集最盛期に先立ち予算の配分を早期化したところで、9月以降は既卒者募集を主体とした予算を必要な部分にしっかりと配分する」とし、「各方面隊で女性の受け入れに必要な基盤整備に係る予算も採用状況に応じ、必要な予算を配分する」と述べた。

人事施策では「各地本の募集課長や広報官など優秀かつ地域に精通した隊員を配置する」と語った。

制度の改善では、「士」の給与体系の改善により、警察や消防等、他の公安職公務員に見劣りしない処遇が得られるよう内幕で協議していることを明かした。

令和元年度から最低身長、視力、胸囲、肺活量の基準を見直した応募者の身体検査基準については、さらに「色覚要件についても、隊務への影響の分析を実施した上で見直しに向け調整をしている」と述べた。

部隊等に対しては「みんな本当に募集のためによくやってくれている」と感謝の言葉を述べ、リクルーターや臨時勤務隊員等、引き続き地本の業務をしっかりと支援することを要望した。

最後に陸幕長は「各地本が任務を達成できるよう、陸幕としても実施すべき事項を必要な時期までに完遂する。各地本は創意と工夫をもって任務達成に向けまい進してもらいたい」と各地本長に要望した。

続いて山村海幕長が登壇。今年10月14日に行われる観艦式について、「募集に主眼を置き、募集対象者や保護者に対し、宿泊を含めた青少年体験ツアーなどを計画している。陸自各方面隊を通じて、多くの募集対象者に乗艦してもらう方針だ」と述べた。

丸茂空幕長は全ての空自隊員が募集に関する当事者意識と危機感をもって各種施策を推進することを強調した。続いて、夏季休暇時の若年隊員の母校訪問について語り、「特に分屯基地近傍の高校を重点校とし、リクルーターを指定した。各地本はこの制度を活用してほしい」と要望した。

この後、陸幕からの施策説明に続き、「部隊と地本が連携して目標を達成するための方策」をテーマに討論や意見交換を行った。

翌25日には、地本長が地域ごとのグループに分かれ、「地本の枠を越えた連携要領」などをテーマに地域において、より効率的・効果的に募集業務を実施する上で必要な事項について意見交換した。

一方、招待された優秀広報官は、都内の広告代理店で研修を行った。

2級賞状や幕長褒賞など表彰

湯浅陸幕長（中央後ろ向き）から陸幕長褒賞を受ける愛知地本長の福島勲将1佐。その右後方は2級賞状受賞の地本長たち

地本長会議に先立ち、2級賞状、陸上幕僚長褒賞、陸海空自衛隊員自主募集優秀部隊等褒賞、優秀広報官表彰（2・3・4級賞詞）の各授与式が行われた。各受賞地本・部隊・隊員は次の通り。

◇2級賞状＝函館、青森、宮城、新潟、静岡、福井、京都、大阪、鳥取、島根、広島、香川、大分、熊本、宮崎

◇陸幕長褒賞＝愛知

◇優秀広報官表彰　[illegible]曹長（静岡）▽鶴野邦昭2空曹（福岡）[illegible]▽上垣輝幸2陸曹（兵庫）▽竹野徹1陸曹（広島）▽杉原高雄陸曹長（香川）▽桒[illegible]真路空曹長（鹿児島）▽中村公一郎1海曹（沖縄）

◇隊員自主募集優秀部隊等褒賞　[illegible]

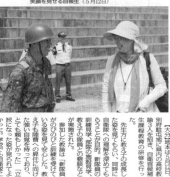

大分　成長した教え子と再会　県内の高校教諭3人

別府駐屯地を訪れた恩師（右）と再会し、笑顔を見せる自候生（5月12日）

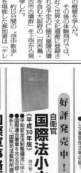

【大分】地本は5月12日、別府駐屯地に県内の高校教諭3人を招き、自衛官候補生課程教育の研修を行った。

先生方に教え子の成長した姿を見てもらい、同時に自衛隊への理解を深めてもらうことが目的。新隊員の訓練見学、部隊の施設見学、教え子の隊員との懇談などが実施された。

参加した教諭は「新隊員がのびのび訓練を受けている姿を見て安心した。教え子も隊員として昇任に向けた強い自覚を持っており、とても頼もしかった」「立派になった姿が見られてよかった。学校でも自衛隊に興味がある生徒に、今日見た様子や自隊の魅力を伝えようと思う」など話していた。

恩師と再会した自衛官候補生も「お世話になった先生方に『たくましくなったね』と言われ、うれしかった。学生の時よりもきちんとした姿を見せられてよかった」と笑顔で語っていた。

沖縄　3カ月の成果、家族に披露　15旅団の新隊員教育訓練

新隊員の訓練を見学に訪れた家族らと対面する自候生（6月9日、那覇駐屯地で）

【沖縄】地本は6月8、9の両日、15旅団新隊員教育隊（那覇）が行う自衛官候補生総合訓練に、新隊員の家族らを招待し、訓練見学会を支援した。

新隊員たちは区隊ごと戦闘訓練を行い、小銃手としての基本動作を披露。28家族78人の見学者たちは、約3カ月間の教育訓練でたくましく成長した我が子の姿を見て、みな感激していた。

「ついこの間まで高校生だった息子が、自衛隊で見違えるように成長し、感動した。自衛隊の訓練は本当に素晴らしい」と涙を浮かべながら語る母親もいた。今回の総合訓練見学には沖縄県自衛隊家族会の会員も招待し、陸自に関する理解を深めてもらった。

福岡、雇用協議会総会を支援　優秀社員15人を表彰

【福岡】地本は5月22日、福岡市内のホテルで開催された「福岡地区自衛隊除隊者雇用協議会定期総会」を支援した。

総会には雇用協会員企業などから94人が参加。平成30年度事業・決算報告、令和元年度事業計画・予算（案）が審議され、すべての議案が承認された。その後、優秀社員表彰が行われ、九電工相談役の藤永憲一会長から再就職先で勤務成績が優秀な元自衛官15人に表彰状が贈られた。

続いて深草貴信地本長が「福岡地本における就職援護状況」について説明、退職自衛官の再就職への協力を求めた。

総会終了後、招かれた空自の井筒俊司西空司令官が「航空自衛隊の任務とリーダーシップ」をテーマに講演を行った。

福岡地区自衛隊除隊者雇用協議会の総会で、「優秀社員」として表彰された元自衛官たち（5月22日、KKRホテル博多で）

和歌山　募集対象者のヘリ体験搭乗

【和歌山】地本は6月8日、中方ヘリ隊と八尾駐屯地広報班の支援を受け、同駐屯地で募集対象者向けのヘリ体験搭乗を行った。

参加者はパイロットからUH1多用途ヘリについての説明や安全教育を受け、実際に操縦席にも座り、ヘリの概要を学んだ。

その後の体験飛行では、近く世界文化遺産に登録される予定の仁徳天皇陵古墳を含む大阪府の「百舌鳥・古市古墳群」を上空から見学した。

約15分間の"空中散歩"を堪能した参加者は「テレビで見ていた古墳の景色を空から生で見られて良かった」などと興奮気味に感想を語っていた。

栃木地本がグリーンフェスタ　3自衛隊への理解促す

【栃木】地本は5月11日、宇都宮市のオリオンスクエアで「グリーンフェスタ2019」を開催した。今回で6回目。[illegible]

[illegible] 訪れた児童からは「自衛隊の制服はかっこよかった。隊員のお姉さんと一緒に写真が撮れてよかった」といった感想が聞かれた。

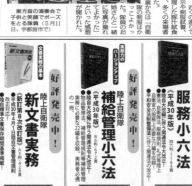

東方音の演奏会で子供と笑顔でポーズをとる隊員（5月11日、宇都宮市で）

東京　自衛隊統合防災演習　JXRに初参加

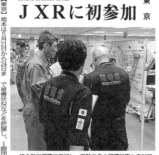

統合防災演習に参加し、五輪中の大規模災害への対処法を演練する東京地本の連絡員（5月21日、東京都庁で）

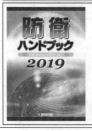

【東京】地本は5月21日から24日まで、「東京五輪・パラリンピック中に首都直下地震が発生した」との想定で行われた今年度の自衛隊統合防災演習「JXR」に初めて参加した。

地本は訓練シナリオに基づき、発災後、速やかに都庁に連絡員（LO）を派遣。都庁内のオペレーションルームで、状況を把握し、1師団司令部（練馬）、東京消防庁などと連携して情報の収集・通報、東京都と防衛省・自衛隊などとの連絡調整を行った。

訓練では刻々と状況が移り変わる中、地本はLOを中心に関係機関と連携し、被災者の早期救助に取り組んだ。

佐賀　西方演奏会に1200人来場

【佐賀】地本は6月8日、唐津市民会館で開かれた陸自西方音楽隊（健軍）の演奏会を支援した。会場には約1200人が訪れ、地本はロビーに自衛官募集や援護関連の広報ブースを設け、積極的に自衛隊のPRを行った。

演奏会の「美空ひばりメドレー」では、地本武雄地域事務所の広報官・松岡美紀子1陸曹がステージで歌声を披露、大きな拍手を受けた。

訪れた高校生は「演奏する自衛隊員一人ひとりの音と心がひとつになり、すごくよかった」などと感想を語っていた。

カナダ国防相が施設学校を視察

「工兵間交流の促進は重要」

【施校＝勝田】陸自施設学校（学校長・腰塚浩貴陸将補）は6月3日、カナダのハルジット・シン・サージャン国防相の部隊訪問を受けた。岩屋防衛相との日加防衛相会談（6月13日付1面既報）に先立ち、陸自の施設機材などを視察するため来校した。

昨年、施設学校が担任したモンゴルでの能力構築支援に加国がオブザーバー参加するなど、各国際活動で密接な関係にあることから訪問が実現した。

サージャン国防大臣は、午前10時、原田副大臣と小野塚貴之陸幕副長とともに特別輸送ヘリコプター隊（木更津）のEC225特別輸送ヘリで茨城県の勝田駐屯地に到着。腰塚学校長から陸自や施設科部隊、施設学校のPKOや能力構築支援などの取り組みについて説明を受けた。

さらに屋外に移動し、施設教導隊による07式機動支援橋の架設訓練、各種施設装備の展示を視察。同校教育部によるPKO宿営地などに必要な給排水、給電・配電の装置に関する教育施設についても説明され、自の装備技術や隊員の練度に高い関心を示した。

施設教導隊の隊員（左端）から07式機動支援橋の説明を受ける（右へ）サージャン加国防相と同行した原田副大臣（いずれも6月3日、勝田駐屯地で）

装備技術や隊員の練度に関心

その後の懇談でサージャン国防大臣は、陸自施設科が実施している国連三角パートナーシッププロジェクトの国連PKO支援部隊早期展開プロジェクト（RDEC）や、能力構築支援などを通じた第三国への安全保障協力、さらに施設主任教官の白石稔1佐が議長を務める国連PKO工兵部隊マニュアル改訂などの取り組みを高く評価。「平和維持分野での協力関係進展のため、カナダと日本の工兵間交流の促進が重要」と述べ、今年で修好90周年を迎える両国間の関係強化に意欲を示した。

腰塚学校長との記念品交換では茨城県の伝統的な陶器「笠間焼」を贈られ、和の文化にも触れられたことを喜んでいた。

サージャン加国防大臣（左）に記念品の笠間焼を贈呈する腰塚学校長

陸自ヘリが消火活動

高知県の山林火災で

高知県北川村の山林火災消火のため、CH47ヘリにバケットを取り付ける中方ヘリ隊3飛行隊の隊員たち（6月21日）

高知県安芸郡北川村で6月20日、山林火災が発生し、地元消防の消火活動で鎮火に至らず、陸自中方航空隊などのヘリが空中消火に当たった。

21日午後5時、尾崎正直知事から50普連長（高知）に災派が要請され、直ちに14飛行隊（北徳島）のUH1J多用途ヘリ（機長・畠山紀夫1尉）、中方航3飛行隊（美保）のCH47輸送ヘリ（同・和光男1尉）、航空学校（明野）の同ヘリ（同・小杉幸男1尉）が空中消火のため離陸し、北川村の平鍋ダムへ取水に向かった。

中方航（八尾）のUH1Jヘリ2機は現地の映像を陸幕、統幕、中方総監部へ伝送した。また、14飛行隊のUH1Jヘリは空中統制に当たった。

自治体での対応が可能になり22日午前6時、知事から撤収要請が出され、活動を終えた。

各部隊のヘリはそれぞれ16回（14飛行隊）、21回（中方航）、8回（航校）の散水を実施。散水量は合わせて約153トンだった。

瀬戸内海で貨物船と衝突

海自掃海艇「のとじま」 油流出やけが人なし

海自44掃海隊（舞鶴）の掃海艇「のとじま」（510トン、艇長・森田敏郎1尉以下乗員約41人）が6月26日午後11時58分ごろ、瀬戸内海の広島県尾道市高根島沖北東約1・5キロの海上で貨物船「ジェイケイIII」（699トン、乗員5人）と衝突した。両船艇ともけが人はなく、油の流出などもなかった。

兵庫県淡路市の仮屋磁気測定所から呉港へ向けて航行していた「のとじま」は、衝突により右舷後方を破損し、浸水した。貨物船は球状船首の左舷側を損傷した。

「のとじま」は自力での航行が不可能だったため翌27日、多用途支援艦「げんかい」が因島沖まで曳航し、同日午後3時ごろ、JMU因島事業所に入港した。

事故当時の現場周辺海域の天候は曇りで、風向・風速は北西約2メートル、海上は穏やかで視界は良好だった。尾道海上保安部が事故原因の調査を進めている。

海自は事故直後の27日午前1時、海幕監察官の小峯雅登将補を長とする艦船事故調査委員会を立ち上げ、海上保安庁の調査に協力している。

最新鋭MCVを披露

11旅団創立記念行事で展示

【真駒内】陸自11旅団・真駒内駐屯地は6月2日、創立11周年・開庁65周年記念行事を実施、陸自最新鋭の機動戦闘車（MCV）による訓練展示などを披露した。

11旅団は3月に機動旅団に改編され、機動師・旅団の戦力のかなめであるMCVを北部方面隊で初めて装備化した。

記念行事では、MCVの戦闘場面を取り入れた訓練展示を行い来場者に精強さをアピールした。亀山慎二旅団長は式辞で「『即動必遂』できる部隊となるよう日々職務にまい進していこう」と隊員たちに力強く述べた。

旅団創立11周年・駐屯地開庁65周年記念行事で観閲行進を行う11旅団の機動戦闘車中隊（6月2日、真駒内駐屯地で）

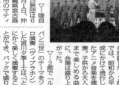

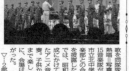

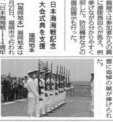

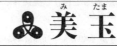

33普連が防災連絡会議

自治体、関係機関と連携強化

自治体首長の質問に答える33普連の幹部ら（左側）＝5月9日、久居駐屯地厚生センター大会議室で

【33普連＝久居】陸自33普連は5月9日、久居駐屯地で三重県内各自治体・関係機関との防災連絡会議を開き、災害時の自衛隊の行動、情報共有について連携強化を図った。

会議では石原雄介連隊長のあいさつに続き、3科長が連隊の活動状況を説明。10飛行隊（明野）、横須賀地方総監部、1警戒群（笠取山）、14高射隊（白山）の順で陸海空各部隊が活動能力の説明を行った。

三重県は防災対策部災害対策課の職員が円滑な受け入れ態勢、今後の取り組みについて発表した。

質疑では参加者からの質問に連隊長自らが答え、例を挙げながら分かりやすく説明した。防災機材などの装備品展示も行った。

日本海海戦記念大会式典を支援

福岡地本

【福岡地本】福岡地本は5月27日、福岡市で行われた「日本海海戦114周年記念大会」を支援した。

大会は明治38年の海戦の戦没者らの慰霊と平和を祈念して翌39年から行われてきた。昭和21年以降は日本海海戦記念大会事務局が中心となり式典を継承、旧海軍記念日の5月27日に実施している。

筥崎宮（福岡市東区）の本殿で行われた記念大会には菊地聡佐世保地方総監、深草貴信福岡地本長ら来賓、関係者多数が参加。

博多湾沖の海自訓練支援艦「くろべ」艦上で行われた洋上追悼式では、弔銃発射＝写真＝、供花などで英霊に追悼の誠が捧げられた。

小休止

▽…陸自15旅団は6月1日、沖縄県宮古島市のマティダ市民劇場で「みゃーくふれあいコンサート」を開催した。

▽…1部は3月末に新編された宮古警備隊の隊歌を同隊隊員らが熱唱＝写真。また、15音楽隊が宮古島市立北中学校吹奏楽部との合同演奏を披露した。2部では、昭和から平成にかけて流行したアニメ音楽を演奏。子供から大人まで楽しめる曲に、会場は盛り上がった。

▽…2部で「ルパン三世」のテーマをソロ演奏（ヴィブラホン）した宮川夕季1士は「とにかく楽しく演奏することができ、バックで盛り上げてくれたメンバーに感謝の気持ちでいっぱいです。お客様からも温かい言葉を頂きました」と振り返った。（陸那覇）

こちら警務隊

選挙違反　その①

接待をしてもされても 双方が公職選挙法違反

選挙運動の関係者が食事をおごってくれるそうですが、行っても問題ないですか？

選挙において有権者に供応接待（お酒や食事を振る舞って手厚くもてなすこと）することは買収とみなされますが、接待を受けた人も公職選挙法違反で3年以下の懲役もしくは禁錮または50万円以下の罰金に処せられる可能性があります。

これは候補者に実際に投票しなくても成立し、過去には弁当や菓子折りを受け取ったなどとして逮捕された事例もあります。

選挙において金銭や品物の供与等の話を持ちかけられても絶対に断りましょう。

（西部方面警務隊）

※次回は「政治的行為制限違反」

陸上・冬礼装

海上・冬礼装

航空・冬 礼装

朝雲・栃の芽俳壇

畠中草史　選

出石焼今宵は二合初鰹　新座・陸OB　船田藤三郎
出石焼は兵庫県富岡の磁器。他に類を見ない白さを誇る。そのぐい飲みや器に初鰹は合う。

明易や留守点りある玄関灯　あきる野・一般　小和田一男
留守ではあり得る。日が昇っても灯が点いているのは生活リズムが馴染んで無いのか。

廃校の時を刻める古時計　宮崎・空OB　髙木　智念
巣よりみなはみ出てをりし燕の子　大津・陸OB　丸岡　正男
苔の花墓石に残る地震の瑕　千葉・陸OG　佐賀あかり
山宿の枕辺に聞く青葉木菟　浜松・空OB　宮本　立勇
馬場の跡狭めて青葉若葉かな　佐賀・陸OB　一ノ瀬恵昭
風なくば泳ぎ忘れし鯉のぼり　熊谷・空OB　蓮佛志向子

つま恋ひの万葉歌碑や緑さす　浜松・空OG　塩見　惇子
五月場所婦女子人気の小兵勝つ　館山・海OB　斎藤　一向
をりからの雨を囃して行々子　浜松・空OG　木通　佳子
令和の世秩父路渡る若葉風　熊谷・空OB　明田　眞雅
睡蓮の花日表に水の闇　横浜・空OB　永澤　功
花を追ひ日本列島走りぬけ　熊谷・空OG　髙橋ふみ子
屯田の誉れ守り継ぐ蝦夷の花　江別・陸OB　鎌田日出雄
村中の音をかき消し男梅雨　所沢・空OB　藤井　功風
慈悲心鳥の声を聞きしと追伸に　小牧・陸OB　松岡　魚青
夏の夜の網戸をくぐる羽虫あり　西東京・空OB　水島　孝雄

うららかな日和の令和みことのり　熊谷・空OG　関田　絹江
梯梧咲き池風孕むやうに揺る　東京・陸OG　杉山ふく美
大輪の牡丹にひるむ花鋏　熊谷・空OG　佐藤　玲美
ねぢ花や藩邸跡と言う標　相模原・海OG　折口　桂子
店外に湯気高く上げ饅蒸す　新座・陸OG　牧　浩子
背伸びして兜に触るるこどもの日　熊谷・空OG　福元万理子

選者作品
囀に余る虫あきらめし雀の子

投句歓迎！

▽郵便はがきの裏面に未発表の自作3句以内と氏名、年齢、職業（自衛官・事務官＝所属部隊＝、OB、家族、一般など）、住所、電話番号を記入▽締め切り毎月15日▽宛先＝〒162−8801東京都新宿区市谷本村町5の1 防衛省D棟市ヶ谷記者クラブ朝雲俳句係☎03（5225）1750、専用線8・6・25515

みんなのページ

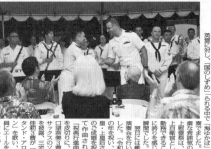

ハワイ・パールハーバーで日米交流

合同演奏盛り上がる

1海曹　前田　徹（練習艦隊司令部音楽隊）

海自と米海軍の音楽隊合同によるハワイでの演奏会は大いに盛り上がった

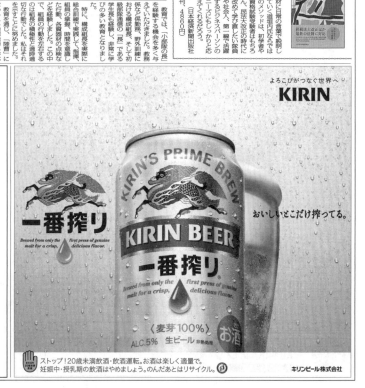

環太平洋を一周する海自遠洋練習航海部隊の練習艦「かしま」に乗り組んだ練習艦隊司令部音楽隊（隊長・岡崎恵一2尉以下19人）の特徴は、初めてボーカリスト（三宅由佳莉3曹）が加わったことです。

横須賀からハワイに向かう訓練の合間を縫ってのリハーサル時間はとても少なく、また動揺の中での音出しは通常の練習環境とはまるで違い、それでも各隊員一人一人の技術と集中力で仕上げていきました。

ミッドウェー島沖で行われた洋上慰霊祭では、先の大戦で尊い命を落とされた英霊に対し、「国のしずめ」の演奏が行われる中、供物が海に投入されました。続く弔銃発射では「命を捨てて」、そして黙とうが捧げられる中で「海ゆかば」を奏でました。厳粛な雰囲気の洋上慰霊祭は、海上自衛官として勤務できることに誇りを感じる瞬間でした。

翌日には艦上演奏会を行いました。「令和」の年を祝い、上皇・上皇后さまのご成婚を祝して作曲された「祝典行進曲」を皮切りに、山口望奈美3曹がサックスのソロを披露、三宅由佳莉3曹が「スタンド・アローン」を歌い、隊員にエールを送りました。

ミッドウェー島沖で洋上慰霊祭を行う遠航部隊の隊員

パールハーバー入港後は、日米軍事交流のための「JUMP（Japan US Military Program）」が日本総領事館で行われ、練習艦隊太鼓部が「祥瑞太鼓」を披露しました。

アメリカ海軍太平洋艦隊音楽隊との合同演奏では、両国の絆を深める「海を越える握手」のほか、北海道民謡を取り入れた「ソーランファンク」を演奏し、日米のアドリブソロ合戦で盛り上げました。

6月6日、出港用意の号令と同時に、行進曲「軍艦」を奏でながらパールハーバーを出港。この後も国際交流、国際親善のため各寄港地以降で演奏活動を行います。

臨時勤務で広報を経験

海士長　柳原　達也（鹿屋航空基地）

私は宮崎地本の募集課広報班に臨時勤務を命じられ、4月26日まで3カ月間勤務しました。

この地本勤務では、海上自衛官として艦艇広報、祭りイベントなどの業務に参加し、地域での募集広報や一般広報の大切さを経験しました。

普段は鹿児島県の鹿屋航空基地に勤務している私は、地本の方々の「募集からの目線」を知りませんでしたが、臨時勤務を通し、部外の方々との交流や自衛隊広報の重要性を深く認識しました。

また、期間中は実家から通勤し、毎日、母親が「手作り弁当」を用意してくれました。部隊の食事もおいしいのですが、母親の味が一番おいしいと思いました。久しぶりに実家で生活し、今まで育ててくれたことへの感謝の気持ちも伝えることができました。

部隊に帰ってからは、この経験を糧に頑張っていこうと思います。宮崎地本の皆さま、臨時勤務中は大変お世話になりました。

宮崎地本に臨時勤務し、広報活動を手伝った柳原達也海士長（右）

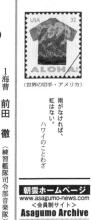

（世界の切手・アメリカ）

雨がなければ、虹はない。
ハワイのことわざ

新刊紹介

「インソムニア」　辻　寛之著

陸自PKO部隊の「駆け付け警護」をテーマとした異色のミステリー小説だ。アフリカの途上国で活動中のPKO部隊に、NGOから「緊急支援要請」が入ったところから物語は始まる。

NGOの車両が消息を絶った現場に陸自隊員7人が駆け付けるが、ここで反政府勢力の一派と遭遇し、銃撃を受け、身動きがとれなくなる。その後、隊員たちは政府軍によって救出されるが、隊員1名が行方不明に…。

この事件で精神にダメージを受けた隊員たちは日本に送還され、現地では行方不明隊員の捜索が続けられる。だが、助かった隊員たちの証言は食い違い、真相は闇の中へ。これをメンタルヘルス担当の医官が追う。

題名は「不眠症」という意味で、後遺症で眠れなくなった隊員たちの苦悩を意味している。これまでの自衛隊のPKO活動では、幸い、全隊員が無事に帰還しているが、現地では危険と紙一重の状況もあったはず。

本書は海外派遣での「最悪の状況」を疑似体験する上で、一読の価値がある。

（光文社刊、1620円）

「リーガルベイシス民法入門」第3版　道垣内弘人著

「なぜ法律がそうなっているのか」という背景・論理を含めた分かりやすい解説で定評のある東大大学院法学政治学研究科の道垣内弘人教授による初学者向けロングセラーの最新版。

2017、18年の民法改正に関係する箇所を【改正点】マークで示し、40年ぶりの大改正となった相続法をはじめ、商法や消費者契約法、成年年齢の引き下げなど最新の法改正に対応している。

この一冊（全753ページ）で民法全体を網羅しているのが特徴で、第1章を法学入門に充て、計13章立てで順を追って無理なく読めてその場で本質を理解できる工夫がなされている。特に生活に密着した▽結婚・離婚▽親子関係▽相続▽遺言▽遺産分割▽医療過誤▽自動車事故――などの分野は知っていて損はない。

味気ない知識の羅列を避け、身近なケースを題材に日常の言葉で説明していく道垣内氏ならではのメソッドは、初学者や資格試験受験者はもちろん、民法大改正の時代に改めて学び直したい隊員や社会人、第一線で活躍するビジネスパーソンのニーズにもしっかりと応えてくれるだろう。

（日本経済新聞出版社刊、4860円）

初級部隊通信の教育に参加

陸士長　佐藤　慶尚（32普連1中隊・大宮）

私は「初級部隊通信」の教育に参加し、印象に残ったことは「長」として勤務することの難しさでした。

教育間は通信に関する知識と技術を身につけるため、課業中はもちろん、課業外も勉学に励みました。技能では通信線の接続、縛着や各種通信器材の取り扱いなどを繰り返し反復演練しました。

教育では、「小部隊の長」を経験する機会を多く与えていただきました。教務係など係勤務、野外訓練における構成組長、そして初級部隊通信の「長」である学生長も経験し、非常に学びの多い教育となりました。

特に、構成組長を実際に総合訓練で実践して、指揮、組員の掌握、時間を意識した行動、各資器材の点検などを経験しました。この中で、組員の行動を左右するのは組長の積極性と適時適切な行動でした。私はそれを示すことに努めました。

教育を通じ、「陸曹」に求められる指揮能力も学ぶことができました。この夏に陸曹教育隊に入校予定なので、今回の経験を生かし、今後とも全力で与えられた任務にまい進していきたいと思います。

OBがんばる

於保　克巳さん　54
平成31年2月、空自西部航空方面隊司令部（春日）を最後に定年退職（3尉）。安弘モールド工業に再就職し、プラスチック金型製造に従事している。

定年後のビジョンを持つ

皆さん、「金型」をご存知ですか。突然、尋ねられると「?-?-」かもしれませんね。金型とは製品を大量生産するために使用される「金属製の型」の総称です。製品の作り方により多岐にわたるのですが、プラスチック金型などはイメージしやすいのではないでしょうか。スマホなどの小物から、車のフロントグリルなどの大型の物まで、大量生産されるプラスチック製品には金型が使用されているのです。

私は、プラスチック金型の製造・修理・改造業を営む安弘モールド工業に勤めています。「定年退職後は物作りに従事したい」という私の希望を西空司令部援護業務課の皆さまにかなえていただきました。

自分の航空機整備員としてのスキルが多少は生かせるかと思い勤め始めましたが、ほぼゼロからのスタートとなりました。技術的な部分もそうですが、そもそも「技術が稼ぎに直結している」という感覚に乏しかったのです。トヨタ、ホンダなどの大手はお客さまであり、金型の異状は生産ラインを止めてしまう一大事なのです。この「お客さま」という観点が私にはなかったため、当初は右往左往していました。

「第2の人生」などとよく言いますが、よくよく考えてみると定年後も長いです。自分にできること、やりたいことを分析し、明確なビジョンを持つべきです。そして万全の態勢で再スタートを切っていただきたいと思います。意識の切り替えが甘かった私ですが、現在は自衛官の頃とはまた違った緊張感の中で技術の習得に励んでおり、新鮮で充実した日々を送っております。

「朝雲」へのメール投稿はこちらへ！
▽原稿の書式・字数は自由。「いつ・どこで・誰が・何を・なぜ・どうしたか（5W1H）」を基本に、具体的に記述。所感文は制限なし。
▽写真はJPEG（通常のデジカメ写真）で。
▽メール投稿の送付先は「朝雲」編集部（editorial@asagumo-news.com）まで。

詰将棋

第798回出題
出題　日本将棋連盟　九段　石田和雄

先手　持駒　金

【ヒント】初手と三手目（10分で二段）

▶詰碁、詰将棋の出題は隔週です◀

詰碁

第1213回解答
出題　日本棋院　九段　曲　励起

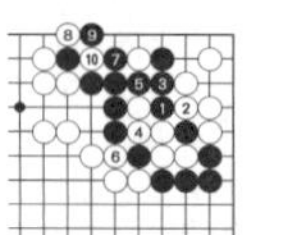

【解答図】

朝雲

発行所 朝雲新聞社
〒160-0002 東京都新宿区四谷坂町12-20 KKビル
電話 03(3225)3841
FAX 03(3225)3831
振替00190-4-17600番
定価一部170円、年間購読料9000円（税・送料込み）

本号は10ページ

防衛省

自殺・パワハラ防止に新施策

年度内に海自独自教育

ハンドブックやリーフレット作成

防衛省は6月26日、第3回「自殺・パワハラ防止合同会議」を省内で開き、今夏をめどに監督者用の「ハラスメント防止ハンドブック」を作成することなどを決めた。一般隊員用には「パワハラ防止リーフレット」を同省のホームページ（HP）などに掲載するほか、海自独自の教育として「ハラスメント改善に資するプログラム（仮称）」を年度内に開始する予定で、詳細は今後詰める。これまでに部外有識者から得られた意見なども踏まえ、引き続き、自殺とパワハラの両面から防止に向けた検討体制を維持し、フォローアップを図っていく方針だ。

会議には高橋事務次官、山村海幕長、岡人事教育局長らが出席。冒頭、省の「パワー・ハラスメントの防止に関する検討委員会」の委員長を務める原田副大臣は「自衛隊が真の精強性を確保していくためには、パワハラをなくさなければならない。今の若い人たちの特性を踏まえ、新しい時代の指導、さまざまな個性を踏まえて育成する指導を行う必要がある」と指摘した。

続いて、省の「自殺事故防止対策本部」の本部長を務める鈴木政務官があいさつ。「高い志を持って防衛省・自衛隊に入ってきてくれた若い世代、そして有為な人材を失うことは、組織としても一人の人間としても極めて残念で遺憾なことだ。残った者が勝者でもない、耐えた者が勝ち組でもない。組織として国家・国民の皆さまからの理解と信頼をいただけるに値する組織としての何たるかについて我々は議論してきた。『問題を根絶する』という強い思いと共に、この取り組みを皆さんと一緒にスピード感をもって前に進めていく」と決意を述べた。

「自殺・パワハラ防止合同会議」は、昨年9月に海自補給艦「ときわ」でパワハラに起因する自殺事案が発生したことから、これまでの対策を抜本的に見直すことを目的に発足。今年2月の初会合、4月の部外有識者との2回に及ぶ意見交換会、5月の第2回会合を経て、今回初めて報道公開された。

招へいされた部外有識者は、『クラッシャー上司・平気で部下を追い詰める人たち』（PHP新書・2017年）の著書で知られる筑波大の松崎一葉教授と、精神病理学者で自殺問題に詳しい平沢記念病院（埼玉県所沢市）の高橋祥友医師の2人。

意見交換会では、▽「ハラスメントは精強性を損なう」との認識の共有▽パワハラにならない指導の在り方▽パワハラで部下をつぶす「クラッシャー上司」対策の必要性▽発達障害の特徴を持つ者に関する知識▽自殺を図る前の兆候の察知▽傾聴の重要性――などについて話し合われた。

防衛省ではこれらの意見を反映させた新たな再発防止策を策定し、施策を推進していく考えだ。

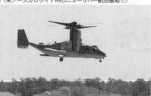

米国で飛行訓練を行う陸自の垂直離着陸輸送機V22オスプレイ702号機（米ノースカロライナ州のニューリバー航空基地で）

陸自オスプレイ　教育訓練続く

40人が技量高める

陸自は今年3月から米海兵隊の支援のもと、米国ノースカロライナ州のニューリバー航空基地で、陸自が取得した垂直離着陸輸送機「V22オスプレイ」を使用し、約40人の航空機科隊員への教育訓練を行っている。

訓練は同機の操縦資格を取得した隊員らが米国でさらなる実務経験を積むことで練度の向上を図り、より上位資格や高度な技術を獲得することを目的に続けられている。これまでの「留学課程」ではオスプレイの機器の操作に慣熟し、機体を安定的に運用することを中心に教育が行われてきた。

約40人の隊員の内訳は、パイロット、機上で機器管理などを行うクルーチーフ、整備員となっている。

同課程では島嶼防衛など各種事態で運用することも想定し、夜間や低視界といったより厳しい環境下での飛行訓練も行い、戦術的な技量を高める計画だ。

米留要員は全国の陸自ヘリ部隊から順次選抜され、来年5月まで交代で訓練を行う。陸自はオスプレイ計17機を取得する予定。

トルコ国防相と岩屋防衛相懇談

防衛協力・交流を推進

岩屋防衛相は7月1日、来日したトルコのフルースィ・アカル国防相と防衛省で懇談し、両国間で引き続き防衛協力・交流を推進していくことで一致した。

トルコ国防相の来日は、2013年3月のイスメット・ユルマズ国防相（当時）以来、6年ぶり。アカル氏は大阪での「主要20カ国・地域首脳会議（G20大阪サミット）」に出席した同国のエルドアン大統領に伴って来日した。

岩屋防衛相は両国間の長い友好の歴史に触れた上で、「貴国は北大西洋条約機構（NATO）の重要なメンバーであり、中東地域や国際社会の安全保障に大きな影響力を有している」と述べ、12年に防衛当局間で署名した「防衛交流・協力に関する意図表明文書」に基づき、着実に関係強化を図っていく考えを示した。

これに対し、アカル国防相は「トルコ国民は日本国民に大変温かい感情を抱いており、我が国の人々にとって日本人は特別な存在だ。日本との関係促進を大変心強く思っている」と応じ、防衛交流を通じた安全保障面での協力進展に期待感を表した。

トルコのアカル国防相（中央奥の通訳を挟んで右）と懇談する岩屋防衛相（同左）。その左は山崎統幕長＝7月1日、大臣室で

九州大雨　不明者を捜索

6月末から7月初めにかけて降り続いた記録的な大雨で、九州南部では各地で被害が発生した。鹿児島県曽於市では7月4日、土砂崩れで民家が倒壊し、陸自12普連（国分）重迫撃砲中隊の隊員たちが地元の消防と共同し、行方不明者の捜索活動に当たった＝写真。（9面に関連記事と写真）

衛生監に椎葉茂樹氏

防衛省　書記官級で異動

防衛省は7月5、8、9、10日付で書記官級の異動を発令した。9日付で田原克志衛生監が厚生労働省に出向し、後任に椎葉茂樹厚労省労働基準局安全衛生部長が就いたほか、平井啓友施設監が勤務延長の期限を繰り上げて勇退したことに伴い、その後任に翌10日付で高木健司北海道防衛局長が就くなど、計44人が動いた。

椎葉衛生監

椎葉　茂樹（しいば・しげき）衛生監　産業医大卒。昭和63年旧厚生省。健康局がん対策・健康増進課長、大臣官房厚生科学課長、大臣官房審議官などを経て、平成30年7月労働基準局安全衛生部長。宮崎県出身。56歳。

高木施設監

高木　健司（たかぎ・けんじ）施設監　九大工卒。昭和60年旧防衛施設庁。沖縄防衛局調達部長、九州防衛局総務部長、地方協力局防音対策課長、沖縄防衛局次長などを経て、平成30年8月北海道防衛局長。福岡県出身。57歳。

防衛省発令

▽勤務延長の期限を令和元年7月9日に繰り上げる（大臣官房施設監）　平井　啓友
▽厚生労働省へ出向、同日付厚生労働省大臣官房付へ（大臣官房衛生監）　田原　克志
▽防衛書記官、大臣官房衛生監に採用（厚生労働省労働基準局安全衛生部長）　椎葉　茂樹
▽防衛書記官、大臣官房審議官に採用　村岡　猛
（以上7月9日）
▽大臣官房付、外務省へ出向＝外務省大臣官房付併内閣府大臣官房審議官併内閣府遺棄化学兵器処理担当室長へ（中国四国防衛局長）　赤瀬　正洋
▽大臣官房施設監（北海道防衛局長）　高木　健司
▽大臣官房報道官（東北防衛局長）　伊藤　茂樹
▽大臣官房サイバーセキュリティ・情報化審議官（大臣官房審議官）　深澤　雅貴
▽大臣官房審議官（防衛装備庁装備政策部長）　土本　英樹
▽防衛事務官、大臣官房付に採用、大臣官房審議官併任（外務省大臣官房）　青木　健至
▽南関東防衛局長（大臣官房サイバーセキュリティ・情報化審議官）　小波　功
▽解大臣官房審議官併任、中国四国防衛局長（大臣官房付）　森田　治男
▽防衛装備庁装備政策部長（大臣官房報道官）　青柳　肇
▽北海道防衛局長（整備計画局防衛計画課長）　末永　広
▽東北防衛局長（地方協力局地方調整課長）　熊谷　昌司
▽防衛装備庁へ出向、装備政策課長へ（防衛政策局国際政策課長）　弓削　州司
▽同、プロジェクト管理部事業計画官へ（人事教育局服務管理官）　室伏　祐二
▽大臣官房参事官（大臣官房企画評価課長）　品川　高浩
▽同企画評価課長（防衛政策局戦略企画課長）　五味　賢至
▽防衛政策局戦略企画課長（地方協力局補償課長）　松本　恭典
▽同国際政策課長（情報本部分析部長）　吉野　幸治
[illegible]
▽沖縄防衛局企画部長（地方協力局沖縄調整官）　村井　勝
（以上7月10日）
▽大臣官房付（防衛装備庁調達事業部長）　森　佳美
▽防衛事務官、大臣官房付に採用（経済産業省大臣官房付）　川嶋　貴樹
▽防衛装備庁調達事業部長（大臣官房監査課長）　淺野　正美
▽防衛書記官、大臣官房会計課長に採用　小森　卓郎
▽大臣官房監査課長（中央病院総務部長）　松村　智秀
▽退職＝同日付財務省大臣官房総合政策課長へ（大臣官房会計課長）　岩元　達弘
（以上7月5日）
▽退職＝翌7月9日付国土交通省港湾局付へ（大臣官房審議官）　宮崎　祥一
（7月8日）
▽防衛事務官、大臣官房付に採用、退職（財務省名古屋税関長）　武藤　義哉
▽退職＝同日付財務省函館税関長へ（南関東防衛局長）　堀地　徹
（以上7月10日）

陸自が米軍メガシティ会議支援

人道支援や災害救助

陸自は7月17、18の両日、防衛研究所の国際会議場（市ヶ谷）で開かれる米陸軍教義コマンド（TRADOC）、米太平洋陸軍（USARPAC）共催の「第2回メガシティ会議」を支援する。

テーマは「メガシティにおける現代及び将来の作戦」で、会議には防衛省は[illegible]は今年の秋にラグビーW杯、来年夏に東京オリンピック・パラリンピックが開かれることから、その期間中に首都直下地震などが起きた場合の対策について議論する。

第1回のメガシティ会議は昨年4月、米国のニューヨークで開催された。第2回目となる東京での会議では、期間中、主にブリーフィングとパネル・ディスカッションが行われ、①メガシティ及びHA/DR作戦～作戦の特性と歴史的教訓～②同作戦の複雑性③同作戦における官民協力ー④メガシティ作戦の総合一体化―の計四つのセッションに分かれて討議が進められる。

東京でのメガシティ会議開催は米陸軍教義コマンドが「東京」を研究対象としたことから選ばれた。

遠航部隊、折り返し地点に到着

ペルー・カヤオ

太平洋を横断し、北・中米西岸沖を南下していた海自の遠洋練習航海部隊（練習艦「かしま」、護衛艦「いなづま」で編成、指揮官・梶元大介海将補以下約580人）は7月5日、折り返し地点となる南米ペルーのカヤオに到着した。その後、再び北上を続けてエクアドル、メキシコを訪問。その後、太平洋を西に横断し、仏領ポリネシア、フィジー、ニュージーランドなど、南太平洋・オセアニアの国々を歴訪する。

春夏秋冬

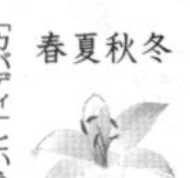

「カバディ」というスポーツをご存じだろうか。「カバディ、カバディ、カバディ…」と言いながらプレーするということは知られているが、では、何をどうする競技なのかと聞くと、よくわからない向きが多いかもしれない。

競技化されたカバディでは、1チーム7人の選手がコートに入り、決められた時間のなかで攻防を繰り広げる。攻撃側は「レイダー」と呼ばれる選手が一人で敵陣に攻め込み、相手チームの選手の体にタッチして自陣に戻れば得点。逆に、レイダーが捕まってしまえば守備側の得点となる。筆者は専ら観戦する側だが、「鬼ごっこ」のスピード感やゲーム性と、ラグビーのダイナミックさを併せ持つこのスポーツにすっかり魅せられてしまった。

カバディの発祥はインドで、数千年の歴史を持つとされる。インドには特定の国技はないが、もしひとつ選ぶとしたら、カバディになるのではないか。2014年には国内でプロリーグが発足して人気も高まっている。パキスタンやバングラデシュ、イランやタイといった南アジアおよびその周辺国

カバディ、カバディ、カバディ!!

笠井　亮平

でもプレーされており、1990年からアジア大会の正式種目として採用されたほか、2004年にはワールドカップも始まった。

実は日本もカバディ界で健闘している。男子日本代表は2007年のW杯と2010年のアジア大会で、いずれも銅メダルを獲得。女子代表も国際大会に参加している。『灼熱カバディ』という連載中の漫画もあり、じわじわと裾野が広がっている。

5月23日付本紙は今秋に「国際防衛ラグビー大会」が首都圏で開かれ、自衛隊のチームが各国軍との試合に参加すると報じていたが、これのカバディ版をやってみたらどうだろうか。まずはインド軍やパキスタン軍と個別に交流試合をするところから始めてみたらいいかもしれない。筆者がパキスタン駐在時代に現地のカバディ大会を観戦した際の決勝戦は「陸軍代表」対「空軍代表」で、ハイレベルな激闘が繰り広げられていた。おそらくインド軍チームも精鋭揃いではないかと思われる。しかし、カバディは攻撃だけでなく、守備でも得点できるスポーツだ。「専守防衛」の自衛隊チームなら、きっと互角の戦いができるはずだと期待している。

（岐阜女子大学南アジア研究センター特別研究員）

朝雲寸言

アメリカの大統領選挙は、4年毎の閏年に行われる。実は夏季オリンピック大会と全く同じ周期なのだ。再選を目指す現職大統領が動き始めるのは、その前年であることが多い。2020年、日本はオリンピック一色になるだろうが、米国は大統領選挙一色になるだろう▼G20大阪サミットが海洋プラスチックごみゼロ宣言などを採択して閉幕した。その翌日にトランプ大統領は電撃的に板門店を訪問、南北境界線を越えて金正恩委員長と会談した。日本以上に驚いたのは、大統領訪問を準備していた韓国かもしれない▼この会談を大統領の実行力の表れと見るか、パフォーマンスと見るかは評価の分かれるところだが、大統領が再選に向けて動き出したことは間違いない▼1972年、当時のニクソン大統領は歴史上初めて中国を訪問し毛沢東と会談、その年の選挙で再選された。その訪中に一番驚いたのは他でもない我が日本である。1980年、カーター大統領はモスクワ五輪をボイコット、その年の選挙でレーガンに敗れた。そのレーガン大統領は1983年、スターウォーズ計画を発表、翌年の地元開催のロサンゼルスオリンピックで開会宣言を行い、11月圧倒的な得票率で再選された▼2020年、7月から9月にかけて開催される東京オリンピック・パラリンピック大会まであと1年となった。同様に第46代アメリカ合衆国大統領が選ばれるまで1年余りである。

時の焦点

国内　対韓輸出規制

日本の真意を内外に示せ

韓国への配慮を重視してきた日本としては、異例の対応である。その真意と背景を、国内外に丁寧に説明しなければならない。

政府は、半導体製造に必要なフッ化水素など3品目について、韓国向けの輸出管理を厳格化した。これに加え、輸出手続き簡略化の優遇措置を受けられる「ホワイト国」27カ国から、韓国を除外する準備を進めている。

安倍首相は、「相手が約束を守らない中では、今までの優遇措置は取れないのは当然の判断だ」と語った。

西村康稔官房副長官は、輸出管理をめぐり、「韓国との間で、少なくとも3年以上の間、十分な意思疎通、意見交換が行われていない」と指摘した。過去に不適切な事案があったことも明らかにした。

韓国海軍による海上自衛隊機への火器管制レーダー照射問題では、韓国側は事実関係さえ認めていない。

これでは、「ホワイト国」として特別扱いを継続するのは難しい、ということであろう。軍事利用も可能な物資は、ひときわ適切な管理が求められる。

日本の厳しい対応の背景にあるのは、日韓関係の基本をないがしろにする韓国への不信感である。

昨年10月、韓国最高裁は、韓国人元徴用工の損害賠償訴訟で、日本企業に賠償を命じる判決を確定させた。この判決が、請求権問題の「完全かつ最終的解決」を確認した1965年の日韓請求権・経済協力協定に反しているのは明白だ。しかし、韓国政府は十分な対応を取っていない。これでは、韓国内にある日本企業の資産が次々と差し押さえられ、売却される事態に陥りかねない。

韓国の文在寅大統領は年頭の記者会見で、元徴用工問題について「韓国政府は三権分立により判決を尊重しなければならない」と語った。しかし、「三権分立」を口実に国際的な約束を反故にするのでは、国際社会の秩序は成り立たない。

「条約法に関するウィーン条約」は、「条約の不履行を正当化する根拠として自国の国内法を援用することができない」と明確に規定している。韓国の憲法などを根拠に日韓の協定を破ることはできないのである。

韓国の協定軽視はこれにとどまらない。

同協定は、両国で紛争が生じた場合、仲裁委員会を設けて解決する手続きを定めている。日本はこの規定に基づいて仲裁委の設置を要請しているが、韓国は応じていない。

気がかりなのは、日本の輸出管理厳格化について、韓国政府が単に「報復」と受け止め、反発を強めていることだ。

韓国が問題点を直視せず、日本に対抗するだけであれば、混乱は長期化し、日韓の経済に大きな悪影響を及ぼす。

韓国が対応を改めれば、日本も柔軟に対処する必要があろう。そのカギは韓国が握っていることを忘れてはならない。

宮原 三郎(政治評論家)

海外　イランとの対決

「全カード」が米の手に

▽6月下旬―イランが米無人偵察機を撃墜。米は報復攻撃を計画したが、直前に断念。代わりに最高指導者ハメネイ師も対象に追加制裁。

▽7月1日―イランの低濃縮ウラン貯蔵量が核合意で規定された上限を突破。

▽同3日―ロウハニ大統領「7日以降はウラン濃縮を合意の規定を超え必要な水準まで高める」と言明。

情勢緊迫がどれだけ続き、どこへ向かうのか。即断は無理でも、「カード」はすべて米の手中にある。

イランはオバマ米前政権の「古き良き時代」を懐古しきりのはずだ。同政権はイランの将来の核保有を保証したのも同然の合意に同意し、17億ドルもの現金（使途を追跡できないようにイラン側が要請）を極秘に空輸した。

イランは目下、より左派の米新政権は親イランになると見て、2020年の米大統領選で社会主義者サンダース氏、リベラル派のウォーレン上院議員、バイデン前副大統領の3候補の動向に注目している。

イラン当局者は既に、ケリー前国務長官と極秘に会談し、リベラルのファインスタイン上院議員とも接触。トランプ大統領が退任後、同氏が18年5月に離脱した核合意を復活させる方策を話し合った。

トランプ氏の大統領選の勝因の一つは、中西部の民主党支持州を共和党支持に転換させる戦略で、その一つが中東への介入を縮小する公約だった。

イランは大統領選の前にトランプ政権の頓挫を狙っている。米国を挑発して実際の戦争になれば、それは米国では不人気なので、トランプ氏敗北につながるとの計算だ。

だが、世界の様変わりは凄い。米国は世界最大の産油国、天然ガス産出国であるばかりか、間もなく最大のエネルギー輸出国になる。もうイランの沿岸に近寄る必要もなくなる。イスラエルなど中東の同盟国もエネルギー面で他に依存しない。

そして米国には時間的な余裕があるが、イランは緊張をエスカレートさせなければ国家破滅に直面する。

もし、イランがタンカーや米資産への攻撃を始めれば、トランプ氏は対イスラム国（IS）への戦略・ドローンによる断続的空爆を再演するだけでいい。パイロットを失うこともない。地上部隊の投入は避け、本格的空爆にも出ないことがカギだろう。

イランがシリアやパレスチナの代理人を使って、イスラエルとのトラブルを扇動したり、米欧でテロ事件を起こす可能性はある。

しかし、両国の「チキンレース」では、米国がすべてのカードを握り、イランには1枚もないというのが真実である。

なぜなら、イランは友人も資金も失い、緊張をエスカレートさせるしかない。一方、米国は自国を弱く見せることも、開戦することもなく、さらに、イランに多大の能力を与えた核合意に責任がある政党の政権復帰を保証することもなく、問題に対処できるのである。

草野 徹（外交評論家）

沖縄の米3海兵機動展開部隊

新司令官が大臣、陸幕長を表敬

米第3海兵機動展開部隊司令官に着任し、湯浅陸幕長（右）を表敬、日米同盟の強化で一致し握手を交わすクラーディ米海兵隊中将（7月1日、陸幕長応接室で）

沖縄の米第3海兵機動展開部隊（3MEF、うるま市キャンプ・コートニー）司令官に5月31日付で着任したハーマン・ステーシー・クラーディ中将が7月1日、防衛省を訪れ、午前中に湯浅陸幕長、午後から岩屋防衛相をそれぞれ表敬した。同司令官は在沖米軍トップの「沖縄4軍調整官」も兼務する。

クラーディ司令官は、前任で米バージニア州クワンティコの米海兵隊戦闘開発コマンド司令官に就任したエリック・スミス中将の後任。沖縄の第3海兵師団長（キャンプ・コートニー）などを経て、前職は人事・即応体制担当国防次官付軍事補佐官（米国防総省）。日本での勤務は4度目となる。

湯浅陸幕長は司令官就任への祝意と、米海兵隊による陸自「水陸機動団」の戦力化に向けた協力に謝意を表し、「最近の日米同盟の強化を喜ばしく思う」と歓迎の言葉を述べた。

現在、豪州で行われている米豪共同訓練「タリスマン・セーバー」に陸・海自や米海兵隊などが参加していることについて「インド太平洋地域への関与という戦略的メッセージも含めて非常に意義ある訓練だ」と述べ、自衛隊と米軍のさらなる連携強化に期待感を示した。

これに対し、クラーディ司令官は「日米の軍種間では素晴らしい関係が築かれており、自衛隊の能力向上が同盟強化につながると確信している」と応じた。

この後、司令官は岩屋防衛相を表敬訪問。岩屋大臣は「日米同盟はかつてなく強固なものとなっている。米海兵隊は我が国防衛のための献身的な取り組みだけではなく、自衛隊の水陸両用作戦能力の向上にもご協力をいただいており、今後も米海兵隊との連携を一層強化したい」と述べた。

これに対し、クラーディ司令官は「再び日本に戻ることができてうれしい。日本を離れていた4年間も日米同盟の強化と、米軍と自衛隊の関係発展を見守ってきた。日本の皆さまと共に前進することを楽しみにしている。この地域の平和と安定、そして日本を守るために自らの立場を全うし、全力を尽くすことをお約束する」と力強く応えた。

空自体験飛行参加者募集

千歳、入間、築城、那覇基地で開催

空自は令和元年度自衛隊記念日行事の一環として、10月5日（土）に全国の4基地で一般向けの「体験飛行」を行う。現在、参加者を募集中で、締め切りは7月24日（必着）。

前年に引き続き、入間基地では最新鋭機のC2輸送機も使われる。他はCH47輸送ヘリで、千歳、入間、築城、那覇の4基地で行われる。定員は千歳、築城、那覇が120人で、入間はC2が200人、CH47が180人。いずれも小学生以上が対象で、小学生は保護者同伴、未成年者は親の同意が必要。

応募は往復はがきで、往信面表面に〒162-8804東京都新宿区市谷本村町5の1 航空幕僚監部広報室「体験飛行朝雲係」、同裏面に①搭乗希望者（全員）の（1）郵便番号（2）住所（3）電話番号（4）氏名（ふりがな）（5）年齢（6）職業（学年）②搭乗希望基地名（1カ所、入間は希望機種も）――を記入。返信面表面に代表者の郵便番号、住所、名前を記入し、同裏面には何も記入しない。

1通で応募できる人数は成人が最大2人、小学生以上の未成年を含む家族（成人は2人まで）、中学生以上19歳までのグループなどは最大5人まで。

抽選結果は9月上旬以降に返信はがきで通知。問い合わせは空幕広報室「体験飛行朝雲係」、電話03（3268）3111（内線60092〜93）まで。詳しくは空自HPへ。

令和元年度自衛隊記念日行事

行事名	実施日	場所
追悼式	10月13日(日)	防衛省慰霊碑地区
感謝状贈呈式	10月13日(日)	都内
観艦式	10月14日(月・祝)	相模湾
体験飛行	10月5日(土)	空自千歳基地 空自入間基地 空自築城基地 空自那覇基地
音楽まつり	11月30日(土) 12月1日(日)	国立代々木競技場 第1体育館
自衛隊記念日レセプション	11月1日(金)	都内

10月14日に観艦式

相模湾で 自衛隊記念日行事

防衛省は令和元年度の自衛隊記念日行事の日程を発表した。メイン行事は、首相を観閲官に迎え、10月14日（月・祝）に相模湾で開催される「観艦式」。

一方、2020年の東京五輪を控え、これまで毎年、「音楽まつり」が開かれてきた「日本武道館」（東京都千代田区）が今年9月から改修工事に入るため、今回は「国立代々木競技場第1体育館」（同渋谷区）に会場が変更される。

各行事は表の通り。場所など詳細未定の部分は後日公表される予定。

3、6師団、11旅団が協同転地演習

陸自の3師団（千僧）、6師団（神町）、11旅団（真駒内）はこの夏、他方面区への「令和元年度協同転地演習」を実施している。

3師団等の転地演習は岸川公彦中方総監を担任官に、隊員2600人、74式戦車を含む車両約850両、155ミリ榴弾砲FH70などが参加し、6月30日から開始された。

7普連（福知山）、36普連（伊丹）、37普連（信太山）などの部隊は中部方面区から陸・海・空路を使って北海道の矢臼別演習場などに展開し、長射程の射撃訓練などを行っている。7月26日まで。同8、9日には7普連の一部が海自輸送艦搭載のエアクッション艇の支援を受け、浜大樹訓練場への揚陸訓練を行った。

6師団の連隊等転地演習は上尾秀樹東北方総監を担任官に、22即機連（多賀城）基幹の約240人、車両約70両が参加。7月8日から23日までの期間中、部隊は西部方面区に展開し、日出生台演習場や奄美駐屯地などで訓練を行う。

11旅団の同演習は、田浦正人北方総監を担任官に10即機連（滝川）基幹の約160人、車両約40両が参加。7月16日から23日まで、東部方面区に展開し、大日原演習場で各種機能別訓練を行う。

第7代最先任に根本准尉

＝防衛省で交代式＝

統幕長ら高橋准尉見送る

陸幕長の補佐や全国の准曹士の状況把握と指導に当たる「陸自最先任上級曹長」が6月28日付で交代し、新たに根本和男准尉（前職・陸幕監察官付）が第7代同最先任上級曹長に就任した。

防衛省儀仗広場で行われた交代式には執行者の湯浅陸幕長、小野塚貴之副長ら陸幕幹部と市ヶ谷駐屯地勤務の准曹士ら約200人が出席。前任の高橋将准尉に陸幕長から3級賞詞が授与された後、「最先任」の指定を解除され、識別章を返納。続いて新最先任に指定された根本准尉に陸幕長から同章が授与された。

湯浅陸幕長は式辞で、高橋准尉に「在任中は全国711の部隊に足を運ぶなど、本職の意図や言葉を咀嚼し、（全国の准曹士隊員に）自らの言葉で真意を分かりやすく伝え、私の指揮・統率を補佐してくれた」と労をねぎらった。

続いて新任の根本准尉に対しては「多大な貢献と努力で数々の実績を残してきた人物。本職の強力な片腕として、さらなる活躍を期待したい」と述べた。

第7代陸自最先任上級曹長に着任し、市ヶ谷地区の准曹士を前に抱負を述べる根本准尉（壇上）。左は前任の高橋准尉（6月28日、防衛省儀仗広場で）

根本准尉は着任後、目標として①目的意識の向上②主体的な隊員の育成③各階層におけるリーダーの育成――を掲げ、「准曹士隊員の最上位者としてリーダーシップを発揮する」と決意を表明した。

式後、再任用で教育訓練研究本部（目黒）に異動する高橋准尉の見送りが行われ、山崎統幕長（前陸幕長）、湯浅陸幕長らから拍手で送られ、最後に陸自曹友連合会会長の長山健准尉からはなむけの言葉があり、高橋准尉は防衛省を後にした。

根本准尉は昭和42年、東京都清瀬市生まれ。同60年4月に入隊。職種は普通科で、特殊作戦群に約8年勤務し、平成27年12月から同29年3月まで空挺団最先任上級曹長を務めた。

海賊対処航空隊36次隊が12日に出発

ソマリア沖・アデン湾で上空から海賊行為の警戒監視活動に当たる海自航空部隊の交代のため、7月12日、36次隊の要員約30人を乗せたP3C哨戒機2機が那覇航空基地からアフリカのジブチに向け出発する。

36次隊は5空群（那覇）の大原浩史2佐（52飛行隊長）を指揮官に、海自隊員約60人で編成。クルー以外の要員は同20日、那覇空港からチャーター機で出国する。

任務を終える35次隊（2空群＝八戸）の要員は同22日にチャーター機で羽田に、2機のP3Cは同25日に八戸に帰国の予定。

一方、7月5日には同支援隊12次隊（陸上総隊＝朝霞）の第2波要員約50人が成田空港から民航機で出発した。第3波の要員約40人は同20日、羽田、長崎両空港からチャーター機でジブチに向かう。

任務を終える11次隊（16普連＝大村）の要員は同22日、チャーター機で長崎空港などに帰国する予定だ。

防衛省発令

▽はまな艦長（海自1術科学校主任教官兼研究部員）2海佐 池田 正人

▽海自幹部学校付（海幕総務課副官）1海佐 小林 卓雄

▽空幕整備・補給課整備・補給調整官（5航空団整備補給群司令）1空佐 松葉佐欣史

▽航空総隊装備課長（空幕装備課装備情報班長）同 石橋 政樹

▽5航空団整備補給群司令（航空総隊装備課長）同 村田 洋征

▽南西航空方面隊装備部長（空幕整備・補給課整備・補給調整官）同 五十川 淳

▽2補給処副処長（南西航空方面隊装備部長）同 片岡 智

▽4補給処副処長（2補給処副処長）同 鈴木 武則

（以上7月4日）

隊友会の新理事長に就任し、式典で決意を表明する折木元統幕長（6月25日、ホテルグランドヒル市ヶ谷で）

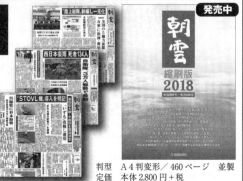

新理事長に折木元統幕長

「国民と自衛隊との懸け橋目指す」

隊友会が総会

公益社団法人隊友会は6月25日、令和元年度「定時総会・臨時理事会」をホテルグランドヒル市ヶ谷で開催し、先崎一理事長の退任に伴い、同日付で新理事長に折木良一元統幕長が就任した。総会には本部役員をはじめ、各都道府県会長、地域執行役員など約100人が出席。平成30年度事業報告と収支決算、役員選任など4議案を採決した。

式典には鈴木政務官、高橋事務次官、武田博史官房長、岡真臣人事教育局長、増子豊統、小野塚貴之陸、出口佳努海、荒木文博空の各幕僚副長をはじめ、防衛省・自衛隊関係者、協力団体などから約200人が出席。

折木新理事長は「新防衛大綱に自衛官の人的基盤強化の一環として『退職自衛官の活用』と初めて明記された。新しい令和の時代を迎えた自衛隊と国民を結びつける、真の意味での国民と自衛隊との懸け橋を目指し、我が国の平和と安全に寄与すべく微力を尽くしたい」と決意を表明した。

鈴木政務官は式辞で「自衛官の募集や再就職支援など多大なご協力と国民の皆さまのご理解を得るためのご尽力に感謝を申し上げます」と謝意を示した。

引き続き行われた表彰式では、26部隊、9団体、21個人に感謝状が、17支部、189個人に表彰状が贈呈された。

総会に先立ち行われた「県隊友会長等会同」では、来年に控えた「公益法人10年行事」と「隊友会創立60周年記念事業」の準備として記念誌制作の説明がされた。

世界中から30万人　パリ国際航空宇宙ショー

国産C2初出展　来場者の関心高く

欧州の航空ファンの皆さん、日本製のP1哨戒機、C2輸送機はいかがですか――。

世界の空軍や航空宇宙関連メーカーが一堂に会する国際見本市「パリ国際航空宇宙ショー」が6月17日から23日まで、フランスの首都パリ郊外のル・ブルジェ空港で華やかに開催された。

同ショーは英国の「ファーンボロー国際航空ショー」、ドイツの「ベルリン国際航空宇宙ショー」と並ぶ世界最大級の航空宇宙機器の国際見本市で、隔年で開催されている。今年も世界各国から最新鋭の民間・軍用航空機が展示されたほか、航空機メーカーなど2400社以上が出展。マクロン仏大統領などの要人や軍幹部、世界中からの一般来場者、航空ファンら約30万人の人出でにぎわった。

防衛省・自衛隊からは海自P1哨戒機と空自のC2輸送機各1機が派遣され、並んで地上展示を行った。特に初出展のC2への来場者の関心は高く、隊員たちは日本製の機体の特徴などを広くPR、各国軍の幹部らとは防衛装備・技術協力などをめぐり意見交換も行った。

会場上空で展示飛行を行うフランス空軍のアクロバットチーム「パトルイユ・ド・フランス」＝公式HPから

P1哨戒機　2回目の参加

今回で2回目のパリ・エアショーへの参加となるP1は前回、海自4空群3航空隊（厚木）31飛行隊長として現地入りした千葉真一2佐が、今回は51空511飛行隊（同）隊長として再び約40人を率いて渡仏。6月17、18日にクルーが機体の説明を行った。

一方、初参加となった空自3輸空（美保）のC2輸送機209号機（伊藤友紀2佐以下約15人）は全期間中、地上展示を行い、機内なども公開した。

これに先立ちC2のクルーは6月14日、仏空軍のオルレアン・ブリシー基地で開催された同軍第1・61輸送航空隊「トゥレーヌ」の創設75周年記念行事に空自を代表して参加し、日仏輸送機部隊間の交流を深めた。

パリ国際航空宇宙ショーの全景。右奥に空自C2輸送機も見える（写真はいずれもフランス・パリ郊外のル・ブルジェ空港で）＝同ショー公式HPから

上　2日間展示されたP1哨戒機の前でポーズをとる海自51航空隊の隊員。その左奥は空自のC2輸送機（パリ国際航空宇宙ショー公式HPから）
左　パリ・エアショー初出展となったC2輸送機の前で肩を組んで写真に納まる空自3輸空の隊員ら

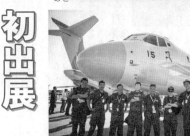

C2の機内を見学する一般の来場者たち

ビッグレスキュー　その時に備える　第20回

命を助け、助かった命をつなぎ、災害による死者ゼロを目指す

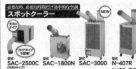

徳島県　大村　隆紀氏

徳島県南部総合県民局
政策防災部企画幹
（元1陸佐）

平成29年3月に陸上自衛隊を退職し、徳島県南部総合県民局政策防災部企画幹として勤務しており、主として防災訓練等の企画立案・実行、自衛隊をはじめとする防災関係機関、市町防災担当部署との連絡調整等を行っています。

1　徳島県南部の特性

県南部は、夏から秋にかけて降水量が多く、台風、梅雨、秋雨の季節には記録的な降水量になることが多いことで知られています。これまでに多くの土砂災害や水害が発生しています。

また、顕在する脅威として「南海トラフ巨大地震」による大きな被害が予期されるところです。このような脅威の存在する徳島では、防災・減災対策についてソフト・ハード両面からさまざまな施策を講じているところであり、地域における企業、学校、自主防災組織等の防災活動も非常に活発に実施しています。一方で、活動が低調な地域も多く存在しています。これらの地域の特色は、津波や地震により想定される被害が少ないことや、73年前の1946年12月21日に発生した「昭和南海地震」における被害が少なかったことは、昭和南海地震を教訓と[illegible]

2　これでいいのか防災訓練

[illegible]

昨年12月に行われた徳島県の「指揮機関訓練」（図上訓練）で、自衛隊や県警の担当者と協議を行う統裁部の大村企画幹（右から4人目）

するため毎年12月中旬に、自衛隊、警察、消防、インフラ機関など防災関係機関が一堂に集まり、南部圏域防災訓練を実施していました。この訓練は、災害対策本部運営、人命救助、情報収集・伝達、道路啓開、炊き出し訓練を実施していました。[illegible]なっていないことが分かりました。

これだけ多くの参加機関と膨大な労力を使って、いったい誰のための訓練なのかということに大きな疑問を持ったわけです。もちろん、この種の訓練をすべて否定するという意味ではありません。[illegible]

一方で、市町自治体等に対しては「指揮機関訓練」と称し、市町災害対策本部[illegible]深化を図り、取り組んでいるところです。

3　新たなチャレンジ

以上のような反省から、訓練のあり方を大きく変え、[illegible]このため、「防災まつり」と称し、参加・体験型のプログラムにより地域住民が楽しみながら防災を学べる[illegible]

4　迫り来る南海トラフ巨大地震に備えて

[illegible]職員個々の災害対処能力の向上を図り、延いては組織として有機的な災害対処活動が実施できるものと考えています。[illegible]「命を助け、助かった命をつなぎ、災害による死者ゼロ（ゼロ）」を目指しています。[illegible]粘り強く実施していきたいと考えています。

各地で防災訓練

東京五輪開催中の大災害を想定　初動対処の練度確認

施設学校　統合防災演習に参加

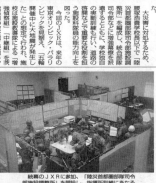

【施校＝勝田】施設学校は5月21日から24日の間、統幕が実施した「統合防災演習（JXR）」に参加した。

大災害に対処するため、腰塚浩貴学校長以下で「陸災首都圏部隊司令部施設調整所」を編成し、統合部隊司令部などに増強幕僚を派遣するとともに、学校独自の実動訓練も行い、道路啓開などで重要な役割を担う施設科隊員の能力向上を図った。

今回のJXRは、来年の東京オリンピック・パラリンピックを見据え、「五輪開催中に大地震が発生した」との想定で行われ、施校は施設教導隊による「増強偵察組」「中継組」を茨城県内の被災地に派遣し、被害状況の把握と通信組織の構成を実施し、初動対処の練度を確認した。

また、先遣中隊を神栖市と鹿嶋市に派遣、自治体担当者と調整も行った。

演習後の研究会では「首都直下地震発災時の施設学校の対処要領」について教訓を集約、今後の災害対処計画の修正にも役立てる。

統幕のJXRに参加、「陸災首都圏部隊司令部施設調整所」を開設し、指揮所訓練にあたる施設学校の隊員（勝田駐屯地で）

土のう防護壁を短時間で構築　34普連　水防工法などを展示・指導

【34普連＝板妻】34普連は6月2日、静岡市の安倍川河川敷で行われた「静岡市水防演習」に参加した。

当日は重迫撃砲中隊から中隊長の木下重慶1尉以下23人が現地入りし、梅雨や台風など出水期を前に、消防団やオフロードバイク隊などと協力し、地域住民に水防工法などを展示・指導した。

中隊は強度と耐久性のある土のうによる防護壁を短時間で構築。視察した田辺信宏静岡市長らからも驚きの声があがった。

このほか、高機動車などの装備品展示や災害派遣時の写真パネル展も行った。

土のうで防護壁を構築する34普連重迫中隊の隊員（静岡市で）

偵察ボートでの救助活動を展示　42即機連

【42即機連＝北熊本】42即応機動連隊は5月19日、熊本市の白川河川敷で行われた「白川・緑川総合水防演習」（国交省・熊本県・熊本市主催）に参加した。

梅雨や台風のシーズンを前に、災害対処能力の向上と関係機関の連携強化を目的に実施された。連隊は自治体、警察、消防などと協力し、水害を防ぐための水防工法を演練。オートバイを使用した被災地の偵察、偵察ボートによる孤立者救助（写真）なども展示した。

大地震発生を想定　県に連絡幹部派遣　21普連

【21普連＝秋田】21普連は5月24日、秋田県の「県民防災の日」に参加した。

「防災の日」は昭和58年に発生した日本海中部地震の教訓を受け、毎年、防災訓練を行っている。今回は「M8・7の大地震が起き、男鹿、三種町が震度7を観測、大津波警報も発令された」という想定でスタートした。

連隊は状況付与班の隊員と県庁に連絡幹部として上番中の隊員が参加し、実際の状況を想定して訓練。連絡幹部として参加した隊員は「訓練を通じ、調整内容・場所・相手などを実地に確認することができ、連携をさらに高められた」と成果を話した。

呉商業高校で防災講話実施　46普連

【46普連＝海田市】46普連は5月24日、広島県立呉商業高校で全校生徒約500人に防災講話を実施した。

昨年7月の「西日本豪雨災害」で防災に関する意識が高まり、同校から自衛隊に依頼があったもので、昨年の災害派遣で部隊を指揮した本部管理中隊長の富山幸治1尉が講話を行った。

富山1尉は体育館を埋めた高校生を前に、自衛隊の活動を生々しく伝えると共に、ハザードマップの読み方や防災メールの登録法なども教え、生徒たちは真剣な眼差しで聞き入っていた。

「師団の耳目」3偵察隊が任務を完遂

3師団

師団検閲で、敵情偵察のため目標地域に向け前進する３偵察隊の車両

【3師団＝千僧】3師団は5月28日から6月1日まで、兵庫県内の川西駐屯地指揮所訓練センター、久代訓練場、青野ケ原演習場、六甲山周辺と、岡山県の日本原演習場で3偵察隊に対する本年度第1次師団訓練検閲を実施した。

「師団における陣地防御」を課目に、偵察隊の練成成果を評価するとともに、今後の練度向上を促すことを目的に行われた。

開始にあたり検閲官の田中師団長は「各級指揮官の積極的かつ的確な状況判断」「各人の職責の全う」などを要望。それを受けた上で、「部隊と隊員それぞれが積み上げてきた練成の成果を遺憾なく発揮せよ」と隊員を鼓舞した。

3偵察隊は3夜4日にわたる検閲間で、広域に展開して監視活動の任務を遂行。師団の作戦に必要な情報を積極的かつ適時に提供して「師団の耳目」としての役割を完遂した。

暗闇と寒さ克服 21普連が迫撃砲夜間射撃

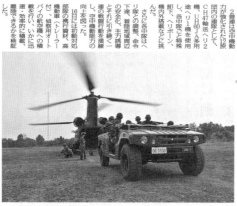

【21普連＝秋田】21普連は4月18、19の両日、岩手山演習場で81ミリ迫撃砲の夜間射撃を実施した。

夜間射撃は17日から22日までの第1次野営中、各中隊の迫撃砲小隊が2夜にわたって行った。それぞれの夜、3、4中隊が協同し、一方の中隊が照明弾を打ち上げ、もう1個の中隊がその光源を元に目標を観測し、射撃を実施した。

隊員たちは暗闇の中、光が秘匿される赤いライトだけを頼りに正確・安全・確実な動作を徹底し、昼間と同様の行動と安全性を保った。

照明弾が打ち上がるたびに、隊員たちは満月が二つ、三つと増えていくような感覚を覚えながらも、精密な照準を行い、砲口から火炎の輝きとともに砲弾が次々と撃ち出されていった。

暗闇と寒さを克服した夜間射撃訓練で、連隊は迫撃砲発射の能力をさらに高めた。

夜間、炎の輝きとともに81ミリ迫撃砲の砲弾が撃ち出された瞬間

空自と協同し総合防空訓練 1高射特科団

対空戦闘で、飛来した航空機（左上）を追尾する１高特団のレーダー（旧奥尻空港滑走路地区で）

【1高特団＝東千歳】1高射特科団は5月20日から24日まで、北海道の奥尻町旧奥尻空港滑走路、せたな町、松前町、空自奥尻分屯基地と青森県の空自三沢基地で「総合防空訓練（前段）」を実施した。

訓練は「空自部隊などと実戦的な対空戦闘を通した射撃単位の対空戦闘能力の向上」「対空レーダー班の対空監視能力の向上」「DC（空自防空指令所）統制下の協同防空戦闘能力の向上」が目的で、全国の高射特科部隊が参加した。北方通信群、324会計隊、101高射直接支援大隊が支援を行った。

各部隊は、実際に各種航空機が飛び交う中で執念を持って訓練に取り組み、それぞれの持てる能力を最大限に発揮し、防空の任務を達成した。

傷病者を治療 普通科教導連隊 中隊等訓練検閲

負傷者を後送する普教連の衛生隊員たち（東富士演習場で）

【普教連＝滝ケ原】普通科教導連隊はこのほど、東富士演習場で1・3中隊、本部管理中隊衛生小隊に対する検閲を実施した。

各部隊はそれぞれ集結地の占領、敵情の解明、ヘリボーン攻撃、傷病者の治療・後送などを実施し、敵の特殊武器攻撃など激しさが増す中、2夜3日の任務を完遂した。

衛生小隊の本多凌士長は「収容所班の中核を担う治療班に勤務したが、先輩方からの技術指導で傷病者に対し的確な治療ができた」と感想を語った。

訓練

空中機動能力の向上図る 2普連

【2普連＝高田】2普連は5月13日から16日まで、関山演習場で空中機動訓練を実施した。

2普連は空中機動力が強化された12旅団内の連隊として、CH47輸送ヘリ2機、UH1多用途ヘリ1機を使用し、各中隊ごと特殊卸下、ヘリボーン、機内外搭載などに挑んだ。

さらに各部隊はヘリ隊との調整、命令下達、着陸地域周辺の安全化、主力誘導とそれに引き続く一連の戦闘行動を演練し、空中機動能力の向上を図った。

16日には初動対処部隊の携行資材、高機動車（トレーラー付）、偵察用オートバイの航空機への積載を行い、いかに迅速・効率的に積載、離陸できるかを検証した。

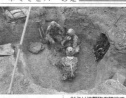

12ヘリ隊のＣＨ47輸送ヘリに高機動車を搭載する２普連の隊員（関山演習場で）

CH47輸送ヘリを使い飛行隊と空中機動訓練 34普連

ＣＨ47輸送ヘリからリペリング降下する34普連の隊員（東富士演習場で）

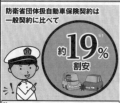

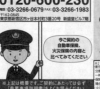

【34普連＝板妻】34普連は4月22日、東富士演習場でヘリ団104飛行隊（木更津）と協同訓練を実施した。

訓練はCH47輸送ヘリを使い、2、3中隊の隊員20人のリペリング降下と、人員・高機動車の搭載・卸下訓練を行った。

まず飛行隊員から安全教育を受け、続いて機内構成、地上での搭載・卸下要領を演練し、その後、空中機動などの訓練に取り組んだ。

特にリペリング降下では、回を重ねるごとに隊員の練度が増し、最終的には参加全隊員で連続降下ができるまでに上達した。

バトラー戦闘競技会を実施 3普連

【3普連＝名寄】3普連は4月22、23日、名寄駐屯地演習場でバトラー戦闘競技会を実施した。

今回はバトラー（レーザー光を使用した交戦用訓練装置）を使用し、近接戦闘における各級指揮官の実員指揮能力を向上させることなどを目的に、試合40分で、攻撃部隊3個分隊、防御部隊1個分隊で編成し、競技会に臨んだ。

過酷な近接戦闘だったが、重迫撃砲中隊が砲弾の有効な活用により、対抗部隊を火力で圧倒、「優秀中隊」として表彰された。

3普連のバトラー戦闘競技会で優勝した重迫撃砲中隊（名寄駐屯地で）

測量・有線通信で戦技競技会 1特科群

【1特群＝北千歳】1特科群は4月15日から19日まで、北海道大演習場と北千歳駐屯地で群戦技競技会（測量・有線通信）を実施した。

基礎となる戦技能力を向上させることを目的に、測量（班・組）の戦技と有線構成、学科試験を部隊対抗方式で競った。

各参加隊員は部隊の名誉と誇りをかけて競技に臨み、測量は102特科大隊、有線通信は1特群本部中隊が優勝した。

1特群の戦技競技会で有線通信に挑む隊員（北海道大演習場で）

9特連が射撃中隊競技会

【9特連＝岩手】9特科連隊は6月2日、射撃中隊競技会を実施した。課目は「時間に余裕がない場合の陣地占領に引き続く射撃」で、6個中隊の隊員たちは迅速な陣地進入、確実かつ連携のとれた動作で155ミリ榴弾砲FH70の射撃任務を遂行。射撃を観測するFO（前進観測班）の判定と修正により、高い精度の射撃を実施した。

各中隊は「連隊のナンバーワン射撃中隊」の栄誉を勝ち取るため、積み重ねてきた練成の成果を遺憾なく発揮、最終的に1大隊1中隊が優勝した。

迅速な陣地進入に続き、155ミリ榴弾砲ＦＨ70の射撃準備に当たる９特連の隊員（岩手山演習場で）

陣地防御で中隊の行動を検閲 42即機連

【42即機連＝北熊本】42即応機動連隊は5月6日から12日まで、日出生台演習場で2中隊と火力支援中隊に対し、「陣地防御に任ずる中隊の行動」で検閲を行った。

両中隊は北熊本駐屯地から演習場に機動展開後、夜間の車両行進に続き、集結地を占領、連隊防御命令に基づいて各陣地で築城・障害構成を行った。

防御戦闘では火力支援中隊の継続的な援護の下、2中隊は激しい敵の攻撃を陣前で阻止し、任務を達成した。

敵の接近に備える42即機連の機関銃手（日出生台演習場で）

通信測量で群戦技競技会 4特群

【4特群＝上富良野】4特科群は4月12日から17日まで、上富良野演習場で群戦技競技会を実施した。基礎となる部隊以下の練度向上を目的に「有線通信」「無線通信」「測量」の部で戦われた。

参加隊員は練成成果を遺憾なく発揮、団戦技競技会に向けて良い前哨戦となった。

優勝部隊は、有線と無線が共に4特群本部中隊、測量が131特科大隊だった。

4特群の戦技競技会で隊容検査を受ける隊員（上富良野演習場で）

即応予備自51人が射撃野営 47普連

【47普連＝海田市】47普連は5月11日から15日の間、日本原演習場で第1次連隊野営訓練を実施した。

第2次即応予備自衛官招集訓練で出頭した即応予備自51人を含む161人が各種射撃練度の向上を目的に、個人携帯対戦車弾、01式軽対戦車誘導弾などの射撃に挑んだ。

今回は両対戦車装備を射撃する隊員（計44人）のほとんどが即応予備自で、その約半数は初めての射撃だったが、各人が「堅固な姿勢と正しい照準」「迅速・正確な射撃要領」をしっかりと意識し、所望の成果を収めた。

個人携帯対戦車弾の狙いを定める47普連隊員（日本原演習場で）

教支施の交通小隊が訓練検閲

【教支施＝滝ケ原】教育支援施設隊は4月17日から19日まで、東富士演習場で交通小隊に対し「交通小隊の行動」で検閲を実施した。

交通小隊は中型ドーザ1、油圧ショベル、グレーダーなどを最大限に活用し、車両行進から機動路の修復、機動戦闘車用掩体の構築に挑み、全任務を完遂した。

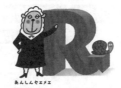

機動戦闘車用の掩体構築に当たる交通小隊の施設器材（東富士演習場で）

18普連が防御戦闘要領を習熟

【18普連＝真駒内】18普連は5月21日から23日まで、北海道大演習場島松地区で第2次連隊練成訓練を実施した。今回は普通科中隊の防御準備、前方・主戦闘地域における防御能力の向上を目指すとともに、隊員の基礎的戦闘能力の向上を図った。防御戦闘では、交戦訓練用装置「バトラー」を使用し、直射火器による損耗、砲迫火力による戦況現示などでより実戦的な訓練となった。

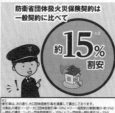

81ミリ迫撃砲の陣地で照準範囲の確認を行う18普連の隊員（北海道大演習場で）

厚生・共済　特集

2議案全会一致で了承

共済組合運営審議会を開催　30年度決算など

防衛省共済組合の運営審議会で、平成30年度決算案など２議案の審議を行う会長の岡人事教育局長（中央奥）と各委員・幹事ら（６月21日、統幕第２大会議室で）

防衛省共済組合の平成30年度決算（案）などを議案とする防衛省共済組合の運営審議会が6月21日、防衛省の統幕第2大会議室で開かれました。

運営審議会には会長の岡真臣人事教育局長、委員の本橋克広防大総務部長、柴田弘海幕人事教育部長、鈴木康彦空幕人事教育部長、幹事の久澤洋人事教育局厚生課長、吉田幸一陸幕人事教育部厚生課長、金山哲治海幕人事教育部厚生課長、北川英二空幕人事教育部厚生課長ら約30人が出席し、2議案について審議を行いました。

岡会長のあいさつの後、共済組合本部の財務室長が「平成30年度の共済組合決算（案）」について説明しました。

この後、2議案について、岡会長のもとで採決が行われ、両議案とも全会一致で承認されました。

夏元気！隊員の皆さま！

ご宴会は隊員クラブをご利用ください

暑い季節、疲れた身体にはキンキンに冷えた〝アレ〟が一段と美味しく感じられませんか？

全国の駐屯地・基地の隊員クラブでは、元気なスタッフ一同が隊員の皆様に〝美味しい〟を届けるために、特別の宴会コースをご用意してお待ちしています。

各隊員クラブは、素材選びや調理で一つ一つの手間を惜しみません。それぞれの素材の旨みを引き出す調理法と、元気なスタッフが隊員の皆様の心を豊かにしてくれます！

この夏のご宴会は、ぜひ隊員クラブ等をご利用ください。全国89店舗のスタッフ一同が皆様をお待ちしております。

隊員クラブ
委託食堂
はなの舞
宴会のご案内
※写真はイメージです。
ボリュームコース
飲み放題付き
お一人様
3,500円（税込）
お手軽コース
お一人様
3,000円（税込）
飲み放題付き

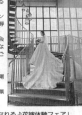

医療費が高額になった時は「高額療養費」

一定額を超えた額が支給されます

組合員または被扶養者が、同一の月にそれぞれ一つの医療機関等から受けた診療に係る自己負担額（食事療養または生活療養に係る標準負担額および保険診療外差額徴収料等は除きます。）が高額となり一定額を超えた場合は、その超えた額が「高額療養費」として共済組合から支給されます。算出方法は、高齢受給者と70歳未満の方とでは異なっています。

また、同一の世帯で同一の月に行われた療養が複数ある場合は、その療養に係る自己負担額を世帯単位で合算（高齢受給者は全ての自己負担額を、70歳未満の方は2万1000円以上の自己負担額を合算の対象とします。）して高額療養費支給額を算出します。

なお、高額療養費は現物給付（※1）もしくは事後に共済組合から組合員の方へ現金で支給します。

70歳未満の組合員または被扶養者の方が高額療養費の現物給付を受けるためには、組合員証等と併せて、組合員の方の所得区分を記載した「限度額適用認定証」（※2）を医療機関等に提示する必要があります。「限度額適用認定証」の交付を受けるには、支部で申請の手続きが必要となりますので、詳しくはご所属の支部短期係にお問い合わせください。

高額療養費や限度額適用認定証の詳細については、支部短期係または共済組合HP（トップページ→ライフシーン〈病気・ケガ〉から選ぶ）でご確認ください。

医療費等の給付を受ける権利は、その給付事由が生じた日から2年間行使しないときは時効によって消滅します。くれぐれもご注意ください。

※1　「現物給付」とは、組合員または被扶養者の方が、組合員証等を提示して病院等の医療機関等で診療（治療、薬の処方等）を受け、その医療費（窓口で支払う自己負担額を除く）を共済組合が病院等へ支払うことで、サービスそのものを皆様に提供することをいいます。

※2　「限度額適用認定証」は対象者1人につき1枚交付します。所得に変動があり、高額療養費の算定区分に変更があった場合は、新しい区分の認定証が必要となります。その際は、再度、申請していただくことになります。

8月24日（土）にスペシャルフェア開催！

HOTEL GRAND HILL ICHIGAYA　ホテルグランドヒル市ヶ谷

各3組限定　憧れチャペル模擬挙式＆贅沢コース試食フェア

ホテルグランドヒル市ヶ谷（東京都新宿区）では、8月24日（土）に「【各3組限定】憧れチャペル模擬挙式＆贅沢コース試食フェア」（1部午前10時〜、2部午後1時45分〜、3部午後3時〜）を開催します。

同フェアは、チャペル体感模擬挙式、婚礼料理無料試食、披露宴会場のコーディネート見学、ドレス試着（予約制）、個別相談会からなり、都内最大級の独立型チャペルで行われる体感模擬挙式では生演奏や聖歌隊の歌声が響き渡る様子も見学でき、挙式当日をイメージできます。

また、婚礼口コミサイト『みんなのウェディング』で2018年東京都料理部門1位を獲得した婚礼料理も無料試食できます。

このほか、リニューアルした披露宴会場のコーディネート見学やドレス試着など、とても充実した内容です。ぜひ、ご体験ください。

※

8月中は以下のブライダルフェアも開催します。

○見積もりのからくり教えます♪【無料試食×体感挙式】
8月3日（土）、17日（土）

○【チャペル体感挙式付】「幸せになれる♪花嫁体験フェア」
8月4日（日）、12日（月）、25日（日）、31日（土）

○【料理重視必見！】シェフと話せる無料試食フェア
8月10日（土）、14日（水）、18日（日）

○【模擬挙式×豪華無料試食！】グラヒルまるごと体験フェア
8月11日（日）

○大満足！贅沢フルコース付お盆フェア♪♪
8月13日（火）、14日（水）、15日（木）、16日（金）

○【平日限定！】大人気の独立型チャペルと豪華無料試食会
平日開催

各フェアの詳細・ご予約は、電話03−3268−0115（直通）、専用線8−6−28853（婚礼予約）までお気軽にお問い合わせください。ホームページhttps://www.ghi.gr.jpにも掲載されています。

年金Q&A

50歳の自衛官　将来受け取る年金額を知りたい

「KKR年金情報提供サービス」で試算できます

Q　私は50歳の自衛官です。退官近くになり、年金額が気になってきました。私の受け取る年金の試算額が分かる方法がありましたら教えて下さい。

A　国家公務員共済組合連合会の「KKR年金情報提供サービス」をご利用いただければ、ご自分で、いつでもパソコンから年金額の試算をすることができます。初めてご利用される場合は、連合会インターネットホームページから「ユーザーIDとパスワード」の取得が必要になります。

詳しくは次の通りです。

【ご利用対象者】現在組合員の方（長期組合員番号が必要です。）元組合員で年金受給年齢に達していない方 ※（基礎年金番号が必要です。）

【情報提供内容】年金試算額情報・組合員期間情報・標準報酬情報・既給一時金情報（該当者のみ）・ねんきん定期便情報（現在組合員のみ）

【ご利用方法】KKRホームページ（http://www.kkr.or.jp/）にアクセスして、下側にある「KKR年金情報提供サービス」のバナーをクリックしてください。

【お問い合わせ】国家公務員共済組合連合会　年金部　年金情報提供サービス担当

〒102−8082　東京都千代田区九段南1−1−10　九段合同庁舎　電話0570−080−556（ナビダイヤル）、03−3265−8155（一般電話）受付時間9：00〜17：30（土日祝日・年末年始を除きます。）

※「元組合員」とは、1年以上の組合員期間を有し、現在は組合員資格を喪失している方をいいます。

◆ご注意◆

長期組合員番号は、昭和61年4月以降の組合員期間がある方に付番されています。毎年6月に送付される「退職年金分掛金の払込実績通知書」に記載されていますが、ご不明な方は所属の共済組合支部長期係にご照会ください。

転居、結婚等により変更後の住所・氏名情報が正しく登録されていないため記録の不整合があった場合は、ユーザーID及びパスワードがすぐに発行できないことがあります。「記録不整合についてのお知らせ」が届きましたら、次の手続きをお願い致します。

①　現在組合員の方→所属の共済組合支部長期係へご連絡ください。

②　元組合員の方で年金を受給していない方→「住所・氏名変更届」を連合会年金部へご提出ください。用紙は、KKRホームページからダウンロードすることができます。

なお、インターネットによる本サービスをご利用できない方は「KKR年金情報提供依頼書」をダウンロードし、切手を貼付した返信用封筒を同封のうえ、上記「年金情報提供サービス担当」までご郵送下さい。

（本部年金係）

車を買うなら防衛省共済組合の割賦販売をご利用ください！

割賦販売について

とある日常―
欲しい車があるんだけどローンとかよく分からないしどうしよう・・・。
それなら、共済組合の割賦販売がオススメですよ。返済が「源泉控除」で、給与から天引きなので、給与振込口座を変えたときも手続き不要なんです！さらに今、利率が低いこともポイントです。
へえぇ。共済組合にそんな制度があったんだ。どんな手続きが必要なの？
販売店（※）で欲しい自動車の見積書をもらったら、直近の給与明細と一緒に物資窓口へ持っていくだけです。
※共済組合で契約している販売店に限り、割賦制度のご利用が頂けます。ご利用の可否については、各支部物資窓口にお問い合せください。
給与からの天引きなら簡単だね！！
しかも、購入代金は共済組合が販売店に直接支払ってくれますから、支払手続きが不要ですし、銀行ローンではないので車の名義も初めから自分のものになるんですよ。
とりあえず聞きにいってみようかな。
そうですね。まずは、支部物資係に気軽に相談してみてください。

○　返済期間中の割賦残額の全額返済や一部返済、また、条件付きで返済額や返済期間の変更も可能です。

詳しくは最寄りの支部物資係窓口までお問い合わせください。

厚生・共済　特集

余暇を楽しむ

留萌自衛隊駅伝部

紹介者：3陸曹　辻野　晴哉
（26普通科連隊4中隊）

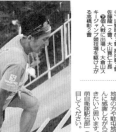

皆さん、こんにちは。北海道留萌市を拠点として、ロードレースや駅伝を中心に活動している「留萌自衛隊駅伝部」を紹介します。

当部は、監督、コーチ、選手の総勢15名で、地域の方々と部隊のご理解とご協力を得て活動しています。チームの特徴は、ベテランと若手が競い合い、互いに「あいつらには絶対負けない！」という高いモチベーションを持って切磋琢磨しているところです。

私たちは「富士登山駅伝3位以内入賞」を最大の目標として、あわよくば「打倒、滝ケ原自衛隊！」を合言葉に、山岳走、スピードトレーニング、体幹などさまざまなメニューで日々錬成しています。

"最大傾斜37度"制す

今年度も4月からトレーニングを継続し、各種大会に参加してきました。

中でも印象的だったのが、5月に実施された「レッドブル400」です。最大傾斜約37度の大倉山スキージャンプ競技場を一気に駆け上がる「世界で最も過酷な400メートル」と言われる大会に初参加し、自衛隊リレーの部において優勝することができました。

各人の走行距離は100メートル、時間は30秒程度と非常に短いですが、今まで経験したことがないキツさで、ゴール後に倒れ込むほどでした。しかし、終了後の達成感は格別なもので「不思議とまた来年も」という気持ちが芽生えてきます。

今後も、応援してくださる地域の方々や駐屯地隊員の皆さんに感謝しながら活動していきたいと思います。今後も「留萌自衛隊駅伝部」の動向に注目してください。

㊤「レッドブル400」自衛隊リレーの部で優勝した（左から）辻野晴哉3曹、星尚貴3曹、佐藤龍一2曹、大山寛仁士長　㊦個人戦に出場し、大倉山スキージャンプ競技場を駆け上がる高橋彰2曹

カレーの味 忠実に
「させぼ自衛隊グルメ」で協定
海自佐世保地方総監部

海自佐世保地方総監部はこのほど、佐世保市役所、佐世保商工会議所、陸自水陸機動団、佐世保海上保安部と共に、自衛隊や海保への理解促進と観光客増加による地域活性化を目的に「させぼ自衛隊グルメ」事業の協定を締結した。

各店舗でカレーを食べるともらえるバッジ（上）と、「させぼ自衛隊グルメ」のガイドブック

市内19店舗 19種

【佐世保】長崎県佐世保市を挙げての「させぼ自衛隊グルメ」の協定締結に伴い、市内の飲食店19店舗は5月29日から、自衛隊と海保で作られているカレーのレシピを忠実に再現した19種類のカレーの提供を順次開始した。

このグルメ事業の開始に当たり、海自は艦艇や部隊から23のレシピを収集。各店舗はこれを抽選で一つずつ選定した。水陸機動団、海保の巡視船「ちくご」からも各1レシピが加わった。提供される19種類のカレーは、艦長や部隊長らが実際に味を確認し、それぞれに認定証を交付した"お墨付き"の一品。19店舗のうち、17店舗で海自カレー、同じく1店舗で陸自カレー、同じく1店舗で海保カレーが提供される。

商工会議所で行われたオープニングセレモニーには、朝長則男佐世保市長をはじめ、菊地聡佐世保総監、青木伸一水陸機動団長、古川大輔海上保安部長が出席し、それぞれが市を挙げてのグルメ事業に祝辞を述べた。

これに先立ち行われた締結式で菊地総監は、「独創的な工夫や意気込みがそれぞれの艦艇で違うのがポイント」と海自カレーをアピールした。一方、陸自を代表して青木団長は「体力のある隊員を満足させるボリューム感と味が売りです」と水機団カレーの特徴を語った。

期間中、各店舗でカレーを食べるとオリジナルバッジとシールがもらえるほか、全店を制覇すると19種類のピンバッジを飾る専用の「バッジフレーム」がプレゼントされる。このイベントは来年3月31日まで。

「自衛隊グルメ」のシールラリーの台紙になるガイドブックは、各参加店舗、観光情報センター（佐世保駅構内）、佐世保商工会議所で入手できる。

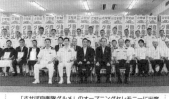

「させぼ自衛隊グルメ」のオープニングセレモニーに出席した（前列左から）古川海上保安部長、菊地総監、辻宏成副会頭、朝長市長、青木団長（5月29日、佐世保商工会議所で）

◆させぼ自衛隊グルメ　提供店舗一覧

	事業所名	提供レシピ	住所（佐世保市）
1	長崎和牛　愛山亭	護衛艦いせカレー	本島町7－25
2	五十鈴うどん	水陸機動団カレー	大和町98－1
3	エバーカフェ	護衛艦あきづきカレー	ハウステンボス町8－4
4	九十九島　海遊	佐世保基地業務隊カレー	鹿子前町1058－1
5	ご飯屋　ぐーぐー	護衛艦しまかぜカレー	下京町9－17　2F
6	カプセルホテル・サウナ・サン	護衛艦あしがらカレー	塩浜町6－15
7	道の駅させぼっくす99	掃海艦やくしまカレー	愛宕町11
8	佐世保バーガー本店	護衛艦じんつうカレー	船越町190－1
9	セントラルホテル佐世保	護衛艦きりさめカレー	上京町3－2
10	くわ焼の店　たこ政	掃海艦たかしまカレー	上京町4－18
11	玉屋食堂	護衛艦さわぎりカレー	栄町2－1
12	千穂寿し	佐世保教育隊カレー	もみじが丘町41－60
13	Ｃａｆé　ないしょ	多用途支援艦あまくさカレー	卸本町21－334　2F
14	蜂の家	護衛艦あさゆきカレー	栄町5－9
15	富士国際ホテル「ぼーる」	護衛艦ありあけカレー	常盤町8－8
16	ふじ若丸　中里店	護衛艦こんごうカレー	上本山町1044－2
17	ふじなが本店	巡視船ちくごカレー	大野町50－14
18	ホテル　ローレライ	補給艦おうみカレー	南風崎町449
19	ポンサグール（ホテルリソル佐世保　2F）	護衛艦あさひカレー	白南風町8－17

松本駐
恒例の「小梅漬け」
熟練の技術、若手隊員に伝授

【松本】駐屯地業務隊は6月12日、食堂で「小梅漬け」を行った。

暑さが厳しくなる夏に向けて、隊員の食欲増進や健康管理を図ることを目的に昭和41年から続く伝統行事で、今年で53回目。今回は日頃から松本駐屯地を支援している「山岳部隊婦人の会」の会員4人が指導員となり、熟練の小梅漬け技術が若手隊員に伝えられた。

隊員たちは白衣とマスクを身に付け、梅50キロと赤じそ10キロを塩もみし、その後、容器に混ぜ入れて小梅を漬け込んだ。

参加した隊員は初めての体験だったため、戸惑いながらも約3時間で作業を完了。参加した13普連3中隊の棟楽陽俊士長は「自分たちの漬けた梅を食べて、暑い夏の演習シーズンを乗り切っていきたいです」と話した。

梅は1月中旬まで漬け込まれ、その後、隊員食堂や野外訓練で隊員たちに提供される。

小梅漬けで、「山岳部隊婦人の会」のメンバーから赤しそのもみ方を習う隊員（手前）＝6月12日、松本駐屯地で

大規模災害時の緊急登庁支援策
座間駐　子供預かり3項目

【座間】駐屯地は4月8日、緊急登庁支援として「座間ゆめっこ保育園」と間で、「子供の面倒をみる施設」の一時預かりに関する協定を締結した。駐屯地は、大規模災害時に子供を預かる訓練を過去に実施してきたが、子供の面倒を見られる隊員が特別な教育を受けていないことや、規定期間を超えた子供の預かりなど、さまざまな課題があった。これを受けて今回、「座間ゆめっこ保育園」との間で協定を締結。①施設開設した際、保育園からボランティアを派遣②子供の面倒を見る隊員の保育園での研修③派遣隊員の保育園との間で短期の保育契約――の3項目で協定を結び、今後は両者間で実動訓練を重ね、緊急登庁支援の実効性なども向上させる。

隊員の「子供預かり」に関する協定を締結し、握手を交わす「ゆめっこ保育園」の清瀬園長（左）と目子将之座間駐屯地司令（4月8日、駐屯地内で）

市と隊員家族 あんしん協定
八戸駐

【八戸】駐屯地は4月26日、八戸市役所で市と「隊員家族あんしん協定」を締結した。

協定は、市内に居住する隊員が災害派遣などで派遣された際、安心して任務を遂行できるよう、留守家族への支援を行う内容。なお、保育施設や要介護者の支援など、情報提供や紹介を行う。

八戸市との協定締結に調印した駐屯地司令は、「大災害が発生した場合、今後は安心して任務に就くことができるようになった」と話した。また、小林眞八戸市長は「この協定は八戸市と自衛隊の連携強化につながる」と述べた。

大湊「食育ランチ」
参加者130人突破

【大湊】造修補給所はこのほど、昨年9月から実施している「食育ランチ」の開催が計20回に達し、延べ参加者も130人に達した。

「食育ランチ」は栄養士と食育アドバイザーの資格を持つ船越[illegible]が始めたもので、ふだん隊員が食べている「ランチ」を持ち寄り「ランチョン・セミナー」の形式で行われている。

隊員たちが食事の内容について情報を共有するとともに、隊員の健康管理としての食事の改善を図ることが特徴。

参加隊員からは「毎日の食事について考えるようになった」「健康への意識が変わった」といった感想があったほか、「（指揮官と）昼食を共にすることで、より相談しやすくなった」との意見もあり、この「食育ランチ」が部隊の融和団結にもつながっている。

自慢の一品料理
ホワイトカレー空上げ

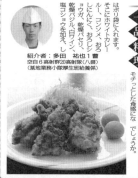

紹介者：多田　祐也1曹
空自6高射群20高射隊（八雲）
（基地業務小隊厚生班給養係）

今回は、酪農の町として有名な北海道八雲町の名物「ホワイトカレー」を使った八雲分屯基地の「八雲ホワイトカレー空上げ」を紹介します。

ホワイトカレーは、ほんのり優しい甘みと懐かしさが特徴です。

まず鶏もも肉を一口大に切り、ボウルまたはポリ袋に入れます。そこにホワイトカレールー、コンソメ、おろしにんにく、おろししょうが、乾燥パセリ、乾燥バジル、白ワイン、塩コショウを加え、しっかりもみ込んだ後、30分程寝かせます。

ボウルから肉を取り出し、小麦粉と片栗粉を1対1で合わせた衣を表面に薄く付けて、180度に熱した油で揚げます。取り出して皿に盛りつけたら完成です。

ポイントは衣の付け方と揚げ方。衣を薄く付けるとサクッと仕上がり、肉に練り込むとモチっとした感触になります。さらにおいしくするには2度揚げがおすすめで、1回目は4分半、取り出して余熱で4分、2回目は40秒で仕上げます。

2度揚げすることで外はサクッ、中はジューシーになり、冷めてもやわらかいので作り置きにも適しています。

隊員さんからも大好評の空上げ。ご家庭でも試してみてはいかがでしょうか。

地方防衛局 特集

硫黄島の米艦載機着陸訓練を支援

北関東局職員25人 昼夜を問わず調整

米軍・自衛隊つなぐ「現地支援室」開設

【北関東局】米海軍の原子力空母「ロナルド・レーガン」の艦載機による空母艦載機着陸訓練（FCLP）が5月10日から18日まで、小笠原諸島の硫黄島で行われ、北関東防衛局（松田尚久局長）は期間中、企画部の坪倉秀男次長以下25人の職員を硫黄島に派遣し、同訓練を支援した。

今回で55回目となったFCLPには、「ロナルド・レーガン」の艦載機であるFA18E、FA18F両戦闘機をはじめ、EA18G電子戦機、E2D早期警戒機、C2A輸送機が参加。硫黄島の滑走路を同艦の飛行甲板に見立て、期間中に約2100回の着陸訓練を実施した。

北関東防衛局はこの訓練が円滑に実施されるよう、企画部の坪倉次長を長とする「現地支援室」を立ち上げ、25人の職員を硫黄島に派遣、器材の使用や支援物資の輸送に関する米海軍と海上自衛隊、航空自衛隊との間の連絡調整や、給食や施設の管理に関する役務の調達など、昼夜を問わず各種業務に当たった。

訓練に際しては、硫黄島の自衛隊基地を管理する海自と空自の協力を得て、当初予定していた期間内に全ての訓練を無事終了した。

坪倉現地支援室長は「天候が悪く、訓練ができない日もあったが、米海軍が当初予定していた訓練期間よりも1日早く終了することができた。これは海自・空自の理解と協力、また、我々としてもこれまでの経験を生かし、各種調整や支援などを円滑に実施できた結果だと考えている。今後も本土の飛行場周辺の騒音軽減を図るためにも、できる限りの訓練を硫黄島で実施できるよう支援していきたい」と話していた。

北関東防衛局では米軍に対し、できる限り本土ではなく、硫黄島で訓練を行うよう要請している。同局では引き続き、日米間の調整を綿密に行い、恒久的なFCLP施設が整備されるまでの間、暫定的な代替施設である硫黄島で多くの訓練が行われ、本土の航空機騒音の軽減が図られるよう努めていく方針だ。

米海軍や海・空自隊員と共に日米間の調整会議に臨む北関東防衛局の職員たち（手前）＝5月15日、海自の硫黄島航空基地隊で

着陸訓練を行う米海軍のFA18戦闘機㊧とE2D早期警戒機㊨

◇空母艦載機着陸訓練（FCLP＝Field Carrier Landing Practice）　米海軍空母の出航に先立ち、艦載機が海上で空母に安全に着艦できるよう、地上の滑走路で行われる着陸訓練。艦載機のパイロットにとっては、技量・練度の維持・向上のために必要不可欠な訓練となっている。米軍のFCLPは平成3年から硫黄島で実施されており、今回で55回目。

防衛施設と首長さん

静岡県下田市　福井 祐輔市長

ふくい・ゆうすけ　71歳。防大卒。滝ケ原駐屯地司令、防大教授などを経て2003年に陸自を定年退官後、NPO法人日本地雷処理・復興支援センター理事などを歴任し、16年6月、下田市長に初当選。1期目。高知県土佐清水市生まれ、下田市育ち。

自衛隊の支援受け「黒船祭」 日米親善を未来に繋ぐまち

下田市は、静岡県の東南部、伊豆半島の南部東側に位置し、面積は104・38平方キロメートル、人口は約2万1600人の市です。

本市は、天城山系の南側から太平洋に至る豊かな自然に恵まれたまちです。天城山系から続く急峻な山々と約47キロに及ぶすばらしい海岸線は、下田を特徴づける美しい景観をかたちづくり、本市観光の大きな財産として、社会・経済の基盤を支えております。

下田は、古くから東西海上交通の要衝として栄えた港町でした。江戸時代前期には幕府によって「海の関所」である船改番所が置かれ、「出船入船三千艘」と謳われるほどの繁栄を築きました。

そのような中、1854年のペリー来航により、神奈川県において日米和親条約が締結され、それにより、その門戸を下田と定め、開港地として日本外交の中心舞台となりました。その後、ペリーは了仙寺で「日米和親条約付録下田条約」を締結しました。

また、同年、ロシア使節プチャーチンが来航。長楽寺において「日露和親条約」が締結され、初めて日本とロシアの国境についての取り決めもされました。1856年に米国初代駐日総領事としてハリスが着任し、日本最初の領事館が玉泉寺に開かれました。下田市は、開港の歴史に彩られ、近代日本に黎明をもたらした港と海と山に囲まれた、いで湯のまちです。

さて、下田市では、自衛隊の皆さまには昭和49年の伊豆半島沖地震など度重なる災害に対して多大なご支援をいただいており、さらに昭和56年度から2年間、都市公園の造成工事においてもご協力をいただきました。

また、下田市の最大イベントである「黒船祭」が毎年5月の第3土曜日を含む金土日の3日間開催されます。下田の開港に尽くした内外の先賢の偉業を顕彰し、その偉大なる功績を永遠に記念し、併せて世界平和と国際親善に寄与するため、昭和9年から始まり、今年で80回目を迎えました。第1回「黒船祭」に帝国海軍の駆逐艦「島風」の派遣をいただき、海上自衛隊からは、昭和42年から毎年ご協力をいただいております。近年は護衛艦「やまぎり」「たかなみ」「はたかぜ」、掃海艇「ちちじま」「はつしま」「えのしま」、掃海艦「ひらど」などの派遣をいただいております。

一方、米国側からは空母やミサイル駆逐艦など、昭和28年から派遣をいただいております。

また、例年、航空自衛隊による式典時の展示飛行や海上自衛隊音楽隊による演奏など、祭典の主要部において自衛隊の多大なるご協力を賜っております。

今後も、昭和9年から引き継がれた伝統ある行事を、日米親善のもと、自衛隊のご支援とご協力を賜り、未来に繋いでいきたいと考えております。

「鹿児島から日本の安全保障を考える」

九州局が「防衛問題セミナー」

定員超す250人の聴衆

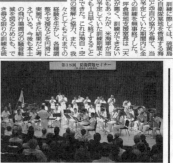

【九州局】九州防衛局は6月16日、鹿児島市の「かごしま県民交流センター」で「鹿児島から日本の安全保障を考える」をテーマに「第38回防衛問題セミナー」を開催した。

主催者を代表して、九州防衛局の廣瀬律子局長があいさつを述べた後、防衛省防衛政策局の槌道明宏局長が「新たな『防衛計画の大綱』『中期防衛力整備計画』」と題して講演。昨年末に策定された「大綱」「中期防」について、日本と周辺国、さらには米国との関係など、我が国を取り巻く安全保障環境を踏まえて分かりやすく解説した。

続いて、陸自8師団長の吉田圭秀陸将が「令和時代の安全保障」と題して講演。米中の対立と南海トラフ地震を「二つの地殻変動」と紹介しつつ、東アジア地域における平和と安定の重要性や大規模震災への対処の在り方について説明した。特に、東日本大震災の教訓を踏まえ、自衛隊と地方自治体、警察、海上保安庁など関係機関との連携の重要性についても強調した。

会場には定員を超える約250人の市民が詰め掛け、臨時席を設けて対応。みな真剣な眼差しで講演に聞き入っていた。

陸自の8音楽隊 ミニコンサート

最後に、陸自の8音楽隊（北熊本）によるミニコンサートが開かれ、行進曲「奄美警備隊」をはじめ、NHK大河ドラマ「西郷どん」のメインテーマ曲などを演奏した後、深海知子2曹が「スタンド・アローン」を、神宮司健一2曹が地元出身の歌手・長渕剛さんの「クローズ・ユア・アイズ」をそれぞれ見事に歌い上げて観客を魅了した。

九州防衛局では「防衛省の諸施策や自衛隊の活動をより多くの方々に理解していただくため、今後も九州各地で防衛問題セミナーを開催したい」として、多くの市民の参加を呼び掛けている。

防衛政策局の槌道明宏局長

8師団長の吉田圭秀陸将

見事な演奏と歌で会場を盛り上げた陸自の8音楽隊（写真はいずれも6月16日、鹿児島市の「かごしま県民交流センター」で）

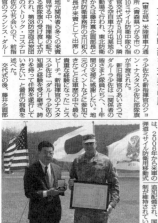

リレー随想　森　卓生

支局の所在地である名古屋市中区三の丸は、今は官庁街を中心とした地域だが、地名のとおり元々は名古屋城の城郭の一部をなし、多くの武家屋敷があった大変歴史のある場所だ。

合同庁舎7階の執務室は真北に面し、正面に緑がまぶしい名城公園が広がっていることや、名古屋駅周辺の高層ビルや繁華街の栄地区は南側の方向にあることから、あまり妨げられることなく、管轄の3県（愛知、岐阜、三重）を含む濃尾平野北側の眺望がパノラマのごとく見事に展開している。

まず目に入るのは木々の中に堂々とそびえ立つ名古屋城天守の雄姿だ。名古屋のシンボル的な存在である金鯱の形まではっきりと分かる距離だ。戦災で焼失した天守は鉄筋コンクリートで再建され、現在は耐震性の問題から立入禁止だが、建造当初と同様の木造に立て替える計画もあり、大きな注目を集めている。直ぐ横の愛知県体育館は7月の大相撲名古屋場所の会場となる。

城の向こうは濃尾平野が広がり、岐阜県まで見渡せる。当局の業務にも深く関係する名古屋空港や空自岐阜基地もこの方向にあり、近くにはそれぞれ「あいち航空ミュージアム」「岐阜かかみがはら航空宇宙博物館」と航空機産業が盛んなこの地域ならではの施設がある。

ちなみに、中部国際空港にはB787型航空機実機を展示する施設が昨年オープンしたばかりだ。一方、平野の先は山がちな地形となり、晴天で湿度の低い日には100キロ以上離れた岐阜と石川の県境にある白山も拝むことができる。

東海の魅力

西に目を向けると、伊吹山地、養老山地、鈴鹿山脈の一部が平野を囲むように連なっている。伊吹山や鈴鹿山脈にある御在所岳はアクセスもよく気軽に登ることができ、ぜひ訪れてみたい。東側は他の方位に比べ必ずしも視界が良いとは言えないが、名古屋ドーム、徳川園といった市内の名所はこの方角だ。遠くには恵那山、御嶽山、そして乗鞍岳など錚々たる名山が美しい稜線を描く。

語り尽くせないほど見どころはたくさんあり、支局の南側も含め、窓から見えない所にも多くの魅力的な場所がある。触れられなかったが、「食」もとてもおいしい。次の旅行先の候補として東海三県を考えていただければと思う。

昨年9月に公表された日本の主要8都市の住民を対象としたアンケート調査（「都市ブランドイメージ調査」：名古屋市が実施）によれば、名古屋が「最も魅力に乏しい都市」等々の結果が出されている。同市で暮らす者の個人的な実感としては決してそんなことはないと声を大にしたい。

私自身は、歴史もあり豊かな自然、先端産業もある素晴らしいこの地域で勤務できる喜びをかみしめ、窓からの美しい眺めに元気をもらいながら業務を実施する毎日である。名古屋を含め3県の魅力を絶えず発信していこうという思いを強くしている。

（東海防衛支局長）

米陸軍車力通信所 指揮官が交代

東北局幹部も式典出席

【東北局】米陸軍車力通信所（青森県つがる市）の第10ミサイル防衛中隊の指揮官交代式が5月10日、隣接する空自車力分屯基地の運動場で行われ、東北防衛局からは藤井真企画部長と三沢防衛事務所の古川和久所長が来賓として出席した。

地元関係者ら多くの来賓が見守る中、指揮権の証である部隊旗の受け渡し式が行われ、第38防空砲兵旅団長のパトリック・コステロ大佐の立ち会いの下、前指揮官のフランシス・ダルーラ少佐から新指揮官のジョン・ナスタス少佐に部隊旗が手渡された。

新旧指揮官のあいさつで、ダルーラ少佐は「関係者の皆さまと隊員たちへ、1年間の支援に感謝したい。地元のイベントなどに参加できたことは軍歴の中で最も貴重な経験になった」とスピーチ。新指揮官のナスタス少佐は「ダルーラ少佐の知識と経験を受け継ぎ、誇りを持って任務を遂行していきたい」と着任の抱負を述べた。

交代式の後、藤井企画部長はダルーラ少佐に東北防衛局の伊藤茂樹局長からの感謝状を伝達し、在任中の功績をたたえた。

空自車力分屯基地に隣接する米陸軍車力通信所には、2006年から米軍の弾道ミサイル防衛用移動式レーダー「Xバンド・レーダー」が配備されている。その後、14年には空自経ヶ岬分屯基地（京都府京丹後市）に隣接する米陸軍経ヶ岬通信所にも同レーダーが追加配備され、国内2基体制が維持されている。

離任するダルーラ少佐（右）に東北防衛局の伊藤局長からの感謝状を伝達する藤井企画部長（5月10日、青森県つがる市の空自車力分屯基地で）

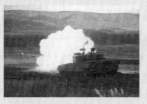

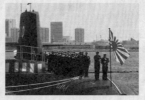

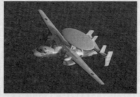

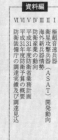

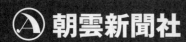

海自　南シナ海で初の共同訓練　海保

巡視船「つがる」にヘリ着船

海自と海保の艦船が南シナ海で初めて共同訓練――。

海自のインド太平洋派遣部隊（ＩＰＤ19、指揮官・江川宏将補＝1護群司令）のヘリ搭載護衛艦「いずも」（艦長・本山勝善1佐）、汎用護衛艦「むらさめ」（同・岡田周作2佐）、同「あけぼの」（同・竹下文人2佐）は6月26日、ブルネイ沖の南シナ海で海上保安庁のヘリ搭載巡視船「つがる」（総トン数3100トン）と共同訓練を行った。

海自と海保は日本沿岸で定期的に共同訓練を行っているが、南シナ海に共に展開しての共同訓練は今回が初めて。

「つがる」は砕氷能力を持つ「そうや」型巡視船の後継船で、南シナ海への派遣は、東南アジア周辺海域における海賊対策任務が目的。

今回は、シーレーンの防衛・警備に共に当たる海自と海保の艦船が、遠洋で会合した機会を生かし、初の共同訓練が実現した。訓練では、通信などの各種戦術訓練のほか、海自の艦載ヘリＳＨ60Ｋが「つがる」に着船するなど、海自と海保の連携強化を図った。

護衛艦「いずも」「むらさめ」「あけぼの」

海自と海上保安庁の共同訓練で戦術運動を行う巡視船「つがる」（手前）と（左から）海自護衛艦「あけぼの」「むらさめ」、ヘリ搭載護衛艦「いずも」（いずれも6月26日、ブルネイ沖の南シナ海で）

艦載機を使った人員輸送訓練で、「いずも」から海自隊員を乗せ、「つがる」のヘリ甲板に着船したＳＨ60Ｋ哨戒ヘリ

「つがる」の鈴木浩久船長（右）と記念品を交換する1護群首席幕僚の後藤正寛1佐（「つがる」船内で）

パシフィック・パートナーシップ2019

マーシャル諸島を初訪問

陸海空自から約30人

米太平洋艦隊が主催する多国間医療・文化活動「パシフィック・パートナーシップ（ＰＰ）2019」が3月3日から29日までマーシャル諸島で、4月29日から5月19日まではベトナムで行われ、陸海空3自衛隊からも医官など約30人が参加した。

自衛隊のＰＰ参加は今回で13回目となるが、マーシャル諸島で活動するのは初めて。

南太平洋の島嶼国を訪れた自衛隊の医療チームは、住民への歯科治療などの医療活動に加え、初めてＰＰに参加した海自東京音楽隊の隊員2人も、米太平洋艦隊バンド、豪海軍音楽隊の隊員と共に小・中学校などを訪れ、地元の生徒たちと音楽で交流した。

太平洋戦争中、激戦地でもあった同地では「日本人墓地」で日米合同慰霊祭を行い、隊員たちは慰霊碑に献花した。

一方、ベトナムでは医療チームが地元の医療従事者に対し、トリアージ指導や危険予知講習などを行った。

クワジェリン環礁ロイ・ナムール島の日本人墓地で行われた慰霊祭で、戦没者に献花し、敬礼する日米の隊員（3月26日、マーシャル諸島で）

音楽演奏

ＰＰ初訪問となったマーシャル諸島のアサンプションスクールで女生徒にクラリネットの演奏指導を行う海自東京音楽隊の隊員（右）＝3月12日、首都・マジュロで

米太平洋艦隊バンド、豪海軍音楽隊と共にマジュロ環礁のローラ小学校を訪れ、生徒たちを前に「故郷」を歌う海自の音楽隊員（3月15日、マーシャル諸島で）

ベトナムのフー・イェン総合病院を訪れ、病院関係者にトリアージの指導を行う陸海空3自衛隊の医官ら（5月7日、越フー・イェン省で）

医療活動

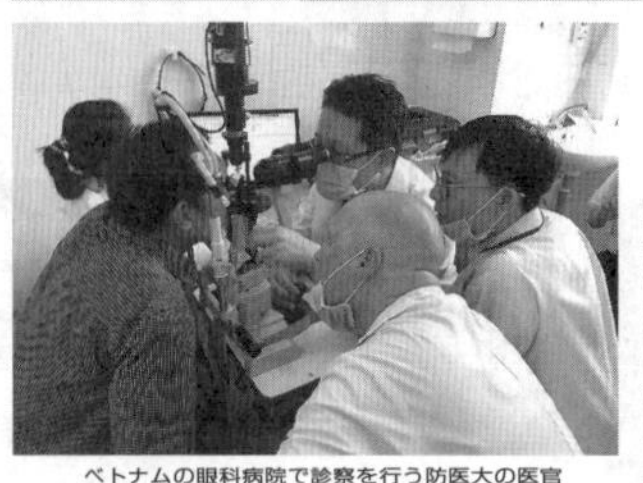

ベトナムの眼科病院で診察を行う防医大の医官（中央奥）＝5月7日、フー・イェン省で

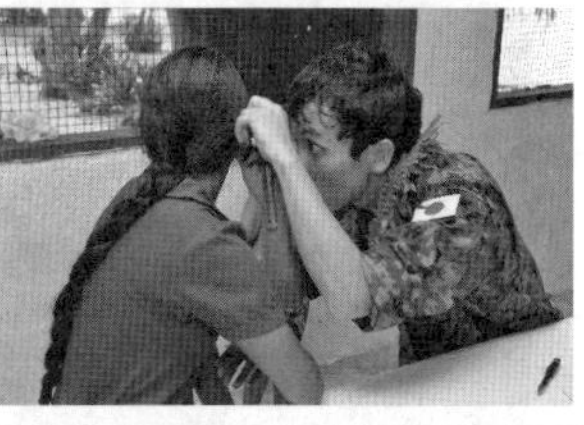

マーシャル諸島住民（左）の耳鼻科診療を行う陸自の医官（3月18日、マジュロ環礁のロンロン地区で）

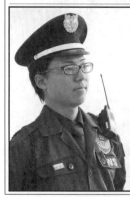

あさぐもドツマイち　吉本どんど

陸海空1万4千人が即応態勢

九州大雨で8師団 救助活動など全力

九州南部を中心に6月30日から記録的大雨が続き、自衛隊は西方隷下の8師団（北熊本）、4師団（福岡）を中心とする陸海空各部隊の約1万4000人が即応態勢を取った。鹿児島県曽於市などの土砂崩れが発生した地区では、12普連（国分）の隊員らが行方不明者の捜索に全力で当たった。（1面参照）

鹿児島県曽於市の土砂崩れが発生した現場で、行方不明者の捜索のため、家屋の屋根に上がり瓦を取り外す12普連隊員（7月4日）＝いずれも西方広報室提供

甚大な被害をもたらした昨年6～7月の西日本豪雨を思わせる大雨が鹿児島、宮崎、熊本各県を襲った。鹿児島県鹿屋市吉ケ別府では、降り始めの6月28日からの総雨量が約900ミリを観測した。

鹿児島県は、鹿児島市全域（約59万人）をはじめ、県内各市町全域で避難勧告が出された。

安倍首相は官邸で開いた7月3日の関係閣僚会議で、「さまざまな事態に対応するため、警察、消防、海上保安庁の各機関はもとより、自衛隊も必要な場合には要請を待たずに救援活動にあたるべく、九州他方の部隊を中心に初動対処要員約1万4000人が即応態勢を敷いている。万全の警戒態勢を取ってほしい」と述べた。

陸自西方の隷下部隊を中心に、九州管内の3自衛隊の隊員約1万4000人が即応態勢を取った。

県内の複数の地区で土砂崩れが発生、洪水の恐れもあったことから、三反園訓鹿児島県知事は3日午後2時53分、吉田圭秀8師団長に災派を要請した。

要請を受け、ただちに12普連（渡辺亘紀連隊長）の初動対処部隊が情報収集、警戒のため鹿児島ふれあいスポーツランド（鹿児島市）に向け出発した。

曽於市坂元地区の土砂崩れにより家屋が倒壊した現場では7月4日、12普連の隊員ら約30人が警察、消防の署員と共に行方不明者の捜索に当たった。

また、南さつま市加世田で土砂の除去、鹿屋市輝北町で土砂の除去と給水支援を行った。

4日午後7時半、三反園知事から撤収要請が出され、活動を終えた。8師団隷下部隊の約170人、西方直轄部隊（健軍）など西方直轄部隊の約30人が活動に従事した。

鹿児島県庁を訪れ三反園知事（左）に活動終了を報告し、握手を交わす渡辺12普連長（7月5日）

ベトナム軍訪日団を歓迎 鈴木政務官ら約100人出席

佐官級研修

笹川平和財団主催 ベトナム国防省佐官級訪日団 歓迎レセプション

歓迎レセプションでベトナムの伝統的な歌を披露する訪日団長のホアン・ゴック・ズン陸軍少将（壇上中央）をはじめとする越軍訪日団員ら（7月1日、ホテルグランドヒル市ヶ谷で）

ベトナム軍佐官級訪日団の歓迎レセプションが7月1日、東京都新宿区のホテルグランドヒル市ヶ谷で開かれ、鈴木政務官、小野塚貴之陸幕副長など省・自衛隊の幹部ら約100人が出席した。

訪日団は日越の多元的な関係を促進する目的で2014年度から行われている「ベトナム軍佐官級研修プログラム」（笹川平和財団主催）に参加。開会のあいさつで、同財団の田中伸男会長が「プログラム開始当初と比べ、最近は日越交流が活発になり、隔世の感がある。訪日団の皆さまには今回の経験を帰国後、両国の安全保障協力関係を深める時に生かしていただきたい」と述べた。

鈴木政務官は「皆さまが各基地・駐屯地を研修されることは意義深く、防衛省・自衛隊についてさらに理解を深めていただければうれしい」と語った。

中山泰秀元外務副大臣のあいさつの後、小野塚副長が音頭を取り乾杯が行われた。訪日団長のホアン・ゴック・ズン陸軍少将をはじめとする14人のベトナム軍将校らは、自衛隊幹部らと交流を深めていた。

訪日団は1日、防衛省で岩屋防衛相、山崎統幕長を表敬。翌2日に空自春日基地（福岡）、背振山分屯基地（佐賀）を視察。3日に陸自相浦駐屯地（長崎）、4日に海自佐世保基地（同）、5日に首相官邸を訪れて6日に帰国した。

海賊対処水上33次隊「あさぎり」 アデン湾で2人を救助

「あさぎり」乗員（左）にハイタッチで別れのあいさつをする救助されたインド貨物船の乗組員（右）＝6月22日、ソマリア沖・アデン湾で

アフリカのソマリア沖・アデン湾で民間船舶の護衛任務などに当たる派遣海賊対処行動水上部隊33次隊の護衛艦「あさぎり」（艦長・波江野裕一2佐）は6月20日の深夜、インド船籍貨物船乗員の救助活動を行った。

沈没寸前だった貨物船からの遭難信号を受信した「あさぎり」は、直ちに搭載するSH60哨戒ヘリを現場に急行させ、ホイストでインド人乗員2人を救助した。

「あさぎり」の艦内では医官が健康状態を確認。22日の昼ごろ、2人をジブチ沿岸警備隊に引き渡した。

波江野艦長は「遭難信号の受信後、搭載ヘリを速やかに発艦させ、捜索・救助に万全を尽くした。漂流する2人の乗組員を救助できたことを『あさぎり』の乗員一同、大変喜ばしく思う。本来任務の海賊対処への励みにもなった」と語った。

観艦式10月14日 「君の未来、この海とともに。」 ロゴとキャッチフレーズ決まる

海自は5月27日、令和元年度自衛隊記念日行事の「観艦式」（10月14日）で使用するロゴマークとキャッチフレーズを発表した。

1月20日から一般公募し、ロゴは112件、キャッチフレーズは1005件の応募があった。海幕内の投票でいずれも上位3位までを選出し、山村海幕長が採用作を決定した。

ロゴマークは舞い散る桜と、海上に護衛艦や潜水艦、その上空に航空機を描いたデザインで、東京都大田区の寺岡善彦さんが考案した。キャッチフレーズは山梨県山梨市の中島陽子さんが応募した「君の未来、この海とともに。」に決まった。

採用作は今後、観艦式ポスターなどに使用される。使用を希望する場合は、海幕広報室（03・3268・3111、内線50154）まで申し込む。

自衛隊観艦式 2019 令和元年
Japan Self-Defense Forces FLEET REVIEW

写生・フォトコン作品募る 海幕広報室

海幕広報室は観艦式キャッチフレーズの「『君の未来、この海とともに。』を連想させる海上自衛隊」などをテーマにした、写生・フォトコンテストを7月1日から開催している。応募は8月31日まで。

入賞者には観艦式ペア乗艦券などを贈呈する。応募要領などは海自観艦式ホームページ（https://www.mod.go.jp/msdf/fleetreview/2019/）を参照。

細見2佐を葬送 岩屋防衛相ら参列

空自3空団302飛行隊（三沢）のF35Aステルス戦闘機（705号機）が夜間の対戦闘機戦闘訓練中に太平洋上に墜落した事故で、殉職した同機操縦士、細見彰里2佐（41）＝4月9日付で1階級特別昇任＝の葬送式が7月7日、三沢基地で執り行われた。

式は鮫島建一3空団司令の執行で行われ、岩屋防衛相、丸茂空幕長らが参列した。

705号機は4月9日午後7時27分ごろ、三沢基地の東方約135キロの洋上に墜落した。空自は墜落機の部品が散在していた海域で細見2佐のものとみられる身体の一部を収容。本人と特定し、殉職と判断した。空間識失調に陥ったことが墜落の原因とされる。

機体の捜索活動は6月3日に終了した。事故機のフライト・データ・レコーダー（FDR）は見つかっていない。302飛行隊が保有するF35A12機は現在、飛行訓練を停止している。

小休止

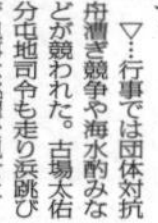

▽…3月に開庁した奄美駐屯地の瀬戸内分屯地が置かれる鹿児島県大島郡瀬戸内町節子集落で6月16日、33年ぶりとなる浜下り集落行事が同町節子浜で行われ、分屯地の隊員とその家族約40人も参加した。

▽…行事の開始に当たり、盛博行節子区長は「浜下りを再び開催でき、集落一同心より感謝しています。集落の発展を（分屯地の）皆さんと共に築いていきたい」とあいさつ。

▽…行事では団体対抗舟漕ぎ競争や海水酌みなどが競われた。古場大佑分屯地司令も走り浜跳びで見事な跳躍を見せた＝写真。（北熊本）

中立・公正の自衛隊員 国民全体に奉仕が本分

こちら警務隊　選挙違反 その②

上官が部下に対し特定の候補者へ投票を促す行為は、罪になりますか？

上官が自己の地位を利用して部下に対して特定の政党や候補者に対する投票を勧誘することは政治的行為と考えられ、自衛隊法の政治的行為の制限違反に該当し、3年以下の懲役または禁錮に処せられます。

「政治的行為の制限」は、国家公務員である隊員が、政治的中立の立場を堅持して自衛隊の任務を確保するために定められたものです。

我々は、特定の政党や候補者ではなく、国民全体に奉仕することを本分とするようにしましょう。

（西部方面警務隊）

※次回は「身代わり投票」

自らの内を光輝かせるとき、無意識のうちに他の人々も輝かせる。

ネルソン・マンデラ（南アフリカの政治家）

（世界の切手・南アフリカ）

朝雲ホームページ
www.asagumo-news.com
＜会員制サイト＞
Asagumo Archive
朝雲編集部メールアドレス
editorial@asagumo-news.com

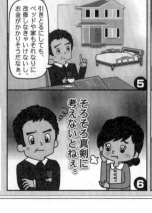

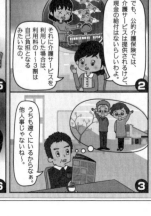

築き上げてきた信頼

海賊対処活動10年の節目に

1海尉　山口　真広（11次海賊対処支援隊広報班長・ジブチ）

時代は「平成」から「令和」に代わり、ここアフリカのジブチ共和国を拠点とした自衛隊のソマリア沖・アデン湾での海賊対処への取り組みは、今年で10年の節目を迎えました。

自衛隊による海賊対処行動は、各国首脳などから感謝の意が表されているほか、国連の安保理決議でも歓迎されるなど、国際社会からも高く評価されています。

そのような海賊対処の任務の合間、派遣部隊の我々にはジブチの人たちや外国部隊とのさまざまな交流の機会があります。今回はその一端をご紹介したいと思います。

1　ジブチ大学との文化交流

去る3月7日、ジブチ大学において「日・ジブチ友好デー」（同大学、在ジブチ日本大使館共催）が行われました。ジブチ大学の学生たちはジブチの伝統舞踊を、日本隊の隊員たちは沖縄の伝統舞踊「エイサー」のほかに、空手、銃剣道、習字、けん玉といった日本の武道や文化を紹介し、相互の理解を深めることができました。

ジブチ大学で日本の銃剣道を披露する派遣隊員

2　各国軍とのスポーツ交流

5月20日にはフランス軍のジブチ海軍基地において、仏海軍主催の「ビーチ・バレーボール大会」が開かれました。仏海・空軍、自衛隊、そしてイタリア軍が参加し、全6チームでリーグ戦が実施されました。

自衛隊チームは予選リーグを1位で突破したものの、トーナメント戦ではバレーボールの本場であるイタリア軍に惜敗し、結果は4位でした。今後とも、合同練習などを通じて各国部隊と親睦を深めていきたいと思います。

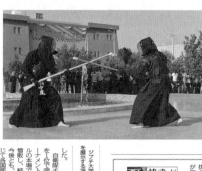

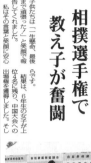

（上）「日・ジブチ友好デー」で民族舞踊を披露するジブチ大学の学生（下）仏海軍主催の「ビーチ・バレーボール大会」に参加した派遣隊員たち（左）

3　日本への理解深まる

このように、ジブチの人々はもとより、在ジブチの各国軍とさまざまな交流を通し、彼らが日本、そして自衛隊に対して、非常に親近感を持ってくれていることを感じます。

これは、これまでジブチに派遣されてきた自衛隊の諸先輩たちが、10年もの歳月をかけて築き上げてきた信頼と、たゆまぬ努力の成果であり、これこそが「世界が日本を認めてくれている証」なのではないかと考えます。

ここジブチでは、日々そういったことをひしひしと感じながら、日本人であることをうれしく思い、また誇りに思いながら任務に当たっております。

新刊紹介

「武器になる情報分析力」
上田　篤盛著

防衛省情報分析官など国の安全保障分野で約40年にわたり「情報」に携わってきた著者が、初心者向けに情報の分析法について解説した本。

予測不能の時代を勝ち抜くには「情報分析力」が欠かせないとし、インフォメーションとインテリジェンスの違いから、情報収集のノウハウ、得られた情報から先を予測する「知的戦術」を紹介。中でもプロが用いる「フレームワーク」「マトリックス」「クロノロジー」「競合仮説分析」「防勢分析」「リンク分析」などの手法はビジネスにもすぐに応用でき、興味深い。

情報分析の失敗につながる「バイアス（偏見）」についても詳述し、本書は「知的戦闘力」を身につけさせてくれる情報部門の実技マニュアルだ。

（並木書房刊、1728円）

「未来の地図帳」
―人口減少日本で各地に起きること
河合　雅司著

読者に大きな衝撃を与えた前著『未来の年表』の続編。今回は少子高齢化により国が急速に縮んでいく中、国民生活がどのように変わるかを大胆に予測している。

本書では国立社会保障・人口問題研究所が発表した「日本の地域別将来推計人口」を基に、2045年の日本の各自治体の状況を予測。それによると、鳥取県は人口が激減し……

一方、大都市圏は人口増が続くが、急速な高齢化で首都圏のさいたま市なども80歳以上が2.5倍に増え、社会保障の維持も難しくなる。

この2極化は、地方で募集業務に当たる地本の隊員にとっては、まさに「悪夢」だ。人口減は「外の敵」ではなく「内なる敵」となる。多くの若者を入隊させている自衛隊にとって、到来する事態にイメージしておくためにも、本書は一読の価値がある。

（講談社刊、946円）

皆で勝ち取った射撃競技会優勝

2陸曹　降幡　斉博（31普連3中隊・武山）

わが第3中隊は「平成30年度連隊小火器射撃競技会」で優勝を勝ち取りました。

29年度末、中隊で陸曹会同が開かれ、射撃検定の結果が良かったという理由から、私は射撃競技会の監督に推薦されました。推薦された喜びもあり監督を引き受けましたが、射撃に関して自分なりの着眼はあるものの、射撃姿勢などを他の隊員に指導するほどの自信はなく、競技会に向けて何をやるべきなのか全く分かりませんでした。

30年度に入り、保全業務に加え、今までやったことのない「小火器射撃実施計画」の作成という難題にぶつかりました。しかしながら、私は「計画作成～指導受け～文書化」という一連の業務を経験していなかったため、すぐに行き詰まりました。

しかし、前任者が手取り足取り指導してくれたおかげで、なんとか中隊の練成射撃を実施していくことができました。練成間は保全業務と計画作成に追われるばかりで、射撃競技会に向けての具体的対策を講じないまま時間ばかり過ぎていきました。

12月に入った頃、中隊の射撃教官から「年が明けたら朝稽古で射撃予習をやろう」と提案され、競技会までの約2カ月間は可能な限り毎朝射撃予習を実施しました。多くの人からアドバイスをいただきながら練成方法を工夫し、中隊内で射撃競技会を開催するなど、毎日練成を積み重ね、いよいよ競技会当日を迎えました。

競技会は当初から隊員の高得点が続き、序盤で首位に立ちました。しかし、中盤では思うように得点が取れず2位、3位と順位を落としていきました。全隊員の射撃が終わり「やはり駄目か…」という暗い雰囲気のなか駐屯地に戻り、閉会式の時間を待っていた時、内線電話が鳴り、「優勝！」の二文字が伝えられました。

その瞬間、歓声が上がり、中隊は喜びに沸きました。なかには握手を求めてくる方もいて、とても嬉しくなりました。その後、胴上げまでしていただき、「射撃競技会優勝中隊」の看板も手にすることができました。

この結果は私の力だけではなく、即応予備自衛官の部で2位の結果を出してくれた3中隊即自隊員の実力と、前任者からの積み重ね、先輩方のアドバイス、そして何より毎朝の射撃予習に対して不満を口にすることなく練成を続けてくれた3中隊常備隊員の全員で勝ち取った優勝でした。

令和元年度も中隊一丸となり、「2連覇」を勝ち取りたいと思います。

OBがんばる

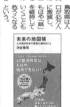

江口　圭太さん　25
平成30年3月、陸自6施設大隊（神町）で任期満了退職（士長）。大商金山牧場山形事業部に再就職し、配送業務に従事している。

まず「調べる」ことから

私は3任期満了により、6施設大隊を退職しました。自衛隊での6年間、部隊の上司や先輩、同僚に大変お世話になり、今も感謝の気持ちで一杯です。

私は現在、山形地域援護センターのご尽力で、大商金山牧場山形事業部の社員として勤務しています。

私が退職を決めてからの1年間は大変短く感じられました。就職活動中、自分がやりたいと考えたのは運送業でした。理由は自衛隊で大型自動車免許を取得し、大型車両を操縦していたこともあり、資格を生かした仕事に就きたいと考えました。自分なりに運送業のことを調べ、援護担当の方に相談することで不安は消えていきました。

弊社は食肉の生産から加工・販売まで、お客様の要望に沿った製品を提供している総合食肉会社です。私は取引先である飲食店などへの商品配送と、ルートセールスの営業を担当しています。仕事の魅力は、配送や営業を通じ、さまざまな人に出会い、自分の成長が実感できることです。また、お客様とのやり取りを通して交渉力やプレゼンテーション能力など、さまざまなスキルも磨かれます。

これから退職を予定し、進路に悩んでいる方は、まず「調べる」ことから始めてみてはいかがでしょうか。また、援護センターの方々からの助言を大切にし、内定をいただくまでの過程では、自衛隊で培った規律・精神力・忍耐力が必ず役に立つので、最後まであきらめずに頑張ることが大切だと思います。

みんなのページ

相撲選手権で教え子が奮闘

2陸曹　蓑原　秀五（鳥取地本米子地域事務所）

4月21日に倉吉市で開催された「桜ずもう櫻杯争奪相撲選手権大会」に私が日ごろ指導している子供たち4人（男女各2人）が出場しました。

倉吉市は第53代横綱琴桜が誕生した地で、「桜ずもう櫻杯争奪相撲選手権大会」では、毎年、佐渡ヶ嶽部屋の力士と子供たちが触れ合うイベントも開催され、多くの来場者でにぎわっています。

今回、私は仕事の都合で子供たちの奮闘を見ることができませんでしたが、大会の終了前に会場に到着すると、子供たちが待ってくれていました。

私が大会について聞くと、子供たちは「一生懸命、最後まで頑張った！」と笑顔で報告してくれました。

私はその言葉と笑顔に安心しました。大会前の最後の練習で、子供たちに「最後まで諦めるな、悔いを残すな！」と激励の言葉を贈っていたからです。

結果は、6年生の女子が上位4名に残り、中国大会への出場権を獲得しました。そして7月開催の全日本女子相撲（岐阜県郡上市）、10月開催の全日本小学生女子相撲大会にも出場の予定です。

今後も子供たちと一緒に稽古に励み、子供たちから最高の笑顔が見られるよう頑張っていきます。

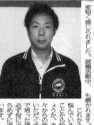

子供たちと一緒に相撲の稽古に励んでいる鳥取地本の蓑原秀五2曹（中央）

詰碁

第1214回出題

出題　日本棋院　九段　曲　励起

白先

『白を助けて下さい。手順よく打てば活きます』。5分でできれば初級以上です。

▶詰碁、詰将棋の出題は隔週です◀

詰将棋

出題　日本将棋連盟　九段　石田　和雄

≪第798回の解答≫

【正解】▲2三金△同玉▲2四銀△同玉▲1四飛成までの五手詰め。

【解説】初手、平凡に▲4一飛成と迫っては△2三玉▲1四金△1二玉で詰まない。▲2三金と逃げ場に捨てる手が好手。△同銀は▲4一飛成。△同馬は▲2一飛成。△同玉は最善ですが、そこで▲2四銀が決め手となり解決。

▲先手　持駒　金

「朝雲」へのメール投稿はこちらへ！

▽原稿の書式・字数は自由。「いつ・どこで・誰が・何を・なぜ・どうしたか（5W1H）」を基本に、具体的に記述。所感文は制限なし。

▽写真はＪＰＥＧ（通常のデジカメ写真）で。

▽メール投稿の送付先は「朝雲」編集部（editorial@asagumo-news.com）まで。

朝雲

発行所　朝雲新聞社
〒160-0002 東京都新宿区四谷坂町12-20 KKビル
電話 03(3225)3841
FAX 03(3225)3831
振替00190-4-17600番
定価一部140円、年間購読料9000円（税・送料込み）

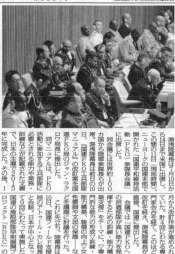

初の「プロ・エアマンシップ・プログラム」

ASEAN加盟国の空軍士官参加

国際法シンポを開催

シンポジウムの開会式に臨むASEAN各国からの空軍パイロットたち。テーブル奥中央は議長を務める防衛省国際安全保障政策室の矢田純子室長
（7月8日、東京都新宿区のホテルグランドヒル市ヶ谷で）

日本と東南アジア諸国連合（ASEAN）の空軍種間の交流と信頼醸成を目的とした初の「プロフェッショナル・エアマンシップ・プログラム（PAP）」が7月8日から11日まで、防衛省が主催して国内で開かれ、ASEANの全加盟国から佐官級の空軍パイロットら計12人が参加した。期間中、都内で「航空の安全保障・国際法シンポジウム」が開催されたほか、空自の入間基地（埼玉県）と美保基地（鳥取県）で部隊研修も行われ、来日した参加者たちは日本の対領空侵犯措置任務や装備・技術を含めた航空防衛力の考え方などについて理解を深めた。

同プログラムは、昨年10月にシンガポールで開かれた第4回「日ASEAN防衛担当大臣会合」で岩屋防衛相が提唱したもので、我が国が2016年に打ち出した日本とASEANとの防衛協力の指針「ビエンチャン・ビジョン」に基づく実践的な取り組みの一環として今回初めて実現した。日本のASEAN各国に対する国際法の認識促進と航空分野の能力向上支援の目的もある。

来日したのは、ASEAN加盟全10カ国から佐官級の空軍パイロットら10人を中心に、ASEAN事務局とシンガポールの文官各1人を加えた計12人。シンガポールからは2人が派遣された。プログラム開始に先立ち8日、参加者たちは防衛省に岩屋大臣を表敬し、激励を受けた。

8、9の両日に都内のホテルで開かれた「航空の安全保障・国際法シンポジウム」では、防衛政策局国際政策課国際安全保障政策室の矢田純子室長を議長に、同課の担当者が日本の安全保障政策について説明。「自由で開かれたインド太平洋」構想をはじめ、昨年末に策定された新たな「防衛計画の大綱」、「ビエンチャン・ビジョン」などに基づく防衛省・自衛隊の取り組みに関してブリーフィングを行った。

続いてセッション1では「航空の安全保障」をテーマに、空幕防衛課防衛調整官の菅井裕之1佐が座長を務め、日本とASEAN各国の参加者がそれぞれの組織の概要や取り組みを発表した後、各国が直面する課題や空軍の役割などについて議論した。

セッション2では「国際航空法と規範」をテーマに、空幕首席法務官付法務官の小山晃紀雄1佐が座長を務め、日本とシンガポールがそれぞれプレゼンテーションを行った。これらを踏まえ、▽シカゴ条約など既存の国際航空法▽航空分野における国際法や国際規範の課題と展望▽「防空識別圏」や対領空侵犯措置任務に関する考え方――などをめぐって活発な意見交換を行い、相互理解を深めた。

特に昨年のASEAN国防相会議（ADMM）でシンガポールが主導的な役割を果たして採択された「航空における軍用機同士の遭遇に係るガイドライン（GAME）」の展望についても討議され、「法の支配の貫徹」に向けた価値観の共有を図った。

入間、美保基地で研修

10日に入間基地を訪れた参加者たちは航空医学実験隊で「空間識訓練装置」に乗り込み、飛行時の各種錯覚を体験した後、2輸空のC1輸送機に搭乗して美保基地に移動し、現地で一泊した。美保基地では各種施設や装備品の見学を行うとともに、3輸空が誇る最新鋭のC2輸送機による物料投下などの訓練を研修。翌11日には同機に搭乗して入間基地に戻り、プログラムを終了した。

国際安全保障政策室の矢田室長は「参加者からは『自由で率直な意見交換ができ、非常に勉強になった』『部隊訪問・訓練見学はパイロットとして貴重な経験になった』『今後もぜひ続けてほしい』といった感想をいただいている。地域協力の要であるASEANの中心性・一体性の動きを支援し、『ビエンチャン・ビジョン』に謳われた『法の支配』を貫徹するため、また、ASEANとの信頼醸成をさらに推進するため、今後もPAPを継続していきたい」と話している。

国連PKOマニュアル改訂案を提出

陸幕長がラクロワ国連局長に

第3回国連PKO参謀長会議に出席し、日本のPKOへの積極的な取り組みをアピールした湯浅陸幕長（中央手前から3人目）＝7月11日、ニューヨークの国連本部で

湯浅陸幕長は7月10日から14日まで米国に出張し、この間の11日（現地時間）、ニューヨークの国連本部で開かれた「国連平和維持活動（PKO）参謀長会議」に出席した。

同会議には世界約100カ国から陸軍参謀長らが出席。湯浅陸幕長は前日の10日、『国連PKO工兵部隊マニュアル』の改訂案を国連PKO局のジャン・ラクロワ局長に提出した。

同マニュアルは、PKO活動に参加する工兵部隊に必要とされる能力や業務・訓練などが記載された文書で、日本の主導で2015年に完成した。その後、IED（即製爆発装置）など新たな問題に対処するため、日本を議長国に昨年12月から改訂作業が進められていた。計4回にわたる専門家会合を経て、このほど改訂を終え、湯浅陸幕長が直接、国連に提出した。

会議では「国連PKOへの派遣部隊が高い能力を発揮するための訓練・能力構築支援」をテーマに、▽専門的な能力の形成▽訓練・能力構築、装備の向上▽女性要員や文民の保護――などを議題に討議を行った。

これに先立ち、陸幕長は10日、国連フィールド支援局のアトゥール・カレ局長と会談。日本が中心となって9回にわたって実施した国連の施設部隊早期展開プロジェクト「RDEC」の取り組みなどについて話し合った。

その後、陸幕長はワシントンDCに移動し、マーク・ミリー米陸軍参謀総長とも会談した。

有志連合 派遣ない

ホルムズ情勢で防衛相

岩屋防衛相は7月16日の記者会見で、米国が検討している中東・ホルムズ海峡などの安全確保を目的とする有志連合について、「現段階で自衛隊を派遣することは考えていない」と述べ、「緊張緩和に向けて、引き続き外交努力を継続していくことが重要だ」と強調した。現地の情勢については「目下のところ小康状態」との見方を示し、国際社会と連携して情報収集し、情勢を注視していく考えを示した。

一方、山崎統幕長も11日の記者会見で「現在は関係諸国と情報交換のやり取りをしながら、情勢を注視している段階だ」と述べた。

陸自 国内外で大型演習

夏の訓練最盛期を迎え、陸自は国内外で大型演習に取り組んでいる。

3師団（千僧）は隊員2600人が参加し、中部方面区から北部方面区への方面区間機動演習を実施。7月8日には旅団（帯広）の支援を受け、北海道・浜大樹訓練場で揚陸作戦を行った。京都・舞鶴港で海自輸送艦「しもきた」に乗り組んだ[illegible]は、大樹町沖で同艦搭載のエアクッション艇（LCAC）に乗り換え、海上から砂浜に揚陸。軽装甲機動車などを陸揚げした＝写真。

他の3師団の部隊も陸・海・空の手段で北海道入りし、各種訓練を開始している。

米海軍太平洋艦隊司令官と新在日米海軍司令官が来省

岩屋防衛相と会談

岩屋防衛相（手前中央）を挟んで報道陣に笑顔を見せる米太平洋艦隊司令官のアクイリノ大将（同右）と新在日米海軍司令官のフォート少将（同左）。左は山村海幕長（7月11日、防衛省で）

岩屋防衛相は7月11日、来日した米海軍太平洋艦隊（ハワイ）司令官のジョン・アクイリノ大将と防衛省で会談し、さらなる日米同盟の強化で一致した。

アクイリノ司令官は、前日10日に横須賀の在日米海軍司令部で行われた在日米海軍司令官の交代式に立会するため来日した。新たに在日米海軍司令官に就任した[illegible]少将も同席した。日本側からは山村海幕長らが同席した。

[illegible]

韓国でPSI海上阻止訓練

統幕、化学防護隊員参加

統幕は7月10、11の両日、韓国の釜山で行われた「拡散に対する安全保障構想（PSI）」に基づく海上阻止訓練「イースタン・エンデバー19」に[illegible]を派遣した。

[illegible]

春夏秋冬

リーダーとしての気品と怨望

菊澤 研宗

福沢諭吉といえば、慶応義塾大学の創始者として、そして一万円札の顔としても知られている。この福沢をめぐって、これまでいろんな印象がもたれてきた。「実学」を推進する西洋合理主義者。お金儲けやビジネスを推奨する経済合理主義者。いずれにせよ、何か物質的で経済的なものを求めた人物。そういった印象が強いだろう。

ところが、福沢が求めたものはまったく逆であった。彼が求めていたのは、人間としての「気品」であった。晩年書かれた『福翁自伝』の最後に、残る余生でやってみたいことは、全国の男女の気品を徐々に高めて、真の文明の名に恥ずかしくないようにすることだと述べている。

確かに、福沢は日本が西洋文明に追いつくためには、物理学、技術、そして経済学的知識を習得し、それらを発展させる必要があると考えた。しかし、そのような科学的知識を進歩させるには、何よりも個々人の精神的な自律や自由が必要だと考えた。特に、江戸時代の固定的価値観にもとづく身分制度にとらわれない人間としての自律、品格、そして気品を高めることが重要だとみたのである。

そして、そのような人物がリーダーにならなければ、日本人の知識は自由に進歩発展しないと考えたのである。それゆえ、どんなに才知や技量があっても、他律的で気品のない人はリーダーとして世に立つべきではないという。何よりも、リーダーには気品が必要なのだと主張する。

この福沢が最も嫌っていたのが「怨望」である。世の中のほとんどのことがらは、善悪紙一重だという。たとえば、粗野はフランクで率直という意味と紙一重であり、傲慢は勇気と紙一重。ところが、一方的に悪く、生産性がまったくないのが、「怨望」つまり嫉みや嫉妬なのだ。それは、他人を引き下げて自分と平等にする心であり、自分が上がるのではなく他人を不幸にして引き下ろして平均を得ようとする心理である。

福沢諭吉によると、このような人物は品が悪く、人々の進歩を妨げることになる。それゆえ、リーダーとしては失格なのだ。この怨望をいかにして自己統治できるか。これが、リーダーに求められる条件の一つなのである。

（慶応義塾大学教授）

朝雲寸言

米国のアポロ11号による人類初の月面着陸から7月20日で50年となる。「アポロ計画」は最終的に12人の宇宙飛行士を月面に立たせることに成功した。ただあまりに経費が膨らんだため、当初20号まで予定していた同計画は17号で打ち切られた▼そんな流れが変わったのは最近だ。米国は2024年までに再び人類を月面に送る「アルテミス計画」を発動した。[illegible]

時の焦点

国内

イラン情勢 緊張緩和へ努力続けよ

エジプト軍とシリア軍がイスラエルを攻撃し、第4次中東戦争が勃発したのは1973年10月のことである。

中東の産油国は、大幅な石油の値上げのほか、「米国や、イスラエルの味方には輸出を停止する」との戦略を掲げた。

翌11月に来日した米国のキッシンジャー国務長官に対し、田中角栄首相は、「もし日本が米国の言う通りの姿勢をとって、アラブ諸国から敵視され、石油を禁輸された場合、米国は肩代わりしてくれるか」と尋ねた。キッシンジャー氏は「それはできない」と答えたという（柳田邦男著『日本は燃えているか』）。

石油ショックに見舞われた田中政権はその後、アラブ諸国の友好国であるとの立場を内外に表明する。米国が日本に冷ややかな対応を取ったのは、言うまでもない。

資源の乏しい日本にとって、産油国と良好な関係を築くことは死活的に重要だ。一方で、日米同盟を蔑ろにはできない。中東政策を巡る日本の苦悩は長く続いている。

イラン情勢の緊迫化を受け、米国が、中東ホルムズ海峡などの安全確保のための有志連合を検討している。自衛隊派遣を正式に求められた場合、日本の対応が焦点だ。

政府内では、自衛隊法に基づく海上警備行動や、安全保障関連法で定めた存立危機事態と認定し、自衛隊の海外派遣を行うことなどが検討されているという。

任務は日本の船舶の護衛だけなのか、あるいは他国の船も含めた海域の警備なのか。自衛隊は米軍の指揮下に入るのかどうか。政府はこうした点を米国と綿密に協議しなければならない。仮に海外派遣を行うならば、法的根拠を明確にする必要がある。

現実的な派遣のあり方も重要な検討課題だ。日本に向かうすべてのタンカーを護衛することになった場合、海上自衛隊の態勢は間に合うのか。南西諸島防衛などが手薄になってはなるまい。海自艦の運用を緻密に練ることが求められる。自衛隊員の負担にも配慮しなければならない。

イランの核問題を主導してきた英仏独などとの連携も不可欠だろう。

緊張緩和のための外交努力は、以前にも増して大切だ。

安倍首相は6月、イランを訪問し、ロハニ大統領や最高指導者ハメネイ師と会談した。伝統的な友好関係を生かし、引き続き仲介に務めたい。

国連で対応策を議論するよう、関係国に働きかけることも考えられる。有志連合を結成するにしても、国連決議があれば、自衛隊派遣の根拠も明確となるだろう。

安倍政権が日米同盟を深化させてきた意味は重い。米国と緊密な関係を保ちつつ、いかに友好国との関係を維持するか。日本の外交力が試される場面を迎えようとしている。

夏川 明雄（政治評論家）

海外

EU執行部人事 剛腕の仏大統領が主導

欧州連合（EU）の臨時首脳会議は7月初め、3日間に及ぶマラソン協議の末、EUの行政執行機関トップの次期欧州委員長にドイツのフォンデアライエン国防相（60）を指名し、欧州議会に提案することを決めた。7月半ばの欧州議会で過半数の支持が得られれば、女性の欧州委員長としては初めての就任となる。

ただ、フォンデアライエン氏を含むEU大統領、外交安全保障上級代表（外相）ら今年末からEUを率いる次期執行部人事の選考過程をめぐっては、欧州議会から「透明性に欠ける」などと不満が噴出しており、一連の人事がすんなりと承認されるかは予断を許さない情勢だ。

5月に実施された欧州議会選では、これまで議会主流派だった中道の左右両派がそろって議席を減らす一方、極右・右翼などのEU懐疑派勢力や環境保護派の緑の党が伸長した。この結果、EUの政策運営の困難さが今後、増すことが予想されるほか、今年末に発足する新しいEU執行部人事の選考も難航必至とみられていた経緯がある。行政機関トップの欧州委員長をはじめ、次期執行部人事の選考は案の定、EU首脳会議では各国の意見が対立し、駆け引きと妥協の末の合意となったが、交渉過程で垣間見えたのが議論を主導したフランスのマクロン大統領の剛腕ぶりだった。

欧州議会の主要会派は先の議会選で、欧州委員長の筆頭候補をそれぞれ擁立しており、順当にいけば、最大会派の中道右派「欧州人民党」の筆頭候補、ウェーバー欧州議会議員（ドイツ出身）が指名されるはずだった。

しかし、マクロン大統領がウェーバー氏について経験不足などを理由に適性を疑問視し、ドイツのメルケル首相の発言力低下と相まって、人事選考を首脳協議という自らの土俵に引きずり込むことに成功。ウェーバー氏の指名にこだわったメルケル首相も、マクロン大統領から腹心でもあるフォンデアライエン氏の名前を挙げられると、同意を余儀なくされた。

EU大統領に指名されたベルギーのミシェル首相、欧州中央銀行総裁に指名のラガルド元仏経済・財政相（現、国際通貨基金＝IMF＝専務理事）、EU外相に指名のボレル・スペイン外相はいずれもマクロン大統領が強引に次期執行部に押し込んだ親EU・改革派の面々だ。2005年のメルケル政権発足以来、4期連続で閣僚としてメルケル首相を支えるフォンデアライエン氏は、2013年にドイツで初の女性国防相に就任するなど、一時は首相の後継候補に目された実力者で、英語、フランス語に堪能だ。EUの統合深化に積極的姿勢を見せていることでも知られる。

米国との対立が緊迫度を増し、核合意の制限を超えるウラン濃縮にイランが着手する中、イラン核合意を何としても維持したい英独仏とEUは現在、難しい外交的対応を迫られているが、そうした折も折、次期執行部人事などでEUがこれ以上の迷走は許されない状況にあることだけは確かだ。

伊藤 努（外交評論家）

海幹校で「海軍作戦計画作成プロジェクト」

16カ国40人の士官参加

【海幹校＝目黒】海自幹部学校は6月17日から28日まで、米海軍作戦計画作成手順の各国への普及を目的とした「海軍作戦計画作成プロジェクト（APNIC）2019」を開催した。

APNICは大規模災害時に多国籍の海軍部隊が共同で対処する際、各国が効率的に活動する上で必要となる計画立案手順をインド・アジア太平洋諸国の海軍士官に教育するプログラム。教育は米海軍大学が担当し、海自幹校はこの取り組みを支援している。

4回目となる今回は、日本と初参加となるインドネシア、パキスタン、スリランカをはじめ、米、英、豪、韓、比、印など16カ国から大尉―中佐クラスの士官ら40人が参加した。

教育の第1週目は、主に計画作成の標準手続きに関する講義、2週目には計画作成演習を実施した。演習は三つのグループに分かれ、「架空の島が大型ハリケーンにより被害を受けた」との想定の下、参加者は島民救援のための計画作成に取り組んだ。

修講式は28日に行われ、乾悦久学校長から参加者一人一人に修講証が授与された。乾学校長はあいさつで、「インド太平洋地域の課題を解決するために多国籍部隊が編制されることがあれば、本講習の修講者がその中心的な役割を担う。APNIC修講者の絆が、未来のインド太平洋の海上安全保障をより強固なものにする」と各国からの参加者を激励した。

海自幹部学校で開催された「APNIC2019」の修講式で、英国海軍の士官（左）に修講証を授与する乾学校長（6月28日）

通信システム・レーダ整備工場

東北補給処で落成式

【東北処＝仙台】陸自東北補給処は6月14日、新設された「通信システム・レーダ整備工場」の落成式を行った。式には処長の藤井祥一将補、仙台駐屯地司令の牛嶋築将補をはじめ、補給処OB会の佐藤次郎会長や関係部隊長ら約90人が出席し、工場の完成を祝った。

新たに完成した整備工場では、野外通信システム、広帯域多目的無線機（コータム）のほか、対砲レーダや対空レーダ、着陸誘導装置などの整備が行える。

藤井処長は隊員に「一日も早く本工場に完熟して技を磨き、技を伝え、部隊のニーズを十分にかなえる整備業務を遂行せよ」と要望するとともに、「いかなる状況においても与えられた任務を必ず成し遂げるため、全ての努力を集中して任務必成に取り組んでいこう」と決意を述べた。

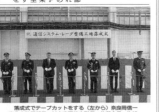

落成式でテープカットをする（左から）奈良岡信一東北方装備部長、村上章同後支隊長、佐藤会長、牛嶋司令、藤井処長、宮城野会の坂本浩一会長、小原誠也東北方通信群長（6月14日、仙台駐屯地で）

岩屋防衛相が山口県知事に陳謝

陸上イージス配備計画で

現地測量実施し、正確性に万全期す

岩屋防衛相は7月3日、山口県庁を訪れ、陸上配備型ミサイル防衛システム「イージス・アショア」の陸自「むつみ演習場」（同県萩市）への配備計画をめぐり、村岡嗣政知事らと会談した。

岩屋大臣は秋田県への説明で不手際が相次いだことや、山口県への説明資料に出典によって高台の標高に違いが生じた問題で、「混乱や誤解を招く結果となった。大変なご心配をお掛けし、心からお詫びを申し上げたい。二度とこのようなミスが起こらないよう、しっかりと取り組んでまいりたい」と陳謝した。

その上で「もう一度、原点に立ち返り、調査をやり直した上で丁寧なご説明ができるよう、防衛省の体制を一新した。地元の皆さまの声をしっかりと聞かせていただき、今後の対応に生かしていきたい」と述べ、①現地測量を実施し、正確なデータを示す②地図データを用いる場合は出典を明記する──など、正確性に万全を期すことを約束した。

さらに「地元のご理解のないうちに配備先を前提とした予算計上はしない」と断言し、地元の理解と信頼を得られるよう最大限の努力をする考えを示した。

これに対し、村岡知事は「信頼が揺らぐことがないよう、精緻な調査を再度していただきたい。改めて地元の思いを受け止め、正確なデータでもって住民のニーズに応じたきめ細やかで丁寧な説明を行ってもらい、住民の不安や懸念を払拭していただきたい」と強く申し入れた。

会談には、萩市の藤道健二市長、阿武町の花田憲彦町長らも同席した。

エチオピアに浦上2陸佐派遣

PKO要員育成等

防衛省は6月28日から7月12日まで、防衛大学校に所属する浦上法久2陸佐をアフリカ・エチオピアの首都アディスアベバにある「エチオピア平和支援訓練センター」に派遣した。

浦上2佐が「国際コンサルタント」として同センターに派遣されるのは今年3月に続いて6回目。今回も国連平和維持活動（PKO）要員の人材育成に関する教育カリキュラムコースの運営支援や学生への講義などを行った。

米陸軍と「ヤマサクラ」を開始

陸自は7月17日から米ハワイ州のフォート・シャフター米陸軍基地で、日米共同方面隊指揮所演習「ヤマサクラ（YS76）」を開始した。30日まで。

陸自から陸幕、陸上総隊、東方、西方、教育訓練研究本部など約150人、米側から米太平洋陸軍、第1軍団など約150人が参加している。

今年度のYSは東部方面隊をメインプレイヤーに、複数の領域における日米共同作戦について調整要領を演練している。

米陸軍と「オリエント・シールド」

陸自は8月26日から9月23日まで、西部方面隊区の各駐屯地・演習場で米陸軍との実動訓練「オリエント・シールド19」を実施する。

陸自は本松敬史西方総監を担任官に、16普連（大村）、2高特団（飯塚）、西方特科隊（湯布院）などが参加。米側は在日米陸軍司令官のヴィエット・ルオン少将を担任官に、第33歩兵旅団戦闘団第2－106騎兵大隊、第17砲兵旅団などが参加する。

期間中、日米の部隊はそれぞれの指揮系統に従って指揮機関訓練をはじめ、共同射撃・対艦・対空戦闘などの訓練を実動で行う。

中国海軍艦艇が対馬海峡を南下

7月6日午後1時半ごろ、長崎・上対馬の北東約110キロの公海上を南西に向け航行する中国海軍の「ジャンカイⅡ」級フリゲート2隻（満載排水量3900トン、艦番号539「蕪湖」、579「邯鄲」）を海自4空群（厚木）のP1哨戒機が確認した。

2隻はこの後、対馬海峡を南下し、東シナ海に入った。

共済組合だより

防衛省共済組合の職員を募集

詳細は共済組合HPで確認を

防衛省共済組合では、防衛省共済組合本部等に勤務する職員を募集します。

■募集職種　一般事務職及び経理事務職

■採用人数　若干名

■受験資格　（1）平成元年4月2日～平成10年4月1日生まれの者　（2）平成10年4月2日以降生まれの者で、大学、短期大学又は高等専門学校を卒業した者及び令和2年3月までに大学、短期大学又は高等専門学校を卒業する見込みの者並びに防衛省共済組合がこれらの者と同等の資格があると認める者

ただし、次のいずれかに該当する者は、受験できません。

①成年被後見人又は被保佐人（準禁治産者を含む。）②禁錮以上の刑に処せられ、その執行を終わるまで又は執行を受けることがなくなるまでの者③法令の規定による懲戒免職の処分を受け、当該処分の日から2年を経過しない者④日本国憲法又はその下に成立した政府を暴力で破壊することを主張する政党その他の団体を結成し、又はこれに加入した者

■試験内容等　▽第1次試験　①試験種目＝基礎能力試験、専門試験（多肢選択式）及び論文試験②試験日＝令和元年8月31日（土）▽第2次試験　①試験種目＝集団討論試験②試験日＝令和元年10月15日（火）又は16日（水）のいずれか1日▽最終試験　①試験種目＝個別面接試験②試験日＝令和元年11月6日（水）

■試験地　▽第1次試験＝TKP市ヶ谷カンファレンスセンター（東京都新宿区市谷八幡町8）▽第2次試験＝ホテルグランドヒル市ケ谷（東京都新宿区市谷本村町4－1）▽最終試験＝ホテルグランドヒル市ケ谷

■採用予定日　令和2年4月1日

■給与等　防衛省職員に準ずる

■勤務地　防衛省共済組合本部及び支部（全国異動あり）

■受験手続き　（1）採用説明会への参加▽受験申込みには採用説明会への参加が必要です。採用説明会は令和元年7月12日（金）、7月27日（土）及び8月2日（金）の各日2回（①13：30～14：15②15：00～15：45）開催します。詳細は、防衛省共済組合ホームページ（http://www.boueikyosai.or.jp）をご確認下さい。

（2）受験申込　所定の受験申込書を受付期間内に特定記録郵便、簡易書留又は一般書留の郵便物として申込先に郵送して下さい。

（3）受験申込受付期間　7月16日（火）～8月13日（火）消印有効

■その他　（1）業務説明パンフレットの郵送を希望される方は、左記の問い合わせ先までご連絡下さい。（2）身体に障害があるため、受験の際に何らかの措置を希望される方は、受験申込書の裏面に記入の上、事前に申し出て下さい。（3）受験に関する連絡事項等について、防衛省共済組合ホームページの採用情報を随時更新しますので、必ずご確認下さい。

■資料請求、受験申込先及び問い合わせ先　防衛省共済組合本部人事班人事第1係　〒162－8853東京都新宿区市谷本村町5－1　TEL03－3268－3111　内線25163（対応時間・平日9時30分～18時（12時～13時を除く））

防衛省発令

▽兼海幕人事計画課ワークライフバランス推進企画班長（海幕人事計画課制度班長）1海佐 奈良 崇

▽14護衛隊司令（海幕人事計画課ワークライフバランス推進企画班長）同 青木 邦夫

▽佐世保地方総監部防衛部（14護衛隊司令）同 佐藤 哲朗

▽空幕装備課装備情報班長（防衛研究所所員）1空佐 生野 敬之

（以上7月8日）

▽海幕厚生課厚生班長（海幕厚生課）1海佐 椎名 義和

▽同運用支援課企画班長（同運用支援課）同 仲井 大介

▽護衛艦隊司令部兼自衛艦隊司令部（同厚生課厚生班長）同 大谷 三穂

▽1航空修理隊司令（統幕学校企画室長）同 森 真規

▽佐世保基地業務隊補充部付（海幕運用支援課企画班長）同 倉光 啓介

（以上7月10日）

▽経済産業省へ出向＝経済産業省製造産業局審議官＝製造産業局担当＝へ（防衛装備庁長官官房審議官）藤井 敏彦

▽防衛事務官、防衛装備庁長官官房審議官に採用（経済産業省大臣官房付）宮本 昭彦

（以上7月12日）

6月1日から9月30日は

防衛省ワークライフバランス推進強化月間です。

「ゆう活」とは？

勤務終了時刻が早まることで生まれる夕方の時間で、生活を豊かにしていくという考え方から名付けられました。明るい夕方のうちに仕事を終わらせ、夕方からは家族や友人との時間を楽しみましょう。

海自護衛艦「いずも」「むらさめ」2カ月半ぶり帰国

フィリピンで能力構築支援

インド太平洋派遣部隊「ＩＰＤ19」

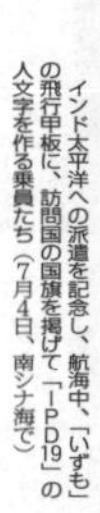

インド太平洋への派遣を記念し、航海中、「いずも」の飛行甲板に、訪問国の国旗を掲げて「ＩＰＤ19」の人文字を作る乗員たち（7月4日、南シナ海で）

米空母「ロナルド・レーガン」（左奥）と南シナ海で会合し、戦術運動を行う海自の「いずも」。米空母打撃群との「日米共同訓練」は派遣期間中、2回行われた（6月11日、南シナ海で）

5月初旬から約2カ月にわたり、南シナ海やベンガル湾方面で長期巡航訓練を行っていた海自のインド太平洋派遣部隊（ＩＰＤ19、指揮官・江川宏将補＝1護群司令）のへリ搭載護衛艦「いずも」（艦長・本山勝善1佐）と汎用護衛艦「むらさめ」（同・岡田周作2佐）が7月10日、無事、横須賀基地に帰国した。6月からＩＰＤ部隊に加わっていた汎用護衛艦「あけぼの」（同・竹下文人2佐）も同9日、佐世保に帰港した。

陸自水陸機動団（相浦）の隊員約30人を乗せて4月30日に横須賀を出発したＩＰＤ部隊は、洋上で各種訓練を行いながら南シナ海を航行し、途中、シンガポール、マレーシア、ベトナム、ブルネイ、フィリピンに寄港。各国海軍の艦艇と共同訓練を実施し、連携を強化した。

特にブルネイ－フィリピン間では、日本と東南アジア諸国連合（ＡＳＥＡＮ）との防衛協力の指針「ビエンチャン・ビジョン」に基づく取り組みとして「第3回日ＡＳＥＡＮ乗艦協力プログラム」を開催。「いずも」にはＡＳＥＡＮ各国の海軍士官ら約20人が乗艦し、海洋に関する国際法のセミナーや統合任務部隊による海上からの人道支援・災害救援（ＨＡ／ＤＲ）活動の机上訓練などを行った。

今号の「ＩＰＤ19特集」第2弾では、6月から7月にかけ、「いずも」などが寄港したベトナム、ブルネイ、フィリピンでの活動を中心に、派遣部隊から届いた写真で長期航海の後半を振り返る。

（「ＩＰＤ19特集」の第1弾は本紙6月13日付に掲載）

日ＡＳＥＡＮプログラム

「日ＡＳＥＡＮ乗艦協力プログラム」で、「いずも」に乗艦したＡＳＥＡＮ各国海軍士官らに対し、海自独自の速力表示「速力標（速力マーク）」について説明する「いずも」乗員（中央）＝6月27日、南シナ海で

約2万トンの大型艦「いずも」を高速航行させる強力なガスタービンエンジンの整備を行う乗員。2カ月半に及んだＩＰＤ部隊の任務完遂に大きく貢献した（6月7日、「いずも」艦内で）

ブルネイと親善訓練

ブルネイのハルビ第2国防大臣（右）を表敬し、記念品を手渡すＩＰＤ19指揮官の江川宏1護群司令。後方の肖像画はブルネイ国王（6月24日、ブルネイ国防省で）

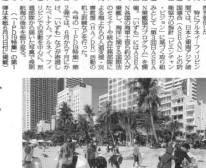

3番目の寄港地となったベトナムでは、越海軍兵士とのスポーツ交歓などのほか、ボランティア活動としてビーチの清掃活動も行った（6月15日、ベトナムのカムラン周辺で）

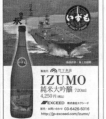

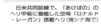

ブルネイ海軍との親善訓練を行う（手前から）ブルネイ海軍哨戒艦「ダルタクワ」、海自護衛艦「あけぼの」「むらさめ」（6月26日、ブルネイ・ムアラ沖で）

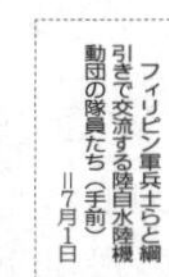

フィリピン軍兵士らと綱引きで交流する陸自水陸機動団の隊員たち（手前）＝7月1日

最後の寄港地となったフィリピンでは、海自と陸自が協力して人道支援・災害救援（ＨＡ／ＤＲ）に関する能力構築支援事業を実施した。空路で現地入りした陸自4後方支援連隊（福岡）の隊員（手前右）が「いずも」の航空機格納庫で「人命救助セット」を展示し、災害対処についてフィリピン軍兵士らに説明を行った（7月2日、フィリピンのスービックで）

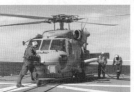

日米共同訓練で、「あけぼの」のヘリ甲板に着艦した空母「ロナルド・レーガン」搭載ヘリ（南シナ海で）

フィリピン陸軍・海兵隊の隊員（テーブル右側）と意見交換をする陸自水陸機動団の隊員たち（同左側）＝7月2日、「いずも」艦内で

部隊だより////

陸

岩見沢 12施設群は7月3日、新隊員特技課程「施設」と一般曹候補生課程後期「施設」の教育開始式を行った。今年度、教育に臨むのは18歳から29歳までの46人。末継智久群長は訓示で「専門性の高い技術を身に付けることは容易ではないが、一人一人が施設科の新たな戦力として教育を修了できるよう期待する」と述べ、担任官として「団結」を要望した。

真駒内 18普連と11音は6月9日、北海道岩内町の岩内地方文化センターで行われた「岩宇地区定期演奏会」を支援した。同演奏会は岩内町自衛隊協力会が主催し、約680人が来場。11音が2部構成で吹奏楽コンクールの課題曲や演歌メドレーなどを演奏した。演奏会に先立ち、地元中学・高校の吹奏楽部に演奏指導し、生徒たちは熱心にプロの技術を学んだ。

倶知安 駐屯地は6月30日、創立記念行事を行い、昨年を上回る約2500人が訪れた。小原王巳司令は式辞で「我々は倶知安に所在する意義・重要性を深く認識し、事に臨んでは危険を顧みず、国民の期待に応えなければならない」と述べた。訓練展示ではオートバイやUH60へリでの偵察、射撃制圧から目標奪取までの一連の行動を披露した。

岩手 駐屯地は7月7日、「岩手山焼走りマラソン全国大会」と「岩手県民体育大会銃剣道競技大会」を支援した。マラソン大会は八幡平市内で行われ、9特連の車両が10キロの部でランナーの安全確保に当たった。一方、銃剣道は滝沢市の東部体育館で開催。各部隊の隊員が審判や進行、記録などを担当し、選手が力を発揮できるよう支援した＝写真㊤。

仙台 駐屯地は6月17日、防衛・駐屯地モニターに対し部隊研修を行った。参加者14人は高機動車に乗車し、2陸曹教育隊の武装障害走を見学後、東北方音のミニコンサートを鑑賞。その後、会食と懇談で交流を深めた。参加者は「とても貴重な体験をさせて頂き、胸に響いた。これからも自衛隊を支えていこうと思った」などと感想を語った。

福島 44普連は6月23日、駐屯地で「自候生修了式」を行った＝写真㊤。代表の後藤洋之自候生の号令で新隊員68人は力強く申告し、自衛官として成長した姿を整斉と披露。土肥直人連隊長は式辞で「新隊員特技課程教育でも同期の絆とご家族や区隊長などに対する感謝を忘れず、真の陸上自衛官となれるよう人格を磨いてもらいたい」と述べた。

釧路 駐屯地は6月11、12の両日、釧路町役場の職員10人に対し1泊2日の部隊研修を行った＝写真㊨。職員は迷彩服に着替えて、人命救助システムの教育、基本教練などを受けた。夕食後は小松茂釧路町長と井川三典司令も参加して災害などについて意見を交換。2日目の早朝には非常呼集を行い、10キロの行進では脱落者を一人も出さずに完歩した。

名寄 駐屯地は6月2日、「常在戦場」をテーマに創立66周年記念行事を行った＝写真㊨。午前8時30分に開場し、地元市民など約3000人が来訪。式典後はオートバイドリル、観閲行進、訓練展示などが行われた。このほか、野外では戦車や自走榴弾砲の体験乗車に長蛇の列ができ、「名寄朔北太鼓」と駐屯地音楽隊の演奏会でも賑わいを見せた。

千歳基地広報の日

札幌地本と連携

地元生徒・学生ら130人　隊員家族ら200人を招待

空自千歳基地は6月29日、札幌地本と連携して「千歳基地広報の日」と題したイベントを開催し、自衛隊に関心のある地元中学、高校、大学、専門学校生約90人と、その保護者、教育関係者ら約40人を招待した。

当日は2空団所属のF15戦闘機をはじめ、千歳救難隊のU125A救難捜索機、UH60J救難ヘリが発進する様子を間近から見学でき、参加者たちはパイロットに手を振って離陸を見守った。

一方、会場中央ではペトリオットPAC3地対空ミサイルなど基地防空の装備品や冬季に活躍する大型除雪器材などを展示。さらに整備格納庫内では戦闘機エンジンの整備作業も公開され、学生らはF15のスクランブル発進を支える整備員の説明に熱心に耳を傾けていた。

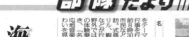

F15戦闘機の見学では学生たちも実際にコックピットに乗り込み、パイロットの気分を味わった（いずれも6月29日、空自千歳基地で）

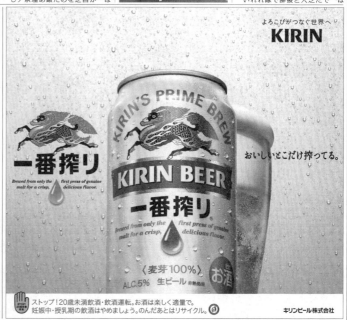

F15戦闘機を間近で見学

「自衛官への質問ブース」も

「自衛官への質問ブース」も設けられ、航空学校出身のパイロットや一般幹候出身の幹部自衛官、首相らVIPを乗せて世界を飛び回る特別航空輸送隊の隊員、働くママさん自衛官らが笑顔で対応。基地司令の寺﨑隆行将補もパイロット志望の学生の相談に親身になって応じるなど、基地を挙げて募集広報に当たった。

お昼の時間には基地自慢のカレーライスが130人の学生らに振る舞われ、同席した隊員との懇談を楽しんだ。

なお、この日は隊員家族ら約200人も招待され、普段目にすることのできない父母や子弟の職場を家族みんなで見学、あちこちで親子の笑顔がはじけた。（千歳）

「自衛官への質問ブース」では、さまざまな職種の隊員たちが学生の質問に答えた。基地司令の寺﨑隆行将補もパイロットを目指す学生たちの質問に応じた

北富士 1特隊は6月29日、自衛官候補生46人に対し自候生課程修了式を行った。新隊員たちは高宮聡史代表の指揮で申告を行い、入隊時よりも洗練された動作で敬礼。執行者の林佐光隊長は式辞で新隊員を激励し、同期の絆の大切さを強調した。記念会食で宮沢涼平2士は「苦難を乗り越えられたのはいつも隣に同期がいたからだ」と謝意を述べた。

福知山 7普連の髙島幸次1中隊長以下11人は5月15日、江戸時代から続く「宮津まつり」に参加した＝写真㊦。当日はお揃いの衣装を着付けた隊員と地元住民に担がれた大神輿が和貴宮神社を出発し、計約120人の担ぎ手が声を掛け合いながら宮津市内を練り歩いた。午後7時半ごろ、大神輿が御宮入りすると、祭の盛り上がりは最高潮に達した。

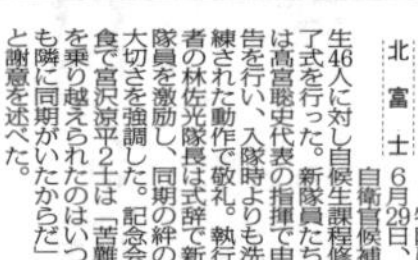

姫路 3特隊は5月26日、兵庫地本の依頼により、豊岡市で行われた「TAJIMADOMEフェスティバル」に協力した。82式指揮通信車の装備品展示を行ったところ、来場者たちが記念撮影をするなど人気を博した。ロープ橋体験には訪れた子供たちが挑戦＝写真㊦。隊員は兵庫地本と連携し、それぞれ募集と部隊広報を同時に実施した。

対馬 警備隊は6月3日、新潟地本からの依頼を受け、新潟県自衛隊援護教育会の渡邉雅之会長以下23人の部隊研修を支援した。当日は警備隊の概況説明を行い、参加者たちは国境の島「対馬」の厳しい現状と防衛・警備にあたる同隊の活躍について理解を深めた。会長の孫・京明君も同席し、ミニチュア戦闘服の試着などを体験した。

空

習志野 1高射隊は6月20日、分屯基地で千葉市立天戸中学校の生徒4人に対して職場体験学習支援を行った。空自の広報映像を放映したほか、習武館（資料館）の見学、警備員によるラッパ吹奏や警備犬展示を実施。同日行われていた入間ヘリコプタ1空輸隊の訓練支援を見学し、中学生たちは離陸するCH47輸送ヘリに向かい、手を振って見送った。

峯岡山 分屯基地の坂部裕2尉以下4人は7月5日、中空オープンベースに合わせて地元の南房総市立嶺南小学校4年生48人の基地見学を支援した＝写真㊨㊤。同イベントは「田んぼの水はどこからくるの？」をテーマに午前9時半から実施。千葉県最高峰の愛宕山の自然について説明したほか、基地の役割やレーダーなどの装備品についても解説した。

横田 横田気象隊長の棚橋理恵子2佐以下5人はこのほど、米空軍横田基地の環境整備ボランティア「Earth Day」に参加した＝写真㊨㊦。米空軍や空自関係者が基地の外柵沿いと基地内でゴミ拾い。米側の企画部隊チーフと空自横田基地准曹会会長から、参加者にはミネラルウオーターが配られ、子供たちにはお菓子も渡された。

海

大湊 総監部広報係の甲地美晴3曹は5月27日、むつ市観光協会主催の「ミスおしまこ」の3人のうちの一人に選ばれた。市内のホテルで行われた同協会の懇親会で菊池憲太郎会長が3人にたすきを贈呈。今後は大湊ネブタやおしまこ流し踊りなどの行事に参加する予定。甲地3曹は「自衛隊とむつ下北地域の魅力のPRに尽力します」と意気込みを語った。

武山 地区所在の陸海空各部隊は5月13〜20日、「全国春の交通安全運動」に合わせて「武山地区あいさつ運動」を行った。3自衛隊の上級曹長が協力して開催したもので、期間中は計200人の陸海空自衛官が北門と南門で肩を並べ、通門する隊員に「おはようございます」「安全運転をお願いします」と声をかけて安全運転への意識向上を呼び掛けた。

市ヶ谷 海自の関秀之先任伍長は6月3〜7日、2術校で開催された「先任伍長講習」に講師として出席した。講習は年3回実施され、全国からさまざまな職域の先任伍長候補者らが集い学ぶ先任伍長の登竜門。今回初めて米海軍から先任下士官1人が参加した。関先任伍長は「隊員と向き合う時には感謝を持って」と話し、受講者に心構えを伝えた＝写真㊤。

江田島 幹候校は7月1日、124期幹部予定者課程88人の卒業式を行った。南孝宜校長は、大講堂に整列した学生たち一人一人に卒業証書を授与。式辞で「自信と誇りを持て」「知識と経験を部隊に還元せよ」の2点を要望した＝写真㊤。式後、訓練支援艦「くろべ」に乗り組んだ卒業生は家族やU36A多用機などの祝賀飛行に見送られ江田島を巣立った。

下関 基地隊司令佐藤恭弘以下11人は6月9日、下関市が企画する「しものせき美化美化（ぴかぴか）大作戦」に参加した。管内に居住する隊員は、地元企業や学校職員を含む約300人の地域住民らと共に古宿海岸を中心に清掃＝写真㊤。海岸に打ち上げられたペットボトルや砂浜に埋まった漁網などを3時間にわたり拾い集め、地域の美化に貢献した。

朝雲
防衛省にご勤務の皆さまへ 住まいと暮らしのことなら何でもお任せください！
コーサイ・サービスニュース
No.61
URL https://www.ksi-service.co.jp
(限定情報 ID:teikei PW:109109)
【住まいのご相談・お問合せ】 コーサイ・サービス株式会社 ☎03-5315-4170（住宅専用）担当：佐藤 東京都新宿区四谷坂町12番20号KKビル4F／営業時間 9:00～17:00 ／定休日 土・日・祝日
BAUS
バウス横須賀中央
日本土地建物
提携割引 販売価格(税抜)の1%
YOKOSUKA FLAGSHIP
横須賀の、真の中心へ。
「横須賀中央」駅徒歩4分、横須賀市役所の隣、旧警察署跡地。全212邸の大規模レジデンス（BAUS横須賀中央）誕生。
4min
from 「横須賀中央」駅
第2期1次～4次【連続】即日完売！モデルルーム公開中
0120-588-212
バウス横須賀中央 検索
BAUS
バウス朝霞根岸台
日本土地建物
提携特典 販売価格(税抜)の 1 %割引
都心へダイレクトアクセス
3路線利用可能
駅までフラットアプローチ
「朝霞」駅
徒歩6分
静寂に憩う
閑静な住環境に緑潤う「杜のエントランス」
第2期2次 好評モデルルーム公開中
［同時］先着順申込受付中
予告広告
バウス朝霞 検索
www.baus-web.jp/baus/asaka6/
0120-086-845
防衛省にお勤めの皆様へ
奥さまが笑顔でいられる注文住宅のヒミツとは？
「住まいづくりのヒミツ」が満載の資料プレゼント！
無料！
たったひとつの住まい実例集「WAGAYA」
アキュラホーム「総合カタログ」
資料請求はこちら
aqura.co.jp/teikei/
企業番号 171-07-C
0120-004-383
(受付時間:平日10:00～17:00 定休日:土・日曜日)
● 全国100拠点。展示場で住みごこちの良さをご体験ください。最寄りの展示場はWEBでチェック！
提携割引 建物本体価格(税抜) 3%
職人品質を、もっと身近に。
アキュラホーム
カンナ社長 で 検索
防衛省にお勤めの皆さまへ
キャンペーン期間 2019年6月1日[土]～2019年9月30日[月]
ダイワハウス分譲マンション
ご来場プレゼント & ご成約キャンペーン
キャンペーン期間中に《ご来場》いただいた方に クオカードプレゼント！ 3,000円分
キャンペーン期間中に《ご成約》いただいた方に 販売価格(税抜)より 2%割引
対象物件は通常提携割引より割引率アップ！
《 キャンペーン対象物件・ご来場予約はこちらから 》
1 左記の2次元バーコードを読み込むか「プレミスト キーワード 検索」と入力し、キーワード検索へアクセスしてください。
2 キーワード検索にてキーワード「法人成約」とご記入ください。専用ページへご案内します。
家、そして近未来をつくる。
Daiwa House
大和ハウス工業株式会社 東京本社 マンション事業推進部
東京都千代田区飯田橋3丁目13番1号 〒102-8112
Tel 03-5214-2253 Fax 03-5214-2246
www.daiwahouse.co.jp
お問い合わせは 法人提携グループ
TEL 03-5214-2253
＜物件名＞ プレミスト西船橋 割引率UPキャンペーン対象物件
＜交通＞ JR総武線「西船橋」駅 徒歩13分
＜所在地＞ 千葉県船橋市 海神南1-1456-1
＜規模＞ 鉄筋コンクリート造 地上8階建
＜総戸数＞ 73戸
＜入居時期＞ 即入居可 諸手続き了後
Sweden House
選ばれ続けた「居心地の良さ」。
5年連続受賞！
お客様満足度総合1位
2015～2019年 オリコン顧客満足度調査 ハウスメーカー 注文住宅 第1位
木製サッシ + 3層ガラス + 180°回転する窓
木製サッシ3層ガラス窓を標準装備
スウェーデンハウス 検索
スウェーデンハウス株式会社
クリナップ キッチン&ユニットバスキャンペーン
お引渡し期限：2019年12月27日(金)まで
クリナップシステムキッチン
STEDIA
キッチンリフォーム 30%OFF
キッチンリフォーム 50%OFF
rakuera
クリナップシステムバス
バスルームリフォーム 50%OFF
yuasis
物件探し～リフォームまでワンストップでお手伝いします
提携割引特典
リフォーム 見積金額(税抜)の 5%OFF
不動産仲介 手数料(税抜)の 15%OFF
首都圏の店舗でお待ちしています！
東京ガスリモデリング
0120-11-0062
ホームページでも様々なリフォーム事例をご紹介しています。
ご提携会社様専用サイト
www.tgrm.jp/houjin/B502/

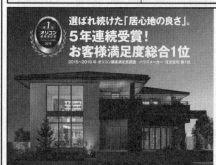

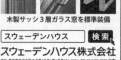

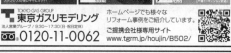

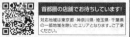

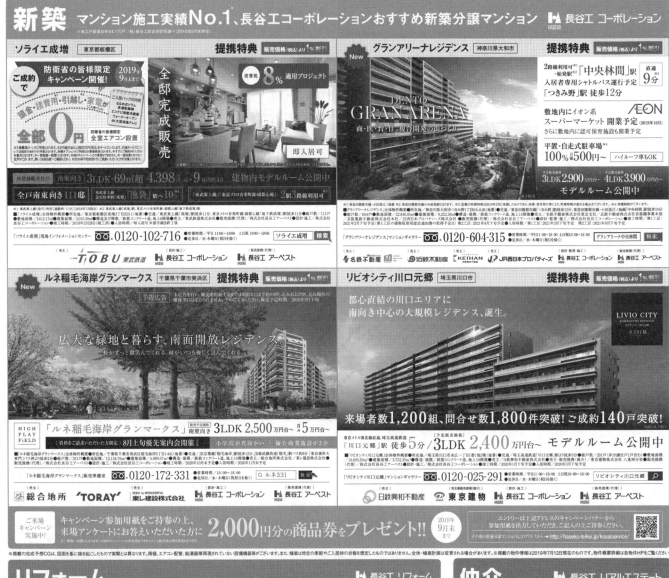

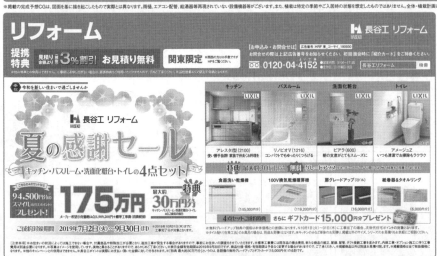

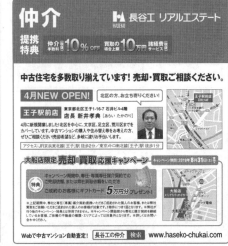

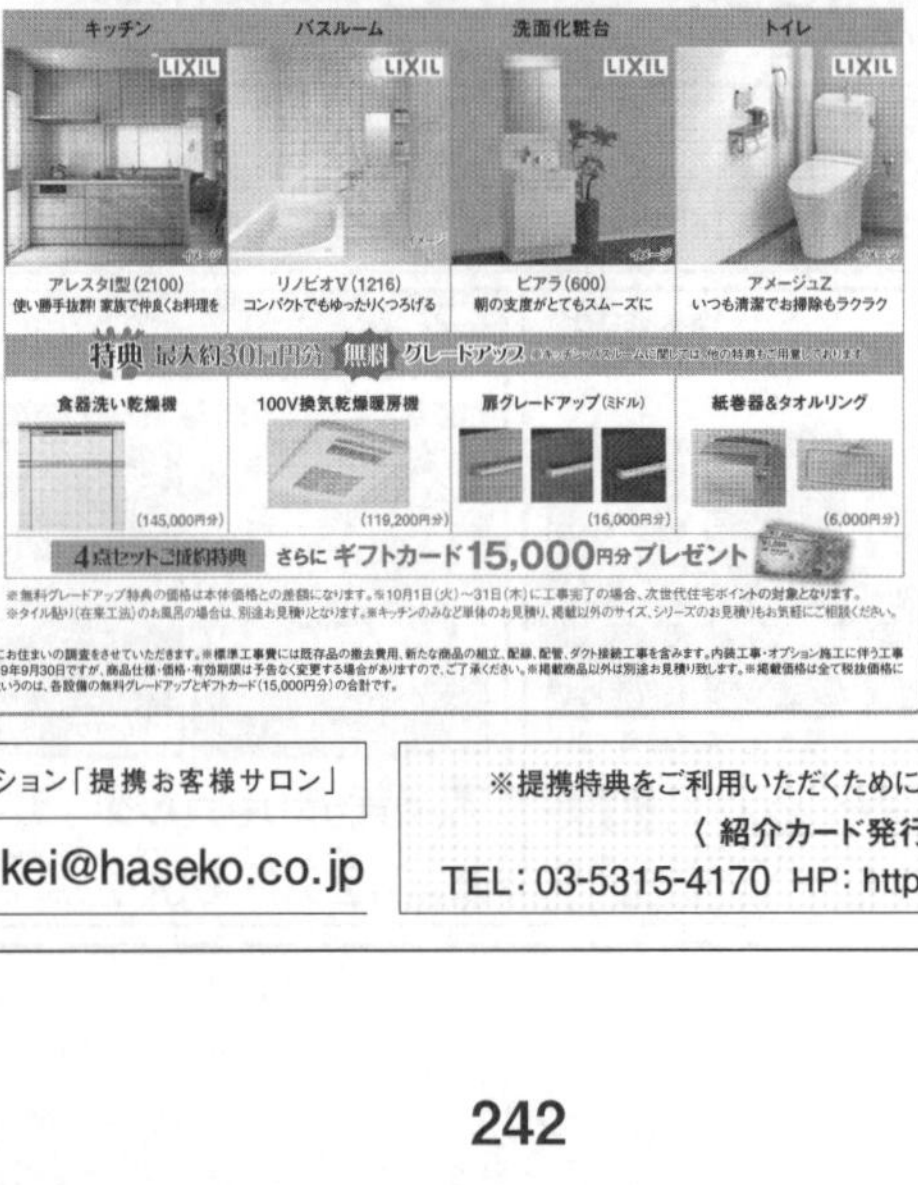

募集・援護 特集

平和を、仕事にする。

ただいま募集中！
◇航空学生◇一般曹候補生
◇予備自補（一般・技能）
◇自衛官候補生
★詳細は最寄りの自衛隊地方協力本部へ

令和時代の募集スタート！

新たな施策 果敢に挑戦

「令和時代になって最初の募集だ。新たな施策にも果敢に挑戦し、募集目標を必ずや達成しよう！」――。7月1日、高校生の募集が解禁となったことを受け、各地本では一斉に街に出て、高校生への募集活動を開始した。三重地本では女性自衛官の獲得に重点を置き、地本長と女性広報官が中心となって通学途中の女子高校生らに700個の広報用ティッシュを配った。

「女性自衛官募集」全面に

地本長自ら街頭広報 「パセリちゃん」も協力

三重

【三重】地本は7月1日、全部員を本部に集め、高校3年生に対する募集解禁に伴う「出陣式」を行った。最初に濱岡清隆地本長が訓示で部員たちにげきを飛ばした後、各代表の決意表明で気勢を上げ、令和元年度の目標達成を誓った。

翌2日は津市の近鉄津駅西口に濱岡地本長、女性広報官らが展開し、県地域連携部市町行財政課の募集事務担当者の女性とともに、「自衛官募集」の周知を図る駅前広報を行った。

今年度は女性自衛官の獲得に力を入れ、防衛省のイメージキャラ「パセリちゃん」がピンクのノボリを持って「女性自衛官募集」をアピール。通学途中の女子中学・高校生らが集まり、スマホで撮影するなど、大きな注目を浴びた。

この間、濱岡地本長らが女子生徒たちに募集広報用ティッシュを配布。用意した700個すべてを1時間足らずで配りきった。

地本では郷土を守る地元出身隊員を一人でも多く入隊させるため、「今後も街頭広報を積極的に展開し、さらなる志願者獲得に全力を傾けたい」と決意を語っている。

高校生の募集解禁を受け、駅前で街頭広報を行う濱岡地本長（左）と防衛省マスコット「パセリちゃん」＝その右（7月2日、近鉄津駅西口で）

「失敗恐れず挑戦を」

熊本で団結式 濱田地本長が訓示

【熊本】地本は6月18日、高校生の募集解禁に先立ち、「募集団結式」を実施した。毎年、この時期に西部方面隊から募集目標が示されることから、それに合わせて団結式を行っている。

式では最初に前年度の最優秀事務所や広報官らを表彰。続いて各所長に対し、令和元年度の募集目標の付与と目標達成を祈念し、濱田博之地本長から記念品が贈呈された。

その後、地本長が訓示し、「熊本地本は4年連続で西方からの目標を達成していない。令和元年度はさらに知恵を出し合い、失敗を恐れず、新たな施策にも挑戦していかねばならない。部員一丸となり募集目標を達成しよう」と部員にげきを飛ばした。

この後、最優秀広報官の渡邉親介1曹（宇城所）の音頭で、全員で勝ちどきを上げた。

「募集団結式」で勝ちどきを上げる濱田地本長（前列右から3人目）以下の部員たち（6月18日、熊本地本で）

出陣式で奮起誓う

大久保地本長「相互に連携せよ」

秋田

【秋田】地本は6月27日、部員全員による「出陣式」を実施した。

まず大久保正広地本長が「時は来た！これからいよいよ募集最盛期となる。最前線に立つ各所や募集課はもとより、最大限の成果を獲得するためには、全ての課室などがそれぞれに課せられた任務に真摯に取り組み、相互に連携することが重要だ。高校生募集を開始するに当たり、地本一丸となって気を引き締めて取りかかろう！」と部員を鼓舞した。

これを受けて全員が高らかに勝どきを上げ、奮起を誓った。

神奈川の上大岡募集案内所

新隊員が母校訪問

教諭ら成長した姿に感激

4年ぶりに母校を訪問した營野2士（中央）。左は再会を喜ぶ進路担当の吉野先生、右は元担任の為井先生（6月20日、横浜高校で）

【神奈川】上大岡募集案内所は6月20日、一般曹候補生で入隊した營野大樹2陸士の母校・横浜高校（横浜市）を訪問した。

117教育大隊（武山）で13期一般曹候補生課程教育を受けている隊員に母校訪問を要請し、營野2士が快諾したもの。学校との連携を図り、募集体制を強化した。

上大岡所の広報官・細谷康博2空曹と横浜高校を訪れた營野2士は、「後輩にもぜひ陸自に入隊してほしいです」と進路担当教諭にPR。同教諭からは「職種が決まり、部隊で実務を経験したら、今度は在校生の前で職業紹介や体験談を発表するため、ぜひまた来校してください」との言葉があった。

また、当時担任だった先生からは「定年を迎える前に、立派になった營野君と再会できて良かった」と、成長した教え子の凛々しい制服姿に感激していた。

◇

上大岡所は6月25日、陸自女性自衛官教育隊（朝霞）で一般曹候補生課程教育中の宇佐美汐音2士の母校、磯子工業高校（横浜市）訪問に同行した。

宇佐美2士は恩師の先生方から得意だった英語について聞かれ、「いまはまだ余裕はありませんが、将来、日米共同訓練などで生かせたらと思っています」と話した。また、生活面では「区隊長や班長に優しく指導してもらい、同期とも仲良くできて充実した毎日を過ごせています」と語った。

先生からは「誇りを持てる仕事に就けて良かった。これから応援しているから、これからも頑張れ」などと激励の言葉をもらった。

母校を訪問し、在学中にお世話になった恩師（右）と懇談する宇佐美2士（左端）＝6月25日、磯子工業高校で

山形地本の9人 新潟地本を研修

互いの情報交換

【新潟】地本は6月10、11の両日、山形地本募集課長の落合昌一2海佐以下9人の研修を受け入れ、意見交換会を行った＝写真。

山形地本の9人は初めに新潟地本を研修して互いに意見を交わし、翌日に新潟募集案内所と新発田地域事務所を訪問した。

意見交換会では募集に関する両地本の状況をはじめ、関係機関との連携、各自治体、学校など、募集における創意工夫などについて話し合い、互いの認識向上を図った。

奈良地本長に熊井事務官

7月10日付の異動で奈良地本長が交代した。新任本部長の略歴は次の通り。

熊井　邦善（くまい・くによし）事務官　奈良地本長　東京会計法律専門学校卒。平成元年防衛庁。経理装備局航空機課航空機班長、人事教育局人事計画・補任課補任第2班長などを経て、29年8月装備庁長官官房人事官付人事企画官。東京都出身。52歳。

市街地広報 100回達成

愛知

【愛知】地本は6月18日、県募集相談員豊田地区会、県隊友会豊田支部とともに豊田市内で自衛官募集を呼びかける市街地広報を行い、同活動「100回目」を達成した。

この活動は平成22年10月から豊田地域事務所員とともに毎月1回を基準に継続。当初は豊田地域事務所だけで実施していたが、その後、家族会や隊友会の会員も加わり、多くの人数で行われるようになった。

現在は広報用リーフレットを学生らに積極的に配布し、質問に対しては広報官と連携して丁寧に回答している。この活動がきっかけとなって入隊した実績もあり、今後も4機関合同で活動を継続していく計画だ。

陸幕が自衛官募集動画

自衛官の日常を紹介

親しみやすさをアピール

陸幕募集・援護課が制作した令和元年度自衛官募集WEB用動画「国家を守る、公務員。」が7月1日から、自衛官募集ホームページなどで公開されている。

今年度はタレントではなく、部隊に勤務する自衛官をメッセンジャーに起用、隊員のプライベートと業務風景を対比する映像で募集対象者に「親しみやすさ」をアピールしている。

CMは日常生活中の陸（作田朋見3曹）・海（櫻井正子士長）・空（松原聡志3曹）の隊員を映し出し、その上で3人が部隊で勤務する凛々しい制服姿などを紹介し、それぞれの入隊動機なども語られる。

陸幕募集・援護課では「実際の自衛官を起用することで、観た人に仕事のやりがいと親しみを感じてもらえれば。同時に自衛官が公務員として安定した生活が送れる『職業の選択肢の一つ』であることにも気付いていただければうれしい」と話している。

同課ではこのほか、HPでWEB用動画「自衛隊のソレ、誤解ですから！」も同時に公開。こちらは自衛隊に対する数々の「誤解」の解消を目指している。

「自衛官募集動画」の一場面。プライベートで趣味に興じる自衛官の姿を紹介している

新募集拠点「フォーセス」オープン

広報官常駐で高校生に広報

山形

【山形】地本は7月1日、山形市のMINiPLA山形七日町店内2階に募集拠点「Forces（フォーセス）」をオープンさせ、今年度自衛官募集の〝起爆剤〟としている。

山形市内には募集案内所があるが、高校生の通学経路から外れた場所にあるため、新たに繁華街の中心・七日町に拠点を設けた。

地本はこの場所をフリースペースとして開放。高校生らにフリードリンクやWiFi環境を提供し、学校帰りに気楽に立ち寄れる憩いの場、学習スペースなどとして活用してもらっている＝写真。

「Forces」には広報官も常駐し、生徒からの自衛隊に対する質問などに対応。この拠点は12月下旬まで設置され、今後は「自衛隊ライフハック」の動画放映やVR体験会など、さまざまなイベントも企画されている。

また、来場者にはスタンプカードを渡し、来場回数により自衛隊グッズもプレゼント。これにより、リピーターの増加を目指しているほか、来場者からのツイートなどで広く同スペースに注目が集まることを期待している。

市内の路面電車に募集ラッピング

函館

【函館】地本は募集の最盛期に合わせ、7月1日から8月31日までの間、函館市内を走る路面電車「函館市電」に自衛官募集広告を施した「ラッピング電車」により市民へのPRを行っている＝写真。

今回は、北海道犬をモチーフとした可愛らしい函館地本のPRキャラクター「はこっち」が車体に描かれ、湯の川温泉～五稜郭～函館駅前～ベイエリアの観光名所を1日4～6往復運行している。

海自遠洋練習航海部隊

環太平洋一周の航海を続けている海自の遠洋練習航海部隊（練習艦「かしま」、護衛艦「いなづま」で編成、指揮官・梶元大介海将補以下約580人）は太平洋を横断し、6月13日、米国西海岸のサンディエゴに到着した。以下は、ハワイ・パールハーバー出港からサンディエゴ到着、市内研修までをつづった実習幹部の所感文。

サンディエゴ市内にあるフォートローズクランズ国立墓地を訪れ、献花を行う梶元司令官（中央奥）と敬礼する遠航部隊隊員（6月14日）

「海上防衛の責務」胸に

パールハーバー～サンディエゴ

訓練への取り組み方を習得
2海尉　村上　裕亮

ハワイのパールハーバーを出港し、米西海岸サンディエゴへ向かう約1週間の航海が始まった。

海は気象や地域、時期によって多様に変化する。横須賀出港後は海に適応できず、体調を崩しがちな実習幹部が多かったが、現在は体調不良を訴える者は少なくなった。訓練に対しても、現在は「いつまでに準備をして本番に臨めばよいか」を習得することができるようになった。

艦内生活通じ、新たな一歩踏み出す
3海尉　園田　崇人

艦内生活や訓練を通じ、人間関係の構築や幹部自衛官としての基礎的技術の習得など、新たな1歩を踏み出すことができた。

荒れた洋上で船酔いと戦いながらも乗員と一丸となり、蓄積される疲労の中でも集中力を切らすことなく各種訓練に臨み、困難を乗り越えられるようになった。

どんなに厳しい状況でも、冷静かつ正確な判断をしなければならない幹部自衛官として、達成すべきことの一つを乗り越えることができた。この経験は、幹部自衛官としての自覚にもつながった。

パールハーバー出港後、給養員が腕を振るったスイーツを頬張る実習幹部たち（6月11日）

「指定作業」の練度向上が醍醐味
3海尉　鬼澤　光子

我々は「指定作業」で緊張を強いられている。指定作業とは、前触れもなく発せられた指令をいかに早く実施できるかを競うもので、主な指令は4パターンあり、「舷外放水」「ブイ揚収」「探照灯照射」「信号拳銃弾発射」である。ある時は統制訓練終了後、またある時は食事中に指令される。即応性はもちろん、回数を重ねるごとにチームワークも深まり、練度も向上していくのが醍醐（だいご）味である。今後も組の勝利に貢献していきたい。

雄大な自然を感じる「操艦」
3海尉　小林　浩介

私が特に力を入れている訓練は「操艦」である。理由は意識し身に付けてきたリーダーシップやフォロワーシップ、シーマンシップに加え、技術的な要素が最も集約されていると考えるからだ。

ただ号令を伝えるだけでは艦は動かず、操舵操縦員や見張りをはじめとする海曹士の乗員との団結がないと思うように艦は動かない。そのほか、気象条件や艦の「癖」といった多様な要素がある。このように、ただ一人の力ではどうにもならず、雄大な自然を感じられる操艦が私は楽しい。

父が経験した航路に思い馳せ
3海尉　森下　治紀

各種訓練を一通り経験し、操艦の奥深さを理解することができた。

今回の遠洋航海の航路は、約30年前、私の父が実習幹部として乗艦した時の航路とほぼ同じである。練習艦隊で父がどんな思いで実習に臨んでいたのか思いを馳（は）せつつ、父に恥じない幹部自衛官となれるよう、日々、自己の修練に努めている。

日々の訓練から技術学ぶ
3海尉　北　知親

陳腐な言い方だが、月日の流れは早いもので、我々の航海がその口火を切ったときから数えて3カ月目の終わりを迎えようとしている。そこで思うのは、我々は恵まれているということだ。

このように長い期間、同期とともに訓練に励み、互いに切磋琢磨できる環境は今後訪れることはない。しかし、残りは5カ月を切った。一日一日を無為に過ごすことなく、日々の訓練から懸命に技術を学んでいきたい。

準備・実施・事後研究のサイクル
3海尉　渡邊　健太

サンディエゴまでの航海で、訓練の準備・実施・事後研究のサイクルの完成度を高めている。部署訓練では特に事前準備が肝心で、指揮官補佐や伝令も、予習でどのような連携が必要かを理解しておかなければならない。

サンディエゴまでの航海も残り数日となった。より連携が取れた状態で実習を終えられるようにまい進する。

サンディエゴ市内のチピタパークで米海軍音楽隊、地元楽団と合同演奏会を行う練習艦隊音楽隊（6月15日）

サンディエゴ寄港

日系人と在留邦人が日米の懸け橋
3海尉　藤本　陽平

6月13日、我々は米国第2の寄港地・カリフォルニア州サンディエゴに入港した。サンディエゴは米太平洋艦隊の主要な基地で、都市と一体化した軍港だ。また、アシカやアザラシなど、日本では見ることのできない海洋生物が生息する自然豊かな景勝地でもある。

レセプションでは、日系アメリカ人や在留邦人との交流を通して、米国で活躍する日本人の姿を見ることができた。彼らが日本文化を積極的に発信する姿をみて、改めて日系人と在留邦人が日米の懸け橋となっていることを実感した。

治安の不安すぐに消えた
3海尉　原山　智行

サンディエゴ上陸の際に接した米国人は皆親切で、私のつたない英語にも耳を傾けてくれ、当初の治安状況の不安はすぐに消えた。市内のガスランプ・クォーターなどの観光地では、米国とメキシコ両国の文化が入り混じった独特の雰囲気を満喫することができた。

米海軍の規模と強さ感じる
3海尉　崎田　麟太郎

サンディエゴはかつてメキシコの一部であり、アメリカ文化とラテン文化が共存する独特の雰囲気があった。中心市街地に近い桟橋に目を向けると、かつての米海軍の主力空母だった「ミッドウェー」の巨大な船体が見えた。

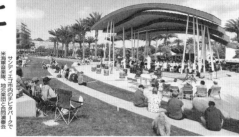

米海軍の強襲揚陸艦「アメリカ」を研修し、米乗員と交流を図った実習幹部たち（6月14日）

研修で訪れた海軍基地には、空母や強襲揚陸艦、駆逐艦などが停泊していて、アメリカ海軍の規模とその強さを感じることができた。

印象的な揚陸艦「アメリカ」研修
2海尉　刑部　智弘

最も印象に残ったのは、強襲揚陸艦「アメリカ」の研修である。この揚陸艦を見た時、艦というよりも大きな建物が海に浮いているような印象を受けた。そして飛行甲板で「これからも日米関係を良好に保ち、共に海上領域を防衛していきたい」という副長の話を聞き、私は心強さと同時に大きな責任を感じた。

日米同盟は先人たちが築き上げてきたものである。これからは私たち若い世代が、より強固な同盟となるよう努力していかなければならない。

語学力や国際力の体得が必要
3海尉　村山　貴洋

これからのアジア・太平洋地域の海の安定と安全は、海自と米海軍のより強固な結束が重要になってくる。そこでは幹部海上自衛官としての術科だけでなく、英語などの語学力や安全保障に関する知識などの国際力を体得しておかなければならないと思った。

メキシコ国境で文化の違い感じる
3海尉　小南　美喜

メキシコとの国境に向かうため、ダウンタウンから南に向かうトロリーに乗った。港湾地区を抜けて国境に近づくと、少しずつ家が少なくなっていった。トロリーの終点は、メキシコとの国境のすぐ近くだった。

アメリカ側の町は、ショッピングセンターに買い物に行く人と、メキシコに向かう多くの人が行き交っていた。近くにある歩道橋からはメキシコに向かう車の列が見えた。いずれも、メキシコに行く手続きは難しくなさそうに見えた。

一方で、ゲート以外の場所には鋼鉄製の壁があり、警備員が配置され、メキシコからの不法侵入を防いでいた。国境を境に建物や看板も異なり、文化の違いを強く感じた。

海外でも応援してくれる人がいる
3海尉　山内　暉

自由時間に退役空母「ミッドウェー」を訪れ、艦内の設備や当時の乗員がどのように生活していたのかを知った。艦内の印象は概ね日本の護衛艦と変わらないものの、その規模の大きさは桁外れだった。

サンディエゴを出港する際、岸壁で日本国旗と自衛艦旗を振りながら「がんばって」と声をかけてくださる方々がいた。日本国内だけでなく海外でもこのように我々を応援してくれる人がいることをうれしく思った。

サンディエゴ出港後、米海軍の沿海域戦闘艦（左奥）と共同訓練を行った（6月16日）

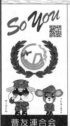

カナダ空軍429輸送飛行隊、小牧基地を訪問

部隊間交流で理解深める

プレスコット少佐　1輸空司令ら表敬

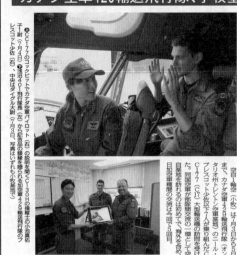

空自1輸空（小牧）は7月3日から5日まで、カナダ空軍429輸送飛行隊（オンタリオ州トレントン空軍基地）のニール・プレスコット少佐以下7人が乗り組んだCC177（C17）大型輸送機の訪問を受けた。同国空軍が部隊間交流の一環として空自基地を訪れるのは初めてで、海外を含め、日加空軍種間の交流は今回で5回目。

429輸送飛行隊の7人は7月3日、CC177大型輸送機1機で小牧基地に到着した。指揮官のプレスコット少佐は1輸空隊司令の船倉慶太将補を表敬し、両者は固い握手を交わして記念品を交換、和やかな雰囲気で懇談を行った。

その後、401飛行隊長の浅沼克典2佐を表敬したプレスコット少佐は、浅沼隊長から浮世絵の描かれた額縁を贈られ、笑顔を見せていた。初日はこのほか、小牧基地の隊員がカナダ空軍の7人に対し、スライドを使って基地の概況を説明した。

翌4日は日加両部隊が人道支援・災害救援（HA／DR）任務に関して意見交換を行った。

その後、カナダ軍がCC177の機内に1輸空のパイロットらを招き入れ、機体について説明した。同機

上CC177のコックピットでカナダ空軍パイロット（右）の説明を聞くC130Hの操縦士の小池真佑子1尉（7月4日）下浅沼401飛行隊長（左）から記念品の額縁を贈られる加空軍429輸送飛行隊のプレスコット少佐（右）、中央はダイクル大尉（7月3日、写真はいずれも小牧基地で）

人道支援・災害救援で意見交換

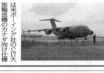

は米ボーイング社のC17大型輸送機のカナダ向け仕様で、輸送機として最大級の全長53メートル、77・5トンもの積載量を有しながら、C130H輸送機に次ぐ短距離離着陸性能を兼ね備え、不整地着陸も可能な最新鋭の機体だ。

空自隊員たちは興味深そうな様子で説明を聞いたり、積極的に質問するなどして理解を深めていた。その後、カナダ軍の隊員も空自C130Hの機内に入り、説明を受けた。

空自はカナダ空軍と相互理解を深め、信頼関係を強化できたとして、今後もさまざまな機会を通じ、防衛協力・交流を行っていく予定だ。

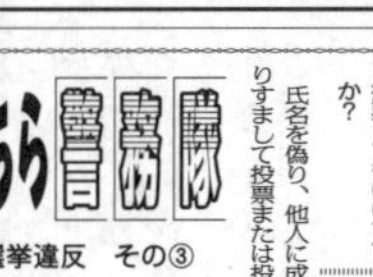

部隊間交流を終え、離陸準備に入る加空軍のCC177輸送機（7月5日）

「誇りと矜持を胸に」

海賊対処行動支援隊12次隊の出国行事　岩上連隊長が訓示

【中即連＝宇都宮】中央即応連隊は7月5日、アフリカのジブチの自衛隊拠点に派遣される「海賊対処行動支援隊12次隊」の第2波要員の出国行事を宇都宮駐屯地で行った。今回の派遣は中即連として13回目。

約40人の派遣要員を代表して青柳秀和警備隊長から出国報告を受けた岩上隆安連隊長は「日本のシーレーンを守るため、世界の平和のため、そして日本人としての誇りと隊員としての矜持を胸に立派に任務を果たせ」と訓示した。

続いて、青木勲栃木県防衛協会会長（兼中央即応連隊協力会「魁会」会長）が第2波要員を激励。青柳警衛隊長は地元メディアに対し「身の引き締まる思いであり、任務を確実に遂行する」と力強く語った。

出国報告後、第2波要員は各協力団体や隊員家族、駐屯地の全隊員に見送られて駐屯地を後にし、成田空港からジブチに向けて出国した。

海賊対処支援隊は今後、ジブチ関係当局などとの連絡調整や、ソマリア沖・アデン湾をP3C哨戒機で上空から監視する同航空隊などの支援業務に当たる。

駐屯地隊員らに盛大に見送られる「海賊対処行動支援隊12次隊」の第2波要員たち（7月5日、宇都宮駐屯地で）

「新大綱・中期防」を説明

安全保障政策調査会　髙橋事務次官が講演

安全保障政策調査会（会長・増田好平元防衛事務次官）は7月9日、防衛省の髙橋憲一事務次官を講師に招き、都内のホテルで講演会を開いた。元陸幕長の岡部俊哉氏をはじめ、元装備施設本部長の岡崎匠氏、元経理装備局長の伊藤盛夫氏、元防研副所長で武蔵野学院大学名誉教授の前川清氏、朝雲新聞社の中島毅一郎社長のほか、防衛産業関係者など約70人が聴講した。

髙橋次官は「防衛計画の大綱・中期防衛力整備計画」と題して講演。「多次元統合防衛力」の構築に向けて宇宙、サイバー、電磁波など新領域の能力強化に力を注ぐとした上で、少子高齢化による慢性的な人手不足の時代に優秀な人材を確保し、能力と士気の向上を図るため、「無人化や省人化、女性やベテランOBの活用を推進していくことが重要だ」と訴えた。

装備面では、短距離離陸・垂直着陸（STOVL）機の運用を可能とする「いずも」型護衛艦の改修のほか、空自のF35ステルス戦闘機が将来的に147機体制となり、このうち42機がSTOVL機に「可能となる」ことを説明し、「可動率を厳しく見極めた運用が必要だ」と強調した。

講演で女性やOBの活用の重要性を訴える髙橋事務次官（7月9日、東京都新宿区のホテルグランドヒル市ヶ谷で）

秩父署が櫻井2曹を表彰

滑落した女性の救助活動で

【救難団＝入間】空自救難団入間ヘリコプター空輸隊の櫻井2曹は6月1日、遭難者の救助に当たった功績で、荻野長・秩父警察署長から感謝状を贈られた。

櫻井2曹は5月1日、休日を利用して家族と共に秩父市黒谷の「和銅遺跡」を散策していた午後1時ごろ、目の前で女性が滑落する事故を目撃。直ちに女性の元に駆け寄り、意識、呼吸、出血などを確認し、付近にいた観光客に救急車の手配を依頼した。

櫻井2曹は救急隊到着までの間、携帯電話で消防署の指示を受けて手当てを続け、駆け付けた救急隊員に女性を引き渡した。

救難団は6月25日、入間基地で贈呈式を開き、団司令から櫻井2曹に賞状が授与された。

櫻井2曹は「人として当たり前のことをしただけ」と語った。

遭難者を救助した功績で、荻野長・秩父警察署長（右）から感謝状を授与された櫻井2曹（6月1日、埼玉県警秩父警察署で）

小休止

▽…大湊地方隊の基地内で6月13日、国の特別天然記念物のニホンカモシカの家族が誕生したのを「発見」した＝写真。基地内で赤ちゃんが生まれたことを確認したのは今回が初めて。

▽…7月6日に開催された「マリンフェスタ」では、基地内に3881人の市民らが来場。艦艇一般公開やSH60K哨戒ヘリの飛行展示、ラジオ「海上自衛隊フェア」の公開収録などが行われた。

▽…好奇心旺盛な赤ちゃんカモシカは基地内を歩き回り、親子で護衛艦などを「見学」していた。（大湊）

ブルーインパルスの展示飛行

7月21日以降、飛行再開

空自はこのほど、令和元年度の4空団11飛行隊（松島）ブルーインパルスの展示飛行予定を発表した。今年4月に起きたエンジン故障で部品を交換したことから、6月まで飛行を停止していたが、整備が完了した機体から展示飛行を再開する。予定は表の通り。

令和元年度　ブルーインパルス展示飛行予定

日　程	場　所	行事名
7月21日(日)	宮城県松島町	「日本三景の日」記念行事
7月27日(土)	広島県尾道市	尾道港開港850年記念
8月1日(木)	宮城県石巻市	石巻川開き祭り
8月4日(日)	北海道千歳基地	千歳基地航空祭
8月24日(土)	宮城県東松島市	東松島夏まつり
8月25日(日)	宮城県松島基地	松島基地航空祭
9月8日(日)	青森県三沢基地	三沢基地航空祭
9月16日(月)・祝	石川県小松基地	令和元年航空祭 in KOMATSU
9月28日(土)	茨城県那珂市	第74回国民体育大会
10月20日(日)	静岡県浜松基地	エアフェスタ浜松
11月3日(日)	埼玉県入間基地	入間航空祭
12月1日(日)	茨城県百里基地	令和元年度百里基地航空祭
12月8日(日)	福岡県築城基地	築城基地航空祭
12月15日(日)	宮崎県新田原基地	新田原基地エアフェスタ

こちら警務隊

選挙違反　その③

「身代わり投票」は詐偽　5年間選挙権の失効も

長期出張中の兄から「身代わり投票」を頼まれましたが、投票してもいいですか？

氏名を偽り、他人に成りすまして投票または投票しようとした場合は、公職選挙法違反の詐偽投票に該当し2年以下の禁錮または30万円以下の罰金に処せられます。

また、詐偽投票を依頼するなど、同行為を強要またはほう助した人も同様に罰せられます。

さらに、詐偽投票で罰せられると5年間、選挙権を失います。

たとえ身内や親しい友達からの依頼であっても、身代わり投票は絶対に断り、不在者投票制度の活用を助言するなど、選挙違反をしないように気をつけましょう。

（北部方面警務隊）

※次回は「漁業法違反（密漁）」

俺の代わりに投票してよ～
そういうのってやったらダメだろ!!
出張中の兄
頼まれた弟

あさぐも ドキドキマイ　吉本どんど

カーブミラー
ホッ
あっ
こっちは
シュートミラー

旅をしない音楽家は不幸だ。
モーツァルト
（オーストリアの作曲家）

（世界の切手・フランス）

朝雲ホームページ
www.asagumo-news.com
<会員制サイト>
Asagumo Archive
朝雲編集部メールアドレス
editorial@asagumo-news.com

令和に花開いた日米交流
陸自中音と米海兵隊音楽隊が合同演奏

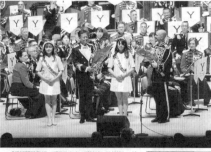

2陸佐　澤野　展之（陸自中央音楽隊企画科長・朝霞）

陸自中央音楽隊（隊長・樋口孝博1佐）は5月15日、横浜みなとみらいホールにおいて開催された「横浜開港祭ザ・ブラスクルーズ2019～特別公演～」に参加しました。

今回、最も注目すべき点はアメリカ海兵隊音楽隊との合同演奏が実現したことです。始めに、この歴史ある音楽隊を当日のプログラムから紹介いたします。

「アメリカ海兵隊音楽隊は、1798年の合衆国議会にて創立が制定されたアメリカ最古のプロの音楽団体であり、大統領と海兵隊総司令官のために演奏を提供するという、唯一無二のミッションを持つ。1801年、第2代大統領ジョン・アダムズに招かれ、ホワイトハウスでのデビューを果たした。同年、トーマス・ジェファーソンの大統領就任式にて演奏を披露し、以来、全ての大統領就任式で演奏を行ってきたとされている。自身も優秀な音楽家であったジェファーソンは、海兵隊音楽隊との特別な関係を重んじ、『プレジデント・オウン（大統領直属）』の称号を与えた。

公式晩餐会や国家的重要行事など、ホワイトハウスでの演奏は、年間200回にのぼる。高い柔軟性と多才さが要求されるメンバーのほとんどが優秀な音楽学校出身で、メジャーオーケストラに匹敵する厳しいオーデションを経て選考されている。なかでも《星条旗よ永遠なれ》など「マーチ王」として名高いジョン・フィリップ・スーザは第17代隊長として指揮者を務め、世界的な演奏団体へと育て上げた」（以下略）

さて、日本の吹奏楽発祥の地は横浜であり、1854年のペリー来航時の随行音楽隊として、幕末の世に礼砲とともに音楽を轟かせた音楽隊。その横浜で同音楽隊が165年の時を越え演奏することにも大きな意義がありました。

そして中央音楽隊も近年、フィンランド、スコットランド、ドイツなど、海外で演奏する機会が増えていますが、そのほとんどがマーチングやパレードであり、大編成の音楽隊同士がステージ演奏で交流する機会は極めてまれです。今回、共演の機会を得たことにより、米海兵隊音楽隊の演奏を間近に学ぶことができるという、隊員にとっても夢のようなひとときでした。

第1部は中音単独の演奏で、新時代の幕開けとして、天皇・皇后陛下ご成婚時に作曲された《雅の鐘》を樋口隊長の指揮で高らかに演奏しました。この後、海兵隊音楽隊長ジェイソン・K・フェティッグ大佐の指揮による《行進曲・外交官》をスマートに響かせました。再び樋口隊長の指揮と松永美智子3曹のソプラノで、新元号「令和」にふさわしい《万葉讃歌》を雅やかに歌い上げ、ラストには海兵隊のトランペット・セクションを交えたバーンズ作曲《交響曲第5番より》を熱演しました。

そして第2部は海兵隊単独で演奏。行進曲から日本のオリジナル曲まで、ふくよかなハーモニーと幅広いダイナミクスレンジで、220年に及ぶ伝統の積み重ねから表現される、まさに「成熟した演奏」という印象を強く受けました。

日米両国の歌手によるトークとラクメ作曲《花の二重唱》の歌唱披露で会場を温めた後、いよいよ120名を越える両国の合同演奏。《祝典序曲》に始まった大迫力の演奏は、この場でしか聴くことのできない熱演となりました。

きらびやかな演奏服に身を包み、溌剌と演奏する両音楽隊の演奏を舞台袖から見つめながら、この演奏会の調整に関われたことが吹奏楽に携わるものとして至福の時間であると感じずにはいられませんでした。アンコールで演奏された《海を越える握手》は、まさに表題通り「令和」の新時代に花開いた日米交流の絆を象徴する名演でした。

今回の貴重な体験を踏まえ、今後とも国内・海外に音楽表現力の向上を図りつつまい進してまいりたいと思います。

「横浜開港祭ザ・ブラスクルーズ2019」で共演し、演奏後、花束を受ける陸自中央音楽隊の樋口隊長と米海兵隊音楽隊長のフェティッグ大佐（5月15日、横浜市で）

熱演を共にたたえ合う日米の女性音楽隊員

「プレジデント・オウン（大統領直属）」の称号を持つ米海兵隊音楽隊

みんなのページ

「うずしお」「たかしお」実習
～潜水艦、知られざるその内部

3海曹　袖野　信孝（横教33分隊班長・武山）

横須賀教育隊に入隊した第13期一般海曹候補生課程、第19期自衛官候補生課程、第11期自衛官候補生（女性）課程の910人の学生は、5月13日から15日の間、第2潜水隊群（横須賀）所属の潜水艦「うずしお」と「たかしお」を実習した。

学生は、潜水艦乗員から注意事項を受けた後、潜水艦に乗り込み、艦内の垂直ラッタルの高さや狭さ、艦内中に張り巡らされたパイプ、バルブ、配線などの多さに驚きの表情を見せていた。

また、水上艦艇と大きく違う環境にも興味を示していた。特に魚雷の横にベッドがあることや、食堂のいすの下に野菜など食料が保管されているなど、艦内の限られた空間の有効活用について理解を深めた。

このほか、安全のために火を使わない電気調理器具、限られた量の真水の使用法、トイレの流し方など、特殊な環境下にある潜水艦ならではの仕組みについて強い関心を示していた。発令所では潜望鏡を実際にのぞき、潜水艦への興味がさらに湧いた学生も多く見られた。

その後、航海から帰投した潜水艦の乗員が陸上で過ごす「潜水艦乗員待機所」も見学した。ここでは狭い艦内でなかなか運動ができない乗員のために、トレーニングルームが完備されているなど、充実した設備が用意されていることに学生たちも感心していた。

今回の実習で、学生たちはふだん知ることのできない潜水艦について多くを学び、「潜水艦に興味を持った。潜水艦の乗員を希望したいと思う」と話す学生もいた。今後の部隊配置を前に、希望職種を選ぶ上で、今回の実習を参考にしてもらいたいと思う。

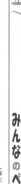

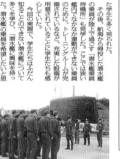

潜水艦「たかしお」への乗艦前、乗員（右奥）から注意事項を聞く横教の学生

新刊紹介

「秘録・自民党政務調査会」
16人の総理に仕えた男の真実の告白
田村　重信著

福田赳夫首相から安倍晋三首相まで16人の歴代総理大臣に仕え、自民党政務調査会の「ヌシ」と呼ばれた著者（66）が、過去40年間に永田町で起きたさまざまな事件の裏側をリアルに描き出した"全裏面史"。

帯には「身命を賭して明かす真実。日本を土壇場で救った政治家、売国奴となった政治家の全て」と謳われている。

首相経験者だけではなく、党派を超えて多くの議員の名前が登場するのも興味深い。▽ヒゲの隊長が議員になったあとの評価は▽進次郎が大臣にならない理由▽谷垣禎一と舛添要一の大違い▽二大政党制を作るために小沢は離党したのか▽野党転落で燻り出された裏切り者――などネタは尽きず、人生訓としても大いに読み応えがある。

著者は自民党で長年にわたって安全保障政策を担当してきたエキスパートだけに、災害派遣からPKO活動まで防衛省・自衛隊の話題も数多い。与党の職員だったからこそ"政治ができ"、実現できた政策の数々。「自民党職員を辞したあとも、息が絶えるまで変革の推進力となり続ける所存だ」という言葉通り、著者の並々ならぬ気骨と信念が伝わってくる稀有な一冊だ。

（講談社刊、1728円）

「ハンターキラー　潜航せよ」（上・下）
G・ウォーレス、D・キース著、山中　朝晶訳

原子力潜水艦を舞台とした久しぶりの海洋スリラー小説だ。米「バージニア」級原潜の元艦長ウォーレス氏と作家キース氏が共同執筆した作品だけに、潜水艦の内部の状況や乗員の緊迫した動きが細部までリアルに描かれており、引き込まれる。

物語はロシア海軍の原潜が沈没し、遭難信号を受信した米原潜が現場に向かうところから始まる。だが、この米潜水艦までもが行方不明となり、米露間で軍事的緊張が一気に高まる。

やがてこの事件の裏に「新たなロシア革命」を目指すクーデター計画がからんでいると察知した米政府は、原潜「トレド」と海軍特殊部隊をロシアに向かわせる…。

元艦長の手による作品だけに、潜水艦の戦いの描写は非常にスリリングで、各部署に就いた乗員たちの息づかいまでもが感じられる。米国では大ベストセラーとなり、映画化もされた。本書で潜水艦に興味を持ったら、米海軍が全面協力したという映画（DVD、8月発売）でもリアルな海中の戦いを観てみたい。

（早川書房刊、各972円）

陸曹のスタートラインに

3陸曹　奥山　伶奈（33普連本部管理中隊・久居）

自衛隊に入隊し、5年の月日が経ちました。私もようやくスタートラインである陸曹になることができました。まず、今まで支えてくださった上司や先輩の方々、そして同僚・後輩、家族への感謝の気持ちでいっぱいです。

入隊当初は「社会や人の役に立ちたい」という一心で訓練や体力錬成に励みました。

男性主体の職場にあっても、「女性だから」という甘い考えは戒め、常に男性の皆さんと競い合えるような技術・技能の向上と体力づくりに励みました。

この間、結婚・出産を経験し、一時は陸曹になることを諦めかけましたが、学生時代に剣道で学んだ不撓不屈・忍耐の精神や、自衛官である夫のひた向きな姿に背中を押され、再び陸曹になることを志し、努力のかいあり、無事に第133期の陸曹候補生に指定していただきました。

陸曹教育隊では、通信技術・実員指揮能力の向上はもちろんのこと、激しい訓練の実行、制約された時間での任務達成、部隊指揮と実行の監督、そして「3予」の充実の大切さを学びました。

「3予」とは、予習・予行・予備のことであり、陸曹として指揮する上での状況判断や腹案の保持、さらに何事も「準備8割」が成功につながることを学びました。

これら全てを通じて、初級陸曹として先輩陸曹と陸士のパイプ役になれるよう努力するとともに、まだまだ未熟なところもありますが、強い責任感をもって通信小隊の中核の一員になりたいと思います。そして今後増員される女性自衛官の育成にも力を注いでいく所存です。

プライベート面でも、一児の母、妻として、仕事と家庭の両立ができるよう、気持ちを新たにして頑張りたいと思います。

OBがんばる

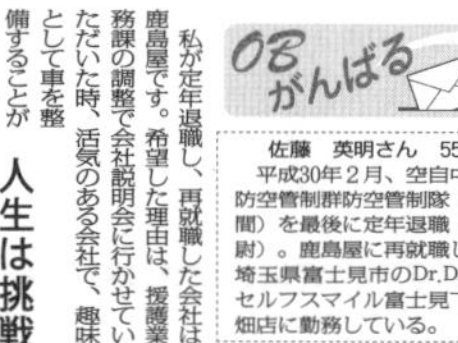

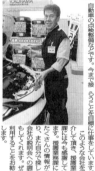

佐藤　英明さん　55
平成30年2月、空自中部防空管制群防空管制隊（入間）を最後に定年退職（准尉）。鹿島屋に再就職し、埼玉県富士見市のDr.Driveセルフスマイル富士見下南畑店に勤務している。

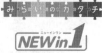

人生は挑戦の繰り返し

私が定年退職し、再就職した会社は鹿島屋です。希望した理由は、援護業務課の調整で会社説明会に行かせていただいた時、活気のある会社で、趣味として車を整備することが好きだったこともあり、入社を希望しました。

現在はSS事業部に配置され、サービスステーション（ガソリンスタンド）に勤務しています。仕事は接客業務、自動車の点検整備などです。今まで接客などは全く経験がなく、お客さまをお迎えして車の点検・整備を行うなど、初めてのことばかりで、とても苦労しました。しかし、経験豊富な上司が細かく指導してくださり、会社としてもOJT（オン・ザ・ジョブ・トレーニング）体制がしっかり確立されていて、順を追って覚えていくことができました。

自衛隊でも転属先で戸惑うことがあるのと同じで、「初めての経験」はどこでもあります。人生は何事も挑戦の繰り返しと思って、その時を頑張ることが大切です。また、それを楽しみに変えるのも自分次第です。

わが社は「すべてはお客さまの笑顔のために」の精神をいつも念頭に置き、日々、お客さまが「笑顔」で帰ってもらうことを目標に仕事をしています。

このような会社を紹介して頂き、援護業務課には今も感謝しています。援護業務課にはたくさんの情報があり、また自分で探した会社の説明会への調整もしてくれます。ぜひ利用することをお勧めします。

詰将棋

出題　日本将棋連盟　九段　石田　和雄

第799回出題

	5	4	3	2	1
一			と	と	
二					歩
三		馬		王	
四				香	
五				歩	香
六					

先手　持駒　銀

【ヒント】初手、三手が手順（10分で三級）。

▶詰碁、詰将棋の出題は隔週です◀

詰碁

出題　日本棋院　九段　曲　励起

第1214回解答

【解答図】白先、白活。白①以下黒❹の時、白⑤以下白⑬まで順よく打てば活きます。

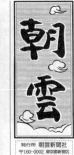

朝雲
発行所 朝雲新聞社
〒160-0002 東京都新宿区
四谷坂町12−20 KKビル
電 話 03(3225)3841
FAX 03(3225)3831
振替00190-4-17600番
定価一部140円、年間購読料
9000円（税・送料込み）

主な記事

日本で初の「メガシティー会議」

国内外の専門家200人

五輪控えテロ、直下地震想定

米陸軍主催

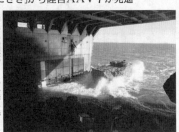

今秋に日本で開催されるラグビーワールドカップ（W杯）、来年の東京五輪を控え、巨大都市（メガシティー）でテロなどの人為的災害や首都直下地震など大規模自然災害が発生した際の人道支援・災害救援（HA／DR）活動の在り方について日米の専門家が意見を交わす米陸軍主催の第2回「メガシティー会議」が7月17、18の両日、東京・市ヶ谷の防衛研究所で開かれ、陸自と米陸軍の関係者や部外の有識者ら約200人が出席した。

四つのセッションに分かれ

同会議は、米陸軍訓練教義コマンド（TRADOC、司令部・米バージニア州）と米太平洋陸軍（USARPAC、同・ハワイ州）が主催し、初回は昨年4月、ニューヨークで開かれた。日本での開催は初めて。

今回は陸自が協力し、「メガシティーにおける現代および将来の作戦」をテーマに討議。日米の指揮官や研究者ら約20人が発表し、それぞれの研究成果や教訓などを発表した。

開会に当たり、基調講演した折木良一元統幕長は「政治と国防との関係の正しい発揮、有事や大規模災害において国民の安心安全を守ることに直結する」と強調した。

第1セッションでは、TRADOC情報部のラッセル・グレン博士が「インド太平洋地域のメガシティー」について説明した後、日本中毒情報センター理事の奥村徹医師が「テロから見た東京の防衛～1995年の地下鉄サリン事件」、前陸上総隊司令官で現在は東京都危機管理監の小林茂元陸将が「メガシティー東京と過去の震災の教訓を踏まえた防災計画」、米陸軍戦略大学研究員のスティーブン・ブラウン大佐が「多国間協力とトモダチ作戦からの洞察」と題してそれぞれ講演。

第2セッションでは、巨大都市でのHA／DR作戦をめぐって、米太平洋陸軍司令官のロバート・ブラウン大将がマルチドメイン作戦について、陸上総隊司令官の住田和明陸将が部隊運用の観点から、米陸軍機動センター司令官のゲーリー・ブリトー少将がマルチドメイン作戦におけるAI（人工知能）の導入についてそれぞれスピーチした。

18日の第3セッションでは、豪陸軍特殊作戦センターのイアン・ラングフォード准将をはじめ、元米ロサンゼルス市警察本部のチャールズ・ビール氏、元米国務省[illegible]特別捜査官のピーター・フォード氏の発表に続き、陸自1師団長の竹本竜司陸将が五輪警備を見据えた東京の安全確保について講演。

[illegible]が「東日本大震災対応の教訓：HA／DRに関するC2」と題して発表を行ったほか、[illegible]作戦の総合一体化について、また、在イエメン国連常駐調整官・人道調整官のリセ・グランデ氏が[illegible]。[illegible]第4セッションでは、[illegible]大学教授の山口昇元陸将[illegible]について語った。

装備庁長官に武田官房長

新官房長に島田首相秘書官

政府は7月23日の閣議で、深山延暁防衛装備庁長官の勇退を認め、後任に武田博史官房長を充てる人事を承認した。武田官房長の後任には島田和久首相秘書官が就く。島田氏は2012年12月の第2次安倍内閣発足時から首相秘書官を務めてきた。発令はいずれも7月30日付。

武田防衛装備庁長官

島田大臣官房長

防衛省発令

▽防衛装備庁長官（大臣官房長）武田博史
▽大臣官房長（内閣官房内閣総理大臣秘書官）島田和久
▽退職（防衛装備庁長官）深山延暁

省幹部略歴

武田　博史（たけだ・ひろし）防衛装備庁長官　[illegible]昭和60年旧防衛庁。[illegible]などを経て、平成30年8月官房長。東京都出身。58歳。

島田　和久（しまだ・かずひさ）官房長　慶大法卒、昭和60年旧防衛庁。[illegible]平成24年12月首相秘書官。神奈川県出身。57歳。

豪州で「タリスマン・セーバー」終わる

陸・海自揚陸部隊と米軍の共同実動訓練

「くにさき」から陸自AAV7が発進

陸・海自の揚陸部隊が7月11日から豪州クイーンズランド州のショールウォーターベイ演習場などで実施していた米海兵隊、海軍との日米共同実動訓練「タリスマン・セーバー19」が7月[illegible]日、終了した。

同訓練には陸自は[illegible]水陸機動団（相浦）の約330人が参加。海自は[illegible]輸送艦「くにさき」の乗員ら計約500人が加わった。

最初に日米で指揮所活動、共同対処訓練などを実施。続く総合訓練では7月16日、沖合の「くにさき」から陸自の水陸両用車AAV7の車両部隊が発進。さらに同艦搭載のエアクッション艇（LCAC）が陸自隊員や高機動車などをランハムビーチに着上陸させた。

後部の補完工事が終わった海自輸送艦「くにさき」から発進する陸自水陸機動団のAAV7（7月16日、豪クイーンズランド州のランハムビーチ沖合で）

その後、水陸団の隊員たちは陣容を整え、米海兵隊などと共同で81ミリ迫撃砲などを使った戦闘訓練を行った。

豪州での訓練を終えた陸自部隊は「くにさき」などに乗艦、8月上旬に佐世保などに帰国の予定。

ボルトン氏、防衛相と会談

「日米同盟強化の重要局面」

岩屋防衛相は7月22日、来日した米国のボルトン大統領補佐官（国家安全保障担当）と防衛省で会談し、地域情勢などをめぐって協議した。

[illegible]

これに対し、ボルトン氏は「同盟を強化する上で、外部のさまざまな課題がある中、非常に重要な局面を迎えている」と応じた。

会談後、岩屋大臣は記者団に対し、「会談内容の詳細は控える」とした上で、「日米同盟の役割分担について、さらに踏み込んだ議論をしていこうという話だった」と説明した。

一方、中東・ホルムズ海峡の安全確保に向けた米国の有志連合構想については「具体的な中身の話はなかった」と述べ、19日に米国が各国に行った非公式説明会の内容を踏まえ、「提案の中身を精査した上で、政府全体として考えることになる」との認識を示した。

ボルトン氏は同日、河野外相や谷内正太郎国家安全保障局長ともそれぞれ個別に会談した。

ボルトン米大統領補佐官（左）を出迎える岩屋防衛相（7月22日、防衛省で）

ミサイル護衛艦「はぐろ」進水

2021年3月就役予定

海自の平成28年度計画ミサイル護衛艦（8200トン型）の命名・進水式が7月17日、神奈川県横浜市のジャパンマリンユナイテッド横浜事業所磯子工場で行われ、同艦は「はぐろ（羽黒）」と命名され、進水した。

「はぐろ」（DDG180）はイージス護衛艦「まや」型の2番艦で、長射程化、高速化が進む最新の対艦ミサイルなどに対応するため、防空面での管制能力が高められている。「まや」と同じく「CEC（共同交戦能力）」機能を有し、他の艦艇や航空機と各種情報をリアルタイムで共有することができる。

命名・進水式は渡邊剛次郎横須賀総監の執行で行われ、鈴木防衛大臣政務官、山村海幕長らが出席。鈴木政務官が命名書を読み上げ、支綱を切断すると、「はぐろ」はゆっくりと進水した。

艦名は、山形県鶴岡市に位置する「羽黒山」（標高414メートル）に由来する。艤装員長は倉光啓介1佐で、就役は2021年3月の予定。

イージス艦は「8隻体制」に

「はぐろ」が就役すると海自のイージス艦は「8隻体制」となり、弾道ミサイル防衛などで自衛隊の対処能力はさらに高まる。

海自8隻目のイージス艦として進水したミサイル護衛艦「はぐろ」（7月17日、横浜市のジャパンマリンユナイテッド磯子工場で）

海外部隊1000人が不在者投票

ジブチの自衛隊拠点内で参院選の不在者投票に臨む海賊対処支援隊の陸自隊員たち（7月12日、ジブチで）

ソマリア沖・アデン湾上空からP3C哨戒機で監視活動に当たる海賊対処航空隊35次隊と、P3Cの拠点が置かれるアフリカのジブチで基地警備などを担う同支援隊11次隊は7月12、14の両日、拠点内に投票所を特設し、交替要員を含む約225人が参院選の不在者投票を行った。

今回は、20歳の警備隊の陸士長4人も投票に臨み、「海外派遣中に投票の機会を得ることができてありがたい」「社会人としての自覚と責任を持って、より良い日本となるよう一票を投じたい」などと語った。

さらに、アデン湾で民間船舶の護衛任務などに当たる水上部隊33次隊の護衛艦「あさぎり」（艦長・波江野裕一2佐）の隊員約200人も13日、艦内に設けられた投票所で投票を済ませた。

一方、環太平洋一周の航海を行っている海自の遠洋練習航海部隊（練習艦「かしま」、護衛艦「いなづま」で編成）はエクアドルのグアヤキル寄港中の15日、両艦内に投票所を特設し、実習幹部や乗員約580人が投票した。

佐藤正久元1佐 3度目の当選

参院選、与党勝利

第25回参議院選挙は7月21日、投開票が行われ、自民党が57議席、公明党は14議席を獲得し、与党で改選124議席の過半数（63）を上回る71議席を確保した。

一方、憲法改正に前向きな日本維新の会などを加えた改憲勢力の議席は、非改選の79議席と合わせても160議席に留まり、国会発議に必要な参院の3分の2（164議席）には及ばなかった。

防衛省・自衛隊関係者では、自民党から比例代表に立候補した佐藤正久外務副大臣（58、元1佐）が23万7432票を獲得し、3度目の当選を飾った。

春夏秋冬

失敗は最高のエクササイズ

黒川　伊保子

2016年3月、世界トップクラスと言われた囲碁棋士に、人工知能が勝利した。「AlphaGo（アルファ碁）」のこの快挙は、世界中を駆け巡った。「人工知能がとうとう人類を超えた」というセンセーショナルなニュースとして。あの日から、人工知能（AI）の時代が始まった。

しかしながら、当然、AIは昨日今日始まったわけじゃない。「アルファ碁」で有名になったディープラーニング（脳神経回路を模したニューラルネットワークシステム）は、1988年時点で実現されていた。そのころ、私の机のパソコンでは、ニューロン数7個、シナプス数12個のささやかなAIが誕生した。ちなみに、AlphaGoは、ニューロン数110万、シナプス数7億3000万。この規模のAIを稼働させるためには、2016年のスーパーコンピュータの登場を待たねばならなかったのである。

ディープラーニングでは、入力パターンと出力パターンの組み合わせを与えて、学習させる。N個の入出力パターンを与えて、繰り返し学習させるのだ。このAIに、既知の入力パターンを与えれば、正解の出力を出してくる。しかし、AIの素晴らしいところは、類似の新しい事象を与えても、それなりの出力をしてくるところにある。さらに、新規事象の回答にフィードバックして追加学習させれば〝経験を重ねて〟どんどん賢くなる。

新規事象にどれだけ正解が出せるかが、AIの肝だ。実は、正解パターンだけ学習させても、AIはセンスが悪い。失敗事例を与えなければ、AIはセンスのいい答えが出せないのである。

ニューラルネットワークは、ヒトの神経回路を模して造られたものだ。いわば、ヒトの脳のシミュレーション。つまり、ヒトの脳も、同じなのである。失敗こそが、勘とセンスを養う。

失敗を恐れることはない。胸に痛い失敗ほど、その人の脳を高性能にする。「勘のいい、発想力と展開力のある脳」は、失敗が作るのである。若くて責任の軽いうちに、しっかり失敗しておくといい。

失言も失態も失恋もしたほうがいい。「失敗をせずに、正解を出し続ける」なんて、ナンセンスなのだから。失敗したら、潔くそれを認めて心を痛め、けれど清々しい気持ちで寝ればいい。眠っている間に脳が書き換わり、あなたは生まれ変わる。

（感性リサーチ代表、人工知能研究者）

朝雲寸言

自衛官は雨でも傘をさすことがない。傘は視界を制限し、しか[illegible]かりでなく、どちらか[illegible]有するからである▼その代わり自衛官は[illegible]羽を着る。台風[illegible]場では、自衛官[illegible]激しい雨が予想[illegible]分かれた戦闘用[illegible]用する。しかし[illegible]で便利なのはポンチョである。折り畳めば[illegible]とらず、必要な[illegible]速やかに着用でき[illegible]緩やかに体を覆[illegible]れにくく、背負[illegible]ごと着込むこと[illegible]濡らさなくてす[illegible]し、災害派遣[illegible]しい活動には不[illegible]TV報道など[illegible]を見かけること[illegible]ない▼陸上自衛隊幹部候補生学校は卒業前の総合訓練で約100キロの行進訓練を行う。一日中歩き続け、仮眠を挟んで後半の50キロを歩く。もちろん背嚢を背負い小銃を持った完全装備の行進である。仮眠を挟んで2日目の歩き始めは一番つらい。歩き始めてしばらくすると、近くの幼稚園の子供たちが沿道に並んで応援してくれる。あどけない園児たちの笑顔は、あと半分の道のりを歩かせる原動力となる。それは災害派遣の現場で自衛官たちを奮い立たせる力と同じものである▼自衛官も普通の人間である。決してスーパーマンではない。鍛えられ訓練されてようやく強くなっていく。今年は例年になく長い雨の多い梅雨となった。雨続きの曇り空を見上げながら真夏の太陽が待ち遠しいこの頃である。

時の焦点

国内

参院選与党勝利

憲法論議を具体化せよ

一見すると変化に乏しい選挙結果となった。そこに表れた民意を丁寧にくみ取り、政権運営・党運営に生かすことが求められる。

参院選は、自民、公明の与党が改選定数の過半数を上回る計71議席を獲得して勝利した。安倍首相にとっては国政選挙6連勝となった。

首相は、「安定した政治基盤のもとに、しっかりと政策を進めていけという判断をしていただいた」と語った。

2012年の政権復帰以来、安倍政権は経済政策や外交で実績を上げてきた。その安定感が信任につながったのだろう。

自民党の選挙戦で特筆すべきは、10月の消費税率引き上げと、憲法改正論議を真正面から取り上げ、その必要性を訴えたことだ。

消費増税は政権の鬼門とされ、宇野内閣や橋本内閣は参院選敗北から退陣につながった。野党は今回も消費増税凍結などを掲げたが、支持は広がらなかった。

少子高齢化のなかで社会保障財源を安定的に確保するには、消費増税以外に選択肢はない。こうした主張が受け入れられたのは、有権者が成熟した証といえるだろう。

消費増税に伴う景気減速を回避し、社会保障の充実をどう実現するか。政府・与党に託された責任は重い。負担増を容認した有権者を裏切らぬ政策遂行が求められる。

憲法改正について、首相は選挙後、「私の使命として、残された任期のなかで、憲法改正に当然挑んでいきたい」と語った。

選挙戦では、立憲民主党や国民民主党も、憲法論議自体を否定する考えはないと強調した。

自民党が「自衛隊の明記」など具体的な改憲案を提示し、勝利した意義は大きい。国会では、憲法改正に関する実質的な議論が進んでいない。国の最高法規をより良いものとするために、各党は具体的で建設的な論議に着手してもらいたい。

参院選の結果、与党と日本維新の会など、憲法改正に前向きな勢力が、国会発議に必要な定数の3分の2を割り込んだ。

気になるのは、一部野党やメディアに、「3分の2阻止」を大きな成果と受け止め、憲法論議を進めぬよう主張する声があることだ。

憲法改正を阻止するために「3分の1」を目指すのは、かつての社会党の戦略である。しかし、「3分の1」で満足していては「万年与党・万年野党」となり、政治から緊張感が失われる。

既成の野党にとって頭が痛いのは、消費税廃止や大胆な財政出動を掲げたれいわ新選組が2議席を獲得したことだろう。

欧米では反緊縮を訴える左派ポピュリズムが一定の支持を集めている。野党にこうした主張が広がれば、保守系も含めた野党共闘は困難になる。

次期衆院選に向けて、野党に必要なのは、与党に代わる政権の受け皿を示すことである。今後の憲法論議はその試金石ともなろう。

宮原 三郎（政治評論家）

海外

内紛の民主党

「四人組」と指導部対立

2018年11月の米中間選挙で、急進左派のオカシオコルテス、ソマリア出身イスラム教徒のオマー、両親がパレスチナ移民のトライブ、マサチューセッツ州初のアフリカ系女性プレスリーの4氏が民主党下院議員に初当選した。

人呼んで「四人組」。年齢や民族的背景のほか、イデオロギー面でもオカシオコルテス、トライブの2氏は民主社会主義者と多様だ。

ペロシ議長は19年1月、「国民は新たな夜明けを求めた」と評したものだが、急速に日暮れが訪れた。

「ユダヤ資金が米外交政策を牛耳っている」など、オカシオコルテス、オマー両氏の左翼過激主義的、反ユダヤ主義的発言で、同議長が釈明に回るケースも再三。

8年ぶりに下院を奪還しても、大統領と共和党多数の上院が立法化を阻止。そこから生じるフラストレーションが党内分裂を生み、急進的メンバーは指導部を突き上げる。議長はトランプ大統領やマコネル共和党上院院内総務との交渉より、自分の党を相手の交渉に多くの時間を取られているのが実情だ。

最近の大きな溝は大統領弾劾問題。弾劾は国民の支持が少ない上、次期選挙の激戦区で選挙民の支持はさらに少ない。モラー特別検察官の報告書も「大統領が司法妨害」と明言せず、期待外れでまたフラストレーション。

目下の最大の亀裂はメキシコとの国境に押し寄せる不法移民問題。ペロシ氏ら指導部は政府主導の移民対策法案に賛成したが、「四人組」は不法移民摘発に悪用されると反対した。

ペロシ議長が、彼らはメディアから注目を集めても結局は4票だけと指摘すると、議長を人種差別主義者とにおわせて反発した。

なかんずく、一時拘留センターを「強制収容所」と決め付けたオカシオコルテスや、「米国民は人種差別主義者なので不法移民を犬以下に扱う」と演説したオマーのレトリックは大いに問題だろう。

オカシオコルテスは「拘留センターはトイレの水を飲ませている」とのデマも広め、現地当局に否定され、批判された。移民税関執行局（ICE）の廃止を主張し、国土安全保障省(DHS)の閉鎖にも賛成。

DHSは01年の同時多発テロの反省から02年に発足。その重要性を訴え、同年の中間選挙で勝利したブッシュ大統領の補佐官ローヴは彼女の発言を「バカで愚かで幼稚」と評する。〝歩く独善〟という印象は確かにある。

「民主党は祖父の時代の民主党ではない」とはよく聞く話だが、ベテラン指導部は声高の極左メンバーと闘わねばならないという前途ははっきり見えてきた。

両者間には世代、イデオロギー、方法論、人口統計学の大きな違いがあるが、ペロシ氏はこれを乗り越えられるのか。英労働党の左派で異端児だったコービン議員が今や同党党首なのを見れば、「四人組」が同党の将来の姿なのかもしれない。

草野 徹（外交評論家）

化校をOPCW局長が訪問

学校長「指定ラボ認定へ努力」

【化校＝大宮】陸自化学学校（学校長・竹内與太郎将補）は6月7日、オランダのハーグに所在する化学兵器禁止機関（OPCW）のフェルナンド・アリアス事務局長らの訪問を受けた。

学校の職員がアリアス事務局長らに日本でのCBRN（化学・生物・放射線・核）対処の取り組みなどについて説明。その後、研究棟に案内し、続いて屋外でNBC偵察車、化学防護衣などの装備品を展示し、陸自の能力を理解してもらった。

竹内学校長はアリアス局長の視察を受けて、「OPCW指定ラボラトリー」の認定に向けた現在の取り組みなどについて説明し、認定に向けて努力していく意欲を示した。

OPCWは化学兵器の禁止と拡散防止に取り組み、2013年にはノーベル平和賞を受賞している。

陸自はこれまでOPCWに化学兵器の専門家として自衛官6人を派遣。1997年の同機関の設立時には秋山一郎将補（当時）が初代査察局長を務めるなど、自衛隊と密接な関係が続いている。

アリアスOPCW事務局長（中央側近）に陸自CBRN対処能力を説明する化学学校の隊員（6月7日、大宮駐屯地で）

海賊対処水上34次隊が28日出港

ソマリア沖・アデン湾で行われている海自の海賊対処任務の交代のため、7月28日、水上部隊34次隊の護衛艦「さざなみ」（指揮官・艦長の石川将司2佐以下約180人）が呉を出港する。「さざなみ」には海上保安官8人も乗り組み、8月下旬に現地で33次隊の護衛艦「あさぎり」（同・波江野裕一2佐）から任務を引き継ぐ予定。

米太平洋陸軍司令官

湯浅陸幕長と懇談

原田副大臣も表敬

米太平洋陸軍（ハワイ州）司令官のロバート・ブラウン大将が来日し、7月16日、陸幕で湯浅陸幕長と懇談した。

湯浅陸幕長は今後の日米陸上部隊の関係について「我々の戦い方で、私が着目しているのはグレーゾーン事態への対処だ。そのような時においては、（陸自と米陸軍との）連携が不可欠。演習においても、さまざまな意思疎通を図りたい」と述べた。

これに対し、ブラウン司令官は「クロス・ドメイン」を重視し、陸自と米陸軍が一丸となって取り組みたい」と応じた。

同日、ブラウン司令官は原田副大臣も表敬。日米が築いてきた関係に大きく貢献したと、日本政府から原田副大臣に伝達された。

来日した米太平洋陸軍司令官のロバート・ブラウン大将（左）と握手を交わす湯浅陸幕長＝7月16日、陸幕応接室で

15旅団が36機関と災害時対応で意見交換

政府、自治体、輸送会社

緊急時の輸送協力確認

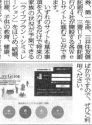

【15旅団＝那覇】陸自15旅団（旅団長・中村裕亮将補）は6月7日、政府、自治体、輸送関係の36機関に参加してもらい、那覇市の旅団会館で意見交換会を開いた。

同会には統・陸・海・空の各自衛隊をはじめ、国土交通省（大臣官房、港湾局）、内閣府総合事務局、第11管区海上保安本部、沖縄県と全日本・九州・沖縄県の各トラック協会、沖縄県倉庫協会、輸送会社など15社から計約70人が出席。「沖縄県内で災害など緊急事態が発生した場合、自衛隊の救助部隊をいかに効率的かつ円滑に輸送するか」をテーマに意見交換を行った。

このほか、参加した36機関は県内での緊急時、輸送・関係機関が相互に連携し、15旅団の部隊輸送に協力することを確認した。

参加した沖縄県防災危機管理課の担当者は、「非常に有意義な意見交換ができた。本日の成果については、県の各種計画などにも反映させていきたい」と語った。

離島を含めた沖縄県の災害などに対処する15旅団では「今後も輸送関係機関との意見交換会などを開き、緊急事態における部隊輸送のさらなる向上を図りたい」と話している。

沖縄県での災害発生時、15旅団部隊の輸送協力について話し合う36機関・企業の参加者たち（6月7日、沖縄県那覇市で）

2輪空C1がフィリピンに国外運航訓練

空自2輪空（入間）のC1輸送機1機が7月22日から同25日まで、フィリピンへ国外運航訓練を実施した。参加人員は同隊副司令の山田眞也1佐以下約20人。

C1は22日に比マバラカットのクラーク国際空港、23日にセブ島のベニト・エブエン空軍基地に着陸。同基地で比空軍と部隊間交流を行い、クラーク空港経由で25日に入間に帰投した。

共済組合だより

共済組合HPから4社のWebサイトに連接

ライフプラン支援サイト

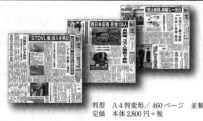

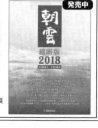

皆さまは共済組合のホームページ（HP）からアクセスできる「ライフプラン支援サイト」をご存じですか？

共済組合HPから野村證券、第一生命、三井住友信託銀行、三菱UFJ信託銀行の4社が開設する各Webサイトに進むことができます。

いずれのサイトも基本事項を入力するだけで将来の家族の状況や生活設計について予測できる「ライフプラン・シミュレーション」をはじめ、結婚、出産、子供の教育、健康、老後など、人生のさまざまなシーンやそれに伴うお金にまつわる各種情報を得られます。

このほか、各サイトでは多彩なメニューをご用意。いずれもすぐに役立つ情報ばかりですので、ぜひご利用ください。

「ライフプラン支援サイト」閲覧は、共済組合HPのトップページ→生活さぽーと→ライフプラン支援サイトへと進み、各社Webサイトに進んでください。

なお、共済組合HPへのログイン用ユーザー名及びパスワードは「GOOD LIFE（共済のしおり）」や「さぽーと21」をご覧いただくか、ご所属の支部にお問い合わせください。

◇

共済組合の各支部では、防衛省が開催する「生涯生活設計セミナー」に合わせて、ファイナンシャル・プランナーによる「個別相談会」も実施しています。こちらもぜひご利用ください。開催予定等、詳しくはご所属の支部にお問い合わせください。

12旅団が北海道へ協同転地演習

陸自12旅団（相馬原）は7月19日、北部方面区への協同転地演習を開始した。8月2日まで。

高田克樹東方総監を担任官に、30普連（新発田）などの隊員約450人、車両約150両、CH47輸送ヘリなどが参加し、陸・海・空の経路で北海道の矢臼別演習場に機動、火砲の実射訓練のほか、総合訓練を行う。

露軍艦艇2隻が宗谷海峡を西進

7月15日午後1時ごろ、ロシア海軍の「ナヌチカⅢ」級ミサイル護衛哨戒艇（艦番号423）と「ソルム」級航洋曳船（同MB61）の2隻が北海道・宗谷岬の東北東約250キロの公海上を西方に向け航行するのを海自2空群（八戸）のP3C哨戒機と1ミサイル艇隊（余市）のミサイル艇「くまたか」が確認した。

この後、2隻は宗谷海峡を西進し、日本海に入った。

防衛省発令

▽空自補給本部整備課長（空自補給本部）　2空佐　秋山　明彦
（7月15日）

▽統幕学校企画室長（呉弾薬整備補給所長）　1海佐　大平　義隆
▽海幕指揮通信課（海自幹部学校付）　同　半﨑　誠
▽佐世保地方総監部防衛部長（佐世保地方総監部防衛部）　同　佐藤　哲朗
▽呉弾薬整備補給所長（防衛監察本部統括監察官付4監察班長）　同　門中　利昭
▽海自幹部学校（佐世保地方総監部防衛部長）　同　吉川　尚徳
▽空幕防衛課（空自幹部学校付）　1空佐　唯野　昌孝
▽防衛監察本部統括監察官付4監察班長（防衛監察本部統括監察官付）　1海佐　宮村　剛志
（以上7月16日）

▽情報本部情報官（大臣官房米軍再編調整官）　三原　祐和
（7月16日）

「鉄のクジラ」に初乗艦

最新鋭潜水艦「しょうりゅう」艦内ルポ

海自第1潜水隊群第1潜水隊（呉）に今年3月に就役した最新鋭潜水艦「しょうりゅう」（2950トン、艦長・阿部純一2佐以下乗員約65人）が6月30日、広島県の呉基地で報道陣に公開された。近年、日本周辺で外国艦艇の活動が活発化していることに伴い、海自はこれまでの16隻から「22隻体制」に潜水艦の増強を進めている。また、女性隊員の潜水艦への配置制限も解除し、今後、「女性潜水艦乗り」も誕生する予定だ。さまざまな改革が進行中の潜水艦部隊の現状を「しょうりゅう」艦内で取材した。（文・写真　石川穂乃香、艦内写真は海自提供）

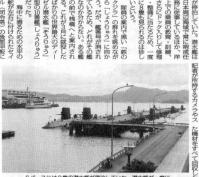

Sバースには8隻の潜水艦が停泊していた。潜水艦が一度に8隻も姿を見せるのは珍しいという（6月30日、呉基地で）

今年3月に就役した海自の最新鋭潜水艦「しょうりゅう」。〝音のステルス化〟を図るため、船体表面には「防音材」と音波を反射させない「吸音材」がコーティングされている。触ると少しざらざらしていた（6月30日、呉基地で）

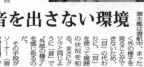

呉基地には8隻の潜水艦が停泊していた。潜水艦は日本周辺海域で常に哨戒任務に従事しているほか、洋上での乗員の教育・訓練、さらにドック入りして修理・整備に当たるため、一度に8隻も見られるのは珍しいという。

隊員の案内で黒い「鉄のクジラ」の群れを眺めながら「しょうりゅう」に向かう。ただ、艦番号が消されているため、どれがその艦なのか分からない。ある艦の前で桟橋へと案内された。これが3月に就役したばかりの世界最大のディーゼル潜水艦「そうりゅう」型の10番艦「しょうりゅう」だった。

海中に潜るための水平の舵が左右に付けられたセイル（司令塔）の後部甲板に進むと、乗員が待っていて、記者が所持するカメラやスマホなど、撮影機能の付いた機材をすべて回収した。

スターリング・エンジンとは

これは〝機密の塊〟である潜水艦の内部を撮影させないためだ。これほどまでに秘密がいっぱいの潜水艦とはどんなフネなのか。好奇心が膨らむ。

潜水艦に乗るには円形のハッチから垂直のはしごを降りなければならない。はしごは下のフロアまで高さが4メートルほどあり、落ちたら大けがをする。このため1人が下のフロアまで到着してから次の人が続いた。

降りる途中、船体を水圧から守る外殻と内殻のつなぎ部分にははしごに段差があり、注意が必要だ。フロアに降りて内部を見るとトンネルのような空間が広がっていた。

最初に士官室に案内された。

副長の金田幸一3佐が笑顔で迎えてくれた。8人掛けほどのテーブル席に座ると、副長自ら艦の特徴を説明してくれる。

それによると、「そうりゅう」型の最大の特徴はAIP（非大気依存型推進機関）と呼ばれる外気がなくても運転できるスターリング機関を搭載していること。

そして後舵は「X型」となっていて、以前の「十字型」に比べ機動性も向上している。また、潜望鏡は「非貫通式」となり、船体強度も高められているという。

「AIP（Air Independent Propulsion）」によって、電池を充電する際に露頂してシュノーケルを海上に出す必要がなくなり、艦の安全性が大きく高まった。露頂してシュノーケルを出した時が潜水艦にとって一番危険な状態だからだ。

金田副長も「これにより従来の潜水艦に比べ、水中持続力と被探知防止能力が大幅に向上しました」と誇らしそうに語ってくれた。潜水艦を探知しようと空を飛び回る対潜哨戒機を気にしないで行動できるのは、潜水艦乗りにとって大きな安心材料のようだ。

潜水艦の頭脳「発令所」

「しょうりゅう」の艦内は6区画に分かれていた。副長の案内で艦内を回る。

発令所

潜水艦の頭脳といえる「発令所」は、水上艦で言えば艦橋と戦闘指揮所（CIC）を合わせたような区画だ。潜水艦のシンボルである「潜望鏡」もあった。

その周囲には艦を動かす操縦席をはじめ、周辺の船舶の存在を「音」で探知するソーナー員の席など、艦の運用にかかわる乗員の座席や多数のモニター、スイッチがあり、その機器の多さに目を奪われた。

ここにある非貫通式の潜望鏡は、以前のもののようにセイルから船体中央部までパイプが貫通しておらず、伸縮式マストの先端にデジカメを取り付けたようなタイプに改められた。このため船殻にパイプ用の穴もなくなり、船体強度が増したという。さらにデジカメ式のため、映像を発令所の大型モニターに同時に映し、情報をその場にいる乗員で共有できるようになった。デジタル映像は保存もできるため、後で問題があれば撮影した艦艇の画像を解析できるという。

「そうりゅう」型の発令所。周囲の壁はスイッチやモニターなど機器で埋め尽くされている

食事が一番の楽しみ

食堂

密閉された空間で長期の任務を強いられる潜水艦乗りの楽しみは、やはり食事だと言う。金田副長は「これしか（楽しみ）ないですね」と笑顔で語る。

3人いる給養員は、海自のさまざまな艦艇に勤務する給養員の中でも特に腕が良く、乗員に毎日おいしい食事を提供してくれているという。聞けば、潜水艦は（水上艦などに比べ）食事の予算が少し高めに設定されているのだとか。

科員食堂の椅子の下にはうわさ通り、ジャガイモやニンジンが保管されていた。また、アルコールは「NG」のためか、乗員の嗜好品と思われる大量の「ドクターペッパー」が貯蔵されていた。

「そうりゅう」型の居住区。狭い3段ベッドだが、乗員にとってはくつろぎの場だ

音を出さない環境

ソーナー

潜水艦は潜航中、まったく外の様子を見ることができないため、「目」の代わりに、「耳」を使って周囲の状況を知る。まさにクジラと同じように「音」で〝外部の様子〟を感じ取るのだ。

その手段がソーナー（音波探知機）である。潜水艦は船体（艦首や胴体）に着けられたソーナーや、艦尾から後方に長く伸ばす「曳航式ソーナー」を使って洋上を航行する民間船舶や軍艦、そして近くに潜む外国潜水艦を探知する。船はみなエンジンやスクリューにより雑音を発するため、これをソーナーで探知するのだ。その音は船により、どれも異なっている。

そして有事の際、その音が「敵艦」であると確認されれば、搭載する長射程の魚雷や水中発射型の対艦ミサイルで攻撃を行う。

海自の潜水艦が〝最強〟といわれる理由も、この隠密性と強力な武器を持つからだ。

他方、自分の側も雑音を出せば、近くにいる敵艦や上空の対潜哨戒機に探知される。このため、乗員たちは音を出さないよう、常に無音行動に努めている。

「生活雑音も極力出さないように気を付けています」と金田副長。足音も消すため、通路にはクッション材の役割を果たすカーペットが敷かれ、乗員もゴム底の運動靴を履いている。また食事中、床に落として音を立てないよう、食器はプラスチック製を使っている。

このため、乗員は水上艦で行うような運動もできない。どうしているのか尋ねると、「音を出さないよう腕立て伏せや腹筋をやっています。もしくは何もしないかですね」とのことだった。

「そうりゅう」型の艦長室。海自の潜水艦では艦長のみ「1人部屋」が用意されている

帰港するまで艦内にカンヅメ

潜水艦の行動は最高機密だ。出港したら、乗員は家族にも連絡もとれない。また、航海の途中に他の港に寄港することもないので、上陸してリフレッシュすることもできない。まさに出港したら、帰港するまで艦内にカンヅメとなる。

そんな潜水艦乗りの生活について、金田副長は「潜水艦は水上艦と比較して、乗員同士の距離が近いです。このため非常に仲が良く、アットホームなところが良いところです」と教えてくれた。

潜水艦は約70人と少なく、アットホームな雰囲気のため、居心地が良いという。

そして乗員はいずれも優秀だ。潜水艦乗りは海上自衛官でも数パーセントという、限られた人しかなれない「海自のエリート」なのだ。そして厳しい環境で任務をこなすため「適性」も求められるという。

そこで「潜水艦乗りに向いている人は？」と質問すると、「腹を立てない人」と金田副長。「加えてイライラしてもリセットできる精神力の強さも必要です」とサラッと話し、笑顔を見せた。

そんな乗員たちのリラックス法は映画や音楽のDVD鑑賞だ。仕事を終えた後、愛蔵版の映画や、撮り溜めておいたテレビドラマなどをゆっくり観るひと時が至福の時間だという。ただし、音は出せないのでイヤホンで聴かねばならないが。

また、個人ロッカーに入る分なら、自分の好きな菓子などを持ち込むことが可能。潜水艦ではプライベートも大切にされているのだ。

女性乗員誕生に期待

さて、海自は昨年末、女性自衛官も潜水艦に乗れるよう、従来の配置制限を解除した。今年度予算で「おやしお」型潜水艦に女性用区画を整備するための改修費も計上している。さらに潜水艦教育訓練隊（呉）の施設も改修し、女性隊員が教育訓練を受けられるよう準備を進めている。この事業が進めば、数年後には「初の女性潜水艦乗り」が誕生しそうだ。

日本の海を守る〝最強兵器〟にいよいよ「選ばれし女性たち」も乗り組むことになる。その女性第1期生が誕生したら、ぜひ取材したい。

国内メーカー各社の取り組み

進む航空機製造技術

海外のエアショーに日本製の自衛隊機も出展されるようになり、日本の航空機製造技術への関心も高まっている。各メーカーではより優れた官・民向け航空機を開発するため、試験設備の整備をはじめ、新たな素材やシステムの研究に力を入れている。

スバル

防衛装備庁から受注
小型赤外線センサーなど試作

スバル航空宇宙カンパニー（栃木県宇都宮市）はこのほど、防衛装備庁から受注した「航空機搭載型小型赤外線センサーシステム・インテグレーションの研究」試作の試作機等を同庁に納入した。

スバルは2016年3月に装備庁と契約し、飛行試験に搭載する警戒監視用の小型赤外線センサー、高度な飛行制御システム、管制向けの地上システムなどを開発。

この試験に当たるKM2D－Iを改修した飛行試験機は昨年10月に初飛行し、その後、試験飛行を重ねて機能・性能、安全性などを確認、装備庁による審査を経て、3月28日に納入した。

防衛装備庁に納入された飛行試験機。操縦席の後方に赤外線センサー、胴体下にデータリンク用アンテナが設置されている（スバルHPから）

現在は装備庁が同機を使い各種試験に着手している。

今回の契約では、スバルが飛行試験機1機、赤外線センサー1式、地上システム1式などを試作した。

川崎重工

最大風速は秒速100メートル
研究開発用に「新低速風洞」

川崎重工はこのほど、岐阜工場に航空機研究開発用の「新低速風洞」を完成させた。

風洞は、人工的に作り出した気流の中に航空機の模型を入れ、空力特性などを計測する施設。今回竣工した「新低速風洞」は全長90メートル、幅50メートルの規模で、内部にある測定部は幅3メートル×高さ3メートルの大きさ。従来の風洞（2・5メートル四方）に比べ、より大きな縮尺模型を使用できるようになった。

最大風速も秒速100メートル（従来施設は同65メートル）となり、実際の航空機の離着陸速度に近い風速で試験を行える。

同施設は、航空機の騒音低減の研究にも活用できる。新風洞では送風機など、風洞自体から発生する音を低減したことで、模型から発生する風切音なども計測可能となった。今後はヘリコプターのローターなどから発生する空力騒音の低減のための研究にも使用していく予定だ。

川崎重工の岐阜工場に完成した航空機研究開発用の新低速風洞の内部。測定部は縦横3メートルあり、航空機の大型縮尺模型も使用できる（川崎重工HPから）

東レ

真空圧成形技術を駆使
機体の中間素材「プリプレグ」

東レは、航空機の機体の中間素材として、高温高圧釜（オートクレーブ）を使わずに高品位かつ力学特性に優れた炭素繊維強化プラスチック（CFRP）の成形が可能な「プリプレグ（強化プラスチック成形材料）」を開発した。

民間航空機の主翼や胴体に使われるCFRP製1次構造部材は、炭素繊維にエポキシ樹脂を含浸させたプリプレグを多数枚金型上に積層し、オートクレーブの中に入れ、高い圧力を加えながら加熱し、樹脂を硬化させる。

この「オートクレーブ法」は高性能・高品位のCFRP部材を成形できるが、初期設備投資額が数十億円かかり、部材の製造コスト増の一因となっていた。

東レは、オートクレーブ法に代わる成形技術として、真空吸引による大気圧を利用した加圧のみでCFRPを製造する「真空圧成形技術」と、この成形技術に適したプリプレグを開発。このプリプレグは、オートクレーブ成形した部材と同等の衝撃後圧縮強度、引張強度などの性能がある。

東レでは航空機尾翼の一部を模した2メートル級部材の成形試験を行ったところ、従来のプリプレグに比べて発生するボイド（気泡）が極めて少なく、航空機部材の厳しい品質管理基準をクリアするレベルであることが確認された。

オートクレーブを使わない「真空圧成形技術」で製造された模擬航空機用部材（東レHPから）

防衛技術

技術が光る ＞84＜

水面に浮く避難用施設「ハウエルシェルター」　ダイプラ

完全防水で1ユニット20人収容
離島防衛の緊急避難壕に活用も

"日本最東端の島"として知られる小笠原諸島の南鳥島。海自の南鳥島航空派遣隊員や気象庁の職員らが常駐しているが、一辺約2キロの小さな三角形の島の標高は、最高でわずか9メートルしかない。ここにもし、10メートル以上の津波が押し寄せたら――。

こうした危険な離島や、逃げ場のない沿岸部に勤務する隊員たちの悩みを解決してくれるのが、いざという時、水面に浮く緊急避難用施設「ハウエルシェルター」だ。現代の"ノアの箱舟"とも言えるこのシェルターを開発したのが、プラスチックスの総合加工メーカー、ダイプラ社（本社・大阪市）だ。

同シェルターは土木用に用いる大口径のポリエチレンのパイプを応用して製作されている。一つのユニットは長さ5・3メートル、直径3・37メートルの円筒型となっており、密閉性が高く、水に浮く。上部にハッチがあり、潜水艦に乗り込むように出入りし、最大で20人を収容できる。

「3メートルの直径があるパイプを大口径と言いますが、ポリエチレン製でこの直径のシェルターを国内で製造できるのは当社しかありません。全長も溶接などの接合で自由に伸ばせるので、さらに多くの人員の収容も可能です」と同社開発本部の日野林譲二本部長は話す。

ハウエルシェルターは、国土交通省海事局が定める「津波救命艇ガイドライン」の強度基準もクリアしており、実用試験で耐衝撃強度なども証明されている。

このシェルターは、ポリエチレンの軽量かつ強度のある性質に注目した同社の営業マンが、「浮力型のシェルターが作れないか」と提案し、開発が進められたという。漂流中に岩など固いものに激突しても変形した後、元に戻るため安全性も高い。また、動揺を抑えるため本体の前後・左右4カ所にスタビライザー（フロート）が付けられ、大波を受けて180度回転しても、元の状態に自動で復原する。

シェルターの上部には採光を兼ねたガラスの窓があり、近づく救助船の動向など、外の様子も確認できる。また、内部壁面のEVA（熱可塑性合成樹脂）製緩衝材により、大波で揺れ人や物が傷つくのを防げる。

このシェルターは災害が起きなければ使う機会はないため、通常は屋外に置かれたままとなる。そこで紫外線に対する耐性が高められており、50年間、ただ屋外に放置しておいてもほとんど劣化しないという。

しかし、シェルターとしての機能はしっかりと保持され、人を収容したまま流されても、内部の空気を換気する「ベンチレータ」により、水の浸入を防ぎながら内部の空気の入れ替えができる。この空気孔に汚染されたチリやガスなどの有毒物をろ過するフィルターを取り付ければ、CBRN（化学・生物・放射能・核）対策用のシェルターとしても活用できる。

「ポリエチレンは強度に加え、加工性が良いので、シェルター内の収容人員や保管物資の量などに応じてレイアウトできます。お客様のニーズに合わせて自由に設計、製造ができる点も我が社の強みです」と日野林本部長。

同社のハウエルシェルターには、この「浮力型」のほかに、地下に設置する「埋設型」もあり、こちらは自衛隊向けの"掩体壕"としても使用が可能だ。

ダイプラの「ハウエルシェルター」は完全防水タイプのため、自衛隊の離島防衛で、警備隊の緊急時の避難壕などとしても活用できそうだ。

ダイプラが開発した緊急避難用施設「ハウエルシェルター」。いざという時、水面に浮き、水害から身を守ることができる（ダイプラ社提供）

世界の新兵器 ―――526

第2世代のAPS　イスラエル
重量200キロで軽装甲車にも搭載可能

対戦車火器から戦闘車両を護る「アクティブ防護システム（APS＝Active Protection System）」開発の先進国イスラエルは、2009年より1000セット以上のラファエル社の「トロフィーAPS」をメルカバ3型・4型戦車、ナメル装軌型兵員輸送車（APC）に搭載してきた。

2017年、開発を断念した米陸軍もM1A2エイブラムス戦車への「トロフィー」搭載を決めたが、問題は重量だ。軽量の戦闘車両にも搭載したいが、システムだけで820キロもあり、戦闘重量になると2200キロとなる。ラファエル社も中型や軽量型のバージョンを試作してきたが、イスラエル軍にも採用されない。

そこへ躍り出たのがイスラエル・ミリタリー・インダストリー社（IMI）の「アイアンフィスト」だ。老朽化した米国供与のM113装軌APCに換え、18年からイスラエル軍が配備を開始したエイタン装輪APCに搭載されるという。システム重量は200キロそこそこ。どうしてこれほど軽いのか。脅威を探知・追尾するレーダーと電子光学センサーは同じだが、「トロフィー」ではhit–to–killで敵弾を破壊するから精密な目標情報が必要だ。「アイアンフィスト」では、インタセプターを信管で爆発させて敵弾を破壊するが、破壊できなくても爆風で逸らせるから、さほど精密でなくても良いので軽くて済むという。一兵たりとも失いたくないイスラエル軍は、これをトラックやドーザーにも搭載する計画である。

これをM2ブラッドレー歩兵戦闘車に搭載した評価試験に満足した米陸軍は、さらに試験を続けて同システムの最適搭載モードを探求する。英国も評価試験のための調達を始めた。オランダはCV90歩兵戦闘車への搭載を16年から始め、NATO最初の採用国となった。

進展しないのは米陸軍のストライカー戦闘車両へのAPS搭載実験である。昨年夏「アイアンカーテン」の開発を断念した米陸軍は、引き続き「トロフィー」とラインメタル社の「ADS（Active Defense System）」との比較評価試験を半年実施したが、どちらも採用されなかった。トランスフォーメーションの掛け声のもと、「空輸を念頭に軽くせよ」の趣旨で重量16トンにまとめられた軽装甲車ストライカーへの搭載が、車体形状も含めて難しかったと想像される。APSはかなりの電力を消費するのだ。

飛来する敵弾を破壊または爆風でそらす「アイアンフィスト」の発射装置。重量は200キロ強で軽装甲車にも搭載できる（IMI社ホームページから）

戦車等の重車両だけでなく軽車両も、いや軽車両こそAPSで防護したいと各国が努力する現状について意見交換したイスラエルの女性外交官が「我が国のAPSは第2世代に入りました」と微笑んだのは3年前のことである。後で知ったが、彼女は予備役大佐、しかも戦車乗りであった。

徳田　八郎衛（防衛技術協会・客員研究員）

技術屋のひとりごと

艦船設計

貴田　昭臣（防衛装備庁・長官官房艦船設計官付第2設計室長）

防衛装備庁長官官房艦船設計官は、護衛艦などの設計を行う組織です。艦船建造の特徴は、戦車や航空機などの装備品が、試作→試験→装備化→量産というプロセスを経るのに対して、試作、試験等のプロセスを経ずして艦船を建造する点にあります。

艦船設計官では、海上自衛隊の多様なニーズに応えるべく、武器などの装備品の配置や必要なスペース等に係わる検討を繰り返し、設計作業を進めています。同作業は、将来の艦船を具現化するための初期の設計と、実際に建造する艦船の基となる基本設計に分けられます。初期の設計は要求内容から「船の絵姿」を創り出す作業であり、予算要求の基礎であると同時に、基本設計図書を作成する作業であるため、その絵姿が要求元のイメージと大きく異なる場合は、要求内容の再検討・再調整を行うことで、要求元のニーズに即した絵姿に仕上げていきます。

艦船設計官では、これらの設計を船体性能、船体構造、船体ぎ装、機関ぎ装、電気ぎ装、武器ぎ装を担当する九つの設計室等で分掌して行っており、第2設計室は、船舶に対する船体構造の設計を行っています。艦船の構造設計は、船としてのみならず戦闘艦としての構造設計が加わったもので、厳しい気象・海象条件下において航行する船舶としての安全性、抗たん性を確保しつつ、戦闘艦として必要な機能をより軽く、より丈夫な船体構造として実現すべく、これまでの経験と実績に基づき最適な構造様式や材料を選択した設計を行っています。

今後も、これまでの経験と実績に新技術を織り込みながら、軽量で高強度の船体構造を実現すべく取り組んでいきたいと考えています。

ナポレオン戦争を忠実に再現

クラウゼヴィッツ「戦争論」をマンガ化

米倉元1陸佐

執筆2年、自衛官時代から構想

「いつかマンガに」退官後、夢実現

「自衛隊で培った経験を生かし、いつか『戦争論』をマンガ化するぞ」――。陸自に約32年間在籍し、化学防護隊長などを務めて平成26年に退官した米倉宏晃元1陸佐（60）の夢がこのたび実現した。退官後、プロのマンガ家「石原ヒロアキ」としてデビューし、これまで『日米中激突！南沙戦争』（並木書房刊）などを発表してきた米倉元1佐。このほど、念願のカール・フォン・クラウゼヴィッツの名著『戦争論』をベースとした『漫画クラウゼヴィッツと戦争論』（同社刊）を上梓した。2年間に及んだという執筆の苦労を聞いた。（菱川浩嗣）

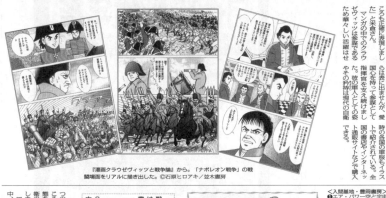

マンガ化した『戦争論』を手にする米倉宏晃元1陸佐（7月17日、東京都豊島区の並木書房で）

軍人の必読書とされるクラウゼヴィッツの『戦争論』は彼の祖国プロイセンと仏の英雄・ナポレオンが戦った経験などをもとに、戦争の本質をまとめたもので、今なお世界中で読み継がれている。ただし執筆から約190年が経ち、現代の若い学生や幹部候補生が読むには非常に難解だ。そこで米倉さんは「この名著をいつかマンガにしたい」と自衛隊勤務時代から構想を温めてきた。

プロのマンガ家として無事にデビューを果たし、その機は実った。2017年から並木書房の編集者とマンガによる『戦争論』の書籍化に向けて動き出した。当時の戦場を忠実に再現し、史実に基づいたストーリー構成とするため、文献を徹底的に調べ、さらに監修者の清水多吉立正大教授に指導をあおぎ、自衛官時代に培った軍事の知識を生かして劇画に肉付けをした。

「描かれている戦場の場面は私と清水教授で地名や人名など細かいところまでチェックしていますので、当時の様子は正確に再現されています」と米倉さん。

『戦争論』のマンガは、これまで他社からも出版されているが、難解な内容のため読みにくかったという。そこで米倉さんは、クラウゼヴィッツを主人公とすることで、読みやすい戦記物とした。

「戦記マンガであれば若者も興味を持ってくれると思いました。日本人にはなじみのない地名や将軍がたくさん出てくるので、分かりやすく表現できるよう努めました」と話す。

元陸自の〝大佐〟だけに戦闘シーンにもこだわった。「ナポレオン戦争の当時は兵士の接近戦が多かったので、騎馬隊が密集した様子など史実をもとに描きました。大砲の弾も爆発せずにまっすぐ飛ぶところや、小銃は距離が30メートルまで近づかないと当たらないため、接近して撃ち合うところも正確に表現しました」と米倉さん。

マンガの中でのクラウゼヴィッツは参謀であるため華々しい活躍はせず、あくまで幕僚として指揮官を支えてナポレオンに勝利するまでが描かれる。これも米倉さんの史実へのこだわりという。

「クラウゼヴィッツ自らは表に出ませんが、愛国心を持って参謀として指揮官を支え続けました。彼の軍人としての姿やその矜持は現代の自衛官にも通じます」と米倉さんは語った。

『漫画クラウゼヴィッツと戦争論』（並木書房刊、1728円）は全219ページで巻頭にはカラーでナポレオン戦争当時の各国の軍服もイラストで紹介されている。全国の書店やインターネット通販サイトなどで購入できる。

『漫画クラウゼヴィッツと戦争論』から。「ナポレオン戦争」の戦闘場面をリアルに描き出した。©石原ヒロアキ／並木書房

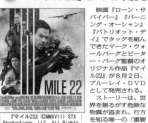

ひろば

葉月、月見月、観月、中秋――8月。

6日広島平和記念日、9日長崎原爆の日、11日山の日、15日終戦記念日、21日献血の日。

根崎神社例大祭　日本で唯一、太平洋と日本海の両方に面する北海道八雲町・根崎神社の例祭。「天狗さん」と呼ばれる猿田彦を先頭に、熊石地域各地区自慢の山車（だし）が2日間かけて地域内を練り歩く。14、15日

盛岡舟っこ流し　約300年の歴史を持つ盛岡の夏を締めくくる伝統行事。市指定無形民俗文化財。提灯やお供え物などで美しく飾った川舟を北上川に浮かべ灯を入れて供養し、無病息災を祈る。16日

マイヘルス Q&A

足白癬（あしはくせん）・爪白癬（つめはくせん）

実は多い痒くない水虫　うつす前に早めの治療を

Q　両足の足の裏に、皮がむけているところが多くみられます。フィットネスクラブに通うようになってからです。痒みはありません。同居の家族に同じ症状はありません。水虫でしょうか？

A　実臨床では、むしろ痒くない水虫（足白癬）の方が多いのです。診断には、むけている皮を採取し、顕微鏡で見る検査が必要です。

水虫を放置すると、家庭内に自身で白癬菌を散布し続けることになり、家庭内感染の原因となります。皮膚科を一度受診し、きちんと診断を受けましょう。

また、フィットネスクラブに通い始めてから症状が生じたとのことですが、自分の足白癬に気付いていない他の客が利用したスリッパ・すのこ・足拭きマットなどに白癬菌が付着していたのでしょう。

たとえこのような感染機会があっても、帰宅後に入浴し、皮膚を清潔にすることができれば、感染を予防することができます。

Q　水虫の薬を塗るといったんは良くなるのですが、しばらくするとぶり返します。

A　外用を中止した時にまだ白癬菌が皮膚に残っていることが考えられます。見た目で異常がないような場所も含めて、足指の間全体と足の裏全体に薄く広く外用してください。

外用期間ですが、日本皮膚科学会では最低1カ月、指の間と足裏全体に毎日塗り続けることを推奨しています。

Q　実は足の水虫のほか、爪にも水虫があり、飲み薬が必要と言われました。

A　爪白癬（爪の水虫）は、足白癬の治療を長年怠っていると、爪の下の皮膚（角質）に白癬菌が侵入・増殖して発症します。痒みはありません。

初期は爪の色が変色するのみですが、次第に爪の下の角質が増殖して盛り上がり、痛くなったり歩きにくくなったりします。原則として抗真菌剤の内服治療を必要とします。

処方に当たっては、他の薬剤との飲み合わせに注意が必要です。また、血液検査で肝機能障害や貧血などの副作用が生じていないかを確認しつつ、慎重に治療していきます。

自衛隊中央病院　皮膚科専門医　三浦　義則

『マイル22』DVD発売

朝雲新聞から読者3名様にプレゼント

『マイル22』©MMXVIII STX Productions, LLC. All Rights Reserved.

映画『ローン・サバイバー』『バーニング・オーシャン』『パトリオット・デイ』でタッグを組んできたマーク・ウォールバーグとピーター・バーグ監督のオリジナル作品『マイル22』が8月2日、ブルーレイ・DVDとして発売される。

ストーリーは、世界を揺るがす危険な物質が盗まれ、行方を知る唯一の「重要参考人」を亡命させるため、アメリカ最高機密「オーバーウォッチ」作戦が発動される。周りを敵に囲まれる極限状態のなか、アメリカ大使館から移送機の待機場所までの22マイルを、最強の特殊部隊が護送のミッションを遂行していくというアクション映画だ。

同作品には本編（95分）のほか、メイキングや貴重なインタビューなど特典映像も収録されている。発売・販売元はポニーキャニオン。

◇ 読者プレゼント ◇

本紙では、この『マイル22』のDVDを3名様にプレゼント。希望者は〒160―0002東京都新宿区四谷坂町12―20KKビル　朝雲新聞社営業部まではがきで応募を。8月30日締切（当日消印有効）。

BOOK NOW　私が読んだ　この一冊

渡部悦和著「米中戦争そのとき日本は」（講談社現代新書）
8情報隊（北熊本）　中岡大輔1陸尉　32

「米国と中国という二つの大国による戦争が起こる！」という最悪の事態を想定し、我が国の防衛の在り方について考察します。

揺れ動く国際情勢の中、自衛官にとって我が国を取り巻く安全保障環境について知り、国防について考察することは重要です。本書にはその参考となる点がふんだんに記述され、国防について真剣に考える上でとても読みやすく、おすすめできる一冊です。

桃井治郎著「海賊の世界史―古代ギリシアから大航海時代、現代ソマリアまで」（中公新書）
海幕防衛部（市ヶ谷）　廣江浩一朗3海佐　36

本書には「キャプテン・キッド」「黒ひげ」「ロジャー」など、馴染みのある海賊が多く登場し、海賊が「英雄」から「人類の敵」へと評価が変わった歴史が分かります。

現代において、海上自衛隊は艦艇や航空機を海賊対処のためアデン湾に派遣しており、決して海賊と無関係ではありません。本書を通じ「海賊」の本質について理解することも有意義であると考えます。

百田尚樹、有本香著「『日本国紀』の副読本　学校が教えない日本史」（産経新聞出版）
横田気象隊　押領司功1空尉　47

本書では、日本国紀について著者と編集者が対談し、これまで国内で発信されてこなかった内容をストレートに描くことで、初学者でも理解しやすいものになっています。

歴史教育の問題や国の社会体質への論評は共感でき、著者たちの歯に衣着せぬ対話は楽しめます。多角的に日本社会を見つめ直すことができる良書です。

隊員愛読書ベスト5

＜入間基地・豊岡書房＞
❶エア・パワー空と宇宙の戦略原論　石津朋之、山下愛仁編著　日本経済新聞出版社　￥3888
❷さらばオジロワシファントム第302飛行隊　文林堂　￥2700
❸武器になる情報分析力　上田篤盛著　並木書房　￥1728
❹航空自衛隊F―4ファントムⅡ写真集　モデルアート社　￥2916
❺元F―15パイロットが教える戦闘機「超」集中講義　船場太著　パンダ・パブリッシング　￥1728

＜神保町・三省堂書店＞
❶完訳7つの習慣―人格主義の回復　S・R・コヴィー著　キングベアー出版　￥2376
❷トランスファー　中江有里著　中央公論新社　￥1620
❸ブランディング転職術　和多田保著　standards　￥1620
❹三体　劉慈欣著　早川書房　￥2052
❺賢者のタイミング―空気は読まずに流れを読む　700ニキ著　KADOKAWA　￥1512

＜神田・書泉グランデミリタリー部門＞
❶世界の駄っ作機9　岡部ださく著　大日本絵画　￥2916
❷三菱海軍戦闘機設計の真実　杉田親美著　国書刊行会　￥3024
❸ドイツ国防軍冬季戦必携教本　ドイツ国防軍陸軍総司令部著　作品社　￥4968
❹世界の傑作機No.91九六式陸上攻撃機アンコール版　文林堂　￥1234
❺図解でわかる戦車のすべて　白石光著　学研プラス　￥842

＜トーハン調べ6月期＞
❶一切なりゆき　樹木希林著　文藝春秋　￥864
❷ノーサイド・ゲーム　池井戸潤著　ダイヤモンド社　￥1728
❸おしりたんてい―かいとうとねらわれたはなよめ　トロル作絵　ポプラ社　￥1058
❹樹木希林120の遺言　樹木希林著　宝島社　￥1296
❺実行力―結果を出す「仕組み」の作りかた　橋下徹著　PHP研究所　￥972

6年ぶり全国大会出場

東京1支部大会を制す

302保警中（儀仗隊）野球部

全国官公庁野球連盟東京第1支部大会の決勝戦が7月13日、東京都狛江市の狛江グラウンドで行われ、国賓来日などの際に特別儀仗を行う陸自302保安警務中隊（市ケ谷）の隊員でつくる「陸上自衛隊市ケ谷」チームが総務省に21対7で快勝。6年ぶりに全国大会への出場を決めた。

東京第1支部大会決勝の1回、本塁に生還し追加点を挙げる302保警中の我妻3曹（7月13日、狛江グラウンドで）

302保安警務中隊　東部方面警務隊（朝霞）直轄の部隊。国賓来日などの際に約100人で特別儀仗隊を編成し、特別儀仗を行う。昭和32年10月の第1回以来、これまでに2800回を超える儀仗を行っている。4月には新儀仗服が授与された。

「この日のために練習してきた力を出し切ろう！」。特別儀仗の訓練の合間を縫って練習を積んできた302保警中野球部14人（監督・宮崎晃成1曹以下）の部員たちが力を爆発させた。東京第1支部大会決勝で序盤から総務省を圧倒した。

開始直後の1回、打線が早くも火を噴いた。無死二塁で4番打者・[illegible]士長が左中間を抜く2点適時打を放ち先制。5番我妻[illegible]3曹も[illegible]、打者一巡に迫る猛攻で一気に4点を奪った。中盤以降に入っても勢いは衰えず、4回には1番[illegible]士長、9番[illegible]士長が左翼線に二塁打を放つなど9点を奪い、さらに5回にも6番[illegible]3曹が左越え二塁打を打つなど5点を加えた。

守備でも正確なプレーを見せた。4回、[illegible]捕手・松本[illegible]3曹が大きなリードを取っていた一塁走者をけん制し、相手の流れを絶った。先発投手を務めた木村[illegible]士長は好守に応え、7回まで投げ抜いた。チームは21―7で大勝した。

「百人一致」を目標に掲げる部の訓練で培ったチームワークを力とした宮崎監督は「[illegible]がうまくかみ合い、考えていた通りの結果が出せた。百パーセントの出来だった」と決勝を振り返るとともに、6年ぶり2度目の出場となる全国官公庁大会（8月18～22日、東京都、埼玉県の9会場）に向けて、「正々堂々と自衛官らしく戦いたい」と決意を語った。

全国官公庁野球連盟大会への出場を決めた宮﨑監督（前列中央）をはじめとする302保警中野球部の部員たち

東京地本世田谷募集案内所

折り込み広告大作戦

山本所長「志願者獲得につなげたい」

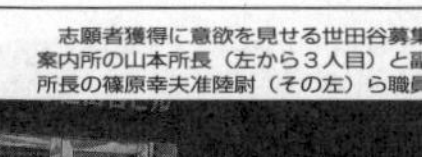

志願者獲得に意欲を見せる世田谷募集案内所の山本所長（左から3人目）と副所長の篠原幸夫准陸尉（その左）ら職員

爽やかな陸海空の3人の若者の笑顔が目を引くイラストに「防衛省・自衛隊～自衛隊のリアルを知ろう！採用説明会」と書かれた新聞の折り込み広告――。東京都世田谷区で7月13日付の産経新聞朝刊に折り込まれた自衛官募集のチラシで、この時期の「風物詩」として地元でちょっとした話題となっている。

配布したのは東京地本世田谷募集案内所（所長・山本英典3陸佐以下8人）。高校生の募集が7月1日に解禁されたことを受け、管内で約1万部を配った。

世田谷区防衛協会の会員で、産経新聞東京産経会系統代表（千歳烏山支店）の[illegible]さんの厚意で「一昨年に始まった」この「折り込み広告作戦」は、2代前の所長の高橋[illegible]3陸佐（現・[illegible]）、前任の[illegible]3陸佐の時代から毎年開催されており、今回で6回目。

今回配布された採用説明会の折り込み広告

世田谷区は人口約90万人。高級住宅街が広がる世田谷区は企業経営者の自宅が多い区でもあることから、折り込み広告はこうした影響力を持つ人々から自衛官募集を呼び掛けてもらう間接的な狙いもある。

今年3月に着任した山本所長はかつて自衛隊体育学校のレスリング選手としてアテネ五輪を目指したアスリートで、同校レスリング班コーチ、千葉地本募集課計画班長などを経て現職。小中高から専門学校、大学まで学校数の多さを誇る同区で、進路指導の先生や部活動の指導者などを通じた受験生への地道なアプローチで新規開拓を続けている。

山本所長は「学校などに頻繁に足を運ぶとともに、折り込み広告作戦も同時展開し、一人でも多くの志願者、入校・入隊者の獲得に結び付けていきたい」と意気込みを話している。

東京地本の次回の説明会は▽7月27日（土）＝東京しごとセンター▽8月3日（土）＝立川地方合同庁舎――で開催される。申し込みは同地本（電話03―3260―0543）へ。

あさぐもドンマイ　吉本どんど

防大合気道部

盛大に60周年祝う

植芝道主ら160人が出席

防衛大学校合気道部は6月22日、創部60周年記念行事を東京都新宿区のホテルグランドヒル市ヶ谷で開催した。

昭和52年から平成11年まで、師範として指導に当たった植芝守央合気道道主が「合気道の歩みと現況」と題して講話を行った。

続く祝賀会には植芝道主、植芝充央本部道場長、磯山博全日本合気道連盟顧問などの歴代師範、大谷宗司、鎌田伸一両防大名誉教授などの歴代部長、西正典防衛省合気道連合会会長や香月智防大副校長・防大校友会副会長などの来賓とOB・現役部員合わせて約160人が参加した。

60年の歴史を振り返る趣向を凝らした記念映像が上映され、また最後に中谷文彦OB会長から岩切宗利合気道部部長に記念品目録（道主揮毫の扁額）が贈呈された。

防大合気道部は昭和34年5月に創部。約750人のOBを輩出、47人の現役部員が活動している。11月16日には防大（横須賀市）で創部60周年記念演武会を予定している。

防大合気道部創部60周年記念行事で記念撮影に納まる来賓、OB・部員ら（6月22日、ホテルグランドヒル市ヶ谷で）

陸自中即連で初　生活体験を支援

財務省職員4人

中即連隊員の指導を受けながら基本教練に取り組む財務省給与共済課職員（宇都宮駐屯地で）

【中即連＝宇都宮】陸自中央即応連隊（連隊長・岩上隆安1佐）は宇都宮駐屯地で6月14～16日、財務省主計局給与共済課職員4人の生活体験を支援した。

生活体験支援は創隊以来初。1中隊（中隊長・府内博記3佐）を担任中隊とし、財務省の意向を確認し実施課目等を精選して行った。

参加者は着隊後、戦闘服を着用、基本教練を行った。2日目は早朝の非常呼集に続き、徒歩行進を実施。背のう（約10キロ）を背負い、訓練で使用する背のう（30キロ）も分担して運搬した。終了地点近くで急患が発生した場合の人命救助も体験。救急法、救命処置を学んだ。連隊の概要説明を受け、装備品も見学した。

参加者からは「肉体的、精神的に追い込まれた状態で仲間と協力し物事を達成する中央即応連隊の素晴らしさが分かった」などの声が聞かれた。

こちら警務隊

漁業法違反

禁止区域なら「密漁」

漁協が定めた場所で

潮干狩りをする際に、注意すべき点は何ですか？

潮干狩は漁業協同組合などが定めた場所で行うのが一般的ですが、それ以外の場所で行うと、漁業法違反に問われることがあります。

漁業法違反には複数の罰則が設けられていますが、その中でも多い違反が採取禁止区域での採取（密漁）で、罰則は20万円以下の罰金となっています。

また、指定場所においても採取してもよい貝類の大きさや、採取に使用できる器具などに関して規則があり、これらに違反すると取締りの対象となります。

楽しく遊ぶためにも、事前に管轄の漁業協同組合に確認しておくと安心です。（東部方面警務隊）

※来月は「性的犯罪」

小休止

▽…上富良野駐屯地は6月9日、北海道美瑛町で実施された「丘のまちびえいヘルシーマラソン」に協力した。

▽…美瑛町を担当隊区とする14施設群（群長・小板橋順次1佐）が大会協力を行っている。全国的にも知名度が高い同大会には、元五輪女子マラソン代表の増田明美さんも出場。道内外から約5600人がエントリーした。

▽…隊員たちは早朝から準備に当たり、大会中は選手の先導＝写真＝、通信、交通誘導などを整斉と行い、大会の成功に大きく貢献した。（上富良野）

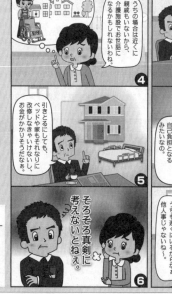

6月1日から9月30日は

防衛省ワークライフバランス推進強化月間です。

はじめよう！夕方を楽しく活かす働き方。

ゆう活

「ゆう活」とは？

勤務終了時刻が早まることで生まれる夕方の時間で、生活を豊かにしていくという考え方から名付けられました。明るい夕方のうちに仕事を終わらせ、夕方からは家族や友人との時間を楽しみましょう。

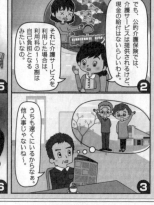

（世界の切手・アメリカ）

心臓手術はF1レースみたいなもの。スタッフが高いレベルでチームプレーできないと絶対に勝てない。

須磨 久善（外科医）

医学生理学クイズ日本大会

防医大チームが2連覇！

防医大6年　栗原 歩（防衛医科大学校医学科）

長谷和生防医大校長（手前）に大会優勝を報告した（左から）永井悠太、栗原歩、塩見仁隆、加地琢人の各学生

本年5月26日の日曜日、防衛医大41期（6年生）の私、加地琢人、塩見仁隆、永井悠太の学生4人は〝チーム某B医大〟として「医学生理学クイズ日本大会（PQJ）2019」に出場し、優勝することができました。

「PQJ（Physiology quiz in Japan）」について説明しますと、世界で行われている「Inter-medical school physiology quiz」の日本版として、医学生主体に運営し、日本で開催されている大会で、今年で4年目となる医学クイズ大会です。

内容としては、運営から問題出題、解答に至るまで、世界大会に準拠して全て英語で行われ、毎年の問題は早押しクイズ、フリップクイズが主でしたが、今年は山手線ゲームや説明問題も追加され、参加チームはバラエティーに富む問題に挑みました。

私たちが参加した理由ですが、昨年、40期の先輩方が「PQJ2018」に出場して優勝しており、その先輩方から「優勝トロフィーを返還しなければいけないので、ぜひ参加してほしい」と頼まれたことがきっかけでした。

私たちも「出るからには優勝したい」と思い、先輩方から話を受けた去年の12月から、週1回、英語の教科書を1章分読んで、お互いに問題を出し合うという勉強会を始めました。

春休みには「合宿」と称して、マンションの一画の勉強スペースを借り、体力を錬成するという理由のもと、所沢から自転車ではるばる大宮まで向かい、勉強会をしたこともありました。案の定、足を負傷し、チーム内が一時険悪になったこともありましたが、なんとか本番の大会まで4人で勉強を続けていくことができました。

そして迎えた本番当日、事前の周到な準備もあり、予選ラウンドの早押し問題とフリップ問題では他校の追随を許さず、〝チーム某B医大〟はダブルスコアをマークし、セミファイナルへの勝ち抜きを決めました。

セミファイナルは問題形式の違いもあって苦戦を強いられ、一時は敗退も覚悟しましたが、なんとか最後の問題で逆転し、決勝進出を決めることができました。

ファイナルは3問の「説明問題」となっていて、設問に対し、チームで答えを考え、来場者に解説する問題でした（もちろん全部英語です）。1問目はラプラスの法則と動脈瘤に関する問題で、相手チームにリードを許してしまう形にはなったのですが、2問目、3問目と完璧な回答をすることができ、2問連続で全ての審査員から実質「満点」をいただいて、逆転優勝を果たしました。

学校の威信、最高学年としての立場、1年上の先輩方の思いを一身に背負い、重圧に押しつぶされそうでしたが、ファイナルで回答をひねり出しているときには、実臨床とリンクする内容もあり、対戦中ではありましたが、「生理学」という学問の奥深さに改めて気づき、感慨深いものがありました。

最終的にはなんとか2年連続で優勝することができ、安堵の思いで胸がいっぱいです。

しかし、これで来年も「優勝トロフィーの返還」のために、後輩を生贄にしなければいけなくなってしまったわけですが…（笑）。

みんなのページ

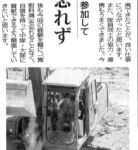

王城寺原演習場の統一整備に参加して
「施設科魂」忘れず

3陸曹　今田 容司（6施設大隊・神町）

私は「令和元年度王城寺原演習場春季統一整備」に油圧ショベル操作陸曹として参加し、「前の台」新設工事（停弾堤造成）を実施しました。

統一整備への参加にあたり、私は「連携」「堅固」「施設技術能力の発揮」を胸に作業に臨みました。工事期間中は天候にも恵まれ、作業も順調に進み、無石土による法面整形を堅固に仕上げるため、施設技術能力を最大限に発揮しました。

器材班として、現場に入る際、事前に作業工程や各種作業の認識の統一を図ったため、作業はスムーズに進みましたが、全てが順調ではなく、悪戦苦闘した場面もありました。

「停弾面を堅固に、そして長く使用するにはどのようにしたら良いか」を日々考えながら進めましたが、上司・先輩から的確な指導を受け、最終的に「正確、堅固」に造り上げることができました。

統一整備期間は、器材班長・測量班・ダンプ班・資材運搬車組などとうまく連携できたことが、良い仕事につながったと思います。また、隊員同士の協力・連携もうまくできました。今後も今回の経験を糧に、「施設科魂」を忘れることなく、自信を持って中隊・大隊に貢献できるよう精進していきたいと思います。

王城寺原演習場の春季統一整備で油圧ショベルを操作する今田3曹

新刊紹介

「日米同盟のコスト」―自主防衛と自律の追求
武田 康裕著

トランプ米大統領がG20サミットで来日前、「日本が米国の防衛義務を負わない日米安保条約は不公平だ」と発言し、波紋を広げた。同盟関係までもビジネスライクに考える大統領の態度に、改めてショックを受けた人もいるだろう。

本書は防大国際関係学科兼総合安全保障研究科教授の著者が、米軍の抑止力の一部を日本が「自己負担」した場合、その費用がどれだけかかるのか、コスト面から分析を試みた書だ。

著者は日本防衛に要する費用を「防衛コスト」と「自律性コスト」に分け、在日米軍を自衛隊が代替した場合などを試算。弾道ミサイル防衛、シーレーン防衛、島嶼防衛などの面についてそれぞれコストを計算している。

数字（費用面）から「同盟の価値」を評価するというアプローチ法は非常に斬新で、トランプ大統領と今後、安全保障分野で交渉していく際、新たな切り口になるかもしれない。本書は外交・防衛当局の担当者にも大きなヒントを与えてくれるだろう。

（亜紀書房刊、2700円）

「恥ずかしい英語」
長尾 和夫、アンディ・バーガー著

自衛隊でも防衛交流などで英語を使う機会が格段に増えている昨今だが、日本語の直訳の発想から、知らず知らずのうちにネイティブにとっては幼稚な英語を話してしまっていることも少なくない。

本書は誤解を招かず、相手に失礼にならず、かつ好感が持てる192のフレーズと類似表現を、会話例と共に紹介する。

たとえば、「I don't understand」と「I'm not following」はどちらも日本語では「分かりません」だが、前者は幼く、少し頭が悪そうに聞こえてしまうのに対し、後者は「もっとハッキリ説明してもらう必要があります」との印象を与える大人の会話にふさわしいスマートな言い方となる。

1ページごとにすぐに使えるワンフレーズを紹介し、見やすくて使いやすいのが特徴だ。巻末には電話やメールで役立つ表現も。同じことを伝えるのにも、ほんの少しの違いで相手に与える印象が大きく変わることを実感できる。

著者で語学書籍の出版プロデュースなどを行う長尾氏と、横浜国立大講師のバーガー氏が長年の経験を生かして執筆。ネイティブらしい洗練された言い回しを習得できる〝目から鱗〟な一冊だ。

（KADOKAWA刊、907円）

都城駐屯地で学んだこと

会社員　柳田 玲奈（JA宮崎情報センター）

私はJAグループ宮崎の長期養成研修の一環として、都城駐屯地での自衛隊生活体験入隊に参加させていただきました。

私は今年大学を卒業し、社会人1年目となります。3日間の体験入隊を通して、同じ年の自衛官の皆さまが堂々と公務を執行する姿を真近で見て、自分を見つめ直すことができました。よい刺激をいただいたので、それを無駄にしないように、今後も前向きに仕事に取り組んでいきたいです。

この体験入隊を通して二つのことが特に印象に残りました。

一つ目は「基本教練」です。私たちの班は周りを気にしすぎるあまり、一人が間違えた行動をとると全員がその間違いに合わせてしまうことがありました。その際、一人一人が基礎を覚えることが大切だと学びました。全員が基礎を固めれば、集団が間違った方向に進まないということに気付かされました。自信を持って自分が正しいと思った方向に進むためにも、何事も基本を大切にしていきたいです。

二つ目は「行進訓練」です。背のうを背負って駐屯地内を歩きました。ふだん重い物を持ったり、長時間外に出たりする機会はなく、最初は不安な気持ちでいっぱいでした。しかし、自衛官の方々から励ましていただき、最後まで取り組むことができました。この体験を大切にし、今後とも周囲を気にかけ、コミュニケーションを取り、皆で高め合える雰囲気作りを心がけていきたいと思います。

自衛隊と共同組合は違った組織ですが、基礎を学び身に付けることは、どちらにも通じることだと思います。また周囲を良く見てコミュニケーションを取ることはJAが大切にしている相互扶助の精神にも繋がっていくと思います。今回学んだことを残りの研修にも生かしていきたいです。

都城駐屯地の皆さま、貴重な体験をさせていただき、誠にありがとうございました。

悲願だった一般幹部候補生に

陸曹長　野間口 龍（国分駐屯地）

私は、4月1日付で一般幹部候補生に任命されました。幹部になるのは陸士長の頃からの悲願であり、今回任命を受け、身の引き締まる思いです。

私が幹部自衛官を目指したきっかけは、簡単ではありますが、目標とする方が幹部だったからです。その方の下で勤務するうち、「私もこの人のようになりたい」と思うようになったのが理由です。

今では、先輩幹部の下で勉強をさせてもらっており、忙しいですが毎日充実した日々を送っています。

任務が増え、自衛隊はこれからますます忙しくなると思いますが、幹部候補生として、私もこれから先、さまざまな困難や試練に直面すると思いますが、一つ一つ乗り越えて、立派な幹部自衛官になりたいと思います。

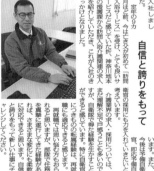

OBがんばる

杉井 桂三さん 54
平成30年9月、31普連（武山）を最後に定年退職（3陸佐）。アサヒサンクリーン横浜支店に再就職し、介護職員の採用業務に当たっている。

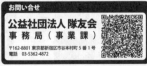

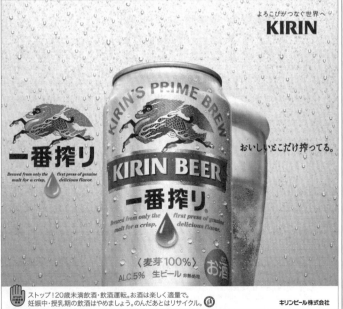

自信と誇りをもって

私は陸自を定年退職し、訪問入浴介護サービス（3人1組でお客様宅に伺い、浴槽を持ち込み入浴していただく介護サービス）を主に行っているアサヒサンクリーンに社員採用担当として入社しました。

定年の9カ月ほど前、今は亡き父が初めて「訪問入浴サービス」を受け、とても良いサービスだと感じていた折、神奈川地本の援護課から訪問入浴介護関連の求人を紹介していただき、これが入社のきっかけとなりました。

入社後は1週間程度「訪問入浴」の現場研修を受けました。この研修で、今後の社会に必要な仕事であることを実感しました。

現在、介護業界は人手不足が深刻で、これから高齢者が増え、これを支える世代の人口が減っていくため、必要な人材を積極的に確保していかなければなりません。具体的には学校訪問、合同企業説明会などへの参加、就職関連企業を通じた求人のほか、自衛隊の任期制隊員の退職者を採用するため、援護担当部署にもPRを行っています。また、今後は予備自衛官、即応予備自衛官の採用にも力を入れていきたいと考えています。

介護業界の求人・採用については、まだ理解不足で戸惑うことも多いのですが、自衛隊で得た経験を生かすことができると感じています。特に自衛官につきものの転属経験は、再就職にも適応できると感じます。

再就職では思い悩む方もおられると思いますが、部隊で任務を真摯に遂行してきた経験があれば、さまざまな変化にも柔軟に対応できると思います。自信と誇りをもって新しい仕事にチャレンジしてください。

あさぐも掲示板

■東音が定例演奏会

海自東京音楽隊は9月14日（土）、東京都世田谷区の昭和女子大学人見記念講堂で「第60回定例演奏会」を開く。

指揮者は樋口好雄隊長で、ゲストはトランペット奏者の類家心平氏。曲目は喜歌劇「美しきガラテア」序曲（スッペ）、「アイ・リメンバー・クリフォード」（ゴルソン）、アニメ・メドレーなど。午後2時開演。

入場料は無料だが、座席指定券が必要。希望者は郵便はがきで応募する。詳細は東音HPを参照。受付は8月4日まで（必着）。重複応募は不可。応募多数の場合は抽選。当選者には8月下旬に座席指定券が発送される。問い合わせは、東音03（3700）0136まで。

第1215回出題

詰碁

出題　日本棋院　九段　曲 励起

白先

『活きて下さい。最初の手が大切です』。5分でできれば中級以上です。

▶詰碁、詰将棋の出題は隔週です◀

詰将棋

出題　日本将棋連盟　九段　石田 和雄

≪第799回の解答≫

【正解】▲2二と△1三玉▲1四銀△同玉▲3二馬△1三玉▲2三馬までの七手詰め。

【解説】初手▲2二とが手順。△同玉なら▲3二馬以下早詰み。△1三玉は最善ですが、そこで▲1四銀と捨てる手が馬の活用を計った好手で解決。なお、▲1四銀に△2二玉なら▲2一とまで。

朝雲

発行所 朝雲新聞社
〒160-0002 東京都新宿区
四谷坂町12－20 KKビル
電 話 03(3225)3841
FAX 03(3225)3831
振替00190-4-17600番
定価一部140円、年間購読料
9000円（税・送料込み）

主な記事

「海上輸送部隊」新編を準備

陸自輸送学校、海自を研修

陸海共同の船艇導入も計画

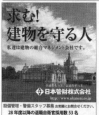

陸自は新「防衛大綱」に盛り込まれた「島嶼部の特性に応じた基幹輸送及び端末輸送の能力を含む総合輸送」の能力を取得するため、輸送学校（朝霞）の基幹要員を海自の艦艇部隊や教育機関に派遣し、「海上輸送部隊」の新編に向けた準備を進めている。防衛省・自衛隊では令和5年度までに部隊などの海上輸送用として「中型級船舶（LSV）」1隻と「小型級船舶（LCU）」3隻を新規に導入する計画で、これが実現すれば南西諸島の島嶼部に展開した陸自部隊への糧食・弾薬・燃料など端末輸送の基盤が整い、兵站面で大きく改善される。

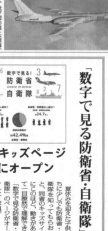

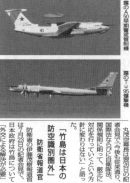

輸送艇の運航について海自の乗員から出港前のブリーフィングを受ける陸自輸送学校の隊員（緑色迷彩）＝6月25日、「輸送艇2号」のブリッジで

【輸校＝朝霞】陸自輸送学校（学校長・馬場邦孝将補）は6月24日から27日まで、海自横須賀地方隊の支援を受け、同地区で初の輸送研修を行った。

研修には同校から「海上輸送部隊」の新編に携わる基幹要員ら十数人が参加し、横須賀警備隊に所属する「輸送艇2号」（LCU2002、基準排水量420トン）に乗艇した。

同艇は全長52メートル、幅8.7メートル、深さ3.9メートルの多目的輸送艇で、乗員数約28人。平底型の船艇であることから、港がなくても砂浜に直接接岸し上陸、車両などを揚げ卸できる。

同艇は海自で離島間や御地への人員・物資輸送に従事しており、陸自が計画している「島嶼部への端末輸送」にも適した艦艇だ。ディーゼルエンジン推進で、速力は12ノット（約22キロ）、武装は20ミリ機関砲を1基搭載している。

輸校の要員たちは海自員の要領や「輸送艇2号」に乗艇、ブリッジや機関室、車両甲板などに案内され、乗員から各部署の説明を受けた。また、出港する際の見張りの要領や機器の見方、運航に当たっての注意点などを聞いたほか、エンジンを運転する際の命令下達方法、さらに海面での投錨・揚錨要領なども学んだ。

この研修に参加した輸送学校船舶運用教官の岩田伸太郎3佐は「（陸自が）一日でも早く船舶の運用に必要な知識を得られるよう、今後も海自乗員からノウハウを真摯に学んでいきたい」と意気込みを語った。

輸校では、このほか、海自の教育に当たる第1術科学校（江田島）や船舶エンジンの整備法を教育する第2術科学校（田浦）にも4月から隊員を派遣し、陸自輸送艇を運航するに当たっての基盤作りを進めている。

同時に地方部隊レベルでも、沖縄の防衛を担当する陸自15旅団（那覇）が民間フェリーなど地元の輸送会社等と大規模災害時の協力協定を結び、部隊をいち早く離島に輸送するための輸送手段を確保している。ただし、危険な有事の際は民間船舶の運航は難しくなるため、その時は自衛隊共同の「海上輸送部隊」が端末輸送の役割を担う計画だ。

新中期防衛力整備計画では「自衛隊の部隊等の迅速な機動・展開を行い得るよう、共同の部隊として海上輸送部隊1個群を新編する」と明記している。これを受け、防衛省・自衛隊では令和5年度までに部隊などの輸送用として「中型級船舶（LSV）」1隻と「小型級船舶（LCU）」3隻を導入する計画だ。

これが実現すれば島嶼部に展開した部隊の安心感も大きく高まる。陸自にとって「海上輸送部隊」の整備は初めての経験だけに海自から学ばなければならない点は多いが、輸送学校などが中心となり、この部隊新編の大事業を進めていく。

輸送学校の隊員が研修した「輸送艇2号」。車両甲板はオープンウエルデッキで港がない場所でも砂浜にそのまま貨物を陸揚げできる（『自衛隊装備年鑑2019－20』から）

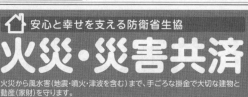

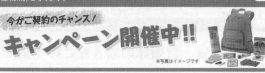

露軍機 竹島を領空侵犯

韓国軍が警告射撃 日本、両国に抗議

ロシア軍機と中国軍機の航跡図

統幕は7月23日、ロシア軍のA50早期警戒管制機1機が同日午前、島根県・竹島の上空を2回にわたって侵犯したと発表した。竹島周辺で韓国以外の軍用機が領空侵犯したのは、防衛省が確認している限りでは初めて。

A50は、ウラジオストク方面から日本海を南下し、午前9時9分38秒から同12分31秒にかけて、竹島の東側の日本領空を侵犯した。この後、竹島南方で旋回し、午前9時33分から同37分29秒まで、竹島西側の日本領空を再び侵犯した。

これに対し、竹島の領有権を主張する韓国は同日、A50が「領空侵犯」したとして、韓国空軍の戦闘機が約360発の警告射撃を実施した。空自の中空、西空、南西空のF15戦闘機などが緊急発進して対処した。

日本政府は外交ルートを通じ、ロシアに対し領空侵犯について抗議し、韓国に対しても警告射撃について抗議した。

一方、同日の同時間帯、ロシア軍のツポレフTu95爆撃機2機が日本海上空を南下して竹島沖まで飛来し、H6は東シナ海から壱岐・対馬間の対馬海峡（東水道）を抜けて日本海に進出。竹島沖で合流した中露の4機は、対馬海峡を南下して東シナ海に入った。

H6は沖縄・宮古島沖で日本の領空から離れたが、Tu95は東シナ海を南下して沖縄本島と宮古島間の宮古海峡を通過。太平洋で反転して再び宮古海峡を通過し、往路とほぼ逆ルートで自国領方面に戻った。

報道によると、露航空宇宙軍と中国空軍は、「共同演習の一環としてアジア太平洋地域で合同パトロールを行った」と公表している。

山崎統幕長は同25日の記者会見で「中国、ロシア両軍の活動が活発化しているのは事実だ。引き続き重大な関心をもって警戒監視を続け、我が国の領土、領海、領空を断固として守るための体制を構築していく」と述べた。

丸茂空幕長は翌26日の記者会見で「今後も従来通り、国際法ならびに自衛隊法、関係規則に則って、厳正に対応を行っていくという方針に変わりはない」と語った。

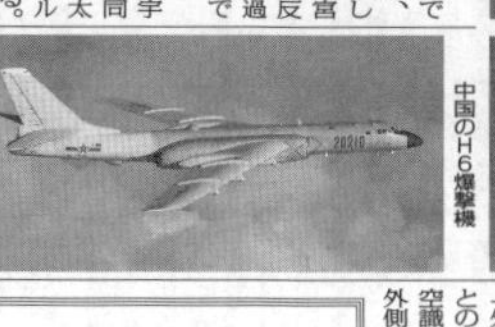

露のA50早期警戒管制機

露のTu95爆撃機

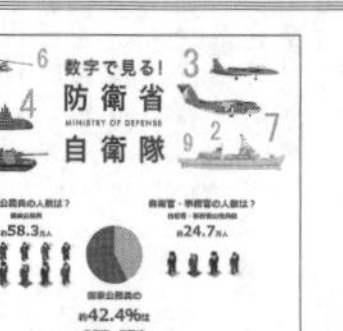

中国のH6爆撃機

「竹島は日本の防空識別圏外」 防衛省報道官

防衛省の伊藤茂樹報道官は7月23日の記者会見で、日本政府は竹島について「外交による解決が必要」との立場から、我が国の「防空識別圏（ADIZ）」の外側に置いていることを説明した上で、今回、竹島上空を領空侵犯したロシア軍のA50早期警戒管制機に対しては、空自による対領空侵犯措置を行っていないことを明らかにした。

伊藤報道官は「竹島は我が国の固有の領土だが、現在は施政が事実上、妨げられている状況にある。自衛隊は我が国の領空を侵犯する恐れのある航空機を発見した場合、要撃機による緊急発進を含む対領空侵犯措置を実施しているが、竹島上空における対領空侵犯措置（緊急発進）は実施していない」と述べた。

4～6月は246回

空自緊急発進 対中国機は179回

統幕は7月26日、今年度「第1四半期（4～6月）」の空自戦闘機による緊急発進（スクランブル）回数を発表した。

緊急発進回数は246回で、平成17年度以降の同期ベースでは過去4番目に多い回数だった。

このうち対中国機が179回（全体の約73％）で、過去最多回数だった28年度の同時期（199回）に次ぐ水準となった。

一方、対ロシア機は65回（全体の約26％）で、6月20日にはツポレフTu95爆撃機が沖縄・南大東島沖と東京・伊豆諸島の八丈島沖の上空を領空侵犯した。

方面隊別では、東シナ海で中国機への対応に当たる南西空が162回、次いで北空が41回、中空10回、西空33回だった。

防衛省発令

▽内閣官房へ出向、国家安全保障局へ（大臣官房審議官）　中嶋浩一郎
▽解情報本部副本部長併任、内閣官房へ出向、内閣情報調査室内閣衛星情報センター管理部長へ（大臣官房審議官）　倉内　康治
▽解情報本部付併任、大臣官房審議官、情報本部副本部長併任（大臣官房付）　川嶋　貴樹
▽解大臣官房審議官併任、大臣官房審議官（大臣官房付）　青木　健至
▽大臣官房付、大臣官房審議官併任（地方協力局協力企画課長）
▽防衛監察本部副監察監（内閣官房内閣情報調査室内閣衛星情報センター管理部長）　芹澤　清
▽大臣官房参事官（大臣官房付）　井上　主勇
▽人事教育局給与課長（陸幕補任課職員人事管理室長）　伊藤　俊男
▽地方協力局地方協力企画課長（大臣官房参事官）　品川　高浩
▽退職（防衛監察本部副監察監）　山野　徹
（人事教育局給与課長）　小泉　秀亮
　齋藤　裕
（以上7月30日）

北が「短距離弾」

2発発射 日本海に落下

韓国軍合同参謀本部は7月25日、北朝鮮が同日午前5時34分頃と同57分頃（日本時間同）、東部の元山付近から日本海に向けて2発の飛翔体を発射したと発表した。

1発目は約430キロ、2発目は約690キロ飛翔し、日本海に落下したとみられる。高度はいずれも約50キロだった。

韓国政府は「新たな種類の短距離弾道ミサイル」との見解を示した。北朝鮮によるミサイル発射は今年5月9日以来。

これに関し、防衛省は同日、「我が国領域や排他的経済水域（EEZ）への弾道ミサイルの飛来は確認されておらず、現時点で我が国の安全保障に直ちに影響を与えるような事態は確認されていない」とのコメントを発表した。

防衛省も短距離弾道ミサイルと確認

岩屋防衛相は7月29日の記者会見で、これら2発の飛翔体が短距離弾道ミサイルだったとする防衛省の分析結果を明らかにした。

春夏秋冬

隠された政治的意図？

小原　凡司

2019年7月23日、韓国軍合同参謀本部は、島根県・竹島付近でロシアの早期警戒管制機が「領空」を侵犯し、韓国軍戦闘機が警告射撃を行ったと発表した。この事案に関し、日本政府は韓国政府とロシア政府双方に抗議した。

当然である。竹島は日本の領土であり、ロシア機が侵犯したのは「日本の領空」だからだ。そして、韓国空軍は日本の領空内で武器を使用したのである。ロシア軍機の日本領空接近に対して航空自衛隊機もスクランブルで対応している。日韓の間で軍事的緊張が高まりかねない事案だ。ただでさえ関係が悪化している日韓両国の間ではなおさらのことである。

領土紛争を抱える二国間の関係を悪化させるのに、難しい外交手段は必要ないのかもしれない。そして、二国間の関係を悪化させるのが「得意」な国もあるようだ。

米国の同盟国である日本と韓国の関係が決定的に悪化し、日米韓三カ国の安全保障協力が難しくなれば、喜ぶのは中国とロシアである。一方で、ロシアが故意に日韓間の軍事的緊張を煽ったという証拠はない。ロシアは、そもそも領空侵犯はしていないと主張している。しかし、ロシア軍は、過去にも同様の事態を引き起こしている。

2016年6月9日未明、ロシア海軍艦艇が、尖閣諸島の接続水域を南から北へ航行したのだ。中国海軍フリゲートが、このロシア艦と監視に就いていた海上自衛隊の護衛艦に反応し、北側から進入した。日本政府は、中国艦艇が初めて尖閣諸島の接続水域に進入したと敏感に反応した。少なくともロシアは、艦艇が航行するだけで日中関係を緊張させることができると理解しただろう。

現在では、中国とロシアは米国をけん制するために協力関係を強化している。今回の「領空侵犯」事案に関してロシアは、中ロ両軍が日本海と東シナ海の上空で「合同長距離パトロール」を実施したと発表した。情報収集にしろ、パトロールにしろ、航空機が一緒に飛ぶ必要はない。中ロ両軍の航空機が行動を共にしたのは政治的なメッセージだと言える。各国軍が発する政治的なメッセージを正確に受け取らなければ、正しい対応は難しい。

（笹川平和財団上席研究員）

朝雲寸言

日本が韓国に輸出した製品が第三国に再輸出され、大量破壊兵器の製造などに転用される危険がある、として日本政府が輸出管理の優遇措置から韓国を外すべく動き始めた。案の定かの国は反発しているが、ことの詳細を知るにつけ、なぜもっと早く取り組んでおかなかったのかという気もしてくる▼問題は韓国経由だけではない。日本各地に怪しげな貿易会社が設立され、さまざまな日本の物資が中国や東南アジア諸国、ロシアなどを経由して北朝鮮に運びこまれているという。国連制裁で禁止された取引が摘発されても、業者は素早く新しい会社をつくるなどして儲かる違法取引を続けようとし、当局とイタチごっこを続けている▼「事態を打開するには、今の日本の輸出管理体制を抜本的に改め、監視体制を強化する必要があるのだが、そうした機運にまったくなっていない」とある関係者は嘆く。現状が続けば、違法取引に手を染める貿易会社の正体を見破れずに健全な日本企業が製品を出荷してしまい、後日罪に連座させられる羽目になりかねない▼日本でつくられたものが巡りめぐって大量破壊兵器などに姿を変え、日本に向かって使われれば苦しむのは日本国民だ。自衛隊の仕事もより困難なものになる。輸出管理と防衛は川上と川下の関係にある。自衛隊出身者が、今以上に政府や企業の輸出管理部門に入って活躍してほしいものである。

「数字で見る防衛省・自衛隊」

動くキッズページ HPにオープン

夏休みを迎えた子供たちに少しでも防衛省・自衛隊を知ってもらおうと、同省のキッズサイトにこのほど、動きがあって一目瞭然で理解できる「数字で見る防衛省・自衛隊」のページがオープンした＝写真。

開いた瞬間からスクロールダウンに合わせ、装備品などがアニメーションのように動いたり、数字やパーセンテージのグラフが正しい「答え」になるまで増加していく仕組みで、クイズ番組を見ているようなインパクトがある。

同省広報課のHP担当者は「親子で楽しめるので、この夏、ぜひ訪れてほしい」と話している。

閲覧方法は、トップページ→キッズ→お楽しみコーナー→数字で見る防衛省・自衛隊へ。

時の焦点

国内　竹島領空侵犯

無法な行為を許すな

日本を取り巻く安全保障環境の厳しさを改めて示した事案と言えよう。政府は、領土・領海を守る態勢を固める必要がある。

ロシア軍の空中警戒管制機が、島根県の竹島周辺の領空を侵犯した。日本の主権を脅かし、緊張を高める行為だ。

さらに看過できないのは、竹島の領有権を一方的に主張する韓国の空軍が、ロシア機に対して緊急発進し、警告射撃を行ったことである。あたかも自らの領土を守るような振る舞いは、受け入れられない。

政府がロシアと韓国に「我が国の立場と相いれない」と抗議し、再発防止を求めたのは当然だ。

竹島は、歴史的にも、国際法上の位置づけも、日本の領土であることに疑いはない。

江戸時代には日本人が漁を行っており、それを裏付ける幕府の通行手形などの資料が数多く見つかっている。政府は1905年に島根県に編入した。

51年のサンフランシスコ平和条約の交渉では、韓国が日本に放棄を求めたが、米国が「朝鮮の領土として扱われたことはない」と断じた経緯がある。

韓国はその後、李承晩ラインを一方的に設定し、竹島を不法占拠した。武装警察隊を置き、軍事演習も繰り返している。

政府は、韓国の身勝手な主張を見過ごさず、日本の立場を明確に訴え続けていかなければならない。

ロシア国防省は、日本海で、中露両軍による初の共同哨戒飛行を実施した、と発表した。

中露の戦略爆撃機が、日本海などで初の長距離合同パトロールを行ったという。

航空自衛隊が緊急発進し、警戒にあたる中で、ロシアの空中警戒管制機が竹島周辺の領空を侵犯した。

日本は、外交的解決を目指す立場から、竹島周辺には防空識別圏を設定していないが、警戒監視を怠ってはなるまい。

アジアでは不安定要因が増えている。米韓両国は、大規模な合同軍事演習を取りやめ、抑止力の低下が懸念されている。

日韓の防衛当局間も、韓国海軍による海自機への火器管制レーダー照射問題などで、冷え込んだ関係が続く。

中露両国には、日米韓の安全保障協力をけん制し、対処能力を見極める狙いがあったのではないか。

中露が様々な戦闘機やミサイルを開発していることを考えれば、政府はミサイル対応や島嶼防衛の態勢を一層強化せねばならない。

米国の同盟国である日韓は、地域の安定に責任を負っている。米国を中心とした防衛協力の意義は大きい。韓国は日本を敵視する政策を改めるべきだ。

夏川 明雄（政治評論家）

海外　米トルコ関係

NATO揺るがす恐れ

北大西洋条約機構（NATO）加盟国として長く同盟関係にある米国、トルコ両国の亀裂が一段と深まっている。トルコ国防省が7月中旬、米国が強く反対してきたロシア製地対空ミサイルシステム「S400」の搬入開始を発表したことを受けて、米政府が最新鋭ステルス戦闘機F35の売却を凍結するとともに、F35の共同開発計画からもトルコを排除する措置を打ち出したためだ。

米国とトルコは近年、S400の導入問題のほかにも、シリア内戦での対応、米国人牧師の拘束をめぐる対トルコ経済制裁などで対立してきた。米政府内ではここにきて、NATOの足並みを乱す行動と見なすトルコによるS400導入の報復として追加の制裁発動を検討しており、すでに冷え込んでいる両国関係が一段と緊迫しそうだ。

ぎくしゃくする米・トルコ関係の背後で糸を引く形のロシアのプーチン政権にとって、米国主導の軍事同盟の弱体化は戦略的な優先課題でもあるだけに、最新鋭戦闘機スホイ35の売却などを通じてトルコ取り込みに向けた攻勢を強める構えだ。

NATOは歴史的にロシアなどの脅威を封じ込めてきた「防波堤」としてのトルコの役割を失う恐れに直面しているだけでなく、要衝国への足掛かりをロシアに与えることになりかねない。

トルコは1952年、対共産圏同盟として発足したNATOに加盟して以降、当時のソ連の東地中海地域への影響力拡大を防ぐ役割を担ってきた。1991年のソ連解体後もロシアや中東地域の反欧米政権ににらみを利かせるNATOの拠点として機能してきた。

一方、中東の地域大国を自他ともに認めるトルコは近年、自国が「テロとの戦い」と位置付ける対クルド人勢力掃討作戦に十分な協力が得られないことから、NATOへの不満を強めていた。さらに、クルド人武装勢力も深く関与する隣国シリアの内戦をめぐっては、米国の影響力を排除したロシア、イランとの和平に向けた協力の枠組みを重視する戦略に転換。こうした流れの中で、米国の反発を承知の上でS400の導入に踏み切った。米国によるトルコ向けのF35戦闘機100機の売却凍結も、クレムリンから見れば漁夫の利とも言える好機到来で、自国製のスホイ35の売り込みに乗り出した。

ロシアにとってはNATO域内で確執が深まっていること自体が安全保障上、好都合な展開と内心ほくそ笑んでいるに違いあるまい。エルドアン・トルコ大統領は7月15日の演説で、ロシアとの次世代ミサイル共同開発を「新たな目標だ」と訴えた。中東における米国の存在感低下に乗じて影響力を拡大してきたロシアに追い風が吹く。

こうした中、米国はトルコに対しF35開発計画からの排除とは別に対ロシア制裁法に基づく制裁を準備している。発動されれば、反発するトルコがロシア傾斜をさらに強めるのは必至だ。現状ではNATOにはトルコを翻意させる妙案はなく、トランプ米政権の同盟国軽視の姿勢と併せ、米欧同盟の結束に重大な影響を及ぼす恐れがある。

伊藤 努（外交評論家）

ブラジル陸軍司令官が初来日

陸幕長と会談　防衛協力・交流を深化

湯浅陸幕長は7月22日、来日したブラジル陸軍司令官のエジソン・レアウ・プジョウ大将と陸幕で会談した。ブラジル陸軍司令官の訪日は初めて。

司令官は栄誉礼、儀仗の後、湯浅陸幕長と会談。陸幕長はブラジルの国連PKO（平和維持活動）での貢献や、国連PKO工兵部隊マニュアルの改訂作業で日本とブラジルが協力した点に触れ、「（PKOなどの）国際社会の平和と安定のためには多国間での協力が重要。今後とも貴国と連携していきたい」と述べた。

これに司令官も賛意を示した上で、「日本とのつながりを生かし、引き続き臨機応変に対応できる態勢を保っていきたい」と語った。

レアウ・プジョウ司令官は同日、岩屋防衛相、山崎統幕長も表敬。翌23日には富士地区を訪れ、富士学校（富士）と国際活動教育隊（駒門）を視察、10式戦車にも試乗した。

湯浅陸幕長（左端）のエスコートで特別儀仗隊を巡閲する伯陸軍司令官のレアウ・プジョウ大将（同3人目）＝7月22日、防衛省で

空幕長、ASPC、RIATに参加

英で開催　各国参謀長と会談

【空幕】丸茂空幕長は7月16日から21日まで英国に出張し、ロンドンで開催された「エア・アンド・スペース・パワー・カンファレンス」（ASPC）とグロスタシャー州のフェアフォード空軍基地で行われた「ロイヤル・インターナショナル・エア・タトゥー」（RIAT）に出席、英空軍参謀長に7月26日付で就任したマイケル・ウィグストン大将らとも会談を行った。

ASPCは英空軍参謀長が主催し、英国王立防衛安全保障研究所が運営する会議。各国の空軍参謀長のほか、企業関係者、安全保障専門家らが参加した。

丸茂空幕長は17、18の両日に同会議に出席し、「次世代の空軍のためのマルチドメイン作戦」をテーマとしたグレーゾーン事態への対応、先端技術とイノベーション、人材育成、将来の航空宇宙戦力の課題について議論した。

19、20の両日はRIATに出席し、英国防省のラブグローブ事務次官をはじめ、ゴールドフィン米空軍参謀総長、ラヴィニュ仏空軍参謀長、ハプフェルド豪空軍本部長らと会談、地域情勢や防衛政策、防衛交流などについて幅広く意見交換した。

丸茂空幕長は帰国後の7月26日の記者会見で「ASPCでは、新たな領域・宇宙における対応の重要性を改めて感じ、各国参謀長らと認識を共有した。RIATでも各国の参謀長らと2国間会談ができ、相互理解や信頼関係を深めることができた」と成果を述べた。

英国防省のラブグローブ事務次官（左）と握手を交わす丸茂空幕長（7月19日、英フェアフォード基地で）

米で国際装甲車会議

装備庁事業計画調整官　井上1陸佐が講演

【防衛装備庁＝市ヶ谷】防衛装備庁プロジェクト管理部事業監理官（情報・武器・車両担当）付事業計画調整官の井上義宏1陸佐は、6月25日から27日まで、米テキサス州の州都オースティンで開かれた「国際装甲車会議」に出席し、「日本の装甲車開発の実績と将来水陸両用車の取り組み」と題して講演した。

井上1佐は10式戦車や16式機動戦闘車の開発実績をはじめ、将来水陸両用車に向けた技術研究や日米研究の概要について説明。最後に「地域の安定と国際平和のため、同盟国である米国や関係諸国と研究開発ネットワークを強固にしていきたい」と述べた。講演後は「日米共同研究の現状」について熱心な質問が寄せられた。

会議ではこのほか、米陸軍フューチャーコマンド司令官のジョン・マレー大将が基調講演し、次世代戦闘車両のコンセプトとして「レスカジュアリティ（犠牲者局限）」を目指しAI（人工知能）とネットワークを融合活用した自律型UGV（陸上無人車両）編成に向けた運用構想について講演した。

同会議は英国の防衛関連イベント企画会社「ディフェンスIQ社」が主催する装甲車分野を専門とした唯一の国際会議で、今回で20回目。米国での開催は初めてで、欧米諸国の軍や企業の関係者を中心に約300人が集った。防衛装備庁からの参加は3回目。

井上1佐は「我が国の優れた技術を積極的に発信し、人的ネットワークも構築できた。今後も国内外の情報収集を継続し、日本の陸上防衛力の近代化に尽力したい」と話している。

共済組合だより

海外への公務出張の際は、「防衛省職員公務出張海外旅行保険」「PKO保険」に加入できます

個人負担の「補償増額プラン」は一般契約より約70%割安　＝取扱代理店・弘済企業＝

防衛省共済組合では、防衛省職員が公務で海外出張する際に「防衛省職員公務出張海外旅行保険」と「PKO保険」をご用意しています。

●防衛省職員公務出張海外旅行保険

「防衛省職員公務出張海外旅行保険」は、訓練や留学などで海外に出張する防衛省職員専用の保険です。「包括契約」では、加入対象条件に合致する組合員は、共済組合が保険料を全額助成し、全員が加入となります。

さらに同保険の「補償増額プラン」は、一般契約より約70%割安な保険料を個人負担することで加入でき、海外の病院での治療費用等の補償を充実させることができます。海外出張の際はぜひご利用ください。

同保険の「包括契約」の加入対象者は公務で海外に出張する組合員と一定条件を満たす被扶養者です（PKO保険加入者を除く）。保険金額は傷害死亡が1000万円、傷害後遺障害が1000万円、治療・救援費用300万円となっており、その保険料は全額共済組合が助成します。加入方法は、出張者の所属する部隊など（各課庶務など）で「外国出張者名簿」を取りまとめ、各幕等担当課を経由して共済組合本部に申請します。

さらに「補償増額プラン」に加入すると、例えば「保険期間6カ月以内」の「B－2プラン」の場合、傷害死亡が9000万円、傷害後遺障害が900万円、治療・救援費用5000万円、疾病死亡500万円に大幅アップされ、包括契約のみでは補償対象外の携行品損害等の補償を追加できます。保険料は「7日」で1750円と、非常に割安です。ぜひ、ご利用ください。

●PKO保険

一方、「PKO保険」は、「PKO活動」「海上警備行動」「海賊対処法」「在外邦人等の保護措置」「在外邦人等の輸送」「後方支援活動等」などによる任務で海外に派遣されるときに加入できる保険です。

この保険は、戦争、外国の武力行使等の事故も補償します。また、すべての伝染病、感染症による疾病も補償します。「Jセット」は共済組合が保険料を助成し、全員加入となります。また、補償を厚くするA～Iセットに加入することもできます。

◇

上記保険についての詳細は、PKO保険については各駐屯地・基地の弘済企業へ、海外旅行保険については弘済企業株式会社本社（電話03－3226－5811）へお問い合わせください。

海賊対処航空隊　36次隊に交代

P3C哨戒機でアデン湾の監視飛行を行っている海自の海賊対処航空隊は7月21日、35次隊から36次隊に任務を引き継いだ。

36次隊は5空群（那覇）の大原浩史2佐（52飛行隊長）を指揮官に、隊員約60人で編成。ジブチを拠点に活動に当たる。

一方、約3カ月間の任務を終えた35次隊（2空群＝八戸）のP3C2機は同日、ジブチを出発した。

帰投中の同22日には、P3C1機がモルディブ軍と同国東方のインド洋で親善訓練を実施し、沿岸警備隊哨戒艇「シャヒード・アリ」と捜索救難や通信訓練を行った。

35次隊のP3C2機は同25日、八戸航空基地に帰国した。

UNMISS司令部要員

安保、富永3佐に3級賞詞　陸幕長に帰国報告

国連南スーダン共和国ミッション（UNMISS）に第10次司令部要員として約1年間派遣された[illegible]

湯浅陸幕長（右）からねぎらいの言葉を受けるUNMISS司令部要員の任務を終えて帰国した（左から）富永3佐と安保3佐（7月26日、陸幕長応接室で）

「観艦式」一般公募始まる

締め切りは8月31日

自衛隊記念日のメインイベントとして海自が今秋、相模湾で行う「自衛隊観艦式」の一般乗艦者の募集が8月1日から始まった。10月14日（月・祝）の「観艦式」と12日（土）、13日（日）の「観艦式予行」に乗艦できる。[illegible]

中国艦4隻　宮古海峡を南下

[illegible]

中国艦が対馬海峡を往復

[illegible]

防衛装備庁発令

[illegible]

防衛省発令

[illegible]

広大な空で防空戦闘技術を磨く

米空軍と連携確立「レッド・フラッグ・アラスカ」

米アラスカ州の広大な空域を舞台にした米空軍主催の大型演習「レッド・フラッグ・アラスカ」が6月22日に終了した。演習は同州南部のアイルソン空軍基地とエレメンドルフ・リチャードソン統合基地を拠点に行われ、今回空自から初参加したF2戦闘機部隊をはじめ、C130H輸送機などがそれぞれ持てる力を存分に発揮して、制約のない空間で防空戦闘、対地攻撃、戦術空輸などの戦技を磨いた。

㊤不整地への着陸訓練を行う1輸空のC130H輸送機（6月20日、ドネリー訓練場で）
㊨雪に覆われたアラスカの山岳地帯上空で1輸空のKC767空中給油・輸送機から空中給油を受ける3空団のF2戦闘機（6月25日、米アラスカ州で）

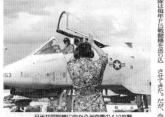

今年の「レッド・フラッグ・アラスカ」（RFA、6月7〜22日）には、空自から3空団（三沢）のF2戦闘機6機、警空隊（浜松）のE767早期警戒管制機1機、1輸空（小牧）のC130H輸送機2機と北空を主体とする隊員約280人が参加した。

日米のほか、タイ、韓国、NATO軍の部隊も演習に加わった。

F2部隊は空自KC767空中給油・輸送機の支援を受け、青森県の三沢基地からアラスカまでの片道約5400キロを一気に飛行。

現地到着後はアラスカの制約のない広大な空域を存分に活用し、米空軍の対抗部隊（アグレッサー）と「戦闘機戦闘」などの訓練に挑んだ。また基地では、飛行計画の立案から戦術攻撃の検討、基地帰投までの一連の作戦を米軍兵士と共に演練した。

また、作戦空域の警戒監視と友軍機の空中管制に当たる空自E767早期警戒管制機の機内には〝相互搭乗〟の一環として米軍の管制官が乗り組み、共同で管制訓練を行った。

一方、C130H部隊は不整地への着陸や戦術空輸など各種飛行訓練に取り組んだ。演習中は日米間の調整が各職域、各レベルで早朝から深夜まで続けられ、空自隊員は言葉の壁を乗り越え、米軍との連携を確かなものにした。

約2週間のアラスカでの演習終了後、F2部隊は再び空自KC767空中給油・輸送機や米空軍の空中給油機から洋上で給油を受け、三沢に帰投した。

アラスカ上空で飛行訓練中の空自C130H輸送機のコックピット（6月14日）

空自F2戦闘機が初参加

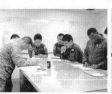

日米共同訓練に向かう米空軍のA10攻撃機に合図を送り、誘導する空自隊員（6月18日、アイルソン空軍基地で）

派遣部隊指揮官のコメント

1空佐　橋本　勝士
航空総隊訓練部隊指揮官（総隊司令部防衛部訓練課長）

これまでのRFAで航空総隊は毎年F15戦闘機を送り込み、空対空戦闘の技量を向上させてきた。だが、今回はマルチロールファイターのF2が初参加し、空対空に加え空対地戦闘訓練にも参加して技量を向上させ、日米の共同対処能力を一段と深化させた。米軍の各指揮官との会合の場では多様なミッションをこなして健闘するF2やE767部隊の安定したパフォーマンスに対して賞賛の言葉があった。今回、学んだ多くの事項を今後の業務に生かしていきたい。

〝出撃〟に先立ち、基地内で米空軍のパイロット（左）と打ち合わせをする空自の操縦士（6月10日、アイルソン空軍基地で）

1空佐　太田　将史
支援集団訓練実施部隊指揮官（1輸空飛行群司令）

広大な空域での演習で、空自輸送機部隊の2機のC130Hは戦術空輸の低高度航進、空中降投下、不整地着陸、脅威対処に当たった。これらの訓練による戦術技量向上を通じて日米共同対処能力も高まったと思う。隊員と部隊の能力を高める上でもRFAは極めて効果的な演習だった。

米軍兵士と共に飛行計画を練る空自隊員（6月19日、エレメンドルフ・リチャードソン統合基地で）

㊤米空軍兵士（左）の支援のもと、各種整備・補給作業を行う空自隊員（6月9日、アイルソン空軍基地で）
㊧〝相互搭乗〟の一環で空自E767早期警戒管制機に乗り込んだ米空軍兵士と共に訓練を行う空自の要撃管制員（6月18日）

前事不忘　後事之師　第43回

「迂直の計」　――迂回路（遠回り）を直路（近道）にする

「迂直の計」を実践し、「桂陵の戦い」で魏軍を打ち破った斉の軍師・孫臏

孫子の兵法に、「軍争篇」という篇があります。この篇は、戦いにおいて、主導権を握ることの重要性を述べた篇なのですが、これまで難解とされてきました。

軍争篇の冒頭で、孫子は「凡そ用兵の法は、（中略）軍争より難きは莫し。軍争の難きは、迂を以て直と為し、患いを以て利と為すことなり」と言います。

難解なのは、この「軍争」という言葉の意味です。十代で藩主の御前で孫子を講義したと言われる吉田松陰による「孫子評註」の解釈も、しっくりいくものではありません。

1972年に中国の山東省銀雀山の前漢時代の墓から出土した竹簡に書かれた孫子兵法を研究された東北大学の浅野裕一名誉教授によって、近年漸くその意味が明らかになってきました。防衛大学校名誉教授の水野実先生は、軍には「陣取る」の意味があり、軍争とは陣取り戦のこと、その勝利には戦場への先着が必須となるとして、内容上から浅野先生の説に賛同して、「軍争とは戦場への先着争い」と解説しています。

上述の孫子の言葉は「およそ軍（隊）を運用する方法として、戦場への先着布陣を争う〝軍争〟ほど難しい作業はない。軍争の難しさは、迂回路の遠い道を直進路の近道に変え、軍事上の不利益をその利益に変えることであるとなります。すなわち孫子は、戦場に先着していれば、戦場の地形の利用により種々の策略をしかけることができ、圧倒的に有利であるとし、想定される戦場への先着が難しい場合には、「迂直の計」で自国にとって有利になる場所に戦場を設定すべきと説きます。

この「迂直の計」を実践したとされる戦いは、孫子の子孫とされ、斉の国の軍師であった孫臏が魏の将軍、龐涓を破った紀元前353年の「桂陵の戦い」です。中国の戦国時代、趙の都の邯鄲が魏の将軍、龐涓に攻囲され、趙は斉に援軍を要請します。

斉の将軍である田忌は、援軍の兵を邯鄲に差し向けようとしました。すると、その軍師であった孫臏がそれを押しとどめて、魏の都である大梁を攻撃することを進言、田忌がその作戦を実行すると、魏の将軍、龐涓は邯鄲の包囲を解き、軍勢を大梁へと早急に戻しました。その行動を読んでいた孫臏は、疲労して駆けつけてくる魏軍を桂陵というところで待ち伏せし、さんざんに打ち破ります。

この戦いのポイントは、既に敵軍が先着し、待ち構えている邯鄲を戦場とせずに、迂回したかに見せて敵の都を脅かすことにより、自らが先着できる桂陵に戦場を設定したことであり、これこそが、迂を直にする戦術です。

この戦いは、「囲魏救趙」という諺になっています。少し出来すぎの話に感じられますが、「迂直の計」の応用だと解釈できる作戦は、スポーツにおいても見ることができます。例えば、2000年代のある時期、スペインのサッカーチームのバルセロナは、ヨーロッパの最強クラブの一つでした。その理由は、チームにロナウジーニョという強力なフォワードがいたためです。時は2006年の8月、前シーズンのヨーロッパ・チャンピオンズリーグ覇者のバルセロナとUEFAカップの覇者のスペインのセビーリャとの間で行われた「スーパー・カップ」の一戦です。

誰でも考えつくセビーリャ側の作戦は、ロナウジーニョを守備の得意な選手に徹底マークさせることでしたが、この時は違っていました。世界的なスーパー・スターへ守備型ではなく、攻撃型の選手を配し、積極果敢に攻め上がらせました。ロナウジーニョは、自らを突いてくる相手にプレッシャーをかけられて持ち前の攻撃力を発揮することはできず、試合の結果はセビーリャの3対0の快勝でした。ロナウジーニョに守備的な選手を配置するのであれば、相手の土俵で戦うことになります。ロナウジーニョに守備をさせる形を作ることができれば、こちらが設定した土俵で戦うことができます。

国の安全保障も脅威に備えることが仕事ですが、脅威となる相手に直接的・直接的に対応するばかりではなくて、時には自国が主導できる場所に戦場を移動させるような戦略も考えるべきと考えます。

鎌田　昭良（防衛省OB、防衛基盤整備協会理事長）

…… 前事忘れざるは後事の師 ……

海自遠洋練習航海部隊

所感文

海自の遠洋練習航海部隊（練習艦「かしま」と護衛艦「いなづま」で編成、指揮官・梶元大介海将補以下約５８０人）は米国を訪問後、西海岸沖を南下し、６月25日、中米・グアテマラのプエルトケツァルに入港した。以下は、米国サンディエゴ出港後の洋上訓練の様子や、グアテマラの古都アンティグアを史跡研修した時の感想など、実習幹部たちからのレポート。

サンディエゴ～プエルトケツァル

日米の同盟関係を再認識
3海尉　本田　渓介

練習艦隊はサンディエゴを出港後、洋上で米海軍と親善訓練を行った。実習幹部にとって外国艦艇、外国部隊との親善訓練は初めての経験で、海軍が担う外交的な側面や日米の同盟関係を再認識する良い機会となった。

「日本の代表」の自覚強まる
3海尉　浦野　拓登

自衛隊生活で初めて他国海軍との訓練を経験した。米艦艇との親善訓練を通じ、自分が国際的な仕事に従事していることを実感するとともに、「日本の代表」として働いているという自覚が強まった。

私の入隊理由の一つは、米国の大学で得た英語力・生活経験を生かし、母国と世界の平和、世界情勢安定に貢献することだ。米海軍との訓練では、実際に無線から流れてくる米軍人の声を聞き、間近で米艦艇を見ることで、私も近い将来、他国軍隊などとの共同訓練や任務を通じて活躍したいという気持ちがさらに強まった。

体力錬成のため、飛行甲板で大縄跳びを行う実習幹部たち（６月21日、「かしま」艦上で）

海自のプレゼンス示す機会に
3海尉　小野瀬　龍一

我々が普段から行っている術科訓練の中には、不測の事態に備えた訓練も含まれている。サンディエゴ出港後に実施した親善訓練では、米艦艇と航行を共にし、いろいろな状況を学んだ。

こうした親善訓練は、海上自衛隊のプレゼンスや他国との関係を諸外国に対して示すことができる。これには日本の国防、特に「抑止力」の面で大きな意義があると考える。今回の経験は、米海軍との同盟関係を一層深める貴重な機会でもあった。

作業の本質を理解し行動
3海尉　眞島　彰將

中米グアテマラのプエルトケツァルまでの約１週間の航海で、我々は教育課程の一つの区切りを迎える。この航海中に行った実習幹部がその日の訓練を企画する「エンスン（少尉）デー」では、私も企画立案とその調整の難しさを痛感し、今後に向けての良い経験となった。

これまでの訓練ではシナリオに沿う形でしか準備してこなかったため、今後の訓練ではそれぞれの作業がなぜ行われているのかという本質を理解し、現場で起こっていることを想像し、「次に何を行うべきか」を考えられるようになりたい。

火災の発生を想定し、放水訓練を行う実習幹部（６月23日）

１日１日が学びにあふれている
3海尉　綾野　敬士

サンディエゴ出港後はこれまでのチームワーク不足の反省を踏まえ、事前準備を何度も行い、連携を重視して訓練に取り組んだ。その結果、指揮官と分掌指揮官の意思疎通を円滑に行うことができた。

訓練以外にも１日１日が学びの機会にあふれている。艦橋に操舵員として立直した際には、実際に患者が発生し、乗員の初動対応を目にすることができた。目の前で見た「かしま」艦長の迅速な対応は、我々実習幹部が目指すべき強いリーダー像そのものだった。

史跡研修で訪れた世界遺産の古都アンティグアを散策する実習幹部たち。スペイン統治時代のコロニアル調のカラフルな街並みが残る（６月27日）

アンティグア市内で頭の上に籠を乗せて民芸品を売る現地人女性と交流する実習幹部たち（６月27日）

グアテマラで文化交流

個人と集団での準備が重要
3海尉　石川　姫佳

実習幹部が海上実習で多くの知識・技術を習得するには、二つの準備が重要だ。一つは個人の準備で、不明点があれば指導官に確認し、積極的に部署の見学を行うことで、指揮官が指示を出すタイミングや場の雰囲気を体得できる。また、自分の配置ではどのような動きをするのか、イメージトレーニングをすることで、訓練で無駄な動きを減らすことができる。

もう一つは集団での準備だ。事前にリハーサルを行うことでチームワークが向上し、訓練を全体的・客観的に見ることができ、個人では気づかなかった問題点を見つけられる。今後も確実な準備を行って訓練に臨みたい。

自分の成長が楽しみ
3海尉　藤江　龍馬

遠航出発前は船酔いに不安があり、新宿のマツモトキヨシで「酔い止め薬」を買い占めたが、そのほぼ全てが無駄になるほど、いつの間にか船に強くなった。狭い艦内での生活を想像すると、以前は食事も喉を通らなくなるほど憂鬱だったが、今では艦上でお腹いっぱいご飯を食べられるようになった。

艦の速度は乗用車並みで、洋上ではイルカの群れ、クジラ、満天の星空、日没の瞬間などを見ることができる。これを海のロマンと言うのだろう。

この精神的・肉体的修行を経て、帰国する４カ月後、自分がどのように成長しているのか想像すると、非常に楽しみである。

現地の学校を訪れ、子供たちに新聞紙を使って「兜」の作り方を教えた実習幹部（左奥）＝６月26日

折り紙の兜で生徒たちも笑顔
3海尉　山下　航平

寄港中、小中学校を訪問しての「折り紙教室」が実施され、私も参加することとなった。学校に向かう際、信号のない道路をぼろぼろの車が走る姿を見て不安を感じたが、学校に着くと生徒たちの笑顔と歌に迎えられ、緊張がほぐれた。

歌と踊りのお返しに、我々は空手の演武と折り紙教室を行った。折り紙の代用品の新聞紙が何になるのだろうと興味津々の生徒たちに、完成した「兜」を被らせると大変喜んでくれた。生徒たちの笑顔を見て、私も友好親善の一助になることができたという達成感が得られた。

プエルトケツァル寄港

緊張和らげる現地人のふるまい
3海尉　正木　寛也

６月25日、中米・グアテマラ共和国のプエルトケツァルに入港した。

入港前、グアテマラは治安があまり良くない中南米の一国で、緊張感を持たなければいけないと考えていたが、街を歩くと、民芸品が詰まった籠を頭に載せた女性や、マヤ文明を象徴するようなデザインの笛を吹いている男性が笑顔で話しかけてくるなど、人々の振る舞いは緊張感を和らげるものだった。

「一緒に写真を撮ろう」と頼むと、恥ずかしそうに「いいよ」と言ってくれ、グアテマラ人は内気で、周りを気遣える日本人と近いと言われる性格を感じることができた。

プエルトケツァル入港時には、グアテマラ国防軍の軍楽隊や現地日系人らから大歓迎を受けた（６月25日）

日本と共通するたくましさ
3海尉　井上　昭也

グアテマラは私にとって未知の国で、「危険な地域」という先入観を持っていた。しかし、現地を訪れて印象が変わり、〝たくましい国〟と言う表現が最も当てはまると感じた。

グアテマラは日本と同じく地震や火山などの自然の脅威に常にさらされ、これまでに震災や噴火の影響で遷都を２度も経験している。1976年にはマグニチュード７．５の地震が発生し、３万人以上の死傷者が出た。さらに昨年はフエゴ山が噴火し、今も至る所で復興作業に携わっている人を多数見かけた。このように災害が頻発する中でたくましく生きていく姿は、日本人と共通している。

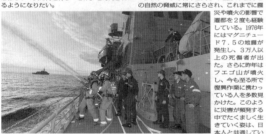

人柄実感する文化交流
3海尉　西山　晃太

私にとってグアテマラは遠洋練習航海で寄港しなければ一生訪れることはなかったはずだ。訪問して特に印象に残ったことは、艦上レセプションである。煎茶道の展示をしたところ、皆が興味深そうにお手前の動画や写真を撮っていた。話しかけてくる人はアメリカに比べ、少なかったが、お手前が終わると以前から友達であったかのように気さくで陽気に接してくれた。グアテマラ人の人柄を実感するとともに、日本の文化も楽しんでもらえ、非常に良い文化交流となった。

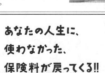

我々の恵まれた訓練環境実感
3海尉　坂上　智彦

グアテマラ海軍の主な任務は沿岸警備と麻薬密輸船の取り締まりである。この目的で海軍は、武装した船艇を数隻所有している。軍人交流会で私がエスコートしたグアテマラ海軍の下士官は、「日本は練習艦として装備や設備の充実した艦船を使うことができて大変うらやましい」と話していた。この言葉を聞き、私たちは大変恵まれた環境の中で日々訓練を行えるのだと感じた。

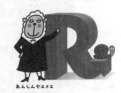

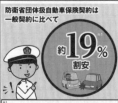

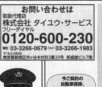

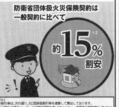

古都の建築群に歴史感じる
3海尉　澁谷　晟

現地での自主研修で、私は16世紀のスペイン統治時代から栄えてきた古都、アンティグアを訪れた。修道院や教会といったカトリック建築群は、度重なる地震で崩壊し、当時の原型をとどめていない聖堂も多数あった。しかし、朽ち果てつつも凛然として建つ姿は美しく、５００年もの長きにわたりアンティグア市民を見守ってきた教会建築の歴史を感じさせるものであった。

ジェスチャーでコミュニケーション
3海尉　丹羽　弘樹

グアテマラを訪れ、印象に残ったことは二つある。一つ目は同国海軍との交流会で学んだ「ハート」の大切さだ。英語が不得意な私は、今までの寄港地では英語にひどく苦しめられ、マクドナルドでも満足に注文できない始末であった。そんな私に残された道は「ジェスチャー」だけだった。「ミサイル」という単語が通じない相手に「プシューッ」という擬音語とともに手で放物線を描くなど、ユーモアを交えてコミュニケーションに努めた。そうすると私の情熱が通じたのか、相手も喜んでいたように見えた。

二つ目は、グアテマラは日本と共通点が多いと感じたことだ。シャイな国民性や温和な性格、特に味覚に関しては日本人に近いものを感じた。自然災害の発生も多く、国民同士が助け合っているところにも日本と共通点があった。

アンティグアの「十字架の丘」からは世界遺産になっている街並みと標高3760メートルのアグア山が一望できた（６月27日）

7普連が浜大樹に揚陸

陸自は夏の訓練最盛期を迎え、3師団（千僧）、6師団（神町）、11旅団（真駒内）が6月30日から7月26日までの間、他方面区への「協同転地演習」を行った。

このうち3師団は岸川公彦中方総監を担任官に、隊員約2600人、74式戦車を含む車両約850両、155ミリ榴弾砲FH70などが参加。7普連（福知山）などが中部方面区から陸・海・空路を使って北海道の矢臼別演習場などに展開し、長射程の射撃訓練などを行った。同連隊が道東の浜大樹訓練場への揚陸訓練を行う際、海自の輸送艦「しもきた」（呉）搭載のエアクッション艇と現地の4普連（帯広）が支援した。

3師団の協同転地演習を支援

LCACで沖合から

海自の輸送艦「しもきた」から発進し、陸自車両を浜辺に揚陸させるエアクッション艇（LCAC）＝7月8日、北海道の浜大樹訓練場で

（下）北海道の浜大樹訓練場に向かうため、海自の輸送艦「しもきた」に乗り込む7普連の隊員たち
（右）協同転地演習中、輸送艦「しもきた」に積み込まれた陸自7普連の軽装甲機動車
（いずれも7月3日、京都府舞鶴港で）

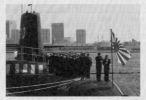

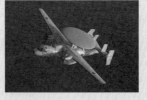

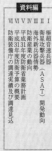

揚陸時に4普連の支援隊が

【4普連＝帯広】4普連は7月8日、3師団（千僧）が実施した浜大樹訓練場への揚陸訓練で支援隊を編成し、警備支援などを行った。

当日は7普連基幹の人員約100人、車両30両が海自の輸送艦「しもきた」からエアクッション艇（LCAC）で揚陸。4普連は支援隊の基幹として、地元の警察、海上保安庁など各関係機関と連携して、円滑な揚陸訓練支援に努めた。

道東まで海自1輸送隊が

【7普連＝福知山】7普連は7月3日、協同転地演習開始に伴い、舞鶴市北吸で海自1輸送隊（呉）と協同で機動展開訓練を実施した。

3日に輸送艦「しもきた」に器材、車両などを積載し、乗船待機していた訓練部隊は4日の午前4時に舞鶴を出港。見送りに駆けつけた福知山自衛隊協力会や家族などに対し、連隊長の小野田宏樹1佐以下約170人の隊員は甲板に整列し、敬礼でその声援に応えた。

その後、連隊は8日、北海道の浜大樹訓練場で「しもきた」が搭載するエアクッション艇（LCAC）の支援を受けて揚陸訓練を行い、10日から16日まで矢臼別演習場での各種訓練に臨んだ。

訓練検閲

6施大は障害構成など

渡河器材小隊が架設した07式機動支援橋を渡る22即機連（多賀城）の16式機動戦闘車

【6施大＝神町】6施大は6月10日から17日まで、王城寺原演習場、神町駐屯地、新庄市万場町で中隊、小隊、班の訓練検閲を実施した。

1中隊は約17キロの徒歩行進後、応急障害を構成して攻撃支援の任務を完遂。東北方面では唯一の「07式機動支援橋」を架設し、偵察班はその敷設地点などを偵察した。

陣地を占領 敵情を収集 2普連

【2普連＝高田】2普連は6月29日から7月2日まで、関山演習場で隷下2個中隊、1個小隊に対し訓練検閲を実施した。

3夜4日にわたる作戦期間中、2中隊は陣地を占領して防御準備を行い、侵攻する敵を阻止。情報小隊は作戦地域前方に潜伏して監視網を構成して敵情を収集した。重迫撃砲小隊は陣地占領後に継続的な火力戦闘を行った。

6偵が4夜5日の監視網

【6偵＝大和】6偵は6月9〜16日、岩手山演習場、王城寺原演習場で訓練検閲を受閲した。

隊長の野田尊文2佐は「目的・目標の確立」「偵察の矜持を持て」の2点を要望。各演習場に展開するため約400キロの長距離機動後、敵の進出経路に対して監視網を構成し、4夜5日にわたる師団の攻撃に寄与した。射撃検閲では、基本射撃や偵察警戒車の射撃で訓練成果を挙げ、戦闘職種としての練度の高さを証明した。

偽装した87式偵察警戒車のハッチから顔を出し、敵の動向を監視する6偵の隊員

7師団 3部隊「攻勢行動」

訓練検閲中、トレーラーを除染する7化防の隊員

【7師団＝東千歳】7師団は6月24〜26日、北海道大演習場で団隷下3部隊に対し、師団訓練検閲を実施。

検閲では「師団の攻勢行動における各部隊の行動」を課目とし、71戦闘団は総合戦闘力を発揮して任務を遂行。7通大は電子戦能力を向上させ、7化学防護隊は一線部隊と調整を行い特殊武器に対処した。

機動展開 実射訓練 1特隊

【1特隊＝北富士】1特隊は6月22日から29日まで、福島県の白河布引山演習場で野戦特科部隊などの機動展開・射撃訓練と2・3中隊の訓練検閲を行った。

機動展開訓練では約300キロの機動を実施。展開後の「訓練検閲」では大量の野草を人員や車両にまとわせ偽装した上で、雨でぬかるんだ陣地に火砲を設置、安全な射撃準備に努めた。「実射検閲」では迅速かつ正確な射撃を行った。

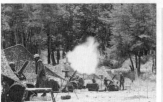

47普連の106人が射撃野営

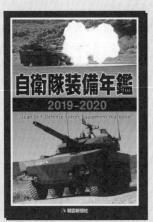

目標に向け、120ミリ迫撃砲を発射する47普連重迫中隊の隊員

【47普連＝海田市】47普連は6月22日から26日まで、滋賀県の饗庭野演習場で「連隊射撃野営」を実施した。同訓練には重迫撃砲中隊、施設作業小隊の即応予備自を含む計106人が参加。中隊は整斉円滑な射撃を行い、小隊も終始正確な動作で所望の成果を収めた。

15即機連が陣地占領と防御訓練

【15即機連＝善通寺】15即機連はこのほど、富士訓練センターで野営訓練を行った。

参加部隊は豊川、春日井駐屯地を経由する約700キロの長距離機動後、山梨県の北富士演習場に到着した。3中隊は防御訓練で、敵の侵攻阻止のために陣地を占領。その後は各種防御訓練を行い、陣地への配備要領、対機甲、歩兵戦闘や情報と火力の連携要領について徹底を図った。

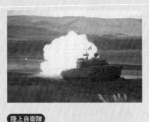

34普連は陣地構築の練度向上

【34普連＝板妻】34普連は6月21〜23日、東富士演習場で「連隊練成訓練」を実施した。

各普通科・重迫撃砲中隊が陣地構築を行い、その直轄小隊は防御に関する特技を生かし、練度向上を図った。

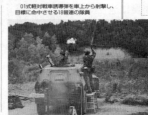

18普連が火砲の射撃練度を向上

01式軽対戦車誘導弾を車上から射撃し、目標に命中させる18普連の隊員

【18普連＝真駒内】18普連はこのほど、連隊火砲射撃を実施した。120ミリ迫撃砲、81ミリ迫撃砲などの射撃では、迅速な陣地進入、射撃準備、正確かつ迅速な射撃統制の練度などで射撃練度の向上を図った。01式軽対戦車誘導弾の基本射撃では車上射撃を実施。立ち射ちや重迫撃砲搭載の堅固な射撃姿勢から正確に照準を心掛けて射撃し、練度を高めた。

募集・援護　特集

平和を、仕事にする。

ただいま募集中！
◇航空学生◇一般曹候補生
◇予備自補（一般・技能）
◇自衛官候補生
★詳細は最寄りの自衛隊地方協力本部へ

高校生への募集解禁!!

公務員志望者90人にアピール

道内6機関で合同説明会

札幌地本

自衛隊の多様な職種　手厚い福利厚生PR

「最初は警察官を希望していたが、自衛隊も受験したいと思った」──。7月の高校生への募集解禁で、全国の地本が夏休み中の高校生への広報に力を入れる中、ライバルの警察、消防、海保とタッグを組んでの募集活動も行われている。札幌地本は道内5機関と共同で説明会に参加、約90人の公務員志望者を集めた。

【札幌】地本は7月7日、北海道警察本部で道警、自衛隊、札幌市消防局、第1管区海上保安本部、札幌矯正管区など6機関共同による「合同職業説明会」に参加した。

共同説明会は道警が主催したもので、今回で6回目。この日は札幌市などから公務員を目指す学生ら約90人が参加し、各機関の募集担当者から熱いメッセージが送られた。

説明会のメニューは参加者全員を対象としたステージイベントをはじめ、各機関ブースでの説明、個別相談のほか、体験コーナーを設置し、参加者の「知りたい」という希望に応えた。

札幌地本はステージで「陸・海・空3自衛隊には100種類以上の多様な職種があり、仕事とプライベートが両立した職場環境でやりがいのある仕事ができる」とアピール、さらに手厚い福利厚生制度があることをPRした。

一方、ブースでは任用制度やキャリアアップなど、「職業としての自衛官」の魅力を詳しく説明。このほか、若手自衛官との懇談では具体的に自衛隊で働く自分の姿をイメージしてもらった。

マンツーマンの対応で参加者の反応も良く、新たな志願候補者の情報が得られたほか、自衛隊への入隊を決めかねていた学生の「意思固め」にも成功した。

保安系公務員をすべてカバーした「合同職業説明会」は学生へのインパクトも非常に大きいため、札幌地本では今後も各公的機関と共同してイベントを開催し、自衛隊の魅力を学生たちに発信していく計画だ。

保安系公務員の志望者（左）に自衛隊の魅力をPRする札幌地本の広報官（右端）と札幌病院の女性隊員（その左）＝7月7日、北海道警察本部で

「正義のヒーロー大集合」

山形　職業紹介イベント開催

【山形】酒田地域事務所は6月15日、酒田市新町光ヶ丘の市武道館で山形県警、酒田広域消防、海上保安庁と合同で公務員職場紹介イベント「正義のヒーロー大集合」を開催した。

参加した学生たちは4グループに分かれ、1機関20分で全ブースをまわり、[illegible]

「自衛隊ブース」では任務、役割などを分かりやすく説明。[illegible]

最後のフリータイムでは、自衛隊ブースに参加者の約半数が訪れ、職種や採用制度などの説明に耳を傾けた。参加者たちは酒田所が用意した特製「陸・海・空迷彩柄インスタパネル」を使った撮影会も楽しんだ。

最後に森美樹所長が「このイベントを通じて、自衛隊が身近な職業であることを感じてもらえたらうれしいです。また、お会いしましょう」と学生たちとの再会を希望して散会した。

「正義のヒーロー大集合」と題したイベントで、消防隊員や警察官、海上保安官らと合同で職場紹介を行った森酒田所長（右から2人目）＝6月15日、酒田市武道館で

松江駅など7カ所で　島根　通学時間帯に集中広報

「募集の日」に街頭に出て若者に広報用ティッシュを手渡す高橋島根地本長（7月2日、JR松江駅で）

【島根】地本は7月2日を「募集の日」に設定、地本部員全員が県下7カ所の駅前などに展開し、募集チラシやポケットティッシュを配布した。

「募集の日」は7月1日の高校3年生に対する募集解禁日に合わせて毎年実施している。通学者の多いJR松江駅では、高橋洋二地本長以下20人に加え、県家族会会長ら8人も協力。通学時間帯の約1時間でティッシュ約1300個を配った。

この日は松江市観光キャラクターの「あっぱれ君」と「しじみ姫」も応援に駆けつけ、生徒たちは両キャラや隊員と一緒にスマホで記念撮影。それを友達にシェアしてくれるなど、SNSの領域で大きな広報効果があった。

地本長らチラシ配布　熊本　隊友会、家族会も協力

女子高生にチラシを手渡し、自衛隊をPRする濱田熊本地本長（7月5日、JR熊本駅前で）

【熊本】地本は高校生の募集解禁に伴い7月5日、JR熊本駅で市街地広報を行った。当日は隊友会と家族会の協力を得て、駅前にエアーくまモン、自衛隊説明会のパネルとのぼり旗を設置。

朝の通学時間帯に濱田地本長以下の部員と県隊友会長らが「自衛官募集中です！　よろしくお願いします！」と声をかけながら、チラシを配った。

生徒たちからは「自衛隊をいつも応援しています」「七夕の自衛隊フェスタが楽しみです」といった激励や期待の声も寄せられた。

10戦大と高島警察署が連携　滋賀

【滋賀】地本は6月30日、高島市の大型商業施設「平和堂あどがわ店」で広報活動を行った。今回は高島警察署と連携し、10戦大（今津）が支援した。

地本は店舗入り口付近に広報ブースを設け、陸自車両や写真パネルを展示。また、ミニ制服試着やVR（バーチャルリアリティ）体験コーナーを設け、幅広い年齢層に自衛隊をPRした。

最も好評だったのは10戦大隊員による「滋賀十戦太鼓」の演奏で、来場者は迫力ある太鼓の音に聞き入っていた。滋賀地本のHPを常にチェックしているという福井県から訪れた女性は「男性隊員に混じり、太鼓を演奏する女性隊員の力強さに感動しました」と話していた。

奈良基地祭に4000人来場　地本マスコット好評

【奈良】地本は6月1日に開催された「奈良基地祭」に広報ブースを出展、訪れた約4000人に対し広報活動を行った。基地内でペトリオットミサイルが展示されたほか、中空音（浜松）による音楽演奏なども行われた。イベントの目玉である飛行展示ではC130H輸送機が基地上空を航過した。

地本は37普連（信太山）や3特殊武器防護隊（千僧）の支援を受け、NBC偵察車や軽装甲機動車などを公開したほか、ブルーインパルスの飛行を体感できるVR体験コーナーを設けた。

来場者は空自の制服を試着し、地本マスコット「そらしかくん」との記念撮影も楽しんだ＝写真。

一般陸曹候補生979人が卒業　静岡地本長ら参列

117教育大隊での約3カ月の教育期間を終え、卒業式に臨む新隊員たち（6月29日、武山駐屯地で）

【静岡】地本は6月29日、117教育大隊（武山）の「第13期一般陸曹候補生課程卒業式」に参列した。

式には979人の卒業隊員が出席。入隊をお世話した地本長以下の部員も卒業式を見守った。この日は3カ月間の教育を終えた子息の成長した姿を一目見ようと、多くの家族も列席。東方混成団長の石丸威司1佐は訓示で、「同期の絆を大切にするとともに、国民を助けることができるプロの自衛官として活躍することを期待している」と卒業隊員を激励した。

家族たちは「入隊してわずか3カ月でこんなに立派になるとは！」「一人前の自衛官となって任務を頑張ってもらいたい」などと感想を語っていた。

防衛関連36社招き広報　空幕援護課

C2に乗り千歳基地へ

千歳基地を研修するためC2輸送機（後方）で千歳に到着した防衛関連企業36社の参加者（7月5日、空自千歳基地で）

【空幕】空幕援護業務課（課長・荒武香織1佐）は7月5日、防衛関連企業36社の人事担当者ら37人を北海道の空自千歳基地に案内し、現地で援護広報を行った。

千歳までの移動は埼玉・入間基地から最新のC2輸送機を使用。空自の装備に詳しい参加者は「C1と比較して大きく、機内も明るく静かだ」などと感想を語った。

千歳到着後は最初に2空団整備補給群を訪れ、F15戦闘機の定期整備について研修。企業が行うIRAN（航空機機体定期修理）とは異なる空自の整備活動の様子を確認した。

続いて基業群の管理隊では警備犬の教育訓練を研修。空自の警備犬は昨年の北海道胆振東部地震で行方不明者の捜索活動などで活躍し、小野寺防衛相（当時）から褒賞状を受けている。ハンドラー隊員と警備犬の訓練を見た参加者からは、「空自の警備犬も被災地で活動していることを初めて知った。とても頼もしく感じた」との感想があった。

このほか冬期、除雪作業を担当する北施隊の装備品なども見学。千歳での援護広報を担当した援護業務課の磯江豊2佐は、「空自隊員のふだん通りの姿や活動を実地に見ていただけてよかった。この広報が退職自衛官の新たな雇用につながればうれしい」と期待を込めて語っていた。

募集相談員に池前呉総監

愛知地本と岡崎市、連名で委嘱

【愛知】地本は内田康宏岡崎市長と連名で6月27日、前海自呉地方総監の池太郎氏（元海将）を「岡崎市募集相談員」に委嘱した。

市役所での委嘱式を終え、晴れて相談員になった池氏は、市職員、官公庁の長、西三河地区防災関係者ら約160人を前に、「西日本豪雨の教訓」と題して防災講話を行った。

池氏は呉総監として豪雨に対処した当時の状況や課題、教訓などを話した。聴講した職員は「今後の防災活動で大変参考になった。さっそく市として初動対応における課題に取り組みたい」などと感想を話していた。

岡崎市の募集相談員に委嘱された池太郎前呉総監（左から2人目）。その左は内田康宏市長、右端は福重穀尚愛知地本長（6月27日、岡崎市役所で）

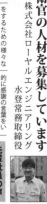

五郎丸選手から自衛隊代表チームへエール

陸海空統合で立ち向かう

国際防衛ラグビーへ　ヤマハと合同練習

ラグビーワールドカップに先立って行われる国際防衛ラグビー競技会（IDRC）に参加する自衛隊代表チームの4回目の合宿が7月22～28日に実施され、トップリーグに加盟するヤマハ発動機ジュビロ（静岡県磐田市）との合同練習も行われた。練習後、元日本代表フルバックの五郎丸歩選手から自衛隊代表チームへエールが送られた。

合同練習でヤマハのチームメートと戦術を確認する五郎丸選手（右から2人目）＝いずれも7月25日、ヤマハ・大久保グラウンドで

ラグビー・トップリーグ（全16チーム）に加盟するヤマハとの合同練習で、自衛隊チームの隊員たちが果敢な攻防を見せた。

4回目の強化合宿には主将の堀口裕二3曹（下総）以下43人（陸自39、海自4）が臨み、朝霞駐屯地で練習を実施した後、ヤマハと合同練習を行った。

2日間の練習には、前回W杯（英大会、2015年）に日本代表（フルバック）として出場し、南アフリカなどを破る日本の快進撃の立役者となった五郎丸選手も参加した。

練習ではスクラムやラインアウトからの展開などを、互いに攻め合う試合形式に近い形で実施。自衛隊選手はヤマハの選手を相手に、力強いタックルや速いパス回しなどを見せた。

自衛隊代表チームヘッドコーチで元日本代表の松尾勝博氏は、「スピードに翻弄される場面もあった。（プレーの）質を上げ、ミスを少なくしていきたい」と振り返った。

一方、五郎丸選手は練習後、「開催国のプライドを持ち、日本を背負い、日本のために戦ってほしい。しっかりと交流し、親交も深めていただきたい。ワールドカップの前に、（日本に）いい流れをつくっていただければありがたい」とエールを送った。

自衛隊代表チームは今後、出場選手34人を決め、習志野駐屯地で大会直前合宿（8月28日～9月14日）を行った後、IDRCに挑む。

セットプレーからの展開でヤマハの選手を追う堀口3曹（中央）ら自衛隊代表選手（迷彩柄）

代表チームの愛称とユニフォームも公開

4回目の合宿では自衛隊代表チームのユニフォーム、愛称も公開された。

ユニフォームは、歌舞伎の隈取りをモチーフとした力強さを持つ。空自2輸空（入間）の後藤庄太1曹がデザインした。下地の色はメーン（ファースト）が赤、サブ（セカンド）が青。

愛称は「ディフェンス・ブロッサムズ」に決まった。桜のエンブレムをユニフォームの胸に付ける日本代表が「ブレイブ・ブロッサムズ」と呼ばれていることにちなんだ。

また、ユニフォームの左胸には、防衛大臣旗と同様の五つの桜の花がプリントされ、「全自衛隊を代表して大会に挑む意気込みを表しています」とIDRC準備室の若松忠司3佐。

チームは陸自隊員が中心で、海自隊員が主将を務め、空自隊員がデザインしたユニフォームで身を包む。陸海空〝統合〟の力で強豪に立ち向かう。

◆国際防衛ラグビー競技会（IDRC＝International Defence Rugby Competition）

4年に一度のW杯に併せて実施される各国軍人のラグビー競技会。2015年にはイギリスで第2回大会が開催され、10カ国が参加。日本（自衛隊）も初参加し予選リーグで敗れたものの、親善試合（敗者トーナメント）1回戦でジョージアに28―26で競り勝った。

今大会は豪、仏、韓、英、フィジー、ジョージア、ニュージーランド、パプアニューギニア、トンガ、日本の10カ国が参加する。開催期間は9月9日～同23日。会場は朝霞駐屯地、習志野演習場、柏の葉公園総合競技場（千葉県柏市）。全試合が一般公開（無料）される。観戦要領は省HPに掲載されている。

東方警務隊逮捕術競技会

127地区警務隊が優勝

5戦全勝で37年ぶりの快挙

競技会の優勝者ら。（左4人目から）127警の福留良二2曹、米田監督、岡清定隊長、石井2尉（7月9日、朝霞駐屯地で）

【東方警＝朝霞】東部方面警務隊（隊長・原健1佐）は7月9日、7年ぶりに逮捕術競技会を実施した。団体戦は127地区警務隊（本部・習志野）が5戦全勝で昭和57年以来37年ぶりに優勝した。

住田和明陸上総隊司令官、高田克樹東方総監らが見守る中、団体戦（6個部隊の総当たり戦）と、個人戦（新人戦＝幹部・陸曹＝、女性の部）で徒手や警棒を使った逮捕術の技能を競った。

団体戦は127警が優勝し、監督の米田剛1尉は「選手たちが日ごろの成果を十二分に発揮してくれた。選手と支援していただいた方々に感謝したい」と話した。

一方、個人戦は幹部の部を石井晃太2尉（127警＝木更津連絡班）、陸曹の部を石塚亮祐2曹（302保警中＝市ヶ谷）、女性の部を熊谷妙華3曹（128警＝富士）がそれぞれ制した。

原隊長は終了後、「競技会の結果を踏まえ、来年2月に実施予定の警務隊逮捕術競技会（全国大会）の制覇に向けて、さらに練成していきたい」と語った。

会場には「警務隊紹介広報ブース」も開設。警務車両、新儀仗服、新儀仗銃を展示した。指紋検出が体験できる鑑識体験コーナーなども設け、警務の職務をPRした。

日本拳法競技連盟がJSPOに加盟

国体実施に道開く

全自衛隊拳法連盟（永井昌弘会長＝元陸将）も加盟する日本拳法競技連盟（茂野直久会長）は6月21日、日本スポーツ協会（JSPO）への加盟を承認された。同協会への加盟で、拳法の国民体育大会での実施の道が開けた。

日本拳法の諸団体と、同拳法をルーツとする自衛隊拳法（旧徒手格闘）の全自連盟が団結。この3年間、JSPO加盟を目指して組織体制を強化してきた。

国体種目となるための前提条件をクリアした日本拳法競技連盟は6月22日の理事会で、「国民スポーツ大会実行委員会」を立ち上げた。

同委員会で茂野会長は「国体の正式種目化は、自衛隊の理解と協力がなければ不可能」と、日本拳法の競技人口の約3分の1を占める自衛隊に今後の体制づくりへの支援を求めた。

永井全自連盟会長は6月30日に行われた「全自拳法富士山大会」の開会式でJSPO加盟を紹介。「（国体参加で）全国の隊員の活躍の場が広がる。部内外への大きな広報効果もある」と述べた。近藤力也副会長も「格闘技をたしなむ高校生、大学生は（自衛隊の）即戦力になる。地本とも連携し、募集広報にも寄与したい」と語った。

開会式でJSPO加盟を紹介する永井全自連盟会長（右）＝6月30日、静岡県御殿場市で

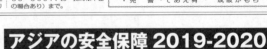

こちら警務隊　性的犯罪　その①

児童の心身に重大な影響　5年懲役や300万円の罰金

児童買春とはどんな犯罪ですか？

児童買春とは、18歳未満の者に金銭や物品を与えまたは与えることを約束して、当該児童に対し、性交等をし、または自己の性的好奇心を満たす目的で児童の性器等を触り、もしくは自己の性器等を触れさせることであり、5年以下の懲役または300万円以下の罰金に処せられます。

相手が18歳未満と知らなかったとしても、「もしかしたら18歳未満かも」との認識があれば故意となり、児童買春が成立します。

児童買春は、児童の心身に有害な影響を与える犯罪行為であり、絶対にしてはいけません。（東部方面警務隊）

※次回は「児童ポルノ製造・所持」

小休止

▽…41普連3中隊迫撃砲小隊の工藤卓哉1曹＝写真左＝と、同1曹の次女で重迫撃砲中隊の令奈1士＝同右＝は6月10～17日、日出生台演習場で行われた第1次師団訓練検閲に参加した。

▽…工藤1曹は普通科の隊員として32年間陸自で勤務。父に勧められ、また災害派遣で活躍する自衛隊員への憧れもあり、令奈1士も昨年3月、陸自に入隊した。

▽…令奈1士は初めての訓練検閲参加に当たり、「演習に持っていくと便利なものは何か」と相談。父は「雨や寒さへの対策はしっかりやった方がいい」とアドバイスした。工藤1曹は娘に「最近は責任感が出てきた。まだまだ半人前なので、素直な気持ちで訓練や業務に励んでほしい」とエールも送った。（別府）

五輪レスリング・銀メダリストの平山さん（元1陸佐）、回想録刊行

五輪レスリング・グレコローマン52キロ級銀メダリストの平山紘一郎さん（元1陸佐）（72）がこのほど、回想録『ひっ飛べ夢へ』＝写真＝を刊行した。

平山さんは鹿児島県出身。前回東京五輪（1964年）での三宅義信元陸将補（重量挙げフェザー級優勝）らの活躍に触発され（当時鹿児島工業高3年）、内定していた会社への就職を蹴って、スポーツの世界に飛び込むことを決めた。

上京後、職が決まらない中、電車の車内で隣の人が読む新聞に自衛隊の文字を見て、「自衛隊があった！」と入隊を決意。選考を経て体育学校に入校した。

早朝の自主トレ、過酷な減量、ライバルとの戦いを経て、ミュンヘン五輪（72年）の日本代表に。同五輪では銀メダルを獲得し、支え続けてくれた母への孝行も果たした。

夢を追って故郷を離れ、つかんだ平山さん。二度目の東京五輪を前に、「夢へ挑戦したことでオリンピアンの一人になれた」と、若者たちへ夢を持ち続けるよう伝えている。

回想録はA5版、132ページ。販売も行っており、価格は600円（税込み）。購入希望者は平山さん（0949・33・3557、13～18時※不在の場合あり）まで。

人生でいちばん大事な日は「2日」ある。それは生まれた日と、なぜ自分が生まれたかを理解した日である。
マーク・トウェイン（米国の作家）

（世界の切手・サンマリノ）

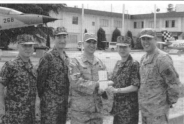

スペシャル・オリンピックス寄付金贈呈式に参加
地域活動通じ「日米協同」

空曹長　須藤　雄二（横田気象隊）

「スペシャル・オリンピックス」は、1960年代初期に米国のユーニス・ケネディ・シュライバーにより設立され、在日米軍では1980年、米空軍下士官会により横田基地に「関東地区スペシャル・オリンピックス」が設立されました。

その後、1984年から子供も大人も障がいのある・なしに関係なく、家族みんなで分かち合う日本で唯一のスペシャル・オリンピックスの団体として活動しています。

今回、私は横田基地准曹会副会長として「2019年関東地区スペシャル・オリンピックス寄付金贈呈式」に参列しました。当日は快晴に恵まれ、航空自衛隊連合会長の杉本准尉、連合副会長の上田准尉が寄付金を贈呈、米軍のトローシュ上級曹長とクラフト上級曹長が大会委員である第374空輸航空団を代表してこれを受領しました。

今年のスペシャル・オリンピックスは40回目の大会となり、無事40回目を迎えることができたのは、これまで大会の運営に尽力してきた関係者や多くのボランティアのおかげであると思います。組織的な協力と熱意がなければ、このように大規模なイベントは継続できなかったでしょう。

スペシャル・オリンピックスは、横田基地の日米隊員をはじめ、関東地区の陸・海・空自衛隊、そして日米軍関係者が地域活動に参加するという、大きな意義があり、「日米協同」の観点からも寄与する重要なイベントとなっています。

今後もこのスペシャル・オリンピックスが継続され、たくさんの地域の人たちが参加し、この活動を通じて「日米協同」の深化が図られるとともに、参加してくれた人の心が豊かになってくれればと私たちも願っています。

「2019年関東地区スペシャル・オリンピックス寄付金贈呈式」では、空自連合准曹会会長の杉本准尉（右から2人目）から米軍のトローシュ上級曹長（その左）に連合准曹会からの寄付金が贈られた

みんなのページ

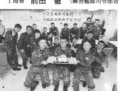

太平洋上で「誕生日会」

1海曹　前田　徹（練習艦隊司令部音楽隊）

サクソフォーン奏者の石川弘樹1士（前列中央）の誕生日を祝う練習艦隊音楽隊の隊員

海自遠洋練習航海部隊は米カリフォルニア州のサンディエゴに向け、最初の寄港地・ハワイのパールハーバーを出港しました。航海中、[illegible]参加しているサクソフォーン奏者の石川弘樹1士の誕生日[illegible]員で石川1士のバースデーを祝いました。洋上で迎えた誕生日は本人にとっても特別な日になったようで、参加者みんなが幸せを分かち合いました。

6月13日朝、サンディエゴ[illegible]「パーパラント」「海を渡る握手」など[illegible]「夢をかなえてドラえもん」[illegible]

[illegible]う風光明媚な公園で行われた演奏会は、両国音楽隊歌手による国歌独唱で幕を開け、練習艦隊は祥瑞太鼓による「山彦」と「昇雲」の力強い演武も披露しました。

その後、三宅由佳莉3曹の歌で「ガブリエルズ・オーボエ」を演奏。その歌詞は「愛は国籍を問わず私たちに平和と微笑みを与える」という内容で、聴衆を魅了しました。

結びで「祈り」を合同演奏しました。この曲は、東日本大震災の時に「トモダチ作戦」として救援に駆けつけてくれた米軍の皆さんと自衛隊員が一丸となって災害派遣活動に立ち向かった際の想いを込め、演奏しました。曲が終わると会場はスタンディング・オベーションに包まれ、私たちも胸がいっぱいになり、目に涙が溢れました。

アンコールでは海自が行進曲「軍艦」、米側が「星条旗よ永遠なれ」を演奏しました。この音楽会で日米の聴衆の心が一つになり、サンディエゴ市民の日本への理解がさらに深まったことを私たちも大変喜ばしく感じました。

朝雲・栃の芽俳壇

畠中草史　選

花柄の傘新調し梅雨を待つ　熊谷・空OG　佐藤　玲美
梅雨は鬱陶しく外出も気がのらない。少しでも気持ちを明るくと花柄の傘を新調した。

大井川長き木橋や梅雨に入る　浜松・空OB　富本　立男
九百メートルの木橋が架かったのは明治十二年。それまでは川越人足。下五が時へ誘う。

千枚田隔て老鶯声を張る　館山・海OB　斎藤　一向

雲の峰秩父連山包みこむ　熊谷・空OG　関谷　桂子

大雪渓蔵す甲斐駒ケ岳目のあたり　浜松・空OG　木通　佳子

天城峠青葉隠れに人の棲む　大津・陸OB　丸岡　正男

五月闇波間に佐渡の見え隠れ　あきる野・一般　小和田一男

蟻這へる風化の著き五輪塔　宮崎・空OB　髙木　智念

母の句の畳句なつかし梅雨明ける　町田・陸OB　岩原　滋利

居酒屋の一輪挿しに額の花　熊谷・空OB　蓮佛志向子

北大のポプラ並木の翠す　江別・陸OB　鎌田日出雄

花牛蒡たくましかりしはは恋し　相模原・一般　森　謙二

畦道に煙のたちし麦の秋　熊谷・空OB　明田　眞雅

梅雨出水緊迫解けず終夜　佐賀・陸OB　一ノ瀬恵昭

草履下駄サンダル靴と踊りの輪　浜松・空OG　塩見　惇子

大利根の葦燃え立たす夕焼かな　横浜・空OB　永澤　功

廃屋の庭の山百合香り立つ　新座・陸OB　船田藤三郎

降る雨に紫陽花藍に変はりゆく　熊谷・空OG　髙橋ふみ子

薫風を朋としリハビリ励みけり　仙台・陸OB　加川　師亭

園児らの歓声聞こゆ梅雨晴間　熊谷・空OG　福元万理子

参道に土用鰻の焼く匂ひ　東京・陸OG　杉山ふく美

買物の景品として日傘得る　西東京・空OB　水島　孝雄

紫陽花を境界とせる宮と寺　小牧・陸OB　松岡　魚青

くちなしの香り立ち来し雨となり　熊谷・空OG　関田　絹江

選者作品
雨止むを待たず鶯老を鳴く

投句歓迎！
▽郵便はがきの裏面に未発表の自作3句以内と氏名、年齢、職業（自衛官・事務官＝所属部隊＝、OB、家族、一般など）、住所、電話番号を記入▽締め切り毎月15日▽宛先＝〒162−8801東京都新宿区市谷本村町5の1　防衛省D棟市ヶ谷記者クラブ朝雲俳句係☎03（5225）1750、専用線8・6・25515

詰将棋

出題　日本将棋連盟　九段　石田　和雄

第800回出題

	5	4	3	2	1	
		v香			と	一
		馬		v王		二
				v桂		三
					v飛	四
			角			五
			飛			六

●先手　持駒　桂

【ヒント】華麗な大駒捨て（10分で初段）。

▶詰碁、詰将棋の出題は隔週です◀

詰碁

出題　日本棋院　九段　曲　励起

第1215回解答

【解答図】白先、白活。白①がまず大切で、次に黒❷なら白③がまた大切です。黒❹には白⑤で活きです。なお、黒❷で『3』なら白『2』、黒『4』に白『イ』でやはり活きです。

OBがんばる

平安山　優さん　54
平成31年1月、海自5整備補給隊5機側整備隊（那覇）を定年退職（曹長）。日本トランスオーシャン航空に再就職し、旅客機の整備業務に従事している。

早めの準備と面接練習を

私は、第5整備補給隊での勤務を最後に定年退職し、日本トランスオーシャン航空（JTA）に整備員として再就職しました。

整備する航空機は弊社所有のB737−800のほか、琉球エアーコミューター、フジドリームエアライン、海上保安庁などの航空機があり、それぞれ受託整備を行っています。

私が配属された第2点検整備課は格納庫で整備を行い、仕事内容は点検前のパネルの取り外し、点検後の取り付け、グリスアップ、防錆処理、塗装、航空機体の洗浄、客室内の整備などです。軽微な作業ですが、思いのほか体力勝負のところがあり、海上自衛隊で身体を鍛えていたことが大いに役に立っています。

航空機を整備する責任の重さは自衛隊も民間も同じですが、民間機にはお客さまが搭乗すること、ミスを起こせば会社の損失につながることから、より責任と緊張感を感じています。同時に、弊社は地域に根差した航空会社であるため、沖縄の発展に微力ながら貢献している満足感が得られ、やりがいのある仕事だと感じています。

これから再就職される方々へのアドバイスとしては、「早めに準備する」ことをお勧めします。履歴書の提出をはじめ、自分がやりたい職種を早期に決め、それに必要な資格等があれば積極的に取得してください。就職援護室との連絡を密にして、新たな求人情報をいち早く得るようにしてください。早めの準備ができていれば、余裕が持て、万全の状態で就職活動に臨むことができます。それと大事なことは「面接の練習」です。私も意外と苦戦したことを記憶しています。私が希望の企業に就職できたのも、早めの準備と面接の練習が大きな要因だと思っています。間もなく定年を迎える皆さま、早めに準備しましょう。

検閲の経験、実務成功の糧に

3陸曹　小寺　崇（130地区警務隊久居派遣隊）

私が中部方面隊に配属されてからの野外訓練は、なぜか雨とセットになることが多く、警務隊検閲も、たたきつけるような雨の中でのスタートとなりました。

本検閲で、私は主に「関係者の事情聴取」と「鑑識活動による証拠の採取」を命じられていたのですが、鑑識活動では「悪天候」が私の前に立ちはだかりました。

鑑識活動は、現場や証拠品に残された犯人につながる手掛かりを探し出すために実施するものですが、特に気をつけなければならない点に「証拠の滅失」があります。

「証拠の滅失」とは、直接の接触はもちろん、時間経過、温度、湿度など、さまざまな要因で手掛かりが消えていくことですが、その点からいえば「終始降り続ける雨」という今回の状況は、自分のこれまでの経験の中で最も悪いコンディションでした。

雨でびしょ濡れになった証拠品からの検出作業は、当然、ふだんよりも非常に困難で、今まで経験したことのない状況と緊張により、正直なところ、私は失敗といえる結果を出してしまい、自分の能力不足に非常に悔しさを覚えました。

本検閲で私に与えられた任務、特に鑑識活動の結果は、とても及第点と言えるものではありませんでしたが、この検閲での失敗を今後に生かさねばなりません。

今回の失敗は「実務での成功につなげるための糧」であると気を引き締め、今後の職務に臨んでいきたいと思います。

新刊紹介

「軍事的視点で読み解く米中経済戦争」

福山　隆著

トランプ米大統領による対中関税引き上げや中国IT企業の排除など、米中間の貿易戦争は激化し、その余波は世界に及んでいる。

本書はインテリジェンスに精通した元陸将が軍事の視点から米中経済戦争を分析したもので、これは「世界覇権」を争う熾烈な戦いであるため、著者はどちらかが雌雄を決するまで続く「国家総力戦」の一断面であると見る。

戦いは経済面にとどまらず、宇宙・サイバー・神経科学など最先端の技術分野にまで及ぶが、いずれも自由・民主主義の米社会とメディアが中国を〝助けている〟ため、中国側が情報面では断然有利であるとする。

米中に挟まれた日本は否応なく両国の戦いに巻き込まれるため、日本人は「戦時下に置かれている覚悟」こそ必要であるとし、日本が今後取るべき具体的な施策についても提示している。

（ワニブックス刊、950円）

「民間人のための戦場行動マニュアル」

S&T OUTCOMES・川口　拓著

もしも戦争に巻き込まれたら、あなたは生き残る方法を知っているだろうか。いつ訪れるかわからない〝いざ〟という時に備えて、生き延びる方法を身に付けておきたい――。

いまや、戦争だけでなく国内外でテロや暴動、クーデターなど、さまざまな大事件に巻き込まれる可能性は決して低くない。そんな時、自身だけでなく大切な人も守らなければならない。

しかし、日本人の多くは戦争の恐怖を知らず、対処法を心得ているはずもない。本書は、そんな個人の危機管理について少しでもイメージを深め、自助方法を解説するサバイバル・マニュアルだ。

著者は主に陸上自衛隊への戦闘技術指導を行う「S&T OUTCOMES」に所属するセキュリティのプロたち。そして共著者には危機管理リーダー教育協会の川口拓氏が加わった。川口氏は自衛隊危機管理教官・サバイバル教官を10年以上にわたって務めている。

「銃を突きつけられたら」「瓦礫に埋もれてしまったら」「自宅でできる防衛手段」など、さまざまな状況を想定した対処法が紹介され、イメージがしやすくなっている。本書で知識を増やし、しっかりと自分の身の安全を確保したい。

（誠文堂新光社刊、1620円）

発行所 朝雲新聞社
〒160-0002 東京都新宿区四谷坂町12-20 KKビル
電話 03(3225)3841
FAX 03(3225)3831
振替00190-4-17600番
定価一部170円、年間購読料9000円（税・送料込み）

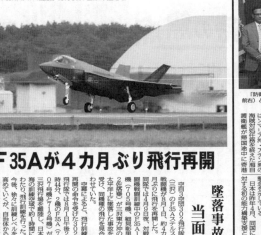

スリランカと初「防衛協力・交流の覚書」

陸軍種間でも新たに協力

原田副大臣が国防担当相と会談

原田憲治防衛副大臣は7月25、26の両日、インド洋のシーレーンの要衝にあるスリランカを訪れ、ルワン・ウィジェワルダナ国防担当国務大臣（副大臣級）と会談。日本とスリランカの間で初となる「防衛協力・交流の覚書」に署名した。これまでの海・空軍種間に加え、新たに陸軍種間でも協力・交流の可能性を模索する。これに先立ち、原田副大臣は国防相を兼務するマイトリパラ・シリセナ大統領を表敬訪問し、日米が掲げる「自由で開かれたインド太平洋」の実現に向け、海洋安全保障分野を中心に両国間でさらなる関係強化を図っていくことで一致した。

「防衛協力・交流の覚書」を交わし、握手する原田副大臣（手前右）とスリランカのウィジェワルダナ国防担当国務大臣（7月26日、旧首都コロンボの国防省で）＝防衛省提供

原田副大臣は26日、首都スリ・ジャヤワルダナプラ・コッテに隣接する旧首都コロンボ市内の国防省でウィジェワルダナ国防担当国務大臣と会談した。

両氏は陸海空の全軍種間における協力強化を目指すことで一致し、▽ハイレベル交流▽部隊間交流▽共同訓練――の推進を柱とする2国間の「防衛協力・交流の覚書」に署名した。

さらに会談では、これまで進められてきた海軍種間、空軍種間に加え、新たに陸軍種間でも協力・交流の可能性を追求していくことで合意し、幅広く意見交換を行った。

その後、ウィジェワルダナ大臣が主催した昼食会では、2国間の長い友好の歴史を確認し、地域情勢などを含む安全保障環境などをめぐって認識を共有した。

これに先立ち、原田副大臣はコロンボの大統領府にシリセナ大統領兼国防相を表敬訪問。両氏は今回の覚書の締結を歓迎するとともに、「自由で開かれたインド太平洋」の実現に向け、両国が共に「海洋国家」として連携を深めていくことで一致した。

原田副大臣は滞在中、コロンボ港で管制塔の状況を確認したほか、同港に拠点を置くスリランカ海軍基地を訪れ、停泊中のフリゲート「ガジャバフ」の艦内を視察した。

スリランカには2016年12月、宮澤博行防衛大臣政務官（当時）が防衛省の政務レベルとして初めて訪問。翌17年7月にも再び訪れ、シリセナ大統領やウィジェワルダナ大臣らと相次いで会談している。

その後、昨年3月の河野統幕長（当時）の訪問に続き、同8月には日本の防衛大臣として初めて公式訪問した小野寺五典防衛相（当時）が、ウィジェワルダナ大臣と両国間で初となる防衛相会談に臨み、「防衛協力・交流の覚書」の締結を目指すことで一致した。

これを受け、約1年かけて準備が進められ、今回の覚書締結が実現した。

◇日本とスリランカの防衛交流

スリランカはインドの南、シーレーンの要衝に位置する島嶼国で、面積は約6万5千平方キロ（北海道の約0.8倍）、人口約2千万人。古くから貿易港として栄えてきたコロンボ港には、海自の遠洋練習航海部隊が寄港してきた。近年ではソマリア沖・アデン湾の海賊対処任務を終えた海自護衛艦が帰国途中に寄港し、同国海軍の艦艇と定期的に親善訓練を行っている。

こうした中、「一帯一路」構想を掲げる中国が、アジア―欧州間の海路の拠点確保を目指す「真珠の首飾り」戦略の一環として、コロンボ港や南部のハンバントタ港などの港湾開発を進めており、日米やインドなどがその〝軍事拠点化〟に強い懸念を示している。

日本は昨年4月、同国に対する初の能力構築支援として、ハンバントタ港に寄港した海自護衛艦内で「捜索救難に関するセミナー」を開催。これを機に、衛生分野を含む能力構築支援のほか、空軍種間でも寄航時の部隊間交流や捜索救難に関する能力構築支援などの協力が進められている。

今後は全軍種間で人的交流の拡大を図り、法の支配に基づく「自由で開かれたインド太平洋」の実現に向け、同国との連携をさらに強化していく考えだ。

飛行再開命令を受け、日本海の訓練空域に向けて離陸する3空団302飛行隊のF35Aステルス戦闘機（8月1日、空自三沢基地で）

F35Aが4カ月ぶり飛行再開

墜落事故で飛行見合わせ

当面、夜間訓練行わず

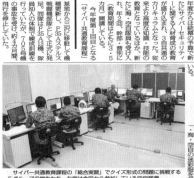

空自3空団302飛行隊（三沢）のF35Aステルス戦闘機が8月1日、約4カ月ぶりに飛行を再開した。同隊では4月9日夜、対戦闘機戦闘訓練中のF35A1機（705号機、細見彰里3佐搭乗）が三沢東方の太平洋上に墜落する事故が発生、同機種の飛行を見合わせていた。

空幕によると、飛行訓練の再開命令を受けた8月1日午後2時07分頃、2機のF35A（707号機と712号機）が三沢飛行場を離陸、日本海の訓練空域で約1時間にわたり飛行訓練を行った。

今後、徐々に訓練レベルを高めていくが、当面、事故が発生した夜間の飛行訓練は行わない。

丸茂空幕長は8月8日の記者会見で「（705号機の）事故は（パイロットの）空間識失調が原因と[illegible]、これについて十分な教育やシミュレーターを使った訓練を重ねてきた。機体の健全性も確認し、安全を第一として昨日から飛行を再開した。4カ月ぶりのフライトにあたり、[illegible]能力の向上、育成に努めていきたい」と述べた。

空自はF4戦闘機の後継機としてF35Aを導入、2016年[illegible]、17年12月に「臨時F35A飛行隊」（隊長・中野義人2佐）を三沢基地に新編した。

今年3月26日、F4部隊だった302飛行隊が百里基地から三沢に移駐して機種更新し、F35Aステルス戦闘機部隊として正式に発足。同隊はF35A13機、隊員80人の体制で練成訓練を行っていたが、705号機の事故を受け、約4カ月間、飛行を停止していた。

「オスプレイ」

米での編隊飛行訓練映像を公開

陸自はこのほど、米国ノースカロライナ州のニューリバー航空基地で飛行訓練を続けている「V22オスプレイ」の編隊飛行中の映像を、ホームページで公開した。

陸自は今年3月から米海兵隊の支援を受け、陸自が取得したV22を使い、米国で搭乗員の教育訓練を行っており、現在、約20人の隊員が参加している。

これまでは米海兵隊と飛行訓練を行ってきたが、[illegible]

陸自通信学校――

サイバー教育を報道公開

海・空自隊員、課程に初参加

陸自通信学校（久里浜、学校長・田浦尚之将補）は8月2日、同校で3自共通の課程として開講中の「サイバー共通教育課程」の実習の模様を報道陣に初めて公開した。

同課程は平成16年から始まった陸自の「システム防護課程」内に設けられ、今年度からは統幕の予算で新たにサイバーセキュリティーに関する人材育成の教育が盛り込まれ、3自共通のカリキュラムとなった。従来より高度な知識・技能の教育となっているほか、新たに海・空自隊員も受け入れ、年2回、幹部・曹別に（教育期間はともに3・5カ月）開講している。

今年度第1回目となる「サイバー共通教育課程」は5月初旬にスタートし、「システム防護一般」「サイバー戦基礎」「サイバー戦技術（敵のサイバー攻撃要領、各種防護要領）」「現地実習」「総合実習（敵の攻撃要領、攻撃等対処要領）」の順で教育を行っている。

2日は総合実習の「攻撃等対処要領」教育の様子が公開された。学生5〜6人で編成されたチームが、それぞれクイズ形式でサイバー戦などに関する問題に挑戦する内容で、別室で教官たちが状況を見守る中、陸・海・空自の迷彩服を着た〝統合部隊チーム〟はパソコンに向かい、次々と問題を解いていた。

同教育について通信学校2教部長の河口誠1佐は「3自衛隊共通の教育なので、それぞれの特性を互いに理解しながら、教育が進むよう心がけている。修了後、学生たちが配属された部隊で、しっかりとサイバーセキュリティーの業務を遂行できるよう今後も教育していきたい」と語った。

曹が対象の「サイバー共通教育課程」は8月5日に終講。教育を修了した学生たちは原隊に戻り、それぞれの部隊でサイバー防護の知見を生かした業務に就くほか、統合サイバー専門部隊などに配属される。

サイバー共通教育課程の「総合実習」でクイズ形式の問題に挑戦するEグループの学生たち。左端は今回から参加している空自隊員（8月2日、陸自通信学校で）

北がまた短距離弾

約2週間で4度

北朝鮮は7月31日、8月2日、6日と相次いで短距離の飛翔体を日本海に向けて発射した。防衛省は各日とも「我が国領域や排他的経済水域（EEZ）への弾道ミサイルの飛来は確認されておらず、現時点で我が国の安全保障に直ちに影響を与えるような事態は確認されていない」とのコメントを発表した。

韓国軍合同参謀本部によると、7月31日の発射は午前5時6分頃と同27分頃（日本時間同）で、東部の元山付近から計2発の短距離弾道ミサイルが北東方向に約250キロ飛翔し、高度は約30キロだったと推定される。

8月2日は午前2時59分頃と同3時23分頃（日本時間同）の2回にわたり、東部の咸鏡南道・永興付近から発射された。飛翔体の数は明らかになっていないが、飛距離は約220キロ、高度約25キロ、最高速度マッハ6・9と探知された。

6日は未明に南西部の黄海南道付近から飛翔体が2回発射された。

北朝鮮による飛翔体の発射は7月25日の短距離弾道ミサイルに続くもので、約2週間で4度目。米韓軍が8月5日から20日までの予定で開始した合同軍事演習をけん制する狙いがあるとみられる。

防衛省では現在、情報を収集し、弾種や発射数、航跡などについて総合的、専門的に分析を進めている。

岩屋防衛相は8月2日の記者会見で「北朝鮮はミサイル技術などの高度化を図っている。我が国のみならず、国際社会にとっての深刻な課題だ」と指摘。「防衛省としては（新たな）防衛大綱・中期防のもとで、あらゆる経空脅威に対して国土を防衛するための『総合ミサイル防衛体制』の強化を進めると同時に、警戒監視態勢を万全なものにしていきたい」と述べた。

本号は10ページ

春夏秋冬

インド式問題解決法「ジュガード」

笠井 亮平

先日インターネットでインドメディアをチェックしていたら、防衛関係で興味深い記事があった。インド空軍が保有するミラージュ2000には、ロシア製の短距離空対空ミサイルR―73が搭載されているというのだ。

本紙の読者なら説明するまでもないが、ミラージュと言えばもちろんフランス・ダッソー社が製造する戦闘機だ。そこになぜロシア製のミサイルなのか。

記事によると、経緯はこうだ。インド空軍は1985年にミラージュを導入したが、2008年までに同戦闘機に対応したフランス製の空対空ミサイルが廃盤になってしまった。普通なら後継のミサイルを導入するところだが、調達手続きには膨大な時間と労力を要する（コスト面の制約もあったのではないかと筆者は想像する）。それよりも手っ取り早い方法として、すでに自軍が採用しているロシア製のスホーイやミグ戦闘機用のR―73を転用してしまおうということになった。この案は言うほど簡単な話ではなく、フランスもロシアも難色を示し、協力を拒否した。ならばとインドはイスラエルの防衛企業の協力を得て課題をクリアし、自前で実現にこぎ着けたという。

一見、荒唐無稽な試みだが、インド人にとってはさほどハードルは高くないか、むしろ当たり前のことかもしれない。それを理解するカギは「ジュガード」というインドの言葉にある。リソースや手段が限られているなかで、常識にとらわれない自由で斬新な発想で問題解決を図るという意味で使われる。

何かの製品が壊れたとき、先進国なら新品に交換するケースでも、インドではそうもいかないことがままある。部品も純正のものは高くつく。そこで、身近にあるものを総動員して乗り切ろうとする。いまやこのコンセプトはビジネスの現場にも応用されるようになっていて、『ジュガード・イノベーション』という本が世界的なベストセラーになったほどだ。

「ジュガード」は、元々インドのある地方で、寄せ集めの部品でこしらえた四輪車の呼び名から来ているとされる。車でできるのなら戦闘機でも・・・と技術者が考えたかどうかはわからないが、アイデアの自由さだけでなく、それを実行に移すフットワークの軽さがインドならではと感じている。

（岐阜女子大学南アジア研究センター特別研究員）

朝雲寸言

74年前の夏、我が国は15年にわたる戦争に敗れ、連合国に無条件降伏した。この戦争に統一された名前はなく「先の大戦」と政府は呼ぶ▼戦争の呼び方は様々だが、日露戦争・普仏戦争のように戦った国の名前で呼ぶか、クリミヤ戦争・湾岸戦争のように紛争地域の名前で呼ぶのが一般的である。30年戦争や6日戦争のように争われた期間が名前になっている戦争もある▼第1次世界大戦は、恐らく第2次大戦が起きなければその名前にならなかった戦争である。この戦争は当時、「世界大戦」「諸国民の戦争」そして「戦争を終わらせるための戦争」と呼ばれた。皮肉な名前と言えばそれまでだが、当時の人々が多くの国家を巻き込んだ戦争をどのように見ていたかよくわかる名前である▼「先の大戦」には統一された名前がない。米国の視点による「太平洋戦争」は最も一般的な呼び方であるが地理的に一致していない。「大東亜戦争」という呼称が名が体を表しているものの、その名前の使用を禁止されていた時代もあった▼ある新聞の終戦記念日の社説は「先の戦争の統一した呼称がないことがいつまでも過去を総括できない一因となっており、戦争呼称はジャーナリズムの宿題である」と指摘している▼長い梅雨が終わって日本列島は猛暑の夏を迎えた。「あの夏」も暑かったに違いない。わずかな時間でいい。多くの人が戦争について考える8月になってほしいと思う。

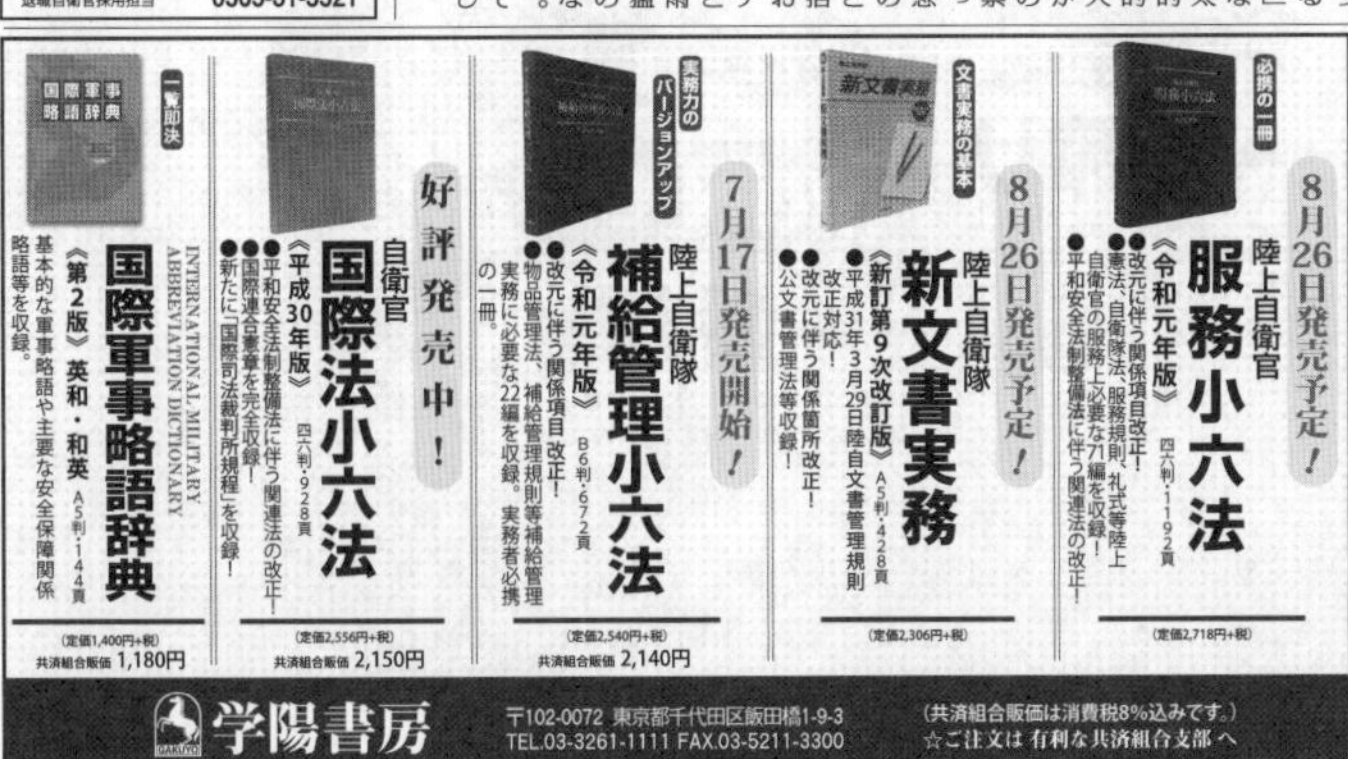

時の焦点

国内　日韓関係悪化

輸出管理の懸念に応えよ

感情的に反発するだけでは事態は前進しない。韓国はまず、日本の懸念を正面から受け止めるべきではないか。

日本政府は、韓国向けの輸出管理を厳格化するため、政令改正を閣議決定した。手続き優遇対象国から韓国を除外する。

菅官房長官は「韓国の輸出管理制度や運用に不十分な点がある」と指摘した。

化学物質や炭素繊維などを輸出する際、原則として個別の許可が必要となる。これらの品目は、武器に転用される恐れがある。韓国における輸出管理の現状に疑問がある以上、日本として、より入念に管理するのは当然であろう。

韓国だけに「禁輸」するのではなく、手続き簡略化の対象27カ国から除外し、その他の国と同様の取り扱いにするだけである。使途などに疑問がなければ、正規の手続きを経て円滑に輸出されるだろう。

世界貿易機関（WTO）が、こうした安全保障上の措置を認めているのは、自由貿易を進めるだけでは世界にリスクが拡散するためだ。

この措置に対し、韓国の文在寅大統領は「事態をいっそう悪化させる無謀な決定だ」と強く反発している。日本に「警告する」といった極めて強い表現で非難している。

貿易関係にとどまらず、韓国側は、北朝鮮の核・ミサイル情報を共有する「日韓軍事情報包括保護協定」（GSOMIA）の破棄の可能性まで示唆しているという。

韓国の閣僚らは、国際会議などの場で日本批判を繰り返している。他国からは、日韓が全面的な対立関係に陥ったように受け取られよう。

疑問なのは、日本への反発ばかりが先行し、文政権に輸出管理のあり方を見直す意思がみられないことだ。

韓国側が取り組むべきは、日本の懸念に真摯に応え、化学物質などを輸出しても武器転用の恐れがないことを明確にすることである。

日韓関係は、経済面でも安全保障面でも、極めて重要である。だからといって、輸出管理への疑問が拭えないまま日本が措置を撤回すれば、国際社会に対する責任を果たせない。

一部メディアなどには、日韓対立には双方に責任があるとして、措置の撤回など、韓国への譲歩を主張する向きもある。日本の措置を、元徴用工問題への単なる報復と位置づける論理である。

元徴用工問題などにより、国家間の信頼関係が失われたことが背景にあるのは間違いない。だが、日本が提起しているのは、輸出管理のあり方という、安全保障にかかわる具体的な問題である。

日本政府は、輸出管理をめぐって「不適切な事案」が発生したとしている。可能な範囲で詳細に説明し、国際社会の理解を得つつ、韓国に改善を求めることが必要だ。

日韓の対立は、周辺諸国を利するだけである。韓国に冷静な対応を促さねばならない。

宮原　三郎（政治評論家）

海外　英で新首相

「特別な関係」どう深化

英国で7月24日、保守党のジョンソン前外相が新首相に就任した。新政権の下、米国との「特別な関係」（チャーチル英首相の創った表現）の前途は――。

チャーチルとルーズベルト、マクミランとケネディ、サッチャーとレーガン、ブレアとブッシュ（息子）らは友好的な絆を維持した。

歴史的流れで見ると、就任するや、直ちにチャーチルの胸像を執務室から撤去したオバマ前大統領の「異質」さが歴然。

「特別な関係」は依然、現実に存在しているのか、防衛など一定分野に限って存在しているのか。これら諸点の吟味が重要だろう。マクロン仏大統領が欧州連合（EU）の「欧州軍」創設を提案している状況からも、両国は自問の必要がある。

米英間には、トライデント核ミサイル、核増殖炉、F35戦闘機計画など防衛、安全保障に加え一部経済問題で強いつながりがある。

英国が欧州に対してより、米国とより密接な案件もある。イラン核合意、軍事情報の共有、北大西洋条約機構（NATO）問題、シリア内戦、ロシアとプーチン同国大統領に対する姿勢などだ。

米英関係の協力強化をうたうシンクタンク「アトランティック・ブリッジ」（1997年創設、初代会長マーガレット・サッチャー）が2010年に行った調査内容は今も有効だろう。

それによると、①「特別な関係」は世界で最も重要な二国間協力（米国民の57％）②英国は米国が危機の際に支援してくれそうな唯一の国（同60％）――との結果だった。

実際、03年の米軍によるイラク侵攻の時、米に協力して部隊を派遣したのは英国だけだった。

両国が目下抱える難問はイラン対策。ペルシャ湾で6月、米軍の無人機が撃墜され、7月19日にはホルムズ海峡で、英船籍の石油タンカーがイラン革命防衛隊に拿捕された。米英は一連の攻撃的な行動に懸念を強めているが、軍事行動は望むところではない。しかし、航行の自由の原則、ホルムズ海峡を全船舶に開放するという基本は放棄できない。

この問題で両国の協力はどの程度まで深められるのか。ジョンソン新首相とトランプ米大統領が再評価を行うことになるだろう。

ジョンソン氏は、トランプ候補にはあまり好意的ではない発言をしていたが、大統領就任後は様々な政策（EU批判、シリア空爆、北朝鮮の交渉、NATO加盟国に防衛支出増要求など）の称賛者に変わった。

面白い偶然だが、母親が米国人だったチャーチルが米英のハーフだったのと似ていて、1964年にニューヨークで生まれた新首相は、16年に米国籍を離脱するまで米英の二重国籍だった。

英放送協会（BBC）を「Brexit Bashing Corporation（EU離脱派叩き協会）」と呼んで批判する姿も、フェイクニュースと対立する米大統領に似ている。

トランプ氏の祝福ツイートが、就任の僅か30分後に届いた超スピードもよく分かる。

草野　徹（外交評論家）

「統合高級課程」41人が卒業

統幕学校長「統合運用体制の牽引者に」

3自衛隊の「高級課程合同卒業式」で清田統幕学校長（左）から卒業証書を授与される学生たち（7月31日、目黒基地で）

統幕学校と陸自教育訓練研究本部、海・空自の幹部学校は7月31日、目黒基地の大講堂で「自衛隊高級課程合同卒業式」を行った。

同課程の学生41人（陸16、海15、空9、インド海軍大佐1）は昨年8月末、3自衛隊の「高級課程」に入校。最初に統幕学校で「合同統合教育」を受けた後、3自の「幹部高級課程」に進み、再び統幕学校の「統合高級課程」で講義や国内外研修、グループ研究を通じて防衛戦略や統合運用について学んだ。

卒業式には、増子豊統幕副長、湯浅陸、山村海両幕僚長、荒木文博空幕副長をはじめとする来賓や幹部学校長ら学校職員など約100人が出席。学生長の岩政秀委1海佐が課程修了を申告後、清田安志統幕学校長が卒業生一人一人に卒業証書を授与した。

式辞で清田学校長は「諸官は新たな防衛大綱に示された『多次元統合防衛力』の構築とその運用に携わることになる。自衛隊が日々行っている警戒監視をはじめとする任務や訓練は平素における"戦い"であるとの認識を新たにし、統合運用体制のさらなる強化の牽引者として活躍していってほしい」と卒業生を激励した。

続いて、増子統幕副長が米国出張中の山崎統幕長の訓示を代読し、①真に戦える自衛隊を目指したそれぞれの使命の完遂②既成概念にとらわれない変革の断行――の2点を求め、「本課程で培った論理的な思考力をもって真に戦える自衛隊であり続けるためにはいかにあるべきかを考え、時代に合わせて変化することを恐れず、全身全霊をもって変革を断行してほしい」と述べた。

陸自の20部隊に2級賞状

駐屯地業務で優れた功績

駐屯地業務などで優れた功績を挙げた陸自の20個部隊に7月24日、湯浅陸幕長から2級賞状と副賞が贈られた。

授与式は陸幕会議室で行われ、陸幕の小野塚貴之副長、冨樫勇一人教部長らが立会。湯浅陸幕長は受賞20個部隊の業務隊長らに2級賞状を授与後、「駐屯地の業務隊機能は隊員にとっては生活そのものであり、作戦基盤としても重要。（各業務隊が）地道に成果を挙げることで、陸自の任務も達成される。引き続き周りの（部隊の）模範となり、隊員を支えてもらいたい」と訓示した。

湯浅陸幕長（左）から2級賞状を授与される腰塚浩貴施設学校長ら20個部隊の長（7月24日、陸幕会議室で）

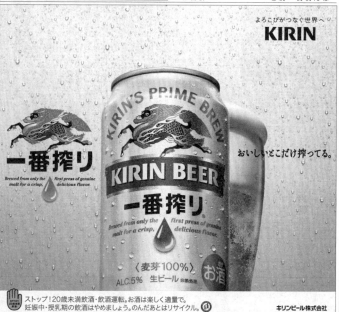

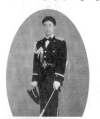

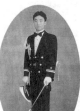

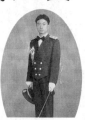

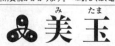

◇受賞部隊とその功績は次の通り（カッコ内は隊長名）

▽旭川駐屯地業務隊（永冨直由1佐）北鎮記念館を活用し、地本と連携して募集活動に寄与▽東千歳駐業（古河博彦1佐）ヤマサクラ演習での各種支援により方面隊の任務達成に寄与▽北海道補給処白老弾薬支処（菊池隆1佐）施設警備に係る各種整備により警備体制強化に寄与▽倶知安駐業（内山田孝2佐）アフリカ施設部隊早期展開プロジェクトで家族説明会など派遣態勢確立に寄与

▽多賀城駐業（浅野尚之2佐）子育て講座など隊員・家族の生活安定に寄与▽郡山駐業（實松一臣2佐）演習場周辺地区長等との定期的な意見交換により演習場の長期安定使用に寄与▽古河駐業（熊倉弘典1佐）各部隊長・隊員家族・協力団体3者の関係強化で家族支援態勢強化に寄与▽相馬原駐業（山内克己1佐）緊急登庁支援に伴う家族支援ツールの導入・普及で即応態勢向上に寄与▽新町駐業（荒田和彦2佐）不測事態対処マニュアルの改善により実効性向上に寄与▽練馬駐業（山口芳正1佐）緊急登庁支援に係る訓練の実施などでその実効性向上に寄与

▽守山駐業（酒瀬川友博1佐）豚コレラに伴う災害派遣における各種支援で派遣部隊の任務達成に寄与▽大津駐業（西田誠2佐）各種施設整備で方面隊の教育環境充実に寄与▽海田市駐業（清水和人1佐）平成30年7月豪雨災害における各種支援で災派部隊の任務達成に寄与▽山口駐業（金田良和2佐）同上▽善通寺駐業（田中義浩1佐）同上

▽別府駐業（山崎真一2佐）十文字原演習場の各種訓練施設整備で方面隊の訓練環境向上に寄与▽湯布院駐業（加藤晴世2佐）日出生台演習場管理会議の月例化により連絡・調整態勢強化に寄与▽那覇駐業（山口敦史1佐）宮古島駐屯地・支部新編準備業務を担任し、体制移行進展に寄与▽与那国沿岸監視隊（佐々木正弘3佐＝後支隊長）ヘリ降着適地の設定・整備等により部隊活動等の基盤を維持・強化

▽施設学校（腰塚浩貴将補）　環境整備マニュアルの作成・普及により陸自全体の生活・勤務環境を改善

ADMMプラス

「人道支援・災害救援演習」　マレーシアで18カ国が参加

マレーシアの首都クアラルンプールで7月30日から8月1日まで、ADMMプラス（拡大ASEAN国防相会議）の枠組みで実施する「人道支援・災害救援演習」（議長国・マレーシア、米国）が行われた。

訓練には東南アジア諸国連合（ASEAN）10カ国に日、米、豪、中、印、韓、露、ニュージーランドを加えたADMMプラスを構成する計18カ国が参加。

自衛隊からは隊員約5人が参加し、「ASEAN域内で大規模地震が発生し、津波による被害を受けた」との想定の下、統幕の隊員が多国間調整所における連絡幹部としての幕僚活動を演練した。

一方、東京・防衛省ではマレーシアと市ヶ谷を結んでの通信訓練が行われ、情報本部の隊員が発災後の情報収集活動などを実施し、国際緊急援助活動に係る統合運用能力の維持・向上を図った。

沖縄地本の女性部員　鈴木政務官が激励

【沖縄地本】沖縄地方協力本部は7月12日、鈴木貴子防衛大臣政務官の視察を受けた。

鈴木政務官は最初に地本長の松永浩二陸将補と懇談、沖縄における隊員募集や就職援護などについて状況報告を受けた。

その後、本部内を視察し、隊員募集に当たる広報員を激励したほか、育児をしながら地本の過酷な業務にあたる女性部員たちとも親しく懇談。続いて地本の那覇分駐所も視察した。

特に女性部員との懇談では、仕事と子育てを両立させる上で女性隊員が抱える問題点やその苦労について熱心に聞き入り、改善策についても話し合った。

沖縄地本の女性隊員たちを激励する鈴木貴子政務官（中央）＝7月12日、沖縄地本で

中国艦艇6隻が宮古海峡を北上

7月27日午前7時ごろ、中国海軍の「ルーヤンIII」級ミサイル駆逐艦（満載排水量約7500トン、艦番号131「太原」）1隻＝写真＝と「ジャンカイII」級フリゲート（約3900トン、532「荊州」）1隻の計2隻が沖縄・宮古島の北方約240キロの公海上を南に向け航行するのを海自5空群（那覇）のP3C哨戒機と佐世保地方隊の多用途支援艦「あまくさ」が確認した。

2隻はこの後、沖縄本島と宮古島間の宮古海峡を南下し、太平洋に進出。7月25日に宮古海峡を通過して太平洋に向かった中国海軍の「ルーヤンIII」級ミサイル駆逐艦（117「西寧」）など4隻の艦艇と合流して6隻の艦隊を組み、8月1日、再び宮古海峡を通過し、東シナ海に戻った。

ロシア艦艇2隻　宗谷海峡を西進

8月1日午前11時ごろ、ロシア海軍の「タランタルIII」級ミサイル護衛哨戒艇2隻（艦番号921、978）が北海道・宗谷岬の北東約35キロの公海上を西に向け航行するのを海自1ミサイル艇隊（余市）のミサイル艇「わかたか」が確認した。

露艇2隻は6月21日に宗谷海峡をオホーツク海に向け東航した艦艇と同一で、この後、同海峡を西進して日本海に入った。

「タリスマン・セーバー19」 豪州で米軍と揚陸訓練

水陸両用作戦を演練

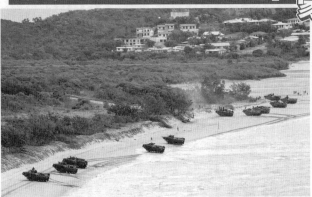

AAV7が一斉上陸

陸・海自が豪州クイーンズランド州のショールウォーターベイ演習場などで実施していた米海兵隊・海軍との実動訓練「タリスマン・セーバー19」が7月24日、終了した。

同訓練で陸自は住田和明陸上総隊司令官を担任官に、水陸機動団（相浦）、ヘリ団（木更津）基幹の約330人が参加。海自は白根勉掃海隊群司令を訓練部隊指揮官に、ヘリ搭載護衛艦「いせ」、輸送艦「くにさき」の乗員など約500人が参加した。

ハイライトとなった総合訓練は7月11日から開始され、16日には同州ランハムビーチ周辺海域で大規模な揚陸演習が敢行された。沖合の輸送艦「くにさき」の後部ドックから陸自の水陸両用車AAV7が次々と発進し、横一列となって海岸に向かった。ビーチに近づくと敵からの攻撃を回避するため、周辺に煙幕を張り、一斉に浜辺に上陸。米軍のAAV7も同様にビーチに上陸し、日米共同で内陸部に前進した。

翌17日にはCH47輸送ヘリを使った空中機動訓練が行われ、水機団の隊員たちは敵陣後方へのヘリボーン降下も演練した。

総合訓練の後段は22日以降、場所を同州キングスビーチに移して実施され、地形の異なるビーチで着上陸から引き続く陸上戦闘まで一連の行動を演練した。

水機団の隊員たちは小野塚貴之陸幕副長、青木伸一水陸機動団長らが視察する中、沖合からAAV7で次々と海岸に上陸。そのまま目標に向けて前進し、総攻撃を開始した。

日米共同の揚陸演習で同時に砂浜に上陸した水陸両用車AAV7。右側が陸自の車両、左側の5両が米海兵隊の車両（7月22日、豪州クイーンズランド州のキングスビーチで）

陸自　水機団、ヘリ団から330人

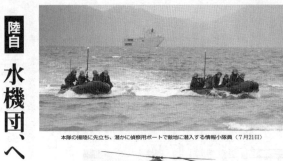

本隊の揚陸に先立ち、潜かに偵察用ボートで敵地に潜入する情報小隊員（7月21日）

CH47輸送ヘリで目標地点に降着後、米軍兵士（手前）の誘導を受けて展開する陸自隊員（奥）＝7月23日

海自　「いせ」「くにさき」の500人

豪州クイーンズランド州ブリスベンに入港したヘリ搭載護衛艦「いせ」の艦側に整列した陸自水機団の隊員

水陸両用車AAV7で上陸後、直ちに下車して砂浜に展開、偵察活動を行う水機団の隊員（7月22日）

輸送艦「くにさき」の艦内で、上陸作戦を前に顔にドーランを塗る水機団の隊員

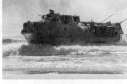

米軍兵士（左）と共同で火力調整を行う陸自隊員

沖合から上陸する陸自のAAV7

ビッグレスキュー　その時に備える　第21回

よりわかりやすく、具体的な、市に合った防災・減災対策をめざす

明石市　木下 千敏志氏

兵庫県明石市
総合安全対策担当理事
（元1陸佐）

明石市は、瀬戸内海に面しており、明石海峡をはさんで淡路島を眺められる自治体だ。古くは万葉の歌人である柿本人麻呂によって多くの歌が詠まれた風光明媚な街で、淡路・四国と結ぶ交通の要衝であり、比較的災害の少ない穏やかな気候に恵まれた街である。

防災上のリスクとしては、六甲・淡路島断層帯による直下型地震、南海トラフ巨大地震に伴う揺れ及び津波の襲来、大雨による明石川など河川の氾濫や土砂災害、台風時の高潮などがあり、それぞれにハード面、ソフト面の対策をとってきた。

このような中、昨年7月の西日本豪雨や台風第20号、第21号などの風水害では、大きな被害こそなかったものの、不安を覚える市民が激増したこともあり、この機会に市内の災害リスクを、市民がより明確に理解できるよう、今年5月に市のハザードマップを全面改訂した。

コンセプトは『災害リスクが一目でわかること』とし、各地域の地図を大きく見やすくしたほか、風水害や地震の時にとるべき行動をわかりやすく解説した。また各地域のページにQRコードをつけて、スマートフォンから河川監視カメラや河川水位、避難所の情報などにアクセスできるよう工夫した。居住地域の災害特性を把握することが防災の出発点であり、『わかりやすさ』は非常に重要である。

防災では、地域の自助・共助が重要であることは言うに及ばない。市では各地域がより積極的に防災対策を進めていけるよう市の総合防災訓練において、地域が主導する訓練と市が主導する訓練をその地域の避難所となる小学校等で協働して行う『協働型』の訓練を追求している。

一般的に市町村の総合防災訓練は、防災部局が全体のシナリオを考え、地域住民や関係機関、団体等との連携を図ることを目的として実施するため、参加者が受動的になりがちだ。

しかし、地域との協働型にすることにより、住民が地域の特性に応じて、自分たちは何をすべきかを主体的に考え、市と連携を図ろうとするため、訓練の前後を通じて地域の防災力が向上するというメリットがある。

最近の災害は、想定を超えた被害の発生も多く、被災した自治体のみでの対応が困難となることがある。このため市では、応援・受援体制を整えると共に、関係機関や団体等と今まで以上の具体的な対応に努めている。特に昨年からは、国交省が保有する「TEC−FORCE（緊急災害対策派遣隊）」や神戸地方気象台、消防、自衛隊、医師会等との連携強化を図っている。

また、昨年の台風第20号によって発生した大規模停電を受けて、関西電力と電力の復旧手順の細部を定めるとともに、病院や市の施設が保有する非常用発電機への燃料の優先供給についても石油商業組合とも図上でのシミュレーションを行った。

さらに被災地域の航空写真撮影は被害状況の迅速な把握のため必要であることから、株式会社パスコと災害時の航空写真撮影についての協定を締結した。

東日本大震災や熊本地震では、自治体の庁舎が被災し、司令塔としての機能が喪失したことは記憶に新しい。明石市でも市庁舎が使用できなくなった場合の代替施設を指定しているものの、現実に機能する状態ではなかったため、実際に代替施設を使用する場合に必要となるハード・ソフト両面からの整備を進めるなど、具体的な準備をした。

また大規模地震などが発生した場合、特に明石駅周辺には多くの帰宅困難者が発生するため、この対策として昨年、駅前にある施設を「帰宅困難者一時滞在施設」として指定し、物資の備蓄や避難者対応要領などを具体化した。

市は現在『インクルーシブな（あらゆる人が社会の構成員として支え合う）街づくり』のもと、主要な駅周辺地域のバリアフリー化を推進している。災害発生時においても要配慮者を含め市民が、より安全に移動、避難するため重要な施策である。

市の防災は、市民一人ひとりと向き合う、よりわかりやすく、具体的である必要がある。これからも明石市に合った防災・減災対策を着実に進めて参りたい。

災害のリスクを市民がより明確に理解できるよう「ハザードマップ」を全面改訂するなど、各種施策を推進する木下千敏志氏

1佐職　8月定期異動

7月31日、8月1日、2日付

▽阪神基地隊司令（海自幹部学校防衛戦略教育研究部長）　1海佐　寺田　博之
▽海自幹部学校防衛戦略教育研究部長（海自幹部学校）　同　吉川　尚徳
（以上7月31日）
▽防衛大教授（航空学校霞ヶ浦分校長）　1陸佐　佐藤　健
▽同先端学術推進機構国際交流センター国際交流企画官（防衛大学生課補導室長）　同　松下　竜朗
▽同学生課補導室長（教育訓練研究本部付）　同　滝口　和男
▽解防衛医大兼務、兼防衛医大病院兼中央病院病理課　空幕首席衛生官付次席衛生官　1空佐　加藤　圭
▽防衛研究所主任研究官（1電子隊長）　1陸佐　溝渕　久男
（大湊警備隊司令）　1海佐　塚田　文彦
▽統幕総務課総括班長（海自幹部学校付）　同　柏村　茂樹
▽同総務課（空幕情報課付）　1空佐　石渡　宏臣
▽同運用2課国際地域調整官（同運用支援課輸送室長）　同　狗田　将明
▽同災害派遣班長（6師団3部長）　1陸佐　松井　貴仁
▽同運用2課（海自幹部学校付）　1海佐　山田　健一
▽同計画課分析室長（空自幹部学校）　1空佐　佐甲　範之
▽同業務計画班長（1師団4部長）　1陸佐　千葉　武志
▽同統合装備体系班長（大湊地方総監部3幕僚室長兼5幕僚室長）　1海佐　堤田　和幸
▽同首席法務官付法務官（空自幹部学校）　1空佐　御簾納直樹
▽統幕学校教育課教育管理班長（補給統制本部人事課長）　1陸佐　小林　直行
▽同2教育室学校教官（教育訓練研究本部付）　同　草野　貴彦
（統幕学校教育課）　1海佐　廣中　敬三
▽同国際平和協力センター（特別航空輸送隊副司令）　1空佐　中野　武志
▽陸幕総務課渉外班長（教育訓練研究本部付）　1陸佐　米村　謙一
▽同情報公開・個人情報保護室長（東北方面総監部総務課長）　同　小原　誠也
▽同会計課会計監査班長（陸幕会計課）　同　大谷　雅之
▽同人事教育計画課企画班長（富士学校諸職種協同センター計画課長）　同　中村　雄三
▽同人事教育計画課（教育訓練研究本部付）　同　伊藤　亮基
▽同訓練課訓練・演習班長（教育訓練研究本部訓練評価調整官）　同　佐藤　徹
▽同防衛協力課防衛協力班長（陸幕指揮通信システム・情報部付）　同　六反洋一朗
▽同装備計画課（輸送学校総務課長）　2陸佐　笹川　豊秀
▽同武器・化学課総括班長（教育訓練研究本部付）　1陸佐　中島孝太郎
▽同通信電子課電子器材班長（中部方面総監部人事課長）　同　吉富　博康
▽同指揮通信システム課兼統幕指揮通信システム企画課（沖縄地方協力本部募集課長）　同　川村　幸城
▽同情報課地域情報班長（陸幕指揮通信システム・情報部付）　同　永島　透
▽同武官業務班長（同）　同　三島　健司
▽同衛生部医務・保健班長兼中央病院1外科（陸幕衛生部企画室兼中央病院1外科）　同　小俣　二郎
▽同副警務管理官（防衛監察本部統括監察官付3監察班長）　2陸佐　五箇　久義
▽陸上総隊会計課長（北部方面総監部会計課長）　1陸佐　浜口　剛
▽同運用課長（陸幕人事教育計画課）　同　上原　正一
▽北部方面総監部会計課長（小平学校）　2陸佐　石井　勝隆
▽同募集課長（陸幕募集・援護課）　同　米田　浩之
▽同防衛課防衛調整官（北部方面総監部防衛部）　1陸佐　宮本　真也
▽同需品課長（中部方面総監部装備部）　2陸佐　池田　裕孝
▽同総監部付（会計監査隊北部方面分遣隊長）　1陸佐　松下　勝秋
▽同航空野整備隊長（東北方面総監部人事部）　2陸佐　早田　泰隆
▽同会計隊長（陸上総隊会計課長）　1陸佐　福岡　忠
▽同指揮所訓練支援隊長（1普通科連隊長）　同　町中　芳則
▽旭川駐屯地業務隊長（システム通信団副団長）　同　長尾　典忠
▽帯広駐屯地業務隊長（統幕学校教育課教育管理班長）　同　大塚　和也
▽東北方面総監部広報室長（東北方面総監部防衛部）　2陸佐　伊藤　智之
▽同募集課長（航空学校総務部長）　1陸佐　水野　宏治
▽同航空隊副隊長（特別輸送ヘリ隊長）　同　黒木　和士
▽神町駐屯地業務隊長（東部方面混成団副団長）　同　堀　征己
▽東部方面総監部総務課長（富士学校演習場管理課長）　同　江頭　真一
▽同総務部（中央業務支援隊付）　同　松本　宏
▽同装備部長（関西補給処桂支処補給部長）　2陸佐　高橋　正尚
▽同総監部付（北海道補給処白老弾薬支処長兼白老駐屯地司令）　1陸佐　菊池　隆
▽同ヘリ隊長（教育訓練研究本部）　同　菅原　達也
▽同後方支援隊副隊長（関東補給処装備計画部長）　同　浅見　勇学
▽同指揮所訓練支援隊長（21普通科連隊長兼秋田駐屯地司令）　同　荒巻　謙
▽駒門駐屯地業務隊長（東部方面総監部装備部）　2陸佐　古賀　謙靖
▽中部方面総監部人事課長（陸幕副業務管理官）　1陸佐　三輪　泰輔
▽同情報部長（7施設群長）　同　倉田　一
▽同防衛課防衛調整官（小平学校主任教官）　同　白岸正太郎
▽4陸曹教育隊長（陸幕副業務管理官）　2陸佐　長谷部浩司
▽西部方面総監部人事課長（教育訓練研究本部企画調整官）　1陸佐　上野　洋介
▽同厚生課長（駒門駐屯地業務隊長）　2陸佐　松田　友宏
▽同施設課長（西部方面総監部装備部）　1陸佐　山下　拓路
▽5陸曹教育隊長（東北方面総監部募集課長）　同　筒井　鋭達
▽1師団4部長（北海道補給処補給部長）　2陸佐　大倉　達也
▽2師団司令部（教育訓練研究本部付）　1陸佐　稲田　龍成
▽6師団3部長（同）　同　坂本　克好
▽7師団監察官（陸幕訓練課付）　2陸佐　阿部　和実
▽9師団幕僚長（教育訓練研究本部）　1陸佐　岡部　健
▽同3部長（9師団司令部）　同　富永　将文
▽10師団司令部付（4陸曹教育隊長）　同　北村　厚
▽11旅団幕僚長（教育訓練研究本部）　同　根本　正之
▽12旅団3部長（富士学校主任教官）　同　岡村　修
▽13旅団幕僚長（2高射特科群長）　同　力久　健
▽システム通信団副団長（中央基地システム通信隊長）　同　丹間　章人
▽同高級幕僚（陸幕通信電子課電子器材班長）　同　篠田　和彦
▽2施設団副団長（教育訓練研究本部主任教官）　同　平瀬　義
▽同高級幕僚（東部方面総監部総務課長）　同　高橋　浩
▽東部方面混成団副団長（茨城地方協力本部長）　同　山下　慎一
▽西部方面混成団本部付（5陸曹教育隊長）　同　山崎　繁
▽富士教導団本部（統幕学校教育課2教育室学校教官）　同　二宮　充史
▽1普通科連隊長（陸幕防衛協力課防衛協力班長）　同　小倉　好文
▽11普通科連隊長（統幕運用2課国際地域調整官）　同　小出　昌典
▽13普通科連隊長兼松本駐屯地司令（水陸機動教育隊長）　同　伊藤　裕一
▽21普通科連隊長兼秋田駐屯地司令（12旅団3部長）　同　五十嵐雅康
▽28普通科連隊長兼函館駐屯地司令（陸自幹部候補生学校主任教官）　同　木場　元大
▽9特科連隊長兼岩手駐屯地司令（陸幕人事教育計画課企画班長）　同　横田　紀子
▽東北方面特科隊副隊長（教育訓練研究本部総合企画部）　同　福尾　淳一
▽12特科隊長兼宇都宮駐屯地司令（陸上総隊運用課長）　同　澀谷　貴弘
▽4後方支援連隊長（教育訓練研究本部企画調整官）　同　大山　修
▽2地対艦ミサイル連隊長兼美唄駐屯地司令（防衛研究所主任研究官）　同　小橋　史行
▽2高射特科群長（統幕計画課業務計画班長）　同　北　大蔵
▽7施設群長（陸幕総務課渉外班長）　同　坂本　晴俊
▽10施設群長（教育訓練研究本部教官）　同　倉本　浩二
▽中央野外通信群長（システム通信団本部高級幕僚）　同　中村　靖彦
▽東北方面通信群長（陸幕情報課地域情報班長）　同　弥頭　陽子
▽特別輸送ヘリ隊長（北部方面総監部募集課長）　同　青柳　正
▽1ヘリ野整備隊長（関東補給処航空部長）　同　伊藤　健
▽中央基地システム通信隊長（通信学校1教育部長）　同　小松　広志
▽システム開発隊長（富士学校特科部副部長）　同　木戸　泰雄
▽1電子隊長（情報本部）　同　佐藤　雅宏
▽東部方面警務隊長（東北方面警務隊副隊長）　2陸佐　辰口　善二
▽中央業務支援隊総務部長（2施設団高級幕僚）　1陸佐　箕輪　康二
▽中央業務支援隊付（陸幕募集・援護課）　同　佐藤　敦茂
（同防衛課）　同　加賀澤俊樹
（同指揮通信システム課）　同　森本　克也
（帯広駐屯地業務隊長）　同　万波　大介
（函館駐屯地業務隊長）　同　田村　秀樹
（中部方面総監部人事部）　同　渡邊　英明
（都城駐屯地業務隊長）　同　萱沼　文洋
（中央業務支援隊総務部長）　同　益子　卓
（富士学校）　同　宮武　勲
（教育訓練研究本部付）　同　山口　護
▽水陸機動教育隊長（美唄駐屯地業務隊長）
▽装備実験隊3実験科長（教育訓練研究本部）　2陸佐　中村健太郎
▽同5実験科長（同）　同　田久保　智
▽会計監査隊北部方面分遣隊長（防衛装備庁長官官房装備開発官付5開発室長兼プロジェクト管理部装備技術官付）　同　神原　公仁
▽中央輸送隊副隊長（陸幕装備計画課）　1陸佐　笠畑　忠嗣
▽陸自幹部候補生学校副校長兼企画室長（富士学校総務部長）　同　小島　一男
▽同総務部長（旭川駐屯地業務隊長）　同　天本　博文
▽同主任教官（西部方面総監部厚生課長）　同　永富　直由
▽富士学校総務部長（教育訓練研究本部教育部総括室長）　同　柳田　孝臣
▽同演習場管理課長（28普通科連隊長兼函館駐屯地司令）　同　阿部　洋一
▽同普通科部副部長（北部方面指揮所訓練支援隊長）　同　阿部　慎治
▽同特科部副部長（東北方面特科隊副隊長）　同　谷口喜一郎
▽同機甲科部研究課長（北部方面総監部防衛調整官）　同　関口　景
▽同諸職種協同センター計画課長（教育訓練研究本部付）　同　篠原　賢治
▽同総合研究課長（東部方面指揮所訓練支援隊長）　同　水野　克輝
▽同主任教官（教育訓練研究本部付）　同　大北　知史
▽航空学校総務部長（東北方面航空隊副隊長）　同　與藤　公彦
▽航空学校（中央業務支援隊付）　同　岡　達也
▽同霞ヶ浦分校長（補給統制本部航空部長）　同　土谷　克弘
▽同霞ヶ浦校総務課長（航空学校）　同　西川　亘
▽通信学校1教育部長（中央野外通信群長）　2陸佐　石黒太美英
▽武器学校総務部長（東部方面総監部装備課長）　1陸佐　堤　浩一郎
▽需品学校研究部長（関東補給処松戸支処補給部長）　同　飯田　努
▽同学校付（需品学校研究部長）　同　奥田　広樹
▽輸送学校総務課長（輸送学校）　同　横川　博成
▽小平学校総務部長（陸幕会計課会計監査班長）　2陸佐　今西　栄
▽同主任教官（教育訓練研究本部教官）　1陸佐　平向　信吾
▽小平学校付（小平学校総務部長）　2陸佐　戸星　善敦
▽衛生学校総務部長（衛生学校）　1陸佐　松前　義信
▽教育訓練研究本部総合企画官（2地対艦ミサイル連隊長兼美唄駐屯地司令）　2陸佐　山崎　俊宏
▽同企画調整官（陸幕情報課武官業務班長）　1陸佐　長友　康
（中央業務支援隊付）　同　桑原　和洋
▽同総務課長（西部方面総監部人事課長）　同　高山喜一郎
▽同教育部総括室長（教育訓練研究本部主任教官）　同　久守　直紀
▽同主任教官（同主任研究開発官）　同　國嶋　健一
（防衛装備庁プロジェクト管理部装備技術官付装備技術調整官）　同　鈴木　正大
▽同教官（陸幕指揮通信システム・情報部付）　同　徳田　優一
（富士学校機甲科部研究課長）　同　志道桂太郎
（教育訓練研究本部付）　同　川村　洋史
▽同主任研究開発官（教育訓練研究本部）　同　塩瀬　大吾
▽同研究員（東北方面総監部広報室長）　同　水野　文雄
（9師団3部長）　同　加藤　憲司
（中央業務支援隊付）　同　山崎　潤
（教育訓練研究本部教官）　同　須田　道夫
（教育訓練研究本部付）　同　瀬川　博司
（同）　同　薄井　一
（同）　同　小林　邦之
▽同訓練評価調整官（陸幕訓練課訓練・演習班長）　同　谷　雅和
▽教育訓練研究本部（同総務課情報公開・個人情報保護室長）　同　梶原　新吾
（同武器・化学課総括班長）　同　後藤　仁志
（同指揮通信システム・情報部付）　同　上原　孝志
（同）　同　渡邊　邦嘉
（北部方面会計隊長）　同　田近　敬
（9師団幕僚長）　同　濱松　泰広
（11旅団幕僚長）　同　山下　博二
（11普通科連隊長）　同　中力　修
（富士学校普通科部副部長）　同　宮内　雅也
（同諸職種協同センター総合研究課長）　同　足立　寧達
（東北補給処企画課長）　同　直井　卓
（滋賀地方協力本部長）　同　田村　浩幸
（7師団監察官）　同　大津　勝利
▽教育訓練研究本部付（陸上総隊運用部）　2陸佐　岩瀬　直行
（中部方面総監部防衛部）　1陸佐　佐藤健次郎
（西部方面通信情報隊長）　同　太田　光
（同特科連隊2大隊長）　同　鈴木　大
（10高射特科大隊長）　同　井上雄一朗
（水陸機動団特科大隊長）　同　池戸　雅浩
（現地情報隊長）　同　梶田　穣路
（教育訓練研究本部）　同　大窪　智洋
（同）　同　山口　慎吾
▽補給統制本部人事課長（大阪地方協力本部募集課長）　同　長谷川　健
▽同航空部長（北海道補給処総務部長）　同　矢山　善隆
▽同補給計画課長（北部方面航空野整備隊長）　同　小松　隆司
▽補給統制本部付（教育訓練研究本部総務課長）　同　内山　信吾
　同　廣木　優
▽北海道補給処総務部長（12特科隊長兼宇都宮駐屯地司令）　同　稲富　雅博
▽同補給部長（武器学校）　同　小田島邦弘
▽同白老弾薬支処長兼白老駐屯地司令（九州補給処計画課長）　同　刀根　啓太
▽東北補給処企画課長（2師団1部長）　同　池端　雅彦
▽関東補給処装備計画部長（4後方支援連隊長）　2陸佐　小段　雄三
▽同業務指示課長（補給統制本部補給計画課長）　1陸佐　佐藤　真一
▽同航空部長（教育訓練研究本部付）　同　村上　涼
▽同松戸支処補給部長（北部方面総監部需品課長）　同　伊藤　孝慈
▽関西補給処桂支処補給部長（武器学校総務部長）　同　山本　哲
▽九州補給処計画課長（5旅団4部長）　同　前野　憲司
　2陸佐　田中　仁人
▽解海幕人事計画課ワークライフバランス推進企画班長兼務（小月教育航空群首席幕僚）　1海佐　竹内　俊雅
▽海幕人事計画課ワークライフバランス推進企画班長兼務　海幕人事計画課制度班長（海自幹部学校付）　同　奈良　崇
▽同人事計画課（同）　同　手塚真理子
（同）　同　目賀田瑞彦
▽同防衛課防衛調整官（海幕防衛課）　同　小河　邦生
▽解海幕防衛課能力評価・分析室長事務取扱　海幕防衛課長　同　羽渕　博行
▽海幕防衛課能力評価・分析室長（5潜水隊司令）　同　渡辺　国
▽同装備体系課艦船体系班長（海自幹部学校付）　同　西端　俊博
▽同運用支援課兼統幕運用2課（同幹部学校企画課国際計画班長）　同　平尾　智明
▽同首席衛生官付衛生官（同幹部学校付）　同　田原　寛之
▽自衛艦隊指揮通信主任幕僚（11護衛隊司令）　同　岡見　雅行
▽5護衛隊司令（海幕防衛課）　同　中大路　真
▽11護衛隊司令（同装備体系課艦船体系班長）　同　門田　正文
▽しまかぜ艦長（しまゆき艦長）　2海佐　齋藤　岳彦
▽おおすみ艦長（統幕学校教育課2教育室学校教官）　1海佐　鳥越　要
▽むろと艦長（沖縄海洋観測所長）　同　能勢　毅
▽佐世保海上訓練指導隊司令（5護衛隊司令）　同　中村　譲介
▽大湊海上訓練指導隊司令（おおすみ艦長）　同　堀川　雄司
▽5潜水隊司令（統幕総務課総務班長）　同　福山　義人
▽呉潜水艦基地隊司令（潜水艦隊幕僚）　2海佐　廣瀬　正志
▽海洋業務・対潜支援群司令部（むろと艦長）　1海佐　上野　嘉之
▽沖縄海洋観測所長（海自幹部学校付）　同　岩政　秀委
▽開発隊群首席幕僚（開発隊群司令部）　同　塩崎　浩之
▽特別警備隊長（海自1術科学校）　同　坂前　信博
▽横須賀地方総監部付（大湊海上訓練指導隊司令）　同　伊保　之英
▽佐世保地方総監部防衛部（海自幹部学校付）
▽大湊地方総監部3幕僚室長兼5幕僚室長（海幕装備体系課）　同　坂井喜一郎
▽横須賀教育隊司令（海自1術科学校副校長）　同　吉田　薫
▽佐世保教育隊司令（佐世保海上訓練指導隊司令）　同　加藤　雅巳
▽大湊警備隊司令（横須賀地方総監部監察官）　同　甲斐　義博
▽小月教育航空群首席幕僚（統幕計画課統合装備体系班長）　同　木村　秀行
▽中央システム通信隊司令（自衛艦隊指揮通信主任幕僚）　同　佐藤　友明
▽東京業務隊付（艦船補給処武器部長）　同　中濱　高宣
（海幕補任課）　同　村中　紀章
（佐世保病院副院長兼診療部長兼佐世保衛生隊）　同　建田　修司
（22機側整備隊長兼22整備補給隊副長）　同　江戸川誠司
（51航空隊調査研究隊長）　同　白石　俊彦
▽海自幹部学校企画部長（開発隊群首席幕僚）　同　山本　貴文
▽同企画課国際計画班長（5航空隊副長）　同　芳賀　基
▽同幹部学校付（特別警備隊長）　同　川合　文子
▽1術科学校副校長（佐世保教育隊司令）　同　徳留　秀和
▽同1術科学校（海自幹部学校）　同　天沼　秀俊
▽同補給本部艦船・武器補給課　同　岩波　俊行
▽艦船補給処武器部長（舞鶴弾薬整備補給所長）　2海佐　井ノ上　諭
▽空幕総務課（統幕運用2課災害派遣班長）　1海佐　赤尾　信哉
（空自幹部学校付）　1空佐　吉田ゆかり
▽同会計課（沖縄防衛局防衛補佐官）　同　松本　哲周
▽同補任課（空自幹部学校）　同　中島　慎一
▽同防衛課防衛調整官（空幕防衛課）　同　富岡　慶充
▽同防衛課　同　上村　博之
（同情報課付）　同　阿久津和誠
（同）　同　小川　康寛
▽同装備体系課装備体系企画班長（同装備体系課装備体系2班長）　同　加藤　雄一
▽同装備体系1班長（空自幹部学校兼空幕防衛課）　同　小黒　正隆
▽同装備体系2班長（空自幹部学校）　同　田中　政尋
▽同情報通信課（同幹部学校付）　同　吉村　保吉
▽同運用支援課輸送班長（航空支援集団防衛課長）　同　一木　秀徳
▽同運用支援課（空幕運用支援課）　2空佐　高野　彰彦
▽同情報課付（同防衛調整官）　1空佐　曽井　裕之
▽同装備課（航空気象群春日気象隊長）　同　高田　直樹
▽同装備課（空自幹部学校付）　同　木下　拓也
▽同整備・補給課（同幹部学校付）　同　宮城　浩太
（同）　同　大塚　芳啓
▽航空総隊法務官（統幕首席法務官付法務官）　同　山邉　直史
▽北部航空方面隊医務官兼三沢病院（中部航空方面隊医務官）　同　田中　愛久
▽中部航空方面隊医務官（北部航空方面隊医務官兼三沢病院）　同　若菜　隆志
▽6高射群副司令（空自幹部学校）　2空佐　岩崎　航
▽航空支援集団防衛課長（航空支援集団司令部）　同　渡邉　正喜
▽3輸送航空隊飛行群司令（空幕運用支援課）　1空佐　玉越　香苗
▽航空気象群司令兼府中基地司令（航空教育集団教育部長）　同　川口　裕史
▽特別航空輸送隊副司令（3輸送航空隊飛行群司令）　同　猿渡　辰也
▽航空教育集団教育部長（情報本部総務部長）　同　内山　均
▽同教育3課長（空自2術科学校1教育部長）　同　落水田　実
▽空自2術科学校1教育部長（近畿中部防衛局装備課長）　同　近藤　庸二
▽航空中央業務隊付（空幕装備体系課装備体系1班長）　2空佐　北村　長久
（同防衛課）　1空佐　奥田　将善
（作戦情報隊）　同　粟秋　健士
▽空自幹部学校教育部主任教官兼空自幹部学校（統幕計画課分析室長）　同　小野　理沙
▽同幹部学校（空幕装備体系課装備体系企画班長）　同　碇　治
（空自幹部学校付）　同　南　賢司
（同）　同　貴島　崇
▽同幹部学校付（空幕装備体系課）　同　宮崎　剛
▽4補給処（6高射群副司令）　同　関根　宏輔
　同　浅木　恒二
▽情報保全隊副司令（中部方面総監部情報部長）　1陸佐　有村　義治
▽体育学校企画室長（防衛装備庁プロジェクト管理部事業監理官付事業計画調整官兼統合装備計画官付）　同　七里　武史
▽体育学校（体育学校企画室長）　同　武藤　祥二
▽中央病院1内科（大湊病院長）　1海佐　北垣　学
▽同呼吸器科部長（陸幕衛生部医務・保健班長兼中央病院1内科）　1陸佐　小寺　力
▽阪神病院診療技術部長兼精神科部長（阪神病院精神科部長）　同　鉾石　和彦
▽阪神病院付（同1外科部長兼診療技術部長）　同　中村　栄秀
▽福岡病院総務部長（衛生学校総務部長）　2陸佐　小川　和明
▽大湊病院長、大湊病院副院長事務取扱（横須賀病院検査研究課長兼横須賀衛生隊）　1海佐　黒川　貴幸
▽同歯科診療部長（大湊病院）　同　海老沢政人
▽横須賀病院（中央病院麻酔科兼人事教育局衛生官付）　同　小倉　敬浩
▽呉病院衛生資材部長（海幕首席衛生官付衛生官）　同　林崎　博人
▽佐世保病院副院長事務取扱　佐世保病院長　同　松永　毅
▽茨城地方協力本部長（9特科連隊長兼岩手駐屯地司令）　1陸佐　野口　紀幸
▽東京地方協力本部（教育訓練研究本部付）　同　松元　三晨
▽滋賀地方協力本部長（13旅団幕僚長）　同　河野　淳司
▽大阪地方協力本部募集課長（西部方面総監部施設課長）　同　長田　雄一
▽沖縄地方協力本部募集課長（中部方面総監部防衛課防衛調整官）　同　新島　藤夫
▽情報本部総務部長（航空気象群司令兼府中基地司令）　1空佐　阿部　博文
▽防衛監察本部統括監察官付3監察班長（教育訓練研究本部付）　1陸佐　橋口　尚徳
▽近畿中部防衛局装備課長（空自幹部学校）　2空佐　泉谷　彰人
▽沖縄防衛局防衛補佐官（航空総隊法務官）　1空佐　阿部　晋也
▽防衛装備庁長官官房装備開発官付5開発室長兼防衛装備庁プロジェクト管理部装備技術官付（装備実験隊3実験科長）　2陸佐　今村　政弘
▽同プロジェクト管理部事業監理官付事業計画調整官兼統合装備計画官付（同5実験科長）　1陸佐　餘永　竜二
▽同装備技術官付装備技術調整官（10施設群長）　同　黒木　勇人
（以上8月1日）
▽統幕総務課総務班長（大湊地方総監部管理部長）　1海佐　加治　勇
▽22航空群首席幕僚（25航空隊司令）　同　北林　治
▽25航空隊司令（航空集団司令部）　同　西田　勝利
▽1整備補給隊司令（統幕総務課総務班長）　同　大塚　裕季
▽22整備補給隊司令（1整備補給隊司令）　同　木下　周一
▽大湊地方総監部管理部長（22航空群首席幕僚）　同　木内　啓人
▽海自幹部学校運用教育研究部主任教官（長崎地方協力本部長）　同　小谷　克己
▽長崎地方協力本部長（22整備補給隊司令）　同　西田洋一郎
（以上8月2日）

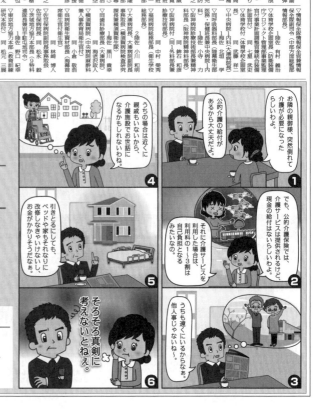

厚生・共済

特集

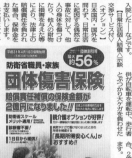

「ナイトスイーツバイキング」8月23日(金)開催

HOTEL GRAND HILL ICHIGAYA

12種類のスイーツと13種類の豪華ミール

防衛省共済組合の直営施設「ホテルグランドヒル市ヶ谷」（東京都新宿区）では、12種類のスイーツと13種類の豪華ミールが食べ放題となる「ナイトスイーツバイキング」を8月23日（金）に開催します。

令和最初のホテルグランドヒル市ヶ谷の「ナイトスイーツバイキング～決戦は金曜日～」は8月23日（金）午後6時半から同8時半まで開催。

自慢のスイーツはグランドヒル市ヶ谷だけでしか味わうことの出来ない契約農家直送の完熟フルーツを使用し、ホテルのパティシエが考案したオリジナルスイーツ12種をご提供します。一方、豪華ミールも13種が用意され、シェフが目の前でローストビーフをカットしてくれるなど、ライブキッチンとなっています。シェフとの会話もどうぞお楽しみください。

同バイキングは6種類のソフトドリンク付き、別料金でアルコール類飲み放題となります。アルコール類は生ビール、ハイボール、カクテル各種、赤・白ワインの計9種が用意されています。

特別な夏の宵にふさわしい、今までにない豪華なナイトスイーツバイキングです。スイーツ好きの女性も男性も、この機会にぜひご参加ください。

「ナイトスイーツバイキング」の料金は3980円。これにプラス1480円でアルコール類も飲み放題となります。

予約・お問い合わせは電話03―3268―0118（グラヒル東館ティーラウンジ直通）まで。午前9時から午後10時まで受け付けています。詳しくはグラヒルのホームページ（https://www/ghi.gr.jp）をご覧ください。

食べ放題

職員・家族の心強い味方
「団体傷害保険」

皆さんは団体傷害保険に加入していますか。万が一、本人・家族が事故で死亡したり、ケガをして入院・通院することになった場合、団体傷害保険はその負担を費用面からサポートしてくれます。その賠償責任補償の保険金額は「2億円」となっています。

防衛省共済組合が取り扱う団体傷害保険は、防衛省ならではのスケールメリット（団体割引等最大約56%）があり、組合員の皆さまには大変お得な傷害保険となっています。

特に、「団体傷害保険＋総合賠償型オプション＋長期所得安心くん＋親介護オプション」のセットだと、さまざまなリスクに備えることができます。セットの内容は次のものから選べます。

【団体傷害保険】日本国内・海外を問わず、急激かつ偶然のさまざまな外来の事故によるケガを補償。

事故例は、▽交通事故で後遺障害となった▽自転車と衝突してケガをした▽地震で物が倒れてケガをした▽子供がブランコから落ちケガをした▽徒手格闘訓練中、骨折して入院した――などです。

【日常生活個人賠償〈示談交渉サービス付〉（オプション）】日本国内・国外を問わず、日常生活に起因する偶然な事故に対して、他人の身体を傷つけたり、他人の財物に損害を与えた等により、法律上の賠償責任を負われた場合、保険金をお支払いします。

事故例は、▽子供が自転車を運転中、歩行者とぶつかり大ケガを負わせた▽洗面所の水を誤ってあふれさせ、階下の家の家財を水浸しにした▽スキー中に人に衝突し大ケガを負わせた――など。

このオプションは「自転車保険」の役割も果たし、月々90円の特約に加入すれば、他人をケガさせてしまった場合、2億円を限度に補償されます。

賠償責任補償の保険金「2億円」

【親介護（オプション）】親が要介護状態となり、その状態が支払対象期間開始日から一定期間（30日）を超えて継続した場合、保険金が支払われます。

事故例として、▽父親が脳卒中で倒れ、一命を取り留めたものの、要介護3と認定された▽母親が交通事故で脊椎を損傷し、寝たきりとなった――など。

【長期所得安心くん（団体長期障害所得補償保険＝GLTD）】組合員が病気やケガで働けなくなったときに、減少する給与所得を長期間にわたって補償します。

事故例として、▽脳梗塞で倒れて入院し、長期間就業障害となった▽精神的ストレスからうつ病となり、長期間就業障害となった――など。

詳しくは各支部の団体保険担当におたずねください。

被扶養者の認定要件確認で
必要書類の提出を

防衛省共済組合では現在、組合員の被扶養者の認定要件を満たしているか、確認を行っています。

組合員の皆さまに対し、所属支部から被扶養者申告書、証明書類等の提出を依頼しますので、ご協力をお願いします。

また、今年は5年に一度、共済組合が交付している認定証等の検認を行う年です。認定証等についても提出していただくようお願いします。

組合員が結婚や出産等で扶養する者を有することになった場合や、扶養していた者が就職したり死亡等で被扶養者の要件を満たさなくなった場合、手続きが必要です。

被扶養者の恒常的な収入が年額130万円以上の場合も認定が取り消しとなります。（障害を支給事由とする公的年金受給者もしくは60歳以上の公的年金受給者は180万円以上で取り消しとなります。）

被扶養者の認定・取り消しに該当すると思われる場合は、各支部の「短期係」までお問い合わせください。

「ベネフィット・ステーション」でお得に
TDRやUSJの施設利用
最大1000円の補助が受けられます

夏休みのレジャー計画は決まっていますか？

防衛省共済組合が提携する「ベネフィット・ステーション」では、東京ディズニーリゾート（TDR）の「直接入園券（期日指定券）」と「コーポレートプログラム利用券」（期日指定なし）、大阪のユニバーサル・スタジオ・ジャパン（USJ）の「入場予約券補助（期日指定券）」を組合員の皆様にご提供しています。

「直接入園券（期日指定券）」及び「入場予約券補助（期日指定券）」は、あらかじめ入場日と入場パークを指定し、近畿日本ツーリスト、西鉄旅行（九州店舗のみ）の店舗でご購入頂けます。大人・中人・シニアは1000円、小人は500円の補助を受けることができます。

一方、期日指定のない「コーポレートプログラム利用券」は、本年度より便利な東京ディズニーリゾートオンライン予約・購入サイトに対応したデジタル版利用券がベネフィット・ステーション会員専用サイトまたはカスタマーセンターにてお申し込み頂けます。補助額は一律1000円となります。

お申込みは各施設併せて年1回（上限4枚まで）となります。詳細は「ベネフィット・ステーション」の会員専用サイトでご確認ください。

年金Q&A

来年3月退職の事務官 老後にもらえる年金の概要を教えて下さい

64歳から特別支給、65歳から本来の老齢厚生年金を支給

Q 私は、来年の3月に退職する昭和34年9月生まれの事務官です。老後にもらえる年金について、概要を教えてください。

A あなたの場合、64歳から①特別支給の老齢厚生年金、65歳から②本来支給の老齢厚生年金が支給されることになります（下図参照）。

①特別支給の老齢厚生年金等

老齢厚生年金の支給は原則として65歳からとなっていますが、特例として60歳から65歳に達するまでの間に支給されるものが特別支給の老齢厚生年金です。

以前は報酬比例額、加給年金額及び定額の合計額が支給されていましたが、加給年金額と定額の支給開始年齢が段階的に引き上げられ、昭和24年4月2日以降に生まれた方は、報酬比例額のみ支給されるようになっています。

なお、平成27年9月までに共済組合員であった期間がある場合は、退職共済年金（経過的職域加算額）も支給されます。

昭和34年9月生まれの方は、64歳から65歳に達するまでの間は、報酬比例額及び退職共済年金（経過的職域加算額）が支給されます。

②本来支給の老齢厚生年金等

65歳になると①が消滅し、代わって本来支給の老齢厚生年金（報酬比例額＋加給年金額）、退職共済年金（経過的職域加算額）及び退職年金が国家公務員共済組合連合会から支給され、加えて老齢基礎年金が日本年金機構から支給されます。

なお、加給年金額はあなたが65歳になったときに年収が850万円未満で、生計維持関係のある65歳未満の配偶者や子（18歳に達した日以後の最初の3月31日までの間にある子、または20歳未満で障害の程度が1級または2級に該当している子）があるときに支給されます。ただし、配偶者自身が加入期間20年以上または20年以上とみなされる年金、もしくは障害による年金を受けているときは支給が停止されます。（本部年金係）

昭和24年4月2日以降に生まれた方の老齢厚生年金等

	60～64歳※ ①特別支給	65歳 ②本来支給	
退職等年金給付		退職年金	連合会から支給
共済年金	経過的職域加算額	経過的職域加算額	連合会から支給
厚生年金	報酬比例額	報酬比例額	連合会から支給
		加給年金額	連合会から支給
基礎年金		老齢基礎年金	日本年金機構から支給

※老齢年金の支給開始年齢

生年月日	開始
昭和24年4月2日 ～ 昭和28年4月1日	60歳
昭和28年4月2日 ～ 昭和30年4月1日	61歳
昭和30年4月2日 ～ 昭和32年4月1日	62歳
昭和32年4月2日 ～ 昭和34年4月1日	63歳
昭和34年4月2日 ～ 昭和36年4月1日	64歳
昭和36年4月2日 ～	65歳

厚生・共済

特集

女性自衛官増で整備着々

隊舎の改修で受け入れ規模2倍に

Wi-Fi設置、ネット環境を改善

政府の「女性活躍推進」施策により近年、自衛隊でも女性隊員がさまざまな職域で活躍し、第一線部隊の配置制限も解かれている。これに伴って各部隊では女性隊員の受け入れ態勢を整えている。富士地区の板妻駐屯地では女性自衛官用宿舎の増設を進め、訓練などで他部隊から訪れた女性隊員にも対応できる環境を整えた。

宿舎改修を記念し、深田満男駐屯地司令（後方左）と共に写真に納まる女性隊員たち。後方中央は3陸曹教育隊の佐藤靖倫隊長、その右は上野業務隊長（7月16日、板妻駐屯地の女性自衛官宿舎で）

【板妻】駐屯地は7月16日、女性自衛官宿舎を改修・新設し、2倍の女性隊員の受け入れ態勢を確立した。

女性自衛官宿舎はこれまで、25号隊舎3階の半フロアを使用し、34普連などの営内者用に2個居室8人、3陸曹教育隊の学生用に3個居室12人を割り当てていた。しかし、昨今の女性活躍推進施策などを踏まえ、3曹教の女性枠の増加や、女性予備自衛官の招集訓練などに対応するため、3階の全フロアを女性用にリフォームした。

この結果、営内者用は4個居室16人に、学生用は6個居室24人に、それぞれ受け入れ規模は2倍に増員された。一方、他部隊などから訪れる女性自衛官に向けては、外来用として2個居室12人分を新設した。

このリフォーム事業を指揮した上野富一郎業務隊長は「女性隊員の外来については、これまで近傍の駒門駐屯地や滝ヶ原駐屯地に宿泊をお願いしていたが、今後は入浴・宿泊ともに板妻駐屯地で対応が可能になり、利便性が向上した」と語っている。

◇

板妻駐屯地では、高田克樹東方総監が各部隊に求める「隊員が帰ってきたくなるような駐屯地の追求」施策の一環として、6月26日、駐屯地内にWi-Fi機能を搭載した自動販売機を設置した。

業務隊が主体となり生活隊舎フロアにWi-Fi環境の構築を目指したもので、今回は生活隊舎の10号隊舎2階と33号隊舎2階に設置した。この結果、半径30メートル程度の範囲で、隊員個人のスマートフォンやタブレットがWi-Fiに接続でき、より快適にインターネットを使用できるようになった。

本年度はこのほか、女性自衛官宿舎を含む他の生活隊舎など計5カ所への自販機の設置を目指している。

自販機に搭載されたWi-Fiのアンテナを指さす上野業務隊長（右）。その左は沢内仁厚生科長（6月28日、駐屯地で）

呉で家族親睦会
LCAC操縦体験に大行列

【呉】1輸送隊はこのほど、江田島の飛渡瀬地区に所在するLCAC操縦訓練所で、隊員家族ら約200人を招いて「家族親睦会」を行った。

はじめに、小林知典隊司令が昨年7月に発生した西日本豪雨の災害派遣の功績をたたえて、隊員11人を表彰。続いて、宮本恵司先任伍長が海自の福利厚生や働き方改革について説明した。

その後、家族たちはエアクッション艇（LCAC）に乗艇しての見学やシミュレーターでの操縦を体験。この体験操縦は大行列ができるほどの人気で、多くの家族が想像以上に難しいLCACの操縦を体験した。

さらに隊員と家族らはBBQを開催し、家族間の交流を図った。

参加した家族は「夫が表彰される姿を見られてよかった」「将来は自衛隊を希望したい」などと話していた。

本場の「海軍カレー」提供
宮崎地本　陸海自隊員が協力して150食調理

【宮崎地本】地本は6月6日、霧島演習場で実施された24普連（えびの）の訓練と、自衛官候補生教育隊の総合訓練で、本場の「海軍カレー」をふるまった。

これまでは、えびの駐屯地の隊員食堂で"海軍風"のカレーを提供していたが、今回は、海自下総航空基地で給養員として勤務していた宮内明香3海曹（小林地域事務所）が調理技術指導を行い、海軍オリジナルレシピを基に本場の「海軍カレー」を再現し、24普連の隊員と協力して150食分を作り上げた。

訓練に参加した隊員や自候生たちは海軍カレーを頬張り、「こんなにおいしいカレーは初めて食べた。毎回これを食べたい」「専門店で食べるカレーみたい。レシピを教えて」などと話していた。

宮内3曹は「久しぶりに大人数分のカレーを作り、良い技量回復訓練になった。皆さんに喜んでいただいて安心しました」と笑顔で話していた。

大鍋で150食分の「海軍カレー」を調理する陸自隊員と、隠し味にワインを投入する宮内3海曹（右）＝6月6日、霧島演習場で

余暇を楽しむ
防衛省合気道連合会　市ヶ谷本部支部

紹介者：事務官　西浦 克卓（防衛装備庁調達企画課）

相手の力使い制する

防衛省合気道連合会市ヶ谷本部支部は、月～金の昼休みと課業後に厚生棟2階の武道場で稽古を行っています。ふだんの稽古では隊員10数名に加えて多数のOBらも参加し、日々気持ち良い汗を流しています。月に一度の合気会本部・大澤勇人師範の稽古日には、参加者が30人以上となることもあります。

部は、市ヶ谷所在の内局、各幕、機関などの自衛官、事務官らからなり、黒帯の女性部員も複数います。合気道は、基本的には投げ技と固め技が主体の武道です。と言いましても、力で相手を制するのではなく、相手の力の流れを使い、円と球の動きで相手を制するというものです。

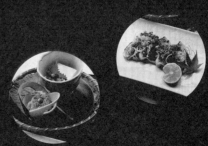

合気道には素晴らしい点が多くありますが、その一つに老若男女にかかわらず、自分のペースで稽古ができるという点が挙げられます。連合会の西正典会長（元防衛事務次官）も48歳から稽古を始められ、今や参段の腕前です。

合気道は国際性の高い武道でもあり、海外にも多くの道友がいます。セルビアの合気道家、ネパールの憲兵の方が来られて、一緒に稽古をしたこともあります。

皆さんも日本の文化である武道を学びながら、身体を鍛えてみませんか。「体力に自信がない」「運動の経験がない」そのような方でも大丈夫です。最初はジャージで構いませんので、一度、道場に足をお運びください。続けているうちに、いつの間にか身のこなしが変わっている自分に気が付くと思います。お待ちしています。

連絡は、陸自中央業務支援隊・竹中（内線47322）までお願いします。

上　大澤師範（前列中央）を囲んで写真に納まる合気道部の部員たち。その右は西浦五段
下　「二人掛け」からの「呼吸投げ」を披露する西浦五段

「禁煙週間」で意識啓発
肺年齢測定、看護官がアドバイス　札幌病院

【札幌病院】自衛隊札幌病院は5月31日から6月6日まで、「世界禁煙デー」と厚労省の「禁煙週間」に合わせ、病院職員、通院患者、近傍駐屯地の隊員とその家族を対象に、「禁煙」に関する啓発を行った。

世界禁煙デーの31日には病院のエントランスで「肺年齢測定」「呼気一酸化炭素濃度測定」「看護官による禁煙相談」「薬剤官による禁煙補助薬の相談」を実施。隊員や来院者ら約100人が各種測定に臨み、看護官たちからのアドバイスにも真剣に耳を傾けた。翌日以降は、たばこの害や禁煙のメリットなどについて紹介したパンフレットを配布し、禁煙への意識向上を促した。

このほか、期間中には札幌、真駒内の両駐屯地でもそれぞれ「禁煙教育」と「禁煙相談」を実施。この取り組みが功を奏し、各会場から計5人が禁煙外来を希望した。

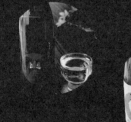

看護官や薬剤官らのアドバイスを受けながら、「呼気一酸化炭素濃度測定」などの各種測定に臨む隊員や来院者たち（5月31日、札幌病院で）

生保8社で健康イベント
小平　メタボ隊員対象に

【小平】駐屯地は7月1日、定年退官を控えた隊員やメタボリック（内臓脂肪肥満）症候群気味の隊員に向けた健康強化を目的に、生命保険会社8社合同の「健康増進イベント」を開催した＝写真。

目玉は、日本生命が協賛したVRゴーグルを装着して行う「バーチャル100メートル走」で、2017年9月に日本人初の9秒台をマークした陸上競技選手の桐生祥秀選手と共に走ることができる。順番待ちをしながら、「10秒の壁を越えてみせる」と意気込みを語る隊員もいた。

このほか、血管年齢測定や内臓脂肪測定、脳トレに加えて、男性があまり体験したことのない肌年齢測定も人気を集めていた。

イベント会場を訪れた松前義信総務部長は「隊員が初めて体験する測定もあり、健康に関心を持つ良い機会になってくれれば」と期待を込めて話していた。

自慢の一品料理
納豆キムチ丼

紹介者：楽 慶史郎（2海曹）（31航空群岩国航空基地隊厚生隊給養班）

さまざまな病原菌から体を守ってくれる免疫力は、食事の仕方で高められることが分かってきました。中でも発酵食品は免疫力アップに効果的。そこで今回は、血液をサラサラにするナットウキナーゼを含む納豆と、乳酸菌の宝庫であるキムチを組み合わせた「納豆キムチ丼」を紹介します。

まず油を引いたフライパンで食べやすい大きさに切った豚バラ肉を炒め、色が変わってきたらキムチと3センチに切ったニラを加えます。しょうゆで味を調え、ごま油を回し入れて香りを付けます。

器にご飯を盛り、その上にサニーレタスを乗せます。めんつゆと小口切りにした青ネギを混ぜ合わせた納豆、炒めた豚キムチを盛り付け、練りからしをトッピングしたら「納豆キムチ丼」の完成です。

「丼なので手軽で食べやすい」と隊員さんからも好評な一品。具材が絡むように、全体を混ぜるとさらにおいしく食べられます。

納豆と豚キムチのコラボは、夏場に衰えがちな食欲を増進させるのでおすすめです。皆さんも夏バテ予防にぜひ試してみてはいかがでしょうか。

防衛施設と首長さん

愛知県犬山市 山田 拓郎市長

やまだ・たくろう 46歳。名古屋経済大卒。1999年に犬山市議会議員に初当選し4期務める。2014年11月犬山市長に就任。現在2期目。犬山市出身。

春日井駐屯地と協力体制 災害時の支援は大きな力

犬山市は愛知県の最北端に位置し、木曽川を隔て岐阜県に隣接しています。清流木曽川を眼下に望む国宝犬山城は、李白の漢詩になぞらえ「白帝城」の別名を持つ美しい城です。

春、城下町は満開の桜の中、ユネスコ無形文化遺産に登録された犬山祭が開催されます。私自身も例年、祭装束に身を包み、5トンの車山を曳きまわす「てこ」として祭に参加しています。

夏は木曽川の鵜飼い、1300年の歴史を受け継ぐ伝統漁法です。ライトアップされた犬山城を背景に、赤々と燃えさかる篝火が川面を照らす幻想絵巻が繰り広げられます。

秋はもみじ寺の「寂光院」をはじめ、東部丘陵の里山も色とりどりに紅葉し、美しい日本の原風景を見ることができます。

そして、冬は入鹿池のワカサギ釣り。入鹿池は日本で2番目に大きな農業用ため池で、2015年には歴史的価値のある農業用水利施設として、国際かんがい排水委員会（ICID）の「世界かんがい施設遺産」に登録されました。

このように多くの歴史遺産と豊かな自然に恵まれた犬山市ですが、面積の45パーセントが山林で土砂災害なども危惧され、もしもの災害時には自衛隊の皆さんのご支援が大きな力になります。

平時にも隊員の方々には市の行事にご協力をいただき、毎年2月に行われる「読売犬山ハーフマラソン」では、隣接する春日井市の春日井駐屯地から陸上自衛隊のジープやバイクなどを展示していただき、気軽に記念撮影などに応じていただいています。

今後もこの協力体制を確固たるものとし、市民の自衛隊の活動への理解が深まることを願っています。

基地問題の解決に尽力

九州局 米海軍のソレザー中佐に感謝状

九州防衛局は6月21日、離任する在日米海軍佐世保基地施設部隊長のトーマス・J・ソレザー中佐を同局に招き、廣瀬律子局長からの感謝状を贈呈した。

感謝状は同氏の在任中の功績をたたえるもので、関係職員が見守る中、局長代理の桝賀政浩局次長から伝達された。

ソレザー中佐は2016年4月に着任以来、日本側の事情をよく理解し、積極的な対応に努め、基地関係の諸問題の円滑かつ安定的な解決に尽力した。日本での勤務を終えた同中佐は米カリフォルニア州キャンプ・ペンデルトンに栄転した。

離任を前に九州防衛局の桝賀局次長（右）から感謝状を伝達される在日米海軍佐世保基地施設部隊長のソレザー中佐（6月21日、福岡市の九州防衛局で）

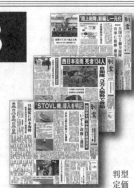

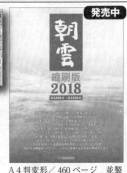

地方防衛局 特集

優れた技術力を表彰

「工事」「業務」から18社

九州局「優秀工事等顕彰状」授与式

【九州局】九州防衛局（廣瀬律子局長）は7月8日、同局が発注する建設工事や設計業務などの中から、他の模範とするにふさわしい優れた施工や業務を行った企業を顕彰する「優秀工事等顕彰状授与式」を行い、今年は計18社の代表者に小森達也調達部長から顕彰状が手渡された。

顕彰状授与式は、防衛施設工事におけるさらなる技術力や受注意欲の向上を目的に毎年行われているもので、今年は2018年度に完成した「工事」の中から13社と、「業務」の中から5社（6件）の計18社（19件）が受賞した。

特に「工事」においては厳しい施工条件や防衛施設としての特殊な施工などの難題に前向きに対応し、優れた出来形を納めたこと、また、「業務」では調査・検討・設計・施工監理において優れた技術力を発揮して業務の履行に尽力したことなどの功績がたたえられた。

九州防衛局は「これを機に多くの方々に防衛施設の建設工事に興味をもっていただき、幅広く入札に参加していただけることを期待している」と話している。

【優秀工事】

▽上山建設＝崎辺・管理棟等新設工事▽サカヒラ＝大分(29)庁舎改修等建築その他工事▽[illegible]

【優秀業務】

▽[illegible]▽ドラムエンジニアリング＝佐世保・[illegible]港区岸壁調査▽[illegible]協和コンサルタンツ九州支社＝崎辺・土木工事監理業務▽[illegible]コンサルタンツ[illegible]所・測量等調査

㊤「優秀工事」部門で顕彰状を授与された企業の代表者ら。前列中央は九州防衛局の小森調達部長
㊦「優秀業務」部門で顕彰状を授与された企業の代表者ら（写真はいずれも7月8日、福岡市の九州防衛局で）

東北局が青森市で防衛セミナー

新「防衛計画の大綱」テーマに

【東北局】東北防衛局は7月11日、青森県青森市の「県民福祉プラザ」で第39回「防衛セミナー」を開催した。

主催者を代表して、前日10日に着任したばかりの熊谷昌司局長があいさつ。その後、防衛省地方協力局の松尾友彦補償課長が「新たな防衛計画の大綱・中期防衛力整備計画」、続いて9師団副師団長兼青森駐屯地司令の源弘紀陸将補が「陸上自衛隊の取り組みと地域との関わり」をテーマにそれぞれ講演し、詰めかけた約160人の来場者は真剣な面持ちで聞き入っていた。

聴講者からは「日本の防衛について興味を持った」「中期防の予算の考え方についてよく理解できた」「女性自衛官の活躍ぶりをうれしく感じた」「自衛官が普段、どういった形で地域と関わっているのかなど、自衛隊に関して知らないことが多くあることを認識できた」など、さまざまな感想が寄せられた。

東北防衛局は「今後も防衛政策や自衛隊の活動を広く国民に理解していただくため、東北各地で『防衛セミナー』を開催していきたい」として、多くの市民の参加を呼び掛けている。

防衛省地方協力局の松尾友彦補償課長

9師団副師団長兼青森駐屯地司令の源弘紀陸将補

安全保障環境を理解

北関東局 茨城県で防衛問題セミナー

【北関東局】北関東防衛局は7月5日、茨城県水戸市の県立県民文化センター「ザ・ヒロサワ・シティ会館」で第43回「防衛問題セミナー」を開催し、330人が来場した＝写真。

今回は「変化する安全保障環境と日米同盟～令和元年を迎えて我が国防衛を考える」と題し、日本を取り巻く安全保障環境が一層厳しさを増す中、日米同盟を強化していくことの重要性について地域の人々などに理解を深めてもらおうと開かれた。

主催者を代表して松田尚久局長があいさつを述べた後、第1部は空自7空団司令兼百里基地司令の佐川詳二将補が「我が国の空の守り～進化する航空自衛隊」、第2部は同志社大学法学部の村田晃嗣教授が「変化する安全保障環境と日米同盟」をテーマにそれぞれ講演した。

参加者からは「私たちの空がどのように守られているのかを知る機会になった」「新たな情勢に対応していく航空自衛隊の様子が理解できた」「日本の安全保障環境について鋭い見識に感動した」「日米同盟を軸として、我が国を取り巻く環境を分かり易く説明していただけた」など、多くの感想が寄せられた。

セミナーは茨城県をはじめ、水戸、小美玉、鉾田、行方の各市が後援し、百里基地と茨城地本の協力を得て実施された。

4地方防衛局長が交代

7月10日付で、北海道、東北、南関東、中国四国の各地方防衛局長が交代した。新しい局長の略歴は次の通り。

末永 広（すえなが・ひろし）北海道防衛局長 東大法卒。平成2年旧防衛庁。人事教育局服務管理官、内閣官房内閣参事官（内閣情報調査室）、防衛政策局戦略企画課長などを経て、平成29年8月整備計画局防衛計画課長。奈良県出身。51歳。

熊谷 昌司（くまがい・まさし）東北防衛局長 早大一文卒。昭和59年旧防衛施設庁。地方協力局地方協力企画課連絡調整室長、近畿中部防衛局企画部長、地方協力局労務管理課長などを経て、平成29年8月地方協力局地方調整課長。山形県出身。58歳。

小波 功（こば・いさお）南関東防衛局長 中大法卒。昭和61年旧防衛庁。地方協力局労務管理課長、防医大総務部長、技本総務課長、防衛監察本部統括監察官などを経て、平成29年9月サイバーセキュリティ・情報化審議官。大分県出身。57歳。

森田 治男（もりた・はるお）中国四国防衛局長 東大経卒。平成2年旧防衛庁。沖縄防衛局企画部長、文書課法令審査官、地方協力局沖縄調整官、地方協力局地方協力企画課長などを経て、平成30年8月大臣官房審議官。東京都出身。51歳。

リレー随想 熊谷 昌司

「宮城野散歩」

去る7月10日、人事異動により、東北防衛局に着任しました。

東北防衛局は、仙台市宮城野区、仙台駅から東に約1キロ、榴岡公園に隣接した合同庁舎に所在しています。

榴岡はその名のとおり小高い丘で、伊達政宗公が青葉山に城を築き、仙台開府を行った際には築城の候補地になったとも言われています。

明治時代には、陸軍第4連隊が駐屯し、その時の兵舎2棟が、移築・復元され、宮城県内に現存する最古の洋風建築物として残されており、現在は榴岡公園内の「仙台市歴史民俗資料館」として利用されています。

私が毎日通う官舎も同じ宮城野区にあり、通勤経路は、東北楽天イーグルスの本拠地「楽天生命パーク宮城スタジアム」を横目に眺めながら、榴岡公園への坂道を上る約1キロの道のりです。

その途中、公園の傍らに俳聖松尾芭蕉が「おくのほそ道」の宮城野の章に詠んだ句

あやめ草足に結ばん草鞋の緒

を紹介する看板を見つけ、早速この句の所縁の場所を訪ねてみました。

それは、宮城野区に隣接する若林区木ノ下に残る薬師堂で、江戸時代の天明年間に建てられた立派な句碑も残されています。

句碑の解説によれば、芭蕉の一行が、仙台に滞在したのは元禄2年5月5日から7日の3日間で、この間、芭蕉をもてなし、名所を案内、旅立ちの朝「紺の染緒つけたる草鞋二足」と餞別の品々を贈り、芭蕉をして「風流のしれ者」と感嘆せしめた仙台在住の俳人北野加右衛門への感謝の気持ちを込めて詠じた句。芭蕉は、加右衛門の案内でこの薬師堂を訪れたのです。

木ノ下薬師堂は、慶長12年に伊達政宗公が陸奥国分寺跡地に建立したもので、江戸初期の貴重な建造物として国の有形重要文化財に指定されています。また、この地は「おくのほそ道」に登場する風致景観の中で、当時の雰囲気を今に良く伝える場所として、平成27年に史跡名勝に指定されています。

さて、関係自治体を中心に着任あいさつに回っていると、「局長は出身はどちらですか」と聞かれますので、「東北勤務は初めてですが、実は東北出身です」と答えます。東北各県を巡りながら、美しく懐かしい風景を眺めて飽きることがありません。

ふるさとの山に向ひて
言ふことなし
ふるさとの山はありがたきかな
石川啄木

（東北防衛局長）

「離島防御」想定　化学検知も

14旅団

【14旅団＝善通寺】14旅団は6月25日から7月1日まで、饗庭野演習場や善通寺駐屯地などで隷下4部隊に対し、旅団訓練検閲を実施した。

検閲は、夜間行進を含む長距離機動展開後の「離島における防御」を想定し、これまでの教育訓練成果を総合的に評価、その進歩向上を促すことを目的に行われた。

統裁官の小和瀬一旅団長は訓練に先立ち「生き残り、かつ任務を遂行」「戦況の推移に応じて部隊の能力を最大限に発揮」「基本・基礎を確行」の3点を要望した。

中方特科隊は155ミリ榴弾砲FH70で迅速な射撃を実施。14後支隊は作戦行動中の隊員の生命線を支える兵站・衛生部隊として、緊急患者空輸のほか、16式機動戦闘車を整備した。14高特隊は行動の自由と安全を担う対空戦闘部隊としてシミュレーターを用いた近SAM模擬実射を評価したほか、強固な掩体壕に近SAM発射機を格納。14特防は旅団唯一の化学科部隊として化学物質などの検知活動で作戦に寄与した。

酷暑と小雨が降りしきる厳しい環境の中、各部隊長を核心として全員が一丸となって任務を完遂した。

クレーンを使い、16式機動戦闘車の部品交換を行う14後方支援隊の隊員たち

陣地内の掩体に偽装した近SAM発射機を隠す14高射特科隊の隊員

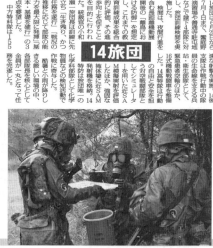

防護マスクを着け、スポイトなどを使い化学剤を検知する14特殊武器防護隊

訓練

重機関銃や対戦車弾などの練度向上

33普連

【33普連＝久居】33普連は6月9～12日、饗庭野演習場で「師団部隊装備火器集合訓練」を担任した。

同訓練は戦闘支援部隊や後方支援部隊などに対し12・7ミリ重機関銃（HMG）と個人携帯対戦車弾（LAM）の射撃要領などを習熟させ、練度向上を図った。

10日のHMG射撃は2中隊が担任、各射手は射撃音や反動に驚きながらも、中隊から教わった要領で目標の的に弾を次々と命中させた。

11日のLAM射撃は4中隊が担任し、縮射弾射撃で感覚をつかんだ後、演習弾を目標へ確実に命中させた。

33普連4中隊が担当した射撃訓練で、個人携帯対戦車弾を発射する隊員（6月11日、饗庭野演習場で）

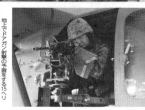

砲迫、対機甲火力発揮

41普連

【41普連＝別府】41普連は6月10～16日、日出生台、十文字原両演習場に各職種部隊を配置し、「41戦闘団」として師団訓練検閲を受閲した。

10日は約52キロにわたって夜間車両行進し、各部隊はそれぞれの集結地へ進入。速やかに安全化を図り、攻撃準備を整えた。11日には戦闘団の命令下達後、1中隊は北道沿い、4中隊は南道沿いに前進して警戒部隊の駆逐を開始。途中、砲迫による攻撃で小隊長などが負傷したが、隊員同士が応急救護や指揮を引き継ぎ、戦闘を継続した。

13日から各中隊は主陣地に対する砲迫火力や対機甲火力を発揮、各部隊が支援射撃や障害処理などに当たり、16日に状況を終えた。

9師団の指揮所訓練支援

BCTC

【BCTC＝仙台】東北方面指揮所訓練センター（BCTC）は6月16～21日、「9師団指揮所訓練」を支援した。

同訓練は「師団司令部などの指揮幕僚活動の練度向上」が目的。9師団（青森）以下各連隊の所在駐屯地に指揮所を設置し、中隊などが仙台駐屯地のBCTCへ展開。中隊は指揮所からの命令に基づいた運用を「指揮所訓練統裁支援システム（ICE）」に入力して、その結果を司令部などに報告した。参加部隊は、戦闘のイメージに応じた作戦指導の重要性を共有した。

ヘリ機内からドアガン射撃

地上でドアガン射撃の予習をする15ヘリ隊の隊員（6月28日、空自那覇基地で）

15ヘリ隊

【15ヘリ隊＝那覇】15ヘリ隊は6月28日、洋上を飛行中のヘリ機内からドアガン射撃訓練を行った。

訓練はヘリボーン作戦や空中機動中の自衛警戒戦闘手段である5・56ミリ機関銃「MINIMI」によるドアガン射撃を行い、要領の確立と練度向上を図った。空自那覇基地を離陸したUH60JAヘリに乗り込んだ隊員は、機内で無線を使った通信とジェスチャーで洋上の目標をとらえ、正確に弾を命中させて迅速に帰投した。

参加した15ヘリ隊1飛行隊の野島彰人2曹は「射撃予習を繰り返して成果を出せた。特に機内ではエンジン音で会話が聞き取りづらく、機長以下クルーとの連携が重要だった」と述べた。

対戦車誘導弾2発命中

2普連

【2普連＝高田】2普連は7月15～18日、新潟県の関山演習場で「連隊射撃訓練」を実施した。

同演習場では初となる01式対戦車誘導弾の射撃も行われ、目標に2発命中させた。

120ミリ、81ミリ両迫撃砲射撃では、雨が降る悪条件でも分隊が連携して迅速かつ正確な射撃を披露。戦闘射撃では銃身交換を伴う射撃なども行い、小銃小隊の射撃能力を向上させた。

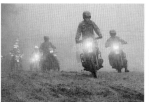

悪天候の中、迅速かつ正確に81ミリ迫撃砲を射撃する2普連の隊員

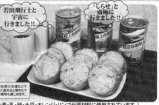

防御準備で偽装や築城

10特連

【10特連＝豊川】10特連は6月17～26日、静岡県の東富士演習場で1大隊の訓練検閲を実施した。

隊員たちは防御準備で偽装や築城を行い、車両通行後は車輪跡を消して強固な陣地を構築。防御戦闘では敵の進出情報を適時収集し、機先を制して火力戦闘を遂行した。

射撃精度を向上

22即機連

【22即機連＝多賀城】22即機連は6月27日から7月11日まで、北海道の矢臼別演習場で「中・重砲長距離射撃訓練」を実施した。

同訓練は火力支援中隊を基幹とした射撃練度の向上を目的とする。駐屯地から矢臼別までの長距離移動では約1100キロを整斉と行動。

120ミリ迫撃砲の長距離射撃では各級指揮官の明確な企図のもと基本動作が徹底され、火力戦闘部隊として迅速・正確な射撃要領を演練した。

通信、交通小隊が訓練

6施大

【6施大＝神町】6施大は7月7～10日、王城寺原演習場で通信、交通両小隊の訓練検閲を実施した。

検閲官は「執念を持って任務を完遂せよ」「基本・基礎・躾を確行せよ」の2点を要望。

大隊統制訓練では約400キロを整斉と車両行進し、王城寺原演習場に進入。夜間に約20キロの徒歩行進を終え、状況を開始した。

通信小隊は集結地の占領後、有線班と無線班に分かれて、上級部隊、関係部隊との指揮・連絡手段を確保。無線班は緊急電報の受領や連絡を確保し、有線班は大隊通信所から中隊指揮所までの約7キロ間の有線構成を完了させた。

一方、交通小隊は155ミリ榴弾砲FH70と16式機動戦闘車の掩体構築から始まり、地雷原の構成、夜間の70式地雷原爆破装置の設置など全般支援に徹した。

オフロードバイク隊と共同

静岡市のオフロードバイク隊と共同で不整地での操縦技術を向上させる34普連の隊員たち（静岡市の井川スキー場周辺で）

34普連

【34普連＝板妻】34普連の16人は7月16～18日、静岡市のオフロードバイク隊と共同で「偵察用オートバイ操縦訓練」を実施した。

訓練は同市の井川スキー場とその周辺で行い、不整地走行、障害物回避、隘路での方向転換を想定したブレーキターンなど、基礎から応用へと段階的に操縦技術を演練。災害を想定したバイク隊との連携要領に関しても習熟した。

第4次連隊練成訓練

18普連

【18普連＝真駒内】18普連は7月8～14日、北海道大演習場島松地区で「第4次連隊練成訓練」を実施した。

同訓練は9月の連隊訓練検閲に向けて、3次訓練までに積み上げた「前方地域や主戦闘地域における防御」「隊員の基礎的戦闘」「夜間戦闘」の成果を確認するもの。

連隊は部隊指揮官や各級指揮官の戦い方を戦闘指導・予行で各隊員に徹底。昼夜を問わず各防御地域での戦闘要領、障害構成、敵火力からの防護、安全な離脱要領などの練成成果を発揮した。

敵の上陸侵攻を阻止

1特群

【1特群＝北千歳】1特科群は7月8日から2夜3日にわたり、北海道大演習場で「102特科大隊訓練検閲」を実施した。

同検閲は「圧倒的に優勢な火力を有する敵の上陸侵攻を阻止するため、敵の妨害に対処しつつ十分な強度を保持した陣地を2日間の短期間で構築、火力戦闘を行う」厳しい状況を付与。

大隊は荒智巳大隊長を核心に、部隊一丸となってこれまでの練成成果を最大限発揮し、過酷な任務を完遂した。

PKO派遣隊員らと再会 合同稽古で汗流す

南スーダンから空手愛好家6人が来日

陸自が約5年5カ月間にわたって国連平和維持活動（PKO）に従事した南スーダン共和国から6人の空手愛好家が来日し、7月26日から8月1日まで、再会した当時のPKO派遣隊員らと共に、防衛省などで合同稽古を行った。

3年ぶりに再会したUNMISS11次隊隊員だった唐牛2曹（左から2人目）と共に形を打つ五輪出場を内定させているアウェール選手（左端）をはじめとする南スーダンの空手愛好家＝7月27日、防衛省厚生棟で

南スーダン空手協会理事長のタリク・サパイ・カリファさんをはじめとする6人は、外務省のスポーツ外交推進事業の一環として来日。全自衛隊空手道連盟が支援に当たった。

南スーダンでは、5段の段位を持ち、同国で空手道場を経営するカリファさんらの愛好家が個々に空手を学んでいた。

陸自の国連南スーダン共和国ミッション（UNMISS、平成24年1月～29年5月）では、9次隊の参加隊員が空手サークルをつくり、さらに11次隊の隊員によって定期的に稽古が行われるようになった。

同国での活動を全自空連は約60着の道着を贈って応援した。そうした支援も得て、UNMISS撤収の翌年の30年6月、同国に空手協会が設立された。

全自空連との合同稽古は、体校（朝霞）空手基幹要員集合訓練の教官の丹野宣徳3陸尉、浦上直人陸曹長らが指導に当たり、基本稽古、移動稽古、形などの各課目を行った。

また、UNMISS11次隊に参加し、当時共に稽古した唐牛和隆2陸曹（現・宮古警備隊）ら3人も加わり、約3年ぶりの再会を喜ぶとともに、「ジオン」の形を打って汗を流した。

稽古後、全自空連強化部長の近藤力也1陸佐（統幕学校国際平和協力センター長）は、「（和を尊ぶ）日本の武道を伝えることは世界の平和にもつながる」と語った。

カリファさんは「稽古をつけていただき、とても満足しています。南スーダンのみならず、（中央アフリカの）地域全体で空手の技量が高まっていくことが私の夢です」と応えた。

稽古の合間に一行は全自空連の深山延暁会長（防衛装備庁長官＝当時）も表敬。長官は「さらに練習を積まれ、（来年の）東京オリンピックでお会いすることを楽しみにしています」と6人を激励した。

稽古の合間に全自空連会長の深山延暁防衛装備庁長官（中央、当時）を表敬した南スーダン空手協会の6人と、同行した岡田誠司南スーダン大使（左から3人目）、徳淵文雄全自空連副理事長（右端）＝7月29日、防衛装備庁長官室で

アウェール選手 東京五輪出場が内定

来日し合同稽古を行った5人のうちの1人は、東京五輪の空手競技への出場を内定させている。

南スーダン代表として、組手種目への出場を内定させているのは、長いリーチを持つアブラハム・アウェール・デン・ギャラン選手。

「2020年（東京オリンピック）は私の夢。月曜から金曜までの週5日間、朝も夜も練習している。（自分より）背の高い選手と戦ってみたい」と国を背負って挑む祭典への意気込みなどを語る。

UNMISS11次隊に5普連（青森）から参加し、任務に励む一方、空手交流を通してアウェール選手らと共に汗を流した唐牛和隆2曹は、「当時より練度が上がり、切れもあった。オリンピックの決勝で日本人選手と戦う姿を見てみたい」とエールを送った。

ナノ粒子で大量出血の救命蘇生

防医大・木下准教授ら研究チームが成功

防衛医科大学校免疫微生物学講座の木下学准教授らの研究チームはこのほど、止血ナノ粒子と酸素運搬ナノ粒子を用いた出血性ショックの救命蘇生に世界で初めて成功。研究成果が輸血学雑誌「Transfusion」（59巻7号電子版）に掲載された。

木下准教授と早稲田大学理工学術院の武岡真司教授、奈良県立医科大学化学講座の酒井宏水教授のチームは、血小板が減少したウサギの肝臓を傷付け、大量出血で死に至るモデルを作製。これに止血能（血液を固め出血を止める能力）と、酸素運搬能（肺に吸入された酸素を体内の組織へ運ぶ能力）を持つ2種類のナノ粒子を静脈内投与。効果的な止血と虚血の回避により、救命に成功した。

交通事故などの多発外傷では、大量出血で死に至る事態がたびたび発生する。迅速、効果的な輸血が救命のためには必須だが、緊急時の大量輸血体制は十分ではない。

重篤な出血性ショックに対しいまだ有効な治療法もなく、2種類の機能性ナノ粒子の投与は新たな治療法として期待されている。

木下准教授は、「今回開発したナノ粒子が傷付いた人たちを一人でも多く救えるよう願っています」と語っている。

ブルーも飛行再開

尾道で1万4000人 美技堪能

T4練習機の不具合により展示飛行を中止していた空自4空団11飛行隊ブルーインパルス（松島）は7月27日、広島・尾道港開港850周年記念行事で約4カ月ぶりに飛行を再開した。3月に鹿児島県の陸自奄美駐屯地上空で展示して以来で、約1万4000人が美技を堪能した。

この日は5番機（操縦士・元廣哲3佐）と6番機（同・佐藤貴宏1尉）の2機での展示飛行を実施。会場上空にスモークを出しながら現れ、「デルタ・ダーティー・ローパス」など5課目を披露。「ビッグハート」は最初と最後の2回行い、ナレーションを担当した11飛行隊員が「日本一大きなハートを届けます」と力強くアピールするなど、飛行再開の喜びを表現していた。来場者たちは上空を2機が通過するたびに歓声を上げ、カメラのシャッターを切っていた。

一方、5、6番機は8月1日、宮城県石巻市で行われた石巻川開き祭りでも展示飛行し、6課目を披露した。

3空団（三沢）のT4が今年4月、エンジンの異音により緊急着陸した。空自はT4全機の飛行を停止し、エンジン部品の交換を進めていた。11飛行隊は整備が完了した機体を使用して飛行を再開した。

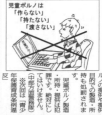

集まった観衆に「デルタ・ダーティー・ローパス」を披露するブルーインパルスの5番機と6番機（8月1日、宮城県石巻市で）

自衛隊LO5人 被災情報を収集

宮城、福島で震度5弱

8月4日午後7時23分ころ、福島県沖を震源とする地震（マグニチュード6・4）が発生し、自衛隊各部隊から連絡要員（LO）を派遣、情報収集に当たった。

宮城県石巻市と同亘理町、福島県双葉町で震度5弱を観測した。自衛隊は福島地本、陸自22即機（多賀城）、44普連（福島）の隊員計5人が福島、宮城両県庁に向かい、到着後、情報収集を行った。災害派遣要請はなかった。

18歳未満は交際相手でも 裸の写真児童ポルノ該当

こちら警務隊　性的犯罪　その②

交際中の彼女（17歳）に裸の姿を撮らせて写真データを送らせましたが問題ありますか？

児童（18歳未満の者）に裸の姿を撮影させて写真データを送らせる行為は、児童ポルノ製造罪に該当し、3年以下の懲役または300万円以下の罰金に処せられます。

また、児童ポルノをインターネットからダウンロードして保存するなど、自己の性的好奇心を満たす目的で所持した者は、1年以下の懲役または100万円以下の罰金に処せられます。

そのほかにも、児童ポルノの提供や提供目的での製造・所持も処罰されます。

児童ポルノ製造・所持・提供は犯罪です。絶対にしてはいけません。

（中部方面警務隊）

※次回は「青少年保護育成条例違反」

児童ポルノは「作らない」「持たない」「渡さない」

現行犯逮捕に協力

6後支連の宮田1士

【6後支連＝神町】6後方支援連隊（隊長・萩原隆2佐）の宮田和幸1士は6月12日、建造物侵入容疑者の現行犯逮捕に協力した功績により、山形県天童警察署から感謝状を贈られた。

宮田1士は6月1日夜、JR天童南駅の女性トイレに不審者が入ったのを見かけ、出てきたところに声を掛け、同駅前交番に引き渡した。不審者は盗撮を行っており逮捕された。

天童警察署で行われた贈呈式では、後藤信吾署長から「勇敢な行動に感謝します」とたたえられ、感謝状を手渡された。

宮田1士は「（不審者に）抵抗され一瞬ひるんだが、萩原隊長の『率先垂範』の指導が頭に浮かび、力になった」と振り返った。

後藤天童警察署署長から感謝状を贈られる宮田1士（左）＝6月12日、同署で

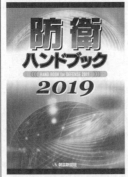

元タカラジェンヌで菅家廊下翔塾講師の堀内さん

「自衛隊の活動に感謝」無料講演会を予定

元タカラジェンヌで現在、日本の伝統的精神文化を継承する菅家廊下翔塾（東京都新宿区）の講師を務める堀内明日香さん＝写真＝が全国の各基地・駐屯地などを訪問し、奉仕（無料）で講演会を行う。

堀内さんは宝塚歌劇団で約8年間活躍。退団後、同団が「日本の伝統とつながり、祖国への思い」を大切にしており、その源流は「和の心」にあると感じた。

5月には菅家廊下翔塾の菅家一比古代表らとパラオ諸島のペリリュー島など3島を巡り、旧日本軍兵士の慰霊も実施。「自分（我）を捨て、日本のためにできることを務めたい」という思いを強くした。

講演の演題は「ドラッカーのマネジメント論で読み解く：宝塚歌劇100年の歴史から学ぶ・組織作りと人材育成の本質」。戦後失われつつある日本の誇りを取り戻し、祖国への思いを新たにするきっかけにしたいという。

「自衛隊の皆様の日本の美しい国柄・命を守るための厳しい訓練、ご奉仕に心より感謝申し上げます」と堀内さん。講演を希望する基地・駐屯地の担当者は堀内さん（asuasu0806@gmail.com）まで。講演料は不要（交通費は実費）。

小休止

▽…空自入間基地は7月24日、基地を一般開放して「基地納涼祭・盆踊りと花火のタベ」を開催し、地域住民と交流した。

▽…宮城公隆基地司令のあいさつに続き、自衛太鼓（入間基地）などが演奏を披露した。

▽…日が暮れると盆踊りがスタート。約100人の基地隊員たちは、「どんどん幸せつながる音頭」が流れるとキレのある踊りで会場を盛り上げていた。（入間）

（世界の切手・ネパール）

何かをやって時間を損するということは絶対にない。貧乏旅行をすれば大学を二つ出たようなものだ。
永倉　万治（作家）

学びと成長の2カ月間

広報班の臨時勤務を経験して

陸士長　中村　百花（北海道補給処・島松）

私は4月15日から6月25日まで総務課の広報班で臨時勤務をさせていただきました。当初は自分に何ができるか不安だったのですが、班長から「持ち物はいらない。気持ちを持ってきて」との一言で、私にできることがあるなら何でも全力でさせてもらおう、そういう気持ちで臨時勤務にのぞみました。広報班に行くと、想像を超える部外の方からのたくさんの電話や来訪者があり、初日にして広報班の大変さを知りました。最初はどのように対応をしたら良いのか不安だったのですが、少しずつ先輩の皆さんが礼儀作法や電話対応などを丁寧に指導してくださったおかげで、不安もなくなり、学んだことが自信につながり、のびのびと仕事ができるようになりました。名刺交換の仕方や接客対応も分からなかったのですが、先輩方が相手役となって練習してくださったおかげで、部外の方が訪れた際も、恥ずかしい思いをすることなくスムーズに対応ができました。今後、これらは自分の強みにもなると思うので、学んだことを忘れず、今後も実践していきたいです。何もできなかった私を、優しく指導して下さった先輩方には本当に感謝しています。

広報班では駐屯地の記念式典に関するお仕事もさせていただきました。招待状の郵送や、出欠の読み合わせ、開催お知らせの広告依頼など、さまざまなことを体験しました。こんなにも記念式典の準備を早くから行っていることにも驚いたのですが、何回も何回も間違いがないか確認をし、出欠の変更電話やホテルの予約対応まで行っていることには内心、本当に驚きました。

そして本番の記念式典では、先輩の指導のもと、私もカメラを使っての写真撮影をしました。これも貴重な経験になりました。広報の腕章を身に付けた時は身が引き締まり、これに恥じない行動をしようと意識が高くなりました。今回の勤務で「広報」というお仕事の大変さと重要さ、そして大切さを知ることができました。

広報班は、自衛隊が部外の方と一番関わることが多い部署だと思います。そのため、身だしなみ、礼儀作法、言葉遣いなど、さまざまなことを意識して業務に臨まないといけません。私は初めて広報という仕事をさせていただき、本当に心身共に成長できましたし、部隊の業務を広報面から支えることの大切さも知ることができました。

駐屯地の隊員の皆さんが行っている業務はみな違いますが、協力することで新しいアイデアが生まれることもありますし、連携して今回のように記念式典を成功させることで、団結心も生まれました。

今回、私は広報班でさまざまなことを学び、考え、挑戦させてもらうことができました。とても貴重で、自分自身がすごく成長できた2カ月間でした。広報のことをもっと知りたいと思いましたし、ほかの業務も知りたい、学びたいと感じました。将来は、本格的に部隊の広報や地本の勤務もしてみたいと思います。最初の不安は、今や自信とやる気に変わりました。

「輸送課」に戻っても、広報班で学んだことを実践できる場面が今後いろいろあると思うので、即戦力として頑張りたいです。お世話になった総務部の皆さんにも今後、恩返しができるよう、これからも日々勉強し、広報で学んだことを生かして成長していきたいです。

島松駐屯地の広報班で写真撮影の業務も担当した中村百花士長

みんなのページ

時間と国境を超えた音楽隊のつながり

3海曹　澁谷　泰弘（練習艦隊司令部音楽隊）

グアテマラシティーの国立劇場大ホールで演奏する練習艦「かしま」乗員らで編成された海自の「祥瑞太鼓」

遠洋練習航海部隊は6月16日、米西海岸のサンディエゴを中米・グアテマラのプエルト・ケツァルに向けて出港しました。気温は南下するにつれて高くなり、日本の真夏のような日々が続きましたが、艦上体育で体調を整え、次の寄港地に備えました。グアテマラでは今回初となるスペイン語圏の国で、艦上レセプションや音楽交流コンサート、現地の方々とのコミュニケーションのために私たちはスペイン語の学習も始めました。

6月25日朝、グアテマラ国防軍軍楽隊の歓迎演奏を受けて入港、私たちも「グアテマラの戦士」を演奏すると現地の方々から拍手をいただきました。

翌日、同軍楽隊との交流コンサートのため、首都グアテマラシティーに約3時間かけバスで向かいました。国立劇場大ホールで行われた演奏会に「ソーランファンク」グアテマラ大統領、国防大臣もご臨席されました。

演奏会は2部にわかれ、第1部では練習艦「かしま」乗員などで編成される「祥瑞太鼓」が力強い演武で日本の伝統的な文化を披露しました。音楽隊（隊長・岡崎恵一1尉）は日本の抒情歌「さくら　さくら」を三宅由佳莉3曹の独唱で演奏、続いて北海道民謡をアレンジした「ソーランファンク」を祥瑞太鼓とのコラボレーションで演奏しました。第2部は三宅3曹の独唱による「タイム・トゥ・セイ・グッバイ」で始まり、マリンバ隊の演奏、両国音楽隊の合同演奏と続き、会場は熱気と盛大な拍手に包まれました。

祥瑞太鼓の尾崎剛1曹、音楽隊の坂本祐希3曹、黒木華鈴3曹と私は、平成27年度の遠洋練習航海参加の際もグアテマラ軍楽隊との合同演奏に出演し、その時のことを彼ら軍楽隊員もよく覚えていてくれ、時間と国境を超えた音楽隊のつながりに感動しました。

新刊紹介

「気象と戦術」
—天候は勝敗を左右し、歴史を変える

木元　寛明著

鎌倉時代の元寇を撃退した「神風」をはじめ、太平洋戦争中のキスカ撤退作戦を成功に導いた海霧など、軍事作戦の成否には常に「気象」が大きく関係している。ナポレオンもナチスドイツ軍もロシアの風雪に敗れ、ノルマンディー上陸作戦では連合軍側の気象情報への執念が史上最大の揚陸戦を成功に導いた。

本書は陸自で71戦車連隊長などを務めた元将補の著者が、古今東西の「気象と軍事作戦」の事例を取り上げ、「気象を味方にする術」を解説した本だ。雨・雪・海象などが勝敗を決した戦史を概観した後、「兵器」として気象を活用した指揮官たちの戦術も紹介している。

現代でも気象の重要性は変わらず、イスラエル軍は砂漠の戦いで兵員の疲弊を防ぐため、部隊移動には「冷房付きのバス」を活用するなど、さまざまな具体策も取り上げている。

さらに兵器のハイテク化に伴って、電子・光学システムを妨げる気象の特性などについても詳しく記述しており、第一線の自衛隊員にも大いに参考になるだろう。

（SBクリエイティブ刊、1080円）

「赤い白球」

神家　正成著

日本人と朝鮮人の二人の特攻隊員を主人公とした元陸自隊員作家による小説だ。日韓併合時代の1939年、朝鮮・平壌1中の吉永と朴は二遊間でコンビを組む野球部員で、共に甲子園出場を目指していた。

しかし、戦争の激化により甲子園大会は中止になり、吉永は陸軍士官、朴は少年飛行兵へと進む。戦闘機乗りとなり南方に出征した朴はやがて撃墜王となり、「朝鮮の英雄」とまで呼ばれるようになる。

一方、吉永は少尉に任官してマニラに赴任、そこで2人は再会する。戦局の悪化の中、日本軍は「特攻作戦」を開始し、2人はその最前線の地、鹿児島・知覧に送られる…。

物語は野球少年だった2人の過酷な運命と、2018年の夏の甲子園大会での遺族の思いを交互に描きながら、特攻出撃の時へと進む。沖縄陥落、原爆投下という日本の悲劇だけでなく、続く「朝鮮戦争」の勃発で祖国が分断される朝鮮人の悲しみも盛り込まれた小説だ。激動の時代にあって、国境を越えた野球少年たちの熱い友情が感動的だ。

（双葉社刊、1728円）

厳しいのは人を守るため

中2　長石　優槻（鳥取市立南中学校）

日本原駐屯地で職場体験を行った鳥取市立南中学校2年の長石優槻君（中央・青のジャージ）

僕たちは日本原駐屯地の皆さんに職場体験でお世話になりました。僕たちの学校の職場体験は、生徒が大まかな職業の分野を第1希望から第6希望まで選び、先生が振り分けをして、訪問先が決まることになっています。僕は発表当日、「どこになるのだろう」とわくわくしながら発表を聞きました。「長石君は自衛隊！」と先生に言われた時は、「えー、嫌だぁー。何で僕が厳しくてきつい自衛隊で職場体験しないといけないんだぁー」と心の中で思いました。

このため初日は、ひやひやしながら自衛隊鳥取地方協力本部を訪れました。1階で待っていると、事務官の大村さんが迎えに来てくれました。最初にミーティングルームで航空自衛官の柴森さんから説明を受け、その時点で「厳しい」という印象は少し消えました。その後、自衛隊の制服を試着し、午後からは鳥取募集案内所に行き、自衛官になるための話を聞きました。

2日目はワクワクしながら日本原駐屯地に行きました。最初に基本教練を教えてもらい、もういいだろうというくらい繰り返し訓練をしました。その後に体験喫食をし、野外訓練を行いました。

3日目は「警務」という職種の指紋検出を体験しました。とても楽しく、やりがいのある体験でした。午後からは陸上自衛隊の装備品を見学しました。戦車がとてつもなく大きくて、びっくりしました。

4日目は陸海空の自衛官にインタビューをし、本部長にも面会しました。緊張しましたが、とてもいい経験になりました。

僕はこの4日間で自衛隊のおもしろさを知ることができました。初めは厳しいと思っていましたが、今では厳しいことは人を守るために厳しいのであり、そこには楽しいこともあることが分かりました。本当にいい体験ができました。とても充実した4日間でした。自衛隊の皆さん、ありがとうございました。

OBがんばる

藤田　寛樹さん　55
平成30年2月、函館地本を最後に定年退職（特別昇任3陸尉）。㈱ほくやく函館支店に再就職し、医療用医薬品の配送業務などに従事している。

援護センターに相談を

私は現在、株式会社ほくやく函館支店に勤務しております。当社は「健康」や「命」を守る生命関連商品である医療用医薬品の流通を担っており、私は配送などの業務を担当させていただいております。

私は函館地方協力本部で就職援護担当官として10年間勤務し、約200名の退職自衛官の就職活動のお手伝いをさせていただきました。そんな私が再就職を考えなければならない時期を迎え、在隊間に培った経験・知識・技能を生かし、地域の健康ネットワークを支える仕事に携わりたいと決意し、当社の面接を受け、採用していただきました。

当初は多種多様な医薬品の名称などを覚えるのに悪戦苦闘し、毎日時間に追われ、時間があっという間に過ぎていきました。当然のことながら医薬品の誤配送は許されることではなく、配送品の点検は入念に行うことを心がけています。

再就職を経て私が思ったことは、どんな業務においても仕事に対する姿勢、そして会社のセールスポイントを良く理解することが重要であると考えます。自衛隊では、隊員は常に部隊の目的達成のために自分は何をすべきかを考えて行動しますが、この経験は民間企業においても十分に武器として役立てることができると思います。

元就職援護担当官として申し上げたいことは、就職先を決めるのはあくまでも自分です。早期にご家族と相談し、自分に適している職業等を考え、所掌の地域援護センターへ足を運び、相談することをお勧めします。皆さまのご健闘をお祈り申し上げます。

詰碁

第1216回出題

出題　日本棋院　九段　曲　励起

白先

『活きて下さい。白は最初が大切です』。5分でできれば初級以上です。

▶詰碁、詰将棋の出題は隔週です◀

詰将棋

出題　日本将棋連盟　九段　石田　和雄

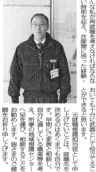

	5	4	3	2	1	
		金			と	一
		馬		玉		二
				桂		三
					飛	四
			角			五
			飛			六

先手　持駒　桂

≪第800回の解答≫

【正解】▲1三角成△同玉▲2五桂△2二玉▲3一飛成△同金▲3三馬までの七手詰め。

【解説】初手は▲1三角成とズバッと捨てます。△同飛なら▲3三馬△3一玉▲4三桂まで。△同玉に▲2五桂と押さえた後、▲3一飛成が絶好の決め手。次の▲3三馬が絵に書いたような詰め上がり。

朝雲

発行所 朝雲新聞社
〒160-0002 東京都新宿区四谷坂町12-20 KKビル
電話 03(3225)3841
FAX 03(3225)3831
振替00190-4-17600番
定価一部140円、年間購読料9000円（税・送料込み）

主な記事

ホルムズ海峡の有志連合構想

日米防衛相が意見交換

岩屋大臣「総合的に判断」

岩屋防衛相は8月7日、先月23日に米国防長官に就任後、初来日したマーク・エスパー氏と防衛省で初めて会談し、強固な日米同盟を確認した。日米が掲げる「自由で開かれたインド太平洋」ビジョンの実現に向け、緊密に連携していくことでも一致した。会談後、岩屋大臣は記者団に「詳細は控える」としながらも、中東・ホルムズ海峡の安全確保に向けた米国主導の有志連合構想「海洋安全保障イニシアチブ」についても意見交換し、対イラン関係なども含め「政府全体として総合的に判断する」との日本の立場を伝えたことを明らかにした。

岩屋防衛相（手前左）のエスコートで陸自の特別儀仗隊を巡閲するエスパー米国防長官（同右）＝8月7日、防衛省で

会談の冒頭、岩屋大臣は就任への祝意を表した上で、「日米を取り巻く安全保障環境が非常に厳しさを増す中、両国の防衛当局があらゆるレベルで緊密な協力関係を維持することが重要だ。私もエスパー長官と緊密に連携し、日米同盟の強化・発展のために取り組んでいきたい」と述べた。

これに対し、エスパー長官は「日米同盟はインド太平洋の平和と安全の礎であり、米国のコミットメント（責任ある関与）は盤石だ」と応え、米国防総省が昨年1月に公表し、太平洋地域を「優先地域」と定めた「国家防衛戦略（NDS）」の取り組みを推進していく姿勢を強調した。

会談では、北朝鮮による全ての大量破壊兵器とあらゆる射程の弾道ミサイルの「完全で検証可能、かつ不可逆的な廃棄」に向け、国連安全保障理事会決議に基づく対北制裁の「完全な履行」の重要性について認識を共有。北朝鮮船舶による違法な「瀬取り」に対し、日米が引き続き関係国と連携して警戒監視活動に当たっていくことで一致した。

さらに、両氏は東・南シナ海情勢をめぐり、力を背景とした一方的な現状変更の試みに「反対」を表明。中国が領有権を主張する沖縄県の尖閣諸島については、米国の対日防衛義務を定めた「日米安全保障条約第5条」の適用範囲であり、日本の施政を損なおうとするいかなる一方的な行動にも反対することを再確認した。

このほか、日米同盟のさらなる抑止力・対処力の強化でも一致し、「自由で開かれたインド太平洋」の維持・強化のため、日米が基軸となって共同訓練や能力構築支援などの分野で多様なパートナーと協力していくことを申し合わせた。

会談後、岩屋大臣は記者団に対し、中東・ホルムズ海峡の安全確保に向けた有志連合構想への日本の参加について「中東は我が国のエネルギー安全保障上、極めて重要な地域だ」とした上で、「日本関係船舶の航行の安全を確保するためにどのような対応が効果的かについては、①原油の安定供給の確保②同盟国である米国との関係③イランとの長年の友好関係――といったさまざまな角度から検討を行い、政府全体として総合的に判断していきたいと考えており、米側にもそれを伝えた」と述べた。

これに先立ち、エスパー長官は官邸に安倍首相を表敬訪問し、日米のさらなる連携強化で一致した。首相が「日米同盟の強化に向けて連携協力を深めたい」と述べると、エスパー氏は「就任後初の外遊先としてインド太平洋地域を優先し、日本を早期に訪問できてうれしく思う。安倍首相のリーダーシップにより日米同盟はかつてなく強固になっている」と応じた。

エスパー長官は8月2日から9日まで、豪、ニュージーランド、日本、モンゴル、韓国の順で歴訪した。

北がまた飛翔体　日本に影響なし

北朝鮮は8月10日早朝、東部の咸興（ハムフン）付近から短距離弾道ミサイルと推定される飛翔体2発を日本海に向けて発射した。飛距離は約400キロ、高度約48キロ、最高速度はマッハ6・1以上だった。防衛省は「我が国の安全保障に直ちに影響を与えるような事態は確認されていない」との見解を発表した。北朝鮮による飛翔体の発射は7月25日以降、5回目。

陸上総隊司令官に高田東方総監

航空総隊司令官に井筒西空司令官

佐世保総監に中尾舞鶴総監

政府は8月8日の閣議で、住田和明陸上総隊司令官の勇退を認め、後任に高田克樹東方総監を充てる人事を了承した。陸自ではこのほか、北方総監に吉田圭秀8師団長、東方総監に小野塚貴之陸幕副長、中方総監に野澤真2師団長が就任する。海自では勇退する菊地聡佐世保地方総監の後任に中尾剛久舞鶴地方総監、空自では勇退する武藤茂樹航空総隊司令官の後任に井筒俊司西空司令官が就く。将に9人、将補に16人が昇任し、約70人が動く。いずれも8月23日付。

（将・将補昇任者の略歴は2面）

高田陸上総隊司令官
大塚関東補給処長
吉田北方総監
中尾佐世保地方総監
小野塚東方総監
大島舞鶴地方総監
野澤中方総監
伊藤海自補給本部長
竹本陸幕副長
井筒航空総隊司令官
田中教育訓練研究本部長
金古支援集団司令官
大庭1師団長
上ノ谷航空総隊副司令官
森下2師団長
西谷西空司令官
梶原3師団長
鈴木南西空司令官
堀井8師団長
阿部空自幹部学校長

遠航部隊オセアニアに到着

環太平洋を一周中の海自遠洋練習航海部隊（練習艦「かしま」、護衛艦「いなづま」で編成、指揮官・梶元大介海将補以下約580人）は8月11日、北・中・南米の最終寄港地、仏領ポリネシアのパペーテ（タヒチ島）に到着した。この後、フィジー、ニューシーランド、豪州などを訪問する。（4面に関連記事）

防衛省発令

▽陸上総隊司令官（東部方面総監）陸将 高田 克樹 ▽北部方面総監（8師団長）同 吉田 圭秀 ▽東部方面総監（陸上幕僚副長）同 小野塚貴之 ▽中部方面総監（2師団長）同 野澤 真 ▽陸上幕僚副長（[illegible]）同 竹本 竜司 ▽教育訓練研究本部長（[illegible]）同 田中 重伸 ▽1師団長（北部方面総監部幕僚長兼札幌駐屯地司令）同 大庭 秀昭 ▽2師団長（陸幕防衛部長）同 森下 泰臣 ▽3師団長（統幕防衛計画部長）同 梶原 直樹 ▽8師団長（5旅団長）同 堀井 泰蔵 ▽関東補給処長兼霞ヶ浦駐屯地司令（陸幕装備計画部長）同 大塚 裕治 ▽佐世保地方総監（舞鶴地方総監）海将 中尾 剛久 ▽舞鶴地方総監（海自補給本部長）同 大島 孝二 ▽海自補給本部長（内閣事務官）同 伊藤 弘 ▽航空総隊司令官（西部航空方面隊司令官）空将 井筒 俊司 ▽航空支援集団司令官（航空総隊副司令官）同 金古 真一 ▽航空総隊副司令官（南西航空方面隊司令官）同 上ノ谷 寛 ▽西部航空方面隊司令官（航空支援集団副司令官）同 西谷 浩一 …面隊司令官（空…長）同 鈴木 康彦 …校長兼目黒基地…（…備計画部長）同 阿部 睦晴 …学教育学群長兼…（防衛装備庁プロ…部装備技術官）…補 中澤 省吾 …画部長（航空戦…）同 安藤 忠司 …出向、内閣事務… 統幕防衛計画部… 画部長（西部航…）… 部長（北部方面…令官）同 森田 雄博 …熊本地方協力本…補 井土川一友 …長（教育訓練研…）同 濱田 博之 …同 徳永 勝彦 …部長（統幕運用…）同 荒井 正芳 …同 小林 弘樹 …務室長）… 北部方面総監部… 同 七嶋 剛士 …用部長（中部方…副長）同 坂本 雄一 …監部幕僚長兼札…（陸幕監理部長）同 柿野 正和 …（情報本部）同 池田 孝一 …総監部幕僚副長… 団長兼東千歳駐…同 斎藤 兼一 …（陸上総隊運用… 監部幕僚長兼健…）同 橋爪 良友

…副センター長）同 堺 一夫 ▽7師団副師団長兼東千歳駐屯地司令（陸幕装備計画課長）同 柳 裕樹 ▽9師団副師団長兼青森駐屯地司令（施設学校長兼勝田駐屯地司令）同 腰塚 浩貴 ▽10師団副師団長兼守山駐屯地司令（防衛大防衛学教育学群統率・戦史教育室長兼防衛大教授）同 大橋 智 ▽5旅団長（西部方面総監部幕僚長兼健軍駐屯地司令）同 小瀬 幹雄 ▽3施設団長兼南恵庭駐屯地司令（陸幕防衛課長）同 浅賀 政宏 ▽開発実験団長（同総務課庶務室長）同 江頭 豊一 ▽富士学校普通科部長兼諸職種協同センター副センター長（3施設団長兼南恵庭駐屯地司令）同 遠藤 充 ▽同機甲科部長兼諸職種協同センター副センター長（西部方面総監部幕僚副長）同 前島 政樹 ▽施設学校長兼勝田駐屯地司令（防衛装備庁プロジェクト管理部プロジェクト管理総括官）同 鵜居 正行 ▽武器学校長兼土浦駐屯地司令（関東補給処副処長）同 六車 昌晃

▽教育訓練研究本部研究部長 同 源 弘紀（防衛監察本部監察官）同 上野 和士 ▽関東補給処副処長（10師団副師団長兼守山駐屯地司令）同 池田 頼昭 ▽2護衛隊群司令（海幕補任課長）海将補 今野 泰樹 ▽潜水艦隊幕僚長（防衛監察本部監察官）同 竹中 信行 ▽佐世保地方総監部幕僚長（潜水艦隊幕僚長）同 小座間善隆 ▽海自幹部候補生学校長（2護衛隊群司令）同 大判 英之 ▽空幕総務部長（防衛装備庁調達事業部総括装備調達官）空将補 石上 誠 ▽同人事教育部長（西部航空警戒管制団司令兼春日基地司令）同 小笠原卓人 ▽同装備計画部長（防衛大防衛学教育学群長兼防衛大教授）同 坂本 浩一 ▽航空総隊防衛部長（防衛監察本部監察官）同 亀岡 弘 ▽2航空団司令兼千歳基地司令（空幕人事計画課長）同 徳重広為智 ▽3航空団司令兼三沢基地司令（統幕運用1課長）同 久保田隆裕 ▽西部航空方面隊副司令官

▽西部航空警戒管制団司令兼春日基地司令（作戦システム運用隊司令兼横田基地司令）同 齋藤 拓也 ▽航空戦術教導団司令（3航空団司令兼三沢基地司令）同 鮫島 建一 ▽航空支援集団副司令官（航空総隊防衛部長）同 今城 弘治 ▽航空教育集団幕僚長（空幕総務部長）同 荒木 哲哉 ▽空自幹部候補生学校長兼奈良基地司令（同教育課長）同 藤永 国博 ▽同4術科学校長兼熊谷基地司令（統幕報道官）同 小野打泰子 ▽飛行開発実験団司令（空自幹部候補生学校長兼奈良基地司令）同 増田 友晴 ▽東京地方協力本部長（陸幕補任課長）陸将補 岸良 知樹 ▽防衛監察本部監察官（富士学校機甲科部長兼諸職種協同センター副センター長）同 武田 敏裕 ▽同（海幕防衛課長）海将補 羽渕 博行 ▽同（空自4術科学校長兼熊谷基地司令）空将補 石村 尚久 ▽防衛装備庁プロジェクト管理部プロジェクト管理総括官

…同 岸川 公彦（教育訓練研究本部長兼目黒駐屯地司令）同 岩谷 要（関東補給処長兼霞ヶ浦駐屯地司令）同 權藤三千蔵（佐世保地方総監）海将 菊地 聡（航空総隊司令官）空将 武藤 茂樹（航空支援集団司令官）同 山田 真史（空自幹部学校長兼目黒基地司令）同 長島 純（陸幕法務官）陸将補 坂本 知司（輸送学校長）同 馬場 邦夫（佐世保地方総監部幕僚長）海将補 佐藤 賢上（海自幹部候補生学校長）同 南 孝宣（飛行開発実験団司令）空将補 今瀬 信之（航空教育集団幕僚長）同 平元 和哉（中央病院1歯科部長）陸将補 津野田 亮（防衛装備庁調達事業部調達総括官）同 内田 雄三

（以上8月23日）

〈以上内閣承認人事〉

将・将補昇任

▽陸将に昇任
（統幕防衛計画部長）陸将補 梶原 直樹
（陸幕防衛部長）同 森下 泰臣
（同装備計画部長）同 大塚 裕治
（北部方面総監部幕僚長）同 大庭 秀昭
（5旅団長）同 堀井 泰蔵

▽解海将補兼任、海将に任命
内閣事務官 伊藤 弘

▽空将に昇任
（空幕人事教育部長）空将補 鈴木 康彦
（同装備計画部長）同 阿部 睦晴
（航空支援集団副司令官）同 西谷 浩一

▽陸将補に昇任
（防衛大防衛学教育学群統率・戦史教育室長）1陸佐 大橋 智
（陸幕総務課庶務室長）同 江頭 豊一
（同補任課長）同 岸良 知樹
（同防衛課長）同 浅賀 政宏
（同装備計画課長）同 柳 裕樹
（北部方面総監部人事部長）同 七嶋 剛士
（熊本地方協力本部長）同 濱田 博之
（情報本部）同 池田 孝一

▽海将補に昇任
（海幕補任課長）1海佐 今野 泰樹
（同防衛課長）同 羽渕 博行

▽空将補に昇任
（統幕運用1課長）1空佐 久保田隆裕
（空幕会計課長）同 田崎 剛広
（同人事計画課長）同 徳重広為智
（同教育課長）同 藤永 国博
（作戦システム運用隊司令）同 齋藤 拓也
（防衛装備庁プロジェクト管理部装備技術官）同 中澤 省吾

春夏秋冬

旧日本軍の失敗からの教訓　菊澤 研宗

終戦記念日。旧日本軍の話をしてみたい。太平洋戦争において、最新技術に基づく近代戦術を駆使した米軍に対して、精神力に基づく非合理的な戦術を展開して大敗した日本軍。戦後、これを反省し、日本では論理性や合理性を重視する教育がなされてきた。この教育方針に間違いはない。

しかし、もう少し深く考えてみたい。では、当時の日本軍のリーダーたちは非論理的で非合理的だったのか。恐らくそうではない。むしろ、きわめて論理的で合理的思考の持ち主が多かったと思う。したがって、われわれが注意しなければならないのは、論理的思考が非合理的な行動を合理的に選択する可能性があるということである。

たとえば、日露戦争で日本陸軍は乃木希典（まれすけ）指揮のもと「二〇三高地の戦い」で白兵（銃剣）突撃を繰り返し、奇跡的にロシア軍に勝利した。以後、日本陸軍は努力を重ね、多額の資金を投入して白兵突撃戦術を完成させた。ところが、太平洋戦争で米軍と戦い、その戦術の非効率性に気づいた。しかし、この戦術を放棄しなかった。それは、リーダーたちが無知で非合理的だったからではない。もしその戦術を放棄すれば、明治以来、投入した膨大なヒト・モノ・カネ、すべてが無駄になり、しかも伝統ある白兵突撃戦術をめぐる多くの既得権益者たちを説得する必要があり、そのコストはあまりにも大きかったからである。したがって、論理的に考えれば、放棄しない方が合理的だった可能性がある。

同様に、日本海軍も日露戦争で東郷平八郎指揮のもとに「日本海海戦」でロシア軍に大勝した。以後、海軍は戦艦「大和」や戦艦「武蔵」などの建造に多額の資金を投入し、大艦巨砲主義を実現させた。しかし、太平洋戦争ではすでに戦艦に代わって航空機と空母の時代がきていた。日本海軍もこれを認識していたが、変更できなかった。というのも、もし変更すれば、これまで投入した膨大な資源のすべてが無駄になり、しかも大艦巨砲主義に固執する多くの利害関係者を説得するコストも高かったからである。したがって、論理的に考えると、やはり変更しない方が合理的だった可能性がある。

このように考えると、奇妙に思えるが、人間を失敗に導く原因の一つは非論理性ではなく、実は人間の合理的で論理的思考にあるように思える。というのも、そもそも論理には人間性が欠けているからである。

（慶応義塾大学教授）

朝雲寸言

第2次世界大戦が終結して74年の今年は、第1次世界大戦の講和を定めたベルサイユ条約の調印から100年目の年でもある。当初は数カ月で終わると思われた戦争は4年余りも続き、3500万人以上が犠牲になり、四つの帝国が世界地図から消える激変をもたらした▼この戦争の特質として、さまざまな同盟関係が連鎖した結果、開戦前時点で世界が二つの陣営に分かれていたこと、航空機や潜水艦、戦車、化学兵器などの新兵器が続々投入され、戦闘が様変わりしたことがある▼これら2点は現在の国際情勢にも共通する。中国とロシアはこのほど初の「共同巡回飛行」と称して太平洋から日本海にかけて軍用機を飛ばした。北朝鮮が5月以降連射する短距離ミサイルはロシア製に酷似し、イランとロシアの海軍は合同演習をするという。包括的な秘密協定があるかどうかは別にして、これらの国々は既に一つの陣営を形作っているようにもみえる。また、電磁波兵器や人工衛星破壊兵器など、実戦で大規模に使われれば、いかなる被害が出るか見通せない厄介な兵器も既に一部の国々は保有している▼毎夏、「終戦の日」に黙祷し、親族を含む戦没者を追悼し、何か務めを果たしたような気持ちになっていた。けれど今年は、戦争を過去のこととして片づけられない「胸騒ぎ」がやまない。「祈っておしまい」の終戦の日とせず、未来を見通すため歴史を学び続けようと思う。

お知らせ

本紙8月22日付は休刊とし、8月29日付（3369号）から通常通りの発行となります。ご了承ください。

朝雲新聞社

時の焦点

国内　日米防衛相会談　「同盟深化」へ調整急げ

安全保障環境の変化によって、日米間には、調整が必要な課題が山積している。両国は、同盟がアジアの安定と繁栄の根幹であることを改めて確認し、連携して対処しなければならない。

新任のエスパー米国防長官が来日し、安倍首相や岩屋防衛相と会談した。一方的な海洋進出を続ける中国を念頭に置いた「自由で開かれたインド太平洋」構想の推進や、北朝鮮の完全な非核化を目指す方針で一致した。首相は会談で「同盟の抑止力を強化したい」と伝えた。

昨年末にマティス国防長官が辞任し、長官ポストは不在となっていたが、7月、陸軍長官だったエスパー氏が就任した。この機会を同盟の深化につなげていくべきだ。

日米の防衛相は、北朝鮮問題について「あらゆる射程のミサイルの完全な廃棄に向けて努力するという認識で一致した」（岩屋氏）という。

北朝鮮が短距離弾道ミサイルの発射を繰り返していることについて、トランプ米大統領は問題視しない考えだ。射程が短いからといって、国連安全保障理事会の制裁決議に反する挑発が許されるわけがない。

変則的な軌道で、ミサイル防衛網をかいくぐる新型ミサイルの可能性が出ている。日米で綿密に分析し、対処能力を高めていきたい。

エスパー氏は、中東ホルムズ海峡の安全を確保するための有志連合構想への協力を求めた。

日本が輸入する原油の8割がホルムズ海峡を通過していることを考えれば、自国のタンカーの安全を守るのは当然だ。政府は構想の内容を見極め、方策を検討せねばならない。

中国を巡る日米間の認識の違いは大きい。日本に比べ、米国の警戒感の方が強いと言えよう。

だが、南西諸島周辺では中国の公船が活発に活動している。日中中間線付近での中国によるガス田開発は、将来、軍事拠点へと変容する可能性をはらむ。政府は、軍備増強を続ける中国の脅威を軽視してはならない。日米両国で対中戦略をすり合わせ、南西から太平洋への進出を阻む態勢を強化すべきだ。

重要なのは日米同盟の実効性を高めることだ。オバマ前大統領は2013年、「米国は世界の警察官ではない」と宣言した。トランプ氏は、日米安全保障条約について、米側に負担が偏っていると不満を示している。当面、米国内の「安保ただ乗り論」が減じることはなかろう。

政府は安全保障関連法で、集団的自衛権の限定的な行使を可能にした。自衛隊は平時から、米艦艇などの防護にあたっている。新たな日米物品役務相互提供協定（ACSA）に基づく米海軍への給油も行っている。

政府は、日米同盟が双務的な関係であることを米国に粘り強く訴えていく必要がある。

夏川　明雄（政治評論家）

海外　INF条約失効　軍拡競争の拡散に懸念

冷戦時代末期の1987年に米国と当時のソ連が締結した中距離核戦力（INF）全廃条約が8月2日、米ロ両国の外交上の取り組みがないまま失効した。核軍縮推進の象徴的存在だったINF条約の失効により、核大国の両国が地上配備型中距離ミサイルを再び開発、展開し、同条約の枠組み外にあった中国などを巻き込んだ軍拡競争が世界各地に拡散していくことが懸念される。

当面は、2021年に失効する米国とロシアの核軍縮の唯一の枠組み「新戦略兵器削減条約」（新START）の行方が焦点だが、条約が延長されなければ、核問題を話し合う米ロの対話チャンネルも途絶える事態となる。トランプ米大統領は、ロシアに中国も加えた「21世紀の軍縮」を目指すとしているが、冷戦終結以降で最悪といわれる米ロ関係の現状や激しい米中貿易摩擦が続く中、相互信頼を基礎とする核軍縮交渉のめどは全く立っていない。ポスト冷戦後の核軍縮体制は曲がり角を迎え、軍事強国に名乗りを上げる中国も参入し今後の国際情勢は「新たな軍拡の時代」に逆戻りする恐れもある。

INF条約は射程500～5500キロの地上発射型ミサイルの発射実験と製造、保有を禁止した。トランプ政権はかねて、ロシアが条約に抵触する地上発射型巡航ミサイルを開発・配備したと批判し、北大西洋条約機構（NATO）加盟国の支持を取り付けた上で、INF条約の破棄を今年2月初めに通告した。これに対し、ロシアのプーチン政権は条約違反を一貫して否定し、逆に米国のミサイル防衛システムが条約に反していると主張。プーチン大統領は7月3日、条約を停止する法案に署名した。

米国がINF条約破棄を決定した背景には、条約違反を繰り返してきたロシアへの不信感に加え、条約に縛られない中国が中距離ミサイルなどの開発を進め、米国の安全保障を脅かしていることへの懸念もある。トランプ大統領は、INF条約や新STARTに代わる枠組みとして、米ロ中の軍縮体制構築を呼び掛ける。だが、中国は、核兵器の大半を保有する米ロが先に大幅軍縮すべきだと訴え、「3カ国の軍縮交渉には参加しない」との立場を表明している。ロシアとの間でも新START延長に関する議論は進んでいない。

エスパー米国防長官は8月3日、INF条約が失効したことを踏まえ、アジア太平洋地域に条約で禁じられた地上発射型中距離ミサイルを早期に配備したいとの考えを示した。この発言は、中国への対抗が念頭にあるのは明らかで、米国は、中国が南シナ海で米軍の空母も標的となり得る対艦弾道ミサイルの発射実験を行ったことを強く警戒しており、米国の中距離ミサイルの配備先としてグアムや日本も候補に上がる。

ロシアは条約失効を受け、米国に対抗して欧州を射程に収めるミサイルの配備をちらつかせながら、米欧間の亀裂が深まるNATOの一層の分断を狙う構えだ。また、中国と同様、アジアでも対抗措置を取るとけん制するなど、日米同盟の揺さぶりを強めている。

伊藤　努（外交評論家）

RDEC教官要員など参加幹部　陸幕長に出国報告

湯浅陸幕長（中央）に出国を報告したＲＤＥＣ派遣要員ら。左から吉田事務官、津田憲二2尉、藤堂団長、本田泰士3佐、中上聡2尉、末吉部長（8月6日、陸幕長応接室で）

【陸幕】国連施設部隊早期展開プロジェクト「RDEC（アールデック）」の教官要員などとしてアフリカのウガンダに派遣される陸自12施群（岩見沢）副群長の藤堂康次2佐以下陸自幹部4人と内閣府PKO事務局の吉田祐樹事務官が8月6日、陸幕を訪れ、湯浅陸幕長に出国を報告した。末吉洋明運用支援・訓練部長が立会した。

5人を応接室に迎えた湯浅陸幕長は、先月、国連本部での国連平和維持活動（PKO）参謀長会議に参加した際のエピソードを明かし、「RDECを所掌する国連活動支援局のカレ局長が、我が国の貢献を高く評価していた」と激励した。

5人はこの後、岩屋防衛相にも出国を報告、励ましを受けた。

教官団長の藤堂2佐以下23人（吉田事務官を含む）は8月17日に日本を出発。エンテベに到着後、ジンジャの「ウガンダ早期展開能力センター」を拠点に8月26日から11月15日まで、ウガンダ国軍の工兵に対し、油圧ショベルなど重機の操作法などを指導する。

霞ヶ浦駐と土浦市　「子供一時預かり協定」を締結　茨城県内で初めて

「子供一時預かり施設の運営等に関する協定」に調印した権藤霞ヶ浦駐屯地司令（右）と土浦市の中川市長（7月29日、土浦市役所で）

【東方＝朝霞】陸自霞ヶ浦駐屯地（司令・権藤三千蔵陸将補）と土浦市（中川清市長）は7月29日、「自衛隊が駐屯地内に設置する子供の一時預かり施設の運営等に関する協定」を締結した。

この協定は大規模災害が発生し、陸上自衛隊が災害派遣活動を行う際、霞ヶ浦駐屯地内に設置される隊員の子供を一時的に預かる施設の運営を土浦市が支援するという内容で、茨城県内では初めての締結となった。

同協定により、駐屯地の子供預かり施設の運営に関して、土浦市の保育士から指導や助言を受けられるようになるほか、公立保育施設などで隊員が研修する機会も与えられる。

協定書への調印後、権藤司令は、「子供の一時預かり施設の運営は、自衛隊の任務遂行を支える重要かつ効果的な施策だ。土浦市の協力が得られることは、霞ヶ浦駐屯地としても大変大きな意味を持つ」と謝意を示した。

これに対し中川市長は、「駐屯地における子供の一時預かり施設の運営が充実し、隊員の皆さまとご家族の不安感が少しでも軽減され、安心して災害派遣活動に従事できるようになれば幸い」と述べた。

空自航空システム通信隊　インターネット集合訓練　修了者が1000人達成

【空シス隊＝市ヶ谷】空自の航空システム通信隊（司令・三島信彦1佐）が実施する「航空自衛隊インターネット系（空自インターネット）集合訓練」の修了者が7月11日、1000人を突破した。

同訓練は空自インターネットの管理運用や情報保証の適切かつ円滑に進めることを目的に、2005年6月から行っており、今年で15年目を迎えた。

市ヶ谷基地ではこれまで毎年3回、3日間の訓練が開催され、各回約20人が参加。修了者は全国に所在する空自の各部隊で空自インターネット管理者などとして活躍している。

今回もサイバー攻撃対処業務などに携わる同隊の隊員が教官を務め、▽情報システムの概要▽サイバー攻撃対処に関する講習▽実機を使用した通信遮断訓練▽ウイルスの排除訓練――など、実任務に即した幅広い内容で行われた。

特に近年は各種システムを狙ったサイバー攻撃の日常化・巧妙化が進んでおり、参加者たちは緊迫感を持って訓練に臨んでいた。

最終日の11日に行われた修了試験には全員が合格。修了式で三島司令は「この訓練で築いた教官や同期との絆を大切にし、空自のシステムを共に守っていこう」と訓示した。

訓練を終えた学生からは「ここで得た知識技能を今後の業務に生かしたい」などの声が聞かれた。訓練を担当した空シス隊本部の豊田啓太郎1空尉（現・電子開発実験群技術調査隊）は、「この訓練は空自インターネットの管理運用だけでなく、情報通信技術（ICT）を学べる絶好の機会なので、これからもぜひ多くの隊員に参加してもらいたい」と話していた。

祝　1000人達成！

航空自衛隊インターネット系集合訓練

（平成17年6月21日～令和元年7月11日）

15年目で1000人の修了生を送り出し、記念写真に納まる空シス隊の隊員と訓練参加者たち。前列中央は三島司令（7月11日、市ヶ谷基地で）

露軍哨戒機2機　日本海など往復

ロシア軍のツポレフTu142哨戒機（写真）2機が8月8日、対馬海峡の公海上空を通過し、日本海と東シナ海を往復飛行したため、空自の中空、西空のF15戦闘機などが緊急発進して対応した。領空侵犯はなかった。

ウラジオストク方面から日本海に飛来した2機のTu142は、南西に進路を取り島根県の竹島と隠岐島の間を通過。そのまま南西進して壱岐・対馬間の対馬海峡東水道を抜けて東シナ海に進出した後、反転して往路と逆ルートで自国領方面に戻った。統幕は同日、露軍機の写真を公表した。

露海軍駆逐艦が宗谷海峡を東進

8月8日午前10時ごろ、ロシア海軍の「ウダロイI」級ミサイル駆逐艦1隻（満載排水量約8600トン、艦番号572「アドミラル・ヴィノグラドフ」）が北海道・宗谷岬の西方約130キロの公海上を東に向け航行するのを海自1ミサイル艇隊のミサイル艇「くまたか」が確認した。

露軍艦はこの後、宗谷海峡を東進してオホーツク海に入った。

F35A墜落事故　空自が最終調査結果　対抗の3番機通過後、急降下

空自3空団302飛行隊（三沢）のF35Aステルス戦闘機（705号機、細見彰里2佐搭乗）が4月9日夜、僚機との対戦闘機戦闘訓練中に三沢東方沖の太平洋上に墜落した事故で、空自は8月9日、事故の最終調査結果を発表した。

6月10日に公表した中間報告と同様、機体に不具合は確認されなかったが、細見2佐が平衡感覚を失った「空間識失調」に陥ったことが事故原因と結論付けた。

調査結果では、705号機が4機での対戦闘機戦闘訓練中、訓練空域に接近してきた米軍機を避けるため降下を始めたが、その直前に対抗機だった3番機が約2200メートル下を飛行していたことに新たに言及。事故機は3番機の通過後、背面に近い約135度のバンク（機体の左右の傾き）をとって急旋回で約90度左に方向転換し、高度9900メートルからダイブ角60度・時速約900キロ以上で急降下した。6000メートル付近で速度警報が作動したが、高速のまま5300メートルに達した。そこで地上管制から「ハード・レフト（左急旋回せよ）」と指示が入り、細見2佐が「はい、ノック・イット・オフ、ノック・イット・オフ（訓練中止、訓練中止）」と応答した。

705号機はさらに旋回してダイブ角60度・時速1100キロ以上で急降下し、高度約3000メートルから1800メートルを降下中に同機のコリジョン・アボイド・システム（衝突警告装置）が作動し、衝突回避指示が発動した。同機は左に約90度向きを変えた後、そのまま海面に墜落した。墜落時の機体の角度が約50～60度と少し持ち直していたことから、細見2佐が警報作動を受けて、回復動作を試みた可能性もあると指摘した。

空自は再発防止策として①空間識失調に関する教育・訓練②夜間飛行における適時適切な飛行諸元の確認③各種警報装置に関する教育・訓練――を徹底する。

衝突回避装置導入　岩屋防衛相が指示

さらに、墜落しそうになった機体が自動的に回復動作を行う「自動衝突回避システム」の早期導入を目指す考えも明らかにした。同装置は現在、空自機には搭載されていないが、米国のF35などに順次導入される見込みだった。今回の事故を受けて、岩屋防衛相が空自機への早期の導入を指示した。

共済組合だより

共済組合員とその家族は、病気やケガで通院した場合、「組合員証等」を提示することで低負担で治療を受けられます（現物給付）。

しかし、交通事故など緊急その他やむを得ない事情で「組合員証等」が使えず、医療費の全額を支払った場合、組合員からの請求に基づき、共済組合が必要と認めた場合、一定の基準により算定した額（保険点数で算定した額）から自己負担額を差し引いた額を「療養費」または「家族療養費」として現金により支給しています（現金給付）。

事故などで「組合員証等」が使えなかった場合　組合から療養費として「現金給付」が行われます

【緊急その他やむを得ない事情の例】

○事故・急病のため、組合員証等を提示せず医療機関にかかったとき。

○保険医療機関が全くない地域で病気になり、非保険医療機関にかかったとき。

○外国で病気やケガのため病院等にかかったとき。

○医師の指示により、関節用装具、コルセット等の治療用装具を購入したとき。

○輸血のための生血を購入したとき。

○医師の同意を得て、はり、きゅう、マッサージ等にかかったとき。

上記等の理由で共済組合に現金給付を請求する場合、各種書類の提出が必要となります。その詳細についてはお手元にある『共済のしおり　GOODLIFE』54～55ページまたは防衛省共済組合HP（病気・ケガ）をご覧いただくか、ご所属の共済組合支部短期係までお問い合わせください。

なお、支払った医療費が保険点数で算定されないことがあるため、共済組合の支給額が実際の支払額より少なくなる場合もありますので、ご了承ください。

防衛省発令

▽海自幹部学校付（海自幹部学校）　1海佐　小泉　正弘

（8月6日）

▽横須賀海上訓練指導隊群司令事務取扱　海上訓練指導隊司令　同　岩澤　努

（8月8日）

▽護衛艦隊司令部（ふゆづき艦長）　同　青木　操

（8月9日）

▽人事教育局人材育成課長事務取扱　人事教育局長　岡　真臣

▽人事管理官を免ずる、経済産業省へ出向、貿易経済協力局審議官＝貿易経済協力局・国際技術戦略担当へ（大臣官房秘書課長）　今給黎　学

▽内閣官房へ出向、内閣参事官＝国家安全保障局へ（人事教育局人材育成課長）　中西　礎之

▽大臣官房秘書課長、人事管理官（防衛政策局調査課長）　小杉　裕一

▽防衛書記官、防衛政策局調査課長に採用（内閣官房内閣参事官＝国家安全保障局）　飯島　秀俊

（以上8月9日）

将昇任者略歴

梶原　直樹（かじわら・なおき）陸将　防大32期。昭和63年陸自。平成14年2佐、19年1佐、25年将補。1特科団長、東京地本長、東北方幕僚副長などを経て、29年8月統幕防衛計画部長。東京都出身。54歳。

森下　泰臣（もりした・やすのり）陸将　防大32期。昭和63年陸自。平成14年2佐、19年1佐、25年将補。中方幕僚副長、富士学校機甲科部長、陸幕人教部長などを経て、30年8月陸幕防衛部長。福岡県出身。53歳。

大塚　裕治（おおつか・ゆうじ）陸将　防大32期。昭和63年陸自。平成14年2佐、19年1佐、25年将補。大阪地本長、陸幕監理部長などを経て、29年8月陸幕装計部長。福岡県出身。55歳。

大庭　秀昭（おおば・ひであき）陸将　防大30期。昭和61年陸自。平成12年2佐、17年1佐、26年将補。東北方防衛部長、10師団副長、幹候校学校長などを経て、29年3月北方幕僚長。福岡県出身。55歳。

堀井　泰蔵（ほりい・たいぞう）陸将　二松学舎大文卒。昭和63年陸自。平成14年2佐、19年1佐、25年将補。中央即応集団副司令官、1施団長、中方幕僚副長などを経て、29年8月5旅団長。秋田県出身。54歳。

伊藤　弘（いとう・ひろし）海将　防大32期。昭和63年海自。平成14年2佐、19年1佐、25年将補。海幕補任課長、防大訓練部長、4護群司令、統幕防衛計画部長などを経て、29年8月内閣官房内閣審議官＝国家安全保障局。千葉県出身。54歳。

鈴木　康彦（すずき・やすひこ）空将　防大32期。昭和63年空自。平成14年2佐、19年1佐、25年将補。空幕補任課長、83空隊司令、航空総隊防衛部長などを経て、29年8月空幕人教部長。静岡県出身。53歳。

阿部　睦晴（あべ・むつはる）空将　防大32期。昭和63年空自。平成14年2佐、19年1佐、25年将補。開発集団幕僚長、防衛装備庁プロジェクト管理総括官などを経て、29年12月空幕装計部長。愛媛県出身。53歳。

西谷　浩一（にしたに・こういち）空将　防大31期。昭和62年空自。平成13年2佐、18年1佐、25年将補。4補給処長、2術科学校長、防衛監察本部監察官などを経て、30年3月支援集団副司令官。香川県出身。55歳。

将補昇任者略歴

大橋　智（おおはし・さとる）陸将補　防大35期。平成3年陸自。17年2佐、22年1佐。陸幕人計課企画班長、4高特群長、西方人事部長などを経て、29年8月防大防衛学教育学群統率・戦史教育室長。栃木県出身。51歳。

江頭　豊一（えがしら・とよかず）陸将補　防大34期。平成2年陸自。16年2佐、21年1佐。7高特連長、陸幕開発官付開発調整官、東北方総務部長などを経て、29年3月陸幕総務課庶務室長。長崎県出身。51歳。

岸良　知樹（きしら・ともき）陸将補　防大38期。平成6年陸自。20年2佐、25年1佐。陸幕運用支援課、幹部学校、陸幕教計課企画班長、4特群長などを経て、29年8月陸幕補任課長。鹿児島県出身。47歳。

浅賀　政宏（あさか・まさひろ）陸将補　防大38期。平成6年陸自。20年2佐、25年1佐。陸幕人計課制度班長、44普連長、陸幕防衛課防衛調整官などを経て、29年8月陸幕防衛課長。新潟県出身。47歳。

柳　裕樹（やなぎ・ひろき）陸将補　防大38期。平成6年陸自。20年2佐、25年1佐。研本研究員、陸幕補任課1班長、9特連長などを経て、29年8月陸幕装備計画課長。埼玉県出身。49歳。

七嶋　剛士（ななしま・つよし）陸将補　防大34期。平成2年陸自。17年2佐、21年1佐。中央即応集団防衛部長、北方法務官、1特隊長、陸幕総括副法務官などを経て、29年3月北方人事部長。長崎県出身。52歳。

濱田　博之（はまだ・ひろゆき）陸将補　東京理科大理卒。昭和55年陸自。平成15年2佐、20年1佐。中方航隊長、幹校主任教官、航校1教育部長、陸幕航空機課長などを経て、29年8月熊本地本長。熊本県出身。55歳。

池田　孝一（いけだ・こういち）陸将補　防大38期。平成6年陸自。20年2佐、25年1佐。中央情報隊本部付、陸幕防衛課業務計画班長、1輸送ヘリ群長などを経て、29年3月統幕防衛計画部付。静岡県出身。48歳。

今野　泰樹（こんの・やすしげ）海将補　防大38期。平成6年海自。20年2佐、25年1佐。海幕指揮通信課通信班長、5護隊司令、海幕人事計画調整官などを経て、30年3月海幕補任課長。東京都出身。48歳。

羽渕　博行（はぶち・ひろゆき）海将補　慶大総合政策学部卒。平成6年海自。20年2佐、25年1佐。たかしお艦長、海幕防衛課防衛班長、1練習隊司令などを経て、29年8月海幕防衛課長。神奈川県出身。48歳。

久保田　隆裕（くぼた・たかひろ）空将補　防大38期。平成6年空自。20年2佐、25年1佐。6空団、空幕人計課養成班長、北空防衛部長などを経て、30年3月統幕運用[illegible]課長。長野県出身。48歳。

田崎　剛広（たさき・たけひろ）空将補　防大36期。平成4年空自。18年2佐、23年1佐。空幕会計課予算班長、統幕計画課統合防衛戦略室長、4空団基業群司令などを経て、30年2月空幕会計課長。宮崎県出身。50歳。

徳重　広為智（とくしげ・こういち）空将補　防大37期。平成5年空自。19年2佐、[illegible]年1佐。9空団飛行群司令、空幕運用支援課運用支援調整官などを経て、30年3月[illegible]事計画課長。福岡県出身。[illegible]歳。

藤永　国博（ふじなが・くにひろ）空将補　松山大人文卒。平成6年空自。20年2佐、25年1佐。空幕補任課、2空団、空幕防衛課業計班長、空幕庶務室長などを経て、29年9月同教育課長。山口県出身。49歳。

齋藤　拓也（さいとう・たくや）空将補　防大35期。平成3年空自。17年2佐、22年1佐。統幕計画課計画班長、同計画課統合防衛戦略室長、南警団防管群司令などを経て、29年8月作運隊司令。埼玉県出身。51歳。

中澤　省吾（なかざわ・しょうご）空将補　防大37期。平成5年空自。19年2佐、24年1佐。空幕技術課先進企画班長、7空団整補群司令などを経て、28年12月防衛装備庁プロジェクト管理部技術官。大阪府出身。48歳。

海自掃海艦艇18隻 陸奥湾に集結

機雷戦訓練　日米印共同掃海特別訓練

海自の全掃海艦艇の3分の2以上にあたる18隻が集結しての令和元年度「機雷戦訓練」が7月18日から30日まで、青森県の陸奥湾で行われた。同訓練は昨年に続き2回目となる日・米・印共同の「掃海特別訓練」も兼ねて実施され、海自艦艇のほか、米海軍掃海艦「ウォーリアー」やインド海軍の水中処分員（EOD）らも陸奥湾に展開し、共同で機雷の掃海・掃討訓練に取り組んだ。7月23日には掃討訓練の一部が報道陣に公開され、掃海艇「あおしま」艇上から水中ロボット（機雷処分具）を活用した機雷掃討訓練を見た。（文・写真　星里美）

青森県の陸奥湾で行われた「機雷戦訓練」の掃討訓練で、掃海艇「あおしま」に搭載された機雷処分具（PAP104）をクレーンで吊り上げ、海上に降ろす乗員たち（7月23日）

奥の乗員が手にする釣竿のように見えるものは、機雷処分員を遠隔操作する光ファイバーケーブルの展張器。乗員の手作りだ（7月23日、「あおしま」艇上で）

機雷処分員の水中カメラがとらえた映像を映すモニター。画面右下の白く薄い影が発見した「訓練機雷」だ（7月23日、「あおしま」艦橋で）

「あおしま」艇上から機雷掃討訓練を見る

太平洋戦争中の苦い経験から

海自は日本国内各地で年に4回、「機雷戦訓練」を行っている。これは太平洋戦争中、日本の港湾の多くが連合国軍により機雷で封鎖され、経済活動がストップした苦い経験を持つからだ。このため海自は西側の諸国の中でも特に「機雷戦」に力を入れており、常に高い技量を維持している。

機雷戦訓練は3掃海隊（呉）司令の井誠史1佐が統制官を務め、参加艦艇は掃海母艦「うらが」「ぶんご」、掃海艦「あわじ」、掃海艇13隻、掃海管制艇1隻の計18隻。航空部隊は岩国基地から飛来した111航空隊所属のMCH101掃海・輸送ヘリ3機、4空群（厚木）のP1哨戒機1機、2空群（八戸）などのP3C哨戒機4機の航空機8機が参加。

一方、米海軍からは掃海艦「ウォーリア」のほか、MH53E掃海ヘリ2機、EOD約10人、そしてインド海軍からはEOD約4人が共同訓練に加わった。

今回の訓練は「令和」の時代となって最初の訓練で、陸奥湾内の海自大湊基地から沖合に約8キロ、水深約40メートルの海域で実施された。訓練が公開された23日は、降り続いていた雨が朝に上がり、曇り空の夏にしては涼しい気候の中で始まった。

この日の朝、大湊基地には掃海艇「あいしま」と「あおしま」が2隻並んで接岸していた。取材記者12人は海自隊員の案内を受け、「あおしま」に乗り込んだ。「あおしま」（基準排水量510トン、艇長・塩尻康平1尉以下乗員約40人）は1991年のペルシャ湾掃海部隊の派遣から連続建造された「すがしま」型掃海艇の6番艇。従来の大きな特徴だった掃海時の運動性の向上を図り、磁気機雷に感知されないよう船体は木材で造られ、機雷探知機と各種機雷処分具を装備している。同艇は午前8時、掃討海域に向けゆっくりと大湊を出港した。

航路ふさぐ多様な機雷を安全に除去

艇では45掃海隊（函館）司令の中川宏隆2佐が記者にこの日の機雷戦訓練の概要を説明してくれた。

機雷は航路をふさぐ目的で海中や海底に敷設される。その種類は、船体に接触して爆発する「触発型」のほか、船体の金属やエンジン音といった磁気や音響に反応する「感応型」など、さまざまな機雷がある。現在、主流となっているハイテク機雷は深い海の底に敷設され、スクリュー音などで目標を感知すると自分の判断で海面近くまで上昇し起爆する「追尾上昇型機雷」だという。中には魚雷のように艦艇を追尾してくる機雷もある。

こうしたさまざまな機雷を安全に除去するため、海自は今回の陸奥湾のほかに、日向灘、伊勢湾、硫黄島で掃海訓練を実施している。特に硫黄島では「実機雷」も使用し、隊員は実際の機雷の威力なども体験している。今回、陸奥湾で使われた「訓練機雷」は船舶が通過した際の各種データなども記録できるため、訓練後の解析などに使用される。

中川司令は陸奥湾での訓練の意義を「全国の各基地から掃海艦艇が集まるため、各部隊が互いに切磋琢磨できる絶好の機会です。海洋国家である日本にとって、海自は高い掃海技量を維持していかねばならない」と話した。

沖合で「あおしま」の甲板に出ると、洋上には掃海母艦「ぶんご」をはじめ、掃海艇「あいしま」「つのしま」、そして米海軍の「ウォーリア」など複数の艦艇が集結しており、壮観な眺めだった。

「水中ロボット」をクレーンで海面へ

掃討訓練は午前9時40分、大湊基地沖合約8キロの海域で開始された。「あおしま」の乗員が水深約40メートルの海底にある機雷を探知。これを処分するため、乗員約10人がラッタルを一気に降りて後部甲板に集合した。万が一、機雷が爆発した場合に備え、全員がヘルメットをかぶり、上半身にはカポック（救命胴衣）を着けている。

乗員たちは機雷掃討用の水中ロボット（機雷処分具PAP104）の動作を一つ一つ確認した後、処分具をクレーンで吊り上げて静かに海面に着水させた。

海上に浮かんだ処分具は光ファイバーケーブルで「あおしま」とつながっており、乗員の遠隔操作により海中に潜水していく。その後、搭載するソーナーなどのセンサーにより海底の機雷捜索を開始。処分具のカメラが撮影した海底の様子は「あおしま」艦橋のモニターで確認できる。この日は海中が濁っており、モニター画面は緑一色で、素人には何もわからない。視界は約3メートルということだ。

ソーナーで海底捜索　モニターに機雷の影

しかし、遠隔操作に当たる隊員には海中の状況が見えているようで、処分員のソーナーとテレビカメラを使って海底の捜索活動を続け、やがてモニターに訓練機雷の影が映し出された。

処分具の底部には機雷掃討用の「爆雷」がセットされており、発見した機雷付近に爆雷を「投下」して処分具の作業を終えた。午前10時30分、海面に現れた処分具をクレーンで収容したところで「あおしま」の訓練は終了した。

本番と同様の「実機雷」を使用した訓練では、処分具から本物の爆雷が投下される。その後、処分具を揚収し、掃海艇が安全な海域に離れたところで爆雷を起爆させる。このため、水中で爆発が起き、海面に水柱が上がったところで機雷の掃討作業は完了となる。

湾岸戦争直後のペルシャ湾への掃海部隊派遣ではいくつもの機雷を処分し、高い掃海技術が国際的にも評価されている海自掃海部隊。海中や海底に敷設されたハイテク機雷を一つ一つ着実に処分していく忍耐のいる掃海・掃討作業は、日本人気質のなせる業だと感じた。

時代の変化に伴い、海自の掃海艇の隻数は減少傾向にあるが、今後は対機雷戦能力を持つ平成30年度計画フリゲート「30FFM」がその役割を担うことになる。今後も70年以上の"実戦"の歴史を誇る掃海部隊の高い技術のDNAは新しい部隊へと受け継がれていく。

各部隊が切磋琢磨

取材陣が乗り込んだ掃海艇「あおしま」（右）。左は僚艇の「あいしま」（7月23日、海自大湊基地で）

陸奥湾で掃海艦艇の補給支援にあたる掃海母艦「ぶんご」（中央）と接舷してサポートを受ける掃海艇「ちちじま」（左）、「えのしま」（7月22日、陸奥湾で）＝海上自衛隊提供

機雷敷設訓練で「航空機雷」を空中から投下する海自のP3C哨戒機（7月18日、陸奥湾上空で）＝海自提供

日米印共同の「掃海特別訓練」で、ボートに乗り込み潜水地点に向かうインドと海自の水中処分員ら（7月18日、陸奥湾で）＝海自提供

高い掃海技量を維持

報道陣への概要説明を行った45掃海隊司令の中川2佐。後方は掃海母艦「うらが」（7月23日、「あおしま」艇上で）

訓練を終え、掃海訓練で使用した訓練機雷を掃海艇「つのしま」から掃海母艦「ぶんご」に移載する乗員たち（7月22日、陸奥湾で）＝海自提供

海自遠洋練習航海部隊

中・南米諸国を歴訪中の海自遠洋練習航海部隊（練習艦「かしま」、護衛艦「いなづま」で編成、指揮官・梶元大介海将補以下約５８０人）は７月５日、南米・ペルーのカヤオに入港した。以下は、中米・グアテマラのプエルトケツァル出港からペルー到着、カヤオ市内研修までの実習幹部の航海記と所感文。

先人たちの努力と誇り実感

プエルトケツァル～カヤオ

一代表として、より気合が入る
3海尉　吉家　巧未

６月28日、グアテマラのプエルトケツァル出港とともに、各国との交換実習員プログラムにより、カナダ、ドイツ、グアテマラの５人の海軍士官が乗艦した。私はドイツ海軍少尉の世話役として蛇行・占位・戦術運動、各部署訓練の説明を担当した。海上自衛隊の一代表としてドイツ軍人に接し、訓練はいつもより、いっそう気合が入った。

練習艦隊は30日、赤道を通過して南半球に入った。無事、赤道を通過できたことを喜びつつ、地球という大きな海原に揺られているというスケールの大きさに心も躍った。

配乗替えで知る第一線の緊張感
3海尉　溝川　拓

２回目の配乗替えがあり、私は「かしま」から「いなづま」への移動となった。「かしま」と比較して、「いなづま」は少ない人数で各種訓練を実施しなければならず、その忙しさは学習密度の増加と表裏一体だ。本艦は第一線部隊の艦艇としての緊張感が感じられ、私も気が引き締まった。

「赤道祭」で仮装や寸劇を披露する乗員と実習幹部（6月30日、「かしま」艦上で）

洋上勤務ならではの経験
3海尉　杉山　裕大

６月30日に行われた赤道祭では、航海の安全と乗員の健康を祈念するとともに、艦としての融和団結を図るため演芸大会が開かれ、「いなづま」でも大いに盛り上がった。

７月２日には、皆既日食を観測することができた。あいにくの曇りで観測は不可能かと思われたが、雲の切れ間からなんとか日食を観測することができた。今後も、洋上勤務ならではの楽しみを胸に、訓練に取り組みたい。

要求される高レベルな訓練
3海尉　磯部　康太

訓練で我々に要求されるレベルは徐々に高まり、どのようにしたら円滑に訓練が実施できるか、どうしたらより高い訓練効果が得られるか、今まで以上に意識して取り組んでいく必要がある。そのため、問題点を同期と改善し合うなど、特に事前の準備を入念に行っている。

商船船員の経験、海自で生かす
3海尉　唐川　航輝

私は海上技術学校（旧海員学校）出身のため、商船の船員としての訓練を受けた経験がある。その経験を海自で生かせないかと日々模索している。

各種航路を航行する際には、商船の操船意図や商船の種別ごとの特徴などを他の実習幹部に説明している。我々が航行する海上には、軍艦よりも商船の数の方が圧倒的に多い。このことを踏まえると、商船がどのような考えを持って運航し、どのような訓練を行い、海自に対してどのような印象を持っているのかを理解することは、海自艦艇の安全運航の第一歩であると言える。自分が持っている商船の知識と経験をこの航海中、少しでも同期たちに伝えたい。

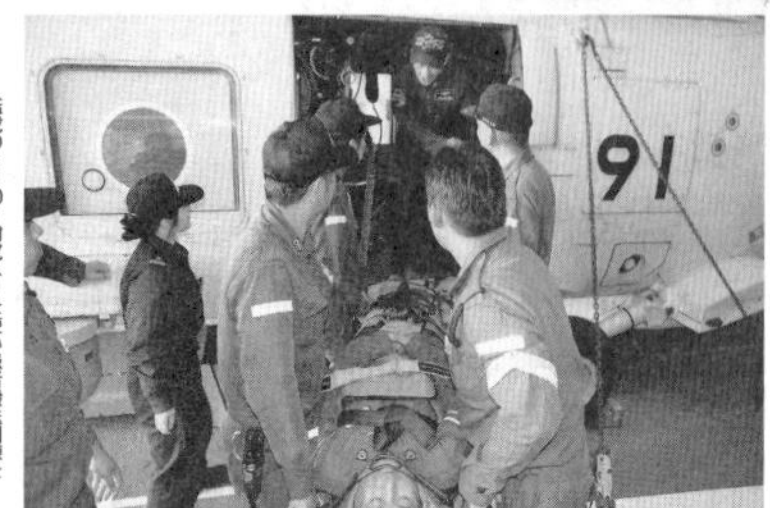
艦載のSH60J哨戒ヘリを使い患者搬送訓練を行う実習幹部たち（7月3日、「いなづま」で）

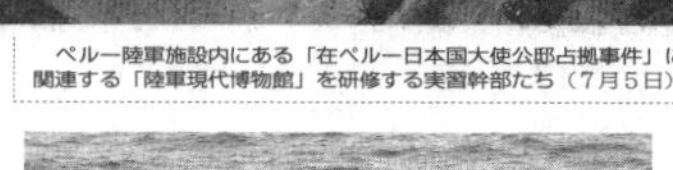
ペルー陸軍施設内にある「在ペルー日本国大使公邸占拠事件」に関連する「陸軍現代博物館」を研修する実習幹部たち（7月5日）

航海中に遭遇したイルカの群れ（7月2日）

どの配置にもある多くの学び
3海尉　中澤　勇貴

「フネの数には制限があっても、訓練には制限はない」――。どこかで聞いた大先輩の言葉だ。日本を発ってから実施した訓練は数知れず、追われるように訓練に励んできたが、自らの能力が向上したと強く感じたことはまだない。

我々は将来、ゼネラリストとしての視点から部隊運用、ひいては海上自衛隊全体の運用が期待される立場にある。そのため、いまはどの配置にも学ぶべき点がいくらでもある。常に初心で訓練に挑みたい。

日々の航海で国際性、身につく
3海尉　外薗　克哉

以前、近海練習航海で佐世保に入港した際、私は地元出身者としてインタビューを受け、「知識や技能を身につけ、国際性ある海上自衛官になりたい」と目標を述べた。そして現在の遠洋練習航海では、外国でのさまざまな体験により、国際性が自らのものになりつつある。

特に、他国海軍との親善訓練や寄港地での研修、レセプションでの外国人との交流は貴重な経験となった。今後とも一日一日を大切にしたい。

カヤオ寄港

戦略的パートナーの日ペルー
3海尉　白川　雄生

練習艦隊は７月５日、「日本人移民１２０周年」を迎えたペルーのカヤオに入港した。首都リマは〝南米のゲートウェー〟とされ、太平洋岸の都市では約１０００万人という最大の人口を誇る。

ペルーには中南米で一番古い日系人社会がある。１８９８年、人口過多だった日本から人々は中南米に移民し、やがて日系人社会が形成された。初めは迫害も受けたが、戦後に日ペルーの国交回復と社会への貢献により、日系人は認められるようになった。

現在、日本とペルーは「戦略的パートナー」として政治・経済面で欠かせない関係にある。ペルー国防省の主任務の一つには自衛隊と同じ災害対策があり、両者は今後とも相互に関係を深めていく価値がある。

親日的なペルーと日系人の歴史
3海尉　樋口　昌宏

カヤオに寄港すると、日系人とペルー海軍の盛大な歓待が我々を待ち受けていた。ここまで歓迎が大規模であったのは初めてで、とても深い印象を受けた。

我々は、ペルー人がなぜここまで親日的なのか疑問だった。しかし、研修で日系ペルー人の歴史について学ぶうちに、ペルーへ移住した彼らのたゆまぬ努力と日系人としての誇りが、ペルー人の日本への信頼構築に寄与してきたことがすぐに実感できた。

カヤオ市内の造船施設「ＳＩＭＡ　ＰＥＲＵ」を研修した実習幹部たち（7月9日）

先人の努力が現在の関係に
3海尉　北川　将規

研修で「日秘文化会館」を訪れた。この見学を通じてペルーに移住した日本人たちの苦悩や、第２次世界大戦中の日系移民の不遇について理解を深めた。そして、そのような苦しい状況に直面しながらも、前を向いて懸命に生き抜いた先人の努力が、現在の良好な日ペルー関係につながっているのだと強く感じた。

海自部隊の入港を歓迎し、岸壁で民族舞踊を披露するペルーの女性たち（7月5日）

固定概念覆すカラフルな街
3海尉　及川　仁太

南米というと〝常夏〟のイメージがあったが、我々を待ち受けていたのは曇り空と晴れることのない霧だった。ペルーのこの時期は季節が冬で、ほとんどの日が曇りなのだという。

ただし、街並みは曇り空とは対照的にカラフルで、このような家は地方から出稼ぎに来た人たちが少しずつ自分たちの手で築き上げたものだという。私たち日本人は、「家は買うもの」「建ててもらうもの」という固定観念があることを思い知らされた。

スポーツへの世界共通の情熱
3海尉　宮内　嶺成

カヤオで最も印象に残ったのは、寄港中にあったサッカーのコパ・アメリカ決勝戦（ペルー対ブラジル）であろうか。ペルーは実に44年ぶりの決勝進出だ。そのため市内は自国チームを応援する人であふれていた。スポーツに対する情熱は世界共通のものであり、そこに差はないことを実感した。

広い砂漠に描かれた美しい絵
3海尉　澤田　彩乃

「ペルー日本人移住資料館」で、日本人とペルーの関係について詳しく話を聞いた。当時、日本から持ち込んだ百人一首や三味線なども展示されていて、日本人の心を忘れなかった人々の様子を感じることができた。

自主研修ではナスカの地上絵を訪れた。セスナの機上から見たナスカの地上絵は、想像していたものよりずっと濃く、はっきりと残っており、砂漠に何千年も前に描かれたものとは思えないほど美しかった。当時の人が何を考え、何のために描いたのかは想像できないが、広大な砂漠に描かれたさまざまな絵を見て深く感動した。

海自とは違うペルー海軍の職務
2海尉　早川　元貴

カヤオに寄港し、ペルー海軍と海自の違いを学んだ。ペルー海軍は海自と同様にシーレーン防衛を担っているが、その他にも内陸における さまざまな任務を請け負っている。ペルーはコカを合法的に栽培できる国であるため、コカインの密輸の取り締まりや内陸部の住民の生活援助なども行っていた。特に内陸部の住民は国家への帰属意識が低いため、これら活動を通じて、国民の団結を図ることが海軍の大切な職務になっている。これらは海自にはない特徴で、とても驚いた。

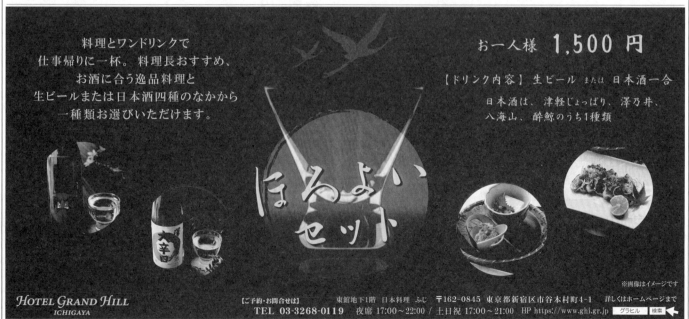

部隊だより////

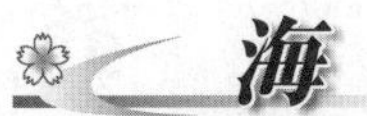

海

下総 3術校は7月23日、千葉地本、下総教空群の協力の下、「オープンスクール」を開催した。海自が就職先の選択肢になるように職務環境や職域の幅広さをPRするイベントで、高校生ら51人が参加。基地の説明を受けた生徒たちは、実際の整備作業やP1哨戒機の見学などを体験し、「海自を受験したい」と話すなど興味を示していた＝写真㊤。

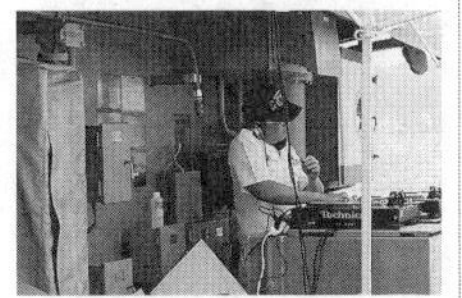

呉 12護衛隊の護衛艦「あぶくま」は7月6、7の両日、山口地本と下関市の協力を受けて一般公開を行った。目玉は通信員長の山口彰大1曹によるDJパフォーマンスで、来場者にJ-POPやジャズを奏でた＝写真㊦。見学者は乗員の意外な姿に「ユーチューブを見て来た」と話す人もいた。

江田島 1術校教育部は7月17日、江田島市立宮原小学校で、6年生43人に講話を行った。市教育委員会の依頼を受け、「南極とともに」をテーマに登壇。砕氷艦「しらせ」艦長として南極へ行った経験や自然現象で見られる動物などを紹介、児童たちは興味津々の様子だった。

小月 教空群は7月3日、小月商工振興会による基地関連グッズの販売開始に際し、特別協力として「ホワイトアローズ」の写真をデザインしたグッズ販売店に高部司令から帽子やTシャツなどを贈呈した。井上竜三群司令は「基地を広く知ってもらう良い機会」と話した。

那覇 ソマリア沖・アデン湾で上空から海賊行為の警戒監視に当たる航空部隊の交代のため、36次隊の隊員約60人を乗せたP3C哨戒機2機が7月2日、那覇航空基地からジブチに向け出発した＝写真㊦。多くの家族らが見守る中、政務官は「誇りを持って任務を遂行してほしい」と隊員たちを激励した。

上富良野 駐屯地音楽部と太鼓部「響彩太鼓」の計約25人は7月13日、中富良野町で開催された「なかふらのラベンダーまつり＆花火大会」で音楽演奏を披露した。太鼓部は力強い演奏を、音楽部は美空ひばりなどの昭和歌謡曲メドレーから米津玄師の「パプリカ」まで幅広い年代の曲を披露、演奏の合間には会場からも手拍子が鳴り響いた。

青森 5普連は7月7日、青森市田代平高原で平成9年に青森県八甲田山でレンジャー教育中に殉職した隊員3柱の顕彰行事を実施した。榮村佳之連隊長は追悼の辞で「3人の透徹した使命感と責任感、同僚愛に裏付けされた尊い犠牲的精神は永遠に顕彰されるべきものだ」と述べた。その後、参列者全員で黙祷、献花し、部隊のさらなる精強化を誓った。

苗穂 分屯地は6月29日、「分屯地・北海道処苗穂支創立記念行事」を苗穂東分会との共催で実施した。西谷修一分屯地司令は「この日を迎えられたのは、地域の皆さまのご理解・ご協力と諸先輩方のご尽力の賜物」と述べた。広場ではパトリーカーや装輪装甲車の体験乗車が子供たちの人気を集め、来場者は「楽しかった、来年も来たい」と話していた。

第10即応機動連隊 お披露目！

滝川駐屯地 市中パレードと記念行事

力強い行進に市民から大きな声援

駐屯地を訪れた約2000人の市民を前に、観閲行進を披露する10即機連の16式機動戦闘車。左は観閲官の伊與田雅一司令（7月7日、滝川駐屯地で）

「即応機動連隊」への改編後初となる市中パレードで、大勢の市民が見守る中、10即機連の連隊旗を掲げ、堂々とした行進を見せる指揮通信車（7月6日、滝川市駅前のベルロードで）

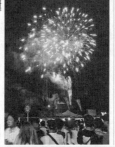

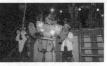

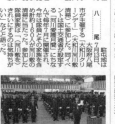

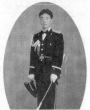

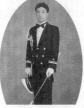

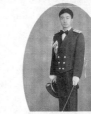

「滝川市民の皆さん、10普連は新たに第10即応機動連隊となりました」――。

滝川駐屯地は7月6日、滝川商工会議所の要望を受け、滝川市駅前のベルロードで市中パレードを行った。翌7日は駐屯地を一般開放し、「駐屯地64周年記念行事」と「10即機連創隊記念行事」を挙行。北海道で初となる「即応機動連隊」のお披露目となった6日の市中パレードには、前田康吉滝川市長をはじめ、約1800人の地域住民が沿道に集まった。

パレードは11音楽隊（真駒内）による演奏をスタートに、即機連への改編に伴い導入された最新鋭の16式機動戦闘車6両など70両が堂々の行進を見せた。

車両部隊に続いて徒歩部隊の行進が続き、区隊長の多田好輝3尉を先頭に、紫紺の制服に身を包んだ新隊員23人がはつらつとした行進を見せ、沿道の市民から温かい拍手と声援が送られた。

観閲台上の観閲官、伊與田連隊長に対し、敬礼を行う10即機連の幹部たち（7月7日、滝川駐屯地で）

翌日の駐屯地記念行事にも約2000人が来場。観閲官の伊與田雅一駐屯地司令は式辞で「人員を充足し、新装備が導入され、部隊の改編はひと段落したが、まだ骨組みができたに過ぎない。この骨格にしっかりと肉付けをし、血を通わせてこそ国家・国民の負託に応えられる。連隊名に《即応機動》を冠するからには、平素から隊員一人ひとりの一層の覚悟が求められる」と改編への思いを述べた。

その後の観閲行進では、新たに増強された16式機動戦闘車が土煙を上げながら力強く行進し、多くの観客にその威容を示した。（滝川）

空

入間 1高射群は7月12日、「創設55周年記念行事」を行った。当日は協力団体や関連企業などが臨席。式典で河野順一司令は「国民の皆さまに信頼される、健全かつ明朗闊達な部隊づくりに務める」と式辞を述べた。式典のほか、記念会食で来場者との友好を深め、器材展示を通して「PAC3MSE」への換装を控える同隊の精強性を改めて披露した。

浜松 広報館は6月29、30の両日、エアーパーク地区でペトリオットミサイル展示イベントを開催した。初日は"子供隊長"の指揮でペトリオットを動かし、見事に発射機が迎撃角度に向けられたときは、来館者から歓声が上がった。体験した子供隊長は「面白かった。来年もまた来たい」と語った。2日目にはパジェロの体験乗車が好評だった。

春日 基地は7月24日、福岡地区自衛隊協力会などの協力を得て夏祭りを開催し、約1万3000人が来場した＝写真㊨。ステージ上では地元団体がダンスを披露し、西空音と春日基地太鼓部の演奏が鳴り響いた。日が暮れた後は大野城舞踊同好会による盆踊りを開始。祭りが終盤を迎えると夜空に花火が打ち上がり、来場者からは大きな歓声が上がった。

大宮 業務隊糧食班は6月10〜14日、城西大学薬学部医療栄養学科の4年生12人を受け入れ、大量調理の実習を支援した。食材の検査、調理、配食、食器の洗浄までの一連の業務を体験させ、調理現場での衛生問題対策を提出させる課題にも取り組ませた。学生は「大学では使わない回転釜や大型オーブンを使用でき、貴重な体験だった」などと話した。

八尾 駐屯地は7月13日、大阪府八尾市が主催する「大和川クリーンデー」（大和川河川敷清掃）に参加した。同イベントは国土交通省が設定する「河川愛護月間」にちなんで毎年7月に開催され、今年は隊員とその家族を含め計約160人が河川敷の清掃に当たった。参加した隊員家族は「（河川敷を）きれいにするのは気持ちがいい」などと語った。

板妻 駐屯地では7月24日、「板妻駐屯地納涼祭」を開催し、近隣住民や隊員家族など約1100人が来場した。「板妻橋太鼓」とらっぱ吹奏がオープニングを飾り、広場では有志隊員のリコーダー演奏なども披露。最後の総踊りでは深田満男司令をはじめ幹部がやぐら上で太鼓を叩き、駐屯地マスコット「イタヅマン」も踊りに加わって盛り上げた＝写真㊤。

えびの 24普連は6月29日、自候生課程104人の修了式を行った＝写真㊨。当日は部内外の来賓を含め約400人が参列し、地元中学・高校生計59人の合同演奏で「国歌」と「24連隊歌」を斉唱。式後は体育館で記念会食などが行われた。中川宏樹連隊長は式辞で「えびのを故郷として巣立って全国で精進し、将来、成長した姿で戻ってくれば幸いだ」と述べた。

陸

弘前 駐屯地は8月1、3〜5日の計4日間、弘前市内で開催されていた「弘前ねぷたまつり」に参加した。51回目の出場となった今年のねぷたは手塚眞1曹による鏡絵「桃太郎鬼退治」、見送り絵「迦稜頻伽」の2点を作製。隊員とその家族約200人が「ヤーヤドー」の掛け声とともに市内を練り歩き、約60人の新隊員が剣舞を披露した＝写真㊦。

八戸 駐屯地は6月28〜30日、海自護衛艦「しらぬい」の八戸港入港歓迎式典と艦艇広報を支援した。28日の式典には松坂仁志司令を始め関係者が参加した。翌日からは駐屯地所在の4地対艦ミサイル連隊、9後支連、9施大が装備品を展示。81式自走架柱橋や88式地対艦誘導弾SSMの見学、オートバイの体験試乗に多くの家族連れが訪れた＝写真㊦。

神町 20普連は7月17日、駐屯地講堂で「駐屯地らっぱ競技会」に参加した。各隊のラッパ特技保有者から選抜された54人を滝澤博文駐屯地司令ら3人が審査。結果、3中隊の佐藤大亮士長が4位、本管中隊の橋間武尊士長が6位、4中隊の冨岡和馬士長が9位に入賞した。連隊で最高位の佐藤士長は「課業外の練成が良い結果に繋がった」と述べた。

勝田 駐屯地は7月20、21の両日、施設教導隊を支援部隊として「夏休みキャンプ教室」を実施した。茨城県内の小学生と保護者を対象にハガキ169通の中から31家族68人を招待。宿営用天幕の設営や飯ごう炊飯、装備品体験操縦などが行われた＝写真㊤。キャンプを終えた子供たちは「普段は分からない自衛隊について理解できた」などと話していた。

宇都宮 中央即応連隊は7月26日、駐屯地で初開催の「連隊『勝ち方』検討会」を行った。岩上隆安連隊長は「『勝ち方』とは任務遂行の指針。厳しい情勢の中、どう勝つか各々で考える必要がある」と訓示。射撃と運動などの改良戦術に加え、多国間共同訓練「カーン・クエスト19」や「爆発装置処理隊の運用検証結果」などの成果が発表された。

募集・援護 特集

平和を、仕事にする。陸海空自衛官募集

ただいま募集中！
◇航空学生◇一般曹候補生
◇予備自補（一般・技能）
◇自衛官候補生
★詳細は最寄りの自衛隊地方協力本部へ

夏の合同企業説明会シーズンが到来

「夏の合同企業説明会」のシーズンを迎え、各地本では退職予定の任期制隊員と企業のマッチングを進めている。同時に中隊長らに就職援護の指導を実施、さらに会場には高校の進路指導担当教諭らも招き、自衛隊を退職後、若手隊員が一般企業にスムーズに再就職している状況を見てもらっている。

退職予定隊員167人が参加
合同企業説明会 亀山11旅団長らも視察　札幌

【札幌】地本は7月29日、札幌コンベンションセンターで今年第1回目の「合同企業説明会」を開いた。説明会は陸自149、海自1、空自17の計167人の退職予定隊員が参加。企業側は道内外から292社が出展し、隊員たちは企業ブースを回って各会社の人事担当者から説明を受け、積極的に質問していた。

企業担当者（左）から説明を受ける任期制隊員（7月29日、札幌コンベンションセンターで）

企業関係者は「昨年、元自衛官を採用し、その能力の高さには目を見張るものがあった。そこで今年度も参加した。今年も自衛隊から良い人材を確保したい」との声があった。民間企業では人手不足が深刻な面もあり、「隊員の皆さんに来ていただけるよう、当社もしっかりとアピールしたい」と採用に積極的な企業が多かった。

この日、会場には亀山慎二11旅団長、岡田俊和北海道補給処長をはじめとする部隊指揮官・中隊長ら80人も訪れ、北海道の就職援護の現状を把握した。また、会場では北方総監部主催の「中隊長等会議」も実施され、部隊で隊員を直接指導する立場にある中隊長らに対し、担当者がその職能を身に付けさせる教育を行った。

このほか、会場には「予備自衛官PRコーナー」も設け、参加企業に積極的に予備自制度に対する理解促進と協力企業の拡大を図った。

◇

札幌地本は「合同企業説明会」の場を活用し、自衛[illegible]らとその[illegible]校の進路担当教諭1人、自衛官募集相談員ら8人を招待し、自衛隊の再就職に関する業務内容を見てもらった。このほか会場では就職の意識固めに役立つ情報も積極的に発信。「国防を支えた力が企業を支える力に」なっている状況をアピールした。

札幌地本では第2回目の「合同企業説明会」を10月7日に予定している。

企業、団体から208社
大阪　高校教諭らも研修

【大阪】地本は6月17日、大阪市内で行われた「阪神地区合同企業説明会」（主催・自衛隊援護協会大阪支部）を支援した。

会場には阪神地区に就職を希望する隊員が、北は北海道の上富良野駐屯地、南は沖縄の那覇駐屯地から計318人が集まった。一方、企業も大阪、兵庫だけでなく、京都・滋賀・奈良・和歌山から計208社・団体が参加した＝写真。

隊員は関心のある企業ブースを訪れ、職務内容や処遇などに関する説明を聞いた。面談は計4回行われ、その後、隊員・企業双方が気になる相手と自由に話をする機会が設けられた。マッチングが決まった隊員は今後、最終的な採用面接へと進む。

この日は高校教諭、募集相談員、家族会会員らも招待し、企業説明会についての研修をしてもらった。進路指導担当の教諭は「多種・多様な業種の企業が参加していることに驚いた」などと話していた。

「元自衛官、能力高い」
採用に意欲的な企業 多数

福岡 5駐屯地で援護キャンペーン
「三位一体」を強調

【福岡】地本は7月2日から同12日まで、「第1回援護キャンペーン」を小倉・久留米・福岡・小郡・飯塚の各駐屯地で実施した。

このキャンペーンは各部隊の中隊長と任期制退職予定隊員約150人に就職援護の現状を認識してもらい、スムーズな再就職につなげるもの。

[illegible]同企業説明会について説明した後、ハローワークへの勤務経験のある[illegible]中隊長・先任上級曹長らに指導者の役割について説明した。[illegible]

退職予定者からは「合同企業説明会に向け、いかに準備しておくべきか理解できた」といった感想が聞かれた。中隊長らからは「現在の九州の雇用情勢、今後の就職援護指導に対するポイントがわかり、勉強になった」などの意見が寄せられた。

4地本長が交代
茨城、群馬 滋賀、長崎

7月30日、8月1、2日付で茨城、群馬・滋賀・長崎地本の本部長が交代した。新任本部長の略歴は次の通り。

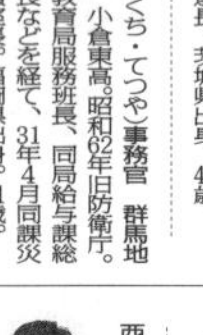
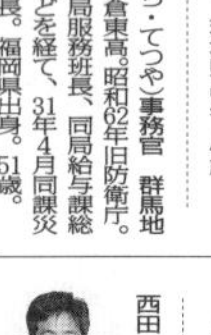

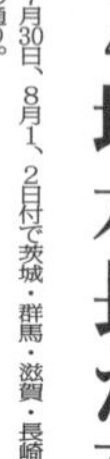
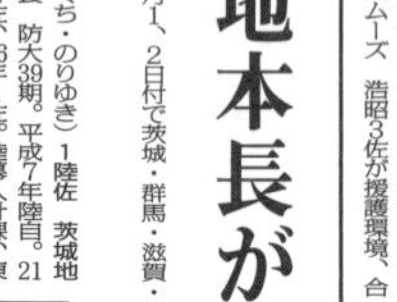
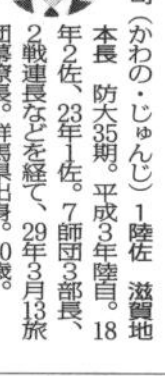

野口 紀幸（のぐち・のりゆき）1陸佐 茨城地本長 防大39期。平成7年陸自。21年2佐、26年1佐。陸幕人計課、東北方面総監部防衛部長などを経て29年8月、9特連長。茨城県出身。46歳。

井ノ口 哲也（いのくち・てつや）事務官 群馬地本長 小倉東高、昭和62年旧防衛庁。人事教育局服務班長、同局給与課総括班長などを経て、31年4月同課災害補償室長。福岡県出身。51歳。

河野 淳司（かわの・じゅんじ）1陸佐 滋賀地本長 防大35期。平成3年陸自。18年2佐、23年1佐。7師団3部長、東北方面総監部防衛課長などを経て、29年3月13旅団副旅団長。群馬県出身。50歳。

西田 洋一郎（にしだ・よういちろう）1海佐 長崎地本長 防大34期、平成2年海自。18年2佐、24年1佐。補本艦艇装備計画課長などを経て、28年12月22護衛隊司令。広島県出身。51歳。

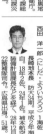

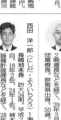

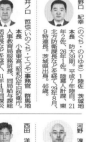

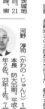

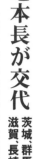

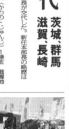

野外フェスの来場者に地本特製の「うちわ」を配る青森地本の広報官（7月20日、青森市の新中央埠頭で）

人気野外フェスで広報
青森　来場者、自衛隊に興味

【青森】地本は7月20日、県内で初開催された野外フェス「a-NATION2019青森」で募集広報を実施した。

イベントには人気のピコ太郎をはじめ、西川貴教、DA PUMP、倖田來未ら豪華アーティストが出演、県内外から多くの来場者があった。

地本は会場に「自衛官募集コーナー」を開設し、パンフレット配布や募集に関する説明を行った。その際、学生から「どんな試験があるのですか」といった採用に関する質問もあり、広報官は一つ一つの質問に丁寧に回答していた。

車両のA整備を教育
長崎　本部要員22人に対し

【長崎】地本は7月18日、本部要員22人に対し「車両のA整備」に関する教育を行った。

「A整備」は車両運行前・中・休・後に当日の可動状態を把握する重要な点検事項。当日は高山寛雄1陸曹のレクチャーで、正確な知識の付与や整備要領を教育し、各隊員が出先で点検整備を確実に実施できるよう指導した。

沖縄地本募集ポスターコンテストで優秀作品賞を受賞した専門学校IDAインターナショナルアカデミーの学生たち（前列）。右端は松永浩二地本長（6月27日、沖縄地本で）

募集ポスターを地元専門学校生に依頼
優秀作品の学生表彰
沖縄　式後は職場見学も実施

【沖縄】地本は6月27日、「令和元年度自衛官募集ポスター」の制作でデザインを担当した専門学校IDAインターナショナルデザインアカデミーの学生4人に感謝状を贈った。

沖縄地本では3年前から自衛官募集ポスターの制作をIDAの学生に依頼。今年度は31作品の応募があり、選ばれた5作品の作者に感謝状が贈られた。そのうちの一人は「沖縄地本のキャッチフレーズである『美ら島の未来を守る君の手で』を分かりやすく表現しました。優秀作品に選ばれてうれしいです」などと喜びを語っていた。

式後、学生たちは沖縄地本の各課を見学し、自衛隊への関心と理解を深めていた。

学生たちの喜ぶ姿を見た広報官は「このポスターを見た若者が一人でも多く自衛隊を志願してくれるよう、私たちもポスターを丁寧に扱いたい」と話していた。

ポスターは1200枚以上が印刷され、離島を含む沖縄全域に掲示される。

海水浴場沿いに募集横断幕
新潟　若者や家族にアピール

【新潟】新発田地域事務所は7月9日、聖籠町の網代浜海水浴場沿いの「海のにぎわい館」の外柵に自衛官募集の横断幕を設置した。

横断幕は、同館館長の協力で毎年、海水浴シーズンに合わせて設置している。

ビーチから目立つ場所にあるため、新発田地域の志願票獲得や募集業務で大きな成果を上げている。

今年も海水浴に訪れた高校生や大学生が横断幕を見て、地本に連絡をしてくれることを所員たちは期待している。

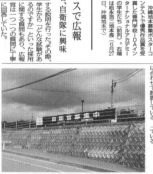

海水浴シーズンに合わせ、聖籠町の網代浜海水浴場沿いに設置された自衛官募集の横断幕

尾畑徳島地本長
県知事を表敬訪問
募集協力を要請

【徳島】尾畑典生地本長は6月28日、飯泉嘉門徳島県知事を表敬し、岩屋防衛相からの文書を手渡した。

文書は、防衛大臣が各都道府県知事に対して自衛官募集等の協力を要請したもの。

尾畑地本長と飯泉知事は、地本と県が連携した募集広報活動などについて意見を交わした。懇談後には記念撮影を行い、両トップは固い握手で今後の連携を誓った。

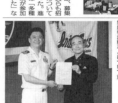

飯泉県知事（右）に岩屋防衛相からの募集協力依頼文書を手渡した尾畑地本長（6月28日、徳島県庁で）

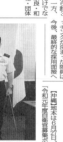

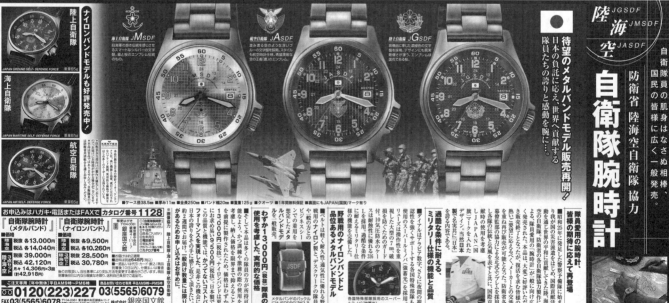

コラボうちわ、大人気
兵庫　Jリーグ会場で募集広報

【兵庫】地本は6月30日、中方付隊の協力を受け、サッカーJ1リーグ「ヴィッセル神戸×名古屋グランパス」戦が行われた神戸市のスタジアムで募集広報を行った。

試合前には陸自中方音が演奏を担当、選手入場曲が流れるとヴィッセルファンから大歓声が上がった。また、同隊の鶫真衣3曹が「NIPPON」を熱唱すると、スタンドから手拍子が沸き起こった。

スタジアム入口に開設した広報ブースでは、ヴィッセル神戸と兵庫地本がコラボして作製した「うちわ」が大人気となり、用意した1500枚がまたたく間になくなった。

屋外では装備品展示も行われ、ファンが高機動車を取り囲んだ。

来場者は「サッカー観戦が目的だったが、自衛隊の車にも乗ることができてラッキーだった」と話していた。

救難スペシャリスト　硫黄島分遣隊

洋上の急患輸送

大型旅客船から男性ホイスト

【21空群＝館山】海自21航空群（司令・小俣和之将補）は7月30日、第3管区海上保安本部の災害派遣要請を受け、21空硫黄島航空分遣隊のUH60J救難ヘリ（機長・長屋秀孝2佐以下6人）を硫黄島の南西約37キロの洋上に急派、大型旅客船の急病患者1人を緊急空輸した。

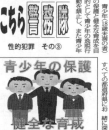

旅客船は「101回ピース・ボート地球一周の船旅」の航程中で、硫黄島の南南東約620キロ付近を横浜に向けて航行していた船「オーシャン・ドリーム」（パナマ船籍の外航クルーズ（3万5000トン）。29日に船内で日本人男性（70）が胸の痛みを訴えたため、同船から海保に「心筋梗塞の疑いがあり、船医が早急な医療機関への搬送が必要と判断したことから救助を願う」と通報があった。

災派要請を受けた硫黄島航空分遣隊は、日の出とともに患者の収容作業を開始するため、30日午前4時32分にUH60Jを発進させた。同機は同44分に硫黄島の南西約37キロの現場海域に到着した。

UH60Jは大型旅客船の上空でホバリングし、准看護師の資格を持つ機上救護員がホイストで後部甲板に降下。患者の容態を確認した後、リッタースリング（担架）を使用して午前5時25分、機内に患者を収容した。

機内では、同乗していた医官と救護員が患者監視装置を使って患者の状態を管理し、酸素投与と輸液管理を行った。

同機は5時42分に硫黄島航空基地に帰投し、同52分、羽田から飛来した海保のジェット機に患者を引き渡し、任務を完了した。

同隊では、機長をはじめとするクルーが救難のスペシャリストとして一人でも多くの人命を救うべく、日々精進し、使命感に燃えて訓練に励んでいる。

㊨羽田基地から飛来した海保のジェット機に患者を引き渡す硫黄島航空分遣隊の隊員たち（7月30日、硫黄島飛行場で）
㊤大型旅客船から男性患者をUH60Jのホイストで救助する硫黄島航空分遣隊の機上救護員（同日、硫黄島の南西約37キロの太平洋上で）

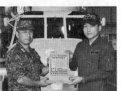

JMASの鈴木理事長らに

カンボジアから勲章

地雷処理や学校建設など評価

カンボジア地雷処理センター（CMAC）の隊員たち（右側）から盛大な歓迎を受けるJMASの鈴木理事長（左から2人目）＝7月8日、カンボジアで（JMAS提供）

自衛隊OBらでつくる認定NPO法人「日本地雷処理を支援する会」（JMAS、岡部俊哉会長＝前陸幕長）の鈴木純治理事長（元中方総監）と、同会の特別協力企業の小松製作所（コマツ）の浦野邦子取締役は7月8日、カンボジアの発展に寄与したとして、国王からの「カンボジア王国友好勲章」を受章した。

この勲章は同国の発展に貢献した外国人に贈られるもので、バンテアイミアンチェイ州で同日、JMASが建設した小学校の校舎を地元に引き渡す式典に来賓として出席した両氏にカンボジア地雷処理センター（CMAC）のヘン・ラタナ長官から伝達された。

式典には地元住民ら約300人が出席。鈴木、浦野両氏の祝辞に続き、同州のオウム・レットライ知事とCMAC長官が謝辞を述べ、JMASの事業継続を強く要望した。州知事の謝辞の中で地元住民が一斉に起立し、日本語で「ありがとう」と唱和する一幕もあり、関係者から最大の謝意が伝えられた。

JMASは陸自OBらを中心に2002年に創設。同国では02年から不発弾処理、04年からは地雷処理も行っており、08年からはコマツの全面的な支援を受け、地域復興支援事業として処理跡地のインフラ整備も開始。これまでに道路78キロメートル、暗渠66カ所、溜池53カ所などを整備し、小学校9校の校舎建設にも当たってきた。

今回の勲章はこうした長年の取り組みが評価されたもので、両氏はそれぞれ組織の代表として受章した。JMASは「今後も可能な限り、カンボジアで事業を続けたい」と話している。

あさぐも　ドンマイくん　吉本どんど

合宿

さっき寝る前に怪談話したろ

思い出したらねむれなくなった

気分転換に羊の数でも数えたらどーだ？

そーだな

ひつじがー　いっっぴきー

ひつじがー　にぃぃひき

ひつじがす　さぁあああんん

こわくてねむれねーよ

パプア軍と親交深める

帰国途中の「いせ」「くにさき」寄港

豪州で行われた日米共同実動訓練「タリスマン・セーバー19」を終えて帰国途中の海自ヘリ搭載護衛艦「いせ」と輸送艦「くにさき」、陸自の水陸機動団と1ヘリ団は8月3日から5日まで、パプアニューギニアの首都ポートモレスビーに寄港し、同国軍との親交を深めた。

入港行事では、陸自の中央音楽隊が約3年間にわたる能力構築支援で演奏技術を指導した同国軍楽隊が出迎え、艦上レセプションで「ふるさと」など日本の曲を披露した。

陸自の水陸機動団は滞在期間中、岸壁や「くにさき」の格納庫で車両展示を実施。パプアニューギニア軍司令官のギルバート・トロポ少将が視察に訪れ、水陸両用車AAV7などを見て回った。

このほか、陸海自の隊員たちは、パプア軍哨戒艇の見学や「戦争犠牲者慰霊碑」での献花・清掃活動、地元の学生らとのスポーツ交流などを行い、同国との信頼関係を強化した。

帰国途中にパプアニューギニアに寄港した海自の輸送艦「くにさき」。装備品展示では岸壁に陸自車両がズラリと並んだ（8月3日、ポートモレスビーで）

日米気象隊　横田で交流

【横田気象隊】空自横田気象隊（隊長・棚橋理恵子2佐）と米空軍第374気象小隊（同・ミッチェル・ウエストランド大尉）は6月9日、横田基地内でバーベキューイベント「日米ピクニック」を開催した。

平成24年から毎年行われている恒例の行事で、基地の隊員家族や近隣の気象群本部（府中）、中枢気象隊（同）、入間気象隊の隊員も駆けつけて約70人が参加した。

棚橋、ウエストランド両隊長が準備に当たった隊員や参加者に謝意を述べ、イベントがスタート。食事は日米両先任空曹が中心となって用意し、日本側は焼きそばや餃子、米側はハンバーガーやホットドッグなどを振る舞った。横田気象隊総括班長の水間清彦1尉が手作りしたたこ焼きは米国人にも好評で、参加者は料理を味わいつつコミュニケーションを図っていた。

食後は日米対抗の余興も行われ、日本側が考案した「チャンバラゲーム」で、大人から子供まで盛り上がった。

横田気象隊の穂森泰隆1尉は「今後もこのような機会を絶やすことなく、日米間の交流を深めたい」と語った。

「日米ピクニック」に参加し、交流を行った両国の気象隊員とその家族ら（6月9日、横田基地で）

こちら警務隊　性的犯罪　その③

有害図書等の販売規制　みだらな性行為など禁止

青少年保護育成条例とはどんな条例ですか？

青少年（18歳未満の者）の保護と健全な育成を目的として青少年の逸脱行動を禁止し、また青少年にとって有害な環境を浄化するために制定されている地方公共団体の条例の総称です。

すべての都道府県において制定されており、18歳未満の者に対する有害図書等の販売規制、みだらな性行為の禁止、夜間外出の制限などが共通の内容となっており、たとえ交際相手であっても、保護者の同意等なしに一緒に深夜の外出はできません。

違反すると懲役または罰金等に処せられます。絶対に違反することがないようにしましょう。（西部方面警務隊）

※次回は「出会い系サイト規制法違反」

1空修隊が引き渡し記念行事

SH60J哨戒ヘリ最後の修理機

【鹿屋】1航空修理隊は6月27日、「定期修理最終号機引き渡し記念」行事を実施し、修理を終えたSH60J哨戒ヘリ8302号機を22航空隊（大村）に引き渡した。

同隊は平成10年から約21年間にわたり、延べ34機のSH60Jの定期修理をしてきたが、同機種の減勢に伴い、8302号機が最後の機体となり、今後はSH60K哨戒ヘリの定期修理を担うこととなる。

最終号機の引き渡しに際し、荒川司令（左）から盾を贈られる22空の鬼丸1尉（6月27日、鹿屋基地で）

行事では、荒川純一司令が22空の搭乗員に盾を贈呈、その後、真新しく塗装された8302号機をバックに記念撮影を行った。

隊員たちは「海自航空部隊の修理部門として、どのような機体でも修理できるよう技術向上に努め、即応態勢を支えることで貢献したい」と決意を新たに、同機を送り出した。

小休止

▽…22即機連（多賀城）は7月26日、「令和元年度前期隊員自主募集表彰」を行い、「隊員自主募集」の功績で、朝倉曹長（49）と3曹（23）の親子を表彰した。

▽…朝倉曹長は「まさか息子と同じ壇で受賞するとは思わなかったが、とても良い思い出になった」（朝倉曹長）と話している。

▽…連隊では日頃から募集業務に力を入れており、朝倉曹長は積極的な声掛けを行い、入隊者の確保につなげたことが評価された。これからも隊員自主募集の重要性を理解し、積極的に取り組んでいきたい」と話している。（多賀城）

浅間山噴火で自衛隊が情報収集

長野、群馬地本　県庁にLOを派遣

8月7日午後10時8分ごろ、群馬・長野県境にある浅間山（標高2568メートル）で小規模な噴火が発生し、陸空自衛隊などが情報収集に当たった。

噴火の一報を受け、午後10時25分に長野地本が長野県庁に、11時25分には群馬地本が群馬県庁にLO（連絡幹部）を派遣。翌8日午前0時に同

同時には陸自12ヘリコプター隊（相馬原・北宇都宮）のUH60多用途ヘリ1機、空自偵察航空隊（百里）のRF4E偵察機1機が午前6時36分に離陸し、現場の状況を確認した。

同日午後、長野・群馬両地本のLOが撤収した。人的被害は確認されず、災害派遣要請もなかった。

学生隊クルー、陸上戦で健闘

レガッタに魅せられて～2術校の精鋭ボートフェスティバルに出場

2空佐　中原　義浩　(空自2術校整備部・浜松)

クルー5名が呼吸を合わせ、湖面を滑るように進むレガッター。その魅力に魅せられた航空自衛隊第2術科学校の精鋭5クルーの25名は6月30日、浜松市天竜区船明ふなぎらダム湖で行われた「第15回ボートフェスティバルin天竜」に出場しました。

今回は、ナックルフォア級「男子漕ぎ手合計年齢140歳未満の部」に4クルー、「140歳以上の部」に1クルーが参加しました。ナックルフォア級は、初心者向けの転覆しにくい船体で、舵をとるコックス1名とともに漕ぎ手4名がオールを操り、呼吸を合わせて500メートルのタイムを競います。

ところが、当日はあいにくの雨となり、湖上での競技が実施できず、隣接する体育館に設置したレガッタを模したトレーニングマシンでのタイムレースということになりました。

ルールは、コックスを含めた5名が各々マシンで500メートルを漕ぎ、当該チーム上位4名のタイムの合計で順位を決めるものです。

体育館内での大会となったため、静かな大会になると思いきや、各チームのクルーはもちろんのこと、応援の観衆からも、「ねばれ！」「頑張れ！」と声援が飛び、大いに盛り上がりました。

我が2術校のクルーは、張り切り過ぎて終盤にスタミナ切れする者、はやる気持ちに身体が追いつかず、臀部が椅子から落ちる者など、みなが力一杯頑張りました。

観衆からも「さすが自衛隊！」「ここからだ自衛隊！」などと大きな声援を受け、白熱した戦いになりました。

我々も持てる力を出し切った結果、「男子140歳未満の部」で学生隊クルーが見事、第2位に入賞し、「来年は絶対優勝だ！」と心に誓った次第です。

部門別第1位に与えられる全国大会への切符は残念ながら来年に持ち越しとなりましたが、大会に出場したことで地域の方々や出場した他チームとの交流が図れました。

また、一般の人々に対し、我々航空自衛隊の団結力や精強さを示すことができた素晴らしい大会出場となりました。

「第15回ボートフェスティバルｉｎ天竜」に参加した空自2術校の隊員たち

当日は雨で湖上での競技ができず、レガッタを模したトレーニングマシンでレースに参加した選手と応援の隊員

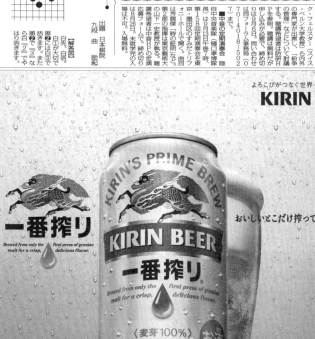

(世界の切手・スウェーデン)

艇や索具の手入れを真剣にやらない船乗りがいるが私には負けた時の言い訳をつくっているようにしか見えない。

デニス・コナー
(米国のヨットマン)

みんなのページ

世の青少年に見せたい自衛隊の教育

中学校非常勤講師　西　眞次　(神奈川県葉山町)

6月上旬、神奈川県横須賀市に所在する陸自武山駐屯地と海自横須賀総監部地区を訪問しました。

武山では31連隊の隊歌と太鼓の競技会を拝見しました。どちらも中隊対抗のトーナメント形式でしたが、敗者復活もあり、大変見応えがありました。私が感心したのは、1回戦ごとに審査員の判定が出ることで、即決の勝負でした。隊歌も太鼓もレベルが高く、また、練習の成果が十分発揮されていました。取り組む隊員さん方の努力と、それを見守る連隊長さん以下の熱意が感じられました。競技中の皆さんの顔は「真摯」という言葉がピッタリでした。

横須賀総監部地区では「YY乗り物フェスタ」の一環で護衛艦「はたかぜ」を拝見しました。実は昔お世話になった護衛艦ですが、「最近はどうかな？」という感じで訪問しました。すると、舷門でまず気合いが感じられました。コースは艦上を一周できるようになっていましたが、海士長の方に声をかけてみましたら、実に清々しい丁寧な対応の若者でした。砲雷長、そして当直士官の方からも実に丁寧な対応をいただきました。

艦長にご挨拶して納得しました、「この指揮官ありて、この乗員」でした。ふだんからの艦長のご指導が窺えます。私の経験では「付け焼き刃」ではこのようなことは絶対できないのが分かります。「はたかぜ」のような士気旺盛な艦がある限り、海上防衛は安心です。

6月下旬には武山駐屯地で一般陸曹候補生の卒業式に参列してきました。国歌斉唱に始まる式典は厳粛で、日本人に生まれて良かったと思う瞬間です。国旗に正対し、大音声で歌う「君が代」は最高です。

卒業生の申告では代表の候補生が声を張り上げました。何度も練習をしたのでしょう…その真剣な申告を聞いていて、心の中で「頑張れ！」と叫んでいました。大音声ですので途中で声がかすれましたが、あの大勢の中で大したものです。

また、来賓の「おめでとう」の言葉に対して、全員が「ありがとうございます！」の大きな返事です。これが自衛隊教育の「真摯さ」そのものです。教育には感動と感謝が必要です。3カ月間の教育を担当された教官・助教の皆さまは素晴らしい教育をされました。

昨今の世の中では、粗暴な振る舞いで人に迷惑をかけたり、人を傷つけたりと痛ましい話を聞きます。世の青少年に見せたいです、自衛隊の教育を。国民道徳の基礎の上に成り立つ社会が必要だと思います。

看護科幹候生隊付教育総合訓練に参加

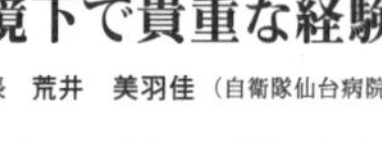

野外環境下で貴重な経験

幹部候補生陸曹長　荒井　美羽佳　(自衛隊仙台病院)

私は今回初めて消灯や起床時間、朝夕の点呼などがない4夜5日の訓練に参加した。事前説明は受けていたものの、衛生隊の野外行動は初めての経験で、理解不十分なまま臨んだことで、私にとって大きな不安を抱えた中での訓練開始となった。

私はこの訓練で目標を三つ設定した。1点目は、睡眠時間が十分とれない環境であることから、「最後まで耐え、体力を維持する」という何とも低い目標である。

この目標を達成できたのは、2点目の目標である「班長がどのように班員の健康管理、勤務計画、全体の流れを見て業務運営を行っているかを学ぶ」ことにつながっている。班長は歩哨などの業務の割り振りを考え、班員の仮眠態勢を計画しなければならない。昼夜を問わない作戦環境下において、人的戦闘力を維持し業務を継続するために、班長は班員の戦力回復を考慮した計画・見積もりや、じ後の行動を考えなければならないことを学んだ。

3点目は「限られた衛生資材でどのように患者に対応するか」である。

病院における診療と異なり、巡回救護では医師が不在の中で一般用医薬品を提供する。そのため巡回救護で対応する患者にどのような処置を行うか、必要に応じて医療機関の受診も伝えなければならない。

医薬品や処置等に加え、患者の容態と今後考えられる経過を分かりやすく伝えるには、十分な知識とともに、わかりやすく伝えることが必要である。

今回の訓練では病院と違った野外環境下で、自分がどう行動すべきかを知る貴重な経験ができた。今回足りなかったさまざまなことを今後補強して、衛生科の一員、陸上自衛隊の看護官として貢献できるよう、これからも努力を継続していきたい。

看護科の教育総合訓練に参加した仙台病院の荒井美羽佳幹部候補生

新刊紹介

「戦争世代から令和への伝言」
―9人の戦争体験者が遺したことば

菊池　征男著

雑誌『丸』の編集者として40年以上にわたり「昭和の戦争」に向き合い、旧陸・海軍の軍人の思いに触れてきた著者が、令和時代の若い人向けに9人の戦争体験者が遺した言葉を紹介した本だ。

「これまで数多くの戦争体験者にインタビューしてきたが、彼らの大半が鬼籍に入ってしまった。その肉声を記録しておかねば」との思いで書き上げたという。9人とは、空母「飛龍」乗員で、撃沈され漂流中に米軍捕虜となった海軍少尉、特攻隊を指揮した飛行第20戦隊長の陸軍少佐、史上初の空母対空母の戦いを経験した「翔鶴」の飛行兵曹長、B17爆撃機航法士の米陸軍少尉、戦犯として死刑判決を受けた旧陸軍朝鮮人軍属、広島原爆の惨状を撮影したニュース映画カメラマンら。それぞれ捕虜、特攻、海戦、英霊、首都防空、戦犯、原爆などについて戦争の真実を伝えている。

戦後74年が経ち、「もはや聞き書きで戦争を伝えることさえ難しくなってしまった」と言う著者。この本も取材を通じて戦争を追体験した一人のジャーナリストの"遺言書"と言えるかもしれない。

(潮書房光人社刊、1620円)

「特攻隊の〈故郷〉」霞ヶ浦・筑波山・北浦・鹿島灘

伊藤　純郎著

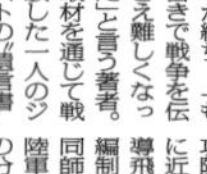

「特攻隊」というと鹿児島など九州の航空基地が思い出されるが、本書は茨城県下で編制された特攻隊の物語である。筑波大教授である著者が自らの足で調べ、書き上げた貴重な「郷土史」でもある。

海軍最初の特攻隊員は霞ヶ浦で搭乗員として基礎教育を受けた土浦海軍航空隊予科練出身の少年たちだった。陸軍初の特攻隊も筑波山に近い鉾田教導飛行師団で編制された。同師団は浜松陸軍飛行学校の分校として設置された鉾田陸軍飛行学校が「本土防衛」のため1944年6月に編制替えしたものである。

この筑波山を仰ぐ地で、厳しい飛行訓練に励んだ予科練生・飛行予備学生たち。彼らはどんな思いで戦闘機乗りとなり、誰の命令で特攻隊員となったのか。本書は海軍の「筑波隊」、陸軍の「万朶隊」の誕生と部隊編制、その後の特攻の戦果などを記録する。さらに鹿島灘での人間爆弾兵器「桜花隊」の出撃訓練なども、当時の地図や訓練中の写真などを添えて「特攻の原風景」として淡々と描かれる。忘却してはならない歴史の事実が今もそこには遺されている。

(吉川弘文館刊、1836円)

OBがんばる

渡邉　恒光さん　56
平成28年12月、空自5空団飛行群本部(新田原)を最後に定年退職(3尉)。航空大学校に再就職し、宮崎本校で航空機の運航・整備計画の確認業務などに当たっている。

大切なことは健康管理

私は3年前に空自を定年退職し、宮崎市に所在する航空大学校宮崎本校に再就職しました。航空大学校はエアライン・パイロットを養成することを目的に設立された法人です。宮崎本校のほかに帯広、仙台に分校があり、学生は約2年の間に各地で座学やフライト訓練などを受け、パイロットを目指します。近年は将来のパイロット不足を補うため、定員を従来の1・5倍増とし、訓練機を新機種に更新する事業も進められています。

私は整備課において、主に委託業者が立案する運航計画と整備計画の確認・調整、整備作業の監督・検査などを担当しています。航空機に直接触れて整備することはなく、訓練機の運航、定時整備などはすべて航空機整備事業者に委託しています。

私は航空自衛隊で長年、航空機に携わる仕事に従事してきましたが、同じ航空関係の仕事とは言っても、職場の環境、航空機の違い、慣れない用語などで当初は大変苦労しました。しかし、コミュニケーションを積極的に取り、周りの方々から指導を受けることで早期に職場に慣れることができました。委託業者の人たちとも積極的に話をすることで円滑な業務運営に努め、優秀なパイロットが多く育つよう、微力ながら協力させていただいております。

これから定年を迎える皆さまも計画的に準備をされていると思いますが、再就職で最も大切なことは健康です。まずは健康管理に留意し、活躍されることを願っています。

あさぐも掲示板

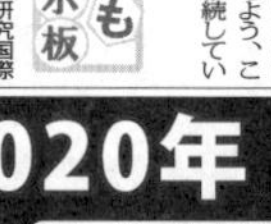

■防研が戦争史研究国際フォーラム　防衛研究所は9月17日、「紛争の予想外の拡大」をテーマに戦争史研究国際フォーラムを東京・文京区のホテル椿山荘東京で開催する。シュティク・フェルスター(スイス・ベルン大学教授)ら内外の専門家が出席し、「紛争の管理」などについて討議する。聴講希望者は防研HPを参照。聴講は無料だが申し込みが必要で、締め切りは9月6日。問い合わせは同フォーラム事務局(070−4018−5027)まで。

■中音の定期演奏会　陸自中央音楽隊(樋口孝博隊長)は9月13日午後7時、第158回定期演奏会を東京・墨田区のすみだトリフォニーホールで開く。曲目は芳賀傑「時の証明」など。第2部の指揮は東京藝術大の山下一史教授が執る。聴講希望者は中音HPの定演応募フォームで。締め切りは8月26日。未就学児の入場は不可。入場無料。

詰将棋

第801回出題

出題　日本将棋連盟　九段　石田　和雄

●先手　持駒　飛角

【ヒント】三手五手と連続で駒の妙(10分で初段)

▶詰碁、詰将棋の出題は隔週です◀

詰碁

第1216回解答

出題　日本棋院　九段　曲　励起

【解答図】白先、白活。白①が好手、黒②には③まで活きます。また黒②で③なら白②で、やはり活きます。

朝雲
発行所 朝雲新聞社
〒160-0002 東京都新宿区四谷坂町12-20 KKビル
電話 03(3225)3841
FAX 03(3225)3831
振替00190-4-17600番
定価一部140円、年間購読料9000円(税・送料込み)

韓国、軍事情報協定を破棄

防衛相「再考求める」

米国防総省も「失望」表明

韓国大統領府は8月22日、日韓の「軍事情報包括保護協定(GSOMIA)」の破棄を決めたと発表し、翌23日、日本政府に正式に通告した。協定はどちらか一方が破棄しない限り、1年ごとに自動延長される仕組みで、更新の判断期限は8月24日だった。これにより、協定は今年11月23日午前0時に失効する。岩屋防衛相は23日、省内で記者団に「現下の地域の安全保障環境を完全に見誤った対応であり、失望を禁じ得ず、極めて遺憾だ。韓国側に再考と賢明な対応を強く求めていく」と述べ、外交ルートを通じて韓国側に強く抗議したことを明らかにした。

GSOMIAは軍事情報の交換に必要な手続きを定めた枠組みで、日韓両政府は2016(平成28)年11月23日に署名し、即日発効。これまで毎年自動更新され、北朝鮮のミサイル発射に関する情報などを共有してきた。

韓国政府による協定破棄の発表を受け、岩屋防衛相は23日、記者団に対し、「日米韓の安全保障分野における協力と連携を強化し、地域の平和と安定に寄与してきた」とその意義と役割を評価した上で、「北朝鮮がミサイル発射を繰り返すなど地域の安全保障環境が厳しさを増している中で、日韓、日米韓の連携は重要だ」と強調。

引き続き適切な連携の維持に向けて韓国側に「賢明な対応」を強く求めるとともに、日本の安全保障に支障をきたさないよう「日米関係を基軸に万全を期す」との考えを示した。

今後の2国間の防衛交流の見通しについては「ますます困難になりつつあると思うが、その中においても我が国の安全、地域の安全確保のために必要であれば適宜適切に判断したい」と述べた。

安倍首相は23日、官邸で記者団の質問に応じ、「韓国側は残念ながら、日韓請求権協定に違反するなど、国と国との信頼関係を損なう対応を続けている」と指摘した上で、「米国としっかりと連携しながら地域の平和と安定を確保し、日本の安全を守るために対応していきたい」と語った。

米国防総省は22日、「強い懸念と失望を表明する」との声明を発表。

米国務省も日米両国が韓国に対して協定継続を強く求めてきたことを踏まえ、「北東アジアの厳しい安全保障環境について文政権が深刻な思い違いをしていることを示している」との声明を出し、韓国政府の対応を強く批判した。

長期戦の構えで静観を

志方俊之
帝京大名誉教授

文在寅(ムンジェイン)大統領の政策は少なくとも来年4月の韓国総選挙までは変わらないだろう。文氏の2022年までの任期いっぱいを見据え、日本は長期戦の構えで静観するのが一番だ。

日本は7基の情報収集衛星を持ち、その情報能力は極めて高い。偵察衛星を持たない韓国はGSOMIAによって日本から多くの情報を得ていた。我が国が韓国から得られるのは脱北者を通じた人的情報(ヒューミント)などであり、今回の破棄で大きなデメリットを被るのは韓国だ。

日本は朝鮮戦争(1950年~53年)から続く「朝鮮国連軍(在韓米軍)」と地位協定を結んでおり、在日米軍横田基地には「朝鮮国連軍後方司令部」が置かれている。半島有事の際には英、豪、カナダなど18カ国の軍用機や艦艇が在日米軍基地を拠点に半島への作戦を行う。

約2万人の在韓米軍のみで有事の際に韓国を守ることはできない。後ろに日本が控え、自衛隊(約25万人)と在日米軍(約5万人)による支援があって初めて在韓米軍が機能する。文氏はその有機的な連携を理解していない。全体を俯瞰した視野で北朝鮮問題を考えるべきだ。

韓国の通貨「ウォン」の下落に表れているように、国際社会は韓国が「自らの立場を理解できない国」と見ている。その裏で中国、ロシア、北朝鮮はほくそ笑んでいるだろう。

軍事を理解せず、人権弁護士そのままの手法で国家運営に当たる文氏に、その危うさと軍事的観点の重要性を気付かせることができるのは、自国の軍人しかいない。韓国軍が危機感を持ち、時間をかけて地道に政権へのアドバイスを行ってくれることに期待したい。(元陸自北方総監)

多国間協力の重要性強調

山崎統幕長がCSISで講演

戦略国際問題研究所での講演後、マイケル・グリーン上級副所長兼日本部長(右)とトークセッションを行う山崎統幕長(現地時間8月1日、米ワシントンで)

山崎統幕長は7月30日から8月4日まで、米ワシントンDCを訪れ、日米の歴代統幕長と米統合参謀本部議長が一堂に会する「第6回日米軍人ステーツマン・フォーラム」に出席するとともに、米シンクタンクの戦略国際問題研究所(CSIS)で講演を行った。

「ステーツマン・フォーラム」には、日本から山崎統幕長のほか、折木良一、岩崎茂、河野克俊各氏の歴代統幕長が出席。米軍の現役・歴代トップとの討議を通じ、日米の防衛政策について認識の共有を図った。

一方、CSISでは山崎統幕長が「日本を取り巻く安全保障環境と日米同盟強化の方向性」をテーマに講演、その模様はインターネットでも生中継された。

統幕長はこの中で、中国による現状変更の試みやロシアの軍事力近代化、北朝鮮の核・ミサイル開発など日本周辺の安全保障環境について説明。北朝鮮船舶の密輸行為「瀬取り」を監視するための多国間の取り組みなどを挙げ、2国間、多国間協力と共同訓練の重要性を強調した。

この後、CSISのマイケル・グリーン上級副所長兼日本部長とのトークセッションが行われ、韓国との関係についての質問に、「(日韓の)安全保障上の共通の脅威は北朝鮮の核開発と弾道ミサイルの発射。これに対処するためには日米韓の情報共有と警戒態勢の構築が大切だ。3国間の強固な関係を生かしながら地域の安全保障体制を構築していくことが重要だ」と述べた。

山崎統幕長は米国滞在中、米統合参謀本部議長のジョセフ・ダンフォード海兵隊大将、インド太平洋軍司令官のフィリップ・デービッドソン海軍大将とも会談した。

北が「飛翔体」7回目の発射

北朝鮮は8月16日と24日、短距離弾道ミサイルと推定される飛翔体を日本海に向けて発射した。防衛省は両日とも「我が国の安全保障に直ちに影響を与える事態は確認されていない」との見解を発表した。北朝鮮による飛翔体の発射は7月25日以降、7回目。

韓国軍合同参謀本部によると、16日は午前8時1分頃と同16分頃、東部の通川付近から計2発を発射。飛距離は約230キロ、高度約30キロ、最高速度はマッハ6・1以上だった。

24日は午前6時44分頃と7時1分頃で、東部の宣徳付近から計2発を発射。防衛省によると飛距離は1発目が約400キロ、2発目が約350キロで、日本の排他的経済水域(EEZ)外の日本海に落下した。韓国軍によると、最高高度97キロ、最高速度はマッハ6・5以上だった。

「協定破棄の間隙突いた」 岩屋防衛相

岩屋防衛相は24日、関係幹部会議を開催した後、省内で記者団に対し、「発射は明白に国連決議に違反し、距離や種類にかかわらず看過できない」と述べた。

韓国が「軍事情報包括保護協定(GSOMIA)」の破棄を日本に通告した翌日の発射だったことについては「北朝鮮も地域情勢をしっかり見ている。間隙を突いたということではないか」と語った。一方で、協定が11月22日まで有効であることや、日本が万全の体制をとっていることを挙げ、協定の破棄通告が情報収集に影響を与えることはなかったとの認識を示した。

これに先立ち、大臣は22日の記者会見で「短距離ミサイルであっても長射程のミサイルにその技術が応用される可能性は十分にある」と指摘。北朝鮮が累次の発射によってミサイル技術の高度化を図っているとした上で「米国や関係国と連携し、総合的、専門的な観点から情報の分析に全力を挙げていく」と述べた。

「F35B」に決定

STOVL機 「いずも」型に搭載計画

防衛省は8月16日、空自が新たに調達する短距離離陸・垂直着陸(STOVL)機を、米政府が提案した最新鋭のステルス戦闘機「F35B」(米ロッキード・マーチン社、写真)とすることを決め、同日、発表した。

同省では今年3月に機種選定作業を開始し、4月25日に希望する企業等に対し、必要な性能や仕様などを明示した「提案要求書(RFP)」を手交。その後、6月24日に米政府が提案する「F35B」の提案書を受領し、検討した結果、「必要な要求事項を全て満たしている」として同型機が選定された。他の企業等から受注を競う提案書は提出されなかった。

政府は昨年12月18日、新たな「防衛計画の大綱」の策定に合わせ、空自が導入を進める最新鋭の「F35ステルス戦闘機」について、新たに105機を追加調達する方針を閣議了解しており、このうち42機がSTOVL機の「B」型となる予定。

一方、新たな「中期防衛力整備計画(中期防)」では、「F35B」を念頭にSTOVL機の新規導入が明記され、海自最大のヘリ搭載護衛艦「いずも」型について「必要な場合にはSTOVL機の運用が可能となるよう検討の上、改修」する方針を打ち出しており、現在、STOVL機の運用を可能とする同型艦の改修に向けた調査研究が進められている。

岩屋防衛相は8月22日の記者会見で、STOVL機導入の意義について「国土が狭隘で滑走路に限界がある我が国の特性を踏まえると、戦闘機運用の柔軟性を向上させることができる」と述べ、現在20カ所に限られている自衛隊戦闘機を運用可能な国内の飛行場が、STOVL機の導入で45カ所に増えることを一例に挙げた。さらに「いずも」型護衛艦を改修し、必要に応じて搭載可能にする計画に関しては「広大な太平洋地域を含む日本の海空域の警戒監視機能が高まる」として期待感を示した。

米海兵隊総司令官のバーガー大将(左)と握手を交わす岩屋防衛相(8月20日、防衛省で)

バーガー米海兵隊総司令官が初来日

防衛相、陸幕長と会談

岩屋防衛相は8月20日、着任あいさつのため初来日した米海兵隊総司令官のデビッド・バーガー大将と防衛省で会談し、日米同盟のさらなる強化で一致した。

バーガー大将は退役したロバート・ネラー大将の後任。米太平洋海兵隊司令官(ハワイ州キャンプ・スミス)、米海兵隊戦闘開発コマンド司令官(バージニア州クワンティコ)などを経て7月11日、米海兵隊トップの総司令官に就任した。

岩屋大臣は就任への祝意を伝えた上で、「自衛隊の水陸両用作戦能力の向上や、ニューリバー海兵隊航空基地(ノースカロライナ州)における陸自V22オスプレイの教育訓練などで協力をいただいており、今後とも地域の課題に日米が緊密に連携して対応するため、司令官のご理解とご協力をお願いしたい」と述べた。

これに対し、バーガー司令官は「一番の友を真っ先に訪問するように、着任後初の外遊先は日本だと決めていた。自衛隊とは訓練や作戦を共にし、私が命を預けても良い仲間だ」と応じ、日本への親しみと信頼の気持ちを表した。

これに先立ち、バーガー司令官と会談した湯浅陸幕長は「安全保障環境が厳しさを増す中、日米同盟の絆が深まっていることは喜ばしい」と述べ、陸自の水陸機動団(相浦)の戦力化やオスプレイの教育訓練などへの米側の協力に謝意を表明。「在沖の米第3海兵機動展開部隊(3MEF)と連携し、引き続きインド太平洋地域の平和と安定に寄与していきたい」と述べた。

これに対し、バーガー司令官は「日本を最初の訪問地に選んだ理由は、日本とこの地域がいかに重要であるかを在日米海兵隊員に伝えるためだ」と明言した。

主な記事

◇軍事情報包括保護協定(GSOMIA<ジーソミア>)
=General Security of Military Information Agreement

同盟関係など緊密な関係にある2国間で交換、共有される秘密軍事情報の保全を義務付ける枠組み。情報の伝達方法や保護・管理方法などを厳しく規定し、第三国への提供や目的外使用などを禁じている。日韓間では2012年6月の締結直前、自国世論の反発に配慮した韓国側の事情で白紙撤回された経緯がある。その後、慰安婦問題に関する合意で日韓関係が改善に向かったこともあり、朴槿恵(パク・クネ)政権下の16年11月に締結された。

日本は韓国を除き、これまで米・英・豪・仏・伊・印の6カ国のほか、北大西洋条約機構(NATO)の1機関と軍事・安全保障に関する情報保護協定を締結。一方、韓国は米露など30カ国以上、米国は60カ国以上と同様の協定や取り決めを締結している。

春夏秋冬

脳の指向性

黒川 伊保子

以前、10歳のユーチューバーが、「学校に行かない」と宣言したことが、マスコミで話題になった。彼が学校へ行きたくない理由を聞いて、私はびっくりしてしまった。「みんなが一斉にうなずくのが気持ち悪い」「答えが一つなのが我慢できない」のだそうだ。

驚いたのは、私自身は、「答えが一つ」であることが何より面白かったからだ。小学1年生の国語の教科書の最初のページを、今もありありと思い出せる。女の子が机に座って、手を上げているイラストが描いてあった。そして「はるみさん」「はい」の文字。私は、この2語の先頭音が、同じ文字であることに、胸を打たれた。異なると思っていたことが、一つになった瞬間だった。数式で足し算を習ったとき、女の子たちもチューリップもキャンディも、数にすれば同じになるのが面白くてしょうがなかった。

その果てに、大学では物理学を選んだ。この世の森羅万象が、たった一つのエネルギー式で表される。抽象化の極みの学問である。どんなことでも、モデル化することで、真理を見つけたいと願うのなら、[illegible]

最近、料理が苦手という人の多くが、完璧主義者であることを知った。私の「掃除が苦手」も、案外、完璧主義のなせる業なのかもしれない。掃除機をかけるとなると、先に家具を全部持ち上げて、すみずみまでかけないと気が済まない。「汚れが目立った場所だけ、ちょこっと」が気持ち悪くてできないのだ。

脳の指向性を見つめるのは面白い。「答えが一つ」が気持ちいい脳と、気持ち悪い脳。怠惰だと思っていたことの原因が、完璧主義。これじゃ、世界が一つになるわけがない。人類にはもっと、感性の研究が必要だ。

(感性リサーチ代表、人工知能研究者)

朝雲寸言

我が国は国土の7割を山地と森林で占められている。環太平洋造山帯の火山活動によって造られた日本列島は昔から火山の噴火活動が多く、近年でも三宅島、雲仙岳、御嶽山などの噴火災害が記憶に新しい▼我が国の人々は山の水源や森林による自然の恵みに感謝する一方で、雄大な姿や火山に対する畏怖・畏敬の念から神が宿り降臨する場所として信じられてきた。そんな日本の山岳信仰の中で最も有名なのは富士山である。標高3376メートル、もちろん日本で一番高い場所である▼そして富士山の一番の魅力は、何といっても一般人でも頂上に登ることができることにある▼日本人のみならず誰もが一度は富士山に登ろうとし、毎夏に多くの人が富士登山を試みる。昨年度は30万人近くの人が富士山の頂上を目指したという。しかし思い付きや観光気分で登山する人が後を絶たず、準備不足や体調不良で登山を断念したり、怪我をしたり、命を落とすこともあることを忘れてはなるまい。さらに環境汚染も近年問題となっている。昔から富士山をはじめ山々が畏れられているのには、それなりの理由があるのだ▼その富士山の麓に東富士演習場はある。今年も富士総合火力演習が一般公開された。その演習で富士山が美しい姿を見せてくれるかどうかが演習成功の大きな要因であることは言うまでもない。

時の焦点

国内

情報協定破棄 安全保障の大局を見よ

感情的な反発から安全保障に「実害」を与える。一線を越えた対応を、文在寅政権は早急に改めねばならない。

韓国政府が、日韓の「軍事情報包括保護協定（GSOMIA）」を廃棄することを決め、日本政府に通告した。11月23日午前0時に失効する。

この動きを見透かしたように、北朝鮮はまたも短距離弾道ミサイル2発を発射した。

韓国人元徴用工の訴訟に端を発した日韓の対立を、周辺諸国は冷徹に観察している。深刻に受け止める必要がある。

秘密保全の手続きを定めるGSOMIAは、機微にわたる情報を円滑に共有するうえで不可欠だ。日韓は2016年に締結し、両国が歴史問題を乗り越え、安全保障での協力関係を明確にした象徴的な意味もあった。

韓国政府は、GSOMIA破棄の理由として、日本が輸出手続き簡略化の優遇措置対象国から韓国を除外したことを挙げている。

日本が投げかけた輸出管理の疑問について、韓国政府が正面から受け止めず、元徴用工問題の報復と位置づけていることが不可解な対応の要因である。

日本国内の一部には、対立の責任は安倍政権にもあるとして、韓国に譲歩すべきだという意見が出ている。だが、輸出管理の体制や運用に不備があることが分かっていながら、優遇措置を続けることはできまい。日本としての責任が問われる問題である。

輸出管理、元徴用工、それぞれの懸案は懸案として解決し、「報復」や「対抗措置」などと称して筋違いの対応をしないことが肝要だ。

安倍首相は、韓国からの破棄通告について「国と国の信頼関係を損なう対応が残念ながら続いている」と述べるにとどめた。冷静に事態を見守る意図であろう。

実際、GSOMIA破棄によるマイナスは、韓国側の方が大きいと見られている。海上自衛隊のイージス艦などで得られる情報の価値は高い。北朝鮮の今回の弾道ミサイル発射も、日本政府は韓国より先に公表することができた。

気がかりなのは、当面する軍事情報共有の課題だけでなく、韓国外交・安保政策の大きな方向性である。

文政権は、日米韓3カ国の連携をないがしろにし、北朝鮮との融和や、中国への接近に傾斜しているのではないか。こうした疑問を禁じえない。

ポンペオ米国務長官が「韓国の決定には失望している」と異例の批判をしたのは、北東アジア情勢への影響を深刻に懸念しているためだろう。

安倍首相は、フランスでトランプ米大統領との会談で、北朝鮮問題における日米韓連携の重要性を確認した。

韓国国内でも、文政権の対応を疑問視する声が上がっている。安全保障の大局を見失わぬよう、韓国に冷静な対応を促す。粘り強く働きかける以外に道はあるまい。

宮原 三郎（政治評論家）

海外

グリーンランド 米の購入構想に「ノー」

トランプ米大統領は8月20日のツイッターで、9月初めに予定していたデンマーク訪問を延期すると表明した。

同氏が検討していたデンマーク領グリーンランドの購入構想に、「フレデリクセン同国首相が関心を示さない」ためという。

グリーンランドは、面積は世界最大、人口は僅か5万6000人の島で、ニュースの口火を切ったのは15日付「ウォール・ストリート・ジャーナル」紙。大統領がグリーンランド購入に関心を示している、と報じた。

それによると、大統領は春頃、各種会合や夕食会の席で側近たちに、グリーンランド購入の可能性と利点について質問し、説明を真剣に聞いていたそうだ。

大統領本人も18日、記者団に報道内容を確認し、「戦略的に興味深い着想なので、検討している。最優先事項ではない」と説明した。

米国がデンマークから「島」を購入した歴史的先例はある。1917年のバージン諸島購入で、価格は2500万ドル（2018年の価値換算では5億7500万ドル）だった。

そして、米国はグリーンランドにも過去に2度、購入を試みた。1867年にロシア帝国からアラスカを購入したジョンソン政権のスワード国務長官が、翌68年にグリーンランド購入も図ったが、実現しなかった。

また、米国は第2次大戦で同島の地政学的重要性を再認識し、トルーマン政権の1946年、1億ドルで購入したいと働き掛けたが、デンマークは売却を拒否した。

しかし、米軍のチューレ空軍基地の再建を認め、冷戦時の同基地は北大西洋条約機構（NATO）防衛戦略の一翼を担った。同基地には核爆撃機も駐留し、極地横断のミサイル防衛システムも実験、配備されていた。

トランプ氏は、デンマーク政府の財政事情からも、グリーンランド購入を検討してはどうかと助言されている背景事情も明らかにしている。

同国は人口5万6000人の同島に対して、年間5億9100万ドルの補助金を支出し、この財政支援が自身の財政を窮屈にしているためだ。

他にも理由はあるだろう。例えば、中国をグリーンランドから排除する力を得るには、同島全体の支配権が必要である。

中国は米国と欧州の玄関口に自国の基地を設けるため、同島に強い関心を示してきた。

デンマークは2017年、中国が同島の今では放棄されたままの海軍基地を購入しようとしたのを阻止した。18年には米国防総省が、同島の三つの空港に資金面から介入しようとした中国の画策を阻止した。

常に息の長い闘いを仕掛ける中国を締め出す可能性は二つ。デンマーク政府とグリーンランド自治政府の忠誠心に依存するか、米国が自ら同島を購入して中国を追い出すか。

トランプ氏が今回どれだけ本気だったかは別問題で、米大統領の案を「ばかげている」と一蹴したフレデリクセン首相に後世の評価はどう出るだろうか。

草野 徹（外交評論家）

米と共同 サイバー競技

陸自 チーム対抗で暗号解読

日米の陸軍種間初のサイバー競技会「サイバーサンダー」に挑む陸自のシステム防護隊の2チーム（8月2日、防衛省で）

陸自は8月2日、米陸軍と初の日米共同サイバー競技会「サイバーサンダー」を市ヶ谷地区などで開催した。

同競技会は「旗取り合戦（Capture The Flag：CTF）」形式で行われ、陸自からシステム防護隊（市ヶ谷）、通信団（朝霞）、西方システム通信群（健軍）の計6チーム、米軍からは米陸軍サイバー学校（ジョージア州オーガスタ市）の6チームが参加し、インターネットを通じて対戦した。

競技会は、ITに関する問題に日米の各チームが回答、チーム対抗形式で点数を競い合った。問題の出題分野はリバースエンジニアリングや暗号解読など多岐に渡った。

金沢市で「車座ふるさとトーク」

住民と率直に意見交換

鈴木政務官 防衛省・自衛隊をPR

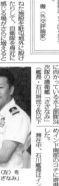

【防衛省広報課】鈴木貴子防衛大臣政務官は7月30日、石川県金沢市で開かれた政府主催の「車座ふるさとトーク」に出席し、地元住民との率直な意見交換を通じて防衛省・自衛隊の役割をPRした。

「車座ふるさとトーク」は安倍内閣が進める取り組みの一環で、各省庁の大臣、副大臣、政務官が地域に赴いて地元の人々と少人数で“車座”の対話を行い、生の声をつぶさに聞いて政策に生かすという試み。

今回は「自衛隊の働き」をテーマに、地域の防災訓練に取り組む町会の関係者など11人が集まった。

参加者からは防災面で「共同の訓練やさまざまな情報交換をして引き続き連携を図っていきたい」などの期待が寄せられたほか、「駐屯地での一般開放を増やしたり、広報活動を兼ねた施設を駐屯地外に設けたりして、自衛隊を身近に感じる場がさらに増えるとよい」といった意見なども上がった。

鈴木政務官は「防衛省・自衛隊の保有する災害対処のノウハウを平時から地域コミュニティーと共有することで、今後も防災・減災について地域との連携を図っていきたい。さらに、地域との交流を通じて理解の増進と信頼醸成にも努めていきたい」と述べ、地域との連携の重要性を強調した。

「車座ふるさとトーク」で防衛省・自衛隊の取り組みを説明する鈴木政務官（中央）＝7月30日、石川県金沢市の金沢学生のまち市民交流館で

「体験飛行」の抽選を行う荒木部長（前列中央）、吉田新室長（その右）、渡部室長（同左）ら広報室の隊員

空幕で体験飛行抽選会

当選倍率4・82倍、C2は倍率10倍

空幕広報室は8月23日、自衛隊記念日行事の一環として、10月5日に空自千歳、入間、築城、那覇の4基地で実施されるCH47輸送ヘリ（入間はC2輸送機）の体験飛行の抽選会を防衛省の空幕大会議室で行った。

抽選会には空幕の荒木哲哉総務部長（現・航空総隊司令部幕僚長）と渡部琢也広報室長（現・航空保安管制群司令）、吉田ゆかり同新室長が数字の書かれたピンポン玉を箱から取り出し、はがきの束に記された番号と照合して当選者を決めた。

応募はがきの総数は17179通、応募総数は35644人で、CH47の倍率は4・82倍、入間基地のC2体験飛行は10倍だった。

当選結果は9月中旬以降、はがきで通知される。

海賊対処水上34次隊「さざなみ」

インド海軍と交流

インド海軍南部コマンドのチャウラ司令官（左）を表敬した海賊対処水上34次隊指揮官の石川「さざなみ」艦長（8月13日、インドのコチで）

海自の海賊対処任務の交代のため、呉からアデン湾に向かっている水上部隊34次隊の護衛艦「さざなみ」（艦長・石川将司2佐以下約180人）は8月13、14両日、インド南部のコチに寄港し、インド海軍と交流した。

滞在中、石川艦長はインド海軍南部コマンド司令官のアニル・クマール・チャウラ海軍大将を表敬。乗員たちは印海軍の対潜戦学校を研修し、インド海軍兵士たちと交流を図った。

「さざなみ」は7月28日に呉を出港。アデン湾に到着後の8月下旬、33次隊の護衛艦「あさぎり」から任務を引き継ぐ。

共済組合だより

ライフプラン支援サイト

共済組合HPから 4社のWebサイトに連接

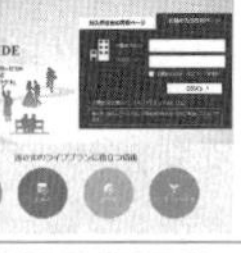

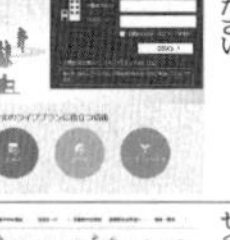

皆さまは共済組合のホームページ（HP）からアクセスできる「ライフプラン支援サイト」をご存じですか。

共済組合HPから野村證券、第一生命、三井住友信託銀行、三菱UFJ信託銀行の4社が開設する各Webサイトに進むことができます。

いずれのサイトも基本項目を入力するだけで将来の家族の状況が予測できる「ライフプラン・シミュレーション」をはじめ、結婚、出産、子供の教育、健康、老後など、人生のさまざまなシーンやそれに伴うお金にまつわる有益な情報が得られます。

このほか、各サイトではお得なメニューを用意しています。いずれも便利ですので、ぜひご利用ください。

「ライフプラン支援サイト」閲覧は、共済組合HPのトップページ→生活さぽーと→ライフプラン支援サイトへと進み、各社Webサイトに進んでください。

なお、共済組合HPへのログイン用ユーザー名及びパスワードは「GOOD LIFE（共済のしおり）」や「さぽーと21」をご覧いただくか、ご所属の支部にお問い合わせください。

◇

共済組合の各支部では、防衛省が開催する「生涯生活設計セミナー」に合わせて、ファイナンシャル・プランナーによる「個別相談会」も実施しています。こちらもぜひご利用ください。開催予定等、詳しくはご所属の支部にお問い合わせください。

海自P3Cがハワイで訓練

米海軍と共同で

海自は8月28日から米ハワイ周辺で令和元年度「米国派遣訓練（航空機）」を開始した。9月16日まで。

訓練には2空21飛行隊（八戸）の佐々木移2佐を派遣指揮官に、P3C哨戒機1機と隊員約40人が参加。現地では米海軍と共同で対潜訓練を行うほか、同軍の誘導武器評価施設を利用し、魚雷投下訓練も実施する。

防空能力向上へ

空自が射撃訓練

米のマクレガー射場で

空自がペトリオット対空ミサイル部隊を米ニューメキシコ州のマクレガー射場に派遣している年次射撃訓練（ASP）が8月28日、始まった。11月22日まで。

今回の訓練は井筒俊司航空総隊司令官が指揮官を務め、全国から6個高射群（入間、春日、千歳、岐阜、那覇、三沢）と高射教導群（浜松）などが参加。派遣人員は約380人。

実射訓練にはペトリオットシステムのスタンダード弾を使用し、各高射群が2発ずつ、高射教導群が1発の計13発を発射する。同派米年次射撃は昭和38年度に始まり、ペトリによる射撃に変わった平成2年度からは30回目となる。

「しらせ」訓練で国内巡航

名古屋と川崎で一般公開

海幕は8月19日、第61次南極地域観測支援を前にした砕氷艦「しらせ」（1万2650トン、艦長・竹内周作1佐以下約170人）の総合訓練について概要を発表した。

「しらせ」は9月30日に母港・横須賀を出港後、各部署訓練やヘリの発着艦、同乗する観測隊員の艦上訓練支援などを行いながら愛知・名古屋（10月3〜7日）と神奈川・川崎（11〜14日）に寄港し、10月15日に横須賀に戻る。両寄港地では一般公開も行う。例年は日本一周の巡航訓練をしているが、今年は5年に1度の定期修理のため2カ所のみの寄港となった。

「しらせ」はその後、最終整備を受け、物資を搭載し、11月中旬に東京・晴海ふ頭から南極・昭和基地への航海に出発する予定。

首相乗せ政専機 フランス往復

空自特輸隊（千歳）のB777政府専用機は8月23日から27日まで、フランス南西部のビアリッツで開かれた先進7カ国（G7）首脳会議に出席する安倍首相を乗せ、羽田空港と仏・メリニャック空港を往復した。

中国軍艦艇2隻 対馬海峡を北上

8月18日午後7時ごろ、長崎・下対馬の南西約20キロの海域を北東進する中国海軍の「ジャンカイⅡ」級フリゲート（3900トン、546「塩城」）と「ジャンウェイⅡ」級フリゲート（2250トン、564）の各1隻を海自3ミサイル艇隊（佐世保）のミサイル艇「おおたか」と1空群（鹿屋）のP1哨戒機が確認した。

2隻はこの後、対馬海峡を北上して一時的に日本海に進出したが、同22日、再び対馬海峡を南下して東シナ海に戻った。

露巡洋艦など 宗谷海峡東進

8月15日午前5時ごろ、ロシア海軍の「スラバ」級ミサイル巡洋艦（満載排水量約11600トン、艦番号011「ワリヤーグ」）、「ソブレメンヌイ」級ミサイル駆逐艦（8000トン、715「ビストリ」）、「ウダロイⅠ」級駆逐艦（8600トン、564「アドミラル・トリブツ」）の計3隻が北海道・宗谷岬の北北西約30キロの海上を東に向け航行するのを海自1ミサイル艇隊（余市）のミサイル艇「わかたか」が確認した。

露軍の3隻はこの後、宗谷海峡を東進してオホーツク海に入った。

防衛省発令

▽空幕副監理官（空幕総務課）1空佐 吉田 浩隆
▽航空総隊総務部長（空自幹部候補生学校教育部長）同 右田 竜治
▽空自幹部候補生学校教育部長（飛行開発実験団整備群司令）同 髙橋 康仁
▽航空開発実験集団装備課長（防衛装備庁プロジェクト管理部事業監理官付事業計画調整官）同 江口 尊俊
▽飛行開発実験団整備群司令（航空開発実験集団装備課長）同 脇田 健一
▽防衛装備庁プロジェクト管理部事業監理官付事業計画調整官（空幕装備課）同 齋藤 豊
（以上8月13日）
▽統幕防衛課（海幕情報課付）1海佐 村上 公彦
▽教育訓練研究本部研究員（陸幕指揮通信システム・情報部付）1陸佐 清水 望
▽海幕防衛課（7護衛隊司令）1海佐 清水 徹
▽同情報課（海幕情報課付）同 天野 晋介
▽同装備需品課（同情報課付）同 川嶋 潤子
▽自衛艦隊兼護衛艦隊司令部（護衛艦隊兼自衛艦隊司令部）同 大谷 三穂
▽7護衛隊司令（自衛艦隊兼護衛艦隊司令部）同 西村 俊行
▽海自幹部学校付（海幕補任課）同 濱野眞美
（同厚生課）同 坪倉 大吾
（うんりゅう艦長）同 飯田 将裕
（海幕運用支援課）同 関本 博充
（呉造修補給所計画調整部長）同 萩田 行秀
▽空自幹部学校付（統幕運用1課）1空佐 高倉 征宏
（以上8月19日）
▽統幕学校国際平和協力センター教育・研究室長（統幕学校国際平和協力センター）1空佐 中野 武志
▽空幕教育課個人訓練班長（12飛行教育団飛行教育群司令）同 南谷 瑞穂
▽同運用支援課部隊訓練2班長（航空救難団飛行群新潟救難隊長兼新潟分屯基地司令）同 門倉 光慶
▽航空戦術教導団（北部航空方面隊援護業務課長）同 内山 尚則
▽北部航空方面隊援護業務課長（同司令部）2空佐 村田 一公
▽中部航空方面隊支援飛行隊長（航空安全管理隊教育研究部長）1空佐 田畑 健
▽航空救難団飛行群新潟救難隊長兼新潟分屯基地司令（航空救難団救難教育隊長）2空佐 小澤 昇
▽12飛行教育団飛行教育群司令（空幕運用支援課部隊訓練2班長）1空佐 中垣 滋紀
▽航空安全管理隊教育研究部長（統幕学校国際平和協力センター教育・研究室長）同 青山 崇裕
▽空自幹部学校教育部主任教官兼幹部学校（空幕教育課個人訓練班長）同 岡村 正彦
（以上8月20日）
▽防衛大防衛学教育学群統率・戦史教育室長兼防衛大教授（陸幕運用支援課長）1陸佐 泉 英夫
▽統幕総務課渉外班長（統幕総務課）1空佐 石渡 宏臣
▽同人事教育課長（南西航空方面隊防衛部長）同 霜田 豊英
▽同運用1課長（空幕運用支援課運用支援調整官）同 柳 享範
▽同防衛課長（4護衛隊司令）1海佐 西山 高広
▽同防衛課防衛班長（統幕防衛課）1陸佐 伊達 俊之
▽統幕学校教育課2教官室長（教育訓練研究本部）同 武隈 康一
▽同教育課研究室主任研究官（東部方面総監部人事課長）同 竹菴 吉文
▽同国際平和協力センター長（統幕学校教育課2教官室長）同 長田英一郎
▽陸幕総務課長（4特科群長兼上富良野駐屯地司令）同 神園 雄一
▽同総務課庶務室長（37普通科連隊長兼信太山駐屯地司令）同 伊藤優一郎
▽同人事教育計画課服務室長（西部方面後方支援隊西部方面輸送隊長）同 古内 弘樹
▽同補任課長（15即応機動連隊長）同 今井 俊夫
▽同運用支援課長（3地対艦ミサイル連隊長）同 石原 由尊
▽同防衛課長（8高射特科群長兼青野原駐屯地司令）同 小山 直伸
▽同防衛課（2師団3部長）同 瀧澤 英一
▽同装備計画課長（71戦車連隊長）同 山本 雅史
▽陸上総隊国際協力課長（陸上総隊運用部）同 井藤 庸平
▽北部方面総監部人事部長（陸幕人事教育計画課服務室長）同 吉春 隆史
▽東北方面総監部総務部長（部隊訓練評価隊長）同 永田 真一
▽同防衛課長（東北方面総監部防衛部）同 後藤 真二
▽東部方面総監部人事課長（東京地方協力本部募集課長）同 吉田 修造
▽中部方面衛生隊長（中央病院薬剤課長）同 岡部 健吾
▽西部方面後方支援隊西部方面輸送隊長（統幕学校教育課研究室主任研究官）同 森 英久
▽2師団3部長（2師団司令部）同 稲田 龍成
▽8師団3部長（8師団司令部）同 福添 哲生
▽5旅団3部長（教育訓練研究本部研究員）同 野沢友宏
▽15即応機動連隊長（8師団3部長）同 品川 淳二
▽37普通科連隊長兼信太山駐屯地司令（東北方面総監部防衛課長）同 山田 篤
▽71戦車連隊長（統幕防衛課防衛班長）同 東峰 昌生
▽3地対艦ミサイル連隊長（陸幕防衛課）同 内山 浩成
▽4特科群長兼上富良野駐屯地司令（5旅団3部長）同 德留 貴弘
▽8高射特科群長兼青野原駐屯地司令（陸上総隊国際協力課長）同 押川 誠
▽部隊訓練評価隊長（統幕学校国際平和協力センター長）同 近藤 力也
▽海幕補任課長（海幕指揮通信課長）1海佐 平田 利幸
▽同防衛課長（同防衛課）同 清水 徹
▽同指揮通信課長（統幕防衛課）同 近藤 匡
▽4護衛隊司令（海洋業務・対潜支援群首席幕僚）同 坂野 祐輔
▽海洋業務・対潜支援群首席幕僚（自衛艦隊幕僚）同 馬場 智也
▽空幕総務課庶務室長（空幕補任課人事1班長）1空佐 中谷 大輔
▽同総務課広報室長（同総務課）同 吉田ゆかり
▽同会計課長（西部航空警戒管制団基地業務群司令）同 中島 隆幸
▽同人事計画課長（空幕総務課庶務室長）同 石引 大吾
▽同補任課人事1班長（同補任課）同 富岡 慶充
▽同教育課長（航空戦術教導団飛行教導群司令）同 鈴木 繁直
▽同教育課計画班長（空幕情報通信課兼統幕指揮通信システム企画課兼指揮通信システム隊）同 森田 健
▽同防衛課防衛班長（同防衛課）同 唯野 昌孝
▽同装備体系課装備体系調整官（3航空団基地業務群司令）同 三輪 英昭
▽同運用支援課運用支援調整官（2航空団基地業務群司令）同 荒田 真一
▽2航空団飛行群司令（統幕総務課渉外班長）同 門田 大輔
▽同基地業務群司令（空幕教育課計画班長）同 村田晶洋
▽3航空団基地業務群司令（同整備・補給課）同 川島 寛人
▽西部航空方面隊監理監察官（2航空団飛行群司令）同 菅原 謙一
▽西部航空警戒管制団基地業務群司令（空自補給本部企画課長）同 白川 修治
▽南西航空方面隊防衛部長（空幕防衛課防衛班長）同 松浦 知寛
▽航空戦術教導団飛行教導群司令（西部航空方面隊監理監察官）同 増田 信行
▽作戦システム運用隊司令兼横田基地司令（航空保安管制群司令）同 荒木 俊一
▽航空保安管制群司令（空幕総務課広報室長）同 渡部 琢也
▽飛行開発実験団研究開発部長（同装備体系課装備体系調整官）同 大嶺 徳和
▽空自幹部学校航空研究センター運用理論研究室長（空自幹部学校付）同 志津 雅啓
▽空自幹部学校付（空自幹部学校航空研究センター運用理論研究室長）同 大久保雄史
（空幕情報通信課情報保証班長）同 田中 浩一
（防衛装備庁長官官房装備開発官付総括室長）同 吉村 昌志
（空幕装備課）同 藤 信一郎
（同防衛課兼大臣官房企画評価課）同 小林 裕幸
（同施設課兼防衛課）同 原木 大輔
（同情報課付）同 進藤 将宗
（同整備・補給課通信・電子システム班長）同 石岡顕一郎
（同防衛課）同 裏辻 康二
（統幕総務課）同 湯浅 将史
▽空自補給本部企画課長（空幕整備・補給課）同 細田 信行
▽中央病院1歯科部長（中部方面衛生隊長）1陸佐 抱井 淑郎
▽同薬剤課長（補給統制本部）2陸佐 関根 敏行
▽東京地方協力本部募集課長（東京地方協力本部）1陸佐 松元 三展
▽熊本地方協力本部長（陸幕総務課長）同 仲西 勝典
▽防衛装備庁長官官房装備開発官付総括室長（飛行開発実験団研究開発部長）1空佐 倉持 正
▽同プロジェクト管理部装備技術官（統幕人事教育課長）同 市川 佳弘
（以上8月23日）

▽解人事教育局人材育成課長事務取扱 人事教育局長 岡 真臣
▽人事教育局人材育成課長（九州防衛局企画部長）岩田 和昭
（以上8月20日）

防衛装備庁発令

▽防衛省へ出向（調達事業部通信電気調達官）金子 [illegible]
▽解防衛事務官、長官官房審議官 併任 大臣官房審議官 [illegible]
▽長官官房会計官（防衛省大臣官房会計課会計管理官）中嶋 [illegible]
▽調達管理部企業課長（大臣官房会計課会計管理官）[illegible]
▽防衛技官、調達事業部通信電気調達官（長官官房会計官付情報システム管理室長）[illegible]
▽退職
（長官官房会計官）[illegible]
（調達管理部企業課長）小山 均
（以上8月30日）

ビッグレスキュー その時に備える 第22回

1人でも多くの自衛隊の後輩が自治体の防災職員の道を歩んでくれることを願う

千葉市

早川　浩司氏

千葉市総務局危機管理課
危機対策調整担当課長
（元1陸佐）

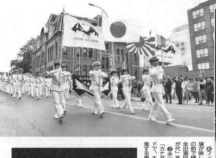

1 はじめに

私は平成29年3月末に陸上自衛隊を退官し、同年4月から千葉市総務局危機管理課危機対策調整担当課長として勤務している。千葉市危機管理部門としては初めての自衛隊OB職員の採用である。現時点で約2年間の勤務期間は、幸いなことに千葉市では大きな災害等は発生していないことに加え、正面業務は「国民保護」関連が主体であるため、自然災害を主体とする防災関連については多くを語ることは難しいと思っている。

よって、ここでは市役所勤務初年度に行われた国・県・市が主催した「平成29年度千葉県国民保護共同実動訓練（国重点）」の千葉市担当者として勤務した経験を通じて、これから地方自治体に防災職員として勤務する現役自衛官に少しでも役に立つ内容について述べてみたいと思う。

2 千葉県国民保護共同実動訓練を通じて

①訓練の概要

この訓練は平成30年1月に行われ、千葉県・千葉市にとって約10年ぶりの国重点の国・県・市主催で、自衛隊、警察、市消防等の関係機関が参加する実動訓練であった。この訓練の一般状況としては、「幕張メッセで行われた大規模イベントにおいてサリンが散布された」という内容で、方式はシナリオ訓練であった。

②自衛隊ネットワーク

市として約10年ぶりということ等により、訓練はなかなか先が見えない状況で、国も含めた本格的な調整が始まったのは訓練の半年前の平成29年6月頃からであった。毎月1回国民保護関係機関の代表者が集まり、調整を重ねたが、当初、数々は折り合わない状況が続いた。その大きな原因は、「国民保護法に関する理解の程度」が参加者により大きな違いがあるためであった。

この状況を変化させたのが防衛省（東方総監部、千葉地本）から参加していた職員、県・市の自衛隊OB職員の国民保護法に関する知識と相互連携によるものと考えている。疑問を感じた事項は県の自衛隊OB職員、防衛省からの参加者を中心に議論し合い、共通認識を形成していったことが全体の認識の共有に繋がっていったことは間違いないところであった。地方自治体も行政組織であるため、法律等の根拠に基づいて措置を行うことになっているが、その根拠に精通することは極めて重要であることを改めて認識した。

また、訓練の企画運営についても「自衛隊OBネットワーク」は役立ったと考えている。訓練目的等から、まず最終的な訓練構成等を定め、それらを練成する段階的な積み上げ方式を採用し、千葉県、県の自衛隊OB職員、陸上自衛隊第1空挺団等との連携の中で共有していった。

余談ではあるが、訓練本番前に、避難所に設定した施設に暖房設備がないことが判明した。すぐに学校にジェットヒーターの貸し出しを依頼し、即座に了解を得られたことは非常に心強かった。このように自衛隊ネットワークの基盤を支えるのは現在の業務の実態を理解していたことであった。

③シナリオ訓練について

自衛隊での訓練は、実動訓練、指揮所訓練が主体であり、防衛省・自衛隊では「シナリオ訓練」を通じて「顔の見える関係を作る」ということを実感していった。自衛隊OBとして最も求められるのは、やはり「自衛隊ネットワーク」の発揮であると思う。自治体においては、関係機関の動きを理解し、その組織の中で何を必要としているのかを理解したうえで、「顔の見える関係」を作ることが重要であると考える。

3 地方自治体の特性

①地方自治体毎の特性（相違点）

各自治体は、過去の経緯等により他自治体とは異なった組織になっている。この危機管理部門においても同じく法律（災害対策基本法、国民保護法）に基づいて業務を行っているが、事務分掌、組織、人員数等が自治体ごとに異なっている。その大きな相違点のポイントは、以下の二つと考えている。

一つは、首長からの距離（例えば千葉市では市長直轄組織）であり、もう一つは消防組織（具体的には消防局）と危機管理部門との関係である。

しかしながら、それは通常業務の対応においてであり、想定外の事案発生時の対応については十分ではないところであると感じている。

っていると思われる。よって、私は初めて会う自衛隊関係者には努めて市役所全体の組織像の中で自分の地位・役割が分かるように説明している。

②オペレーション対応について

千葉市の危機管理課は課長職が4名いるため、各種事案の初動を確保するために「災害対応当番」を4週編成している。この約2年間で、私の当番期間に台風をはじめ多くの事案が発生し対応してきた。

4 地方自治体で勤務するために

①法的な理解

自衛隊OBといっても、何職を変えたというよりも、自衛隊で培った能力の向上と活用に取り組んでいると感じている。

5 最後に

私は自衛官として定年まで勤務し、現在は自治体職員として勤務しているが、自衛隊OBとして活用されることは非常に幸せなことだと感じている。

これを読んで、一人でも多くの自衛隊の後輩が自治体の防災職員の道を歩んでくれることを願って止まない。

現地調整所で警察・消防・自衛隊などの関係機関と調整を進める千葉市危機対策調整担当課長（左から4人目）㊤も

ロイヤル・ノバスコシア・インターナショナル・タトゥー 2019

和の文化　聴衆を魅了

東音、カナダ軍楽祭に参加

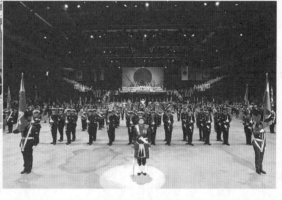

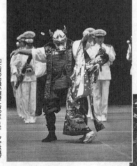

【東音＝上用賀】海自東京音楽隊（隊長・樋口好雄2佐）は6月29日から7月6日まで、カナダのノバスコシア州ハリファックス市のスコシアバンク・センターで開催された「ロイヤル・ノバスコシア・インターナショナル・タトゥー2019」に参加した。

この音楽イベントは、東音がこれまでに参加した「ノルウェー・ミリタリー・タトゥー」「スイス・バーゼル・タトゥー」などと並ぶ世界的に有名な国際軍楽祭（タトゥー＝軍楽祭）。主催国のカナダ軍楽隊をはじめ、海自東音のほか、ドイツ軍楽隊、米空軍のドリルチーム、さらにはオーストラリア、エストニアなど世界各国から民間合唱団や吹奏楽団、ダンスチームなどが出演し、華やかな舞台を繰り広げた。

東音の単独演技では、日本の和の文化を巧みに盛り込んだステージを披露。最初の演目「さくら　さくら」では、歌姫・中川麻梨子3曹の澄みきったソプラノ独唱が会場に響き渡った。続いて和太鼓の演奏、陰陽師「SEIMEI」の演技と続き、最後は隊員たちが行進曲「軍艦」のサウンドに乗せ、「錨」のフォーメーションを回転させる得意のパフォーマンスを鮮やかに決め、聴衆を魅了した。このほか、全出演団体との合同演奏も行った。

連日開催される公演プログラムの合間には、市内各地の「タトゥー・フェスティバル」にも参加。東音は小児病院でミニ・コンサートを開いたほか、広場での屋外コンサートも行った。

この屋外コンサートでは、カナダ軍予備役軍楽隊との共演が実現。さらに、7月1日の「カナダデー」（建国記念日）には市中パレードに参加し、東音はノリの良いディキシーランドジャズなど3曲を演奏して沿道の観衆から大歓声を浴びた。

「さくら さくら」、陰陽師「SEIMEI」など

㊤フィナーレでは、日本国旗が映し出されたスクリーンの前で樋口隊長の指揮の下、全出演団体が一体となり「君が代」を演奏した　㊦全出演団体が参加した「カナダデー」の市中パレードで、大歓声を浴びながら行進する東京音楽隊

和太鼓の力強い演奏に合わせてステージでは鬼が舞い、中川3曹とのペア演舞を披露した

陰陽師の音楽に乗せて甲冑武者が鬼を斬りつける演技を見せた後、颯爽と現れソプラノの歌声を会場に響かせた中川3曹（中央）

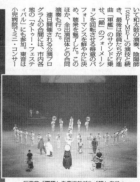

行進曲「軍艦」を奏でながら「錨」のフォーメーションを作り出す東音の隊員たち

安全保障から見た日露関係の新たな局面

防衛研究所 地域研究部長 兵頭 慎治氏

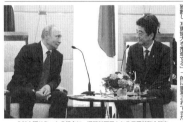

今年6、7月と相次いだロシア軍機による日本の竹島などへの領空侵犯。8月にはメドベージェフ露首相が北方領土の択捉島に上陸するなど、ロシア側の強硬姿勢が鮮明となる中、今後の日露関係はどこに向かうのか。9月上旬に予定されている安倍首相とプーチン大統領による通算27回目となる日露首脳会談を前に、安全保障面から見た両国関係の新たな局面について、防衛研究所の兵頭慎治地域研究部長に分析・執筆をお願いした。（個人の見解であり、所属組織の見解を代表するものではありません）

兵頭 慎治氏（ひょうどう・しんじ） 1968年生まれ。愛媛県出身。上智大ロシア語学科卒、同大学院国際関係論専攻博士前期課程修了（国際関係論修士）。在ロシア日本大使館政務担当専門調査員、内閣官房副長官補（安全保障・危機管理）付内閣参事官補佐、防衛研究所第2研究部主任研究官、同地域研究部米欧ロシア研究室長などを経て、2015年から現職。16～18年には内閣官房国家安全保障局（NSS）顧問を務めた。現在、内閣官房領土・主権をめぐる内外発信に関する有識者懇談会委員。ロシア地域研究（政治、外交、安全保障）が専門。共著に『現代日本の地政学』（中央公論新社、17年8月）など著書、論文多数。

平和条約締結交渉の現段階

「次世代に先送りすることなく終止符を打つ」という強い意欲の下、2018年11月にシンガポールで開かれた日露首脳会談では、1956年に署名された「日ソ共同宣言」を基礎として平和条約締結交渉を加速させることで合意し、さらに翌19年1月にはアルゼンチンで開かれた首脳会談で、両国外相を交渉責任者とする新たな交渉の枠組みの設置が合意された。

本年6月末に大阪で開かれた「主要20カ国・地域首脳会議（G20大阪サミット）」会合時の首脳会談では、当初期待された大枠合意は達成されなかったものの、引き続き交渉を進めていくことで一致した。果たして、日露間の平和条約締結交渉は進展していないのであろうか。

実は、戦後70年余りの平和条約締結交渉において、①日露双方の政権基盤が安定している②首脳個人の信頼関係が醸成されている③トランプ政権の誕生により「ダレスの恫喝」のような米国による干渉がない──という三つの前提条件が初めてクリアされている。

また、日露双方ともに、目的や程度の差はあるものの、自らを取り巻く戦略環境に照らして、平和条約を締結して日露関係を正常化する意義は共有されていると言えるだろう。

2013年12月に策定された我が国の「国家安全保障戦略」では、「東アジア地域の安全保障環境が一層厳しさを増す中、安全保障及びエネルギー分野をはじめ、あらゆる分野でロシアとの協力を進め、日露関係を全体として高めていくことは、我が国の安全保障を確保する上で極めて重要である」と記されている。

日本がロシアとの関係強化しようとする背景には、朝鮮半島、中国、米国など戦略環境が厳しさを増す中で、せめて日露関係を正常化しておくことが望ましいという考えによる。

特に、ロシアが日本の安全保障に否定的な存在にならないよう、少なくともロシアが対日アプローチにおいて完全な中国寄りにならないよう日本の側に引き寄せておく、という戦略的な発想である。

他方、2016年11月に採択されたロシアの外交概念には、「アジア太平洋地域の安定と安全を確保するためにも日本との善隣関係を建設し、互恵協力を推進する」と明記され、アジア太平洋の安全保障の観点から、日本を相対的に重視しようとする姿勢が確認される。

最近では、ロシア政府関係者の間からも、ロシアが地政学的バランスを保つために、日本との平和条約締結が必要であるとの意見も聞かれるようになっている。

米国一極世界下では、ロシアは中国と連携しながら多極世界の構築を目指すという姿勢でよかったが、到来しつつある二極世界においては、中国へパワー・シフトが進む中、米中という二つの極の間でロシアがどのようなポジションをとるのかが、プーチン政権にとって最大の外交課題となっている。

つまり、「反米親中路線」を無条件に展開することに、内心では不安を感じているのである。

G20大阪サミットの機会に、通算26回目となる日露首脳会談を行った安倍首相（右）とロシアのプーチン大統領（6月29日、大阪市内のホテルで）＝官邸HPから

安全保障から見た北方領土問題

従来、日本がロシアに経済協力を行えば、領土交渉が進展すると考えられてきたが、ロシアを交渉のテーブルに引き寄せるためには有効であるが、北方領土を日本に返還させるという具体的結果を導き出すためには、歴史認識と安全保障という二つの本質的な問題について日露双方が真正面から議論を行う必要がある。

ロシア側は、第2次世界大戦の結果、島々がロシア領土になったことを日本が認めることが交渉の第1歩であるとの立場を崩しておらず、しかも、引き渡した島に米軍が展開する可能性を懸念している。

両国の主張の隔たりが大きいことが明らかになっているが、これは領土問題の核心に近づいていることを意味している。

ロシアの安全保障にとって、北方領土はどのような価値を有しているのであろうか。

オホーツク海は、冷戦時代から、米国に向けた核の発射場として、核兵器を搭載したロシアの原子力潜水艦が自由に航行できる海域として軍事的に重視されてきた。ロシアは、オホーツク海を外国の軍事的影響力を排除した「内なる海」、「ロシアの聖域」とみなしている。

さらに、北極海航路の誕生により、オホーツク海がアジアから北極海に向かう外国艦船の通り道になるという新たな地政学的変化も生じつつある。中国海軍の艦艇は、2013年7月に史上初めて日本海からオホーツク海に入ったほか、2015年8月にも北極海航路を利用してベーリング海まで進出した。

そこで、近年、ロシアは、北極海、オホーツク海における自らの影響力を維持するため、大規模な軍事演習を行い、軍事力の近代化を図るなど軍事プレゼンスの強化を図っている。

例えば、この北極海航路を挟む形で位置する千島列島のマトゥワ島とパラムシル島に新たな軍事拠点を置くことにより、外国艦船がオホーツク海に入ることを軍事的にけん制しようとしている。

そのオホーツク海と太平洋を隔てるフェンスの役割を果たしているのが、ロシアがクリル諸島と呼ぶ北方領土と千島列島となる。

オホーツク海を「軍事的な要塞」にするためには、ロシア軍はこのフェンスをしっかりと守る必要がある。択捉島と国後島に挟まれた国後水道は、オホーツク海から太平洋に向けたロシア海軍の重要な出入り口となっているため、国後島と択捉島には3500人のロシア軍を駐留させている。

ロシアの軍事戦略を記した「軍事ドクトリン」では、日本からの領土要求を念頭に、「外国からの領土要求はロシアにとって軍事的危険」と記されており、両島には新型の地対艦ミサイルが配備され、択捉島には新しい軍民両用空港が建設されるなど、ここ数年、軍近代化の動きが目立っている。

他方、1956年に結ばれた「日ソ共同宣言」において、平和条約締結後、日本に引き渡すことが明記されている色丹島と歯舞群島には国境警備隊しか配置されておらず、大きな二つの島と小さな二つの島では、その軍事的な重要性は大きく異なる。

2件の領空侵犯とINF条約の失効

最近、日露の安全保障関係に否定的な影響を及ぼす事態も発生している。本年6月20日、約4年ぶりにロシアのTu95爆撃機が南大東島と八丈島付近で短時間に2度にわたる領空侵犯を行った。ロシアによる領空侵犯事案は4年ぶりであった。

さらに、去る7月23日には、中国のH6爆撃機2機とロシアのTu95爆撃機2機が初の共同飛行を行い、日本と韓国の防空識別圏に進入し、これら爆撃機の管制と支援に当たっていたと思われるロシアの早期警戒管制機A50が2回にわたり竹島領空を侵犯した。これに対して、韓国空軍は計360発の警告射撃を実施したと韓国合同参謀本部が発表した。

ロシア側はこれら2件の領空侵犯事実を認めていないが、日韓の係争地で起こったこと、来日中のボルトン米大統領補佐官（国家安全保障担当）が東京から韓国ソウルに移動するタイミングであったことから、日米韓の安保連携をけん制する動きではないかとみられている。

5月30日に、東京において日露外務・防衛担当閣僚協議（2プラス2）の第4回目の会合が開かれ、日本側から、北方領土における軍備強化は我が国の法的立場から受け入れられない旨、日本周辺でのロシア軍用機の活動への懸念を表明した直後の出来事となった。

昨年9月、東シベリアや極東地域において約30万人の兵力が参加する軍事演習「ヴォストーク（東方）2018」が実施された。3万6000両の戦闘用車両、1000機以上の航空機、艦艇80隻、ロシアが保有するすべての空輸部隊、太平洋艦隊と北方艦隊が参加した。

冷戦時代の1981年に実施された軍事演習に匹敵する37年ぶりの大規模なものになり、しかも今回の演習には中国人民解放軍3500人とモンゴル軍も参加した。ロシア国内の大規模軍事演習に中国軍が参加するのは今回が初めてであった。

この演習では、中国の核戦力を意識したとも受け取れる動きもみられた。中露国境付近で行われた演習において、ロシア軍は中国軍の目の前で「イスカンデルM」ミサイルの発射訓練を行った。このミサイルは、米露間の中距離核戦力全廃条約（通称INF条約）に違反していると米国側が批判しているもので、仮に射程2000キロのミサイルを中露国境に配備した場合、北京も含む中国北部が射程内に収まることとなる。

そして、去る8月2日、トランプ大統領の離脱表明により、INF条約が失効した。同条約は、射程500キロから5500キロの地上発射型の弾道および巡航ミサイルを廃棄することを目的として、1987年に当時のレーガン大統領とゴルバチョフ書記長の間で締結された画期的な核軍縮条約であり、1991年に完全履行されることにより、東西冷戦の終結を軍事的に導いた。

今後、北方領土や千島列島も含めたロシア極東地域において、日本が射程に入る中距離核をロシアが将来的に配備する可能性についても想定する必要に迫られる。

ロシアが引き渡す島に米軍が展開することはあるのか、ロシアに残された島に中距離核が配備されることはあるのか、今後の領土交渉の中で、日露双方が議論すべき安全保障上の課題が浮き彫りになりつつある。

2014年のクリミア併合以降、国際安全保障上、ロシアに対する懸念が強まっている。こうした安全保障上の懸念を払拭するためにも、早期に平和条約を締結し、日露関係を正常化しておくことの意義は高まっていると言えるだろう。

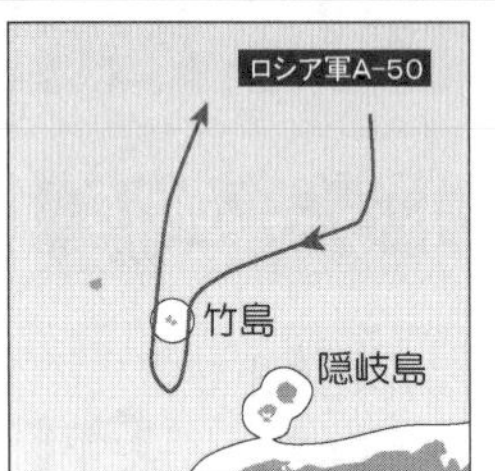

ロシア軍機と中国軍機の航跡図

洋上で緊急脱出

AAV7模した大型モックアップ使用

水陸機動団 厳しいサバイバル訓練

豪州での水陸両用訓練「タリスマン・セーバー19」が7月23日、終了した。この訓練では初めて沖合いの海自輸送艦から陸自の水陸両用車AAV7が発進し、海上を航行、次々と砂浜に上陸した。この訓練を実施するに当たり、隊員たちは事前に緊急時、AAV7の車内から安全に脱出できるよう訓練を繰り返し本番に臨んだ。その訓練施設は水陸機動団の本部がある相浦駐屯地にある。このほど現地を訪れ、その「緊急脱出訓練場」を見た。（文・写真　古川勝平）

敵に占拠された離島の奪回を担う水陸機動団の隊員は、ヘリなどを使った空中機動のほか、水陸両用車AAV7に乗車して上陸作戦を敢行する。この洋上での部隊機動は危険が伴い、何らかのトラブルや被弾により車内に水が流入してきた場合、隊員は直ちに車外に脱出しなければならない。これに対応する教育・訓練を実施するため、相浦駐屯地には「緊急脱出訓練場」が整備されている。

同訓練では全長50メートル、幅21メートル、水深最大5メートルの大型プールを使用し、ここにAAV7の車体やヘリコプターの機内を模擬した「訓練装置（モックアップ）」を沈めて、中にいる隊員が脱出する訓練を繰り返し実施している。水機団の隊員は、この訓練をマスターして初めて洋上でのAAV7の機動訓練に参加できる。

AAV7を模したモックアップ（全長約5・5メートル、重量3・4トン、定員14人、非常口8カ所）は高さ12メートルのクレーン（鉄橋）に吊るしてモックアップをプール上に運び、これをゆっくりと沈める。「AAV7が水没する」との想定で、内部の隊員たちは座席から直ちに離れ、車両の上部や側面にある脱出ハッチなどから泳いで車外に脱出する。

この一連の動作を繰り返し演練することで、隊員が非常時、安全確実に車内から脱出できる能力を持つように、この訓練は何度も繰り返し行われる。

一方、ヘリコプターが洋上に不時着水した状況を模擬できるCH47輸送ヘリのモックアップ（全長約5メートル、重量3・8トン、定員11人、非常口9カ所）も用意され、こちらは水没したヘリからの脱出法が訓練できる。

さらに訓練を始めたばかりの隊員向けには、小型のストレッチャー（人員移送用具）を使った「脱出訓練器」もある。これは隊員1人が内部に座り、プール上で外側から2人がひっくり返す。水中でさかさまの状態になった隊員は、直ちに座席から離れて器具の外に脱出し、水面に出るまでを訓練する。この訓練用ストレッチャーは、AAV7車内からの脱出の方法を徐々に慣らすのが狙いだ。

水機団の隊員が米海兵隊員と同等のAAV7の運用が実施できるようになるまでには、相浦の「緊急脱出訓練場」を使っての厳しいサバイバル訓練があった。今後も、部隊の精強化と安全性の向上に向けて、同訓練場が大きな役割を担うことは間違いない。

上 水陸両用車AAV7を模した脱出用訓練装置。最大で14人が乗り込め、クレーンでプールに沈められた後、隊員は非常口から泳いで脱出する　下 CH47輸送ヘリの機内を模した緊急脱出訓練用のモックアップ。こちらは最大11人が乗れる（写真はいずれも相浦駐屯地で）

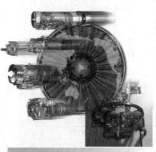

右 配属直後の隊員の訓練に用いられるストレッチャー式の訓練用具。プール上で隊員2人がかりでひっくり返す　下 水深最大5メートルの緊急脱出訓練場のプール。鉄橋（クレーン）が隊員を乗せたモックアップを吊り下げ、水中にゆっくりと沈める

技術が光る ＞85＜

脱臭装置「eco―PACT」　インパクトワールド

プラズマで有毒ガス分解・脱臭　潜水艦の空気を30分できれいに

潜水艦の艦内に、ニンニクや油、アンモニアなどの臭いがこもる。これをなんとかしたい――。そんな海自隊員の要望に応えてくれる会社がインパクトワールド（本社・東京都千代田区）が開発した強力な有毒ガス分解・脱臭装置「eco―PACT」だ。同装置はプラズマ（固体・液体・気体に続く第4の状態）と触媒（特定の化学反応の反応速度を速める物質）を融合させた高性能化学反応が特徴だ。

「当社が開発したこのPACT構造はリング状のプラズマを形成できるファンモーターの改良型を基本構成としています。富士通勤務時代にプラズマと触媒融合による様々な分解反応に効果があることを発見し、数々の分解検証後、光触媒導入型『PACT』を搭載した小型有害ガス分解装置の実現に至りました」と同社の林佑二社長は話す。

同装置（高さ145センチ、幅約90センチ、奥行き30センチ、重量50キロ）は、10畳の広さの部屋であれば約30分で室内にこもった臭いだけでなく、発がん物質なども分解し、カビ菌も滅菌できるという。有害ガスも確実に分解・無害化し、悪臭がこもったトイレ内にこの装置を設置すれば、アンモニア臭なども完全に除去できる。

「触媒効果を持たせた電極に電圧を与え、プラズマを発生させ、プラズマと触媒が時空間的に共存します。そのプラズマの中にエチレンガスなどの〝有害なガス〟を流し込むと、プラズマが持つパワーで、悪臭が分解・改質・合成のどれかの反応を示します。その後、触媒表面で有害ガス活性種が、無害な物質に変えることで空気をきれいにする仕組みです」と林社長。

林社長は「PACT」の発明後、健康を害する有害ガスの分解・無害化に対応できる「大気圧プラズマ励起」と「触媒活性」の共存方式を考案（特許取得）、そのシナジー効果で有害ガスの分解効果を拡大検証してきた。

農業分野におけるカビ菌の除菌、細菌の院内感染防止、ウイルス不活化などに応用できるという。「ウイルス分類で4グループのウイルスの不活化を検証中ですが、現時点で99・99％以上の瞬時除菌に成功しています」と林社長。この機能は喫煙室の脱臭にも使え、来年の東京五輪・パラリンピックでは喫煙スペースが制限されることから関連企業などに「eco―PACT」を貸し出している。

「潜水艦の厨房などにこの装置を置けば、調理後の臭いの除去や除菌が可能となります」と林社長。最近は海自の艦艇部隊に多くの女性隊員が進出し、艦内にこもった汗の臭いやトイレの悪臭を嫌う傾向がある。艦内にこの「eco―PACT」があれば、そうした悩みの解消にもつながりそうだ。

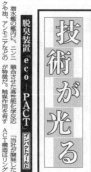

国際展示会「MASTアジア2019」の会場で「eco―PACT」を説明する林社長（6月19日、幕張メッセで）

防衛技術

英防衛展示会「DSEI」、開催　日本で初 防衛装備庁が出展企業募集

英ロンドンで隔年開催されている総合防衛・セキュリティ展示会「DSEI（Defence and Security Equipment International）」が今年11月18日から20日まで、「DSEIジャパン2019」として千葉市の幕張メッセで初開催される。

陸上・海上・航空装備とセキュリティ分野を網羅した同展示会は英企業クラリオンなどが主催し、日本の防衛省、防衛装備庁、外務省、経産省が後援。実行委員長には元防衛事務次官の西正典氏が就任した。

会場には防衛装備庁もブースを出展し、国内の企業などに対し、同ブースに展示する無人機や監視機器などの製品を募集している。締め切りは9月6日。詳しくは装備庁のHP参照。

世界の新兵器 ―527

汎用フリゲート「カルロ・ベルガミーニ」級〔伊〕

米海軍「次期ミサイル・フリゲート計画」の目玉

今回ご紹介するのは、イタリアとフランスの共同計画であるFREMM（Fregata Europi Multi Mission）型と呼ばれる多用途（汎用）フリゲートの最初のタイプであるイタリア海軍の「カルロ・ベルガミーニ」級である。

その主要性能要目は、満載排水量6,670トン、全長144.5m、最大幅19.7m、最大吃水8.7m、ディーゼル発電機4基と電動機2基、そしてガスタービン1基によるCODLAG式の機関の2軸推進で、最大速力29＋ノット、航続距離6,700マイル／15ノットである。

主要センサーにはEMPER多機能レーダー・システムを用いており、兵装はアスター対空ミサイルの16連装VLS1基、OTO127㎜と同76㎜単装砲各1基、エリコン25㎜自動機銃2基、テセオ対艦・対地ミサイル8基、3連装対潜魚雷発射管2基などに加え、後部の飛行甲板と格納庫にNH90ヘリ2機またはNH90ヘリ1機とEH101ヘリ1機を搭載・運用できる。乗員数はヘリ要員も含め155名である。フリゲートとはいえ、かなりの重武装（このためフランス海軍では駆逐艦に分類）であるとともに、船体は現在では常識となってきたステルス性を有している。

FREMMにはイタリア海軍が建造する本級の汎用型6隻の他に対潜型が4隻、またフランス海軍では対空型2隻と対潜型6隻があり、各タイプともそれぞれ就役済みもしくは建造中であるが、その他にモロッコ海軍、エジプト海軍がフランス式の対潜型各1隻を購入済みである。またブラジル海軍がイタリア式の対潜型2隻を検討中と言われる。

これらは全て基本的なデザインは同じものに基づいているものの、各タイプの設計は多少船体サイズに差があり、また搭載兵器も異なるが、これが購入者側のニーズに応じて柔軟に変更・適応できるFREMM計画の最大の強みでもある。いわば、ドイツが開発した「MEKO型」の最新版とも言えるであろう。

しかしながら現在も建造が進められているとはいえ、その1番艦である「カルロ・ベルガミーニ」の就役が2013年であり、既に必ずしも「最新」とは言えないものがあるが、ここに来て本級がにわかに脚光を浴びているのである。

それがご存じのとおり、米海軍の次期ミサイル・フリゲート「FFG（X）」計画の5つの候補の1つとして挙げられたからである。

米海軍の次期ミサイル・フリゲート「FFG（X）」計画の有力候補になっているイタリア海軍の「カルロ・ベルガミーニ」級汎用フリゲート（伊海軍HPから）

米海軍では鳴り物入りで計画された「沿岸戦闘艦（LCS）」は、当初2タイプ3隻ずつの建造で運用評価を行い、その結果をもって本格的なLCSに移行する計画であったが、用兵者側が当初から危惧してきたとおりの結果となってしまい、かつ当初見込みより遙かに高価なものとなったこともあって、結局次の本格的なLCS建造に移行することなく、本来の軍艦が持つ特質である〝汎用性〟を重視した従来型の建造計画に戻ることとなったものである。

米海軍では、5社による設計案から選定して、早ければ2020年には建造計画が進められる予定になっているが、既に「単胴（モノハル）型のフリーダム級LCS」をベースとするロッキード・マーチン社案が脱落しており、残る4社のうち、上記のとおりの建造・運用実績と基本デザインの汎用性の点は、本級が極めて有利なものであることは間違いないであろう。

したがって、本級はここ当分目の離せない存在であると言える。

堤　明夫（防衛技術協会・客員研究員）

技術屋のひとりごと

ヘリコプターに育てられる

饗庭　昌行（防衛装備庁・航空装備研究所 航空機システム研究室室長）

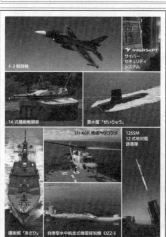

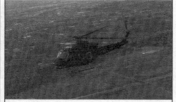

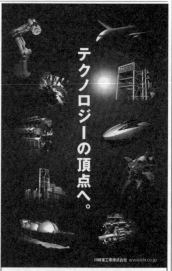

航空機の開発がやりたくて、30年前に当時の技術研究本部を目指し、入庁してみると、陸自向け新小型観測ヘリコプター「OHX」（現・OH1）の開発が始まる少し前というタイミングでした。OH1にはそれから10年間、続いて海自向けの哨戒ヘリコプター「SH60J改」（現・SH60K）にも5年間、両機種とも飛行試験を終わるまで都合15年、ヘリコプターに技術屋として育ててもらいました。

空中に停止し、低空を自由自在に飛行することができる〝奇跡の乗り物〟ヘリコプターに、いまも強い愛着があります。

大きなローター・回転翼を、その名の通り回転させて飛ぶ本質的な限界から、ヘリコプターの最大速度は時速300キロ程度が精一杯で、ティルトローターや複合ヘリコプターにでもしない限り、速度や航続距離の劇的な向上はもう望めません。まあ、普通のヘリコプターはクルマでいえばトラックのようなものですので、そこに最大速度を求める人はあまりいません。なので、世界的に軍民ともに「普通のヘリコプター」の新規開発は低調で、行き詰まり状態にあります。

ヘリコプターを形作っている部品一つ一つが壊れてはならない重要部品で、開発するのにお金もかかる一方、民間機でも設計当時の基準を満たしていれば製造・販売が認められているので、1970年代、ものによっては1950年代のヘリコプターを改良して、今でも造られ続けている機種が多くあります。もちろん元の設計がしっかりしていたからではありますけれど、いつまでもそれでいいとは思っていません。「今よりもさらに安全で、使いやすいヘリコプターを一からつくりたい」と開発技術者は思っています。

ひろば

菊月、長月、寝覚月、紅葉月――9月。
1日防災の日、9日救急の日、12日宇宙の日、13日十五夜、16日敬老の日、23日秋分の日。

芋競べ祭り　約800年以上の伝統を持つ滋賀県日野町の奇祭。国指定重要無形民俗文化財。東西二つの集落が神前で里芋の長さを競い、西が勝てば豊作、東が勝てば不作といわれている。　1日

お船祭り　穂高神社（長野県安曇野市）で開かれる高さ6メートルの船形の山車をぶつけ合う勇壮な祭り。海のない信州・安曇野地方の祖先が北九州などを拠点とする海族であった証とされる。　26、27日

空幹校でeスポーツ大会

自衛隊初の試み

空自幹部学校（目黒）は7月25日から8月2日まで、昼休みなど課業外の時間を使い、「eスポーツ大会」を開いた。「eスポーツ」とはエレクトロニック・スポーツの略称で、電子機器を使った競技を指す言葉。2人以上でプレーする対戦ゲームのことで、近年、プロゲーマーの養成でも注目されている。自衛隊で「eスポーツ大会」を開催するのは空幹校が初めて。

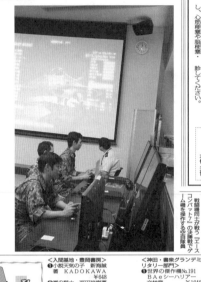

『ドラゴンボールファイターズ』の種目で優勝した水上健一空士長。その左は長島純校長（いずれも8月2日、目黒基地の空幹校で）

目指せ"空自一"

有志隊員66人が対戦

今回の競技では、据え置き型のゲーム機「プレイステーション（PS）4」のソフト『ドラゴンボールファイターズ』（格闘ゲーム）と『エースコンバット7』（戦闘機を操縦して空中戦を行うゲーム）を使用。集まった目黒地区の有志隊員たちは異なるジャンルのゲームで対戦技量を競った。

大会開催にあたっては、自衛隊での同競技の実績がないため、両ゲームの制作会社バンダイナムコエンターテインメントに協力を要請、幹校の隊員らは他の大会会場を研修するなどして運営のノウハウを学び、大会当日にはゲームの開発者らもゲストとして迎え、自衛隊初の本格的なeスポーツ大会が実現した。

7月25日に開会式が行われ、翌日から2種目計66人による対戦が始まり、決勝戦は8月2日、各トーナメント戦を勝ち抜いた隊員が"空自ナンバーワン"の称号を目指し、決戦に挑んだ。

最初に「ドラゴンボールファイターズ」の決勝から始まり、室内のスクリーンにゲーム画面が映し出される中、一進一退の攻防戦が繰り広げられた。この結果、同校システム管理室の水上健一士長が優勝を果たした。

続いて「エースコンバット7」の部では、上位の8人が「バトルロイヤル」方式で同時に対戦。激しい空中戦を繰り広げ、相手機を撃墜するなどしてスコアを競い合った。この結果、高度な操縦テクニックを見せた同校教育部の内山大地3曹が1位に輝いた。

バンダイナムコが全面協力

閉会式では空幹校の長島純学校長（当時）があいさつ、「eスポーツ大会は2年前から温めていた企画で、自衛隊では実現は難しいと言われていたが、バンダイナムコさんの全面的な協力を得て機会を設けることができた」と述べ、隊員の能力向上や人材の発掘などにも大会開催の意義がある旨を説明。その後、入賞した隊員たちに賞品が贈られた。

同大会を企画した空幹校の吉原一郎総務班長は「eスポーツは将来の空自の教育訓練、研究を見据えた新たな試みだ。課業外に実施することで、参加者だけでなく観戦者も楽しめる大会とした。これを機に、空自としてもeスポーツが発展することを願っている」と話していた。

戦闘機同士が戦う『エースコンバット7』の決勝戦でゲーム機を操作する空自隊員

マイヘルス Q&A

糖尿病

遺伝因子と環境因子が影響　生活習慣見直しで予防

Q 「糖尿病」とはどのような病気ですか。

A 生活習慣病の一つで、進行するとさまざまな合併症を伴い、健康寿命が大きく損われます。過食や高脂肪食、運動不足などによる肥満の増加に伴って糖尿病患者数も増えており、最新の統計では、約2200万人（全国民の6人に1人）が糖尿病もしくはその予備軍であるとのデータがあります。

初期段階では生活習慣を改善させることで糖尿病への進行を抑えることができますが、いったん糖尿病を発症すると、長期間の治療が必要となります。

Q どうしてなるのでしょうか。

A いわゆる「糖尿病家系」による遺伝因子と、過食や偏食、運動不足などの生活習慣の悪化という環境因子の二つが影響しています。生活習慣の悪化によって内臓脂肪が蓄積していくと、血糖を下げる「インスリン」の効きが悪くなり、糖尿病に至ってしまいます。

逆に、適切な食事コントロールや運動などの規則正しい生活習慣を維持することによって糖尿病の発症を予防することもできます。ちなみに、糖尿病の中では、このような生活習慣病から発症するタイプ（2型糖尿病）が全体の90パーセントを占めています。このほか、インスリン分泌が低下してくる1型糖尿病などもあります。

Q 糖尿病になると、何が問題なのですか。

A 合併症として主に眼、腎臓、末梢神経の障害が出現します。ひどくなると失明や透析を要する、あるいは足に感染を起こして切断を余儀なくされることもあります。

また、動脈硬化が進行し、心筋梗塞や脳梗塞・脳卒中といった病気を発症しやすくなってしまいます。このほか、免疫力が低下し、癌や感染症を発症する危険性も高くなることが知られています。

Q 症状にはどんなものがありますか。

A 糖尿病ではほとんど症状が現れません。しかし、高血糖が著しく進行すると、のどが渇く、水分を多量に摂る、尿が大量に出るといった症状が出現し、どんどん体重が減って、体がやつれてくることもあります。そのような症状が出現した場合には、すぐに医療機関を受診してください。

Q 治療にはどういったものがありますか。

A 糖尿病に限らず、生活習慣病の治療の根本となるのは食事療法や運動療法といった生活習慣の是正です。これを続けても改善しない場合に、薬物療法を導入していきます。さまざまな内服薬や注射薬があり、患者さん一人ひとりの病態に合致した治療が可能です。気がつかないうちに糖尿病を発症した方でも、早期に治療を開始することで、進行を抑えることができます。お気軽に受診してください。

（自衛隊中央病院第1内科代謝内分泌医師　木俣 元博）

私が読んだ　この一冊

デーヴ・グロスマン、ローレン・W・クリステンセン著、安原和見訳「『戦争』の心理学」（二見書房）
施設学校研究部（勝田）　山本浩平1陸尉　33

著者のグロスマンは退役米陸軍中佐で、彼の研究分野は「殺人」だ。戦場という特異な環境が人間に与える影響、そこで生き延びるために必要な素質を彼はこの本で述べている。人はなぜ殺人するのか、何に恐怖するのか。"心のサバイバル"には何が必要なのか。実戦経験のない我々に戦場の生々しい現実を突きつける一作である。

マイケル・ピルズベリー著「China2049～秘密裏に遂行される『世界覇権100年戦略』」（日経BP社）
海幕防衛部（市ヶ谷）　田中有基1海尉　34

米国の対中軍事戦略研究の第一人者である筆者が、「中国へ粘り強く支援を続ければ、必ずや米国のような民主的な国になるだろう」というこれまでの考えの過ちを認め、中国が秘密裏に遂行する「世界覇権100年計画」に警鐘を鳴らすまでの驚愕の記録です。

「資治通鑑」「孫子の兵法」などをはじめとした古代の教えを基に綿々と培われた中国のしたたかさ、恐ろしさを改めて知ることができる興味深い一冊です。

青木和雄著「ハッピーバースデー 命かがやく瞬間」（金の星社）
横田気象隊長　棚橋理恵子2空佐　40

「人は変われる」「よりよく自分を変えるために、日々学んでいく」――。

母親から精神的虐待を受け、声を失った少女が祖父母の深い愛に包まれて再生し、自分らしい生き方を見つけて成長していく物語です。いじめ、子供の孤立、表面ばかりを取り繕う大人、養護学校での交流などさまざまな場面が描かれます。元々は青少年向けですが、大人が読んでもグッと胸に迫ります。カサカサに乾いた心を思いやりで満たし、心を豊かにしてくれる一冊です。

隊員愛読書ベスト5

＜入間基地・豊岡書房＞
❶小説天気の子　新海誠著　KADOKAWA　￥648
❷夏の騎士　百田尚樹著　新潮社　￥1512
❸国際線機長の危機対応力　横田友宏著　PHP研究所　￥950
❹航空自衛隊ファントムⅡファンブック　新紀元社　￥2430
❺F－14完全マニュアル　トニー・ホームズ著、佐藤敏行訳　イカロス出版　￥4266

＜防衛省・三陽堂書店＞
❶激化する米中覇権競争　迷路に入った「朝鮮半島」　西原正監修　朝雲新聞社　￥2430
❷自衛隊2.0　双葉社スーパームック　￥1296
❸自衛隊装備年鑑2019－2020　朝雲新聞社　￥4104
❹武器になる情報分析力　上田篤盛著　並木書房　￥1728
❺言ってはいけない!?国家論　渡部悦和、江崎道朗著　扶桑社　￥1728

＜神田・書泉グランデミリタリー部門＞
❶世界の傑作機No.191　BAeシーハリアー　文林堂　￥1646
❷U－2秘史ドリームランドの住人たち　浜田一穂著　パンダ・パブリッシング　￥2376
❸ゼロからわかる宇宙防衛　大貫剛著　イカロス出版　￥1890
❹世界の駄っ作機9　岡部ださく著　大日本絵画　￥2916
❺F－14完全マニュアル　トニー・ホームズ著、佐藤敏行訳　イカロス出版　￥4266

＜トーハン調べ7月期＞
❶もっとざんねんないきもの事典　今泉忠明監修　高橋書店　￥1058
❷希望の糸　東野圭吾著　講談社　￥1836
❸一切なりゆき　樹木希林著　文春新書　￥864
❹ノーサイド・ゲーム　池井戸潤著　ダイヤモンド社　￥1728
❺大家さんと僕これから　矢部太郎著　新潮社　￥1188

映画「ハンターキラー 潜航せよ」DVD　「朝雲」読者にプレゼント

9月13日締め切り

潜水艦アクション映画『ハンターキラー 潜航せよ』（発売・販売元＝ギャガ）のブルーレイ&DVDが8月21日に販売された。

これを記念し、同社では「朝雲」読者3名にDVD（税抜3800円）をプレゼントする。

『ハンターキラー 潜航せよ』は元米「ロサンゼルス」級原潜の艦長らが執筆した小説を映画化したもので、撮影には米国防総省と米海軍が全面協力、原潜の艦内などもリアルに描かれ、今日の潜水艦の海中での戦い方がよくわかる。

ストーリーはロシア近海で露原潜を追尾中の米原潜が行方不明となり、米露間で緊張が一気に高まる。この地に原潜「アーカンソー」と米特殊部隊が送り込まれ、ロシアでクーデター計画を進める敵部隊と交戦になる…。

DVD希望者は、はがきに郵便番号・住所・氏名・電話番号を記入し、〒160－0002東京都新宿区四谷坂町12－20KKビル　朝雲新聞社営業部まで申し込む。締め切りは9月13日（当日消印有効）。

DVD『ハンターキラー 潜航せよ』発売・販売元：ギャガ©2018 Hunter Killer Productions, Inc.

富士総火演に2万4000人

3自統合で島嶼防衛

富士教導団主体の2400人

陸自の「富士総合火力演習」が8月25日、静岡県御殿場市の東富士演習場で一般公開され、「島嶼防衛」を想定したシナリオで3自衛隊の統合作戦が展示された。その要となる16式機動戦闘車（MCV）や水陸両用車（AAV7）が火力を発揮し、訪れた約2万4000人に陸自の威容を示した。

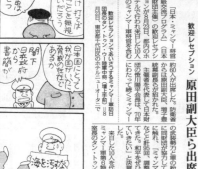

島嶼防衛を想定した演習後段で、敵の上陸を阻止するため対舟艇遠距離目標射撃を行う機甲教導連隊（駒門）の16式機動戦闘車（いずれも8月25日、東富士演習場で）

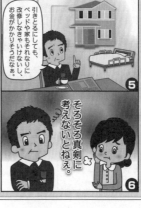

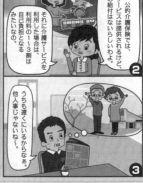

演習は富士学校長の高田祐一陸将を担任官、富士教導団長の古田清悟陸将補を演習部隊指揮官とし、富士教導団を中心とした人員約2400人、戦車・装甲車約80両、各種火砲約60門、航空機約20機が参加。岩屋大臣、湯浅陸、山村海両幕僚長や関係者が視察した。

総火演は昭和36年に学生教育の一環として始まり、41年から一般公開、今年で61回目を迎えた。前段に主要装備品を紹介、後段は「島嶼部に対する攻撃への対応」を展示した。

前段は特科教導隊（富士）の19式装輪自走155ミリ榴弾砲が初登場。試験中のため実射は行わなかったが、全長11・4メートルの威容を見せた。特科部隊による99式自走155ミリ榴弾砲などの曳火射撃では、全18門の火砲が百分の1秒単位の正確さで射撃し、「三段山」の上空に富士山の形を描いてみせた。

一方、3自衛隊の統合作戦を展示した後段では、侵攻する敵艦隊との戦闘に並行してネットワーク電子戦システム（NEWS）を搭載した3両により敵の通信を無力化した。

機甲教導連隊（駒門）のMCV小隊（小隊長・鈴木康介2尉）が射撃を披露。「三段山」の一帯を洋上に見立てて射撃し、その高い機動力と105ミリ砲の命中精度に会場から歓声が上がった。

護衛艦「てるづき」の艦砲射撃（映像）と空自F2戦闘機のLJDAM（レーザー精密誘導装置付爆弾）による統合射撃（模擬）も披露した。

海から上陸した水機団（相浦）のAAV7小隊（小隊長・谷口幸吉郎2尉）は機関銃射撃で敵を制圧。空中機動部隊の降着を援護するため、5対戦車ヘリ隊（明野）のAH1S対戦車ヘリは戦闘車両を撃破した。

続いてCH47輸送ヘリから空挺団（習志野）の早坂慶一郎1尉を指揮官とする隊員6人が空挺降下し、次々と降り立った。

特科、迫撃砲部隊が「三段山」に向けて一斉に支援射撃を行い、次々と命中させた。さらに機甲教導連隊の10式戦車、90式戦車が次々と敵陣地に向けて突入し、全部隊により戦果拡張。ラッパ音とともに状況を終えた。

今回初登場した「19式装輪自走155ミリ榴弾砲」。今年度中に装備化され、全国の特科部隊に配備される予定

「最新技術、時代に合った防衛、頼もしい」

当初の雨の予報が変わり、当日は強い日差しの下で行われた富士総合火力演習。約2万4000人の見学者が会場を埋め尽くした。

大阪府八尾市から訪れた会社員の谷情晃さん（48）は「初めて来たが、映像や図で防衛の流れが説明されていて分かりやすかった。このように国を守ってくれていると実感した」と語った。

東京都中野区の会社員・西伊藤さん（42）は息子の津矢君（8）とともに来場。「無人機での情報収集や電磁波攻撃への対処など最新の技術が紹介された。時代に合った防衛をしてくれていて頼もしい」と感心していた。

同じく都内から訪れた大田区の会社員、野村啓之さん（40）は「久しぶりに来てみた。新装備のMCVやAAV7の迫力ある射撃を初めて見られた」と興奮気味に話した。

品川区の会社員、松原澄子さん（54）は「目標に対し正確に弾を当てる隊員の方々の技術に驚いた。臨場感は現地ならではだ。また見に来たい」と語った。

演習後の装備品展示では初登場の「19式装輪自走155ミリ榴弾砲」が人気を集めた。周囲には途切れることなくファンが訪れ、写真撮影や隊員に質問したりしていた。

演習後に展示された水機団（相浦）のAAV7の周りには多くの来場者が集まった

ミャンマー軍将官10人来日

歓迎レセプション　原田副大臣ら出席

歓迎レセプションであいさつするミャンマー軍第6特別作戦室長のタン・トゥン・ウー中将（8月23日、東京都千代田区のホテルニューオータニで）

「日本・ミャンマー将官級交流プログラム」（日本財団主催）の歓迎レセプションが8月23日、都内のホテルで行われ、来日した10人のミャンマー軍将官を含む約80人が出席した。防衛省からは原田憲治副大臣、増子統合幕僚副長らが招かれた。

主催者を代表して日本財団の笹川陽平会長は「70年にわたって続くミャンマーの紛争解決に向け、同財団が協力している点に触れ、「ミャンマー国軍などと対話し、調整を行ってきた。和平をぜひ実現していきたい」と決意を語った。

来日した10人を代表してミャンマー軍第6特別作戦室長のタン・トゥン・ウー陸軍中将（訪団団長）は「我が国の和平のために誠心誠意尽力いただいていることに感謝します。プログラムで得た知見を帰国後、生かしたい」とあいさつした。

原田副大臣は「今年1月にはミャンマー空軍の気象部門の設立を支援するため、気象業務の将校2人を空自に招いて研修を行うなど、[illegible]協力している。今回のプログラムは、ミャンマーの皆さまが自衛隊を理解する一助となればうれしい」と語った。

一行は23日、防衛省を訪れ、岩屋防衛相と山崎統幕長を表敬。25日に富士総合火力演習を研修した後、空自浜松基地、海自横須賀基地、防大を訪問し、9月3日に帰国する。

海幹候校　庁舎T226建て替え

築77年、11月まで見学可

【江田島】海自幹部候補生学校（学校長・南孝宜将補）は8月5日、建て替えのため取り壊す庁舎T226の事前安全祈願祭を行った。祈願祭には南学校長、丸海市二郎副校長、中国四国防衛局の平川調達部長ら31人が出席した。

T226は「赤レンガ」の通称で知られる幹部候補生学校庁舎と連接する庁舎で、大東亜戦争の開戦による海軍兵学校生徒の増加に対応するため昭和17年に建築。戦後10年間は米軍の管理下に置かれていたが、32年に幹部候補生学校が開校してからは、同校の学生舎や教官室として使用されてきた。

4月には教官室などを全て機関講堂（T139）に移転。すでに赤レンガとの連結部分の取り壊しが行われている。11月ごろまでT226庁舎の見学を受け付けている。11月ごろに取り壊され、令和5年に新しく建て替わる予定。

なお、幹部候補生学校の見学希望者は同校総務課（0823・42・1211（内線2605））まで。

取り壊しが決まった海自幹候校の庁舎T226（左）。右は教育参考館

お金や物で児童誘う　書き込みで法律違反

こちら警務隊　性的犯罪　その④

Q　出会い系サイトの掲示板にどんな書き込みをしたら罪になりますか？

A　児童（18歳未満の者）との性交目的の書き込み、または、お金や物の提供を条件とした交際相手となるように誘う書き込みをした場合、実際の行為はなくても、書き込みをしただけで、インターネット異性紹介事業を利用して児童を誘引する行為等の規制等に関する法律（出会い系サイト規制法）違反となり、100万円以下の罰金が科せられます。

「何でも買ってあげるからデートできるJC・JKいない?」といった女子中高生を指す隠語での書き込みも、処罰の対象となるので絶対にしてはいけません。（北部方面警務隊）

※来月は「交通関係犯罪」

児童への性的な書き込みはダメ！

小中学生ら194人来省

見学デー　岩屋大臣がお出迎え

「こども霞が関見学デー」（市ヶ谷）の催しが8月7、8の両日、同省で行われ、夏休み中の小中学生とその保護者ら194人が参加した。

訪れた子供たちは市ヶ谷台の講堂で広報ビデオを視聴。陸自302保安警務中隊の儀仗を見学した後、大臣室で岩屋防衛相に出迎えられ、大臣から自衛隊の災害派遣、国連平和維持活動について説明を受けた。

大臣に元気良く質問も投げかけられ、「仕事で楽しいことは何ですか」との問いに、「全国各地の部隊を視察することです。彼らのおかげで日本が守られていることを肌で実感できます」。「尊敬している人は誰ですか」の問いには、「西郷隆盛です」とそれぞれ答えていた。

訪れた子供たちに自衛隊の活動を伝える岩屋防衛相（8月8日、防衛大臣室で）

小休止

▽…松本駐屯地の新隊員教育隊は8月3日、松本市の夏祭り「松本ぼんぼん」に「松本自衛隊連」として参加した。

▽…約20万人が訪れる長野県最大の夏祭りで、「サンバ調の曲『松本ぼんぼん』に合わせて踊るもの。本番を前に松本自衛隊連は306施設隊の尾形和司2曹を講師に、徹底して踊り込んで当日を迎えた。

▽…連隊の尾形2曹の掛け声で踊りを開始した自衛隊連の踊りを披露し、沿道の観客から手拍子と「自衛隊さん、すごい!」などの声援を受けていた。参加約220連中5位の「グッドダンス賞」を獲得した。（松本）

6月1日から9月30日は

防衛省ワークライフバランス推進強化月間です。

ゆう活

「ゆう活」とは？

勤務終了時刻が早まることで生まれる夕方の時間を、生活を豊かにしていくという考え方から名付けられました。明るい夕方のうちに仕事を終わらせ、夕方からは家族や友人との時間を楽しみましょう。

事故の記憶 風化させず
殉職隊員の慰霊継続に対して感謝状

3空佐　山口　達也（新田原救難隊総括班長）

新田原救難隊では、過去に3件の航空大事故を経験しています。そのうちの1件は1970年（昭和45年）9月2日14時10分頃、滋賀県彦根市に墜落したMU2S救難捜索機による事故です。

当該機は航法訓練のため宮崎県の新田原基地を離陸し、大阪府の八尾飛行場で昼食と燃料補給を行った後、目的地である石川県の小松基地へ向けて飛行していました。

同機は彦根付近を飛行中、左エンジンに異常が発生し、墜落炎上しました。

この事故により操縦者2名、機上無線員1名、整備員1名が志半ばに殉職しました。

本事故での殉職隊員の「慰霊」について調べていたところ、彦根市は新田原から距離も遠いため、平成の初めに隊員が現地を訪れたのを最後に、その後は慰霊が途絶えていることが判明しました。

そこで私は、当時書かれたと思われる「手書きの現場地図」などを参考に、殉職隊員の慰霊碑を現在管理していただいている川村宏氏と連絡をとることができました。

本年2月、当隊からの感謝の意を伝えるため、殉職隊員の慰霊を兼ねて私が現地を訪問しました。

その時の懇談で、事故当時、川村氏は中学生であり、家族は全員外出中であったため人的被害はなかったものの、新築5年目の家屋が全焼したことや、被害者である川村氏のお父様が自宅敷地内に慰霊碑を建立し、近くの寺院（誓念寺）と合同で現在に至るまで慰霊を続けてくださっていることなど、貴重なお話を聞くことができました。

この川村家と誓念寺の長年にわたるご芳情に対して、新田原救難隊は5月26日、隊長の河野敬人2佐以下3名をもって改めて訪問し、お二人に感謝状を贈呈させていただきました。

我々は、先人が残した教訓により今日の安全が確保されていることを再認識するとともに、事故の被害者であられる民間の方々が殉職隊員を慰霊してくださっている事実に深く感謝し、新田原救難隊としても事故の記憶が風化することがないよう、慰霊活動を継続していく所存です。

誓念寺の住職（左）に感謝状を贈る河野隊長

自宅敷地内に慰霊碑（上）を建立し、殉職隊員の慰霊を続けてくれている滋賀県彦根市の川村氏（左）に感謝状を贈呈する河野新田原救難隊長

みんなのページ

防大67期生が遠泳に挑戦

空自OB　中山　昭宏（神奈川県横須賀市）

「遠泳競技」に臨んだ防大1年生と激励した國分学校長（白いシャツ）

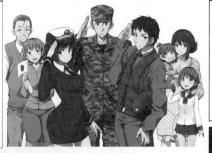

長く続いた梅雨が明けたかのような快晴となった令和元年7月24日、〝平成最後の入校者〟である防衛大学校第67期生による「遠泳競技」が行われた。

例年にならい、午前7時30分に学生と競技役員が集合し、準備に取りかかる。8時20分に國分良成学校長が壇に上がり、「遠泳は1学年としての通過点、防大生としての試練を乗り越えよ」と訓示された。

8時30分、1大隊編成による1A中隊がスタート。順次2、3、4大隊、泳力不足組が遠泳を開始する。

私事ではあるが、ここ数年、遠泳競技会には「写真撮影兼応援」として参加しているが、例年のトップグループ完泳は4時間半を切ったことがなく、午後1時を越える。ところが今年は1A中隊が12時35分に完泳し、スタート地点に戻って来たのだ。4時間でのゴールはまさに驚異のタイムとなった。

学生たちの泳力のみならず、海流の流れに乗ることができたなど幸運があったと考えられるが、それにしても「あっぱれ！」である。

ラストは午後3時10分、泳力不足の白帽組が到着し、全競技が終了。競技開始判定の午前6時、水温24度、気温25度であったが、ゴール時には気温は35度くらいになっていた。

泳ぎ切った1学年も、全国から息子さん、娘さんの応援に来られていた親御さんも、日に焼けて顔が真っ黒になる一日となった。

宮崎地本で臨時勤務

海士長　戸谷　綺香（護衛艦「あさひ」）

私は護衛艦「あさひ」に所属していますが、6月10日から7月19日まで、宮崎地方協力本部に臨時勤務しました。私の役割は、出身校の鵬翔高校がある宮崎募集案内所で所員の皆さまの支援に当たり、学校説明会や街頭広報、自衛隊家族会の総会などに参加しました。

「艦艇勤務」しか知らない私は、一般の方が意外と自衛隊について知らないこと、地本の皆さまが入隊希望者との橋渡しをしていることなどを理解し、初めて募集業務の大切さを認識することができました。

また、募集案内所の皆さまからとても丁寧かつ詳しく陸上・航空自衛隊について教えていただき、同じ自衛隊でも陸自と空自はこんなに違うものなんだと驚きました。

私自身、自衛隊に関する知識が増え、視野も広くなり、入隊を希望する学生さんたちに自衛隊で働く魅力とやり甲斐などについてたくさん伝えることができたと思います。「あさひ」に帰ってからもこの経験を生かし、自衛隊の広報に協力していこうと思います。

宮崎地本に臨時勤務し、募集広報を手伝った戸谷綺香海士長（右）

臨時勤務はとても楽しかったです。宮崎地本の皆さま、大変お世話になりました。

地本勤務で人として成長

1海曹　木藤　剛太郎（鹿児島音響測定所）

鹿児島地本の国分地域事務所で広報官を務めていた私は、本年4月、海自鹿児島音響測定所勤務を命ぜられ、8年ぶりに部隊に復帰した。

平成24年3月に鹿児島地本の広報官に上番後、部隊では体験できない数々の経験をし、多くのことを学ばせてもらった。それまで私は陸・海・空の自衛官が集う共同機関での勤務経験がなかったため、地本勤務は防衛省・自衛隊を理解するよい機会となり、また、家族会や募集相談員の方々に大変お世話になり、部外関係機関のありがたみを知り、人間としても大きく成長することができたように思う。

振り返れば、自衛隊を目指す若者たちと一緒に私も頑張ることができた。なかでも航空学生（航空）に2名の女性合格者を出すことができたのは、今でも私の誇りである。そして入隊した彼ら・彼女たちが休暇で鹿児島に帰った際、地域事務所にあいさつに来てくれ、立派になった姿に接することができた時は本当にうれしかった。「よし、次も頑張ろう」と、彼らから力をもらったものである。

近年、自衛隊は厳しい募集状況が続いている。令和元年度も苦戦が予想される。私個人としては広報官の業務は終えたが、今後は部隊で募集の現状と一般隊員の募集への協力の必要性を強く訴え、引き続き募集広報に努めていきたいと考えている。

OBがんばる

瀧本　宜秀さん　55
平成30年2月、空自7空団司令部防衛部（百里）を最後に定年退職（准尉）。公益財団法人茨城県企業公社に再就職し、阿見浄水場で水道水と工業用水の供給に従事している。

在職中に十分な準備を

私は定年前から再就職の準備として第2種電気工事士、危険物取扱者乙種4類、第3種冷凍機械責任者、大型自動車免許（2種）など公的資格の取得に努めました。百里援護室の紹介で幸いにも多くの先輩方が勤務している「茨城県企業公社」に就職することができ、土浦市にある阿見浄水場に配置されました。

ここでは霞ヶ浦から汲み上げた水で水道水と工業用水を供給しています。水道水は阿見町、美浦村、稲敷市、河内町に、工業用水は牛久市、守谷市などに供給しており、私は施設の運転管理と保守を担当しています。退職後も社会に貢献できる職場を希望していたので、水道の仕事に携われたのは大変光栄なことと思っております。

自衛隊時代、私は「実施した作業を再度確認し、完璧な装備品を提供する」を信条として勤務していました。現在の仕事も施設の停止は許されず、確実な点検・確認を要求され、これは在職時の経験が生きています。また、施設維持には機械点検なども要求され、こちらは電気工事士取得時の勉強が役立ち、さらに司令部勤務時にマスターしたパソコン操作も大変役立っています。

水道の仕事は幅広い知識と経験が要求され、現在も毎日が勉強です。職場は必要最低限の人数での勤務なので、健康管理に留意して同僚に迷惑をかけないようにしています。

これから再就職する皆さんも事前に十分な準備を実施して、希望する仕事に就職できるよう心からお祈り申し上げます。

「朝雲」へのメール投稿はこちらへ！
▽原稿の書式・字数は自由。「いつ・どこで・誰が・何を・なぜ・どうしたか（5W1H）」を基本に、具体的に記述。所感文は制限なし。
▽写真はＪＰＥＧ（通常のデジカメ写真）で。
▽メール投稿の送付先は「朝雲」編集部（editorial@asagumo-news.com）まで。

詰碁

第1217回出題

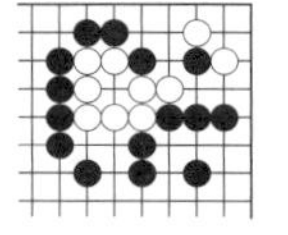

黒先　『白を取って下さい。黒は二手目が大切です』5分でできれば中級以上です。

出題　日本棋院　九段　曲　励起

▶詰碁、詰将棋の出題は隔週です◀

詰将棋

出題　日本将棋連盟　九段　石田　和雄

≫第810回の解答≪

【正解】■1三角□同玉■2三銀不成□同玉■3四飛までの5手詰め。

【解説】初手の■1三角は打ってはいけないので、この一手。続く■2三銀不成から■2四角成が妙。四手目□2三同玉なら以下、2三角成と飛を取って以下容易。

（世界の切手・バヌアツ）

私の人生は楽しくなかった。だから私は自分の人生を創造した。
ラルフ・バンチ（米国の政治学者・外交官）

朝雲ホームページ
www.asagumo-news.com
＜会員制サイト＞
Asagumo Archive
朝雲編集部メールアドレス
editorial@asagumo-news.com

新刊紹介

「米海軍戦略家の系譜」―世界一の海軍はどのようにして生まれたのか
谷光　太郎著

中東・ホルムズ海峡の警備でいま注目されるアメリカ海軍の戦略。本書は今日、世界のシーレーン防衛で大きな役割を担う米海軍が南北戦争から太平洋戦争に至るまでの戦略を、歴代海軍トップの思想と行動を基に考察している。

1884年に創設された海軍大学校の初代校長を務めたルースの教育方針から説き起こし、2代目校長マハンと彼の著書『海上権力史論』の軍事思想の真髄、海軍作戦部が創設された後に航空局と艦隊の整備に当たったクーンツ作戦部長、対独・対日戦を立案したスターク作戦部長、日本海軍との激闘を指揮したキング作戦部長、そして海軍次官から戦後、初代の国防長官に就任したフォレスタルまで、米海軍の戦略家たちの系譜が記されている。

本書は第2次大戦後で終わり、冷戦期以降、今日までの記述がないのは残念だが、米海軍の誕生から世界一になるまでの歴史が詳しく紹介され、米海軍発展の流れを知るには格好の概説書となっている。

（芙蓉書房出版刊、2376円）

「陸軍士官学校 田村教官の栄養改善奮戦記」
陸軍主計大佐　田村幸雄著・内田武士編

旧陸軍の田村幸雄大佐（1893～1982）は、陸軍士官学校の教官時代、将兵の健康増進を目的とする『健兵対策』『軍隊給養改善』という本を出版した人物として知られる。戦時中の食糧難で物資が厳しい中、各種食材の研究、炊事場の改善、調理士の技術向上、衛生面の改善などに取り組み、軍内に「ビタミン、酵素を取り入れた栄養バランスのよい食事」を導入し、兵の健康改善に大きく貢献した。

本書は田村大佐の孫である編者が祖父の残した文献を基に「陸軍給養の第一人者」の人物に迫った記録だ。田村家の家系から生い立ち、陸軍経理学校入校、近衛師団経理部勤務、その後、士官として朝鮮、台湾、満州に派遣され、第一線の兵の栄養状態を知り、これを改善すべく「運動と糧食給養の関係」の研究に没頭する姿が描かれる。

兵站・需品を軽視した旧軍にあって、田村のような人物がいたことを知ってもらいたい一冊だ。

（青山ライフ出版刊、2160円）

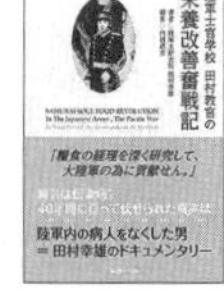

発行所 朝雲新聞社
〒160-0002 東京都新宿区四谷坂町12-20 KKビル
電話 03(3225)3841
FAX 03(3225)3831
振替00190-4-17600番
定価一部140円、年間購読料9000円（税・送料込み）

主な記事

概算要求

防衛費、過去最大5兆3223億円

陸自にサイバー防護隊
空自に宇宙作戦隊を新編

防衛省は8月30日、令和2年度予算の概算要求を決め、同日、財務省に提出した。総額は過去最大の5兆3223億円（元年度当初予算比1・2％増）で、第2次安倍政権発足以降、8年連続で増額要求となった。昨年末に策定された新たな大綱・中期防の2年度目として「多次元統合防衛力」の構築に向け、宇宙・サイバー・電磁波など新領域の能力強化に力を注ぐ。陸自にサイバー防護隊（仮称）や電子戦部隊、空自に「宇宙作戦隊（同）」を新編するほか、日本の人工衛星に対する電磁妨害の状況を地上から監視する装置の取得や、光学望遠鏡の整備なども盛り込んだ。（4、5面に概要）

岩屋防衛相は同日、官邸で記者団に対し、過去最大の要求額となったことについて、一層の合理化、効率化を図っていく考えを示した。その上で、既に撤廃された「防衛費の国内総生産（GDP）比1％枠」に触れ、「今の日本のGDPは550兆円近くであり、その比較で言うと、防衛予算は1％を少し下回っている」と述べ、「厳しい安全保障環境の中にあって極めて抑制的に防衛力を整備している。しかし、安全保障環境に応え得る、しっかりとした防衛力を整備する」との方針の下、作業を行っている」と強調した。

今回の概算要求で現時点では金額を明示しない「事項要求」としたのは、①SACO（沖縄に関する特別行動委員会）関係費②米軍再編関係経費③防災・減災・国土強靭化のための3か年緊急対策経費④日本主導による将来戦闘機（空自F2後継機）の開発費——で、いずれも年末の予算編成時に改めて計上する。

空自の宇宙作戦隊（仮称）は府中基地に約20人で発足させ、将来的に拡充する。日本の人工衛星にとって脅威となる宇宙ごみ（スペースデブリ）や不審な衛星などを監視する「宇宙状況監視（SSA）」システムを令和5年度から本格運用することを目指し、宇宙航空研究開発機構（JAXA）や米軍との連携を強化する。

陸自は既存の部隊を改編し、サイバー防護隊（仮称）を約290人体制で新編。陸自にネットワーク電子戦システム（NEWS）を導入した電子戦部隊を健軍駐屯地に新編させる。防衛省・自衛隊の部外の民間人も対象とした「サイバーコンテスト」を開き、高度なサイバー知識・技能を有する人材を発掘し、採用なども視野に協力者の人脈拡大を図る。

電磁波領域では、相手のミサイル射程圏外から妨害電波を発する「スタンドオフ電子戦機」を、空自C2輸送機をベースに開発する。

短距離離陸・垂直着陸が可能なSTOVL機として、米国から最新鋭のステルス戦闘機「F35B」を6機調達する。海自最大のヘリ搭載護衛艦「いずも」の改修も盛り込み、約1年間の定期修理に合わせて行い、3年度内に完了させる。

一方、国際協力を視野に我が国主導で開発する空自F2後継機の開発は概略が固まっていないため、金額を示さない「事項要求」とした。年末の予算編成までに詳細を詰めた上で計上する。これに合わせ、防衛装備庁内に「将来戦闘機開発官（同）」の空将補ポストを新設する。

過去最大の概算要求となる中、引き続き一層の効率化・合理化に努め、事業の見直しや一括調達などを通じて約2653億円の縮減を図る。

宇宙監視システムとその運用（イメージ）＝防衛省「令和2年度概算要求の概要」から

日米豪シニア・リーダーズ・セミナー

日米豪陸軍種間の連携強化を確認した（右から）湯浅陸幕長、クラパロッタ米太平洋海兵隊司令官、バー豪陸軍本部長、ブラウン米太平洋陸軍司令官（8月20日、米ハワイ州の米太平洋海兵隊司令部で）

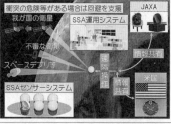

湯浅陸幕長が出席
日米豪の協力の重要性を確認

湯浅陸幕長は8月20日から22日まで米ハワイ州のキャンプ・スミスで開かれた「第7回日米豪シニア・リーダーズ・セミナー（TSLS）」に出席し、米豪などの陸軍種将官らに対し、サイバーなどの新領域を含む連携強化の必要性を発信した。

同セミナーには、湯浅陸幕長と米太平洋陸軍司令官のロバート・ブラウン大将、米太平洋海兵隊司令官のルイス・クラパロッタ中将、オーストラリア陸軍本部長のリチャード・バー中将らが出席。参加者は「新たな安全保障協力関係」をテーマにインド太平洋地域の情勢について意見を交わし、地域の平和と安定のため、平素から日米豪の協力の重要性を確認するとともに、今後の連携の方向性などについて協議した。

陸幕長は20日、豪州のバー本部長とも個別に会談し、オーストラリアでの共同訓練の継続などについて意見交換を行った。

カナダ艦艇と豪哨戒機参加
「瀬取り」監視

防衛省は8月22日、北朝鮮船舶による国連制裁逃れのための違法な「瀬取り」を監視するため、カナダ海軍のフリゲート「オタワ」が同月下旬から、豪空軍のP8哨戒機が9月上旬から、それぞれ日本の周辺海空域で警戒監視活動を開始すると発表した。

カナダ海軍の艦艇が同活動に携わるのは昨年10月以来、今年6月に続き3回目。東シナ海を含む我が国周辺海域で、海自や米軍と連携しながら警戒監視活動を行っている。

豪軍機による同活動への参加は昨年4月以来、今年5月に続き5回目。国連軍地位協定に基づき、沖縄県の在日米軍嘉手納基地を拠点に活動に当たる。

「瀬取り」監視には日米に加え、昨年4月から英、仏、豪州、ニュージーランド、カナダの艦艇や航空機があらゆる機会に日本とその周辺海空域に派遣され、活動に参加している。

九州北部大雨 佐賀県に災派

九州北部を襲った大雨により各地で水害が起き、8月28日、佐賀県知事が陸自西方混成団長に人命救助などの災害派遣を要請した。

これを受け、西方の各部隊は佐賀県武雄市などでボートを使って住民の救出に当たったほか、同県大町町では鉄工所から流出した油の除去に、特科連隊、海自佐世保地方隊などの隊員が手作業で当たった。

写真は孤立した同町の順天堂病院前で油吸着マットを使い、流出油の回収に当たる隊員たち。（7面に関連記事）

「防災の日」
大規模災害に備えて
全国各地で一斉訓練

「防災の日」の9月1日、全国で一斉に各種防災訓練が行われ、地域に密着した自衛隊の部隊も救援組織の一員として重要な役割を担った。（3面に関連特集）

このうち来年7～8月、東京オリンピック・パラリンピックが開かれる首都圏では、首都直下地震に備えた「第40回9都県市合同防災訓練」が千葉県船橋市をメイン会場として行われ、安倍首相や岩屋防衛相ら関係閣僚をはじめ、山崎統幕長ら自衛隊幹部が訓練の様子を視察した。

会場には約110機関から計約5000人が集結。自衛隊からは空挺団（習志野）など陸自8部隊、多用途支援艦「えんしゅう」（横須賀）など海自4部隊、百里救難隊など空自4部隊と千葉地本が参加し、倒壊家屋からの被災者救出要領や艦艇上での応急救護などを演練した。

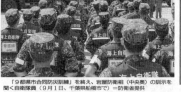

「9都県市合同防災訓練」を終え、岩屋防衛相（中央奥）の訓示を聞く自衛隊員（9月1日、千葉県船橋市で）＝防衛省提供

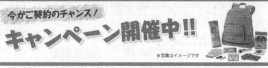

春夏秋冬

韓国のGSOMIA破棄

小原 凡司

2019年8月22日に報じられた、韓国による日韓軍事情報包括保護協定（GSOMIA）破棄の報に触れて、最も失望したのは米国かもしれない。ポンペオ米国務長官は同日、韓国がGSOMIA破棄を決めたことについて「失望した」と表明した。日本も驚いたが、韓国メディアさえGSOMIAは延長されると予想していたのだから、それだけ文在寅政権の破棄決定は非常識なものだったと言える。

米国が失望するのは当然だ。日米韓の安全保障協力が崩れて影響を受ける情報通信ネットワークの問題だけではない。ポンペオ国務長官の「世界中で米国と同盟国の間で形成される情報通信ネットワークの中で日韓の間が断絶すると、ネットワークが脆弱になってしまう。

韓国は、こうした国際社会や地域の安全保障環境への影響には目をつぶっても、日本に対して何かしてやりたいと考えているかのようだ。

日米韓の安全保障協力の一角が崩れることは中国とロシアを利することになる。ロシアはすでに日韓の軍事的な連携が崩れていないかどうか、探りにかかっている。7月にロシアのA－50早期警戒管制機が竹島の領空を侵犯した事案がまさにそれだ。

現段階では、日本の自衛隊と韓国軍の連携はとれていても、長期にわたって政治的に悪い関係が続けば、韓国軍内への心理的悪影響も懸念される。さらに、サイバー空間と宇宙から戦争が始まる現在、米国と同盟国の間で形成される情報通信ネットワークの中で日韓の間が断絶すると、ネットワークが脆弱になってしまう。

うに見える。それどころか、韓国は、GSOMIA破棄に続いて竹島における演習を実施し、攻防の場を軍事・安全保障の領域に広げようとしている。現段階で、経済領域では勝ち目がない韓国は、自らに有利な領域へと攻防の場を移そうとしているかのようだ。

常識的に考えれば、米国は韓国に失望するだろう。2016年に日韓GSOMIAが締結された際にも、韓国側がなかなか署名せず、米国が怒った経緯がある。当時の米国には「韓国疲れ」という現象も見えた。しかし、韓国は全ての責任を日本に転嫁しようと、米国において全力で世論工作を展開するだろう。日本は、韓国のイメージ戦略に警戒しつつ、一方で、安全保障の現場に悪影響が及ばないよう注意しなければならない。米国の同盟国同士で軍事衝突でも起きれば、それこそ、高笑いする国々があるのではないか。

（笹川平和財団上席研究員）

朝雲寸言

各地の沿岸に外国船が出没し始めていた寛政の頃、日本の守りにいち早く危機感を覚えた林子平という人物がいた。ロシアの南下の状況を実見するため蝦夷地に渡ったり、長崎にいる外国人から西洋の船舶や武器について教えを受けたりして自費で調査研究を続け、日本の海防の弱点と対策を『海国兵談』という本にまとめた▼彼は幕府に意見具申もしようとしたが、老中松平定信はこれを受け入れるどころか「幕臣でもない者が幕府に意見するとは何事か」と一蹴。日本の弱点を直截に示した『海国兵談』は禁書に指定され、子平は蟄居を命じられた。[illegible]のまま人生を終えた▼けれど彼の著作は細々と筆写されて読み継がれ、約50年後の幕末に吉田松陰ら志士たちの教科書となった。[illegible] 登用する度量が [illegible] れば、半世紀 [illegible] を全国の海防 [illegible] る突破口となり [illegible] 来航時にあの [illegible] ふためくことも [illegible] だろう。定信と [illegible] に象徴される [illegible] 硬直が、日本の [illegible] われた半世紀 [illegible] た。▼定信は老中 [illegible] ていたが、その [illegible] 戸湾の防備強化 [illegible] 平の主張に似 [illegible] た。引退後、[illegible] 山陽が自著を [illegible] には、子平の [illegible] て変わって温 [illegible] という。子平 [illegible] 仕打ちに後悔の [illegible] たのだろうか。[illegible] 声にどう向き合 [illegible] 人や組織の器 [illegible] えるような気が [illegible]

時の焦点

国内　憲法論議

態勢整え国会に臨め

先の参院選では、憲法論議を進めるかどうかが一つの争点となった。秋の臨時国会に向けて、与野党は、建設的な議論ができる態勢を整えなければならない。

衆参両院の憲法審査会は機能不全に陥っている。衆院の憲法審では、各党が自由に意見を表明する自由討議が、1年10カ月にわたって開かれていない。

社会、経済の変化や、国際情勢に合わせ、国の最高法規のあり方を不断に考えることが、国会の責務だ。その重い役割を蔑ろにしてはなるまい。

自民党は昨年、自衛隊の根拠規定の明記を柱とした4項目の文案をまとめた。いまだに一部の憲法学者の中に根強く残る自衛隊違憲論を払拭する狙いがある。

自民党案にはこのほか、緊急事態条項の創設や教育の充実、参院選の合区の解消などが含まれている。70年前に想定されていなかった事態を踏まえ、憲法の条文を見直す意義は大きい。国会で議論し、精緻な条文案としたい。

安倍首相は憲法について、「国会で本格的に議論する時を迎えている」と述べる一方、党の案にはこだわらない考えを示している。

参院選の結果、自民、公明両党や、日本維新の会など改憲に前向きな勢力が、憲法改正の国会発議に必要な3分の2の議席を割り込んだことが念頭にあるのだろう。幅広い賛同を得るため、柔軟に対応しようという首相の方針はやむを得まい。

首相は近く、内閣改造・自民党役員人事を行う。野党との対立をいたずらにあおることなく、丁寧に憲法論議を進められる態勢を構築すべきだ。

自民党は、衆参の審査会再開に向けて、謙虚に各党と調整にあたることが求められる。

野党の対応も注目される。安倍政権の下では憲法論議に応じない、という立憲民主党などの姿勢が、審査会の定例開催を阻んできた。

立民党は参院選の公約で、「国民の権利拡大に寄与する観点から議論を進める」と主張し、国民民主党も「未来志向の憲法を議論する」と明記した。約束を反故にすることは許されない。

国民の玉木代表は参院選後、党の改憲案をまとめ、首相との党首会談に臨む考えを示唆した。だが、党内から反発が出ると、火消しに走った。所属議員を説得し、意見を集約することに尽力すべきである。

立民、国民両党は、国会で統一会派を組む方針で合意した。委員会のポストや質問時間などを調整して、活動を共にする。

立民党が会派の主導権を握った場合、審査会の審議が進むのか、懸念が拭えない。両党は、参院選の公約通り、憲法について議論する方針を確認すべきだ。

夏川 明雄（政治評論家）

海外　中国建国70年

難局の克服で布石着々

1949年10月の新中国成立を祝う建国70周年記念行事の準備が進む首都・北京や日中戦争中に臨時政府が置かれた内陸部の重慶（省と同格の直轄市）を最近、駆け足で回ってきた。北京では旧知の中国人研究者や外務省高官・大使経験者と意見交換する機会があり、筆者ら訪中団一行との一連の質疑応答を通じ、改善傾向にある日中関係や複雑化する北東アジア情勢をめぐって中国側有識者の意見、見方を聴取することができた。

昨年来の米中貿易摩擦の激化や「一国二制度」下の香港の若者らによる反政府デモなど中国国内外で噴出する困難な課題を抱えながらも、習近平国家主席（共産党総書記）率いる中国現指導部が現在の難局を切り抜けるために、統治の安定と強国路線の強化に力を注ぎ、米中対立の長期化に備える布石を着々と打っている姿勢が垣間見えた。今回の中国現地取材の一端を紹介したい。

関税引き上げの報復合戦を続け、事態収拾の糸口さえ見えない米中関係の悪化をめぐっては、「非」は一義的に、覇権国家の地位を脅かされかねないとして中国の急速な台頭に懸念を強めるトランプ米政権の側にあるとして、米国の不当な要求には屈せず、持久戦に持ち込んで今世紀半ばまでに世界の一大強国の地位を築くとする長期戦略をあくまでも追求していくという強気の見解が多く聞かれた。

経済政策が専門の中国人研究者は米中貿易戦争の影響について、現下の事態を逆手に取って中国の発展パターンを内需主導型に転換させる一方で貿易取引先の分散化を進めることにより、長期的にはむしろ中国経済に好影響を及ぼすとまで言い切っていた。

率直な意見交換で特に印象に残ったのは、米中通商摩擦の激化は自由貿易の旗を掲げる中国と日本の立場を接近させるだけでなく、保護主義に傾くと同時に従来の同盟関係でさえも軽視しがちなトランプ政権を国際的孤立に向かわせる「漁夫の利」効果までも見通すなど、したたかな戦略眼が随所で感じられた点だった。その意味から、昨年以降、改善基調に転じた日中関係の今後を重視しており、来年春の習主席の国賓としての訪日を何としてでも成功させたいとする中国側関係者の熱意が伝わってきた。

日中の外交当局間では、1972年の国交正常化以来、半世紀近くがたつ両国関係の外交的成果を踏まえ、新たな時代の協力や共生の在り方を見据えた「第5の文書」の策定作業が進められている。歴史認識や尖閣問題などで激しく対立した二国間関係の教訓も生かしながら、北東アジアの平和と安定、繁栄につなげる日中協力の将来像がどのように描かれるかに注目したい。ただ、権力の一極集中が進む習主席の独裁化傾向の弊害があるのは確かで、香港の大規模デモの長期化も遠因は中国流統治の押しつけに対する異議申し立てだ。ライトアップされた重慶中心部の夜景は素晴らしかったが、建国から70年の中国には、目覚ましい経済発展や国力向上といったまばゆい光だけでなく、その陰にある多くの難題が顕在化しつつあることも改めて実感した。

伊藤 努（外交評論家）

「働き方改革」講演会 600人聴講

伊岐典子氏「多様な人材活用を」

防衛省

防衛省の職員約600人に「働き方改革」の重要性を訴える講師の伊岐典子氏（壇上右）＝8月29日、防衛省で

防衛省主催の「働き方改革」に関する講演会が8月29日、省内で開かれ、部外講師として招かれた公益財団法人「21世紀職業財団」の伊岐典子会長が「ワークライフ・マネジメントによる働き方改革の実現」をテーマに講演、多様な人材の活用と職場風土を変える意識改革の重要性を訴えた。

講演には高橋事務次官、湯浅陸、山村海、丸茂空の各幕僚長、武田装備庁長官ら省幹部をはじめ、主に管理職に就く約600人の隊員が出席し、メモを取りながら熱心に聴講した。

伊岐氏は1979年に労働省（現・厚生労働省）に入省。85年の男女雇用機会均等法の法案作成などに携わり、雇用均等・児童家庭局長、東京労働局長、駐ブルネイ大使などを経て現在に至るまで自らも〝滅私奉公〟した体験談を交えつつ、少子高齢化が急速に進む中で長時間労働を是正し、育児や介護と仕事を両立できる職場環境を早急に整える必要を強調した。

伊岐氏はこれまでの日本の働き方が「時間外対応可能な人材を中心に、できる人材に際限なく仕事を上乗せし、超過勤務ができない職員はキャリアを積めない仕組み」だったと指摘。

育児や介護を抱える共働き世帯が主流となった現在では、フレックスタイムやテレワークなど柔軟な働き方を取り入れるとともに、「多様な人材を生かして組織を活性化させることが必要だ」と述べた。

そのための意識改革として、トップの関与を特に強調。人事評価の基準を「労働（残業）時間」から「時間当たりの成果」に変更し、男女共に育児休業などを取得しやすい環境を作るなど、具体的な取り組みを推進していくことを提案。

その上で「働き方改革は個人にとっても組織にとっても生産性と創造性、働きがいを向上させるものだ」と述べ、性別や年齢にかかわらず、全職員が自らの問題として働き方改革に取り組むよう呼び掛けた。

海賊対処航空隊35次隊と支援隊11次隊に1級賞状

無事故45万時間で2空群2空も

岩屋防衛相（右）から1級賞状を授与される海賊対処支援隊11次隊司令の関谷1佐（手前左）＝8月30日、防衛省で

ソマリア沖・アデン湾で4月から約3カ月間、P3C哨戒機で上空から海賊行為の監視活動に当たった海自派遣海賊対処航空隊35次隊（司令・安納藤嘉2佐以下、2空群＝八戸＝主力の海自隊員63人）と、P3Cの拠点となっているジブチで1月から約半年間、基地警備などを担った同支援隊11次隊（同・関谷拓郎1佐以下、16普連＝大村＝主力の陸・海自隊員114人）に8月30日、岩屋防衛相から1級賞状が授与された。

大臣室で行われた表彰式には原田副大臣、鈴木政務官、高橋事務次官、山崎統、山村海の各幕僚長、湯浅陸、岡人事教育局長が立会した。

岩屋大臣は「国際社会の重要な取り組みである海賊行為の抑止に大いに寄与するとともに、自衛隊に対する国内外の理解と信頼を深めた」と賞状を読み上げ、安納2佐と関谷1佐にそれぞれ、副賞の盾を添えて1級賞状を手渡した。

次いで、海自のP3C部隊、2空群2航空隊（八戸）にも「無事故45万時間」の功績で1級賞状が授与された。

岩屋大臣は「昭和51年4月以降の43年間で45万時間を超える無事故飛行記録を達成した。これは全隊員が使命と飛行安全の重要性を深く認識し、任務にまい進したたまものである」と述べ、2空司令の高田哲夫1佐に賞状と副賞を授与した。

インドネシア海軍練習帆船「ビマ・スチ」が阪神基地に

艦内を一般公開

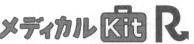

インドネシア海軍の練習帆船「ビマ・スチ」（2000トン、艦長・ワルヨ中佐以下乗員113人）が8月23日から26日まで来日し、神戸市の海自阪神基地に寄港した。

士官候補生89人を乗せた同艦は23日午前9時ごろ入港。寺田博之阪神基地隊司令、中村直樹42掃海隊司令らが歓迎の言葉を述べた。

「ビマ・スチ」は滞在中、艦内を一般公開したほか、士官候補生と海自隊員らとの交流会を行った。

同艦の訪日は2回目。42掃海隊の掃海艇「つのしま」と掃海艇「なおしま」が艦内を公開した。

神戸市の海自阪神基地に入港するインドネシア海軍の練習帆船「ビマ・スチ」（8月23日）

護衛艦「みょうこう」が米空母と共同訓練

3護群3護隊（舞鶴）のイージス護衛艦「みょうこう」（艦長・牧孝行1佐）は8月13日から24日まで、フィリピン海から関東南方に至る海域で米海軍第7艦隊（横須賀）所属の空母「ロナルド・レーガン」と共同訓練を行った。

「みょうこう」は「ロナルド・レーガン」を中心とする米空母打撃群の複数の艦艇と共に航行し、防空などの各種戦術訓練を実施した。

日米共同訓練を行う海自のイージス護衛艦「みょうこう」（手前）と米空母「ロナルド・レーガン」（8月15日、太平洋で）＝米海軍サイトDVIDSから

共済組合だより

子供が生まれた時は出産費が支給されます

防衛省共済組合の組合員または被扶養者が出産した時は、「出産費」または「家族出産費」が支給されます。

○出産費・出産費附加金等

組合員または被扶養者が出産した時は、「出産費」として一律40万4000円（産科医療補償制度加算対象出産の場合は42万円）が、さらに「出産費附加金」「家族出産費附加金」として支給されます。

支給方法は、上記金額を限度として、①共済組合が組合員に代わって医療機関に直接支払う「直接支払制度」を利用する方法、②組合員があらかじめ出産費等の受け取りを医療機関等に委任する「受取代理制度」を利用する方法、③出産後に組合員が共済組合に請求する方法があり、いずれかを選択できます。

◇

出産した子を組合員の被扶養者とする場合は、「被扶養者申告書」に必要書類などを添えて、所属の支部窓口に提出し、認定を受けてください。

このほか、組合員が育児のため勤務できないときは「育児休業手当金」が支給されます。詳しくは「共済のしおり（GOOD LIFE）」または共済組合HP（https://www.boueikyosai.or.jp/）をご覧ください。

奄美駐も使用し米軍と実動訓練

オリエント・シールド

陸自は8月26日から、健軍、奄美駐屯地、大矢野原演習場などで米陸軍との実動訓練「オリエント・シールド19」を開始した。9月23日まで。

陸自北部方面隊 1万人参加、北海道で実動演習

陸自北部方面隊は9月3日から北海道全域で大規模な実動演習を実施している。

陸自が米で米陸軍と訓練

ライジング・サンダー

陸自は8月22日から、米ワシントン州ヤキマ演習場で米陸軍との実動訓練「ライジング・サンダー」を開始した。9月21日まで。

露軍艦隊7隻が宗谷海峡を東進

8月24日午前6時半ごろ、北海道・宗谷岬の西約130キロの海上を東進するロシア海軍の最新鋭フリゲート「ステレグシチー」級2隻（満載排水量2200トン、548「アドミラル・パンテレーエフ」）などを海自が確認した。

防衛省発令

訂正

東京2020オリンピック・パラリンピック大会を控え

ビッグレスキュー その時に備える 第23回

東京都

小林 茂氏

東京都危機管理監
(初代陸上総隊司令官、元陸将)

「東京2020大会」に向けての都の防災訓練で、出席者の意見に真剣に聞き入る自衛隊からの参加者(迷彩服)。テーブル奥の左から3人目は小林危機管理監

都の防災訓練で意見を述べる小林危機管理監

多様な事態に備える時代

昨今、国内外において大地震や豪雨・台風による風水害などが頻発しています。これらの災害を見ますと、現在はこれまでに経験したことのない大災害の時代に入ったと感じます。東京都ではM7クラスの首都直下地震が30年以内に70%の確率で発生すると言われていますし、近年増加している豪雨への対応も喫緊の課題となっています。

また、国際社会では多様化したテロが頻発するとともに、大量のサイバー攻撃が行われている状況です。アフリカではエボラ出血熱が猛威を振るい、終息の見通しは立っていません。

このような状況の中、来年には「東京2020オリンピック・パラリンピック大会」が開催されます。東京都では多様な事態を念頭に、公助と自助・共助をそれぞれに充実させつつ、各種対策を総合的に推進することが必要だと考えています。

総合的な危機管理対策

自治体の行う危機管理対策は、特に自然災害を主体としています。これはその発生の蓋然性と被害の大きさによるものです。施策は、公助と自助・共助それぞれについてハード・ソフトの両面という幅広い分野にわたります。

広域自治体としての都が主に行う施策は、公助の分野のハード・ソフト施策の推進と自助・共助を促進させるソフト面の施策です。

公助の分野のハード面の取り組みは、建物の耐震化、木造住宅密集地域の不燃化、道路の無電柱化などといった地震に備えるものや、河川や下水道の整備など豪雨に備えるものが主体です。また、ソフト面の取り組みでは、情報発信手段の充実や一斉帰宅の抑制のための帰宅困難者対策、そして都庁対策本部や関係機関も含めての災害対処訓練などを行っています。

特に都災害対策本部の役割は、都庁各局や警察・消防・自衛隊・海保などの各機関の活動を総合調整して一体化することにありますので、その機能の発揮に必要な知識・技能を向上することを重視しています。

一方、自助・共助に関わる取り組みは、地域の防災訓練や防災に関する人材の育成、町会・自主防災組織への支援、防災の普及のためのツールの充実など、都民が家族・友人や近隣の方と一緒になって自助・共助を促進できるような施策になります。

本年は新たに風水害からの避難を進める「東京マイ・タイムライン」の作成や東京都の公式防災アプリ「東京都防災アプリ」の充実も図りました。

多様な事態に公助と自助・共助で備える

自衛隊と一層連携を図り、総合調整力を発揮して事態に対処

自然災害以外の事態に対する備えも大切です。テロ対処に関しては、事前の不審情報の収集や事態生起時の関係機関との連携が重要ですが、不審情報の提供など都民に対する啓発を行うとともに、国民保護訓練により連携要領の確認などを実施しています。

サイバーや感染症については担当部局で情報収集・対応にあたっていますが、被害の拡大が予想される場合には、直ちに対策本部体制に移行できるよう連携をとっています。

東京2020大会に向けて

「東京2020大会」には、国内外から多くの方々が東京を訪れます。大会期間中は、選手・関係者や観客・旅行者・外国人といった大会ならではの特性に応じた対策が必要です。

都では大会の安全・安心に万全を期すため、「東京2020大会のための安全・安心推進会議」を設置しました。テロ、サイバー攻撃、自然災害、感染症の各分科会を設け、都庁各局や関係機関などと連携しつつ、実効性ある対処要領について検討を進めています。私は会議の副会長である副知事を補佐する立場です。

自衛隊との連携

本年6月、自衛隊で行われた統合防災演習「JXR」と並行して、自衛隊と都も同一の想定・状況で訓練を実施しました。自衛隊側と状況に即した具体的な調整を行うことで、自衛隊の能力や特性、調整時の留意事項などの教訓を得ることができました。

自衛隊は初動の救出・救助活動や、その後の生活支援などにおいて大きな役割を果たします。都としては自衛隊と一層の連携を図りつつ、自治体の総合調整力を発揮して事態に対処していく所存です。

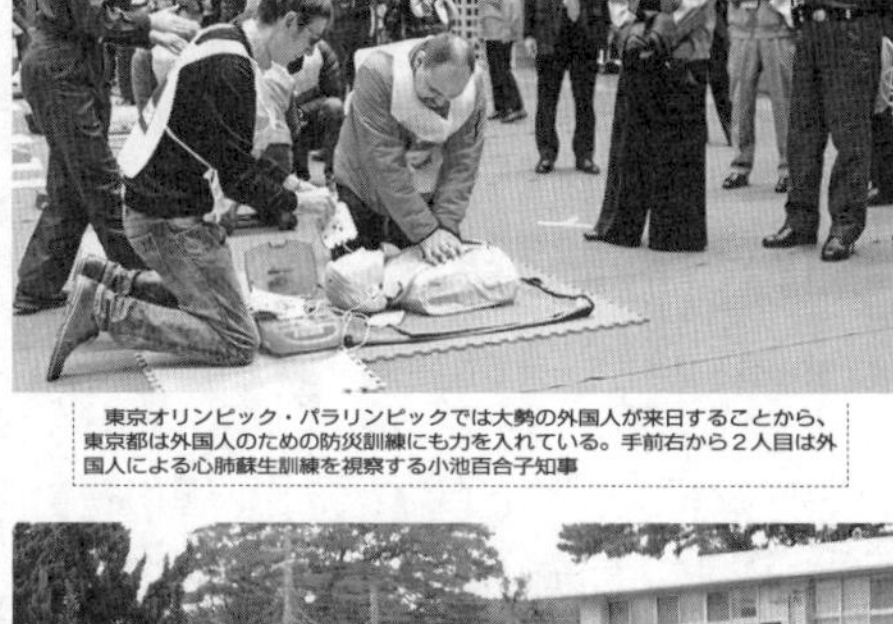

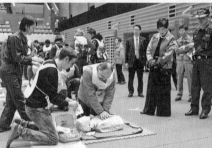

東京オリンピック・パラリンピックでは大勢の外国人が来日することから、東京都は外国人のための防災訓練にも力を入れている。手前右から2人目は外国人による心肺蘇生訓練を視察する小池百合子知事

大災害が発生したとの想定で、消防隊員と共同訓練を行う陸上自衛隊の偵察隊員

都の防災訓練で、被災地に開設された「現地連絡調整所」で協議を行う都、消防、警察、自衛隊などの関係者

東京2020大会のトライアスロン会場となるお台場海浜公園。この景色を守ることも自衛隊の役目だ

前事不忘 後事之師 第44回

太平洋戦争の開戦の決定から学ぶもの

——堀田江理著『1941決意なき開戦』を読んで

堀田江理著『1941決意なき開戦』

3年ほど前、本屋の新刊コーナーに置かれていた『1941決意なき開戦』という本をたまたま目にし、著者が堀田江理という女性であることに興味を覚え読んでみました。

この本は1941年の太平洋戦争開戦直前に、当時の日本の政治・軍事の指導者たちが「御前会議」や「大本営政府連絡会議」において、どのように議論を重ねて開戦に向けて意思決定を行ったのか、そのプロセスを明らかにしたものです。

私は、この本が指摘しているとても重要な事実は、当時の我が国の意思決定がヒットラー独裁下のドイツなどと異なり、圧倒的な決定権を持つ独裁者によって行われたものではなく、文民政治家と軍部の指導者がいくつもの「連絡会議」、「御前会議」を経て行った共同作業であったことだと思います。

著者は「1941年の4月から12月にかけて日本の指導者たちが行った一連の決定の多くは、開戦に向けて運命の経路を形作っているという認識のされぬままに、なし崩し的に合意がなされ、ひとつひとつと決断を重ねていくうちに、日本政府の身動きできる余地が確実に失われ、(ほぼ勝ち目のないと認識されていた)戦争に向かっていった」と書いています。

エリートであるはずの各組織のトップたちが繰り返し議論を重ねたにもかかわらず、なぜ「最悪の選択」をすることになったのか、その理由は会議体形式の意思決定に潜む"落とし穴"にあることをこの本は示唆しているように見えます。

第一の落とし穴は、会議の出席者が自らが代表する組織の利益のみを主張し、国家全体にとって何が重大であるか、覚悟を持って主張することがなかったことです。1940年7月から開戦直前の1941年10月まで首相を務めた近衛文麿は、天皇家に次ぐ高貴な家柄の出で国民の人気も高かったのですが、公の会議の場では[illegible]強気の発言を[illegible]ました。昭和天皇は米国との戦争に大きな懸念を示されておりましたが、明治以来の天皇の統治の在り方に反するとして、自らが拒否権を発動することはなされませんでした。

会議体形式の意思決定に潜むもう一つの落とし穴は、意見の対立が生じた際にしてはいけない「妥協」が安易に行われたことです。近衛文麿首相は暗転する日米関係を打開するため、ルーズベルト大統領との首脳会談を目指します。会談を軍部に受け入れさせるため、戦争準備の必要性を唱える軍部と妥協し、外交交渉に期限を設定し、期限までに外交が実を結ばない場合は開戦を辞さないことを決定します。首脳会談が実現できれば米国との戦いは避けられるので、開戦時期の設定は意味がなくなると考えたようですが、交渉が行き詰まってくると、期限が既成事実化し、戦争準備が独り歩きしていきました。

堀田氏はこうした落とし穴を要約するかのように、本の中で「指導者たちは、意見の相違を徹底的に話し合うよりは合意に達することを好んだ」と書いています。

太平洋戦争の開戦から80年近くの歳月が経過しました。しかしながら、あの戦争を「総括」することは、未だ容易な作業ではないと思います。ハル・ノートに代表される米国の頑な対応に開戦の原因があったとの指摘もありますが、この本の著者は勝ち目のない戦争に向かったその原因は、主に「日本の外よりも内側にあった」と主張します。

戦後、我が国は戦争への反省から民主主義国家に国の体制を改めました。そこでは大きな問題が生じた時には、関係者で議論を積み重ねることが大事であり、そうすれば必ず良い結論が得られ、失敗はしないとの考えが支配的です。しかしながら、80年近く前の歴史は残念ながらそれが正しいとは限らないことを教えているようです。

鎌田 昭良(防衛省OB、防衛基盤整備協会理事長)

…… 前事忘れざるは後事の師 ……

令和2年度 防衛予算の概算要求

考え方

1 「平成31年度以降に係る防衛計画の大綱」（平成30年12月18日閣議決定）に基づく「中期防衛力整備計画」（平成31年度～令和5年度）」（平成30年12月18日閣議決定）の2年度目として、真に実効的な防衛力として、多次元統合防衛力の構築に向け、防衛力整備を着実に実施。

2 領域横断作戦を実現するため、優先的な資源配分や我が国の優れた科学技術の活用により、宇宙・サイバー・電磁波といった新たな領域における能力を獲得・強化。また、領域横断作戦の中で、新たな領域における能力と一体となって、各種事態に効果的に対処するため、海空領域における能力、スタンド・オフ防衛能力、総合ミサイル防空能力、機動・展開能力を強化。

さらに、平時から有事までのあらゆる段階において、必要とされる各種活動を継続的に実施できるよう、後方分野も含めた防衛力の持続性・強靭性を強化。加えて、少子高齢化等も踏まえた人的基盤の強化、軍事技術の進展を踏まえた技術基盤の強化等に優先的に取り組むとともに、安全保障環境の変化を踏まえ、日米同盟・諸外国との安全保障協力を強化。

3 この際、格段に速度を増す安全保障環境の変化に対応するため、従来とは抜本的に異なる速度で防衛力を強化。また、既存の予算・人員の配分に固執することなく、資源を柔軟かつ重点的に配分し、効果的に防衛力を強化。さらに、あらゆる分野での陸海空自衛隊の統合を一層推進し、縦割りに陥ることなく、組織および装備を最適化。

4 格段に厳しさを増す財政事情と国民生活に関わる他の予算の重要性等を勘案し、我が国の他の諸施策との調和を図りつつ、調達の効率化にかかる各種取り組み等を通じて、一層の効率化・合理化を徹底。

（本文中の着色部分は新規事業）

Ⅰ 防衛関係費

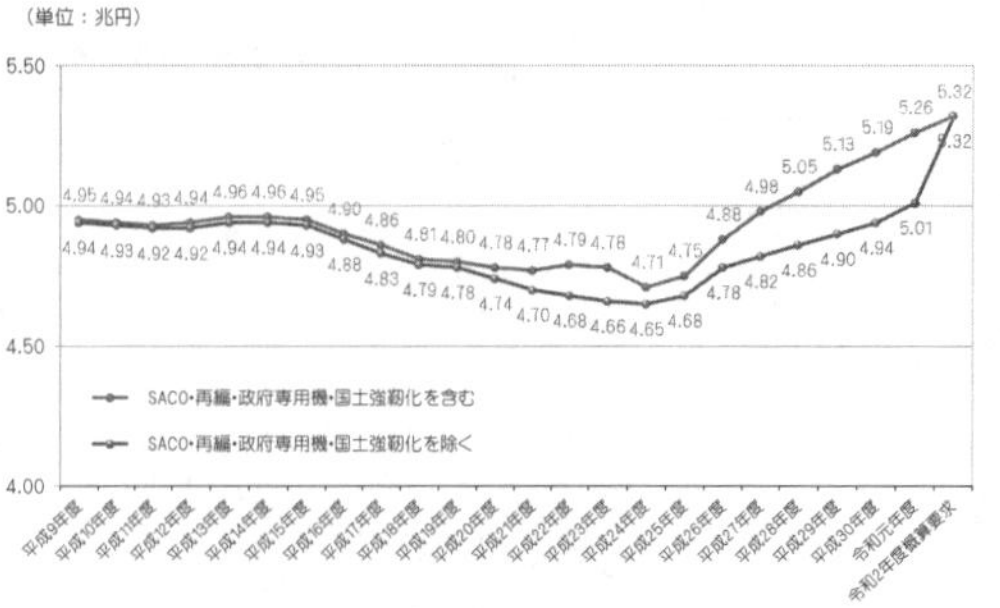

（単位：兆円）

SACO・再編・政府専用機・国土強靭化を含む

SACO・再編・政府専用機・国土強靭化を除く

Ⅱ 領域横断作戦に必要な能力の強化における優先事項

我が国を取り巻く安全保障環境が格段に速いスピードで厳しさと不確実性を増す中、宇宙・サイバー・電磁波を含む全ての領域における能力を有機的に融合し、平時から有事までのあらゆる段階における柔軟かつ戦略的な活動の常時継続的な実施を可能とする防衛力を構築する。

1 宇宙・サイバー・電磁波の領域における能力の獲得・強化

領域横断作戦を実現するため、優先的な資源配分や我が国の優れた科学技術の活用により、宇宙・サイバー・電磁波といった新たな領域における能力を獲得・強化する。

宇宙関連経費524億円※弾道ミサイル防衛関連経費の宇宙関連部分を除く。

（1）宇宙領域における能力強化

○宇宙作戦隊（仮称）等の体制整備

・我が国の宇宙利用の優位を確保するため、航空自衛隊に「宇宙作戦隊（仮称）」を新編（約20名の定員）

・宇宙領域における統合運用に係る企画立案機能を整備するため、統幕指揮通信システム企画課に「宇宙領域企画班（仮称）」を新設

・宇宙領域等の新領域に関する装備品等の導入・維持整備に係る検討体制を強化するため、空幕防衛部に「事業計画第2課（仮称）」を、同装備計画部整備・補給課に「宇宙通信電子システム班（仮称）」を新設

・米国コロラド州の米空軍基地で実施する「宇宙基礎課程」等に要員を派遣し、宇宙全般に関する知見を習得

○宇宙空間の安定的利用を確保するための能力強化等（40億円）

・電磁波領域と連携した相手方の指揮統制・情報通信を妨げる能力に関する調査研究

・我が国の人工衛星に対する電磁妨害状況を把握する装置の取得等の強化（59億円）

○宇宙を利用した情報収集能力等の強化

・宇宙空間での2波長赤外線センサーの実証研究

・高感度広帯域な赤外線検知素子の研究

・人工衛星を活用した警戒監視に係る調査研究

○宇宙設置型光学望遠鏡の整備（33億円）

静止衛星軌道上にあるXバンド防衛通信衛星等の周辺を飛しょうするデブリや不明物体の特性を把握するための宇宙設置型光学望遠鏡の構成品を取得

○宇宙状況監視（SSA）システムの取得（154億円）

米軍および国内関係機関等と連携した宇宙状況監視を行うために必要な関連器材の取得等

○衛星通信の利用（135億円）

・衛星通信システムの抗たん性向上

・Xバンド通信衛星に対応するための装備品等の改修等

・商用通信衛星回線の借り上げ、衛星通信器材の整備・維持等

○画像衛星データ等の利用（101億円）

・画像解析用データの取得（超小型地球観測衛星を含む各種商用衛星等）

・気象衛星情報の利用

・海洋状況監視に資する衛星情報の取得

○その他の宇宙政策に関する取り組み（1・3億円）

・宇宙分野における多国間机上演習等への参加

・宇宙分野における国際規範形成の国際的取り組みへの参画

※弾道ミサイル防衛関連経費（宇宙関連部分のみ）523億円

サイバー関連経費238億円

（2）サイバー領域における能力強化

サイバー防衛隊等の体制強化

○サイバー防衛隊の体制拡充（約220名→約290名）

サイバー防衛能力のさらなる強化を図るため、陸海空自衛隊の共同の部隊であるサイバー防衛隊を約70名増員

○陸自サイバー防護隊（仮称）の新編

陸上自衛隊が管理するシステム・ネットワークを、より効果的に防護する態勢を構築するため、陸上総隊隷下のシステム通信団に「サイバー防護隊（仮称）」を新編

サイバーに関する最新技術の活用

○サイバー情報収集装置の整備（32億円）

防衛省・自衛隊に対するサイバー攻撃手法等に関する情報収集を行うため、サイバー情報収集装置を整備

○サイバー攻撃対処に係るAI適用システムの設計（0・3億円）

不正メール等の自動判別や脅威度の判定にAIを活用

○ネットワーク機器等のサイバーセキュリティーに関する調査研究（0・7億円）

5Gを見据え、防衛省・自衛隊で使用されるネットワーク機器等に必要なサイバーセキュリティー対策についての調査研究を実施

サイバー人材の確保・育成

○米国におけるサイバー戦指揮官要員の教育（0・4億円）

サイバー戦における指揮官の意思決定要領等に関する知見を習得するため、米国防大学等の教育課程を受講

○陸自通信学校および高等工科学校におけるサイバー教育に係る体制整備

サイバー人材を安定的に確保・育成するため、①陸自通信学校に陸海空自衛隊共通のサイバー教育を担任する「サイバー教官室（仮称）」を新設するとともに、②陸自高等工科学校に「システム・サイバー専修コース（仮称）」を新設（令和3年度を予定）するための所要の体制を整備

○サイバーコンテスト「MOD－CTF（仮称）＝注」の開催（0・2億円）

民間人を対象としたサイバーコンテストを開催し、高度サイバー人材を発掘（注）Ministry of Defense - Capture the Flag（旗取り合戦）の略

・システム・ネットワークの充実・強化

○防衛情報通信基盤（DII）の整備（クローズ系）＝76億円

内部侵入等によるサイバー攻撃からの防護のため、防衛情報通信基盤（DII）のクローズ系システムを整備

○システム・ネットワーク管理機能の整備（12億円）

陸自が運用する全てのシステム・ネットワークの状況を一元的に管理し、所要のセキュリティー対策を効率的に実施するシステムを整備

サイバー防衛隊の体制拡充

陸海空自衛隊の定員約70名をサイバー防衛隊に充当し体制を拡充

陸上自衛隊　約50名⇒
海上自衛隊　約10名⇒
航空自衛隊　約10名⇒

（人員）0 50 100 150 200 250 300

H25 H26 H27 H28 H29 H30 R1 R2（年度）

（3）電磁波領域における能力強化

我が国に侵攻する相手方のレーダー等を無力化する装備の研究開発

○スタンド・オフ電子戦機の開発（207億円）

効果的な電波妨害を実施することにより自衛隊の航空作戦の遂行を支援する、スタンド・オフ電子戦機を開発

○対空電子戦装置の研究（38億円）

陸上から電波を放射し、我が国に侵攻する航空機のレーダーを無力化する装置を取得し研究

我が国に対する侵攻を企図する相手方からの電磁波領域における妨害等に際して、その効果を局限する能力の強化

○戦闘機（F35A）の取得（3機310億円）

電子防護能力に優れたF35Aを取得し、航空優勢を確保

その他関連経費（整備用器材等）として、別途482億円を計上

○戦闘機（F35B）の取得（6機846億円）

電子防護能力に優れたF35Bを取得し、戦闘機運用の柔軟性を向上

その他関連経費（整備用器材等）として、別途236億円を計上

○戦闘機（F15）の能力向上

F15を能力向上させ、電子戦能力等を向上

○ネットワーク電子戦システムの取得（1式104億円）

電波の収集・分析および通信の無力化により、作戦を有利に進めるため、陸自のネットワーク電子戦システムを整備

電子戦部隊の体制強化

○新たな電子戦部隊の新編

電磁波領域における作戦能力を強化するため、陸自にネットワーク電子戦システムを導入して「電子戦部隊」を新編

○情報部隊等の改編「艦隊情報群（仮称）」の改編

電磁波情報を含む情報分析機能強化のため、海自「情報業務群」を「艦隊情報群（仮称）」に改編

電磁波に関する情報の収集・分析能力の強化

○艦艇用の電波情報収集機器の能力向上に関する研究（7億円）

電波情報自動識別能力に優れた艦艇用の電波探知装置と電波管理装置を参考品取得し、艦艇の電波情報収集能力の向上に向けた研究を実施

電磁波管理能力の強化

○電磁波情報の可視化による電磁波管理支援技術の研究（9億円）

電子戦等を効果的に遂行し得るよう、電磁波の利用状況を把握し、可視化に資する電磁波管理支援技術の研究に着手

情報通信能力・情報共有態勢の強化

○海上作戦情報処理システムの整備（26億円）

電磁波情報等の迅速な共有を図るため、作戦情報処理システムを整備

○目標情報の迅速な伝達・共有を図るため、艦艇および航空機の戦術データリンクを整備（69億円）

訓練演習、人材育成

○英海軍が実施する図上演習への参加（60万円）

英海軍が実施する電磁波領域を含む総合演習に参加

○電子戦教育装置の換装（2億円）

電磁波領域の能力の維持・強化のため、空自の電子戦教育装置の換装に着手し、効率的な人材育成を図る

○米国で実施する電子戦運用幕僚課程に空自の要員を派遣し、電子戦運用に関する指揮・統制能力を習得（400万円）

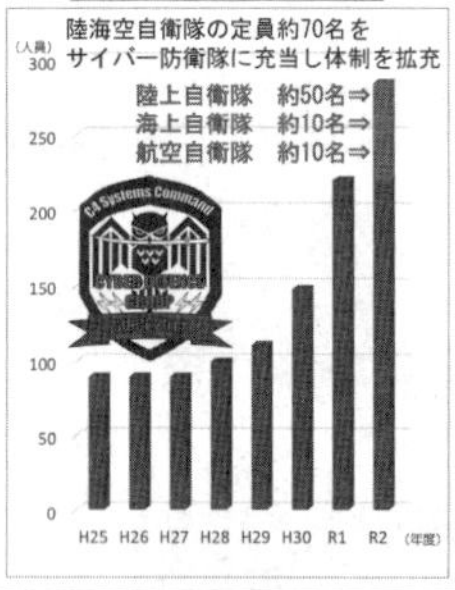

2 従来の領域における能力の強化

領域横断作戦の中で、宇宙・サイバー・電磁波の領域における能力と一体となって、航空機、艦艇、ミサイル等による攻撃に効果的に対処するため、海空領域における能力、スタンド・オフ防衛能力、総合ミサイル防空能力、機動・展開能力を強化する。

（1）海空領域における能力

常続監視態勢の強化

○探知識別能力、飛行性能、情報処理能力等が従来より向上した固定翼哨戒機（P1）を取得（3機637億円）

○固定翼哨戒機（P3C）に機齢延伸措置を実施（7機35億円）

○哨戒ヘリ（SH60K）の取得（7機506億円）

○救難体制を維持するため、SH60Kを救難仕様に改修（3機29億円）

○SH60K（3機）およびSH60J（2機）に機齢延伸措置を実施（5機91億円）

○画像情報収集機（OP3C）の機齢延伸（2億円）

○電子戦データ収集機（EP3）に機齢延伸措置を実施（4億円）

EP3の体制を維持するための機齢延伸措置を実施するにあたり、その前に機体構造の健全性を確認するため、機体の疲労評価を行う

○護衛艦部隊の54隻体制への増勢のため、従来は掃海艦艇が担っていた対機雷戦機能も具備する等、多様な任務への対応能力の向上と船体のコンパクト化を両立した護衛艦「FFM」（30年度型護衛艦5番艦および6番艦＝3900トン）を建造（2隻940億円）

○護衛艦の体制を維持するため、「むらさめ」型、「こんごう」型、「あさぎり」型および「あぶくま」型護衛艦に艦齢延伸措置を実施（艦齢延伸工事7隻および部品調達5隻分83億円）

○潜水艦22隻体制により、我が国周辺の海域における情報収集・警戒監視を有効に実施するため、探知能力等が向上した潜水艦（29年度型潜水艦4番艦＝3000トン）を建造（1隻696億円）

○潜水艦を16隻体制から22隻体制へ増勢するため、「おやしお」型および「そうりゅう」型潜水艦に艦齢延伸措置を実施（艦齢延伸工事3隻および部品調達7隻分24億円）

○機雷への対処能力を向上するとともに船体を木造から耐久性に優れたFRP製に進化させた掃海艦（「あわじ」型4番艦＝690トン）を建造（1隻128億円）

○早期警戒機（E2D）に必要な部品を一括調達により取得（380億円）

○自動警戒管制システム（JADGE）の能力向上（18億円）

○臨時滞空型無人機航空隊（仮称）の新編

滞空型無人機（グローバルホーク）の導入に伴い、装備品の受け入れ・維持管理や教育、運用試験等を円滑に実施可能な体制を構築するため、空自に「臨時滞空型無人機航空隊（仮称）」を新編

○多目的監視レーダーの開発（8億円）

陸自が保有する各種レーダー（低空、沿岸、対迫、対砲）の共通化を図ることにより、量産単価・LCCの低減や補給整備性を向上させるとともに、低RCS（※1）化対応を可能とする多目的監視レーダーを開発する

※四つの既存レーダーを一つに共通化することにより、開発費や将来の整備数量の低減が図られ、全体で約261億円を効率化

（※1）RCS＝Radar Cross Section（レーダー反射断面積）

航空優勢の獲得・維持

○F15へのスタンド・オフ・ミサイルの搭載、搭載弾薬数の増加および電子戦能力の向上等に必要な改修を実施するための関連経費を計上（390億円）

○戦闘機（F2）の能力向上（2機27億円）

周辺諸国の航空戦力の近代化に対応するとともに、各種任務に適切に対応するため、現有戦闘機の能力向上改修、対艦能力の向上およびネットワーク機能の能力向上のための設計等を実施

○空中給油・輸送機（KC46A）の取得（4機1121億円）

○空中給油・輸送部隊1個飛行隊の新編

戦闘機部隊等が各種作戦を広域かつ持続的に遂行するにあたり、空中給油・輸送能力を強化するため、KC46Aを主要装備とする空中給油・輸送部隊1個飛行隊を新編

○護衛艦「いずも」の改修（31億円）

F35Bの発着艦を可能とする部分的な改修を実施

○救難態勢を維持・強化するとともに、多様な事態に実効的に対処し得る態勢を整備するため、UH60Jを取得（8機390億円）

○戦闘機部隊等の体制移行の実施

・航空優勢の確実な維持に向けた態勢を整えるため、戦闘機部隊の体制移行を実施

・F4からF35Aへの機種更新に伴い、百里基地のF4飛行隊を整理し、三沢基地にF35A飛行隊を新編

○防空能力強化のため、陸自に低空目標や高速目標への対処能力を向上させた03式中距離地対空誘導弾（改善型）を取得（1式138億円）

○経空脅威に対して、統合運用により効果的に対処するため、陸自に対空戦闘指揮統制システムを整備（1式32億円）

将来戦闘機

○我が国主導の将来戦闘機の開発（事項要求）

将来のネットワーク化した戦闘の中核となる役割を果たすことが可能な戦闘機について、国際協力を視野に、我が国主導の開発に着手（国際協力を行う場合でも我が国として実施が不可欠な事業を予定）

○戦闘機等のミッションシステム・インテグレーション技術の研究（177億円）

○有人機の支援を行う遠隔操作型支援機の実現に求められる編隊飛行技術や遠隔操作に必要なヒューマン・マシン・インターフェース技術等に関する研究を実施（19億円）

○将来戦闘機の開発を効率的に実施するため、防衛装備庁に「将来戦闘機開発官（仮称）」を新設

海上優勢の獲得・維持

○水中防衛用小型UUV※の導入（76億円）

自衛隊員の安全を確保するため遠隔管制により目標海域に進出し、その場において我が国に侵攻する相手方艦艇を阻止する能力を有するUUVを装備化※UUV＝Unmanned Underwater Vehicle（無人水中航走体）

○ASM－3（改）の開発（161億円）

諸外国の艦艇の近代化に対応するため、超音速飛しょうにより高い残存性を有する空対艦誘導弾の射程延伸等の能力向上を実施

（2）スタンド・オフ防衛能力

○相手の脅威圏外（スタンド・オフ）から対処できるF35Aに搭載可能なスタンド・オフ・ミサイル（JSM）を取得（102億円）

弾道ミサイル防衛関連経費1163億円

（3）総合ミサイル防空能力

○垂直発射装置（VLS）の一括共同調達（422億円）

陸自イージス・アショア（6基）および海自護衛艦（FFM）用のVLS（24基）＝計30基＝等を一括共同調達※長期契約の活用による一括共同調達をすることにより約228億円を効率化

イージス・アショア関連経費（122億円）

・VLSの取得（103億円）

・人材育成経費や調査経費等のその他関連経費（19億円）＝特定の配備地を前提とする経費は計上しない

○弾道ミサイル防衛に使用するSM3ブロックⅡAを取得（303億円）

○PAC3MSEミサイルを運用するため、ペトリオット・システムの能力向上改修を実施（106億円）※これにより令和4年度に全高射隊がPAC3MSE化する予定

○「総合ミサイル防空能力」の強化および将来の経空脅威とこれへの対処の在り方に関する調査研究（0・6億円）

○弾道ミサイル等対処訓練の実施

6機の調達が盛り込まれたF35B戦闘機

（4）機動・展開能力

○航空機等での輸送に適した16式機動戦闘車を取得し、作戦基本部隊（師団・旅団）の機動展開能力を強化（33両243億円）

○現有の155ミリ榴弾砲（FH70）の後継として、19式装輪自走155ミリ榴弾砲を取得（7両47億円）

○重装備を含む部隊や大量物資等の空中機動、航空輸送等を実施し、迅速に部隊を展開できる輸送ヘリ（CH47JA）を取得（3機237億円）

○現有の輸送機（C1）の減勢を踏まえ、航続距離や搭載重量等を向上し、大規模な展開に資する輸送機（C2）用のエンジンを取得（6式227億円）

○将来水陸両用技術の実証装置の研究（22億円）

将来の水陸両用車両技術に係る実証装置を試作し、水際機動能力向上技術、海上高速航行技術および乗員安全性を検証

○部隊配置等に伴う施設整備

・島嶼防衛における初動対処態勢を整備するため、警備部隊等の配置に関連する石垣島の隊庁舎等、宮古島の保良鉱山地区における構内道路等、奄美大島（瀬戸内分屯地）の火薬庫等を整備（237億円）

・陸自オスプレイの拠点整備（佐賀空港関連）に係る設計および造成工事の実施（30億円）

○PFI船舶による統合輸送態勢の強化

○日米共同統合演習（実動演習）の実施

我が国防衛のための日米共同対処要領を実動により演練し、自衛隊の統合運用能力および日米の相互運用性の向上を図る。なお、本訓練に連動して統合通信訓練（実動訓練）を実施し、電磁波領域に係る対処能力等の向上を図る

○統合水陸両用作戦訓練の実施

常時機動する陸上防衛力の充実・発展のための訓練の実施に関連する訓練・演習

○機動師団・旅団を機動展開し、地域の特性に応じた練成訓練を実施して練度を向上するとともに、対処能力の実効性を向上

○水陸機動団の艦艇と連携した南西地域における洋上機動展開および島嶼部等における練成訓練

島嶼部への攻撃をはじめとする各種事態に実効的に対応するため、水陸機動団の水陸両用作戦能力のさらなる充実を図る

○北海道をはじめとする国内や米国・豪州等の国外の良好な訓練基盤への機動展開訓練等

・国外における米軍等との実動訓練

3 持続性・強靭性の強化

平時から有事までのあらゆる段階において、部隊運用を継続的に実施し得るよう、弾薬および燃料の確保、自衛隊の運用に係る基盤等の防護等に必要な措置を推進するとともに、各種事態に即応し、実効的に対処するため、装備品の維持整備に係る取り組みを推進する。

（1）継続的な運用の確保

○航空優勢、水中優勢の確保に必要な対空ミサイル、魚雷の取得（199億円）

○後方支援エリアとして新井地区の用地を取得し、横須賀基地の後方支援機能拡充を推進

○現有小銃の後継として耐環境性、火力性能および拡張性に優れた新小銃を整備（3283丁10億円）

○現有拳銃の後継として操用性に優れた新拳銃を整備（323丁0・3億円）

○小型無人機等飛行禁止法の改正を踏まえ、小型無人機対処器材を整備して対処態勢を強化し、駐屯地・基地等の安全を確保（28億円）

○各級指揮官等が一般情報および目標情報を一元的かつリアルタイムに処理・共有し得るよう各種指揮統制系システムを標準化し、指揮通信基盤を充実（38億円）

○抗たん性の強化のため、航空機の基地内分散に必要な分散パッドを整備（0・4億円）

○滑走路等被害復旧の能力向上に必要な器材の取得（6億円）

○自衛隊施設の老朽化対策および耐震化対策の推進（629億円）

（2）装備品の維持整備に係る取り組みの推進

○装備品の維持整備に必要な経費の着実な確保（9525億円）

○PBL契約活用により調達リードタイムを短縮

・海自MCH101掃海・輸送ヘリの修理等のPBL（196億円）

Ⅲ 防衛力の中心的な構成要素の強化における優先事項

人口減少と少子高齢化が急速に進展する一方、装備品が高度化・複雑化し、任務が多様化・国際化する中、より幅広い層から多様かつ優秀な人材の確保を図るとともに、全ての自衛隊員が高い士気を維持し、自らの能力を十分に発揮できる環境の整備に向けた取り組みを重点的に推進する。

また、軍事技術の進展を背景に戦闘様相が大きく変化する中、我が国の優れた科学技術を生かし、防衛装備につながる技術基盤を強化するため、装備品の研究開発期間の短縮や技術的優勢の確保に向けた取り組みを実施するとともに、必要かつ十分な質および量の防衛力を効率的に確保するため、プロジェクト管理の強化等による費用対効果の向上を図る。

1 人的基盤の強化

（1）優秀な人材確保のための取り組みの推進

募集業務の充実・強化

○採用広報用動画を作成し、各種広報媒体の組み合わせを強化することで、さまざまな方向から採用対象者への採用広報を推進（3億円）

再就職支援の充実・強化

○民間企業等における危機管理部門への再就職職域の拡大を図るため、事業継続管理者等の資格取得に係る職業訓練課目を新設（400万円）

○再就職先のミスマッチ等による早期離職を防止するとともに、再就職先の拡充を図る観点から、退職予定自衛官に対するインターンシップを実施（0・1億円）

その他

○パワー・ハラスメント防止施策の推進（0・1億円）

・部外専門家による指導能力向上プログラム（仮称）

・第三者によるハラスメント相談窓口の設置

（2）女性の活躍、働き方改革の推進および生活・勤務環境の改善

女性職員の採用・登用のさらなる拡大等、女性職員の活躍をさらに推進するとともに、ワークライフバランスの確保のための働き方改革に関する施策の推進や生活・勤務環境の改善を図る。

女性隊員の勤務環境の整備（28億円）

○女性隊員のための施設整備

○艦艇における女性用区画の整備（海自）

○メンター養成研修

○女性自衛官のための部外カウンセラー招へい等

働き方改革のための環境整備（0・5億円）

○働きやすい職場を実現するための勤務環境の改善

職業生活と家庭生活の両立支援（4億円）

○子育て中の隊員が安心して任務に従事できるよう、自衛隊の特殊な勤務態勢に対応するための庁内託児施設を整備

○緊急登庁支援（児童一時預かり）のための備品整備等

国際協力分野における女性の活躍の推進等

○北大西洋条約機構（NATO）ジェンダー関連年次会合等への派遣

意識啓発のための研修・訓練等の実施（0・3億円）

職場における性別に基づく固定的な役割分担意識を解消するとともに、育児・介護等で時間制約のある職員を含む全ての職員が十分に能力を発揮できる職場環境を醸成するための取り組み

○意識改革のためのセミナー等の実施

○男女共同参画推進集合訓練等

○女性職員の活躍紹介・両立支援ハンドブック等の作成・配布

その他の女性の活躍、働き方改革の推進関連事業（0・8億円）

○女性採用対象者向けのパンフレットの作成

○セクシュアル・ハラスメント防止対策の推進等

生活・勤務環境の改善

○隊員が士気高く任務に専念できるよう、老朽化した生活・勤務用備品の更新や日用品等を整備（24億円）

○隊員の生活・勤務環境改善のための自衛隊施設の整備（586億円）

（3）教育・研究体制の充実

防衛研究所、防衛大学校、防衛医科大学校等の教育・研究体制を強化するための施策を実施するとともに、職務に専念できる環境を整備する。

防衛研究所

○国際的な研究交流の強化

新たにフランスの軍事学校戦略研究所（IRSEM）との短期フェローシップにより、研究者を相互派遣し共同研究を実施

防衛大学校

○科学技術の進展および教育研究分野の拡大等に対応するための教育実験用器材の整備（4億円）

防衛医科大学校

○防衛医科大学校の運営改善

教育・研究に必要な症例を質的・量的に確保するため、臨床教育の場および地域医療拠点として、中央診療施設を整備するための基本検討を実施（0・5億円）

○防衛医学に関する研究機能の強化

・自衛隊の部隊運用ならびに防衛医大の教育および研究に資する防衛医学先端研究を実施（3億円）

・基礎研究領域の防衛分野への指向、自衛隊の衛生活動に資する研究へと発展させることを目的とした防衛医学基盤研究の枠組みを新設（0・3億円）

（4）持続的な部隊運用を支える予備自衛官等に係る施策の推進

即応予備自衛官および予備自衛官のより幅広い分野・機会での活用を進めるとともに、予備自衛官等の充足向上のための取り組みを推進する。

○「即応予備自衛官育成協力企業給付金」（仮称）の創設（0・7億円）

自衛官経験のない予備自衛官が即応予備自衛官に任用されるためには、予備自衛官としての訓練に加え、即応予備自衛官として必要な知識・技能を修得するため、所要の訓練（約40日間／3年）が必要。これに伴い、本業を離れる日が増えることから、雇用主の理解および協力を考慮した給付金（56万円／人）を支給

○予備自衛官等の運用の実効性向上を図るため、被服、装具、それらを保管する容器・保管棚の整備の推進（1億円）

（5）衛生機能の強化

各種事態に対応するため、統合運用の観点も含め、第一線から最終後送先までのシームレスな医療・後送態勢の強化として、第一線での患者の救命率を向上させるためのダメージコントロール手術を行う機能の充実を図る。また、自衛隊病院の拠点化・高機能化を進め、効率的で質の高い医療体制を確立するとともに、戦傷医療対処能力向上のための教育体制の充実を図る。

○第一線から最終後送先までのシームレス医療・後送態勢の強化

・DCS（ダメージコントロール手術）および術後の患者管理に必要な資器材の整備（4億円）

・後送途中の患者の看護管理に必要な資器材の整備（0.2億円）

・血液保存用器材の整備（10億円）

・個人携行救急品の規格変更に伴う整備（2億円）

○自衛隊病院の拠点化・高機能化に向けた取り組み

各地区の医療拠点となる病院、医学・航空医学といった特殊な機能を有する病院の整備を着実に推進

・自衛隊病院の集約化に伴う自衛隊入間病院（仮称）建設のための本体工事（53億円）

・自衛隊阪神病院の建て替えのための基本設計（1億円）

・自衛隊福岡病院の建て替えのための調査（0・1億円）

○戦傷医療対処能力向上のための教育・研修

・機上医療教育訓練システムの整備等（8億円）

・救急救命士の能力向上用教材の整備（1億円）

・DCS研修員の育成（0・2億円）

○国際的脅威となる感染症等への対応能力の向上

・感染症に対する専門的知識を有する医官等の育成（400万円）

・重篤な感染症に対する予防接種の推進（2億円）

（6）事務官等の増員

予算の配分の方針（R1・7・31）に新たに重点事項として「安全保障の基盤の強化」が加わったことを踏まえつつ、新防衛大綱・中期防の実施体制の強化のため、自衛隊の業務に必要な事務官等を増員する。

○宇宙・サイバー・電磁波といった新たな領域における能力の強化、人材育成、情報収集・分析を行うための事務官等の増員

○海空領域における能力、総合ミサイル防空能力、機動・展開能力の強化を行うための事務官等の増員

○日米同盟の強化、「自由で開かれたインド太平洋」というビジョンを踏まえた防衛協力・交流を推進していくための事務官等の増員

人口減少と少子高齢化の急速な進展に対応するための体制強化（75億円）

○厳しい採用環境の中で優秀な人材を確保するための事務官等の増員

○地域コミュニティーとの連携に必要な事務官等の増員

2　技術基盤の強化等

（1）技術基盤の強化

戦略的に重要な装備・技術分野において技術的優越を確保するため、新たな領域に関する技術や、ゲーム・チェンジャーとなり得る最先端技術をはじめとする重要技術に対して重点的な投資を行う。

将来有望な先進技術分野への重点化（121億円）

中長期技術見積り（平成28年8月公表）、研究開発ビジョン（令和元年8月公表）において示した以下の重点的な取り組みを実施

○宇宙・サイバー・電磁波といった新たな領域に関する技術

電磁波領域の取り組み

○電磁パルス（EMP）攻撃等への防護技術

電磁パルスを用いて装備品の脆弱性を評価し、EMP攻撃対策のガイドラインを作成

○AIを活用した電波画像識別技術の研究

常時継続的な情報収集・警戒監視活動等を効率的に実施するため、レーダー画像の目標識別へのAIの適用に関する研究を実施

○サイバー防衛の取り組み

・AIを活用したサイバー攻撃対処技術の研究（8億円）

水中防衛の取り組み

○さまざまな環境下における潜水艦の能力を定量的に評価できるモデリング＆シミュレーション技術の研究（21億円）

スタンド・オフ防衛能力の取り組み

○島嶼防衛のため、高速で滑空し、高精度で目標に命中する高速滑空弾の早期装備化に向けて引き続き研究を実施

○研究開発期間の短縮

研究開発プロセスの合理化による研究開発期間の短縮化・経費の低減に向けた取り組みの推進

・先進的な民生技術の積極的な活用

民生先端技術を積極的に取り込み、早期実用化につなげる取り組みおよび安全保障技術研究推進制度の活用を通じて革新的・萌芽的な技術の発掘・育成の取り組みを推進

○新技術の短期実用化の取り組み（8億円）

○革新的・萌芽的な技術の発掘・育成（108億円）

・先進的な民生技術についての基礎研究を公募・委託する安全保障技術研究推進制度を引き続き推進

・国内外の先端技術動向に関する調査・分析等を行うシンクタンク化につなげるための取り組みを推進

（2）装備調達の最適化

装備品の効率的な取得に向け、ライフサイクルを通じてプロジェクト管理の実効性・柔軟性を高め、一層の強化を図るとともに、有償援助調達（以下「FMS調達」という）における価格、納期等の重要性を踏まえ、FMS調達の合理化に向けた取り組み等を推進する。

○プロジェクト管理対象品目の拡大等のため、プロジェクト管理の実効性・柔軟性を向上させるための体制の強化

○プロジェクト管理に関する機能を一元化するため、統合装備計画官からプロジェクト実施に関する総括機能を事業監理官に移管（所掌事務を変更）

○上記に伴い、統合装備計画官を廃止し、統合装備計画官の管理に集中する誘導武器等のプロジェクト管理を担う「事業監理官＝誘導武器・統合装備担当＝（仮称）」を新設

FMS調達の合理化

○防衛装備庁調達企画課に在米の企画立案機能を担う「有償援助調達調整班（仮称）」を新設

・FMSのより効果的、効率的な運用に向けた検討・取り組み

○FMS調達の合理化につなげる取り組みに資するため、米国シンクタンクへ防衛装備庁職員を派遣し、米国シンクタンクをハブとして、FMSカスタマーの国におけるFMS関連の取り組みについて調査・研究を実施（0・1億円）

○部品の維持整備の効率化

・PBL（Performance Based Logistics）契約活用による調達リードタイム短縮

（3）産業基盤の強靱化

装備品の生産・運用・維持整備に必要不可欠である我が国の防衛産業基盤を強靱化するため、装備品等のサプライチェーンの強化に取り組むとともに、我が国の安全保障に資する場合等に装備移転を認め得るとして、適切な海外移転を政府一体として主体的に推進する。

○産業基盤強靱化に向けた支援

・輸入装備品等の維持整備事業等への国内企業の参画に関する調査

諸外国における輸入装備品等の維持整備事業等への当該国の国内企業の参画状況について調査を実施（0・4億円）

○産業基盤の強靱化に向けた企業支援策の検討

産業基盤強靱化への企業の取り組みを支援する施策について検討するための調査を実施（0・3億円）

サプライチェーンの強化

○サプライチェーンに関する恒常的なモニタリング態勢の構築

サプライチェーン調査の結果得られた情報等をもとに、サプライチェーンを構成する企業のリスク情報を把握し、倒産・撤退等のリスクに対応（0・1億円）

○革新的な技術、中小企業等の技術力の発掘・活用

・防衛省・自衛隊や防衛プライム企業とのマッチングのための展示会を通じて、優れた技術・製品を有する中小企業等を発掘（0・1億円）

・3DプリンターやAI等の革新的な技術の防衛装備品への適用可能性を評価（0・9億円）

適切な海外移転の促進

○海外移転の促進に向け、防衛装備・技術協力に関する取り組みを推進

・防衛装備・技術協力の候補となり得る事業の実現可能性調査を実施（2億円）

・国際防衛装備品展示会に出展し、我が国が開発した防衛装備品や中小企業等が有する優れた技術力を発信（3億円）

○情報保全等に関する業務の体制強化

我が国の防衛産業における情報保全の強化のための施策を推進し、また装備品の海外移転に際して重要技術の流出を防ぐため、装備政策部に情報保全等に関する事務を専門的に取り扱う「装備保全管理官（仮称）」を新設

3　情報機能の強化

政策判断や部隊運用に資する情報支援を適時・適切に実施するため、情報の収集・分析等の各段階における情報機能を強化する。

○情報本部等の国際軍事情勢等に関する情報収集・分析能力の強化のため、所要の体制を整備

○各自衛隊・情報本部が収集した広範・多岐にわたる情報を集約し、オールソースアナリシスを実現させるための、共通情報プラットフォームを構築

Ⅳ　大規模災害等への対応

各種の災害に際して、統合運用を基本としつつ、十分な規模の部隊を迅速に輸送・展開して初動対応に万全を期すとともに、対処態勢を強化するための措置を進める。

1　災害対処拠点となる駐屯地・基地等の機能維持・強化

○災害時における機能維持・強化のための耐震化・津波対策の推進（219億円）

○災害対処拠点地区等の整備（入間）＝10億円

2　大規模・特殊災害等に対応する訓練等の実施

○自衛隊統合防災演習（JXR）

○日米共同統合防災訓練（TREX）

○離島統合防災訓練（RIDEX）

3　災害対処に資する装備品の取得等

○07式機動支援橋の取得（1式12億円）

地震、水害等により崩壊した橋梁を一時的に復旧し、被災者の緊急避難および自衛隊ならびに地方自治体等の救援活動を行うため07式機動支援橋を取得

○特殊な災害への備え

・除染セット（除染車）の取得（1両1億円）

・18式個人用防護装備の取得（8000組20億円）

・NBC警報器の取得（1組3億円）

4　防災・減災、国土強靱化のための3カ年緊急対策に基づく措置（事項要求）

○自衛隊の防災関係資機材等および自衛隊施設に関する緊急対策

Ⅴ　日米同盟強化および基地対策等

1　米軍再編関係経費【地元の負担軽減に資する措置】（事項要求）

米軍の抑止力を維持しつつ、沖縄県をはじめとする地元の負担軽減を図るため、在日米軍の兵力態勢の見直し等についての具体的措置を着実に実施する。

在沖米海兵隊のグアム移転

○在沖米海兵隊のグアムへの移転事業

国内での再編関連措置

○沖縄における再編のための事業

○空母艦載機の移駐等のための事業

○緊急時使用のための事業

○訓練移転のための事業

○再編関連措置の円滑化を図るための事業

2　SACO関係経費（事項要求）

○日米安全保障協議委員会（「2＋2」）共同文書による変更がないものについては、引き続きSACO最終報告に盛り込まれた措置（沖縄県民の負担軽減）を着実に実施

3　基地対策等の推進

防衛施設と周辺地域との調和を図るため、基地周辺対策を着実に実施するとともに、在日米軍の駐留を円滑かつ効果的にするための施策を推進する。

（1）基地周辺対策経費（1176億円）

（2）在日米軍駐留経費負担（2010億円）

（3）施設の借料、補償経費等（1538億円）

Ⅵ　安全保障協力の強化

自由で開かれたインド太平洋というビジョンを踏まえ、多角的・多層的な安全保障協力を戦略的に推進するため、自衛隊の能力を積極的に活用し、共同訓練・演習、防衛装備・技術協力、能力構築支援、軍種間交流を含む防衛協力・交流のための取り組み等を推進する。

1　インド太平洋地域の安定化への対応

能力構築支援の推進

○ASEAN全体の能力構築を企図した取り組みの推進

○インド太平洋地域における能力構築支援の推進

防衛協力・交流の推進

○ASEAN域外国を含む拡大ASEAN国防相会議（ADMMプラス）の下での取り組み

○「ビエンチャン・ビジョン」に基づく取り組み

○パシフィック・パートナーシップ2020への参加

○令和2年度インド太平洋方面派遣訓練（IPD）の実施

○ミクロネシア連邦等における日米豪人道支援・災害救援共同訓練

○インドにおける印陸軍との実動訓練（ダルマ・ガーディアン）の実施

2　グローバルな安全保障課題への適切な対応

海外での活動能力の強化

○多国間訓練（カーン・クエスト）への参加

○多国間訓練への参加

得意分野を生かした国連・友好国への国際協力

○アフリカ諸国等のPKOセンターへの講師等派遣

○ジブチ軍に対する災害対処能力強化に係る能力構築支援

○国連PKO支援部隊早期展開プロジェクト

海洋安全保障の確保

○ソマリア沖・アデン湾における海賊対処

自衛官定数等の変更

（単位：人）

	令和元年度末	令和2年度末	増△減
陸上自衛隊	158,758	158,676	△82
常備自衛官	150,777	150,695	△82
即応予備自衛官	7,981	7,981	0
海上自衛隊	45,356	45,329	△27
航空自衛隊	46,923	46,943	20
共同の部隊	1,350	1,418	68
統合幕僚監部	376	382	6
情報本部	1,918	1,932	14
内部部局	48	49	1
防衛装備庁	406	406	0
合計	247,154 (255,135)	247,154 (255,135)	0 (△0)

注1：各年度末の定数は予算上の数字である。
注2：各年度の合計欄の下段（　）内は、即応予備自衛官の員数を含んだ数字である。

主要な装備品

区分				令和元年度調達数量	令和2年度調達数量	令和2年度金額（億円）
航空機	陸自	新多用途ヘリコプター（UH－X）		6機	—	—
		輸送ヘリコプター（CH－47JA）		—	3機	237
	海自	固定翼哨戒機（P－1）		—	3機	637(400)
		固定翼哨戒機（P－3C）の機齢延伸		（5機）	（7機）	35
		哨戒ヘリコプター（SH－60K）		—	7機	506(79)
		哨戒ヘリコプター（SH－60K）の機齢延伸		（3機）	（3機）	72
		哨戒ヘリコプター（SH－60J）の機齢延伸		（2機）	（2機）	19
		画像情報収集機（OP－3C）の機齢延伸		—	（1機）	4
		電波情報収集機（EP－3）の機齢延伸		—	—	2
	空自	戦闘機（F－35A）		6機	3機	310
		戦闘機（F－35B）		—	6機	846
		戦闘機（F－2）空対空戦闘能力の向上	改修	（—）	—	—
			部品	（7式）		
		戦闘機（F－2）の能力向上		（—）	（2機）	1(26)
		戦闘機（F－15）の能力向上		（2機）	—	390
		輸送機（C－2）		2機	—	227
		早期警戒機（E－2D）		9機	—	380
		早期警戒管制機（E－767）の能力向上	改修	（1機）	（—）	0
			部品	（—）	（—）	
		空中給油・輸送機（KC－46A）		—	4機	1121
		救難ヘリコプター（UH－60J）		—	8機	390(16)
		滞空型無人機（RQ－4Bグローバルホーク）		1機	—	—
艦船	海自	護衛艦		2隻	2隻	940(2)
		潜水艦		1隻	1隻	696(1)
		掃海艦		—	1隻	128(2)
		「あさぎり」型護衛艦の艦齢延伸	工事	（2隻）	（3隻）	1
			部品	（—）	（1隻）	
		「あぶくま」型護衛艦の艦齢延伸	工事	（1隻）	（3隻）	1
			部品	（—）	（—）	
		「こんごう」型護衛艦の艦齢延伸	工事	（—）	（1隻）	42
			部品	（2隻）	（2隻）	
		「むらさめ」型護衛艦の艦齢延伸	工事	（—）	（1隻）	39
			部品	（—）	（3隻）	
		「おやしお」型潜水艦の艦齢延伸	工事	（4隻）	（3隻）	24
			部品	（3隻）	（5隻）	
		「そうりゅう」型潜水艦の艦齢延伸	工事	（—）	（—）	1
			部品	（—）	（2隻）	
		「ひびき」型音響測定艦の艦齢延伸	工事	（—）	（1隻）	7
			部品	（2隻）	（1隻）	
		「とわだ」型補給艦の艦齢延伸	工事	（1隻）	（1隻）	2
			部品	（—）	（—）	
		護衛艦CIWS（高性能20mm機関砲）の近代化改修	工事	（5隻）	（3隻）	0.6
			部品	（4隻）	（4隻）	
		「あさぎり」型護衛艦の戦闘指揮システムの近代化改修	工事	（2隻）	（3隻）	13
			部品	（—）	（—）	
		「たかなみ」型護衛艦の戦闘指揮システムの近代化改修	工事	（—）	（—）	7
			部品	（—）	（2隻）	
		「むらさめ」型護衛艦の戦闘指揮システム電子計算機等更新	工事	（2隻）	（—）	38
			部品	（—）	（4隻）	
		「あきづき」型護衛艦の戦闘指揮システム電子計算機等更新	工事	（—）	（—）	37
			部品	（1隻）	（2隻）	
		「ひゅうが」型護衛艦の戦闘指揮システム電子計算機等更新	工事	（—）	（—）	20
			部品	（1隻）	（1隻）	
		「いずも」型護衛艦の戦闘指揮システム電子計算機等更新	工事	（1隻）	（—）	9
			部品	（1隻）	（1隻）	
		「おやしお」型潜水艦の戦闘指揮システムの近代化改修	工事	（—）	（—）	—
			部品	（—）	（—）	
		「おおすみ」型輸送艦の能力向上	工事	（—）	（—）	3
			部品	（1隻）	（1隻）	
		潜水艦救難艦「ちはや」の改修	工事	（—）	（1隻）	7
			部品	（1隻）	（—）	
誘導弾	陸自	03式中距離地対空誘導弾（改）		1個中隊	1個中隊	138(25)
火器・車両等	陸自	新小銃		—	3283丁	10(1)
		新拳銃		—	323丁	0.3
		対人狙撃銃		6丁	8丁	0.3
		60mm迫撃砲（B）		6門	6門	0.2
		120mm迫撃砲RT		12門	6門	3
		19式装輪自走155mmりゅう弾砲		7両	7両	47
		10式戦車		6両	12両	166
		16式機動戦闘車		22両	33両	243
		車両、通信器材、施設器材　等		344億円	—	497
BMD	陸自	陸上配備型イージス・システム（イージス・アショア）		2基	—	—
	海自	イージス・システム搭載護衛艦の能力向上		2隻分	2隻分	17
	空自	ペトリオットシステムの改修		12式	8式	106

注1：元年度調達数量は、当初予算の数量を示す。
注2：金額は、装備品等の製造等に要する初度費を除く金額を表示している。初度費は、金額欄に（　）で記載（外数）。
注3：調達数量は、令和2年度に新たに契約する数量を示す。（取得までに要する期間は装備品によって異なり、原則2年から5年の間）
注4：調達数量欄の（　）は、既就役装備品の改善に係る数量を示す。
注5：戦闘機（F－2）空対空戦闘能力の向上、早期警戒管制機（E－767）の能力向上、輸送機（C－130H）への空中給油機能付加、護衛艦CIWS（高性能20mm機関砲）の近代化改修、護衛艦および潜水艦の戦闘指揮システムの近代化改修、護衛艦の戦闘指揮システム電子計算機等更新、「おおすみ」型輸送艦の能力向上、潜水艦救難艦「ちはや」の改修調達数量については、上段が既就役装備品の改修・工事役務の数量を、下段が能力向上に必要な部品等の数量を示している。また、艦齢延伸等に係る措置の調達数量については、上段が艦齢延伸等工事の隻数を、下段が艦齢延伸等に伴う部品の調達数量を示す。
注6：イージス・システム搭載護衛艦の能力向上の調達数量については、「あたご」型護衛艦2隻のSM－3ブロックⅡAを発射可能とする改修にかかる隻数を示す。
注7：陸自の誘導弾の金額は、誘導弾薬取得に係る経費を除く金額を表示している。
注8：ペトリオットシステムの改修の令和2年度の金額は、8式分のバージョンアップ改修のほか、発射機の改修を含む。

Ⅶ　効率化・合理化への取り組み

組織・装備最適化プロジェクト

昨年12月に策定された新たな大綱・中期防を踏まえ、以下の取り組みを実施することにより、防衛力整備の一層の効率化・合理化を徹底する。本取り組みのうち、経費の効率化が見込まれるものとして約2653億円の縮減を図る。

1　組織・定員の合理化

既存部隊の廃止や部外委託等を進めることにより、全自衛隊で定員配置を見直し、宇宙・サイバー・電磁波といった新たな領域に人員を重点配分する（約550名）

2　事業等に係る見直し【縮減見込額937億円】

重要度の低下した装備品の運用停止や、費用対効果の低いプロジェクトの見直し・中止、維持・整備方法の見直しにより、コストの効率化を追求する

・輸送ヘリ（CH47J）のエンジン改修数量の見直し（縮減見込額20億円）

3　仕様の共通化・最適化【縮減見込額542億円】

モジュール化・共通化や民生品の使用・仕様の見直しにより、装備品の構成について見直しを行い、開発、取得にかかる期間を早期化するとともに、ライフサイクルコストの削減を図る

・多目的監視レーダー　従来4機種あったレーダーを1機種に統合するレーダーを開発（縮減見込額261億円）

4　一括調達・共同調達による効率化【縮減見込額346億円】

装備品のまとめ買いや、陸海空自衛隊に共通する装備品の機体構成品等の共同調達により、価格低減とコストを削減する

・SH60K、UH60Jの共同調達　計15機（縮減見込額127億円）

・KC46A　4機（縮減見込額107億円）

・CH47JA　3機（縮減見込額28億円）

5　長期契約を活用した装備品等および役務の調達【縮減見込額279億円】

5カ年度を超える長期契約の活用により、調達コストの縮減と安定的な調達を追求する

・VLSの一括共同調達＝縮減見込額228億円

・F15の機体構成品の包括修理、一定数量の構成品の修理をまとめて契約することによるコスト縮減（7国）＝縮減見込額51億円

6　原価の精査等【縮減見込額550億円】

装備品等について、価格や経費の精査等の取り組みを通じて価格低減を追求する

7　収入の確保の検討

病院収入、国有財産利用収入、用途廃止となった物品等の売払いなどの取り組みを通じて収入の確保を図る

Ⅷ　その他

1　編成・機構定員関連事業

各種事態における実効的な抑止および対処等に対応するため、各種部隊改編関連事業等を実施する。

○自衛官実員の増員要求

○機構定員関連事業

・防衛大綱に掲げられた多角的・多層的な安全保障協力を戦略的に推進すべく、「自由で開かれたインド太平洋」というビジョンも踏まえ、拡大する防衛協力・交流業務を迅速かつ的確に実行し、持続可能な体制の下、諸外国との安全保障協力を実行するため、防衛政策局に「参事官（仮称）」を新設

2　公文書管理等の適正の確保のための取り組み

○公文書管理の適正性の確保に必要な体制を整備するため、所要の増員を実施

○情報公開業務を適正かつ効率的に実施するための体制を充実

3　税制改正要望

○航空機騒音対策（移転措置）事業に係る事業用資産の買い換え等の特例措置の延長【所得税・法人税】

○ACSAに基づく免税軽油の提供時における課税免除の特例措置の拡充【軽油引取税】

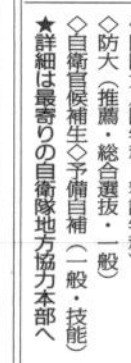

多様な職種をPR

全国の地本はこの夏、休みに入った生徒たちを引率し、各方面隊などが企画する3自衛隊統一の広報イベントに参加した。生徒らは陸・海・空自の各駐屯地、基地などを巡り、"働く場"としての自衛隊を体感。地本では生徒たちに入隊後のイメージをより具体的に持ってもらうことで、「意思固め」にもつなげている。

3自統合広報で志望者増へ

90式戦車などに試乗　北部方面隊主催「ノーザンスピリット19」

【札幌】地本は8月3〜5日、北部方面隊が主催した広報イベント「ノーザンスピリット19」に高校生・専門学生ら131人を引率した。

3自衛隊の職場を一度に見ることができるイベントで、生徒たちは東千歳駐屯地で陸自の90式戦車に試乗したほか、苫小牧港では護衛艦「ゆうだち」の体験航海、さらに空自千歳基地ではCH47J輸送ヘリの体験飛行や政府専用機の研修も行い、各部隊では自衛官から直接それぞれの仕事のやりがいなどを聞き、3自衛隊に多様な職種があることを体感した。

これまでは広報官の説明などで自衛隊をイメージしていた生徒たちだったが、実際に部隊を研修し、将来、自分がその中で働くことを想像して気持ちを高めていた。

今回、参加した131人は同世代ということもあり、3日間寝食を共にすることで親睦を深め、それぞれの将来に対する夢や希望を語り合っていた。

「ノーザンスピリット19」を終えた参加者は「隊員の方々が親切にしてくださり、厳しい自衛隊のイメージが変わった」「実際に生活を体験できたことで任務や活動を具体的に知り、自衛官になる意欲がわいた」と入隊への決意を固めていた。

札幌地本は今後も各種イベントを活用し、生徒たちから自衛隊を就職先に選んでもらえるよう、自衛隊の魅力を積極的に発信していく。

北方の「ノーザン・スピリット」で90式戦車に体験試乗した生徒たち（8月4日、東千歳駐屯地で）

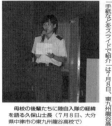

「自衛官になって再会」約束　宮崎　研修を通じ、友情深める

【宮崎】地本は7月21、22の両日、西部方面隊が主催する統一募集広報「パワーアドベンチャー」に高校生18人を引率した。

初日は福岡県の門司港で護衛艦「あさぎり」の艦内見学や制服の試着を体験、さらに乗員からロープ技術なども学んだ。海自を目指している生徒は「やっぱり海自がいい！護衛艦は想像以上にかっこ良かった！」と笑顔を見せていた。

その後、一行は空自築城基地へ。悪天候で体験搭乗は中止になったが、参加者は普段は立ち入ることのできない管制塔やレーダー管制室なども見学。最新の消防車見学では消防服も試着し、その重さに驚いていた。

2日目は小倉駐屯地で軽装甲機動車に試乗後、新隊員の訓練風景を見学した。

参加者は「訓練はキツそうだけど、入隊して頑張ってみたい」と将来に思いを馳せていた。

ツアー中、最初は遠慮がちだった生徒たちも、2日間を一緒に過ごしてすっかり仲よくなった。別れる前、「次は同じ故郷の同期として、切磋琢磨し合える自衛官として会おう」と交わす参加者もいた。

「自衛隊のイメージ変わった」　静岡　高校生が土嚢作りなど職場体験

【静岡】地本は7月24日、滝ヶ原駐屯地で高校2年生7人の職場体験を実施した。

いずれも沼津市の飛龍高校と御殿場市の御殿場高校の生徒たちで、さっそく体操服に着替え、水害を防ぐ土嚢作りを体験。隊員から指導を受けて袋に土を詰め、災害時の対処法についても学んだ。

午後は資料館で駐屯地の歴史を学んだ後、96式装輪装甲車に乗り、駐屯地内を体験走行した。最後に三角巾の使い方や捻挫した時の対処法など「自助ライフハック」のノウハウも学んだ。

参加した生徒は「災害派遣活動の一部も体験でき、充実した時間を過ごせた」「隊員の方はたくましく優しくて、印象が変わった」などと話していた。

西方の広報イベント「パワーアドベンチャー」で空自の消防車を研修する生徒たち（7月21日、築城基地で）

ただいま募集中！
◇防医大（医学科・看護学科）
◇防大（推薦・総合選抜・一般）
◇自衛官候補生◇予備自補（一般・技能）
★詳細は最寄りの自衛隊地方協力本部へ

隊員が高校生に職業講話

青森　地本長、やりがいアピール
大分　母校の後輩に志望動機紹介

【青森】木村政和地本長は7月18日、青森県立中里高校で自衛隊についての「職業講話」を実施した。当日は自衛隊を含め20職種の社会人講師が招かれ、中里高のほか各校から中学・高校生計183人が参加した。

木村地本長は自衛隊を選んだ人の生の声に加え、東日本大震災時の活動中の写真や、被災した子供から自衛隊に贈られた「日本を助けてください」と書かれた手紙などをスライドで紹介し、「自衛隊だからこそできる、自衛隊にしかできない仕事がある。大切な家族や仲間を守りたい気持ちがある人にはぴったりの仕事です」とやりがいについて話した。

さらに自身の経験を踏まえ、「周りの声はあくまでも助言。自分で見て、聞いて、自分でよく考えて決めてください」とエールを送った。

高校生からの質問に答える木村青森地本長（左奥）＝7月18日、青森県立中里高校

【大分】宇佐地域事務所は7月8日、東九州龍谷高校（中津市）の進路講演会に参加した。

講演会は同校の卒業生を招聘し、在校生の職業選択に役立てている。地本からは久保山瑠依士長が派遣され、1年生203人に対して講演を行った。

久保山士長は自衛官の進路決定に至るまでの経緯、入隊の動機となった恩師への感謝の気持ちなどを紹介し、「先生の教えを真剣に聞いて、何事も全力でチャレンジすることが重要です。また、学校生活を楽しんでください」とアドバイスを送った。

話を聞いた生徒からは、「進路を真剣に考えようと思った」「久保山先輩のように、私も自衛官になってがんばりたい」といった感想が聞かれた。

母校の後輩たちに陸自入隊の経緯を語る久保山士長（7月8日、大分県中津市の東九州龍谷高校で）

女性限定で「説明会」

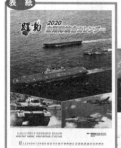

福島県立光南高校　「いろんな話聞けて楽しい」

【福島】白河地域事務所は7月9日、福島県立光南高校で女子生徒限定の「女子会」を開催した。

同校での説明会は今年度3回目だが、今回は"女子会"形式で14人の女子生徒が参加。隊員が自衛隊の概要、職種・職域などを説明した。その後座談会に移り、生徒と女性隊員が話をした。

生徒たちは「自衛隊ではどんな仕事が女子に人気なんですか」「入隊して良かったことは」などと質問、隊員が丁寧に回答した。

終了後、生徒たちは「いろいろな話を聞けて楽しかった。女性ならではの話ができた」と笑顔を見せていた。

女子限定の募集説明会「女子会」に参加した生徒たちと白河所の広報官（7月9日、福島県立光南高校で）

入隊への不安を払拭　山梨　曹候補生合格者説明会

【山梨】地本は8月4日、令和元年度の一般曹候補生採用試験合格者ら18人とその家族に対する説明会を甲府合同庁舎で開いた。説明会は入隊に対する不安の払拭を目的に行われ、最初に三宅正章地本長が合格者を祝う言葉を述べた。

この後、事前のアンケートで要望が多かった①体力面②教育隊での生活③自衛官の日々の仕事内容④部隊などについて説明。続いて合格者は陸・海・空の部隊から訪れた若手隊員や地本の広報官から、それぞれの生活や体験談などを聞いた。

家族に対しては、山梨県自衛隊家族会の会員が両親の不安を解消すべく説明に当たった。

6人に地本長がエール　鹿児島　入隊予定者の激励会

【鹿児島】鹿児島募集案内所は8月5日、第2地方合同庁舎で開かれた「鹿児島市・日置市自衛隊入隊予定者壮行激励会」（家族会主催）を支援した。

8・9月に入隊予定の若者6人とその家族の計9人が参加。最初に地区家族会の会長が「国防という崇高な任務に就く自衛官の職業に敬意を表します」とあいさつ。[illegible]地本長が「入隊おめでとう。[illegible]頑張ってください」と6人を激励した。

[illegible]

予定者が「国民から信頼されるような立派な自衛官になります」と力強く抱負を述べた＝写真。

介護施設でブース開設　車両展示が人気　山口

【山口】地本は7月27日、柳井市の介護施設「ゆうわ苑」で開かれた納涼祭に広報ブースを開設した。

猛暑の中、家族連れや学生が訪れ、自衛隊車両（パジェロ）の性能などについて隊員に質問した。このほか災害派遣（熊本地震、西日本豪雨）のパネル写真も注目され、多くの来場者が足を止めて写真に見入り、災害発生時の自衛隊の人命救助活動に理解を深めていた。

採用試験対策で夏期講習　臨時勤務隊員と広報官が講師　鳥取

【鳥取】鳥取募集案内所は8月6日、採用試験への準備と若手隊員との交流を目的に、採用試験対策「夏期講習会」を開催した。

講習会には高校生5人が参加。講師は地本臨時勤務の渡邉ゆか士長（8普連）と[illegible]が務めた。[illegible]

講習を終えた生徒たちは「丁寧にやさしく教えてもらえ、自信がついた」「勉強以外にも部隊での話を聞けて、入隊後のイメージがふくらんだ」などと語っていた。

東京地本長に岸良陸将補

8月23日付の異動で、東京、熊本両地本長が交代した。新任本部長の略歴は次の通り。

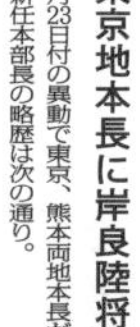

岸良 知樹（きしら・ともき）陸将補　東京地本長　防大38期。平成6年陸自。20年2佐、25年1佐、令和元年将補。陸幕教育訓練計画課企画班長、4特群長などを経て、29年8月陸幕補任課長。鹿児島県出身。47歳。

仲西 勝典（なかにし・かつのり）1陸佐　熊本地本長　防大37期。平成5年陸自。19年2佐、24年1佐。陸幕補任課人事1班長、10施群長などを経て、29年8月陸幕総務課長。福岡県出身。48歳。

IDRC出場選手の激励会で記念撮影に納まる出席者。前列は左から尾崎義典IDRC準備室長、小田副会長、中谷会長、堀口主将、松尾勝博HC、岡部副会長（8月28日、習志野駐屯地講堂で）

国際防衛ラグビー選手34人
中谷・元大臣ら激励
「かけがえのないもの得られるよう」

ラグビーW杯に先立って行われる国際防衛ラグビー競技会（IDRC）に挑む自衛隊代表選手を8月28日、習志野駐屯地で「自衛隊ラグビーを強くする会」（BOB）の中谷元会長（元防衛相）らが激励した。

激励に訪れたのは自衛隊のラグビー経験者らでつくるBOBの中谷会長、岡部俊哉副会長（元陸幕長）、小田原卓也副会長（元空幹校長）と選手選考に当たった出席者ら11人。中谷会長は34人の選手たちを「ラグビーは魅力があるスポーツでいろいろなことを教えてくれる。大会を通して、かけがえのないものを得られるよう頑張ってほしい。無事に成果を出していただくことを心から祈念します」と激励した。堀口主将（3海曹、下総）は選手を代表して「9月1日の初戦を突破するために、激しい訓練に日々懸命に取り組んでいます。今後とも変わらぬご支援をよろしくお願いします」とあいさつした。

激励後、中谷会長は朝雲新聞社の取材に応え、「陸海空全自衛隊から選抜されたチームでそれぞれの選手が体格、気力、迫力を持ち、頼もしく感じる。ぜひ練習の成果を発揮し各国といい試合をしてほしい」と期待を寄せた。

今回で3回目となるIDRCは日本を含む10カ国が参加し、9月9～23日に朝霞駐屯地、習志野演習場、千葉・柏の葉公園総合競技場で行われる。

練習試合で快勝
代表チームが大会直前合宿

IDRCに挑む自衛隊代表チームは8月28日、習志野駐屯地で大会直前合宿に入った。9月14日まで。9月1日には同演習場でトップリーグ・ディビジョン2に加盟する丸和運輸と練習試合を行い、快勝した。

歌舞伎の隈取りを胸に描いた精かんなユニフォームを身に付けた「ディフェンス・ブロッサムズ」（自衛隊代表愛称）。全4回の合宿を経て、当初の86人から34人に絞り込まれた選手（IDRC登録メンバー）たちが、攻守で鍛成成果を発揮した。

前半の序盤、平野伸介陸士長（習志野）がペナルティーキックを決め先制。後半に入ると、ラインアウトからモールをつくってフォワードが押し込み、立て続けに2トライを挙げた。さらに長谷部孝志3陸曹（船岡）の好キックを前時翔3陸曹（習志野）がキャッチし、ライン左隅へトライ。25―12で勝利した。

松尾勝博ヘッドコーチは、アタックの選択ミス、ブレイクダウン（タックル後のボール争奪戦）時の対応などを反省点に挙げた。ディフェンスの甘さも挙げ、特に終了直前にトライされたことに触れ、「守り切れなかった。ワンプレーで逆転されることもある」と、最後まで気持ちを緩めないよう求めた。

前半に10点（2キック、1トライ）を挙げる活躍を見せた平野士長は試合後、「キックはまだ改善できる。角度があるところからも決められるようにしたい」と語った。

チームは先発メンバーを確定させ、9月15日に初戦（フランスとパプアニューギニアの勝者）に臨む。

大会直前合宿の丸和運輸との練習試合後半に左サイドを駆け上がる自衛隊代表の前時翔3曹（右）＝9月1日、習志野演習場で

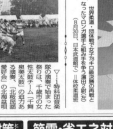

九州北部大雨　3自衛隊が災害派遣
孤立住民　ボートで救出
病院支援、救援物資の輸送も

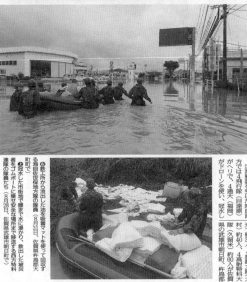

記録的な大雨に襲われた佐賀県では各地で浸水被害が発生し、山口祥義知事は8月28日午前8時4分、陸自西方混成団長に人命救助などの災害派遣を要請した。これを受けて陸自西方の各部隊が直ちに被災地に入り、武雄市などで孤立した住民をボートで救出。一方、冠水した杵島郡大町町では鉄工所から油が流れ出し、広域を汚染。これを回収するため海自佐世保地方隊などがオイルフェンスを設置し、現在も3自衛隊の隊員約300人が油の除去作業に従事している。このほか3自衛隊は病院の支援、救援物資の輸送、廃棄物の集積、給食・入浴支援などに当たっている。

（1面に関連記事）

災派要請を受けた陸自西方では4飛行隊（目達原）がヘリで、4通大（福岡）がドローンを使い、冠水した被災地を上空から偵察。孤立住宅地を確認した後、西方特科連隊4大隊（久留米）約30人、4施設大隊（大村）約40人、4高射特科大隊（久留米）約60人が佐賀県の武雄市朝日町、杵島郡大町町などの被災地に入り、ボートを使って孤立住民の救出や食糧など救援物資の輸送に従事した。

大町町では順天堂病院も被災し、被害の拡大を防ぐため隊員たちが土のう約900個を用意して防水堤を構築したほか、病院に水や食料などを輸送した。

水が引き始めた30日以降は、浸水した家庭から出た廃棄物を回収し、これを集積する支援活動も実施している。このほか4後方支援連隊（福岡）などは、武雄市、大町町内に野外風呂を開設し、被災住民のための入浴支援も開始した。

㊨鉄工所から流出した油を吸着マットを使って回収する海自佐世保地方隊の隊員（8月31日、佐賀県杵島郡大町町で）
㊤冠水した市街地で腰まで水に浸かり、救出した被災者をゴムボートに乗せ安全な場所まで移送する西方特科連隊の隊員たち（8月28日、佐賀県武雄市朝日町で）

鉄工所から油が流出
佐世保地方隊などが回収

冠水した佐賀県杵島郡大町町では、鉄工所から焼入油が流れ出し、地域一帯を汚染する災害が発生した。

これには海自佐世保地方隊の隊員約20人が対処し、油による汚染拡大を防ぐため、地元消防などと共同してオイルフェンスの構築作業に従事した。

隊員たちは順天堂病院の近くにフェンス120メートルを展張して油の流入を防いだ後、油吸着マットを使って油の回収作業に当たった。その後、陸自の西方特科連隊、16普連（大村）、空自西部航空方面隊（春日）などの隊員も加わり、300人態勢で油回収作業を実施している。

30、31日には空自3輸空（美保）のC2輸送機が埼玉県で調達した大量の油吸着マットを入間基地から佐賀空港まで空輸した。

3自衛隊の災害派遣規模は9月2日現在、陸・海・空自約40部隊から延べ約2000人（連絡幹部なども含む）。

体校濵田2尉が銀
世界柔道 女子78キロ級
「気負わず戦えた」

世界柔道選手権東京大会が8月25日から9月1日まで、東京都千代田区の日本武道館で行われ、女子78キロ級で体育学校柔道班（朝霞）の濵田尚里2陸尉が銀メダルを獲得した。

大会は男女各7階級の個人戦と、東京五輪で初めて実施される男女混合団体戦（男女3人ずつの6人制）で競われた。

初優勝を飾った昨年の大会（アゼルバイジャン）に続き、世界選手権2連覇を目指して臨んだ濵田2尉は、酒井英幸柔道班監督譲りの圧倒的な寝技も駆使して、勝ち上がった。

初戦（2回戦）、3回戦を一本勝ち。準々決勝はパトリシア・サンパイオ選手（ポルトガル）から上四方固めで同じく一本を奪った。

欧州王者のクララ・アポテカル選手（スロベニア）との準決勝は、相手の投げをかわして抑え込み、巧みに右腕を固め開始42秒、腕ひしぎで一本勝ちした。

決勝はマドレーヌ・マロンガ選手（仏）と対戦。巴投げから寝技に持ち込もうとしたが外された。さらに大外刈りをかけにいったところを返され（大外返し）、一本を奪われ、惜しくも敗れた。

2連覇は成らなかったものの堅実な強さで銀メダルを獲得した濵田2尉。自身、そして体校柔道班初の五輪出場に向けて、「気負わず戦えたが、最後に負けたのは残念。練習してきたことは出せた。もう一段階強くならないと勝てない（優勝できない）。またしっかり練習していきたい」と決意を新たにした。

世界柔道・団体戦で女子78キロ級決勝の再戦となったマロンガ選手と組み手を争う濵田2尉（左）（8月30日、日本武道館で）＝体校柔道班

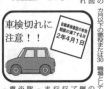

こちら警務隊　交通犯罪　その①
うっかりミスで済まぬ　無車検運行は免停処分

車検が切れた状態で車を運転したらどうなりますか？

車検は、車両を定期的に検査してその安全性の確保および公害防止を図るものであり、車検切れでの走行は大変危険です。

車検が切れた自動車で公道を走行した場合、道路運送車両法違反により、6カ月以下の懲役または30万円以下の罰金に処せられます。また、無車検運行の行政処分として違反点数6点が付され、免許停止処分となります。

うっかりミスを防ぐためにも、各人の自動車検査証の有効期限を確認し、職場でも各人の車検期限を掌握・指導してダブルチェックを行い、無車検運行の絶無を図りましょう。

（東北方面警務隊）

※次回は「自賠責保険法違反（無保険）」

自動車検査証の有効期間の満了する日　2年4月1日
車検切れに注意！！

小休止

▽…北千歳駐屯地はこのほど、同駐屯地OB会（岡昭雄会長）との共催で「北部隊夏まつり」を行った。市民ら約2100人が来場した。

▽…1特科団音楽隊の演奏で始まった祭りは、千歳市の女性太鼓チーム「千舞泉美太鼓」の迫力ある演奏、「北桜民謡愛好会」の北海盆唄に合わせた防衛協会女性部の先導による子供踊り、さらに部隊対抗踊り＝写真＝と続いた。

▽…駐屯地曹友会が準備したお化け屋敷では、子供たちが恐る恐る中に入り、趣向を凝らしたお化けに驚き、大喜びしていた。約1500個の餅まきも行い、祭りは盛会のうちに幕を閉じた。

（北千歳）

朝雲・栃の芽俳壇

畠中草史 選

鵙の贄乾ききる性我に似て　館山・海OB　斎藤　一向

鵙は捕えた虫や蛙を木の枝に突き刺しておき往々に忘れる。それが自身にもあるという。

免許証の返納揺らぐ梅雨深し　熊谷・空OG　高橋ふみ子

高齢者による車の事故が絶えず、免許証の返納に悩んでいる。季節の鬱陶しさが錯綜する。

湾曲の地球岬の夏の潮　江別・陸OB　鎌田日出雄

すれちがふ香水にふと振り返る　相模原・一般　森　謙二

[illegible]を裂き光芒の梅雨[illegible]　宮崎・空OB　高木　智念

枝豆を食みて憎まれ口たたく　浦安・陸OG　川端　初枝

噴水のしぶける街に子ら遊ぶ　あきる野・一般　小和田一男

登山道岩にペンキの道標　浜松・空OB　宮本　立男

炎昼の石壇に眠く街の声　大津・陸OB　丸岡　正男

白芙蓉咲きて静かな浄土寺　浜松・空OG　鈴木和歌恵

秋暑し漁網の匂ふ港の路地　横浜・空OB　永澤　功

遠花火瞬き家並み涼しくす　西東京・空OB　水島　孝雄

トラクターゆく畝代ある畑の夏　熊谷・空OB　関田　絹江

山間に目覚めて蜩の時雨かな　仙台・陸OB　加川　師亨

園児等の七夕竹の文字踊る　熊谷・空OG　明田　眞雅

夕暮れて祭り太鼓の聞こえ来し　熊谷・空OG　関谷　桂子

休め田の無き米根稲の花　浜松・空OG　塩見　惇子

ため息をして家ごもり梅雨寒し　熊谷・空OG　福元万理子

衛兵の肩動きたり玉の汗　町田・陸OB　岩原　滋利

雨上り瑞々しかり茄子の花　新座・陸OB　船田藤三郎

足元の波を恐れて浮き輪の子　浜松・空OG　木通　佳子

短冊に願ひしたため星祭　熊谷・空OB　蓮佛志向子

句碑の文字なぞり掌秋暑し　小牧・陸OB　松岡　魚青

小さな手で短冊結ぶ星祭　熊谷・空OG　佐藤　玲美

選者作品

溝萩や父母すでになき故郷

投句歓迎！

▽郵便はがきの裏面に未発表の自作3句以内と氏名、年齢、職業（自衛官・事務官＝所属部隊＝、OB、家族、一般など）、住所、電話番号を記入▽締め切り毎月15日▽宛先＝〒162－8801東京都新宿区市谷本村町5の1　防衛省D棟市ヶ谷記者クラブ朝雲俳句係☎03（5225）1750、専用線8・6・25515

みんなのページ

エクアドルではグアヤキルのマレコン広場で市中演奏会を開いた

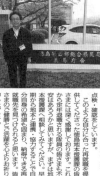

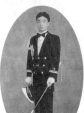

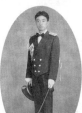

海自遠洋練習航海部隊

中南米で輝き増した

心を込めて音楽演奏

3海曹　山口　望奈美（練習艦隊司令部音楽隊）

海自遠洋練習航海部隊は7月5日から9日まで南米ペルーのカヤオに、14日から17日まで中米エクアドルのグアヤキルに、そして25日から28日までメキシコのマサトランに寄港しました。

北半球と南半球を往復し、移り変わる気候の変化を肌で感じながら、異国情緒あふれる中南米の香りをたっぷりと味わいました。

私たちはこれまで各国の軍楽隊と演奏会を行ってきましたが、中南米では音楽隊（隊長・岡崎恵一1尉）と練習艦「かしま」乗員で構成される「祥瑞太鼓」が主体となる演奏会となりました。

軍楽隊の「マリネラ」（沿岸地域の伝統音楽）とダンサーによる熱い歓迎を受けたペルーでは、日本人移民120周年を記念し、日秘文化会館劇場で演奏会が行われました。音楽隊は日本の曲を主体に、坂本祐希3曹のトランペット独奏による「荒城の月」、そして日本人の心の歌「ふるさと」を三宅由佳莉3曹が熱唱しました。

また、喜田哲也2曹のフルート独奏による「君の瞳に恋してる」、そしてアンコールのペルー山岳地帯の音楽である「コンドルは飛んで行く」では非常に盛り上がり、鳴りやまない拍手のなか幕を閉じました。

演奏会の後には、ペルー日系人協会会長主催による歓迎レセプションに招かれ、ペルー在住の日系人の方々と交流を深めました。

異国の地で日系人の方々とお会いできること、日本語での会話は自分自身が日本人であることを改めて感じ、環境は違えども「同じ血」が流れていることの素晴らしさを再認識しました。

グアヤキルではマレコン広場で演奏会を実施しました。日本とエクアドルの合同の武道展示も行われ、広場に敷かれた赤い畳を囲むように観客が集まり、会場は熱気に包まれました。祥瑞太鼓との合同演奏を含め8曲を演奏し、アンコールでは三宅3曹の歌で「ベサメ・ムーチョ」、そして沢田勝俊3曹の編曲による「ア・ミ・リンド・エクアドル」では、観客からの歌声も加わり、会場は一体となりました。

中南米最後の寄港地であるメキシコでは、アンヘラ・ペラルタ劇場で単独の演奏会を行いました。第1部は日本の音楽、第2部はラテン音楽を中心に選曲、祥瑞太鼓も「四季打ち」を力いっぱい披露し、輝かしいオープニングを飾りました。

第2部はチック・コリアの「スペイン」を演奏。冒頭、田村二朗1曹と喜田2曹がギターのデュエット「アランフェス協奏曲」を披露しました。2人は担当楽器のほかにギターを習得しており、その腕前は海自で1、2位を争うほどです。大人の色気漂う美しいギターの音色は、観客のみならず私たち奏者もとりこにしました。

その後、メキシコの定番「セレソ・ソーサ」などを、アンコールではメキシコの第二の国歌ともいわれる「シェリト・リンド」、さらに鳴り止まない拍手に応えて「エル・クンバンチェロ」を演奏しました。

19人で編成される音楽隊は、小規模であるがゆえに1人1人がより重要な役割を担っています。さまざまな楽器の独奏を織り交ぜ演奏することは、各人が日本の代表であるということをより一層自覚します。同時に個々の音楽がより洗練されたものになり、全体のサウンドも輝いてきます。これからも世界と日本の懸け橋となるべく、心を込めて演奏します。

次に目指すは、オセアニアの仏領ポリネシア！

詩人はつねに真実を語る嘘つきである。

ジャン・コクトー（フランスの詩人）

（世界の切手・メキシコ）

新刊紹介

「不穏なフロンティアの大戦略」—辺境をめぐる攻防と地政学的考察

グリギエル＆ミッチェル著、奥山真司、川村幸城訳

米国とその同盟国を弱体化させるため、ロシアや中国が密かに進める「プロービング（探り）」の戦術を明らかにした本だ。

プロービングとは、米国との軍事対決を避けながら軽微な〝威力偵察〟を繰り返して米政権の真意を探り、米軍が出て来ないと判断するや、一気に政治・軍事力を行使し、目的を達成する戦法だ。この方法でロシアはウクライナ南部のクリミア半島を自国に併合し、中国は南シナ海の島嶼部に軍事基地を築くことに成功した。

この「サラミ・スライス戦術」とも呼ばれる方法を利用し、中ロは米国との軍事衝突を巧みに避けつつ、政治目標を追求している。その悪い例が米国とユーラシア大陸の外縁部で、米国人の著者は米政府とその同盟国に対し、プロービングへの警鐘を鳴らしている。

訳者の川村氏は現役の陸上自衛官で、訳語も明確で読みやすい。

（中央公論新社刊、3132円）

『「帝国」ロシアの地政学』—「勢力圏」で読むユーラシア戦略

小泉　悠著

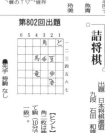

「ロシアの国境には終わりがないんだよ」—。[illegible]

[illegible]得力がある。本書を一読した後の率直な感想だ。[illegible]析に必要な視点が示されている。戦後の日露関係を北方領土問題という「点」で[illegible]、さまざまな国と接するロシアは国境問題を「面」で捉える。従って、埋めがたい認識差が両国の間に存在して[illegible]

[illegible]常に日本の背後にいる米国を意識している。[illegible]長期政権を担う安倍総理には、指導者同士の交渉で困難な局面を打開してほしい。[illegible]北方四島問題の解決には高い障壁が存在する。しかし、権威主義体制のプーチン政権だからこそ、[illegible]

（東京堂出版刊、2592円）

小林武史（国会議員秘書）

九州の3自衛隊を研修

事務局長　泉田　伸一（新潟県自衛隊援護協力会）

6月4日から3日間、自衛隊新潟地方協力本部の推薦により「東部方面隊3自衛隊統一就職援護広報」に参加して参りました。

初日は福岡県の空自築城基地を研修し、国籍不明機による領空侵犯の恐れがある場合に対処するスクランブルで、戦闘機が飛び立つまでの一連の行動と、その戦闘機の機体を整備する現場を研修しました。

2日目はテレビ通販でおなじみの「ジャパネットたかた」を研修し、社員一同が企業理念でもある「今を生きる楽しさを」を目標に、生き生きとした姿で働いている姿に感銘を受けました。その後、陸自相浦駐屯地では主としてボートと水陸両用車を使用して島に上陸する訓練を、崎辺分屯地では教育訓練を拝見しました。

3日目は、海自佐世保基地を研修した後、護衛艦「さわぎり」に乗艦し、装備品の説明を受けた後、体験喫食として名物の「海軍カレー」をおいしくいただきました。

今回の研修では主に東シナ海周辺の防衛を主任務とする陸・海・空の部隊がそれぞれの任務を完遂するため、日夜訓練に励んでいる姿を目の当たりにし、深く感銘しました。厳しい訓練や各種勤務で培った体力・気力・精神力は、必ずや一般社会においてもその力を十分に発揮されることと信じております。

さて、新潟県自衛隊援護協力会は現在400以上の会員が加入しております。今回の研修を通じ、日夜訓練に励んでいる自衛官の皆さまが、今後とも安心して働けるよう、各部隊に対する支援や退職自衛官の雇用に最大限協力していきたいと思っております。

OBがんばる

廣長　久さん　55

平成29年11月、15普連（善通寺）を最後に定年退職（准陸尉）。徳島県西部総合県民局地域創生部に再就職し、保安調査員として火薬・高圧ガスの保安業務などに当たっている。

早期に地本と連携を

私は15普連2中隊を定年退官後、徳島県西部総合県民局企画振興部（現在は地域創生部）に「保安調査員」として再就職しました。退官の約半年前に徳島地本援護課に就職援護を依頼し、準備を開始しました。再就職までの間、履歴書の作成など慣れない作業に苦戦しましたが、無事に再就職することができました。

現在、私の仕事内容は、危機管理担当者である所属長の指揮監督を受け、「火薬類取締法」「高圧ガス保安法」「液化石油ガスの保安の確保及び取引の適正化に関する法律」に基づき、安全確保を確認するための法定検査と保安調査が主です。これらの仕事は自衛隊で培ってきた経験や臨機応変な対処が大いに役立っています。

また、徳島県西部地域の広域な範囲を火薬担当者主任に同行し、火薬使用現場を計画的に点検・調査し、液化石油ガス販売店を訪問し、調査票に基づく点検・確認をしています。

このような自分に合った再就職を提供してくださった徳島地本援護課の皆さまには深く感謝しております。これから定年退職される隊員の皆さまも不安はあろうかと思いますが、まずは地本援護課へ相談してみてください。早期から地本と連携・協力することで自分自身の希望も固まり、納得できる再就職先を見つけられると思います。皆さまのご健勝とご活躍を心よりお祈り申し上げます。

あさぐも掲示板

■自衛隊家族会が防衛講演会

自衛隊家族会は9月28日、香田洋二元自衛艦隊司令官（元海将）を講師に迎え、「日米同盟と我が国の安全保障」をテーマに防衛講演会を横浜市の崎陽軒本店で開く。入場は無料で、事前の予約も不要。家族会員以外の人も入場可。問い合わせは同講演会事務局（杉田慎治事務局長）電話＆FAX046（236）1628まで。

詰将棋

出題　日本将棋連盟　九段　石田　和雄

第802回出題

6	5	4	3	2	1	
			角		と	一
						二
		馬	歩	王		三
						四
		竜		歩		五
				香		六
						七

☗先手　持駒　なし

【ヒント】角二枚は捨て駒（10分で一級）。

▶詰碁、詰将棋の出題は隔週です◀

詰碁

出題　日本棋院　九段　曲　励起

第1217回解答

黒⑪（⑤のところ）

【解答図】黒❶白②はともに当然で、次の黒❸がまず大切です。白④の時、黒❺がまた大切で白⑥以下黒⑪までで白死です。

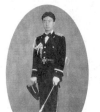

朝雲

発行所 朝雲新聞社
〒160-0002 東京都新宿区四谷坂町12-20 KKビル
電話 03(3225)3841
FAX 03(3225)3831
振替00190-4-17600番
定価一部170円、年間購読料9000円（税・送料込み）

本号は10ページ

防衛相に河野太郎氏

外相から横滑り　信頼醸成など期待

第4次安倍再改造内閣

安倍首相は9月11日、内閣改造を行い、皇居での認証式を経て第4次安倍再改造内閣をスタートさせた。新たな第20代防衛相には、自民党衆院議員の河野太郎前外相（56）＝神奈川15区＝が就任した。昨年10月2日から第19代防衛相を務めた岩屋毅前防衛相は退任した。

（新旧大臣の離着任行事などは次号に掲載予定）

河野氏は2017年8月3日に第3次安倍第3次改造内閣で外相に就任して以来、小野寺五典防衛相（17年8月～18年10月）、岩屋毅防衛相（18年10月～19年9月）と共に、日本と米・英・豪・仏・露の各国との外務・防衛担当閣僚協議「2プラス2」を積極的に開くなど、外交・安全保障分野における関係国との信頼醸成や関係強化に尽力してきた。

国防の現場や自衛隊員との絆も大切にしており、昨年2月には外相会談のため訪れたブルネイで、同国に寄港した海上自衛隊の外洋練習航海部隊（練習艦「やまゆき」、護衛艦「やまぎり」「さわぎり」で編成）を視察し、約650人の乗員を激励したことは記憶に新しい。

「やまぎり」艦上で訓示した河野氏は「海上自衛隊が世界の海を航海し、各国で平和と安全のために活動することは、いかなる国も分け隔てのない『自由で開かれたインド太平洋』の実現に極めて重要な意味を持っている」と述べ、防衛省・自衛隊が国際社会の中で果たす役割の重要性を改めて強調した。

北朝鮮の核・ミサイル開発や海洋進出を強める中国、軍事活動を活発化させるロシア、さらには日韓関係など、我が国を取り巻く安全保障環境が一層厳しさを増す中、河野氏には各国との信頼醸成、防衛協力・交流の推進に向けて手腕発揮が期待されている。

河野　太郎（こうの・たろう）防衛相　米ジョージタウン大卒。富士ゼロックス、日本端子常務などを経て、1996年の衆院選で初当選。第1次小泉内閣（2002年）で総務大臣政務官、第3次小泉改造内閣（05年）で法務副大臣。第3次安倍改造内閣（15年）で国家公安委員長、内閣府特命担当大臣（行政改革、国家公務員制度、防災、規制改革、消費者及び食品安全）。第3次安倍第3次改造内閣（17年）・第4次安倍内閣（17年）・第4次安倍改造内閣（18年）で外相を歴任。衆院外務委員長。衆院神奈川15区。当選8回。神奈川県平塚市出身。56歳。

北ミサイルは新型3種類か

防衛省分析

岩屋防衛相は9月3日の記者会見で、北朝鮮が今年5月以降に計9回発射した飛翔体について、2種類の新型短距離弾道ミサイルが含まれていたとの見解を明らかにした。他の1種類も新型の可能性があり、防衛省で分析を進めている。

5月4、9日、7月25日、8月6日の飛翔体は、ロシアが保有する「イスカンデル」と同系統の新型の短距離弾道ミサイルと推定。

一方、8月10、16日の飛翔体は、米国の陸軍戦術ミサイルシステム「ATACMS（エイタクムス）」と類似した新型の短距離弾道ミサイルの可能性があると指摘。

8月24日の飛翔体はこれとは別の新型の短距離弾道ミサイルと推定したが、さらなる情報収集・分析が必要だとした。

日露首脳が会談

防衛協力進展を歓迎

安倍首相は9月5日（日本時間同）、ロシア極東のウラジオストクでプーチン大統領と27回目の首脳会談を行い、今年5月の湯浅陸幕長の訪露や、8月に首都モスクワで開かれたロシア国際軍楽祭「スパスカヤ・タワー」への陸自中央音楽隊の初参加など、両国間の防衛協力の進展を歓迎した。

首相はロシア政府主催の国際会議「東方経済フォーラム」に出席するため、現地を訪問。空自特輸隊（千歳）のB777政府専用機で4日から6日の間、羽田空港とクネヴィチ空港（ウラジオストク国際空港）を往復した。

年内に初の「2プラス2」

日印防衛相会談で一致

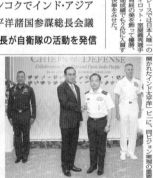

岩屋防衛相（左）のエスコートで陸自の特別儀仗隊を巡閲するインドのシン国防相（9月2日、防衛省で）

岩屋防衛相は9月2日、来日したインドのラージナート・シン国防相と防衛省で会談し、日印間で初となる外務・防衛担当閣僚協議「2プラス2」を年内に開催することで合意した。日印の「物品役務相互提供協定（ACSA）」についても早期締結に向けて交渉を加速させることを確認し、共同プレスリリースを発表した。岩屋防衛相は会談後、省内で記者団に「安全保障分野における日印協力は両国のみならず、地域の安定にとっても重要だ」と述べ、「自由で開かれたインド太平洋」ビジョンに基づき、防衛協力をさらに推し進めていく考えを示した。

ACSA早期締結も目指す

会談の冒頭、岩屋大臣は、今年5月の内閣改造で国防相に就任したシン氏に祝意を表した上で、「日印は『自由で開かれたインド太平洋』というビジョンを共有しており、これに基づき、インドとの防衛協力をさらに深化させていきたい」と述べた。

これに対し、シン国防相は「日本はインドの最も親しいパートナー国の一つだ。日印が共有する価値観と利益に基づいた両国の『特別な戦略的グローバル・パートナーシップ』は今、世界的に重要性を増している」と応え、日本との連携強化の重要性を強調した。

会談では日印間で初となる外務・防衛担当閣僚協議「2プラス2」を今年中に開催することで合意した。安倍首相が年内に訪印して開かれる日印首脳会談の前に実施する方向で調整する。

「2プラス2」の新設は、昨年10月に来日したインドのモディ首相と安倍首相との首脳会談で決まったもので、初開催に向けて調整が進められてきた。

一方、昨年8月の小野寺五典防衛相とシタラマン国防相（共に当時）による防衛相会談で締結を目指すことが決まった日印「ACSA」については、早期妥結に向け、協議を加速させる方針で一致した。

ACSAが締結されれば、自衛隊とインド軍が食料や燃料などの物資や輸送役務などを相互に融通することが可能となるため、共同訓練や災害救援などの現場で部隊間の相互運用性が格段に向上する。

共同プレスリリースには、これらの合意事項を盛り込むとともに、▽陸海空の全軍種間での交流▽教育・学術交流▽インド太平洋地域の各国との協力▽防衛装備・技術分野での協力―の推進を明記した。

両氏は、これまでの海軍種間における日米印3カ国の共同訓練「マラバール」などに加え、昨年は陸軍種間で初となる共同訓練「ダルマ・ガーディアン」、空軍種間でも初の共同訓練「シンユウ・マイトゥリ」が相次いで行われ、全軍種間で共同訓練の実施が達成できたことを歓迎。

これら共同訓練の定例化を目指すとともに、昨年12月には空自が初めて米印共同訓練「コープ・インディア」にオブザーバー参加したことなどを踏まえ、空軍種間では戦闘機による協力も視野に交流範囲を拡大する方向性を確認した。

防衛装備・技術協力では、日本の防衛装備庁とインドの国防生産庁が活発なハイレベル交流を続けていることを歓迎した上で、日本の防衛産業にインドの国防産業市場への積極的な参画を促すため、議論を深めていくことを申し合わせた。

シン国防相はこの後、官邸に安倍首相を表敬訪問し、日印の防衛協力・交流の一層の強化で一致した。

「レッドブルエアレース」最終戦に10万人

US2救難飛行艇、着水を展示

「レッドブルエアレース2019」の会場沖合にゆっくりと着水する海自のUS2救難飛行艇（9月7日、千葉市の幕張海浜公園で）

今季限りで終了が決まっている「レッドブルエアレース2019」の最終戦が9月7、8の両日、千葉市の幕張海浜公園で開催され、延べ10万人の観客が"空のF1"を見守った。

この大会を自衛隊も支援し、レース機の発着地として陸自木更津駐屯地の滑走路が使用されたほか、レース中のエキシビションとして海自71航空隊（岩国）のUS2救難飛行艇が着水と離水を展示。

さらに同201教育航空隊（小月）のT5練習機4機で編成する曲技飛行チーム「ホワイトアローズ」がダイヤモンドの編隊で展示飛行を行い、大きな声援を受けた。

レースでは日本人唯一のパイロット・室屋義秀選手が有終の美を飾って優勝、年間成績でも2位に入賞する快挙をみせた。

国際防衛ラグビー開幕

自衛隊チーム初戦は15日

日本・アジアで初めて開催される「国際防衛ラグビー競技会（IDRC）」が9月9日、関東地区で開幕した。

IDRCはラグビーW杯に合わせて開かれる「軍人のラグビー世界一」を決める国際大会で、今回は日本をはじめ、英、仏、豪、NZなど10カ国から軍人チームが出場。

自衛隊員で編成された日本代表チームは、9月15日の初戦（習志野演習場）でフランス・パプアニューギニアと対戦する。

（3面に特集、9面に関連記事）

バンコクでインド・アジア太平洋諸国参謀総長会議

統幕長が自衛隊の活動を発信

山崎統幕長は8月26日から29日まで、タイの首都バンコクで開催された「第22回インド・アジア太平洋諸国参謀総長等会議（CHOD会議）」に出席した。山崎統幕長が同会議に参加するのは初めて。

同会議は米インド太平洋軍とタイ軍が主催し、欧州・アジア環太平洋地域などから31カ国の参謀総長らが参加。北朝鮮を含むインド・アジア太平洋地域の安全保障に関わるテーマについて議論を交わした。

全体会議で山崎統幕長は、日米が掲げる「自由で開かれたインド太平洋」ビジョンに基づく自衛隊の活動について発信するとともに、同ビジョン実現の重要

「インド・アジア太平洋諸国参謀総長等会議」に出席し、タイのプラユット・チャンオチャ首相（中央左）と握手を交わす山崎統幕長（同右）。左端はタイ軍のポンピパット・ベーンヤシー司令官、右端は米インド太平洋軍のデービッドソン司令官（8月27日、タイのバンコクで）

「朝雲」定価改定のお知らせ

本年10月1日からの消費税率10％への引き上げに伴い、「朝雲」10月3日付（第3374号）から次の通り定価を改定させていただきます。何卒ご了承ください。

▽一部売り　8ページ建て150円（現行140円）、10ページ建て170円（改定なし）＝税込

▽年間購読　1年9170円（現行9000円）、半年5090円（同5000円）＝送料・税込

朝雲新聞社

春夏秋冬

チャンドラ・ボースと蓮光寺

笠井　亮平

8月18日に東京都杉並区の蓮光寺を訪れた。ここにはインド独立運動の指導者、チャンドラ・ボースの遺骨が安置されており、[illegible]

[illegible]

（岐阜女子大学南アジア研究センター特別研究員）

朝雲寸言

海外から日本を訪れた外国人が一様に驚くのは日本の清潔さであるという。中でも評価が高いのはハイテク洗浄トイレと公衆トイレの清潔さである▼[illegible]らず、いったん快適さに慣れてしまうと、人はその快適さが無くなった時の不快さに耐えきれなくなる▼東日本大震災の際に首都圏では帰宅困難者が515万人に上ったと推計された。平日の午後の発災で公共交通手段が停止し、主要幹線道路は週末を自宅で過ごす人の波で溢れた。その夜、一番の問題はトイレであったと多くの人が語っている▼内閣府は災害対応ガイドラインで、大地震で交通機関が止まった場合は従業員を社内に待機させるよう会社に求め、3日分以上の水や食料などを備蓄するよう促している。しかし、超高層ビルで停電した際のトイレをどうするのか大きな問題となっている▼被災地では避難所のトイレ問題は単に排せつの問題ではなく、生存の問題である。トイレを我慢するため食事や水を制限したり、エコノミークラス症候群を引き起こしたりすることに加え、感染症などの衛生的な問題が生起するからだ▼今年も多くの地域で「防災の日」に因んで防災訓練や災害関連のイベントが開催された。トイレについて語ることを人は忌避しがちであるが、食事と同じように関心を持つべきだと思う。

時の焦点

国内

安倍政権再始動　驕り排しレガシー築け

未踏の領域が見えてきた。いっそう気を引き締めて政権運営にあたらねばならない。

参院選に勝利した安倍政権が、秋の臨時国会に向けて再始動した。

安倍首相の通算在職日数は、8月24日に佐藤栄作を超えて戦後最長を更新した。11月19日に通算2886日となり、歴代最長の桂太郎に並ぶことになる。

10月には消費税率が10%に引き上げられる。少子高齢化社会の社会保障財源を安定的に確保するため、消費増税を2回にわたって実現した功績は大きい。

集団的自衛権行使の限定容認、安全保障関連法の制定など、従来の内閣が手をつけられなかった重要課題にも踏み込んだ。

これらの成果は、1強と評されるほど安定した政権基盤が可能にしたものだ。内閣支持率が低下する局面もあったが、巧みな選挙戦略も功を奏し、国政選挙に6連勝した。

欧米では、ポピュリズム（大衆迎合主義）的なリーダーや政党が支持を集め、社会の分断が進む。長期政権を維持する安倍首相に対して、自由で民主的な世界秩序を守る役割を期待する声さえ出ている。

首相の頭をよぎるのは、政権のレガシー（政治的遺産）をいかに築き上げるかであろう。

日朝国交正常化、日露平和条約締結、そして憲法改正。戦後日本にとって、未解決のまま残された大きな課題である。無論、いずれも容易に実現できるものではない。

相手のある外交交渉、国民投票で決まる憲法改正。法律の制定や行政措置とは異なり、「安倍1強」「自民1強」がどれほど強化されようと、それだけでは成し遂げられない。

首相は日朝首脳会談について、「条件をつけずに金正恩委員長と会って、虚心坦懐に話をしたい」と呼びかけている。

日露関係についても、首相は今月、プーチン大統領と27回目の首脳会談を行い、交渉を継続することで一致した。

日朝、日露ともに、成果を急ぐあまり、無原則に譲歩することがあってはならない。拉致・核・ミサイルの包括的解決、北方領土問題の前進。これらの原則を堅持しつつ、それ以外は柔軟に対応する態度が求められる。

こうした姿勢は、国会での憲法論議でも必要となる。自民党は4項目の改憲案をまとめている。その核心は、自衛隊の根拠規定明記であろう。それ以外の項目は、他党の主張に譲る度量がなければまとまるまい。

桂太郎は、にこにこ笑ってポンと背中をたたくことから「ニコポン宰相」として愛された。だが、やがて慢心し、明治天皇から「桂の大天狗」と評されたという。

長期政権には驕りが生じがちで、国民には飽きも出てくる。

首相はもちろん、全閣僚が慢心を排し、丁寧な政権運営を心がける。それが〝歴代最長政権〟にふさわしいレガシーを残すことにつながろう。

宮原　三郎（政治評論家）

海外

大統領選候補　民主の「バイデン」問題

2020年の米大統領選挙に向け、民主党では一時は20人以上いた立候補者から最近、数人が脱落した。しかし、難問は残る。「バイデン（前副大統領）氏をどうするか」である。

同氏の長年の「失言」「放言」「虚言」をまとめれば、本一冊など簡単に出来上がる。この性癖の理由は可能性ふたつ。思考力が伴わないか、道義心に欠けるか。どちらにしても、世界最強国のトップには不適格だろう。

最新の例を一つ。同氏は8月下旬、ニューハンプシャー州での遊説で、副大統領当時の感動的エピソードを披露した。

——車が「アフガニスタンのクナール州に飛んでほしい」と頼んできた。年配の海軍大佐に銀星勲章を授与するためだ。現地の危険は承知だ。「副大統領が死んでも代わりがいるが、兵士の命をこれ以上失うことはできない」。

件の大佐は、敵側の砲火の中、ザイルを使って約20メートル岸壁を降り、戦友の遺体を回収したのだった。「胸に勲章をつける時、彼は言った。『こんなものは欲しくありません。お願いです、つけないでください。彼は死んだ、あいつは死んだんだ！』」。同氏はここで少し間を置き、「以上はすべて真実だ」——。

兵士の勲功を称えに危険な地域へ赴く勇気、胸を打つヒロイズム、何という感動。

しかし、『ワシントン・ポスト』紙の調査で「真実」が明らかになる。複数の出来事をごた混ぜにして一つの物語を作ったようなのだ。

バイデン氏がクナール州に行ったのは08年。まだ上院議員で副大統領ではない。砲火を潜り抜けて仲間を救おうとしたのは、20歳の陸軍のスペシャリストで、年配の海軍大佐ではない。彼は14年、ホワイトハウスでオバマ大統領から名誉勲章を受けた。同氏が現地で胸に銀星勲章などあり得ない。

同紙によれば、「問題の時期、兵士の英雄的行為、勲章の種類、軍の区別、受賞者の階級、すべて間違っている」という。

数多の中から、象徴的な例をもう一つ。1972年暮れ、バイデン夫人の運転する乗用車が交差点で大型トラックと衝突し、夫人と乗っていた娘が死亡した。

同氏は、トラック運転手が「酒を飲んで運転していた」と触れ回った。しかし、運転手の家族は「飲酒」を否定し、警察の調べでも、飲酒運転の事実は出てこなかった。全くのデマだった。

夫人らの交通事故死や兵士のヒロイックな行動で嘘をつくのはなぜか。ドラマをより劇的にし、自分の役割を誇大に見せるためだろう。

自分がどこの州を遊説中なのか忘れて、ニューハンプシャー州を遊説中にバーモント州を褒め始める。11月に77歳になる人物のご愛きょう（でもないが）といって、笑ってばかりもいられない。

「バイデン・プロブレム」の処理。政財その他、同党エスタブリッシュメントが頭をひねっているのはそれである。

草野　徹（外交評論家）

国連RDEC

ケニア派遣幹部が帰国報告

陸幕長「評価高く日本の威信に」

国連の施設部隊早期展開プロジェクト「RDEC（アールデック）」の一環で、教官要員などとしてアフリカのケニアに派遣されていた陸自9施群（小郡）副群長の宮本健2佐以下24人がこのほど帰国し、このうち、宮本2佐ら幹部4人と内閣府連絡調整員の飯島淳事務官が9月4日、防衛省を訪れ、湯浅陸幕長に活動終了を報告した。

RDECは日本が主導して4年前に始まった国連初の取り組みで、陸自隊員が世界各国の工兵にブルドーザーなど施設器材の操作方法を教育し、国連平和維持活動（PKO）への施設部隊の早期展開を支援している。

帰国報告は陸幕長応接室で行われ、教官団長を務めた宮本2佐が任務完了を報告。湯浅陸幕長は派遣隊員の労をねぎらった後、今年7月に国連本部を訪れた際、RDECを所掌する国連活動支援局のカレ局長が日本の活動を高く評価していた点に触れ、「諸官の活動そのものが国連の中枢部に情報として入り、評価が高まり、日本の威信となっている。すばらしい活動だ」とたたえた。

宮本2佐らはケニア滞在中、けん玉、折り紙などで日本文化を紹介するなど、学生との親交を深め、閉校式ではお互いに感極まって別れを惜しんだエピソードなども語った。5人はその後、原田副大臣と山崎統幕長にも報告を行った。

派遣隊員ら24人は6月3日から首都ナイロビの「ケニア国際平和支援訓練センター」を拠点に活動、8月23日まで学生教育に当たり、ウガンダ国軍工兵約35人に対し、重機の操作法などを指導した。

湯浅陸幕長（右）に帰国を報告後、懇談する（その左へ）宮本団長、廣田裕士3佐、高橋宙2尉、中山隆史2尉らRDEC派遣隊員（9月4日、陸幕長応接室で）

ウガンダに初の派遣

岩見沢駐で20人を壮行

【3施団＝南恵庭】3施設団は8月11日、国連施設部隊早期展開プロジェクト「RDEC（アールデック）」に派遣される12施群（岩見沢）副群長の藤堂康次2佐以下約20人の壮行行事を岩見沢駐屯地で行った。RDECでウガンダへの隊員派遣は初めて。

壮行行事は遠藤充3施団長（当時）の執行で行われ、田浦正人北方総監（同）をはじめ、歴代派遣隊長、渡辺孝一衆院議員、鈴木宗男参院議員ら約120人が出席、派遣隊員を直接激励した。

最後に藤堂教官団長が「現地では練度や経験の異なる学生に対し、日本人としてそれぞれのレベルに応じたきめ細やかな個人指導を心掛け、任務を完遂できるよう頑張ってきます」と抱負を述べた。

派遣団は8月17日に日本を出発。ウガンダ・エンテベに到着後、ジンジャの「ウガンダ早期展開能力センター」を拠点に8月26日から11月15日まで、ウガンダ軍の工兵に対し、油圧ショベルなど重機の操作法を指導する。

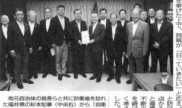

ウガンダへの出発を前に壮行行事に出席した藤堂団長（先頭）以下のRDEC派遣隊員（8月11日、岩見沢駐屯地で）

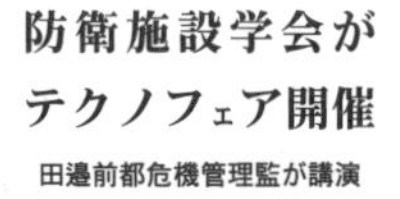

防衛施設学会がテクノフェア開催

田邉前都危機管理監が講演

防衛施設に関する新技術の展示会「第13回ミリタリー・エンジニア・テクノフェア」（防衛施設学会主催）が9月4日、東京都新宿区のホテルグランドヒル市ヶ谷で開催された。

会場では27の企業・団体がブースを開設し、新技術を発表。軽量で耐久性に優れた「シェルター・タンク」（ダイプラ）、メンテナンス不要のセラミック製ケーブル埋設保護管「セラダクト」（杉江製陶）、悪天候でも運用できる「高性能ドローン」（東光鉄工）など、最新の製品が実物やパネルで紹介された。

発表会後には前東京都危機管理監の田邉揮司良元陸将が「危機発生時の組織運営～首都直下地震時の対応を事例として」と題し、特別講演。都の災害対策を詳しく説明するとともに、大災害後も企業がビジネスを継続できるよう、各社が「BCP（事業継続計画）」を事前に策定し、常に備えておくことの重要性を強調した。

高性能ドローン（右手前）など各ブースに展示された新技術に見入るフェア参加者（9月4日、ホテルグランドヒル市ヶ谷で）

自衛隊音楽まつり

11月30日、12月1日に代々木で　9月13日から応募受け付け

11月30日（土）、12月1日（日）の両日、東京都渋谷区の国立代々木競技場第1体育館で開催される「令和元年度自衛隊音楽まつり」のインターネットによる応募受け付けが、9月13日午後5時から始まる。10月14日まで。

今年は「EVOLUTION—変革の響き、進化への序幕—」をテーマに30日が①午前10時～②午後2時半～③午後7時～、1日が④午前10時～⑤午後2時半～の計5回公演。いずれも公演時間は1時間50分。

応募は陸自ホームページに開設される「応募フォーム」から申し込む。1名1件の応募が可能。当選者には入場券となるはがきが送られ、1枚で最大5人が入場できる。

「あさぎり」がオマーン海軍と訓練

海賊対処帰国途中

ソマリア沖・アデン湾での海賊対処任務を終えて帰国途中の水上部隊33次隊の護衛艦「あさぎり」（艦長・波江野裕一2佐）は9月1日、中東・オマーンの首都マスカットに寄港し、親善訓練を行った。

「あさぎり」は同国周辺海域でオマーン海軍の哨戒艦「アル・シーブ」と戦術運動や通信訓練を実施した。

日本とオマーン間の防衛交流は、海賊対処に当たる海自の護衛艦やP3C哨戒機の補給のための寄港をはじめ、今年3月に初めて「防衛協力に関する覚書」が締結されるなど、関係が進展している。

福井県に自衛隊配備求め要望書

知事らが副大臣に

福井県の杉本達治知事は8月26日、同県敦賀市の渕上隆信市長、小浜市の松崎晃治市長らと共に防衛省を訪れ、同県に自衛隊の配備を求める要望書を原田副大臣に手渡した。

要望書は、同県南部の嶺南地域（若狭湾沿岸）に我が国最多の15基の原子力発電所が集中していることを踏まえ、北朝鮮による弾道ミサイルやテロなどの脅威を挙げた上で、同県が「日本海側の防衛上の空白地帯になっている」として、嶺南地域への自衛隊基地・駐屯地等の配備を求めた。

合わせて原子力災害を想定し、自衛隊の大型ヘリによる住民避難支援体制の強化についても要望した。

杉本知事は「県民の安心安全のため、ぜひとも嶺南地方に連隊・大隊クラスの部隊を置いてほしい」と述べた。

これに対し、原田副大臣は「皆さまの期待に沿えるよう、防衛省として何ができるかをしっかりと検討していきたい」と応え、防衛と防災の観点から同県と連携して不断の努力を続けていく考えを示した。

地元自治体の首長らと共に防衛省を訪れた福井県の杉本知事（中央右）から「自衛隊配備を求める要望書」を受け取る原田副大臣（8月26日、防衛省で）

海自が日米共同図上演習

海自は9月4日から9日まで、目黒の海自幹部学校と全国の各部隊を結び、令和元年度「海上自衛隊演習（図上演習）」を日米共同で実施した。

演習は糟井裕之自衛艦隊司令官を統裁官に、自衛艦隊の各司令部、各地方総監部、システム通信隊群、海自補給本部などの隊員約3200人に加え、米軍からも要員が参加。我が国防衛に関する海上諸作戦について、上級指揮官の情勢判断や作戦の推移に応じた部隊運用などを演練した。

ADMMプラス実動訓練

陸自が初参加

陸自は9月8日から、インドネシアの首都ジャカルタ南方約50キロに位置する同国軍の平和維持ミッションセンター（西ジャワ州ボゴール県スントゥール）で「ADMMプラス（拡大ASEAN国防相会議）PKO専門家会合参加国合同実動訓練」に初参加している。22日まで。

陸自からは陸上総隊の隊員約20人が参加。訓練はインドネシアと豪州が共同議長国を務め、ASEAN10カ国のほか、米、中、印、露など計18カ国が参加している。

訓練は、国連平和維持活動（PKO）に参加する軍事監視要員と派遣部隊の基本行動や活動要領を演練するもので、付与された状況に基づき、各部隊は実行動とシミュレーターを使って訓練を行っている。その内容は警戒、各種対応行動、応急救護などのほか、現地住民との交渉法や司令部への報告要領なども演練する。

防衛省発令

▽解防衛装備庁プロジェクト管理部事業監理官付兼務（空幕装備体系課）　1空佐　谷口　弘樹
（8月30日）

▽中部航空警戒管制団23警戒群司令兼輪島分屯基地司令（航空戦術教導団高射教導群副司令）　2空佐　二宮　啓彰

▽航空戦術教導団高射教導群副司令（航空戦術教導団）　1空佐　内山　尚則
（以上8月31日）

▽富士教導団高級幕僚（富士教導団本部）　1陸佐　二宮　充史

▽中央業務支援隊付（富士教導団高級幕僚）　同　妹尾　研作
（以上9月1日）

▽統幕運用1課（海幕情報課付）　1海佐　野間　俊英

▽同運用2課運用室運営班長（統幕運用2課）　同　山田　健一

▽海幕総務課（海幕運用支援課兼統幕運用2課）　同　鬼頭　祐介

（同装備需品課後方運用班長）　同　大宅　学

▽同補任課（2護衛隊群首席幕僚）　同　工藤　正徳

▽同装備需品課後方運用班長（海幕装備需品課）　同　川嶋　潤子

▽同資材班長（同）　同　長野　晋作

▽2護衛隊群首席幕僚（佐世保地方総監部防衛部3幕僚室長兼5幕僚室長）　同　土屋　剛

▽4護衛隊群司令部（統幕運用2課運用室運営班長）　同　小圷　聖一

▽くにさき艦長（横須賀海上訓練指導隊副長兼指導部長）　2海佐　樋之口和隆

▽横須賀地方総監部監察官（くにさき艦長）　1海佐　松尾　淳

▽佐世保地方総監部防衛部3幕僚室長兼5幕僚室長（佐世保地方総監部防衛部）　同　坂井喜一郎

▽海自補給本部会計監査官（海幕装備需品課資材班長）　同　福田　理

▽海自補給本部付（海自補給本部会計監査官）　同　布施　壮一
（以上9月2日）

国際防衛ラグビー　日本で開幕

「軍人ラグビー世界一」を決める国際防衛ラグビー競技会（ＩＤＲＣ）が９月９日、開幕した。３回目の今回は欧州、オセアニアの強豪国など10カ国が出場。５回の合宿で錬成された日本チーム（自衛隊代表）は、15日に千葉・習志野演習場で初戦を戦う。「規律心」などを強みとし、開催国の誇りを懸けて挑むチームを紹介する。　（写真・文　榎園哲哉）＝９面に関連記事＝

精鋭34人　世界に挑む

15日に初戦

「規律心」など強み

ＩＤＲＣに挑む歌舞伎の隈取りが描かれたユニフォーム（赤がファースト、青がセカンド）を身に付けた自衛隊代表チームの選手・スタッフ（朝霞駐屯地で）

「ディフェンス・ブロッサムズ」――。３自衛隊の隊員から選ばれた代表チームの愛称は、日本代表が「ブレイブ・ブロッサムズ」（勇敢な桜戦士）と呼ばれていることにちなみ、そう名付けられた。

歌舞伎の隈取りをイメージした黒い力強いラインが胸から肩へ描かれたユニフォーム（ファーストは赤、セカンドは青）は、空自２輸空（入間）の後藤庄太１曹がデザイン。左胸には防衛大臣旗と同様の「五つの桜の花」がプリントされている。

全自ラグビー大会で常に優勝を争う〝2強〟の陸自船岡、同習志野がチームの大半を占める中、主将には海自下総の堀口裕二３曹が就いた。松尾勝博ヘッドコーチに抜てきされ、「栄誉なこと。責務を全うしたい」と、率先して全力でプレーする。

主力選手は、フォワードが堀口３曹、津留崎幸彦２曹（船岡）、對馬瑛教２曹（青森）、バックスが鹿又正輝３曹（習志野）、平野伸介士長（同）、前時翔３曹（同）など。粘り強く堅実なディフェンスでロースコアに持ち込み、規律心で反則を少なくして勝機を伺う。

代表選手たちをＩＤＲＣ事務局（局長・尾崎義典空将補＝統幕総務部長＝以下約60人）が支えている。自らも中学・高校（神奈川・桐蔭学園）、防大（49期）と競技を続けた若松忠司３陸佐は、メディア対応に当たり、代表チームをＰＲしている。

「各国が軍のプライドを懸けて戦い、白熱した試合の後は、ノーサイドの精神で互いの健闘をたたえ合う。チーム同士の強い結び付きにもつながる」と、大会を通じた防衛交流の意義も伝えている。

狙うは上位進出
合宿や練習試合を重ね錬成

日本代表チームはこれまでに５回の合宿を行い（５回目の直前合宿は継続中）、個人と組織の力を錬成してきた。

第１回合宿には陸海空自の隊員86人が参加。その後人数が絞られ、直前合宿で代表選手34人（習志野16、船岡14、青森1、海自下総3）が確定した。

第4回合宿では、元日本代表の五郎丸歩選手が所属するトップリーグのヤマハ発動機と合同練習を実施。直前合宿では同ディビジョン2の丸和運輸と練習試合を行い、快勝した。

9月15日に習志野演習場で行われる日本の初戦の相手は、11日に対戦するフランスとパプアニューギニアの勝者。チームは「まず1勝」を目標に掲げ、初戦突破、さらに上位進出を目指す。

大会直前合宿の丸和運輸との練習試合で、タックルで相手選手を止める自衛隊代表選手（中央右）＝９月１日、習志野演習場で

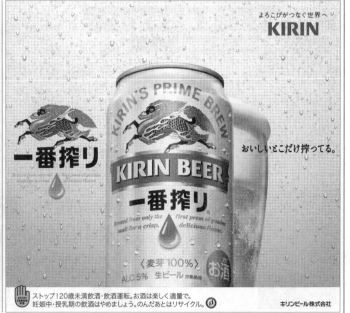

国際防衛ラグビー競技会（ＩＤＲＣ）（International Defence Rugby Competition）
4年に一度のラグビーワールドカップに合わせて実施される軍人大会。２０１１年に豪・ニュージーランド共催で第1回大会が開催された。

15年にはイギリスで第2回大会が開かれ、日本も初参加。予選リーグで敗れたものの、親善試合（敗者トーナメント）1回戦でジョージアに28―26で競り勝った。

今大会は豪、仏、韓、英、フィジー、ジョージア、ニュージーランド、パプアニューギニア、トンガ、日本の10カ国が参加。開催期間は9月9日～同23日。会場は朝霞駐屯地、習志野演習場、柏の葉公園総合競技場（千葉県柏市）。試合日程、観戦方法などは防衛省ＨＰの特設ページに掲載されている。

「スピーディーなラグビー」
松尾ヘッドコーチ・東ＦＷコーチ

チームを支える元日本代表の松尾勝博ヘッドコーチ(左)と、元空挺団員の東考三ＦＷコーチ（朝霞駐屯地で）

代表チームを2人の日本代表経験者らが支えている。松尾勝博ヘッドコーチは故平尾誠二氏らと共に、日本ラグビーの一時代を築いた。１９８７年、91年、95年と3度、Ｗ杯に出場。バックスの名プレーヤーとして活躍した。

体格で勝る外国軍チームにアジリティ（敏しょう性）、クイックネス（俊敏性）を生かし、ディフェンスを固め、ロースコアに持ち込む戦略を描く。

「スピーディーなラグビーを目指す。どの国よりも低く、速く（タックルに）当たる。大きな外国人選手を一発で倒す迫力を見てほしい」と語る。

一方、フォワードコーチを務める東考三氏は、空挺団（習志野）で競技を始め、「強いチームでやりたい」とトップリーグのＮＥＣへ。同チームで3度、日本選手権を制した。

「大きく、（プレーが）激しい。そう簡単には勝たせてくれない」と外国人選手の印象を話す一方、「国を背負っているというプライドを持ち、意地を見せてもらいたい」と〝後輩〟たちへエールを送っている。

「自衛官らしい試合を」
育成担任官　児玉恭幸将補

選手の奮闘を期待する育成担任官の児玉恭幸将補（目黒・教育訓練研究本部で）

陸自教育訓練研究本部（目黒）副本部長の児玉恭幸将補は、育成担任官として、昨年秋の強化開始のころからチームづくりに携わってきた。

松尾ＨＣは宮崎・延岡東高の3年先輩に当たり、同氏に憧れラグビーを始めた。防大（33期）では4年時に主将を務めた。

体格、フィジカルで勝る外国人選手と戦う選手たちを「怖さもあると思うが、その怖さに負けるようであれば自衛官として役に立たない」と鼓舞。

個々が1対1で戦うのではなく、15人全員で戦うことを強調し、「チームワーク、コミュニケーションを大事にし、自衛官らしい試合をやってほしい。組織としていかに戦うかをこの機会に考えてもらいたい」とも。

また、「選手は最後まであきらめずに戦い抜き、日本、そして自衛隊の強さを世界に知らしめてくれるでしょう。ＩＤＲＣへのご理解とご協力、チームへの応援をお願いします」と呼び掛けている。

◇ＩＤＲＣ自衛隊代表チーム◇

所属	氏名・階級	ポジション	身長(cm)	体重(kg)
代表選手【ＦＷ】				
青森	對馬　瑛教２曹	4・5・8	182	92
船岡	藤田　祐己２曹	6・7・8	174	89
船岡	三浦　拓朗１士	4・5	183	95
船岡	島野　拓馬士長	3	171	107
船岡	島野　佑馬士長	1	170	99
船岡	高屋敷拓也３曹	1・3	173	102
船岡	津留崎幸彦２曹	4・5	178	92
船岡	永沢　優和３曹	2	175	100
船岡	渡部晋太朗３曹	5・8	182	100
習志野	赤平　康太３曹	6	165	85
習志野	生田　豊３曹	2・3	170	98
習志野	大澤　俊介３曹	4・5・7	180	90
習志野	榊　優太３曹	1	173	100
習志野	高山　直輝３曹	1・3	165	95
習志野	東野　義人３曹	4.6.7.8	185	78
習志野	八田　亮介３曹	4・5	180	96
習志野	安田　大地３曹	6・7・8	172	93
海自下総	福井　浩司士長	1・2	170	95
海自下総	堀口　裕二３曹	6	175	90
代表選手【ＢＫ】				
船岡	上沼　智宏１士	9・12	158	72
船岡	千坂　潤２曹	11・14	170	80
船岡	長谷部孝志３曹	10	178	79
船岡	阿部　悠平３曹	13・15	178	85
船岡	伊藤　圭哉３曹	9～15	176	80
船岡	目黒　丈博２曹	9・12	174	88
習志野	加藤　竜也士長	12・13	175	100
習志野	鹿又　正輝３曹	9・12・13	174	84
習志野	玉置　佳孝３曹	9.11.14.15	172	70
習志野	畠中　大士２曹	11・15	171	73
習志野	平野　伸介士長	10.11.14	170	75
習志野	前時　翔３曹	11.13.14	180	90
習志野	松崎　政義３曹	11～14	170	72
習志野	水間　卓２曹	10・13	175	80
海自下総	小池　辰弥３曹	12・13	177	90
チームスタッフ				
習志野	西村　竜治准尉	船岡	吉田　一也２曹	
習志野	阪本　勝己３曹	船岡	工藤　智長３曹	
チーム支援				
船岡	遠藤　久人３曹	習志野	土屋　睦斗士長	
船岡	田澤　佑気３曹	習志野	山本　裕介士長	
船岡	村上　将希３曹	習志野	吉岡　聖那士長	
船岡	工藤　洸亮士長	海自下総	坂口　千空３曹	
船岡	成毛　博２曹			

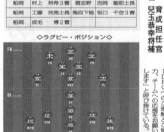

◇ラグビー・ポジション◇

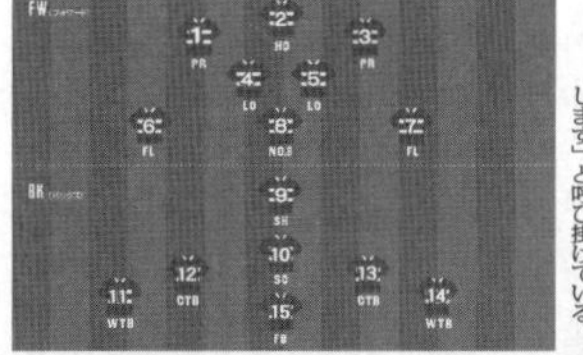

米国の『インド太平洋戦略報告』を読み解く

防衛研究所 地域研究部 米欧ロシア研究室教官　切通　亮氏

米国防総省が今年6月に初めて発表した「インド太平洋戦略報告」。日米同盟を「インド太平洋における平和と繁栄の礎」と明記し、「パートナーシップ」の章では日米関係をトップで紹介している。A4で55ページに及ぶ同リポートについて、防衛研究所地域研究部米欧ロシア研究室の切通亮教官に分析・執筆をお願いした。（個人の見解であり、所属組織の見解を代表するものではありません）

初めてのインド太平洋戦略

トランプ政権は2017年の『国家安全保障戦略』（NSS）、翌18年の『国家防衛戦略』（NDS）で示したインド太平洋政策をより具体化させる文書として、『インド太平洋戦略報告』（IPSR＝Indo-Pacific Strategy Report）を今年6月1日に公表した。

米国は、これまでも90年代の『東アジア戦略報告』（通称ナイ・イニシアティブ）や、より最近で言えばオバマ政権下での15年の『アジア太平洋海洋安全保障戦略』などのように、地域戦略に関する文書を策定してきたが、インド西海岸から米西海岸までの広範な地理的空間に関する包括的な戦略を示したのは今回が初となる。

18年のNDSでは米国の政策が「戦略的に予測可能」であるべきとされているものの、トランプ政権での2年半を通して米国の地域政策に関する戦略的な予測可能性が必ずしも高い水準を保ってきたとは言えない。

そうした中で発表されたIPSRは、インド太平洋地域に対する米国のビジョンやアプローチを理解する上での一つの指針を示している。

自由で開かれたインド太平洋

IPSRはインド太平洋を米国の優先地域と位置付けた上で、「自由で開かれたインド太平洋」（FOIP＝Free and Open Indo-Pacific）を追求するとしている。

この地域秩序を下支えする原則として、①主権と独立の尊重②紛争の平和的解決③開かれた投資、透明性のある協定および連結性に基づく自由で公正、互恵的な貿易④航行・航空の自由を含む国際ルールおよび規範の尊守、の四つが示され、これらを維持していくことが地域諸国共通の責任であることが強調されている。

ここでの「自由」とは、国家間政治においては、国力に関係なく、全ての国家が他国に強制されることなく自由に主権を行使できることを、国内政治においては、民衆の基本的人権および自由が守られる、いわゆる「良い統治」を意味する。

また、「開かれた」とは、地域での維持可能な成長と連結性を指す。これは、政治的には、全ての国家による国際水域、航路、サイバー・宇宙空間へのアクセス、および領土・領海紛争の平和的解決が可能であることを意味し、経済的には国家間の自由で互恵的な貿易、開かれた投資環境、透明性のある協定を追求することを指している。

切通　亮氏（きりどおり・りょう）　1983年生まれ。埼玉県出身。2014年カナダ・ニューブランズウィック大学政治学部卒。15年英ロンドン・スクール・オブ・エコノミクス（LSE）国際関係研究科修士課程修了。16年4月から現職。18年4月～19年3月まで防衛省防衛政策局防衛政策課基本政策班・戦略企画課抑止戦略班兼務。専門は米国のアジア太平洋政策。

インド太平洋の戦略環境認識

多くの戦略文書と同じようにIPSRでも米国が置かれている戦略環境の整理を行っており、中国を「修正主義国家」、ロシアを「復活した悪意ある国家」、北朝鮮を「ならず者国家」と位置付け、国家を跨ぐ問題も戦略的課題として挙げている。

特に、中国については最も多くの紙面を割き、国内における抑圧的な統治、周辺海空域における行動や軍備増強、地域諸国への過剰投資に伴う巨額債権を利用した戦略的要衝地の獲得などに対し、「自由で開かれたインド太平洋」（FOIP）の原則に反するものとして懸念を示している。

「強制のツールキット」とも呼ばれるこれら一連の手法の中でも、中国による南シナ海のスプラトリー（南沙）諸島への対艦・対空ミサイルの配備に対しては、同地域を軍事化させないとした15年の米中首脳間での約束を反故にするものとして厳しく批判している。

加えて、米議会が18年秋に可決した海外インフラ投資を促進する「BUILD法案」は、低所得国および低中所得国に対する透明性の高い投資の選択肢を提供するものとされており、米国が懸念する中国の不透明なインフラ投資への対抗策として言及されている。

なお、地域のトランスナショナルな（国境を越えた）問題では、テロリズムや海賊、人身売買などの非伝統的安全保障とともに、中国などからの影響を受けやすい非自由主義国家なども取り上げている。

「自由で開かれたインド太平洋」の維持に向けた三つの取り組み

軍備態勢

IPSRでは「自由で開かれたインド太平洋」（FOIP）を維持していくための三つの取り組みを提示している。第1の取り組み「軍備態勢」では、NDSで想定されている競争相手国周辺地域での局地戦による「既成事実化」を防ぐため、前方部隊のさらなる近代化と態勢強化を謳っている。

前者の近代化については、2020会計年度の国防予算要求を意識しながら、第4・5世代戦闘機、各種スタンドオフミサイル、無人水上艦艇などの調達や、宇宙・サイバー能力への投資などを列挙している。

後者の戦力態勢に関しては、「距離の横暴」を克服するためには前方での戦力配備・展開が必要不可欠であるとしつつ、現在その多くが日本と韓国に集中している態勢を将来的には南アジア、東南アジア、オセアニア地域などへも広げていくとしている。

また、米国はマルチドメイン（複数領域）作戦や遠征前進基地作戦など、中国からの脅威圏内に展開する前方部隊の能力を発揮させるためのコンセプトを検証しており、米軍の前方プレゼンスの維持と同時に、より機動的かつ強靭な前方戦力を構築する努力も進めている。

パートナーシップ

第2の取り組み「パートナーシップ」では、①同盟国（日本、韓国、豪州、フィリピン、タイ）②パートナー国（シンガポール、台湾、ニュージーランド、モンゴル）③強化すべきパートナー国（インド洋地域諸国およびベトナム、インドネシア、マレーシア）④関与を維持すべき国（ブルネイ、ラオス、カンボジア）⑤他地域の主要同盟国（英国、フランス、カナダ）―に分類し、各国での活動や連携などを具体的に紹介している。

IPSRは、これら地域諸国とのパートナーシップを米国のインド太平洋への関与および戦略の根幹として位置付ける一方で、各国に対する負担分担の要請やFMS（対外有償軍事援助）の有用性も強調している。

シャナハン国防長官代理は今年6月にシンガポールで開かれたシャングリラ会合（アジア安全保障会議）でのスピーチの中で、具体的な負担項目として、▽自国防衛のための投資▽地域諸国への能力支援▽ルールに基づく国際秩序の尊守▽有事の際の米軍に対する（基地）アクセスの提供▽相互運用性を念頭に置いたFMSの活用▽パートナー諸国間での情報共有の拡大▽共通目的への共同出資―などを挙げ、インド太平洋地域の同盟・パートナー諸国に対してこれらの実行を求めている。

ネットワーク

第3の取り組み「ネットワーク」では、こうした米国と地域諸国との2国間の取り組みに加えて、3カ国間、多国間の協力関係を有機的に拡大させることを目指すとしている。3カ国協力に関しては、日米韓や日米印などを例に、基本的価値や目的を共有する米国を含めた3カ国での訓練・演習などの活動や戦略対話および協議などを指している。

多国間協力については、「ASEAN（東南アジア諸国連合）地域フォーラム（ARF）」や「東アジア首脳会議（EAS）」、「拡大ASEAN国防相会議（ADMMプラス）」などの枠組みは、2国間および3カ国間のパートナーシップを補完するものとし、米国の継続的な関与を表明している。

その際、より力強いASEANの意思表明が可能となるように、全会一致に基づくASEANの意思決定方式を支持するとともに、上記の地域安全保障アーキテクチャ（構造）におけるASEANの中心性を支援していくとしている。

なお、ここでは「クアッド（Quad）」と呼ばれる日米豪印の4カ国協力にも言及しているが、これはインド太平洋に関する議論の場を提供する一つの枠組みであり、ASEANの中心性や既存の3カ国協力の重要性を損なうものではないことを強調している。

IPSRでは、こうした地域の多層的な安全保障協力を通じて（米国以外の）地域諸国同士が共通の原則のもとで新たな協力関係を構築し、発展させていくことを奨励している。

これにより、米国の安全保障上の負担が軽減され、そこから生まれた余剰資源をよりハイエンドな課題に振り分けることが可能となることから、インド太平洋地域の安定がより強固になると考えられている。

前政権からの継続性と変化

IPSRは外交・経済・軍事分野を跨ぐ初めての包括的なインド太平洋戦略であるが、オバマ政権下で掲げられたアジア太平洋「リバランス」もまたインド洋までを包含した全政府的な取り組みであったため、両者間では一定の継続性がみられる。

例えば、紛争の平和的解決や持続可能かつ開かれた経済活動、人権の尊重や法の支配など、国際法や普遍的価値、規範および原則を重視するリバランスのビジョンは、IPSRで示された「自由で開かれたインド太平洋」（FOIP）の原則と多くの面で合致する。

そして、こうした原則を維持するためのアプローチに関しても、15年にオバマ政権が発表した『アジア太平洋海洋安全保障戦略』では、地域における軍事能力、パートナーシップ、リスク管理、地域安全保障アーキテクチャの強化を挙げており、三つ目のリスク管理以外はIPSRのアプローチとほぼ整合する。

なお、IPSRにおいて言及された3カ国間・多国間・（米国以外の）地域諸国間の地域安全保障ネットワーク構築の取り組みは、オバマ政権末期に当時のカーター国防長官がリバランスの一環として提唱した「原則に基づく安全保障ネットワーク」の基本的な考え方を踏襲したものである。

さらに言えば、マルチドメイン作戦や遠征前進基地作戦などの運用コンセプトや、東南アジア諸国への海洋能力構築支援策として打ち出された「海洋安全保障イニシアティブ」などもトランプ政権以前から進められてきたものであり、こうしたことからも、IPSRにはオバマ政権下でのリバランスの事業をさらに発展させていくという側面もあるだろう。

とは言え、IPSRには従来の地域戦略からの変化もある。恐らく最も重要な変化は中国との競争をより前面に打ち出している点であろう。

もとより、オバマ政権の終盤においても国防省高官を中心に中国の独善的な行動を公に批判ないし懸念する向きもあったが、IPSRは、中露との大国間競争の再来を宣言したNSSと、この戦略的競争を念頭に全省的な競争思考を促進させるとしたNDSの認識に基づいて策定されており、より体系的に中国を競争相手として位置付け、これを明文化している点はオバマ政権との根本的な違いである。

そのため、IPSRでは、政治・経済・外交・軍事のあらゆる側面で中国の行動を疑問視する傾向がみられる一方で、対中関与への言及は限定的なものに留まっている。

これは、従来までの対中関与政策を再考するとしたNSSの方針を反映したものと考えられるが、こうした点も対中関与をリバランスの一環として捉えていたオバマ政権からの大きな変化として挙げられる。

いまひとつ重要な変化として指摘できるのは、IPSRの中では地域の経済関係に関する戦略的な位置付けが不明確な点である。

例えば、オバマ政権は、各種貿易協定から経済的利益だけでなく戦略的利益も見出しており、特に環太平洋経済連携協定（TPP）については「空母に匹敵する」戦略的アセットとしてリバランスの中核に位置付けていた。

対して、トランプ大統領は、就任直後にTPPから「永久に離脱」するとした大統領令に署名し、2国間での貿易協定をより重視する方針にシフトしている。

実際に、トランプ政権は日本を含めた地域諸国との経済関係、とりわけ貿易関係に関する不満を公に示しており、既にオバマ政権で合意された米韓自由貿易協定（FTA）を再交渉の末に見直している。

IPSRでは、米国の資金力を活用した官民による地域のインフラ、エネルギーおよびデジタル市場への投融資に言及する一方で、地域諸国との包括的な経済関係をどのような戦略的意味合いで捉えているのかは定かではない。

今後の課題

実際に米国がIPSRを実行していく上で少なくとも二つの大きな課題が指摘できる。

まず、IPSRが地域諸国からどの程度受け入れられるのかという点である。とりわけ、ASEAN諸国においては、米国の地域へのコミットメントを歓迎する一方で、米国の地域戦略におけるASEANの中心性の担保と中国包囲網に対する懸念がある。

前者に関して米国は、IPSRやその他の機会にASEANの中心性を支援していく方針を明確にしているが、後者については包囲網（封じ込め）と戦略的競争の違いや、対中競争の最終着地点などについてより丁寧な説明が必要となるだろう。

ASEAN首脳が今年6月に採択した「インド太平洋に関する見解」では、ASEANの中心性を基調とした対話と協調を前面に押し出すとともに、包括性の重要性を随所で強調しており、また、日本や豪州、インドなどが表明しているインド太平洋に関する構想でも、経済面を含む地域の連結性や包括性ないし非排他性を強調することで、対中競争としての意味合いは抑えられている。

もとより、地域において中国の影響力拡大に対する懸念は一定程度共有されているものの、その程度は多様であるため、これら地域諸国を米国の対中競争に同調させることは容易ではない。

そしてもう一つの課題としては、IPSRと実際の政策との整合性が挙げられる。とりわけ同盟に関して、トランプ大統領は、大統領選挙期間中から一貫して同盟国による負担の増加を訴えてきた。これには役割の負担のみならず、費用負担の増加も含まれており、この3月には在外駐留米軍に係る経費全額プラス50パーセントの支払いを同盟国に求めるとの報道がなされ、6月にはトランプ大統領が側近に対して日米同盟の「片務性」を指摘しつつ、同盟破棄の可能性にまで言及したと報じられている。

IPSRでも相互的な同盟やパートナーシップを強調しているが、トランプ政権のこうした動きは、少なくとも政権中枢が米軍の海外基地ネットワークを「戦略的アセット」としてではなく、むしろ米国の予算を圧迫する「コスト」として認識している可能性を示唆している。

いずれにせよ、トランプ大統領がどのようなアプローチで地域に関与していくかという点は、今後、米国がIPSRを具現化していく上で極めて重要な要素となるであろう。

厚生・共済

特集

「秋のパーティーパック」受付中

歓送迎会・同期会などに

フリードリンク付き ホテル自慢の料理を堪能

防衛省共済組合直営施設「ホテルグランドヒル市ヶ谷」(東京都新宿区)では、歓送迎会・謝恩会・同期会などで特別なひと時をお過ごしいただける「秋のパーティーパック」(フリードリンク付き)をご用意しております。(20名様より)期間は9月1日から11月30日まで。ホテル自慢のお料理を堪能しながら、贅沢なひと時をお愉しみください。

9月1日〜11月30日

HOTEL GRAND HILL ICHIGAYA　ホテルグランドヒル市ヶ谷

同パックには、幅広くご好評をいただいている「和洋ビュッフェ」と「洋食ビュッフェ」の2種類があります。いずれもフリードリンク付きで、お一人様6000円(全12種類)、7000円(全15種類)、8000円(全17種類)、10000円(全17種類)のパック料金で提供しています。

フリードリンクはA・Bの2コースがあり、Aコースはビール、ウイスキー、焼酎(芋・麦)、ハイボール、日本酒、ソフトドリンク。Bコースはビール、ウイスキー、カクテル各種、ハイボール、日本酒、ソフトドリンクとなっています。

7000円以上のコースにはワイン(赤・白)が加わり、8000円コースは日本酒もしくはワインがグレードアップ、10000円コースはワイン、日本酒ともにグレードアップしたものとなります。

さらに、組合員限定のお得なパックもご用意。こちらはお一人様5000円(全12種類・フリードリンク付)でご提供。洋食ビュッフェでのご提供となります。

いずれのプランも室料・料理・ドリンク・消費税・サービス料が含まれています。料理内容の変更やオプション料理も充実していますので、お気軽にご相談ください。

ご予約・お問い合わせは宴集会担当(03・3268・0116【直通】、8・6・28854【部隊線】)まで。9時から19時まで受け付けています。ホームページはhttps://www/ghi.gr.jp/へ。

皆様のお越しをスタッフ一同、心よりお待ちしております。

「宮古島・沖縄の旅」を特集

『さぽーと21秋号』が完成

本部契約商品を紹介、「ベネ通販」の活用法も

防衛省共済組合の広報誌『SUPPORT(さぽーと)21秋号』が完成しました。

今号は巻頭で「平成30年度防衛省共済組合決算概要」を特集しているほか、紀行「ベネフィット・ステーション活用術」は沖縄・宮古島の海にスポットを当て、「憧れの宮古ブルー＆感動の『美ら海水族館』」を紹介しています。

宮古島には今年新しく陸自駐屯地が開庁し、自衛隊員にとってもより身近な島になりました。そこで本特集では家族でぜひ訪れたいパイナガマビーチ、海岸線を一望できるムイガー断崖、貝殻の博物館「海宝館」、南国の温泉「シギラ黄金温泉」などの魅力を紹介しています。そして帰路、沖縄本島に立ち寄ったら「美ら海水族館」へ。巨大な水槽にはジンベイザメやマンタなどが泳ぎ、最高の思い出になること間違いなしです。

このほか、本部契約商品として食品・日本酒からスポーツ用の下着、各種宝石まで、お得に購入できる商品が並び、誌上ショッピングも楽しめます。さらに「ベネフィット・ステーション活用術」によるオンラインショッピングや、「ベネ通販」の活用法なども記載されていますので、ぜひご利用ください。

連載の「スポーツの楽しみ」は、どこでも手軽にできる「アウフバウ(段階的に体を作る)トレーニング」を特集。自衛隊体育学校の専門家が4種類のトレーニングパターンを写真を使い、分かりやすく指導してくれています。

『さぽーと21』はご自宅に持ち帰り、ご家族と一緒にご覧ください。

【お詫び】

本誌巻末に記載しました「相談窓口のご案内」の受付時間に誤りがありました。正しい受付時間は「9時30分〜12時、13時〜18時15分」です。ご注意ください。

読者の皆様に深くお詫び申し上げます。

今年度の健診は受けましたか

お申し込みはネットや電話で「ベネフィット・ワン」へ

防衛省共済組合では「各種健診」を実施しています。健診の受け付けは共済組合が委託する「(株)ベネフィット・ワン」が行っていますので、以下の方法でお申し込みください。

【WEB】パソコンはhttp://www.benefit-one.co.jp、スマートフォンはhttp://bnft.jpへ。アクセス後、「健診予約はこちら」のバナーをクリックしてお進み下さい。

【電話】(株)ベネフィット・ワン健診予約受付センター(0800・170・2502、03・6870・2775)へ。朝10時から平日21時、土日祝日は18時まで受け付け。年末年始はお休みです。

【FAX】0800・919・9030、089・900・8281へ。お手元のご利用ガイドの「＜各種健診＞FAX・郵送申込書」または「＜婦人科単体検診＞FAX・郵送申込書」をご利用ください。

【郵送】〒790・8790愛媛県松山市藤原2・8・8 株式会社ベネフィット・ワン健診予約受付センターまで。「＜各種健診＞FAX・郵送申込書」または「＜婦人科単体検診＞FAX・郵送申込書」に必要事項をご記入のうえ、お送りください。

申し込み後、「ご予約確定通知書」が送付されます。受診当日は「防衛省共済組合員証」または「自衛官診療証」を持参して受診してください。健診結果は1カ月程度で健診機関から本人に直接送付されます。

なお、健診時に自己負担がある場合は健診機関窓口で当日お支払いください。

◇

このほか健診機関に電話で直接申し込むこともできます。お手元の「健診機関リスト」に掲載された健診機関に、受診希望日の3週間前までに電話でお申し込みください。

予約後、受診希望日の3週間前までに(株)ベネフィット・ワン健診予約受付センターに「ご予約確定通知書」の発行を依頼してください。後日、健診予約受付センターから同書を送付します。

その後は前述の方法で受診してください。

「女性向けジュエリー」あっせん販売

標準価格の半額でご提供

ダイヤや大粒真珠のネックレス

防衛省共済組合では、組合員の皆様に「女性向けジュエリー」のあっせんを行っています。いずれの商品も標準価格の半額でご提供していますので、この機会にぜひご利用ください。

【プラチナ天然ダイヤモンド(1カラットアップ)ペンダントネックレス】(商品1)=上質で透明感のある大粒のダイヤモンド(鑑別書付)で、胸元に贅沢な輝きを演出します。チェーンはプラチナ製です。組合員価格は18万3000円(税抜)となっています。標準価格は36万6000円。

(商品1)

【花珠真珠大粒(8・5〜9ミリ)ネックレス&イヤリングまたはピアス&揺れるルビーペンダントネックレスの3点セット】(商品2)=上質で希少な大粒あこや真珠の花珠ネックレスセット(鑑別書付)。人気の揺れるルビーペンダントのネックレス付。組合員価格は9万9800円(税抜)。標準価格は19万9600円。

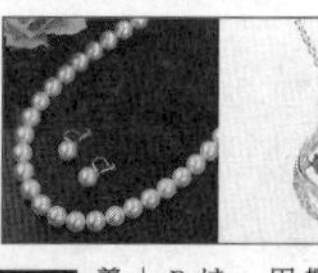
(商品2)

【Sv南洋白蝶真珠10ミリペンダントネックレス】(商品3)=上質で気品のある約10ミリ玉は着け映え効果抜群で記念日の贈り物にも最適です。組合員価格は1万9300円(税抜)。標準価格は3万9600円。

(商品3)

申し込み・お問い合わせは㈱ヒライ未来Company(電話03・3366・2112)の担当・平井美樹子まで。

年金Q&A

天引きされる掛け金額が、前の月より増えています

標準報酬月額の変更によるものです

Q　9月の給与明細を見たら、天引きされる掛金額が先月より増えているようですが、どうしてでしょうか。

A　掛金の額が増額する理由のひとつとして、定時決定により標準報酬月額が変更されたことが考えられます。

毎月の給与から天引きされる掛金等の額は、標準報酬月額に掛金率(保険料率)を乗じて算定されています。標準報酬月額とは、組合員が毎月支給を受ける俸給、諸手当等(期末・勤勉手当等を除く。以下「報酬」といいます。)を基準として定められ、月々の掛金等の額の計算基礎となります。また、宿舎の貸与によって得られる利益(現物給与)や、自衛官が無償で受けられる医療費や食事代に相当する額も通貨以外で支払われる報酬とみなされ、標準報酬月額に加算することとされています。

標準報酬月額は第1級〜第46級(厚生年金保険に関するものは第1級〜第31級、退職等年金に関するものは第1級〜第30級)の等級に区分され、例えば報酬の支給総額が34万5000円であれば、等級は第20級、標準報酬月額は34万円というように、標準報酬の等級及び月額表にあてはめて決定されています。

報酬の額は昇給等により変動するため、少なくとも年に一度は標準報酬の見直しを行います。この年に一度の見直しを「定時決定」といい、毎年4〜6月の報酬の平均額を基に決定され、同年9月から翌年8月まで適用されます。その他にも報酬に著しい変動があったときは、「随時改定」により等級が改定されます。

このように、掛金額が増減する理由としては、定時決定や随時改定等により「標準報酬月額」が変更された、もしくは掛金率(保険料率)に変更があった等が考えられます。

ご自身の等級は給与明細(給与明細は各自衛隊で表記は異なりますが、「標級」等の欄です。)やねんきん定期便で確認することができます。等級と報酬月額との対応は、共済のしおり「GOOD LIFE」や共済組合のホームページをご覧ください。

なお、標準報酬月額に乗じる掛金率(保険料率)は平成31年4月以降、短期掛金：自衛官32.04/1000、事務官等37.02/1000、介護掛金(40歳以上)：8.45/1000。30年9月以降、厚生年金保険：91.5/1000、退職等年金給付：7.5/1000となっております。

(本部年金係)

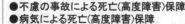

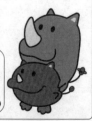

厚生・共済

特集

夏の思い出たっぷり

家族間交流

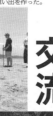

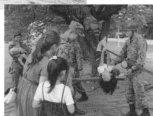

3自衛隊の駐屯地・基地では、部隊活動への理解促進と家族間の融和団結を目的に定期的に隊員・家族間の交流の場を設けている。秋田駐屯地ではこの夏、子供たちも楽しめるよう「スイカ割り」や「流しそうめん」大会を開催し、神町駐屯地では「ミニ縁日」行事などを行い、それぞれ部隊と隊員・家族が一体となって夏の思い出を作った。

青空の下、砂浜でスイカ割りに挑戦する少年（7月13日、秋田市の桂浜海水浴場で）

スイカ割り

秋田　BBQに流しそうめん

【秋田】駐屯地曹友会は7月13日、秋田市桂浜海水浴場に隊員とその家族を招待し、「曹友会家族間交流」を開催した。

秋田・岩手両駐屯地曹友会の交流も兼ねて相互に企画・実施している子供たちに人気の行事で、今夏は秋田曹友会が主催、砂浜での「バーベキュー大会」「子供スイカ割り」「流しそうめん」のイベントを企画した。

「スイカ割り」では、目隠しをした子供たちが周囲の声に誘導されながらスイカに近づき、バットや木刀で思い切りスイカをたたいた。時折あらぬ方向に歩き出す子供たちの様子に周囲から歓声も上がり、照りつける太陽の下、参加者たちは玉の汗をかきながら楽しんでいた。

一方、今回が初めての「流しそうめん」では、親子が水の流れる速さに四苦八苦しながらも、そうめんをすくい取り、夏の風物詩を堪能していた。

レンジャー隊員の指導でロープ渡りを楽しむ女の子（7月13日、神町駐屯地で）

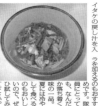

神町　サバイバル体験からミニ縁日、ウオークラリーまで

【6施大＝神町】6施設大隊は7月13日、神町駐屯地で「大隊家族の日」を開催した。

大隊家族の日は隊員とその家族の融和団結、自衛隊への理解促進を目的に、各中隊は約1カ月前から趣向を凝らした催し物を考案。本部中隊は、大隊が保有する装備品の展示を行ったほか、油圧ショベルとバケットローダーの体験試乗を、1中隊はレンジャー隊員の指導でロープ渡り、ドーラン体験、天幕宿営などのサバイバルを企画した。

また、2中隊は「子供ミニ縁日」を企画し、ストラックアウトや射的などの"出店"を設けて夏祭りの雰囲気を演出。3中隊は「謎解きウォークラリー」の会場を用意し、示されたコース上で親子が大隊に関する謎解きに挑戦した。

中でも子供たちに人気だったのが大隊本部の「顔写真入り缶バッジ作り」で、油圧ショベルなどをバッグに撮影した写真をその場で缶バッジにして、隊員家族に来隊記念としてプレゼント。子供たちには忘れられない夏の思い出になった。

「静浜空上げ3種盛り」で勝負

教育集団調理競技会　小林2曹が最優秀賞

航空教育集団の調理競技会に参加し、手際よく「空上げ」の調理を進める小林2曹（浜松基地で）

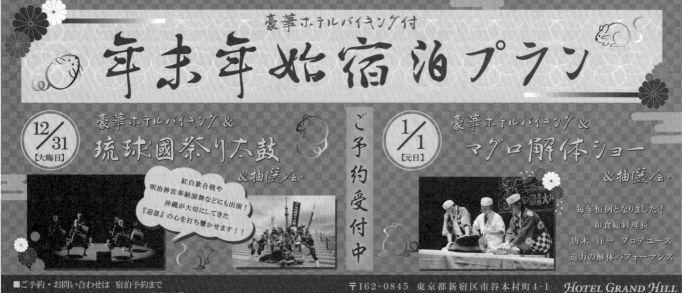

【静浜】基地業務隊の給養員・小林智弘2曹はこのほど、浜松基地で開催された「航空教育集団調理競技会」に出場し、「最優秀賞」を獲得した。

競技会には地元浜松基地をはじめ、松島、熊谷、静浜、奈良、防府北、防府南、芦谷の計8基地の代表が出場。各基地が空自をアピールするために考案した自慢の「空上げ」で競った。小林2曹は静岡県焼津市の桜エビ、かつお節、藤枝市のシイタケを使用した「静浜空上げ3種盛り」で勝負に挑み、審査員たちが見守る中、手際よく調理を進めた。各代表はそれぞれ2時間の制限時間内で、審査用と試食用を含めた45食を作り上げた。

完成した各基地オリジナルの「空上げ」は、審査員長を務める城殿保航空教育集団司令官以下、司令部幕僚など計14人の審査員が試食して味覚や見栄えなどを厳正に評価。その結果、「焼津と藤枝市の特産品の味わいを生かし、極めて質が高かった」と審査員からも高く評価された静浜基地の一品が、調理競技会で栄えある優勝を勝ち取った。

この競技の模様は地元メディアでも取り上げられ、静浜基地の給養能力や隊員たちの"地元愛"が県内に伝えられた。静浜基地の名を高めた小林2曹は「強いプレッシャーを感じながら参加しました。最優秀賞を受賞できてとても嬉しかったが、ホッとした部分が大きかったです」と喜びを語った。

また、来年2月に入間基地で開催される予定の「航空自衛隊調理競技会」に向けて、「教育集団の代表として『空上げ』の頂点を勝ち取りに行きたい」と意気込み、さらに調理の腕を磨いている。

自慢の一品料理　のっぺ

紹介者：吉井　育子技官（新発田駐屯地補給科糧食班）

今回は、新潟県に所在する新発田駐屯地で提供されている「のっぺ」を紹介します。新潟の郷土料理で、サトイモのぬめりを生かした汁です。お祝いの席の定番メニューでもあり、地域や家庭で食材や切り方が違い、それぞれ味が異なるのも特徴です。

まずは具材をカットしていきます。鶏もも肉は小さめに、サトイモ、レンコン、ニンジンはたんざく切りに、つきこんにゃくはざく切り、水で戻した干しシイタケは薄切り、同じく水で戻した車麩は小さめに切ります。

続いて、鍋に水、酒、和風だしの素、干しシイタケの戻し汁を入れ、カットした具材を加えます。ふたをして15分程度煮込み、具材がやわらかくなったら砂糖、めんつゆで味付けして完成です。仕上げにゆでたきぬさやを飾ると彩り鮮やかに仕上がります。

このほか、具材に干し貝柱や塩サケ、イクラを加えるのもおすすめです。隊員にとっても、なんだか落ち着く味の一品。夏には冷やして食べるのもおいしいので、ぜひ試してみて下さい。

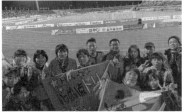

余暇を楽しむ

防府北基地「レノ丸交友会」

紹介者：空曹長　白川　久幸（12飛行教育団飛教群准曹士先任）

朝雲新聞をご覧の皆さん、こんにちは。今回は、Jリーグの試合観戦を主体に活動している「レノ丸交友会」について紹介します。最後までお付き合いいただけると幸せます。（山口県の方言で「幸せです、ありがたいです」の意味）

同会は12教団飛教群と整補群の隊員計11人から成り、現在サッカーJ2リーグに所属する「レノファ山口」のホームゲーム開催時に、本拠地の維新公園陸上競技場（現・維新みらいふスタジアム）を訪れる活動を行っています。モットーは「熱く！楽しく！」です。

「熱く！楽しく!!」応援

上 Jリーグの試合終了後、レノファのサポーターたちと勝利の記念撮影をする隊員たち　下 日米下士官交流への参加中、案内した米空軍隊員（中央）、他のサポーターとスタジアムグルメを味わう白川曹長（右）

私たちが目指すのは、メンバーそれぞれの「楽しさ」の飽くなき追求です。メンバーの一人である某群先任は、ホームゴール裏席で声をからしての熱きガチ応援を「楽しみ」ます。

しかし、スタジアムでは応援だけが楽しみなわけではないのです。

ミニコンサート（先日はSTU48が来場）やプロスポーツ選手等によるトークショー、山口県のイベントでは欠かせない餅撒き等の「ホームゲームイベント」を「楽しむ」もよし。対戦相手や季節に応じて変わる「スタジアムグルメ」を「楽しみ」、試合前に対戦相手を食ってやるもよし。黄色い声を張り上げて、イケメン選手の追っかけを「楽しむ」もまたよし。

お祭り騒ぎのスタジアムの「楽しみ」方は無限に広がります。

現在Jリーグには J1、J2、J3のカテゴリー合わせて58チームがあります。皆さまのお近くにもきっとスタジアムがあるはずです。私たちと一緒に「レノファ山口」、そして「お祭り騒ぎ」を「楽しみ」に行ってみませんか？

災害時に活用できる家族支援マニュアル

豊川駐、県家族会と作成

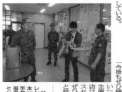

豊川駐屯地の「家族支援マニュアル」の完成を記念し、握手を交わす岩塚業務隊長と堀川孝一家族会長（中央）。後ろはマニュアルを手にする家族会員ら

【豊川】駐屯地業務隊はこのほど、愛知県自衛隊家族会と協力し、災害時などに活用できる「家族支援マニュアル」を完成させた。

同隊は平成26年から家族支援態勢の構築に向けた準備を進め、計17回の協議を経てマニュアルを作り上げた。これは支援に当たる家族会の会員に向けたもので、災害時の実施内容や各種注意事項のほか、停電時にも利用が可能な特設公衆電話（無料）の概要などについて記載されている。マニュアルは表や図も多用し、分かりやすく書かれているのが特徴だ。

大規模災害が発生し、部隊が災害派遣に出動した際、隊員自身では家族の安否確認ができなくなる。たとえ被災しても、家族会員がこのマニュアルを見ることで、最寄りの避難所に駆け付けて隊員家族の情報を特設公衆電話で業務隊に連絡することができる。

「家族支援マニュアル」の作成にあたった岩塚寿文業務隊長は「このマニュアルを多くの家族会員に配布し、本施策の普及に活用いただければ幸いです」と話している。

駐屯地内売店でレシート抽選会

福島

【福島】駐屯地は7月16日、常設売店のコンビニで実施していた「ボーナスセール」の当選者抽選会を厚生センター内ホールで行った。コンビニで1000円以上購入した際のレシートを応募券としたもので、商品にはディズニーランド・ペア招待券や1万円相当の商品券などが用意された。

抽選会は大勢の隊員たちが見守る中、厚生科の小山博史事務官の司会で進められ、土肥直人駐屯地司令や坂本浩紀11施設群長、鯉渕正業務隊長が抽選を行った。3人がそれぞれ抽選箱からレシートを取り出し、裏面に記載された当選者の氏名を読み上げると、会場には拍手や歓声が起きた。

土肥司令は「この抽選会は隊員が交流を深めていく上で良いイベントなので、今後もぜひ続けてもらいたい」と述べると、主催したコンビニ店は「冬のボーナスセール時にも、ぜひ計画したい」と話した。

抽選箱から当選レシートを引く坂本11施設群長（左手前）＝7月16日、福島駐屯地の厚生センターで

地方防衛局 特集

在沖米海兵隊「104号線越え実弾射撃移転訓練」

東北局が「現地連絡本部」設置

24時間体制で支援と調整 関係者招き見学会

【東北局】在沖米海兵隊による「沖縄県道104号線越え実弾射撃移転訓練」が7月23日から31日まで、宮城県の陸上自衛隊王城寺原演習場で行われた。これに合わせ、東北防衛局（熊谷昌司局長）は7月15日から8月9日まで、同局の藤井真企画部長を本部長とする「現地連絡本部」を演習場内に開設し、24時間体制で訓練支援や周辺自治体との調整に当たった。7月25日には、演習場が所在する大和町、色麻町、大衡村など地元自治体の関係者らを招いて訓練見学会を開催した。

王城寺原演習場での同訓練は1997年度に開始され、今回で17回目。

東北防衛局は、陸自の米海兵隊移転射撃協力隊（担任官・東北方面特科隊副隊長の関口景1陸佐以下約150人）の支援を受け、演習場内に「現地連絡本部」を設置。期間中、最大約40人態勢を組み、訓練部隊に対する支援のほか、関係自治体との調整や情報提供、演習場周辺の巡回警備などを24時間体制で行った。

7月15日の「現地連絡本部」の開設に当たっては、藤井本部長が報道陣のインタビューに対し、「訓練を安全に行うためのサポートとともに、住民の方の不安を解消するため、自治体にもしっかりと情報を伝えてまいりたい」と語った。

訓練は、沖縄に駐留する第3海兵師団第12海兵連隊第3大隊の1個中隊によるもので、人員約250人、車両約45台と155ミリ榴弾砲6門の規模で実施された。

訓練開始に先立ち、訓練指揮官を務める第3大隊長のリチャード・ロビンソン中佐は、色麻町の早坂利悦町長、大和町の浅野喜高副町長、大衡村の齋藤一郎副村長らをそれぞれ表敬訪問し、訓練の受け入れと支援に謝意を表明。安全には最大限に配慮して訓練を行うことを約束した。

各首長らは「騒音などによる影響に配慮し、特に夜間訓練は極力控えていただきたい」と要請したのに対し、ロビンソン中佐は「夜間訓練は必要不可欠ではあるが、必要最低限となるよう努めたい」と応えた。

「現地連絡本部」を開設し、報道陣のインタビューに答える東北防衛局の藤井真本部長（7月15日、宮城県の王城寺原演習場で）

米海兵隊の155ミリ榴弾砲の訓練見学会には地元自治体関係者など約40人が参加した（7月25日、宮城県の王城寺原演習場で）

7月25日に開かれた見学会には、地元自治体や報道関係者ら約40人が参加し、米軍の訓練や装備品について理解を深めた。

参加者たちは指揮官のロビンソン中佐から安全に射撃訓練を実施する手順などの説明を受けた後、ヘルメットと防弾チョッキを装着し、155ミリ榴弾砲や機関銃、射撃統制所を見学。最後に榴弾砲の実弾射撃が公開され、合図とともに4門の砲から次々に轟音と白煙が上がると、その迫力に圧倒された様子だった。

大和町で海兵隊員約30人が奉仕活動

施設の利用者と交流

訓練終了後の8月2日には、地域貢献と相互理解の促進を目的に、米海兵隊員約30人が大和町にある支援施設「あさいな」を訪問し、芝張りやビニールハウスの撤去作業などのボランティア活動を行った。

その後、リレーやプレゼント交換などを通じて施設の利用者たちと交流を深め、すっかり"トモダチ"となった隊員たちは、「また来てね！」と口々に別れを惜しむ声を掛けられながら帰路に就いた。

青空の下、ボランティアに訪れた米海兵隊員たちとリレー競技を楽しむ「あさいなチーム」のメンバー（8月2日、宮城県大和町で）

リレー随想　松田　尚久

平成19年、防衛庁は防衛省へ移行し、私が北関東防衛局に初めて課長として勤務したのは、同年9月、東京防衛施設局から、北関東防衛局へ改組された時でした。

前年の平成18年、「再編実施のための日米のロードマップ」において、在日米軍および関連する自衛隊の再編についての取りまとめがありました。

北関東防衛局管内においては、横田飛行場への航空自衛隊航空総隊司令部移転、百里基地への米軍機からの航空機の訓練移転などがあり、関係自治体へ、再編特措法を含め、所要の説明を実施していた頃に当たります。

改組に伴い、北関東防衛局においては、従来から実施されていた業務に加え、新たに地方協力確保事務が付与されました。

地方協力確保事務の取り組みとして、防衛政策や自衛隊の活動について広く理解を得るため、地域住民を対象とした「防衛問題セミナー」の開催や、地方公共団体などに対する「防衛白書」の説明、在日米軍施設・区域周辺住民と米軍関係者によるスポーツや音楽を通じての日米交流事業が始まりました。

日米交流事業10年を経て

北関東防衛局においては平成20年度から毎年、横田基地周辺を対象に、日本側は地元の学校や吹奏楽団など、米側は基地内の学校や音楽隊の方々などが参加して「日米交流音楽会」を開催しており、各回、数百名から千名の参加がありました。

また、平成26年度からは、横田基地内の米小学生が、同基地周辺の日本の小学校を訪問してスポーツ交流（大縄跳び、ドッジボール）、文化交流（折り紙、こま、けん玉、英語劇など）、学校給食や掃除を共に体験する「日米文化交流会」も実施しております。

参加した日本の子供からは「アメリカ人との交流は良いと思った」、米国の子供からは「もっと日本の文化を知りたい」などの意見がありました。

当局以外の防衛局においても、さまざまな交流会が実施されております。サッカー、かかし作り、書き初めなど、それぞれの地域の特性や地元のアイデアを生かした活動が継続して実施されており、交流事業は10年を経て、恒例の事業として定着してきたと感じます。

当局としては、基地周辺の住民の方々と米軍関係者が、互いに理解し合うための一助となるよう、さらに交流の内容を充実・発展させていきたいと思います。（北関東防衛局長）

中国四国局

米海兵隊岩国基地で交代式

新司令官にルイス大佐

【中国四国局】山口県岩国市の米海兵隊岩国航空基地で8月22日、基地司令官の交代式が行われ、地元の岩国市から福田良彦市長、中国四国防衛局からは森田治男局長らが出席した。

交代式には約200人の隊員と約400人の家族や来賓が出席。2016年7月から司令官を務めたリチャード・ファースト大佐からフレデリック・ルイス大佐に海兵隊旗が手渡され、指揮権が譲渡された。

式典では太平洋地域の米海兵隊基地を統括する在沖米海兵隊太平洋基地司令官のウィリアム・パワーズ准将があいさつ。米軍再編などの大型プロジェクトを実現させてきたファースト大佐について「米海兵隊や米海軍とその家族、日本人従業員、日本のパートナーなど、それぞれに心を配り、スムーズにものごとを進め、地域交流活動を通じて岩国基地が地元の中に溶け込むよう努力してきた」とその功績をたたえた。

これを受け、離任するファースト大佐は「岩国での日々は私の人生の中でも大きな位置を占める。皆さんのおかげで目標に一丸となって向かうことができた」と述べ、米軍とその家族、軍属、自衛隊、地元自治体関係者に対し、心からの感謝の気持ちを表した。

続いて、新司令官に就任したルイス大佐は「かつて岩国に住んだことのある私にとっては故郷に帰ってきたかのようだ。岩国基地では米軍再編の大型プロジェクトを終え、西太平洋地区で最も重要な基地の中の一つとなった。重要な基地の指揮を担うことを大変光栄に思う」と着任の抱負を述べた。

ファースト大佐に森田局長が感謝状

これに先立ち中国四国防衛局は8月9日、3年超に及ぶ任期を終えて離任するファースト大佐に局長からの感謝状と記念品を贈呈した。

これは、同大佐が①防衛省の業務や立場を理解し、岩国市と「愛宕地区運動施設」の共同使用に向けた速やかな現地協定締結に尽力したこと②地元の行政担当者らを岩国基地に招き、研修などを通じて理解を深めてもらう新たな取り組み『サウンド・オブ・フリーダム活動』を開催し、積極的に基地周辺住民らとの交流を図り、相互理解の深化に尽力したこと――などの貢献に対する謝意を示すもので、森田局長が米軍岩国基地を訪れ、同大佐に感謝状を贈った。

司令官交代式の会場で握手を交わす中国四国防衛局の森田局長（右）と、在沖米海兵隊太平洋基地司令官のパワーズ准将＝写真はいずれも8月22日、山口県岩国市の米軍岩国基地で（米海兵隊岩国航空基地提供）

式典で日米の両国旗や海兵隊旗などを掲げた米海兵隊員（右側）から栄誉礼を受ける在沖米海兵隊太平洋基地司令官のパワーズ准将（左側中央）

ファースト大佐（右）から海兵隊旗を受け取り、指揮権を譲渡された新司令官のルイス大佐

防衛施設と首長さん

北海道えりも町　大西　正紀町長

我が町に欠かせない存在

空自襟裳分屯基地と連携

えりも町は、北海道の背骨とも言われる日高山脈が太平洋に沈み込む、北海道中央部の最南端に位置しています。

森進一さんや島倉千代子さんの歌でも有名な景勝地「襟裳岬」をはじめ、断崖が続く黄金道路や10キロ以上の砂浜が続く百人浜など恵まれた景勝地があり、日高山脈襟裳国定公園にも指定されています。

近年は、ハートの形をした豊似湖が、北海道のお土産で定番の「白い恋人」のCMにも使われたことから注目されています。秋に実施しているヘリコプター遊覧は、上空からの絶景がインバウンド（訪日外国人観光客）の方からも人気です。

また、えりも沖は寒流と暖流がぶつかる良好な漁場でもあり、初春のウニ、春から秋のツブ貝、夏のコンブ、秋のサケ、冬の毛ガニなど1年を通して漁が可能です。

そのため、町内で漁業に従事する人が半数近くを占めており、町にとって水産業は欠かすことのできない基幹産業です。

中でも、えりも町で採れるコンブは「日高昆布」で、日高昆布の3分の2以上を町内で水揚げしています。

そのため、昆布資源の維持と安定生産のための漁場整備事業の実施や栽培漁業の推進に取り組んでいます。

航空自衛隊襟裳分屯基地は、襟裳岬を望む高台に昭和29年に開庁し、今年で65周年となります。これまでも、町内のイベントや伝統文化の継承、交通安全運動、自治会活動に積極的に参画していただいています。

また、災害時には役場に駆けつけるなど、防災対策の推進にも協力していただき、地域に欠かせない存在です。

今後も、引き続き分屯基地と連携し、安心・安全の町づくりを行ってまいります。

おおにし・まさき　66歳。北海道日本大学高校（現・北海道栄高等学校）卒。えりも町副町長を経て2017年5月えりも町長に就任。現在1期目。えりも町出身。

我が国の防衛体制について講演する九州防衛局の岩田企画部長（壇上）＝7月23日、福岡市博多区のオリエンタルホテル福岡博多ステーションで

九州局の岩田企画部長

安全保障テーマに講演

【九州局】九州防衛局（廣瀬律子局長）の岩田和昭企画部長は7月23日、福岡市内のホテルで開かれた博多地区税関事務連絡協議会総会で、「我が国を取り巻く安全保障環境および我が国の防衛体制について」をテーマに講演し、約90人が聴講した。

同総会は博多税関支署と関係業者の意思疎通を図るとともに、税関事務の円滑な運営のほか、貿易の振興と発展に寄与することを目的に毎年開かれているもので、今回、九州防衛局に対して講師派遣の依頼があり、実現した。

岩田企画部長は昨年12月に策定された新たな「防衛計画の大綱」と「中期防衛力整備計画」の内容を中心に、日本とその周辺国、さらには米国との関係など、我が国を取り巻く安全保障環境を踏まえながら約1時間にわたって分かりやすく解説。聴講者はメモを取るなどして熱心に聞き入っていた。

部隊だより

海

武山　横須賀教育隊はこのほど、一般曹候補生、自衛官候補生ら計888人が「小銃射撃」を行った。学生たちは分隊ごとに約1カ月間の座学による射撃教育を受講。実射では見慣れない射場や実弾に緊張した様子だったが、教育隊長をはじめ各班長の指導により無事に訓練を終えると、学生たちは達成感に満ちた表情を浮かべていた。

徳島　教育航空群は8月5日、隊員の情報教育のために日々の阿波踊り「かもめ連」の阿波踊りを行った＝写真㊤。5月中旬から2カ月間の練習を積み、一糸乱れぬ踊りを披露した。「教育群の精神を示していきたい」と語った。最後はホーム、障害者支援施設などを慰問した。

呉　総監部は7月27日、城山クラウンドで呉鎮守府開庁130周年記念の「呉サマーフェスタ」を開催した。当日は約5000人が来場した。当日は呉青年会議所が企画した50人規模の「バイタリティ・ダンス」がイベントを盛り上げ、呉音楽隊や呉ウォッチファミリーとのコラボ演奏、最後は約4000発の花火が打ち上げられた。

下関　基地隊は7月6、7の両日、下関港あるかぽーとで12掃海隊所属の掃海艦「あきさ」を一般公開した＝写真㊤。SNSでの情報拡散もあり、2日間で計約3600人が来場。艦艇見学やPRブースを設け、一般公開を盛況のうちに終了した。

那覇　5空群は7月24日から3日間、石田良太5整備補給隊司令を主任指導官として、県内外から集まった中高生27人に対し「青少年隊内生活体験」を実施した＝写真㊤。2日目にはP3C哨戒機の体験搭乗を行い、低高度から眺める沖縄の海に参加者たちは感嘆。今回の体験について「自衛隊により興味を持った。来年も参加したい」と話していた。

旭川　2師団は7月24日、5月から約3カ月間にわたり実施されていた師団集合教育「部内レンジャー」の帰還式を行った。9個部隊から選抜されたレンジャー志願者28人は、体力調整、水路潜入、山地総合訓練など計11の想定訓練を完遂。担任官の大野秀樹25普連長から授与されたレンジャー徽章を胸に輝かせ、「レンジャーの誇り」を胸に原隊へ戻った＝写真。

岩手　駐屯地は8月1日、横田紀子9特連長兼岩手駐屯地司令の着任行事を行った＝写真。全国初の女性特科連隊長・駐屯地司令となる横田1佐は「与えられた任務に対し真摯に向き合い、常に前向きに取り組むことを要望する」と述べ、隊員たちは司令の要望事項を実現するため、連携を核として任務に向かう決意を新たにした。

冬季戦技教育隊

遊撃基幹隊員が山地に潜入

夏山で氷雪登はんの基礎体得

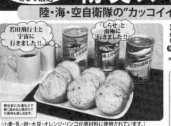

谷川の岩場を慎重に下る冬季戦技教育隊の遊撃基幹隊員（7月2日、北海道増内岳で）

雪中での戦い方を陸自隊員に教育・普及している「冬季戦技教育隊」の遊撃基幹隊員（戦技室長・藤松敏也1尉以下12人）はこの夏、山岳レンジャー訓練の一環として、道内にそびえる暑寒別岳（増毛町）、雷電山（岩内町）などの一帯で「山地潜入訓練」を実施した。

同訓練は、冬季での山地潜入の基礎を夏季の間に演練し、冬季遊撃課程教育に向けて安全管理態勢を整えるためのもの。

今夏の訓練は7月2日から同20日までの間、山地潜入、氷雪登はんの基礎となる山岳登はん（岩場を含む）、急峻な山岳地帯での安全確保要領などを演練した。

谷川を進み、淵を泳ぎ

山地潜入は岩稜・沢の渡渉や登はん技術を駆使して、足場の不安定な岩の谷川を慎重に進み、全身が水に浸かる淵では、背のうを「浮き」にして泳ぎながら水路を進んだ。

また、山岳地帯では、部外講習や米国留学などで技術を培ってきたファースト・クライマー（先頭登はん者）が隊員たちをリード。先行したファースト・クライマーが安全確保を済ませた後、その下にいる隊員をロープを使って巧みに引き上げ、全員を安全かつ確実に登はんさせた。

このほか、「隊員が負傷した」との想定で患者の搬送法なども演練。参加隊員たちは冬季の北海道の厳しい生地訓練でも活用できるさまざまな安全確保要領を体得した。（真駒内）

背のうを「浮き」にして谷川の淵を泳いで進む隊員（7月15日、北海道雷電山で）

ガスに包まれた山の稜線を隊列を組み前進する冬戦教の隊員たち（7月19日、北海道群別岳で）

空

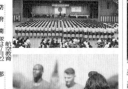

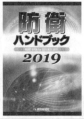

小牧　1輸空はこのほど、三重県鳥羽市菅島町で2輸空（入間）と合同で野外行動訓練を実施した。同訓練は昭和58年の菅島航空機事故の風化防止を目的に行われた。初日は行進経路の環境を整備し、生い茂る草木を施設隊員がチェーンソーで撤去。最終日は朝6時から、しろんご浜に流れ着いた海藻や流木を撤去して、海藻を砂の中に埋めた。

防府南　航空教育隊は7月22日、1教群と2教群（熊谷）で一般曹候補生課程601人の卒業式を行った＝写真㊨㊤。小林努空教隊司令は式辞で「諸官は曹候補生として立派に成長し、赴任先でも有望な人材として活躍すると信じている。さらなる精進に努めよ」と激励した。式後は隊員家族らが見守る中、卒業生は堂々とした記念行進を行った。

那覇　南西空総務課の池田良太渉外広報班長（当時）以下5人は7月23日、米海兵隊太平洋基地通信戦略運用部の広報ワークショップに参加した。写真技術に関する基礎知識や一眼レフの使い方などを座学で学んだ後、米海兵隊員の訓練風景を撮影＝写真㊨㊦。広報班が撮った写真を当日中に米軍が評価し、隊員たちは実践的な撮影技能を修得した。

国分　12普連は8月8日、「国分駐屯地夏祭り」を開催し、昨年の1・8倍となる約7000人が来場した。当日は地元中学生扮する「一日駐屯地司令」の開会宣言で始まり、渡辺亘紀司令のあいさつ、三反園訓鹿児島県知事の祝辞、駐屯地音楽部の演奏が行われた。イベントの最後には約1500発の花火も上がり、盛り上がりを見せた＝写真㊦。

那覇　15旅団は7月23、24の両日、駐屯地で行われた「夏休みちびっこ大会」を支援し、県内の小学5・6年生の児童計92人が参加した。今回は、ほふく体験、患者搬送など自衛隊の訓練を体験イベントとして実施、15音も演奏を披露した。企画した業務隊司令業務室の青山玲子曹長は「隊員とともに楽しむ子供たちを見られて良かった」と話していた。

久留米　駐屯地の隊員約100人は8月4、5の両日、「水の祭典久留米まつり」に協力した＝写真㊤。オープニングセレモニーでは西特連4大隊と空自高良台分屯基地がかつぐ高牟礼祝山車の勇壮な演技でパレードを開始。3年ぶりに4高特大の五十騎槍武者行列が参加し、駐屯地太鼓部「久留米一心太鼓」の演奏も行事を盛り上げた。

前川原　幹候校の第100期一般幹候生課程360人は8月8日、同校伝統行事「高良山登山走」に参加した。真夏の暑さの中、候補生は幹候校から高良大社までの距離5・6キロ、標高差156メートルのコースを激走。結果は個人男子1位が松本拓也候補生（20分39秒）、女子1位が中畑美紀候補生（24分8秒）で共に課程歴代1位の記録だった。

陸

霞ヶ浦　駐屯地は8月6日、「納涼大会」を開催、地域住民など約4700人が訪れた＝写真㊤。当日は地元のダンスチームやちびっ子踊り、筑波大生のアカペラコンサート、打ち上げ花火などが行われ、イベントに花を添えた。家族と参加した鶴木剛曹長は「大人も楽しめる内容で、打ち上げ花火も家族から好評だった。来年もまた連れて来たい」と話した。

下志津　駐屯地は8月7、8の両日、「盆踊り大会」を開催し、約2万6000人が訪れた。大会には地元団体も出演し、キッズダンスやよさこいなどを披露。盆踊りでは『下志津音頭』『千葉おどり』などを近隣住民らと踊り、やぐらの周囲に大きな"花"を描き出した。大会の最後に花火を夜空に打ち上げると、来場者から歓声が上がった。

松本　駐屯地の太鼓クラブ「松本アルプス太鼓」は7月27、28の両日、松本城と四柱神社の枡形広場で開催された「国宝松本城太鼓まつり」に参加した。自衛隊らしさを表現できる「昇竜」など3曲を披露し、演奏後には大きな拍手が送られた。参加した13普連本管中隊の松澤拓実3曹は「より多くの部員を集め、太鼓コンサートを開きたい」と夢を語った。

姫路　駐屯地は8月7日、「納涼行事」を開催した。当日は多くの来賓が訪れ、隊員たちのらっぱコンクール、バンド演奏、駐屯地太鼓部による「白鷺太鼓演奏」などで観客を魅了。隊員たちは、近隣自治体の婦人会や「お城おどり保存会」会員らと一緒に盆踊りを楽しんだ。その後、約100発の花火が夜空を彩り、来場者は「楽しかった」と話していた。

海田市　47普連は7月24日から28日まで、駐屯地、原村基本射場・演習場、海田湾で「技能公募予備自衛官招集訓練」を行った。予備自37人と支援部隊を合わせた計約110人が参加した。職務訓練では現役弁護士の予備自・馬場智厳3佐が法務教育を行い、実際の非違事案について講義。馬場3佐は「知識を皆さまに還元できてうれしかった」と述べた。

小倉　駐屯地は8月4日、日本中央競馬会小倉競馬場でのファンファーレ演奏を支援した＝写真㊤。音楽部のファンファーレが響き渡ると、場内は約4万人の観客の熱気に包まれた。指揮を担当した寺園彰則3曹は「落ち着いて指揮ができた。これからも音楽部員として演奏を通じ、地域との懸け橋になれるよう頑張っていきたい」と語った。

出場国代表そろい開会式

もう一つのW杯

国際防衛ラグビー

岩屋大臣、交流も期待

ラグビーW杯に先立って行われる国際防衛ラグビー競技会（IDRC）の開会式が9月9日、防衛省講堂で岩屋防衛相や各国大使・武官、選手・関係者ら約440人が出席して行われた。岩屋大臣は各国選手を前に「各チームのご健闘を祈念します」と激励。15日間にわたる熱戦の火ぶたが切られた。（1、3面参照）

防衛省・自衛隊を挙げて実施・支援するIDRC。日本・アジアで初の開催となる3回目の今大会は豪、仏、韓、英、フィジー、ジョージア、ニュージーランド、パプアニューギニア、トンガ、日本の10カ国が優勝を争う。

国歌斉唱の後、IDRC2019会長の岩屋大臣が「今競技会は10カ国の軍からよりすぐりのラグビーチームが参加してもう一つのラグビーワールドカップとして開催される。意義深い競技会を主催できることを誠に光栄に思います」とあいさつ。

また、「スポーツを通じた防衛交流の機運が高まり、ひいては各国軍の連携につながることを望んでいます。試合終了後はノーサイドの精神で熱い友情を築かれることを期待します。各チームのご健闘を祈念いたします」と述べた。

来賓の東京五輪・パラリンピック競技大会組織委員会会長で「自衛隊ラグビーを強くする会（BOB）」の名誉会長も務める森喜朗元首相は、「国家のために日頃から大変な努力をされている皆さまが集まってラグビーの試合を行う。これほど素晴らしい大会はない」と語るとともに、各国軍チームの健闘に期待を寄せた。

式にはそれぞれのシャツなどに身を包んだ各国の選手たちも出席、式前後には他国選手と談笑を交わす場面も見られた。

大会はトーナメント方式で優勝が競われる（決勝戦は9月23日）。敗者による親善試合（トーナメント戦）も実施される。

安倍首相のビデオメッセージも紹介

開会式では安倍首相からのビデオメッセージも紹介された。

メッセージの中で首相は、「培ってきた努力をグラウンドの上で存分に発揮し、力強く、激しく、正々堂々とぶつかり合い、試合が終わればノーサイドの精神でたたえ合う。ラグビーを通じて各国間の友好と信頼関係が深まることを期待します」と語った。

また、自衛隊代表チームに対し、「訓練を通じて身に付けた規律を重んじる姿勢、最後まであきらめない粘り強さを生かしたプレーを見せてほしい。今大会、そして（20日に開幕する）ラグビーワールドカップを盛り上げてください」とエールを送った。

ビデオメッセージで選手たちを激励する安倍首相

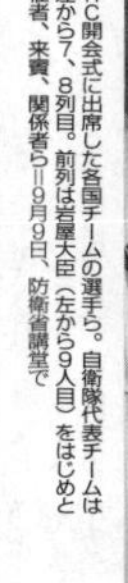

IDRC開会式に出席した各国チームの選手ら。自衛隊代表チームは後方の左から7、8列目。前列は岩屋大臣（左から9人目）をはじめとする各国大使、来賓、関係者ら＝9月9日、防衛省講堂で

「まずは1勝！」　日本チーム

開会式には元日本代表の松尾勝博ヘッドコーチが指揮する日本チーム（自衛隊代表）の選手・スタッフも出席し、大会に挑む決意を新たにした。

チームは代表選手が34人（習志野16、船岡14、青森1、海自下総3）。陸自選手が大半を占め、主将は海自下総の堀口裕二3曹が務める。選手が着用するユニフォームは空自入間基地の後藤庄太1曹がデザインし〝陸海空統合〟の力で臨む。

初戦は15日に習志野演習場で行われ、11日の仏―パプアニューギニアの試合の勝者と戦う。

「まず1勝」を目標とし、さらに上位進出を目指す自衛隊代表チーム。堀口主将は「他の国の方たちと交流を深め、見聞も広げたい」と語った。

山崎統幕長が激励

山崎統幕長は9月6日、統幕会議室でIDRCに臨む選手ら46人を激励した。

主将の堀口裕二3海曹（3術校＝下総）が代表して決意を表明、山崎統幕長が「今回の大会は世界中が注目している。自分たちのためだけではなく、部隊や国のためにチーム一丸となって頑張ってほしい」とエールを送った。

山崎統幕長は選手一人一人と握手を交わし、選手たちは「ありがとうございます」「頑張ります」とやる気に満ち溢れた表情で応えた。

IDRCに挑む選手一人一人を握手で激励する山崎統幕長（左）＝9月6日、統幕会議室で

16普連、油回収に奮闘

排水機場など吸着マット15万枚使用

九州北部大雨

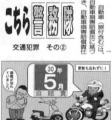

九州北部を襲った大雨により、陸自は8月28日から佐賀県下で災害派遣活動に従事している。このうち杵島郡大町町では佐賀鉄工所から5万リットルの油が農地や市街地に流出し、吸着マットを使った回収作業を9月10日まで行った。

16普連（大村）では4中隊長の大町祐介3佐以下約100人が同町に展開、9月6日まで用水路や「下潟排水機場」などで水面に浮いた油の回収に当たった。

隊員たちは炎天下、胸まで水に浸かりながら吸着マットを水面に並べ、流出油を吸い取った。4日には同中隊の高口幸生士長ら6人が大雨の際に水をポンプで送り出す深さ約10メートルの「排水機場」の中に入り、ボート上から吸着マットを使って油の除去に従事。

現場は気温が30度を超え、汗と油と汚水が入り交った〝蒸し風呂状態〟だったが、大町中隊長の「回収を迅速に実施せよ」との号令のもと、隊員たちは黙々とマットを展開して油を除去。特に排水機場の中ではトンネル内の奥にもマットを浮かべ、油をくまなく吸い取った。油はごみ袋にまとめ、産業廃棄物取扱者に引き渡した。回収したマットは約1週間で約15万枚に上った。

作業に当たった松永悠助3曹は、2年前の九州北部豪雨では土砂崩れ現場で人命救助に従事、「今回の任務は大きく異なったが、何としても油をここで食い止めるという一心で作業した」と語った。一方、排水機場内で作業を担当した高口士長は「水深は3メートルあり、仲間の命にもかかわるのでボート操作は緊張したが、無事に油を回収できて良かった」と安堵した様子で話した。

このほか、4特防（福岡）は武雄市の旧長崎街道約1・5キロで消毒を実施。8後支連（北熊本）や空自西警団（春日）などは入浴支援を、4後支連（福岡）などは給食支援を継続している。また、4音楽隊（同）は大町町公民館などで慰問演奏を行った。

深さ10メートルの「下潟排水機場」にボートを降ろし、油の除去作業に当たる16普連4中隊の隊員（9月4日、佐賀県大町町で）＝西部方面隊提供

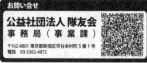

目指せ「国際女子！」

PKOセンターの上級課程修了

統合幕僚学校国際平和協力センター（市ヶ谷）では、このほど、「国際平和協力上級課程」の2人の女性自衛官を含む23人が修了した。

上級課程は国際平和協力活動等に従事する上級部隊指揮官などに必要な知識・技能の修得を目指す課程。今回は自衛官9人（うち女性2人＝海空各1人）、内閣府、外務省職員3人（同2人）、留学生11人（同1人）が参加した。

国連では「ジェンダー主流化」をキーワードに、国連本部（米ニューヨーク）やPKOの司令部などで女性の比率を増やすことが求められている。上級課程でも女性参加者が増加傾向にあり、今回も国際社会での活躍を目指す女性たちが懸命に課程に取り組んだ。

女性参加者の瀧川寛子2海佐は、「女性の立場からPKOを俯瞰できた。今後果たすべき役割を考えさせられた」。鳥居真由子2空佐は「グループ討議やロールプレイは学んだ知識を定着させるうえで有益だった」とそれぞれ語った。

修了セレモニーで近藤力也国際平和協力センター長（当時）は、「ここで培った知識と人的ネットワークは必ず役に立つ。ピースキーパーとして、ともに世界の平和に尽力しよう」と激励した。

統幕学校の「国際平和協力上級課程」に臨んだ鳥居2佐（前列左端）、瀧川2佐（その右）をはじめとする5人の女性参加者と女性教官ら＝国際平和協力センターで

小休止

▽…海自佐世保教育隊はこのほど、13期一般海曹候補生、373期練習員両課程学生の短艇競技を同隊前の海上で実施した。

▽…短艇は経験者がなく、全員がゼロから技量を修得する。強靭な体力・持久力の強化はもちろん、クルー総員の団結力向上も求められる。どの艇も分隊員、家族・職員らの懸命な声援の後押しを受け、力強い漕ぎを見せた＝写真。

▽…予選第1組から白熱したレースが展開され、23分隊が大差で総合優勝を果たした。女性分隊は班対抗レースの結果、3班が1位となった。（崎辺）

こちら警務隊　交通犯罪　その②

無保険の自動車を運転　事故なら全て自己負担

自賠責保険が未加入や期限切れだったら、どうなりますか？

自動車（原付含む）は、自動車損害賠償法に基づき、自動車損害賠償責任保険（または責任共済）に入っていなければ運転することが出来ません。

無保険で自動車を運転すると、1年以下の懲役または50万円以下の罰金に処せられるほか、行政処分として交通違反点数6点が付され、免許停止処分になります。

また、無保険で事故を起こした場合、賠償はすべて自己負担となるため、重い社会的責任と多額の経済的負債を抱えることになり、家族にも重い負担を強いてしまいます。

忘れずに加入や更新をしましょう。

（東部方面警務隊）

※次回は「自動車運転死傷処罰法違反（危険運転）」

みんなのページ

自衛隊を身近に感じるきっかけに
小平駐屯地の納涼祭を訪れて

非常勤講師　片山　和則
（順天堂大学国際教養学部）

今年の夏も筆者の近所である自衛隊小平駐屯地の納涼祭が7月25日に行われ、地元の人で賑わった。

自衛隊の夏のイベントといえば、真っ先に「富士総合火力演習」が挙げられ、俗にいう軍事マニアを含めた一般人が倍率約30倍の抽選を潜り抜けて見学に来るが、駐屯地納涼祭は誰でも気軽に参加できるものである。

今年の夏は天候不良などにより6カ所で中止となったが、全国約60カ所で行われ、各会場では盆踊りや、出店、花火大会などが実施された。

こうした民間との交流活動に対し、一部の政党や市民団体は徹底的に反対しており、先日も神戸の百貨店に自衛隊がイベントブースを出すことに対し多人数で激しく抗議し、中止に追い込んだという事件があった。しかし、憲法9条における自衛隊の位置づけについてさまざまな考えがあったとしても、ほとんどの人は自衛隊を敵視していない。

ただ、自衛隊は災害救難や海外派遣で活躍するイメージがあるため、市民にとって縁遠い存在になっていることは事実であろう。近い存在になってこそ、自衛隊とは何かを机上の空論ではなく考えることができるし、自衛隊の法的位置づけについて具体的なイメージをもって考えられることになる。

そこで自衛隊は、一般の人たちに近い存在になろうと、さまざまなイベントを開いている。夏の納涼祭もその一環であるし、最近では同人誌即売会コミケとコラボして「有明防災フェア」を開いて防災に関心を持ってもらいつつ、コミケの客を呼び込もうとしているし、女子高生が戦車を操る異色のアニメ『ガールズ&パンツァー』とも協力・コラボしている。

自衛隊は中央官庁の一つ、防衛省の所管にあり、広い意味で官公庁ともいえるが、このようなコラボは他省庁と比べてかなり柔軟である。他省庁に比べ、自衛隊はよい意味で割り切り、上手に一般の人たちのニーズに合わせてやっていると評価できよう。

今後とも、地域のイベントや（映画、ドラマ、アニメなどの）プロジェクトに積極的に関与して自衛隊を理解してもらうというのが、自衛隊にとっても一般人にとってもよいことになるだろう。賛否両論はあろうとも、自衛隊が国際社会や国内の災害復興に果たしてきた役割は大きく、イベント参加がそれをPRする場となるだろうし、それを一般人が身近に感じて自衛隊のことを考えるきっかけになるからである。

もちろん、そういったイベントを無理に潰そうとするノイジー・マイノリティー（声だけ大きい少数者）対策には注意を払わなければならない。自衛隊とプロモーターが協力して、地域に受け入れられていること、無理な抗議こそ憲法上の営業の自由や表現の自由を侵害しており、場合によっては営業妨害などで刑事罰の対象であることをはっきりと言明し、毅然とした態度で臨むべきであろう。

そのような対策の上で、参加者が楽しく過ごせるようなイベントを開催し、その実績を積み重ねていくことが自衛隊にとって重要である。

ありがとう、キュー号。安らかに
空自の国際救助犬のパイオニアとして活躍

空曹長　竹山　修治（7空団管理隊・百里）

令和元年7月、7空団管理隊（百里）の警備犬「キュー号」（牡）が胃捻転のため亡くなった。享年9歳（人間だと50歳相当）であった。

平成24年2月に中警団管理隊（入間）に配置された「キュー号」は、ハンドラーと呼ばれる警備犬のトレーナーの隊員とともに厳しい訓練を重ね、難関の国際救助犬認定試験に3回目で合格、「空自初の国際救助犬」となり、後に続く後輩国際救助犬の先駆けとなった。

「キュー号」は平成28年10月からは7空団管理隊に配置され、日々厳しい訓練を重ねていった。

国際救助犬としての真価を発揮したのは、平成30年7月の「西日本豪雨災害」の現場においてである。空自の警備犬として初めて災害派遣活動に従事するとともに、同年9月の「北海道胆振東部地震」の現場においても「キュー号」は昼夜を問わず活動に従事した。

「キュー号」は先天的に肌が弱い体質の警備犬であったものの、被災地の過酷な環境下においても懸命に行方不明者の捜索を行った。この活動により「キュー号」には防衛大臣から褒賞状とご褒美も授与されている。

その後も、災害派遣が予期される大規模災害時には、いつでも出動できる態勢を整えていた。

私はハンドラーとして「キュー号」とずっと苦楽を共にしてきた。手探り状態から救助犬を目指し、初めての試験に臨み、訓練を重ね、ようやく国際救助犬の認定試験に合格した日のことも今では懐かしい思い出だ。

一番記憶に残っているのは、やはり昨年の「西日本豪雨災害」の災害派遣活動である。気温が35度を超える厳しい環境の中でも決して諦めることなく、行方不明となった方々を懸命に捜索してくれた「キュー号」の姿には、私自身が勇気づけられた。いまも心から感謝している。

「キュー号」、本当にありがとう。安らかに。

警備犬「キュー号」の葬送式で、生前の活動に感謝を捧げる百里基地の隊員

北海道胆振東部地震の被災地で、竹山曹長と共に行方不明者の捜索活動に従事した国際救助犬「キュー号」（中央）

新入社員が生活体験

会社員　新　尚樹（大日精化工業 人事部）

当社は、退職自衛官の雇用を積極的に行っており、新入社員の社会人として必要な資質（協調性・団結心・規律性・リーダーシップ）の向上を目的に、3泊4日の生活体験を武山駐屯地の第31普通科連隊にお願いしております。今回で55回目を迎えました。

31普連の隊員の指導で行進訓練に臨む大日精化工業の新入社員たち

今年の生活体験（56名）についても、新入社員がとても楽しみにしていたためか、天気にも恵まれました。

生活体験では、各班長の皆さまからの指導により、新入社員の表情がみるみる変わっていく姿が大変印象的でした。

特に早朝からの20キロ行進、障害走といった困難な課題に対し、最初は戸惑いがあった社員も、各班長の指導や励ましをきっかけに、自分たちでいろいろなことに気付き、最終的にはチームワークを発揮し、一致団結してやり遂げ、仲間を思いやる気持ちに気付いたり、困難な状況を克服するために問題意識を持つことができたと思います。それは自衛隊でしか得られないものだったと確信しています。

本研修を運営して下さった第3中隊の皆さま、ご支援いただいた各部隊の皆さま、本当にありがとうございました。

そして訓練中、心を鬼にして指導をしてくれた訓練隊長、各班長をはじめとした皆さまが、飲み会の席ではとても「優しい」ということがバレバレだったことも、とても印象的でした。

OBがんばる

串宮　正泰さん　55
平成29年9月、海自小松島航空基地隊警備班を最後に定年退職（特別昇任准尉）。香川県高松市にある四電ビジネスに再就職し、四国電力阿南発電所で施設警備に従事している。

資格と経験は裏切らない

私は海自を定年退職し、四電ビジネスに入社しました。当社は施設警備のほか、大型消防車を使った消防など防災業務を担い、発電所と地域社会の安全確保に努めています。

当社の事業はビル・不動産事業、環境事業、ビジネス営業からなり、私は環境事業本部の阿南総合事務所に所属し、阿南発電所の保安業務に従事しています。発電所の警備・防災業務は極めて重要であり、精神的な負担も軽くはありませんが、職場の上司・同僚と信頼関係を築き、充実した毎日を送っています。

自衛隊在職中は地上救難員として救難および基地警備に従事していたこと、また大型免許をはじめ、警備・防災関連の各種資格を取得していたことから、援護室には資格を生かせる職種を依頼しました。幸い良縁に恵まれ、当社に就職することができました。これは援護室とキャッチボールをしながら情報共有ができていた結果であると考えています。

いくら頭の中だけで考えていても、積極的に援護室と情報共有を図らなければ的確な援護を受けることはできません。ビジョンを持ち、計画的に資格を取得するとともに、足しげく援護室に通い、自らの希望を理解してもらうことがポイントになります。また、企業側からも自衛隊OBを採用してよかった、今後も採用したいと思っていただけるよう努力し、勤務に精励することも忘れてはなりません。再就職に向け目標を持ち、定年まで充実した日々を過ごしていただきたいと思います。

自衛隊での経験・知識・取得資格は決して裏切ることはありません。自己研さんを積み、残りの自衛隊勤務をまっとうしてください。第二の人生が成功に導かれんことをお祈り申し上げます。

「朝雲」へのメール投稿はこちらへ!
▽原稿の書式・字数は自由。「いつ・どこで・誰が・何を・なぜ・どうしたか（5W1H）」を基本に、具体的に記述。所感文は制限なし。
▽写真はＪＰＥＧ（通常のデジカメ写真）で。
▽メール投稿の送付先は「朝雲」編集部（editorial@asagumo-news.com）まで。

第1218回出題

詰碁

出題　日本棋院　九段　曲　励起

白先

『黒はどうなりますか。白は最初の一手が大切です』。5分でできれば中級です。

▶詰碁、詰将棋の出題は隔週です◀

詰将棋

出題　日本将棋連盟　九段　石田　和雄

▲先手　持駒　なし

≫第802回の解答≪

【正解】▲3三馬△同玉▲4二竜△2三玉▲1三角成△同玉▲1二竜までの七手詰め。

【解説】初めに▲3三馬と実戦的に攻めては△同玉▲3四歩△2三玉▲4三竜△1四玉で上へ逃げられてしまいます。▲3三馬から▲4二竜が手順の追い。そして▲1三角成と二度目の角捨てがトドメとなり解決。なお6手目△3四玉は▲2四馬まで。

いちばん偉大な愛は母親の愛で、その次が犬の愛だ。
ポーランドのことわざ

（世界の切手・オーストラリア）

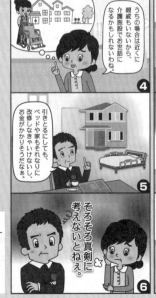

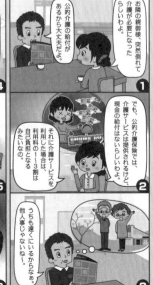

朝雲ホームページ
www.asagumo-news.com
<会員制サイト>
Asagumo Archive
朝雲編集部メールアドレス
editorial@asagumo-news.com

『三菱海軍戦闘機設計の真実』
—曽根嘉年技師の秘蔵レポート

杉田　親美著

旧海軍の米パールハーバー攻撃から約80年の時を経て、その主力戦闘機だった「零戦」の開発[illegible]が出版された。零戦の生みの親として知られる三菱の主任設計技術者、堀越二郎を補佐していた曽根嘉年技師が、生前、[illegible]を、防衛庁技術研究本部（現・防衛装備庁）に勤務していた航空機開発技術者がまとめあげた書である。

曽根技師は設計チームのナンバー2として、主に海軍との調整、部隊から[illegible]の対処などを担当。彼のメモには海軍との連絡事項や交渉内容など生々しい現場の記録が多数含まれている。

この専門的な第一次資料を著者が読み解き、当時の開発現場の様子を再現している。零戦ファンにとっては間違いなく「宝物」となる本だ。

[illegible]

（国書刊行会刊、3080円）

新刊紹介

『「いいね!」戦争』
—兵器化するソーシャルメディア

P・シンガーら著、小林　由香利訳

ソーシャルメディアの“政治力”が増し、いまやネットにより「戦争」のあり方も劇的に変化している。権力者にとってSNSは自らのイメージを作り上げ、敵対者を巧みに貶める重要な武器となり、国家や軍隊にとってもサイバー空間は「新たな戦場」になっている。[illegible]

本書ではイスラム国、ウクライナ紛争、インドの大規模テロなど、ネットが重要なバックグラウンドとなった紛争を取り上げ、[illegible]

（NHK出版刊、2500円）

朝雲

発行所 朝雲新聞社
〒160-0002 東京都新宿区四谷坂町12-20 KKビル
電話 03(3225)3841
FAX 03(3225)3831
振替00190-4-17600番
定価一部140円、年間購読料9000円（税・送料込み）

主な記事

第20代防衛相に就任し、栄誉礼の後、特別儀仗隊を巡閲する河野太郎新大臣（9月12日、防衛省で）

河野新防衛相

「全隊員の先頭に立つ」

幹部600人を前に初訓示

安倍首相は9月11日、内閣改造を行い、第4次安倍再改造内閣をスタートさせた。新たな第20代防衛相には河野太郎前外相（56）が就任し、岩屋毅前防衛相の後任として同12日に正式に初登庁。防衛省・自衛隊の主要幹部ら約600人を前に初訓示。「困難な任務に強い責任感を持って昼夜を分かたず精励してくれている隊員諸君の頑張りに防衛大臣としてできる限り応えたい。常に全隊員の先頭に立ち、諸君と一丸となって全身全霊で困難に立ち向かっていく所存だ」と強い決意を表明した。

河野新大臣は儀仗広場で特別儀仗隊の栄誉礼を受けた後、殉職隊員慰霊碑に献花。次いで防衛省講堂で着任式に臨み、内局、統幕、陸海空幕、防衛装備庁、情本などの主要幹部約600人を前に訓示した。

冒頭、「国民の命と平和な暮らしを守り抜く。この崇高な任務を果たすため、それぞれの現場で献身的に任務に当たっている25万人の隊員諸君一人一人に敬意と感謝を表したい」と述べ、自衛隊員の不断の努力に対し、防衛大臣として最大限に応えていく姿勢を強調した。

その上で「隊員諸君が活動する現場に赴き、その声に耳を傾け、思いを正面から受け止めたい」として現場重視の方針を打ち出し、「現場が抱える困難な問題に対処するため、先頭に立って取り組み、防衛省・自衛隊がその能力を最大限に発揮できる環境をしっかり整えていく」と誓いの言葉を述べた。

安保環境は一層厳しく不確実に

一方、日本を取り巻く安全保障環境について「不確実性を増している」と指摘。安倍首相からの指示を踏まえ、①我が国自身の防衛体制の強化②日米同盟の強化③各国との安全保障協力の強化――に全力で取り組む考えを示した。

この後、大臣室で岩屋前防衛相との事務引き継ぎが行われ、両氏は報道陣の前で固い握手を交わした。

これに先立ち、河野大臣は初閣議後の11日深夜、防衛省で記者会見に臨み、「防衛大臣を拝命し、大変光栄に思うと同時に身の引き締まる思い。世界の平和、日本の平和を守っていくことに努めていきたい」と抱負を語った。

IDRC初戦の対フランス戦で攻め上がる自衛隊代表のFL大澤俊介3曹（中央）＝9月15日、千葉・習志野演習場で

国際防衛ラグビー競技会

自衛隊チーム初戦 フランスと対戦

総力戦展開も惜敗

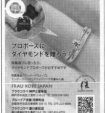

9月9日に開幕した国際防衛ラグビー競技会（IDRC）の日本（自衛隊代表）チーム「ディフェンス・ブロッサムズ」の初戦が同15日、千葉・習志野演習場で行われた。日本は前回英大会3位の強豪・フランスと対戦し、ディフェンスを固めてフォワード、バックス一丸となった総力戦を繰り広げたが、3－19で敗れた。

試合後、主将の對馬瑛教2陸曹（青森）は「守備を固めたが、後半に外を抜かれた」と振り返った。一方、仏チーム主将のアントワーヌ・オビシュ上級軍曹は「最後まで分からないタフな試合だった。日本はスクラムが強かった」と語った。

大会には10カ国が出場し、関東地区で9月23日まで行われる。日本チームは敗者トーナメントに回り、次戦は19日、体育学校グラウンド（朝霞）でトンガと対戦する。

（日仏戦の詳細は、『自衛隊スポーツ』9月19日付に掲載）

高級幹部会同で「時代の変化を先取りした大胆でイノベーティブな仕事に力を傾けよ」と訓示する安倍首相（9月17日、防衛省で）

「大胆に改革進めよ」

安倍首相が高級幹部会同で訓示

防衛省で9月17日、自衛隊最高指揮官の安倍首相を迎えて第53回自衛隊高級幹部会同が開かれた。

会同には河野太郎防衛相、山本朋広副大臣、渡辺孝一、岩田和親の両政務官をはじめ、高橋事務次官、山崎統、湯浅陸、山村海、丸茂空の各幕僚長、武田防衛装備庁長官のほか、3自衛隊の将官の部隊長や各機関の長など約180人が出席した。

安倍首相は訓示で、宇宙・サイバー・電磁波など新領域での優位性の確保が「防衛力に直結する」として、新領域を担う人材の育成・確保に全力を挙げるよう要望。従来の発想から脱却し、スピード感をもって人員、体制、装備、作戦、部隊運用などあらゆるものを聖域なく見直し、改革を進める重要性を強調した。

さらに「技術力は有事における対処力を根本から左右する」とも述べ、「時代の変化を先取りする気概で率先し、人工知能、省力化・無人化技術を取り入れ、効率化を図り、大胆でイノベーティブ（革新的）な仕事に力を傾けてほしい」と激励した。

続いて河野防衛相が訓示し、「防衛力の中核となる人材を確保し、その士気を高め、能力を向上させていくことは喫緊の課題だ」と指摘。優秀な人材確保に向け、時代の変化に合わせて制度やルールを見直していく必要があると訴えた。

さらに、日米同盟や2国間、多国間の安全保障協力が進む中では「多様な相手を理解し、自分の考えを言葉で伝えることのできる幹部が必要だ」と強調。[illegible]

（2面に首相訓示の要旨）

見送りに並んだ多くの隊員、職員に笑顔で手を振り退庁する岩屋毅前防衛相（9月12日、防衛省で）

岩屋前大臣が離任

「政治人生で最良の日々」

岩屋前防衛相は9月12日午前の離任行事で約600人の幹部を前に防衛省講堂であいさつ。「それぞれの現場で任務に当たっている隊員と身近に接し、言葉を交わすことができた日々は、30年近くの政治人生の中で間違いなく最良の日々だった。生涯の誇りとしたい」と約11カ月の在任期間を振り返り、「今後は一国会議員として、防衛省・自衛隊の応援団として、皆さんと一緒に汗をかいていきたい」と語った。

続いて、職員を代表して送別の辞を述べた髙橋憲一事務次官は、岩屋前大臣の功績をたたえた上で「激務の合間を縫って北海道から沖縄まで約20カ所の駐屯地・基地などを視察され、隊員を精力的に激励していただいた。自ら足を運び、現場の隊員と直接コミュニケーションをとる大臣の真摯な姿勢に、隊員の士気が高まった」と述べ、謝意を表した。

この後、儀仗広場で最後の栄誉礼を受けた岩屋前大臣は、女性職員から花束を受け、多くの隊員に見送られて防衛省を後にした。

副大臣に山本朋広氏

政務官に渡辺孝一、岩田和親氏

政府は9月13日の閣議で、内閣改造に伴う副大臣・政務官人事を決定した。防衛副大臣には山本朋広元防衛副大臣（44）、防衛大臣政務官には渡辺孝一衆院議員（61）、岩田和親衆院議員（45）がそれぞれ就任した。山本副大臣は内閣府副大臣、渡辺政務官は内閣府大臣政務官をそれぞれ兼務する。

退任が決まった原田憲治副大臣、鈴木貴子、山田宏両政務官は同日、多くの職員に見送られ、防衛省を退庁した。

山本 朋広（やまもと・ともひろ）副大臣 関西大商卒。京大大学院修了。文部科学政務官、復興政務官、第3次安倍第3次改造内閣・第4次安倍内閣で防衛副大臣を歴任。自民党国防部会長、衆院安全保障委員会理事。衆院神奈川4区、比例南関東、当選4回。京都府出身。44歳。

渡辺 孝一（わたなべ・こういち）政務官 東日本学園大歯卒。歯科医師、北海道岩見沢市長を経て、衆院農水委員会理事、自民党厚生労働部会、水産部会、農林部会の各副部会長を歴任。衆院沖縄及び北方問題に関する特別委員会理事。衆院比例北海道、当選3回。東京都出身。61歳。

岩田 和親（いわた・かずちか）政務官 九大法卒。大前研一事務所随行秘書、佐賀県議会議員を経て、自民党テレワーク特別委員会幹事、国土交通部会長代理を歴任。衆院国土交通委員会理事、経済産業委員会委員。衆院佐賀1区、比例九州、当選3回。佐賀県出身。45歳。

遠航部隊がシドニーに

北・中・南米諸国を歴訪後、太平洋を横断し、オセアニアを巡航中の海自の遠洋練習航海部隊（練習艦「かしま」と護衛艦「いなづま」で編成、梶元大介司令官以下約580人）は9月13日、10番目の訪問国オーストラリアのシドニーに入港した。

遠航部隊はこの後、北上を開始し、パプアニューギニア、パラオ、米グアムを巡り、10月24日に横須賀に帰国する。（4面に実習幹部の所感文）

春夏秋冬

陸軍大将今村均の魅力

菊澤 研宗

ガダルカナル戦で、辻政信参謀のもとに日本軍は3回に亘って近代兵器を装備する米軍に対して白兵突撃し、壊滅的な被害を被った。この作戦の司令官は、百武晴吉（ひゃくたけはるよし）であった。敗北後、武器も食糧もなく、孤立していたガダルカナル島の日本兵約1万人が海軍の山本五十六と陸軍の今村均との共同作戦によって、奇跡的にガダルカナル島から救出された。

その後、百武は今村均を訪ねてきた。この作戦で部下の3分の2を失い、目的も達成できず、軍人としてこれほど不面目なことはないといいだし、今後の始末は方面軍司令官である今村均にお願いし、自分はその責任をとって自決したいと申し出てきた。しかし、今村は、自決して罪を詫びることも意義はあるが、その時期について考えてほしいといっていさめた。

一般に、この今村均の行動を評価して、彼は人道主義者であったとみなされる傾向がある。しかし、話はそれほど簡単ではない。今村がこのとき百武の自決をとどめたのは、決して絶対的な人命尊重という観点からではなかった。

彼が考えたのは、軍人としての責任の取り方であり、軍人である百武にとってもっと価値ある責任の取り方があるのではないかと思ったからである。結局、このとき、百武は自決の時期については熟慮して決めたいといって自殺を思いとどまった。

ところが、その後も百武は悩みながら生きているという噂をきき、今村均は百武に同情していた。そして、1年後に百武は不幸にも脳溢血（いっけつ）となり、半身不随となってしまったのである。これを聞いた今村は、ああ、あの時、思い通りにさせていたらこんなことにならなかったと後悔し、自分を強く責めたという。

今日、生物学者がいろんな生物たちが生存を唯一の目的としていかにすごい戦略を展開して生き残っているのかを紹介する本が、ビジネスパーソンの間で人気だ。しかし、気品ある軍人たちを研究してみていると、人間という生物はまったく不思議な存在で、どうもただ生存することだけを唯一絶対的な目的としているわけではないような気がする。「責任」とか、「気品」とか、「存在意義」とかいった言葉にかかわる見えない何かを大切にしているように思える。

（慶応義塾大学教授）

防衛省発令

▽防衛省顧問を免ずる
（防衛省顧問） 豊田 硬
（同） 河野 克俊
（以上9月11日）

朝雲寸言

日曜日の深夜に首都圏を直撃した過去最強クラスの台風15号は、週明けの通勤を直撃した▼各路線の計画運休が続く中、炎天下の駅前は電車の運行開始を待つ人で溢れた▼その人混みを避けながら、少しでも職場に近づこうと線路沿いの国道を歩き始めた。服装は普通だが荷物は背中、足元は歩きやすい運動靴にした。水分を補給しながら2時間ほど歩いたが電車の姿は見えない。電車が動き始めたのは職場の最寄り駅まで来た時だった。その日歩いた歩数は1万7000歩。随分歩いたが自衛官が歩く距離には遥かに及ばない▼出社時間を過ぎて到着した職場は人影もまばらで、聞くと無理せず交通手段の回復を待てとの指示が出ていたらしい。確かにメールは受け取った。しかし、何としても職場にたどり着かねばならぬという昔の習性を変えることができない▼若い世代に言わせれば職場に出勤することが何よりも大事だとする考え方は古いという。働き方改革やフレックスタイム、リモートワークなど[illegible]より、日本人の働く意識も職業意識も様変わりしているようで[illegible]▼しかし、電車の回復を漫然と待ってはいられない立場の人たちがいることも事実である。公務員をはじめ、交通や電気など社会のインフラを[illegible]必死で修復す[illegible]中、寸断され[illegible]る人たちであ[illegible]いる。そのよ[illegible]に社会は少し[illegible]き始めればい[illegible]

時の焦点　国内　海外

内閣改造

戦略的な政権運営を

中断なく、連続して首相を務めた期間が最も長いのは、安倍首相の大叔父である佐藤栄作氏の7年8カ月(1964年～72年)である。佐藤氏は沖縄返還に力を注ぎ、退任後にはノーベル平和賞を受賞した。

もっとも、沖縄返還協定の調印から退陣までの1年以上は、自民党内から政権運営への批判が強まり、佐藤氏はレームダック(死に体)に陥ったとされる。

「沖縄が復帰した時点で引退すれば、六方を踏んで花道を去ることができただろうが、やりかけたことをやってからにしたいと思っていた」

退陣の挨拶を行った72年6月の自民党議員総会で、佐藤氏はこう述べた。政権末期まで求心力を保つことの難しさを感じていたのではないか。

安倍首相が、昨年10月以来となる内閣改造・自民党役員人事を行い、長期政権の総仕上げを視野に入れた布陣を整えた。

麻生副総理兼財務相、菅官房長官という政権の屋台骨を支える2人を留任させる一方、13人を初入閣させた。自民党の派閥への配慮もうかがえる。首相は記者会見で、第4次再改造内閣を「安定と挑戦の内閣だ」と位置づけた。

政権の安定感を保ちつつ、刷新をアピールする狙いがあるのだろう。改造内閣には、内政・外交の難題に取り組み、解決の道筋を付けることが求められる。

首相の自民党総裁任期まで残り2年となったことから、「ポスト安倍」を競う候補を要所に配した。

自民党の岸田政調会長を留任させた。茂木経済再生相を外相に、河野外相を防衛相に、いずれも横滑りさせた。

菅氏も、党内の無派閥議員を中心に支持を広げている。国民的人気の高い小泉進次郎氏は、環境相に抜擢された。

それぞれの立場でどこまで存在感を示すことができるか、将来の首相候補にとっては正念場となろう。

東アジアの安全保障環境は混然としている。北朝鮮は短距離弾道ミサイルの発射を繰り返し、中国、ロシアも軍備の拡張に余念がない。

22万人にのぼる自衛隊員を統率することになった河野氏は、最高指揮官である首相の下、部隊運用を的確に行わなければならない。組織をまとめつつ、防衛力を強化する必要がある。

韓国が破棄した日韓軍事情報包括保護協定(GSOMIA)は、11月に失効する。日米韓の安保協力に支障を来さないよう、細心の注意を払う必要がある。

安倍首相は11月、通算の在職日数が桂太郎氏を超え、歴代最長の首相となる。来年8月には、連続の在任期間が佐藤氏を超える。

漫然と政権を運営すれば、求心力はすぐ失われよう。中長期の視点から、戦略的に課題に向き合うことが大切だ。

夏川　明雄(政治評論家)

香港の大規模デモ

一国二制度の限界露呈

国土が日本の25倍という広大な中国全土の地図を広げると、南部にある香港(中国の特別行政区)はけし粒にすぎないような存在にも映る。だが、アジア有数の国際金融都市としてユニークな発展を遂げた香港は、世界2位の経済大国にのし上がった中国にとって、今なおさまざまな利益をもたらす「金の卵」であり続けている。

1997年に英国から中国に主権が返還されて以降は「一国二制度」に基づく高度の自治を保障されているはずの香港で今年6月から続く大規模な民主化要求デモは、依然として収束する気配はない。若者が中心の異議申し立ての行動は、中国の共産党指導部が香港への政治的締め付けを強める中、あいまいさの芸術とも形容された「一国二制度」の限界や形骸化を劇的な形で露呈したと言えるのではないか。

香港では5年前の2014年にも「雨傘運動」と呼ばれる民主化デモが起きたが、具体的な成果を得られずに挫折したことは記憶に新しい。今回の抗議デモの発端は、犯罪容疑者を中国に連れ戻すとする「逃亡犯条例」改正案の撤回を求めたものだが、市民的な自由や人権が蔑ろにされることへの香港住民の不安、反発は強い。中国指導部と香港社会の板挟み状態に追い込まれた香港政府トップ、林鄭月娥行政長官の対応が後手、後手に回った結果、抗議デモは拡大の一途をたどった。

中国政府は長引く抗議行動に対し、香港に隣接する深圳に武装警察を集結させ、威嚇する。「第2の天安門か」と国際社会も緊迫する香港情勢を注視する。

林鄭行政長官は9月4日になって、香港市民向けの談話で、「現下の混乱はすべての香港市民に衝撃を与え、不安と苦痛をもたらした。目前の困難な情勢から早期に抜け出すことが必要だ」と述べ、条例改正案の完全撤回を発表した。ただ、談話では、香港警察が市民に対して催涙弾などで実力行使した措置が適切だったかどうかを調べる独立調査委員会の設置は認めず、過激な行動を取ったデモ参加者の刑事訴追を続ける姿勢も堅持した。

林鄭長官には、中国政府が重視する建国70年の節目に当たる10月1日の国慶節の前に、騒然とする香港社会の安定を何としても図りたい思惑があるのだろうが、デモ隊は香港警察による「暴力」の責任追及などを強く求めており、抗議活動が沈静化する可能性は低い。中国の習近平指導部としても、内実はどうであれ間近に迫った建国70周年までにデモを収束させたいはずだ。デモ隊を「暴徒」と呼ぶなど強硬姿勢を貫くが、米中貿易摩擦を抱える中、香港問題で欧米と対立をこじらせたくないのが本音であり、林鄭長官に撤回のゴーサインを出した。

逃亡犯条例改正案の撤回をようやく認めた中国だが、普通選挙の実施など香港の民主派が掲げる「五大要求」のすべてを受け入れる気配はなく、抗議運動を「『一国二制度』に挑戦する反政府活動」と位置付ける。香港の長い闘いは始まったばかりかもしれない。

伊藤　努(外交評論家)

「武士道ガーディアン」始まる

日豪共同訓練　要撃戦闘など演練

空自は9月11日から初の日豪共同訓練「武士道ガーディアン19」を千歳(北海道)、三沢(青森県)基地などで開始した。10月8日まで。

豪空軍からは戦闘機部隊の81航空団77飛行隊(ウィリアムタウン)を主体とする約150人が来日。空自は2空団(千歳)、3空団(三沢)、北警団(同)などが参加している。

[illegible]

が共同で訓練を行う意義を強調した。

同訓練は2017年4月の日豪外務・防衛閣僚協議「2プラス2」での合意を受けて実現した。

「ずいりゅう」が派米訓練に出発

海自の潜水艦「ずいりゅう」[illegible]

まった。

「日豪トライデント」も開始

海自と豪海軍の共同訓練「日豪トライデント」が9月17日、関東南方海域で始まった。

訓練には海自から「はるさめ」など護衛艦4隻、補給艦「ましゅう」、潜水艦と哨戒機が参加。

豪海軍からは水上艦と潜水艦が参加し、関東南方から沖縄周辺にかけての海域で対潜戦、洋上補給、戦術運動の訓練を2回に分けて行う。

第1フェーズは9月17日から同29日、第2フェーズは10月15日から同23日まで予定されている。

高級幹部会同での安倍首相の訓示(要旨)

新領域を担う人材の育成を

自衛隊が創設され、今年で65年となります。これまで自衛隊はさまざまな困難の中で「国民のための自衛隊たらん」と歯を食いしばり、懸命な努力を地道に続けてきました。そして、陸、海、空、平和な日本を守り抜いています。

その活躍の舞台は世界に広がり、国民と国際社会の期待に応えて40を超える国々で6万人の隊員たちが汗を流してきています。[illegible]

[illegible]

す。幹部諸官はあらゆる資源を投入し、新領域を担う人材の育成・確保に全力を挙げて下さい。縦割りの発想からも完全に脱却しなければなりません。

平素において一国の持つ技術力は有事における対処力を根本から左右します。時代の変化を先取りする気概で率先し、人工知能、省力化、無人化技術を大いに取り入れ、効率化を図って下さい。大胆でイノベーティブな仕事に諸官の力を一層傾けてほしい。

私はこの場で、男性中心の働き方文化を変える必要がある、働き方改革は組織が変化に対応する試金石だと述べてきました。昨年冬、ついに潜水艦への女性自衛官の配置制限が撤廃され、全ての職場で女性が働けるようになりました。数多くの職域で女性が活躍することを歓迎します。

新たな大綱に魂を入れるのは諸官です。力強いリーダーシップのもと、スピード感をもって人員、体制、装備、作戦、部隊運用、あらゆるものを聖域なく見直し、改革を進めて下さい。

かつて嘉納治五郎はこう語っていました。伝統とは形を継承することではなく、精神を継承することだ。

自衛隊は変革の時を迎えています。現状に甘んじることなく、大胆に変わっていかなければならない。

どうか強い使命感と責任感のもとに持てる力を尽くし、令和の時代を切り開いてほしい。私と日本国民は常に全国25万人の自衛隊員と共にあります。

その自信と誇りを胸にますます精励されることを望みます。

共済組合だより

防衛省共済組合　見島支部　契約職員募集

防衛省共済組合では、防衛省共済組合見島支部に勤務する契約職員を募集します。

■募集職種　一般事務職及び窓口業務職員

■採用人数　2名

■雇用形態　契約

■採用予定日　令和2年4月1日から1年間　※5年を限度として、1年ごとの契約更新あり(更新は勤務成績、勤怠状況による)。5年目の契約期間終了後、無期雇用契約を締結することができる。

■必要な経験　パソコン操作(ワード・エクセル)のできる方

■必要な免許・資格等　普通自動車運転免許

■勤務地　防衛省共済組合見島支部(航空自衛隊見島分屯基地内(山口県萩市見島1518―1))

■給与等　(1)16万7156円～20万9612円(経験年数考慮)、社会保険及び労働保険適用等その他各種手当(2)職員用住宅(無料)あり

■選考方法　面接、書類選考

■募集期間　令和元年8月1日～随時

■面接日　応募の都度実施(細部は応募後、別途連絡)

■その他　職場見学歓迎。詳細は左記にお問い合わせください。

■問い合わせ先　防衛省共済組合見島支部出納主任(電話0838―23―2011　内線270)

カナダ海軍「オタワ」舞鶴基地に寄港

北の「瀬取り」監視で

北朝鮮の「瀬取り」の監視のために来日し、舞鶴基地に寄港したカナダ海軍のフリゲート「オタワ」(8月24日)

北朝鮮船舶による密輸行為「瀬取り」の監視活動のため、アジア太平洋方面に派遣されたカナダ海軍のフリゲート「オタワ」(満載排水量約4800トン、艦長・アレックス・バーロウ中佐以下乗員227人)が8月23日から27日まで、京都府の海自舞鶴基地に寄港した。

歓迎行事には舞鶴地方総監部の関口雄輝幕僚長をはじめ、ホストシップを務めた護衛艦「せんだい」の田中信也艦長など、自衛隊から約70人が参加した。

「オタワ」は舞鶴滞在中、「せんだい」との交換行事や一般公開を行った。

空自准曹士先任集合訓練

全国から100人が参加

発表を通じ情報を共有

空幕人事計画課主催の「准曹士先任集合訓練」が9月4日から同6日まで、防衛省と入間基地で行われ、全国から准曹士先任ら約100人が出席した。

参加者はまず空幕各課で施策説明を受けた後、講堂で丸茂空幕長の訓話を聴講。空幕長は旧陸軍航空士官学校(現・入間基地)で学校長を務めた徳川好敏中将のエピソードを挙げ、「日本初の航空機での公式飛行に成功した操縦者である彼の姿から、精神主義と技術主義、どちらにも偏らず、バランスを取ることの重要性がわかる」と指摘し、「事故防止のためにも、(准曹士の)あいさつ、掃除、身だしなみの励行が必要だ。これを空自の良き伝統にしてほしい」と要望した。その後、在日米軍の上級下士官も加わり、日米での指導法の違いなどについて意見を交わした。

5、6の両日は入間基地でグループごとに意見交換を実施。①編制部隊の特性を踏まえた准曹士先任業務の在り方②准曹士の視野の拡大や各種能力向上のために先任が実施すべき事項③女性自衛官施策などに対する先任の関わり④准曹士先任業務を実施する上での参考事項――の各議題について議論し、発表を通じて先任間の情報を共有した。

丸茂空幕長(前列中央)を囲んで記念撮影に臨む集合訓練に参加した准曹士先任ら(9月4日、防衛省講堂で)

偕行社が慰霊祭

防衛省で「志を後世に受け継ぐ」

旧陸軍将校や元自衛隊幹部などでつくる公益財団法人「偕行社」(理事長・森勉元陸幕長)は9月11日、防衛省のメモリアルゾーンで「令和元年度市ヶ谷台慰霊祭」を行った。

式典には防衛省の末富理栄広報課長、隊友会理事長の折木良一元統幕長、水交会理事長の赤星慶治元海幕長、宇都隆史参院議員をはじめ、阿南惟幾陸軍大臣の遺族の阿南建太氏、吉本貞一大将の遺族の中川聖氏、朝雲新聞社の中島毅一郎社長、友好団体などから関係者約120人が参列した。

国歌斉唱の後、敗戦の責任を取り自決した阿南大将、第1総軍司令官の杉山元・元帥、同軍付の吉本大将、大本営作戦参謀の晴気誠少佐の4柱と陸軍航空部隊戦没者、自衛隊殉職者に対し、黙とうを捧げた。

森理事長は祭文奏上で、「我が国の平和と繁栄は、尊い命を捧げられた多くの陸軍将校らの無私の献身によって築かれた礎の上にある」と述べて冥福を祈るとともに、「国を守る志の大切さをしっかりと後世に受け継いでいかなければならない」と決意を新たにした。

続いて偕行合唱団が「ふるさと」「この国は」「海ゆかば」の3曲を奉唱し、最後に参列者全員で焼香、献花を行った。

慰霊祭で祭文を奏上する偕行社の森理事長(中央)=9月11日、防衛省のメモリアルゾーンで

露軍哨戒艇2隻　宗谷海峡を西進

9月11日午後1時ごろ、ロシア海軍の「タランタルⅢ」級ミサイル護衛哨戒艇2隻(満載排水量490トン、艦番号954、971)が北海道・宗谷岬の北北東約40キロの公海上を西に向け航行するのを海自45掃海隊(函館)の掃海艇「いずしま」が確認した。

露艇2隻はこの後、宗谷海峡を西進して日本海に入った。

防衛省発令

▽統幕運用1課(12護衛隊司令)　1海佐　石田　徹

▽4護衛隊群首席幕僚(4護衛隊群司令部)　同　小圷　聖一

▽12護衛隊司令(4護衛隊群首席幕僚)　同　一柳　公大

(以上9月9日)

▽統幕学校教育課(1輸送航空隊援護業務室長)　1空佐　角田　厚彦

▽航空支援集団総務課長(航空救難団人事部長)　2空佐　那須　純一

▽同通信電子課長(航空支援集団総務課長)　1空佐　出端　雅春

▽1輸送航空隊援護業務室長(空自4術科学校1教育部長)　2空佐　井出　信人

(以上9月10日)

▽統幕学校国際平和協力センター教育・研究室主任研究官(203教育航空隊副長)　2海佐　瀧川　真子

▽護衛艦隊司令部(いせ艦長)　1海佐　大森　浩昭

▽いせ艦長(かが副長)　同　飯ケ谷　孝広

▽空幕整備・補給課総括班長(空幕整備・補給課)　1空佐　宮城　浩太

▽1航空団整備補給群司令(同整備・補給課総括班長)　同　小松　謙一

▽空自補給本部需品部長(1航空団整備補給群司令)　同　吉田　行宏

▽3補給処副処長(空自補給本部需品部長)　同　越谷　登志幸

▽情報保全隊情報保全官(空自3補給処副処長)　同　鈴木　憲

(以上9月13日)

6月1日から9月30日は

防衛省ワークライフバランス推進強化月間です。

はじめよう!夕方を楽しく活かす働き方。

ゆう活

「ゆう活」とは?

勤務終了時刻が早まることで生まれる夕方の時間で、生活を豊かにしていくという考え方から名付けられました。明るい夕方のうちに仕事を終わらせ、夕方からは家族や友人との時間を楽しみましょう。

一般救急車受け入れ開始から9年

自衛隊中央病院　救急科

自衛隊の中核病院として、首都圏での大規模災害への対応機能も備えた自衛隊中央病院（東京都世田谷区池尻、上部泰秀病院長）。同病院が一般の救急車の受け入れを開始して今年で9年が経過した。この間、医官たちは日々、24時間365日の救急医療態勢を維持し、病院に運び込まれてくる多種多様な救急患者に対応してきた。救急車の年間受け入れ台数は、開始当初の約20倍を超え、2018年には5568台にまで急増。これに伴って医官や看護官の対処能力も大幅に向上しているという。首都直下地震や南海トラフ地震など大規模災害が懸念される中、同病院救急科の取り組みについて取材した。（文・写真　星里美）

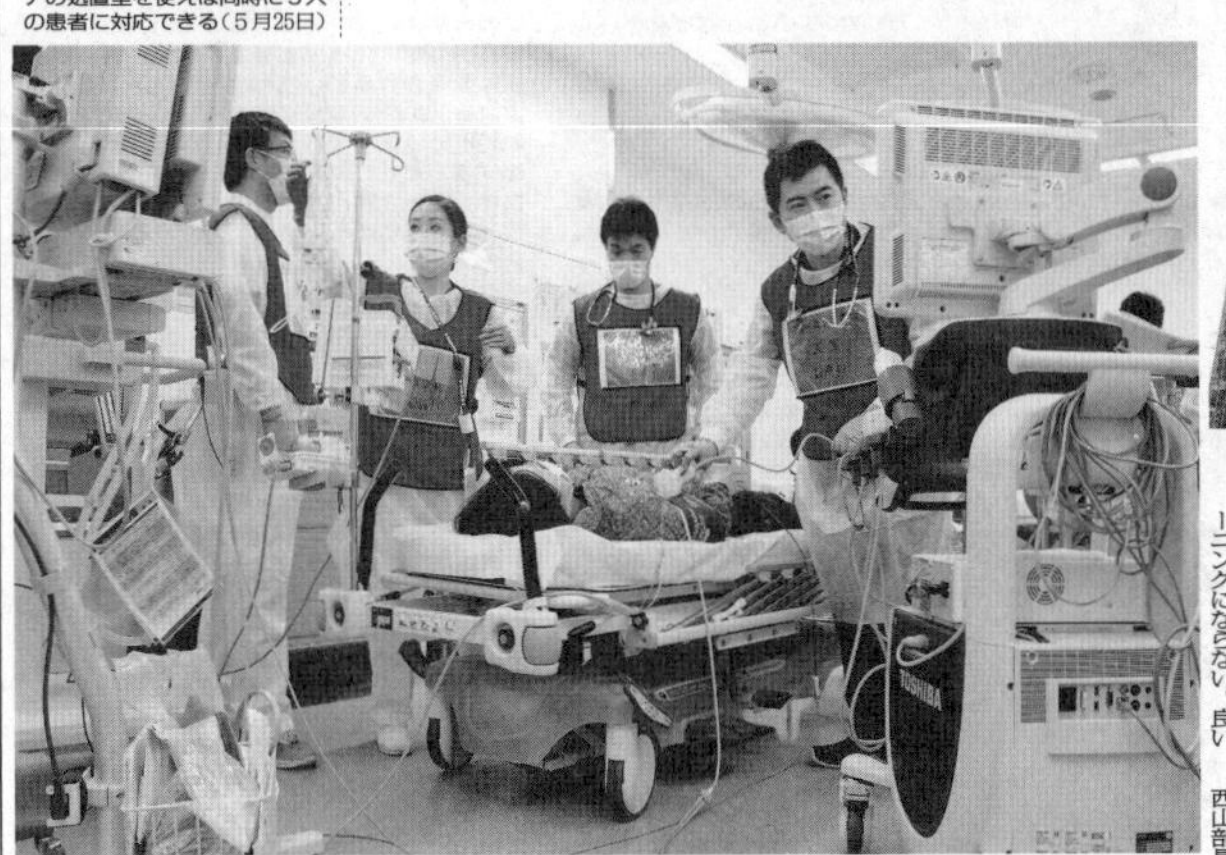
首都直下地震を想定した「大量傷者受け入れ訓練」で、搬送された傷病者の処置を行う医官ら。救急患者用の初期治療室は常備された2床に加え、同フロアの処置室を使えば同時に5人の患者に対応できる（5月25日）

自衛隊病院の中枢を担う自衛隊中央病院の外観。屋上にはCH47輸送ヘリが降着できるヘリポートを備えている

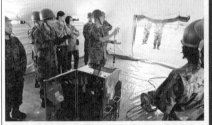

中央病院は2010年7月、①有事・テロ・災害などの緊急対応のための医師の練度維持・向上②防医大を卒業した研修医の臨床教育——の観点から、東京都の認定を受け、目黒区、世田谷区、渋谷区の救急搬送患者を担当する「救急告示医療機関」となった。

2016年から24時間態勢に

救急車受け入れ開始から5年が経過した15年8月、竹島茂人1陸佐（現・中央病院総合診療科部長）が救急科部長に着任。当時の受け入れ台数は年間平均約3000台で、1日1台にも満たない件数だった。このため竹島部長は、救急医療の重要性を病院内に働きかけ、翌16年、東京都から24時間態勢で救急患者を受け入れることができる「2次救急医療機関」に指定された。

「さまざまな症例がないと医官だけでなく看護官、技師など医療従事者のトレーニングにならない。良い診療レベルを保つためには、一定程度の症例が必要なのです」と竹島部長。

2次救急医療機関の指定以降、中央病院の患者数は増加に転じ、病院としての対処能力の向上という面でも救急患者への対応の重要性に内外から理解を得られてきているという。

18年4月には、日本救急医学会指導医の資格を持つ神戸大学医学部附属病院の西山隆教授を救急科部長（1陸佐）に迎え、指導者育成の体制を整えた。

西山部長は「私の任務は医官らに救急外来での経験を積ませ、地方の自衛隊病院に送り出すことです」と語る。

自衛隊中央病院の「救急」の取り組みについて話す救急科部長の西山隆1佐（7月18日）

地域医療に貢献、ステータスも向上

西山部長が着任した年の救急車受け入れ台数は5568台を数え、救急室の患者数は直接来院する患者も含め、年間1万人を超えるまでに増加した。

患者数が増えたことにより、OJT（オン・ザ・ジョブ・トレーニング）で医療従事者への教育が行える環境が整い、スタッフの医療技術向上の機会が増加し、病院の活性化も進んでいるという。

「（都内において）地域医療への貢献度も高まり、中央病院のステータスも向上してきている」と西山部長も手応えを感じている。

人手不足と限られた予算

近年、一般の病院では医師不足が深刻だが、防衛医科大学校を持つ自衛隊でもそれは例外ではないという。

自衛隊の医官には各地の部隊、自衛隊病院・医務室勤務のほかにもさまざまな任務がある。自衛隊の海外派遣活動などで隊員の健康管理のために医官も現地に派遣され、アフリカやアジアなど過酷な自然環境の中でミッションを遂行している。

来年の「東京オリンピック・パラリンピック」などでも医官が派遣されることが予測されるが、その中でも病院機能を維持するために学会などで医師募集ポスターを掲示し、入隊を呼びかけているという。

このほか、予算については民間の病院とは異なり、自衛隊病院では患者数が増えることによる収入増加は予算と連動しないため、薬剤や医療機材の購入費には限りがある。しかし、将来を担う若手医官の教育という観点から見ても、患者を診療する環境を予算面からもしっかり整える必要がありそうだ。

東京消防庁のタブレットの説明を行う竹島1佐。担当の救急隊員と患者の情報をリアルタイムで共有している（7月18日）

受け入れ台数は20倍以上に増加

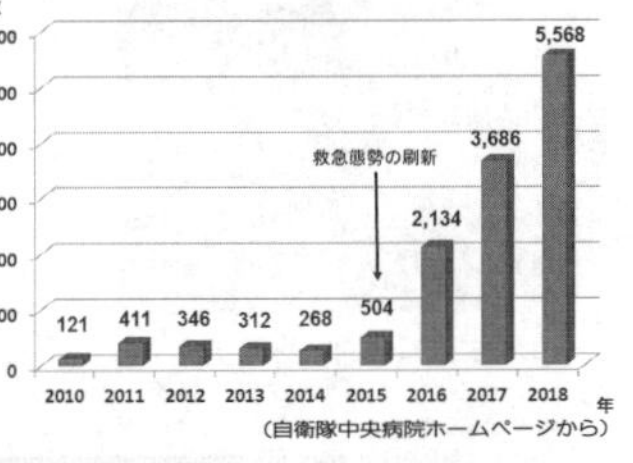

（自衛隊中央病院ホームページから）

衛生科隊員に臨床経験を

竹島総合診療科部長は、将来的には重症度の高い患者を受け入れて診療する「3次救急医療機関（救命救急センター）」の指定を目指しているという。同院が救命救急センターに指定されれば、看護師や救急救命士の資格を持つ陸海空の衛生科隊員の技量を高める絶好の機会になる。

「有事の際、衛生科の隊員は最前線に立たなければならない。救急対応を行うためには、常日頃から救急医療に触れる経験が必要である」と竹島総合診療科部長は強調する。

オンコール体制で備える

救急室では当直医のほか各科オンコール（緊急呼び出し）体制となっており、あらゆるケースに対応すべく準備している。西山、竹島両部長は「われわれ衛生科隊員が担う行動や任務を容易に遂行できるようにサポートすることが大切。任務中は夜中でも隊員は気兼ねなく病院に来てほしい」と口をそろえる。

もし大災害が発生すれば、膨大な数の傷病者が中央病院に運び込まれ、医療スタッフは24時間態勢で昼夜を分かたず、患者を診療し続けなければならない。その"もしもの時"だけでなく、平時でも部隊の隊員たちが、心身ともに健康な状態で任務に邁進できるよう、中央病院は常に万全な医療サポート態勢を維持し、患者の来院に備えている。

感染症患者受入訓練

中央病院「エボラ出血熱を想定」

患者の情報を伝達後、「アイソレータ」に覆われた患者をエレベーターに向けて運ぶ中央病院の医官ら（写真はいずれも7月6日、東京都世田谷区の中央病院で）

自衛隊中央病院は7月6日、三宿地区内の同病院で「感染症患者受入訓練」を実施した。同訓練は5回目で、今回は初めて都主催の「一類感染症患者移送訓練」の一環として、東京都や消防機関と共に実動で演練した。

訓練は都内で4カ所のみの「第一種感染症指定医療機関」である中央病院の対処能力の向上などを目的に、中央病院を中心に三宿地区に所在する各部隊の衛生科隊員など約80人が参加した。

「エボラ出血熱流行地域での医療支援から帰国した邦人が同疑似症を発症した」との想定で、中央病院に到着した東京消防庁の車両から、半透明ビニール製の「アイソレータ」（感染症患者隔離搬送用具）に覆われた患者役がストレッチャーで運び出されたところから状況が開始された。

中央病院の医官と看護官らが速やかに病院のストレッチャーに移し替え、エレベーターで西棟8階の第一種感染症病棟に入室させた。

PPEなどフル装備で

入室後はPPE（防護衣等）やマスクを着用した医療従事者が、アイソレータから患者をベッドに移した。訓練ではバイタル（生命兆候）測定、点滴等の医療行為の中、採取した検体を保健所職員に受け渡す手順なども確認した。

さらに「3日後」を想定して病室で同時に訓練を実施。「患者がエボラ出血熱と判明し、症状が悪化した」との想定で医官らがカテーテルを挿入し、人工呼吸器を装着するための処置を行った。

医官たちは感染を防ぐためPPEの着用を徹底し、PAPR（電動ファン付き呼吸用保護具）を使用しながら長時間の施術に臨んだ。

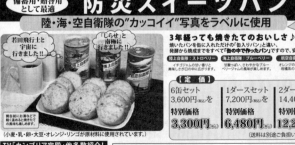

上部院長「連携より深まった」

訓練後、インタビューに答える上部中央病院長

一方、患者を引き渡した消防隊員らは、1階の救急室内の除染室で中央病院の看護官の助けを借りて汚染されたPPEを脱衣した。

訓練後に会議室で行われた意見交換会では、内閣官房、厚生労働省の担当者らを含め活発に意見を交換、他の第一種感染症指定医療機関の医師らからも貴重な意見が出された。

上部泰秀中央病院長は訓練終了後のインタビューで、「感染症対処の関係機関が一堂に会し、連携がますます深まった。搬送から受け入れ、病棟での対応などで各機関が技能を向上させることができた。中央病院だけでなく、実際に発生時に関わる機関の協力のもとで訓練が行えた」と今回の訓練の意義を強調し、「医療機関が力を発揮するためには、自らが働ける状況を常に作らなければならない。医療行為中に自らの身を守り、感染症を他の患者にうつさない態勢を整えることが大切だ」と述べた。

札幌病院で感染症対処基幹要員養成訓練

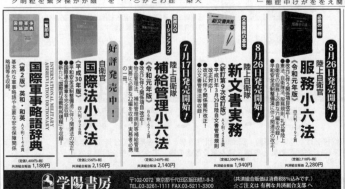

エアテント内で「超微粒子噴霧除菌消毒機」の説明を受ける札幌病院の医療従事者ら（自衛隊札幌病院で）

個人防護具の着脱を演練
陰圧式エアテントも展張

【札幌病院＝真駒内】自衛隊札幌病院（大鹿芳郎病院長）はこのほど、院内で「感染症対処基幹要員（養成訓練）」を実施した。

新型インフルエンザなどの強毒性感染症対処における初動態勢の確立を目的に行われ、札幌病院の医療従事者と北方の衛生科隊員の計45人が参加。個人用防護具（PPE）の着脱要領について演練し、防護服、手袋、N95マスク、ゴーグルなどの正しい着脱を繰り返し行った。

屋外では「感染症対策用陰圧式エアテントシステム」が展張され、テント内の空気が外にもれないように陰圧に保ちながら、HEPAフィルターで空気中の塵をろ過し、紫外線で殺菌を行う「多目的空気清浄機」をはじめ、病室などの消毒に用いる「超微粒子噴霧除菌消毒機」などの使用方法の説明を受け、強毒性感染症によるパンデミックへの対処の実効性を向上させた。

海自遠洋練習航海部隊 所感文

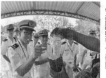

海自の遠洋練習航海部隊（練習艦「かしま」、護衛艦「いなづま」で編成、指揮官・梶元大介海将補以下約５８０人）は７月14日、南米エクアドルのグアヤキルに入港し、実習幹部は研修で現地の文化や自然に触れたほか、出港後には同国海軍の駆逐艦「エスメラルダス」と親善訓練も行った。以下はエクアドルから次の訪問国メキシコのマサトラン到着までの実習幹部の所感文。

グアヤキル寄港

グアヤキル市内のマレコン広場で行われた市中演奏会で集まった大勢の市民たちに和太鼓の演奏などを披露する祥瑞太鼓部員（7月14日）

末永い友好関係の懸け橋に
3海尉　石田　晃大

遠航部隊は７月14日、現地の人々に温かく出迎えられながらグアヤキルに入港した。

日本とエクアドルは昨年、「外交関係樹立１００周年」を迎え、我々は今回、新たな１００年の始まる年に訪れることができて光栄に思う。エクアドル海軍との交流では、同じ海を守る者同士で意見を交わすことができた。

我々も、両国がこれから末永く友好が続くための懸け橋となれるよう、日々の訓練にまい進したい。

寄港中に訪れたパンタナル動物園では「ガラパゴスゾウガメ」など珍しい動物も見学した（7月16日）

エクアドルに抱いた親近感
3海尉　玉田　魁皇

中南米諸国の寄港は３カ国目だが、特にエクアドルには言葉で言い表せない親近感を感じた。それは剣道の親善稽古などを行った際、彼らは非常に礼儀正しく、何より日本人的な照れ笑いを浮かべる姿に奥ゆかしさを感じたからである。電柱が並ぶ町の様子や料理の味付けにも、私はどことなく日本的な懐かしさを覚えた。さらに、研修で訪れた考古学博物館では、なんと日本の縄文土器に瓜二つの土器まで展示されていた。こうしたことから「エクアドルの先住民は日本にルーツがあるのではないか」という話もあるらしい。

町並みや文化、見て学ぶ
3海尉　弟子丸　夢希

エクアドルは〝赤道〟という意味をもつ国名であることから、私は大変暑い国を想像していたが、訪れてみると非常に過ごしやすい気候であり、沿岸の海流が気候に影響しているということだった。

さて、これまでの寄港地では遺跡研修などが多かったが、エクアドルではカカオ農園や人類学・現代芸術博物館、そして動物園など、一風変わった研修内容だった。「百聞は一見にしかず」と言うが、町並みや文化を実際に見て学ぶことにより、この寄港地を十分に体感することができた。

日本人が尊敬される背景
3海尉　春岡　七海

私が最も印象に残ったのは艦上レセプションだ。ＪＩＣＡのボランティア活動のため、グアヤキルに派遣されている日本人の若者が多くいたのには驚いた。同年代の同郷人が異国の地で活躍していることをとても誇りに感じた。世界の各地で日本人が尊敬されているのは、彼らのような存在があってのことなのだろう。

駐日エクアドル大使として東京で勤務していたというマルセロ夫妻によると、黄熱病の研究を行っていた野口英世氏がグアヤキルで多くの人々の命を救ったという。また、エクアドル産の高品質なカカオやコーヒー豆は日本にも多数輸出されており、両国の深いつながりを歴史、経済からも認識した。

親善稽古で現地剣士と交流
3海尉　勝又　洸月

寄港中、私は剣道の武道展示と親善稽古を行った。武道展示では３００人近い現地人の前でエクアドルの方々と親善試合を行い、観客は初めて見る武道の試合や型の展示に拍手や歓声を上げていた。

また、親善稽古はグアヤキルの道場に赴き、基本打ちや地稽古を行った。遠方の首都キトから訪れた方もいて、現地の剣士にとって貴重な交流になったと考える。

研修で訪れたカカオ農園でチョコレートの製造工程について学ぶ実習幹部たち（7月16日）

カカオ農園で学んだこと
3海尉　佐々木　慧

グアヤキル入港２日目の夜、「かしま」艦上でレセプションが開かれた。英語がほとんど通じず、会話に苦労した。しかし、互いに相手を理解しようとする気持ちが通じ、終始和やかに交流できた。

３日目には博物館、パンタナル動物園、カカオ農園を訪れた。日本でチョコレートを食べることは容易だが、製造工程を一から学ぶ機会はない。カカオの実の乾燥には長い時間が必要なこと、焙煎されたカカオの実の種がチョコレートの原液になることなどを学ぶことができた。

エクアドルの経済格差
3海尉　荻原　隼人

エクアドルは日系移民が少ないほか、少し前まで反米左派政権で中国との関係が密接だったため、行く先々で「中国人か」と問われることが多かった。

国内では米ドルが使われ、他の南米諸国に比べて経済面で安定している。グアヤキル港周辺は交通網が発達し、道路も舗装され、人の数も多いが、中心部を少し離れると建物の外観は大きく変わり、歩道を歩く人もほとんど見られなかった。経済格差は決して小さいものではないとわかった。

観光と自然両立するガラパゴス
3海尉　米丸　鷹治

エクアドルを出港後、両国ガラパゴス諸島のイザベラ島に接近し、沖合から同島を見学した。山肌は黒と緑にはっきりと分かれ、赤道直下の厳しい自然環境が伺えた。気温は思いのほか涼しく、寒流の影響を肌で感じた。

ガラパゴス諸島は１９７８年に世界自然遺産に登録されるも、危機遺産リストにも登録される（エクアドル当局の取り組みが評価され10年にリストから外れる）など、観光と自然保護の両立の困難さを表している場所でもある。観光立国を目指す日本が参考にすべき事例を、遠く離れた南米の地に見ることができた。

雄大な自然と火山に圧倒
3海尉　龍門　佑輔

ガラパゴス諸島は独自の生態系を育んでおり、チャールズ・ダーウィンの著書『種の起源』刊行のきっかけとなった島である。我々は、同諸島最大の島であるイザベラ島の近くを航行し、雄大な自然と高さ1600メートルを超えるウォルフ火山に圧倒された。

貴重な世界遺産を近傍から見ることができるなど、改めて我々が貴重な体験をさせてもらっていることを実感した。

グアヤキル〜マサトラン

親善訓練で感じる海を越えた絆
3海尉　三好　将照

エクアドルの内陸部にある自然豊かなグアヤキルを後にした我々を待ち構えていたのは、太平洋まで約50マイルも続くグアヤス川だった。この川は河口幅が狭く、浅瀬が多いことに加え、航程が長いため、本航海の難所の一つであった。

グアヤス川を無事に下り終えると、エクアドル海軍との親善訓練が行われた。駆逐艦「エスメラルダス」の搭載ヘリコプターが「かしま」と「いなづま」にそれぞれ発着艦している光景を見ていると、海を越えた海軍同士の絆を感じた。

エクアドル海軍との親善訓練で護衛艦「いなづま」に着艦する同国海軍のヘリ（7月17日）

雄大な自然と文化に触れる

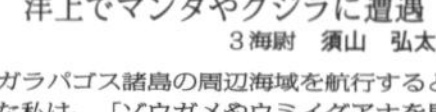

世界の海軍に共通する常識
3海尉　村田　武彦

太平洋に出ると、エクアドル海軍の駆逐艦「エスメラルダス」との親善訓練が行われた。意思疎通で苦労する面はあったが、順調に訓練を進めることができた。「世界の海軍には共通する常識がある」と聞いたことがあるが、訓練中、まさにこのことを言っているのだと実感した。

洋上でマンタやクジラに遭遇
3海尉　須山　弘太

ガラパゴス諸島の周辺海域を航行すると聞いた私は、「ゾウガメやウミイグアナを見ることができるかも」と期待していたが、距離が遠すぎて見ることは叶わなかった。

しかし、マンタ（エイ）の跳ねる姿やクジラなど多くの海洋生物に洋上で遭遇することができた。

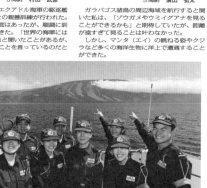

エクアドルのガラパゴス諸島近くを航海中、イザベラ島をバックに記念写真を撮影する実習幹部たち（7月19日）

忙しさが技量向上につながる
2海尉　有賀　匠

遠洋練習航海も約３分の１が経過し、私は練習艦「かしま」から護衛艦「いなづま」に移った。「いなづま」では個艦乗員と同じ居住区で生活することになり、当初は不安も感じたが、個艦幹部や乗員の親身な助言や指導を受けてそれも軽減された。

実習幹部が少ないため忙しいが、これが術科技量の向上につながると再認識した。

「いなづま」艦上で不審船への立ち入り検査訓練を行う実習幹部たち（7月20日）

幹部や海曹士の尽力で成長
3海尉　吉田　和博

「いなづま」に乗艦して約半月が経過した。各種訓練では「かしま」と比べて実習幹部の人数が少ないことから、実習の機会も多く、操艦法や部署に対する理解を深めることができた。加えて、各配置の幹部や海曹士が丁寧な解説と疑問の解消に尽力してくれていることも私たち実習幹部の理解に結びつき、効率的な成長につながっていると思う。

家族会版

<連絡先>
〒162−0845 東京都新宿区市谷本村町5−1 公益社団法人自衛隊家族会事務局
電話 03-3268-3111・内線 28863
直通 03-5227-2468

私たちの信条

【根本理念】
私たちは、隊員に最も身近な存在であることに誇りを持ち、力をあわせて自衛隊を支えます

【心構え】
一、自らの国は 自ら守る防衛意識を高めます
一、自衛隊員の募集・就職援護及び家族支援に協力します
一、会員数を増大し 組織の活動力を高めます

「家族支援担当者証明書」を発行

陸幕が通達

全国の各方面隊に配布

顔写真付き 3年間有効 家族会員から感謝の声

陸幕は今年3月、大規模災害発生時に家族会など協力団体会員らが隊員家族をサポートする「家族支援」に関する通達を発出した。この中で、家族支援活動をスムーズに行うための「家族支援担当者証明書」の発行が明記され、今年6月末に陸幕が証明書の台紙を全国の各方面隊に配布。各駐屯地業務隊への普及が始まっている。

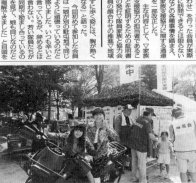

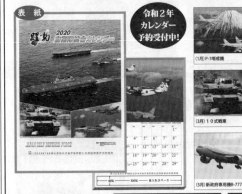

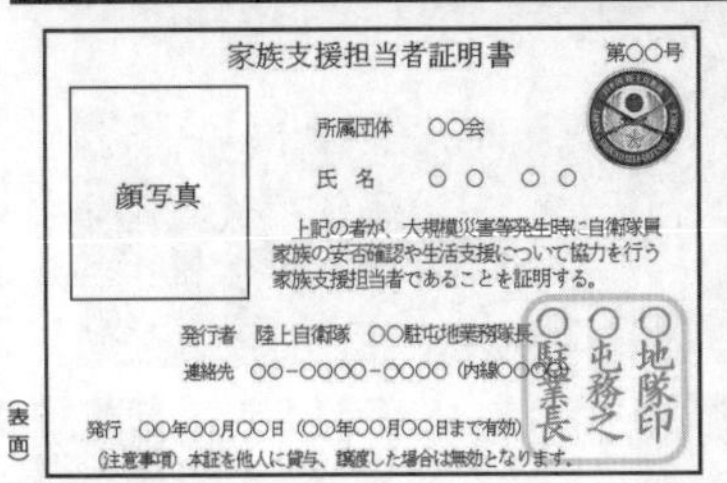
家族支援担当者証明書 第〇〇号
顔写真
所属団体 〇〇会
氏名 〇〇 〇〇
上記の者が、大規模災害等発生時に自衛隊員家族の安否確認や生活支援について協力を行う家族支援担当者であることを証明する。
発行者 陸上自衛隊 〇〇駐屯地業務隊長 〇〇 〇〇
(印)〇〇駐屯地業務隊長之印
連絡先 〇〇−〇〇〇〇−〇〇〇〇(内線〇〇〇〇)
発行 〇〇年〇〇月〇〇日(〇〇年〇〇月〇〇日まで有効)
(注意事項)本証を他人に貸与、譲渡した場合は無効となります。

(表面)

自衛隊家族会が平成25年に陸幕から「家族支援施策」の試行を依頼され、事業としてスタートして6年が経過した。この間、全国の各県家族会は部隊と調整を行い、隊員家族の「安否確認リスト」の作成をはじめ、隊員家族と会員の「顔合わせ」を行うなど体制を整えてきた。

各種取り組みを進める中で、家族会員が隊員家族宅を訪問する「安否確認訓練」を行った際、会員が不審者に間違われるという事態が起こったことから、家族会が陸自に駐屯地発行の「身分証明書」の作成を要望してきた。

これを受け、陸幕は3月14日、災害発生時に「顔合わせ」を行った会員が実際に訪問できるとは限らないなどの各種事情を踏まえ、家族支援協力に関する通達を一部改正した。

主な内容として、▽家族支援協力の担当者であることを証明するための証明書の発行▽隊員家族と協力会員の顔合わせの推進▽地域の特性に応じた協力態勢▽事態発生当初からの部外団体などへの安否確認の依頼——が盛り込まれた。

証明書は各駐屯地業務隊長が発行し、顔写真付きで有効期間は3年間。台紙は6月末、陸幕から約2500部を全国の各方面隊に配布を終了した。今後は方面隊から各駐屯地に配られ、各都道府県家族会の家族支援担当者に発行される。駐屯地への入門許可証ではないので注意が必要だ。

各方面隊の進捗状況は、東部、中部両方面隊が各駐屯地業務隊に配布枚数の確認を行っている最中で、東方は年内の配布を目指している。一方、東北、西部両方面隊は各駐屯地への配布を終了、各業務隊と家族会との間で調整中だ。北部方面隊では各駐屯地に配布を済ませ、家族会員への発行も始まっており、会員からは感謝の声が上がっている。

カップ麺で新隊員を激励

福知山家族会 夜間徒歩行進を支援

【7普連=福知山】福知山自衛隊家族会(衣川莞爾会長)は9月3日、福知山市内の一般道で実施された陸自7普連の「新隊員特技課程35キロ夜間徒歩行進訓練」を、愛情のこもった差し入れで激励した。

家族会の新隊員行進訓練支援は25年以上も続いており、今回は会員20人が参加。夕方の行進開始から降る強い雨の中、会員は午後9時に大休止地点の三段池公園に集合した。新隊員たちが雨に濡れながら歩いていることを心配しつつ、配食用のテントとテーブルを設置し、差し入れのカップ麺用の湯を沸かして隊員の到着を待った。

約2時間後、行程の半分を歩いた新隊員が大休止地点に到着。会員は拍手と笑顔で出迎え、背のうを下ろした新隊員一人一人に手際よく"アツアツ"のカップ麺100食を手渡した。疲れが見えはじめていた新隊員たちは、スープまで飲み干して雨に濡れて冷えた身体を温め、消耗した体力を回復した。

衣川会長は「毎年行っている行事だが、何度見ても若い隊員が重い荷物に負けずに歩く姿には、胸が熱くなる」と語った。今回初めて参加した会員は「娘が別の駐屯地で同じように頑張っているのだと感じました。いつも辛いと言っているが、辞めるとは言わない。若い隊員たちが同期で励まし合っているのを見て、娘も同じなのだと理解できました」と目頭を押さえていた。

差し入れのカップ麺を手渡す福知山家族会員たち(手前左)=9月3日、京都府福知山市の三段池公園で

商店街で自衛隊広報活動

鹿児島市西家族会 装備品展示や制服試着も

【鹿児島】鹿児島地本鹿児島募集案内所と鹿児島市西家族会は8月11日、鹿児島市東千石町の「ぴらもーる天神おつきや商店街」で「自衛隊広報活動」を行った。

同活動は上園禎孝家族会長の働きかけで、3年前から継続して実施。駐屯地・基地などがない鹿児島市で自衛隊をもっと知ってもらおうと鹿児島最大の繁華街・天文館通りへの入口となる商店街で装備品の展示や制服試着などを行っている。

自衛隊の装備品を目にする機会が少ない来場者は、テレビでしか見たことのない陸自の車両に直接触れて感激するとともに、陸・海・空自衛官の制服を試着できたことに大いに喜び、笑顔で写真に納まっていた。

自衛隊に関心を寄せる来場者に対しては、広報官が個々のニーズに応じた具体的な採用情報などに関する説明を行った。来場者の中には「弟と息子が自衛隊に興味があるので、話を聞かせてほしい」とパンフレットを持ち帰る人がいたほか、「自衛隊のイメージが変わった」「大変興味を持てた。進路選択の一つとして考えたい」などの声が聞かれた。

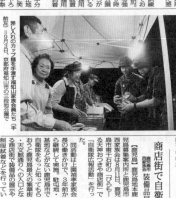

鹿児島地本のマスコットキャラクター「リックン」(左)と触れ合う来場者(8月11日、鹿児島市で)

「建設フェスタ」で自衛隊PRに協力

記念撮影に長蛇の列

神奈川海老名綾瀬地区家族会

【神奈川】自衛隊家族会海老名・綾瀬地区会は8月25日、厚木市で開かれた「建設フェスタ2019インあつぎ」で、神奈川地本厚木募集案内所が開設した自衛隊ブースでのPR活動に隊友会県央支部と共に協力した。

当日は夏休み最後の日曜日ということもあり、30度を超える厳しい暑さにもかかわらず、会場は多くの家族連れでにぎわった。

地本は陸自4施設群(座間)の道路障害作業車と偵察用オートバイを展示するとともに、ミニ迷彩服試着コーナーを開設。迷彩服を試着して記念撮影をした子供には、艦艇、航空機、潜水艦といった海自装備品の写真や厚木募集案内所のオリジナル缶バッジがプレゼントされるとあって、希望者が長蛇の列を作って盛況だった。

また、陸自施設科の国連平和維持活動(PKO)を紹介したパネルを見た来場者からは「自衛隊にも建設に携わる仕事があるということが分かりました」「国外でも活躍の場があるのですね」など自衛隊への理解を深めていた。

家族会と隊友会の会員(右側)にミニ迷彩服を着せてもらい、バイクにまたがりポーズを決める子供たち(8月25日、神奈川県厚木市で)

第一線救護の教育現場を研修

札幌市家族会南部地区

【札幌】札幌市自衛隊家族会南部地区会員と新隊員の家族は8月21日、真駒内駐屯地西岡演習場で行われた陸自北部方面衛生隊教育隊の「教育現場研修」に参加した。研修は札幌地本南部地区隊が支援した。

当日の教育課目は、戦闘行動が行われている想定での「傷者の捜索」「応急処置」「後送」とこれに併せた「担架班の行動」について一連の救護活動を練成する「第一線救護」の現場。研修した家族会員は教育隊長から状況の細かな説明を受け、訓練の流れをしっかりと理解していた。

特に、傷者の救護という特性から迅速、確実かつ傷者への心配りといった厳しい想定の行動を練成しており、新隊員はどの顔も必死さがにじみ出ていた。また傍で教育する助教たちの厳しい指導と叱咤激励からも「皆を検定に合格させたい」という思いが伝わってきた。

研修に参加した会員からは「日頃から衛生科の隊員も厳しい訓練を行っているのを知った」「災害派遣などの現場で頼りになる存在ですね」などと話した。

陸自北方衛生隊教育隊の「第一線救護」の教育現場を研修する札幌市家族会南部地区の会員たち(8月21日、真駒内駐屯地西岡演習場で)

納涼祭流し踊りで2連覇

そろいのTシャツで自衛隊アピール 氷川町家族会

【熊本】氷川町自衛隊家族会(杉谷康男会長)と熊本地本八代出張所は7月29日、熊本県氷川町で開催された「納涼祭流し踊り」に参加した。

イベントは、氷川町観光物産協会の主催で毎年開催され、氷川町長らの審査により順位を競うもの。昨年は残念ながら雨のため中止となったが、今年は天候にも恵まれ、15団体、総勢約500人が参加した。

氷川町家族会は、一昨年に続き「総合優勝」を目標として、杉谷会長、森山由美子女性部長を中心に時間を惜しんで練習を積み重ねた。

当日は会員全員でおそろいの迷彩Tシャツに、頭には「平和」の文字の入った鉢巻きを締め、さらに「自衛官募集」ののぼり旗を掲げた。

会員たちは会場に響く軽快なサンバのリズムに合わせ、元気いっぱいに息の合った踊りを披露し、自衛隊をアピール。見事、2連覇を達成した。

「納涼祭流し踊り」で、2連覇に輝いた氷川町家族会の会員たち(7月29日、熊本県氷川町で)

事務局だより

▽…7月4日から9日の間、本部の古賀理事と佐賀県自衛隊家族会の牛島会長が北方四島ビザなし交流に参加し、住民交流、ホームビジット、日本人墓地の修復作業や島内視察などを行いました。交流を通じて返還への道程が容易ではないことを肌身に感じ、自衛隊家族会として北方領土返還要求運動を継続していくことの重要性を再認識させられたとの所見でした。牛島会長が謡曲「高砂」を日本人墓地で厳かに奉納し、ホームステイではロシア語バージョンで謡い、大変好評だったとのことでした。

▽…7月10日に九州・沖縄地域協議会が鹿児島市で、同17日に四国地域協議会が香川県善通寺市で、8月29日には北海道地域協議会が札幌で、9月5日には中国地域協議会が鳥取市で、8日は北関東地域協議会が群馬県富岡市でそれぞれ行われました。10月には10日に東北地域協議会が、29日に東海北陸地域協議会が行われる予定です。

今年は本部指定の討議テーマと各地域協議会の特色に応じたテーマを設け、さらに充実した地域協議会となることを目指しておりますが、それぞれ活発な意見交換等が行われ、特色ある成果が上げられております。

▽…多国籍部隊・監視団(MFO)に派遣された桑原2陸佐、若杉1陸尉の2人に対して陸上総隊の協力を得て、現地へ激励品を送りました。

先日、そのお礼の手紙が家族会に届きました。初めての任務に就き、想像以上の責任を付与されているが、「日本人が来てくれてよかったと思われるよう」日々奮闘しているとの熱い思いが込められておりました。

ちなみに2人には、フリーズドライですが味噌汁、雑炊などいろいろな日本の味と防衛情報紙「おやばと」を送りました。両名のますますのご健勝を祈念致します。

▽…8月21日に偕行社会議室において、新任運営委員を迎え、運営委員会と暑気払いを行いました。

運営委員会では「新任会長・事務局長研修会実施計画(10月予定)」「県家族会現地調査実施計画(11月予定)」「各地域協議会成果」「各部隊巡回説明成果」「おやばと8月号内容」などについて審議・報告がありました。

(自衛隊家族会事務局)

募集・援護 特集

平和を、仕事にする。

ただいま募集中！
◇防医大（医学科・看護学科）
◇防大（一般）
◇自衛官候補生
★詳細は最寄りの自衛隊地方協力本部へ

予備自の腕磨く「中央訓練」
各方面隊から60人選抜
湯浅陸幕長が激励　陸幕

「年５日間の招集訓練だけでなく、もっと自衛官として腕を磨きたい」――。普段は民間企業に勤め、有事や大災害時には主力部隊の後方支援を担う予備自衛官。しかし、成績優秀な予備自にとって年５日の訓練では満足せず、より高いレベルでの訓練機会を求める隊員も少なくない。その要望に応え、陸幕予備自衛官室（市ヶ谷）では年に１回、全国から優秀な予備自を選抜して「中央訓練」を主催している。今年も富士総合火力演習などとコラボし、富士地区で市街地戦闘訓練を実施、隊員のモチベーションアップにつなげている。

湯浅陸幕長（左）から激励を受ける予備自中央訓練参加者。表彰状を手にしているのは永年勤続受賞者（8月26日、陸幕で）

【陸幕】陸幕予備自室（室長・二瓶惠司1佐）は8月23日から5日間、市ヶ谷、駒門、朝霞の各駐屯地と東富士演習場で「予備自中央訓練」を行った。

同訓練は昭和59年から予備自制度30周年記念事業の一環としてほぼ毎年行われ、今年も各方面隊から選抜された成績優秀な予備自60人（うち公募予備自＝予備自補経由＝27人）が参加した。市ヶ谷では湯浅陸幕長から訓示と激励を受けたほか、富士地区では総火演研修、市街地戦闘訓練などを実施した。

訓練は32普連2中隊（大宮）が担任し、太田則行予備3佐（旭川地本）が予備自中隊長を務めた。8月24日に総火演を研修後、25日に東富士演習場で総合訓練を行い、装輪装甲車に乗り市街地戦闘を演練した。移動にはCH47J輸送ヘリを利用した。

予備自中央訓練で、雨の中、市街地戦闘訓練を行う予備自隊員（8月25日、東富士演習場で）

市街地戦闘を演練

翌26日には陸幕で永年勤続表彰が行われ、湯浅陸幕長が5人の予備自に表彰状を授与。参加した予備自たちは陸自トップから直接激励を受け、感激していた。

訓練に参加した一般予備自の永田成年予備准尉（長崎地本）は、「想像より厳しい訓練だったが、装輪装甲車を使った訓練を経験でき、とても有意義だった」と語った。

また、技能公募予備自の岩澤亨予備曹長（神奈川地本）は「総火演を研修し、10式戦車など陸自新装備の戦闘様相を実感できた」、同じく技能予備自の花村憲享予備3曹（静岡地本）は「今回は陸幕長にお会いでき、さらに米軍とも交流させてもらい、予備自としてのあり方について考える良い機会となった」と感想を話した。

◇予備自衛官制度　昭和29年7月1日に陸自の発足と共に創設された制度で、現人員は陸が4万7600人、海が1100人、空自が800人。予備自は自衛官としての勤務が1年以上の退職者が志願により任用される一般予備自と、自衛官未経験者が予備自補に志願し、所要の教育を修了して任用される公募予備自衛官がある。予備自補の制度は、陸・海自のみで実施。このほか陸自には元自衛官が有事の際、現職自衛官とともに任務に就く「即応予備自」の制度がある。

空幕援業課　首都直下地震を想定
食糧背負い徒歩登庁
市ヶ谷で「職員安否確認」訓練

【空幕】空幕援護業務課（課長・荒武香織1佐）は9月2日、首都直下地震が発生した場合を想定し、市ヶ谷地区の勤務隊員を対象とした「職員安否確認」と「徒歩参集」の訓練を実施した。

職員安否確認は、本人と家族などの安否状況を確認するメールが各隊員に送信され、必要事項を入力し返信することで安否を確認するシステム。一方、徒歩参集訓練は「公共交通機関が不通になった」との想定で市ヶ谷の防衛省まで徒歩で登庁した。

援業課では現下の厳しい就職援護状況を踏まえ、災害に強い人材の紹介、特に事業継続計画（BCP）に注目し、隊員の就職を援護している。このため援護隊員が率先してBCPに精通することを目的に「空幕援護業務課BCP」を策定し、訓練ではその内容も検証。

職員安否確認では、防衛省の安否確認メールだけでなく、課独自のネットワークシステムも活用し、複数の手段で情報共有ができるか確認した。

徒歩参集では「防衛省業務継続計画」に則り、隊員たちがザックなどに3日分の食料・水と着替えなどを入れて登庁した。

「徒歩参集訓練」でザックを背負い、徒歩で市ヶ谷地区の空幕にたどり着いた援護業務課の隊員（9月2日、防衛省で）

参加した隊員は「炎天下で重い水や食料などを持っての登庁がこんなにも厳しいものとは思わなかった。本番では火災や余震も発生し、道路も寸断されている可能性もある。さらに過酷な状況になる」と気を引き締めていた。

臨時勤務中の室屋亮1尉（救難団）は池袋から徒歩で登庁。「都内を歩いて出勤するのは初めて。同じようなビルばかりで通勤経路の目印となる物を探すことができなかった」と反省点を挙げた。

訓練後にはブレーンストーミングも行い、メールが不通の場合の情報共有の方法や職員の登庁時の補完要領などについて意見を交換、課員の認識共有を図った。空幕援護業務課は今回の訓練で得られた教訓を基に「BCPの改正」を進めていく。

ガールズトークで自衛隊の魅力発信　旭川

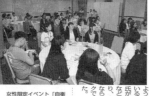

女性限定イベント「自衛隊ガールズトーク」に参加した女性募集対象者たち（8月7日、旭川市で）

【旭川】地本は8月7日、旭川市内のホテルで女性限定イベント「自衛隊ガールズトーク」を開催した。女性自衛官の活躍ぶりを紹介することで自衛隊の魅力を知ってもらうことが目的で、18歳から32歳までの女性約30人が参加した。

運営スタッフも全て女性が務め、まず女性自衛官が概要を説明、続く陸・海・空女性自衛官によるグループ懇談のほか、制服の紹介、2音楽隊（旭川）女性アンサンブルによる演奏などが行われた。

参加者からは「給料はどのくらいか」「休日はどのように過ごしているのか」「彼氏ができるか」などの質問もあり、会場は女子ならではのトークで盛り上がった。

小松島で艦艇広報　徳島
「あさゆき」に4412人乗艦

【徳島】地本は7月13、14の両日、海自護衛艦「あさゆき」（佐世保）の艦艇広報を支援し、小松島港で一般公開を実施。4412人が乗艦した。「あさゆき」の一般公開に併せて行われた体験ツアーでは参加者に「あさゆきレシピのビーフカレー」がふるまわれた。

岸壁では陸自15即機連（善通寺）の装輪装甲車や空自4高群15高射隊（岐阜）の車両が展示されたほか、徳島地本も広報ブースを開設。その隣では徳島商業高校の生徒がカンボジアとの「友好学園活動」の一端を紹介した。

信太山駐で専門学生が職場体験　大阪

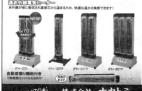

UH1ヘリをバックに記念撮影する大阪技能専門学校の学生たち（前列）＝7月24日、信太山駐屯地で

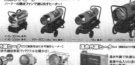

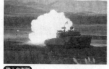

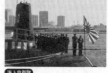

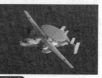

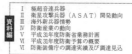

【大阪】地本は7月24日、大阪技能専門学校の依頼を受け、信太山駐屯地で学生4人に対する職場体験を実施した。

総合的な学習の時間の一環で行われ、学生は当初、「自衛隊は過酷で辛く、拘束時間が長い」というイメージだと話していたが、隊員からの概要説明や陸幕募集・援護課が配信する動画「自衛隊のソレ、誤解ですから！」を見て、認識が変わった様子だった。

その後の基本教練では、学生たちは慣れない動作に戸惑っていたが、次第に習熟。午後からはコンパスの使い方を隊員から教わり、目標点に向けての行進を行った。

最後に駐屯地内に展示しているUH1多用途ヘリや隊員の訓練の様子を見学。参加した学生たちは「職場体験を通じ自衛隊へのイメージが大きく変わった」と話していた。

WBC王者登場
安全啓発活動に　京都

自衛隊の迷彩服を着たボクシング世界王者の拳四朗さん（中央）と記念撮影をする京都地本の隊員（8月11日、城陽市のアル・プラザ城陽で）

【京都】地本は8月11日、城陽市の商業施設「アル・プラザ城陽」で自衛隊と城陽警察署による広報・安全啓発活動を実施した。会場には同市出身のプロボクサーで、WBC世界ライトフライ級王者の拳四朗さんも応援に駆けつけた。

同イベントは国と京都府の安全に関わる両者が協力しようと、城陽警察署の呼び掛けで実現。拳四朗さんが猛暑日の中、自衛隊の迷彩服に身を包み、来場者にうちわやリーフレットを手渡すなど、広報活動に協力した。

会場では思いがけない地元のヒーローの登場に、来場者が拳四朗さんと記念撮影を楽しみながら自衛隊と警察への関心を高めていた。

中空音演奏会で広報ブース設置　山梨

中空音のコンサートを前に山梨地本のマスコット「甲州かえで」＝左＝と自衛隊をＰＲする新宅地本長（7月14日、山梨県韮崎市で）

【山梨】空自中空音（浜松）は7月13日に身延町総合文化会館で、14日に韮崎市の東京エレクトロン韮崎文化ホールで音楽演奏会を行い、地本が支援した。

両日とも『イントライアンフ』で開幕し、『ボヘミアン・ラプソディ』や『ラ・ラ・ランド』などを演奏した。その後も拍手が鳴りやまず、音楽隊はアンコールで『ユーキャン・ストップ・ザ・ビート』を演奏、会場が一つになって盛り上がった。

地本は会場に広報ブースを設置したほか、開演前には新宅正章地本長がステージ上で地元出身隊員を来場者に紹介。地本長は「自衛隊の活動は幅広く、誰もが得意な分野で活躍できる素晴らしい職場です」と自衛隊の職業としての魅力を紹介した。

帰省隊員と受験予定者に説明会　鹿児島

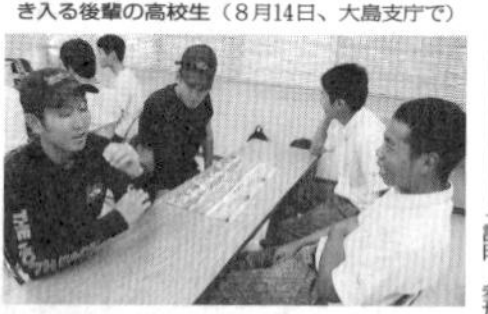
奄美大島に帰省した新隊員（左）の話に聞き入る後輩の高校生（8月14日、大島支庁で）

【鹿児島】奄美大島駐在員事務所は8月14日、帰省した地元出身隊員の支援を受け、大島支庁で募集説明会を開いた。

説明会には同島から自衛隊採用試験を受験予定の高校生17人が参加。今年入隊した11人の帰省隊員が教育隊での訓練や生活について説明した。

受験予定者からの「訓練はきついか」との質問に、女性隊員が「当初はきついと思ったが、班長がとても優しく指導してくれるので、不安はなかった」「同期と仲良くなれて、毎日の生活が楽しい」など答えていた。

全体説明の後は、陸・海・空の志願区分に分かれ、隊員が職種や勤務地などを説明。参加した高校生は昨年まで同じ高校に通っていた先輩からの説明ということもあり、熱心に耳を傾けていた。

最後に隊員たちが後輩に「もし不安があったら、いつでも相談して。一緒に自衛隊で頑張ろう！」とエールを送った。

陸海空　生活支援に全力

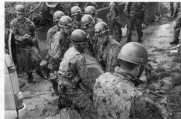

河野大臣、災派隊員を激励

就任後初 現地視察「被災者のニーズに沿って」

河野防衛相は9月15日、台風15号の影響で9日から最大64万戸の大規模停電や同9万戸の断水が続く千葉県の館山、君津、八街、富里の各市の被災地を訪れ、10日未明から被災者の生活支援や倒木除去などの復旧作業に当たっている陸海空自の隊員たちを激励した。海自館山航空基地では被災者が利用する入浴施設などを視察した。河野氏の11日の防衛相就任後、初めての現場・部隊視察となり、山崎統幕長らが同行した。

千葉停電 東電とも連携

河野大臣は成田空港に近い富里市根木名地区で陸自隊員による倒木の除去作業を視察した後、記者団の取材に応じ、「隊員たちは入浴・給水支援、倒木処理などそれぞれ頑張ってくれている。停電が長引くということで、隊員の活動も長くなるが、しっかりやっていただきたい」と語った。

今後の雨対策として、屋根などの家屋をブルーシートで被う作業も急ピッチで進めているとした上で、「給水・入浴支援なども要請のあったところはしっかり拡大できるよう対応したい」と述べ、被災者のニーズに沿ったきめ細やかな支援を拡大・継続していく考えを示した。

一方、電線復旧の妨げとなっている倒木除去については、その優先順位を調整するため、防衛省から東京電力に連絡員を派遣したことを明らかにした。

さらに、東京電力の社内で携帯電話が使えずにコミュニケーションがとれていないところは、自衛隊の無線を提供するなどの通信支援を行っていく考えを表明し、停電の解消に向けて東京電力と連携して全力を挙げることを強調した。

空挺団第2普通科大隊長の説明を受ける河野防衛相（左）。その後ろは空挺団長の戒田重雄陸将補（千葉県富里市で）＝防衛省提供

給水・入浴支援、倒木除去など

千葉、神奈川の両県では、台風15号の影響で大規模停電と断水が発生。自衛隊は県知事からの災害派遣要請を受け、直ちに活動を開始した。千葉県知事からは10日から13日にかけて、▽陸自東部方面総監に給水・倒木除去・入浴の支援、▽自衛艦隊司令官に入浴支援、▽空自中空司令官に給水支援、▽海自21航空群司令（館山）に入浴支援――の災害派遣要請が相次いであった。

これを受け、空挺団や陸自高射学校（下志津）などが東金市など10市3町に向けて水トレーラー車などで給水支援を実施するとともに、東千葉メディカルセンター（東金市）に空自2移動警戒隊（入間）の電源車が急行した。このほか、空自入間のCH47輸送ヘリなどで患者計12人を柏市や松戸市の病院まで搬送した。館山基地では被災者に入浴施設を一般開放し、洗濯や充電の支援も行っている。さらに、陸自東部方面の各部隊をはじめ、空自中空隷下の各基地からも応援部隊が千葉県入りし、県内各地で活動を継続している。

15日には、台風で屋根などが吹き飛んだ家屋にブルーシートを展張するため、陸自32普連（大宮）、1普連（練馬）、高射学校、空挺団、海自3術校（下総）が作業を開始。これに先立ち、秋田、徳島、香川、熊本の4県の倉庫から集めたブルーシートを空自のC2（美保）、C130H（小牧）の両輸送機や陸自トラックで千葉県まで輸送した。

一方、神奈川県鎌倉市では陸自31普連（武山）や4施設群（座間）が約50人態勢で10日から倒木除去などに当たり、13日に撤収した。

佐賀　油除去活動 終える

陸自4後支連など 入浴・給食支援を継続

大雨により冠水した佐賀県杵島郡大町町の鉄工所から流出した油の除去作業に従事してきた自衛隊の災害派遣部隊は、9月10日までに作業を終えた。

九州北部大雨で冠水した大町町では佐賀鉄工所から約5万リットルの油が流出。自衛隊は8月28日から回収作業に当たった。吸着マット15万枚を使っての作業は9月10日に終わり、この日の午後、山口知事が出席して作業完了式が行われた。

山口知事は「油対策に携わったすべての皆さま方に県民を代表して心から感謝申し上げる。自衛隊の方々には（8月）28日の出動要請以降、人命第一にさまざまな対応に当たっていただいた。これからも皆さんとこの地域を守っていきたい」と述べた。続いて水川一哉大町町長が「実際に（きれいになった）現場を最終確認して安心した。皆さんの応援に対して、全町民を代表して御礼申し上げます」と謝意を示した。

一方、自衛隊が武雄市などで8月30日から開始した入浴・給食支援は、現在も続く。被災者の生活支援を指揮する4後支連1整備大隊長の牧野智弘3佐は「暑いので特に衛生管理に気を付けている。給食のメニューは、筑前煮、親子丼、肉じゃが、豚汁などで、住民の皆さまから喜んでいただいている」と話した。

9月18日現在、4後支連、西方後支隊が4カ所で入浴支援、4後支連が大町町で給食支援を継続している。

油除去の作業を終え、完了式で佐賀県知事と大町町長から謝辞を受ける3自の隊員ら（9月10日、佐賀県大町町で）

初めて女性隊員修了

佐世保と舞鶴教育隊で 女性部会が激励賞贈呈

【海幕教育課】全国防衛協会連合会女性部会（江上栄子会長）は8月27日、佐世保、舞鶴両教育隊で行われた「第13期一般海曹候補生課程」の修業式で最も優秀な成績を修めた女性隊員2人に「激励賞」を贈呈した。

これまで同課程の女性隊員の教育は横須賀教育隊で行われてきたが、佐世保、舞鶴両隊での修業は初めて。

女性部会からの激励の記念品贈呈は、女性隊員の門戸拡大に伴い、贈呈の申し出があり実現した。

佐教（修業生283人、うち女性47人）では、中﨑弘美2士に女性部会の濱田光江さんが、横教の修業女性隊員に従来から贈られてきたものと同じマグカップを手渡し、舞教（同238人、同42人）では、角田風香2士に女性部会代理として浅沼弘巳教育隊司令から同じ品が贈られた。

◇

【佐教＝崎辺】海自佐世保教育隊は8月27日、「第13期一般海曹候補生課程」と「第373期練習員課程」の隊員371人の修業式を行った。

式には中尾剛久佐世保地方総監をはじめとする部内外の来賓、隊員家族など約730人が出席。修業生は約5カ月間の教育で、海上自衛官としての基礎的な知識、技能を修得するため、さまざまな教育訓練を受け、体力を錬成して心身の鍛錬に努めた。

甲斐義博教育隊司令から修業を申し渡された修業生は、来賓や家族らに見送られながら、同期や教官との別れを惜しみつつ、誇りを胸に元気な笑顔で全国各地に巣立った。

佐世保教育隊の「第13期一般海曹候補生課程」の修業式で、濱田さん（左）から激励賞の記念品を贈られる中﨑2士（8月27日）

町総合福祉保健センターで給食支援を継続している。

小休止

▽…沖縄地本は8月21、22の両日、募集対象者らに3自衛隊の魅力を伝える「沖縄パワーアドベンチャー」を陸自の那覇駐屯地と海空自の那覇基地で開催し、小学生から社会人まで118人が参加した。

▽…今年は「体験する」をコンセプトに、自衛隊施設での「宿泊組」は迷彩服に着替えて自衛官になりきることからスタート。移動は全て高機動車を使用し、ラッパで就寝・起床するなど、隊員の1日の生活をそのまま"体験"した。

▽…参加者たちは訪れた3自の各部隊で、自分が自衛官になった姿をイメージ。海自5空群の装備品体験では航空機からの脱出時に使用する救命胴衣を着用し、海に浮かんでいる姿を想像しながら楽しそうな様子だった＝写真。（沖縄地本）

交通犯罪　その③

車の競走相手が人身事故 あなたも処罰の可能性

公道で友人と自動車で競走したところ、制限速度を大幅に超過した友人が死亡事故を起こしました。私にも責任はありますか？

事故を起こしたのは友人ですが、あなた自身も自動車運転死傷処罰法第2条に規定する危険運転行為（その進行を制御することが困難な高速度で自動車を走行させる行為）を共同して行ったと判断され、友人の行為・結果についても責任を負う可能性があり、この場合は危険運転致死傷罪で1年以上の有期懲役に問われることになります。

車は走る凶器になることを忘れず、交通ルールを守って事故防止に努めましょう。（北部方面警務隊）

※次回は「道路交通法違反（救護義務違反）」

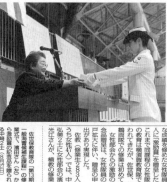

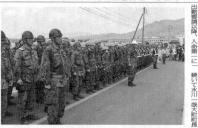

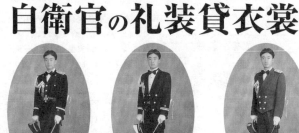

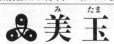

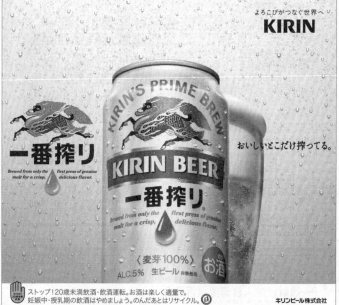

偶然、そして感動の再会

「ひと時のやさしい時間」

3陸曹　仲村　真（秋田駐屯地広報班）

第21普通科連隊はこの夏、自衛隊秋田地方協力本部の依頼を受け、秋田県内の高校生に対するインターンシップ（職場体験）を支援した。その中で、人の絆が生んだ「ひと時のやさしい時間」を紹介したい。

それは、インターンシップ3日目に行われた天幕展張体験の休憩中の1コマである。

「卒業後はぜひ陸上自衛隊に入隊したい」という女子高生が、駐屯地の広報陸曹と話をしていると、「とても親しい先輩が今年、陸自に入隊しました」という話題になった。

よく聞けば、「その先輩」は今まさに同じ駐屯地内の天幕展張場所の反対側で迫撃砲の操作を練成している教育隊の中にいる女性隊員であると判明した。

そこで、高校生にどうにか先輩に会わせてやりたいと教育隊の要員にその旨を説明すると、快く2人の再会の時間を作ってくれた。

広報陸曹に連れられた女子高生は、教育隊に近づき、懐かしい先輩を見つけた瞬間、走り出した。わずか4カ月。されど4カ月。大人たちよりも、はるかに緩やかな時の流れの中にいる彼女たちにとって、4カ月という時間は、万感の思いを爆発させるのに十分な時間であった。

先輩の胸に飛び込んで思わず泣き出す後輩を、笑顔で抱きしめる先輩…。その2人の姿には、周囲のすべての者が心打たれていた。

その後、教育隊の配慮により、特別に迫撃砲の操作訓練を見学させてもらえることになった。後輩を前に、代表して展示するのはもちろん先輩の役目となった。大好きな後輩の前で、緊張と高揚が複雑に混ざり合った彼女は、手の震えを抑えつつ、一生懸命に迫撃砲を操作していた。

その後、2人はそれぞれの訓練と見学に復帰したが、ともに素敵な笑顔で戻っていった。

インターンシップから生まれた「偶然のひと時」は、一組の先輩・後輩と、それを見守る多くの人たちの心に、忘れられない温かな思い出を残した。

（上）大好きだった先輩（右奥）を見つけて走り出す高校生の後輩（下）自衛官となった先輩の胸に抱かれて泣き出す後輩

先輩の迫撃砲操作を見学する後輩（左奥）

BRAVO et MERCI

（世界の切手・フランス）

未来ではない。今の自分がどうなのかが大事なのだ。

平尾　誠二（元ラグビー日本代表監督）

朝雲ホームページ
www.asagumo-news.com
<会員制サイト>
Asagumo Archive
朝雲編集部メールアドレス
editorial@asagumo-news.com

みんなのページ

レンジャー集合教育から学んだこと

心が体を動かした

3陸曹　切川　大周（46普連2中隊・海田市）

13度回の厳しいレンジャー訓練を仲間と共に乗り越えた46普連の切川大周3曹

私はレンジャー集合教育で自分の弱さ、仲間の大切さを学ぶことができました。「絶対に弱音は吐かない」と決めて教育に参加しましたが、実際に想定訓練に入ると体力的、精神的に追い込まれ、何度も心が折れそうになりました。

しかし、そんな時には仲間たちが声をかけてくれ、体を動かし、前へ進むことができました。第7想定では本当に疲れ切ってしまい、体が動かなくなってしまいました。そこでバディが「行くぞ、立て！」と言葉をかけてくれ、同時に「帰ったらコーラ飲むぞ」と励ましてくれました。その二つの言葉が強い力となり、私は再び立ち上がることができました。

レンジャーでは「心が体を動かす」とよく言われていました。まさにこの時が、心が体を動かした時だと思います。自分のためだけでなく、仲間や私を送り出してくれた中隊、家族のためにという強い気持ちを持つことが大切だと感じました。

私はレンジャー教育で学んだ自分の弱さ、仲間の大切さを忘れず、これからもっと練成して、より強いレンジャー隊員になりたいと思います。

浜尻海岸のこぶし岩

陸曹長　瀬尾　泰輝（国分駐屯地広報班）

今年1月、鹿児島県南大隅町にお住まいの男性から広報班に「浜尻海岸にこぶし岩というユニークな岩があるので見に来てほしい」という連絡がありました。南大隅町は佐多射撃場を有する町で、浜尻海岸も訓練で利用させていただいています。

そこで3月に霧島市から約3時間かけて確認に行きました。到着すると、電話をくれた男性から「この岩は、いつの時代か近くの山から転げ落ちてきたと言い伝えがあり、地元の人は拳岩もしくは古武士岩と呼んでいる。よく見ると握りこぶしにも兜をかぶった武士にも見える。戦いの最終兵器は各人のこぶしによる徒手格闘であり、現代の武士は自衛官である」と男性は力説されました。

風光明媚な浜尻海岸の歴史は平清盛の時代までさかのぼり、明治維新を成し遂げた小松帯刀や山本権兵衛、現代では俳優の加山雄三さんや池畑慎之介さんを輩出した禰寝一族の支配地域でもあります。

薩摩半島よりも荒々しくゴツゴツとした岩の多い景色と、静かに時間が流れる南大隅町は、同地を舞台とした映画『きばいやんせ！私』やNHKの大河ドラマ『西郷どん』のオープニングでも撮影されるなど、近年も話題の場所となっています。

全国の隊員の皆さまも、訓練で南大隅町に来られた際は、ぜひ「こぶし岩」を見学にきてみやんせ！

南大隅町のこぶし岩

小隊長に上番 初の訓練検閲

3陸尉　岩渕　静佳（6施設大隊・神町）

私は7月の「交通小隊訓練検閲」に小隊長として参加しました。個人としては幹部初級課程を修了し、小隊長に上番して初の検閲でした。

[illegible]

重ねて任務に備えました。

状況開始後は、小隊長の指揮手順の具現に留意しました。今回は作業地域が諸所に分散したため、各班の[illegible]

今後は今回の検閲で得たことを速やかに修正し、いかなる任務にも即応できるよう、日々小隊を鍛え、自らも小隊長として自信を持って指揮できるよう、識能の向上に励みたいと思います。

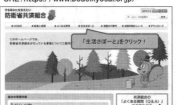

OBがんばる

松岸　拓実さん　23
平成30年3月、陸自13施設群383施設中隊（幌別）を最後に任期満了退職（士長）。ヨコタエンタープライズに再就職、製造の仕事に就いている。

夢につながるように

私は将来、日本代表のプロゲーマーになり、世界で戦っていきたいという夢があります。プロゲーマーの収入で生活できる人はそれほど多くないという厳しい現実に直面しました。

そこで再就職にあたり、千歳・恵庭地域援護センターの担当官から[illegible]

[illegible]

夢の実現に向けて頑張っていきます。

詰将棋

第803回出題

5	4	3	2	1	
					一
		飛		と	二
					三
	角		王		四
				角	五
		竜			六
					七

▲先手　持駒　金

【ヒント】一方の飛は捨て駒（10分で初段）。

出題　日本将棋連盟　九段　石田　和雄

▶詰将棋の出題は隔週です◀

詰碁

第1218回解答

【解答図】白先、黒死。白①が大切で、黒②には白③、黒④には白⑤で黒死です。

出題　日本棋院　九段　曲　励起

あさぐも掲示板

■「戦略と作戦」テーマに研究会

戦略研究学会は9月28日（土）午後1時から東京都新宿区市谷本村町3-26ホワイトレジデンス1階の「ワイム会議室市ヶ谷」で第56回定例研究会を開く。演題は「戦略と作戦—人間の健全な常識を用兵に適用する」で、講師は[illegible]。参加費（資料代）は会員500円、非会員1000円。事前申し込み不要。詳しくは同学会（電話03-3813-4469）へ。

新刊紹介

「人口で語る世界史」

P・モーランド著、渡会　圭子訳

日本では少子高齢化が進んでいるが、「人口の増減」は世界史上、どんな問題を引き起こしているのか。本書では英ロンドン大学の人口学者が過去200年の「人口の大変革期」を詳細に調査し、人口の増減と社会・経済・政治への影響を大胆に分析している。

結論から言えば、人口増は国力アップに直結する。英国が七つの海を支配できたのも、産業革命により経済力とともに人口が増えたことが新大陸などへの足掛かりになったとする。

続いて大国にのし上がったアメリカも、移民で人口が急増したことが背景にあり、第2次大戦で欧州とアジアで同時に戦えた理由も人口増だった。日本も日露戦争勝利後に人口が急増し、これがアジア進出の要因の一つにもなったという。

そして現在、中国、インド、アフリカなどで人口が膨れ上がり、これが世界の政治・経済に大きな影響を与えている。著者は人口問題と技術革新、地政学、宗教、医療進歩、女子教育など、さまざまなファクターを掛け合わせ、人口問題を通して世界の今後を予測している。

（文藝春秋刊、2376円）

「日英インテリジェンス戦史」

—チャーチルと太平洋戦争

小谷　賢著

英国の政治外交史を専門とする日大教授の著書が、近年公開された20世紀前半の英情報関連史料をもとに、1940年代の英国が日本軍の脅威を前に、どうインテリジェンス（情報）を活用し、勝利したかを明らかにした労作だ。

当時、アジアで日本軍の前に劣勢だった英国は、米国を対日戦に引き込むため、情報戦を展開。チャーチル首相は日本の秘密情報を得ることに執念を燃やし、ついに日本の外交暗号「パープル」を解読する。

日本と米国に密かに情報を流し、米国が日本軍の前面に立つように仕向け、この結果、日本は対米開戦へと傾いていく。日本海軍によるハワイ攻撃はまさに英国の情報戦の勝利であり、米国の参戦によって外交目標は達成された。

本書では対米戦へとたどる日本と、欧州とアジアの両戦線で同時に戦い、結果的に英国を助けることになる米政府の決断の裏に、恐るべき英国情報員の暗闘があったことを明らかにしている。20世紀初頭から活動を開始した英情報機関MI6の活動もリアルだ。

（早川書房刊、972円）

朝雲

発行所 朝雲新聞社
〒160-0002 東京都新宿区四谷坂町12-20 KKビル
電 話 03(3225)3841
FAX 03(3225)3831
振替00190-4-17600番
定価一部140円、年間購読料9000円（税・送料込み）

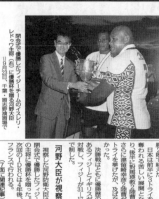

河野太郎新防衛相に聞く

課題は新領域の人材育成

宇宙、サイバーなどに対応

日韓の防衛対話進める

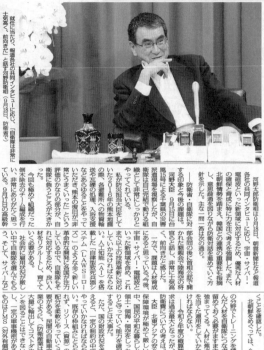

就任に当たり、報道各社の共同インタビューに応じ、「自衛隊は非常に士気高く、前向きだ」と話す河野防衛相（9月18日、防衛省で）

河野太郎防衛相は9月18日、朝雲新聞社など報道各社の共同インタビューに応じ、宇宙・サイバー・電磁波といった新領域に対応するため、優秀な人材の確保と育成に特に力を注ぐ考えを強調した。また、北朝鮮情勢を踏まえ、韓国との連携の重要性も指摘し、意思疎通を図りながら防衛対話を進めていく方針を示した。主な一問一答は次の通り。

――防衛省・自衛隊に対する印象と今後の課題は。

河野大臣 9月15日に台風15号による千葉県の災害派遣現場を視察したが、自衛隊は自己完結で動ける組織として非常にしっかりとやってくれている。

私が防災担当大臣をしていた2016年の熊本地震の際、各避難所への物資輸送や瓦礫の処理、入浴支援などあらゆることをやっていただき、熊本の復旧が「非常にうまくいった」という評価のかなりの部分が、自衛隊に負うところが大きかった。

今回も極めて組織だった倒木除去のチーム編成を行い、非常にありがたく思っている。9月17日の高級幹部会同の後に首相公邸で開かれた懇親会で陸海空の将官らと話し、非常に士気高く、前向きだと感じた。

一方で、課題は人材育成にあると思っている。今後、宇宙・サイバー・電磁波といった新領域を含め、これまで以上の技術革新に対応していかなければならない。人工知能（AI）を搭載した「自律型致死兵器システム（LAWS＝ローズ）」のような全く新しい革命的な開発に各国が注力している中で、自衛隊もそれに対応するため、良い人材をリクルートし、育てていく必要がある。

社会的に雇用状況が厳しい中で自衛隊を選んでもらう、そして、サイバーなどの分野でトレーニングを積んだ人材を自衛隊につなぎ留めておく必要がますます強まってくる。人材に焦点を当てた運用をしていかなければならない。

――令和2年度の概算要求は過去最大となったが、防衛費についての考えは。

大臣 北東アジアの安全保障環境が極めて厳しい中、国民の平和な暮らしと領土・領海・領空をしっかりと守っていく能力を確保することは大事だ。

ただ、国の財政状況を考えると、一定の制約の中でやっていかなければならない。既存の枠組みにとらわれず、リソース（資源）の配分を柔軟にやっていく必要がある。民間の自動車産業のように、（防衛産業は）大量に輸出してコストダウンを図ることはできないし、一定の軍事機密があるものはFMS（対外有償軍事援助）を活用しなければ入手できない。いかに合理的に装備を（拡充）できるか考えていきたい。

――サイバー分野での取り組みについて。

大臣 米国をはじめ、価値観を共有する国々との間で議論していく必要がある。防衛省だけではサイバーや電磁波などの分野に対応できない。政府一丸となってやるべき分野はこれから広がっていくだろう。

――今年8月に「軍事情報包括保護協定」（GSOMIA）の破棄を通告してきた韓国との防衛交流の見通しは。

大臣 政府間で難しい問題はあるが、日韓の連携は重要だ。北朝鮮情勢[illegible]どこかのタイミングで韓国の国防相ともお目にかかり、しっかりと意思疎通を図りながら（防衛対話・交流を）進めていきたい。

――北朝鮮の新型ミサイル発射について[illegible]

大臣 [illegible]をしているとの認識を日米は共有している。北朝鮮のミサイルは、いかなる短距離ミサイルであっても国連安全保障理事会決議違反という認識は、日米で全くズレはない。

（2面につづく）

日米防衛相が電話会談

就任後初

河野防衛相は9月23日、就任あいさつを兼ねて米国のエスパー国防長官と電話会談し、日米同盟の強化を通じて抑止力・対処力のさらなる向上を図っていくことで一致した。「自由で開かれたインド太平洋」の維持・強化にも取り組んでいくことを確認した。

北朝鮮をめぐっては、全ての大量破壊兵器とあらゆる射程の弾道ミサイルの「完全で検証可能、かつ不可逆的な廃棄」に向け、国連安全保障理事会決議に基づく対北制裁の「完全な履行」の重要性について認識を共有した。

沖縄県の米軍普天間飛行場（宜野湾市）の名護市辺野古への移設などを含めた米軍再編計画についても日米で緊密に協力し、着実に進展させていくことを申し合わせた。

国際防衛ラグビー閉幕

日本1勝2敗

閉会式で優勝したフィジーチームのイスレリ・レドゥワ主将（右）に優勝杯を贈る河野大臣＝9月23日、千葉・習志野演習場で

国際防衛ラグビー競技会（IDRC）の決勝戦と親善試合（敗者トーナメント）の最終戦が9月23日、千葉・習志野演習場で行われ、オーストラリアとの親善試合に臨んだ日本（自衛隊代表）チームは、12―45で敗れた。日本は全3試合を1勝2敗で終えた。

日本は前半に3トライを奪われる苦しい展開となり、後半に對馬瑛教2陸曹、さらに津留崎幸彦2陸曹がトライを挙げたが、及ばなかった。

決勝戦はともに優勝歴のあるフィジーとイギリスが対戦し、フィジーが31―17で制した。

河野大臣が視察

視察した河野防衛大臣は閉会式で優勝したフィジーの主将に優勝杯を贈った。

次回のIDRCは4年後、フランスで行われる。

（7面に関連記事）

ブルーインパルスが“桜”描く

ラグビーW杯日本開幕戦上空で

6機編隊でエール送る

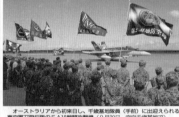

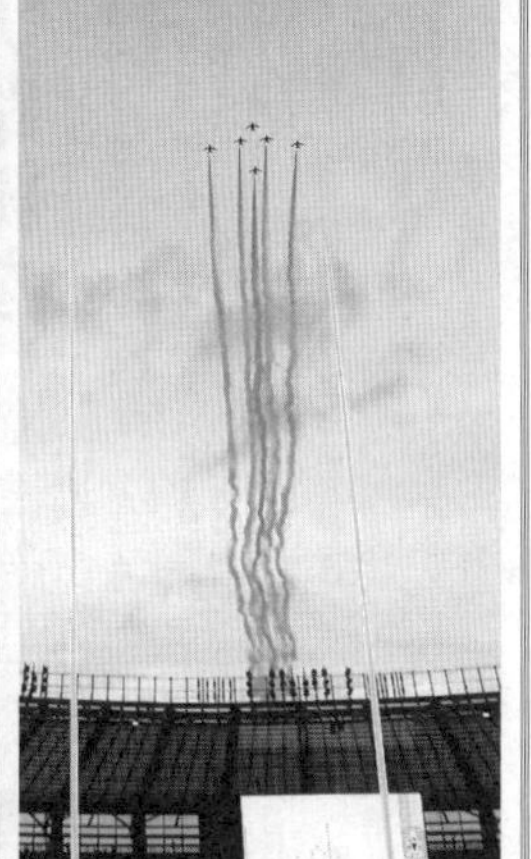

空自4空団11飛行隊（松島）の「ブルーインパルス」は9月20日、ラグビーワールドカップ日本大会の開会式が行われる東京都調布市・味の素スタジアムの上空で、式の直前、展示飛行を行い、日本代表にエールを送った＝写真。

入間基地を離陸したブルーは午後5時過ぎ、調布市上空に現れた。

6機編隊の「フェニックス・ローパス」でスタジアム上空を航過した後、スモークで大空に日本チームのシンボル“桜の花”を描いた。

日本代表はその後、ロシアとの開幕戦にのぞみ、30対10で勝利した。

オーストラリアから初来日し、千歳基地隊員（手前）に出迎えられる豪空軍77飛行隊のFA18戦闘攻撃機（9月20日、空自千歳基地で）

豪空軍のFA18 千歳基地に到着

日本で初の日豪訓練「武士道ガーディアン」

日豪共同訓練「武士道ガーディアン」が初めて日本国内で行われ、9月20日、豪空軍81航空団77飛行隊（ウィリアムタウン）のFA18戦闘攻撃機6機が北海道の千歳基地に来日した。

豪軍機は米グアム経由で千歳に到着、2空団司令の徳重広為空将補以下約600人が出迎えた。

あいさつに立った同飛行隊長のジェイソン・イーストホープ中佐は、昨年の北海道胆振東部地震の発生で予定された同訓練が中止になったことに言及し、「2年がかりで日本に来ることができた。豪空軍は空自との関係強化を約束する」と述べた。

豪空軍と空自の戦闘機部隊は9月24日から10月4日まで、千歳と三沢の周辺空域で要撃戦闘、防空戦闘、戦術攻撃などの各訓練を行う。

韓国招致は見送り

観艦式 中国海軍は初参加

山村海幕長は9月24日の記者会見で、10月14日に相模湾で行われる「自衛隊観艦式」の概要について発表した。首相が乗る観閲艦は今回初めてヘリ搭載護衛艦「いずも」が務め、外国からの招待艦艇も含めて計46隻・航空機40機が参加する。

海自以外では海上保安庁の巡視船「いず」、海外から米、英、豪、加、印、中、シンガポールの各国海軍の艦艇と米海軍のP8A哨戒機が参加する。中国海軍艦艇の観艦式への参加は初めて。

韓国海軍については「招待するための環境が整っていない」との判断から招致を見送った。山村海幕長は「我が国周辺・地域の安全保障環境が厳しさを増す中、日米、日米韓の連携は重要だ。海自としては政府の対応状況を踏まえつつ、韓国海軍との交流などについて適切に検討していく」と述べた。

北がまた短距離弾道弾

北朝鮮は9月10日午前6時53分頃と同7時12分頃（日本時間同）、西部の价川付近から東方向に短距離の飛翔体を1発ずつ発射した。飛距離は最大約330キロだった。

河野防衛相は13日の記者会見で、これらのミサイルについて「分析中だ」とした上で、「8月24日のものと同系統の短距離弾道ミサイルと推定している」との見解を明らかにした。

北朝鮮は7月25日以降、新型の短距離弾道ミサイルを含む飛翔体の発射を繰り返しており、今回の発射は8月24日に続き8回目。

春夏秋冬

寝返りには二種類ある

黒川 伊保子

男性と女性とは、腕の動かし方も違うのである。

鎖骨と胸骨をつなぐジョイント部には、鎖骨を横に回転させる機能と、鎖骨を縦に回転させる機能がある。女性は、鎖骨を横にスライドして腕を伸ばし、一筆書きを描くように、ものを取る。肩の下で、静かに腕が動くのである。一方、男性は、鎖骨を回転させて、ものを取る。腕を前につき出し、それを引き戻す運動になる。的に狙って、つかみ取る感じがする。[illegible]かようにもなるが、[illegible]方は違う。

所作の違いは、脳の認知の違いでもある。女性の所作は、流れるようなワンアクションなので、ツーアクションの男性から見ると[illegible]認知しにくいのだ。たとえば、認知機能が落ちてきた男性の目の前にお茶を置くような所作で置いても、女性の流麗な所作で置いてしまうと、お茶に気づけない。介護ロボットや自動車をはじめとして、人間の運転サポートをするAIたちは、ここを知っておかなければいけない。

寄り添っている人間が、とっさに、鎖骨をスライドさせるのか、回転させるのか。[illegible]

外旋タイプは、手のひらに力が込めやすく、体幹バランスを取るのに膝とみぞおちを使い（ここが自由に動く可動部位）、かかとバランスで立つ。内旋タイプは、指先に力を込めやすく、体幹バランスを取るのに腰と肩を使い、つま先バランスで立つ。

前者の人間を抱き上げたり、寝返りを打たせるときは、不可動部位である肩と腰を支え、後者の人間の場合には、みぞおちと膝を支える。可動部位を使うと重くて動かない人が、不可動部位を使うことでいとも簡単に持ち上がる。小さな女性でも、大きな男性をころんと返せる。身体が屈曲しないので本人も痛みが少ない。膝を持ちあげて柔らかく曲がるようなら腰を使う、と心得ればいい。この二種類があることを知っておくと、救助する側も、される側も楽になるはずである。

（感性リサーチ代表、人工知能研究者）

朝雲寸言

NHKの大河ドラマ『いだてん〜東京オリムピック噺』が面白い。明治から昭和にかけての日本の歩みを、オリンピックを縦糸に、関わった人々を横糸に織りなす作品だ。黎明期のわが国のアスリートたちの姿、女性がスポーツに取り組めるようになるまでの苦難、五輪招致をめぐる駆け引きなど、知らなかったことがいかに多かったかを毎回教えられる▼毎回と言えばもう一つ。オープニング曲の映像に出てくる、昭和39年の東京五輪の開会式での空自ブルーインパルスの飛行シーンは何度見てもこみあげるものがある。便利な計測器がなかった時代に目視だけで僚機との距離を測りつつ、見事に五輪のマークを描ききった搭乗員の技量の高さは語り継ぐ値打ちがある▼大河ドラマに実物の自衛隊機が登場するというのはおそらく初めてだろう。この先、再びあるとすれば、いつ、どんな形になるだろうか▼ドラマ『いだてん』は視聴率で苦戦しているというが、製作者や出演陣が案ずるには及ばない。いまや世界中にファンがいるアニメ『機動戦士ガンダム』の第一作は、視聴率が低迷したため最終回が前倒しされたという。それでも内容が評価されて後にじわじわ人気が高まり現在に至る。視聴率と作品の出来は必ずしも比例しない。「復興した日本を世界に見せたい」と飛んだあの日のブルーインパルスを思い出させてくれた『いだてん』よ、自らのペースで最後まで走り抜け。

主な記事

時の焦点

国内　野党新会派

外交安保で現実路線を

国民の高い期待を集め、裏切った。その苦い経験から何を学ぶのか。政権を担いうる勢力と認知されるには、単なる「再結集」ではなく、外交や安全保障について現実的な政策を打ち出すことが欠かせない。

立憲民主、国民民主両党と衆院会派「社会保障を立て直す国民会議」が、衆参両院で新会派を結成することで合意した。統一会派ではなく「共同会派」と称し、参院会派には社民党も加わる。

衆院117人、参院61人の予定で、第2次安倍政権発足後、衆院では最大の野党会派となる。

10月下旬には、衆院議員任期4年の折り返しを迎える。いつ衆院解散・総選挙があってもおかしくないことを考えれば、さすがに「1強多弱」のまではいられないということであろう。

立憲民主党の枝野代表は、党の両院議員総会で「大きな構えで国会に臨むことによって力強く行政監視の役割を果たす」と語った。

10月召集の臨時国会で存在感を示せるか。重要法案の賛否で足並みをそろえられるか。まずはそれが問われよう。

だが、より重要なのは、政府・与党に対する批判勢力としてだけではなく、枝野氏が総会で語った「もう一つの政権の選択肢」として国民に評価されることである。

それには、ちょうど10年前、2009年9月に発足し、3年余で崩壊した民主党政権の失敗を適切に分析することが不可欠だ。

旧社会党から自民党出身まで幅広い議員を抱えた民主党は、外交や安全保障、憲法などで様々な意見が混在していた。

先行きを不安視する外部の指摘に対し、当時の幹部は「政権を取れば現実的に対応する」と語っていた。実際、米軍普天間飛行場の県外移設を主張する声は党内に強かったが、衆院選マニフェストでは明記を避けた。

ところが、政権に就くや鳩山首相が「最低でも県外」と繰り返し、沖縄県民の期待を高めた揚げ句に実現せず、日米関係が大きく傷ついたのは周知の通りである。

基本政策を曖昧にしたまま政権獲得を優先した結果にほかならない。気がかりなのは、野党新会派の面々がこの経緯を真摯に反省しているように見えないことだ。

象徴的なのは、安全保障関連法の廃止論である。15年9月の「強行採決」から丸4年などとアピールする議員もいる。

安保関連法制定で一時的に安倍政権の支持率が下がったのは事実だ。だが、同法を廃止するなどといった無責任な主張では幅広い支持は得られないのは、その後の国政選挙の結果で明らかである。

新会派に対し、日本維新の会の松井一郎代表は「古い民主党が復活したところで、全く脅威だとは感じない」と語った。

新会派幹部の顔ぶれは、かつての民主党と大差がない。であればなおのこと、基本政策の曖昧さを払拭し、現実路線へ明確に舵を切る必要がある。

宮原 三郎（政治評論家）

海外　ボルトン氏解任

アフガンで決定的亀裂

トランプ米大統領は9月10日午前、ボルトン大統領補佐官（国家安全保障問題担当）を解任したと発表した。「彼の提案の多くが私の考えと合わなかった」ためという。

ボルトン氏は万人周知のタカ派。「ならず者国家」に体制変革をもたらすためなら、開戦のリスクもいとわない。一方のトランプ氏は、交渉相手に重要な譲歩を迫る武器としては、強力な経済圧力の行使の方を好む。

ボルトン氏の就任以来、「決別は時間の問題」とささやかれ続けた二人が、よく約1年半ももったと妙な感心さえするが、思考、手法の違いは着実に増大していった。

例えば、大統領はイランや北朝鮮の核計画問題で、開戦せずに「最大限」の圧力をかける強硬な経済制裁を維持しつつ、交渉の用意ありとの姿勢も示してきた。

これに対し、同補佐官は体制変革など、大きな目標達成には軍事対決の危険も辞さない構え。対中貿易交渉でも関税をむちにして有利な結果を狙う大統領に比し、同補佐官は中国への軍事圧力に前向きな時もあったそうだ。

トランプ氏は公に何度か、同補佐官への懸念を表明してきた。

5月、ベネズエラの独裁者・マドゥーロ大統領の追放工作をめぐって、同補佐官は自分に「開戦させたがっている」と述べた（5月8日『ワシントン・ポスト』紙）。

NBC－TVの報道番組「ミート・ザ・プレス」（6月23日）に出演。「ジョン・ボルトンは全くのタカ派だ」と述べながらも、そのタカ派の程度は控えめに扱った。「なぜなら、私には（タカとハト）両方の意見が必要だから」

大統領はアフガニスタン駐留米軍の撤退につながる和平合意を結ぶため、アフガン反政府武装勢力タリバンの代表を8日にキャンプデービッド山荘に招く決定を下していた。

しかし、同補佐官はタリバンとの和平交渉開始という大統領のイニシアチブに反対。まして、キャンプデービッドに招くなど論外という態度だった。

米政府当局者の一人は「アフガン問題が2人の関係に終止符を打った」と明言、タリバンの扱いをめぐる相違が〝ボルトン斬り〟の決め手になったことを認めている。

タリバンは5日にアフガンの首都カブールで自爆テロを起こし、米兵1人が死亡。このため、タリバン招待は取り消され、大統領は9日、和平協議は「死んだ」と宣言した。

だが、過去の例が示すように、トランプ氏は機が熟したと感じ次第、態度を変え、交渉を再開するだろう。

ボルトン補佐官は自身の攻撃的政策への批判には値しても、タリバンに関しては正しい。タリバンが守る気のない合意で根本的相違を糊塗する可能性を疑うことは間違っていない。

そうした疑念を伝えるメッセンジャーを大統領が解任する権利があるのはもちろんだが、メッセージ自体は無視されるべきではない。

草野 徹（外交評論家）

河野新防衛相に聞く

辺野古移設は重要　早期に沖縄を訪問し　知事と意見交換したい

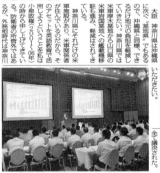

（1面からつづく）

——ホルムズ海峡の情勢を含む中東の安定化に向けた日本の対応について。

河野大臣　中東の緊張緩和に向けて日本が果たすことができる役割はかなりある。日本は日米同盟によって米国とは自由に話し合いができるし、イランをはじめ中東各国からは信頼を得ている。さまざまなやりとりの『橋渡し役』として日本が果たすべき役割は大きい。日本全体として外務省を支えながらやっていきたい。

——空自F2戦闘機の後継機開発への期待は。

大臣　日米同盟の中でインターオペラビリティーを確保するのは当然のことだ。現在、新型の後継機に求めるさまざまな要件をまとめている最中なので、それがまとまった時点で議論していきたい。

——沖縄県の米軍普天間飛行場（宜野湾市）の名護市辺野古への移設についての考えは。

大臣　我が国の抑止力の維持と、普天間飛行場の危険性の除去を考えると、辺野古移設は非常に大事だ。沖縄県も思いは一緒だと思うが、なかなか理解を得られていない部分もある。地元の皆さまのご了解を得て工事を進めさせていただきたい。できれば合理的に工事する方法をとりたいと思っているが、まずは地元のご理解を頂けるよう、ご説明を申し上げながら進めていきたい。

——沖縄訪問の予定は。

大臣　玉城デニー知事とはよく知った仲なので、できるだけ早いタイミングで沖縄を訪問し、率直に意見交換をしていきたい。

——大臣の地元である神奈川県の基地負担軽減に関する取り組みは。

大臣　神奈川県は沖縄県に次ぐ〝基地県〟でもあるので、沖縄県と同様、できるだけ地元の負担を軽減していきたい。神奈川県では米軍厚木基地から山口県の米軍岩国基地への艦載機移駐も進み、軽減はされてきている。

神奈川県にそれだけの米軍施設があり、米軍関係者が住んでいるのだから、そのアセットを英語教育で活用しようということを私は小泉政権（2001～06年）の時から申し上げてきている。防衛省の所管外ではあるが、外務相時代は神奈川県も視野に入れ、基地の所在する自治体での英語教育の強化を訴えてきたので、それは真剣に続けていきたいと思っている。

——佐賀県への陸自オスプレイの配備計画をめぐり、同県知事が受け入れを表明してから1年が経つが。

大臣　漁協を含め、地元へのご説明をさせていただいているところだ。しっかりと地元の理解をいただけるような形で説明をさせていただきたい。

防衛省生協総代会開く　全6議案議決

全国から集まった総代の前であいさつを述べる防衛省生協の山内理事長（壇上）＝9月19日、東京都新宿区のホテルグランドヒル市ヶ谷で

防衛省職員生活協同組合（防衛省生協、山内千里理事長）は9月19日、都内のホテルで令和元年度通常総代会を開き、全国から防衛省・自衛隊の総代100人（代理人を含む）が出席して「平成30年度事業報告」「令和元年度事業計画・予算案」など6議案を審議し、全て議決された。

開会に当たりあいさつした山内理事長は「経営基盤は盤石だ」と述べた上で、①自己資本が10年間で2倍となったこと②営利目的でないため、火災共済・生命共済ともにあらゆる事態において保障すること③収益の約80パーセントは隊員に還元されていること――を強調した。

審議は陸自中央業務支援隊総務部長で総代の萱輪康二1佐が議長を務め、防衛省生協の川﨑朗専務理事が説明を行った。

令和元年度事業計画案では、昨年7月の制度改定を受けて保障内容の拡充が図られた「火災共済」「生命共済」「長期生命共済」――の三つの主要事業について、さらなる充実を図っていく方針が打ち出された。

このうち、火災共済と生命共済はアンケート調査やニーズなどに基づき、制度改定の検討・措置を行うとともに、長期生命共済では来年度から新たに85歳まで加入できる「85長期」制度の発足に向けて万全な準備を行う方針が示された。

さらに、本部と地方が一体となって組織的に各種キャンペーンを展開していくことが掲げられたほか、ホームページの充実や広報誌『ふれあい』の発刊をはじめ、パンフレットなどの刷新・配布など、多様な手段による積極的な広報施策の推進なども明記された。

HA/DR訓練に統幕から派遣　「赤道19」

統幕は9月21日からニューカレドニアで行われている人道支援・災害救援（HA/DR）に関する多国間共同訓練「赤道19」に統幕幹部3人を派遣した。10月5日まで。

同訓練はニューカレドニア駐留仏軍が主催し、自衛隊の正式参加は3回目。仏、日をはじめ、米、英、豪、加、フィジー、インドネシアなど計13カ国が参加している。

派遣隊員は島嶼におけるHA/DR活動の多国間指揮所訓練を行い、国際緊急援助活動に関する運用能力の向上、参加国との相互理解の増進などを図っている。

海自と米海軍が横須賀で衛生訓練　トンネル崩壊を想定

海自は9月20日、横須賀地区で米海軍と共同の「衛生特別訓練」を実施した。

訓練は平成8年に始まり今回で23回目。海自は徳永徹二横須賀病院長を訓練統制官に、横監、横病、基地業務隊、衛生隊から隊員約125人、米海軍は横須賀米海軍病院長を統制官に同院の医療従事者など要員約250人が参加した。

日米隊員は「トンネルが崩壊して多数の民間人が負傷し、横監ヘリポートに搬送された」との想定で、共同で負傷者のトリアージをはじめ、応急処置や米海軍病院への患者搬送などを演練した。

共済組合だより

ライフプラン支援サイト　共済組合HPから4社のWebサイトに連接

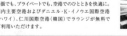

皆さまは共済組合のホームページ（HP）からアクセスできる「ライフプラン支援サイト」をご存じですか?

共済組合HPから野村證券、第一生命、三井住友信託銀行、三菱UFJ信託銀行の4社が開設する各Webサイトに進むことができます。

いずれのサイトも基本事項を入力するだけで将来の家族の状況が予測できる「ライフプラン・シミュレーション」をはじめ、結婚、出産、子供の教育、健康、老後など、人生のさまざまなシーンやそれに伴うお金にまつわる各種情報を得られます。

このほか、各サイトでは多彩なメニューをご用意。いずれもすぐに役立つ情報ばかりですので、ぜひご利用ください。

「あさぎり」がマレーシアと訓練

フォーメーションを組んで並走する（奥から）、海自の護衛艦「あさぎり」、マレーシア海軍のミサイル艇「ハンダラン」「ガンヤン」「ペルダナ」（9月20日）

ソマリア沖・アデン湾での海賊対処任務を終えて帰国途中の水上部隊33次隊の護衛艦「あさぎり」（指揮官・波江野裕一艦長）は9月18、19の両日、マレー半島東部のクアンタンに寄港した。現地では、波江野艦長がマレーシア海軍第1管区司令官のアブ・バカール少将を表敬したほか、同国海軍兵士に対して「あさぎり」の艦内を公開した。

出港後の20日には、マレーシア海軍のミサイル艇「ハンダラン」「ガンヤン」「ペルダナ」と戦術運動、通信などの親善訓練を行った。

「あさぎり」は10月5日、舞鶴基地に帰国する予定。

掃海艦艇2隻がインド洋で訓練　「ぶんご」「たかしま」

海自の掃海艦艇部隊が約3カ月間にわたり、アジア太平洋からインド洋を長期巡航する初の訓練「インド洋方面における海上訓練」が9月15日から始まった。

派遣部隊は3掃海隊司令（呉）の井窪誠史1佐を指揮官に、掃海母艦「ぶんご」、掃海艇「たかしま」、乗員計約180人で編成。2隻は巡航中、ベトナム、フィリピン、マレーシア、バングラデシュ、モルディブ、インドに寄港し、各地で各国海軍などと掃海、潜水など各種訓練も行う。

防衛省発令

▽おうみ艦長（余市防備隊司令）　1海佐　鈴木　拓哉

▽航空集団司令部（海自1術科学校主任教官兼研究部員）　同　山田　元昭

▽余市防備隊司令（護衛艦隊司令部）　同　大森　浩昭

▽解海自1術科学校教育1部長事務取扱　海自1術科学校副校長　同　天沼　秀俊

▽海自1術科学校教育1部長（おうみ艦長）　同　藤原　秀幸

▽同主任教官兼研究部員（海自1術科学校）　同　岩波　俊行

（以上9月17日）

▽教育訓練研究本部付（教育訓練研究本部）　1陸佐　田村　浩幸

▽81航空隊司令（航空集団司令部）　1海佐　宮地　裕

（以上9月19日）

露軍兵器輸送艦　宗谷海峡を西進

9月16日午前1時ごろ、ロシア海軍の「グリシャV」級小型フリゲート1隻（艦番号375）と「ズヴョズドチカ」級兵器輸送艦1隻が北海道・宗谷岬の北東約40キロの公海上を西に向け航行するのを海自1ミサイル艇隊（余市）のミサイル艇「くまたか」が確認した。

翌17日午前10時ごろには45掃海隊（函館）の掃海艇「いずしま」が宗谷岬の北東約65キロの海域を西進する「スラバ」級ミサイル巡洋艦1隻（満載排水量約1万1600トン、011「ワリャーグ」）と「ウダロイI」級駆逐艦（8600トン、548「アドミラル・パンテレーエフ」）を確認した。

これら艦艇はこの後、宗谷海峡を西進して日本海に入った。

PKO応急救護教官に2人派遣

防衛省は9月14日から24日まで、陸自衛生学校（三宿）に所属する医官の河野修一2佐と東部方面衛生隊（朝霞）の救急救命士・森公慶1曹を国連平和維持活動（PKO）における応急救護訓練教官としてブラジル北東部のサルバドール市に派遣した。

2人は国連が主催する「応急救護上級訓練コース」で、各国の参加者に止血法や負傷箇所の固定など、応急処置について指導・教育を行った。

空自が宇宙多国間机上演習参加　米軍が主催

空自は9月23日から米バージニア州サフォークで行われている米軍主催の宇宙状況監視多国間机上演習「グローバル・センチネル2019」に参加している。同27日まで。

空幕の6人のほか、内局と統幕からも各1人が派遣され、日米独仏など計11カ国間で、宇宙物体同士の衝突など各種状況を想定した連携・対処要領の向上を図る。防衛省では15年のオブザーバーを経て、16年から同演習に本格的に参加している。

首相乗せ政専機　米、ベルギーに

空自特輸隊（千歳）のB777政府専用機は9月23日、国連総会とベルギーで行われる「欧州連結性フォーラム」に出席する安倍首相を乗せ、羽田を出発した。

政専機は24日に米ニューヨーク、27日にベルギーのブリュッセルに到着し、28日に帰国する。

千葉停電　倒木除去など1万人体制

3自災派　シート展張にも奮闘

9月9日に千葉県に上陸した台風15号は内房・外房地域に大規模な停電や断水をもたらした。3自衛隊は10日から救援に駆け付け、最大1万人体制で現在も停電の原因となった倒木の除去作業などに従事している。19日に君津市などの被災地を訪れ、電力の復旧と住民の生活支援に当たる陸自1普連(練馬)などの活動を見た。(菱川浩嗣)

電線切断の原因となっている倒木を除去するため、チェーンソーで木を切る空挺団員(9月14日、成田市で)

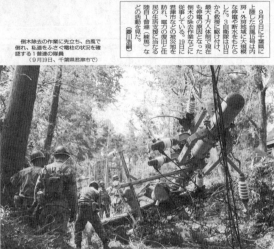

倒木除去の作業に先立ち、台風で倒れ、私道をふさぐ電柱の状況を確認する1普連の隊員(9月19日、千葉県君津市で)

台風15号での災派部隊

◇倒木・土砂除去＝空挺団(習志野)▽高射校(下志津)▽1普連(練馬)▽32普連(大宮)▽1施団(古河)▽1施大(朝霞)▽11施群(福島)▽34普連(板妻)▽1特隊(北富士)▽1戦大(駒門)▽4施群(座間)▽6施群(豊川)▽307施(宇都宮)▽1偵(練馬)▽5施群(高田)▽1高特大(駒門)▽44警隊(峯岡山)

◇シート展張＝32普連▽1普連▽高射校▽空挺団▽下総教空群、海3術校(下総)

◇給水＝空挺団▽高射校▽1後支連(練馬)▽32普連▽21空群(館山)▽横地隊▽2移警(入間)▽1高隊(習志野)▽2高隊(武山)▽4高隊(入間)▽空4術校(熊谷)▽高教群(浜松)▽6空団(小松)▽12高隊(饗庭野)▽13高隊(岐阜)▽14高隊(白山)▽中空(入間)

◇患者空輸＝入間ヘリ空輸隊▽空挺団

◇入浴＝需校(松戸)▽東方後支(朝霞)▽12後支(新町)▽1後支連▽10後支連(守山)▽6後支連(神町)▽3後支連(千僧)▽9後支連(八戸)▽東北方後支(仙台)▽中方後支(桂)▽北方後支(札幌)▽2後支連(旭川)▽7後支連(東千歳)▽5後支(帯広)▽21空群

◇シート輸送＝東北方輸(霞目)▽東方輸(朝霞)▽15即機連(善通寺)▽14後支(善通寺)▽西方輸(健軍)▽1輸空(小牧)▽3輸空(美保)

◇LEDランタン輸送＝32普連

◇情報収集＝東方情処隊(朝霞)▽中空(松島)

◇神奈川県内の倒木・土砂撤去＝31普連(武山)、4施群(座間)

◇神奈川県内の情報収集＝東方航(立川)

＝以上、9月18日時点

ドローン映像で状況をチェック

破損した屋根の状況などを調べるため、ドローンを上空に飛ばす1普連の隊員(9月19日、袖ケ浦市で)

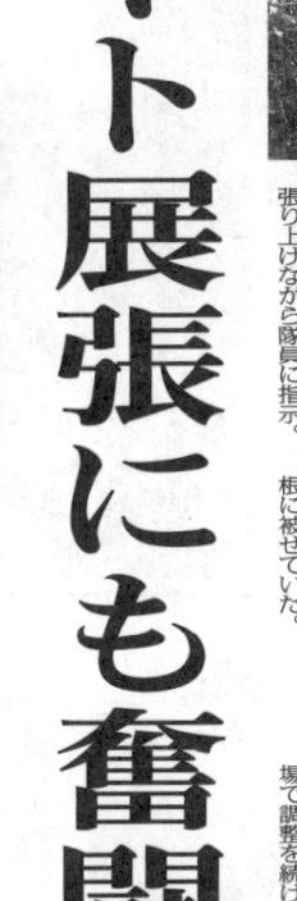

1普連の活動を見る

君津市

台風15号の強風で防風林の大木がなぎ倒され、その上に折り重なった電柱が、槍のように隊員の行く手を阻んでいた。

大型台風の通過から約2週間が経っても停電が続く君津市の山間部にある集落の光景だ。9月19日午前、陸自1普連(練馬)の隊員約50人が東京電力の職員とともに被災現場に入り、7人1組の分隊単位で倒木の除去作業に当たっていた。

多数の倒木が民家敷地内の私道をふさぎ、復旧用の東電の高所作業車が入れない。そこで同連隊3中隊長の石塚徳善1尉以下の隊員が進出し、倒木の除去に当たっていた。

チェーンソーを手にした隊員が、倒木の切断作業に着手する。けたたましい轟音が響く中、分隊長が「ツタが絡んでないか確認しろ！」と声を張り上げながら隊員に指示。

切り終わった丸太は4～5人で持ち上げ、私道脇へと運搬していった。

1普連が排除した倒木は、9月1日から19日までに約650本に上ったという。

現場に立ち会った東電の米田勇治さんは、「自衛隊の方々のご協力のおかげで復旧に向けたスピードが増した」と語り、庭先から作業を見守っていた家主の三留博さんも「道を使えるようにしてくれた自衛官の皆さんには感謝したい。とても助かります」と話していた。

袖ケ浦市

「ブルーシートのそばを歩くときは気をつけろ！」

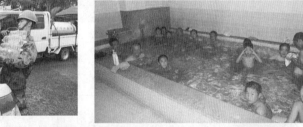

同じく被災地の袖ケ浦市三箇では、屋根が吹き飛ばされた家屋に1普連の隊員たちがはしごをかけて上り、雨水の侵入を防ぐブルーシートを屋根に被せていた。

隊員は足場の不安定な屋根に対応するため、半長靴を足袋に履き替え、安全のために近くの電柱に命綱をつないで、シート張りを行っていた。地上から小隊長らが目を光らせ、隊員が誤って落下しないよう大声で指示を出していた。

さらにドローンを持ち込んだ支援隊員は、家々の屋根に効率的にシートを被せるため、ドローンを上空に飛ばし、タブレットに映しだされる映像からシートの展張状況などをチェックし、高所の隊員たちに張る場所や位置などを指示していた。

この日、隊員たちは袖ケ浦市から要請を受け、1件2時間以内にシートを展張し、1日10件のペースで民家の応急措置に対処していた。中でも高齢者や障害者の住宅を優先し、シートが風で吹き飛ばされないよう土のうを乗せ、確実に作業を進めていた。

現場で作業を見守った1普連の小倉好文連隊長は「最初は被害の全容がつかめず、現場で調整を続けたが、東京電力の木更津支社にLO(連絡幹部)を派遣したことで、一気に県内の停電地域の被災状況を把握できた。その後は優先順位に基づき部隊を投入し、作業に当たっている」とした上で、「今週末には再び悪天候が予想される。倒木除去とブルーシートの2正面になるが、ブルーシートの展張は急ぎ作業を進めたい」と語った。

9月24日現在、自衛隊は1日約4000人を投入し、作業を続けている。

高齢者の住む家の屋根に足袋を着用して上がり、ブルーシートを展張する1普連の隊員(9月19日、袖ケ浦市で)

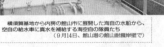

被災者(奥)の車まで給水したペットボトルを運ぶ空挺団員(9月16日、八街市で)

横須賀基地から内房の館山市に展開した海自の水船から、空自の給水車に真水を補給する海空自の隊員たち(9月14日、館山港の館山耐震岸壁で)

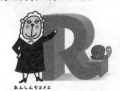

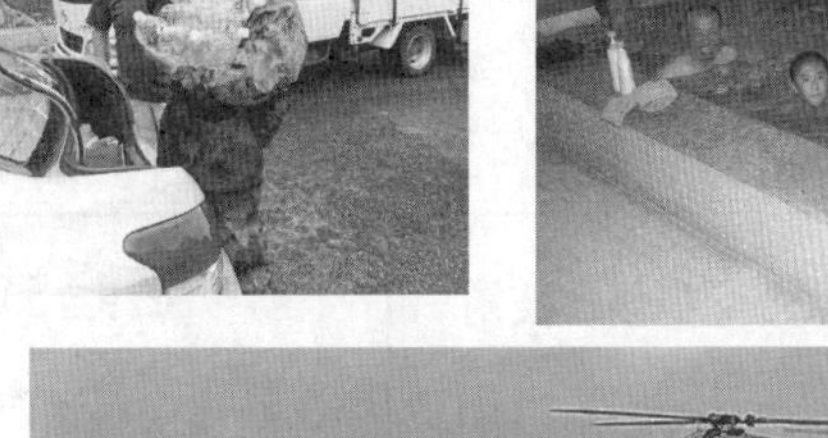

停電と断水の影響を受けた館山市で、開放された海自館山航空基地の浴場を利用する被災家族ら(9月13日)

救急車で運ばれてきた患者を空自のCH47J輸送ヘリに移送する入間ヘリ空輸隊の隊員(9月14日、館山市で)

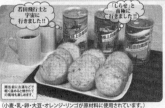

秋田　創部50周年を迎える「秋田駐屯地竿燈部」は8月3日から4日間、「秋田竿燈まつり」に参加した＝写真㊦。まつりでは約280本の竿燈が大通りを彩り、お囃子と差し手のコンビネーションで会場は盛り上がった。演技の終了後は観客とのふれあいタイムが設けられ、部員たちは中型トラックをベースとした自衛隊の屋台に集まった観客と交流した。

福島　駐屯地は8月18日、福島駅東口前のさんかく広場で開催された「Voiceふくしま納涼祭」に参加し、装備品展示を行った。乗り物コーナーでは、オートバイや軽装甲機動車を展示。普段、間近で見る機会の少ない来場者は「装甲車がカッコいい！自衛隊の強さを感じた」などと感想を語り、自衛隊への理解や親近感などを深めていた。

武山　31普連は7月20日、朝霞駐屯地で「即応予備自コミュニティ・デー」を実施した。東京・神奈川・埼玉・茨城の4都県をはじめ、自衛隊関係者ら計4399人が参加。4個中隊が訓練展示を行い、ちびっ子隊員の動作を披露するなど隊員家族との交流も図った＝写真㊤。

豊川　49普連は8月4日から5日間、饗庭野演習場で「連隊1次野営」を実施した＝写真㊦。120ミリ迫撃砲、対人狙撃銃の実射などのほか、個人携帯対戦車弾の実射では女性隊員も参加した。指向性散弾の爆破訓練は雇用企業や後援会の22人に公開。即予備自の爆破操作を見学し、制度への理解を深めていた。

久居　33普連は7月3日から、一般陸曹候補生課程に53人の入隊者を迎えた。石原連隊長は「諸君の入隊を心から歓迎する。これからは一般の社会人としての気持ちを忘れず、責任ある行動を」と述べ、①教え…など3点を要望した。

仙台　2陸曹教育隊は7月23日から9月11日まで、東北方管内の各職種間の2曹54人に対し、今年度から制度化された「陸曹中級課程」教育を行った。上級者の企図を理解する能力、職責に応じた状況判断、小部隊の指揮能力向上などに焦点を当てて教育を実施。戦術教育では、参加者が陣地構成や各種火器の配置などについて発表、討議した。

八戸　駐屯地は8月24、25の両日、桔梗野宿舎地区で町内会主催の「桔梗野夏祭り」を支援した。商店街のパレードには隊員も山車を引いて参加。野外ステージでは地元の小・中・高生によるブラスバンド演奏が行われたほか、「八戸陣太鼓部」が3曲を披露。同リーダー瀬川雅史2曹が解説や活動報告を行うと、会場から拍手と声援が送られた。

上富良野　駐屯地は8月8日、「青少年防衛講座」を開き、小学生13人が集まった。広報室長苅田隆一2尉の説明後、生徒たちは基本教練、戦車試乗、飯ごう炊飯などを体験。駐屯地音楽隊が迫力ある演奏で子供たちを楽しませたほか、障害物競走のレクリエーションで盛り上がった＝写真㊨。終了後、子供たちは家族に「来年も参加したい」と話していた。

横須賀　護衛艦「きりしま」（艦長・石井和徳1佐以下約250人）は7月12日から14日まで、香川県高松市の高松港サンポート岸壁に入港し、一般公開などを行った＝写真㊦。3日間で延べ1万5000人が訪れ、艦上で装備品などを見学。「きりしまカレー」の体験喫食も行われ、参加した高校生は「憧れの海軍カレーを食べられてうれしい」と話していた。

徳島　教空群の阿波おどり部「かもめ連」ら約100人は8月9日から13日まで、鳴門・徳島2市の阿波おどりに参加した。隊員たちは市内に設けられた演舞場で「ヤットサー」の掛け声を力強く響かせ、腰を低く落とす「男踊り」などを中心に披露。観客から拍手と歓声が送られ、隊員は「観客との一体感に魅了された。来年も踊りたい」と語った。

江田島　1術校は7月23日、江田島湾で伝統鍛錬行事「遠泳」を実施した。幹部候補生ら264人は午前8時5分から9チームに分かれて、総行程8キロの完泳に挑戦。昼食時にはボートからおにぎり、お茶、キュウリが支給され、立ち泳ぎしながら栄養を補給した。午後2時過ぎには全チームが完泳し、上陸した学生たちは自信に満ちた表情を見せていた。

小月　教空群の約140人は8月25日、「平家踊り総踊り」に参加した＝写真㊤。地元の36団体、約4000人の中に入り、隊員たちは平家踊りのお囃子に合わせて街中を盛り上げた。結果、群は団体の部1位に贈られる「元気1番賞」を受賞。前田晋太郎下関市長からトロフィーを受け取った花森廉士長は「練習したかいがあった」と笑顔で語った。

大村　22空群の岡田真典司令以下65人は8月1日から3日間、「おおむら夏越まつり」に参加した＝写真㊦。今年で40回目を迎えるまつりの最終日には、市内各団体から約1800人が参加。隊員たちは熱気が沸き立つ会場で「おおむら音頭」と「夢まつり」の2曲を披露した。結果、「ちどり連」は2年ぶりに「おおむら夏越大賞」を受賞した。

標高差3258メートル "日本一過酷" 富士登山駅伝

34普連本管中隊

選手をサポート！

搬送・救護・負傷者手当など

富士山の麓から山頂までを往復する「日本一過酷」な駅伝「第44回富士登山駅伝競走大会」が8月4日、御殿場市内で行われ、34普連本管中隊の新井隆建1尉以下102人が選手の救護などで大会を支援した。

今年は全国から自衛隊の30個チームを含む132チーム・約800人が出場した。競技は午前8時、御殿場駅前からスタート。各チーム6人の選手がたすきを繋ぎ、富士山頂の浅間大社奥宮で折り返し、ゴールの御殿場市陸上競技場を目指した。全区間の距離は47・93キロだが、標高差は3258メートルにもなり、駅伝では世界一の高低差だ。

富士山の急斜面は岩や砂に覆われ、危険も多い。この過酷なレースで選手はたすきを繋ぎ終えると、疲労からその場に崩れ落ちる。これを34普連の隊員たちが直ちに救助し、体調を崩したり、けがをした選手は担架で近くの救護所まで搬送。民間の医療関係者と共に看護に当たった。脱水症状のランナーには経口補水液を与え、けがをした選手は消毒液などで傷の手当てをした。

また山麓の路上コースでは、隊員の車両（救急車）が選手の最後尾を追走し、体調の急変に備えた。

今大会の「自衛隊の部」では、同じ静岡県の「御殿場滝ヶ原自衛隊」チームが優勝を果たした。（板妻）

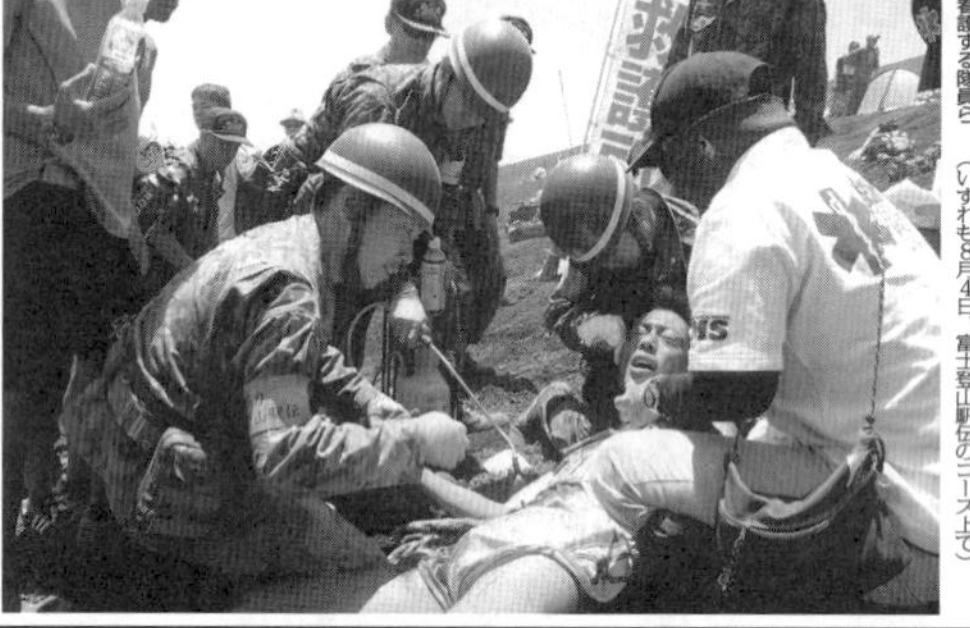

㊤たすきを繋いだ後、疲労から崩れ落ちる選手（中）を支えて手当する34普連の隊員
㊧体調を崩したランナーを救護所まで搬送し、経口補水液などを与えて看護する隊員ら（いずれも8月4日、富士登山駅伝のコース上で）

激走後にバランスを崩した選手に直ちに駆け寄り、救護に当たる隊員たち

福知山　駐屯地広報室長の杉山和久2尉は8月22日、駐屯地で中学校教師17人に対し、駐屯地の歴史などについて講話した。講話は「中学社会教師の歴史見識を深める会」からの依頼によるもの。室長は7普連の災害派遣、国際貢献活動などを中心に紹介し、西日本豪雨災害派遣での行方不明者捜索、水害復旧活動などのエピソードは教諭たちの関心を集めた。

別府　41普連は7月2日から同23日まで、別府駐屯地、十文字原、日出生台両演習場などで行われた「防大3学年陸上要員部隊実習」を支援した。実習には吉田旬乃之介学生ら12人が参加。野戦築城訓練や市街地戦闘訓練、40キロの徒歩行進に引き続く攻撃も演練した。吉田学生は「的確な指示、命令の大切さを学び、理想の幹部像も見えてきた」と語った。

福岡　4師団は7月22日、アフリカのジブチでの約半年間の任務を終えた海賊対処行動支援隊11次要員76人の帰国行事を長崎空港と大村駐屯地で実施した＝写真㊤。本松敬史西方総監は報告式で「異国での任務完遂に誇りを持て」と隊員を激励。大町祐介警備隊長は「派遣元部隊へのご支援、ご家族の理解に対しお礼申し上げる」と謝意を示した。

玖珠　西方戦車隊は8月17日、日出生台演習場で、「戦車射撃競技会」を実施、本松敬史西方総監が視察した＝写真㊨。見学者253人が声援を送る中、状況開始とともに戦車小隊が次々と目標を撃破、観客席から「おー」という感嘆の声があふれた。見学者は「迫力があった！本物（の迫力）は凄い」などと感想を語り、余韻に浸っていた。

静浜　基地業務群の下地松次郎1曹と整備補給群の米山貴彦2曹の3人に7月5日、志太消防本部から感謝状が贈られた＝写真㊤。3人は5月24日、焼津市内で炎上した小型トラックを発見、消火活動と交通誘導に当たった。下地1曹は「荷台の油脂類と炎を見て、危険を察知した。人命救助に躊躇はなかった」と語った。

岐阜　基地はこのほど、防衛モニターなどが見学する中、「航空機救難消防訓練」を実施した＝写真㊤。訓練には2補施設課長の四元智子3佐以下24人が参加。消防車5台が炎と黒煙が発生した訓練場に出動し、消火から人命救助までの行動を演練、指揮所訓練も行った。モニターは「消火する隊員を頼もしく感じた」と話していた。

春日　基地は7月24日、協力会らの協賛で「春日基地夏まつり」を開催し、1万3000人の来場者が訪れた。当日は西空司令部、基地広報などがブースを設置し、募集・広報活動を実施。ステージでは地元団体のダンスイベント、西空音や太鼓部の演奏で盛り上がった。終盤には夜空に打ち上げ花火が次々と上がり、来場者の歓声が響いた。

防衛装備庁 概算要求5.4％増の1619億円

「スタンド・オフ電子戦機」C2を改造して開発

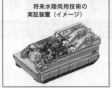

防衛省は8月30日、令和2年度防衛予算の概算要求を発表した。このうち陸・海・空自衛隊向け装備品の研究開発などに当たる防衛装備庁の概算要求額は1619億円（対前年度比5・4％増）。新規開発では敵の対空ミサイル圏外から電波妨害を行う航空作戦支援用の「スタンド・オフ電子戦機」、射程を大幅に延伸した超音速対艦ミサイル「ASM3（改）」などがある。主な研究開発項目は次の通り。

超音速空対艦ミサイル「ASM3」射程延伸

◇ASM3（改）の開発（概算要求額161億円）＝超音速で飛翔し、高い残存性があるASM3空対艦ミサイルを改良し、射程延伸などの能力向上を図る。

◇将来水陸両用技術の実証装置の研究（22億円）＝将来水陸両用車両技術の研究に向けた実証装置を試作し、水際機動、海上高速航行、乗員の安全性などを実地に検証する。

◇スタンド・オフ電子戦機の開発（297億円）＝敵のミサイル射程圏外から効果的な電波妨害を行い、航空作戦を支援するスタンド・オフ電子戦機を開発する。機体は空自C2輸送機を改造する。

◇多目的監視レーダーの開発（8億円）＝陸自保有の低空・沿岸・対空・対砲迫レーダーを共通化し、量産価格、ライフサイクルコストを下げ、補給整備性を向上させる。

将来水陸両用技術の実証装置（イメージ）

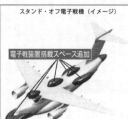

スタンド・オフ電子戦機（イメージ）

電子戦装置搭載スペース追加

次期水陸両用車の研究も着手

防衛技術

◇電磁波領域の可視化による電磁波管理支援技術の研究（9億円）＝電波妨害など効果的な電子戦を遂行するため、電磁波の状態を把握し、可視化する電磁波管理支援技術を研究する。

◇AIを活用した画像識別技術の実証研究（9億円）＝レーダーによる情報収集・警戒監視などを効率的に実施するため、目標識別などに人工知能（AI）を適用した実証試験を行う。

◇潜水艦の総合的な能力評価シミュレーターの研究（21億円）＝さまざまな環境下での潜水艦の能力を定量的に評価できるモデリング＆シミュレーション技術を研究。

◇高感度・広帯域の赤外線検知素子の研究（30億円）＝高度な半導体技術を生かし、高感度・広帯域・小型・軽量の2波長・素子の赤外線検知素子技術を確立。

【将来戦闘機関連】

◇我が国主導の将来戦闘機の開発（事項要求）＝将来のネットワーク化した戦闘の中核となる戦闘機（F2の後継機）について、国際協力を視野に「我が国主導の開発」に着手する。この事業を効率的に進めるため、防衛装備庁に「将来戦闘機開発官（仮称）」を新設。

◇ミッションシステム・インテグレーションの研究（177億円）＝戦闘機等の作戦・任務遂行に必要となるミッションシステムを自国でコントロールするため、インテグレーション技術を研究。

◇遠隔操作型支援機技術の研究（19億円）＝有人機をサポートできる無人機に向けて研究。「遠隔操作型支援機」に求められる編隊飛行、遠隔操作に必要なヒューマン・マシン・インターフェース技術などを研究。

防衛省 安全保障技術研究推進制度

元年度は16件の課題採択

防衛省は8月30日、先進的な民生技術の基礎研究を公募・委託する「安全保障技術研究推進制度」について、令和元年度は16件（うち大規模研究課題3件）を採択したと発表した。応募件数は57件だった。今回の採択状況から、大規模研究課題は今後、2次募集を行う予定。採択された研究課題の概要と所属機関・研究代表者氏名は次の通り。

大規模研究課題（3件）

【固体レーザー材料】

◇結晶設計・格子操作技術による固体レーザーの高速探索と機能開発（エスシーティー㈱・松浦孝）＝幅広い材料群の中からさまざまな波長帯域で発振に適したレーザー材料の探索・評価ができる新R&Dモデルの確立を目指す。

【水中通信・電力伝送】

◇沿岸域における海中サウンドスケープ観測システムの開発に関する基礎研究（全国水産技術者協会・原武史）＝海中での多点観測により得られる音源の分布に関する情報をリアルタイムで可視化し、描画する手法を確立。

【赤外線領域技術】

◇ナノ構造制御による高透明・赤外反射部材の創出（東レ㈱・宇都孝行）＝ガラス並みに透明度を維持したまま幅広い帯域の赤外線を反射する部材を実現。

小規模研究課題タイプA（7件）

【化学物質検知】

◇拡張された細孔を持つ配位高分子を利用した有機リン化合物の検出（大阪市立大学・山田裕介）

【赤外線領域技術】

◇屈折率分布レンズ材料に関する研究（宇宙航空研究開発機構・荒井康智）

【推進装置技術】

◇超耐環境性高強度酸化物系セラミック複合材料の開発（物質材料研究機構・鉄井利光）

【生物模倣技術】

◇昆虫の脚の接着機構の基礎研究と移動体への実装（物質材料研究機構・細田奈麻絵）

【移動体の協調制御】

◇機械学習と物理学ベース群知能による状況適応型群制御の研究（クラスターダイナミクス㈱・高岡秀年）

【水中通信】

◇1Gbps×100mのBL積（伝送速度と通信距離の積）を達成する水中光ワイヤレス通信技術の研究（㈱トリマティス・鈴木謙一）

【水中通信】

◇自励双方向無線給電による革新的な水中電力輸送に関する基礎研究（マクセル㈱・井戸寛）

小規模研究課題タイプC（6件）

【生物模倣技術】

◇細胞が持つやわらかい車輪の回転メカニズム解明と移動体への応用（山口大学・岩楯好昭）

【船舶技術】

◇輻輳海域の海上交通流を対象とした衝突危険性評価システムの開発（海上港湾航空技術研究所・河島園子）

【耐衝撃材料】

◇イオン液体を用いたダイラタンシー現象の衝撃緩和機構解明（物質材料研究機構・佐光貞樹）

【化学物質検知】

◇酸化物半導体ガスセンサの表面改質に関する基礎研究（物質材料研究機構・鈴木拓）

【推進装置】

◇Ni系耐熱超合金における高付加価値鋳造プロセスに関する研究（物質材料研究機構・村上秀之）

【ナノ技術】

◇超低摩擦性を有する新奇高分子塗膜のナノ構造表面の基礎研究（㈱GSIクレオス・柳澤隆）

防衛トピックス

米軍の対ドローン妨害装置 イランの無人機を撃退

車載化された米軍の対ドローン妨害装置「LMADIS」（米海兵隊HPから）

中東・ホルムズ海峡を航行中の米強襲揚陸艦「ボクサー」は去る7月18日、接近してきたイランの無人機を撃退した。

米国の報道などによると、「ボクサー」の飛行甲板に対ドローン妨害装置「LMADIS」を配置し、900メートルまで接近してきた無人機に向けて妨害電波を照射し、コントロールを失わせて墜落させた。「LMADIS」（Light Marine Air Defense Integrated System）が実戦で無人機を撃退したのは初めて。

世界の新兵器 ――528

無人攻撃機「S70オホートニクB」（露） 自衛隊の新たな脅威となるか

8月3日、ロシアのスホーイ社飛行試験センターにおいて、無人攻撃機「S70オホートニクB」が初飛行に成功した。ロシア初の本格的大型ステルス無人攻撃機の登場である。ロシアはこれまで無人機の開発を本格的には実施してこなかったが、シリア等での戦闘経験からその有用性に着目し、近年その開発を活発化させている。

本機は、2012年に国防省から要求性能が提示され開発が本格化、今年初めに地上試験を行っている画像がネット上に流出していたことから、いよいよという所である。

初飛行の数日後には国防省がその時の動画をネット上で公開した。

現在、このクラスの無人攻撃機は、米、中、欧州も研究開発中であるが、本機は形状が似ている米国の「X47B」（2016年に予算上の理由？から中止）より一回り大きく、現状では「世界最大の無人攻撃機」である。

現在は、地上パイロットの遠隔操縦で飛行しているものと思われるが、近い将来、最新鋭ステルス戦闘機「Su57」との多数機編隊統合運用（搭乗パイロットによる操縦も含む）や、AI搭載の自律航法による単独攻撃（第6世代戦闘機の技術的課題の実験も兼ねる）も計画されているものと思われる。

本機の諸元・性能等は公表されていないが、今春、プーチン大統領がテストセンターを視察した際に撮影された商業衛星撮影の写真や、国防省のビデオ画像などを分析した結果、全翼（後退翼）形式で尾翼がなく、翼上面にインテークを持ち、複合材製の翼全面に電波吸収塗料をコーティングしたステルス性重視の機体で、全長約15m、全幅約21m、機体重量約20t（F15Jよりやや大型）で、AL31F級ターボファンエンジン単発、機体内装として約3tの空対地ミサイルや各種誘導爆弾などのほか、電子・光学偵察器材を搭載し、最大速度1000km/h、戦闘行動半径約4000kmと推定されている。

ロシア国防省が発表した無人攻撃機「S70オホートニクB」の飛行中の映像（上）とウェブに投稿された地上走行中の写真

無人攻撃機は、攻撃目標の適切な選択など自律行動能力の確保や、多数機運用の際の制御要領、敵からの電子妨害対策など解決すべき課題も多いことから、本機の部隊運用開始は未知数であるが、これらが解決のあかつきには、本機は自衛隊にとっても手ごわい新しい脅威になると思われる。

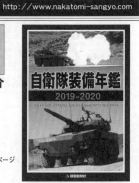

高島 秀雄（防衛技術協会・客員研究員）

96式の後継車 3車種が候補 防衛省

防衛省は9月10日、陸自の96式装輪装甲車の後継車両（次期装輪装甲車）について、日本、フィンランド、カナダ製の3車種を候補に選定したと発表した。

次期装輪装甲車については昨年7月に一旦開発が中止され、新たに車種選定が進められていた。その結果、今後の試験用車種として、①三菱重工業製の「機動装甲車」②パトリア社（フィンランド）製の「AMV」③GDLS社（カナダ）製「LAV6・0」が選ばれた。今年度中に試験用車種の契約が行われる予定。

技術屋のひとりごと

情報があふれる社会だからこそ

土志田 実（防衛装備庁技術戦略部・革新技術戦略官）

平成の終わりに近づいた昨年初め、我が国の国家公務員の4割弱が防衛省・自衛隊で働く自衛隊員（自衛官と事務官等）であることを知った。その防衛省の自衛隊員のうち1割弱の女性の約7割が既婚で、そのうち約7割が自衛隊員を伴侶に選んでいるそうである。私の両親も社内結婚で、夫婦が同じ職場を経験するメリットを十分に感じていたので、高い値も不思議と納得してしまう。この情報（データ）は、防衛省のホームページで公開されているものであり、今やインターネットを通じ、様々な情報を気軽に入手できる。知りたいという欲望があるため仕方ないのかもしれないが、今の人はスマホ・携帯を片手に街中・電車の中など所かまわず情報を集めることに夢中になり、周りの人には無関心になりすぎの感がある。

戦いの場においても、情報は古くから重要な役割を占めてきた。もちろん現在もしかり。先の防衛大綱で示された宇宙・サイバー・電磁波といった新領域の情報も一層重要な役割を担っている。昨今、膨大な量の情報を処理するAIが社会に広く浸透しつつあり、より良い社会の実現の一翼を担うに違いない。

AIと自律型の兵器については、「第3の革命」ともいわれ、戦闘様相を変える可能性があり、兵器への適用を規制しようとする動きもある。いずれにせよ、結論を導く際にブラックボックスになりがちなAIだからこそ、適用される分野に対しては、人（人間）がどのように存在し、介在していくかを検討することが重要となる。

革新技術戦略官として、現在、革新的な技術をどのように探し出し、育成し、活用していくかに取り組んでいる。また、防衛省のファンディング制度（安全保障技術研究推進制度）にも携わっており、先進的な研究をされている方々と話をする機会も多い。そこで感じるのは、やはり人となりが重要だということであり、この人が言うのであればということを改めて感じている。

情報があふれている今の世の中だからこそ、周りの人に関心を持ち、人を知り、人と繋がり、頼り合うということを大切にするという基本に立ち返ってみたい。

神無月、時雨月、初霜月、上冬――10月。

1日国際音楽の日、6日国際協力の日、14日自衛隊観艦式、22日即位礼正殿の儀、24日国連の日。

二本松の提灯祭り　江戸時代から続く二本松神社（福島県二本松市）の例大祭。県指定重要無形民俗文化財。7基の太鼓台が神社の火を灯した約3千個の紅提灯を揺らしながら市内を練り歩く。5〜7日

灘のけんか祭り　兵庫県姫路市の松原八幡神社で行われる例祭。3基の神輿をぶつけ合う神事と7村の絢爛豪華な屋台が練り競う屋台練りが見どころ。神輿は壊れるほど練り合わせるのが良い。14、15日

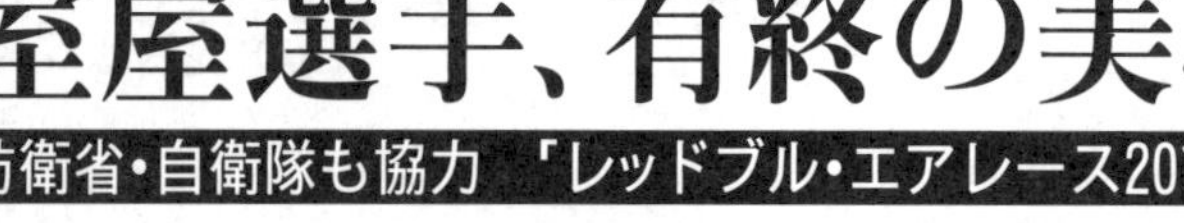

室屋選手、有終の美！

防衛省・自衛隊も協力「レッドブル・エアレース2019」

「幕張に駆け付けた多くのファンが背中を押してくれた」――。今年限りで終了となった「レッドブル・エアレース2019」の最終戦が9月7、8の両日、千葉市の幕張海浜公園で行われ、延べ10万人の観客が見守る中、日本人パイロットの室屋義秀選手が敗者復活から"奇跡"の逆転優勝を達成し、有終の美を飾った。この大会で、防衛省・自衛隊も運営に協力。陸自木更津駐屯地を滑走路と機体のピットエリアとして提供したほか、海自71空（岩国）のUS2救難飛行艇と201教育航空隊（小月）のT5練習機4機で編成する曲技飛行チーム「ホワイトアローズ」が展示飛行を行い、室屋選手の優勝に花を添えた。（文・写真　星里美、石川穂乃香）

敗者復活から優勝を成し遂げ、トロフィーを掲げる室屋選手（中央）＝9月8日＝©Joerg Mitter/Red Bull Content Pool

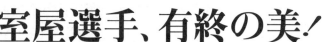

敗者復活、決勝戦で逆転

今後は「新しい何かにチャレンジ」

大型台風15号の接近により、スケジュールが変更される波乱の開催となった千葉大会。8日の決勝日、厚い雲に覆われた幕張の会場には約6万人のファンが詰め掛け、室屋選手の最後の勇姿を見守った。

予選を5位で通過した室屋選手は決勝の第1回戦で予選10位の英国人選手と対戦した。ところが、相手の元英国空軍のエースパイロットはキレのあるターンを見せ、0秒015差で室屋選手を下した。室屋選手は敗退かと思われたが"神様"はサムライ室屋に微笑んだ。敗者の中で最速だった室屋選手が2回戦にコマを進め、一時落胆していた会場にも熱気が戻った。

2回戦でフランス人選手を退けた室屋選手は、ついに決勝戦に進出。4人で競う最終レースでは安定したフライトを見せ、1人を残して暫定1位となった。

最後の元オーストラリア空軍戦闘機パイロットのマット・ホール選手がノーミスでレースを展開したが室屋選手には及ばず、タイムが表示されて室屋選手の優勝が決まった瞬間、会場は歓喜の渦に包まれた。

年間チャンピオンにはホール選手が輝き、室屋選手は1ポイント差で2位となった。レース後、室屋選手は「2回戦進出は本当にラッキーで、特別なエネルギーが働いたのだと思う。そのお陰でモチベーションを上げてレースに臨むことができた。自分の力を出し切り、満足感がある終わり方ができた」と振り返った。

今後について「ベースとなる活動は変わらないが、何か新しいチャレンジができたらいいと思う」と語った。

レース会場の沖合にゆっくりと着水する海自71空のＵＳ２救難飛行艇（9月7日、千葉市の幕張海浜公園で）

US2、東京湾に初着水

ホワイトアローズは華やかにデビュー

海自機の展示飛行は7、8の両日、延べ10万人の大観衆の目前で行われた。会場に救難飛行艇US2の接近を知らせるアナウンスが流れると、砂浜に座り込んでいた観客たちはその姿を一目見ようと総立ちになり、カメラを構えて大型機の飛来を待った。

機長の丹野史大3佐以下11人が乗り組むUS2は、会場南方から時速370キロでレーストラックに進入。少しずつ減速し、約100キロという低速で海面上をすべるようにして飛行し、観客席前方で水しぶきを上げながら着水。海上をゆっくりとボートのように旋回して、その後エンジンをフルパワーにし、離水すると再び大空へと飛び立った。

初めて東京湾で着水・離水の展示を行った機長の丹野3佐は「ダイナミックな演技とともに、繊細な操縦による調和を意識した。台風の影響も心配されたが、最高の展示ができ、会場の盛り上がりの様子は上空にまで伝わってきた」と当日の感想を話した。

一方、18年4月に誕生した201教空の「ホワイトアローズ」は、小月基地以外の一般イベントで展示飛行を行うのは今回が初めて。編隊長の市川芳征3佐以下、教官パイロット8人で編成する同隊は、4機で編隊を組みながら会場の上空に飛来。わずか3メートルの間隔でダイヤモンドの隊形を作り航過するなど、次々に演目を決め、高度な操縦テクニックを披露した。

中でも、1機ずつ編隊を離れていく「ローリング・コンバット・ピッチ」の演技では、観客からも歓声が上がり、「ホワイトアローズ」は空自のジェット機チーム「ブルーインパルス」に続くプロペラ機の曲技飛行チームとして華やかにデビューを果たした。

編隊長の市川3佐は「今回は幕張会場に合わせ、スペシャルバージョンで4機の隊形を変換・維持しながら飛行を見せられるようにした。名誉ある大会で飛行展示できたことはとても光栄。ホワイトアローズの今後の活動にも注目してほしい」と語った。

ダイヤモンド隊形を組み、レース会場上空を飛行する海自２０１教空の曲技飛行チーム「ホワイトアローズ」（9月8日）

DVD「勝兜連隊此処に在り」

73戦連の活動 克明に記録

元北方総監 酒巻氏が解説　全国の書店で販売中

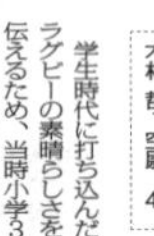

我が国唯一の機甲師団7師団の一翼を担う73戦車連隊（東千歳）に約3年間密着し、中村智志前隊長の指揮の下、日々さまざまな訓練に励む隊員たちの姿を克明に記録したDVD「勝兜連隊此処に在り」（本編173分）が、このほど、アースゲート（東京都台東区）から発売された。＝写真

撮影・編集・製作は陸自OB、札幌市在住の映像作家・小島肇さん。豊富な現場経験を生かし、ドローンや小型カメラを駆使したマルチアングルで戦車部隊の全容が収録されている。

本編のほか、約20分間の特典映像『北部方面隊歴代装備戦車の変遷』もあり、こちらは元北方総監の酒巻尚生氏（機甲科職種）が解説。酒巻氏自身が若い頃に乗りこなした米軍のM4中戦車、M24軽戦車から最新の陸自10式戦車まで、実体験を基にしたコメント入りで映像が楽しめる。

このDVD（税別2000円）は全国の主要な書店などで発売中だ。

マイヘルス Q&A

急性アルコール中毒

一気飲みや強要ダメ　救急搬送ためらわないで

Q　急性アルコール中毒とはどのような病態でしょうか。

A　飲酒して酔いを感じるのは、血中にアルコール成分が入って脳や身体に影響が出るためです。大量のお酒を飲むと、肝臓での代謝が追い付かず、血中アルコール濃度が上昇し、急速に脳の麻痺が進み、「酩酊→泥酔→昏睡」状態となります。これが急性アルコール中毒です。「昏睡」になると、意識がなくなり、呼吸麻痺や嘔吐物の窒息などで死に至るケースもあります。

Q　二日酔いとの違いはなんでしょうか。

A　アルコールが体内で代謝されてつくられるアセトアルデヒドなどの物質が、二日酔いや悪酔いなどの不快感の原因とされています。頭痛に加え、胃が荒れることによる吐き気、胸焼け、胃痛などが現れ、急性アルコール中毒とは異なる病態です。

日本人の約半数はこのアセトアルデヒドを分解する酵素の働きが弱いか、全くないとの報告があり、一般的に「お酒に弱い、飲めない」体質とされています。

Q　予防策はあるのでしょうか。

A　東京消防庁のデータでは、4月と12月に急性アルコール中毒患者の救急搬送が増えています。歓送迎会や忘年会などでお酒を飲む機会が増える方も多いのではないでしょうか。

「一気飲み」や「飲めない人への強要」をしない、させないことはもちろんですが、自身の適量を知り、空腹状態（すきっ腹）を避けつつ、体調に合わせてお酒を楽しむ心がけも大切です。

Q　急性アルコール中毒が起きてしまったらどうすればいいのでしょうか。

A　飲酒後に意識がない、呼吸がおかしい、大量の嘔吐があるなどの危険を感じた際は、吐物で窒息しないよう横向きに寝かせて目を離さないでください。アルコールが代謝されるまで症状は回復しないため、一刻も早い救急搬送をためらわないことも死亡事故回避には止むを得ないと思われます。

（自衛隊中央病院 救急科　佐々瑠花）

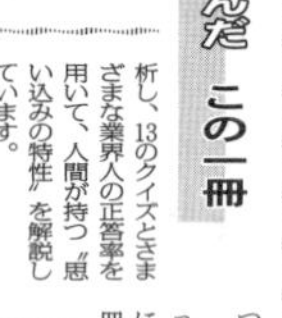

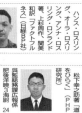

BOOK NOW　私が読んだ この一冊

ハンス・ロスリング、オーラ・ロスリング、アンナ・ロスリング・ロンランド著、上杉周作、関美和訳「ファクトフルネス」（日経BP社）

施設学校研究部（勝田）　岩下大樹3陸佐　38

本書では、著者が定義した「ファクトフルネス」（データや事実を基に世界を正しく見る方法）が説明されています。我々が情報を誤って捉える原因は思い込みにあると分析し、13のクイズとさまざまな業界人の正答率を用いて、人間が持つ"思い込みの特性"を解説しています。

状況を適切に捉え、作戦の特質を分析する必要がある我々にとって、正しい情報の捉え方・物事の考え方を改めて考察するための一助となる書籍です。

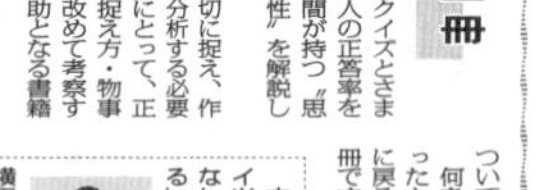

松下幸之助著「道をひらく」（PHP研究所）

呉監総務課広報係　肥後洋暁3海尉　24

本書は松下電器の創業者である松下幸之助さんが機関誌「PHP」に連載した短文集です。著者は、身も心も豊かな繁栄の社会の実現を願い、「素直」であることや「あいさつ」による互いをいたわる心といった、当然ではあるがなかなかできないこと、「決断」「困難」に向かい必要な心構えについて説いています。

何を為すべきなのか迷ったとき、考え方の原点に戻るために読みたい一冊です。

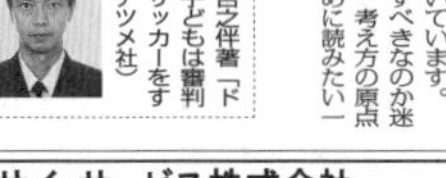

中野吉之伴著「ドイツの子どもは審判なしでサッカーをする」（ナツメ社）

横田気象隊　木村哲1空尉　43

学生時代に打ち込んだラグビーの素晴らしさを伝えるため、当時小学3年生の息子をラグビースクールに通わせ、コーチに就任しました。息子は2年足らずでラグビーをやめてしまいましたが、私は今もコーチを続けています。

本書にはジュニアスポーツ指導者の観点から、子どもの自主性、向上心を育み、社会の一員として成長させるためのメソッドが書きつづられています。この本にもっと早く出合っていたら、息子はラグビーを続けていたのでは、と思えるほどの良書です。

隊員愛読書ベスト5

＜入間基地・豊岡書房＞

❶自衛隊装備年鑑2019―2020　朝雲新聞社　￥4104
❷武器になる情報分析力　上田篤盛著　並木書房　￥1728
❸小説天気の子　新海誠著　KADOKAWA　￥648
❹危険なビーナス　東野圭吾著　講談社文庫　￥972
❺世界の傑作機No.191 BAeシーハリアー　文林堂　￥1646

＜防衛省・三陽堂書店＞

❶武器になる情報分析力
❷不穏なフロンティアの大戦略　奥山真司監訳、川村幸城訳　中央公論新社　￥3132
❸自衛隊のリアル　瀧野隆浩著　河出書房新社　￥1512
❹エア・パワー空と宇宙の戦略原論　石津朋之ほか編著　日本経済新聞出版社　￥3888
❺図解異常気象のしくみと自然災害対策術　ゲリー・マッコール著　原書房　￥1944

＜神田・書泉グランデミリタリー部門＞

❶独ソ戦　大木毅著　岩波新書　￥929
❷日本軍と軍用車両　林譲治著　並木書房　￥2700
❸最強世界の歩兵装備パーフェクトガイド　坂本明著　学研プラス　￥702
❹Su―25フロッグフット　イカロス出版　￥1767
❺日本海軍ロジスティクスの戦い　高森直史著　光人社NF文庫　￥940

＜トーハン調べ8月期＞

❶大家さんと僕これから　矢部太郎著　新潮社　￥1188
❷おしりたんていラッキーキャットはだれのてに！　トロル著　ポプラ社　￥1058
❸もっとざんねんないきもの事典　今泉忠明監修　高橋書店　￥1058
❹時間の花束　三浦百惠著　日本ヴォーグ社　￥2160
❺一切なりゆき　樹木希林著　文春新書　￥864

あさぐもドドマイな　吉本どんど

最近人気だというバーチャルリアリティを使った幽霊屋敷

何もない部屋

映しだされる映像

キャー

キャアアァ

ゴーグルをとった時が一番の恐怖だったりして…

空音と米空軍太平洋音楽隊の「ジョイントコンサート」で熱唱するフォーリー曹長（ステージ中央）＝8月24日、東京・日比谷公園大音楽堂で

東京五輪を盛り上げろ
空音と米空軍がジョイント
1000人を魅了

航空中央音楽隊（立川）は8月24日、東京都千代田区の日比谷公園大音楽堂で行われた都建設局主催の「東京2020大会機運醸成イベント」で、米空軍太平洋音楽隊（横田）と「ジョイントコンサート」を開き、来場者約1000人に“日米統合”の音色を届けた。

日米の両隊はジャズを中心に10曲を演奏。米空軍の女性歌手のクリスティン・フォーリー曹長が「トラベリング・ライト」などを、クリスティーナ・バグレー上級空兵が「オーバー・ザ・レインボー」などを情感あふれる声で歌い上げた。

ソロ演奏も次々と披露され、木島雅彦曹長がフリューゲルホルンを響かせると、大きな拍手が送られた。両音楽隊はアンコールに応えて楽曲「ブロンク」で終演、観衆から「ブラボー！」と歓声が上がった。

米空軍のサックス奏者ジェレマイヤ・トゥルー曹長は「五輪も音楽も人を一つにするという点では共通している。世界で一番好きな日本の観衆の前で気持ちよく演奏できた」と語った。

空音隊長の松井徹生2佐も「普段の日米間の交流がこうした連携につながり、五輪に向けて共演できたことは意義深い」と話していた。

防衛交流　大きな成果
国際防衛ラグビー
日本勢、攻守で健闘

国際防衛ラグビー競技会（IDRC、9月9～23日）の初戦で日本（自衛隊代表）チームはフランスに惜敗（9月19日付既報）。親善試合（敗者トーナメント）に回り、トンガ戦に勝利したが、オーストラリア戦は敗れた。大会はフィジーが2連覇し閉幕。大会を通して日本チームは、来日した9カ国の選手と交流を深めた。（1面参照、大会詳細は「自衛隊スポーツ」10月17日付に掲載）

朝霞駐屯地で9月19日に行われたトンガとの親善試合2回戦。戦いの前に行う同国の民族舞踊「シピ・タウ」に日本代表「ディフェンス・ブロッサムズ」はひるまなかった。円陣を組み、「オーッ！」と雄たけびを上げ、国歌を高らかに歌い上げた。

親善試合最終戦を終え、記念品を交換した後、記念撮影に納まる日豪両チームの選手たち（いずれも9月23日、習志野演習場で）

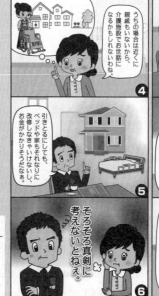

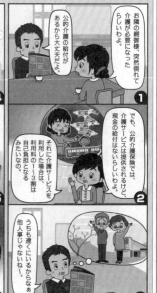

試合は日本が序盤から優位に立った。ラインアウトから展開、WTB玉置伴準3陸曹がゴールライン左隅に駆け込み、先制トライを奪った。さらにラインアウトからモールで押し込み、FL堀口裕二3海曹が中央に3個目のトライを挙げた。日本は35―26で初勝利した。

同じく敗者トーナメント戦を勝ち上がったオーストラリアとの最終戦は同23日に習志野演習場で行われ、日本は攻守で健闘した。

しかし、3個のトライを奪われ、0―19で前半を終了。後半に入り、日本が「ブロッサムズ（桜戦士）」の意地を見せた。

スクラムから左へ展開し、ナンバー8對馬瑛教2陸曹がゴールライン左隅へトライ。LO津留崎幸彦2陸曹も豪ディフェンスを振り切り、中央にトライした。だが、猛追も及ばず日本は12―45で敗れた。

試合後、両チーム主将は記念品を交換。日本代表の堀口裕二主将は、「世界（出場国）の人たちと接し文化の違いなどを感じることができ、見分を広げられた。今後の自衛隊生活に生かしていきたい」と交流の成果を語った。

上　日豪戦でスクラムから展開されたボールを追う對馬2曹（中央）をはじめとする日本選手
下　決勝戦でスクラムからのパスをもらい前進しようとするフィジー選手（左端）と、阻止するイギリス選手

「日本チーム誇らしい」
尾崎IDRC運営本部長

昨秋からの5回にわたる合宿を経てチーム力を上げ、各国と互角に戦い終えた日本代表チームを関係者たちがねぎらい、今大会を振り返った。

IDRC運営本部長の尾崎義典空将補（統幕総務部長）は、「自衛隊のラグビーが強くなったという実感を持てた。参加した9カ国の皆様には、（期間中に）日本の文化も知っていただき、防衛交流でも大きな成果があった」と語った。

また、「自己犠牲の精神、戦略、判断力などを必要とし、戦いが終われば互いに尊敬し、たたえ合うノーサイドの精神を持つラグビーは、自衛官、軍人が行うのにふさわしい。IDRCが末永く続き、（出場国・選手の）絆になってほしい」と求めた。

松尾勝博ヘッドコーチは、「選手たちはよく頑張ってくれた。（強化合宿を通し）成長し、一つのチームになった。学んだことを自分たちの（所属）チームに持ち帰ってほしい」と語った。

また東考三FWコーチは、「（スクラム、ラインアウトなど）セットプレーからの攻撃を意識した。それを選手たちも共有した。スクラムは今大会で一番強かった」と、特にFW陣の頑張りをたたえた。

一方、親善試合最終戦後に行われた決勝戦は、フィジーがイギリスに31―17で勝利。また3位決定戦は、フランスがニュージーランドを10―5で退けた。

閉会式で河野防衛大臣が選手の健闘をたたえ、優勝したフィジーチームの主将に優勝杯を贈った。

「おもてなし」自衛隊に感謝
2連覇のフィジー

優勝したフィジーの主将、イスリ・レドゥワー等軍曹は「2週間の滞在期間中、神社・仏閣に連れていってもらい、日本文化に触れる機会があった。朝霞（駐屯地）での滞在で両国の方々と触れ合い、私たちの文化も伝えられた」と交流が有意義だったことを語った。

「（自衛隊の）おもてなしも完璧だった。感謝申し上げます」と語った。

女性“飛行艇乗り”誕生
海自71航空隊　岡田2尉、機長デビュー

初機長フライトに臨み、フライトクルーや整備員とともに写真に納まる岡田めぐみ2尉（中央）＝7月1日

【岩国】海自71航空隊（司令・宮崎研三1佐）の初の女性飛行艇パイロット、岡田めぐみ2尉は7月1日、初機長フライトに臨み、無事終了させた。

岡田2尉は平成22年3月に第62期航空学生として海自に入隊。入隊式の祝賀飛行で飛来した救難飛行艇に“一目ぼれ”し、飛行艇操縦士を目指し始めた。

これまで、201教空（小月）、202教空（下総）、3空（厚木）などでT5練習機やP3C哨戒機などに搭乗。昨年11月、「主操縦士資格」の検定に合格して機長の資格を取得した。

連続離着水などの操縦訓練を終えて基地に帰投した岡田2尉は、花束を手にした母や71空の隊員、整備員、同期たちに出迎えられ、「水掛け」を受けて機長としての初フライトを祝福された。

岡田2尉は「飛行艇は波という自然が相手。時には3メートル級の荒波に挑むこともあり、高波高の海面が近づく恐怖心、1秒が数秒にも感じられる緊張感を持つことがある」と話す一方、「自分は飛行艇乗りだと実感することができ、また、命懸けで人を助けることにとてもやりがいを感じます」と誇りを語った。

宮崎71空司令は「我が国の飛行艇の歴史は長く、来年で百年の節目を迎える。その歴史の中で、我が国初の女性飛行艇機長が誕生したことは記念すべきことで

納沙布沖で漁船転覆
2空群P3C　海保と捜索

北海道納沙布岬沖6.4キロ付近で9月17日、乗員8人を乗せた国際漁船「第65慶栄丸」（29トン）が転覆、海自2空群（八戸）のP3C哨戒機が捜索に当たった。

17日午後7時、第1管区海上保安本部長（小樽）から2空群司令に乗員救助の災害派遣が要請され、P3C1機が同7時半、八戸航空基地を離陸し納沙布岬沖へ向かった。

瀬戸慶一2空群司令の指揮を受け、P3Cは海保と連携して上空から海面の捜索を実施。翌18日、海保が船内の操舵室から心肺停止の乗員1人を発見した。

海自は21日まで捜索活動を続け、同日午後5時、海保の撤収要請を受けて捜索を終了した。

小休止

▽…空自府中基地の有志40人はこのほど、大國魂神社（東京都府中市）で行われた関東三大奇祭の一つ、五月例大祭「くらやみ祭り」に参加した＝写真。

▽…「神様を見ると目がつぶれる」という言い伝えから、闇夜にみこしを担いで練り歩く。みこしを担げるのは本来氏子だけだが、大祭委員会から依頼され、例年、基地の空自隊員も担ぎ手に加わっている。

▽…白丁と呼ばれる白装束に身を包んだ隊員たちは、われ先にとみこしに群がり、約1トンもあるみこしを担ぎ上げ、太鼓ばやしと掛け声に合わせて威勢よく町内を練り歩いた。（府中）

こちら警務隊　交通犯罪　その④
事故起こしても冷静に　救護や報告を怠るな！

車の運転中に、交通事故を起こしてしまった場合、どうすれば良いですか？

道路交通法には、事故を起こした際の義務が定められており、被害者が負傷した場合の「救護義務」や警察への「報告義務」があります。

報告義務　救護義務

刑事責任を負うことになり、救護義務を怠り、運転者の運転が原因で死傷させた場合は、10年以下の懲役または100万円以下の罰金、報告義務を怠った場合は、3月以下の懲役または5万円以下の罰金となります。

万が一、事故を起こしてしまっても、冷静に救護や報告を必ずしましょう。

（西部方面警務隊）

※次回は「遺失物等横領罪（自転車乗り逃げ）」です。

（世界の切手・トルコ）

女が一人で焼肉屋に行く時。それは男に失望した時。同時に女としての自分に失望した時。

佐藤　和歌子（文筆家）

朝雲ホームページ
www.asagumo-news.com
<会員制サイト>
Asagumo Archive
朝雲編集部メールアドレス
editorial@asagumo-news.com

互いに視野を広げた 日米ガールズトーク

「女子会（ガールズトーク）」に参加した日米の女性隊員と通訳ら

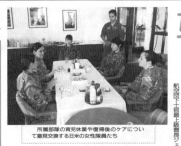

所属部隊の育児休業や復帰後のケアについて意見交換する日米の女性隊員たち

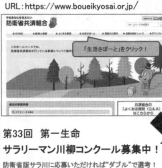

空曹長　松山　寿（那覇救難隊）

去る7月2日、沖縄県の米軍嘉手納基地において、第18航空団下士官最上級曹長ジェシカ・ベンダー（女性軍人）の協力を得て、同航空団所属の女性軍人と那覇救難隊の女性隊員との「女子会（ガールズトーク）」を開催しました。

ジェシカ・ベンダー最上級曹長は、嘉手納基地下士官のトップであり、唯一の女性の先任です。多彩な経歴等を持つ方ですが、気さくでフレンドリーな一面もあり、とても話しやすい女性です。

私は、業務調整等で嘉手納基地に行く機会を持たせてもらっていますが、その際、ジェシカさんとの会話を通じて彼女が、軍隊や自衛隊のような組織における女性の役割や働き方に強い思いと問題意識を持たれていることを知り、社会における女性の進出や活躍について思うところは日米ともに共通していると感じました。

これを機に、日米の女性隊員・女性軍人の意見交換が行えれば、相互に得るものがあるはずと思い、ジェシカさんと那覇救難隊の准曹士先任に相談したところ快諾を得て、「女子会」を企画・開催する運びとなりました。

日米双方から通訳の協力も得て、米女性軍人4名と那覇救難隊の女性隊員2名での女子会が始まりました。当初は言葉の壁もあり、双方とも固い感じでしたが、若い女性同士ということもあり、次第に打ち解けて話が弾み、予定していた時間をかなりオーバーしてしまいました。

会話の内容は、公私にわたりさまざまでしたが、育児休業期間と復帰後のケアの違いに、双方、驚きがあったようです。

今回は初めての試みでしたが、お互いに視野を広げさせる点で成果があったと感じています。自衛隊も「女性進出の時代」であり、女性隊員が少しでも働きやすく、勤務を継続できる職場作りを目指し、今後も機会を見つけて企画していきたいと思います。

みんなのページ

大島海峡を初完漕

奄美シーカヤックマラソン in 加計呂麻大会

2陸曹　山口　慶（奄美警備隊普通科中隊・瀬戸内）

第27回「奄美シーカヤックマラソン in 加計呂麻大会」が7月7日、奄美大島の瀬戸内町で開催されました。

フル33キロ、ハーフ17キロの2競技に島内外から243艇394名が参加し、分屯地からは、駅伝の部（フル）に3チーム12名が選手として参加、また大会支援（ボランティア）として曹友会から20名が参加しました。

初めてのシーカヤックマラソンでの大島海峡横断に、大自然の壮大さを肌で感じるとともに、荒波に逆らいながらの漕舟の難しさを体感することができました。

家族は海上タクシーで加計呂麻島まで渡り、雨の中で声援を送ってくれました。娘たちのサプライズの応援メッセージに背中を押され、私も完漕することができました。

結果は11チーム中5位と奮闘。選手や曹友会の皆さんとともに、地域の方々と親睦を深めることができました。

今後も積極的に部外行事に参加し、奄美大島での貴重な時間を大切に過ごしていきたいです。

「奄美シーカヤックマラソン in 加計呂麻大会」に参加した陸自奄美警備隊の隊員たち（手前）

新刊紹介

「国連事務総長」―世界で最も不可能な仕事

田　仁揆著

自衛隊は1992年から国連PKO活動に参加し、現在もアフリカで国連の名の下、各国工兵の教育に当たっている。だが、この国連の組織について熟知している隊員は少ない。

本書は自衛隊のPKO参加とほぼ同時期に国連職員となり、ニューヨークの本部で事務総長室政務官、事務次長特別補佐官、東南アジア担当チーム長などを歴任し、4代の事務総長に仕えた著者が、国連トップの仕事を軸に描き出した現代史だ。

第2次大戦後に国連が創設され、初代リーから8代潘基文までの事務総長の足跡と、現・グテーレスの選考過程をたどる。自らの領土・国民・軍隊を持たない国際機関の長が、厳しい国際政治の下、どのように世界を動かしてきたのかを明かす。アジア・アフリカ諸国の独立、東西冷戦、環境破壊、人口爆発など、さまざまな問題に直面しながらも、理想と現実の狭間で最善の道を模索する国連トップの姿を等身大で見せてくれる。

まさに内部にいる人間にしか書けないリアルさで、これから国連PKO活動への参加を希望する隊員には必読の一冊だ。

（中央公論新社刊、2700円）

「戦場のアリス」

ケイト・クイン著、加藤　洋子訳

第1次大戦中、ドイツ占領下の北仏リールに実在した伝説の「女スパイ組織」をテーマにしたミステリー小説だ。

物語は第2次大戦直後の英ロンドンに始まる。行方不明となった従姉を探す19歳の米女学生シャーリーは、薄汚れた住宅街で酔いどれの中年女に出会う。彼女こそ元スパイのイブだった。第1次大戦中、イブは無垢な容姿とその度胸を買われて秘密情報員にリクルートされ、ドイツ占領下のフランス北部に潜入し、スパイ組織に加わる。これを統括するのが〝アリス〟だった…。

物語は戦時中のイブの活動と現在のシャーリーの行動が交互に描かれ、徐々にスパイ組織〝アリス・ネットワーク〟の実態が明らかにされていく。その展開は映画を観ているように鮮やかだ。

イブらはドイツ軍将校が集まるレストランでウエイトレスなどとして働きながら、情報を収集する。その場面はスリリングで手に汗握るが、甘いロマンスのシーンもたっぷりで、米国では100万部を超える大ベストセラーとなった。読後感もとてもいい。

（ハーパーコリンズ・ジャパン刊、1300円）

富士登山駅伝に参加して

陸士長　今井　太陽（12普連1中隊・国分）

私は8月4日に静岡県御殿場市で開かれた「秩父宮記念第44回富士登山駅伝」に参加しました。

この大会で私はさまざまな経験をすることができました。

一つ目は、富士山を走る過酷さです。私は標高1421メートルからスタートする4区を走りました。距離2・84キロ、標高差664メートルあるこのコースは、地面が柔らかな砂のため登ることが非常に困難で、これまでにない過酷さを経験しました。

二つ目は、チームで協力することの大切さです。駅伝は個人だけでなく、メンバー全員のタイムが反映するため、遅れた分を他の選手がカバーしなければならず、選手同士で協力することの大切さを学びました。

三つ目は、目標を遂げての達成感です。私は昨年の大会では補欠でしたが、今年こそはと1年間練習を重ね、念願のメンバー入りを果たすことができました。

このため大会を走り終えた際は、これまでにない達成感を感じました。

改めて私が走れる環境をつくってくれた中隊の皆さまに感謝するとともに、今回の経験を忘れることなく、これからの自衛隊生活に生かしていきたいと思います。

初めて務めた自候生課程班長

3陸曹　関根　勇輝（32普連本部管理中隊・大宮）

私は初めて自衛官候補生課程の班長を任され、「一般人を自衛官にする教育」ということを念頭において教育に当たりました。

特に、上司に対する相応しくない言動や態度への指導、そして自衛官になる上で必要なことを教育する際、どう話せば伝わるかを日々自問自答しながら教育に臨みました。

班員一人一人に違いがあるように、人によって考え方や捉え方も違うので、言葉を選ぶのがとても難しかったです。

班員のあり方を日々考え、答えが出ない時には上司に指導を仰ぎながら過ごした3カ月は、私自身、非常に成長する機会となりました。また、班長として勤務できたことは、今後の自衛官人生においてもとてもいい経験となりました。

OBがんばる

松井　善行さん　55
平成29年10月、空自2空団司令部（千歳）を最後に定年退職（特別昇任3尉）。筑豊製作所に再就職し、苫小牧事業所で自衛隊向け提出書類の作成などを担当している。

臆することなく挑戦

筑豊製作所

私は空自千歳基地で2空団准曹士先任（兼千歳基地准曹士先任）を最後に定年退官し、基地援護室のおかげで今まで培った事務職の経験が生かせる職場に再就職できました。

筑豊製作所は建設機械、産業用・船舶用ディーゼルエンジン、コンプレッサーなどの点検修理等をしている福岡県に本社を置く会社です。私は福岡支店営業2課に所属し、勤務場所は北海道の苫小牧事業所です。公営担当課長として、主に空自の北空各基地が保有している発動発電機の定期・臨時修理時に提出する各種書類の作成などを担当しています。このほか、部品などの納品で何百キロも運転して出向くこともあります。

民間企業に就職して感じたことは三つあります。第1は、民間は非常に厳しく、配属されても詳細な教育や申し送り等があるとは限らず、そのまま即戦力として活動しなければなりません。教えてもらうのではなく、自ら積極的に動き、調べ、理解することが大切です。第2は自衛隊との共通点として、時間厳守、整斉とした挙措容儀、動作が挙げられ、キビキビとした動作は会社では驚かれます。第3は、民間では仕事が中心となり、運動できる時間は極端に減ります。自分の健康は自分で守る気概を持ちましょう。

新しいことにチャレンジするには多々不安もあると思いますが、臆することなく第二の人生に挑戦してください。

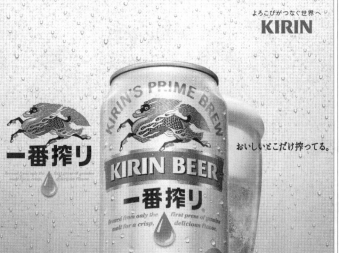

あさぐも掲示板

松田東大教授が中台テーマに講演

日本国防協会

日本国防協会は10月9日（水）午後2時半から東京都新宿区のホテルグランドヒル市ヶ谷で、東大教授の松田康博氏を講師に迎え、国防問題講演会を開く。演題は「中台の軍事バランス」。

聴講希望者は協会事務局にFAX（03−5229−2050）又はメール（info@kokubou-league.com）で申し込む。締め切りは10月4日。聴講料は会員・隊員・OBが千円、一般2千円。

詰碁

第1219回出題

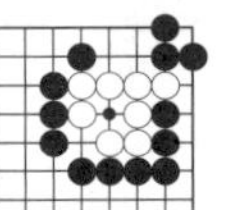

出題　日本棋院
九段　曲　励起

白先

『白を助けて下さい。最初の一手が大切です』。5分でできれば中級です。

▶詰碁、詰将棋の出題は隔週です◀

詰将棋

出題　日本将棋連盟
九段　石田　和雄

5	4	3	2	1	
					一
		飛		と	二
					三
	銀		王		四
				銀	五
		竜			六

▲先手　持駒　金

≪第803回の解答≫

【正解】▲2三金△同玉▲3四竜△同馬▲2二飛成△1四玉▲1三とまでの七手詰め。

【解説】主力の馬の利きをいかにそらすかがカギ。初手▲2三金は直ぐに映りますが、次の▲3四竜が眼目の捨て駒。これで△4四馬の利きをそらし▲2二飛成がピッタリ決まります。

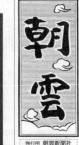

朝雲
発行所 朝雲新聞社
〒160-0002 東京都新宿区四谷坂町12－20 KKビル
電 話 03(3225)3841
FAX 03(3225)3831
振替00190-4-17600番
定価一部150円、年間購読料9170円(税・送料込み)

本号は10ページ

令和元年版 防衛白書

「韓国側の否定的な対応」指摘

「防衛協力・交流に影響」

紹介順位、4番手に引き下げ

河野防衛相は9月27日の閣議で令和元年版防衛白書『日本の防衛』＝表紙＝を報告し、了承された。昨年末に5年ぶりに策定された新たな「防衛大綱」「中期防」を盛り込み、宇宙・サイバー・電磁波などの新領域を含む防衛力整備の方向性を分かりやすく解説したほか、巻頭では平成30年間の防衛省・自衛隊の歩みを写真と共に振り返る特集を設けた。一方で、悪化する日韓関係についても言及し、「韓国側の否定的な対応が日韓の防衛協力・交流に影響を及ぼしている」と指摘した。河野大臣は閣議後の記者会見で「国の防衛には国民の皆さまの理解と支援が不可欠だ。一人でも多くの皆さまに白書を手に取ってもらい、防衛省・自衛隊に対するご理解を深めていただきたい」と述べた。(概要は10月24日付に掲載予定)

白書では韓国に関し、第III部第3章「安全保障協力」の中で、昨年10月の海自に対する自衛艦旗掲揚の自粛要請や、同12月の韓国海軍艦艇による海自P1哨戒機への火器管制レーダー照射事案、今年8月の韓国政府による軍事情報包括保護協定(GSOMIA)の破棄決定などを挙げ、「韓国側の否定的な対応が日韓の防衛協力・交流に影響を及ぼしている」と記述した。

米国以外で防衛協力を進める各国・地域の順番では、平成22(2010)年版以降、韓国はオーストラリアに次ぐ2番手で紹介してきたが、今回は「防衛大綱」の記載順に従い、豪州、インド、東南アジア諸国連合(ASEAN)に続く4番手に順位を引き下げた。

これに関し、河野大臣は27日の記者会見で記者の質問に応じ、「日韓の連携は非常に大事だ」と強調した上で、「日韓の国交正常化の法的基盤となっている1965年の『日韓基本条約』と『日韓請求権協定』が両国関係の法的基盤であることを歴代の韓国政権も尊重し、その上に日韓関係を組み立ててきたが、昨年10月の(いわゆる徴用工訴訟をめぐる)韓国の大法院(最高裁)判決は、その法的基盤を根本から揺るがしかねない非常に大きな問題だ。韓国側には両国の半世紀以上にわたる関係の一番の基盤をしっかりと守る対応をしていただきたい」と述べ、引き続き韓国政府に「賢明な判断」を求めていく姿勢を示した。

白書ではこのほか、北朝鮮の核・ミサイル開発をめぐり、過去6回の核実験を通じた「技術的成熟」を踏まえ、「弾道ミサイルに搭載するための核兵器の小型化・弾頭化を既に実現しているとみられる」と分析し、「我が国の安全に対する重大かつ差し迫った脅威だ」と警鐘を鳴らした。

諸外国の軍事動向などを分析する第I部では、中国を米国に次ぐ2番手として初めて紹介。平成18(06)年以降は北朝鮮が2番目だった。その一方で、中国の軍事動向については「強い懸念」を表した。

河野大臣は記者会見で「国防費を急速に増やしている中国が、安全保障の中で米国に肩を並べつつある」と指摘。「中国を脅威と捉えているわけではないが、依然として(我が国)領海への侵犯が続き、海空のアセットが西太平洋に展開し、対馬海峡を越えていく。その回数も増えており、懸念がないとは言えない」と述べた。

令和元年版防衛白書はA4判、580ページ。10月下旬をめどに市販され、価格は1300円(税込み)程度の見込み。省のホームページには現在、PDF版が公開されている。HTML版のほか、電子書籍版(Kindleなどで無料ダウンロード可能)は市販後に公開される予定だ。

防衛省白書作成事務室の清水翔太室長は「細部に至るまで分かりやすい説明を心掛けた。ぜひ多くの皆さまに読んでもらえたらうれしい」と話している。

笹川平和財団主催「日中佐官級交流事業」

中国陸軍少将ら24人来日

来日した宋陸軍少将以下24人の中国人民解放軍将校(左)らを前に、歓迎の言葉を述べる高橋事務次官(右壇上)＝9月19日、東京都千代田区のホテルニューオータニで

高橋次官が歓迎あいさつ

自衛隊と中国人民解放軍の中堅幹部が相互に相手国を訪問し、交流と対話を図る「2019年度日中佐官級交流事業」(笹川平和財団主催)の中国訪日団歓迎レセプションが9月19日、防衛省から高橋事務次官を迎え、都内で開かれた。

同交流事業は2001年度に始まったが、沖縄・尖閣諸島の問題などで12年10月から中断、18年に再開された。25回目(中国軍人訪日は12回目)となる今回は、訪日団長の宋延超陸軍少将(中央軍事委員会国際軍事合作弁公室副主任)以下24人が来日。レセプションには防衛省・自衛隊などから約90人が出席した。

開会あいさつで、同財団の田中伸男会長は「笹川平和財団は今後も世界平和に寄与するこの重要な日中間の交流事業を支えていきたい」と述べた。

孔鉉佑駐日大使の祝辞の後、高橋事務次官が登壇し、「日中関係は新たな発展を遂げつつある。この事業は両国間の安全保障分野での信頼関係構築に大きく寄与するものだ」と語った。

続いて中国訪日団長の宋少将は、「中日間の友好協力と平和の関係が末永く続き、両国民が共に幸せに暮らしていけることを強く望んでいる」と話した。

中国軍の参加者は9月17日から26日までの日本滞在中、空自入間基地(埼玉)、海自舞鶴基地(京都)などを視察した。

タイで「インド太平洋地域陸軍参謀総長会議」

陸幕長が出席

タイ陸軍参謀総長のアピラット・コンソンポン大将(右)と会談する湯浅陸幕長＝9月9日、タイ・バンコク市内のホテルで

湯浅陸幕長は9月8日から11日までタイに出張し、首都バンコクで開かれた「インド太平洋地域陸軍参謀総長会議」(IPACC)に出席した。

同会議には米、英、豪、加、仏、印、中、韓などインド太平洋地域の陸軍参謀総長らが参加。湯浅陸幕長は各国陸軍参謀総長らと会談し、安全保障協力の促進を図った。

米陸軍参謀総長のジェームズ・マッコンビル大将とは「陸自と米陸軍の協力の方向性」について意見を交換、またタイ陸軍参謀総長のアピラット・コンソンポン大将とは「留学生など人的交流を含む防衛協力の深化」について話し合った。

河野防衛相が沖縄初訪問

玉城知事と会談 辺野古移設、理解求める

河野防衛相は9月29日、就任後初めて沖縄県を訪れ、玉城デニー知事と県庁で会談し、米軍普天間飛行場(宜野湾市)の名護市辺野古への移設計画に理解を求めた。

会談は約30分間行われ、記者団に全面公開された。

玉城知事は冒頭、「辺野古埋め立て反対の県民の民意は揺るぎない」と述べ、移設工事の中止と普天間飛行場の県外移設を求める要望書を河野大臣に手渡した。

これに対し、河野大臣は「(市街地にある)普天間飛行場の一日も早い全面閉鎖、全面返還が一番の安全対策だ。日米同盟の抑止力を維持しながら普天間飛行場を全面返還する方策として、辺野古移設を一日も早く実現しなければならない」と訴え、「負担軽減のために政府としてできることは何でもしっかりやりたい」と述べた。

さらに河野大臣は「北東アジアの安全保障環境がいかに厳しいかということを、沖縄県民の皆さまをはじめ、国民の皆さまにきちんとご理解していただく努力を考えていかないといけない」と述べ、政府として日本を取り巻く厳しい安全保障環境の説明に力を入れていく考えを示した。

一方で両氏は「顔を合わせて話し合うことは重要だ」との認識で一致した。

会談後、河野大臣は記者団に対し、工事の難航が指摘される軟弱地盤の問題について、「かなり経験豊富な工法で安定して工事が進められると聞いており、それを検証してしっかり確認していきたい。準備ができ次第、(沖縄県に)申請したい」と述べた。

会談に先立ち、河野大臣は名護市の渡具知武豊市長、宜野湾市の松川正則市長とそれぞれ会談した。翌30日には普天間飛行場や移設先となる名護市辺野古の米軍キャンプ・シュワブを視察した。

防衛装備・技術 イスラエルと初の秘密保護覚書

防衛省とイスラエル国防省は9月10日、両国間で初となる「防衛装備・技術に関する秘密情報保護の覚書」を締結した。

防衛当局間で提供される防衛装備・技術に関する秘密情報を適切に保護するための覚書で、来日したイスラエル国防省のニール・ベン・モシュ防衛基盤保障局長と、防衛省の鈴木秀雄防衛政策局次長、防衛装備庁の青柳肇装備政策部長がそれぞれ組織を代表して省内で署名を行った。

今回の署名により、防衛当局間の装備技術協力の情報共有と意見交換のさらなる促進が期待されている。

春夏秋冬

台湾の国内問題化

小原 凡司

中国指導部は、香港の抗議活動を抑え込むために武装警察を [illegible] する可能性を保留している。そしてその可能性は台湾の将来に関係している。[illegible] 中国は国際社会から孤立しない、という保証が、中国の台湾に対する武力行使のハードルを下げていると考えられるからだ。

中国の [illegible] には、多くの国が中国の経済的影響力に配慮して中国を正面から批判できない [illegible] がある。今年7月、中国の新疆ウイグル自治区におけるムスリムの大量拘束に関連する人権侵害をめぐって、国連人権理事会を舞台に、[illegible]

[illegible]

(笹川平和財団上席研究員)

日米印共同訓練「マラバール」始まる

インド艦艇など佐世保入港

日米印共同訓練「マラバール2019」に参加するため、佐世保に入港した(右から)米海軍駆逐艦「マッキャンベル」、印海軍フリゲート「サヒャドゥリ」、コルベット「キルタン」(9月26日、佐世保基地で)

日米印3カ国の海上部隊による共同訓練「マラバール2019」が9月26日、佐世保で始まった。10月4日まで。

海自は4護群司令の西脇匡史将補を指揮官に、ヘリ搭載護衛艦「かが」、護衛艦「さみだれ」「ちょうかい」、補給艦「おうみ」、P1哨戒機が参加。米海軍からは駆逐艦「マッキャンベル」とP8A哨戒機、潜水艦、インド海軍からはフリゲート「サヒャドゥリ」、コルベット「キルタン」、P8I哨戒機が加わっている。

26日には、西脇群司令、米海軍第7潜水艦群司令のジェームズ・ピッツ少将、印海軍東部艦隊司令官のスラージ・ベリー少将による共同記者会見が「かが」の飛行甲板で行われ、各指揮官ともインド太平洋地域の平和と安定のため、3カ国の連携強化が重要と強調した。

一方、3カ国の隊員たちは各艦の相互訪問や調整会議、意見交換などを通じて意思の疎通を図り、30日に佐世保を出港。関東南方に向かう太平洋上で、対潜戦、対空戦、対水上射撃、洋上補給などの各種訓練を実施している。

「マラバール」は1992年に米印海軍の2国間訓練として始まり、海自は2007年から参加し、今回で8回目。

朝雲寸言

[illegible]

時の焦点　国内

防衛白書

最先端の兵器に備えよ

軍事技術の革新による新たな脅威が出現している。自衛隊は対処能力を高め、抑止に努めねばならない。

政府が2019年版の「防衛白書」を閣議で了承した。安全保障環境を精緻に分析し、今後の防衛体制の指針とするものだ。

白書は、中国やロシアが人工知能を搭載した無人機や、マッハ5以上で滑空する「極超音速滑空兵器」など最先端の兵器を開発しており、「将来の戦闘様相は大きく変化する」と強調した。

サウジアラビアの石油関連施設への攻撃には、無人機が利用された模様だ。政府は、新型兵器を現実の脅威ととらえ、探知や迎撃のための研究を急ぐことが求められる。

中露両国は、キラー衛星などを開発し、宇宙空間での攻撃能力を高めている。日米両国で協力し、衛星やネットワークの強固な防衛態勢を構築すべきだ。

北朝鮮の動向については「重大かつ差し迫った脅威」と、従来の厳しい認識を踏襲しつつ、核兵器の「小型化・弾頭化を既に実現しているとみられる」と踏み込んだ。

北朝鮮は、日本を射程に収める数百発の弾道ミサイルを実戦配備する。5月以降は、変則的な軌道の新型短距離ミサイルなどを相次いで発射した。迎撃は容易ではないとされる。

政府は、地上配備型迎撃システム「イージス・アショア」を秋田、山口両県に整備する方針だが、地元の反発は強い。

海上自衛隊のイージス艦に搭載した迎撃ミサイルや、陸地から撃ち落とす地対空誘導弾「PAC3」に加え、多層的な防衛網を構築すべきだ。防衛省は、イージス・アショアの設置に向け、候補地の理解を得る努力を続けねばならない。

莫大な軍事予算を背景に、海空戦力を増強させている中国については、「強い懸念」を示した。従来の表現と変わらないが、脅威は確実に増していると言えよう。

偵察機や爆撃機が日本海や太平洋に進出する事案は後を絶たない。沖縄県・尖閣諸島周辺では、武装した中国公船が活発に活動している。

防衛省は、南西諸島への自衛隊の部隊配備を進めている。離島の占拠を防ぐため、部隊の能力を向上させたい。

白書は、安保協力を進める国・地域の記載順で、韓国を18年版白書の2番目から、豪州、インド、東南アジア諸国連合（ASEAN）に続く4番目に下げた。

韓国海軍による海自機へのレーダー照射問題や、日韓軍事情報包括保護協定の一方的な破棄表明といった韓国側の対応を踏まえたのだろう。

政府は、14日に相模湾で行う海上自衛隊の観艦式で韓国軍の招待を見送った。日韓間の様々な懸案について、韓国が適切な対応を取ることが関係改善の前提である。

夏川 明雄（政治評論家）

時の焦点　海外

サウジ施設攻撃

遠のく米・イラン対話

イランが何らかの形で関与したとされる9月14日のサウジ石油関連施設への攻撃以降、米国とイランの対立が再びエスカレートしそうな雲行きだ。エスパー米国防長官は20日、サウジ東部にある石油施設への攻撃を受け、同国に米軍部隊を増派すると表明し、米政府もイラン中央銀行に制裁を科すと発表するなど、対イラン圧力を強化した。

これに対し、イランは疑惑の払拭に躍起で、ロウハニ大統領は「イエメン人が敵に警告するため行った」と述べ、サウジと敵対するイエメンの親イラン武装勢力フーシ派への支持を表明。ザリフ外相も米テレビのインタビューで「フーシ派の攻撃かどうかは確証はないが、我々の仕業でないことは知っている」と強調した上で、米国やサウジが軍事行動に踏み切れば「領土を守るためにひるみはしない。全面戦争になる」と警告した。

こうした中、2015年のイラン核合意の関係当事国でもある英、仏、独の欧州3カ国はトランプ米政権による一方的な核合意離脱後、イランを擁護する姿勢を取ってきたが、3国首脳は国連総会一般討論への出席に合わせて、サウジ石油施設攻撃について、「イランに責任があるのは明白で、他に妥当な説明はない」とする共同声明を発表。米国に同調する形で非難のトーンを強めた。

対立が深まる米・イランの緊張緩和に向けた日本や英仏独などの仲介外交が国連総会を舞台に活発に展開されたが、直接当事者である両国の不信感は強く、制裁解除問題もあって、対話の糸口は依然として見えない。

安倍首相はニューヨークでロウハニ大統領と会談した際、緊張が高まる中東情勢に深刻な懸念を伝えるとともに、戦争に発展することなく外交努力による解決を促した。首相はまた、一般討論演説ではサウジ石油施設に対する攻撃について「国際経済秩序を人質にする卑劣極まる犯罪」と指弾しながらも、攻撃主体をどうみているかには言及せず、米国などが主張する「イラン関与説」とは一線を画した。

6月のイラン訪問時に最高指導者のハメネイ師とも会談するなど、「ロウハニ師からもトランプ氏からも信頼されている唯一の国家指導者」と自負する安倍首相にとっては「エネルギーの安定調達のためにも、カギを握る米・イラン対話の道を探り続ける価値はある」というのが政府関係者による安倍中東外交の解説だ。

一方で、サウジの重要な石油生産施設が複数の無人機などの攻撃を受け大きな被害が出たことは中東情勢全体への深刻な影響にとどまらず、大量の無人機を使った奇襲攻撃という新たな脅威が出現したケースだとして軍事専門家の注目を集めた。今回の事件では18機という二桁の数の無人攻撃機（サウジ国防省発表）が遠隔地にいるオペレーターによって操縦されていたことが明らかにされたが、無人機の開発が進めば、防御・防備する側にとってはますます厄介な事態となるだろう。多数の無人攻撃機が群れをつくって作戦を遂行する「スウォーム戦術」への対応は待ったなしという現実も突き付けた。

伊藤 努（外交評論家）

海幕長が米海軍作戦部長と会談

海自、米海軍の連携強化で一致

山村海幕長は9月24日、来日した米海軍作戦部長のマイケル・ギルデイ大将と防衛省で会談し、グローバルな安全保障情勢について意見を交換した。

米海軍制服組トップのギルデイ作戦部長は、退官したジョン・リチャードソン大将の後任で、8月22日に着任。これまで米海軍サイバーコマンド司令官、第10艦隊司令官、北大西洋条約機構（NATO）海軍幕僚長などを歴任し、前職は米統合参謀本部幕僚長。就任後の初めての外国訪問地として日本を選んだ。

両者は会談で、インド太平洋地域における平和と安定を維持していくためには、海自と米海軍が連携を一層強化していくことが重要であるという点で一致した。

この後、ギルデイ作戦部長は河野防衛相と山崎統幕長をそれぞれ表敬した。

初来日した米海軍作戦部長マイケル・ギルデイ大将（左）を握手で迎える山村海幕長（9月24日、防衛省で）

内閣府が「大規模地震時医療活動訓練」

首都圏中心に山形、愛知、福岡県で

駐屯地・基地にSCU開設　患者ら空輸

首都直下地震を想定した内閣府主催の「令和元年度大規模地震時医療活動訓練」が9月7日、首都圏を中心に山形、愛知、福岡各県で行われた。

自衛隊は、統幕、陸海空3自衛隊の隊員約300人、陸自陸上総隊のCH47JA輸送ヘリ、空自支援集団のC1、C130H輸送機と航空総隊のCH47Jを投入。

訓練では、陸自立川駐屯地、海自厚木航空基地、空自入間、百里、春日の各基地などに広域搬送拠点臨時医療施設（SCU）の指揮所を開設。災害派遣医療チーム（DMAT）の空輸をはじめ、厚木―福岡、入間―山形、立川―名古屋間などで被災地外のSCUに重症患者を空輸した。

また、自衛隊中央病院（三宿）、防衛医大病院（所沢）も、各地域病院と連携して傷者の受け入れ訓練などを行った。

宮古島で離島統合防災訓練　隊員500人参加

沖縄・宮古島での震災を想定した「令和元年度離島統合防災訓練（RIDEX）」が9月1日、宮古島とその周辺海空域で行われ、海自輸送艦「しもきた」と統幕、陸海空自の隊員約500人が参加した。

同訓練は沖縄県の「総合防災訓練」に連接して実施され、「八重山諸島南方沖で大地震が発生し、宮古島を中心に甚大な被害が出た」との想定で進められた。

隊員らは倒壊家屋や瓦礫の中からの被災者救出要領を演練したほか、ヘリによる避難者の搬送や物資輸送などに取り組んだ。特に今春新編された宮古警備隊は、同島の南西に位置する多良間島に空路で入り、偵察や人命救助活動を演練。

一方、空自のC2輸送機は沖縄本島から災害派遣医療チーム（DMAT）を宮古島北西の下地島空港まで空輸した。

宮古島と伊良部島間に展開した「しもきた」は艦内に広域搬送拠点臨時医療施設（SCU）を開設、離島での災害対処能力を高めた。

沖縄本島から災害派遣医療チームを空輸し、下地島空港に着陸したC2輸送機（9月1日）

佐藤正久前外務副大臣が講演

「我が国の最新の防衛事情」

東京地本援護協力会の創立35周年記念行事

前外務副大臣の佐藤正久参院議員は9月11日夕、都内のホテルで開かれた東京地本援護協力会（伊奈信一会長以下約600人）の「創立35周年記念行事」に講師として招かれ、「我が国の最新の防衛事情」と題して記念講演を行った。

主催者を代表して伊奈会長があいさつし、来賓を代表して東京地本長の岸良知樹陸将補が祝辞を述べた後、集まった約100人を前に佐藤氏が講演。

この中で佐藤氏は、今年8月に日本との「軍事情報包括保護協定（GSOMIA）」の破棄を一方的に通告するなど、「反日・離米」政策をとる文在寅政権の動向が日本の安全保障に与える影響は大きいと指摘し、「在韓米軍撤退という最悪の事態も想定しておかなければならない」と警鐘を鳴らした。

韓国によるGSOMIA破棄の決定を受け、米国は直ちに「韓国の防衛を複雑にし、米軍にリスクをもたらす」として、同盟国の韓国に対して「強い懸念と失望」という異例の強い言葉を表明した背景にあるのは、文政権が目指す南北統一が、突き詰めれば「在韓米軍を追い出し、核兵器を持つ北朝鮮と一緒になって朝鮮半島を守ろう」という、地域を不安定化させる極端な「自主防衛路線」にほかならないからだと説明。

韓国では朝鮮戦争（1950〜53年）が今も休戦状態であることを無視して「在韓米軍がいるから南北統一ができない」と考えている人が多く存在している現状を挙げ、こうした一定の支持基盤を持つ文政権が今後、米国との在韓米軍駐留経費をめぐる交渉にどう臨み、これに対し、予測不能なトランプ大統領がどう応じるかを注視する必要があると述べた。

仮に交渉が決裂し、在韓米軍が縮小・撤退すれば、米国が50年に引いた「アチソンライン（不後退防衛線）」と同様、日本は長崎県の壱岐・対馬や五島列島、島根県の隠岐島、新潟県の佐渡島などが防衛の「最前線」になると指摘。宇宙・サイバー・電磁波など新領域の能力向上が叫ばれる中にあっても「足元の陸海空領域の能力強化が重要だ」と訴えた。

最後に「（退職隊員の再就職）援護がしっかりしているからこそ、隊員は厳しい訓練や任務に励むことができる。援護協会の方々が誇りを持って支えることができる自衛隊にするためにこれからも汗をかいていく」と締めくくった。

記念講演で日韓関係などについて語る佐藤正久前外務副大臣（9月11日、東京都千代田区のホテルグランドパレスで）

共済組合だより

割安な保険料で大きな保障が得られます　防衛省職員団体生命保険

防衛省共済組合では、組合員とその家族の皆さまを、万一の時にお守りする団体生命保険（幹事会社・日本生命、明治安田生命）を取り扱っています。

この保険は、割安な保険料（1口100円）で大きな保障が得られる有利な保険です。また、申し込んだその日から保障が開始される「即時保障」も選択できます。

【加入資格・加入口数範囲（1契約あたり）】

○組合員本人＝申込日現在、健康で正常に勤務し、かつ医師の治療・投薬を受けていない年齢14歳6カ月超69歳6カ月以下の人。加入口数範囲は6口以上50口まで。

○配偶者＝組合員本人の配偶者で、同じく健康な年齢満16歳以上60歳6カ月以下の人。8口以上14口まで。

○こども＝組合員本人が扶養しているこどもで、同じく健康な年齢2歳6カ月超22歳6カ月以下の人。1人あたり一律3口。

保障内容（1契約あたり）は、「不慮の事故による死亡（高度障がい）」の場合、組合員本人（50口）に4210万円、配偶者（14口）に1218万円、こども（一律3口）に444万円が保険金として支払われます。

このほか、病気による死亡（高度障がい）、不慮の事故による障がいでも、所定の保険金が支払われます。この機会にどうぞご加入ください。

陸自が英国に初派遣

訓練で偵察技術を演練

陸自と英陸軍は9月29日から英北西部のゲアロックヘッド・トレーニング・キャンプなどで日英共同実動訓練「ヴィジラント・アイルズ」を開始した。10月24日まで。同訓練で陸自隊員が英国に派遣されるのは初めて。

陸自の参加隊員は富士学校長の高田祐一陸将を担任官に、同校などから約20人、英軍は野戦軍司令官のイヴァン・ジョーンズ中将を担任官に、第1情報・監視・偵察旅団名誉砲兵隊（司令部・ロンドン）から約30人が参加している。

訓練内容は偵察などで、戦術技量の向上と日英部隊の関係強化を目的に実施。機能別訓練の後、総合訓練は10月7日から18日にかけて行われ、潜入から偵察、離脱までを演練する。

37次隊乗せP3Cが上旬に出国

海賊対処航空隊

ソマリア沖・アデン湾で上空から海賊行為の警戒監視任務に当たる海自航空部隊の交代のため、10月上旬、37次隊の要員約30人を乗せたP3C哨戒機2機が青森・八戸航空基地からアフリカのジブチに向けて出発する。

37次隊は2空群（八戸）の米田一則2佐（21飛行隊長）を指揮官に、海自隊員約60人で編成。クルー以外の要員は同10日、成田空港から民航機で出国する。

一方、任務を終える36次隊（5空群＝那覇）の要員は同14日に民航機で羽田に、2機のP3Cは同19日に那覇基地に帰国する予定。

ドローン禁止新たに14施設

防衛省指定

防衛省は9月26日、小型無人機（ドローン）の飛行禁止区域として、陸自立川駐屯地や海自館山航空基地、空自入間基地など、全国の陸海空の駐屯地・基地など計14施設を新たに指定したと発表した。

いずれも航空部隊の司令部がある飛行場施設で、10月3日以降、小型無人機等の飛行を行う場合は施設管理者の同意を得るなど所定の手続きが必要となる。

小型無人機（ドローン）による自衛隊施設上空などの飛行禁止を盛り込んだ改正ドローン規制法に基づく措置で、今年6月13日に指定した13施設と合わせ、計27施設が対象となった。

このほか防衛省は同日、前回の6月に指定した13施設のうち12施設で、本来は対象でない公道や私有地を含めるなどのミスがあったとして、同日付で修正したことを明らかにした。現地調査や確認が不十分だったことによる人為的ミスが原因で、いずれも実際の規制範囲には影響はないという。

防衛省発令

▽中部航空方面隊支援飛行隊司令（中部航空方面隊支援飛行隊）1空佐 田畑 健（9月25日）

▽中央病院整形外科（舞鶴病院付）1海佐 岡林 俊貴（9月27日）

防衛装備庁発令

▽装備政策部付併任＝期間は9月30日まで、防衛省へ出向（装備政策部国際装備課長）林 美都子

▽装備政策部国際装備課長（大臣官房付）中間 秀彦

（以上9月11日）

13カ国が勢ぞろいした「スパスカヤ・タワー」のフィナーレで演奏する各国の軍楽隊。右はライトアップされたクレムリンの塔、中央奥は聖ワシリイ大聖堂（写真はいずれもロシアのモスクワで）

ロシア軍楽祭「スパスカヤ・タワー」

陸自中音が初参加

赤の広場「和」で包む

陸自中央音楽隊（朝霞、隊長・樋口孝博1佐）は8月23日から9月1日まで、ロシアの首都モスクワの「赤の広場」で行われた国際軍楽祭「スパスカヤ・タワー」に初めて参加した。同隊はライトアップされたクレムリンの塔（スパスカヤ・タワー）や聖ワシリイ大聖堂などをバックに、約50人の編成で、日の丸を掲げて登場。ロシアの大観衆を前に、振袖姿の〝歌姫〟松永美智子3曹が同国の民謡『長い道を』をロシア語で熱唱すると、赤の広場は盛大な拍手に包まれた。

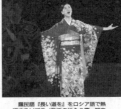

夜の「赤の広場」で演奏する中央音楽隊。太鼓や笛で「和」を表現した

今年で12回目となるロシア最高峰の軍楽祭「スパスカヤ・タワー」には主催国のロシアをはじめ、日本、イタリア、トルコ、エジプト、中国、北朝鮮など13カ国の軍楽隊が参加した。

初参加となった陸自中音は、日露両国が取り組む防衛交流の一環として、今年5月の日露外務・防衛担当閣僚協議での合意を受けて出演が実現した。陸自のロシアでの音楽演奏は北部方面音楽隊（真駒内）が2014年5月23日～6月3日、極東のハバロフスクの軍楽祭で行った経験がある。

「スパスカヤ・タワー」の公演時間は午後9時から同11時までで、10日連続で行われた。この間、約10万人の観客が訪れ、世界の音楽隊の演奏に聴き入った。今回、モスクワの大観衆の前で指揮を執った樋口隊長は「日本のわび、さびをテーマに、静寂の美徳を表現した。（『長い道を』では）日本とロシアの文化を融合させた。垣根を越えて参加国の音楽隊とも交流ができた」と語った。

中央音楽隊は分列行進曲を響かせながら、日の丸を掲げて「赤の広場」に登場。竜笛と小太鼓・締め太鼓の音色、さらに3個の和太鼓と吹奏楽が組み合わされた楽曲『写楽』で観衆を「和」の世界に引き込んだ。スパスカヤ・タワーの鐘の音が幻想的に響く中、振袖姿のボーカル松永美智子3曹が現れ、ロシア民謡『長い道を』を高らかに独唱した。

続いて中音は、ロシアの音楽家ストラビンスキー作曲の『火の鳥』を華麗に演奏、扇形の体形をとって扇子を表現した。最後に樋口隊長のタクトがダイナミックに振られると、松永3曹の歌唱とともに夜空に火炎が上がり、客席からは「ブラボー！」の声とともに大歓声が上がった。

中音はモスクワ滞在期間中、日本大使館やレーニン像のある全ロシア博覧センターでも演奏を行った。

行進曲を演奏しながらモスクワ市内をさっそうと行進する中央音楽隊員

露民謡『長い道を』をロシア語で熱唱するソプラノ歌手の松永3曹。観衆から歓声と大きな拍手が送られた

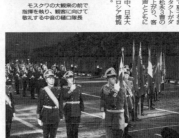

モスクワの大観衆の前で指揮を執り、観客に向けて敬礼する中音の樋口隊長

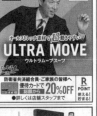

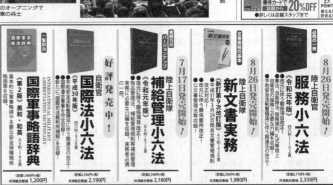

「スパスカヤ・タワー」のオープニングで各国の国旗を掲げるロシア軍の兵士

公演の合間、在露日本大使館でも演奏を行った中央音楽隊

前事不忘 後事之師　第45回

ペリクレス

アテネの指導者ペリクレス

――真の強さは自己を制御する力にある

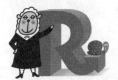

ハーバード大学のグレアム・アリソン教授が「米中戦争前夜」という本の中で使って以来、「トゥキディデスの罠」という言葉がしばしば耳にします。

トゥキディデスは紀元前5世紀のギリシアの歴史家で、同時代に起きたギリシア世界の2大強国、アテネとスパルタとの間のペロポネソス戦争の歴史、『戦史』を著しました。アリソン教授は大強国が戦争に至った過程に注目し、既存の覇権国と台頭する新興国の対立が戦争に繋がる恐れを「トゥキディデスの罠」という言葉で一般化しましたが、私は両国の争いが「なぜアテネの敗北に終わったのか」という点に興味を覚えます。

『戦史』を読むと、スパルタ側の戦い方が優れていたというより、アテネ側が自滅したというのが実情です。「自滅」の原因は、アテネの指導者ペリクレス（紀元前495年頃～前429年）が開戦2年半後に疫病で亡くなったことが大きかったように思います。

ペリクレスはアテネの政治家で、アテネは民主主義国家でしたので、指導者は市民によって選ばれますが、ペリクレスはその選挙で、死ぬまでの31年間、連続して指導者の一人に選ばれました。独裁国家ならともかく、民主主義国家において30年以上の長きにわたり第一人者の地位を保ちながら、しかもあの〝陶片追放〟で追放されなかったというのは驚きです。

ペリクレスの武器は市民を説得する「演説の力」でした。弁舌の巧みさから「ギリシア一のでかい舌」と綽名されたほどです。これだけならペリクレスは単なる口達者な政治家ですが、彼の偉大さは別のところにあったと私は考えます。それはペリクレスがアテネの力の源泉を把握すると同時に、その力の抑制的な使用が重要であることを理解していた点です。

彼はスパルタとの戦いを「辞するべきではない」と主張します。スパルタとの戦争は武器と武器との衝突ではなく、海洋貿易、海軍力に拠って立つアテネと、農業本位のスパルタとの「経済的持久力の争い」であることを見抜き、アテネ側の絶対的優位を確信していたからです。

他方でペリクレスは、戦争中は支配圏の拡大を望んではならず、自らの手で危険を増す道を選んではならないとアテネ市民に厳重な警告を発します。トゥキディデスはペロポネソス戦争の原因を「アテネの勢力拡大がスパルタに《恐怖》を与えたためだ」と述べていますが、ペリクレスはアテネの台頭が他国に恐怖を与え、それが自国に跳ね返ってくる危険を知っていたのだと思います。しかしながら、ペリクレス亡き後のアテネの政治家は、政策の指導権を民衆の感情的な恣意に委ね、警告を無視してアテネは手を広げ過ぎて敗北します。

ペリクレスは演説の中で「理をわけた議論を行動の妨げとは考えず、行動に移る前にことをわけて理解していない時こそかえって失敗を招く」と述べています。一時の感情に流されて行動することへの戒めですが、ペリクレスという人物の特徴はこの「自己制御の能力」だったと思います。プルタルコスの『英雄伝』の中に彼に関する次のようなエピソードがあります。

ペリクレスには反対者も多くいました。ある時、とても厭な反対派の手に負えない一人に、一日中広場で罵られながらもペリクレスはそれに耐えました。夕方になって家に帰る際にもその男はまつわりついてきて、ありとあらゆる悪態をペリクレスに浴びせました。ペリクレスは黙っていました。しかしながら、家に入ろうとした時にすでにあたりが暗くなっていたので、ペリクレスは下僕の一人に灯りをもたせ、その男を家まで送るよう命じたそうです。

悪罵をついた男が反応したのか知りたいところですが、「参った」と感じたのではないかと想像します。個人であれ国家であれ、必ず不和・対立は生じます。しかし、本当の強さを有する者は弱者と同じレベルには立とうとしないということです。

トゥキディデスの『戦史』は、民主主義国家が機能するには「賢いリーダー」が必要であることを教えてくれます。同時にペリクレスの時代から2500年が経過した現在、私たちは知識は増していても〝賢さ〟はどうも増していないのではと考えてしまいます。

鎌田 昭良（防衛省OB、防衛基盤整備協会理事長）

……前事忘れざるは後事の師……

住まいと暮らしの創造企業グループ
長谷工グループ HASEKO

住まいのことなら長谷工グループへ!

掲載の提携特典・キャンペーン等ご利用の際は、「朝雲新聞を見た」とお伝えください。

新築 マンション施工実績No.1、長谷工コーポレーションおすすめ新築分譲マンション

長谷工 コーポレーション

ルネ横浜戸塚 神奈川県横浜市戸塚区

提携特典 販売価格(税込)より1%割引

New

YOKOHAMA TOTSUCARAT

RENAI ルネ横浜戸塚

「戸塚」駅最寄り最大級、全439邸の大規模レジデンス、誕生。

予告広告

「戸塚」駅最寄り最大級 / 「戸塚」駅からフラットアプローチ / イオンスタイル戸塚(仮称)隣接 / JR「横浜」駅直通8分 / 南向き中心の多彩なプラン

モデルルーム事前案内会開催中

「ルネ横浜戸塚」マンションギャラリー 0120-315-439

総合地所 / 長谷工 コーポレーション / 長谷工 アーベスト

グランアリーナレジデンス 神奈川県大和市

提携特典 販売価格(税込)より1%割引

第1期107戸供給御礼!!

居住者専用シャトルバス運行予定 「中央林間」駅まで直通9分

AEON イオンスタイルつきみ野(仮称)隣接

医療・認可保育施設も開業

平置・自走式駐車場100%

月額使用料:500円〜

予定販売価格 3LDK/2,900万円台〜 4LDK/3,900万円台〜 モデルルーム公開中!!

「グランアリーナレジデンス」マンションギャラリー 0120-604-315

名鉄不動産 / 近鉄不動産 / KEIHAN / JR西日本プロパティーズ / 長谷工 コーポレーション / 長谷工 アーベスト

リビオシティ川口元郷 埼玉県川口市

提携特典 販売価格(税込)より1%割引

都心直結の川口エリアに南向き中心の大規模レジデンス、誕生。

LIVIO CITY 全291邸

来場者数1,400組、問合せ数2,100件突破!ご成約160戸突破!

東京メトロ南北線直通、埼玉高速鉄道「川口元郷」駅 徒歩5分/[予定販売価格]3LDK 2,400万円台〜 モデルルーム公開中

「リビオシティ川口元郷」マンションギャラリー 0120-025-291

日鉄興和不動産 / 東京建物 / 長谷工 コーポレーション / 長谷工 アーベスト

リビオシティ船橋高根台 千葉県船橋市

提携特典 販売価格(税込)より1%割引

LIVIO CITY リビオシティ船橋高根台

PERFECT DAY

住・駅・商・医・学・育・緑が揃う 新街区のNEW LIFE。全209邸の大規模プロジェクト誕生

大好評!「リビオシティ船橋高根台」第一期1次・2次 連続即日完売!

新京成線「高根公団」駅 徒歩5分 予定販売価格 3LDK 2,400万円台〜/月々返済5万円台〜 モデルルーム公開中!

「リビオシティ船橋高根台」マンションギャラリー 0120-278-405

日鉄興和不動産 / 長谷工 コーポレーション / 長谷工 アーベスト

ご来場キャンペーン実施中! キャンペーン参加用紙をご持参の上、来場アンケートにお答えいただいた方に2,000円分の商品券をプレゼント!! 2019年12月末まで

エントリーは下記アドレスのキャンペーンバナーから参加用紙を出力していただき、ご記入の上ご持参ください。 http://haseko-teikei.jp/kosaiservice/

※掲載の完成予想CGは、図面を基に描き起こしたもので実際とは異なります。※掲載の物件情報は2019年9月25日現在のものです。物件概要詳細は各物件HPをご覧ください。

リフォーム

仲介

提携特典に関する共通お問合せ先 (株)長谷工コーポレーション「提携お客様サロン」

0120-958-909 営業時間 9:00〜17:00(土・日・祝日休み) teikei@haseko.co.jp

※提携特典をご利用いただくためには、コーサイ・サービス(株)が発行する「紹介カード」が必要となります。

〈紹介カード発行先〉 コーサイ・サービス株式会社 担当:佐藤

TEL:03-5315-4170 HP:https://www.ksi-service.co.jp/ [ID]teikei [PW]109109(トクトク)

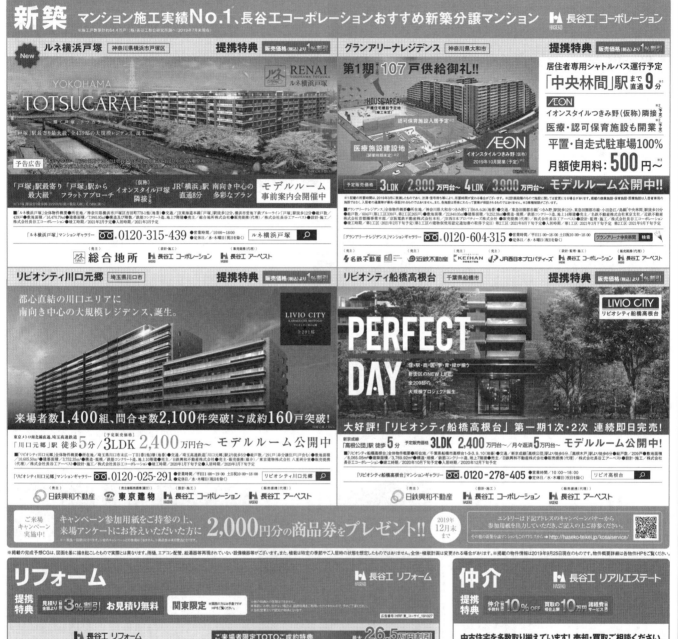

防衛省にご勤務の皆さまへ 住まいと暮らしのことなら何でもお任せください！
コーサイ・サービス ニュース
No.62
「紹介カード」で、お得なサービス
【提携割引】 利用しないともったいない！
⇒URL https://www.ksi-service.co.jp (限定情報 ID:teikei PW:109109)
"紹介カードでお得に！お住まいの応援キャンペーン①・②・③！"実施中
【住まいのご相談・お問合せ】 コーサイ・サービス株式会社 ☎03-5315-4170 (住宅専用)担当：佐藤 東京都新宿区四谷坂町12番20号KKビル4F／営業時間 9:00～17:00 ／定休日 土・日・祝日
BAUS
バウス横須賀中央
総来場数 1,000組様 突破！
提携割引 販売価格(税抜)の1%
新たなる象徴へ
バウス横須賀中央、誕生。
京急本線快特停車駅「横須賀中央」駅 徒歩4min
第2期・第3期 連続即日完売！ 2タイプモデルルーム公開中！
【全邸南東・南西向き】 3LDK 月々7万円台から！
0120-588-212
日本土地建物 SECOMセコムホームライフ JR西日本プロパティーズ ファーストコーポレーション 三信住建 野村不動産アーバンネット
BAUS
バウス朝霞根岸台
日本土地建物 長谷工 アーベスト
提携特典 販売価格(税抜)の1%割引
いよいよ竣工
10月下旬入居開始
予定販売価格(第3期)
3LDK 3,900万円台～
月々返済 7万円台～
「バウス朝霞根岸台」建物内モデルルーム公開中
駅までフラットアプローチ
「朝霞」駅 徒歩6分
24時間営業
「西友」まで 徒歩3分
バウス朝霞 検索
www.baus-web.jp/baus/asaka6/
0120-086-845
LEBEN
レーベン小田急相模原Vuitoa
地の恩恵を受けて新たな価値を纏う邸。
あつぎ鮎まつり大花火大会
「小田急相模原」駅 徒歩4分
賑わいの中で豊かに暮らす 駅近・商店街隣接
未来の暮らしを見越した IoTなど先進設備仕様
高い開放感をもたらす 全邸南西向き
「小田急相模原」駅前、希少な土地特性 7年ぶり相模原市アドレス物件
素敵なプレゼント進呈!!
レーベン 提携 検索
ご予約の際は、「コーサイ・サービスニュース」を見てとお伝え下さい。
0120-017-771
Takara Leben
PREMIST
町田中町
MACHIDA SHIBAHIRO FRONT
この空と緑と暮らす。
プレミスト町田中町
予告広告
「町田」駅徒歩7分(約520m)・「町田」駅徒歩11分(約870m)
全戸南西向き
角住戸率 約86%
資料請求受付中 提携割引 販売価格(税抜)より1%割引
大和ハウス工業株式会社 横浜支社
Daiwa House
0120-633-030
ダイワ 町田 検索
セヤレジ
第3期2次新発表
「瀬谷」駅徒歩7分
第3期2次モデルルーム公開中
3LDK 3,500万円台より
予告広告
0120-213-066
JR西日本プロパティーズ 長谷工 アーベスト 長谷工 コーポレーション
プレディア 横浜三ツ沢
「横浜」駅直通3分 × 「三ツ沢上町」駅徒歩4分 × 月々支払い5万円台より
3LDK+トランクルーム 3,900万円台～
提携割引特典 0.5%割引
0120-544-051
三ツ沢51 検索
JR西日本プロパティーズ 長谷工 アーベスト

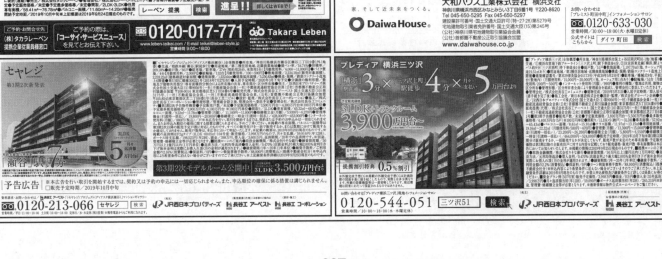

コーサイ・サービスの「紹介カード」で、お得なサービス!!【提携割引】利用しないともったいない！

注文住宅

3000万円の住宅を建築
90万円お得！
(3%割引の場合)

新築分譲

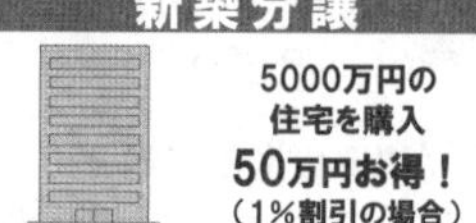

5000万円の住宅を購入
50万円お得！
(1%割引の場合)

増改築・リフォーム

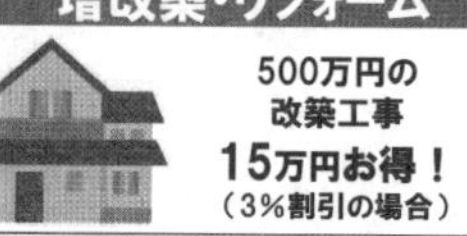

500万円の改築工事
15万円お得！
(3%割引の場合)

売買仲介

4000万円の中古住宅を購入又は売却
12.6万円(税別)お得！
(仲介料10%割引の場合)

【お問い合わせ】紹介カードのご依頼・ご相談・資料請求は、お電話・ホームページから　☎ 03-5315-4170(住まい専用：担当：佐藤)　URL https://www.ksi-service.co.jp

ご予約・お問合せ先
(株)タカラレーベン提携企業従業員様窓口
0120-017-771
www.leben-teikei.com / E-mail teikei@leben-style.jp
営業時間 9:00～18:00

ご予約の際は、「コーサイ・サービスニュース」を見てとお伝え下さい。

Takara Leben　Takara Leben Tohoku

SURPASS サーパス城東小 ウエストスクエア

資料請求受付中

インターネットでも資料請求できます。
サーパス城東小　検索
携帯電話やスマートフォンから資料請求

提携企業割引 1%

お問い合わせ・資料のご請求は「サーパス城東小ウエストスクエア」マンションギャラリー
0120-038-384

DAIKYO 穴吹工務店

TOCLAS トクラスキッチン&リビング　**キッチン&ユニットバスキャンペーン**
お申込み期限：2020年1月31日(金)
お引渡し期限：2020年3月31日(火)まで

物件探し～リフォームまでワンストップでお手伝いします
[戸建て・マンション対応]
■全面リフォーム ■水廻り ■間取変更
■耐震(戸建) ■屋根外壁塗装 ■バリアフリー

提携割引特典
リフォーム見積金額(税抜)の 5%OFF
不動産仲介手数料(税抜)の 15%OFF

TOKYO GAS GROUP 東京ガスリモデリング
法人営業グループ / 9:30～17:30(日・祝日定休)
0120-11-0062

ホームページでも様々なリフォーム事例をご紹介しています。
ご提携会社様専用サイト
www.tgrm.jp/houjin/B502/

首都圏の店舗でお待ちしています!
対応地域は東京都・神奈川県・埼玉県・千葉県の一部地域を除いたエリアとなります。ご了承ください。

「住まいづくりのヒミツ」が満載の資料プレゼント！　無料！

たったひとつの住まい実例集「WAGAYA」
アキュラホーム「総合カタログ」

資料請求はこちら　専用WEBサイトから　aqura.co.jp/teikei/　企業番号 171-10-C
お電話から 0120-004-383 (受付時間：平日10:00～17:00 定休日：土・日曜日)

● 全国100拠点。展示場で住みごこちの良さをご体験ください。最寄りの展示場はWEBでチェック!
提携割引 建物本体価格(税抜) 3%
AQURA HOME GROUP アキュラホームグループ
カンナ社長 で 検索

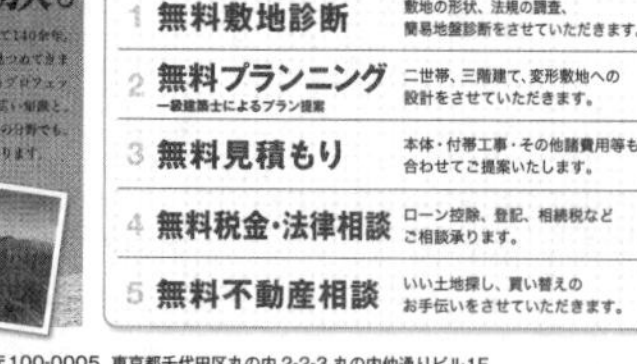

日頃お世話になっている会員の皆様方にうれしい特典をご用意!!
古河林業 特販部　**家づくりなんでも相談**

1. 無料敷地診断　敷地の形状、法規の調査、簡易地盤診断をさせていただきます。
2. 無料プランニング　二世帯、三階建て、変形敷地への設計をさせていただきます。
3. 無料見積もり　本体・付帯工事・その他諸費用等も合わせてご提案いたします。
4. 無料税金・法律相談　ローン控除、登記、相続税などご相談承ります。
5. 無料不動産相談　いい土地探し、買い替えのお手伝いをさせていただきます。

■お問い合わせ、資料請求は
古河林業 特販部 丸の内ギャラリー
〒100-0005 東京都千代田区丸の内2-2-3 丸の内仲通りビル1F
TEL.03-3201-5061(代) FAX.03-3201-5081 http://www.furukawa-group.jp/
0120-70-1281 担当：高田
E-mail e.tokuhan@furukawa-ringyo.co.jp
古河林業株式会社

木製サッシ3層ガラス窓を標準装備
スウェーデンハウス　検索
スウェーデンハウス株式会社

お問い合わせは、下記までお気軽にご連絡ください。
住友林業株式会社 住宅・建築事業本部 営業推進部 法人営業グループ
0120-667-683
〒171-0021 東京都豊島区西池袋1-11-1(メトロポリタンプラザビル17階)
住友林業株式会社

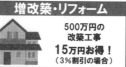

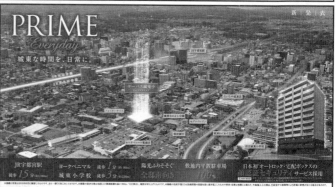

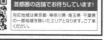

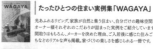

海自遠洋練習航海部隊 所感文

環太平洋を時計回りに一周している海自の遠洋練習航海部隊（練習艦「かしま」、護衛艦「いなづま」で編成、指揮官・梶元大介海将補以下約580人）は、北・中・南米諸国の歴訪を終えて太平洋を横断し、8月10日に仏領ポリネシアのパペーテ（タヒチ島）に入港した。以下はメキシコのマサトランから南太平洋の〝楽園〟タヒチ到着までの実習幹部の所感文。

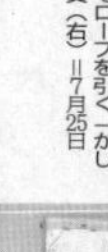

マサトランの港内に接岸するため艦上でロープを引く「かしま」の乗員（右）＝7月25日

全ては実任務への足掛かり

メキシコ・マサトラン寄港

「かしま」艦上でのレセプションを前に、ゲストに日本の茶道を教える実習幹部（左）＝7月25日

足を運んで感じる国民性

3海尉　宮野　博史

中南米最後の寄港地となったメキシコ・マサトランでは、入港歓迎行事で州知事や海軍関係者から「ここを自分の家だと思って過ごしてください」という言葉を何度も聞いた。実際に街に出てみると、街行く人々から「オラ（こんにちは）」と気軽にあいさつされたり、携帯で入港している艦の写真を見せてきて「これに乗っているの？」と質問されたりと非常にフレンドリーだった。

両国は、日本にとっては初の平等条約を、メキシコにとってはアジアで初めて外交関係を結んだつながりの深い国である。実際に足を運んだからこそ分かる国民性や気候を肌で感じることができた。

国家移住庁シナロア州のヘスス副所長（左）を表敬訪問し、「いなづま」の記念の盾を贈る國分一郎艦長（7月25日）

笑顔が絶えない 気さくな人々

3海尉　村瀬　尚弥

私の入港前のメキシコのイメージはサボテン、麻薬、テキーラだった。特に麻薬は、ニュースなどでよく聞く話で、治安には一抹の不安があった。しかし、入港して実際に町に出てみると、きれいな街並みと気さくな人々が私たちを迎えてくれた。

特に印象的だったのは、町の人に笑顔が絶えないことである。目が合うと赤ちゃんから年配の方まで、みんなが笑顔を向けてあいさつしてくれた。また「ニッポン」と日本語で話しかけてくれる人も多く、すぐにアミーゴ（友達）になることができた。

「制服を着た外交官」を実感

3海尉　前田　将宏

マサトランに入港し最も驚いたことは、現地の人々の海上自衛隊に対する関心の高さである。一般公開の開始時刻には、現地特有の暑さにも関わらず多くの人が集まり、思い思いに写真を撮ったり、乗員に話しかける家族連れの姿があった。

そこで部隊では午前中のみの公開予定を午後まで延長し、現地の人に海上自衛隊と日本のことをよく知ってもらうきっかけにしてもらった。今回の一般公開を通じ、改めて「制服を着た外交官」としての海上自衛官の重要性を実感した。

緑が多いマサトランの市内

茶会で日本文化を披露

3海尉　徳永　千鶴

「かしま」では艦上レセプション前に、幹部候補生学校で茶道部に所属していた実習幹部が中心となり、お点前の披露を行っている。同艦には釜や柄杓、茶せんや茶器も本格的なものが搭載され、外国の地でも和の雰囲気を十分に堪能することができる。

近年、メキシコでは日本食がブームということもあり、興味を持って茶会に立ち寄ってくれる方も多くいた。会場に着物を着てお茶をたてる者や、英語でお茶の作法を説明する者を配置することで、マサトランの方々に日本の文化に直に触れてもらう良い機会となった。

メキシコ海軍基地を訪れ、装備品の研修を行う実習幹部たち（7月26日）

身振り手振りでコミュニケーション

3海尉　門間　智紀

艦上レセプションでは、私がスペイン語が全くできないということもあり、コミュニケーションに非常に苦労した。しかし、身振り手振りでコミュニケーションをとることで、メキシコの人々と親睦を深めることができた。

街に一歩出ると、大きなショッピングモールや南国の家並みが広がり、宿泊したホテルのすぐそばには美しいビーチもあり、メキシコでは十分に英気を養うことができた。

日本と異なる警備の考え方

3海尉　彌吉　駿一郎

私にとってメキシコは『ボーダーライン』という映画のイメージが強く、治安が悪い国だと思っていた。入港歓迎行事の際にも、来賓席の後ろには重武装の兵士たちを乗せた車両が何台も待機し、警備に対する考え方が日本と全く異なることを認識させられた。

マサトランを観光中には危険を感じることはなかったが、道路に横断歩道などは少なく、走っているバスも古い車両が多いように感じられた。トイレなどの公共施設も日本に比べて衛生的とは言えなかった。

メキシコ人の友好的な雰囲気

3海尉　石橋　和英

メキシコで強く感じたのは、日本人に対する関心の強さである。これまでの南米諸国では「チーノ？（アジア人かい？）」と聞かれることが多かったが、ここでは「ハポン？（日本人かい？）」と聞かれることがほとんどだった。声をかけてくれる人々は、初対面であることを感じさせないほどの笑顔と友好的な雰囲気で、レストランなどではすぐに同じテーブルを囲む仲になれた。

メキシコ海軍基地の研修では、若手の士官と意見交換を行い、悩みや苦労を共感することで「ネイビー・トゥ・ネイビー」の関係を肌で感じた。その他にも、広報活動の取り組み方や隊員家族に対するバックアップの仕組みなど、参考にできる点も多かった。

マサトラン～パペーテ

タイムマシンのような生活

3海尉　徳山　元貴

中米メキシコのマサトランから仏領ポリネシアのパペーテに向かう航路は、太平洋を西に進むため数日に一度、時刻帯変更がある。24時を迎えたところで、隣の時刻帯の23時に変更するため、1日が1時間長くなる。

また、逆に1日が23時間になることもあれば、日付変更線を越えた際には同じ日を2回繰り返すこともある。時計を合わせるのが非常に面倒だが、時を進めたり戻したりすることは、まるでタイムマシンに乗っているような不思議な気持ちにさせられる。

「本質の理解」目指して訓練

3海尉　大平　将吾

配乗替えから1カ月以上がたち、「いなづま」での実習にも慣れてきた。本航程後に再び配乗替えがあり、護衛艦で実習できる残り少ない機会であることを意識し、日々学べるものを吸収できるよう訓練に臨んでいる。

基本を教える練習艦に対して、実任務にあたる護衛艦では応用的な訓練が行われるため、「本質」を理解していなければ状況が変化した際などに対応することができない。本航程を通じて、本質とはさまざまな要素が絡み合ったもので、理解するには時間を要することを実感した。

2艦乗り継ぎ体感したこと

3海尉　村山　友介

マサトランからパペーテまでの航程では「いなづま」での訓練の集大成が求められ、指導官や乗員から熱い指導が続いた。

私は随伴艦として護衛艦が派遣されている意義について、「実任務への足掛かりとその体感」だと考える。候補生学校や練習艦「かしま」で修得してきた基本が、実任務に就く護衛艦ではどのように応用されているのかを、2艦を乗り継ぐことで体感できた。

貴重な機会で先見性学ぶ

3海尉　川嶋　万里奈

私たちは第2回目の「エンスン（少尉）デー」を迎えた。実習幹部が訓練について発案から企画、運営、実施まで全てを行う日だ。最初に個艦訓練が行われ、私はそこで運営に携わった。通常、自分たちで訓練を企画し実施する機会はないため、今回の経験は非常に貴重で、今後のモチベーション向上にもつながった。

今回、最も強く感じたのは、「連携の大切さ」と「臨機応変な対応の難しさ」だ。指揮官・幕僚の「苦労」を肌で感じると同時に、常に先見性を持ち「目先のことだけでなく、一歩先のことを常に見据える姿勢」を学ぶことができた。

訓練成り立つ背景を知る

3海尉　杉浦　潮香

日本を出国して約2カ月が経過し、最近、実習員サロンに「部隊配属まであと〇日」とカウントダウンが掲示され、部隊勤務を意識した空気が高まっている。

先日、本航程では対水上訓練射撃が行われた。実弾を使用した射撃の見学は幹部候補生の頃を含めて3回目で、今回は初めて主砲発砲時の給弾室を見学した。発砲と同時に高速で運ばれていく砲弾の迫力もさることながら、最も印象的だったのは現場の緊張感だった。

乗員の方が「私たちは幹部の命令を受け、作戦を完遂させるために100％努力することが仕事」と真剣な顔で話してくれ、指揮官から見えない現場で危険を伴う作業をこなす隊員によって、訓練や作戦が成り立つことを知った。

風をつかみ、胸を張りたい

3海尉　宇野　佑弥

「シーズ・ザ・ウインド（風をつかめ）」――。これは私が高校時代から大切にしている言葉だ。

この航海中、海上で我々が学び成長する機会は無限にある。しかし、我々は周囲に吹いているそういった「風」に気付くことなく、逃してしまいがちである。風をつかめなければ成長する機会も得られない。残り3カ月間を生かすのか、無駄にしてしまうのかは自分次第だ。

機会を無駄にしないためにも、残りの時間を大切にし、帰国後、自分は成長したのだと胸を張って言えるようになりたい。

助け合うから乗り越えられる

3海尉　佐藤　優介

遠航も中盤に差し掛かり、実習幹部には中弛みや疲れが見え隠れしている。それでもマサトランからの約2週間の航海を乗り越えられたのは、実習員長をはじめとする各役員らが協力し、助け合えたからだ。それを感じるようになったのは、ミーティングの中で、各班が毎日実施している「本日のできなかったこと」に対しておのおのが注意事項を示達する際、指揮官からこんな言葉を頂いてからだ。

「他人のできていたところや、良いところを探しなさい」。私はこれを聞き、身体の疲れは自分でケアできるが、精神面は人から褒められるなど、他人からケアされるものだと感じた。自分一人では厳しくても、同期と一緒だと乗り越えられるのだと気付くことができた。

「かしま」のヘリ甲板で行われた信号受信訓練で、乗員（手前）が出す手旗信号を読み取る実習幹部たち（奥）＝7月28日

募集・援護 特集

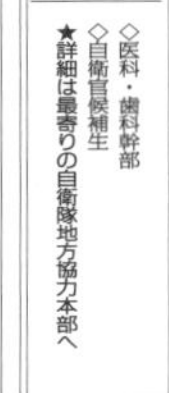

ただいま募集中！
◇医科・歯科幹部
◇自衛官候補生
★詳細は最寄りの自衛隊地方協力本部へ

「大災害発生時の救援活動で自衛隊は不可欠な存在。これからもよろしく」――。地元自治体からの期待に応え、地本は積極的に防災訓練に参加し、自衛隊と共に非常時の対処要領の技能を高めている。青森地本では訓練中、県知事から直接の謝意と激励を受け、「地域防災」への決意を新たにした。

各地で自治体と訓練
地域防災へ決意新た

関係機関の役割確認
山形 大地震想定の合同訓練に参加

【山形】地本は8月31日、山形市内で行われた県・市合同総合防災訓練に参加した。

訓練では対策本部の設置、情報収集、被災者の救助と搬送、避難所開設などを演練。地本は災害発生時の関係機関の役割を確認し、今後の自治体と連携要領を向上させた。

山形地本の防災担当者は「今年6月には新潟・山形地震もあり、県民の防災意識は高まっている。災害時に自治体や地元部隊と密に連携し、災害派遣部隊の迅速な活動を支援できるよう、今後も防災訓練に積極的に参加し、即応態勢をより充実・強化していきたい」と話していた。

山形県・山形市合同総合防災訓練に参加し、倒壊家屋からの救助訓練を行う神町駐屯地の隊員（8月31日、山形市で）

県知事が謝意、激励
青森地本 県総合訓練に参加

【青森】地本は8月27日、三沢市で実施された「青森県総合防災訓練」に参加した。

訓練には3自衛隊をはじめ、91機関・団体が参加。「青森県を震源地とするM9・3の大地震が発生した」との想定で開始され、地本は関係機関や地元住民向けに東日本大震災、熊本地震、西日本豪雨での自衛隊の活動に関するパネル展示とDVD放映を行った。

自衛隊ブースには三村申吾知事も訪れ、「大規模災害の発生時、自衛隊は必要不可欠な存在。これからも県との連携を深め、よろしくお願いします」と声をかけ、地本の部員たちを激励した。

ビッグレスキューかながわ
負傷者救出や搬送訓練実施

【神奈川】地本は8月31日、伊勢原市総合運動公園で実施された防災訓練「ビッグレスキューかながわ」で自衛隊の活動をPRした。

当日は黒岩祐治県知事をはじめ、多数の自治体関係者が視察する中、神奈川地本が管理する31普連本部管理中隊（武山）の即応予備自衛官も警察・消防などの関係者とともに、負傷者の救出や搬送の訓練を整斉と実施した。

地本は中央会場に展示ブースを設置し、災害時の自衛隊の活動を説明したほか、国民を守る自衛官のやりがいなどを広く来場者に伝えた。この自衛隊ブースを黒岩県知事も視察した。

自衛隊ブースを訪れた黒岩県知事（中央）に、装備品の説明を行う神奈川地本の広報官（8月31日、伊勢原市で）

熊本、鹿児島で航空学生説明会
現役パイロットが魅力語る
試験対策など志願者の不安解消

自衛隊の航空学生を目指す若者（右）の質問に答える海自1空の河津3海尉（8月3日、熊本市の熊本地方合同庁舎で）

【熊本】地本は8月3日、熊本地方合同庁舎で航空学生志願者らに対する説明会を開いた。現役パイロットが体験談を披露することで個々の不安を解消、受験意欲の向上を図るため企画された。

当日は海自1航空隊（鹿屋）から河津美緒3尉、空自5空団（新田原）から森永信幸2尉の現役パイロットが招かれ、志願者に直接、航空学生制度の魅力を伝えた。

2人は海自と空自の各航空学生課程教育を説明。さらに男女の違った目線からの体験談も語られ、志願者らは熱心に聞き入っていた。

最後に、陸自のヘリパイロットでもある濱田博之地本長（現・統幕報道官）がサプライズで登場し、航空部隊でのさまざまなエピソードを語ると、志願者たちは興味津々の様子だった。

参加者は「現役パイロットの話を聞くことができて、自衛隊を受験したい気持ちがさらに強まった」「とても参考になった」と話していた。

◇

【鹿児島】地本は8月7日、鹿屋合同庁舎で、鹿屋地域事務所長の畑中芳樹1海尉（航空学生55期）による「航空学生説明会」を開き、受験希望者ら30人が参加した。

当日は畑中所長が海・空自の航空学生制度を説明。年間スケジュールや1日の学生生活の流れ、各種カリキュラム、給与体系、受験内容、受験への心構えなどについて紹介した。

受験希望者たちは、所長が話す操縦士としての「やりがい」や実任務の話に目を輝かせながら聞き入っていた。

参加者は「試験対策はどのようにすればよいか」「体力がないとついていけないか」などの疑問や不安な点を質問、所長が丁寧に答えていた。

航空学生志願者を前に説明を行う鹿屋地域事務所長の畑中1海尉（右奥）＝8月7日、鹿屋合同庁舎で

茨城地本、地域の防犯拠点に
「こども110番」に登録

「こどもを守る110番の家（車）」のシンボルマークを紹介する茨城地本の高次博幸准陸尉（左）と総務課長の山田広貴事務官

【茨城】地本は東方の施策「子供110番の家への参加」にのっとり、茨城県警が運営するボランティア活動「こどもを守る110番の家（車）」にこのほど参画した。

この活動は、子供たちが街で「声かけ」「痴漢」「つきまとい」などの被害を受けた際、逃げ込むための場所として子供たちを保護し、警察や学校への通報を行うもの。

茨城地本は「地域のために何かできることはないか」と検討した結果、地本には本部庁舎のほか、県内主要市町村に多くの出張所があり、業務車も各地を運行していることに着目。茨城県警が定める基準に照らし、本部と3カ所の出張所を「こども110番の家」、44台の車両を「こども110番の車」として申請・登録した。

地本は今後、救急救命用品や防犯グッズの車載化を検討し、活動を充実させていく予定だ。

県では児童・生徒らが他の学区でも「こどもを守る110番の家（車）」を認識できるように、シンボルマークを「親子カンガルー」に統一。地本では、このマークを入れた表示板を陸自施設学校総務部（勝田）の宮下智美事務官にデザインしてもらい、玄関入り口に掲示している。

企業主、雇用延長を検討
大分地本長 年齢引き上げの影響を説明

【大分】大分地本長の井村昭利1陸佐は9月5、9、12の各日、援護協力企業を訪問し、今後予定されている自衛官の定年年齢の引き上げによる再就職への影響について説明して回った。

井村地本長は定年年齢の引き上げについて、自衛隊として求められる多様な役割を果たすための人材活用の一環であることを述べた上で、再就職対象者の提示ができなくなる具体的な期間などについて説明し、企業関係者に理解と協力を求めた。

各企業からは、現在採用している退職自衛官の雇用延長を検討するなどの協力的な意見が聞かれた。

援護協力企業の担当者（右）に隊員の「定年年齢の引き上げ」について説明する井村大分地本長（9月5日、大分市で）

自衛隊ブースを出展
長野 装甲車など装備品展示
沖縄 島民の4分の1が来場

【長野】茅野地域事務所は9月15日、岡谷市と下諏訪町で開催されたイベント「諏訪湖よさこい」の会場で自衛隊ブースを出展した。

地本は13普連（松本）の支援を受け、偵察バイクや軽装甲機動車を展示。さらに災害派遣の活動の写真展示やミニ制服を試着しての記念撮影など、家族連れを中心に自衛隊の活動をPRした。

◇

【沖縄】石垣出張所は8月31日、与那国駐屯地で開かれた「駐屯地記念行事・夏祭り」でブースを開設し、住民に対する募集広報を実施した＝写真。

ブースでは、陸・海・空自のパンフレットや募集広報グッズ（うちわ、帳面、ペン）などを配布し、陸・海・空自衛官の制服などの試着コーナーを開設、幼児をはじめ幅広い年齢層で人気を博した。与那国駐屯地の開設から3年が経つ中で、石垣所はより多くの島民に対し、自衛隊の魅力をPRした。

与那国島の全島民が2千人余りの中、この日は438人が来場、島民から広報官らに対し、「楽しかった」「ありがとう、頑張ってください」などの激励の言葉がかけられた。

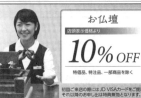

自由研究に協力
小学生がお礼訪問
新潟

夏休みの自由研究冊子を手にする美緒さん（8月29日、新潟地本加茂地域事務所で）

【新潟】加茂地域事務所は8月29日、小学3年生の美緒さんと両親のお礼の訪問を受けた。

美緒さんは夏休みの自由研究のため、8月19日に加茂所を訪問。副所長の塩谷健准陸尉からロープの結び方を学んだ。きっかけは7月と8月に新潟東港と同西港に寄港した護衛艦「みょうこう」と多用途支援艦「ひうち」の見学で、さまざまなロープの結び方の展示を見て、自由研究にしたいと思い立った。

美緒さんの研究は、「自衛隊で働く船『みょうこう』と『ひうち』」というテーマでまとめられ、両艦を見学した際の感想や展示物の写真が丁寧に記載され、指導した塩谷副所長もその完成度に驚くほどだった。美緒さんは「将来は海上自衛官になりたい！」と語り、両親は「乗員の皆さまにお渡しください」と自由研究のコピーと美緒さんからの感謝の手紙を広報官に手渡した。

募集対象者40人 UH1体験搭乗
秋田

【秋田】地本は9月15日、陸自東北方ヘリコプター隊（霞目）の協力で、募集対象者ら40人を対象にUH1J多用途ヘリの体験搭乗を行った。

当日は快晴で絶好のフライト日和となり、搭乗者は秋田市上空を巡る約10分間のフライトを満喫。参加者は「面白かった。大満足」「ヘリからの景色がきれいで、貴重な体験ができて良かった」と興奮した様子で話していた。

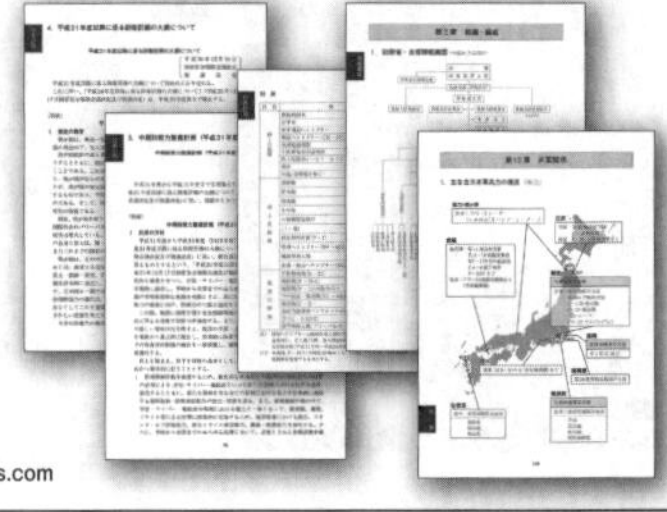

延べ650人で捜索

山梨女児不明で1特科隊、1通信大隊など

地元消防、警察と連携し

山梨県南都留郡道志村のキャンプ場で9月21日、家族と行楽に来ていた女児（7歳）1人が行方不明になり、1特科隊（北富士）をはじめとする陸自部隊が地元警察、消防と共に全力で捜索に当たった。

樹木が生い茂る急峻な現場で行方不明の女児を懸命に捜索する1特科隊の隊員たち（9月27日、山梨県道志村で）

警察、消防などの捜索で発見に至らず24日午後5時、長崎幸太郎山梨県知事から林佐光1特科隊長に、行方不明者捜索の災害派遣が要請された。

要請を受け、ただちに1特科隊、1通信大隊（練馬）の隊員たちが駐屯地を出発。翌25日午前6時から1特科隊副隊長の両角寿2佐以下175人態勢で捜索を開始した。

部隊は3個グループ（1特＝1中隊長GP、3中隊長GP＝、1通大＝2中隊長GP＝）に分かれ、道志村の大室指～田代地区を探した。

警察が地図に載っていない沢や林道・山道、民家・民有地を捜索。それと連携して、部隊は急峻な地形で、樹木が生い茂る現場で、不明の小学1年生の女児よりももっと小さなものを探す意気込みで、丹念に捜索を行った。

一方、上空からは陸自東方航空隊（立川）のUH1ヘリ1機と、同東方情報処理隊（朝霞）のドローンが航空偵察を行った。また、山梨地本の連絡員が山梨県庁などで情報収集に当たった。

28日正午、山梨県知事から撤収が要請され、各部隊は帰隊した。4日間で延べ650人の隊員が活動した。同日以降も警察と消防が捜索を継続しているが、女児は10月1日現在、発見に至っていない。

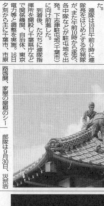

倒木除去や道路啓開

台風15号　板妻34連隊、千葉で復旧支援

【板妻】陸自34普通科連隊の深田満男連隊長以下約400人の隊員は9月16日、台風15号の被害を受けた千葉県へ前進し、災派活動を行った。

台風15号は9月9日に関東地方に上陸。特に千葉県では長期にわたる停電や家屋の屋根の破損など、生活環境に甚大な被害が発生した。

連隊は16日午前0時に連隊長をはじめとする先発隊が、また午前10時から逐次、各中隊などが駐屯地を出発。下志津駐屯地（千葉市）に向け前進した。

到着後、ただちに連隊指揮所を開設し千葉県庁などで関係機関、自治体、東京電力等と調整を実施。16日夕刻から主に千葉市、市原市で倒木の伐採・除去、道路啓開、家屋の屋根のシート張りなどを行った。

部隊は9月30日、災派活動を終了した。

家屋の屋根に上がり、破損した個所にシートを張る34普連の隊員（9月25日、千葉県市原市で）

派遣部隊の出発前に野外入浴セットをトラックに積み込む5旅団隊員（帯広駐屯地で）

「一週間ぶりのお風呂」

台風15号　北方・帯広5旅団が入浴支援

【帯広】陸自5旅団の派遣部隊（5後方支援隊員16人、車両8両）は9月15日、台風15号の被害を受けた千葉県で入浴支援に当たるため、帯広駐屯地を出発した。

派遣部隊は7師団、北方後方支援隊の部隊と共に、第1北方入浴支援隊を編成。18日朝、活動拠点の千葉市消防学校に到着し野外入浴所「熊乃湯」を開設、支援を始めた。利用者からは「一週間ぶりのお風呂でとてもうれしい」と感謝の言葉が聞かれた。

対馬市厳原町佐須地区で給水支援に当たる対馬警備隊の隊員たち（9月23日）

対馬警備隊が給水災派

長崎　台風17号による断水で

【対馬】陸自対馬警備隊は9月23日、台風17号の影響で断水が発生した長崎県対馬市で給水支援に当たった。

23日午後3時、長崎県知事から対馬警備隊長（山口勝1佐）に災害派遣が要請された。

警備隊は後方支援隊長の黒木茂樹1尉が指揮する給水支援隊（隊員30人）を速やかに派遣。断水が発生した対馬市厳原町佐須地区（約290戸）の6カ所で延べ175人の市民に対し、4660リットルの給水支援を行った。

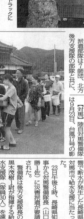

「国民を守る一員」に喜び

空自南西空で新任事務官研修

平成21年以来10年ぶり

【空那覇】空自南西航空方面隊は8月2日と同5日、那覇基地で平成21年以来10年ぶりとなる「新任事務官等研修」を行った。研修には南西空司令部、9空団、那覇病院から今年度新たに採用された4人が参加した。

受講生たちは座学に続き、部隊を研修。F15戦闘機にも初めて間近で接し、スクランブル（緊急発進）に当たる過酷な任務を体感した。先輩女性事務官等との懇談も持たれ、活発に意見を交わした。

学生長の中村智香事務官は講習終了後、「個々の役割や責任は違っても国民を守るという共通の意識の下に隊員がつながり、その一員として勤務できることに大きな喜び感じる」と意欲を新たにした。受講生は同期の絆も確かめた。

「新任事務官等研修」でF15戦闘機の操縦席に座り説明を受ける受講生（8月2日、那覇基地で）

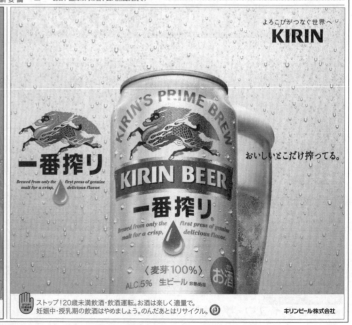

病院移転で患者搬送

岩手駐屯地の隊員58人

【岩手】陸自岩手駐屯地（司令・横田紀子1佐）は9月21日、岩手医科大学附属病院が盛岡市内丸から矢巾町に新設した新病院へ移転されるのに伴い、同病院の入院患者搬送に隊員58人が協力した。

搬送患者は当初500人で転院などで114人の予定となり、このうちの8人を救急車6両で搬送した。

隊員たちは病院スタッフから引き継いだ患者を細心の注意を払いながら担架で車両まで運び、新病院までの約10キロを安全・確実に搬送。新病院でスタッフに引き継いだ。

またこの間、通信協力も行い、2カ所の休憩所などで救急車の運行状況を逐一伝えた。

関係機関との綿密な調整、2回の事前訓練で不安事項も是正。また、防災訓練などで連携強化を図ってきた成果を発揮し、無事に搬送を完了した。

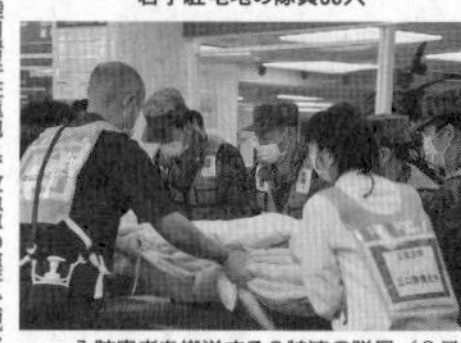

入院患者を搬送する9特連の隊員（9月21日、盛岡市内の岩手医大附属病院で）

長谷川 孝一氏（はせがわ・こういち＝元教育団司令、元将補）9月13日、急性心不全のため死去。84歳。告別式は9月18日、東京都清瀬市のカトリック清瀬教会で行った。喪主は妻の慶子さん。

鹿児島県出身。防大2期。平成3年3月から同4年6月まで教育団司令を務めた。

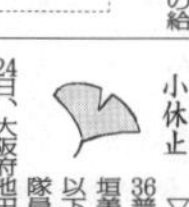

小休止

▽…陸自36普連の上垣美彰2曹以下6人の隊員は8月24日、大阪府池田市の伝統行事「がんがら火祭り」に初めて、ボランティアとして参加した。

▽…祭りは晩夏の風物詩として知られ、大阪府の無形民俗文化財に指定される。始まりは江戸時代の正保元年（1644年）とされ、たいまつ（大たいまつ、子供たいまつ）を担ぎ、「家内安全」などを願いながら、町内を練り歩く。

▽…上垣2曹（写真中央）をはじめとする隊員らが掲げるたいまつは、夏の夜空を赤く染めていた。（伊丹）

こちら警務隊　占有離脱物横領罪

放置自転車を持ち去れば　占有離脱物横領の可能性

路上に何週間も放置してある自転車を持ち去った場合、罪に問われますか？

「捨てられている自転車だろうから持ち去っても問題ない」と思うかもしれませんが、仮に誰かが盗んで乗り捨てた自転車だった場合、本来の持ち主の意思によらず持ち主の手から離れた物を持ち去ったと判断され、占有離脱物横領罪（1年以下の懲役または10万円以下の罰金等）に問われる可能性があります。

また、たとえゴミ捨て場に捨てられた自転車であっても、無断で持ち去った場合、ゴミ捨て場の管理者等に対する窃盗罪になる可能性があるので、このような行為は絶対にやってはいけません。

（北部方面警務隊）

※次回は「ストーカー規制法違反」です。

朝雲・栃の芽俳壇

畠中草史 選

涼しさやひぐらしの声風に乗り　西東京・空OB　水島　孝雄

蜩は他の蝉の声とは異なり澄んでいて哀調を帯びている。風に乗り遥かから聞こえてくる。

炎天や棟上げをする大工かな　あきる野市・一般　小和田一男

家を建てる中で棟上げは大切な行程。それまでは影がない。炎天下、大工さんは汗まみれ。

沖へ向くトーチカ覆ふ夏の草　江別・陸OB　鎌田日出雄

空っぽの頭にとまる夏の蝶　大津・陸OB　丸岡　正男

人通るたび紅葉の小枝揺れ　館山・海OB　斎藤　一向

勢よく祭太鼓を打つ子かな　熊谷・空OB　明田　眞雅

鉢植に竿掛け路地の秋簾　佐賀・陸OB　一ノ瀬恵昭

高福祀る貴船や鮎の宿　宮崎・空OB　高木　智念

人の波分け次々と山車蓉る　熊谷・空OG　福元万理子

石榴紅し八百屋おもての果ての跡　船橋・陸OB　佐賀あかり

十六夜や利根の渡船の跡の闇　横浜・陸OB　永澤　功

身を包む仕立ておろしに浴衣かな　横浜・一般　福本　祥子

リズムよく太鼓を叩く夏祭　熊谷・空OG　高橋ふみ子

藩邸の面影今に新松子　神奈川・海OG　折口　桂子

子の俳句心豊かに夏の空　熊谷・空OB　蓮佛志向子

梅干の祖母との過ごしなき立ち話　小牧・陸OB　松岡　魚青

蛇革を並べ老舗の鯉幟屋　熊谷・空OG　佐藤　玲美

音一つ無きうまさ夏の川　相模原・一般　森　謙二

絵蝋燭の炎揺れゆく夜長かな　町田・陸OB　岩原　滋利

山車を引く小声の数の少なかり　熊谷・空OB　工藤　敏雄

現世の雑念忘る今日の月　新座・陸OB　船田藤三郎

山車並べ吐えたしに叩き合ふ　熊谷・空OG　関谷　桂子

久々に合ふ山仲間サングラス　浜松・空OB　宮本　立勇

百日紅庭へ盛れむてなし　熊谷・空OG　関田　絹江

選者作品

爽やかに檜の匂ふ閻魔堂　畠中草史

投句歓迎！

▽郵便はがきの裏面に未発表の自作3句（季語付き）と住所、氏名、年齢、職業（自衛官OB、家族、一般など）、所属部隊＝所属部隊＝OB、家族、一般など、住所、電話番号を記入▽締め切り毎月15日▽宛先＝〒162-8801東京都新宿区市谷本村町5の1防衛省D棟市ヶ谷記者クラブ朝雲新聞社 ☎03（5225）1750、専用線8・6・25515

みんなのページ

防大吹奏楽部OB　懇親会で即製アンサンブル

腕に覚えあり

草創期に思いはせ

防衛大学校吹奏楽部OB/OG会に参加した元部員たち。前列右端が筆者

OB会事務局長　福本　出（東京都世田谷区、元海将）

防衛大学校吹奏楽部のOB/OG会（会長・野井雄治＝20期海）は9月7日、定期総会・懇親会を都内のホテルグランドヒル市ケ谷で開催した。

例年参加している防大吹奏楽部の学生たちが部活の関係で来られなかったため、「OBたちで盛り上げていこう」と連絡網や先輩・後輩の人脈を駆使して広く声かけを行ったところ、前年に倍する40名余が集まるにぎやかな会となった。

防大吹奏楽部について少しご紹介しておこう。

「校友会」と呼ばれる課外のクラブ活動には、運動部と文化部、同好会があるが、自衛官として必要な気力・体力の練成に資するため、全学生は原則として運動部に入るよう指導されている（"帰宅部"は存在しない）。その中で例外的に、開校式や外国軍高官等の来校時といった公式行事の実施に不可欠な「吹奏楽部（音楽隊）」と「儀仗隊」は、特別に"運動部相当"と認められ、毎日午後の授業後に練習を重ねている。

いまだに「防大にブラバンがあったのか」と言われることもあるほど、時には運動部でないことへの有形無形の"プレッシャー"があり、それをはねのけるため、運動部以上に体力練成を行ったことも忘れられない。

懇親会でマイクを握った参加者からは、全日本吹奏楽コンクール・大学の部で全国大会に勝ち進んだときのエピソードや、[illegible]

「もう一度楽器をやってみようか」と感じたOBも少なくなかったようだ。

いつもは現役部員が小編成アンサンブルを披露してくれるのだが、今回は腕に覚えのあるOBがギターやサックス、フルートで、即製アンサンブルを披露したり、尺八の名取りでもある中埜和男氏（10期陸）がプロ級の腕前を披露されたりと、参加者一同から万雷の拍手を浴びる一幕もあった。

懇親会では防大1期生から寄せられた手紙に加え、今回、最古参の3期生・石田一郎氏（海）から[illegible]つつお開きとなった。

即製アンサンブルを披露する防大吹奏楽部のOBたち

少林寺拳法で高校日本一

陸曹長　鳴海　秀幸（113教大338共通教育中隊・国分）

宮崎県で開かれた全国高校総体「南部九州インターハイ・少林寺拳法男子団体」の演武で、私は都城工業高校の監督として参加し、念願の「日本一」に輝くことができました。

都城工業高校の部員は13名と少数で、経験者は1名という全くのゼロからのスタートでした。

私が少林寺拳法に出合ったのは21年前、長男が道場[illegible]

はねのける力が必要だ」との信念を貫き通しました。

その甲斐あり、鍛え上げられた部員の足腰から繰り出される技は日々進化し、一手一手が鋭く、そして最後まで技は衰えず、結果、全員で目指した「日本一」に輝くことができました。

私は「少林寺拳法部」を立ち上げるため指導者資格を取得し、その後、都城工業高校の外部指導者を引き受けております。

今後も、部員のみんなと練習に励み、共に精進していきます。部員のみんな、日本一おめでとう。そして本当にありがとう。

少林寺拳法で日本一に輝いた都城工業高校の部員たちと鳴海曹長（右）

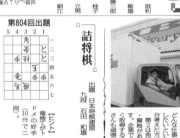

富士演習場の野営訓練に参加

陸士長　辻　修平（31普連4中隊・武山）

[illegible]

OBがんばる

海道　駿さん　23

平成30年3月、陸自21普連4中隊（秋田）を任期満了退職（士長）。秋田市にあるアイビーデリバリーに再就職し、家電メーカーの電気製品の配送業務を担っている。

自分を見つめ直して

私は昨年3月に陸自を退職し、秋田市にあるアイビーデリバリー本社営業所に就職しました。当社は家電メーカーの製品、日用品、病院施設の医療品など、配送するものは多岐にわたっています。私は主に家電メーカーの電気製品を中心に配送業務を行っています。

精密機器のため、商品の破損と誤納品には特に注意しています。[illegible]

さんも頑張って下さい。

（世界の切手・スペイン）

良い音楽には、人を良い方向に向かわせるエネルギーがある。

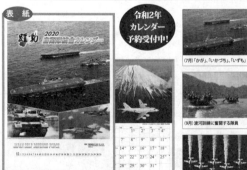

新実　徳英（作曲家）

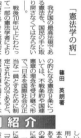

新刊紹介

「憲法学の病」

篠田　英朗著

我が国の最高法規である憲法を、国民の手に取り戻さなくてはならない[illegible]

問題は憲法じゃない、憲法学者だ！

（新潮社刊、924円）

「ゼロからわかる宇宙防衛」

大貫　剛著

令和元年度、空自に「宇宙作戦隊」が新編される。[illegible]

（イカロス出版刊、1925円）

詰将棋

出題　日本将棋連盟　九段　石田　和雄

第804回出題

5	4	3	2	1	
		角			一
		金		と	二
	歩	桂		と	三
			王		四
	竜		歩	歩	五
	馬	飛			六
					七

先手　持駒　銀

【ヒント】竜捨てがトドメの好手（10分で二段）。

▶詰碁、詰将棋の出題は隔週です◀

詰碁

出題　日本棋院　九段　曲　励起

第1219回解答

【解答図】白先、白活。白①のさえぎりが大切です。黒❷の時、白③黒❹白⑤で眼ができます。

朝雲
発行所 朝雲新聞社
〒160-0002 東京都新宿区四谷坂町12-20 KKビル
電話 03(3225)3841
FAX 03(3225)3831
振替00190-4-17600番
定価一部150円、年間購読料9170円(税・送料込み)

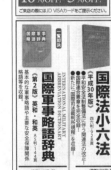

主な記事

北ミサイル

防衛相「SLBM」と推定

日本のEEZ内に落下

米国分析 海中施設から発射か

防衛省は10月2日、北朝鮮が同日午前7時10分頃、東岸の元山(ウォンサン)付近から東方向に弾道ミサイルを発射したと発表した。このうち1発は同7時17分頃に北朝鮮東方沖の日本の排他的経済水域(EEZ)外に、もう1発は同7時27分頃、島根県隠岐諸島の島後(どうご)沖の北約350キロの我が国のEEZ内の日本海に落下したと推定される。飛距離は約450キロ、最高高度は約900キロだった。日本への影響はなく、航空機や船舶などへの被害は確認されていない。河野防衛相は翌3日夕、省内で臨時記者会見を開き、「新型の固体燃料推進方式の潜水艦発射弾道ミサイル(SLBM)とみられる」との見解を明らかにした。

北朝鮮による弾道ミサイル発射を受け、河野大臣は安倍首相の指示を踏まえ、直ちに省幹部らに対し「一層の緊張感をもって引き続き情報収集・警戒監視に万全を期せ」との指示を出し、省内で関係幹部会議を開催した。政府も国家安全保障会議(NSC)を開き、情報の集約と対応について協議した。

菅官房長官は2日午前の記者会見で、北朝鮮が発射したミサイルについて、当初は「2発」との見方を示していたが、「1発の弾道ミサイルが発射され、二つに分離して落下した可能性がある」と指摘した。その上で「北朝鮮の弾道ミサイル発射は国連安全保障理事会決議に違反するもので極めて遺憾だ。事前通報もなく、(日本の)EEZ内に着弾させることは、航空機や船舶の安全確保の観点からも極めて問題のある危険な行為であり、断じて容認できない」と述べ、外交ルートを通じて北朝鮮に抗議したことを明らかにした。

翌3日、北朝鮮は「国防科学院が2日午前に東部の元山湾で新型の潜水艦発射弾道ミサイル(SLBM)『北極星3型』の試験発射に成功した」と国営メディアを通じて発表した。北朝鮮がSLBMを発射したのは2016年8月に「北極星」を発射して以来で、「北極星3型」の発射が確認されたのは初めて。日本のEEZ内の落下は17年11月の大陸間弾道弾(ICBM)以来となる。

これを受けて河野大臣は3日夕に臨時記者会見を開き、今回のミサイルが、通常よりも高い角度で打ち上げて飛距離を抑える「ロフテッド軌道」で発射されたとの見方を示した上で、「仮に通常の軌道で発射されたとすれば、その射程は最大で約2500キロメートルに達する準中距離弾道ミサイルになる可能性がある」と指摘。「新型の固体燃料推進方式の『潜水艦発射弾道ミサイル(SLBM)』であるとみられる」との見解を明らかにし、「陸上ではなく、沖合で発射されたが、実際に潜水艦が使われたか否かは、さらなる分析が必要だ」と述べた。

河野大臣は同日深夜に米国のエスパー国防長官と電話会談し、日米の緊密な連携を確認した。両氏は「同盟調整メカニズム(ACM)」を含む各種チャンネルを活用して情報共有を進めるとともに、日米同盟の抑止力と対処力を強化していくことで一致した。また、日米韓3カ国の緊密な協力が重要であることも改めて確認した。

一方、米統合参謀本部のライダー報道官は3日の記者会見で、北朝鮮が2日に発射したSLBMは「短距離から中距離の弾道ミサイルで、潜水艦からではなく、海中施設から発射された」と分析していることを明らかにした。

山崎統幕長は3日の記者会見で「北朝鮮の弾道ミサイル発射は国連決議の明確な違反であり、非常に懸念すべき進展だ。しっかりと警戒監視態勢を持っている。しっかりと対応するために万全な態勢を構築していきたい」と語った。

「61式戦車」をヨルダンに貸与

国王要請受け 王立博物館で展示

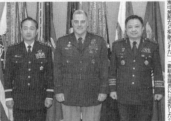

防衛省はこのほど、戦後初の国産戦車で既に退役した陸自の「61式戦車」を中東・ヨルダンの王立戦車博物館に「展示品」として無償貸与し、ヨルダンからは同国で開発された装甲車「アルサーテル」を贈呈されたことを受け、10月1日、防衛省で式典が行われた。日本が外国に戦車を貸与するのは初めて。

式典には河野防衛相をはじめ、高橋事務次官、湯浅陸幕長、武田防衛装備庁長官、外務省中東アフリカ局の髙橋克彦局長ら、ヨルダン側からリーナ・アンナーブ駐日大使ら関係者計約20人が出席した。

河野防衛相は外相として同国を訪れた昨年4月にアブドラ国王から直接、「日本の古い戦車を供与してほしい」との依頼を受けたエピソードを紹介し、「今度は防衛相として立ち会うことができて感慨深い」とスピーチ。「両国で初の防衛装備品協力となる。当時の技術の粋を集めて作られた61式戦車をぜひ多くの方々に見ていただきたい」と述べ、2国間の関係強化に期待感を示した。

続いてアンナーブ大使があいさつ。2016年に両国が締結した「防衛協力・交流の覚書」を機に、翌17年には日本から同国に初の防衛駐在官が配置され、ヨルダンからも近く日本に駐在武官を送るなど、緊密化する防衛交流に歓迎の意を表し、「61式戦車は人々に日本の歴史を伝えてくれるだろう」と述べた。

貸与された61式戦車は滝ヶ原駐屯地に展示されていたもので、エンジンなどは取り外されている。塗装などの"化粧"を終えて8月に横浜港を出港し、9月に同国のアカバ港に到着後、首都アンマンの王立戦車博物館で展示が始まった。

一方、アラビア語で「盾」を意味する装甲車「アルサーテル」は、現地を7月に出発し、8月に横浜港に到着。現在は習志野駐屯地に保管されており、公開展示を含む今後の予定は検討中という。

陸自「61式戦車」の無償貸与などに関する装備品協力の覚書を交わし、握手する河野防衛相(右)とヨルダンのアンナーブ駐日大使(10月1日、防衛省で)

陸自部品、比軍へ無償譲渡完了

防衛省は9月30日、陸自で用途廃止となった「UH1H多用途ヘリ」のエンジンやブレードなどの部品や構成品をフィリピン空軍に無償譲渡する取り組みを完了したと発表した。

昨年6月、ロレンザーナ比国防相と会談した小野寺防衛相(当時)が同国からの申し出を受けて実現に至った。防衛当局間では昨年11月にUH1Hの部品などの無償譲渡に関する取り決めに署名し、今年3月に目録への署名と第1便の引き渡しを実施。第2便は9月13日に発送され、29日に現地に到着し、これをもって予定していた全ての部品等の無償譲渡が完了した。

引き渡されたのはエンジンやブレード、ベアリング、トランスミッションなどの部品や器材で、今後は比空軍の予備の整備・補給部品として活用される。

米国を訪れ、米統合参謀本部議長に就任したミリー陸軍大将(中央)、韓国軍合同参謀本部議長の朴漢基大将(右)と会談を行った山崎統幕長(10月1日、米国防省で)

米韓参謀トップと山崎統幕長が会談

多国間協力の重要性確認

山崎統幕長は10月1日、米国を訪れ、米国防省近傍の米軍マイヤー・ヘンダーソン・ホール基地で開かれた「米統合参謀本部議長就任記念式典」に出席した。新統参議長には退役したジョセフ・ダンフォード海兵隊大将の後任として前・米陸軍参謀総長のマーク・ミリー大将が就任した。

山崎統幕長は式典後、ミリー米統参議長、韓国軍合同参謀本部議長の朴漢基陸軍大将と3カ国会談を行った。

3者は北東アジア地域のあらゆる不測事態に対応するため多国間協力の重要性を確認。また、地域の平和と安定を強化するため、多国間協力の枠組みを活用することで合意した。

山崎統幕長は帰国後の10月3日の記者会見で「日米、米韓、日米韓の3カ国の連携の重要性は論を待たない。ミリー大将が統合参謀本部議長に就任した段階で(陸軍種出身の日米韓制服組トップの)3者が一堂に会し、それぞれの立場で発表したことは意義がある」と述べた。

春夏秋冬

インド独立運動とカレーの意外な関係

笠井　亮平

インドといえばカレー、カレーといえばインドである。インドへの関心の高まりや在日インド人の増加もあって、バターチキンやキーマカレーといった定番に加え、昨今では南インドのさらりとしたカレーを出す店も増えるなど、日本におけるインドカレーの存在感は広がるばかりである。

カレーの普及に大きな役割を果たしたのが、戦前・戦中に日本でインド独立運動を展開した活動家たちだ。カレーは明治期に英国経由で日本にもたらされたが、彼らからするとどうも納得のいかない代物だったようだ。ならば自分が作ってみせようと、1927年に新宿中村屋が喫茶部を開設した際、独立運動の草分け的存在だった「中村屋のボース」ことラース・ビハーリー・ボースが「純印度式カリー」を考案。彼が中村屋経営者の娘と結婚したこともあり、このカレーは「恋と革命の味」と呼ばれて大好評を博した。いまでも多くの客が注文する看板メニューであり続けている。

カレーやインド料理に関わった独立運動関係者はほかにもいる。銀座に1949年から続く「ナイルレストラン」という老舗インド料理店がある。この店をオープンしたのはボースの右腕的存在だったA・M・ナイル。同店の代名詞である煮込んだ鶏のモモ肉を使った「ムルギーランチ」は彼自身が考案したものだ。戦中に「インド独立連盟」の日本支部長を務めたラーマ・ムールティという人物がいるが、彼の弟ジャヤも1957年、阿佐ヶ谷に「アジャンタ」を開店した(九段を経て現在は麹町に店舗がある)。どの店も料理が絶品なのはもちろんだが、それぞれの歴史的背景に思いを馳せながら食べてみると、味わいもひとしおではないだろうか。

これまでカレーの伝播方向は「インド→日本」だったが、ここにきて逆方向の展開が始まろうとしている。日本のカレーチェーン、CoCo壱番屋がインド進出を発表。2020年にニューデリー周辺に1号店を出すというのだ。カレーの本場に日本式のカレーを持ち込むという点で、ある意味これも「革命」ではないだろうか? 来年、インドを訪れて現地の人びとの反応を見に行く機会をいまから心待ちにしている。

(岐阜女子大学南アジア研究センター特別研究員)

横浜、横須賀、木更津で「フリートウイーク」開始

海自の「フリートウイーク」で、横浜港を幻想的に彩る電灯艦飾した護衛艦「いずも」(10月5日、横浜市の赤レンガパークで)

10月14日に相模湾で行われる「観艦式」を前にした海自の「フリートウイーク」のイベントが同5日、横浜、横須賀、木更津の各港で始まった。参加艦艇の一般公開をはじめ、満艦飾・電灯艦飾、音楽演奏、シンポジウムなどが行われ、多くの来場者でにぎわった。

海自横須賀基地では護衛艦「てるづき」、艦載ヘリの一般公開などが行われたほか、元・海自隊員で、国際宇宙ステーションに滞在した金井宣茂宇宙飛行士の記念講演には約300人が詰めかけた。

「いずも」電灯艦飾

一方、横浜港の赤レンガパークではヘリ搭載護衛艦「いずも」一日艦長のトークショーやミニP3Cの展示、海自カレーフェアなどを開催。大桟橋に接岸中の「いずも」の一般公開には約1万5000人が来場した。日没後の午後7時からは電灯艦飾も行われ、「いずも」の艦首からマスト、艦尾まで取り付けられた電球が一斉に点灯、近隣の公園で多くの見物客が写真に収めていた。

河野防衛相が相次ぎ電話会談

豪、サウジ、イラン国防相と

河野防衛相は10月3日、就任あいさつを兼ねてオーストラリアのレイノルズ国防相と電話会談し、日豪間で「特別な戦略的パートナーシップ」を深化させるため、引き続き緊密に協力していくことで一致した。

同日はサウジアラビアのムハンマド皇太子兼国防相とも電話会談。2国間の防衛交流や両国を取り巻く安全保障情勢などについて意見交換した。

これに先立ち、1日にはイランのハータミ国防軍需相と電話会談。中東情勢をめぐって意見を交わした。両国の防衛相が電話を含めて会談するのは歴代初めて。

河野大臣は外相時代にもイランと緊密な意思疎通を図ってきたことを述べた上で、最近の中東情勢の深刻化に強い懸念を表明。日本の輸入原油の8割が中東・ホルムズ海峡を通過することを挙げて「この地域の安定は日本のエネルギー安全保障に直接関係がある」と伝え、イランに地域の平和と安定に向けて建設的な役割を果たすよう求めた。

会談後、河野大臣は記者団に「先方から電話会談のオファーがあり、喜んでお受けした。日本とイランはこれまでも友好的な関係にあり、今、中東情勢が厳しい折に防衛大臣同士も率直に意見交換できる関係を作ることは非常に大事だ。外交努力で中東の緊張緩和を目指すのが日本政府の大きな方針だが、防衛当局間でもさまざまなレベルで意見や情報を交換できるチャンネルを築くのは大事だと思う」と語った。

カナダ空軍機が「瀬取り」監視

防衛省は10月1日、北朝鮮船舶による国連制裁逃れのための違法な「瀬取り」を監視するため、カナダ空軍の「CP140哨戒機」が今月上旬から日本の周辺空域で警戒監視活動を開始すると発表した。

カナダ軍機による同活動への参加は昨年4月以来、今年6月に続き4回目。国連軍地位協定に基づき、沖縄県の在日米軍嘉手納基地を拠点に活動に当たる。

朝雲寸言

1964年10月10日、アジアで初めてのオリンピックが東京で開催された。この日を記念して1966年「体育の日」が制定され、10月10日は国民の祝日の一つとなった。その後、10月の第2月曜日に変更され「スポーツに親しみ、健康な心身を培う」各種イベントや運動会が全国各地で行われている▼そして東京オリンピック・パラリンピックの開催される2020(令和2)年に限り、体育の日は7月24日の五輪開会式当日に移動するという。併せて7月の第3月曜日と定められている「海の日」が前日の7月23日に、「山の日」が閉会式翌日の8月10日に移動する▼夏休み中のことで学校に通う子供たちに影響はないものの、一般の大人たちには開会式・閉会式前後の祝日は粋な計らいというべきだろう。2020東京大会を支えるボランティアは総数約8万人といわれる。大会の開会・閉会前後の祝日の設定はボランティアの志願者を後押しするばかりでなく、全国から多くの方々を参集する一助となるだろう▼そして2020年以降、「体育の日」は「スポーツの日」としてその名称を変えることとなる。「スポーツを楽しみ、他者を尊重する精神を培うとともに、健康で活力ある社会の実現を願う」という意義は、少子高齢化を迎える我が国にふさわしいものである▼因みに10月10日は「目の愛護デー」、「銭湯の日」など記念日が一年の中で最も多い日となっている。

時の焦点

国内　臨時国会開会

国民の期待に向き合え

新たな時代を迎え、節目の国会である。政治に対する国民の期待に、的確に応える論戦を展開してもらいたい。

現行憲法下200回目の国会となる臨時国会が開会した。

安倍首相は所信表明演説で、令和改元後の初の国会演説であることを踏まえ、「令和の時代の新しい国創りを、共に進めていこうではありませんか」と呼びかけた。

急速に進む少子高齢化を「最大の挑戦」と位置づけたことは、多くの国民の理解が得られよう。

消費税率の10%への引き上げに、大きな反対は起こらなかった。増税を掲げた与党が国政選挙で勝利した。

これらは、国民の多くが、少子化のもとで負担増はやむを得ないと冷静に判断したためだろう。

問題は、負担増に見合う安心感を得られるような改革を社会保障分野で実現することである。

首相は演説で「子どもからお年寄りまで全ての世代が安心できる社会保障制度を、大胆に構想してまいります」と訴えた。70歳までの就業機会を確保する、とも述べた。

現在の高齢者は、かつてとは異なり、十分に健康で、働く意欲のある人も多い。そうした人々が「社会に支えられる側」から「社会を支える側」に回る意味は大きい。

ただ、個々に見れば、健康状態や就労意欲も様々である。現役世代と全く同じとはいかない。どのような形なら就労できるか、年金制度や企業の義務はどうあるべきかなど、現実的な検討を進める必要がある。

残念なのは、こうした首相の問題提起に対し、野党が「疑惑追及」型の論戦で臨もうとしていることだ。

立憲民主党の安住淳国会対策委員長は「憲法より関電だ」などとして、関西電力役員らの金品受領問題を追及する意向だという。「あいちトリエンナーレ」への補助金不交付なども取り上げるとしている。

関電幹部らが多額の金品を受け取っていた問題は、原発事業に対する信頼を損なう深刻な問題である。全容は明らかになっておらず、国会で解明する意義もあろう。

だが、疑惑追及だけでは国会の役割は果たせまい。野党はむしろ、社会保障制度改革などで、政府とは異なる魅力的な選択肢を示すべきだ。憲法や外交・安全保障も大いに論じ、国民に安心感を与えてもらいたい。

現に、北朝鮮の弾道ミサイルが日本の排他的経済水域（EEZ）内に落下するなど、安全保障環境は予断を許さない。日米韓の連携をいかに改善するかなど、現実的な立場から論じるべき課題は多い。

注目されるのは、国民民主党の玉木雄一郎代表が衆院憲法審査会の委員に就任することだ。首相は演説で、憲法審査会への期待を語った。改憲論議に前向きな姿勢を示してきた玉木氏が、そこでどんな議論を展開するか。令和の与野党攻防における最初の焦点となろう。

宮原 三郎（政治評論家）

海外　ウクライナ疑惑

ロシア！の"二番煎じ"

トランプ米大統領が7月25日、ゼレンスキー・ウクライナ大統領との電話会談で、来年の大統領選候補の一人バイデン前副大統領と息子の調査を依頼し、大統領選介入を促したという、いわゆる「ウクライナ疑惑」。

しかし、トランプ陣営がヒラリー候補に勝つためロシアと「共謀」したと、調査に約2年、2520万ドルも浪費した「ロシア疑惑」の"二番煎じ"の感は否めない。

前回、反トランプ・ガセネタ文書の主要ソースは英元情報機関員だったが、今回は米中央情報局（CIA）職員。文書の代わりに今度は内部告発者。告発者の弁護士はバイデン氏への献金者でもある。

両大統領の電話会談後、民主党は直ちに新たな「疑惑」の策動を開始。8月中旬に告発書がまとめられ、同月末にはシフ下院情報委員長に届けられた。

告発書によると、「6人以上の米当局者が私に様々な事実を伝えた」そうだが、「私は記載した出来事のほとんどを直接目撃していない」。つまりは「伝聞」だ。

ここで重要な事実を一つ。情報当局は8月、内部告発は本人が直接知った事実でなければならないとする要件を削除し、「伝聞」も認められるように改めた。しかも極秘に。告発者にとって、何と都合のいい「偶然」か。

第一、米大統領がウクライナにバイデン氏の違法行為の調査を要請しても、法的に何ら問題ない。両国は1998年に「相互司法共助協定」に署名、上院は2000年に批准済みだ。

9月26日のFOX-TVの討論番組「ザ・ファイブ」は傑作だった。ホストのジェッシ・ワターズがリベラル派ゲストのファン・ウィリアムズに協定の件を告げると、ウィリアムズは「君の勝ち。降参だ！」

上院民主党の3議員が18年5月、ウクライナの検事総長にトランプ氏の調査を要請。応じないと米国の援助を失うと脅した一件など、報じられていない事実は多い。

シフ委員長は9月26日の委員会で、電話会談の内容（と称するもの）を公表した。

「米国は貴国を厚遇してきたが、互恵的ではなかった」

「私の政敵に関するスキャンダルがほしい」

ホワイトハウスが同日、会談内容を公表したので、同委員長のねつ造が判明した。

「優秀な検察官が捜査を禁じられたそうだが、実に不当だ」

「バイデン氏は息子ハンターに関する検察の捜査を中止させたと自慢しているが、その件を調べてもらえれば」

事実、バイデン氏は18年1月、外交関係評議会の討論会で、副大統領だった16年3月、援助凍結を脅しにウクライナ政府に首席検察官を解任させたと自慢していた。

ウクライナにも天然ガスにも経験ゼロの息子が数年間、同国ガス会社の幹部として月額5万ドルの高額を受け取っていたのはなぜか。「実は問題は複雑ではない」（評論家タッカー・カールソン氏）と言う通りかもしれない。

草野 徹（外交評論家）

空幕長から「優良提案褒賞」

2件8隊員 点検の改善策、効率化

空自の優良提案褒賞に選ばれ、丸茂空幕長（右）から表彰される6空団の小西1曹（その左）ら受賞隊員（10月3日、空幕大会議室で）

空自の各部隊等で優秀な業務改善提案を行った隊員を表彰する「平成30年度下期・優良提案褒賞」の授与式が10月3日、空幕で行われ、6空団（小松）と1空団（浜松）の2件・8隊員に、丸茂空幕長から褒賞状と副賞のメダルが贈られた。

同褒賞制度は平成4年に始まり、平成30年度下期は全国から65件の応募があり、その中から6空団の「レーダー・セット加圧点検時における加圧漏れLRU分離ツールの作製」（小西博1曹、山崎優太郎1曹＝現・飛実団、鳥越伸也2曹、長嶋由妃士長）と1空団の「T4航空機の落下タンクスニッフル・バルブの機能点検方法の改善」（田上智博1曹、中村拓朗2曹、渕江翔3曹、神崎淳3曹）が選ばれた。

表彰式には空幕総務部長の石上誠将補ら各部長、横田雅宏空自准曹士先任らが立会。丸茂空幕長は受賞隊員8人（うち1人は入校中で欠席）に対し、「より良い方法を模索した諸官の知恵、努力に敬意を表したい。今回の受賞を機に、今まで以上に改善提案に取り組み、同僚や後輩にこうした知識を普及していってほしい」と要望した。

6空団の提案はF15戦闘機のレーダー・セットの加圧点検の改善策。従来は構成品を1カ所ずつ交換・点検していたため、最大で29時間かかっていた。作製した「LRU分離ツール」を使うと構成品を機体に搭載したままチェックでき、2時間で終えることが可能だ。

一方、1空団の提案はT4練習機のタンクに付いているスニッフル・バルブの機能点検の効率化。タンク全体の加圧で80分かかっていた点検を改善するため、修理隊の渕江3曹らがアルミ製の専用器材を作製した。器材にバルブを装着することで単体での点検ができ、2分で作業を終わらせることができるようになった。

派遣隊員が出国報告

RDEC初の医療分野 湯浅陸幕長が激励

国連の支援部隊早期展開プロジェクト「RDEC（アールデック）」の事業で初となる「野外衛生救護補助員課程（UNFMAC）」の試行訓練がアフリカのウガンダ共和国で始まった。

この訓練に教官要員として派遣される陸自衛生学校（三宿）の草薙恭圭3佐と松野直樹1尉が10月1日、防衛省を訪れ、湯浅陸幕長に出国を報告した。

出国報告は陸幕長応接室で行われ、湯浅陸幕長は医官2人に「諸官らを通じて築く（各国要員との）関係は一過性のものではなく、（日本にとって）戦略的に意義のあるものだ」と激励した。

草薙3佐ら2人は10月3日に日本を出国し、ウガンダの首都エンテベにある国連エンテベ支援センターでベルギーなどの医官ら6人と共にUNFMACの教育・訓練に当たる。同試行訓練には南スーダン共和国ミッション（UNMISS）などに派遣されている各国の国連平和維持活動（PKO）要員約24人が訓練生として参加し、負傷者応急処置から移送までの手順を学ぶ予定。

出国を前に草薙3佐は「国連PKOに参加する隊員の救護能力の向上を通じて、地域の平和と安定に寄与できるプロジェクトだ。日本国の代表として誇りと熱意を持って任務に取り組みたい」と抱負を語った。

出国報告に訪れた草薙恭圭3佐（中）と松野直樹1尉（左）を激励する湯浅陸幕長＝10月1日、陸幕長応接室で

東シナ海で日米 情報交換訓練

海自31空群81航空隊（岩国）は10月8日から10日まで、東シナ海上空で米海軍航空部隊と共同訓練を実施した。

81空からはEP3電子戦データ収集機とOP3C画像情報収集機各1機、米海軍はEP3E電子偵察機1機が参加。日米両部隊は各機が探知した目標の情報を相互に交換する訓練を行い、情報共有などの連携を強化した。

次世代海軍士官交流プログラム

＝海幹校で始まる＝ 29カ国から32人の若手士官が参加

海自幹部学校（学校長・乾悦久海将）で10月8日、西太平洋海軍シンポジウム（WPNS）加盟国による「第9回WPNS次世代海軍士官短期交流プログラム」が始まった。18日まで。

同プログラムは各国の若手士官に対し、安全保障環境や防衛政策などの相互理解を図り、信頼関係を醸成するための交流事業。今年は、初参加のブラジルをはじめ、米、豪、印、伊、加、中、韓、比など29カ国から少佐・大尉クラスの若手士官32人が参加している。

研究会で参加者は、「自由で開かれた海洋における海軍間協力」をメインテーマに、①海洋状況把握／認識②海洋秩序の維持および強化③海軍士官教育④人道支援・災害救援（HA／DR）――の四つのテーマで討議を行う。

期間中、参加者は14日に相模湾で行われる自衛隊観艦式も見学する。

山村海幕長は10月1日の記者会見で「将来各国海軍を担う士官と海自幹部自衛官との人的ネットワークの構築を図るとともに、将来的に我が国にとって好ましい安全保障環境の構築に寄与する意義がある」と述べた。

また、観艦式への招致を見送った韓国の同プログラム参加について、「韓国は前身の『次世代海軍士官セミナー』（2000～10年）から参加している。日韓、日米韓の連携は重要だ」と語った。

ロシア艦艇3隻 宗谷海峡を東進

10月1日午前6時半ごろ、ロシア海軍の「グリシャV」級小型フリゲート（艦番号369）、「ナヌチカⅢ」級ミサイル護衛哨戒艇（同423）、「ズヴョズドチカ」級兵器輸送艦各1隻の計3隻が、北海道・宗谷岬の北西約65キロの公海上を東に向け航行するのを海自1ミサイル艇隊（余市）のミサイル艇「わかたか」が確認した。

3隻はこの後、宗谷海峡を東進してオホーツク海に入った。

腐食防止剤劣化でピンが固着か

AH64D墜落 事故最終結果

昨年2月、陸自第3対戦車ヘリコプター隊（目達原）所属のAH64D戦闘ヘリ502号機が定期整備後の試験飛行中、佐賀県神埼郡の住宅地に墜落し、乗員2人が殉職、民間人1人が負傷した事故で、陸幕の航空事故調査委員会（委員長・竹本竜司陸幕副長）は9月27日、事故の最終調査結果を発表した。

昨年5月に発表した中間報告と同様に、「事故機のアウトボード・ボルトに亀裂が入って破断し、連鎖的に関連部品が影響を受け、メイン・ローター・ブレード（回転翼）が機体から外れた」ことが事故の主原因であったとし、「操縦や整備は事故原因ではなかった」と断定した。また、ボルト破断の原因として、新たに腐食防止剤の劣化による可能性を指摘した。

ボルトは本来、穴に差し込まれたピンと一体で回転する。事故機のピンは腐食防止剤の劣化で固着して回らず、ボルトとの間で摩擦が生じて破断が起きたと説明。その一方で、航空機への搭載前に何らかの原因でボルトに亀裂が発生した可能性もあるとした。

陸幕はいずれの原因にも対応しうる以下2点の再発防止策を発表した。

①点検要領の見直し＝メイン・ローター・ヘッド搭載前の点検要領の見直し▽構成品の動作確認を徹底し、腐食防止剤などによる固着がないことを確認▽アウトボード・ボルトに亀裂などの異常がないか、超音波などを使用した非破壊検査による点検（すでに搭載済のものも改めて実施）▽運用250時間もしくは270日ごとに非破壊検査と腐食防止剤の再塗布を行う。

②保管要領の見直し＝メイン・ローター・ヘッドの保管を従来の木製から機密性の高い金属製のコンテナに変更する。これにより外部から内部の湿度を確認でき、腐食防止剤の劣化を発見しやすくする。

◇

山本防衛副大臣は9月27日、佐賀県庁を訪れ、山口祥義知事に調査結果を伝えた。湯浅陸幕長は10月3日の記者会見で、「部外の方を不安にさせ、多大な被害を与え、極めて遺憾に思っている。かけがえのない2人の隊員を失ったこのような事故を二度と起こさないように万全を期したい」と述べた。陸自は今後、再発防止策を徹底し、地元自治体などの理解を得た上で、AH64D全12機の飛行再開を目指す。

◇新「防衛白書」で日本国防協会が講演会

日本国防協会は10月23日（水）午後3時から東京都新宿区のホテルグランドヒル市ヶ谷で「令和元年版防衛白書」をテーマに講演会を開く。講師は防衛省企画評価課白書作成事務室長の日ノ澤寿行氏。

聴講希望者は協会事務局にFAX（03-5229-2050）又はメール（info@kokubou-league.com）で申し込む。締め切りは10月18日。聴講料は会員・隊員・OBが千円、一般2千円。

防衛省発令

▽統幕運用1課事態対処調整官（統幕運用1課）1海佐 石田 徹
▽海幕防衛課（海幕補任課）同 原田 康平
▽自衛艦隊司令部（統幕運用1課事態対処調整官）同 新妻 嗣礼
（以上9月30日）
▽統幕学校教育課1教官室学校教官（統幕学校教育課）1空佐 角田 厚彦
▽海幕援護業務課援護班長（海幕援護業務課）1海佐 五十嵐 裕
▽同艦船・武器課艦船・武器調整官（艦船開発隊副長兼装備実験部長）同 木下 治信
▽2航空群首席幕僚（203教育航空隊司令）同 前田 忠久
▽艦船開発隊副長兼装備実験部長（海幕艦船・武器課艦船・武器調整官）同 岸本 昌之
▽203教育航空隊司令（航空集団幕僚）同 林 和昭
▽航空補給処（海幕援護業務課援護班長）同 花田 博光
▽兼空幕防衛課 空自幹部学校 1空佐 水岩 伸吾
▽北部航空方面隊防衛課長（北部航空方面隊司令部）2空佐 坂本 圭助
▽西部航空警戒管制団13警戒群司令兼高畑山分屯基地司令（同防衛課長）同 嶋本 好晃
▽空自幹部学校付（統幕学校教育課1教官室学校教官）1空佐 宮本 裕徳
▽兼中央病院3外科部長 中央病院5外科部長 1陸佐 宇都宮勝之
（以上10月1日）

39カ国が共同「カーン・クエスト19」

「施設警備」や「駆け付け警護」

PKO任務を想定

陸自中即連

陸自など39カ国の部隊が参加した多国間共同訓練「カーン・クエスト19」がこの夏、モンゴルの首都ウランバートルの南西約50キロにあるファイブ・ヒルズ演習場で行われた。

陸自からは国際活動教育隊（駒門）の教官要員5人と中央即応連隊（宇都宮）の1個小隊基幹約55人が参加した。

隊員たちは外国軍部隊と共同で「国連PKOミッション司令部」（想定）を舞台に、平和維持活動に関するさまざまな指揮・幕僚活動を演練したほか、多国間で討議や意見交換なども行った。

実動訓練では国連PKOで基本的な活動となる「国連施設の警備」「路上などでの固定検問」「IED（即席爆発装置）対処」「巡察」「車列警護」「交付所任務」などをモンゴルの広大な草原の中で演練した。

このうち「施設警備」は、国連の管轄エリアに現地住民が抗議や糧食を奪う目的で侵入したとの想定で行われ、隊員たちが侵入者を取り押さえて連行する一連の動作などを訓練した。

一方、「固定検問」では、PKO部隊の宿営地に水をもらうために訪れた現地住民が検問所を通過する際、身体に爆発物などを隠し持っていないかを検査する訓練を行った。

このほか、暴動が発生し、PKO職員らが暴徒に拘束されたとの想定で「駆け付け警護」の訓練なども実施した。

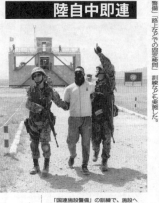

車列警護中にPKO要員が暴徒に拘束されたとの連絡を受け、「駆け付け警護」に向かうPKO部隊の車両（写真はいずれもモンゴルのファイブ・ヒルズ演習場で）

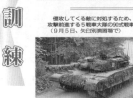

「国連施設警備」の訓練で、施設への侵入者（中）を取り押さえ、連行する一連の動作を演練する陸自隊員

「固定検問」の訓練で、安全を確保しながら訪問者の身体検査を行う陸自隊員

ビッグレスキュー　その時に備える　第24回

北海道胆振東部地震を経験して

北海道

小沼　敏孝氏

北海道総務部危機対策課
危機対策企画幹
（元1陸佐）

1　はじめに

平成29年4月、陸上自衛隊を早期退職し、北海道総務部危機対策課に危機対策企画幹として入庁しました。

私の役割は、道の防災対策強化に資する訓練の実施、各種災害発生時における災害対策の支援等、陸自北部方面総監部との連携強化であります。

2　北海道の特性と防災への取り組み

北海道には179の市町村があり、我が国総面積の約2割と広大であるとともに、地域により災害の特性が異なるのが大きな特性です。冬期の暴風雪による雪害等はもちろんですが、ここ数年は非常に台風が北上してくるようになり、平成28年には4つの台風が連続して上陸して大規模な被害を受けています。

また、政府地震調査委員会によると、「千島海溝沿い超巨大地震」が切迫している可能性が高いと評価されており、さらには、常時観測火山が9火山あり、これらの特性を踏まえ、道の防災の主要な取り組みは、防災関係機関等の参加による、広域に及ぶ大規模自然災害を想定した防災総合訓練（実動）、災害対策本部運営訓練（図上）、火山噴火防災訓練（実動・図上）、市町村の訓練支援（昨年度41市町村）、学校の授業を活用した「防災学校」、各首長を対象としたトップセミナーの開催等でありますが、これらを通じ、道及び各市町村の防災力の向上を図っているところです。

昨年9月の北海道胆振東部地震で大きな被害を受けた厚真町で、対策会議に臨む関係機関代表者。手前（背中）が宮坂尚市朗町長、右奥が道庁から派遣された小沼危機対策企画幹＝右下の写真も

また、7月1日現在、道に常勤4名、非常勤の「危機対策支援員」6名、48市町に58名の退職自衛官が任用されていますが、退職自衛官の豊富な経験等が自治体の危機管理に極めて有益であることを、道から未配置の自治体へ機会を捉えてPRしております。

3「胆振東部地震」対応と今後の課題

平成30年9月6日3時7分、道内で初めて最大震度7を観測する「胆振東部地震」が発生し、43人の方が亡くなられる等の大規模な被害を受け、また道内全域が停電という未曽有の事態となり、道民の暮らしや経済社会活動に大きな影響を及ぼしました。

当日4時に「災害対策本部指揮室」（初動対応の指揮命令の司令塔）が開設され、私も指揮室において陸自北部方面総監部の連絡幹部等と調整しておりましたが、厚真町において土砂崩れによる大規模な被害が発生しているとの情報により、上司から厚真町のリエゾン（連絡員）として派遣を命ぜられ、海上保安庁のヘリで前進し、役場に到着したのが10時頃でした。

すでに役場に指揮所を開設していた第7師団の隊員から被災現場の状況を確認したところ、救助部隊が活動している土砂崩れ現場における道路啓開が重機の不足から難航していたため、道道の啓開にあたっていた業者の重機を転用させるなど、当初は救助に必要な事項を調整し、じ後、9月下旬まで厚真町において町のニーズに応ずる調整等を実施いたしました。

そのため、私自身は災害対策本部指揮室の活動については十分把握はできませんでしたが、検証委員会の報告において具体的な課題と方向性が示されるとともに、自助や共助の意識徹底による地域の防災力の向上のための道、市町村、関係機関との連携強化および最も厳しい厳冬期における発災を想定した訓練の実施が強調されており、局内の各業務に反映しているところです。

なお、本地震対応における支援物資の受け入れ、集積拠点の設置、輸送等の業務は、前年度に実施した防災総合訓練での協定締結業者との物資輸送訓練の成果が発揮されたものでした。

4　おわりに

本地震対応においても最も頼りになったのは自衛隊の存在であり、救出救助、道路啓開、給食・給水・入浴支援のほか、物資輸送、電力・燃料供給、医療支援等、広範多岐にわたり活動していただきました。

また、発災初日から全国協定に基づき、東北6県と新潟県の退職自衛官が応援に駆けつけ、約1カ月間「避難所運営」および「罹災証明」の職員延べ300人以上の派遣を受け、さらには、大先輩である道の危機対策支援員6名が、被災3町や災害対策本部指揮室等において職員同様の勤務をしてくれました。

改めて、自衛隊の組織力の素晴らしさと、自衛官の強い絆を感じたところであり、ご協力いただきました皆さまに感謝しております。

今後、このような大規模災害がないことを願いながら、北海道と道内各市町村の退職自衛官とが連携して、いざという時のための万全な備えに尽力したいと考えています。

訓練

総合戦闘力を発揮

帯広

【5旅団＝帯広】旅団の人員約1500人、車両約400両、航空機2機は9月1日から9日まで、矢臼別演習場で行われた「北部方面隊総合戦闘力演習」に参加した。

同演習は北海道全域で作戦を遂行する方面隊最大規模の実動訓練。総合戦闘力を最大限に発揮する内容となり、5旅団は侵攻してくる敵に対処するため、戦車などによる攻撃行動を実施するとともに、3個部隊の訓練検閲も実施した。

検閲に当たり小瀬幹雄旅団長は、①指揮の要訣の実践②戦闘力の組織化、強靭性・持続性の発揮――などを隊員に要望し、「各部隊長を核心として一致して任務を遂行せよ」と訓示した。

侵攻してくる敵に対処するため、攻撃前進する5戦車大隊の90式戦車（9月5日、矢臼別演習場で）

16式導入後初の合同射撃

北熊本

【42即機連＝北熊本】連隊は8月22日から25日まで、大分県の日出生台演習場で16式機動戦闘車（MCV）の導入後初となる「合同射撃訓練」を実施した。

訓練は機動戦闘車隊長の山添直樹3佐を統裁官に、同隊と同じくMCVを装備する4偵察隊（福岡）と協同で射撃能力向上を図った。さらに四国・香川県から15即機連（善通寺）のMCVも訓練にオープン参加した。

各隊はこれまで操縦・射撃を積み重ねてきた成果を遺憾なく発揮し、迅速かつ正確な射撃を見せた。

目標方向に砲口を向け、車列を組んで前進する42即機連の16式機動戦闘車（日出生台演習場で）

敵艦隊を迎撃

北千歳

【1特団＝北千歳】1特団は9月4日から10日まで、3地対艦ミサイル連隊（上富良野）の訓練検閲を実施した。

検閲は「対着上陸戦闘」がテーマで、統裁官の片岡義博団長は隊員に対し、「これまでの練成、成果を十分に発揮し、この検閲間も成長せよ」と要望。これを受けて内山浩成連隊長は「生き残って戦い続けよ。部隊を確実に指揮・掌握せよ」とゲキを飛ばした。

初日、部隊は長距離機動を開始し、上富良野、美唄、留萌演習場に展開した。直ちに陣地偵察・占領・構築を行い、この間、敵の弾道ミサイルなどの攻撃を受けながらも、各部隊はこれに耐え、所命の時刻までに対艦戦闘準備を完了させた。

そして敵艦隊が射程圏に入ると、隊員たちは野戦特科精神を存分に発揮し、敵艦船に対する対艦戦闘を実施、これを〝撃破〟して任務を完遂した。

「対艦戦闘」の準備を整える3地対艦ミサイル連隊の88式地対艦誘導弾（9月9日、上富良野演習場で）

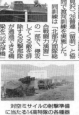

「92式浮橋」を架設

南恵庭

【3施団＝南恵庭】105施設器材隊はこのほど、北海道の天塩川渡河訓練場で104施器隊（船岡）、12施群（岩見沢）、26普連（留萌）と協同で渡河訓練を実施した。

同訓練は「北部方面隊総合戦闘力演習」の一部で、侵攻してくる敵を排除する反撃部隊が通過できる橋梁を「92式浮橋」で架設した。幅約200メートルという大河の天塩川に104、105両施設器材隊が協同し、浮橋を数時間かけ完成させた。

今回の浮橋架設は5年ぶりで、橋の完成後、12施群の92式地雷原処理車や26普連の96式装輪装甲車などが次々と通過。これを吉田圭秀北方総監らがつぶさに視察した。

104、105両施設器材隊が架設した「92式浮橋」の上を通過する26普連などの車両

ミサイル実射　曇天で見送り

松山

【14高特隊＝松山】14高射特科隊はこの夏、北海道の静内射場で対空実射訓練を行った。

同訓練は年に1度の実弾を使ったミサイル実射訓練で、全国の高射特科部隊が競い合った。

対空ミサイルの射撃準備に当たる14高特隊の各種器材（北海道の静内射場で）

訓練では、真駒内駐屯地などの対空射撃訓練装置「GSM17」を使って「模擬実射訓練」、東千歳駐屯地での射撃準備訓練の後、安平弾薬支所で実弾を受領し、静内射場に移動した。

事前に行った模擬射撃評価、射撃準備評価はいずれも良好な成果を収め、射場当日を迎えた。射場には小和瀬一14旅団長、宮本久徳高射学校長が視察する中、標的機が空に向けて発進した。これを短SAM、近SAMのレーダーが捉え、完全な発射準備を整えた。しかし、曇天により安全問題が生じたため、この日のミサイル実射は行われなかった。

陣地防御に3000人　2特連など5個部隊

旭川

【2師団＝旭川】2師団はこのほど、北海道大演習場で2特連など5個部隊の師団訓練検閲を行った。

「師団の陣地防御における各部隊の行動」が項目で、隊員約3000人が参加した。各受閲部隊は諸職種と緊密に連携し、堅固な築城による防御戦闘を完遂した。

砲撃を行った後、直ちに陣地変換する2特連の99式155ミリ榴弾砲

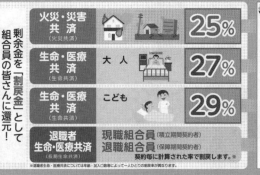

厚生・共済 特集

共済組合本部契約商品
3種の「おせち料理」お得にお正月の準備を

【商品2】おせち料理「正月」

【商品1】おせち料理「祝の幸」

【商品3】おせち詰め合わせ

標準価格から大幅値引き

秋も深まりつつありますが、歳末・新年のご準備は進んでいますか。

防衛省共済組合では、「令和2年」の新年を皆さまが健やかに平和に迎えられるよう、共済組合本部契約商品として各種「おせち料理」をご用意しております。標準価格に比べ、組合員は大幅に割引された特別価格となっておりますので、大変お得です。郷里のご家族への贈答品としても、ぜひご利用ください。

おせち料理 祝の幸（三段重）【商品1】

大人から子供まで楽しめる「和」と「洋」を組み合わせたベーシックお重です。国内で最終加工された食材34品を詰め合わせにしました。組合員価格は税込み1万4229円（標準価格1万7280円）となっております。

おせち料理 正月（三段重）【商品2】

「和」にこだわり、伝統的な食材40品を詰め合わせた豪華なおせちです。

食材はいずれも国内で最終加工した品を使用しています。組合員価格は税込み2万4026円（標準価格2万9700円）です。

おせち詰め合わせ ディズニー【商品3】

お子様のいる家庭向けの着物姿のミッキー・ミニーがお正月をお祝いする華やかなオリジナルデザインのお重です。お重は食べ終わった後も、お弁当などの容器として再利用できます。組合員価格は税込み9850円（標準価格1万2100円）です。

ご注文・お問い合わせは、株式会社紀文食品（電話03-6891-2768）の担当・川西までどうぞ。お支払いは郵便振込と代引き（手数料はお客様負担になります）が選べます。

ホテルグランドヒル市ヶ谷が「敢闘賞」受賞

令和元年度 自衛消防訓練審査会 東京・牛込消防署

東京消防庁牛込消防署が主催する「令和元年度自衛消防訓練審査会」が9月13日（金）に開催され、ホテルグランドヒル市ヶ谷など管内の各事業所から男子12チーム、女子3チームが出場しました。

ホテルグランドヒル市ヶ谷（指揮者・荒木憲好＝経理課、1番員・近藤貴彦＝洋食課、2番員・金子雅広＝宿泊課）は大健闘し、見事「敢闘賞」を受賞しました。

この日の訓練審査会は「大地震に続き、火災が発生した」という想定で行われ、各チーム3名が連携して発災時の館内放送、119番通報、消火器を使った初期消火、残された人の避難誘導、そして屋内消火栓を使った消火活動に臨み、その迅速性や手順、連携要領などを牛込署員が審査しました。

この結果、ホテルグランドヒル市ヶ谷は高い災害対処能力を見せ、敢闘賞に輝きました。

「課を越えて結束」

指揮者を務めた荒木さんは「各隊員とも業務多忙のなか、『お客さまの安全と安心を守る』ことを念頭に練習に励んできました。ご協力をいただきました皆さまのおかげで、審査会当日は最高の実技を行うことができました。課を越えて結束できたことは、大変貴重な経験となりました。今後もこの経験を生かし、防火・防災の意識を高め、業務を行ってまいります」と話していました。

東京消防庁牛込消防署の「令和元年度自衛消防訓練審査会」で、連携して大地震に続く火災に対処するホテルグランドヒル市ヶ谷チーム

実際に消火栓を使用し、放水により火を消し止める隊員

割安な保険料で大きな保障
防衛省職員団体生命保険

防衛省共済組合では、組合員とその家族の皆さまを、万一の時にお守りする団体生命保険（幹事会社・日本生命、明治安田生命）を取り扱っています。

この保険は、割安な保険料（1口100円）で大きな保障が得られる有利な保険です。また、申し込んだその日から保障が開始される「即時保障」も選択できます。

【加入資格・加入口数範囲（1契約あたり）】

○組合員本人＝申込日現在、健康で正常に勤務し、かつ医師の治療・投薬を受けていない年齢14歳6カ月超69歳6カ月以下の人。加入口数範囲は6口以上50口まで。

○配偶者＝組合員本人の配偶者で、同じく健康な年齢満16歳以上60歳6カ月以下の人。8口以上14口まで。

○こども＝組合員本人が扶養しているこどもで、同じく健康な年齢2歳6カ月超22歳6カ月以下の人。1人あたり一律3口。

保障内容（1契約あたり）は、「不慮の事故による死亡（高度障がい）」の場合、組合員本人（50口）に4210万円、配偶者（14口）に1218万円、こども（一律3口）に444万円が保険金として支払われます。

このほか、病気による死亡（高度障がい）、不慮の事故による障がいでも、所定の保険金が支払われます。この機会にどうぞご加入ください。

「マイナンバーカード」取得のご案内
早めの申請・手続きを

共済組合では組合員および被扶養者の方へ「マイナンバーカード」の取得を推奨しています。

令和3年3月から、組合員証だけでなく、マイナンバーカードでも医療機関で受診できるようになる予定です。（全ての医療機関で受診可能ではありません）

令和2年10月からはマイナンバーカードへの自治体ポイントの付与も予定されており、時期が近くなると申請が集中してマイナンバーカード発行に時間がかかる恐れがあります。ぜひ、この機会に早めの申請・取得をしましょう！！

これからは手放せない！
マイナンバーカード
0120-95-0178

◎マイナンバーカードが共済組合員証の代わりになるの？

医療機関側が組合員や被扶養者の資格確認をオンラインにて即時に行うことにより、マイナンバーカードでも医療機関で受診が可能になります。（自衛官診療証については検討中）

◎マイナンバーカードを作るメリットってあるの？

○顔写真付の身分証明書になります

○コンビニ等で住民票・印鑑証明書の発行ができます

○ポイントでお買い物ができます

※マイナンバーカードを作成するだけではポイント利用はできず、マイキープラットフォームで手続きを行う必要があります。

◎マイナンバーカードを持ち歩いて大丈夫？

マイナンバーカードのICチップには、税や年金等のプライバシー性の高い情報は入っておらず、マイナンバーを知られても個人情報を調べることはできません。

◎マイナンバーカードを作るにはどうすればいいの？

○パソコンによる申請（交付申請用のWEBサイトにアクセス）

○スマートフォンによる申請（交付申請書のQRコードからアクセス）

○まちなかの証明写真機からの申請（画面の案内に従って手続き）

○交付申請書による申請

皆さまもマイナンバーカードをぜひ、ご利用ください。

年金Q&A
「年金生活者支援給付金」の支給対象者の要件を教えて下さい
基礎年金請求時に認定請求の手続きを

Q　10月から「年金生活者支援給付金」が実施されると聞きましたが、どのような人が支給の対象になるのですか。

A　2019年10月から実施されている年金生活者支援給付金は、消費税率引き上げ分を活用し、年金を含めても所得が低い方の生活を支援するために、年金に上乗せして支給するものです。支給の対象となるのは、給付金の種類ごとに、以下の要件をすべて満たしている方です。

1　老齢年金生活者支援給付金・補足的老齢年金生活者支援給付金

①65歳以上で、老齢基礎年金を受けている

②世帯全員の市町村民税が非課税となっている

③前年の年金収入額とその他の所得額の合計が77万9300円※以下である

※所得の逆転を生じさせないため、③が87万9300円以下であれば補足的老齢年金生活者支援給付金の対象となります。

2　障害年金生活者支援給付金

①障害基礎年金を受けている

②前年の所得額が「462万1000円＋扶養親族の数×38万円※」以下である

※同一生計配偶者のうち70歳以上の者又は老人扶養親族の場合は48万円、特定扶養親族又は16歳以上19歳未満の扶養親族の場合は63万円。

3　遺族年金生活者支援給付金

①遺族基礎年金を受けている

②前年の所得額が「462万1000円＋扶養親族の数×38万円※」以下である

※同一生計配偶者のうち70歳以上の者又は老人扶養親族の場合は48万円、特定扶養親族又は16歳以上19歳未満の扶養親族の場合は63万円。

ただし、以下のいずれかの事由に該当した場合は、給付金は支給されません。

①日本国内に住所がないとき

②年金が全額支給停止のとき

③刑事施設等に拘禁されているとき

給付金の額はその種類により異なりますが、受給要件を満たしている限り継続して受け取ることができます。

給付金を受け取るためには、認定請求手続きを行う必要があります。2019年4月1日時点ですでに基礎年金を受給している方で、給付金に該当すると認められる方には、2019年9月以降、日本年金機構から手続きのご案内が送付されています。2019年4月2日以降に基礎年金を受給される方は、基礎年金請求手続きを行う際に、「年金生活者支援給付金請求書」に必要事項を記入のうえ、お近くの年金事務所に提出してください。認定がされると「年金生活者支援給付金支給決定通知書」が、受給資格がないときは「年金生活者支援給付金不該当通知書」が送付されます。

詳細については、年金生活者支援給付金専用ダイヤル0570—05—4092（ナビダイヤル）又は03—5539—2216（一般電話）へお問い合わせください。

（本部年金係）

車を買うなら防衛省共済組合の割賦販売をご利用ください！

割賦販売について

とある日常—
欲しい車があるんだけどローンとかよく分からないしどうしよう・・・。
それなら、共済組合の割賦販売がオススメですよ。返済が「源泉控除」で、給与から天引きなので、給与振込口座を変えたときも手続き不要なんです！さらに今、利率が低いこともポイントです。
給与からの天引きなら簡単だね！！
しかも、購入代金は共済組合が販売店に直接支払ってくれますから、支払手続きが不要ですし、銀行ローンではないので車の名義も初めから自分のものになるんですよ。
へぇぇ。共済組合にそんな制度があったんだ。どんな手続きが必要なの？
販売店（※）で欲しい自動車の見積書をもらったら、直近の給与明細と一緒に物資窓口へ持っていけばいいですよ！
※共済組合で契約している販売店に限り、割賦制度のご利用が頂けます。ご利用の可否については、各支部物資窓口にお問い合わせください。
とりあえず聞きにいってみようかな。
そうですね。まずは、支部物資係に気軽に相談してみてください。

○　返済期間中の割賦残額の全額返済や一部返済、また、条件付きで返済額や返済期間の変更も可能です。

詳しくは最寄りの支部物資係窓口までお問い合わせください。

厚生・共済 特集

入間で「中空調理競技会」
「空上げ」テーマに14個部隊熱戦

空自は現在、"空自全体で上を目指す"という意味を込めて空自の「空上げ（唐揚げ）」を広く内外にアピールしている。その一環として9月19日、入間基地で中部航空方面隊調理競技会が「空上げ」をテーマに開かれ、14個部隊が熱戦を繰り広げた。競技の結果、京風だしに七味唐辛子をきかせた「七味鶏」で挑んだレーダーサイト部隊の35警戒隊（京都府・経ケ岬）が優勝。来年2月、入間基地で開催される「空自調理競技会」に中空代表として出場する。

中空各部隊の「空上げ」を試食し評価する野澤隆一中空幕僚長（手前）ら審査委員たち＝9月19日、空自入間基地で

経ケ岬分屯基地「七味鶏」優勝
京風だしに唐辛子きかせ

中部航空方面隊の「ナンバーワン空上げ」を決める競技会には、中空管内から14個部隊の代表が出場し、入間基地の隊員食堂で勝負に挑んだ。

最初に競技会副会長の小島隆中空副司令官があいさつ。「これまで培った技量を存分に発揮して空上げを調理してほしい。部隊の名誉を担い、魂を込め、全力を出し切ろう」と出場選手を激励した。

この後、各部隊の選手紹介が行われ、全員が臨戦態勢を整えたところで岩城公隆中警団司令が競技開始の銅鑼を鳴らした。

各選手は一斉に野菜などを刻みはじめ、それぞれ鶏肉を用意し、「空上げ」の下準備に移った。各隊が隠し味に使う香辛料の匂いが会場のあちこちに立ち込めた。

各部隊はそれぞれ地元の食材などをたくみに盛り込み、よそにない独自の「空上げ」作りに挑んだ。福島県の27警戒群（大滝根山）は刻んだ中華麺や焼き豚などを衣にまとわせた「喜多方ラーメン風空上げ」を調理。三重県の14高射隊（白山）は餃子のタネを鶏肉で包んだ「餃子空上げ」を作り上げるなど、各部隊とも異彩を放つ料理で勝負し、審査する隊員をうならせていた。

制限時間の120分が経過し、テーブルには揚げたてアツアツの「空上げ」が並んだ。これを審査委員長の野澤幕僚長ら審査員がそれぞれのメニューの独創性や空上げの味わいなどを厳しく審査。その結果、京風だしに七味唐辛子をきかせた「七味鶏」で挑んだ35警戒隊が優勝し、「中空ナンバーワン空上げ」に選ばれた。2位は7空団（百里）、3位は14高射隊（白山）、特別賞には1高射隊（習志野）が選ばれた。

「七味鶏」で見事1位になった35警戒隊の調理員、千原誠児2曹は「鶏肉を揚げる前、可能なかぎり水分を含ませてやわらかく揚げ、食べる時にたっぷり肉汁が出るように仕上げました。2月の空自調理競技会までには時間があるので、さらなる改良を加えて、空自大会でも優勝したい」と意気込みを語った。

オリジナル空上げ「七味鶏」で見事、優勝を飾った35警戒隊（経ケ岬）の千原誠児2曹

余暇を楽しむ
十施桃陣太鼓部

紹介者：3陸曹 佐藤 正寿（春日井駐屯地・第10施設大隊本部管理中隊）

皆さま、こんにちは。私が所属する春日井駐屯地「十施桃陣太鼓部」について紹介します。

当部は平成24年、ハイチ派遣国際救援活動において被災者への慰労、現地の人々や他国の国際救援隊と親睦を深める目的で、当時の大隊長および日本の支援を得て創部されました。

部の名前は、「桃」は春日井駐屯地近傍の特産である桃から、「陣」は集団を意味するところから名付けられました。

観客の心を揺さぶる

創部から約7年と若く、立ち上げの時から近傍駐屯地の「豊川三河陣太鼓」「今津十戦太鼓」の皆さまに愛のムチならぬ"愛のバチ"の指導を受けながら、「常に楽しみながら挑戦していく」というパイオニア精神をモットーに現在まで技術を磨き、経験を重ねてきました。

部は第10施設大隊の隊員約25人で活動しており、自衛隊行事、部外行事、定年退官パーティーなどでも演奏させていただいています。太鼓の魅力は、「鼓舞する」という言葉があるように、太鼓演奏を通して観ている全ての人たちの心を揺さぶり感動を届けることができ、自らも、えもいわれぬ達成感を感じることができることです。

これからも「十施桃陣太鼓部」として各種行事に積極的に参加していきますので、演奏依頼がありましたら第10施設大隊広報までご連絡をお願いします。

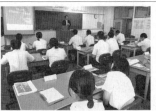

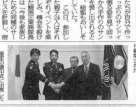

（上）「中部方面隊音楽まつり」で演奏を披露する10施桃陣太鼓部

（下）創部から約7年を迎えた桃陣太鼓部のメンバー

隊員の介護支援 陸自初の協定
八戸

【陸八戸】駐屯地はこのほど、青森県三戸郡の特別養護老人ホーム「見心園」を運営する社会福祉法人・徳望会と「隊員家族あんしん協定」を締結した（写真）。

協定は、駐屯地隊員が災害派遣時に派遣される際、安心して任務を遂行できるよう、留守家族が「介護」に関する情報提供や介護施設の紹介などが受けられるもの。陸自が「介護福祉サービス」の協定を結ぶのは、全国でも八戸駐屯地が初めて。

調印式には駐屯地司令の松坂仁志1佐と徳望会の坂本美洋理事長が出席。松坂司令は「高齢化社会という環境の中、駐屯部隊の任務遂行基盤が強化され、実効性が向上した」と話し、協定を歓迎。坂本理事長は「隊員の皆さまがどのような時でも心配せずに任務に従事できるよう、私たちも支援していきたい」と語った。

自慢の一品料理
くりつぼ

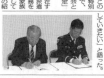

紹介者：久松 睦技官（大村航空基地隊大村厚生隊給養班）

長崎県大村市と佐世保市の中間にある東彼杵町や川棚町で、地域の祭りの際に食べられる郷土料理「くりつぼ」を紹介します。その名の通り食材に「栗」を使い、料理を盛るお椀を「壺」に見立てたことから名付けられました。

まず、鶏もも肉、ニンジン、れんこん、ごぼう、こんにゃく、サトイモ、厚揚げ、干しシイタケ、栗を食べやすい大きさに切ります。インゲンは下茹でして、鶏肉に下味をつけておきます。

油を敷いた鍋で鶏肉を炒め、色が変わったら根菜類とこんにゃく、干しシイタケを入れ、干しシイタケの戻し汁と水を入れて中火で煮ます。煮立ったらサトイモを入れてさらに煮ます。

続いて、厚揚げと栗の煮汁、酒を加えます。麦みそとしょうゆで味を整え、最後に栗とインゲンを入れて軽く煮込んだら完成です。

通常、砂糖を使うところを「栗の甘露煮の汁」で代用するのが特徴で、甘さを感じる煮物です。当隊では"秋"を感じる"季節の献立"として登場します。みなさんも試してみてはいかがでしょうか。

進路を見据え適性確認
任期制隊員対象にライフプラン訓練
神奈川

【神奈川地本】地本はこのほど、久里浜、座間両駐屯地で「任期制隊員ライフプラン集合訓練」を実施した。

この集合訓練は、神奈川県内の部隊などに在籍する入隊後1年以上の任期制隊員を対象に、明確な自己分析に基づいた自らの人生設計を考えさせるとともに、自衛隊退職後の職業選択や資格の取得など、自助努力を促進させることを目的に行われた。参加した隊員は陸曹を目指す者や任期満了後の進路に悩んでいる者などさまざまだったが、自分の将来について考える良い機会と捉え、全員が真剣に講話に臨んだ。

特に、部外講師による「キャリア開発プラン」の講義では、仕事をするうえでの価値観の明確化や、職業に対する潜在的な興味・関心についてワークシートを使って確認することで、自らの新たな一面を発見し、驚く隊員の姿も見られた。

社会保障に関する講義では、貯蓄、生命保険の重要性や、民間企業に就職した際の収支を比較して支出が増加することなど、金銭面におけるアドバイスを受け、参加隊員たちは将来を見据えた計画の大切さを改めて認識していた。

参加した隊員の一人は「これからの人生を考えるうえで、とても参考になる教育だった」と話していた。

将来を見据え、「ライフプラン集合訓練」の講義を受ける任期制隊員（久里浜駐屯地で）

家族協力で協定締結
地本、家族会、隊友会と4者間で
北富士

【北富士】駐屯地はこのほど、山梨地本（地本長・新宅正章1陸佐）、山梨県自衛隊家族会、同隊友会との4者間で「山梨県における隊員家族の支援協力に関する協定」を締結した。

同協定は、平成29年に陸自・家族会・隊友会の3者が締結した「中央協定」に基づき、山梨県を管轄する駐屯地・地本・家族会・隊友会の役割を明確にし、それぞれの組織の特性を生かした活動を行う枠組みを規定。4者の連携をさらに深めることを目的としている。

調印式は北富士駐屯地で行われ、出席した林佐光司令、新宅地本長、奥石家族会会長、北原隊友会会長が調印書に署名した。「有事における隊員家族の安否確認要領」などが盛り込まれ、緊急の事態においても隊員が後顧の憂いなく任務に専念できるよう、4者の協力により取り組む環境が整備された。

協定の調印式に出席した（左から）新宅地本長、林北富士駐屯地司令、奥石家族会長、北原隊友会長（北富士駐屯地で）

親子でサンドイッチ作り
福島　家族支援施策の一環

【福島】駐屯地業務隊は8月6日、家族支援施策の一環として不在隊員の少ない宿舎に入居している隊員とその家族に対し、レクリエーション施策の一環として読書の楽しみを教える「移動図書館」と、「親子で作るサンドイッチ教室」を開催した。

当日は、仙台駐屯地から上尾秀樹東北方総監が訪れ、子供たちが自分で作ったサンドイッチを頬張る姿を見て回った。

この日、参加した親子24人はそれぞれイベントを楽しみ、機会を設けた業務隊長は「今後も家族のための同種のサービスを計画し、宿舎入居者が楽しめるイベントを継続していきたい」と話していた。

地方防衛局 特集

東北局 かかし作りで日米交流事業

【東北局】東北防衛局（熊谷昌司局長）は、在日米軍と地域住民の相互理解を目的とした文化交流の一環として、今夏も青森県つがる市で「かかし作りで日米交流プロジェクト2019 in つがる」を開催し、9月4日、同市内の車力小学校で優秀チームの表彰式を行った。

地元小学生との混合チームで12体 田畑の"守護神"として活躍

優秀チームを表彰

このプロジェクトは、車力小学校の児童と米陸軍車力通信所の軍人、さらに空自車力分屯基地の隊員による"日米混合チーム"が、それぞれ創意工夫を凝らしてオリジナルの「かかし」を制作し、市内に展示して市民投票で出来栄えを競うというユニークな取り組みで、今年で3回目を迎えた。

約90人の参加者たちは今年6月に12チームを編成し、各チーム1体の計12体のかかしを制作。地元で伝統的な藁文化の継承と新たな"藁文化"の創造を目指して活動している「稲垣藁の会」のメンバーから手ほどきを受けながら、棒に藁を巻き付けて頭、両腕、胴体を作った後、シャツや着物、帽子やサングラスなどを飾って唯一無二の「かかし」を作り上げた。

その後、12体のかかしは夏の間、生涯学習交流センター「松の館」と、むらおこし拠点館「フラット」に展示され、来場者による投票を経て「金賞」「銀賞」「特別賞」が決まった。

9月4日の表彰式には、日米両国から米軍や保護者を含む約100人が出席し、各賞と記念メダルの授与が行われた。会場には児童たちに大人気のつがる市のゆるキャラ「つが～るちゃん」もお祝いに駆け付け、会場を盛り上げた。

金賞に輝いたのは、かかし名「PUA」を制作した5年生主体の「Team "Mahalo"」。児童たちからは「まさか金賞を取れるなんてびっくりです。米軍の人と交流できてすごく楽しかった」と驚きと喜びの声が上がった。

今回制作された12体の「かかし」は稲刈りがほぼ終わるまでの間、つがる市豊富地区と富萢地区に展示され、田畑の"守護神"として活躍した。

東北防衛局では「在日米軍と地域住民との友好関係を一層深めるべく、今後もこうした日米交流事業を企画したい」と話している。

表彰式で"日米協力"の成果をたたえ、関係者に謝意と慰労の言葉を述べる東北防衛局の熊谷昌司局長（9月4日、青森県つがる市の車力小学校で）

稲刈りが終わるまで展示されていた力作ぞろいのかかし（つがる市の富萢地区で）

棒に藁を巻き付けて、かかしの制作に取り組む小学生、米軍人、空自隊員の日米混成チーム（6月26日、つがる市の車力体育センターで）

防衛施設と首長さん

広島県呉市 新原 芳明市長

しんはら・よしあき　69歳。東大法卒。大蔵省（現・財務省）、在フランス日本大使館、富山県副知事、総務省審議官、金融庁検査局長などを経て、2017年11月、呉市長に初当選。現在1期目。呉市出身。

海軍が築いた都市基盤 海自とともに歩むまち

呉市は、平成30年7月豪雨災害で大きな被害を受けました。その際、自衛隊の皆さまには人命救助をはじめ、給水・入浴・物資輸送などの生活支援や防疫支援、道路啓開、河川の土砂撤去などにご尽力いただきました。あらためて深く感謝いたします。

さて、呉市は瀬戸内海のほぼ中央部、広島県の南西部に位置し、気候温和で自然環境に恵まれた都市です。明治22年の呉鎮守府開庁とともに日本一の海軍基地の建設が進められ、世界でも有数の海軍工廠を擁するまちになりました。

当時の海軍が築いた水道施設や港湾施設、病院などの都市基盤は、市民生活に欠かせないものとして現在も活用されています。呉市は海軍、海上自衛隊と共に歩み、今日に至っています。

また、呉市では「大和ミュージアム」を中心に市外から多くのお客さまを迎えています。海上自衛隊においても「てつのくじら館」として世界でも珍しい潜水艦を地上で展示公開していただいているほか、「呉地方総監部第1庁舎」「旧日本海軍地下作戦室」などの一般公開も行っていただいています。

さらに、海上自衛隊の艦艇等で食べられているのと同じレシピでカレーを市内飲食店で楽しめる「呉海自カレー」などのグルメでも、海上自衛隊とともに歩んできた呉ならではの魅力を創り出していただいています。

また、今年は呉鎮守府開庁130周年に当たり、市全体で今年から来年にかけてさまざまな記念事業を実施し、復興の一助としてまいりますので、この機会にぜひ呉市へお越しください。

防衛大綱、AIテーマに講演

中国四国局 松山市で「防衛セミナー」開催

【中国四国局】中国四国防衛局は9月26日、愛媛県松山市の男女共同参画センター多目的ホールで「第31回防衛セミナー」を開催した。

主催者を代表して中国四国防衛局の森田治男局長があいさつを述べた後、防衛省防衛政策局防衛政策課の有田純防衛政策企画官が「新たな防衛計画の大綱・中期防衛力整備計画」をテーマに講演。「我が国の安全保障環境は前大綱（25大綱）の策定時に想定したよりも格段に速いスピードで厳しさと不確実性が増している」と指摘し、昨年12月に5年ぶりに策定された新大綱の方向性などについて分かりやすく解説した。

続いて、防衛研究所防衛政策研究室の小野圭司室長が「人工知能（AI）の発展と防衛力の将来像」をテーマに講演し、ビッグデータを使って人間の直感力を模倣する人工知能の開発が現在は第3次ブームにあるとして、AI発展の可能性と脅威、軍事組織への影響について話した後、参加者との活発な質疑応答が行われた。

中国四国防衛局では「今後も防衛政策や自衛隊の活動を広く国民に理解していただくため、管内各地で防衛セミナーを開催していきたい」として、多くの市民の参加を呼び掛けている。

（上）防衛研究所防衛政策研究室の小野圭司室長　（左）防衛省防衛政策課の有田純防衛政策企画官

米海兵隊オスプレイを地上展示

九州局 海自鹿屋基地で

市長ら30人参加 機体見学、理解深める

【九州局】九州防衛局（廣瀬律子局長）は7月31日、鹿児島県の海自鹿屋基地に鹿屋市の中西茂市長、同市議会の宮島眞一議長、地元の自治会長ら計約30人を招き、沖縄県の米軍普天間基地（宜野湾市）に所属する米海兵隊のMV22オスプレイの地上展示を行った。

これは、在日米軍再編の一環として、今後、山口県の米軍岩国基地に所属するKC130空中給油機が鹿屋基地にローテーション展開して行う地上給油訓練に、オスプレイも給油対象機として参加するため、鹿屋市長から「市民の方々にオスプレイの機体の状況を見学してもらい、安全性を理解してほしい」とのリクエストを受けて実現した。

参加者は米軍の担当者からオスプレイについて説明を受けた後、実際に機体を見学＝写真。不明点についてもその都度、熱心に質問し、理解を深めていた。

九州防衛局では「市民の方々にオスプレイの機体を間近で確認していただく良い機会となった。米側に対しては航空機の安全管理に万全を期すよう求めるとともに、市民の懸念や不安を解消するため、引き続き誠意をもって対応していきたい」と話している。

リレー随想　島 眞哉

大阪での勤務は2度目である。1度目は約10年前に赴任し、2年間勤務した。

この時は、1度は勤務したい大阪の地に来られたことでワクワク気分、休日にはグリコの看板で有名な心斎橋には真っ先に行こう、お笑いの吉本の難波にも、そうそう天神祭も是非、話のネタにユニバーサルスタジオも行かなきゃ、と意気込んでいた。日頃のアフター5には「食い倒れの街大阪」を実感しに絶対にたこ焼きとお好み焼き、それと焼肉は鶴橋、新世界では串揚げなどなどと頭の中はそのことで一杯だった。

しかしながら、現実はそれとは全く異なったのである。宿舎は大阪の枚方市（京阪電車枚方市駅下車）に頂いていたが、赴任直後の休日に慌てて乗った急行電車が反対方向の京都方面だった。直ぐに方向違いに気づいたものの、このまま京都方面に行くのも悪くないと聞き慣れた祇園四条駅を選んで下車したことが、当初の計画をことごとく狂わせることになった。

今度こそは大阪

言い換えれば、それから一瞬にして京都にはまってしまったのである。中学の修学旅行で行った清水寺、三十三間堂、八坂神社など、当駅から直ぐ目の届くところにある、当時の修学旅行の映像（青春時代）が蘇ってきたのである。

その時は建築物の価値や時代背景などは二の次三の次で、同級生の悪友達とはしゃぎながらここに来ていることが何よりも意義のあることであったのである。

そして今、中年を大きく越えて老年に近づき、一人で修学旅行のやり直しができる環境下にいて、誰かに急かされることなくゆっくりと拝観できる古刹の寺社仏閣を観察できる、そしてあまりの懐かしさと喜びに涙さえ出てくるのである。

このようなことから1度目の大阪勤務時のほとんどは、京都の魅力に囚われの身になったのである。

今回2度目となる大阪勤務では、前回果たせなかったお笑いの吉本（観劇等）を皮切りに、食い倒れの大阪も満喫している。そして前回以上に「人情の街大阪」が大好きになっている。大阪万歳！

（近畿中部防衛局長）

あさぐもドリーム　吉本どんど

ネンザだな
肩をかそう
ありがと
待て
さえ木をした方がいい
妙な気起こさないためにも

3自災派部隊　支援活動ほぼ終える

一部は待機を継続

空挺団、高射学校など

台風15号被害の千葉

台風15号により甚大な被害を受けた千葉県で災派活動を行っていた1普連（練馬）など3自衛隊の各部隊は、9月末までに活動をほぼ終えた。地元・千葉の空挺団（習志野）、高射学校（下志津）など一部の部隊は、地元の要望を確認しながら待機を続けている（10月7日現在）。一方、佐賀県の大雨被災地で入浴支援を行っていた陸自西方隷下部隊なども10月7日、活動を終了した。

9月10日から同17日にかけて千葉、神奈川両県の知事から災害派遣の要請があり、3自衛隊の各部隊は患者搬送、倒木除去、道路啓開、給水・入浴支援などに当たってきた。

各種支援活動は9月30日までにほぼ終えたが、強風で壊れた民家屋根へのブルーシートの展張支援は空挺団と高射学校が継続している。

同支援は9月15日以降、県内27市町で実施。陸自は空挺団、高射学校と32普連（大宮）、1普連（練馬）など15個部隊、海自は下総教空群、3術校（下総）、21空群（館山）の3個部隊、空自は7空団（百里）、中警団（入間）、1高群（同）、作運隊（横田）など11個部隊が活動し、延べ約1万2600人で約1800軒の家屋の屋根にシートを張った。

千葉県全域の災害派遣を担当する空挺団の隊員たちも、慣れない作業に懸命に当たっている。現地で作業を指揮した同団最先任上級曹長の苅田智郎准尉によると、現場の被災状況はさまざま。

まず損傷の全体を把握し補修要領を検討した上で、隊員の安全確保手順を整えて作業を行っている。

被災以来、雨漏りなどのため押し入れ内での生活を余儀なくされていた高齢者宅では、部隊が補修に到着した際、「安心感からか隊員の腕にすがり、涙を流す姿も見られた」という。

作業を振り返り苅田准尉は「普段の訓練などで培った規律ある行動により、丁寧な作業に努め、被災された方々のお役に立てているのではないか」と語っていた。

台風で瓦が破損した民家の屋根に上がり、ブルーシートをかぶせる空挺団員たち（9月29日、千葉県木更津市で）

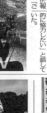

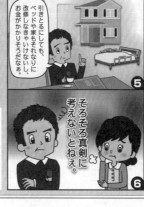

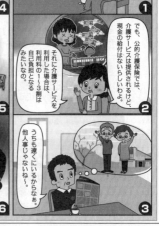

停電の千葉県内で倒木除去　20普連

【20普連＝神町】陸自20普連は9月16日から28日まで、台風15号の影響で停電が発生した千葉県の東金市近辺で、停電の原因となった倒木の除去などに当たった。

連隊4中隊の阿部幸太2尉以下35人が空挺団3大隊と共に活動。「地域の方々の感謝の言葉に励まされている」と述べつつ、懸命に作業に当たった。任務を終了し、帰隊した隊員はねぎらいの言葉を受けた。

倒木除去に当たる重機の操縦士に作業指示を出す5施設群の隊員（9月22日、富津市で）

倒木除去の作業前に地図を広げ、細部の調整を行う20普連隊員（9月20日、千葉県東金市近郊で）

富津、茂原で道路啓開作業　高田から52人

【高田】5施設群と12施設群の支援中隊の隊員52人は、台風15号による被害を受けた千葉県内で災派活動に当たった。

9月11日に千葉県に派遣され、4施設群（座間）を基幹として編成された東方施設支援部隊の隷下に入り、富津市、茂原市で倒木除去、道路啓開に当たった。26日に作業を終え、29日早朝、高田駐屯地に全員が帰隊した。

佐賀大雨の支援終了式　入浴支援4200人が利用

佐賀県の大雨による災派で8月28日から5カ月以上にわたって活動に当たってきた部隊の「災害支援活動終了式」が10月6日に大町町で、翌7日に武雄市でそれぞれ行われた。

大町町役場の式では、3自衛隊の隊員約210人が参加する中、西方特科隊長の飛田幸一朗3佐が終了報告を行い、水川一哉大町町長がお礼の言葉を述べた。

一方、武雄市立朝日小学校の式には隊員約80人が参加。飛田3佐が終了を報告し、小松政武雄市長が謝意を伝えた。

各部隊のうち、最後まで行っていた入浴支援は、8月30日から10月6日まで県内4カ所で行い、被災した住民ら延べ約4200人が利用した。

3自衛隊の災派部隊に感謝の言葉を述べる小松政武雄市長（左）（10月7日、武雄市立朝日小学校で）

目黒基地に「ザ！鉄腕！DASH!!」がやって来た　ノコギリクワガタ捕獲

【空幹校＝目黒】空自幹部学校はこのほど、8月18日に放映された日本テレビの番組「ザ！鉄腕！DASH!!」の取材に協力した。

「都心に生息するカブトムシなどの生き物を見つける」という内容で、7月23日にTOKIOの国分太一さん、29日には国分さんと共に嵐の二宮和也さんが来基し、敷地内に緑が多く残る目黒基地を"捜索"した。

放映された場面は一行が基地内の雑木林を捜索中、東京23区で準絶滅危惧種に指定されている「ノコギリクワガタ」を捕獲したシーン。このほか、空自幹部学校内での教育風景も番組内で紹介された。

同番組の関東地区での平均視聴率は14・9％、瞬間最高視聴率が19％を超えるなど、多くの人たちの関心の高さが示された。

出演者らに同行した広報係の平山昭久1空曹は「ご家族でも楽しめる内容となり、番組を通じて空幹校・目黒基地をPRする良い機会となった。今後もこのような取材依頼があれば積極的に協力したい」と話していた。

取材スタッフに同行して基地内を案内する平山1曹（左から3人目）＝7月23日、目黒基地

P3C整備中に1海曹が事故死　海自鹿屋基地

海自鹿屋航空基地で9月30日、P3C哨戒機の整備中にエンジンが落下し、1航空群1整備補給隊の1曹の男性隊員（40代）が死亡した。

午後2時28分ごろ、第7格納庫で約10人の隊員がエンジンの取り外し作業を行っていたところ、エンジンのプロペラ・ブレードが隊員を直撃した。健康診断のために横須賀病院から鹿屋基地に派遣されていた医官が現場に駆け付けたが、同43分、死亡が確認された。

海幕は海幕監察官の小峯雅登将補を委員長とする事故調査委員会を設置し、現場での調査を開始した。

山村海幕長は翌10月1日の記者会見で「整備中の事故により隊員を死亡させてしまったことは、大変申し訳なく残念であり、ご家族に心からお悔やみ申し上げます。このような事故を二度と起こさないように、事故原因を徹底して調査し、再発防止に取り組んでまいります」と述べた。

葬送式は6日、鹿屋航空基地で執り行われ、遺族や山村海幕長らが参列した。

板妻駐屯地で「橘祭」　橘中佐しのび武道奉納

【34普連＝板妻】駐屯地は8月31日、旧歩兵34聯隊の軍神橘周太中佐をしのび、駐屯地体育館で「令和元年度橘祭」を挙行した。

日露戦争の遼陽の戦いで勇敢に戦い戦死した橘中佐の遺徳をしのび、隊員の使命を自覚させることを目的に行っている。

儀仗隊による拝礼などに続き、深田満男駐屯地司令が「ここ静岡の地で培われた岳南精神の継承者としての自覚、誇りを胸に、任務を確実に実行しうる実力の涵養に努めてまいります」と式辞を述べた。

橘神社の橘昌樹宮司のあいさつの後、軍歌「橘中佐」を参列者全員で合唱。拳法と銃剣道の武道奉納も行った。

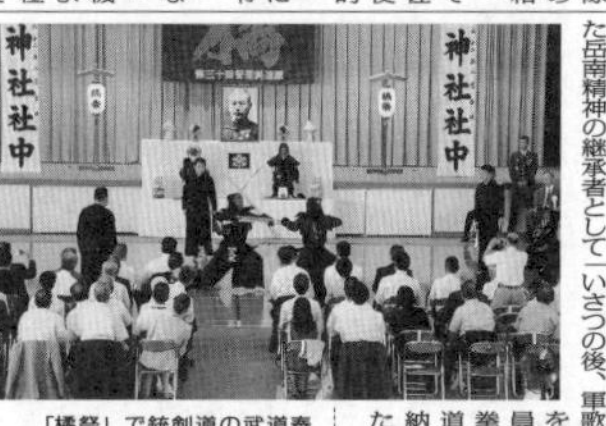

「橘祭」で銃剣道の武道奉納を行う34普連の隊員ら（8月31日、板妻駐屯地体育館で）

こちら警務隊　ストーカー規制法

つきまとい等繰り返す　心身に苦痛与える犯罪

ストーカー行為とは具体的にどのようなものなのですか？

ストーカー行為とは、恋愛感情や好意の感情またはそれが満たされなかったことに対し怨恨の感情を持ち、相手方またはその家族等に対する「つきまとい」「待ち伏せ」「押し掛け」「監視」等のほか、無言電話、誹謗中傷や名誉を傷つける内容等をインターネット掲示板へ書き込む行為等を繰り返すことです。

罰則として1年以下の懲役または百万円以下の罰金に処せられます。

ストーカー行為は、被害者の心身に苦痛を与え、エスカレートすれば重大な犯罪へと発展する危険性があります。

絶対にやめましょう。

（東部方面警務隊）

※次回は「暴行・傷害罪」

小休止

▽…高田駐屯地は8月25日、新潟県上越市で行われた「第94回謙信公祭」の出陣行列に参加、また、人員輸送支援に当たった。

▽…戦国時代の名将上杉謙信公の武勇と遺徳をたたえる祭りで、出陣行列では駐屯地から56人が参加。直江兼続役の岩島瑞人3曹、色部勝長役の丸山智也3曹＝写真先頭＝らが堂々の行進を見せ、沿道の市民から温かい拍手が送られた。

▽…また、川中島合戦も再現され、亀井真一曹長以下20人が謙信公の「義」の心を継承する高田駐屯地隊員代表として威風堂々の立ち回りを披露した。（高田）

（世界の切手・デンマーク）

他人に花をもたせよう。自分に花の香りが残る。
斎藤　茂太（精神科医）

朝雲ホームページ
www.asagumo-news.com
＜会員制サイト＞
Asagumo Archive
朝雲編集部メールアドレス
editorial@asagumo-news.com

「自衛隊と民間人の懸け橋に」

大阪地本女性防衛モニターOG会が募集支援

聞き手　鳴川和代＝OG会書記

去る7月13日、大阪市港区の大阪港中央突堤で、練習艦「やまゆき」の一般公開が行われた。

こういった催しは自衛隊の広報や募集活動にとって貴重な機会であり、この日も真夏の日差しのもと、自衛隊大阪地方協力本部などが募集活動を実施した。

その際、自衛官たちの中に民間の女性の姿も混じっていたことに気づいた人は少ないかも知れない。彼女たちは「自衛隊大阪地方協力本部女性防衛モニターOG会（OG会）」の会員。自衛隊の行事や大阪の梅田や京橋といったターミナルでの募集活動に自主的に出動し、募集支援を行っている。

OG会の会員は大阪地本の女性防衛モニターの卒業メンバー12人から構成されるもので、2004年に結成された。

転機が訪れたのは2012年。当時の募集課長から、募集支援に特化した協力団体となるよう指導を受け、大阪地本主要協力団体に昇格して再スタートを切った。

これを受けて会員の多くが自衛官募集相談員になったり、大阪地本の募集活動に出向いて支援を行うようになった。

募集支援活動では、単なるチラシ配布にとどまらず、募集対象者に声をかけ、個人情報を獲得するなど、のちのリクルートに貢献できるよう最大限の努力を行う。

その実績は2012年に募集支援活動を開始して以来、活動回数、個人情報獲得数とも毎年着実に増加している。毎年数値目標を持って活動し、年1回開催される募集支援報告会で報告されると共に、問題点を抽出、さらにその解決策を会員間で話し合い、次の支援に生かすという建設的な姿勢にも驚かされる。

会員はほとんどが働く女性。マーケティング経験者やナレーター、ライター、旅行添乗員、自衛官の母などさまざまな立場にあり、仕事柄、募集支援活動に出られない場合もあるが、それぞれが自身の特性を生かし、できる範囲で募集以外の支援にも携わっている。

モニター活動で自衛隊について深く学び、自分たちにできる形で自衛隊に恩返ししたいという会員の感謝の発露といえよう。

OG会の中西玲会長は「私たちの役割は、自衛隊と民間人の懸け橋になって、より自衛隊を理解してもらうこと。特に募集支援の取り組みは、私たちOG会の任務と心得て、誇りと責任を持って活動しています。民間人でもできることがあると思うので、自衛隊のみなさまにはそれを区分けして、ぜひ民間人のパートをお任せいただければ。女性ならではの視点や観点で募集支援に新たな風を起こし、全国にこの制度が広まっていけば本望です」と語る。

「この活動をしていてうれしかったことは?」の問いに、中西会長は「町で金髪の男性に声をかけて、個人情報を獲得したことがあったのですが、その後、ある駐屯地の記念行事で自衛官から『僕、あの時声かけてもらいました!』といわれたことがありました。こういうことがあると、本当にこの活動をしていてよかったと思いますね」と満面の笑みで返してくれた。

地道ではあるが、こうした活動が広く根付くよう願ってやまない。

㊤街頭での自衛官募集の広報活動を共同で実施している大阪地本の隊員と「女性防衛モニターOG会」の会員
㊧長年蓄積したノウハウを生かし、適齢者に声をかけるOG会の会員（右）

みんなのページ

美ら島を守る日米のSAM部隊

1空尉　澤田　健太郎（5高射群・那覇）

7月に行われた沖縄の日米SAM部隊の交流行事では120人以上が参加し、親睦と情報の共有を図った

南西航空方面隊第5高射群は、平成29年度から5高群が主導となり沖縄に所在する高射（SAM）部隊との親睦を深めるため、相互交流を行っています。

沖縄がある南西域は、我が国のみならず地域の安全保障上の要衝にあるため、東京とほぼ同等の面積の中に、陸・海・空の3自衛隊、米軍の陸・海・空軍・海兵隊の4軍種が集まっている珍しい地域です。

この狭隘な地域に多くの軍種と部隊が所在するため、各軍種・部隊間の緊密な連携がとても重要になります。

特に昨今の弾道・巡航ミサイル対処など、さまざまな脅威から沖縄を守るため、7軍種のうちの3軍種（陸自・空自・米陸軍）の高射部隊間で連携が必須となっており、普段からの相互交流を通じて各種情報を共有し、連携と信頼関係の維持向上を図っています。

7月に実施した相互交流では、空自から5高射群と9航空団9基地防空隊（那覇）、陸自から15高射特科連隊（八重瀬）、そして米陸軍の第1防空砲兵連隊第1大隊（嘉手納）が参加し、日米の計120名以上が共に各器材の展示と情報共有等を実施する場となりました。

このような相互交流を今後も継続させ、南西地域の高射部隊が新防衛大綱の「統合ミサイル防空」の先駆けとなれるよう、その基礎を確立するために協力関係を推進していきます。そしてSAM部隊として、この「美ら島」をいつまでも守っていきたいと思います。

新刊紹介

「140字の戦争」——SNSが戦場を変えた

D・パトリカラコス著、江口　泰子訳

「近くで激しい空爆が続いている。今夜、わたしはいつ死んでもおかしくない…」（パレスチナのガザ地区に住む16歳の少女のツイート）

ソーシャルメディア（SNS）の登場により、強力な兵器を有する者が戦争で勝つ時代は終わり、「言葉」と「ナラティブ（語り）」で戦う時代が到来している。大規模なデモが続く香港は、まさに市民によるSNSの戦いとも言えよう。

本書はロンドン在住のジャーナリストによる迫真のレポートで、ネット上で展開されているSNSを使った戦術なども紹介。ネットに書き込まれたナラティブが、やがて多数の支持者を得て「武器」となり、権力者に影響を与えるまでの段階が活写されている。

当然、このSNSを利用するロシアのような国も増え、権力者自らが密かに「大量のナラティブ」を発信することで事実を隠蔽し、歪め、国民（さらには敵）を惑わすことも可能になるという。

著者は国や組織が今後SNSを積極的に利用することで、「情報戦」は新しい段階に向かうと予測している。

（早川書房刊、2200円）

「国家戦略で読み解く日本近現代史」——令和の時代の日本人への教訓

黒川　雄三著

陸自幹部学校の主任開発研究官などを歴任した元陸将補が、幕末・明治から平成までの日本の政治・外交の流れを、「国家戦略」を切り口に概説した歴史書だ。

著者は幕末、明治新政府、日清・日露戦争期、ベルサイユ・ワシントン体制下、昭和初期、日中戦争から終戦までの大東亜戦争期、昭和・平成期に分け、それぞれの時代を「外交」や「安全保障・国防」「経済・通商」の面から我が国の国家戦略の分析を試みている。

植民地争奪戦が続く帝国主義の荒波の中で日本が生きていくには「富国強兵」を選ぶより他になく、明治期から日本の技術を先導してきたのは常に軍需産業であったとする。その後、軍部が独走して戦争時代に突入したが、敗戦後、ソ連でなく米国に占領されたのは日本の僥倖であったとする。

著者は2050年までの世界情勢と日本の進むべき方向性を見据え、新たな外交・安保戦略として「地域的集団安全保障」を提案している。中国、北朝鮮、ロシアを徐々に地域安保に取り込み、その行動を拘束できるような体制構築を進めるべきだとしている。

（芙蓉書房刊、2970円）

呉・江田島研修に参加して

教諭　渡部　智聡（茨城県立日立商業高校）

「強い責任感をもって専心職務の遂行に当たり、事に臨んでは危険を顧みず、身をもって責務の完遂に努め、もって国民の負託にこたえることを誓います」という自衛隊員の服務宣誓文を、現場で濃密に体験することができた貴重な2日間の研修であった。

初日は呉の潜水艦教育訓練隊で潜水艦「しょうりゅう」を見学した。現場の責任者に質問できる機会もあり、いずれの隊員からも強い責任感をその言葉と瞳の奥から静かに、しかし力強く実感することができた。

2日目は江田島の海自幹部候補生学校を訪れた。そこはまさに「環境が人を造り、人が環境を造る」場所であった。大講堂では人が全くいないにもかかわらず、厳粛な空気が感じられ、また、赤レンガに吸い込まれる幹部自衛官たちの背中からは崇高な責任感が感じられた。

呉・江田島で実感したことは「危険を顧みず、国民の負託にこたえる」ための教育であった。特に教育参考館などの資料からは、伝統的にその精神を養っているということを強くうかがい知ることができた。

高校教員ということもあって、自衛官採用の話が中心になるときもあった。しかしながら、一人の主権者としては、今後の「国の守り」を考えさるを得なかった。今回、現場で体験したことを踏まえて生徒とともに考えていきたい。

茨城地本の呉・江田島研修で幹部から海自の教育について説明を受ける参加者

OBがんばる

「元気なOB」を目指す

後藤　昭さん　56
平成29年4月、空自南西航空方面隊司令部（那覇）総務課を最後に定年退職（特別昇任3尉）。明治安田生命保険相互会社に再就職し、沖縄支社に駐在している。

私は再就職のため援護業務課の担当者からいろいろ相談・指導を受けている最中、当社が沖縄地区で初めて防衛省のOBを採用すると聞き、会社の採用担当者と防衛省担当顧問（空自OB）との面接の結果、採用通知をいただきました。

私は現在、沖縄地区に所在する3自衛隊の駐・分屯地、基地などを当社の担当者（ライフプラン・アドバイザー）と共に訪問し、職域活動支援、各自衛隊の行事への参加、ライフプラン・セミナーなどの支援のほか、団体生命保険の還付金の配布支援などを行っています。

OBとして心掛けていることは、「会社では自分は新入社員」と肝に銘じ、積極的に周囲にあいさつをするようにしています。また、自衛隊の基地などを訪問した際は、空自OBとして、また一般社会人として常識ある行動とマナー（特に言葉遣い）に気をつけ、節度をもって隊員さんと接するようにしています。

これから定年を迎える皆さまも、自分が何をやりたいのか、どんな職種を目指すのか、しっかり目標を持つようにしてください。ただ、自衛官の定年は本人の誕生日であり、希望通りの再就職は難しい面もあります。そんな場合は援護業務課の担当者によく相談し、自衛隊で培った規律の維持・精神力・忍耐力でチャレンジしてください。私も「元気なOB」を目指し、しっかりと勤めていきたいと思います。

あさぐも掲示板

■滋賀で防衛講演会　自衛隊家族会

自衛隊家族会は10月29日午後1時半、滋賀県大津市のピアザ淡海ピアザホールで関谷智幸元作戦情報隊司令（元空将補）を講師に迎えて防衛講演会を開く。「日本の防衛と周辺事情」がテーマで、①中国人のものの考え方②米中の比較③日本はどう振る舞うべきか——について講話する。入場は無料。講演会後に空自中空音と陸自今津駐屯地「滋賀十戦太鼓」のミニコンサートも開かれる。希望者は申込用紙に必要事項を記入し、FAXで申し込む。10月15日必着。当日残席がある場合は申し込みなしでも入場可。

問い合わせは滋賀地本募集課広報班（滋賀県自衛隊家族会事務局連絡窓口）電話077（524）6446まで。

詰碁

第1220回出題

出題　日本棋院　九段　曲　励起

白先

『白はどうなりますか』。5分でできれば中級以上です。

▶詰碁、詰将棋の出題は隔週です◀

詰将棋

出題　日本将棋連盟　九段　石田　和雄

≪第804回の解答≫

	5	4	3	2	1
一			角		
二			金		と
三		歩	桂		と
四				玉	
五		竜		歩	歩
六		馬	飛		
七					

▲先手　持駒　銀

【正解】▲3五銀△同馬▲1四と△同玉▲3四竜△同馬▲1三角成までの七手詰め。

【解説】▲3五銀が焦点の絶妙の捨て駒。△同飛は▲1四と△同玉▲1三角成で早詰み。△同馬は最善ですが、そこで▲1四とから▲3四竜の捨てが本題のテーマ。▲1三角成を実現させるのが狙いでした。

朝雲
発行所 朝雲新聞社
〒160-0002 東京都新宿区四谷坂町12-20 KKビル
電話 03(3225)3841
FAX 03(3225)3831
振替00190-4-17600番
定価一部170円、年間購読料9170円(税・送料込み)

本号は10ページ

台風19号 猛威

統合任務部隊3万1千人出動

52河川が決壊 死者74人

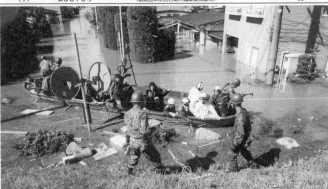

大型で強い台風19号が10月12日午後7時ごろ、静岡県の伊豆平島に上陸し、関東、東北地方を縦断して13日未明に福島県から太平洋に抜けた。この間、関東甲信越、東北南部などに記録的な大雨をもたらし、長野県の千曲川、栃木県の秋山川、茨城県の那珂川、福島県の阿武隈川など52の河川の堤防が決壊し、濁流が住宅地に流れ込んだ。16日現在、74人が死亡、10人以上が行方不明となっている。この大災害で、自衛隊は1都11県から相次いで被災民の救助などの災害派遣要請を受け、13日夕、陸上総隊司令官を指揮官とする「統合任務部隊（JTF）」を編成。現在、人員3万1000人、艦艇8隻、航空機約130機の規模で冠水地帯などに取り残された住民の救助活動などに当たっている。この台風災害で14日に予定されていた防衛省の記念行事「自衛隊観艦式」は中止となり、式に参加予定だった護衛艦「かが」なども災派に投入された。（3面に写真特集）

台風19号は12日午後7時ごろ伊豆平島に上陸、関東・東北地方を縦断し、13日朝に太平洋上に抜けた。

この間の記録的な大雨により、関東甲信越、東北南部では広域で同時・多発的に河川の堤防決壊など被害が発生した。

その後、東京都と被災11県（静岡、神奈川、千葉、長野、埼玉、群馬、栃木、茨城、福島、宮城、岩手）が次々に自衛隊に災害派遣を要請。自衛隊は2万7000人態勢で初動対処に当たり、各部隊は風雨激しい暗闇の中を被災地に進出、洪水で取り残された住民の救出や土砂崩れ現場での不明者捜索などを行った。台風災害で、自衛隊が一度に1都11県から災派要請を受けたのは初めて。

阿武隈川の氾濫で泥水の海となった市街地に取り残された住民を、渡河ボートを使って救助する2施団（船岡）の隊員たち（10月13日、宮城県角田市で）

自衛隊観艦式中止

「かが」も災派投入

13日の夜明けとともに各地の被災状況が判明し、政府は同日夕、「非常災害対策本部」を設置。安倍首相は「人命第一だ。夜を徹して作業に当たってほしい」と安否不明者の救出に全力を挙げるよう指示した。自衛隊はJTFを編成し、災派規模を人員3万1000人、艦艇8隻、航空機約130機に拡大。全般指揮は高田克樹陸上総隊司令官が執っている。JTFの編成は平成28年の熊本地震以来で、昨年3月の陸上総隊の発足後は初めて。「観艦式」に参加予定だった護衛艦「かが」なども急遽、災害派遣活動に投入された。

千曲川の堤防が決壊し、大きな被害の出た長野県では13普連（松本）などが、安達太良川が決壊し、2000世帯以上が水没した福島県では44普連（福島）や6特連（郡山）が、阿武隈川が氾濫した宮城県角田市、丸森町では2施団（船岡）が、那珂川が溢れた茨城県では施設学校（勝田）が、秋山川などが氾濫した栃木県では12特科隊（宇都宮）などがそれぞれ対処。

各部隊は陸・空自などのヘリコプターの支援も受け、渡河ボートなどを使って取り残された住民の救出活動を続けた。人命救助のほか、東京都では1師団（練馬）が多摩川の被災地で避難民の誘導や患者搬送、道路啓開を、静岡県では34普連（板妻）が被災民の輸送などを行った。

災派主力を担う陸自東方（朝霞）、東北方（仙台）を支援するため、中方（伊丹）、西方（健軍）、北方（札幌）からも補給、防疫、生活支援などに当たる部隊が続々と被災地近くに前方展開し、要請があれば直ちに出動できる態勢を整えている。

土砂が流れ込んだ建物内から夜を徹して土をかき出す34普連（板妻）の隊員（10月13日、静岡県小山町で）

予備自衛官も招集

台風19号の接近で防衛省・自衛隊は先行的に連絡員約170人を台風の影響が予想される10都県に派遣し、関係部隊も自治体からの緊急の出動要請に備え、待機した。

14日には予備自衛官等の招集が閣議決定され、15日から東方と東北方管内の即応予備自らが出頭を開始した。当面200人、最大1000人の招集を目指す。予備自の招集は東日本大震災以来、2回目。即応予備自の招集は昨年の北海道胆振東部地震に続き5回目。河野防衛相は15日の記者会見で「被災された方々に寄り添って対応してまいりたい」と語った。

海幕長「災派に万全期すため」

海自は台風19号の災害派遣に万全を期すため、10月14日に相模湾で予定していた「令和元年度自衛隊観艦式」を中止した。観艦式が中止になるのは狩野川台風が発生した昭和33年、伊勢湾台風に見舞われた同34年に次いで、3回目。

12、13日に予定されていた「事前公開」の中止に続き、14日「本番」の中止は、13日午前、河野防衛相が会見で記者団に発表、この後、海自ホームページなどで告知された。

観艦式の一般公募には定員の約18倍の応募があり、3日間で計約4万人の乗艦が予定されていた。観艦式の中止に伴い、海自は14日、横須賀と木更津で艦艇の特別公開を行った。

山村海幕長は15日の記者会見で「観艦式の中止は災害派遣に万全を期すため、防衛省・自衛隊が総合的に判断した。中止は残念ではあるが、台風19号の被害は甚大であり、今は災害派遣に全力を注いでいる」と述べた。

統幕長、ミャンマー国軍司令官と会談

防衛交流の促進で一致

山崎統幕長（左）のエスコートで特別儀仗隊を巡閲するミャンマー国軍司令官のフライン陸軍上級大将（その右2人目）＝10月9日、防衛省で

山崎統幕長は10月9日、来日したミャンマー国軍司令官のミン・アウン・フライン陸軍上級大将と防衛省で会談し、両国の防衛交流を促進していくことで一致した。

フライン司令官の来日は2017年以来3回目。山崎統幕長は陸幕長時代の18年、ミャンマーを訪問した際に同司令官と会談しており、両者は日本での再会を喜んだ。

会談で統幕長は、日米が掲げる「自由で開かれたインド太平洋」ビジョンの実現に向けた取り組みを説明し、「地域の平和と安定、世界の繁栄のために、今後もミャンマー国軍と自衛隊の交流を深めていきたい」と述べた。

これに対し、フライン司令官は「ミャンマーと日本は地理的には遠いが、気持ちとしては近い国。日本の取り組みに我が国も賛同している。今後ともミャンマー国軍と自衛隊の協力関係をより強化していきたい」とさらなる防衛交流に意欲を示した。

防衛省・自衛隊は、14年から日本財団が主催する「日本・ミャンマー将官級交流プログラム」を支援。今年8月末から9月上旬にかけても、同国軍の訪日団10人が陸自海田市駐屯地と海自江田島・呉地区などを研修している。

日ASEAN次官級会合

防衛協力の進展を歓迎

ラオス国防副大臣が特別講演

防衛省主催の第11回「日ASEAN防衛当局次官級会合」が10月9日、都内のホテルで開かれ、防衛省の西田安範防衛審議官を議長に、東南アジア諸国連合（ASEAN）加盟10カ国とASEAN事務局の次官クラスなどが地域の安全保障情勢などをめぐって意見交換した。

今回は、①地域の安全保障情勢②インド太平洋をめぐる構想「自由で開かれた地域秩序に向けて」③地域の防衛協力に向けたASEANの取り組み――をテーマに討議。地域の平和と繁栄の基礎となる「自由で開かれた地域秩序」を維持するためには、"地域協力の要"であるASEANの「中心性・一体性」を確保することが重要だとの認識で一致した。

さらに、開放性・透明性・ルールの尊重――などの諸原則に基づく地域秩序を構想する点において、日本の「自由で開かれたインド太平洋」ビジョンと、ASEANが今年6月に発表した「ASEANインド太平洋アウトルック」は基本的な考え方を共有していることを確認した。

このほか、日本とASEANとの防衛協力の指針「ビエンチャン・ビジョン」に基づく日ASEANの防衛協力や、ASEAN自身による域内の防衛協力の進展を歓迎。これらがASEANの「中心性・一体性」の確保に資する重要な役割を果たしていることを改めて確認した。

最後に、同会合に特別招待されたラオスのオンシー・センスック国防副大臣が「日ASEAN防衛協力に対する期待～ラオスの安全保障政策の観点から」をテーマに講演。これまでの日ASEAN間の防衛協力の進展を高く評価した上で、地域の強靱性を高めるために、拡大ASEAN国防相会議（ADMMプラス）などのASEAN主導の枠組みを通じて安全保障協力を強化していくことの重要性を訴えた。

「日ASEAN防衛当局次官級会合」で意見交換する各国の参加者たち（10月9日、東京都文京区のホテル椿山荘で）

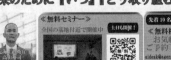

防衛省発令

▽防衛省参与
国際大教授 信田智人
慶大教授 中山俊宏
同志社大教授 村田晃嗣
（以上10月15日）

春夏秋冬

リーダーに必要な企業家精神

菊澤研宗

シュンペーターによると、資本主義とは企業家精神が新事業を起こし、絶えず発展していく社会のことを言う。そして、現代ほど「イノベーション」という言葉が注目されている時代はない。インターネット時代が、以前にも増して新しい知識や情報や技術の重要性が高まっているからである。

ところで、イノベーションを生むには何が必要か。お金に対する強い執着心とか、新しいものに挑戦する勇気とか、いろいろな答えが返ってくる。しかし、よくわからないというのが正直なところだろう。そこで、冷静に論理分析してみると、奇妙な人間能力に行き着くことがわかる。

まず、経営者が新事業をはじめるとき、少なくとも二つの問題に出くわす。第一に、その新事業は儲かるのかどうかという事実問題。第二に、その新事業は顧客にとって良いかどうかという価値判断問題。もし、その新事業が儲かり、顧客にとっても良ければ、それは行うべきである。論理的に考えると、このような新事業から、イノベーションが起こることになる。

そうすると、イノベーションを起こす企業家精神とは、顧客にとって良いかどうか判断する経営者の価値判断能力だということになる。つまり、損得ではなく、これは良い、正しい、個人的に好きだという主観的な価値判断、そしてそれに対して責任をとる人間の自律的理性（自由）が、イノベーションを起こす企業家精神の正体となる。

このように、企業家精神を理解すると、現代の若者が企業家を目指して、日々、ファイナンスとか、フィンテックとか、企業価値評価法とか学んでいるが、それでは企業家精神は学べない。それよりも、「友達はみな彼女のことを悪女というが、でも彼女が好きだ」といった苦い恋愛でもした方が、企業家精神の勉強になると思う。

（慶応義塾大学教授）

朝雲寸言

東日本大震災が起きる少し前の頃、日本政府のテロ対策担当者が原子力発電所を標的にしたテロ対策実動訓練を実施したいと考え、ある電力会社に協力を求めた。すると相手は「とんでもない。原発は安全な施設です。テロなんて起きません」と協力を拒絶したという▼今にして思えば「原発は安全でなければならない」というその電力会社の思いが、いつの間にか「原発は安全だ」との過信に転じ、備えを鈍らせていたのだろう。同様に、福島第1原発の建設地の海からの高さにも念には念を入れておけば、東日本大震災の様相も異なっていた▼そんな経験を踏まえ「考えたくないことでもきちんと考える」という方向へ日本の危機管理文化は変化し始めた。原子力規制委員会は今年4月、テロ対策施設の建設が完了していない原発に稼働停止を命じる方針を決めた。同じころ東京都江戸川区は、大型台風や高潮などの際に発生しうる大規模水害の想定を改定。区全域が水没する事態もありうるとして、その場合住民は速やかに区外に避難するよう促す「ここにいてはダメです」と表紙に記した地図を配布した▼「縁起でもないことは言うな」と言われて育った我々日本人にとって、リスクの事前低減は「苦手科目」のようだ。原子力規制委や江戸川区の果敢な取り組みに、防衛省・自衛隊が遅れをとることがあってはならない。うやむやにしていることがないだろうか。

時の焦点

国内

北漁船事故

毅然と対処し権益守れ

海洋の秩序が乱されている。日本が有する権益を脅かし、危険な衝突事故まで起こす北朝鮮の振る舞いは、看過できない。政府は毅然とした姿勢で臨む必要がある。

石川県能登半島沖の日本の排他的経済水域（EEZ）内で、水産庁の漁業取締船と北朝鮮の漁船が衝突した。

現場は、大和堆と呼ばれるイカやカニの好漁場だ。近年、北朝鮮の漁船による違法操業が横行している。

取締船が、違法操業の疑いがあるため、漁船に警告や放水を行って退去を促したところ、漁船が急旋回してぶつかった。沈没した漁船の乗組員は救助され、別の北朝鮮船でEEZから退去した。取締船の日本人にけが人はなかった。

8月には、武装した北朝鮮の高速艇が水産庁の取締船を威嚇し、周辺にいた日本漁船が退避する事案もあった。衝突事故は、起こるべくして起こったと言えよう。

EEZは、領海の外側で、沿岸国が200カイリ（約370キロ）内に設定する海域である。沿岸国による天然資源の開発など経済的な権利が及ぶ。

政府が北朝鮮に抗議したのは当然だ。日本の漁船の安全を守るため、万全を期すことが欠かせない。

海上保安庁は、中国の海洋進出に備え、沖縄県・尖閣諸島周辺海域の警備にも多くの巡視船を割いている。日本海での任務との両立には、水産庁との連携を密にして効率的な態勢を敷くことが欠かせない。

政府は、今回の漁船については違法操業が確認されなかったとして、乗組員の身柄を拘束しなかった。

北朝鮮が態度を硬化させ、拉致問題などに悪影響が出る事態を懸念したのだろう。今回事故に遭った取締船は、民間会社の船であり、強制的な行為には限界もあったと言えよう。

核開発を続ける北朝鮮に対し、国連安全保障理事会は厳しい経済制裁を科している。外貨収入の制限が狙いだ。

北朝鮮の漁船には、エンジンさえない粗末な船が多いという。危険を冒して数百キロ離れた大和堆を目指すのは、制裁による食料事情の悪化が背景にあるのだろう。

北朝鮮漁船の活動は、ロシアのEEZにも及んでおり、ロシア当局は9月、密漁を行っていた北朝鮮漁船を拿捕した。

金正恩政権は、漁業を奨励している。密漁による水産物を中国に密輸する事案も指摘されている。漁業を貴重な外貨獲得の手段とみているのではないか。

非核化を巡る米朝協議は膠着している。北朝鮮が完全な非核化に後ろ向きなためだ。

金政権が経済を再建するには、核を放棄し、制裁の解除につなげるしか道はあるまい。

夏川　明雄（政治評論家）

海外

米朝協議再開

交渉主導で譲歩迫る北

北朝鮮の非核化や米朝関係改善をめぐり、米朝両国は10月5日、スウェーデンの首都ストックホルムで、今年2月のベトナムでの首脳会談決裂後7カ月ぶりの実務協議を開催したが、大方の予想通り、再び物別れに終わった。北朝鮮の首席代表は協議終了後、記者団に「協議は決裂した。米側が手ぶらで現れた」と協議の決裂を主張したのに対し、米国務省はその直後に反論の声明を出し、月内再開に意欲を示した。ようやく再開にこぎ着けた実務協議では、北朝鮮の非核化の進め方や見返りをめぐって米朝が歩み寄れるかどうかが焦点だったが、両者の立場や主張の隔たりの大きさを改めて露呈した。

これまでも主要な争点となっている非核化の進め方について、北朝鮮側は相互の信頼を醸成しながら段階的に進めるべきだと一貫して主張。その上で（北の独裁的な）体制保証の一環として、米韓合同演習の完全廃止や広範な経済制裁の解除を求めてきた経緯がある。

北朝鮮の金明吉首席代表（巡回大使）は協議終了後に読み上げた声明で、米国が「旧態依然とした態度と立場を捨てられずにいる」と非難する一方、米側が核実験や大陸間弾道ミサイル（ICBM）発射実験中止などに対する「見返り措置」を実践し、誠意を持って応えれば、次の段階の非核化措置の本格的論議に入ることができると提案したとし、年末まで米側の熟考を促すと指摘した。

事前に用意していたかに見える短い声明を読む限り、「決裂」宣言も北朝鮮流の駆け引きにすぎず、再開協議で強い態度に出ることにより、外交成果を急ぎたいトランプ米大統領の譲歩を引き出す狙いがあるのではないか。「年末までもう少し熟考してみるよう勧告した」との発言と併せ、北側には協議を打ち切る姿勢はうかがえない。

2月のハノイでの米朝首脳会談では、金正恩朝鮮労働党委員長が制裁解除を求めたものの、トランプ大統領が交渉の席を立ち、トップ交渉は一転して物別れに終わった。非核化の具体化には実務レベルによる準備の必要性を認識したトランプ氏は6月末に南北軍事境界線上の板門店で正恩氏と再会し、実務協議再開を取り付けたが、ようやく実現した協議で北朝鮮がハノイ首脳会談の「意趣返し」をした形だ。ポンペオ米国務長官は協議前、次回首脳会談の設定を含め、交渉継続に期待感を示していた。だが、北朝鮮は、米国の敵視政策撤回までは協議に応じず、対話は米国の態度次第とする考えを表明。期限は年末までだと再び強調し、交渉の主導権は北朝鮮に移りつつある。最近の相次ぐ弾道ミサイル発射による挑発も、日米韓の連携の揺さぶりを狙った瀬戸際戦術だろう。

ウクライナへの外交圧力疑惑をめぐる米下院での弾劾に向けた調査着手など、来年の大統領選で再選を目指すトランプ氏は苦境に立たされる。外交・通商分野での目に見える成果など功を焦る同氏が再び米国内の耳目を集めるため、準備不足のまま米朝首脳会談に応じ、北への制裁解除などで安易に譲歩することに対する懸念が消えない。

伊藤　努（外交評論家）

75団体、64人に感謝状

河野大臣　防衛協力、募集功労で

防衛大臣感謝状贈呈式

全国から出席した感謝状受賞者に謝意を述べる河野防衛相（中央マイク前）＝10月13日、ホテルグランドヒル市ケ谷で

自衛隊記念日行事の一つで、防衛基盤の育成や隊員募集・就職援護などに貢献した団体や個人を表彰する令和元年度防衛大臣感謝状贈呈式が10月13日、東京都新宿区のホテルグランドヒル市ケ谷で行われ、企業や自治体など75団体と64人に河野防衛相から感謝状が贈られた。

[illegible]

◇防衛協力功労・一般＝団体（9団体）

[illegible]

◇防衛協力功労・一般＝個人

[illegible]……地区自衛隊協力会会長）▽濱田光江（福岡県、全国防衛協会連合会女性部会会長）▽原田裕（北海道、恵庭市長）▽福島哲男（青森県、八戸地区自衛隊協力会会長）▽藤田英美子（新潟県、元村上地区新発田自衛隊女性協力会名誉会長）▽藤森篤（栃木県、栃木県隊友会顧問）▽堀内茂（山梨県、富士吉田市長）▽眞喜志康明（沖縄県、沖縄市軍用地等地主会会長）▽政森信之（神奈川県、大和市自衛隊協力会理事）▽又吉信一（沖縄県、宜野湾市軍用地等地主会会長）▽松田敏昭（三重県、33普通科連隊協力会大鷹会参与）▽松本博（北海道、浜中町長）▽結城孝之（同、11旅団友の会幹事）▽脇祐三（京都府、日本経済新聞社客員編集委員）▽和田保男（福島県、福島ボリューム会元会長）▽以下、2人は受賞者の希望により不開示

◇防衛協力功労・就職援護＝団体（29団体）

▽秋田基準寝具（秋田県）▽飯塚市役所（福岡県）▽出島学園（熊本県）▽出雲大社（島根県）▽九州電気保安協会北九州支部（福岡県）▽恵仁会三愛病院（岩手県）▽兼房（愛知県）▽大湊精電社（青森県）▽ケーネス東北支店（宮城県）▽高銀ビジネス（高知県）▽セブンイレブン・ジャパン（東京都）▽テクノス北海道（北海道）▽道央環境センター（同）▽ナスカ（茨城県）▽ブリヂストントレッドシステム（京都府）▽ホームインプルーブメントひろせ（大分県）▽上富良野町役場（北海道）▽サンライズ産業（青森県）▽新明和岩国航空整備（山口県）▽鈴与（静岡県）▽大京警備（東京都）▽都築学園グループ（神奈川県）▽東京海上日動火災保険函館損害サービス課（北海道）▽三井住友海上火災保険九州損害サポート第二部（熊本県）▽三井住友海上火災保険（東京都）▽めむろ新嵐山（北海道）▽吉原建設（宮崎県）▽両備ホールディングス（岡山県）▽以下、1団体は受賞者の希望により不開示

◇防衛協力功労・就職援護＝個人（2人）

▽大田禊之（千葉県、千葉県自衛隊援護協力会会長）▽吉川秀隆（東京都、東部方面総監部援護協力会会長）

◇防衛協力功労・予備自衛官等雇用＝団体（19団体）

▽ALSOK茨城（茨城県）▽井田興業（福島県）▽板倉病院（同）▽甲斐土木工業（熊本県）▽アクティオ四国支店（香川県）▽ジョイント・システムズ・サービス関西支援センター（兵庫県）▽北海道銀行旭川支店（北海道）▽川崎町森林組合（宮城県）▽関西警備保障（香川県）▽菊池商事（山形県）▽音羽会介護老人保健施設ながだい荘（青森県）

▽大成東京本社（東京都）▽トヨタ自動車北海道（北海道）▽新潟綜合警備保障（新潟県）▽日本通運福岡支店（福岡県）▽川崎住建（岡山県）▽松本農園（熊本県）▽菱重特殊車両サービス（北海道）▽以下、1団体は受賞者の希望により不開示

◇自衛官募集功労・地方公共団体＝団体（10団体）

▽福島県会津坂下町▽熊本県天草市▽宮崎県えびの市▽秋田県北秋田市▽北海道北広島市▽秋田県五城目町▽栃木県さくら市▽宮城県東松島市▽佐賀県みやき町▽青森県むつ市

◇自衛官募集功労・高等学校等＝団体（8団体）

▽大原学園大原スポーツ公務員専門学校宇都宮校（栃木県）▽呉武田学園呉港高等学校（広島県）▽西海学園高等学校（長崎県）▽佐世保実業高等学校（同）▽秀岳館高等学校（熊本県）▽鎮西学院高等学校（長崎県）▽南光学園東北高等学校（宮城県）▽以下、1団体は受賞者の希望により不開示

◇自衛官募集功労・募集相談員等＝個人（11人）

▽飯田登（東京都、東京地方協力本部募集相談員連絡協議会本部副会長）▽川原彰（北海道、川原クレーン取締役会長）▽栗原俊司（神奈川県、自衛隊横浜中央募集相談員会会長）▽小嶋昌利（東京都、募集相談員連絡協議会国分寺支部会員）▽近藤総一郎（愛知県、近藤産興常務取締役）

▽高島和雄（北海道、自衛隊札幌地方協力本部自衛官募集相談員の会「桜会」会長）▽寺島徹（北海道、自衛官募集相談員）▽道口一弘（東京都、自衛隊東京地方協力本部足立区後援会副会長）▽宮沢昭四郎（神奈川県、自衛隊横浜上大岡募集相談員会監事）▽山中邦雄（山梨県、山梨県巨摩地区募集相談員連絡会会長）▽以下、1人は受賞者の希望により不開示

共済組合だより

共済組合から「結婚資金」が借りられます

共済組合ではご結婚が決まった方向けに、結婚資金の貸付を行っています。

この貸付（結婚貸付）は組合員、被扶養者又は被扶養者以外の組合員の子の結婚（届出をしていないが事実上婚姻関係と同様の事情にある場合を含みます。）に要する費用をお貸しするもので、利用対象者は組合員期間が6月以上の組合員となっております。

貸付限度額は月収額（俸給、俸給の特別調整額、初任給調整手当、扶養手当、研究員調整手当、地域手当、自衛官候補生手当、学生手当及び生徒手当の月額の合計額）の6月分です。

弁済期間は90月以内（毎月の弁済元金1000円以上）で、利率は年利1.86%となっております。弁済方法は毎月の給与等からの源泉控除（千円単位の額で元金均等弁済）で、ボーナス併用の場合はボーナス分の弁済額の合計額が貸付金の2分の1の範囲の額で、6月・12月の各弁済額は同額となります。

「結婚貸付」に関する詳細や、提出・添付書類などについては『共済のしおり　GOODLIFE』の25ページまたは防衛省共済組合ホームページ（結婚）をご覧いただくか、ご所属の共済組合支部貸付係までお問い合わせください。

東京で「危機管理産業展」

陸自東方がブース

東京五輪や最新技術紹介

来年の東京オリンピック・パラリンピックに向けての「テロ対策特殊装備展／危機管理産業展2019」が10月2日から4日まで、東京都江東区の東京ビッグサイトで開催された。

会場では防衛装備庁や陸自東部方面総監部がブースを出展。装備品展示では災害時に活用できる「浄水セット・逆浸透2型」が注目を集めた。

同時開催の危機管理の専門家を招いたセミナーでは、「令和時代の国家安全保障と危機管理～日米・日中関係の視点から」をテーマに、帝京大の志方俊之教授（元北方総監、元陸将）と森本敏元防衛相が対談。小林茂東京都危機管理監（元陸上総隊司令官、元陸将）らは「首都直下地震への備え～2020を見据えて」と題し、東京五輪に向けての包括的な防災対策を議論した。

「危機管理産業展」の会場で災害時の自衛隊の活動などについてPRする3自衛隊の隊員（10月3日、東京都江東区の東京ビッグサイトで）

空自百里基地でコンプライアンス講習会

元防衛監察監　梶木氏が講話

【監察本部】防衛監察本部（野々上尚・防衛監察監）は9月13日、茨城県の空自百里基地で「コンプライアンス講習会」を開き、百里基地司令の佐川詳二将補以下約100人の隊員が参加した。

同講習会はコンプライアンス（法令順守）意識の普及と啓発を目的に全国の駐屯地や基地などを巡回して実施しているもので、43回目となる今回は、講師として招かれた元防衛監察監の梶木壽弁護士（フレイ法律事務所）が「コンプライアンスを考える」と題して約90分間、講話した。

梶木弁護士は検察庁検事や防衛監察監などを務めた経験を踏まえ、コンプライアンスの重要性を強調。その上で、コンプライアンス違反による影響や違反が発生する要因、さらには不正防止のポイントについて分かりやすく解説した。[illegible]

コンプライアンスの重要性を訴える元防衛監察監の梶木壽弁護士（壇上中央）＝9月13日、空自百里基地で

ロシア艦3隻が対馬海峡を南下

10月7日午後0時ごろ、ロシア海軍の「スラバ」級ミサイル巡洋艦（満載排水量1万1600トン、艦番号011「ワリヤーグ」）＝写真、「ウダロイI」級ミサイル駆逐艦（同8600トン、548「アドミラル・パンテレーエフ」）、「ドゥブナ」級補給艦の3隻が長崎・上対馬の北東約60キロの公海上を南西に向け航行するのを海自3ミサイル艇隊（佐世保）のミサイル艇「しらたか」が確認した。

3隻はこの後、対馬海峡を南下し、東シナ海へ入った。

防衛省発令

▽海自2術科学校教務部長（海自2術科学校研究部長）1海佐　石谷　拓哉

▽同研究部長（海自2術科学校教務部総務課長）2海佐　元山　吉司

（以上10月10日）

台風19号

命を救う

安達太良川の堤防の決壊で自宅の２階に避難した住民を救出するため、ボートに誘導する44普連（福島）の隊員（10月13日、福島県本宮市で）

宮城県の渋井川の堤防の決壊で冠水地帯に取り残された住民をボートに乗せて安全な場所まで搬送する22即機連（多賀城）の隊員たち（10月14日、大崎市で）

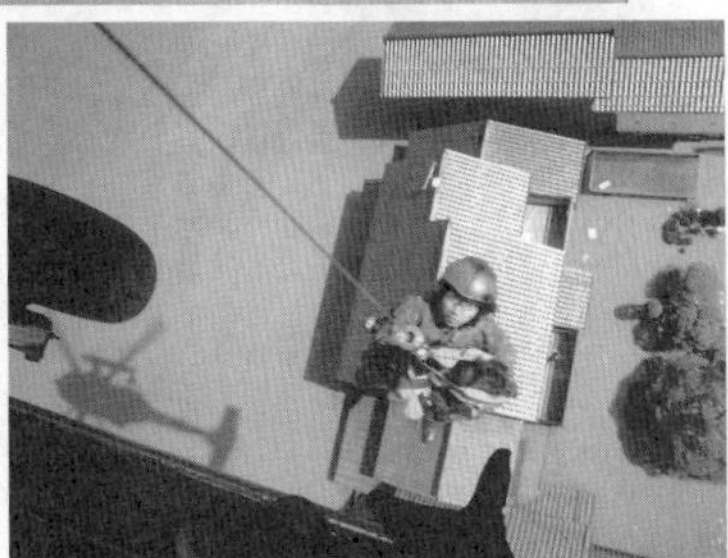

㊤長野県の千曲川の堤防が決壊し、"泥の海"に取り残された住民をホイストで救助する空自新潟救難隊のUH60J救難ヘリ（10月13日）＝NHKテレビから
㊨千曲川が氾濫した一帯で家屋に取り残された住民をヘリのホイストを使って救出する12ヘリ隊（相馬原）の隊員＝10月13日、長野県で

越辺川の氾濫で冠水地帯に孤立した特別養護老人ホームから入居者を救出し、消防隊員と連携して渡河ボートから下ろす32普連（大宮）などの隊員＝10月13日、埼玉県川越市で

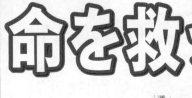

自衛隊に救助され、ボートで搬送されてきた女性を背負い安全な場所まで運ぶ44普連の隊員。左はペットの犬（10月13日、福島県本宮市で）

土砂崩れの現場で警察・消防と共同して行方不明者の捜索に当たる４施群（座間）の災派部隊＝10月14日、神奈川県相模原市緑区牧野で

㊧老人ホームに流れ込んだ土砂をショベルでかき出す34普連の隊員（10月13日、静岡県小山町で）
㊨豪雨により土砂が流れ込んだ建物内で土を排除する34普連（板妻）の隊員＝10月14日、静岡県小山町で

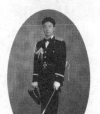

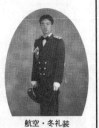

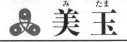

艦艇特別公開

桟橋、船越岸壁と木更津港で10月14日、「艦艇特別公開」が行われた。観閲艦への参加を予定して自艦艇計16隻が公開され、小雨が降りしきる中、３会場合わせて計約１万1000人が訪れた。また、ポールなどの外国艦艇も続々と入港。10日には中国艦艇が約10年ぶりに来日し、ミサイル駆逐艦「太原」を前にした関連イベント「フリートウイーク」が５日から８日まで、横浜、横須賀、木更津の各港00人の来場者が楽しんだ。横浜市の赤レンガパークでは５、６の両日、海自ファッションショーやスでは海自隊員と市民が触れ合う姿が見られた。同市の大桟橋に停泊した「いずも」の一般公開にか海自と笹川平和財団の共催により「海洋安全保障シンポジウム」が開かれ、約200人の聴講者をく安全保障環境と今後の方向性について熱弁をふるった。（９面に関連記事）

中国海軍ミサイル駆逐艦「太原」の入港行事には多くの在日中国人が詰めかけ、小旗を振って入港を歓迎した。台風19号を避けるため、同艦の滞在はわずか数時間となったが、約10年ぶりの来日が実現した（10月10日、横須賀新港で）

中国艦 10年ぶり来日

中国海軍の最新鋭ミサイル駆逐艦「太原」（満載排水量約7500トン）

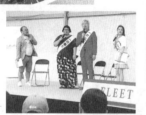

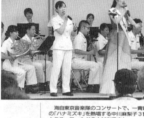

「艦艇特別公開」に合わせて横須賀に入港したシンガポール海軍のフリゲート「フォーミダブル」（満載排水量約3200トン）＝10月14日、吉倉桟橋で

横須賀・船越地区近傍の岸壁には日米印共同訓練「マラバール2019」を終えたインド海軍コルベット「キルタン」（手前）とフリゲート「サヒャドゥリ」が停泊していた（10月14日）

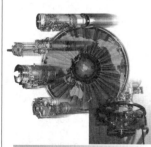

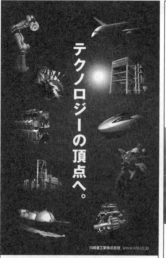

海自東京音楽隊のコンサートで、一青窈さんの「ハナミズキ」を熱唱する中川麻梨子３曹（左）とミス・ワールドの木村友香さん

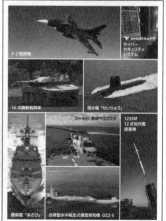

リートウィーク』 3000人が来場

大勢の観客の前で、敵の潜水艦を撃退するショ

「いずも」の一般公開に訪れ、艦内の航空機用エレベーターで甲板に上がる来場者たち（10月５日）

「いずも」の１日艦長に任命され、赤レンガ倉庫横に設置されたステージでトークショーを行うお笑いコンビ「メイプル超合金」

「日本海に目を向ける必要がある」――河野前統幕長が基調講演

海洋安全保障シンポジウム

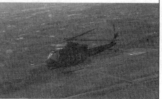

海自フリートウイークの目玉、「海洋安全保障シンポジウム」は10月6日、「21世紀におけるシーパワーの在り方～インド太平洋における国際協調を中心として」をテーマに横浜市内のホールで開催された。学生ら約200人の聴講者を前に、まず主催者を代表して笹川財団の田中伸男会長があいさつ。続いて河野克俊前統合幕僚長が基調講演を行った。

河野前統幕長は、海自の草創期から現在までの変化として、①自衛隊の海外展開②中国海軍の海洋進出③朝鮮半島の動向④安全保障法制の成立―の四つを挙げ、日本を取り巻く安全保障環境を説明。

この中で北朝鮮と韓国について、「同一民族・言語の国同士であることから、統一の方向に力学が働くのが自然の流れ。統一に向かえば最悪の場合、核を持った国家が日本のすぐ横にできる」と指摘した上で、「日本と対峙する統一朝鮮という国家ができたら日本海が最前線になる。これまで抜け落ちていた日本海に今後は目を向ける必要がある」と述べた。

基調講演を行う河野克俊前統幕長（10月６日、横浜市のみなとみらい地区で）

また、海自の今後の方向性について、「価値観を共有する日米豪印の４カ国が中心となり、東南アジア諸国連合（ASEAN）やニュージーランドなどをリードして、インド・アジア太平洋地域の平和と安定に寄与する形をとるべきだ」と提言した。

このほか、中東・ホルムズ海峡の安全確保に向けた米国主導の有志連合構想の参加について、「現時点で（自衛隊は）行くべきではないが、日本のタンカーの安全を確保するために有志連合が利用できるならするべきだ」と語った。

この後のパネルディスカッションでは、モデレーターに森本敏拓殖大学学長（元防衛相）を迎え、海自１護群司令の江川宏将補、笹川財団海洋政策研究所の角南篤所長、豪国立国家安全保障カレッジのデイビッド・ブリュースター氏、印ヴィヴェーカーナンダ国際財団評議員のカンワル・シバル氏、米海軍第74任務部隊指揮官のジェームズ・ピット少将の５人が登壇。それぞれの国の立場から海洋安全保障に関する取り組みを発表した。

パネルディスカッションで海自の取り組みについて語る１護群司令の江川将補（右から２人目）。左端はモデレーターを務めた森本拓殖大学学長

殉職隊員追悼式　12柱の名簿を奉納

「遺志継ぎ、全力尽くす」首相

殉職隊員追悼式で「職務の遂行に全身全霊を捧げた皆さまは誇り高き自衛隊員だった」と追悼の辞を述べる安倍首相（祭壇前）＝10月13日、防衛省講堂で（代表撮影）

令和元年度の自衛隊殉職隊員追悼式が10月13日、防衛省講堂で行われ、12柱（陸4柱、海4柱、空3柱、機関1柱）の殉職隊員の遺族をはじめ、安倍首相、河野防衛相、防衛省・自衛隊高級幹部、歴代防衛大臣ら約240人が参列し、昭和25年の警察予備隊創設以来の殉職隊員1976柱（陸1060柱、海459柱、空428柱、その他29柱）の冥福を祈った。

国歌斉唱に続き、昨年9月1日から今年8月31日までの間に公務による死亡が認定された12隊員の名前が読み上げられた後、河野大臣が12柱の名簿を奉納。陸自302保安警務中隊による特別儀仗隊が捧げ銃、陸自中央音楽隊が「国の鎮め」を演奏する中、参列者全員が拝礼、黙とうした。

追悼の辞で安倍首相は「国の存立を担う崇高な職務に殉ぜられた自衛隊員の御霊に対し、謹んで追悼の誠を捧げます。国民の生命、財産を守り抜く使命感と強い責任感を持って職務の遂行に全身全霊を捧げた皆さまは誇り高き自衛隊員でありました」と殉職隊員を悼むとともに、「御霊は立派に使命を果たし、国のために尽くし、大きな足跡を残された。私たちはその勇姿と名前を永遠に心に刻み付けてまいります。尊い犠牲を無にすることなく、ご遺志を受け継ぎ、国民の命と平和な暮らしを断固として守り抜いていく。世界の平和と安定に貢献するため、全力を尽くすことを固くお誓いします」と決意を述べた。

続いて河野大臣は「幾多の方々が強い責任感のもと、身の危険を顧みず、国家・国民のために任務の完遂に努め、志半ばにしてその職に殉じられた事実を、我々は決して忘れることがあってはなりません。かけがえのない方々を失ったことは、ご遺族はもとより、防衛省・自衛隊、国家にとって誠に大きな損失であり、悲しみに堪えないところです。このような不幸な事態が再び起こることがないよう、今後とも不断の努力を続けてまいります」と決意を示し、「御霊のご功績を自衛隊員の鏡として永く顕彰するとともに、ご遺志を受け継ぎ、国民の生命、身体、財産、領土・領海・領空を断固として守り抜くため、全力を尽くすことをお誓いします」と追悼の辞を述べた。

この後、献花に移り、献花台に安倍首相、河野大臣、遺族に続いて遺族会正副会長、防衛省・自衛隊幹部、歴代大臣、国会議員、関係協力団体の順に白菊を手向けた。

遺族を代表して、雨宮太朗空将補（過重な業務等により平成29年に殉職、当時52歳）の妻、富美子さん（53）があいさつ。「突然、かけがえのない家族を失った悲しみは、崇高な使命のためとは申せ、言葉には言い尽くせないものがあります。職に殉じたそれぞれの家族は、自らの人生を懸けた職において志半ばとはいえ、これまで信じた道を精一杯に生きてまいりました。私たち遺族はこのような家族を誇りとして、深い悲しみを乗り越え、力強く生きてまいる所存です」と述べた。

追悼式は、任務遂行中に職に殉じた隊員を追悼するため、防衛大臣の主催で昭和32年から行われている。

令和元年度の殉職隊員は次の通り。（氏名、年齢、所属、所在地＝いずれも殉職時。階級等は殉職昇進、特昇）

◇陸自
▽三木則孝3佐（53）＝3飛行隊（八尾）＝過重な業務等により殉職▽山田祐聖3曹（22）＝西方後支隊103施直支大隊（湯布院）＝過重な業務等により殉職▽川久保努曹長（49）＝1高特群（北千歳）＝勤務中の事故により殉職▽齋藤純1曹（51）＝39普連（弘前）＝訓練中に倒れ殉職

◇海自
▽田中浩曹長（52）＝佐世保警備隊佐世保陸警隊＝過重な業務等により殉職▽西森文彦2尉（32）＝補給艦「ときわ」（横須賀）＝過重な業務等により殉職▽高野泰賢・元3尉（75）＝元1海上訓練指導隊付（横須賀）＝在職中のアスベスト曝露による殉職▽篠木政夫・元准尉（69）＝元横須賀基地業務隊本部補充部付＝在職中のアスベスト曝露による殉職

◇空自
▽雨宮太朗将補（52）＝空幕（市ヶ谷）＝過重な業務等により殉職▽富里祐樹3曹（23）＝救難団救難教育隊（小牧）＝訓練中の事故により殉職▽細見彰里2佐（41）＝3空団（三沢）＝訓練中の事故により殉職

◇機関
▽内田大介学生（18）＝防大（横須賀）＝教育訓練中に倒れ殉職

「いずも」など

横須賀・木更津で　イベントに笑顔あふれ

「自衛隊観艦式」の中止を受け、横須賀の吉倉桟
いたヘリ搭載護衛艦「いずも」をはじめとする海自
観艦式への参加のために来日したインド、シンガポ
原」が横須賀に入港した。これに先立ち、観艦式を
で行われ、海自のさまざまなイベントを約5万3000
音楽演奏、カレーフェアなどが開催され、各ブース
は2日間で延べ約3万1000人が乗艦した。このほか
前に河野克俊前統幕長（元海将）が日本を取り巻く

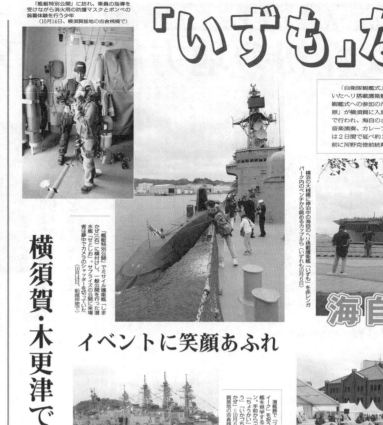

「艦艇特別公開」に訪れ、乗員の指導を受けながら消火用の防護マスクとボンベの装着体験を行う少年（10月14日、横須賀基地の吉倉桟橋で）

「艦艇特別公開」でミサイル護衛艦「しまかぜ」（右）に横付けし、一般公開を行った潜水艦「せとしお」。サプライズの公開に来場者は夢中でカメラのシャッターを切っていた（10月14日、船越岸壁で）

横浜の大桟橋に停泊中の海自のヘリ搭載護衛艦「いずも」を赤レンガパーク内のベンチから眺めるカップルら（いずれも10月6日）

海自「フリ…　5万…

満艦飾で「フリートウイーク」を祝う海自護衛艦を見学する艦船ファン。手前から「さみだれ」「ちょうかい」「いかづち」「こんごう」「はたかぜ」＝10月6日、横須賀基地の吉倉桟橋で

の潜水艦を撃退するショーを披露した海自の「ミニP3Cチーム」（横浜の赤レンガパークで）

「写生・フォトコンテスト」受賞作品決まる

令和元年度観艦式を記念して海自が募集した「写生・フォトコンテスト」の入賞作品が決定した。今回は観艦式キャッチフレーズ「君の未来、この海とともに。」をテーマに募集され、写生約50点、フォト約400点が集まった。この中から審査の結果、それぞれ最優秀賞1、優秀賞1、第3位1、佳作7点が選ばれた。

フォト

最優秀賞　「未来の仲間」　神奈川県・石渡良平さん（33）

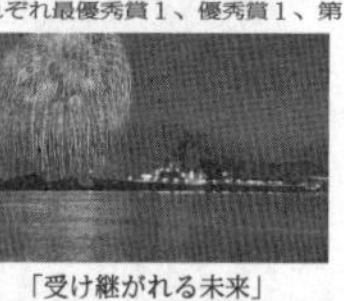
優秀賞　「受け継がれる未来」　大阪府・山崎弘一さん（44）

写生

最優秀賞　「明日へ向かって」　神奈川県・前田直志さん（14）

優秀賞　「砦」　青森県・菊池一紗さん（16）

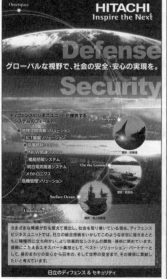

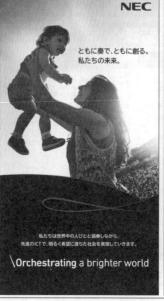

「北の防衛」担う海自大湊基地

女性初の地方総監部幕僚長

近藤奈津枝海将補

政府の女性活躍推進施策に伴い、自衛隊でも職域が広がり、全国の各部隊で女性隊員が輝きを放っている。青森県むつ市の海自大湊基地では、常に"先駆者"として女性活躍の道を切り開いてきた近藤奈津枝海将補が昨年12月、女性隊員として初めて地方総監部幕僚長に着任した。そのきめ細やかな気配りで、近藤将補は北の海の防衛に当たる大湊地方隊隷下の各部隊を取りまとめ、酒井良総監をしっかりと支えている。（星里美）

各部隊の方向性合わせ　最適解を総監に提示

第7護衛隊　第15護衛隊の司令部がある

大湊基地には、北海道・北東北の沿岸防衛などに当たる海自第7護衛隊と第15護衛隊の司令部が置かれ、護衛艦「ゆうだち」「まきなみ」「すずなみ」「はまぎり」「おおよど」「ちくま」、そして最新鋭艦の「しらぬい」などが配置され、厳冬期なども関係なく、日夜、宗谷海峡や津軽海峡の監視活動などに就いている。大湊にはこれら艦艇の造修整備・補給を担う「造修補給所」、基地警備や港務に携わる「警備隊」をはじめ、さまざまな部隊があり、これを指揮する大湊地方総監を「総監部」が一元的に支えている。

大湊地方隊の隷下には、北海道に配置された函館基地隊、余市防備隊、稚内基地分遣隊があり、総監部はこれら部隊の所掌にも当たる。北に位置するため国内で最も厳しい自然環境にある地方隊だが、ここで各部隊が支障なく任務を遂行できるよう、全体の調和や統制にも目を配っているのが幕僚長である近藤将補の役目だ。

近藤将補は山口県の出身で、昭和63年、海自に入隊（一般幹候40期）。当時はまだ女性隊員の艦艇・航空機への配置制限があったため、主に経理補給関係の道を歩み、佐官に昇任後は佐世保地方総監部経理部長、海幕厚生課長などを歴任した。平成28年に海自初の女性将補となり、市ヶ谷で統幕首席後方補給官として活躍し、昨年12月、海自の5地方隊の一つ、大湊地方総監部の幕僚長に就任した。

酒井総監が掲げる指導方針「間断なき運用部隊への後方支援」とは、母港としての機能を最大限に発揮することであり、近藤幕僚長も常に「第一線部隊の後方支援をどのように効果的・効率的に行うか」を念頭に置きながら、その任務にまい進している。

「各部隊がしようとしていることに横串を刺し、方向性を合わせ、最適解を総監に提示していくのが私の仕事です」と近藤将補。「難しい仕事ですが、使命感・責任感を持ってしっかりやっていきたい」

市ヶ谷で統合幕僚長を支える統幕首席後方補給官として「統合運用」を担った経験は、大湊でも存分に生かされている。青森県に所在する陸自の青森、弘前、八戸駐屯地、空自の三沢基地や大湊分屯基地など、海自以外の部隊と協力する際、最も効率的な方法を直ちに頭の中でシミュレーションし、事前に結果をイメージして状況を把握する力が身に付いている。これが大監幕僚長としての仕事でも大いに役立っている。

下北半島の主峰・釜臥山（右奥）のふもとに位置する海自大湊基地。同山頂上には空自42警戒群レーダーサイトのドームが見える。左の艦艇は15護衛隊所属の護衛艦「はまぎり」

地元の期待、一身に　新造護衛艦「しらぬい」35年ぶりに配備

今年2月、大湊基地には35年ぶりに新造の汎用護衛艦「しらぬい」（5100トン）が配備された。3月の初入港時には宮下宗一郎むつ市長ら地元関係者が駆け付け、盛大に歓迎式典を行った。最新の装備を搭載する同艦は「北の守り」にとって大きな存在であり、一般公開の日にはこれまでにないほど多くの地元住民が見学に訪れるなど、「しらぬい」はまさに大湊の人々から期待を一身に集めている。

地域に密着した大湊地方隊では、隊員がむつ市の「大湊ネブタ祭り」に参加しているほか、各艦艇のカレーレシピを地元の店舗に提供するなど、日頃から地元と良い関係を築いている。

また、防災にも力を入れ、自衛隊の防災訓練には自治体関係者を招き、大湊所在部隊の災害時の対処能力について理解促進を図っている。

災害救援で自衛隊への国民の期待が高まっている中、「大湊地方隊としても、地域の期待にどう応えていくかを常に考えていかねばならない」と近藤将補は話し、自衛隊の対処能力を積極的に示すことが地元住民の安心・安全にもつながると考えている。

「地方隊の任務は、限られた人員と予算の中で、どの業務をどのように効率化すれば"全体最適"になるかを考えていかなければ成り立たない」と近藤将補。「難しいことも多いが、本当にやりがいがある面白い仕事です。私だけではなく、大湊地方隊の隊員一人ひとりが皆そう思っているのではないでしょうか」

北の海で任務に当たる第一線の部隊をしっかりと抱きかかえ、「母港」として、さまざまな支援業務を遂行していく上で、きめ細やかな気配りができる女性幕僚長は、総監部にとっても頼もしい存在であるに違いない。北の大地で女性隊員活躍の新たな道を切り開いている近藤将補の歩みには、全国の女性隊員たちからも熱い視線が注がれている。

三菱重工長崎造船所で就役した後、大湊基地に35年ぶりに新造護衛艦として配備され、基地に初入港する汎用護衛艦「しらぬい」（3月11日）

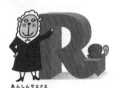

「しらぬい」の入港行事で、雨の中、横断幕を掲げて歓迎する水交会会員ら地元住民

下北半島には国の特別天然記念物ニホンカモシカが生息し、大湊基地内も自由に歩き回っている

甲地 美晴３曹（大湊地方総監部広報係）

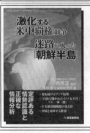

陸奥湾で行われた海自の「機雷戦訓練」を見学した基地モニターに感想を聞く甲地3曹（左）＝掃海艇「あおしま」艇上で

明るく楽しく、自衛隊と地元・下北の魅力を発信

地元コミュニティーFM「海上自衛隊アワー」パーソナリティー

大監広報係の甲地美晴3曹（青森県八戸市出身）も大湊地区で輝きを放っている女性自衛官の一人。

甲地3曹は、地元コミュニティーFMのラジオ番組「海上自衛隊アワー」のパーソナリティーを務めており、放送を通じて海自の活動や地域の素顔などを紹介し、自衛隊を広くPRしている。

大湊勤務3年目となった今夏、「むつ市の魅力を全国に発信したい」という思いから、職場の先輩の推薦を受け、むつ市観光協会が主催する「ミスおしまこ」にも応募し、見事3人のうちの一人に選ばれた。

総監部での広報業務の傍ら、8月2〜4日には「大湊ネブタ祭り」に、さらに同18日にも地元の伝統芸能「おしまこ流し踊り」に参加し、踊り手たちの先頭に立って華麗な舞を披露した。

「人と話すことが大好き」という甲地3曹。「さまざまな方と話す機会が多い『ミスおしまこ』の活動で得た経験と、ラジオのパーソナリティーのノウハウを生かして、これからも明るく楽しく、自衛隊と地元・下北の魅力を広く発信していきたい」と意欲を語った。

「いずも」型護衛艦にF35B戦闘機を搭載

どう変わる自衛隊の海洋戦略

自衛隊史上初となる〝艦載型戦闘機〟の導入が令和2年度防衛予算（概算要求）に盛り込まれた。この機こそ海自の護衛艦「いずも」型に搭載される短距離離陸・垂直着陸（STOVL）型の「F35B」だ。空自パイロットが搭乗する同機は、予算が通れば6年度から導入が開始される予定で、海自はこれに合わせて「いずも」と2番艦「かが」の船体改修を進める。海自艦艇にF35Bを搭載することで自衛隊の海上作戦はどう変わるのか。防衛技術協会客員研究員の堤明夫元海将補（元イージス艦艦長、元防大教授）に、改修「いずも」の運用構想と今後の課題・問題点について伺った。

堤　明夫氏
（元防衛大学校教授・海将補）

「いずも」型護衛艦の2番艦「かが」。自衛隊初の艦載型戦闘機F35Bの搭載に向けて、船体が改修される計画だ

令和2年度「F35B」6機要求

平成25年の「平成26年度以降に係る防衛計画の大綱」（いわゆる「25大綱」）によって新たに打ち出された南西諸島を念頭に置いた「島嶼防衛」という構想は、さらに平成30年の「30大綱」、そしてそれを受けた「中期防衛力整備計画（平成31年度～平成35年度）」（30中防）によって次第に具体的な形として現れてきている。

その中で、航空自衛隊においては旧式化したF4戦闘機の後継機として、既に導入が始まっているF35A戦闘機に加えて、この「離島防衛」を念頭において短距離離陸・垂直着陸（STOVL）機の導入を図ることとし、これは本年8月、米国の「F35B」を導入することで防衛省により正式決定された。そしてこれに伴い、令和2年度の防衛費概算要求にこの「F35B」6機と、これの搭載のための海上自衛隊の護衛艦「いずも」型の改修費31億円を盛り込んでいる。

空自がF35Bを計42機導入へ

空自はこのF35Bを最終的に3個飛行隊プラス教育用の計42機を導入する計画であり、この3個飛行隊を既存の航空基地に配備（現在のところ宮崎県の新田原基地が有力と見られている）とし、必要に応じて南西諸島の各地に分派すると共に、改修「いずも」型に適宜搭載して運用することとしている。

すなわち、改修「いずも」型は空自のF35Bを常時搭載して運用するのではなく「必要に応じて搭載する」としており、また「いずも」型のF35B搭載のための改修費は現在のところわずか31億円程度とされている。これでは英・西欧海軍などでは常識となっている艦首部の「スキージャンプ」設置はないであろうし、また将来的に設置するにしても常時搭載・運用でなければ、臨時搭載する数機のために飛行甲板の相当な部分をこのスキージャンプ運用のために取られるのは極めて無駄といえる。

●

このような「いずも」型の改修について、世間一般では俗に「空母化」と言う向きもある。しかしながら、空自が運用するF35Bを単に「いずも」型でも搭載・運用可能にするというだけで、これを「空母」と言っては世界から笑われるであろう。

空母ではなく「多機能護衛艦」

エンジンの排気口を下に向け、垂直着陸するF35B（米海軍HPから）

実際のところ、防衛省自身がこの改修による「いずも」型を「多機能な護衛艦」としており、F35Bを常時搭載・運用することも、スキージャンプを設置することも念頭に置いていないと判断される。このことからも「空母化」などという指摘は論外、と言うことになる。

整備員・予備品・弾薬類は？

ところで、肝心な問題はこの先なのである。

「いずも」型をF35Bの搭載・運用が可能な艦に改修するとして、必要に応じて適宜搭載する数機のF35Bを、いったい「誰が」「どのように」作戦運用するのであろうか。まさか「これは空自の戦闘機であり、これの運用は空自の縄張りだ」とばかりに、要撃戦闘のためだけに搭載し、かつ一緒に乗艦してくる空自管制幹部が空自DC（防空指令所）の指示を受けながら、F35Bを管制するだけなのであろうか。

そして「整備員はどうするのか？」。

搭載するF35Bの整備だけのために空自の整備員が一緒に乗ってきて、それ以外は艦の他の任務・業務には一切係わらないのであろうか。また、いつ搭載するのか分からない数機のF35Bのための整備機材や、予備品、それに空対空ミサイルや爆弾をはじめとする弾薬類は、どうするのか？

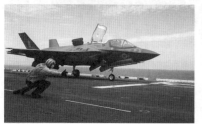

リフトファンの機能をもち、短い滑走での離陸が可能なF35B
（米海軍HPから）

対地・対水上攻撃の任務は？

これらの問題に加えて、F35Bの運用に伴う早期警戒機や戦術電子戦機、戦術空中給油機などなど、重要なことをどうするのか。これらについて、今のところ何も明らかになっていない。まさか、これらの機能については本土の航空基地から当該海域に飛んでくる空自のもので、適時・適切に対応できるなどと考えているのであろうか？

現在までに伝えられる情報の範囲では、改修「いずも」型は、単に「空自が運用するF35Bに（艦の）背中を貸すための海上移動基地」であり、かつ「航空機の運搬艦」に過ぎないとしか思えない。もしそうであるならば、これではまったく現代の海上戦には役に立たないであろう。

そもそもF35Bは「米海兵隊用の戦闘攻撃機」として開発されたもので、VTOL（垂直発着）ではなくSTOVL（短距離離陸・垂直着陸）とされているのは、搭載する強襲揚陸艦（LHD/LHA）の「飛行甲板の耐熱強度上の問題」が第一であり、「離陸重量を増大するため」というのは二の次である。そしてハリアーやF35Bを搭載・運用する英・欧州などの海軍では、当然ながら「要撃戦闘」だけではなく、「対地・対水上攻撃能力」増強のため、離陸重量を増大可能なようにスキージャンプの使用が常識になっている。

種々の問題点の解決が必須

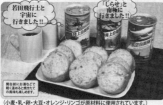

米強襲揚陸艦「ワスプ」に搭載された多数のF35B戦闘機（米海軍HPから）

●

そして、さらなる問題点は、改修「いずも」型に常設にせよ、臨時にせよ、F35Bを搭載するならば、それは海上戦における海上部隊の一つの要素として、部隊指揮官たる「CWC（Composite Warfare Commander 複合戦指揮官）」の指揮下、各種指揮官の下で運用されて初めて「海上航空兵力」として機能するのである。果たして航空自衛隊のF35Bの運用を〝完全に〟この体制・組織の中に組み込むことが可能なのであろうか。

ましてや、改修「いずも」型を含む海上部隊を、陸自の水陸機動団が使用する両用戦部隊として運用する場合には、これらF35Bも陸自水陸機動団の部隊も、全て〝完全に〟両用戦部隊指揮官の下に置かれて、はじめて有効に機能するのである。

これは海軍と海兵隊を合わせた一つの「海軍部隊（Naval Foeces）」における組織・運用による両用戦の考え方と、現実の「両用戦即応群（ARG）/遠征打撃群（ESG）」の編成・用法の実態を見れば明らかなことであろう。

ましてや、現在、防衛省・空自が考えているとされるこのF35Bを搭載した改修「いずも」型を、太平洋においても運用するとなると、上で述べてきた種々の問題点の解決は必須のことであり、単に「その背中を空自のF35Bが使うだけ」などとするならば、それは現代の海上戦というものを全く理解していないということになる。

これは要するに、現在公表されている範囲内で考えるならば、「いずも」型の改修によるF35B搭載能力の付与は、海上航空戦力としては極めて「限定的」なものであり、かつ「統合」の美名の下の防衛力整備における空自の縄張り・勢力争いの現れと言え、あるべき日本防衛の実際からは、極めて非現実的・非効率的であると言えるであろう。

防衛省からの改修「いずも」に関する新たな情報の開示に期待したい。

募集・援護　特集

平和を、仕事にする。

ただいま募集中！
◇医科・歯科幹部
◇自衛官候補生
★詳細は最寄りの自衛隊地方協力本部へ

地元企業に就職 万全のサポート

「大変優秀な隊員と面談できた。ぜひうちの会社に来てほしい」――。退職予定の任期制隊員の内定獲得に向け、各地本は企業を招いて説明会を開催し、隊員と企業とのマッチングに力を注いでいる。熊本地本は合同企業説明会を開き、45人の若手隊員が地元企業に就職できるよう万全のサポート、山梨地本は北富士駐屯地の隊員9人を東京都内の説明会に引率した。

熊本 隊員45人、企業とマッチング

【熊本】地本は8月21日、上益城郡益城町のグランメッセ熊本で「熊本県任期制隊員合同企業説明会」を自衛隊援護協会福岡支部と共催した。

説明会は、年度末に退職予定の任期制隊員が具体的な再就職準備を始めるため、例年この時期に開催されている。今回は県内に就職を希望する隊員ら45人と県内に事業所を持つ89社が参加した。

冒頭、援護協会福岡支部長らがあいさつ。登壇した濱田博之熊本地本長（現・統幕報道官）は「隊員たちは旺盛な責任感・使命感を持っており、皆さまの会社においても必ずや期待に応えることができると信じています」と紹介し、企業側に理解と協力を呼びかけた。

両者の面談は1回あたり30分で、計6回実施された。

隊員たちは事前に参加企業の情報を入念に調べており、興味を持った企業ブースを訪問。面談の中で双方が説明や質問を行い、疑問点の解消に努めた。その後、両者がそれぞれ面談結果票を提出し、マッチングの確認を行った。

この結果、「直接話を聞いて具体的な会社のイメージがもてた」と好感触を語る隊員がいる一方で、「仕事内容に興味はあったが、給与が希望以下だった」と厳しい現実を実感した隊員もいた。企業側からは隊員について「礼儀正しい」「非常に優秀な態度で好感が持てた」など好評価が多く聞かれた。

参加隊員は今後、このマッチングの結果を基に、部隊や地本のサポートを受けながら具体的な就職活動に入り、本番となる就職試験や面接試験に臨む。

首都圏任期制隊員合同企業説明会の会場に向かう北富士駐屯地の隊員（8月7日、東京都大田区の東京流通センターで）

任期制隊員合同説明会を開催

香川地区任期制隊員合同企業説明会に参加、企業関係者を前に、整列してあいさつする任期制隊員（左壇上奥）＝9月4日、琴平町で

香川 26人の隊員が企業と面談 「自衛官は優秀」と高評価

【香川】地本は9月4日、琴平町で香川地区援護協会主催の「香川地区任期制隊員合同企業説明会」に26人の任期制隊員を引率した。

今回は県内に就職を希望する任期制隊員に対し、46企業がそれぞれの業務内容や待遇について説明した。隊員たちは限られた時間のなか、一社でも多くの企業の話を聞こうと、休むことなくブースを回っていた。

面談を終えた隊員は「多くの企業から仕事内容などの話を聞けて今後の就職活動の役に立った」「再就職に関する不安が少なくなり安心した」など話していた。

一方、企業側からは「隊員の方から熱意が伝わってきた」「自衛官らしい誠実な態度に好感を持てた」など、隊員を高く評価する声が多く聞かれた。

香川地本は自衛隊援護協会「進路相談コーナー」で予備自衛官等の制度の普及・促進も図った。

山梨 任期制隊員 東京に引率

【山梨】地本は8月6、7の両日、東京都大田区の東京流通センターで開かれた「首都圏任期制隊員合同企業説明会」に北富士駐屯地の任期制隊員9人を引率した。

この説明会は首都圏で再就職を希望する任期制隊員が対象。各企業が業務内容や処遇を説明し、人材を求める企業と退職予定隊員との最初の「出会いの場」となっている。

説明会には陸・海・空自から任期制隊員約600人、企業から630社が参加した。

北富士の9隊員も各ブースで「直接企業の方から説明を聞くことができ、大変参考になった」など感想を語っていた。

各地で航空学生試験

静岡 パイロット目指し難関挑戦

【静岡】地本は9月16日の「航空学生第1次試験」を皮切りに、来年度自衛隊への入隊・入校を目指す各種採用試験業務を開始した。

航空学生1次試験は沼津、静岡、浜松市の3カ所で実施。海・空自パイロットを目指し多くの若者が難関の試験に臨んだ。

1次試験は数学・英語などの一般教養と航空機の操縦に関する適性検査、2次は身体検査・面接と一般的な適性、3次は実際に操縦桿を握る操縦適性試験となっている。

パイロットを目指し、航空学生1次試験に臨む生徒たち（9月16日、静岡市で）

1次試験を終えた受験生は「21日の一般曹候補生採用試験も受験するので、引き続き勉強する」と話すなど、各自が「何としてもパイロットになりたい、自衛官になりたい」という熱意を示していた。

鳥取 航空服に憧れ 試験に全力

【鳥取】地本は9月16日、航空学生採用1次試験を実施、24人が受験に挑んだ。受験生は一様に緊張した表情で試験開始を待っていたが、試験が開始されると全員が真剣な眼差しで試験に臨んでいた。

午前は択一式学科試験、午後は4種類の適性検査と英語・数学の試験。受験生は最後の試験まで全力を尽くしていた。

試験後、受験生は「操縦の適性検査は難しかった」「航空服にずっと憧れていた。パイロットになって働きたい」などと語っていた。

1次試験の合格者は引き続き、3次試験まで挑み、最終合格は来年1月21日に発表される。

沖縄 石垣島からも航学受験

【沖縄】地本は9月16日、県内2カ所で「航空学生第1次試験」を実施し、今年度は石垣島からの受験者を含む受験生が、夢の実現に向け、真剣に問題に取り組んでいた。

沖縄地本は1次試験合格者を対象に例年、航空学生出身の募集課計画班長の久保田昇1曹が航空学生の魅力を説明。沖縄県出身のパイロットが増えるよう、今後も全面的にバックアップしていく。

新潟 「ひうち」に2千人来場 車両展示が人気 中越地震で謝意も

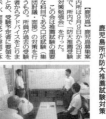

【新潟】地本は8月31日、9月1日の両日、長岡市寺泊港で海自多用途支援艦「ひうち」の艦艇広報を支援、約2000人が乗艦した。

初日午前に入港歓迎行事が行われ、長岡市長（代理）が「平成16年に発生した中越地震の際は、自衛隊に大変お世話になり、ありがとうございました」と謝意が示された。

午後から一般公開を開始。協力会から贈られた戊辰戦争の際使用された「四斤山砲」（レプリカ）の展示など、ふだん見られない艦艇などに多くの市民らが訪れ、熱心に見学していた。同時に行われた地本のパネル展示や海自制服の試着コーナー、乗組員と一緒の記念撮影なども賑わいを見せた。

翌日は一般公開のほか、募集対象者向け特別公開が行われ、陸自第2普通科連隊（高田）の車両なども展示され、こちらも多くの見学者が訪れた。

新潟・長岡に来航した多用途支援艦「ひうち」をバックに艦長の永田季章3佐（中央）、地本キャラクターとともに記念撮影を行う来場者たち（9月1日、長岡市寺泊港で）

埼玉 介護サービス業者 駐屯地内で研修

【埼玉】地本は9月11日、訪問入浴介護サービス業の「アサヒサンクリーン」の協力で、大宮駐屯地でインターンシップを実施した。

同社は高齢者の「訪問入浴」を提供しているほか、訪問介護、デイサービスなどの福祉サービスを展開している。

今回は同社スタッフが駐屯地を訪れ、隊員ら約20人に介護福祉事業の職務内容等を紹介した後、通常の訪問入浴サービス同様に専用の浴槽を会場に設置し、要介護者役の隊員を入浴させ、サポート要領を展示した。

参加した隊員は「介護職員として、関心のある福祉事業の重要性を改めて認識できた」「駐屯地内で企業の業務を直接体験でき大変有意義だった」などと話していた。

神奈川 修業式で再会 父「立派に成長」

【神奈川】市ケ尾募集案内所は8月27日、横須賀市の海自横須賀教育隊で行われた修業式に担当広報官が参列し、荒木2士の父親の弘志さんとともに晴れ姿を見届けた。

海自横須賀教育隊を修業した息子の荒木2士（右）と父親の弘志さん（その右）＝8月27日、武山基地で

式の始まる前、弘志さんは青森から駆けつけ、真っ白なセーラー服に身を包んだ荒木2士と対面。「無事に修業の日を迎えました」と笑顔で報告を受けた。

弘志さんは故郷・青森の大湊基地への配属を希望していたことや、自身のマーク（職種）となった「ヘリ整備の仕事」について語っていた。

息子との再会で安堵した弘志さんは「数カ月前の息子とは見違えるようだ。立派に成長してくれた」と話していた。

鹿児島所が防大推薦試験対策 面接など実地体験

【鹿児島】鹿児島募集案内所は9月9日から26日まで、所内で「防大推薦受験対策勉強会」を行った。

この会は推薦試験の要である小論文試験の対策、面接試験（集団討論・面接）の対策を行うもの。所員が過去の受験者からのアドバイスをとりまとめ、受験予定者に要領を示し、面接などを実地で体験してもらっている＝写真。

特に集団討論では、討議の進行要領やポイントなどを説明。試験直前には本番さながらの雰囲気で模擬試験を行い、受験生は自信を深めた。

参加者は「最初は緊張したが繰り返し練習できて自信がついた。防大生になるという目標に向かって、今日やったことを受験日に発揮できるよう頑張る」と真剣な表情で話していた。

後輩などに声掛け 新隊員13人を獲得 原田3兄妹を表彰

【海田市】46普連はこのほど、連隊定例朝礼で「隊員自主募集」で功績のあった隊員39人を表彰した。今回は受賞者の中に「3兄妹」がいたことで、隊内で大きな話題になった。

この3人は2中隊の原田将弥3曹（長男）、原田紗弥加1士（長女）、3中隊の原田凌弥士長（次男）。3兄妹はこの3年間で友人や後輩など合計13人の新隊員を入隊させる成果を挙げた。

原田3兄妹はともに幼い頃から現在まで剣道に打ち込み、そのつてで高校の友人や後輩などに声をかけたところ、数多くの後輩自衛官が誕生した。

特に紗弥加1士は昨年度「入隊者5人」で13旅団長から3級賞詞を受賞している。

3年間で合計13人の隊員自主募集に貢献した46普連の原田3兄妹。左から凌弥士長、紗弥加1士、将弥3曹（海田市駐屯地で）

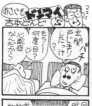

これから誰もが宇宙に

金井宇宙飛行士、子供たちにエール

フリートウイークで講演

「国際宇宙ステーション（ISS）は海自の潜水艦より広く、とても快適でした」――。元海自潜水医官で宇宙航空研究開発機構（JAXA）の金井宣茂宇宙飛行士（元1海尉）が10月6日、海自の「フリートウイーク」の一環で横須賀基地に講師として招かれ、「宇宙への道」と題して講演を行った。金井さんは「宇宙飛行士は特別（な存在）ではない」と語り、宇宙への憧れを抱く子供たちに熱いエールを送った。（4－5面参照）

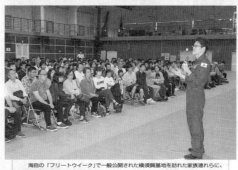

海自の「フリートウイーク」で一般公開された横須賀基地を訪れた家族連れらに、宇宙の魅力を伝える金井宇宙飛行士（右）＝10月6日、横須賀基地厚生センターで

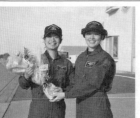

「海自での経験生きた」

横須賀基地の厚生センターで行われた講演会には、家族連れなど約300人が来場した。宇宙飛行服姿の金井さんが現れると、会場には大きな拍手が沸き起こり、渡邊剛次郎横須賀総監の紹介で登壇した。

金井さんは2017年12月17日から18年6月3日までの168日間、「ISS54/55次長期滞在クルー」として宇宙で各種任務に携わった時のことを振り返り、「ISSは潜水艦よりとても広く、快適でした」と話し、笑いを誘った。

ISS滞在中、船外に出てロボットアーム先端部品の交換を行った時のエピソードも明かし、「一度外に出ると、6時間作業を続けることになるので、非常に大変だった。冷静に定められた作業ができたのは、海自時代の（潜水艦での）経験も生きた」と普段からの訓練の重要性を語った。

ISSでの半年間の宇宙ミッションはあっという間だったという金井さん。もし再びミッションが決定した場合、「また宇宙に戻りたい」と笑顔で話した。

講演後、会場からは次々と質問が投げかけられ、宇宙での任務を円滑に行う秘訣を聞かれた金井さんは、「多国籍のクルー（同士）なので、意思確認が大切だ。自分はリーダーシップを発揮するタイプではないので、皆が夢中になっている時、そこに（隠れた）ミスがないかチェックをすることでチームに貢献した」と答えた。

そして子供たちに、「宇宙飛行士は特別な存在ではない」と強調。「これからは誰もが宇宙に行けるようになってほしい。宇宙は海自の潜水艦内と同じく（誰もが生活できる）通常の場所だった。ぜひ将来、一緒に（宇宙で）仕事をしましょう」と結んだ。

37普連の55人が大阪で不明者捜索

大阪府岸和田市で10月2日、70代の女性が行方不明となった。

警察や消防などが捜索したが、発見に至らず、同日午後9時、吉村洋文知事から陸自3師団長（千僧）の梶原直樹陸将に対し、行方不明者捜索の災害派遣要請があった。

翌3日の午前8時、37普連（信太山）の波賀崇志2佐以下約55人が捜索活動を開始。午後0時40分、警察により行方不明者が発見され、部隊は知事からの撤収要請を受けて活動を終了した。

「後輩の良き手本に」

大瀧3尉 機長として初フライト　八戸

【海八戸】2航空隊（司令・高田哲哉1佐）のP3C哨戒機パイロットの大瀧真由美3尉は7月31日、八戸航空基地で機長として初めてのフライトに臨んだ。2空で女性パイロットの機長が誕生するのは今回が初めて。

大瀧3尉は、平成24年4月に第64期航空学生として海自に入隊。30年4月から2空で勤務し、日々の任務にまい進するとともに、機長資格の取得に向けて訓練に励んできた。

大瀧3尉は晴天の中、初の機長フライトに臨み、基地周辺を約1時間飛行。基地に帰投すると高田司令に終了を報告した。

フライト後のセレモニーでは、同期の前田絵美3尉から記念の花束を贈呈された後、出迎えた隊員から恒例の「水掛け」を受け、大きな拍手と歓声で初フライトを祝福された。

大瀧3尉は「良き先輩と後輩に加え、航空機整備員や基地隊員の支援のおかげで今日という日を迎えることができ、大変感謝しています。今後はさらなる上位資格を目指して日々の任務と訓練に臨み、後輩の良き手本となりたい」を熱く語った。

今後、大瀧3尉はP3Cの正操縦士として日本周辺の監視任務などに当たる。

機長としての初フライトを終え、同期の前田3尉（右）から記念の花束を贈られる大瀧3尉（7月31日、八戸航空基地で）

C2で空の旅満喫

自衛隊記念日　「体験飛行」に約200人搭乗

空自は10月5日、令和元年度自衛隊記念日行事の一環として、千歳、入間、築城、那覇の4基地で「体験飛行」を行い、このうち埼玉県の入間基地では最新鋭のC2輸送機（美保・403飛行隊）に約200人が搭乗した。

参加者たちは1回のフライトにつき約50人に分かれ、204号機（機長・高橋章嗣3佐）の後部ハッチから次々と乗り込み、入間市から東松山市、川越市、東京都立川市などの上空を約20分かけて遊覧。高度約900メートルの窓の外に広がる東京スカイツリーや富士山の景色を満喫した。

一方で、子供たちは旅客機とは全く違う輸送機の乗り心地や内装、エンジン音などに興味津々の様子で機内を「探検」したり、はしゃいだりしていた。

母親と一緒に搭乗した埼玉県桶川市の柳原将世さん（18）は機体の大きさや揺れなどを挙げて「すごくインパクトがあった」と興奮気味に話し、東京都から来た大さん（11）は「スカイツリーなどが見えてきれいだった」と喜んでいた。

この日は入間ヘリ空輸隊のCH47J輸送機の「体験飛行」も同時に行われ、東京都の内田大翔さん（16）は「空から眺めた景色がきれいだった。このような機会を設けてもらい、自衛隊の方々には感謝しています」と話していた。

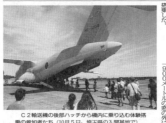

C2輸送機の後部ハッチから機内に乗り込む体験搭乗の参加者たち（10月5日、埼玉県の入間基地で）

こちら警務隊

部下や後輩の指導は慈愛を持って冷静に

暴行・傷害罪

Q　殴る蹴る等をせずに、部下や後輩に厳しい指導をした場合、罪に問われますか？

A　殴る蹴る等の行為はもちろん、胸ぐらをつかむ、物を投げつける等の行為も暴行罪となる可能性があり、罰則として2年以下の懲役もしくは30万円以下の罰金に処せられます。

また、暴行により相手にけがをさせた場合は傷害罪となりますが、これに怒号を繰り返して抑うつ状態に陥らせて精神的機能を害すること等も含まれ、罰則として、15年以下の懲役または50万円以下の罰金に処せられます。

部下や後輩の指導は、冷静になり、慈愛を持って行うことが必要です。

（東部方面警務隊）

※次回は「わいせつ物頒布等罪」

てめえ！このやろ～！

やめて～

指導に暴力はいりません！

約200人が参列

「特攻平和観音」年次法要

大東亜戦争末期に自ら志願して祖国のために若い命を捧げた特攻隊員たちを慰霊する第68回「特攻平和観音年次法要」が9月23日、東京都世田谷区の「世田谷山観音寺」境内の「特攻観音堂」で行われ、遺族や関係者ら約200人が参列した。

国歌斉唱の後、[illegible]世田谷山観音寺の太田秀隆住職が願文を唱え、[illegible]特攻隊戦没者慰霊顕彰会（会長・杉山蕃元統幕議長）の藤田幸生理事長は祭文奏上で「これからの21世紀、皆さまが胸に抱かれていたよりよい世界の実現を目指し、努力することを誓う」と述べ、世田谷区の保坂展人区長は「尊い犠牲となられた方々の前で、改めて令和の時代を営々と歩むことを誓う」とあいさつを述べた。

この後、吉野一心さんの吟詠、安藤一感さんの尺八による献吟が行われ、原知崇隊長が率いる甲飛喇叭隊による奉納献奏の後、参列者全員で「同期の桜」「海ゆかば」を合唱し、最後に一人一人が焼香を行って式を終えた。

「特攻観音堂」の前であいさつを述べる世田谷区の保坂区長（9月23日、東京都世田谷区の世田谷山観音寺で）

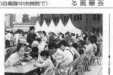

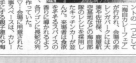

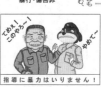

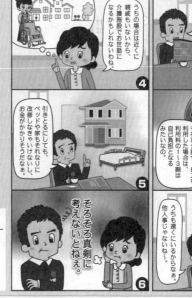

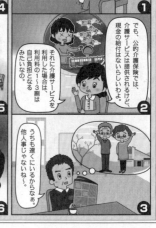

臨時の地域航空搬送拠点開設

自衛隊中央病院　医療活動訓練に参加

【中央病院＝三宿】自衛隊中央病院（上部泰秀病院長）は9月7日、東京都からの要請を受け、内閣府主催の「大規模地震時医療活動訓練」に参加した。

同訓練は内閣府、警察、消防、厚生労働省などの各省庁が災害派遣時の各種活動や防災関係機関との連携要領を演練するもの。

「東京湾北部でマグニチュード7・3の首都直下地震が発生した」との想定で開始され、中央病院は東京都からの要請で病院内に臨時の「地域航空搬送拠点」を開設。全国各地から日本災害派遣医療チーム（DMAT）10個チームが参集したほか、陸自の東部方面衛生隊などによる患者搬送支援を実施した。

指揮所では、①DMATの受け入れ②地域の病院と搬送拠点（都立広尾病院）との患者搬送に関する全般調整③DMATと連携した航空搬送予定患者の受け入れ・収容④航空機の調整――について、運用の検証を行った。

訓練終了後の意見交換会では、中央病院が地域航空搬送拠点のみならず、「航空搬送拠点」として期待されていることを認識した。

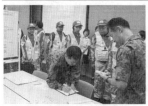

病院内に指揮所を開設し、日本災害派遣医療チーム（DMAT）の受け入れ要領を確認する隊員たち（9月7日、東京都世田谷区の自衛隊中央病院で）

小休止

▽…海上自衛隊は10月5、6の両日、横浜、横須賀、木更津の各港で「自衛隊観艦式」を前に、「フリートウイーク」を冠したさまざまなイベントを開催した。

▽…横浜ではイベントの一つとして「海自カレーフェア」が行われ、会場の赤レンガパークには大湊や佐世保、鹿屋航空基地などの海自部隊のレシピを採用したキッチンカーが並んだ。来場者は食欲をそそるスパイスの香りに導かれるように、各ワゴンに長蛇の列を作っていた。

▽…会場に用意された食事スペースは、カレーを手にする親子連れや海自ファンで埋め尽くされ、趣向を凝らした海自カレーを頬張り「おいしい！」と笑顔を見せていた＝写真。

やっている姿を感謝で見守って、信頼せねば人は実らず。
山本 五十六（旧海軍の提督）

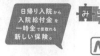

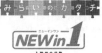

（世界の切手・ネビス）

水中文化遺産を保護
ミクロネシアでJMAS活動に参加

空自OB 金子 則雄（元浜松救難隊、元3空尉）

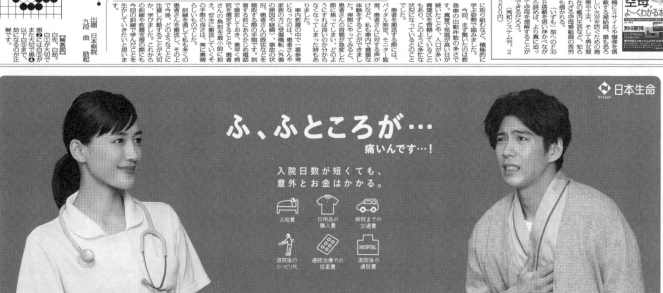

ダイビングの技術生かす

「日本地雷処理を支援する会」（以下、JMAS）からミクロネシア事業に参加しないかとお誘いがあったのは静岡県の自宅でダイビングの仕事をしていた4年前のことです。

地雷処理が仕事のJMASの活動は「空自出身の私は畑違いでは？」と思われましたが、空自の救難員は山岳登山や海上・潜水での作業、さらに落下傘降下や空挺レンジャー課程も履修します。海自や陸自との繋がりも深いのです。

JMASのミクロネシア事業は、太平洋戦争中の戦没船の調査・油回収と、潜水技術の技術移転と聞き、参加を決めました。[illegible]「沈船ダイブ（WRECK・DIVE）」に興味を持ったのが本音ですが…。

南太平洋のトラック諸島という旧称は耳にしたことはあったものの、日本からの位置関係は[illegible]。太平洋戦争中、日本海軍の連合艦隊の拠点でもあったトラック諸島は、米軍の空襲により壊滅。このため数多くの艦船や航空機が海底に眠る「海の墓場」です。

調査潜水をして分かったことは、当時から75年を経過しても、いまだその存在を示すかのように艦船から出た油が海面に漂っていることです。私たちダイバーは、海に潜って[illegible]けですが、爆雷攻撃を受けた船体は損傷が激しく、内部は暗く、迷路のようであり、船外へ出るまでは気が抜けません。

JMASでは、この3年間で11隻の調査を行い、「潜留油」の多い戦没船を対象に、油を回収する作業と、ミクロネシアの政府職員に対し、この回収事業の技術を移転する「オン・ザ・ジョブ・トレーニング」[illegible]

のんびりとした島の人々

[illegible]日程は直前まで確認しないと事は進みません。私も最近はこの「島時間」に慣れましたが…。

[illegible]罪の意識が薄いのか、目を離した隙に小物が紛失することは数知れず。大家族で生活するので、食事や物の扱いなどもアバウトなのかもしれません。

現地の人々は温厚で、人懐こく、じっと見つめる視線がとにかく熱いです。「一夫多妻」の風習は今も残り、家族の面倒見がいいのは海洋民族のDNAなのかも…。しかし、養う能力がないと捨てられるのは男。妻は強いのです。

ミクロネシアは日本の統治時代を経ているので、日本語が現地語として残っています。「ヨウイドン」「ウンドウカイ」「フウセン」など、現地人から聞くと不思議な感じがします。

右JMASが行う「水中文化遺産」の保護事業に参加している空自OBの金子則雄さん（中央）下南太平洋の海に潜り、「潜留油」の多い戦没船の調査を行うJMASの金子さん

「水中文化遺産」の保護事業

昨年、ミクロネシア連邦はユネスコの「水中文化遺産保護条約」を批准しました。

チューク・ラグーンの「沈船ダイブ」は欧米のダイバーに人気があり、島の重要な観光資源になっています。「水中文化遺産」の保護に向けて活動も開始され、JMASも協力しています。

雨風や直射日光の影響がでる陸上の戦跡と比べ、これまでは安定していた海中の戦没船も、数年前からその状態が大きく崩れ始めています。この結果、太平洋戦争で沈んだ船たちの記憶が、静かに崩れ去ろうとしています。

このように「水中文化遺産」の被害が大きくなる前に、JMASではミクロネシアでの環境の保護と沈船の記録を残していきたいと考えています。

海外で国際貢献活動を続けるJMASの「50代のオヤジ達」に、皆さまも興味を持っていただければ幸いです。

新刊紹介

「無人の兵団」
―AI、ロボット、自律型兵器と未来の戦争

P・シャーレ著、伏見 威蕃訳

サウジの石油施設が18機の無人機により精密攻撃された事件は世界の軍関係者に大きな衝撃を与えた。「無人機の群れ」による攻撃がついに現実のものとなったからだ。

本書は元米陸軍レンジャー隊員としてイラク、アフガニスタンで戦った経験を持つ軍事アナリストが、急速に進化を遂げつつある「AI兵器」の最新状況をまとめた労作だ。イスラエルの完全自律型無人機「ハーピー」などを取り上げながら、その運用に潜む問題点や危険性を探っている。

無人兵器の運用では「OODA（観測・方向性付与・決定・行動）ループ」と呼ばれるプロセスがあり、従来は人間が介在していた。だが、自律化が進み、兵器自らが判断できるようになり、まさに戦闘マシン「ターミネーター」へと向かっている。これが今後、どのような問題を引き起こすのか、著者はさまざまな分野の専門家に質問し、答えを引き出している。

無人兵器の一般化で人命を失わない戦争はハードルが下がり、紛争の増加も予想される。中小国が無人兵器で大国に挑むことも可能だ。自衛隊が「新領域」を警戒しなければならない理由も本書を読めば分かる。

（早川書房刊、4070円）

「図解入門 最新 空母がよ～くわかる本」
―航空母艦と搭載機の仕組みから運用まで

井上 孝司著

海自の護衛艦「いずも」型にSTOVL（短距離離陸・垂直着陸）型の戦闘機F35Bの搭載が決まり、「浮かぶ飛行場」空母に内外から注目が集まっている。

本書は空母と搭載機の仕組みから運用まで、多数の写真とイラストで分かりやすく解説した図鑑だ。

最初に空母の定義と歴史から始まり、続いて各国の空母の特徴、艦内の配置、航空機の機にミサイルや爆弾を搭載する補給員、最も恐ろしい火災を防ぐための施策や工夫、そして男女混在の艦内生活など、知られざる空母乗組員の苦労も描かれる。

「いずも」型へのF35B搭載を思い浮かべながら読めば、より真に迫って空母を理解することができるだろう。

中でも著者が特に力を入れているのは空母を支える人々のドラマだ。危険に満ちた飛行甲板で航空機の発着艦に携わる乗員、短時間のうちに航空撃群の編成と運用法、乗員の仕事、着任した新兵への教育訓練といったソフト面まで幅広く紹介している。ハード面、そして空母打

（秀和システム刊、2200円）

みんなのページ

最高のステージだった
フィジー軍楽隊との演奏

1海士 石川 弘樹（練習艦隊司令部音楽隊）

現在遠洋航海中の海自遠洋練習航海部隊（練習艦「かしま」、護衛艦「いなづま」で編成、司令官・梶元大介将補）は5月21日、メキシコのマサトランを出港し、約3週間の航海の後、8月10日に仏領ポリネシアのパペーテ（タヒチ島）に入港しました。

この航海中にはハイラインと呼ばれる艦と艦の間にロープを張って人や物を移送する訓練が実施されました。この運用作業は一歩間違えると大事故につながるため、たいへん神経をすり減らす作業となります。そこで艦隊の士気高揚を任務とする音楽隊は、その前にアニメや映画の音楽を演奏し、隊員の気分が少しでも盛り上がるよう演奏を行いました。

さて、パペーテ寄港中にはタヒチ島の近くのモーレア島という美しい島に行くことができました。エメラルドグリーン色の素晴らしい海、そして青い空とのコントラストはこれまで目にしたことのない絶景でした。長期に及ぶ航海の疲れも癒され、海にそびえる緑の山肌は私を童心に戻らせてくれ、ワクワク感が止まりませんでした。

パペーテを出港後はフィジーに向かい、8番目の寄港地スバには8月23日に入港しました。

スバでの仮泊時、護衛艦「いなづま」で艦上演奏会が開かれました。音楽隊長の岡崎恵一1尉以下8名が内火艇で移動し、演奏会では三宅由佳莉3曹が『レット・イット・ビー』などを熱唱。途中降り出した雨にも負けず、山口望泰美3曹は『トワイライト・イン・アッパーウエスト』を熱演し、隊長も『キン肉マン』を歌い、会場は大いに盛り上がりました。

スバに入港しての市民を対象とした演奏会では、日本の有名な民謡を集めたメドレーやフィジー民謡などを披露しました。

8月26日に現地の南太平洋大学で行われた演奏会は、フィジー軍楽隊、艦乗員の「祥瑞太鼓」と合同演奏をしました。私たちはフィジーは美しい島国であるというメッセージを込め、『モアナと伝説の海』『宝島』などを演奏しましたが、お客様のノリが良く、その雰囲気にこちらが乗せられ、最高のステージになりました。

また、フィジー軍楽隊の演奏は、金管バンド独特のサウンドでとても温かで心地よく、ヴォーカルの歌声ともマッチして、とても素敵な演奏でした。ラストは「祥瑞太鼓」も加わって『ソーランファンク』で大盛会の中、幕を閉じました。

私たちの遠洋航海も帰国までカウントダウンとなりました。周りの方々のサポートへの感謝を忘れず、日本の代表としての自覚を持ち、国際交流や儀礼・儀式、また隊員の士気高揚のために演奏に精進していきます。

スバではフィジー軍楽隊との合同演奏会も行われた

ポリネシアの神秘的なモーレア島

OBがんばる

野口 一郎さん 54
平成30年7月、陸自1特科隊（北富士）を最後に定年退職（3尉）。株式会社ビ・ボーンに再就職し、山梨県内でのログハウス建設・メンテナンスの仕事に就いている。

自衛官らしさが重要

私は第1特科隊（北富士）で定年退官し、株式会社ビ・ボーン（ホンカ富士北麓）に再就職しました。弊社は山中湖の湖畔に位置し、フィンランドに本社を置くログハウスメーカー「HONKA（ホンカ）」のディーラーとして、ベテラン職人がログハウスを一貫施工し、地域の皆さまに安心と感動をお届けしている会社です。

私の主な業務はログハウスのメンテナンス、建築現場への資材運搬などです。メンテナンスに関しては建物に関する専門知識が必要で、まだまだ分からないことが多いですが、先輩・ベテラン大工さんのご指導を受け、毎日が勉強です。

現職の皆さまは退職2～3年前から自分に合った仕事を検討し、必要な資格の取得など計画的に準備をすることで援護担当者との面談がスムーズになり、希望する再就職先が見つかりやすくなると思います。

私の場合、面談時に考えがまとまっておらず、援護担当者に大変迷惑をかけてしまいました。また、再就職後も自衛官らしさが重要だと感じました。

一般の方々は退職自衛官に対して「真面目で、元気で、礼儀正しい」とのイメージを持っています。退職したからといって無理をせず、今まで通りの自分で良いと思います。

私は退職後も自衛隊と関わっていきたいと考えています。職場の理解もあり、予備自衛官に採用され、また隊友会・原隊OB会にも入会し、長年お世話になった陸上自衛隊に微力ながら恩返しできればと考えています。

最後に、お世話になりました山梨地域援護センターの皆さまに感謝申し上げます。

積極的に学んだ救急車同乗実習

3陸曹 設楽 侑希（305救急車隊・仙台）

私は7月22日から8月2日までの間、仙台市青葉消防署で「救急車同乗実習訓練」に参加しました。2度目の訓練ということもあり、前回できなかったことに取り組むなど、積極的に学ぶ姿勢で臨みました。

今回、まず驚いたのは救急車の出動件数の多さです。真夏で気温が高い日が続いたことや、人口が多い青葉区を管轄していることもあり、このように多忙な状況になっているとのことでした。

患者を搬送する際には、バイタル測定、モニター監視、患者さんに対する声がけなど、私も車内で貴重な体験をすることができました。実際にやってみると、患者さんの容態が急変した際に焦ってしまい、どのようにすれば良いのか分からなくなってしまった時もありました。

車内救護の中で一番参考になったのは、患者さんや家族の方に受傷機転（外傷の原因や経緯）、事故の状況、患者さんの既往などを聴取する際の手順です。到着する前にあらかじめ電話で聴取しておき、素早く病院を選定することで、患者さんの負担を最小限に抑え、安全に搬送していくその手際の良さは、実に素晴らしいものでした。

訓練を通して私も多くの患者さんを搬送し、その上で今後、どのようなことに注意し行動することが大切か、学びました。これからの訓練や救護支援の際にも今回の訓練で学んだことを生かしていきたいと思います。

詰将棋

出題 日本将棋連盟 九段 石田 和雄

第805回出題

	6	5	4	3	2	1	
				銀		香（後手）	一
						金（後手）	二
				桂（後手）	王（後手）		三
		歩（後手）					四
						歩（後手）	五
				馬	銀		六
							七

先手 持駒 金香

【ヒント】馬捨てがトドメの好手（10分で一級）。

▶詰碁、詰将棋の出題は隔週です◀

詰碁

出題 日本棋院 九段 曲 励起

第1220回解答

【解答図】白先、白劫。白①が大切で黒❷には白③がまた大切で黒❹以下白⑨まで、劫になるのが正解です。

朝雲

発行所 朝雲新聞社
〒160-0002 東京都新宿区四谷坂町12-20 KKビル
電話 03(3225)3841
FAX 03(3225)3831
振替00190-4-17600番
定価一部150円、年間購読料9170円（税・送料込み）

台風19号 人命救助約2040人

自衛隊、1都6県で生活支援

安倍首相、隊員を激励

関東甲信越から東北地方にかけて河川の決壊など広範囲に甚大な被害をもたらした台風19号で、1都11県から災害派遣要請を受けた防衛省・自衛隊は、陸海空3万1000人態勢の統合任務部隊（JTF）を編成し、被災各地で活動に当たっている。10月23日現在、活動は人命救助と並行して生活支援を拡充し、岩手、宮城、福島、栃木、長野、茨城の6県と東京都で給水・給食支援や入浴支援を行っている。（3、7面に関連記事）

避難所で被災者の生活支援に当たる陸自東部方面後方支援隊103補給大隊（霞ヶ浦）の即応予備自衛官たち（右）を激励する安倍首相（左前列2人目）＝10月20日、長野市で（官邸HPから）

安倍首相は被害状況を視察するため、10月17日に福島県と宮城県、20日には長野県を訪問し、避難所などで生活支援に当たる自衛隊員を激励した。

23日現在、人命救助と不明者捜索は宮城県丸森町、福島県川内村、神奈川県相模原市、静岡県沼津市で続いており、これまでに約2040人を救助した。

給水支援は宮城、福島、茨城の各県内計52カ所で実施されており、これまで延べ約6000トンを給水。給食支援は茨城、長野の両県で行われており、延べ約1万食が提供された。入浴支援は1都6県の25カ所で活動中で、これまで延べ約2万4000人が入浴サービスを受けている。

一方、災害廃棄物などの処理や道路啓開は8県59カ所で行われており、延べ2万トンを除去し、約80キロを啓開。このほか、福島県など3県3カ所で中学校など延べ約8万4000平方メートルの公共施設を防疫した。

9月に台風15号の被害を受けた千葉県では、延べ約1000軒の家屋にブルーシートの展張を完了した。

東日本大震災以来、昨年9月の北海道胆振東部地震に続き5回目の招集となった即応予備自衛官はすでに約300人。また、東日本大震災以来5回目の招集となる予備自衛官は9人が出頭、それぞれ活動準備中の隊員も含めて各地に展開している。

1特科隊が祝砲21発

天皇陛下「即位礼正殿の儀」

天皇のご即位を祝い、105ミリ榴弾砲で祝砲を発射する陸自1特科隊の礼砲部隊。集まった150人以上の見学者から「万歳」の声が上がった（10月22日、東京都千代田区の「北の丸公園」で）＝陸幕提供

天皇陛下が即位を国内外に宣言される国の儀式「即位礼正殿の儀」が10月22日、皇居・宮殿で行われ、陸自第1特科隊（北富士）の隊長・林佐光1佐以下約70人で臨時編成された「礼砲部隊」が21発の祝砲を放ち、式典を支援した。

皇居・宮殿には世界186カ国や国際機関、各界の代表者ら計1999人が参列。午後1時過ぎ、高御座に昇られた天皇陛下がお言葉を述べられ、安倍首相が寿詞を述べた後、「万歳三唱」の掛け声に合わせ、宮殿から約850メートル離れた北の丸公園の第2駐車場に展開した1特科隊の礼砲部隊が105ミリ榴弾砲6門を使用し、約5秒間隔で計21発の祝砲（空包）を発射した。

海上自衛隊も同日、各地の港に停泊する艦艇が満艦飾や電灯艦飾を行い、天皇陛下の即位に祝意を表した。

一方、台風19号による甚大な被害を鑑みて延期された「祝賀御列の儀（パレード）」は11月10日に実施され、陸自の儀仗隊などが支援する予定だ。

アトゥール・カレ国連事務次長に聞く

日本の「遠隔医療」に期待

RDECの主体的取り組みに感謝

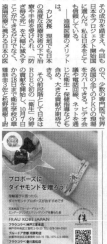

国連（本部・ニューヨーク）の活動支援担当事務次長（国連活動支援局長）を務めるアトゥール・カレ氏がこのほど来日し、10月17日、防衛省で朝雲新聞社の単独インタビューに応じた。カレ氏は、国連が日本の支援を受けて新たな事業開始を目指す「遠隔医療」計画の実現に向けた期待感を表明。同日午前は三宿駐屯地を訪れ、陸自衛生学校で最新の「人体シミュレーター」を使った野外での「緊急救護」のデモンストレーションや、自衛隊中央病院では感染症対策病棟や救急救命室を視察した。主な一問一答は次の通り。

（聞き手・編集部次長　日置文恵）

―来日の目的は。

カレ次長　[illegible]

[illegible]内の開始を目指したい。

TPPの時も国連が真っ先に日本に提案し、日本がしっかりとイニシアチブをとって推し進めてくれた。

[illegible]その成功を踏まえ、今回も日本をプロジェクト開始国に選んだ。[illegible]

[illegible]師（医官）にとってもメリットがある。日本にいながら現地の医療従事者に指示を出すことができるので、身を危険にさらすことなく安全に任務を遂行することが可能となる。

さらに、24時間張り付きの任務ではなく、緊急時のみ必要となるので、少数の専門医で世界各国の全てのPKOの現場[illegible]

アトゥール・カレ氏　インド出身、60歳。全インド医科大学卒（医学外科学学士号）、豪クイーンズランド大学修了（経営管理学修士号、リーダーシップに関する修士号）。1984年インド外務省。仏、セネガル、タイなどのインド大使館勤務、駐モーリシャス副高等弁務官、国連東ティモール支援団（UNMISET）副特別代表、国連東ティモール統合ミッション（UNMIT）特別代表、国連PKO局次長などを経て現職。知日派かつ親日家としても知られ、自身も伊東孝一氏、五十嵐道子氏、三輪幸代氏の3人の日本人を側近に置く。

[illegible]をアフリカのウガンダに派遣したところだ。

彼らは「野外衛生救護補助員課程（UNFMAC）」の試行訓練の教官として、南スーダン共和国ミッション（UNMISS）などに派遣されている各国のPKO要員に対し、負傷者応急処置から移送までの手順を教育した。

（2面につづく）

海自艦、中東に独自派遣へ

政府が検討着手

「米有志連合構想」参加せず

政府は10月18日、国家安全保障会議（NSC）の4大臣会合を首相官邸で開き、中東のシーレーン（海上交通路）の安全確保のため、日本独自の海自部隊派遣に向けて具体的な検討に着手することを決めた。米国主導の有志連合構想「海洋安全保障イニシアチブ」には参加しない。派遣目的は「情報収集態勢の強化」で、防衛省設置法の「所掌事務の遂行に必要な調査・研究」に基づくとした。派遣時期は今後検討する。

菅官房長官は同日の記者会見で「中東地域の平和と安定、我が国に関係する船舶の安全確保のため、独自の取り組みを行っていく」と表明。「新規アセット（装備品）としての（海自の）艦艇派遣や、（ソマリア沖・アデン湾で活動する）既存の海賊対処部隊の活用の可能性について今後、検討していく」と述べ、引き続き米国と緊密に連携していく考えを示した。

活動の地理的範囲については、①オマーン湾②アラビア海の北部の公海③バブエルマンデブ海峡東側の公海――を中心に検討することを明らかにした。ホルムズ海峡自体には言及しなかった。

この後、防衛省で臨時記者会見に臨んだ河野防衛相は、ホルムズ海峡が活動範囲に含まれるか否かについて「今後検討していく」と明言を避けた上で、「まず、バブルマンデブ海峡の東側、ホルムズ海峡の東側（外側）を中心に検討していこうと（思う）。検討の結果次第では、いろいろあると思う」と語った。

現状については「現時点で（直ちに）自衛隊のアセットが、日本の関係する船舶の防護をする必要がある状況とは考えていない」との認識を示しつつも、先月から相次いだサウジアラビアの石油施設への攻撃事案や、イランのタンカーが公海で襲撃された事案を挙げ、日本の情報収集体制の強化の必要性を強調した。

「ダルマ・ガーディアン」始まる

印陸軍と共同訓練

陸自とインド陸軍による共同訓練「ダルマ・ガーディアン19」が10月19日から、インド・ミゾラム州の「対内乱・ジャングル戦学校」で始まった。11月5日まで。

昨年に続き、2回目となる同訓練には陸自から34普連（板妻）の約30人、印陸軍からはドグラ連隊第18大隊の約30人が参加している。

19日には訓練開始式が行われ、今後、日印の隊員は共同で対テロ作戦に関する教育や、閉所での至近距離射撃訓練などを行う。最後の総合訓練は1夜2日で捜索・撃滅要領を演練する。

春夏秋冬

人間の最後の仕事

黒川　伊保子

人工知能は人間を超えるのか。この質問は、ここ3年ほど、人類のトラウマのようだ。人々は、私に訴える。「人工知能にできないことはあるはずだ。人工知能は、けっして人間を超えない。そうでしょう？」と。

しかし、この質問に対する、私の答えはクールだ。むろん、人工知能は、人間を超える。むしろ、超えないと意味はない。たとえば、がんの遺伝子変異を見つけ出すAIにおいては、人間が見逃した症例を発見し、人間が思いつかなかった新たな治療法を示唆するまでに至っている。AIが人間を超えることを何ら憂えることはない。

先日、「人工知能は、想像力を持ちえますか？」と質問された。「はい、おそらく、ぼ～っと生きている人間よりははるかに」と私は答えた。「想像力まで人工知能に取って代わられたら、人間には何も残りませんね」と悔しそうな顔をなさったので、「人間には、しあわせになる権利が残ります。人工知能は、想像力を発揮して、至高の芸術作品を作ったり、一流シェフ並みの創作料理を作るようになる。ただ、それを美しいと思ったり、美味しいと思ったり、気持ちいいと思ったりはできない。幸福になる機能を持ちません。なにがあっても、しあわせになる権利だけは人類に残ります」とお話しした。

人工知能は、自らの出力を判断する感性を持たない。それが「合ってる」のか「合っていない」のかは、人間だけが知ることだ。人工知能は、自らの出力によって、人がしあわせになることで、自らの正しさを測るしかない。となると、しあわせ上手なセンスのいい人間と暮らした人工知能は、「人がしあわせになるすべ」を知っている人工知能ということになる。「〇〇さんと一緒に暮らした人工知能」に付加価値がつく時代がくるはずである。

ミステリー作家と共に暮らした人工知能と一緒に暮らすと、憧れのミステリーが書けるかもしれない。技の匠と共にいた人工知能が、奥義を伝えていく日もくるだろう。

気持ちいいと感じる。この機能が人間だけにある限り、あらゆる知性で人工知能が人類を超えても、人類の存在意義は揺るがない。人間らしく生きること。それが人類に残される最後の仕事になるのかもしれない。

（感性リサーチ代表、人工知能研究者）

朝雲寸言

北半球で発生する台風は反時計回りに回転しながら北上する。日本には平均して毎年11個前後の台風が接近し、そのうち3個ほどが上陸するという。しかし、本年度上陸した台風は現時点までで6個、例年の倍の数に上る▼台風が上陸する最も多い月は8月で、10月に上陸する台風は少ない。10月の台風はいずれも大型で強い台風となることが多く、過去にも多くの災害を引き起こしてきた。今月12日に伊豆半島に上陸した台風19号は強風域が本州の半分以上を覆うほどの大型で非常に強く、広範囲に降雨被害をもたらした▼71の河川で135カ所の決壊・氾濫が起きて多くの地域が水没した。中でも多摩川などの首都圏の河川が氾濫したのはほぼ半世紀ぶりのことだった▼台風の余韻も冷めやらぬある日、防衛大学校を訪問する機会があった。今般の台風のため総合体育館は屋根が飛び、一階は水浸しで地下のプールや武道場も使えない状態だという。校友会活動や授業にも支障が出ているのだろう。多分、各地の自衛隊の基地・駐屯地でも似たような被害が出ているに違いない。しかし、助ける側としての自衛隊が注目されることはあっても、自衛隊自身の被害や苦悩に目を向けられることはほとんどない▼災害派遣において一番難しいのは、撤収のタイミングであると言われる。公共性・緊急性・非代替性の三原則に基づき、有限の自衛隊をいかに使うのか判断が求められている。

5施群の12人、陸幕長に出国報告

ジブチで工兵部隊に重機教育

陸自5施設群（高田）副群長の森杉在司2佐以下12人は10月19日から、アデン湾の海賊対処行動の拠点となっている東アフリカのジブチ共和国で、同国軍工兵への「災害対処能力強化支援事業」に沿って重機の操作教育などを行っている。

12人は派遣に先立ち10月3日、陸幕を訪れ、湯浅陸幕長に出国を報告した。陸幕長は接遇室で出迎え、教育を実施する森杉副群長ら派遣隊員に対し、「日本の高い施設機械の操作と優れた整備能力を、情熱をもって伝えてほしい」と要望した。

同事業はジブチ政府からの強い要望で平成28年度から開始され、自衛隊施設部隊の派遣は今回で4回目。今回は12月7日まで、ジブチ市内の訓練場などで①グレーダーなど重機の操作②整備要領③機械の故障を防止するための整備法——について教育を実施する。

アフリカのジブチに派遣される森杉5施群副群長（左から2人目）らを激励する湯浅陸幕長（中央奥）=10月3日、陸幕長応接室で

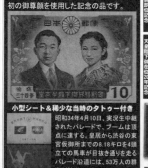

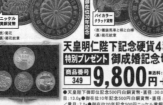

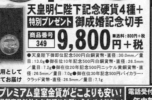

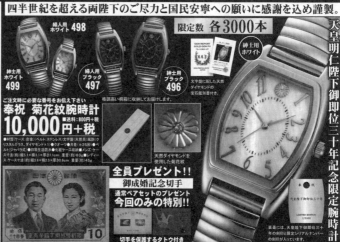

ベトナム派遣幹部も

RDEC教官要員など

カレ国連事務次長も激励

国連の支援部隊早期展開プロジェクト「RDEC」の教官要員などとしてベトナムに派遣される6施群（豊川）3科の大塚明3佐以下19人は10月26日、出国する。

これに先立ち同17日、教官団を務める大塚3佐以下4人が陸幕を訪れ、陸幕副長の竹本竜司陸将に出国を報告。4人はその後、来日中の国連事務次長のアトゥール・カレ氏からも激励を受けた。（1面参照）

竹本副長は「諸官の先輩が培った実績があり、訓練生の目線に立った教育は現地でも高い評価を受けている。良い面を引き継ぎ、ワンチームとなって頑張ってほしい」と大塚団長らを激励した。

4人はこの後、河野防衛相と増子統幕副長にも出国を報告、激励を受けた。

派遣要員19人はベトナムに到着後、ハノイ近郊の国軍第249工兵旅団駐屯地を拠点に11月1日から12月13日まで、同国軍工兵に油圧ショベルなど重機の操作法などを指導する。

ベトナムへのRDEC要員派遣は2回目で、前回、RDECの初の女性指導教官の一人として教育に当たった堀場千晶1曹（102施設器材隊=大久保）も参加する。

竹本陸幕副長（手前）に出国を報告後、懇談するRDEC派遣幹部。手前から大塚派遣団長、渡邊拓馬1尉、熊坂慎也2尉、阿部直哉2尉（10月17日、陸幕長応接室で）

時の焦点

国内

台風19号被害

異常気象踏まえ対策を

「数十年に1度」の台風や大雨が毎年のように日本を襲う。異常が日常になる事態を直視し、発想を改めて対策に臨まなければならない。

台風19号の甚大な被害が日を追って明らかになっている。亡くなった方は1都11県で80人を超えた。福島県の阿武隈川や長野県の千曲川をはじめ、堤防の決壊は100カ所以上に上った。

行方不明者の懸命な捜索が続く。被災者支援も急がれる。気象庁は注意喚起に努めたが、これほどの被害を予測しえた国民がどれほどいただろうか。自衛隊は1都11県から災害派遣要請を受けた。台風被害でこれほどの要請があったのは初めてだという。東日本大震災以来となる予備自衛官招集も行われた。

人命救助は無論、給水・給食・入浴支援や、さらには災害廃棄物処理、貿易、電力復旧、物資輸送などに至るまで、自衛隊の活躍は顕著だった。その献身的な活動ぶりに、多くの国民が心から感謝したことであろう。

今回の台風被害の特徴は、被災が極めて広範囲に及んだことだ。全容が明らかになるまで、かなりの時間がかかった。

居住地の雨量自体は特別に多くないとしても、上流で大雨が降り、時間差をおいて下流で被害が生じる例もあった。

自民党の二階幹事長は、台風被害について「予測されて色々言われていたことから比べると、まずまずに収まったという感じだ」と述べ、批判を受けて謝罪した。

軽率な発言であるのは間違いないが、注意しなければならないのは、二階氏がこう述べたのは13日だということである。

台風が伊豆半島に上陸したのは12日だ。二階氏が発言した段階では、まだ被害の全容は明らかになっていなかった。そもそも被害はその後、拡大し続けたのである。

東京に拠点を置くマスコミが、地方の情報を十分に把握できないという課題も浮き彫りになった。当初は関東や伊豆上陸に注目した報道が多かったが、実際の被害は福島、宮城両県に多かった。

被害範囲が極めて広く、数日にわたって拡大し、中央からは詳細を把握しにくい。今後への大きな教訓である。

昨年の西日本豪雨、一昨年の九州北部豪雨の記憶はまだ生々しい。これらが地球温暖化などの異常気象と関係があるとすれば、今後も同様の事態が起こることを想定して備えねばならない。

政府は今後、堤防の改良や河川改修など防災・減災対策を強化するという。今回の経験を十分に踏まえ、効果的な対策に取り組んでもらいたい。

日本は今後、人口減少がさらに進み、財政も厳しくなる。ハード面の整備には限界がある。

たとえば北海道夕張市は、施設や住居を集約するコンパクトシティー構想を進めている。防災にも効果的であろう。

ハード・ソフト両面で災害に強い街づくりに知恵を絞らねばならない。

宮原 三郎（政治評論家）

海外

疑惑攻防の余波

米混乱に乗ずる敵対国

米政界は目下、トランプ大統領のいわゆる「ウクライナ疑惑」をめぐる攻防一色の観があるが、外交政策の当局者たちには「これでいいのか」との不安も強いだろう。

ロシアから軍事専門家多数がベネズエラに飛び、イランはサウジアラビアに対してドローン攻撃の脅威を増大。トルコもシリア北東部でクルド人勢力への軍事作戦を開始した。

中東などで米国と敵対する国々は、ワシントンの混乱に付け入り、米国が関係する政治的に不安定な地域でトランプ政権の「本気度」を試しているわけだ。

敵対国が米国内の政治状況を注視しているのは、国営メディアが米国内の分裂をことさら強調する事実でも分かる。

イランのザリフ外相は9月21日のツイートで、大統領は「開戦を強いられている」とのティラーソン前米国務長官の発言を取り上げた。

ロシアは9月28日のタス通信が、民主党のペロシ下院議長とバイデン前副大統領の息子ハンター氏の2人を見出しにして、「ウクライナ疑惑」を伝えた。

トルコのエルドアン大統領も9月の国連総会で、シリア北東部を支配下に置き、トルコ国内のシリア難民を同地域に帰還させる意向を示唆していた。

イランはイラク内での自国の影響力増大を目標に、「代理人」を使って米の同盟諸国を攻撃している。イラン（と米は主張）は9月14日、サウジアラビアの石油施設をドローンで攻撃。イラン革命防衛隊（IRGC）は、イスラエルにもシリアからドローンで攻撃すると威嚇した。

イランが「ドローン攻撃計画」を自慢している事実は、米への明確なメッセージ。アサド・シリア大統領は最近、対サウジ攻撃は米国と同盟国を無力に見せたと語ったという。

歴史的に米の同盟国のはずが、近年はイラン、ロシアと協調するトルコは、対イラン制裁を無視の上、ロシアの地対空ミサイルシステムS400を購入した。米国に対する挑戦だ。

同国は、米とシリア民主軍（SDF）の間にくさびを打ち込む「安全地帯」をシリア東部に設ける計画。SDFはテロ組織「イラク・シリア・イスラム国（ISIS）」の制圧に協力した組織だが、トルコは「テロリスト」と見る。

ロシアの目標は、自国を「信頼できるプレーヤー」と見せて、中東全域における米国の弱体化にあり、シリアでの新たな紛争ぼっ発には慎重である。

エスパー米国防長官は10月11日、サウジに約2000人の部隊増派を発表。「イランに『他の主権国家を攻撃したり、米国の権益を脅かしたりするな』とのメッセージ」と説明した。

トランプ氏も同日、クルド人勢力への攻撃で一線を越えたら「直面したことがないような制裁を科す」とトルコに警告した。

しかし、大統領と外国指導者との電話内容が「疑惑」追及の過程で公表されるのでは、政策の一貫性を強調するのは困難を伴うのではないか。

草野 徹（外交評論家）

ジブチで統合展開訓練

「在外邦人等保護措置」想定

C2で他国へ航空展開

外国から邦人等を警護、救出、輸送することを想定した令和元年度「統合展開・行動訓練」が9月29日から10月6日まで、自衛隊海賊対処部隊の拠点があるジブチ共和国で行われた。

同訓練はこれまで「在外邦人等保護措置訓練」として行われてきたが、訓練内容が国際緊急援助活動や災害対応など多岐に渡ることから、今年度から名称を変更した。

訓練には統幕、情報本部、陸自の陸上総隊、西方、空自の支援集団などから隊員約130人が参加。空自C2輸送機でジブチからマダガスカル、ヨルダンへの航空展開や、陸自の軽装甲機動車を使った機動訓練などを実施した。

このほか、ジブチの日本大使館や米軍など各国軍との連携・調整要領に関する机上訓練、ジブチ軍などと災害対応に関する意見交換も行った。

カレ国連事務次長に聞く

規律や教育方法 世界の手本

各国 日本の取り組み評価

1面から続く

——これまでの日本の貢献に対する評価は。

カレ次長　日本が2015年9月、アフリカ諸国の工兵にブルドーザーなどの施設器材の操作方法を教育することを目的に試行教育を開始した国連初の「アフリカ施設部隊早期展開プロジェクト（ARDEC）」は、昨年10月に「支援部隊早期展開プロジェクト（RDEC）」に名称を変え、アジアで初となるベトナムでの教育も開始した。今後は2年置きにインドネシア、タイ、カンボジアで開始していく予定だ。

国連TPPの取り組みは世界各国からも好評で、日本の素晴らしい役割がたたえられている。日本の教育を受けた各国の軍人たちがソマリアなどの困難なPKOに派遣され、しっかりと成果を出している。

TPPは地域も内容もますます拡充しつつある。今後は派遣隊員のミッション遂行能力の向上だけではなく、安全や健康面での改善も見込まれる革新的なプロジェクトとなるだろう。

——この夏、ケニアの首都ナイロビでRDECの重機教育に当たる陸自部隊を視察されたと聞いた。

カレ次長　5施設団（小郡）から派遣された教官団長の宮本健2佐や企画管理幹部の廣田裕士3佐らからコマツのブルドーザーと油圧ショベルの操作方法の訓練を受け、素人の私がすぐに理解できたほどだ。日本人の教育方法はとても丁寧で優れているということを改めて肌で実感した。

——台風19号による災害派遣中の来日となった。

カレ次長　今回の来省では河野太郎防衛相をはじめ、髙橋憲一事務次官、山崎幸二統幕長代理の増子豊統幕副長ら防衛省・自衛隊の要人にお会いし、台風の犠牲となられた方々に心からのお見舞いを申し上げるとともに、台風に備えて日本政府がリーダーシップを発揮して行った「可能な限り広範囲かつ効果的な準備」を、国連のアントニオ・グテレス事務総長が高く評価していることを改めて申し上げた。私も自衛隊の「万全の準備」に加え、人命救助などの速やかな救援活動、そして24時間体制での献身的な活動ぶりに感銘を受けたことを防衛省・自衛隊の高級幹部の皆さまにも直接、お伝えしたところだ。

——自衛隊員とその家族の方々にメッセージを。

カレ次長　日本の自衛隊は世界の軍隊の中で最も規律正しい組織だ。規律、自制、犠牲的精神といった、他国の手本となるような素晴らしい仕事をこれからも続けてほしい。

自衛隊は国連の枠外においても東ティモールなどアジア太平洋の各国で能力構築支援（キャパシティー・ビルディング）を行い、多くの軍人らに知識と経験を共有する活動を続けており、心からの感謝の気持ちを伝えたい。

最後に、普段から隊員を支えておられるご家族、そして今回の台風災害では隊員を被災地に送り出し、留守宅を支える全国の隊員家族の皆さまにも国連を代表して感謝を申し上げたい。

共済組合だより

有効成分や効き目は同じ「ジェネリック医薬品」

薬代や医療費の抑制のため　ご利用を

皆さまは「ジェネリック（後発）医薬品」をご存知ですか？

ジェネリック医薬品は、医師が処方する医薬品であり、先発医薬品（新薬）と比べて安価で、なおかつ有効成分や効き目は同じです。

新しく開発された医療用医薬品は、先発医薬品として特許が与えられ、開発会社により独占的に販売されますが、ジェネリック医薬品は、先発医薬品の特許期間満了後に、同レベルの品質・有効性・安全性を有しているという国の審査・承認を受けて発売されます。既に有効性や安全性が確認されている先発医薬品の有効成分を利用するため、開発期間や費用を大幅に抑えることができ、そのため薬の価格も安く設定することができます。

組合員や被扶養者の皆さまが診療を受ける際、病院や薬局等でジェネリック医薬品を積極的に選んでいただくことにより、ご自身の薬代が軽減されるだけでなく、共済組合全体の医療費も抑制することができます。

医師と薬剤師それぞれに意思を伝え相談することによりジェネリック医薬品を選ぶことができます。相談は、口頭やメモ等で大丈夫ですが、「お願いカード」=写真=を利用すると便利です。皆さまのご協力をお願い致します。

なお、先発医薬品の特許が切れていない場合や医療上の理由等でジェネリック医薬品を選べない場合もあります。

切り取り線

ジェネリック医薬品お願いカード

医師・薬剤師の皆様へ

私は可能な場合、ジェネリック医薬品の処方を希望します

氏名

防衛省共済組合

行方不明者の捜索活動で、一列になってゾンデ棒を水中に差し入れ、川底を調べる44普連（福島）3中隊の隊員たち
（10月18日、福島県川内村の木戸川で）

44普連の行方不明者捜索に同行

「小さなことも見逃さない」

ゾンデ棒で5時間

台風19号

台風19号の大雨は関東甲信越、東北地方に甚大な被害をもたらした。なかでも福島県では阿武隈川や安達太良川など大小河川の堤防が決壊し、死者30人という最大の人的被害を出した。現在も行方不明者1人が見つかっておらず、川内村の木戸川流域では懸命な捜索活動が続けられている。10月18日、44普連（福島）の部隊に同行し、急峻な山地を流れる木戸川沿いで行方不明者の捜索活動にあたる分隊隊員たちの姿を見た。（古川　勝平）

川岸に打ち上げられた草木のかたまりにゾンデ棒を差し込み、感触を確かめる44普連の隊員（10月18日、福島県川内村の木戸川で）

福島県の北東部を警備隊区とする44普連は、台風19号が太平洋に抜けた13日未明から阿武隈川の堤防の決壊によって冠水した本宮市や伊達市に出動し、渡河ボートによる人命救助活動を開始した。また二本松市では同日、土砂崩れにのまれた家屋の1階から行方不明者2人を発見し、収容している。

同隊はその後、被災地で給水活動などの生活支援に当たる一方、県東部の川内村では16日から3中隊長の亀井弘康1尉以下42人が3個分隊に分かれ、行方不明者の捜索活動に従事している。

行方不明になっているのは60代の男性一人で、木戸川の氾濫にのまれたものとみられている。捜索に当たる3中隊の各分隊は連日、午前10時から午後3時まで、警察の主導で決められた地域を捜索している。

18日朝、3中隊に同行するため、部隊の活動区域に福島市内から車で向かった。車道は水害や土砂崩れの影響で未だに砂利が散らばっている。川の水は引いているものの、交通の少ない山間部では浸水の形跡のあるガードレールや破裂した水道管の水で路面が水浸しになっているところもあった。

44普連のこの日の活動区域である手古岡トンネルの前に到着すると、3中隊の隊員たちが車道の端に待機していた。みな捜索用のゾンデ棒を手にしている。

分隊長の菅野次男1曹（51）の指揮で、部隊は藪の生い茂る山道を川原に向けて前進を開始した。隊員たちは泥水でぬかるんでいる山中を全身に覆いかぶさる草木をかき分けつつ、川のほとりに向けて降りていった。途中、急峻な崖になっている箇所もあり、隊員たちは転げ落ちないよう、低木につかまりながら斜面を下った。

10分以上かけて木戸川まで降りると、分隊は横一列となり流れる泥水の中にゾンデ棒を入れ、捜索を開始した。川のよどみには草木が堆積している場所もあり、隊員たちはゾンデ棒を差し込んで感触に違和感がないか確かめていた。この作業は午後3時まで5時間に渡って続けられたが、この日も行方不明者は見つからなかった。

16日から行方不明者の捜索活動を続ける分隊長の菅野1曹は「ゆっくりくまなく捜索するよう努めている。草場は重点的にゾンデ棒で確かめた。（捜索範囲の）目印となるように左右に赤旗を持たせた隊員を配置し、隊形をとりながら活動した。早く（不明者が）見つかってほしい」と話した。

3中隊の主力は13日以降、本宮市で渡河ボートによる救助活動に当たり、菅野1曹も14日、逃げ遅れた人がいないか、住民の安否確認を行ったという。

同日、本宮市で人命救助活動に当たった森川健一3曹（32）は「市街地は水深2～3メートルまで水没しており、逃げ遅れた住民が2階に避難していて、順次救出した」と語る。15日には水位が下がったため、徒歩で市内を巡回し、16日から川内村での行方不明者捜索活動に加わった。

「（不明者の）ご家族のためにも、小さな痕跡でも絶対に見逃さないように捜索したい」と森川3曹は決意を語り、ゾンデ棒を手に現場へ戻っていった。

沼津港の海岸近くでゾンデ棒を使い、行方不明者の捜索活動を行う34普連（板妻）の隊員（10月17日、静岡県沼津市で）

小森河岸の崩落で側溝に流入した土砂をスコップで取り除く32普連（大宮）の隊員（10月17日、埼玉県小鹿野町で）

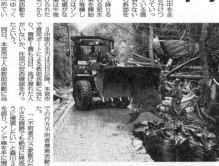

道路が崩壊した現場に進出し、バケットローダーで土砂を運び補修作業に当たる101高特隊（八戸）の隊員（10月19日、岩手県宮古市で）

阿武隈川の堤防が決壊した浸水箇所で消防隊員（右）と共同で行方不明者の捜索を行う海自横須賀警備隊の水中処分員
（10月16日、宮城県丸森町で）

福島県いわき市の小名浜港に接岸し、陸・空自の給水車両に真水を補給する海自の輸送艦「くにさき」（10月17日、小名浜港で）

陸自部隊へ引き渡す緊急の災害救援物資をC2輸送機から下ろす3輸空（美保）の隊員
（10月14日、空自入間基地で）

1都11県で災害派遣【活動部隊の記録】

【岩手県】
山田町の田の浜地区などが浸水被害
◇人命救助＝9特連（岩手）
◇道路啓開＝2施団（船岡）、5普連（青森）、9特連、9戦大（岩手）、9施大（八戸）、空災部隊
◇瓦礫撤去＝5普連、9戦大、9特連、9特大（岩手）
◇入浴＝9後支連（八戸）
◇給水＝9特連、9通大（青森）、空災部隊

【宮城県】
阿武隈川などの氾濫で浸水
◇人命救助＝22即機連（多賀城）、2施団、横須賀警備隊、百里救難隊
◇瓦礫撤去＝2施団
◇給水＝22即機連、2施団、空災部隊
◇物資輸送＝22即機連、2施団
◇道路啓開＝104施器隊（船岡）
◇入浴＝6後支連（神町）、東北方後支隊（仙台）、大湊地方隊

【福島県】
阿武隈川、安達太良川などの氾濫で浸水
◇人命救助＝44普連（福島）、6特連（郡山）、6飛行隊（神町）、護衛艦「かが」（呉）、「いずも」（横須賀）
◇給水＝20普連（神町）、6特防（同）、6施大（同）、44普連、11施群（福島）、6特大（郡山）、6特連（同）、高射教導群（浜松）、多用途支援艦「えんしゅう」（横須賀）、輸送艦「くにさき」（呉）、1高隊（空習志野）、海災部隊、空災部隊
◇入浴＝7後支連（東千歳）、2後支連（旭川）、9後支連、東北方後支隊、海災部隊、空災部隊

【茨城県】
那珂川などの氾濫で浸水
◇人命救助＝施設学校（勝田）、7空団（百里）
◇水防作業＝施設学校
◇給水・給食＝同
◇入浴＝同

【栃木県】
秋山川などの氾濫で浸水
◇人命救助＝12特隊（宇都宮）
◇土砂除去＝同
◇防疫＝同
◇給水＝中即連（同）
◇入浴＝中方後支隊（桂）、14普連（金沢）、10後支連（春日井）
◇道路啓開＝48普連（相馬原）
◇瓦礫撤去＝中即連、48普連、12旅団（相馬原）
◇河川護岸＝12旅団

【群馬県】
土砂崩れが発生
◇人命救助＝12旅団、10飛隊（明野）

【長野県】
千曲川などの氾濫で浸水
◇人命救助＝13普連（松本）、12ヘリ隊（相馬原）、東方ヘリ隊（立川）、小松救難隊、新潟救難隊、浜松救難隊
◇道路啓開＝306施中（松本）、1施団（古河）
◇給食支援＝西方後支隊（目達原）、16普連（大村）、41普連（別府）

【東京都】
多摩川などの氾濫で浸水
◇人命救助＝1師団（練馬）
◇道路啓開＝1後支連（同）、1施大（朝霞）
◇物資輸送＝1飛行隊（立川）、1施大
◇入浴＝1後支連

【千葉県】
台風15号の被災地に風雨が襲来
◇ブルーシート展張＝空挺団（習志野）
◇倒木伐採＝同
◇入浴＝空災部隊
◇道路啓開＝同

【埼玉県】
越辺川などの氾濫で浸水
◇道路啓開＝32普連（大宮）
◇物資輸送＝1後支連、32普連、3輸空（美保）
◇給水＝32普連、1施大、1師団

【神奈川県】
土砂崩れが発生
◇不明者捜索＝1師団、4施群（座間）
◇道路啓開＝同
◇情報収集＝1偵（練馬）

【静岡県】
土砂崩れが発生
◇人員輸送＝34普連（板妻）
◇不明者捜索＝同
◇給水＝同、1戦大（駒門）
（以上、10月17日時点）

令和元年版 防衛白書『日本の防衛』概要

9月27日閣議了承

10月3日付本紙1面既報

第Ⅰ部 我が国を取り巻く安全保障環境

◆概観

現在の安全保障環境の特徴として、第一に国家間の相互依存関係が一層拡大・深化する一方、中国のさらなる国力の伸長などによるパワーバランスの変化が加速化・複雑化し、既存の秩序をめぐる不確実性が増している。こうした中、自らに有利な国際秩序・地域秩序の形成や影響力の拡大を目指した、政治・経済・軍事にわたる国家間の競争が顕在化している。

こうした競争においては、軍事と非軍事の境界を意図的に曖昧にした現状変更の手法、いわゆる「ハイブリッド戦」が採られることがあり、相手方に軍事面にとどまらない複雑な対応を強いている。また、このような「ハイブリッド戦」を含む多様な手段により、純然たる平時でも有事でもない、いわゆるグレーゾーンの事態が国家間の競争の一環として長期にわたり継続する傾向にあり、今後、さらに増加・拡大していく可能性がある。

第二に、テクノロジーの進化が安全保障のあり方を根本的に変えようとしている。現在の戦闘様相は、宇宙・サイバー・電磁波といった新たな領域を組み合わせたものとなっている。さらに、各国は将来の戦闘様相を一変させるいわゆるゲーム・チェンジャーとなり得る最先端技術を活用した兵器の開発に注力している。

第三に、国家間の相互依存関係の一層の拡大・深化により、一国・一地域で生じた混乱や安全保障上の問題が、直ちに国際社会全体が直面する安全保障上の課題や不安定要因に拡大するリスクが増大しており、一国のみでの対応が困難な安全保障上の課題が顕在化している。

◆米国

トランプ政権においては、インド太平洋地域を米国の優先地域と位置付け、同地域への米国のコミットメントや地域におけるプレゼンスの強化を通じ、同地域を重視する姿勢が示されている。

2019年6月に公表された米国防省のインド太平洋戦略報告書（IPSR）は、国家安全保障戦略（NSS）および国家防衛戦略（NDS）の戦略方針を受け継ぎながら、この方針をインド太平洋地域の特性に合わせて具体化している。

一方、同年1月に公表された「ミサイル防衛見直し」（MDR）は、北朝鮮が引き続き米国に深刻な脅威をもたらしており、核ミサイルで米本土を脅かす能力や、太平洋上の米領土、駐留米軍、同盟国を攻撃する能力を持っているとした。また、ロシアと中国は、既存のミサイル防衛システムに挑む先進的な巡航ミサイルや極超音速ミサイルを開発していると指摘した。

◆中国

【全般】

習総書記の中国共産党における権力基盤の強化に加え、中央軍事委員会主席としての権限のより一層の掌握を背景に、実戦的な作戦遂行能力の強化を目的とした軍近代化の動きは今後さらに加速する可能性がある。

そのうえで、急速な作戦遂行能力の強化や我が国周辺での活動を拡大・活発化させてきていることなどは、国防政策や軍事力の不透明性とあいまって我が国を含む地域と国際社会の安全保障上の強い懸念となっており、今後も強い関心を持って注視していく必要がある。

【海空域における活動】

近年、尖閣諸島に関する独自の主張に基づくとみられる活動をはじめ、中国海上・航空戦力は我が国周辺海空域における活動を拡大・活発化させており、行動を一方的にエスカレートさせる事案もみられるなど強く懸念される状況となっている。太平洋における中国の海上・航空戦力による活動も急速に拡大・活発化しており、関連動向に引き続き注目していく必要がある。

◆北朝鮮

【全般】

北朝鮮は、これまで6回の核実験を実施したほか、近年、前例のない頻度で弾道ミサイル発射を繰り返すなど、大量破壊兵器や弾道ミサイル開発の推進および運用能力の向上を図ってきた。また、非対称的な軍事能力としてサイバー領域について大規模な部隊を保持するとともに、軍事機密情報の窃取や他国の重要インフラへの攻撃能力の開発を行っているとみられるほか、大規模な特殊部隊を保持している。加えて、我が国を含む関係国に対する挑発的言動を繰り返してきた。

北朝鮮のこうした軍事動向は、我が国の安全に対する重大かつ差し迫った脅威であり、地域および国際社会の平和と安全を著しく損なうものとなっている。

【大量破壊兵器・弾道ミサイル】

北朝鮮は18年4月20日に行われた朝鮮労働党中央委員会総会において、「核実験と大陸間弾道ロケット試験発射」の中止や北朝鮮北部の核実験場を廃棄することなどを決定した。

しかし、全ての大量破壊兵器およびあらゆる弾道ミサイルの完全な、検証可能な、かつ、不可逆的な廃棄は行われておらず、北朝鮮の核・ミサイル能力に本質的な変化は生じていない。

一般に、核兵器を弾道ミサイルに搭載するための小型化・弾頭化には相当の技術力が必要とされているが、過去6回の核実験を通じた技術的成熟などを踏まえれば、北朝鮮は核兵器の小型化・弾頭化の実現に至っているとみられる。

北朝鮮は、19年5月、7月および8月に計9回、新型と推定されるものを含む短距離弾道ミサイルなどを日本海に向けて発射した。

①19年5月4日および9日、7月25日および8月6日に短距離弾道ミサイル（北朝鮮は「新型戦術誘導兵器」などと呼称）を発射。これらは同一の種類で、既存のノドンやスカッドなどとは異なる新型と推定される。

②19年8月24日に短距離弾道ミサイル2発を発射。これは①とは異なる新型で、約350キロないし400キロ飛翔したと推定される。

③同年8月10日および16日に発射したものについては、ミサイルの外形など、それ以前に発射されたものとは異なる特徴を備えており、上記①および②とは異なる新型の短距離弾道ミサイルの可能性を考慮する必要がある。

北朝鮮は、上記以外にも同年7月31日および8月2日に何らかの飛翔体を発射したとみられ、発射を繰り返し行っていることを踏まえれば、北朝鮮は弾道ミサイル関連技術の高度化や能力の向上を図っているものと考えられることから、その動向について重大な関心を持って注視していく必要がある。

【内政】

北朝鮮は、国連安保理決議で禁止されている、洋上での船舶間の積み替え（いわゆる「瀬取り」）により国連安保理の制裁逃れを図っているとみられ、19年3月に公表された「国連安全保障理事会北朝鮮制裁委員会専門家パネル最終報告書」は、北朝鮮による石油製品や石炭の違法な「瀬取り」が急増していると指摘している。

◆ロシア

ロシアは北極圏、欧州、米国周辺、中東に加え、極東においても活動を活発化させる傾向にあり、その動向を注視していく必要がある。

【北方領土におけるロシア軍】

旧ソ連時代の1978年(昭和53年)以来、ロシアは、我が国固有の領土である北方領土のうち国後島、択捉島と色丹島に地上軍部隊を再配備してきている。現在も1個師団が駐留しており、戦車、装甲車、各種火砲、対空ミサイルなどが配備されているとみられる。

◆軍事科学技術をめぐる動向

主要国は、先端技術の活用に注力しており、無人化技術（無人機）、人工知能（AI）を活用した自律化技術、ビッグデータ解析技術、極超音速技術などを重視している。最近では、火砲などの従来兵器と比べ、1発あたりのコストや、射程、精度、迅速性などの観点から効果的な火力発揮が期待される電磁レールガンや高出力レーザー兵器の実験や配備計画が伝えられており、今後のさらなる技術革新により、将来の戦闘様相は大きく変化するとみられる。

◆宇宙領域をめぐる動向

各国は宇宙空間において、自国の軍事的優位性を確保するための能力を急速に開発している。

中国およびロシアは、ミサイルやキラー衛星のほか、攻撃対象となる衛星と地上局との間の通信などを妨害する電波妨害装置（ジャマー）や、対象の衛星を指向性エネルギーにより攻撃するレーザー兵器なども開発していると指摘されている。中国およびロシアはこうした対衛星能力を運用し、米国やその同盟国の宇宙利用を妨害する能力を強化しているとの指摘もある。

18年6月、トランプ大統領は陸海空軍などとは別の新軍種としての「宇宙軍」創設を国防省に指示し、同年12月には機能別統合軍としての「宇宙コマンド」の創設を指示した。

◆サイバー領域をめぐる動向

【中国】

中国は、平素から機密情報の窃取を目的としたサイバー攻撃を行っているとされており、例えば、以下の事案への関与が指摘されている。

18年12月、米国などは、中国国家安全部と関連するサイバーグループ「APT10」が少なくとも12カ国に対して知的財産などを標的とするサイバー攻撃を実施したと発表。

米国は、「APT10」が、各国政府機関に対するサイバー攻撃を行ったほか、米企業から防衛や宇宙、航空、資源開発などの情報を盗んだと指摘。

なお、我が国においても、「APT10」による民間企業、学術機関などを対象とした長期にわたる広範な攻撃が確認されている。

【ロシア】

ロシアについては、軍のサイバー部隊の存在が明らかとなっており、敵の指揮・統制システムへのマルウエア（破壊工作プログラム）の挿入を含む攻撃的なサイバー活動を担うと指摘されている。

◆電磁波領域をめぐる動向

防衛分野においても、電磁波は指揮統制のための通信機器、敵の発見のためのレーダー、ミサイルの誘導装置などに使用されており、電磁波領域における優勢を確保することは、現代の作戦において必要不可欠なものになっている。

このため、主要国は、敵の電磁波使用を妨害する電子攻撃を、サイバー攻撃などと同様に敵の戦力発揮を効果的に阻止する非対称的な攻撃手段として認識し、電子攻撃を含む電子戦能力を重視し、その能力を向上させているとみられる。

第Ⅱ部 我が国の安全保障・防衛政策

◆新たな防衛計画の大綱

（略）

◆新たな中期防衛力整備計画など

（略）

◆平和安全法制の施行後の自衛隊の活動状況など

【多国籍部隊・監視団（MFO）への司令部要員派遣】

我が国は、19（平成31）年4月に、シナイ半島におけるエジプト・イスラエル間の停戦監視活動などを行う多国籍部隊・監視団（MFO）の司令部への要員を派遣することを決定した。

【米軍等の部隊の武器等防護（自衛隊法第95条の2）】

18（同30）年は、弾道ミサイルの警戒を含む情報収集・警戒監視活動の機会に、米軍の艦艇に対して3回、共同訓練の機会に、米軍の艦艇に対して自衛隊の艦艇が3回、米軍の航空機に対して自衛隊の航空機が10回、合計16回の警護を実施した。

宇宙状況監視（SSA）体制構築に向けた取り組み

第Ⅲ部 我が国防衛の三つの柱（防衛の目標を達成するための手段）

【我が国周辺における常続監視】

自衛隊は、各種事態に迅速かつシームレスに対応するため、平素から領海・領空とその周辺の海空域において情報収集および警戒監視を行っている。

北朝鮮が密輸によって国連安保理決議の制裁逃れを図っている可能性が指摘されている中、自衛隊は我が国周辺海域において、平素実施している警戒監視活動の一環として、国連安保理決議違反が疑われる船舶についての情報収集も実施しており、海自哨戒機などが、北朝鮮籍タンカーと外国籍タンカーなどが東シナ海の公海上で接舷（横付け）している様子を、平成30年から令和元年6月末までの間に、計20回確認し、関係省庁とその都度、情報共有を行った。

平成30年12月、能登半島沖（我が国排他的経済水域内）において警戒監視中の海自P1哨戒機が、韓国海軍「クァンゲト・デワン」級駆逐艦から火器管制レーダーを照射されるという事案が発生した。防衛省は本件事案を重く受け止め、31年1月に客観的事実をとりまとめた最終見解を公表し、韓国側に再発防止を強く求めている。

【島嶼部に対する攻撃への対応】

南西地域の防衛態勢強化のため、31年3月、奄美大島に警備部隊などを、宮古島には警備部隊を配置した。今後は、石垣島にも初動を担任する警備部隊などを配置する。

自衛隊員の安全を確保しつつ、我が国への侵攻を試みる艦艇などを効果的に阻止するため、相手方の脅威圏の外から対処可能なスタンド・オフ・ミサイルの整備を行うとともに、島嶼防衛に万全を期すため、平成30年度から島嶼防衛用新対艦誘導弾および島嶼防衛用高速滑空弾の要素技術の研究に着手している。

【ミサイル攻撃などへの対応】

イージス・アショア2基の配備候補地として、秋田県の陸自新屋演習場および山口県の陸自むつみ演習場を選定して以降、地元自治体・住民の皆さまに対する説明会を繰り返し実施し、配備の必要性や各種調査などについて説明してきたところ、その説明資料の誤りや住民説明会における職員の緊張感を欠いた行為など、極めて不適切な対応があった。省内の体制を抜本的に強化するため、令和元年6月に防衛副大臣を本部長とする「イージス・アショア整備推進本部」を設置した。

【宇宙領域での対応】

防衛省としては、宇宙基本計画を踏まえ、JAXAなどの国内関係機関や米国と連携しつつ、宇宙を監視し、正確に状況を認識するための宇宙状況監視（SSA）体制を令和4年度までに構築することを目指しており、我が国の人工衛星にとって脅威となる宇宙ゴミなどを監視するためのレーダーと情報の収集・処理・共有などを行う運用システムの整備を進めている。

【サイバー領域での対応】

令和元年度に、サイバー防衛隊をさらに約70名増員し、約220名へと拡充するとともに、令和5年度までに、現在の自衛隊指揮システム通信隊の体制を見直し、共同の部隊としてサイバー防衛部隊を新編することとしている。

【電磁波領域での対応】

令和元年度予算においては、①電磁波領域の適切な活用のための企画・立案機能や、他省庁との調整機能などの強化のため、整備計画局情報通信課に「電磁波政策室」を、②自衛隊の統合運用を円滑に実施するための電磁波領域における能力にかかる企画・検討などを行うため、統幕指揮通信システム部指揮通信システム企画課に「電磁波領域企画班（仮称）」を新設し、これら電磁波領域の専門部署を中心に電磁波管理能力の構築を進めていくこととしている。

◆安全保障協力

【「自由で開かれたインド太平洋」というビジョンの下での取り組み】

法の支配に基づく自由で開かれた海洋秩序は、国際社会の安定と繁栄の礎である。特に、インド太平洋地域は、世界人口の半数以上を養う世界の活力の中核であり、この地域を自由で開かれた「国際公共財」とすることにより、地域全体の平和と繁栄を確保していくことが重要である。

防衛省・自衛隊は、「自由で開かれたインド太平洋」というビジョンを踏まえ、同地域における各国との防衛協力・交流を以下のとおり推進することとしている。

【韓国】

韓国側の否定的な対応などが、日韓の防衛協力・交流に影響を及ぼしている。その例として、2018年10月、韓国主催国際観艦式において海自の自衛艦旗をめぐる韓国側の対応が挙げられる。通常、海自の自衛艦は艦尾に自衛艦旗を掲げることが法令で定められているところ、主催国である韓国から「艦首および艦尾の旗は掲げない」という、我が国法令上受け入れられない統一事項が示され、我が国からの累次の要請にもかかわらず、韓国側が統一事項の変更に応じなかった。その結果として、我が国として国際観艦式への参加を見送らざるを得なかった。

また、同年12月には韓国海軍駆逐艦による自衛隊機への火器管制レーダー照射事案も発生している。防衛省・自衛隊としては、こうした懸案について引き続き韓国側に適切な対応を求めていく。

さらに、19年8月、韓国政府から、日韓秘密軍事情報保護協定(日韓GSOMIA)を終了させる旨の発表がなされた。北朝鮮がミサイル発射を繰り返すなど我が国周辺情勢が厳しさを増す中、日韓・日米韓の連携は重要である。韓国政府がこのような決定を行ったことに対し、防衛大臣より、「失望を禁じ得ず、極めて遺憾に思っている」、「北朝鮮問題などの連携すべき課題については、今回の決定後においても、日韓・日米韓の間で適切な連携が行われるよう、韓国側の賢明な対応を強く求める」旨コメントを発表した。

【中国】

19年6月にはシャングリラ会合において日中防衛相会談を実施した。同会談では、大臣レベルの意思疎通が緊密になりつつあることを確認した上で、昨年首脳間で一致した、防衛大臣・国防部長間の相互訪問を早期に実現することが重要との認識を共有し、岩屋防衛大臣の早期の訪中を実現することで一致した。

【ロシア】

18年7月、小野寺防衛大臣（当時）が防衛大臣として初めてロシアを訪問し、日露「2プラス2」および防衛相会談を開催し、統幕長の訪露や艦艇の寄港を含む防衛交流の推進に加え、日露共通の目標である北朝鮮の非核化に向け、引き続き連携していくことで一致した。19年5月、日露防衛相会談および第4回日露「2プラス2」が東京で開催され、防衛交流について、同年夏のロシア国際軍楽祭への陸自中央音楽隊の初参加などで一致するとともに、防衛政策に関して、我が国のBMDシステムは純粋に防御的なものであり、ロシアに脅威を与えるものではない旨説明した。

軍種間の主な交流実績については、防衛相会談での一致に基づき、18年10月、統幕長がロシアを訪問し、ショイグ国防大臣、ゲラシモフ参謀総長などと会談し、相互理解および防衛交流の進展を図り、信頼関係を強化した。また、19年5月、陸幕長がロシアを訪問し、サリュコフ地上軍総司令官と会談した。

第Ⅳ部 防衛力を構成する中心的な要素など

◆防衛力を支える人的基盤および衛生機能

防衛省・自衛隊においては、育児休業などを取得する職員のための代替要員の確保など、職員が育児・介護などと仕事を両立するためのさまざまな制度を整備しているほか、特に男性職員の家庭生活への参画を推進するため、男性職員の育児休業などの取得促進に取り組んでおり、令和2年度までに男性職員の育児休業取得率13%を目指している。

◆防衛装備・技術に関する諸施策

【無人化の取り組み】

グローバルホークや海自の艦載型無人機の取得のほか、太平洋側の広域における洋上監視能力の強化のための滞空型無人機の導入についても検討するなど、無人装備品の積極的な活用を進めるとともに、人工知能（AI）の活用に関する企画立案などを行う専門部署の新設などの体制の構築を進める。また、モジュール化UUV（水中無人機）の研究やAIを用いた船舶自動識別装置（AIS）データの解析による不審船発見にかかる研究などの推進にも取り組むこととしている。

【省人化の取り組み】

新中期防においては、新型護衛艦（FFM）や潜水艦などの設計の工夫、レーダーサイトなどの各種装備品のリモート化など、省人化の取り組みを積極的に推進することとしている。この他にも、警戒監視に特化させることで、より少人数の30名程度で運用可能な哨戒艦を導入するなど、具体的な取り組みを進めることとしている。

エンタープライズ対空捜索レーダー（EASR）

米海軍主力艦に装備

ミサイル迎撃態勢強化

中国が接近する米空母打撃群を攻撃するため、各種「空母キラー」ミサイルを開発・配備する中で、米海軍はこれに対抗できる新型の高性能レーダーと対空ミサイルの装備化を進めている。米空母などには次世代型「エンタープライズ対空捜索レーダー（EASR）」が、またイージス艦には日米で共同開発した能力向上型防空ミサイル「SM3ブロック2A」が搭載される計画だ。

多目的レーダー EASRを試験

米レイセオン社はバージニア州ワロップス島の試験場で今年3月から次世代タイプの「エンタープライズ対空捜索レーダー（Enterprise Air Surveillance Radar：EASR）」の試験を開始した。

「EASR」は航空母艦、揚陸艦など大型艦に装備する多目的レーダーで、対空・対艦戦闘に加え、電子防御、航空管制など各種機能を同時に提供できるのが最大の特徴。

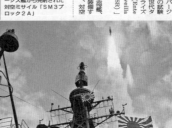

㊧米空母などに搭載される「エンタープライズ対空捜索レーダー（EASR）」（米レイセオン社HPから）㊨海自のイージス艦から発射された対空ミサイル「SM3ブロック2A」

SM3ブロック2A 中国の「空母キラー」無力化

同レーダーは同時に2種類の開発が進められており、一つは「ニミッツ」級空母やイージス艦に装備する片面回転アレイ用の「AN/SPY6（V）2」。もう一つは新型「フォード」級空母や将来戦闘艦に搭載する「3面固定アレイ用の「AN/SPY6（V）3」だ。

イージス・レーダー「SPY6」ファミリーの「AN/SPY6（V）1」は、米海軍のミサイル駆逐艦（DDG51フライトⅢ級）などに採用。その最新型である「EASR」は6フィート（1.8メートル）四方の回転アレイで、試験用機材はワロップス島の地上戦闘システムセンターにある高さ30メートルの試験塔に据え付けられ、今年末まで各種試験が続けられる。

試験で成果が得られれば、EASRは製造段階に進む予定。最新鋭の強襲揚陸艦「アメリカ」級に搭載される「AN/SPY6（V）2」は、2021年に納入される予定だ。

米海軍は広域警戒監視のほか、電子防御、航空管制などでも高い能力を発揮する「EASR」に期待しており、試験に当たった米海軍幹部も「EASRサブシステムの試験を速やかに完了することができた。米海軍の艦隊全体にSPY6の能力を提供するという目標に向かって大きく前進した」と話している。

防衛技術

最新迎撃ミサイル 日米で共同開発

一方、艦隊防空ではイージス艦に最新の迎撃ミサイル「SM3ブロック2A」が装備される。同ミサイルは日米で共同開発された次世代型の誘導弾で、迎撃範囲は飛躍的に拡大。速度や命中精度も大きく向上し、中国軍の「空母キラー」ミサイルも無力化できる。

SM3ブロック2Aの到達高度（射高）は1000キロ以上となり、飛翔中のICBM（大陸間弾道弾）やロフテッド軌道で発射されたミサイルにも対処が可能だ。

また、同対空システムでは対空情報がデータリンクで結ばれ、「エンゲージ・オン・リモート（遠隔交戦）」も可能に。北朝鮮がグアムに向け弾道ミサイルを発射した場合、日本海に前方展開したイージス艦がこれを探知・追尾し、データリンクで結ばれた太平洋上のイージス艦が対空ミサイルを発射して迎撃することも可能になる。

今後、米海軍は艦艇への「EASR」と「SM3ブロック2A」の装備化を進め、弾道ミサイル防衛の迎撃態勢を飛躍的に高める。

技術が光る　>86<

荷物空輸ポッドユニット　ヤマトHD

輸送機に搭載、時速160キロ

2020年代サービス開始目指す

ヤマトホールディングス（ヤマトHD）は去る8月27日、同社が開発した荷物空輸ポッドユニット（PUPA）を米ベル社開発の自律運航型ポッド輸送機「APT70」に搭載し、その機能実証実験を実施、これに成功したと発表した。

実験は同26日、米テキサス州フォートワース郊外で行われた。ポッド輸送用に使用された「APT70（Autonomous Pod Transport70）」は電動垂直離着陸型機（eVTOL）と呼ばれる大型のドローンで、全長約2・7メートル。四隅の上部に取り付けられた四つのプロペラで垂直に上昇した後、機体を徐々に進行方向に傾け、最後に水平の姿勢になり固定翼機として飛行する。最高時速は100マイル（160キロ）以上を目指す。

ヤマトHDはこのドローンに積む荷物空輸ポッドユニット（PUPA＝Pod Unit for Parcel Air-transportation）を開発。70ポンド（32キログラム）までの物資の積載が可能だ。

今回の実験では、①APT70の空力特性を最適化した姿勢での自律飛行②飛行中と地上での作業時の安全性の確認③空輸から輸送形態への遷移④荷物の格納と取り出しの確認——の各項目を検証し、これに成功した。

ヤマトHDとベル社は同機材を使って「オンデマンド航空物流」の構築を進め、今後、さらに改良した大型・中型のeVTOL機を開発し、2020年代前半のサービス開始を目指している。

ヤマトHDの長尾裕社長は「今回のような革新的な技術の実用化には実用性の高い機能設計が不可欠だが、今回の実験成功によって新たな空の輸送サービスを構築するための大きな第一歩を踏み出せた」と成果を語った。

「オンデマンド航空物流サービス」に活用される自律運航型ポッド輸送機「APT70」（ヤマトHD提供）。㊧は飛行試験中の「APT70」（ベル社提供）

世界の新兵器 ——529

対艦弾道滑空ミサイル「CM401」 中国

高速のダイブ攻撃で目標艦船に突入

中国は2018年に開催された展示会「中国国際航空航天博覧会」（通称・珠海航空ショー）において、西側の空母やイージス艦を標的にした対艦弾道滑空ミサイル「CM401」の展示を行った。

「CM401」は軍事情報サイトによると、いわゆる対艦弾道ミサイル「DF26」のような長射程ではなく、射程は短距離（15～290キロ）で、ブースターの燃焼が終了した後は滑空に移り、不規則に滑空して飛距離を伸ばす「極超音速滑空体（HGV＝Hypersonic boost-Glide Vehicle）」であるといわれている。

観測筋によると、「CM401」のミサイル本体の直径は最大でおよそ85センチで、ロシアの短距離弾道ミサイル「イスカンデルM」の直径に匹敵すると指摘している。

また、中国航空宇宙科学技術公司（CASIC）によると、「CM401」は弾頭部に「終末レーダー誘導装置」が取り付けられ、この装置はジンバル支持型のフェーズド・アレイ・アンテナで構成され、これが海上の空母など目標をとらえ、最終誘導を行うとみられる。

「CM401」は発射されると、ブースト（打ち上げ）フェーズではロケットモーターノズル内の4枚のジェットベーンを使用した制御で、宇宙圏に近い高度で弾道飛翔を行う。その後、大気圏に突入して速度最大マッハ6で降下時に、後部4枚の空力的にカットされたデルタ翼を使用し、滑空しながらプルアップ機動を複数回実施し、飛翔経路の制御を行う。このためコースが変わり、艦側の迎撃は非常に難しくなる。

標的に接近した最終段階では、速度はマッハ4の極超音速で、弾頭部のレーダーにより終末誘導され、高速のダイブ攻撃で目標艦船に突入する。

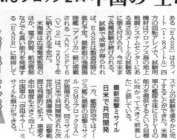

西側の空母やイージス艦に脅威となる中国軍の対艦弾道滑空ミサイル「CM401」の模型。弾頭部のレーダーが強調されている（中国のウェブサイトから）

◇

さて、北朝鮮は、ここ数カ月の間に短距離弾道ミサイル（射程最大600キロ）を立て続けに発射した。彼らの主張によると「（ミサイルの）飛翔経路を変更できる制御技術を取得した」と述べているが、この主張が正しければ、北朝鮮はロシア／中国から「イスカンデル」ミサイルの高度な技術支援を受けた可能性が高い。

この中国と北朝鮮が実験・配備を進める「イスカンデル」タイプの短距離弾道ミサイルは、海上自衛隊の艦船にとっても大きな脅威になるため、日本も関心を持ってその対策に備えていく必要がある。

柴田　實（防衛技術協会・客員研究員）

最新型「カールグスタフ」

誘導弾も発射可能に

スウェーデン・サーブ社

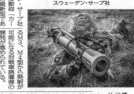

スウェーデン・サーブ社製の84ミリ無反動砲「カールグスタフ」の最新型であるM3、M4型から発射が可能になる対戦車誘導弾の開発が進められている。

サーブと米レイセオンが共同開発中の「GCGM（Guided Carl-Gustaf Munition）」は、セミ・アクティブ・レーザー方式で、目標にレーザーを照射し、ミサイルを誘導する。射程は30～2000メートルで、射手は安全な距離からの攻撃が可能になる。同砲は陸自も装備している。

射程2000メートルの誘導弾が発射可能になる「カールグスタフ」（米陸軍HPから）

技術屋のひとりごと

ユマ出張

森田　淳子
（防衛装備庁 陸上装備研究所 機動技術研究部 脅威探知・対処研究室）

私たちの研究室では、IED（即製爆発装置）探知器材の研究を実施しています。今年の冬に米国アリゾナ州ユマにある米陸軍ユマ試験場で同器材の性能確認試験を実施することになっており、調整会議のため、7月にユマを訪れました。

IEDは地雷や砲弾などをはじめとする、ありあわせの爆発物と起爆装置で作られる"簡易手製爆弾"です。任意のタイミングで起爆できるため、イラクやアフガニスタンでの戦闘においてIEDによる死傷者が多数出ています。地雷やIEDの探知には土壌の影響があることから、乾燥地帯のユマでも試験を実施します。

調整会議には、当室のメンバー、日本の試験に協力してくれる米陸軍の研究者、ユマ試験場地雷探知試験区域リーダーのP氏をはじめとするユマ試験場のメンバーとで、日米から十余名が集まりました。試験実施に向けて、技術的な内容からロジスティックな面に至るまで、詳細な議論を真剣かつ和やかに行いました。

会議2日目の昼食は「ユマ・スペシャル」でした。40度以上の酷暑の中、P氏が汗だくになって大きなバーベキューコンロに炭火を起こして、牛肉や南西部の味付けという調味料に漬け込んだ鶏肉をたくさん焼いてくれました。

刻んだ肉と野菜、P氏の自宅でとれたライムを絞ってトルティーヤで包み、現地産のスイカなどとともに皆でおいしくいただいたのは良い思い出となりました。米側の真摯で温かい対応から、今冬の試験では日米でチームワークのよい仕事ができそうな嬉しい予感がしました。

試験期間は4週間。ゆくゆくは自衛隊の安全に寄与できるように、と願いながら、この貴重な時間に多くの成果を挙げるべく、室員一丸となって準備に取り組んでいます。

危機管理産業展2019

「防災・減災」「セキュリティ」「事業リスク対策」を柱に

オリ・パラに備え対テログッズ集結

自衛隊や警察、消防、自治体関係者らを対象とした「危機管理産業展2019」が10月2日から4日まで、東京・江東区の東京ビッグサイトで開かれた。今年は「防災・減災」「セキュリティ」「事業リスク対策」の3分野を柱に、防衛省・自衛隊を含め約300社・団体が出展。併設する「テロ対策特殊装備展」にも約150社がブースを設け、来年の東京オリンピック・パラリンピックに備えて、対テロ用の各種製品を紹介した。会場には3日間で約2万5800人が来場、期間中、東京都危機管理監の小林茂氏（元陸上総隊司令官、陸将）が「首都直下地震への備え～2020を見据えて」をテーマに講演を行った。

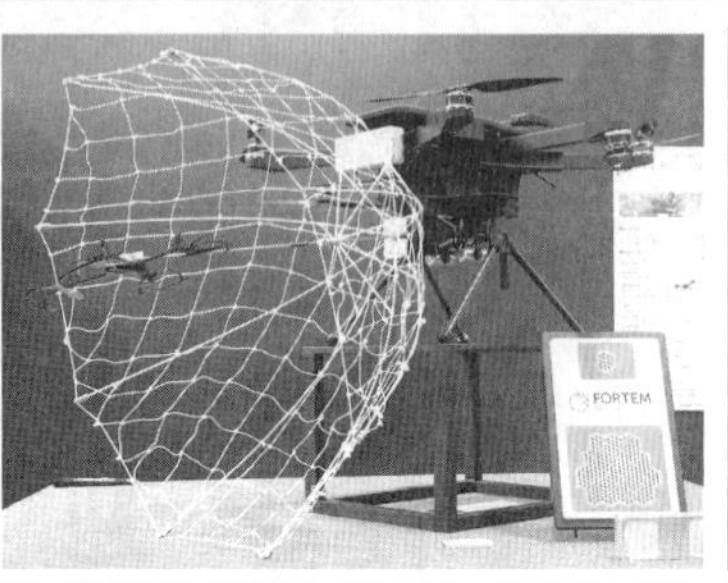
米FORTEM社が開発したテロ対策用の「ドローンハンター」。地上のレーダーが探知した不審なドローンを自律飛行で追跡し、搭載する「ネットガン」から網を放出して相手を捕らえる"ドローンを捕獲するドローン"だ

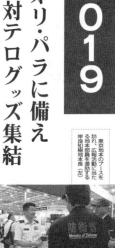

「テロ対策特殊装備展」内に設けられた防衛装備庁のブースを見学する来場者。モニター上では対ドローン研究として「高出力マイクロ波技術に関する研究」の試験の様子が動画で紹介されていた

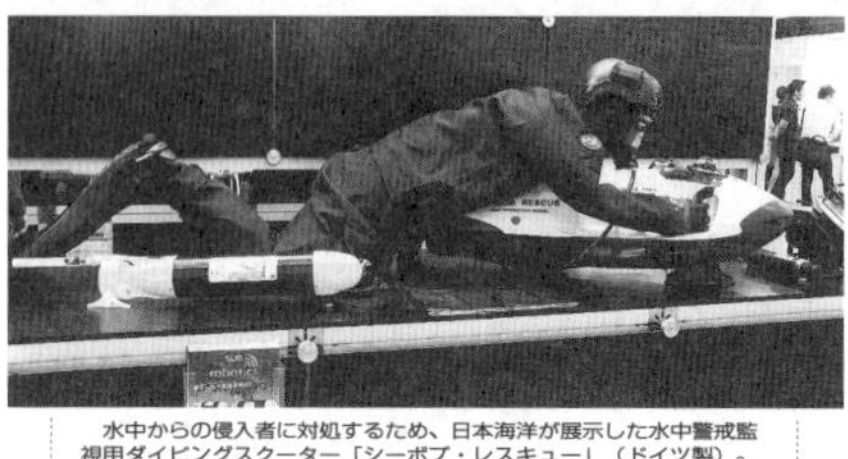
水中からの侵入者に対処するため、日本海洋が展示した水中警戒監視用ダイビングスクーター「シーボブ・レスキュー」（ドイツ製）。ダイバーがグリップを握って操縦し、水深や水温、パワー、バッテリー残量などの情報は上面のディスプレーに表示される

会場では防衛装備庁と陸自東部方面総監部が自衛隊の装備品などを出展。装備庁のブースでは不審なドローンを撃退するための「高出力マイクロ波技術に関する研究」、陸自の展示ブースでは災害時に活用できる「浄水セット・逆浸透2型」などが来場者の注目を集めていた。

一方、同時開催のセミナーでは、「令和時代の国家安全保障と危機管理」をテーマに、帝京大の志方俊之教授（元陸自北方総監）と森本敏元防衛相が対談。「首都直下地震」に備えたシンポジウムでは、元陸自陸上総隊司令官の小林茂東京都危機管理監が登壇し、来年のオリ・パラに向けた大災害発生時の都の対策を紹介した。

小林氏は「自助（自らの命は自分で守る）・公助（行政機関の取り組みや救助活動）・共助（自分たちのまちを自分たちで守る）」をキーワードに、被害を最小限に抑えるには、この三つを連携させることが重要だと強調。

現在、都は東京五輪に向けて「安全・安心推進会議」を立ち上げ、都副知事を会長、小林氏らを副会長に、各種施策に取り組んでいることを紹介。多くの外国人の来日に対応するため、平時は観光案内を表示する「デジタルサイネージ」を災害時には「4カ国語」で災害情報を伝える広報用器材とする準備を進めていることを明らかにした。

同シンポでは、小林氏とともに東大地震研究所の平田直地震予知研究センター長、JTB総合研究所の高松正人理事らが来年のオリ・パラに向けて、さまざまな角度から防災対策を議論した。

東京地本のブースを訪れ、広報活動に当たる地本部員を激励する岸良知樹地本長（左）

防衛省・自衛隊含め300社・団体が出展

対テロ用の「車両下部検査装置」。車両の下に隠された爆弾などの危険物をチェックするための装置で、地面に設置したカメラユニットの上を通過させるだけで車両の下部を撮影、確認することができる。オリ・パラ企画展示ブースに展示されていた

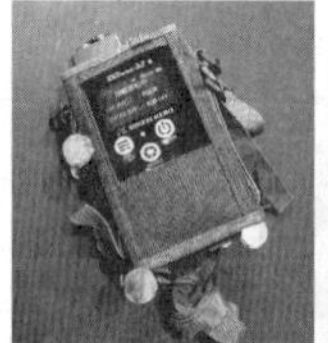
化学テロに備えて理研計器が開発した「化学剤検知用ポータブルIMS検知器」。約15種類の化学物質の検知が可能だ

2重反転式のローターを採用したAileLinX社の「偵察・監視ドローン」。強い放射熱や雨天など厳しい環境下での飛行も可能なため、悪天候の中でも災害状況や周辺の環境を偵察できる

ビッグレスキュー　その時に備える　第25回

「水害後」の防災強化に向けて取り組む

常総市　溝上 博氏

茨城県常総市危機管理監（元1陸佐）

1 はじめに

常総市は「平成27年9月関東・東北豪雨」により鬼怒川の堤防が約200メートル決壊し、市面積の約3分の1である約40平方キロが浸水、災害関連死を含む死者が14名、家屋被害は約8000棟という甚大な被害を受けた。

私は採用前の当時の市長との面談で、「首長の立場は孤独で、状況判断は難しかった」と打ち明けられ、身の引き締まる思いで、水害の1年後に初代危機管理監として赴任した。

現在は現市長との意思疎通（宴席含む）を深めつつ、市役所内や関係機関、自衛隊の茨城地本・施設学校・第1施設団等からの支援・協力を受け、充実した勤務が実施できている。

また、全国各地・海外からの防災講演や当市視察の依頼に応え、現在まで100件余の講師も務め、水害時のご支援に対する感謝と恩返しの気持ちを込めて教訓や取り組み事項を情報提供している。以下、その主要事項を紹介する。

2 平時の防災体制と即応態勢の整備

水害以前の防災担当者は2名のみで、専門的職員の不在と人員不足の教訓により、危機管理監の配置と係長以下7名の増員体制となった。また、災害対策本部の場所は定められておらず、狭い会議室を使用し、地図・電話等の装備品も欠如していたという教訓により、現在は最大の会議室を指定して、1万分の1の地図を特注するなど各種装備品を揃え、電力等も増設した。講演時に聴講者側にこれらの態勢について尋ねると、不充分な自治体が多いことも事実である。

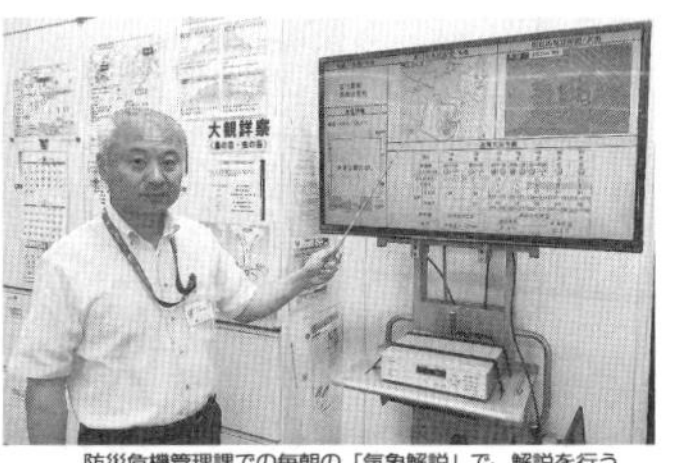
防災危機管理課での毎朝の「気象解説」で、解説を行う溝上博危機管理監（常総市役所で）

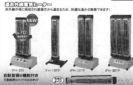

水害時の避難者約6000人の内、約3割が市民自身の判断で市外に避難したことから、広域避難整備の必要性が生じ、国・県の関係機関との調整の下、近隣13市町によって計画を策定し、今年5月末に協定を締結した。

水害は気象の大きな変化により発生するため、その知識が必要である。私の着任以降、課の職員が毎朝交代で「気象キャスター」さながら天気図等に基づき、気象現況や予報を課全体に対して解説し、情報共有を図らせている。私は元航空操縦士の経験を活かして助言しているが、最近ではその必要性も少なくなり、課員を頼もしく感じている。

3 効果的な防災教育・訓練等への努力

水害前の市民対象の訓練要領は、展示主体の「イベント型訓練」であり、職員対象の教育訓練は未実施であった。このため、市民・職員の対象者毎に訓練課目・目標等を明確にした5カ年計画と年度計画を策定し、計画的に取り組んでいる。

市民に対しては、全市民・全避難所対象の避難訓練と、避難所担当職員と自主防災組織が共同する運営業務等の一斉訓練に力を入れているほか、水害時に各世帯の特性に応じた避難行動計画を作成する「マイ・タイムライン」を全国で初めて国交省下館河川事務所と当市が企画し、普及活動に努めている。

陸自101施設器材隊が架設した92式浮橋を視察する神達岳志常総市長（前列左）。同右端は溝上危機管理監

また、令和元年7月に決壊場所において近隣5市町の水防訓練を開催し、陸自第1施設団（古河）の協力を得て92式浮橋を鬼怒川に初めて架設して頂き、市民等の渡橋訓練も行った。この際、器材搬入適地の条件が厳しく選定に苦労したことも事実である。なお、今後も施設団独自の継続した訓練要望があり、当方から河川事務所に依頼し、河川の使用承認を得ている。

このほか、自主防災組織対象の災害図上訓練や避難所運営訓練等を計画的に実施するとともに、鬼怒川が決壊した9月10日の「常総市防災の日」には毎年、市の防災業務の取り組みを市民に提供し、近隣自治体を招待してシンポジウムを開催するなど、地域の連携も含め防災意識の醸成に努めている。

災害時は市役所が一丸となって対応するが、「避難勧告」等の定義でさえ理解している職員は少なかったので、毎年全職員と新規採用職員を対象に防災研修を行っている。また、災害対策本部の図上訓練も開始し、小職が自衛隊式の本部会議の進行要領を展示したところ、市長から「普段の会議も、この要領で実施すべき」との講評があり、恒常業務にも前職での経験を活かす機会を得ている。

4 被災地への心を込めた支援

当市は、被災して大変辛い思いをした一方で、全国各地から温かい支援をたくさん受け、「恩返し」の気持ちも強くなった。このため、熊本・大阪・北海道の地震および岩手・九州・西日本の豪雨災害に対して、支援物資、ボランティア・職員派遣、募金援助等を実施している。

5 おわりに

自衛官の定年退官を控え、「次は何をすべきか」と職務を分析した際、本職務に就くことは拘束感がある等、邪念がよぎり大いに迷ったが、覚悟をもって選択し、これまで培った経験を活かして社会貢献できることを追求し、約3年が経過した。自衛官時代に上司に鍛えられ、夢中になって取り組んだ任務・訓練により、私なりに身に付けた使命感や訓練企画・管理能力等を、引き続き市の防災行政で発揮できるよう精進したい。

台風19号で陸海空各部隊

台風19号による被害で10月12、13日、1都11県から相次いで災害派遣要請を受けた自衛隊は、引き続き陸海空各部隊が給水・給食、入浴の各支援などに当たり、被災地・被災住民のために力を尽くしている。

被災者の生活支援に全力

増援西方、早朝から給食担う

陸自は西部方面隊（総監部・健軍）の隷下部隊なども支援に加わっている。西方は東部方面隊（同・朝霞）に増援部隊を派遣するため、4師団（福岡）や直轄部隊などに災派を命令。派遣部隊（指揮官・大場剛4師団副師団長）は隊員約4600人、車両約130両は10月13日午後1時以降、各駐屯地を出発した。

長野市内に展開した部隊のうち、16普連（大村）の隊員約30人は10月17日早朝3時ごろから長野市の北部スポーツ・レクリエーションパークで給食支援を開始。この日は豚汁600食を調理し、41普連（別府）が同市の7カ所の避難所へ届けた。

22日現在、16普連は同レクリエーションパークで、また東方の2普連（高田）は長野市の昭和の森フィットネスセンターでそれぞれ日に2回（朝・晩）の野外炊事（豚汁6600食）を実施。4後支連（福岡）は9カ所に配食している。また、宮城県丸森町で10旅群（船岡）、茨城県常陸大宮市で施設学校（勝田）が午前6時または午後1時から給食支援を行っている。

被災地で自衛隊が実施している給食・給水・入浴支援の活動状況は次の通り（10月22日午後5時現在）。

▽給水＝隊員約720人が宮城など3県の52カ所で活動中（延べ給水量約2700トン）▽給食＝約50人が茨城など2県の3カ所で活動中（同提供数約9700食）▽入浴＝約680人が福島など7県の25カ所で活動中（同入浴者数約2万7300人）

被災者に食事（豚汁）を提供するため早朝から野外炊事に当たる16普連の隊員たち（10月17日、長野市の北部スポーツ・レクリエーションパークで）＝西部方面隊提供

「うらが」など艦内浴室開放
2移動警戒隊は病院で給水支援

海自部隊のうち、21群（館山）は10月14日から同17日まで、基地浴室（2カ所）を開放し、入浴支援を行った。携帯電話の充電、給水なども実施している。

また、福島県の相馬港と小名浜港の2港で掃海母艦「うらが」と輸送艦「くにさき」がそれぞれ艦内の浴室を開放。被災者の体を温めている。

空自各部隊は岩手、福島両県の5市町で、12個部隊が給水支援に当たっている。

このうち、中警団隷下の2移動警戒隊（入間）は福島県いわき市の舞小浜病院で活動。患者や病院職員のため、懸命に給水を行っている。空自は移動警戒隊や高射隊など、有事等の際に展開する部隊を中心に給水活動に投入している。

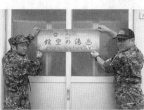

海自館山航空基地は基地浴室を開放して「館空の湯」を開設。基地近隣の被災者への入浴支援を行った

福島県いわき市の舞小浜病院で給水支援を行う空自中警団・2移動警戒隊（入間）の隊員たち（10月15日）

金沢14普連 栃木へ「北陸の代表として頑張る」

【14普連＝金沢】14普連は10月13日、台風19号で被災した栃木県へ生活支援を行う部隊を派遣した。

派遣部隊は3中隊（中隊長・若竹大善1尉）と4中隊（同・奥田佳宗3佐）の隊員10人と野外炊事車、水タンク車など車両4両で、出発式で梨木信吾連隊長は、「北陸の代表として頑張ってきてほしい」と激励。部隊は金沢駐屯地を出発した。

現地に到着した部隊は、宇都宮駐屯地を拠点に10月14日に支援活動を開始。15日から栃木県那須烏山市の烏山体育館で入浴・給水支援などを行っている。

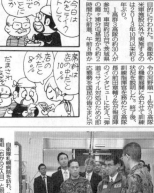

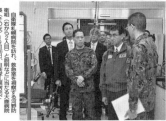

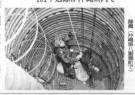

梨木連隊長に出発報告を行う14普連派遣部隊の隊員たち（10月13日、金沢駐屯地で）

6件の不発弾処理
101不処隊が沖縄県内で

【101不処隊＝那覇】陸自101不発弾処理隊は計画に基づき、9月、沖縄県内で6件の処理を行った。

不発弾処理安全化は不発弾が爆発しない状態にするため、ディアマ（隣村）による信管破壊、または手動での信管除去を行う。

9月13日には米国製5インチ艦砲弾4発を信管除去、同250キロ爆弾など2発を信管離脱にした。

9月13日に八重瀬町で安全化を行った隊の安野将樹3曹は「所属以来、2年間で50回目の処理を実施した。隊員も先輩隊員の訓練により安全確実に処理ができている。沖縄の民生安定に寄与するため、引き続き職務にまい進します」と語った。

安全化した米国製砲弾の取り出し作業を行う101不処隊の隊員（沖縄県八重瀬町で）

こちら警務隊 性的犯罪 その①
興味本位にアップロード わいせつ物頒布等の可能性

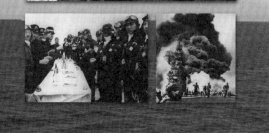

同僚が全裸で踊る画像をSNSにアップロードすると犯罪ですか？

わいせつ物頒布等罪に問われる可能性があります。

わいせつ物とは、性欲を興奮または刺激させ、かつ普通人の正常な性的羞恥心を害し、善良な性的道義観念に反するような文書、図画、データ等で、質問の画像も該当します。

頒布等とは、不特定多数の人に対して配布または公然と陳列することで、陳列する方法にはインターネットへのアップロードも含まれます。

罰則として、2年以下の懲役もしくは250万円以下の罰金もしくは科料、または懲役と罰金の両方に処せられます。

興味本位にアップロードしてはいけません。

（中部方面警務隊）

※次回は「軽犯罪法違反（のぞき行為）」

PAC3が機動展開訓練
河野防衛相「士気高く、高い技量」 1高群

【1高群＝入間】首都圏防空を担う1高群（司令部・入間）は10月9日、東京都江東区の東京臨海広域防災公園で東京都や警察、周辺住民の協力のもと、地対空誘導弾「PAC3」の機動展開訓練を実施した。

訓練は弾道ミサイル対処の戦術技量の向上を図るとともに、自衛隊の即応態勢を示し、国民の安全・安心感の醸成に寄与することを目的に行われた。自衛隊や米軍施設以外で実施するのは2013年10月以来約6年ぶり。

1高群3高隊の約30人が参加。車両約15台で茨城県の霞ヶ浦分屯基地から約2時間かけ前進、午前8時から公園に進入し約30分間、PAC3機材の射撃準備のための一連の手順を演練した。

訓練は河野防衛相、小池都知事が視察し、1高群司令の河野順一1佐が3高隊の機動展開に合わせて訓練状況を説明した。終了後、訓練指揮官を務めた3高隊長の前田章輔2佐が報道陣のインタビューに応え、「弾道ミサイル対処のための即応態勢を国民の皆さまに示せた。国民の生命と財産を守り安心と安全を確保する、という意義をご理解いただけた」と語った。

◇

河野防衛相は10月11日の記者会見で1高群の訓練について、「いざというときには、必要な場所に（PAC3を）展開をしなければならず、機動展開訓練は非常に重要。隊員が士気高く訓練し、高い技量の維持に努めてくれていることを確認した」と述べた。

1高群3高隊の「PAC3機動展開訓練」を視察する河野防衛相（中央）。右は丸茂空幕長、左は河野1高群司令（10月9日、東京都江東区で）

「災害に強い病院」
河野防衛相、札幌病院を視察

【札幌病院＝真駒内】自衛隊札幌病院（病院長・大鹿芳郎陸将）は9月26日、河野防衛相の視察を受けた。

大鹿病院長が陸自衛生や札幌病院の概要、北海道胆振東部地震での病院対応などについて状況を報告。大臣は北部方面隊で唯一の自衛隊病院である札幌病院の任務、役割、現状、診療技術の向上、医療体制の整備について関心を示した。

施設巡視では感染症病棟、CT、アンギオグラフィー（血管造影撮影）などの医療機器、救急室を視察。外来待合ではベンチベッド、医療ガスアウトレット（配管端末器）の展開要領の説明を受け、有事や大規模災害時の大量傷者への対応態勢、感染症対策について確認した。

さらに、東日本大震災の教訓が反映された建物の免震構造や免震装置も見て回り、「災害に強い病院」と認識した。

自衛隊札幌病院を訪れ、救急室を視察する河野防衛相（右から2人目）と説明などに当たる大鹿病院長（その左）＝9月26日、自衛隊札幌病院で

小休止

▽…陸自20普連銃剣道訓練隊は10月9日、山形県尾花沢市の上柳健康増進施設で、玉野保育園の園児20人に銃剣道競技の基本を伝えた。

▽…訓練隊は同施設を訓練場所として使用しており、日頃の地域への感謝の気持ちを込めて大石賢治曹長が長となって訓練体験の機会を設け、高橋陽二2曹らが「構え」や「突き」を丁寧に指導した＝写真。

▽…また、園児には装備品展示で高機動車に乗ってもらったほか、基本教練も体験してもらい、布川大地3曹が「気を付け」などの各動作を教えた。

（神町）

あさぐもドンマイ！ 吉本どんど

消費税 ☆小料理屋の場合
酒類は嗜好品だから一律10％

命ある限り、私はこの身を捧げてあなた方の信頼に応えられるよう努めます。
英国のエリザベス女王

（世界の切手・イギリス）

鹿屋航空基地の研修に参加
貴重な学びの場に

遠い存在だった自衛隊

大村航空基地モニター　寺野　純佳
（主婦、長崎県大村市在住）

このたびは「鹿屋航空基地モニター研修」に参加させていただき、ありがとうございました。2日間を通して大変貴重な学びを得ることができました。

1日目は航空機の「着水脱出訓練装置」を見学しました。この装置は、海上自衛隊のヘリコプターが飛行中の不具合で水面に降りた際、乗員が水没した機内から脱出する訓練を行う施設です。

私たちはヘリの機体を模したシミュレーターと水深6メートルの巨大プールを目の当たりにし、その迫力に圧倒されました。実際に装置を動かしていただき、機体が水中に沈んでいく様子は臨場感があり、日常でヘリ搭乗員の方々がどれだけ危険と隣り合わせの中で任務を遂行してくださっているのかを学ぶことができました。

続いて練習ヘリ「TH135」を見学しました。私たちも実際に機内の座席に座らせていただき、どのような操縦の仕組みで機体を動かしているのか説明をしていただきました。左右の手足を使い操縦すると聞いた時は、飛行学生の皆さんがどれだけ努力を重ねて訓練をされているのか知ることができました。

さらに、P3C哨戒機にも乗りました。大きな機体とは裏腹に、機内は意外と狭いように感じました。長時間のフライト任務に就いている隊員の方々には感謝の思いで一杯です。

このP3Cの整備に当たる第1航空修理隊も見学しました。「縁の下の力持ち」という言葉は、この部隊のためにあると感じました。大きな機体から小さな部品に至るまで、隊内で作り上げてしまうことに驚きました。鹿屋基地だけでなく、他の基地からの要請にも応えると伺ったときは、自衛隊全体への影響力の大きさを実感しました。世界にも誇れる日本の高度な技術力を見た思いです。

2日目は「鹿屋基地史料館」を訪れました。ガイドの方の解説を伺いながら、日本海軍の成り立ちから第2次世界大戦の史実、そして海上自衛隊の創設に至るまでを学ぶことができました。

特に「神風特攻隊」には大変胸を打たれました。戦争によって人生が大きく変わってしまった人々の物語が、現代の私たちに「二度と戦争を繰り返してはならない」と教えてくれているようでした。

国防・災害救助と同様に、自衛隊には「戦争の現実を現代に伝える」という重要な役割があるのだと感じました。

今回の基地見学では、日本の平和がどのように守られているのかを具体的に学び、実際に見て触れて体験することで、隊員の皆さんの日頃のご苦労を知ることができました。P3Cの搭乗員の方などは、一度離陸すると洋上を長時間フライトする必要があることや、ヘリ搭乗員を目指す学生や教官の方の日々の努力を目の当たりにして、何事もなく、当たり前のように平和な暮らしをしている私たちの生活が、非常に貴重なものに思えました。

大村航空基地のモニターになって、遠い存在であった自衛隊を少しずつ身近に感じられるようになりました。学生時代の知人などと話すと、自衛隊のイメージがいかに異なっているかを知り、驚かされます。

私たちが自衛隊を正しく伝えることで、この道を志してくれる方が一人でも多く出てくればうれしく思います。今後もモニターの活動を通じて得たことを周囲の人たちに理解してもらえるよう活動したいと思いました。

海自鹿屋航空基地でヘリコプターの整備場を見学するモニターの寺野純佳さん（左）

航空管制官になりたい！

専門学校生　樋口　来夢（大原専門学校）

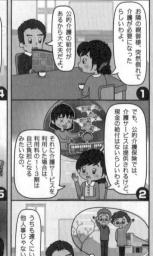

私はこの夏、群馬地方協力本部のご支援で航空自衛隊入間基地を見学しました。

基地で最初に驚いたことは、多くの女性隊員の方々が活躍していたことです。「女性の活躍」という国の施策で女性隊員の数も増え、活躍の場が広がっていると聞いていましたが、実際に入間基地で女性隊員の方からたくさんの話を聞くうちに、女性隊員の存在感を強く感じました。

自衛隊で働いてみてどうなのか、育児休業を取っている方のことなど、普段聞くことができない生の声も聞けました。また、飛行機の前で一緒に写真を撮ってもらい、良い思い出になりました。

私は管制官になりたいと考えているので、管制塔を見学したいと思っていましたが、この日の見学コースには含まれていませんでした。しかし、広報官の方が担当の方と話をして下さり、特別に管制塔を見学することができました。管制塔で働いている隊員の方が熱心に説明して下さり、見学者が私一人だったこともあり、いろいろ質問することができ、貴重な体験となりました。実際に仕事内容を聞き、航空管制の仕事に就きたいという気持ちがさらに強まりました。

管制塔の見学後、「GCA（着陸誘導管制）」の室内も見せて頂きました。GCAにも女性隊員の方がいて、ここでも話を聞くことができました。

今回の見学はとても内容が濃くて、航空自衛隊についていろいろ新しい発見ができました。

入間基地で女性隊員からいろいろなことを学んだ樋口来夢さん（左）

新刊紹介

「親日を巡る旅」
井上　和彦著

2年前、安倍総理は日本の現職首相として初めてマルタ共和国を訪問した。旧日本海軍戦没者墓地で第1次世界大戦の戦没者を慰霊したとの記事を読み、私はその時初めて、先人が彼の地に眠っている事実を知った。

マルタ共和国の事例だけではなく、多くの国民が知らないままに放置されている知られざる歴史を、著者は一つ一つ開封した。まさに驚きの連続であった。著者が述べる通り、台湾や南アジア、太平洋諸島などで、日本への親近感が高いことはよく知られている。しかし、マルタ、ポーランド、フィンランド、ロシアでの熱い日本熱については学校教育で勉強した記憶はなく、初めて知ることばかりであった。

本書は国や個人で異なる歴史観について、著者の解釈を披瀝する場ではない。著者が伝えているのは揺るがしようのないそれぞれの国の「歴史的事実」であり、本書はその一つ一つを本人が直接現地を訪れて確かめた見聞記である。

相手が日本に好意を寄せてくれていることを、私たちはそもそも気づいているのだろうか。片思いで一方通行の恋は、やがて冷める。果たして、これを相思相愛の関係へと成就させられるかどうか。私たち日本人の歴史観が試されている。

（小学館刊、1760円）

小林武史（国会議員秘書）

「ラグビー知的観戦のすすめ」
廣瀬　俊朗著

日本代表チームの初の決勝トーナメント進出で盛り上がったラグビー・ワールドカップ。本書は元日本代表主将によるW杯をより楽しく観戦できるガイドブックだ。

ルールが複雑だというイメージがあるラグビー。トライすれば5点、前にボールを投げられない、といった基本的なルールを理解しても、実際の試合でどんな動きが“ナイスプレー”なのか、どこが勝負の分かれ目なのか、初心者が理解するのは難しい。

本書は「ラグビーはこう見ると、よくわかる！」「僕がラグビーを好きな理由」など4章で構成。勝負のポイントの見極め方や各ポジションの特徴、さらに通底する道徳や歴史についても紹介し、現在開催中のW杯をとことん楽しめる内容となっている。

本書を読めば佳境を迎えるW杯（決勝戦は11月2日）をより深く、楽しむことができる。巻末には出場20カ国の国歌、アンセム（賛歌）も掲載されている。

（KADOKAWA刊、924円）

みんなのページ

「南種子町ロケット祭」で帰郷広報

2陸尉　大町田　勇希
（鹿児島地本・種子島駐在員事務所長）

南種子町の「ロケット祭」で制服姿でパレードする種子島出身隊員たち

鹿児島地本・種子島駐在員事務所は8月11日、南種子町で実施された「ロケット祭」に参加した。

本行事では夏季休暇で帰省していた中種子町・南種子町出身の7名の隊員が帰郷広報に加わった。

隊員はそれぞれ自衛隊の制服・迷彩服姿となり、成長した凛々しい姿を地元の方々に披露する場となった。パレード行進の際には、沿道から見学していた家族、友人、知人から多くの声援をもらい、終始、隊員たちは笑顔を見せていた。

また、地元住民、行事に参加した自治体関係者の方々からも「自衛隊さん、頑張ってください」と温かな応援の声を多数いただき、南種子町における自衛隊への理解が深まっていることを感じた。

近年、南種子町では「島嶼防衛」などを想定した各種訓練が実施されており、地元住民が自衛隊の訓練を見る機会も増えている。

このため自衛隊への認知度は向上しているが、募集基盤の構築においては、自治体や地域住民の皆さまの理解と協力が不可欠であり、今後とも良好な関係を維持・発展させていかなければならない。

種子島駐在員事務所は、今後も「地域のために」を念頭に、募集広報活動にまい進していきたい。

警備員として奮闘中

陸自OB　岩永　秀一（元16普連＝大村）

私は今年3月、陸自を任期満了で退職しました。任期制隊員の合同企業説明会に参加し、自分の希望通りの勤務環境であった全日警長崎支社に入社を決めました。

新任教育の終了後、約2カ月の研修を経て警備員としての勤務が始まりました。現在は諫早市にある工場の施設警備に従事しています。

自衛隊では4年と短い期間ではありましたが、いろいろと教えて頂いた教訓を糧に、常に「創意工夫」をモットーに、日々努力を惜しまず精進していきます。

OBがんばる

内航船業界も検討を

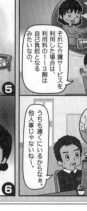

井野　哲博さん　55
平成30年9月、海自横須賀警備隊の「水中処分母船3号」の船長を最後に定年退職（1尉）。日産汽船に再就職し、ケミカルタンカーに3等航海士として乗船している。

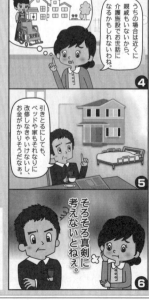

船乗りへの憧れから海上自衛隊に入隊し、希望通りの艦艇勤務をさせていただき、実に楽しい海自勤務でした。

再就職においても船乗りを希望し、援護担当者から日産汽船を紹介され、昨年10月に採用されました。弊社は愛媛県にある船会社で、749トンのケミカルタンカー1隻を所有し、コールタール等を積み、全国の製鉄所とケミカル工場を忙しく走りまわっています。乗員は休暇の関係で6～8名、65日乗船後20日の陸上休暇を基本のローテーションで回しています。

私はこの船に3等航海士として乗船しています。このクラスの船橋は「一人ワッチ（当直）」です。初めの2カ月間は見習いとして船長と伴にワッチに就いていましたが、今では緊張感を持ちつつ気楽に「一人ワッチ」を楽しんでいます。

タンカーは貨物船と違い、荷役も乗員で行います。本船は五つのカーゴタンクを持ち、各タンクに同じ積荷を満載することもあれば、違う積荷を分けて積むこともあり、乗員が手分けして各バルブを操作します。操作を誤れば、混油、漏油等の事故につながるため、乗船後はパイプラインとバルブを理解することが必要です。

内航船は自衛隊と運航体系が全く異なるため、戸惑うことが多かったのですが、船長以下乗員の皆さんの指導を受けながら今では楽しく勤務しています。

再就職先として検討している方は、海技免状と海上特殊無線技士の資格取得が必須です。あとは「やる気」があれば海自での知識、技量は十分通用します。これには忍耐が必要ですが、やり方を覚えるまで我慢すれば、船はいくらでもあります。甲板員だけでなく機関員、司厨員（給養員）についても、船が好きであれば、ぜひ再就職先として検討してみることをお勧めします。

「朝雲」へのメール投稿はこちらへ！

▽原稿の書式・字数は自由。「いつ・どこで・誰が・何を・なぜ・どうしたか（5W1H）」を基本に、具体的に記述。所感文は制限なし。
▽写真はJPEG（通常のデジカメ写真）で。
▽メール投稿の送付先は「朝雲」編集部（editorial@asagumo-news.com）まで。

詰碁

第1221回出題

出題　日本棋院　九段　曲　励起

黒先

『白はどうなりますか。白黒ともに最初が大切です』。3分でできれば中級です。

▶詰碁、詰将棋の出題は隔週です◀

詰将棋

出題　日本将棋連盟　九段　石田　和雄

▲先手　持駒　金香

≪第805回の解答≫

【正解】▲2四香△同玉▲3五銀△2三玉▲1四馬△同玉▲2四金までの七手詰め。

【解説】初手は▲2四香とくっつけて打つ手が正解。△3四玉の逃げなら▲3五馬△4三玉▲4二金まで。三手目▲3五銀から▲1四馬の捨て駒が絶妙で▲2四金までがピッタリ。

朝雲

発行所 朝雲新聞社
〒160-0002 東京都新宿区
四谷坂町12－20 KKビル
電　話 03(3225)3841
FAX 03(3225)3831
振替00190-4-17600番
定価一部150円、年間購読料
9170円（税・送料込み）

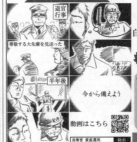

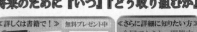

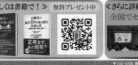

主な記事

河野大臣、隊員を激励

宮城、福島を視察「被災者に寄り添って」

河野防衛相は10月27日、宮城、福島両県を訪れ、台風19号の被災各地で人命救助や不明者捜索、災害廃棄物の除去をはじめ、給水・給食・入浴など被災者の生活支援に当たっている陸海空自の隊員たちを激励した。視察後、河野大臣は「非常に厳しい状況の中で災害派遣が続くと思うが、隊員がしっかり頑張れるよう食事や住環境をきちんと整え、安全・健康に気を配りながら、被災者の皆さんにしっかり寄り添って活動してもらいたい。防衛省・自衛隊としても被災された皆さまのために最後まで災害派遣を頑張っていきたい」と記者団に語った。

（3面に写真特集、7面に関連記事）

海自輸送艦「くにさき」の艦内で被災者の入浴支援に当たる海自隊員（手前後ろ向き）を激励する河野防衛相（中央）。その右は山崎統幕長、大臣の左で案内するのは艦長の樋之口和隆2佐（10月27日、福島県いわき市の小名浜港で）＝防衛省提供

台風19号被災地に再び記録的大雨

台風19号による東日本の被災各地は10月25日、台風21号や低気圧の影響で再び記録的な大雨に襲われ、冠水や土砂崩れが相次いだ。15河川が氾濫した千葉県をはじめ、宮城、福島、茨城、埼玉の5県の計27河川で堤防から越水するなどの浸水被害が確認された。千葉、福島両県では10人が死亡、3人が行方不明になった。

この大雨被害で25日午後5時半、千葉県知事が陸自空挺団長（習志野）に人命救助の災害派遣要請を、翌26日午前11時20分には福島県知事が44普連長（福島）に不明者捜索の災害派遣要請を行った。

これを受け、13日から約3万1000人態勢の統合任務部隊（JTF）を編成して台風19号の被災各地で災派活動を行っている陸自隊は、千葉県茂原市や福島県相馬市などに計約400人を集中的に振り分けて対応に当たっている。

こうした中、河野大臣は27日、山崎統幕長らを伴って陸自の災派部隊が宿泊拠点としている宮城県の陸自船岡駐屯地をはじめ、被災者への生活支援を展開している丸森町を訪れ、自衛隊の入浴支援の現場を視察。小名浜港に停泊して艦内で入浴支援を実施している海自輸送艦「くにさき」、最後に空自の災害派遣の拠点となっているいわき市の南部アリーナを視察した。簡易ベッドの寝心地を確かめたり、隊員と共にレトルト食を食べるなどして生活環境を確認するなどした後、被災者のための入浴施設などを視察し、即応予備自衛官を含む現場の隊員たちに直接、激励の言葉を掛けて歩いた。

視察を終えた河野大臣は「隊員の皆さんが被災された方々に寄り添い、さまざまな場面で支援しているところを実際に見ることができた。被災した方には気を強く持って頑張っていただきたい」と記者団に述べた。

29日現在、自衛隊は1都9県に隊員を派遣して各地で活動を継続中。▽人命救助・不明者捜索＝宮城、福島、千葉、神奈川の各県（救助者約2040人）▽給水＝宮城、福島両県（延べ約7000トン）▽給食＝宮城、長野両県（延べ約2万食）▽入浴支援＝岩手、宮城、福島、茨城、栃木、長野県の約20カ所（延べ約7万人）▽災害廃棄物等処理・道路啓開＝宮城、福島、茨城、栃木、埼玉、長野各県の37カ所（延べ約6万トン、約90キロ）▽防疫活動＝宮城県（延べ33万平方メートル）▽倒木除去＝神奈川県（延べ約710本）▽物資輸送＝宮城県（延べ約60トン）▽画像診断（CT）車による診療＝福島県（延べ約120人）▽護岸工事＝長野県

「災害対策」専用アカウント開設

防衛省・自衛隊「生活支援の活用を」

防衛省は10月11日、自衛隊の災害派遣活動を一元的に発信する「災害対策」専用のツイッターを開設し、リアルタイムの情報発信に努めている＝写真はツイッター画面から。フォロワー数は早くも12万人を超え、「自衛隊さん、ありがとう」などの感謝のツイートが寄せられている。

これは統幕陸海空の各幕や全国3自衛隊の各部隊が日々刻々、個別に発信する生活支援情報などを集約してツイートするもので、利用者はこのアカウント一つで即座に必要な情報を得ることができる。

同アカウントの「モーメント」には災害派遣活動に従事する隊員たちの動画などがまとめられているほか、「リスト」では各部隊等の全ての公式アカウントが同一のタイムラインで一覧できるのが特徴だ。

防衛省広報課の担当者は「多くの国民の皆さまに自衛隊の災害派遣活動を知っていただくとともに、被災地の方々には自衛隊の生活支援をフルに活用してもらえたらうれしい」と話している。

中国軍艦艇と8年ぶり親善訓練

護衛艦「さみだれ」日本周辺海域で初めて

海自の護衛艦「さみだれ」（手前）と通信訓練を行った中国海軍の駆逐艦「太原」（左奥）。海自と中国海軍の艦艇による親善訓練は約8年ぶり、中国艦の来日は約10年ぶりとなった（10月16日、関東南方の太平洋で）

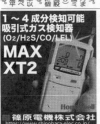

海自4護群4護衛隊（呉）所属の護衛艦「さみだれ」（艦長・川合元2佐）は10月16日、自衛隊観艦式に参加するため、中国艦艇として約10年ぶりに来日した中国海軍のミサイル駆逐艦「太原（タイユェン）」（満載排水量7500トン）と関東南方海域で親善訓練を行った。

海自と中国海軍艦艇の訓練は、2008（平成20）年に護衛艦「さざなみ」とミサイル駆逐艦「深圳」（6000トン）が広東省・湛江沖で、11（同23）年に護衛艦「きりさめ」とミサイル駆逐艦「瀋陽」（7100トン）が山東省・青島沖で実施して以来、約8年ぶり3回目。日本周辺海域での訓練は初めてで、両艦は洋上での通信訓練を行った。

「太原」は10月10日に横須賀新港に入港。台風19号を避けるため同日中に出港し、14日から16日まで東京の晴海埠頭に寄港した。

台風19号による被害発生で観艦式は中止になったが、今回の「太原」の訪日により、18（平成30）年10月に安倍首相と李克強首相との間で合意された「海自と中国海軍の艦艇による相互訪問」が実現した。

陸幕長、カナダ公式初訪問

米陸軍協会でもスピーチ

PKO分野での交流促進で一致した湯浅陸幕長（左）とカナダ陸軍司令官のエアー中将（10月17日、加オタワで）

湯浅陸幕長は10月15日から19日まで、米国のワシントン、カナダのオタワなどを訪問し、米陸軍将来コマンド司令官のジョン・マリー大将、カナダ陸軍司令官のウェイン・エアー中将と会談した。陸幕長のカナダへの公式訪問は初めて。

陸幕長は15、16の両日、米陸軍協会（AUSA）の年次総会に出席し、「紛争抑止における陸軍種の重要性」をテーマにスピーチを行った。新たな「防衛計画の大綱」を踏まえた防衛省、陸自の取り組みをインド太平洋地域の代表ら約1000人にアピールするとともに、領域横断作戦などで日米のさらなる連携強化を訴えた。

陸幕長は16日午後にカナダ・オタワに移動し、17日、加陸軍本部でエアー司令官と会談。カナダ軍の国連平和維持活動（PKO）での豊富な実績を踏まえ、「（陸自も）インド太平洋地域でのPKO能力構築支援を重視したい」と述べ、両者はPKO分野で今後、交流を加速させることで一致した。

湯浅陸幕長は帰国後の10月24日の記者会見で「インド太平洋地域を重視する陸自とカナダ陸軍が今後、PKOなどのさまざまな分野で関係を強化することは、地域の平和と安定につながる」と語った。

新井2陸佐を国連に派遣

PKO方針策定

防衛省は10月19日、米ニューヨークの国連本部に、陸幕運用支援課に所属する新井信裕2佐（40）＝写真＝を派遣した。任期は約2年間。国連平和活動局（DPO局）＝昨年末まで国連平和維持活動局（DPKO局）＝の軍事部軍事計画課で、PKOの方針策定や基準の設定、計画の作成などに携わる。

新井2佐は施設科出身。2012年2月から8月まで国連南スーダン共和国ミッション（UNMISS）の第1次司令部要員の施設幕僚として南スーダンに個人派遣された経験がある。

防衛省・自衛隊は02年以降、新井2佐を含めて延べ7人の陸上自衛官を国連平和活動局に派遣している。

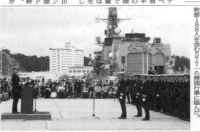

お帰りなさい遠航部隊

11カ国13寄港地巡り5カ月ぶり帰国

北米・中南米・オセアニアを中心に、11カ国13寄港地を巡る約5カ月の航海を終えた海自の令和元年度遠洋練習航海部隊（練習艦「かしま」、護衛艦「いなづま」で編成、指揮官・梶元大介練習艦隊司令官以下、実習幹部188人を含む577人）が10月24日、横須賀基地に帰国した。（5面に関連記事）

2艦は午前7時20分頃から逸見岸壁に接岸。基地隊員や家族ら約500人が見守る中、乗員、実習幹部が岸壁に整列し、同10時半から帰国行事に臨んだ。

式は渡邊剛次郎横須賀地方総監の執行で行われ、梶元司令官が出迎えた山本朋広防衛副大臣に対し帰国を報告。山本副大臣は訓示で「自衛隊は世界で活躍し、日本の平和、世界の平和に貢献している。練習艦隊で研さんを積んだ皆さんも特技をしっかりと生かし、国民の期待に沿うよう職務に精励を」と要望した。

続いて山村海幕長が「（実習幹部の諸官は）本日から部隊勤務へと旅立つが、海自のすべての活動の基本が海の上であることを念頭に置き、遠洋航海で学んだことを生かし、はつらつと、楽しく勤務してもらいたい」と激励の言葉を贈った。

遠航部隊は、時代が「令和」になった今年5月21日に横須賀を出発し、太平洋を時計回りに一周。米西海岸のサンディエゴを経てグアテマラ、ペルーなど中南米諸国を西航してオセアニアに入り、タヒチ島、フィジー、オーストラリアなどを歴訪。その後、北上して初訪問となるパラオなどに寄港し、実習幹部は帰国後、各配属に向かった。

5カ月間に及んだ長期の練習航海を終えて帰国した実習幹部と乗員に向けて訓示する山村海幕長（壇上）＝10月24日、横須賀基地逸見岸壁で

春夏秋冬

拡大する中国のシルクロード

小原　凡司

中国の「一帯一路」が提唱されたのは2013年である。2013年9月に「シルクロード経済ベルト」が、翌10月に「21世紀海上シルクロード」が提唱されて、「一帯一路」は、中国から欧州までを含む陸上の広大な経済圏と、中国から中東、欧州までを結ぶ海上輸送路を指すものと言われたのである。これだけでも十分に壮大な構想であるが、中国の思惑はこの枠には収まらなかった。まずは、地理的な拡大である。2017年7月4日に習近平主席が訪ロしてメドベージェフ首相と会談した際に、「氷上のシルクロード」構想を持ち出し、共同で北極海航路を開発しようと持ち掛けたのだ。中国は、「雪龍」という砕氷船を用いて毎年北極海の調査を行っており、新たに「雪龍2」を建造した。

そして、「一帯一路」は地理的空間を超えて拡大している。「デジタルシルクロード」である。中国は、インターネットの情報が米国に管理されていることに強い危機感を覚えており、中国国内に独自のネット空間を構築しつつある。2019年10月20日、浙江省烏鎮で開催された「第6回世界インターネット大会」において、習主席は「サイバー空間の開放の基礎は確かなものとなっておらず、争いが多い。一部の国は、独断的な方法で他の国を批判している」と、米国を非難した。中国は「自由で開かれたインド太平洋」を非難しつつ、「一帯一路」を拡大しているのである。

（笹川平和財団上席研究員）

朝雲寸言

以前から熱心なファンだった人々に加え、多くの「にわかファン」も巻き込んで日本中を興奮させたラグビーのワールドカップが11月2日の決勝戦で閉幕する。選手たちがこれ以上ないというほどの厳しい練習を重ねてきた日本代表は、1次リーグを全勝で突破し、悲願だった8強入りを果たした▼日本代表は31人中15人が外国出身者だった。日本を含む7カ国の出身者の混成集団が、日の丸のもとにワンチームとして戦った姿をめぐっては、外国出身者が増え続けていくであろう未来の日本を先取りしているとの指摘もあった▼多民族の混成集団といえば、旧日本軍もそうだった。台湾の先住民族で陸軍部隊に所属し、南方のジャングル戦で活躍していたのだ。彼らは「日本人」として認められたいと願いつつ懸命に戦った。部隊が食糧難に陥った際には、彼らから食べてもよい密林の植物を教えてもらい命拾いした日本出身の兵士もいた▼カンボジアでの国連平和維持活動以降、自衛隊は外国に起源を持つ人々に助けられてきた。急激に進む少子化で日本社会のいたるところで人手不足の悲鳴が上がり、その対応策の一環として外国人がどんどん入ってきている。帰化した外国出身者を自衛隊が受け入れるとすれば、それはどんな姿になるのか。「八百万の神々を祭る日本人と同様に、複数の神様を崇める多神教の国の出身者であればうまく合うのでは」との声も聞いた。

時の焦点

国内

海自艦中東へ

中東の海域の安全を確保することは、日本の国益に直結している。防衛省は、派遣する海上自衛隊の態勢や活動する海域、運用を緻密に検討しなければならない。

イラン情勢の緊迫化を受け、政府は、海上自衛隊の護衛艦を中東に派遣する方向で検討に入った。米国が主導する「海洋安全保障イニシアチブ」には参加せず、日本独自の取り組みとして行う。情報収集体制の強化が目的だ。

6月に、日本の海運会社が運航するタンカーが攻撃されて以降、政府は中東海域での活動を検討してきた。日本は原油輸入の8割以上を中東に依存している。この地域の安定に貢献するのは当然と言えよう。

態勢を緻密に検討せよ

政府は、護衛艦を派遣する根拠として、防衛省設置法に基づく「調査・研究」を挙げている。

海自艦が活動する海域は、オマーン湾、アラビア海、イエメン沖のバブルマンデブ海峡が想定される。

ホルムズ海峡周辺では緊張が続く。10月にはサウジアラビアに近い紅海でイラン国営会社が所有するタンカーが爆発する事態が発生した。9月にはサウジの石油施設が無人機の攻撃を受けた。

外交的な解決に向け、政府は関係国への働きかけを強めねばならない。

安倍首相はトランプ米大統領、イランのロハニ大統領とそれぞれ会談し、打開策を探ってきた。今後も対話を欠かさず、緊張緩和に努めることが大切である。

夏川 明雄(政治評論家)

海外

混迷のシリア情勢

国連が仲介するシリア内戦の和平を遠のかせるだけでなく、事態をさらなる混迷の道へと誘いかねない動きが相次ぐ。トランプ米大統領が10月6日、シリアの少数民族クルド人勢力が実効支配する同国北部からの米軍撤収方針を発表したのを受け、米国の黙認を得たと読んだトルコのエルドアン大統領が、敵視するクルド人武装組織「人民防衛隊」(YPG)に対する越境攻撃の軍事行動に打って出た。対トルコ国境地帯からYPGの戦闘員を排除し、シリア北部に緩衝地帯を設置するというかねての構想を実現するのが狙いだ。

トルコのシリア侵攻に伴うクルド人勢力との戦闘で、現地住民も巻き込まれ、新たに多くの難民が発生している。

米軍撤収発表が引き金

……みを台無しにするものだ」と厳しく批判した。欧州諸国の最大の懸念は、ISの復活よりも難民危機の再来ではないか。

唐突な米軍撤収表明から始まったトランプ大統領のシリアをめぐる一連の言動は、米政権の身勝手さを印象づけただけでなく、IS掃討で共闘したクルド人勢力を見捨てることで、米国の国際的信頼の失墜も招いた。中国やロシアとの大国間競争を見据え、同盟・パートナー関係の拡大を目指す米国の安全保障戦略にも悪影響を及ぼさざるを得まい。

伊藤 努(外交評論家)

ラオスと初の「防衛交流覚書」

副大臣会談で署名　HA/DR具体化

日本とラオスとの間で初となる「防衛協力・交流の覚書」に署名し、握手する山本副大臣(右)とオンシー国防副大臣(10月9日、防衛省で)

山本朋広副大臣は10月9日、来日したラオスのオンシー・セーンスック国防副大臣と防衛省で会談、2国間の防衛協力を一層推進していくことで一致し、両国間で初の「防衛協力・交流の覚書」に署名した。

両氏は覚書に基づき、人道支援・災害救援(HA/DR)をはじめ、幅広い分野で防衛協力を具体化していくことで合意した。

オンシー副大臣は日本が主催した「日本と東南アジア諸国連合(ASEAN)の防衛当局次官級会合」で特別講演を行うため来日。

会談の冒頭、山本副大臣は「法の支配に基づく自由で開かれた海洋秩序は国際社会の安定と繁栄の礎だ」と述べ、我が国が推進する「自由で開かれたインド太平洋」ビジョンをはじめ、2016年にラオスの首都ビエンチャンで稲田朋美防衛相(当時)が発表した日ASEAN防衛協力の指針「ビエンチャン・ビジョン」や、ASEANが今年6月に発表した「ASEANインド太平洋アウトルック」などに基づき、ラオスとの防衛協力を進めていく考えを示した。

これに対し、オンシー副大臣は「ラオスにとって日本は最も重要なパートナー国の一つ。日本は拡大ASEAN国防相会議(ADMMプラス)の枠組みの中で重要な役割を果たしている。2国間、多国間協力の場を通じて防衛協力を推進していきたい」と応じた。また、ラオス軍士官の防大への留学についても触れ、「両国関係の基礎となる重要な人的交流だ」と強調した。

バングラデシュに掃海艦艇寄港

長期巡航訓練中

インド洋方面で長期巡航訓練中の海自掃海母艦「ぶんご」と掃海艇「たかしま」は10月6、7の両日、バングラデシュのチッタゴンに寄港し、同国海軍と交流を深めた。

寄港中、指揮官の井窪誠史3掃海隊司令がバングラデシュ海軍艦隊司令官を表敬。乗員らは同国海軍施設を研修したほか、太平洋戦争中、ビルマ戦線で戦死した連合軍兵士が眠るチッタゴン戦争墓地を訪れ、献花し黙とうを捧げた。

出港後の8日には、ベンガル湾でバングラデシュ海軍のコルベット「プロトイ」、哨戒艇「ダージョイ」と戦術運動、通信訓練などを実施した。

関東南方で日加共同訓練

「KAEDEX」

海自は10月15、16の両日、関東南方海域で日加共同訓練「KAEDEX(カエデックス)19-2」を実施した。

台風19号の通過後、日加共同訓練「KAEDEX」で縦列航行を行う(手前から)海自護衛艦「しまかぜ」、加海軍フリゲート「オタワ」、護衛艦「ちょうかい」(関東南方の太平洋で)

海自から護衛艦「しまかぜ」「ちょうかい」、カナダ海軍からフリゲート「オタワ」(満載排水量4800トン)が参加し、戦術運動、対潜戦、対水上射撃などの各訓練を行った。

同訓練は2017年に始まり、今回で5回目。「オタワ」は北朝鮮による密輸行為「瀬取り」の監視活動のためアジア方面に展開し、8月下旬から日本周辺海域で活動に当たっていた。

平和安保研が「秋季公開セミナー」

11月20日、グランドヒル市ヶ谷で

平和・安全保障研究所(RIPS、理事長・西原正元防大校長)は11月20日(水)午後2時から5時まで、東京都新宿区のホテルグランドヒル市ヶ谷で「宇宙の安全保障」をテーマにRIPS秋季公開セミナー2019を開く。

慶応義塾大学大学院の青木節子教授による基調講演の後、パネルディスカッションでは西山淳一未来工学研究所研究参与、片岡晴彦元空幕長をパネリストに迎え、「宇宙安全保障における民間企業の役割」「宇宙領域における日米協力の方向性」などについて議論する。

参加申し込み・問い合わせは電話03-3356-0328またはEメールで。参加費は一般3千円、法人・個人会員2千円、学生千円。詳しくはHP(http://www.rips.or.jp/)参照。

豪州へ向け「ちよだ」出港

潜水艦救難訓練

海自2潜水隊群(横須賀)の潜水艦救難艦「ちよだ」(艦長・渡邉忍2佐以下、乗員約150人)は10月16日、豪海軍主催の第8回西太平洋潜水艦救難訓練「パシフィック・リーチ2019」に参加するため、横須賀を出港した。

訓練は、11月4日から15日まで、豪州南西のパース沖とスターリング海軍基地で行われ、日、豪のほか、米、韓、シンガポール、マレーシアが参加。このほか、オブザーバーとして環太平洋地域などから20カ国が加わる。

洋上フェーズでは、海底に着底した潜水艦から乗員を脱出させる救難訓練を実施。陸上フェーズでは、潜水医学分野の医療シンポジウム、潜水艦運用安全に関する会議、遭難潜水艦捜索・救難の図上演習を行う。

「ちよだ」は12月7日に帰国の予定。

グアムに向け「むろと」出港

敷設艦派遣訓練

海自海洋業務・対潜支援群の敷設艦「むろと」(艦長・能勢毅1佐以下乗員約120人、定係港呉)は10月17日、米国での「敷設艦派遣訓練」のため、グアム島へ向け出国した。

グアムでは、米海軍の施設を利用して、海中の水温、塩分、雑音など測定したデータを陸上施設に伝送するためのケーブルを敷設する「電らん敷設訓練」などを行う。「むろと」は12月5日に帰国する予定。

海自5空群が米比訓練に初参加

海自は10月14日から19日まで、フィリピンのパラワン島東方海域で行われた米海軍と比海軍の共同訓練「MTA SAMA SAMA」に初めて参加した。

訓練名の「SAMA」はタガログ語で「一緒に、共同で」の意味。

海自から5空群5空(那覇)のP3C哨戒機2機、米海軍はP8A哨戒機1機と艦艇2隻、比海軍からC90哨戒機(旧海自TC90)1機と艦艇1隻などが参加した。

海自部隊は洋上での捜索・救難訓練に加わり、米比両海軍との相互理解、信頼関係を深めた。

西方実動演習と北方の転地演習連動

陸自西方は10月21日、「方面隊実動演習」を日出生台演習場などで開始した。11月22日まで。

本松敬史西方総監が担任官を務め、人員約1万7000人、車両約4500両、航空機約30機が参加し、島嶼侵攻事態の対処要領を演練している。各部隊は島嶼への展開、上陸作戦、対空作戦、対艦攻撃、海岸部での障害構成などの訓練に取り組んでいる。

◇

陸自北方の2師団(旭川)と5旅団(帯広)は10月末から11月下旬にかけ西部方面区(九州地区)に展開、「協同転地演習」を実施する。

2師団は11月5日から26日まで大矢野原演習場などで、3普連(名寄)などの人員約850人、車両約300両、航空機2機が参加。5旅団は10月27日から11月22日まで霧島演習場などで6普連(美幌)などの人員約350人、車両約120両の規模で参加している。

両訓練は、西方の「方面隊実動演習」に連動して行われる。

偕行社が総会

約250人が参加　令和5年に新体制移行

偕行社の総会であいさつを述べる森勉理事長(壇上中央)=10月11日、東京都新宿区のホテルグランドヒル市ヶ谷で

公益財団法人「偕行社」(志摩篤会長以下、家族会員などを含む5370人)の令和元年度の総会が10月11日、都内のホテルで開かれ、全国から約250人が参加した。

開会のあいさつを述べた森勉理事長は関係者に謝意を表した上で、近年の旧陸軍出身者の高齢化による会員減少に触れ、「偕行社は今、曲がり角にきている。自衛隊OBの入会も募集しているが、なかなか増えず、運営基盤が多少揺るいでいる。未来に向かって希望が持てる会になるよう、少しずつ改革をしていかなくてはならない」と述べた。

続いて会務報告を行った奥村快也専務理事は、偕行社の将来体制について現在検討が行われており、今年12月の理事会で検討結果を決議し、来年3月または6月の評議員会で承認を得て、令和5年に新体制に移行する予定であることを説明。

新たな偕行社は陸上自衛隊幹部(修親会)のOB会として、英霊の慰霊顕彰や陸自部隊への協力、安全保障に関する提言・啓発を主な事業として実施することを目指すとした。

総会終了後は陸自東部方面音楽隊(隊長・村田茂3佐)の演奏に続いて湯浅陸幕長が「陸上自衛隊の今後の取り組み」と題して講演。懇親会が催され、盛況のうちに閉会した。

共済組合だより

出産・育児、介護などで休職し、給与が支給されないとき、各種「手当金」を給付

組合員(任意継続組合員を除く)が、公務外の傷病、出産・育児、介護などによる休職等のため、報酬の全部または一部が支給されなくなった時、各種手当金が給付されます。

これらの給付は報酬の全部または一部が支給されている場合は、その報酬の支給額を控除して給付されます。

【育児休業手当金】

組合員が育児のために育児休業を取得した場合に支給されます。ただし、育児短時間勤務等をした場合には支給されません。

▽支給期間＝育児休業の期間で、育児休業にかかる子が1歳に達する日まで(共稼ぎの父母が、その子が1歳に達する日までに共に育児休業を取得している場合は、1歳2カ月に達する日までの間で1年間を限度に)支給されます。

ただし、土・日曜日は支給の対象となりません。

※ 育児休業にかかる子が2歳に達する日まで支給される場合

①保育所もしくは認定こども園における保育または家庭的保育事業等による保育の利用を希望し、申し込みを行っているが、子が1歳に達する日後の期間について、当面、希望する保育が行われない場合。

②子が1歳に達する日後、養育を行う予定だった配偶者が次のいずれかに該当する場合。

(イ) 死亡したとき。

(ロ) 負傷、疾病または身体上もしくは精神上の障害により、育児休業等の申し出にかかる子を養育することが困難な状態になったとき。

(ハ) 婚姻の解消その他の事情により育児休業等の申し出にかかる子と同居しないこととなったとき。

(二) 6週間(多胎妊娠の場合は14週間)以内に出産する予定であるか、産後8週間を経過しないとき。

▽支給額＝1日につき標準報酬の日額(標準報酬の月額の22分の1)の67%に相当する額が雇用保険給付金相当額を上限として、180日間支給されます。それ以後は標準報酬の日額の50%が支給されます。

▽提出書類＝育児休業手当金請求書(人事・給与担当者の証明)

※ 保育所に入所できない場合に該当し、支給を受けるときは市区町村が発行した保育所の入所不承諾の通知書など入所できないことを確認できる書類の提出が必要となります。

▽掛金の免除について

産前産後休業および育児休業を取得する組合員が組合に申し出たときは、各休業期間中は掛金が免除されます。免除される期間は、休業を開始する日の属する月から、休業が終了する日の翌日の属する月の前月までです。

【介護休業手当金】

組合員が配偶者、父母、子等で負傷、疾病および老齢にある者を介護するため、日を単位とした介護休業を取得した場合に支給されます。なお、時間を単位として介護休業を取得した場合は支給されません。

▽支給期間＝介護休暇の期間で、休暇日数を通算して66日を限度とする期間。ただし土・日曜日は支給の対象となりません。

▽支給額＝1日につき標準報酬の日額(標準報酬の月額の22分の1)の67%に相当する額が、雇用保険給付相当額を上限として支給されます。

▽提出書類＝介護休業手当金請求書(給与担当者の証明)、休業を証明する書類

露軍爆撃機が対馬海峡往復

空自緊急発進

ロシア軍のツポレフTu95爆撃機2機が10月22日、長崎・対馬海峡の公海上空を通過し、日本海と東シナ海を往復飛行したため、空自西空のF15戦闘機などが緊急発進して対応した。領空侵犯はなかった。

島根・竹島沖の日本海に飛来した2機のTu95は、南西進して対馬東水道上空を通過し東シナ海へ進出。その後、往路とほぼ逆ルートで再び対馬海峡を通過して自国領方面に戻った。

統幕は同日、空自機が撮影した写真と航跡図を公表した。

防衛省発令

▽下総教育航空群司令部(自衛艦隊司令部幕僚)　1海佐 糸瀬 博明
(10月18日)

▽1航空群首席幕僚(鹿屋航空基地隊司令)　1海佐 木下 章

▽鹿屋航空基地隊司令(下総教育航空群首席幕僚)　同 川畑 信一

▽硫黄島航空基地隊司令(1航空群首席幕僚)　同 森脇 仁

▽呉教育隊司令(硫黄島航空基地隊司令)　同 飯塚 祥平

▽下総教育航空群首席幕僚(下総教育航空群司令部)　同 糸瀬 博明

▽横須賀地方総監部付(呉教育隊司令)　同 淵崎 直樹
(以上10月21日)

▽自衛艦隊運用総括幕僚兼護衛艦隊司令部(自衛艦隊司令部)　同 新妻 嗣礼

▽徳島教育航空群司令(同隊運用総括幕僚兼護衛艦隊司令部)　同 山内 康司
(以上10月25日)

防衛協力へ 絆を構築

日豪共同訓練「武士道ガーディアン」

豪からFA18、6機参加

オーストラリア空軍のFA18戦闘攻撃機部隊などが来日し、9月24日から北海道などで行われていた空軍種初の日豪共同訓練「武士道ガーディアン19」が10月8日、終了した。

「武士道ガーディアン」には空自から2空団（千歳）のF15戦闘機10機、3空団（三沢）のF2戦闘機3機、豪空軍から81航空団77飛行隊（ウィリアムタウン空軍基地、隊長・ジェイソン・イーストホープ中佐）のFA18戦闘攻撃機6機、KC30空中給油機1機、C17輸送機1機、C130J輸送機1機、人員約150人が参加し、千歳基地を拠点に要撃戦闘、防空戦闘、戦術攻撃などの訓練を行った。

9月25日、千歳基地の格納庫で記念式典が開かれ、河野防衛相をはじめ、丸茂空幕長、豪空軍本部長のメル・ハプフェルド中将らが出席、日本における初の日豪共同訓練の開催を祝った。

丸茂空幕長とハプフェルド本部長は共同声明の発表を行い、①日豪間の防衛協力・交流の深化②日豪空軍種における相互運用性の向上③インド太平洋の平和と安定に向けた貢献——の3点を共有したことを表明した。

その後、本部長はF15DJ、空幕長はFA18Bの後部座席に搭乗し、上空から日豪共同訓練の状況を視察した。

式後、河野大臣は記者会見し、「非常に高い士気の下、空自およびオーストラリア空軍が共同訓練に臨んでくれている」と述べた。

「武士道ガーディアン」は2017年4月の日豪外務・防衛担当閣僚協議「2プラス2」での合意を受けて実現。昨年9月に実施予定だったが、北海道胆振東部地震の発生を受け、今年に延期された。

来日した豪空軍兵士は訓練期間中、空自隊員とさまざまな交流を行ったほか、休日には日本で開催中のラグビーW杯の観戦など、各種交流プログラムで親交を深めた。

初の「武士道ガーディアン」を終えた2空団飛行群司令の門田大輔1佐は「日豪部隊の積極的な取り組みで、訓練の目標を達成できた。両国の隊員同士の親交も深まり、日豪防衛協力のさらなる発展に向け部隊レベルでの基礎を築くことができた」と成果を語った。

また、豪軍のFA18部隊と防空戦闘訓練などを行った同団201飛行隊長の小森貴文2佐は「訓練・作戦計画の立案、飛行訓練を通じた戦技能力の向上に加え、整備員同士の交流を図ったことで、運用と後方両面にわたる相互理解を促進することができた。豪空軍との固い絆を構築できたことは、飛行隊としても貴重な成果だ」と語った。

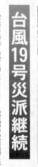

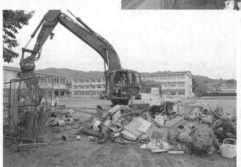

上 フォーメーションを組んで飛行する日豪の戦闘機。先頭は豪空軍のFA18（9月25日）
右 初の「武士道ガーディアン」の訓練に参加し、記念撮影する日豪両国の隊員。後方の機体は左から空自F2、豪空軍FA18、空自F15（10月2日、空自千歳基地で）

共同声明を発表後、固い握手を交わす丸茂空幕長（右）とハプフェルド豪空軍本部長（9月25日、千歳基地で）

子どもたちに 安全な学校を

台風19号災派継続

住民を笑顔で励まし 防疫、瓦礫撤去

「子供たちが早く学校に通えるように」——。台風19号の被災地では、3自衛隊の隊員たちが懸命の救援活動を続けている。千曲川が氾濫した長野市内では、九州から駆け付けた陸自西方の隊員たちが泥水に汚染された学校のグラウンドから瓦礫を取り除き、校舎内を消毒して子供たちが早く学校に行けるよう、尽力している。また、寒さが厳しくなりつつある被災地では隊員たちが温かいお風呂を用意して笑顔で住民を励まし、心を込めた生活支援に当たっている。（1、7面に関連記事）

上 千曲川の氾濫で浸水した中学校の校舎内で、消毒剤を散布し、防疫活動に当たる4特殊武器防護隊（福岡）の隊員（10月21日、長野市内の豊野中学校で）左 中学校のグラウンドに集積された災害廃棄物を重機で撤去する5施団（小郡）の隊員（10月21日、長野市内の豊野中学校で）

下 学校のグラウンドに流入した土砂をスコップなどで撤去する41普連（別府）の隊員（10月22日、長野市内の長沼小学校で）左 埋もれた水路に詰まった木材をロープで引っ張り出す21普連（秋田）の隊員たち（10月23日、岩手県宮古市で）

橋げたに流れ着いた流木を撤去する13普連（松本）の隊員たち（10月23日、長野県の佐久穂町で）

台風19号で瓦が破損した民家の屋根に上がり、ブルーシートで応急処置を施す32普連（大宮）の隊員たち（10月22日、千葉県館山市内で）

エアマンの関係強化

美保 ASEAN佐官、C2で機上研修

【3輪空＝美保】美保基地はこのほど、防衛省主催の「プロフェッショナル・エアマンシップ・プログラム（PAP）」を支援、来日した東南アジア諸国連合（ASEAN）の佐官級の空軍パイロットら12人に対し、C2輸送機などの空自の装備品や基地施設を公開した。

空軍軍人一行は都内で開かれた「航空の安全保障・国際法シンポジウム」などに出席した後、埼玉県の入間基地からC1輸送機に乗り、鳥取県の美保基地に到着、3輪空隊司令の塩川壮1佐らの歓迎を受けた。塩川司令は「この交流が、今後の日・ASEAN空軍種間の関係の強化に繋がることを期待します」とあいさつした。

その後、一行は3輪空のC2輸送機に搭乗し、物料投下などを機上から研修。そのほかC2シミュレーターなども体験した。

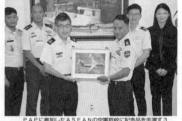

PAPに参加したASEANの空軍将校に記念品を手渡す3輪空の塩川司令（中央左）＝写真はいずれも空自美保基地で

上 C2輸送機に搭乗し、クルー（中央）が行う物料投下訓練を研修するPAP参加者（左右手前）左 C2のシミュレーターを使い、操縦を体験するPAP参加のパイロット

第33回危険業務従事者叙勲

精励、貢献を称えて

元自衛官943人に

政府は10月8日の閣議で第33回「危険業務従事者叙勲」の受章者を決めた。発令は11月3日。防衛省関係者では943人（うち女性9人）が受章した。危険業務従事者叙勲は自衛官、警察官、消防士など危険性が高い業務に精励し、社会に貢献した公務員を表彰する制度で、関係省庁の大臣の推薦に基づき受章者を決定。今回は計3637人が受章した。

防衛省関係者のうち、「瑞宝双光章」は586人（うち女性1人）、「瑞宝単光章」は357人（同8人）。2佐から3尉までの61歳から66歳までの元自衛官が受章した。勲章伝達式は、13日に陸自関係者・空自関係者、13日に海自関係者に対して防衛省講堂で行われ、防衛大臣から伝達される。受章者はこの後、皇居で天皇陛下にお目にかかる。

防衛省関係の受章者は次の各氏。（階級、所属は退職時）

■瑞宝双光章（586人）

◆陸自（366人）

◆海自（129人）

◆空自（91人）

■瑞宝単光章（357人）

◆陸自（232人）

◆海自（54人）

◆空自（71人）

海自遠洋練習航海部隊　所感文

北米からの２週間の航海を経て、〝南太平洋の楽園〟に到着――。海自の遠洋練習航海部隊（練習艦「かしま」、護衛艦「いなづま」で編成、指揮官・梶元大介海将補以下約580人）は８月11日、太平洋を横断して仏領ポリネシアのパペーテ（タヒチ島）に到着した。以下は、同島と次の訪問国フィジー・スバでの実習幹部たちの滞在記。

（１面に関連記事）

共に過ごし違いを知る

仏領ポリネシア・パペーテ寄港

〝南国の楽園〟タヒチ島のパペーテに停泊した護衛艦「いなづま」（８月11日）

観光にも軍事的にも重要な島
3海尉　和田　瑞穂

メキシコ・マサトランを出港して２週間、練習艦隊はフランス領ポリネシアのパペーテに入港した。パペーテは同地の総人口25万人中、20万人が住む最大の島・タヒチ島の北部に位置する。美しいビーチがあり、一年を通じて温暖な気候なため、人気の観光地であることはよく知られている。

同島にはフランス海空軍の基地が存在し、軍事的な観点からも非常に重要な場所である。パペーテ海軍基地の主な任務は、排他的経済水域の防衛や海洋汚染の防止、救難活動などだ。救難活動では海空軍が共同でのオペレーションを実施していて、自衛隊との違いを知ることができた。

美しい海を見て初心に帰る
3海尉　桑原　大

仏領ポリネシアは有名なリゾート地で、13日間の長期航程を終えて骨休めをするには最適な場所であった。我々を待ち受けていたのは一面に広がるエメラルドグリーンの海。この緑を目にして私は、候補生学校時代に講話を頂いた掃海隊群司令の話を思い出した。それは、護衛艦隊が沖合いの海「ブルー・オーシャン」を主舞台としているのに対し、掃海部隊は浅瀬の海「グリーン・オーシャン」が舞台という内容で、このポリネシアの海はまさしく「グリーン・オーシャン」だと感じた。

私はこの美しい海を目の当たりにして、入隊時の動機である「美しい海に平和と安定をもたらしたい」という気持ちを思い出し、初心に戻ることができた。

家族と居住できる環境が支え
2海尉　倉林　友南

タヒチ島に住む人々は、笑顔が絶えない陽気な人たちで、とても親しみを持って接してくれた。また日本語を話せる人が多く、日本人向けの観光業が盛んであると思った。

訪れたフランス軍航空基地では救難活動に運用される航空機を見学し、海自と比較して救難方法が異なることを学んだ。官舎は基地に近く、本国から遠く離れたタヒチ島でも隊員は家族と一緒に居住できる制度があった。このため家族同伴の隊員が多く、重要任務に当たる隊員の大きな支えになると感じた。

文化交流通してお互いを理解
3海尉　関口　力太

私は各寄港地で異国の文化に触れるのを楽しみにしている。タヒチ島では、おすすめのお土産について聞くことでコミュニケーションを図ることができた。民芸品についても詳しく教えてもらい、ポリネシアの歴史も同時に学ぶことができた。

さらに日本の文化を相手に説明することで相互理解を図るとともに、目の前で折った折り紙の鶴をプレゼントすることで、言葉だけでなく形として日本の文化を相手の心に残すことができた。

パペーテ～スバ

親善訓練で相互の理解促進
3海尉　尾藤　郷志

パペーテで練習艦「かしま」から護衛艦「いなづま」に移乗した。国防の最前線で任務に従事する護衛艦ならではの雰囲気や、緊張感を肌で感じながら濃密な実習を行うことができている。

パペーテ出港後、フランス海軍と訓練を行った。訓練を通じて両国の理解促進や友好関係の構築に寄与することができた。

フランス海軍とともに「レンジャー訓練」に挑戦する実習幹部（８月12日）

配置替えで「天測係」の任務に
3海尉　中村　賢士郎

私は配乗替えに伴い、「天測係」として勤務することになった。天測係の任務は、日出・日没時に行われる恒星の同時観測と、日中に行われる太陽の隔時観測から得られたデータに基づいて、推定の「艦位」を算出する計算訓練の実施・監督を行うことだ。

天測は雲の状況や月齢、艦の動揺など日々の気象に大きく左右されるため、計測を実施する前の気象条件から実施の可否を判断する必要がある。総員が天測計算訓練に合格できるよう、訓練実施者のためにより良い訓練環境を作り上げるように意識して勤務に臨んだ。

スバに仮泊後、「いなづま」艦上で音楽演奏会が行われた（８月22日）

「18幹校」背負い、活躍したい
3海尉　宮崎　夏鈴

私たち実習幹部は残りの訓練機会を有意義なものとするため、実習幹部主体の勉強会や準備の企画・立案、実施などに当たり、術科技能を向上させている。同時に、同期と切磋琢磨し、残された訓練機会を無駄にしないよう努めている。

帰国後の配属先で各人が「18幹候」の看板を背負い、最大限活躍できるよう、今後も訓練に励みたい。

フィジーの「バランタイン・メモリアル・スクール」を訪問し、学生たちと交流を深める女性自衛官たち（８月26日）

フィジー・スバ寄港

在フィジー日本人の言葉に涙
3海尉　市川　理香子

遠航部隊は８月23日、８カ所目の寄港地・フィジー共和国のスバに寄港した。同国は来年で日本との外交樹立50周年、また、大使館開設から今年で40周年を迎える。

艦上レセプション参加者は海軍関係者がほとんどで、在フィジー日本人の姿は少なく感じた。その中で、一人の日本人女性との出会いが強く記憶に残っている。甲板上に整列して来賓をエスコートする実習幹部の姿を見て、彼女は「海上自衛隊をとても信頼し、次代を担う実習幹部に心から期待している」と話してくれた。私は彼女の真摯な言葉の数々に感動し、思わず涙ぐみそうになった。

現地の子供たちに日本の「習字」や「折り紙」などを教える実習幹部（８月23日）

日本とフィジーのつながり
3海尉　松本　峻吾

珊瑚礁に囲まれたフィジーは、珊瑚礁が自然の防波堤となって穏やかな海面状況を生み出している。島で印象的だったのは、街を走る日本車の数の多さ。日本から多くの車が輸入されているため、日本語のステッカーやナビが装備された車を随所で目の当たりにし、日本とフィジーの意外なつながりを実感した。

また、南太平洋諸国で非常に人気の高いラグビーのワールドカップが日本で開催されることも、両国の距離を縮める要因となっている。

総員でマングローブの植樹を行う実習幹部たち。思い出に残るボランティア活動となった（８月24日）

スポーツ交流でフィジー海軍の軍人とタッチラグビーを行う実習幹部たち（８月24日）

総員でマングローブを植樹
3海尉　中島　悠佑

スバ入港の翌日、実習幹部は総員でマングローブの植樹を行った。朝方の干潮時に海岸を清掃し、干潟にマングローブの種子を植えた。

マングローブは枝先に実った種子を海中に落とす。そして、種子から芽が出たものが成長してマングローブの木になる。植樹のための種子は、現地の海岸に流れ着いたものを使用した。

延べ２００人近い人員が１人当たり５個ほどの種子を植えたので、我々の近くだけで１０００個以上の種子が海岸に流れ着いていたことになる。将来、これらが芽を出してマングローブ林に育てば、これ以上に感慨深いことはない。

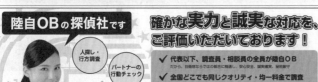

任務への思いは同じ
3海尉　本田　雄一

スバはフィジーの首都であるだけでなく、南太平洋大学のキャンパスなどもあり、この地域の島国の中心的存在だった。「かしま」で行われたレセプションにも、サモアやトンガなど近隣諸国の政府関係者や研究者が多数参加し、フィジーの南太平洋地域における存在の大きさを感じた。

私が参加した「モーニング・ティー」では、フィジー海軍基地を訪問でき、海軍軍人らと意見交換することができた。同海軍は警備艇を５隻所有するのみだが、任務に対する思いは我々と同じで、短い時間の中でも濃密な交流ができた。

フィジーとインドが入り混じる社会
3海尉　塩田　翔平

フィジーの民族構成はポリネシア系のフィジー人と、英国植民地時代に労働者としてやって来たインド人が、およそ６対４の割合で構成され、両者の文化が入り混じった社会を形成している。

スーパーマーケットにはインド料理の香辛料が並び、インド系の存在の大きさに驚かされるとともに、この国の実情を学んだ。加えて、近年、中国系資本の影響力も強まり、街の中心部には多くの中華料理店があった。

スバ～ニュージーランド・オークランド

各国海軍士官は良きライバル
3海尉　遠藤　大空

フィジーを出港し、ニュージーランドに向け航行中だ。この航程ではさまざまな国の海軍士官が乗艦しており、他国の士官と生活を共にすることで、相互理解の良い機会となっている。また、これまでの寄港地でのレセプションや研修を通じて、他国と良い関係を構築することの重要性を学ぶことができた。他国の士官は我々にとって良きライバルなので、相手の長所や短所を考察し、自らの成長につなげていきたい。

絶景が見られる艦艇勤務の魅力
3海尉　杉山　慎吾

艦艇勤務の魅力の一つは、他の職種ではなかなか見ることができない景色を見られることだ。海域によってはイルカやクジラを発見できたり、夜にはきれいな星空を眺められる日もある。私はこれらの景色が、一瞬にしてそれまでのせわしない気持ちを払底できる力があると感じた。

英士官と生活し違いを体感
3海尉　久保田　将之介

スバ出港時から、「シップ・ライダー（乗艦）プログラム」の一環として諸外国海軍から新たな仲間（若手士官）が乗艦してきた。

私は２人の同期と共に、イギリスの海軍士官候補生のエスコートを務めた。起床から就寝まで、英国人と密に関わりながら生活をすることで、日々、日英の文化の違いを体感した。

このプログラムでは、共有した土台がない「ゼロから」新たに説明することの難しさを学び、自らの根本的な部分を顧みる良い機会になった。

霜月、神無月、雪待月、仲冬——11月。

3日文化の日、5日津波防災の日、11日世界平和記念日、15日七五三、21日世界ハロー・デー、23日勤労感謝の日。

葛城神社例大祭 徳島県鳴門市で約350年続く豊漁・豊作を祈願する例祭。高張の天狗を先頭に市無形文化財のやっこ行列、おねりと神輿が市内を練り歩く。毛槍を宙に浮かせ渡す様子は迫力満点。5日

羽黒山梵天祭 五穀豊穣・無病息災を願う羽黒山神社（栃木県宇都宮市）の大祭。ハッピをまとった若者たちが、巨大な梵天を担ぎ約3キロの参道を「ホイサ」の掛け声とともに威勢よく練り歩く。23、24日

「自衛隊からの支援要請を実現させる全国地方議員の会」発足

自衛官募集の現場環境改善へ

「地方議員が頑張らなければ、この問題は解決しない」——。全国の市区町村役場に出向いて自衛官募集を行う現場隊員の環境改善などを目的とした「自衛隊からの支援要請を実現させる全国地方議員の会」の発足式が9月27日、東京都千代田区の参議院議員会館で開かれ、約50人の当初メンバーのうち、関東地区の賛同者約20人が集まった。当日は前防衛大臣政務官の山田宏参院議員も応援に駆け付け、「地方議員の先生方の活動が大きなカギとなる」とエールを送った。（文・日置文恵、写真・古川勝平）

手作業で「筆写」

会の発足の背景には、防衛大臣が毎年、全国の地方自治体の首長宛てに「自衛官募集等の推進について（依頼）」という支援要請を発出し、隊員募集に必要な適齢者名簿の紙媒体か電子媒体での提供を求めているにもかかわらず、自衛隊の募集担当者が役場に出向いて適齢者の①氏名②生年月日③男女別④住所——の4情報を得るのに、15時間から30時間かけてパソコン画面を手作業で「筆写」しているという実態が挙げられる。

発起人で同会の代表を務める東京都町田市議会議員の大西宣也氏は発足あいさつの中で「こうした問題は全て地方公共団体単位で解決できる問題だ」と指摘した上で、「地方議員を一つの方向に向かって組織化できれば、なお一層、自衛隊に対する支援ができる。議員が目的をもって動けば地方議会を大きく変えることができるし、間違いなく世の中を変えていける」と訴えた。

電子媒体での情報提供
地方自治体に呼び掛け

渡辺孝一 防衛大臣政務官

改善に向け支援

続いて防衛省の渡辺孝一政務官は、かつて北海道の岩見沢市長を10年間務めていた時代を振り返り、「（自治体は）防衛省・自衛隊の方々に（災害派遣要請など）モノを頼みに来るばかりで、隊員募集について不便な形でご迷惑を掛けていたのではないかという思いでいっぱいだ」と述べ、個人的にもできる限りの改善に向けた支援を表明した。

山田宏参院議員

筆写とは知らず

前防衛大臣政務官の山田宏参院議員は「自衛隊を地方議会から支えていただくことは重要な課題だ」と強調した上で、「私も杉並区長時代、自衛隊の募集担当者が筆写していることを知らなかった。地方議員の皆さまには議会でそのことを話し、首長の耳に入るようにしていただきたい」と述べ、会勢拡大と今後の活動に期待感を示した。

さらに、会の設立に尽力した元文部科学大臣政務官の赤池誠章参院議員も「私の地元の山梨県（全27市町村）では紙媒体で協力していると聞いたが、今後は電子媒体で提供すべく首長さんや地方議会の皆さま方に協力を要請したい」と述べた。

この後、地方議員の代表としてあいさつに立った東京都議会議員の古賀俊昭氏は「名簿を写すなどの事務的な業務は、本来は自治体が責任を持って一義的に行うべきではないかと思う。これから実態を把握した上で、仲間と力を合わせて自衛官募集に寄与していきたい。少子高齢化の中で自衛隊をどう維持していくかを考えるのは喫緊の課題であり、大局的な見地からも国防のあり方について考える必要がある」と発言した。

中村吉利 地方協力局長

重要な取り組み

最後に参加者全員による意見交換を前に、同会に招かれた防衛省地方協力局の中村吉利局長は「周辺自治体の皆さまをお支えしているという地方協力局の立場から、こうした取り組みは日本の防衛全体を考える上で非常に重要だと思う。皆さまと連携して協力してまいりたい」とあいさつした。

岩田和昭 人材育成課長

紙と電子が4割

隊員の募集・援護を担当する防衛省人事教育局人材育成課の岩田和昭課長は「約4割の自治体さんは紙媒体か電子媒体の形で応えていただいている。今後、少しでもその割合が上がり、わざわざ書き写さなくてもその分の労力をさらなる募集活動に向けることができるよう、皆さま方のご支援をお願いしたい」と述べた。

同会は募集現場の環境改善のほか、退職自衛官の地方自治体の防災部門への採用についても推進していくとしている。

会勢拡大に期待感高まる

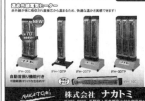

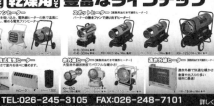

発足式であいさつを述べる大西宣也議員（テーブル奥左から2人目）＝9月27日、東京都千代田区の参議院議員会館で

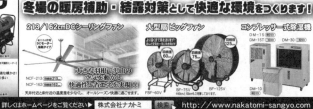

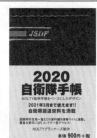

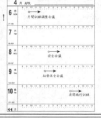

マイヘルス Q&A

副鼻腔炎

細菌感染などが主原因
手術なら1週間の入院も

Q　副鼻腔炎はどんな病気ですか。

A　副鼻腔炎は俗に「蓄膿症」とも呼ばれている病気です。呼吸の空気の通り道である鼻腔は、副鼻腔と呼ばれる骨で囲まれた空洞で取り囲まれており、それぞれ小さな穴を通して鼻腔とつながっています。その空洞の中に、膿がたまったり、炎症によるポリープと呼ばれるできものが発生したりしている状態を副鼻腔炎といいます。最近では好酸球性副鼻腔炎という治りにくいタイプの副鼻腔炎が増加しています。

Q　副鼻腔炎の原因は。

A　細菌やウイルスの感染、花粉症などのアレルギー、歯の炎症などが主な原因です。まれですが、カビが原因で副鼻腔炎になることもあります。喫煙をしている人はなりやすい傾向があります。

Q　症状は。

A　鼻づまり、色のついた粘り気の強い鼻水、臭いにおい、鼻水がのどに落ちてくる感覚などのほか、頬、ひたい、目の奥の痛み、まぶたの腫れなどが起こることもあります。非常にまれではありますが、放置すると悪化して視力低下や脳への感染を引き起こすこともあります。

Q　診断の方法は。

A　内視鏡などで鼻の中を観察し、CT検査をして診断します。

Q　治療方法は。

A　抗菌剤や抗アレルギー薬など、副鼻腔炎の原因に応じた内服薬、点鼻薬を組み合わせて治療します。慢性化したものは治療に数カ月以上かかることもあります。医師の判断のもと、途中でやめたりせず、お薬を飲み続けることが大切です。

それでも良くならないと判断される場合や薬が効かない場合は手術が必要です。手術は約1週間程度の入院が必要で、創が落ち着くまで1～2カ月かかるため、退院後もしばらく通院が必要になります。

好酸球性副鼻腔炎の場合は再発しやすい疾患であるため、手術後にもう少し長い外来通院が必要となることがあります。

自衛隊中央病院では手術も含め、数多くの副鼻腔炎の治療を行っています。これらの症状に心当たりのある方は一度、自衛隊中央病院を受診することをお勧めします。

自衛隊中央病院 耳鼻咽喉科医官 前田 真由香

BOOK NOW 私が読んだこの一冊

ケニー・マクゴニガル著、神崎朗子訳『スタンフォードのストレスを力に変える教科書』（大和書房）

施設学校総務部（勝田） 石井 充1陸尉 33

本書では、最新の科学的実験と実際のストーリーをもとに「困難を乗り越えて強くなる方法」が記載されている。ストレスを避けるのではなく、ストレスを受け入れてうまく付き合っていくことでレジリエンスが身につく。ストレス社会において任務を達成しなければならない我々自衛官にも共通するものがあり、現状を改めて考えるための一助となる有益な書籍である。

見城徹、藤田晋著『憂鬱でなければ、仕事じゃない』（講談社）

呉地方総監部援護企画 山本周一2海尉 27

本書は、成功者の仕事哲学を35のテーマで紐解くものです。ここでは、その一つ「打率3割3分3厘の仕事哲学」を紹介します。3割3分3厘打てば、プロ野球では首位打者です。とはいえ、3割を維持するのは至難の業です。著者は「成功した時こそ冷静になり、ここには次の失敗が潜んでいると思え」と説きます。私も、深く考えずに前例踏襲で失敗した経験が蘇りました。こうした珠玉のテーマが本書にはまだまだたくさん登場します。仕事の面白さ・奥深さを考えるのにおすすめです。

杉野幹人著『超・箇条書き』（ダイヤモンド社）

横田気象隊 古市美人2空尉 27

情報過多の時代にあり、情報を「短く伝える」ことの価値は減っていません。むしろ、「短く、魅力的に伝える」という情報のニーズが増しています。そこで必要なスキルが「箇条書き」です。本書では「箇条書き」の思考法や技術が、分かりやすく紹介されており、物事をまとめることが苦手な方におすすめの一冊です。

隊員愛読書ベスト5

＜神田・書泉グランデミリタリー部門＞
❶不思議で面白い陸戦兵器
❷ソ連・フィンランド戦争写真集 アルゴノート社 ¥2750
❸審査部戦闘隊 渡辺洋二著 潮書房光人新社 ¥1045
❹自衛隊新戦力図鑑—変わる自衛隊は日本をどう守るか 三栄書房 ¥990
❺戦争は戦争にどのような影響を与えたか—近現代戦に見る自然現象と戦場の研究 熊谷直著 潮書房光人新社 ¥891

＜トーハン調べ 9月期＞
❶おしりたんてい ラッキーキャットはだれのてに！ トロル著 ポプラ社 ¥1078
❷一切なりゆき 樹木希林著 文春新書 ¥880
❸大家さんと僕 これから 矢部太郎著 新潮社 ¥1210
❹落日 湊かなえ著 角川春樹事務所 ¥1760
❺ケーキの切れない非行少年たち 宮口幸治著 新潮社 ¥792

＜入間基地・豊岡書房＞
❶ゼロからわかる宇宙防衛 大貫剛著 イカロス出版 ¥1925
❷航空自衛隊ファントムⅡファンブック 新紀元社 ¥2475
❸自衛隊式筋トレダイエット 足立将志著 朝日新聞出版 ¥1320
❹自衛隊員は基地のトイレットペーパーを「自腹」で買う 小笠原理恵著 扶桑社 ¥924
❺やっぱり食べたい！自衛隊ごはん イカロス出版 ¥1426

＜防衛省・三陽堂書店＞
❶自衛隊員は基地のトイレットペーパーを「自腹」で買う
❷不思議で面白い陸戦兵器 市川文一著 並木書房 ¥1760
❸激化する米中覇権競争 迷路に入った「朝鮮半島」 朝雲新聞社 ¥2475
❹戦略的インテリジェンス入門 上田篤盛著 並木書房 ¥2970
❺漫画クラウゼヴィッツと戦争論 清水多吉監修、石原ヒロアキ作画 並木書房 ¥1760

「笑顔と故郷を取り戻すために」　台風19号で3自衛隊

献身的な活動続く

東北方、全力で生活支援

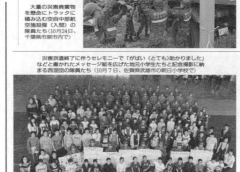

海自掃海母艦「うらが」の艦内浴室を利用し、さっぱりした表情を見せる女児と母親（10月25日、福島・相馬港で）

台風19号の被害で1都11県から災派要請を受けた自衛隊の各部隊は引き続き被災住民のため、献身的に活動している。東北方面隊（司令部・仙台）隷下などの陸自部隊は、生活支援をはじめとする支援・復旧活動に各地で従事。海自は入浴支援を中心に、空自は那覇基地の隊員も増援に加わり、救護活動に当たっている。（1、3面参照）

「笑顔と故郷を取り戻すために」——。東北6県の災害派遣などを担う東北方面隊は、各部隊が「笑顔」を合言葉に力を尽くしている。

給水支援は宮城県丸森町の3カ所（10月27日現在）、入浴支援は岩手県宮古市など3県8市町の13カ所で行っている（同）。

また、給食支援を6高特大（郡山）や2施団（船岡）、防疫活動を6特連（郡山）や6後支連（神町）などが実施。38普連（多賀城）の即応予備自衛官も災害廃棄物の除去に従事している。

海自「うらが」浴室を開放
空自は廃棄物処理なども

海自は大湊や横須賀など各地方隊の生活支援部隊が入浴支援を担当。掃海母艦「うらが」（横須賀）も浴室を開放し、支援している。

空自も各種支援に全力を注いでいる。中空施（入間）と4空団は千葉県市原市で災害廃棄物の処理や家屋応急処置（ブルーシート展張）に従事。9空団（那覇）の隊員も増援のため、基地を出発した。

自衛隊による生活・復旧活動はいずれも10月27日現在、給水支援は宮城、福島両県の3市町7カ所で隊員約180人が行い、延べ給水量は約6940トン。

給食支援は宮城、長野両県の2市3カ所で約60人が行い、同提供数は約1万6180食。入浴支援は6県12市町で21カ所に開設し、約550人が活動、同入浴者数は約3万5820人。

また、災害廃棄物処理、道路啓開は6県20市町の54カ所で、隊員が延べ4万7550トンの処理、約90キロの啓開を行っている。

対馬警備隊に長崎県知事から感謝状

【対馬】対馬警備隊（隊長・山口勝1佐）は10月20日、台風17号災派での活動や創設以来の離島防衛の功績が認められ、長崎県知事から感謝状を授与された。

山口隊長は「今後も隊員一同、長崎のため、対馬のために、全力を尽くします」と決意を語った。

調理した食事を被災住民（左）に笑顔で手渡す陸自6高射特科大隊（郡山）の女性隊員（10月20日、福島県いわき市で）

大量の災害廃棄物を懸命にトラックに積み込む空自中部航空施設隊（入間）の隊員たち（10月24日、千葉県市原市内で）

災害派遣終了に伴うセレモニーで「がばい（とても）助かりました」などと書かれたメッセージ紙を広げた地元小学生たちと記念撮影に納まる西混団の隊員たち（10月7日、佐賀県武雄市の朝日小学校で）

「がばい助かりました」

佐賀県大雨の災派撤収　陸自西混団

【西混団＝久留米】陸自西部方面混成団（団長・古庄信二1佐）は10月7日、佐賀県大町町で行ってきた災害派遣を終了した。

8月28日午前8時47分、佐賀県知事から古庄団長へ災派が要請された。団は速やかに西部方面特科隊4大隊、4高射特科大隊を派遣。武雄市、多久市などで人命救助等を行った。

同30日以降は西部方面隊、4師団の支援を受け武雄市や大町町などで給水、入浴支援などに従事。

その後も入浴、給食の支援を継続してきたが、10月7日、撤収要請を受け、延べ1万6700人の隊員による41日間にわたった活動を終了した。

性的犯罪　その②

のぞき見行為、ダメ！　軽犯罪法違反で拘留も

のぞき行為をすると、どんな罪に問われますか？

のぞき行為とは、正当な理由がなくて人の住居、浴場、更衣場、便所、その他人が通常衣服をつけないでいるような場所をひそかにのぞき見る行為であり、軽犯罪法違反で、1日以上30日未満の拘留または1千円以上1万円未満の科料に処せられます。

これは、場所的なプライバシー権の保護を目的としており、必ずしも全裸や半裸でいる人が対象ではなく、船舶の寝室やキャンプ場におけるテント内等の人が衣服をつけないでいる可能性のある場所も該当します。

興味本位でのぞき見行為をするようなことは絶対にやめましょう。（西部方面警務隊）

※次回は「火薬類取締法違反」

対領空侵犯措置を模擬展示

西防群、参加型イベント　「分かりやすい」と好評

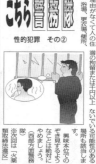

基地を訪れた見学者に対し、対領空侵犯措置の模擬展示を行う西防群の隊員（空自春日基地で）

【西防群＝春日】西部航空方面隊（司令・上林晃1佐）は、春日基地を訪れた自衛隊協力団体や地元の関係者などを対象に、対領空侵犯措置の模擬展示を実施している。

展示は、会場を防空指令所（DC）に見立て、各部署の役割を演じる勤務員を配置。我が国の領空に国籍不明機が接近してくる状況から、勤務員による緊迫した対領空侵犯措置の模様を披露。解説を交え、空自の対領空侵犯措置について理解を深めてもらっている。

一部の参加者には勤務員を演じてもらい、より関心を高めてもらう工夫も取り入れている。

今年度はこれまでに約250人に展示を行い（9月時点）、「分かりやすい」と好評を得ている。

空自、模範整備員を表彰

ベストMOに中郵3佐

【空幕】空自の航空機整備職域の幹部とOBでつくる親睦団体「MO会」（会長＝秋本康雄空幕整備・補給課長）は9月20日、東京都港区の明治記念館で総会を開催。併せて「ベストMOおよびベストメンテナンス」賞などの表彰式を実施した。顕著な功績があった幹部と空曹計5人が表彰された。

総会には約170人が出席。運用と後方の連携強化のため、操縦者や航法士でつくる「いちいち会」の会長、深澤英一郎空幕監理監察官も招待された。

「ベストMO」は3佐以下で部隊のために献身的に努力し、飛行安全、品質確保など整備業務に貢献、後進育成に寄与した隊員。「ベストメンテナンス」は航空機保有部隊、補給処、術科学校に勤務し、飛行安全、品質の確保など整備業務に貢献、後進育成に寄与した整備員。「プロミシングメンテナンス」は今後の活躍が期待される2曹以下の整備員がそれぞれ対象。

受賞者と、功績の概要は次の通り。

◇ベストMO

▽7空団整補群修理隊長（百里）、中郵誠3佐（54）＝複数の機種更新に寄与し、東日本大震災で放水に用いた消防車両の除染要領の確立にも貢献した。

◇ベストメンテナンス

▽6空団整補群品質管理班（小松）、谷下洋介准尉（49）＝F15戦闘機の改修事業で初期不具合の迅速な排除に寄与、受入検査の期間を短縮し、可動機確保に貢献した。

▽2空団整補群品質管理班（千歳）、土塚正敏1曹（47）＝F15フェイズ検査期間の大幅な短縮を実現し、可動機確保に貢献。

◇プロミシングメンテナンス

▽3空団整補群検査隊（三沢）、尾形智広1曹（39）＝自己研鑽により自己の能力を高め、習得した知識技能を発揮し、組織横断的に問題解決を図るなど、部隊の任務遂行、事業推進に貢献。

▽救難団秋田救難隊、田口和明2曹（36）＝卓越した識能と調整力で、多種多様な器材の維持管理を適時適切に行い、可動機確保に貢献。

表彰された（左から）中郵3佐、谷下准尉、土塚1曹、尾形1曹、田口2曹（9月20日、明治記念館で）

小休止

▽…陸自苗穂分屯地に9月26日、札幌市立新川中学校の2年生8人が「職業体験」に訪れ、北海道補給処苗穂支処の仕事を学んだ。

▽…生徒たちは同支処総務課の北口裕美子2曹から概要説明を受けた後、29号補給倉庫を見学。多数の施設器材修理部品を管理し、すぐに取り出せるパーツストッカーの操作も体験した。

▽…整備課の工場では、多くの施設器材が修理されている状況に興味を示した。整備車両の説明を受け＝写真＝、大型トラックにも体験乗車。「自衛隊が好きになりました」と充実した表情を見せていた。（苗穂）

あさぐも　ドンマイ　吉本どんど

二階へ上ったのはいいが…　あれ？何しに二階へ来たんだっけ

なーんてことが…　年のせいか最近しょっちゅう　わかるわかる

わしも　あれ？何しに来たんだっけ

トイレで…　あぶねーよ

FRANCE A vous de choisir: Le Tabac ou la Santé POSTES 1980 1,30

（世界の切手・フランス）

ゴシップは煙草（たばこ）がまき散らす一種の煙。スモーカーの悪趣味以外の何ものでもない。

ジョージ・エリオット（英国の作家）

禁煙大作戦（32普連）

寝起き良く、食事も美味しい

陸士長　張　勇貴（32普連4中隊・大宮）

私は21歳から3年間、喫煙者としての日々を送りました。大学で先輩に誘われ、タバコに手を出したのが始まり。最初は1日1本から始まり、気がつけば1日1箱近くを消費するようになっており、食後や飲酒の時など、タバコが生活の一部となっていました。

昨年9月に新隊員教育隊を修了し、中隊に配属された後、上司からタバコについて指導を受けました。タバコは自分だけでなく、周囲にも健康被害を及ぼすこと、喫煙場所の減少や、いずれ駐屯地内が禁煙となること、タバコはこれからも値上がりするなど、その教育を受け、「やめた方がいい」と諭されました。

そこで自分もタバコをやめなければと思いましたが、なかなかやめることができずに、1～2カ月間は喫煙を続けたままでした。

しかし、心を鬼にして喫煙欲を「食欲」や「トレーニングの原動力」に変換しながら、やっと禁煙に成功しました。

今ではタバコをやめたおかげで寝起きが良く、食事も美味しく感じられるようになりました。禁煙に成功でき、本当に良かったと感じています。

妻と二人三脚でトライ

3陸曹　和泉　賢一（32普連重迫中隊）

私が禁煙を始めたきっかけは、妻の妊娠・出産です。妻も喫煙者でしたが、妊娠をきっかけに二人で子供のために禁煙を決意しました。

禁煙した当初は「やっぱり吸いたい」という気持ちがありましたが、妻が頑張っている姿を見るたび、「自分も」と、その気持ちを紛らわしてきました。

それから3カ月ぐらいすると「吸いたい」という気持ちがなくなり、寝起きもとてもよくなり、食事も以前に比べて非常においしく感じるようになりました。

宴会などで久しぶりにタバコの臭いを嗅ぐと、「こんなすごい臭いのものを十数年も毎日吸っていたのか」と思い、あらためて鳥肌が立ちました。

今ではタバコを全く吸いたいと思わなくなり、体もとても健康的になりました。

最初はすごく大変でしたが、そこを乗り越えることができれば、禁煙はすぐに達成できると思います。

この良さを周囲の喫煙者にも伝えていき、一人でも多く、より健康な体を手に入れてもらいたいです。

中央病院の禁煙外来で「卒煙」

1陸曹　佐藤　貴樹（32普連1中隊）

私は自衛隊中央病院で実施されている「禁煙外来」に通院し、おかげさまで「卒煙」することができました。卒煙後もさまざまな誘惑があり、吸いそうになる時もありましたが、現在まで禁煙が続いております。

禁煙のきっかけは、中隊長から禁煙を勧められたからです。また、昨今の喫煙者への厳しい状況の中、卒煙を目標に「チャレンジしてみよう」と一大決心をしました。

しかし、20歳から47歳までの27年間喫煙し、1日に20本以上吸っていた私には、禁煙とは「不可能」に等しいものでした。

[illegible]の禁煙外来を受診すること[illegible]「禁煙」[illegible]健康的になることができました。

これらは家族も大変喜んでおり[illegible]。今後は微力ながら、私も禁煙を目指す皆様の力になれるよう努めていきたいと思います。

みんなのページ

故郷で募集・広報活動

都城地域事務所の学校説明会で生徒に自衛隊について説明する川井士長（左）

陸士長　川井　丈一郎（103施直支大・小郡）

私は宮崎地本に臨時勤務を命ぜられ、7月1日から8月6日まで都城地域事務所に勤務しました。

学校説明会や祭り、イベントなどの業務に参加し、募集や広報活動の意味とその重要性について多くのことが学べました。

日頃、地域の方々とふれあうことの少ない私にとって、家族会や募集相談員の方々との交流を通じ、地域の皆さまがとても温かく自衛隊を支援し、また信頼してくれていることが分かり、とてもやりがいを感じることができました。

都城市は私の生まれ故郷で、学生時代を過ごした大変思い入れのある場所です。特に出身校である都城西高等学校の説明会に参加した際は、母校の風景や校内の空気にとても懐かしさを感じ、自分も「後輩たちにしっかりと自衛隊の良さをPRしなければ」と気合いが入りました。

今回、説明会に来てくれた生徒さんたちの姿を見ていると、数年前、自衛隊入隊に不安を感じていた自分自身の姿を思い出し、「できる限り不安を解消させたい！」と思い、入隊後の生活や部隊の教育・訓練などを彼らに丁寧に説明しました。

その後、生徒さんたちから多くの質問を受け、「みんな自衛隊に興味を持ってくれたんだ」と、とてもうれしい気持ちになりました。

地元を離れて4年が経過しましたが、都城の素敵な風景と温かい街で1カ月勤務できたことに感謝するとともに、今後とも自分の故郷に恥じることがないよう、日々精進していきたいと思います。

鳥取地本で臨時勤務

3海曹　仲川　将太（護衛艦「ひゅうが」・舞鶴）

私は7月5日から8月9日までの約1カ月間、鳥取地本米子地域事務所の広報官として臨時勤務し、艦艇の仕事では得られない大きな糧を得ました。それは「知識は武器となる」「伝えることの難しさ」を知ったことです。

「知識は武器」の面では、自分の所属する海上自衛隊の説明はできても、陸・空自のことは分からなくて、常に事務所の先輩広報官に助けてもらいました。

しかし、地本勤務を通して陸・空自の方々と接していくうちに、自然と知識が増え、来場者に陸海空自衛隊の活動全般を説明し、自衛隊に興味を持ってもらうことができました。

一方、「伝えることの難しさ」は、戸別訪問や自治体説明会などで、興味を持ってもらえるよう説明することに、とても苦心しました。自衛隊に関わりの少ない方に興味を持ってもらうのは難しく、説明会後のアンケートを参考に、次はもっと多くの参加者に興味を持ってもらえるよう、毎回、創意工夫しながら臨みました。

私は臨時勤務を終えて艦艇勤務に戻りましたが、地本で広報官として勤務したことを忘れず、帰郷時や「ひゅうが」の艦艇広報などの機会には、後輩や来場者に海自だけでなく、陸海空自を広く広報し、自衛官募集の一助となるよう勤務していきます。

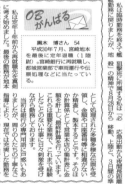

鳥取地本で陸海空自衛隊を広く広報した護衛艦「ひゅうが」乗員の仲川将太3曹

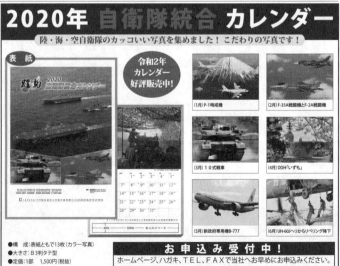

「夫のトリセツ」

黒川　伊保子著

本紙のコラム「春夏秋冬」でも健筆をふるう人工知能研究者の著者によるベストセラー『妻のトリセツ』の第2弾だ。今回は妻側からの「夫の取り扱い説明書」。近ごろ「話が通じない」「わかってくれない」夫の脳がどんな構造になっているのか、ずばり解明してくれる。

そもそも男性と女性は「脳のチューニング」が違っており、このため妻は話が通じない夫に常にイラついてしまう。そこで男性脳を理解し、心を通わせる術を知れば、夫も妻に弱音をさらし、妻にとってもいとおしい存在に変わるという。

具体的には、男性に「もっと話を聞いてもらいたい」と思ったら、相手の視界に入るところまで行き、しっかりと名前を呼んで、2、3秒してから本題に入るべきという。この行動に相手も話を聞くスイッチが入り、じっくり聞いてくれる。

また男性は「結論」を急ぐため、「結論」から話すように心がければ、好感を得やすい。本書には「男社会の自衛隊」で女性隊員が生きていくための知恵やヒントが満載されており、優れたビジネス書としても読むことができる。

著者はこの「語りかけ法」で職場の男性陣から信頼度を高めたという。

（講談社刊、902円）

新刊紹介

「航空自衛隊F－4マニアックス」

青木謙知、石原肇著

「さようなら、ファントム」――。F35Aステルス戦闘機への機種更新で、半世紀に渡って日本の空を守り続けた空自F4戦闘機が2020年、ついに全機退役する。本書はその全活動記録と約200点の写真などを網羅したF4のメモリアル本だ。

航空総隊戦技競技会での戦競塗装機やフェイカー（仮想敵機）塗装機の勇姿は壮観。歴代の機体の解説では、貴重な写真とともに、フライトマニュアルから重要な箇所をピックアップして図解している。

また、RF4E偵察機を運用する偵察航空隊（百里）の501飛行隊長や7空団301飛行隊（同）の飛行班長らのインタビューも掲載。旧ソ連のミグ25戦闘機亡命事件や沖縄上空を領空侵犯したソ連機への警告射撃など、さまざまな事件の詳細なレポートも掲載。さらに飛行隊パッチ、百里神社御朱印など、空自F4のあらゆる情報を知ることができる。

F4ファントムとの別れを前に、じっくりと読み込んでその栄光の軌跡を振り返りたい。

（秀和システム刊、3850円）

戦闘団検閲に参加して

3陸曹　稲森　雅志（43普連本管中隊・都城）

「己（おのれ）に克（か）て！」。戦闘団長のこの要望事項を胸に、狙撃班に所属する私は「必殺」の精神で8月28日から9月8日まで訓練検閲に臨みました。

応急出動から夜間長距離移動、上陸と、3日間の準備期間を経て、気を引き締めたまま次の段階に進むことができました。

戦闘時は、敵に見つからないよう気配を消し、しかし、気持ちを奮い立たせて上陸してくる敵を倒していきました。

戦闘中、狙撃銃に故障が発生し、あわてながらも平静を装い、敵を見失うことなく故障を排除後、敵を撃破することができました。

今回の検閲を通じ、我々狙撃班は新設部隊のためまだまだ未熟で、普段からの訓練で射撃精度を[illegible]た経験を積んで、[illegible]隊に貢献できるよう[illegible]なければと痛感し[illegible]

OBがんばる

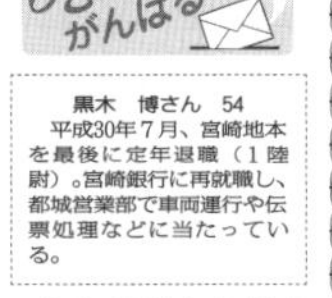

黒木　博さん　54

平成30年7月、宮崎地本を最後に定年退職（1陸尉）。宮崎銀行に再就職し、都城営業部で車両運行や伝票処理などに当たっている。

人間関係は「先手必笑」

私は定年1年前から再就職先を真剣に考え始めました。最後の勤務が地本の都城援護センターだったため、雇用環境などは認識していたのですが、いざ決めるとなると、自分の希望に合った求人がありませんでした。そして定年1カ月前に紹介して頂いたのが当行でした。採用通知は退職の1カ月後でしたが、無事就職することができました。

私の業務は車両運行から始まり、主として処理された多種多様な伝票を受領し、金額や口座番号等に相違がないか精査し、製本することです。そのほか計算係として営業本店の集計表に金額を計上し、最終計算を行っています。これらは重要な業務で、これまで経験したことのない仕事に日々刺激を受けながら勤務しております。

当初は銀行の専門用語に戸惑いもありましたが、周りの人たちの丁寧なご指導により、現在では充実した勤務をさせて頂いております。当行はコンプライアンスに厳格で、特に情報管理の「個人情報保護」は徹底しています。これには自衛隊での知識、経験が大変役立っています。その他にも車両運行安全管理者として防衛運転の実施、危機（安全）管理の徹底など、自衛隊での指導力が生かされています。

これから退職を控えておられる皆さまも、ライフプランに沿った業種の情報収集を早めに実施することが大切だと思います。

再就職先では人間関係がとても大事であり、「先手必笑」、先に笑顔であいさつすることをお勧めします。

詰将棋

出題　日本将棋連盟　九段　石田　和雄

第806回出題

	5	4	3	2	1
一				桂	飛
二		銀		玉	
三		馬			
四			香		歩
五		歩	歩	歩	
六					

▲先手　持駒　金銀桂

【ヒント】飛捨てを決め手にする工夫（10分で初段）。

▶詰碁、詰将棋の出題は隔週です◀

詰碁

出題　日本棋院　九段　曲　励起

第1221回解答

【解答図】黒先、白劫。黒❶は当然です。次の白②が大切で、黒❸の劫取りまで劫になるのが正解です。なお白②で「イ」と打つのは黒『2』で白死です。

あさぐも掲示板

日本国防協会が講演「静かなる侵略」テーマに

日本国防協会は11月6日（水）午後3時から東京都新宿区のホテルグランドヒル市ヶ谷で産経新聞社論説副委員長の佐々木類氏を講師に迎え、国防問題講演会を開く。演題は「静かなる侵略～目を覚ませ、日本」。

聴講希望者は協会事務局にFAX（03－5229－2050）又はメール（info@kokubou-league.com）で申し込む。締め切りは11月1日。聴講料は会員・隊員・OBが千円、一般2千円。

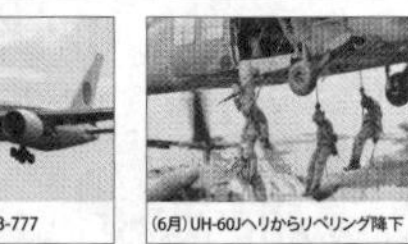

発行所 朝雲新聞社
〒160-0002 東京都新宿区四谷坂町12-20 KKビル
電話 03(3225)3841
FAX 03(3225)3831
振替00190-4-17600番
定価一部150円、年間購読料9170円（税・送料込み）

主な記事

台風19号被災地・長野

河野防衛、小泉環境相が視察

災害廃棄物の年内撤去へ 連携

自衛隊員を激励

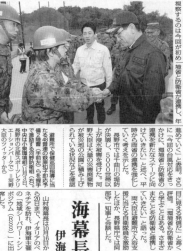

河野太郎防衛相は11月3日、小泉進次郎環境相と共に台風19号で被災した長野市を訪れ、自衛隊員が撤去作業に当たっている災害廃棄物の集積場などを視察し、隊員たちを激励した。河野大臣は視察後、記者団に「生活圏から災害廃棄物を一日も早く除去するという、（2016年の）熊本地震以来のオペレーションだが、防衛省・自衛隊、環境省、自治体、ボランティアの皆さまとの連携ができていることを確認できた。小泉大臣には自衛隊の食料やテントでの生活ぶりを見ていただくことができ、ありがたく思っている」と述べた。（6、7面に関連記事）

防衛、環境両相がそろって台風被害などの被災地を視察するのは今回が初めて。

小泉大臣は記者団に「環境省と防衛省が連携し、年内の撤去を目標に生活圏内からの災害廃棄物の撤去を進めていく」と表明。さらに「今回の台風対応をきっかけに、環境省と防衛省の連携を新たなステージに向けていきたい」と述べ、平時から両省の連携を強化していく考えを示した。

長野市では千曲川の堤防が決壊し、5000世帯以上が浸水被害を受けた。河野大臣は大量の災害廃棄物が被災地の公園に積み上げられている状況などを確認した後、「これまでも自衛隊はたびたび災害廃棄物処理の要請を受けて出動しているが、何か起きた時にこういうふうに対応できるというのをマニュアル化するステージになった」と述べ、小泉氏の指摘した両省連携の「新たなステージ」について具体案を提示した。

一方、小泉大臣は自衛隊が昼夜分かたず行っている災害派遣活動をツイッターなどで動画配信していることについて「復旧・復興の目に見える発信だ」と高く評価。「環境省も防衛省から学ぶことはある。さまざまなことを防衛省と連携していきたい」と語った。

両大臣は避難所で入浴支援に当たる自衛隊員を激励したほか、長野県庁では阿部守一知事と会談した。

◇

6日現在、自衛隊は7県の自治体に約70人の連絡員を派遣し、約3万1000人態勢で活動を継続中だ。

▽人命救助・不明者捜索＝神奈川県（救助者計約2040人）▽給水＝福島県（延べ約7020トン）▽給食＝長野県（延べ約2万7000食）▽入浴＝宮城、福島、茨城、長野各県の9カ所（延べ約5万7000人）▽災害廃棄物等処理・道路啓開＝福島、長野両県の3カ所（延べ約8万6000トン、約100キロ）▽防疫活動＝長野県（延べ約35万平方メートル）▽倒木除去＝現在活動なし（延べ約1330本）▽ブルーシート展張＝現在活動なし（延べ約1040軒）▽物資輸送＝現在活動なし（延べ約60トン）▽画像診断（CT）車による診療＝福島県（延べ約230人）

避難所で保健巡回指導に当たる48普連の萩原知子即応予備2陸曹（手前左）らを握手で激励する河野防衛相（右）。中央は小泉環境相（11月3日、長野市の北部スポーツレクリエーションパークで）＝河野大臣のツイッターから

防衛相、各国要人と会談

マーシャル諸島大統領、ジブチ首相ら

河野防衛相は10月23日、前日の22日に行われた天皇陛下の「即位礼正殿の儀」などに出席するため来日した各国要人と相次いで会談した。（7面に関連記事）

23日は、太平洋島嶼国のマーシャル諸島共和国からヒルダ・ハイネ大統領、アフリカのジブチ共和国からアブドゥル・カデル・カミル・モハメド首相が来省。

マーシャル諸島は近年、日本との防衛交流を深めており、昨年12月には空自C130H輸送機が外務省の依頼を受け、日本のNGOから託された車いすなどの寄贈物資を輸送。[illegible]

さらに、電話会談にも積極的に臨み、10月16日には[illegible]デンマークのブラムセン国防相と意見を交わした。

海幕長が基調講演

伊海軍シンポジウムに出席

山村海幕長は10月16日から20日まで、イタリアのベネチアを訪れ、伊海軍主催の「地域シーパワー・シンポジウム（RSS）」に出席した。

同シンポは米海軍大学校主催の「国際シーパワー・シンポジウム（ISS）」から派生して1996年に始まり、今年で12回目。海幕長の出席は2017年に続き2回目となった。

中世の造船所跡地・アルセナーレホールで行われた会議には世界57カ国から海軍参謀長らが出席、「海洋の時代に向けた海軍の形成」をテーマに討議を行った。

山村海幕長は「海洋の成長を見据えた海軍の姿とは」と題されたセッションで基調講演を行い、日米が掲げる「自由で開かれたインド太平洋」の実現に向けた海自の取り組みについて発信した。

このほか、山村海幕長は伊海軍参謀長のジュゼッペ・ドラゴーネ中将をはじめとする参加国の参謀長らと2国間会談も行った。

伊海軍主催のシンポジウムに出席し、基調講演を行う山村海幕長（左）＝10月17日、イタリアのベネチアで

自衛官の初任給引き上げへ

政府は10月11日、自衛官の初任給を引き上げるための防衛省職員給与法改正案を閣議決定し、国会に提出した。令和2年7月以降の実施を目指す。

自衛官候補生は月額8600円増の14万2100円、一般曹候補生は、2士が同9300円増の17万9200円、大卒者は同1万7000円増の19万8100円とし、人材確保につなげたい考えだ。

北朝鮮が12回目 ミサイル発射

防衛省は10月31日、北朝鮮が同日午後4時35分頃、西部の順川（スンチョン）から2発の短距離弾道ミサイルを東方向に発射したと発表した。飛距離はそれぞれ約350～400キロ、最高高度は約100キロで、日本の排他的経済水域（EEZ）外の日本海に落下した。

政府は国家安全保障会議（NSC）を開催、防衛省内では河野防衛相のもとで関係幹部会議が開かれた。

安倍首相は同日夜、官邸で記者団に「我が国と地域の平和と安全を脅かすものであり、強く非難する」と発言。「今年に入って20発を超える頻繁な発射が繰り返され、その目的がミサイル技術の向上にあることは明らかだ」と指摘し、米韓両国などと緊密に連携して対応する決意を示した。

政府は外交ルートを通じて北朝鮮に厳重抗議した。

北朝鮮による飛翔体の発射は、10月2日の潜水艦発射弾道ミサイル（SLBM）に続き、発射が相次ぐ7月以降では10回目。今年に入ってからは12回目となる。

河野大臣は11月5日の記者会見で、今回のミサイルが「3分間隔で2発発射された」との分析を示し、「8月24日と9月10日に発射されたものと同系統の固体燃料推進方式の短距離弾道ミサイルであるという推定だ」と述べた。

NZ空軍哨戒機 北「瀬取り」監視

防衛省は10月15日、北朝鮮船舶による国連制裁逃れのための違法な「瀬取り」を監視するため、ニュージーランド空軍の「P3K2哨戒機」が日本の周辺空域で10月中旬から警戒監視活動を行うと発表した。

NZ軍機による同活動への参加は昨年9月以来、2回目。国連軍地位協定に基づき、沖縄県の在日米軍嘉手納基地を拠点に活動に当たっている。

春夏秋冬

南アジアの野球

笠井　亮平

南アジアでもっとも人気のあるスポーツは、何と言ってもクリケットである。公園や空き地では「草クリケット」が盛んに行われているし、代表クラスのインド対パキスタン戦ともなれば「代理戦争」の様相を呈するほど人びとは熱狂する。パキスタンのイムラーン・カーン首相は元クリケット選手で、現役時代にはワールドカップで自国チームを優勝に導いた英雄だ。

では野球はどうだろうか。歴史的に英国の影響が強かった地域だけに、クリケットとは比較にならないほどその存在感は小さい。しかし、その南アジアでも近年、少しずつではあるが米国発祥の野球が浸透しつつある。なかでも健闘しているのがパキスタンだ。日本人監督の指導で実力を高め、2017年のワールド・ベースボール・クラシックでは南アジアの国としては初めて予選に出場するまでになった。ネパールでも日本人の指導者が代表チームの監督を務めた時期があり、10年に同国出身の選手が日本の関西独立リーグに入団した。

インドはと言うと、代表チームとしての戦績は振るわないものの、個別の選手レベルでは興味深い例がある。ある米国人スポーツエージェントが2008年に「ミリオンダラー・アーム」という野球コンテストをインドで開催し、これはと見込んだ選手をメジャーリーガーに育成しようとしたのだ（同名の映画が14年に制作された）。このとき選抜された2人のうち、ひとりは1Aでプレーしたもののケガで引退、もうひとりはルーキーリーグどまりと、期待された成果を出すことはできなかった。しかし、13億の巨大人口を擁するインドのこと、「ダイヤの原石」が他にも転がっているはずだ。実際、首都ニューデリーでは「グランドスラム・ベースボール」という少年野球チームが誕生し、練習を重ねているという。

日本のプロ野球では、米国人だけでなく台湾人や韓国人選手も珍しくないし、最近ではドミニカやキューバ出身者が席巻している。いわば野球の世界でもグローバル化が進んでいる格好だが、この流れはいずれ南アジアにも広がっていくのではないだろうか。遠くない将来、NPBの試合でもインド人選手やパキスタン人選手の勇姿を見られる日が来るのを筆者は心待ちにしている。

（岐阜女子大学南アジア研究センター特別研究員）

露軍機が領空侵犯3件

上半期緊急発進 対中国機が71％

統幕は10月30日、令和元年度上半期（4～9月）の空自戦闘機による緊急発進（スクランブル）回数を発表した。

緊急発進回数は470回で、前年同期（561回）に比べ約1割減となった。

このうち対中国機は332回で前年同期（345回）とほぼ同水準。全体の71％を占め、上半期ベースでは過去3番目に多い数となった。対ロシア機は135回（全体の29％）で、前年同期（211回）に比べ約4割減となった。

領空侵犯は、6月20日の露軍ツポレフTu95爆撃機による沖縄・南大東島と東京・八丈島付近での侵犯、7月23日の露軍A50早期警戒管制機による島根県・竹島付近の侵犯の3件だった。

統幕は上半期の特異な飛行事例として、A50が領空侵犯した同日の同時間帯に露軍Tu95と中国軍のH6爆撃機が共同で飛行した例など8件を公表した。

空自方面隊別の緊急発進回数の内訳は、東シナ海で中国機に対応している南西空が296回と最も多く、次いで北空が93回、西空62回、中空19回だった。

山崎統幕長は10月31日の記者会見で「ここ数年、我が国周辺において中国・ロシア機の活動が活発化しており、高止まりの状況だと認識している。しっかりと我が国の領空・領海を守るために、万全の態勢をとらなければならない」と述べた。

英陸軍兵士（右後方）のアドバイスを受けながら、野外での偵察・監視行動を演練する陸自隊員（英スコットランドで）

日英実動訓練「ヴィジラント・アイルズ19」

陸自訓練部隊、初の英派遣

「島嶼防衛」などで英陸軍との協力関係を深めている陸自は、日英共同実動訓練「ヴィジラント・アイルズ（用心深い島々）19」を9月29日から10月24日まで実施した。昨年の日本での開催に続いて2回目となる今回は、英国のスコットランドで行われた。陸自の訓練部隊が英国に派遣されるのは初めて。

今回の訓練は英・グラスゴーの北西に位置するゲアロックヘッド・トレーニング・キャンプなどで行われ、陸自から富士学校長の高田祐一陸将を担任官に、同校などの隊員約20人が参加。英陸軍からは野戦軍司令官のイヴァン・ジョーンズ中将を担任官に、第1情報・監視・偵察旅団名誉砲兵隊の約30人が参加した。

英陸軍が野外での偵察活動など情報収集に高い知見を持つことから、空路潜入、警戒・監視などの機能別訓練を通じて陸自隊員は偵察要領などを学んだ。

10月7日から18日まで行われた総合訓練では、作戦地域への潜入から偵察・監視活動、離脱までの一連の行動をスコットランド特有の植生・地形の中で演練し、潜入行動の技量を高めた。このほか現地では共同調整所も開設し、日英部隊間の情報共有にも努めた。

朝雲寸言

指揮官にはいろいろな才能が必要であるが、能力を超える「運」も必要だと歴史は教えている。「天気」は指揮官が運に恵まれているかどうかを判断するバロメーターである▼1815年6月、「ワーテルローの戦い」は前夜の豪雨のため騎兵と砲兵の移動が遅れ、早朝の攻撃開始が4時間遅れてプロイセン軍の戦場到着を許し、結果、ナポレオン軍は敗北した。1600年10月、「関ケ原の戦い」は決戦当日の朝、戦場に立ち込めた濃霧の中で慎重になった西軍と、結果的に敵陣深く侵入した東軍の行動の違いによって勝利が決まった▼天候・気象は戦場を支配する重要な要因である。第2次世界大戦中の「ノルマンディー上陸作戦」、「バルジ反攻作戦」、そして我が国の「桶狭間の戦い」など、天候が両軍の運命を決定づけた戦史は事欠かない▼陸上自衛隊が行動する時に雨が降ると、それは「指揮官のせいだ」と隊員は口を揃えて言う。もちろん、それが理不尽なことだと全員が分かっている。しかし、人知の及ばない領域について責任を取ることも指揮官の仕事なのである。誰かの責任にしてはいけないことを「己の責任」であると考え、行動することが指揮官の宿命なのである▼雨だろうと、雪だろうと、地震であろうと、粛々として行動する自衛隊にとって、天気を「自らの責任」であると腹をくくる指揮官の統率が部隊の士気を高め、一体感を醸成するのである。

時の焦点

国内

閣僚連続辞任

「落城1日」かみしめよ

新内閣発足からわずか2カ月弱、2週続けての閣僚辞任である。政府・与党は政権の危機を直視し、襟を正して政権運営に当たらねばならない。

安倍首相は2016年の年頭所感で、「『築城3年、落城1日』。さらに高い緊張感を持って政権運営にあたっていく」と強調した。今こそその言葉を思い返す必要がある。

菅原一秀・前経済産業相は、秘書が支援者に香典を渡した問題で辞任に追い込まれた。

河井克行・前法相は、妻の河井案里参院議員の陣営が、参院選で法定額を超える報酬を運動員に支払ったと報じられた。

いずれも、公職選挙法に触れる疑惑である。選挙の公正さを揺るがす行為は許されない。自民党内からも「長期政権の緩み」（石原伸晃・元経済再生相）と厳しい指摘が出ている。

首相が事態を重く受け止め、「任命責任は私にあり、国民の皆様に深くおわびを申し上げる」など陳謝したのは当然である。

2006年に発足した第1次安倍内閣は、閣僚の相次ぐ不祥事が辞任ドミノを招き、わずか1年で崩壊した。

首相が今回、両氏を早期に辞任させ、幕引きを急いだのは、その二の舞いを避けたかったのだろう。

野党は勢いづいている。立憲民主党の福山哲郎幹事長は「内閣総辞職に値する異常事態だ」と述べ、首相の任命責任を徹底的に追及する構えである。

野党は一時、国会の審議拒否戦術を取って世論にアピールした。さらに、大学入試の英語民間試験に関して萩生田光一文相の辞任を要求している。

野党が政権を追い込むため、さらなる閣僚辞任を求めるのは戦略としては理解できる。

だが、審議拒否や辞任要求、あるいは首相の任命責任追及だけでは、政権へのダメージにはなっても、野党への支持を増やすことにはつながるまい。

安倍政権の間、内閣支持率はたびたび下落したが、野党の支持が大きく高まることはなかった。

野党にとってヒントとなるのは、英語民間試験の導入延期の経緯であろう。

萩生田文相の「身の丈」発言が注目を集めたが、英語民間試験の導入はもともと、地域や経済力によって格差が生じるという懸念が大きかった。

だが、法律ではないため、与党内や国会での議論は十分ではなかった。

野党は今回、導入延期法案の提出や集会などで国政上の課題と位置づけることに成功し、野党支持者以外にも存在感を示した。

長期政権の弊害は、世論の多様な声を吸い上げ、政策に反映させることが難しくなることだ。

閣僚の不祥事が続くのは、「1強」に甘え、国民の声に対する敏感さが失われているためではないか。史上最長政権となる日は目前である。「落城1日」の言葉をかみしめてもらいたい。

宮原　三郎（政治評論家）

海外

IS指導者殺害

巧みなシリア戦略示す

トランプ米大統領は10月27日、米軍が過激派組織「イスラム国」（IS）の指導者バグダディ容疑者の殺害に成功したと発表した。

現地の26日深夜、8機のヘリでイラクを出発した特殊部隊が、ロシア軍が管轄するシリア領空を経て、シリア北西部イドリブ県バリシャにある潜伏先を急襲。追い詰められた同容疑者は3人の子供を道連れに自爆した。

ここでカレンダーの日付を20日前の7日に戻す。大統領がシリア北部の駐留米軍の撤収方針を明らかにするや、議会、マスコミ、専門家はそろって、「ISが復活する」と批判。

下院は「シリア、イラン、ロシアなど米の敵対国を利する」との非難決議を賛成圧倒多数で採択。上院でもマコネル共和党院内総務が同様の決議案を提出した。

ところが27日は一斉に「中東の将来に重要な一歩」（マコネル氏）、「軍と情報機関の勇気を称える」（ペロシ下院議長＝民主）など、〝手のひら返し〟の極致。

大統領は「米国の腕は長い。テロ指導者の追跡は容赦なく続ける」と述べ、今作戦が1回限りのものではないことも強調した。

米軍の一時的保護下にあったシリアのクルド人が米軍撤収に失望するのは当然としても、クルド人保護のため米軍が永久に駐留するなど、それはできない相談だろう。

今作戦の標的を突き止めるのにシリア、イラク両地のクルド人勢力の情報当局者が貢献した。IS打倒など共通の利益が関わる時、米・クルドの同盟が回復不能なほどには崩壊していないことは明らかだ。

また、「撤収はロシアへの贈り物」という批判。上院外交委のメネンデス議員（民主）は「トランプ氏はロシア大統領の指示で動いている」と公言し、ペロシ議長は「あなたの道はすべてロシアに通ず」と言って、大統領を怒らせた。

しかし、ISとの闘いやシリア北部の油田をIS、イランから守るなど、必要な限り米軍はシリアにとどまることをトランプ氏は明確にした。ロシアは正確には何を得るのだろう？

イスラエルのベギン政権時代のチャフェツ戦略参謀がCBSラジオで解説していた。

「シリアでは早晩必ずアルカイダ、ISその他の聖戦兵士が脱走する。その時、新たなサタンはロシアで、駐シリアの同国外交官と軍部隊が攻撃される。防衛のため部隊が増強され、地中海の海軍施設も補強を迫られる。そのうち聖戦はロシアのイスラム人口に飛び火し、モスクワ自体がテロの標的になる」

「新たなシェリフになったロシアは、回復した秩序の崩壊回避のため、シリア再建支援の義務を負う。物的な再建だけでも4000—5000億ドルが必要。トランプ氏はこれを払う気はなく、北部シリアを喜んでプーチン大統領に渡した理由の一つだ」

解説はまだ続いたが、いわゆる「専門家」の型通りの見方とは違う複眼的分析に聞き入った。

草野　徹（外交評論家）

秋の叙勲

防衛省関係者120人が受章

政府は10月25日の閣議で、令和元年「秋の叙勲」受章者4113人（うち女性411人）を決めた。発令は11月3日付。防衛省関係の受章者は120人で、瑞宝中綬章は16人、瑞宝小綬章は63人、瑞宝双光章は24人、瑞宝単光章は17人（同）。勲章伝達式は11月中旬に防衛省講堂で行われ、河野防衛大臣から伝達される。（階級、役職は退職時、敬称略）

〈瑞宝中綬章〉

▽芦田廣教官（防衛医科大学校名誉教授）▽姉崎泰司陸将（統合幕僚学校長）▽新野修空将（航空教育集団司令官）▽井上成美教官（防衛大学校名誉教授）▽大西正俊陸将（補給統制本部長）▽小川剛義空将（航空開発実験集団司令官）▽加藤保海将（佐世保地方総監）▽五藤正美陸将（3師団長）▽小林秀紀技官（中央病院長）▽小林正男海将（潜水艦隊司令官）▽永田久雄空将（航空総隊司令官）▽西本吉男事務官（札幌施設局長）▽秦重義技官（技本航空装備研究所長）▽林富士夫空将（同技術開発官）▽深谷庄一教官（防衛大学校名誉教授）▽保井信治海将（護衛艦隊司令官）

〈瑞宝小綬章〉

▽青木利夫1海佐（海自幹部学校図演装置運用課長）▽赤瀬良二陸将補（1特科団副長）▽安宅耕一空将補（4航空団司令）▽安部啓司陸将補（関西補給処副長）▽伊藤粂男陸将補（空挺団副長）▽今関實技官（仙台施設局建設部長）▽岩崎理一郎陸将補（北熊本駐屯地業務隊長）▽上松大八郎陸将補（輸送学校長）▽加納哲哉海将補（海幹校主任教官）▽河村和眞空将補（1高射群司令）▽木村誠一1海佐（横須賀弾補所長）▽粟原保雄海将補（契約本部横浜支部副長）▽小池保治陸将補（4師団副長）▽小島健二空将補（空幹校主任教官）▽齋藤隆海将補（防衛研究所主任研究官）▽榊勝事務官（装本電子音響課電子計算機室長）▽相楽允陸将補（陸幹校副長）▽佐治正憲1海佐（22護衛隊司令）▽佐藤誠喜1陸佐（通信保全監査隊長）▽繁田信之1海佐（海4術校副長）▽清水重周陸将補（研究本部2研究課長）▽白形洋技官（福岡施設局総務部長）▽末田八郎技官（技本先進技術推進センター上席特別研究官）▽杉村健二技官（九州防衛局管理部長）▽高田和男1陸佐（札幌病院総務部長）▽高橋健二1空佐（高射教導隊司令）▽竹下稔1陸佐（東方通信群長）▽田中康弘1空佐（13飛行教育団副司令）▽谷川孝司陸将補（3教育団長）▽鶴見利男陸将補（関東補給処火器車両部長）▽堂園茂技官（技本技術開発官＝誘導武器担当＝付主任研究官）▽戸島晨吉陸将補（2高射特科団副長）▽外花和彦1空佐（空自幹部候補生学校学生隊長）▽豊島克治陸将補（2教育団長）▽仲井隆夫海将補（4航空群司令）▽中西憲二海将補（海幹校教育部長）▽中西雄次1海佐（契本契約管理3課長）▽中原勇陸将補（関西補給処長）▽南波賢治事務官（札幌施設局施設部長）▽西昇海将補（システム通信隊群司令）▽野村総一郎教官（防医大学校副長）▽萩原康嗣陸将補（陸幹校主任教官）▽蓮江和夫教官（防大教授）▽蜂須賀守陸将補（中央輸送業務隊長）▽濱谷昭男1陸佐（3教育連隊長）▽廣瀬洋技官（防衛施設庁周辺対策計画官）▽福田繁空将補（航空教育隊副司令）▽藤木清勝空将補（航空総隊幕僚長）▽渕野一美1陸佐（中央会計隊副長）▽松永美之1陸佐（武器学校副長）▽松本謙一空将補（1補給処東京支処長）▽水野進空将補（航空総隊総務部長）▽村上良雄海将補（海幕技術2課長）▽元村隆吉海将補（海幹校研究部長）▽森清司技官（札幌施設局建設部長）▽安岡朝和空将補（空幹校主任教官）▽矢冨勝久陸将補（高射学校1教育部長）▽山口光宣1海佐（71航空隊司令）▽吉田政尚空将補（教育集団教育部長）▽若林衛事務官（大臣官房付＝元内閣官房内閣参事官）▽和田晃1海佐（小月教育航空群司令）▽渡邊聖夫1空佐（特別航空輸送隊司令）▽渡邊正俊1空佐（航空総隊飛行隊司令）

〈瑞宝双光章〉

▽一岡安幸2陸佐（川内駐業総務科長）▽井筒屋英治2陸佐（東北処船岡弾薬支処長）▽奥村満男1海佐（あさゆき艦長）▽小吹庄一郎1海佐（下総航空基地隊副長）▽貝森昇2陸佐（上富良野駐業総務科長）▽神谷健一1海佐（技本技術開発官付2開発室主任研究官）▽木村一1海佐（123航空隊副長）▽倉本敬三1海佐（岩国経理隊長）▽黒川廉1海佐（4整備補給隊副長）▽後藤裕太郎2陸佐（関西処補給課長）▽神保正俊2陸佐（小平学校教務科長）▽曽根晋作2陸佐（中央病院放射線技術課長）▽平野郁太1海佐（5空副長）▽福谷三二夫1海佐（1補給隊長）▽藤岡宣1海佐（呉シス通司令）▽前田典計1陸佐（広島施設局施設企画課）▽水谷金七2陸佐（中方総務課文書班長）▽三石塚磨1海佐（あおくも艦長）▽山岸一男1海佐（佐シス通司令）▽山本忠夫1空佐（総司飛支援飛行隊長）▽山本二三2海佐（海幹候校総務課長）▽鷲塚保男1空佐（2輸送航空隊副司令）▽渡瀬幸嗣2陸佐（37普連副長）▽渡辺六郎2海佐（海3術校教官兼研究部員）

〈瑞宝単光章〉

▽秋山利夫技官（空4術校）▽荒殿暢哉技官（関東処松戸支）▽井崎和也技官（佐造補所潜水係長）▽大沼隆技官（東北処反町弾薬支）▽大野忠雄技官（1空修隊金属加工係長）▽小笠原昭技官（八戸駐業）▽岡田信弘技官（丘珠駐業）▽城戸弘士技官（阪神病院）▽齋藤和弘技官（1空団）▽坂井俊雄技官（大造補所鉄工係長）▽田村伸今技官（関東処松戸支）▽奈良啓技官（北海道処）▽根岸悦男技官（空4術校）▽長谷山春夫技官（帯広駐業）▽前田敏男技官（関西処）▽松井幹雄技官（中業支）▽宮澤稔技官（横造補所ドック係長）

共済組合だより

インフルエンザの予防接種を助成

来年1月31日まで

防衛省共済組合では、組合員の被扶養者を対象に「インフルエンザ予防接種」の助成を行っています。期間は来年1月31日まで。インフルエンザが流行する前に、ぜひ予防接種を受けましょう。

助成対象は予防接種を受けた被扶養者全員で、1人につき年1回助成します。助成額は接種1回につき1500円。接種料金が1500円未満の場合はその額（10円未満切り捨て）とします。

共済組合に助成金を請求する際は、接種後、「インフルエンザ予防接種助成金請求書兼受領書」に、インフルエンザ予防接種を受けたことが分かる記載のある医療機関発行の領収書またはそれと同等の書類を添え、所属する支部に提出してください。請求期間は来年2月末日までとなっています。

なお、「経鼻インフルエンザ生ワクチン（フルミスト）」等、厚生労働省未承認のワクチンは助成の対象となりません。ご注意ください。

渡部元東方総監が講演

「強靭な日本」の確立訴え

―安保政策調査会―

安全保障政策調査会（会長・増田好平元防衛事務次官）は10月15日、元東方総監で富士通システム総研安全保障研究所長を務める渡部悦和氏を講師に迎え、都内のホテルで講演会を開いた。

渡部氏は「中国の安全保障最新動向と我が国の対応」と題して講演。「2050年に世界一の強国を目指す」とする中国は、一党独裁の国家ぐるみの態勢で、AI（人工知能）をはじめとした最先端技術の開発に取り組んでいると指摘した上で、「我が国も国を挙げて防衛力を強化しなければならない。『強靭な日本』を確立し、中国に対峙していくべきだ」と訴えた。

一方、我が国の防衛装備政策については「国家を挙げて防衛産業を成長産業として位置付けることが重要だ」と強調した。

講演会には元統幕長の岩崎茂氏をはじめ、元東方総監の森山尚直氏、元経理装備局長の伊藤盛夫氏、元防研副所長で武蔵野学院大学名誉教授の前川清氏らのほか、防衛産業関係者など約50人が出席した。

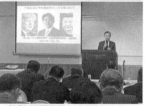

「中国の安全保障最新動向と我が国の対応」と題して講演する渡部氏（壇上）＝10月15日、東京都新宿区のホテルグランドヒル市ヶ谷で

AH64Dヘリ順次飛行再開

佐賀で墜落事故

陸自は10月31日、昨年2月に佐賀県で発生した第3対戦車ヘリ隊（目達原）所属のAH64D戦闘ヘリの墜落事故以降、飛行を見合わせていた同型ヘリ12機について、「11月18日以降、順次飛行を再開する」と発表した。

陸自は9月27日に公表した再発防止策（点検要領と保管要領の見直しなど）を部隊に徹底させるとともに、地元自治体などの理解が得られたとして、11月6日以降、航空学校（明野）所属のAH64Dからエンジンの始動を開始し、同18日以降、飛行を再開させる計画だ。

護衛艦「てるづき」

英海軍艦艇と共同訓練

海自2護群6護衛隊所属の護衛艦「てるづき」（艦長・山田昌彦2佐）は10月18日、来日予定していた英海軍測量艦「エンタープライズ」（満載排水量3700トン、艦長・セシル・ラディスラス・ジェームズ中佐）と関東南方の太平洋上で共同訓練を実施した。（7面に関連記事）

海自と英海軍の共同訓練は5回目で、今回は洋上での通信訓練を行った。

「エンタープライズ」は訓練終了後の22日から24日まで東京・晴海埠頭に寄港。この間、来日中のチャールズ皇太子の訪問を受けた。海自の護衛艦「ゆうぎり」（同・関健太郎2佐）がホストシップを務めた。

洋上で通信訓練を行う、海自の護衛艦「てるづき」（手前）と英海軍の測量艦「エンタープライズ」（10月18日、関東南方の太平洋で）

中国海軍Y9が対馬海峡を往復

空自緊急発進

中国海軍のY9情報収集機＝写真＝1機が10月29日の午前から午後にかけ、長崎・対馬海峡の公海上空を往復飛行したため、空自西空のF2戦闘機などが緊急発進して対応した。領空侵犯はなかった。

機首後方に「中国海軍」とペイントされたY9は、韓国・済州島西方の東シナ海上空に飛来。南東進後、針路を北東に変え、壱岐・対馬間の東水道を通過し、日本海に進出した。

Y9はその後、反転して往路と逆ルートで自国領方面に戻った。

統幕は同日、空自機が撮影した写真と航跡図を公表した。

中国艦艇が相次ぎ

対馬・宮古海峡通過

10月25日午後11時ごろ、中国海軍の「ジャンカイⅡ」級フリゲート2隻（満載排水量約3900トン、艦番号539「蕪湖」、同547「臨沂」）が長崎・下対馬の南西約250キロの公海上を北東進するのを海自3ミサイル艇隊（佐世保）のミサイル艇「しらたか」が確認した。

2隻はこの後、対馬海峡を北上して一時的に日本海に進出。28日から29日にかけて再び対馬海峡を通過して東シナ海に戻った。

沖縄・久米島の南方約140キロの海域では10月27日午前8時ごろ、北上する中国海軍の「ルーヤンⅡ」級ミサイル駆逐艦（7000トン、153「西安」）、「ジャンカイⅡ」級フリゲート（599「安陽」）、「フチ」級補給艦（2万3000トン、966「高郵湖」）の計3隻を5空群（那覇）のP3C哨戒機と46掃海隊（佐世保）の掃海艇「しじま」が確認した。

3隻は4月5日に沖縄本島と宮古島間の宮古海峡から太平洋に進出した艦艇群で、この後、宮古海峡を北上して東シナ海に入った。

米比共同訓練に水機団が参加

「カマンダグ19」

陸自は10月6日から同23日まで、フィリピンのテルテナ市などで実施された米比共同訓練「カマンダグ19」に参加した。

陸自からは陸上総隊司令官の高田克樹陸将を担任官、水陸機動団2水陸機動連隊長の藤井義勝1佐を訓練部隊指揮官に、水機団などから隊員約80人が参加。米軍からは第3海兵機動展開旅団や海軍揚陸艦など、比軍からは第12海兵大隊、海軍揚陸艦などが参加した。

訓練は人道支援・災害救援（HA/DR）時を想定し、救護所の開設や、水陸両用車AAV7を装備した救助部隊による負傷者後送などを演練した。

陸自が12月に日米指揮所演習

陸自は12月3日から16日まで、朝霞駐屯地、在日米軍のキャンプ・コートニー（沖縄県うるま市）などで日米共同方面隊指揮所演習「ヤマサクラ（YS77）」を実施する。

陸自から陸幕、陸上総隊、東方など、米軍からは太平洋陸軍司令部、在日米軍司令部などの要員が参加し、日米がそれぞれの指揮系統に従い、共同作戦を行う場合の指揮幕僚活動を演練する。

米でC130H戦術空輸訓練

低高度回避など

空自1輸空（小牧）は10月31日から訓練指揮官の倉岡宏行3佐以下隊員約30人とC130H輸送機1機を米ミズーリ州の米国高等空輸戦術訓練センターに派遣し、戦術空輸訓練を実施している。11月20日まで。

派米部隊の訓練はミズーリ州のローズ・クランズ州空軍基地とアリゾナ州のリビー陸軍飛行場を拠点に行われ、C130Hの低高度航法、物料投下、低高度回避機動、不整地離着陸訓練などを実施する。

派遣部隊は米国へ向かう途中、外務省との省庁間協力に伴い、マーシャル諸島共和国にデング熱対策の資材などの物資の輸送も行った。

日米印共同演習「マラバール2019」日本で開催

九州西方から関東南方の太平洋上で

戦術運動や洋上補給など連携強化

インド太平洋地域の安全保障環境の安定を目的とした日米印3カ国の海上部隊による共同演習「マラバール2019」が9月26日から10月4日まで、海自佐世保基地と九州西方から関東南方に向かう太平洋上で行われた。

海自からはヘリ搭載護衛艦「かが」、護衛艦「さみだれ」「ちょうかい」、補給艦「おうみ」、P1哨戒機が参加し、米海軍から駆逐艦「マッキャンベル」など、インド海軍からはフリゲート「サヒャドゥリ」、コルベット「キルタン」などが参加した。

3カ国の艦艇・航空機は共同で対潜戦、対空戦、対水上・対空射撃、洋上補給などの訓練を実施し、日米印の連携を強化した。この間、インド海軍の潜水員は佐世保基地で海自の機雷探知機の操作法などを学んだ。

このほか、厚木基地では海自4空群の隊員たちが米印の航空部隊と共同訓練を行い、互いの哨戒機に体験搭乗、それぞれの搭載機器や海上パトロール法などについて理解を深めた。

海自の補給艦「おうみ」（右）と洋上補給訓練を行うインド海軍フリゲート「サヒャドゥリ」（9月30日）

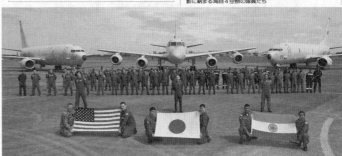

戦術運動を行う海自ヘリ搭載護衛艦「かが」（右）、米海軍駆逐艦「マッキャンベル」（左）と米海軍潜水艦（手前中央）＝10月4日

厚木基地に集結した日米印の哨戒機（左から米海軍P8A、海自P1、印海軍P8I）をバックに、米印のクルーと記念撮影に納まる海自4空群の隊員たち

「かが」の航空機格納庫で行われたオープニングセレモニーであいさつする4護群司令の西脇匡史将補（演台）。壇上は左から印海軍東部艦隊司令官のスラージ・ベリー少将、米海軍第7潜水艦群司令のジェームズ・ピッツ少将（9月26日、佐世保基地で）

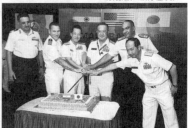

艦上レセプションで3カ国をイメージしたケーキをカットする（右から）小座間善隆佐世保地方総監部幕僚長、印海軍のベリー少将、中尾剛久佐世保地方総監、西脇4護群司令ら（9月27日、「かが」艦内で）

酸素ボンベを身に着けてプールに潜り、携帯型機雷探知機の操作を体験する印海軍潜水員たち（佐世保基地で）

哨戒機の相互体験搭乗で、海自のP1哨戒機に搭乗し、機内の装備についてクルーに質問する米印海軍の軍人ら（9月30日、厚木基地で）

前事不忘 後事之師 第46回

ミネヤンから学ぶこと ――私には都合はなかとです

聖書にある「平和のために働く人は幸い」との言葉が発せられたとされる中東・ガリラヤ湖畔（現イスラエル）に建つ山上の垂訓教会

ある休日のことです。NHKの『こころの時代』というテレビ番組で、カトリック長崎大司教区の古巣馨司祭が語っておられた話しに釘付けになりました。神父は、63歳で亡くなったある男性信者について語りました。

古巣神父が島原の教会に勤務していた時のこと。神父は、30代から精神疾患で病院に長期入院している「ミネヤン」という愛称のカトリック信者に聞きました。

「あなたを支えている聖書の言葉はなんですか」

ミネヤンは「自分は中学しか出とりませんから、難しいことは分からんとです。でも夢があるとです。それは、人生が終わる時に、神の子だったと言われたい」と答えたそうです。

ミネヤンは2歳の時に母親と死別し、親を知らない人生を送ったので、誰が自分の親か模索する過程で、神の子になりたいと考えたのではないかと古巣神父は解説します。

たまたま開いた聖書の中に、「平和のために働く人は幸い、その人は神の子と呼ばれる」との言葉を見つけたので、ミネヤンは「これこれ、平和のために働くとです」と神父に伝えました。

神父はミネヤンに意地悪な質問をします。

「平和のために働くって、どうするの、8月6日、9日にプラカードを持って原爆反対とか叫びながら病院の廊下を行ったり来たりするの」

するとミネヤンは「そこですたい、平和のためにどうして働きますかね」と考えこみました。

暫くしてミネヤンは肝臓がんを発症し、どんどん症状が進行していきます。

ある時、古巣神父は見舞いに行く約束をしながら、気分が乗らないので、約束した日には行かずに、次の日に見舞いに訪れました。神父が「昨日は私の都合ですいませんでした」と謝ったところ、既にベッドに横たわる状態だったミネヤンは片手をゆっくり振りながら「神父さんの都合でよかとです、私には都合はなかとです。この頃思うのです、私の都合じゃなくて神様の都合を考えよう」と答えたそうです。

1カ月後にミネヤンは亡くなりました。古巣神父は、身寄りのないミネヤンの亡骸を引き取りました。

通夜の晩に、ミネヤンが長く入所していた病院の掃除婦の方が来られて言いました。

「この人のおるところは〝平和〟でした。施設では季節の変わり目に入居者がよく争いを起こします。そういう時にはミネヤンをベッドごと、その部屋に連れて行きます。するとミネヤンは自分の都合を言わない人でしたから、争いの中にミネヤンが入るとそこが静かになるとです」

古巣神父が語ったミネヤンの話に衝撃を受けました。欲望のおもむくままに生きている私には解説する資格はありませんが、この話のメッセージは、平和を得ようとするのであれば、自分の「都合」（利害と同義だと思います）を言わないということです。個人や組織がその利益を最大限主張することが当たり前になっている現代社会への強烈なアンチテーゼです。

他方で、古巣神父によれば、ミネヤンは「私にも都合があった時がありました。せっかく生まれたのだから社会人として生きがいを持って働きたい、だけどそう言って自分の都合を言っている時はとても生きづらかったです」と言っていたそうです。

このミネヤンの言葉は慎ましく生きる個人であっても、自立しようとすれば、「自分の都合」が生まれ、「利害関係」に煩わされることを示唆しています。おそらくミネヤンも個人それぞれに「都合」や「利害」があることを分かっていたのだと想像します。

重要な教訓は、自分の利害を主張しないことによって〝自分も含む全体にとって利益〟となる平和を手に入れたところです。

もちろん、慎ましく生きる個人だからこそミネヤンの生き方ができるのであり、国家ということになれば、国民の生存のために利害を主張せざるを得ません。

そのためには国際社会の荒波の中で他国に出し抜かれないように、時には孫子の兵法が説くような「詭道」を用いることも必要でしょう。

しかしながら、それにも関わらず国家であっても自らの短期的な利益を声高に主張し、国際社会全体の利益を考えないのであれば、最終的には無益な争いに巻き込まれて、自らの利益も得られないことをミネヤンの生き方は示しているように私は考えます。

鎌田 昭良（防衛省OB、防衛基盤整備協会理事長）

…… 前事忘れざるは後事の師 ……

部隊だより

海

上用賀 東音は8月5日、隊庁舎で「青少年のためのサマーフェスティバル」を開催し、全国から約200人が訪れた。イベントは午前と午後計2回行われ、楽器製作体験などを実施。隊員は演奏会でさまざまな海自の衣装を身に付け、観客の目も楽しませた。観客が製作した楽器で演奏に参加する曲目も披露、イベントは大盛況で幕を閉じた。

武山 横須賀教育隊は8月27日、13期一般海曹候補生、373期練習員、63期練習員（女性）課程の学生計875人の修業式を行った＝写真㊤。加藤雅巳隊司令は「約2カ月の部隊実習・勤務が始まるが、失敗を恐れず挑戦してほしい」と訓示。4月から続いた基本教育を乗り越えた学生たちは、約1500人の家族らに見送られ、各地へ赴任していった。

館山 21空群は8月7日から9日の行事で、地元の高校生・大学生27人に向け「青少年広報（隊内生活支援）」を実施した＝写真。基本教練や航空基地の各種業務研修などのほか、SH60K哨戒ヘリのシミュレーターを使った操縦法を体験。参加者は「ヘリの操縦は難しい」「いつか自分も」と夢を膨らませていた。

下関 43掃海隊は8月3日、山口県の関門港で掃海艇「とよしま」の一般・特別公開を実施した。当日は下関地本も参加。特別公開では藤園健一秋田協力会長ら13人を招待し、昼食会でカレーを振るまった。一般公開では募集対象者に対して建造体験、募集相談コーナーを設け若年層の隊員募集とPRに努めた。

大村 22空群は7月25、26の両日、大村航空基地の飛行幹部候補生14人の「100キロ行軍」を実施した＝写真㊤。長崎県庁を出発し、大村市までの約100キロ区間を歩き抜いた。参加者は「今回の遠行で学んだ強靭な精神と団結力を糧に日々精進していく」と決意を新たにした。

留萌 26普連は9月24日、駐屯地の屋内訓練場で岩田清文元陸幕長の講話を聴講した＝写真㊨。岩田氏は連隊の700人を前に、「期待を込めて」と題し、軍事情勢の変化と対応するための防衛改革の意義について熱弁を振るった。部下・後輩の育成などの重要性を学んだ隊員たちは、"北の防人"として任務にまい進する決意を新たにした。

滝川 10即機連は9月8日、滝川市主催の「たきかわコスモスマラソン」で炊事支援を実施した。同大会は市のシンボルであるコスモスが咲く9月に毎年開催される。当日はさわやかな秋風の中、連隊がおしるこ約1400食を市民ランナーに提供＝写真㊧。走り終えた参加者は「おいしい」「おしるこを毎年楽しみにしています」と話すなど好評だった。

敵武将を一刀両断

迫力の戦国絵巻

名古屋まつりで「長篠の戦い」リアルに再現

35普連

市内の目抜き通りで再現された合戦シーンで、迫真の殺陣を披露する武将姿の35普連隊員（10月20日、いずれも名古屋市内で）

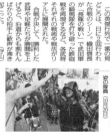

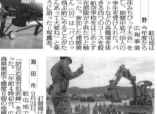

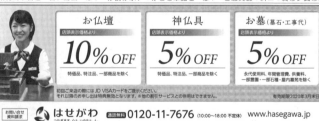

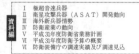

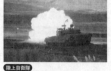

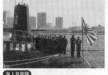

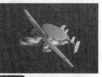

着付け師の力を借りて、武具を装着する隊員たち（10月19日）

現代の戦士たちが鎧武者や足軽に扮し、戦国時代の合戦シーンを再現――。

第65回名古屋まつりのメインイベント「郷土英傑行列」が10月20日、名古屋市の久屋大通りなどで行われ、地元35普連の隊員たち約200人も愛知県の誇る「3英傑」の織田信長、豊臣秀吉、徳川家康の各隊に加わり、鬼気迫る殺陣を演じ、沿道を埋めた観客の目をくぎ付けにした。

名古屋まつりの"華"郷土英傑行列は昭和30年に始まり、35普連は同41年から支援を続けており、今年で53回目。

身に着ける衣装は地元の協賛企業が提供しており、隊員たちは着付け師の手を借りて絢爛豪華な武将に変身。さらに槍隊、鉄砲隊の兵だけでなく、外国人宣教師や魚屋などにも扮し、沿道の観客たちの注目を浴びた。近年は「サムライ」に関心をもつ外国人も増え、パレード中、外国人女性とハイタッチする隊員の姿も見られた。

この英傑行列で一番の見どころは、日に2回行われた合戦のシーン。織田信長が「長篠の戦い」で武田軍の騎馬隊を打ち破った鉄砲戦を再現するなど、各武将それぞれの戦術や戦法がリアルに展開された。

合戦が決して、勝利した武将や足軽たちが勝鬨を上げると、沿道からも割れんばかりの拍手と歓声が沸き起こった。（守山）

市中をパレード中、声援を送る外国人女性（左）と笑顔でハイタッチする武将姿の隊員（10月20日）

空

小牧 1輸空隊は8月2日、愛知県内の中高生26人を招き「青少年防衛講座」を実施した。当日、青少年たちは基地の概要説明を受けたあと、C130H輸送機に搭乗し、約20分間の飛行を体験。体験後には消防車の放水体験、C130シミュレーターを見学し、部隊の技術や装備への理解を深めた＝写真㊤。

背振山 分屯基地はこのほど、神埼市と防衛協会と共催で「開設63周年記念行事」を実施し、招待客や一般来場者ら約500人が訪れた。今年は10年ぶりとなる一般開放を記念して、ミス佐賀の岩屋美咲さんに一日分屯基地司令を委嘱。西空音（春日）のミニコンサートや祝賀会など各種イベントも行われ、行事は盛り上がりを見せた。

浜松 浜松広報館は7月29、30の両日、開館時間を午後1時から8時までに変更し、「トワイライト・オープン」を実施した。午後6時過ぎ、格納庫と屋外展示場をライトアップし、夕闇の中に航空機が浮かび上がる幻想的な雰囲気を演出。来場者は浜松救難隊のUH60J救難ヘリを間近に見て楽しんだ＝写真㊤。

陸

岩見沢 駐屯地の8人は9月20日、岩見沢市内を通る国道12号線沿いで開催された、交通安全の街頭啓発活動「旗の波」に参加した。同活動は「秋の防衛省交通安全運動」の一環として行われ、岩見沢地区交通安全協会などが共催したもの。隊員たちは協会員らと共に交通安全の旗をかかげて国道沿いに立ち、道行くドライバーに対して交通安全を促した。

真駒内 河野防衛相は9月26日、真駒内駐屯地を訪れ、11旅団と駐屯地の所在部隊を視察した。大臣は装備品展示で旅団から説明を受けたほか、16式機動戦闘車に試乗。最後に東体育館で隊員約900人に対して訓示し、「平素から地域社会の一員として活動し、地元の方々からの信頼を勝ち得ている諸君を心強く思う」と激励した。

岩手 駐屯地は9月15日、北上市文化交流センターで開催された「鬼ジョブ―北上お仕事パーク」で、岩手地本の募集広報を支援した。同イベントは児童がリアルな社会体験を学ぶ目的で開催。駐屯地は大型免許取得用の教習車（73式大型トラック）を展示し、児童らは民間車とは異なり、助手席にもハンドルがついた自衛隊車両に興味津々の様子だった。

神町 6施大は9月21日、駐屯地体育館で新隊員、一般陸曹候補生計46人の施設科後期課程の教育修了式を実施した＝写真㊤。式では隊員家族ら85人が見守る中、新隊員代表の後藤洋之2士が教育修了申告を行った。大隊長の初澤渉2佐は「諸官らが学んだ基礎を各部隊で拡充し、立派な施設科隊員になるよう任務にまい進してもらいたい」と激励した。

松本 13普連は8月29、30の両日、乗鞍岳で部隊特技課程の隊員50人に対し「35キロ夜間行進」を行った＝写真㊤。初日の午後5時、隊員たちは標高1500メートルの地点から行進を開始。雨が降り、天候が悪化したため2800メートル地点で下山した。新隊員は「訓練を通じて山岳連隊の一員と自覚できた」と語った。

明野 駐屯地は広報事業「夏休みちびっこ大会」を開催し、期間中69人の小中学生を受け入れた。パイロットなどの職業を体験できる四つのコースを設定。航空学校をはじめとする所在部隊が子どもたちと触れ合った。参加した上野柑さん（10）は「パイロットは飛ぶ前にやることがたくさんあって大変」と楽しそうに語った＝写真㊧。

海田市 47普連は9月24日、駐屯地で「防災・危機対処訓練」を行った。「午前10時40分、広島県東部で震度6弱の地震が発生」との想定で、各部隊の隊員が緊急登庁。2時間以内にすべて完了した。その後、西日本豪雨での教訓も踏まえ「小型ドーザー」の積載・卸下、「丸太の切断」の訓練も行い、災害対処行動の向上を図った＝写真㊧。

玖珠 駐屯地は10月20日、一般開放を実施し、体験試乗などを実施した。今回初めて10式戦車の試乗が行われ、早朝から多くの人が集結。体験者は「74式戦車よりも加速が早い」「戦車は迫力があって凄い」などと感激していた。このほか、装備品展示では来場者の質問に隊員が丁寧に答えた。遠方から訪れた人は「休みをとったかいがあった」と話した。

那覇 15旅団は9月14日、沖縄市民会館で米海兵隊第3海兵機動展開部隊音楽隊（キャンプ・フォスター）と共に「日米ジョイントコンサート」を行った。今回初の試みとして、開演前にロビーで日米合同のミニジャズコンサートを披露し、好評を博した。音楽隊のフルート奏者・中村有里1士は「海兵隊と音楽を通じて意思疎通ができ、友情を育めた」と述べた。

滝ヶ原 駐屯地業務隊はこのほど、隊員食堂で総火演慰労バイキングを実施した。毎年恒例の行事で、総火演の任務を終えた駐屯地隊員たちを労った。食堂には18種類のメニューが並び、隊員たちは料理を堪能して鋭気を養った。担当した糧食班長の森靖男2尉は「皆さんが笑顔で食事している様子に班員一同満足しています」と述べた。

海自遠洋練習航海部隊 所感文

千変万化する洋上で成長

海自の遠洋練習航海部隊（練習艦「かしま」、護衛艦「いなづま」で編成、指揮官・梶元大介海将補以下約580人）は10月24日、無事、横須賀に帰国した。以下はオセアニア歴訪中の実習幹部たちの所感文。

ニュージーランド・オークランド寄港

市民が海に親しむ「帆の町」
3海尉　河野　英美

フィジーを出港して約1週間。南半球を南下するにつれて季節は夏から冬へ、制服も白から黒に変わり、部隊はニュージーランドのオークランドに入港した。「羊の方が人間の数より多い」というフレーズから連想される牧歌的なイメージとは違い、高層ビルやモダンな建築物が立ち並び、沖から見えるオークランドは先進国の力強さを主張しているように見えた。

オークランドは「帆の町」とも呼ばれるほどヨットやボートを所有する市民の比率が高く、人々は海に親しんでいた。

ニュージーランドのオークランド停泊中、電灯艦飾を行う「かしま」と「いなづま」（9月5日）

当時の日本想像する展示物
3海尉　山下　航平

我々は「戦争記念博物館」を見学した。重厚な外観もさることながら、展示物が非常に充実していて、中でも世界で最も保存状態がよいとされる「ゼロ戦」や飛行服、千人針は目を引いた。

異国で展示される旧日本軍兵士の遺留品や装備品は、当時の日本や持ち主の最期の時を想像させ、現代を生きる我々がかつての尊い犠牲や努力の上に成り立っていることを教えてくれていた。

我々実習幹部は、諸先輩方が命をかけて守り抜いてきた日本を、今後どのようにして維持していくか考える必要がある。その答えを出すには全力で実習に取り組むほかない。

幅広く国を紹介する博物館
3海尉　成川　幸彦

ANZAC（豪NZ軍）戦争記念館は、ニュージーランドが過去に経験した戦争を含めた歴史から、自然や動物、そして現代の国家成立まで幅広く紹介していた。

この国はかつてイギリスの植民地で、第1次世界大戦では協商国として日本と共に戦い、第2次世界大戦では逆に〝敵〟として戦うこととなった。博物館でもこのことは紹介されていて、我が国との過去の関係がよく理解できた。他にも恐竜の化石や動植物の標本、火山に関するものが展示されていた。戦争記念館の展示が個性的だったことから、日本の博物館との違いを感じることができた。

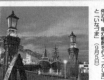

教育に重点を置くNZ海軍
3海尉　坂口　隼人

オークランドの海軍基地では、巡視艇、多用途支援艦、各種教育施設の見学を行った。ここでは危険を伴う甲板作業を習得させるため、艦艇を模した専用の施設と係留された艇を用いて、少人数で実習を行っていた。

研修を通じて、NZ海軍が教育に重点を置いて活動していることを知った。

オーストラリア海軍の強襲揚陸艦「アデレード」の艦内で乗員から説明を受ける実習幹部たち（9月17日）

オーストラリア・シドニー寄港

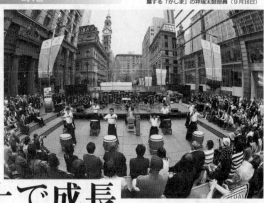

シドニーのビジネスの中心地「マーティンプレイス」で大勢の観客を前に和太鼓の演奏を披露する「かしま」の祥瑞太鼓部員（9月16日）

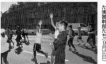

友好関係築く懸け橋に
タイ国海軍少尉　ナッタパット

日本国の練習艦隊は9月12日、オーストラリアのシドニーに入港した。私はタイ国から自衛隊に留学している。私のように他国に留学している同期は4人いて、そのうちオーストラリアに留学している同期からシドニーに入港する前に情報をもらった。おかげで、短期間のシドニー滞在中、見落とせない観光地を巡り、おいしいものを味わうことができた。

寄港する各訪問国では、文化の違いや人々の考え方の違いを知ることができた。これも練習艦隊のおかげであり、心からありがたく思っている。タイと日本だけでなく、国際社会で広く友好関係を築けるように努め、私もその懸け橋となる海軍士官として活躍したい。

東京思い起こすシドニー
3海尉　高橋　星一朗

この巨大都市の象徴的なランドマークであるシドニータワーに上った時に見た水平線まで広がる文明の灯火は、都市の大きさを如実に表していた。今までの寄港地に比べてシドニーは巨大であり、どこか東京を思い起こさせた。

世界遺産にも登録されている「オペラハウス」では本場の文化を体感できた。『グレート・オペラ・ヒッツ』と呼ばれるショーでは名曲を聴くことができたが、今回は見ることが叶わなかったオペラを見るためにも、この地を再び訪れたい。

シドニーのパースリー・ベイ・パークで清掃ボランティアを行う実習幹部たち（9月13日）

オークランド～シドニー

外国士官との生活で実感すること
3海尉　柴田　千里

オークランド出港時、各国の海軍士官が乗艦してきて一緒に実習を行った。彼らと一緒に生活することで、時間感覚や宗教、生活様式、食文化などの違いを実感した。国によりさまざまな違いはあるが、今回の海自との交流実習に参加したことを皆誇りに思っており、多くを学ぼうとしている点は我々と同じであった。

将来、外国海軍との共同任務や外国での勤務に当たる際には、今回の経験が生きると思った。

2艦を揺らす冬のタスマン海
3海尉　八田　顕杜

NZのオークランドから豪州のシドニーに至る冬のタスマン海は、非常に風が強く、波も高い。海は「かしま」と「いなづま」をまるで木の葉のごとく動揺させた。

日本を出発した当初は船酔いに苦しめられ、訓練すらままならない状態だったが、現在では荒天下での操艦特性を身につけようと、激しい動揺の中でも貪欲に操艦訓練に励んでいる。

千変万化する洋上において我々の五感は常に刺激され、気付かないうちに海を仕事、生活の場としている自分がいることに気付く。

豪州の戦争記念館に展示されている旧日本海軍の特殊潜航艇を見学する実習幹部（9月14日）

日豪両国の歴史認識の差異
3海尉　今泉　仁志

オーストラリアの首都キャンベラ研修では、国立博物館、戦争記念館、国会議事堂を見学した。

戦争記念館では、豪州が参加した二つの大戦に関連する展示やシドニー港に攻撃を仕掛けた旧日本海軍の特殊潜航艇を見学して、両国の戦いに関する歴史について理解を深めた。

日本国内では第2次世界大戦中、特殊潜航艇がオーストラリアを攻撃したことはあまり知られていない。しかし、こちらでは広く国民に認識されており、このような歴史認識の差異が日豪間に存在することに驚かされた。

戦争記念館で学ぶ太平洋戦争
3海尉　梶並　織人

キャンベラの戦争記念館では、旧日本軍が捕虜の移送中、多くのオーストラリア軍捕虜が亡くなったことなど、日本ではあまり知られていない事実の展示物が数多くあり、新たな視点から太平洋戦争を学ぶことができた。

こうしたことから、戦後、オーストラリアでは反日感情が強かったが、日本へ布教に赴いた神父に関する展示や、ダーウィン市での日本企業によるサルベージの展示物から、「両国民の献身的な活動により、今日、日豪は良好な関係を築けている」といったメッセージも感じることができた。

オーストラリア滞在中、シドニーマラソンに出場した実習幹部たち（9月15日）

シドニー～パプアニューギニア・ラバウル

常に目先を利かせる重要性
3海尉　林　拓弥

芸術的な建築物に彩られ、その美しさで世界的にも名高いシドニー。この街の景色は、天候に恵まれるとより一層美しいものとなる。だが、我々が出港する際はあいにくの荒れ模様だった。シドニーを出港した我々を待ち受けたのは、強い風雨と高波だった。

荒天時にまず気を配ることは安全管理だ。特に甲板作業時、荒天は作業員の身の安全に大きな影響を及ぼす。この時も高波が前甲板に到達し、甲板作業員がかぶる場面が見られた。しかし、前部指揮官は迅速かつ的確な指揮をもって、前部作業員と実習幹部の安全を確保してくれていた。これを見て、私は指揮官として目先を利かせることの重要性を再認識させられた。

卒研教官の言葉で成長できた操艦
3海尉　小池　可純

練習艦隊では午前6時過ぎから操艦訓練が始まる。事前に計算をして速力を減らす点や転舵をする点を割り出しておくのだが、当日の風や波の影響も考慮して操艦しなければならない。初めて操艦した時は思ったように艦を持っていくことができず、悔しい思いをした。その時に思い出したのが、防大在学時、卒研教官から言われた「すぐには結果の見えてこないものをないがしろにするな」という言葉だ。

それからはこの言葉を胸に、自分の配置がなくても毎日艦橋に上がり、同期の姿を見学して自分ならどうするか考えたり、誰もいないのを良いことに、上部指揮所で大きな声で操艦号令を練習して度胸をつけた。

これらは効率の悪いやり方だったかもしれないが、次に操艦したときには思った通りのコースに乗って、すんなりと占位位置に着けた。素直にうれしかった。

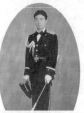

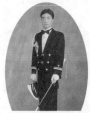

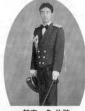

太平洋上での慰霊祭で、弔銃発射を行い、大戦中に殉じた英霊たちを慰める儀仗隊（9月24日）

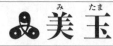

ただいま募集中！
◇高工校生徒（推薦・一般）
◇自衛官候補生
◇貸費学生（技術）
★詳細は最寄りの自衛隊地方協力本部へ

台風19号で緊急招集　河本予備1陸佐

東方情報部に着任

在職中、現地調整所長を経験

台風19号による災害で、東日本大震災以来2回目の緊急招集となった予備自衛官。今回は東方、東北方管内の約55人が招集され、ほぼ全員が順次、出頭した。東部方面総監部（朝霞）情報部には10月22日、経験豊富な河本俊哉予備1陸佐（57歳・埼玉地本所属＝元戦車教導隊長、元1佐）が着任。「情報部長補佐」として同28日まで現職隊員とともに勤務し、災害に関する情報収集活動に従事した。

東方総監部情報部長の「補佐」として着任し、情報部の幹部3人に指示を出す河本予備1佐（左奥、円内も）＝10月23日、朝霞駐屯地で

「今回の災害は全国レベルだ。情報部はJTF（統合任務部隊）としっかりとした連携を」——。

10月23日、陸上総隊で行われた会議の内容について報告を受けた情報部長補佐の河本予備1佐は、幕僚たちにこう指示した。

台風19号の上陸から11日が経過したこの日、東方の隷下部隊は東京、長野、栃木、茨城、千葉、埼玉、神奈川の1都6県で災害派遣活動を続けていた。各隊の活動を指揮するため情報収集に当たる東方情報部では、連日24時間、休みなく活動していることもあり、幕僚の業務に影響が出る恐れがあった。

そこで東方情報部長の嶋本学1佐が、予備自の招集に応じたベテランの河本予備1佐に白羽の矢を立て、「情報部長補佐」となってくれるよう依頼し、同部に配属されることになった。

陸自を平成29年12月に定年退職した河本予備1佐は、東京海上日動火災保険に再就職。その後、数少ない「1佐の予備自衛官」となった。

「戦闘服2年ぶり」

今回の大雨災害では予備自の招集が10月14日に閣議決定。19日に埼玉地本の隊員が自宅を訪れ、河本予備1佐に災害招集命令書を交付、直ちに勤務する会社の了承を受けて22日に朝霞駐屯地に出頭した。そこで東方情報部への配属を命じられ、28日まで「情報部長補佐」として勤務した。

河本予備1佐は陸自在職中の平成26年8月、広島で発生した大規模土砂災害に出動し、現地調整所長として活躍した。このため情報収集活動には馴れており、「現場の流れは分かっていた。情報部配属にも不安はなかった」と振り返った。

河本予備1佐を迎えた情報部の隊員たちも「経験豊富な河本予備1佐から運用面でアドバイスをいただけるのは大変ありがたかった」と語った。

嶋本情報部長も「人格・識見ともに優れた河本予備1佐が隊員を指導してくれたことで、災派部隊の運用がより効果的に行えた」と感謝の言葉を述べた。

1週間の部隊勤務を終えた河本予備1佐は「2年ぶりに陸自の戦闘服に袖を通し、とても感慨があった。今回は休みがとれず、来られなかった予備1佐もいると思うが、陸自は我々を必要としてくれている。ぜひとも都合の許す範囲で出頭し、現職の隊員と共に災派活動に貢献してほしい」と全国の予備自に呼び掛けていた。

埼玉　予備自ら6人に招集命令書

山野正志埼玉地本長（右）から「災害招集命令書」を受ける畠山即応予備2陸曹（左）＝10月15日、埼玉地本で

【埼玉】地本は10月15〜19日、台風19号の被害対応で招集に応じた予備自衛官2人、即応予備自衛官4人に、各勤務先や本部で災害招集命令書を交付した。

命令書を受領した各予備自らは、それぞれ指定された駐屯地に出頭、被災各地で常備自衛官とともに救援活動に従事したほか、被災隊員の法律相談に応じるなど、さまざまな分野で活躍した。

埼玉地本は10月14日の予備自招集に関する閣議決定の後、直ちに準備に着手。各予備自らもそれぞれ勤務先と調整を進め、短期間での招集命令書交付が可能になった。

地本では今後も予備自衛官らとその雇用企業の協力が得られるよう、連携を強化していく。

沖縄に色覚検査装置　離島配慮、使用要領を演練

【沖縄】地本は10月3日、陸幕募集施策の「身体要件（色覚）に係る検査の試行」に伴い、離島の特性を配慮され、50地本で唯一「色覚検査装置」の配分を受けた。これを受け、同日、本部会議室で使用要領の訓練を行った。

訓練は募集課募集班長の長澤紳1陸尉が納品業者から取扱要領の説明を受け、今後の採用試験に備えて広報員などを集め、那覇分駐所の西田真吾1陸曹を受験生に見立て「色彩識別検査」の要領を実演した。

沖縄では宮古島や石垣島でも身体検査を実施しており、今後、試験官が携行し、検査を実施することになる。地本では募集ミーティングなどを通じ、幹部自衛官などに対して取扱要領の徹底を図り、今後の円滑な試験業務に生かしていく。

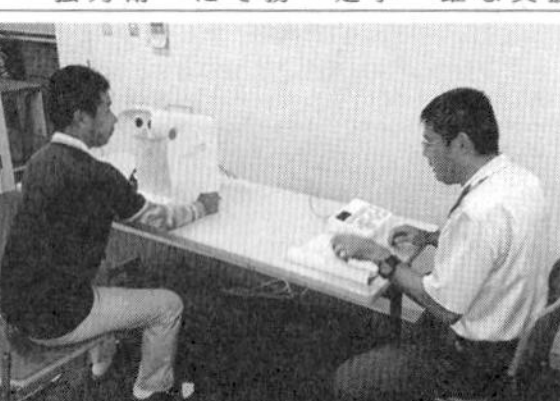

「色覚検査装置」の使用法をレクチャーする長澤募集班長（右）。左は受験生役の西田1陸曹（10月3日、沖縄地本で）

会歌作曲のお礼訪問　鳥取県婦人防衛協力会　中方音　柴田隊長が作曲

【鳥取】鳥取県婦人防衛協力会（児嶋和歌子会長）は9月17日、会歌『支える力』の作曲協力のお礼のため、中部方面音楽隊（伊丹、柴田昌宜隊長）を訪問した。

当日は児嶋会長、寺岡政子副会長、青木秀敏鳥取地本長の4人が部隊を訪れ、演奏の練習風景を見学。その後、青木地本長が隊員を前に謝意を述べ、児嶋会長が「作曲していただいた会歌はとても歌いやすい、すばらしい曲です。会員が心を一つにして活動していけます」とお礼を述べた。

その後、音楽隊がサプライズで『支える力』を演奏。歌唱・軽音楽で明るく歌い上げると、一行は感激して拍手を送った。

鳥取県婦人防衛協力会は、自衛隊を支援しているボランティア団体。今回、会員の結束を高めるため、会歌を作曲。鳥取地本を通じて中方音楽隊に作曲を依頼したところ、柴田隊長自らが作曲した会歌が完成した。

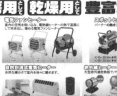

鳥取県婦人防衛協力会の会歌『支える力』を作曲した柴田中方音楽隊長（中央）に謝意を述べる児嶋会長（右）＝9月17日、伊丹駐屯地で

創立65周年祝う　山梨地本が記念行事

【山梨】地本は9月7日、アピオ甲府で創立65周年記念行事を開催した。山梨地本OB会と共催で行われた記念行事は、感謝状贈呈式、記念講演、祝賀会食会からなり、感謝状贈呈式では地本マスコット「ふじ君」「かえでちゃん」をデザインした熊崎優さんほか12人に感謝状と記念品が贈られた。記念講演では「失敗の本質」の著者である村井友秀防衛大名誉教授が「激変する世界と日本の対応」と題し、講演を行った。

新芝正彦山梨地本長（右）から感謝状を贈られる熊崎優さん（9月7日、アピオ甲府で）

バスケの試合に8音　熊本、広報ブースを開設

【熊本】地本は10月4、5の両日、県総合体育館で行われたプロバスケットボールチーム「熊本ヴォルターズ」のホームゲームに広報ブースを開設した。

オープニングセレモニーでは陸自8音楽隊（北熊本）が演奏。選手入場直後に奏でられた8音のパフォーマンスにサポーターたちは「音楽隊、とてもよかった。最高です」「また演奏を聴きたい」と感激した様子だった。8音は今後も「熊本ヴォルターズ」とのコラボを継続する予定だ。

地本も広報ブースを開設し、サポーターたちに自衛隊を広報。戦闘服などを試着してみる若者もいた。

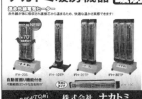

熊本地本広報大使の宮崎頌子さんと記念撮影する「熊本ヴォルターズ」の選手。中央はエアーくまモン（10月4日、熊本市の県立総合体育館で）

明野、小牧で99人空中散歩　三重が体験搭乗

【三重】地本は「秋の体験搭乗まつり」を開催し、明野駐屯地ではUH1多用途ヘリ、小牧基地ではCH47輸送ヘリに計99人が搭乗した。

体験搭乗はいずれも晴天に恵まれ、明野では伊勢神宮を含む志摩周辺を、小牧では名古屋城の周辺をそれぞれ約15分飛行。普段はテレビでしか見られない絶景に参加者は夢中になって地上を見つめていた。

体験飛行後には、明野では格納庫の航空機見学、小牧では資料館の見学などが行われた。

フリートウイークで神奈川など4地本タッグ

護衛艦「いずも」の艦上で協同で自衛隊を広報した首都圏の4地本長。左から山野正志埼玉地本長、岸良知樹東京地本長、兼本貴祐神奈川地本長、河井孝夫千葉地本長（10月5日）

ゆるキャラ総選挙「はまにゃん」1位

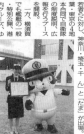

【神奈川】地本は10月5、6の両日、横浜、横須賀市で開催された自衛隊観艦式付帯行事「フリートウイーク」の場を活用し、募集広報を行った。

横浜では一般公開された護衛艦「いずも」「むらさめ」を訪れた若者らに対し、神奈川・埼玉・千葉・東京の4地本合同で自衛隊の制度説明、広報を行うブースを開設。

一方、横須賀でも艦艇の一般・特別公開、港内クルーズ、ゆるキャラ総選挙などを楽しむ来場者向けに募集広報を実施した。

特に「ゆるキャラ総選挙」には全国の部隊・機関などから40体以上のゆるキャラが集結し、多数のファンが詰めかけた。

神奈川地本からも「はまにゃん」と「たま」が出場。総選挙の結果、「はまにゃん」が1位に輝いた。

この両日、横浜地区では約1000件の募集対象者情報を獲得。この情報には全国の募集対象者が含まれ、今後、各地本にも情報を提供し、それぞれの地域で募集につなげる計画だ。

ゆるキャラ総選挙で1位に輝いた神奈川地本のマスコット「はまにゃん」＝10月6日、横須賀基地で

自衛隊ブースに320人　「くにみの日」で島原所広報

【長崎】島原地域事務所は9月23日、雲仙市国見町で開催された「くにみの日」のイベントで、16普連（大村）と雲仙市家族会の協力を受けてブースを設置し、募集広報を実施した。

今年で26回目となったイベントは、1万8000人の来場者でにぎわった。ブースでは軽装甲機動車など陸自車両の展示のほか、長崎地本はミニ制服の試着やVRゴーグル体験などを準備し、自衛隊をPRした。

ブースには約320人が来場し、子供たちが装備品をバックに写真撮影を楽しむなど、終日にぎわった。参加者は「台風で中止になるかと思ったが、楽しみにしていたので開催されて本当にうれしい」などと話していた。

台風19号災派 廃棄物処理など担う

一日も早い復旧を

陸自中心の1500人、4県11市町で

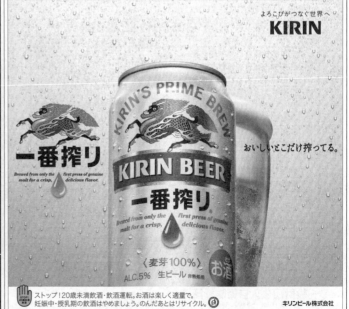

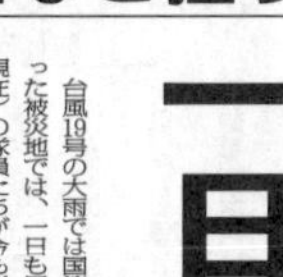

台風19号の大雨では国管理の1級河川だけでも5県の七つの河川が氾濫した。泥水につかった被災地では、一日も早い復旧のために、陸自部隊を中心とした約1500人（10月31日現在）の隊員たちが今も災害廃棄物などの処理や道路啓開に全力で当たっている。

千曲川の氾濫で泥水につかり使えなくなった校内の備品を搬出する41普連の隊員（10月25日、いずれも長沼小学校で）＝西部方面隊提供

内閣府によると福島県の阿武隈川、長野県の千曲川など、5県7河川（いずれも1級河川）の12カ所で堤防が決壊した。

氾濫した川の水につかり、泥をかぶって大量の廃棄物が出た被災地。被災した住民が一日も早く被災前の生活を取り戻せるよう、隊員たちが全力で尽くしている。

各種支援のうち災害廃棄物等処理・道路啓開は10月31日現在、宮城、福島、埼玉、長野の4県11市町29カ所で隊員約1500人により継続。

東部方面隊（総監部・朝霞）の1師団（練馬）と12旅団（相馬原）は、長野市の飯綱町アップルポール場などへの災害廃棄物の搬出を行っている。

一方、各部隊のうち東方の増援で西部方面隊（総監部・健軍）の派遣部隊は10月30日、指揮する12旅団長の命令により、長野市での活動を東方の部隊に引き継ぎ、戦力回復（休養）のため11月2日以降、順次一時帰隊した。各部隊は新たな派遣命令に備え、各駐屯地で即応態勢を維持している。

西方の派遣部隊のうち、5施団（小郡）、4施大（大村）、41普連（別府）、4特防（福岡）は10月13日から同29日まで、応急復旧として長野市の小中学校5校の再開支援などを担当。7トンダンプ車約280台分の災害廃棄物・土砂の除去などを行った。

被災した5校のうち、長野市東北部に位置し千曲川の氾濫で3階建ての校舎の1階が浸水した長沼小学校では、41普連が処理活動を担った。

災害廃棄物などの処理量は、延べ約6万5千トン。また、倒木除去などの道路啓開は同約94キロ（いずれも10月31日現在）を行っている。

校舎内にたまった大量の泥をスコップで排除する41普連の隊員（10月25日）

無事故管制3千万回

空自保管群、57年かけて達成

「無事故管制3千万回」を達成し、T4ブルーなどの空自機を背に記念撮影に納まる松尾4空団司令、渡部保管群司令をはじめとする隊員たち（10月3日、松島基地で）

【保管群＝府中】航空保安管制群は10月1日、4空団（松島）所属のF2戦闘機の管制で「無事故管制3千万回」を達成した。

全国の15基地に所在する管制部隊が航空機の離陸、着陸、管制空域の通過をそれぞれ1回と数え、昭和37年1月1日に航空交通管制業務を開始して以来、57年余を経て「3千万回」を成し遂げた。

記録達成に伴い、保管群は10月3日、松島基地で記念行事を実施。保管群司令の渡部[illegible]のあいさつ、4空団司令兼松島基地司令の松尾[illegible]の祝辞に続き、3千万回目の管制を行った松島管制隊の管制官と、4空団のパイロットに花束が贈呈された。

記録は歴代群司令をはじめとする先輩隊員の功績と、現場隊員一人一人の努力、また自衛隊関係部隊・機関、国交省などの支援と協力を得て達成した。

保管群隊員一同は伝統と重責を再認識するとともに、飛行安全の確保のため、決意新たに任務に邁進することを誓った。

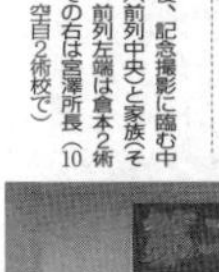

NEXCO中日本から表彰

2術校の中山3曹 横転した車から男女を救出

【2術校＝浜松】空自2術校整備部の中山3曹は、北陸自動車道で横転した車両から男女2人を救出し、二次事故を防止したとして、NEXCO中日本から感謝状を贈られた。

中山3曹は4月8日、勤務を終え家族と共に私有車で北陸自動車道を走行中、トンネル出口付近の路肩に横転した車両を発見。直ちに事故車両に駆け寄り、車内に高齢の男女2人がいることを確認した。意識がもうろうとしている2人を車外に救出し、さらに発煙筒と停止表示板を設置して二次災害を防止した。2人にけがはなかった。

NEXCO中日本金沢支社敦賀保全・サービスセンターの宮澤正隆所長は2術校で行われた贈呈式で、「発煙筒を用いて二次事故を予防したことに特に感謝します」と謝意を示した。

表彰に立ち会った2術校長の倉本昌弘将補は「多様な選択肢の中から、最善の救助を確実に実施した行動力は素晴らしい。他の隊員もこれを模範として、善いことは臆せずに実行してほしい」と語った。

中山3曹は「これからも困っている人がいたらすぐに助けたい」と決意を新たにしていた。

表彰後、記念撮影に臨む中山3曹（前列中央）と家族（その右）。前列左端は倉本2術校長、その右は宮澤所長（10月25日、空自2術校で）

英チャールズ皇太子と交流

河野防衛相、英海軍測量艦「エンタープライズ」艦上で

河野防衛相（右）は10月23日、東京都中央区の晴海埠頭に停泊中の英海軍測量艦「エンタープライズ」艦上で開かれた駐日英国大使主催のレセプションに出席し、「即位礼正殿の儀」に参列するため来日した英国のチャールズ皇太子（左）と言葉を交わし、交流を深めた。防衛省からは髙橋憲一事務次官や山村浩海幕長らも同席した。

＝写真は防衛省提供（1、2面参照）

こちら警務隊

火薬類取締法違反

実弾は不燃ごみに出さず 銃砲店通し適切な処分を

祖父の遺品整理をしていたら猟銃用の実弾が見つかりました。処分に困ったので不燃ごみとして捨てようと思いますが問題ありますか？

実弾は火薬類取締法で定める火工品に当たり、許可を受けないで勝手に廃棄することは同法第27条第1項（無許可による廃棄）違反で1年以下の懲役または50万円以下の罰金に処せられます。

また、実弾などの火工品を他のごみと一緒に処分すると火災や爆発等の重大な事故になりかねません。

不用実砲等の廃棄は、日本火薬銃砲商組合連合会が認定する銃砲店で廃棄依頼の手続を行い、適切に処分してもらいましょう。

（北部方面警務隊）

※次回は「私電磁的記録不正作出及び供用罪」

松江市消防本部から感謝状

美保分屯地隊員、海水浴場で人命救助

【陸美保】陸自美保分屯地の犬童洋二3曹は10月3日、人命救助の功績で島根県の松江市消防本部から感謝状を贈られた。

犬童3曹は今年8月4日、松江市美保関町の海水浴場で子供と遊戯中、防波堤にいた男性から「沖の知人の状況を確認してほしい」と頼まれた。

急いで約50メートル沖の男性に近付くと、男性は溺れて意識のない状態で浮いていた。溺れていることを大声で周囲に伝え、近くの男性3人とボートに担ぎ込み、海岸まで搬送。近くにいた人に心臓マッサージを頼み、自らは男性の嘔吐物にもちゅうちょせず人工呼吸を始め、救急隊員に引き渡すまでの約10分間、献身的に対応した。

男性は意識不明の重体だったが2日後、一命を取り留めた。さらに約2週間後には男性本人が官舎を訪問し、「あなたのおかげで生きることができました。本当にありがとうございました」と伝えられた。

犬童3曹は「突然の出来事で人工呼吸を始めた際、気道の確保を忘れうまく息が入らなかった。すぐに訓練を思い出し、正しく実施した。今後も何事にも冷静に対応できるよう日々精進します」と語った。

松江市消防長から感謝状を贈られる犬童3曹（左）＝10月3日、同市消防本部で

小休止

▽…航空中央音楽隊の36人は10月27日、東京都府中市の東京競馬場で行われた天皇陛下御即位を慶祝した競馬のGIレース「第160回天皇賞（秋）」で、ファンファーレなどの演奏を披露、レースを盛り上げた＝写真。

▽…空音はレース前の演奏会、天皇賞のファンファーレ演奏、表彰式の計3回登場。スタンド席の大観衆を前に「Theme of SUPER KEIBA」「威風堂々」などを演奏した。

▽…スタンド前方のスクリーンに空音隊員の姿と紹介文が映ると会場内のボルテージも急上昇。熱気の中で渡邊与秀1尉が力強くタクトを振るい、演奏後は約10万人の観客から割れんばかりの拍手と喝采が送られた。（立川）

朝雲・栃の芽俳壇

畠中草史　選

風林火山の昇り旗立て葡萄園　浜松・空OB　宮本　立勇
山梨は葡萄狩りが盛ん。昇り旗が立っていたのであるが、信玄の裔とは関わり無いようだ。

穂波を見風を聞きゐる案山子かな　熊谷・空OG　福元万理子
稲田に立っている案山子の有様を叙していて、稔田の中で飄々と孤独を感じさせない。

柳葉魚来ひ凪待つ浜の漁夫溜り　江別・陸OB　鎌田日出雄
嵐峡の開削今に水澄めり　宮崎・空OB　高木　智念
もてなしは独活の天麩羅山の宿　あきる野・一般　小和田一男
まだ遠い日と思ひたし敬老日　熊谷・空OG　關谷　桂子
台風来石の鳥居は湖の中　大津・陸OB　丸岡　正男
ペースメーカーに生かされてゐる長き夜　町田・陸OB　岩原　滋利

停電の街をなごます月今宵　館山・海OB　斎藤　一向
糠雨の空に明るく女郎花　浜松・空OG　堀内ミサ子
葉の上に見得を切りをる疣むしり　熊谷・空OB　工藤　敏雄
ぬかあめのしづけき湖尻鯔跳ねる　浜松・空OG　塩見　惇子
十六夜や北国街道宿場町　神奈川・海OG　折口　桂子
竹とんぼ高く飛ばして虚空秋　熊谷・空OB　蓮佛志向子
廃屋を覆ひ尽して葛の花　福岡・技本OB　桑野　秀毅
仕舞湯の我にちちろの鳴きくれし　新座・陸OG　牧　浩子
自転車に翅伏してゐる赤蜻蛉　熊谷・空OG　佐藤　玲美
十月と言へど真夏日今日もまた　西東京・空OB　水島　孝雄

七曜の朝夕秋気澄みにけり　相模原・一般　森　謙二
一日毎案山子の向きを変へもして　熊谷・空OB　明田　眞雅
紫蘇の実を刺身に添へて香り立つ　新座・陸OB　船田藤三郎
落ち蝉を拾ふ妻の手老いにけり　仙台・陸OB　加川　師亨
季語集を繰りつつ思案の秋暑し　熊谷・空OG　高橋ふみ子
夏草の畑を一気に耕耘機　熊谷・空OG　関田　絹江

選者作品
起伏なす北の大地の蕎麦の花

投句歓迎！
▽郵便はがきの裏面に未発表の自作3句以内と氏名、年齢、職業（自衛官・事務官＝所属部隊＝、OB、家族、一般など）、住所、電話番号を記入▽締め切り毎月15日▽宛先＝〒162-8801東京都新宿区市谷本村町5の1 防衛省D棟市ヶ谷記者クラブ朝雲俳句係☎03（5225）1750、専用線8・6・25515

みんなのページ

長崎県の離島で離着岸訓練
「海岸に突っ込んでいくのが魅力的」

海曹長　斉藤　孝治（佐世保警備隊「輸送艇1号」先任伍長）

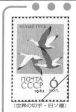

海自の「輸送艇1号」（420トン、艇長・岩村孝明1尉以下約27人）は9月24日、秋晴れの穏やかな天気の中、長崎県西海市崎戸町・蛎ノ浦島の海岸で離着岸訓練を実施しました。

「輸送艇1号」は佐世保警備区内において、主として離島、へき地などへの業務輸送をはじめ、あらゆる情勢下における海上輸送を主任務としており、不測事態に迅速・確実に対応できる態勢を維持するための訓練を定期的に実施しています。

蛎ノ浦島の海岸への着岸準備が整ったところで、艇では着岸時間を設定し、浜辺への近接を開始。艇首を目印となるビーチマーカーに向首して、徐々に速力を減じながら近接していきました。

そして「着岸1分前！着岸にそなえ！」の号令が艦内マイクで流れると、乗員一同、緊張しつつ、艇首が砂浜に乗り上げた時の衝撃に耐えられるよう、両手を壁などに当てて、両足を踏ん張りました。

その直後、鈍い振動が伝わり、「着岸した！」の艦内マイクが流れました。無事にビーチングし、乗員一同、ほっとしました。

乗員は直ちに「定時・定点」に正確に着岸できたかを確認。その後、艇首部のバウランプを降ろし、揚陸準備に着手しました。

普通の船は、浅瀬に座礁・乗り上げをしないよう、細心の注意をはらいながら運航していますが、海自の輸送艇は「浜に乗り上げる」のが仕事です。このため、乗員は計画的に十分な調査を行い、安全を確保しつつ、離着岸訓練に臨んでいます。

「輸送艇」は港がない場所にもビーチングできる海自でも数少ない船であり、大胆に「海岸に突っ込んでいく」ところがとても魅力的な船です。このため島嶼部で離着岸訓練をできることは、乗員一同の誇りともなっております。

艇首部のバウランプを降ろし、揚陸の準備にあたる「輸送艇1号」の乗員

長崎県西海市・蛎ノ浦島の海岸に突っ込み、砂浜に乗り上げた「輸送艇1号」

伊丹駐屯地で新入社員研修

会社員　中川　一光（タカラベルモント㈱）

弊社の「2019年度新入社員野外研修（自衛隊隊内生活体験研修）」が今年も9月11日から3日間、54名の新入社員が参加して伊丹駐屯地の第36普通科連隊において実施され、多くの成果を得て終了することができました。担当していただいた第1中隊の皆さま、そして連隊広報室の皆さまに心から感謝申し上げます。

本研修は今年で8回目になります。2012年度第1回は千葉県の習志野駐屯地で、第2回以降は大阪本社に近い伊丹駐屯地で実施しています。新入社員にとって自衛隊・駐屯地での生活は初めての体験ですが、防衛講話、基本教練、徒歩行進などの研修課目、班長・班付等自衛官の皆さまとの人間的なふれあい・交流など、他では絶対に経験できない体験を通じて社会人として必要な多くの学びを得ています。

担当していただいた皆さまに感謝の意を込めて、研修終了後に新入社員が提出したレポートの中の声をご紹介したいと思います。

◇

「団結心においては、一つの目標に向かってチームで解決することの達成感や充実感というものを体感した。自分だけという精神では何事もうまくいかないと感じた。互いに思いやり、譲歩することの重要性を感じることができた」（19年度入社・女性）

「班長は『仕事でも人間関係でも理不尽なことがたくさんある。それでも頑張ったら、やっぱりついてきてくれる人もいる。だから、どんなにしんどくても、手を抜かず真剣に取り組んでほしい』と言っておられた。本当に自分の限界に挑戦した人の言葉は、こんなにも説得力に溢れていた。これからの僕の支えになる言葉だ」（17年度入社・男性）

改めまして生活体験を担当していただいた36普連の皆さまに心から感謝申し上げますとともに、隊員皆さまのご健勝と益々のご活躍を祈念いたします。

伊丹駐屯地で野外研修に取り組むタカラベルモントの新入社員

実感した「備えあれば憂いなし」

防衛モニター　浜田　幸夫（鳥取県婦人防衛協力会参与）

鳥取婦人防衛協力会（見嶋和歌子会長）はこの夏、鳥取地方協力本部と第8普通科連隊（米子）のご協力により「富士総合火力演習」[illegible]

OBがんばる

大野　裕司さん　55
平成30年11月、空自3輸送航空隊（美保）を最後に定年退職（特別昇任2佐）。島根県松江市にある「はつみ交通」に再就職し、貸切バスの運行業務に当たっている。

これからの人生は長い

私の再就職に関しては、美保基地援護室のご尽力により、自宅近傍の松江市の会社に再就職することができました。

この会社は貸切バスの事業を行っており、観光のほかに冠婚葬祭、地区行事、学校のクラブ活動でのバス運行をしており、常に安心・安全・真心のサービスで、お客様の旅をサポートしています。また近年は松江市からの委託事業として、地域のコミュニティーバスも運行しています。

[illegible]

第1222回出題　詰碁

出題　日本棋院　九段　曲　励起

白先

『白を助けてください。三手目が大切です』5分でできれば中級です。

▶詰碁、詰将棋の出題は隔週です◀

詰将棋

出題　日本将棋連盟　九段　石田　和雄

[illegible]

いいかい、怖かったら怖いほど、逆にそこに飛び込むんだ。
岡本　太郎（画家）

（世界の切手・旧ソ連）

朝雲ホームページ
www.asagumo-news.com
＜会員制サイト＞
Asagumo Archive
朝雲編集部メールアドレス
editorial@asagumo-news.com

新刊紹介

「海軍基本戦術」
秋山　真之著、戸髙　一成編

ロシアのバルチック艦隊を迎え撃ち、「日本海海戦」を勝利に導いた旧海軍の参謀・秋山真之。彼が遺した『戦術論』を呉市の「大和ミュージアム」館長を務める海軍史家の戸髙氏が現代語訳したのが本書「海軍基本戦術」と姉妹書の「海軍応用戦術／海軍戦務」だ。

基本戦術第1編では、戦闘力の要素から艦隊の編制、隊形・運動法について、第2編では兵理、戦法上の攻撃諸法、戦法などを「日本海海戦」の戦例を引いて解説、ロシア軍に対し、連合艦隊がとった「丁字戦法」なども講述している。

明治の軍人が記した書だけに、その独特の文体に慣れるまで忍耐がいるが、やがて秋山本人から直接、訓育を受けているような感覚になる。防大生や幹部候補生など若い隊員にも、マハンやネルソンに匹敵する名戦術家が日本にいたことを知り、その息吹に触れてもらいたいものだ。

姉妹書の「海軍応用戦術／海軍戦務」では戦略と戦闘の関係、艦隊の令達、通信、偵察、警戒といった任務の規範について述べている。（中央公論新社刊、990円）

「ゲームチェンジャー兵器」
「軍事研究」11月号別冊

かつて突如戦場に現れ、敵軍を大混乱に陥れた戦車や航空機、潜水艦、原子爆弾のように、それまでの戦い方を一変させてしまう「ゲームチェンジャー兵器」について、その最新の開発動向と影響力の大きさについて考察した「近未来兵器」の解説書だ。

本書では陸・海・空・宇宙の各兵器が紹介されるが、巻頭では日米にとって直接脅威となる北朝鮮、中国、ロシアの兵器について特集。北の新型潜水艦とこれに搭載される弾道ミサイル（SLBM）をはじめ、中国初の巡航ミサイル「DH10」、ロシアの極超音速滑空弾頭「アヴァンガルド」などを取り上げている。

第2章以降は米欧を中心とした兵器が紹介され、ロボット戦闘車、高出力レーザー砲、電磁レールガン、衛星攻撃兵器などについて開発状況や戦場での運用法、各国に与える影響などについて記述している。

もし対空レーザーが実用化されれば、航空機そのものは破壊できなくても、パイロットを失明させることで、その戦力を無力化できる。自衛隊としても防護手段を持たないと現有装備を瞬時に失う可能性がある。本書はその防衛手段を考えていく上でも参考になるだろう。（ジャパン・ミリタリー・レビュー刊、2600円）

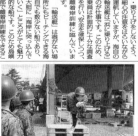

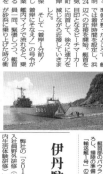

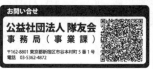

朝雲

発行所 朝雲新聞社
〒160-0002 東京都新宿区四谷坂町12-20 KKビル
電話 03(3225)3841
FAX 03(3225)3831
振替00190-4-17600番
定価一部170円、年間購読料9170円（税・送料込み）

両陛下パレード

祝賀御列の儀

3自隊員や儀仗隊 整列

陸・海・空音楽隊も花添え

天皇陛下が広く国民に即位を披露し、祝福を受けられるパレード「祝賀御列の儀」が11月10日、国の儀式として都内で行われ、防衛省・自衛隊からは陸海空の3自衛隊の隊員約800人が参加し、皇居・宮殿（千代田区）から赤坂御所（港区）までの約4・6キロに及ぶコースの沿道で「儀仗」「と列」「奏楽」の祝賀支援を整斉と行った。

（3面に写真特集）

天皇陛下の5月のご即位から続いてきた「即位の礼」の一連の儀式の最後を飾るパレードは、同日午後3時から約30分間、雲一つない爽やかな秋晴れの下で行われ、沿道には平成の即位パレードよりも約2000人多い約11万9000人（政府発表）が詰め掛けた。

燕尾服に国内最高位の勲章「大勲位菊花章頸飾」を着用した天皇陛下と、正装のローブデコルテに勲章「勲一等宝冠章」を付け、頭上にティアラを飾られた皇后さまは午後3時、オープンカーに乗り込み、皇居・宮殿を出発された。

車列は秋篠宮ご夫妻や安倍首相らの車のほか、警備車両を含めて計46台、約400メートルに及んだ。両陛下がパレードされるのは1993（平成5）年6月の結婚の時以来。

皇居正門前には陸自の特別儀仗隊が整列し、302保安警務中隊長の小川和徳3佐以下約90人の儀仗隊が着剣して「捧げ銃」の敬礼を行うとともに、陸自中央音楽隊の約60人が隊長の樋口孝博1佐の指揮で「新・祝典行進曲」を厳かに演奏し、車列をお見送りした。

「新・祝典行進曲」は両陛下のご成婚を記念して作られた曲で、作曲者は團伊玖磨氏。二重橋前の交差点では、陸自東部方面音楽隊の約60人が隊長の村田茂3佐の指揮で同曲を演奏した。

車列は時速10キロのスピードで国会議事堂正門前から赤坂見附、青山通りを経て外苑東通りへ。

終盤地点の権田原交差点に構える隊長の松井徹生2佐以下、航空中央音楽隊の約50人は車列が到着するまでの間、待ちわびる観覧者に「空の精鋭」や「蒼空」の曲を披露して会場を盛り上げた後、両陛下の車列の通過に合わせて「新・祝典行進曲」を粛々と奏でた。

一方、権田原交差点から赤坂御所正門までの約200メートルの直線コースには、陸自1師団長の大庭秀昭陸将以下、陸海空自の各100人の隊員と防大生約20人、防医大生約10人からなる計約330人の「と列隊」が2列横隊で整列し、両陛下の通過に合わせて挙手の敬礼を行った。

最後の赤坂御所正門付近では、陸自1普連5中隊長の園田紀史3佐が率いる陸海空自混成による計120人の儀仗隊が着剣の「捧げ銃」を行って両陛下に祝意と敬意を表すとともに、海自東京音楽隊の隊長・樋口好雄2佐以下約60人が「新・祝典行進曲」を演奏し、両陛下をお出迎えした。

「祝賀御列の儀」は当初、陛下が国内外に即位を宣言された「即位礼正殿の儀」と同じ10月22日に行われる予定だったが、台風19号による甚大な被害に配慮して、この日に延期された。

整列した大庭1師団長（左から2人目）以下約330人からなる自衛隊のと列部隊の前をオープンカーで通過される天皇皇后両陛下（写真はいずれも11月10日、東京都港区の権田原交差点付近で）＝陸幕提供

オープンカーの車内から沿道の人たちにこやかに手を振られる天皇皇后両陛下（権田原交差点で）

湯浅陸幕長

「ダルマ・ガーディアン19」

日印共同訓練を視察、激励

シン国防相と関係強化で協議

湯浅陸幕長は10月28日から11月1日までインドを訪れ、同国ミゾラム州の対内乱・ジャングル戦学校などで行われている日印共同訓練「ダルマ・ガーディアン19」を視察し、陸自隊員を激励した。

陸幕長は10月29日、首都ニューデリーのインド国防省などを訪れ、ラージナート・シン国防相をはじめ、ビピン・ラワット陸軍、カランビル・シン海軍、クマール・シン・バダウリア空軍各参謀長と懇談し、インド軍と自衛隊の今後の関係強化などについて意見を交換した。30、31日にはインド東部のミゾラム州で日印で2回目となる「ダルマ・ガーディアン19」を視察した。同訓練は11月5日まで、市街地戦闘などを課目に実施された。

湯浅陸幕長は11月7日、帰国後の会見で「今回の出張でインド側高官との懇談を通じ（日印の）関係を構築できたことは、両国の相互理解と信頼関係を促進する上で大きな意義があった。対テロ分野の訓練を通じ、技量を向上できたことは、我が国への脅威に対する抑止力、対処力を強化する上で有効であった」と述べた。

インド軍の対テロ訓練施設を使い、突入訓練を行う陸自34普連の隊員（下）を上部デッキから視察する湯浅陸幕長（右上左から2人目）＝10月30日、インド・ミゾラム州で

台風災派の統合任務部隊解組

規模縮小、予備自の活動も終了

河野防衛相は11月8日、台風19号の被災地で、約3万1000人態勢で災害派遣活動に当たってきた自衛隊の「統合任務部隊（JTF）」を同日付で解組したと発表した。今後は規模を縮小し、陸自東北方面隊が活動を継続する。

これに伴い、翌9日付で即応予備自衛官と予備自衛官の活動を終結させる大臣命令も発出された。

河野大臣は8日の記者会見で「（4週間近く活動が続き）一時最大で1万5500人が派遣されていましたが、現場で断水などのインフラ等の復旧が進んだことで、今は3000人程度と規模が縮小されている。災害廃棄物の除去と入浴支援はしばらく続くと思うので、今後とも被災者に寄り添った活動を実施していきたい」と語った。

（9面に関連記事）

災害復旧予備費 防衛省に65億円

消耗品の更新・修理

政府は11月8日の閣議で、台風15号や19号による被害からの復旧を目的に、令和元年度予算の予備費から1316億円を支出することを決定し、このうち防衛省関係は65億円が計上された。

65億円の内訳は、30億円が「被災地派遣の活動経費」として、▽損耗した備品・消耗品▽災害派遣手当などの各種手当▽装備品等の燃料――などに充てる。

残る35億円は「被災地域で使用した装備品等の維持整備費」として、▽災害派遣に使用した航空機や車両等の修理▽入浴支援で使用した装備品等の更新・修理――などに充てる。[illegible]

付金が雇用主に支給されるほか、[illegible]

シンガポール国防相と丸茂空幕長が会談

地対空ミサイル部隊を視察

丸茂空幕長は10月23日から25日まで、シンガポールとマレーシアを訪問した。

空幕長は23日、シンガポール国防省を訪れ、同国空軍司令官のケルビン・コン少将と会談。その後、ウン・エンヘン国防相とも相次ぎ会談した。ウン大臣はシンガポール主催の国際防衛イベントに言及し、日本の一層の参画に謝意を示した。両者は2国間の防衛協力に関する意見交換を行い、両国の良好関係を確認した。

その後、空幕長は同空軍の195戦隊（チョンバン）を訪れ、短距離地対空ミサイル「パイソン5」や地対空ミサイルシステム「スパイダー」を視察した。

丸茂空幕長は24日、マレーシアの首都クアラルンプールで[illegible]

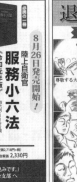

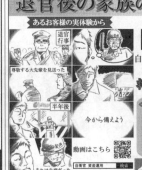

マレーシアを訪れ、同国軍の儀仗隊を巡閲する丸茂空幕長（中央）＝10月24日、マレーシア・クアラルンプールの国防省で

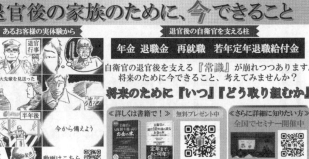

春夏秋冬

科学哲学者であるK・R・ポパーは、実在世界は三つに区別されると主張した。物理的世界を世界1、人間の心の世界を世界2、そして知識や理論の内容を世界3とした。技術、著作物、そしてインターネットの世界なども世界3である。例えば、アインシュタインという肉体的存在は世界1、理論を生み出した彼の心理状態は世界2、そして彼が死んでも存在している相対性理論は世界3となる。そして、これら三つの世界はそれぞれ相互作用して、世界は成長するという。

このような多元的世界観に従うと、最近のドイツのシーメンス社の動きは興味深い。米国と中国に負けないために、10年前からドイツが官民協調して進めてきたのは、製造業のデジタル化であった。[illegible]

デジタル化時代のリーダー

菊澤 研宗

シーメンス社が進めているのは、現実の工場のデータを[illegible]仮想工場（デジタル・ツイン）[illegible]

（慶応義塾大学教授）

朝雲寸言

関東平野を流れる荒川といえば、埼玉県秩父地方から東京湾に注ぐ一級河川だが、下流の22キロが人工的に造られた放水路であることを知る人は案外少ない。[illegible]

海賊対処
水上部隊33次隊に特別賞状
航空部隊36次隊に1級賞状

首相からの特別賞状を河野大臣（右）から受ける海賊対処水上33次隊の護衛艦「あさぎり」副長の南2佐（11月7日、防衛省で）

ソマリア沖・アデン湾で約4カ月間にわたり民間船舶の護衛任務などに従事して帰国した海自の「海賊対処行動水上部隊33次隊」に11月7日、河野防衛相から内閣総理大臣特別賞状が伝達された。

33次隊は護衛艦「あさぎり」（艦長・波江野裕一2佐以下約200人）で編成。4月19日から8月27日までの間、多国籍の第151連合任務部隊（CTF151）に参加してシーレーンのゾーンディフェンスを実施し、約100日間で約120隻の商船の安全航行に寄与した。直接護衛は12回・12隻の実績を残し、同湾でインド船籍貨物船乗員の救助活動も行った。

大臣室で行われた式には波江野艦長の代理として「あさぎり」副長の南和宏2佐が出席。山本副大臣、渡辺政務官、高橋事務次官、増子統幕副長、出口海幕副長、岡人事教育局長が立会した。

河野大臣は「国際社会の重要な取り組みである海賊行為の抑止に大いに寄与するとともに、オマーン海軍と共同訓練などを実施し、我が国との防衛協力の強化を図った」と賞状を読み上げ、南2佐に特別賞状と副賞の盾を伝達した。

続いて、アフリカのジブチを拠点に7月21日から10月12日までの間、P3C哨戒機で上空からアデン湾の監視活動に当たった「航空隊36次隊」に大臣から1級賞状が授与された。

36次隊は司令の大原浩史2佐以下、5空群（那覇）基幹の隊員63人で編成。派遣期間中、任務飛行52回、飛行時間約370時間、確認船舶約5200隻の実績を残し、功績が認められた。

有事想定の統演始まる
サイバーなど初の「領域横断作戦」

陸海空3自衛隊の統合運用を演練する令和元年度「自衛隊統合実動演習」が11月11日、日本周辺海空域と全国の自衛隊駐屯地・基地などで始まった。今年度は新たな防衛大綱と中期防に基づき、サイバー、電磁波などを含めた「領域横断（クロス・ドメイン）作戦」を初めて取り入れている。

訓練は、山崎統幕長を統裁官に、統陸海空各幕をはじめ、陸自は陸上総隊、各方面隊、海自は自衛艦隊、呉地方隊、空自は航空総隊、支援集団、共同部隊は指揮通信システム隊、中央病院などから隊員約3万2000人、車両1600両、艦艇8隻、航空機約160機が参加している。

有事を想定し、①水陸両用作戦②防空作戦③海空作戦④統合電子戦⑤防衛省・自衛隊のシステムネットワーク防護のためのサイバー攻撃対処⑥統合後方補給⑦協同基地警備⑧空挺作戦──などを演練している。

自衛隊施設のほか、鹿児島県・種子島の施設、在日米軍射爆撃場なども使用し、21日まで行われる。

日米豪加4カ国
海演で初の共同訓練

「日米共同演習」と「日米豪加共同訓練」を含めた海自の令和元年度「海上自衛隊演習（実動演習）」が11月4日、日本周辺海域で始まった。同21日まで。日米豪加4カ国の共同訓練が海演で行われるのは初めて。

海自は糟井裕之自衛艦隊司令官を統裁官に、艦艇約20隻、航空機約40機が参加。米海軍は艦艇約5隻、豪軍は艦艇2隻、航空機2機、カナダ海軍からは艦艇1隻が加わる。

訓練は対潜戦、対水上戦、機雷戦、対空戦などに関する海上作戦について演練し、同時に参加各国との連携強化を図る。

時の焦点

国内
台風被害対策
災害への備え万全に

地球温暖化の影響で記録的な豪雨が続いている。災害に強い国造りを進めていくことが大切だ。

台風19号などの甚大な被害を踏まえ、政府が、被災者の生活再建に向けた対策をまとめた。住宅が浸水した住民への支援や、中小企業への助成などを盛り込んだ。

19号や21号の大雨では、東北や関東地方を中心に約7万棟が床上・床下浸水に見舞われた。

政府は住宅の早期復旧に向け、支援金や応急修理費を幅広く支給すべきだ。

宮城、福島、栃木、長野の4県の中小企業には、東日本大震災を機に設けたグループ補助金の活用を認める。

複数の企業が、共同で地域の復興に携わることを前提に、国が工場などの建物や、設備の復旧費用の4分の3を支援する。手厚い援助で被災企業の倒産を回避しようとする狙いは理解できる。

中長期的には、堤防やダムなどインフラの整備も進めなければならない。

安倍首相は、相次ぐ自然災害からの復旧などのため、経済対策の取りまとめを各閣僚に指示した。

大規模な財政出動を念頭に置いた経済対策の策定は3年ぶりだ。政府は、2019年度補正予算案と20年度当初予算案を一体的に編成する。

政府は昨年、20年度までの防災・減災計画を決定した。堤防やダムの強化といった治水対策が柱で、総額7兆円規模の事業だ。

自民党は国土強靱化を唱え、計画の拡充を求めている。

埼玉県春日部市の地下深くにある「首都圏外郭放水路」（通称・地下神殿）は、19号の際、水位の上がった河川から水を受け入れ、東京や埼玉の多くの川の氾濫を防いだという。政府が総事業費2000億円以上をかけて造った施設が機能したと言えよう。

1990年代には10兆円超となることもあった公共事業費は、安倍内閣の下、補正予算を含めても毎年度7兆円前後で推移している。

政府は財政規律を維持しつつ、事業の優先順位を考えながら、着実に防災・減災対策を実施する必要がある。

経済対策には、景気変調への備えや、東京五輪後を見据えた経済の下支え策も含まれる予定だ。

与党内からは、キャッシュレス決済時のポイント還元制度の継続や、農林水産業の機械化の資金補助などを求める声が出ている。

日本の累積債務残高は国内総生産（GDP）比で230%にのぼり、先進国の中で極めて高い。

団塊の世代は間もなく75歳を迎え、社会保障費の急増が見込まれる。給付を賄う財政の悪化を防ぐのは容易ではない。

財政当局は、各省庁が提案する対策の費用対効果を十分に吟味し、バラマキや無駄を排除することが欠かせない。

夏川 明雄（政治評論家）

海外
冷戦終結30年
民主主義陣営の試金石

今年は世界史的出来事だった冷戦終結の30周年に当たる。1989年の夏から秋にかけ、分断国家だった当時の東ドイツ市民数百人が自由を求めて西側へ脱出したのに続いて、11月9日に東西両ドイツの市民の手によって「ベルリンの壁」が打ち壊された。

その翌月、当時のブッシュ米大統領（父）とソ連のゴルバチョフ共産党書記長が地中海の島国マルタで冷戦の終結を宣言した。それから1年もたたずしてドイツ統一が実現する。

あれから30年がたち、ポスト冷戦期の輪郭があらわになりつつある。共産陣営の盟主だったソ連が1991年末にあっけなく消滅し、冷戦の勝者となった米国主導の経済のグローバル化が進展する一方、ほどなくして冷戦後の揺り戻しも目立ち始めた。1990年代の世界各地での民族紛争や2000年代初頭の米同時テロ後に始まったアフガニスタンやイラクなどでの対テロ戦争とそれに伴う紛争地の騒乱はいまだに出口が見えない。

2008年秋のリーマン・ショック（金融危機）は世界最強の経済大国だった米国の国力と指導力に陰りが差し始めたことを示す一方、その間隙を突いて中国が急速に台頭し、一党支配を続ける中国の統治モデルと国際的影響力の増大が新たな脅威となっている。

現在に至る米中の覇権争いの構図がポスト冷戦期に形成されたことを物語るものであり、現下の事態にどう対応するかがわが国を含め国際社会にとって喫緊の課題となっている。

政治体制に目を向ければ、社会主義の強国を目指す中国にとどまらず、冷戦後の一時期、民主的な政体に復帰した旧東欧圏諸国、解体したソ連を継承したロシアなどでも、政治・経済の混乱を受けて自由や人権を抑圧する権威主義的体制が再び定着しつつある。そうした流れに弾みをつけたのが、2015年がピークとなった中東など紛争地域から欧州に殺到した難民の大量流入、いわゆる難民危機だった。

第2次大戦後に長く続いた東西冷戦は、自由主義陣営と共産主義陣営の体制間対立であり、それに勝利した自由主義陣営のリーダーを自他ともに任じた米国では、自国第一主義を訴えるトランプ政権が誕生し、西側陣営が戦後世界で営々と築いてきた国際秩序体制、多国間による協調主義に亀裂が生じ始めている。

一方、冷戦終結のきっかけをつくったドイツでも壁崩壊から30年がすぎ、壁の外の自由への熱気が広がった当時と対照的に、旧東ドイツ地域では近年、市民の不安を背景に、移民や難民の流入を拒む右派政党「ドイツのための選択肢」（AfD）が台頭。着実な民主化の陰で30年たっても癒えない東西分断の後遺症が、ポピュリズム（大衆迎合主義）に付け込む隙を与えている。英国の欧州連合（EU）離脱をめぐる動きが混迷を続けていることと併せ、自由主義陣営の強さの裏付けでもあった民主主義を基盤とする政治体制の真価が問われている。

伊藤 努（外交評論家）

潜水艦「とうりゅう」が進水
ソーナーの探知性能も向上

「とうりゅう」と命名され、進水した海自の平成28年度計画潜水艦（11月6日、神戸市の川崎重工業神戸造船所で）

海自の平成28年度計画潜水艦（基準排水量2950トン、艦番号512）の命名・進水式が11月6日、神戸市の川崎重工業神戸造船所で行われ、同艦は防衛大臣代理の山村海幕長により「とうりゅう（闘龍）」と命名され進水した。

同艦は「そうりゅう」型の12番艦で、11番艦の「おうりゅう」と同様、スターリング・エンジンに替えて大容量のリチウムイオン電池を搭載。そのほか、ソーナーの探知性能もさらに向上させている。

式は杉本孝幸呉地方総監の執行で行われ、山村海幕長が命名書を読み上げ、支綱を切断すると「とうりゅう」は大阪湾にゆっくりと進水した。

艦名は兵庫県加古川の名勝「闘龍灘」に由来し、各種検討を踏まえ河野防衛大臣が決定した。艤装員長は藤本孝2佐。同艦の就役は2021年3月の予定。

空自航空総隊が総合訓練を開始

空自は10月26日から全国の空自基地とその周辺海空域で「航空総隊総合訓練」を行っている。11月21日まで。

参加部隊は総隊のほか、支援集団、教育集団、空シス隊（市ケ谷）の4個部隊の3600人、航空機約50機で、航空作戦、機動展開を演練している。

国際海上訓練に掃海派遣部隊参加
「ぶんご」「たかしま」

インド洋方面で長期巡航訓練を行っている海自掃海派遣部隊（指揮官・井窪誠史1佐＝3掃海隊司令）の掃海母艦「ぶんご」と掃海艦「たかしま」は10月27日、米国主催の多国間演習「国際海上訓練（IMX）」に参加するため、中東・バーレーンのミナサルマンに寄港した。

バーレーン国防軍司令部を訪れ、ハリーファ司令官（右）と記念品を交換する井窪1佐＝10月28日

井窪1佐は寄港中、バーレーン国防軍のシェイク＝ハリーファ司令官を表敬したほか、同訓練に参加する英海軍の揚陸艦「カーディガンベイ」を訪問した。

「ぶんご」と「たかしま」は11月中旬まで、ペルシャ湾のバーレーン周辺海域で実施されたIMXの中の「多国間掃海訓練」に参加。掃海、潜水、射撃、不測事態対処、洋上補給など各訓練を行い、参加国との信頼関係を強化した。

同訓練は中東・ホルムズ海峡周辺海域の安全と安定、航行の自由を目的に2012年に始まり今回で6回目。海自は初回から毎回参加しており、今年は約50カ国が加わっている。

チリ海軍帆船「エスメラルダ」
士官候補生乗せ遠洋練習航海中
3年ぶり来日、晴海に寄港

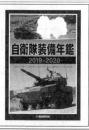

チリ海軍の士官候補生を乗せて遠洋練習航海中の同国の練習帆船「エスメラルダ」（満載排水量3700トン、艦長・クラウディオ・マルドナード・ナベアス大佐）が10月22日から26日まで、東京・晴海埠頭に寄港した。

「エスメラルダ」の訪日は平成28年8月以来、約3年ぶりで、同艦は6月9日にチリを出港し、オセアニア・アジア方面を巡航、東京は8番目の寄港地となった。

旅客ターミナルで行われた入港行事には渡邊剛次郎横須賀総監をはじめ、ホストシップを務めた海自護衛艦「おおよど」の石井裕之艦長以下乗員らが出席し、入港を歓迎した。マルドナード艦長は翌23日、防衛省を訪れ、出口佳努海幕副長を表敬した。

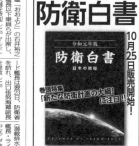

東京港のレインボーブリッジをくぐり、約3年ぶりに来日したチリ海軍の帆船「エスメラルダ」（10月22日、東京・晴海埠頭で）

関東南方海域で
日豪共同訓練

海自と豪海軍の共同訓練「日豪トライデント」の第2フェーズが10月15、16の両日、関東南方海域で行われた。

海自からイージス護衛艦「あたご」（艦長・小城尚徳1佐）、豪海軍からは自衛隊観艦式への出席を予定していた駆逐艦「ホバート」（満載排水量6350トン、艦長・ライアン・ガスキン中佐）が参加。各種戦術運動を行い、日豪海上部隊の連携を強化した。

訓練を終えた「ホバート」は11月5日から9日まで、同じく来日中の豪海軍フリゲート「パラマッタ」（3750トン、同・トロイ・バン・ティーンホーフェン中佐）と共に佐世保に寄港。「あたご」「こんごう」「しまかぜ」の3隻がホストシップを務めた。

首相乗せ政専機
タイを往復運航

空自特輸隊（千歳）のB777政府専用機は11月3日から5日まで、タイの首都バンコクで開かれたASEAN（東南アジア諸国連合）関連会議に出席する安倍首相を乗せ、同国のドンムアン空港と羽田を往復した。

防衛省発令

▽海幕総務課警務管理官（横須賀地方警務隊長） 2海佐 安室 明彦
▽同補任課服務室長（海幕補任課） 1海佐 工藤 正徳
▽24航空隊司令（同服務室長） 同 林 隆司
▽厚木航空基地隊付（24航空隊司令） 同 中田 典男
▽対潜資料隊司令（海幕業務・対潜支援群司令部） 同 上野 喜之
▽警務隊副長（警務隊本部） 2海佐 白土 俊昭
▽海自幹部学校（東京業務隊付） 1海佐 本名 龍児
▽海自幹部候補生学校（対潜資料隊司令） 同 落合 健
（以上11月1日）
▽函館基地隊司令（海自幹部候補生学校副校長） 同 永井 一成
▽海自幹部候補生学校（海自幹部候補生学校） 同 落合 健
（以上11月2日）
▽統幕運用1課日米共同室長（統幕運用1課） 同 野間 俊英
▽護衛艦隊司令部（6護衛隊司令） 同 夏井 隆
▽6護衛隊司令（統幕運用1課日米共同室長） 同 稲葉 洋介
（以上11月5日）
▽厚木航空基地隊司令（神奈川地方協力本部長） 1海佐 兼本 賢祐
▽神奈川地方協力本部長（護衛艦隊司令部） 同 夏井 隆
（以上11月8日）
▽はたかぜ艦長（護衛艦隊司令部） 2海佐 秋元 剛仁
（11月7日）

祝賀御列の儀

堂々と華やかに 3自衛隊 パレード支援

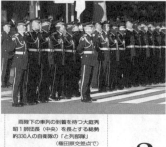

儀仗、と列、奏楽など

パレードの最終盤、オープンカーに乗られて前を通過する天皇皇后両陛下に対し、「捧げ銃」を行い、祝意と敬意を表す陸海空自の儀仗隊（赤坂御所正門近くで）

秋晴れに恵まれた11月10日、天皇皇后両陛下が国民に広くご即位を披露されるパレード「祝賀御列の儀」が都内の皇居周辺で行われ、3自衛隊も沿道で儀仗、と列、奏楽などを行い、両陛下に祝意を表した。

天皇皇后両陛下は午後3時、オープンカーに乗って皇居を出発され、沿道を埋めた多くの国民の祝福を受けながら、二重橋前、桜田門、国会、赤坂見附、青山通りをパレードし、3時半ごろ赤坂御所にご到着された。その直前の権田原交差点から赤坂御所の正門にかけ、陸・海・空自の300人の隊員と防大生20人、防医大生10人がと列し、敬礼。また、3自衛隊の儀仗隊員120人も小銃を構えて整列し、海・空自の音楽隊は祝典曲を厳かに演奏した。

これに先立ち、天皇陛下がご即位を宣明された10月22日の「即位礼正殿の儀」では、陸自1特科隊（北富士）が皇居に近い北の丸公園で21発の祝砲を発射。全国の海自基地では在泊艦艇が一斉に満艦飾で艦を彩り、日没後には電灯艦飾を行って陛下に祝意を表した。

両陛下の車列の到着を待つ大庭秀昭1師団長（中央）を長とする総勢約330人の自衛隊の「と列部隊」（権田原交差点で）

「即位礼正殿の儀」で、4門の105ミリ榴弾砲から21発の祝砲を発射する陸自1特科隊の隊長・林佐光1佐以下約70人の「礼砲部隊」（10月22日、東京都千代田区の北の丸公園で）

天皇陛下の即位を祝して、電灯艦飾を行う護衛艦「すずなみ」（左）と「しらぬい」（10月22日、大湊基地で）

皇居から約4・6キロ、約30分間に及んだオープンカーでのパレードを終え、沿道の市民に手を振りながら赤坂御所にお入りになる天皇皇后両陛下（いずれも11月10日、都内で）

即位礼正殿の儀 祝砲や満艦飾で祝意

パレード中の奏楽を担うため、権田原の交差点から赤坂御所正門付近に向かう海自の東京音楽隊

車列に正対し松井徹生隊長（中央）の指揮で「新・祝典行進曲」を奏楽する航空中央音楽隊（権田原交差点で）

オープンカーに乗って皇居を出発された天皇皇后両陛下（左）に一糸乱れぬ動作で「捧げ銃」を行う陸自302保安警務中隊長の小川和徳3佐以下、約90人の特別儀仗隊。陸自中央音楽隊（右奥）による「新・祝典行進曲」も厳かに響き渡った（皇居正門前で）

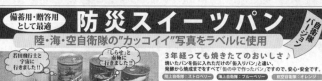

部隊だより

陸

弘前　駐屯地は10月5日、弘前市などで「創立記念日行事」を行った。当日は土手町蓬莱橋から桜大通りまでの600メートルを部隊が市中パレード。9音(青森)、39普連、隊友会などが行進し、約3000人の市民から拍手を送られた。木原邦洋司令は終了後の式典で「我々も全国の精強と言われる部隊に負けないことを証明する」と述べた。

八戸　駐屯地の「八戸陣太鼓部」は10月18日、空自三沢基地で行われた「米海軍創立244周年記念行事」で演奏支援を行った。太鼓部は勇壮で迫力のあるバチさばきで観衆を魅了。演奏終了後にはアンコールの声が上がり、太鼓部が応えると米軍からさらなる拍手と歓声が沸き起こった。駐屯地は今後も陣太鼓演奏を通じ、日米の友好関係を深めていく。

宇都宮　12特科隊は9月15日から23日まで、関山演習場で「2次旅団検閲」を受閲した=写真㊤。現地到着後、速やかに陣地占領を行い、5日間かけて強固な防御陣地を構築。20日未明には火砲9門による火力戦闘で旅団の任務達成に寄与した。検閲には特技課程教育を終えたばかりの新隊員42人も参加し教育の成果を発揮、8日間の連続状況を乗り切った。

武山　高工校は9月29日、「創立64周年記念行事」を開催し、約2500人の来校者を迎えた。堀江祐一学校長は式辞で「『積極進取』の姿勢と『人を思いやる心を持つ』ことを意識せよ」と述べた。その後、総勢約700人の生徒による観閲行進が行われたほか、ドリル部による演技、太鼓部の演奏が披露され、高工校の歴史と伝統を示した=写真㊤。

伊丹　36普連重迫中隊の4人は10月29、30の両日、姫路駐屯地と広峰山で3特隊(姫路)が実施した「合同前進観測班競技会」に参加した=写真㊤。競技会は「正確な自己位置の標定と目標位置の決定」「射弾の修正」を主要目的とし、特科と重迫の2部に分かれて競技。結果、連隊の河島洋平2曹と中村俊介3曹のペアが重迫の部で2位の成績を収めた。

南恵庭　駐屯地は9月29日、「創設67周年、3施団58周年記念行事」を行い、市民約1800人が来場した。観閲行進では鮫島昭一副団長を先頭に、73戦連、101施設直接支援大隊など所在部隊が車両で整斉とパレード。訓練展示や7音(東千歳)の演奏で来場者に陸自の練度の高さを示した。戦車・装甲車の体験試乗は長蛇の列ができ、にぎわった。

島松　駐屯地は10月6日、7飛行隊(丘珠)の支援を受けてUH1J多用途ヘリの「体験搭乗」を実施、駐屯地モニターや協力団体などの18人が参加した。同機は離陸後、約15分かけて札幌市上空をフライト。眼下に広がる北海道の雄大な景色に、歓声が上がった。着陸後、参加者は「大変乗り心地が良く"空の散歩"を楽しめた」などと話していた。

名寄　3普連は10月8日から15日まで、鬼志別、名寄両演習場で「令和元年度秋季演習場整備」を実施した=写真㊨。各種設備の補修などによる演習場の機能維持・向上が目的。武本康博連隊長は「作戦運用の実効性向上に資する"道場化"を推進せよ」「各種管理の徹底」の2点を要望、これを受けて隊員たちは安全管理を万全にし、訓練基盤を作り上げた。

対馬駐屯地 創立39周年パレード

国境の防衛に当たる対馬駐屯地は10月20日、対馬市厳原町などで「創立39周年記念行事」を挙行した。

駐屯地を一般開放し、一連の記念行事には市民800人が来場。山口勝司令は式辞で「我々は総力を結集して対馬海峡一帯の平和を護り、対馬を必ず防衛する。『一つ所に命を懸けよ』という鎌倉武士の生き様に習い、共に戦おう」と隊員たちを鼓舞した。

その後、対馬市内の目抜き通りで海自対馬防備隊(竹敷)、空自19警戒隊(海栗島)などの支援部隊も加わり、市中行進を披露。対馬に初上陸した最新鋭の16式機動戦闘車も登場し、観客から大歓声が上がった。

対馬市の目抜き通りで、多くの見物客が見守る中、整斉と市中行進を披露する「現代の防人」・対馬警備隊員たち(10月20日、対馬市厳原町で)

朝鮮通信使を「厳原港まつり」で再現

対馬駐屯地は、記念行事などで精強な部隊の威容を示す一方、外交面では隣国・韓国との友好・親善活動に力を入れている。

8月3、4の両日、市内で行われた「対馬厳原港まつり」では、駐屯地隊員たちが江戸時代の「朝鮮通信使行列」の再現パレードに参加。

同通信使は豊臣秀吉の朝鮮出兵により途絶えた国交を回復させるために始まった外交使節で、これを記念し、日韓交流イベントとして毎年8月に行われている。今年は両国の関係悪化により、規模は縮小されたが、韓国から約60人が参加し、祭りを盛り上げた。

再現パレードでは山口司令が対馬藩主の宗対馬守に、隊員らが藩士の役を担った。史実に従い、宗氏の菩提寺・万松院の門前で「宗対馬守」と韓国から参加した「朝鮮通信使正使」役が国書の交換に臨んだ。両者は対馬藩儒者の雨森芳洲が説いた「互いに欺かず、争わず、真実をもって交わる」という「誠信交隣」の精神を共有した。

祭りの期間中、延べ約300人の駐屯地隊員が清掃や会場の設営・撤収作業に協力した。(陸対馬)

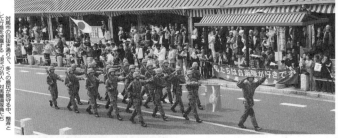

㊧宗氏の菩提寺・万松院の門前で、韓国から訪れた「朝鮮通信使正使」役(右側の2人)に対し、国書を読み上げる「宗対馬守」役の山口司令(左)　㊨対馬厳原港まつりの「朝鮮通信使行列」で、藩主の宗対馬守に扮した山口司令(中央)と藩士役の隊員たち(いずれも8月4日、厳原町で)

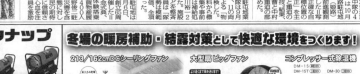

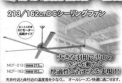

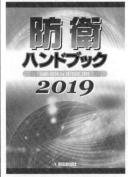

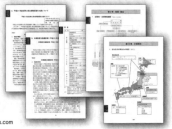

金沢　駐屯地は10月2日、隊員約400人参列の下、「北陸3県殉職隊員追悼式」を行い、殉職隊員42柱に哀悼の誠を捧げた=写真㊤。追悼の辞で梨木信吾司令は「自衛隊が国民の期待に応えることができるのも御霊のご加護のおかげ。我々は全身全霊を持って困難に立ち向かう」と遺族に誓った。式後、隊員一人一人が安全管理に関する意識を改めて高めた。

久居　駐屯地業務隊は9月10、11の両日、関西補給処による「物品管理検査」を受検した。検査に先立ち、各科から標語やポスターの募集や事前点検も実施。当日は補給処装備計画課長の後川裕一2佐を検査員に迎えた。施設巡視、書類検査などを整斉と行い、後川検査員は「隊の検査に対する姿勢は模範ですね」と高く評価、全項目で「合」判定だった。

大津　中方混成団は10月、14期一般陸曹候補生計41人の入隊式を1日に大津駐屯地で、5日に松山駐屯地でそれぞれ行った。1日、芝伸彦団長は「自衛隊は唯一、『事に臨んでは身をもって責務を完遂する』こと、組織として力を発揮することが求められる職業だ。任務に怯まず、仲間を助けられるよう、厳しい訓練を乗り越えて強くなれ」と訓示した。

目達原　駐屯地は10月6日、「創立65周年記念行事」を開催した=写真㊤。今回は記念式典、CH47輸送ヘリ体験搭乗(地上滑走)、佐賀物産展などを催し、約5400人が来場。式典で吉野俊二駐屯地司令は「自然災害を含めて、あらゆる事態に対して結果を出し、国民の期待に応え、地域と共に信頼される部隊の育成に心血を注いでいこう」と隊員を激励した。

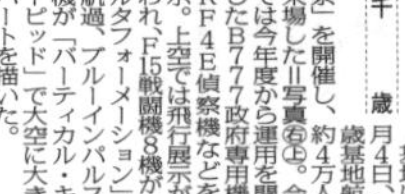

空

千歳　基地は8月4日、「千歳基地航空祭」を開催し、約4万7千人が来場した=写真㊤。会場ではB777政府専用機や[illegible]を展示。上空では特別展示飛行やRF4E偵察機などが「デルタフォーメーション」で航過。ブルーインパルス機が「バーティカル・キューピッド」で大空に大きなハートを描いた。

静浜　基地は8月7、8の両日、静岡地本と連携して「青少年防衛講座」を開催した=写真㊤。今回は県内の中高生39人が参加し、[illegible]歓声が上がり、好評だった。参加者は「基地業務の重要性が良く分かった」「自衛隊への印象が大きく変わった」と感想を話した。

防府北　基地は8月31日、春日[illegible]隊の協力で、一般市民への[illegible]広報の面でも大きな成果を収めた。

海

八戸　2空は9月22日「開隊12周年記念行事」を行った。行事は高田哲哉司令の講話に始まり、隊員家族を交えて縄跳びや綱引きなどのチーム対抗競技を実施=写真㊤。格納庫内で隊員と家族が集まり、昼食・懇談も行われた。装備品展示で救命胴衣などを身に着けた家族は「こんな重い装備をつけて仕事しているんだ」「かっこいい」などと話していた。

小松島　24空の5人は10月2日、空自浜松基地を研修した=写真㊤。同隊は昨年12月、浜松救難隊と協同で米海兵隊の遭難者の捜索救助に当たった際、救命装備品の知識と救難要領の相互理解の必要性を痛感し、今回、企画された。研修指揮官として参加した同隊副長の増田謙一2佐は「今回の成果を、他の海自回転翼哨戒機部隊に紹介したい」と話していた。

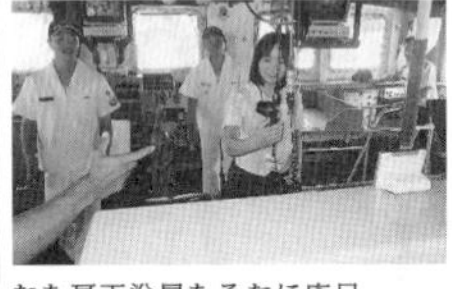

下関　掃海艇「うくしま」は8月7日、福岡地本からの依頼に応じ、福岡県の高校生2人に対する職場研修を支援した=写真㊤。旗流の揚げ降ろしやマイクチェックなども体験。基地内の史料室を見学した高校生は、未だに沿岸で発見される機雷の投下理由などの説明に熱心に耳を傾け、戦争の爪痕が今も残されていることに驚いた様子だった。

崎辺　佐世保教育隊は10月4日、14期一般海曹候補生課程の「烏帽子岳登山」を実施した。入隊式を終えたばかりの学生たちは山の一角から佐世保に停泊する豪華客船などを眺めつつ、互いに励まし合いながら登頂。昼食後の出し物で一行はさらに打ち解け、下山時は会話が弾んだ。学生たちは往復の24キロを完歩し、達成感に満ちたりりしい表情を見せた。

沖縄　基地隊所属の水中処分母船6号は8月27日、鹿児島県悪石島沖で洋上慰霊を行い、学童疎開船「対馬丸」の犠牲者約1500人へ哀悼の誠を捧げた。同船は大戦末期の1944年に疎開児童などを乗せ、沖縄から長崎へ向かう途中、米潜水艦「ボーフィン号」の魚雷を受けて沈没した。隊員たちは洋上へ供物を投入後、総員で黙祷した。

厚生・共済

特集

ブライダルフェア 11月17日(日)開催！

月イチ最大！ 豪華試食×模擬挙式

5大特典付

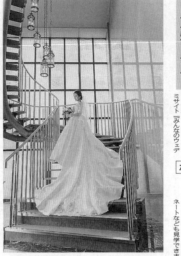

ホテルグランドヒル市ヶ谷（東京都新宿区）では11月17日（日）にブライダルフェア【月イチ最大】「豪華試食×模擬挙式〈5大特典付〉」（1部午前9時30分、2部午後1時45分、3部午後3時～）を開催します。

ブライダルフェアの内容はチャペル体感模擬挙式、婚礼料理無料試食、コーディネート見学、ドレス試着（予約制）、個別相談会などとなっています。

都内有数の独立型チャペルで行う「体感模擬挙式」は、生演奏や聖歌隊の歌声も聴くことができ、当日の挙式を具体的にイメージすることができます。

同フェアでは、婚礼口コミサイト『みんなのウェディング』で2018年東京都料理部門第1位を獲得した婚礼料理の「無料試食」もできます。ぜひ、ご賞味ください。

「ドレス試着」（予約制）はさまざまなウエディングドレスを試着することができるので、お気に入りのドレスがきっと見つかるはず。

このほか、リニューアルした披露宴会場のコーディネートなども見学できます。この機会にぜひお越しください。

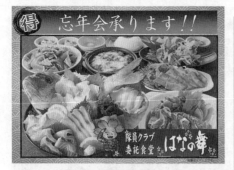

◇

11月中は以下のブライダルフェアも開催します。

【人気メニュー和洋食べ比べ】豪華無料試食会＝11月23日（土）

【豪華無料試食×模擬挙式】花嫁体験／500着ドレスが見られる♪＝11月30日（土）

【結婚準備ガイド】はじめて相談するおふたりにおすすめ♪＝11月16日（土）・24日（日）

【平日限定！】大人気の独立型チャペルと豪華無料試食会＝平日開催

各フェアのご予約・お問い合わせは電話03―3268―0115【直通】、専用線8―6―28853（婚礼予約）またはホームページhttps://www.ghi.gr.jpまでどうぞ。

ホテルグランドヒル市ヶ谷
HOTEL GRAND HILL ICHIGAYA

ライフプラン支援サイト

共済組合HPから 4社のサイトに連接

皆さまの生活設計に役立つ情報が満載の共済組合のホームページ（HP）からアクセスできる「ライフプラン支援サイト」をご存じですか？

共済組合HPから野村證券、第一生命、三井住友信託銀行、三菱UFJ信託銀行の4社が開設する各Webサイトに進むことができます。

いずれのサイトも基本事項を入力するだけで将来の家族の状況が予測できる「ライフプラン・シミュレーション」をはじめ、結婚、出産、子供の教育、健康、老後など、人生のさまざまなシーンやそれに伴うお金にまつわる各種情報を得られます。

このほか、各サイトでは多彩なメニューをご用意。いずれもすぐに役立つ情報ばかりですので、ぜひご利用ください。

「ライフプラン支援サイト」閲覧は、共済組合HPのトップページ→生活さぽーと→ライフプラン支援サイトへと進み、各社Webサイトへ進んでください。

なお、ご利用HPへのログイン用ユーザー名及びパスワードは「GOOD LIFE（共済のしおり）」や「さぽーと21」でご覧いただくか、ご所属の支部にお問い合わせください。

◇

共済組合の各支部では、防衛省共済組合が開催する「生涯生活設計セミナー」に合わせて、ファイナンシャル・プランナーによる「個別相談会」も実施しています。こちらもぜひご利用ください。開催予定等、詳しくはご所属の支部にお問い合わせください。

第一生命

三菱UFJ信託銀行

三井住友信託銀行

野村證券

健診は受けましたか

お申し込みはネットや電話で「ベネフィット・ワン」で受け付け

防衛省共済組合では「各種健診」を実施しています。

健診の受け付けは共済組合が委託する「ベネフィット・ワン」が行っていますので、次の方法でお申し込みください。

【WEB】パソコンはhttp://www.benefit-one.co.jp、スマートフォンはhttp://bnft.jp/へ。アクセス後、「健診予約はこちら」のバナーをクリックしてお進み下さい。

【電話】ベネフィット・ワン健診予約センター（0800―1702―502、03―6870―2275）へ。朝10時から平日21時、土日祝日は18時まで受け付け。12月29日から1月3日は休みです。

【FAX】0800―9199―030、089―900―8281へ。お手元のご利用ガイドの「＜各種健診＞FAX・郵送申込書」または「＜婦人科検診＞FAX・郵送申込書」をご利用ください。

【郵送】〒790―8790愛媛県松山市藤原2―8―8 株式会社ベネフィット・ワン健診予約受付センターまで。「＜各種健診＞FAX・郵送申込書」または「＜婦人科検診＞FAX・郵送申込書」に必要事項をご記入のうえ、お送りください。

申し込み後、「ご予約確定通知書」が送付されます。受診当日は「防衛省共済組合員（被扶養者）証」または「自衛官診療証」を持参して受診してください。健診結果は1カ月程度で健診機関から本人に直接送付されます。

なお、健診時に個人負担金がある場合は健診機関窓口で当日お支払いください。

◇

このほか健診機関に電話で直接申し込むこともできます。

ご利用ガイドの「健診機関リスト」に掲載された健診機関に、受診希望日の3週間前までに電話でお申し込みください。

予約後、受診希望日の3週間前までにベネフィット・ワン健診予約受付センターに電話で「ご予約確認通知書」の発行を依頼してください。後日、健診予約センターから同書を送付します。

その後は前述の方法で受診してください。

巡回レディース健診も実施中 申し込みは12月20日まで

女性組合員向けに「巡回レディース健診」を全国各地で実施しています。

申し込みは12月20日までで、受診期間は来年2月末日までとなっています。

受診資格は任継組合員、被扶養配偶者、当該年度において40歳以上74歳以下の被扶養者（女性、年度内1回）です。

受診会場は、ベネフィット・ワンのWEBにアクセスし、「健診予約はこちら」から「巡回健診会場一覧」と進み、最寄りの会場をご利用ください。会場一覧はQRコード（左）からもご覧いただけます。

この機会に女性の皆さまもぜひ健診を受けましょう。

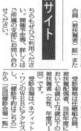

年金Q&A

育休復職後、収入が減ると掛け金も減額されますか

特例の申請で年金の減額を防止できます

Q　現在、育児休業中で掛金免除を受けています。復職後は超過勤務が減ることが予想されますが、収入が減ると掛金も減額されるのでしょうか。

A　育児休業終了後、引き続き3歳未満の子を養育する場合は「育児休業等終了時改定」により、掛金等の額が下がる可能性があります。

月々の掛金等の額は、毎月の俸給、諸手当（期末・勤勉手当を除く。以下「報酬」といいます。）を基準として定められた「標準報酬月額」により算定されています。

育児休業終了後、引き続き3歳未満の子を養育する方は、共済組合支部へ申出をすることで「育児休業等終了時改定」の対象となり、育児休業が終了した日の翌日の属する月以後3カ月間に受けた報酬の平均月額をもとに算定した標準報酬の等級と、現に適用されている標準報酬（以下「従前標準報酬」といいます。）の等級との間に1等級でも差が生じた場合には標準報酬月額が改定されます。

掛金等の額は標準報酬月額に掛金率を乗じて算定されますので、標準報酬月額が下がれば掛金等の額も下がることになります。ただし、この場合、標準報酬月額に基づいて支給される傷病手当金や育児休業手当金等の短期給付や将来の年金額が減少することになるため、留意が必要です。

しかし、「3歳未満の子を養育する旨の申出書」を提出することにより、養育前の標準報酬月額で将来の年金額が算定されるため、年金額の減少を防止することができる特例を受けることができます。

この「3歳未満の子を養育する特例」は、組合員の性別や育児休業の取得の有無に関わらず受けることができますが、組合員ご本人からの申出が必要です。申出には時効があり、過去に遡って特例を受けるときは、申出が行われた月の前月までの過去2年間の標準報酬月額に限り特例を受けることができます。

3歳未満の子を養育することとなった場合には、お早目にご所属の共済組合支部年金担当へご相談ください。

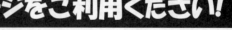

※　養育は、同居していることが条件です。

（本部年金係）

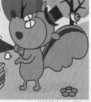

台風19号で「キッズサポートセンター」開設

厚生・共済　特集

災派に備え子連れ登庁
練馬、40人の保育支援

全国の自衛隊の駐屯地・基地では、隊員の緊急登庁に備え、「子供預かり施設」の開設準備を整えている。関東・東北地方に大きな被害をもたらした台風19号が接近中の10月12日、東京の練馬駐屯地では災害派遣に備えて緊急登庁してくる子育て中の隊員のために「キッズサポートセンター」を開設。栃木県の宇都宮駐屯地でも13日、同センターを開設し、小さな子供を持つ隊員たちを支援した。

我が子を抱えて緊急登庁し、子供預け入れの手続きを行う男性隊員（10月12日、練馬駐屯地で）

練馬駐屯地業務隊は台風19号で被災地に派遣された1師団などの隊員のために、10月12日から16日まで、駐屯地厚生センター内に「ねりまキッズサポートセンター」を開設し、子育て中の隊員を支援した。

台風が接近中の12日午後6時半、業務隊は東京都からの災害派遣要請に備え、「キッズサポートセンター」を開設。その後、子供を抱えて緊急登庁してくる隊員たちから子供を預かり、保育支援業務に当たった。期間中、同センターには1歳から12歳までの幼児など40人が預けられ、業務隊員22人と1普連の隊員31人が分担して運営を行った。

隊員たちは昼夜を問わず、子供たちの食事や入浴、就寝の補助に当たり、子供たちが飽きないように遊び相手になったほか、1日4回体温測定を行い健康状態を管理した。

訓練重ねて本番スムーズな運営

練馬駐屯地では5年以上前から「子供の預かり」について隊員たちに説明会を開いて周知し、事前の訓練なども行っていたため、本番でもスムーズにセンターを運営することができた。

被災地から帰隊した隊員たちは子供を迎えに「キッズサポートセンター」を訪れ、「助かりました」と笑顔を見せ、センター勤務員たちにお礼の言葉を述べていた。

宇都宮、母親隊員に安心感

厚生センター内に開設された「キッズサポートセンター」で、子供の面倒を見る業務隊員たち（10月13日、宇都宮駐屯地で）

宇都宮駐屯地業務隊は10月13日から28日まで、駐屯地厚生センター内に「キッズサポートセンター」を開設した。

13日午前6時ごろ、緊急登庁の指令がかかった母親隊員が子供を連れて駐屯地に登庁。センターでは河合浩一厚生科長以下7人の業務隊員が受け入れに当たった。

期間中、預かった子供は1人だけだったが、キッズサポートセンターの開設は子供をもつ隊員には安心感を与え、隊員が子供を心配することなく活動に当たるための基盤となった。

センターを利用した母親隊員は、「ありがとうございました。また機会があれば利用したいです」と話していた。

余暇を楽しむ

高尾山分屯基地　フットサル部

紹介者：1空士 岩田　健志（西警団7警戒隊・高尾山）

階級問わず和気あいあい

朝雲新聞をご覧の皆さん、はじめまして。高尾山分屯基地に赴任して2年目の、ペンネーム「フットサル野郎」と申します。今回は当基地のフットサル部を紹介します。

高尾山分屯基地は西部航空警戒管制団の隷下部隊で、島根県と鳥取県の県境にあります。グラウンドがないレーダーサイトなので、スポーツを行う場合は基地体育館で実施可能なスポーツが主になります。

例えばフットサルやバレーボール、バスケットボールなどです。皆さんがそれぞれのクラブ活動を楽しんでいますが、1番人気はフットサルだと自負しています。

当部の活動は、平日の昼休みや週1回の課業時間外において、階級・年齢・性別・職種に関係なく毎回10人以上が集まり、初心者、経験者が入り交って和気あいあいと試合などを行っています。また、訓練や出張などで来基された隊員も飛び入り参加し、親睦を深めています。

私は高尾山に着任した直後から先輩隊員に誘われ、未経験ながら参加しましたが、やってみると非常に楽しく、今では得点王になるなどチームで活躍できるようになりました。

試合では声を掛け合いプレーすることで、普段の業務では関わらない隊員との間に連携ができたり、スーパープレーが飛び出して盛り上がったりする時があります。また転勤の際の歓送迎会は、多くの隊員が参加して盛大に行います。

皆さまも高尾山にお越しの際は、体育館シューズを持参し、時間の許す限り一緒に汗を流してみませんか？

皆さまのご参加をお待ちしております。

㊤高尾山分屯基地のフットサル部員たち㊦基地体育館でフットサルの試合を行う隊員たち

第2女性自衛官隊舎が完成
小平駐　新旧合わせ130人受け入れへ

「第2女性自衛官隊舎」の看板を除幕する小平学校の中野智彦副校長（右から2人目）と、駐屯地モニターでタレントのかざりさん（左から2人目）＝10月1日、小平駐屯地で

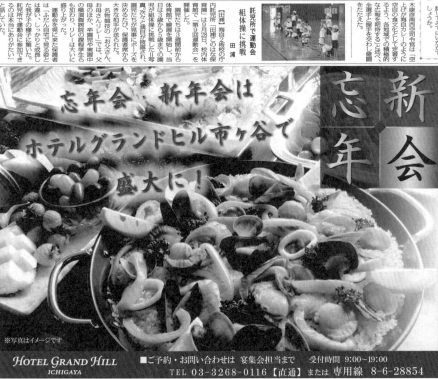

【小平】駐屯地は10月1日、「第2女性自衛官隊舎」の運用開始セレモニーを実施した。

小平駐屯地は「女性活躍推進モデル」に指定されており、セレモニーには防衛協会、家族会、清武会、隊友会の代表者をはじめ、陸幕などからも来賓が出席。檜上正樹駐屯地司令が「これからも女性隊員をはじめ、全隊員の生活・勤務環境のさらなる改善に向けて努力していきます」とあいさつした。テープカットに続いて隊舎入り口の看板が除幕され、新隊舎は地元の名産品にちなみ「ブルーベリー」と命名された。

第2隊舎は、これまで男性隊員が使用していた居住隊舎の最上階（8階）の全フロアを女性用に改修したもので、定員は66人。旧隊舎と合わせると女性隊員計約130人の受け入れが可能になった。

8階の女性専用居住区に入るにはナンバーロック錠の解除が必要。フロア入り口には畳が敷かれ、靴を脱いで上がるため、隊員たちは「オン・オフ」の切り替えができる。娯楽室には「女性専用ジム」が併設されているほか、洗面所には三面鏡付きの化粧台もあり、女性ならではの意見が反映され、各自のプライベートも配慮されている。

隊舎の改修を担当した高橋恒営繕班長は「完成まで時間がかかったが、自隊施工でここまでできて現場の隊員たちの自信にもなった。今後は『女性活躍推進モデル駐屯地』として、この隊舎を全国の駐屯地に提案していきたい」と語った。

「うちなー空上げ」優勝
那覇　年明け空自大会に自信

【那覇】空自南西航空方面隊は9月26日、那覇基地で「調理競技会」を実施した。来年2月に入間基地で開催される「航空自衛隊調理競技会」への出場切符をかけ、隷下基地・分屯基地から8人の給養員が参加し、調理技術を競った。

献立は〝空自全体でより上を目指す〟という意味を込めた「空上げ」で、各選手はそれぞれの地域特性を生かした〝オリジナル空上げ〟を作り上げた。審査員には部内のほか、特別審査員としてパシフィックホテル沖縄で和食料理長を務める稲垣伸弥氏を招き、プロの目と舌からも味と独創性、調理技術を厳しく審査した。

どの空上げも完成度が高く、審査は難航を極めたが、僅差で「うちなー空上げ～すばだしを添えて～」を作製した19高射隊（恩納）の池原盛明技官が優勝。準優勝には18高射隊（知念）の「ピリ辛空上げ丼」、司令官特別賞には9空団（那覇）の「タコ空」が選ばれた。

池原技官は「何度も試行錯誤を繰り返して完成させた『うちなー空上げ』で優勝できたことを誇りに思う。空自大会では自慢の空上げで必ず金賞を獲得します」と意気込みを語った。閉会式で鈴木康彦南西空司令官は「空上げが海自カレーのように空自の食文化として定着するよう、各地域での積極的な広報を期待する」と述べ、全選手と握手を交わし健闘をたたえた。

審査員たちが注視する中、「うちなー空上げ」を調理する19高射隊の池原技官（9月26日、那覇基地で）

託児所で運動会
組体操に挑戦　田浦

【田浦】海自2術校の庁内託児所「田浦このはな保育園」は9月28日、校内体育館で「第9回運動会」を開催した。

園児たちは3週間前から体育館で練習を開始し、当日は3歳から5歳までの園児が組体操に挑戦した＝写真。次々と演目が披露され、園児たちが見事にポーズを決めるたび、保護者席から大きな拍手が送られた。

名物競技の「お父さん、お母さんリレー」では、父母のほか、卒園児や実習中の横須賀病院の課程学生らも加わり、リレーは大いに盛り上がった。

運動会を見に来た保護者は「ふだん自宅で見る姿とは違い、しっかりと成長した我が子の様子に驚いた。託児所で運動会に参加できるのは本当にありがたい」と話していた。

自慢の一品料理
横浜チャーシュー丼

紹介者：清田　洋子技官（横浜駐屯地管理科糧食班）

今回は、横浜駐屯地のプレミアムメニューとして調理員が考案した「横浜チャーシュー丼」を紹介します。やわらかくて香ばしいチャーシューが絶品です。

まず豚バラ肉にしょうゆとみりんを加え、柔らかくなるまで約40分煮ます。切りやすいように肉を少し冷ましてから、食べやすい薄さに切り分けます。続いて、チャーシューをバーナーで炙り、ごはんを盛った器に乗せたら、その上からしょうゆ、みりん、酒、砂糖、オイスターソース、酢、すりおろした玉ねぎとショウガで作った特製ダレをかけます。

最後に、茹でた小松菜、炒めた赤ピーマン、温泉卵を盛り付け、ごま油と唐辛子粉であえた白髪ネギをトッピングしたら完成です。

豚バラ肉はトロトロになるまで煮込み、バーナーで炙るのがポイント。白髪ネギはお好みで唐辛子粉とごま油の量を増やし、辛味と風味にアクセントをつけてもおいしいです。

隊員さんからのリクエストも多く、駐屯地1番人気の「チャーシュー丼」。みなさんも試してみてはいかがでしょうか。

地方防衛局　特集

「水害から国民を守る」テーマにセミナー
地域特性を知り適切避難
牛山教授、垂水陸将補が講演

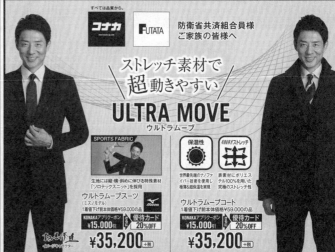

北海道局
市民ら130人参加　防衛問題に関心　旭川地本も協力

垂水達雄副師団長

牛山素行教授

【北海道局】北海道防衛局は9月19日、静岡大学防災総合センターの牛山素行教授と陸自2師団の垂水達雄副師団長を講師に迎え、旭川市民文化会館で「水害から国民を守る」をテーマに第42回「防衛問題セミナー」を開催した。

セミナーは旭川市、旭川市自衛隊協力会、旭川商工会議所の後援、旭川地方協力本部の協力を得て開かれた。

講演に先立ち、主催者を代表して北海道防衛局の末永広局長、続いて後援者を代表して旭川市の西川将人市長があいさつした。

第1部は牛山教授が「地域を知り、防災を考える～最近の豪雨災害事例から学ぶこと～」と題して講演。近年の風水害による人的被害の特徴に関する研究結果を紹介するとともに、地域の災害特性を知り、適切に「避難」することの重要性を強調した。

第2部では垂水副師団長が「災害発生時における自衛隊の対応」と題し、風水害を中心に実際に災害が発生した際の自衛隊の対応や、これまでの活動実績などについて講演した。

会場には約130人の市民らが詰め掛け、熱心に聴講した。参加者からは「頻発する自然災害に対して自分に何ができるか、何をすべきかを学習することができた」「災害から身を守るには自分の住んでいる地域の特徴を知り、災害の発生状況に応じた防災行動が重要であることを理解できた」「人命救助や後方支援など自衛隊の果たす役割の大きさを改めて感じた」「自衛隊が地域と共にあることに心強く感じた」「身近にありながら、平穏な時に忘れられる自衛隊の存在をもっと発信すべきだ」など、多くの感想が寄せられた。

会場の一角には旭川地本の協力で、自衛隊の災害派遣の様子を伝える写真パネルを展示し、多くの来場者が観覧した。

北海道防衛局は「今後も道内の皆さまに防衛省の政策や自衛隊の活動などについてご理解を深めていただくため、各地で防衛問題セミナーを開催していく予定だ」と話している。

空自新潟分屯基地で「地方審議会」
北関東局

【北関東局】北関東防衛局が主催する第13回「北関東防衛施設地方審議会」が10月1日、新潟市の航空自衛隊新潟分屯基地で開かれた。

防衛施設地方審議会は、地方防衛局長の諮問に応じて自衛隊や駐留軍の使用で不動産等に生じた損失の補償額などについて調査審議し、必要と認める事項を建議する組織で、全国の地方防衛局に置かれている。

今回の審議会には渡邊敏会長以下5人（1人欠席）の委員をはじめ、北関東防衛局からは松田尚久局長と幹事を務める職員が出席。

渡邊会長、松田局長のあいさつに続き、新潟救難隊総括班長の片ヶ瀬弘3佐が分屯基地の概要や航空救難、災害派遣活動などについてブリーフィングし、同局の担当者が国有地の維持管理に関する防衛省の取り組みについて説明した。

その後、一行はU125A救難捜索機やUH60J救難ヘリなどの装備品を見学し、自衛隊の活動に対する理解を深めていた。

記念写真に納まる参加者。前列左から３人目は松田尚久局長、（その右へ）渡邊敏会長、新潟救難隊司令兼新潟分屯基地司令の小澤昇２佐（10月１日）

防衛施設と首長さん
長崎県佐世保市　朝長　則男市長

ともなが・のりお　70歳。青山学院大経卒。佐世保市議会議員、長崎県議会議員、長崎県議会副議長などを経て、2007年から佐世保市長。現在4期目。佐世保市出身。

佐世保市は九州の西北端、長崎県の北部に位置する人口約25万人の中核市で、海上自衛隊佐世保地方総監部、陸上自衛隊相浦駐屯地、米海軍佐世保基地などが所在しています。

本市は、明治22年の佐世保鎮守府開庁を契機に、海軍の街として急速に発展を遂げ、先の大戦後は海上・陸上自衛隊、米海軍と緊密な信頼関係を築いてきました。

近年では、平成30年3月、陸上自衛隊初となる本格的な水陸両用作戦能力を備えた水陸機動団が新編され、その隷下である水陸両用車部隊を配備する崎辺分屯地が本年3月に開設されました。

自衛隊、米軍と信頼関係　「共存共生」のまちづくり

また、その隣接地区において、大規模岸壁などの整備を含む海上自衛隊による具体的な利活用計画が示されるなど、自衛隊との関係はなお一層、深化していくものと考えています。

これからも、「基地との共存共生」のまちづくりを基本姿勢としながら、国防上必要とされる自衛隊施設の整備・充実と、ご家族の生活を含め、隊員の皆さまが任務に専念できる環境づくりに向け、できる限りの協力をしていく所存です。

さて、「令和」という新たな元号となりました本年は、佐世保鎮守府開庁ならびに近代佐世保港開港から130年を迎える記念すべき年であり、鎮守府開庁日に当たる7月1日に開催した記念式典をはじめ、旧佐世保鎮守府凱旋記念館や旧佐世保無線電信所などの海軍ゆかりの歴史と文化を代表する日本遺産を活用しながら、各種記念事業の実施を予定しております。

これらの記念事業を通じて、激動の時代を乗り越えてきた本市の歴史を振り返り、先人が築き上げた本市発展の礎を多くの皆さまに共有していただくことにより、本市および佐世保港の発展、飛躍につなげていきたいと考えているところです。

皆さまもぜひ、この機会に佐世保市へお越しください。

九州局が日米共同訓練を支援
健軍駐屯地に「現地連絡所」
木下所長ら地元へ情報提供

米陸軍と共同戦闘射撃を行う陸自隊員ら（９月17日、熊本県の大矢野原演習場で）

訓練終了後も「現地連絡所」で地元自治体などとの調整を行う九州防衛局の職員（９月25日、熊本県の陸自健軍駐屯地で）

【九州局】陸自と米陸軍による日米共同訓練「オリエント・シールド19」が8月26日から9月23日まで、熊本県の健軍駐屯地、大矢野原演習場、鹿児島県の奄美駐屯地などで実施され、九州防衛局（廣瀬律子局長）が支援した。

訓練には陸自から16普連など、米陸軍から第33歩兵旅団戦闘団第1大隊など約950人が参加。日米両部隊はそれぞれの指揮系統に従い、共同して作戦を実施、相互の連携要領を演練し、共同対処能力の向上を図った。

これに伴い、九州防衛局は訓練開始前の8月26日から終了後の9月26日まで、同局の企画部地方調整課基地対策室の木下[illegible]室長を長とする「現地連絡所」を健軍駐屯地に開設し、常時3～4人が駐在して関係自治体などとの調整や情報提供などを行った。

期間中は事故などもなく、訓練は無事終了した。

九州防衛局では「訓練の実施に当たっては、地元自治体や周辺住民の方のご理解、ご協力が不可欠。今後も地元の皆さまの不安や懸念を解消するべく、適切な情報提供を行うなどして、誠心誠意努力していきたい」と話している。

東北局　嘉手納飛行場に関する「三連協」
沖縄市長ら、米軍三沢基地を視察

㊤東北防衛局の熊谷局長（ソファ席奥中央）から概況説明を受ける三連協の一行。右奥は三沢防衛事務所の古川和久所長（青森県の三沢防衛事務所で）＝写真はいずれも10月17日
㊦基地の概要や地元との交流などについて説明する第35戦闘航空団司令官のストルーヴィ大佐（スクリーン前）＝青森県の米空軍三沢基地で

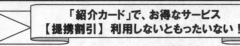

【東北局】東北防衛局は10月17日、沖縄県の嘉手納飛行場周辺自治体の首長らで構成する「三市町連絡協議会（三連協）」による米空軍三沢基地の視察を支援した。

三連協とは、嘉手納飛行場が所在する沖縄市、北谷町、嘉手納町の三市町の首長と議会議長で構成される組織で、嘉手納飛行場に関する諸問題のうち、三市町の共通課題について共同で対処することを目的としている。

今回の視察は、米空軍三沢基地の役割や周辺自治体などとの関係について今後の基地行政に資することを目的に行われ、沖縄市の桑江朝千夫市長、北谷町の野国昌春町長、嘉手納町の當山宏町長らが訪れた。

一行は米軍三沢基地の視察に先立ち、東北防衛局の三沢防衛事務所で熊谷昌司局長から概況説明を受けた後、同局が取り組む周辺対策事業や、事故対応などに関する説明に熱心に耳を傾けていた。

米空軍三沢基地では、第35戦闘航空団司令官のストルーヴィ大佐がブリーフィングを行い、一行は基地の概要や地元との交流などに関する説明を受けた上で、「地域と米軍、地元自治体、その他の関係機関による協力体制が構築されていることは大変参考になった。今回の視察で得た内容を地元に持ち帰り、今後の基地行政に生かしていきたい」と話していた。

リレー随想　宮川　真一郎
帯広市の花「クロユリ」

「立山に黒百合が咲いたら、佐々家は滅亡する」。

武将の誤解で殺害された黒百合が死に際に残した呪いの言葉。クロユリに花言葉「呪い」を与えた黒百合伝説である。

クロユリは、北海道の低地、本州中部の高山に自生する。釣鐘形の黒紫色の花が、直立する茎の上部にやや横向きにつく。「skunk lily」などの別名がつくほど独特な臭いを放ち、不吉な言い伝えとともに贈り物に不向きな花言葉の花。

そのクロユリも、帯広の地では異なる印象で咲く。「クロユリを愛しい人の側にそっと置き、誰が置いたのか気付かぬまま相手がクロユリを手に取ると二人は結ばれる」――。クロユリに相応しい花言葉。長い時を経てこの地の人々にしっかりと根付いたクロユリは、「帯広市の花」となり、カラーマンホールの図柄で街並みを彩り、記憶に残る。

クロユリは、自分の中でアイヌ民族の伝説と帯広市を連想させ、群生地の減少など自生に触れる機会が少なくなった今でも、自生のクロユリを観ることができる身近な存在となった。（帯広防衛事務所長）

まってろ今助けてやっから…

かつてあなたのご先祖に助けていただいた者です

あの時のお礼をどうしてもしたくて…

けっこういいというまでのぞかないでくださいね

金目の物をもって窓から逃げられた…

そうな ツルじゃなかった サギ

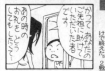

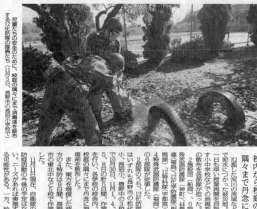

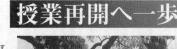

「日豪士官候補生ラグビーマッチ」初戦を戦い終え、共に肩を組んで記念撮影に納まる両校学生（いずれも10月14日、防大で）

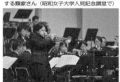

日豪学生がラグビー交流

防大「強固な友好関係忘れない」

防衛大学校（國分良成学校長）は10月10〜19日、豪国軍士官学校の士官候補生を招き、「日豪学生交流プログラム」を実施、ラグビーなどで絆を深めた。

ラグビーW杯に先立って開催された国際防衛ラグビー競技会に併せて招待、豪士官学校ラグビークラブの計30人が来日した。

交流戦は2回実施され、1戦目は先制されたものの、市丸潤三学生のトライで追い付き、24−24の引き分けで終わった。2戦目は35−38で惜敗した。

2戦を終えた防大ラグビー部主将の佐藤慶彦学生は、「学校中に応援していただいていることを実感し、素晴らしい環境で試合ができ幸せだった。ラグビーを通じて築かれた豪州の士官候補生との強固な友好関係を忘れずにいたい」と語った。

ラグビー交流戦のほかに、安全保障セッションや交友会体験、校内見学なども行われた。

「ラグビーにおけるキャプテンシー」をテーマに、自らの体験を交え講演する廣瀬俊朗さん

キャプテンシー語る　元日本代表 廣瀬さん講演

日豪学生交流プログラムの一環として、元ラグビー日本代表主将でW杯2019の公式アンバサダーを務めた廣瀬俊朗さんの講演も行われた。（講演要旨は「自衛隊スポーツ」11月号に掲載）

廣瀬さんは「ラグビーにおけるキャプテンシー」をテーマに、2015年の英大会より前は24年間、W杯で勝利したことがなかった日本を、主将としてどのように強くしていったかを語った。

一方で、英大会前に主将を外され、試合には出られなかったことに触れ、「試合には出られませんでしたが、自分の役割は果たすことができた。その自負があったので、（帰国後の）セレモニーでは幸せな瞬間を感じることができたので」とし、自らに与えられた役割や務めを果たすことの大切さを語った。

授業再開へ一歩　陸自12化防隊など

防疫活動ほぼ終える

児童、生徒たちが一日も早く元の学校生活を取り戻せるように、台風19号の被災地で防疫支援を行ってきた陸自部隊は11月中旬までに活動をほぼ終了した。4県5市町の小中学校などで、延べ約35万平方メートルに消毒剤を散布した。

延べ35万平方メートルを消毒

校内から校庭の隅々まで丹念に

児童たちの安全のために、校庭の隅々にまで消毒液を散布する12化防隊の隊員たち（11月5日、長野市の長沼小学校で）

氾濫した河川の流域などで泥水につかった被災地。一日も早い授業再開を目指す小中学校などでの消毒剤の散布を各部隊が担った。

2施設団（船岡）、6特殊武器防護隊（神町）、44普連（福島）、12化学防護隊（相馬原）、12特科隊（宇都宮）、4特殊武器防護隊（福岡）の6部隊が従事した。

2部隊のうち、12化防隊はいずれも長野市の松代小、長沼小、豊野中の3校で10月30日、11月1、4、5、8日の計5日間、作業を行い、各学校の校舎内、校庭の隅々にまで丹念に消毒剤を散布した。

また、東方に増援した西方の4特防は9日間、長野市の東北中など5校で作業した。

11月11日現在、自衛隊の防疫活動の今後の予定はない。ニーズがあれば実施する可能性がある。一方、給食、入浴支援などの活動は継続している。

34普連にお礼状　小山町で災派

【34普連＝板妻】34普連は11月5日、台風19号に伴う災派活動に対し、池谷晴一小山町長からお礼状を贈られた。

10月13日、静岡県小山町の老人ホームで建物の1階をのみ込むほどの土砂災害が発生。34普連は昼夜を問わず除去に当たった。

池谷町長は深田満男連隊長にお礼状を手渡し、「自衛隊の皆さまのおかげで本当に助かりました」と謝意を伝えた。

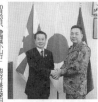

お礼状を贈られた後、池谷小山町長（左）と握手を交わす深田連隊長（11月5日、34連隊長室で）

自衛隊記念日レセプションに550人

「努力積み重ね65年」首相

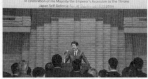

新たな「令和の時代の自衛隊」に期待を込めてスピーチする安倍首相（11月1日、東京都新宿区のホテルグランドヒル市ヶ谷で）

「祝天皇陛下御即位」を掲げた令和元年の「自衛隊記念日レセプション」が11月1日、自衛隊最高指揮官の安倍首相を迎えて都内のホテルで開かれ、河野防衛相をはじめ、防衛省・自衛隊の高級幹部、国会議員、在日米軍、各国駐日大使・武官、協力団体の関係者ら約550人が出席した。

首相は今年で創設65周年を迎えた自衛隊の災害派遣が4万回超、対領空侵犯措置任務も2万8000回以上、1992年の国連平和維持活動（PKO）法の成立以来、世界40カ国以上に6万人超の隊員を派遣してきた実績を紹介。

「数字に表れることのない、人知れぬ努力を着実に積み重ねてきた」と述べ、「令和の時代も自衛隊が国民の命と平和な暮らしを守り抜き、国際社会の平和と安定に貢献するという使命を見事に果たしてくれることを確信している」とスピーチした。

これに先立ち、河野大臣があいさつし、「日本を取り巻く安全保障環境は大きく変化しているが、我々の使命はいささかも変わっていない」と述べ、25万人の隊員の先頭に立って全力で職責を果たしていく決意を表明した。

こちら警務隊　データ不正改ざん

私電磁的記録不正作出及び供用罪で懲役5年

オンラインゲームのデータを変更してキャラクターを強くしたいのですが問題ありますか？

オンラインゲームのデータを不正に改ざんした場合、私電磁的記録不正作出及び供用罪に問われ、5年以下の懲役または50万円以下の罰金が科せられる可能性があります。

実際にネットオークションを通じて請け負った依頼者のオンラインゲームにアクセスして、データを不正に改ざんし、キャラクターを強化した大学生が警察に検挙された事例があります。

また、不正行為の発覚によって高額な賠償責任も問われる可能性がありますので絶対にやめましょう。

（東部方面警務隊）

※次回は「DV防止法違反」

ステータス
LV：1→99
攻撃力：5→99
防御力：3→99

ゲームデータの改ざんは違法です。

入間基地航空祭に12万5000人

ブルー、9課目を展示

「デルタ・ダーティー・ローパス」を披露するブルーインパルス（11月3日、空自入間基地で）

入間基地航空祭が11月3日に行われ、航空ファンや家族連れなど約12万5千人の来場者でにぎわった。

入間基地所在部隊などの計24機が上空を航過した。中司飛のT4練習機、U4多用途支援機のオープニングフライトに続き、飛点隊のU125、YS11飛行点検機が8の字フライトなどを披露。2輸空のC1輸送機は4機で編隊飛行を行い、同機から陸自空挺団（習志野）隊員が落下傘降下し、大空に傘の“花”が広がると、大きな歓声が上がった。

4空団11飛行隊（松島）のT4ブルーインパルスは、6機で「ライン・アブレスト・ローパス」など9課目を展示した。来年での用途廃止が予定される偵察航空隊（百里）のRF4E偵察機も帰投の際に登場し、観衆はその雄姿を目に焼き付けていた。

来場した千葉市の会社員の高橋仁さん（51）は「YS11やC1などの飛行がとてもきれいだった。来年も来たい」と声を弾ませた。

埼玉県所沢市から友人と共に訪れた小学6年生の長野美紀さん（12）は「ブルーインパルスは見られないかと思っていたけど、飛んでくれて格好良かった。RF4Eも最後に見られてうれしかった」と語った。

東音が60回演奏会　類家さんとコラボ

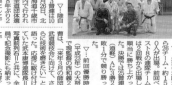

東音の定例演奏会でトランペットソロを披露する類家さん（昭和女子大学人見記念講堂で）

【上用賀】海自東京音楽隊（隊長・樋口好雄2佐）はこのほど、大湊音楽隊に6年間在籍していたジャズトランペッターの類家心平さんをゲストに迎え、東京都世田谷区の昭和女子大学人見記念講堂で「第60回定例演奏会」を開催した。

1部では、海自の全音楽隊員から集まった12曲の中からグランプリに輝いた藤吉正規3曹（東音）作曲の自衛隊観艦式記念曲「令和元年度観艦式ファンファーレ&テーマ」を演奏。ボーカルの中川麻梨子3曹は、美しく伸びのある声でオペラの曲目を歌い上げた。

2部では、類家さんが大音在籍時の先輩の成澤明徳曹長とアドリブソロバトルを展開。また、東音と昭和女子大付属昭和中学・高校の吹奏楽部、コーラス部が「情熱大陸」など2曲をエネルギッシュに共演し、最後は出演者全員で行進曲「軍艦」を力強く奏でた。

小休止

▽…陸自3普連は10月26日、北海道千歳市内で行われた「日本拳法全道団体選手権大会」で8年ぶり2度目の優勝を果たした。

▽…全道各地から26チーム・約150人が出場。前回ベスト8の連隊チームは2回戦から出場し順当に勝ち上がった。決勝では25普連（遠軽）Aに3勝2敗1分で競り勝った。

▽…前回優勝時（平成23年）の大将で現監督の西和義2曹は、「来年3月の師団武道競技会に向けて、さらに技術を磨きたい」と語った。応援に駆け付けていた武本康博連隊長＝写真前列右＝と共に、全員で記念撮影にも納まった。（名寄）

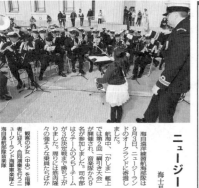

名誉を失っても、なかったと思えば生きていける。財産を失っても、またつくればよい。しかし勇気を失ったら、生きている値打ちがない。
ゲーテ（ドイツの詩人）

（世界の切手・オーストリア）

朝雲ホームページ
www.asagumo-news.com
＜会員制サイト＞
Asagumo Archive
朝雲編集部メールアドレス
editorial@asagumo-news.com

「入隊者6人」が私の恩返し

兵庫県隊友会・淡路支部　正井　公造（淡路市久留麻）

道端に停めたバイクのバックミラーに掛けた日の丸の迷彩ハットに、学校帰りの高校生の視線が走る。集中豪雨による崖崩れの土砂を、迷彩シャツ姿で取り除いていた私は、近くを通る高校生の視線にすぐに反応しました。

「自衛隊、見たことある？」と私が聞くと、「おっちゃん、自衛隊なん？」と聞いてくる。そこで「今度の日曜日、自衛隊のイベントがあるんやけど、観にいけへん？」と誘う。

このように、私はいまも無意識のうちに地本の広報官のような言動をしてしまいます。

自衛隊を定年退職し、警備員と予備自衛官の「二足の草鞋」をはいて9年を経つというのに、まだ自衛隊の広報官のつもりでいるのです。

通勤中のバスの中で、自衛隊に関連する書物を読んでいると、「自衛隊が…」という会話が聞こえてきたりすると、つい反応して声を掛けてしまいます。特に「第二新卒者」と言われる30歳までの若者を意識して、平日にバイトをしている彼らにも、つい声を掛けたりしています。

私は35年間の自衛官生活の後半半分を兵庫地方協力本部に勤務し、そのうち15年以上を広報官として地元・淡路島に勤務しました。駐屯地・基地のない淡路島では、自衛官募集はなかなか浸透しにくく、苦労はしたけれども、とてもやりがいのあるものでした。

その時の人間関係はいまもずっと続いていて、退職して9年が過ぎた今でも地元の人からは「自衛隊の正井さん」と呼ばれています。

自衛隊の部隊がない淡路島では、地元民が自衛官と触れる機会は少なく、運が良くても年1回の防災訓練くらいです。しかし、島には隊友会や消防団で一緒になったり、スーパーやバスで会ったり、時々飲みに行ったりする隊友もいて、とても心強いです。募集活動は自分自身が好きでやっていることですが、入隊に結び付いた時の喜びというのは今も特別で、広報官時代以上です。

周囲でも若者人口が減る一方の中で、一人でも多く自衛隊に関心を持つ若者の情報を頂ければと、隊友会の仲間にも声をかけています。将来はAI化が進み、若者の仕事が減る状況を見据えると、自衛隊はとてもやりがいのある仕事です。

ですから、しっかりと説明すれば、国防という崇高な任務を持つ自衛官を目指す若者がこれからも増えるのではと期待しています。

そんな思いを胸に募集活動を続け、令和元年度も陸上自衛隊に「後輩」を送りこむことができたことは、私の生きがいの一つになっています。

現在の私があるのは、ひとえに自衛隊（の諸先輩・同僚）のおかげだと思っています。その恩返しが、隊員募集に貢献することです。周囲のご支援もあり、定年後、私は6人の若者を入隊に導くことができました。それぞれの若者の「人生」にも大きく関わることができたことは貴重な体験でもありました。

地元でご協力いただいている方々に感謝しながら、これからも「1年に1人」を目標に、淡路島での募集活動をもうしばらく頑張ろうかなと思っています。

被災者助ける主人を支える

家族　坂本　留美（石川県金沢市）

私と主人は同じ年に陸上自衛隊に入隊し、金沢駐屯地で出会いました。主人は重迫撃砲中隊、私は本部管理中隊に所属していました。

結婚してしばらくして、2011年3月11日に「東日本大震災」の災害派遣へ向かい、私は駐屯地で特別勤務をしていました。お互い自衛官ですので、お互いの任務を理解し、行動していました。

そして時が経ち、主人は広島県の第47普通科連隊に異動し、私は任期満了を機に退職して金沢で就職しました。今はお互いがお互いの場所で切磋琢磨し、お互いのことを想いながら過ごしています。

そんな中、昨年7月、「西日本豪雨」の災害がありました。今回は「東日本大震災」の時のように主人が近くにいませんでした。

私は「これから災害派遣に向かう」と主人から連絡を受けた時は、「からだ大丈夫かな？」とか「ご飯、ちゃんと食べているかな？」とか急に心配になりました。しかし、その後メールや電話で被災地でも主人が頑張っている姿を見て、とても安心したことを覚えています。

私も短い期間でしたが、自衛官をしていました。被災者を助ける主人の仕事を理解した上で、これからも主人が職務に専念できるよう、生涯支えていきたいと思います。

（47普連重迫中隊＝海田市、坂本喜博3曹夫人）

訓練に、災害派遣に頑張る47普連の坂本3曹（左）を支える夫人の留美さん

みんなのページ

ニュージーランドで交流深める

海士長　藪田　百合花（練習艦隊司令部音楽隊）

観客の少女（中央）を指揮者に迎え、合同演奏を行うニュージーランド海軍軍楽隊と海自遠航部隊音楽隊

海自遠洋練習航海部隊は9月3日、ニュージーランドのオークランドに寄港しました。

航海中、「かしま」艦上では第2回「綱引き大会」が開催され、音楽隊から9名が参加しました。司令部は2チームのうち1チームが3位決定戦まで勝ち上がりました。周りには筋肉隆々の強そうな乗員たちばかりで、音楽隊員は半ば諦めていましたが、気合いとチームワークで僅差の勝負を制し、大いに盛り上がりました。

オークランド寄港前日の仮泊では、音楽隊員と給養員のコラボによる演奏を行い、寄港2日目にはニュージーランド海軍軍楽隊（RNZB）と合同練習が行われました。RNZB隊長と我が音楽隊長の岡崎恵一1尉による安定した指揮で練習を終えると、昼食はおいしいピザのおもてなしを受けました。みんなでお腹いっぱい食べて楽しく交流することができました。

翌日の戦争記念博物館前での合同演奏会は、戦没者への献花後スタートしました。1曲ずつ交互に演奏するスタイルで、RNZBはマーチ、ジャズなど、私たち音楽隊はジャズの名曲「アンフォゲッタブル」など5曲を演奏しました。

続く合同演奏では、最初にRNZBの提示曲「HINE E HINE」（マオリの子守歌）をしっとりと聴かせると、おしまいに両国を代表する行進曲「軍艦」と「インバーカーギル」を演奏しました。

「インバーカーギル」ではRNZB隊長が会場にいた在留日本人の子供に指揮棒を渡し、指揮者体験をさせるという粋な計らいもあり、大変盛り上がりました。

外国の軍楽隊との合同演奏は5回目となりましたが、毎回たくさんの刺激を受けています。言葉は通じなくても、音楽を通じて交流を深められるというのはとても素敵なことであり、これも遠洋航海の醍醐味の一つだと感じました。

新刊紹介

「憲法の正論」　西　修著

安倍内閣で「安保法制懇」のメンバーを務めた駒澤大学名誉教授の著者が、憲法学者への道を歩みだした当時からの日本国憲法の成立と問題点を明らかにし、憲法改正の必要性を強く訴えた論稿集。雑誌『正論』と産経新聞の「正論」欄に掲載された内容を一冊にまとめたもので、著者の憲法論のエッセンスが詰まっている。

日本国憲法の成立経緯を調べるため、著者は1984年から85年にかけ米国で、憲法の起草にかかわった日米の関係者45人にインタビュー。そこから日本が「天皇を残すべきだ」との総司令部案（マッカーサー草案）を押し付けられた経緯を明らかにした。

世界では時代に応じて憲法を見直すのが常識であるが、日本の憲法は「70年以上も一字一句変わっていない」。このため憲法には多くの問題点が残されている。

（産経新聞出版刊、1760円）

「日本海軍ロジスティクスの戦い」　給糧艦「間宮」から見た補給戦のすべて　高森　直史著

帝国海軍将兵たちの間で、最も有名かつ人気が高かったのは、空母「赤城」でも戦艦「大和」でもなく、給糧艦「間宮」だった。艦内に巨大な冷蔵庫や冷凍庫を備え、兵士1万8000人の3週間分の肉・魚・野菜などの食料を搭載することができた「間宮」は、パン、ケーキ、アイスクリーム、ラムネ、まんじゅうなども加工できた。このため、同艦はどこでも兵士たちから大歓迎された。その上で兵站が軽視される風潮の中、「主計兵たちの奮闘」が紹介され、限られた食材で最前線の兵士のもとに美味しい食事を届け、将兵の士気を高めた「間宮」の実像が明らかにされる。

本書はカレーライスや肉じゃがなど海軍グルメのルーツを丹念に調べ、呉市や舞鶴市などの町おこしにも貢献している。

（潮書房光人新社刊、957円）

訓練検閲で通信を維持

2陸曹　三尾　寿成（46普連3中隊・海田市）

私は連隊訓練検閲に中隊の通信陸曹として参加しました。中隊の任務は、当初連隊の予備、じ後連隊目標への攻撃でした。このため行動開始後は臨機応変な対応が常に求められる状況でした。

このため、いろいろな行動を考えておかねばならず、私は中隊の通信を常時維持・運営できるのか、通信が途切れて部隊を孤立させることにならないだろうかと不安になりました。

もちろん中隊作戦計画時から上級部隊等へ通信に関する要望、調整をしっかりとやりましたが、やはり不安は消えません。しかし、任務を遂行していく中で、不安が自然と薄れていきました。それは平素から共に勤務することの多い各小隊の通信手たちが一生懸命に任務を遂行してくれたからです。彼らが自発的に報告や中継をしてくれたおかげで、中隊本部として各隊の状況把握が容易となり、無事任務を完遂できました。

今回のように連隊が旅団主力として行動する上で、改めて縦（上・下級部隊）と横（関係各部隊）の繋がりを意識することの重要性を感じました。そして何より、私の想像していた以上に各小隊通信手の成長を実感できたことは、非常に感慨深いものでした。

今回の教訓を生かし、今後も後輩の育成に励み、部隊の任務完遂に貢献できるよう精進していきたいと思います。

OBがんばる

浦井　泰彦さん　55
平成30年7月、福井地本を最後に定年退職（2陸佐）。北陸銀行に再就職し、福井カスタマー・サービスセンターで顧客業務に当たっている。

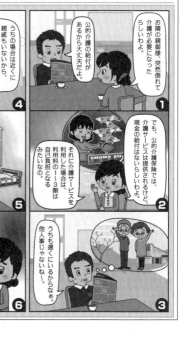

「素直に、誠実に」向き合う

私は出身県外の勤務が長かったため、再就職後は「地元の活動に努めて関わりたい」、また「予備自衛官として勤務したい」との希望を持っていました。その思いを福井地本の援護担当に伝えたところ、担当者のご尽力もあり、希望にかなう北陸銀行をご紹介いただき、無事、入行に至りました。

当行は「地域の皆さまに親しまれ、頼りにされる銀行」を目指し、公共的役割・社会的責任を担い、公正堅実な業務、そしてコンプライアンスの実践に努めています。私は福井CS（カスタマー・サービス）センターに所属し、顧客への集配金サービス、精算、当行支店への書類等の配送に従事しています。

これまでは何気なく使用していたお金でしたが、自衛隊で武器・弾薬を取り扱っていた時のように、厳正・緊張感をもって業務に当たっています。また、金融サービス提供に関する新たな専門知識の習得に努めているほか、仕事以外でも地域の活動や予備自衛官の訓練に参加するなど、公私両面で充実した日々が送れることに感謝しています。

銀行の仕事は信用に関わるだけに緊張の毎日ですが、前向きに職務を続けることができています。改めて思うことは、新たな環境に適応するには「素直に、誠実に」対応することがとても大切だということです。人や仕事に「素直に、誠実に」向き合えば、周囲の人からサポートも受けやすく、自分も前向きに取り組むことができます。

あさぐも掲示板

◇防衛研究所が安保シンポ聴講者を募集

防衛研究所は12月10日（火）午前9時半～午後5時半まで、安全保障国際シンポジウム「一帯一路構想と国際秩序の行方」を東京都文京区のホテル椿山荘東京で開催する。国内外の有識者を招へいし、多様な分野・観点から議論を行う。

聴講は無料。日英同時通訳付き。聴講希望者は防研HPから申し込み（11月29日（金）締め切り）が必要。申し込み多数の場合は抽選。問い合わせは、安全保障国際シンポジウム運営事務局（070・4018・5092）へ。

詰将棋

第807回出題

出題　日本将棋連盟　九段　石田　和雄

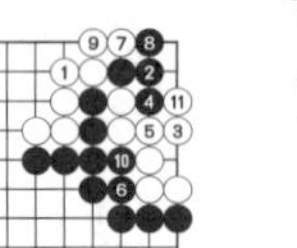

●先手　持駒　金桂

【ヒント】初手が眼目（5分で二段）。

▶詰碁、詰将棋の出題は隔週です◀

詰碁

第1222回解答

出題　日本棋院　九段　曲　励起

【解答図】白先、白①、黒②白③、次の白⑤がカナメ。黒❹に白⑦まで白は無事。

朝雲
発行所 朝雲新聞社
〒160-0002 東京都新宿区四谷坂町12-20 KKビル
電話 03(3225)3841
FAX 03(3225)3831
振替00190-4-17600番
定価一部150円、年間購読料9170円(税・送料込み)

主な記事

防衛相会談

日米韓 連携の重要性確認

共同声明 情報共有の協力明記

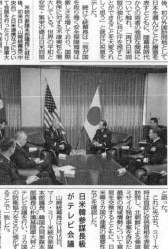

河野防衛相は11月17、18の両日、タイの首都バンコクを訪れ、東南アジア諸国連合(ASEAN)加盟全10カ国と日本による第5回「日ASEAN防衛担当大臣会合」と、ASEANに日米韓中露など8カ国を加えた第6回「拡大ASEAN国防相会議(ADMMプラス)」に出席し、安全保障上の課題をめぐって各国の国防相らと意見交換した。滞在中、河野大臣は日米韓3カ国で13回目となる防衛相会談を行ったほか、米韓両国の国防相との個別会談にも臨み、記者団に「日米韓3カ国の連携の重要性を再確認した」と述べた。

日米韓3カ国の防衛相会談を前に連携をアピールする(右から)河野防衛相、米国のエスパー国防長官、韓国の鄭景斗国防相(11月17日、タイの首都バンコクで)=防衛省提供

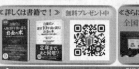

GSOMIA「賢明な対応を」 河野大臣、韓国国防相に要求

河野大臣は17日、米国のエスパー国防長官、韓国の鄭景斗(チョン・ギョンドゥ)国防相と日米韓の防衛相会談を行い、情報共有を含む3カ国の安全保障協力の促進を明記した共同声明を発表した。河野大臣が9月の就任後、両国防相と直接会談するのは初めて。

3氏は最近の北朝鮮による弾道ミサイル発射について意見を交わし、防衛当局として引き続き警戒することを確認。声明では北朝鮮による違法な「瀬取り」を最終的に撲滅するための国際協力を含め、国連安全保障理事会決議を完全に履行するとの国際社会のコミットメント(責任ある関与)の重要性を強調した。

これに先立ち、韓国の鄭国防相と個別会談した河野大臣は、韓国側の破棄通告によって今月23日に失効が迫る日韓の軍事情報包括保護協定(GSOMIA)について「賢明な対応を求めたい」と再考を求めた。ただ、GSOMIAをめぐる韓国側の反応や発言に関し、河野大臣は会談後の記者会見で「私から紹介するのは差し控える」とし一切明らかにしなかった。

会談の中で河野大臣は「昨年来、日韓の間には韓国海軍艦艇による自衛隊機に対する火器管制レーダー照射や韓国側による日韓GSOMIAの終了通告といったさまざまな課題が生じ、非常に厳しい状況が続いている。こうした状況を改善するため、韓国側の賢明な対応を求める」と発言。これに対し、鄭国防相は韓国側の立場を述べた。

一方で両氏は防衛当局の意思疎通を継続していくことで一致。海賊対処などグローバルな課題に対応するため、2国間で実施できる協力に連携して取り組んでいくことを確認した。

河野大臣はこのほか、タイ、インド、ニュージーランド、フィリピン、ミャンマー、シンガポール、インドネシアの各国防相とも個別会談し、防衛協力の強化で一致した。タイのプラユット首相兼国防相との会談では、初の「防衛協力・交流の覚書」を締結した。

また、「日ASEAN防衛担当大臣会合」では、我が国が2016年に打ち出した日本とASEANとの防衛協力の指針「ビエンチャン・ビジョン」の初のアップデート版を発表した。

統幕長、米統参議長と会談

日米同盟強化の継続で一致

山崎統幕長は11月12日、初来日した米統合参謀本部議長のマーク・ミリー陸軍大将と防衛省で会談し、引き続き日米同盟を強化していくことで一致した。

会談で山崎統幕長は、ミリー大将が10月1日の就任後、初の外国訪問地として日本を選んだことに謝意を表すとともに、陸幕長時代からの両者の強固な関係について触れ、「再び日米同盟の強化に共に汗を流すことができることを大変うれしく思う」と就任に祝意を示した。

続けて統幕長は「我が国を取り巻く安全保障環境は厳しさを増しており、国際秩序に対する不確実性も増大している。世界の平和と安定・繁栄の礎は日米同盟が基礎となっている。我が国の安全保障環境と今後の日米同盟の在り方について両者でしっかりと話していきたい」と述べた。

これに対し、ミリー統参議長は「統幕長とは良き友人であり、ここ数年にわたり、とてもいい関係が築けている。幅広い分野における共通の課題に対応していくため、日米でしっかりと連携していきたい」と応じた。

この後、河野防衛相を表敬したミリー大将は「日本は長きにわたって重要な同盟国だ」と述べ、大臣は「在日米軍の即応性の維持は日本とこの地域にとって非常に重要。米軍の皆さんを良き隣人として迎え、地域の平和と安定のために日米で共に取り組んでいきたい」と語った。

これに先立ち、ミリー大将は官邸に安倍首相を表敬訪問し、北朝鮮による弾道ミサイル発射事案を含めた最新の地域情勢について意見を交換するとともに、日米韓3カ国の連携の重要性などを確認した。

米統合参謀本部議長に就任後、初来日し、山崎統幕長(中央右)と日米連携などについて会談を行ったミリー陸軍大将(11月12日、防衛省で)

日米韓参謀長級がテレビ会議

山崎統幕長は11月15日、マーク・ミリー米統合参謀本部議長、韓国合同参謀本部議長の朴漢基(パク・ハンギ)陸軍大将とテレビ会議を行い、3カ国の防衛協力をさらに強化することで一致した。

ミリー統参議長は訪日後に訪れた韓国でテレビ会議に臨み、共に訪韓したフィリップ・デービッドソン米インド太平洋軍司令官とケビン・シュナイダー在日米軍司令官に加え、ロバート・エイブラムス在韓米軍司令官も同席した。

会議で山崎統幕長は、日米韓3カ国の連携の重要性を強調。ミリー統参議長は、日本と韓国双方の防衛に対する米国の強固なコミットメントを再確認した。

3者は、地域の平和と安定を増進するために、共通の安全保障上の課題に対し、引き続き対応していくことで一致した。

中央アジア5カ国に焦点

防研 中国安全保障レポート2020

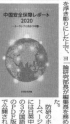

防衛研究所は11月8日、中国の中長期的な軍事動向に関する年次報告書『中国安全保障レポート2020』=写真は表紙=を公表した。

(4面に概要)

刊行10年目に当たる今年のテーマは「ユーラシアに向かう中国」。旧ソ連の内陸国で、中国の西隣に位置するカザフスタン、キルギス、タジキスタン、ウズベキスタン、トルクメニスタンの中央アジア5カ国に焦点を当て、中国の戦略とその特徴を明らかにした。

報告書は、中央アジア諸国について「海洋への物流アクセスを重視する連結性構想に基づき、中国の『一帯一路』構想を受け入れ、カザフスタンを中心に物流環境が改善している」との見方を示す一方で、5カ国が「域内協力を積極化し、ロシアや欧州連合(EU)との連携も強化するなど、中国のみに依存しない外交を展開している」と分析。

中国の動向については「一帯一路」だけでなく、中東欧諸国などとの協力の枠組みを活用した「多層的で包括的なエネルギー協力枠組みの構築」を目指す姿を浮き彫りにした上で、ヨーロッパでは「中国の進出が欧州の戦略的産業にもたらす安全保障上の懸念が高まっている」と指摘した。

報告書はA4判、全85ページで、防研の室岡鉄夫理論研究部長が編集長を務めた。

防研のホームページには日英中の3カ国語のPDF版で公開されている。

「しらせ」南極目指し出港

家族ら700人見送り

文部科学省の第61次南極地域観測事業を支援する海自の砕氷艦「しらせ」(艦長・竹内周作1佐以下乗員約180人)が11月12日、東京・晴海から南極の昭和基地に向けて出港した。

出国行事は午前10時から旅客ターミナルで行われ、山村海幕長、増子豊統幕副長らが出席、乗員家族ら約700人も見守った。

増子副長は山崎統幕長の訓示を代読し、「極地という過酷な勤務環境の中での任務だが、自衛隊の代表としてこれまで培ってきた知識・技能を遺憾なく発揮してほしい」と述べた。

続いて山村海幕長が「今日まで継続して積み上げてきた(海自の)南極協力の実績を踏まえ、竹内艦長のリーダーシップのもと一致団結し、総員がそれぞれの持ち場において持てる力を最大限に発揮してほしい」と激励した。

歯科医官として乗り組む佐藤翔3佐は、「乗員が極地でも健康に活動できるよう尽力したい」と意気込みを語った。

午前10時55分ごろ、同艦は家族らに見送られ、汽笛を鳴らして出港した。

「しらせ」は11月27日に豪州・フリーマントルに寄港し、最後の補給を行うとともに、61次観測隊の青木茂観測隊長以下、外国人を含む観測隊員68人を艦内に収容。豪州出発後は南下を続け、12月7日ごろに南緯55度に達し、砕氷航行を開始し、リュツォホルム湾の昭和基地を目指す。

基地では60次越冬隊と合流し、食糧や燃料など約1000トンの物資を陸揚げするほか、基地の施設設営や野外観測業務などを支援する。

「しらせ」は来年2月上旬に持ち帰り物資約400トンを積んで昭和基地を離れ、豪州シドニーを経て4月10日に横須賀に帰国する予定。

多くの家族や隊員に見送られながら南極へ向けて出港する砕氷艦「しらせ」=11月12日、東京都中央区の晴海ふ頭で

アデン湾の海賊対処を1年延長

政府は11月12日の閣議と国家安全保障会議(NSC)で、同19日に期限を迎える自衛隊によるソマリア沖・アデン湾での海賊対処活動を1年間延長することを決めた。期間は今月20日から来年11月19日まで。海賊対処法に基づき、護衛艦1隻、P3C哨戒機2機を引き続き派遣し、人員計約400人体制を維持する。

同海域での海賊発生件数はピーク時には年間200件を超えていたが、海賊対処活動が成果を挙げて減少し、2015年には0件となるなど、近年は低い水準で推移している。

河野防衛相は12日の閣議後の記者会見で「海賊の件数は大幅に減っているが、ソマリアでの貧困問題や海賊を生み出してきた根本原因の解決には至っておらず、これ(海賊対処活動)を緩めると海賊が跋扈することになる。引き続き、日本に関係する船舶の安全、国際経済の重要なシーレーンの一つであるこの地域をしっかりと守っていきたい」と述べた。

シナイ半島への派遣も1年延長

政府は11月12日の閣議と国家安全保障会議(NSC)で、エジプト東部のシナイ半島でエジプト、イスラエル両軍の停戦監視に当たる「多国籍軍・監視団(MFO)」への自衛官派遣を、来年11月30日まで1年間延長することを決めた。

防衛省は2016年3月施行の「平和安全法制」で可能となった「国際連携平和安全活動」に基づき、国連が統括しない国際貢献活動に従事する初のケースとして、今年4月から桑原直人2陸佐と若杉貴史1陸尉の2人をシナイ半島南端の紅海に面したエジプト・シャルムエルシェイクの現地司令部に派遣している。

河野防衛相は12日の閣議後の記者会見で「MFOは中東における日本の貢献の一つで、[illegible]にもつながる。優秀な人材を派遣することで、シナイ半島国際平和協力業務への貢献を継続していきたい」と語った。

春夏秋冬

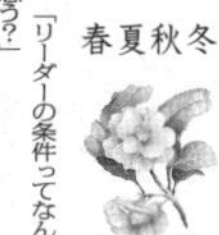

リーダーの条件

黒川 伊保子

「リーダーの条件ってなんだと思う?」

写真家の白川由紀さんが、あるとき、そう呟いた。白川さんは、若き日にアフリカを広く歩いて、その風景をカメラに収めてきた人だ。アフリカでは、どの集落でも歓待してもらったと彼女は微笑んだ。「初めて行った集落で、私は一目見てリーダーがわかった。紹介される前に。なぜだと思う?」

長老もいれば、若きリーダーもいた。寡黙なリーダーもいた。華美なリーダーもいれば、いっそ質素なリーダーもいた。そんなことじゃない、と言われて戸惑う私に、「人を笑顔にする力」と彼女は教えてくれた。「リーダーが入ってくると、周囲の人が嬉しそうな顔になる。人を笑顔にする力を、すべてのリーダーが持っていた」

その答えを聞いた途端、私は、ミラーニューロン効果だとわかった。

ミラーニューロンと呼ばれる脳細胞がある。その名の通り、鏡に映すように、他者の表情や所作を直接自らの神経系に移しとる能力である。人は無意識のうちに、目の前の人と表情や所作が連動する。あっちむいてホイに負けるのは、ミラーニューロン効果である。

目の前の人が笑顔になれば、つられて笑顔になる。人を笑顔にする人は、その本人が「好奇心に溢れた嬉しそうな表情」をしているに他ならない。しかるにアフリカのリーダーたちは、好奇心に溢れた嬉しそうな目元をしていたのに違いない。破顔していなくても、その表情筋は周囲に伝搬する。

さらに表情には、もう一つ秘密がある。人は嬉しいから嬉しい表情をするわけだが、嬉しい表情になると、嬉しいときに起こる神経信号が誘発される。表情は出力であると同時に入力にも使えるのだ。嬉しい表情の人は、だから強い。

暗く険しい表情をしている人の下で、人は集中力や発想力を発揮できない。それらは、好奇心に下支えされるものだから。脳に好奇心を作り出すホルモン・ドーパミンは、嬉しそうな表情と仲がいい。リーダーの表情は、部下の能力をつぶすことにもなり、引き出すことにもなる。

親であれ上司であれ、人を導く者は、前向きの表情をしていなければならない。自らの気持ちに関わらず。表情は感情を垂れ流すためじゃなく、他者への贈り物と心得る。それが大人の使命である。

(感性リサーチ代表、人工知能研究者)

朝雲寸言

立冬は二十四節気の第19番目。秋が極まり冬の気配が立ち始める日と言われ、第20番目の小雪までの晩秋の季節を表す▼朝晩が冷え込む現在、立冬を身に染みて感じているのは台風被害などで避難所に身を寄せている被災者の方々であろう。同様に被災地で支援活動に当たる自衛官もまた秋の終わりと冬の到来を感じていると思う▼屋外で活動することの多い自衛官は季節の移り変わりに敏感である。毎日のように演習場で訓練していれば、日の長さや早朝霜が降りてくるのを感じるようになる。下草をかき分けて演習場を行けば、やがて夜明けとともに霜は冷たい草露となって戦闘服を濡らす。陽が昇れば朝夕の冷え込みが嘘のように気温が上がり、汗が落ちるようになる▼立冬を迎えた秋晴れの日曜日、天皇陛下の即位に伴う「祝賀御列の儀」が晴れやかに行われた。沿道の12万人が見守る中、皇居から赤坂御所までの約5キロの道のりを天皇陛下は皇后陛下とともにオープンカーから手を振られた▼赤坂見附から青山通りに車列が差し掛かると長い直線道路に午後の陽光が降り注ぎ、両陛下のお姿は光り輝いていた。最後の交差点を右折した陛下をお迎えしたのは、日章旗を振るボーイスカウト、ガールスカウトの少年少女たち、そして整列した陸海空の自衛官、儀仗隊の敬礼であった▼まさに日本の象徴をお祝いするに相応しい雲ひとつない穏やかな秋晴れの一日であった。

時の焦点

国内

桜を見る会

信頼回復し政策注力を

長期政権が憲政史に名を刻むそのときに、こんな問題で信頼が揺らぐとは。政界関係者はもちろん、国民の多くも想像していなかっただろう。安倍首相が主催する「桜を見る会」である。各界で功績のあった人々を慰労する行事だが、後援者らを多く招いているとして私物化批判を受け、来年度の中止が決まった。

首相の通算在職日数は今月19日に歴代最長の桂太郎に並び、20日からは未踏の領域である。政権のレガシーに注目が集まるタイミングで疑念への釈明に追われるのは、首相にとってさぞ不本意であろう。

「桜を見る会」は1952年に始まった。民主党政権でも開かれたが、安倍首相の下で出席者数が膨らみ、支出額も増えた。テレビのワイドショーなどは連日のように詳細に報じている。

招待者の人選が不透明で、公私混同である。さらに、会の前夜に首相の後援会が開いた会合の参加費が5000円というのは安すぎる、後援会が差額を補填しているのではないか。問題のポイントは、この2点である。

批判の高まりを受け、首相は記者団に「私自身も反省しなければならない」と述べた。だが、その後も野党の追及は収まらず、国民の理解が得られたとは言えない。地元の後援者を安易に招いたとすれば、長期政権の緩み、驕りがあったと批判されるのは当然だ。襟を正さねばならない。

前夜の会合については、なお詳細がはっきりしない。事実関係に基づいて論じる必要があろう。政治家が信頼を失えば、何事も成し得ない。首相には、丁寧で真摯に説明することが求められる。

この問題の報道後に読売新聞社が実施した全国世論調査の結果は興味深い。内閣支持率は前回より6ポイント低下し、49%となった。下がったとはいえ歴代内閣と比べてなお高水準なのは、政策実行への期待があるのだろう。

実際、第2次政権発足後の仕事ぶりを問うと、「評価する」が「多少は」を含めて65%に上る。評価できる政策は「子育て支援や教育の無償化」（44%）、「外交や安全保障」（32%）、「働き方改革」（23%）と続く。

子育て支援や働き方改革は従来、リベラル派が重視してきた政策分野である。首相は、現実的な外交・安保政策を取る一方、消費増税を成し遂げながら社会保障政策を着実に遂行し、左にウィングを広げた。これが長期政権の要因であろう。

11月21日は、首相が尊敬する吉田松陰の命日である（旧暦10月27日）。

吉田松陰は「百年一瞬耳 君子勿素餐」との言葉を遺した。△百年の時は一瞬に過ぎない。君たちはどうかいたずらに時を過ごすことなかれ▽というのである。

日本の政治には、「桜を見る会」騒動に時間を費やす余裕などない。一日も早く決着させ、内外の政策課題に注力せねばならない。

宮原 三郎（政治評論家）

海外

英総選挙へ

「EU離脱」成否懸かる

英議会下院は11月6日に解散し、英国の欧州連合（EU）離脱＝ブレグジット＝を争点とする12月12日の総選挙に向け、各政党のキャンペーンが本格化した。

離脱は当初は10月31日の予定だったが、離脱協定案とその法制化の協定法案の議会審議が難航。そのためジョンソン首相はEUと協議し、新たな離脱期限を2020年1月末とすることで合意したのを受けて、解散した。

同首相は国民に、自らの政策が気に入らないなら官邸から追い出せる白紙委任状を渡した形だが、解散断行に至るまでの最大野党・労働党の戦術は覚えておいていい。

同党は総選挙を決して望まず、それよりも、保守党の同首相をブレグジットを何度も延期せざるを得ない厳しい状況に追い込むという作戦だった。米国で17年1月にトランプ大統領が就任して以降、まるで「反トランプ」以外に何もすることがないような民主党と似ている。

そして、英紙サンが11月9日に伝えた世論調査（10月25日―11月4日に有権者約1万6000人を対象に実施）の結果を見ると、労働党が国民の審判を仰ぐことを嫌がった理由もよく分かる。

下院は定数650で、議長、副議長らを除いた実質過半数は約320。解散時の保守党は298議席と過半数に届かず、ブレグジット実現のボトルネックになっていた。

しかし、同調査によると、保守党は現有議席に75議席上積みする373議席を獲得する見通し。浮動票層の取り込みに成功すれば、最大で過半数を96議席上回る可能性もあるという。

一方、労働党はいまだに、選挙争点について、「離脱か残留か、党としての方針を明確にせよ」との批判にさらされている。コービン党首が「残留」で党をまとめきれないからだ。

こうした体たらくも響いてか、同党はイングランド、スコットランド、ウェールズの全地域で大敗必至の情勢。

長年、同党の強固な地盤だった地域でも、今回は保守党候補が勝利しそうな選挙区がいくつもある。イングランド北部セッジフィールド選挙区はかつて、労働党党首で首相も務めたブレア氏の「指定席」と呼ばれたが、保守党候補に奪われる危機にある。

イングランド中部地方では、保守党が労働党から計21議席を奪還しそうな勢いを見せている。

左派のカーン市長（労働党）を選出したロンドンも伝統的に左派が強いが、労働党は保守党および第2野党・自由民主党（スウィンソン党首）に議席を奪われそうな形勢だ。

新党・離脱党のファラージ党首は11月10日、保守党が議席を持つ選挙区には候補者を立てないと発表。離脱支持票を奪い合えば労働党が〝漁夫の利〟を得るとの判断で、いわば「ブレグジット提携」である。

英国民は16年、EU離脱を選択した。だが労働党はそれを無視し続けている。自分たちの一票が無視され続けるのを好む有権者はいないだろう。

草野 徹（外交評論家）

陸海空3部隊に「首相特別賞状」

「国民の負託に応えてきた」

令和元年度の自衛隊記念日行事の一環として11月12日、首相官邸で「内閣総理大臣特別賞状」の授与式が行われ、陸海空の3部隊に安倍首相から賞状が贈られた。受賞したのは、▽陸自システム防護隊（市ヶ谷）▽海自鹿児島音響測定所（霧島市福山）▽空自航空機動衛生隊（小牧）で、いずれも初の受賞となった。

授与式には防衛省から山本副大臣、渡辺、岩田両政務官、髙橋事務次官をはじめ、湯浅陸、山村海、丸茂空の各幕僚長、増子統幕副長が立会し、岡人教局長が司会を務めた。

安倍首相は、各部隊を代表して整列したシステム防護隊長の平田高志1陸佐、鹿児島音響測定所長の川地秀樹2海佐、航空機動衛生隊長の田村信介1空佐の3人に対し、それぞれ「歴代の全隊員が使命の重要性を深く認識し、一致団結して任務にまい進したたまものだ」と述べ、賞状を授与。

最後に「国民の命と平和な暮らしは皆さんの献身的な努力によって守られている。強い使命感と責任感を持ち、日々黙々と任務に当たり、国民の負託に全力で応えてきた隊員の皆さんを誇りに思う」とたたえた。

首相による直接の部隊表彰は平成27年を皮切りに、翌年からは自衛隊記念日の最大行事「観閲式」などの会場で行われており、今回で5回目。今年は10月14日の「観艦式」が台風19号の甚大な被害と災害派遣で中止となったため、日を改めて首相官邸で行われた。

安倍首相（右）から「内閣総理大臣特別賞状」を授与される（左端から）陸自システム防護隊長の平田1佐、海自鹿児島音響測定所長の川地2佐、空自航空機動衛生隊長の田村1佐（11月12日、首相官邸で）＝官邸HPから

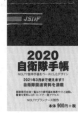

◇受賞部隊の功績

▽陸自システム防護隊

平成17年の部隊創設以来、陸自に対するサイバー脅威に即応体制を維持し、堅牢無比なサイバーセキュリティーを確保した。

▽海自鹿児島音響測定所

昭和43年の部隊創設以来、対潜戦、対機雷戦に必要な音響測定や魚雷等の性能、運用に関する試験を実施し、第一線での作戦行動の実効性を高め、我が国の海上優勢の確保に貢献した。

▽空自航空機動衛生隊

平成18年の部隊創設以来、高度な機上医療を伴う緊急患者搬送を担う日本唯一の部隊として即応体制を維持し、極めて困難な任務を着実に実施した。

富士教育直接支援大隊に防衛装備庁長官から感謝状

ヨルダンに貸与の戦車を整備

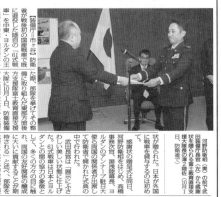

【装備庁＝市ヶ谷】防衛省が戦後初の国産戦車で既に退役した陸自の「61式戦車」を中東・ヨルダンの王立戦車博物館に無償貸与した際、部隊を挙げてその整備に取り組んだ東部方面後方支援隊富士教育直接支援大隊に10月1日、防衛装備庁の武田博史長官から感謝状が贈られた。日本が外国に戦車を貸与するのは初めて。

河野防衛相（奥）の前で武田装備庁長官（左）から感謝状を贈られる富士教育直接支援大隊長の澤2陸佐（10月1日、防衛省で）

感謝状の贈呈式は同日、河野防衛相をはじめ、髙橋事務次官、湯浅陸幕長、ヨルダンのアンナープ駐日大使ら両国の関係者が出席して防衛省で開かれた式典の中で行われた。

武田長官は「展示にふさわしい美しい状態に仕上げた。61式戦車は日本とヨルダンとの間の協力の象徴として、多くの方々の目に触れ、両国の友好関係の醸成に大いに貢献することが期待される」と述べ、部隊を代表して富士教育直接支援大隊長の澤俊成2佐に感謝状を手渡した。

貸与された戦車は滝ヶ原駐屯地に展示されていたもので、同隊は今年5月から6月までの約1カ月間、①不用な部品の取り外し②内部清掃③さび取り④板金加工⑤溶断・溶接⑥塗装⑦転輪ゴム補修――などの補修整備に当たった。

陸自と米海兵が実動訓練

近畿、中・四国の国内演習場で

陸自は12月1日から同13日まで、饗庭野、日本原、国分台の各演習場などで米海兵隊との共同実動訓練「フォレストライトMA」を実施する。

陸自は13旅団長の山根寿一将補を担任官に、8普連（米子）基幹の約450人が参加。米海兵隊は第3海兵師団長のウィリアム・ジャーニー少将を担任官に、第4海兵連隊第1―25大隊（キャンプ・シュワブ）基幹の約220人と第36海兵航空群第262飛行隊（普天間）の約80人が参加する。航空機は陸自がUH1多用途ヘリ、AH1S対戦車ヘリ、米はMV22オスプレイが加わる。

1日の訓練開始式後、2日から6日まで空中機動、射撃、市街地戦、第一線救護などの機能別訓練を実施。9日から12日までの総合訓練では、国分台から空路、饗庭野演習場に展開、日米共同で攻撃訓練などを行う。

湯浅陸幕長は11月14日の会見で「米海兵隊は事態発生後の初期段階の対応が極めて優れている。彼らと共同で実効性を高めることは我が国の防衛や地域の平和と安定に寄与する」と述べた。

共済組合だより

「マイナンバーカード」取得のご案内

共済組合では組合員および被扶養者の方へ「マイナンバーカード」の取得を推奨しています。

令和3年3月から、共済組合員証だけでなく、マイナンバーカードでも医療機関で受診できるようになる予定です。（全ての医療機関で受診可能ではありません）

令和2年10月からはマイナンバーカードへの自治体ポイントの付与も予定されており、時期が近くなると申請が集中してマイナンバーカード発行に時間がかかる恐れがあります。ぜひ、この機会に早めの申請・取得をしましょう！！

◎マイナンバーカードが共済組合員証の代わりになるの？

医療機関側が組合員や被扶養者の資格確認をオンラインにて即時に行うことにより、マイナンバーカードでも医療機関で受診が可能になります。（自衛官診療証については検討中）

◎マイナンバーカードを作るメリットってあるの？

○顔写真付の身分証明書になります。

○コンビニ等で住民票・印鑑証明書の発行ができます。

○ポイントでお買い物ができます。

※マイナンバーカードを作成するだけではポイント利用はできず、マイキープラットフォームで手続きを行う必要があります。

◎マイナンバーカードを持ち歩いて大丈夫？

マイナンバーカードのICチップには、税や年金等のプライバシー性の高い情報は入っておらず、マイナンバーを知られても個人情報を調べることはできません。

◎マイナンバーカードを作るにはどうすればいいの？

○パソコンによる申請（交付申請用のWEBサイトにアクセス）

○スマートフォンによる申請（交付申請書のQRコードからアクセス）

○まちなかの証明写真機からの申請（画面の案内にしたがって手続き）

○交付申請書による申請

皆さまもマイナンバーカードを、ぜひ、ご利用ください。

エチオピアに浦上2佐派遣

防衛省は11月8日から約2週間、防衛大学校に所属する浦上法久2陸佐をアフリカ・エチオピアの首都アディスアベバにある「エチオピア平和支援訓練研究センター」に派遣した。

浦上2佐が同センターに派遣されるのは、今年6月に続いて7回目。今回も「国際コンサルタント」として現地で国連平和維持活動（PKO）要員の人材育成に関する「教育カリキュラム」コースの運営支援や学生への講義などを行っている。11月22日に帰国する予定。

「はるさめ」が佐世保を出港

海賊対処水上35次隊

ソマリア沖・アデン湾で民間船舶の安全確保に当たっている海自海賊対処部隊の交代のため、11月24日、水上部隊35次隊として護衛艦「はるさめ」（指揮官・艦長の大島輝久2佐以下約180人）が佐世保を出港する。「はるさめ」には海上保安官8人も乗り組み、12月下旬に現地に到着、護衛艦「さざなみ」（同・石川将司2佐）から任務を引き継ぐ。

防衛省発令

▽舞鶴地方総監部防衛部長（自衛艦隊司令部）
1海佐 大島 信吾

▽海自1術科学校研究部長（海自1術科学校）
2海佐 福田 智司

（以上11月11日）

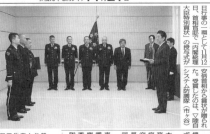

防衛技術シンポジウム2019　防衛装備庁

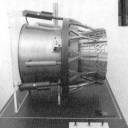

防衛装備庁の「技術シンポジウム2019」が11月12、13の両日、東京都新宿区のホテルグランドヒル市ヶ谷で開かれた。今回は、昨年12月に閣議決定された新たな防衛大綱・中期防を受けて、今年8月に公表された「宇宙・サイバー・電磁波」といった新たな領域に着目し、民間からも技術者や研究者を迎えて、さまざまな観点から発表が行われた。13日には河野防衛大臣が会場を訪れ、装備庁の各研究所が展示した試作品や研究成果のパネルなどを熱心に視察、開発担当者からその先進性について直接説明を受けた。

陸自水陸機動団に向けた次世代水陸両用車の研究や試験に使用される「水槽試験用車両」の模型

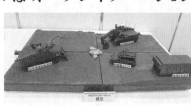

（上）欧州のエアバス・ヘリコプターズが開発中の次世代複合回転翼機「RACER」の模型。垂直離着陸と高速巡航の両立が求められる機体の実現を目指している

（左）将来戦闘機用エンジン（XF9−1）向けに研究が進められている推力偏向ノズル。高高度・低速領域や高迎角飛行時の姿勢制御、無尾翼機の姿勢制御が可能となり、高運動性・ステルス性の向上が期待される

（右）155ミリ榴弾砲FH70の後継として野戦特科部隊に装備される「19式装輪自走155ミリ榴弾砲」の模型。すべての技術試験を終了し、目標性能すべてを満たすことが確認されている

宇宙・サイバー・電磁波に注目

テーマは「オープンイノベーション」

今年の技術シンポジウムは「オープンイノベーション」をテーマに開催され、防衛省・自衛隊関係者のほか、民間企業の技術者や大学の研究者など約2400人が来場した。

開会に当たり、防衛装備庁の外園博一防衛技監があいさつを述べ、続いて宇宙航空研究開発機構（JAXA）の山川宏理事長が「JAXAの取り組みについて」と題し、特別講演を行った。

この後、装備庁の研究者らがサイバーセキュリティーや高出力マイクロ波技術などの研究について発表。パネルディスカッションでは、「いかにオープンイノベーションを行うか」をテーマに企業の技術者や大学教授らが意見を交わした。

13日には海洋研究開発機構の中谷武志技術研究員が「無人ロボットで海底マッピング！～日本の海底探査チームがギリシャの深海に挑んだ」と題して特別講演を行った。

一方、展示会場では、装備庁の各研究所などが試作品を公開。各自衛隊に向けたCBRN（化学・生物・放射線・核）対処用の防護衣の実物や、将来戦闘機用のハイパワーかつスリムな形状を実現したジェットエンジン「XF9−1」の模型などが展示されたほか、災害対応任務の用途として令和3年度の採用を目指した「高機動パワードスーツ」なども来場者の注目を集めていた。

（右）「CBRN対応遠隔操縦作業車両システム」の研究を受けて模型。人が立ち入れない汚染地域などを3D化し、遠隔操作が可能な複数の車両による作業の様子が示されている

CBRN対処用防護衣など展示

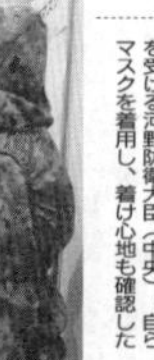

化学・生物兵器に対処する防護衣・マスクの研究ブースで、使用されている繊維や効能について担当者から説明を受ける河野防衛大臣（中央）。自らマスクを着用し、着け心地も確認した

河野大臣が視察

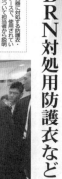

13日午後には、河野防衛相が防衛装備庁の武田長官や外園防衛技監らを伴い、会場を視察に訪れた。大臣は約1時間にわたって全フロアを見て回り、各ブースで責任者や若手開発者らから最先端の技術を取り入れた各種装備品に関する研究開発の状況について説明を受けた。

大臣は開発の経緯や費用、進捗状況、実用化までの見通しのほか、射程などの性能諸元について熱心に質問。時には各国の開発状況や日本との競合関係などについても鋭い問いを投げかけ、その都度、専門の技官や開発責任者からさらに詳しい説明を受けて理解を深めていた。

米軍の兵士が試着した「高機動パワードスーツ」について先進技術推進センターの水田敏也所長（中央）から説明を受ける河野大臣（右）

ビッグレスキュー　その時に備える　第26回

体を動かし、考えながら訓練する　「市民参加型」の防災訓練に変更

一色 広一氏　大東市

大阪府大東市 危機管理室 課長参事（元2陸佐）

1 私が勤務する大東市

大東市は、大阪平野の東部に位置し、大阪のキタ繁華街には20分ほどで行ける距離であることから、昭和の30年ごろから急速な都市化が進み、現在、約12万人の市民が生活する衛星都市に成長しました。

また、本市東側の3分の1は豊かな自然が息づく「金剛生駒紀泉国定公園」に指定されるほか、近年の歴史研究により、織田信長に先んじて天下を治めた人物として注目を集めている三好長慶の居所の飯盛山城（発掘調査により日本で初めて本格的に石垣を多用した城と判明）もあり、大都市に近い緑と歴史を身近に感じる街、「あふれる笑顔 幸せなまち 大東づくり」を目指し、行政サービスを行っています。

一方、本市は、私が着任する前から自衛隊の活動に対し一定の理解があり、市民祭りや防災訓練への参加はもちろん、危機管理室と防災隊区である陸自第36普通科連隊（伊丹）との定例の懇親会（現在、野球大会を検討中）の開催、新規採用職員の体験入隊など、職員レベルの交流は盛んに行われています。

2 市の防災行政の現状と新たな試み

市町村は、基礎自治体として住民の生命・身体および財産を保護する責務を負っているものの、どこの自治体も少人数で複雑多岐にわたる業務、つまり「何でも」やっています。

そのような中、本市として、初めて自衛隊出身者を採用したということで、従来の手法にとらわれることなく、新たな視点（自衛隊のやり方）、新たな思考過程で、いざという時に即応できる防災体制、実際的な訓練、今までと違った目線での防災の啓発活動を行うように心がけています。

一例をあげると、市が計画類を作成するときは、通常、業者委託により計画等を作成しますが、私が担当した「大東市業務継続計画」は、職員の手で、ワークショップ形式により約2年間かけて、自らの手で、自分たちが使う業務継続計画（BCP）および同計画を発展させたBCPマニュアルまで作成しました。

また、市の防災訓練は、従来はシナリオ形式の展示訓練を主流に行っていましたが、実際に体を動かし、考えながら訓練を行うという「市民参加型」に変更し、自主防災組織と市職員と連携して、避難所の開設、運営等を行う訓練に変更しました。

さらに、本年度は大阪府、消防、警察および自衛隊の協力を得て、本市として初めてロールプレイング方式の図上訓練を取り入れました。初めての訓練ということもあって、当然のことながら、「プレイヤー？」「状況付与計画（MSEL）？」などの用語の説明から始まり、本部のレイアウトも自衛隊式に地図台を正面に設置し、数種類のチャートを作成・設置、また、状況付与カードも約100想定を作成し、被害情報の収集から市の対策方針を決定するまでの一連の行動を演練して、災害対策本部会議の開催、そして模擬記者会見等までを台本なしに実際に行ってみました。

結果として、地域防災計画の課題や不足資材の把握等を確認でき、また、本部活動の要領も通常の縦割式から横断的な活動にスタイルを変え、会議等により物事を決議するというやり方を戸惑いながらも実施し、一定の訓練成果も得られ、その成果を元に「初動マニュアル」を作成することにしました。

今回、図上訓練を実施してみて、市の災害対策本部運営は自衛隊の幕僚活動とまったく同じであり、市が文書起案でよく使用する「伺う」という文言ではなく、自衛隊がよく使う「仰ぐ」つまり「仰指・仰決」がしっくりくることから、市職員に対し、防災活動においては、これを浸透させていこうと思っています。

3 最後に

近年は、異常気象等により全国各地で災害が多発しており、不幸にも災害が発生した場合は、自衛隊をはじめ、消防、警察など関係機関等の力に頼らざるを得ないのが現状です。

このため、自衛隊OBとして、日頃から連絡を取り合い、顔が見える関係を自衛隊との間に構築していきたいと考えています。そして、いざという時に戸惑うことなく災害対応が実施できるよう、私も双方を繋ぐパイプ役としてこれからも務めていきたいと思います。つきましては、各駐屯地に顔を出しますので、煙たがらずお付き合いをお願いします。

地元のメディアにも積極的に出演し、大東市の防災活動をアピールしている一色危機管理室参事（左から2人目）

いざという時に備え、定期的に懇親会を開き、意思疎通を深めている大東市危機管理室と陸自36普通科連隊5中隊（防災隊区）のメンバー。前列右端が一色氏

《防研編》中国安全保障レポート2020　ユーラシアに向かう中国　概要

はじめに

中国はその戦略的な地平をユーラシアに向けて拡大してきた。一般的には、2013年秋に、後に「一帯一路」としてまとめられる二つのシルクロード構想を提示したことが直接の契機として理解できる。

同年3月に国家主席に就任した習近平は、9月にカザフスタンのアスタナ（現在のヌルスルタン）で「シルクロード経済ベルト」構想、10月にインドネシアのジャカルタで「21世紀海上シルクロード」構想をそれぞれ示して、地域諸国との連結性（コネクティビティ）の強化を図ることを宣言した。

海洋正面では、領土や主権、海洋権益をめぐる中国と周辺国との係争は解消されておらず、また米国の軍事プレゼンスへの批判的立場を中国が堅持していることもあり、特に安全保障分野では、「海上シルクロード」構築に向けたイニシアティブを中国は十分に発揮できていない。

その一方で、「シルクロード経済ベルト」構想、すなわちユーラシア方向での連結性強化の成果は比較的大きく、安全保障面での協力も機能的に推進されるようになっている。その結果、「ユーラシア・パワー」としての中国の台頭も中国の国内外で議論されるようになった。

中国国内では、12年前後に中国の戦略方向としてユーラシアに向かうべきとの主張が地政学的な観点からなされていた。特に、北京大学国際関係学院院長の王緝思が12年10月に『環球時報』紙に発表した「西進」論が注目を集めた。

王の「西進」論は、米国のバラク・オバマ政権が提起していた「アジア太平洋リバランス」の結果、「大国間の地政学・地経学的な新たな競争が日増しに激しくなっている」ことを前提として、中国による地政学上の「リバランス」を主張するものであった。

中国の「東」、すなわち東アジアにおいて米中間での競争関係が強化されることを念頭に、「沿海海域や伝統的な競争相手や協力パートナーだけに目を向けるべきではなく、『西進』という戦略的な手立てを有さなければならない」と王緝思院長は主張し、政治的・外交的・経済的な意義を論じた。

東アジアでの米中間の競争には「ある種のゼロサム構造が出現している」一方で、西部諸国との間では「対抗あるいは衝突を生み出す要素は非常に少ない」として、地政学・地経学上の有利なポジションを得るためには、「西進」が必要かつ可能と王は指摘した。

こうした議論が、どの程度直接的な影響を与えたのかは分からない。「『一帯一路』は経済協力のイニシアティブであり、地政学的な同盟あるいは軍事同盟ではない」と習近平は述べ、地政学的な要素を否定している。

事実、「一帯一路」構想の形成過程を仔細にみれば、同構想の一義的な目的は、それまで遅れてきた中国の西部地域の発展を、隣国の開発や国内の東部沿海部の発展と結合させて、国内各地域がバランスのとれた発展を実現させることであり、その結果として周辺諸国との経済協力が志向された側面が強い。

しかし、「一帯一路」プロジェクトが進展し、グローバルな展開をみせるに伴って、「一帯一路」に新たな政治的言説が付与されるようになった。「グローバルガバナンス体系の変革」や「人類運命共同体の構築」という国際秩序構築に関する言説である。

17年10月の中国共産党第19回全国代表大会で、習近平は「一帯一路」構想等を例示しつつ、「人類運命共同体の構築を提唱し、グローバルガバナンス体系の変革を促してきた」と述べた。

さらに、18年8月に「一帯一路」5周年を記念して開かれた座談会で習近平は、「『一帯一路』は経済協力であるだけではなく、グローバルな発展モデルとグローバルガバナンスをより良くし、経済のグローバル化の健全な発展を推進する重要なルートである」と指摘し、19年4月の第2回「一帯一路」国際協力ハイレベルフォーラムでは「グローバルな経済ガバナンス整備のための実践」とも「一帯一路」を位置付けたのであった。

ここから言えることは、「一帯一路」構想の推進を通じて、中国は国際秩序建設の取り組みを強化しようとしているということである。つまり、中国にとってユーラシアが、連結性、地政学、そして国際秩序建設という多様な意義を見出し得る空間になっているといえよう。

もちろん、ユーラシアに向けた戦略的な地平の拡大は、中国が見出す意義によってのみ一方的に実現されるわけではない。それを可能ならしめるのは、中国と地域諸国との相互関係である。

「一帯一路」構想に内在する地政学的考慮やグローバルガバナンスの変革という中国の意図が、それに対する地域諸国の同意と支持がなければ、それらを前面に出すことはできないだろう。

経済協力についても、中国と地域諸国との間で需要と供給が均衡しなければならない。ユーラシアでの「一帯一路」すなわち「シルクロード経済ベルト」の建設は、過剰生産能力の解消を図るための輸出市場の拡大やエネルギー資源の安定確保という中国国内の経済要因が、地域諸国のインフラ建設等の需要に合致した結果である。

また、外交的に言えば、ソ連解体後のロシアや中央アジア諸国との関係の構築と発展の積み重ねの結果、中国のイニシアティブを地域諸国が受け入れる素地が形成されてきたことも同様に重要である。

本レポートは、ユーラシアにおいて中国の影響力拡大を可能にした要因を明らかにすることを目指す。従って、本レポートでは、相互関係の中長期的な変遷、特にソ連解体後の1990年代初め以降の政策展開を分析することを通じて、中国による関係発展の取り組みの実相や地域諸国との間で展開されてきたダイナミズムが描かれる。

第1章では、ユーラシア、特に中央アジアにおける地域アクターとして中国が登場することとなった上海協力機構（SCO）の設立過程や、その後の中国の中央アジアに対するアプローチの変化を分析する。

そのうえで、「一帯一路」の推進によって、中国と中央アジア諸国との連結性が強化されている現状と、中央アジアにとどまらずユーラシアにおける安全保障面でのネットワーク形成の可能性について検討する。

加えて、「ユーラシアに向かう中国」の出口たる欧州における中国の影響力拡大についても論じる。

第2章は、ロシアや中央アジア諸国が、旧ソ連圏である中央アジアで拡大する中国の影響力を如何に受容・管理してきたのかを分析する。

第3章では、中国と地域諸国との間で行われたエネルギー取引を詳細に分析し、エネルギー分野で実際に構築されているアーキテクチャ（全体的な相互関係）を描く。

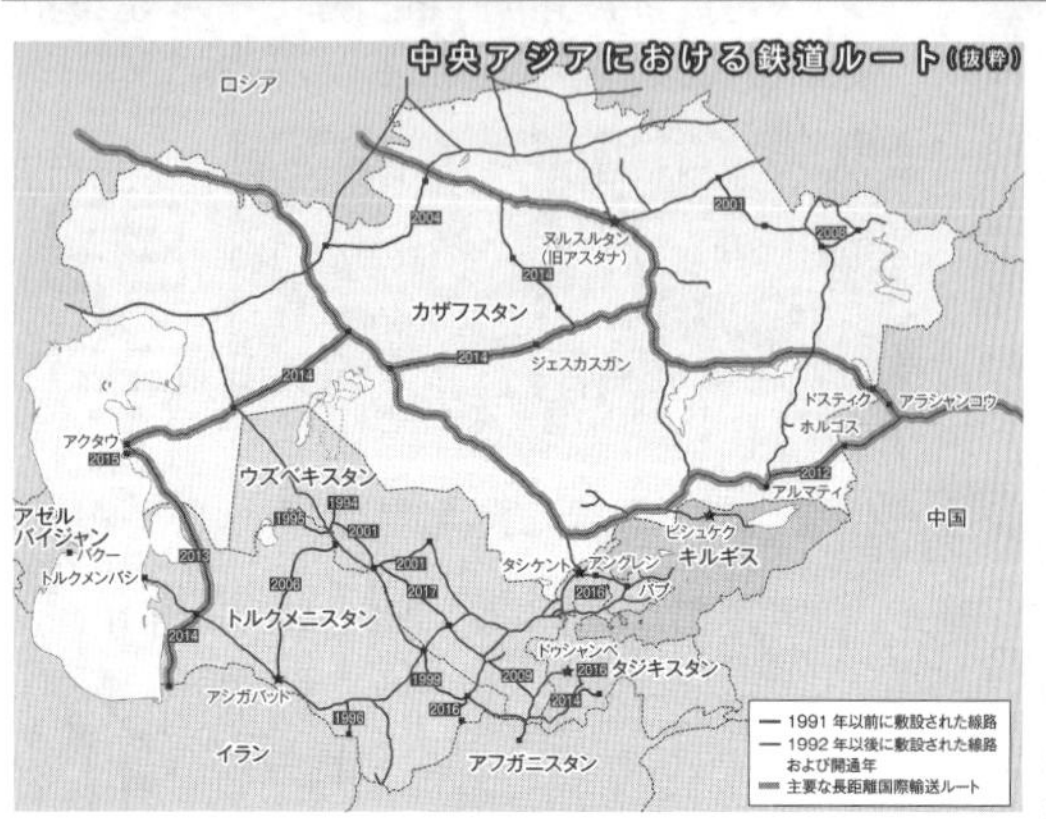

（出所）Andrei Gorbunov, "Transsinb proigryvaet gonku", Ekspert, No.13, March26, 2018を基に執筆者作成

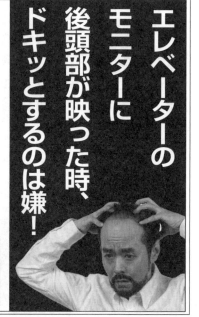

カザフスタン・ロシアから中国への石油フロー

○ESPO石油パイプライン：
①2009年スコボロディノまで稼働：鉄道輸送により太平洋（コジミノ）経由タンカー輸出
②2011年中国支線（～大慶）完成 30万バレル（2011年）⇒80万バレル（2016年）
③2012年コジミノまでパイプライン延伸
○その他鉄道輸送
⇒合計120万バレル（2017年）

西シベリア堆積盆地
東シベリア堆積盆地
スコボロディノ
大慶
コジミノ

KCP：2006年稼働
最大40万バレル（2016年）
⇒欧州向け原油の逆送により積み増し可能

（出所）Transneft, "Scheme Pipelines Transneft", KazMunaiGaz, Annual Report2018, pp.6–7などを基に執筆者作成

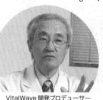

第1章　中国のユーラシア外交

中国のユーラシア外交、特に中央アジアへのそれは、地域主義と対米バランシングという要素から成り立ってきた。1990年代末以降、中国は地域協力に積極的に関与し始め、中央アジアで上海協力機構（SCO）を設立した。その一方で、米国のパワーや影響力に対する外交上のバランシングという観点から、中国は周辺諸国との多国間協力の意義を見出した。

しかし、地域主義の方向性や対米バランシングの在り方を、中国がロシアや中央アジア諸国と共有することはそう簡単ではなかった。2000年代後半以降、中国国内の専門家の間では、中国による従来の外交アプローチへの見直しが議論され、中国の実際の政策もそれまでのアプローチに必ずしも拘束されない柔軟さを示した。中国は地域協力の重要性を強調する一方で、相手国それぞれの発展戦略と中国のそれとの一致点を具体的に求めた。

2013年に習近平国家主席が提示した「シルクロード経済ベルト」構想はこうした見直しの結果であり、中国外交のプラグマティズムを示すものであった。その結果、地域諸国は中国のイニシアティブを受け入れ、中国と地域諸国との経済関係における連結性が強化されている。

また、強化された連結性の基盤を守るべく、中国はユーラシア諸国との間で安全保障分野における機能的協力－法執行協力－を推進している。

しかし、「一帯一路」がグローバルな展開を示すに伴い、国際秩序に関する中国の政治的言説から「一帯一路」を位置付ける傾向が強まっている。特に、中国の対欧州外交にはこの傾向が強く、中国との関係が有する政治・安全保障面でのリスクに対する認識が欧州側で広まりつつある。

第2章　中央アジア・ロシアから見た中国の影響力拡大

中央アジア5カ国は旧ソ連の解体により独立し国家建設を始めたが、その基層にはロシア語を通じた教育や共通の制度があり、ロシアとのつながりは強い。また、中国新疆ウイグル自治区と中央アジア地域の間では、過去に国境線や居住住民が変動した経緯もあり、中国がこの地域で役割や影響力を拡大するためには、ロシアを含む地域諸国の意向に配慮する必要があった。

中央アジア地域では、SCOを通じて国境地帯をめぐる安定化や、国際テロリズムに対抗するための協力が行われてきた。中国はアフガニスタン、タジキスタン、パキスタンとも国境地域の安全保障協力を積極的に進めている。

「一帯一路」構想をめぐる協力について、地域諸国はそれぞれの発展構想に基づき中国のイニシアティブを受け入れて「一帯一路」構想の一部が進展し、地域をめぐる物流も向上している。

このような協力の進展にあたって、中国は地域諸国やロシアにおける対中懸念にも留意しつつ可能な事業を進めている。中央アジア諸国も、治安環境が改善し連結性向上の機会が到来したとの認識のもと、域内での往来や協力を積極化する傾向にある。

ロシアは中央アジア諸国に対し安全保障協力を強化し、旧ソ連諸国における自らの主導性を主張しつつ、ロシアが優位性を有する軍事分野等で中国に協力し、中国のイニシアティブを受け入れている。中央アジア諸国やロシアは中国との協力に際して、自律性を高める努力も同時に行うことで、中国の影響力拡大の負の側面を緩和するよう努めている。

第3章　ユーラシアにおけるエネルギー・アーキテクチャ

中国は経済成長に伴い急増するエネルギー需要を自国のエネルギーだけで満たすことができず、輸入への依存度を高めている。さらに近年では、中国において、経済や社会の持続可能な発展を目指して経済構造の転換が図られる中、1次エネルギーミックスも変化してきており、石油とガスのさらなる輸入増が見込まれる。

このようなトレンドにおいて中国政府は、安全保障の観点から調達先および調達ルートの多角化を模索しており、特に陸上経由での調達が可能なユーラシア資源国の価値に注目して1990年代半ばから周到な個別交渉を展開し、2000年代半ばから2010年代半ばにかけて取引関係を構築した。

時間とコストをかけて構築したユーラシア資源国とのエネルギー取引関係は中国にとって貴重な戦略的資産といえる。この戦略的資産には二つの含意がある。

一つは、エネルギー安全保障上重要なユーラシア資源国との取引関係を将来にわたり維持するためには、中国として資源国の経済発展を積極的に支援することが合理的であるということであり、この点で「一帯一路」構想の枠組みをどのように利用するかが注目される。

いま一つに、中国はこの取引関係を梃子として、欧州、ロシアおよび中東あるいは南アジアを結ぶエネルギーフローにも限定的ながら関与できる地政学的地位を得たということであり、中国がその地位を今後どのように利用するかが注目される。

海自遠洋練習航海部隊 所感文

海自の令和元年度遠洋練習航海部隊（練習艦「かしま」、護衛艦「いなづま」で編成、司令官・梶元大介海将補以下588人）は10月24日、横須賀に無事帰国し、約5カ月間の環太平洋一周の航海を終えた。以下は、海自として初となるパプアニューギニアのラバウル寄港など、遠航終盤の実習幹部たちの所感文。

海を知り海を智として成長

パプアニューギニア・ラバウル寄港

戦時中の空気を感じる地
3海尉　杉江　賢史

練習艦隊は9月26日、海上自衛隊として初めてパプアニューギニアのラバウルに入港した。ラバウルは太平洋戦争時、日本軍の占領下にあった。また、山本五十六連合艦隊司令長官が最後に滞在した地としても知られている。

ここには、山本長官が訪れた壕（南方司令部前線指揮所跡・ヤマモトバンカー）や海軍野戦病院跡が当時のまま残されており、戦時中の空気を感じ取ることができた。特に、ヤマモトバンカーは日中、高温にさらされ、このような過酷な環境下で勤務されていた当時の将兵にも思いをはせた。

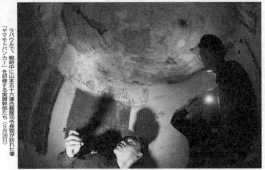

ラバウルで、戦時中に山本五十六連合艦隊司令長官が訪れた壕「ヤマモトバンカー」を研修する実習幹部たち（9月26日）

戦争の悲惨さを伝える遺物
3海尉　片山　翔太

ラバウルでは航空基地跡や潜水艦基地跡を研修したが、いずれの場所においても、生々しい戦禍の傷跡が胸に刻まれた。ココボ博物館では戦場での遺物が多数展示されていた。

私はこれらを見て、戦争の悲惨さ、時の流れの早さを感じた。第2次世界大戦は既に過去の大戦となっている。しかし、同様の事態を繰り返さないために、外交政策と各国の協力が必要不可欠であることを身に染みて感じた。

旧軍の造船技術の高さ実感
3海尉　久保　達成

ラバウル滞在中、旧海軍に縁のある地を訪れることができた。ラバウル東飛行場跡地では、滑走路が存在した場所の木は高さに違いがあり、その場所に滑走路があったことを示していた。地下病院（海軍病院）は、トンネル内が全長約500メートルもあり、各部屋は当時のまま残り、旧軍の土木技術の高さがうかがえた。

最も印象に残った場所は、大型発動機船が格納されていた洞窟である。洞窟内では5隻の船が当時のまま眠っており、旧軍の造船技術の高さを改めて実感した。

74年ぶり、海自代表として入港
3海尉　又吉　帆飛

「さらばラバウルよ、また来るまでは」――。太平洋戦争の終結から74年。私たち実習幹部も、先輩方が戦時中に過ごしたこの地に海上自衛隊の代表として「また来る」ことがかない、感慨もひとしおである。

名曲『ラバウル小唄』の歌詞は続く。「恋しなつかしあの島見れば、椰子の葉かげに十字星」。長く愛唱されている歌詞の通り、ラバウルの地は一面ヤシで囲まれ、夜に上甲板に上がると、満天の星空に輝く南十字星が私たちを迎えてくれた。

現地の人々も明るく、制服で移動する我々を見ると笑顔で手を振り、「こんにちは」と日本語で話しかけてくれた。ラバウルの人々が街を挙げて我々を歓迎してくれている雰囲気を感じ、非常にうれしかった。

パプアニューギニア・ラバウルの入港歓迎行事で、南洋の踊りを披露する現地の人々（9月27日）

ラバウル～グアム

未熟さ痛感させられた訓練
3海尉　西田　卓真

ラバウル出港後の訓練では、被害調査および被害確認までのシナリオに臨んだ。私は防御指揮官補佐を務めたが、初めてということもあり、自分がまだまだ未熟だということを痛感させられた。

通信が集中して混乱する中での伝令など、実際の部署でも発生する事態が数多くあり、自分が把握すべき事項の取捨選択を迫られた。今後、部隊指揮官となる上で重要なことを学ぶことができた。

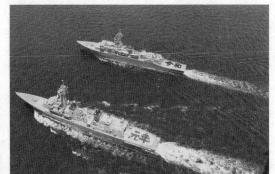

「かしま」（上）、「いなづま」のヘリ甲板に人文字で「令和元年」を描いた実習幹部たち（10月4日）

舷外飛び込み訓練で、艦上から海に飛び込む実習幹部（10月8日）

視界に制限かかる夜間の蛇行運動
3海尉　阿部　文仁

今までは日中に行われていた艦の蛇行運動が、夜間にも行われるようになった。視覚に制限がかかる暗い状態での蛇行運動は難しく、前を航行する艦の艦尾灯だけが頼りだ。時間による管制や、運動盤を用いたタイミングの把握が重要だと実感した。

航海中、海面はいつも好ましい状況であるとは限らない。そのため、さまざまなシチュエーションに対応できるよう経験を積み、対応力を身につけ、部隊の任務達成に貢献できるようまい進したい。

美しい海に癒やされ訓練に励む
3海尉　岩野　誠太郎

忙しい日々の中で、私の心の支えになっているのは美しい海である。特にパラオの海の透明度の高さには驚かされ、見ているだけで心が奇麗になる気がした。

出国から5カ月以上が経過し、訓練で失敗して落ち込むことや日本が恋しいと感じることもあったが、海の美しさに癒やされ、気持ちを切り替えて訓練に励んでいる。我々は海に生きる幹部自衛官である。海を知り、海を智として自身を一層成長させられるよう励む。

パラオ共和国・コロール寄港

今の暮らしは当たり前じゃない
3海尉　稲用　剛太郎

10月8日から11日まで、パラオ共和国のコロールに寄港した。コロールへの寄港も練習艦隊として初めてで、この地ではペリリュー島の研修をはじめ、「日本パラオ外交関係樹立25周年記念式典」といった式典にも参加した。

研修で訪れたペリリュー島は、日本軍と米第1海兵師団が約2カ月にわたり激戦を繰り広げた地であり、当時の装備品や施設が生々しく残っていた。日本から遠く離れたこの地で祖国のために戦い続けた日本兵の姿を想像すると、今、我々が平和に暮らせていることは当たり前ではなく、英霊への感謝の気持ちを忘れてはいけないと改めて感じた。

日本兵が命懸けで守った祖国
3海尉　諏訪間　友也

我々実習幹部は、日本海軍墓地や1万人以上の日本兵が亡くなったペリリュー島を研修した。ペリリュー島の戦いは75年前のことだが、当時使用された日米両軍の戦車や日本軍が掘った洞窟陣地が今でも残っていた。陣地入り口には火炎放射器で焼かれた形跡が生々しく残り、戦闘の激しさを感じた。また、圧倒的な戦力差の中で2カ月以上も戦った日本軍の屈強さも感じられた。

ガイドの方から、戦いに参加した日本軍の兵士の平均年齢は20代前半と聞き、我々とほとんど変わらなかったことに衝撃を受けた。日本の将来のために命を懸けて戦った多くの将兵がこの地で命を落とした。彼らが命懸けで守った日本を、今度は我々が守っていきたい。

かつての激戦地ペリリュー島で日本軍総司令部跡を研修する実習幹部たち（10月10日）

日本統治領の名残があるパラオ
3海尉　塚野　輝久

今年は日本とパラオの外交関係樹立25周年の節目の年だ。日本人にとっては〝南国の楽園〟と言われる国だが、第1次世界大戦後から第2次世界大戦までは日本の委任統治領であり、その影響からか、日本らしさを残し、親しみのある街並みだった。

現地の人も明るく、我々に笑顔で手を振ってくれ、「ダイジョーブ」「ベントー」など、日本語が使われていることにも驚いた。

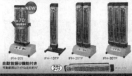

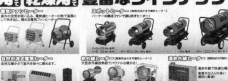

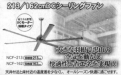

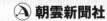

グアム・アプラ寄港

観光地を爆撃機が飛行するギャップ
3海尉　亀井　星斗

10月14日、米国領グアムのアプラ港に入港し、アプラ海軍基地とアンダーセン空軍基地を研修した。

アンダーセン空軍基地では、イラク戦争で活躍したB52爆撃機を見学し、その特性について学ぶことができた。世界的に有名な観光地でB52が空の上を飛行している姿にギャップを感じながらも、グアムが戦略的に重要な土地だと実感した。

国防に直接携わる誇り感じる
3海尉　中野　雄太

グアム出港直前、実習幹部の補職発表が行われた。私の補職先は「艦艇」で、国防に直接携われることに誇りを感じる。今まで船乗りの生き様を教えてくださった練習艦隊司令官をはじめ、各艦長、乗員の皆さんに深く感謝するとともに、これから自らがなすべきことに全力で取り組んでいきたい。

グアムのアンダーセン米空軍基地を訪れ、B52爆撃機（後方）のクルーと一緒に写真に納まる実習幹部たち（10月15日）

グアム～帰国

艦は全員で一つのチーム
3海尉　梶浅尾　幸一郎

本遠洋練習航海では、特に事前の準備とチームワークの重要性を感じる場面が多かった。日々の訓練において自分だけうまくいったとしても、部署を円滑に行うことはできない。

艦は全員で一つのチームになって運航していて、そのチームワークを発揮するためには事前準備が特に重要だと実感した。

日本は安全で豊かな国と再認識
3海尉　川村　勇太

私たちは世界の各地で盛大な歓迎を受け、日本が各国から友好的な国であると受け止められているのだと感じた。各国を見て回り、治安がよく、義務教育が行われている日本がいかに安全で、豊かな国であるかも知った。

そして、南太平洋の国々では第2次世界大戦の戦地になった場所を訪れ、国を守るために戦うということがどういうことか、私なりに理解することができた。

どの経験や光景も人生の糧に
3海尉　長崎　聡一郎

日本出国から約160日、2万6000海里の遠洋練習航海が、まもなく終わろうとしている。振り返れば、大雨の中、多くの人に見送られた横須賀出港から、日々の部署訓練、各寄港地での滞在、360度の満点の星空、二重にかかる特大の虹、イルカの群れなど、どの経験や光景も、これからの海自人生に必要不可欠なものになると確信している。

時にうまくいかないこともあり、投げやりになりそうな時もあったが、同期や家族、友人、海外で出会った日本人、多くの人の協力や応援を糧に気を引き締め、物事に取り組むことができた。

また遠航を通じて、日本を守るために、どれだけ多くの先人が尽力したかということを身に染みて理解することができた。

募集・援護　特集

ただいま募集中！
◇高工校生徒（推薦・一般）
◇自衛官候補生
◇貸費学生（技術）
★詳細は最寄りの自衛隊地方協力本部へ

志願率上昇へ体制万全

即応予備自衛官

「退職後は即応予備自衛官になりたいが、会社が訓練に出頭させてくれるかどうか分からない」――。地本は退職予定の任期制隊員に、大災害や有事の際、自衛隊の後方任務を担う即応予備自衛官になってくれるよう呼び掛けている。だが会社の事情から、これに応えられないOBも多い。そこで各地本では退職前に、隊員とともに再就職予定の会社を訪問、実情把握とともに企業側に即自の重要性を伝え、即自の志願率と訓練出頭率のアップにつなげている。

任期制隊員に魅力伝える
建設会社の協力でイベント企画　山形

【山形】地本は9月5日、天童市の山形建設天童事業所（建設業）の協力のもと、「即応予備自衛官雇用企業研修」を実施した。

研修は任期制の退職予定隊員が対象で、企業就業と即自の両立に対する不安感を払拭し、即自志願の促進を図ることを目的に行われた。

今回は隊員8人と援護指導担当者4人が訪れ、最初に同社担当者から会社の概要や企業活動の説明を受け、続いて同社に在籍する即自の會田誠事業所次長の体験談の発表と懇談が行われた。

會田次長は「招集訓練の日程調整は前もって上司に報告しておくことで、会社側から快く受け入れてもらっている。当社ではさらに、訓練出頭が『特別休暇扱い』になるので、大変ありがたい。おかげで何も心配することなく、出頭訓練に集中できている」と話した。

これに対し、隊員は「招集訓練に参加することに対し、職場の同僚の反応は？」などと質問。次長は「会社が認めてくれているので、招集訓練参加の際は同僚も上司も激励して送り出してくれる」と笑顔で答えた。

會田次長は最後に「自衛隊の招集訓練では他業種の隊員とも知り合いになれるため、いろいろな話が聞けて社会勉強にもなる。ぜひとも即自になってください」とアドバイスした。

山形地本では引き続きこうした企業研修を計画し、即自隊員の基盤を強化していく。

山形建設天童事業所で、先輩即自の會田次長（右端）とともに記念撮影する任期制隊員たち（9月5日、山形県天童市で）

雇用企業を隊員が研修
施設見学やOB社員と懇談　宮城

【宮城】地本は10月8、23、28日の3日間、「即応予備自雇用企業研修」を実施した。来年3月に任期満了予定の若手隊員のうち、即自に志願する意欲のある隊員が参加し、宮城県内で即自を採用する企業5社を訪問した。

毎回、5人の隊員が参加し、それぞれ希望する業種に分かれて企業を研修し、施設見学や自衛隊OB社員との懇談を行った。

隊員たちは会社側が退職自衛官に対し期待することや訓練出頭での調整要領などについて説明を受けた後、先輩即自と意見交換し、不安の解消を図った。

東北大江工業の工場を見学する任期制隊員（右）＝10月28日、宮城県柴田町で

雇用企業を訪問
給付適正か判断　大分

【大分】地本の予備自衛官室は9月17日から26日まで、即応予備自を雇用している企業を訪問し、企業主らに即自勤務状況の確認を行った。

この企業訪問は「即自雇用企業給付金」の支払いに合った企業側の適切な即自対応状況の確認も兼ねて実施。同給付金は即自雇用企業に対し、訓練など出頭時の負担を給付により軽減し、即自が安心して出頭できる環境を整えてもらえるよう、即自一人あたり月額4万2500円が支払われている。

訪れた竹田重機建設工業では、20年以上にわたり即自を務める齋藤眞之助即自2曹が地本担当者に「上限任期満了まで頑張ります」と力強く語るなど、同社の支援体制が充実していることも確認できた。

予備自室では今後も企業訪問を通じ、企業との信頼関係を維持・充実させ、予備自の職域拡大に努めていく。

地本引率で幹候合格者が実務研修

静岡　先輩がエール、空幕の任務説明

【静岡】地本は9月12日、防衛省で行われた「空自幹部候補生合格者市ヶ谷研修」に県内採用者を引率した。

研修は将来勤務する可能性が高い防衛省で、幹部の役割や任務などについて理解を深めてもらおうと空自が開催。最初に空幕募集班の赤田晃司2佐が幹部候補生学校（奈良）の概要や隊舎などの生活環境、年間教育プランを説明した。

続いて総務部渉外班長の中村英明1佐がキャリアパスについて解説。当初はパイロットや管制官など各種のスペシャリストとして勤務し、その後、組織のゼネラリストとして計画立案や予算編成などに携わる自らの経験を踏まえて紹介した。

続いてパイロット、要撃管制、会計などの職種で活躍している若手幹部との懇談が行われ、参加者は積極的に質問し、不安や疑問点を解消していた。

参加者は「防衛省の雰囲気に触れ、先輩方の生の声を聞いてやりがいを感じた。空自幹部になる決意を固めた」と話していた。

中村班長は「自分の限界に挑戦し、ある殻を破ろう」と語りかけ、「一緒にここ市ヶ谷で勤務できることを楽しみにしています」とエールを送った。

空幕渉外班長の中村1佐（壇上）から幹部自衛官のキャリアパスについての説明を受ける幹部候補生試験合格者（9月12日、防衛省で）

鹿児島　陸幹候校で訓練など見学

【鹿児島】鹿児島募集案内所は10月28、29の両日行われた陸幹候校（前川原）研修を支援した。

研修は入校予定者に同校の概要を理解してもらい、来春、陸自一般幹部候補生として入校するまでの不安を解消することを目的に行われ、全国から100人を超える予定者が参加した。

幹候校では学校長の講話、校内や訓練の見学、候補生との懇談、体験喫食などが行われた。

参加者は「現地を訪れ、候補生との懇談で、不安より期待の方が大きくなった」「同期となる人たちとも打ち解けることができた」「切磋琢磨し、訓練に臨むモチベーションが上がった」「先輩たちの熱心な訓練姿勢を見て気が引き締まり、入校への意欲が湧いた」などと話していた。

幹部候補生たちが行う障害走を見学する幹候試験合格者（10月29日、陸自前川原駐屯地で）

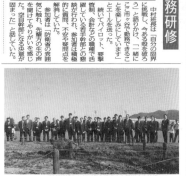

自衛官採用CMに出演の松原3曹

知名度生かし募集広報

令和元年度「自衛官採用CM」に出演中の松原聡志3空曹は11月3日、入間航空祭で募集広報活動を行った。

松原3曹は2輸空（入間）で空中輸送員として勤務しながら、募集にも協力。航空祭当日もC1輸送機に搭乗し、若者に空自をPR。来場者からも「CM見たよ」などと声をかけられていた。

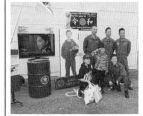

入間航空祭

CMで松原3曹は休暇を満喫しつつ、空自の仕事ではロードマスターとして空を飛び回っている日々を紹介。この日はその知名度を生かし、観客に話しかけていた。終盤には先輩隊員らとともに観客とハイタッチして交流した。

松原3曹は「所属長の推薦などでCMに出演できた。募集につながるよう、しっかりと自衛隊をPRしていきたい」と話していた。

入間基地航空祭で2輸空の隊員とともに来場者との記念撮影に応じる松原3曹（前列右）＝11月3日、入間基地で

コミュニケーション能力向上
札幌　外部講師招き広報官教育

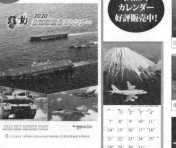

【札幌】地本は10月24日、プロッサム社の井島恵子氏を講師に招き、広報官ら56人を対象に教育を実施した。

井島氏は自身の経験から得た「営業・交渉などに必要なコミュニケーション能力」について講話。相手との話し方や接し方の基本事項に加え、「相手の聞きたいことをどう伝えるか」などについてアドバイスした。

続いてワークショップが開かれ、広報官は実践を通じ、より具体的な広報力向上に努めた。

受講した隊員は「相手のことを今以上に思いやる大切さを知った。今回習得したコミュニケーション能力を生かし、相手の心を動かしていきたい」と話していた。

神奈川地本長に夏井1海佐

11月6日付の異動で神奈川地本長が交代した。新任本部長の略歴は次のとおり。

夏井　隆（なつい・たかし）1海佐　神奈川地本長　防大36期。平成4年海自。18年2佐、24年1佐。しらゆき艦長、防衛政策局国際政策課、みょうこう艦長、海幕補任課服務室長などを経て29年12月、6護隊司令。宮崎県出身。49歳。

自衛隊車両を展示
「トウチ君」が人気
モーターショーに合わせ

【東京】地本は10月26、27の両日、「東京モーターショー」の開催に合わせて東京ビッグサイト近くで開催された「働くくるま大集合！」に参加し、自衛隊の広報活動を行った。

イベントには自衛隊、消防などが防災や安全に関する車両を展示。東京地本は1普連（練馬）の支援を受け、陸自の高機動車などを展示した。

自衛隊ブースには東京地本のマスコット「トウチ君」も登場。来場した若者は「SNSで自衛隊の活動を知った。応援しています」「学校を卒業したら自衛官になりたい」などと話していた。

岡部元陸幕長、市民講座で講話
青森　北朝鮮やロシア情勢を解説

【青森】地本は9月25日、八戸市公会堂に岡部俊哉元陸幕長を迎え、「我が国の安全保障を考える」と題した講演会を開いた。

市教育委員会主催の「八戸市民大学講座」を支援したもので、同講座では毎回、著名人を講師に招いており、地本もこれに協力している。

今回は元陸幕長の講演ということもあり、約270人が来場。岡部氏は聴講者に向け、我が国周辺の中国の海洋進出問題のほか、北朝鮮やロシア情勢について熱弁を振るった。

中でも南シナ海の南沙諸島に中国が軍事目的の人工島を建設したことに関し、我が国の安全保障への影響などを分かりやすく解説した。

八戸市民を前に「我が国の安全保障を考える」と題して講話する岡部元陸幕長（9月25日、八戸市公会堂で）

平成、令和の即位パレードで奏楽支援

17人、2度目の晴れ舞台

陸中音　東方音　海東音　空音

11月10日に行われた天皇陛下の即位を祝うパレード「祝賀御列の儀」で、29年前の平成の即位パレードに続いて2度目の奏楽支援を行った音楽隊員が陸海空で計17人いる。皇居・宮殿（東京都千代田区）から赤坂御所（港区）までの4・6キロの沿道には陸自中央音楽隊、陸自東部方面音楽隊、海自東京音楽隊、空自航空中央音楽隊の4個音楽隊が配置され、「新・祝典行進曲」を奏でた。全国の音楽隊員は陸自に約900人、海自に約250人、空自に約200人いるが、2度目の即位パレードを経験できるのは珍しい。

当時、共に参加した平成の「祝賀御列の儀」での演奏写真を手にする東方音の本間准尉(左)と矢部曹長（11月15日、朝霞駐屯地で）

陸自中音　東方音「巡ってきた名誉」

皇居正門前に特別儀仗隊と共に整列した陸自中央音楽隊。天皇皇后両陛下の車列が現れると、紺色の新儀仗服に身を包んだ樋口孝博隊長のタクトが振られ、4個音楽隊のトップを切って『新・祝典行進曲』が響き渡った。

「緑から紺に儀仗服も変わり、新たな時代の幕開けの思いを強くした」と話すのは中音先任上級曹長の吉原茂准尉（59）。皇居正門に到着した際、29年前を夢中でクラリネットを奏でていた自分の姿を思い出した。「来年で定年。最後の晴れ舞台」と意気込んだ吉原准尉。今回、クラリネットを吹くことはなかったが、現場で最先任として約60人の演奏隊を支えた。

チューバ奏者の東原裕之曹長（56）は前回と立ち位置まで同じだった。「平成の時は緊張していたが、今回は経験もあって平常心で臨めた。その中で、車列が右に曲がる際に両陛下がこちらをご覧になっておられたことも感じた」と語った。

パーカッション奏者の中島一曹長（57）は前回と同じ最後尾で演奏した。「令和まで継承された伝統を今後は後進に伝えていきたい」と決意を述べた。

トランペットを再び演奏した矢部正准曹長（58）は「二個人としても、この経験を人生の宝として胸に刻みたい」と万感の思いを語った。

◇

中音の音色に送り出された両陛下の車列は三宅坂前の交差点に差し掛かった。東方音（隊長・村田茂生3佐）では9人の隊員が、平成の時と同じ大役を任された。先任上級曹長の本間弘准尉（58）は「絶対に間違えられないという緊張感だった」と振り返る。

2度目の参加を果たした空音隊員（左から）毛塚曹長、藤澤准尉、杉本准尉、宮嶋1曹、梶原1曹、坂本曹長

空音では9人「感無量の思い」

梅田原交差点前で両陛下をお迎えした航空中央音楽隊。祝賀御列の儀の演奏経験をもつ9人が、両陛下のご到着に備えていた。その一人、クラリネット奏者の藤澤晴雄准尉（58、空音准曹士先任）の脳裏には平成の演奏での光景が浮かんでいた。

29年前、青山一丁目の交差点で天皇皇后両陛下の車列が音楽隊から約100メートルまで近づいた時、近辺で爆竹が鳴り、辺りが騒然となった。

「何が起ころうとも、我々の任務は祝典行進曲で両陛下をお祝いすることだ」──。空音は突然のアクシデントにも動じず、使命感で整斉と演奏を続けた。

そして令和元年。日の丸の小旗が一斉にはためき、松井徹生隊長が力強くタクトを振ると、『新・祝典行進曲』が響き渡った。演奏する隊員たちの前を、秋のやわらかな日差しを背にした両陛下の車列が通り過ぎていった。

「隊員一同、全力でお祝いしようと団結し、良い演奏ができた。感無量の思いだ」と笑顔で語った。

藤澤准尉のほか、平成、令和の両パレードを支援した空音隊員は次の通り。▽杉本忠由准尉（ホルン）▽毛塚信司曹長（同）▽坂本洋一曹長（トランペット）▽木島滋彦曹長（クラリネット）▽小義吉弘曹長（トロンボーン）▽宮嶋貴哉1曹（パーカッション）▽梶原和生1曹（サックス）▽宮部稜司1曹（フルート）

上：陸自中音で2度目の即位パレード支援を行った最先任上級曹長の吉原准尉（中央左）、東原曹長（その左）、中島曹長（右端）＝11月10日、東京都千代田区で　下：平成の「祝賀御列の儀」で祝典行進曲を演奏する陸自中央音楽隊（右奥）＝平成2年11月12日、皇居二重橋前で

海自東京音楽隊からも3人
樋口隊長「2度の参加は運命」

赤坂御所正門付近で奏楽を担った海自東京音楽隊（隊長・樋口好雄2佐）約60人では、クラリネット奏者の川崎和彦3尉（53）、トランペット奏者の成澤明徳曹長（50）の3人が2度目のパレード演奏に臨んだ。

平成の「即位パレード」で東音は今回と同じエリアで奏楽を担った。樋口隊長は当時3曹。打楽器奏者として参加した。

時を経て29年後の令和の「即位パレード」で陸海空3自衛隊による約200メートルの「と列部隊」の中で奏楽を担った東音。今回は平成の時とは異なり、指揮官という責任ある立場でこれまでと違う緊張感をもって臨んだ。

同エリアでは一般の立ち入りが禁止され、音楽隊の正面には整列するボーイスカウトとガールスカウトの子供たちのみ。静寂が辺りを包み、張り詰めた空気の中で「失敗は許されない」と思ったという。

車の進行に合わせ、決められた一定の区間でパッと演奏を開始し、ピタリと終えなければならない。本番に先立ち行われた練習は、横須賀教育隊の協力を得て、同隊の敷地内の道路に本番と同じ距離を測って陸海空自の「と列部隊」と音楽隊を配し、約400メートルの車列を通過させて感覚を養った。

「練習で空気感はつかめていた。隊員も緊張することなく、リラックスしてできたと思う。みんなベストなパフォーマンスを披露してくれ、とてもいい演奏でお迎えできた」と樋口隊長。

演奏を終えた数日後、山村海幕長から「陛下からのおことばを直接会った時に話す」と連絡を受け、その言葉でやっと安堵した。

平成と令和、2度のパレードに参加したことに「これればかりは狙ってできるものではないので、運命としか言いようがない。良い節目に当たったことを幸運に思う」と語った。

パレードでの演奏を終え、退場する海自東京音楽隊の樋口隊長（11月10日）

外崎3佐以下57人がと列　34普連

【34普連＝板妻】34普連（連隊長・深田満男1佐）は11月10日、皇居・宮殿から赤坂御所の間で行われた天皇陛下の即位を祝うパレード「祝賀御列の儀」に「と列部隊」として参加し整列した。

当日は、1師団長の大庭秀昭陸将が率いる陸海空自と防大・防医大生で編成された「と列部隊」の一員として、2中隊長の外崎海里3佐以下57人が権田原交差点から赤坂御所正門の間に整列した。

天皇皇后両陛下が乗られたオープンカーをはじめ、計46台が約400メートルに及ぶ車列を組んでパレードする中、両陛下に対し、一糸乱れぬ節度ある敬礼を行い、祝意と敬意を表した。

34普連の隊員らによる「と列部隊」の前を通過される天皇皇后両陛下の車列（11月10日、東京都港区の赤坂御所正門付近で）

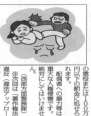

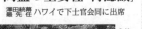

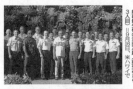

被害者へ接近禁止など
配偶者からの暴力防ぐ

こちら警務隊　DV防止法

DV防止法とはどんな法律ですか?

DV防止法とは、配偶者からの暴力や心身に有害な影響を及ぼす言動の防止及び被害者を保護するための法律です。

この法律にいう配偶者には結婚している夫婦のほか、事実婚関係にある者、婚姻関係の解消後の方も含まれます。

また、被害者の保護等に関して、裁判所から被害者（同居の子供を含む）およびその親族への接近禁止や住居からの退去、電話等の禁止等の保護命令が下される場合があり、違反すれば1年以下の懲役または100万円以下の罰金に処せられます。

配偶者への暴力等は重大な人権侵害です。絶対にしてはいけません。

（西部方面警務隊）

※次回は「著作権法違反（違法アップロード）」

「同盟の重要性　再認識」
澤田統幕最先任　ハワイで下士官会同に出席

【統幕＝市ケ谷】統幕最先任の澤田茂准陸尉は9月16日から19日まで、米ハワイで開催された「アジア・インド太平洋諸国下士官会同」（米インド太平洋軍主催）に出席し、参加各国の下士官らと交流を深めた。

会同には日米をはじめ、アジア太平洋諸国19カ国から32人の統合軍最先任上級曹長らが参加。下士官レベルにおける情報共有や意見交換を行い、認識を共有するとともに良好な関係を構築した。

澤田統幕最先任はこのほか、米統合参謀本部最先任上級曹長のジョン・トラクセル上級曹長、米インド太平洋軍最先任上級曹長のアンソニー・スパダロ上級曹長、在日米軍最先任上級曹長のリチャード・ワインガードナー上級曹長と意見を交わし、日米同盟の重要性について再確認した。

帰国後、澤田統幕最先任は「情報戦や即応性をテーマに討議し、各国の下士官と認識を共有した。下士官レベルにおいてもさらなる連携強化と揺るぎない日米同盟の重要性を改めて認識することができた」と語った。

各国の下士官らと情報を共有した統幕最先任の澤田准尉（前列右から3人目）＝9月16日、米ハワイで

小休止

▽…空自百里基地の佐川鮮二司令＝前列中央＝はこのほど、茨城県水戸市内で開催された基地支援女子部会「ウィングレディ」主催の特別講演会で講師を務めた。

▽…同会は川澄信子会長以下約30人の会員が百里基地を「本気で応援する」をモットーに基地行事への参加、基地周辺でのボランティア活動などに取り組んでいる。女性隊員の側面支援、隊員募集支援も行っている。

▽…講演会には同会会員のほかに部外の女性も参加。佐川司令は6歳から80歳までの幅広い年齢の約40人に対し、戦闘機パイロットの職務や魅力などについて語った。（百里）

言葉を越え音楽で国際交流

オーストラリア海軍軍楽隊と合同練習

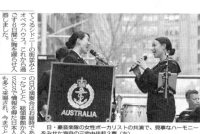

3海曹 吉澤マリオン泰斗（練習艦隊司令部音楽隊）

海自遠洋練習航海部隊は、オーストラリアのシドニーに向け、9月10日、ニュージーランドのオークランドを出港しました。

出港直後から海面状況は徐々に悪化していき、翌日には荒天となってしまいました。合奏訓練中は打楽器や譜面台が倒れたり、楽譜が滑り落ちました。そんな状況でも合奏を続ける隊長の意気込みに感化され、私たちも必死に訓練に励みました。一人一人が音楽隊員以前に自衛官としての自覚を持ち続け、高い士気を保つことができたと感じました。

9月12日朝、徐々に見えてくるシドニーの街並みとオペラハウス。これから過ごす6日間に胸を躍らせ入港しました。

15日には「シドニー・マラソン」があり、街はランナーや応援する人たちで賑わっていました。「かしま」「いなづま」からも隊員ランナーが参加し、海上自衛隊のPRに一役買っていました。

翌16日、私たちはオーストラリア海軍軍楽隊（RANB）の施設に赴き、合同練習を行いました。RANBの隊員はとても気さくでユニークな方が多く、私たちのつたない英語でもすぐに打ち解けることができました。

そして昼食を挟み、演奏会場へ向かいました。会場は繁華街からも近く、周囲には有名なブランド店が立ち並ぶ「マーティンプレイス」という場所でした。この日の演奏会はお昼時であったことと、総領事館からSNSで情報を得た日本人も多く来場され、今までと違った雰囲気の野外演奏会となりました。

演奏会は乗員で編成された「祥瑞太鼓」の力強い演武で幕を開け、続いて音楽隊が行進曲「軍艦」など全6曲を演奏。オーストラリアのタスマニア島にあるパン屋がモデルになっていたアニメ『魔女の宅急便』から「海の見える街」も演奏しました。

次にRANBがロックバンドで演奏し、観客が手拍子を打ち、一緒に歌えるようなプログラムで、私たちとは違った盛り上がりを見せていました。

私たちもRANBに刺激を受け、演出や選曲で勉強になることが多くありました。最後にRANBとの合同演奏は我ら音楽隊の十八番である「ソーランファンク」から始まりました。日本の伝統的なメロディーとファンクのビートが見事に融合したこの楽曲がオーストラリアの方々の心に確実に届いたのではないかと思うと、改めて演奏会のやりがいを感じました。

また、三宅由佳莉3曹とRANBの女性ボーカリストによる歌の共演もこの演奏会の注目すべきところでした。東京音楽隊の元隊長であった河邉一彦氏作曲の「祈り」や、オーストラリアでポピュラーな「ワルチングマチルダ」など、お互いの言語で歌う演出と声は、観客の心をしっかりとつかんでいました。

この時は「言葉を越えた音楽」の国際交流ができた瞬間だと感じました。こうして[illegible]

翌日はシドニーの街並みや文化、食などを思う存分満喫し、シドニーの休日を堪能しました。18日、魅力にあふれ、とても洗練されたシドニーの街に別れを告げ、出港しました。引き続きオセアニアでの音楽隊の任務遂行に邁進していく所存です。

日・豪音楽隊の女性ボーカリストの共演で、見事なハーモニーをみせた海自の三宅由佳莉3曹（左）

野営訓練で収容班長を務めて

3陸尉 佐藤円香（105野外病院隊・仙台）

今回、私にとって初の野外訓練となる「衛生隊第3次野営訓練」に参加しました。

今まで病院での経験しかなかったため、右も左も分からない状態での参加でした。さらに収容班長が教育隊務のため不在で、私が収容班長を務めることになりました。

学校教育でも野外訓練は行いましたが、今回はより多くの学びを得ることができました。それはまず「作戦下での看護の難しさ」です。行動時は索敵、個人退避壕の構築、歩哨など、患者看護のほかにすべきことが多々ありました。敵を意識しつつ患者の移動や治療、後送処置などを同時に行う必要があることを学びました。

中でも治療班長が「手術後の患者の移動を航空攻撃の脅威が去った後に実施する」との判断を示され、改めて敵を意識した行動の重要性に気づきました。

次に「劣悪な環境」であるという点です。病棟運営は野外という特性から、天幕内の空調管理が困難ですが、内幕のある施設とない施設では室温が大きく異なることを実感しました。また気温だけでなく泥や埃、雨が入って室内が不衛生になるため、努めて清潔に保つ工夫が必要だと学ぶことができました。

3点目は「管理能力の重要性」です。初めての野外訓練は過酷で、自分がこのまま倒れてしまうのではないかと思う場面も何度かありました。しかし、任務のため最後までやり抜きました。あらためて自己管理能力の重要性を痛感しました。さらに収容班長という立場から、担架搬送や歩哨などで疲労が蓄積している隊員もいるため、患者の管理だけでなく、勤務員の体調管理も必要だと学びました。

今回は班員や周囲の皆さんの助けにより、職責を果たすことができました。同時に自分の課題を多く見つけることができました。今回得た学びを今後に生かしていきたいと思います。

病院隊の野外訓練で収容班長を務めた佐藤円香3尉

みんなのページ

子供との会話で表情豊かになった夫

家族 松田 由奈（広島市）

ふたりの愛娘を授かった松田2曹のファミリー

令和元年6月15日、我が家に新しい家族が加わりました。次女の結未です。

長女の華蓮の時は予定より早い緊急出産となり、「ごめん、なかなか感動どころじゃなかったね」と思わず主人に言ってしまいましたが、今回はちゃんと助産師さんがいる中での超安産で、出産に立ち会った夫も感動してくれたようです。

次女の誕生で華蓮の「赤ちゃん返り」を心配していましたが、自分でミルクをあげようとしたり、お風呂でからだを洗ってあげたりと、毎日しっかりとお姉ちゃんをしてくれています。

そんな愛情が伝わるのか、結未も華蓮の呼びかけに満面の笑顔で反応しています。華蓮はとっても結未を可愛がっていますが、週末は夫が不在ということが多く、夜には「結未にカカと華蓮ちゃんが守ってあげるから大丈夫だよ」と声をかけていました。

ですが、父親が不在の時は寂しいようで「トトいないね」と言っています。そんな時は「トトはね、私たちやみんなのお仕事を頑張るために、自衛隊のお仕事をしているんだよ」と教えています。

テレビで自衛隊の救助の場面などがあった時には「あれがトトのお仕事だよ」と教えているので、少しずつ父親の仕事を理解してくれるのではと思っています。

夫も次女が生まれ、家族が増えたことをとても喜んでくれているようです。日々の子供たちとのコミュニケーションを通じ、以前より表情も豊かになりました。そして自分から家族に会話をすることも増えてきました。これからも子供たちを支えてくれるよう、夫には頑張ってもらいたいです。

（47普連本管中隊＝海田市、松田和久2曹夫人）

OBがんばる

資格は余裕もち取得を

小椋 義浩さん 54
令和元年8月、空自新潟救難隊を最後に定年退職（特別昇任准尉）。朝日航洋に再就職し、東日本航空支社の新潟防災基地に勤務している。

私が勤務している朝日航洋は、ヘリコプターとビジネスジェット機を軸とした航空事業と、国内屈指の計測技術を駆使した空間情報事業の二つを核に全国展開している企業です。

ここ新潟防災基地では、新潟県の所有する消防防災ヘリ「はくちょう」の運航を受託し、私は運航と安全管理の業務を担当しております。

再就職後は本社で2週間の教育を受けた後、継続してOJT（オンザジョブトレーニング）を受けており、その間も通常の訓練運航や緊急運航の業務を担当しましたが、資料を見たり先輩に相談したりと、まだまだ勉強が必要であると痛感しております。

今後は運航担当者に必要な社内検定に合格するため、引き続き努力していきたいと思います。

最後に私が再就職で準備したことを2点述べさせていただきます。それは国家資格の取得と健康管理です。私は早めに再就職の希望先を決めていたことから、無線従事者関係の資格取得を計画的に進めることができました。

また、健康管理については、日頃から適度な運動を継続するとともに、食生活にも気を付けてきました。

皆さまも健康管理に十分留意され、再就職の方向性を決めてからは、余裕をもって必要とされる資格の取得に向けて頑張ってください。ご健闘をお祈りしております。

楽しかった流しそうめん

小4 板頭 恒輝（三重県津市・南が丘小学校）

ぼくは、父がはたらく久居自衛隊の第4中隊の家族コミュニティーに参加しました。

輪投げのビンゴゲームがあって、ぼくが投げたら2回もまん中に入り、ちがう所に入れようと思ったら入らなくて、むずかしかったです。

次に吹き矢をしました。10点でお菓子がもらえ、8点と6点に当たり、合計14点で10点をこえました。

次は、一番楽しみにしていた流しそうめんです。流しそうめんははじめてで、2回も流してもらってとてもうれしかったです。流しそうめんだけかと思ったら、お菓子も流れてきてビックリしたけど、なんとか一つゲットできてうれしかったです。

最後はスイカ割りです。じゃんけんは負けてしまいました。勝った人がスイカを木のぼうでたたいても、スイカは固くてわれなくて、今度は負けた人もいっしょに力を合わせてなんとかわりました。スイカはみんなで食べて楽しかったです。

家にかえってパックの中を見ると、お菓子がいっぱいで、おねえちゃんと分けて食べました。また自衛隊の家族コミュニティーに参加して、いっぱいあそびたいです。

（33普連4中隊・板頭秀幸1陸曹長男）

詰碁

第1223回出題

出題 日本棋院 九段 曲 励起

黒先

『白地の中で手にして下さい』。5分でできれば中級です。

▶詰碁、詰将棋の出題は隔週です◀

詰将棋

出題 日本将棋連盟 九段 石田 和雄

≪第807回の解答≫

【正解】▲3四桂△1二玉▲1一飛成△同玉▲3三角成△1二玉▲2二馬までの九手詰め。

【解説】初手▲3四桂は△同飛で何にもならない。▲1三金が好手。△同玉なら▲1一飛成△1二歩▲2五桂までの早詰み。飛の利きをそらしてから▲3四桂と打ち、▲1一飛成が角の活用を計った好手順で解決します。

▲先手 持駒 金桂

太陽の光と雲ひとつない青空があって、それを眺めていられるかぎり、どうして悲しくなれるというの？

アンネ・フランク（ユダヤ人の少女）

（世界の切手・ドイツ）

朝雲ホームページ
www.asagumo-news.com
＜会員制サイト＞
Asagumo Archive
朝雲編集部メールアドレス
editorial@asagumo-news.com

新刊紹介

「トモダチ作戦の最前線」 福島原発事故に見る日米同盟連携の教訓

磯部 晃一著

東日本大震災での福島原発事故は、戦後、日本を襲った最大の危機であった――。

2011年3月の大震災発生時、統幕の防衛計画部長として震災対処に当たった著者（元陸自東方総監、陸将）が、退官後、米ハーバード大学で上席研究員として研究中、米軍の被災地救援活動「トモダチ作戦」で大きな役割を担ったマレン元統合参謀本部議長やルース元駐日米国大使ら米関係者にインタビューし、同作戦の全容と日米間で共有すべき課題や教訓についてまとめ上げた本だ。

福島原発事故は国家的危機であったにもかかわらず、当時、政府の対応は遅れ、日米政府が協力する場面でもボタンの掛け違いが見られ、その後の対応に多くの課題を残した。

著者は自衛隊の中枢にいた当時の自身の思いや体験をもとに、自衛隊の対応、日米部隊の連携、そして震災後の取り組みについて検証し、明らかになった問題点を克服するため、具体的な提言を行っている。そこで強調するのは、「人」に恵まれていたからこそ危機を乗り切ることができたと明かし、自衛隊は「人の育成」に今後とも力を入れるべきだと訴えている。

（彩流社刊、3080円）

「危機と人類」（上・下）

J・ダイアモンド著、小川 敏子ら訳

存亡の危機に直面した国家は、生き残りのためにどのような行動を取ったのか。米カリフォルニア大の地理学教授が、世界7カ国の過去の事例から、国家・国民のサバイバルの手立てを詳細に分析し、人類が新たな困難をいかに克服すべきか、その方策について論じている。

本書では、ソ連軍の侵攻を受けたフィンランド、国を東西に分断されたドイツ、クーデターの失敗と大量虐殺で疲弊したインドネシアなど、七つのケースを俎上に載せているが、注目されるのは日本の「明治維新」も世界史の中で成功事例として紹介されていることだ。

いずれの国家・国民も民族の伝統や誇りといったアイデンティティーを保持しながら、勇気を持って変革に取り組んだ姿が描かれる。著者は危機の時代に必要となるのが「選択的変化」であるとし、最終章では日本、アメリカ、世界を待ち受ける現在の危機的な状況を列挙して、今後必要になる「選択的変化」を解き明かしている。

（日本経済新聞出版社刊、各1980円）

朝雲

発行所 朝雲新聞社
〒160-0002 東京都新宿区四谷坂町12－20 KKビル
電話 03(3225)3841
FAX 03(3225)3831
振替00190-4-17600番
定価一部150円、年間購読料9170円（税・送料込み）

主な記事

GSOMIA失効回避

韓国が一転「破棄停止」

韓国政府は11月22日、日本政府に破棄を通告していた日韓の「軍事情報包括保護協定（GSOMIA）」について、23日午前0時の失効を目前に一転、条件付きで協定維持する方針に転換し、「破棄通告の効力を停止する」と日本政府に伝えた。河野防衛相は同日夕、省内で記者団に「韓国側も戦略的に考えた決定だと考えている」と述べる一方、暫定的な措置であることを踏まえ、「（韓国側には）正常化に向けて判断していただきたい。しっかりとした形で延長されることが大事だ」と強調し、韓国側にGSOMIA継続の最終判断を早期に行うよう求めていく考えを示した。

韓国政府が今回の協定継続を暫定的な措置としていることを踏まえ、[illegible]と強調した。

一方、米国務省は22日、声明を発表し、「地域と国際社会が直面する挑戦を踏まえ、日米韓の連携強化が重要だ」とし、韓国の決定を歓迎した。

GSOMIAは締結国間で共有する秘密軍事情報の保護を義務付ける枠組みで、日韓両政府は2016（平成28）年11月23日に署名し、即日発効。協定はどちらか一方が破棄しない限り、1年ごとに自動延長される仕組みで、これまで毎年自動更新されてきた。

しかし、韓国は今年8月、日本政府が輸出手続き簡略化の優遇対象国から韓国を除外する政令改正を閣議決定したことなどを挙げ、協定継続は「国益に合わない」などとして破棄を決め、日本に通告。失効を11月23日午前0時に控えていた。

これまで韓国政府はGSOMIA継続の条件として、日本が輸出管理厳格化の措置を撤回することを求めていたが、日本政府は「GSOMIAと輸出管理は全く次元の異なる問題だ」として、受け入れない姿勢を示してきた。

日英防衛相が電話会談

河野防衛相は11月8日、英国のベン・ウォレス国防相と電話会談し、日英間の防衛協力・交流や両国を取り巻く安全保障情勢などについて意見交換した。

防衛相「正常化に向け判断を」

韓国大統領府は22日、文在寅大統領も出席して国家安全保障会議（NSC）常任委員会を開き、GSOMIA破棄決定を見直し、日本の対韓輸出管理厳格化措置に関する日韓協議が行われている間という条件付きでGSOMIAを維持することを決めた。

[illegible]

日韓GSOMIAをめぐる動き

2012年6月29日	日韓GSOMIAの締結署名1時間前、自国世論に配慮した韓国側の事情で突如、白紙撤回され、棚上げ状態に
2014年12月29日	日米韓3カ国が、北朝鮮の核・ミサイルに関する「防衛当局間の秘密情報共有に関する取り決め（TISA）」に署名
2016年10月27日	韓国側がGSOMIAの締結に向けた再協議を申し入れ
2016年11月23日	日韓がGSOMIAを締結
2019年8月23日	韓国側がGSOMIAの破棄を日本に通告
2019年11月22日	23日の失効直前、韓国側がGSOMIAの破棄通告の停止を決定し、当面継続へ

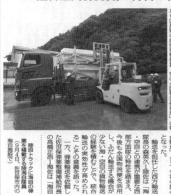

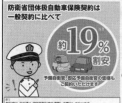

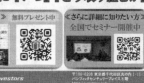

大統領府と内閣との戦い

志方俊之・帝京大名誉教授（元陸自北部方面総監）の話　[illegible]

「統合輸送」が本格始動

「陸自全国物流便」に海自の弾薬

陸自は中央輸送隊（横浜）が中核となり、各方面隊の「物流拠点」となっている補給処等と全国の駐屯地を結び、輸送トラックが定期的に運行する陸自の全国物流ネットワーク「陸自全国物流便」を構築。

この全国物流便で今年4月から「海・空自の貨物輸送」を試行する「統合輸送」も開始した。これは各種事態の発生に備え「3自衛隊の貨物の陸上輸送を効率的に行う」ことを目指したもの。

陸自の物流ネットワークに海・空自の基地を連接することで、3自衛隊の後方業務を一体化した「統合輸送」の先駆けとなった。

去る9月4～5日、この「統合輸送」の一環として、陸自西部方面隊の西部方面輸送隊（健軍）のトラックが海自の弾薬を長崎県の佐世保弾薬整備補給所から広島県の呉弾薬整備補給所まで輸送した。

緊急時の民間依存 脱却目指す

4月から試行中の「海・空の全国物流便利用」の特別便（臨時に設定した直行便）を活用したもので、「統合輸送」としても初の試みとなった。

輸送を担任した西方輸送隊長の森英久1陸佐は「海・空自との連携が重要な西部方面隊の特性を踏まえ、今後も全国物流便を活用し、ふだん輸送する機会が少ない海・空自の貨物輸送の経験を積むことで、統合輸送の実効性が高められる」とその意義を語った。

一方、弾薬輸送を依頼した佐世保弾薬整備補給所長の高橋正浩1海佐は「海自は陸上輸送の能力に乏しく、その大部分を（民間の）役務に頼っている。事態が悪化し、民間輸送業者を利用できない状況が生起した場合、自衛隊で輸送を完結させる必要が出てくる。このため平素から陸自との連携は重要だ。今後とも陸自の全国物流便を利用し、部隊レベルでも緊密な関係を構築していきたい」と期待感を述べた。

陸自トラックに海自の弾薬を積載する陸海自隊員（9月4日、佐世保市内の海自施設で）

◇陸自の「全国物流便」に関する問い合わせ先

運行管理は陸自中央輸送隊が担任しており、特別便を含む物流便の利用については中央輸送隊各方面分遣隊（真駒内、霞目、朝霞、桂、健軍）に連絡を。その他の物流便に関する各種問い合わせは中央輸送隊（横浜）隊本部運用科まで。

豪空軍の多国間訓練 空自が初参加へ

日豪防衛相が会談

河野防衛相は11月20日、来日したオーストラリアのリンダ・レイノルズ国防相と防衛省で会談し、2国間の防衛協力をさらに強化するための具体策を盛り込んだ共同声明を発表した。

声明では、豪州で隔年開催されている豪空軍主催の多国間共同訓練「ピッチ・ブラック」に空自が来年初めて参加することや、陸自に豪陸軍の連絡将校を配置することなどを明記した。

合わせて、今年初めて実施された日本国内で初となる空自戦闘機と豪空軍の戦闘機による共同訓練「武士道ガーディアン」の定例化も盛り込んだ。

さらに、日本の防衛装備庁と豪州の国防省科学技術グループとの間で共同研究開発を深化させるため、「防衛科学技術者交流プログラム」を設立する。これらの新たな取り組みについての詳細は今後詰める。

このほか、両大臣は自衛隊と豪州軍による相互訪問時の共同訓練や運用を円滑化するための新たな協定（円滑化協定）について、交渉妥結に向けて引き続き尽力することで一致した。

海幕長、日米英海軍種トップ協議に出席

共同声明を発表

山村海幕長は11月20日、米メリーランド州アナポリスで開催された日米英3カ国による「海軍種参謀長級協議」に出席した。

米海軍作戦部長のマイケル・ギルデイ大将と英第1海軍卿のトニー・ラダキン大将が出席し、山村海幕長との3者で、インド太平洋地域の安全保障を含む多様な課題への対応について共同声明を発表した。

日米英3カ国の海軍種トップによる協議は2016年10月に続いて2回目。3者は海上での安全保障環境の改善でどのように協力できるか、米国訪問中の英空母上で広範にわたって意見交換を行った。

「日米英3カ国海軍種参謀長級協議」で共同声明に署名した（左から）英国のラダキン第1海軍卿、山村海幕長、米海軍のギルデイ作戦部長（11月20日、米・アナポリスに入港中の英空母「クイーン・エリザベス」艦上で）

共同声明（抜粋）

一、我々は、海賊、海洋汚染、武器および薬物の違法な取引、人身売買ならびに航行の自由を制限しようとする試みという、経済システムに不可欠な貿易の基盤に対する課題に取り組むため、共に努力する

一、海上自衛隊、英海軍、米海軍は、外交関係を下支えし、地域のパートナー国や同盟国に高く評価されている永続的な海軍種のプレゼンスを維持する

一、諸外国が、地域諸国との協力において、世界の舞台で責任ある役割を果たすよう促す

一、我々は、海洋空間における共通利益およびここで生活し労働する人々を守ることに対するコミットメントを再確認した

一、この目的を達成するため、共通の意思の下、多国間での情報共有に関する解決策を追求するとの認識で一致した

一、国際社会を主導する役割を果たすために協力を深化させていく

春夏秋冬

人権問題への国際社会の対応

小原 凡司

ニューヨーク・タイムズが、少数民族ウイグル族に対する中国政府の弾圧に関する内部文書を入手し、その内容を報じた。内部文書には、習近平主席の非公開演説やウイグル族の強制収容を巡る地元政府への詳細な指示が含まれている。

同問題に関して、米国は「新疆ウイグル自治区において、中国共産党は100万人以上のウイグル族を含むイスラム教徒を強制収容施設に投獄している」と中国を非難しているが、中国政府は、職業訓練施設の存在を認めているものの、強制収容については否定している。

同紙は、中国共産党内に、弾圧への根強い異論の存在がうかがえるとしているが、その異論を持った者が文書のリークという手段をとったこと自体、中国国内での問題解決が簡単ではないことを示唆している。その人物は、状況を変えるためには、外国の圧力を利用する必要があると考えたのだ。

同問題に関しては、今年7月、国連人権理事会を舞台に、国際社会を二分して攻防が繰り広げられる事態になっている。同問題を巡って、日本および欧米諸国が中国に改善を求める共同声明を出す一方、中国が経済的影響力等を駆使して、アジア・アフリカ諸国に中国擁護の公開書簡を送付させたのだ。

人権問題の中国国内での解決が難しいのは、弾圧の張本人である中国共産党が全てを「領導」するからだ。中国一党統治という権威主義的政治システムをとる中国において、政府を監視し、これに審判を下す公的な手段は存在しない。

香港の抗議活動において、参加者が国連や各国の国旗を掲げたのも、国際社会の支持を得たいからだ。弾圧される様子を国際社会に見せ、中国に一矢報いてもらいたいと考えるのだ。まさに、差し違えの覚悟である。

中国共産党は、国内の抗議活動等を、自らの統治を脅かす問題だと認識する。簡単に少数民族等に対する姿勢を変えることはないのだ。一方で、中国であっても、国際社会から孤立することを恐れている。国際社会が、中国から得られる経済的利益に目を曇らせることなく、人権侵害等を厳しく監視してこそ、中国自身が過ちに気付くこともできるのではないか。

（笹川平和財団上席研究員）

古賀2空佐をNATOに派遣

初の情報通信幕僚

防衛省は11月25日、古賀真奈美2空佐（41）＝写真＝をベルギーの首都ブリュッセルにある北大西洋条約機構（NATO）本部に情報通信担当幕僚として派遣した。同本部への防衛省職員の派遣は3人目で、「NATO本部諮問・指揮統制幕僚部（NHQC3S）」への派遣は初めて。任期は約2年間の予定。

古賀2佐は「女性・平和・安全保障分野における協力の推進」を掲げる平成30年5月改訂の「日・NATO国別パートナーシップ協力計画（IPCP）」に基づく実務協力の一環として派遣され、NATOの各種政策や事業に関する情報通信の管理業務を行う。

これに先立ち8日、古賀2佐は河野防衛相に出国報告し、激励を受けた。

※NHQC3S（NATO HQ Consultation, Command and Control Staff）C4ISR（指揮・統制・通信・コンピューター・情報・監視・偵察）能力を北大西洋理事会や軍事委員会、C3（諮問・指揮・統制）理事会に提供する部署。ほかにもサイバー防衛、情報管理、NATOネットワーク運用、戦術的データリンク、無線周波数管理などを支援する。

朝雲寸言

2010年7月9日、オーストリアのウィーン空港に2機の旅客機が着陸した。両機は隣り合わせに駐機したが、15分後には慌ただしく離陸し、それぞれの方向に飛び去って行った。旅客機は米国とロシアの特別機で、短い駐機時間中に、米国が逮捕したロシアのスパイ10人とロシアが拘束していた米側のスパイ4人を交換したのだった▼米露両国とも外国のために諜報活動を行う人物を取り締まる法制を整備しており、最も厳しい量刑は死刑だという。交換が実現したのは、米露がともに相手側の諜報員を拘束しているという点で対等であり、かつ交換できれば自らの大切な諜報員を失わずに済むという点で共通していたためだった▼日本周辺の強権国家がある日突然、日本人を拘束するニュースが相次いでいる。相手国が主張する罪状が真実なのか否か、確認の仕様もない場合もある。日本にはスパイ防止法がないので、国内でうごめく外国のスパイに対し抑止力があまり働いていないような印象も受ける。逮捕ができない以上、米露がしたような交換もできない▼防諜体制を他の先進国並みにし「スパイ天国・日本」という汚名を返上することは、憲法への自衛隊明記でその存在と活動を揺るぎないものにすることと、自衛官の待遇を抜本的に改めることとともに、戦後日本の安全保障の「三大宿題」と言ってよい。いずれも、安定した政権でなければできない仕事である。

時の焦点

国内

情報協定延長

日韓関係改善の契機に

東アジアの安全保障環境の悪化を考えれば、韓国政府の判断は当然と言えよう。

日韓の軍事情報包括保護協定（GSOMIA）について、韓国の文在寅政権が、協定を破棄する方針を撤回した。

2016年に締結された機密情報を共有する枠組みは、日米韓3カ国の協調の象徴である。維持が決まったことに、ひとまず安堵する。

米国は「協定を破棄すれば、北朝鮮や中国を利するだけだ」として、韓国政府に延長を強く迫っていた。エスパー国防長官ら要人が相次いで訪韓した。トランプ政権の意向が、文政権の判断に影響したのは間違いない。

日米韓は、GSOMIAを締結する2年前、北朝鮮のミサイル情報を交換する覚書を結んでいる。GSOMIAが失効しても、米軍経由で日韓は情報を共有できた。

だが、日韓が直接情報をやり取りする態勢に比べれば、有事での即応性は落ちよう。米軍にかかる負担も大きい。

安倍首相は外交ルートを通じ、韓国政府に「GSOMIAを破棄するかどうかは、日韓ではなく、米韓の問題だ」と伝えていた。延長しなければ米韓の同盟関係に亀裂が入る、とけん制する狙いがあったのだろう。

北朝鮮は5月以降、弾道ミサイルなどを計12回発射した。低い高度で飛行し、落下直前に変則的な軌道を描く新型は、日米韓の迎撃網をかいくぐる可能性がある。

中国も様々な射程のミサイルを配備している。音速の5倍以上で飛行する「極超音速兵器」や、人工知能を搭載した無人機といった新兵器の開発にも力を入れている。いずれもレーダーでの探知が難しい。

韓国政府は、アジアの安全保障環境を冷静に分析し、日米韓の協力に支障を来さないようにせねばならない。3カ国が連携すれば、監視や迎撃の態勢を強化することができよう。

日韓の防衛当局間には、昨年、韓国海軍が海上自衛隊の哨戒機に火器管制レーダーを照射した問題もくすぶる。重大な事故や衝突につながりかねない事案だ。

両国の制服組の交流も滞っている。協定の延長を契機に、互いに意思疎通を図り、冷え込んだ関係の打開につなげていきたい。

日韓の対立の根底にあるのは、韓国人徴用工問題だ。日本企業に賠償を命じた韓国最高裁の判決は、1965年の日韓請求権・経済協力協定に違反している。だが、文政権は善後策を講じていない。

韓国政府が協定を守らなければ、日韓関係の根本的な改善は難しい。日本側が受け入れ可能な案を早急に提示すべきだ。

政府は、日韓間の様々な懸案について、重層的に協議し、韓国の適切な対応を粘り強く促していく必要がある。

夏川 明雄（政治評論家）

海外

米の弾劾公聴会

外交私物化めぐり攻防

来年の米大統領選をめぐり、トランプ大統領がウクライナに介入を依頼したとされる不正疑惑に対する弾劾調査は11月半ばから下院で公聴会が行われ、重大な局面を迎えた。米国史上4例目となった大統領弾劾調査は9月以降の非公開証言から全米でテレビ中継された公聴会に移ったことで、米国内外で大きな注目を集めた。下院情報特別委員会での公聴会は13日、ベテラン外交官のテーラー駐ウクライナ代理大使の証言を皮切りに、21日までの日程で政府高官ら計12人が証言。この結果、トランプ大統領が選挙を見据えて外交を利用し、個人的利益を得ようとした疑いが裏付けられた形となった。

テーラー代理大使は公聴会証言で、トランプ政権が正規の外交ルートとは違うルートで米大統領選の民主党有力候補、バイデン前副大統領の次男が役員を務めていたウクライナ企業への捜査を、ゼレンスキー大統領に宣言させようと画策していたと説明。さらに、捜査を首脳会談の条件にしたほか、7月に停止した約4億ドルの軍事支援も宣言がなければ再開されないとの話を、大統領に近いソンドランド駐欧州連合（EU）大使から聞いたなどと証言した。ソンドランド大使も、「大統領の明確な指示」を受けて工作に関わったと明言した。紙幅の関係でごく一部しか紹介できないが、驚きの証言ばかりだ。

野党の民主党は、トランプ政権での「外交の私物化」や、正規の外交ルートとは別にあるトランプ氏個人のための「裏ルート」の存在など、テーラー代理大使やヨバノビッチ前ウクライナ大使らの多数の証言を積み重ね、年内に多数を握る下院で「権力乱用」などによる弾劾訴追を可決したい考えだ。しかし、与党の共和党が過半数の上院での弾劾裁判で有罪とし、大統領を罷免するには3分の2以上の賛成が必要で、弾劾裁判に持ち込まれても、罷免には高い壁がある。20年前のクリントン大統領（当時）は不倫もみ消しに絡んで偽証に問われたが、弾劾裁判で無罪となった。

トランプ氏を擁護した共和党側は公聴会に向けて、党内の議員に対して反論の要点をまとめた文書を配布する一方、証言者たちが伝聞情報に基づいている点などを追及し、証言内容を否定する作戦を展開した。トランプ大統領自身も、公聴会でヨバノビッチ前大使が証言しているさ中に前大使を批判・中傷するツイートをし、民主党側が「証人威迫の疑いがある」と反発した。傍若無人な振る舞いや人格攻撃には呆れるばかりだ。

トランプ氏と共和党指導部は、尻すぼみとなったロシアの米大統領選介入疑惑と同様、民主党主導の弾劾調査について政治目的の「魔女狩りだ」と徹底抗戦し、逆に大統領選で民主党批判の材料にしようともくろむ。一連の弾劾手続きが年明け早々にスタートする大統領選にどのような影響を与えるのか。米政治哲学者のフランシス・フクヤマ氏はメディアへの寄稿で、トランプ氏に対する弾劾手続きは米国政治に途方もなく大きな不確定要素を投げ込んだと論評したが、二分された米国世論が選挙の行方を左右しそうだ。

伊藤 努（外交評論家）

空幕長、UAEで国際会議出席
C2出展のエアショーも視察

ドバイ・エアショーで英空軍と部隊間交流を行った空自3輸空の派遣隊員。後方は英空軍のA400M輸送機（11月19日、UAEのドバイ・ワールド・セントラルで）

丸茂空幕長は11月15日から19日までアラブ首長国連邦（UAE）を訪問し、ドバイで開かれた「空軍司令官等ドバイ国際会議」に出席した。

同会議は「機動力と適応力の高い戦闘部隊の確立」をテーマに行われ、各国の空軍司令官らが次世代の科学技術の活用法や未来の軍隊のあり方などについて議論を行った。

空幕長は会場でUAE空軍司令官のナセル・アルアラウィ少将と会談し、科学技術の防衛装備品への適用などについて意見を交わした。

その後、空幕長はドバイで開催中の「ドバイ・エアショー2019」を視察し、空自からC2輸送機とともにショーに参加している3輸空（美保）の部隊を訪ね、403飛行隊長の伊藤友紀2佐以下約20人を激励した。C2は期間中、地上・飛行の両展示を行った。

丸茂空幕長は帰国後の11月22日の記者会見で、「（ドバイでは）いろいろな方からC2に関心をもっていただき、具体的な質問などを受けた。機体は来場者から注目を浴びていた」と述べた。

ショーに参加したC2の209号機は23日、ミャンマーのヤンゴン国際空港経由で美保に帰国した。参加部隊は訓練期間中、英空軍、ブラジル空軍など部隊間交流を行った。

ハラスメント防止講演会
髙橋事務次官ら500人聴講
12月4日から防衛省職員対象に「防止週間」

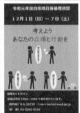

【人事教育局】防衛省は12月4日から10日まで実施する「防衛省職員ハラスメント防止週間」を前に11月6日、部外講師を招いてパワハラ・セクハラ防止に関する講演会を開いた。髙橋事務次官、山崎統幕長をはじめ、約500人の幹部職員らが聴講した。

講演会は昨今、ハラスメントに関する相談件数が増加傾向にあることなどを受けて、職員の意識高揚を目的に毎年実施されている。

今回は「ハラスメント防止2・0〜精強な組織づくり・防衛省版〜」と題し、有限会社「M&Partners」代表の桃原則子氏が講演。約10年間にわたって全国の駐屯地や基地でハラスメント防止に関する教育に携わった経験を踏まえ、セクハラを含むハラスメント問題の重要性とその対応などについて過去の事例を交えながら分かりやすく解説した。

パワハラ・セクハラの防止に向けた課題や取り組みについて講演する桃原則子講師（壇上右）＝11月6日、防衛省で

桃原氏はタイトルに「2・0」を付けた理由として「今までよりも新しい考え方・アプローチ」の意味合いを込めていると説明。今後の新たな課題として「多様な個性を有する隊員への理解と対応」を挙げ、その重要性を強調した。

講演終了後、参加者からは「大変参考になった」「さまざまな個性を持つ部下への指導要領に反映したい」などの感想が聞かれた。

海幕人教部長が入門書3冊推薦

防衛省を挙げてパワハラ・セクハラ防止への取り組みが進む中、海幕人教部長の柴田弘将補は「職場でのハラスメント防止に向け、専門分野の異なる精神科医によって書かれた入門書を紹介したい」として、陸海空自の全隊員に対し、次の3冊の本を推薦している。

①『自殺予防』（岩波新書・高橋祥友著）自殺予防の専門家である著者が自殺に至る心理や、心の病などについて分かりやすく解説し、実践的な内容となっている。著者は防衛医学研究センター在職中、隊員の自殺防止対策にも取り組み、防衛省のメンタルヘルス態勢の構築に尽力した。

②『クラッシャー上司―平気で部下を追い詰める人たち』（PHP新書・松崎一葉著）パワハラを繰り返す上司の病理性を詳しく説明し、こうした上司への対応などパワハラ対策全般が示されている。パワハラが個人のみならず、組織をも破壊していくことに著者は警鐘を鳴らしている。

③『ネット依存症』（PHP新書・樋口進著）アルコール依存をはじめとした各種依存症の専門家として臨床研究に長年従事してきた著者が、新たに世に問うたのがネット依存、ゲーム依存の問題。ネット依存が心身に与える悪影響、治療の可能性などが読みやすく書かれている。

日米豪の掃海艦 日向灘で訓練

海自の令和元年度「機雷戦訓練」と日米豪の3カ国艦艇による「掃海特別訓練」が11月18日、宮崎県の日向灘で始まった。同28日まで。

訓練には、海自が掃海隊群幕僚長の渡邉浩1佐を統制官に、掃海母艦「うらが」、掃海艦「あわじ」と、「ちちじま」など掃海艇13隻、掃海管制艇2隻の計17隻、航空機はMCH101掃海・輸送ヘリが参加。

昨年に続き2回目となる日米豪3カ国による特別訓練には、米海軍が第7対機雷戦隊司令と第1機動水中処分隊112小隊指揮官を統制官に、掃海艦「パイオニア」、MH53E掃海ヘリ2機、水中処分員約10人が参加。豪海軍は機雷戦・掃海潜水隊司令を統制官に、掃海艇「ディアマンティナ」「ガスコイン」が加わっている。

訓練では、日米豪が協力して機雷の敷設と掃海・掃討、潜水訓練などを行っている。

令和元年度自衛隊員等倫理週間
12月1日（日）～7日（土）
考えよう あなたの立場と行動を
倫理ホットライン

「宇宙安保と日本の役割」
平和・安保研がセミナー

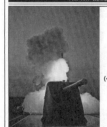

日本の今後の宇宙政策について議論を交わす（左から）青木慶大大学院教授、西山未来工学研究所研究参与、片岡元空幕長（11月20日、東京都新宿区のホテルグランドヒル市ヶ谷で）

「宇宙の安全保障と日本の役割」をテーマとした平和・安全保障研究所の秋季公開セミナーが11月20日、都内で開かれ、青木節子慶大大学院教授らが日本のとるべき今後の宇宙政策などについて議論を行った。

国際宇宙法学会副会長、内閣府宇宙政策委員会委員などを務める青木教授が最初に基調講演を行い、「宇宙政策で日本は劣勢に立たされている」と指摘。昨年のロケット打ち上げ回数が中国38回、米34回、露16回に対して日本は6回で、宇宙のミリタリゼーション（軍事化）が進む中、日本は宇宙利用の国際的なルール作りなどにもっと関与していくべきだと語った。

この後、三菱重工業航空宇宙事業本部副事業部長などを務めた未来工学研究所研究参与の西山淳一氏、片岡晴彦元空幕長が加わり、3者でパネルディスカッションが行われた。西山氏は民間の立場から宇宙がデュアルユースを超え、社会のあらゆる場面に影響を及ぼすマルチユースになっており、政府は組織、産業、予算を一体的に運用するよう提言した。

片岡元空幕長は中国の超音速滑空弾頭、衛星破壊兵器、キラー衛星などに対処するため、米と協力して宇宙監視（SSA）に加え、宇宙交通管制（STM）にも力を入れるべきだと強調した。

最後に平和・安保研の西原正理事長（元防大校長）は「宇宙の問題は日本にとってますます重要になる。防衛省の宇宙政策を含め、今後さらに議論を進めていきたい」と総括した。

25カ国が参加
陸軍兵站交流

陸自は11月18日から22日まで、インド太平洋地域各国の兵站担当者を都内に迎え、防衛省市ヶ谷庁舎と東京臨海広域防災公園などで令和元年度「陸軍兵站実務者交流（MLST）」を実施した。

参加国は米、英、仏、豪、加、印、韓、ASEAN各国、モンゴル、ニュージーランド、トルコ、スリランカ、ネパール、パキスタン、フィジー、パラオ、パプアニューギニアの25カ国で、期間中、人道支援・被災地救援（HA/DR）活動に関する兵站活動、都市災害、オリンピック対応のノウハウなどについて意見を交換した。

共済組合だより

マイホームご購入等の際は
共済組合の「住宅貸付」をご利用下さい

マイホームご購入等の際、組合員に対し、防衛省共済組合は「住宅貸付」を行っています。

組合員の居住する住宅の新築、住宅（中古住宅を含む）または土地の購入、および、組合員または被扶養者の居住する住宅の増築、改築および修繕に要する費用で、資金が必要な時、組合員期間が3年以上の組合員は「住宅貸付金」を借りられます。

貸付限度額は退職手当等の額の範囲内で最高2000万円で、公務員宿舎の建替えに伴う明渡しを要求された場合は200万円が加算されます。

弁済期間は貸付額に応じて最長360ヵ月以内、利率は年利1・42%です。

弁済方法は「元金均等弁済」と「元利均等弁済」の2種類があり、どちらかを選択することができます。

「元金均等弁済」は毎月の弁済時に一定の元金に利息を加算した額を弁済する方法で、貸付当初は毎月の弁済額が多くなりますが、元金の減少が元利均等弁済に比べ多いため、最終的には利息の支払額が元利均等弁済に比べ少なくなります。

「元利均等弁済」は毎回の弁済時に一定の金額（元金＋利息）を弁済する方法で、元金均等弁済に比べ毎月の弁済額が少額で済みますが、元金の減少が少ないため、最終的には利息の支払額が元金均等弁済に比べ多くなります。

住宅貸付は組合員期間が「3年以上5年未満」で申込時の仮定退職金手当額が300万円に満たない場合は「300万円」、1200万円を超える場合は「1200万円」となっています。組合員期間が短い組合員の方もどうぞお申し込みください。

組合員期間が20年以上の方で、2年以内に自己の都合で退職又は5年以内に定年退職が予定される組合員は、自己の居住する住宅を新築又は購入する際、「特別住宅貸付金」を借りられます。

貸付限度額は、退職手当等の額の範囲内で最高2000万円で、公務員宿舎の建替えに伴う明渡しを要求された場合は200万円が加算されます。

貸付元利金の弁済は、退職までは年利1・42%の利息を毎月弁済し、元金を退職時に一括弁済していただきます。

このほか、財形貯蓄を50万円以上有している組合員が住宅を新築、購入、改良する場合も融資を受けられます。詳しくは共済組合ホームページの「住宅を購入するとき」をご覧ください。

防衛省発令

▽統幕総務課（空幕会計課）1空佐 中島 慎一
▽航空支援集団会計課長（空自補給本部会計課長）2空佐 渡部 和也
▽空自補給本部会計課長（空幕総務課）同 佐藤 哲也
（以上11月26日）
▽海幕装備需品課（呉造修補給所長）兼海幕装備需品課（呉造修補給所）1海佐 長谷 伸幸
▽呉造修補給所長（防衛装備庁長官官房装備開発官付総括室長）同 前田 達也
▽海自幹部学校研究部主任教官（海幕装備需品課装備調整官）同 平山 洋
▽海自4術科学校長（海自幹部学校付）同 渡辺 純
▽防衛装備庁長官官房装備開発官付総括室長（海幕装備需品課企画班長）同 松崎 英治
（以上11月28日）

DSEIジャパン2019

英防衛装備展、日本で初開催

国内外150社が出展

日本初開催となるイギリスの防衛装備展「DSEI ジャパン2019」（実行委員長・西正典元防衛事務次官）が11月18日から20日まで、千葉市の幕張メッセで開かれ、日本や海外の企業など約150社が出展した。DSEIは英ロンドンで隔年で開催されているが、英国外で開かれるのは初めて。

会場では、英国BAEシステムズが英空軍向けに開発を進めている第6世代のステルス戦闘機「テンペスト」のイメージ模型も展示され、空自関係者らの注目を集めた。

英空軍は現在、約200機のユーロファイター・タイフーンを保有しているが、2040年代から徐々に減勢が予定され、新たな戦闘機の開発が求められている。一方、日本も空自F2の後継機の開発計画が防衛装備庁、空自を中心に進められており、日英間の協力についても協議が行われている。

BAEの担当者は「日本は（多国間共同開発の有力な）パートナーだ。テンペストでは、日本が取得中の（米国製）F35戦闘機に足りない航続距離などを補完できる仕様を目指している。テンペストは空対空、空対地共に対応できるが、特に空対空においては圧倒的な力を発揮できる予定だ」と語った。

このほか、三菱重工業のブースでは、陸自の96式装輪装甲車の後継候補となっている「機動装甲車」の原型となる試作車両「MAV」も公開された。

併設の国際会議では期間中、若宮健嗣外務副大臣や渡辺秀明初代防衛装備庁長官らが「技術と装備の移転」をテーマに議論した。

最終日には河野防衛相が武田博史装備庁長官らを伴って会場を訪れ、DSEIを約1時間にわたって視察。陸自の10式戦車などが展示された装備庁ブースや各メーカーのブースを巡り、最新の防衛装備品の動向に触れていた。

英BAEシステムズが展示した英空軍向けの第6世代ステルス戦闘機「テンペスト」の模型。2030年の初飛行を目指し、開発が進められている（写真はいずれも11月20日、幕張メッセで）

河野防衛相も視察

防衛装備庁のブースを視察する河野防衛相（最前列中央）。左は西DSEI実行委員長、右は武田装備庁長官

トルコのヌロルマキナ社が出展した新型の軽装甲車「NMS4×4」。車体の周囲にカメラを搭載し、ドライバーは常時あらゆる方向を確認できる

BAEが展示した次世代航空機コックピットの体験装置。指や目の動きだけで各種情報の取得が可能になるという

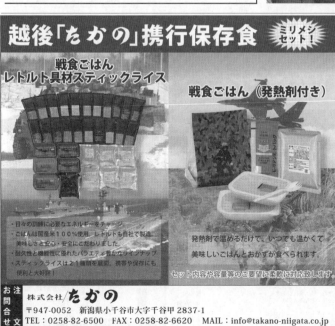

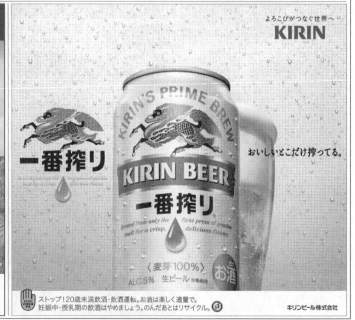

三菱重工業が公開した「機動装甲車」の原型となる試作車両「MAV」。高い機動性と強固な装甲が特徴だ

日本海洋が展示した最新の多機能水中無人機「フュージョン」。水中捜索のほか、水中処分員を自動で目的地に運ぶ水中スクーターにもなる

日本の防衛を支える

新潟・小千谷の「たかの」　高野邦子・副社長に聞く

「隊員さんの力の源に」

21種のスティックライス　携行食に〝革新〟

「災害派遣活動中の自衛隊の方々に、おいしいごはんを食べてもらいたい」――。東日本大震災の被災地で活動する隊員たちの姿を見て発案されたという「スティックライス」。

その完成品を試食した陸自の幹部は「これはおいしい！また食べたいと思わせてくれる味だ。これなら明日への活力になる」とお墨付きを与えた。

この隊員の「携行食」の分野で〝革新〟を成し遂げたのが、新潟県小千谷市に本社・工場を構える株式会社たかの（高野浩和社長）だ。

豊かな自然に恵まれ、良質な米が収穫できる新潟県の特性を生かし、1951年の会社設立以来、「無菌米飯パック」をはじめ、数々のヒット製品を世に送り出してきた。

大手コンビニチェーンやファストフード店への商品協力の一端も担い、地元新潟のおいしい米の味を全国に届けてきた「たかの」。自衛隊との〝出会い〟は2004年、中越地震での被災だった。

2週間にわたって工場の稼働が停止する中、目の当たりにした自衛隊の災害派遣活動に感銘を受けた。「そこから自衛隊との関わりが始まりました」と副社長の高野邦子さん。

2012年から退職した任期制自衛官の採用を始めたところ、OB社員から「自衛隊の携行食はおいしくない」という声を聞き、それが新製品開発のきっかけになったという。

「うちの技術を使って、力になれたら」。そう思い立った高野社長が自衛隊向け携行食の開発を指示。約1年間にわたる試行錯誤の末、完成したのが「スティックライス」だ。

縦24センチ、横9センチ、厚さ1・5センチの細長い「きりたんぽ」のような形状で、重さも180グラムと軽く、ポケットに入れて、いつでも食べられる。国産のうるち米を使用した弾力ある食感が特徴だ。いずれも味の付いたタイプで、深川めし風の「あさりの味噌炊き込みごはん」、タイ風の「ガパオライス」、甘い「おはぎ」など、21種類がラインナップされている。

スティックライスは、本体を二つに割って2人で分けて食べることもでき、開封しなければ一度温めても、そのまま2年間の保存がきくため、いざという時にいつでも空腹をしのげる。

試食した陸自幹部は「自分が部隊にいた時にこれがあったら良かった」とその味に驚きの声を上げていた。

開発を担当した同社の星野祐子さんは「試作品はやわらかすぎたり、味が濃すぎたりしたので改良し、栄養素も自衛官の方々に必要なものを試行錯誤しながら加えていきました。片手で食べられるように、適度な固さや弾力性も追求しました」と話す。

現在、スティックライスは全国の自衛隊の各駐屯地・基地で採用され、訓練時の糧食や非常食として広がりをみせている。

新潟県の援護協力会の理事会社も担う高野副社長は、自社で任期制隊員を積極的に採用しているほか、他の企業にも自衛官OBの仕事ぶりを広報。今年は小中学生親子約30人を石川県の小松基地に引率し、職業としての自衛隊を知ってもらった。

「自衛隊に対し、募集や援護での協力と同じ精神で、糧食の開発も行っています。国防、災害派遣で汗を流す隊員の皆さんの力の源になるため、おいしい糧食をこれからも作り続けます」と高野副社長は語った。

「スティックライス」を掲げる開発担当の星野さん（右端）。中央は予備自補を経て予備自衛官となった品田勇輝さん。左は元自衛官で主任として活躍する相羽三浩さん（新潟県小千谷市のたかの本社工場で）

「たかの」が開発した自衛隊向け糧食。味にこだわり、試食した陸自幹部もその品質に驚いていた

◇株式会社たかの

明治6年創業。本社は新潟県小千谷市。従業員254人。創業以来、「地元の確かな味を全国の人に届けよう」というポリシーのもと、米を原料とした商品を送り届けている。

ひろば

師走、春待月、暮古月、極月――12月。

8日太平洋戦争開戦記念日、18日国際移民デー、25日クリスマス、27日官庁御用納め、31日大みそか

関のぼろ市　本立寺（東京都練馬区）の江戸時代から続く伝統行事で、区指定無形民俗文化財。最寄駅から門前まで衣類や食べ物の露店が約300軒並び、花万灯を持った法被姿の住民が練り歩く。　9、10日

白糸寒みそぎ　福岡県糸島市の五穀豊穣を祈る神事。ふんどし姿の男衆が厳寒の白糸の滝下流で大声をあげながら水をかけ合う。神社では年男が川で研いだ米を炊き、高く盛り付けて翌年の豊作を占う。　21、22日

2020年はミリタリー・カレンダーを飾ろう

迫力の艦船・戦闘機

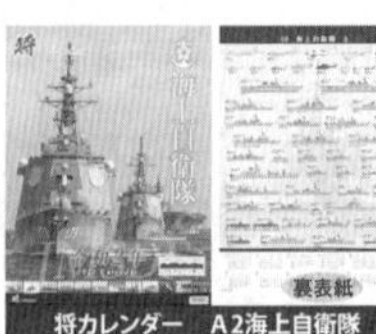

裏表紙

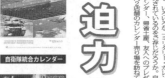

将カレンダー　A2海上自衛隊

「丸」海上自衛隊カレンダー

自衛隊統合カレンダー

将カレンダー　A2航空自衛隊

裏表紙

零戦＆第二次大戦機

航空自衛隊卓上カレンダー

BOOKカレンダー将　A4（陸上自衛隊・海上自衛隊・航空自衛隊の3種類）

自衛隊日めくりカレンダー

令和元年も残り1カ月。正月休暇の予定や年賀状の作成、お歳暮など、あわただしさも真っ盛り。ところで、来年のカレンダーの準備は？

防衛省が製作している自衛隊のカレンダー以外にも、いろいろな「ミリタリー・カレンダー」が販売されているのをご存じだろうか。自宅で使うカレンダー、帰省土産、友人へのプレゼント――都内2店舗のカレンダー売り場を訪ねてみた。

書泉グランデのミリタリー・カレンダーコーナーを紹介する笠間さん

家族や友人のお土産にも

防衛省近くの市谷亀岡八幡宮の参道入り口にある「ミリタリー将」。帽子やTシャツ、鞄、お菓子など多彩なミリタリーグッズを取り揃えている。

扱っているカレンダーは陸・海・空自衛隊の装備品カレンダーが主で、A2判から卓上まで大きさもさまざま。

「ミリタリー将」オリジナルのカレンダーも販売しており、A2サイズの海上自衛隊と航空自衛隊のカレンダーには、表紙裏に、艦船や飛行機、ヘリなど装備品一覧と12カ月分の暦があり、A2サイズの年間カレンダーとしても使える便利さ。

さらに、陸・海・空自衛隊の統合カレンダーやミリタリー雑誌『丸』の海上自衛隊カレンダーなど、迫力あるカレンダーが勢揃いしている。

東京の神保町にある「書泉グランデ」は、一般書はもちろん、ミリタリー、格闘技などさまざまなジャンルの書籍・グッズを取り揃えたマニア必見の書店。

ミリタリーフロアは5階にあり、自衛隊カレンダーを各種取り揃えている。さらに、世界の軍艦・戦闘機のカレンダーや、零戦など第2次大戦時の航空機のカレンダーも販売しているのが特徴だ。

また、ユニークな「自衛隊日めくりカレンダー」が、今年初めて登場。訓練や日常業務、装備品などの写真のほか、イベントなど自衛隊員の日常になっている。

たとえば、「零戦＆第2次大戦機」には、零戦はもちろん、ドイツのメッサーシュミットなど名機の数々までも網羅されている。

さあ、来年のカレンダー選び。ミリタリーカレンダーも候補に入れてみてはいかが。

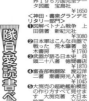

■ミリタリー将
東京都新宿区市谷八幡町14市ヶ谷中央ビル1階A号館
TEL：03−6280−8639
個別の発送は承っておりません

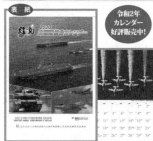

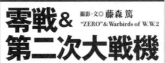

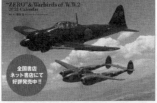

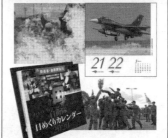

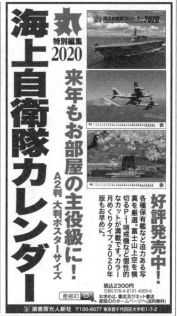

■書泉グランデ
東京都千代田区神田神保町1−3−2
TEL：03−3295−0011

空母いぶき　DVDプレゼント

今年6月に全国で公開され、観客動員数約100万人という大ヒットを記録した我が国の海上防衛をテーマにした映画『空母いぶき』のブルーレイ＆DVDが11月5日に発売された。

本作品は『沈黙の艦隊』『ジパング』のかわぐちかいじによる累計500万部突破のベストセラーコミックを西島秀俊、佐々木蔵之介（写真）などオールスターキャストで映画化したクライシス超大作。「いぶき」には「F35戦闘機」が搭載されており、近い将来のF35Bの搭載が決まった海自護衛艦「いずも」型の今後の戦い方などもイメージしながら迫力ある戦闘シーンが楽しめる。

発売されるブルーレイ「特装限定版」（税抜7800円）には、メイキング映像やイベント映像などを収録した特典ディスクのほか、スタッフインタビューや設定資料を多数収録したスペシャルブックレット、撮影現場のキャスト写真を収めたメイキングフォトブックが封入されている。

また、ブルーレイ「通常版」（同4800円）、DVD（同3800円）にも本編に加え、映像特典として特報、予告編（30秒・60秒・90秒）、テレビスポット（広告）が収録されている。『空母いぶき』ファンは、ぜひ手元に置いておきたい映像アイテムだ。

■読者プレゼント　「朝雲」読者に『空母いぶき』のDVDを3名様にプレゼント。希望者は、はがきに郵便番号・住所・氏名・電話番号を記入し、〒160−0002東京都新宿区四谷坂町12−20　KKビル　朝雲新聞社営業部まで申し込む。締め切りは12月13日（当日消印有効）。

マイヘルス Q&A

逆流性食道炎

逆流した胃酸が原因
内視鏡で診断、薬で症状抑える

Q　逆流性食道炎はどんな病気ですか。

A　逆流性食道炎は胃から食道に逆流した胃液に含まれる酸によって食道の粘膜がただれて傷ついた状態です。

Q　その症状は。

A　胸焼け（みぞおちの上の焼けるような感じやしみる感じ）と呑酸（酸っぱい液体が上がってくる感じ）が代表的な症状です。胸が詰まるような感じや喉の違和感、長引く咳などの症状で表れることもあります。食事に症状が出やすいことが特徴の一つです。

Q　原因は何ですか。

A　胃液が食道に逆流する原因としては、食道裂孔ヘルニア（胃と食道のつなぎ目が上にせり上がって逆流防止の締め付けがゆるくなった状態）や、食べ過ぎ、飲み過ぎ、高脂肪食摂取、肥満、食後すぐに横になる姿勢などの生活習慣があります。

Q　診断方法は。

A　日本国内では内視鏡検査で食道の粘膜のただれた状態を確認して診断することがほとんどです。

Q　治療については。

A　胃液の酸が原因のため、胃酸を抑える薬を使用します。市販薬でも胃酸の中和や胃酸を抑える効果があるものもありますが、逆流性食道炎を治すためにはより強く胃酸を抑える必要があります。

市販薬では一時的に症状が和らぐこともありますが、数日で改善しない場合は受診をお勧めします。

ところで、日本人の胃十二指腸潰瘍や胃癌の原因であったピロリ菌は衛生環境の改善とともに減少していくのと対照的に、逆流性食道炎の患者さんは増加しています。生活の質（QOL＝quality of life）が失われ、社会的にも大きな損失をもたらしかねません。

自衛隊中央病院第1内科　消化器病専門医　肝臓専門医　安武　優一

BOOK NOW　私が読んだこの一冊

服部泰宏著「採用学」（新潮社）
陸上幕僚監部人事教育部募集・援護課（市ヶ谷）
小島　大3陸佐　33

募集・採用業務を、経験頼りの領域から、より予測・再現性のある科学的領域に導く試みを記した書。

経済状況や学生の行動は毎年大きく変化し、昨年と同じことをしても採用目標を達成できるとは限らない。本書は「状況や対象を良く観察・判断し、仮説を立て、決断・実行する」という科学的な視点による募集・採用業務が必要と説く。

即効性あるノウハウ・ハウツー書ではないが、より本質的な「視点」に気づかせてくれる良書と思う。

司馬遼太郎著「峠」（新潮文庫）
呉造補所計画調整部
藤山　淳史2海曹　40

幕末の動乱期に越後長岡藩の執政として、新政府に立ち向かった河井継之助の生涯を描く。

陽明学の徒として、己の信念に忠実に藩政を改革するも、明治維新の流れに抗う運命を迎える。一藩が信念とともに燃え尽きる姿は圧巻である。

信念を持って事にあたる姿、どんな障害があろうと正邪を判別し、時代の流れを読みつつ、自らの共同体に新たな道を模索する姿に感銘を受けた。

自身の心が弱くなった時に一読することをおすすめします。

ヨーコ・カワシマ・ワトキンズ著「竹林はるか遠く」（ハート出版）
横田気象隊
水間　清彦1空尉　50

終戦直後、朝鮮半島から幼い子と母親が命からがら日本に引き揚げ、その後の生活を綴った自叙伝です。

その体験は壮絶でハラハラ、ドキドキ息をのむ展開。「生死を分ける運命の分岐点」や「生き抜く力」を強く感じました。また、貧しい生活の中での人間の温かさや醜さ、特に教育に対する姿勢について考えさせられました。

当たり前のように教育が受けられる平和な時代に、感謝したいと思わせてくれる一冊です。

隊員愛読書ベスト5

＜入間基地・豊岡書房＞
❶日本の防衛―防衛白書―令和元年版　防衛省編　日経印刷　￥1397
❷航空自衛隊ファントムⅡファンブック　新紀元社　￥2475
❸知っておきたい戦車模型ウェザリングのはじめかた　大日本絵画　￥3300
❹自衛隊防災ＢＯＯＫ２　自衛隊、防衛省協力　マガジンハウス　￥1320
❺恋のゴンドラ　東野圭吾著　実業之日本社　￥734

＜防衛省・三陽堂書店＞
❶言ってはいけない!?国家論　渡部悦和ほか著　扶桑社　￥1760
❷軍事研究2019年11月号別冊The Game changer　ジャパン・ミリタリー・レビュー　￥2600
❸自衛隊選抜イケメン部隊フォトブック第302保安警務中隊　武若雅哉ほか撮影　竹書房　￥2310
❹異常気象のしくみと自然災害対策術　ゲリー・マッコール著、内藤典子訳　原書房　￥1980
❺ワールドフラッグス世界196カ国完全データ図鑑　宝島社　￥1650

＜神田・書泉グランデミリタリー部門＞
❶図解ベトナム戦争　上田信著　新紀元社　￥3080
❷日本軍はこんな兵器で戦った　荒木肇著　並木書房　￥1760
❸武器が語る日本史　兵頭二十八著　徳間書店　￥1870
❹審査部戦闘隊　渡辺洋二著　潮書房光人新社　￥1045
❺大渕克の超絶艦船模型の作り方すべて見せます　大渕克著　大日本絵画　￥3960

＜トーハン調べ10月期＞
❶鬼滅の刃―片羽の蝶　吾峠呼世晴著　集英社　￥770
❷ひとりで生きる大人の流儀9　伊集院静著　講談社　￥1000
❸鬼滅の刃―しあわせの花　吾峠呼世晴著　集英社　￥770
❹ケーキの切れない非行少年たち　宮口幸治著　新潮社　￥792
❺こども六法　山崎聡一郎著　弘文堂　￥1320

合板製「使い捨て無人貨物グライダー」開発

米海兵隊

航空機から投下し発進　着地は落下傘か胴体着陸

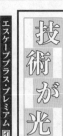

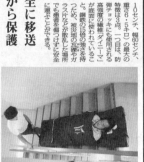

敵が占拠した離島で戦う味方の部隊に、いかに弾薬や燃料、糧食など補給品を届けるか――。水陸両用戦では着上陸後の「兵站線の確保」が勝敗のカギを握る。敵が対空・対艦ミサイルを装備していれば、航空機や艦船での補給は難しい。そこで米軍ではこうした事態でも安定した補給ができる「使い捨て無人貨物グライダー」の開発を進めている。

軍事作戦では「（補給品の）山を動かす」ほど、兵站に重きを置く米軍。戦場で制空権を確保できなくなった場合も想定し、あらゆる角度から兵站線確保のための検討を進めている。そこから生まれたのが、ベニヤ板で作られた安価な「使い捨てタイプの無人貨物グライダー」だ。

米海兵隊と国防高等研究計画局（DARPA）の支援を受け、合板（ベニヤ板）で作られた「使い捨ての無人貨物グライダー」の開発に当たっているのが米国のロジスティック・グライダー（LG、カリフォルニア州）社だ。

試作したグライダーはいずれも飛行中の航空機（C130輸送機、V22オスプレイ、CH47輸送ヘリなど）から投下されるタイプで、空中に放出された後、翼を展開して、滑空しながら目標地点に向かう。着地は落下傘による降下、もしくは胴体着陸で行う。

LG社は2種類の貨物グライダーを試作した。海兵隊と共同開発した「LK-1K」は全長3・2メートル、展開後の翼幅7・1メートルで、320キロまでの貨物を搭載できる。

一方、DARPAと開発したより大型の「LG-2K」は全長3・9メートル、翼幅8・3メートルで、こちらの最大搭載量は725キロ。

この貨物グライダーの最大の特徴は「使い捨て」であること。機体は合板で作られているため、1機あたりの価格は1万1000ドル（約120万円）以下に抑えられている。パラシュートで降下した場合、機首部が最初につぶれ、着地時の衝撃をやわらげる設計となっている。

無人機だけに運用法もシンプルで、飛行中の輸送機の後部ドアから物料投下と同じ要領で、翼が折り畳まれたグライダーを投下するだけ。その後、グライダーの主翼が自動で展開し、滑空飛行を開始する。機体は速度約130ノット（240キロ）で自律飛行し、指定された座標地点に向かう。飛行距離は投下高度や風の状態で変わるが、数十キロから100キロ程度飛べるそうだ。

発進方法は、ヘリコプターがスリングで吊り下げ、上空から投下する方法もある。こちらは航続距離は短くなるが、護衛艦や輸送艦が搭載するヘリも活用できるため、沿岸からの運用に適している。

無人グライダーは自分で着陸適地を選ぶことはできないため、衝撃度は未知数となり、精密機器には向かないが、食料や弾薬なら問題ない。「LG-2K」の搭載スペースは1・2立方メートルあるが、パラシュートを積んだ場合は1立方メートルになる。

同グライダーは「経済性」が際立っており、危険な海・空域に高価な有人機を進入させるリスクを考慮すれば、画期的な「兵站ツール」となるかもしれない。陸自の水陸機動団が島嶼部に上陸した際の兵站線確保のためにも、この貨物グライダーは自衛隊にもぜひ欲しい革新的な装備のひとつだ。

㊤航空機から空中投下され、高度5200メートルを速度280キロで滑空飛行中の無人貨物グライダー

㊦輸送機に搭載される無人貨物グライダー。翼は折り畳まれている（米海兵隊撮影）＝写真はいずれもLG社ホームページから

防衛技術

技術が光る　>87<

エスケーププラス・プレミアム　インジェニティー

1人でも素早く安全に移送　高強度繊維で瓦礫から保護

災害派遣などで自衛隊員は、困難な状況の中で被災者を素早く救出し、避難させる必要がある。だが、隊員たちは限られた人員で任務に当たらなければならず、小柄な女性隊員などは身体の大きな男性を運ぶのは困難だ。

“助っ人”が現れた。コンサルティング会社のインジェニティー（東京都中央区、http://www.ingenuityjp.com）がオランダから輸入し、販売する「エスケーププラス・プレミアム」がそれだ。

この人員輸送器具は、オランダの福祉施設から依頼を受け、現地のテトコン（TETCON）社が試作した避難用具として誕生。そして今回、日本の被災地など「ハードな環境でも使用できるものを」というリクエストに応え、「エスケーププラス」の機能性・即効性・簡易性・抗菌性・防炎性はそのままに、より安全性を高め、利用環境を広げた「プレミアム」が開発された。

「私たちは自衛隊の皆さんと同じく『救える命は救いたい』をモットーにしています」と話すのは藤田郁栄社長。「災害現場などで要救助者を移送する際、担架では人員が2人必要です。しかし、エスケーププラスを使えば1人で移送でき、他の1人は別の要救助者の元に向かえます」と強調する。

「プレミアム」（全長210センチ、幅60センチ、重さ6・5キロ）の最大の特徴は3点。一つ目は、防弾チョッキにも使用される高強度の繊維「ダイニーマ」が底面に使われていること。鋼鉄の15倍の強さを持つため、被災地の瓦礫やガラス片などが散乱した場所でも患者を傷つけずに安全に運ぶことができる。

二つ目は「ヘッドブロック」が付いていて、頭部を固定できること。移送中の衝撃による頸椎損傷などのリスクも軽減できる。

三つ目は「フットボード」が装備されていること。ブーツなど重くて硬い靴を履いていても足元が安定し、移送中の安全性が高まった。

使い方は簡単で①畳まれていたシートを床に広げる②要救助者をシートに寝かせる③マジックテープ付きの布で救助者を包んで固定④ストラップで引っ張る――。

使用に当たって特別なトレーニングなどは不要で、誰でもすぐに使える。組み立てから装着までわずか60秒と即応性も高い。底面のマットレスは丈夫で柔らかさも兼ね備えているため、避難所では布団代わりとしても利用できる。

使用前の折り畳んだものはストラップを肩にかけ、簡単に持ち運べる。この器材を活用すれば、女性でも約90キロの男性を1人で運ぶことが可能という。

同器材は衛生面も配慮され、生地には抗菌性の高い素材を使用、約70種類以上の菌に抵抗力がある。このため、特別なメンテナンスは一切必要なく、使用後は軽く拭くだけで菌の繁殖が防げ、洗濯機で洗っても抗菌能力は失われない。

「エスケーププラス」（標準価格15万3000円）は、既に日本国内では病院や老人ホームをはじめ商業施設や学校などで使われている。「プレミアム」（同19万8000円）は高層マンションなどに備蓄されているという。藤田社長は「ユーザーの声を積極的に取り入れ、さらに改良を進めたい。自衛隊でも被災者救助用の器具としてぜひ活用してほしい」と話している。

「エスケーププラス・プレミアム」を使用し、階段で男性を降下させる場面。マットレスの効果で、要救助者を衝撃なく移送できる

世界の新兵器　――530

宇宙監視レーダー「GRAVES」　仏

軌道上の2900の目標を自動で追尾

独立した「宇宙軍」創設を目指すトランプ米大統領の執念は、議会と空軍の反対もあって空軍宇宙コマンドを統合コマンドに格上げする妥協案に落ち着いたが、フランスも一歩踏み出した。

この9月、フランスは2010年から活動してきた空軍の統合宇宙コマンドをただの宇宙コマンドとする代わりに、空軍を「航空宇宙軍」と改めた。フランスの宇宙への大志は、①宇宙状況監視（SAA）と、②それに基づく宇宙アセットの保護を追求する代々の防衛宇宙戦略にも表れている。加えてこの7月、そこに「積極防衛の可能性」を書き加えたフローレンス・パーリー国防相は、「接近する不審な衛星に高出力レーザーで自衛」「小型のボディガード衛星を巡回」などの具体案を記者会見で披露した。

この明確な意思表示は、永年の「宇宙状況監視」があってこそできたのであり、彼女は前年にも、ロシアのルーチ・データ中継衛星が仏伊共同利用の軍事通信衛星に接近して「コミント（通信情報）」傍受を行い、さらに他の衛星8基を「訪問」したことを暴露している。

その宇宙状況監視を支えるのが「GRAVES（グラーブ）」と呼ばれる地上設置の宇宙監視レーダーである。仏語の「宇宙の見張りに適した大ネット」の頭文字をボルドーのワイン産地グラーブにかけたもので、143.050MHzのVHFを用いるFMCW方式のバイスタチック・レーダーだ。

送信局は、スイス国境に近いブルゴーニュ地方の元飛行場にあり、受信局は、南東アルビオン高原の元核ミサイル基地にあって、フランス南方180度の広域を監視する。1990年代に仏宇宙庁（ONERA）が軍の委託で開発し、2005年から運用が始まった。傾斜角（衛星軌道が赤道と交わる角度。極軌道衛星なら90度）が45～135度の衛星が監視でき、高度1000キロ以下のLEO（低高度軌道）にある反射面積1平方メートル以上の衛星や破片の監視・追尾を行ってきた。

外気圏研究のためHF帯からVHF帯で運用される電離層サウンダーや非干渉性散乱レーダーと間違いそうな装置であるが、2900もの多目標が自動追尾可能な優れものである。

軌道上の2900もの多目標を自動追尾できるフランスの宇宙監視レーダー「GRAVES」の送信局（仏DEGREANE社のHPから）

常に連携してきたドイツの「TIRA（Tracking & Imaging RADAR）」も、Lバンドレーダーで追尾し、Kuバンドレーダーで画像を取得して不審な目標をモニターできるが、同時に多目標の処理ができない。

一方、「GRAVES」もGEO（静止軌道）の目標を検知・追尾できないので、仏宇宙庁の「TAROT」、防衛宇宙製造業の雄、アリアングループ社の「GEOTRACK」といった光学システム（望遠鏡）を活用して監視している。だからルーチ衛星の追尾も「GRAVES」によるものではないが、これが収集した莫大な低高度のデータが、米国との情報交換において威力を発しているのは間違いない。

徳田　八郎衛（防衛技術協会・客員研究員）

ポケットサイズの小型ドローン導入　米陸軍

米陸軍は、小部隊が敵に接触する前に相手の動向を偵察することができるポケットサイズの超小型ドローン「ブラック・ホーネット」を採用した。米フレアー社製の同無人機は重さ32グラムで、一回の充電で25分間飛行できる。光学・赤外線カメラを搭載し、昼夜に関係なく、偵察したライブ映像と静止画像を送信できる。全長166ミリの同機は、[illegible]軽度の雨の中でも飛ばすことができ、最大2キロ圏内で操縦が可能。飛行中の騒音も小さく、至近距離から敵の陣地などを偵察できる。

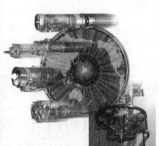

米陸軍が導入したポケットサイズの偵察機「ブラック・ホーネット」（フレアー社HPから）

技術屋のひとりごと

試作事業のマネジメント

横山　英明（防衛装備庁　装備開発官（陸上装備担当）付第3開発室　主任研究官）

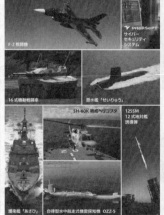

私は、長官官房装備開発官（陸上装備担当）付第3開発室で、主に次期装輪装甲車の研究を担当しています。当室では主として戦闘車両の考案および試作に関する事務を行っています。現在、当室では次期装輪装甲車の研究と将来水陸両用技術の研究を実施しています。

次期装輪装甲車の研究では、要求元である陸上幕僚監部、試験評価を担当する陸上装備研究所等、事業計画を担当するプロジェクト管理部等、契約の相手方等の各々のステークホルダーと議論を重ねながら事業を推進しています。

事業を推進していく上で特に留意していることは、決められた期間内に事業終了までの短期間で試作、試験および評価を行うためには、スケジュールやリスク等を適時に予見することで、対応策を考えることが不可欠です。そのためには、事業全体を俯瞰して細かなタスクに分解し、それぞれのタスクの関連性を把握し、その中から個々のタスクに必要なスケジュールを確認し、タスクの前後関係を明確にし、スケジュールを左右するタスクの経路を見極めることで、人・物・予算の制約を考慮して、スケジュールとリスクの管理を行っています。

このようにマネジメントすることで、今のところ事業は順調に進捗しています。また、技術的リスクに対しては、回避・軽減を図りつつ、適切な対応策を講じ、決められた期間内に技術的課題を解明することを目標としています。

今後もこれまでの経験とノウハウを踏まえつつ、適切なマネジメントにより事業を推進していきたいと考えています。

あなたと大切な人の“今”と“未来”のために

防衛省生協の共済は「現職中」も「退職後」も切れ目なく安心をお届けします

生命・医療共済
（生命共済）

病気やケガによる入院や手術、
死亡（重度障害）を保障します

退職者生命・医療共済
（長期生命共済）

退職後の病気やケガによる入院、
死亡（重度障害）を保障します

80歳
（85歳）※

火災・災害共済
（火災共済）

退職火災・災害共済
（火災共済）

火災や自然災害などによる建物や家財の損害を保障します

現職　退職　終身

※ 令和2年7月より、退職者生命・医療共済の共済期間が85歳に事業改定されます。

防衛省生協　新規・増口キャンペーン実施中!!

11月中旬に
皆様にお届けした
「残高明細書」でも、
大切なご案内とともに
キャンペーンをお知らせ
しています。

キャンペーン期間中にいずれかの共済に**新規・増口加入された方**の中から抽選で300名様に オリジナルロゴ付き**真空ステンレス・タンブラーをペアでプレゼント！**　詳しくはホームページでご確認ください。

画像はイメージです。
デザイン等変更となる場合があります。

注：加入限度口数、健康状態等により新規ご加入・増口ができない場合があります。
退職組合員の方は、火災・災害共済に既にご加入の方の「増口のみ」が対象となります。
（加入限度口数以内で、「建物」のみご加入の方が「動産」を追加するケースや「動産」のみご加入の方が「建物」を追加するケース、親や子ども・孫の居住物件の追加等も対象となります。）

キャンペーン期間：令和元年11月1日～令和2年1月31日

防衛省職員生活協同組合

〒102-0074　東京都千代田区九段南4丁目8番21号　山脇ビル2階　専用線：8-6-28901～3　電話：03-3514-2241（代表）

BSA-2019-25　R1.11作成

海自 YouTubeで「もう一つの観艦式」公開
1週間で再生回数10万回突破

動画サイト「You Tube」の海自公式チャンネル「もう一つの観艦式」のワンシーン

海自は動画サイト「YouTube」の海上自衛隊公式チャンネルで、「もう一つの観艦式～The 2019 Virtual Fleet Review」を11月18日から公開している。

動画は、台風19号の影響で中止となった「自衛隊観艦式」までの準備映像と、過去の映像などを組み合わせて構成され、観艦式をバーチャルで楽しめる。再生回数は1週間で約10万回を突破した。

約1時間半にわたる動画には、今回初めて観閲艦を務める予定だったヘリ搭載護衛艦「いずも」、受閲部隊先導艦の護衛艦「あさひ」など、艦艇・航空機のそれぞれの物語を収録。ペルシャ湾掃海派遣の機雷処理活動、退役後の艦艇がたどる道、P1哨戒機の試作初号機「XP1」が初めて厚木基地に降り立った際の映像など、これまで公開されなかった“秘蔵映像”も盛り込んで紹介している。

海幕広報室のホームページ担当者は「観艦式に向けて準備してきた隊員の思いを感じてほしい」と話している。

観艦式ロゴやキャッチ表彰

観艦式の“看板”としてポスターなどを彩った観艦式ロゴマーク、キャッチフレーズの作者などへの表彰式が10月27日、防衛省で行われた。

式では山村海幕長が河野防衛相からの表彰状を読み上げ、ロゴマークをデザインした東京都の寺岡善彦さん、キャッチフレーズ作者の山梨県の中島陽子さんに表彰状を伝達した。

続いて、海幕広報室が観艦式フリートウイークの一環として募集した「写生コンテスト」の最優秀賞に輝いた神奈川県の前田直志さん、「フォトコンテスト」の最優秀賞に選ばれた神奈川県の石渡良平さんに表彰状を手渡した。

観艦式事務局長の金子純一1佐は「応募作品はいずれも素晴らしい作品ばかりだった。多くの応募に感謝します」と語った。

市ケ谷美術展
丸茂空幕長が初出展
絵画や書、力作出そろう

【中業隊＝市ケ谷】空自市ケ谷基地美術展が10月29～31日、防衛省厚生棟多目的ホールで行われ、自らも書を出展した中谷元・元大臣や高橋事務次官、丸茂空幕長、片岡晴彦つばさ会会長も訪れて力作を鑑賞した。

美術展は市ヶ谷基地（司令・伊東修一1佐）と空自OBで構成するつばさ会が主催、遺族でつくるともしび会が協賛した。今回で31回目。隊員・家族、両会の会員など約140人から写真、絵画、書、陶芸など約240点が出展された。中谷・元大臣は「質実剛健」と揮毫した書を、丸茂空幕長は初めて「道」と書いた書を出展した。

美術展は11月23～25日に府中、入間の両基地でも開催。11月29日～12月1日に百里基地でも行う。

市ケ谷基地美術展を鑑賞し談笑する（右から）伊東基地司令、中谷・元防衛相、髙橋事務次官、片岡つばさ会会長（10月30日、防衛省で）

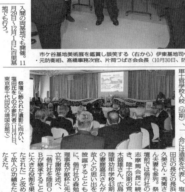

苗穂分屯地で緊急登庁支援訓練
子供預かりや発電機運用

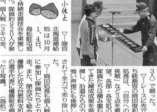

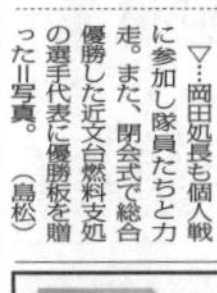
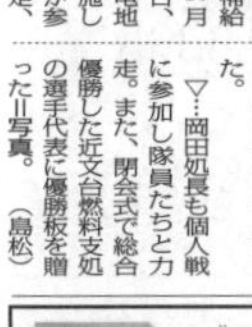

事務官から発電機の使い方の説明を受ける北海道処苗穂支処の隊員（苗穂分屯地で）

【苗穂】苗穂分屯地はこのほど、緊急登庁支援訓練を行い、緊急登庁時の認識を共有し突発的事態の即応性向上を図った。

隊員たちは緊急登庁用の備品を把握し、事務官から発電機の運用などについて説明を受けた。

また、子供の預かり所の開設・運営訓練では隊員の長女（小学3年生）1人と寝食を共にし、健康状態の把握、食事・入浴支援などを確認した。

女性隊員の一人は「緊急時に隊員が不安なく任務に専念するために家族への支援はますます重要になってくると思う。子を持つ身として、訓練はとても参考になった」と語った。

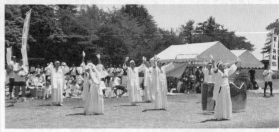

われら空自3補応援団「白鷹會」
部隊内外の士気鼓舞

「伝統の継承」――。昭和59年の発足以来約35年間、連綿と活動を続けてきた空自3補給処（入間）の応援団（通称・白鷹會）が入間基地運動会をはじめとする各種行事で、部隊内外に気迫のエールを送っている。

入間基地運動会で伝統の白い法被を身に付けエールを送る竹下団長（法被姿の左から2人目）をはじめとする3補応援団員（同基地で）

昭和・平成・令和へ 連綿と継承

3補応援団は昭和59年に発足。平成5年には3補のチームカラーの白をコンセプトとした法被を正装とし、琉球空手を取り入れた本格的な舞が作り上げられ、令和の世になった現在まで継承されている。

団員は3補の保管、整備、資材計画、調達各部からよりすぐられた幹部・曹士計13人（うち女性1人）で構成され、12代目団長を竹下登2曹が務める。

最大の活躍の場の基地運動会（5月）に向けては、団員を舞手、旗手、太鼓の役割に分けて発声練習、応援の型と舞（6種類）の練習を2～3カ月前から実施。当日は気持ちを込めて応援を送るとともに、竹下2曹は歌舞伎のいでたちで身を装い、愛馬「松風」（張り子）にまたがってグラウンドを練り歩いて隊員たちの士気を高めた。

空幕長に舞披露
竹下2曹（12代団長）

一方、春日基地で9月に行われた空自QCサークル第4回大会では、竹下2曹が発表者として参加。職場（整備技術課）の改善事項（テーマは「ECP処理期間の短縮」）を伝えた。終了後の懇親会では応援団長の姿で舞を披露し、丸茂空幕長、片岡晴彦つばさ会会長ら参加者から喝采を浴びた。

活動を通して部隊内外の隊員を鼓舞する3補応援団。竹下団長は津曲明一処長の「挑戦」の指導方針をモットーに、「激情をもって活動し、組織を盛り立てていきたい。持ち前のバイタリティーと胆力を礎とし、精一杯鼓舞していきたい」と意欲を語っている。

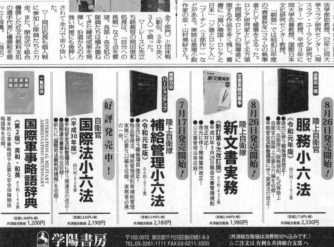

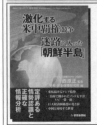

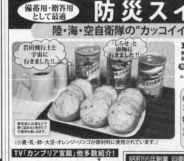

空自QCサークル大会後の懇親会で舞を披露した後、丸茂空幕長（左から3人目）に握手でねぎらわれる竹下団長（その右、円内も）＝春日基地で

塩田章氏「お別れの会」
偕行社前副理事長 組織の継続発展に尽力

偕行社の前副理事長で、今年8月24日に94歳で亡くなった元防衛施設庁長官の塩田章氏の「お別れの会」が11月17日、東京都千代田区の靖国神社で開かれ、約120人の参列者が故人の人柄と功績をしのんだ。

塩田氏は大正14年、山口県生まれ。広島陸軍幼年学校卒業（44期）、陸軍予科士官学校卒業（59期）、陸軍士官学校入校（59期）、終戦。復員後は東大法学部を卒業し、自治省（現総務省）へ。その後、防衛庁官房長、防衛局長、防衛施設庁長官などを歴任した。

平成11年から偕行社理事、17年に同副会長、23年から30年まで同副理事長を務め、旧陸軍将校から成る偕行社を元陸自幹部らに引き継ぎ、組織の継続発展に尽力した。

会には遺族を代表し、塩田氏の長女の長浜久美さん・秀策さん夫妻も参列。祭壇前では偕行社の志摩篤会長に続き、陸士59期の荒木盛雄さん、広島陸軍幼年学校43期の妻鹿嘉兵さんが故人との思い出を披露するとともに、偕行社の森勉理事長が献杯に先立ち謝辞を述べ、「偕行社を陸自OBが継承することに大きな役割を果たされた」と改めて故人の功績をたたえた。

祭壇に飾られた遺影に向かい、塩田氏をしのぶ参列者（11月17日、東京都千代田区の靖国会館で）

木村汎さん死去
83歳、「朝雲」執筆

「朝雲」の1面コラム「春夏秋冬」の執筆者で、北海道大名誉教授の木村汎（きむら・ひろし）氏が11月14日、くも膜下出血のため兵庫県西宮市の病院で死去した。83歳だった。告別式は17日、西宮市の西宮山手会館で行われた。喪主は妻典子さん。

昭和11年、京城（現ソウル）市生まれ。京大法学部卒、同大学大学院修士課程修了。指導教員は第3代防衛大学校長を務めた故・猪木正道氏。米コロンビア大Ph.D。45年から北海道大法学部助教授、52年に同大学スラブ研究センター（現スラブ・ユーラシア研究センター）教授、平成3年に同大学名誉教授、国際日本文化研究センター教授。

「朝雲」では昭和51年度の「春夏秋冬」コラムの執筆者として健筆をふるった。ロシア研究家として北方領土問題やロシアの指導者に関する作品を多く残し、著書に「遠い隣国―ロシアと日本」「ソ連とロシア人」「プーチン（3部作）」などがある。実姉は推理小説作家の故・山村美紗さん。

こちら警務隊
著作権法違反
自作動画での音楽使用も 違法アップロードで重罪

インターネット上に、他人の著作物を勝手に公開（アップロード）すると、どんな罪になりますか？

著作権者の許可なしに他人の著作物を勝手にネット上に公開する行為は、違法アップロードとなり、著作権法違反で10年以下の懲役もしくは1千万円以下の罰金、またはその両方が科せられます。

たとえ自分で購入したCDでも、著作権を得たわけではないので、ネット上への公開は違法となります。また、CDの音楽をBGMとして使用した自作の動画等の公開も同様です。

映像等を含めて全ての著作物は著作権で保護されていますので、絶対に侵害してはいけません。

（中部方面警務隊）

※次回は「器物損壊罪」

小休止

▽…陸自北海道補給処は10月1、4日、島松駐屯地で持続走競技会を実施した。隊員約920人が参加、個人戦（3キロ走、全7部門）と団体戦（駅伝、3キロ走×3人）で競った。

▽…レースに先立ち統裁官の岡田俊和処長は、「自分への挑戦」など3点を要望。各部・各支処の隊員たちは積み重ねてきた錬成成果を発揮し、沿道からの力強い声援にも後押しされて全力で走り抜いた。

▽…岡田処長も個人戦に参加し隊員たちと力走。また、閉会式で総合優勝した近文台燃料支処の選手代表に優勝板を贈った＝写真。（島松）

叩かれたからといって、へこんでしまうことはないわ。あれだけ叩いて卵を泡立ててもケーキはふくらむもの。

メアリ・ジョンストン（米国の作家）

（世界の切手・フランス）

朝雲ホームページ
www.asagumo-news.com
<会員制サイト>
Asagumo Archive
朝雲編集部メールアドレス
editorial@asagumo-news.com

子供たちにメダカをプレゼント

1海曹 木藤 剛太郎（鹿児島音響測定所・霧島市福山）

海自鹿児島音響測定所（所長・川地秀樹2佐）は10月15日、霧島市の牧之原小学校の児童と牧之原幼稚園の園児に「メダカのプレゼント」を行った。

鹿児島音響測定所は霧島市の市街地から離れ、山と海と「黒酢の壺畑」に囲まれた小規模な敷地にあり、知名度はあまり高くない。

そこで部隊はこれまでも近傍の福山小学校の運動会や錦江湾福山港のクリーンアップ作戦など地域の行事に積極的に参加し、周辺の住民と交流を深めてきた。

今回の「メダカのプレゼント」は初めての試みで、隊員の行動範囲をこれまでよりも広げるとともに、交流対象をより小さな園児にまで広げた。

今回参加したのは先任伍長の藤谷要曹長と地元出身の隊員3名で、子供たちにプレゼントしたメダカは、東中道孝司曹長がこの企画のために大切に育て、増やしたメダカが使われた。

隊員たちは出迎えてくれた幼稚園の先生方と一緒に、まずメダカ飼育セットの設置や飼育方法の説明などに当たった。そこに早速、メダカに興味津々の園児たちが集まってきて見学し、「メダカ、かわいい。何匹いるのかな？」など、水槽をのぞき込んでいた。中には隊員の制服のすそを引っ張る子供もいて、隊員たちも笑顔が絶えなかった。

今回の「メダカのプレゼント」の企画は、海上自衛隊と地域の交流のほかに、子供たちに自衛隊について良い印象をもってもらうことで、将来的な募集活動の種まきになることも期待している。

今回のイベントの企画から調整、実施まで手掛けた藤谷曹長は、「自衛隊広報の一環ではじめたものだったが、今日まで隊員たちが熱心に準備し、幼稚園や小学校では本当に楽しそうに子供たちと話していた。澄んだ目の子供たちから憧れの表情で見つめられ、それぞれが自衛官としての誇りを再確認していた。我々は子供たちにメダカをプレゼントしたが、逆に我々も子供たちから大切なものをもらったように感じている。来年に向け、また準備を進めていきたい」と話していた。

牧之原幼稚園の園児たちに「メダカのプレゼント」を行った鹿児島音響測定所の隊員

みんなのページ

令和元年6月、晴れて結婚

家族 西田 珠美（広島県海田町）

私たちは令和元年6月に入籍をしました。主人は広島出身なのですが、入隊後ずっと山口駐屯地に勤務し、この8月、広島の海田市駐屯地に転属となりました。

主人の転属の話がきた時は、私は地元を離れることへの不安や、友人と会えなくなる寂しさもありましたが、3カ月が経ち、こちらでの生活にも慣れてきて、今は充実した毎日を過ごしています。

車で主人の実家に行くこともあり、近くには主人の弟さんの家族も住んでいて、2歳の甥っ子がとても可愛く、私たち夫婦も癒やされています。主人は携帯の待ち受けにするほどメロメロです（笑）。

10月の自衛隊記念行事には家族一緒に行きました。海田市駐屯地には初めて入ったのですが、とても広くて驚きました。主人がどんな所で働いているのか見ることができ、嬉しかったです。この日は主人の家族と過ごし、良い思い出にもなりました。

ここ数年、国内では大きな災害が続き、いつ自分が被災者になるか分からないけれど、そんな時でも主人の背中を押して、被災者の救助のために送り出してあげられるような芯の強い女性になりたいです。

主人も新しい部隊に来たばかりで大変だと思います。私はご飯を作って話を聞くことしかできないけれど、主人にとって、家が一番落ち着ける場所になってほしいと思います。

（47普連3中隊＝海田市、西田廉3曹夫人）

婚姻届けを提出した際の西田3曹夫妻

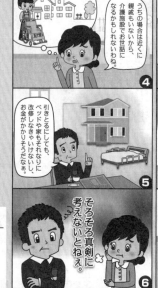

高等工科学校の殉職事故 忘れるな

3陸曹 木村 太郎（札幌地本・南部地区隊）

夏になると私がいつも思い出すことがあります。それは50年以上前の高等工科学校における殉職した少年自衛官の慰霊行事です。私が高工校の生徒だった頃、夏の炎天下、本慰霊行事が実施されていました。この中で流れる「13の吾が友」という歌の「俺達にはまだ愛国心なんてわからない、でも国を守る先頭に立つんだ」という歌詞が今でも思い出されます。歌とともにあの当時の悲劇が私の心に語りかけてくるのです。

この悲劇とは昭和43年7月2日午後2時30分頃、当時の少年工科学校にあった「やすらぎの池」において発生した生徒12期生13人の殉職事故です。本事故は「やすらぎの池」を川と見立て、渡河訓練を実施した際に発生しました。私が生徒の頃、本事故に感じた思いは「悲しい出来事があった」という漠然としたものでした。

陸自生徒12期生の佐々木正美氏（左）から事故当時の状況を聞く木村3曹

その後、卒業して部隊勤務をするようになり、周囲の環境が大きく変わりました。同時に大人として成長し、価値観が変わり、物事を見る視野も広くなりました。4年の部隊勤務を終えて札幌地本に勤務するようになってからは、さまざまな人に出会う機会が増えました。

先日、募集相談員として自衛官募集にご協力をいただいている佐々木正美氏とお話する機会がありました。佐々木氏は生徒12期生であり、あの悲劇を経験された方でした。その悲劇に話が差し掛かったとき、佐々木氏は無言で私に1冊の本を手渡してくださいました。

この『武山・やすらぎの池の絆』という題名の本には、当時の状況が詳しく書かれていました。殉職した生徒12期生の3区隊・4区隊の訓練を指揮した区隊長の辛い思いや、子を失った親の悲しみは本を読む私の頬を濡らしました。

あの事故が起きた原因は何か、その教訓は生かされているのか。未来に向かって歩みを進める我々は、あの事故を「過去の出来事」として終わらせることのないよう、立ち止まって考える必要があります。事故要因の分析は50年前に終了しています。原因は計画外の訓練の実施、精神論先行の訓練、安全管理意識の欠如などでした。得られた教訓を生かし、今日の安全管理規則があるのです。

しかしながら、事故が絶えない現状に目を向けると、あの壮絶な悲劇は一部の隊員にしか共有されていないように感じます。私はこの事故について多くの自衛官に知ってもらいたいという考えから、佐々木氏の思いをここに紹介させて頂きました。

我々が任務を遂行していく上で、人の死という代償を払わないように、13人の犠牲を基に安全管理の重要性を学ぶことが欠かせません。13人の「犠牲はもういらない」という声なき声が私の心に語りかけてくるのです。

新刊紹介

「宇宙の地政学」（上・下）
―科学者・軍事・武器ビジネス―
N・タイソン著、北川蒼訳

令和2年度防衛予算（概算要求）に「宇宙作戦隊」の新編が盛り込まれた。予算が通れば、空自に配置される同隊は自衛隊史上、初の「宇宙」を冠した部隊となる。日本でも通信衛星の防護など宇宙領域で、より一層の防衛強化が求められているのだ。

本書は、米国の宇宙物理学者が国家、企業、軍、技術などを切り口に、「宇宙領域と戦争」の密接な関係を分析した本だ。

スパイ衛星を使った米・露・中の宇宙空間での覇権争いをはじめ、密かに準備される衛星破壊兵器やキラー衛星の実態など、知られざる宇宙での政治・軍事活動と、これを支える巨大企業の内幕が明らかにされている。

著者が指摘する通り「宇宙はどこよりも高いところにある戦略高地」であり、宇宙を制する者は地上も制することが可能になる。この宇宙での熾烈な「場所取り合戦」が今後どのような展開を見せるのか、本書はさまざまな資料を駆使して予測。米中の次の宇宙進出競争の舞台は惑星間宇宙になるだろうと述べている。

（原書房刊、各2640円）

「自衛隊防災BOOK2」
マガジンハウス編、自衛隊・防衛省協力

自衛隊のサバイバル技術を紹介しベストセラーになった『自衛隊防災BOOK』の第2弾だ。今回は、自衛官が日頃の訓練を通じて身に付け、実践しているさまざまな災害への対応方法が「防災の知恵―ライフハック」として紹介されている。

大雨、地震、火事、強風、大雪などの災害別に「129のテクニック」がイラストを交えて具体的に紹介され、すぐに活用できるのがいい。

例えば「大雨で車が浸水したらエンジンはかけない」「大地震の際はパイプ椅子をヘルメット替わりに使う」「台風に備えて窓ガラスには段ボールを貼る」といった具体的な方法が公開され、本書が一冊あれば、いざという時、自分と家族を守ることができる内容となっている。

日本でも近年、大災害が増えているだけに、犠牲者を一人でも減らすために本書が広く読まれ、自衛隊の命を守る知恵が国民にも広がることを期待したい。

（マガジンハウス刊、1320円）

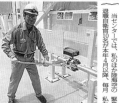

縁の下の力持ち 募集相談員

事務官 浮田 基彰（大阪地本募集課）

大阪地方協力本部が募集を担当する大阪府では、毎年約800名が自衛隊に入隊している。これは各広報官がそれぞれの地域特性に合わせた募集活動を日々展開している成果であるが、それだけでなく、総勢382名の募集相談員が広報官を支援した賜物でもある。

その支援の内容は、募集対象者の情報提供から広報資料の配布、ポスター掲示、高校・大学での説明会実施での便宜など、広範多岐にわたる。

募集相談員は2年に一度、所在自治体の首長と本部長から連名で委嘱を受ける。今年は284名が委嘱を受けた。委嘱式の際の自治体首長と本部長、募集相談員間の懇談会においては、募集に関する忌憚のない意見が飛び交った。

大阪地本は毎年、募集相談員の自衛隊に対する理解と知見の拡大のため、部隊見学会を実施している。今秋は航空自衛隊小牧基地を見学し、37名が参加した。基地では管制シミュレーターや航空救命について部隊から説明を受けた。特に患者空輸の際、航空機内での治療に使用する機動衛生ユニットに関する説明では、東日本大震災時、現地で活動した隊員と募集相談員（医師）が当時を振り返って涙ぐむ一幕も見られた。

大阪地本では厳しい募集環境の中、募集相談員との連携を一層緊密にし、堅実かつ地道な募集業務によって、良質な入隊者の確保に取り組んでいく。

OBがんばる

市瀬 竜一さん 54
平成30年12月、陸自西部方面隊最先任上級曹長を最後に定年退職（特別昇任3尉）。九州電力に再就職し、原発の重大事故等対策要員として勤務している。

原発の安全に力合わせ

私は西部方面隊最先任上級曹長を最後に定年退官し、長年の自衛隊生活で培った経験を少しでも社会に役立てればと、本年1月、九州電力株式会社に入社し、玄海原子力発電所訓練センター所属の重大事故等対策要員として勤務しています。

当センターでは、私のほか陸海空の退職自衛官10名が本年4月以降、毎月採用されており、皆で3自衛隊それぞれの良さを出し合い、教え合いながら自主訓練を通じて、真に役立つ重大事故等対策要員になれるよう日々頑張っています。

万が一、原発に重大事故が発生した場合、直ちに事態対応できるようにしておくためには、要員としての専門知識・技術の習得はもちろんのこと、日々の体力練成も欠かせません。まさに自衛隊で培ってきた知識・技術・体力をここでは生かすことができ、「自分に適する職」と確信しております。

現在行っている教育訓練は、原発の安全確保につながる重要な内容のものばかりで、決して容易ではありませんが、私たちの役割の重要性を再認識し、皆で力を合わせ、一丸となり、力量習得・維持向上に努め、今後入社してくる退職自衛官への教育も含め、目標をしっかり立て頑張っていきたいと考えています。

最後に、ご尽力いただいた援護担当者の皆さまに厚くお礼申し上げますとともに、多くの現場でご活躍されている自衛隊の皆さまを心から応援し、安全を祈願しております。「ご安全に！」

「朝雲」へのメール投稿はこちらへ！
▽原稿の書式・字数は自由。「いつ・どこで・誰が・何を・なぜ・どうしたか（5W1H）」を基本に、具体的に記述。所感文は制限なし。
▽写真はJPEG（通常のデジカメ写真）で。
▽メール投稿の送付先は「朝雲」編集部（editorial@asagumo-news.com）まで。

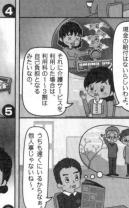

詰将棋

第808回出題

●先手 持駒 金桂

出題 日本将棋連盟 九段 石田 和雄

【ヒント】初手が急所（10分で初段）。

▶詰碁、詰将棋の出題は隔週です◀

詰碁

第1223回解答

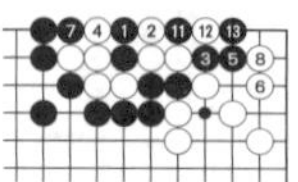

黒❶（ホウリコム）白②（1目取る）

出題 日本棋院 九段 曲 励起

【解答図】黒先、白死。黒❶が大切で白②以下黒⑤まで白死となるのが正解です。

朝雲
発行所 朝雲新聞社
〒160-0002 東京都新宿区四谷坂町12－20 KKビル
電話 03（3225）3841
FAX 03（3225）3831
振替00190-4-17600番
定価一部150円、年間購読料9170円（税・送料込み）

主な記事

戦闘機共同訓練を来年開催

日印、初の外務・防衛相協議

共同声明を発表

ACSA早期締結盛り込む

日印両政府は11月30日、初の外務・防衛担当閣僚協議「2プラス2」をインドの首都ニューデリーで開き、空自と印空軍で初めてとなる戦闘機共同訓練を来年、日本で実施することなどで一致し、共同声明を発表した。協議後、河野防衛相は臨時記者会見で「来年にはインドの主力戦闘機スホイSu30MKIの飛行隊が来日し、（日本の戦闘機部隊との）共同訓練を行うことで一致した。実現すれば、米豪に次いで（日本が）戦闘機共同訓練を行う4カ国目となり、インドとの防衛協力の重要性を示すものだ」と意義を強調した。

日印初の「2プラス2」を前に写真撮影に応じる（左から）茂木外相、河野防衛相、インドのシン国防相、ジャイシャンカル外相（11月30日、ニューデリーで）＝防衛省提供

日本にとってインドとの「2プラス2」開催は米、豪、露、仏、英、インドネシアに続いて7カ国目で、インドにとっては米国に続き2カ国目となる。

日本からは茂木外相、河野防衛相、インドからはスブラマニヤム・ジャイシャンカル外相、ラージナート・シン国防相が出席し、「自由で開かれたインド太平洋」の実現に向け、日印間で防衛協力を一層強化していくことで一致した。

4氏は両国が昨年から陸海空の全軍種間で共同訓練を開始したことを歓迎するとともに、これらの定期開催と拡充に向けて継続的に努力していくことを申し合わせた。

共同声明には、日印間で初となる戦闘機共同訓練の日本での開催に向けて調整を進めていくことを明記したほか、自衛隊とインド軍との間で食料や燃料、輸送などの物品や役務を相互に融通する「物品役務相互提供協定（ACSA）」の早期締結への期待を盛り込んだ。

さらに、防衛装備・技術協力を強化する必要性についても強調し、両国間で進められている陸上無人車両（UGV）やロボット工学（ロボティクス）分野の共同研究の進捗を歓迎。国防教育や研究機関の間で実施している既存の派遣プログラムを継続・拡大する方針でも一致した。

一方、海洋安全保障をめぐっては、インド海軍が昨年末、インド洋の船舶情報を収集するために設置した「インド洋地域情報融合センター」に日本が近い将来、連絡官を派遣することについてインド側から期待感が示された。4氏はこのほか、昨年10月に海自と印海軍との間で署名された協力促進に関する取り決め文書に基づき、情報交換が開始されたことを歓迎した。

南シナ海情勢についても意見交換し、国際法の順守や航行の自由の重要性を確認。北朝鮮の完全な非核化に向け緊密に連携していくことでも一致した。

「2プラス2」に先立ち、河野、茂木両大臣はニューデリーの首相公邸にモディ首相を表敬訪問。その後、河野大臣は首都近郊のヒンドン空軍基地で戦闘機を視察し、インド国防省で日印防衛相会談に臨んだ。

全ての日程を終え、臨時記者会見に臨んだ河野大臣は、日印米豪の緊密な連携の重要性を改めて指摘した上で「インド太平洋地域の平和と安定、繁栄のために安全保障協力をしっかり進めていく土台を作ることができたと確信している」と訪印の成果を強調した。

次回の「2プラス2」は東京で開催される。

日印共同声明のポイント

- ▽日印で初となる空自とインド空軍の戦闘機共同訓練を来年、日本で開催
- ▽物品役務相互提供協定（ACSA）の早期締結を目指す方針で一致
- ▽装備・技術協力を強化し、陸上無人車両やロボット工学の共同研究を推進
- ▽海洋安全保障協力を強化し、インド洋の船舶に関する情報共有を図る
- ▽印海軍の「インド洋地域情報融合センター」に日本からの連絡官派遣を検討
- ▽国防教育や研究機関における既存の派遣プログラムを継続・拡大する
- ▽北朝鮮の完全な非核化に向け、緊密に連携していくことで一致
- ▽南シナ海情勢をめぐっては国際法の順守や航行の自由の重要性を確認

中東への貢献をアピール

河野大臣 防衛相として初出席

マナマ対話

河野防衛相は11月23日、バーレーンの首都マナマで開かれた英国際戦略研究所（IISS）主催の国際会議「地域安全保障サミット（マナマ対話）」に防衛大臣として初めて出席し、中東の海洋安全保障と日本の取り組みについてスピーチした。

河野大臣は「中東は世界的な商業活動と貿易の中枢だ。この地域の海洋安全保障が世界の平和と繁栄に大きく直結している」と述べた上で、昨今の深刻化する中東情勢への日本の「強い懸念」を表明。

「日本だからこそ中東地域に対して果たせる役割がある」として、さらなる外交努力を続ける姿勢を示すとともに、海自部隊の中東への独自派遣について「情報収集態勢の強化を図るため、日本独自の取り組みとして自衛隊アセットの活用について検討を開始した」と説明し、「我が国に関係する船舶の安全や中東地域の平和と安定に資するものだ」と強調した。

同会議は毎年マナマで開かれており、今回で15回目。河野大臣は直近の2回に外相として出席している。防衛省からは当時の小林鷹之政務官、大野敬太郎政務官らが参加した実績がある。

大臣は23、24の両日、現地に滞在。23日はフランスのフロランス・パルリ軍事相と会談し、「自由で開かれたインド太平洋」ビジョンを実現するパートナーとして具体的な防衛協力を進めていくことで一致した。

滞在中はヨルダンのサファディ外務・移民相、バーレーンのシェイク＝ハリーファ国軍司令官、イエメンのミフラーフィ大統領顧問とも相次いで会談したほか、ソマリア沖・アデン湾で海賊対処任務に当たる多国籍部隊「第151連合任務部隊（CTF151）」の司令部を視察し、日本から派遣されている海自隊員を激励した。

自衛隊音楽まつり

「炎輪」テーマに自衛太鼓

自衛隊記念日行事のフィナーレを飾る「自衛隊音楽まつり」が11月30日、12月1日の両日、東京都渋谷区の国立代々木競技場第1体育館で行われた。今年はゲストとして在日米軍の軍楽隊のほか、ドイツとベトナムからも軍楽隊が初出演し、それぞれ母国の行進曲などを演奏。自衛隊は音楽隊のほか、自衛太鼓（15チーム約250人）が出演し、「炎輪」の舞台を披露した。音楽まつりはこれまで千代田区の武道館で開かれていたが、来年の東京五輪の関係で今年は会場が移された。（7面に関連記事）

北朝鮮、弾道ミサイル2発

防衛相「連続発射技術の向上」

防衛省は11月28日、北朝鮮が同日午後4時53分頃、東岸の連浦付近から2発の弾道ミサイルを東方向に発射したと発表した。飛距離はいずれも約380キロ、高度は約100キロで、日本の排他的経済水域（EEZ）外の日本海に落下した。

河野防衛相は記者会見で「8月24日、9月10日、10月31日に発射されたものと同じ「超大型放射砲」と推定している」と述べた。

さらに、2発の発射間隔が1分未満だったことを明らかにした上で、「連続発射技術の向上を図ったものだ。我が国と国際社会に対する深刻な懸念事項だ」と指摘し、脅威が増していることへの認識を示した。

北朝鮮による飛翔体の発射は、10月31日の短距離弾道ミサイルに続き、今年に入って13回目。

ジブチで国際緊急援助活動

海賊対処支援隊

海賊対処行動の拠点があるジブチで11月、豪雨による洪水が発生し、首都ジブチ市でも15万人以上が被災した。同国政府は日本政府に対し支援を要請。これを受け、防衛省は28日、現地に派遣されている海賊対処支援隊に「国際緊急援助活動」の行動命令を発出した。

現地では、海賊対処行動支援隊が国際協力機構（JICA）と協力し、ジブチ市内の小・中学校で約230人の隊員を投入し、排水作業を実施。被災した地域で排水作業を行い、12月2日、活動を終了した。

露海軍総司令官 来日

18年ぶり 山村海幕長と会談

山村海幕長は11月25日、ロシア海軍総司令官として18年ぶりに来日したニコライ・エフメノフ大将と防衛省で会談し、日露間の防衛交流について意見交換を行った。ロシア海軍総司令官の来日は、2001年4月以来2回目。今年5月に都内で開かれた日露外務・防衛担当閣僚協議「2プラス2」での合意を受けて調整が進められてきた。

会談で両者は、今後の防衛交流について意見を交わし、日露海軍種間の相互理解と信頼醸成の促進を図っていくことで一致した。

この後、エフメノフ露海軍総司令官は横須賀方面で海自の部隊視察も行った。

18年ぶりに訪日し、栄誉礼を受けるロシア海軍総司令官のエフメノフ大将（奥左）と山村海幕長（その右）＝11月25日、防衛省で

「抜き打ち防衛監察」を新設

防衛監察本部（市ヶ谷・野々上尚防衛監察監）は11月25日、これまでの「定期防衛監察」「特別防衛監察」に加え、事前に実施を通告しない「抜き打ち防衛監察」制度を新設した。

防衛省では「今後もより一層、隊員の法令順守の意識向上に努めていきたい」としている。

春夏秋冬

はるかなるカブール

笠井 亮平

11月下旬、『シークレット・ウォーズ：アメリカ、アフガニスタン、パキスタン 三つ巴の諜報戦争』という翻訳書を上梓した。9・11同時多発テロ以降のアフガニスタン情勢を綿密な取材と膨大な資料にもとづいて描き出したノンフィクション大作だ。著者のスティーブ・コールはアメリカを代表するジャーナリストのひとりで、二度にわたりピュリッツァー賞を受賞したことがある。

本作ではワシントンやイスラマバードなど各国の首都が舞台となっているが、メインとなっているのはアフガニスタンのカブールである。タリバーン政権の崩壊、ビン・ラディン率いるアル・カーイダの敗走。代わって登場したカルザイ政権。復興への道を阻むテロの連鎖。激しい政治変動がこの街で繰り広げられてきた。カブールをこの目で見てみたい――翻訳作業を進めながら、筆者はいつもそう考えていた。現下の治安情勢を考えれば、それが無理な願いであることは十分承知の上ではあったが。

かつてカブールは平和な都市だった。ユーラシアを横断する外国人旅行者にとっても人気が高く、作家の沢木耕太郎氏も『深夜特急』の旅でカブールに滞在している。

状況を一変させたのは1979年のソ連による侵攻だ。これ以降、ソ連軍とムジャヒディーンの戦闘、ソ連撤退後の内戦、タリバーンの台頭と、混迷が続いていくことになる。「文明の十字路」と謳われたアフガニスタンは「武装勢力の十字路」と化してしまったのである。

そのカブールに外国人が旅行できるようになるかもと思わせる時期があった。2003～4年頃の比較的治安が安定していた頃で、英語や日本語のガイドブックも出版されたほどだ。しかしこれはごく限られた期間だったようで、その後タリバーンの復活やテロの激化により、カブールへの道はふたたび閉ざされてしまった。

アフガニスタン情勢は依然として混沌としている。今年9月に行われた大統領選挙も、集計作業の遅れから肝心の結果発表が延期されており、民主主義の定着がいかに困難かを物語っている。アメリカとタリバーンの和平協議も進行中だが、合意に至るかどうかは予断を許さない。いつか安心してカブールを訪れる日が来ることを筆者は切に願っているが、現実は厳しいと言わざるを得ない。

（岐阜女子大学南アジア研究センター特別研究員）

朝雲寸言

遥か昔、文字を持たなかった日本人は中国から漢字を輸入した。自分たちの言葉に中国の文字を当てはめたのである。文字の意義ではなく音だけで表記した万葉仮名は、後に草書化されて平仮名となり、日本語は仮名交じり文となった▼日本語を学ぶ外国人が苦労するのは複雑な漢字を覚えることだが、仮名交じり文である日本語は漢字から意味を類推できるため読みやすいという話も聞く▼中国以外で漢字を使用する国は日本だけである。だから日本人は中国の古典『史記』や『論語』そして李白の詩を日本語的に読むことができる▼共産党が支配した後の中国の漢字にも大きな変化があった。現代の中国で使われているのは簡体字と呼ばれ、大胆に簡略化された文字である。一方で台湾や香港の繁体字は日本の漢字と同じものが多くなじみが深い。日本で編纂された漢和辞典を中国政府が大量に購入したり、中国の歴史研究者が日本で勉強するといった不思議な現象は全て漢字にその原因があるようだ▼日本と同じく仮名交じり文を使っていた韓国は、半世紀ほど前に漢字を使うことを止めてしまった。今では新聞や教科書に漢字が使われることはなくなり、自分の名前を漢字で書けない若者が多くいるという▼韓国の現状を見るたびに、漢字を捨て去ったことで大事な知識や文化を失ってしまったのではないかと思うこともある。余計なお世話だと言われるかもしれないが。

時の焦点

国内　中曽根氏死去

[illegible]

「歴史の法廷」心に刻む

[illegible]

（政治評論家）

海外　駐留米軍の経費

[illegible]

米、分担の大幅増迫る

[illegible]

（外交評論家）

部外功労者に感謝状

陸海空幕長から　54団体・71人に

防衛基盤の育成や就職援護、教育、福利厚生などで功績のあった部外の団体・個人に対する、令和元年度「陸・海・空各幕僚長感謝状贈呈式」が11月29日と12月1日、東京都新宿区のホテルグランドヒル市ヶ谷などで行われた。

陸は36団体・42個人、海は9団体・10個人、空は9団体・19個人に感謝状が贈られた。

12月1日の陸幕の式典では、湯浅陸幕長が感謝状を授与した後、「陸自は時代の変化に的確に対応し、職務にまい進する覚悟です。これまで同様のご支援を心からお願い申し上げます」と述べた。

これに先立ち、海幕長の感謝状贈呈式は11月29日に行われ、山村海幕長が受賞者に感謝状を手渡し、「日頃から隊員の教育訓練、防衛基盤の育成、新入隊員の募集など、幅広くお力添えをいただいております」と謝意を伝えた。

一方、同日の空幕の式典では丸茂空幕長が感謝状贈呈後、「平素から空の守りを続けている空自の任務遂行には、各基地や分屯基地周辺の皆さまのご協力が何より大切なものです」と感謝の言葉を述べた。

湯浅陸幕長（左）から感謝状を授与される受賞者ら（12月1日、防衛省講堂で）

部外の団体や個人への感謝状贈呈式であいさつする山村海幕長（壇上）＝11月29日

日頃の感謝を込め、部外功労者に感謝状を贈呈する丸茂空幕長（左）＝11月29日

（下２枚の写真はいずれもホテルグランドヒル市ヶ谷で）

感謝状の受賞者は以下の通り。（敬称略）

【陸自】

〈一般功労〉

◇団体

▽太平洋フェリー▽大和ハウス工業▽中方防衛懇話会▽泊漁業協同組合▽東日本電信電話

◇個人

▽相原武（元新町駐屯地協力会会長）▽秋山紀夫（日本吹奏楽指導者協会名誉会長）▽阿慶田長鶴（沖縄県自衛隊家族会顧問）▽池田町子（大宮自衛隊婦人協力会大宮会会長）▽井上菊信（丹櫻会副会長）▽井上好生（船橋自衛隊協力会相談役）▽大隈正道（佐賀県防衛協会事務局長）▽大塚和美（徳島県自衛隊家族会顧問）▽荻原栄一（吉井自衛隊後援会会長）▽神谷ますみ（金沢駐屯地女性さくら会会長）▽川東貫（自衛隊協力会苗穂東分会会長）▽岸本浩一（第15旅団協力会シーサー同志会事務局長）▽北林康司（秋田県自衛隊家族会会長）▽倉田寛之（松戸自衛隊協力会名誉会長）▽神津善三朗（広島県防衛協会副会長）▽齋藤昌一（御殿場市医師会会長）▽齋藤均（青森ボリューム会会長）▽清水浩（東部方面隊東桜会理事）▽鈴木晴仁（東部方面懇話会幹事長）▽関根隆（あかしや会前顧問）▽副島健史（九州沖縄地区防衛協会青年部連絡協議会会長）▽高田修（第1普通科連隊協力会副会長）▽辻井正房（自衛隊摂津協力会会長）▽寺島徹（伊達市自衛隊協力会会長）▽東海林松男（蔵王会副会長）▽徳安弘明（第4師団後援会拳振会会長代行）▽中川修光（留萌市自衛隊協力会副会長）▽中村弘昭（第3師団を励ます会理事）▽長屋光男（上士幌自衛隊協力会会長）▽橋本秀一（宮城県防衛協会常任幹事）

▽服巻和孝（佐賀県防衛協会佐賀東部地区青年部相談役）▽福原育夫（島松駐屯地委託医師）▽藤田忍（宮崎県防衛協会青年部会相談役）▽前田康吉（北海道自衛隊駐屯地等連絡協議会副会長）▽村中弘司（水陸機動団全国後援協会会長）▽桃野智文（宮城県防衛協会常任幹事）▽八嶋喬（多賀城地区防衛協会副会長）▽山崎昌則（高友会会長）▽與那嶺義昭（熊本県防衛協会副会長兼理事長）

〈就職援護功労〉

◇団体

▽ALSOK高知▽栄進工業▽旭川振興公社▽阿波リワンきざん八戸▽五洋電子▽スリーエス山形営業所▽第四銀行▽東日▽トークス▽にしけい常駐警備事業本部玄海事業所▽日胆テクノ▽日本製鋼所▽原商▽プレサンス住販▽北洋銀行帯広中央支店▽霧島木質燃料▽熊本空港ビルディング▽札幌パブリック警備保障▽旭川ねむのき会▽函館緑花会▽住友生命保険相互会社▽泉金物産▽全国共済農業協同組合連合会愛知県本部▽東海整備▽日本製鉄八幡製鉄所▽富士通▽明治安田生命保険相互会社▽ジャパン・ネットワークシステムズ▽ライジングビルメインテナンス

◇個人

▽金子正明（東部方面総監部援護協力会副会長）▽金丸康信（山梨県自衛隊退職者雇用協力会会長）▽指山弘養（佐賀県自衛隊退職者就職援護協議会会長）

【海自】

◇団体

▽あずさ監査法人▽エム・エル・エス▽青島島民一同▽浅川組運輸▽新陽▽エー・エム・サポート▽徳望会特別養護老人ホーム見心園▽ユニオンフォレスト▽西日本高速道路サービス関西福知山支店

◇個人

▽新垣直彦（沖縄商工会議所会頭）▽石川光則（館山ボリューム会会長）▽蔵園晴美（宮崎県えびの市議会防衛議員連盟会長）▽戸崎肇（首都大学東京特任教授）▽早川澄男（新潟県自衛隊家族会会長）▽平本喜江（広島県自衛隊家族会副会長）▽馬郡謙一（佐世保防衛経済クラブ会長）▽三沢満喜子（海自厚木基地大和市自衛隊協力会副会長）▽守田日出夫（高館地区連合町内会長）▽渡辺礼子（沼南文化学園主宰）

【空自】

◇団体

▽饗庭野分屯基地協力会饗親会▽周南市回天記念館▽袖ケ浦市自衛隊協力会▽武山高友会▽千歳市商店街振興組合連合会▽附田建設▽奈良県防衛協会▽百里基地後援会▽富士航空整備

◇個人

▽朝山毅（鹿児島県奄美市長）▽阿知和成典（小牧基地協力会副会長）▽荒木幸子（自衛隊遺族会航空部会「ともしび会」幹事）▽岩田雅孔（岐阜県防衛協会柳津支部副支部長）▽大須賀正孝（浜松防衛団体連合会会長）▽緒方ヒサト（久留米自衛隊協力会女性部会会長）▽奥茂治（那覇基地協力会「レキオ・ウイング」常任理事）▽笠原慎一（笠原総合法律事務所所長弁護士）▽勝股秀通（日本大学危機管理学部教授）▽嘉手苅恒瑛（那覇基地協力会「レキオ・ウイング」名誉会長）▽桐生拓司（岐阜病院委託内科医師）▽清水大基（五島市自衛隊家族会会長）▽高野愈己▽永井忠志（美保基地モニターOB会会長）▽橋本孝一（東松島市商工会会長）▽福島弘芳（青森県つがる市長）▽八島岩生（海栗島分屯基地理容室理容師）▽山本悦子（三沢市防衛協会副会長）▽吉村権財茂

RDEC教官団幹部4人

河野防衛相に帰国報告

ウガンダで重機教育

国連PKO支援部隊早期展開プロジェクト「RDEC（アールデック）」の教官団としてアフリカのウガンダに派遣されていた陸自12施設群（岩見沢）副群長の藤堂康次2佐以下23人が11月20日に帰国し、このうち、教官団長を務めた藤堂2佐ら幹部4人が26日、防衛省を訪れ、河野防衛相に帰国報告を行った。

大臣室には山崎統幕長、湯浅陸幕長らが立会。河野大臣は「自衛隊の皆さんがしっかりと国際協力を実現していることを誇りに思う」と労をねぎらった。

陸自教官団はウガンダの首都カンパラから約100キロ東にあるジンジャの「ウガンダ早期展開能力センター」を拠点に、8月26日から11月15日まで同国軍の工兵31人に油圧ショベルなど重機の操作方法や整備要領などを指導した。

大臣と懇談した藤堂2佐は「全員が中級レベルに到達できた。中でも優秀な2人を教官助教として育てた」と述べ、教官団が器材操作だけでなく、ウガンダ軍に「人を育てる」ノウハウを伝授し、自らの力で教育できる環境づくりに貢献してきたことを報告した。

ウガンダでのＲＤＥＣの活動ビデオを見る（左から）湯浅陸幕長、山崎統幕長、河野防衛相と教官団長の藤堂２佐ら幹部隊員（11月26日、防衛省で）

共済組合だより

インフルエンザの予防接種を助成

来年１月末日まで

防衛省共済組合では、組合員の被扶養者を対象に「インフルエンザ予防接種」の助成を行っています。期間は来年1月末日まで。インフルエンザが流行する前に、ぜひ予防接種を受けましょう。

助成対象は予防接種を受けた被扶養者全員で、1人につき年1回助成します。助成額は接種1回につき1500円。接種料金が1500円未満の場合はその額（100円未満切り捨て）とします。

共済組合に助成金を請求する際は、接種後、「インフルエンザ予防接種助成金請求書兼受領書」にインフルエンザ予防接種を受けたことが分かる記載のある医療機関発行の領収書またはそれと同等の書類を添え、所属する支部に提出してください。請求期間は来年2月末日までとなっています。

なお、「経鼻インフルエンザ生ワクチン（フルミスト）」等、厚生労働省未承認のワクチンは助成の対象となりません。ご注意ください。

研究開発で4企業表彰

防衛基盤整備協会　自衛隊向け装備品

防衛基盤整備協会（鎌田昭良理事長）の令和元年度「防衛基盤整備協会賞贈呈式」が11月25日、都内のホテルで行われ、自衛隊向け装備品の研究開発で大きな貢献があった4企業・グループに表彰状と副賞100万円が贈られた。

式には高橋防衛事務次官、武田防衛装備庁長官ら防衛省・自衛隊幹部をはじめ、日本防衛装備工業会の野津研二専務理事ら約100人が出席した。

最初に、受賞した①三菱長崎機工の防弾鋼板②東洋紡の個人用防護衣③日本電気などのソーナー用国産送受波器④三菱重工業の水中航走式機雷探知機について紹介が行われ、鎌田理事長から受賞各社の代表に表彰状と副賞が授与された。

式辞で鎌田理事長は「協会賞は昭和54年度の第1回から今年度まで計219件に上る。今回の4件も非常に優れた研究開発だった」と受賞者をたたえた。続いて武田装備庁長官が祝辞で「防弾鋼板は10式戦車、16式機動戦闘車に使われ、貴重な自衛官の命を守る技術だ。防護衣は40%の軽量化を実現し、女性が活躍する時代に合ったものになった。ソーナー用送受波器は日本の技術力の高さを示してくれた。機雷探知機は海に囲まれた日本にとって極めて重要な装備」と各装備品を高く評価した。

続く祝賀会で高橋事務次官は「防衛予算は増えているが、防衛省はたくさんの業務を抱え、人は増えない中で技術革新を進める必要がある。防衛産業との関係はますます重要になってきており、今後とも防衛省へのご協力をお願いしたい」とあいさつした。

協会賞受賞企業、テーマ、受賞者は次の通り（敬称略）。

▽三菱長崎機工「結晶粒微細化防弾鋼板技術の開発」（中村清明、松添康夫、吉田剛）▽東洋紡「個人用防護装備（防護衣）の軽量化による生理負担の軽減とCBRN防護性能の向上」（木山幸大、吉田知弘、渡邊志貴）

▽日本電気、NECネットワーク・センサ、トーキン「FMS調達イージス艦向けソーナー用国産送受波器の開発」（山本満、鈴木知視、吉田弘幸）▽三菱重工業「自律型水中航走式機雷探知機（OZZ－X）の開発」（大和辰徳、谷川弘明、今井亮）

鎌田理事長（右）から「防衛基盤整備協会賞」を授与される受賞企業の代表（11月25日、東京都新宿区のホテルグランドヒル市ヶ谷で）

露軍機が日本海東シナ海を飛行

空自スクランブル

ロシア軍のツポレフTu95爆撃機2機が11月27日午前から午後にかけ、日本海と東シナ海上空を長距離飛行したため、空自全方面隊のF15戦闘機などが緊急発進して対応した。領空侵犯はなかった。

島根・竹島北方の日本海に飛来したTu95は、竹島と隠岐島間を通過した後、対馬海峡東水道を抜けて東シナ海を南下。沖縄本島北方沖で針路を北東に変え、列島沿いに北進した後、再び東水道と竹島・隠岐島間を通過して日本海に進出した。

その後、北海道・礼文島沖まで一気に北上して日本の領空から離れた。

統幕は同日、空自機が撮影した露軍機の写真と航跡図を公表した。

露軍機の航跡図（11月27日）

中国艦艇4隻が大隅海峡を通過

[illegible]

日米指揮所演習　ヤマサクラ開始

[illegible]

15即機連が与那国に展開

[illegible]

敵の侵攻 海岸線で阻止

種子島で島嶼防衛訓練 （上）

島嶼侵攻への対処を目的とした陸自西方の令和元年度方面隊実動演習「鎮西」が10月21日から11月22日まで、統合演習に合わせて九州各地で行われた。このうち鹿児島県の種子島では5施設団（小郡）が敵の上陸部隊を海岸線で阻止するための「水際障害等構成訓練」を実施し、その訓練の一部が11月12、13日、報道公開された。訓練では浅瀬への水際地雷の敷設や波打ち際での各種障害物を使った汀線部障害の構成などが公開された。

（写真・文　古川勝平）

5施設団が水際障害構成訓練

11月13日、種子島の南端に位置する前之浜海岸を訪れると、浜辺には5施設団の隊員たちが展開し、「水際障害等構成訓練」に当たっていた。

各種地雷は事後の回収も考慮に入れなければならないため、計画通りの正確な敷設技術が求められるという。

同訓練は白川訓通5施団長を担任官に、水際障害隊長を務める野村和弘9施群長（小郡）以下、約300人が参加。全国各地の水際障害中隊などが参集し、水陸両用車の94式水際地雷敷設装置をはじめ、パワーショベルなど各種施設器材など120両を投入し、海岸線に強固な防衛線を築いていた。ここで敵の上陸部隊を足止めさせ、集中火力をもって撃破するのだ。

これまでの作業手順を聞くと、隊員たちは5日に民間船で種子島に上陸。その後、前之浜に展開し、直ちに訓練準備を開始。7日からの機能別訓練ではダイバーによる海側からの合同偵察に続き、UH60JA多用途ヘリと水際地雷敷設装置を使った水際地雷原の構成が行われた。

13日の報道公開では前之浜海岸に設置された水際障害が記者に公開された。海上から上陸してきた敵兵を阻止するため、波打ち際に蛇腹やネットを設置。一方、水陸両用車や上陸用舟艇を撃破するために沖合の浅瀬には水際地雷を敷設。さらに後方の砂地には舟艇から降ろされた戦車を足止めするための深い壕や地雷原などが構築されていた。この構成作業では、事後に敷設地雷の回収・安全化が確実に行えるよう、所定の座標に確実に敷設していく必要があるということだ。

その作業の一端が記者に公開された。最初に内陸にある地雷の集積場所でUH60JAヘリへの水際地雷の懸吊法を展示。ヘリが芝生上にホバリングし、その機体の下で隊員が水際地雷の敷設器を機体に懸吊。作業が終わるとヘリはこれを吊り下げて洋上に向けて飛び立ち、海岸線に空中から地雷を敷設した。

一方、浜辺には後部の荷台に地雷を"満載"した水陸両用車の94式水際地雷敷設装置が並び、出動命令を受けるや次々と海に入っていった。

各車両は沖合に向けて前進した後、UH60JAヘリと協同して積載した地雷を沖合に正確に敷設していき、効果的な地雷原の構築に当たった。

次に波打ち際で約30メートル四方に設置された「汀線部障害」の展示が行われた。戦車の上陸を阻む壕の構築では、隊員たちが重機やスコップを使い、深さ約2メートル、幅4メートルの壕を構築。ここに戦車がはまり込むと動けなくなるという。

これら障害物について白川5施団長は「壕の上には何も被せず、壕の存在を敵に知らせる。ここから上がることの意味を敵に考えさせ、それでも上がってきた場合には、止まったところを火力で叩く」と説明した。

これらの障害物は、本来であれば海岸線2キロにわたって構成されることになるという。

野村9施群長は「ふだんは演習場でしかこの訓練はできないので、こうした生地での経験は大きい。今日の成果は部隊に持ち帰り、今後の（汀線部障害構築の）計画に反映させたい」と語った。

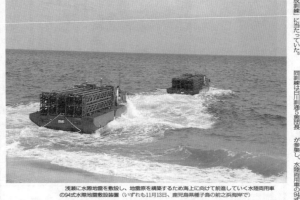

浅瀬に水際地雷を敷設し、地雷原を構築するため海上に向けて前進していく水陸両用車の94式水際地雷敷設装置（いずれも11月13日、鹿児島県種子島の前之浜海岸で）

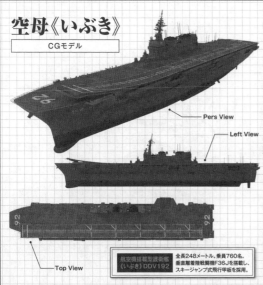

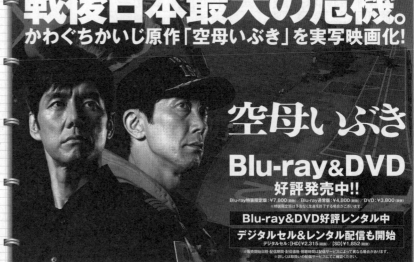

敵兵の上陸を阻止するため、波打ち際に構築された漁網や鉄条網などを使った各種障害物

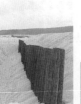

油圧ショベルなど施設器材を使い、戦車を足止めさせる壕の構築にあたる隊員たち

ヘリで地雷敷設、戦車の上陸阻む壕

（上）敵部隊の着上陸に備え、砂浜に地雷を敷設する９施群の隊員
（右）ホバリング中のＵＨ60ＪＡ多用途ヘリの機体下部に水際地雷の器材を吊り下げる５施団の隊員

前事不忘 後事之師 第47回

平和の構築に必要なもの

戦略家リデル・ハートは、大戦略の目的は戦争に勝利することではなく平和を構築することであると述べています。米国の国務長官を歴任し、国際政治学者でもあるキッシンジャー博士の代表作『回復された世界平和』は、フランス革命とナポレオン戦争による大混乱後のヨーロッパで平和の構築がどのように行われたかを分析し、平和の構築に何が必要なのかを教えてくれるバイブルです。

ナポレオン戦争後の国際秩序は「ウィーン体制」と呼ばれ、自由主義運動などを抑圧する保守反動体制であるというのが教科書的な説明です。しかしながら、キッシンジャーは、ウィーン体制はフランス革命とナポレオン戦争によって破壊されたヨーロッパの秩序を再構築し、1914年の第1次世界大戦まで続くヨーロッパの長期にわたる平和をもたらしたと肯定的に評価しています。キッシンジャーは、平和は希求するだけでは達成できず、その構築には政治指導者による秩序の形成が必要であると主張しています。ウィーン体制は、オーストリアの宰相メッテルニヒとイギリスの外務大臣カースルレーを中心とする指導者が列強間の「勢力均衡」を背景にしながら正統性という概念を共有することで構築されたものです。

「逆説的だが、当事国がみな妥協をする用意があることが安定の条件である」

国益追求の現実主義外交（Real Politik）の提唱者と言われるキッシンジャーが、安定の条件として重視するのが「正統性がある」という概念です。これは、不満がないことを意味するのではなく、その不満を調和がとれるような枠組みの中で調整していくことができ、関係諸国に受け入れられる原則（正統性）が必要であり、力でヨーロッパを征服しようとしたナポレオンの体制にはそれが欠けていたということです。

キッシンジャーは本の中で、このことを記しています。

鎌田 昭良（防衛省OB、防衛装備庁会理事長）

キッシンジャー著『回復された世界平和』（原書房、2009年刊）

…… 前事忘れざるは後事の師 ……

家族会版

<連絡先>
〒162-0845 東京都新宿区市谷本村町5-1 公益社団法人自衛隊家族会事務局
電話 03-3268-3111・内線 28863
直通 03-5227-2468

私たちの信条

【根本理念】
私たちは、隊員に最も身近な存在であることに誇りを持ち力をあわせて自衛隊を支えます

【心構え】
一、自らの国は自ら守る防衛意識を高めます
一、自衛隊員の募集・就職援護及び家族支援に協力します
一、会員数を増大し組織の活動力を高めます

新任会長等向け研修会
今年度着任の19人出席

自衛隊家族会（伊藤康成会長）は10月25日、今年度から新たな事業として計画された「新任会長・事務局長研修会」を東京都新宿区のホテルグランドヒル市ヶ谷で初めて開催した。北は青森、南は長崎から今年度着任した会長・事務局長19人が出席し、各種事業について説明を受け、認識を共有した。

各種事業の認識を共有
初の試み

研修会は今年度から新たに始まった「活性化施策」の一環として行われ、伊藤会長をはじめ、宗像久男副会長、本部運営委員、全国から新任会長・事務局長ら計37人が出席した。

冒頭、伊藤会長はあいさつで「家族会の意義は、災害派遣など大変な思いをしている皆さまの子弟や親族を含む隊員らの支援に力を入れる組織である。それゆえ、公益法人という特別の資格を与えられている。その点をよくこの場で心にとどめていただければありがたい」と述べた。

引き続き本部理事らが、▽報告事項と期限▽名簿と個人情報保護▽会員拡大▽「おやばと」拡販▽活性化施策――などの説明を行い、認識を共有した。

このほか、事前に募集した質問への回答が行われ、「中高生に向けて現役自衛官に講演していただき、募集に貢献したいがどうすればよいか」との問いに、本部が「地方協力本部は地元の中高生と通じている。陸幕通達を読んで地本と連携して協力してほしい」と回答したほか、家族支援協力や「おやばと」の料金、北方等支援訓練などの8つの質問に答え、参加者の疑問を払拭した。

8人が抱負

この後、新任会長8人が登壇し、それぞれの抱負を発表。静岡県の鈴木裕治会長は、南海トラフ地震への備えとして「県内では自衛隊の駐屯地・基地がない中部地域のネットワークを構築し、家族支援体制を構築していきたい」と述べ、滋賀県の福井順一会長は「女性部が活発な県は会の活動も活発という印象がある。女性部を立ち上げ、母親たちの抱えている不安を解消する会などを開いて、会の活性化につなげたい」と語った。

㊤初めて開催した「新任会長・事務局長研修会」で、あいさつする伊藤会長

㊨自由討議では、それぞれの県の特性を踏まえた活発な意見交換が行われた（いずれも10月25日、東京都新宿区のホテルグランドヒル市ヶ谷で）

松山駐屯地、愛媛県家族会、愛媛県隊友会３者の「家族支援訓練」で、隊員家族に聞き取りを行う家族会員（中央）＝11月9日、松山駐屯地で

松山駐業、愛媛県家族会、隊友会
初の合同家族支援訓練

【松山】松山駐屯地業務隊、愛媛県自衛隊家族会、愛媛県隊友会は11月9日、松山駐屯地厚生センターで初めて3者合同の「家族支援訓練」を実施した。

訓練は、昨年7月25日に3者間で締結した「隊員家族の支援に対する協力に関する協定」に基づき、災害発生時における隊員家族の安否確認要領の相互理解・問題点の把握、じ後の連携要領について資を得ることを目的に行われた。

訓練には隊員家族3人、家族会員4人、隊友会員6人の計13人が参加。隊員による家族会員らへの家族支援概要と訓練項目の説明後、安否確認要領の展示を実施。その後、避難所に見立てた厚生センター談話室で実際に家族会員らが「安否確認訓練」を行い、隊員家族の掌握と聞き取りによる安否確認、情報伝達要領を演練した。

今回の訓練で、隊員家族、家族会、隊友会と自衛隊の認識を統一するとともに、問題点を明確化することができ、参加した会員からは「大変有意義だった」との感想があった。

駐屯地業務隊は家族支援協力について、今後さらなる充実を図っていく方針だ。

箕郷町分会長が町出身隊員激励
高崎市家族会

【群馬】高崎市自衛隊家族会箕郷町分会（高山千代吉会長）は11月6日、陸自相馬原駐屯地を訪れ、今年の春に入隊した西山康晴2陸士（東方管制気象隊5派遣隊）を激励した。

西山2士は、昨年の「採用年齢引き上げ」に伴い28歳で入隊した旧箕郷町出身の隊員。地元出身隊員が近隣駐屯地で勤務していることを知った高山会長が「ぜひ本人を激励したい」と群馬地本に依頼し、今回の訪問が実現した。

激励に併せて行われた部隊研修では、5派遣隊長の長義和1尉から管制気象隊の職務概要や西山2士が行う離発着航空機の運航管理などの業務について説明を受け、地元部隊の活動への理解を深めた。高山会長は、西山2士に激励品として日用品の詰め合わせの慰問品を手渡し、「今後の活躍を期待している」とエールを送った＝写真。

西山2士は「部隊に来て約3カ月が経ちました。早く仕事を覚えて部隊に貢献できるよう頑張ります」と抱負を述べ、職務への意欲を新たにしていた。

沖縄・八重山家族会長
防衛思想を普及・啓蒙
佐世保地方総監から感謝状

佐世保地方隊の「創設66周年自衛隊記念日式典」で、中尾総監（中央）から感謝状を授与される八重山家族会の上地会長（10月26日、佐世保基地で）

【沖縄】八重山自衛隊家族会の上地和浩会長は10月26日、海自佐世保地方隊の「創設66周年自衛隊記念日式典」で、中尾剛久佐世保地方総監から感謝状を贈呈された。

上地会長は八重山家族会長として地域住民への防衛意識の普及・啓蒙に尽力するとともに、沖縄・石垣港への海自艦艇の入港や艦艇の一般公開の実施など、海自のさまざまな活動に積極的に支援・協力しており、今回はこの功績が認められた。

上地会長は「これからも防衛意識の普及・啓蒙と自衛隊に対する支援・協力を地道に進めていきたい」と語った。

下関で掃海艇「うくしま」見学
熊本市家族会

【下関基地隊】熊本市自衛隊家族会約20人は10月28日、山口県の海自下関基地を研修した。

参加者は、43掃海隊所属の掃海艇「うくしま」を見学したほか、顕彰資料室で機雷に関する文献を見て回り、掃海艇の行動、下関基地隊の任務などについて学んだ。

このほか、濱端正之会長と女性部の谷崎洋子部長は下関基地隊の佐藤恭弘司令を表敬。写真員として同席していた隊員が熊本出身だったことから、故郷の話に花が咲いた。

鳥取県西部地区は空自岐阜基地研修

【鳥取】鳥取県西部地区自衛隊家族会の会員37人は10月7日、鳥取地方協力本部米子地域事務所の支援を受け、空自岐阜基地を研修した＝写真。

一行は、飛行開発実験団の格納庫でF15J、F2両戦闘機についてパイロットから説明を受け、地元の美保基地では見慣れない戦闘機に興味深く見入っていた。F2のコックピットも見学した。

見学中、離陸していく戦闘機の爆音が響き渡ると、参加者から「雷みたいなすごい音だ」などと声が上がり、地元で運用されているC2輸送機がいかに静かであるかを改めて知る機会にもなった。

120教育大隊の「25キロ徒歩行進訓練」で、真駒内駐屯地に先回りして隊員を迎える札幌市家族会の会員ら（左側）＝10月31日

札幌市家族会30人が出迎え
120教大「25キロ徒歩行進訓練」

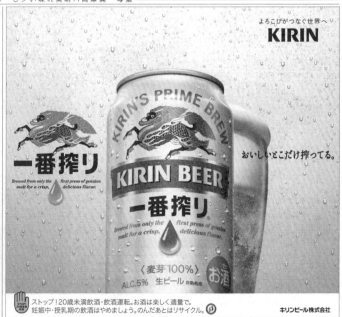

【札幌】札幌市自衛隊家族会（島村吉晴会長）は10月31日、120教育大隊（真駒内）が実施する新隊員教育隊の「25キロ徒歩行進訓練」の激励を行った。

行進訓練は毎年、札幌市内の西岡演習場内で実施されていたが、今回初めて演習場から真駒内駐屯地までの公道において小銃と装備品を携行して行われた。

家族会員約30人は、経路途中の紅桜公園で出迎えた後、すぐに真駒内駐屯地に移動。そろいのジャケットを身に着け、横断幕を掲げて120教大隊舎前に整列し、我が子を見守るように目の前を通りすぎる新隊員を大きな声で激励した。

新隊員らは思いもよらぬ盛大な歓迎に驚きながらも25キロを完歩した満足感に笑顔をのぞかせていた。

その後、島村会長らから激励品が贈られ、隊員の大きなお礼の声が会場全体に響き渡った。

事務局だより

▽…即位礼に係る全行事も天候に恵まれ無事終了しました。令和の時代の平和と安寧を祈念致します。

▽…台風15号、19号、21号の被害は広域・甚大で、その復興も長期間が予想されます。改めて被災された皆さまにお見舞いを申し上げます。災害様相が変化し、自衛隊災害派遣にも影響が出ているように思えます。

▽…本年度の地域協議会は、「会勢拡大施策」などについて地域の特性を反映した議論により多大な成果を挙げております。1月には南関東地域協議会が予定されております。

▽…防衛講演会は9月末に神奈川県横浜市で、10月末に滋賀県大津市で行われました。好評のうちに、多大の成果を挙げて終了致しました。担当した各県家族会の皆さまで、大変ありがとうございました。

▽…10月に新任会長・事務局長研修会を行いました。新任者就任後の早いうちに「活動の手引き」などの普及を行い、各県家族会のリーダーの育成を目的とする活性化施策の新規事業です。

研修会では、「私たちの信条」「県会長の地位・職務」「報告事項」「名簿と個人情報保護」「おやばと拡販」「会勢拡大」「活性化施策」などについて本部から説明を行い、また、「新会長の抱負」の発表や自由討議・意見交換を活発に行いました。

「他県の状況を知ることができ、大変参考となった」「今後も続けてほしい」などの所見がありました。

▽…11月に千葉県自衛隊家族会の現地調査を行いました。公益社団法人として適正に事業が運営されているかを自主的に確認する事業として今年から始めました。千葉県自衛隊家族会が初めてということで大変な協力を頂きましたが、適正に運営されていることを確認させていただき、また、来年度以降の資を得ることができました。

▽…10月から令和2年度事業計画の策定に入りました。運営委員会の審議ののち、理事会の承認を得て、事業計画（骨子）を各県へ送りますので、各県は令和2年度事業計画の作成・報告をお願い致します。

▽…活動状況等調査について報告をいただいております。各県のご努力により成果を上げている様子がうかがえます。

（家族会事務局）

FTC 敗れる

39戦闘団 快挙

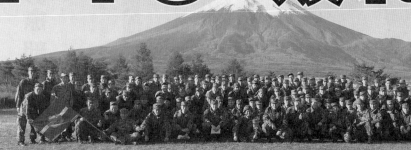

訓練

【39普連＝弘前、FTC＝北富士】第39普通科連隊（連隊長・木原邦弘1佐）を基幹とする第39戦闘団は11月4日から9日まで北富士演習場の富士訓練センター（FTC）で行われた第10次運営（対抗戦）に挑み、20年の歴史の中で"不敗"を誇るFTCの対抗部隊を初めて破る快挙を成し遂げた（※）。アグレッサー（仮想敵）部隊の指揮官を務めたFTC評価支援隊長の島田昌樹2佐も「（我々の）事実上の敗北だ」と認め、39戦闘団の歴史的快挙をたたえた。

FTCの教官部隊（機械化中隊）に勝利した39戦闘団の隊員たち。木原連隊長を囲み、富士山をバックに記念撮影を行った

「米国行き」目標に鍛えた成果

20年間「不敗」

FTCは陸自最精鋭の教官たちで編成された部隊訓練評価隊（隊長・近藤力也1佐）が管理しており、全国から部隊が訪れ、FTC部隊との"対外試合"に臨むトレーニング場となっている。各部隊が挑むのは陸自唯一のアグレッサー部隊「評価支援隊」で、その対抗戦は北富士演習場内でレーザー交戦装置「バトラー」を使って行われる。FTCのアグレッサー部隊（機械化中隊）の隊員は最精鋭であるほか、特性を熟知した演習場という地の利もあり、過去20年間、無敗で、「不敗神話」を継続していた。これを打ち破ったのが木原連隊長率いる"北東北の雄"39戦闘団だった。

中隊対抗は中止

木原連隊長は年度当初から「FTC参加中隊は中隊対抗戦で選抜する」と宣言し、さらに「FTCで結果を出した中隊を連隊代表として米国JRTC（Joint Readiness Training Center）の訓練に派遣する」との指針を示した。

これを受けて各中隊は「米国行き」を最大目標にし、中間目標として「対FTC」の訓練に取り組んだ。ところが、訓練事故などの突発事態で「中隊対抗代表選抜戦」は中止となってしまった。

しかし連隊は昨年2月からFTCの「対抗部隊への要員受け入れ制度」を活用して部隊を強化。FTCの評価支援隊に5回にわたり延べ69人を送り込み、隊員たちは不敗を誇る「機械化中隊」に加わり、他部隊との対戦にも参加し、個々の戦闘能力を高め、その成果を39普連の他の隊員に普及した。

「雪辱を果たせ」

39連隊は昨年12月、4中隊がFTCに挑んだものの、攻撃開始早々、FTCの機械化中隊に"瞬殺"された苦い経験を持つ。

「これが（部隊強化に）効果的だった」と木原連隊長は振り返る。FTCの近藤力也隊長も39戦闘団が快挙を成し遂げた要因の一つに連隊員のFTC派遣があったとして、「彼らは戦技を磨きながら"敵を知る"ことを実践した。FTCへの"出稽古"を続けた意義は大きかった」と39普連の意欲を高く評価した。

この敗戦を知った岩村公史9師団長（青森）は、39普連の隊員に「もう一度行って、雪辱を果たして来い！」と檄を飛ばした。この命を受け、連隊は大敗を喫した4中隊に1中隊を加え、さらに戦車・特科等を増強した2個中隊を編成。

そして木原連隊長をトップに、「第39戦闘団本部」の下、猛訓練に取り組んだ。この間、東北では大雨災害なども発生し、隊員たちは災害派遣などの任務もこなしながら、北富士での雪辱を目指し訓練を続けた。

北富士演習場で

陸上自衛隊の歴史に燦然と残るであろう39普連の勇猛果敢な戦いぶりは11月5～8日、北富士演習場で繰り広げられた。

5日、快晴の空と見事な富士の絶景が39戦闘団を迎えた。朝8時、統裁官の近藤隊長が津軽戦士たちに訓示した。

「第39戦闘団の作戦計画からは教訓を踏まえた勝利への信念が感じられる。ここにいる諸官からもほとばしる気合を感じる。『FTC遂に敗れる！』との見出しが朝雲のトップを飾るような戦いを期待する」

機関銃に装着した眼鏡を使い、正確な射撃を行う39普連の隊員

「アップルラッシュ射撃」敵の警戒陣地を突破

6日、情報部隊が敵地に向けて潜入していく中、戦闘団編成完結式で木原戦闘団長は「我々は東北方面隊の代表として戦いに挑む。どんなに敵が強くても、どんなに苦しくても、絶対にへこたれるな！　絶対に負けるな！　我々の勝利を信じて待っている仲間の元に勝って帰ろう！」と隊員に檄を飛ばした。

部隊はその後一日を情報収集に当て、慎重に作戦を推し進めた。過去の教訓から積極的に斥候（偵察員）を運用せず、初期の損耗を局限。敵の「音兆候の探知」に徹し、収集した情報からは敵の配置が「見積り通り」であることを看破し、これに対応した部隊配置を進め、翌朝の攻撃準備に全力を投入した。

樋口中隊長発案

7日朝、戦闘団は2個中隊を並列させた。北の連絡道～土丸尾道沿いから1中隊（中隊長・有馬雄大3佐）が、南の南防火帯道沿いから4中隊（中隊長・樋口一成3佐）が攻撃前進を開始した。

1中隊はドローンを使って敵の動向を探りつつ、敵斥候と遭遇すると、多くの部隊が射撃を一瞬ためらった間に先に撃たれる傾向が強い中、1中隊員は迷うことなく先制火力を発揮し、巧みな近接戦闘の末に敵を逐次駆逐した。敵戦車の出現も正確に見積り、事前に対戦車要員が配置に就き、現れた戦車を一発で仕留めた。

一方、4中隊は、FTCへの出稽古参加隊員等からの意見を融合し、樋口中隊長発案の「アップルラッシュ射撃」により、敵に対応の暇を与えずに警戒陣地を突破していった。

この射撃は、攻撃準備射撃に準じた射撃を反復するとともに、突入方向の地域だけを突入時に煙幕として、敵陣からの直射による射撃効果を制限しつつ、敵への近迫および局地的戦闘力の優越を作為する射撃である。また、攻撃前進間も目撃情報に基づき、火力を転移させつつ有効な射撃に移行して機動と火力を密接に連携させる効果も有する。樋口中隊長が「弘前りんご」にかけてネーミングした。

1中隊も損耗をものともせず、後続小隊を投入し、敵の第一線陣地を確保した。勢いづく39戦闘団は次の戦闘団目標に向けて、さらに戦力を推進していった。

この39戦闘団の怒濤の進撃を見届けるため、時刻はすでに演習終了予定時刻となっていたが、統裁官の近藤FTC隊長は状況の継続を指示した。

勢いづいた1中隊と4中隊は、両翼から目標地点を包囲し、ついに敵の正面から戦車小隊を突入させる態勢を整えた。まさに、勝負あり！

FTC20年の歴史に刻まれる「教官部隊敗北」の瞬間を見届け、近藤隊長は13時、「状況終了」を命じた。

FTCの評価支援システムにより、彼我ともに損耗が大きかったことが確認されたが、39戦闘団の優勢は揺るがなかった。

「敗北」認める

8日、両中隊は態勢を整えつつ攻撃を続行。4中隊は怒濤の「アップルラッシュ射撃2セット目」を発動し、一気に敵の第一線陣地に突入、ついにこれを制圧した。

これを受け、アグレッサー部隊指揮官を務めた島田評価支援隊長は、FTCを代表する機械化中隊の「事実上の敗北」を認めた。弘前連隊の「雪辱」がついに成し遂げられた瞬間だった。

※　過去に18普連が平成28年度に、8普連が同29年度に同様の成果を挙げているが、今回は「総合的に評価した結果」（FTC）だとしている。

擬装して林の中に潜み、前進の時を待つ39戦闘団の74式戦車2両

39戦闘団の隊員たちに「日本の代表としてさらに強くなり、米国に渡ってほしい」と訓示する近藤FTC隊長

1年間の練成成果実る この勢いでアメリカへ

●近藤力也FTC隊長

「39連隊は『強くなるぞ』という強い目的意識を持ち1年間練成した成果が出た。事前にFTCに要員を送り込み、対抗部隊の編成に混じって練度を向上させ、戦い方にも習熟した。基礎的戦闘動作の練度を高め、『敵を知る』ことを徹底したことで専任の対抗部隊に匹敵する戦い方を具現し、さらに教範にある戦法を改善したことも効果があった。39連隊は日本の代表としてさらに強くなり、米国に渡ってほしい。全国の部隊も39連隊を参考に、1人でも2人でも隊員をFTCに送り込み、戦いのノウハウを部隊に持ち帰り、精強化の資としてもらいたい」

●岩村公史9師団長

「まだまだだ。（39連隊の）今後のさらなる練度向上を期待している」

●木原邦弘39普連長

「負けてはいないが（これだけ損耗を出し）勝ったとも思わない。（FTCのキャッチコピーにあるように）練磨無限だ。さらに練成を続け、強くなるぞ！」

FTCの訓練に積極的に参加を

FTCでは年間20回ほどの運営（対抗戦）を行っており、各回30人ほどの隊員を「対抗部隊の要員」として受け入れている。参加は1人から可能で、中隊として参加できなくても、対抗部隊の要員や研修OC（評価分析官）として参加することで、各人・部隊の練度向上が図れる。参加調整はFTC企画班、統裁科、または評価支援隊へ。

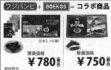

募集・援護 特集

平和を、仕事にする。

ただいま募集中！
◇高工校生徒（一般）
◇貸費学生（技術）
★詳細は最寄りの自衛隊地方協力本部へ

巡回診療 部隊支える
東方 予備自医官が活躍
台風19号で12人出頭

関東・東北地方に甚大な被害をもたらした台風19号の災害派遣では、即応予備自衛官、予備自衛官も被災者救援活動などで活躍した。東部方面隊には技能職種として採用された医療関係の予備自12人が出頭し、陸自の衛生隊員とともに医療業務を担い、派遣隊員の被災地での健康維持に大きく貢献した。

【東方＝朝霞】台風19号に伴う災害派遣で、東部方面隊は10月23日から11月4日まで、医師5人、看護師7人の技能予備自を防衛大臣からの招集命令に基づき受け入れた。

東方管内で予備自医官として最初に出頭したのは前島理予備1陸尉（防医大28期、現・こまくさ診療所院長）で、10月23日に宇都宮駐屯地に出頭。前島1尉は同駐屯地業務隊に配属された看護官の大塚正恵予備1曹、東方衛生隊の隊員とともに栃木県内で災派活動に従事する隊員の健康管理に当たった。

前島1尉は「体調を崩した隊員が医務室に来るまで待っていては遅い。自ら出向いて衛生支援に当たりたい」とのポリシーのもと、被災地に出向き、隊員を見守りながら巡回診療に当たった。

さらに宇都宮、北宇都宮両駐屯地の医務室勤務員、東方衛生隊（朝霞）の医官とも連携し、医務室での診療も支援して現役医官らの負担を軽減した。

前島予備1尉は自衛隊在職中、中央病院、西方衛生隊（健軍）などに勤務し、その間、パキスタン国際緊急援助隊に参加したほか、東日本大震災への災害派遣も経験しているベテラン。今回も「医師として部隊に貢献したい」との思いから招集に応じたという。

今回の支援活動を通じ、改めて隊員の士気の高さを感じたという前島予備1尉は「隊員は自分がけがをしても、軽傷くらいでは受診を遠慮しがちだ。そこでこちらから現場に出向き、けがをしたり、体調の良くない隊員に声をかけた。これが早期受診、早期戦力回復につながったと思う」と述べた。

3日間の活動を終えた前島予備1尉は「今回の災派で、改めて予備自の存在意義が確認できた。招集訓練で他の予備自と災害派遣での教訓を共有していきたい」と今後への抱負を語った。

また、防医大OBの予備自が少ない現状については「一人でも多くのOBに志願してもらえるよう、制度の周知ややりがいを伝え、募集面でも協力していきたい」と話した。

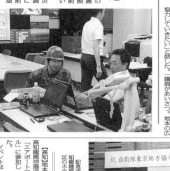

台風19号の災害派遣で栃木地本に技能予備自として出頭し、活動中の隊員の巡回診療を行う前島予備1尉（左）＝10月23日、栃木県鹿沼市立清洲第1小学校で

自治体防災監にOBを
LOを10市10町へ派遣
佐賀「てんてんプロジェクト」始動

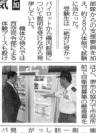

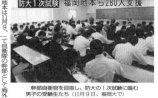

【佐賀】地本は平成30年度から災害派遣出動態勢を向上させるとともに、県内10市10町に防災監や防災マネジャーとして自衛官OBを再就職させる「てんてんプロジェクト」（防災監雇用促進計画）を推進している。

プロジェクト名は市町（自治体）の数から命名。同計画は平成30年に佐賀県内で大雨特別警報が発令された際、部隊が道路の冠水などで県西部地区の自治体に連絡幹部（LO）を派遣できず、佐賀地本が代わりにLOの派遣依頼を受けたことを教訓に計画が作成された。

同プロジェクトでは災害時のLOとして地本の広報官や援護担当者を要員として各市町に割り当て、災派部隊が到着する前に事前の災派態勢を構築していくことを確認。

さらに20市町に対して「防災監雇用」に関するアンケート調査を2回実施し、防災監などに自衛官OBを雇用することに前向きな自治体があることも確認した。

今後、関係機関とも調整し、OBを自治体の防災監などとして採用してもらう計画も進めていく。

今年8月、佐賀県庁に対策監として採用された大塚元幸元1陸佐（右）とともに大雨災害の被害状況を確認する宮本善弘佐賀地本長（佐賀県庁で）

"リーディング地本"掲げる
東京地本長、創立63周年で決意新た

東京地方協力本部の創立63周年を祝う記念式典が11月24日、都内のホテルで開かれ、関係者ら約250人が出席した。

開会に当たり、地本長の岸良知樹陸将補は式辞で、①募集②援護③予備自衛官—の3本柱の各目標に向かって「全職員が一丸となって土日昼夜を問わず、執念を持って奮闘している」と紹介した上で「諸先輩方が築いてこられた歴史と伝統をしっかりと継承するとともに、全国の"リーディング地本"としての役割を果たしていく」と決意を表明した。

続いて来賓を代表し、前外務副大臣の佐藤正久参院議員があいさつ。地本の広報官が一軒一軒、募集対象者の自宅や学校などを回る地道な"どぶ板広報"を後押しするようなSNSによるPRの在り方を提言し、「元自衛官としても、自衛官の子供を持つ親としても、皆さまのために頑張ることを誓う」と述べた。

最後に、自民党の高木啓衆院議員（比例東京）が登壇し、募集相談員を長年務めてきた立場から祝辞を述べ、東京地本の全職員にエールを送った。

これに先立ち、感謝状贈呈式が行われ、それぞれの立場で防衛基盤の育成に寄与し、東京地本の業務推進に大きく貢献した28個人、23団体に岸良地本長から直接、感謝状が贈られた。

祝 自衛隊東京地方協力本部創立63周年記念

記念式典で式辞を述べる東京地本長の岸良知樹陸将補（壇上）＝11月24日、東京都新宿区のホテルグランドヒル市ヶ谷で

大分 招集訓練に70人
技能予備自2人も紹介

【大分】地本は10月11日から15日まで、西方特科隊（湯布院）が担任・実施した予備自衛官の「5日間招集訓練」を支援した。

参加した約70人の予備自の現況確認を行ったほか、今回、技能公募予備自（看護師）として初参加した木戸洋介予備士長と利光久美子予備3陸曹をセレモニーで紹介した。

現況確認では70人の身上（心情）把握のほか、隊員の（自衛官、予備自等）の募集情報の提供を依頼した。

一方、セレモニーでは昨年、予備自補（技能）として10日間の教育訓練を無事に終えた2人が自己紹介。一般予備自たちから大きな激励の拍手が送られ、予備自の団結強化も図られた。

予備自訓練に出頭し、警備訓練に取り組む技能公募予備自の利光予備3陸曹（10月14日、湯布院駐屯地で）

"教育隊"を編成
岩手中学生体験学習

【岩手】地本は11月9、10の両日、岩手駐屯地で一関市内中学校9校の生徒33人に対する体験学習を支援した。

この企画は一関青年会議所の主催で「見たい！行きたい！自衛たい！」と題し、青少年の健全育成を目的に開かれた。地本は同会議所のニーズに応えるべく、"教育隊"を編成し、他の中学生たちもすぐに自衛隊の訓練にチャレンジしていた。「3C（チェンジ・チャレンジ・コミュニケーション）」をスローガンに掲げた。

初日は体験学習開始式に続き、史料館見学、体験喫食、基本教練、戦闘訓練などを体験。2日目は持続走、基本教練、救急法のほか、護身術なども学んだ。

兵庫 10人全員合格！
自候生採用通知書を交付

【兵庫】姫路地域事務所は10月25日、県立飾磨工業高校で、自衛官候補生の採用試験に合格した同校生徒10人に対し、採用予定通知書の交付式を実施した。

生徒たちは昨年のインターンシップをきっかけに自衛官を職業として意識し、今年の各種イベントや説明会を通じて志願意思を固めた。その後、担当広報官の熱意のこもった励ましもあって10人全員が試験に合格。専願の生徒も多く、交付式を開催することで入隊意欲を高めてもらった。

式には副校長、担任教諭、進路指導担当教諭が立ち会い、昨年度から一般曹候補生として入隊し、現在は3特科隊（姫路）に勤務している西澤1陸士も駆け付け、後輩たちにエールを送った。

進路指導担当教諭からは「さらに生徒の決意を新たにし、仲間意識を高める機会となりました。生徒たちの入隊後の活躍が今から楽しみです」と感謝の言葉があった。

自衛官候補生採用予定通知書の交付を受けた飾磨工業高の生徒たち。右端は姫路所長の藤田浩示1陸尉（10月25日、兵庫県立飾磨工業高校で）

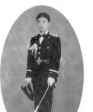

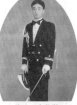

全国最多3500人が受験
防大1次試験 福岡地本ら280人支援

【福岡】地本は11月9、10の両日、防大（一般）1次試験を県内の北九州予備校、純真学園大、福岡大、福岡工業大、久留米大（旭町・御井両キャンパス）、陸自幹部候補生学校の各会場で実施した。

全国で約1万人を超える受験者のうち、福岡は約3500人を超え、全国最多となった。地本は陸・空各部隊からの支援要員を加え、約280人体制で試験に当たった。

受験生は「絶対に受かって自衛隊の幹部として海外での勤務など、さまざまなことに挑戦したい」「災害派遣で国民のために働きたい」などと意気込みを語った。

福岡地本は今後も高等工科学校生徒の1次試験や自衛官候補生の試験など実施し、より多くの優秀な若者が自衛隊で活躍できるよう全力を尽くしていく。

幹部自衛官を目指し、防大の1次試験に臨む男子の受験生たち（11月9日、福岡大で）

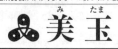

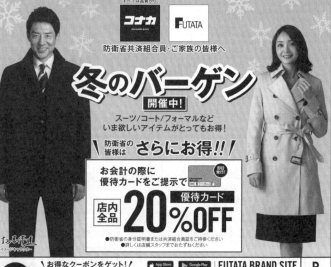

札幌管内は352人
防大と防医大

【札幌】地本は10月26、27日に防医大医学科、11月9、10日に防大の1次試験を管内各会場で実施し、計352人が受験した。

各試験会場で受験生は難関突破を目指し、試験終了間際まで問題に真剣に取り組んだ。

受験生たちは「防大に入り、将来は海外でも活躍し、国際貢献に携わる仕事をしたい」「医官として医療現場で働き、人の命を守る仕事がしたい」などと目標を話していた。

高知 エアポートフェスに参加
迷彩柄C130が人気

【高知】地本は10月19日、高知龍馬空港で開催された「エアポートフェスティバル」に参加した。

イベントは空への関心を高めてもらうことを目的に毎年開催されており、自衛隊は5年ぶりの参加で、当日は2000人を超える来場者でにぎわった。

空自1輸空（小牧）のC130H輸送機は特に注目を集め、珍しい迷彩柄の機体に子供たちも興味津々。パイロットから機内設備について説明を受けながら見学していた。

機体の傍らでは西空司令部による体験ブースも設けられ、F15戦闘機などの操縦体験やブルーインパルスのVR体験などが人気を集めていた。

災派活動伝える
堺市役所でパネル展

【大阪】堺出張所はこのほど、堺市の協力で市役所前で自衛官募集の懸垂幕を懸下するとともに、庁舎1階ロビーで「自衛隊の災害派遣活動パネル展」を大阪府内の自治体内で初めて開催した。

懸垂幕は昨年に引き続き期間限定で2回目の懸下。一方、パネル展は市役所を訪れた多くの市民が注目し、「自衛隊はいつも頑張ってくれている」などの声が聞かれた。

最終日には衆議院議員も見学に訪れ、「このようなパネル展示は国民の防災意識の向上や自衛官の募集に非常に有効だ。私もSNSなどで応援したい」と力強く述べた。

衆院議員（左）に市役所内に設置された災派パネルを説明する堺所副所長の辻本勝之2陸尉（堺市役所で）

「進化」テーマ 壮大に

自衛隊音楽まつり

ドイツ、ベトナム軍楽隊 初参加

「EVOLUTION」――。令和初の「自衛隊音楽まつり」が11月30日、12月1日の両日、東京都渋谷区の代々木第1体育館で行われた。陸海空の各音楽隊は米、ドイツ、ベトナム各国軍の軍・音楽隊をゲストバンドに迎え、全5章にわたって平和に向けた「進化」の音舞台を披露した。

伝統の継承から進化へ――。昭和、平成、そして令和へ。歴史を振り返るように警察予備隊音楽隊から陸自中央音楽隊（朝霞）へ発展した経緯など、陸海空セントラルバンドの"生い立ち"がビデオで紹介された。

中音は「陸軍分列行進曲」などを演奏。これに合わせ、国賓への特別儀仗を302保安警務中隊（市ヶ谷）が整斉と披露した。

海自東京音楽隊（上用賀）は、ベートーベンの楽曲を披露し、ピアニストの太田紗和子1曹が繊細な音色で会場を包んだ。また、旧海軍からの伝統曲「軍艦」でスタンドを沸かせた。

一方、今回は変革する防衛の課題が伝えられ、スクリーンに新領域（宇宙、サイバー、電磁波）対処を含む「多次元統合防衛力」の概念が映し出された。

新領域 宇宙防衛、「スターウォーズ」で表現

航空中央音楽隊（立川）は、宇宙領域の防衛をイメージ。映画「スターウォーズ」のテーマ曲を壮大に奏でるとともに、女性カラーガード隊員がフラッグを剣に見立てて騎士の戦いを演じた。

11月30日、12月1日の2日間5公演に約4万3000人が訪れ、自衛隊の音の世界を堪能した。

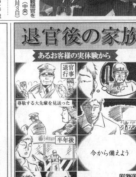

航空中音は新領域の宇宙をイメージし「スターウォーズ」のテーマを演奏。女性フラッグ隊員が旗を投げ交わすなど、躍動的で幻想的な世界をつくった（いずれも11月30日、代々木第1体育館で）

陸中音「ドリルで力強く前に」

伝統の継承からの進化を振り返り、陸海空の各音楽隊長が語った。

これまでのドリルに加え、クラシック曲を前面に押し出した演奏で観客を魅了した海自東音隊長の樋口好雄2佐は「ピアノをメインにした（クラシックの）演奏は初めての試みだった」と語った。

ドイツの作曲家、ベートーベンの演奏は独軍楽隊長から、「本来なら我々が行うべきで、（東音の演奏は）想像もしていなかった。とても感動した」とたたえられたという。

航空中音隊長の松井徹生2佐は、今回のテーマだった進化、変革について、「常に意識している。（日ごろから）頑張っていいパフォーマンスを見せよう、と隊員たちには伝えている」と語った。

陸自中音隊長の樋口孝博1佐は、「（ドリルの）より前に前に力強く動くことで、（進化を）表現した」と話した。また、「歴史的に（旧軍、自衛隊が）学んできた憧れのドイツ軍と150年の時を経て一緒に演奏できた。素晴らしい機会だった」とも語った。

ステージ前方へ進む陸自中音ドラムメジャーの馬渡英一1曹（中央）。力強い行進の動きで前進、進化を表現した

ゲストバンドとして、米軍に加えベトナムとドイツ両軍の軍楽隊が初参加。ドイツ軍楽隊は歴史と伝統を感じさせる重厚な演奏を見せた

「音楽は人を結びつける言語」

独軍楽隊長ラインハルト・キアウカ中佐

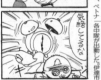

音楽まつりでは各国軍楽隊との絆も表現された。約30年ぶりに来日し、初出演したドイツ連邦軍参謀軍楽隊の隊長、ラインハルト・キアウカ中佐は昨年5～6月（陸）、9月（空）にドイツで共演した陸自中音、空音の隊員との再会を喜び、「日本の地で共演でき、光栄。友達の家に来たようなリラックスした気持ちで演奏できた」と話した。

日本式の気持ちを込めて、日本式の演奏で始め、退場の際は「アリガトウ、ニッポン」と謝意を示した。「音楽はさまざまな違いを超えて、人々を結びつける言語。演奏を通じ、日独の友好がさらに強くなると信じている」とも語った。

また、自衛隊の音楽隊の演奏を「演奏の質の高さとバラエティーの豊かさ、非常に丁寧な公演の準備に感銘を受けた」と高く評価した。

同じく初出演したベトナム人民軍総政治総局軍楽団の隊長、ファン・トゥ・アン・ロン中佐は、ベトナム人民軍の軍楽隊の歴史などを紹介し、日本での演奏を「光栄」と語った。

台風19号 44、20普連 給水や廃棄物撤去に尽力

支援活動 終える

【44普連＝福島】記録的大雨をもたらした台風19号の被害を受けた福島県で、44普連は行方不明者の捜索、給水支援などを行った。

二本松市では2人の行方不明者を発見。相馬市、南相馬市、新地町などで給水車をフル稼働させ給水支援を行った。

相馬市、南相馬市では道路啓開活動を実施。防疫や物資輸送などにも当たり、復旧に努めた。

水道が断水した二本松市などに展開し、住民が持参したペットボトルに水を入れる44普連の隊員

【20普連＝神町】20普連は台風19号により甚大な被害を受けた福島県で、災派活動を行った。

10月12日夜から勤務態勢を強化し、派遣に備えた。14日以降、給水隊が相馬市と南相馬市で給水支援を行った。輸送支援隊と6特連に配属された各中隊は、郡山市、須賀川市とその周辺地域で救援物資のプッシュ型輸送支援や災害廃棄物の撤去を実施した＝写真。

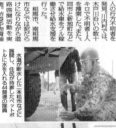

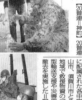

海自東音はクラシックの楽曲を披露。「ベートーベン・コラージュ」を演奏したピアニストの太田紗和子1曹（左）は繊細な音色で会場を包んだ

こちら警務隊

器物損壊罪

他人の物を破損、傷害 3年以下懲役や罰金

他人の家の塀に落書きしたり、飼っている動物を傷つけたりしたらどんな罪になりますか？

本件は、他人の物を損壊、または傷害したとして、器物損壊罪に該当し、3年以下の懲役または30万円以下の罰金などに処せられます。

損壊とは、物理的な破壊行為だけでなく、美観を損ね、原状回復に困難をきたすなど、物を本来の用途に使えなくする行為も含みますので、質問の落書きも該当します。

また、本罪にいう傷害には、動物の殺傷のほか、飼養場所から魚を流出させて捕らえ難い状態にすることなども含まれます。

他人の物を壊したり、傷つけたりすることは絶対にいけません。（中部方面警務隊）

※次回は「窃盗罪」

中曽根元首相 死去

101歳 20回当選、日米同盟の強化に尽力

第25代防衛庁長官を務めた中曽根康弘元首相が11月29日午前7時すぎ、東京都内の病院で死去した。101歳だった。

群馬県高崎市出身で東京帝国大法学部卒。旧内務省に入り、その後、海軍主計将校となり終戦を迎えた。

戦後、政治家を志し1947年4月、衆院旧群馬3区から立候補し初当選。以来、連続20回当選した。

70年1月から翌年7月までの1年半、佐藤栄作内閣で防衛庁長官を務めた。離任後、通産相、自民党幹事長などを歴任。82年11月、第71代首相に就任し、87年11月まで5年間務めた。戦後5番目となる長期政権だった。

安全保障の強化に努め、親密な日米同盟関係を構築、国民総生産（GNP）比1％枠を突破する防衛費を含む予算を編成した。

自衛隊最高指揮官として、自衛隊観艦式などでは観閲官を務めた。戦後の首相として初めて、靖国神社への公式参拝を行い、自衛隊を明文化する憲法改正も終生訴えた。

自衛隊観艦式で観閲官を務めた中曽根首相（中央）（昭和62年11月3日）

小休止

▽…健軍駐屯地は11月6日、ソプラノ歌手の宮良多鶴子さんを招き、講演・演奏会を行った。

▽…講演会では宮良さんが「東ティモールPKO活動における自衛隊の功績」と題し、活動の成果や同国の現状などを語った。また、同PKOに参加した中畑晶広西方総監部広報室長以下3人に、宮良さんと共に駐屯地を訪れた同国の軍関係者から友情の証である「タイス」（伝統的織物）が贈られた＝写真。

▽…演奏会では、西方音楽隊の演奏に合わせて宮良さんと東ティモールの子供たちが歌を披露。両国の友好関係を深めた。（健軍）

自衛隊初の災害派遣（上）

昭和26年10月　台風縦断した山口県で出動

被災者の不安と困窮解消

庄司 潤一郎（防衛研究所・研究幹事）

この秋、台風15号や19号による被害を受けて、東日本の各地に自衛隊が災害派遣されたところである。このように、毎年多くの自衛隊による災害派遣（自衛隊法第83条に規定）がなされており、これまでの国内における災害派遣の実績（平成29年度まで）は、4万502件、派遣隊員数はのべ821万2238人となっている（東日本大震災と平成28年の熊本地震を除く）。

その最初の事例は、自衛隊の前身である「警察予備隊」の創設まもない山口県においてであった。山口県は戦後「台風銀座」と称せられたように、「枕崎台風」「キジア台風」など、毎年大きな台風の襲来を受け、甚大な被害を被っていた。

昭和26年10月の「ルース台風」は、東北地方以西に被害が及び、死者・行方不明943人に及んだ。特に山口県は、台風が県の中央部を縦断して日本海に抜けたため、最大風速は30メートルを超え、雨量は350ミリに及び、死者281人、行方不明124人、全壊戸数3707戸といった甚大な被害を受けた。被害総額は140億5140万円であった（山口県文書館編『山口県政史（下）』山口県、1971年）。

台風通過後の26年10月19日、田中龍夫山口県知事は、地元の警察予備隊小月駐屯部隊（第11連隊。下関市）に災害援助のための派遣を要請した。同連隊は、前年の25年9月9日、「警察予備隊令」に基づき、警察予備隊小月訓練所として発足したばかりの部隊で、第4管区（総監部は福岡）に所属し、陣容は総計1600余名であった。

第4管区総監部は実情不明、時期尚早で第1回出向は軽々に行うべきではないとの理由により「出向保留（不許可）」を決定した。警察予備隊発足当時、災害派遣について規定がなかったため、警察で災害時に使用されていた「出向」が準用された（保安庁になって「災害派遣」と改正された）。

当時、部隊の行動は厳しく規制されており、例えば小月駐屯部隊も、演習の帰路火事に遭遇、民家の消火を行ったところ、「無許可で部隊を動かした」として、処分をめぐって議論がなされたこともあった。

小月部隊の到着を歓迎する山口県の被災地の人々（朝雲新聞社所蔵）

異例の手続き経た出向命令

今回は台風による死傷者も多数出て、食料や医薬品が不足する危機的状況で、米軍も既に救援を実施していることから、部隊は翌20日早朝、斎藤元官副連隊長を福岡の総監部に急派、26葉の現地の写真をもって加納富夫副総監に説明したが、一喝された。（ちなみに山口県岩国に駐留していた米軍は、県の要請に応じ、橋の復旧作業やヘリコプターによる食料、医療品、毛布など援助物資の輸送に尽力しており、東日本大震災における米軍の災害救援、いわゆる「トモダチ作戦」の嚆矢であった）

そこで、命令系統に反していることを承知で、筒井竹雄総監に窮状を直訴したところ、総監は「よし判った」と、早速東京の総隊総監部の林敬三総監に上申した。林総監は、岡崎勝男官房長官経由で、許可権者である吉田茂総理大臣に出向命令許可を申請した。

ただ、警察予備隊の出向には、関係閣僚会議の開催での決定が必要であったが、当日は土曜日で多くの関係閣僚が四散していたため、吉田総理は、「よし、小月第11連隊を出向させろ。関係書類はあとでよし、予備隊長官にはわしが伝えておく。しっかりやれ」との鶴の一声で、出向命令が下令されたのであった。

このような異例の手続きを経たため、のちに加納副総監は苦い顔をされ、一方、増原恵吉初代警察予備隊長官も、「おれをぬきにした」といって、部隊長を叱責したと言われている（朝雲新聞社編集局編『波乱の半世紀　陸上自衛隊の50年』朝雲新聞社、2000年）。

こうして、26年10月20日には総隊総監部からの「出向命令第一号」が下り、21日、警察予備隊小月駐屯部隊の2個中隊300人が、陸の孤島と化した被害地区の広瀬町（1955年町村合併で錦町。現在の岩国市）に向かったのである。

出発に際して、三松一正連隊長は、以下の訓示を行った。「諸君の一挙手一投足之れ予備隊精神の顕れでなくてはならぬ。心を謙虚にし県民特に罹災者と一つ心になり一時も早く被災地の復興を祈念しつつあらゆる困苦に耐え、全力を傾注して予備隊の真面目を発揮して貰いたい」

部隊は26日まで、延べ2700人が一週間にわたり、崩土岩石の除去、河床の啓開、道路などの復旧、倒壊家屋の処理といった難工事、食糧など各種物資の輸送といった支援活動にあたり、被災住民の不安と困窮を解消したのであった。（つづく）

（世界の切手・韓国）

行く言葉がきれいなら、来る言葉もきれいだ。（韓国の格言）

新刊紹介

「シークレット・ウォーズ」（上・下）
—アメリカ、アフガニスタン、パキスタン　三つ巴の諜報戦争
S・コール著、笠井亮平訳

本紙コラム「春夏秋冬」で南アジアの文化を分かりやすく紹介してくれている笠井氏が翻訳を担当した、米国、アフガン、パキスタンの知られざる諜報戦争を描いた大作だ。

ピュリッツァー賞を受賞した前作『アフガン諜報戦争』の続編で、米同時多発テロ直前のアフガンのマスード将軍暗殺から、大規模テロを受けてアフガンへの軍事作戦を決断するブッシュ政権、そしてトランプ政権に至るまでの米国の中東政策の内幕が明かされている。

著者は米紙「ワシントン・ポスト」の元南アジア支局長で、関係者から直接情報を得ているため臨場感にあふれ、アフガンのカルザイ大統領とバイデン米上院議員が食事中に激しい口論をするシーンなど、描写は細部まで生々しい。

本書の核心はアフガン問題で「最大の黒幕」とされるパキスタンのスパイ機関「3軍統合情報局（ISI）」と米CIAの熾烈な戦いだ。タリバン、アル・カーイダを巡っての両者の暗闘が克明に描かれる。同時に、米政府の意思決定プロセスも詳しく記録され、米政権の舞台裏を知る上で本書は価値あるテキストとなっている。（白水社刊、各4180円）

「たった5分で凄い効果！自衛隊体操公式ガイド」
自衛隊体育学校監修、陸上自衛隊協力

陸・空自の各部隊が毎朝行っている「自衛隊体操」の公式ガイドブックが自衛隊体育学校の監修の下、初めて刊行された。

1952年ごろ、自衛隊の前身・警察予備隊の普通科学校体育班によりつくられた自衛隊体操は、21の運動で構成される。「ラジオ体操以上、筋トレ未満」と言われる同体操は[illegible]

[illegible]長の「一言アドバイス」も加わり、留意点なども分かりやすい。付属のDVD（約70分）には「自衛隊体操（フルバージョン）」のほか、「ショート（時間短縮）」「ストレッチ」[illegible]の各バージョンも収録。

正確な動きをマスターしたい隊員はもちろん、基礎体力を付けたい一般の人たちにもお勧めの一冊。（講談社刊、1430円）

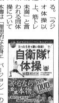

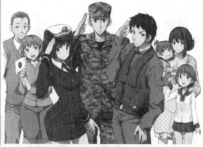

「北見菊まつり」で広報活動

1陸士 小出 紗弥花（6普連本管中隊・美幌）

「北見菊まつり」で自衛隊広報を支援した6普連の小出1士（右）

私は第6普通科連隊本部管理中隊に所属しております。10月26日、北見地方協力本部北見出張所で臨時勤務をさせていただきました。

勤務内容は「北見菊まつり」会場に設置された自衛隊ブースで、来場された方への募集広報用のティッシュやグッズの配布、自衛隊の制服の試着などの支援でした。

来場された方は、皆さん楽しそうに記念写真を撮影し、またアンケートにも快く協力していただき、とても嬉しかったです。特に小さい子供が「ありがとう」と言ってくれたのが印象的でした。

しかしながら、自衛隊について質問を受けながら、広報の難しさを改めて実感しました。

今後、広報活動を支援させていただく機会があれば、今回の経験を生かし、より自衛隊を知ってもらえるよう知識を身につけ、部隊勤務も頑張っていこうと思います。

みんなのページ

OBがんばる

尾登 重雄さん　54

令和元年2月、海自航空集団司令部（厚木）海上航空運用支援室操作運用班を最後に定年退職（曹長）。多治見無線電機株式会社に再就職し、神奈川県の秦野工場で部品管理係員を務めている。

なるべく早く行動を

多治見無線電機株式会社は東京・恵比寿に本社を置き、神奈川県と北海道に製造工場を有し、産業用コネクタの製造・販売を行っています。各種規格品のほか、光多心コネクタ、防水コネクタなどオリジナル製品は通信機器、医療機器、計測機器など多様な電子機器に使用されています。

私は神奈川県の秦野工場で部品管理の業務に就いています。[illegible]

これから再就職される皆さんは、なるべく早く行動を[illegible]

[illegible]者の皆さまにお礼を申し上げます。

2020年新春を飾る作品を募集！

▽随筆は600〜1000字で。テーマは自由。
▽漫画等はデータ（PDF）化して下さい。
▽写真はJPEG（通常のデジカメ写真）で。
▽メール投稿の送付先は「朝雲」編集部（editorial@asagumo-news.com）まで。

朝雲・栃の芽俳壇

畠中草史　選

特産米供へ勤労感謝の日　江別・陸OB　鎌田日出雄
勤労を尊び、生産を祝い、互いに感謝し合う日。北海道産「ゆめぴりか」を神に供えた。

暮るるまで独りもみぢの外湯かな　熊谷・空OG　佐藤　玲美
紅葉に囲まれた露天湯に入って眺めていて何時しか一人になり暮れ始めた。外湯満喫。

七色を秘め柿落葉土に帰す　新座・陸OB　船田藤三郎

筑波嶺の見ゆる垣根や大根干す　浜松・空OB　宮本　立男

水道の水生ぬるし秋に入る　館山・海OB　斎藤　一向

千里飛ぶ力を溜めて鴨浮寝　宮崎・空OB　髙木　智念

爽やかに青春二度と来ぬ話　仙台・陸OB　加川　師亭

空に透け穂先かがやく花芒　佐賀・陸OB　一ノ瀬恵昭

穂の波を浮き沈みして稲雀　熊谷・空OB　明田　眞雅

あらかたの舟出てをりし鰯日和　浜松・空OG　塩見　惇子

蓮の実飛ぶ源平の池平ら　神奈川・海OG　折口　桂子

天高し噴煙を上ぐ桜島　熊谷・空OG　關谷　桂子

刈り了へて刈田展ごる秋夕焼　熊谷・空OG　関田　絹江

秋の雨降る鈍色の港町　横浜・空OB　永澤　功

大型の台風一過空蒼し　熊谷・空OB　蓮佛志向子

ダム放水の飛沫浴ぶ崖紅葉　札幌・陸OB　坂本　順一

満々とダム湖水張り冬を待つ　あきる野・一般　小和田一男

秋澄めり一重まぶたの埴輪かな　浜松・空OG　岩城　節子

嵐去り束ねし菊の傾ぎをり　小牧・陸OB　松岡　魚青

夕暮れは淋しさつのる秋の風　西東京・空OB　水島　孝雄

海原の白波寄する鰯雲　熊谷・空OG　福元万理子

鬣をもて燈火親しく木馬彫る　相模原・一般　森　謙二

柚絞り言の葉を選り一句詠む　熊谷・空OB　工藤　敏雄

ラグビーの力みなぎる秋熱し　熊谷・空OG　高橋ふみ子

選者作品
参磴を引きずり上る千歳飴

投句歓迎！
▽郵便はがきの裏面に未発表の自作3句以内と氏名、年齢、職業（自衛官・事務官＝所属部隊＝、OB、家族、一般など）、住所、電話番号を記入▽締め切り毎月15日▽宛先＝〒162−8801東京都新宿区市谷本村町5の1　防衛省D棟市ヶ谷記者クラブ朝雲俳句係☎03（5225）1750、専用線8・6・25515

第1224回出題

詰碁
出題　日本棋院　九段　曲　励起

白先
『黒を取って下さい。白目が大切です』5分でできれば中級です。

詰将棋
出題　日本将棋連盟　九段　石田　和雄

▽第88回の解答△
【正解】[illegible]

▶詰碁、詰将棋の出題は隔週です◀

朝雲
発行所 朝雲新聞社
〒160-0002 東京都新宿区四谷坂町12-20 KKビル
電話 03(3225)3841
FAX 03(3225)3831
振替00190-4-17600番
定価一部150円、年間購読料9170円（税・送料込み）

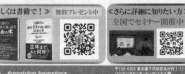

主な記事

日モンゴル防衛相会談
能力構築支援で新事業
大量傷病者訓練を開始

河野防衛相は12月3日、来日したモンゴルのニヤマー・エンフボルド国防相と防衛省で会談し、日本が掲げる「自由で開かれたインド太平洋」ビジョンに基づき、2国間の防衛協力・交流を一層推進していくことで一致した。両氏は防衛省・自衛隊が2012年に開始したモンゴル軍に対する能力構築支援事業（キャパシティー・ビルディング）に関し、今年度中に新たに衛生分野で「大量傷病者受け入れ訓練」を開始することで合意したほか、モンゴル陸軍司令官の来年度の訪日に向けて調整を進めていくことも確認した。

防衛協力推進で一致
陸軍司令官、来年度訪日へ

会談の冒頭、河野大臣は「モンゴルはユーラシア大陸の中心に位置し、中国、ロシアという大国に挟まれた戦略的に重要な国だ。日本は基本的価値観を共有するモンゴルとの関係を重視してきた。防衛・自衛隊の能力構築支援はPKO派遣に関わるモンゴル軍との協力を通じて具体的な成果を収めている」と述べた。

これに対し、エンフボルド国防相は「民主主義や人権の尊重など共通の価値観を共有する『第三の隣国』である日本との友好関係を引き続き発展させることは我が国の主な外交方針の一つだ」と応えた。その上で「平成の時代にしっかりと基盤を構築してきた両国の協力・交流を令和の時代にも新たな分野で協力関係をスタートさせていきたい」と期待感を示した。

両氏は自衛隊のモンゴル軍への能力構築支援が両国間の「防衛協力の重要な柱」となっていることを確認。今後もモンゴル軍工兵部隊の国連平和維持活動（PKO）への派遣に向け、施設分野での活動を継続するとともに、これまで実施してきた衛生分野でも今年度から新たに「大量傷病者受け入れ訓練」を開始することで一致した。

「大量傷病者受け入れ訓練」は今年度、モンゴル軍関係者が日本で研修した後、日本から要員を派遣し、両国間を往復しながら、将来的にはモンゴル軍が単独で訓練を実施できるレベルに到達することを目指す。

両氏はこのほか、12年に両国間で締結した「防衛協力・交流の覚書」に基づいて幅広い分野で協力を進めていくことを確認。米・モンゴル共催のPKO関連の多国間共同訓練「カーン・クエスト」への陸自部隊の派遣や、防大など自衛隊の教育機関へのモンゴル軍人留学生の派遣を継続していくことを申し合わせた。

モンゴル国防相の訪日は14年4月に小野寺五典防衛相と会談したバトエルデネ国防相（共に当時）以来、約5年半ぶり。防衛相会談は15年5月に中谷元防衛相とツォルモン国防相（共に当時）がシンガポールでのアジア安全保障会議（シャングリラ会合）の機会に開いて以来、約4年半ぶり。

河野防衛相（左）のエスコートで陸自の特別儀仗隊を巡閲するモンゴルのエンフボルド国防相（12月3日、防衛省で）

台風19号災派を終了
東日本12都県で8万人活動

防衛省・自衛隊は11月30日、長野県知事からの撤収要請を受け、同県を最後に10月12日から最大12都県で実施してきた台風19号などに伴う災害派遣活動を全て終了した。

（6、7面に関連記事）

期間中、即応予備自衛官延べ約370人を含む3自衛隊の隊員延べ約7万9000人が、東日本の各地で人命救助や不明者捜索、道路啓開、生活支援などさまざまな任務に当たった。即応予備自衛官の招集は昨年の北海道胆振東部地震に続き5回目。予備自衛官の招集は東日本大震災以来、2回目となった。

河野防衛相は12月3日の記者会見で「自衛隊は（発災当初の）10月13日から11月8日まで、約3万1000人態勢の統合任務部隊（JTF）を編成し、陸海空自衛隊の総力を挙げて対応した。JTFの解組後は規模を縮小し、陸自東北方面隊を中心に入浴や給水などの生活支援に当たった」と振り返った。

会見で河野大臣は災害廃棄物処理について環境省とマニュアル化を検討する方向であることにも触れ、「（2016年の）熊本地震の時と比べ、（省庁間の）体制が進んだと思っている」と語った。

【活動実績】▽人命救助＝計2040人▽給水＝約7030トン▽給食＝延べ約9万食▽入浴＝延べ約7万人▽災害廃棄物等撤去＝約100キロ▽道路啓開＝延べ約35万平方メートル▽防疫活動＝延べ約1330軒▽ブルーシート展張＝延べ約1040軒▽物資輸送＝延べ約60トン▽画像撮影＝延べ約230人

台風19号などに伴う災害派遣活動が終了し、長野市の職員らの見送りを受けて帰隊する12旅団の隊員（12月2日、長野市役所前で）

初の日米同時射撃訓練
米マクレガー射場 ペトリオット対空ミサイル
2目標の迎撃に成功

【空幕】米ニューメキシコ州のマクレガー射場で行われていたペトリオット対空ミサイルの初の「日米同時射撃」などをメインにした空自の令和元年度高射部隊実弾射撃訓練（ASP）が11月22日、終了した。

初の日米同時射撃訓練は終盤の同7日に行われ、高射教導群（浜松）の部隊と米陸軍第11防空砲兵旅団（フォートブリス）のミサイル部隊が射撃に臨んだ。

日米の両部隊はシステムを連接し、対空情報を共有、飛来した二つの目標に同時に対処した。日米は役割を分担して迎撃に当たり、弾道ミサイルにも対処できるペトリオットをほぼ同時に発射し、空中で目標を破壊、迎撃に成功した。

今年度のASPは8月28日から開始され、6個高射群と高射教導群の計約380人が参加した。現地で指揮官を務めた高射教導群司令の日高芳浩1佐は「日米同時射撃訓練は実弾射撃訓練の場を活用した新たな第一歩となった」と語った。

弾道ミサイルにも対処可能なペトリオットミサイルを空自部隊が発射した瞬間（米マクレガー射場で）

NATOサイバー演習に初めて参加

防衛省・自衛隊は12月2日から6日まで、北大西洋条約機構（NATO）が主催するサイバー防衛演習「サイバー・コアリション2019」に初めて正式に参加した。

演習はエストニアのタルトゥに統裁部を置き、NATOに加盟する27カ国をはじめ、欧州連合（EU）や日本を含むパートナー国7カ国を結んで約1000人規模で行われた。

参加者の大半は自国から演習に臨み、防衛省・自衛隊は内局、統幕、自衛隊指揮通信システム隊などから計約20人が参加。サイバー防衛に関するNATOとの連携要領について知見を深めるとともに、戦術技量の向上を図った。

海幕長6年ぶりベトナムを訪問

山村海幕長は12月10日、ベトナムを訪問するため、日本を出発した。

海幕長のベトナム訪問は2013年5月以来6年ぶり。現地では海軍高官らと2国間会談を行うほか、海軍部隊を視察する。14日に帰国の予定。

NATOとサイバー協議
防衛省

日本と北大西洋条約機構（NATO）との第5回「日NATOサイバー防衛スタッフトークス（幕僚協議）」が10月8日、防衛省で開かれた。

同省からは防衛政策局の松本恭典戦略企画課長ら、NATOからはクリスチャン・リフランダー新規安全保障課題局サイバー防衛課長らが出席した。

協議ではサイバー空間をめぐる諸課題について双方が最近の取り組みを紹介するなど幅広く情報共有と意見交換を行い、「安定的なサイバー空間の維持」に向けて共に努力していくことを確認した。

春夏秋冬
議論のすすめ
菊澤 研宗

バブル経済が崩壊しはじめた1991年に、私はニューヨークのマンハッタンにあるニューヨーク大学スターン経営大学院に留学した。当時、米国の経済状態は最悪で、ニューヨークの街は荒れていた。街のいたるところにホームレスの人たちがいた。

秋学期が始まる前、英会話学校の夏期短期コースに通った。さすがにニューヨークは国際都市だ。会話学校には世界中から学生が集まっていた。ロシア人、フランス人、イタリア人、韓国人、中国人、スイス人、スペイン人、イラン人などなど。クラス分け試験の結果、運悪くみんな自由に議論することを中心とするクラスに押し込まれた。私は英語が得意でないので、会話についていけず、戸惑い、そして困った。

ある日、国際関係に関するテーマがだされた。戦争に関するもので、いつもは大人しいスイス人の女性が激しく議論を展開していた。驚いた。とくにロシア人に対して激しい議論を展開していた。当時、私は平和ボケの日本人だったので、それほど外国人を疑う必要はないのではないかと主張した。

そんな私に、彼女が積極的に議論をしてきた。私のリスニング能力も会話能力もひどかったが、もうそんなことはどうでもよかった。不思議なことに、彼女が熱心に何を主張したいのか、私は彼女の目を見てすぐに分かった。それゆえ、人間というのは、共通言語をもたなくても互いに理解できることをはっきりと認識した。

こうした経験をしたので、学会などでときどき有意義な議論をするには、共通の土俵、共通のフレームワークがなければ、有意義な議論はできないともっともらしく主張する人がいるが、この意見には大反対である。われわれはそんなものがなくても議論は十分できるし、相互に理解しあえるのだ。むしろ議論すべきである。というのも、共通のフレームワークがなければ、話をしても無駄だという人は、結局、安易に暴力で決着をつけようとするからである。しかし、共通のフレームワークがなければ有意義な議論ができないというのは神話である。それは、暴力を行使する理由には絶対にならない。このことをグローバル社会に生きるリーダーには、ぜひ心にとどめてほしいものだ。

（慶応義塾大学教授）

日独防衛相が電話会談

河野防衛相は11月27日、ドイツのアンネグレート・クランプ＝カレンバウアー国防相と電話会談し、日独間の防衛協力・交流や両国を取り巻く安全保障情勢などについて意見交換した。

朝雲寸言

急激な少子化が学校教育を揺さぶっている。各地で公立高校の統合が相次ぎ、私立の高校・大学の経営も厳しくなっている。ある私立大学の教員は「学生数を確保するため、学力の足りない受験生でも合格にすることがある」と打ち明ける。入学を認めた以上、成績が不十分な学生を留年させれば、その大学はきちんと学生を教えていないとみなされるため、下駄をはかせて進級させている」とその教員はあきらめ顔だ▼そんな学校側の弱腰を見透かし、学生はますます学業と真剣に向き合わなくなる。国公立大学も例外ではなく、野球帽やフードをかぶったまま講義に出る学生なども多くなり、「詰めて前の席に座れるのに後ろの席に座り込む若者も増加する▼任期制自衛官の求人が増加の一途をたどっているという（11月20日付読売新聞夕刊）。従来から「学校より教育のしっかりした自衛隊」を評価する企業は多かったが、任期制自衛官への企業からの有効求人倍率が20・59倍と（一般は1・61倍）を大幅に上回っているのは、自衛隊が教育をしっかり行い、即戦力となる人材を社会に送り出している証だ▼任期制自衛官への高い信用は、一般の学校の劣化と裏表の関係にある。人材育成の面で自衛隊は「最後の砦」となりつつあるのかもしれない。高い信用に応え続けるため、学校と同様、自衛隊の品質の維持・向上に努めたいものである。

「防衛白書」感想文 募集中

来年1月31日締め切り

防衛省は初の試みとして、令和元年版「防衛白書」に関する感想文コンクールを開催することを決め、現在、作品を受け付けている。誰でも応募可能で、締め切りは来年1月31日（金）＝郵送の場合は当日の消印有効。

【郵送の場合】
①400字詰め原稿用紙（5枚以内）に感想文本文のみを記述
②別紙（様式自由）に▽感想文の題名▽住所▽氏名（ふりがな）▽職業▽年齢▽電話番号▽メールアドレス――を記載
③以上の2点を次の宛て先に郵送
（〒162－8801 東京都新宿区市谷本村町5－1 防衛省大臣官房企画評価課 防衛白書感想文係）

【HPから送信の場合】
①様式をダウンロードする
感想文本文（2000字以内）を記述
②応募フォームで感想文本文をアップロードし、必要事項を入力して送信

【表彰】
来年3月中に防衛省で表彰予定。
①最優秀賞＝賞状、副賞（富士総合火力演習・自衛隊音楽まつりの各ペア券）を贈呈
②優秀賞＝賞状、副賞（富士総合火力演習・自衛隊音楽まつりのうち1種類のペア券）を贈呈
※注意事項などの詳細は防衛省HPで確認を（https://www.mod.go.jp/j/publication/wp/impression/index.html）

時の焦点

国内

日印2プラス2

日本とインドの安全保障協力が深化しつつある。中東から太平洋に至る海上交通路の安全確保が重要だ。

日印両国の外務・防衛閣僚会合（2プラス2）がニューデリーで開かれた。4閣僚は、日米両国が掲げる「自由で開かれたインド太平洋」構想を推進していく方針で一致した。

2プラス2は、2国間の閣僚同士で安全保障政策や防衛協力について協議する枠組みだ。日本にとって、米国や豪州、英仏両国などに続き、インドは7カ国目である。インドは昨年、米国と2プラス2を開催しており、日本が2カ国目となった。

伝統的に「非同盟」を標榜してきたインドが、日米と連携を深めるのは、中国がインド洋周辺諸国で影響力を拡大しているためだ。

海洋の安全確保目指せ

スリランカは、中国の巨大経済圏構想「一帯一路」を頼って社会資本整備を進めた結果、多額の対中債務を負った。返済に行き詰まり、中国企業に港湾を長期貸与した。

東・南シナ海では、中国が軍事拠点化を進めている。中国に覇権主義的な行動を自制するよう促す上で、日米とインドなど関係国の連携は欠かせない。

日印の4閣僚は、共同声明をまとめた。自衛隊とインド軍で物資を融通し合う物品役務相互提供協定（ACSA）の締結を目指す方針が盛り込まれた。

日印は2015年、機密情報を共有する協定（GSOMIA）を結んでいる。海上自衛隊とインド海軍は、機雷の除去や対潜水艦の訓練を重ねている。陸自も、テロ対策などでインド軍と演習を行った。

日印ACSAには共同訓練を円滑に行う狙いがある。締結すれば、協力関係は厚みを増そう。

声明は、日印で初の戦闘機訓練を日本で開催する方針も明記した。

両国は、合同訓練の定例化や、防衛装備品の共同開発に積極的に取り組むべきだ。対中国を想定した場合、日米豪印4カ国での訓練も検討すべきだろう。

12月中旬には安倍首相が訪印し、モディ首相と会談する予定だ。

インドは、東アジア地域包括的経済連携（RCEP）交渉からの離脱を表明している。日中韓やインド、東南アジア諸国連合など16カ国で、新たな自由貿易圏を作る構想だ。域内の成長を押し上げると期待される。

人口13億人超の成長大国が参加しなければ、貿易圏の意義は薄れよう。東アジアでの中国の影響力が強まる恐れもある。

インドは、中国から安い製品が大量に流れ込むことを懸念している。

だが、RCEPへの参加は、インドが強みを持つIT分野の輸出拡大につながる可能性がある。日本は参加の利点を粘り強く訴え、交渉への復帰を促さねばならない。

夏川　明雄（政治評論家）

海外

香港情勢の新展開

着地点見えぬ米中対立

世界経済の先行きにも大きな影を落とす米中貿易摩擦の事態収拾に向けた着地点が見えない不穏な状況が続く。さらに加えて、今年3月以降、中国から高度な自治を保障されているはずの「一国二制度」下の香港で続く民主派の反政府運動と、これを力で押さえ込もうとする治安当局との衝突に伴う緊張した状況も長期化の様相を呈しており、混迷の度を深める香港情勢が米中関係の険悪化に拍車をかける。来年春に予定される中国の習近平国家主席の国賓としての訪日も控え、米中対立の行方やその影響を受ける香港情勢は、わが国にとっても一筋縄ではいかぬ外交力を試させられる局面を迎えつつある。

外国メディアも大きく伝える香港情勢をめぐり、中国の習近平指導部にはここにきて、大きな誤算や衝撃の事態が相次ぐ。11月下旬に行われた香港区議会選では、民意を読み違えて民主派が全議席の8割超を獲得する圧勝を収め、親中派が惨敗したのに続き、習主席の友人を公言するトランプ米大統領が議会で可決された「香港人権・民主主義法案」に署名し、同法が成立した。

米国として香港の民主派やデモ隊を支援する立場を明確に示す「香港人権法」の成立が習指導部にとっての誤算だったとみられるのは、合意に向け大詰めを迎えた米中通商協議を優先するトランプ氏が拒否権を発動すると踏んでいた節があるからだ。

香港でデモ隊と警察部隊の衝突が激化する中、米国では香港情勢への懸念が高まり、法案は上下両院で超党派議員の圧倒的多数で可決されていた。直前まで拒否権の発動をちらつかせていたトランプ氏が署名に踏み切ったのは、中国政府の容赦ない圧力を受ける香港の社会状況を憂える米国民の大きな世論に抗しきれないと判断したからだろう。ウクライナ疑惑をめぐる米議会での大統領弾劾の動きをにらんで、与党の共和党を敵に回すのは得策ではないという再選に向けたトランプ流打算も後押しした。

当然のことながら、中国外務省は即座に米国を強く非難する声明を発表し、「米国は暴力犯罪分子を後押ししており、その根本的な目的は香港の繁栄と安定の破壊だ」と指摘。その上で、「中国は強力な措置を取り、断固として報復するだろう」と警告した。米中対立の激化は不可避で、米中双方の政治的思惑やお家の事情から部分合意の署名が期待されていた通商協議の行方は一転して不透明となった。

中国側の強い怒りの背景には、香港の社会的混乱が泥沼化する現実への危機感に加え、台湾問題と同様、中国共産党指導部が絶対譲れないとする「国家の統一」に関わる問題で米国の介入が強まることへの恐れがある。

しかし、中国政府が12月初めに発表した第一弾の報復措置は、米軍の艦船や飛行機が整備のために香港に立ち寄るのを拒否することなど、抑制的な内容にとどまった。とはいえ、米中間の通商交渉をめぐる報復合戦の再燃と併せ、対立分野が広がる双方の熾烈な駆け引きが長期化するのは必至だ。

伊藤　努（外交評論家）

陸幕長、印陸軍参謀長と会談

共同実動訓練の意義を確認

日本での再会を喜び、固い握手を交わす湯浅陸幕長（右）とインド陸軍参謀長のラワット大将（12月4日、陸幕長応接室で）

湯浅陸幕長は12月4日、来日したインド陸軍参謀長のビピン・ラワット大将と防衛省で会談した。インド陸軍参謀長の来日は2015年11月以来、6回目。

ラワット参謀長は栄誉礼、儀仗の後、湯浅陸幕長と会談。陸幕長は10月のインド訪問で視察した日印共同実動訓練「ダルマ・ガーディアン19」に触れ、「戦技の向上だけでなく、隊員同士が友好関係を築いていたことが印象深く、意義のある演習だ」と述べた。参謀長も「共同訓練を行うことで、日印間の交流を深め、学び合うことができた」と語った。両者は訓練の継続、演習オブザーバーの相互派遣などで一致した。

この後、ラワット参謀長は河野防衛相を表敬。大臣は11月末にインドで開催された初の日印外務・防衛担当閣僚協議「2プラス2」での成果を踏まえ、「3軍種間で共同訓練が開始されたことは喜ばしく、定例化したい」と述べると、ラワット参謀長は「日印の関係をさらなる高みに押し上げていきたい」と応え、両国はさらなる防衛協力の深化で一致した。

参謀長は12月5日、朝霞駐屯地の陸上総隊司令部、東部方面総監部を視察。その後、富士地区に移動し、「ダルマ・ガーディアン19」に参加した34普連（板妻）の装備品などを視察し、7日に帰国した。

在外邦人等保護措置訓練

C130H、「いせ」で退避

治安が悪化した外国から邦人等を警護、救出、輸送することを目的とした国内での令和元年度「在外邦人等保護措置訓練」が12月9日、日吉原演習場、豊川駐屯地、小牧基地などで始まった。14日まで。

訓練には陸自から陸上総隊、中部方面隊、警務隊、海自から自衛艦隊、空自からは航空総隊、支援集団、教育集団など約550人が参加している。このほか内閣官房、外務省からも職員が加わった。

訓練では「一時集合場所」に集まった邦人を日吉原演習場からCH47JA輸送ヘリで小牧基地と三河湾に停泊中の海自護衛艦「いせ」に空輸。その後、小牧基地ではC130H輸送機、三河湾では「いせ」で邦人らを退避させる一連の行動を演練する。このほか関係機関との連携や調整要領に関する机上訓練も行う。

接舷してホースを接続する北朝鮮籍タンカー「MU BONG（ムポン）1号」（左）と船籍不明の船舶（11月13日午前3時頃、東シナ海の公海上で）＝海自護衛艦「せんだい」が撮影

北朝鮮「瀬取り」東シナ海で確認

公表15例目

北朝鮮船籍タンカー「MU BONG（ムポン）1号」が11月13日未明、東シナ海の公海上で船籍不明の船舶に横付けし、国連制裁逃れの密輸目的で物資を積み替える「瀬取り」を行った疑いがあることを防衛省が11月26日、発表した。

中国・上海の東方約280キロの沖合で、船尾の船名を何かで覆った船籍不明の船舶に北朝鮮船籍タンカーが接舷し、ホースを接続しているのを海自第14護衛隊所属の護衛艦「せんだい」（舞鶴）が確認した。

日本政府による「瀬取り」事案の公表は昨年1月以来、今年5月13～14日の事例に続き15例目。「瀬取り」が疑われる回数としては計21回目。

政府は国連安全保障理事会の北朝鮮制裁委員会（専門家パネル）に通報するとともに、関係国と情報共有を行った。

海賊対処支援隊13次隊が出国

アフリカのジブチで自衛隊海賊対処活動拠点の基地警備などを担う支援隊の交代のため、12月10日、13次隊の第1波約20人が成田空港から出発した。

13次隊は陸自25普連（遠軽）を基幹とする陸・海自隊員約110人で編成され、指揮官は12次隊司令の小澤学1陸佐が引き続き務める。続く第2、3波は来年1月上旬から中旬にかけて順次出国する。

活動を終える12次隊の要員は、第1波約20人が12月20日に民航機で羽田空港に帰国する予定。

中国艦1隻が対馬海峡を往復

11月28日午前10時半ごろ、中国海軍の「ジャンカイII」級フリゲート（満載排水量約3900トン、艦番号548「益陽」）1隻が長崎・下対馬の南西約180キロの公海上を北東に向け航行するのを海自1空群（鹿屋）のP3C哨戒機が確認した。

中国艦はこの後、対馬海峡を北上して日本海に進出。翌29日に再び対馬海峡を南下し、東シナ海に戻った。中国海軍の艦艇が対馬海峡を通過するのは本年度7回目。

上空に情報収集機

一方、上空では中国海軍のY9情報収集機1機が11月29日、東シナ海から対馬海峡の公海上空を往復飛行したため、空自西空のF2戦闘機などが緊急発進して対応した。領空侵犯はなかった。

Y9は、東シナ海から北東進し、長崎・対馬東水道を通過して日本海に進出。その後、反転し、ほぼ逆ルートで戻った。

朝雲新聞社人事
▽専務取締役　中島　貴広（12月1日）

1佐職　定期異動

防衛省発令

▽統幕首席後方補給官付後方補給室長（中国四国防衛局玉野防衛事務所長）1海佐　葛谷　昌哉
▽海幕艦船・武器課長（海幕艦船・武器課艦船・武器調整官）同　木下　治信
▽同艦船・武器課艦船・武器調整官兼艦船・武器課誘導武器班長（統幕首席後方補給官付後方補給室長）同　工藤　博之
▽横須賀警備隊司令（海自補給本部装備計画部長）同　水上　智雄
▽海自補給本部装備計画部長（同艦船・武器部長）同　山野　太資
▽同艦船・武器部長（海幕艦船・武器課長）同　小野彰一郎
▽中国四国防衛局玉野防衛事務所長（同艦船・武器課誘導武器班長）同　柿内　淳志
（以上11月30日）
▽防衛研究所主任研究官（教育訓練研究本部教育部総括室長）1陸佐　國嶋　健一
▽統幕人事教育課制度室長（西部航空施設隊司令）1空佐　村上　圭輔
▽同運用1課カウンターインテリジェンス室長（情報本部）1海佐　高山真砂美
▽統幕学校教育課（空自幹部学校航空研究センター研究企画管理室長）1空佐　今井　克敏
▽陸幕装備計画課需品室長（6後方支援連隊長）1陸佐　澤村満称子
▽同武器・化学課弾薬班長（教育訓練研究本部研究員）同　清水　望
▽同航空機課総括班長（航空学校主任教官）同　姫野　智一
▽同航空安全班長（西部方面ヘリ隊長）同　川宿田州成
▽陸上総隊人事課長（12ヘリ隊長）同　桑畑　英紀
▽同情報1課長（中部方面総監部情報課長）同　高木　真一
▽同報道官（1特科群長）同　水沼　大
▽北部方面総監部防衛課陸上連絡官（航空学校）2陸佐　北島　一生
▽北部方面総監部付（情報本部）1陸佐　高橋　潤
▽1対戦車ヘリ隊長（1ヘリ団高級幕僚）2陸佐　末岡　孝介
▽1陸曹教育隊長（普通科教導連隊副連隊長）同　前田　貴大
▽東北方面総監部装備課長（統幕学校教育課）同　中村　晋
▽東北方面ヘリ隊長（北部方面総監部防衛課陸上連絡官）同　東木場保貴
▽3陸曹教育隊長（滝ヶ原駐屯地業務隊長）1陸佐　川上　陽
▽練馬駐屯地業務隊長（教育訓練研究本部）同　境　孝明
▽滝ヶ原駐屯地業務隊長（富士学校）2陸佐　石橋　公一
▽中部方面総監部情報課長（教育訓練研究本部）1陸佐　田近　敬
▽同医務官兼阪神病院精神科部長（阪神病院診療技術部長兼精神科部長）同　鉾石　和彦
▽同総監部付（中部方面会計隊長）同　矢納　裕二
▽同会計隊長（西部方面総監部広報室長）同　中畑　晶広
▽海田市駐屯地業務隊長（16普通科連隊長兼大村駐屯地司令）同　南野　延寿
▽西部方面総監部広報室長（陸幕航空機課航空安全班長）同　田代　裕久
▽同総監部情報部長（情報保全隊東北情報保全隊長）同　佐藤　裕史
▽同ヘリ隊長（高等工科学校教育部長）2陸佐　湯浅　征幸
▽同後方支援隊長（情報本部）1陸佐　柳田　常泰
▽久留米駐屯地業務隊長（九州補給処健軍支処長）同　江崎　賢治
▽5旅団幕僚長（2戦車連隊長）同　黒木　正富
▽13旅団3部長（教育訓練研究本部企画調整官）同　高山喜一郎
▽14旅団副旅団長兼善通寺駐屯地司令（5旅団幕僚長）同　下本　昭司
▽同幕僚長（陸上総隊報道官）同　岡本　宗典
▽1ヘリ団高級幕僚（1対戦車ヘリ隊長）同　横川　文彦
▽同本部付（陸幕航空機課総括班長）同　不破　悟
▽5施設団副団長（14施設群長）同　小板橋順次
▽西部方面混成団本部付（久留米駐屯地業務隊長）同　福岡　和博
▽6普通科連隊長兼美幌駐屯地司令（3陸曹教育隊長）同　佐藤　靖倫
▽16普通科連隊長兼大村駐屯地司令（13旅団3部長）同　杉原　正典
▽19普通科連隊長（北関東防衛局防衛補佐官）同　今村英二郎
▽2戦車連隊長（教育訓練研究本部教官）同　川村　洋史
▽6後方支援連隊長（防衛装備庁調達企画課連絡調整官）同　萩野　隆
▽13後方支援隊長（陸幕武器・化学課弾薬班長）同　村中　克毅
▽12ヘリ隊長（教育訓練研究本部研究員）同　加藤　憲司
▽1特科群長（陸上総隊人事課長）同　伊藤　浩之
▽14施設群長（施設学校研究部長）同　上林　勝敏
▽警務隊企画訓練科長（小平学校）2陸佐　河田　一起
▽西部方面警務隊副隊長（警務隊企画訓練科長）同　佐藤　雅之
▽中央業務支援隊副隊長（香川地方協力本部長）1陸佐　河合　龍也
▽会計監査隊副隊長（教育訓練研究本部教官）同　松下　正己
▽同中部方面分遣隊長（1陸曹教育隊長）2陸佐　古越万紀人
▽航空学校主任教官（東北方面ヘリ隊長）1陸佐　小野　栄二
▽施設学校研究部長（教育訓練研究本部研究員）1陸佐　佐藤　洋
▽武器学校副校長兼企画室長（教育訓練研究本部主任教官）同　鈴木　正大
▽教育訓練研究本部企画調整官（教育訓練研究本部）同　上原　孝志
▽同教育部総括室長（同主任教官）同　弓場　信行
▽同主任教官（教育訓練研究本部）同　大津　勝利
（同）同　吉原　孝典
▽同教官（19普通科連隊長）同　松崎　早博
▽教育訓練研究本部（東北補給処補給部長）2陸佐　三浦　恵久
（14旅団幕僚長）1陸佐　田丸　正勝
（5施設団副団長）同　末廣　和祥
（教育訓練研究本部研究員）同　北川　真
（愛知地方協力本部募集課長）同　大戸　英円
▽教育訓練研究本部付（武器学校副校長兼企画室長兼研究部長）同　中村　佳伸
▽補給統制本部調査研究課長（東北方面総監部装備課長）同　原　勇司
▽同弾薬部長（13後方支援隊長）同　池田　幸博
▽同需品部長（陸幕装備計画課需品室長）同　小林　将浩
▽同補給計画課長（関西補給処桂支処整備部長）同　足達　陽一
▽補給統制本部付（補給統制本部弾薬部長）同　上原　幹大
▽東北補給処補給部長（防衛装備庁プロジェクト管理部統合装備計画官付統合装備計画室装備計画調整官）同　山田　芳樹
▽関東補給処松戸支処長（補給統制本部需品部長）同　野口　恵一
▽関西補給処付（会計監査隊中部方面分遣隊長）同　藤原　宝
▽関西補給処桂支処整備部長（補給統制本部）2陸佐　三木　太郎
▽九州補給処副処長（西部方面後方支援隊長）1陸佐　佐々木龍太郎
▽九州補給処付（近畿中部防衛局東海防衛支局次長）同　塚本　義明
▽九州補給処健軍支処長（施設学校）2陸佐　渡部　孝則
▽海幕首席法務官兼海自幹部学校（情報保全隊情報保全官）1海佐　森下　治彦
▽同首席衛生官付衛生企画室長（自衛艦隊衛生主任幕僚）同　吉井　秀彦
▽自衛艦隊衛生主任幕僚（中央病院小児科）同　川村　陽一
▽下総教育航空群司令（小月教育航空群司令）同　井上　竜三
▽小月教育航空群司令（海幕首席法務官兼海自幹部学校）同　坂本　太郎
▽空幕総務課総務班長（空自幹部学校）1空佐　井上　利光
▽同教育課飛行教育班長（空自幹部学校付）同　渡邉　正人
▽同首席衛生官付次席衛生官（航空教育集団医務官）同　辻本　哲也
▽航空総隊会計課長（航空教育集団会計課長）2空佐　松島　聡史
▽3航空団（空幕教育課飛行教育班長）1空佐　野村　信一
▽中部航空方面隊援護業務課長（空自幹部学校総務課長）同　北村　克晶
▽4高射群副司令（空自4補給処整備部長）2空佐　大村　広作
▽西部航空施設隊司令（空自幹部候補生学校学生隊長）1空佐　浅沼千代忠
▽航空支援集団運用課長（空幕総務課総務班長）同　山本　仁
▽航空教育集団医務官兼防医大病院兼中央病院病理課（同首席衛生官付次席衛生官兼防医大病院兼中央病院病理課）同　加藤　圭
▽空自幹部候補生学校学生隊長（防衛監察本部統括監察官付5監察班長）同　武田　剛
▽空自2術科学校2教育部長（4高射群副司令）同　小岩　宏志
▽空自幹部学校航空研究センター研究企画管理室長（空自幹部学校）同　南　賢司
▽同総務課長（同2術科学校2教育部長）同　中塚　千陽
▽空自幹部学校（岐阜地方協力本部長）同　樫地　慶一
▽情報保全隊情報保全官（統幕運用1課カウンターインテリジェンス室長）1海佐　吉田　誠
▽同東北情報保全隊長（陸上総隊情報1課長）1陸佐　宮本　克洋
▽中央病院1精神科部長兼海幕首席衛生官付衛生企画室長（海幕首席衛生官付衛生企画室長）1海佐　澤村　岳人
▽同2精神科部長（中央病院教育訓練課長兼1精神科）2陸佐　小林　伸久
▽同診療技術部長兼1外科部長（同1外科部長）1陸佐　村山　道典
▽同教育訓練課長兼耳鼻いんこう科（同耳鼻いんこう科）2陸佐　鈴木　洋
▽中央病院付（同診療技術部長兼1精神科部長）1陸佐　丸山　徹
▽阪神病院診療技術部長兼耳鼻いんこう科部長（中部方面総監部医務官兼阪神病院耳鼻いんこう科部長）同　野原　理
▽岐阜地方協力本部長（航空支援集団運用課長）1空佐　二木　裕昭
▽愛知地方協力本部募集課長（6普通科連隊長兼美幌駐屯地司令）1陸佐　降籏　慎生
▽香川地方協力本部長（教育訓練研究本部）同　梶原　新吾
▽佐賀地方協力本部長（会計監査隊副隊長）同　安藤　和幸
▽防衛監察本部統括監察官付5監察班長（航空支援集団技術教育課長）2空佐　大藤　勉
▽北関東防衛局防衛補佐官（補給統制本部補給計画課長）1陸佐　松井　一博
▽近畿中部防衛局東海防衛支局次長（同調査研究課長）同　北村　清孝
▽防衛装備庁プロジェクト管理部統合装備計画官付統合装備計画室装備計画調整官（防衛装備庁プロジェクト管理部装備技術官付）2陸佐　[illegible]
▽同調達企画課[illegible]（武器学校）1陸佐　[illegible]
（以上[illegible]）
▽統幕防衛課防[illegible]（統幕防衛課）[illegible]
▽同防衛課付（情[illegible]）1海佐　[illegible]
▽同指揮通信シス[illegible]（8護衛隊司令）[illegible]
▽海幕総務課総[illegible]（[illegible]）[illegible]
▽同人事計画課[illegible]人事計画課）[illegible]
▽同運用支援課[illegible]
▽同指揮通信課[illegible]空群首席幕僚）[illegible]
▽同指揮通信課[illegible]（海幕指揮通信[illegible]）[illegible]
▽同情報保証班長[illegible]　2海佐　[illegible]
▽自衛艦隊情報主[illegible]報本部）1海佐　[illegible]
▽護衛艦隊司令部[illegible]う艦長）[illegible]
▽1護衛隊群司令部[illegible]衛課付兼防衛政策局[illegible]課兼防衛政策局[illegible]
▽8護衛隊司令[illegible]信課指揮通信班[illegible]
▽みょうこう艦長[illegible]司令部兼護衛艦[illegible]
▽かが艦長（舞[illegible]3幕僚室長）[illegible]
▽呉海上訓練指導[illegible]が艦長）[illegible]
▽1海上訓練支援[illegible]報本部）[illegible]
▽航空集団司令部[illegible]通信課情報保証班[illegible]
▽21航空群司令部[illegible]課防衛交流班長）[illegible]
▽22航空群司令部[illegible]計画課企画班長）[illegible]
▽八戸航空基地隊[illegible]給処計画部長）[illegible]
▽指揮通信開発隊[illegible]教育隊司令）[illegible]
▽舞鶴地方総監部[illegible]（舞鶴地方総監部[illegible]）[illegible]
▽大湊地方総監部[illegible]幕総務課総務調[illegible]
▽舞鶴教育隊司令[illegible]練支援隊司令）[illegible]
▽徳島教育航空群[illegible]（海自幹部学校[illegible]）[illegible]
▽海自1術科学校[illegible]（呉海上訓練指導[illegible]）[illegible]
▽システム通信隊[illegible]衛艦隊情報主任[illegible]
▽同4術科学校[illegible]補給処計画部長[illegible]
▽同研究部長[illegible]校）[illegible]
▽艦船補給処[illegible]究部長）[illegible]
▽航空補給処[illegible]校長）[illegible]
（以[illegible]）

水機団上陸　橋頭堡築く

種子島で島嶼防衛訓練 (下)

自衛隊統合演習中の「島嶼防衛訓練」として鹿児島県の種子島とその周辺海空域で11月上旬から実施されていた水陸両用作戦が同14日、報道陣に公開された。訓練では陸自水陸機動団の水陸両用車ＡＡＶ７の部隊が沖合の海自輸送艦「くにさき」から次々と発進し、空自機が対地火力支援を行う中、海岸に着上陸して沿岸部に橋頭堡を築くまでが演練された。

（写真・文　古川勝平）

陸海空統合で水陸両用作戦

種子島を舞台にした同統合演習には陸自から水機団（相浦）など約800人、海自から掃海隊群（横須賀）など約650人、空自から航空総隊（横田）など約50人が参加。

記者団は旧種子島空港から陸自のＣＨ47輸送ヘリで沖合を航行中の輸送艦「くにさき」に着艦し、ここから取材がスタートした。同艦には3自衛隊の指揮官である陸自水機団長の青木伸一陸将補、海自掃海隊群司令の白根勉海将補、空自総隊幕僚長の柿原国治空将補が乗艦しており、早速、車両デッキで3人のインタビューが行われた。

最初に海自の白根掃海隊群司令が「訓練の目的は自衛隊の統合運用能力、特に水陸両用戦での統合運用能力の向上だ。我が国の島嶼地域に敵が侵攻する場合に、我々は迅速に部隊を展開させ、海上・航空優勢を確保しつつ、敵部隊の接近、そして上陸を阻止しなければならない。島を占領された場合にはあらゆる手段を使って排除・奪回する。これらの運用には陸・海・空の統合運用が極めて重要だ。今回の訓練では統合運用能力を高めるとともに、海自としては（「くにさき」が）洋上で陸・空自の接点となり、統合作戦がうまくいくように全体調整をしている」と語った。

続いて陸自の青木水機団長が「（発足から1年半の）水機団としては、これまでの訓練で最大規模の部隊が参加しているが、ここでは海・空自との密接な連携が重要となる。総合的に水陸両用作戦能力を高め、実効力を上げていきたい」と抱負を述べた。

空自部隊を指揮する柿原総隊幕僚長は「空自はこの作戦で航空支援、火力支援を担う。したがって陸・海上部隊の（航空支援の）要請に適時・的確に応えることが我々に求められている。その意味で、実動で密接に連携しながらの訓練は大変意義深い。3自衛隊の統合運用をさらに深化できる」と話した。

海自輸送艦「くにさき」の後部ウェルドックから次々と発進し、種子島の前之浜海岸に向かう陸自水機団の水陸両用車ＡＡＶ７の部隊（いずれも11月14日）

輸送艦「くにさき」艦内の車両デッキで、自衛隊統合演習の意義を述べる３自衛隊の指揮官。右から青木伸一水陸機動団長、白根勉掃海隊群司令、柿原国治航空総隊幕僚長

「くにさき」からＡＡＶ７　空自機が対地火力支援

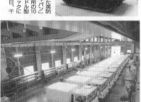

この後、「くにさき」艦内の後部ドックでＡＡＶ７の発艦シーンが公開された。エアクッション艇（ＬＣＡＣ）を2隻格納できるウェルドック前方の車両デッキにはこの日、10両のＡＡＶ７が搭載されていた。

「くにさき」の後部ドアが開かれると、荒れた海が現れた。この日は風が強く波高は1・5メートルほどあるという。ＡＡＶ７に一斉にエンジンがかけられると、排煙とともに、艦内には大音響がひびき渡った。いよいよ発進だ。

ウミガメのような1両20トンもの重さのＡＡＶ７が次々と後部ハッチに向けて前進していく。目の前には荒れた海があり、その海面に各車両は果敢にダイブしていった。一瞬、波間に沈み込むが、すぐに浮上する。

全車両が無事に発進すると、10両のＡＡＶ７は種子島南部の前之浜海岸に向け、列を作って航行していった。このほか海上では海自のエアクッション艇ＬＣＡＣもＡＡＶ７部隊の後方支援に当たり、物資輸送を行っている。

この後、記者団は再び陸自ヘリで旧種子島空港に戻り、そこから車で前之浜海岸まで移動。先ほど「くにさき」から発進したＡＡＶ７の一部はすでに浜辺に上陸しようとしていた。

隊形を整えたＡＡＶ７の部隊が一斉に上陸を開始し、上陸後、後部ドアを開けて完全武装の隊員たちが下車して周囲に展開、浜辺の安全化と橋頭堡の確保に当たった。

この日の場面では公開されなかったが、実戦であれば、陸自部隊が着上陸を行う直前に敵の陣地や部隊に向けて海自護衛艦からの艦砲射撃や空自戦闘機による対地攻撃などの火力支援が行われたはずだ。

危険が伴う〝強襲揚陸作戦〟においては、陸海空の統合運用がうまく機能して初めて上陸作戦が成功するのだ。

沖合の「くにさき」から海上を航行し、種子島の前之浜海岸に砂を巻き上げながら上陸するＡＡＶ７

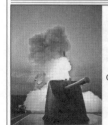

前之浜海岸に上陸後、ＡＡＶ７の車内から一斉に下車し、周囲に展開、安全化を図る水陸機動団の隊員たち

偵察ボートに乗り、洋上偵察に向かう水機団の隊員たち（種子島の前之浜海岸で）

日本の防衛を支える

新潟・長岡「大原鉄工所」　高瀬隆幸・東京支店長に聞く

〝隊員ファースト〟改良続く

海自の砕氷艦「しらせ」にも搭載　陸自向け雪上車を開発

秋晴れに恵まれた11月12日、東京・晴海から南極の昭和基地に向けて出港した海自の砕氷艦「しらせ」。その艦内には過酷な環境にも耐える南極観測用の雪上車が搭載されていた。この車両を製造しているのが新潟県長岡市に本社・工場を構える大原鉄工所（大原興人社長）だ。

同社は1907年、さく井（石油発掘）関係機器部門の鋳造メーカーとして創業。1951年に雪深い新潟県から「雪の中でも走行できる作業車を作ってほしい」との要望を受け、日本初の本格的な雪上車を開発した。

2年後の1953年、同社は防衛庁の要請により、陸自向けの雪上車の開発に着手。「そうして完成した53式雪上車に端を発し、防衛省には現在まで一貫して当社の雪上車を使用していただいています」と話すのは東京支店の高瀬隆幸支店長。

積雪寒冷地の陸自の冬季作戦にも活用できるよう、同車は白く塗装され、北海道、東北、信越地方などの各駐屯地で冬季の訓練や災害派遣など部隊・隊員の活動を支えている。

先月、千葉市で開催された英国の防衛装備展「ＤＳＥＩ－ジャパン」にも出展された同社の最新型「10式雪上車」（2011年度から陸自に納入）は車体がコンパクトで、陸自のトラックにそのまま積載可能だ。災害派遣の場合、現場近くまではトラックで輸送後、自走で降りて、深い雪の中でも最大時速43キロで現場に進出できる。

「世界的に見ても、雪上車でこの速度を出せる車両は他にありません」と高瀬支店長も胸を張る。

すでに全車退役したが、53式の後継にあたる78式雪上車は約600両が納入された。78式は操縦が2本レバーだったが、10式は乗用車と同じハンドルに改良され、「運転しやすい」と隊員からも評価を受けている。

最近では陸自だけでなく、北海道・東北などの積雪地の自治体にも納入しているという大原鉄工所。特に南極の昭和基地で使われる大型雪上車は、レーダーサイトに勤務する隊員のニーズに合った仕様で好評を得ている。

「先を見据えた新しい雪上車を開発していく。ユーザーである自衛隊の方々からのご意見や要望は大変貴重。そのアドバイスを受けて改良を進め、より高性能な雪上車を開発していきます」と高瀬支店長。

〝隊員ファースト〟で改良を重ねる大原鉄工所の雪上車は、今後さらに進化を続けていきそうだ。

日本で初開催となった英防衛装備展「ＤＳＥＩ－ジャパン」に出展された大原鉄工所の10式雪上車。操縦はハンドル型に改良され、陸自トラックにも積載可能だ（11月20日、千葉市の幕張メッセで）

長岡本社工場での10式雪上車の製造風景

◇大原鉄工所
1907年創業、1940年設立。本社は新潟県長岡市。従業員170人。雪上車などの車両事業の他、バイオガス発電などの環境事業も手掛ける。

厚生・共済

特集

「SUPPORT21冬号」完成

「退職時の手続き」を特集
家事代行サービスの紹介も

防衛省共済組合の広報誌『SUPPORT21冬号』が出来上がりました。

巻頭では退職予定隊員向けに「よくわかる退職時の共済手続き」を特集。自衛官・事務官等は退職すると翌日から組合員でなくなるため、退職前に短期（医療）、長期（年金）、保健、貯金、貸付・物資、保険、防衛省生協（火災・災害共済、生命・医療共済、退職者生命・医療共済）の手続きを済ませておくことが必要です。

本誌では必要な手続きを特集し「退職時の共済手続き一覧」を掲載しているので、最終チェックの参考にしてください。

クリスマスやお正月商品も

本号ではクリスマス・お正月に向けた本部契約商品もご用意しています。

来年の「空自ブルーインパルス60周年」を記念した特別デザインのスポーツ腕時計は特別価格が組合員価格6万6880円でご提供。

初の女性用ブルーインパルスモデルは組合員価格2万240円。クリスマスのプレゼントにいかがですか。

お正月向けの食材としては、「浜ゆでたらばがに」を組合員価格1万3300円（定価1万4800円）でご提供。故郷へのお土産にもどうぞ。

来春、進学や就職などで上京予定の組合員子女向けに、防衛省共済組合の入間学生・独身寮「パークサイド入間」が入居者募集を開始します。本誌で施設内容を詳しく紹介していますので、家族の皆さまでチェックしてみてください。

連載記事「ベネフィット・ステーション活用術」は、家事代行、ハウスクリーニングなどのサービスを紹介。組合員は割引価格で利用できるので、年末がお忙しい方でも大掃除が確実に行えます。

巻末の「支部だより」は、平成30年度本部長表彰を受賞した沖縄防衛局支部、函館支部、佐渡支部を紹介。各支部の福利厚生事業の内容が詳しく紹介されています。

『SUPPORT21』はご自宅に持ち帰り、ご家族で一緒にご覧ください。

忘新年会パーティーパック【2時間フリードリンク】

年末年始 楽しいひと時を

記念すべき令和元年の年末、そして令和2年の年始を、ホテルグランドヒル市ヶ谷で楽しい集いのひと時をお過ごしください——。

防衛省共済組合の直営施設ホテルグランドヒル市ヶ谷（東京都新宿区）では、忘年会・新年会に最適な2時間フリードリンクの「忘新年会パーティーパック」をご用意しております。同窓会、懇親会などにもぜひご利用ください。

「忘新年会パーティーパック」は洋食ビュッフェと和洋ビュッフェがあり、いずれも料金はお1人様6000円（全12種類）、7000円（全15種類）、8000円（全17種類）、1万円（全17種類）のパック料金となっています。さらに、洋食ビュッフェは組合員限定のお1人様5000円（全12種類）のお得なパックもご用意しております。

【和洋ビュッフェ】

ホテルシェフが作る彩り豊かなメニューをはじめ、贅沢に味わえるお得な組み合わせ。おすすめの7000円コースは、塩麹と醤油麹のガーリックオイル炒め、牛ローステーキ、ポークグリエ ベリーソース、鮮魚お造り盛り合わせ（7点盛り）など全15品です。

【洋食ビュッフェ】

ホテル伝統の味と現代の調理法を融合して変化を遂げた料理は、皆さまに満足いただけます。おすすめの7000円パックは、リヨン風チキン、目鯛のポワレ ルノーブル風、国産牛の冷製ローストビーフ、寒ブリのカルパッチョなど全15品です。

ホテル自慢のお料理を堪能しながら、特別の時間をお愉しみください。

当プランには室料・料理・ドリンク・消費税・サービス料が含まれています。

◇

フリードリンクはA・Bの2コースがあります。Aコースはビール、ウィスキー、焼酎（芋・麦）、ハイボール、日本酒、ソフトドリンク。Bコースはビール、ウィスキー、カクテル各種、ハイボール、日本酒、ワイン、ソフトドリンクとなっています。

7000円以上のコースはワイン（赤・白）付き。さらに8000円コースは日本酒またはワインのグレードアップ、1万円コースはワイン、日本酒ともにグレードアップします。

ご予約・お問い合わせは宴会予約担当（03・3268・0116【直通】、8・6・28854【部外線】）まで。午前9時から午後7時まで受け付けています。

今年度の健診はお済みですか？

生活習慣病である高血圧、糖尿病、脂質異常症などに、喫煙や肥満などが重なると、動脈硬化が進行して心筋梗塞などの重い病気の発症につながります。定期的に健診を受診し、健康を保ちましょう。

また、今年度も女性を対象に「巡回レディース健診」を行っています。ぜひご利用ください。

健診の受け付けは共済組合が委託する「ベネフィット・ワン」が行っていますので、次の方法でお申し込みください。

ネットや電話、FAXで受付け

【WEB】パソコンはhttp://www.benefit-one.co.jp、スマートフォンはhttp://bnft.jpへ。アクセス後、「健診予約はこちら」のバナーをクリックしてお進み下さい。

【電話】ベネフィット・ワン健診予約受付センター（0800・1702・502、03・6870・2775）へ。午前10時から平日午後9時、土日祝日は午後6時まで受け付け。年末年始は休みです。

【FAX】0800・919・9030、089・900・8281へ。お手元の冊子の「＜各種健診＞FAX・郵送申込書」または「＜婦人科単体検診＞FAX・郵送申込書」をご利用ください。

【郵送】〒790・8790 愛媛県松山市藤原2・8・8 株式会社ベネフィット・ワン健診予約受付センターまで。「＜各種健診＞FAX・郵送申込書」または「＜婦人科単体検診＞FAX・郵送申込書」に必要事項をご記入のうえ、お送りください。

申し込み後、「ご予約確定通知書」が送付されます。受診当日は「防衛省共済組合員証」または「自衛官診療証」を持参して受診してください。健診結果は1カ月程度で健診機関から本人に直接送付されます。

なお、健診時に個人負担金がある場合は健診機関窓口で当日お支払いください。

◇

申し込みはベネフィット・ワン予約センターへ

このほか健診機関に電話で直接申し込むこともできます。お手元の「健診機関リスト」に掲載された健診機関に、受診希望日の3週間前までに電話でお申し込みください。

予約後、受診希望日の3週間前までにベネフィット・ワン健診予約受付センターに電話・FAX・郵送で「ご予約確定通知書」の発行を依頼してください。後日、健診予約センターから同書を送付します。

その後は上記の方法で受診してください。

◇

一方、「巡回レディース健診」は12月20日まで申し込みを受け付けています（受診期間は来年2月末日まで）。

受診資格者は任継組合員、被扶養配偶者、当該年度において40歳以上74歳以下の被扶養者（女性、年度内1回）です。受診会場はベネフィット・ワンWEBへアクセス後、「健診予約はこちら」↓「巡回健診会場一覧」をクリックしてください。

健診料金は任継組合員・被扶養配偶者はすべて無料。一方、当年度40歳以上74歳以下の被扶養者（配偶者を除く）は、生活習慣病健診が5400円＋オプション検査費用は全額自己負担となっています。

この機会にぜひご利用ください。

団体医療保険「3大疾病オプション」加入をおすすめします

もしもの備えに

皆さまは大きな病気など、もしもの時に備えていますか？

防衛省共済組合では、病気による入院・退院後の通院・手術に、所定の3大疾病をオプションとして加えた「防衛省職員団体医療保険」をご用意しています。

この医療保険は防衛省のスケールメリットを生かした団体割引があるため、月額の保険料もお得で、非常に有利な内容となっています。どうぞご加入ください。

また、「3大疾病オプション」は「組合員本人」と「組合員本人と配偶者」の二つのコースがあり、どちらかをお選びください。

「3大疾病オプション」は日本人の主な死亡原因である、がん・急性心筋梗塞・脳卒中に対応するもので、3大疾病保険金として、加入額により50万円から500万円の一時金が支払われます。

詳しくは共済組合支部の団体保険担当職員（日本生命）にお問い合わせください。

年金Q&A

離婚時の年金分割制度について教えて下さい。

計算の基となる標準報酬を「合意」と「3号」で分割できます

Q　離婚を考えている組合員です。離婚をする際に年金を分割する制度があると妻から聞きましたが、それはどのような制度ですか。

A　厚生年金制度（平成27年10月1日前の共済年金制度を含みます。）に加入されている方、または加入していた方が離婚等（※）をした際に、年金計算の基となる標準報酬（標準報酬月額および標準賞与額（以下「標準報酬」といいます。）を当事者間で分割することができる制度を「離婚時の年金分割制度」といいます。年金分割制度には、「合意分割」と「3号分割」があり、分割の請求は原則、離婚等をしたときから2年を経過すると、請求できなくなります。

（※）離婚等とは、離婚、婚姻の取り消し、事実婚の解消（婚姻の届出による解消を除く。）をいいます。（以下同じ。）

●合意分割制度

合意分割制度は、平成19年4月以後に成立した離婚等を対象として、当事者間の合意または裁判手続きにより按分割合を定めた場合に、当事者の二人またはその一人からの請求によって、婚姻期間中の標準報酬を当事者間で分割することができる制度です。なお、按分割合は50%が上限となります。

●3号分割制度（国民年金第3号被保険者期間の年金分割制度）

3号分割制度は、平成20年5月以後に成立した離婚等を対象として、被扶養配偶者（国民年金第3号被保険者であった方）からの請求によって、平成20年4月以降の国民年金第3号被保険者であった期間中の厚生年金制度に加入されている方または加入していた方の標準報酬をそれぞれ2分の1ずつ当事者間で分割することができる制度です。

分割を受けた標準報酬については、受けた方が老齢厚生年金を受給する際の年金額に反映されます。当事者の一方が老齢厚生年金や退職共済年金を受給している場合であっても、単に年金額を分割し、相手方に分割された年金の一部が支給されるものではありません。

また、合意分割を行うために必要な按分割合を定めるため、按分割合の範囲等が記載された「年金分割のための情報通知書」を請求することもできます。

年金分割または情報通知書の請求は、請求者またはその配偶者（配偶者であった方）が婚姻期間中に加入していた年金制度を所掌する次のいずれかの実施機関でお手続きください。複数の種別の厚生年金期間を有している場合は、いずれかの実施機関へ請求をすることで全ての厚生年金期間に係る請求をしたことになります。（本部年金係）

厚生年金制度	実施機関
民間会社等	全国の年金事務所
国家公務員共済組合	請求者またはその配偶者が所属している共済組合支部または国家公務員共済組合連合会 ※請求時に退職しているときは、国家公務員共済組合連合会
地方公務員共済組合	各地方公務員共済組合
私立学校教職員共済	日本私立学校振興・共済事業団

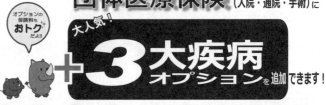

千僧

職務に専念できる環境を

動物園で協力団体と顔合わせ

全国の駐屯地や基地では、家族会や隊友会など関係協力団体との間で「家族支援」に関する協定を締結し、災害派遣の際など、隊員が家族のことを心配せずに任務にまい進できる環境づくりを進めている。陸自3後方支援連隊（千僧）では、「阪神・淡路大震災」当時の活動拠点を会場にして、支援に当たる各協力団体の会員たちと支援を希望する隊員・家族の"顔合わせ"の交流会を実施し、両者の関係を密にした。

阪神大震災の活動拠点で再スタート

隊友会 家族会　災害時の協力関係構築

【3後支連＝千僧】3後支連は10月14日、兵庫県神戸市立王子動物園で「阪神大震災時の活動拠点における家族支援」と題した交流会を隊友会神戸東支部と共催し、隊員とその家族、隊友会員、家族会員ら84人が参加した。

王子動物園は、平成7年1月に起きた阪神・淡路大震災の際に、3後支連が宿営地として使用した場所。今回は当時の教訓を生かしつつ、家族会・隊友会と連携を密にして「ここから再スタート」という気持ちも込めて、この地で関係者間の"顔合わせ"を行った。

会場には、王子動物園の上山裕之園長や動物の飼育員を務める隊友会員も出席。上山園長は、阪神大震災時の自衛隊の活動などについて参加者たちに思い出を話した。また多くの子供たちも参加し、動物との触れ合いを楽しんだ。

交流行事では、最初に園内の動物科学資料館に設けられたイベント会場で「おもしろ動物教室」を開催。動物の生態について学びながら展示された動物の模型に直接手を触れるなど、普段はできない体験に子供たちは大喜びの様子だった。

続いて、三宅睦連隊長が参加者たちに「何か起こった時、家族会・隊友会の方々に隊員家族の安否確認をしていただくことで、隊員が職務に専念できる態勢を構築したい。家族会・隊友会の皆さまのご協力が必要です」とあいさつを述べ、各会員に協力を求めた。

昼食時には、持参したお弁当などを食べながら家族同士で住所や家庭環境などを教え合い、災害時の協力関係について話し合った。このほか、隊員や家族は家族会員らが話す活動に耳を傾け理解を深めていた。

今回の交流会は初の試みだったが、参加した隊員たちは「協力諸団体の方々と顔合わせができてよかった」「家族同士の連携ができた」「今後も実施してほしい」などと話していた。

あいさつする三宅3後支連隊長（左奥）＝10月14日、王子動物園で

子供たちは動物園内を回ってシマウマなど動物と触れあった

余暇を楽しむ

大村航空基地 相撲部

紹介者：3海曹　山元 一平（22空群大村航空基地隊）

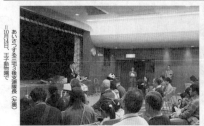

体力強化、精神の鍛練も

皆さん、こんにちは。海自大村航空基地の「相撲部」を紹介します。その前に、相撲初心者だった私がどうして相撲を始めることになったのか、お話したいと思います。

私が初めて部隊配属された部署では、新人の登竜門として、その年の相撲大会に出場させるという伝統がありました。ある意味、無理矢理です（笑）。初めて「廻し」を巻いた時のあの感触は今でも忘れられません。しかし、最初は気が進まなかった相撲も、稽古や大会に出場するにつれ、その面白さに惹かれていきました。

閑話休題。当部は創部64年の歴史ある部で、過去には国体選手も輩出しています。現在の部員は10名と少数精鋭ではありますが、全員が一丸となって各種大会に向け、日々厳しい稽古に励んでいます。

6月には、国民体育大会予選として長崎県西海市で開催された「令和元年度第1回長崎県相撲選手権大会」に参加し、団体戦5位、個人戦では3位入賞を果たしました。

また、大村市富松神社で毎年行われる奉納相撲大会、大相撲大村巡業の会場設営支援、地域の相撲道場での小中学生への指導などの活動を通じ、地域住民の方々と積極的に交流し、自衛隊の広報活動に大きく貢献しています。

「相撲はけがをするから危ない」などのイメージを持たれがちですが、元々は日本古来の神事や祭りであり、娯楽だったのです。現在ではスポーツとして国際的にも親しまれています。しっかりと基本を学べば、体力の強化や精神の鍛練にもなります。

新しいことを始めてみようと思っている方は、日本の国技である「相撲」も選択肢に入れてみてはいかがでしょうか？ 新たな自分が見つかるかもしれませんよ。

㊤大会に出場し、激しい当たりをみせる大村航空基地相撲部員
㊨集合写真に納まる相撲部の部員たち。後列左が山元3曹

秋田

発災時に連携を密に

4者で隊員家族の支援協定締結

【秋田】駐屯地はこのほど、秋田地本、秋田県自衛隊家族会、秋田県隊友会との間で「秋田県における隊員家族の支援に対する協力に関する協定書」を締結した。

調印式には荒巻謙駐屯地司令（当時）、大久保正広地本長、北林康司家族会長、高橋良一隊友会長が出席し、協定書に署名した後、4人で手を合わせて協力締結を祝した。

同協定では、大規模災害の発生時には4者が連絡を密にして、家族の安否確認のほか、状況に応じて家族の生活支援を行うことが定められた。

これにより、今後、隊員が後顧の憂いなく災害派遣などの任務にまい進できるとともに、隊員家族の不安が解消される環境が整った。

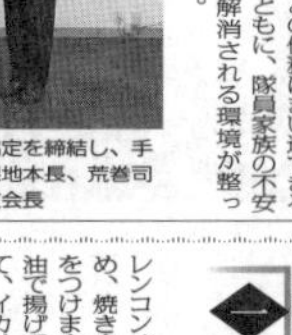

隊員家族の支援に関して協定を締結し、手を合わせる（左から）大久保地本長、荒巻司令、北林家族会長、高橋隊友会長

働き方改革で情報共有

海八戸　女性銀行員と意見交換会

【海八戸】八戸航空基地は10月17日、青森県内と近隣道県などに事業を展開するみちのく銀行の協力を得て、基地で「働き方改革・女性の活躍推進意見交換会」を実施した。

八戸基地は昨年6月、空自三沢基地所属の女性隊員とも交流を行っているが、民間企業の女性社員との意見交換会は初の試みとなった。今回はみちのく銀行から女性行員14人が基地を訪れ、17人の女性隊員と交流した。

最初に基地内研修が行われ、行員たちは女性隊員の説明を受けながらP3C哨戒機、管制塔、弾薬搭載訓練などを見学。昼食時には瀬戸慶一2空群司令や各隊の指揮官も加わり、和やかな雰囲気の中、「海自カレーとデザート」を味わいながら昼食会形式で懇談を行った。

その後の意見交換会では、主に「働き方の工夫や仕事上の将来像」をテーマに、双方の業務のほか、転勤、出産・育児の環境など、官民の組織それぞれの情報を共有し、今後の女性の働き方改革に向けて知見を深めた。

昼食会で、松本人志機動施設隊司令（手前左）らと食事をしながら交流する女性銀行員と海自女性隊員（10月17日、八戸航空基地で）

「戸惑うことなく安否確認」

豊川 家族会と共に市役所研修

【豊川】駐屯地業務隊はこのほど、地元・豊橋市の支援を受け、愛知県自衛隊家族会と共に豊橋市役所を研修した。

業務隊は現在、大規模災害などが発生した際、災害派遣に従事する隊員たちに代わり、家族会と連携して家族の「安否確認」を行う協定を締結している。この協定に基づき、業務隊から連絡を受けた家族会員は、市役所が開設する「名簿班」に問い合わせたり、特設公衆電話で隊員家族の安否を確認する。

これまで家族会役員から「円滑に安否確認が行えるように、避難所や特設公衆電話の概要を知りたい」との意見があったため、豊橋市に研修を依頼したところ、快諾をもらい、今回の実施に至った。

当日、自衛隊から岩塚寿文業務隊長以下4人、家族会から堀川孝一会長以下役員8人が市役所を訪れ、市の担当者から、避難者情報の閲覧方法や特設公衆電話の使用方法を学んだほか、災害対策本部も見学。さらに、避難所で子供に配慮すべき点など、業務隊が部隊を支援する際に参考になるポイントなども教わった。

参加した家族会役員は「避難所、特設公衆電話の概要を理解できたので、今後は戸惑うことなく安否確認ができる」と話していた。

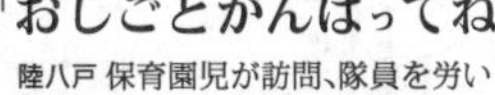

「おしごとがんばってね」

陸八戸 保育園児が訪問、隊員を労い

【陸八戸】駐屯地近傍の桔梗野幼稚園の園児23人が11月13日、職場訪問で駐屯地を訪れた。

これは「勤労感謝の日」に合わせて毎年行われる恒例行事で、今年も園児たちが隊員たちに感謝の気持ちを伝えるために訪問した。

当日、隊員たちは玄関前に整列して、ハイタッチで園児たちを歓迎。その後のセレモニーでは、園児から隊員へ感謝のしるしとして、戦車の切り絵と共に「おしごとがんばってね」とねぎらいの言葉が書かれた手紙が贈られた。さらに園児たちから元気な歌のプレゼントもあり、合唱後には隊員たちから大きな拍手が送られた。

その後、同園の卒業生でもある松坂仁志駐屯地司令が、在園中の思い出話を交えながらあいさつ。園児たちからの「戦車の中には何が入っているんですか」などの質問にも丁寧に回答した。最後に松坂司令が園児たちにプレゼントを手渡し、隊員たちはアーチを作って見送った。

この後、園児たちは防衛館に移動してミニ戦闘服を試着したり、展示された戦車などの前で記念撮影を行い、隊員たちに「ありがとうございました」と大きな声でお礼を述べて、駐屯地を後にした。

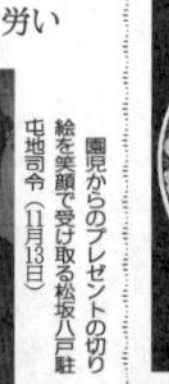

園児からのプレゼントの切り絵を笑顔で受け取る松坂八戸駐屯地司令（11月13日）

自慢の一品料理

有明ランチ

佐賀県に唯一所在する陸自駐屯地が考案した、有明産のりを使った「有明ランチ」を紹介します。これこそが目達原駐屯地版の「のり牛」で、ワンプレートでご飯とおかずが楽しめます。

はじめに牛バラ肉、レンコン、しめじを炒め、焼き肉のたれで味をつけます。白身魚は油で揚げてフライにして、イカリングはバターしょうゆで炒めます。

続いて、ちくわを縦に2等分して、さらに斜めに2等分したら、青のりを混ぜた天ぷら粉をつけて油で揚げ、磯辺揚げにします。

炊き上がったご飯を皿に盛り、のりを乗せます。その上に、牛肉炒め、白身フライ、イカリングソテー、ちくわの磯辺揚げを盛り付けたら「有明ランチ」の完成です。

のりには細かいミシン目が入っているので、箸で簡単に切れて食べやすくなっています。牛肉炒めのレンコンは白石町、イカリングのイカは呼子町と、いずれも佐賀県の名産品を使い、"地産地消"の思いも込めています。

3カ月に1度提供されるので、みなさんも機会があればぜひ食べてみてはいかがでしょうか。

紹介者：小森 菜佳技官（目達原駐屯地・九州補給処総務部管理課糧食班）

募集・援護 特集

ただいま募集中！
◇高工校生徒（一般）
◇自衛官候補生
◇貸費学生（技術）
★詳細は最寄りの自衛隊地方協力本部へ

台風19号災派　即応予備自が活躍

台風19号に伴う自衛隊の災害派遣が11月30日、終了した（1面参照）。東日本大震災後、昨年9月の北海道胆振東部地震に続き5回目となった即応予備自衛官の災害招集。被災地で即自たちは道路啓開など現役隊員と同様に活躍し、各自治体からも高く評価された。

台風19号により秋山川の堤防が決壊した栃木県内でショベルカーを使って泥を除去する48普連の即自隊員（10月17日、栃木県佐野市で）

東混団、鎌倉市から表彰　台風被害の道路啓開活動で

【東混団＝武山】陸自東部方面混成団は11月3日、災害派遣活動により神奈川県鎌倉市の松尾崇市長から感謝状を受けた。

混成団は9月10日から同13日まで、台風15号で被害を受けた鎌倉市二階堂地区に31普連（武山）と4施群（座間）を派遣、道路の啓開活動に当たった。

その後、台風19号でも31普連、4施群、1高特大（駒門）が神奈川県内各地で救援活動に従事。この災派で31普連は創隊後初めて即応予備自衛官64人を招集した。即自の隊員たちは相模原市で道路啓開に当たった。

一方、北関東地区では48普連（相馬原）が即自136人を招集。12旅団長の田尻祐介将補の指揮を受け、栃木県の佐野、足利両市で災害廃棄物の処理などを行った。このほか、長野市でも即自が自衛隊の車両誘導などに従事した。

これら功績で東方混成団は11月3日、鎌倉市の松尾市長から感謝状を受けた。常備隊員とともに即応予備自衛官も広くその活躍がたたえられた。

部隊を代表し、松尾崇鎌倉市長（左）から感謝状を受ける木川康彦31普連4中隊長（11月3日、神奈川県鎌倉市で）

県内初の即自派遣　「全力で任務遂行」　山梨

【山梨】山梨地本は台風19号による被害で即応予備自の災害等招集が閣議決定されたことを受け、10月15、16の両日、藤原寛即自1曹と芦澤幸敏即自3曹に、災害等招集命令書を交付した。

山梨県内で初となる即自の災害招集で、命令書を受けた2人は「この時のために即応予備自衛官を続けてきました。全力で任務を遂行します」と決意を述べた。

藤原1曹は10月22～28日、芦澤3曹は10月19～21日と11月1～4日にそれぞれ神奈川、栃木の被災地で倒木除去などの活動を行った。

山梨地本は今後もいざという時に予備自に活動してもらえるよう、平時から雇用企業と予備自のサポートを続けていく。

新宅正章山梨地本長（右から2人目）から台風19号の災害等招集命令書を受けた芦澤幸敏即自3曹（その左）＝10月15日

秋の学園祭でPR

大分 ヘリや装甲車と写真　静岡 母校でブースを出展

日本文理大学の学園祭「一木祭」で展示された軽装甲機動車に見入る学生ら（10月26日、大分市内で）

【大分】地本は10月26日、41普連（別府）と西方ヘリコプター隊（目達原）の支援を受け、日本文理大学（大分市）の学園祭「一木祭」で広報活動を行った。

同大の自衛隊に対する理解は深く、多くの卒業生が自衛隊に入隊していることもあり、今年で6回目の広報活動となった。

校内に設けられた自衛隊ブースでは軽装甲機動車、オートバイ、UH1多用途ヘリを展示したほか、制服試着コーナーを設け、学生ら約600人が訪れた。

来場者は「自衛隊の服を着て装甲車と一緒に写真が撮れ、いい記念になった」「毎年ヘリを見に来ているうちに、自分もヘリを操縦する仕事がしたいと思うようになった」などと感想を話していた。

◇

【静岡】地本は11月2日、浜松啓陽高校（浜松市）の文化祭「松風祭」に、同校出身隊員らとともに自衛隊ブースを出展し、募集広報を行った。

地本は34普連（板妻）とともにブースを開設。同隊に所属する卒業生の赤石陸士長と齋藤文太2士が後輩たちに自衛官の採用制度などを説明した。恩師らも温かく出迎え、後輩からは「先輩、自衛隊に入ったんですか」「制服姿かっこいいですね」などと声を掛けられていた。

ブースでは採用制度の説明のほか、災派活動の写真パネル展、陸自迷彩服の試着体験などを行った。

この間、同校OB隊員2人は後輩から「災害派遣、お疲れさまです」「先輩、自衛隊で頑張ってください」などと激励の言葉を受けていた。

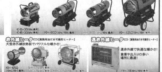

浜松啓陽高校の学園祭に出展した静岡地本のブース（11月2日、浜松市で）

在日米陸軍予備役室中佐の昇任式　「日米予備役の発展を」　二瓶室長、大佐の階級章を付与

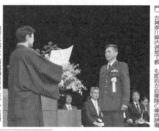

【陸幕】在日米陸軍司令部陸軍予備役室ディレクターのマシュー・メッツェル中佐の大佐への昇任式が11月25日、神奈川県の在日米陸軍司令部（キャンプ座間）で行われた。

式は同軍司令官ヴィエット・ルオン少将の主催で行われ、陸自から陸幕予備自衛官室長の二瓶惠司1佐も参列した。

両室は普段から東部方面隊研修などで交流。今年8月の予備自衛官中央訓練ではメッツェル中佐が全国から参加した予備自に対し、米軍予備役について制度説明を行っている。

昇任式でメッツェル大佐は参列者全員の前で宣誓。「日米予備役等相互の発展に、全身全霊を捧げる」と決意を表明し、その後、階級章付与が行われた。二瓶室長が前に進み、メッツェル氏の夫人とともに大佐の階級章を制服に付け終えると、参列者から大きな拍手が送られた。

二瓶室長は「昇任式にお招きいただき、カウンターパートとして誠に光栄。今後、日米の予備役など相互のさらなる充実と発展のため、メッツェル大佐のますますの活躍を期待しています」と祝福の言葉を贈った。

在日米陸軍司令部の昇任式でメッツェル大佐（中央）に新しい階級章を付ける二瓶予備自室長（左）と同大佐夫人（11月25日、キャンプ座間で）

双子の兄弟 白熱の議論　安保フォーラム

【京都】地本は11月16日、防大で開かれた「安全保障フォーラム2019」を支援した。同フォーラムは毎年、防大の開校祭に合わせて開催され、京都大学の学生と防大学生が安全保障に関して討論を行っている。

今回は「日米同盟」がテーマで、京大生たちは事前に中方総監部（伊丹）、舞鶴総監部、6空団（小松）を見学し、安全保障について考察を深めてきた。

この日の討論会では双子の北尻弦樹、雄樹兄弟（兄の弦樹さんは京大生、弟の雄樹学生は防大生）が両大学の誇りを胸に熱い議論を行うなど、白熱した討論が繰り広げられた。

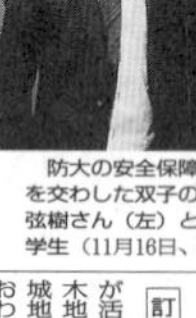

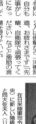

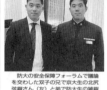

防大の安全保障フォーラムで議論を交わした双子の兄で京大生の北尻弦樹さん（左）と弟で防大生の雄樹学生（11月16日、防大で）

訂正 12月5日付6面「東方予備自医官が活躍」の写真説明で、「栃木地本に」とあるのは、「茨城地本に」の誤りでした。おわびして訂正します。

舞鶴で海自カレー満喫　三重地本がミステリー・グルメツアー

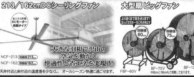

【三重】地本は11月16日、募集対象者とその家族14人を迎え、海自舞鶴地区で「ミステリー・グルメツアー」を行った。

同ツアーは、今年度から三重地本オリジナルの企画としてスタート。「どこに行くのか」「何を食べるのか」を参加者に秘密にし、目的地に向かうツアーとなっている。

バス内で広報官が参加者にクイズ形式で質問。すると、「海自かな？」「食べるのは絶対カレーや！」などと声が上がった。

正解の舞鶴地区に到着した一行は、最初に23航空隊でSH60K哨戒ヘリなどを見学。「海自にも航空部隊があるんだ」と参加者はヘリに興味を示していた。昼の海自カレー体験喫食では「今まで食べてきたカレーの中で一番おいしい」との声が上がった＝写真。

午後は教育隊に案内され、参加者は真剣な表情で隊内を見学。新隊員が生活する居室を見て、入隊を迷っていた合格者も「最初は不安な気持ちもあったが、基地を訪れ、楽しみな気持ちが多くなった」と意欲を見せていた。

岐阜、香川、佐賀 地本長が交代

12月1日付の異動で岐阜、香川、佐賀地本の本部長が交代した。新任本部長の略歴は次の通り。

二木裕昭（ふたぎ・ひろあき）1空佐　岐阜地本長 防大38期。平成6年空自。21年2佐、26年1佐。2輸空402飛行隊長、空幕運用課、1輸空司令などを経て、29年3月支援集団運用課長。石川県出身。48歳。

梶原新吾（かじわら・しんご）1陸佐　香川地本長 防大35期。平成3年陸自。18年2佐、23年1佐。陸幕総務課監理班長、2高特群長、陸幕情報公開・個人情報保護室長などを経て、令和元年8月教研本教官。愛媛県出身。51歳。

安藤和幸（あんどう・かずゆき）1陸佐　佐賀地本長 防大35期。平成3年陸自。18年2佐、25年1佐。西方援護課長、12ヘリ隊長、中央管制気象隊長などを経て、31年3月会計監査隊副隊長。山形県出身。52歳。

米アラスカ陸軍「軍事山岳上級課程」を修了

山地潜入の能力向上

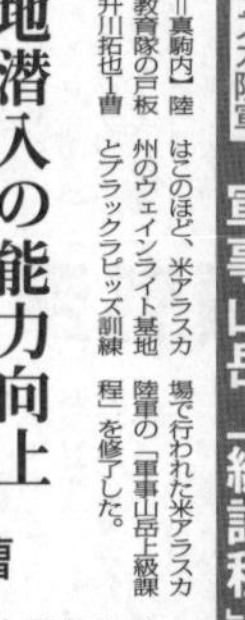

米アラスカ陸軍の「軍事山岳上級課程」の山地総合訓練途中、ガニー2山頂で氷河を背に米兵と記念撮影に納まる冬戦教の戸板1尉（最後列中央）と升川1曹（2列目左）

陸自冬戦教の戸板1尉と升川1曹

【冬戦教＝真駒内】陸自冬季戦技教育隊の戸板崇安1尉と升川拓也1曹はこのほど、米アラスカ州のウェインライト基地とブラックラピッズ訓練場で行われた米アラスカ陸軍の「軍事山岳上級課程」を修了した。

同課程は、危険な山岳地形で主力を先導する際に必要とされる技術を付与する。「軍事山岳基礎課程」を終えた米軍人6人と、冬戦教の2人の計8人が約2週間の教育に臨んだ。

軍事山岳登はん・下降、山岳救助の技術が主に教育された。

1夜2日の総合訓練は山岳器材など（約20キロ）を携行して行われた。氷河が残る地帯もあり、白夜の影響で夜になっても明るさが昼間とほぼ変わらない環境の下、隊員たちは緊急露営を含む約20キロ・標高差1400メートルの行程を踏破した。

2人は山地潜入の指導、安全管理の能力向上の留学目的を達成し、良好な成績で教育を終えた。

大谷1佐が着任

海自初の女性イージス艦艦長

「身を挺し大家族守る」

「身を挺して大家族を守る」──。海自3護衛隊（舞鶴）の護衛艦「みょうこう」艦長に12月2日、大谷三穂1佐が着任、海自初の女性イージス艦艦長が誕生した。

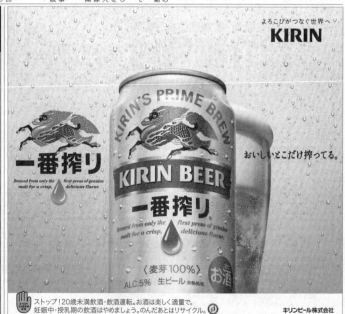

牧前艦長（左）にエスコートされ乗員を巡閲する大谷新艦長（中央）＝12月2日、「みょうこう」上甲板で

着任行事は午前8時から、舞鶴基地の北吸岸壁で行われた。内火艇で「みょうこう」に乗り付けた大谷1佐は、牧孝行前艦長をはじめとする乗員約300人に出迎えられた。

艦長室での事務引き継ぎを終えた大谷1佐は、離任する牧前艦長を帽振れで見送り、分隊点検を行った。この後、飛行甲板に移り、整列した乗員に「ただいまから護衛艦『みょうこう』の指揮を執る」と力強く宣言。「私は乗員という家族と、さらにみんなの家族の大所帯を背負っていくことになる。艦長として、身を挺して大家族を守っていく」と決意を述べた。

女性がどの配置でも活躍する時代が来た

大谷1佐は一般大学在学中、テレビで湾岸戦争に接し、「世界では戦争をしているのに、自分は平和な国で不自由なく生活している」と違和感を覚え、防大受験を決意。平成4年4月に入学し、8年3月、防大卒業と同時に海自に入隊した。

25年3月に練習艦「しまゆき」で、同「せとゆき」の東良子1佐と共に海自練習艦初の女性艦長に就任。さらに28年2月、護衛艦「やまぎり」艦長に任命され、海自初の女性戦闘艦艦長として約220人の指揮を執った。

「みょうこう」は高度な対空探知システムを搭載しており、弾道ミサイルの迎撃などを担う海自に6隻配備されているイージス艦の1隻。艦長就任に当たり大谷1佐は、「イージス艦艦長としてのプレッシャーはない。新しい未経験の環境で勤務する時には誰でも経験すると思うが、常に軽いプレッシャーは感じている」と語る。

一方、女性の活躍について「女性艦艇長は私を含めて延べ9人輩出されている。潜水艦にも女性が乗艦する予定で、女性がどの配置でも当たり前に勤務する時代が来たと感じている」と話す。さらに「育児や介護をしながら勤務を継続できる環境づくりと、男性の意識改革も必要だと思う」とも語っている。

「海賊対処感謝の集い」で河野防衛相

「日本の船舶、しっかり守る」

スピーチで決意表明する河野防衛相（左）＝11月27日、東京都千代田区の海運クラブで

「自由で開かれたインド太平洋、そして日本の船舶の安全をしっかりと守っていきたい」──。河野防衛相は11月27日、ソマリア沖・アデン湾での海賊対処活動関係者を招いた日本船主協会（内藤忠顕会長）主催の「海賊対処活動に対する感謝の集い」でスピーチし、決意を表明した。

会場となった都内の海運クラブには、同協会の会員や国会議員、関係省庁の職員など約300人が一堂に会した。自衛隊の活動拠点があるジブチを代表し、アホメド・アライタ・アリ駐日大使も駆け付けた。

内藤会長はあいさつで「海賊対処活動は今年で丸10年を迎えた。海自護衛艦による867回の護衛（と海自P3C哨戒機による2千回超の警戒監視活動）によって守っていただいた船舶は日本の商船を中心に4千隻を超える」と述べ、謝意を表した。

続いて山崎幸二統幕長、海上保安庁の岩並秀一長官らがあいさつを述べた。

ステージでは海賊対処航空隊16次隊の指揮官を務めた大内研治1佐（現・海幕首席法務官付法務室）と水上部隊27次隊の指揮官を務めた近藤匡1佐（現・海幕指揮通信課長）が登壇し、ミス日本「海の日」の山田麗美さんからインタビューを受け当時のエピソードを披露した。

空自秋田救難隊の中村1曹

米国慰問協会から表彰

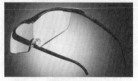

USOから表彰された秋田救難隊の中村1曹（中央）。右は同1曹夫人（ニュー山王ホテルで）

【救難団＝入間】空自秋田救難隊のUH60J救難ヘリ機上整備員、中村竜人1曹はこのほど、米国慰問協会（USO）から表彰された。

USOは海外に遠征している米軍人とその家族を支援する任意団体で、日本に駐在する米軍人、自衛隊員の功績をたたえて表彰している。

中村1曹は機上整備員業務に加え、長男（小学6年）が通う小学校の行事を支援、同校とアラスカ州サンドレイク市の姉妹校の交流にも尽力した。さらにボランティア活動も評価され、受賞した。

東京都港区のニュー山王ホテルで行われた表彰式には在日米軍高級幹部、空幕人計課制度班長、空自准曹士先任、連合准曹会会長、秋田救難隊の隊長以下3人も出席した。

茨城県内の災派終える

施設学校

【施校＝勝田】陸自施設学校は11月10日、台風19号の被害に伴い茨城県内で行っていた災派活動を全て終了した。

県知事からの災派要請を受け、施設学校と武器学校、1施設団の各部隊は県内の被災状況偵察後、災派活動に移行した。

那珂川、久慈川の流域で孤立した住民37人を救助。また、両河川の氾濫により浸水した地域で給水支援を行った。1師団指揮下に入った需品学校の入浴支援隊は水戸市で入浴施設を開設、運営した。

入浴支援の終了に伴い、10日午後1時5分、県知事から撤収が要請され、施設学校をはじめとする学校・部隊は活動を終えた。

渡河ボートで被災住民を救助する隊員（水戸市で）

36普連も帰隊

【36普連＝伊丹】台風15号により停電などが発生した千葉県で36普連は災派活動に尽力、帰隊した。部隊（副連隊長以下283人）は、館山市で電線切断の原因の倒木を除去。鴨川市と鋸南町では破損家屋へのブルーシート展張を行った。

破損家屋にブルーシートを展張する36普連隊員（鋸南町で）

こちら警務隊

窃盗罪

外出先で勝手に充電 電気は「財物」懲役も

飲食店にあるコンセントでスマートフォンなどを勝手に充電すると罪になりますか？

窃盗罪で10年以下の懲役または50万円以下の罰金に処せられる可能性があります。

刑法第245条により、電気は「財物」とみなされますので、他人が管理している電気を許可なく使うと同235条の窃盗罪が成立します。

外出中、スマートフォンなどの電池が残り少なくなったとき、目の前にコンセントがあれば軽い気持ちで充電してしまいそうですが、パソコン利用席のように、電気を自由に使用してもよいと店が許可している場所を除き、無断で充電する行為は絶対にしてはいけません。

（北部方面警務隊）

※次回は「道路交通法違反（飲酒運転）」

小休止

▽…陸自幹候校は11月7日、100期一般幹部候補生（部内）後段301人の高良山登山走を行った。

▽…晴天で気温13・2度の絶好のコンディションの下、候補生たちは学校OB会や所属部隊などの約40人の激励を受け伝統行事に挑戦。学校から高良大社までの距離5・6キロ、標高差156メートルを力走した＝写真。

▽…個人男子は川崎寛斉候補生が1位（21分36秒）、女子は内山麻衣子候補生が1位（24分8秒）となった。また、2候2区隊が区隊1位（平均タイム25分15秒）に輝いた。（前川原）

自衛隊初の災害派遣（下）

信頼感深めるのに寄与

各メディアで報道　山口県知事、県議会から感謝

庄司 潤一郎（防衛研究所・研究幹事）

広瀬町の山本市郎町長は26日、任務を終えて帰隊する隊員に対して、「地獄で仏と言う言葉は知っていたが、まだ体験したことはなかった。しかし、今度救援せられた予備隊の偉容と真摯な姿に接して初めてまざまざとこの眼・この耳で確認した」とお礼の挨拶を行った。

また、田中知事は10月の県議会において以下のように述べていた（山口県議会編『山口県議会史 第8巻』山口県議会、1978年）。

「警察予備隊の初の出向を得、その機動性ある適切機敏なる活動により徳山―広瀬間、河山―六日市間等の交通路の打開に成功し、第一次救援米三百俵の島根県よりの搬入も得て、食料危難よりも脱却し得たのである」

さらに県議会の感謝決議がなされ、県からはお礼の印として、クラリネットなどの楽器10点、卓球台5組などが贈られたのであった。このように、罹災者はもちろん県民から感謝されたのであった。

『防長新聞』など地元メディアにおいては、「日本で最初の予備隊出動」「水災地帯に朗色　悪路ついてゆく小月予備隊」「生命の通路拓く予備隊」といった見出しの下、連日1面トップ、写真とともに報道された。

内容も「町村民感謝のうちに愛の手を差伸べている。小月予備隊の到着は暗夜に光明を見出したごとく住民は一週間ぶりに明るい表情をたたえている」というように、好意的なものであった。

この出動は、警察予備隊にとって創設以来、全国初の部隊派遣であったため、全国紙をはじめ各メディアで大きく報道され、警察予備隊の性格・使命について議論されていたときだけに、大きな関心を呼んだのであった。

たとえば、『朝日新聞』は「『予備隊』初の出動　山口県の台風被害地へ」との見出しで写真とともに伝え、また「"惨状の村"に予備隊到着」の見出しのもと、「喜びの声を上げる町民達に迎えられ災害地に到着した」と大きく報道された。

警察予備隊に対する信頼感を深めるのに大いに寄与し、爾後の隊員募集にも好影響を及ぼしたと言われている。

このように、小月駐屯部隊が注目されるなか、警察予備隊として初めて災害派遣され、任務を無事達成し得たのは、部隊創設から1年足らずしかたっておらず、人材・物資難など種々の困難を考慮した場合、それは驚くべきことであった。この派遣が成功裡に完了したのは、日頃の大隊作戦による露営訓練の成果の賜物であったとも言われている。

『自衛隊十年史』（大蔵省印刷局、1961年）は、「この小月部隊の行動は、警察予備隊として新例をひらいた意義あるもので、初の出向として全部隊に伝えられた」と記している。こうして、災害派遣の先駆けとなったのである。

その後、小月駐屯部隊は29年10月、陸上自衛隊第17普通科連隊となり、31年10月、駐留軍撤収後、日本に返還された山口キャンプに第4航空隊業務隊を残して主力が移駐、現在にいたっている。

小月駐屯部隊の跡地は、現在、海上自衛隊小月教育航空群が使用している。ちなみに、平成28年4月の熊本地震に際して、小月基地の部隊も災害派遣されている。

被災地で住民を診療する警察予備隊小月駐屯部隊の医療班員（朝雲新聞社所蔵）

優しさは雪のようだ。それが覆うあらゆるものを美しくさせる。
ハリール・ジブラーン（レバノンの詩人）

（世界の切手・ラトビア）

朝雲ホームページ
www.asagumo-news.com
＜会員制サイト＞
Asagumo Archive
朝雲編集部メールアドレス
editorial@asagumo-news.com

みんなのページ

空自隊員となった息子たち

空曹長 荻野 栄徳（航空気象群中枢気象隊・府中）

中枢気象隊の荻野空曹長（左）と航空自衛官になった長男の真徳士長（右）、次男の祥徳1士（中）

私は航空気象群中枢気象隊において資料班員として勤務しています。

私には2人の息子がいますが、今春、次男が航空自衛隊に入隊しました。長男はすでに航空自衛官として浜松気象隊の気象観測員として勤務しているため、親子3人が航空自衛隊で勤務することになりました。

次男は、第3術科学校で消防員としての基礎教育を受けた後、小松基地で消防員として勤務を始めたところです。

2人の息子が入隊したのは、私が強く勧めたわけではありません。

長男は小学校の卒業記念誌に「将来の夢は航空自衛隊の気象」と、また次男も幼稚園の卒園時、将来の夢で「自衛官になりたい」とそれぞれ書いていました。

今日では大学進学率も向上し、多くの高校生が大学へ進学する時代になりました。私も長男には大学進学を勧めましたが、「皆が大学へ行くからと言って一緒に進学するのはどうかな？何か目的があって進学するならわかる。でも僕は進学よりも自衛隊へ行く」と言ったことを鮮明に覚えています。

一方、次男は航空自衛隊の一般曹候補生に合格したいとの強い思いを持っており、選抜試験の過去問題集を購入するとともに、高校受験時に通っていた学習塾へ足を運び、夜遅くまで勉強していました。

2人とも高い意志を持って入隊した息子たちです。これからは厳しい訓練や教育など苦労も多いとは思いますが、高い目標に向かって引き続き努力をして、私を超える立派な航空自衛官に成長してもらいたいと思います。

私は今年12月に定年退官を迎えます。残りわずかな自衛隊生活ですが、退官当日まで全力で頑張ると同時に、息子たちの良き先輩として、これからも助言をしていきたいと思います。

夫が安心して出動できるように

家族 山方 千加（広島県海田町）

昨年7月、広島県も大きな被害をうけた「西日本豪雨災害」がありました。

私が主人と交際している時に「阪神・淡路大震災」があり、結婚してまもなく「鳥取西部地震」を経験しています。

陸上自衛官の主人からは「自衛官は有事の際、家族よりも国を守ることを優先する」とずっと言われていました。そして二つの災害の経験もあり、自衛官の災害派遣の大切さや、その時の家族の心構えも分かっているつもりでした。

ですが、昨年の「西日本豪雨」は今までとは違いました。以前は私自身を守るだけで良かったのですが、現在は3人の子供たちがいるからです。

我が家には高校1年生、中学2年生、小学5年生の3人の息子がいます。私は主人が被災地に出動する時、「これから先は私一人で子供たちを守らなければいけない」という思いで、すごく緊張したことを覚えています。

幸いにも、我が家は被害や断水などはありませんでしたが、外に出れば今までとは違う景色が広がり、テレビなどからは被害情報が流れ、もし私たち家族がその場にいたらどうしていただろうかなどと考え、恐怖を感じた日のことを今も鮮明に覚えています。

この地元の災害によって私たちも改めていろいろ考えました。災害時に必要な準備、連絡手段や避難場所の確認など、事前に家族できちんと話し合い、自衛官である主人が安心して仕事に行ける環境を作っておくことが私の仕事であると思っています。

いろいろ難しい問題もありますが、私なりに頑張りたいと思っています。

（47普連4中隊＝海田市・山方正仁曹長夫人）

自衛隊の職場3日間で体験

中2 古閑 舜（私立奈良育英中学校・奈良市）

自衛隊の仕事は、国を守り、災害支援などをするだけだと思っていました。しかし、今回の桂駐屯地と阪神基地、奈良基地の体験を通じ、自衛隊の仕事には消防や音楽など、さまざまな職種があることを知りました。そして、その一つ一つがとても重要であることも知りました。

例えば、消防は航空機の燃料が燃えて炎上した時に活躍します。音楽は隊員の士気高揚に必要なほか、国の行事でも演奏します。

私はこのようなことを知ることができました。そして自衛隊に対する印象が変わりました。体験する前、自衛隊の人たちは怖そうなイメージがありました。しかし、実際は皆さんとても明るく、親切で、体験はとても楽しかったです。

3日間、自衛隊の職場を体験し、自衛隊の人たちはとても重要な仕事を責任をもってしている本当にすごい人たちだと思いました。

この体験で学んだことを生かして、これからの学校生活を頑張っていきたいと思います。貴重な体験をありがとうございました。

OGがんばる　時間がかかっても適職を

齋藤　早紀子さん　24
令和元年3月、陸自1特群133特科大隊（真駒内）を最後に任期満了退職（士長）。札幌市に所在する㈱ファーストコネクトに再就職し、求職支援業務を担当している。

私は自衛官候補生として入隊し、約6年間、第133特科大隊でお世話になりました。陸曹を目指していましたが、持病の腰痛を悪化させてしまったことと、部隊の改編をきっかけに退職を決意しました。

正直に申し上げますと、漠然と身体のことや置かれていた状況、タイミングを考えての退職でしたので、明確に「自分はこれがやりたい」というものがありませんでした。自衛隊の合同企業説明会などにも参加させて頂きましたが、どうしてもやりたいことを見つけることができず、時間だけが経っていくような状態でした。

そんな中、転職サイトを閲覧していたところ「何をするかよりも誰と働くか」という言葉が目に入り、衝撃を受けました。そういう会社で働ければと思い、駐屯地援護センターの方に相談した結果、現在の会社に入社することができました。

私は現在、介護の仕事を探している求職者と事業所をマッチングする仕事をしています。応募された求職者から転職理由や希望条件などを電話でヒアリングし、データベースからピッタリの求人（事業所）を探索します。次いで求職者に提案し、会社との面接のセッティングをするという流れです。

両者のニーズが合致し、「ありがとう」の言葉をいただいた時には本当にやりがいを感じます。会社では尊敬できる先輩、同僚、仲間たちがそれぞれ高いパフォーマンスを見せ、お互いに称賛し合いながら働ける環境も魅力的です。

自衛隊を退職される方にはそれぞれいろいろな理由があると思いますが、再就職するに当たって、多少時間はかかっても、自分なりにやりがいを感じることができる、自分にピッタリの所を見つけることが大切だと思います。私は本当に素敵な会社と出合うことができ、毎日やりがいを感じながら仕事に当たっています。

詰将棋

第809回出題

出題　日本将棋連盟　九段　石田　和雄

▲先手　持駒　飛角

【ヒント】まずは初手が急所（10分で初段）。

▶詰碁、詰将棋の出題は隔週です◀

詰碁

第1224回解答

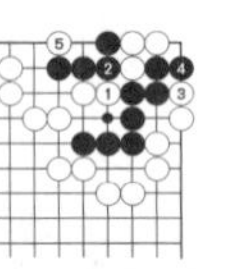

出題　日本棋院　九段　曲　励起

【解答図】白先、黒死。白①がまず大切で、黒❷の時、白③がまた大切です。黒❹の時白⑤で黒死です。

2020年新春を飾る作品を募集！

▽随筆は600～1000字で。テーマは自由。
▽漫画等はデータ（PDF）化して下さい。
▽写真はJPEG（通常のデジカメ写真）で。
▽メール投稿の送付先は「朝雲」編集部（editorial@asagumo-news.com）まで。

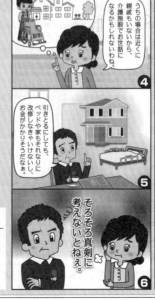

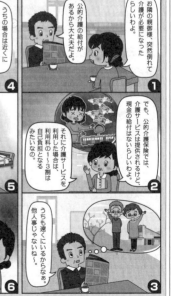

新刊紹介

「インドが変える世界地図 モディの衝撃」　広瀬 公巳著

日本とインドの防衛協力が急速に強化されている。11月末の日印外務・防衛担当閣僚協議では、インド軍の主力戦闘機であるロシア製スホイSu30MKIが来年、初来日し、空自と共同訓練を行うことが決まった。なぜ日印は急接近しているのか。[illegible]

インドは2028年までに経済規模で日本とドイツを抜き、米、中に次いで世界3位の経済大国になるという。13億人の国民からはビッグデータを集め、「世界一のAI国家」[illegible]

本書では、モディ首相[illegible]役立つ一冊。（文芸春秋刊、968円）

「北京1998 中国国外退去始末記」　中津 幸久著

中国で日本人がスパイ容疑により拘束され続けている。駐在のビジネスマンやジャーナリスト、訪中した大学教授、研究者などが中国の「反スパイ法」を根拠に、なんの説明もなく拘束され、尋問を受けている。

本書は1998年、読売新聞中国総局の記者として北京に駐在していた著者が、チベット取材から北京に戻った直後に課報機関の[illegible]拘束理由は「国家機密の入手」だったが、著者はそれは表向きの理由で、真の狙いは別のところにあったと疑う。そこで当局からどのように狙われ、拘束後どう尋問され、どう家宅捜索されたか[illegible]

中国に入国すれば間違いなくマークされる存在となる防衛省・自衛隊の関係者にとっては、現地で身を守るための教訓に満ちた本となっている。（集広舎刊、1650円）

朝雲
発行所 朝雲新聞社
〒160-0002 東京都新宿区四谷坂町12−20 KKビル
電話 03(3225)3841
FAX 03(3225)3831
振替00190-4-17600番
定価一部170円、年間購読料9170円（税・送料込み）

「法の支配」の重要性強調

防衛相、カタールで講演

河野防衛相は12月14日、中東・カタールの首都ドーハで開かれた外交・安全保障に関する国際会議「第19回ドーハ・フォーラム」に日本の防衛大臣として初めて出席し、スピーチで「法の支配」の重要性を訴えた。翌15日にはヨルダンを訪れ、アブドラ国王を表敬。サファディ外務・移民相やフネイティ統合参謀本部議長とも会談し、2国間の防衛協力の強化で一致した。同国では王立戦車博物館を視察し、日本が今年8月に無償貸与した陸自の「61式戦車」が大切に展示されている様子も確認した。

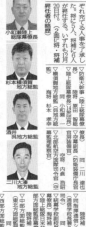

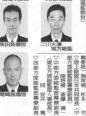

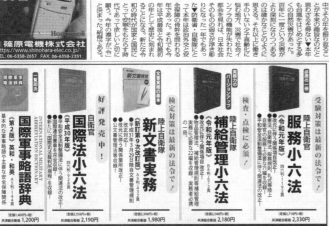

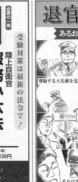

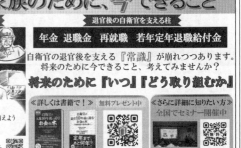

ヨルダン国王を表敬

戦車博物館で「61式」展示を確認

14日の「ドーハ・フォーラム」でスピーチした河野大臣は、多国間安全保障協力の重要性や、国際社会が一致団結して「法の支配」を貫徹する必要性を強調した。

この中で大臣は、北朝鮮の核・ミサイル開発について「日本の安全に対する重大かつ差し迫った脅威であり、国際社会の平和と安全を著しく損なうものだ」と指摘。中国についても「透明性を欠いたまま、核・ミサイル能力を含む軍事力を急速に強化させている」と述べ、懸念を表明した。

その上で「法の支配」の重要性を訴え、防衛省・自衛隊が共同訓練や能力構築支援、防衛装備・技術協力などを通じて、普遍的価値や安全保障上の利益を共有する国々と共に「自由で開かれたインド太平洋」ビジョンの実現を目指して取り組んでいることを紹介した。

滞在中、河野大臣はカタールのアティーヤ副首相兼防衛担当国務大臣と個別会談し、中東地域の安全保障情勢などをめぐって意見交換。2国間では教育・訓練などの分野で防衛協力・交流を引き続き深化させていくことで一致した。

マレーシアのモハマド国防相とは、両国間で昨年4月に締結した「防衛装備品・技術移転協定」と同9月に署名した「防衛協力・交流の覚書」に基づき、教育分野での人的交流などを含め、関係強化を図っていくことを申し合わせた。

翌15日には防衛大臣として初めてヨルダンを訪問し、アブドラ国王を表敬。サファディ外務・移民相とは両国間の安全保障協力について意見交換したほか、フネイティ統合参謀本部議長とは訓練や装備分野などでの防衛協力の推進に向けて努力していくことで合意した。

最後に、首都アンマンにある王立戦車博物館を視察した大臣は、戦後初の日本の国産戦車で既に退役した陸自の「61式戦車」が今年8月に同国に無償貸与された後、館内で大切に展示され、訪れた人々の目に触れている様子を確認した。

㊤中東情勢などをめぐって会談する河野防衛相（左）とカタールのアティーヤ副首相兼防衛担当相（12月14日、カタールの首都ドーハで）
㊦ヨルダンの王立戦車博物館を訪れ、陸自の「61式戦車」の前で記念写真に納まる河野防衛相（中央）＝12月15日、首都アンマンで＝写真はいずれも防衛省提供

横須賀総監に杉本海将

空幕副長に内倉装備官

政府は12月13日の閣議で、渡邊剛次郎横須賀地方総監、荒木文博空幕副長、大塚海夫情報本部長の勇退を認め、新たな横須賀地方総監に杉本孝幸呉地方総監、空幕副長に内倉浩昭防衛装備庁装備官、情報本部長に納冨中防大幹事をそれぞれ充てる人事を了承した。将に5人、将補に6人が昇任する。いずれも12月20日付。（2面に将・将補昇任者の略歴）

原田 防大幹事　内倉 空幕副長
小和瀬陸上総隊幕僚長　深澤 北空司令官
杉本横須賀地方総監　森川開発集団司令官
酒井 呉地方総監　納冨 情報本部長
二川大湊地方総監　柴田装備官
尾崎装備官

防衛省発令

▽防衛大幹事（陸上総隊幕僚長） 陸将 原田 智総
▽陸上総隊幕僚長（14旅団長） 同 小和瀬 一
▽横須賀地方総監（呉地方総監） 海将 杉本 孝幸
▽呉地方総監（大湊地方総監） 同 酒井 良
▽大湊地方総監（自衛艦隊幕僚長） 同 二川 達也
▽空幕副長（防衛装備庁長官官房装備官） 空将 内倉 浩昭
▽北部航空方面隊司令官（空幕監理監察官） 同 深澤英一郎
▽航空開発実験集団司令官（北部航空方面隊司令官） 同 森川 龍介
▽情報本部長（防衛大幹事） 陸将 納冨 中
▽防衛装備庁長官官房装備官（統幕総務部長） 空将 尾崎 義典
（海幕人事教育部長） 海将 柴田 弘
▽統幕総務部長（教育訓練研究本部教育部長） 陸将補 鳥海 誠司
▽同指揮通信システム部長（通信学校長兼久里浜駐屯地司令） 同 田浦 尚之
▽統幕学校副校長（航空集団幕僚長） 海将補 松本 完
▽陸上総隊日米共同部長（中部方面総監部幕僚副長） 陸将補 斎藤 兼一
▽中部方面総監部幕僚副長（東北方面総監部人事部長） 同 安井 寛
▽西部方面総監部幕僚副長（教育訓練研究本部訓練評価部長） 同 南川 信隆
▽4師団副師団長兼福岡駐屯地司令（東部方面総監部防衛部長） 同 松本 英樹
▽14旅団長（富士学校副校長兼諸職種協同センター長） 同 藤岡登志樹
▽水陸機動団長兼相浦駐屯地司令（西部方面総監部幕僚副長） 同 平田 隆則
▽1特科団長兼北千歳駐屯地司令（4師団副師団長兼福岡駐屯地司令） 同 大場 剛
▽富士学校副校長兼諸職種協同センター長（水陸機動団長兼相浦駐屯地司令） 同 青木 伸一
▽通信学校長兼久里浜駐屯地司令（東部方面総監部人事部長） 同 濵崎 芳夫
▽教育訓練研究本部教育部長（陸上総隊日米共同部長） 同 野村 悟
▽同訓練評価部長（1特科団長兼北千歳駐屯地司令） 同 片岡 義博
▽海幕人事教育部長（統幕学校副校長） 海将補 泉 博之
▽自衛艦隊幕僚長（統幕指揮通信システム部長） 同 市田 章
▽護衛艦隊幕僚長（練習艦隊司令官） 同 梶元 大介
▽航空集団幕僚長（5航空群司令） 同 中村 敏弘
▽4航空群司令（51航空隊司令） 同 平木 拓宏
▽5航空群司令（4航空群司令） 同 金嶋 浩司
▽練習艦隊司令官（護衛艦隊幕僚長） 同 八木 浩二
▽海自4術科学校長（海幕総務課長） 同 稲田 丈司
▽空幕監理監察官（8航空団司令兼築城基地司令） 空将補 佐藤 信知
▽8航空団司令兼築城基地司令（警戒航空隊司令） 同 大嶋 善勝
▽退職
（横須賀地方総監） 海将 渡邊剛次郎
（空幕副長） 空将 荒木 文博
（航空開発実験集団司令官） 同 井上 浩秀
（情報本部長） 海将 大塚 海夫
（防衛装備庁長官官房装備官） 同 佐藤 直人
（海自4術科学校長） 海将補 岡崎 光博

将・将補昇任

▽陸将に昇任（14旅団長） 陸将補 小和瀬 一
▽海将に昇任（海幕人事教育部長） 海将補 柴田 弘
（自衛艦隊幕僚長） 同 二川 達也
▽空将に昇任（統幕総務部長） 空将補 尾崎 義典
（空幕監理監察官） 同 深澤英一郎
▽陸将補に昇任（東北方面総監部人事部長） 1陸佐 安井 寛
（東部方面総監部人事部長） 同 濵崎 芳夫
（同防衛部長） 同 松本 英樹
▽海将補に昇任（海幕総務課長） 1海佐 稲田 丈司
（51航空隊司令） 同 平木 拓宏
▽空将補に昇任（警戒航空隊司令） 1空佐 大嶋 善勝
（以上12月20日）
〈以上内閣承認人事〉

トッテン氷河沖で観測支援

「しらせ」1月上旬に昭和基地へ

61次南極観測で重要な観測地点となる「トッテン氷河」沖の流氷域で、観測機材を海中に下ろす作業を行う海自隊員たち（12月9日、「しらせ」艦上で）

文部科学省の第61次南極地域観測支援のため、南極の昭和基地に向かっている海自の砕氷艦「しらせ」（艦長・竹内周作1佐以下乗員約180人）は11月12日から12月2日まで、豪フリーマントルに寄港。

「しらせ」はここで文科省の越冬・夏隊員ら67人を艦に収容するとともに、最後の補給で生鮮食料品や物資などを搭載した。

同7日には南緯55度を通過して南極地域に入り、現在、南極大陸の「トッテン氷河」沖にとどまり観測隊の海洋観測などを支援している。

この作業を終えた後、「しらせ」はリュツォ・ホルム湾に向かい、1月10日ごろに基地に接岸する予定。

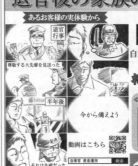

新たな小銃、拳銃決まる

新小銃は豊和工業製「HOWA5・56」㊤
新拳銃は独ヘッケラー&コッホ製「SFP9」㊦

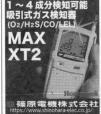

防衛省は12月6日、陸上自衛隊の新たな小銃に豊和工業製「HOWA5・56」、拳銃に独ヘッケラー&コッホ製「SFP9」を選定したと発表した。[illegible]

新小銃の選定では、今回選ばれた「HOWA5・56」のほか、独ヘッケラー&コッホ製の「HK416」と「HK433」、ベルギーのFNハースタル製の「SCAR-L」の計3品目を参考品として購入し、比較検討が行われてきた。[illegible]

春夏秋冬

少年が大人になるとき

黒川 伊保子

2011年の夏の終わり、東日本大震災の大規模災害派遣が終結した頃に、[illegible]

（感性リサーチ代表、人工知能研究者）

2水機連が初参加

アイアン・フィスト20

陸自は米カリフォルニア州のキャンプ・ペンデルトン、サンクレメンテ島と周辺海空域で1月5日から、米海兵隊との共同訓練「アイアン・フィスト20」を実施する。2月27日まで。

陸自は高田克樹陸上総隊司令官が担任官を務め、今回は水陸機動団の2水陸機動連隊（相浦）の基幹部隊が初参加。米軍からは第1海兵機動展開部隊司令官のジョセフ・オスターマン少将を担任官に、同隊司令部、第15海兵機動展開隊、第3艦隊水陸両用戦隊などが参加する。

期間中、日米共同で火力誘導、射撃、衛生、偵察訓練などが行われる。

北海道で空地連携

ノーザンヴァイパー

陸自は1月22日から2月8日まで、北海道大演習場などで米海兵隊との実動訓練「ノーザンヴァイパー」を実施する。

陸自からは5旅団長の小瀬幹雄陸将補を担任官に、4普連、5特科隊、1対戦車ヘリ隊（いずれも帯広）などが参加。米海兵隊は第3海兵師団長ウィリアム・ジャーニー少将を担任官に、第4海兵連隊、第12海兵連隊第3大隊、第36海兵航空群などが参加する。

島嶼攻撃対処を演練

フォレストライト

陸自は1月18日から30日まで、大矢野原演習場などで米海兵隊との実動訓練「フォレストライト（WA）」を実施する。

[illegible]

朝雲寸言

カレンダーが残り少なくなってきた。令和元年の2019年もあと僅かである。[illegible]

お知らせ
本紙12月26日付は休刊とし、1月2日付（3386号）は通常通り発行となります。ご了承下さい。
朝雲新聞社

時の焦点

国内　野党の合流論

理念と政策を議論せよ

選挙目当ての数合わせと見透かされれば、政権奪取への期待は高まるまい。政党の存在意義をいま一度確かめて行動してもらいたい。

立憲民主党が国民民主党、社民党などに合流を呼びかけた。立憲の枝野代表は「政権を担いうる政党を築き、次期衆院選での政権交代を現実のものとするため、ともに戦っていただきたい」と強調した。

2012年12月に第2次安倍政権が発足して間もなく7年となる。政権を監視する上でも、別の選択肢を示す上でも、強力な野党の存在は不可欠だ。

野党第1党の動向は本来、政局の行方を大きく左右するはずだが、世論は盛り上がっていない。

読売新聞社の全国世論調査によると、立憲と国民2党の合流に「期待する」と答えた人は30%にとどまり、「期待しない」が55%を占めた。

合流への期待が高まらないのは、旧民主党・民進党勢力が元のさやに収まるだけではないかとみられているためだろう。

合流に対する各党の交渉ぶりも、「内輪もめ」の印象を強めている。

立憲は、他党を吸収合併することを基本とし、党名や政策、人事などに関する協議には応じない姿勢という。しかし、複数の政党が合流する際に、基本理念や政策などを議論しない、ということで国民の信頼が得られるだろうか。

国民は、「衆参一体での対応」「対等な立場での交渉」「参院での信頼醸成」の3条件を提示している。内輪の論理という印象を否めない。基本理念や政策を一致させる努力をこそ要求すべきではないか。

気になるのは、選挙最優先とも言うべき各党の姿勢である。

立憲の枝野氏は、共産党の志位委員長と会談し、次期衆院選で連携する方針を確認したという。枝野氏は「年明け早々には（衆院）解散・総選挙の可能性がある」という認識を示しており、準備を急いでいるのだろう。

確かに、選挙戦で「1強」の自民党と戦うには、野党の共倒れは避けなくてはならない。しかし、そのために政策の一致を後回しにし、共産党とも連携する、ということでは本末転倒である。

政権の不祥事で内閣支持率が下がっても、無党派が増えるだけで野党の支持率は上がらない。この数年、こうした状況が続いていることを重く受け止めねばならない。

年末になると政党の離合集散の動きが加速するのは、毎年1月1日が政党交付金配分の基準日になっているためだ。

政党交付金は1994年の政治改革の際、「政治浄化のためコーヒー1杯分の負担を」と導入された。赤ちゃんからお年寄りまで、日本の全人口に250円をかけて総額が決まる。

デフレが進み、コンビニエンスストアで100円のコーヒーが飲める時代だ。政党に1人250円は高すぎると思う人もおられよう。

宮原　三郎（政治評論家）

海外　英下院総選挙

1月のEU離脱が視野

12月12日実施の英下院（定数650）総選挙は、ジョンソン首相率いる保守党が単独過半数を大きく超える歴史的勝利を決めた。同党としてはサッチャー政権下の1987年総選挙以来の大勝利となった。

同党が公約にした来年1月末の欧州連合（EU）からの離脱に道筋がつき、同首相は13日、「1月31日までに必ず離脱する」と勝利宣言した。

英下院の新勢力は、解散前は少数与党だった保守党が67増の365議席。一方、4回連続で政権を奪取できなかった最大野党の労働党は41減の203議席と惨敗。1935年以来最悪で、コービン党首は辞意表明に追い込まれた。

スコットランド民族党（SNP）は13増の48議席と躍進し、EU残留派の自由民主党は10減の11議席で、スウィンソン党首も落選。

今選挙での保守党の「勝利の方程式」は、「ブレグジット（EU離脱）+コービン労働党党首」だった。

ジョンソン氏は修正済みEU離脱協定案への信任を求めて、再び有権者にブレグジットの判断を委ね、その賭けに勝った（「ウォール・ストリート・ジャーナル」紙・13日）。

多くの有権者にとって、今回の選挙は2016年6月に続く「第2回国民投票」を意味した。「第1回投票の時もわれわれは真剣だったのだ」との意思表示が結果に出た。第一、英国民の意思がEUに妨害されている事実を知るのに、別に離脱強硬派である必要はない。

EU諸国から誰でも英国にやって来て、労働ビザなしで仕事をする。そして国民健康保険など福祉の恩恵に浴する。EUが英国の掃除機の消費電力上限を決め、バナナの太さ、長さ、曲がり具合まで規制している現実。

保守党はこの現状を訴えながら、労働党の離脱支持層に攻勢を掛けた。そして、労働党の「赤い壁」と評されたイングランド北部や中部の地域で勝利した。50年代から労働党の「指定席」だったかつての炭鉱町、北東部プライズ・ヴァリーでも保守党が勝ったのは象徴的だ。

コービン労働党党首は2度目の国民投票を公約に掲げたが、1回目以来3年半、離脱期限の3度延期など混乱続きで、国民の「ブレグジット疲れ」は一目瞭然。それをもう1回とは、かなりシュールな人物で、ロンドンの選挙区で当選したホッジ議員が「彼は結果に関し熟慮が必要と言うが、私は十分熟慮した。どうか辞任を」と迫った心情もよく分かる。

「彼の外交政策の指導原理は、米国とイスラエルに断固反対すること」（「デーリー・テレグラフ」紙）だそうだ。確かに、ウクライナ内戦ではロシアより米国の責任を追及し、11月末にロンドン橋付近で起きたテロ事件でも、イラクの戦争と英軍の介入を非難した。

来年の米大統領選の民主党指名を期すバイデン前副大統領は12日、「労働党の急速な左傾」を保守党の勝因に挙げていた。同氏も真っ当なことを言う時はある。

草野　徹（外交評論家）

比軍参謀総長 7年ぶり来日

統幕長と会談 防衛協力強化で一致

山崎統幕長は12月12日、来日したフィリピン軍参謀総長のノエル・クレメント陸軍大将と防衛省で会談し、両国の防衛協力をさらに強化していくことで一致した。比軍参謀総長の来日は2012年9月以来7年ぶり。

[illegible]

山崎統幕長（左）のエスコートで特別儀仗隊を巡閲するフィリピン軍参謀総長のクレメント陸軍大将（左から3人目）＝12月12日、防衛省で

優秀隊員57人を表彰

陸・海・空幕長 顕著な功績の准曹ら

[illegible]

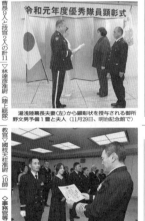

湯浅陸幕長夫妻（左）から顕彰状を授与される御所野文男予備1曹と夫人（11月29日、明治記念館で）

山村海幕長（右）から顕彰状を授与される西澤諭2尉（11月28日、海幕で）

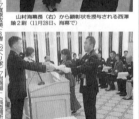

丸茂空幕長夫妻（左）から褒賞状と記念品を受ける関野夫妻（12月2日、明治記念館で）

[illegible] 西澤諭2尉 [illegible] 本田浩二2 [illegible]（村シス通 [illegible] うりゅう）[illegible] 3尉（海3 [illegible] 彦准尉（海 [illegible] 健次曹長（海 [illegible] 男輝曹長（横 [illegible] ▽船越潔曹 [illegible] ▽長山直子 [illegible] 隊）▽小笠 [illegible] 送艦しもき [illegible] 田喜隆技官 [illegible]（音）▽岩渕陽 [illegible] 覇駐業）▽山入 [illegible]（県造補所）

【空自】

◇自衛官＝▽田辺裕之曹長（12飛教団航学教育群＝防府北＝准曹士先任）▽金城睦昌曹長（9空団施設隊＝那覇）▽坂本勝典曹長（5空団管理隊＝新田原＝准曹士先任）▽田中裕子曹長（管制群千歳管制隊）▽池之内剛曹長（2補原務課＝岐阜＝准曹士先任）▽稲留覚曹長（飛実団整備群＝岐阜）▽野村明弘曹長（4高群指運隊＝岐阜＝准曹士先任）▽前田誠曹長（作運隊人事部＝横田）▽関野純市曹長（6高群21高隊＝車力）

◇事務官等＝▽高橋久雄技官（岐阜病院総務課給食班）▽田中圭三技官（西警団土佐清水通信隊）

隊友会など4団体 副大臣に政策提言

隊友会（理事長・折木良一元統幕長）は11月29日、偕行社、水交会、つばさ会との4団体合同で、山本防衛副大臣に対し「政策提言書」について報告を行った。

この政策提言は日本の防衛力の強化を目的に平成28年度から4団体合同で行っているもので、その内容は①憲法の改正②安全保障法制の充実③日米同盟と安全保障協力の強化④防衛力の強化⑤人的基盤の強化⑥技術基盤の強化⑦装備調達の最適化⑧産業基盤の維持・育成⑨情報機能の強化⑩防衛力を支える要素――となっている。

今回も折木隊友会理事長ら4団体の代表が防衛省を訪れ、山本副大臣に対し、令和元年度「政策提言書」について報告を行った。

共済組合だより

入学金・授業料等に「教育貸付（特別貸付）」をご利用ください

組合員、被扶養者または被扶養者以外の組合員の子の入学金や授業料等が必要な時、組合員（組合員期間6月以上）は共済組合から「教育貸付（特別貸付）金」を借りられます。

貸付限度額は月収額（俸給、俸給の特別調整額、初任給調整手当、研究員調整手当、地域手当、扶養手当、自衛官候補生手当、学生手当及び生徒手当の月額の合計額）の14月分（ただし1回の貸付は6月分）で、弁済期間は140月以内、年利は1・86%となっています。（利率は2019年4月1日現在）

※注　普通貸付の残高と特別貸付額を含めた残高の合計額が月収額の20月分を超えることはできません。

弁済方法は毎月の給与等からの源泉控除（千円単位の額で元金均等弁済）で、ボーナス併用の場合は、ボーナス分の弁済額の合計額が貸付金の2分の1の範囲の額で、6月及び12月の各弁済額は同額となります。

教育貸付を受けるには、各種提出書類や添付書類などが必要です。詳しくは所属支部の貸付窓口へお問い合わせください。

空自准曹士先任交代 第7代に甲斐准尉

空自准曹士のトップとして、空幕長を補佐する空自准曹士先任が12月12日、交代した。横田雅宏准尉に代わり、補給本部（十条）前准曹士先任の甲斐修准尉が第7代空自准曹士先任に就任した。

[illegible] 木副長ら幹部と市ヶ谷基地勤務の准曹士ら約60人が出席。横田准尉が空幕長に離任を申告し、識別章を返納。甲斐准尉が着任を申告、空幕長が同章を授与した。

この後、丸茂空幕長が訓示し「横田准尉はその明る [illegible] てくれた。甲斐准尉は准曹士の先頭に立って、隊員一人一人の幸せを考えて [illegible] い」と要望した。

その後、横田准尉は参列した准曹士隊員に対し、「後輩に自信と誇りを持ってもらえるよう、努力してほしい。空自が良い方向に向かう原動力になる」と語った。

甲斐准尉は「准曹士みなでワンチームになれるよう、現場に足を運び続けたい」と抱負を述べた。

甲斐准尉は昭和43年、宮崎県生まれ。59年、生徒30期。専門特技は警戒管制レーダー整備。29警戒群（奥尻島）、作戦情報隊（府中）などを経て、補本第3部の准曹士先任を務めた。

丸茂空幕長（右）の訓示を受ける第7代空自准曹士先任に就任した甲斐准尉（前列右）。その左は退任した横田准尉（12月12日、空幕大会議室で）

将昇任者略歴

小和瀬　一（こわせ・はじめ）陸将　東京理科大卒。昭和53年陸自。平成13年2佐、18年1佐、26年将補。2戦連長、陸幕総務課庶務室長、高工校長、陸幕監察官などを経て、30年3月14旅団長。群馬県出身。56歳。

柴田　弘（しばた・ひろし）海将　愛媛大卒。昭和63年海自。平成14年2佐、19年1佐、27年将補。防衛装備庁長官官房艦船設計官、海幕装計部長などを経て、30年12月海幕人事教育部長。福岡県出身。56歳。

二川　達也（ふたかわ・たつや）海将　防大32期。昭和63年海自。平成14年2佐、19年1佐、25年将補。海幕総務課長、海幹校副校長、31空群司令、横監幕僚長などを経て、30年12月自艦隊幕僚長。北海道出身。54歳。

尾崎　義典（おざき・よしのり）空将　防大32期。昭和63年空自。平成14年2佐、19年1佐、26年将補。米国防衛駐在官、空幕情報課長、5空団司令、1輸空司令などを経て、29年12月統幕総務部長。北海道出身。54歳。

深澤　英一郎（ふかざわ・えいいちろう）空将　防大30期。昭和61年空自。平成13年2佐、16年1佐、26年将補。空幕総務課広報室長、7空団司令、北空副司令官などを経て、28年12月空幕監理監察官。福岡県出身。56歳。

将補昇任者略歴

安井　寛（やすい・ひろし）陸将補　防大32期。昭和63年陸自。平成14年2佐、18年1佐。ドイツ防衛駐在官、1輸ヘリ群長、陸幕装備航空機課長、北方航空隊長などを経て、29年12月東北方人事部長。山口県出身。54歳。

濵崎　芳夫（はまさき・よしお）陸将補　防大35期。平成3年陸自。17年2佐、22年1佐。2次イラク復興支援群、西方通群長、研本主任研開官、陸幕人教課服務室長などを経て、29年12月東方人事部長。東京都出身。51歳。

松本　英樹（まつもと・ひでき）陸将補　防大36期。平成4年陸自。18年2佐、23年1佐。5次イラク復興支援群、10師団3部長、9特連長、研本主任研開官などを経て、29年8月東方防衛部長。徳島県出身。50歳。

稲田　丈司（いなだ・じょうじ）海将補　防大34期。平成2年海自。16年2佐、21年1佐。大監経理部長、海幕厚生課給与室長、舞造補所長、海幕経理課長などを経て、30年8月海幕総務課長。大阪府出身。51歳。

平木　拓宏（ひらぎ・たくひろ）海将補　防大33期。平成元年海自。16年2佐、21年1佐。201教空司令、海幕総務課広報室長、3空司令、4空群首席幕僚などを経て、29年8月51空司令。鳥取県出身。53歳。

大嶋　善勝（おおしま・よしかつ）空将補　防大34期。平成2年空自。17年2佐、22年1佐。航空総隊作戦室長、2空団飛行群司令、西空防衛部長、空幕運支課長などを経て、令和元年5月警空隊司令。北海道出身。52歳。

29年度掃海艦「えたじま」進水

海自の平成29年度計画掃海艦（基準排水量690トン・艦番号306）の命名・進水式が12月12日、神奈川県横浜市のジャパンマリンユナイテッド（JMU）横浜事業所鶴見工場で行われ、同艦は河野防衛大臣により「えたじま」と命名され、進水した。

同艦は、船体に繊維強化プラスチック（FRP）を採用した「あわじ」型の3番艦で、主要性能は同じ。最新の掃海装備を搭載し、従来の「やえやま」型掃海艦に比べて、機雷の捜索能力や掃討能力が向上している。

式は渡邊剛次郎横須賀地方総監の執行で行われ、防衛省から出口佳努海幕副長、防衛装備庁装備官の佐藤直人海将ら、会社側から千葉光太郎JMU社長らが出席。河野大臣が命名書を読み上げ、支綱を切断すると、艦首のくす玉が割れて紙テープが一斉に舞い、「えたじま」はゆっくりと東京湾に進水した。

艦名は、旧海軍ゆかりの島で、海自の幹部候補生学校なども置かれる広島県の「江田島」に由来し、各種検討を踏まえ河野大臣が決定した。艤装員長は石田浩太郎2佐で、同艦の就役は2021年3月の予定。

河野防衛大臣から命名され、支綱の切断後、東京湾に向けて進水する掃海艦「えたじま」（12月12日、横浜市のJMU鶴見工場で）

回顧 2019年

「令和」時代始まる

「島嶼防衛」から「宇宙防衛」へ

「令和」時代となった2019年。防衛省・自衛隊にとっても節目の年になった。3月に沖縄・宮古島と鹿児島・奄美大島に駐・分屯地が開庁し、南西諸島の「国防の空白地帯」をなくすため10年にわたり取り組んできた島嶼部への防衛力整備がほぼ終わった。離島奪回の戦力となる陸自水陸機動団の戦力も整い、秋の統合演習ではその即応性と高い戦闘能力を示した。

防衛省が新たに整備に着手したのが「宇宙・サイバー・電磁波」の新領域。防衛装備のシステム化・ネットワーク化が進む中、通信が遮断されれば作戦はなりたたなくなる。ロシアや中国は衛星破壊兵器やキラー衛星を保持していると言われ、宇宙など新領域での防衛強化が喫緊の課題となっている。そこで令和2年度防衛予算（案）には自衛隊史上、初めて「宇宙」を冠した「宇宙作戦隊」の新編が盛り込まれた。

トランプ大統領「かが」で訓示

"準同盟化"が進むイギリス、インドとの共同訓練が今年は一気に増えた。陸自は英スコットランドに初めて部隊を派遣。海自は山村海幕長が米英日トップ協議に出席し、3カ国で共同声明を発表した。空自は中東のエアショーで英軍と交流、技術面でも英防衛装備展示会が日本で初開催され、企業を含めた日英の協力関係が一段と強化された。

インドとは外務・防衛担当閣僚協議「2プラス2」が初開催され、関係強化を推進。自衛隊とインド軍の協力関係も日を追って深まり、来年には印空軍のスホイSu30MKI戦闘機が初来日することも決まった。

5月にはトランプ米大統領が来日。横須賀で海自のヘリ搭載護衛艦「かが」に乗艦し、両国隊員に日米同盟の重要性を訴えた。「いずも」「かが」は短距離離陸・垂直着陸（STOVL）戦闘機のF35Bを搭載することも決まった。

一方、韓国とは冷え切った関係のまま。日本の輸出管理に不満を募らせた韓国が「軍事情報包括保護協定（GSOMIA）」の破棄を通告。これは土壇場で回避されたものの、日韓関係は年間を通じ混乱が続いた。

国際活動では陸自がアフリカなどでRDEC（国連PKO支援部隊早期展開プロジェクト）を継続。今年は新たにイスラエル、エジプト軍の停戦監視を行う「多国籍軍・監視団（MFO）」司令部にも隊員2人が派遣された。大雨災害が発生したアフリカのジブチでは、現地の自衛隊海賊対処部隊が国際緊急援助隊として被災地に出動した。

台風災害で統合任務部隊を編成

今年も災害が多かった。5月には屋久島で大雨災害が起き、孤立した登山者らを隊員が救出。8月には九州北部で水害が起き、陸・海部隊が出動した。秋には台風15号、19号が関東、東北を直撃し、大規模な風倒木災害や河川決壊が起きた。自衛隊は統合任務部隊（JTF）を編成し、3万人体制で対処した。この災害派遣で海自の「観艦式」は中止に。しかし、式前に行われたフリートウイークには多くの艦艇ファンが訪れた。

11月10日の天皇陛下の「即位パレード」は秋晴れに恵まれ、自衛隊員も儀仗、奏楽、と列などで参加、両陛下に祝意を表した。

日本で初開催されたラグビーW杯に合わせ、防衛省主催の国際軍人ラグビー大会も関東地区で開かれ、自衛隊チームも健闘した。

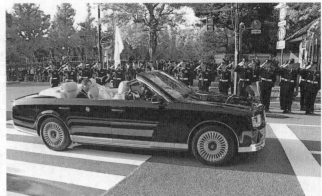

天皇陛下の「即位パレード」が11月10日、都内で行われ、自衛隊は儀仗、と列、奏楽などで祝意を表した。赤坂御所前には330人の隊員が整列、オープンカーで通過される天皇皇后両陛下に敬礼を行った

今年も春から秋にかけ全国で大雨災害が続いた。鹿児島県の屋久島では5月中旬、大雨により谷川が増水して登山者が山中に孤立、陸自12普連の隊員らが救出した

V22オスプレイ輸送機の導入に向け、米ノースカロライナ州ニューリバー基地で飛行訓練を続ける「日の丸」が付いた陸自向けの機体。米国での訓練は来年5月ごろまで続けられる予定

来日したトランプ米大統領は5月28日、安倍首相とともに海自横須賀基地を訪れ、護衛艦「かが」の艦内で訓示。「ここ横須賀に勤務する日米の隊員は両国の素晴らしいパートナーシップを象徴している」と語った（防衛省提供）

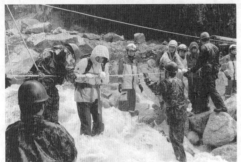

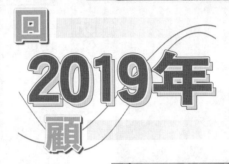

シンガポール沖でインド海軍艦艇（奥）などと共同訓練を行う海自のヘリ搭載護衛艦「いずも」（手前）。STOVL機F35B戦闘機の搭載と船体改修が決まった（5月9日）

ロシアの首都モスクワの赤の広場で8月末から9月にかけて行われた軍楽祭「スパスカヤ・タワー」に陸自中央音楽隊が初参加。ライトアップされたクレムリンの塔や聖ワシリイ大聖堂をバックに「和」の演奏を行った

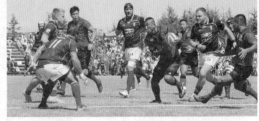

今年は日印防衛交流が大きく進んだ。空自と印空軍の共同訓練では、来日したインド軍パイロットが空自のF2戦闘機に搭乗し、空自の技量に触れた。来年はインド空軍のスホイSu30MKIが来日する予定だ

日本開催のラグビーW杯に合わせ、防衛省主催の「国際防衛ラグビー競技会」が関東地区で開かれた。自衛隊チームは初戦で強豪・フランスと対戦した＝写真。この試合は敗れたものの、次戦トンガに勝利し、1勝2敗で大会を終えた

部隊だより

海

旭川　2師団2戦連（上富良野）はこのほど、北海道大演習場で「北方戦車射撃競技会」に参加。90式戦車の全部門で優勝した＝写真㊤。黒木正富連隊長は「成果が出せて非常に満足。今度は追われる側。また練度に励みたい」と述べた。駐屯地に凱旋した隊員たちに対し、森下泰臣師団長は「よくやった。君たちは部隊の誇りだ」とねぎらった。

目黒　幹部学校は10月9日から17日まで、西太平洋海軍シンポジウム加盟国による「次世代海軍士官短期交流プログラム」を開催した＝写真㊤。67期指揮幕僚課程の学生と27カ国30人の海軍士官が参加、研究会などで我が国の安保政策や海自への理解を深めた。閉会式で乾悦久学校長は「諸官の経験が将来、多国間協力の第一歩になる」と訓示した。

横須賀　秋田県出身の成田直人2佐が艦長を務める護衛艦「はたかぜ」は10月24〜26日、秋田港中島埠頭に寄港して艦艇広報を行い、約6000人が来艦した。一般公開では5インチ単装速射砲の武器操法展示や艦内ツアーも実施。年内に定年を迎える成田2佐は11月1日、母港横須賀での最後の入港の際、サプライズで息子の周平1士らに出迎えられた。

舞鶴　地方隊は10月5日、アフリカのソマリア沖・アデン湾で派遣海賊対処行動に当たった護衛艦「あさぎり」の帰国行事を開催した。行事では艦長の波江野裕一2佐が帰国報告を行い、大島孝二総監が防衛相の訓示を、石巻義康3護群司令が自衛艦隊司令官の訓示をそれぞれ代読。家族ら約500人が出迎え、派遣隊員たちは家族との再会を喜んでいた。

呉　教育隊は11月8日、海曹予定者課程の球技競技を行った＝写真㊤。種目はバレーボールのトーナメント形式で行い、決勝戦には12分隊2班と3班が進出。セットカウント2対0で12分隊2班が熱戦を制した。2班の土居哲也3曹は「この勝利は班員の団結でつかんだ。今後も同期と助け合い、悔いのない学生生活を送ってもらいたい」とたたえた。

佐世保　佐世保教育隊は11月4日、佐世保市アーケードで2年ぶりに行われる「佐世保自衛隊パレード」に参加した＝写真㊤。余暇を活用して訓練した学生たちは一糸乱れぬ行進を披露。沿道の市民は行進曲に合わせて日の丸の小旗を振りながら学生を激励していた。自衛艦旗の旗手を務めた学生は「旗の重みと使命を再確認し、気持ちが引き締まった」と述べた。

陸

北千歳　1特群はこのほど、「防勢作戦に任ずる作戦基本部隊に増強された特科部隊の行動」を検閲課目として群検閲訓練を受閲した＝写真㊦。隊員たちは駐屯地から長距離機動後、矢臼別演習場で防御準備を開始。敵の侵攻に対処し、強靭な防御陣地を構築して火力戦闘を行った。最終日には203ミリ自走榴弾砲の実射検閲を受け、任務を終えた。

西日本豪雨被災地の中学生に防災教育

47普連

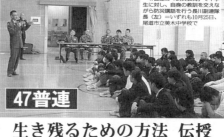

生き残るための方法 伝授
装備品説明や心肺蘇生も

47普連の「防災教育」で中学生に対し、自身の教訓を交えながら防災講話を行う長川副連隊長（左）＝いずれも10月25日、尾道市立美木中学校で

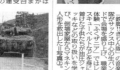

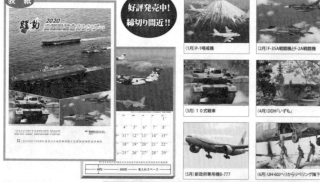

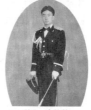

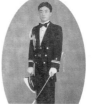

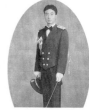

47普連は昨年7月の西日本豪雨で大きな被害を出した広島県尾道市にある市立美木中学校で10月25日、「防災教育」を実施した。

防災の知見に長けた47普連に、同校から広島地本を通じて生徒への防災教育の要望があったもので、この日は同校の生徒115人に対し、防災教育を行った。

最初に体育館で行われた防災講話では、副連隊長の長川真司2佐が出動した阪神・淡路大震災と平成26年の広島土砂災害で得た教訓を伝えながら、隣近所との助け合いや早めの避難を日頃から意識するよう呼び掛けた。

続いて同校のグラウンドに場所を移し、隊員が陸自の装備品について説明。災害時、偵察用オートバイに乗った隊員が被災地の状況を調べ、衛生隊は救急車を使ってけが人を運ぶ要領などを詳しく説明した。生徒たちは隊員の説明に熱心に耳を傾け、陸自の装備品の数々にも興味を示していた。

また体育館では心肺蘇生のための救急法の教育も展示された。隊員から真剣な表情で実習を受けた生徒は「両親から広島県は災害の多い地域だと聞いていた。今日、隊員さんから防災の教育を受け、講話や心肺蘇生の教育を受けて、自分が災害時にできることを学ぶことができました」と感想を語っていた。

47普連では今後も災害が多い広島県下で、小・中学生や高校生に各種支援の機会を活用して防災教育を行っていく計画。（海田市）

㊦災害時にけがをした被災者を運ぶ救急車の説明を行う47普連の隊員（中央）

㊧隊員の指導で、人形を使い心肺蘇生法を実践する中学生

南恵庭　3施団は11月21日、千歳空港と駐屯地で、国連PKO支援部隊早期展開プロジェクト（RDEC）に派遣された藤原康次2佐以下22人の帰国行事を行った。ウガンダで3カ月間の任務を終えた隊員たちは家族らと日本食を楽しみながら団らん。藤原団長は「無事故で帰国できたことを誇りに感じた。隊員の高い技術を誇りに思う」とあいさつした。

秋田　21普連の森康弘中隊長以下13人はこのほど、秋田市内で「100キロチャレンジマラソン」の支援を行った＝写真㊤。同大会には全国から142人のランナーが参加。夜中に小雨が降る中、支援隊員たちは給水所の運営やランナーの救護活動を担当した。隊員たちには参加者から多くの労いの言葉がかけられた。

宇都宮　中央即応連隊の10人はこのほど、インドネシアのジャカルタ南方で行われた「ADMMプラス専門家会合参加国合同実動訓練」に陸自として初めて参加した。当初は文民保護などのPKOミッション型訓練に参加。隊員は「自衛隊の枠を越えた広い視野で自己の任務を考えるようになった」と語った。

東立川　駐屯地は10月10日、立川市役所で「自衛消防審査会」に参加した。1チーム3人で屋内消火栓操法の「通報」「初期消火」「情報提供要領」について評価された。女性の部で駐屯地チームが優勝。11月8日には消防の重要性を認識し、災害防止に寄与した功績で消防から表彰された＝写真㊤。

板妻　34普連1中隊は10月28、29の両日、静岡県の中部方面区域内で徒歩行進訓練を行った＝写真㊤。平野部と山間部の約40キロを行進。参加隊員は地図を確認しながら目的地を目指し、ゴールでは協力者などから激励を受けた。

豊川　10特連は11月8日から12日まで、東富士演習場で「師団特科隊練成訓練」を行った＝写真㊤。同訓練は夜間行進、基本基礎教育、戦術訓練の3項目に分けて実施。10日から戦術訓練の状況を開始し、陣地占領、火力戦闘、陣地変換など一連の流れで部隊の基本的な行動や動作を訓練し、連隊で統制した事項に不備はないか確認した。

福知山　駐屯地は10月19、20の両日、「福知山産業フェア」で子供の職業体験を実施した。駐屯地オリジナルキャラ「鉄那（てつな）！きりん隊」の音楽隊がサックス中心の生バンドで盛り上げ、職業体験「ぶくザニア」ではレスキューベルトを着けた子供たちが担架などの取り扱いを学び、倒壊家屋からマネキン人形を救出した＝写真㊤。

桂　駐屯地は11月10日、創立65周年記念行事を行い、約6000人が訪れた。式辞で樽林寿弘司令は「我々はいかなる事態でも国民の皆さまの期待に応え得るより精強な部隊を目指し、地域と共に」と述べた。式典後はゲリラ掃討やヘリボーンの訓練展示を行い、中支隊101補給大隊の野外入浴セットⅡ型を用いた湯が好評だった。

小倉　40普連は10月31日まで、小倉駐屯地と日出生台演習場で師団訓練検閲を受けた＝写真㊤。検閲は連隊を基幹に、5日間における総合戦闘力を最大限発揮し、評価・判定された。前衛中隊を指揮した4中隊長の柴田秀樹3佐は「実力を存分に発揮でき、任務を完遂できた。さらなる戦力向上を図りたい」と述べた。

都城　駐屯地は10月19、20の両日、記念行事を行った。初日は正門前の道路で市中パレードを行い、地元マスコットらを先頭に朽木誠副連隊長以下の各部隊が堂々と行進。20日の記念式典では地域住民など約2200人が来場した。中尾圭駐屯地司令は「『地域とともにある自衛隊』を常に念頭に置き、強くしなやかな隊を育てる」と式辞を述べた。

空

百里　基地公認キャラクター「ひゃくりん」はこのほど、小美玉市のまつりに参加し、来場者と交流した＝写真㊤。イベントの最後には屋外ステージで「小美玉ご当地ダンス」を地元ゆるキャラと共に踊り、会場を盛り上げた。

横田　井筒俊司総隊司令官は10月8、9の両日、米ハワイ州ホノルルを訪問した＝写真㊦。米太平洋空軍司令官のチャールズ・ブラウン空軍大将と会談し、空自と米空軍の連携の重要性を確認、引き続き協力関係の強化を図ることで一致した。また、アジア太平洋安全保障研究センター（APCSS）も訪問し、同所の受講者約50人に講話を行った。

経ヶ岬　35警戒隊は10月18日、募集活動の一環として、京都府京丹後市出身の田村貴夫2陸佐（教研本）を迎え、府内の中学校と基地で講話を行った。中学生への特別授業では防大に進んだ理由や海外での勤務などの経験を話し、中学生から質問が飛び交った。基地では約30人の協力会員らに、自衛隊の取り組みなどをPRした。

台風19号被災地 米海兵隊員が汗

地方防衛局 特集

南関東局

キャンプ富士の12人 土砂撤去や土嚢作り

【南関東局】この秋、東日本を襲った台風の被災地で、ボランティア活動に汗を流す米海兵隊員たちの姿があった――。南関東防衛局富士防衛事務所管内に所在する在日米海兵隊キャンプ富士（司令官＝マイケル・ライリー大佐、静岡県御殿場市）の海兵隊員12人は10月15日、台風19号の被害を受けた同県小山町で土砂の除去など災害ボランティア活動を行った。

海兵隊員たちは小山町の災害ボランティアセンターのメンバーと共に柳島地区で活動を実施。12人は2組に分かれ、1組は側溝に詰まった土砂の撤去作業、もう1組は撤去した土砂を袋に詰めて土嚢を作り、家屋に水の被害が拡がるのを防ぐ作業にそれぞれ当たった。

高齢化が進み、若い世代が少なくなった地域では「力仕事を必要とする作業がなかなか進まない」との声が聞かれる中、自ら進んで力仕事に従事した海兵隊員たちはボランティアセンターをはじめ多くの関係者から大いに感謝された。

このほか、20日にも海兵隊員たちは12人で小山町の「平成の杜特別養護老人ホーム」に出向いて土砂の除去作業に当たったほか、その近傍の住宅でも陸自駒門駐屯地の隊員らと共にショベルなどを使って家屋に流れ込んだ泥をかき出す作業を行った。

「お役に立ててうれしい」

被災地でボランティア活動に参加した海兵隊員は「少しでもお役に立てたのならうれしい」「地域の皆さまに、このような形で日頃からの感謝の気持ちを伝えることができ、とても有意義な時間を過ごすことができた」などと感想を話していた。

㊨台風19号の被害で側溝に流れ込んだ土砂の撤去作業に当たる米海兵隊員たち ㊦土嚢作りを行う米海兵隊員（写真はいずれも10月15日、静岡県小山町で）＝キャンプ富士提供

防衛施設と首長さん

京都府福知山市 大橋 一夫市長

明智光秀が築いた城下町 福知山駐屯地と協力体制

おおはし・かずお 65歳。立命館大法卒。裁判所職員を経て、2007年4月京都府議会議員に初当選（3期9年）、16年6月福知山市長に就任（現在1期目）。福知山市出身。

福知山市は京都府の北西部にあり、西は兵庫県と接しています。

戦国武将の明智光秀が築城したといわれる福知山城を中心に城下町として栄え、明智の「智」の文字を用いて「福智山」と名づけられたことにその名が由来しているなど、まさに「明智光秀ゆかりのまち」です。

明智光秀は、戦国最大の下克上「本能寺の変」を起こしたことで「謀反人」という悪役のイメージが強いですが、福知山では現在に至る発展の礎を築いた「良君」として今も市民に慕われています。

また、長年の誘致活動が実を結び、2020年大河ドラマでは明智光秀を主人公とする「麒麟（きりん）がくる」が放送されます。大河ドラマを契機に、全国に向けて福知山の魅力を一層発信していきたいと考えています。

2020年の大河ドラマに向け盛り上がりを見せつつある福知山市ですが、ここ数年で4度の水害に見舞われています。こうした際、陸上自衛隊福知山駐屯地の皆さまの支援が大きな力になるばかりでなく、地域の防災訓練にも参加いただくなど常日頃から協力をいただいています。

今後もこうした協力体制のもと、市民の安全を共に守っていけることを願っております。

在日米軍従業員永年勤続者表彰式

九州局

米海軍佐世保基地など142人 廣瀬局長らが労ねぎらう

【九州局】令和元年度「在日米軍従業員永年勤続者表彰式」が10月29日、米海軍佐世保基地内の施設「ハーバービュークラブ」で行われた。

この表彰式は、佐世保地区に所在する在日米軍施設に長年勤務してきた従業員の労をねぎらうとともに、労働意欲や作業効率の向上も合わせて図ることを目的に日米共催で毎年行っているもので、今年度は142人が表彰された。

式には長崎県をはじめ、佐世保市や西海市などからの代表者が来賓として出席。日米両国の国歌を吹奏後、主催者を代表して九州防衛局の廣瀬律子局長と米海軍佐世保基地司令官のブラッド・ストーリングス大佐がそれぞれ登壇し、あいさつを述べた。

続いて壇上では40年、30年、20年、10年と勤務年数に応じてそれぞれの代表者が廣瀬局長とストーリングス司令官から表彰状と記念品を授与された。

最後に被表彰者142人を代表し、米海軍横須賀艦隊補給センター佐世保支所に勤務する木下正之氏が関係者に謝意を表すとともに「これからも良好な日米関係を維持するため、一層努力します」と答辞を述べ、式典は滞りなく終了した。

壇上で廣瀬九州防衛局長（演台右）とストーリングス司令官（同左）から表彰状を授与される代表者ら（後ろ向き）＝10月29日、米海軍佐世保基地で

東北局

米軍三沢基地など94人 熊谷局長ら功績たたえる

【東北局】令和元年度「在日米軍従業員永年勤続者表彰式」が10月25日、米軍三沢基地内の統合クラブで行われ、三沢市の小檜山吉紀市長ら来賓をはじめ、多数の関係者が出席した。

この表彰式は、青森県内に所在する在日米軍施設（三沢飛行場、八戸貯油施設、車力通信所）に長年わたって勤務する駐留軍等労働者の功績をたたえるとともに、労働意欲などの向上を目的として、東北防衛局と在日米軍の共催で毎年開催している。

今年度は勤続年数30年、20年、10年を迎えた計94人が表彰を受けた。式典では日米双方の国歌が演奏され、主催者である東北防衛局の熊谷昌司局長と米空軍第35戦闘航空団副司令官のクリストファー・ハモンド大佐が式辞を述べた。

続いて、熊谷局長、ハモンド副司令官、さらに米海軍三沢航空基地司令官のライアン・バミル大佐から各勤務年数の代表者に表彰状と記念品が授与された。

最後に、小檜山三沢市長が来賓として祝辞を述べ、これを受けて代表者が「日米友好の懸け橋として、引き続き職務に最善の努力を払っていきます」と答辞を述べた。

式典終了後、被表彰者を囲んで来賓やお祝いに駆け付けた職場関係者らによる懇親会が開かれ、出席者一同、和やかな雰囲気の中でひと時を過ごした。

壇上で熊谷東北防衛局長（右）とハモンド副司令官（中央右）から表彰状を授与される代表者ら（10月25日、米軍三沢基地で）

北関東局

「防衛問題セミナー」 1月17日に高崎市で

北関東防衛局は来年1月17日（金）、「両毛と信越の守り～空中機動力を有する陸上自衛隊第12旅団」をテーマに第44回「防衛問題セミナー」を開催する。事前申し込み制で、同局は多数の参加を呼び掛けている。開催概要は次の通り。

▽日時＝令和2年1月17日（金）午後3時～5時（開場午後2時20分）▽場所＝高崎シティギャラリー（コアホール）▽講演の部＝第12旅団長の田尻祐介陸将補（陸上自衛隊第12旅団の任務と役割について）▽音楽演奏の部（少人数によるアンサンブル）▽入場無料（定員250名）＝事前申し込み制▽応募＝北関東防衛局ホームページを参照の上、FAXまたはメールで応募▽締め切り＝1月10日（金）▽問い合わせ＝北関東防衛局企画部地方協力基盤整備課（電話）048-600-1844、HPはhttps://www.mod.go.jp/rdb/n-kanto/

リレー随想 小波 功

令和元年7月10日付で南関東防衛局勤務となり、早いもので4カ月が過ぎ、ようやく毎日の通勤にも慣れてきた。

南関東防衛局は横浜高速鉄道みなとみらい線「馬車道」駅が最寄り駅となるが、馬車道という駅名も、かつて居留地の外国人の馬車や乗り合い馬車が通っていたことから名づけられた地名に由来すると聞く。

ガス灯や近代街路樹、アイスクリーム、写真館など日本初のものがここには多数見られ、文明開化の象徴ともいえる地域であった。

現在の馬車道も赤レンガ舗装の歩道、整備された街路樹、ガス灯をモチーフとしたと思われる街灯、石造りの店舗が多数存在するなど、非常におしゃれな通りである。

南関東防衛局が入居する横浜第2合同庁舎は、平成5年に旧建物である横浜生糸検査所をできる限り創建当時の状態に復元し、再生を図ったものである。あらためて横浜ゆかりの建築家・遠藤於菟（えんどうおと）の傑作を今に伝える歴史的建造物であると知ると、局長室から見える景色にもさらなる付加価値がつくような気がする。

横浜馬車道から

局長室からは、遠くに横浜ベイブリッジ、大桟橋や赤レンガ倉庫、みなとみらいの観覧車や、ランドマークタワーをはじめとするみなとみらい地区が一望できる。10月末からは「横浜ハンマーヘッド」という客船ターミナルとホテル、商業施設等からなる複合施設が開業して話題となっている。

また、庁舎の西側からは、天気の良い日に南関東防衛局のシンボルでもある富士山が見渡せるという。

歴史と伝統、近代化とハイカラな土地柄が混在する横浜馬車道に南関東防衛局が存在することもあながち偶然の産物とは言えないような気がしてくる。

自衛隊や在日米軍の使用する防衛施設の安定的な使用のため、防衛省の地方機関として地域との信頼関係を維持、発展させていくことが求められている南関東防衛局は、歴史と伝統をしっかりと理解しながら、時代の流れに合わせて防衛行政を実施する必要がある。

着任以来、多くの方から当局との良好の関係が諸先輩方の長年の努力の賜物であることを感謝の言葉とともに教えられてきた。

この信頼関係を貴重な財産として受け継いでいくことの重要性を改めて認識しつつ、少子高齢化をはじめとして確実に変化しつつある社会情勢に的確に対応できるよう、文明開化の地横浜馬車道に相応しい、柔軟な思考で職務に取り組んでいきたいと思っている。

（南関東防衛局長）

防衛省にご勤務の皆さまへ 住まいと暮らしのことなら何でもお任せください！
朝雲
コーサイ・サービス ニュース
No.63
「紹介カード」で、お得なサービス
【提携割引】 利用しないともったいない！
⇒URL https://www.ksi-service.co.jp (限定情報 ID:teikei PW:109109)
"紹介カードでお得に！お住まいの応援キャンペーン①・②・③！"実施中
【住まいのご相談・お問合せ】 コーサイ・サービス株式会社 ☎03-5315-4170 (住宅専用) 担当:佐藤 東京都新宿区四谷坂町12番20号KKビル4F／営業時間 9:00～17:00 ／定休日 土・日・祝日
LEBEN
予告広告
今世紀初、駅徒歩2分
JR京葉線「検見川浜」駅徒歩2分、全288邸。「レーベン検見川浜GRANVARDI」
モデルルーム公開中!!
暮らしが変わる、駅前レジデンス。
ウィンターキャンペーン
¥5,000
レーベン 提携 検索
ご予約の際は、「コーサイ・サービスニュース」を見てとお伝え下さい。
(株)タカラレーベン 提携企業従業員様窓口
0120-017-771
Takara Leben
予告広告
長崎県・佐世保市に誕生。
新発売
MID FRONT
静と動の最前席へ。
提携企業割引 2%
四ヶ町商店街 徒歩9分
市立祇園小学校 徒歩9分
閑静な住宅街
3LDK 2,780万円～
アルファステイツ高天
いよいよモデルルーム公開!
まずはモデルルームへお越しください。
モデルルーム案内図 住所／佐世保市稲荷町3-25
あなぶき興産
(お問い合わせ)「アルファステイツ高天」モデルルーム
0120-207-773
物件公式Webサイト
あなぶき 佐世保 検索
www.anabuki-style.com/kouten/
PREDEAR
プレディア 武蔵野中町
わたし、咲き誇る。
提携割引 0.5%
JR中央線、JR中央・総武線(東京メトロ東西線直通)
「三鷹」駅徒歩4分
《実物が見れる! 完成後販売》 建物内モデルルーム公開中《完全予約制》
1R/29㎡台・1LDK/33㎡台 ～ 40㎡台 全8タイプ 全31戸
0120-722-004
三鷹駅4分 検索
JR西日本プロパティーズ
伊藤忠ハウジング
Wellith
ウエリス浦和美園
ノーステラス 第10期 新発表
南北線直通 × 始発駅「浦和美園」徒歩9分
3LDK+WIC+N／2,888万円より
建物内モデルルームオープン
[完全予約制]
予告広告
0120-380-355
ウエリス浦和美園 検索
提携企業割引 2%割引
NTT都市開発
川口土木建築工業
住友不動産販売
Sweden House
選ばれ続けた「居心地の良さ」。
5年連続受賞!
お客様満足度総合1位
2015～2019年 オリコン顧客満足度調査 ハウスメーカー 注文住宅 第1位
木製サッシ + 3層ガラス + 180°回転する窓
木製サッシ3層ガラス窓を標準装備
スウェーデンハウス 検索
スウェーデンハウス株式会社
木と生きる幸福
住友林業グループ
新築・建て替え・リフォームも
住友林業グループで叶える"世界の銘木"に包まれる暮らし。
「マホガニー」無垢フロア
「チーク」無垢フロア
「ウォルナット」無垢フロア
「チェリー」無垢フロア
提携法人割引
新築・建て替えをお考えの方 建物本体工事価格(税抜)の3%割引
リフォームをお考えの方 見積書工事代金(税抜)の3%割引
お問い合わせは、下記までお気軽にご連絡ください。
0120-667-683
住友林業株式会社

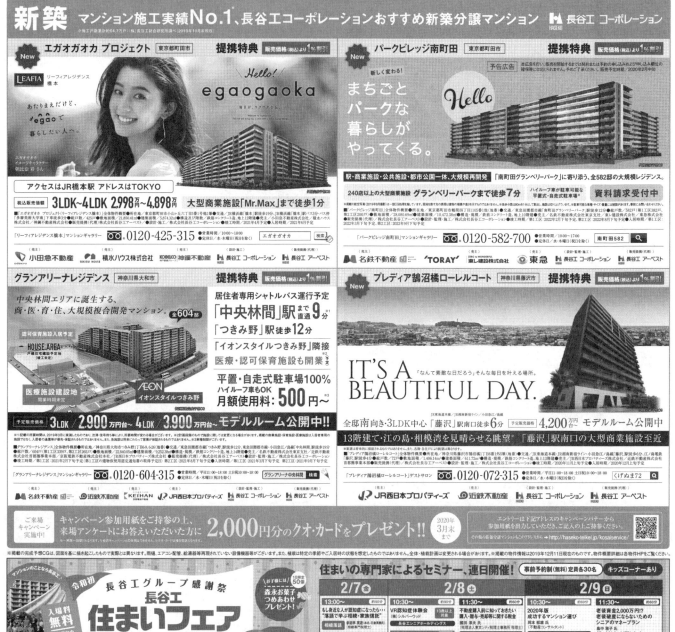

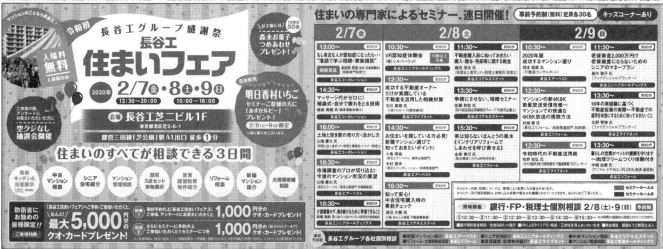

新装輪装甲車

候補3種を選定

防衛省 性能や特性をテスト

陸自の96式装輪装甲車の後継車両（次期装輪装甲車）について、防衛省はこのほど、候補となる3種の「試験用車両」を選定した。令和元年度内に各社と契約を締結し、今後、各車両の試験を行って性能を確かめ、次期車種を正式に決定する計画だ。候補に選ばれた国内外3車種の性能や特性をまとめた。

96式装輪装甲車の後継車両については、コマツが開発に当たっていたが、試作車両の防御力などが十分でないことが判明、その後、同社は開発から撤退した。これを受け、防衛省では内外の企業に対し、候補車種の提案を募っていた。

この選定作業に残ったのが、①三菱重工業の「機動装甲車」②フィンランド・パトリア社の「AMV（Armoured Modular Vehicle）」③カナダGDLS社の「LAV（Light Armoured Vehicle）6・0」だった。

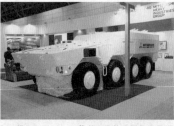

防衛省は各社と契約後、これら車両の性能を実際にテストし、陸自に最もふさわしい後継車両を決定する計画だ。それでは各車の特長を見てみよう。

三菱重工業「機動装甲車」

16式機動戦闘車と車体が共通に

三菱重工業が提案する「機動装甲車」は、陸自に配備が進む16式機動戦闘車がベースとなっている。車体から105ミリ砲を取り外し、後部に隊員が乗車できるスペースを設けるため、陸自としては最も扱いやすい車両となるだろう。

国産車であるため、陸自の改善要求などにも柔軟に対応でき、また、整備や補給もしやすい。国産品のため国内企業の利益増にも貢献する。ただし、ライバル車種に比べ実績がないため、海外での運用などは未知数となる。

同車のプロトタイプ「MAV」は11月に千葉市で開かれた英国の防衛展示会「DSEI」に出展され、関係者の注目を集めた。

フィンランド・パトリア社「AMV」

水陸両用車としても運用可能

フィンランドのパトリア社が開発した多目的装輪装甲車「AMV」の最大の特徴は、その名にある通り、モジュラー化された車体となっており、各種兵装をはじめ、電子機器などを必要に応じ、組み合わせて搭載できる。このため人員輸送タイプだけでなく、指揮通信車、装甲救急車、自走迫撃砲などファミリー化が容易になる。

「AMV」のもう一つの特徴は、「水陸両用」の能力を持ち、AAV7のように水陸両用車としても運用できること。車体後部に2基のスクリューを備え、時速10キロで航行することが可能。

水陸両用作戦だけでなく、機動中は橋がなくても大河を渡河でき、また、水害の被災地などでも活動できる能力は、陸自にとって魅力的だ。

三菱重工業製の「機動装甲車」㊨、フィンランド・パトリア社製の「AMV」㊤、カナダ・GDLS社製の「LAV6．0」㊦＝各社HPなどから

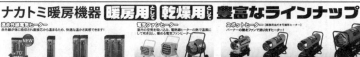

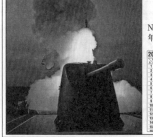

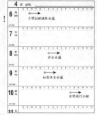

カナダGDLS社「LAV6・0」

「ストライカー」の派生で実績豊富

米GD社の子会社であるカナダのジェネラル・ダイナミクス・ランド・システムズが開発した車両で、世界中でベストセラーとなっている「ピラーニャⅢ」の最新型だ。

米軍がイラクやアフガニスタンで使用する兵員輸送車「ストライカー」の派生型でもあり、戦闘での実績は十分。「LAV6・0」は近代化改修した最新のモデルで、地雷や即席爆弾（IED）からの防護力が高められており、乗員の安全を守る設計が充実している。

同装甲車は陸自の主力装備となるため、車種の選定に当たっては、機動性、防御性、整備・補給性、水陸両用性能、そして価格などさまざまなファクターが考慮に入れられるはずだ。

候補に挙がった3車種は、いずれも一長一短があり、選定・評価は難航することも予想される。

国産車のメリットに重きを置くか、水陸両用性能を重視するか、実戦経験を取るか、専門家による結果が注目される。

防衛技術

米空軍の新練習機決定

「T7Aレッドホーク」

米空軍の次期ジェット練習機をボーイング社とサーブ社が共同開発した「T7Aレッドホーク」（写真）に決まった。老朽化した「T38タロン」の後継機として戦闘機パイロットの養成に使われる。同機は双垂直尾翼、タンデム座席で、エンジンはGE社のアフターバーナー付きF404ターボファンエンジンを搭載。主力戦闘機F35Aへの移行を考慮して設計されており、米空軍には約350機が導入される予定。

技術が光る　＞88＜

携行型マイクロ水流発電機　THK株式会社

水流から瞬時に30ワットを取得

小型で軽量、僻地でも活用可能

災害派遣などライフラインが失われた環境の中、活動が長期化し、通信機のバッテリーが切れて連絡ができなくなった――。そんな状況を解消できる画期的な技術がこの秋、実用化された。水路さえあれば簡単に発電ができる「携行型マイクロ水流発電機」をTHK（本社・東京都港区）が完成させたのだ。

同社は2009年に水流発電機の開発をスタート。神奈川県海老名市で実証実験を繰り返し、安定した発電と充電ができることを証明した。発電機の3枚のブレードは飛行機の翼のような形状で、航空機が揚力を得る原理を応用。ブレードが水流に反応してタービンを回し、電力を得る仕組みだ。設置工事も必要なく、水路に置いた瞬間から30ワットの電力が得られるという。

発電機とセットになっているコントローラーはバッテリーも内蔵する。発電機から得た電気を蓄電し、一般家庭のコンセントと同じ100ボルトとUSBの差し込み口があり、パソコンや通信機に電気を送ることができる。水の流れの速さによって得られる電力は上下するが、最大で30ワットの電力が取得可能。一日、水路に置いておけば、スマートフォン20台分、ノートパソコン3台分、カメラ付き無線通信・センサー用電源2台分の電力が得られる。

「水力なのでソーラーパネルのように昼夜や天候にも左右されません」と林係長。

「弊社はもともとベアリング（軸受）メーカー。通常は工作機械などで、ミクロン単位で精密機械を製作しており、その技術を発電に転用しました」と話すのはTHK技術開発統括部の林勇樹係長。

発電機一式の重さは25キロだが、複数に分割して持ち運べ、組み立ては30分以下でできる。このため、水路に近い場所に拠点を設営すれば、電力に困ることはない。

「この水流発電機は世界的にも新しい技術と断言できます。非常に小型で軽量のため、災害時はもちろん、ドローンの充電などにも重宝されるのではないでしょうか」

THKの水流発電機は災派だけでなく、僻地での任務などにも活用できそうだ。

最新の「マイクロ水流発電機」（下）について説明するTHKの林係長（左）と柴田聡主幹。離島など電力供給が難しい環境下でも水流があれば発電できる

世界の新兵器 ――531

イージス駆逐艦「ホバート」級　豪

SM6、トマホークも搭載可能な設計

今回ご紹介するのは、1番艦の「ホバート」が2017年に就役し、続いて2番艦「ブリスベン」が昨年就役、3番艦の「シドニー」が来年就役予定で建造中のオーストラリア海軍のイージス駆逐艦「ホバート」級3隻である。同級については1番艦「ホバート」が建造中の段階であった15年12月の本欄において紹介されているが、就役後の状況として再掲載するものである。

ご承知のとおり、豪海軍は「パース」級3隻、そして米海軍のFFG「ペリー」級に準じた「アデレード」級6隻の退役の後、艦隊防空を担う対空ミサイル艦がなく、その後継艦が模索されてきたものの財政難のため実現に到らず、2007年になってスペインのイージス駆逐艦「アルバロ・デ・バサン」級を基にしたナバンティア社案が採用され、1番艦の「ホバート」級は、12年に就役した「バサン」級の5番艦（最終）「クリストーバル・コロン」に準じた豪海軍仕様として建造された。

「ホバート」について知られている就役時の主要性能要目は次のとおりである。満載排水量7000トン、全長146.7メートル、最大幅18.6メートル、最大吃水7.2メートル、ディーゼル2基とガスタービン2基によるCODOG式の機関で、可変ピッチ・プロペラの2軸推進で最大速力28＋ノット、航続距離4500マイル＋／18ノットで、バウスラスターを装備している。

兵装のメインとしてAN／SPY1D（V）によるイージス・システム一式を装備するが、ミサイル指揮（CWI）装置であるMk99は2基である。VLS1基（48セル）にSM2とESSMを搭載し、標準で前者が32発、後者が64発（4×16セル）であるとされる。対艦ミサイルはハープーンBlockⅡ4連装発射機2基を別に装備する。砲熕武器は、米軍制式の62口径5インチMk45Mod4が1基、ファランクス（CISW）1基に加え、ブッシュマスター25ミリ自動単装機銃2基を装備している。対潜武器は連装対潜魚雷発射管2基のほか、ハル・ソーナーと曳航ソーナーが装備されているとされているが、その詳細は不明である。その他、現代戦に相応しい有力な電子戦装備一式も備えており、また、後部の飛行甲板と格納庫によりMH60Rヘリ1機を搭載・運用する。乗員は186名と航空要員16名であり、最大234名までの居住設備がある。

「ホバート」のイージス・システムは、範としたスペイン海軍の5番艦に準じ、それを多少改良した米海軍の「ベースライン7.1 Reflesh2」に相当するものが搭載されたが、その詳細についてはこれまで明らかにはなってはいないものの、対低空・水上目標能力の強化のため米海軍の「ベースライン9」以降で装備されたAN／SPQ9B水平捜索レーダーが搭載されており、またAN／USG2のアンテナを装備していることから既にCEC（共同交戦能力）も付加されているものと推測される。また今後VLSには、対空ミサイルのSM6と、対艦・対地ミサイルのトマホークも搭載可能とされる計画になっている。

強力な兵装を持つオーストラリア海軍初のイージス艦「ホバート」（豪国防省HPから）

このように1番艦「ホバート」を見ていくと、2番艦「ブリスベン」、来年就役予定の3番艦「シドニー」も相応の能力向上が計られていると推測され、同時対処能力が日米のイージス艦に比べると多少低いこと以外は、BMD能力については不詳であるものの、通常のイージス艦としての能力は海自の「まや」型にも匹敵する極めて有力なものと考えられる。

今秋予定された海上自衛隊の観艦式には「ホバート」を中心とする4隻からなる豪海軍の任務部隊も参加予定だった。台風19号の影響で観艦式が中止となったものの、横須賀および佐世保に寄港し、海自と共同訓練も実施していることから、「ホバート」のさらなる詳細が公表されることを期待したい。

堤　明夫（防衛技術協会・客員研究員）

技術屋のひとりごと

千歳試験場の拡充

佐久間　俊一（防衛装備庁・千歳試験場長）

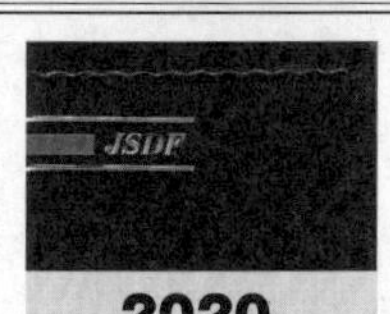

千歳試験場（2018年3月までは札幌試験場）は、1983年の車両定地試験施設の敷設工事開始以降、当該施設の拡充に努めるとともに、1991年より空力推進研究施設の整備を開始し、2005年に全体の整備が一段落し、16式機動戦闘車や先進技術実証機等の研究開発に貢献してきました。

現在、防衛装備庁では将来の航空機用エンジンの研究開発を推進するため、本年度より大型エンジン試験施設を千歳試験場内に設置するための工事が始まります。当試験場では実に14年ぶりの新設備工事となり、設備の完成する2023年以降に将来の航空機用エンジンの研究開発に大いに貢献することが期待されています。

この施設整備に当たっては、千歳市役所や駒里地区、東千歳駐屯地をはじめとする近隣部隊並びに北海道防衛局の方々のご理解と多大なるご支援をいただいております。

安全保障環境が一層厳しさを増す中、多様な防衛装備品の研究開発をはじめとするさまざまな試験評価に幅広く対応するためには、新たな試験施設の拡充はもとより、既存の施設の維持管理についても重要と考えております。

我々としては施設の可動状態に細心の注意を払い、維持するための定期的なメンテナンスを行いつつ、全力で対応しているところです。

千歳試験場は定員20人の小所帯ながらも、職員一丸となって航空機や車両等の防衛装備品の研究開発に貢献していく所存です。

ひろば

睦月、霞染月、正月、新春――1月。

1日元日、6日官庁御用始め、7日七草の日、13日成人の日、17日湾岸戦争開戦の日、29日南極昭和基地設営記念日。

江浦の水祝儀 地域の繁栄と安全を願い、静岡県沼津市江浦の住吉神社で江戸時代から続く奇祭。県指定無形文化財。前年結婚した二人の婿が神酒を交わした後、仲間から大量の冷水を掛けられ祝福される。2日

大山寺の力餅 戦国武将の七条兼仲が山麓から鏡餅を背負い上げ奉納したことに由来して大山寺（徳島県板野郡）境内で行われる伝統行事。幼児から大人までが重さの異なる鏡餅を担ぎ、歩いた距離を競う。19日

最新技術でハイブリッド実現 隈研吾氏の建築探訪

東京オリンピック・パラリンピックのメイン会場となる新「国立競技場」が11月30日、完成した。6万人を収容できる巨大スタジアムでありながら、周囲をぐるりと巡る3層の軒ひさしには木材が使われ、日陰を作るとともに外気を取り込む伝統の建築様式を取り入れ、神宮外苑の森にも違和感なく溶け込んでいる。設計は「和の大家」隈研吾氏。日本を代表する建築家・隈氏の作品は全国各地にあるので、この機会に最新の「和の建築」に触れてみては。

江戸時代の木造住宅を七つ積み重ねたようなビル「浅草文化観光センター」（東京都台東区で）

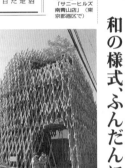

新国立競技場

隈研吾氏が設計した新国立競技場の外壁。屋根下の3層の軒ひさしは木材を多用し、「和」のたたずまいとなっている（東京都新宿区で）

軒ひさしに木材「杜のスタジアム」

新国立競技場の別名は「杜のスタジアム」。外周の3層の軒ひさしには全国47都道府県の木材が使用され、各層外縁に植樹された草木により「空の杜」が形づくられている。

隈研吾氏は木材を多用する理由について「技術革新によりコンクリートと同程度の耐火性を持つ木材が登場している。それによって大型建築も木で作ることが夢でなくなった」と話す。最新の技術が木と鉄とコンクリートの美しいハイブリッドを実現させているのだ。

和の様式、ふんだんに

隈氏設計の建築物は各地にあるが、最も有名なものの一つは東京都台東区にある「浅草文化観光センター」。同施設は浅草・雷門の前にあり、江戸時代の木造家屋を七つ積み重ねたような独特の形状。ビルでありながら内部は木造の家にいるような感覚になる。

港区にある木組みの家「サニーヒルズ南青山店」も訪れる価値がある。鳥の巣のような外観のケーキ屋さんで、こちらは「地獄組み」という建築法を使用。木組みの隙間から光が木漏れ日のように差し込み、木の香りとともに落ち着いた空間を作り出している。

新潟県長岡市の駅前には公共施設「長岡アオーレ（会おうれ）」がある。中心は屋根付きの「ナカドマ」と呼ばれる中庭で、取り囲むように市役所、アリーナ、多目的ルームが配置されている。内装には越後杉や和紙など地元の素材が使われ、雪国のやさしさ、温かさが感じられる。

福岡県の大宰府天満宮の参道には隈氏設計のコーヒー店が。こちらも伝統的な木組みで、歴史ある土地にとけ込む。

長崎市の長崎県美術館は運河で分断された二つの敷地を木とガラスの建築素材でつないだユニークな建造物となっている。

愛知県春日井市の博物館「GCプロソミュージアム・リサーチセンター」も隈氏の手によるもので、檜材による千鳥格子が特徴。現代建築でありながら、かつての寺社仏閣と同じく、釘や接着剤は一切使っていない。

隈氏は被災地への思いも強く、東日本大震災で被災した宮城県南三陸町には復興のシンボル「南三陸さんさん商店街」を建てた。施設には南三陸杉が使われ、縁側からは志津川湾が一望でき、観光客の憩いの場となっている。

山口県岩国市では、昨年の西日本豪雨で失われた橋が隈氏の設計で再建される計画だ。橋はコンクリート製だが、側面に檜材を使い、800本の木材を組み合わせたデザインになるという。

新しい時代を象徴する隈氏の「和の建築物」は今後も各地に増えていきそうだ。

サニーヒルズ南青山店

鳥の巣のような木組みの家「サニーヒルズ南青山店」（東京都港区で）

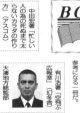

「久杉橋」（イメージ）

西日本豪雨で被災した山口県岩国市に架け替えられる予定の隈研吾氏設計の「久杉橋」のイメージ（隈研吾建築都市設計事務所）

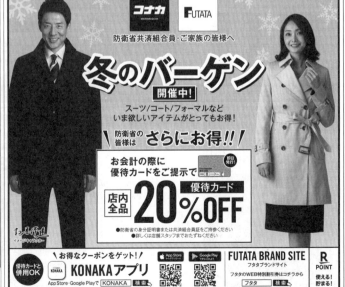

マイヘルス Q&A　インフルエンザ

ワクチン接種が重要　マスク、手洗いで予防を

Q　インフルエンザが流行し始めました。

A　インフルエンザは日本で11月末頃から4月頃にかけて流行します。

我が国で患者は年間600万～1000万人と推定され、インフルエンザ関連の死亡は1万人程度と言われています。

Q　感染ルートと症状は。

A　インフルエンザウイルスは、痰や唾など気道分泌物中に多量に含まれており、くしゃみや咳で拡散します。1～3日間の潜伏期を経て、倦怠感、発熱、頭痛、咽頭痛、関節痛などの症状をもたらします。

多くは安静、水分摂取、クーリングで治癒します。しかし、高齢者や免疫力が弱い場合は致死的となりえます。重症化する危険がある場合、抗ウイルス薬の投与が推奨されますが、全ての患者に必要なわけではありません。

Q　ワクチンの効果は。

A　インフルエンザワクチンによる抗体の産生は、接種して約2週間後に始まり、約4週間後にピークとなります。インフルエンザの流行時期を考慮すると、11月中旬から12月までには接種するのが望ましいでしょう。

ワクチンの予防効果は40～80%程度とされます。ハイリスクの患者や、医療従事者など免疫力の弱い患者と接する機会が多い方もワクチンの接種が推奨されます。

このほかに予防としてはマスク、手洗いの励行に加え、自己の免疫力を保つよう体調を管理することも重要です。

Q　異常行動についても聞きました。

A　未成年のインフルエンザ患者の約10%に異常行動が見られます。ほとんどは短時間のうわ言や、寝ぼけ程度ですが、転落・飛び降りにつながる重度の異常行動も数%認められます。

異常行動は患者の約70%が男性、約80%が発熱し、2日以内にみられる、約70%が睡眠時に突然発症するといった傾向があります。

未成年のインフルエンザ患者では発熱症状が出て早期は家族の見守りが望ましいでしょう。遺伝的要素の関与も指摘されており、インフルエンザにかかる度に異常行動をきたす患者もいます。

インフルエンザ自体が異常行動の大きな要因とされ、異常行動の予防としてもワクチンの接種は重要です。

（自衛隊中央病院救急科専門医・救急科指導医　畑中公輔）

BOOK NOW　私が読んだこの一冊

中田宏著「忙しい人の為の死ぬまで太らないカラダの作り方」（アスコム）
44普通科連隊本部広報業務室（福島）鹿野伸幸2陸尉 49

元横浜市長の著者は政治家として多忙な日々を送りながらも引き締まった体形をキープしている。ジムに通ったり、徹底した食事管理をするなど、従来のカラダ作りとは違い、著者が実施している空き時間で手軽にできるトレーニングや、ちょっとした日常の心がけなどを紹介している。

以前より野外で訓練する機会が少なくなり、デスクワークの時間の多い私としてはありがたく、参考になる一冊だ。

有川浩著「空飛ぶ広報室」（幻冬舎）
大湊地方総監部総務課広報 嶋田章吾1海尉 45

空幕広報室を舞台に、主人公が成長していくドラマチック長編小説であり、自衛隊という部外の人から理解し難い組織をどのようにして理解を深めてもらうか、広報官としてのお手本ともいえる小説です。

主人公は、広報室に勤務することで初めて部外者が自衛隊への理解が低い事（自衛隊を嫌いな人物）に直面し、ショックを受けつつも前向きに向き合うことで理解を深めていきます。

募集困難な昨今において部外の人にどのように向き合えばよいのか、一考する機会となる書籍と言えます。

齋藤孝著「読書する人だけがたどり着ける場所」（SB新書）
横田気象隊 古木沙耶1空尉 32

毎日大量の情報に触れているのに、「知識が深まった気がしない！」という方は多いのでは。

この本では思考力を高める本の読み方や、読書後のアウトプット法などが具体的に紹介されています。「読書を通じて得た知識、教養は人生をより複雑で面白くする」――と著者は説きます。読書を始めるきっかけを得たい、読書の技術を深めたい方におすすめです。

隊員愛読書ベスト5

<入間基地・豊岡書房>
❶日本の防衛―防衛白書―令和元年版　防衛省編　日経印刷　￥1397
❷オールアバウト航空自衛隊最新版　イカロス出版　￥2035
❸偽善者たちへ　百田尚樹著　新潮社　￥858
❹図解ベトナム戦争　上田信著　新紀元社　￥3080
❺Ｎｏｂさんの飛行機グラフィティ<全>新装版　下田信夫著　潮書房光人新社　￥3300

<防衛省・三陽堂書店>
❶日本の防衛―防衛白書―令和元年版　防衛省編　日経印刷　￥1397
❷自衛隊防災ＢＯＯＫ２　自衛隊、防衛省協力　マガジンハウス　￥1320
❸Defense of Japan2019―2019年版防衛白書英語版　エァクレーレン　￥6600
❹自衛隊員は基地のトイレットペーパーを「自腹」で買う　小笠原理恵著　扶桑社　￥924
❺呉本―海軍、空襲、大和。ふるさと11人のインタビュー　丸古玲子著　ちょうちょ人間　￥1210

<神田・書泉グランデミリタリー部門>
❶第二次大戦世界の空母完全ガイド　本吉隆著　イカロス出版　￥2750
❷まけた側の良兵器集Ⅳ　こがしゅうと著　イカロス出版　￥1900
❸Ｕ．Ｓ．マリーンズ　ザ・レザーネック新装改訂版　上田信著　大日本絵画　￥3300
❹日本プラモデル世界との激闘史　西花池湖南著　河出書房新社　￥1760
❺ざんねんな兵器図鑑　世界兵器史研究会著　ＫＡＤＯＫＡＷＡ　￥1430

<トーハン調べ11月期>
❶反日種族主義　李栄薫編著　文藝春秋　￥1760
❷ポケットモンスターソード・シールド最速ダイ攻略ガイド　小学館　￥1000
❸ぼくはイエローでホワイトで、ちょっとブルー　ブレイディみかこ著　新潮社　￥1485
❹鬼滅の刃―片羽の蝶　吾峠呼世晴著　集英社　￥770
❺こども六法　山崎聡一郎著　弘文堂　￥1320

人的ネットワークを構築

アジア12カ国から 初の防大卒留学生交流会

（上）「アジア太平洋地域を覆う大きな安全保障のネットワークを」とスピーチする安倍首相（壇上）＝首相公邸で（官邸HPから）（左）防大を卒業後、母国で活躍する各国軍人ら（テーブル着席）を前に立ち上がって歓迎のあいさつを述べる河野防衛相（防衛省で）＝写真はいずれも11月28日

安倍首相、河野防衛相が歓迎

「防大を卒業し、防衛省・自衛隊と母国をつなぐ橋渡し役として活躍する各国軍人らとの絆をさらに深めたい」――。

防衛省はこのほど、防衛大学校の本科を卒業した元留学生との人的ネットワークを構築する初の試みとして、11月28、29の両日、母国の軍隊などで活躍する防大OB・OGらを招いた交流会を開催し、アジア12カ国から約50人が参加した。

初日の28日、防衛省では河野防衛相をはじめ、山本副大臣、渡辺、岩田両政務官が元留学生たちを出迎えた。河野大臣は「防大は昭和33（1958）年から留学生を受け入れ、既に400人を超える各国の卒業生を輩出してきた。今回は各国から皆さまをお招きし、卒業生のネットワークを築いていただこうと会を開いた。互いに防衛面で協力し、災害などさまざまな事態にこのネットワークを有効活用していただくことは非常に有意義なことだ」と歓迎のあいさつを述べた。

同日夕には首相公邸でレセプションが開かれ、安倍首相は「我が国と留学生派遣国との相互理解や信頼関係が深まり、一つ一つのつながりが縦横に拡大し、将来的にはアジア太平洋地域全体を覆う大きな安全保障のネットワークとなることを期待している」とスピーチした。

さらに首相は、約200人の防大OBが誕生しているタイから、現在は国防副次官を支える幕僚として活躍するプラチョーン・チャイヤキット陸軍少将（90年卒）と、シンガポールから現在は、海軍作戦部長として活躍するエドウィン・レオン准将（98年卒）の2人を紹介。その功績をたたえた上で、全ての参加者に「世界の平和のため、大いに貢献されることを期待している」とエールを送った。

参加者たちは翌29日、母校の防大に〝ホームカミング（帰郷）〟し、国分良成学校長が主催する歓迎レセプションに出席した。

防衛省・自衛隊は1958年、初めて防大にタイ海軍の青年を受け入れて以来、東南アジア諸国連合（ASEAN）地域を中心に、防大や各自衛隊の教育機関などへの留学生派遣国の拡大に努め、これまでに2千人以上の留学生を受け入れてきた。

吉本どんど

着るだけで5キロはやせてみえる服

着るだけで50キロはやせてみえる服

交流会に集まった6カ国の留学生とその家族や関係者たち（11月26日、空幹校で）

空幹校 6カ国の留学生と家族ら交流 「日本と自国の懸け橋に」

【空幹校＝目黒】航空自衛隊幹部学校（学校長・阿部睦晴空将）は11月26日、空幹校に入校中の留学生7人との交流会を開催した。空幹校後援会（平間文男会長）が留学生とその家族に喜んでもらうために発案し、実現した。

留学生の出身国は韓国、インドネシア、タイ、インド、ミャンマー、パキスタンの計6カ国で、家族と共に日本に滞在。イベントには後援会の会員や留学生の家族など計約60人が参加した。

自己紹介で留学生は「日本と自国との懸け橋となりたい」「日本の文化に触れていきたい」などと、日本語で親しみを込めて話した。

ディナーでは宗教に配慮してチキン、ポーク、ビーフの各料理にイラスト付きの説明が用意されたほか、プロのマジシャンによるショーも行われ、子供から大人まで盛り上がりを見せた。

留学生たちは「本当に楽しかった。家族も呼んでくれて感激した」と大喜び。終了時間を過ぎてもお互いに写真を撮るなど、和やかな交流が続いていた。

滑落した男性を救助 新田原 救難員らがホイスト吊り上げ

宮崎県宮崎市の双石山（標高509メートル）で12月10日、男性1人が滑落し、行方不明になったため、同日午後1時25分、宮崎県の河野俊嗣知事が5空団（新田原）司令の福田隆宏将補に災害派遣を要請した。

これを受け、新田原救難隊（隊長・河野敬人2佐）のUH60J救難ヘリ571号機（機長・阿部博俊3佐以下6人）が捜索のため現地に急行、同55分、双石山上空に到達し、捜索を開始した。

その後、消防隊員が登山道から約60メートル下った場所で男性を発見。吊り上げ地点まで搬送するため、糸井徹臣1曹、寺原正美2曹、川田直樹3曹の計3人の救難員がホイスト降下して滑落地点まで進出した。

救難員は折り畳み式ストレッチャーを男性に取り付け、同4時9分、ホイストで吊り上げてUH60Jの機内に収容した。

救難隊は男性を宮崎空港まで運び、同4時26分にドクターヘリに引き継いだ。同44分、県知事からの要請を受けて撤収した。

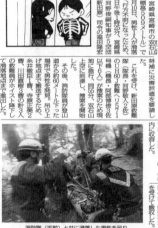

消防隊（手前）と共に滑落した男性を吊り上げ地点まで搬送する新田原救難隊の救難員（12月10日、宮崎市の双石山で）

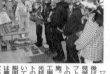

鈴木前政務官も駆けつけ盛況に 防衛省で「北海道フェア」

共済組合

防衛省共済組合本省支部は12月11、12の両日、〝北の大地〟の特産品を紹介する「北海道フェア」を防衛省厚生棟地下1階イベントスペースで開催し、昼休みを中心に訪れた隊員や職員らでにぎわった。

自衛隊には道内出身者や勤務経験者が多いことから、防衛省でも〝ふるさとの味〟を求める熱いリクエストを受けて開かれた。

会場には北海道の銘菓やラーメン、ビールなど約30品目がずらりと並び、中でも昨年2月の平昌オリンピックで日本のカーリング女子チームが食べて話題となったチーズケーキ「赤いサイロ」は1日50箱限定とあって、長蛇の列の末、あっという間に売り切れた。

最終日には北海道帯広市出身で前防衛大臣政務官の鈴木貴子衆院議員も多忙なスケジュールの合間を縫って会場に駆け付け、髙橋憲一事務次官や武田博史防衛装備庁長官、島田和久官房長、岡真臣人事教育局長らの出迎えを受けてショッピングを楽しんだ。

鈴木前政務官は「全国自治体のフェアの中でも北海道は随一の集客力を誇ると聞き、道産子として非常にうれしく思う。私も防衛省予算の満額確保に向け、ここで購入したもので景気付け、栄養をつけてしっかりと頑張っていきたい」と笑顔で報道陣に語った。

「北海道フェア」で買い物を楽しみ、スタッフたちと談笑する鈴木貴子前防衛大臣政務官（右から2人目）＝12月12日、防衛省で

こちら警務隊 道路交通法違反

自転車は「軽車両」に 飲酒運転絶対ダメ！

車ではないので大丈夫だと思い、酒に酔った状態で自転車に乗りましたが罪になりますか？

道路交通法第65条に、何人も酒気を帯びて車両等を運転してはならない、との規定があります。自転車は軽車両に該当し、免許の有無にかかわらず、酒酔い運転をした場合、5年以下の懲役または100万円以下の罰金が科せられます。

自転車は誰もが気軽に乗れる便利な乗り物ですが、飲酒した状態では注意力や判断力などが低下し、正常な運転ができず、人命にかかわる重大な事故を引き起こす危険性があります。

飲酒運転による責任の重大性を認識し、事故の絶無に努めましょう。

（東北方面警務隊）

※次回は「住居侵入等罪」

地域の避難訓練を支援 小学生が破砕機など実際に体験 下関

【下関】下関基地隊（司令・佐藤恭弘1佐）は10月29日、地域住民への協力として下関市吉見地区で開催された地震・津波避難訓練を支援した。

避難訓練は今年で8回目を迎え、基地隊の参加は今回で6回目。消防車のサイレンと共に避難が呼び掛けられると、隊員は二葉保育園の園児らを高台にある吉見近隣公園まで誘導した＝写真。

公園内で行った防災講話では、東日本大震災の災害派遣に出動した隊員が体験談を話したほか、災害時に使用する破砕機などの器材の取り扱い方法を説明。以前は講話と避難所への誘導のみの支援だったが、今回からは小中学生に災害への備えや対処要領を学んでもらうため、器材を使った体験型のプログラムにした。

小学生は実際に破砕機を使用して石を砕き、「こんな固いものが砕ける」「すごい」と驚きの声を上げていた。

小休止

▽…苗穂分屯地は11月20日、札幌市立向陵中学校の「職業体験」に協力し、訪れた7人の生徒に自衛隊への理解を深めてもらった。

▽…概要説明の後は補給倉庫での見学やフォークリフトによるパレットの昇降体験も実施。整備課の工作工場では、市原恒光技官が渡河ボートの金具作製について分かりやすく説明し、生徒たちは興味津々の様子だった＝写真。

▽…このほか、バケットローダーの体験乗車を行い、救急包帯の使用法なども実演。中学生たちは「貴重な体験で楽しかった」「自衛隊について詳しく知ることができた」と笑顔を見せていた。（苗穂）

心がすべてである。あなたはあなたの考えたとおりになる。
ブッダ（仏教の開祖）

（世界の切手・ラオス）

ラバウルとコロールで慰霊演奏

3海曹 沢田 勝俊（練習艦隊司令部音楽隊）

海自遠洋練習航海部隊（司令官・梶元大介海将補）は、パプアニューギニアのラバウル入港を目前に控えた9月24日、日没時刻に合わせて洋上慰霊祭を実施しました。

先の大戦では、ソロモン海戦およびガダルカナル島作戦において祖国のために散華された先人に想いを馳せ、「国のしずめ」「命を捨てて」「海ゆかば」を演奏しました。

ラバウルに向けての航海では、これまで南半球の冬の季節にあったオークランド（ニュージーランド）とシドニー（オーストラリア）の涼しい気候の中で過ごしてきた私たちでしたが、赤道に近づくにつれて一転、猛暑の気候となりました。

そのため航海中はずっと汗を拭いながらの作業となりましたが、乗員も実習幹部の皆さんも各々の持ち場で晴れやかな表情で遠洋航海最後の任務に当たっていました。

曳船の遅れでラバウル入港が1日遅れとなりましたが、練習艦隊司令部音楽隊（音楽隊長・岡崎康一1尉）にとって、この日は記憶に残る1日となりました。1日遅れになったため、予定が変更され、この日1日で「献花」「野外演奏会」「艦上レセプション」の3件の演奏を行うという忙しい1日となったのです。

午前中は小高い山の上から湾を見渡す「南太平洋戦没者の碑」で献花が執り行われました。日本から遠く離れたこの地で、祖国日本のため、またパプアニューギニアの治安の回復にご尽力された先人への鎮魂の想いを胸に、最初に両国の国歌、続いて「国のしずめ」を、と「命を捨てて」を吹奏しました。

その後、いったん艦に戻り、次いで向かった先は「ラバウル・ショー・グラウンド」という野外ステージで、炎天下、始まった演奏会では「かしま」の和太鼓チーム「祥瑞太鼓」と共に合同演奏を行いました。

終了後、速やかに撤収作業を行い、艦上レセプションのために移動し、到着するや演奏準備に取り掛かりました。無事、式典の開始に間に合うことができ、隊長以下、安堵の表情で演奏会に臨みました。

ラバウル滞在中は、史跡研修として旧海軍の司令部防空壕跡、ホスピタルトンネル、飛行場跡などを訪れる機会に恵まれました。数々の史跡からは当時の兵士の息遣いと祖国日本への想いを強く感じ、生涯忘れることのできない貴重な体験となりました。

29日、散華された英霊に向けて「ラバウル小唄」を奏でながらラバウルを出港、10月8日、パラオのコロールに錨泊入港しました。

翌9日、強い日差しの下、日本海軍墓地で献花が行われ、私たちは「国のしずめ」「命を捨てて」を演奏しました。

午後は「日パラオ外交関係樹立25周年記念式典」が開催され、セレモニーに続き、有志による空手の武道展示、和太鼓演奏、音楽演奏が行われました。

音楽隊は「銀河鉄道999」と「宇宙戦艦ヤマト」の主題歌をメドレーにした「ジャパニーズ・グラフィティ」などを披露し、万雷の拍手をいただきました。アンコールでは美空ひばりの名曲「愛燦燦」を三宅由佳莉3曹が情感豊かに歌い上げ、最後は「ソーラン・ファンク」をお贈りし、大盛況の中、式典は閉幕しました。

10月11日、コロールを出港した遠洋航海部隊は、最後の寄港地グアムを経て、10月24日、横須賀に帰国しました。

旧海軍の慰霊施設が横に広げたラバウルの沖合で洋上慰霊祭を執り行う「かしま」の乗員と実習幹部（9月24日）

みんなのページ

任期制隊員　合同企業説明会に参加　貴重な時間を過ごせた

1陸士 梅本 健人（30普連本管中隊・新発田）

新潟県任期制隊員合同企業説明会に参加し、貴重な時間を過ごせたと感じました。それと同時に就職活動はとても大変だということも実感しました。

事前に頂いた求人票を見ながら、自分はどんな仕事がやりたいのか、仕事する場所や給料はどれくらいが良いかな、今まで考えていなかった部分でとても悩みました。ただ、自分の考えだけではなく、いろいろな人に相談をしたり、アドバイスなどをいただきながら企業説明会に向けて準備をしていきました。

私は初めてだったので、「聞くべきことは何か？」「どこに要点を置き企業を選択するか」など、ギリギリまで悩みました。

会場に入るとたくさんの企業が来ていて、あいさつ [illegible] 分もありました。しかし、企業の方々は丁寧に説明してくれ、とても聞きやすく、話しやすい環境でした。限られた時間を有意義に使うことができたと思います。

[illegible]

私は営業職に就きたいと考えていたので、[illegible]「本当に営業職に向いているよ」と言っていただいたことがとても嬉しかったです。

[illegible] 自分の考えも変わり、それぞれの企業の良いところがたくさん見つかりました。[illegible]

今回の説明会を経験し、[illegible] 一生懸命に訓練に当たっていきたいと思います。

新潟県任期制隊員合同企業説明会に参加し、企業の担当者から説明を受ける退職予定隊員

伝統継承の大切さ再認識

陸曹長 中島 万賀（鹿児島地本・国分援護センター）

鹿児島地本の国分援護センターは10月20日、霧島市隼人町で行われた「第50回 [illegible] 浜下り」に、[illegible] 国分駐屯地曹友会会員と [illegible] して参加した。

この伝統行事は、その昔、大和朝廷に滅ぼされた「隼人族」の霊魂を慰めるために始まったのが由来である。

当日は雲ひとつない秋晴れの中、威勢のいい花火の音を合図に武者行列が鹿児島神宮を出発。途中、隼人塚と旧八幡屋敷跡を経由して供養の神事を行いながら、約5時間かけ、終着地である浜之市港まで約5キロを練り歩いた。

曹友会の面々はそれぞれの衣装を身にまとい、慣れない格好で練り歩くのに苦戦したが、沿道からの声援と激励の言葉に疲れも忘れた。

浜之市港では鯛を海に放し、殺生を戒める儀式「放生会（ほうじょうえ）」が厳かに行われ、行事を締めくくった。

隊員たちは今年も伝統行事に参加し、地域住民との一体化、伝統の継承の大切さを再認識した。

鹿児島神宮の「隼人浜下り」に武者の衣装で参加した隊員ら

新刊紹介

「ヴェノナ――解読されたソ連の暗号とスパイ活動」

ヘインズ&クレア著、中西輝政監訳

戦後、その存在さえも明らかにされていなかった米政府の極秘文書「ヴェノナ文書」が1995年、米国の情報公開法によって公開され始めた。

この文書で明らかになったのは、1930年代から40年代にかけて米政府の中に数百人ものソ連のスパイ（共産主義者）がいたという事実だ。著者らは「ヴェノナ」の内容を分析し、当時、米国内に潜伏していた「ソ連諜報員」の活動の実態を明らかにした。

「ヴェノナ」とはアメリカとイギリスの情報機関が第2次世界大戦中の1940～44年にソ連の暗号を解読し、その成果をつづった極秘文書。

監訳者の中西輝政・京大名誉教授は、「ヴェノナ文書」には米国の戦後の対日政策に関する資料も多く含まれており、この文書を詳細に調べれば、米国による日本の占領政策、さらには日本国憲法制定の背景も分かるかもしれないという。

今後、情報公開が進めば、[illegible]

（扶桑社刊、2750円）

「明智光秀の生涯」

諏訪 勝則著

来年のNHK大河ドラマ「麒麟がくる」の主人公は明智光秀。一般的に主君の織田信長を「本能寺の変」で倒し、下克上の悪者のイメージが強いが、[illegible] 信長を支え、戦でも優れた指揮官だったという。

本書は著者（陸自高等工科学校の教官）が最新の史料と研究で光秀の生涯を追う。[illegible]

本書を一読しておけば、来年のドラマをより楽しむことができるだろう。

（吉川弘文館刊、1980円）

OBがんばる

目時 清さん 57
平成28年1月、空自1輸空（小牧）を定年退職（特別昇任准尉）。三菱重工業名航小牧南工場内にあるダイヤモンドエアサービスに再就職し、空自向け官給品の手配係を務めている。

チャレンジ精神を持って

私は第1輸送航空隊を最後に空自を定年退職し、三菱重工業のグループ会社である当社に再就職しました。当社は三菱重工業が行っている航空機の修理機に必要な官給品の取得にかかわる業務を一手に請け負っております。

私は定年までの約6年間、1輸空の資材統制班の係長として航空機部品の取得業務に携わってきました。その経験を生かしたいと思い、当社に入社しました。

具体的な業務は、部品管理部・官給品手配グループの中で、空自担当としてUH60J救難ヘリコプターの定期修理や製造に必要な部品の請求、各補給処の在庫確認のほか、[illegible] 加工品、かし疑義品・UR部品の出荷調整、特別整備支援などの出荷や貸付品の払出、返還手続きを行っています。

当初は空自とシステムなどが異なり、戸惑うこともありましたが、周りの方々とコミュニケーションをとりながら日々奮闘し、現在では順調に流れています。

衛隊出身のOBがいろいろな分野で活躍されていますが、私も空自OBとして恥じることのないよう精一杯頑張っていきたいと思います。

これから再就職される方も、最初は慣れないことばかりで悩むこともあると思いますが、決して焦らず、何事にもチャレンジする気持ちで、目標を持って頑張っていただきたいと思います。皆さまが次のステップに向かって大きく羽ばたけるよう願っています。

あさぐも掲示板

中谷・元防衛相が「日本の安全保障」テーマに講演

日本国防協会

日本国防協会は1月9日（木）午後3時から東京都新宿区のホテルグランドヒル市ヶ谷で元防衛大臣の中谷元衆議院議員を迎え、「日本の安全保障」と題して講演会を開く。その後、賀詞交歓会も行われる。

希望者はFAX（03－5229－2050）又はメール（info@kokubou-league.com）で申し込む。締め切りは1月6日。聴講料は会員・隊員・OBが千円、一般2千円。賀詞交歓会参加には要連絡。

2020年新春を飾る作品を募集！
▽随筆は600～1000字で。テーマは自由。
▽漫画等はデータ（PDF）化して下さい。
▽写真はＪＰＥＧ（通常のデジカメ写真）で。
▽メール投稿の送付先は「朝雲」編集部（editorial@asagumo-news.com）まで。

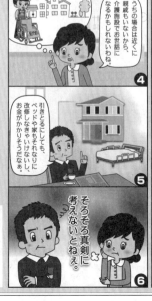

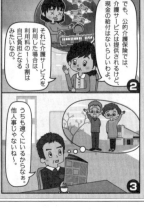

詰碁　第1225回出題

黒先

『攻め合いはどうなりますか。黒白ともに最初が大切です。5分で正解なら初段以上』

出題　日本棋院　九段　曲　励起

▶詰碁、詰将棋の出題は隔週です◀

詰将棋

出題　日本将棋連盟　九段　石田　和雄

▽第809回の解答▲

【正解】▲1三飛△2二玉▲3二角△同金▲2三飛成△同金▲同竜△2二合駒▲3二金までの九手詰め。

【解説】頭にズバッと飛を打つ▲1三飛が眼目。同金なら▲3二竜△2二合駒▲2一銀で早詰み。△2二玉に▲3二角とくっつけて打ち、△同金に▲2三飛成が実戦的な攻め。この手が凡手の決め手となり、解決。

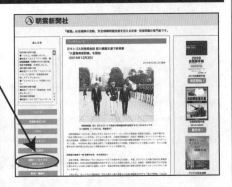

朝雲新聞社　発行書籍等のご案内

電話番号：03-3225-3841
http://www.asagumo-news.com

●書籍・手帳のご注文はお電話もしくは朝雲新聞社ホームページにて受け付けております、Amazon でもご購入いただけます。

自衛隊装備年鑑 2019-2020

体裁　A5 判・520 ページ・巻頭カラー口絵・全コート紙
定価　本体 3,800 円＋税

自衛隊装備品資料の決定版「自衛隊装備年鑑」の最新版。最新装備の水陸両用車ＡＡＶ７やＡＨ―64Ｄ戦闘ヘリコプターなどの各種装備品が満載の陸上自衛隊編、護衛艦や潜水艦などの海自全艦艇をはじめ、Ｐ―１哨戒機などの航空機、艦艇搭載武器等も網羅した海上自衛隊編、最新のＦ―35Ａ戦闘機、Ｅ―２Ｄ早期警戒機等の空自全機種、誘導弾、レーダーなどを余さず掲載した航空自衛隊編で構成。いずれも豊富な写真、図、詳細な性能緒元、解説付きで紹介する。

その他、情報豊富な資料編には「極超音速兵器」などを掲載。自衛隊装備の最新情報はこの１冊におまかせ！

アジアの安全保障 2019-2020

激化する米中覇権競争
迷路に入った「朝鮮半島」

<おもな内容>
●厳しくなる東アジアの安全保障環境：北朝鮮の核と中国の西太平洋覇権意欲
●アジアの安全保障：関与を深めるヨーロッパ
●インドの「インド太平洋」観：躊躇・受容・再定義
●多次元統合防衛力時代の宇宙利用を考える
●FMS 調達の増加と日本の防衛産業

著者名　朝雲新聞社 出版業務部　　編　著　平和・安全保障研究所
体　裁　A5 判・上製本・約 280 ページ　　定　価　本体 2,250 円＋税

我が国の平和と安全に関し、総合的な調査研究と政策への提言を行っている平和・安全保障研究所が、総力を挙げて公刊する年次報告書。定評ある情勢認識と正確な情報分析。世界とアジアを理解し、各国の動向と思惑を読み解く最適の書。アジアの安全保障を本書が解き明かす‼

アジア各国の国内情勢と国際関係をグローバルな視野から徹底的に分析。最近のアジア情勢を体系的に情報収集する研究者・専門家・ビジネスマン・学生必携の書‼

2019 年版 防衛ハンドブック

安全保障・防衛行政関連
資料の決定版

○体　裁　A5 判　960 ページ
○定　価　本体 1,600 円＋税

朝雲新聞社がお届けする防衛行政資料集。2018 年 12 月に決定された、今後約 10 年間の我が国の安全保障政策の基本方針となる「平成 31 年度以降に係る防衛計画の大綱」「中期防衛力整備計画（平成 31 年度～平成 35 年度）」をいずれも全文掲載。日米ガイドラインをはじめ、防衛装備移転三原則、国家安全保障戦略など日本の防衛諸施策の基本方針、防衛省・自衛隊の組織・編成、装備、人事、教育訓練、予算、施設、自衛隊の国際貢献のほか、防衛に関する政府見解、日米安全保障体制、米軍関係、諸外国の防衛体制など、防衛問題に関する国内外の資料をコンパクトに収録した普及版。巻末に防衛省・自衛隊、施設等機関所在地一覧。巻頭には「2018 年　安全保障関連　国内情勢と国際情勢」ページを設け、安全保障に関わる１年間の出来事を時系列で紹介。

わかる平和安全法制

日本と世界の平和のために果たす自衛隊の役割

発行・編集　朝雲新聞社
体　裁　A5 判
176 ページ　並製
定　価　本体 1,350 円＋税

平和・安全保障研究所理事長　西原 正　監修

国内を二分する論争を経て、2015年９月19日に成立した平和安全法制。自衛隊の活動が拡大すると言われているが、どう変わるのか？集団的自衛権とは何か？駆け付け警護とは？

本書では各事態における自衛隊の活動を例示し、活動の根拠となる法律やポイントとなる用語を解説。自衛権に関する政府見解の変遷、日米ガイドラインとの関係などを掲載し、分かりやすくまとめた１冊。新法制の内容を理解するための必携の書！

別冊「自衛隊装備年鑑」
自衛隊総合戦力ガイド

体裁：A4 判／オールカラー　96 ページ
定価：本体 1,200 円＋税

500 以上の装備品を掲載する「自衛隊装備年鑑」から主要装備品を厳選し、弾道ミサイル防衛や防空戦闘、対水上戦／対潜戦、内陸部での戦闘など、日本が侵攻された場合の戦闘の局面ごとに、使用されると思われる陸海空自衛隊の装備品を迫力の写真とともに紹介するというスタイルで、実際の用途がイメージしやすいように構成しています。

そして、インタビューには石破茂元自民党幹事長、香田洋二元自衛艦隊司令官、佐藤正久参議院議員にご登場いただき、集団的自衛権や島嶼防衛、中国の膨張政策などについてそれぞれ語っていただきました。

新聞「朝雲」のご案内

毎週木曜日発行
１年間購読　￥9,170 円（税・送料込み）
半年間購読　￥5,090 円（税・送料込み）

新聞『朝雲』は国際貢献活動や各種訓練、災害派遣、民生支援など、陸海空自衛隊の活動をはじめ、防衛政策・行政の最新ニュース、人事情報、最新軍事技術の現状、隊員個人にスポットを当てたトピックスなど、防衛省・自衛隊の全てを掲載対象とする専門紙です。

「朝雲」は毎週木曜日に発行されています。８ページ版は１部 140 円＋送料 60 円、10 ～ 12 ページ版は１部 170 円＋送料 68 円です。

年間購読料金は送料込み 9,170 円（税込）、半年間購読料金は送料込み 5,090 円（税込）です。

朝雲　縮刷版 2019

発　行　　令和2年2月25日

編　著　　朝雲新聞社編集部

発行所　　朝雲新聞社

〒160-0002　東京都新宿区四谷坂町12-20 KKビル

TEL 03-3225-3841　FAX 03-3225-3831

振替　　00190-4-17600

http://www.asagumo-news.com

表　紙　　小池ゆり（design office K）

印　刷　　東日印刷株式会社

乱丁、落丁本はお取り替え致します。

定価は表紙に表示してあります。

ISBN978-4-7509-9119-1